CADERNO DE ESTUDOS

conecte LIVE

Matemática

CIÊNCIA E APLICAÇÕES

GELSON IEZZI
Engenheiro metalúrgico pela Escola Politécnica da Universidade de São Paulo.
Licenciado em Matemática pelo Instituto de Matemática e Estatística da Universidade de São Paulo.
Ex-professor da Pontifícia Universidade Católica de São Paulo.
Ex-professor da rede particular de ensino de São Paulo.

OSVALDO DOLCE
Engenheiro civil pela Escola Politécnica da Universidade de São Paulo.
Ex-professor da rede pública do Estado de São Paulo.
Ex-professor de cursos pré-vestibulares.

DAVID DEGENSZAJN
Licenciado em Matemática pelo Instituto de Matemática e Estatística da Universidade de São Paulo.
Professor da rede particular de ensino de São Paulo.

ROBERTO PÉRIGO
Licenciado e bacharel em Matemática pela Pontifícia Universidade Católica de São Paulo.
Ex-professor da rede particular de ensino.
Ex-professor de cursos pré-vestibulares em São Paulo.

NILZE DE ALMEIDA
Mestra em Ensino de Matemática pela Pontifícia Universidade Católica de São Paulo.
Licenciada em Matemática pelo Instituto de Matemática e Estatística da Universidade de São Paulo.
Professora da rede pública do Estado de São Paulo.

2

Editora Saraiva

Editora Saraiva

Direção geral: Guilherme Luz
Direção editorial: Luiz Tonolli e Renata Mascarenhas
Gestão de projeto editorial: Viviane Carpegiani
Gestão e coordenação de área: Julio Cesar Augustus de Paula Santos e Juliana Grassmann dos Santos
Edição: Thais Bueno de Moura
Gerência de produção editorial: Ricardo de Gan Braga
Planejamento e controle de produção: Paula Godo, Roseli Said e Marcos Toledo
Revisão: Hélia de Jesus Gonsaga (ger.), Kátia Scaff Marques (coord.), Rosângela Muricy (coord.), Brenda T. M. Morais, Daniela Lima, Hires Heglan, Lilian M. Kumai, Luciana B. Azevedo, Luís M. Boa Nova, Patricia Cordeiro, Raquel A. Taveira e Vanessa P. Santos
Arte: Daniela Amaral (ger.), André Gomes Vitale (coord.) e Claudemir Camargo Barbosa (edição de arte)
Diagramação: Setup
Iconografia: Sílvio Kligin (ger.), Roberto Silva (coord.) e Douglas Cometti (pesquisa iconográfica)
Licenciamento de conteúdos de terceiros: Thiago Fontana (coord.), Flavia Zambon (licenciamento de textos), Erika Ramires, Luciana Pedrosa Bierbauer, Luciana Cardoso Sousa e Claudia Rodrigues (analistas adm.)
Tratamento de imagem: Cesar Wolf e Fernanda Crevin
Design: Gláucia Correa Koller (ger.), Erika Yamauchi Asato, Filipe Dias (proj. gráfico) e Adilson Casarotti (capa)
Composição de capa: Segue Pro
Foto de capa: ZASIMOV YURII/Shutterstock, FXQuadro/Shutterstock, Stephen Studd/Photographer's Choice/Getty Images

---

Avenida das Nações Unidas, 7221, 1º andar, Setor A – Espaço 2 – Pinheiros – SP – CEP 05425-902
SAC 0800 011 7875
www.editorasaraiva.com.br

2018
Código da obra CL 800851
CAE 627981 (AL) / 627982 (PR)
3ª edição
1ª impressão

Impressão e acabamento: Bercrom Gráfica e Editora

Uma publicação SOMOS EDUCAÇÃO

Apresentação

Caro estudante,

Este material foi elaborado especialmente para você, estudante do Ensino Médio que está se preparando para ingressar no Ensino Superior.

Além de todos os recursos do Conecte LIVE, como material digital integrados ao livro didático, banco de questões, acervo de simulados e trilhas de aprendizagem, você tem à sua disposição este Caderno de Estudos que o ajudará a se qualificar para as provas do Enem e de diversos vestibulares do Brasil.

O material foi estruturado para que você consiga utilizá-lo autonomamente, em seus estudos individuais além do horário escolar, ou sob orientação de seu professor, que poderá lhe sugerir atividades complementares às dos livros.

Para cada ano do Ensino Médio, há um Caderno de Estudos com uma revisão completa dos conteúdos correspondentes, atividades de aplicação imediata dos conceitos trabalhados e grande seleção de questões de provas oficiais que abordam esses temas.

No Caderno de Estudos do 3º ano, há ainda um material complementar com o qual, ao terminar de se dedicar aos conteúdos destinados a esse ano escolar, você poderá se planejar para uma retomada final do Ensino Médio! Revisões estruturadas de todos os conteúdos desse ciclo são acompanhadas de simulados, propostos para que você os resolva como se realmente estivesse participando de uma prova oficial de vestibular ou do Enem, de maneira que consiga fazer um bom uso do seu tempo.

Desejamos que seus estudos corram bem e que você tenha sucesso **Rumo ao Ensino Superior**!

Equipe Conecte LIVE!

Conheça este Caderno de Estudos

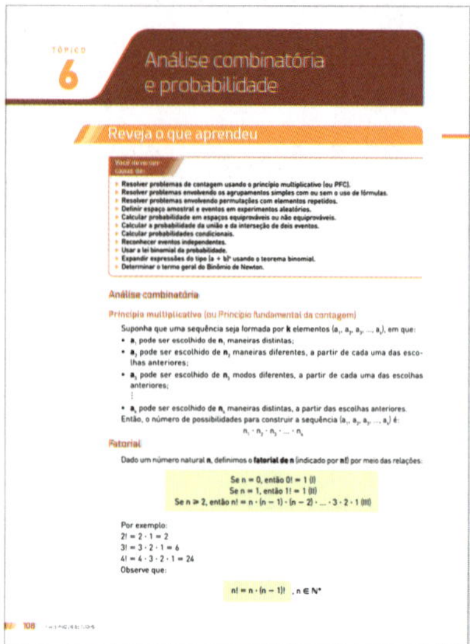

Reveja o que aprendeu

Nesta seção, os principais conceitos de cada tópico de conteúdo do livro são apresentados de maneira resumida, para que você tenha a oportunidade de, sempre que desejar, retomar aprendizagens que vem construindo ao longo do segundo ano do Ensino Médio.

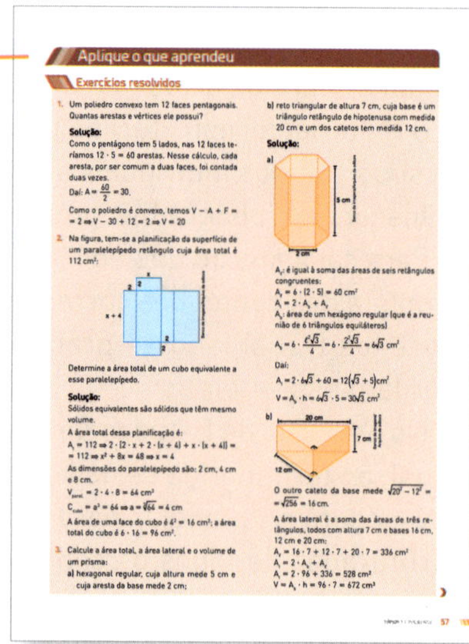

Aplique o que aprendeu

Depois de retomar os conceitos no **Reveja o que aprendeu**, é o momento de aplicar esses conceitos resolvendo atividades. A seção se inicia com **Exercícios resolvidos**, que trarão uma solução detalhada de uma questão. Em seguida, haverá uma seleção de atividades para você resolver. Ao final da seção, registre a quantidade de acertos que você teve em relação ao total de atividades. Se o seu desempenho estiver aquém de suas expectativas, verifique em quais páginas do seu livro-texto os conceitos são trabalhados e procure retomá-los, individualmente ou em grupos de estudo, dedicando mais tempo para se aprofundar neles.

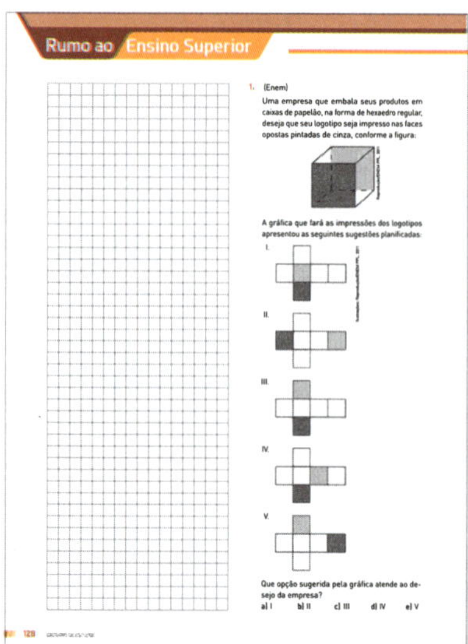

Rumo ao Ensino Superior

Esta seção apresenta uma seleção de atividades que envolvem conteúdos estudados ao longo de todo o primeiro ano do Ensino Médio. Você encontrará questões do Enem e de diferentes vestibulares do Brasil.

Sumário

☒ Já revi este conteúdo ☒ Já apliquei este conteúdo

TÓPICO 1

Trigonometria na circunferência, trigonometria em um triângulo qualquer, funções trigonométricas e transformações trigonométricas

Reveja o que aprendeu

Você deve ser capaz de:

- Determinar o comprimento de um arco.
- Converter graus para radiano, e vice-versa.
- Identificar a circunferência trigonométrica.
- Reconhecer as razões trigonométricas na circunferência trigonométrica.
- Aplicar a relação fundamental da trigonometria.
- Resolver problemas envolvendo as razões trigonométricas.
- Resolver problemas utilizando o teorema dos senos e o dos cossenos.
- Reconhecer a periodicidade das funções trigonométricas.
- Determinar o período, o domínio e a imagem de uma função trigonométrica.
- Aplicar transformações trigonométricas.
- Construir e analisar gráficos de funções do tipo: $y = a + b \cdot \text{sen}(px + q)$ (ou cosseno).

Trigonometria na circunferência

Medida e comprimento de arco

A medida de um arco é igual à medida do ângulo central correspondente.

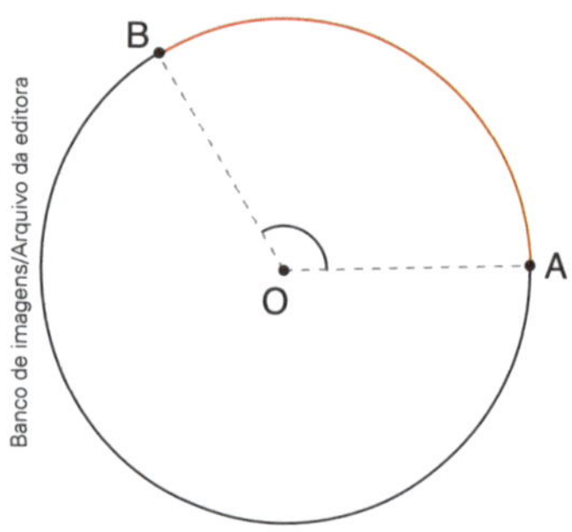

med(AÔB) = 120°
Dizemos que o arco $\overset{\frown}{AB}$ mede 120°.

A **medida linear** de um arco refere-se ao seu **comprimento**. Quando retificamos um arco de circunferência, obtemos um segmento de reta cuja medida é igual ao **comprimento do arco**, que é medido em centímetros, metros, milímetros, quilômetros, etc.

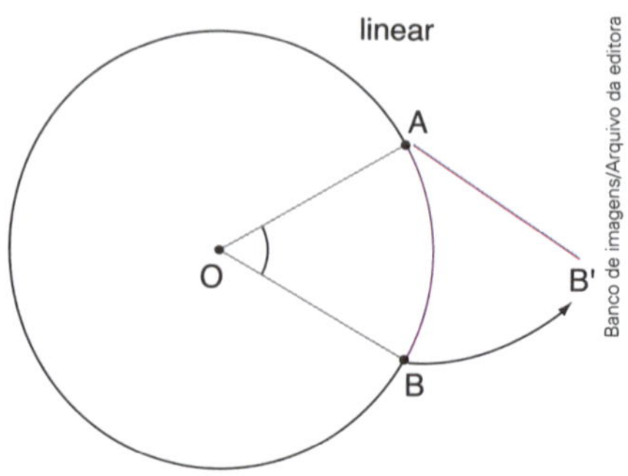

Como o comprimento de uma circunferência é $2\pi r$, podemos determinar o comprimento de um arco por uma regra de três. Observe o exemplo:

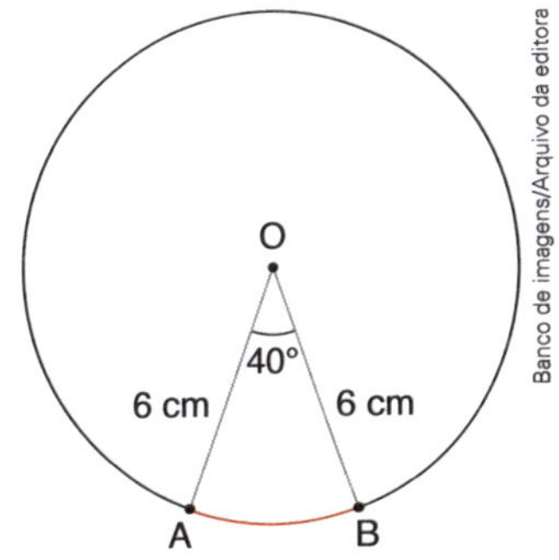

$$\begin{cases} 2\pi \cdot 6 \text{ —— } 360° \\ x \text{ —— } 40° \end{cases} \rightarrow x = \frac{4\pi}{3} \text{ cm}$$

Assim, o comprimento de $\overset{\frown}{AB}$ é $\frac{4\pi}{3}$ cm.

Unidades de medida de arcos e ângulos

Ao tratarmos da medida de um arco, adotamos o grau (°) ou radiano (rad).

Submúltiplos do grau:

- O arco de 1 minuto (indica-se 1') corresponde a $\frac{1}{60}$ do arco de medida 1°, ou seja, $1° = 60'$.
- O arco de 1 segundo (indica-se 1") corresponde a $\frac{1}{60}$ do arco de medida 1', ou seja, $1' = 60''$.

1 radiano é a medida de um arco cujo comprimento é igual ao raio da circunferência correspondente.

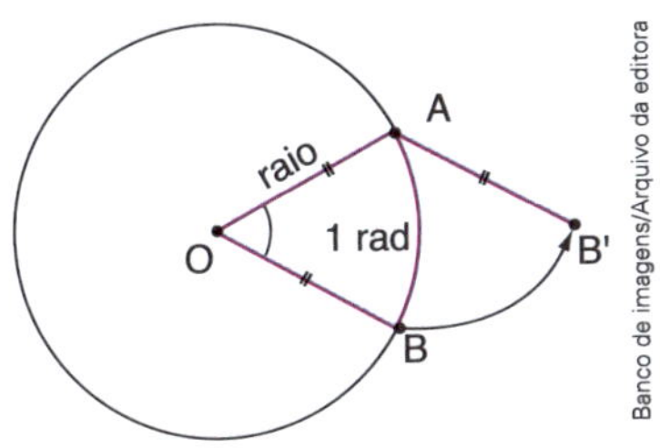

O arco $\overset{\frown}{AB}$, acima, bem como seu ângulo correspondente $A\hat{O}B$, mede 1 rad.

Conversão de grau para unidade de medida de arco

2π rad	——	360°
π rad	——	180°
$\frac{\pi}{2}$ rad	——	90°
$\frac{\pi}{3}$ rad	——	60°
$\frac{\pi}{4}$ rad	——	45°
...		
1 rad	——	$\simeq 57°18'$

Relação entre a medida de um arco (em radianos) e seu comprimento

$$\alpha = \frac{\ell}{r}$$ em que $\begin{cases} \alpha\text{: medida do arco em radianos} \\ \ell\text{: comprimento do arco} \\ \mathbf{r}\text{: medida do raio da circunferência} \end{cases}$

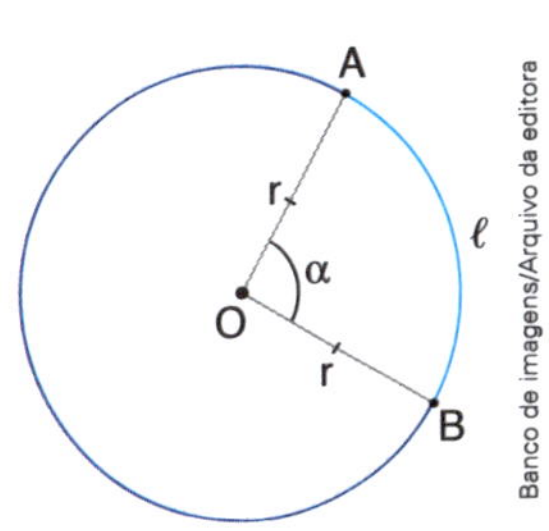

A circunferência trigonométrica

Observe a circunferência trigonométrica a seguir.

Banco de imagens/Arquivo da editora

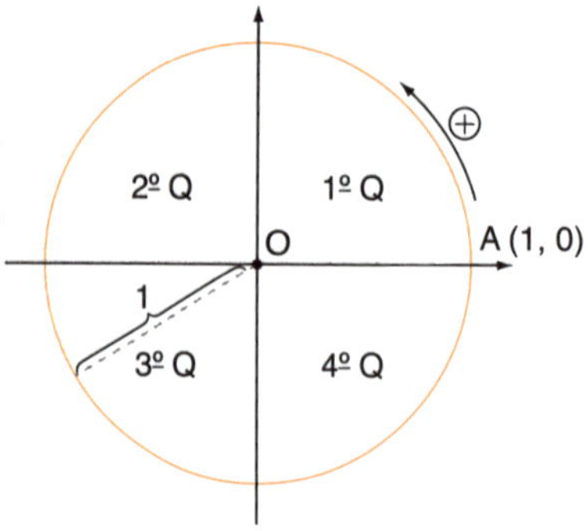

- Centro: **O** (origem do sistema de coordenadas)
- Raio: 1
- A(1, 0): origem de todos os arcos tomados nessa circunferência
- Sentido positivo: anti-horário
- Comprimento: $2 \cdot \pi \cdot 1 = 2\pi$

Números reais associados a pontos da circunferência trigonométrica

Vamos associar a cada número real **x**, $0 \leqslant x < 2\pi$, um único ponto **P** da circunferencia trigonométrica, de modo que:

- se $x = 0$, o ponto **P** coincide com o ponto A(1, 0);
- se $x > 0$, descrevemos, a partir de **A**, no sentido anti-horário, um arco de comprimento **x** e medida x rad, cujas extremidades são **A** e **P**.

Banco de imagens/Arquivo da editora

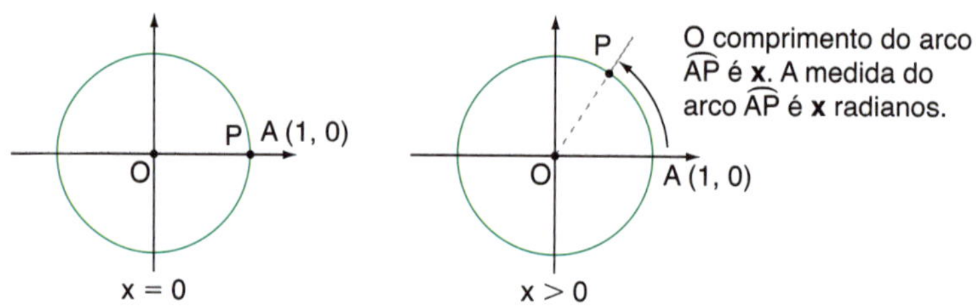

Observe a associação seguinte:

Banco de imagens/Arquivo da editora

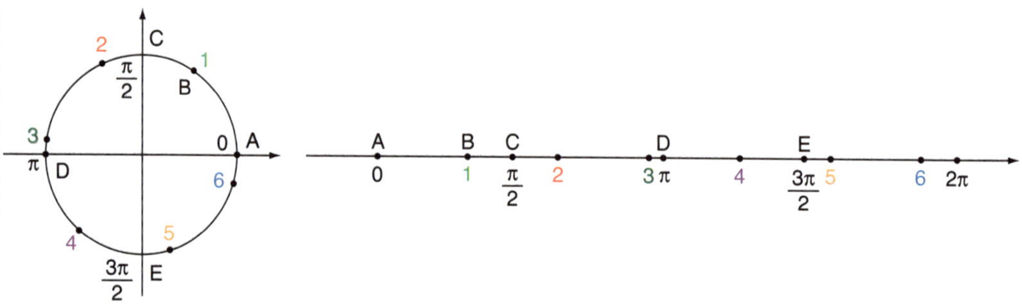

Simetrias

Considerando um arco de medida **x** radianos $\left(0 < x < \frac{\pi}{2}\right)$ e **P** sua imagem na circunferência, temos:

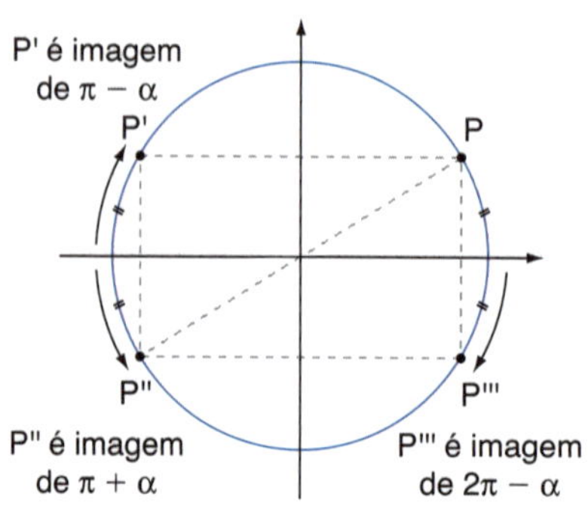

Banco de imagens/Arquivo da editora

Razões trigonométricas

Seno

Seja **P** um ponto da circunferência trigonométrica, imagem de um número real α, $0 \leqslant \alpha \leqslant 2\pi$.

Definimos o **seno de** α como a ordenada do ponto **P**:

sen α = ordenada de **P**

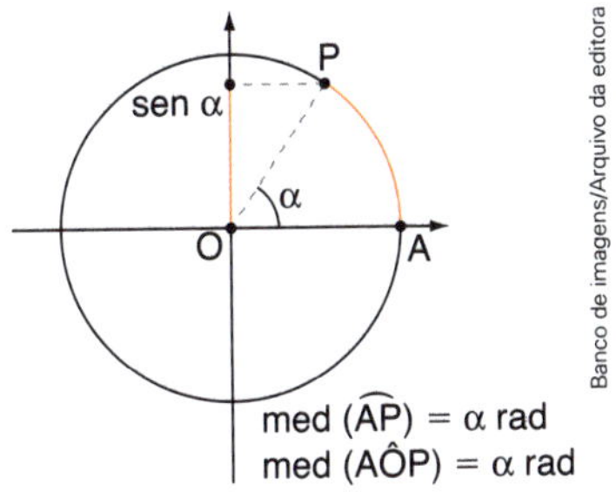

Como o raio da circunferência trigonométrica é unitário, temos que, para todo $\alpha \in [0, 2\pi]$, $-1 \leqslant \text{sen}\ \alpha \leqslant 1$, uma vez que a ordenada de qualquer ponto da circunferência trigonométrica varia de -1 a 1.

Valores notáveis

- $\text{sen}\ 0 = \text{sen}\ \pi = \text{sen}\ 2\pi = 0$
- $\text{sen}\ \dfrac{\pi}{2} = 1$
- $\text{sen}\ \dfrac{3\pi}{2} = -1$

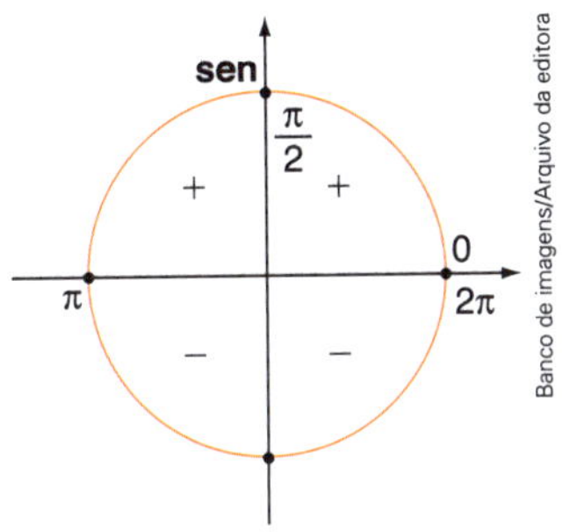

Cosseno

Seja **P** um ponto sobre a circunferência trigonométrica, imagem do número real α, $0 \leqslant \alpha \leqslant 2\pi$.

Definimos o **cosseno de** α como a abscissa do ponto **P**:

cos α = abscissa de **P**

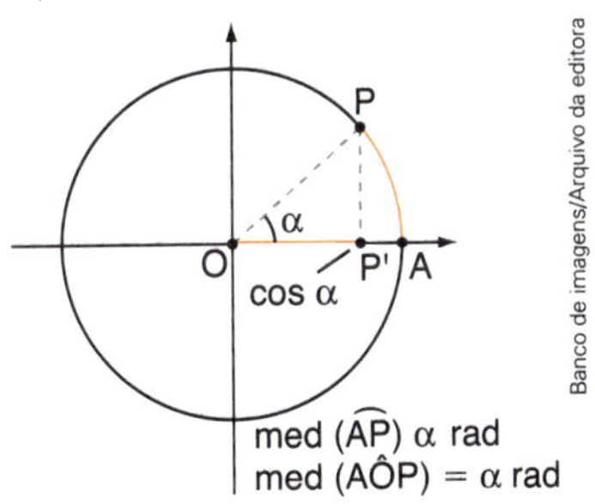

Observe que $-1 \leqslant \cos x \leqslant 1$; para todo $x \in [0, 2\pi]$

Valores notáveis

- $\cos 0 = \cos 2\pi = 1$
- $\cos \dfrac{\pi}{2} = \cos \dfrac{3\pi}{2} = 0$
- $\cos \pi = -1$

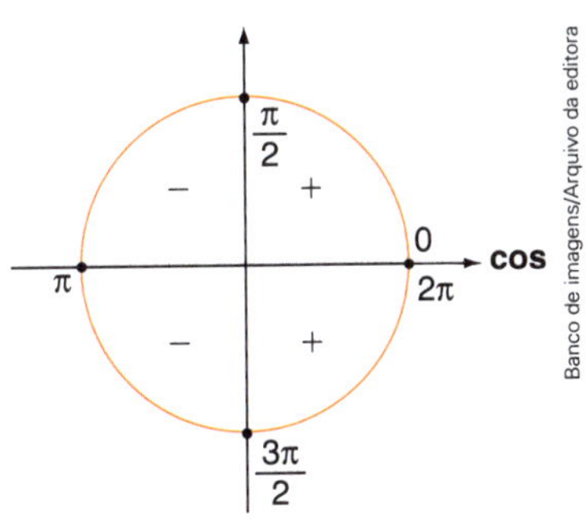

Redução ao 1º quadrante

Vamos determinar os valores de sen $\frac{2\pi}{3}$ e cos $\frac{2\pi}{3}$:

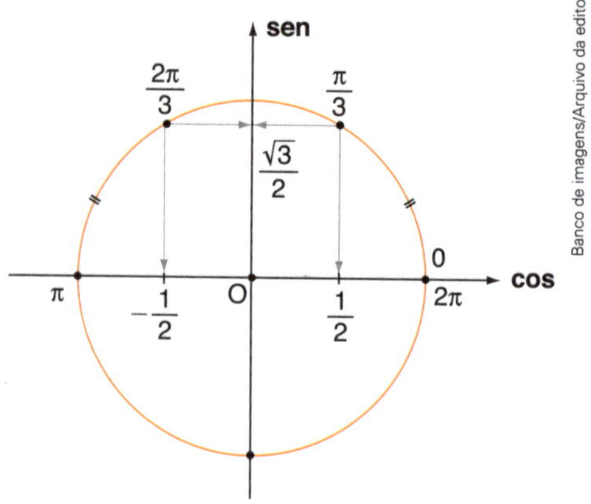

Observe que $\frac{2\pi}{3}$ rad $= \frac{2 \cdot 180°}{3} = 120°$.

Como $\pi - \frac{2\pi}{3} = \frac{\pi}{3}$ (ou 60°), temos:

- $\text{sen}\frac{2\pi}{3} = \text{sen}\frac{\pi}{3} = \frac{\sqrt{3}}{2}$
- $\cos\frac{2\pi}{3} = -\cos\frac{\pi}{3} = -\frac{1}{2}$

Relações entre seno e cosseno

Relação fundamental da trigonometria

$$\text{sen}^2\alpha + \cos^2\alpha = 1, \text{ para todo } \alpha \in [0, 2\pi]$$

Arcos complementares

$$\text{sen } x = \cos\left(\frac{\pi}{2} - x\right) \quad \text{e} \quad \cos x = \text{sen}\left(\frac{\pi}{2} - x\right)$$

Tangente

O **eixo das tangentes** é obtido ao se tangenciar, por uma reta vertical, a circunferência no ponto A(1, 0). O ponto **A** é a origem do eixo das tangentes, e seu sentido positivo (para cima) coincide com o do eixo dos senos.

$$\text{tg } x = \text{med}\left(\overline{AT}\right)$$

↑

Medida algébrica do segmento

- Se **T** está acima de **A** $\Rightarrow \text{med}\left(\overline{AT}\right) > 0$
- Se **T** está abaixo de **A** $\Rightarrow \text{med}\left(\overline{AT}\right) < 0$

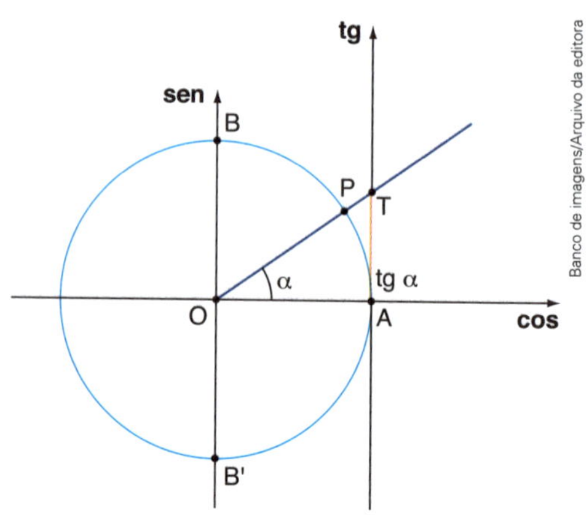

Valores notáveis

- $\text{tg } 0 = \text{tg } \pi = \text{tg } 2\pi = 0$
- $\nexists \text{ tg } \frac{\pi}{2}$
- $\nexists \text{ tg } \frac{3\pi}{2}$

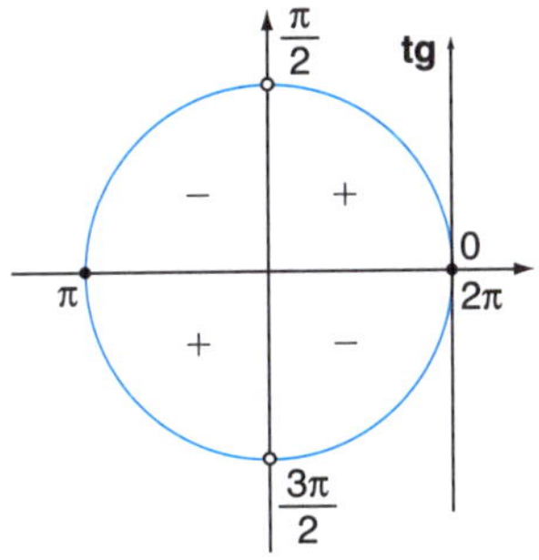

Exemplo:

Vamos determinar, por redução do 1º quadrante, o valor de $\text{tg } \frac{7\pi}{4}$.

Observe que $\frac{7\pi}{4} \text{ rad} = \frac{7 \cdot 180°}{4} = 315°$

Como $2\pi - \frac{7\pi}{4} = \frac{\pi}{4}$ (ou 45°), temos: $\text{tg}\frac{7\pi}{4} = -\text{tg}\frac{\pi}{4} = -1$

Relação entre tangente, seno e cosseno

Se $\alpha \in \mathbb{R}$, $0 \leq \alpha \leq 2\pi$, $\alpha \neq \frac{\pi}{2}$ e $\alpha \neq \frac{3\pi}{2}$, vale a relação:

$$\text{tg } \alpha = \frac{\text{sen } \alpha}{\cos \alpha}$$

Outras razões trigonométricas

$$\text{cotg } x = \frac{\cos x}{\text{sen } x} \text{ ; sen } x \neq 0$$

$$\sec x = \frac{1}{\cos x} \text{ ; } \cos x \neq 0$$

$$\text{cossec } x = \frac{1}{\text{sen } x} \text{ ; sen } x \neq 0$$

Trigonometria em triângulos quaisquer

Teorema dos senos

As medidas dos lados de um triângulo são proporcionais aos senos dos respectivos ângulos opostos, e a constante de proporcionalidade é igual à medida do diâmetro da circunferência circunscrita a esse triângulo.

$$\frac{a}{\text{sen } \hat{A}} = \frac{b}{\text{sen } \hat{B}} = \frac{c}{\text{sen } \hat{C}} = 2R$$

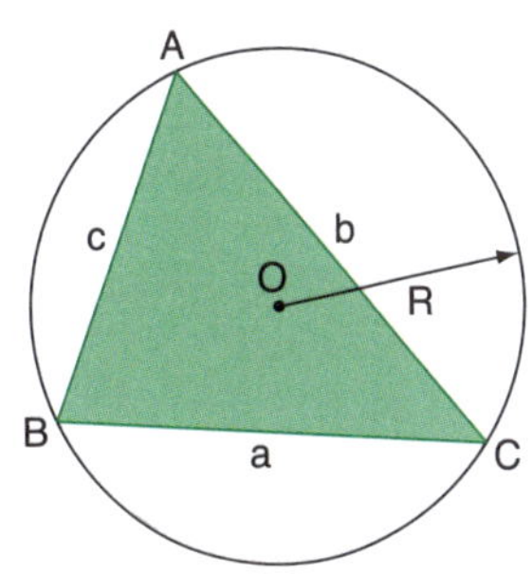

Teorema dos cossenos

Em todo triângulo, o quadrado da medida de qualquer lado é igual à soma dos quadrados das medidas dos outros dois, menos o dobro do produto da medida desses lados pelo cosseno do ângulo por eles formado.

$$a^2 = b^2 + c^2 - 2 \cdot b \cdot c \cdot \cos \hat{A}$$

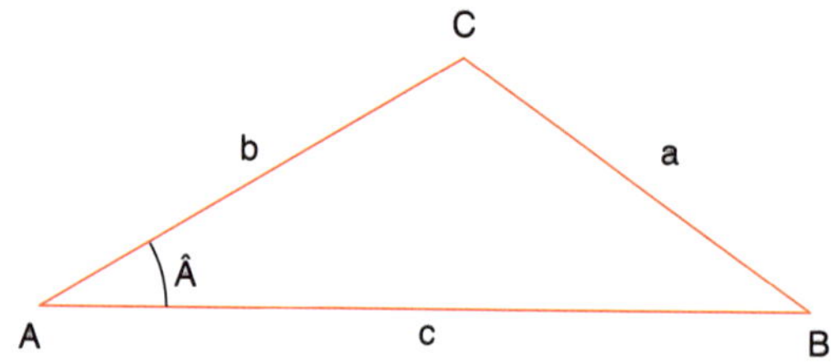

Banco de imagens/Arquivo da editora

Área do triângulo

Em qualquer triângulo, a área é igual ao semiproduto das medidas de dois lados pelo seno do ângulo por eles formado.

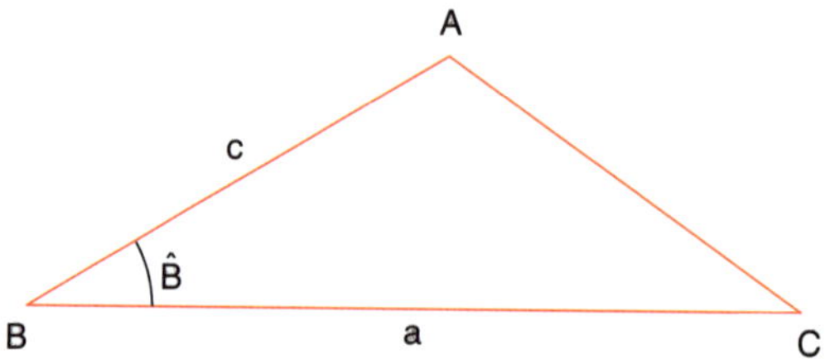

Banco de imagens/Arquivo da editora

$$\text{Área} = \frac{a \cdot c \cdot \text{sen}\,\hat{B}}{2}$$

Essa fórmula é útil quando são conhecidas as medidas de dois lados de um triângulo e o do ângulo formado por esses lados.

Funções trigonométricas

A cada número real está associado um ponto da circunferência.

Seja $x \in \mathbb{R}$. Como podemos determinar o ponto **P**, imagem de **x**?

- Se $x > 0$, partimos do ponto A(1, 0) e percorremos, no sentido anti-horário, um arco de comprimento **x** (e medida x rad), cujas extremidades são **A** e **P**.
  Exemplo:
  P é imagem de $x = \frac{19\pi}{3}$. Observe que:
  $$\frac{19\pi}{3} = \frac{18\pi}{3} + \frac{\pi}{3} = \underbrace{6\pi}_{\text{3 voltas completas}} + \frac{\pi}{3}$$

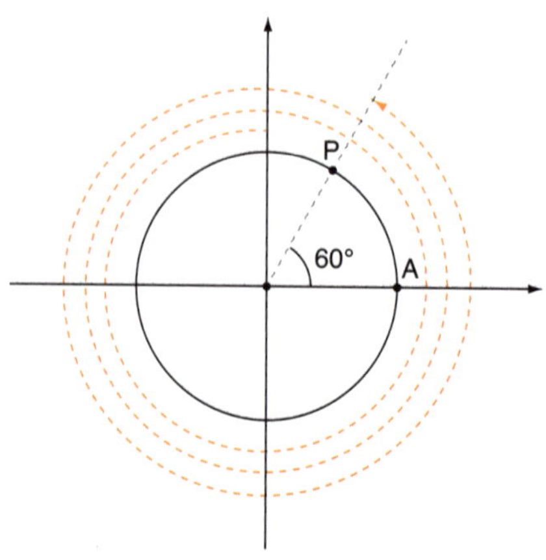

Banco de imagens/Arquivo da editora

- Se $x < 0$, partimos do ponto A(1, 0) e percorremos, no sentido horário, um arco de comprimento $|x|$, cujas extremidades são **A** e **P**.

  Exemplo: **Q** é imagem de $x = -\dfrac{3\pi}{2}$

  O arco $\overset{\frown}{AQ}$ tem comprimento igual a $\left|-\dfrac{3\pi}{2}\right| = \dfrac{3\pi}{2}$.

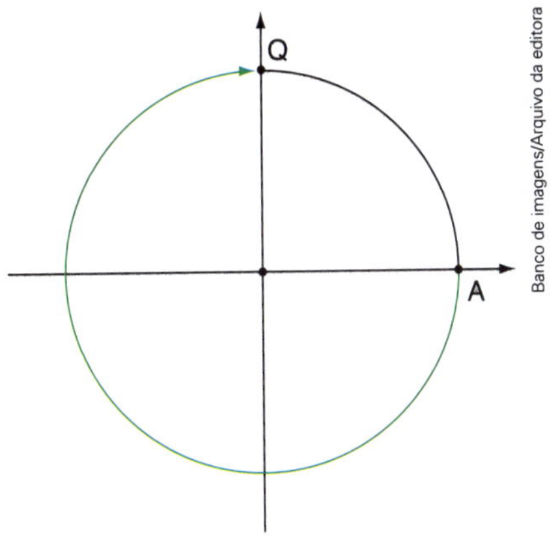

- Se $x = 0$, a imagem **P** é o próprio ponto **A**.

Outra opção é trabalhar com a medida do arco em graus.

Por exemplo, para determinar a imagem **P** de $x = \dfrac{125\pi}{6}$, lembramos que a esse número real está associado um arco de medida:

$$\frac{125\pi}{6}\text{rad} = \frac{125 \cdot 180°}{6} = 3\,750°$$

$$\begin{array}{r|l} 3\,750° & 360° \\ \hline \downarrow & 10 \\ 150° & \end{array}$$

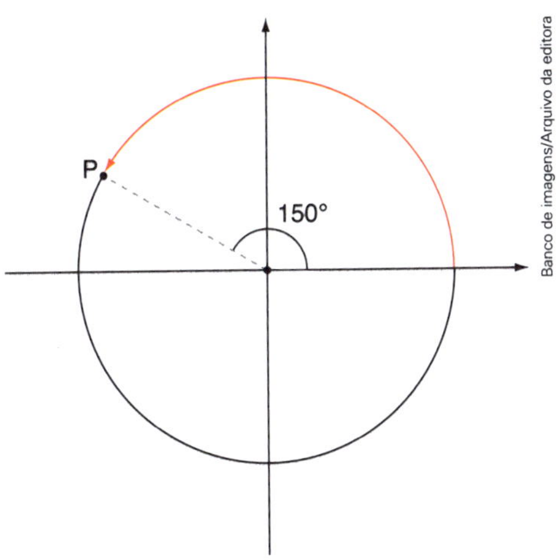

Expressão geral dos números reais associados a pontos da circunferência

De modo geral, possuem imagem em **P** todos os números reais da forma:

$$\frac{\pi}{2} + k \cdot 2\pi, \text{ sendo } \mathbf{k} \text{ um número inteiro.}$$

Todos os arcos assim construídos têm extremidades em **A** e **P**. Eles são chamados **arcos côngruos**.

Sejam dois pontos diametralmente opostos da circunferência trigonométrica, **P** e **Q**.

Por exemplo, o número real **x**, em que $0 \leqslant x < 2\pi$ com imagem em **P** é $x = \frac{\pi}{2}$.

Assim, a expressão que representa todos os números reais com imagem em **P** ou **Q** é:

$$\left\{x \in \mathbb{R} \,\middle|\, x = \frac{\pi}{2} + k \cdot \pi; k \in \mathbb{Z}\right\}$$

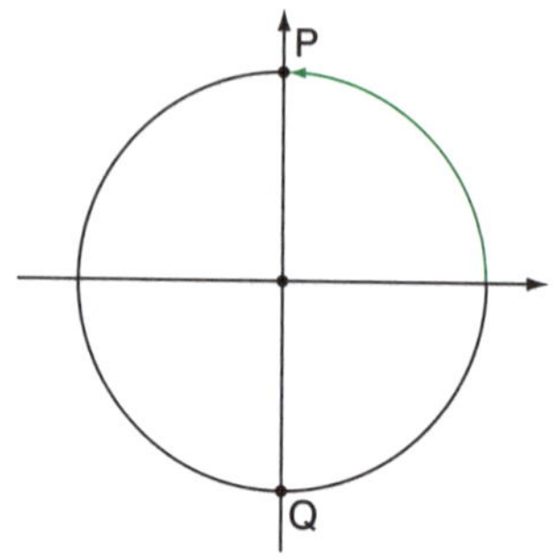

Banco de imagens/Arquivo da editora

Observe que:

- se $k = 0 \Rightarrow x = \frac{\pi}{2}$ (**P**); se $k = 1 \Rightarrow x = \frac{\pi}{2} + \pi = \frac{3\pi}{2}$ (**Q**)
- se $k = -1 \Rightarrow x = \frac{\pi}{2} - \pi = -\frac{\pi}{2}$ (**Q**);
- se $k = -2 \Rightarrow x = \frac{\pi}{2} - 2\pi = -\frac{3\pi}{2}$ (**P**), e assim por diante.

Funções periódicas

Uma função f: A → B é periódica se existir um número real positivo **p** tal que $f(x) = f(x + p)$, $\forall x \in A$.
O menor valor positivo de **p** é chamado de **período** de **f**.

Função seno

Denominamos **função seno** a função f: $\mathbb{R} \rightarrow \mathbb{R}$, que associa a cada número real **x** o seu seno, isto é, $f(x) = \text{sen } x$.

Observe, abaixo, um período (de 0 a 2π) "detalhado" do gráfico de **f**:

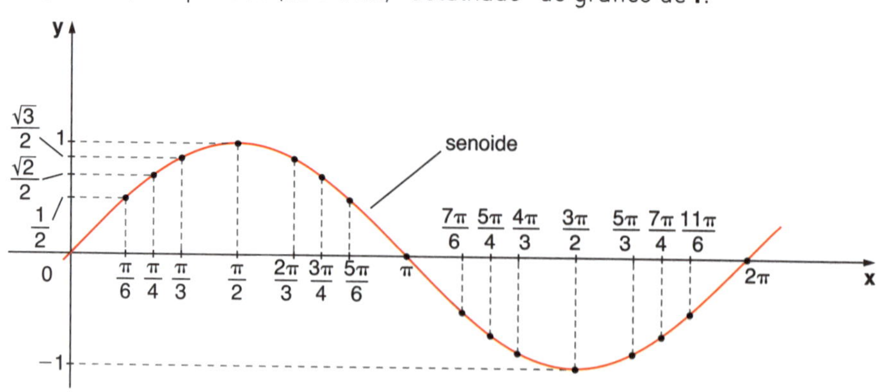

Banco de imagens/Arquivo da editora

Esse gráfico recebe o nome de **senoide**.

- $D = \mathbb{R}$
- $Im = [-1, 1]$
- Período $= 2\pi$

Função cosseno

Chama-se **função cosseno** a função f: ℝ → ℝ, que associa a cada número real **x** o seu cosseno, ou seja, f(x) = cos x.

Observe, abaixo, um período (de 0 a 2π) "detalhado" do gráfico de **f**:

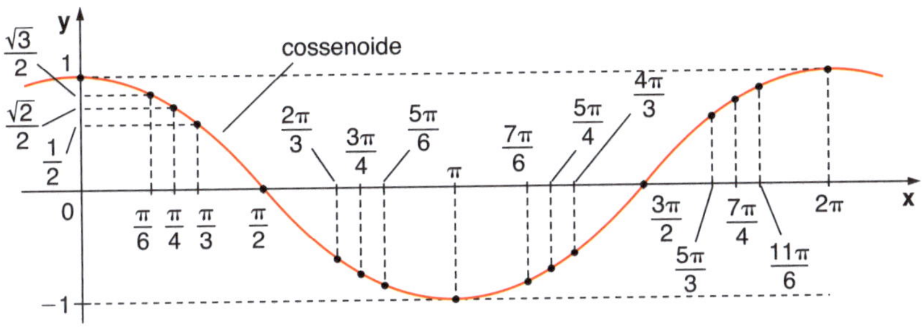

Banco de imagens/Arquivo da editora

Esse gráfico recebe o nome de **cossenoide**.

- D = ℝ
- Im = [−1, 1]
- Período = 2π

Período

Sejam **c** e **d** números reais, com c ≠ 0. A função definida por y = sen (cx + d) tem período **p** dado por $p = \frac{2\pi}{|c|}$.

O mesmo vale para a função y = cos (cx + d).

Exemplos:

- O período da função h: ℝ → ℝ dada por h(x) = cos (2x) é $p = \frac{2\pi}{|2|} = \pi$.
- O período da função g: ℝ → ℝ dada por $g(x) = -3 \cdot \text{sen}\left(\frac{x}{2} + \frac{\pi}{6}\right)$ é $p = \frac{2\pi}{\left|\frac{1}{2}\right|} = 4\pi$.

Efeitos da alteração do período no gráfico

Sejam g: ℝ → ℝ dada por g(x) = cos x, cujo período é 2π, e h: ℝ → ℝ dada por h(x) = cos(2x), cujo período é **π**.

Compare os gráficos das funções **g** e **h** a seguir, traçados em um mesmo sistema de coordenadas, com o auxílio do GeoGebra.

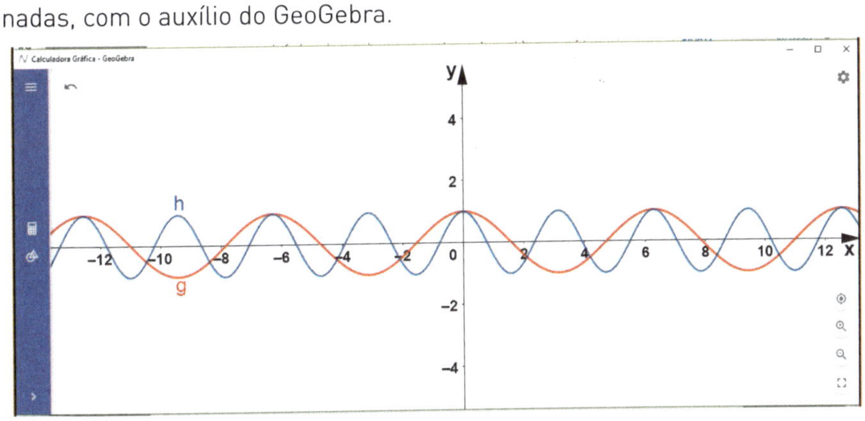

Reprodução/<www.geogebra.org>

O gráfico de **h** é obtido "comprimindo-se na horizontal" o gráfico de **g**.

Se o período fosse maior que 2π, como na função $y = \cos\left(\frac{x}{2}\right)$ (o período é 4π), o gráfico obtido corresponderia a uma "dilatação na horizontal" do gráfico de **g**.

Efeitos sobre o conjunto imagem

Na lei $y = a + b \cdot \cos(cx + d)$ ou $y = a + b \cdot \text{sen}(cx + d)$, os valores de **a** e **b** influenciam o conjunto imagem da função.

Sejam **f** e **g** funções de $\mathbb{R}$ em $\mathbb{R}$ dadas por $f(x) = \text{sen } x$ e $g(x) = 3 \cdot \text{sen } x$.

O conjunto imagem de **f** é $[-1, 1]$; o conjunto imagem de **g** é $[-3, 3]$.

O gráfico de **g** é obtido a partir do gráfico de **f**, "alongando-o na vertical".

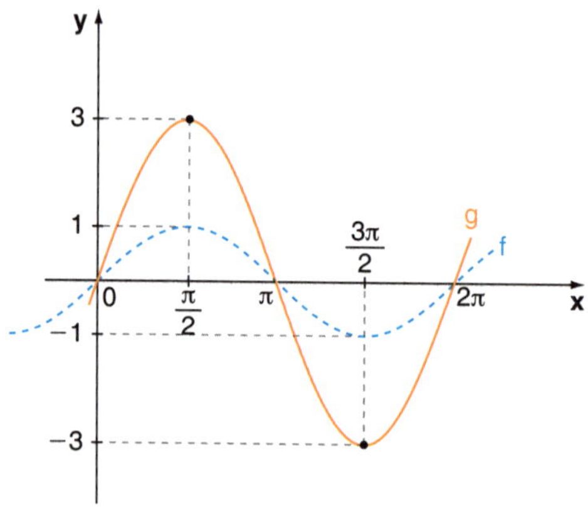

Banco de imagens/Arquivo da editora

Podemos determinar o conjunto imagem de $y = -3 + 5 \cdot \text{sen}(3x)$, por exemplo, sem construir o gráfico:

$-1 \leq \text{sen}(3x) \leq 1 \Rightarrow -5 \leq 5 \cdot \text{sen}(3x) \leq 5 \Rightarrow -3 - 5 \leq -3 + 5 \cdot \text{sen}(3x) < -3 + 5$, isto é, $-8 \leq y \leq 2$ e o conjunto imagem é $[-8, 2]$.

Função tangente

Denominamos **função tangente** a função $f: D \to \mathbb{R}$, que associa a cada número real $x \in D$ o número real $\text{tg } x$, isto é, $f(x) = \text{tg } x$.

Observe o gráfico da função tangente, que recebe o nome de **tangentoide**.

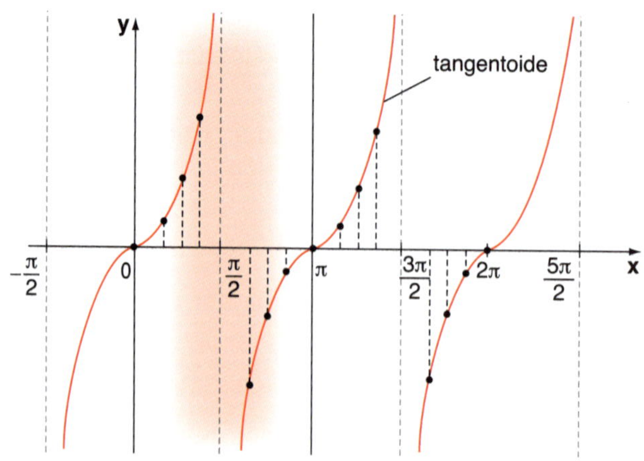

Banco de imagens/Arquivo da editora

- $D = \left\{x \in \mathbb{R} \,\middle|\, x \neq \frac{\pi}{2} + k\pi;\ k \in \mathbb{Z}\right\}$
- $\text{Im } f = \mathbb{R}$
- Período $= \pi$

Transformações trigonométricas

Adição e subtração

Dados os números reais **a** e **b** valem as relações:

$$\cos(a + b) = \cos a \cdot \cos b - \text{sen } a \cdot \text{sen } b$$

$$\cos(a - b) = \cos a \cdot \cos b + \text{sen } a \cdot \text{sen } b$$

$$\text{sen}(a + b) = \text{sen } a \cdot \cos b + \text{sen } b \cdot \cos a$$

$$\text{sen}(a - b) = \text{sen } a \cdot \cos b - \text{sen } b \cdot \cos a$$

$$\text{tg}(a + b) = \frac{\text{tg } a + \text{tg } b}{1 - \text{tg } a \cdot \text{tg } b}$$

$$\text{tg}(a - b) = \frac{\text{tg } a - \text{tg } b}{1 + \text{tg } a \cdot \text{tg } b}$$

Com auxílio dessas fórmulas é possível, por exemplo, calcular sen 105°, cos 105° e tg 105°:

- $\text{sen } 105° = \text{sen}(60° + 45°) = \text{sen } 60° \cdot \cos 45° + \text{sen } 45° \cdot \cos 60° = \frac{\sqrt{3}}{2} \cdot \frac{\sqrt{2}}{2} + \frac{\sqrt{2}}{2} \cdot \frac{1}{2} = \frac{\sqrt{6} + \sqrt{2}}{4}$
- $\cos 105° = \cos(60° + 45°) = \cos 60° \cdot \cos 45° - \text{sen } 60° \cdot \text{sen } 45° = \frac{1}{2} \cdot \frac{\sqrt{2}}{2} - \frac{\sqrt{3}}{3} \cdot \frac{\sqrt{2}}{2} = \frac{\sqrt{2} - \sqrt{6}}{4}$
- $\text{tg } 105° = \frac{\text{sen } 105°}{\cos 105°} = \frac{\frac{\sqrt{6} + \sqrt{2}}{4}}{\frac{\sqrt{2} - \sqrt{6}}{4}} = \frac{\sqrt{2} + \sqrt{6}}{\sqrt{2} - \sqrt{6}} \cdot \frac{\sqrt{2} + \sqrt{6}}{\sqrt{2} + \sqrt{6}} = \frac{2 + 2\sqrt{12} + 6}{\left(\sqrt{2}\right)^2 - \left(\sqrt{6}\right)^2} = \frac{8 + 2\sqrt{12}}{-4} = \frac{8 + 4\sqrt{3}}{-4} = -2 - \sqrt{3}$

Razões trigonométricas de 2a

Considerando $2a = a + a$, $a \in \mathbb{R}$, temos que:

$$\text{sen}(2a) = 2 \cdot \text{sen } a \cdot \cos a$$

$$\cos(2a) = \cos^2 a - \text{sen}^2 a$$

$$\text{tg}(2a) = \frac{2\text{tg } a}{1 - \text{tg } 2a}$$

Transformação em produto

$$\text{sen } p + \text{sen } q = 2 \text{ sen } \frac{p + q}{2} \cdot \cos \frac{p - q}{2}$$

$$\text{sen } p - \text{sen } q = 2 \text{ sen } \frac{p - q}{2} \cdot \cos \frac{p + q}{2}$$

$$\cos p + \cos q = 2 \cos \frac{p + q}{2} \cdot \cos \frac{p - q}{2}$$

$$\cos p - \cos q = -2 \text{ sen } \frac{p + q}{2} \cdot \text{sen } \frac{p - q}{2}$$

$$\text{tg } p + \text{tg } q = \frac{\text{sen}(p + q)}{\cos p \cdot \cos q}$$

$$\text{tg } p - \text{tg } q = \frac{\text{sen}(p - q)}{\cos p \cdot \cos q}$$

Equações trigonométricas fundamentais

De modo geral, quase todas as equações trigonométricas se reduzem a uma destas três:

$$\text{sen } x = \text{sen } \alpha \qquad \cos x = \cos \alpha \qquad \text{tg } x = \text{tg } \alpha$$

em que **x** é a variável real e α é um número conhecido.

Por exemplo, vamos resolver em $[0, 2\pi]$:

- $\text{sen } x = \dfrac{\sqrt{3}}{2}$

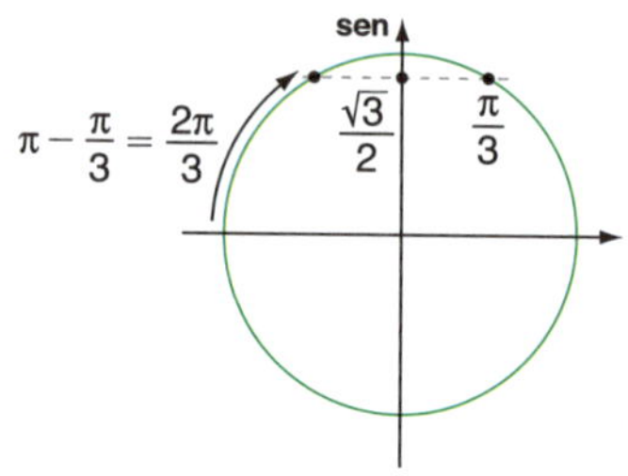

Banco de imagens/Arquivo da editora

$S = \left\{\dfrac{\pi}{3}, \dfrac{2\pi}{3}\right\}$

- $\cos x = -\dfrac{\sqrt{2}}{2}$

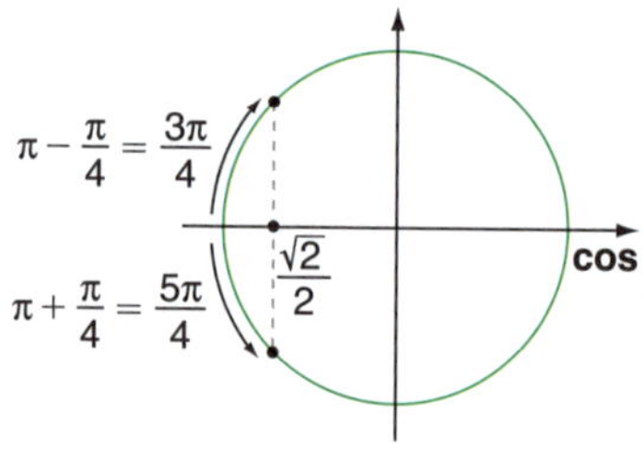

Banco de imagens/Arquivo da editora

$S = \left\{\dfrac{3\pi}{4}, \dfrac{5\pi}{4}\right\}$

- $\text{tg } x = \dfrac{\sqrt{3}}{3}$

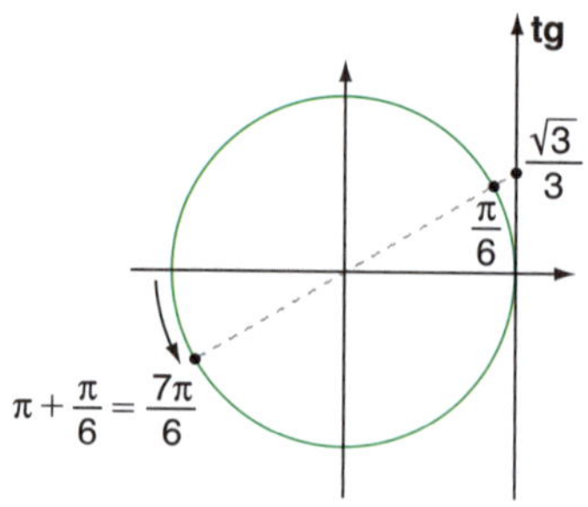

Banco de imagens/Arquivo da editora

$S = \left\{\dfrac{\pi}{6}, \dfrac{7\pi}{6}\right\}$

Solução geral de uma equação

Por exemplo, vamos resolver em $\mathbb{R}$:

- $\text{sen } (4x) = 0$

  $4x = 0 + k\pi;\ k \in \mathbb{Z}$

  $x = \dfrac{k \cdot \pi}{4}$

  $S = \left\{x \in \mathbb{R} \,\middle|\, x = \dfrac{k\pi}{4}; k \in \mathbb{Z}\right\}$

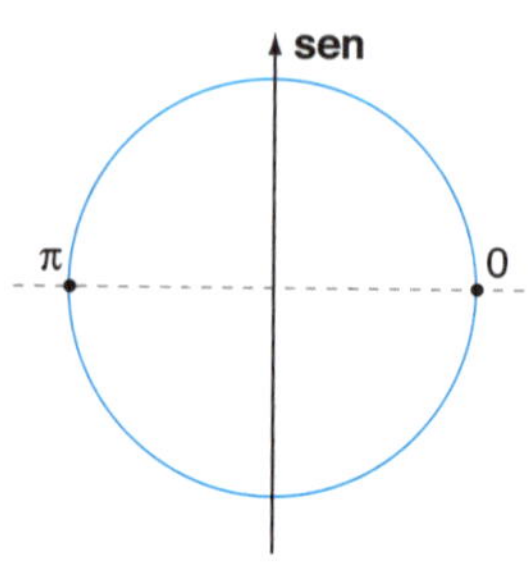

Banco de imagens/Arquivo da editora

- $\text{cossec}^2\, x = 2\, \text{cotg}\, x$

$$\frac{1}{\text{sen}^2\, x} = 2\frac{\cos x}{\text{sen}\, x};\ \text{sen}\, x \neq 0$$

$$1 = 2\, \text{sen}\, x \cos x$$

$$1 = \text{sen}\, (2x)$$

$$2x = \frac{\pi}{2} + k \cdot 2\pi \Rightarrow S = \left\{x \in \mathbb{R} \,\middle|\, \frac{\pi}{4} + k \cdot \pi;\ k \in \mathbb{Z}\right\}$$

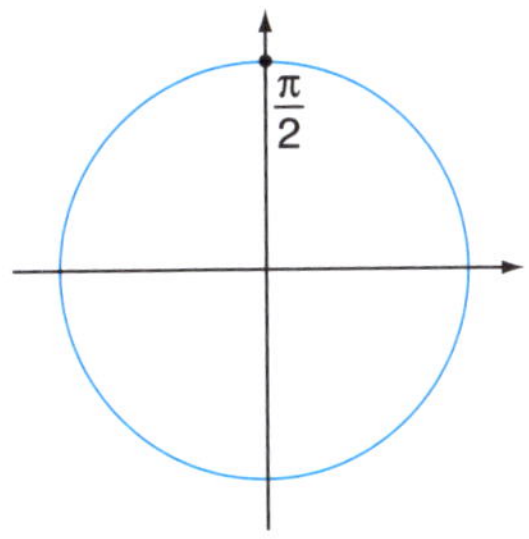

Banco de imagens/Arquivo da editora

Soluções em determinado intervalo

Por exemplo, vamos resolver em $[0, \pi]$ $\cos (3x) = \frac{1}{2}$.

$$3x = \pm\frac{\pi}{3} + k \cdot 2\pi \Rightarrow x = \pm\frac{\pi}{9} + k \cdot \frac{2\pi}{3}\ (*)\ \text{(Solução geral)}$$

A partir de (*), determinamos as soluções em $[0, \pi]$:

$k = 0 \Rightarrow x = \frac{\pi}{9}$ (serve) ou $x = -\frac{\pi}{9}$ (não serve)

$k = 1 \Rightarrow x = \frac{\pi}{9} + \frac{2\pi}{3} = \frac{7\pi}{9}$ (serve) ou $x = -\frac{\pi}{9} + \frac{2\pi}{3} = \frac{5\pi}{9}$ (serve)

$k = 2 \Rightarrow x = \frac{\pi}{9} + \frac{4\pi}{3} > \pi$ (não serve) ou $x = -\frac{\pi}{9} + \frac{4\pi}{3} = \frac{11\pi}{9} > \pi$ (não serve)

$$S = \left\{\frac{\pi}{9}, \frac{7\pi}{9}, \frac{5\pi}{9}\right\}$$

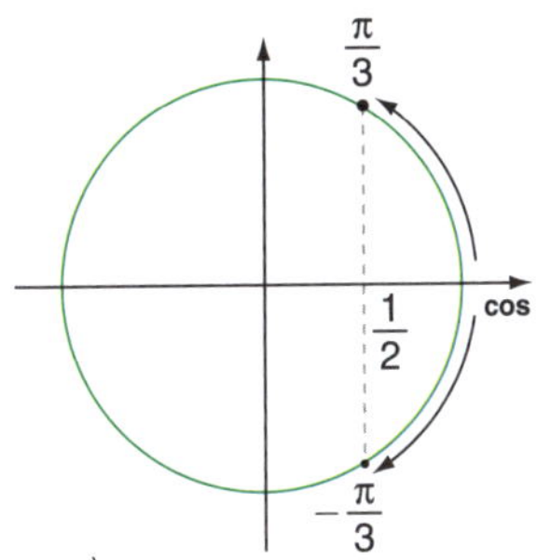

Banco de imagens/Arquivo da editora

Aplique o que aprendeu

Exercícios resolvidos

1. O comprimento do arco $\overset{\frown}{AB}$ é 5 cm. Determine a medida α, em radianos.

Solução:

$$\alpha = \frac{\ell}{r} = \frac{5}{2} = 2{,}5 \text{ rad}$$

Observe que 2,5 rad $\simeq$ 143°.

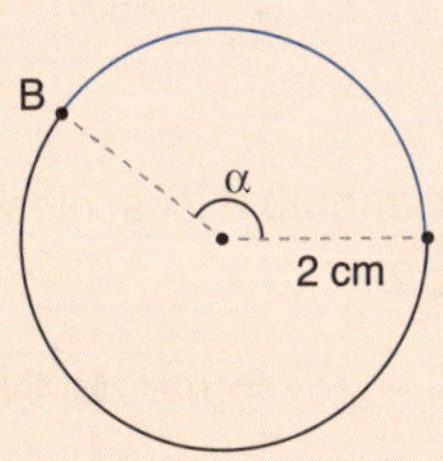

Banco de imagens/Arquivo da editora

2. Dados $\text{tg}\, x = -\frac{4}{3}$ e $\frac{\pi}{2} < x < \pi$, determine o valor de sen x.

Solução:

$$\text{tg}\, x = -\frac{4}{3} \Rightarrow \frac{\text{sen}\, x}{\cos x} = -\frac{4}{3} \Rightarrow \cos x = -\frac{3\,\text{sen}\, x}{4}$$

Usando a relação fundamental:

$$\text{sen}^2 x + \cos^2 x = 1 \Rightarrow \text{sen}^2\, x + \left(-\frac{3\,\text{sen}\, x}{4}\right)^2 = 1 \Rightarrow \frac{25\,\text{sen}^2\, x}{16} = 1 \Rightarrow \text{sen}\, x = \pm\frac{4}{5}$$

Como **x** está no 2º quadrante, temos $\text{sen}\, x = \frac{4}{5}$.

3. Observe a figura abaixo e determine as medidas **x** e **R**.

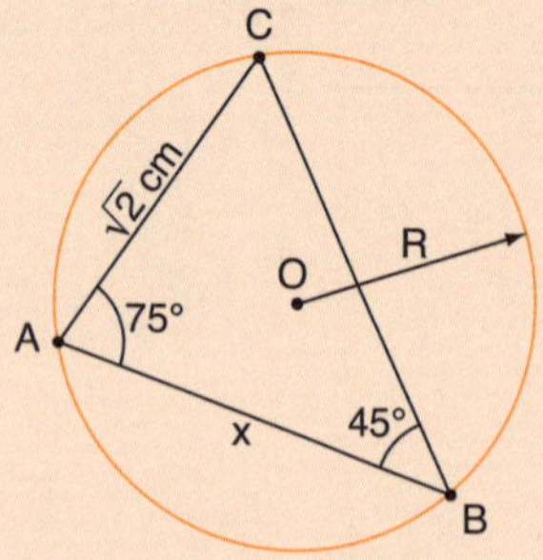

Banco de imagens/Arquivo da editora

Solução:

O ângulo $\hat{C}$ mede $180° - (75° + 45°) = 60°$.

$$\frac{\sqrt{2}}{\text{sen } 45°} = \frac{x}{\text{sen } 60°} = 2R\text{, isto é:}$$

$$\frac{\sqrt{2}}{\frac{\sqrt{2}}{2}} = \frac{x}{\frac{\sqrt{3}}{2}} \Rightarrow x = \sqrt{3} \text{ cm}$$

Como $\frac{\sqrt{2}}{\frac{\sqrt{2}}{2}} = 2R \Rightarrow R = 1$ cm.

4. Na figura, o triângulo MNP é isósceles de base $\overline{PN}$. Sabendo que MN = 2 cm, determine PN.

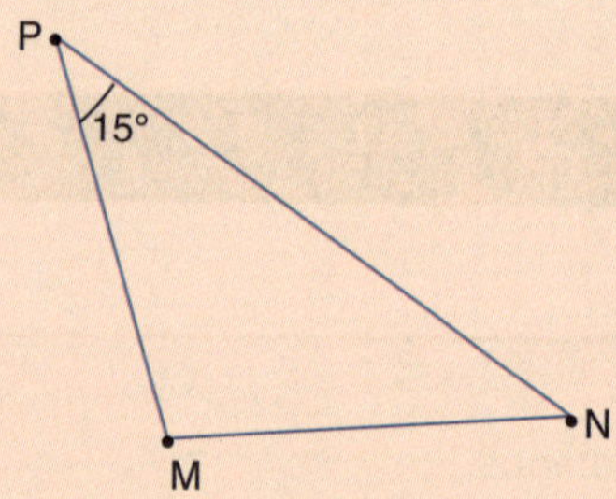

Banco de imagens/Arquivo da editora

Solução:

Como o triângulo é isósceles, temos:

PM = MN = 2 cm

$\text{med}(P\widehat{N}M) = 15° \Rightarrow \text{med}(P\widehat{M}N) = 150°$

Daí:

$$(PN)^2 = (PM)^2 + (MN)^2 - 2 \cdot (PM) \cdot (MN) \cdot \cos 150°$$

$$(PN)^2 = 2^2 + 2^2 - 2 \cdot 2 \cdot 2 \cdot \cos 150°$$

$$(PN)^2 = 8 - 8 \cdot \cos 150°; \cos 150° = -\cos 30° = -\frac{\sqrt{3}}{2}$$

$$(PN)^2 = 8 - 8 \cdot \left(-\frac{\sqrt{3}}{2}\right)$$

$$(PN)^2 = 4 \cdot (2 + \sqrt{3}) \Rightarrow PN = \sqrt{4(2 + \sqrt{3})} \Rightarrow$$

$$\Rightarrow PN = 2 \cdot \sqrt{2 + \sqrt{3}} \text{ cm}$$

5. Na figura, determine o valor de tg β.

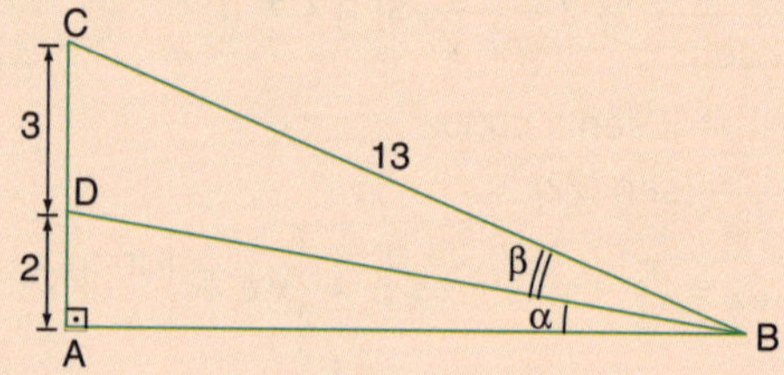

Banco de imagens/Arquivo da editora

Solução:

No △ABC, vem:

$$13^2 = 5^2 + (AB)^2 \Rightarrow AB = 12 \text{ cm}$$

$$\text{tg}(\alpha + \beta) = \frac{AC}{AB} = \frac{5}{12} \ (*)$$

No △ABD, temos:

$$\text{tg } \alpha = \frac{AD}{AB} = \frac{2}{12} = \frac{1}{6} \ (**)$$

Como $\text{tg}(\alpha + \beta) = \frac{\text{tg } \alpha + \text{tg } \beta}{1 - \text{tg } \alpha \cdot \text{tg } \beta}$, de (*) e (**) vem:

$$\frac{5}{12} = \frac{\frac{1}{6} + \text{tg } \beta}{1 - \frac{1}{6} \cdot \text{tg } \beta} \Rightarrow 2 + 12\text{tg } \beta = 5 - \frac{5\text{tg } \beta}{6} \Rightarrow$$

$$\Rightarrow \text{tg } \beta = \frac{18}{77}$$

6. Qual é o valor de sen 22°30'?

Solução:

Note que 2 · (22°30') = 45°. Podemos então utilizar a fórmula do arco duplo:

$$\cos(2 \cdot 22°30') = \underbrace{\cos^2(22°30')}_{\text{Relação fund.}} - \text{sen}^2(22°30') \Rightarrow$$

$$\Rightarrow \cos 45° = 1 - \text{sen}^2(22°30') - \text{sen}^2(22°30') \Rightarrow$$

$$\Rightarrow 2\,\text{sen}^2(22°30') = 1 - \cos 45° \Rightarrow$$

$$\Rightarrow 2\,\text{sen}^2(22°30') = 1 - \frac{\sqrt{2}}{2} \Rightarrow \text{sen}^2(22°30') = \frac{2 - \sqrt{2}}{4} \Rightarrow$$

$$\Rightarrow \text{sen}(22°30') = \sqrt{\frac{2 - \sqrt{2}}{4}} = \frac{\sqrt{2 - \sqrt{2}}}{2}$$

7. Quais são o período, o domínio e o conjunto imagem da função y = sen (3x) · cos (3x)?

Solução:

$$y = \text{sen}(3x) \cdot \cos(3x) \Rightarrow 2y = \underbrace{2\,\text{sen}(3x) \cdot \cos(3x)}_{(I)} \Rightarrow$$

$$2y = \text{sen}(6x) \Rightarrow y = \frac{1}{2} \cdot \text{sen}(6x)$$

$D = \mathbb{R}$;

Daí: $\text{Im} = \left[-\frac{1}{2}, \frac{1}{2}\right]$, pois mín. e máx. de sen (6x) são −1 e 1; o período é $\frac{2\pi}{6} = \frac{\pi}{3}$

Questões

1. (Insper-SP)

Na figura abaixo, em que o quadrado PQRS está inscrito na circunferência trigonométrica, os arcos $\overset{\frown}{AP}$ e $\overset{\frown}{AQ}$ têm medidas iguais a α e β respectivamente, com $0 < \alpha < \beta < \pi$.

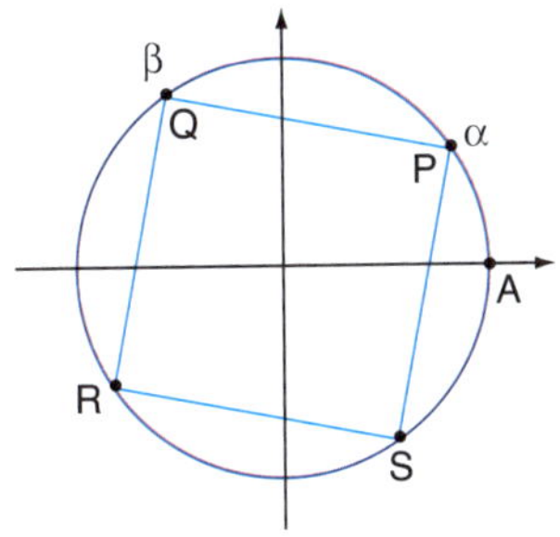

Sabendo que $\cos \alpha = 0{,}8$ pode-se concluir que o valor de $\cos \beta$ é

a) $-0,8$.
b) $0,8$.
c) $-0,6$.
d) $0,6$.
e) $-0,2$.

2. (EsPCEx-SP)

Os pontos **P** e **Q** representados no círculo trigonométrico ao lado correspondem às extremidades de dois arcos, ambos com origem em (1, 0), denominados respectivamente α e β medidos no sentido positivo. O valor de $\text{tg}(\alpha + \beta)$ é

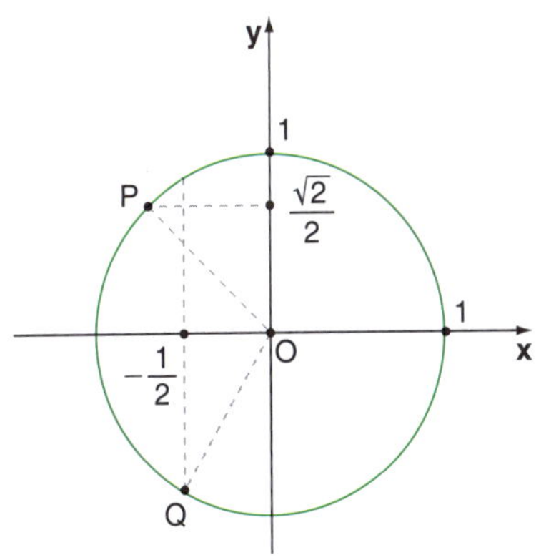

a) $\dfrac{3+\sqrt{3}}{3}$

b) $\dfrac{3-\sqrt{3}}{3}$

c) $2+\sqrt{3}$

d) $2-\sqrt{3}$

e) $-1+\sqrt{3}$

3. (Ufal)

Considere que:

- Os raios de Sol incidem paralelamente sobre a Terra.
- O planeta Terra é uma esfera cuja linha do Equador tem 40.000 km de perímetro.

Na figura a seguir são representados os raios solares incidindo nos pontos **P** e **Q** da linha do Equador do planeta Terra e são indicadas as medidas dos ângulos que esses raios formam com as normais à superfície terrestre nesses pontos.

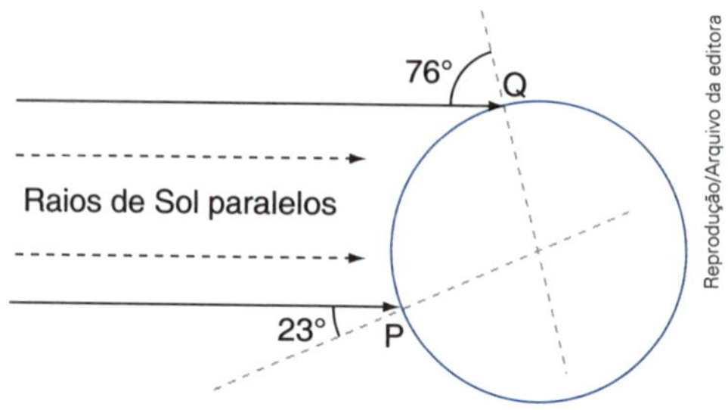

O comprimento do arco PQ, que corresponde à menor distância de **P** a **Q**, em quilômetros, é igual a

a) 11 000
b) 10 880
c) 10 666
d) 10 444
e) 9 000

4. (Unisc-RS)

Seja sen(x) + cos(x) = a e cos(x) · sen(x) = b. Podemos então afirmar que

a) $a + b = 1$
b) $a^2 + b = 1$
c) $a + b^2 = 1$
d) $a^2 - 2b = 1$
e) $a^2 + 2b = 1$

5. (UFPR)

Um recipiente, no formato de hemisfério, contém um líquido que tem profundidade máxima de 5 cm. Sabendo que a medida do diâmetro do recipiente é de 20 cm, qual o maior ângulo, em relação à horizontal, em que ele pode ser inclinado até que o líquido alcance a borda, antes de começar a derramar?

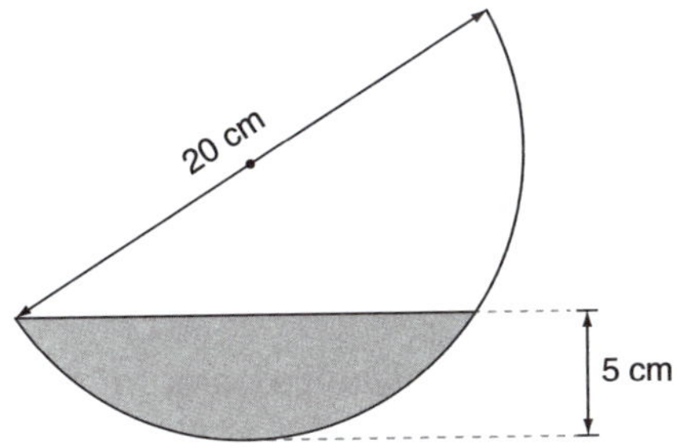

a) 75°.
b) 60°.
c) 45°.
d) 30°.
e) 15°.

6. (UFRGS-RS)

Na figura ao lado, o retângulo ABCD tem lados que medem 6 e 9. Se a área do paralelogramo sombreado é 6, o cosseno de α é

a) $\frac{3}{5}$.
b) $\frac{2}{3}$.
c) $\frac{3}{4}$.
d) $\frac{4}{5}$.
e) $\frac{8}{9}$.

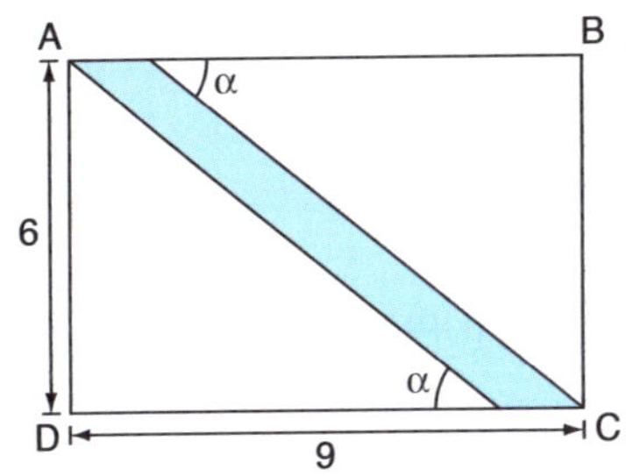

7. (PUC-PR)

O termo acessibilidade significa incluir a pessoa com deficiência na participação de atividades. Um exemplo é o acesso para cadeira de rodas através de rampas. A Associação Brasileira de Normas Técnicas (ABNT) regulamentou a construção dessas rampas. A inclinação com o plano horizontal deve variar de 5% a 8,33% de acordo com a tabela abaixo.

Desnível	Inclinação máxima
Mais de 1 m	5%
De 80 cm a 1 m	6,25%
Até 80 cm	8,33%

Suponha que seja preciso construir uma rampa para um desnível cuja altura é de 0,90 m. De quanto deve ser o afastamento mínimo, a fim de que essa rampa fique de acordo com o regulamento estabelecido pela ABNT?

a) 14,4 cm b) 69 cm c) 1,44 m d) 6,9 m e) 14,4 m

8. (Uece)

As diagonais de um retângulo dividem cada um de seus ângulos internos em dois ângulos cujas medidas são respectivamente 30° e 60°. Se **x** é a medida do maior lado e **y** é a medida do menor lado do retângulo, então a relação entre **x** e **y** é

a) $x^2 - 4y^2 = 0$ b) $x^2 - 2y^2 = 0$ c) $x^2 - 6y^2 = 0$ d) $x^2 - 3y^2 = 0$

9. (UFMG)

Observe esta figura ao lado.

Nessa figura, o quadrado ABCD tem área igual a 1; o triângulo BPQ é equilátero; e os pontos **P** e **Q** pertencem, respectivamente, aos lados AD e CD.

Assim sendo, a área do triângulo BCQ é

a) $\frac{[(\sqrt{3}) - 1]}{2}$. b) $\frac{(2 + \sqrt{3})}{2}$. c) $\frac{(2 - \sqrt{3})}{2}$. d) $\frac{(3 - \sqrt{3})}{2}$.

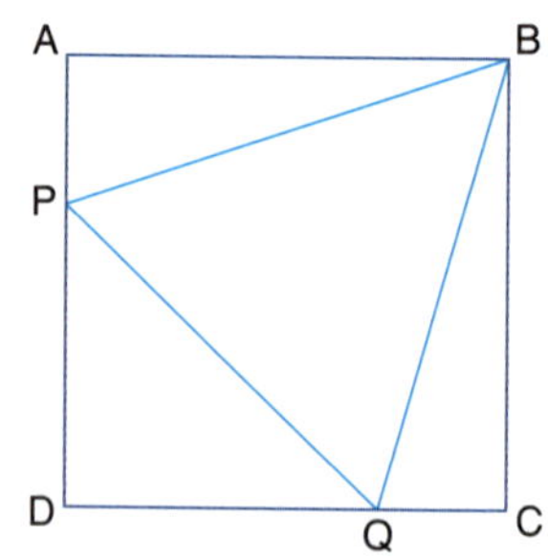

10. (UFPI)

Em um triângulo, um dos ângulos mede 60° e os lados adjacentes a este ângulo medem 1 cm e 2 cm. O valor do perímetro deste triângulo, em centímetros, é:

a) $3+\sqrt{5}$ b) $5+\sqrt{3}$ c) $3+\sqrt{3}$ d) $3+\sqrt{7}$ e) $5+\sqrt{7}$

11. (UEMG)

Reprodução/UEMG

Observe a figura:

Tendo como vista lateral da escada com 6 degraus, um triângulo retângulo isósceles de hipotenusa $\sqrt{10}$ metros, Magali observa que todos os degraus da escada têm a mesma altura.

A medida em cm de cada degrau, corresponde aproximadamente a:

a) 37
b) 60
c) 75
d) 83

12. (UEL-PR)

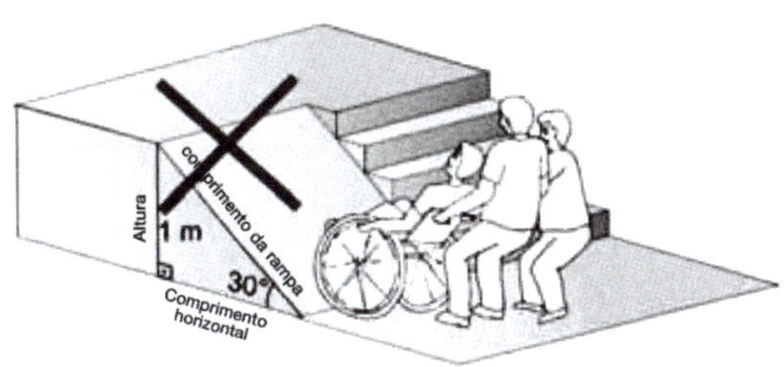

Reprodução/UEL, 2014

Analise a figura ao lado.

A questão da acessibilidade nas cidades é um desafio para o poder público. A fim de implementar as políticas inclusivas, a Associação Brasileira de Normas Técnicas (ABNT) criou normas para acessibilidade arquitetônica e urbanística. Entre elas estão as de construção de rampas de acesso, cuja inclinação com o plano horizontal deve variar de 5% a 8,33%. Uma inclinação de 5% significa que, para cada metro percorrido na horizontal, a rampa sobe 0,05 m. Recorrentemente, os acessos por rampas não respeitam essas normas, gerando percursos longos em inclinações exageradas. Conforme a figura, observou-se uma rampa de acesso, com altura de 1 metro e comprimento da rampa igual a 2 metros.

Se essa rampa fosse construída seguindo as normas da ABNT, com inclinação de 5%, assinale a alternativa que apresenta, corretamente, a diferença de comprimento dessas rampas, em metros.

a) 5 b) 20 c) $2+\dfrac{1}{20}$ d) $\sqrt{401}-2$ e) $\sqrt{4{,}01}+\dfrac{1}{20}$

13. (UCS-RS)

Suponha que, em determinado lugar, a temperatura média diária **T**, em °C, possa ser expressa, em função do tempo **t**, em dias decorridos desde o início do ano, por $T(t)=14+12\operatorname{sen}\left(\frac{2\pi(t-105)}{364}\right)$.

Segundo esse modelo matemático, a temperatura média máxima nesse lugar ocorre no mês de

a) julho.
b) setembro.
c) junho.
d) dezembro.
e) março.

14. (Uepa)

A ornamentação de carrocerias de veículos é uma tradição antiga que se inicia com o uso de transportes de carga motorizados no Brasil. A tradição de decorar carrocerias particulariza e traz personalidade a cada veículo por meio de cores, grafismos e elementos visuais pertinentes a cada cultura onde estão inseridos. Um dos moldes utilizados para pintar, fabricado em chapa metálica galvanizada e desenho cortado a laser, está representado na figura 1 abaixo. Inserindo um sistema cartesiano ortogonal na figura 1, obtém-se a figura 2, onde estão representadas as funções trigonométricas $\mathbf{f_1}$, $\mathbf{f_2}$, $\mathbf{f_3}$, e $\mathbf{f_4}$. Nessas condições e considerando que a lei de formação de cada uma das funções representadas na figura 2 são do tipo $y = f(x) = a + b \cdot \operatorname{sen}(cx + d)$, com **a**, **b**, **c** e **d** números reais, é correto afirmar que:

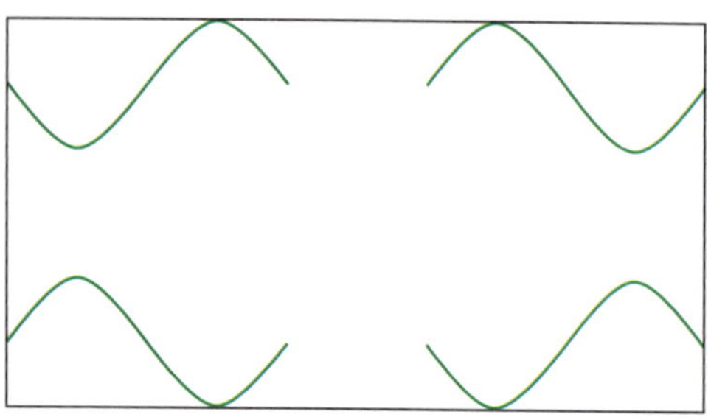

Figura 1: Moldes

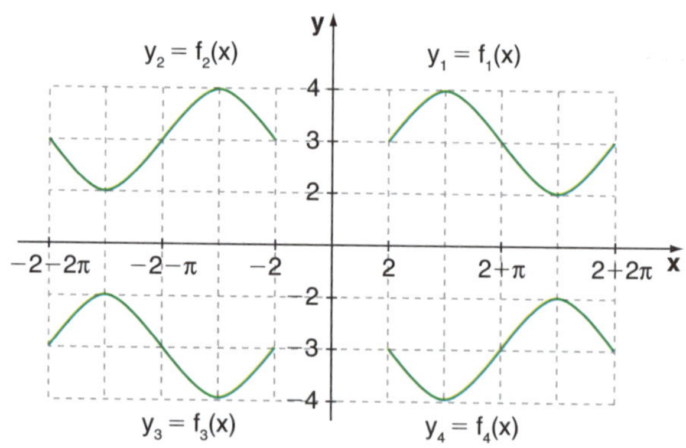

Figura 2: Moldes no sistema cartesiano

a) $y = f_1(x) = 3 + \operatorname{sen}(x + 2)$
b) $y = f_2(x) = 3 + \operatorname{sen}(x - 2)$
c) $y = f_3(x) = -3 + \operatorname{sen}(x - 2)$
d) $y = f_4(x) = -3 - \operatorname{sen}(x - 2)$
e) $y = f_1(x) = 3 - \operatorname{sen}(x - 2)$

15. (UCS-RS)

Para colocar um objeto em movimento e deslocá-lo sobre uma trajetória retilínea por **x** metros, é necessário aplicar uma força de 20 + 10 sen (x) newtons sobre ele.

Em qual dos gráficos abaixo, no intervalo [0, 3], está representada a relação entre a força aplicada e a distância, quando o objeto é deslocado até 3 metros?

a) 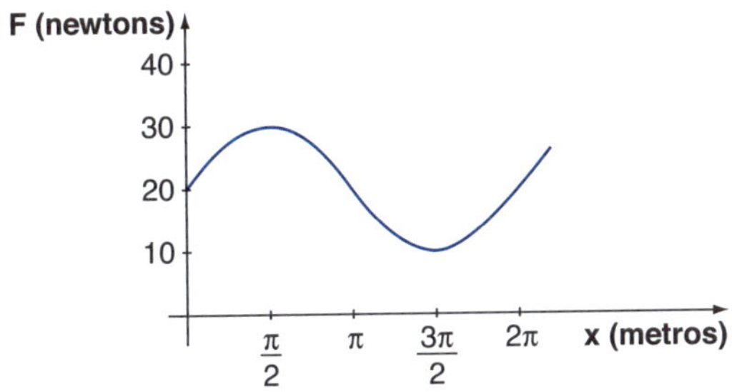

b) 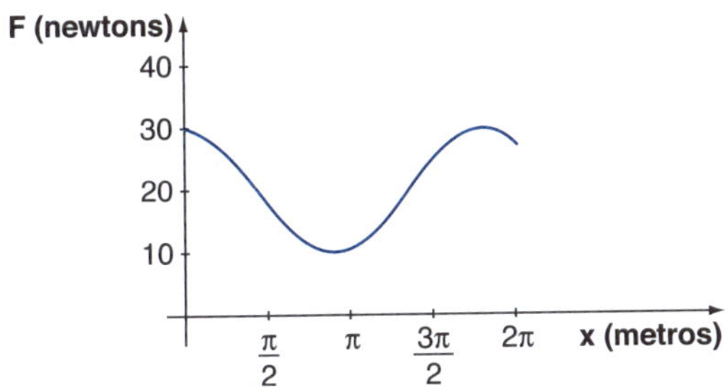

c) 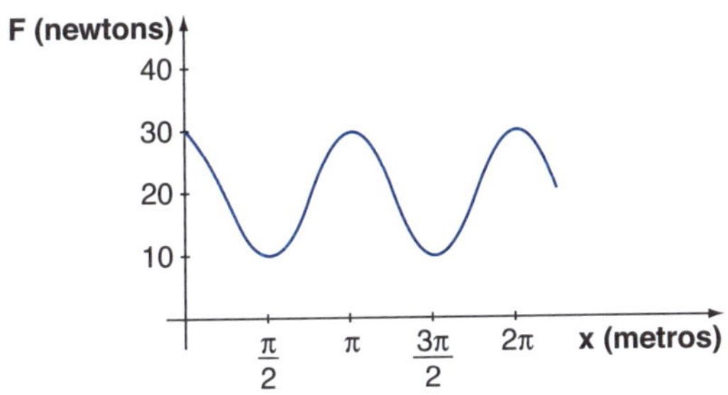

d) 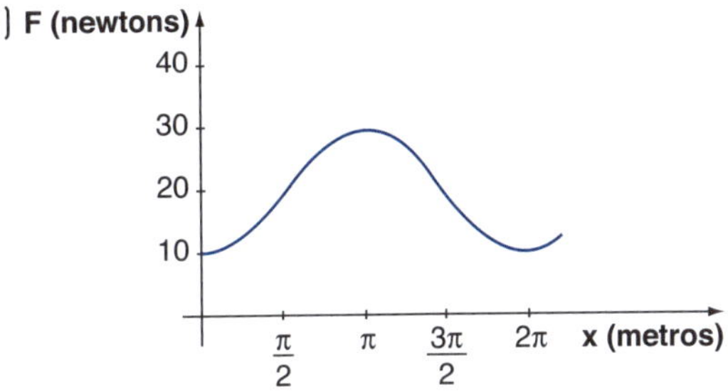

e) 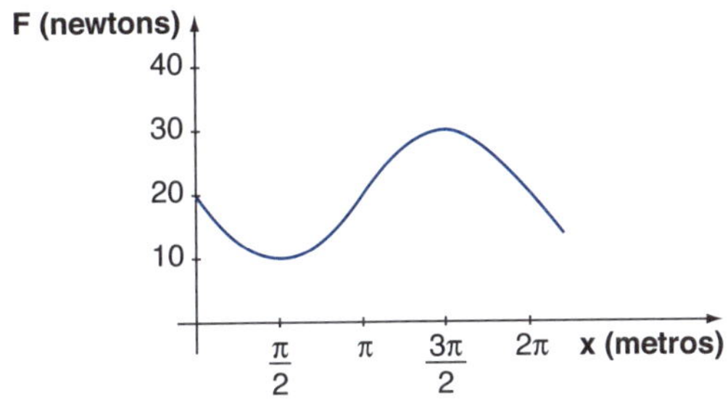

Ilustrações: Reprodução/Arquivo da editora

16. (PUC-RS)

Na equação tan (x) = cot (x) em $\mathbb{R}$, onde $0 < x < \frac{\pi}{2}$, o valor de **x** é

a) -1

b) 1

c) $\frac{\pi}{3}$

d) $\frac{\pi}{4}$

e) $\frac{\pi}{6}$

17. (UFSM-RS)

Cerca de 24,3% da população brasileira é hipertensa, quadro que pode ser agravado pelo consumo excessivo de sal. A variação da pressão sanguínea **P** (em mmHg) de um certo indivíduo é expressa em função do tempo por $P(t) = 100 - 20\cos\left(\frac{8\pi}{3}t\right)$ onde **t** é dado em segundos. Cada período dessa função representa um batimento cardíaco.

Analise as afirmativas:

I. A frequência cardíaca desse indivíduo é de 80 batimentos por minuto.

II. A pressão em t = 2 segundos é de 110 mmHg.

III. A amplitude da função P(t) é de 30 mmHg.

Está(ão) correta(s)

a) apenas I.
b) apenas I e II.
c) apenas III.
d) apenas II e III.
e) I, II e III.

18. (Acafe-SC)

O triângulo ABC da figura ao lado é retângulo. As medidas, em metros, de $\overline{AB}$ e $\overline{BC}$ são (x + 8) e 3x, respectivamente. Se sen $\theta - 3\cos\theta = 0$, então, a área do triângulo retângulo ABC, em metros quadrados, é um número compreendido entre:

a) 12 e 13.
b) 13 e 14.
c) 14 e 15.
d) 11 e 12.

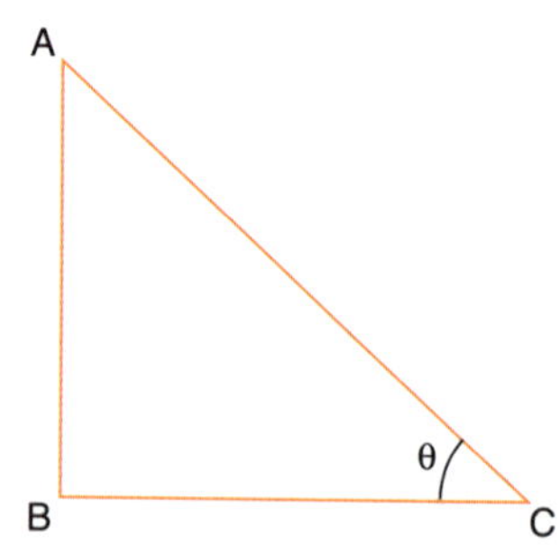

19. (Ucpel-RS)

Se tg $\alpha = 2$ com $0 < \alpha < \frac{\pi}{2}$ então sen 2α é igual

a) $\frac{4}{5}$

b) $\frac{5}{4}$

c) $\frac{5}{3}$

d) $\frac{2}{5}$

e) $\frac{4}{3}$

20. (UFRGS-RS)

O período da função definida por $f(x) = \text{sen}\left(3x - \frac{\pi}{2}\right)$ é

a) $\frac{\pi}{2}$

b) $\frac{2\pi}{3}$

c) $\frac{5\pi}{6}$

d) π

e) 2π

21. (UCS-RS)

Suponha que o deslocamento de uma partícula sobre uma corda vibrante seja dado pela equação $s(t) = 10 + \frac{1}{4}\text{sen}(10\pi t)$, em que **t** é o tempo, em segundos, após iniciado o movimento, e **s**, medido em centímetros, indica a posição.

Meio segundo após iniciado o movimento da corda, qual é, em cm, o afastamento da partícula da posição de repouso?

a) 0

b) 0,125

c) 0,25

d) 10

e) 10,25

TOTAL DE ACERTOS ____/21

TÓPICO

2

Geometria espacial e de posição

Reveja o que aprendeu

Você deve ser capaz de:

- Abstrair as noções primitivas da Geometria e conhecer os principais postulados.
- Reconhecer os modos de determinar um plano.
- Identificar as posições relativas entre duas retas.
- Identificar as posições relativas entre reta e plano.
- Identificar as posições relativas entre dois planos.
- Conceituar distâncias entre dois pontos, entre um ponto e um plano, entre um ponto e uma reta, etc.
- Reconhecer projeções ortogonais de um ponto sobre um plano, de uma reta sobre um plano e de uma figura sobre um plano.

Noções primitivas (ou iniciais)

São noções primitivas da Geometria: o ponto, a reta e o plano.

Proposições primitivas (ou iniciais)

As proposições iniciais, proposições primitivas ou postulados são propriedades aceitas sem demonstração.

Postulados da existência

- Em uma reta e fora dela existem infinitos pontos.
- Em um plano e fora dele existem infinitos pontos.

Postulados da determinação

- Dois pontos distintos determinam uma única reta.
- Três pontos não colineares determinam um único plano.

Postulado da inclusão

Se uma reta possui dois pontos distintos em um plano, ela está contida nesse plano.

Postulado das paralelas (ou postulado de Euclides)

Por um ponto passa uma única reta paralela a uma reta dada.

Determinação de planos

Há quatro modos de determinar a posição de um plano no espaço. Vejamos:

1º) [POSTULADO] Por meio de três pontos não colineares.

2º) [PROPOSIÇÃO] Por meio de uma reta e um ponto fora dela.

3º) [PROPOSIÇÃO] Por meio de duas retas concorrentes.

4º) [PROPOSIÇÃO] Por meio de duas retas paralelas e distintas.

Proposição é uma propriedade cuja validade poder ser demonstrada.

Posições relativas entre duas retas

- [DEF] As duas retas não têm nenhum ponto em comum, mas existe um plano que as contém; nesse caso, elas são **paralelas**.

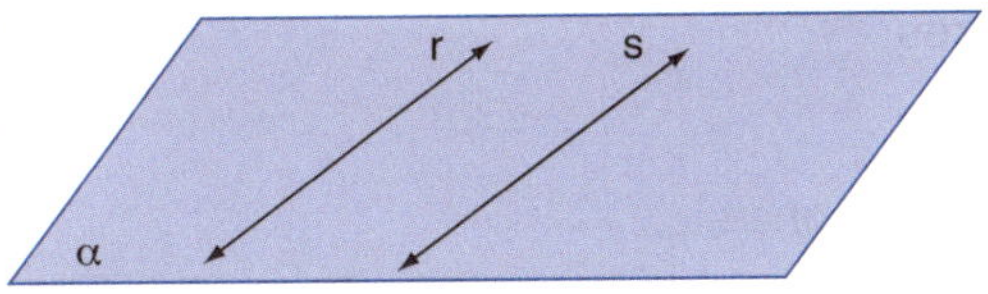

Banco de imagens/Arquivo da editora

$r \cap s = \varnothing, r \subset \alpha \text{ e } s \subset \alpha$

- [DEF] As duas retas têm em comum um único ponto; nesse caso, elas são **concorrentes** e existe um único plano que as contém.

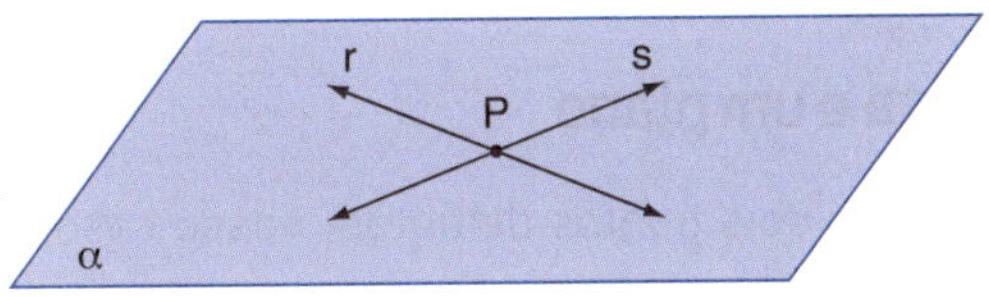

Banco de imagens/Arquivo da editora

$r \cap s = \{P\}$

Observe que duas retas concorrentes formam quatro ângulos. Quando esses quatro ângulos são congruentes, cada um deles é chamado **ângulo reto** e as retas são chamadas **retas perpendiculares**.

- [DEF] Se duas retas são concorrentes e não são perpendiculares, diz-se que elas são **oblíquas**.

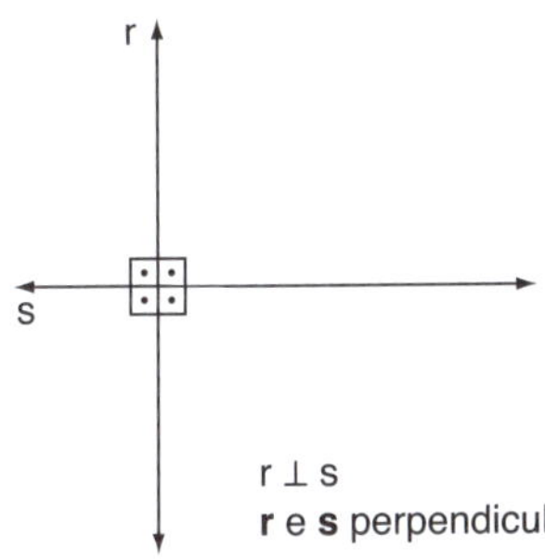

$r \perp s$
r e **s** perpendiculares

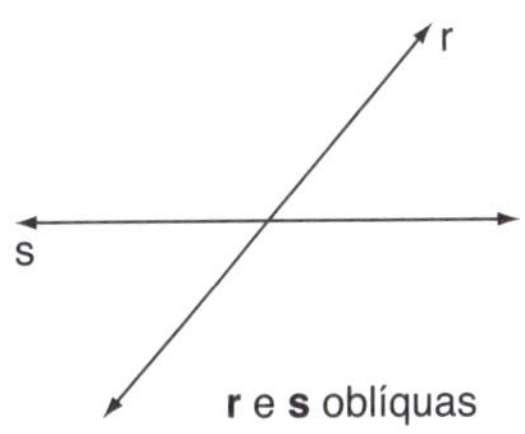

r e **s** oblíquas

Ilustrações: Banco de imagens/Arquivo da editora

- [DEF] As duas retas não têm nenhum ponto em comum e não existe plano que as contenha; nesse caso, elas são **reversas**.

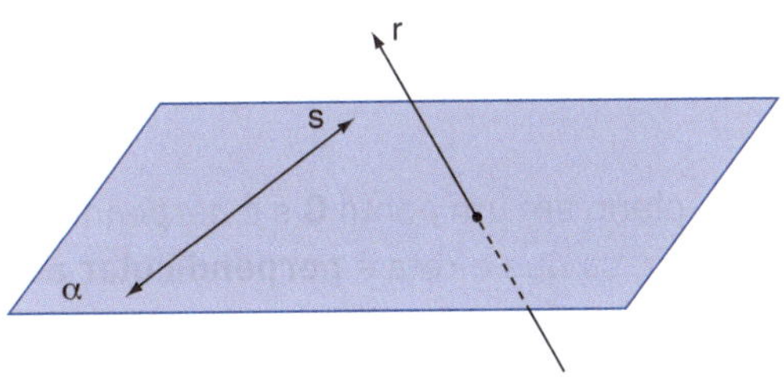

Banco de imagens/Arquivo da editora

$r \cap s = \varnothing, s \subset \alpha \text{ e } r \not\subset \alpha$

- [DEF] Se duas retas são reversas e formam ângulo reto, as retas são chamadas **ortogonais**.

Exemplo:

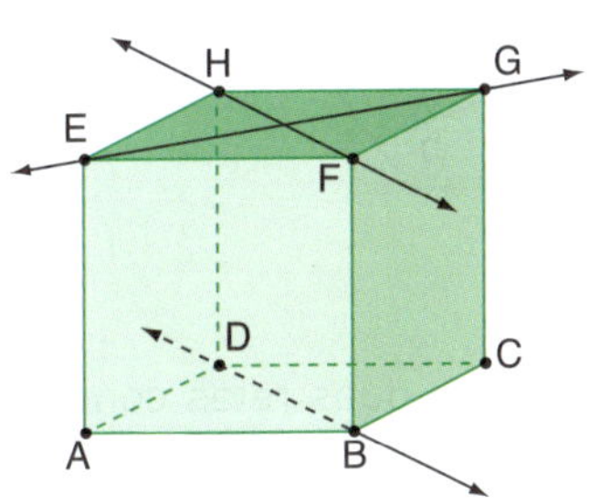

Banco de imagens/Arquivo da editora

No cubo, temos:

- as retas $\overleftrightarrow{EF}$ e $\overleftrightarrow{GH}$ são paralelas;
- as retas $\overleftrightarrow{EF}$ e $\overleftrightarrow{FH}$ são oblíquas, isto é, concorrentes não perpendiculares;
- as retas $\overleftrightarrow{AE}$ e $\overleftrightarrow{AB}$ são perpendiculares;
- as retas $\overleftrightarrow{AE}$ e $\overleftrightarrow{CG}$ são paralelas;
- as retas $\overleftrightarrow{AE}$ e $\overleftrightarrow{BG}$ são reversas (não ortogonais);
- as retas $\overleftrightarrow{AE}$ e $\overleftrightarrow{GH}$ são (reversas) ortogonais: observe que $\overleftrightarrow{EF} \,//\, \overleftrightarrow{GH}$ e $\overleftrightarrow{EF} \perp \overleftrightarrow{AE}$;
- as retas $\overleftrightarrow{EG}$ e $\overleftrightarrow{BD}$ são (reversas) ortogonais: observe que $\overleftrightarrow{FH} \,//\, \overleftrightarrow{BD}$ e $\overleftrightarrow{FH} \perp EG$ (as diagonais de um quadrado são perpendiculares entre si).

Posições relativas de uma reta e um plano

- A reta e o plano têm em comum dois pontos distintos; nesse caso, conforme o postulado da inclusão, a reta está contida no plano.

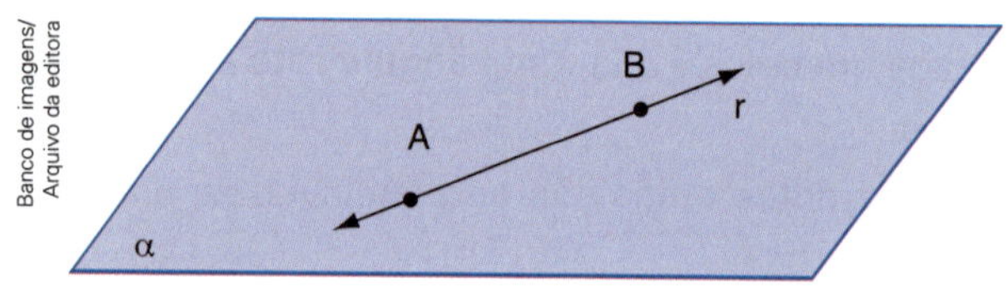

$r \cap \alpha = r$

- [DEF] A reta e o plano têm em comum um único ponto; nesse caso, a reta e o plano são **secantes**.

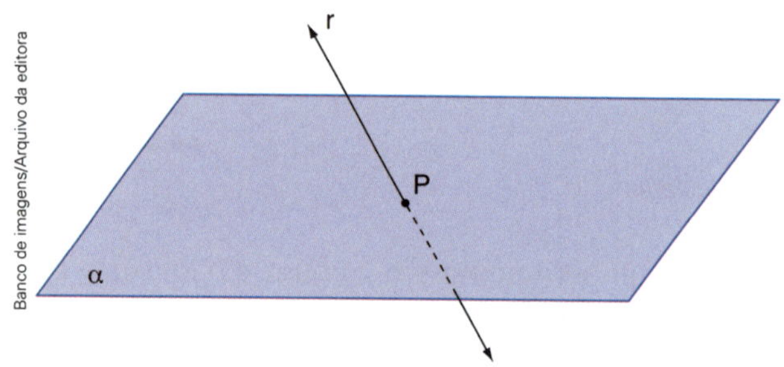

$r \cap \alpha = \{P\}$

O ponto **P** é aquele em que a reta **r** intersecta o plano α. Dizemos que **P** é o traço de **r** sobre α.

- [DEF] Se uma reta é secante com um plano em um ponto **O** e é perpendicular a todas as retas do plano que passam por **O**, diz-se que a reta é **perpendicular ao plano**.

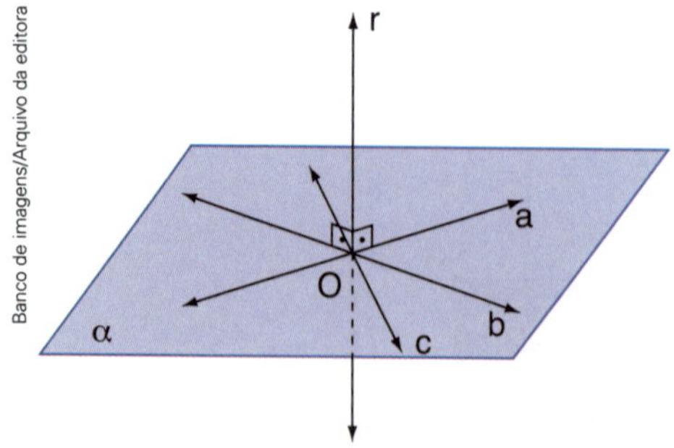

$r \perp \alpha$ significa $\begin{cases} r \perp a,\ a \subset \alpha \text{ e } O \in a, \\ r \perp b,\ b \subset \alpha \text{ e } O \in b, \\ r \perp c,\ c \subset \alpha \text{ e } O \in c, \\ \text{etc.} \end{cases}$

Se uma reta é perpendicular a duas retas concorrentes de um plano, então ela é perpendicular ao plano.

- [DEF] Se uma reta e um plano são secantes e a reta não é perpendicular ao plano, diz-se que a reta é **oblíqua** ao plano.

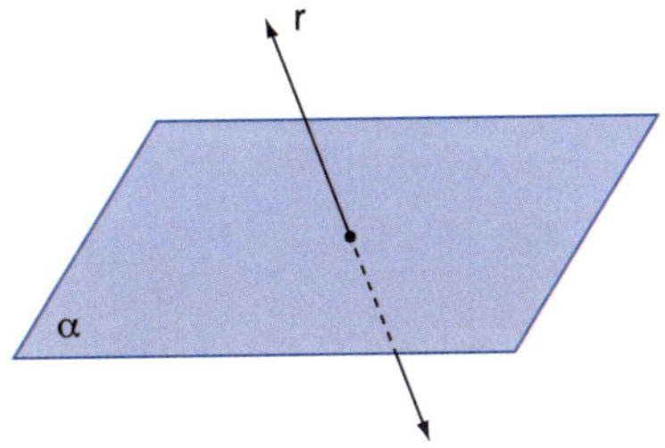

Banco de imagens/Arquivo da editora

- [DEF] A reta e o plano não têm nenhum ponto comum; nesse caso, a reta e o plano são **paralelos**.

Banco de imagens/Arquivo da editora

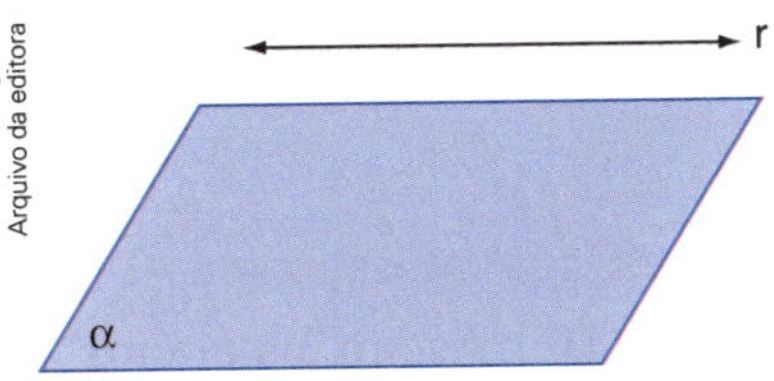

$r \cap \alpha = \varnothing$

- [PROPOSIÇÃO] Se uma reta não está contida em um plano e é paralela a uma reta do plano, então ela é paralela ao plano.

Posições relativas de dois planos

Planos secantes

- [DEF] Dois planos distintos que têm um ponto comum são chamados **planos secantes**.

Banco de imagens/Arquivo da editora

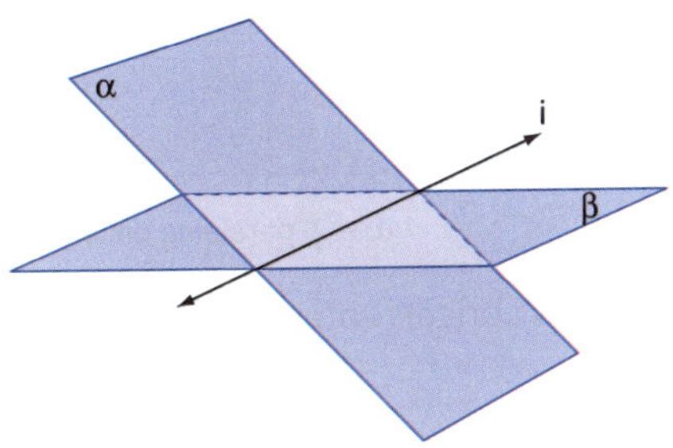

α e β secantes; $\alpha \cap \beta = i$; i é a interseção

- [PROPOSIÇÃO] Se dois planos distintos têm um ponto comum, então a interseção desses planos é uma única reta que passa por aquele ponto. Essa reta é denominada **interseção** ou traço de um deles no outro.

Planos perpendiculares

[DEF] Se dois planos são secantes e um deles contém uma reta perpendicular ao outro, diz-se que os planos são **perpendiculares**.

$$\alpha \perp \beta \text{ significa } \begin{cases} \alpha \cap \beta = i \\ r \subset \alpha \\ r \perp \beta \end{cases}$$

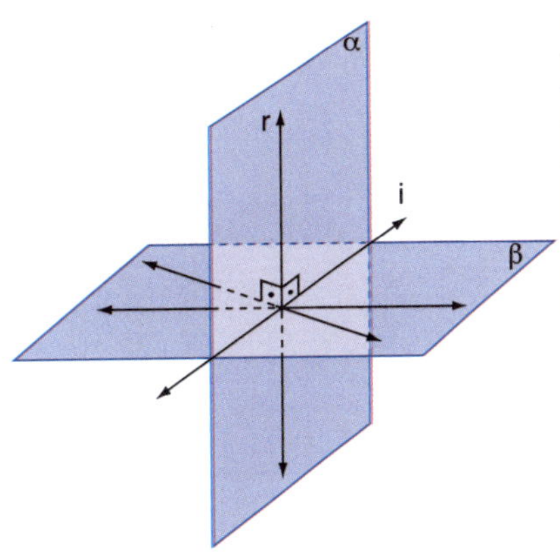

Banco de imagens/Arquivo da editora

Se dois planos são secantes e não perpendiculares, diz-se que são **oblíquos**.

Exemplo:
Observe o cubo ABCDEFGH a seguir.

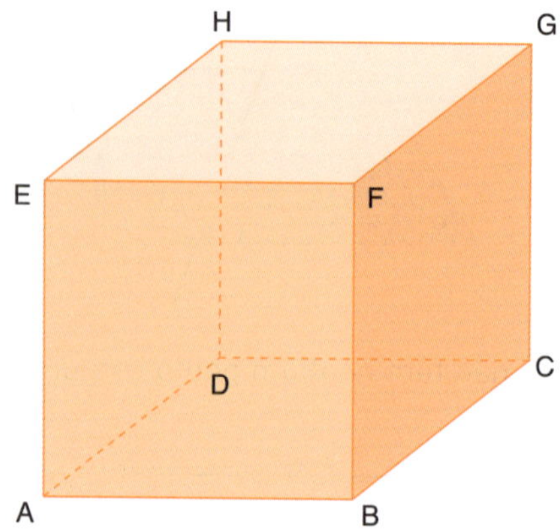

Banco de imagens/Arquivo da editora

Os planos (ABC) e (ADE) são secantes (sua interseção é $\overleftrightarrow{AD}$). $\overleftrightarrow{AE}$ é perpendicular ao plano (ABC) e $\overleftrightarrow{AE}$ está contida no plano (ADE). Assim, os planos (ABC) e (ADE) são perpendiculares.

Planos paralelos

- [DEF] Dois planos são **paralelos** se não têm ponto comum ou são coincidentes.

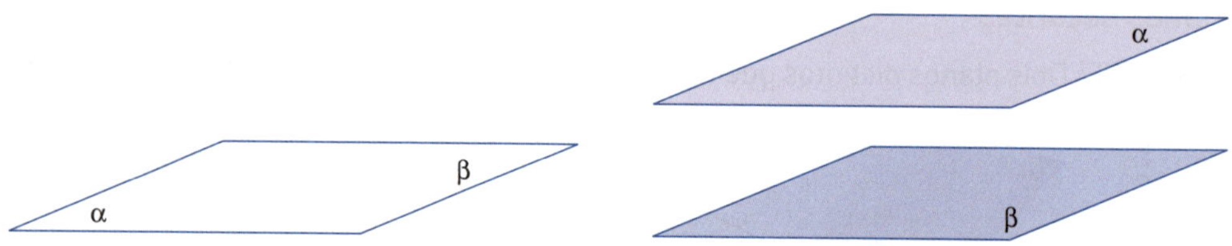

α e β paralelos coincidentes

α e β paralelos distintos

Banco de imagens/Arquivo da editora

- [PROPOSIÇÃO] Se um plano contém duas retas concorrentes, ambas paralelas a outro plano, então esses planos são paralelos.

Projeções ortogonais

- [DEF] Projeção ortogonal de um ponto sobre um plano é o ponto de interseção entre a reta perpendicular ao plano conduzida pelo ponto e o plano.

Banco de imagens/Arquivo da editora

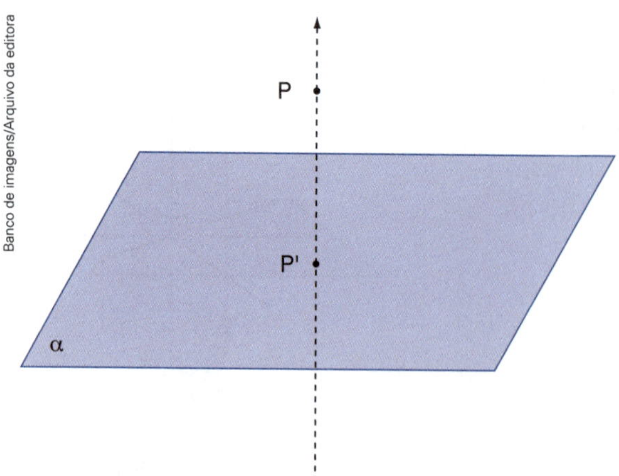

$P' = proj_{\alpha}P$
α = plano de projeção
$\overleftrightarrow{PP'}$ = reta projetante de **P**

- [DEF] Projeção ortogonal de uma figura plana, ou não plana, sobre um plano é o conjunto das projeções ortogonais dos pontos da figura sobre esse plano.

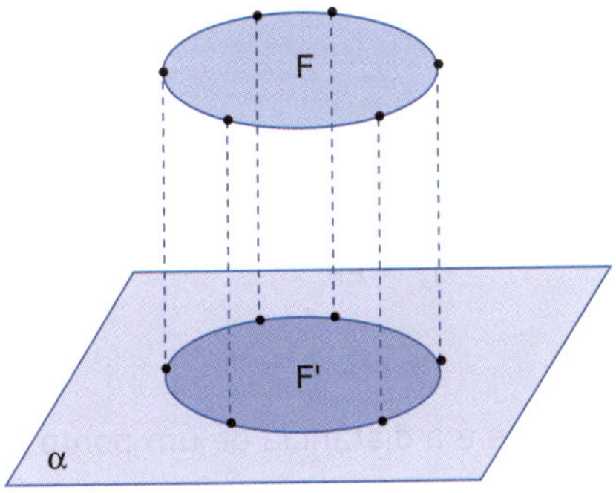

$F' = proj_{\alpha}F$

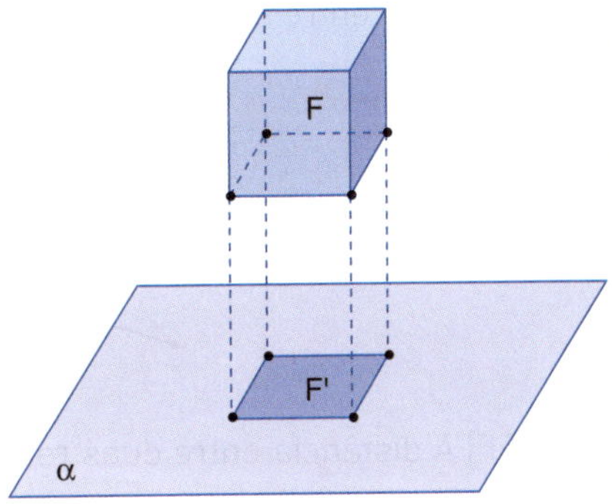

$F' = proj_{\alpha}F$

Banco de imagens/Arquivo da editora

A projeção ortogonal de uma reta **r** sobre um plano α é assim definida:

- [DEF] Se **r** é perpendicular a α, a projeção de **r** sobre α é o ponto **P** em que **r** intersecta α;
- [DEF] Se **r** não é perpendicular a α, a projeção de **r** sobre α é a reta **r'**, interseção de α com o plano β, perpendicular a α conduzido por **r**.

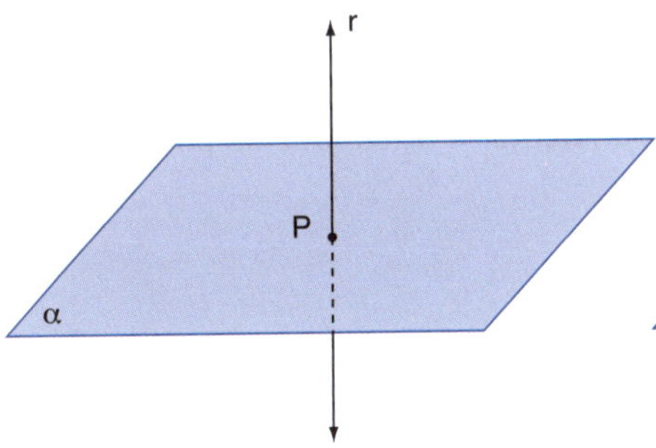

$P = proj_{\alpha}r$

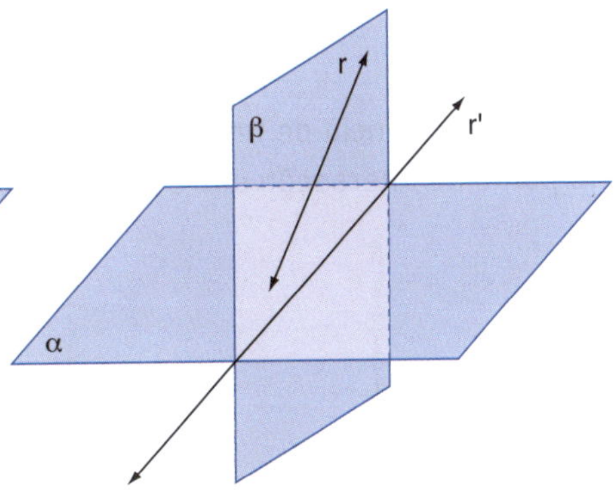

$r' = proj_{\alpha}r$

Banco de imagens/Arquivo da editora

A projeção ortogonal de um segmento de reta $\overline{AB}$ sobre um plano α é assim definida:

- [DEF] Se $\overline{AB}$ é perpendicular a α, a projeção de $\overline{AB}$ sobre α é o ponto **P** em que a reta $\overleftrightarrow{AB}$ intersecta α.
- [DEF] Se $\overline{AB}$ não é perpendicular a α, a projeção de $\overline{AB}$ sobre α é o segmento $\overline{A'B'}$ tal que **A'** e **B'** são, respectivamente, as projeções de **A** e **B** sobre α.

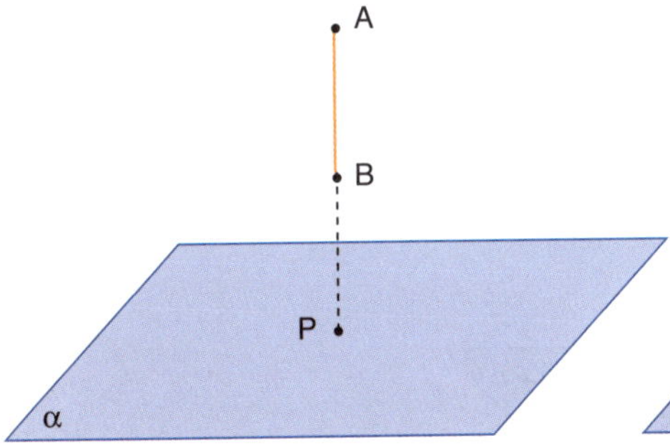

$P = proj_{\alpha}\overline{AB}$

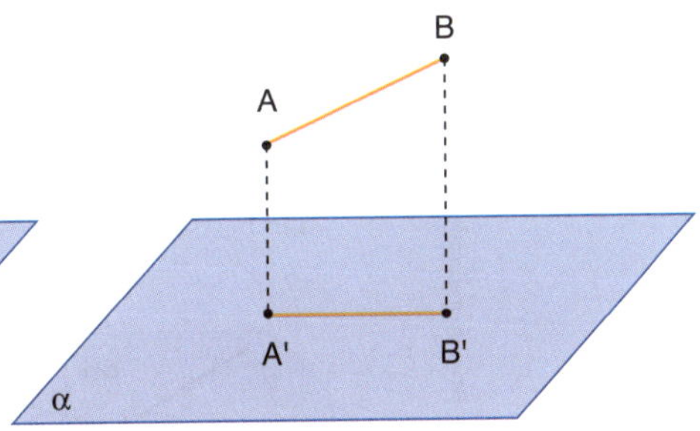

$\overline{A'B'} = proj_{\alpha}\overline{AB}$

Banco de imagens/Arquivo da editora

Distâncias

- [DEF] A distância de um ponto **P** a uma reta **r** é a distância de **P** a **P'**, em que **P'** é a interseção entre a reta perpendicular a **r**, conduzida por **P**, e a reta **r**.

Banco de imagens/Arquivo da editora

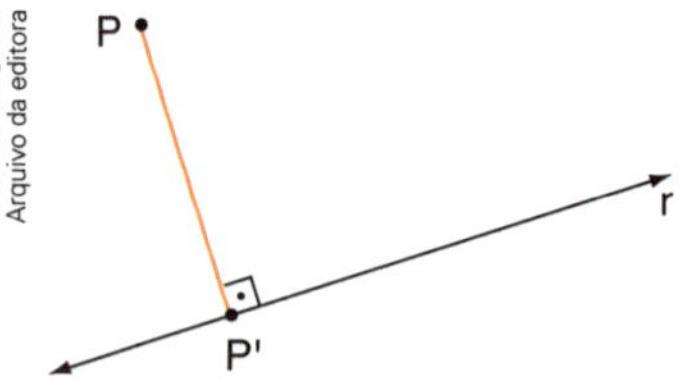

$d_{P, r} = PP'$

- [DEF] A distância entre duas retas **r** e **s** paralelas é a distância de um ponto **P** qualquer de uma delas até a outra.

Banco de imagens/Arquivo da editora

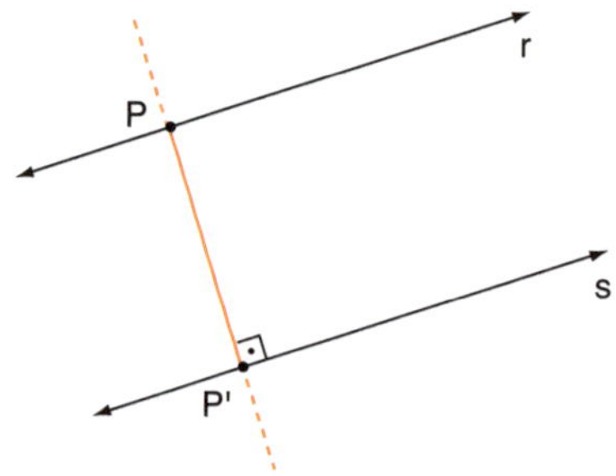

$d_{r, s} = d_{P, s} = PP'$

- [DEF] A distância de um ponto **P** a um plano α é a distância de **P** a **P'**, em que **P'** é o ponto de interseção entre a reta perpendicular a α, conduzida por **P**, e o plano α.

Banco de imagens/Arquivo da editora

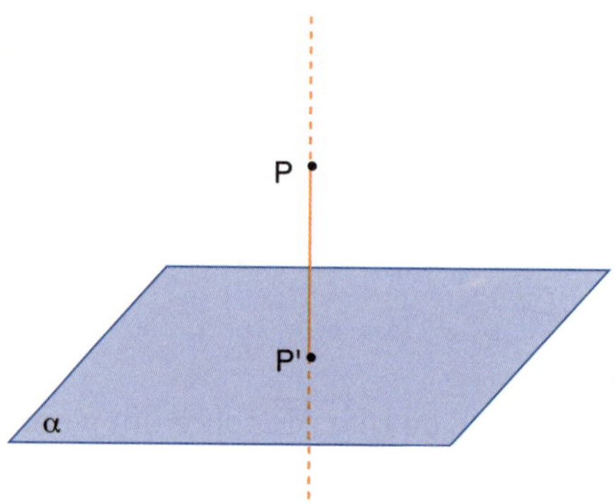

$d_{P, a} = d_{P, P'} = PP'$

- [DEF] A distância entre dois planos α e β paralelos é a distância de um ponto **P** qualquer de um deles ao outro plano.
- [DEF] A distância entre duas retas reversas **r** e **s** é a distância de um ponto qualquer **P** da reta **r** ao plano α que contém **s** e é paralelo à reta **r**.

Banco de imagens/Arquivo da editora

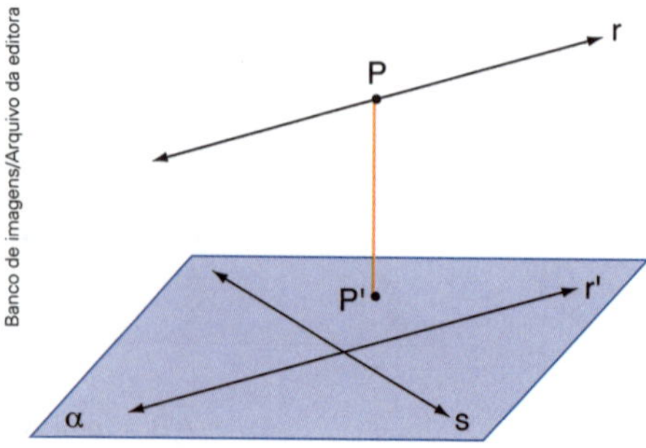

$d_{r, s} = d_{r, \alpha} = d_{P, \alpha} = PP'$

r e **s** reversas

Aplique o que aprendeu

Exercícios resolvidos

1. (EsPCEx-SP)

Considere dois planos α e β perpendiculares e três retas distintas **r**, **s** e **t** tais que $r \subset \alpha$, $s \subset \beta$ e $t = \alpha \cap \beta$.

Sobre essas retas e os planos é correto afirmar que

a) as retas **r** e **s** somente definirão um plano se forem concorrentes com **t** em um único ponto.

b) as retas **r** e **s** podem definir um plano paralelo à reta **t**.

c) as retas **r** e **s** são necessariamente concorrentes.

d) se **r** e **s** forem paralelas, então elas definem um plano perpendicular a α e β.

e) o plano definido por **r** e **t** é necessariamente paralelo a **s**.

Solução:

Entre as opções descritas para os dois planos perpendiculares é possível traçar **r** e **s** paralelas a **t**, tal que:

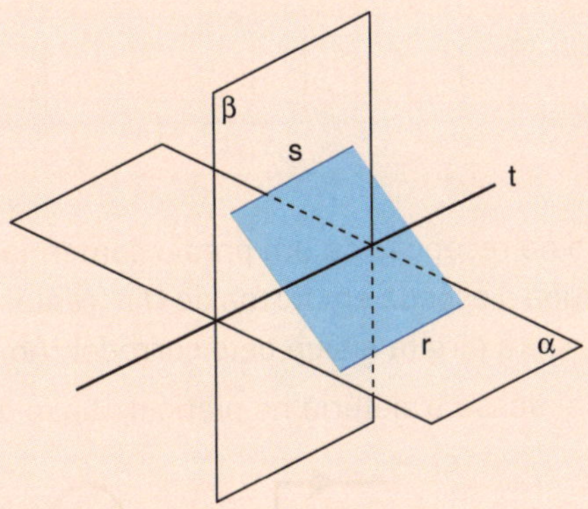

Banco de imagens/Arquivo da editora

Portanto, é possível traçar um plano por **r** e **s** paralelo a **t**.

Alternativa B.

2. (UEM-PR)

Sobre geometria espacial, assinale o que for **correto**.

01) Dois planos sempre se interceptam.

02) Duas retas perpendiculares determinam um único plano.

04) Dado um ponto qualquer **P** em um plano π, existe uma única reta passando por **P** perpendicular ao plano.

08) Se duas retas não são paralelas, então elas são reversas.

16) Se uma reta não intercepta um determinado plano, então necessariamente ela é paralela a ele.

Solução:

01) Incorreto. Os planos podem ser paralelos.

02) Correto. Retas concorrentes pertencem a um único plano.

04) Correto. A projeção ortogonal de **P** sobre o plano é única.

08) Incorreto. Podem ser concorrentes.

16) Correto. Se a reta não for paralela sempre existirá um ponto de interseção.

$02 + 04 + 16 = 22$

Questões

1. (PUC-SP)

Seja uma reta **r** e os planos secantes α e β, de modo que $\alpha \cap \beta = r$. Seja **s** uma reta paralela à reta **r**, de modo que $s \cap \beta = \varnothing$. Seja **t** uma reta secante ao plano β no ponto **P**, de modo que $P \in r$. De acordo com essas informações, necessariamente

a) $s \cap \alpha = s$

b) $t \cap \beta = \varnothing$

c) $P \notin \alpha$

d) $r \cap t \neq \varnothing$

2. (Enem)

Uma pessoa pede informação na recepção de um prédio comercial de como chegar a uma sala, e recebe as seguintes instruções: suba a escada em forma de **U** à frente, ao final dela vire à esquerda, siga um pouco à frente e em seguida vire à direita e siga pelo corredor. Ao final do corredor, vire à direita.

Uma possível projeção vertical dessa trajetória no plano da base do prédio é:

a)

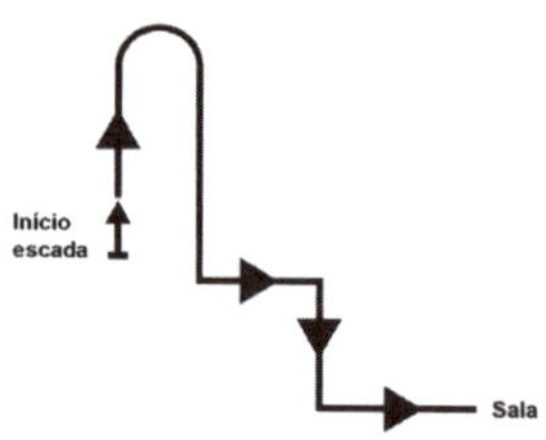

b)

c)

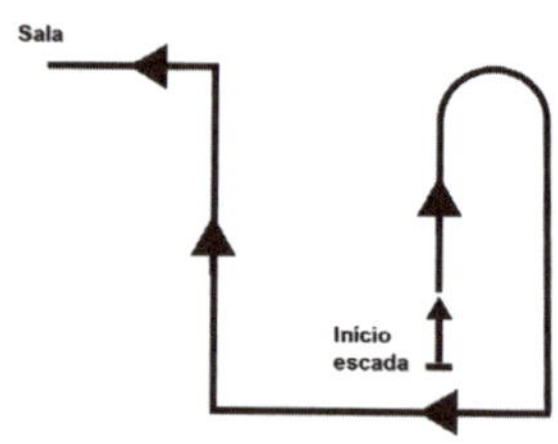

d)

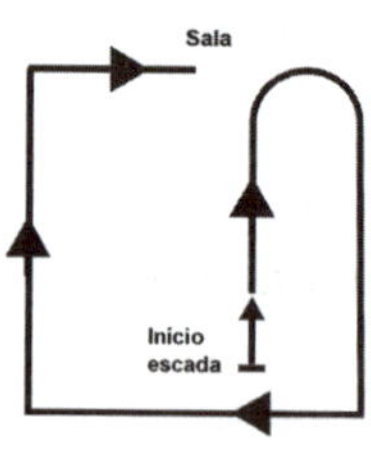

e)

Ilustrações: Reprodução/ENEM, 2017

3. (UEPG-PR)

Considerando os planos α e β, e as retas **r** e **s**, assinale o que for correto.

01) Se $\alpha \cap \beta = s$, $r \parallel s$, $r \not\subset \alpha$ e $r \not\subset \beta$, então $r \parallel \alpha$ e $r \parallel \beta$.

02) Se $\alpha \perp \beta$, $\alpha \cap \beta = r$, $s \subset \alpha$, $s \perp r$, então $s \perp \beta$.

04) Se $r \subset \beta$ e $s \perp r$, então $s \perp \beta$.

08) Se $\alpha \parallel \beta$, $r \perp \alpha$, então $r \perp \beta$.

16) Se $r \parallel \alpha$ e $r \parallel \beta$, então $\alpha \parallel \beta$.

4. (UFRN)

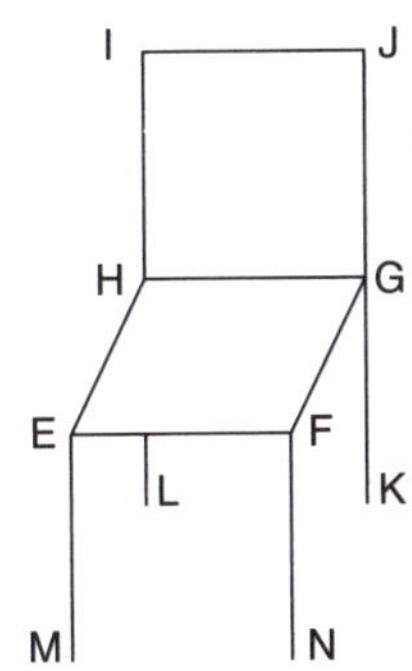

Na cadeira representada na figura ao lado, o encosto é perpendicular ao assento e este é paralelo ao chão.

Sendo assim,

a) Os planos EFN e FGJ são paralelos.

b) HG é um segmento de reta comum aos planos EFN e EFH.

c) Os planos HIJ e EGN são paralelos.

d) EF é um segmento de reta comum aos planos EFN e EHG.

5. (UEL-PR)

Considere uma reta **s**, contida em um plano α, e uma reta **r** perpendicular a **s**. Então, necessariamente:

a) **r** é perpendicular a α.
b) **r** e **s** são coplanares.
c) **r** é paralela a α.
d) **r** está contida em α.
e) Todas as retas paralelas a **r** interceptam **s**.

6. (Fatec-SP)

Seja **A** um ponto pertencente à reta **r**, contida no plano α.
É verdade que

a) existe uma única reta que é perpendicular à reta **r** no ponto **A**.
b) existe uma única reta, não contida no plano α, que é paralela à reta **r**.
c) existem infinitos planos distintos entre si, paralelos ao plano α, que contêm a reta **r**.
d) existem infinitos planos distintos entre si, perpendiculares ao plano α e que contêm a reta **r**.
e) existem infinitas retas distintas entre si, contidas no plano α e que são paralelas à reta **r**.

7. (Ufal)

Analise as afirmativas a seguir.

( ) Duas retas que não têm pontos comuns sempre são paralelas.
( ) Duas retas distintas sempre determinam um plano.
( ) Uma reta pertence a infinitos planos distintos.
( ) Três pontos distintos sempre determinam um plano.
( ) Duas retas coplanares distintas são paralelas ou concorrentes.

8. (Fuvest-SP)

Uma formiga resolveu andar de um vértice a outro do prisma reto de bases triangulares ABC e DEG, seguindo um trajeto especial. Ela partiu do vértice **G**, percorreu toda a aresta perpendicular à base ABC, para em seguida caminhar toda a diagonal da face ADGC e, finalmente, completou seu passeio percorrendo a aresta reversa a CG. A formiga chegou ao vértice

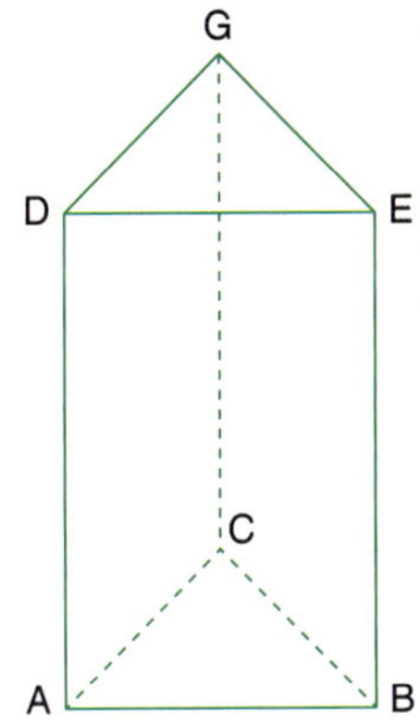

a) A
b) B
c) C
d) D
e) E

9. (Unicamp-SP)

É comum encontrarmos mesas com 4 pernas que, mesmo apoiadas em um piso plano, balançam e nos obrigam a colocar um calço em uma das pernas se a quisermos firme. Explique usando argumentos de geometria, por que isso não acontece com uma mesa de 3 pernas.

10. (UEL-PR)

As retas **r** e **s** foram obtidas prolongando-se duas arestas de um cubo, como está representado na figura a seguir.

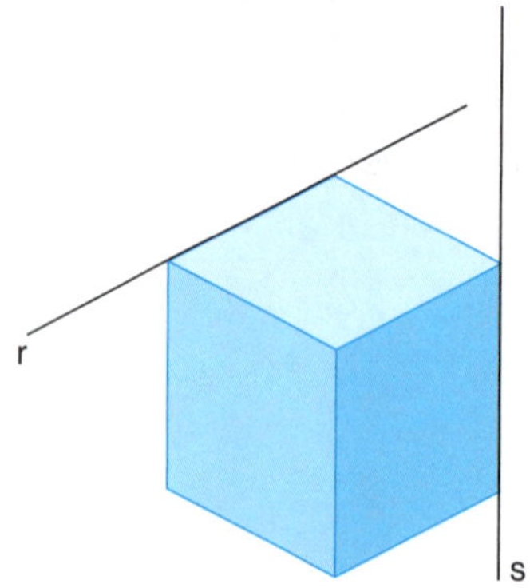

Sobre a situação dada, assinale a afirmação INCORRETA.

a) **r** e **s** são retas paralelas.

b) **r** e **s** são retas reversas.

c) **r** e **s** são retas ortogonais.

d) não existe plano contendo **r** e **s**.

e) $r \cap s = \varnothing$

11. (UFBA)

Sobre pontos, retas e planos, pode-se afirmar:

01) Por três pontos passa uma única reta.

02) Por três pontos passa um único plano.

04) Por um ponto fora de um plano passa uma única reta perpendicular a esse plano.

08) Planos paralelos interceptam duas retas distintas quaisquer, determinando sobre elas segmentos proporcionais.

16) O plano que contém uma perpendicular a outro plano é perpendicular a esse segundo plano.

32) Toda reta paralela a um plano é paralela a qualquer reta desse plano.

12. (PUC-SP)

Qual das afirmações abaixo é verdadeira?

a) Se duas retas distintas não são paralelas, elas são concorrentes.

b) Duas retas não coplanares são reversas.

c) Se a intersecção de duas retas é o conjunto vazio, elas são paralelas.

d) Se três retas são paralelas, existe um plano que as contém.

e) Se três retas distintas são duas a duas concorrentes, elas determinam um e um só plano.

13. (EsPCEx-SP)

Se a reta **r** é paralela ao plano α, então

a) todas as retas de α são paralelas a **r**.

b) existem em α retas paralelas a **r** e retas reversas a **r**.

c) existem em α retas paralelas a **r** e retas perpendiculares a **r**.

d) todo plano que contém **r** intercepta α, segundo uma reta paralela a **r**.

14. (UEL-PR)

Considere dois planos, α e β, distintos e paralelos entre si, ambos perpendiculares a um plano λ. Suponha que a reta **r** seja a intersecção de α e λ e que a reta **s** esteja contida em β, mas não em λ. Nessa situação, as retas **r** e **s** são

a) sempre coincidentes.

b) sempre reversas.

c) paralelas entre si ou reversas.

d) sempre paralelas entre si.

e) perpendiculares entre si ou coincidentes.

15. (Fuvest-SP)

São dados cinco pontos não coplanares **A**, **B**, **C**, **D** e **E**. Sabe-se que ABCD é um retângulo, AE ⊥ AB e AE ⊥ AD. Pode-se concluir que são perpendiculares as retas:

a) EA e EB
b) EB e BA
c) EA e AC
d) EC e CA
e) AC e BE

16. (Escola Naval Brasileira-RJ)

Se α é um plano e **P** é um ponto não pertencente a α, quantos planos e quantas retas, respectivamente, contêm **P** e são perpendiculares a α?

a) 1 e 1
b) infinitos e zero
c) infinitos e 1
d) zero e 1
e) infinitos e infinitas

17. (FEI-SP)

Assinale a proposição falsa.

a) Por uma reta perpendicular a um plano α, passa pelo menos um plano perpendicular a α.

b) A projeção ortogonal sobre um plano α de um segmento oblíquo a α é menor do que o segmento.

c) Uma reta ortogonal a duas retas concorrentes de um plano α é perpendicular ao plano α.

d) Um plano perpendicular a dois planos concorrentes é perpendicular à intersecção deles.

e) No espaço, duas retas perpendiculares a uma terceira reta são paralelas.

18. (UEM-PR)

Assinale o que for correto.

01) Sejam a reta $r = \pi_1 \cap \pi_2$, onde π_1 e π_2 são planos, e a reta **s** paralela a **r**, de tal forma que $s \notin \pi_1 \cup \pi_2$. Então, toda reta perpendicular a **r** contida em um desses dois planos é reversa a **s**.

02) Dados um ponto **P** pertencente a um plano π e uma reta **r** perpendicular a π, tal que $P \in r$, temos que toda reta contendo **P** perpendicular a **r** está em π.

04) Dadas duas retas reversas, existe um plano que as contém.

08) Considere 6 retas contendo as arestas de um tetraedro regular. Fixada uma das retas, então ela é reversa a apenas uma dessas 6 retas.

16) A interseção de um poliedro convexo com um plano é uma região convexa.

19. (Enem)

Uma lagartixa está no interior de um quarto e começa a se deslocar. Esse quarto, apresentando o formato de um paralelepípedo retangular, é representado pela figura.

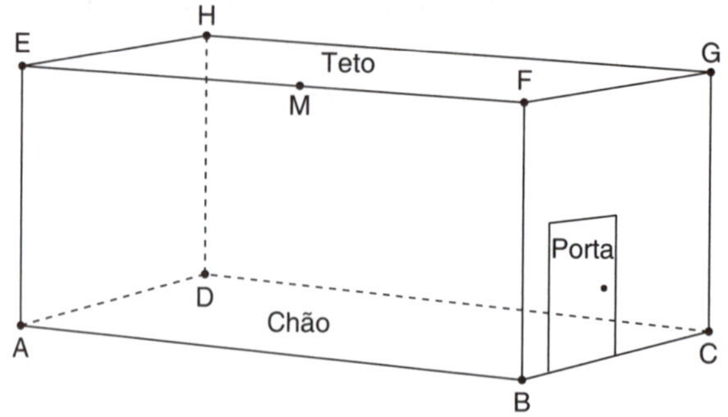

A lagartixa parte do ponto **B** e vai até o ponto **A**. A seguir, de **A** ela se desloca, pela parede, até o ponto **M**, que é o ponto médio do segmento EF. Finalmente, pelo teto, ela vai do ponto **M** até o ponto **H**. Considere que todos esses deslocamentos foram feitos pelo caminho de menor distância entre os respectivos pontos envolvidos.

A projeção ortogonal desses deslocamentos no plano que contém o chão do quarto é dado por:

a) 

b) 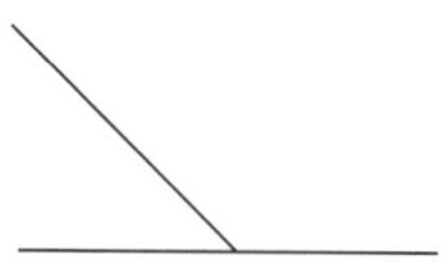

c) 

d) 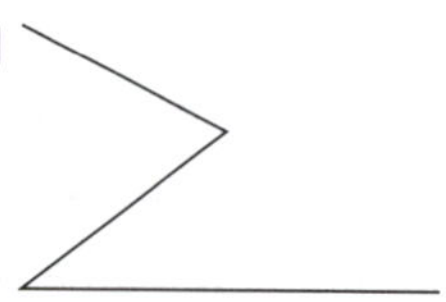

e) 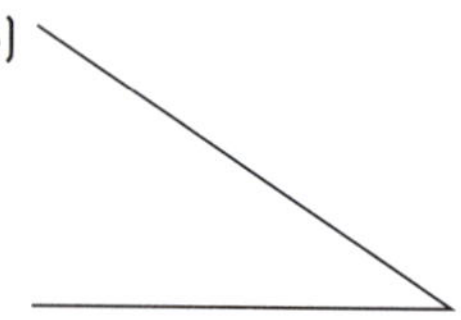

20. (UEM-PR)

Considerando conhecimentos sobre Geometria Espacial, assinale o que for **correto**.

01) Se **r** e **s** são duas retas no espaço, com $r \cap s = \varnothing$, então a única possibilidade para **r** e **s** é que sejam paralelas.

02) Dados três pontos colineares **A**, **B** e **C**, no espaço, então não existe nenhum plano que contenha esses três pontos.

04) Se π, ρ e σ são planos distintos no espaço, então $\pi \cap \rho \cap \sigma$ pode determinar uma única reta, ou um único ponto, ou pode ser vazia.

08) Se **r** e **s** são duas retas reversas no espaço, então existe um plano que contém a reta **s** e é paralelo à reta **r**.

16) Seja α um plano e $P \notin \alpha$. Para calcular a distância do plano α ao ponto **P** basta escolher um ponto $Q \in \alpha$ qualquer e calcular a distância entre **P** e **Q**.

21. (UFJF-MG)

Sejam **r** uma reta e β_1 e β_2 dois planos no espaço, considere as seguintes afirmações:

I. Se $r \cap \beta_1 = \{P_1\}$ e $r \cap \beta_2 = \{P_2\}$, com P_1 e P_2 pontos distintos, então β_1 é paralelo a β_2.

II. $r \cap \beta_1 = \varnothing$ e $r \cap \beta_2 = \varnothing$, então β_1 é paralelo a β_2 ou β_1 é coincidente de β_2.

III. Se existem dois pontos distintos em $r \cap \beta_1$, então $r \cap \beta_1 = r$.

É **CORRETO** afirmar que:

a) Apenas I é verdadeira.

b) Apenas II é verdadeira.

c) Apenas III é verdadeira.

d) Apenas I e II são verdadeiras.

e) Apenas II e III são verdadeiras.

22. (UEM-PR)

Sobre as posições relativas entre pontos, retas e planos no espaço, assinale o que for **correto**.

01) Duas retas **r** e **s** são ortogonais quando são reversas e existe uma reta **t**, paralela a **s** e perpendicular a **r**.

02) Se um plano α é paralelo a uma reta **r**, então todas as retas do plano α são paralelas a **r**.

04) É possível ter retas paralelas contidas em planos que não sejam paralelos.

08) Se um plano α intercepta os planos β e γ formando um ângulo de 90°, então os planos β e γ são paralelos.

16) Considere as retas **r**, **s** e **t**. Se **r** é reversa a **s** e a reta **s** é concorrente a **t**, então **r** e **t** são reversas.

23. (UEM-PR)

No espaço tridimensional, considere um plano π e as retas **r**, **s** e **t**, distintas duas a duas, de modo que **r** e **s** são perpendiculares ao plano π e a reta **t** não possua qualquer ponto em comum com o plano π e seja concorrente com as retas **s** e **r**. Sobre a situação descrita, assinale o que for correto.

01) As retas **r** e **s** são paralelas.

02) As retas **s** e **t** são reversas.

04) A reta **t** é paralela ao plano π.

08) A reta **s** é perpendicular a qualquer reta do plano π concorrente a ela.

16) Se **A** e **B** são pontos distintos de **r**, e **P** e **Q** são pontos distintos de **s**, então os triângulos APQ e BPQ possuem a mesma área.

24. (UEM-PR)

Sejam π_1 e π_2 dois planos que se interceptam, determinando uma reta **r**. Seja **s** uma reta que intercepta π_1 em um único ponto $A \notin r$ e intercepta π_2 em um único ponto $B \notin r$. Considerando esses dados, assinale o que for **correto**.

01) Pelo ponto **A** existe uma única reta paralela a **r**.

02) Por qualquer ponto **P** de **r**, é possível traçar uma reta paralela a **s** inteiramente contida em π_2.

04) A reta perpendicular ao plano π_2 pelo ponto **B** é ortogonal à **r**.

08) Existe ao menos um ponto **C** em **r**, tal que o triângulo ABC é isósceles.

16) Existe um plano perpendicular a π_1 e a π_2 simultaneamente.

25. (Cefet-MG)

No contexto da Geometria Espacial, afirma-se:

I. Se uma reta é paralela a um plano, então ela está contida nesse plano.

II. Duas retas sem ponto comum são paralelas ou reversas.

III. Se dois planos são paralelos, então toda reta de um deles é paralela ao outro.

IV. Duas retas distintas paralelas a um plano são paralelas entre si.

São corretas apenas as afirmativas

a) I e II.
b) I e III.
c) II e III.
d) II e IV.
e) III e IV.

TOTAL DE ACERTOS ____/25

TÓPICO

3 Poliedros

Reveja o que aprendeu

Você deve ser capaz de:

- Associar objetos do dia a dia aos sólidos geométricos.
- Reconhecer faces, arestas e vértices de um poliedro.
- Classificar um poliedro em convexo e não convexo.
- Calcular áreas e volumes de prismas e pirâmides.
- Utilizar a relação de Euler.
- Identificar os poliedros de Platão.
- Identificar e classificar prismas.
- Reconhecer as unidades de medida de volume.
- Identificar e classificar pirâmides.
- Reconhecer um tronco de pirâmide.

Sólidos geométricos

As figuras tridimensionais idealizadas pela Geometria são chamadas **sólidos geométricos**. Os sólidos geométricos mais simples podem ser de dois tipos:

- **Poliedros**: são sólidos geométricos cujas superfícies são formadas apenas por polígonos planos (triângulos, quadriláteros, pentágonos, etc.). A palavra *poliedro* vem do grego antigo, em que *poli* significa "vários", e *edro*, "face".

  Veja alguns exemplos de poliedros:

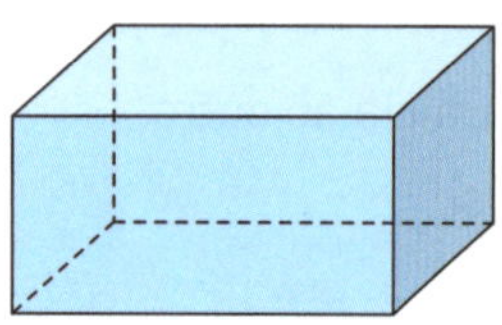
paralelepípedo

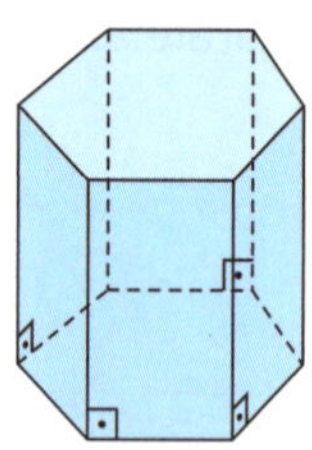
prisma hexagonal

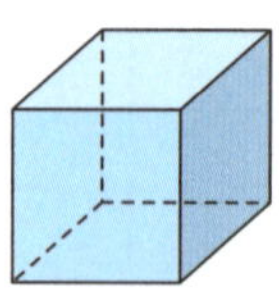
cubo

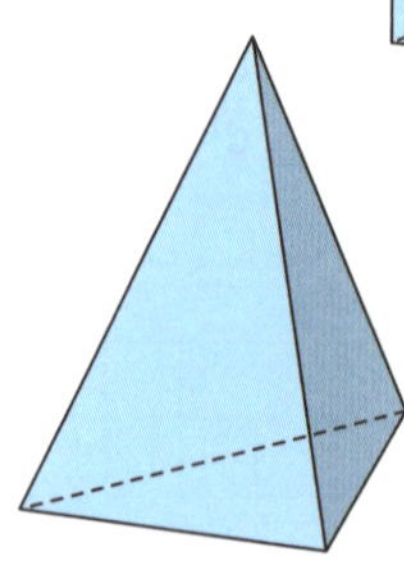
pirâmide triangular

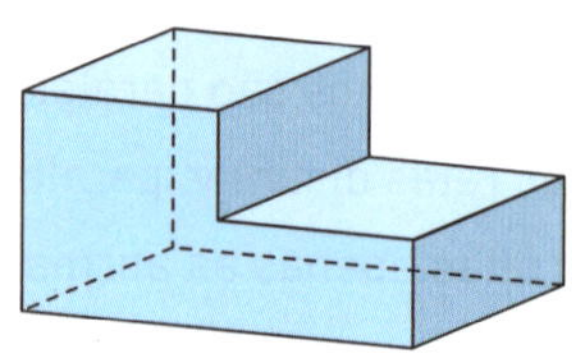
poliedro

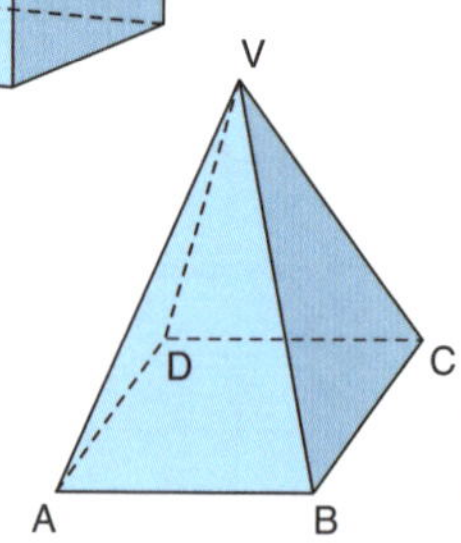

pirâmide quadrangular

Ilustrações: Banco de imagens/Arquivo da editora

Em um poliedro podemos distinguir:

- **faces**: são polígonos que formam a superfície do poliedro. Observe, por exemplo, que o prisma hexagonal apresenta 8 faces: 2 hexágonos e 6 quadriláteros (retângulos).
- **arestas**: são os lados dos polígonos que constituem as faces do poliedro. Cada aresta é um segmento de reta determinado pela interseção de duas faces. Observe, por exemplo, que a pirâmide triangular possui 6 arestas.

- **vértices**: são as extremidades das arestas. Cada vértice é a interseção de duas ou mais arestas. Observe, por exemplo, que, na pirâmide quadrangular, os 5 vértices são: **A**, **B**, **C**, **D**, **V**. No vértice **A** concorrem 3 arestas e o vértice **V** é o "ponto de encontro" das 4 arestas.

- **Corpos redondos**: são sólidos geométricos cujas superfícies têm ao menos uma parte que é arredondada (não plana). Veja os exemplos:

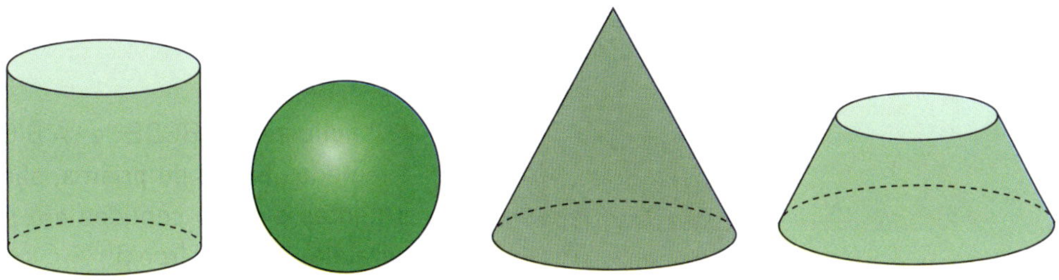

Ilustrações: Banco de imagens/Arquivo da editora

Poliedros convexos e não convexos

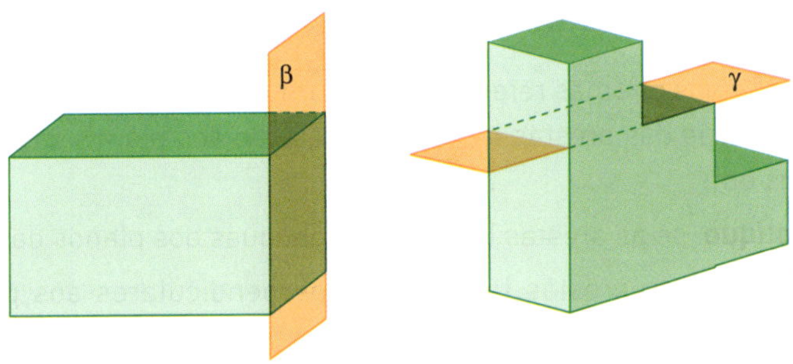

Figura 1 Figura 2

Banco de imagens/Arquivo da editora

No poliedro da figura 1, qualquer plano que contenha uma face deixa as demais faces no mesmo semiespaço. Veja, por exemplo, o plano β. Poliedros que satisfazem essa condição são chamados de **poliedros convexos**.

No poliedro da figura 2, existe pelo menos um plano que contém uma face mas deixa as demais faces em dois semiespaços opostos. Veja, por exemplo, o plano γ. Por isso, esse poliedro é denominado **poliedro não convexo**.

Relação de Euler

Pode-se mostrar que para todo **poliedro convexo** vale a relação:

$$V - A + F = 2$$

em que **V**, **A** e **F** são, respectivamente, a quantidade de vértices, arestas e faces do poliedro.

Um poliedro **não convexo** pode ou não satisfazer a relação de Euler.

Poliedros de Platão

Um poliedro é chamado poliedro de Platão se satisfaz três condições:

1ª) todas as faces têm o mesmo número **n** de arestas.

2ª) todos os vértices são pontos em que concorre o mesmo número **m** de arestas.

3ª) o poliedro é euleriano, isto é, satisfaz a relação de Euler.

Prismas

Os sólidos geométricos com as seguintes características são chamados **prismas**:

- suas superfícies são constituídas de polígonos;
- têm pelo menos dois polígonos congruentes contidos em planos paralelos;
- os outros polígonos são paralelogramos.

Elementos e classificação

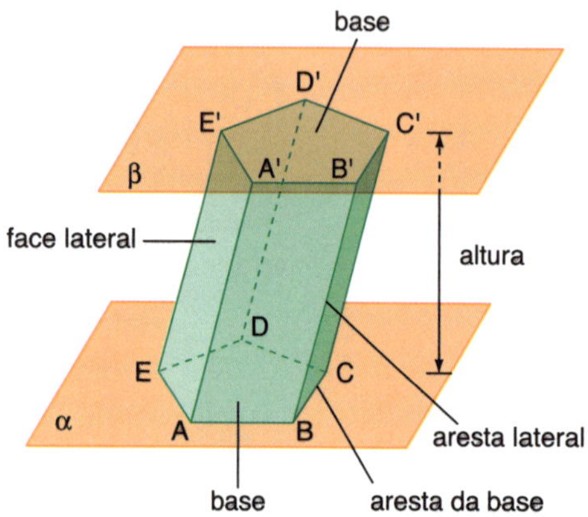

Banco de imagens/Arquivo da editora

Observe que:

- os polígonos ABCDE e A'B'C'D'E', chamados **bases** do prisma, são congruentes e estão contidos em planos paralelos entre si (α e β);
- os paralelogramos AA'B'B, BB'C'C, CC'D'D, DD'E'E e EE'A'A são chamados **faces laterais**;
- a distância entre os planos α e β, que contêm as bases, é a **altura** do prisma.

Os nomes dados aos prismas referem-se ao número de lados de cada polígono da base.

Quanto à inclinação das arestas laterais em relação aos planos das bases, os prismas são classificados em:

- **prisma oblíquo**: se as arestas laterais são oblíquas aos planos das bases;
- **prisma reto**: se as arestas laterais são perpendiculares aos planos das bases. Observe que, nesse caso, as faces laterais são retângulos.

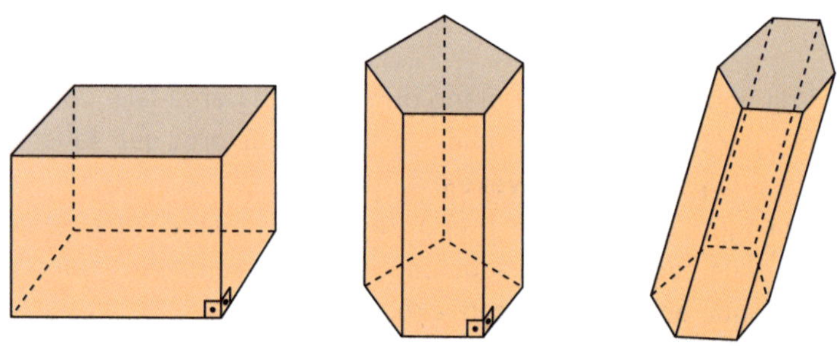

prisma reto quadrangular (A base é um quadrilátero.)

prisma reto pentagonal (A base é um pentágono.)

prisma oblíquo hexagonal (A base é um hexágono.)

Ilustrações: Banco de imagens/Arquivo da editora

Se as bases de um prisma reto são polígonos regulares, ele é chamado **prisma regular**.

Paralelepípedo

Todo prisma cujas bases são paralelogramos é chamado **paralelepípedo**.

Sua superfície total é a reunião de seis paralelogramos.

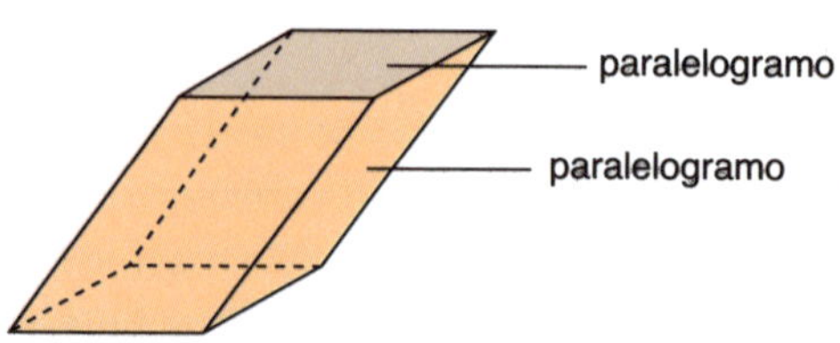

Banco de imagens/Arquivo da editora

Paralelepípedo retângulo ou **reto-retângulo**: é um paralelepípedo cuja superfície total é a reunião de seis retângulos.

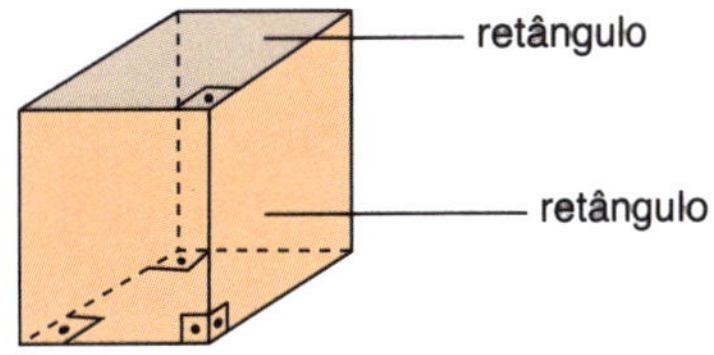

Banco de imagens/Arquivo da editora

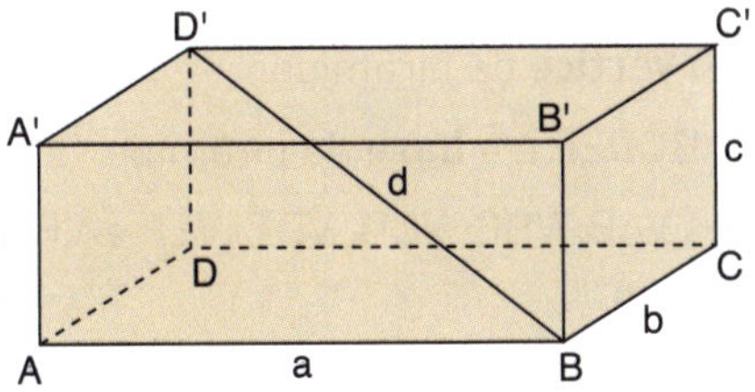

Banco de imagens/Arquivo da editora

Área total: $A_t = 2(ab + ac + bc)$

Diagonal: $d = \sqrt{a^2 + b^2 + c^2}$

Volume: $V = a \cdot b \cdot c$

Cubo: é um paralelepípedo cuja superfície total é a reunião de seis quadrados. Note que o cubo é um paralelepípedo retângulo em que todas as arestas são congruentes.

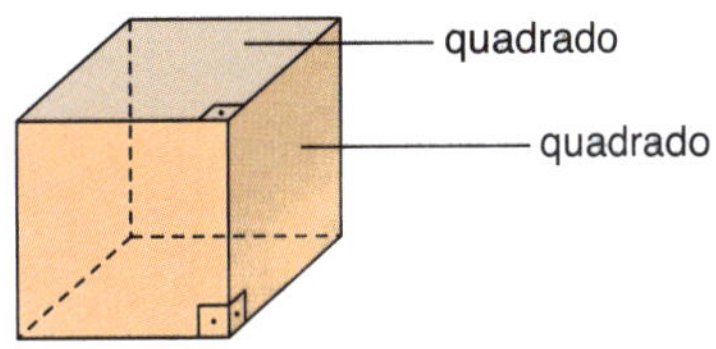

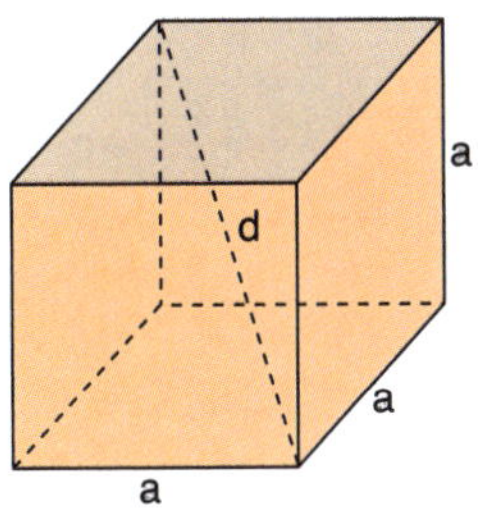

Área total: $A_t = 6a^2$

Diagonal: $d = a\sqrt{3}$

Volume: $V = a^3$

Ilustrações: Banco de imagens/Arquivo da editora

Unidades de medida de volume

- $1\ L = 1000\ mL = 1\ dm^3$
- $1\ m^3 = 1000\ L$
- $1\ cm^3 = 1\ mL$

Princípio de Cavalieri

Dois sólidos, nos quais todo plano secante, paralelo a um dado plano, determina superfícies de áreas iguais (superfícies equivalentes), são sólidos de volumes iguais (sólidos equivalentes).

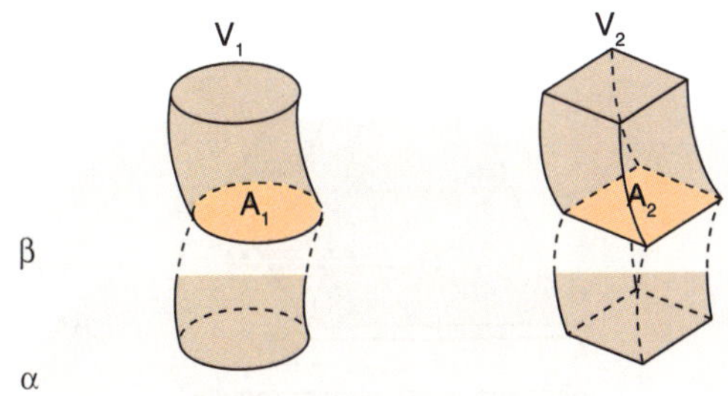

Banco de imagens/Arquivo da editora

$$A_1 = A_2 \Rightarrow V_1 = V_2$$

Por meio desse princípio, é possível provar que o volume (**V**) de qualquer prisma é:

$$V = A_b \cdot h$$

A_b: área da base do prisma
h: altura do prisma

Pirâmides

Dados um polígono convexo **P** contido em um plano α e um ponto **V** não pertencente a α, tracemos todos os possíveis segmentos de reta que têm uma extremidade em **V** e a outra em um ponto do polígono. A reunião desses segmentos é um sólido chamado **pirâmide**.

Elementos e classificação

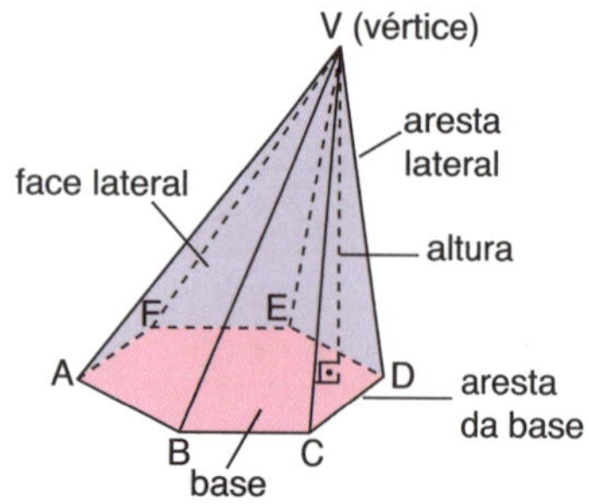

Banco de imagens/Arquivo da editora

- O ponto **V** é o **vértice** da pirâmide.
- O polígono ABCDEF é a **base** da pirâmide.
- Os triângulos VAB, VBC, VCD, VDE, VEF e VFA são as **faces laterais**.
- A **altura** da pirâmide é a distância de **V** ao plano da base.

As pirâmides podem ser classificadas de acordo com o polígono da base. Por exemplo:

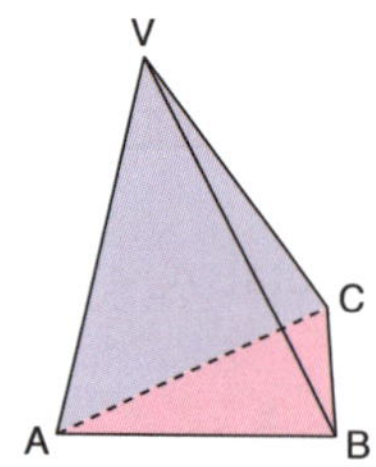

pirâmide triangular
(A base é um triângulo.)

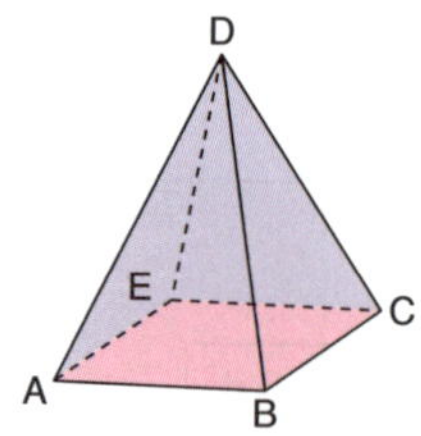

pirâmide quadrangular
(A base é um quadrilátero.)

Ilustrações: Banco de imagens/Arquivo da editora

Pirâmide regular

A **pirâmide regular** é aquela cuja base é um polígono regular e cujas arestas laterais são congruentes entre si.

Uma pirâmide regular tem as seguintes características:

- a projeção ortogonal do vértice sobre o plano da base é o centro da base;
- as faces laterais são triângulos isósceles congruentes;
- o apótema da pirâmide regular, que indicamos por **g**, é a altura de uma face lateral, relativa à aresta da base.

Observe as pirâmides seguintes:

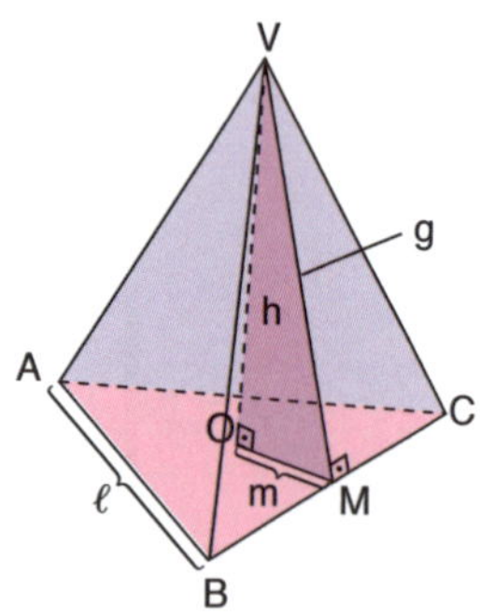

pirâmide triangular regular
(A base é um triângulo equilátero.)

$m = \frac{\ell\sqrt{3}}{6} \rightarrow$ apótema do triângulo equilátero

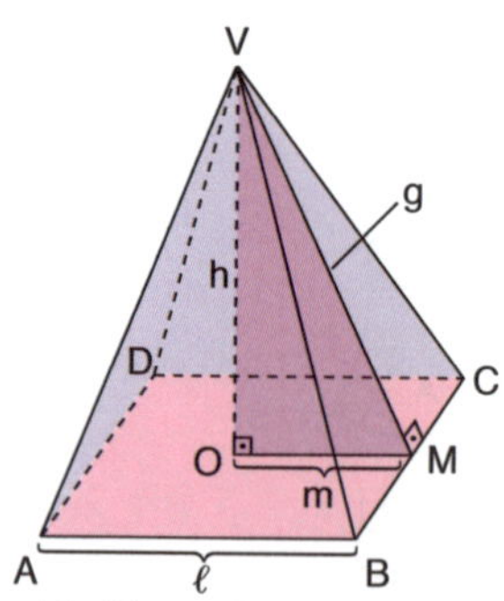

pirâmide quadrangular regular
(A base é um quadrado.)

$m = \frac{\ell}{2} \rightarrow$ apótema do quadrado

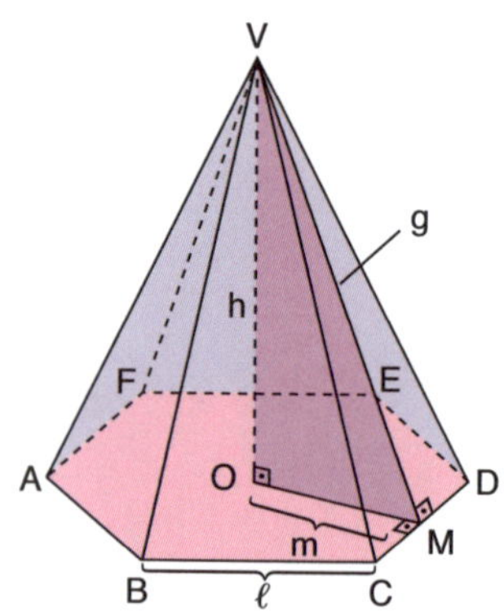

pirâmide hexagonal regular
(A base é um hexágono regular.)

$m = \frac{\ell\sqrt{3}}{2} \rightarrow$ apótema do hexágono

Ilustrações: Banco de imagens/Arquivo da editora

Em qualquer **pirâmide regular** vale a relação:

$$g^2 = h^2 + m^2$$

g: apótema da pirâmide
h: altura da pirâmide
m: apótema da base

Volume

$$V = \frac{1}{3} \cdot A_b \cdot h$$

O volume de uma pirâmide qualquer é igual a $\frac{1}{3}$ do produto da área da base pela medida da altura.

Tetraedro regular

Chama-se **tetraedro** toda pirâmide de base triangular.

Se as quatro faces de um tetraedro são triângulos equiláteros congruentes, ele é chamado **tetraedro regular**.

Observe que, em um tetraedro regular:

- as seis arestas são congruentes, ou seja, AB = AC = AD = BC = CD = DB;
- qualquer face – ABC, ACD, ABD ou BCD – pode ser considerada como base, já que são triângulos equiláteros congruentes.

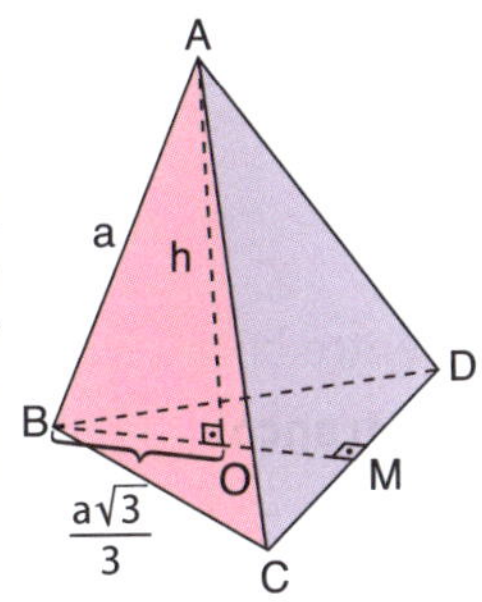

Banco de imagens/Arquivo da editora

Área total: $A_t = 4 \cdot A_{\triangle \text{ equilátero}} = a^2 \cdot \sqrt{3}$

Altura: $h = \dfrac{a \cdot \sqrt{6}}{3}$

Note que $OB = \frac{2}{3} \cdot BM$.

Pirâmides semelhantes

Quando secionamos uma pirâmide por um plano paralelo à base de modo que este plano não contenha o vértice da pirâmide, ela fica dividida em dois sólidos.

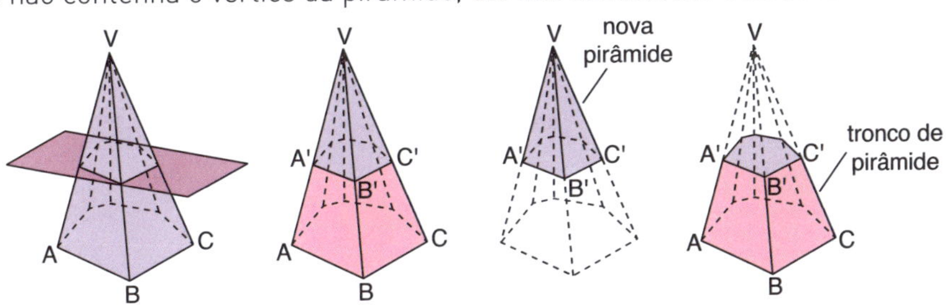

Ilustrações: Banco de imagens/Arquivo da editora

A nova pirâmide é uma "cópia reduzida" da pirâmide original. As duas pirâmides são semelhantes.

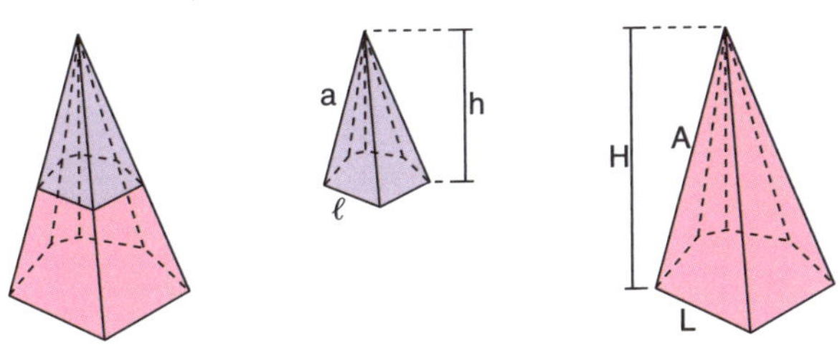

Ilustrações: Banco de imagens/Arquivo da editora

A razão **k** entre dois elementos lineares homólogos — arestas ou alturas — é chamada **razão de semelhança** entre as pirâmides.

Considerando duas pirâmides regulares semelhantes, temos as seguintes propriedades:

- razão entre elementos lineares:

$$\frac{a}{A} = \frac{\ell}{L} = \frac{h}{H} = k$$

- razão entre áreas:

$$\frac{A_b}{A_B} = k^2;\ \frac{A_\ell}{A_L} = k^2 \text{ e } \frac{A_t}{A_T} = k^2$$

- razão entre volumes:

$$\frac{v}{V} = k^3$$

Tronco de pirâmide regular

O tronco de bases paralelas obtido de uma pirâmide regular é denominado **tronco de pirâmide regular**.

Em um tronco de pirâmide regular:

- as **arestas laterais** são congruentes entre si;
- as **bases** são polígonos regulares semelhantes;
- as **faces laterais** são trapézios isósceles congruentes entre si;
- a altura de qualquer face lateral chama-se **apótema do tronco**.

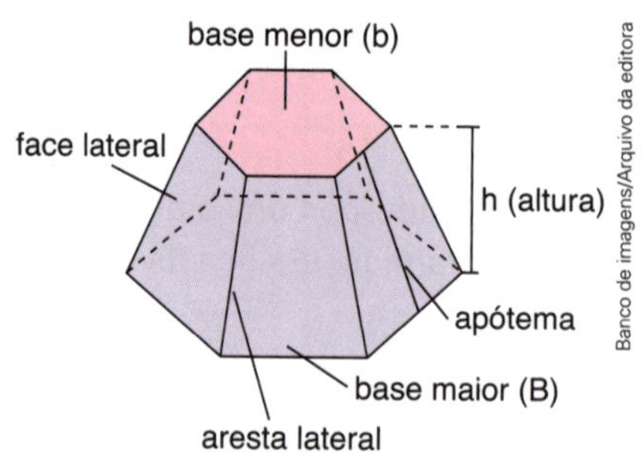

$$A_t = A_B + A_b + A_\ell$$

Volume

O volume de um tronco de pirâmide pode ser calculado por meio da diferença entre o volume da pirâmide original e o volume da pirâmide obtida a partir da seção.

Pode-se também usar a fórmula:

$$V = \frac{h}{3} \cdot \left[A_B + \sqrt{A_B \cdot A_b} + A_b\right]$$

Aplique o que aprendeu

Exercícios resolvidos

1. Um poliedro convexo tem 12 faces pentagonais. Quantas arestas e vértices ele possui?

Solução:

Como o pentágono tem 5 lados, nas 12 faces teríamos $12 \cdot 5 = 60$ arestas. Nesse cálculo, cada aresta, por ser comum a duas faces, foi contada duas vezes.

Daí: $A = \frac{60}{2} = 30$.

Como o poliedro é convexo, temos $V - A + F =$ $= 2 \Rightarrow V - 30 + 12 = 2 \Rightarrow V = 20$

2. Na figura, tem-se a planificação da superfície de um paralelepípedo retângulo cuja área total é $112\ cm^2$:

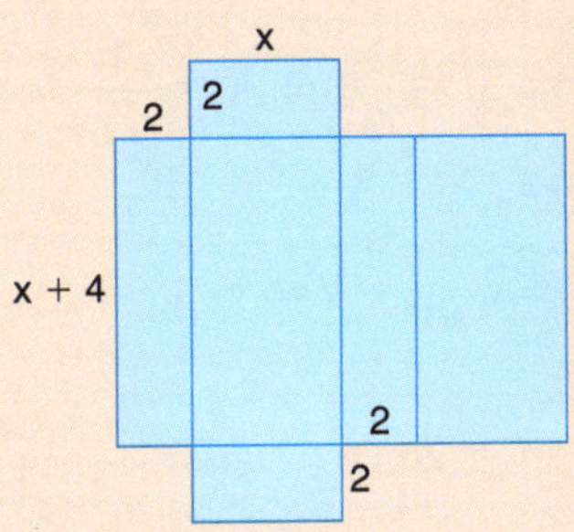

Banco de imagens/Arquivo da editora

Determine a área total de um cubo equivalente a esse paralelepípedo.

Solução:

Sólidos equivalentes são sólidos que têm mesmo volume.

A área total dessa planificação é:

$A_t = 112 \Rightarrow 2 \cdot [2 \cdot x + 2 \cdot (x + 4) + x \cdot (x + 4)] =$ $= 112 \Rightarrow x^2 + 8x = 48 \Rightarrow x = 4$

As dimensões do paralelepípedo são: 2 cm, 4 cm e 8 cm.

$V_{paral.} = 2 \cdot 4 \cdot 8 = 64\ cm^3$

$C_{cubo} = a^3 = 64 \Rightarrow a = \sqrt[3]{64} = 4\ cm$

A área de uma face do cubo é $4^2 = 16\ cm^2$; a área total do cubo é $6 \cdot 16 = 96\ cm^2$.

3. Calcule a área total, a área lateral e o volume de um prisma:

a) hexagonal regular, cuja altura mede 5 cm e cuja aresta da base mede 2 cm;

b) reto triangular de altura 7 cm, cuja base é um triângulo retângulo de hipotenusa com medida 20 cm e um dos catetos tem medida 12 cm.

Solução:

a)

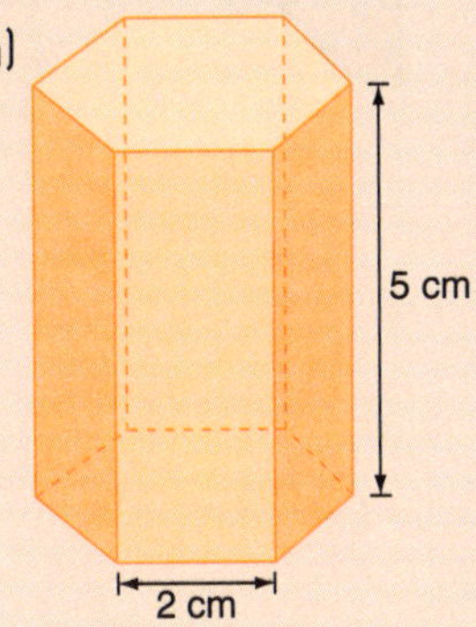

Banco de imagens/Arquivo da editora

A_ℓ: é igual à soma das áreas de seis retângulos congruentes:

$A_\ell = 6 \cdot (2 \cdot 5) = 60\ cm^2$

$A_t = 2 \cdot A_b + A_\ell$

A_b: área de um hexágono regular (que é a reunião de 6 triângulos equiláteros)

$A_b = 6 \cdot \frac{\ell^2\sqrt{3}}{4} = 6 \cdot \frac{2^2\sqrt{3}}{4} = 6\sqrt{3}\ cm^2$

Daí:

$A_t = 2 \cdot 6\sqrt{3} + 60 = 12\left(\sqrt{3} + 5\right) cm^2$

$V = A_b \cdot h = 6\sqrt{3} \cdot 5 = 30\sqrt{3}\ cm^3$

b)

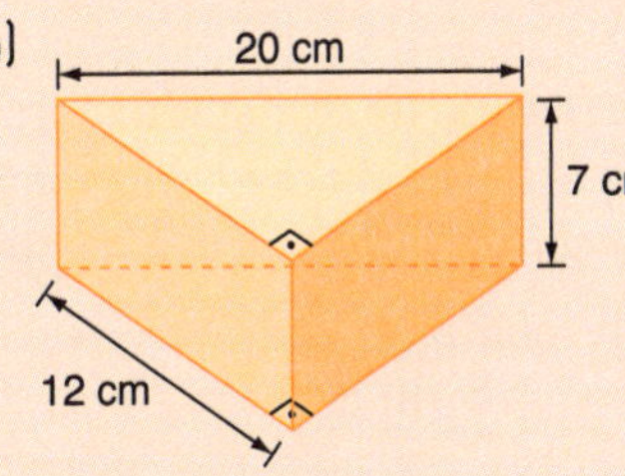

Banco de imagens/Arquivo da editora

O outro cateto da base mede $\sqrt{20^2 - 12^2} =$ $= \sqrt{256} = 16\ cm$.

A área lateral é a soma das áreas de três retângulos, todos com altura 7 cm e bases 16 cm, 12 cm e 20 cm:

$A_\ell = 16 \cdot 7 + 12 \cdot 7 + 20 \cdot 7 = 336\ cm^2$

$A_t = 2 \cdot A_b + A_\ell$

$A_t = 2 \cdot 96 + 336 = 528\ cm^2$

$V = A_b \cdot h = 96 \cdot 7 = 672\ cm^3$

4. Em uma pirâmide regular quadrangular, a altura e o apótema medem, respectivamente, 12 cm e 15 cm. Determine a área total e o volume dessa pirâmide.

Solução:

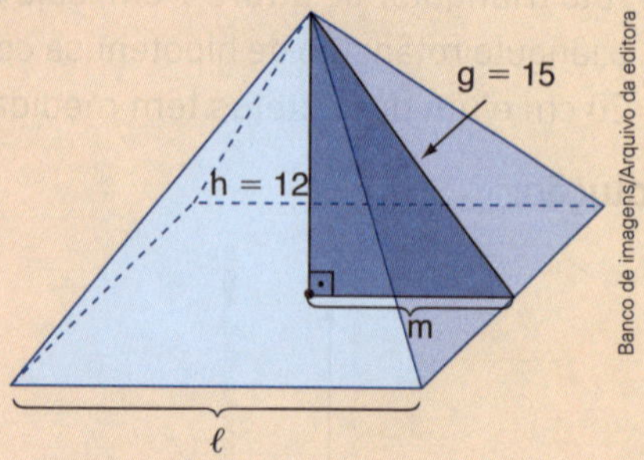

$g^2 = h^2 + m^2$

$15^2 = 12^2 + m^2 \Rightarrow m^2 = 81 \Rightarrow m = 9$ cm

Como $m = \frac{\ell}{2}$, segue que $\ell = 2 \cdot 9 = 18$ cm.

Daí:

$A_b = \ell^2 = 18^2 = 324\ cm^2$

$A_\ell = 4 \cdot A_{\Delta\ sombreado}$

$A_\ell = 4 \cdot \left(\frac{\ell \cdot g}{2}\right) = 4 \cdot \left(\frac{18 \cdot 15}{2}\right) = 540\ cm^2$

$A_t = A_b + A_\ell$

$A_t = 324 + 540 = 864\ cm^2$

$V = \frac{1}{3} \cdot A_b \cdot h = \frac{324 \cdot 12}{3} = 1296\ cm^3$

5. Um plano paralelo à base da pirâmide EABCD intersecta a pirâmide a 4 cm de **E**.

Se a altura da pirâmide mede 12 cm, determine a razão entre o volume do tronco e o volume da pirâmide obtida pela seção.

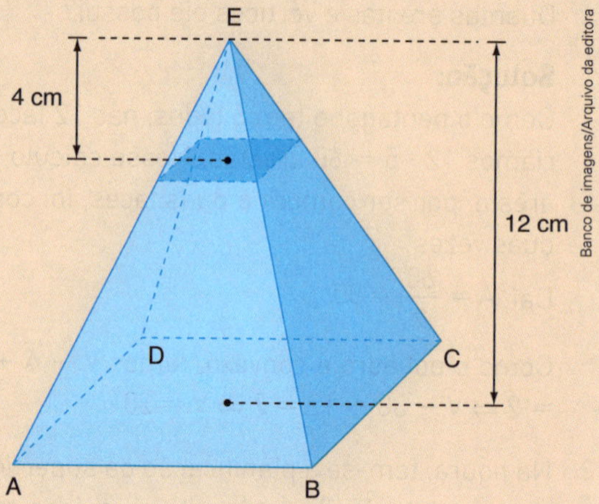

Solução:

$k = \frac{h}{H} = \frac{4}{12} = \frac{1}{3} \Rightarrow k^3 = \frac{1}{27} \Rightarrow \frac{v}{V} = \frac{1}{27} \Rightarrow$

$\Rightarrow V = 27 \cdot v$

Como $v + v_{tronco} = V \Rightarrow v_{tronco} = V - v = 27v - v =$
$= 26v$

Daí, $\frac{v_{tronco}}{v} = 26$.

Questões

1. (IFSC)

Uma caixa de leite de determinada marca possui 22 cm de altura e perímetro da base medindo 28 cm. Sabendo-se que a base da caixa é formada por um quadrado, calcule a quantidade de papel necessária, em cm^2, para confeccionar a caixa, desprezando-se as dobras.

Assinale a alternativa CORRETA.

a) 600 b) 665 c) 714 d) 564 e) 832

2. (ITA-SP)

Considere a classificação: dois vértices de um paralelepípedo são não adjacentes quando não pertencem à mesma aresta. Um tetraedro é formado por vértices não adjacentes de um paralelepípedo de arestas 3 cm, 4 cm e 5 cm. Se o tetraedro tem suas arestas opostas de mesmo comprimento, então o volume do tetraedro é, em cm^3:

a) 10. b) 12. c) 15. d) 20. e) 30.

3. (Famerp-SP)

A figura indica um prisma reto triangular e uma pirâmide regular de base quadrada. A altura desses sólidos, em relação ao plano em que ambos estão apoiados, é igual a 4 cm, como indicam as figuras.

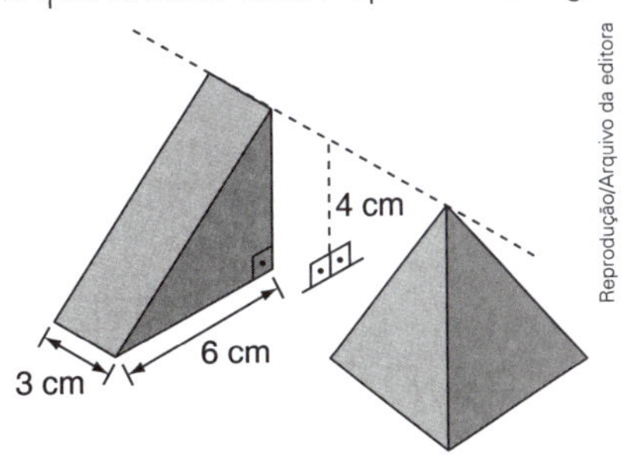

Se os sólidos possuírem o mesmo volume, a aresta da base da pirâmide, em centímetros, será igual a

a) $\frac{4\sqrt{3}}{3}$ b) $\frac{3\sqrt{3}}{2}$ c) $\sqrt{3}$ d) $3\sqrt{3}$ e) $\frac{6\sqrt{3}}{5}$

4. (Unesp-SP)

Uma rampa, com a forma de prisma reto, possui triângulos retângulos ADE e BCF nas bases do prisma, e retângulos nas demais faces. Sabe-se que AB = 20 m, BC = 15 m e CF = 5 m. Sobre a face ABFE da rampa estão marcados os caminhos retilíneos $\overline{AE}$, $\overline{AG}$ e $\overline{AF}$, com **G** sendo um ponto de $\overline{EF}$, como mostra a figura.

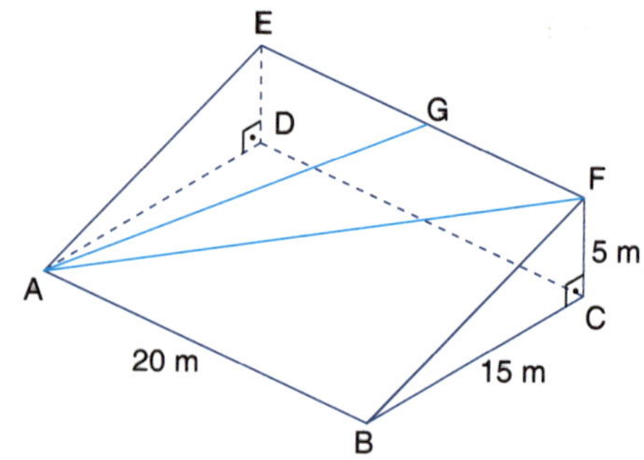

a) Calcule a medida do segmento $\overline{AE}$. Em seguida, assuma que a inclinação de subida (razão entre vertical e horizontal) pelo caminho $\overline{AG}$ seja igual a $\frac{1}{4}$ e calcule a medida do segmento $\overline{EG}$.

b) Considere os seguintes dados para responder a este item:

α	7,1°	11,3°	14,0°	18,4°
tg α	0,125	0,200	0,250	0,333

Comparando-se o caminho $\overline{AF}$ com o caminho $\overline{AE}$, nota-se que o ângulo de inclinação de $\overline{AF}$ e de $\overline{AE}$, em relação ao plano que contém o retângulo ABCD, aumentou. Calcule a diferença aproximada, em graus, desses ângulos.

5. (IFPE)

Podemos calcular o volume de uma caixa retangular, como na figura abaixo, de dimensões **a**, **b** e **c** fazendo V = a · b · c.

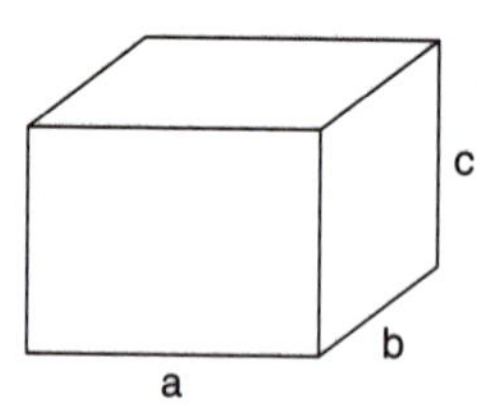

Sabendo que 1 mL = 1 cm^3, calcule, em litros, o volume de água necessária para encher um tanque retangular de largura a = 80 cm, profundidade b = 40 cm e altura c = 60 cm.

a) 1 920 L.
b) 192 L.
c) 19,2 L.
d) 19 200 L
e) 192 000 L

6. (Uerj)

A imagem a seguir ilustra um prisma triangular regular. Sua aresta da base mede **b** e sua aresta lateral mede **h**.

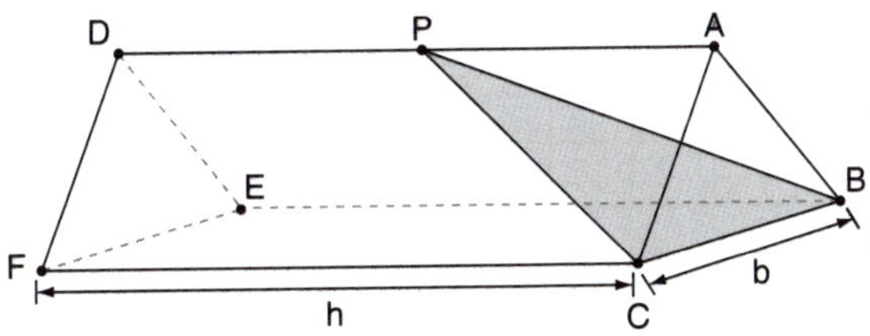

Esse prisma é seccionado por um plano BCP, de modo que o volume da pirâmide ABCP seja exatamente $\frac{1}{9}$ do volume total do prisma.

Logo, a medida de $\overline{AP}$ é igual a:

a) $\frac{h}{9}$

b) $\frac{h}{3}$

c) $\frac{2h}{3}$

d) $\frac{5h}{6}$

7. (Enem)

O hábito cristalino é um termo utilizado por mineralogistas para descrever a aparência típica de um cristal em termos de tamanho e forma. A granada é um mineral cujo hábito cristalino é um poliedro com 30 arestas e 20 vértices. Um mineralogista construiu um modelo ilustrativo de um cristal de granada pela junção dos polígonos correspondentes às faces.

Supondo que o poliedro ilustrativo de um cristal de granada é convexo, então a quantidade de faces utilizadas na montagem do modelo ilustrativo desse cristal é igual a

a) 10.

b) 12.

c) 25.

d) 42.

e) 50.

8. (Uerj)

A figura ao lado representa um objeto com a forma de um octaedro. Admita que suas arestas, feitas de arames fixados nos vértices, possuem os comprimentos indicados na tabela.

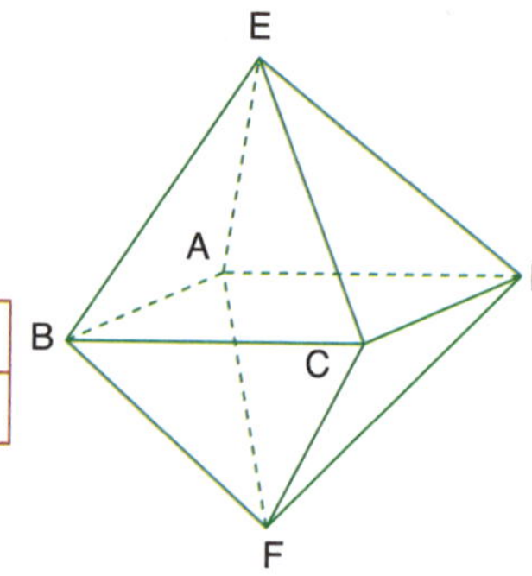

Reprodução/Arquivo da editora

Arestas	AB	AD	AE	AF	BC	BE	BF	CD	CE	CF	DE	DF
Comprimento (cm)	10	11	12	10	11	12	11	12	11	10	12	12

Calcule o menor comprimento do arame, em centímetros, necessário para construir esse objeto.

9. (Ucpel-RS)

A área de um quadrado de lado **x** cm aumenta em 28 cm^2 se o seu lado for aumentado em 2 cm. Considerando que a medida da aresta de um tetraedro regular é igual ao lado **x** deste quadrado, então a altura **h** deste tetraedro vale

a) $2\sqrt{6}$ cm

b) $2\sqrt{3}$ cm

c) $2\sqrt{2}$ cm

d) $3\sqrt{2}$ cm

e) $4\sqrt{6}$ cm

10. (UFJF-MG)

Observe, abaixo, uma imagem desse vírus que tem a forma de um sólido geométrico.

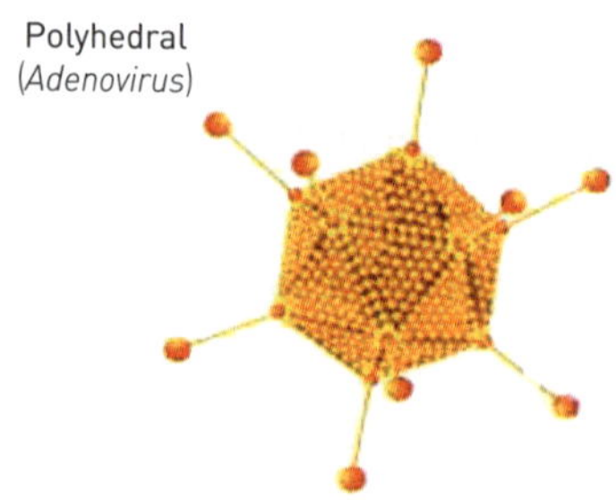

Reprodução/UFJF, 2017

Disponível em: <http://www.thinkstockphotos.com/image/stockillustration-shapes-of-viruses/507687357>. Acesso em: 14 set. 2016.

Qual é a planificação do sólido representado por esse vírus?

a) 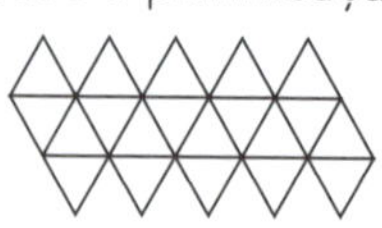

b) 

c) 

d) 

e) 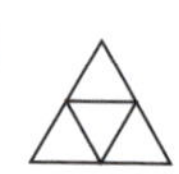

Ilustrações: Reprodução/Arquivo da editora

11. (CPS-SP)

O caleidoscópio consiste em um prisma regular de base triangular, obtido da união de três espelhos planos retangulares, todos com as suas faces espelhadas voltadas uma para as outras (desenho 1). Em uma das bases triangulares, é colado um material translúcido, enquanto a outra base é opaca, contendo apenas um furo em seu centro. Dentro do caleidoscópio encontram-se pequenos objetos soltos, tais como contas ou pedacinhos de papel.

Ao olharmos para o interior do caleidoscópio através do furo da base opaca, podemos ver as imagens obtidas pelas inúmeras reflexões dos objetos nos espelhos.

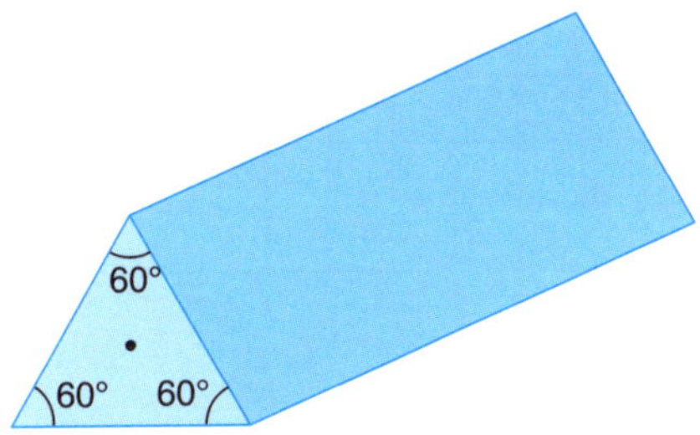

desenho 1

Desejando construir seu caleidoscópio, João o fez com papel cartão escuro (desenho 2).

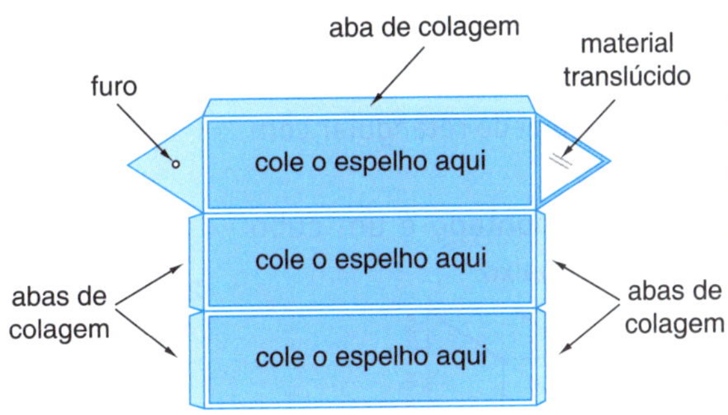

desenho 2

João colou dois espelhos consecutivos, bem como as abas correspondentes das laterais nas bases formadas com os triângulos equiláteros. Enquanto esperava a cola secar, decidiu olhar as imagens de um botão que ele segurou entre esses dois espelhos. Como o caleidoscópio ainda não estava fechado completamente, ele pôde olhar diretamente para as faces refletoras dos espelhos.

O número de imagens distintas (**N**) que se formam de um objeto colocado entre dois espelhos pode ser calculado pela relação

$$N = \frac{360°}{\left(\begin{array}{c}\text{medidas do ângulo entre}\\ \text{as superfícies refletoras}\end{array}\right)} - 1$$

O número máximo de imagens distintas do botão, que podem ser vistas por João é

a) uma. b) duas. c) três. d) cinco. e) seis.

12. (FGV-RJ)

Cada aresta de um cubo é pintada de verde ou de amarelo.

Após a pintura, em cada face desse cubo há pelo menos uma aresta pintada de verde.

O número máximo de arestas desse cubo pintadas de amarelo é:

a) 6 b) 9 c) 8 d) 10 e) 4

13. (UFJF-MG)

Um quebra-cabeça tem 8 peças, sendo:

- 01 peça cúbica com 2 cm de lado
- 01 peça cúbica com 3 cm de lado
- 03 peças em forma de paralelepípedo retangular com medidas 2 cm × 2 cm × 3 cm
- 03 peças em forma de paralelepípedo retangular com medidas 3 cm × 3 cm × 2 cm

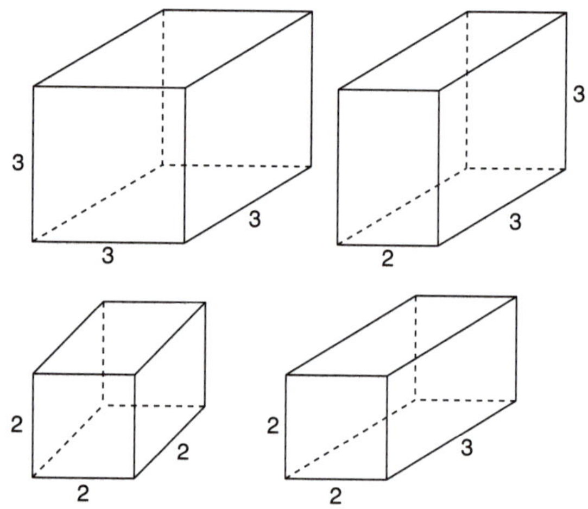

Reprodução/Arquivo da editora

Além disso, o quebra-cabeça montado é um cubo 5 × 5 × 5 conforme ilustração abaixo.

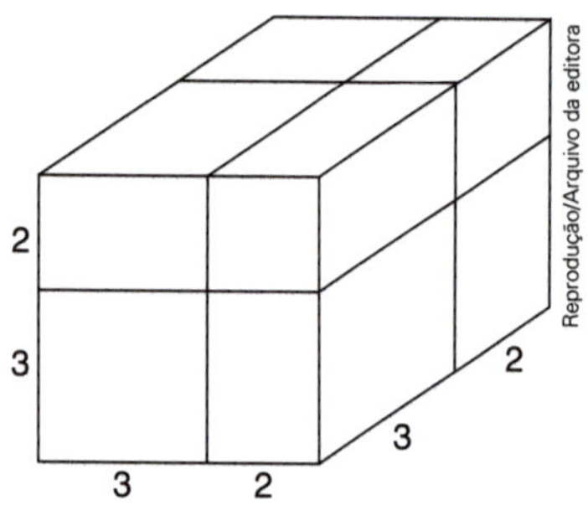

Reprodução/Arquivo da editora

Se pintarmos todas as faces do cubo montado, após desmontá-lo podemos afirmar que as peças:

a) cúbicas totalizam 5 faces não pintadas.
b) cúbicas totalizam 5 faces pintadas.
c) 2 × 2 × 3 totalizam 16 cm² de área de faces não pintadas.
d) 3 × 3 × 2 totalizam 63 cm² de área de faces não pintadas.
e) não cúbicas totalizam 15 faces não pintadas.

14. (UEM-PR)

Sejam: $\mathbf{Q}_1$ um quadrado de lado ℓ e $\mathbf{C}_1$ a circunferência inscrita em $\mathbf{Q}_1$; $\mathbf{Q}_2$ um quadrado inscrito em $\mathbf{C}_1$ e $\mathbf{C}_2$ a circunferência inscrita em $\mathbf{Q}_2$; $\mathbf{Q}_3$ um quadrado inscrito em $\mathbf{C}_2$ e $\mathbf{C}_3$ a circunferência inscrita em $\mathbf{Q}_3$. Assinale o que for **correto**.

01) A área entre $\mathbf{Q}_1$ e $\mathbf{Q}_3$ é $\frac{3}{2}$ da área de $\mathbf{Q}_2$.

02) As medidas dos lados dos quadrados $\mathbf{Q}_1$, $\mathbf{Q}_2$ e $\mathbf{Q}_3$ são três termos consecutivos de alguma progressão geométrica decrescente.

04) As medidas dos raios das circunferências $\mathbf{C}_1$, $\mathbf{C}_2$ e $\mathbf{C}_3$ são três termos consecutivos da progressão geométrica de primeiro termo $\frac{\ell}{2}$ e razão $\sqrt{2}$.

08) A área de $\mathbf{C}_2$ é o dobro da área de $\mathbf{C}_3$.

16) A diagonal de um cubo que tem $\mathbf{Q}_3$ como face mede $\ell \cdot \operatorname{sen} \frac{\pi}{3}$.

15. (Enem)

Para a Olimpíada de 2012, a piscina principal do Centro Aquático de Londres, medindo 50 metros de comprimento, foi remodelada para ajudar os atletas a melhorar suas marcas. Observe duas das melhorias:

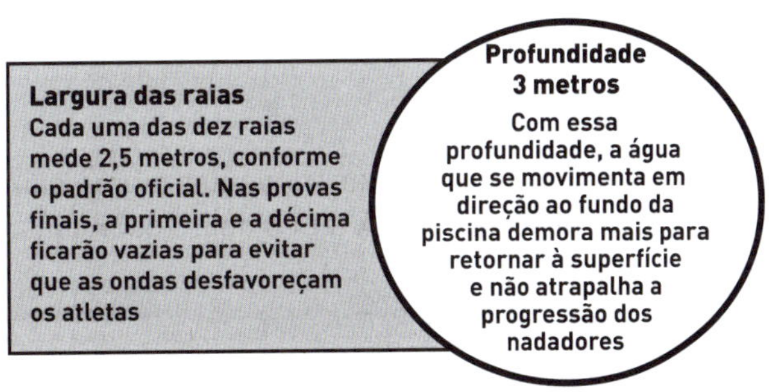

Reprodução/Arquivo da editora

Veja, n. 2 278, jul. 2012 (adaptado).

A capacidade da piscina em destaque, em metro cúbico, é igual a

a) 3 750. b) 1 500. c) 1 250. d) 375. e) 150.

16. (EBMSP-BA)

Uma pesquisa realizada durante 75 anos nos Estados Unidos mostrou que não é uma carreira de sucesso, a fama ou os bens adquiridos durante a vida a fórmula da felicidade para uma jornada tranquila. Segundo o estudo, as pessoas que participam de grupos sociais, se relacionam bem com a família, com os amigos e com a comunidade são mais felizes, fisicamente mais saudáveis e vivem mais tempo do que as pessoas que têm menos relações sociais.

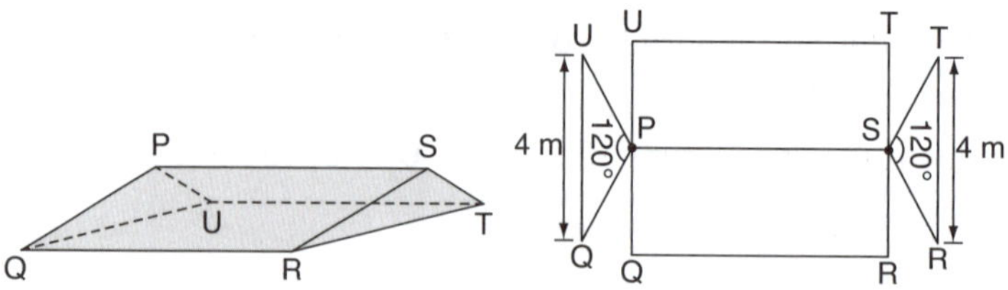

Figura 1 Figura 2

Uma pessoa para realizar um evento ao ar livre, com familiares e amigos, está planejando instalar um toldo cuja cobertura tem a forma do sólido, de volume igual a $\frac{20\sqrt{3}}{3}$ m³, representado na figura 1.

Com base nessa informação, calcule a área total da planificação dessa cobertura, constituída por dois retângulos congruentes e dois triângulos, representada na figura 2.

17. (UEPG-PR)

Uma caixa **A** tem a forma de um prisma regular triangular e uma caixa **B** tem a forma de um prisma hexagonal regular. Se o lado da base da caixa **A** tem o dobro da medida do lado da base da caixa **B**, assinale o que for correto.

01) A razão entre as áreas da base de **A** e **B** é $\frac{2}{3}$.

02) Se a altura de **A** for a metade da altura de **B**, então, o volume de **B** é igual ao triplo do volume de **A**.

04) Para que os volumes sejam iguais, a altura de **B** deve ser o dobro da altura de **A**.

08) Se as alturas das caixas são iguais, a área lateral de **B** é o dobro da de **A**.

18. (Unigranrio)

Um prisma reto tem como base um hexágono regular, que pode ser inscrito em uma circunferência de raio 2 m. Se a altura desse prisma é igual ao dobro do lado do hexágono regular que forma a sua base, então, pode-se afirmar que seu volume, em m³, é igual a:

a) $4\sqrt{3}$ b) $6\sqrt{3}$ c) $24\sqrt{3}$ d) $30\sqrt{3}$ e) $48\sqrt{3}$

19. (UFU-MG)

Um *designer* de jogos virtuais está simulando alguns deslocamentos associados com uma pirâmide quadrangular regular, em que o lado do quadrado da base mede 40 cm.

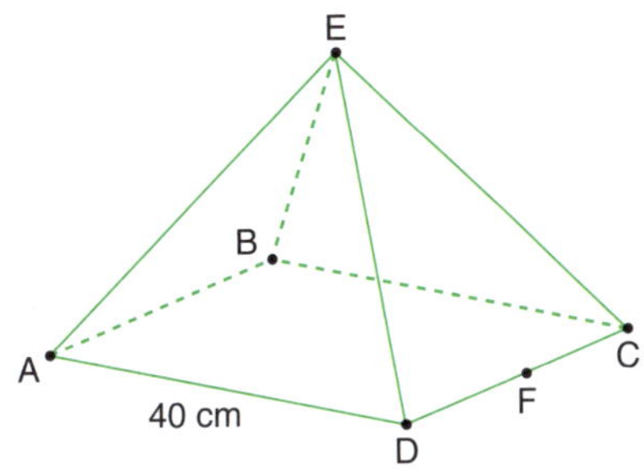

(Figura ilustrativa e sem escalas)

Ele simula a trajetória de um lagarto pelas faces da pirâmide. Inicialmente o lagarto desloca-se de **A** até **E** e, posteriormente, de **E** até **F**, em que **F** é o ponto médio de CD. Cada um desses dois trechos da trajetória ocorre em linha reta.

A projeção perpendicular dessa trajetória em ABCD, presente no plano da base da pirâmide, descreve uma curva **R**, a qual é a união de dois segmentos.

Nessas condições, o comprimento de **R**, em cm, é igual a

a) $20\sqrt{2}$ b) $40\sqrt{2}$ c) $40(1 + \sqrt{2})$ d) $20(1 + \sqrt{2})$

20. (UFRGS-RS)

Considere a planificação de um tetraedro, conforme a figura ao lado.

Os triângulos ABC e ABD são isósceles respectivamente em **B** e **D**. As medidas dos segmentos $\overline{AC}$, $\overline{BC}$, $\overline{BD}$ e $\overline{DF}$ estão indicadas na figura.

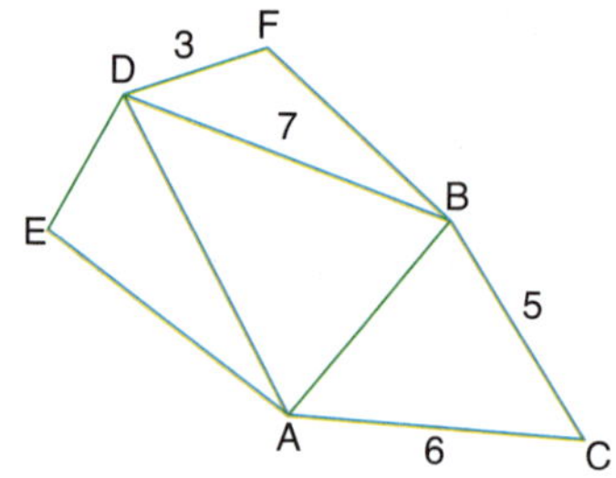

A soma das medidas de todas as arestas do tetraedro é

a) 33.
b) 34.
c) 43.
d) 47.
e) 48.

21. (Uece)

A medida da altura de uma pirâmide é 10 m e sua base é um triângulo retângulo isósceles cuja medida da hipotenusa é 6 m. Pode-se afirmar corretamente que a medida do volume dessa pirâmide, em m^3, é igual a

a) 60.
b) 30.
c) 15.
d) 45.

22. (Uerj)

Uma pirâmide com exatamente seis arestas congruentes é denominada tetraedro regular. Admita que a aresta do tetraedro regular ilustrado ao lado, de vértices ABCD, mede 6 cm e que o ponto médio da aresta BC é **M**.

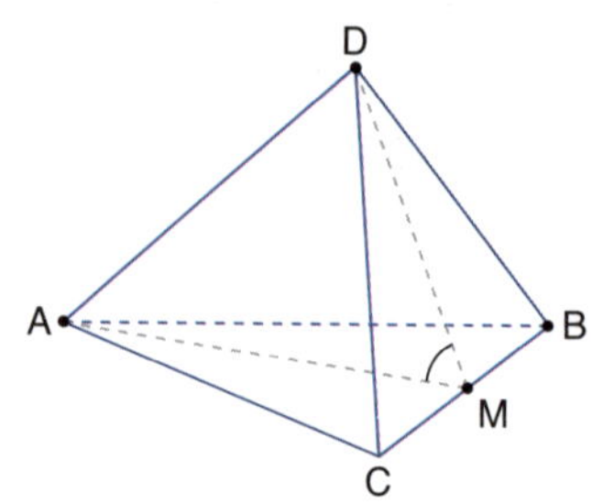

O cosseno do ângulo $A\hat{M}D$ equivale a:

a) $\frac{1}{2}$
b) $\frac{1}{3}$
c) $\frac{2}{3}$
d) $\frac{2}{5}$

23. (UEM-PR)

Uma pirâmide quadrangular regular **P**, de altura **h** e aresta da base medindo **a** foi seccionada transversalmente por um plano de modo que se obtêm um tronco de pirâmide **T** e uma pirâmide **P'**, cujo vértice coincide com o vértice da pirâmide **P**. Sabendo-se que o volume de **P'** é $\frac{1}{7}$ do volume de **T**, é **correto** afirmar que

01) o volume de **T** é $\frac{7}{8}a^2h$.

02) a área da base de **P'** é $\frac{a^2}{4}$.

04) a altura de **P'** é $\frac{h}{2}$.

08) o apótema de **P'** mede $\frac{1}{4}$ do apótema de **P**.

16) a área total de **P'** é $\frac{a^3 + 4a^2 + 4ah^2}{16}$.

24. (IME-RJ)

Um tronco de pirâmide regular possui 12 vértices. A soma dos perímetros das bases é 36 cm, a soma das áreas das bases é $30\sqrt{3}$ cm^2 e sua altura mede 3 cm. Calcule o volume do tronco de pirâmide.

a) 50 cm^3
b) $42\frac{\sqrt{3}}{3}$ cm^3
c) $43\frac{\sqrt{3}}{2}$ cm^3
d) $43\sqrt{2}$ cm^3
e) $42\sqrt{3}$ cm^3

25. (EsPCEx-SP)

Determine o volume (em cm^3) de uma pirâmide retangular de altura "**a**" e lados da base "**b**" e "**c**" (**a**, **b** e **c** em centímetros), sabendo que $a + b + c = 36$ e "**a**", "**b**" e "**c**" são, respectivamente, números diretamente proporcionais a 6, 4 e 2.

a) 16
b) 36
c) 108
d) 432
e) 648

26. (UEPG-PR)

Numa pirâmide quadrangular regular $\mathbf{P_1}$, uma diagonal da base mede 12 cm e uma aresta lateral vale 10 cm. Essa pirâmide é seccionada por um plano paralelo a sua base, originando um tronco **T** e uma nova pirâmide $\mathbf{P_2}$, de aresta da base igual a $\frac{3\sqrt{2}}{2}$ cm. Nesse contexto, assinale o que for correto.

01) A aresta lateral de $\mathbf{P_2}$ é menor que 3 cm.

02) A razão entre a altura de $\mathbf{P_1}$ e a altura de **T** é 2.

04) O volume de **T** é igual a 189 cm^3.

08) A razão entre o volume de $\mathbf{P_1}$ e o volume de $\mathbf{P_2}$ é 64.

16) O volume de $\mathbf{P_2}$ vale 3 cm^3.

27. (PUCC-SP)

Considere dois troncos de pirâmides retas exatamente iguais. A base maior é um quadrado de lado igual a 2 metros, a base menor um quadrado de lado igual a 1 metro, e a distância entre as bases igual a 1 metro. Um monumento foi construído justapondo-se esses dois troncos nas bases menores, apoiando-se em um piso plano por meio de uma das bases maiores, formando um sólido. Desta maneira, a medida da área da superfície exposta do monumento é, em m², igual a

a) $4 + 6\sqrt{5}$.

b) 8.

c) $12\sqrt{2} + 4$.

d) $\frac{16}{3}$.

e) $12\sqrt{2} - 8$.

28. (FGV-RJ)

Dado um tetraedro regular de aresta 6 cm, assinale os pontos que dividem cada aresta em três partes iguais. Corte o tetraedro pelos planos que passam pelos três pontos de divisão mais próximos de cada vértice e remova os pequenos tetraedros regulares que ficaram formados.

A soma dos comprimentos de todas as arestas do sólido resultante, em centímetros, é

a) 56.

b) 32.

c) 30.

d) 36.

e) 48.

TOTAL DE ACERTOS ____/28

TÓPICO

4 Corpos redondos

Reveja o que aprendeu

Você deve ser capaz de:

- Identificar e classificar um cilindro.
- Reconhecer os elementos de um cilindro.
- Reconhecer cone, identificar e classificar seus elementos.
- Calcular o volume do tronco de cone.
- Identificar uma esfera e seus elementos.
- Calcular o volume da esfera e a área de sua superfície.
- Reconhecer fuso esférico e calcular a área de sua superfície.
- Reconhecer cunha esférica e calcular sua área e seu volume.

Cilindros

Consideremos um círculo de centro **O** e raio de medida **r**, contido em um plano α, e um segmento de reta $\overline{PQ}$, cuja reta suporte intersecta α. Tomemos segmentos de reta paralelos e congruentes a $\overline{PQ}$, cada um deles com uma extremidade em um mesmo semiespaço determinado por α. A reunião de todos esses segmentos é um sólido chamado **cilindro**.

Elementos e classificação

- A distância entre os planos das bases é a **altura** do cilindro.
- Os segmentos paralelos a $\overline{OO'}$, com extremidades em pontos das circunferências das bases, são as **geratrizes**.
- A reta $\overline{OO'}$ é o **eixo** do cilindro.

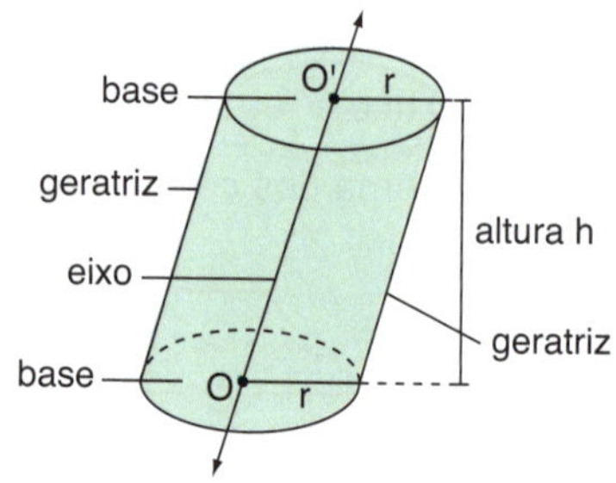

Banco de imagens/Arquivo da editora

Diz-se:

- **cilindro oblíquo**, se a geratriz é oblíqua aos planos das bases;
- **cilindro reto**, se a geratriz é perpendicular aos planos das bases. Nesse caso, a geratriz é a altura do cilindro.

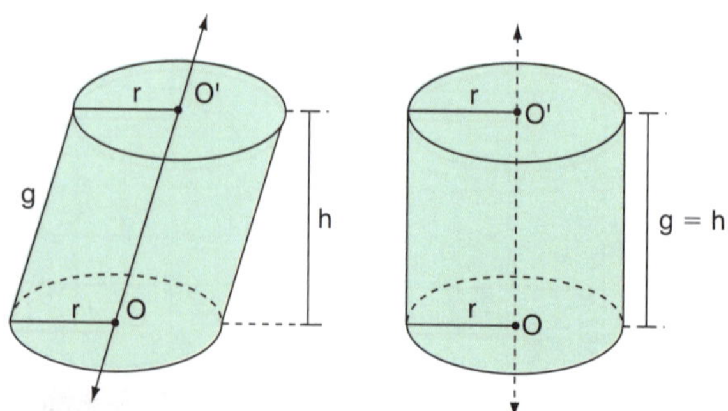

cilindro oblíquo   cilindro reto

Ilustrações: Banco de imagens/Arquivo da editora

Áreas do cilindro circular reto

Área da base (A_b)

$$A_b = \pi r^2$$

Área lateral (A_ℓ)

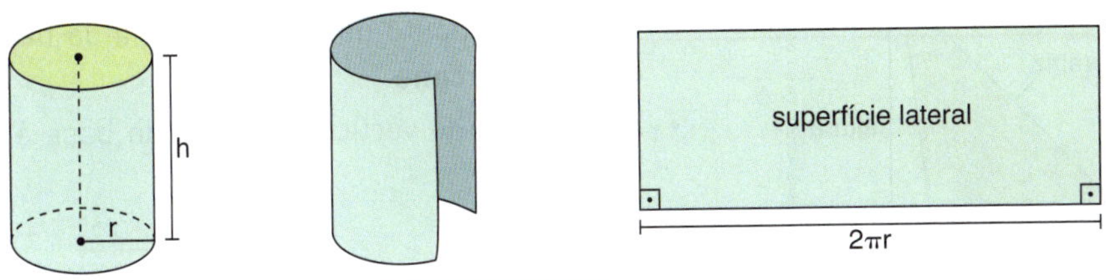

Ilustrações: Banco de imagens/Arquivo da editora

A_ℓ = área de um retângulo $\Rightarrow$ $A\ell = 2\pi r \cdot h$

Área total (A_t)

$A_t = A_\ell + 2 \cdot A_b \Rightarrow$ $2\pi r \cdot (h + r)$

O cilindro circular reto é também chamado **cilindro de revolução**, pelo fato de ser gerado pela rotação de um retângulo em torno de um de seus lados.

A reta $\overline{OO'}$ é o eixo de rotação.

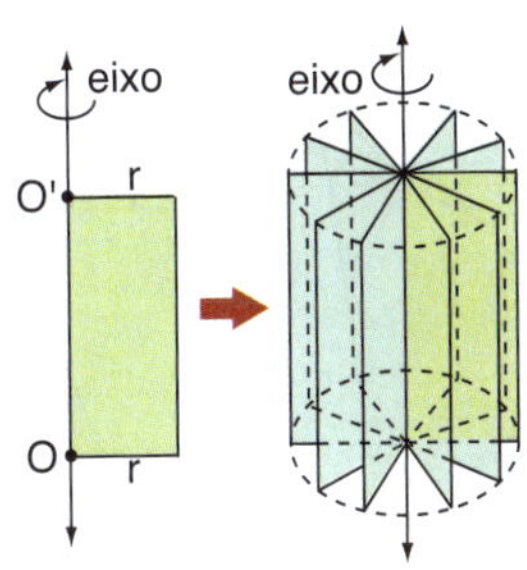

Ilustrações: Banco de imagens/Arquivo da editora

Volume do cilindro

O volume de um cilindro qualquer é:

$$V = A_b \cdot h = \pi \cdot r^2 \cdot h$$

Seção meridiana e cilindro equilátero

Seção meridiana é a interseção do cilindro com um plano que contém o segmento $\overline{OO'}$.

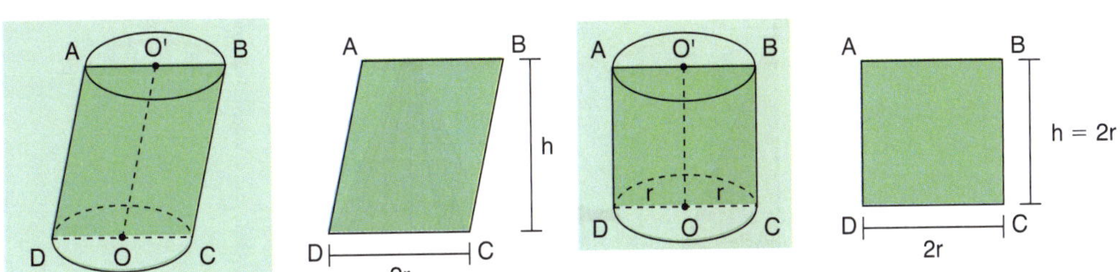

cilindro oblíquo

A seção meridiana é um paralelogramo.

cilindro reto

A seção meridiana é um retângulo.

Ilustrações: Banco de imagens/Arquivo da editora

Cilindro equilátero é um cilindro reto cuja seção meridiana é um quadrado. Em um cilindro equilátero, $g = h = 2r$.

Cones

Consideremos um círculo de centro **O** e raio de medida **r**, contido em um plano α, e um ponto **V**, não pertencente a α. Chama-se **cone circular**, ou apenas cone, a reunião dos segmentos com uma extremidade em **V** e a outra em um ponto do círculo.

Elementos e classificação

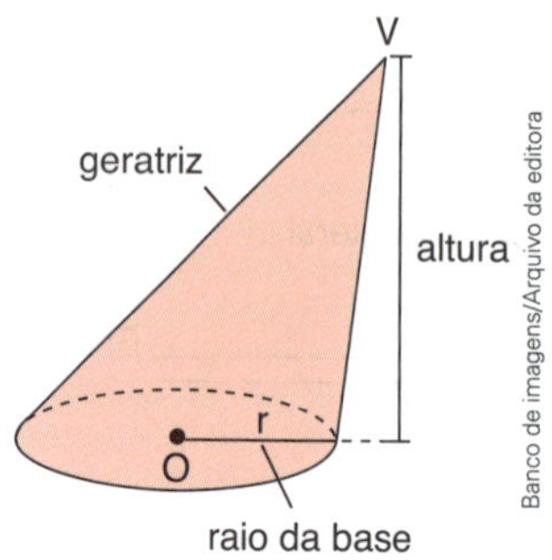

- Cada segmento com uma extremidade em **V** e a outra em um ponto da circunferência da base é uma **geratriz do cone**.
- A distância do vértice ao plano da base é a **altura** do cone.

Diz-se:

- **cone oblíquo**, se a reta $\overline{VO}$ é oblíqua ao plano da base;
- **cone reto**, se a reta $\overline{VO}$ é perpendicular ao plano da base. Nesse caso, $\overline{VO}$ é a altura do cone.

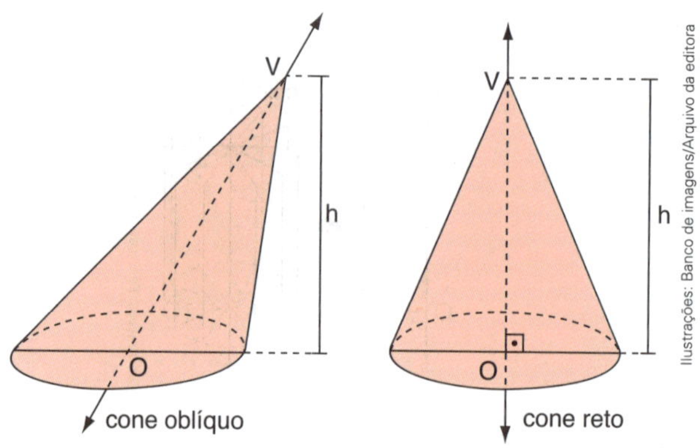

O cone circular reto é também chamado **cone de revolução**, pelo fato de ser gerado pela rotação de um triângulo retângulo em torno de um de seus catetos.

Observe que em um cone de revolução vale a relação:

$$r^2 + h^2 = g^2$$

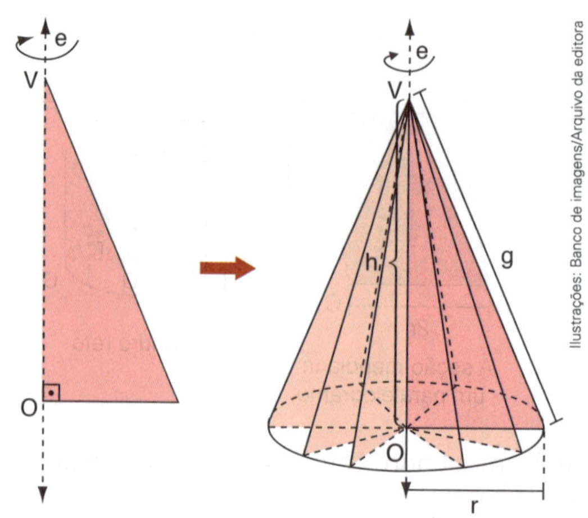

Áreas do cone circular reto

Área da base (A_b)

A base do cone é um círculo de raio de medida **r**, então a **área da base** é:

$$A_b = \pi \cdot r^2$$

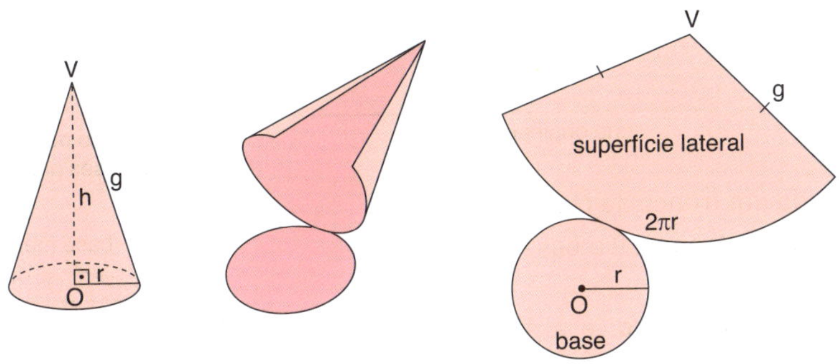

Ilustrações: Banco de imagens/Arquivo da editora

Área lateral (A_ℓ)

Área lateral é a área de um setor circular cujo raio mede **g** (medida da geratriz do cone) e cujo comprimento do arco é $2\pi r$ (perímetro da base).

$$A_\ell = \pi \cdot r \cdot g$$

Área total (A_t)

A superfície total de um cone é a reunião da superfície lateral com o círculo da base. Assim, a **área total** do cone é dada por:

$$A_t = A_b + A_\ell \Rightarrow A_t = \pi \cdot r \cdot (g + r)$$

Volume do cone

O volume de um cone qualquer é:

$$V = \frac{1}{3} \cdot \frac{A_b \cdot h}{3} \Rightarrow V = \frac{1}{3} \cdot \pi \cdot r^2 \cdot h$$

Seção meridiana e cone equilátero

Seção meridiana de um cone é a interseção dele com um plano que contém o segmento $\overline{VO}$. A seção meridiana de um cone reto é um triângulo isósceles.

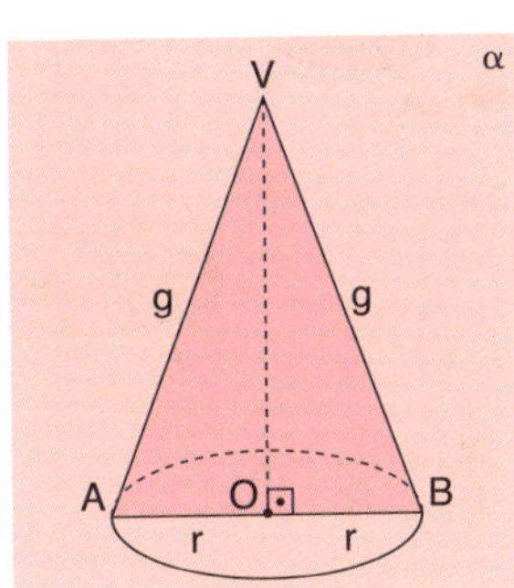

cone reto

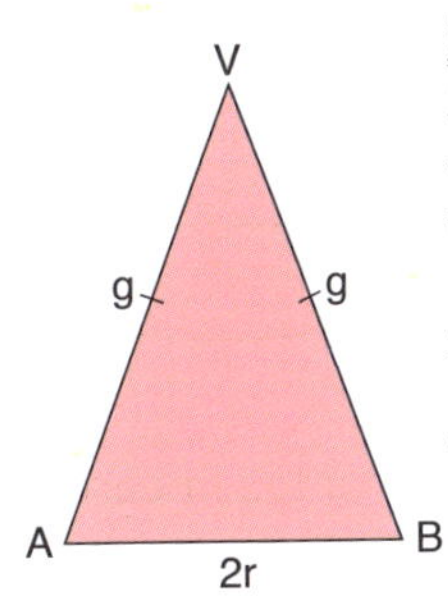

seção meridiana

Banco de imagens/Arquivo da editora

Cone equilátero é um cone reto cuja seção meridiana é um triângulo equilátero.

Em um cone equilátero, $g = 2r$.

Tronco de cone

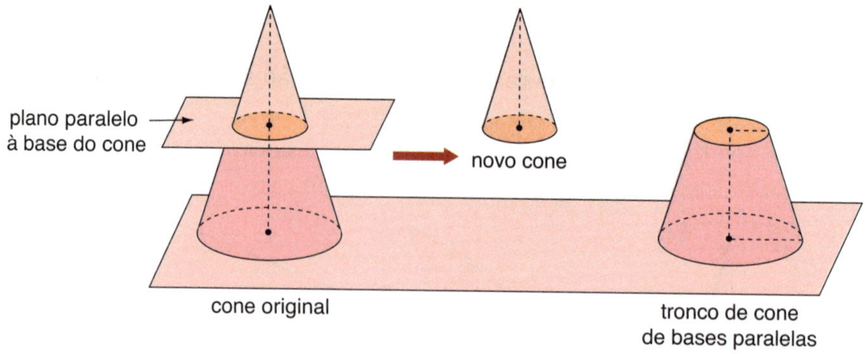

Banco de imagens/Arquivo da editora

Elementos de um tronco de cone:

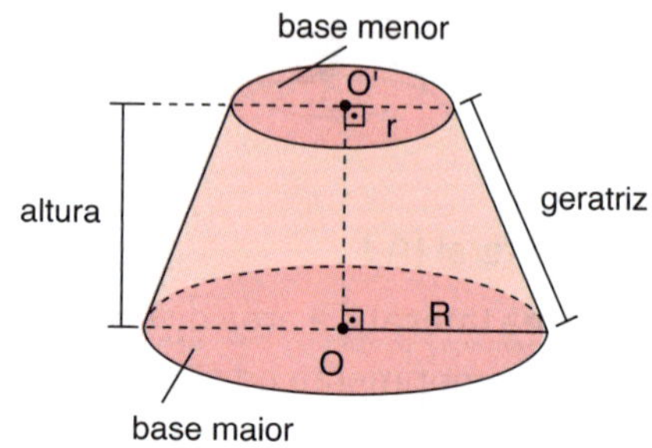

Banco de imagens/Arquivo da editora

- **base maior do tronco**: é a base do cone original ou primitivo;
- **base menor do tronco**: é a seção determinada pelo plano ao intersectar o cone. Essa seção é um círculo e corresponde à base do novo cone;
- **altura do tronco**: é a distância entre os planos das bases;
- **geratriz do tronco**: é um segmento contido em uma geratriz do cone original, cujas extremidades são pontos das circunferências das bases (sendo um ponto em cada base).

Áreas do tronco de cone

$$A_\ell = \pi \cdot g \cdot (R + r)$$

$$A_t = A_B + A_b + A_\ell$$

Volume do tronco de cone

$$V = \frac{\pi h}{3} \cdot \left[R^2 + Rr + r^2\right]$$

Pode-se também fazer a diferença entre os volumes dos dois cones.

Cones semelhantes

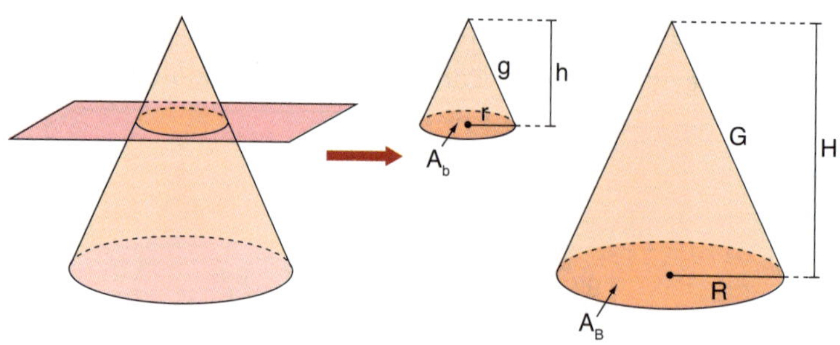

Banco de imagens/Arquivo da editora

- razão entre elementos lineares: $\frac{h}{H} = \frac{g}{G} = \frac{r}{R} = k$
- razão entre áreas: $\frac{A_b}{A_B} = k^2; \frac{A_l}{A_L} = k^2; \frac{A_t}{A_T} = k^2$
- razão entre volumes: $\frac{v}{V} = k^3$

Esfera

Consideremos um ponto **O** e um segmento de medida **r**. Denomina-se esfera de centro **O** e raio **r** o conjunto dos pontos do espaço cuja distância ao ponto **O** é menor ou igual a **r**.

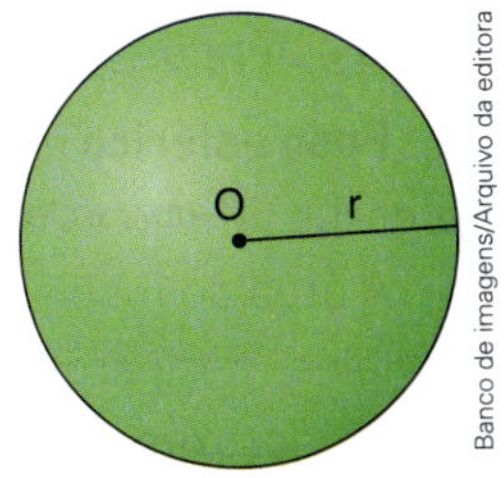

A esfera de centro **O** e raio **r** é o sólido de revolução gerado pela rotação de um semicírculo em torno de um eixo que contém o diâmetro.

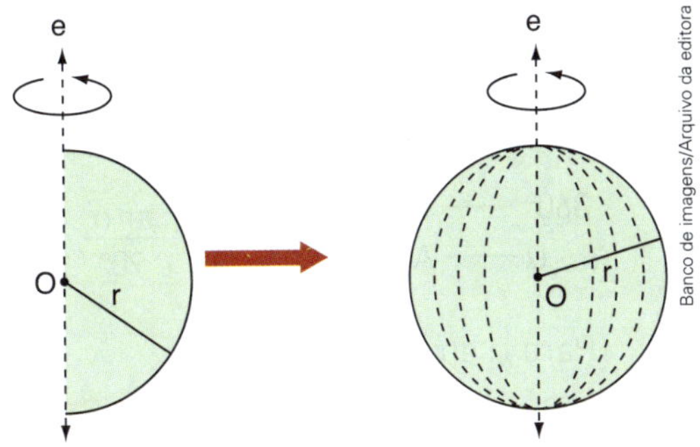

Seção de uma esfera

Quando um plano α intersecta, em mais de um ponto, uma esfera de centro **O** e raio de medida **r**, o conjunto de pontos comuns ao plano e à esfera é um **círculo**, como mostra a figura. Esse círculo é chamado de **seção da esfera**.

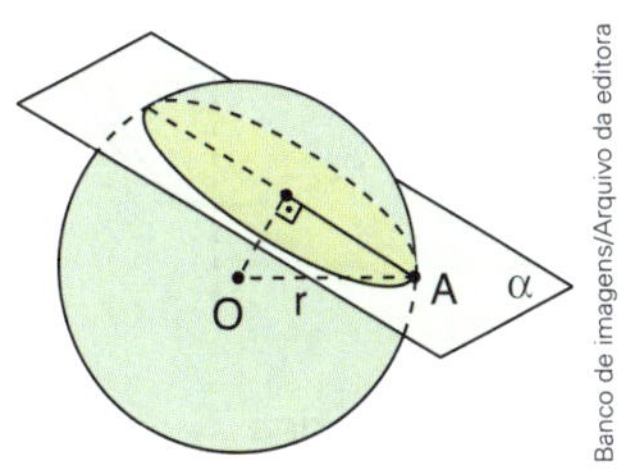

Se α passar pelo centro **O**, o raio da seção determinada será o próprio raio da esfera e, nesse caso, a seção recebe o nome de **círculo máximo da esfera**.

Elementos de uma esfera

O círculo associado ao **equador** (círculo máximo da esfera) divide a esfera em duas "partes" iguais, conhecidas como **hemisférios** ou **semiesferas**.

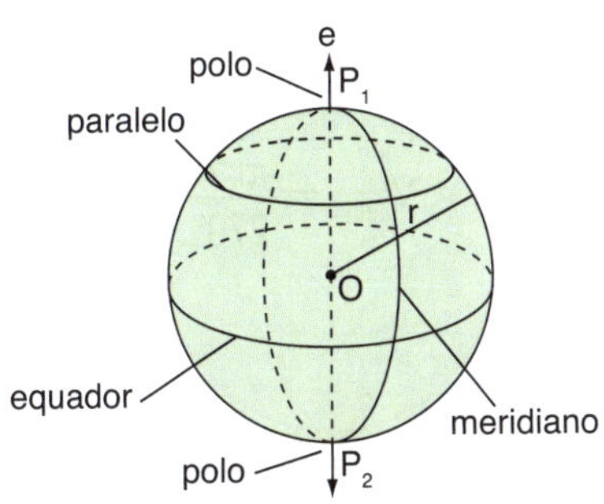

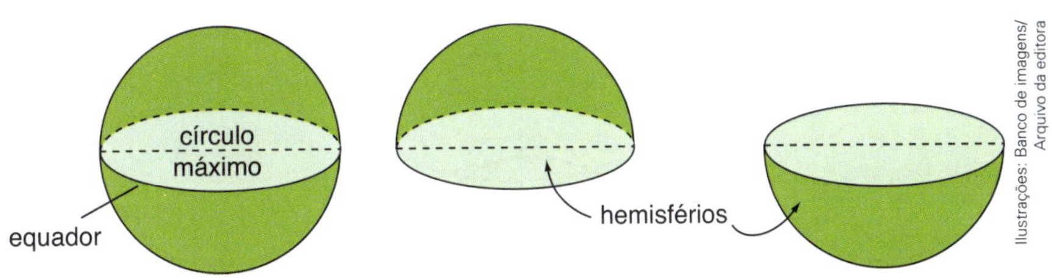

Volume da esfera

O volume **V** de uma esfera de raio **r** é dado por: $V = \dfrac{4\pi r^3}{3}$

Área da superfície esférica

$$A = 4\pi r^2$$

Partes da esfera

Fuso esférico

Fuso esférico é a superfície gerada pela rotação de uma semicircunferência, a qual gira α graus ($0° < \alpha \leq 360°$) em torno do eixo que contém seu diâmetro.

A área do fuso é proporcional a α e, portanto, pode ser calculada por uma regra de três simples, comparando-a com a área da superfície esférica.

Se aproximarmos uma laranja a uma esfera, o fuso esférico nos remete à casca de um gomo.

Banco de imagens/Arquivo da editora

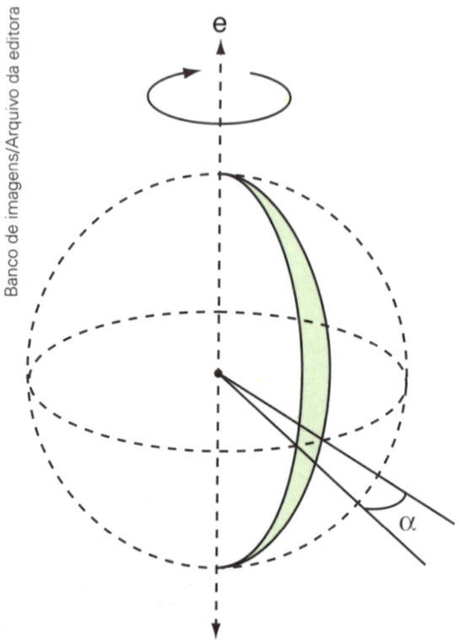

Para α em graus:

$$\left.\begin{array}{l} 360° \text{ —— } 4\pi r^2 \\ \alpha \text{ —— } A_{fuso} \end{array}\right\} \Rightarrow A_{fuso} = \frac{\pi r^2 \alpha}{90°}$$

Para α em radianos:

$$\left.\begin{array}{l} 2\pi \text{ rad —— } 4\pi r^2 \\ \alpha \text{ —— } A_{fuso} \end{array}\right\} \Rightarrow A_{fuso} = 2r^2\alpha$$

Cunha esférica

Dá-se o nome de **cunha esférica** ao sólido gerado pela rotação de um semicírculo que gira α graus ($0° < \alpha \leq 360°$) em torno de um eixo que contém seu diâmetro.

Aproximando uma laranja a uma esfera, a cunha esférica nos remete a um gomo.

O volume da cunha esférica é proporcional a α e, portanto, pode ser calculado por uma regra de três simples.

Banco de imagens/Arquivo da editora

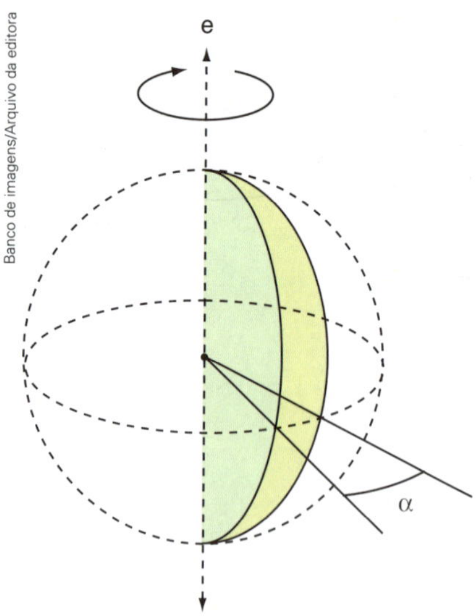

Para α em graus:

$$\left.\begin{array}{l} 360° \text{ —— } \frac{4}{3}\pi r^3 \\ \alpha \text{ —— } V_{cunha} \end{array}\right\} \Rightarrow V_{cunha} = \frac{\pi r^3 \alpha}{270°}$$

Para α em radianos:

$$\left.\begin{array}{l} 2\pi \text{ rad —— } \frac{4}{3}\pi r^3 \\ \alpha \text{ —— } V_{cunha} \end{array}\right\} \Rightarrow V_{cunha} = \frac{2r^3\alpha}{3}$$

A superfície de uma cunha esférica contida em uma esfera de raio **r** é a reunião de um fuso esférico com dois semicírculos de raio **r**.

Assim, a área total da cunha esférica é igual à soma da área do fuso esférico com a área de um círculo de raio **r**.

Aplique o que aprendeu

Exercícios resolvidos

1. A figura mostra a planificação da superfície de um cilindro.

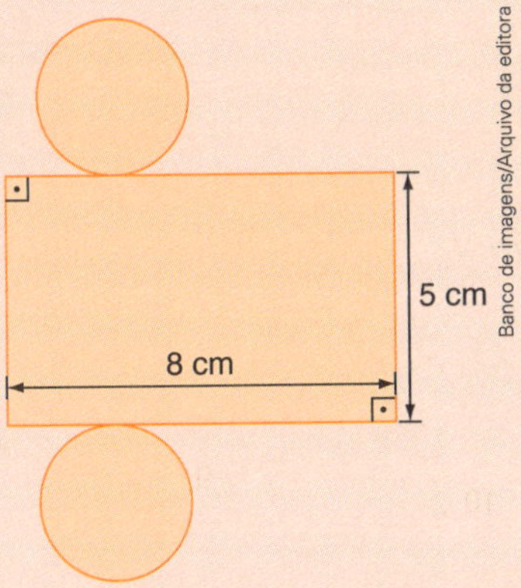

Determine a área total, o volume e a área da seção meridiana do cilindro correspondente.

Solução:

Temos: $\begin{cases} 2\pi r \text{ —— } 8 \\ h \text{ —— } 5\text{ cm} \end{cases} \Rightarrow r = \dfrac{8}{2\pi} = \dfrac{4}{\pi}\text{ cm}$

$$A_b = \pi r^2 = \pi \cdot \left(\dfrac{4}{\pi}\right)^2 = \pi \cdot \dfrac{16}{\pi^2} = \dfrac{16}{\pi}\text{ cm}^2$$

$$A_\ell = A_{\text{retângulo}} = 8 \cdot 5 = 40\text{ cm}^2$$

$$A_t = 2 \cdot A_b + A_\ell$$

$$A_t = 2 \cdot \dfrac{16}{\pi} + 40 = 8\left(\dfrac{4}{\pi} + 5\right)\text{cm}^2$$

$$V = A_b \cdot h = \dfrac{16}{\pi} \cdot 5 = \dfrac{80}{\pi}\text{cm}^3$$

Área da seção meridiana:

$$2r \cdot h = 2 \cdot \dfrac{4}{\pi} \cdot 5 = \dfrac{40}{\pi}\text{ cm}^2$$

2. A figura a seguir mostra a planificação da superfície lateral de um cone. Determine a área total e o volume do cone, bem como o perímetro de sua seção meridiana.

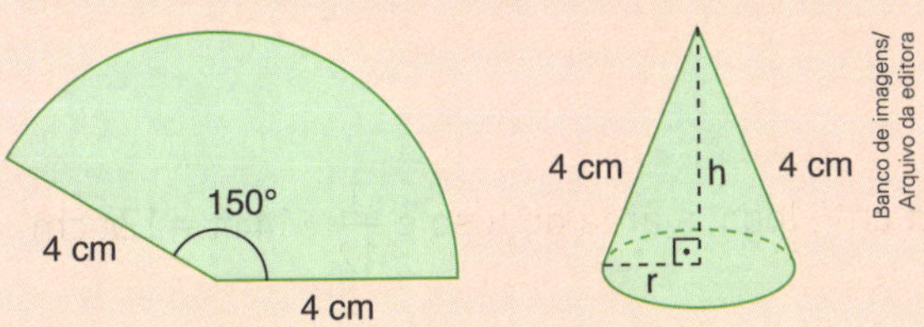

Solução:

Observe que g = 4 cm.

área × ângulo

$$\begin{cases} \pi \cdot 4^2 \text{ —— } 360° \\ A_\ell \text{ —— } 150° \end{cases} \Rightarrow \dfrac{16\pi}{A_\ell} = \dfrac{360°}{150°} \Rightarrow$$

$$\Rightarrow A_\ell = \dfrac{20\pi}{3}\text{ cm}^2$$

Como $A_\ell = \pi \cdot r \cdot g$, vem:

$$\dfrac{20\pi}{3} = \pi \cdot r \cdot 4 \Rightarrow r = \dfrac{5}{3}\text{ cm}$$

$$4^2 = h^2 + \left(\dfrac{5}{3}\right)^2 \Rightarrow h = \dfrac{\sqrt{119}}{3}\text{ cm}$$

Daí:

$$A_t = A_\ell + A_b = \dfrac{20\pi}{3} + \pi\left(\dfrac{5}{3}\right)^2 = \dfrac{85\pi}{9}\text{ cm}^2$$

$$V = \dfrac{A_b \cdot h}{3} = \dfrac{\dfrac{25\pi}{9} \cdot \dfrac{\sqrt{119}}{3}}{3} = \dfrac{25\pi\sqrt{119}}{81}\text{ cm}^3$$

Perímetro da seção meridiana = 2r + g + g =

$$= \dfrac{10}{3} + 4 + 4 = \dfrac{34}{3}\text{ cm}$$

3. Um cone de 15 cm de altura é intersectado por um plano paralelo à base e distante 10 cm dela, determinando uma seção de área 64π cm². Determine o volume e a área lateral do tronco obtido.

Solução:

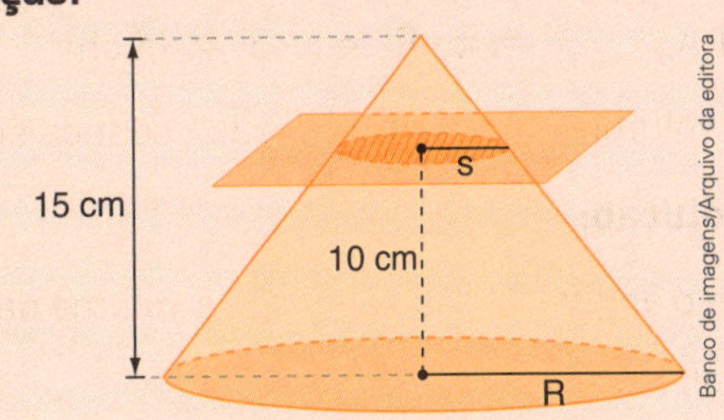

Observe que a altura do cone obtido pela seção mede 15 cm − 10 cm = 5 cm.

Se a área da seção (círculo hachurado) é 64π, então $\pi \cdot s^2 = 64\pi \Rightarrow s = 8$ cm.

A razão de semelhança entre os dois cones é:

$$\frac{H}{h} = \frac{15}{5} = 3$$

Daí:

$$\frac{R}{s} = 3 \Rightarrow R = 3 \cdot s \Rightarrow R = 3 \cdot 8 = 24\,cm$$

$$V_{cone\,menor} = \frac{A_b \cdot h}{3} = \frac{\pi \cdot 8^2 \cdot 5}{3} = \frac{320\pi}{3}\,cm^3$$

Como k = 3, então $k^3 = 3^3 = 27$ e o volume do cone maior é $27 \cdot V_{menor} = 27 \cdot \frac{320\pi}{3} = 2\,880\pi\,cm^3$

Daí: $V_{tronco} = V_{maior} - V_{menor} =$

$$= 2\,880\pi - \frac{320\pi}{3} = \frac{8\,320\pi}{3}\,cm^3$$

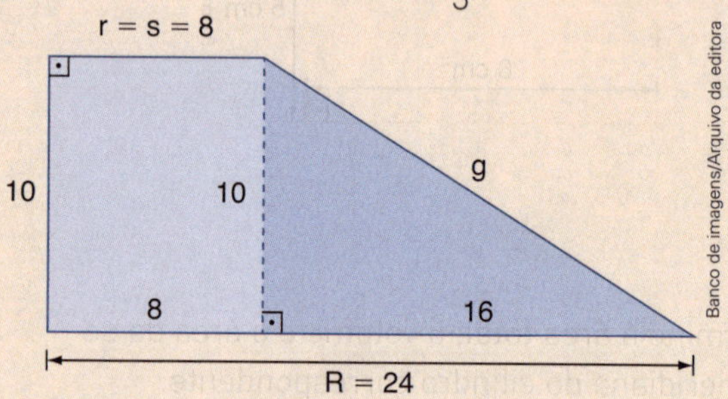

$A_\ell\,(\text{tronco}) = \pi \cdot g \cdot (R + r)$

$g^2 = 10^2 + 16^2 \Rightarrow g = 2\sqrt{89}$ cm

$A_\ell = \pi \cdot 2 \cdot \sqrt{89} \cdot (24 + 8) = 64\pi\sqrt{89}\,cm^2$

4. Uma esfera de volume 36π cm³ é intersectada por um plano, determinando uma seção de área 2π cm². Determine:

a) a distância do centro da esfera ao plano;

b) a área da superfície;

c) a área do círculo máximo da esfera.

Solução:

a) Como $V = \frac{4}{3}\pi R^3$, vem:

$$36\pi = \frac{4}{3}\pi R^3 \Rightarrow R^3 = 27 \Rightarrow R = 3\,cm$$

Como a área da seção é 2π, temos:

$\pi \cdot s^2 = 2\pi \Rightarrow s^2 = 2 \Rightarrow s = \sqrt{2}$

$d^2 + s^2 = R^2 \Rightarrow d^2 + 2 = 3^2 \Rightarrow d = \sqrt{7}$ cm

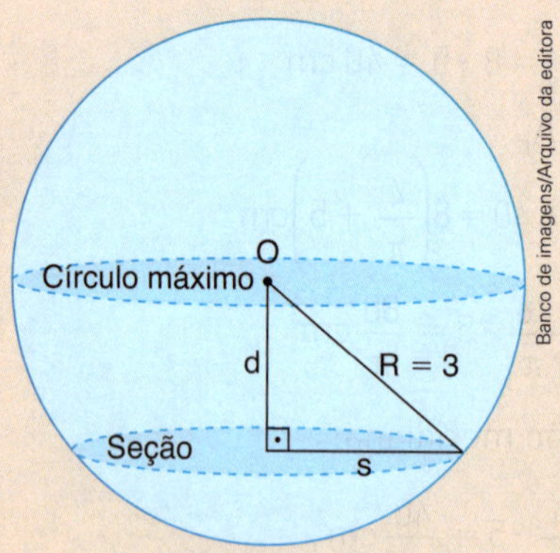

b) $A = 4\pi R^2 = 4\pi \cdot 3^2 = 36\pi\,cm^2$

c) $A_{círc.\,máximo} = \pi \cdot R^2 = r \cdot 3^2 = 9\pi\,cm^2$

5. O volume de uma cunha de 30°, contida em uma esfera de raio **R**, é 24π cm³. Determine a área dessa cunha.

Solução:

Se o ângulo de rotação é 30°, o volume da esfera é 12 vezes o volume da cunha, isto é, $12 \cdot 24\pi = 288\pi$ cm³.

Daí:

$$\frac{4}{3}\pi R^3 = 288\pi \Rightarrow R^3 = 216 \Rightarrow R = 6\,cm$$

A área da superfície esférica é $4\pi \cdot R^2 = 4\pi \cdot 6^2 = 144\pi$ cm²; logo, a área do fuso é $\frac{1}{12} \cdot 144\pi = 12\pi\,cm^2$ e a área da cunha é: $12\pi + \pi \cdot 6^2 = 48\pi$ cm².

Questões

1. (IFPE)

Milena é aluna do curso de Saneamento no campus Afogados da Ingazeira e convenceu seu pai a construir um tanque de tratamento da água do esgoto no quintal de sua casa. Como o espaço disponível não é tão grande, o tanque tem por base um setor circular de um quarto de volta com 1 metro de raio e 2,5 metros de profundidade.

Se o tratamento utilizado por Milena consegue reaproveitar 80% da água, estando o tanque completamente cheio, quantos litros de água poderão ser reaproveitados? ($\pi = 3,14$).

a) 6 289 litros. b) 7 850 litros. c) 2 000 litros. d) 2 512 litros. e) 1 570 litros.

2. (UFPR)

Um dos maiores silos do mundo para armazenamento de grãos está localizado na cidade de Primavera do Leste, no Mato Grosso. Suponha que esse silo é constituído por um cilindro circular reto com 24 m de raio e 22 m de altura, no qual está acoplado um cone circular reto com altura de 8 m, conforme indicado na figura ao lado.

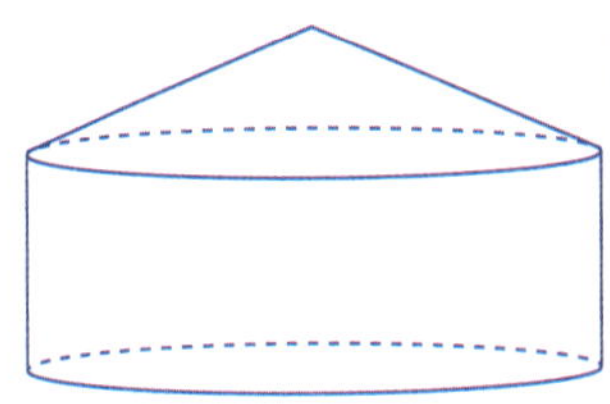

Reprodução/Arquivo da editora

a) Calcule o perímetro, em metros, da base do cilindro. Use $\pi = 3,1$.

b) Calcule o volume, em metros cúbicos, desse silo. Use $\pi = 3,1$.

3. (Ifal)

Certo tanque de combustível tem o formato de um cone invertido com profundidade de 5 metros e com raio máximo de 4 metros. Quantos litros de combustível cabem, aproximadamente, nesse tanque? Considere $\pi = 3,14$.

a) 20 000 ℓ. b) 50 240 ℓ. c) 83 733,33 ℓ. d) 104 666,67 ℓ. e) 150 000 ℓ.

4. (FMP-RJ)

A figura mostra um retângulo ABCD cujos lados medem 7 cm e 3 cm. Um cilindro será formado girando-se o retângulo ABCD em torno da reta definida pelo seu lado AB.

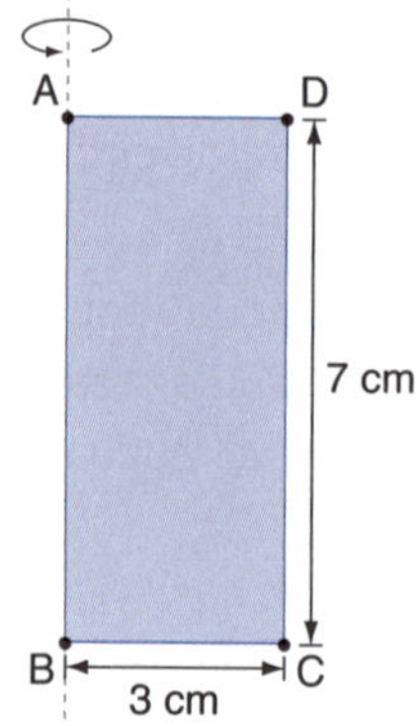

A medida do volume desse cilindro, em centímetros cúbicos, é mais próxima de

a) 750 b) 441 c) 63 d) 126 e) 190

5. (FCMMG)

Em trabalhos de laboratório, é comum acompanhar o comportamento de líquidos em aquecimento. Os líquidos, da mesma forma que os sólidos, passam por uma dilatação quando são aquecidos. Por não possuírem forma específica, os líquidos assumem o formato do recipiente em que foram alojados.

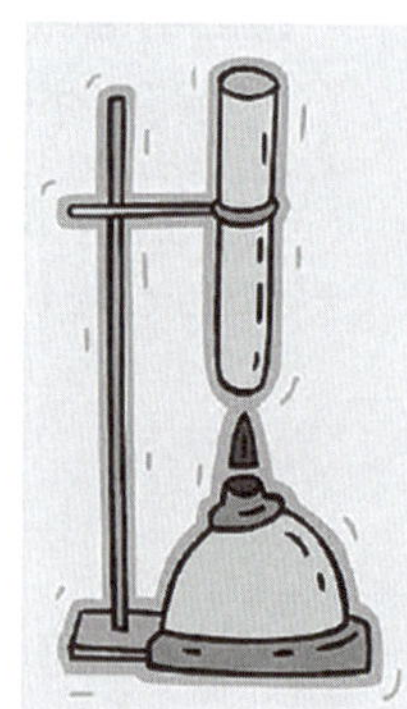

Ao analisar o comportamento térmico de um líquido, percebe-se que sua dilatação ocorre ao mesmo tempo em que ocorre a dilatação do recipiente, ou seja, quando aquecido, o complexo (líquido + recipiente) se dilata. Na prática, quando somente se considera que a capacidade do frasco aumentou, a dilatação observada para o líquido será uma dilatação aparente. A dilatação real sofrida pelo líquido é superior à dilatação aparente e é idêntica à soma da dilatação aparente com a dilatação do recipiente.

Durante um experimento prático de aquecimento de determinado líquido, foi utilizado um tubo de ensaio graduado que indicava, inicialmente, a marcação de um volume de 30 cm^3.

Após 4 minutos de aquecimento, o volume no tubo de ensaio indicava 32 cm^3 e também uma elevação de, aproximadamente, 3 mm na altura do líquido armazenado no tubo de ensaio.

Considerando-se as informações dadas, pode-se concluir que o diâmetro do tubo de ensaio, após o aquecimento, era de, aproximadamente:

a) 4 cm b) 3 cm c) 2 cm d) 1,5 cm

6. (UEG-GO)

Deseja-se construir um reservatório cilíndrico circular reto com 8 metros de diâmetro e teto no formato de hemisfério. Sabendo-se que a empresa responsável por construir o teto cobra R$ 300,00 por m², o valor para construir esse teto esférico será de

Use $\pi = 3{,}1$.

a) R$ 22 150,00 b) R$ 32 190,00 c) R$ 38 600,00 d) R$ 40 100,00 e) R$ 29 760,00

7. (Enem)

Com o objetivo de reformar os tambores cilíndricos de uma escola de samba, um alegorista decidiu colar adereços plásticos na forma de losango, como ilustrado na Figura 1, nas faces laterais dos tambores. Nesta colagem, os vértices opostos **P** e **Q** do adereço deverão pertencer às circunferências do topo e da base do tambor cilíndrico, respectivamente, e os vértices opostos **R** e **S** deverão coincidir após a colagem do adereço no tambor, conforme ilustra a Figura 2. Considere que o diâmetro do cilindro correspondente ao tambor meça 0,4 metro. Utilize 3,1 como aproximação para π.

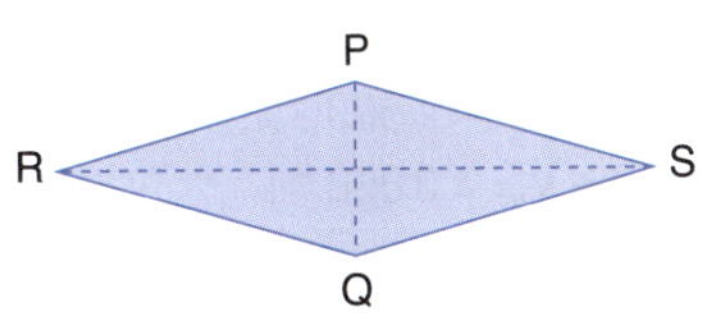

Figura 1

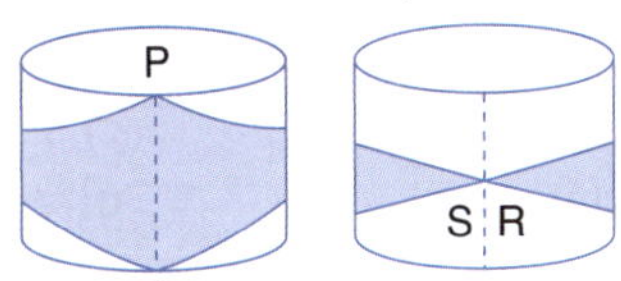

Figura 2

A diagonal RS do adereço a ser confeccionado pelo alegorista deve medir, em metro,

a) 0,124. b) 0,400. c) 0,496. d) 1,240. e) 2,480.

8. (UPF-RS)

Um tonel está com 30% da sua capacidade preenchida por um certo combustível. Sabendo que esse tonel tem diâmetro de 60 cm e altura de $\frac{600}{\pi}$ cm, a quantidade de combustível contida nesse tonel, em litros, é

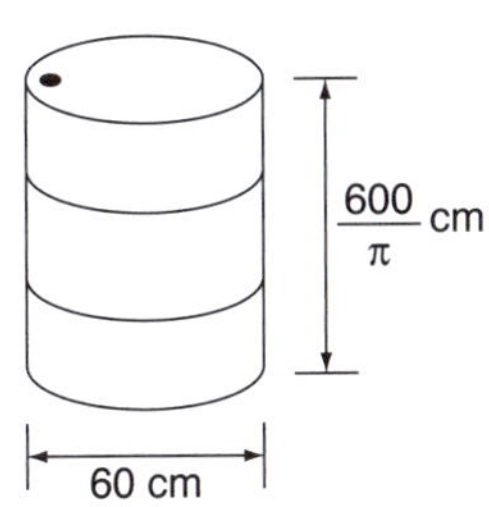

a) 1,62
b) 16,2
c) 162
d) 180
e) 162 000

9. (Uerj)

Um depósito de óleo tem a forma de um cone circular reto cujo eixo vertical forma com suas geratrizes o ângulo de 45°. Foram retirados desse depósito 19 m^3 de óleo. Com isso, a altura do nível de óleo foi reduzida em 1 m e passou a ter **X** metros de altura.

Considerando $\pi = 3$, calcule a altura **X** do nível de óleo.

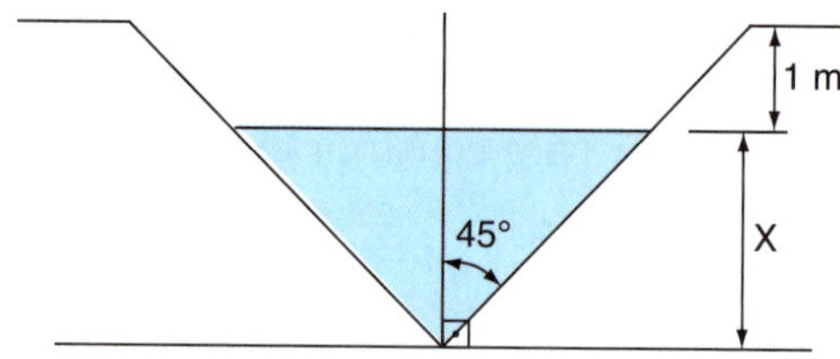

10. (IFBA)

Um metalúrgico utilizou, num determinado trabalho, uma folha de metal retangular de dimensões 20 cm e 30 cm, com o intuito de formar um cilindro, unindo os lados da folha de metal de mesma dimensão, e verificou que existiam duas possibilidades:

A: Utilizar o lado de 20 cm como altura do cilindro;

B: Utilizar o lado de 30 cm como altura do cilindro.

Considerando $\pi = 3$, e chamando de $\mathbf{V_A}$ o volume da possibilidade **A**, e $\mathbf{V_B}$ o volume da possibilidade **B**. Podemos afirmar que:

a) $V_A = V_B = 1\,000$

b) $V_A = V_B = 1\,500$

c) $V_A = 1\,000$ e $V_B = 1\,500$

d) $V_A = 2\,000$ e $V_B = 3\,000$

e) $V_A = 1\,500$ e $V_B = 1\,000$

11. (Ifal)

Um garoto pega uma folha retangular de dimensões 21 cm e 30 cm e une os lados menores formando um cilindro. Qual o volume do cilindro obtido? Considere $\pi = 3$.

a) 630 cm^3.

b) 1 102,5 cm^3.

c) 14 175 cm^3.

d) 1 575 cm^3.

e) 1 890 cm^3.

12. (Famema-SP)

Um cilindro circular reto **A**, com raio da base igual a 6 cm e altura **H**, possui a mesma área lateral que um cilindro circular reto **B**, com raio da base **r** e altura **h**, conforme mostram as figuras.

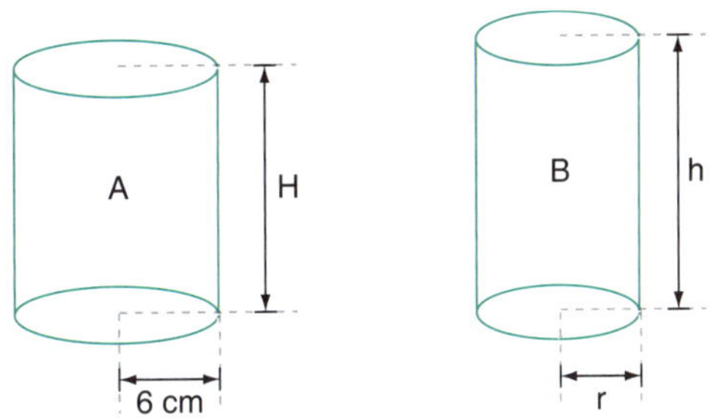

fora de escala

Sabendo que $\frac{h}{H} = 1{,}2$ e que o volume do cilindro **B** é 240π cm³, é correto afirmar que a diferença entre os volumes dos cilindros é

a) 50π cm³.
b) 42π cm³.
c) 45π cm³.
d) 48π cm³.
e) 37π cm³.

13. (EsPCEx-SP)

Corta-se de uma circunferência de raio 4 cm, um setor circular de ângulo $\frac{\pi}{2}$ rad (ver desenho ilustrativo), onde o ponto **C** é o centro da circunferência. Um cone circular reto é construído a partir desse setor circular ao se juntar os raios CA e CB.

O volume desse cone, em cm³, é igual a

a) $\frac{\sqrt{3}}{3}\pi$
b) $\frac{\sqrt{3}}{5}\pi$
c) $\frac{\sqrt{15}}{3}\pi$
d) $\frac{\sqrt{15}}{5}\pi$
e) $\frac{\sqrt{5}}{5}\pi$

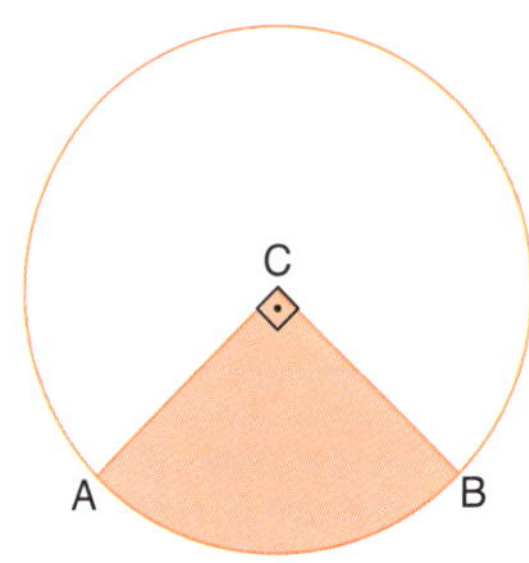

desenho ilustrativo – fora de escala

14. (Acafe-SC)

Um cone de revolução tem altura 8 cm e está circunscrito a uma esfera de raio igual a 2 cm. A razão entre o volume da esfera e o volume do cone é igual a

a) $\frac{1}{4}$.

b) $\frac{1}{8}$.

c) $\frac{1}{2}$.

d) 2.

15. (UEM-PR)

Considere um plano α que contém o eixo de um cilindro circular reto, cujo raio mede 2 cm e a altura, 4 cm. Então, é **correto** afirmar que:

01) A interseção do cilindro com α é um quadrado, cujo lado mede 4 cm.

02) O plano α divide o cilindro em dois sólidos, e o volume de cada um é 16π cm^3.

04) O plano α divide o cilindro em dois sólidos, e a área lateral de cada um é 8π cm^3.

08) A reta que contém o eixo do cilindro está inteiramente contida no plano.

16) Qualquer reta perpendicular ao plano α é paralela aos planos que contêm as bases do cilindro, ou está contida em um deles.

16. (UEFS-BA)

Se um cone circular reto tem altura igual a 4 cm e base circunscrita a um hexágono regular de lado medindo 2 cm, então a sua área lateral, em cm², mede, aproximadamente,

a) $4\pi\sqrt{6}$ b) $4\pi\sqrt{5}$ c) 4π d) $\pi\sqrt{3}$ e) $\pi\sqrt{2}$

17. (UFU-MG)

Um recipiente cônico utilizado em experiências de química deve ter duas marcas horizontais circulares, uma situada a 1 centímetro do vértice do cone, marcando um certo volume **v**, e outra marcando o dobro deste volume, situada a **H** centímetros do vértice, conforme figura.

Nestas condições, a distância **H**, em centímetros, é igual a:

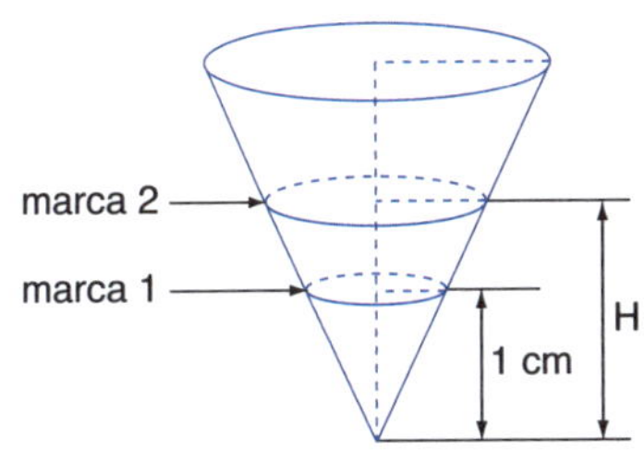

a) $\sqrt[3]{2}$ b) $\sqrt{3}$ c) $\dfrac{4}{3}$ d) $\dfrac{3}{2}$

18. (FMP-RJ)

Um recipiente cilíndrico possui raio da base medindo 4 cm e altura medindo 20 cm. Um segundo recipiente tem a forma de um cone, e as medidas do raio de sua base e de sua altura são iguais às respectivas medidas do recipiente cilíndrico.

Qual é a razão entre o volume do recipiente cilíndrico e o volume do recipiente cônico?

a) $\dfrac{1}{2}$ b) $\dfrac{1}{5}$ c) 3 d) 4 e) 5

19. (EEAR-SP)

Um escultor irá pintar completamente a superfície de uma esfera de 6 m de diâmetro, utilizando uma tinta que, para essa superfície, rende 3 m^2 por litro. Para essa tarefa, o escultor gastará, no mínimo, ______ litros de tinta. (Considere $\pi \simeq 3$.)

a) 18 b) 24 c) 36 d) 48

20. (IFPE)

Maria Carolina resolveu sair um pouco do seu regime e foi saborear uma deliciosa sobremesa composta por três bolas de sorvete e 27 uvas, conforme a imagem abaixo. Suponha que as bolas de sorvete e as uvas tenham formatos esféricos e que Maria Carolina comeu toda a sua sobremesa.

Viktor1/Shutterstock

Disponível em: <http://s1.1zoom.me/big3/144/Ice_ceam_Blueberries_440624.jpg>. Acesso em 20 maio 2017.

Usando $\pi = 3$, sabendo que os raios de cada bola de sorvete têm 4 cm e, de cada uva, 1 cm, podemos afirmar que ela consumiu, nessa sobremesa, em centímetros cúbicos, um total de

a) 108. b) 768. c) 876. d) 260. e) 900.

21. (PUC-SP)

O volume de um cilindro de 8 cm de altura equivale a 75% do volume de uma esfera com 8 cm de diâmetro. A área lateral do cilindro, em cm^2, é

a) $42\sqrt{2}\,\pi$ b) $36\sqrt{3}\,\pi$ c) $32\sqrt{2}\pi$ d) $24\sqrt{3}\pi$

22. (UEG-GO)

Ao triplicarmos o raio e tomarmos a terça parte de uma esfera, ela possuirá, em relação à esfera original, um volume

a) 2 vezes maior
b) 3 vezes maior
c) 9 vezes maior
d) 12 vezes maior
e) 20 vezes maior

23. (IFCE)

Dentre todos os retângulos de perímetro P = 40 cm, iremos rotacionar o de área máxima em torno de um de seus lados, gerando um cilindro. O volume deste cilindro, em cm^3, é

a) 500π.
b) 25π.
c) 50π.
d) 100π.
e) $1\,000\pi$.

TOTAL DE ACERTOS ____ /23

TÓPICO

5 Matrizes, determinantes e sistemas lineares

Reveja o que aprendeu

Você deve ser capaz de:

- Identificar os elementos de uma matriz através de sua representação genérica.
- Realizar operações com matrizes.
- Determinar a inversa de uma matriz, quando existir.
- Calcular o determinante de uma matriz.
- Aplicar as propriedades dos determinantes.
- Representar geometricamente uma equação linear de duas variáveis.
- Resolver sistemas lineares por escalonamento.
- Discutir um sistema em função de um ou mais parâmetros.
- Identificar quando um sistema é determinado, indeterminado ou impossível.
- Reconhecer, resolver e classificar sistemas homogêneos.

Matrizes

Uma matriz do tipo (ou formato) $m \times n$, ou simplesmente matriz $m \times n$, é uma tabela de $m \cdot n$ números reais dispostos em **m** linhas (filas horizontais) e **n** colunas (filas verticais).

Representação genérica

Consideremos uma matriz **A** do tipo $m \times n$. Um elemento qualquer dessa matriz pode ser representado pelo símbolo $\mathbf{a}_{ij}$, no qual o índice **i** refere-se à linha e o índice **j** refere-se à coluna em que se encontra tal elemento.

Para conhecermos os elementos de $A = (a_{ij})_{3 \times 2}$ tal que $a_{ij} = 2 \cdot i - j$, representamos

$$A = \begin{bmatrix} a_{11} & a_{12} \\ a_{21} & a_{22} \\ a_{31} & a_{32} \end{bmatrix}$$

$a_{11} = 2 \cdot 1 - 1 = 1$; $a_{12} = 2 \cdot 1 - 2 = 0$; $a_{21} = 2 \cdot 2 - 1 = 3$ e assim por diante;

$$A = \begin{bmatrix} 1 & 0 \\ 3 & 2 \\ 5 & 4 \end{bmatrix}$$

- **Matriz quadrada**: é uma matriz que possui número de linhas igual ao número de colunas. Por exemplo:

$$A = \begin{pmatrix} 4 & 3 \\ 1 & \sqrt{2} \end{pmatrix}$$

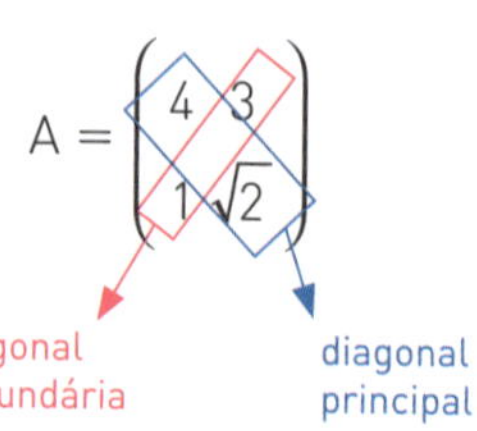

é uma matriz quadrada 2×2. Dizemos que **A** é matriz quadrada de ordem 2.

- **Matriz transposta**: trocam-se, ordenadamente, linhas por colunas. Por exemplo:

$$A = \begin{pmatrix} 2 & 4 \\ 1 & -3 \end{pmatrix} \Rightarrow A^t = \begin{pmatrix} 2 & 1 \\ 4 & -3 \end{pmatrix};\ B = \begin{pmatrix} 4 & 2 \\ 1 & 0 \\ 3 & -7 \end{pmatrix} \Rightarrow B^t = \begin{pmatrix} 4 & 1 & 3 \\ 2 & 0 & -7 \end{pmatrix}$$

Matriz identidade

Seja **A** uma matriz quadrada de ordem **n**.

A é denominada **matriz identidade de ordem n** (indica-se por $\mathbf{I_n}$) se os elementos de sua diagonal principal são todos iguais a 1 e os demais elementos são iguais a zero. Assim:

- $I_2 = \begin{pmatrix} 1 & 0 \\ 0 & 1 \end{pmatrix}$ é a matriz identidade de ordem 2.
- $I_3 = \begin{pmatrix} 1 & 0 & 0 \\ 0 & 1 & 0 \\ 0 & 0 & 1 \end{pmatrix}$ é a matriz identidade de ordem 3.

Operações entre matrizes

Adição e subtração

Para realizar essas operações, as matrizes envolvidas devem ser do mesmo tipo. Basta somar (ou subtrair) os elementos correspondentes:

Exemplos:

- $\begin{bmatrix} 3 & -4 & 2 \\ -1 & 5 & 3 \end{bmatrix} + \begin{bmatrix} 0 & -1 & \frac{1}{2} \\ -2 & -4 & -1 \end{bmatrix} = \begin{bmatrix} 3 & -5 & \frac{5}{2} \\ -3 & 1 & 2 \end{bmatrix}$
- $\begin{pmatrix} 2 & 5 \\ -1 & 6 \\ 4 & -2 \end{pmatrix} - \begin{pmatrix} -2 & 3 \\ 2 & 5 \\ 3 & -1 \end{pmatrix} = \begin{pmatrix} 4 & 2 \\ -3 & 1 \\ 1 & -1 \end{pmatrix}$

Multiplicação de um número real por uma matriz

Basta multiplicar esse número por cada um dos elementos da matriz.

Exemplo:

Se $A = \begin{pmatrix} -1 & 4 & \sqrt{2} \\ \frac{1}{2} & -3 & 0 \end{pmatrix}$, então $(-2) \cdot A = \begin{pmatrix} 2 & -8 & -2\sqrt{2} \\ -1 & 6 & 0 \end{pmatrix}$.

Multiplicação de matrizes

Para que exista o produto de duas matrizes **A** e **B** é preciso que o número de colunas de **A** seja igual ao número de linhas de **B**.

A matriz produto **C** é do tipo m × p (**m** é o nº de linhas de **A** e **p** é o nº de colunas de **B**).

$$A_{m \times n} \cdot B_{n \times p} = C_{m \times p}$$

Exemplo:

Dadas as matrizes $A = \begin{pmatrix} 2 & 3 & 1 \\ -1 & 0 & 2 \end{pmatrix}$ e $B = \begin{pmatrix} 1 & -2 \\ 0 & 5 \\ 4 & 1 \end{pmatrix}$, vamos determinar, se existirem, A · B e B · A.

$$A_{2\times 3} \cdot B_{3\times 2} = C_{2\times 2} = \begin{pmatrix} c_{11} & c_{12} \\ c_{21} & c_{22} \end{pmatrix}$$

- $\mathbf{c_{11}}$ (linha 1 de **A** e coluna 1 de **B**):

$\begin{matrix} 2 & 3 & 1 \end{matrix}$ $\quad \begin{matrix} 1 \\ 0 \\ 4 \end{matrix}$

$c_{11} = 2 \cdot 1 + 3 \cdot 0 + 1 \cdot 4 = 6$

- $\mathbf{c_{12}}$ (linha 1 de **A** e coluna 2 de **B**):

$\begin{matrix} 2 & 3 & 1 \end{matrix}$ $\quad \begin{matrix} -2 \\ 5 \\ 1 \end{matrix}$

$c_{12} = 2 \cdot (-2) + 3 \cdot 5 + 1 \cdot 1 = 12$

- $\mathbf{c}_{21}$ (linha 2 de **A** e coluna 1 de **B**):

−1	0	2

1
0
4

$c_{21} = (-1) \cdot 1 + 0 \cdot 0 + 2 \cdot 4 = 7$

- $\mathbf{c}_{22}$ (linha 2 de **A** e coluna 2 de **B**):

−1	0	2

−2
5
1

$c_{22} = (-1) \cdot (-2) + 0 \cdot 5 + 2 \cdot 1 = 4$

Logo, $C = \begin{pmatrix} 6 & 12 \\ 7 & 4 \end{pmatrix}$.

Observações:

- A multiplicação de matrizes não é comutativa, isto é, em geral, $A \cdot B \neq B \cdot A$.
- Valem as seguintes propriedades:
  I. Associativa: $(A \cdot B) \cdot C = A \cdot (B \cdot C)$
  II. Distributiva à direita em relação à adição: $(A + B) \cdot C = A \cdot C + B \cdot C$
  III. Distributiva à esquerda em relação à adição: $C \cdot (A + B) = C \cdot A + C \cdot B$

Matriz inversa

Seja **A** uma matriz quadrada de ordem **n**. A matriz **A** é dita **inversível** (ou **invertível**) se existe uma matriz **B** (quadrada de ordem **n**), tal que:

$$A \cdot B = B \cdot A = I_n$$

Nesse caso, **B** é dita inversa de **A** e é indicada por $\mathbf{A}^{-1}$.

Exemplo: Determine, se existir, a inversa de $A = \begin{pmatrix} 5 & 7 \\ 2 & 3 \end{pmatrix}$

$$\begin{pmatrix} 5 & 7 \\ 2 & 3 \end{pmatrix} \cdot \begin{pmatrix} a & b \\ c & d \end{pmatrix} = \begin{pmatrix} 1 & 0 \\ 0 & 1 \end{pmatrix} \Rightarrow \begin{pmatrix} 5a + 7c & 5b + 7d \\ 2a + 3c & 2b + 3d \end{pmatrix} = \begin{pmatrix} 1 & 0 \\ 0 & 1 \end{pmatrix}$$

Podemos definir o valor das incógnitas pelos sistemas:

$$\begin{cases} 5a + 7c = 1 \\ 2a + 3c = 0 \end{cases} \Rightarrow a = 3 \text{ e } c = -2 \text{ e } \begin{cases} 5b + 7d = 0 \\ 2b + 3d = 1 \end{cases} \Rightarrow b = -7 \text{ e } d = 5$$

Assim, concluímos que **A** é invertível e $A^{-1} = \begin{pmatrix} 3 & -7 \\ -2 & 5 \end{pmatrix}$.

Determinantes

O determinante de uma matriz quadrada é o número real obtido a partir de operações entre os elementos da matriz.

Caso 2 × 2

$$M = \begin{pmatrix} a & b \\ c & d \end{pmatrix} \text{ e } \det M = a \cdot d - b \cdot c$$

Indicaremos esse número por: det M ou $\det \begin{pmatrix} a & b \\ c & d \end{pmatrix}$ ou $\begin{vmatrix} a & b \\ c & d \end{vmatrix}$.

Exemplos:

- $\begin{vmatrix} 6 & 4 \\ 3 & 1 \end{vmatrix} = 6 \cdot 1 - 4 \cdot 3 = -6$
- $\det \begin{pmatrix} 2 & -1 \\ 4 & -3 \end{pmatrix} = 2 \cdot (-3) - 4 \cdot (-1) = -2$

Caso 3 × 3

O determinante da matriz $\begin{pmatrix} a & b & c \\ d & e & f \\ g & h & i \end{pmatrix}$ é o número real: **aei + bfg + cdh − ceg − afh − bdi**

que pode ser obtido pela **regra prática de Sarrus**:

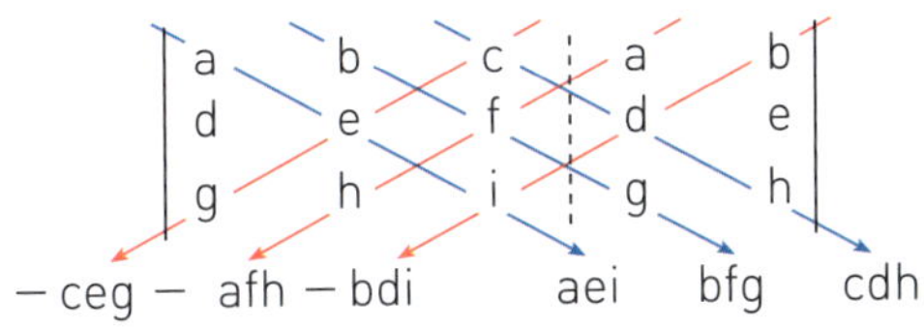

Exemplo:

Vamos calcular o determinante da matriz $A = \begin{bmatrix} 1 & 3 & 5 \\ 2 & 4 & 6 \\ -4 & 1 & -1 \end{bmatrix}$

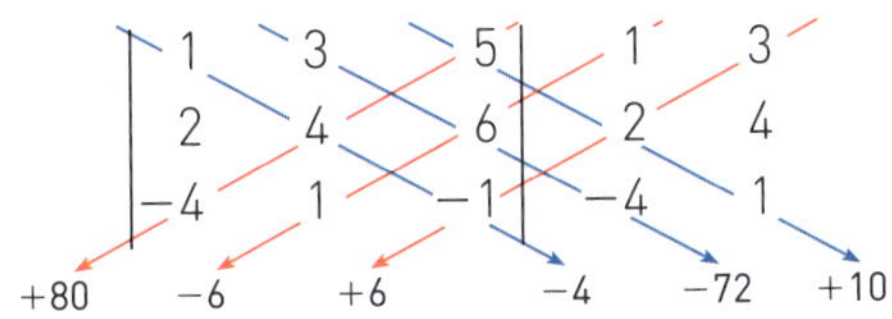

$\det A = +80 - 6 + 6 - 4 - 72 + 10 = 14$

Propriedades dos determinantes

Multiplicação de uma fila por um número real

Quando os elementos de uma fila (linha ou coluna) de **A** são multiplicados por um número real **k**, $k \neq 0$, obtemos a nova matriz **A'** e vale a relação:

$$\det A' = k \cdot \det \cdot A$$

Exemplo:
Se **R** é uma matriz quadrada de ordem 2 tal que $\det R = -5$, qual é o valor de $\det(4 \cdot R)$?

$$R = \begin{pmatrix} a & b \\ c & d \end{pmatrix} \Rightarrow 4 \cdot R = \begin{pmatrix} 4a & 4b \\ 4c & 4d \end{pmatrix}$$

Observe que a 1ª linha de **R** é multiplicada por 4, o mesmo ocorrendo com a 2ª linha.
Daí, $\det(4 \cdot R) = 4 \cdot 4 \cdot \det R = 4^2 \cdot (-5) = -80$.

Teorema de Binet

Se **A** e **B** são matrizes quadradas de mesma ordem, vale a relação:

$$\det(A \cdot B) = (\det A) \cdot (\det B)$$

Matriz inversa e determinante

M é inversível se, e somente se, $\det M \neq 0$.

Além disso, vale a relação: $\det(M^{-1}) = \dfrac{1}{\det M}$

Exemplo: $A = \begin{bmatrix} 3 & 1 \\ -4 & x \end{bmatrix}$ é inversível se det A $\neq 0$, isto é,

$3 \cdot x - (-4) \neq 0 \Rightarrow 3x + 4 \neq 0 \Rightarrow x \neq -\frac{4}{3}$

Sistemas lineares

Equação linear

Equação linear nas incógnitas $\mathbf{x_1}, \mathbf{x_2}, ..., \mathbf{x_n}$ é toda equação do tipo:

$$a_1x_1 + a_2x_2 + ... + a_nx_n = b$$

em que $\mathbf{a_1}, \mathbf{a_2}, ..., \mathbf{a_n}$ e **b** são coeficientes reais.

Chamamos **b** de **coeficiente** (ou **termo**) **independente** da equação.

Exemplos:

- $2x + 3y - z = 5$
- $x + y = 2$
- $-x_1 + x_2 - x_3 = 0$

Sistemas lineares 2 × 2

Um **sistema linear** 2 × 2, nas incógnitas **x** e **y**, é um conjunto de duas equações lineares em que **x** e **y** são as incógnitas de cada uma dessas equações.

Uma equação linear com duas incógnitas (**x** e **y**) é representada, no plano cartesiano, por uma reta. Por exemplo, $x + 2y = 3$ é representada pela reta **r** abaixo:

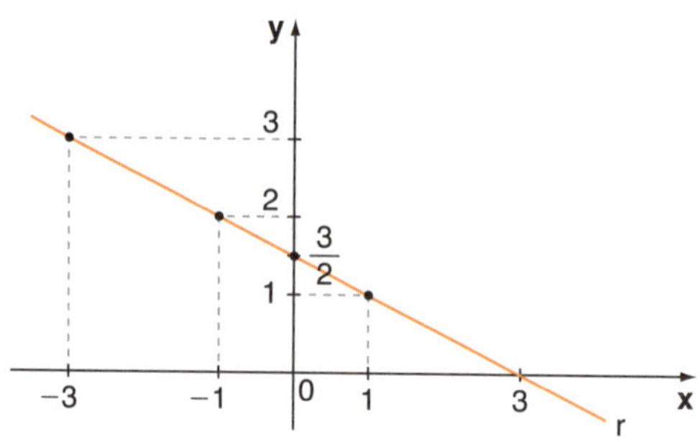

x	y
−3	3
−1	2
0	$\frac{3}{2}$
3	0
1	1

Um sistema linear 2 × 2 pode ser classificado de acordo com o número de soluções que possui. Veja:

Sistema linear 2 × 2

- **possível** — tem solução
  - **determinado (S.P.D.)** — única solução; retas concorrentes
    Exemplo: $\begin{cases} x + y = 6 \\ x - y = 2 \end{cases}$ $S = \{(4, 2)\}$
  - **indeterminado (S.P.I.)** — infinitas soluções; retas coincidentes
    Exemplo: $\begin{cases} x - y = 1 \\ 2x - 2y = 2 \end{cases}$ $S = \{(y + 1, y) \text{ com } y \in \mathbb{R}\}$
- **impossível (S.I.)** — não tem solução; retas paralelas
  Exemplo: $\begin{cases} -2x + y = 5 \\ 4x - 2y = 8 \end{cases}$ $S = \varnothing$

Sistemas escalonados

Observe os sistemas lineares a seguir:

- $\begin{cases} 4x - y + 2z = 5 \\ \quad\quad y - 3z = 7 \\ \quad\quad\quad\quad z = -2 \end{cases}$

- $\begin{cases} 3x - y + 2z = -4 \\ \quad 3y - \ z = 7 \end{cases}$

Eles apresentam as seguintes características comuns:

- Em cada equação existe pelo menos um coeficiente (de alguma incógnita) não nulo.
- Considerando a ordem "de cima para baixo", o número de coeficientes nulos, antes do 1º coeficiente não nulo, aumenta de equação para equação.

Os sistemas que apresentam tais características são chamados **sistemas escalonados**.

Escalonamento e resolução de um sistema

Exemplo: $\begin{cases} x + 2y + z = 9 \\ 2x + y - z = 3 \\ 3x - y - 2z = -4 \end{cases} \sim \begin{cases} x + 2y + z = 9 \\ -3y - 3z = -15 \leftarrow (-2) \cdot (1^a \text{ eq.}) + (2^a \text{ eq.}) \\ -7y - 5z = -31 \leftarrow (-3) \cdot (1^a \text{ eq.}) + (3^a \text{ eq.}) \end{cases} \sim$

$\sim \begin{cases} x + 2y + z = 9 \\ y + z = 5 \\ -7y - 5z = -31 \end{cases} \sim \begin{cases} x + 2y + z = 9 \\ y + z = 5 \\ 2z = 4 \leftarrow 7 \cdot (2^a \text{ eq.}) + (3^a \text{ eq.}) \end{cases}$

Daí: $z = 2 \Rightarrow y = 3$ e $x = 1$; $S = \{(1, 3, 2)\}$; S.P.D. (solução única).

Discussão de um sistema

Se o número de equações for igual ao número de incógnitas, vale a seguinte regra:

- $D \neq 0 \Rightarrow$ S.P.D.
- $D = 0 \Rightarrow$ S.P.I. ou S.I.

em que **D** é o determinante da matriz dos coeficientes do sistema.

Sistema homogêneo

Dizemos que um sistema linear é homogêneo se o termo (ou coeficiente) independente de cada uma de suas equações é igual a zero.

Exemplo: $\begin{cases} 4x + 5y = 0 \\ -2x + 7y = 0 \end{cases}$

Um sistema homogêneo com **n** incógnitas sempre admite a sequência $(\underbrace{0, 0, ..., 0}_{\text{n zeros}})$ como solução.

Essa solução é chamada **nula**, **trivial** ou **imprópria**. Desse modo, um sistema homogêneo é sempre possível, pois possui, ao menos, a solução nula.

Se o sistema só possui a solução nula, ele é possível e determinado.

Havendo outras soluções, além da solução nula, ele é possível e indeterminado. Essas soluções recebem o nome de **soluções próprias** ou **não triviais**.

Aplique o que aprendeu

Exercícios resolvidos

1. Resolva a equação matricial A · X = B, sendo $A = \begin{pmatrix} 5 & 7 \\ 2 & 3 \end{pmatrix}$ e $B = \begin{pmatrix} 4 \\ 1 \end{pmatrix}$.

Solução:

Precisamos, inicialmente, determinar a ordem da matriz X.

Temos:

$$\begin{array}{ccccc} A & \cdot & X & = & B \\ \downarrow & & \downarrow & & \downarrow \\ (2 \times 2) & & (n \times p) & & (2 \times 1) \end{array}$$

n = 2 e p = 1; assim: $x = \begin{pmatrix} r \\ s \end{pmatrix}$

Daí, $\begin{pmatrix} 5 & 7 \\ 2 & 3 \end{pmatrix} \cdot \begin{pmatrix} r \\ s \end{pmatrix} = \begin{pmatrix} 4 \\ 1 \end{pmatrix}$ de onde resulta o sistema $\begin{cases} 5r + 7s = 4 \\ 2r + 3s = 1 \end{cases}$,

cuja solução é r = 5 e s = −3.

Assim, $X = \begin{pmatrix} 5 \\ -3 \end{pmatrix}$.

2. Para que valores de **m** o sistema a seguir é determinado, indeterminado e impossível?

$$\begin{cases} 2x + my = 3 \\ -4x + 6y = -6 \end{cases}$$

Solução:

$$D = \begin{vmatrix} 2 & m \\ -4 & 6 \end{vmatrix} = 12 + 4m$$

Se $D \neq 0$, isto é, $12 + 4m \neq 0 \Rightarrow m \neq -3$, o sistema é determinado.

Se D = 0, isto é, m = −3, podemos ter S.P.I. ou S.I.

Substituindo no sistema, vem: $\begin{cases} 2x - 3y = 3 \\ -4x + 6y = -6 \end{cases} \sim \begin{cases} 2x - 3y = 3 \\ 0 = 0 \end{cases} \sim \{2x - 3y = 3$ é indeterminado.

Determinado: $m \neq -3$; indeterminado m = −3.

3. Determine $p \in \mathbb{R}$ de modo que o sistema $\begin{cases} 4x - y + z = 0 \\ x + y + pz = 0 \\ 2x - 3y + 7z = 0 \end{cases}$ admita soluções próprias.

Solução:

Devemos ter S.P.I. Como o sistema é homogêneo, a condição D = 0 é suficiente, isto é:

$$\begin{vmatrix} 4 & -1 & 1 \\ 1 & 1 & p \\ 2 & -3 & 7 \end{vmatrix} = 0 \Rightarrow 28 - 2p - 3 - 2 + 12p + 7 = 0 \Rightarrow p = -3$$

Questões

1. (Epcar-MG)

Considere **A**, **B**, **C** e **X** matrizes quadradas de ordem **n** e inversíveis. Assinale a alternativa FALSA.

a) $(A^{-1})^{-1} = A$

b) $(A \cdot B \cdot C)^{-1} = C^{-1} \cdot B^{-1} \cdot A^{-1}$

c) $A \cdot X \cdot C = B \Rightarrow X = A^{-1} \cdot C^{-1} \cdot B$

d) $\det(2 \cdot A \cdot B^{-1}) = 2^n \cdot \dfrac{\det A}{\det B}$

2. (Epcar-MG)

Carlos, Paulo e José resolveram fazer um lanche na praça de alimentação de um *shopping center*.

Ao observarem o cardápio disponível, perceberam que teriam que pedir o que era denominado de "Combo", ou seja, um combinado de vários itens por um preço já especificado.

Assim, os Combos solicitados foram:

- **Combo 1: R$ 15,00** → 2 hambúrgueres, 1 suco e 1 sobremesa
- **Combo 2: R$ 24,00** → 4 hambúrgueres e 3 sucos
- **Combo 3: R$ 35,00** → 5 sucos e 3 sobremesas

O valor individual dos hambúrgueres é o mesmo, bem como o valor individual dos sucos e o valor individual das sobremesas, não importando qual combo foi escolhido.

O quadro a seguir mostra a quantidade de cada um dos itens dos Combos que Carlos, Paulo e José consumiram:

	Hambúrgueres	Sucos	Sobremesas
Carlos	2	4	2
Paulo	3	3	0
José	1	2	2

Se Carlos, Paulo e José se organizaram para descobrir o valor individual de cada item e pagaram individualmente apenas pelo que cada um consumiu, então é correto afirmar que

a) Carlos pagou R$ 9,00 a mais que Paulo.

b) a diferença entre o que Carlos e José pagaram foi de R$ 3,00.

c) Paulo e José pagaram o mesmo valor.

d) Carlos pagou mais que José, que pagou mais que Paulo.

3. (PUC-SP)

Uma matriz quadrada de ordem **n** é chamada triangular superior se $a_{ij} = 0$ para $i > j$. Os elementos de uma matriz triangular superior **T**, de ordem 3, onde $i \leq j$, são obtidos a partir da lei de formação $t_{ij} = 2i^2 - j$. Sendo $A = [-1 \quad 1 \quad 1]$ uma matriz de ordem 1×3 e A^t sua transposta, o produto $A \cdot T \cdot A^t$ é a matriz 1×1 cujo único elemento vale

a) 0

b) 4

c) 7

d) 28

4. (ITA-SP)

Sejam $D = \begin{bmatrix} 1 & 0 & 0 \\ 0 & 2 & 0 \\ 0 & 0 & 3 \end{bmatrix}$ e $P = \begin{bmatrix} 7 & 0 & 2 \\ 0 & 1 & 0 \\ 2 & 0 & 5 \end{bmatrix}$.

Considere $A = P^{-1} \cdot D \cdot P$. O valor de $\det(A^2 + A)$ é

a) 144

b) 180

c) 240

d) 324

e) 360

5. (Unicamp-SP)

Sendo **a** um número real, considere a matriz $\begin{pmatrix} 1 & a \\ 0 & -1 \end{pmatrix}$. Então, A^{2017} é igual a

a) $\begin{pmatrix} 1 & 0 \\ 0 & 1 \end{pmatrix}$.

b) $\begin{pmatrix} 1 & a \\ 0 & -1 \end{pmatrix}$.

c) $\begin{pmatrix} 1 & 1 \\ 1 & 1 \end{pmatrix}$.

d) $\begin{pmatrix} 1 & a^{2017} \\ 0 & -1 \end{pmatrix}$.

6. (UPM-SP)

Para a matriz quadrada $M = \begin{bmatrix} \cos 17° & 0 & \text{sen}\, 17° \\ 1 & 1 & 1 \\ \text{sen}\, 28° & 0 & \cos 28° \end{bmatrix}$ o valor do determinante de M^{10} é

a) $\frac{1}{16}$

b) $\frac{1}{32}$

c) $\frac{1}{64}$

d) $\frac{1}{128}$

e) $\frac{1}{256}$

7. (ITA-SP)

Considere o sistema de equações

$$S\begin{cases} \dfrac{1}{x} + \dfrac{27}{y^2} + \dfrac{8}{z^3} = 3 \\ \dfrac{4}{x} + \dfrac{81}{y^2} + \dfrac{40}{z^3} = 10 \\ \dfrac{2}{x} + \dfrac{54}{y^2} + \dfrac{24}{z^3} = 7 \end{cases}$$

Se (x, y, z) é uma solução real de **S**, então $|x| + |y| + |z|$ é igual a

a) 0

b) 3

c) 6

d) 9

e) 12

8. (UEPG-PR)

Uma empresa vai distribuir a quantia de R$ 6 100,00 de gratificação para seus 30 funcionários. Cada funcionário de nível **A** vai receber R$ 300,00; de nível **B**, R$ 250,00 e de nível **C**, R$ 100,00. Sabendo que os funcionários de nível **A** receberam, no total, o dobro dos de nível **C**, assinale o que for correto.

01) O número de funcionários de nível **C** é maior que 10.
02) Os funcionários de nível **A** receberam, no total, R$ 2 400,00.
04) Os funcionários de nível **B** receberam, no total, R$ 3 000,00.
08) O número de funcionários de nível **A** é 10.

9. (ESPM-SP)

Bia é 6 anos mais velha que Carla. Há 2 anos, a idade de Bia era o triplo da idade de Ana e daqui a 1 ano será igual à soma das idades de Ana e Carla. Podemos afirmar que:

a) Ana tem 7 anos.
b) Bia tem 12 anos.
c) Ana é mais velha que Carla.
d) Carla tem 6 anos.
e) Ana e Carla têm a mesma idade.

Leia o texto para responder à questão a seguir.

Uma tela de computador pode ser representada por uma matriz de cores, de forma que cada elemento da matriz corresponda a um *pixel*[1] na tela. Numa tela em escala de cinza, por exemplo, podemos atribuir 256 cores diferentes para cada *pixel*, do preto absoluto (código da cor: 0) passando pelo cinza intermediário (código da cor: 127) ao branco absoluto (código da cor: 255).

[1]Menor elemento em uma tela ao qual é possível atribuir-se uma cor.

Reprodução/Arquivo da editora

Suponha que na figura estejam representados 25 *pixels* de uma tela.

A matriz numérica correspondente às cores da figura apresentada é dada por

$$\begin{bmatrix} 255 & 0 & 127 & 0 & 255 \\ 0 & 127 & 0 & 255 & 0 \\ 127 & 0 & 255 & 0 & 127 \\ 0 & 255 & 0 & 127 & 0 \\ 255 & 0 & 127 & 0 & 255 \end{bmatrix}$$

10. (Fatec-SP)

Uma matriz $M = (a_{ij})$, quadrada de ordem 5, em que **i** representa o número da linha e **j** representa o número da coluna, é definida da seguinte forma:

$$a_{ij} = \begin{cases} 0, \text{ se } i = j \\ 127, \text{ se } i > j \\ 255, \text{ se } i < j \end{cases}$$

A matriz **M** corresponde a uma matriz de cores em escala de cinza, descrita pelo texto, em uma tela. Sobre essa matriz de cores, pode-se afirmar que ela

a) terá o mesmo número de *pixels* brancos e cinzas.

b) terá o mesmo número de *pixels* brancos e pretos.

c) terá o mesmo número de *pixels* pretos e cinzas.

d) terá uma diagonal com cinco *pixels* brancos.

e) terá uma diagonal com cinco *pixels* cinzas.

11. (Unicamp-SP)

Sejam **a** e **b** números reais. Considere, então, os dois sistemas lineares abaixo, nas variáveis **x**, **y** e **z**:

$$\begin{cases} x - y = a \\ z - y = 1 \end{cases} \text{ e } \begin{cases} x + y = 2 \\ y + z = b \end{cases}$$

Sabendo que esses dois sistemas possuem uma solução em comum, podemos afirmar corretamente que

a) $a - b = 0$.

b) $a + b = 1$.

c) $a - b = 2$.

d) $a + b = 3$.

12. (ITA-SP)

Determine todos os valores reais de **a** para os quais o seguinte sistema linear é impossível:

$$\begin{cases} x + ay + z = 2 \\ -x - 2y + 3z = -1 \\ 3x + az = 5 \end{cases}$$

13. (Unicamp-SP)

Sejam **a** e **b** números reais tais que a matriz $A = \begin{bmatrix} 1 & 2 \\ 0 & 1 \end{bmatrix}$ satisfaz a equação $A^2 = aA + bI$, em que **I** é a matriz identidade de ordem 2. Logo, o produto ab é igual a

a) −2.
b) −1.
c) 1.
d) 2.

14. (IFPE)

Rodrigo, Otávio e Ronaldo gostam muito de comida japonesa e saíram para comer *temaki*, também conhecido como *sushi* enrolado à mão, cujo formato lembra o de um cone. Foram, então, visitando vários restaurantes, tanto no sábado quanto no domingo. As matrizes a seguir resumem quantos *temakis* cada um consumiu e como a despesa foi dividida:

$$S = \begin{bmatrix} 3 & 2 & 0 \\ 1 & 1 & 2 \\ 0 & 3 & 2 \end{bmatrix} \text{ e } D = \begin{bmatrix} 2 & 3 & 0 \\ 0 & 2 & 1 \\ 1 & 0 & 2 \end{bmatrix}$$

S refere-se às quantidades de *temakis* de sábado e **D** às de domingo. Cada elemento a_{ij} nos dá o número de cones que a pessoa **i** pagou para a pessoa **j**, sendo Rodrigo o número 1, Otávio, o número 2 e Ronaldo, o número 3 ((a_{ij}) representa o elemento da linha **i** e da coluna **j** de cada matriz).

Assim, por exemplo, no sábado, Rodrigo pagou 3 *temakis* que ele próprio consumiu (a_{11}), 2 *temakis* consumidos por Otávio (a_{12}) e nenhum por Ronaldo (a_{13}), que corresponde à primeira linha da matriz **S**. Quantos *temakis* Otávio ficou devendo para Rodrigo neste fim de semana?

a) nenhum
b) 1
c) 2
d) 3
e) 4

15. (Epcar-MG)

Seja **A** a matriz $\begin{bmatrix} 0 & \frac{1}{2} \\ 2 & 0 \end{bmatrix}$

Sabe-se que $A^n = \underbrace{A \cdot A \cdot A \cdot \ldots \cdot A}_{n \text{ vezes}}$

Então, o determinante da matriz $S = A + A^2 + A^3 + \ldots + A^{11}$ é igual a

a) 1
b) −31
c) −875
d) −11

16. (EFOMM-RJ)

Para descrever um código que permite transformar uma palavra **P** de três letras em um vetor $w \in \mathbb{R}^3$, inicialmente, escolhe-se uma matriz 3 × 3. Por exemplo, a nossa "matriz código" será:

$$A = \begin{bmatrix} 2 & 2 & 0 \\ 3 & 3 & 1 \\ 1 & 0 & 1 \end{bmatrix}$$

A partir da correspondência:

A → 1 / B → 2 / C → 3 / D → 4 / E → 5 / F → 6 / G → 7 / H → 8 / I → 9 / J → 10 / L → 11 / M → 12 / N → 13 / O → 14 / P → 15 / Q → 16 / R → 17 / S → 18 / T → 19 / U → 20 / V → 21 / X → 22 / Z → 23

a palavra **P** é transformada em vetor **v** do $\mathbb{R}^3$. Em seguida, o código da palavra **P** é obtido pela operação $w = Av$. Por exemplo, a palavra MAR corresponde ao vetor $(12, 1, 17) = v$, a qual é codificada com $w = Av = (26, 56, 29)$.

Usando o processo acima para decodificar $w = (64, 107, 29)$, teremos

a) $x = 18, y = 14, z = 11$ / SOL

b) $x = 12, y = 5, z = 11$ / MEL

c) $x = 12, y = 1, z = 20$ / MAU

d) $x = 11, y = 20, z = 1$ / LUA

e) $x = 20, y = 21, z = 1$ / UVA

17. (ITA-SP)

Sejam **A** e **B** matrizes quadradas n × n tais que $A + B = A \cdot B$ e $\mathbf{I}_n$ a matriz identidade n × n. Das afirmações:

I. $I_n - B$ é inversível;

II. $I_n - A$ é inversível;

III. $A \cdot B = B \cdot A$.

é (são) verdadeira(s)

a) Somente I.

b) Somente II.

c) Somente III.

d) Somente I e II.

e) Todas.

18. (EsPCEx-SP)

Uma matriz quadrada **A**, de ordem 3, é definida por $a_{ij} = \begin{cases} i - j, \text{ se } i > j \\ (-1)^{i+j}, \text{ se } i \leq j \end{cases}$

Então $\det(A^{-1})$ é igual a

a) 4

b) 1

c) 0

d) $\frac{1}{4}$

e) $\frac{1}{2}$

19. (Epcar-MG)

Sejam **a** e **b** números positivos tais que o determinante da matriz $\begin{bmatrix} 1 & 0 & 0 & -1 \\ 2 & a & 0 & 1 \\ 1 & -1 & b & 1 \\ 0 & 0 & 0 & 1 \end{bmatrix}$ vale 24.

Dessa forma o determinante da matriz $\begin{bmatrix} \sqrt{b} & \sqrt{2} \\ \sqrt{3} & \sqrt{a} \end{bmatrix}$ é igual a

a) 0

b) 6

c) -6

d) $\sqrt{6}$

20. (Epcar-MG)

Seja a matriz $A = \begin{pmatrix} 1 & \cos x & \operatorname{sen} x \\ \cos x & 1 & 0 \\ \operatorname{sen} x & 2 & 1 \end{pmatrix}$.

Considere a função f: $\mathbb{R} \to \mathbb{R}$ definida por $f(x) = \det A$.

Sobre a função g: $\mathbb{R} \to \mathbb{R}$ definida por $g(x) = 1 - \frac{1}{2} \cdot |f(x)|$, em que $|f(x)|$ é o módulo de f(x), é correto afirmar que

a) possui período π.

b) seu conjunto imagem é $\left[-\frac{1}{2}, 0\right]$.

c) é par.

d) é crescente no intervalo $\left[-\frac{\pi}{4}, \frac{\pi}{4}\right]$.

21. (UFPR)

Faça o que se pede.

a) Seja $\alpha \in \left[0, \frac{\pi}{2}\right]$. Sabendo que sen $\alpha = 0{,}6$, calcule cos α e o determinante da matriz $A = \begin{pmatrix} \cos\alpha & 4 \\ 1 & 3 \end{pmatrix}$.

b) Encontre todos os valores de $\theta \in \mathbb{R}$ para os quais a matriz $B = \begin{pmatrix} \cos\theta & \operatorname{sen}\theta & 0 \\ 1 & \cos\theta & \operatorname{sen}\theta \\ 1 & \sqrt{2} & 1 \end{pmatrix}$ tem determinante $\det(B) = 1$.

22. (IFPE)

Anselmo (1), Eloi (2), Pedro (3) e Wagner (4) são matemáticos e, constantemente, se desafiam com exercícios. Com base na matriz **D**, a seguir, que enumera cada elemento a_{ij} representando o número de desafios que **i** fez a **j**, assinale, respectivamente, quem mais desafiou e quem foi mais desafiado.

$$D = \begin{pmatrix} 0 & 5 & 2 & 7 \\ 6 & 0 & 4 & 1 \\ 1 & 7 & 0 & 3 \\ 2 & 1 & 8 & 0 \end{pmatrix}$$

a) Anselmo e Pedro.
b) Eloi e Wagner.
c) Anselmo e Wagner.
d) Pedro e Eloi.
e) Wagner e Pedro.

23. (EsPCEx-SP)

Considere a matriz $M = \begin{bmatrix} a & a^3 - b^3 & b \\ a & a^3 & 0 \\ 2 & 5 & 3 \end{bmatrix}$. Se **a** e **b** são números reais não nulos e det(M) = 0, então o valor de $14a^2 - 21b^2$ é igual a

a) 15
b) 28
c) 35
d) 49
e) 70

TOTAL DE ACERTOS ____ /23

TÓPICO

6

Análise combinatória e probabilidade

Reveja o que aprendeu

Você deve ser capaz de:

- Resolver problemas de contagem usando o princípio multiplicativo (ou PFC).
- Resolver problemas envolvendo os agrupamentos simples com ou sem o uso de fórmulas.
- Resolver problemas envolvendo permutações com elementos repetidos.
- Definir espaço amostral e eventos em experimentos aleatórios.
- Calcular probabilidade em espaços equiprováveis ou não equiprováveis.
- Calcular a probabilidade da união e da interseção de dois eventos.
- Calcular probabilidades condicionais.
- Reconhecer eventos independentes.
- Usar a lei binomial da probabilidade.
- Expandir expressões do tipo $(a + b)^n$ usando o teorema binomial.
- Determinar o termo geral do Binômio de Newton.

Análise combinatória

Princípio multiplicativo (ou Princípio fundamental da contagem)

Suponha que uma sequência seja formada por **k** elementos $(a_1, a_2, a_3, ..., a_k)$, em que:

- $\mathbf{a_1}$ pode ser escolhido de $\mathbf{n_1}$ maneiras distintas;
- $\mathbf{a_2}$ pode ser escolhido de $\mathbf{n_2}$ maneiras diferentes, a partir de cada uma das escolhas anteriores;
- $\mathbf{a_3}$ pode ser escolhido de $\mathbf{n_3}$ modos diferentes, a partir de cada uma das escolhas anteriores;

  ⋮
- $\mathbf{a_k}$ pode ser escolhido de $\mathbf{n_k}$ maneiras distintas, a partir das escolhas anteriores.

Então, o número de possibilidades para construir a sequência $(a_1, a_2, a_3, ..., a_k)$ é:

$$n_1 \cdot n_2 \cdot n_3 \cdot ... \cdot n_k$$

Fatorial

Dado um número natural **n**, definimos o **fatorial de n** (indicado por **n!**) por meio das relações:

$$\text{Se } n = 0, \text{ então } 0! = 1 \ (I)$$
$$\text{Se } n = 1, \text{ então } 1! = 1 \ (II)$$
$$\text{Se } n \geqslant 2, \text{ então } n! = n \cdot (n - 1) \cdot (n - 2) \cdot ... \cdot 3 \cdot 2 \cdot 1 \ (III)$$

Por exemplo:

$2! = 2 \cdot 1 = 2$

$3! = 3 \cdot 2 \cdot 1 = 6$

$4! = 4 \cdot 3 \cdot 2 \cdot 1 = 24$

Observe que:

$$n! = n \cdot (n - 1)!, \ n \in \mathbb{N}^*$$

Exemplos:

- $\frac{7!}{9!} = \frac{\cancel{7!}}{9 \cdot 8 \cdot \cancel{7!}} = \frac{1}{72}$
- $\frac{n!}{(n-2)!} = \frac{n \cdot (n-1) \cdot \cancel{(n-2)!}}{\cancel{(n-2)!}} = n(n-1) = n^2 - n$

Agrupamentos simples: permutações, arranjos e combinações

São grupos de **k** elementos distintos escolhidos entre os **n** elementos de um conjunto, com $k \leq n$.

Permutações

Dados **n** elementos distintos, chama-se **permutação simples** ou simplesmente **permutação** todo **agrupamento ordenado** (sequência) formado por esses **n** elementos.

$P_n = n \cdot (n-1) \cdot (n-2) \cdot ... \cdot 2 \cdot 1$, isto é, $P_n = n!$

↓

nº de permutações de **n** elementos

Arranjos

Dado um conjunto com **n** elementos distintos, chama-se **arranjo** desses **n** elementos, tomados **k** a **k** (com $k \leq n$), qualquer agrupamento ordenado de **k** elementos distintos escolhidos entre os **n** existentes.

$$A_{n,\,k} = \frac{n!}{(n-k)!}$$

Combinações

Dados **n** elementos distintos, chama-se **combinação** desses **n** elementos tomados **k** a **k** (com $k \leq n$) qualquer **subconjunto** formado por **k** elementos distintos, escolhidos entre os **n**.

A combinação é um agrupamento **não ordenado**.

$$C_{n,\,k} = \frac{A_{n,\,k}}{k!} \quad \text{ou} \quad C_{n,\,k} = \frac{n!}{(n-k)! \cdot k!}$$

Permutações com elementos repetidos

Dados **n** elementos, dos quais $\mathbf{n_1}$ são iguais a $\mathbf{a_1}$, $\mathbf{n_2}$ são iguais a $\mathbf{a_2}$, $\mathbf{n_3}$ são iguais a $\mathbf{a_3}$, ..., $\mathbf{n_r}$ são iguais a $\mathbf{a_r}$: (em que $n_1 + n_2 ... + n_r = n$), o número de permutações desses **n** elementos é dado por:

$$P_n^{(n_1,\, n_2,\, ...,\, n_r)} = \frac{n!}{n_1! \cdot n_2! \cdot ... \cdot n_r!}$$

Exemplos:

- O número de anagramas da palavra PARAGUAI é:

$P_8^{(3)} = \frac{8!}{3!} = 6720$

- Já o número de anagramas de ITAPETININGA é:

(3 letras I, 2 letras T, 2 letras N, 2 letras A)

$$P_{12}^{(3,\,2,\,2,\,2)} = \frac{12!}{3! \cdot 2! \cdot 2! \cdot 2!} = 9979200$$

Binômio de Newton

Teorema binomial

Sendo $n \in \mathbb{N}$ e **a** e **b** números reais, temos:

$$(a+b)^n = \binom{n}{0} \cdot a^n + \binom{n}{1} a^{n-1} \cdot b + \binom{n}{2} a^{n-2} \cdot b^2 + \ldots + \binom{n}{n} \cdot b^n$$

Por exemplo:

- $(3x+2)^4 = \binom{4}{0} \cdot (3x)^4 + \binom{4}{1} \cdot (3x)^3 \cdot 2^1 + \binom{4}{2} \cdot (3x)^2 \cdot 2^2 + \binom{4}{3} \cdot (3x)^1 \cdot 2^3 + \binom{4}{4} \cdot 2^4$

Isto é: $(3x + 2)^4 = 81x^4 + 216x^3 + 216x^2 + 96x + 16$.

Observe que, no desenvolvimento de $(a - b)^n$ os termos são, alternadamente, positivos e negativos.

Termo geral

O termo $\binom{n}{k} \cdot a^{n-k} \cdot b^k$ é chamado **termo geral** do binômio, pois, atribuindo valores para **k** ($k = 0, 1, 2, \ldots, n$), obtemos todos os termos do desenvolvimento de $(a + b)^n$.

Triângulo aritmético

linha 0 $\binom{0}{0}$

linha 1 $\binom{1}{0}$ $\binom{1}{1}$

linha 2 $\binom{2}{0}$ $\binom{2}{1}$ $\binom{2}{2}$

linha 3 $\binom{3}{0}$ $\binom{3}{1}$ $\binom{3}{2}$ $\binom{3}{3}$

linha 4 $\binom{4}{0}$ $\binom{4}{1}$ $\binom{4}{2}$ $\binom{4}{3}$ $\binom{4}{4}$

....

⋮

linha **k** $\binom{k}{0}$ $\binom{k}{1}$ $\binom{k}{2}$ $\binom{k}{3}$ $\binom{k}{4}$ ... $\binom{k}{k}$

Notemos que a expressão "linha **k**" significa a linha de "numerador" **k**.

Calculando cada coeficiente, obtemos:

$$\begin{array}{ccccccc}
1 & & & & & & \\
1 & 1 & & & & & \\
1 & 2 & 1 & & & & \\
1 & 3 & 3 & 1 & & & \\
1 & 4 & 6 & 4 & 1 & & \\
1 & 5 & 10 & 10 & 5 & 1 & \\
1 & 6 & 15 & 20 & 15 & 6 & 1 \\
\vdots & \vdots & \vdots & \vdots & \vdots & \vdots & \vdots
\end{array}$$

Note que os elementos da linha **n** desse triângulo correspondem, ordenadamente, aos coeficientes obtidos no desenvolvimento binomial de $(a + b)^n$:

Coeficientes binomiais complementares

Dois coeficientes binomiais equidistantes dos extremos são chamados **coeficientes binomiais complementares**.

$$\binom{n}{p} = \binom{n}{k} \Rightarrow p = k \text{ ou } p + k = n$$

Soma dos elementos da linha k

$$\binom{k}{0} + \binom{k}{1} + \binom{k}{2} + \ldots + \binom{k}{k} = 2^k$$

Probabilidade

O conjunto de todos os possíveis resultados de um experimento aleatório é chamado **espaço amostral** e é indicado pela letra grega Ω (lê-se "ômega").

- No lançamento de uma moeda, o espaço amostral é o conjunto $\Omega = \{K, C\}$, em que **K** representa a face cara e **C** representa a face coroa. Observe que $n(\Omega) = 2$, isto é, o número de elementos do conjunto Ω é igual a 2.
- No lançamento de um dado, o espaço amostral é $\Omega = \{1, 2, 3, 4, 5, 6\}$.
- Ao lançar um dado duas vezes, sucessivamente, considerando a sequência de números obtidos, temos:
  $\Omega = \{(1,1), (1, 2), ..., (2, 1), ..., (3, 1), ..., (4, 1), ..., (5, 1), ..., (6, 1), ..., (6, 6)\}$; $n(\Omega) = 36$.

Evento é qualquer subconjunto do espaço amostral (Ω) de um experimento aleatório.
Considerando o lançamento de um dado duas vezes, temos os seguintes eventos:

- E_1: a soma dos pontos obtidos é 10.
  $E_1 = \{(5, 5); (4, 6); (6, 4)\}$
- E_2: o produto dos números obtidos é menor que 7.
  $E_2 = \{(1, 1); (1, 2); (1, 3); (1, 4); (1, 5); (1, 6); (2, 1); (2, 2); (2, 3); (3, 1); (3, 2); (4, 1); (5, 1); (6, 1)\}$

Evento complementar $(\bar{E})$

Seja **E** um evento de um espaço amostral Ω. Chamamos **evento complementar de E**, em relação a Ω (indica-se por $\bar{E}$ ou C_{Ω}^{E}), o evento que ocorre quando **E** não ocorre.

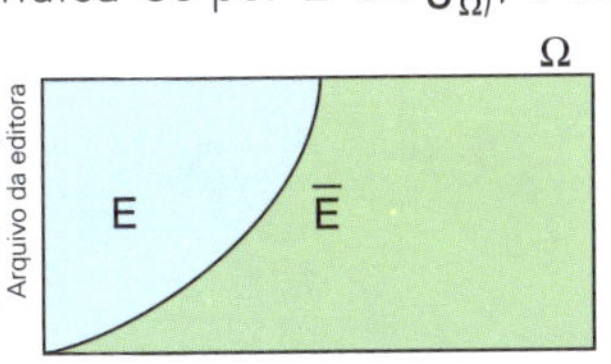

Banco de imagens/Arquivo da editora

Note que:

$$\begin{cases} E \cup \bar{E} = \Omega \\ E \cap \bar{E} = \varnothing \end{cases}$$

$\bar{E}$ ocorre quando **E** não ocorre.

Frequência relativa e probabilidade

Considere uma moeda honesta. À medida que se aumenta o número de lançamentos dessa moeda, verifica-se, experimentalmente, que as frequências relativas correspondentes às ocorrências de cara $\left(\dfrac{\text{número de caras}}{\text{número total de lançamentos}}\right)$ e coroa ficam cada vez mais próximas entre si, tendendo à igualdade, dada pelo valor 0,50. Quando isso ocorre, dizemos que o espaço amostral relativo ao lançamento da moeda é **equiprovável**.

Seja $\Omega = \{a_1, a_2, ..., a_k\}$ o espaço amostral finito de um experimento aleatório.

Para cada $i \in \{1, 2, ..., k\}$, consideremos o evento elementar ou unitário $\{\mathbf{a}_i\}$. Vamos associar a cada um desses eventos um número real, indicado por $\mathbf{p(\{a_i\})}$ ou simplesmente $\mathbf{p}_i$, chamado **probabilidade** de ocorrência do evento $\{\mathbf{a}_i\}$, tal que:

- $0 \leq p_i \leq 1, \forall i \in \{1, 2, ..., k\}$
- $p_1 + p_2 + ... + p_k = 1$

Essa associação é feita de modo que $\mathbf{p}_i$ $(i = 1, 2, ..., k)$ seja suficientemente próximo da frequência relativa do evento $\{\mathbf{a}_i\}$, quando o experimento é repetido um grande número de vezes.

Veja um exemplo em que uma moeda é viciada:

Imagine que ela foi lançada um número muito grande de vezes e observou-se que a frequência da face cara (**K**) é o dobro da frequência da face coroa (**C**).

Nesse caso, podemos supor a seguinte distribuição de probabilidades para $\Omega = \{K, C\}$:

$p(\{K\}) = \dfrac{2}{3}$ e $p(\{C\}) = \dfrac{1}{3}$. Note, no entanto, que $p(\{K\}) + p(\{C\}) = \dfrac{2}{3} + \dfrac{1}{3} = 1$.

O espaço amostral relativo ao lançamento dessa moeda, nesse caso, é **não equiprovável**.

Probabilidades em espaços amostrais equiprováveis

Seja **E** um evento de Ω.

$$p(E) = \frac{\text{número de elementos de E}}{\text{número de elementos de }\Omega} = \frac{n(E)}{n(\Omega)}$$

Informalmente, podemos interpretar a razão acima como: "a probabilidade de ocorrer um determinado evento é dada pelo quociente entre o número de casos favoráveis (casos que nos interessam) e o número de casos possíveis (total de casos)".

Probabilidade da união de dois eventos

É a probabilidade de ocorrer o evento **A** ou o evento **B**.

Consideremos dois casos:

- $A \cap B = \varnothing$

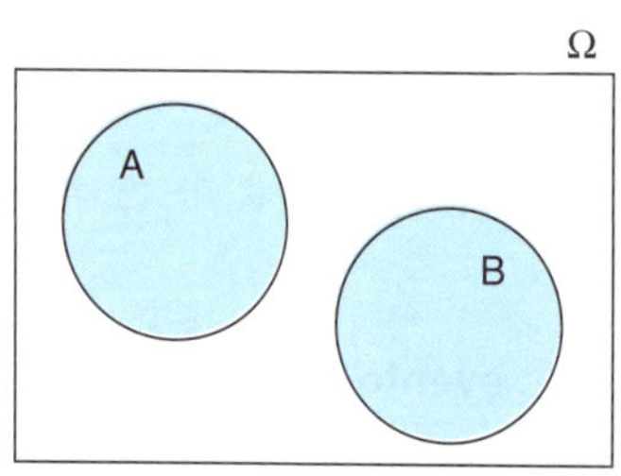

Banco de imagens/Arquivo da editora

$$p(A \cup B) = p(A) + p(B)$$

Nesse caso, **A** e **B** são chamados **eventos mutuamente exclusivos**.

- $A \cap B \neq \varnothing$

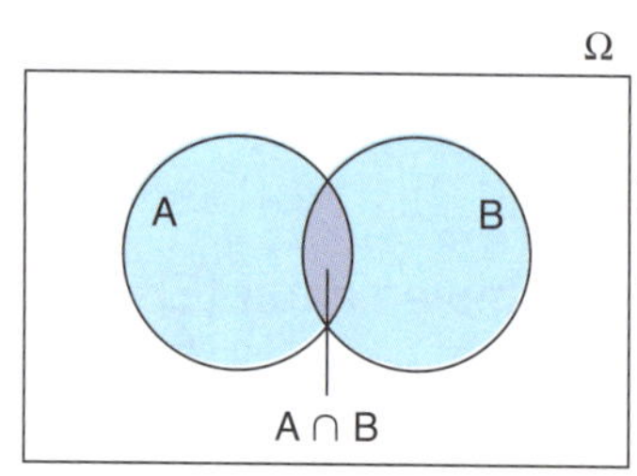

Banco de imagens/Arquivo da editora

$$p(A \cup B) = p(A) + p(B) - p(A \cap B)$$

Probabilidade condicional

É a probabilidade de ocorrer um certo evento, quando já temos um conhecimento parcial do resultado do experimento. Nesse caso, reduz-se o espaço amostral e se calculam probabilidades nesse novo espaço.

Sejam **A** e **B** eventos de Ω finito e não vazio. A probabilidade condicional do evento **A**, sabendo que ocorreu o evento **B**, é indicada por p(A|B) e é dada por:

$$p(A|B) = p\frac{(A \cap B)}{p(B)}$$

Por exemplo: um dado é lançado duas vezes sucessivamente. Sabendo que a soma dos números obtidos é maior que 9, qual é a probabilidade de terem ocorrido números iguais?

Com a informação dada, o número de casos **possíveis** passa a ser 6: $\Omega = \{(4, 6); (5, 5); (5, 6); (6, 4); (6, 5); (6, 6)\}$ e o número de casos favoráveis é 2: $\{(5,5); (6,6)\}$. A probabilidade pedida é $\frac{2}{6} = \frac{1}{3}$.

Probabilidade da interseção de dois eventos

É a probabilidade da ocorrência simultânea (ou sucessiva) de dois eventos **A** e **B**.

$$p(A \cap B) = p(A|B) \cdot p(B)$$

Por exemplo: um lote com 40 lâmpadas idênticas contém 3 com defeitos de fabricação. Duas lâmpadas são retiradas sucessivamente e sem reposição. Qual é a probabilidade de saírem duas lâmpadas sem defeito?

$$p = \frac{37}{40} \cdot \frac{36}{39} = \frac{111}{130}$$

prob. de a 1ª não ter defeito ($\frac{37}{40}$)

prob. de a 2ª não ter defeito sabendo que a 1ª não tem ($\frac{36}{39}$)

Eventos independentes

Se p(A|B) = p(A), ou seja, se o fato de ter ocorrido o evento **B** não altera a probabilidade de ocorrer o evento **A**, dizemos que **A** e **B** são **eventos independentes** e vale a relação:

$$p(A \cap B) = p(A) \cdot p(B)$$

Exemplo: A probabilidade de um despertador **A** não tocar na hora programada é de 10% e de um despertador **B** não tocar é de 15%. Uma certa noite, os dois foram programados para tocar na manhã seguinte. Qual é a probabilidade de que apenas um toque?

Há dois casos a considerar:

A toca e **B** não toca $\Rightarrow p = 0{,}9 \cdot 0{,}15 = 0{,}135$

ou

B toca e **A** não toca $\Rightarrow p = 0{,}85 \cdot 0{,}10 = 0{,}085$

Logo, a probabilidade pedida é $0{,}135 + 0{,}085 = 0{,}22 = 22\%$

Lei binomial da probabilidade

Se um experimento aleatório é repetido **n** vezes, em condições idênticas, com todas as repetições independentes entre si, a probabilidade de o evento **E** ocorrer **k** vezes $(0 \leq k \leq n)$ é dada por:

$$\binom{n}{k} \cdot p^k \cdot (1 - p)^{n-k}$$

em que **p** é a probabilidade de **E** ocorrer em qualquer repetição e (1 − p) é a probabilidade de **E** não ocorrer em qualquer repetição desse experimento.

Aplique o que aprendeu

Exercícios resolvidos

1. Uma prova contém 8 testes, com cinco alternativas em cada. De quantas maneiras distintas podem ser respondidos todos os testes da prova?

Solução:

Cada maneira de responder à questão consta de uma sequência de oito elementos $(x_1, x_2, ..., x_8)$, em que cada $x_i (1 \leqslant i \leqslant 8)$ pode ser escolhido de 5 modos distintos.

Assim, o número de respostas possíveis é:

$5 \cdot 5 \cdot 5 \cdot 5 \cdot 5 \cdot 5 \cdot 5 \cdot 5 = 5^8 = 390\,625$

2. Considerando os algarismos 0, 1, 2, 3, 4, 5, 6 e 7, responda:

a) quantos números de quatro algarismos podemos formar?

b) quantos números pares de quatro algarismos distintos podemos formar?

Solução:

a) É preciso construir uma sequência (x, y, z, w) de modo que:

- **x** possa ser escolhido de 7 modos distintos, pois o número formado não pode começar por zero; observe que 0347 = 347;
- **y** possa ser escolhido de 8 modos distintos, pois pode haver repetição de algarismos.

Para **z** e **w**, o raciocínio é análogo: há 8 opções de escolha para cada.

Assim, a quantidade de números é: $7 \cdot 8 \cdot 8 \cdot 8 = 3584$.

b) Um número é par se o algarismo da unidade for par. Vamos iniciar a resolução pela "última casa", separando em dois casos:

1º caso: o número termina por 0

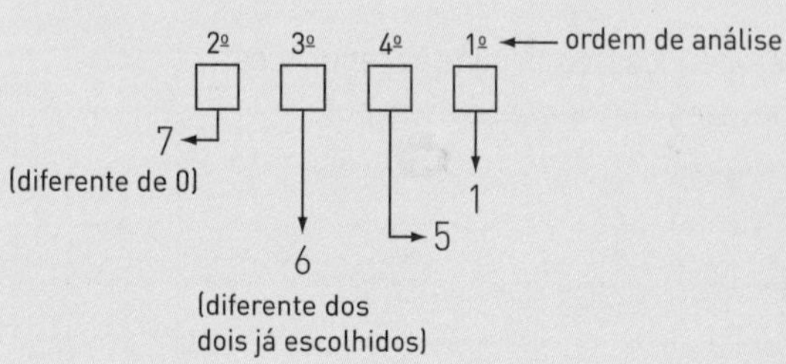

$7 \cdot 6 \cdot 5 \cdot 1 = 210$ números

2º caso: o número termina por 2, 4 ou 6

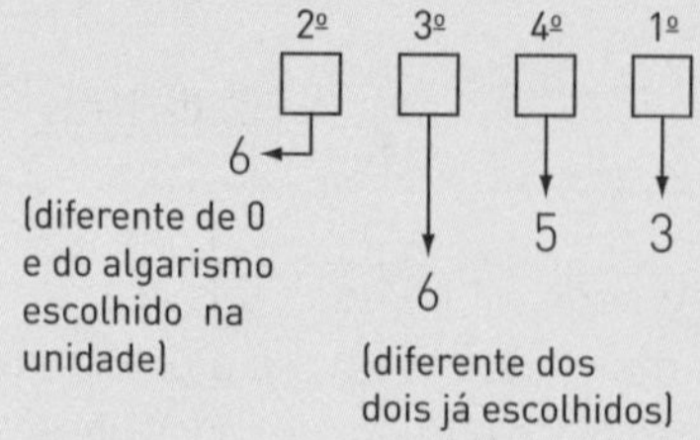

$6 \cdot 6 \cdot 5 \cdot 3 = 540$ números

Ao todo são $210 + 540 = 750$ números.

3. Considere os anagramas formados com as letras da palavra JANEIRO.

a) Quantos são?

b) Quantos começam e terminam por consoante?

c) Quantos têm as letras JAN juntas?

Solução:

a) 7 letras; $P_7 = 7! = 5040$

b)

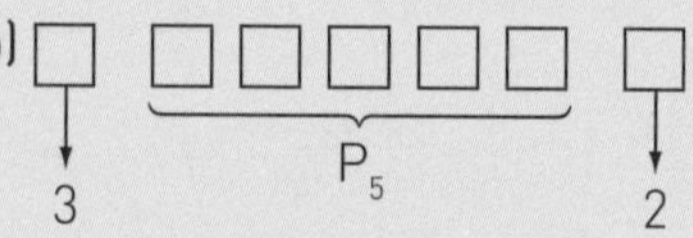

$3 \cdot 2 \cdot P_5 = 3 \cdot 2 \cdot 5 \cdot 4 \cdot 3 \cdot 2 \cdot 1 = 720$

c) [JAN] [E] [I] [R] [O]

5 blocos $\rightarrow P_5 = 5! = 120$

Dentro do bloco [JAN] $\rightarrow$ 3 letras $\rightarrow P_3 = 3! = 6$

O total é $120 \cdot 6 = 720$

4. Para as eleições de um grêmio universitário, 10 alunos candidatam-se aos cargos de: presidente, vice e tesoureiro. De quantos modos distintos poderá ser feita essa escolha?

Solução:

Cada escolha consiste em um agrupamento ordenado do tipo (P, V, T), isto é, um arranjo de 3 elementos escolhidos entre os 10 existentes. Temos:

$$A_{10,\,3} = \frac{10!}{(10-3)!} = \frac{10!}{7!} = \frac{10 \cdot 9 \cdot 8 \cdot 7!}{7!} = 720$$

Poderíamos ter feito diretamente:

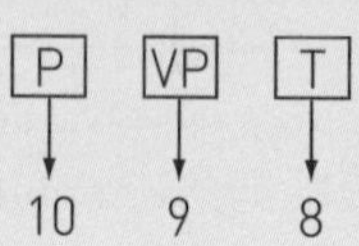

$\rightarrow 10 \cdot 9 \cdot 8 = 720$

5. Em um colégio há 25 professores de Ensino Médio. Três deles serão escolhidos para participar de uma viagem pedagógica. De quantos modos distintos poderá ser feita a escolha?

Solução:

Cada escolha corresponde a uma combinação dos 25 professores, tomados 3 a 3, pois **não importa** a ordem de escolha dos professores.

Temos: $C_{25,3} = \dfrac{25!}{3! \cdot 22!} = 2300$

Podemos também resolver sem usar fórmula:

Primeiro, estipulamos o número de maneiras possíveis para escolher 3 determinados professores:

$3 \cdot 2 \cdot 1$

Como **não** importa a ordem, o resultado procurado é:

$\dfrac{25 \cdot 24 \cdot 23}{3 \cdot 2 \cdot 1} = 2300$

6. Suponha que no grupo de professores do exercício 5 haja 10 homens e 15 mulheres. Quantas comissões de 2 homens e 3 mulheres poderão ser formadas?

Solução:

Para escolher os 2 homens, há $C_{10,2} = \dfrac{10!}{2! \cdot 8!} = 45$ 45 opções.

Para cada uma das 45 opções, existem $C_{15,3} = \dfrac{15!}{3! \cdot 12!} = 455$ maneiras de escolher as 3 mulheres.

Logo, pelo PFC, o resultado é $45 \cdot 455 = 20\,475$.

7. Determine, se existir, o termo independente de **x** no desenvolvimento de $\left(x^2 - \dfrac{1}{x}\right)^{12}$.

Solução:

O termo geral é $\dbinom{12}{k} \cdot \left(x^2\right)^{12-k} \cdot \left(-\dfrac{1}{x}\right)^k =$

$= \dbinom{12}{k} \cdot x^{24-2k} \cdot \dfrac{(-1)^k}{x^k} = \dbinom{12}{k} \cdot x^{24-3k} \cdot (-1)^k$, para $k = 0, 1, ..., 12$

Devemos ter:

$24 - 3k = 0 \Rightarrow k = 8$, e o termo pedido é $\dbinom{12}{8} \cdot x^0 \cdot (-1)^8 = 495$.

8. Considere um baralho comum (52 cartas), do qual extraímos uma ao acaso. Qual é a probabilidade de sair um Valete (J)?

Solução:

O evento **E** é formado por 4 elementos:

E = 

Banco de imagens/Arquivo da editora

Daí, $p(E) = \dfrac{4}{52} = \dfrac{1}{13}$

9. Um dado não viciado é lançado duas vezes sucessivamente. Qual é a probabilidade de ocorrer números diferentes?

Solução:

Há 36 resultados possíveis:

$\Omega = \{(1, 1), (1, 2), ..., (6, 5), (6, 6)\}$

Dentre eles, 6 apresentam números iguais:

$\bar{E} = \{(1, 1), (2, 2), (3, 3), (4, 4), (5, 5), (6, 6)\}$

$p(\bar{E}) = \dfrac{6}{36} = \dfrac{1}{6}$

Logo, a probabilidade de ocorrer números diferentes é $p(E) = 1 - \dfrac{1}{6} = \dfrac{5}{6}$.

10. Em uma escola lecionam 6 professores de Matemática, 4 de Física e 3 de Química. Deseja-se formar uma comissão de 3 professores representantes. Qual é a probabilidade de a comissão ser formada apenas por professores de Matemática?

Solução:

Há, ao todo, $6 + 4 + 3 = 13$ professores;

$n(\Omega) = C_{13,3} = 286$ (comissões com 3 professores quaisquer);

$n(E) = C_{6,3} = 20$ (comissões com 3 professores de Matemática).

Daí:

$p(E) = \dfrac{20}{286} = \dfrac{10}{143}$

11. Um dado não viciado é lançado. Qual é a probabilidade de ocorrer um número par ou um número maior que 4?

Solução:

A: ocorre um nº par $\rightarrow A = \{2, 4, 6\}$

B: ocorre um nº maior que 4 $\rightarrow B = \{5, 6\}$

$A \cap B = \{6\}$

$p(A \cup B) = p(A) + p(B) - p(A \cap B)$

$$p(A \cup B) = \frac{3}{6} + \frac{2}{6} - \frac{1}{6} = \frac{4}{6} = \frac{2}{3}$$

12. A probabilidade de que um componente eletrônico fabricado por certa empresa apresente alguma falha é de 10%. Se forem analisados 8 desses componentes, qual é a probabilidade de que exatamente 2 apresentem falha?

Solução:

Temos:

$p = 0,10$ (prob. de haver falha)

$1 - p = 0,90$ (prob. de não haver falha)

A probabilidade pedida é:

$$\binom{8}{2} \cdot 0,10^2 \cdot 0,90^6 \simeq 0,1488 \quad (14,88\%)$$

Questões

1. (EBMSP-BA)

Cada uma das 12 pessoas inscritas para participar de um trabalho voluntário recebeu um crachá com um número de identificação distinto – de 1 a 12 – de acordo com a ordem de inscrição.

Desejando-se organizar grupos formados por três pessoas que não estejam identificadas por três números consecutivos, o número máximo possível de grupos distintos que se pode formar é

a) 230
b) 225
c) 220
d) 215
e) 210

2. (UEFS-BA)

Uma estudante ainda tem dúvidas quanto aos quatro últimos dígitos do número do celular de seu novo colega, pois não anotou quando ele lhe informou, apesar de saber quais são não se lembra da ordem em que eles aparecem.

Nessas condições, pode-se afirmar que o número de possibilidades para a ordem desses quatro dígitos é

a) 240
b) 160
c) 96
d) 24
e) 16

3. (Uece)

A turma **K** do Curso de Administração da UECE é formada por 36 alunos, sendo 22 mulheres e 14 homens. O número de comissões que podem ser formadas com alunos desta turma, tendo cada comissão três componentes e sendo assegurada a participação de representantes dos dois sexos em cada comissão, é

a) 5 236
b) 6 532
c) 3 562
d) 2 635

4. (UPE)

Oito amigos entraram em um restaurante para jantar e sentaram-se numa mesa retangular, com oito lugares, como mostra a figura a seguir:

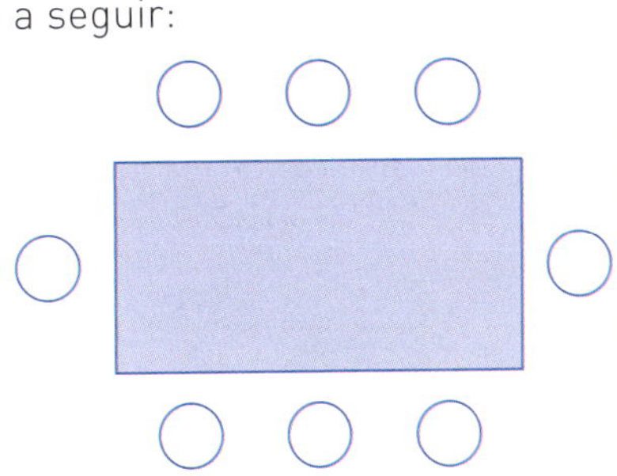

Dentre todas as configurações possíveis, quantas são as possibilidades de dois desses amigos, Amaro e Danilo, ficarem sentados em frente um do outro?

a) 1 440
b) 1 920
c) 2 016
d) 4 032
e) 5 760

5. (Uneb-BA)

DANOS DE ALIMENTOS ÁCIDOS

O esmalte dos dentes dissolve-se prontamente em contato com substâncias cujo pH (medida da acidez) seja menor do que 5,5. Uma vez dissolvido, o esmalte não é reposto, e as partes mais moles e internas do dente logo apodrecem. A acidez de vários alimentos e bebidas comuns é surpreendentemente alta; as substâncias listadas a seguir, por exemplo, podem causar danos aos seus dentes com contato prolongado.

(BREWER. 2013, p. 64).

Comida/bebida	pH
Suco de limão/lima	1,8 – 2,4
Café preto	2,4 – 3,2
Vinagre	2,4 – 3,4
Refrigerantes de cola	2,7
Suco de laranja	2,8 – 4,0
Maçã	2,9 – 3,5
Uva	3,3 – 4,5
Tomate	3,7 – 4,7
Maionese/ molho de salada	3,8 – 4,0
Chá preto	4,0 – 4,2

Considere que em um laboratório foram verificadas, por um técnico, duas amostras de alimentos que constam na tabela e que o pH dessas substâncias era, respectivamente, 3,2 e 4,2.

Nessas condições, de posse dessa tabela, pode-se afirmar que o número de maneiras distintas que esse técnico tem para tentar identificar, de maneira correta, quais foram os dois alimentos examinados é igual a

a) 9 b) 10 c) 12 d) 14 e) 15

6. (Uespi)

Um polígono convexo com 15 lados tem todos os seus vértices em uma circunferência. Se não existem três diagonais do polígono que se interceptam no mesmo ponto, quantas são as interseções das diagonais do polígono?

a) 1360 b) 1365 c) 1370 d) 1375 e) 1380

7. (Uern)

Uma família do interior, composta por 10 pessoas, necessita fazer uma viagem de retorno à cidade de origem após passar férias no litoral. A viagem será feita de ônibus, no domingo, e apenas dois horários estão disponíveis. De quantas maneiras poderão viajar essas pessoas de forma que a metade da família viaje num ônibus e a outra metade no outro?

a) 45 b) 252 c) 136 d) 90

8. (Cefet-MG)

Como prêmio pela vitória em uma competição, serão distribuídas 12 moedas de ouro idênticas entre as três pessoas da equipe vencedora, e cada uma deverá receber, pelo menos, duas moedas. O número de maneiras distintas de efetuarmos essa distribuição é

a) 12 b) 28 c) 38 d) 40 e) 120

9. (UFPB)

A prefeitura de certo município solicitou ao Governo Federal uma verba para a execução das seguintes obras:

- saneamento básico;
- calçamento de ruas;
- construção de uma escola;
- construção de uma creche;
- construção de casas populares.

O Governo Federal aprovou a concessão da verba solicitada, na condição de que fosse estabelecida uma ordem na execução das obras, de modo que, tendo sido liberada a verba para a primeira obra, a verba para a segunda só seria liberada após a conclusão da primeira, e assim sucessivamente até a execução da última obra. Nesse contexto, considere o planejamento feito pela prefeitura:

- a primeira obra escolhida foi a construção das casas populares;
- o calçamento das ruas só poderá ser executado com o saneamento básico concluído.

Atendendo às condições estabelecidas pelo Governo Federal e ao planejamento da prefeitura, é correto afirmar que o número de maneiras possíveis e distintas para a realização dessas 5 obras é:

a) 8 b) 10 c) 12 d) 14 e) 16

10. (UFMG)

Para montar a programação de uma emissora de rádio, o programador musical conta com 10 músicas distintas, de diferentes estilos, assim agrupadas: **4 de MPB, 3 de *Rock* e 3 de *Pop***.

Sem tempo para fazer essa programação, ele decide que, em cada um dos programas da emissora, serão tocadas, de forma aleatória, todas as 10 músicas.

Assim sendo, é CORRETO afirmar que o número de programas distintos em que as músicas vão ser tocadas **agrupadas por estilo** é dado por

a) $4! \times 3! \times 3! \times 3!$

b) $\frac{10!}{7!}$

c) $4! \times 3! \times 3!$

d) $\frac{10!}{7! \cdot 3!}$

11. (Uece)

Sejam **r** e **s** duas retas distintas e paralelas.

Se fixarmos 10 pontos em **r** e 6 pontos em **s**, todos distintos, ao unirmos, com segmentos de reta, três quaisquer destes pontos não colineares, formam-se triângulos. Assinale a opção correspondente ao número de triângulos que podem ser formados.

a) 360

b) 380

c) 400

d) 420

12. (Unisinos-RS)

A bandeira a seguir está dividida em 4 regiões. Cada região deverá ser pintada com uma cor, e regiões que fazem fronteira devem ser pintadas com cores diferentes.

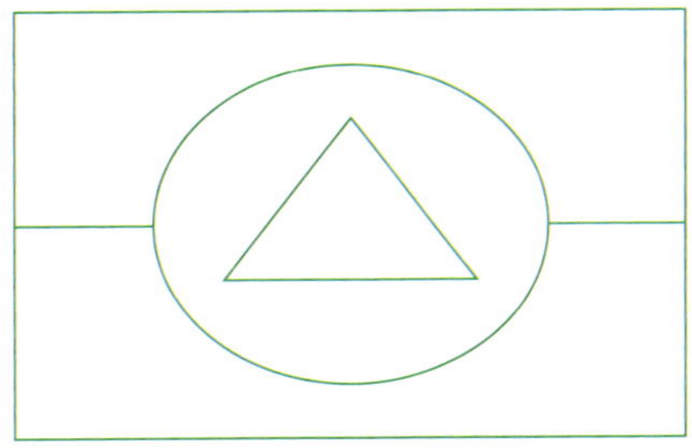

Reprodução/Arquivo da editora

Sabendo que dispomos de 6 cores, de quantas maneiras distintas podemos pintar essa bandeira?

a) 20
b) 24
c) 120
d) 600
e) 720

13. (UPE)

Reprodução/UPE, 2016

Se dois dados idênticos e não viciados são lançados, a probabilidade de a soma dos pontos obtidos ser um múltiplo de 2 ou um múltiplo de 3 é de aproximadamente

a) 66,6%
b) 60,0%
c) 55,2%
d) 35,3%
e) 33,0%

14 (Uespi)

Júnior já leu três livros de sua coleção de 12 livros. Escolhendo ao acaso três livros da coleção, qual a probabilidade de Júnior não ter lido nenhum dos três?

a) $\frac{31}{55}$

b) $\frac{29}{55}$

c) $\frac{27}{55}$

d) $\frac{23}{55}$

e) $\frac{21}{55}$

15. (UEG-GO)

Renata está grávida e realizará um exame que detecta o sexo do bebê. Se o exame detectar que é um menino, a probabilidade de ela pintar o quarto do bebê de azul é de 70%, ao passo que de branco é de 30%. Mas, se o exame detectar que é uma menina, a probabilidade de ela pintar o quarto do bebê de rosa é de 60% contra 40% de pintar de branco. Sabendo-se que a probabilidade de o exame detectar um menino é de 50%, a probabilidade da Renata pintar o quarto do bebê de branco é de

a) 70%
b) 50%
c) 35%
d) 30%
e) 20%

16. (UFPA)

Em um quarto no qual uma pessoa se encontra estão 12 mosquitos *Aedes aegypti*, dos quais 5 estão contaminados pelo vírus da dengue. Se 4 distintos mosquitos dos 12 existentes picam a pessoa, a probabilidade de ela ser picada por pelo menos um mosquito contaminado é de

a) $\frac{7}{99}$.

b) $\frac{92}{99}$.

c) $\frac{4}{7}$.

d) $\frac{5}{12}$.

e) $\frac{24}{495}$.

17. (UFG-GO)

A delegação esportiva de um certo país participou de uma festa e, involuntariamente, quatro jogadores do time de basquetebol, cinco do time de voleibol e nove do time de futebol ingeriram uma substância proibida pelo comitê *antidoping*. Um jogador de cada time será sorteado para passar por um exame desse comitê. Considerando-se que o time de basquetebol tem 10 jogadores, o de voleibol, 12 e o de futebol, 22 e ordenando-se os times pela ordem crescente da probabilidade de ser "pego" um jogador que tenha ingerido a substância proibida, tem-se

a) basquetebol, futebol, voleibol.
b) basquetebol, voleibol, futebol.
c) futebol, voleibol, basquetebol.
d) futebol, basquetebol, voleibol.
e) voleibol, futebol, basquetebol.

18. (UEG-GO)

O gráfico abaixo mostra a evolução da taxa de desemprego nos meses de junho de 2002 a 2011, para o conjunto das seis regiões metropolitanas brasileiras abrangidas pela pesquisa.

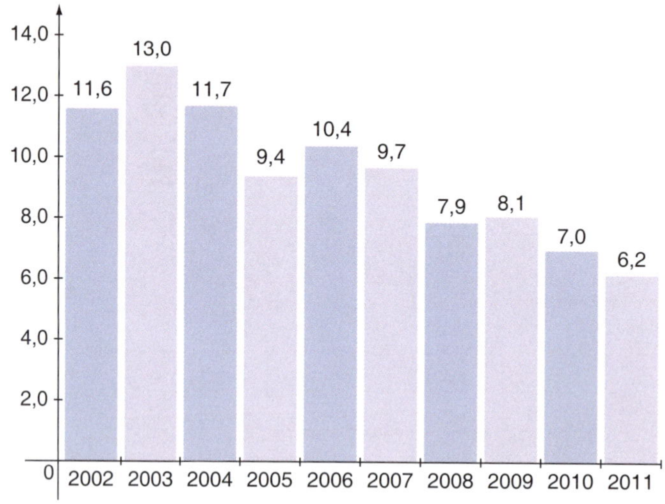

Escolhendo aleatoriamente um dos anos descritos no gráfico utilizado, a probabilidade de que no ano escolhido a taxa de desemprego, no mês de junho, seja superior a 9,3% é igual a

a) $\frac{3}{5}$ b) $\frac{1}{6}$ c) $\frac{2}{5}$ d) $\frac{4}{6}$

19. (Uepa)

Os números alarmantes relativos à violência doméstica levaram a Organização Mundial de Saúde (OMS) a reconhecer a gravidade que o fenômeno representa para a saúde pública e recomendar a necessidade de efetivação de campanhas nacionais de alerta e prevenção. No Brasil, apesar de não haver estatísticas oficiais, algumas organizações não governamentais de apoio às mulheres e crianças vítimas de maus-tratos apresentam números assustadores da violência doméstica. Estima-se que, a cada 4 (quatro) minutos uma mulher seja vítima de violência doméstica. Dos 850 inquéritos policiais instaurados na 1ª e 3ª Delegacia de Defesa da Mulher de São Paulo, 82% se referem a lesões corporais dolosas.

(Fonte: http://jus.com.br/revista/texto/7753/a-violenciadomestica-como-violacao-dos-direitos-humanos. Acesso em 9 de setembro de 2011 – Texto Adaptado)

A probabilidade de ser escolhido aleatoriamente um desses inquéritos policiais e de ele *não se referir a lesões* corporais *dolosas* é de:

a) 0,18 b) 0,19 c) 0,20 d) 0,21 e) 0,22

20. (Acafe-SC)

Um candidato em um concurso realiza uma prova de múltipla escolha, em que cada questão apresenta 4 alternativas, sendo uma, e apenas uma, correta. Esse candidato sabe 68% das questões da prova; as demais questões ele marca aleatoriamente uma das alternativas. Então, a probabilidade de ele acertar uma questão qualquer da prova (isto é, de uma questão escolhida ao acaso) é igual a:

a) 92%   b) 76%   c) 93%   d) 85%

21. (PUC-RS)

Dois dados são jogados simultaneamente. A probabilidade de se obter soma igual a 10 nas faces de cima é

a) $\frac{1}{18}$ b) $\frac{1}{12}$ c) $\frac{1}{10}$ d) $\frac{1}{6}$ e) $\frac{1}{5}$

22. (UCS-RS)

Numa cidade com 60 000 domicílios, 35 000 deles têm acesso à internet, 25 000 têm assinatura de TV a cabo, e um terço do número de domicílios não tem acesso a nenhum dos dois recursos.

Qual é a probabilidade de um domicílio da cidade, escolhido ao acaso, ter acesso à internet e não ter assinatura de TV a cabo?

a) $\frac{1}{4}$ b) $\frac{1}{12}$ c) $\frac{7}{12}$ d) $\frac{3}{8}$ e) $\frac{7}{8}$

23. (UPE)

Em um jogo infantil, dois dados não viciados de 6 faces, cada uma numerada de um a seis, são jogados simultaneamente, e o jogador **A** (que joga os dados) vence sempre que a soma das faces que caíram para cima for igual a 6, 7 ou 8. Nos demais casos, vence o jogador **B**. Considerando que um jogo de dois jogadores é chamado de justo, sempre que a chance dos dois jogadores de vencer for a mesma, e injusto, caso contrário, é correto afirmar que o jogo

a) é justo, pois os jogadores **A** e **B** têm iguais chances de vencê-lo.
b) não pode ser dito justo ou injusto, pois tudo dependerá da sorte dos jogadores.
c) é injusto, pois o jogador **A** tem mais chances de vencê-lo que o jogador B.
d) é injusto, pois o jogador **B** tem mais chances de vencê-lo que o jogador A.
e) é justo, pois independentemente das probabilidades envolvidas, o jogador **A** vence apenas quando as faces somam 6, 7 ou 8, enquanto que o jogador **B** vence quando as faces somam 2, 3, 4, 5, 9, 10, 11 ou 12, ou seja, existem bem mais somas favoráveis ao jogador **B**.

24. (UFRGS-RS)

O resultado de uma partida de futebol foi 3 × 2. A probabilidade de que o time vencedor tenha marcado os dois primeiros gols é

a) 15%
b) 20%
c) 30%
d) 40%
e) 45%

25. (UFRGS-RS)

Para a disputa da Copa do Mundo de 2014, as 32 seleções que se classificarem serão divididas em 8 grupos, os quais serão constituídos de 4 seleções cada um. Nos jogos da primeira fase, cada seleção jogará com todas as outras seleções do seu grupo. Uma empresa adquiriu um ingresso para cada jogo da primeira fase do mesmo grupo. Ao sortear dois ingressos entre seus funcionários, a probabilidade de que esses ingressos envolvam uma mesma seleção é

a) 20%.
b) 25%.
c) 50%.
d) 80%.
e) 85%.

26. (UFRGS-RS)

O Google, *site* de buscas na internet criado há onze anos, usa um modelo matemático capaz de entregar resultados de pesquisas de forma muito eficiente. Na rede mundial de computadores, são realizadas, a cada segundo, 30 000 buscas, em média. A tabela a seguir apresenta a distribuição desse total entre os maiores *sites* de busca.

Site	Buscas
Google	21 000
Yahoo	2 700
Microsoft	800
Outros	5 500
Total	30 000

De acordo com esses dados, se duas pessoas fazem simultaneamente uma busca na internet, a probabilidade de que pelo menos uma delas tenha usado o Google é

a) 67%.
b) 75%.
c) 83%.
d) 91%.
e) 99%.

TOTAL DE ACERTOS ____ /26

1. (Enem)

Uma empresa que embala seus produtos em caixas de papelão, na forma de hexaedro regular, deseja que seu logotipo seja impresso nas faces opostas pintadas de cinza, conforme a figura:

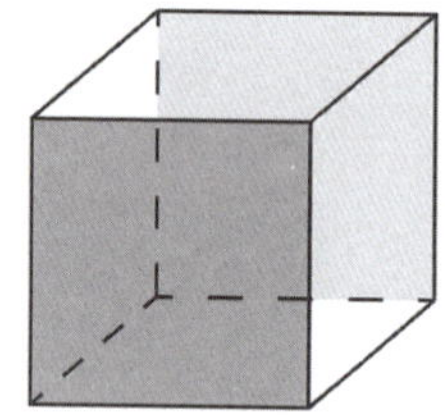

Reprodução/ENEM PPL, 2011

A gráfica que fará as impressões dos logotipos apresentou as seguintes sugestões planificadas:

I.

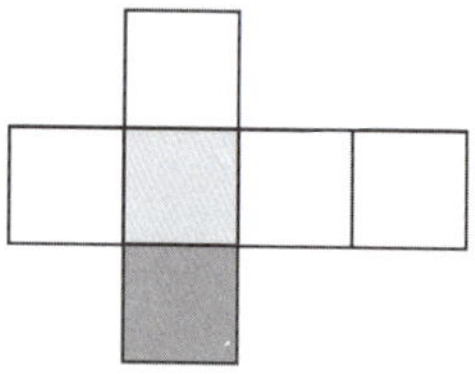

II.

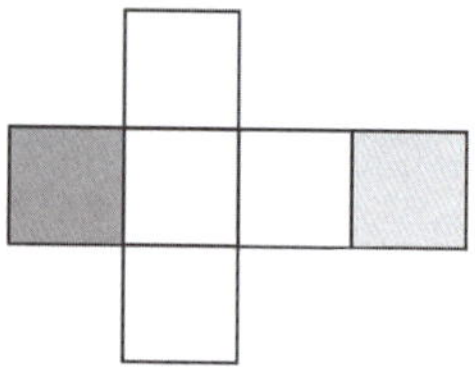

III.

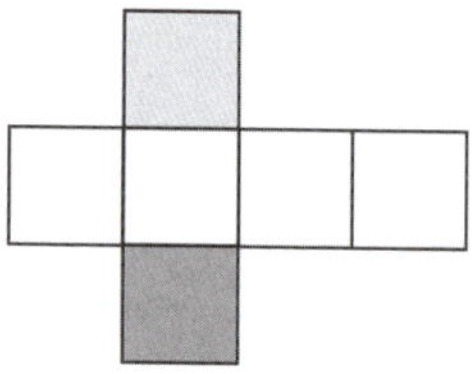

IV.

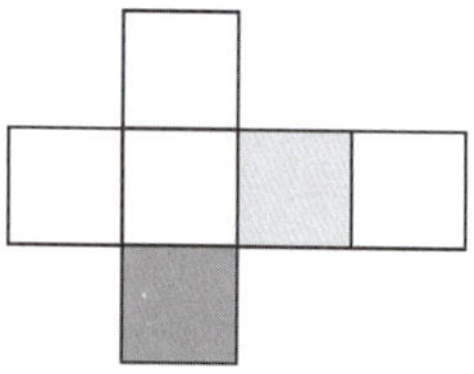

V.

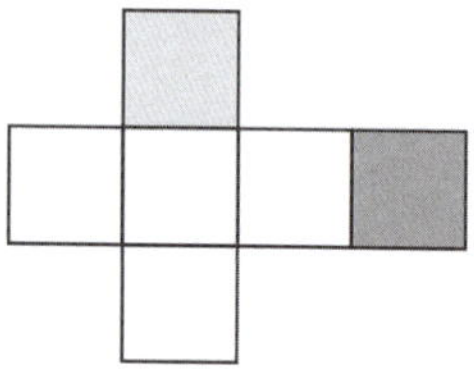

Ilustrações: Reprodução/ENEM PPL, 2011

Que opção sugerida pela gráfica atende ao desejo da empresa?

a) I b) II c) III d) IV e) V

2. (UEM-PR)

Sabendo que **r**, **s** e **t** são três retas no espaço tridimensional com **r** e **s** paralelas distintas, assinale o que for correto.

01) Se a reta **r** é perpendicular a um plano α, então a reta **s** também é perpendicular ao plano α.

02) Se a reta **t** é concorrente com a reta **s**, então **t** também é concorrente com a reta **r**.

04) Se um plano β contém a reta **s**, então o plano β também contém a reta **r**.

08) Se a reta **t** é perpendicular à reta **r**, então **t** é perpendicular ou ortogonal à reta **s**.

16) Se as três retas **r**, **s** e **t** são paralelas distintas, então existe um plano α que contém as três retas.

3. (EBMSP-BA)

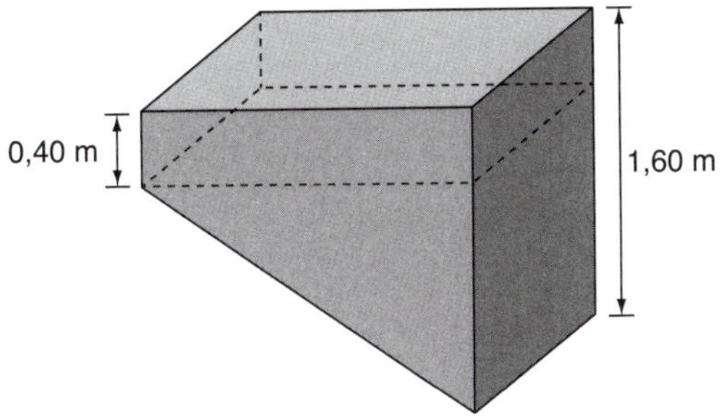

Ilustrações: Reprodução/Arquivo da editora

Figura 1

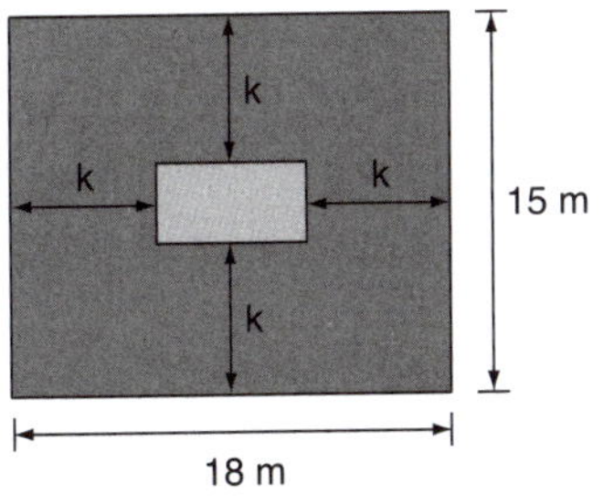

Figura 2

Uma piscina deve ser construída, como representada na figura 1, em um terreno retangular de dimensões 18,0 m por 15,0 m.

Sabendo que a piscina foi projetada tendo cada um dos lados paralelo aos lados do terreno, como indicado na figura 2, calcule o valor de **k** – distância do lado do terreno à borda da piscina – para que a capacidade máxima da piscina seja igual a 18,0 m^3.

4. (UEMG)

Observe as figuras.

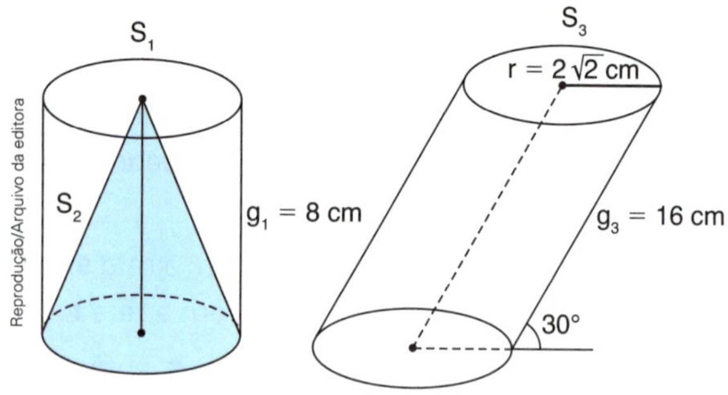

Nas figuras acima, tem-se um cilindro circular equilátero (**S**$_1$), circunscrevendo um cone (**S**$_2$), e um cilindro circular oblíquo (**S**$_3$). A razão determinada pelo volume de **S**$_3$ com a superfície total de **S**$_2$ é

a) $\frac{\sqrt{5}-1}{4}$ cm.

b) $\sqrt{5}-1$ cm.

c) $\frac{\sqrt{5}+16}{4}$ cm.

d) $\sqrt{5}+16$ cm.

5. (IME-RJ)

Seja $A = \begin{bmatrix} 1 & a & -2 \\ a-2 & 1 & 1 \\ 2 & -3 & 1 \end{bmatrix}$ com $a \in \mathbb{R}$. Sabe-se que $\det(A^2 - 2A + I) = 16$. A soma dos valores de **a** que satisfazem essa condição é:

Obs.: det(X) denota o determinante da matriz X.

a) 0

b) 1

c) 2

d) 3

e) 4

6. (IME-RJ)

Classifique o sistema abaixo como determinado, possível indeterminado e impossível, de acordo com os valores reais de **m**.

$$\begin{cases} (m-2)x + 2y - z = m + 1 \\ 2x + my + 2z = m^2 + 2 \\ 2mx + 2(m+1)y + (m+1)z = m^3 + 3 \end{cases}$$

7. (EFOMM-RJ)

Determine uma matriz invertível **P** que satisfaça a equação $P^{-1} \cdot A = \begin{bmatrix} 5 & 0 \\ 0 & -2 \end{bmatrix}$, sendo

$A = \begin{bmatrix} 1 & -2 \\ 3 & 3 \end{bmatrix}$.

a) $P = \begin{bmatrix} \frac{5}{3} & \frac{10}{9} \\ \frac{2}{3} & -\frac{2}{9} \end{bmatrix}$

b) $P = \begin{bmatrix} 2 & 10 \\ 6 & -15 \end{bmatrix}$

c) $P = \frac{1}{10}\begin{bmatrix} 2 & 10 \\ 3 & -3 \end{bmatrix}$

d) $P = \begin{bmatrix} -\frac{2}{9} & -\frac{2}{3} \\ -\frac{10}{9} & \frac{5}{3} \end{bmatrix}$

e) $P = \begin{bmatrix} \frac{1}{5} & 1 \\ \frac{3}{5} & -\frac{3}{2} \end{bmatrix}$

8. (UFU-MG)

Uma loja que comercializa celulares registrou, em uma campanha de lançamento, o número de compradores, femininos e masculinos, de um novo modelo de *smartphone*.

O gráfico a seguir descreve o ocorrido nos quatro dias de pré-venda desse modelo.

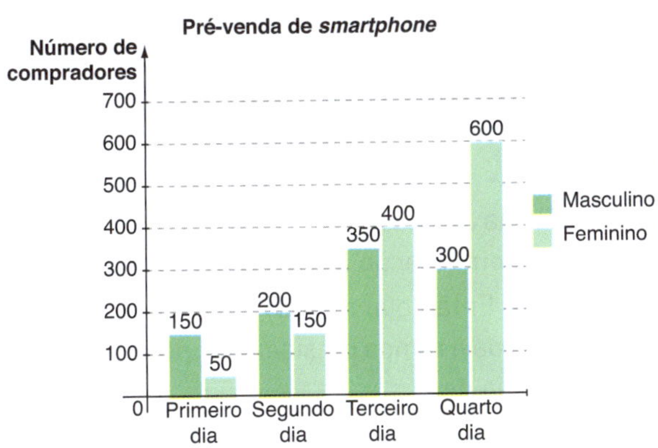

Com o sucesso de vendas, a loja decidiu sortear um acessório para este modelo de *smartphone* entre os compradores femininos e outro acessório entre os compradores masculinos.

Qual é a probabilidade de que um dos sorteados tenha feito sua compra no primeiro dia de pré-venda e outro no último dia de pré-venda?

a) $\frac{17}{120}$

b) $\frac{11}{20}$

c) $\frac{7}{80}$

d) $\frac{1}{40}$

9. (PUC-SP)

Um bloco maciço de madeira na forma de um prisma reto de base retangular medindo 18 cm por 24 cm e com 30 cm de altura, foi totalmente dividido em cubinhos iguais e de maior aresta possível. Supondo que não tenha ocorrido perda alguma no corte do bloco, o volume de um cubinho é

a) 64 cm^3.
b) 125 cm^3.
c) 216 cm^3.
d) 343 cm^3.

10. (Udesc)

No dia primeiro de janeiro de 2011, ocorrerá a cerimônia de posse do(a) novo(a) Presidente(a) da República. Um dos atos solenes desta cerimônia é a subida da rampa do Palácio do Planalto, sede do governo brasileiro que pode ser vista na Figura.

Palácio do Planalto

Suponha que essa rampa possua uma elevação de 15° em relação à sua base e uma altura de $3\sqrt{2}$ m. Então o(a) novo(a) Chefe de Estado, ao subir toda a rampa presidencial, percorrerá uma distância de:

a) $6\sqrt{3} - 1$ m
b) $8\sqrt{3} + 8$ m
c) $6\sqrt{3} - 2$ m
d) $6\sqrt{3} + 6$ m
e) $4\sqrt{3} - 2$ m

11. (IFCE)

Foram construídos dois cubos de madeira. Um deles tem 343 cm^3 de volume e o outro tem aresta medindo 2 cm a mais que o primeiro. A área total do maior cubo, em centímetros quadrados, é

a) 538.
b) 486.
c) 678.
d) 729.
e) 4374.

12. (EsPCEx-SP)

Considere as seguintes afirmações:

I. Se dois planos **α** e **β** são paralelos distintos, então as retas $r_1 \subset \alpha$ e $r_2 \subset \beta$ são sempre paralelas.

II. Se **α** e **β** são planos não paralelos distintos, existem as retas $r_1 \subset \alpha$ e $r_2 \subset \beta$ tal que $\mathbf{r_1}$ e $\mathbf{r_2}$ são paralelas.

III. Se uma reta **r** é perpendicular a um plano **α** no ponto **P**, então qualquer reta de **α** que passa por **P** é perpendicular a **r**.

Dentre as afirmações acima, é (são) verdadeira(s)

a) Somente II
b) I e II
c) I e III
d) II e III
e) I, II e III

13. (ITA-SP)

Uma progressão aritmética $(a_1, a_2, ..., a_n)$ satisfaz a propriedade: para cada $n \in \mathbb{N}$, a soma da progressão é igual a $2n^2 + 5n$. Nessas condições, o determinante da matriz

$$\begin{bmatrix} a_1 & a_2 & a_3 \\ a_4 & a_5 & a_6 \\ a_7 + 2 & a_8 & a_9 \end{bmatrix} \text{ é}$$

a) −96.
b) −85.
c) 63.
d) 99.
e) 115.

14. (Acafe-SC)

As colunas de sustentação de uma determinada ponte são formadas por cilindros retos, sem bases (são cilindros vazados, que posteriormente serão preenchidos com concreto), de 8 metros de diâmetro e com capacidade de 314000 litros. Para a confecção desses cilindros, a indústria usa chapas metálicas retangulares de 3,15 m × 1,56 m. As chapas serão unidas por filetes também metálicos que serão soldados ao longo das dimensões da chapa (despreze as dimensões dos filetes).

Considere as afirmações a seguir, assinalando V para as **verdadeiras** e F para as **falsas**.

(Use $\pi = 3{,}14$)

( ) A altura do cilindro é um número entre 5 metros e 7 metros.

( ) Quando planificado, o cilindro torna-se um retângulo cujo lado maior mede entre 7 metros e 10 metros.

( ) O número de chapas utilizadas na construção de um cilindro pertence ao intervalo [28, 36].

A sequência **correta**, de cima para baixo, é:

a) F - F - V.
b) V - V - F.
c) V - V - V.
d) V - F - V.

15. (IFSP)

A figura abaixo representa a planificação de um poliedro **P**:

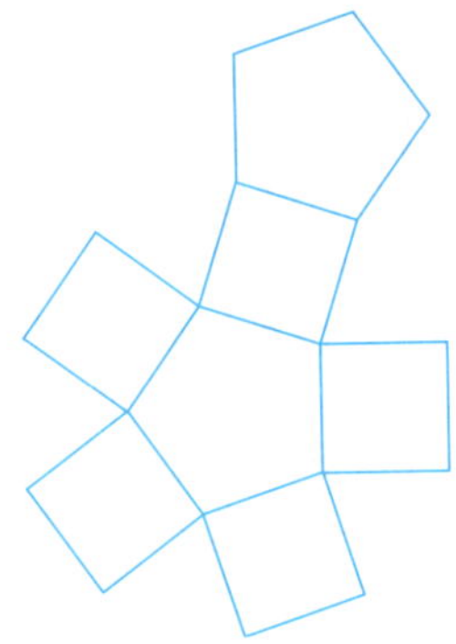

Avalie as afirmações **I**, **II** e **III** sobre o poliedro representado pela planificação:

I. O número de arestas do poliedro **P** corresponde a uma vez e meia o número de vértices.

II. O poliedro **P** tem, pelo menos, duas faces paralelas.

III. O poliedro **P** pode ser classificado como pentágono.

Contém uma afirmação verdadeira:

a) apenas II.

b) apenas I e II.

c) apenas I e III.

d) apenas II e III.

e) I, II e III.

16. (UEG-GO)

Érika resolve passear com a cachorrinha Kika e, antes de sair do apartamento, escolhe colocar uma roupa e uma coleira na cachorrinha. Se Kika tem 7 roupas e 3 coleiras, todas distintas, de quantas maneiras Érika pode escolher uma roupa e uma coleira para passear com a Kika?

a) 10

b) 21

c) 35

d) 42

17. (Epcar-MG)

Se uma pirâmide hexagonal regular está inscrita num cone equilátero cujo volume é igual a $\frac{10\sqrt{3}}{7}\pi\ cm^3$, então o volume dessa pirâmide, em cm^3, é igual a

a) $\frac{45}{7}$

b) $\frac{15\sqrt{3}}{7}$

c) $\frac{30\sqrt{3}}{7}$

d) $\frac{135}{7}$

18. (Acafe-SC)

Uma pirâmide de base triangular regular reta e um cone reto estão inscritos num cilindro reto, cujo raio da base é **r** e altura **h**. A relação entre a altura e o raio do cilindro, para que a diferença entre o volume do cone e da pirâmide seja equivalente a $\left(\frac{4\pi - 3\sqrt{3}}{12}\right)$ unidades, é:

a) $r^2h = 1$.

b) $h = \frac{\pi - \sqrt{3}}{r}$.

c) $rh = \frac{\pi - \sqrt{3}}{12}$.

d) $rh = 1$.

19. (UPE)

Dois atiradores, André e Bruno, disparam simultaneamente sobre um alvo.

- A probabilidade de André acertar no alvo é de 80%.
- A probabilidade de Bruno acertar no alvo é de 60%.

Se os eventos *"André acerta no alvo"* e *"Bruno acerta no alvo"* são independentes, qual é a probabilidade de o alvo não ser atingido?

a) 8%
b) 16%
c) 18%
d) 30%
e) 92%

20. (IME-RJ)

Em um prisma oblíquo ABCDEFA'B'C'D'E'F', cuja base ABCDEF é um hexágono regular de lado **a**, a face lateral EFF'E' está inclinada 45° em relação à base, e a projeção ortogonal da aresta F'E' sobre a base ABCDEF coincide com a aresta BC. O volume do prisma é:

a) $\frac{3\sqrt{3}}{2}a^3$

b) $\frac{9}{4}a^3$

c) $\frac{5\sqrt{3}}{3}a^3$

d) $\frac{9}{2}a^3$

e) $\frac{5}{2}a^3$

21. (UFPB)

A figura a seguir representa uma escultura que se encontra em uma praça de certa cidade.

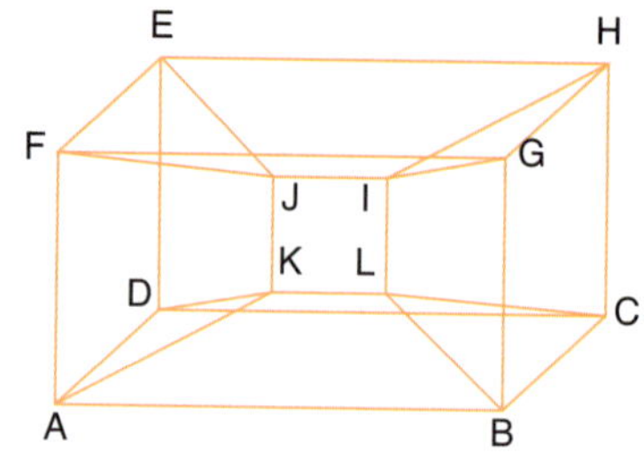

Essa escultura foi feita com tubos de ferro, soldados uns aos outros, de forma que:

- os pontos **A**, **B**, **C**, **D**, **E**, **F**, **G** e **H** são os vértices de um paralelepípedo reto retangular;
- os pontos **I**, **J**, **K** e **L** são os vértices de um quadrado;
- os quatro triângulos, ADK, EFJ, GHI e BCL, são isósceles e congruentes dois a dois;
- os oito trapézios, AFJK, DEJK, CDKL, EHIJ, CHIL, BGIL, ABLK e FGIJ, são congruentes dois a dois.

Com base nessas informações, identifique as afirmativas corretas:

( ) Os lados EJ e HI são coplanares.

( ) Os lados BG e DE são congruentes.

( ) Os lados AD e EF são paralelos.

( ) Os pontos **A**, **B**, **E** e **G** são coplanares.

( ) Os trapézios AFJK e EJKD têm um lado em comum.

22. (ITA-SP)

Considere a matriz

$$\begin{bmatrix} 1 & x & x^2 & x^3 \\ 1 & 2 & 3 & 4 \\ -1 & 3 & 4 & 5 \\ -2 & 2 & 1 & 1 \end{bmatrix}, x \in \mathbb{R}.$$

Se o polinômio p(x) é dado por p(x) = det A, então o produto das raízes de p(x) é

a) $\frac{1}{2}$.

b) $\frac{1}{3}$.

c) $\frac{1}{5}$.

d) $\frac{1}{7}$.

e) $\frac{1}{11}$.

23. (PUC-MG)

Em certa pesquisa, um grupo de adultos e adolescentes foi solicitado a responder à seguinte pergunta: *Você possui um telefone celular com linha ativa*?

Dos adolescentes entrevistados, seis responderam **sim** e treze, **não**. Já dentre os adultos consultados, dezessete responderam **sim** e os demais, **não**. Apurados os resultados, constatou-se que, escolhendo-se ao acaso uma das pessoas entrevistadas nessa pesquisa, a probabilidade de a mesma ser um adulto que não possui celular com linha ativa era de 52%. Com base nessas informações, é CORRETO afirmar que o total de pessoas entrevistadas nessa pesquisa é igual a:

a) 72 b) 75 c) 78 d) 81

24. (UFSM-RS)

A figura a seguir apresenta o delta do rio Jacuí, situado na região metropolitana de Porto Alegre. Nele se encontra o parque estadual Delta do Jacuí, importante parque de preservação ambiental. Sua proximidade com a região metropolitana torna-o suscetível aos impactos ambientais causados pela atividade humana.

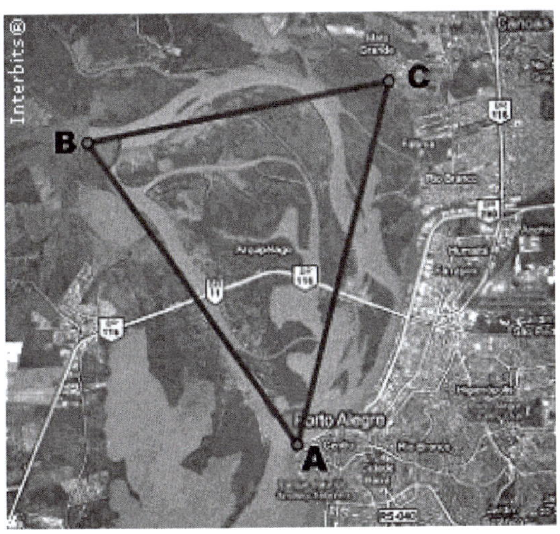

http://maps.google.com.br

A distância do ponto **B** ao ponto **C** é de 8 km, o ângulo $\hat{A}$ mede 45° e o ângulo $\hat{C}$ mede 75°. Uma maneira de estimar quanto do Delta do Jacuí está sob influência do meio urbano é dada pela distância do ponto **A** ao ponto **C**. Essa distância, em km, é

a) $\frac{8\sqrt{6}}{3}$

b) $4\sqrt{6}$

c) $8\sqrt{2}+\sqrt{3}$

d) $8\left(\sqrt{2}+\sqrt{3}\right)$

e) $\frac{2\sqrt{6}}{3}$

25. (Fepar-PR)

O sangue venoso volta ao coração pelas veias cavas e desemboca no átrio direito. Do átrio direito o sangue passa ao ventrículo direito, de onde será bombeado para os pulmões por intermédio das artérias pulmonares.

O coração mantém circulando pelo corpo cerca de 4,5 litros de sangue. Para consegui-lo, o coração bate ao ritmo de 75 vezes por minuto, bombeando 90 mililitros de sangue por batida.

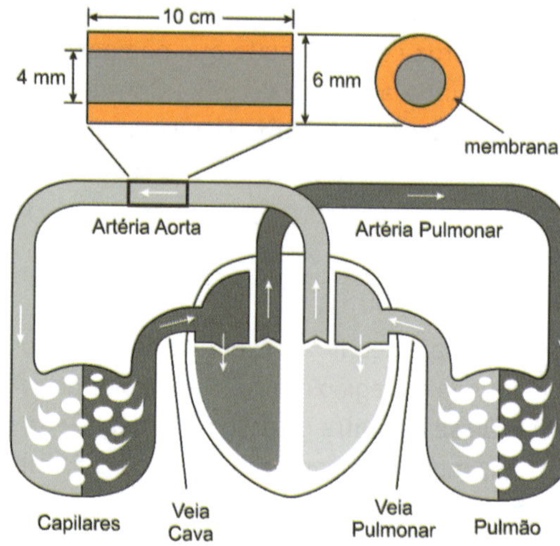

Com base nos dados, julgue as afirmativas.

( ) O sangue demora 40 segundos para percorrer o corpo.

( ) São necessárias 50 batidas para fazer circular todo o sangue uma única vez pelo corpo.

( ) A área da espessura da membrana (em laranja) da secção transversal da aorta é de 27 mm^2.

( ) O volume da membrana (em laranja) de 10 cm da artéria aorta é de 150 mm^3.

( ) O coração bombeia 112,5 mililitros de sangue por segundo.

26. (Unicamp-SP)

Sabendo que **p** e **q** são números reais, considere as matrizes

$$A = \begin{pmatrix} 1 & 0 & 1 \\ 1 & 2 & p \\ 1 & p & 1 \end{pmatrix} \text{ e } B = \begin{pmatrix} p \\ 0 \\ q \end{pmatrix}.$$

a) Prove que para quaisquer **p** e **q** teremos $B^T \cdot A \cdot B \geqslant 0$.

b) Determine os valores de **p** e **q** para os quais o sistema linear nas variáveis reais **x**, **y** e **z**, $A\begin{pmatrix} x \\ y \\ z \end{pmatrix} = B$, tem infinitas soluções.

27. (UFSM-RS)

A tabela a seguir mostra o número de internações hospitalares da população idosa (60 ou mais anos de idade), numa determinada região, de acordo com as causas da internação.

Causas	Nº de internações
Doenças cardíacas	80
Doenças cerebrovasculares	49
Doenças pulmonares	43
Doenças renais	42
Diabetes melito	35
Fraturas de fêmur e ossos dos membros	26
Hipertensão arterial	24
Infecção de pele e tecido subcutâneo	11
Pneumonia bacteriana	77
Úlcera	13

Considere que hipertensão arterial, doenças renais, doenças cardíacas e osteoporose estão associadas ao consumo excessivo de sódio e que as fraturas de fêmur e ossos dos membros são causadas pela osteoporose.

Assim, a probabilidade de um idoso internado, escolhido ao acaso, ter como diagnóstico principal uma doença associada ao consumo excessivo de sódio, de acordo com a tabela, é igual a

a) 0,430
b) 0,370
c) 0,365
d) 0,250
e) 0,230

28. (UFRGS-RS)

Uma caixa com a forma de um paralelepípedo retangular tem as dimensões dadas por **x**, $x + 4$ e $x - 1$.

Se o volume desse paralelepípedo é 12, então as medidas das dimensões da caixa são

a) 1, 1 e 12.
b) 1, 2 e 6.
c) 1, 3 e 4.
d) 2, 2 e 3.
e) 2, 3 e 4.

29. (Ifal)

Resolva o sistema de equações abaixo para **x** e **y** reais e determine o valor do produto xy.

$$\begin{cases} x + y = 14 \\ 4x + 2y = 38 \end{cases}$$

a) 5.

b) 9.

c) 25.

d) 45.

e) 81.

30. (Uesc-BA)

A cobrança do pedágio na BR-116, principal rodovia brasileira, foi iniciada na primeira semana de dezembro de 2010, com postos autorizados pela Agência Nacional de Transportes Terrestres (ANTT).

Suponha que entre as cidades **A** e **B** existem cinco postos de abastecimento, além de dois postos de pedágio — o primeiro com quatro cabines e o segundo, com três. É possível fazer o percurso de **A** até **B**, passando pelos dois pedágios e parando três vezes para abastecimento, de **n** formas distintas (variando as cabines e os postos de abastecimento). O valor de **n** é

a) 12

b) 22

c) 31

d) 120

e) 210

31. (UFRGS-RS)

O gráfico da função **f**, definida por f(x) = cos x, e o gráfico da função **g**, quando representados no mesmo sistema de coordenadas, possuem somente dois pontos em comum.

Assim, das alternativas abaixo, a que pode representar a função **g** é

a) $g(x) = (\text{sen } x)^2 + (\cos x)^2$.

b) $g(x) = x^2$.

c) $g(x) = 2^x$.

d) $g(x) = \log x$.

e) $g(x) = \text{sen } x$.

32. (UEM-PR)

A figura a seguir representa um expositor de salgados que consiste em $\frac{1}{4}$ de um cilindro. Observe na figura que na metade da altura desse expositor existe uma prateleira que o divide em duas partes.

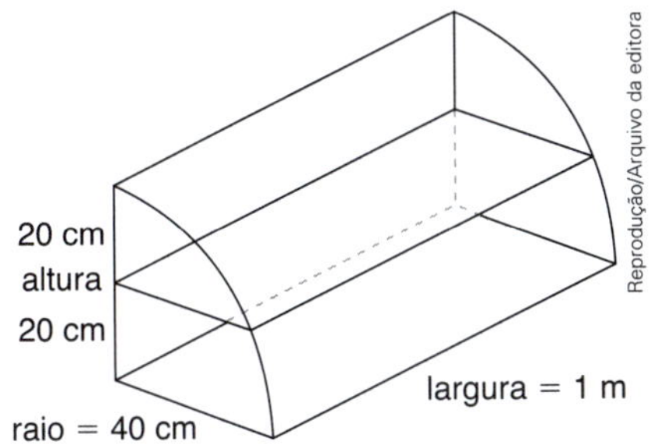

Considerando que a parte frontal do expositor corresponde à lateral do cilindro, assinale o que for **correto**. (Obs.: 1 litro = 1 decímetro cúbico).

01) A área da prateleira do meio é $\frac{\sqrt{3}}{5}$ m^2.

02) O volume da parte inferior do expositor (abaixo da prateleira) é $\frac{20}{3}\left(2\pi + 3\sqrt{3}\right)$ litros.

04) O volume do expositor é de 40π litros.

08) O volume da parte superior do expositor (acima da prateleira) é $\frac{20}{3}\left(2\pi - 3\sqrt{3}\right)$ litros.

16) A área da região frontal do expositor é $\frac{2\pi}{5}$ m^2.

33. (UFU-MG)

A densidade (ou densidade volumétrica) de um material mede a quantidade de matéria (massa) que está presente em uma unidade de volume desse material. Embora todo material seja um objeto espacial, é comum considerarmos sendo de "natureza linear". Por exemplo, um fio de cobre tem natureza linear e consideramos sua densidade linear (razão de sua massa pelo seu comprimento).

O vergalhão CA – 60 são barras de aço muito resistentes, utilizadas na construção civil e comercializadas em barras padrão de 12 metros. Admitindo que essas barras sejam cilíndricas, seus diâmetros (bitolas) variam de 4,2 a 9,5 mm.

De acordo com as especificações da norma NBR 7480, a barra da bitola de 6,0 mm tem densidade linear de 0,222 kg/m (quilograma por metro).

Com base nas informações apresentadas, a densidade, em kg/m^3, de uma barra de bitola 6 mm é igual a

a) $\frac{222}{36\pi}$ b) $\frac{222}{9\pi}$ c) $\frac{222000}{9\pi}$ d) $\frac{222000}{36\pi}$

34. (UPF-RS)

Alice não se recorda da senha que definiu no computador. Sabe apenas que é constituída por quatro letras seguidas, com pelo menos uma consoante.

Reprodução/Arquivo da editora

Se considerarmos o alfabeto como constituído por 23 letras, bem como que não há diferença para o uso de maiúsculas e minúsculas, quantos códigos dessa forma é possível compor?

a) 23^4
b) $23^3 \cdot 18$
c) $23^3 \cdot 72$
d) $23^4 - 5^4$
e) $18^4 + 5^4$

35. (Cefet-MG)

Uma caixa, em forma de paralelepípedo reto retângulo, cujas dimensões são 800 mm de comprimento, 50 cm de largura e 6 dm de altura tem volume igual a

a) 0,24 mm^3
b) 0,24 cm^3
c) 0,24 dm^3
d) 0,24 m^3

36. (IFBA)

Na Pizzaria "Massa Dez", verificou-se que o valor financeiro que os amigos Kiko, Bené e Zazá tinham, em reais, dependia de resolver o seguinte problema:

– a média aritmética dos valores financeiros dos amigos citados era R$ 30,00;

– a média aritmética dos valores financeiros de Bené e Zazá era R$ 20,00;

– Kiko tinha R$ 30,00 a mais que Bené.

A partir dessas informações, podemos afirmar que

a) Kiko tem R$ 40,00 a mais que Zazá.
b) Bené tem R$ 10,00 a mais que Zazá.
c) Zazá tem o mesmo valor financeiro que Kiko.
d) O valor financeiro de Kiko corresponde à soma dos valores financeiros de Bené e Zazá.
e) Zazá tem o mesmo valor financeiro que Bené.

37. (UPF-RS)

Na folha de papel A4 que está representada na figura a seguir, o ponto **O** se localiza no encontro das diagonais e o ponto **A** é o ponto médio da largura da folha. Para cada ponto **X** pertencente aos lados do retângulo, está associado o ângulo AÔX com medida θ em radianos, no sentido anti-horário.

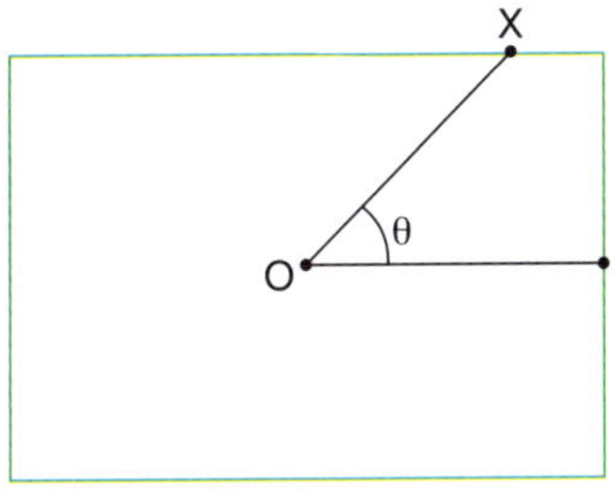

Reprodução/Arquivo da editora

O gráfico que melhor representa a medida OX em função de θ é:

a)

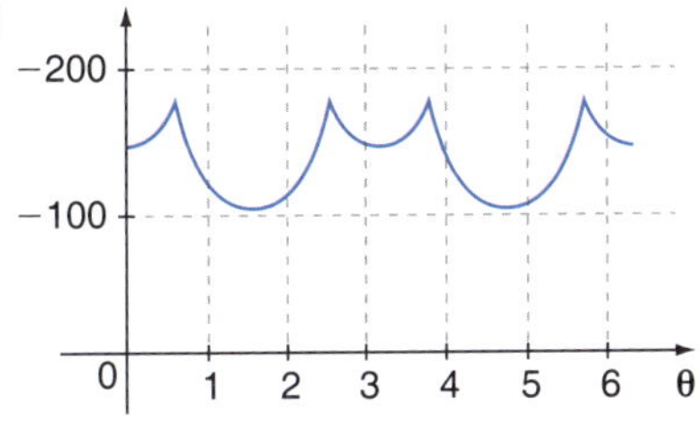

b)

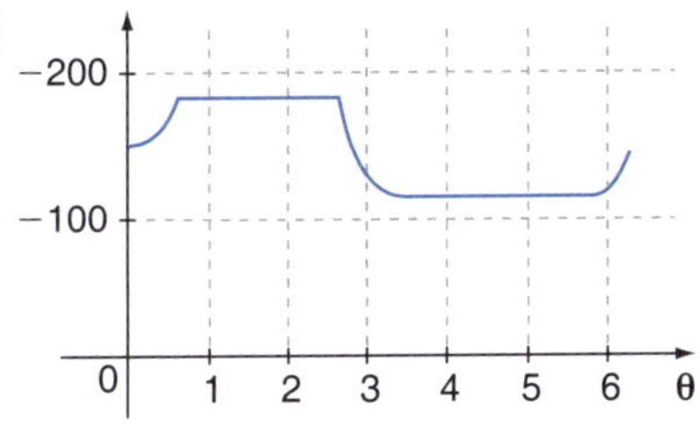

c)

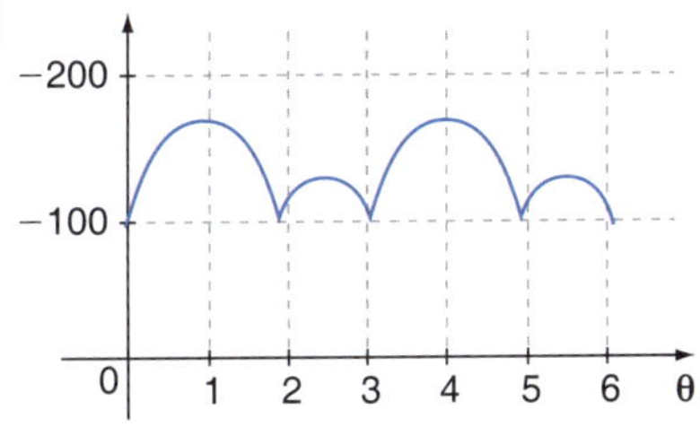

d)

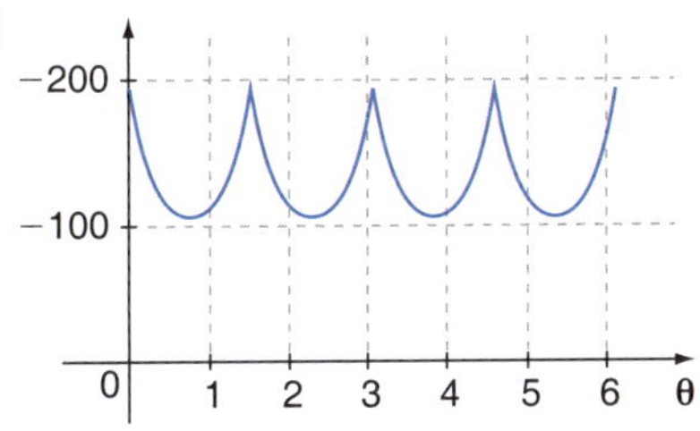

e)

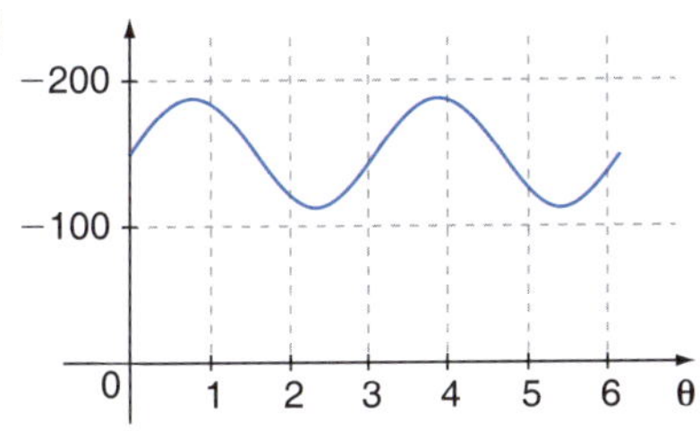

Ilustrações: Reprodução/Arquivo da editora

38. (UPE)

Selecionamos ao acaso duas arestas do prisma triangular regular representado abaixo. Qual é a probabilidade de elas não serem paralelas?

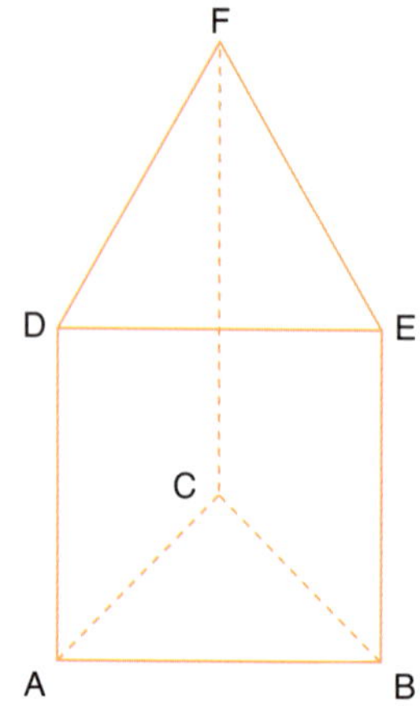

a) $\frac{1}{6}$

b) $\frac{1}{3}$

c) $\frac{1}{2}$

d) $\frac{2}{3}$

e) $\frac{5}{6}$

39. (UFU-MG)

A senha de acesso ao cofre de um carro-forte é formada por **d** algarismos, em que esses algarismos pertencem ao conjunto de inteiros {0, 1, 2, ..., 9}. Um dos guardas observa o colega digitar o último algarismo da senha, concluindo que esta corresponde a um número ímpar. Assuma que esse guarda demore 1,8 segundo para realizar cada tentativa de validação da senha, sem realizar repetições, de maneira que, assim procedendo, no máximo em duas horas e meia terá sucesso na obtenção da senha.

Segundo as condições apresentadas, conclui-se que o valor de **d** é um número

a) quadrado perfeito.

b) primo.

c) divisível por 3.

d) múltiplo de 5.

40. (UEPG-PR)

Três cubos idênticos foram colados entre si formando um paralelepípedo, cuja área total vale 350 cm². Nesse contexto, assinale o que for correto.

01) O volume do paralelepípedo é 474 cm³.

02) A área total de cada cubo é 150 cm².

04) O volume de cada cubo é 125 cm³.

08) A soma de todas as arestas do paralelepípedo é 80 cm.

41. (UEMG)

O jogo da Mega Sena consiste no sorteio de 6 números distintos de 1 a 60. Um apostador, depois de vários anos de análise, deduziu que, no próximo sorteio, os 6 números sorteados estariam entre os 10 números que tinha escolhido.

Sendo assim, com a intenção de garantir seu prêmio na Sena, ele resolveu fazer todos os possíveis jogos com 6 números entre os 10 números escolhidos.

Quantos reais ele gastará para fazê-los, sabendo que cada jogo com 6 números custa R$ 2,00?

a) R$ 540,00.
b) R$ 302.400,00.
c) R$ 420,00.
d) R$ 5.040,00.

42. (UFRGS-RS)

Um jogo consiste em responder corretamente as perguntas sorteadas, ao girar um ponteiro sobre uma roleta numerada de 1 a 10, no sentido horário. O número no qual o ponteiro parar corresponde à pergunta a ser respondida. A cada número corresponde somente uma pergunta, e cada pergunta só pode ser sorteada uma vez. Caso o ponteiro pare sobre um número que já foi sorteado, o participante deve responder a próxima pergunta não sorteada, no sentido horário.

Em um jogo, já foram sorteadas as perguntas 1, 2, 3, 5, 6, 7 e 10. Assim, a probabilidade de que a pergunta 4 seja a próxima a ser respondida é de

a) $\frac{1}{4}$.
b) $\frac{1}{3}$.
c) $\frac{1}{2}$.
d) $\frac{2}{3}$.
e) $\frac{3}{4}$.

43. (IFMG)

Numa família com 7 filhos, sou o caçula e 14 anos mais novo que o primogênito de minha mãe. Dentre os filhos, o quarto tem a terça parte da idade do irmão mais velho, acrescidos de 7 anos. Se a soma de nossas três idades é 42, então minha idade é um número

a) divisível por 5.
b) divisível por 3.
c) primo.
d) par.

44. (UCS-RS)

Uma ampulheta tem a forma de dois cones circulares retos idênticos (mesmo raio e mesma altura) no interior de um cilindro circular reto, conforme mostra a figura.

O volume da parte do cilindro sem os dois cones é igual __________ soma dos volumes desses cones. Assinale a alternativa que preenche corretamente a lacuna acima.

a) à
b) ao dobro da
c) à metade da
d) a um terço da
e) a dois terços da

45. (Ifsul-RS)

Corrente alternada é a corrente elétrica na qual a intensidade e a direção são grandezas que variam ciclicamente. Em um circuito de potência de corrente alternada, a forma da onda mais utilizada é a onda senoidal, no entanto, ela pode se apresentar de outras formas como, por exemplo, a onda triangular e a onda quadrada.

Disponível em: http://www.brasilescola.com/fisica/corrente-alternada.htm. Acesso: 14 abr. 2015. (Adaptado)

A função $f(t) = 30\,\text{sen}\left(\dfrac{2\pi t - \pi}{5}\right)$ expressa a corrente alternada de um circuito em função do tempo, dado em segundos.

Qual é o período dessa função?

a) 3 s
b) 4 s
c) 5 s
d) 6 s

46. (PUC-RS)

O número de anagramas da palavra BRASIL em que as vogais ficam lado a lado, e as consoantes também, é

a) 24
b) 48
c) 96
d) 240
e) 720

47. (UFU-MG)

Um modelo de piscina é formado por três partes, determinando três níveis d'água, conforme mostra o esquema a seguir.

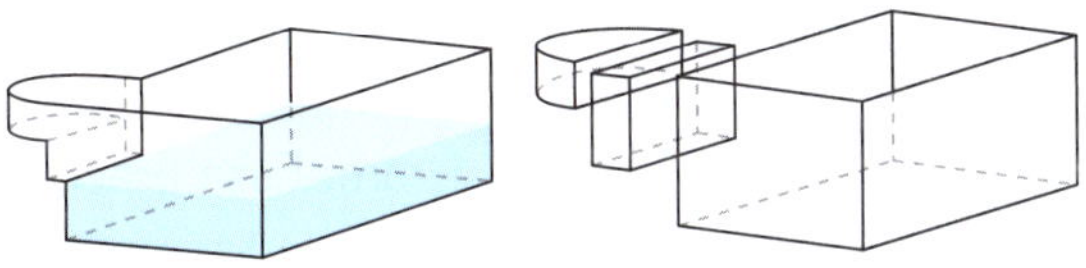

Reprodução/Arquivo da editora

A primeira tem a forma da metade de um cilindro circular de raio 1 m e altura 0,3 m; a segunda tem a forma de um paralelepípedo de 0,3 m de comprimento, 2 m de largura e 0,8 m de altura, e a terceira também tem a forma de um paralelepípedo, com 3 m de comprimento, 4 m de largura e 2 m de altura.

Suponha que a água dessa piscina esteja no nível da base do primeiro paralelepípedo (aquele de 0,8 m de altura). Quantos metros cúbicos de água são necessários para encher de água essa piscina?

a) $0,15\,\pi + 14,88$
b) $0,15\,\pi + 10,08$
c) $0,30\,\pi + 10,08$
d) $0,30\,\pi + 14,88$

48. (UEM-PR)

Um aluno pretende fazer dois cones de papel utilizando, para fazer a lateral do primeiro cone, um setor circular de ângulo $\frac{\pi}{4}$ rad e 8 cm de raio e, para o segundo, um setor circular também de ângulo $\frac{\pi}{4}$ rad e 4 cm de raio.

Assinale o que for **correto**.

01) A área do círculo que forma a base do primeiro cone será o dobro da área do círculo que forma a base do segundo cone.

02) A razão entre os comprimentos do raio da base e da geratriz, em ambos os cones, será a mesma.

04) A área do setor circular usado para fazer o primeiro cone será o quádruplo da área do setor circular usado para fazer o segundo cone.

08) O volume do primeiro cone será o dobro do volume do segundo cone.

16) A altura do primeiro cone será de 7 cm.

49. (Unesp-SP)

Quando os meteorologistas dizem que a precipitação da chuva foi de 1 mm, significa que houve uma precipitação suficiente para que a coluna de água contida em um recipiente que não se afunila como, por exemplo, um paralelepípedo reto-retângulo subisse 1 mm. Essa precipitação, se ocorrida sobre uma área de 1 m^2, corresponde a 1 litro de água.

O esquema representa o sistema de captação de água da chuva que cai perpendicularmente à superfície retangular plana e horizontal da laje de uma casa, com medidas 8 m por 10 m. Nesse sistema, o tanque usado para armazenar apenas a água captada da laje tem a forma de paralelepípedo reto-retângulo, com medidas internas indicadas na figura.

fora de escala

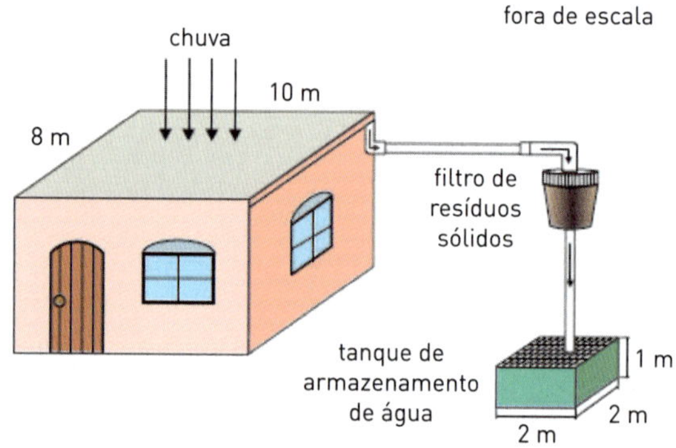

Reprodução/Unesp, 2015.

Estando o tanque de armazenamento inicialmente vazio, uma precipitação de 10 mm no local onde se encontra a laje da casa preencherá

a) 40% da capacidade total do tanque.

b) 60% da capacidade total do tanque.

c) 20% da capacidade total do tanque.

d) 10% da capacidade total do tanque.

e) 80% da capacidade total do tanque.

50. (Ifal)

Em uma certa turma de 49 alunos, o número de homens corresponde a $\frac{3}{4}$ do número de mulheres. Quantos homens tem essa turma?

a) 14

b) 21

c) 28

d) 35

e) 42

51. (Imed-RS)

O total de anagramas da palavra LÓGICA é exatamente igual à medida, em graus, da soma dos ângulos internos de um polígono regular. Considerando que a soma dos ângulos internos de um polígono é dada pela expressão $S = (n - 2) \cdot 180°$, onde **n** corresponde ao número de lados, pode-se afirmar que esse polígono é um:

a) Triângulo.
b) Quadrado.
c) Pentágono.
d) Hexágono.
e) Heptágono.

52. (Ifal)

Em um determinado momento, um estacionamento possui 50 veículos, entre carros, motos e triciclos. Um garoto curioso sai contando o total de rodas em contato com o chão no estacionamento e encontra o valor 165 percebendo também que a quantidade de rodas dos carros era o quádruplo do número de rodas das motos.

Considerando as informações como corretas, podemos dizer que o estacionamento possui

a) 30 motos.
b) 15 carros.
c) 15 triciclos.
d) o número de carros igual ao dobro de triciclos.
e) o número de motos igual ao triplo de triciclos.

53. (UFPA)

Uma comissão é formada por 4 participantes de cada um dos municípios, Abaetetuba, Igarapé-Miri, Cametá, Barcarena e Moju, totalizando 20 pessoas. Escolhendo-se aleatoriamente 5 pessoas deste grupo, a probabilidade de que exista um representante de cada município é:

a) $\dfrac{64}{969}$

b) $\dfrac{8}{14535}$

c) $\dfrac{1}{2075}$

d) $\dfrac{5}{15504}$

e) $\dfrac{1}{15504}$

54. (UEM-PR)

Assinale o que for correto.

01) O tronco de uma pirâmide de base quadrada, cuja altura é igual à aresta da base, é um poliedro regular.

02) Considere dois prismas de bases hexagonais congruentes. Suponha que eles tenham a mesma altura, porém um tem arestas laterais perpendiculares à base e o outro tem arestas que formam um ângulo de 15 graus com a base. Então o prisma inclinado tem volume maior que o prisma reto.

04) Considere um cone reto e um tetraedro regular cujas áreas da base são iguais. Se a aresta do tetraedro tiver o mesmo comprimento que a geratriz do cone e o raio da base do cone for menor que $\frac{1}{4}$, então a área da superfície total do cone é maior que a área da superfície do tetraedro.

08) A secção meridiana de um cone circular reto é um triângulo isósceles.

16) Todo poliedro é convexo.

55. (Unifor-CE)

Uma rampa retangular medindo 10 m² faz um ângulo de 25° em relação ao piso horizontal. Exatamente embaixo dessa rampa, foi delimitada uma área retangular **A** para um jardim, conforme figura.

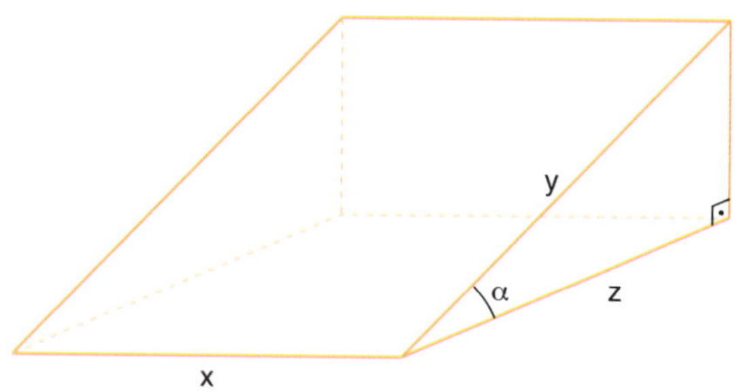

Considerando que cos 25° ≅ 0,9, a área **A** tem aproximadamente:

a) 3 m²

b) 4 m²

c) 6 m²

d) 8 m²

e) 9 m²

56. (Enem)

Suponha que, na escultura do artista Emanoel Araújo, mostrada na figura a seguir, todos os prismas numerados em algarismos romanos são retos, com bases triangulares, e que as faces laterais do poliedro II são perpendiculares à sua própria face superior, que, por sua vez, é um triângulo congruente ao triângulo base dos prismas. Além disso, considere que os prismas I e III são perpendiculares ao prisma IV e ao poliedro II.

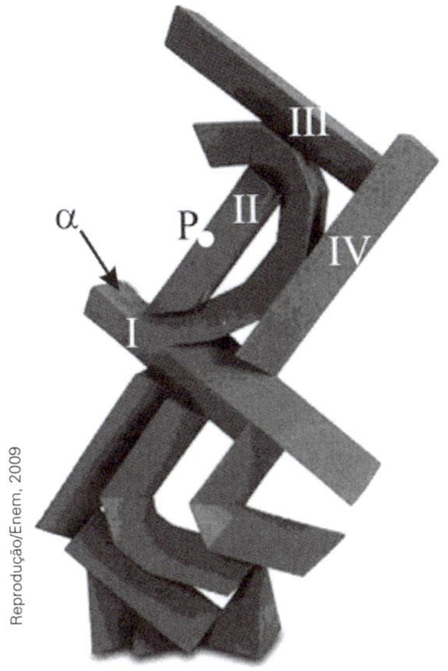

Disponível em: www.escritosriodearte.com.br. Acesso em: 28 jul. 2009.

Imagine um plano paralelo à face **α** do prisma I, mas que passe pelo ponto **P** pertencente à aresta do poliedro II, indicado na figura. A interseção desse plano imaginário com a escultura contém

a) dois triângulos congruentes com lados correspondentes paralelos.
b) dois retângulos congruentes e com lados correspondentes paralelos.
c) dois trapézios congruentes com lados correspondentes perpendiculares.
d) dois paralelogramos congruentes com lados correspondentes paralelos.
e) dois quadriláteros congruentes com lados correspondentes perpendiculares.

57. (Uece)

O volume do sólido gerado pela rotação, em torno do eixo dos **X**, da região do plano limitada pelo triângulo com vértices nos pontos (6, 0), (8, 0) e (8, 9) é igual a

u.v. ≡ unidade de volume

a) 81 π u.v.
b) 72 π u.v.
c) 64 π u.v.
d) 54 π u.v.

58. (ITA-SP)

Se o sistema

$$\begin{cases} x + y + z = 0 \\ 2a^2y + (2a^4 - a)z = 0 \\ x + ay + (a^3 - 1)z = 0 \end{cases}$$

admite infinitas soluções, então os possíveis valores do parâmetro **a** são

a) $0, -1, \frac{-1-\sqrt{3}}{2}, \frac{-1+\sqrt{3}}{2}$.

b) $0, -1, \frac{1-\sqrt{3}}{2}, \frac{1+\sqrt{3}}{2}$.

c) $0, -1, \frac{-1+\sqrt{3}}{2}, \frac{1+\sqrt{3}}{2}$.

d) $0, -1, -1-\sqrt{3}, -1+\sqrt{3}$.

e) $0, -1, 1-\sqrt{3}, 1+\sqrt{3}$.

59. (Uern)

Numa lanchonete são vendidos sucos de 8 sabores diferentes, sendo que 3 são de frutas cítricas e os demais, de frutas silvestres. De quantas maneiras pode-se escolher 3 sucos de sabores diferentes, sendo que pelo menos 2 deles sejam de frutas silvestres?

a) 40 b) 55 c) 72 d) 85

60. (Enem)

A cobertura de uma tenda de lona tem formato de uma pirâmide de base quadrada e é formada usando quatro triângulos isósceles de base **y**. A sustentação da cobertura é feita por uma haste de medida **x**. Para saber quanto de lona deve ser comprado, deve-se calcular a área da superfície da cobertura da tenda.

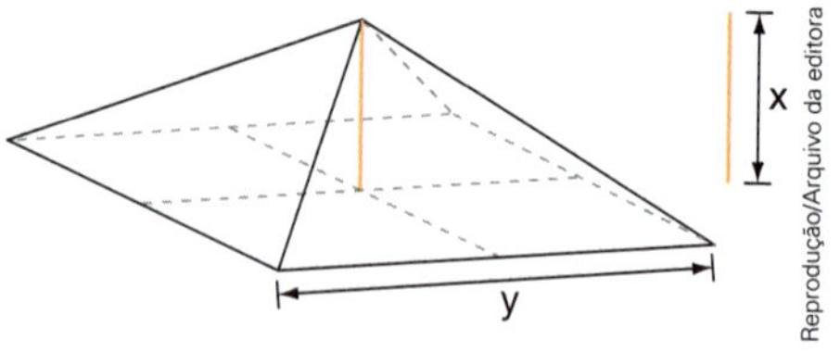

A área da superfície da cobertura da tenda, em função de **y** e **x**, é dada pela expressão

a) $2y\sqrt{x^2 + \frac{y^2}{4}}$

b) $2y\sqrt{x^2 + \frac{y^2}{2}}$

c) $4y\sqrt{x^2 + y^2}$

d) $4\sqrt{x^2 + \frac{y^2}{4}}$

e) $4\sqrt{x^2 + \frac{y^2}{2}}$

61. (PUC-RS)

Um cone está inscrito em um paralelepípedo, como na figura. A altura do paralelepípedo é o dobro do lado da base quadrada, de área 400 cm². Então, a razão entre o volume do cone e o do paralelepípedo é

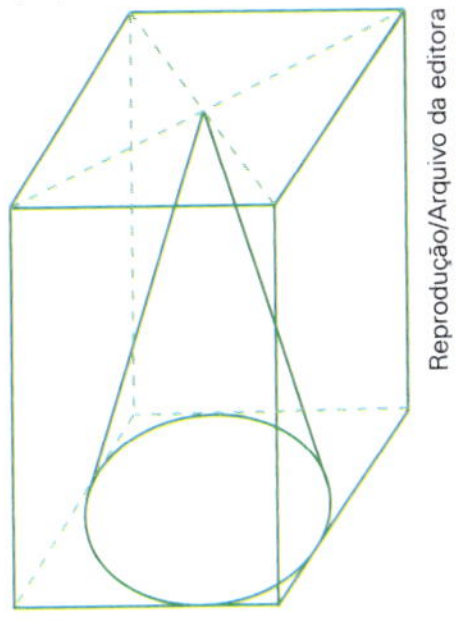

a) 16 000

b) $\frac{4000}{3\pi}$

c) $\frac{12}{\pi}$

d) $\frac{\pi}{12}$

e) $\frac{\pi}{36}$

62. (UPE)

A figura a seguir representa o campo de jogo da Arena Pernambuco. O ponto **A** situa-se exatamente no meio do campo, e o ponto **B**, exatamente no meio da linha do gol.

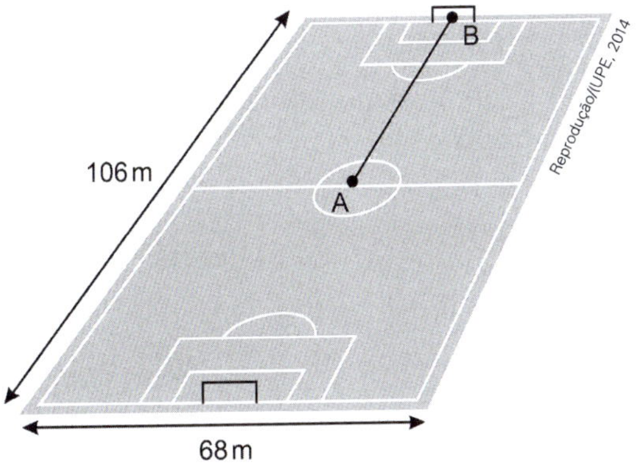

Nivelada a partir de medições a *laser*, a fundação tem inclinações muito suaves que evitam o acúmulo de água nas zonas centrais, conforme o esquema a seguir:

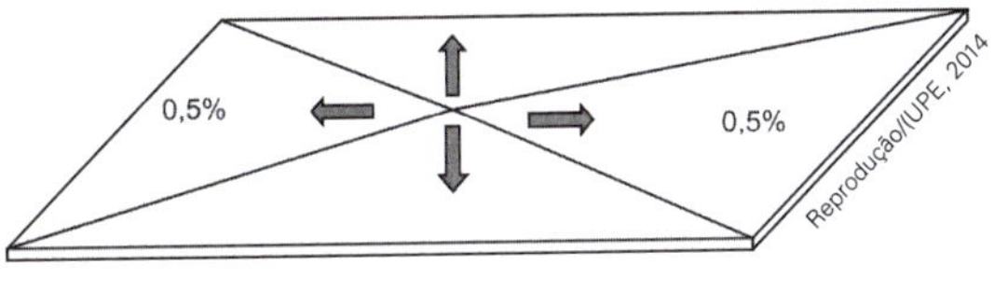

Considerando essas inclinações do campo, qual a diferença de altura entre os pontos **A** e **B**, representados no desenho do campo?

a) 15,90 cm

b) 26,50 cm

c) 29,00 cm

d) 34,00 cm

e) 53,00 cm

63. (IFMG)

Uma senhora resolveu vender bombons e trufas na porta de uma escola para complementar a renda familiar. No primeiro dia, ela faturou R$ 107,50 com a venda de 25 bombons e 15 trufas. No dia seguinte, seu faturamento foi igual a R$ 185,00 e foram vendidos 20 bombons e 45 trufas. Um aluno que comprou, dessa senhora, 4 bombons e 3 trufas, pagou a quantia de

a) R$ 19,00
b) R$ 19,50
c) R$ 22,50
d) R$ 23,00

64. (UEL-PR)

Sobre os conhecimentos de geometria tridimensional, considere as afirmativas:

I. Se duas retas distintas não são paralelas, então elas são concorrentes.

II. Três pontos distintos entre si determinam um único plano.

III. Duas retas paralelas distintas determinam um plano.

IV. Se duas retas **r** e **s** são reversas, então existe um único plano α que contém **r** e é paralelo a **s**.

A alternativa que contém todas as afirmativas corretas é:

a) I e II
b) I e IV
c) III e IV
d) I, II e III
e) II, III e IV

65. (Escola Naval Brasileira-RJ)

Um exame de laboratório tem eficiência de 90% para detectar uma doença quando essa doença existe de fato. Entretanto, o teste aponta um resultado "falso positivo" (o resultado indica doença, mas ela não existe) para 1% das pessoas sadias testadas. Se 1,5% da população tem a doença, qual a probabilidade de uma pessoa ter a doença dado que seu exame foi positivo?

a) $\frac{95}{294}$
b) $\frac{160}{433}$
c) $\frac{270}{467}$
d) $\frac{75}{204}$
e) $\frac{73}{255}$

66. (Enem)

Uma empresa especializada em conservação de piscinas utiliza um produto para tratamento da água cujas especificações técnicas sugerem que seja adicionado 1,5 mL desse produto para cada 1 000 L de água da piscina. Essa empresa foi contratada para cuidar de uma piscina de base retangular, de profundidade constante igual a 1,7 m, com largura e comprimento iguais a 3 m e 5 m, respectivamente. O nível da lâmina d'água dessa piscina é mantido a 50 cm da borda da piscina.

A quantidade desse produto, em mililitro, que deve ser adicionada a essa piscina de modo a atender às suas especificações técnicas é

a) 11,25.
b) 27,00.
c) 28,80.
d) 32,25.
e) 49,50.

67. (Uema)

A bola de futebol evoluiu ao longo do tempo e, atualmente, é um icosaedro truncado, formado por 32 peças, denominadas de gomos e, geometricamente, de faces. Nessa bola, 12 faces são pentágonos regulares, e as outras, hexágonos, também regulares. Os lados dos pentágonos e dos hexágonos são iguais e costurados. Ao unirem-se os dois lados costurados das faces, formam-se as arestas. O encontro das arestas forma os vértices. Quando cheio, o poliedro é similar a uma esfera.

Reprodução/Uema, 2014

O número de arestas e o número de vértices existentes nessa bola de futebol são, respectivamente,

Pode ser utilizado o teorema de Descartes-Euler, $A + 2 = V + F$

a) 80 e 60
b) 80 e 50
c) 70 e 40
d) 90 e 60
e) 90 e 50

68. (PUC-SP)

Em um pote de vidro não transparente, foram colocados mini sabonetes, todos de mesmo tamanho, sendo 16 deles na cor amarela, 6 na cor verde e 4 na cor azul. Retirando-se aleatoriamente 3 desses mini sabonetes, um após o outro, sem reposição, a probabilidade de saírem pelo menos 2 deles na cor amarela, sabendo que o primeiro mini sabonete retirado era na cor amarela, é

a) $\frac{11}{20}$

b) $\frac{13}{20}$

c) $\frac{15}{20}$

d) $\frac{17}{20}$

69. (FGV-RJ)

Um fazendeiro compra semanalmente um saco de farelo de milho, um saco de farelo de soja e um saco de farelo de cevada, mas compra também um saco extra de um desses três produtos. Quando o saco extra é o de milho, o peso total dos quatro sacos é de 110 kg, quando o saco extra é o de soja, o peso total dos quatro sacos é de 106 kg e quando o saco extra é o de cevada, o peso total dos quatro sacos é de 104 kg. Os pesos dos sacos de cada produto são sempre iguais.

Determine o peso de um saco de cada produto.

70. (UEPG-PR)

Os valores de **x**, **y** e **z** formam, nesta ordem, uma progressão aritmética de razão **r**.

Se esses valores são a solução única do sistema

$$\begin{cases} 3x - 5y + z = 3 \\ x - 6y - 3z = 0 \\ 2x + z = k \end{cases}$$

assinale o que for correto.

01) $r < 0$.

02) **k** é um número par.

04) $x \cdot y \cdot z < 0$

08) $x + y + z = 5$.

16) $2x = y + z$

71. (Uerj)

Dois cubos cujas arestas medem 2 cm são colados de modo a formar o paralelepípedo ABCDA'B'C'D'. Esse paralelepípedo é seccionado pelos planos ADEF e BCEF, que passam pelos pontos médios F e E das arestas A'B' e C'D', respectivamente.

A parte desse paralelepípedo compreendida entre esses planos define o sólido ABCDEF, conforme indica a figura a seguir.

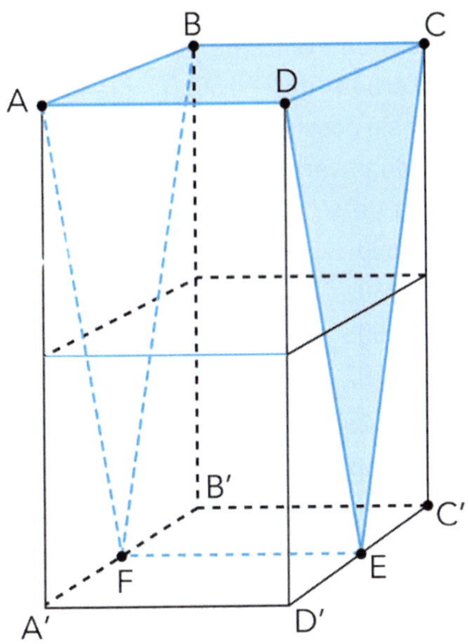

O volume do sólido ABCDEF, em cm^3, é igual a:

a) 4

b) 6

c) 8

d) 12

72. (Ifal)

Girando, em uma volta completa, um triângulo retângulo de catetos 3 cm e 4 cm, em torno de seu cateto maior, teremos o sólido abaixo com suas características:

a) pirâmide com área lateral 30 cm^2 e volume 10 cm^3.

b) cone com área lateral 15π cm^2 e volume 12π cm^3.

c) cone com área da base 16π cm^2 e volume 12π cm^3.

d) pirâmide com área da base e área lateral iguais a 12π cm^3.

e) cone com área da base e área lateral iguais a 15π cm^3.

73. (IME-RJ)

Seja **M** uma matriz real 2×2. Defina uma função **f** na qual cada elemento da matriz se desloca para a posição seguinte no sentido horário, ou seja, se $M = \begin{pmatrix} a & b \\ c & d \end{pmatrix}$, implica que $f(M) = \begin{pmatrix} c & a \\ d & b \end{pmatrix}$.

Encontre todas as matrizes simétricas 2×2 reais na qual $M^2 = f(M)$.

74. (Uece)

Uma urna contém 50 cartelas das quais 20 são azuis, numeradas de 1 a 20, e 30 são vermelhas, numeradas de 21 a 50. De quantas formas diferentes é possível retirar três cartelas (por exemplo, duas vermelhas e uma azul, três azuis,...) dessa urna?

a) 19 600.

b) 16 060.

c) 19 900.

d) 16 090.

75. (Unicamp-SP)

Um paralelepípedo retângulo tem faces de áreas $2\ cm^2$, $3\ cm^2$ e $4\ cm^2$. O volume desse paralelepípedo é igual a:

a) $2\sqrt{3}\ cm^3$.

b) $2\sqrt{6}\ cm^3$.

c) $24\ cm^3$.

d) $12\ cm^3$.

76. (UEG-GO)

Na competição de *skate* a rampa em forma de U tem o nome de *vert*, onde os atletas fazem diversas manobras radicais. Cada uma dessas manobras recebe um nome distinto de acordo com o total de giros realizados pelo skatista e pelo *skate*, uma delas é a "180 *allie frontside*", que consiste num giro de meia volta. Sabendo-se que 540° e 900° são côngruos a 180°, um atleta que faz as manobras 540 *Mc Tuist* e 900 realizou giros completos de

a) 1,5 e 2,5 voltas respectivamente.

b) 0,5 e 2,5 voltas respectivamente.

c) 1,5 e 3,0 voltas respectivamente.

d) 3,0 e 5,0 voltas respectivamente.

e) 1,5 e 4,0 voltas respectivamente.

77. (FGV-RJ)

Considere quatro números inteiros positivos. A cada um desses quatro números soma-se a média aritmética dos outros três, obtendo-se como resultados os números 48, 42, 32 e 34.

Um dos números originais é:

a) 34
b) 31
c) 30
d) 33
e) 32

78. (Udesc)

Se **m** é a soma de todas as raízes da equação $tg(x) - 2sen(2x) = 0$, com $x \in [0, 2\pi]$, então $\cos\left(\frac{m^2}{\pi}\right) - \cos^2(m)$ é igual a:

a) 1
b) 2
c) 0
d) -2
e) -1

79. (UPF-RS)

Um jogo consiste em um prisma triangular reto com uma lâmpada em cada vértice e um quadro de interruptores para acender essas lâmpadas. Sabendo que quaisquer três lâmpadas podem ser acesas por um único interruptor e que cada interruptor acende precisamente três lâmpadas, o número de interruptores que existem no quadro é

a) 4
b) 20
c) 24
d) 120
e) 720

80. (Unigranrio)

Um prisma reto tem como base um hexágono regular, que pode ser inscrito em uma circunferência de raio 2 m. Se a altura desse prisma é igual ao dobro do lado do hexágono regular que forma a sua base, então, pode-se afirmar que seu volume em m^3, é igual a:

a) $4\sqrt{3}$
b) $6\sqrt{3}$
c) $30\sqrt{3}$
d) $24\sqrt{3}$
e) $48\sqrt{3}$

81. (EFOMM-RJ)

Seja uma esfera de raio **R** e um cubo de aresta **A**, ambos com a mesma área de superfície. A razão entre o volume do cubo e o volume da esfera é igual a

a) $\frac{1}{\sqrt{\pi}}$.

b) $\sqrt{\frac{\pi}{12}}$.

c) $\sqrt{\frac{2\pi}{3}}$.

d) $\sqrt{\frac{\pi}{3}}$.

e) $\sqrt{\frac{\pi}{6}}$.

82. (Uern)

Um tetraedro regular é um tipo particular de pirâmide regular no qual qualquer uma de suas faces pode ser considerada base, haja vista ser formado por quatro regiões triangulares congruentes e equiláteras. Considerando essa informação, a área total de um tetraedro regular cuja aresta mede 6 cm é, em cm^2:

(Considere $\sqrt{3} = 1,7$.)

a) 27,2.
b) 42,5.
c) 61,2.
d) 83,3.

83. (Epcar-MG)

Um baralho é composto por 52 cartas divididas em 4 naipes distintos (copas, paus, ouros e espadas). Cada naipe é constituído por 13 cartas, das quais 9 são numeradas de 2 a 10, e as outras 4 são 1 valete (J), 1 dama (Q), 1 rei (K) e 1 ás (A).

Ao serem retiradas desse baralho duas cartas, uma a uma e sem reposição, a quantidade de sequências que se pode obter em que a primeira carta seja de ouros e a segunda não seja um ás é igual a

a) 612
b) 613
c) 614
d) 615

84. (Uneb-BA)

A tirolesa é uma técnica utilizada para o transporte de carga de um ponto a outro. Nessa técnica, a carga é presa a uma roldana que desliza por um cabo, cujas extremidades geralmente estão em alturas diferentes. A tirolesa também é utilizada como prática esportiva, sendo considerado um esporte radical.

Em certo ecoparque, aproveitando a geografia do local, a estrutura para a prática da tirolesa foi montada de maneira que as alturas das extremidades do cabo por onde os participantes deslizam estão a cerca de 52 m e 8 m, cada uma, em relação ao nível do solo, e o ângulo de descida formado com a vertical é de 80°.

Nessas condições, considerando-se o cabo esticado e que tg 10° = 0,176, pode-se afirmar que a distância horizontal percorrida, em metros, ao final do percurso, é aproximadamente igual a

a) 250
b) 252
c) 254
d) 256
e) 258

85. (Cefet-MG)

Uma caixa sem tampa no formato de um cubo, cuja aresta mede 3 metros, está sobre uma superfície plana e com água até uma altura de 2 metros em relação à sua base, conforme mostra a FIG. 1.

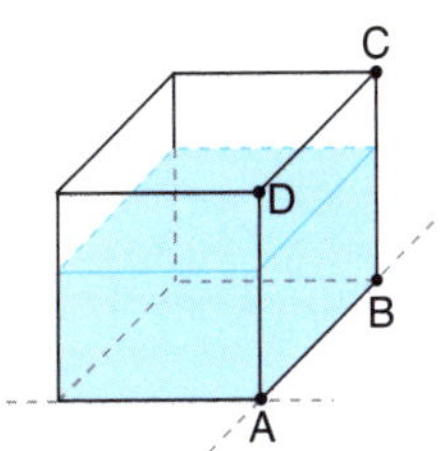

FIG. 1

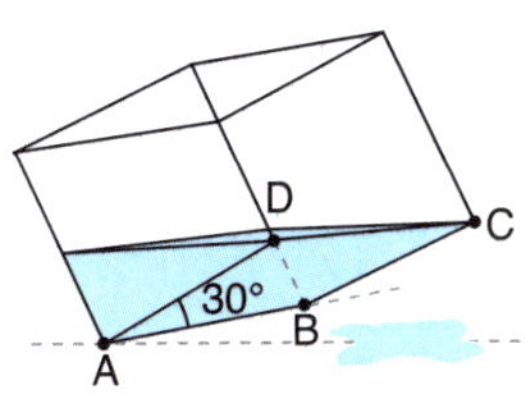

FIG. 2

A caixa será inclinada de tal forma que a aresta $\overline{AB}$ ficará totalmente em contato com a superfície plana e haverá perda no volume de água, conforme a FIG. 2.

Sabendo-se que o ângulo formado, após a inclinação, entre a face ABCD e a superfície plana é de 30° e, desprezando-se a espessura das faces da caixa, a quantidade de água que sobrará na caixa, em m^3, é de

a) 9.
b) 18.
c) $4\sqrt{3}$.
d) $\frac{9\sqrt{3}}{2}$.
e) $\frac{17\sqrt{3}}{4}$.

86. (FGV-SP)

Em uma folha de papel, desenha-se um hexágono regular ABCDEF de lado 3 cm e inscrito em uma circunferência de centro **O**. O hexágono é recortado, e, em seguida, faz-se um recorte no raio $\overline{OB}$. A partir do recorte no raio, o pedaço de papel será usado para formar uma pirâmide de base quadrangular e centro **O**. Tal pirâmide será feita com a sobreposição e a colagem dos triângulos OAB e OCD, e dos triângulos OAF e OBC.

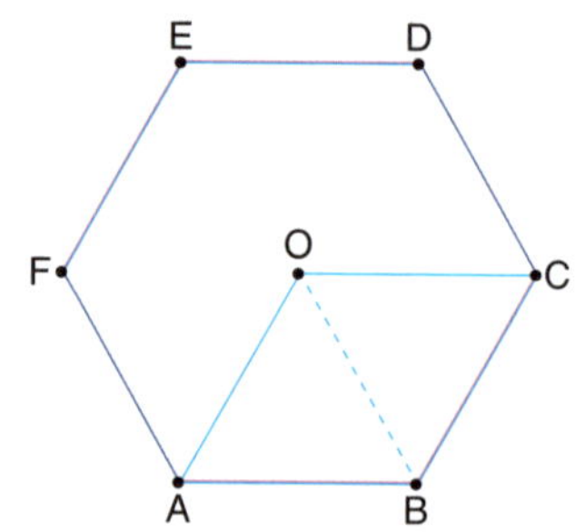

O volume da pirâmide formada após as sobreposições e colagens, em cm^3, é igual a

a) $3\sqrt{2}$

b) $3\sqrt{3}$

c) $4\sqrt{2}$

d) $\dfrac{9\sqrt{2}}{2}$

e) $\dfrac{9\sqrt{3}}{2}$

87. (Cefet-MG)

Considere a função f: $[-\pi, \pi] \rightarrow \mathbb{R}$ definida por

$f(x) = 2\cos^2 x - \dfrac{1}{2} + k;\ k \in \mathbb{R}$.

O valor de **k** para que o máximo de f(x) seja igual a 4 é

a) $\dfrac{1}{2}$.

b) 2.

c) $\dfrac{5}{2}$.

d) 3.

e) $\dfrac{7}{2}$.

88. (PUC-RJ)

As cartas de um baralho comum (13 de copas, 13 de paus, 13 de ouros e 13 de espadas) são empilhadas.

Qual a probabilidade de a carta de cima ser de copas e a de baixo também?

a) $\frac{1}{13}$

b) $\frac{1}{2}$

c) $\frac{1}{5}$

d) $\frac{1}{17}$

e) $\frac{1}{52}$

89. (EsPCEx-SP)

Um recipiente cilíndrico, cujo raio da base tem medida **R**, contém água até uma certa altura. Uma esfera de aço é mergulhada nesse recipiente ficando totalmente submersa, sem haver transbordamento de água. Se a altura da água subiu $\frac{9}{16}R$, então o raio da esfera mede

a) $\frac{2}{3}R$

b) $\frac{3}{4}R$

c) $\frac{4}{9}R$

d) $\frac{1}{3}R$

e) $\frac{9}{16}R$

90. (Ufscar-SP)

Considere um plano α e um ponto **P** qualquer do espaço. Se por **P** traçarmos a reta perpendicular a α, a intersecção dessa reta com α é um ponto chamado projeção ortogonal do ponto **P** sobre α. No caso de uma figura **F** do espaço, a projeção ortogonal de **F** sobre α é definida pelo conjunto das projeções ortogonais de seus pontos.

Com relação a um plano α qualquer fixado, pode-se dizer que:

a) a projeção ortogonal de um segmento de reta pode resultar numa semirreta.
b) a projeção ortogonal de uma reta sempre resulta numa reta.
c) a projeção ortogonal de uma parábola pode resultar num segmento de reta.
d) a projeção ortogonal de um triângulo pode resultar num quadrilátero.
e) a projeção ortogonal de uma circunferência pode resultar num segmento de reta.

91. (UPF-RS)

Considere o triângulo ABC representado na figura.

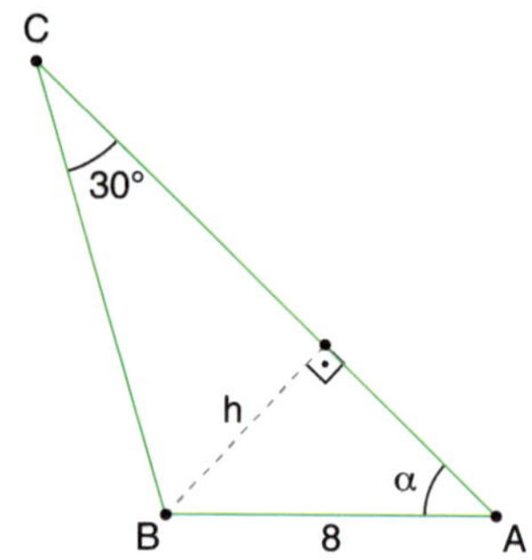

Sabe-se que:

- $\overline{AB} = 8$
- $A\hat{C}B = 30°$

Qual das expressões seguintes representa $\overline{BC}$, em função de $\boldsymbol{\alpha}$?

a) $16 \operatorname{sen} \alpha$

b) $8 \operatorname{sen} \alpha$

c) $4\sqrt{3} \operatorname{sen} \alpha$

d) $16 \cos \alpha$

e) $4 \cos \alpha$

92. (UFV-MG)

Se **f** é a função real dada por $f(x) = 2 - \cos(4x)$, então é CORRETO afirmar que:

a) $f(x) \leqslant 3$ e $f(x) \geqslant 1$, para todo $x \in \mathbb{R}$.

b) o gráfico de **f** intercepta o eixo dos **x**.

c) $f(x) \leqslant 2$ para todo $x \in \mathbb{R}$.

d) $f(2) < 0$.

e) $f(x) \geqslant \frac{3}{2}$ para todo $x \in \mathbb{R}$.

93. (FGV-RJ)

Seis bolas brancas e seis bolas pretas estão distribuídas em três caixas e nenhuma caixa contém bolas de uma só cor. A primeira caixa contém 3 bolas, a segunda 4 bolas e a terceira 5 bolas.

Sabe-se que a segunda caixa é a única em que o número de bolas pretas é maior do que o número de bolas brancas.

Retirando uma bola de cada caixa, determine a probabilidade de que sejam da mesma cor.

94. (Famerp-SP)

As figuras indicam uma sequência de empilhamentos de cubos de 1 cm^3. Da primeira pilha em diante, os volumes das pilhas, em cm^3, são iguais a 1, 5, 14, 30, 55, e assim sucessivamente.

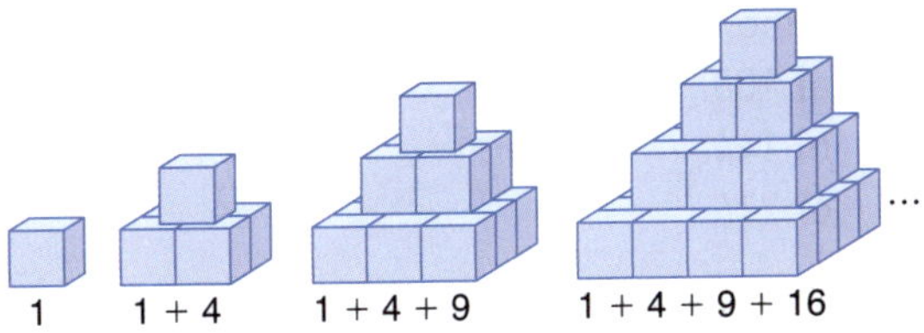

Reprodução/Arquivo da editora

Sabe-se que a soma $1 + 2^2 + 3^2 + 4^2 + 5^2 + \ldots + x^2$ é um polinômio do terceiro grau, dado por $P(x) = mx^3 + nx^2 + px$, com **m**, **n** e **p** racionais. Portanto, $P(1) = 1$, $P(2) = 5$, $P(3) = 14$, $P(4) = 30$ e assim por diante. Nas condições dadas, **m** é igual a

a) $\frac{1}{2}$

b) $\frac{5}{6}$

c) $\frac{2}{3}$

d) $\frac{1}{6}$

e) $\frac{1}{3}$

95. (EsPCEx-SP)

A probabilidade de um casal ter um filho de olhos azuis é igual a $\frac{1}{3}$. Se o casal pretende ter 4 filhos, a probabilidade de que no máximo dois tenham olhos azuis é

a) $\frac{1}{9}$

b) $\frac{7}{9}$

c) $\frac{8}{9}$

d) $\frac{2}{3}$

e) $\frac{1}{2}$

96. (UPM-SP)

Os valores de **X** ($X \in \mathbb{R}$), para os quais a função $f(x) = \frac{1}{3}\text{tg}\left(3x - \frac{\pi}{4}\right)$ não é definida, são

a) $\pi + k\pi, k \in \mathbb{Z}$

b) $\frac{\pi}{2} + k\pi, k \in \mathbb{Z}$

c) $\frac{3\pi}{4} + k\pi, k \in \mathbb{Z}$

d) $\frac{\pi}{4} + k\pi, k \in \mathbb{Z}$

e) $\frac{\pi}{4} + \frac{k\pi}{3}, k \in \mathbb{Z}$

97. (Imed-RS)

Um reservatório de água tem o formato de um cilindro reto de volume igual a $54\pi m^3$. Supondo que esse cilindro está inscrito em um cubo de aresta igual ao dobro do raio, o volume desse cubo, em m^3, é igual a:

a) 108.
b) 144.
c) 216.
d) 225.
e) 343.

98. (Udesc)

A Câmara de Vereadores de uma cidade é composta por 13 vereadores, sendo que 6 destes são de partidos políticos da *situação* (aliados ao governo municipal) e os 7 restantes são de partidos da *oposição* (contrários ao governo municipal). É necessário compor uma comissão especial a ser formada por exatamente 5 vereadores, de forma que haja pelo menos dois representantes de cada um destes blocos políticos. Além disso, foi definido que o líder da *situação* e o líder da *oposição* não poderão fazer parte da mesma comissão. Sob essas condições, a quantidade de comissões distintas que pode ser constituída é igual a:

a) 945
b) 500
c) 620
d) 810
e) 310

99. (IFCE)

Dentre os retângulos de perímetro P = 40 cm, iremos rotacionar o de área máxima em torno de um de seus lados, gerando um cilindro. O volume deste cilindro, em cm^3, é

a) 500π.
b) 25π.
c) 50π.
d) 100π.
e) $1\,000\pi$.

100. (UFJF-MG)

No processo de calcular o ângulo **x** formado entre duas avenidas transversais, um engenheiro obteve a seguinte equação $\text{sen } x = \text{sen}^3 x$. Sabendo que **x** não excede 180°, é **CORRETO** afirmar que:

a) $x = -1$
b) $x = 0$
c) $x = 1$
d) $x = \frac{\pi}{2}$
e) $x = \frac{3\pi}{2}$

101. (UFRGS-RS)

A figura a seguir representa um cubo de centro O.

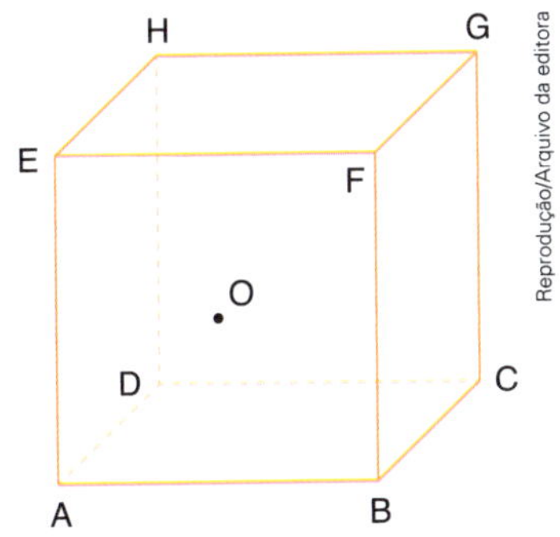

Considere as afirmações abaixo.

I – O ponto **O** pertence ao plano BDE.

II – O ponto **O** pertence ao plano ACG.

III – Qualquer plano contendo os pontos **O** e **E** também contém **C**.

Quais estão corretas?

a) Apenas I.

b) Apenas II.

c) Apenas I e II.

d) Apenas I e III.

e) Apenas II e III.

102. (Uece)

Duas esferas que se tangenciam estão em repouso sobre um plano horizontal. Os volumes das esferas são respectivamente 2304π m^3 e 36π m^3. A distância, em metros, entre os pontos de contato das esferas com o plano é igual a

a) 9.   b) 12.   c) 15.   d) 10.

103. (Uerj)

Observe a matriz:

$$\begin{bmatrix} 3+t & -4 \\ 3 & t-4 \end{bmatrix}$$

Para que o determinante dessa matriz seja nulo, o maior valor real de **t** deve ser igual a:

a) 1

b) 2

c) 3

d) 4

104. (IFSC)

É CORRETO afirmar que o menor ângulo formado pelos ponteiros da hora e dos minutos às 8 h 20 min é:

a) Entre 80° e 90°.

b) Maior que 120°.

c) Entre 100° e 120°.

d) Menor que 90°.

e) Entre 90° e 100°.

105. (Faap-SP)

A única proposição FALSA é:

a) no espaço, duas retas paralelas a uma terceira são paralelas entre si

b) uma reta ortogonal a duas retas de um plano é ortogonal ao plano

c) dois planos perpendiculares à mesma reta são paralelos entre si

d) um plano perpendicular a uma reta de outro plano é perpendicular a este plano

e) um plano perpendicular a dois planos que se interceptam é perpendicular à reta de intersecção destes

106. (Cefet-MG)

Uma caixa, em forma de paralelepípedo reto retângulo, cujas dimensões são 800 mm de comprimento, 50 cm de largura e 6 dm de altura tem volume igual a

a) 0,24 mm^3

b) 0,24 cm^3

c) 0,24 dm^3

d) 0,24 m^3

107. (FGV-SP)

Uma fórmula que mede a magnitude **M** de um terremoto pode ser escrita como $M = 0{,}67 \cdot \log E - 3{,}25$, sendo **E** a energia mecânica liberada pelo abalo, medida em Joules.

a) Calcule, por meio da fórmula dada, a energia mecânica liberada por um terremoto de magnitude 2,11.

b) A figura a seguir mostra um modelo trigonométrico que, por meio da função cosseno $y = A + B \cdot \cos(mx + n)$, ajuda a prever a magnitude de terremotos em uma ilha do Pacífico. Nesse modelo, **y** indica a magnitude do terremoto, e **x** indica o ano de ocorrência, sendo $x = 1$ correspondente ao ano 1980, $x = 6$ correspondente ao ano 1990, $x = 11$ correspondente ao ano 2000, e assim sucessivamente.

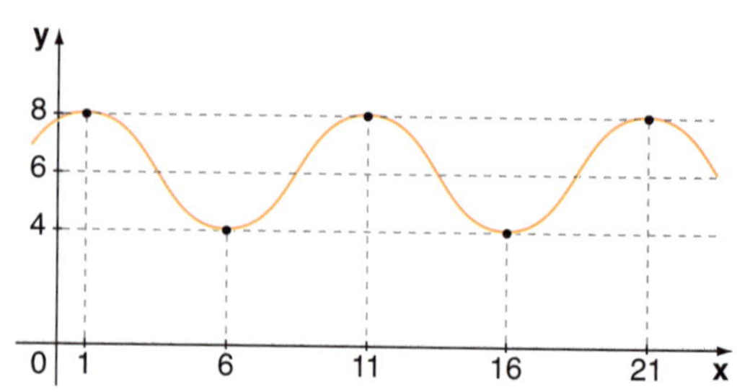

Determine domínio, imagem e período da função cujo gráfico está indicado na figura. Em seguida, determine os valores dos parâmetros **A**, **B**, **m** e **n** da lei dessa função.

108. (UFRGS-RS)

O primeiro prêmio de um torneio recebe um troféu sólido confeccionado em metal, com as medidas abaixo.

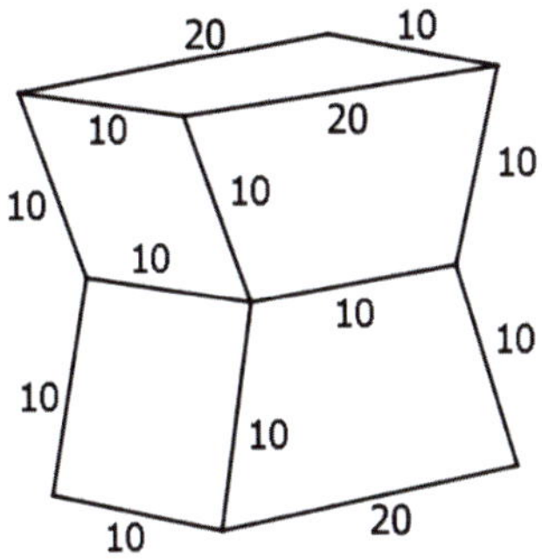

Reprodução/UFRGS, 2015

Considerando que as bases do troféu são congruentes e paralelas, o volume de metal utilizado na sua confecção é

a) $100\sqrt{3}$
b) $150\sqrt{3}$
c) $1000\sqrt{3}$
d) $1500\sqrt{3}$
e) $3000\sqrt{3}$

109. (UEL-PR)

Considere três planos que sejam dois a dois perpendiculares entre si e esferas com 10 cm de raio. Quantas dessas esferas poderão tangenciar simultaneamente os três planos?

a) Uma.
b) Duas.
c) Quatro.
d) Oito.
e) Infinitas.

110. (UnB-DF)

Considere um triângulo ABC, retângulo em **A**, contido em um plano π e a reta **d** perpendicular a π, passando por **B**. Denomine **M** um ponto de **d** que não pertence ao plano π. O plano que é perpendicular a MC e contém **B** intercepta MC em **C'** e MA em **A'**, conforme ilustra a figura a seguir.

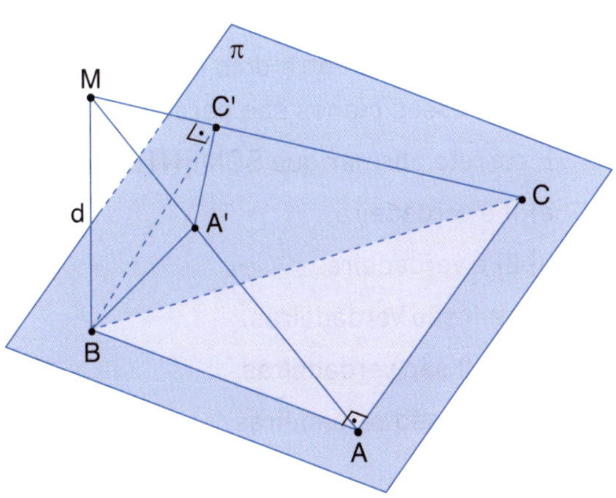

Reprodução/Arquivo da editora

Com base nessas informações, julgue os itens a seguir.

( ) O segmento AC é perpendicular ao plano definido pelo triângulo MBA.

( ) O ângulo AMC é igual ao ângulo ABC.

( ) Os pontos **A**, **B**, **C** e **C'** estão sobre uma esfera que tem seu centro no ponto médio do segmento BC.

( ) Uma vez que BA' é ortogonal a AC e a MC, conclui-se que BA' é perpendicular a CA'.

111. (Uece)

Se **u**, **v**, **p**, **q** e **s** são números reais não nulos e os números **p**, **q**, **s** formam, nesta ordem, uma progressão geométrica crescente e se, além disso, o determinante da matriz

$$\begin{bmatrix} u & 2u & 4u \\ v & 3v & 9v \\ p & q & s \end{bmatrix}$$

for igual a zero, então a razão da progressão geométrica pode ser

a) 2 ou 3

b) 3 ou 4

c) 1,5 ou 3

d) 2,5 ou 4

112. (UEL-PR)

As afirmações seguintes podem ser verdadeiras ou falsas.

I. A projeção ortogonal de uma reta num plano é uma reta.

II. Distância entre duas retas reversas é a perpendicular comum a essas retas.

III. A distância entre dois planos só é definida se esses planos são paralelos.

É correto afirmar que SOMENTE

a) II é verdadeira.

b) III é verdadeira.

c) I e II são verdadeiras.

d) I e III são verdadeiras.

e) II e III são verdadeiras.

113. (UEFS-BA)

Uma bolha de sabão, esférica, não estouraria se sua área superficial fosse, no máximo, 44% maior.

Logo, ela poderia conter um volume de ar em seu interior, sem estourar, até

a) 32,4% maior.

b) 44% maior.

c) 53,6% maior.

d) 66% maior.

e) 72,8% maior.

114. (UEM-PR)

Considere as matrizes

$$A=\begin{pmatrix} 2 & 1 & 0 \\ 3 & 2 & 5 \\ 0 & 1 & 2 \end{pmatrix} \text{ e } B=\begin{pmatrix} 1 & 2 & 3 & 4 \\ 1 & 2 & 3 & 4 \\ 1 & 2 & 3 & 4 \end{pmatrix}.$$

A partir delas, é **correto** afirmar que:

01) A matriz **A** é uma matriz invertível.

02) A primeira e a última linhas de $A \cdot B$ são iguais.

04) É possível calcular o determinante da matriz **B**.

08) O determinante da inversa de **A** é $-\frac{1}{10}$.

16) $A \cdot B = B \cdot A$.

115. (Uece)

Considerando-se um cubo cuja medida de cada aresta é igual a 1 m pode-se afirmar corretamente que a medida do volume do poliedro convexo cujos vértices são os centros das faces desse cubo é

a) $\frac{2}{3}$ m^3.

b) $\frac{2}{7}$ m^3.

c) $\frac{1}{6}$ m^3.

d) $\frac{4}{7}$ m^3.

116. (Faap-SP)

Duas retas são reversas quando:

a) não existe plano que contém ambas

b) existe um único plano que as contém

c) não se interceptam

d) não são paralelas

e) são paralelas, mas pertencem a planos distintos

117. (UEM-PR)

Considere o sistema linear nas incógnitas **x**, **y** e **z** dado por meio da seguinte operação com matrizes AX = B onde $A = \begin{pmatrix} 1 & 2 & 3 \\ 2 & 4 & 6 \\ 3 & 6 & 9 \end{pmatrix}$, $X = \begin{pmatrix} x \\ y \\ z \end{pmatrix}$ e $B = \begin{pmatrix} a \\ b \\ c \end{pmatrix}$, de forma que **a**, **b** e **c** sejam números reais dados e fixos.

Assinale o que for **correto**.

01) Se a = b = c = 0, isto é, se o sistema for homogêneo, então ele será possível e indeterminado.

02) Se **a** e **b** forem nulos e distintos de **c**, então o sistema será impossível.

04) O determinante da matriz **A** é não nulo.

08) Se a = b = 1 e c = 0 então a terna (−1, 1, 0) é uma solução do sistema.

16) Se o sistema for homogêneo, então a terna (2, 1, 0) é uma solução do sistema.

118. (UFRGS-RS)

Considere a planificação do sólido formado por duas faces quadradas e por quatro trapézios congruentes, conforme medidas indicadas na figura representada abaixo.

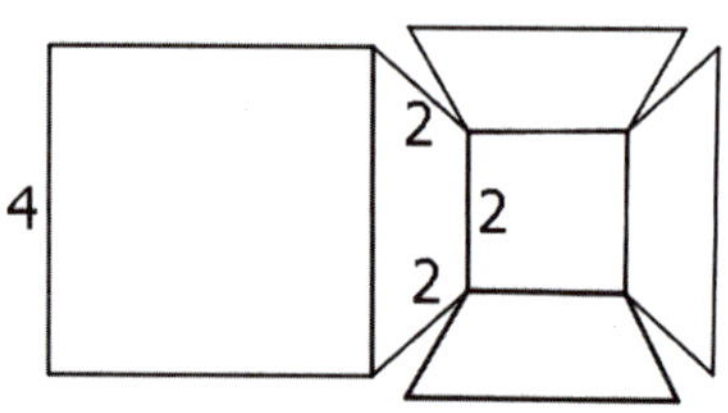

O volume desse sólido é

a) $\frac{16\sqrt{2}}{3}$.

b) $\frac{28\sqrt{2}}{3}$.

c) $8\sqrt{2}$.

d) $16\sqrt{2}$.

e) $20\sqrt{2}$.

119. (Unisc-RS)

Em uma pirâmide regular, a base é um quadrado de lado **q**. Sabendo que as faces laterais dessa pirâmide são triângulos equiláteros, pode-se afirmar que o seu volume é

a) $q^3\sqrt{2}$

b) $\frac{q^3\sqrt{2}}{6}$

c) $\frac{q\sqrt{2}}{2}$

d) $\frac{q^3\sqrt{3}}{6}$

e) $\frac{q^3\sqrt{3}}{3}$

120. (IFMG)

Em um triângulo retângulo ABC, reto em $\hat{A}$, tem-se que $\text{tg}\,\hat{B} + \text{tg}\,\hat{C} = \dfrac{25}{12}$. O valor de $\text{sen}\,\hat{B} + \text{sen}\,\hat{C}$ é

a) $\dfrac{25}{12}$. b) $\dfrac{12}{25}$. c) $\dfrac{7}{5}$. d) $\dfrac{5}{7}$.

121. (Uespi)

A ilustração a seguir é a planificação de um sólido: **B**, **C** e **G** são quadrados com lado medindo 3 cm; **A**, **D** e **F** são triângulos retângulos isósceles com catetos medindo 3 cm, e **E** é um triângulo equilátero com lado medindo $3\sqrt{2}$ cm.

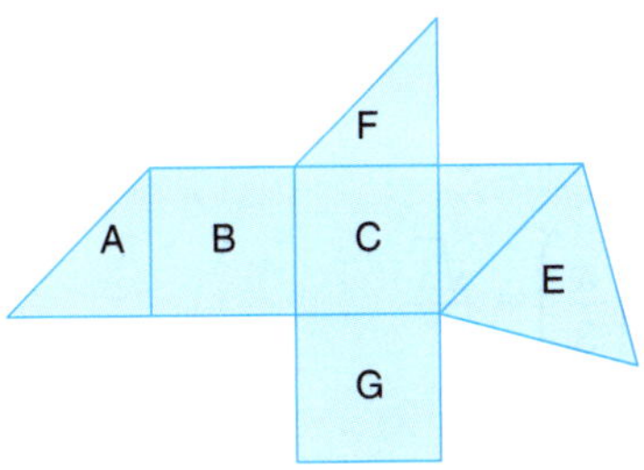

Qual o volume do sólido?

a) 22,5 cm^3
b) 22,4 cm^3
c) 22,3 cm^3
d) 22,2 cm^3
e) 22,1 cm^3

122. (PUCC-SP)

Considere as afirmações a seguir.

I. Duas retas distintas determinam um plano.

II. Se duas retas distintas são paralelas a um plano, então elas são paralelas entre si.

III. Se dois planos são paralelos, então toda reta de um deles é paralela a alguma reta do outro.

É correto afirmar que

a) apenas II é verdadeira.
b) apenas III é verdadeira.
c) apenas I e II são verdadeiras.
d) apenas I e III são verdadeiras.
e) I, II e III são verdadeiras.

123. (Famema)

Considere as matrizes $A = \begin{pmatrix} k & 0 & k \\ 3 & -2 & k \end{pmatrix}$, sendo **k** um número real, com $k < 2$, $B = (b_{ij})_{3 \times 2}$, com $b_{ij} = (i - j)^2$, e $C = A \cdot B$. Sabendo que $\det C = 12$, o valor de k^2 é

a) 0 b) 9 c) 4 d) 16 e) 1

124. (UFU-MG)

Em um determinado sistema mecânico, as extremidades de uma haste rígida AB ficam conectadas, de forma articulada, a um motor e a um corpo, conforme ilustra a figura. Quando o motor é ligado, a haste imprime ao corpo um movimento oscilatório, e a distância horizontal x(t) do ponto **B** em cada instante **t** em relação a um ponto fixo **O** é dada pela expressão $x(t) = \left|\frac{1}{2} \cdot \text{sen}(t) + \frac{\sqrt{3}}{2} \cdot \cos(t)\right|$ centímetros.

Nestas condições, a maior distância x(t), em centímetros, será igual a:

Dados:

$$\cos\left(\frac{\pi}{3}\right) = \frac{1}{2}$$

$$\text{sen}\left(\frac{\pi}{3}\right) = \frac{\sqrt{3}}{2}$$

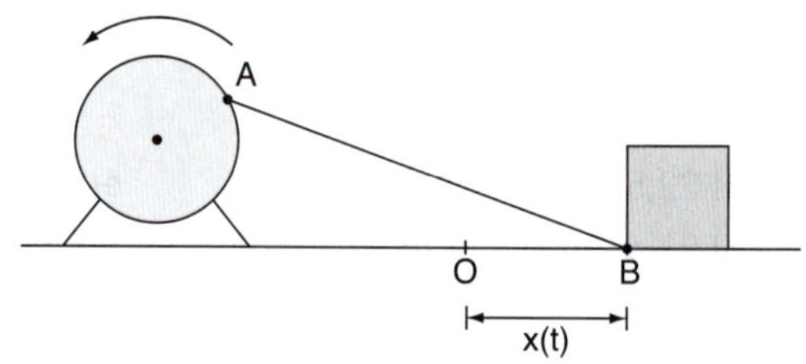

a) $\frac{1}{2}$

b) $\frac{\sqrt{3}}{2}$

c) 1

d) $\frac{1+\sqrt{3}}{2}$

125. (IFPE)

Uma bola maciça, totalmente vedada, em formato de uma esfera perfeita, de diâmetro igual a 6 cm, foi lançada em uma panela cilíndrica cujo raio da base mede 5 cm e altura 10 cm. Sabendo que inicialmente a panela estava com água até a altura de 5 cm e que a bola ficou completamente submersa pela água, quantos centímetros o nível da água se elevará? (Dado: Considere $\pi = 3$)

a) $\frac{36}{25}$

b) $\frac{5}{3}$

c) $\frac{25}{3}$

d) $\frac{30}{25}$

e) $\frac{25}{15}$

126. (UEPG-PR)

A primeira fase de um campeonato de futebol é disputada por 35 times, divididos em 5 grupos, com 7 times em cada grupo, os quais disputam entre si. Dois times de cada grupo são selecionados para a segunda fase desse mesmo campeonato, num total de 10 times, os quais jogam entre si. Se **p** é o número de jogos a serem realizados na primeira fase e **q** o número de jogos a serem realizados na segunda fase, assinale o que for correto.

01) $p > 100$.

02) $p - q = 60$.

04) **q** é um múltiplo de 9.

08) $q < 50$.

127. (UEL-PR)

Um indivíduo em férias na praia observa, a partir da posição $\mathbf{P_1}$, um barco ancorado no horizonte norte na posição **B**. Nesta posição $\mathbf{P_1}$, o ângulo de visão do barco, em relação à praia, é de 90°, como mostrado na figura a seguir.

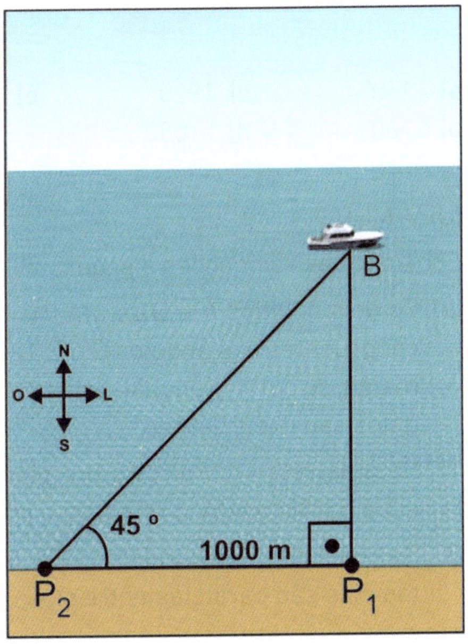

Ele corre aproximadamente 1 000 metros na direção oeste e observa novamente o barco a partir da posição $\mathbf{P_2}$. Neste novo ponto de observação $\mathbf{P_2}$, o ângulo de visão do barco, em relação à praia, é de 45°.

Qual a distância P_2B aproximadamente?

a) 1 000 metros

b) 1 014 metros

c) 1 414 metros

d) 1 714 metros

e) 2 414 metros

128. (FGV-SP)

Somando todos os números de três algarismos distintos que podem ser formados com os dígitos 1, 2, 3 e 4, o resultado será igual a

a) 2 400.
b) 2 444.
c) 6 000.
d) 6 600.
e) 6 660.

129. (UPF-RS)

O poliedro representado na figura (octaedro truncado) é construído a partir de um octaedro regular, cortando-se, para tal, em cada vértice, uma pirâmide regular de base quadrangular. A soma dos ângulos internos de todas as faces do octaedro truncado é:

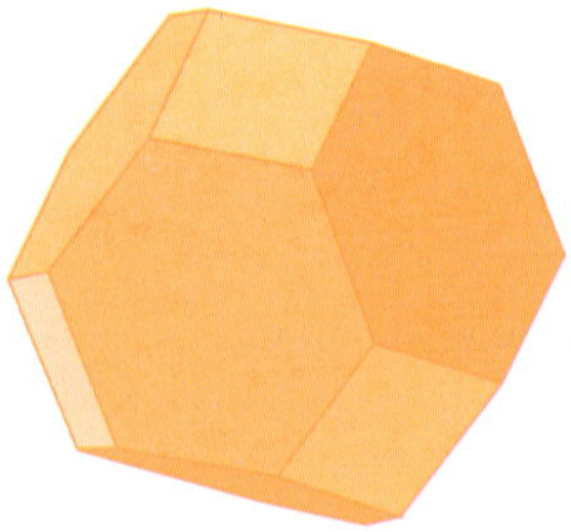

Reprodução/Arquivo da editora

a) 2 160°
b) 5 760°
c) 7 920°
d) 10 080°
e) 13 680°

130. (UFV-MG)

Considere as afirmações a seguir:

I. Se dois ângulos Â e B̂ de um triângulo são congruentes aos ângulos Ĉ e Ê, respectivamente, de outro triângulo, então esses triângulos são congruentes.

II. Se uma reta é paralela a um plano, então ela é paralela a toda reta desse plano.

III. Se duas retas são paralelas a um plano, então elas são paralelas entre si.

IV. As diagonais de um trapézio isósceles são congruentes.

Assinalando V para as afirmações verdadeiras e F para as falsas, a alternativa que apresenta a sequência CORRETA é:

a) V F F V
b) V V F F
c) F F F V
d) F F V V
e) V V V F

131. (EFOMM-RJ)

Um cubo de lado 2a possui uma esfera circunscrita nele. Qual a probabilidade de, ao ser sorteado um ponto interno da esfera, esse ponto ser interno ao cubo?

a) $\frac{\pi}{6}$ b) $\frac{2\sqrt{3}}{3\pi}$ c) $\frac{\pi\sqrt{3}}{6}$ d) $\frac{2\pi}{6\sqrt{3}}$ e) $\frac{1}{2}$

132. (Acafe-SC)

Um tubo cilíndrico reto de volume 128π cm^3 contém oito bolinhas de tênis de mesa congruentes entre si e tangentes externamente.

Sabendo que o cilindro está circunscrito à reunião dessas bolinhas, o percentual do volume ocupado pelas bolinhas dentro do tubo é, aproximadamente, de:

a) 75. b) 50. c) 33. d) 66.

133. (Unioeste-PR)

Uma construtora foi contratada para construir uma ponte. No projeto está previsto a construção, nas extremidades da ponte, de quatro colunas de concreto, de altura **h**, que servirão para fixar cabos de aço que sustentarão a ponte. Em cada coluna serão fixados, na extremidade superior, dois cabos de comprimentos **A** e **B**. A outra extremidade do cabo de comprimento **A** será fixada na ponte, a uma distância **L** da base da coluna, formando um ângulo **a** com a ponte. A outra extremidade do cabo de comprimento **B** também será fixada na ponte formando um ângulo **b** com a ponte, conforme a figura. A ponte será supostamente plana e as colunas de concreto serão construídas de modo a formar um ângulo de 90° com a ponte. É correto afirmar que a quantidade total de cabo a ser utilizado na construção da ponte é:

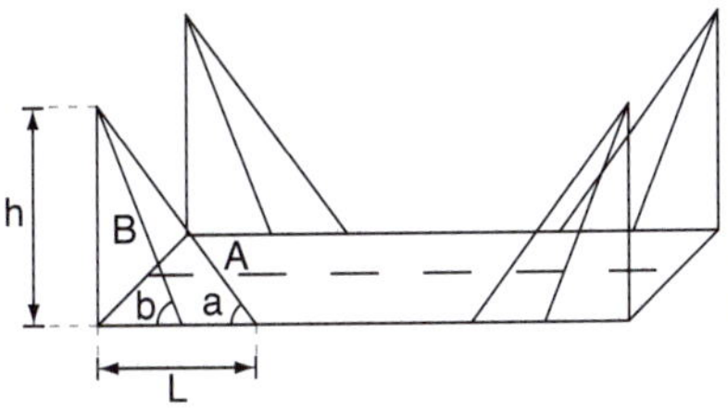

a) $4\left(\frac{h}{\text{sen}(b)} + \frac{L}{\text{sen}(a)}\right)$.

b) $4\left(\frac{h}{\text{tg}(b)} + \frac{L}{\text{cos}(a)}\right)$.

c) $4\left(\frac{h}{\text{sen}(b)} + \frac{L}{\text{cos}(a)}\right)$.

d) $4\left(\frac{h}{\text{sen}(b)} + \frac{L}{\text{tg}(a)}\right)$.

e) $4\left(\frac{h}{\text{tg}(b)} + \frac{L}{\text{tg}(a)}\right)$.

134. (Unigranrio)

Considere as funções $f(x) = \begin{vmatrix} x & 0 & x \\ 1 & x & 2 \\ 2 & 1 & 1 \end{vmatrix}$ e

$g(x) = \begin{vmatrix} x & 11 & -4 \\ 10 & 11 & x \\ 1 & 2 & 0 \end{vmatrix}$. Desta forma, pode-se afirmar que o ponto de interseção das funções f(x) e g(x) é:

a) (6, 30)
b) (9, −90)
c) (9, 72)
d) (6, −42)
e) (6, 42)

135. (Fatec-SP)

Na figura a seguir tem-se: o plano α definido pelas retas **c** e **d**, perpendiculares entre si; a reta **b**, perpendicular a α em **A**, com $A \in c$; o ponto **B**, intersecção de **c** e **d**. Se **X** é um ponto de **b**, $X \notin \alpha$, então a reta **s**, definida por **X** e **B**,

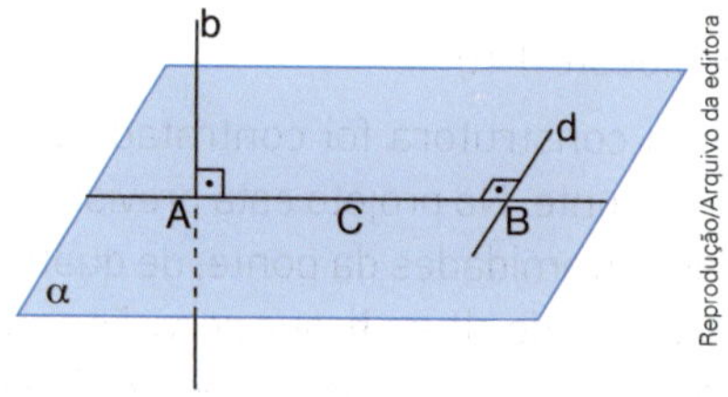

a) é paralela à reta **c**.
b) é paralela à reta **b**.
c) está contida no plano α.
d) é perpendicular à reta **d**.
e) é perpendicular à reta **b**.

136. (Unesp-SP)

Uma criança possui 6 blocos de encaixe, sendo 2 amarelos, 2 vermelhos, 1 verde e 1 azul.

Usando essas peças, é possível fazer diferentes pilhas de três blocos. A seguir, são exemplificadas quatro das pilhas possíveis.

Utilizando os blocos que possui, o total de pilhas diferentes de três blocos, incluindo as exemplificadas, que a criança pode fazer é igual a

a) 58.
b) 20.
c) 42.
d) 36.
e) 72.

137. (UPE)

Num triângulo retângulo, temos que tg x = 3. Se **x** é um dos ângulos agudos desse triângulo, qual o valor de cos x?

a) $\frac{1}{2}$

b) $\frac{\sqrt{5}}{10}$

c) $\frac{\sqrt{2}}{2}$

d) $\frac{1}{4}$

e) $\frac{\sqrt{10}}{10}$

138. (Acafe-SC)

Uma peça de madeira tem a forma de uma pirâmide hexagonal regular com 21 cm de altura. Essa peça é seccionada por um plano paralelo à base, de forma que o volume da pirâmide obtida seja $\frac{8}{27}$ do volume da pirâmide original.

A distância (em cm) da base da pirâmide até essa secção é um número:

a) fracionário.

b) primo.

c) múltiplo de 3.

d) quadrado perfeito.

139. (Enem)

Para fazer um pião, brinquedo muito apreciado pelas crianças, um artesão utilizará o torno mecânico para trabalhar num pedaço de madeira em formato de cilindro reto, cujas medidas do diâmetro e da altura estão ilustradas na Figura 1. A parte de cima desse pião será uma semiesfera, e a parte de baixo, um cone com altura 4 cm, conforme Figura 2. O vértice do cone deverá coincidir com o centro da base do cilindro.

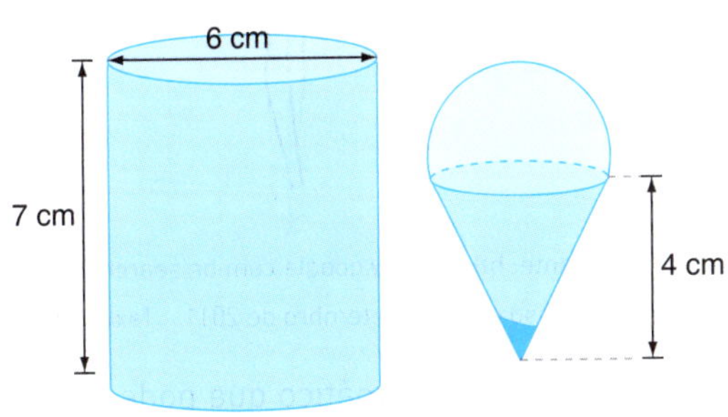

Figura 1 Figura 2

O artesão deseja fazer um pião com a maior altura que esse pedaço de madeira possa proporcionar e de modo a minimizar a quantidade de madeira a ser descartada.

Dados:

O volume de uma esfera de raio **r** é $\frac{4}{3} \cdot \pi \cdot r^3$;

O volume do cilindro de altura **h** e área da base **S** é S · h;

O volume do cone de altura **h** e área da base **S** é $\frac{1}{3} \cdot S \cdot h$;

Por simplicidade, aproxime π para 3.

A quantidade de madeira descartada, em centímetros cúbicos, é

a) 45. b) 48. c) 72. d) 90. e) 99.

140. (Cesgranrio-RJ)

A é um ponto não pertencente a um plano **P**. O número de retas que contêm **A** e fazem um ângulo de 45° com **P** é igual a:

a) 0.
b) 1.
c) 2.
d) 4.
e) infinito.

141. (Uepa)

Os desfiles de moda parecem impor implicitamente tanto o "vestir-se bem" quanto o "ser bela" definindo desse modo padrões de perfeição. Nesses desfiles de moda, a rotação pélvica do andar feminino é exagerada quando comparada ao marchar masculino, em passos de igual amplitude. Esse movimento oscilatório do andar feminino pode ser avaliado a partir da variação do ângulo θ conforme ilustrado na figura abaixo, ao caminhar uniformemente no decorrer do tempo (t).

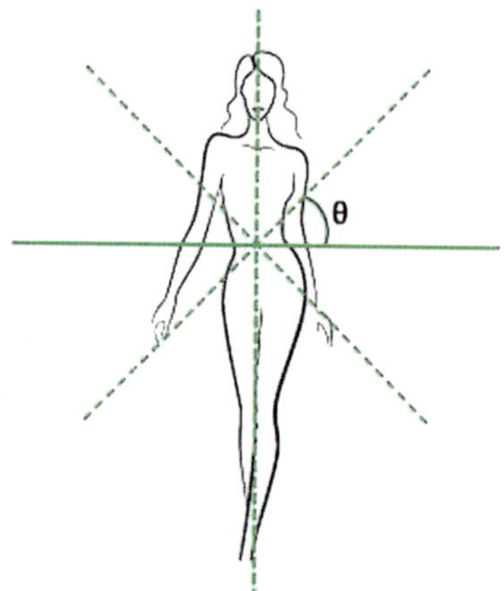

Reprodução/UEPA

(Fonte: http://www.google.com.br/search?hl=PT
Acesso em 9 de setembro de 2011 – Texto adaptado)

Um modelo matemático que pode representar esse movimento oscilatório do andar feminino é dado por: $\theta(t) = \frac{\pi}{10}\cos\left(\frac{4\pi}{3}t\right)$. Nestas condições, o valor de $\theta\left(\frac{3}{2}\right)$ é:

a) $\frac{\pi}{8}$
b) $\frac{\pi}{10}$
c) $\frac{\pi}{12}$
d) $\frac{\pi}{18}$
e) $\frac{\pi}{20}$

142. (Acafe-SC)

Se $2 + 2\,\text{sen}\,\theta + 2(\text{sen}\,\theta)^2 + 2(\text{sen}\,\theta)^3 + 2(\text{sen}\,\theta)^4 + \ldots = 10$, com $0 < \theta < \frac{\pi}{2}$, então, $|\cos(2\theta)|$ é igual a:

a) $\frac{17}{25}$

b) $\frac{3}{5}$

c) $\frac{9}{5}$

d) $\frac{7}{25}$

143. (PUCC-SP)

A figura mostra o *ângulo de visão* que um mesmo observador tem de uma estrutura de caixa-d'água em dois pontos diferentes. Sabe-se que a altura dos olhos, em relação ao piso plano sobre o qual a estrutura está apoiada perpendicularmente, é exatamente a metade da altura da estrutura da caixa-d'água, e que a distância entre os dois pontos de observação é de 2 metros.

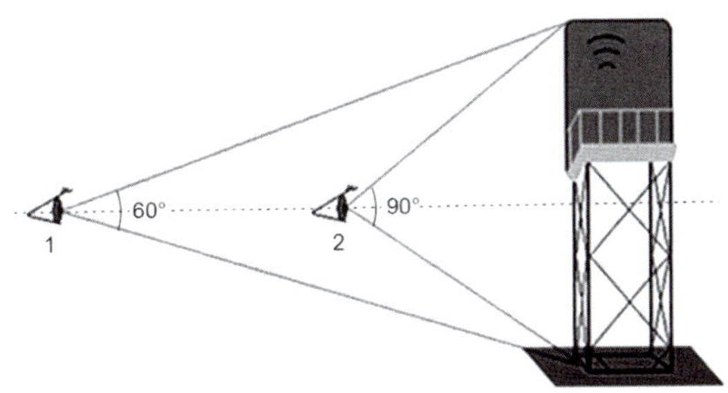

Dados:

	30°	45°	60°
sen	$\frac{1}{2}$	$\frac{\sqrt{2}}{2}$	$\frac{\sqrt{3}}{2}$
cos	$\frac{\sqrt{3}}{2}$	$\frac{\sqrt{2}}{2}$	$\frac{1}{2}$
tg	$\frac{\sqrt{3}}{3}$	1	$\sqrt{3}$

A partir dessas informações, é possível determinar que a altura da estrutura da caixa-d'água, em metros, é igual a

a) $3\sqrt{3} - 2$.

b) $\frac{\sqrt{3} + 2}{3}$.

c) $2\sqrt{3} + 2$.

d) $\sqrt{3} + 2$.

e) $\sqrt{3} + 1$.

144. (UEL-PR)

A reta **r** é a intersecção dos planos perpendiculares α e β. Os pontos **A** e **B** são tais que $A \in \alpha$, $A \notin \beta$, $B \in \beta$, $B \notin \alpha$. As retas AB e **r**

a) são reversas.

b) são coincidentes.

c) podem ser concorrentes.

d) podem ser paralelas entre si.

e) podem ser perpendiculares entre si.

145. (UFG-GO)

Dois observadores, situados nos pontos **A** e **B**, a uma distância **d** um do outro, como mostra a figura a seguir, avistam um mesmo ponto no topo de um prédio de altura **H**, sob um mesmo ângulo θ com a horizontal.

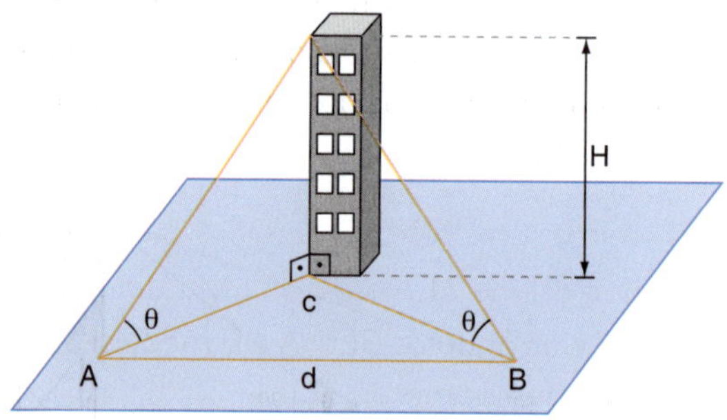

Sabendo que o ângulo $A\hat{B}C$ também mede θ e desconsiderando a altura dos observadores, a altura **H** do prédio é dada pela expressão:

a) $H = \frac{d}{2} \cdot \text{sen}\frac{\theta}{2} \cdot \cos\theta$

b) $H = d \cdot \cos\theta \cdot \text{sen}\,\theta$

c) $H = \frac{d}{2} \cdot \text{tg}\,\theta \cdot \text{sen}\,\theta$

d) $H = \frac{d}{2} \cdot \text{tg}\,\theta \cdot \sec\theta$

e) $H = d \cdot \text{sen}\frac{\theta}{2} \cdot \sec\theta$

146. (Enem)

Ao se perfurar um poço no chão, na forma de um cilindro circular reto, toda a terra retirada é amontoada na forma de um cone circular reto, cujo raio da base é o triplo do raio do poço e a altura é 2,4 metros. Sabe-se que o volume desse cone de terra é 20% maior do que o volume do poço cilíndrico, pois a terra fica mais fofa após ser escavada.

Qual é a profundidade, em metros, desse poço?

a) 1,44
b) 6,00
c) 7,20
d) 8,64
e) 36,00

147. (Faap-SP)

O galpão da figura a seguir está no prumo e a cumeeira está "bem no meio" da parede.

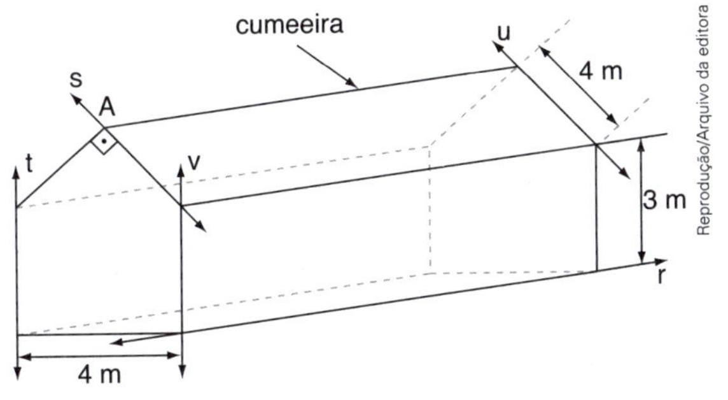

Das retas assinaladas podemos afirmar que:

a) **t** e **u** são reversas.

b) **s** e **u** são reversas.

c) **t** e **u** são concorrentes.

d) **s** e **r** são concorrentes.

e) **t** e **u** são perpendiculares.

148. (PUC-SP)

No pentágono ABCDE da figura, o lado $\overline{AB}$ mede 3 cm; o lado $\overline{AE}$ mede 8 cm; o lado $\overline{CD}$ mede 4 cm e os ângulos $B\hat{E}C$, $\hat{A}$ e $\hat{D}$ medem 30°, 60° e 90° respectivamente.

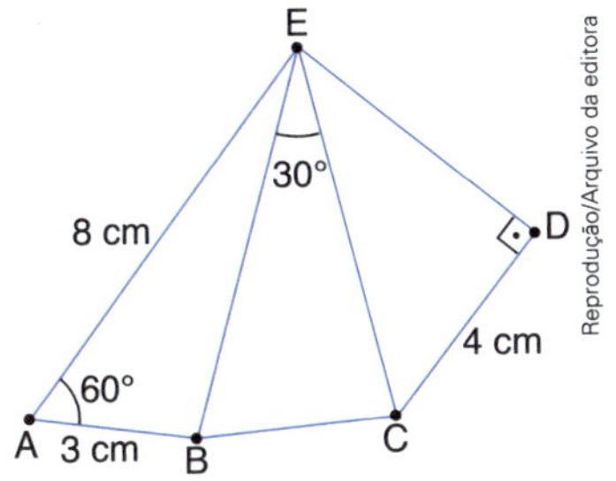

Sendo a área do triângulo BCE igual a 10,5 cm², a medida, em cm, do lado $\overline{DE}$ é

a) $\sqrt{18}$ b) $\sqrt{20}$ c) $\sqrt{22}$ d) $\sqrt{24}$

149. (UEG-GO)

Alterando-se as dimensões de uma caixa retangular de altura **h**, as dimensões da base serão multiplicadas por **k** e as da altura somado **k**, em que **k** é uma constante positiva e não nula. Logo, verifica-se que o volume da nova caixa será em relação à anterior

a) k^3 vezes maior.

b) $k^2 + kh$ vezes maior.

c) $k^2 + \frac{k^3}{h}$ vezes maior.

d) $k^3 + \frac{\sqrt{h}}{k}$ vezes maior.

150. (UEPG-PR)

Sendo **M** uma matriz quadrada inversível, de ordem 3, assinale o que for correto.

01) Se $\det(M) = 5$ e $\det(2 \cdot M^{-1} \cdot M) = x + 1$, então $x = 7$.

02) Se $\det(M) = 4$ e se **k** é um número real tal que $\det(k \cdot M) = 108$, então $k = 9$.

04) Se $\det\left(\frac{1}{2} \cdot M\right) = 24$, então $\det(M^t) = 3$.

08) Se $\det(M) = 2x + 6$ e $\det(M^t) = x + 10$, então $\det(M \cdot M^t) = 16$.

16) Se $\det(M) = x + 2$ e $\det(M^{-1}) = x - 8$, então o produto dos possíveis valores de **x** é -17.

151. (UFRN)

A escadaria a seguir tem oito batentes no primeiro lance e seis, no segundo lance de escada.

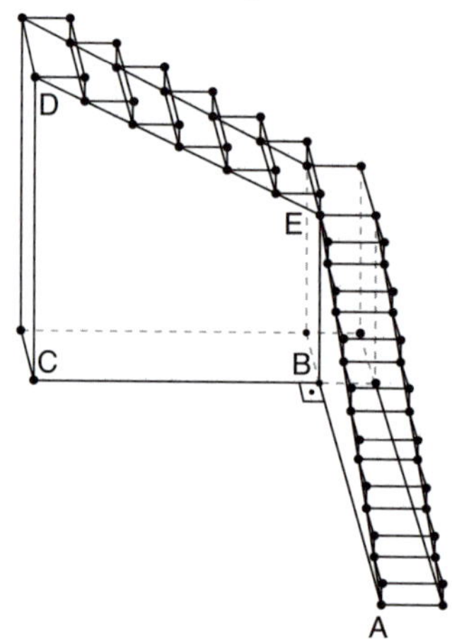

Sabendo que cada batente tem 20 cm de altura e 30 cm de comprimento (profundidade), a tangente do ângulo $C\hat{A}D$ mede:

a) $\frac{9}{10}$ b) $\frac{14}{15}$ c) $\frac{29}{30}$ d) 1

152. (FGV-RJ)

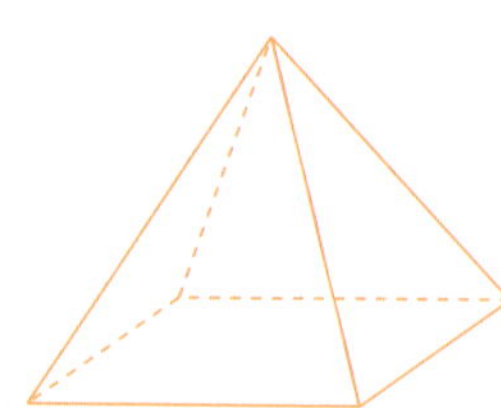

As cinco faces de uma pirâmide quadrangular regular serão pintadas e cada face terá uma só cor. Tintas de 5 cores diferentes estão disponíveis e duas faces vizinhas da pirâmide não poderão ter a mesma cor.

De quantas maneiras diferentes a pirâmide poderá ser pintada?

Obs.: *pinturas que coincidem por rotação da pirâmide são consideradas iguais.*

153. (Uneb-BA)

> Sua bexiga é um saco muscular elástico que pode segurar até 500 mL de fluido. A incontinência urinária, no entanto, tende a ficar mais comum à medida que envelhecemos, apesar de poder afetar pessoas de qualquer idade; ela também é mais comum em mulheres que em homens (principalmente por causa do parto, mas também em virtude da anatomia do assoalho pélvico).
>
> (BREWER. 2013, p. 76).

Considerando-se que a bexiga, completamente cheia, fosse uma esfera e que $\pi = 3$, pode-se afirmar que o círculo máximo dessa esfera seria delimitado por uma circunferência de comprimento, em cm, igual a

a) 20
b) 25
c) 30
d) 35
e) 40

154. (PUC-PR)

Determine o raio da base do cone maior, formada pela seção transversal de um cone menor reto, com raio da base medindo 6 cm e altura 8 cm, sabendo que o seu volume é a metade do cone menor.

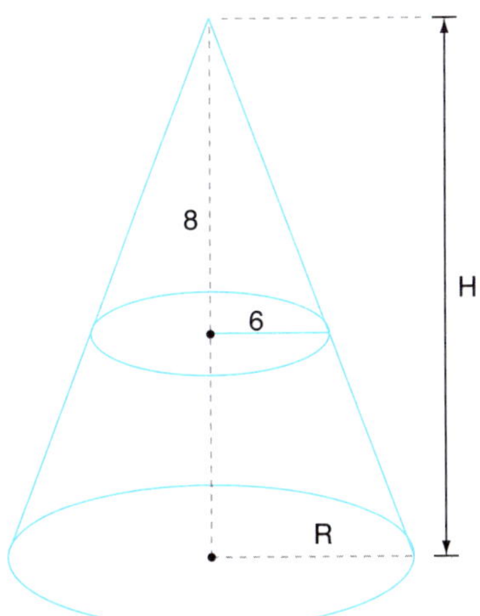

Reprodução/Arquivo da editora

a) $\sqrt[3]{108}$ cm.

b) $6\sqrt[3]{2}$ cm.

c) 12 cm.

d) $\sqrt{51}$ cm.

e) $8\sqrt[3]{6}$ cm.

155. (Unifor-CE)

Uma cama de hospital, equipada com um ajustador hidráulico, move-se de acordo com um controle manual de subir e descer.

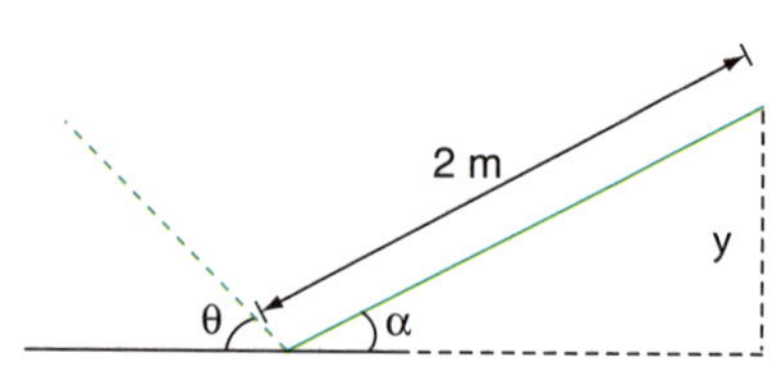

A altura **y** que a cama varia em função de θ é de:

a) $y = 2 \text{ sen } \theta$

b) $y = 2 \text{ sen } \theta + 2$

c) $y = \text{tg}\theta + 2$

d) $y = 2 \cos \theta$

e) $y = 2 \cos \theta + 2$

156. (PUC-RJ)

Mônica tem uma blusa de cada uma das seguintes cores: branca, vermelha, amarela, preta e verde. Ela também tem uma calça de cada uma das seguintes cores: preta, azul, cinza e branca.

a) De quantas maneiras Mônica pode escolher uma blusa e uma calça para sair?

b) De quantas maneiras Mônica pode escolher uma blusa e uma calça de cores diferentes uma da outra?

c) Na segunda-feira, Mônica usou calça azul e camisa preta. Na terça-feira, ela quer escolher uma calça e uma camisa de cores diferentes uma da outra. Sabendo que as roupas que ela usou na segunda-feira estão lavando (e apenas estas), de quantas maneiras ela pode escolher suas roupas?

157. (Unesp-SP)

Um ponto **P**, de coordenadas (x, y) do plano cartesiano ortogonal, é representado pela matriz coluna $\begin{bmatrix} x \\ y \end{bmatrix}$, assim como a matriz coluna $\begin{bmatrix} x \\ y \end{bmatrix}$ representa, no plano cartesiano ortogonal, o ponto **P** de coordenadas (x, y).

Sendo assim, o resultado da multiplicação matricial $\begin{bmatrix} 0 & -1 \\ 1 & 0 \end{bmatrix} \cdot \begin{bmatrix} x \\ y \end{bmatrix}$ é uma matriz coluna que, no plano cartesiano ortogonal, necessariamente representa um ponto que é

a) uma rotação de **P** em 180° no sentido horário, e com centro em (0, 0).

b) uma rotação de **P** em 90° no sentido anti-horário, e com centro em (0, 0).

c) simétrico de **P** em relação ao eixo horizontal **x**.

d) simétrico de **P** em relação ao eixo vertical **y**.

e) uma rotação de **P** em 90° no sentido horário, e com centro em (0, 0).

158. (EsPCEx-SP)

O valor da altura de um cilindro reto de raio **R**, cujo volume é a soma dos volumes dos sólidos 1 e 2 é

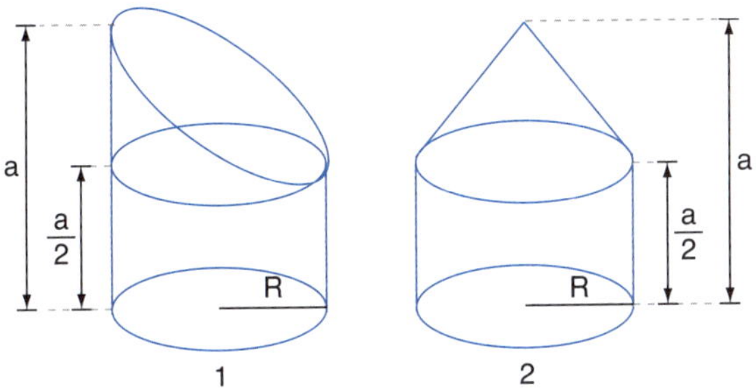

Desenho ilustrativo fora de escala.

a) $\frac{13}{12}$a.

b) $\frac{7}{6}$a.

c) $\frac{5}{4}$a.

d) $\frac{4}{3}$a.

e) $\frac{17}{12}$a.

159. (Uema)

Um clube de futebol, para agradar a sua torcida e a seus jogadores, resolveu homenagear os jogadores que mais se destacaram no clube na última temporada. Para isso, confeccionaram-se dezesseis troféus do mesmo tamanho, em formato de bola de futebol, com raio igual a 6.

Determine (use $\pi = 3{,}14$)

a) a área total das superfícies consideradas.

b) o volume total dos troféus.

160. (UFPE)

Analise as seguintes afirmações:

( ) Existem dois planos distintos, passando ambos por um mesmo ponto e perpendiculares a uma mesma reta.

( ) Se dois planos forem perpendiculares, todo plano perpendicular a um deles será paralelo ao outro.

( ) Duas retas paralelas a um plano são paralelas.

( ) Se dois planos forem perpendiculares, toda reta paralela a um deles será perpendicular ao outro.

( ) Uma reta paralela a duas retas concorrentes de um plano é perpendicular a esse plano.

161. (Faap-SP)

A única proposição FALSA é:

a) no espaço, duas retas paralelas a uma terceira são paralelas entre si.

b) uma reta ortogonal a duas retas de um plano é ortogonal ao plano.

c) dois planos perpendiculares à mesma reta são paralelos entre si.

d) um plano perpendicular a uma reta de outro plano é perpendicular a este plano.

e) um plano perpendicular a dois planos que se interceptam é perpendicular à reta de intersecção destes.

162. (Enem)

A figura mostra a pirâmide de Quéops, também conhecida como a Grande Pirâmide. Esse é o monumento mais pesado que já foi construído pelo homem da Antiguidade. Possui aproximadamente 2,3 milhões de blocos de rocha, cada um pesando em média 2,5 toneladas. Considere que a pirâmide de Quéops seja regular, sua base seja um quadrado com lados medindo 214 m, as faces laterais sejam triângulos isósceles congruentes e suas arestas laterais meçam 204 m.

Disponível em: www.mauroweigel.blogspot.com. Acesso em: 23 nov. 2011.

O valor mais aproximado para a altura da pirâmide de Quéops, em metro, é

a) 97,0.

b) 136,8.

c) 173,7.

d) 189,3.

e) 240,0.

163. (Uece)

Um círculo de raio **R** gira em torno de seu diâmetro, gerando uma esfera de volume **V**. Se o raio do círculo é aumentado em 50%, então o volume da esfera é aumentado em

a) 100,0%.
b) 125,0%.
c) 215,0%.
d) 237,5%.

164. (Insper-SP)

Em uma pirâmide quadrangular regular, a área lateral é o dobro da área da base. Nesse caso, cada face lateral forma com o plano da base um ângulo que mede

a) 15°.
b) 30°.
c) 45°.
d) 60°.
e) 75°.

165. (UEPG-PR)

As medidas dos lados de um triângulo ABC são três números pares consecutivos, sendo $\hat{A}$ o maior ângulo e $\hat{C}$ o menor ângulo desse triângulo.

Sabendo que $\cos\hat{A} = \frac{1}{8}$, assinale o que for correto.

01) O perímetro do triângulo é 30 u.c.
02) A área do triângulo é $15\sqrt{7}$ u.a.
04) O triângulo é obtusângulo.
08) $tg\hat{A} = 3\sqrt{7}$.
16) $sen\hat{C} = \frac{\sqrt{7}}{4}$.

166. (Unesp-SP)

Dado um paralelepípedo retângulo, indiquemos por **A** o conjunto das retas que contêm as arestas desse paralelepípedo e por **B** o conjunto dos planos que contêm suas faces. Isso posto, qual das seguintes afirmações é verdadeira?

a) Quaisquer que sejam os planos α e β de **B**, a distância de α a β é maior que zero.
b) Se **r** e **s** pertencem a **A** e são reversas, a distância de **r** a **s** é maior que a medida da maior das arestas do paralelepípedo.
c) Todo plano perpendicular a um plano de **B** é perpendicular a exatamente dois planos de **B**.
d) Toda reta perpendicular a um plano de **B** é perpendicular a exatamente dois planos de **B**.
e) A intersecção de três planos quaisquer de **B** é sempre um conjunto vazio.

167. (UFRN)

Numa escola, o acesso entre dois pisos desnivelados é feito por uma escada que tem quatro degraus, cada um medindo 24 cm de comprimento por 12 cm de altura. Para atender à política de acessibilidade do Governo Federal, foi construída uma rampa, ao lado da escada, com mesma inclinação, conforme mostra a foto a seguir.

Com o objetivo de verificar se a inclinação está de acordo com as normas recomendadas, um fiscal da Prefeitura fez a medição do ângulo que a rampa faz com o solo.

O valor encontrado pelo fiscal

a) estava entre 30° e 45°

b) era menor que 30°

c) foi exatamente 45°

d) era maior que 45°

168. (UEM-PR)

Considere as matrizes

$$A = \begin{pmatrix} 1 & 2 & 3 \\ 3 & 2 & 1 \end{pmatrix}, B = \begin{pmatrix} 1 & 3 \\ 2 & 2 \\ 3 & 1 \end{pmatrix} \text{ e } C = \begin{pmatrix} 0 & 1 & 0 & 0 \\ 3 & 2 & 1 & 0 \\ 0 & 3 & 2 & 1 \\ 1 & 0 & 3 & 2 \end{pmatrix}.$$

De acordo com conhecimentos sobre matrizes e determinantes, é **correto** afirmar que

01) $\det(M \cdot N) = \det(N \cdot M)$, onde **M** e **N** são matrizes quadradas de mesma ordem.

02) $\det M^t = -\det M$, onde **M** é matriz quadrada de ordem ímpar.

04) $\det(C) = 4$.

08) a matriz $A \cdot B$ possui três linhas e três colunas.

16) $\det(A \cdot B) = 96$.

169. (UFRJ)

Na figura a seguir, **A** não pertence ao plano determinado pelos pontos **B**, **C** e **D**. Os pontos **E**, **F**, **G** e **H** são os pontos médios dos segmentos AB, BC, CD e DA, respectivamente.

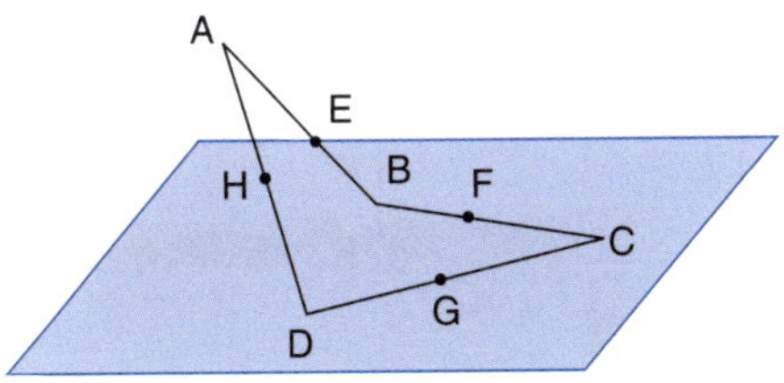

Prove que EFGH é um paralelogramo.

170. (UEMG)

Dadas as equações de reta **r**: $x + y - 6 = 0$ e **s**: $2x - y = 0$ em um dado plano cartesiano de centro **O**. As retas **r** e **s** são concorrentes no ponto **P** e a reta **r** intercepta o eixo das abscissas no ponto **Q**. O volume do sólido formado pela rotação da figura plana formada pelos pontos OPQ em torno do lado OQ é: (use $\pi \simeq 3$)

a) 32 cm^3.
b) 64 cm^3.
c) 96 cm^3.
d) 88 cm^3.

171. (EsPCEx-SP)

As medidas das arestas de um paralelepípedo retângulo são diretamente proporcionais a 3, 4 e 5 e a soma dessas medidas é igual a 48 cm. Então a medida da sua área total, em cm^2, é

a) 752
b) 820
c) 1 024
d) 1 302
e) 1 504

172. (UEG-GO)

Uma laranja com formato esférico e com 6 cm de diâmetro foi descascada até a sua metade. Considerando-se esses dados, verifica-se que a área total da casca retirada da laranja é de aproximadamente (use $\pi \simeq 3{,}14$)

a) 48 cm^2
b) 57 cm^2
c) 74 cm^2
d) 95 cm^2

173. (IFBA)

Sendo o valor de **p** o triplo do valor de **r** e **q** o dobro do valor de **r**; sendo a soma do valor de **p** com o valor de **q** o mesmo valor correspondente a 20% do valor 75; sendo $M = \frac{2 \cdot p(3 + r)}{q^2}$, então podemos afirmar que o valor de **M** é?

a) 4
b) 2
c) 6
d) 5
e) 3

174. (FGV-RJ)

A figura abaixo mostra um tronco de pirâmide regular formado por dois quadrados ABCD e A'B'C'D' de centros **O** e **O**' contidos em planos paralelos e quatro trapézios congruentes. Os quadrados são as bases do tronco e a sua altura é a distância OO' = h entre os planos paralelos.

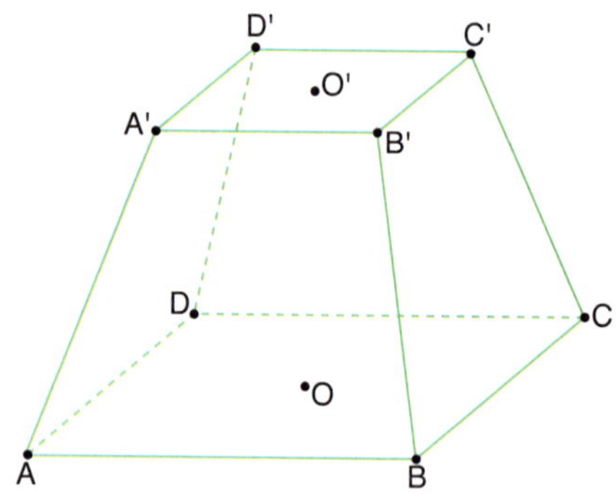

Se **S** e **S**' são as áreas das bases de um tronco de pirâmide de altura **h**, o volume desse tronco é dado pela fórmula $V = \frac{h}{3}\left(S + S' + \sqrt{SS'}\right)$.

São dadas, em decímetros, as medidas das arestas:

AB = 12, A'B' = 6, AA' = 9.

Calcule o volume desse poliedro em decímetros cúbicos e dê um valor aproximado usando algum dos dados abaixo.

Dados: $\sqrt{2} \simeq 1,41$, $\sqrt{3} \simeq 1,73$, $\sqrt{5} \simeq 2,24$, $\sqrt{7} \simeq 2,65$.

175. (UFPE)

Em quantas regiões quatro retas distintas dividem o plano, sabendo-se que não há duas retas paralelas nem três concorrentes no mesmo ponto?

176. (UEL-PR)

O sólido representado na figura a seguir é formado por um cubo de aresta de medida $\frac{x}{2}$ que se apoia sobre um cubo de aresta de medida **x**.

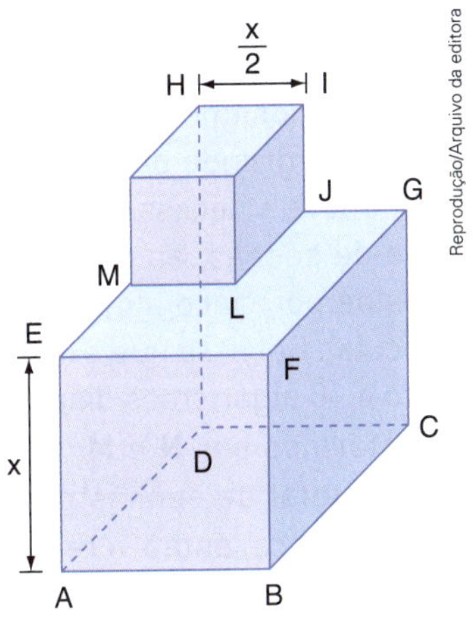

A intersecção do plano EGC com o plano ABC é

a) vazia.

b) a reta $\overline{AC}$.

c) o segmento de reta $\overline{AC}$.

d) o ponto **C**.

e) o triângulo AGC.

177. (UFPB)

Em um *shopping*, uma pessoa sai do primeiro pavimento para o segundo através de uma escada rolante, conforme a figura a seguir.

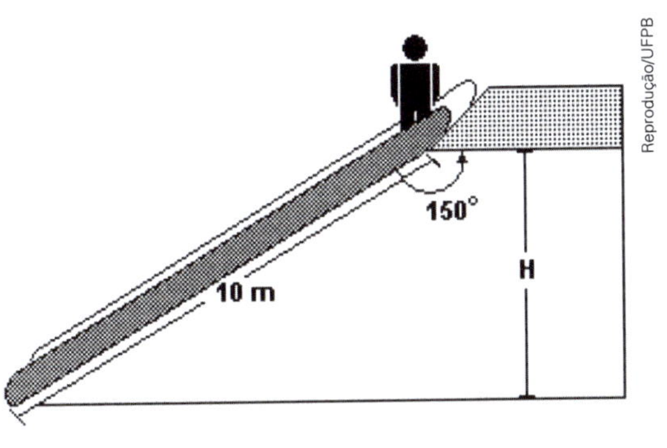

A altura **H**, em metros, atingida pela pessoa, ao chegar ao segundo pavimento, é:

a) 15

b) 10

c) 5

d) 3

e) 2

178. (UFU-MG)

Para realizar uma venda, uma loja virtual solicita de seus clientes o cadastramento de uma senha pessoal que permitirá acompanhar a entrega de sua compra. Essa senha anteriormente era composta por quatro algarismos e uma letra (minúscula), sem quaisquer restrições de posicionamentos entre letra e algarismos. Com o grande aumento no número de vendas, houve a necessidade de ampliação no número de senhas, as quais passaram a ser compostas por cinco algarismos e uma letra (minúscula). Sabe-se que existem 26 letras no alfabeto e 10 algarismos disponíveis.

Se denotarmos por **N** e **M**, respectivamente, o número total de senhas possíveis, antes e após a mudança, então, a relação entre **N** e **M** é dada por:

a) $M = 10 \cdot N$

b) $M = 5! \cdot N$

c) $M = 6! \cdot N$

d) $M = 12 \cdot N$

179. (Udesc)

Uma bola esférica é composta por 24 faixas iguais, como indica a figura.

Sabendo-se que o volume da bola é $2\,304\pi$ cm^3, então a área da superfície de cada faixa é de:

a) 20π cm^2

b) 24π cm^2

c) 28π cm^2

d) 27π cm^2

e) 25π cm^2

180. (UPM-SP)

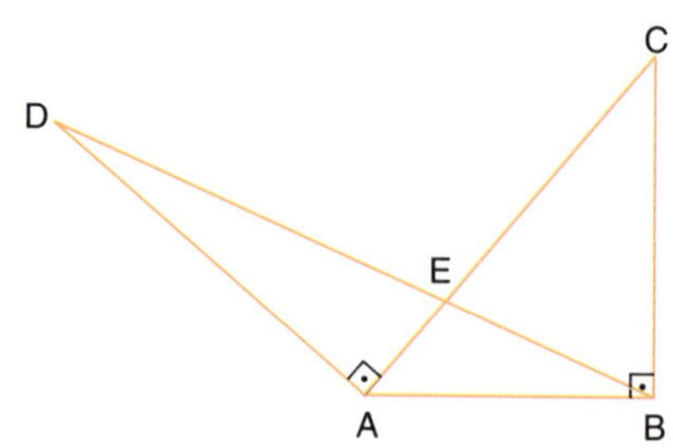

Na figura acima, ABC e AED são triângulos retângulos. Se $m(\overline{AC}) = \ell$, $m(B\hat{A}C) = \alpha$, $m(A\hat{D}E) = \beta$ e $m(A\hat{B}C) = m(D\hat{A}E) = 90°$, então $m(\overline{BD})$ é

a) $\ell \cdot \cos \alpha$

b) $\ell \cdot \text{sen}^2\, \alpha$

c) $\ell \cdot \cos \alpha \cdot \text{sen}\, \beta$

d) $\ell \cdot \dfrac{\cos^2 \alpha}{\text{sen}\beta}$

e) $\ell \cdot \dfrac{\text{sen}^2\, \alpha}{\cos\beta}$

181. (Uece)

Um poliedro convexo com 32 vértices possui apenas faces triangulares. O número de arestas deste poliedro é

a) 100. b) 120. c) 90. d) 80.

182. (EsPCEx-SP)

A angioplastia é um procedimento médico caracterizado pela inserção de um cateter em uma veia ou artéria com o enchimento de um pequeno balão esférico localizado na ponta desse cateter. Considerando que, num procedimento de angioplastia, o raio inicial do balão seja desprezível e aumente a uma taxa constante de 0,5 mm/s até que o volume seja igual a 500 mm^3, então o tempo, em segundos, que o balão leva para atingir esse volume é

a) 10.

b) $10\sqrt[3]{\frac{5}{\pi}}$.

c) $10\sqrt[3]{\frac{2}{\pi}}$.

d) $10\sqrt[3]{\pi}$.

e) $10\sqrt[3]{\frac{3}{\pi}}$.

183. (Uepa)

Num dos trabalhos escritos no começo do século V d.C. na Índia, encontramos uma tabela "meias-cordas", representado na figura abaixo. Essas "meias-cordas" representam os nossos atuais senos. Os indianos pensavam na meia-corda como o real segmento em um círculo com raio particular, como, por exemplo, ocorre no livro *Almagest* de Claudius Ptolomeu (85 – 165), que utilizou um círculo de raio 60.

Texto adaptado do livro *A Matemática através dos tempos*, Editora Edgard Blücher, 2008.

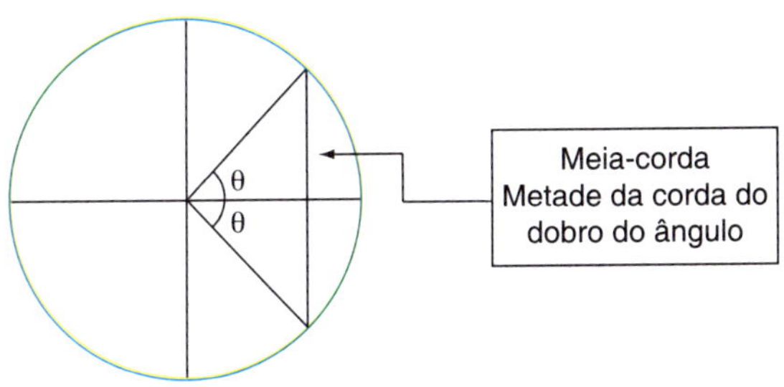

Utilizando o mesmo raio considerado por Ptolomeu, o valor da meia-corda indicado na figura para um ângulo de $\theta = 45°$ é:

a) $30\sqrt{2}$.

b) $15\sqrt{2}$.

c) $\frac{15\sqrt{2}}{2}$.

d) $\frac{\sqrt{2}}{2}$.

e) $\frac{\sqrt{2}}{4}$.

184. (PUCC-SP)

Para desbloquear a tela de um aparelho celular, o usuário deve digitar uma senha de três algarismos quaisquer. Note que também são válidas senhas, por exemplo, 088 ou 000. Se a pessoa digita duas vezes a senha errada, o mecanismo de segurança do aparelho trava a tela por uma hora.

Rafael esqueceu sua senha, mas lembra que ela formava um número que era: quadrado perfeito, menor do que 900 e múltiplo de 3. Usando corretamente suas três lembranças, as chances de Rafael conseguir desbloquear a tela do seu celular, sem que ela trave por uma hora, são iguais a

a) $\frac{2}{9}$.

b) $\frac{2}{11}$.

c) $\frac{3}{11}$.

d) $\frac{1}{3}$.

e) $\frac{1}{5}$.

185. (UCS-RS)

O volume de um prisma reto, cuja base é um retângulo com lados de medidas 4 m e 6 m, é igual a 120 m^3.

Qual será o volume, em m^3, do prisma reto que tem como base o polígono com vértices nos pontos médios da base do prisma anterior e que tem o triplo da altura do prisma anterior?

a) 30
b) 60
c) 120
d) 180
e) 300

186. (UEMG)

Os números 258 e 179 têm seus algarismos escritos em ordem crescente. Os números 558 e 496 não têm seus algarismos escritos em ordem crescente. Quantos são os números de três algarismos no qual esses algarismos aparecem em ordem crescente?

a) 84
b) 120
c) 504
d) 720

Respostas

Aplique o que aprendeu

Tópico 1 – Trigonometria na circunferência, trigonometria em um triângulo qualquer, funções trigonométricas e transformações trigonométricas

1. C
2. D
3. A
4. D
5. D
6. D
7. E
8. D
9. C
10. C
11. A
12. D
13. A
14. D
15. A
16. D
17. B
18. B
19. A
20. B
21. A

Tópico 2 – Geometria espacial e de posição

1. D
2. B
3. 01 + 02 + 08 + 16 = 27
4. D
5. B
6. E
7. F - F - V - F - V
8. E
10. A
11. 04 + 08 + 16 = 28
12. B
13. B
14. C
15. C
16. C
17. E
18. 01 + 02 + 08 + 16 = 27
19. B
20. 04 + 08 = 12
21. C
22. 01 + 04 = 05
23. 01 + 04 + 08 + 16 = 29
24. 01 + 04 + 08 + 16 = 29
25. C

Tópico 3 – Poliedros

1. C
2. D
3. D
4. a) $\overline{EG} = \overline{DG'} = 5\sqrt{7}$ m
   b) 7,1°
5. B
6. B
7. B
8. 134 cm
9. A
10. A
11. D
12. B
13. D
14. 01 + 02 + 08 + 16 = 27
15. A
16. $16\sqrt{3}$ m²
17. 01 + 02 = 03
18. C
19. D
20. A
21. B
22. B
23. 02 + 04 = 06
24. E
25. D
26. 01 + 04 + 08 + 16 = 29
27. A
28. D

Tópico 4 – Corpos redondos

1. E
2. a) 148,8 m
   b) 44 044,8 m³
3. C
4. E
5. B
6. E
7. D
8. C
9. 2 m
10. E
11. D
12. D
13. C
14. C
15. 01 + 08 + 16 = 25
16. B
17. A
18. C
19. C
20. C
21. C
22. C
23. E

Tópico 5 – Matrizes, determinantes e sistemas lineares

1. C
2. C
3. D
4. A
5. B
6. B
7. C
8. 01 + 02 = 03

9. E
10. A
11. D
12. −6
13. A
14. E
15. D
16. A
17. E
18. D
19. D
20. C
21. a) −1,6

    b) $\theta = k\pi$ ou $\theta = \frac{3\pi}{4} + 2k\pi,\ k \in \mathbb{Z}$
22. A
23. C

Tópico 6 – Análise combinatória e probabilidade

1. E
2. D
3. A
4. E
5. C
6. B
7. B
8. B
9. C
10. A
11. D
12. D
13. A
14. E
15. C
16. B
17. A
18. A
19. A
20. B
21. B
22. A
23. D
24. C
25. D
26. D

Rumo ao Ensino Superior

1. C
2. 01 + 08 = 09
3. k = 6 m
4. B
5. D
6. m = 0 é possível e indeterminado; m = 1 e m = 2 é impossível
7. E
8. C
9. C
10. D
11. B
12. D
13. A
14. D
15. B
16. B
17. A
18. A
19. A
20. D
21. V – V – V – F – V
22. D
23. B
24. B
25. V – V – F – F – V
26. a) Demonstração

    b) $\left\{(0, 0), \left(1, \frac{1}{2}\right)\right\}$
27. A
28. B
29. D
30. D
31. B
32. 01 + 02 + 04 = 07
33. C
34. D
35. D
36. E
37. A
38. E
39. A
40. 02 + 04 = 06
41. C
42. C
43. C
44. B
45. C
46. C
47. A
48. 02 + 04 = 06
49. C
50. B
51. D
52. E
53. A
54. 08
55. E
56. A

57. D

58. B

59. A

60. A

61. D

62. B

63. A

64. C

65. C

66. B

67. D

68. D

69. c = 24; s = 26; m = 30

70. 01 + 04 = 05

71. C

72. B

73. $M = \begin{pmatrix} \frac{1}{2} & \frac{1}{2} \\ \frac{1}{2} & \frac{1}{2} \end{pmatrix}$ ou

$M = \begin{pmatrix} -\frac{1}{2} & \frac{1}{2} \\ \frac{1}{2} & -\frac{1}{2} \end{pmatrix}$

74. A

75. B

76. A

77. D

78. D

79. B

80. D

81. E

82. C

83. A

84. A

85. D

86. D

87. C

88. D

89. B

90. E

91. D

92. A

93. $\frac{1}{5}$

94. E

95. C

96. E

97. C

98. D

99. E

100. D

101. E

102. B

103. A

104. B

105. B

106. D

107. a) 10^8 joules

b) A = 6; B = 2; D = R +
+ Im = [4, 8]; Período 10;
$m = \frac{\pi}{5}; \frac{-\pi}{5}$

108. D

109. D

110. V – F – V – V

111. A

112. B

113. E

114. 01 + 02 = 03

115. C

116. A

117. 01 + 02 = 03

118. B

119. B

120. C

121. A

122. B

123. E

124. C

125. A

126. 01 + 02 + 04 + 08 = 15

127. C

128. E

129. C

130. C

131. B

132. D

133. C

134. D

135. D

136. C

137. E

138. B

139. E

140. E

141. B

142. D

143. C

144. A

145. D

146. B

147. A

148. B

149. C

150. 01 + 16 = 17

151. B

152. 120

153. C

154. B

155. D

156. a) 20 b) 18 c) 11

157. B

158. E

159. a) 7 234,56 u.a.

b) 14 469,12 u.v.

160. F – F – F – F – F

161. B

162. B

163. D

164. D

165. 01 + 02 + 08 + 16 = 27

166. D

167. B

168. 01 + 16 = 17.

169. Demonstração

170. C

171. E

172. B

173. E

174. 667,8 dm^3

175. 11

176. B

177. C

178. D

179. B

180. D

181. C

182. E

183. A

184. A

185. D

186. A

Significado das siglas dos vestibulares

Acafe-SC: Associação Catarinense das Fundações Educacionais (Santa Catarina)

Cefet-MG: Centro Federal de Educação Tecnológica de Minas Gerais

CPS-SP: Centro Paula Souza (São Paulo)

EBMSP-BA: Escola Bahiana de Medicina e Saúde Pública (Bahia)

EEAR-SP: Escola de Especialistas de Aeronáutica (São Paulo)

EFOMM-RJ: Escola de Formação de Oficiais da Marinha Mercante (Rio de Janeiro)

Enem: Exame Nacional do Ensino Médio

Epcar-MG: Escola Preparatória de Cadetes do Ar (Minas Gerais)

Escola Naval Brasileira-RJ: Escola Naval Brasileira (Rio de Janeiro)

EsPCEx-SP: Escola Preparatória de Cadetes do Exército (São Paulo)

ESPM-SP: Escola Superior de Propaganda e Marketing (São Paulo)

Famema: Faculdade de Medicina de Marília (São Paulo)

Famerp-SP: Faculdade de Medicina de São José do Rio Preto (São Paulo)

Fatec-SP: Faculdade de Tecnologia (São Paulo)

FCMMG: Faculdade de Ciências Médicas de Minas Gerais

FEI-SP: Centro Universitário da Faculdade de Engenharia Industrial (São Paulo)

Fepar-PR: Faculdade Evangélica do Paraná

FGV-RJ: Fundação Getúlio Vargas (Rio de Janeiro)

FGV-SP: Fundação Getúlio Vargas (São Paulo)

FMP-RJ: Faculdade de Medicina de Petrópolis (Rio de Janeiro)

Fuvest-SP: Fundação Universitária para o Vestibular (São Paulo)

IFCE: Instituto Federal de Educação, Ciência e Tecnologia do Ceará

IFPE: Instituto Federal de Educação, Ciência e Tecnologia de Pernambuco

IFSC: Instituto Federal de Educação, Ciência e Tecnologia de Santa Catarina

IFSP: Instituto Federal de Educação, Ciência e Tecnologia de São Paulo

Ifsul-RS: Instituto Federal de Educação, Ciência e Tecnologia Sul-Rio-Grandense (Rio Grande do Sul)

Imed-RS: Faculdade Meridional (Rio Grande do Sul)

IME-RJ: Instituto Militar de Engenharia (Rio de Janeiro)

Insper-SP: Instituto de Ensino e Pesquisa (São Paulo)

ITA-SP: Instituto Tecnológico de Aeronáutica (São Paulo)

PUCC-SP: Pontifícia Universidade Católica de Campinas (São Paulo)

PUC-PR: Pontifícia Universidade Católica do Paraná

PUC-RJ: Pontifícia Universidade Católica do Rio de Janeiro

PUC-RS: Pontifícia Universidade Católica do Rio Grande do Sul

PUC-SP: Pontifícia Universidade Católica de São Paulo

Ucpel-RS: Universidade Católica de Pelotas (Rio Grande do Sul)

UCS-RS: Universidade de Caxias do Sul (Rio Grande do Sul)

Udesc: Universidade do Estado de Santa Catarina

Uece: Universidade Estadual do Ceará

UEFS-BA: Universidade Estadual de Feira de Santana (Bahia)

UEG-GO: Universidade Estadual de Goiás

UEL-PR: Universidade Estadual de Londrina (Paraná)

Uema: Universidade Estadual do Maranhão

UEM-PR: Universidade Estadual de Maringá (Paraná)

Uepa: Universidade do Estado do Pará

UEPG-PR: Universidade Estadual de Ponta Grossa (Paraná)

Uerj: Universidade do Estado do Rio de Janeiro

Uespi: Universidade Estadual do Piauí

Ufal: Universidade Federal de Alagoas

UFBA: Universidade Federal da Bahia

Ufes: Universidade Federal do Espírito Santo

UFF-RJ: Universidade Federal Fluminense (Rio de Janeiro)

UFJF-MG: Universidade Federal de Juiz de Fora (Minas Gerais)

UFMG: Universidade Federal de Minas Gerais

UFPB: Universidade Federal da Paraíba

UFPE: Universidade Federal de Pernambuco

UFPI: Universidade Federal do Piauí

UFPR: Universidade Federal do Paraná

UFRGS-RS: Universidade Federal do Rio Grande do Sul

UFRN: Universidade Federal do Rio Grande do Norte

Ufscar-SP: Universidade Federal de São Carlos (São Paulo)

UFSM-RS: Universidade Federal de Santa Maria (Rio Grande do Sul)

UFTM-MG: Universidade Federal do Triângulo Mineiro (Minas Gerais)

UFU-MG: Universidade Federal de Uberlândia (Minas Gerais)

UFV-MG: Universidade Federal de Viçosa (Minas Gerais)

UnB-DF: Universidade de Brasília (Distrito Federal)

Uneb-BA: Universidade do Estado da Bahia

Unesp-SP: Universidade Estadual Paulista "Júlio de Mesquita Filho" (São Paulo)

Unicamp-SP: Universidade Estadual de Campinas (São Paulo)

Unifesp: Universidade Federal de São Paulo

Unifor-CE: Fundação Edson Queiroz Universidade de Fortaleza (Ceará)

Unigranrio: Universidade do Grande Rio (Rio de Janeiro)

Unioeste-PR: Universidade Estadual do Oeste do Paraná

Unisc-RS: Universidade de Santa Cruz do Sul (Rio Grande do Sul)

Unisinos-RS: Universidade do Vale do Rio dos Sinos (Rio Grande do Sul)

UPE: Universidade de Pernambuco

UPF-RS: Universidade de Passo Fundo (Rio Grande do Sul)

UPM-SP: Universidade Presbiteriana Mackenzie (São Paulo)

Sumário

Segunda parte

CAPÍTULO 11

Áreas de superfícies planas

M. C. Escher (1989-1972) foi um artista gráfico holandês famoso pelo uso da Matemática em suas obras. Em *Dia e Noite*, retratada na imagem acima, observa-se o uso de tesselação, que é o recobrimento do plano por figuras geométricas. Neste capítulo, estudaremos o cálculo de áreas de algumas superfícies planas.

Introdução

Frequentemente recorremos a objetos do nosso cotidiano para compreender conceitos geométricos. A visualização e a medição desses objetos são estratégias para a descoberta e compreensão de propriedades geométricas.

Em situações como calcular a quantidade de pisos necessária na reforma de uma cozinha, o custo para envernizar a superfície de uma porta, ou, ainda, o custo para a confecção de um quadro, as quantidades envolvidas dependem do cálculo de áreas de superfícies planas. As imagens desta página são exemplos de aplicações desses cálculos.

Colocação de pisos.

Fachada colorida dos casarios no Largo do Pelourinho, em Salvador (BA).

Fotografias em exposição.

Neste capítulo, vamos revisar um conteúdo estudado no Ensino Fundamental: o cálculo de **áreas de superfícies planas delimitadas**.

De modo geral, **área** é a medida da extensão de uma superfície, expressa em uma unidade padrão preestabelecida (correspondente à área de um quadrado de lado unitário, isto é, de um quadrado cujo lado mede 1).

Mas como são definidos os padrões de medida?

É o Sistema Internacional de Unidades (SI) que estabelece as unidades básicas de medidas e as unidades derivadas, as quais podem ser expressas a partir das unidades de base. Particularmente, vamos nos referir à unidade básica de comprimento – o metro – e às unidades dela derivadas, conforme mostrado a seguir.

Unidade (SI)

Grandeza	Nome	Símbolo
Comprimento	metro	m
Superfície	metro quadrado	m^2
Volume	metro cúbico	m^3

O Sistema Métrico Decimal, criado durante a Revolução Francesa, e o depósito de dois padrões de platina nos Arquivos da República, em Paris, em 22 de junho de 1799, representando o metro e o quilograma, podem ser considerados como a primeira etapa que levou ao atual Sistema Internacional de Unidades. No Brasil, o sistema métrico decimal foi oficialmente introduzido em 1862.

Atualmente, usa-se a seguinte definição de metro, adotada pela Convenção Geral de Pesos e Medidas, em 1983:

Metro é o comprimento do trajeto percorrido pela luz, no vácuo, durante um intervalo de tempo de $\frac{1}{299\,792\,458}$ de segundo.

Vamos agora estabelecer algumas relações entre certas unidades de medida:

$$1 \text{ m} = 10 \text{ dm} \Rightarrow$$
$$\Rightarrow \begin{cases} (1\text{m})\cdot(1\text{m}) = (10\text{ dm})\cdot(10\text{ dm}) \Rightarrow 1\text{ m}^2 = 100\text{ dm}^2 = 10^2\text{ dm}^2 \\ (1\text{m})\cdot(1\text{m})\cdot(1\text{m}) = (10\text{ dm})\cdot(10\text{ dm})\cdot(10\text{ dm}) \Rightarrow 1\text{ m}^3 = 1\,000\text{ dm}^3 = 10^3\text{ dm}^3 \end{cases}$$

$$1 \text{ m} = 100 \text{ cm} \Rightarrow$$
$$\Rightarrow \begin{cases} (1\text{m})\cdot(1\text{m}) = (100\text{ cm})\cdot(100\text{ cm}) \Rightarrow 1\text{ m}^2 = 10\,000\text{ cm}^2 = 10^4\text{ cm}^2 \\ (1\text{m})\cdot(1\text{m})\cdot(1\text{m}) = (100\text{ cm})\cdot(100\text{ cm})\cdot(100\text{ cm}) \Rightarrow 1\text{ m}^3 = 10^6\text{ cm}^3 \end{cases}$$

Área do retângulo

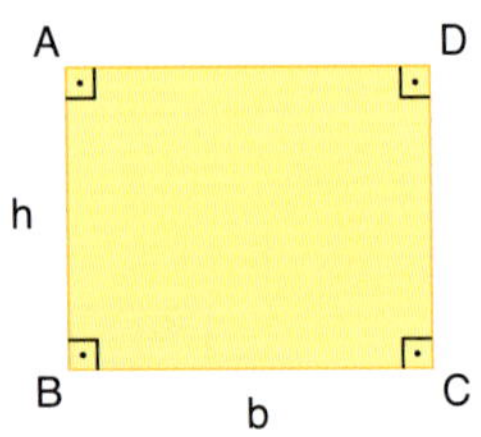

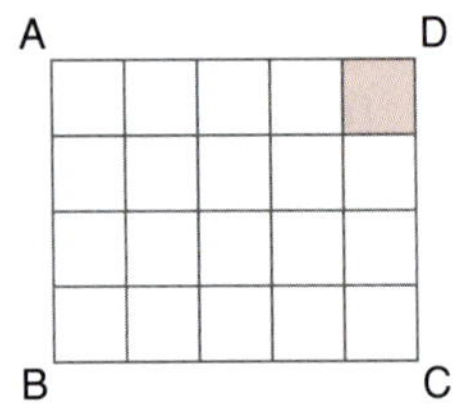

1 unidade de medida de superfície (1 u.a.)

Ilustrações: Banco de imagens/Arquivo da editora

A figura à esquerda representa o retângulo ABCD. Supondo que o lado $\overline{AB}$ mede 4 u.c. e o lado $\overline{BC}$ mede 5 u.c. – em que u.c. é a unidade de medida de comprimento –, podemos dividir o retângulo em 20 pequenos quadrados, cada um dos quais com 1 unidade de medida de superfície (ou, simplesmente, unidade de área, indicada por u.a.), conforme a figura à esquerda.

Assim, a área (**A**) do retângulo ABCD é: A = (5 u.c.) · (4 u.c.) = 20 u.a.

Se, em um retângulo ABCD, chamamos:

- **A**: área da superfície limitada pelo retângulo ABCD ou, simplesmente, área do retângulo ABCD;
- **b**: medida da base $\overline{BC}$;
- **h**: medida da altura $\overline{AB}$;

então, temos:

$$A = b \cdot h$$

A área de um retângulo é igual ao produto da medida da base pela medida da altura.

De modo geral e sem perda de generalidade, a expressão $A = b \cdot h$ também pode ser usada para calcular a área de retângulos nos quais as medidas dos lados são expressas por números reais positivos.

EXEMPLO 1

Vamos calcular a área de um retângulo cujas dimensões são: base b = 13,4 cm e altura h = 0,25 m.

Como, para o cálculo da área, as dimensões devem estar em uma mesma unidade, e lembrando que 1 m = 100 cm, temos: b = 13,4 cm e h = 0,25 · 100 cm = 25 cm.

Assim, $A = b \cdot h \Rightarrow A = (13{,}4\ cm) \cdot (25\ cm) \Rightarrow A = 335\ cm^2$. Ou, ainda, no caso de $b = 13{,}4 \cdot \frac{1}{100}\ m = 0{,}134\ m$ e $h = 0{,}25\ m$, temos: $A = (0{,}134\ m) \cdot (0{,}25\ m) \Rightarrow A = 0{,}0335\ m^2$.

Área do quadrado

Como todo quadrado é um retângulo cuja medida da base é igual à medida da altura, a fórmula da área do retângulo pode ser usada para obter a expressão da área de um quadrado.

Dessa forma, se ℓ é a medida do lado de um quadrado, então, se $b = \ell$ e $h = \ell$, temos:

$$A = b \cdot h \Rightarrow A = \ell \cdot \ell \Rightarrow \boxed{A = \ell^2}$$

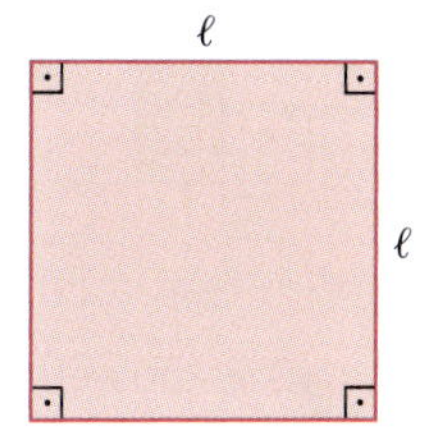

Banco de imagens/Arquivo da editora

A área de um quadrado é igual ao quadrado da medida de seu lado.

Exercício resolvido

1. Um artesão pretende usar retalhos para fazer uma colcha de formato retangular com as seguintes dimensões: 2,40 m de comprimento por 1,80 m de largura. Se os retalhos forem recortados em pedaços quadrados, cada qual com 20 cm de lado, quantos pedaços serão necessários para compor tal colcha?

Solução:

- Determinemos a área $\mathbf{A_1}$ da superfície da colcha: $A_1 = b \cdot h = (2{,}40\ m) \cdot (1{,}80\ m) = 4{,}32\ m^2$
- Seja **n** o total de pedaços de retalho que deverão compor a colcha.

  Cada pedaço deverá ter a forma de um quadrado de 20 cm de lado, cuja área $\mathbf{A_2}$ de superfície é dada por $A_2 = \ell^2 = (20\ cm) \cdot (20\ cm) = (0{,}2\ m) \cdot (0{,}2\ m) = 0{,}04\ m^2$.

  Como as medidas de comprimento e largura da colcha são divisíveis pela medida do lado do retalho, a área da superfície dos **n** pedaços reunidos — que deverão revestir os $4{,}32\ m^2$ — será igual a $n \cdot A_2 = n \cdot 0{,}04\ m^2$.

  Logo, como devemos ter $n \cdot A_2 = A_1$, então $n \cdot 0{,}04\ m^2 = 4{,}32\ m^2$, ou seja, n = 108 pedaços.

Exercícios

1. Determine a área de:
   a) um retângulo cujas dimensões são 6,5 cm e 12 cm;
   b) um quadrado cujo lado mede $5\sqrt{3}$ m;
   c) um retângulo cuja base mede 16 dm e cuja diagonal mede 20 dm;
   d) um quadrado que tem 24 m de perímetro;
   e) um retângulo cuja diagonal forma um ângulo de 30° com o lado que tem 12 dm de comprimento;
   f) um quadrado cuja diagonal mede $5\sqrt{2}$ mm.

2. Um mapa de certa região foi construído na escala 1 : 20 000. Determine, em metros quadrados, a área real de uma chácara que, nesse mapa, é representada por um quadrado cujo lado mede 0,3 cm.

3. A figura apresenta uma malha quadriculada em que a medida do lado de cada quadradinho é 2,5 u.c. (unidades de medida de comprimento). Determine a área da região colorida.

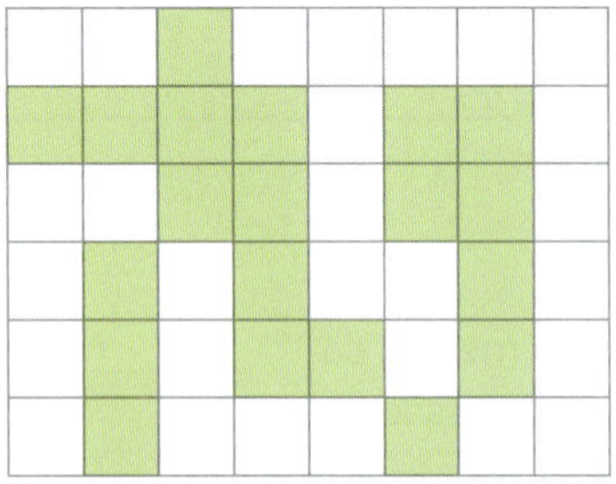

Banco de imagens/Arquivo da editora

4. Um jardim tem a forma de um retângulo cujas dimensões estão entre si na razão $\frac{3}{4}$. Se esse jardim tem 28 m de perímetro, determine sua área.

5. Um azulejo tem a forma de um quadrado cuja diagonal mede $15\sqrt{2}$ cm. Se as paredes de um salão de formato retangular, cujas dimensões são (54 m) × (4,5 m), deverão ser totalmente revestidas por tais azulejos, então, supondo que nenhum deles se quebre no ato da colocação, quantos azulejos serão usados?

6. Na figura, a região colorida representa uma piscina de formato quadrado, construída no quintal de uma casa. Pretende-se reduzir em 2 m as dimensões da superfície dessa piscina, de modo que ela passe a ocupar 36% da área do quintal. Se o quintal tem a forma de um quadrado cuja área é 225 m^2, determine quantos metros quadrados aumentarão a superfície do quintal não ocupada pela piscina.

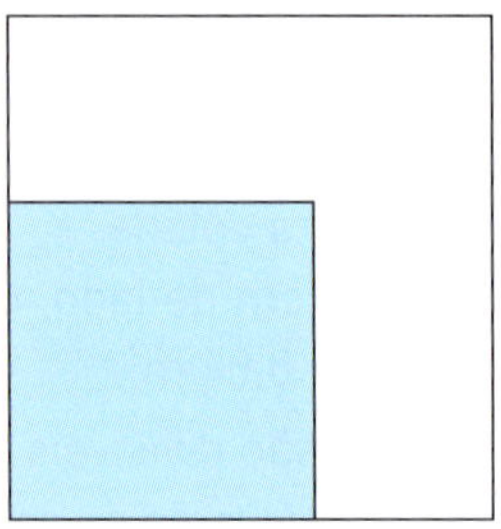

Banco de imagens/Arquivo da editora

7. Sobre uma mesa plana de formato retangular, um arquiteto montou a maquete de um projeto de construção de um edifício. Sabendo que a superfície dessa mesa tem 52 dm de perímetro e área igual a 144 dm^2, determine as dimensões dessa mesa.

8. Sejam dois terrenos planos, um com forma quadrada e o outro com formato retangular, de dimensões, em metros, mostradas nas figuras ao lado.

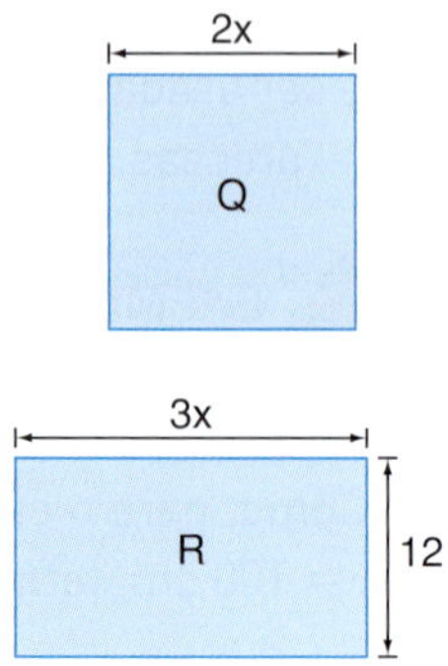

Ilustrações: Banco de imagens/Arquivo da editora

a) Se **Q** e **R** têm o mesmo perímetro, quais são as suas áreas?

b) Se **Q** e **R** têm a mesma área, qual é a razão entre os perímetros de **Q** e de **R**?

9. Na malha quadriculada apresentada abaixo, as regiões sombreadas – **I**, **II**, **III** e **IV** – representam as superfícies de quatro sítios planos onde, respectivamente, os irmãos – Artur, Lucas, Edson e Luíza – pretendem construir suas casas.

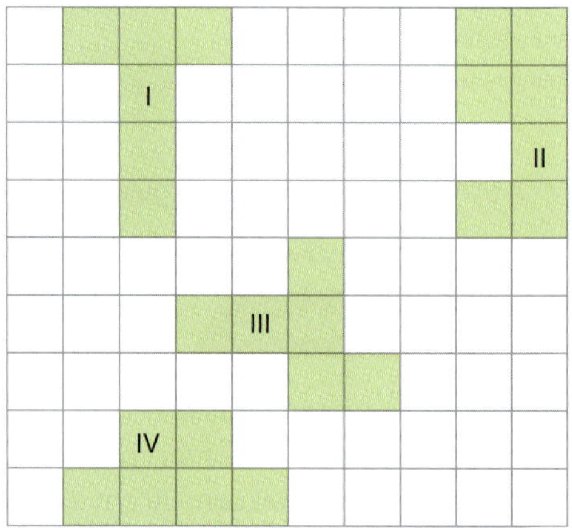

Banco de imagens/Arquivo da editora

Sabendo que a área total da malha é 36 000 m^2, responda:

a) Quais sítios têm perímetros iguais?

b) Qual dos irmãos pretende construir no sítio que tem a superfície de maior área? Qual é a área dessa superfície?

10. Afrânio dispõe de um terreno plano e de formato retangular. Pretendendo vendê-lo, dividiu-o em 4 lotes retangulares cujas medidas das superfícies, em metros quadrados, são indicadas na figura seguinte:

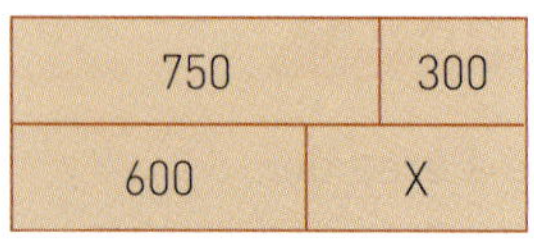

Se o metro quadrado de cada lote for vendido por R$ 86,00, determine o preço de venda do lote cuja superfície tem X m^2 de área.

11. Na figura abaixo, tem-se a planta de um apartamento, cujas medidas são dadas em metros. Considerando desprezível a espessura das paredes, determine a área total desse apartamento.

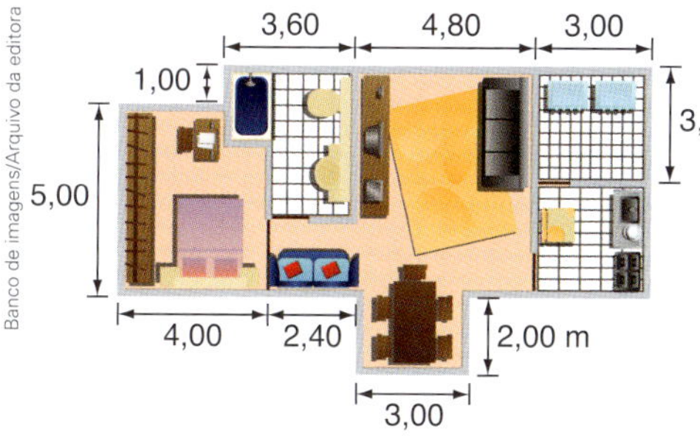

Banco de imagens/Arquivo da editora

12. O piso retangular de uma sala, com 9,60 m de comprimento por 4,50 m de largura, deve ser revestido com ladrilhos quadrados. Admitindo-se que não haverá perda de material e que será utilizado o menor número de ladrilhos inteiros, pergunta-se:

a) Quantos ladrilhos deverão ser colocados?

b) Qual é a área da superfície de cada ladrilho?

13. Paulo e Carlos possuem tabletes de chocolate de formas quadrada e retangular, respectivamente. O tablete de Paulo tem 12 cm de perímetro e o de Carlos tem a medida da base igual ao triplo da medida da altura e perímetro igual a 12 cm. Sabendo que os tabletes possuem a mesma espessura e que Paulo propôs a troca com Carlos, verifique se é vantagem para Carlos aceitar a troca.

14. Três mesas, cujos tampos têm forma quadrada, foram justapostas lado a lado, conforme é mostrado na figura abaixo.

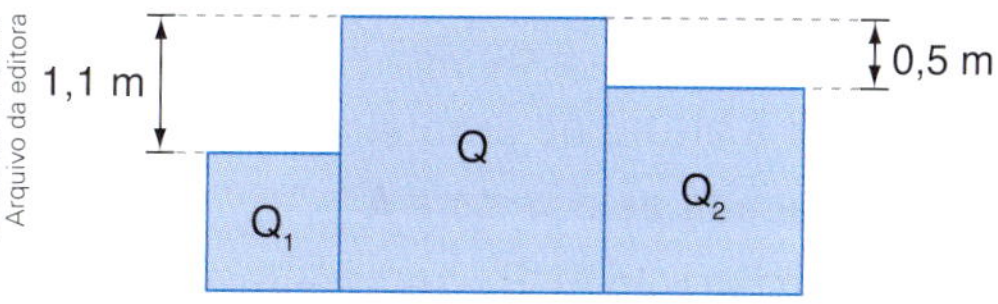

Banco de imagens/Arquivo da editora

Sabendo que as áreas das superfícies dos tampos dessas mesas somam 7,06 m^2, determine a área de **Q** (superfície do tampo da maior mesa).

15. Um grande terreno plano, de formato retangular, foi dividido em três lotes, conforme mostra a representação abaixo, a qual foi feita na escala 1:1 000.

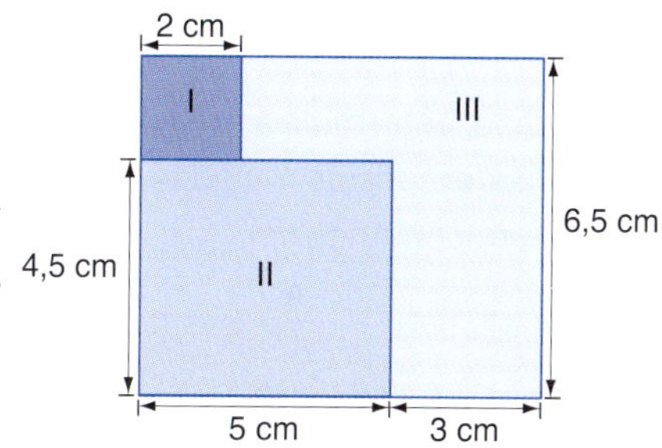

Banco de imagens/Arquivo da editora

a) Determine a área, em metros quadrados, de cada um dos três lotes.

b) Se uma pessoa comprar os lotes I e II, que porcentagem da área do terreno ela estará adquirindo?

c) Se o metro quadrado desse terreno for vendido por R$ 85,00, quanto será pago pela compra do lote III?

Área do paralelogramo

Determinemos a área do paralelogramo ABCD, representado na figura 1, em que **b** e **h** são as medidas da base e da altura, respectivamente.

Observe que, projetando-se os vértices **A** e **D** sobre a reta $\overleftrightarrow{BC}$, obtêm-se os pontos **P** e **Q**, respectivamente, ficando assim determinado o retângulo APQD, como é mostrado na figura 2.

Note que os triângulos APB e DQC são congruentes e, portanto, têm áreas iguais.

Assim, a área do paralelogramo ABCD é igual à área do retângulo APQD, ou seja:

$$A = b \cdot h$$

A área de um paralelogramo é igual ao produto da medida da base pela medida da altura.

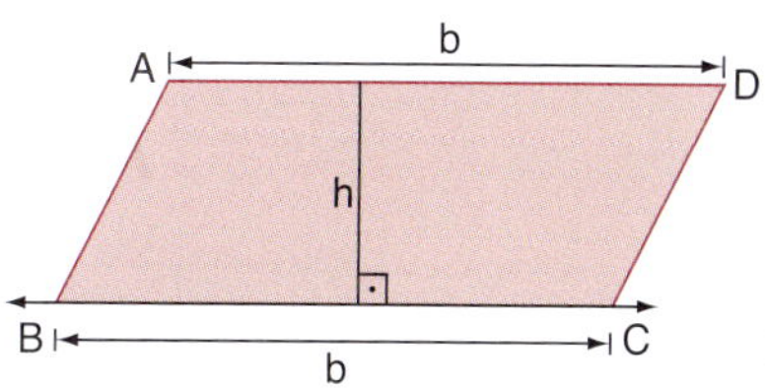

figura 1

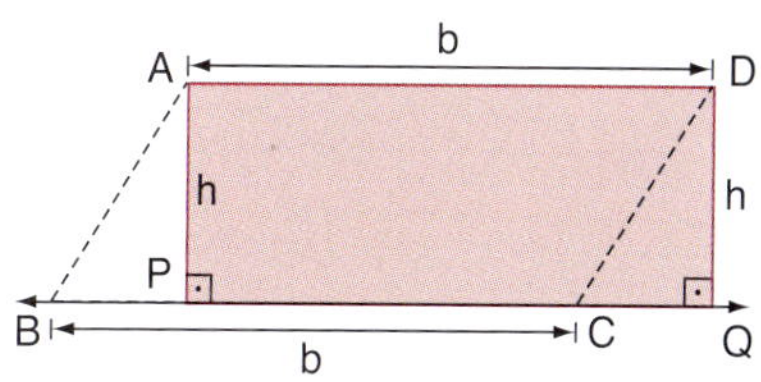

figura 2

Ilustrações: Banco de imagens/Arquivo da editora

EXEMPLO 2

Vamos determinar a área do paralelogramo ABCD, representado na figura, considerando que as medidas indicadas estão em centímetros.

Note que a altura do paralelogramo é a perpendicular $\overline{AH}$ à reta suporte do lado $\overline{BC}$, traçada pelo vértice **A**.

Como o triângulo AHB é retângulo, então, pelo teorema de Pitágoras, temos:

$$AH^2 + HB^2 = AB^2 \Rightarrow AH^2 = (15\ cm)^2 - (9\ cm)^2 = 144\ cm^2 \Rightarrow AH = 12\ cm$$

Logo, a área de ABCD é:

$$A = BC \cdot AH = (6\ cm) \cdot (12\ cm) = 72\ cm^2$$

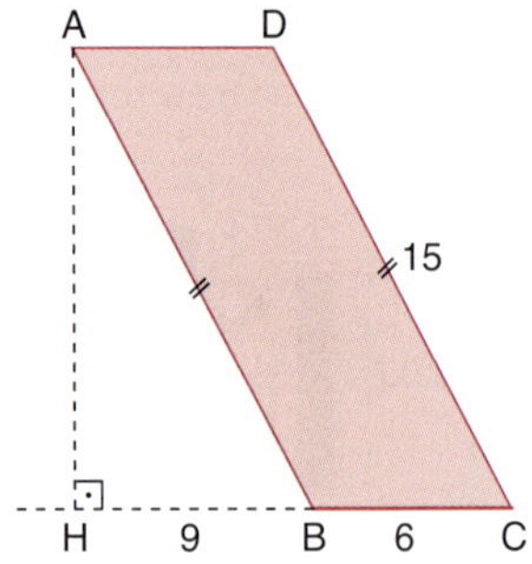

Banco de imagens/Arquivo da editora

Exercícios

16. Em cada caso, determine a área do paralelogramo ABCD, considerando as medidas de comprimento indicadas em centímetros.

a)

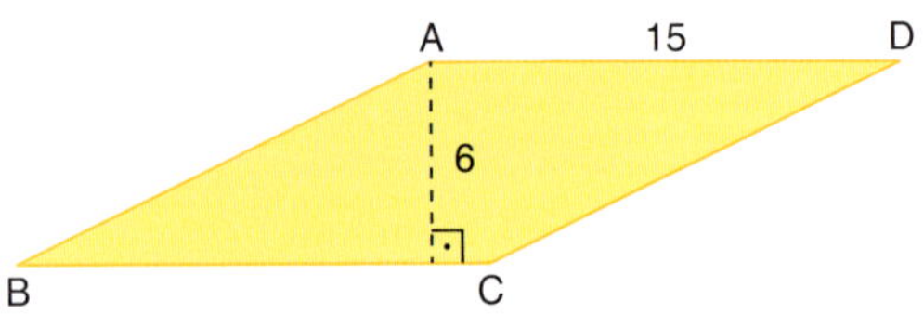

Ilustrações: Banco de imagens/Arquivo da editora

b)

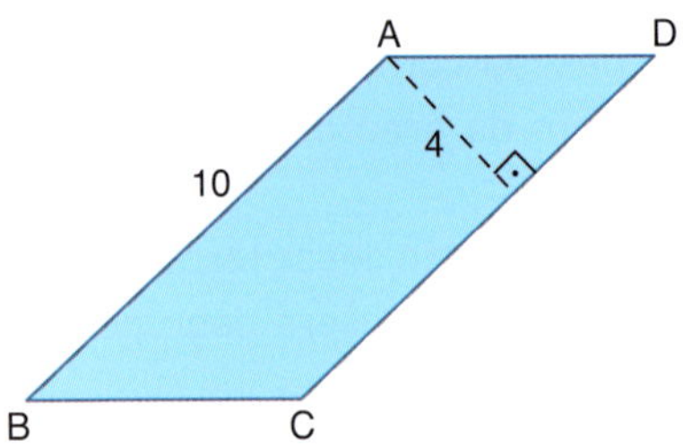

c)

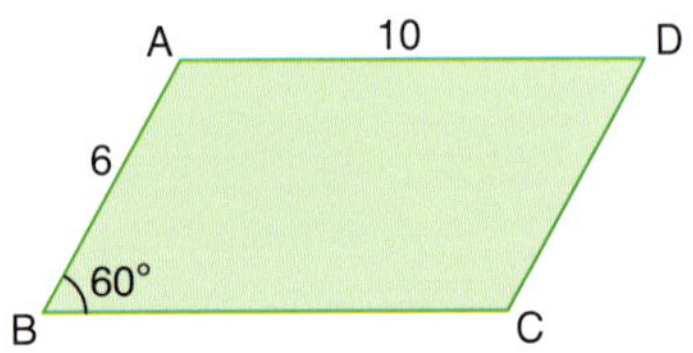

17. A superfície plana de um jardim, no formato de um paralelogramo cujos lados medem 8 m e 12 m e formam entre si um ângulo de 60°, deve ser coberta de grama. Qual é a área desse jardim?

18. A figura abaixo apresenta o esquema de um projeto para a construção de um jardim em um terreno plano de formato retangular, representado pelo retângulo ACDF, cuja superfície tem 504 m^2.

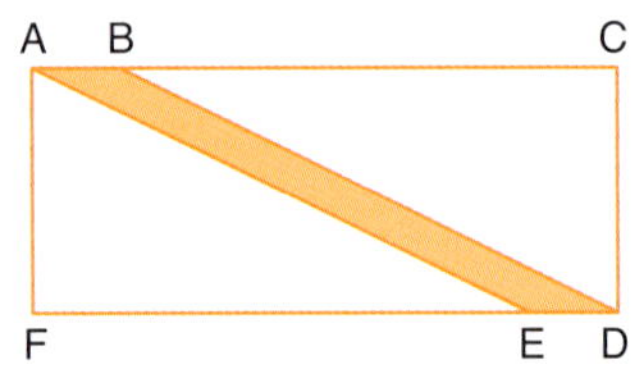

Banco de imagens/Arquivo da editora

Nesse esquema, a região destacada ABDE é um paralelogramo que representa uma passagem de pedestres que dividirá o jardim em dois canteiros triangulares AFE e DCB.

Se AE = 30 m e $AF = \frac{3}{4} \cdot FE$, qual será a área da passagem de pedestres?

Área do triângulo

Seja o triângulo ABC, cuja base $\overline{AC}$ mede **b** e a altura relativa a essa base mede **h**, representado na figura abaixo.

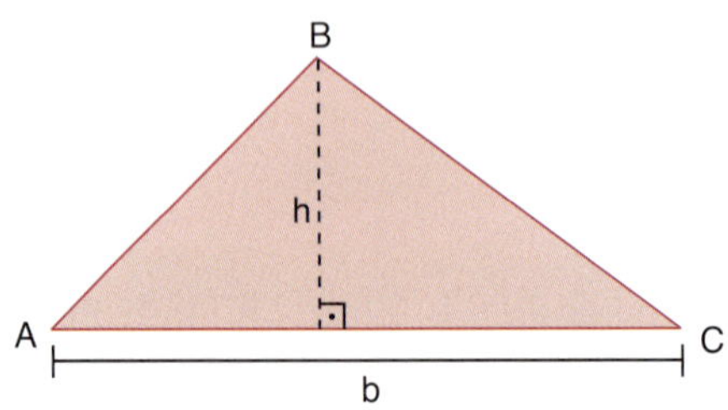

Banco de imagens/Arquivo da editora

Note que as respectivas retas paralelas aos lados $\overline{AC}$ e $\overline{AB}$, traçadas pelos vértices **B** e **C**, intersectam-se no ponto **D**, determinando assim o paralelogramo ABCD, cujas medidas da base e da altura são **b** e **h**, conforme mostrado na figura ao lado.

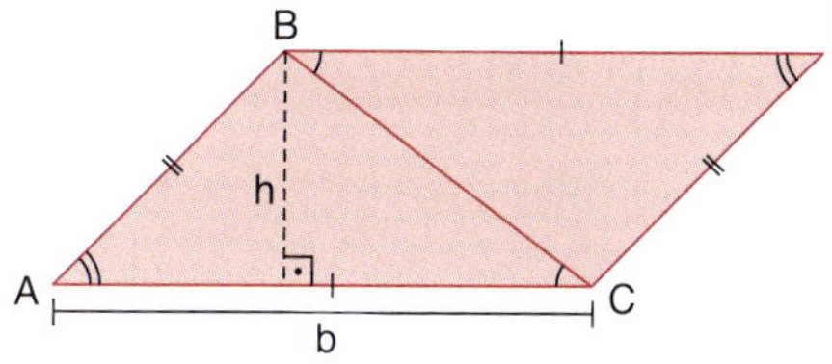

Banco de imagens/Arquivo da editora

Como AB = DC, med($B\hat{A}C$) = med($B\hat{D}C$) e AC = DB, os triângulos ABC e DCB são congruentes e, portanto, suas áreas são iguais.

Logo, a área do triângulo ABC é igual à metade da área do paralelogramo ABDC, ou seja:

$$A = \frac{b \cdot h}{2}$$

A área de um triângulo é igual à metade do produto da medida da base pela medida da altura.

OBSERVAÇÃO

De modo geral, se $\mathbf{h_a}$, $\mathbf{h_b}$ e $\mathbf{h_c}$ são as respectivas medidas das alturas relativas aos lados de medidas **a**, **b** e **c**, temos que a área do triângulo ABC vale:

$$A = \frac{a \cdot h_a}{2} \text{ ou } A = \frac{b \cdot h_b}{2} \text{ ou } A = \frac{c \cdot h_c}{2}$$

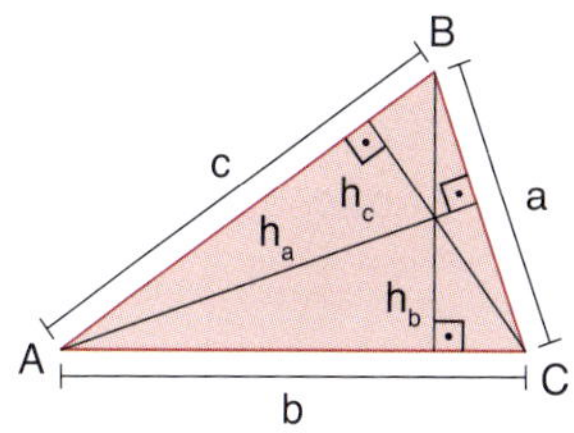

Banco de imagens/Arquivo da editora

Casos particulares

Área do triângulo retângulo

Observe na figura que, no triângulo ABC, o cateto $\overline{AB}$ é a altura relativa ao cateto $\overline{AC}$. Assim, se AB = c e AC = b, a área **A** do triângulo é dada por:

$$A = \frac{b \cdot c}{2}$$

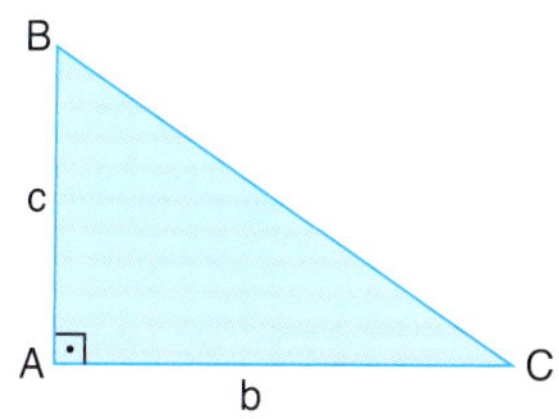

Área do triângulo equilátero

Se ℓ é a medida do lado do triângulo equilátero ABC, representado na figura, temos que $\overline{AH}$ é altura e mediana relativas ao lado $\overline{BC}$ e, portanto:

$$\begin{cases} \overline{AH} \perp \overline{BC} \\ \textbf{H} \text{ é o ponto médio de } \overline{BC} \Rightarrow HC = \dfrac{BC}{2} = \dfrac{\ell}{2} \end{cases}$$

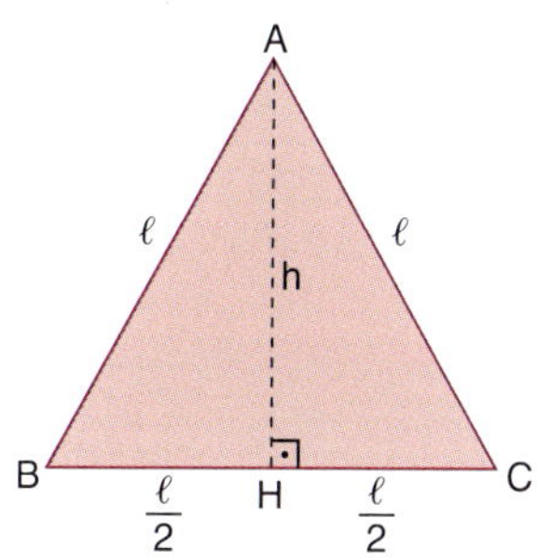

Ilustrações: Banco de imagens/Arquivo da editora

Aplicando-se o teorema de Pitágoras no △AHC, temos:

$$\ell^2 = h^2 + \left(\frac{\ell}{2}\right)^2 \Rightarrow h^2 = \ell^2 - \frac{\ell^2}{4} = \frac{3\ell^2}{4} \Rightarrow h = \frac{\ell\sqrt{3}}{2}$$

Logo, a área do triângulo equilátero é dada por:

$$A = \frac{b \cdot h}{2} = \frac{1}{2} \cdot \ell \cdot \frac{\ell\sqrt{3}}{2} \Rightarrow A = \frac{\ell^2 \cdot \sqrt{3}}{4}$$

Exercício resolvido

2. Determine a área do quadrilátero ABCD representado na figura, sabendo que: AB = 6 cm; AD = 10 cm; a diagonal $\overline{AC}$ determina com os lados $\overline{AD}$ e $\overline{CD}$ ângulos de 60°; e o lado $\overline{BC}$ é perpendicular ao lado $\overline{AB}$.

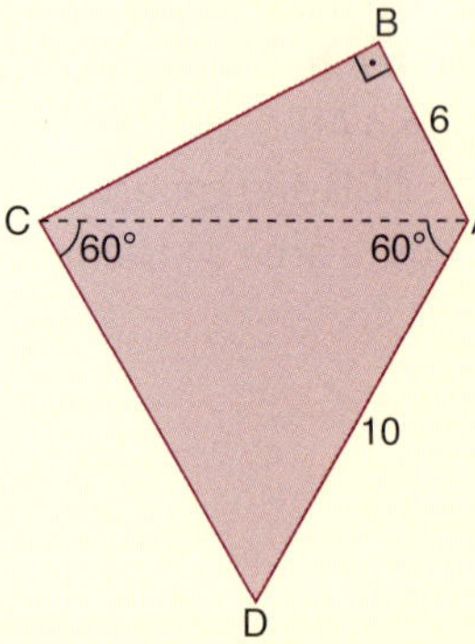

Banco de imagens/Arquivo da editora

Solução:

A área **A** do quadrilátero ABCD é tal que $A = A_1 + A_2$, em que $\mathbf{A_1}$ e $\mathbf{A_2}$ são as áreas dos triângulos ACD e ABC, respectivamente.

- Cálculo de $\mathbf{A_1}$:

  Como $med(A\hat{C}D) = med(D\hat{A}C) = 60°$, então $med(A\hat{D}C) = 60°$, ou seja, o $\triangle ACD$ é equilátero e sua área é dada por:

$$A_1 = \frac{\ell^2 \cdot \sqrt{3}}{4} \Rightarrow A_1 = \frac{10^2 \cdot \sqrt{3}}{4} \Rightarrow A_1 = 25\sqrt{3}$$

  Logo, a área do triângulo ACD é $25\sqrt{3}$ cm².

- Cálculo de $\mathbf{A_2}$:

  Como o $\triangle ABC$ é retângulo em **B**, então, pelo teorema de Pitágoras, temos:

$$AC^2 = BC^2 + AB^2 \Rightarrow 10^2 = BC^2 + 6^2 \Rightarrow BC = 8$$

  Assim, $A_2 = \frac{1}{2}(BC) \cdot (AB) = \frac{1}{2} \cdot 8 \cdot 6 = 24$

  Então, a área do triângulo ABC é 24 cm².

  Logo, a área do quadrilátero ABCD é $A = A_1 + A_2 = (25\sqrt{3} + 24)$ cm².

Expressões da área de um triângulo

Em função das medidas de dois lados e do seno do ângulo compreendido entre eles

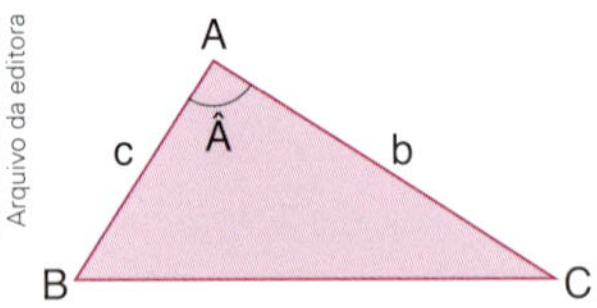

Banco de imagens/ Arquivo da editora

Como já vimos na Trigonometria, a área do triângulo ABC, conhecidas as medidas **b** e **c** dos lados $\overline{AC}$ e $\overline{AB}$, respectivamente, e a medida do ângulo Â, é dada por:

$$A = \frac{1}{2} \cdot b \cdot c \cdot \text{sen}\,\hat{A}$$

Exercício resolvido

3. Calcule a área do triângulo MNP representando a seguir.

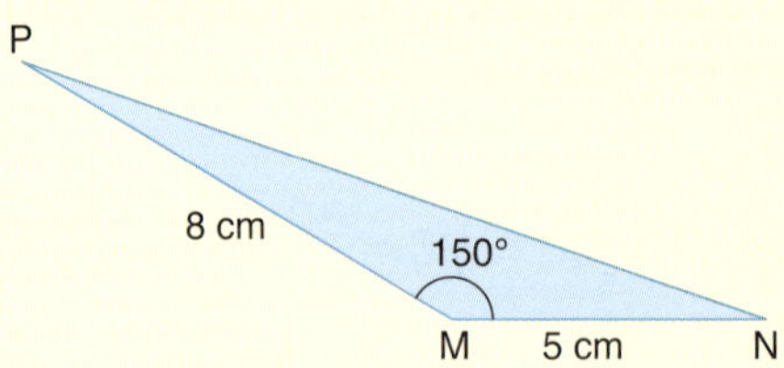

Banco de imagens/Arquivo da editora

Solução:

$$A = \frac{1}{2} \cdot 8 \cdot 5 \cdot \text{sen}\,150°$$

$$A = 20 \cdot \text{sen}\,150°$$

Como $\text{sen}\,150° = \text{sen}\,30° = \frac{1}{2}$, temos $A = 20 \cdot \frac{1}{2} = 10$, ou seja, a área do triângulo MNP é igual a 10 cm².

Em função das medidas de seus lados e da medida do raio da circunferência inscrita

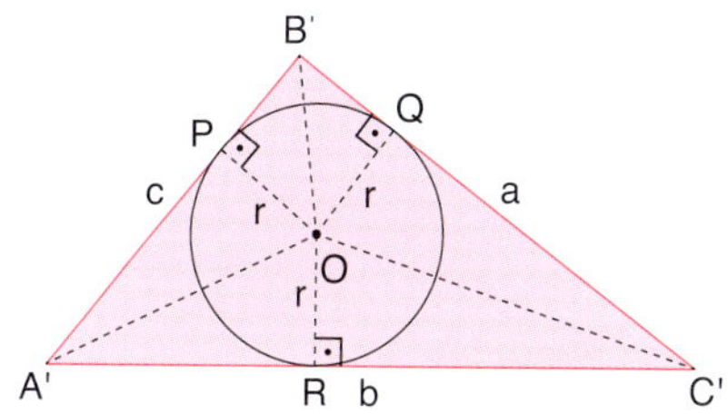

Banco de imagens/Arquivo da editora

Seja o triângulo A'B'C' representado na figura ao lado, em que **a**, **b**, e **c** são as respectivas medidas dos lados $\overline{B'C'}$, $\overline{A'C'}$ e $\overline{A'B'}$, e **r** a medida do raio da circunferência de centro **O**, inscrita nesse triângulo.

Como os lados de A'B'C' são tangentes à circunferência, então $\overline{OP}$, $\overline{OQ}$ e $\overline{OR}$ são perpendiculares a $\overline{A'B'}$, $\overline{B'C'}$ e $\overline{A'C'}$, respectivamente, ou seja:

- OP = r (medida da altura do triângulo A'OB', relativa ao lado $\overline{A'B'}$);
- OQ = r (medida da altura do triângulo B'OC', relativa ao lado $\overline{B'C'}$);
- OR = r (medida da altura do triângulo A'OC', relativa ao lado $\overline{A'C'}$).

Chamando de **A** a área de A'B'C', $\mathbf{A_1}$ a área de A'OB', $\mathbf{A_2}$ a área de B'OC' e $\mathbf{A_3}$ a área de A'OC', então, como $A = A_1 + A_2 + A_3$, temos:

$$A = \frac{cr}{2} + \frac{ar}{2} + \frac{br}{2} = \frac{(a + b + c) \cdot r}{2}$$

e, como $\frac{(a + b + c)}{2} = p$ (semiperímetro), obtemos $A = p \cdot r$.

Exercício resolvido

4. A área de um triângulo ABC é igual a 180 cm², e dois de seus lados medem 15 cm e 21 cm. Determine a medida do terceiro lado desse triângulo, sabendo que a medida do raio da circunferência nele inscrita é 6 cm.

Solução:

Chamamos de **x** a medida do terceiro lado do triângulo ABC.

Como o seu perímetro é $2p = x + 15 + 21$, obtém-se $p = \frac{x + 36}{2}$. (1)

Considerando a área **A** do triângulo ABC dada por $A = p \cdot r$, então, como $A = 180\ cm^2$ e $r = 6$ cm, obtém-se $180 = 6p \Rightarrow p = 30$. (2)

Substituindo (2) em (1), temos: $30 = \frac{x + 36}{2} \Rightarrow x + 36 = 60 \Rightarrow x = 24$.

Portanto, a medida do terceiro lado do triângulo é 24 cm.

Em função das medidas dos lados e da medida do raio da circunferência circunscrita

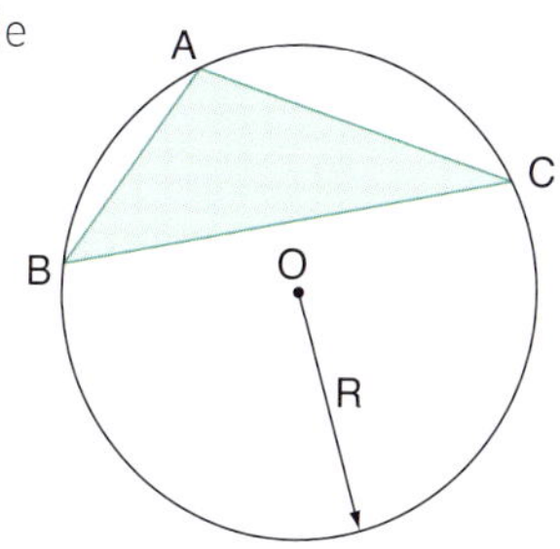

Banco de imagens/Arquivo da editora

Seja o triângulo ABC inscrito na circunferência λ de centro **O** e raio de medida **R**, como mostra a figura.

Já vimos que a área do triângulo ABC pode ser calculada por:

$$A = \frac{1}{2} \cdot b \cdot c \cdot \text{sen}\,\hat{A} \quad (*)$$

Pela lei dos senos, temos que: $\frac{a}{\text{sen}\,\hat{A}} = 2R \Leftrightarrow \text{sen}\,\hat{A} = \frac{a}{2R}$.

Substituindo em (*), obtemos:

$$A = \frac{1}{2} \cdot b \cdot c \cdot \frac{a}{2R} \Rightarrow A = \frac{a \cdot b \cdot c}{4R}$$

Exercício resolvido

5. Na figura, temos o triângulo ABC, inscrito em uma circunferência de centro **O** e raio de medida **R**. Sabendo que a medida do ângulo central $A\hat{O}C$ é 120° e os lados $\overline{AB}$, $\overline{BC}$ e $\overline{CA}$ medem $c = 2(\sqrt{6} + \sqrt{2})$ cm, $a = 4\sqrt{2}$ cm e $b = 4\sqrt{3}$ cm, respectivamente, determine a área do triângulo ABC.

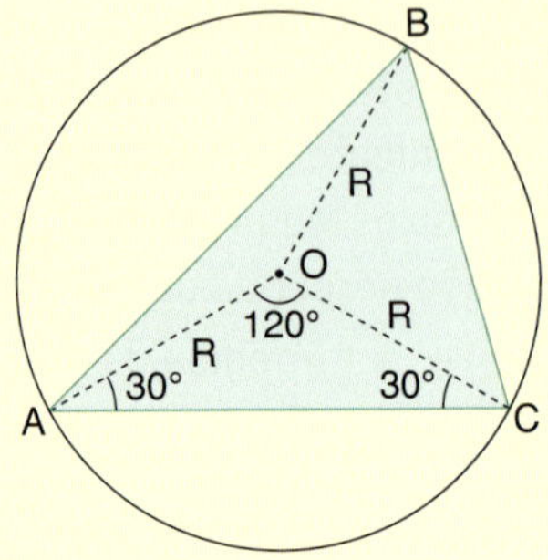

Banco de imagens/Arquivo da editora

Solução:

Aplicando a lei dos senos no triângulo AOC, temos:

$$\frac{R}{\text{sen } 30°} = \frac{b}{\text{sen } 120°} \Rightarrow \frac{R}{\frac{1}{2}} = \frac{4\sqrt{3}}{\frac{\sqrt{3}}{2}} \Rightarrow R = 4 \text{ cm}$$

Como a área do triângulo pode ser calculada pela expressão $A = \frac{abc}{4R}$, vem:

$$A = \frac{4\sqrt{2} \cdot 4\sqrt{3} \cdot 2(\sqrt{6} + \sqrt{2})}{4 \cdot 4} = 2\sqrt{6}(\sqrt{6} + \sqrt{2}) = 4(3 + \sqrt{3}).$$ Portanto $A = 4(3 + \sqrt{3})$ cm^2.

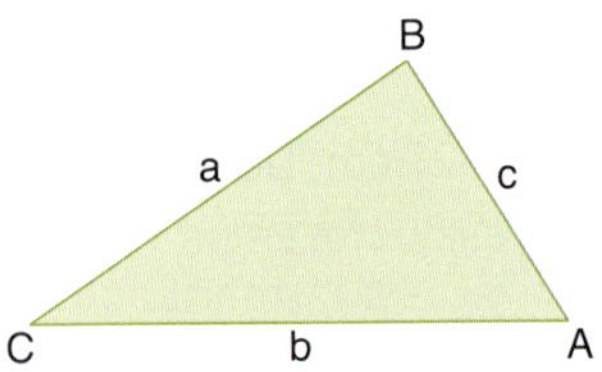

Banco de imagens/Arquivo da editora

Em função das medidas dos três lados

Se as medidas **a**, **b** e **c** são conhecidas, pode-se mostrar que a área do triângulo ABC, representado ao lado, é expressa por: $A = \sqrt{p \cdot (p - a) \cdot (p - b) \cdot (p - c)}$, sendo **p** o semiperímetro do triângulo.

Esse resultado é conhecido como a **fórmula de Heron**.

Exercício resolvido

6. Calcule a área de um triângulo cujos lados medem 5 cm, 7 cm e 8 cm.

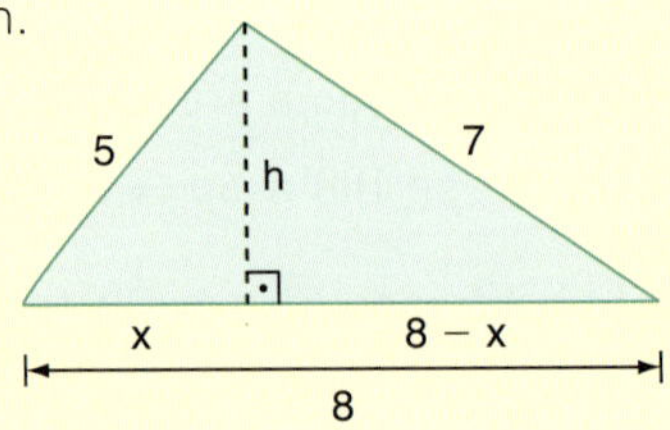

Banco de imagens/Arquivo da editora

Solução:

1º modo

Utilizando a fórmula de Heron:

$$p = \frac{5 + 7 + 8}{2} = \frac{20}{2} = 10.$$ Logo, $p = 10$ cm.

$$A = \sqrt{10 \cdot (10 - 5) \cdot (10 - 7) \cdot (10 - 8)} = \sqrt{10 \cdot 5 \cdot 3 \cdot 2} = 10\sqrt{3}.$$ Logo, $A = 10\sqrt{3}$ cm^2.

2º modo

Sem utilizar a fórmula: traçamos a altura relativa ao maior lado. Por exemplo:

$$\text{Temos: } \begin{cases} h^2 + x^2 = 5^2 \quad (1) \\ h^2 + (8 - x)^2 = 7^2 \Leftrightarrow h^2 + 64 - 16x + x^2 = 49 \quad (2) \end{cases}$$

$$(1) \text{ em } (2) \Rightarrow 25 + 64 - 16x = 49 \Rightarrow x = \frac{40}{16} = \frac{5}{2}$$

$$\text{Em } (1)\text{: } h^2 = 25 - \left(\frac{5}{2}\right)^2 = 25 - \frac{25}{4} = \frac{75}{4} \Rightarrow h = \frac{5\sqrt{3}}{2}.$$

$$\text{Por fim, } A = \frac{b \cdot h}{2} = \frac{8 \cdot \frac{5\sqrt{3}}{2}}{2} = 10\sqrt{3}.$$ Logo, $A = 10\sqrt{3}$ cm^2.

Exercícios

19. Determine a área de cada um dos triângulos representados nas figuras seguintes, nas quais as medidas de comprimento estão indicadas em metro.

a)

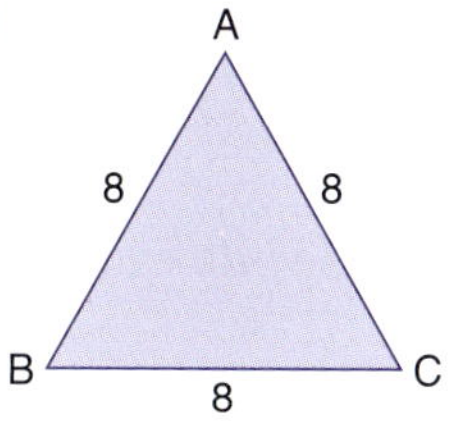

d)

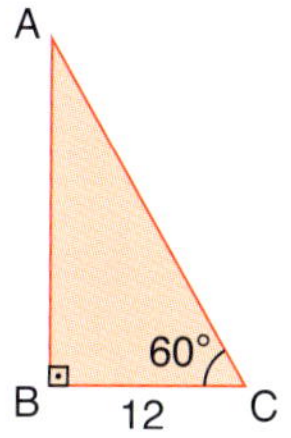

b)

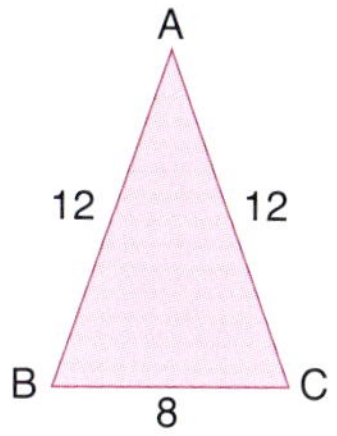

e)

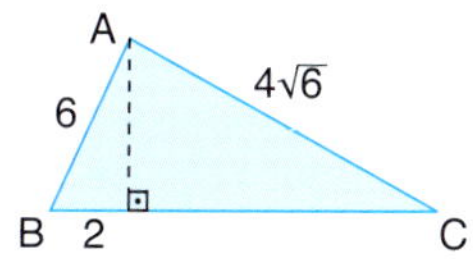

c)

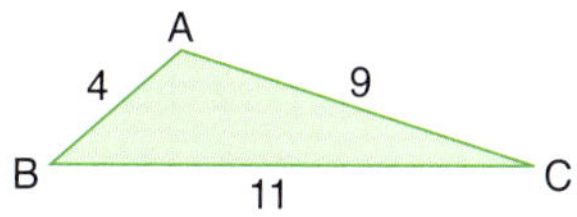

Ilustrações: Banco de imagens/Arquivo da editora

20. Calcule a área do triângulo em cada um dos seguintes casos:

a) A medida de um lado é 12 cm, e a altura relativa a esse lado mede 8 cm.

b) As medidas dos lados são 8 m, 10 m e 14 m.

c) O triângulo é equilátero, e os lados medem 6 dm.

d) O triângulo é isósceles, os lados congruentes medem 12 m, e o outro lado mede 6 m.

e) O triângulo é retângulo, e os catetos medem 3,6 cm e 4,8 cm.

f) O triângulo é retângulo, com um dos catetos e a hipotenusa medindo 12 dm e 18 dm, respectivamente.

g) Dois lados, que medem 14 m e 18 m, determinam entre si um ângulo que mede 30°.

21. Sabe-se que para desenhar uma bandeira, inicialmente, Valentina dividiu uma folha de papel em quadradinhos congruentes (figura 1) e, depois, para poder pintá-la, apagou parte do quadriculado para que ela ficasse da forma como é mostrado na figura 2.

1

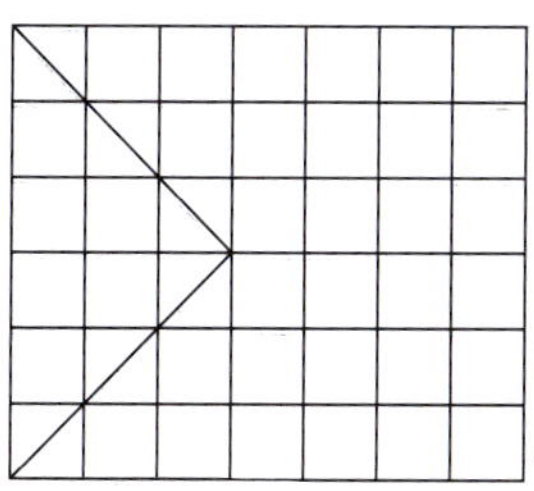

Banco de imagens/Arquivo da editora

2

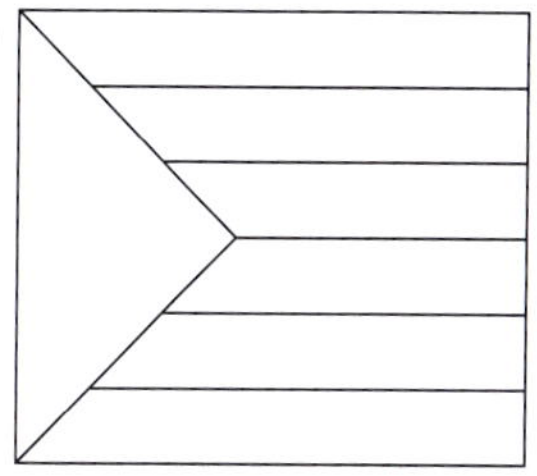

Se as dimensões da folha eram (0,24 m) × (0,28 m), determine a área da superfície triangular da bandeira, em centímetros quadrados.

22. Sobre a figura ao lado, sabe-se que ABCD é um quadrado, AB = 6 cm e **C** é ponto médio do segmento $\overline{AE}$.

Determine a área do triângulo BCE, em centímetros quadrados.

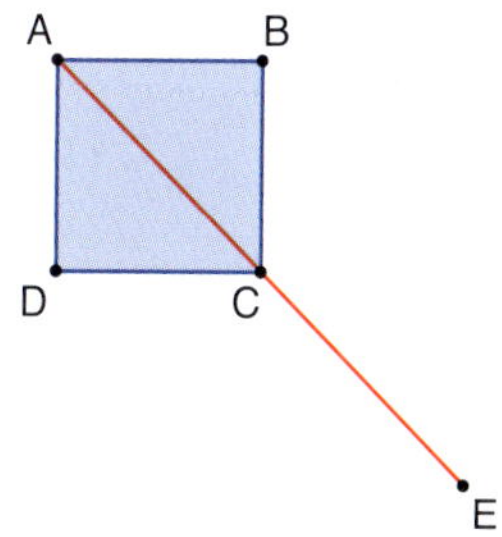

Banco de imagens/Arquivo da editora

23. A superfície do tampo da mesa mostrada na figura é um quadrado, composto de quatro triângulos isósceles congruentes cujos lados congruentes medem $\frac{3\sqrt{2}}{5}$ m.

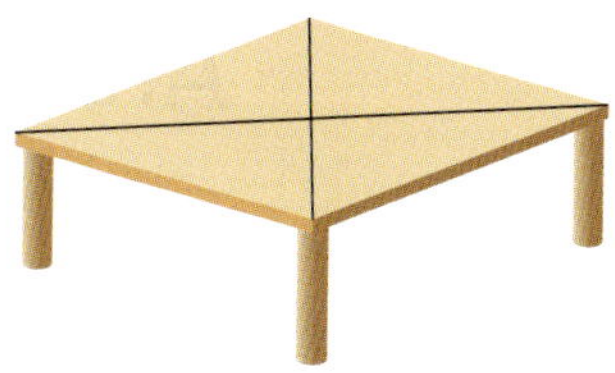

Banco de imagens/Arquivo da editora

Determine a área da superfície do tampo dessa mesa.

24. Determine a área de um triângulo equilátero, sabendo que o raio do círculo que o circunscreve mede 4 dm.

25. Determine a medida do raio de uma circunferência inscrita em um triângulo isósceles de lados 10 cm, 10 cm e 12 cm.

26. Na figura, o lado $\overline{AB}$ do retângulo ABCD foi dividido em quatro partes iguais. Determine a razão entre a área do triângulo EFC e a área do retângulo.

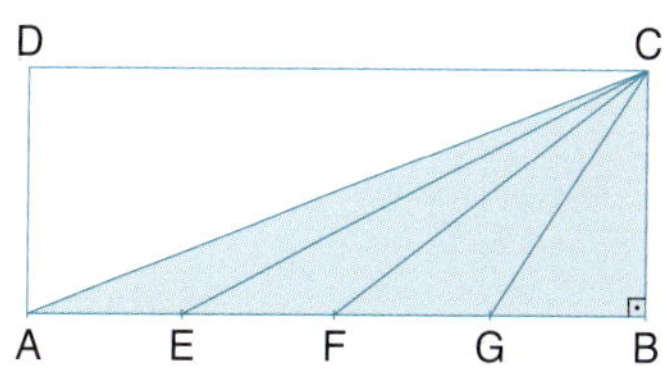

Banco de imagens/Arquivo da editora

27. Na figura abaixo, o retângulo ABCD foi dividido em quadrados de 2 cm de lado.

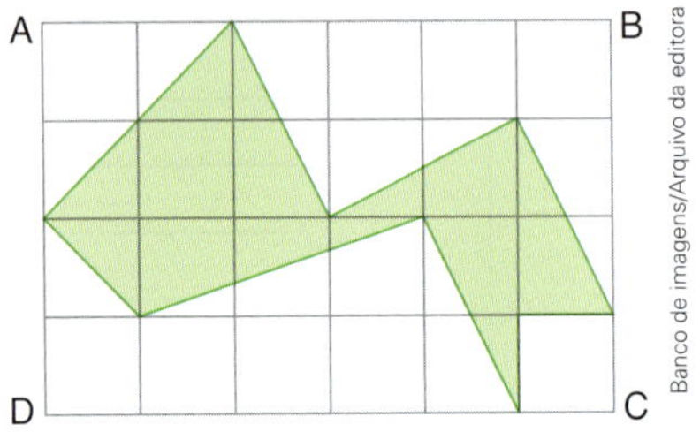

Qual é a área da região sombreada, em centímetros quadrados?

28. Calcule a área do triângulo ABC.

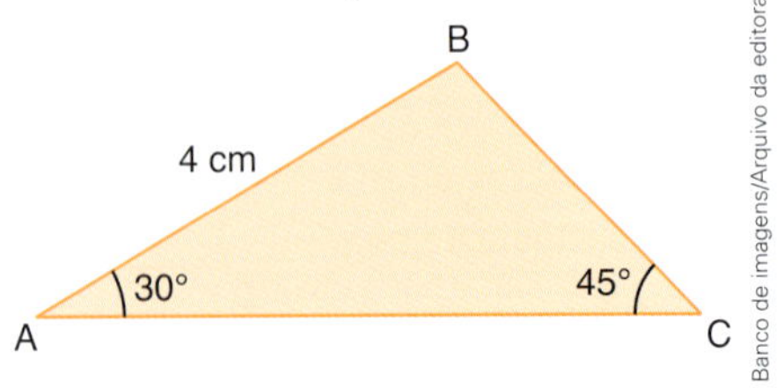

29. Kátia levou 20 peças de seu enxoval a uma costureira, para que ela confeccionasse e aplicasse, em cada peça, o monograma mostrado na figura a seguir. Considerando que, para fazer esse monograma, a costureira cobra pelo tecido usado, ao custo de R$ 120,00 o metro quadrado, e pela sua mão de obra, R$ 7,50 por monograma confeccionado e aplicado, determine a quantia que Kátia deverá desembolsar pelo serviço contratado.

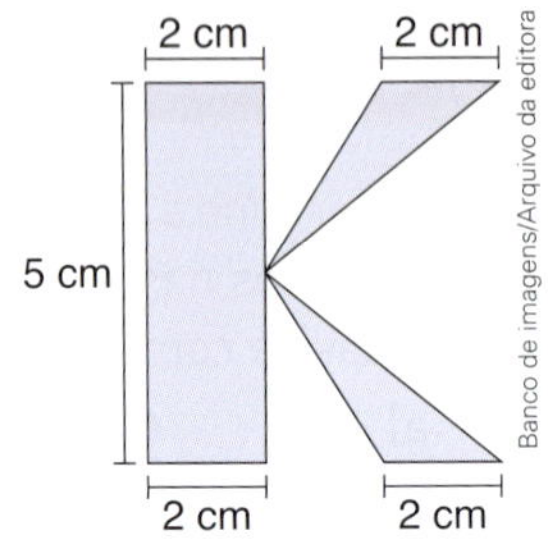

30. No quadriculado abaixo, o lado de cada quadradinho mede 1 u.c.
Determine as áreas das superfícies I, II e III.

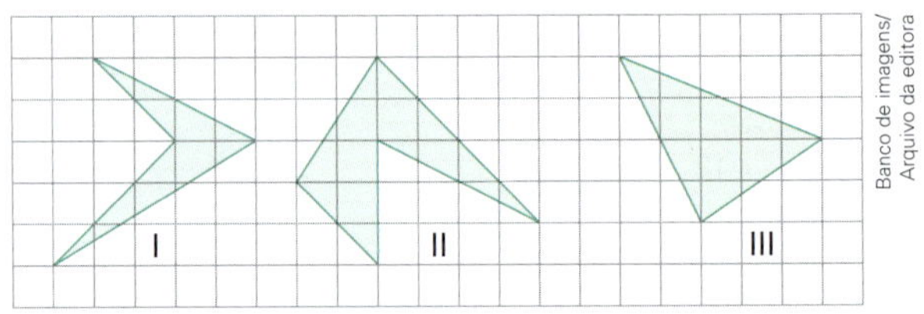

31. Em um terreno, com a forma de um triângulo retângulo cujos catetos medem 32 m e 27 m, pretende-se construir um edifício de base retangular, de lados paralelos aos catetos. Quais devem ser as dimensões da base desse edifício de modo a haver maior aproveitamento do terreno?

Área do losango

Considerando que o losango é um paralelogramo cujas medidas dos lados são iguais e as diagonais são perpendiculares entre si, observe na figura abaixo que ele pode ser decomposto em quatro triângulos retângulos congruentes e sua área é a soma das áreas desses triângulos.

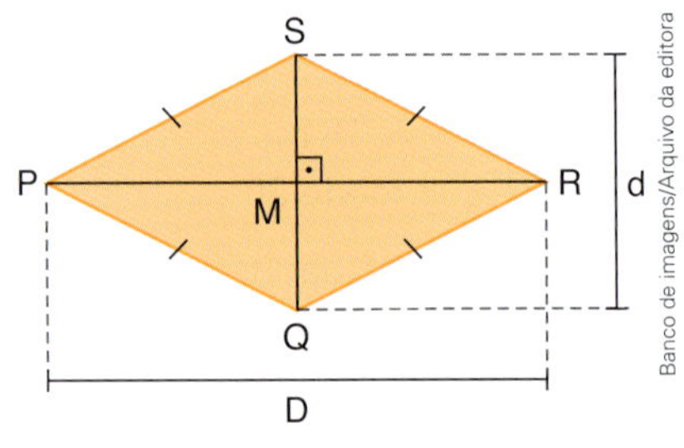

Assim sendo, no losango PQRS, se **D** é a medida da diagonal maior e **d** é a medida da diagonal menor, a área **A** de sua superfície é tal que:

$$A = 4 \cdot A_{QMR} = 4 \cdot \frac{1}{2} \cdot \frac{D}{2} \cdot \frac{d}{2} \Rightarrow \boxed{A = \frac{D \cdot d}{2}}$$

A área de um losango é igual à metade do produto das medidas das diagonais.

EXEMPLO 3

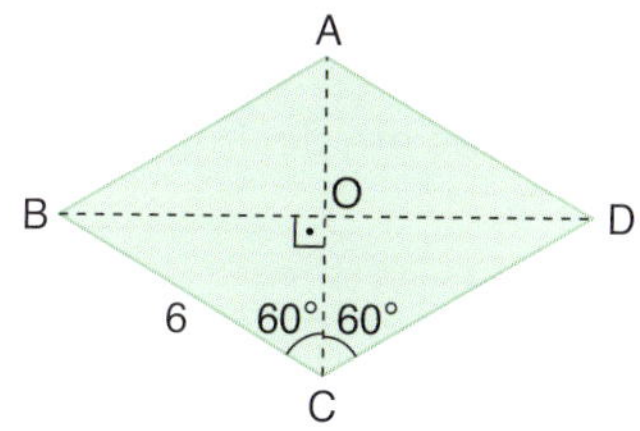

Banco de imagens/Arquivo da editora

Vamos determinar a área do losango cujo lado mede 6 dm e um dos ângulos internos mede 120°.

Se **d** e **D** são as respectivas medidas das diagonais menor e maior do losango representado na figura ao lado, temos:

$$AO = \frac{d}{2} \text{ e } BO = \frac{D}{2}, \text{ ou seja, } d = 2 \cdot AO \text{ e } D = 2 \cdot BO$$

Como o triângulo AOB é retângulo em **O**, temos:

$$\cos 60° = \frac{AO}{AB} \Rightarrow \frac{1}{2} = \frac{AO}{6} \Rightarrow AO = 3 \text{ e } \operatorname{sen} 60° = \frac{BO}{AB} \Rightarrow \frac{\sqrt{3}}{2} = \frac{BO}{6} \Rightarrow BO = 3\sqrt{3}$$

Assim, $d = 2 \cdot AO = 2 \cdot 3 = 6$ e $D = 2 \cdot BO = 2 \cdot 3\sqrt{3} = 6\sqrt{3}$.

A diagonal menor mede 6 dm e a diagonal maior mede $6\sqrt{3}$ dm.

Logo, a área do losango ABCD é: $A = \frac{D \cdot d}{2} = \frac{(6\sqrt{3}\text{ dm}) \cdot (6\text{ dm})}{2} \Rightarrow A = 18\sqrt{3}\text{ dm}^2$

Podemos calcular a área desse triângulo de outra maneira. Vejamos.

Observe na figura que o $\triangle ABC$ é um triângulo equilátero de lado 6 dm. Assim, temos:

$$A_{ABC} = \frac{AC^2 \cdot \sqrt{3}}{4} = \frac{(6\text{ dm})^2 \cdot \sqrt{3}}{4} = 9\sqrt{3}\text{ dm}^2$$

Como a área do losango é $A = 2 \cdot A_{ABC}$, então $A = 18\sqrt{3}\text{ dm}^2$.

Exercício resolvido

7. Francineide usou uma folha de papel quadriculado para desenhar a bandeira do Brasil. Desconhecendo as reais dimensões da bandeira brasileira, ela iniciou o seu desenho construindo o losango central para, então, pintar de verde a sua parte externa, como é mostrado na figura abaixo.

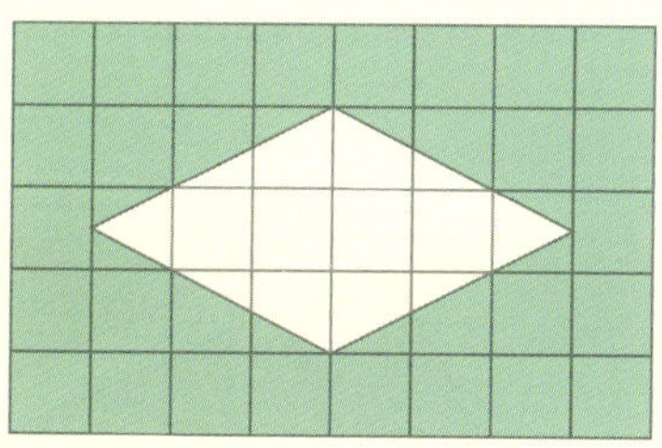
CJT/Zapt

Se as dimensões da folha são 10 cm × 16 cm, determine:

a) a medida do lado do losango;

b) a área da região colorida de verde.

OBSERVAÇÃO

Você conhece as normas para a confecção da Bandeira Nacional? Pesquise sobre os critérios relacionados à dimensão, cores e posicionamento das figuras geométricas, das letras e das estrelas.

Solução:

a) Como as dimensões da folha são 10 cm × 16 cm, então a medida do lado de cada um dos 40 quadradinhos é 2 cm. Assim, D = 12 cm e d = 6 cm são as respectivas medidas da diagonal maior e menor do losango.

Considerando o triângulo retângulo MOQ, se ℓ é a medida do lado do losango, temos:

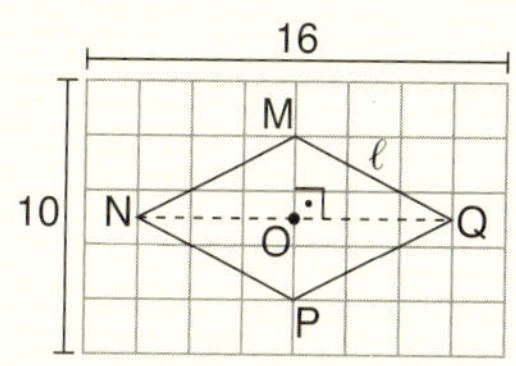

Zapt

$$\ell^2 = \left(\frac{D}{2}\right)^2 + \left(\frac{d}{2}\right)^2 = \left(\frac{12}{2}\right)^2 + \left(\frac{6}{2}\right)^2 = 36 + 9 = 45$$

Portanto, $\ell = 3\sqrt{5}$ e o lado do losango mede $3\sqrt{5}$ cm.

b) Se **A** é a área da região colorida de verde, $\mathbf{A_1}$, a área da folha de papel, e $\mathbf{A_2}$, a área do losango, temos:

$A_1 = (10\text{ cm}) \cdot (16\text{ cm}) = 160\text{ cm}^2$

$A_2 = \frac{D \cdot d}{2} = \frac{(12\text{ cm}) \cdot (6\text{ cm})}{2} = 36\text{ cm}^2$

Como $A = A_1 - A_2$, então

$A = 160\text{ cm}^2 - 36\text{ cm}^2 = 124\text{ cm}^2$.

Exercícios

32. Em cada caso, determine a área do losango ABCD, considerando que as medidas de comprimento estão indicadas em decímetro.

a)

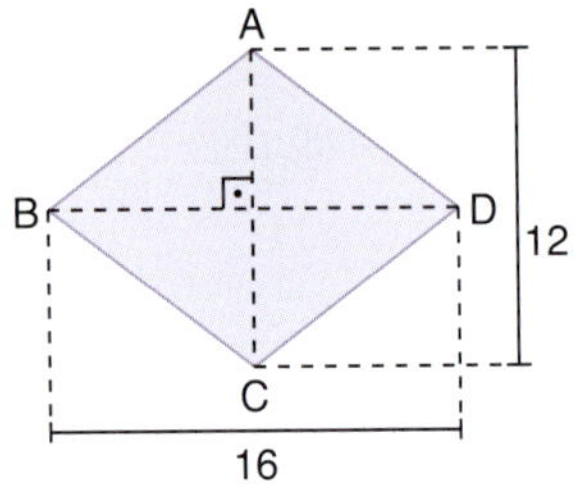

b)

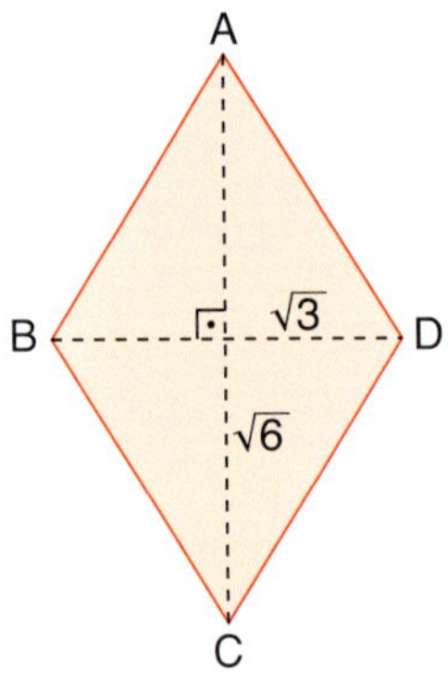

c)

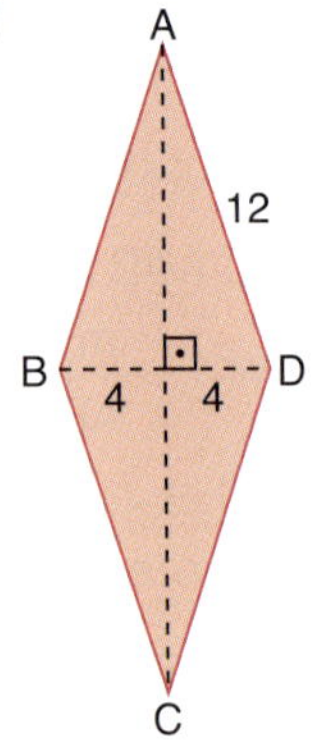

Ilustrações: Banco de imagens/Arquivo da editora

33. Determine a área do losango sob as seguintes condições:

a) A medida do lado é 8 cm, e uma das diagonais mede 12 cm.

b) O perímetro é 40 dm e a diagonal maior mede 16 dm.

c) O perímetro é 60 cm, e dois lados formam entre si um ângulo de 120°.

d) As diagonais estão entre si na razão $\frac{3}{4}$, e o perímetro é 50 m.

34. Em um mapa, feito em uma escala de 1 : 9 000 000, certo município aparece representado por um losango cujo lado mede 1,25 cm. Sabendo que as medidas das diagonais estão entre si assim como 3 está para 4, determine a área real desse município, em quilômetros quadrados.

Área do trapézio

Considere o trapézio MNPQ da figura 1, no qual as bases $\overline{MQ}$ e $\overline{NP}$ medem **b** e **B**, respectivamente.

Observe, na figura 2, que esse trapézio pode ser decomposto em dois triângulos $\mathbf{T_1}$ e $\mathbf{T_2}$, de mesma altura e tais que a soma de suas áreas é igual à área **A** do trapézio MNPQ.

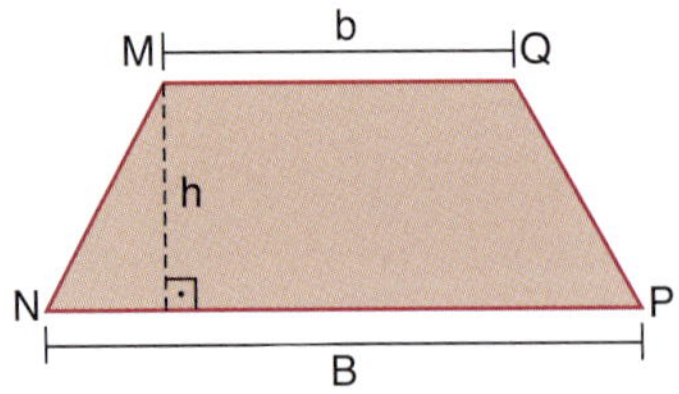

figura 1

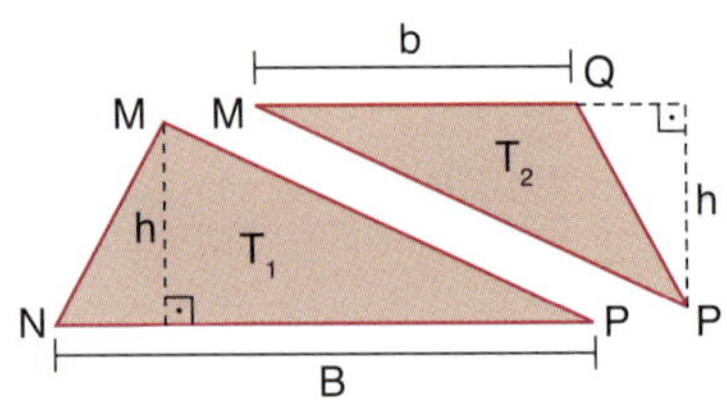

figura 2

Ilustrações: Banco de imagens/Arquivo da editora

Assim, temos: $A = \frac{B \cdot h}{2} + \frac{b \cdot h}{2} = \frac{Bh + bh}{2}$, ou seja:

$$A = \frac{(B + b) \cdot h}{2}$$

A área de um trapézio é igual à metade do produto da soma das medidas das bases pela medida da altura.

Exercício resolvido

8. Determine a área de um trapézio retângulo que tem 68 cm de perímetro e cujos lados não paralelos medem 12 cm e 20 cm.

Solução:

Seja o trapézio MNPQ, no qual **b** é a medida da base menor e MH = NP = 12 cm é a medida da altura, conforme é mostrado na figura. Temos:

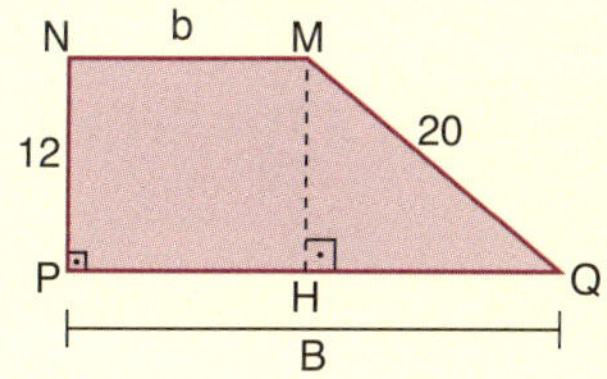

Banco de imagens/Arquivo da editora

$\triangle MHQ$ é retângulo $\Rightarrow QH^2 = MQ^2 - MH^2 \Rightarrow QH^2 = 20^2 - 12^2 = 256$.

Portanto, QH = 16.

Assim, a medida **B** da base maior é tal que B = 16 + b. (1)

Como o perímetro é 68 cm, temos:

$$MN + NP + PQ + QM = 68 \Rightarrow b + 12 + (16 + b) + 20 = 68 \Rightarrow b = 10 \text{ e, de (1), } B = 26$$

Considerando que a área do trapézio é dada por $A = \dfrac{(B + b) \cdot h}{2}$, então:

$$A = \frac{(26 + 10) \cdot 12}{2} \Rightarrow A = 216$$

Logo, a área do trapézio MNPQ é 216 cm².

Um pouco de história

Como obter a área de um triângulo isósceles a partir de um retângulo?

Um dos mais antigos documentos com registros sobre o estudo da Matemática é um rolo de papiro de origem egípcia, com cerca de 0,30 m de altura por 5 m de comprimento, que atualmente se encontra no British Museum, em Londres. Em 1858, esse papiro foi comprado por um antiquário escocês chamado Henry Rhind e, por isso, é conhecido como Papiro de Rhind ou, menos frequentemente, como Papiro de Ahmes, em homenagem ao escriba que o copiou, por volta de 1650 a.C.

Alexander S. Mackay. Alexander Henry Rhind, 1874.© Society of Antiquaries of Scotland.We are grateful to the Society of Antiquaries of Scotland for permission to reproduce this photograph of the portrait of Alexander Henry Rhind, currently stored at the offices of the Society <www.socantscot.org>.

Henry Rhind. Detalhe da pintura de Alexander S. Mackay, 1874.

Entre os problemas de Geometria que lá se encontram, há um, o de número 51, que consiste em obter a expressão da área de um triângulo isósceles a partir da área de um retângulo.

Ahmes descreve esse método sugerindo que todo triângulo isósceles pode ser dividido em dois triângulos retângulos congruentes, um dos quais pode ser deslocado, junto ao outro, compondo um retângulo, como mostram as figuras abaixo:

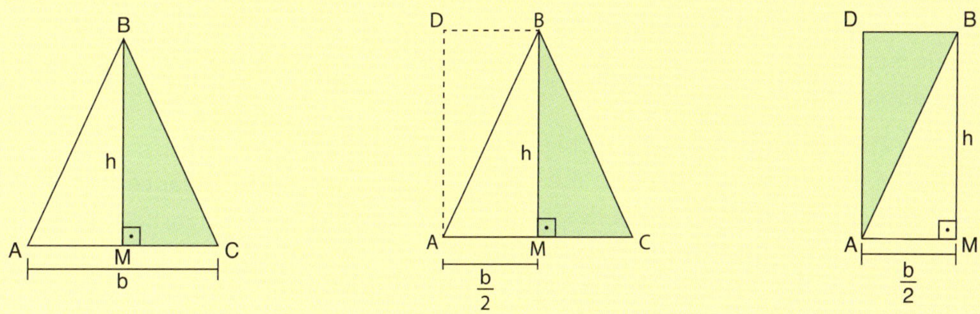

Ilustrações: Banco de imagens/Arquivo da editora

Assim, temos:

- $\triangle ABC$ isósceles; h = medida da altura relativa ao lado $\overline{AC}$ e **M** é ponto médio de $\overline{AC} \Rightarrow AM = \frac{b}{2}$;
- AMB e CMB são triângulos retângulos congruentes;
- AMBD é um retângulo cujas dimensões são:

$$AM = \frac{b}{2} \text{ e } BM = h$$

Logo: $A_{AMBD} = \frac{b}{2} \cdot h = \frac{b \cdot h}{2} = A_{ABC}$.

Fonte de pesquisa: BOYER, Carl B. *História da Matemática*. 3. ed. São Paulo: Edgard Blucher, 2010.

Exercícios

35. Determine a área de cada um dos trapézios seguintes, nos quais as medidas de comprimento estão indicadas em metro.

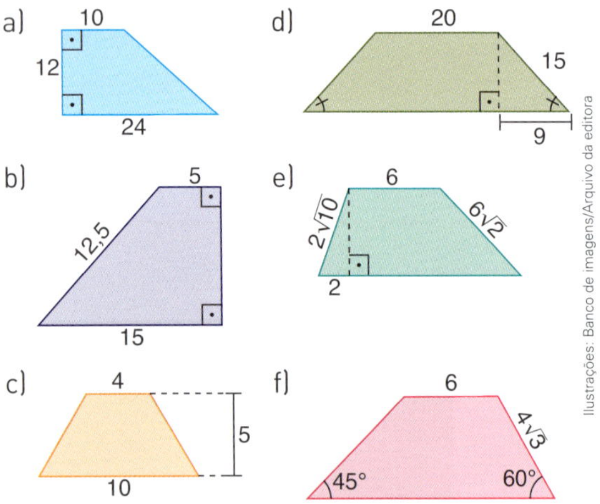

36. Sabe-se que os lotes de um condomínio fechado são vendidos ao preço de R$ 350,00 o metro quadrado. Nessas condições, por quanto deverá ser vendido o lote representado na figura ao lado, sabendo que tem a forma de um trapézio retângulo com as dimensões indicadas?

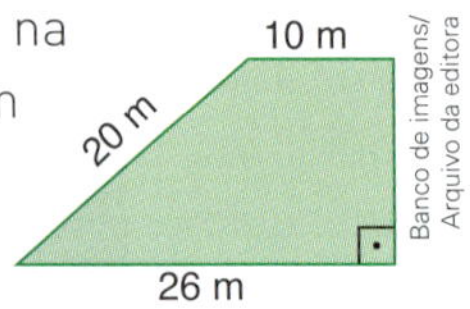

37. Para a realização de um espetáculo ao ar livre, foi montado um palco cuja superfície tem a forma de um trapézio isósceles de 78 m de perímetro, com bases que medem 15 m e 33 m. Qual é a área da superfície desse palco?

38. Considere um trapézio cuja altura mede 4 dm e no qual a medida da base maior excede a medida da base menor em 3 dm. Se a área desse trapézio é igual a 24 dm^2, determine as medidas de suas bases.

39. Na figura seguinte tem-se a representação de um terreno com frente para duas ruas, feita em uma escala de 1 : 2000.

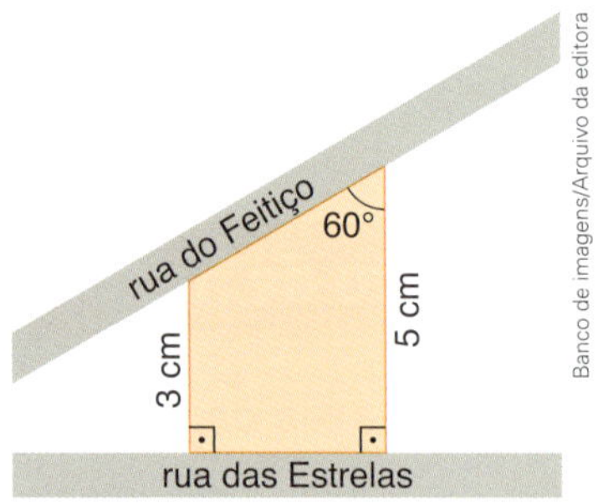

a) Qual é a medida, em metros, da frente para a rua do Feitiço?

b) Qual é a área desse terreno em metros quadrados?

40. Uma pessoa tinha uma mesa de granito cuja superfície era um quadrado de 1,20 m de lado. Ela contratou os serviços de uma marmoraria para alterar a forma do tampo da mesa, transformando-o num octógono, conforme mostra a figura abaixo.

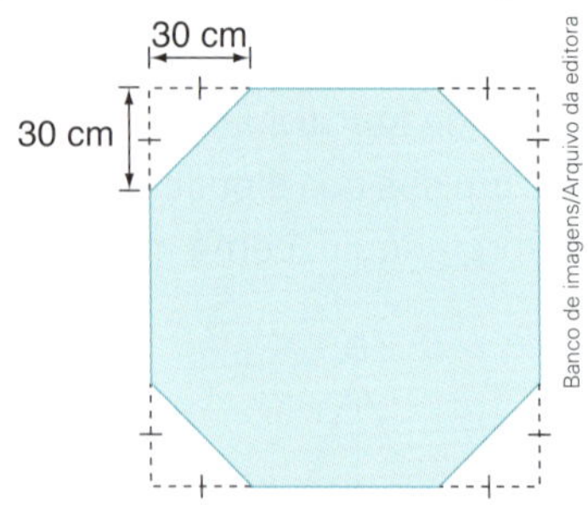

Sabendo que as superfícies das partes retalhadas da pedra original são todas equivalentes, determine:

a) o perímetro da superfície da mesa octavada (use $\sqrt{2} \simeq 1{,}4$);

b) a área da superfície octavada.

Polígono regular

Observemos os quadriláteros a seguir.

- **Losango**

Ilustrações: Banco de imagens/Arquivo da editora

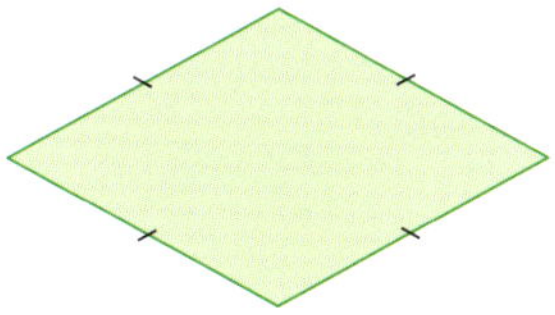

O losango tem os lados congruentes.
O losango é equilátero.

- **Retângulo**

O retângulo tem os ângulos congruentes.
O retângulo é equiângulo.

- **Quadrado**

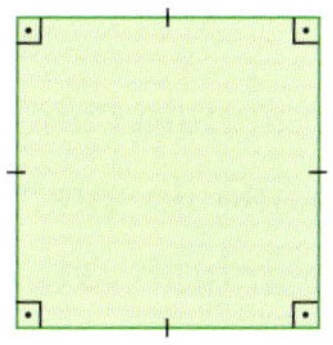

O quadrado tem os lados congruentes e os ângulos congruentes.

O quadrado é equilátero e equiângulo.

Dos três quadriláteros anteriores, só o quadrado tem lados congruentes e ângulos congruentes.

O quadrado é o quadrilátero regular.

Um **polígono regular** é um polígono convexo que tem todos os lados congruentes e todos os ângulos internos congruentes.

Exemplos de polígonos regulares:

- com 3 lados;

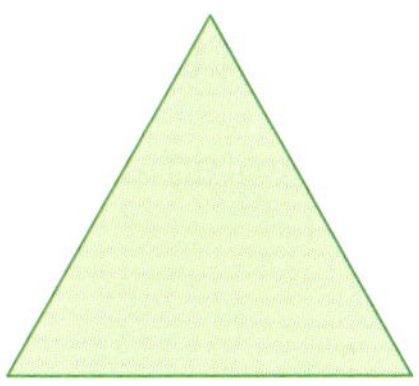

triângulo regular (triângulo equilátero)

- com 5 lados;

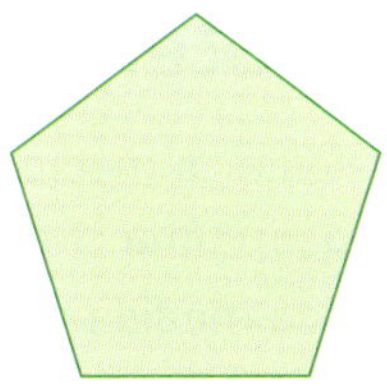

pentágono regular

Ilustrações: Banco de imagens/Arquivo da editora

- com 4 lados;

quadrilátero regular (quadrado)

- com 6 lados.

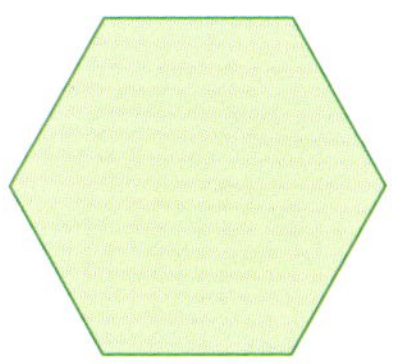

hexágono regular

Um polígono regular é equilátero e equiângulo.

Elementos notáveis de um polígono regular

- **Centro**: é o centro comum das circunferências inscrita e circunscrita.
  O centro é o ponto onde concorrem as mediatrizes dos lados.
  O centro é o ponto onde concorrem as bissetrizes dos ângulos internos.
- **Apótema**: é um segmento com uma extremidade no centro e a outra no ponto médio do lado, o qual é perpendicular ao lado.

Veja a figura:

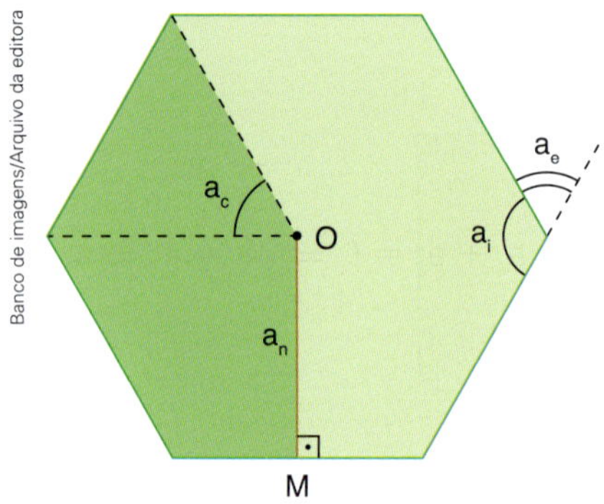

O é o centro.
M é o ponto médio do lado.
$\overline{OM}$ é o apótema (e tem medida $\mathbf{a_n}$).

$\mathbf{a_c}$ é a medida do ângulo central.
$\mathbf{a_i}$ é a medida do ângulo interno.
$\mathbf{a_e}$ é a medida do ângulo externo.

Se o polígono regular tem **n** lados, valem as seguintes expressões:

1ª) A medida do ângulo central: $a_c = \dfrac{360°}{n}$

2ª) A soma das medidas dos ângulos internos:
$S_i = (n - 2) \cdot 180°$

3ª) A medida do ângulo interno:

$$a_i = \frac{S_i}{n} \text{ ou } a_i = \frac{(n-2) \cdot 180°}{n}$$

Lado e apótema do quadrado inscrito

Vamos calcular a medida do lado ($\boldsymbol{\ell_4}$) e a medida do apótema ($\mathbf{a_4}$) de um quadrado inscrito em uma circunferência de raio **r** conhecido.

- Cálculo da medida do lado ($\boldsymbol{\ell_4}$):

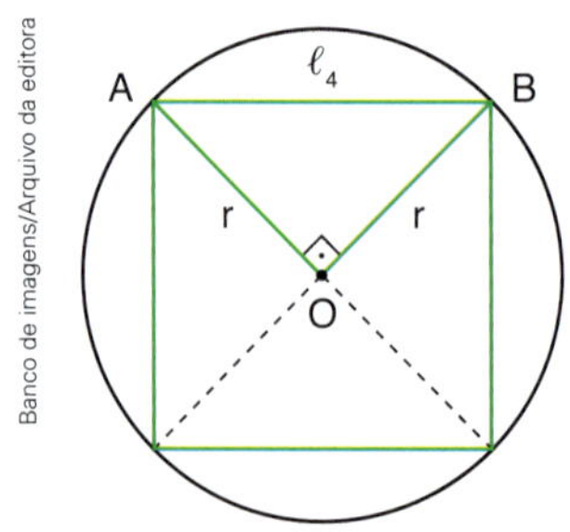

Aplicando o teorema de Pitágoras no △OAB, temos:

$$\ell_4^2 = r^2 + r^2 \Rightarrow \ell_4^2 = 2r^2 \Rightarrow \boxed{\ell_4 = r\sqrt{2}}$$

- Cálculo da medida do apótema ($\mathbf{a}_4$):

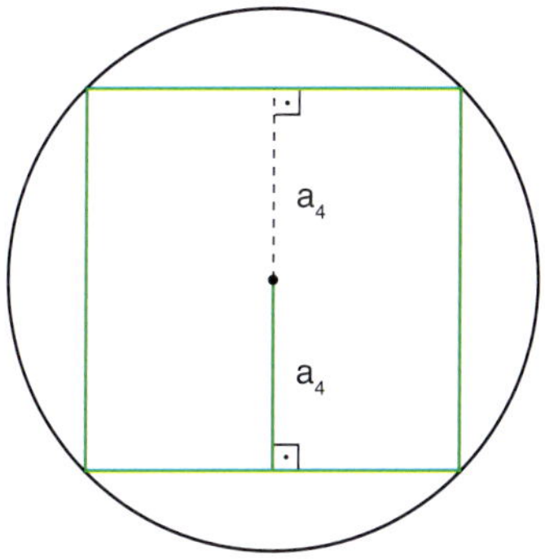

$$a_4 + a_4 = \ell_4 \Rightarrow 2a_4 = \ell_4 \Rightarrow a_4 = \frac{\ell_4}{2}$$

Substituindo ℓ_4, temos:

$$a_4 = \frac{r\sqrt{2}}{2}$$

Lado e apótema do hexágono regular inscrito

Vamos calcular a medida do lado ($\boldsymbol{\ell}_6$) e a medida do apótema ($\mathbf{a}_6$) de um hexágono regular inscrito em uma circunferência de raio **r** conhecido.

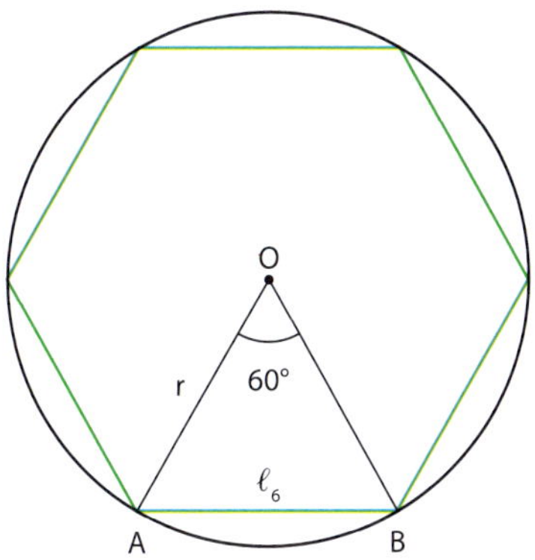

- Cálculo da medida do lado ($\boldsymbol{\ell}_6$):

  No $\triangle OAB$, temos:

  $\text{med}(A\hat{O}B) = \frac{360°}{6} = 60°$

  $\overline{OA} \equiv \overline{OB} \Rightarrow O\hat{A}B \equiv O\hat{B}A$

  Logo, temos:

  $$\text{med}(O\hat{A}B) = \text{med}(O\hat{B}A) = \text{med}(A\hat{O}B) = 60°$$

  e, portanto, o $\triangle OAB$ é equilátero.

  Então, a medida do lado é igual à medida do raio:

  $$\ell_6 = r$$

  Notemos que o hexágono regular é a reunião de 6 triângulos equiláteros.

- Cálculo da medida do apótema ($\mathbf{a}_6$):

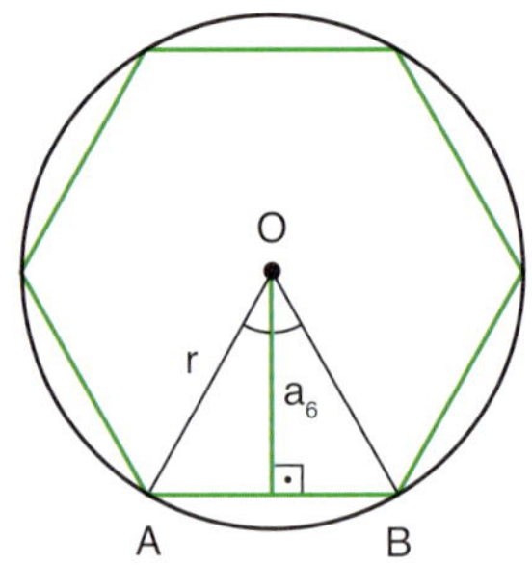

Banco de imagens/Arquivo da editora

O apótema do hexágono coincide com a altura do triângulo equilátero OAB de lado **r**. Portanto $a_6 = \frac{r\sqrt{3}}{2}$.

Lado e apótema do triângulo equilátero inscrito

Vamos calcular a medida do lado (ℓ_3) e a medida do apótema ($\mathbf{a}_3$) de um triângulo equilátero inscrito em uma circunferência de raio **r** conhecido.

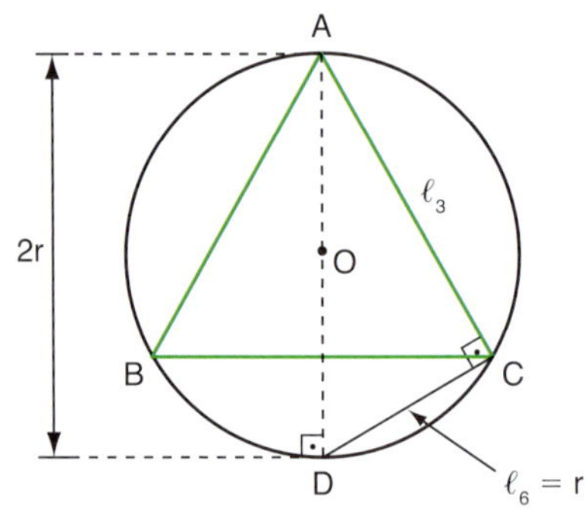

Banco de imagens/Arquivo da editora

- Cálculo da medida do lado (ℓ_3):

  Traçamos o diâmetro $\overline{AD}$.

  Se BC = ℓ_3, então CD = ℓ_6 e, como ℓ_6 = r, temos CD = r.

  Por estar inscrito em uma semicircunferência, △ACD é retângulo em **C**.

  Aplicando o teorema de Pitágoras no △ACD, temos:

$$\ell_3^2 = (2r)^2 - r^2 \Rightarrow \ell_3^2 = 3r^2 \Rightarrow \ell_3 = r\sqrt{3}$$

- Cálculo do apótema ($\mathbf{a}_3$):

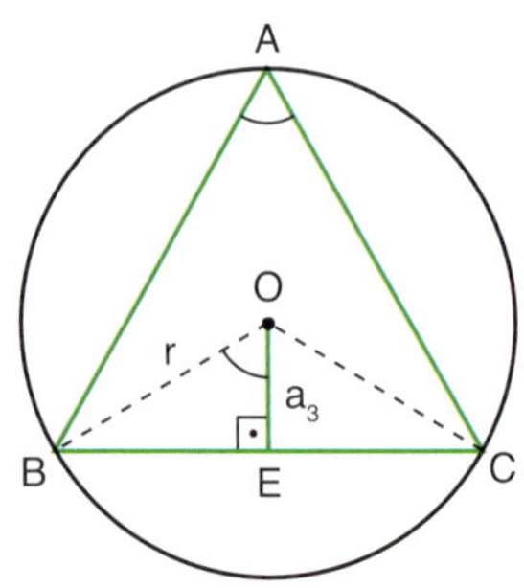

Banco de imagens/Arquivo da editora

$$\text{med}(B\hat{A}C) = 60° \Rightarrow \text{med}(B\hat{O}C) = 120° \Rightarrow \text{med}(B\hat{O}E) = 60°$$

$$\frac{OE}{OB} = \cos 60° \Rightarrow \frac{a_3}{r} = \frac{1}{2} \Rightarrow \boxed{a_3 = \frac{r}{2}}$$

O apótema do triângulo tem medida igual à metade do raio **r**.

Área do polígono regular

Vamos indicar por:

- **n** o número de lados do polígono;
- **ℓ** a medida do lado;
- **a** a medida do apótema;
- 2p o perímetro ($2p = n \cdot \ell$).

Assim, por exemplo:

- $n = 3 \Rightarrow$ o polígono é um **triângulo equilátero**.
- $n = 4 \Rightarrow$ o polígono é um **quadrado**.
  Esse polígono é constituído de quatro triângulos congruentes, nos quais a altura mede **a**.

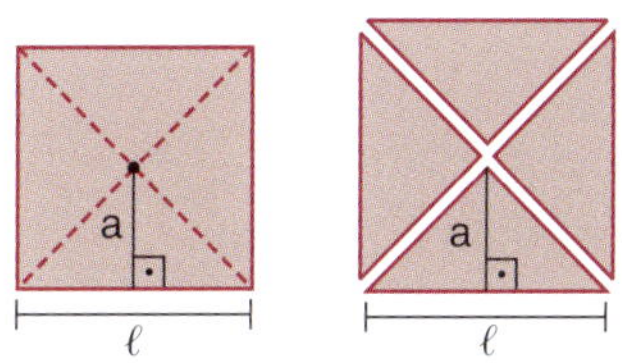

Ilustrações: Banco de imagens/Arquivo da editora

Temos: $\begin{cases} A = 4 \cdot \dfrac{\ell \cdot a}{2} \\ 2p = 4\ell \end{cases}$

Logo, $A = (4\ell) \cdot \dfrac{a}{2} = (2p) \cdot \dfrac{a}{2} \Rightarrow A = p \cdot a$.

- $n = 5 \Rightarrow$ o polígono é um **pentágono regular**.
  Esse polígono é constituído de cinco triângulos congruentes, nos quais a altura mede **a**.

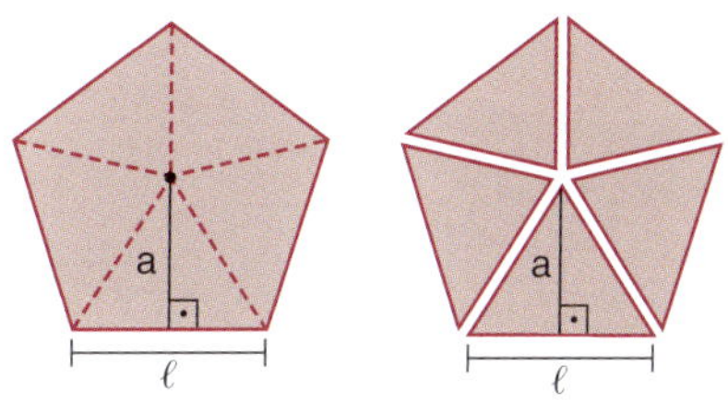

Ilustrações: Banco de imagens/Arquivo da editora

Temos: $\begin{cases} A = 5 \cdot \dfrac{\ell \cdot a}{2} \\ 2p = 5\ell \end{cases}$

Logo, $A = (5\ell) \cdot \dfrac{a}{2} = (2p) \cdot \dfrac{a}{2} \Rightarrow A = p \cdot a$.

- $n = 6 \Rightarrow$ o polígono é um **hexágono regular**.
  Esse polígono é constituído de seis triângulos congruentes, nos quais a altura mede **a**.

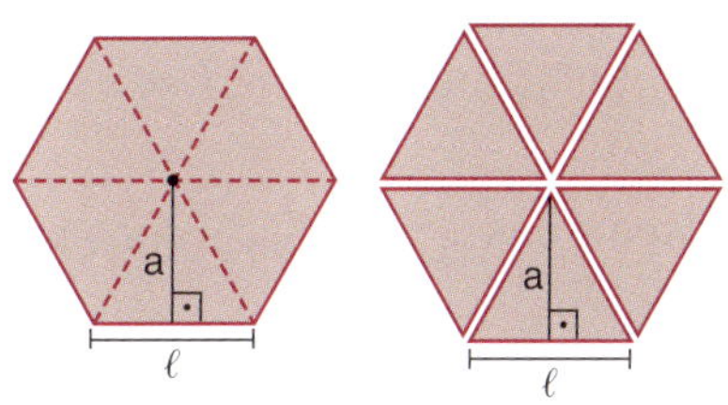

Ilustrações: Banco de imagens/Arquivo da editora

Temos: $\begin{cases} A = 6 \cdot \dfrac{\ell \cdot a}{2} \\ 2p = 6\ell \end{cases}$

Logo, $A = (6\ell) \cdot \dfrac{a}{2} = (2p) \cdot \dfrac{a}{2} \Rightarrow A = p \cdot a$.

Note que a área do hexágono regular é igual à soma das áreas de seis triângulos equiláteros congruentes. Assim, podemos expressá-la também em função da medida do lado do hexágono, ou seja:

$$A = 6 \cdot \frac{\ell^2 \cdot \sqrt{3}}{4}$$

Se o polígono tem **n** lados, então sua área é igual a **n** vezes a área do triângulo de base ℓ e altura **a**:

$$A = n \cdot \frac{\ell \cdot a}{2} = \frac{n \cdot \ell \cdot a}{2} = \frac{2p \cdot a}{2} = p \cdot a$$

Logo, a **área de um polígono regular** é igual ao produto do semiperímetro pela medida do apótema:

$$A = p \cdot a$$

Veja os exercícios resolvidos a seguir.

Exercícios resolvidos

9. Calcule a medida do apótema e a área de um quadrado inscrito em um círculo de raio medindo 4 cm.

Solução:

- $\ell^2 + \ell^2 = 8^2 \Rightarrow \ell = 4\sqrt{2}$
  A medida do lado do quadrado é $4\sqrt{2}$ cm.
- $a = \frac{\ell}{2} = \frac{4\sqrt{2}}{2} = 2\sqrt{2}$
  A medida do apótema do quadrado é $2\sqrt{2}$ cm.
- $A = (4\sqrt{2}\ \text{cm})^2 = 32\ \text{cm}^2$
  A área do quadrado é 32 cm^2.

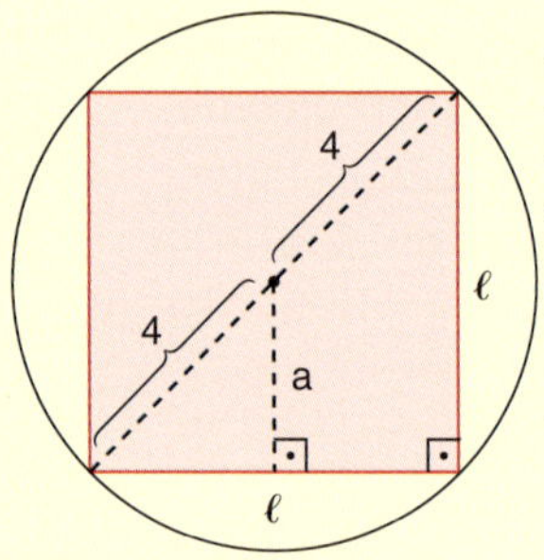

Banco de imagens/Arquivo da editora

10. Em um hexágono regular, o apótema mede 6 cm. Determine a área do hexágono.

Solução:

- $\frac{\ell\sqrt{3}}{2} = 6 \Rightarrow \ell = 4\sqrt{3} = R$
  A medida do raio R é $4\sqrt{3}$ cm.
- $A_{hex} = 6 \cdot A_{\triangle} = 6 \cdot \frac{4\sqrt{3} \cdot 6}{2} = 72\sqrt{3}$.
  A área do hexágono é de $72\sqrt{3}$ cm^2.

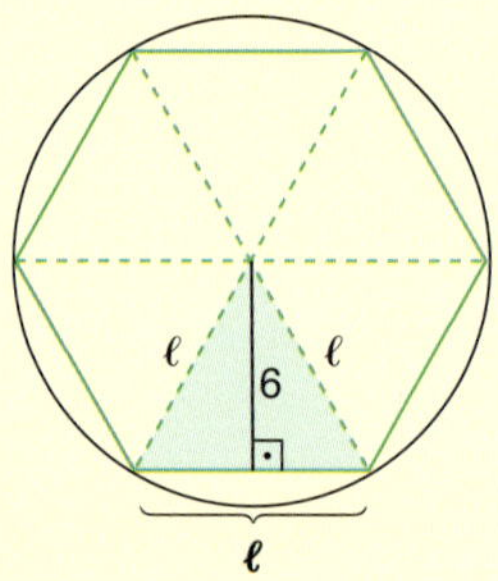

Banco de imagens/Arquivo da editora

11. Calcule a área de um triângulo equilátero que está inscrito em uma circunferência cujo raio mede 4 cm.

Solução:

Vimos que o lado do triângulo equilátero inscrito numa circunferência de raio **r** é dado por $\ell = r\sqrt{3}$. Então, nesse caso, $\ell = 4\sqrt{3}$ cm. Assim, seu semiperímetro é $p = 6\sqrt{3}$ cm.

Vimos também que o apótema desse triângulo é dado por $a = \frac{r}{2}$. Então, $a = \frac{4\ \text{cm}}{2} = 2$ cm.

Concluímos que a área do triângulo é:

$A = p \cdot a = (6\sqrt{3}) \cdot 2 = 12\sqrt{3}$

Portanto, a área é $12\sqrt{3}$ cm^2.

Poderíamos também ter usado a fórmula da área do triângulo equilátero:

$$A = \frac{\ell^2 \cdot \sqrt{3}}{4} = \frac{(4\sqrt{3})^2 \cdot \sqrt{3}}{4} = 12\sqrt{3}, \text{ isto é, } A = 12\sqrt{3}\ \text{cm}^2.$$

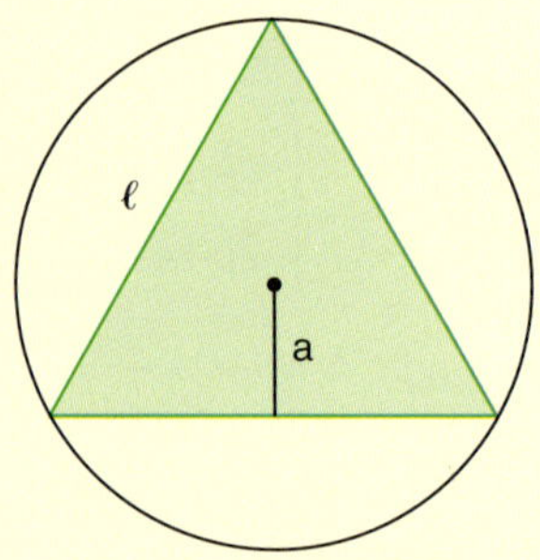

Banco de imagens/Arquivo da editora

Exercícios

41. Determine a medida do apótema de um:

a) quadrado inscrito em uma circunferência de raio 6 cm.

b) hexágono regular inscrito em uma circunferência cujo diâmetro mede 4 cm.

c) triângulo equilátero inscrito em uma circunferência de comprimento 10π cm.

42. Determine a área de um hexágono regular:

a) cujo lado mede 4 cm.

b) cujo apótema mede $12\sqrt{3}$ cm.

c) cuja distância entre dois lados paralelos é 18 cm.

43. Determine a área de um triângulo equilátero cujo apótema mede $2\sqrt{3}$ dm.

44. Dado um círculo de raio **R**, determine, em função de **R**, a medida do lado e a medida do apótema do octógono regular inscrito nesse círculo.

45. Determine a área dos polígonos regulares seguintes, nos quais a unidade das medidas indicadas é o centímetro.

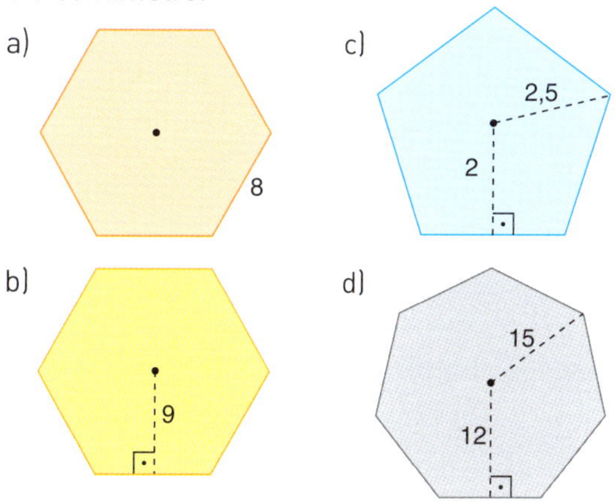

Ilustrações: Banco de imagens/Arquivo da editora

46. O tampo de uma mesa tem a forma de um hexágono regular cujo lado mede 0,8 m. Determine a área da superfície desse tampo.

47. Na figura, ABCDE é um pentágono regular em que AM = 6 cm e AB = 4 cm. Determine a área desse pentágono.

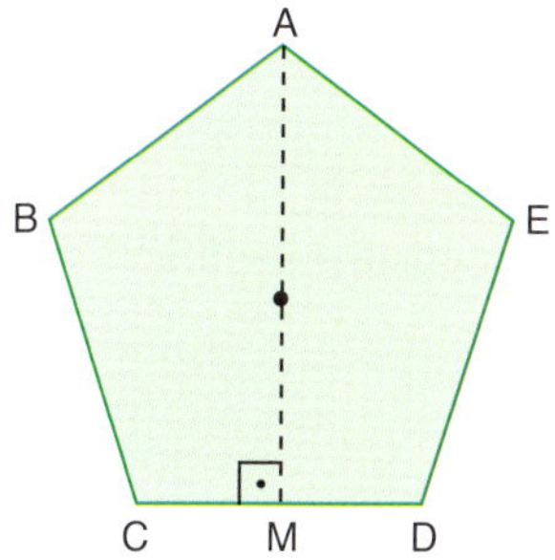

Banco de imagens/Arquivo da editora

48. Suponha que uma superfície seja formada de pentágonos regulares e hexágonos regulares. Considerando que o apótema de cada um dos hexágonos mede 3 cm, determine:

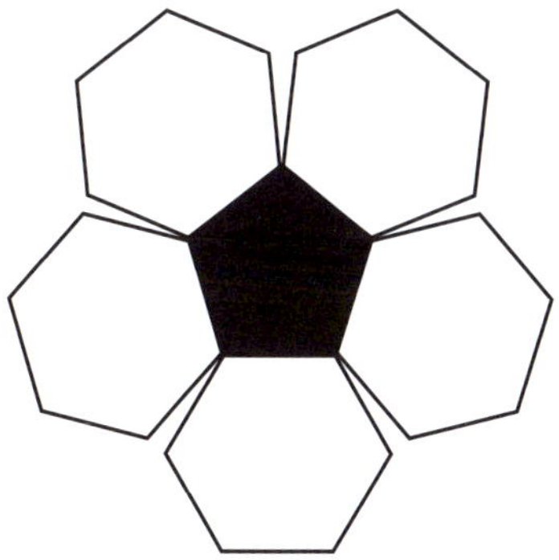

Banco de imagens/Arquivo da editora

a) a área de cada hexágono;

b) o perímetro de cada pentágono.

Área do círculo e suas partes

Área do círculo

Considere a seguinte sucessão de polígonos regulares inscritos em círculos de raio.

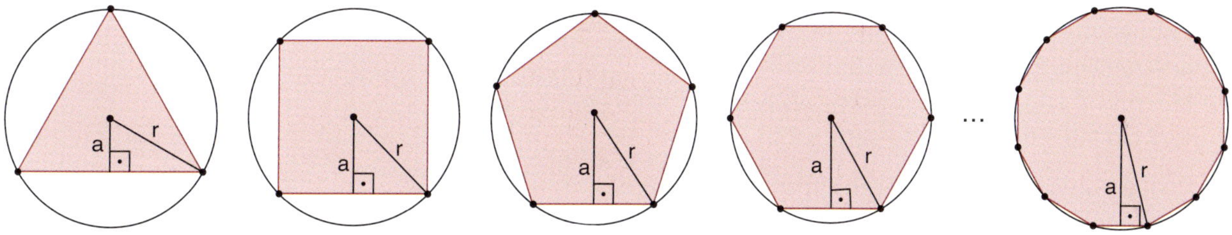

Ilustrações: Banco de imagens/Arquivo da editora

Observe nessa sucessão que, se o número de lados do polígono aumenta, o comprimento do apótema também aumenta, ao passo que o comprimento do lado diminui. Dessa forma, quanto maior for o número de lados de um polígono, mais:

- o seu perímetro (2p) se aproxima da medida do comprimento da circunferência do círculo ($2\pi r$);
- a medida do seu apótema (**a**) se aproxima da medida do raio do círculo (**r**).

Quando o número de lados de um polígono é suficientemente grande:

$$\begin{cases} 2p = 2\pi r \Rightarrow p = \pi r \\ a = r \end{cases}$$

Como a área de um polígono regular é dada por $A = p \cdot a$, então, nesse caso, temos: $A = (\pi r) \cdot r = \pi r^2$, que é a expressão da área do círculo de raio de medida **r**.

Assim: $A = \pi r^2$.

A área de um círculo é igual ao produto do número real π pelo quadrado da medida do seu raio.

Exercício resolvido

12. Considere que Francineide, a garota citada no exercício resolvido 7 da página 311, continuou aqui o desenho da bandeira do Brasil. Agora ela desenhou o círculo central da bandeira, tangente a dois segmentos na vertical do quadriculado, cujo centro **C** é o centro do retângulo, conforme é mostrado na figura.

Determine a área da superfície da bandeira pintada de amarelo por Francineide, lembrando que as dimensões da folha são 10 cm × 16 cm.

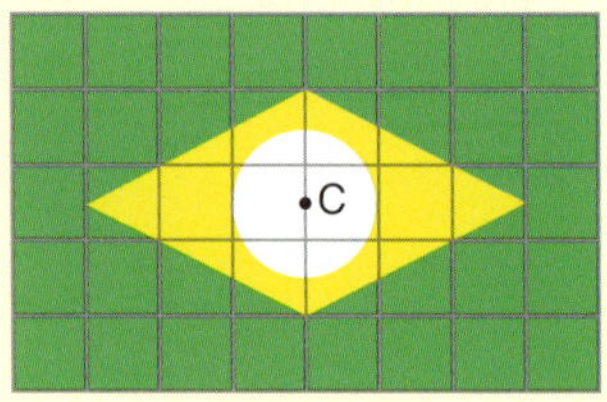

CJT/Zapt/Arquivo da editora

Solução:

A área (**A**) da superfície pintada de amarelo é igual à diferença entre a área do losango ($\mathbf{A_L}$) e a área do círculo ($\mathbf{A_C}$).

O cálculo de $\mathbf{A_L}$ encontra-se no exercício resolvido 7, ou seja, $A_L = 36\ cm^2$.

A medida do raio do círculo é igual à medida do lado de um quadradinho, ou seja, r = 2 cm. Assim, a área do círculo, em cm^2, é:

$$A_C = \pi \cdot r^2 = \pi \cdot 2^2 = 4\pi$$

Logo:

$$A = A_L - A_C \Rightarrow A = 36 - 4\pi \Rightarrow A = 4(9 - \pi)$$

Portanto, a área da superfície da bandeira pintada de amarelo é $4(9 - \pi)\ cm^2$.

Exercícios

49. Determine a área do círculo, sob as seguintes condições:

a) A medida do raio é 11 dm.

b) A medida do diâmetro é 24 m.

c) O círculo tem 32π cm de perímetro.

50. Qual é a área do círculo inscrito em um quadrado cujo lado mede 12 dm?

51. Calcule as áreas das partes coloridas.

a)

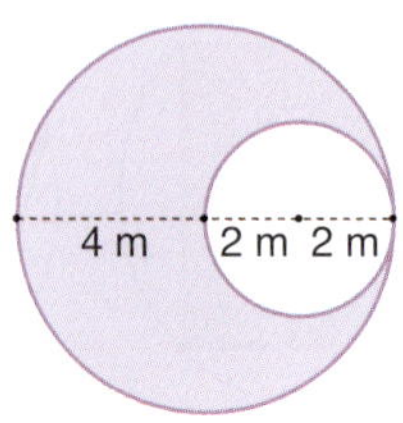

b)

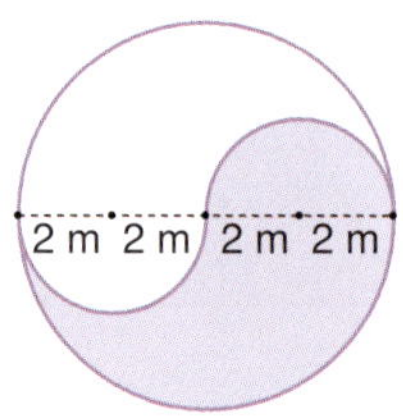

Ilustrações: Banco de imagens/ Arquivo da editora

52. Calcule a área de cada círculo representado nas figuras seguintes:

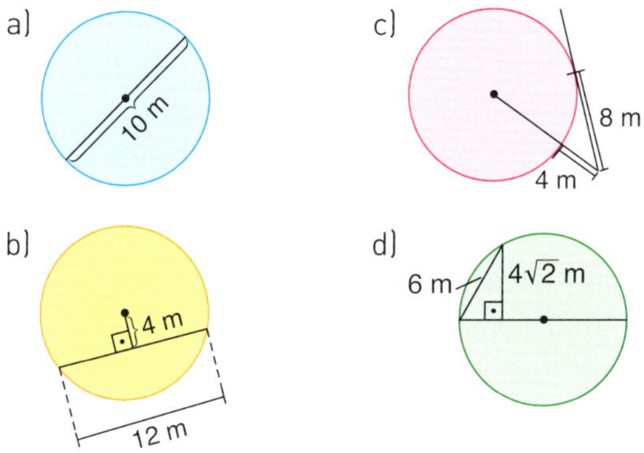

Ilustrações: Banco de imagens/Arquivo da editora

53. Sabe-se que o tampo da mesa mostrada na figura é composto de duas tábuas retangulares, cada qual com 0,35 m de largura, e duas tábuas em forma de semicírculo, cada uma com 0,80 m de diâmetro.

CJT/Zapt/Arquivo da editora

AUSÊNCIA DE PROPORÇÃO

Nessas condições, qual é a área da superfície do tampo dessa mesa?

Use $\pi \simeq 3{,}14$.

54. Considere que nas figuras seguintes os segmentos assinalados são congruentes e a unidade das medidas está indicada em decímetros. Em cada caso, calcule a área da superfície da região sombreada:

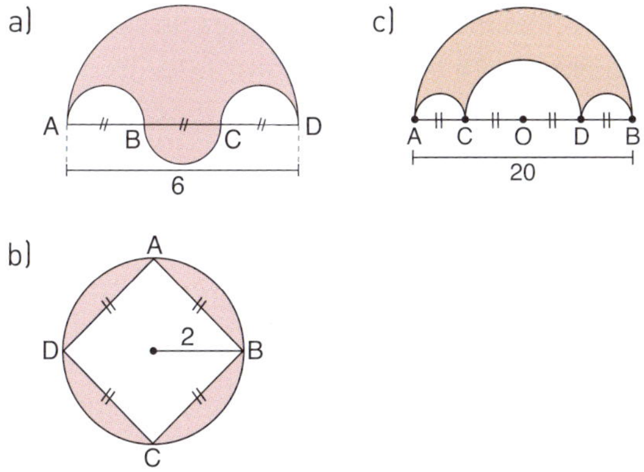

Ilustrações: Banco de imagens/Arquivo da editora

55. Uma indústria produz em série o banquinho mostrado na figura ao lado. O assento desse banquinho tem formato circular, com diâmetro de 0,30 m, e é cortado de uma tábua de madeira retangular que mede 0,70 m × 1,00 m.

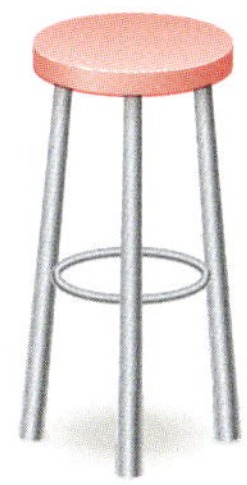

Banco de imagens/Arquivo da editora

Se o assento não pode ter emendas, pede-se:

a) o maior número de assentos que podem ser obtidos de uma única tábua;

b) determinar a área, em centímetros quadrados, da superfície da tábua que não é aproveitada após o corte do maior número possível de assentos que se podem obter.

Use $\pi \simeq 3{,}2$.

56. Certa noite, em que um *show* musical lotou uma praça circular de uma cidade, um jornal local noticiou que a ocupação média dos que foram "curtir" o som havia sido de 4 pessoas por metro quadrado. Nessas condições, sabendo que essa praça tem 49 m de raio e considerando $\pi \simeq \frac{22}{7}$, determine uma estimativa do número de pessoas presentes em tal *show*.

57. Na figura estão representados três círculos de centros nos pontos **A**, **B** e **C**, dois a dois tangentes exteriormente. Se AB = 16 cm, BC = 24 cm e AC = 22 cm, determine a área de cada um dos três círculos.

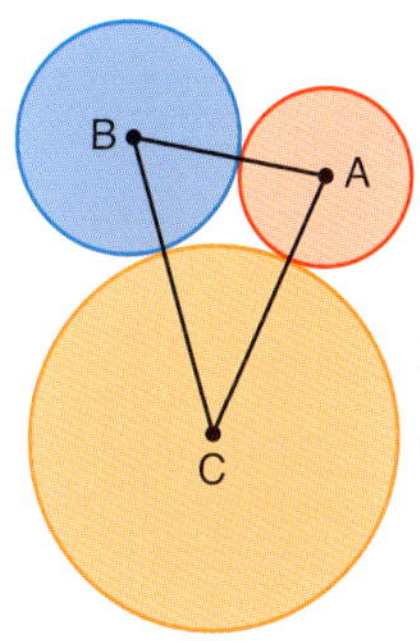

Banco de imagens/Arquivo da editora

58. O palco de uma casa de espetáculos tem a forma de um círculo com 20 m de diâmetro. Após uma reforma, a superfície do palco circular teve seu diâmetro aumentado em 60%. De quanto foi acrescida, em porcentagem, a área do palco com essa reforma?

59. De uma placa quadrada de metal, com 20 cm de lado, é recortado um círculo de diâmetro máximo. Em seguida, recorta-se desse círculo um quadrado de dimensão máxima. Qual é a área da superfície desperdiçada?

Área do setor circular

Na figura ao lado, temos:

C: círculo de centro **O** e raio de medida **r**;

α: medida do ângulo de vértice **O**.

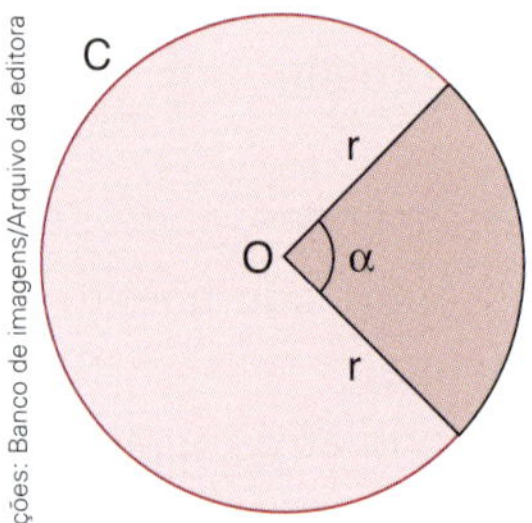

Ilustrações: Banco de imagens/Arquivo da editora

Chama-se **setor circular** de centro **O**, raio de medida **r** e ângulo central de medida α a região determinada pela interseção de **C** com a região limitada pelos lados do ângulo.

Assim, na figura, a região colorida representa o setor circular definido.

Dado um setor circular de centro **O**, com raio de medida **r** e ângulo central de medida **x**, vamos comparar sua área com as áreas de outros setores de mesmo raio, mas cujas medidas dos ângulos centrais são sucessivamente aumentadas para 2x, 3x, 4x, ...

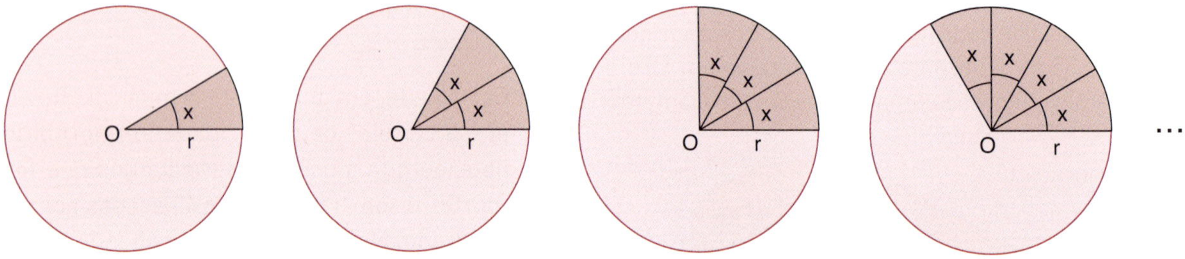

Podemos observar que, se a medida do ângulo central dobra, a área do setor dobra; se a medida do ângulo central triplica, a área do setor triplica e, assim, sucessivamente. Dessa forma, concluímos que a área de um setor circular é diretamente proporcional à medida do ângulo central (ou ao comprimento do correspondente arco). Assim:

- quando a medida do ângulo central é dada em graus, a área do setor circular pode ser calculada pela seguinte regra de três:

	área (u.a.)		ângulo central (graus)
setor:	A	—	x
círculo:	$\pi \cdot r^2$	—	360

$$\Rightarrow \frac{A}{\pi \cdot r^2} = \frac{x}{360}$$

Portanto:

$$A = \frac{x}{360} \cdot \pi \cdot r^2$$

- quando o comprimento do correspondente arco é ℓ, a área do setor circular pode ser calculada pela seguinte regra de três:

	área (u.a.)		comprimento do arco (u.c.)
setor:	A	—	ℓ
círculo:	$\pi \cdot r^2$	—	$2\pi r$

$$\Rightarrow \frac{A}{\pi \cdot r^2} = \frac{\ell}{2\pi r}$$

Portanto:

$$A = \frac{\ell \cdot r}{2}$$

OBSERVAÇÃO

Note que, nos dois casos, as expressões da área do setor foram obtidas por meio de regra de três. Para que não seja preciso decorar "novas fórmulas", o mesmo procedimento pode ser usado na resolução de problemas nos quais se necessita calcular áreas de setores circulares, conforme exemplificado a seguir.

EXEMPLO 4

Vamos calcular a área de um setor circular de ângulo central de medida 120° e cujo raio mede 10 cm. Para tal, estabelecemos a seguinte regra de três:

	área (cm²)		ângulo central (graus)
setor:	A	—	120
círculo:	$\pi \cdot 10^2$	—	360

$$\Rightarrow \frac{A}{100\pi} = \frac{120}{360} \Rightarrow A = \frac{100\pi}{3}$$

Portanto, a área do setor circular é $\frac{100\pi}{3}$ cm².

É possível calcular a área desse setor sem usar a regra de três: como 120° é igual à terça parte de 360°, a área do setor é igual à terça parte da área do círculo.

Área da coroa circular

Sejam $\mathbf{C_1}$ e $\mathbf{C_2}$ círculos concêntricos cujos respectivos raios medem **R** e **r**, com $R > r$.

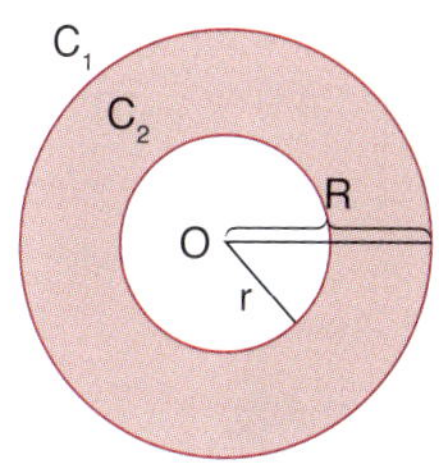

Ilustrações: Banco de imagens/Arquivo da editora

Chama-se **coroa circular** a reunião do conjunto de pontos que pertencem à região limitada pelas circunferências de $\mathbf{C_1}$ e $\mathbf{C_2}$ com o conjunto dos pontos que pertencem a tais circunferências, como mostra a figura ao lado.

Observe que a área de uma coroa circular é igual à diferença entre as áreas dos círculos cujos raios medem **R** e **r**.

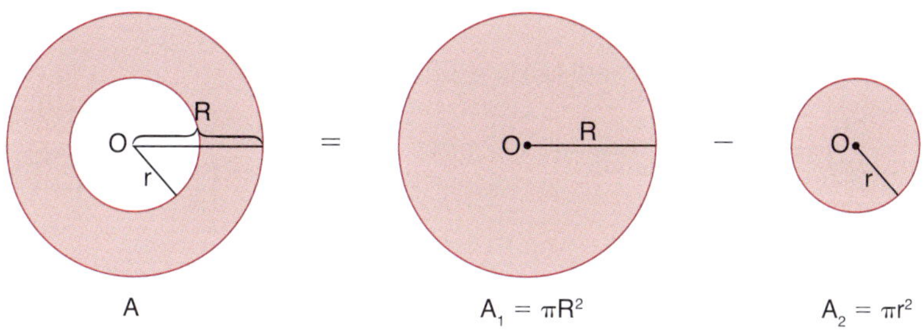

Logo: $A = A_1 - A_2 \Rightarrow$ $A = \pi R^2 - \pi r^2$

Exercício resolvido

13. Na cozinha da casa de Neusa há um relógio, no qual uma placa de metal plana, em forma de coroa circular, circunda o mostrador pintado de azul.
Determine a área da superfície da placa, sabendo que a circunferência maior da placa tem 32π cm de comprimento e o diâmetro do círculo interno mede 10 cm.

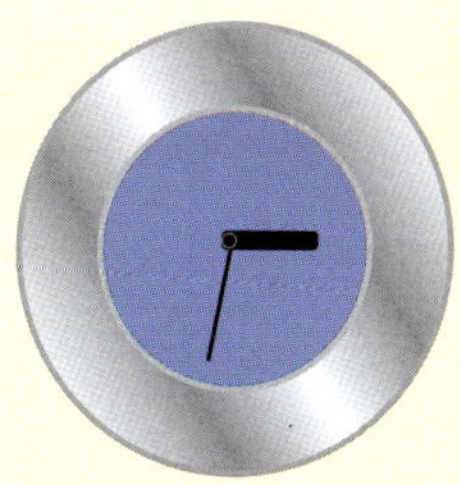

CJT/Zapt/Arquivo da editora

AUSÊNCIA DE PROPORÇÃO

Solução:

Sabe-se que o comprimento da circunferência maior do relógio é 32π cm, ou seja:

$$2\pi R = 32\pi \text{ cm} \Rightarrow R = 16 \text{ cm}$$

Logo, a área do círculo maior é $A_1 = \pi \cdot R^2 = \pi \cdot (16 \text{ cm})^2 \Rightarrow A_1 = 256\pi \text{ cm}^2$.

O círculo interno tem 10 cm de diâmetro, ou seja, $D = 2r = 10 \text{ cm} \Rightarrow r = 5$ cm.

Logo, a área do círculo menor é $A_2 = \pi \cdot r^2 = \pi \cdot (5 \text{ cm})^2 \Rightarrow A_2 = 25\pi \text{ cm}^2$.

Portanto: $A = A_1 - A_2 = 256\pi - 25\pi \Rightarrow A = 231\pi$

Logo, a área da placa é 231π cm².

Área do segmento circular

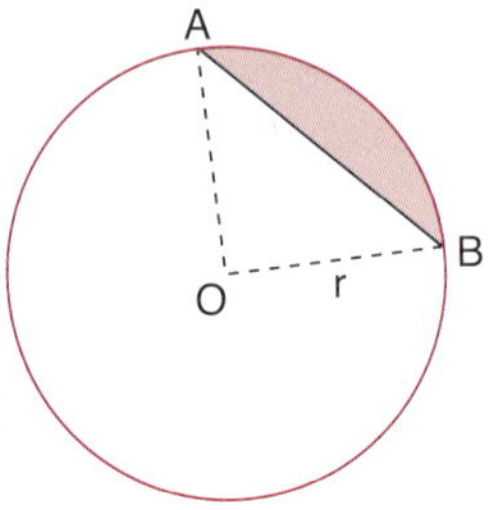

Banco de imagens/Arquivo da editora

Seja $\widehat{AB}$ um arco de circunferência, contido em um círculo cujo raio mede **r**, como é mostrado na figura.

Chama-se **segmento circular** o conjunto de pontos que pertencem à parte do círculo limitada pelo arco $\widehat{AB}$ e pela corda de extremidades **A** e **B** (destacados ao lado).

Assim, a área do segmento circular ($\mathbf{A}_{seg}$) é igual à diferença entre a área do setor circular ($\mathbf{A}_{set}$) e a área do triângulo AOB ($\mathbf{A}_{\triangle AOB}$).

$$A_{seg} = A_{set} - A_{\triangle AOB}$$

EXEMPLO 5

Vamos calcular a área de um segmento circular de um círculo cujas medidas do raio e do ângulo central são 4 cm e 150°, respectivamente.

Como a área do segmento circular ($\mathbf{A}_{seg}$) é igual à diferença entre a área do setor circular e a área do triângulo AOB, temos:

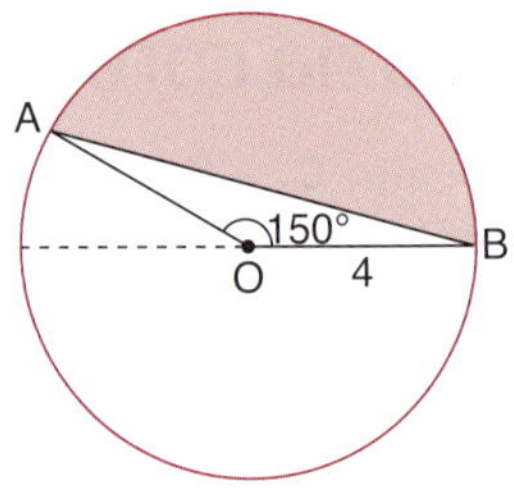

- área do setor circular, $\mathbf{A}_1$:

	área (cm²)		ângulo central
setor:	A_1	——	150°
círculo:	$\pi \cdot 4^2$	——	360°

$$\Rightarrow \frac{A_1}{16\pi\ cm^2} = \frac{150°}{360°} \Rightarrow A_1 = \frac{20\pi}{3}\ cm^2$$

- área do triângulo AOB, $\mathbf{A}_2$:

Temos: AO = OB = 4 cm e med(AÔB) = 150° ⇒ med(AÔH) = 30°

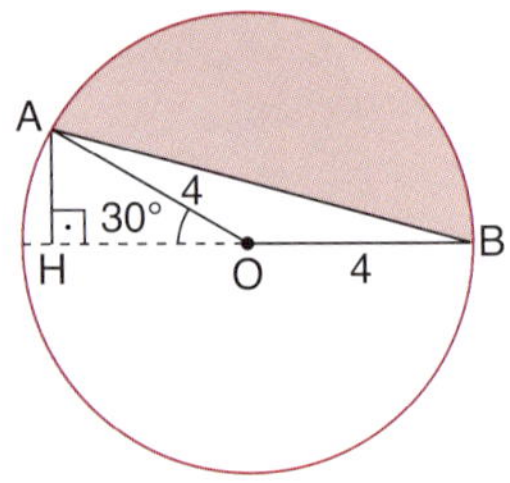

Ilustrações: Banco de imagens/Arquivo da editora

$\triangle AHO$ retângulo $\Rightarrow$ sen $30° = \frac{AH}{AO} \Rightarrow \frac{1}{2} = \frac{AH}{4\ cm} \Rightarrow AH = 2\ cm$

Assim: $A_2 = \frac{1}{2} \cdot OB \cdot AH = \frac{1}{2} \cdot (4\ cm) \cdot (2\ cm) \Rightarrow A_2 = 4\ cm^2$.

Logo, $A_{seg} = A_1 - A_2 = \frac{20\pi}{3} - 4 \Rightarrow A_{seg} = \frac{4(5\pi - 3)}{3}$.

Portanto, a área do segmento circular é $\frac{4(5\pi - 3)}{3}\ cm^2$.

Exercícios

60. Em cada caso, calcule a área do setor circular de raio **r** e ângulo central de medida θ.

a) $r = 4$ m e $\theta = 30°$ d) $r = 6$ cm e $\theta = 90°$
b) $r = 9$ dm e $\theta = 120°$ e) $r = 10$ cm e $\theta = 150°$
c) $r = 12$ m e $\theta = 45°$ f) $r = 2$ km e $\theta = 300°$

61. Em cada caso, calcule a área da superfície colorida.

a)

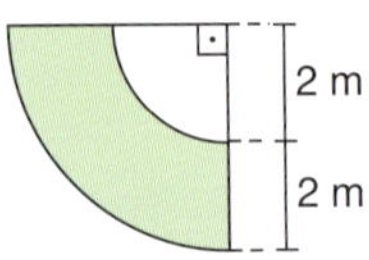

b)

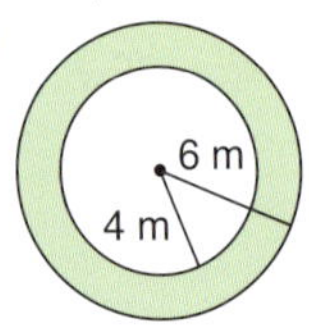

c)

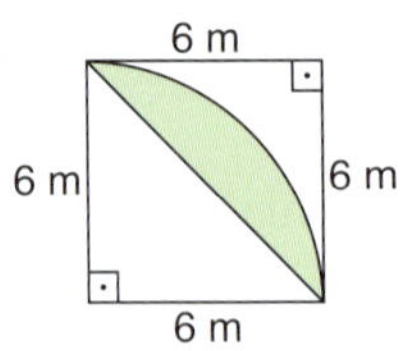

d)

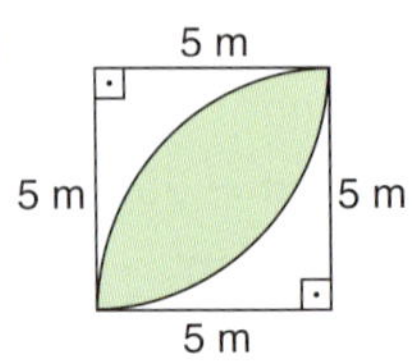

e)

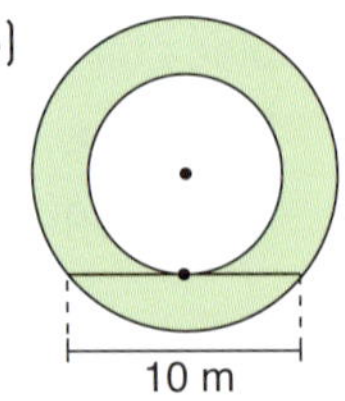

f)

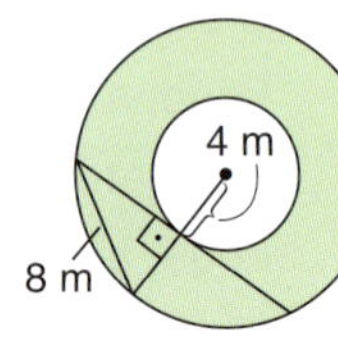

Ilustrações: Banco de imagens/Arquivo da editora

62. Na casa de Marina há uma piscina de formato circular, circundada por um piso, conforme mostrado na figura ao lado. Ela pretende trocar o revestimento do piso por outro, que custa R$ 16,00 o metro quadrado. Sabendo que a piscina tem 8 m de diâmetro e o piso tem 2,5 m de largura, determine a quantia mínima que Marina gastará na compra do novo revestimento para o piso. Use: $\pi \simeq \frac{22}{7}$.

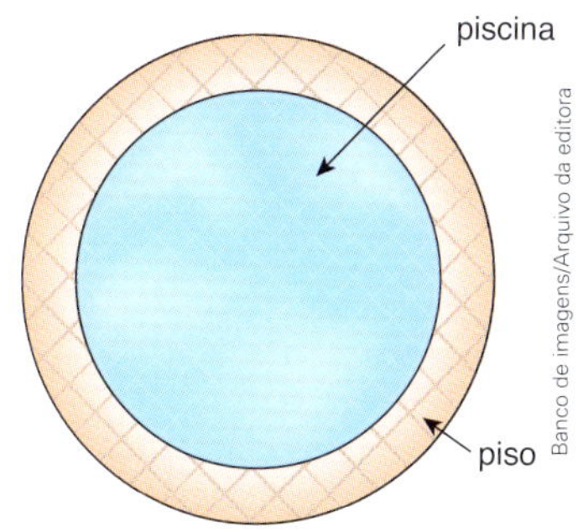

AUSÊNCIA DE PROPORÇÃO

63. A figura mostra um parque municipal em formato circular, com centro **O** e diâmetro com medida 90 m.

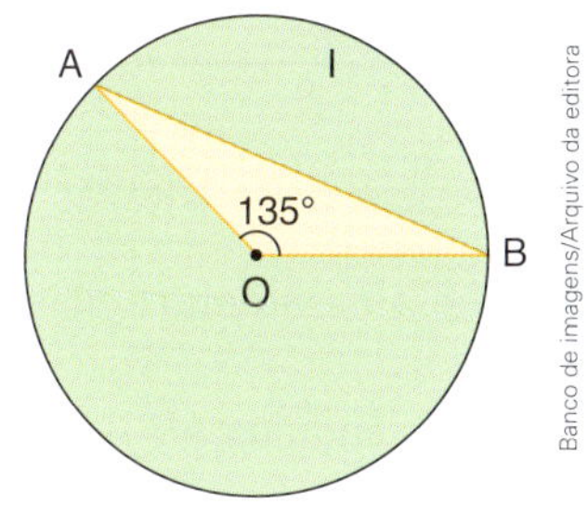

A região **I** será destinada a um jardim de rosas e deverá ser isolada por uma cerca constituída de um trecho retilíneo $\overline{AB}$ e de um arco de circunferência. A região complementar à região **I** será reservada ao lazer. Considere $\pi \simeq 3{,}2$; $\sqrt{2+\sqrt{2}} \simeq 1{,}85$; $\sqrt{2} \simeq 1{,}4$ e determine:

a) o comprimento da cerca a ser utilizada;

b) a área da região reservada ao lazer.

64. Considere um triângulo equilátero ABC cujo lado mede 4 cm. Com centro em **A**, traça-se um arco de circunferência que intersecta os lados $\overline{AB}$ e $\overline{AC}$ em seus respectivos pontos médios, determinando um setor. Determine a área da superfície do triângulo não ocupada pelo setor.

65. Um pasto tem a forma de um quadrado cujo lado mede 25 m. Pretende-se amarrar um cavalo a uma corda presa em uma estaca a ser fixada em um dos vértices do quadrado. A área da região onde o cavalo poderá pastar deve corresponder a, no mínimo, $\frac{2}{5}$ da área total do pasto. Qual é o número inteiro mais próximo que representa o comprimento da corda? Adote $\pi \simeq 3{,}1$.

66. Em cada caso, determine a área de um segmento circular em que a medida do raio é **r** e o ângulo central mede θ.

a) $r = 4$ cm e $\theta = 45°$ b) $r = 8$ dm e $\theta = 30°$ c) $r = 2$ m e $\theta = 90°$ d) $r = 12$ cm e $\theta = 120°$

67. (UFG-GO) Uma medalha, apresentada na figura a seguir, é fabricada retirando-se de um círculo de metal a área que compreende a região sombreada (cinza-escuro). Na figura, os pontos **A**, **B**, **C**, **D**, **E** e **F** são os vértices de um hexágono regular inscrito na circunferência de centro **O** e raio 1 cm. Os arcos $\overset{\frown}{AF}$, $\overset{\frown}{FE}$, $\overset{\frown}{ED}$, $\overset{\frown}{DC}$, $\overset{\frown}{CB}$ e $\overset{\frown}{BA}$ são arcos de outras circunferências com raio igual a 1 cm.

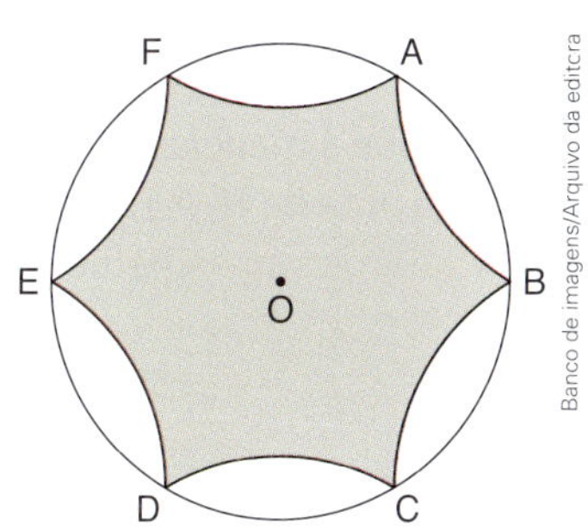

Nessas condições, calcule a área da região sombreada (cinza-escuro).

Razão entre áreas de figuras planas semelhantes

Sabe-se que, se dois triângulos têm os lados homólogos proporcionais, então eles são semelhantes. Veja:

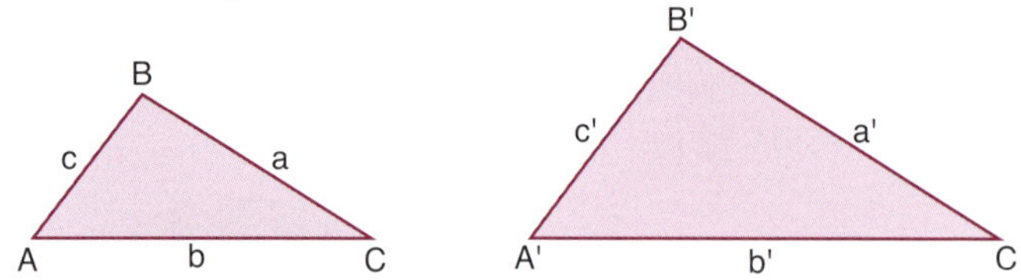

Ilustrações: Banco de imagens/Arquivo da editora

$$\frac{a}{a'} = \frac{b}{b'} = \frac{c}{c'} = k \text{ (razão de semelhança)} \Rightarrow \triangle ABC \sim \triangle A'B'C'$$

Sabemos que a razão entre dois quaisquer elementos lineares homólogos também é **k**.

Assim, se os triângulos ABC e A'B'C' são semelhantes, calculemos a razão entre suas áreas:

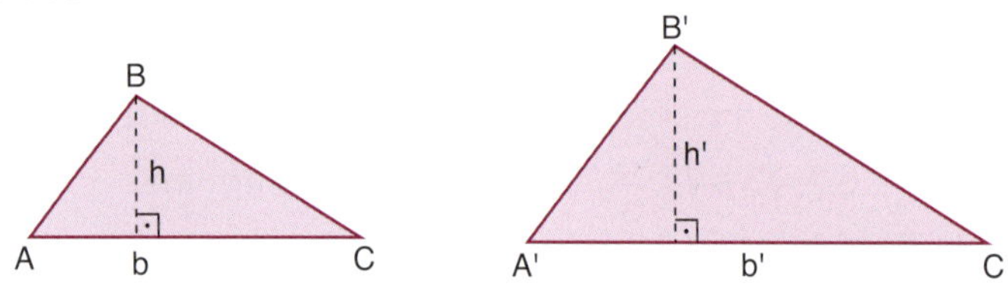

Ilustrações: Banco de imagens/Arquivo da editora

$$A_{ABC} = \frac{b \cdot h}{2} \qquad A_{A'B'C'} = \frac{b' \cdot h'}{2}$$

Como $\triangle ABC \sim \triangle A'B'C' \Rightarrow \frac{b}{b'} = \frac{h}{h'} = k$ (razão de semelhança), temos:

$$\frac{A_{ABC}}{A_{A'B'C'}} = \frac{\frac{b \cdot h}{2}}{\frac{b' \cdot h'}{2}} = \frac{b}{b'} \cdot \frac{h}{h'} = k \cdot k = k^2 \Rightarrow \frac{A_{ABC}}{A_{A'B'C'}} = k^2$$

Logo, a razão entre as áreas de dois triângulos semelhantes é igual ao quadrado da razão de semelhança.

Observe que a propriedade exposta acima pode ser estendida a quaisquer superfícies semelhantes, ou seja, de modo geral, podemos afirmar que:

> A razão entre as áreas de duas superfícies semelhantes é igual ao quadrado da razão de semelhança.

EXEMPLO 6

Dois hexágonos regulares, $\mathbf{H}_1$ e $\mathbf{H}_2$, são tais que a medida do lado de $\mathbf{H}_2$ é o triplo da medida do lado de $\mathbf{H}_1$. Vamos determinar a área de $\mathbf{H}_1$, sabendo que a área de $\mathbf{H}_2$ é 126 cm².

Considerando que os dois hexágonos regulares são semelhantes, temos:

$$\begin{cases} \ell_1\text{: medida do lado de } \mathbf{H}_1 \\ \ell_2\text{: medida do lado de } \mathbf{H}_2 \end{cases} \Rightarrow \ell_2 = 3\ell_1 \Rightarrow \frac{\ell_1}{\ell_2} = \frac{1}{3} = k \text{ (razão de semelhança)}$$

Assim:

$$\begin{cases} \mathbf{A}_1\text{: área de } \mathbf{H}_1 \\ \mathbf{A}_2\text{: área de } \mathbf{H}_2 \end{cases} \Rightarrow \frac{A_1}{A_2} = k^2 \Rightarrow \frac{A_1}{126 \text{ cm}^2} = \left(\frac{1}{3}\right)^2 \Rightarrow A_1 = 126 \text{ cm}^2 \cdot \frac{1}{9} \Rightarrow A_1 = 14 \text{ cm}^2$$

Exercício resolvido

14. Relativamente à figura a seguir, sabe-se que $\overline{DE}$ é paralelo à base $\overline{BC}$ do triângulo ABC e o ângulo $A\hat{D}E$ mede 30°.

Considerando que a unidade das medidas indicadas é o centímetro, determine a área do triângulo ABC, em centímetros quadrados.

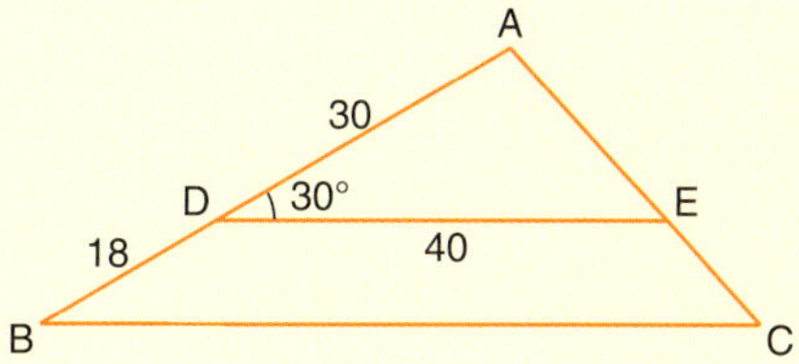

Banco de imagens/Arquivo da editora

Solução:

Como $\overline{DE}$ // $\overline{BC}$, os triângulos ADE e ABC são semelhantes. Assim:

$$\frac{AD}{AB} = \frac{DE}{BC} = k \text{ (razão de semelhança)} \Rightarrow \frac{30\text{ cm}}{48\text{ cm}} = \frac{40\text{ cm}}{BC} = k \Rightarrow BC = 64\text{ cm e } k = \frac{5}{8}$$

Sejam $\begin{cases} A_1 = \text{área do triângulo ADE} \\ A_2 = \text{área do triângulo ABC} \end{cases}$, temos:

$$\frac{A_1}{A_2} = k^2 \Rightarrow A_2 = \frac{A_1}{k^2} \Rightarrow A_2 = \frac{64}{25} \cdot A_1$$

Como $A_1 = \frac{1}{2} \cdot AD \cdot DE \cdot \text{sen } 30°$, vem: $A_1 = \frac{1}{2} \cdot (30\text{ cm}) \cdot (40\text{ cm}) \cdot \frac{1}{2} = 300\text{ cm}^2$

Logo, $A_2 = \frac{64}{25} \cdot (300\text{ cm}^2) \Rightarrow A_2 = 768\text{ cm}^2$.

OBSERVAÇÃO

Dizemos que duas figuras planas são equivalentes quando as áreas de suas superfícies são iguais.

Por exemplo, o retângulo e o círculo representados nas figuras ao lado são equivalentes, pois:

$\mathbf{A_1}$: área do retângulo $\Rightarrow A_1 = b \cdot h = (4\text{ cm}) \cdot (\pi\text{ cm}) = 4\pi\text{ cm}^2$

$\mathbf{A_2}$: área do círculo $\Rightarrow A_2 = \pi \cdot r^2 = \pi(2\text{ cm})^2 = 4\pi\text{ cm}^2$

Logo, $\mathbf{A_1} = \mathbf{A_2}$.

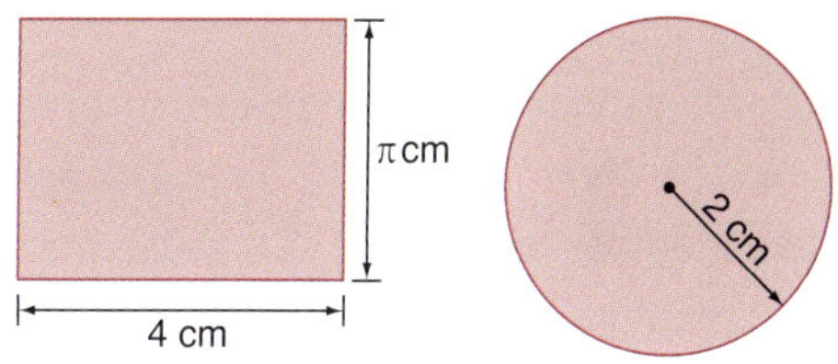

Ilustrações: Banco de imagens/Arquivo da editora

Exercícios

68. O triângulo ABC tem 60 dm de perímetro e um dos lados mede 25 dm. Determine o perímetro de um triângulo semelhante a ABC cujo lado homólogo ao lado dado mede 15 dm.

69. Seja $\mathbf{H_1}$ um heptágono cuja área da superfície é igual a 20 cm². Sabendo que $\mathbf{H_2}$ é um heptágono semelhante a $\mathbf{H_1}$ e seu perímetro é igual $\frac{3}{4}$ do perímetro de $\mathbf{H_1}$, determine a área de $\mathbf{H_2}$.

70. Considere o trapézio ABCD de 10 cm de altura, no qual as bases medem 50 cm e 30 cm. Prolongando-se os seus lados não paralelos, obtém-se o ponto E, como é mostrado na figura. Determine a razão entre a área do triângulo EDC e a área do trapézio ABCD.

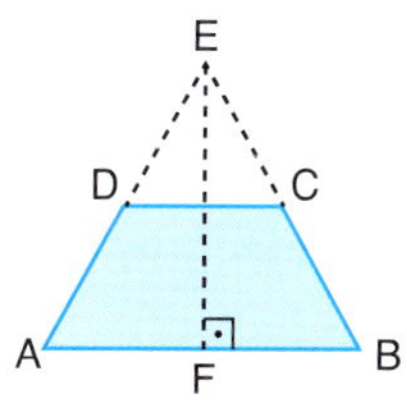

Banco de imagens/Arquivo da editora

71. Dois lados homólogos de dois pentágonos semelhantes, $\mathbf{P_1}$ e $\mathbf{P_2}$, medem 6 cm e 8 cm, respectivamente. Determine a medida do lado do pentágono $\mathbf{P_3}$, semelhante aos dois primeiros, sabendo que sua área é igual à soma das áreas de $\mathbf{P_1}$ e $\mathbf{P_2}$.

Enem e vestibulares resolvidos

(Enem) Um senhor, pai de dois filhos, deseja comprar dois terrenos, com áreas de mesma medida, um para cada filho. Um dos terrenos visitados já está demarcado e, embora não tenha um formato convencional (como se observa na Figura **B**), agradou ao filho mais velho e, por isso, foi comprado. O filho mais novo possui um projeto arquitetônico de uma casa que quer construir, mas, para isso, precisa de um terreno na forma retangular (como mostrado na Figura **A**) cujo comprimento seja 7 m maior do que a largura.

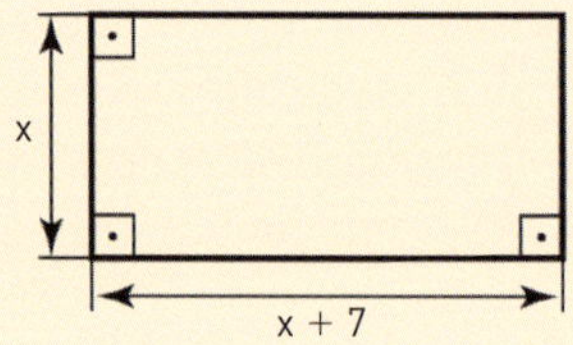

Figura A

Reprodução/ Enem, 2016

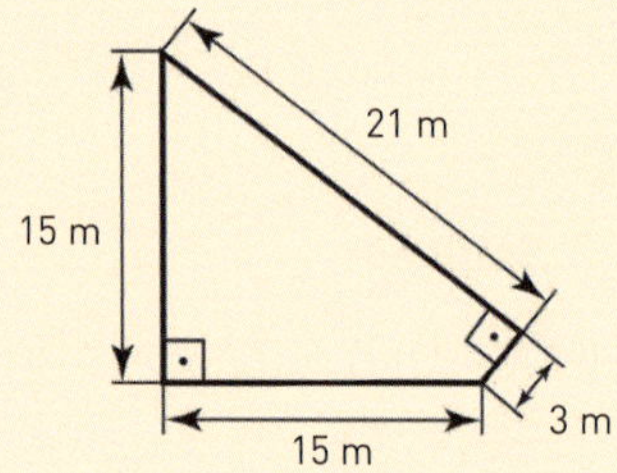

Figura B

Para satisfazer o filho mais novo, esse senhor precisa encontrar um terreno retangular cujas medidas, em metro, do comprimento e da largura sejam iguais, respectivamente, a

a) 7,5 e 14,5.
b) 9,0 e 16,0.
c) 9,3 e 16,3.
d) 10,0 e 17,0.
e) 13,5 e 20,5.

Resolução comentada

A área do terreno destinado ao filho mais velho (Figura **B**) pode ser obtida dividindo-se o terreno em 2 triângulos retângulos, conforme a imagem ao lado:

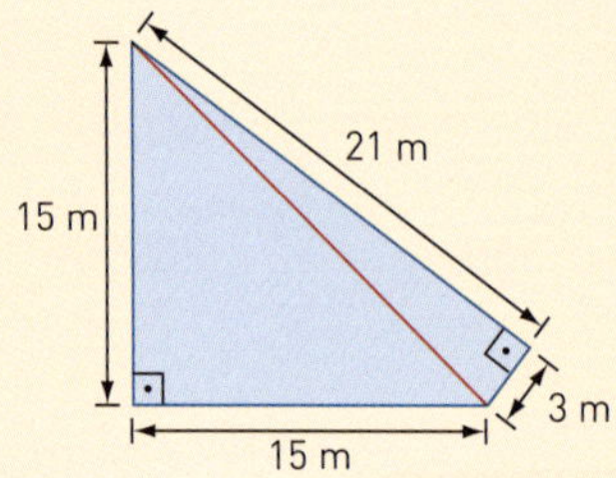

Figura B

Banco de imagens/Arquivo da editora

$$A_{\text{Figura } \mathbf{B}} = \frac{15 \cdot 15}{2} + \frac{3 \cdot 21}{2} = \frac{225}{2} + \frac{63}{2} = \frac{288}{2} \Rightarrow$$

$$\Rightarrow A_{\text{Figura } \mathbf{B}} = 144 \text{ m}^2$$

A área d$_B$o terreno destinado ao filho mais novo (Figura **A**), em m^2, é dada por:

$$A_{\text{Figura } \mathbf{A}} = (x + 7) \cdot x = x^2 + 7x$$

Como os dois terrenos devem ter áreas iguais, então $A_{\text{Figura } \mathbf{A}} = A_{\text{Figura } \mathbf{B}} \Rightarrow$

$\Rightarrow x^2 + 7x = 144 \Rightarrow x^2 + 7x - 144 = 0 \Rightarrow x = 9$ (convém) ou $x = -16$ (não convém).

As medidas do terreno são dadas por $x = 9$ m e $x + 7 = 9 + 7 = 16$ m.

Alternativa *b*.

Exercícios complementares

1. Considere que, na figura abaixo, o quadrado ABCD tem lados de medida 6 cm. Determine o valor de **x** para que a área da figura colorida seja igual a 12 cm^2.

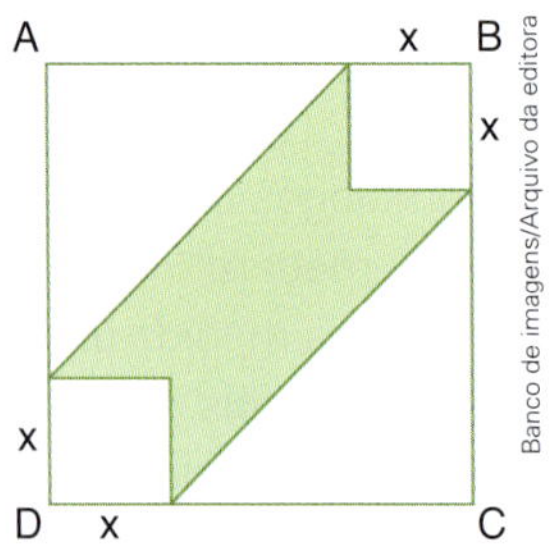

Banco de imagens/Arquivo da editora

2. O terreno representado ao lado tem a forma de um quadrilátero e está à venda, ao preço de R$ 60,00 o metro quadrado.

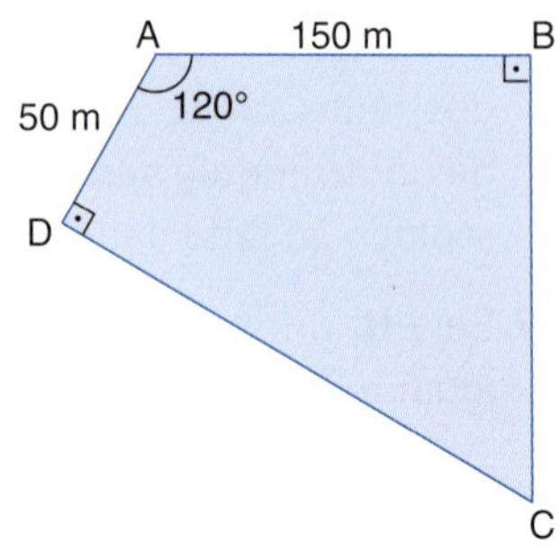

Banco de imagens/Arquivo da editora

Qual é o valor de venda desse terreno? Use $\sqrt{3} \simeq 1,7$ e, no cálculo das áreas, arredonde os valores para o inteiro mais próximo.

3. Na figura abaixo, considere o triângulo ABC equilátero e lado de medida 2 cm. $\overset{\frown}{AC}$ é o arco de uma semicircunferência cujo diâmetro coincide com um dos lados do triângulo ABC.
Determine a área da superfície colorida.

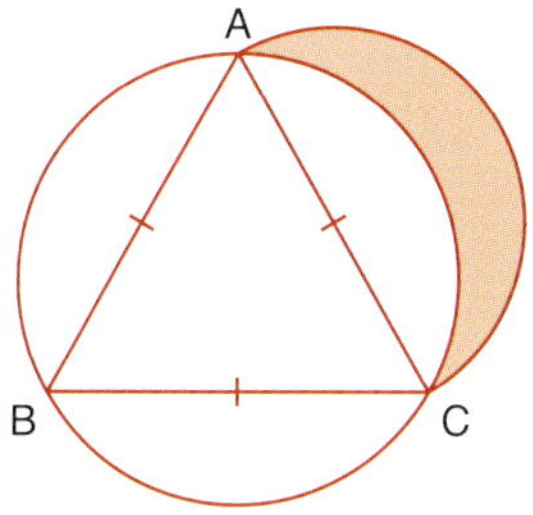

Banco de imagens/Arquivo da editora

4. (PUC-RJ) O retângulo ABCD tem lados 40 e 60.

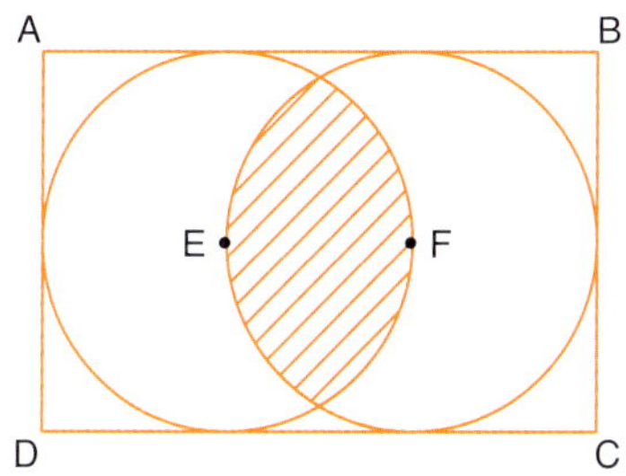

Banco de imagens/Arquivo da editora

Considere os círculos de centros **E** e **F**, contidos no retângulo e tangenciando três de seus lados, como mostrado na figura.

a) Qual é o raio desses círculos?
b) Calcule a área da região contida no interior dos dois círculos (hachurada na figura).

5. (UFJF-MG) Na figura a seguir, representa-se um hexágono regular ABCDEF em que cada lado mede 12 centímetros.

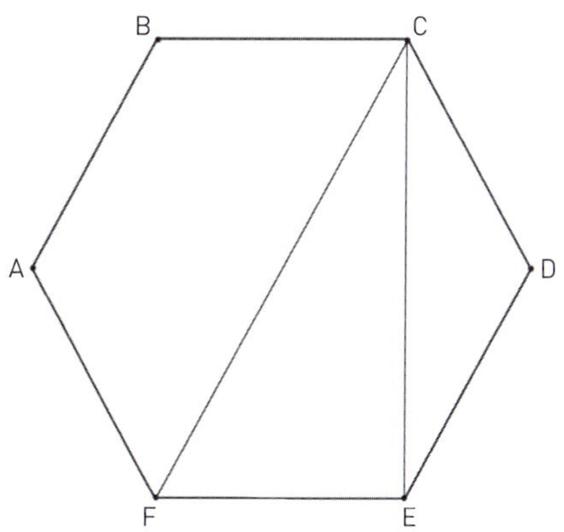

Reprodução/ PISM- UFJF, 2016

Determine:

a) O valor da medida do perímetro e da área do hexágono regular ABCDEF.
b) O valor das medidas das diagonais $\overline{CF}$ e $\overline{CE}$ deste hexágono regular ABCDEF.
c) A razão entre as medidas dos comprimentos dos círculos circunscrito e inscrito ao hexágono regular ABCDEF.

6. Em cada item, determine a área do polígono regular, sabendo que o raio da circunferência inscrita ao polígono mede 6 cm, nos casos:

a) quadrado
b) hexágono
c) triângulo

7. (FGV-SP)

a) Um terreno de forma retangular foi dividido em quatro lotes retangulares. As áreas de três lotes são 4 m^2, 8 m^2 e 13 m^2. Qual é a área total do terreno?

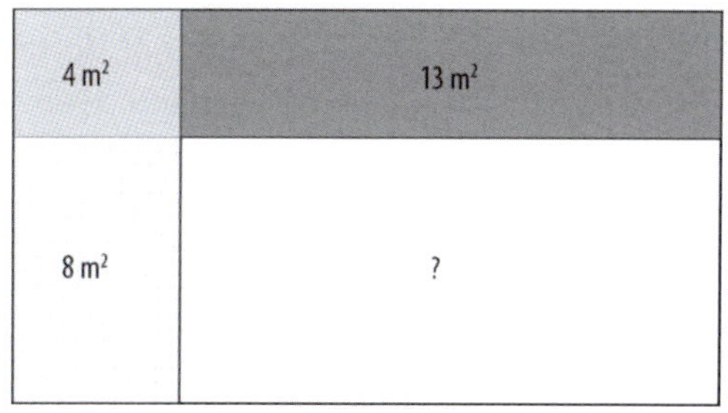

Reprodução/ FGV, 2016

b) Na figura a seguir, PQR e STU são triângulos equiláteros congruentes e PQ = 6 cm.
Qual é o perímetro do polígono PQWTUVR se o triângulo SWV tem perímetro 9 cm?

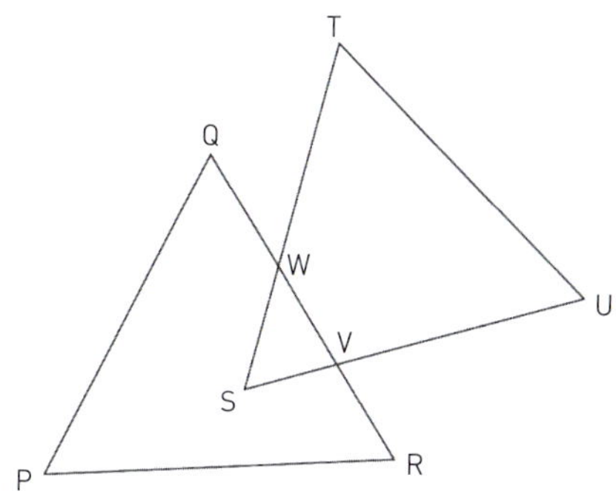

Reprodução/ FGV, 2016

8. (PUC-RJ) Na figura abaixo, ABCD é um quadrado de lado 2. Considere o círculo inscrito ao quadrado, que tangencia os lados $\overline{AB}$ e $\overline{AD}$ nos pontos **E** e **F**, respectivamente.

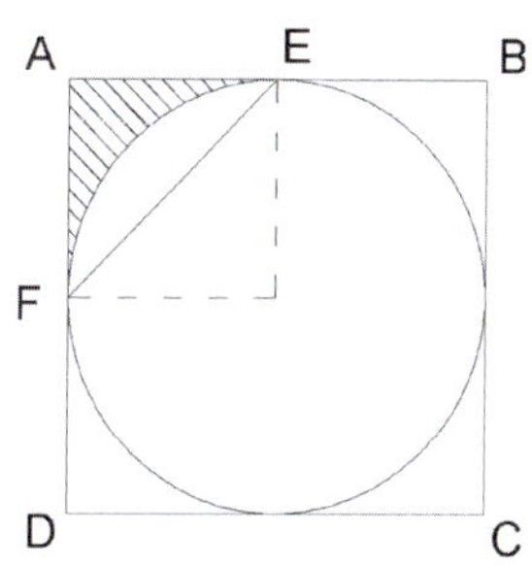

Reprodução/ PUC, 2013

a) Calcule a área do triângulo AEF.
b) O círculo descrito acima corta o triângulo em duas regiões. Calcule a área de cada uma dessas regiões.

9. (Uerj) Dois terrenos, **A** e **B**, ambos com a forma de trapézio, têm as frentes de mesmo comprimento voltadas para a Rua Alfa. Os fundos dos dois terrenos estão voltados para a Rua Beta. Observe o esquema:

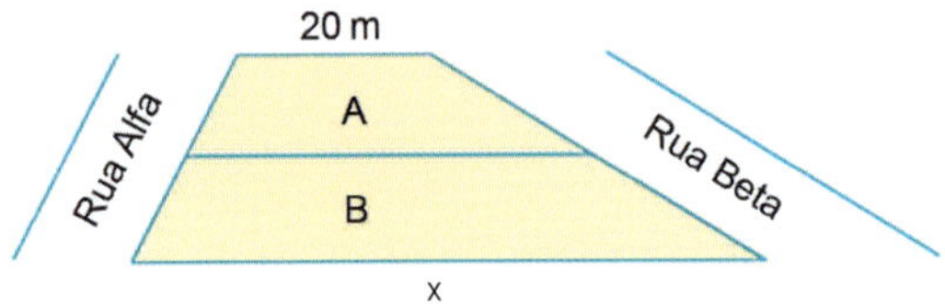

Reprodução/Uerj, 2013

As áreas de **A** e **B** são, respectivamente, proporcionais a 1 e 2, e a lateral menor do terreno **A** mede 20 m. Calcule o comprimento **x**, em metros, da lateral maior do terreno **B**.

10. Os lados do quadrado ABCD medem 8 cm. Determine a área do quadrado ABCD, do círculo inscrito nesse quadrado, do triângulo EFG inscrito no círculo e do círculo inscrito no triângulo EFG.

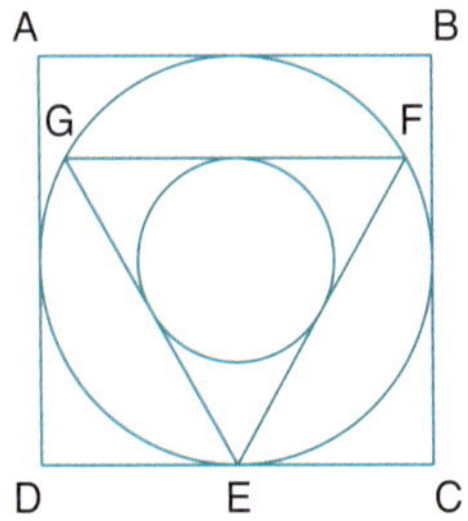

Banco de imagens/Arquivo da editora

11. Sejam $\overline{PT_1}$ e $\overline{PT_2}$ tangentes à circunferência de centro **O**. Se $CT_1 = OT_2 = 3$ cm, qual a área da região assinalada?

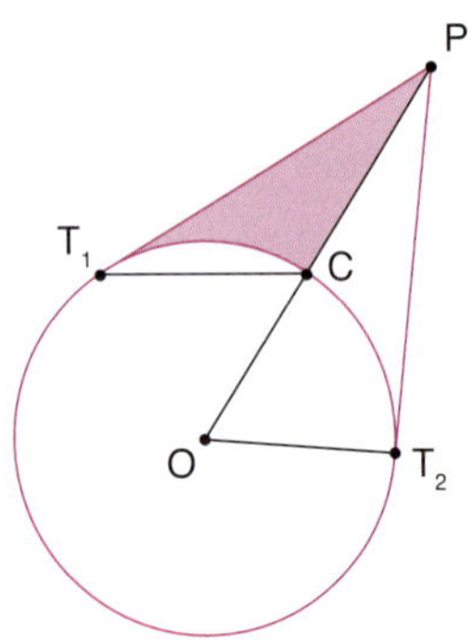

Banco de imagens/Arquivo da editora

12. A que distância **d** do vértice **A** de um triângulo ABC, de altura relativa a $\overline{BC}$ igual a **h**, devemos conduzir uma reta paralela a $\overline{BC}$ para que a área do trapézio BCDE seja igual a 3 vezes a área do triângulo AED?

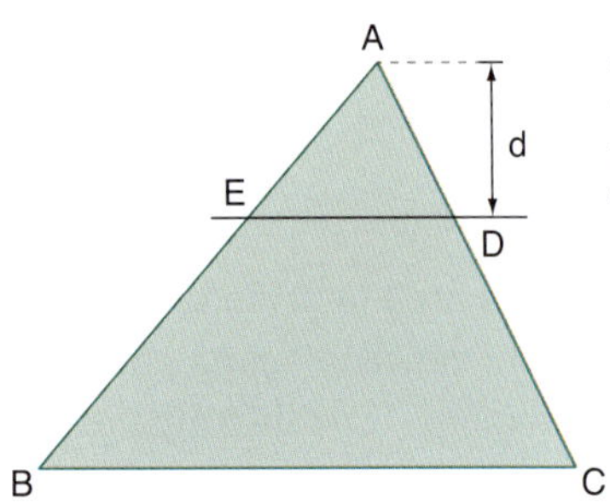

Banco de imagens/Arquivo da editora

13. Na figura, ABC é um triângulo retângulo em **A** e BNAPC, BMA e AQC são semicircunferências cujos diâmetros medem, respectivamente, $\overline{BC}$, $\overline{AB}$ e $\overline{AC}$.

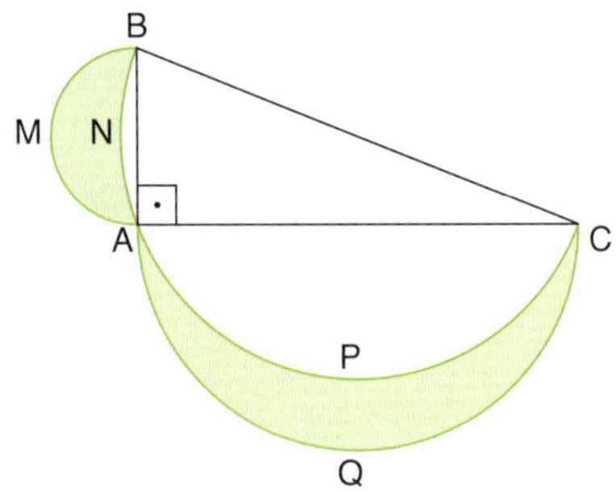

Banco de imagens/Arquivo da editora

Determine a razão entre a soma das áreas das superfícies coloridas e a área do triângulo ABC.

14. (UEL-PR) Uma indústria de café desenvolveu uma logomarca inspirada na bandeira do Brasil, como ilustrado no esboço a seguir.

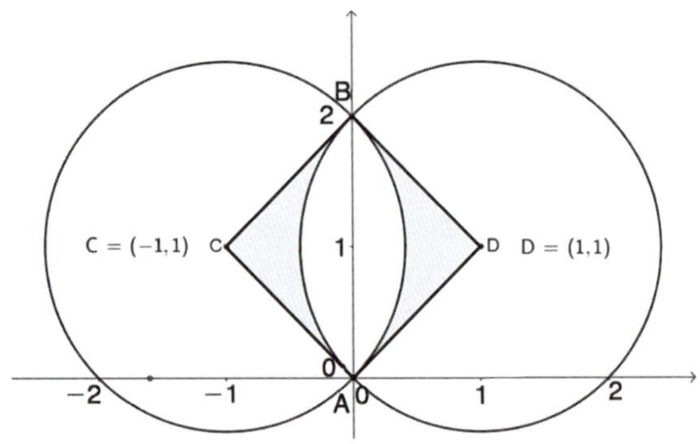

Reprodução/ UEL, 2015

O idealizador fez seu esboço em um plano cartesiano com unidades de medida em centímetros. A partir das informações presentes nesse esboço, determine a área sombreada da logomarca. Justifique sua resposta apresentando os cálculos realizados.

15. (UFU-MG) A figura (ilustrativa e sem escalas) que segue corresponde à vista superior do trecho de uma praça. Nela se destacam uma região de circulação de pedestres e uma região sombreada, a ser gramada, composta por três partes e limitada por segmentos de reta e um setor circular de raio **r**, conforme indicado.

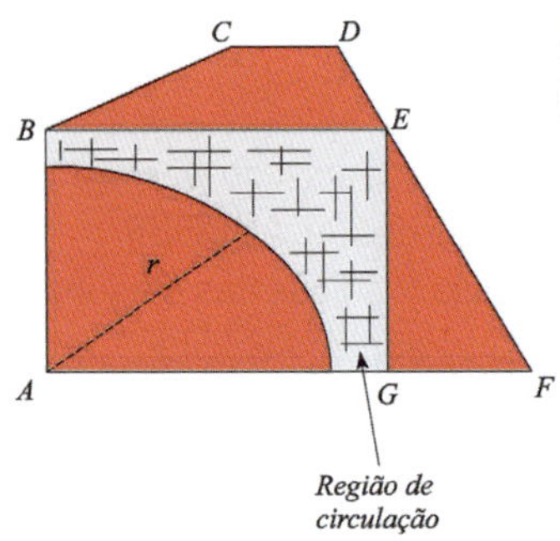

Reprodução/ UFU, 2014

Sabe-se que ABEG é um quadrado de lado **L** m, com $L > 7$, $\overline{EF} = 13$ m, $\overline{DE} = 5{,}2$ m, $\overline{AF} = 17$ m, $\overline{CD} = 3$ m, $\overline{CD}$ é paralelo a $\overline{AF}$, a área do setor circular é igual à metade da área de ABEG e **D**, **E** e **F** são colineares.

Nessas condições, elabore e execute um plano de resolução de maneira a determinar:

a) o valor de **L** (em metros);

b) a área de toda a região sombreada (em m^2).

16. (UFPR) A figura abaixo apresenta uma circunferência com centro **C** e raio 2, o ângulo $C\hat{D}B$ é reto e o arco de circunferência $\overset{\frown}{BE}$ mede $\frac{3\pi}{2}$.

a) Calcule o comprimento do segmento $\overline{BD}$.

b) Calcule a área da parte sombreada da figura.

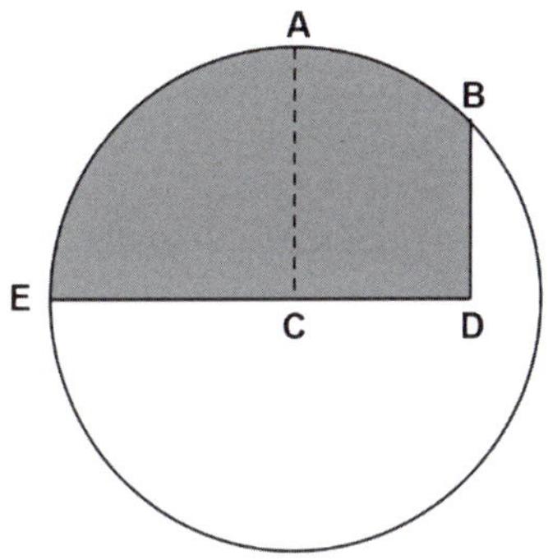

Reprodução/ UFPR, 2014

17. Na figura, ABCD é um quadrado, $\overset{\frown}{CX}$ e $\overset{\frown}{CY}$ são arcos de circunferência cujos centros são **B** e **A**, respectivamente. Determine a medida de $\overline{XY}$, sabendo que a área da superfície colorida é igual a $(64 - 16\pi)$ cm^2.

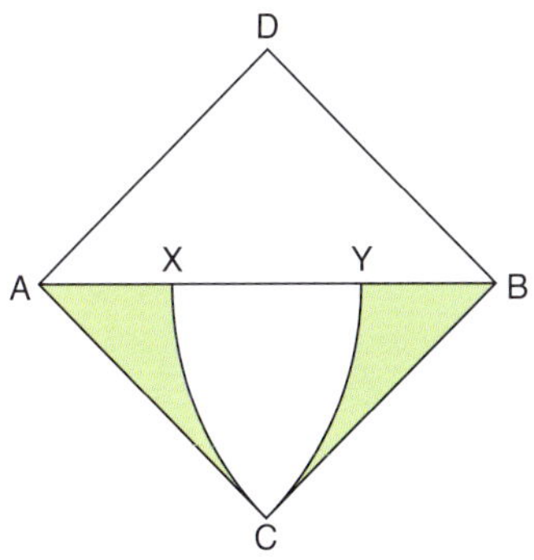

Banco de imagens/Arquivo da editora

18. (UEL-PR) Algumas figuras geométricas são utilizadas em símbolos, como, por exemplo, a "Estrela de David" (Figura 1).

Figura 1 Figura 2 Figura 3

Reprodução/ UEL, 2014

A partir das figuras 1 e 2, desenhou-se um esquema, representado na Figura 3, que não obedece a uma escala. Sabe-se que, na Figura 3, estão representados uma circunferência de centro no ponto O e um triângulo equilátero (ABC), inscrito nessa circunferência.

Considerando que o raio da circunferência é de $\sqrt{48}$ cm, responda aos itens a seguir.

a) Determine a medida do lado do triângulo ABC. Justifique sua resposta apresentando os cálculos realizados na resolução deste item.

b) Determine a área representada pela cor cinza na Figura 3.
Justifique sua resposta apresentando os cálculos realizados na resolução deste item.

19. A diferença entre a área do hexágono regular ABCDEF e a área do retângulo BCEF é $18\sqrt{3}$ cm^2.

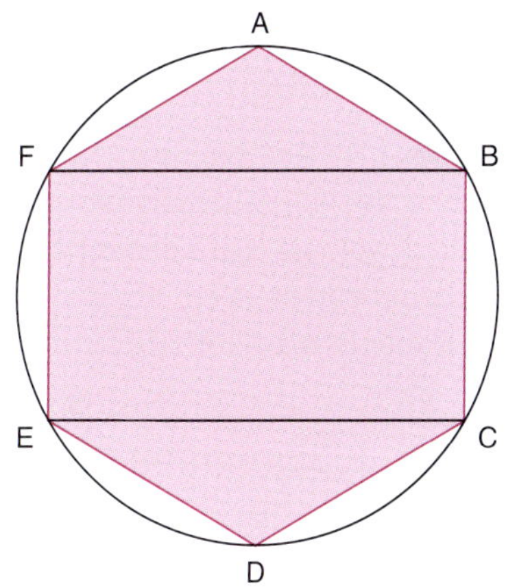

Banco de imagens/Arquivo da editora

Determine:

a) a medida do lado do hexágono;

b) a área do triângulo ABF.

20. (FGV-SP) A figura mostra um semicírculo cujo diâmetro AB, de medida **R**, é uma corda de outro semicírculo de diâmetro 2R e centro **O**.

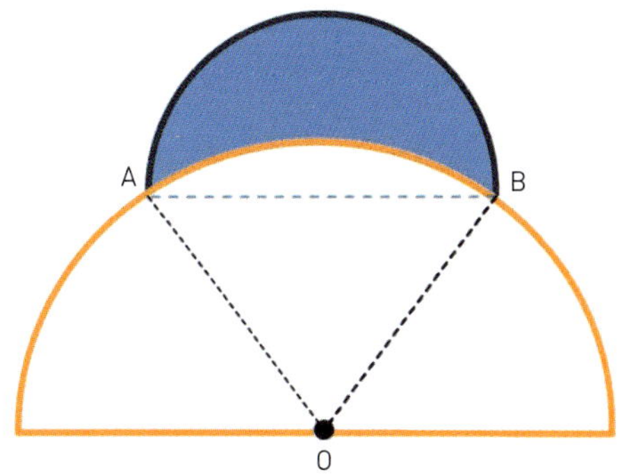

Reprodução/ FGV, 2013

a) Calcule o perímetro da parte sombreada.

b) Calcule a área da parte sombreada.

21. (Fuvest-SP) Percorre-se o paralelogramo ABCD em sentido anti-horário. A partir de cada vértice atingido ao longo do percurso, prolonga-se o lado recém-percorrido construindo-se um segmento de mesmo comprimento que esse lado. As extremidades dos prolongamentos são denotadas por **A'**, **B'**, **C'** e **D'**, de modo que os novos segmentos sejam, então, $\overline{AA'}$, $\overline{BB'}$, $\overline{CC'}$ e $\overline{DD'}$. Dado que AB = 4 e que a distância de **D** à reta determinada por **A** e **B** é 3, calcule a área do:

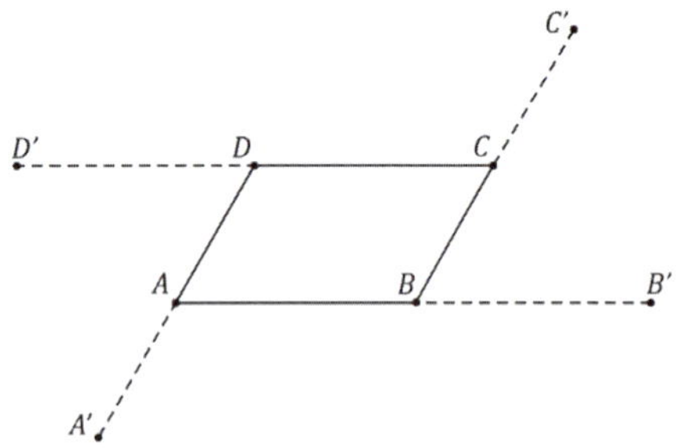

a) paralelogramo ABCD;
b) triângulo BB'C';
c) quadrilátero A'B'C'D'.

22. (UFJF/Pism-MG) Antônio, um fã de histórias em quadrinhos, decidiu confeccionar uma roupa para uma festa a fantasia. Para desenhar o símbolo da roupa, ele utilizou seus conhecimentos de matemática. Considere a figura do símbolo abaixo.

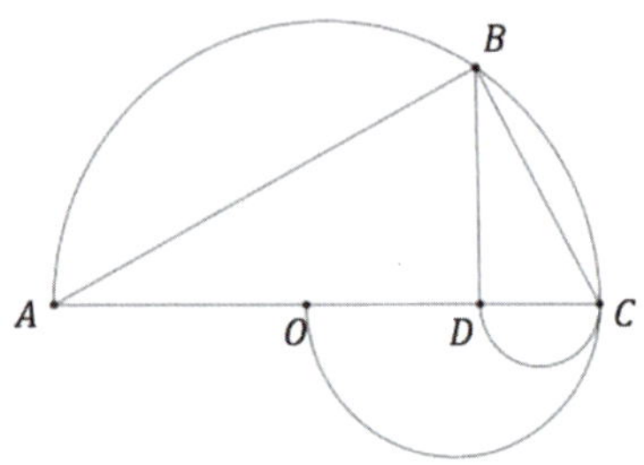

a) Considere o triângulo ABC, de lado $\overline{AB}$ medindo 80 mm e inscrito em uma semicircunferência de raio 50 mm e centro **O**. Calcule os comprimentos dos segmentos $\overline{OD}$ e $\overline{DC}$ sabendo-se que $\overline{BD}$ é uma altura do triângulo ABC. Considere $\pi = 3$.
b) Antônio deseja confeccionar o triângulo ABC e a semicircunferência de diâmetro DC com um tecido vermelho, e o restante do símbolo com um tecido azul. De quantos milímetros quadrados de cada tecido Antônio vai precisar para confeccionar o símbolo para sua fantasia? Considere $\pi = 3$.

23. (Ufes) Considere a região **R** delimitada pelos lados $\overline{AD}$, $\overline{CD}$ e $\overline{BC}$ do retângulo ABCD e pela semicircunferência **S**, cujo diâmetro $\overline{AB}$ mede **x** cm, conforme a Figura 1. A soma do perímetro do retângulo ABCD com o comprimento de **S** é igual a 12 cm.

a) Determine uma expressão da área de **R** em função de **x**.
b) Calcule **x** para que a área de **R** seja máxima.
c) Deseja-se pintar a região delimitada por **S** e por $\overline{AB}$ de vermelho e azul, conforme a Figura 2. Sendo **O** o ponto médio de $\overline{AB}$ e **E** e **F** pontos de **S**, determine o valor do ângulo EÔF para que a área da região a ser pintada de azul seja igual a 25% da área da região a ser pintada de vermelho.

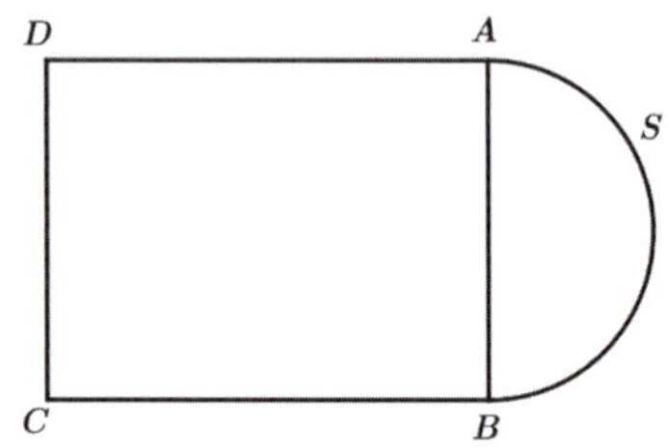

Figura 1

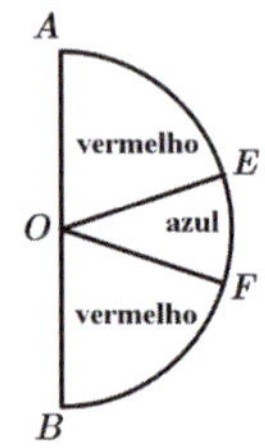

Figura 2

24. (Fuvest-SP) As circunferências C_1 e C_2 estão centradas em O_1 e O_2, têm raios $r_1 = 3$ e $r_2 = 12$, respectivamente, e tangenciam-se externamente. Uma reta **t** é tangente a C_1 no ponto P_1, tangente a C_2 no ponto P_2 e intersecta a reta $\overleftrightarrow{O_1O_2}$ no ponto **Q**. Sendo assim, determine:

a) o comprimento P_1P_2;
b) a área do quadrilátero $O_1O_2P_2P_1$;
c) a área do triângulo QO_2P_2.

25. (Fuvest-SP) São dadas três circunferências de raio **r**, duas a duas tangentes. Os pontos de tangência são P_1, P_2 e P_3.

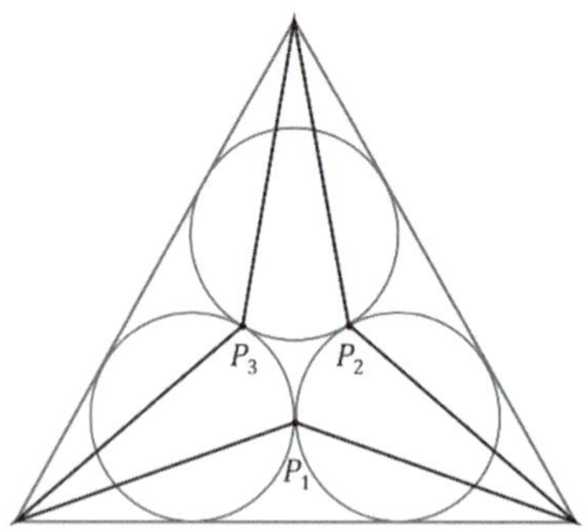

Calcule, em função de **r**,

a) o comprimento do lado do triângulo equilátero **T** determinado pelas três retas que são definidas pela seguinte exigência: cada uma delas é tangente a duas das circunferências e não intersecta a terceira;
b) a área do hexágono não convexo cujos lados são os segmentos ligando cada ponto P_1, P_2 e P_3 aos dois vértices do triângulo **T** mais próximos a ele.

26. Em cada item, a área do triângulo ABC é igual a **S**. Determine a área da superfície sombreada em função de **S**, sabendo que os pontos assinalados em cada lado o dividem em partes de medidas iguais.

a) 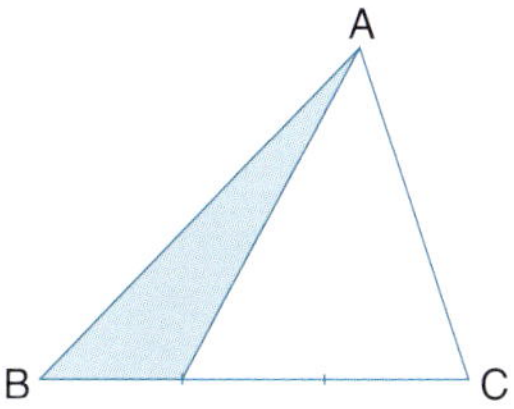

b) 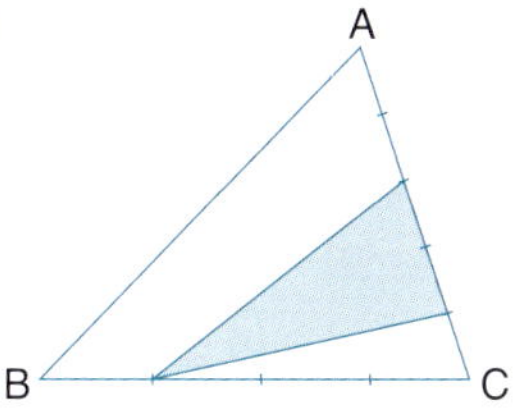

c) 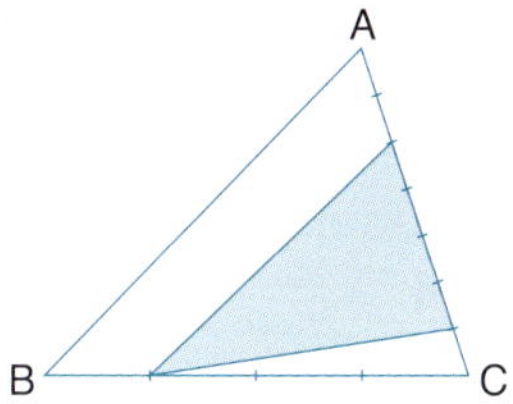

d) 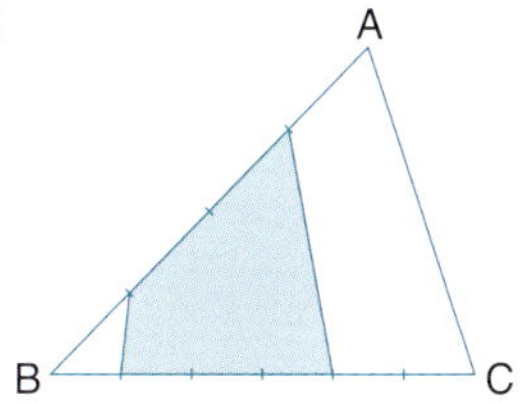

Ilustrações: Banco de imagens/Arquivo da editora

27. (Ufes) Em um retângulo, convencionemos chamar de *comprimento* o maior lado e de *largura* o menor lado. Seja $\mathbf{R}_0$ uma folha de papel retangular de área $4\sqrt{2}$ m^2 e de comprimento menor do que o dobro de sua largura. Divide-se $\mathbf{R}_0$ pela metade do comprimento, obtendo-se duas folhas de papel retangulares. Seja $\mathbf{R}_1$ uma dessas duas folhas. Em seguida, divide-se $\mathbf{R}_1$ pela metade do comprimento, obtendo-se duas folhas de papel retangulares. Seja $\mathbf{R}_2$ uma dessas duas folhas. Repete-se esse procedimento indefinidamente, obtendo-se as folhas de papel $\mathbf{R}_1$, $\mathbf{R}_2$, $\mathbf{R}_3$, ..., $\mathbf{R}_n$, ... Supondo que a razão do comprimento pela largura seja a mesma para $\mathbf{R}_0$ e para $\mathbf{R}_1$, determine

a) a largura de $\mathbf{R}_0$.

b) a largura de $\mathbf{R}_1$ e a de $\mathbf{R}_2$.

c) uma expressão para a largura de $\mathbf{R}_n$ em função de **n**.

d) o valor de **n** de modo que a largura de $\mathbf{R}_n$ seja igual a $\frac{125}{128}$ mm.

28. (ITA-SP) Considere um triângulo equilátero cujo lado mede $2\sqrt{3}$ cm. No interior deste triângulo existem 4 círculos de mesmo raio **r**. O centro de um dos círculos coincide com o baricentro do triângulo. Este círculo tangencia externamente os demais e estes, por sua vez, tangenciam 2 lados do triângulo.

a) Determine o valor de **r**.

b) Calcule a área do triângulo não preenchida pelos círculos.

c) Para cada círculo que tangencia o triângulo, determine a distância do centro ao vértice mais próximo.

Testes

1. (Enem) Uma empresa de telefonia celular possui duas antenas que serão substituídas por uma nova, mais potente. As áreas de cobertura das antenas que serão substituídas são círculos de raio 2 km, cujas circunferências se tangenciam no ponto **O**, como mostra a figura.

O ponto **O** indica a posição da nova antena, e sua região de cobertura será um círculo cuja circunferência tangenciará externamente as circunferências das áreas de cobertura menores. Com a instalação da nova antena, a medida da área de cobertura, em quilômetros quadrados, foi ampliada em

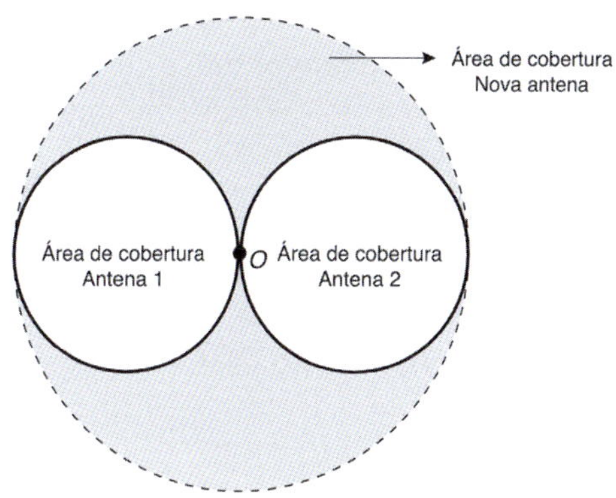

Reprodução/ Enem, 2011

a) 8π.

b) 12π.

c) 16π.

d) 32π.

e) 64π.

2. (Enem) O proprietário de um restaurante deseja comprar um tampo de vidro retangular para a base de uma mesa, como ilustra a figura.

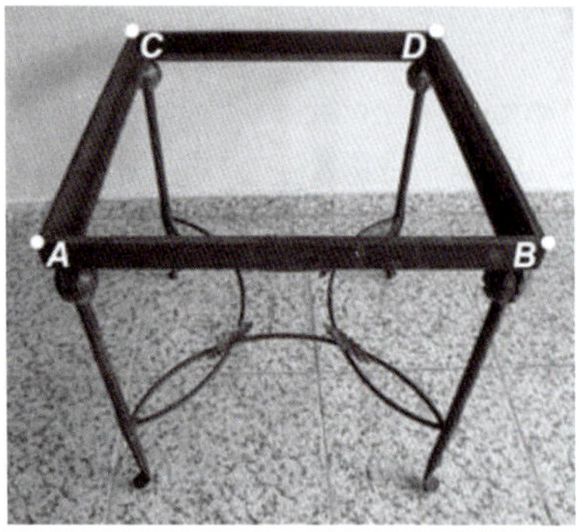

Sabe-se que a base da mesa, considerando a borda externa, tem a forma de um retângulo, cujos lados medem AC = 105 cm e AB = 120 cm.

Na loja onde será feita a compra do tampo, existem cinco tipos de opções de tampos, de diferentes dimensões, e todos com a mesma espessura, sendo:

- Tipo 1: 110 cm × 125 cm
- Tipo 2: 115 cm × 125 cm
- Tipo 3: 115 cm × 130 cm
- Tipo 4: 120 cm × 130 cm
- Tipo 5: 120 cm × 135 cm

O proprietário avalia, para comodidade dos usuários, que se deve escolher o tampo de menor área possível que satisfaça a condição: ao colocar o tampo sobre a base, de cada lado da borda externa da base da mesa, deve sobrar uma região, correspondendo a uma moldura em vidro, limitada por um mínimo de 4 cm e máximo de 8 cm fora da base da mesa, de cada lado. Segundo as condições anteriores, qual é o tipo de tampo de vidro que o proprietário avaliou que deve ser escolhido?

a) 1
b) 2
c) 3
d) 4
e) 5

3. (PUC-RJ) Um retângulo de lados 3 cm e 4 cm está inscrito em um círculo **C**.

Quanto vale, em cm^2, a área deste círculo?

a) $\frac{22}{3}\pi$
b) $\frac{25}{4}\pi$
c) π
d) 9π
e) 25π

4. (Mack-SP)

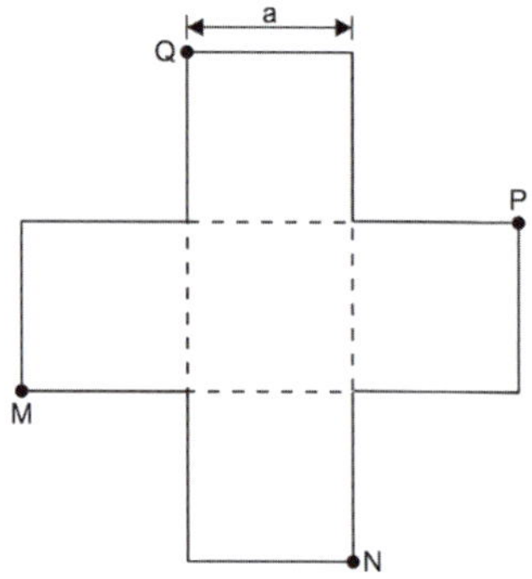

A figura acima é formada por quadrados de lados **a**. A área do quadrilátero convexo de vértices **M**, **N**, **P** e **Q** é

a) $6a^2$
b) $5a^2$
c) $4a^2$
d) $4\sqrt{3}\,a^2$
e) $2\sqrt{5}\,a^2$

5. (UFRGS-RS) Considere $\overline{AB}$ um segmento de comprimento 10 e **M** um ponto desse segmento, distinto de **A** e de **B**, como na figura abaixo. Em qualquer posição do ponto **M**, AMDC é quadrado e BME é triângulo retângulo em **M**.

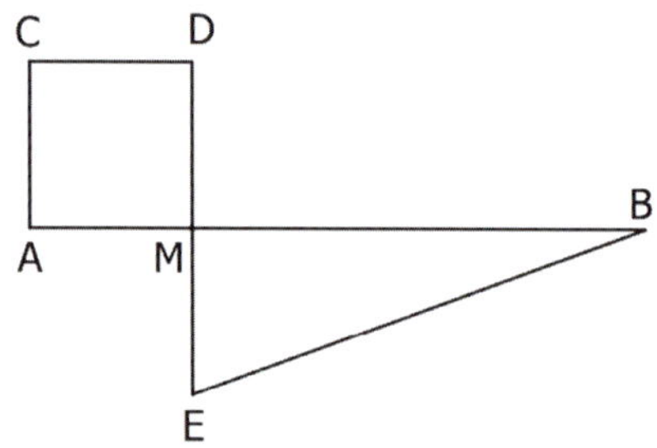

Tomando **x** como a medida dos segmentos $\overline{AM}$ e $\overline{EM}$, para que valor(es) de **x** as áreas do quadrado AMDC e do triângulo BME são iguais?

a) 0 e $\frac{10}{3}$.
b) 0, 2 e 3.
c) $\frac{10}{3}$.
d) 0, $\frac{10}{3}$ e 10.
e) 5

6. (Uece) O palco de um teatro tem a forma de um trapézio isósceles cujas medidas de suas linhas de frente e de fundo são, respectivamente, 15 m e 9 m. Se a medida de cada uma de suas diagonais é 15 m, então a medida da área do palco, em m^2, é:

a) 80
b) 90
c) 108
d) 118^2

7. (Enem) Para garantir a segurança de um grande evento público que terá início às 4 h da tarde, um organizador precisa monitorar a quantidade de pessoas presentes em cada instante. Para cada 2 000 pessoas se faz necessária a presença de um policial. Além disso, estima-se uma densidade de quatro pessoas por metro quadrado de área de terreno ocupado. Às 10 h da manhã, o organizador verifica que a área de terreno já ocupada equivale a um quadrado com lados medindo 500 m. Porém, nas horas seguintes, espera-se que o público aumente a uma taxa de 120 000 pessoas por hora até o início do evento, quando não será mais permitida a entrada de público.
Quantos policiais serão necessários no início do evento para garantir a segurança?

a) 360
b) 485
c) 560
d) 740
e) 860

8. (Enem) O jornal de certa cidade publicou em uma página inteira a seguinte divulgação de seu caderno de classificados.

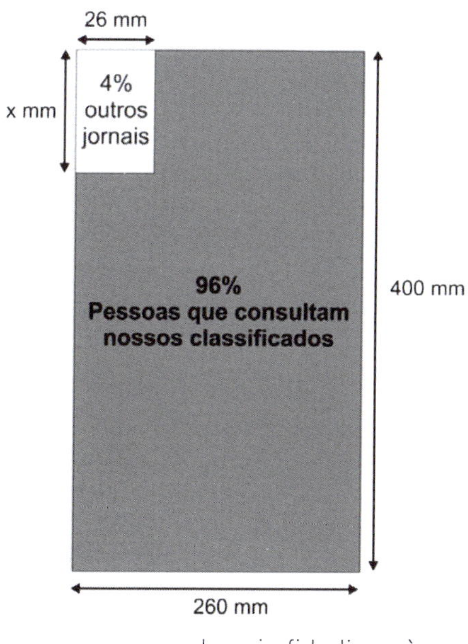

Para que a propaganda seja fidedigna à porcentagem da área que aparece na divulgação, a medida do lado do retângulo que representa os 4% deve ser de aproximadamente:

a) 1 mm
b) 10 mm
c) 17 mm
d) 160 mm
e) 167 mm

9. (PUC-RJ) Considere o retângulo ABCD.

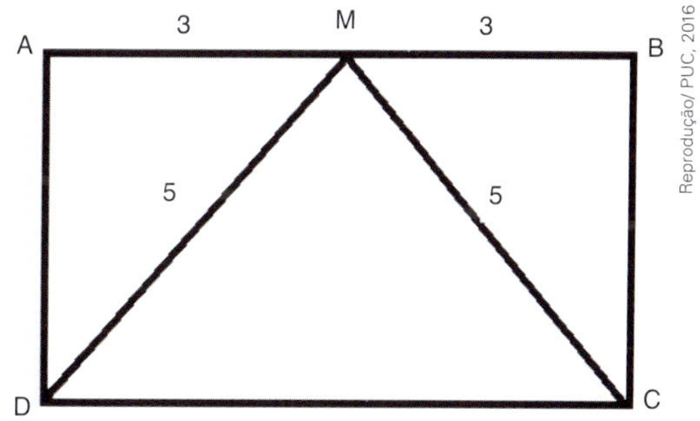

Seja **M** o ponto médio do lado $\overline{AB}$. Sabemos que AM = MB = 3 e que DM = MC = 5.
Quanto vale a área do triângulo AMD?

a) 4
b) 6
c) $\frac{15}{2}$
d) 10
e) 15

10. (UPE) O retângulo ABCD, representado a seguir, tem área cuja medida é de 18 cm^2. Qual é a razão entre a medida da área da parte pintada e a medida da área total do retângulo? Considere $\pi = 3,0$.

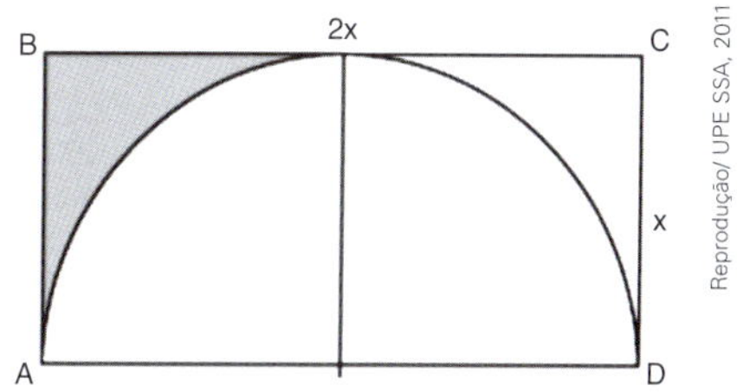

a) $\frac{1}{4}$ b) $\frac{1}{5}$ c) $\frac{1}{6}$ d) $\frac{1}{7}$ e) $\frac{1}{8}$

11. (Enem) O proprietário de um terreno retangular medindo 10 m por 31,5 m deseja instalar lâmpadas nos pontos **C** e **D**, conforme ilustrado na figura:

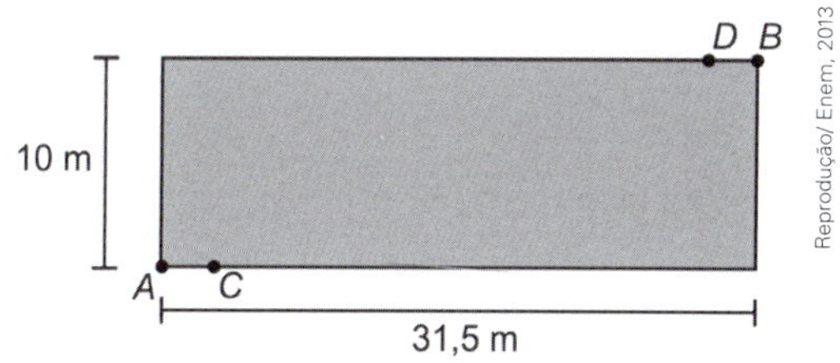

Cada lâmpada ilumina uma região circular de 5 m de raio. Os segmentos $\overline{AC}$ e $\overline{BD}$ medem 2,5 m. O valor em m^2 mais aproximado da área do terreno iluminada pela lâmpadas é:
(Use $\sqrt{3} \simeq 1,7$ e $\pi \simeq 3$.)

a) 30
b) 34
c) 50
d) 61
e) 69

12. (Enem) Um agricultor vive da plantação de morangos que são vendidos para uma cooperativa. A cooperativa faz um contrato de compra e venda no qual o produtor informa a área plantada.

Para permitir o crescimento adequado das plantas, as mudas de morango são plantadas no centro de uma área retangular, de 10 cm por 20 cm, como mostra a figura.

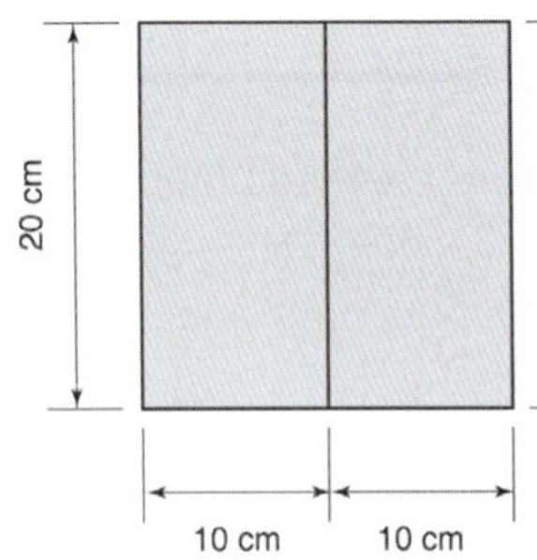

Reprodução/ Enem, 2016

Atualmente, sua plantação de morangos ocupa uma área de 10 000 m^2, mas a cooperativa quer que ele aumente sua produção. Para isso, o agricultor deverá aumentar a área plantada em 20%, mantendo o mesmo padrão de plantio.

O aumento (em unidade) no número de mudas de morango em sua plantação deve ser de

a) 10 000.
b) 60 000.
c) 100 000.
d) 500 000.
e) 600 00.

13. (UPE) No triângulo SRT, representado a seguir, os lados $\overline{RT}$ e $\overline{RS}$ têm medidas iguais. Sabendo que o segmento $\overline{RU}$ mede 6 cm e o segmento $\overline{ST}$ mede $8\sqrt{2}$ cm, a área do triângulo SRU é quantos por cento da área do triângulo SRT?

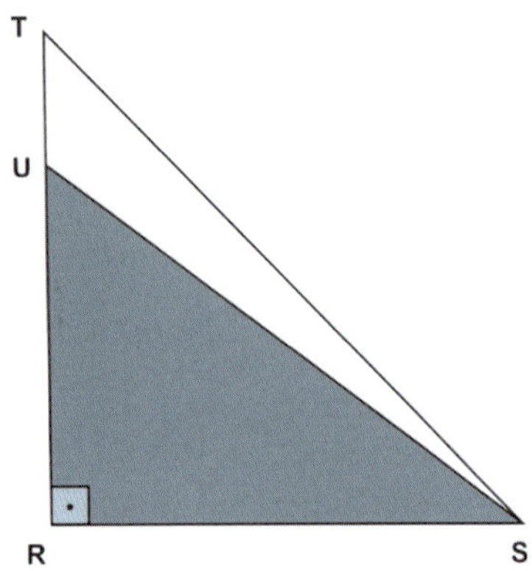

Reprodução/ UPE, 2012

a) 60%
b) 70%
c) 75%
d) 80%
e) 85%

14. (Enem) Jorge quer instalar aquecedores no seu salão de beleza para melhorar o conforto dos seus clientes no inverno. Ele estuda a compra de unidades de dois tipos de aquecedores: modelo **A**, que consome 600 g/h (gramas por hora) de gás propano e cobre 35 m^2 de área, ou modelo **B**, que consome 750 g/h de gás propano e cobre 45 m^2 de área. O fabricante indica que o aquecedor deve ser instalado em um ambiente com área menor do que a da sua cobertura. Jorge vai instalar uma unidade por ambiente e quer gastar o mínimo possível com gás. A área do salão que deve ser climatizada encontra-se na planta seguinte (ambientes representados por três retângulos e um trapézio).

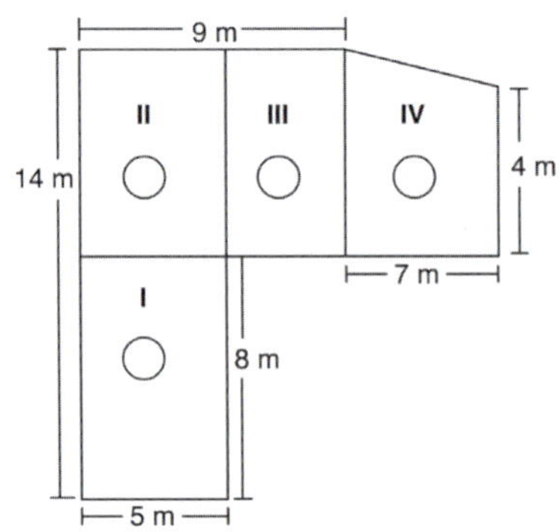

Reprodução/ Enem, 2012

Avaliando-se todas as informações, serão necessários:

a) quatro unidades do tipo **A** e nenhuma unidade do tipo **B**.
b) três unidades do tipo **A** e uma unidade do tipo **B**.
c) duas unidades do tipo **A** e duas unidades do tipo **B**.
d) uma unidade do tipo **A** e três unidades do tipo **B**.
e) nenhuma unidade do tipo **A** e quatro unidades do tipo **B**.

15. (Vunesp) Na figura, o losango FGCE possui dois lados sobrepostos aos do losango ABCD e sua área é igual à área indicada em verde.

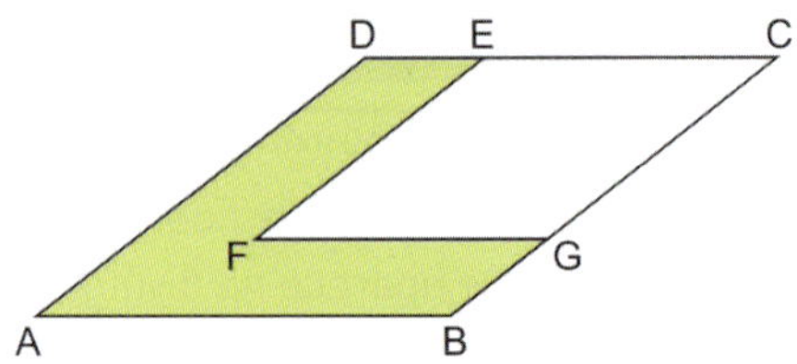

Reprodução/Vunesp, 2017

Se o lado do losango ABCD mede 6 cm, o lado do losango FGCE mede

a) $2\sqrt{5}$ cm.
b) $2\sqrt{6}$ cm.
c) $4\sqrt{2}$ cm.
d) $3\sqrt{3}$ cm.
e) $3\sqrt{2}$ cm.

16. (Enem) O Esquema I mostra a configuração de uma quadra de basquete. Os trapézios em cinza, chamados de garrafões, correspondem a áreas restritivas.

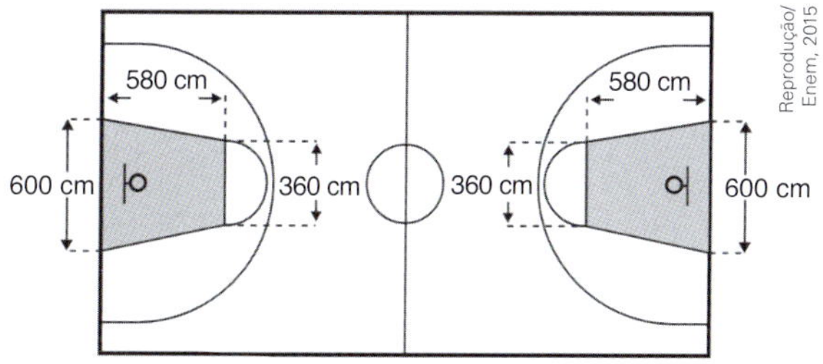

Esquema I: área restritiva antes de 2010

Visando atender as orientações do Comitê Central da Federação Internacional de Basquete (Fiba) em 2010, que unificou as marcações das diversas ligas, foi prevista uma modificação nos garrafões das quadras, que passariam a ser retângulos, como mostra o Esquema II.

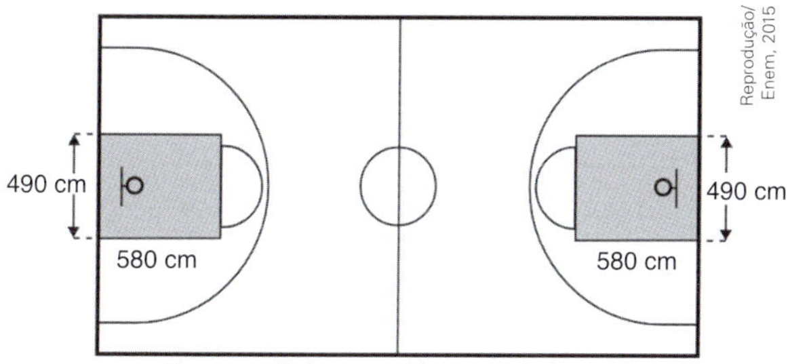

Esquema II: área restritiva a partir de 2010

Após executadas as modificações previstas, houve uma alteração na área ocupada por cada garrafão, que corresponde a um(a)

a) aumento de 5 800 cm^2.
b) aumento de 75 400 cm^2.
c) aumento de 214 600 cm^2.
d) diminuição de 63 800 cm^2.
e) diminuição de 272 600 cm^2.

17. (Cefet-MG) Um triângulo equilátero ABC de lado 1 cm está dividido em quatro partes de bases paralelas e com a mesma altura, como representado na figura abaixo.

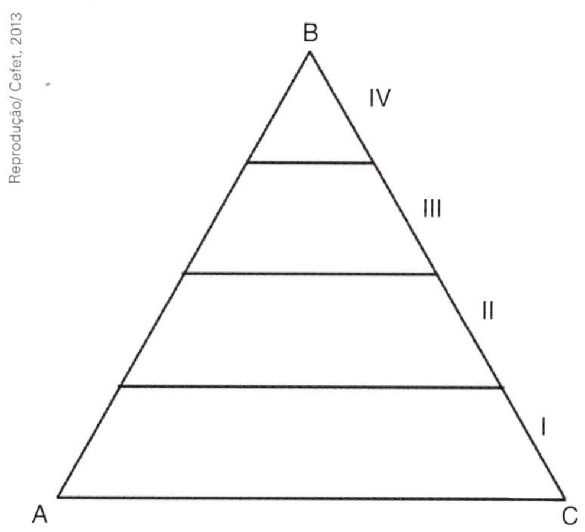

A parte I tem a forma de um trapézio isósceles, cuja área, em cm^2, é:

a) $\frac{\sqrt{3}}{16}$
b) $\frac{5\sqrt{3}}{32}$
c) $\frac{7\sqrt{3}}{64}$
d) $\frac{9\sqrt{3}}{128}$

18. (Uerj) Considere uma placa retangular ABCD de acrílico, cuja diagonal $\overline{AC}$ mede 40 cm. Um estudante, para construir um par de esquadros, fez dois cortes retos nessa placa nas direções $\overleftrightarrow{AE}$ e $\overleftrightarrow{AC}$, de modo que $D\hat{A}E = 45°$ e $B\hat{A}C = 30°$, conforme ilustrado a seguir:

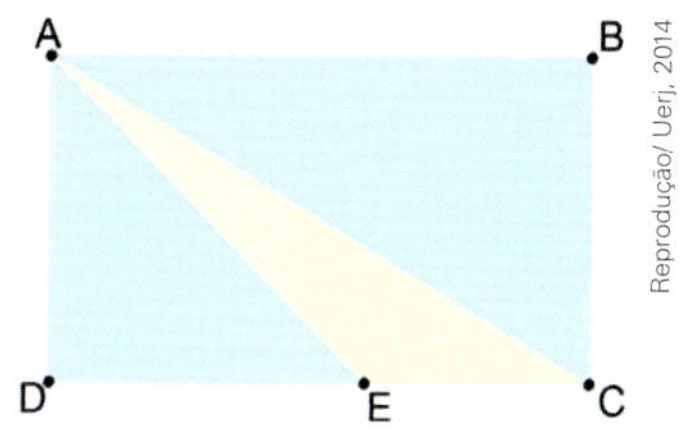

Após isso, o estudante descartou a parte triangular CAE, restando os dois esquadros.

Admitindo que a espessura do acrílico seja desprezível e que $\sqrt{3} \simeq 1{,}7$, a área, em cm^2, do triângulo CAE equivale a:

a) 80
b) 100
c) 140
d) 180

19. (Enem) Um carpinteiro fabrica portas retangulares maciças, feitas de um mesmo material. Por ter recebido de seus clientes pedidos de portas mais altas, aumentou sua altura em $\frac{1}{8}$, preservando suas espessuras. A fim de manter o custo com o material de cada porta, precisou reduzir a largura. A razão entre a largura da nova porta e a largura da porta anterior é:

a) $\frac{1}{8}$
b) $\frac{7}{8}$
c) $\frac{8}{7}$
d) $\frac{8}{9}$
e) $\frac{9}{8}$

20. (UFRGS-RS) Uma pessoa desenhou uma flor construindo semicírculos sobre os lados de um hexágono regular de lado 1, como na figura abaixo.

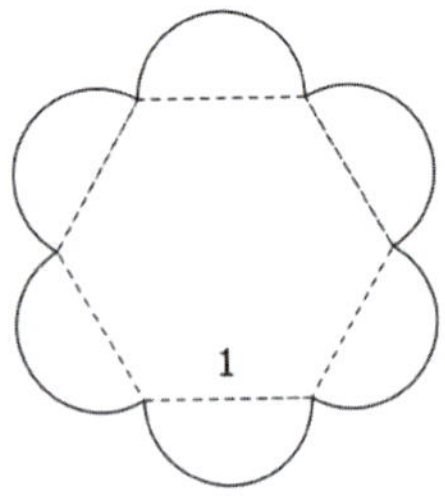

Reprodução/ UFRGS, 2017

A área dessa flor é

a) $\frac{3}{2}\left(\sqrt{3}+\frac{\pi}{2}\right)$.

b) $\frac{3}{2}\left(\sqrt{3}+\pi\right)$.

c) $\frac{3}{4}\left(\sqrt{3}+\frac{\pi}{2}\right)$.

d) $\frac{3}{4}\left(\sqrt{3}+\pi\right)$.

e) $\frac{3}{2}\left(\sqrt{3}+2\pi\right)$.

21. (Cefet-MG) Um jardim geométrico foi construído, usando a área dividida em regiões, conforme a figura seguinte.

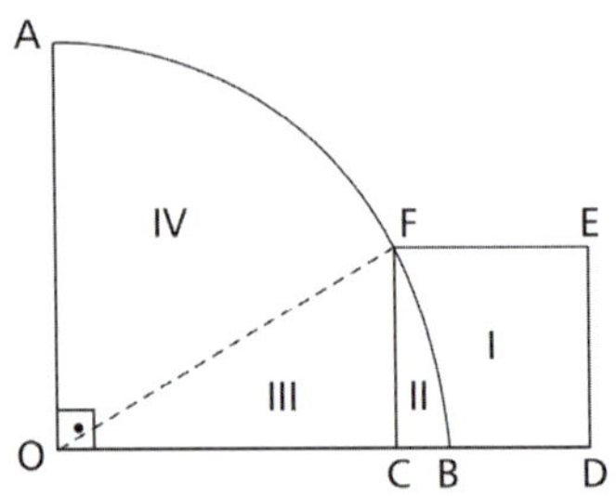

Reprodução/ Cefet, 2014

Sabe-se que:

- AOB representa o setor circular de raio 2 m com centro no ponto **O**.
- CDEF é um quadrado de área 1 m^2.
- a área da região II é igual a $\left(\frac{\pi}{3}-\frac{\sqrt{3}}{2}\right) m^2$.
- a região IV é reservada para o plantio de flores.

A área, em m^2, reservada para o plantio de flores é:

a) $\frac{\pi}{3}$

b) $\frac{\pi}{2}$

c) $\frac{2\pi}{3}$

d) $\frac{3\pi}{2}$

22. (Enem) Para decorar a fachada de um edifício, um arquiteto projetou a colocação de vitrais compostos de quadrados de lado medindo 1 m, conforme a figura a seguir.

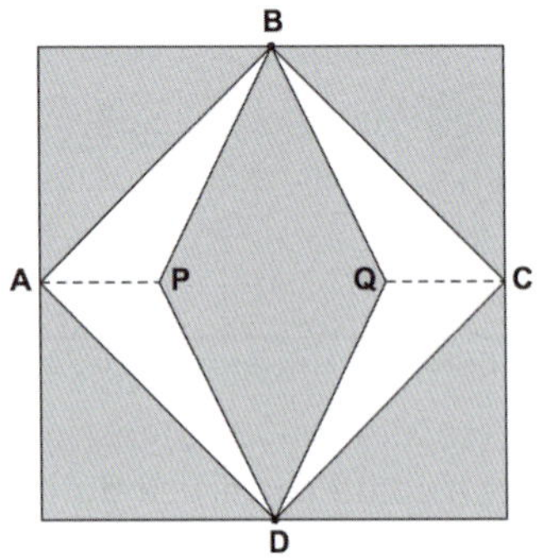

Reprodução/ Enem, 2012

Nesta figura, os pontos **A**, **B**, **C** e **D** são pontos médios dos lados do quadrado e os segmentos $\overline{AP}$ e $\overline{QC}$ medem $\frac{1}{4}$ da medida do lado do quadrado. Para confeccionar um vitral, são usados dois tipos de materiais: um para a parte sombreada da figura, que custa R$ 30,00 o m^2, e outro para a parte mais clara (regiões ABPDA e BCDQB), que custa R$ 50,00 o m^2.

De acordo com esses dados, qual é o custo dos materiais usados na fabricação de um vitral?

a) R$ 22,50

b) R$ 35,00

c) R$ 40,00

d) R$ 42,50

e) R$ 45,00

23. (Insper-SP) Cada lado do polígono indicado na figura mede 10 cm e seus ângulos internos têm medidas de 45°, 90°, 135° e 270°, como mostra a figura. A área desse polígono, em cm^2, é igual a

Reprodução/ Insper, 2016

a) $500\sqrt{2}$.

b) $450\sqrt{2}$.

c) $400\sqrt{2}$.

d) $350\sqrt{2}$.

e) $300\sqrt{2}$.

24. (Uerj) Para confeccionar uma bandeirinha de festa junina, utilizou-se um pedaço de papel com 10 cm de largura e 15 cm de comprimento, obedecendo-se às instruções a seguir.

1. Dobrar o papel ao meio, para marcar o segmento $\overline{MN}$, e abri-lo novamente.

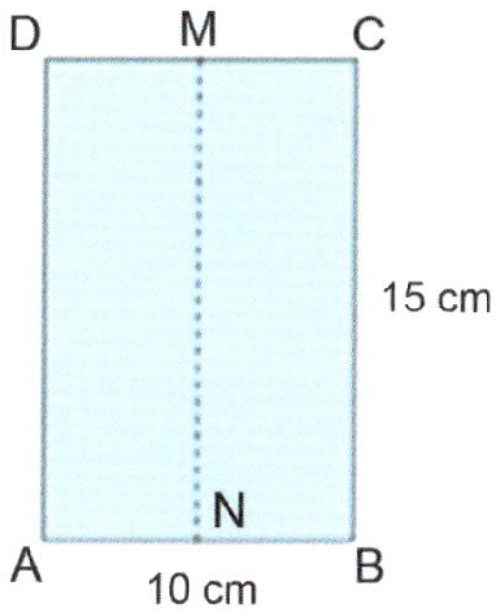

2. Dobrar a ponta do vértice **B** no segmento $\overline{AB'}$, de modo que **B** coincida com o ponto **P** do segmento $\overline{MN}$:

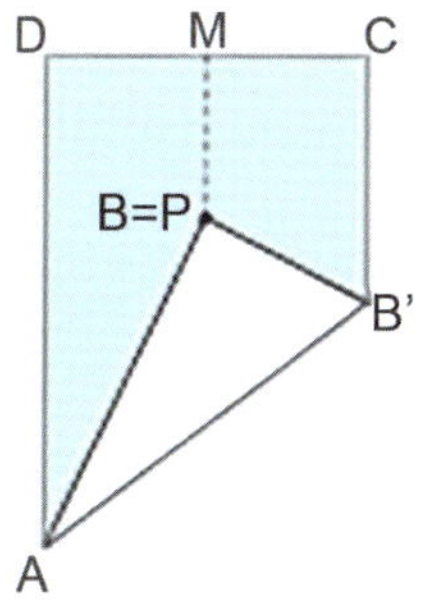

3. Desfazer a dobra e recortar o triângulo ABP.

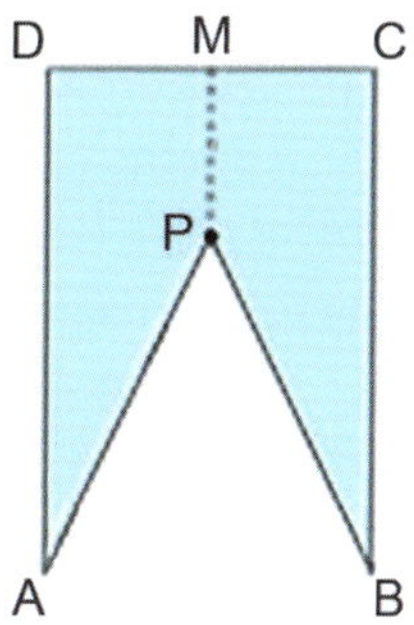

A área construída da bandeirinha APBCD, em cm^2, é igual a:

a) $25\left(4 - \sqrt{3}\right)$

b) $25\left(6 - \sqrt{3}\right)$

c) $50\left(2 - \sqrt{3}\right)$

d) $50\left(3 - \sqrt{3}\right)$

25. (Fuvest-SP) Uma das piscinas do Centro de Práticas Esportivas da USP tem o formato de três hexágonos regulares congruentes, justapostos, de modo que cada par de hexágonos tem um lado em comum, conforme representado na figura abaixo. A distância entre lados paralelos de cada hexágono é de 25 metros.

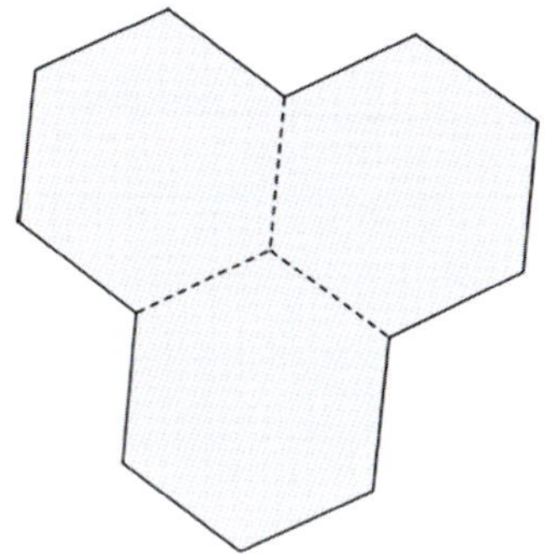

Assinale a alternativa que mais se aproxima da área da piscina.

a) $1\,600\ m^2$
b) $1\,800\ m^2$
c) $2\,000\ m^2$
d) $2\,200\ m^2$
e) $2\,400\ m^2$

26. (Insper-SP) As disputas de MMA (Mixed Martial Arts) ocorrem em ringues com a forma de octógonos regulares com lados medindo um pouco menos de 4 metros, conhecidos como "Octógonos". Medindo o comprimento exato de seus lados, pode-se calcular a área de um "Octógono" decompondo-o, como mostra a figura a seguir, em um quadrado, quatro retângulos e quatro triângulos retângulos e isósceles.

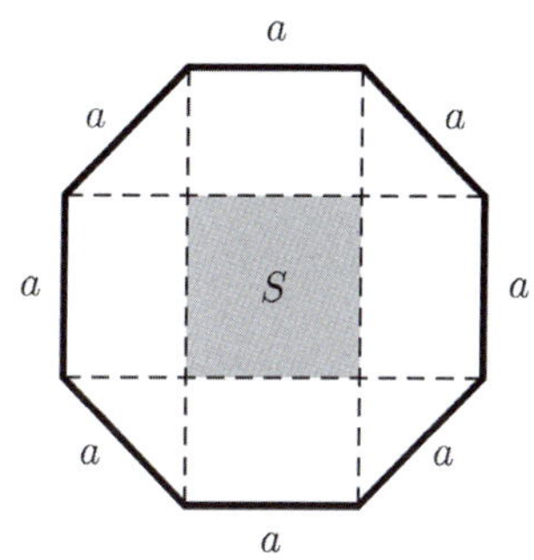

A medida do lado do quadrado destacado no centro da figura é igual à medida **a** do lado do "Octógono". Se a área desse quadrado é **S**, então a área do "Octógono" vale:

a) $S\left(2\sqrt{2} + 1\right)$

b) $S\left(\sqrt{2} + 2\right)$

c) $2S\left(\sqrt{2} + 1\right)$

d) $2S\left(\sqrt{2} + 2\right)$

e) $4S\left(\sqrt{2} + 2\right)$

27. (Vunesp) Os polígonos ABC e DEFG estão desenhados em uma malha formada por quadrados. Suas áreas são iguais a $\mathbf{S}_1$ e $\mathbf{S}_2$, respectivamente, conforme indica a figura.

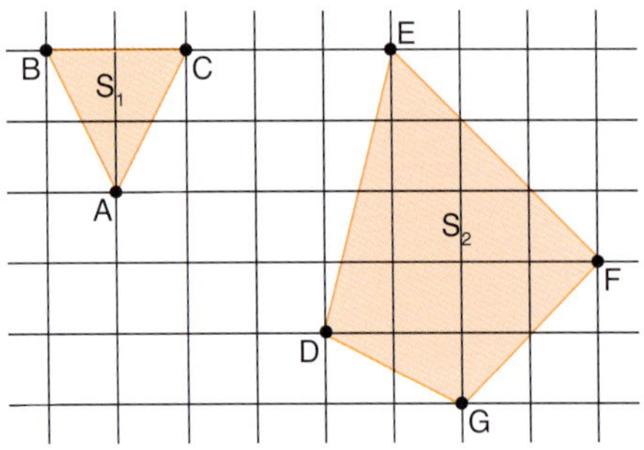

Reprodução/ Vunesp, 2015

Sabendo que os vértices dos dois polígonos estão exatamente sobre pontos de cruzamento das linhas da malha, é correto afirmar que $\frac{S_2}{S_1}$ é igual a

a) 5,25.
b) 4,75.
c) 5,00.
d) 5,50.
e) 5,75.

28. (Enem) O proprietário de um parque aquático deseja construir uma piscina em suas dependências. A figura representa a vista superior dessa piscina, que é formada por três setores circulares idênticos, com ângulo central igual a 60°. O raio **R** deve ser um número natural.

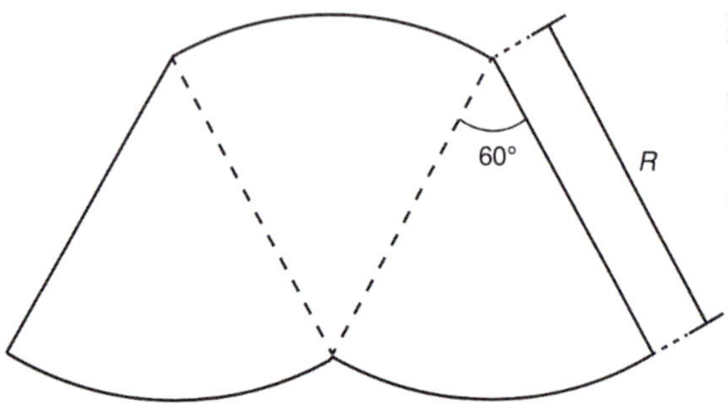

Reprodução/ Enem, 2011

O parque aquático já conta com uma piscina em formato retangular com dimensões 50 m × 24 m.

O proprietário quer que a área ocupada pela nova piscina seja menor que a ocupada pela piscina já existente.

Considere 3,0 como aproximação para π.

O maior valor possível para **R**, em metros, deverá ser

a) 16.
b) 28.
c) 29.
d) 31.
e) 49.

29. (UFPR) A soma das áreas dos três quadrados a seguir é igual a 83 cm^2. Qual é a área do quadrado maior?

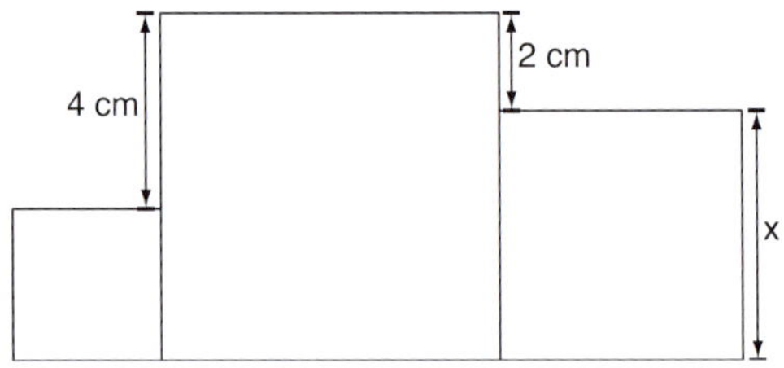

Reprodução/ UFPR, 2010

a) 36 cm^2
b) 20 cm^2
c) 49 cm^2
d) 42 cm^2
e) 64 cm^2

30. (Unicamp-SP) A figura abaixo exibe um quadrilátero ABCD, onde AB = AD e BC = CD = 2 cm. A área do quadrilátero ABCD é igual a

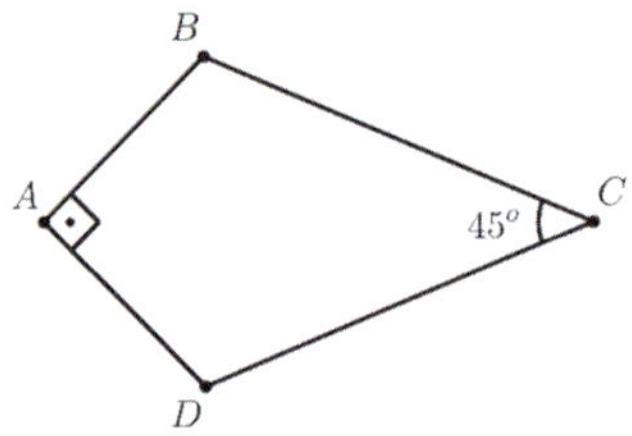

Reprodução/ Unicamp, 2017

a) $\sqrt{2}$ cm^2.
b) 2 cm^2.
c) $2\sqrt{2}$ cm^2.
d) 3 cm^2.

31. (Fuvest-SP) O mapa de uma região utiliza a escala de 1 : 200 000. A porção desse mapa, contendo uma Área de Preservação Permanente (APP), está representada na figura, na qual $\overline{AF}$ e $\overline{DF}$ são segmentos de reta, o ponto **G** está no segmento $\overline{AF}$, o ponto **E** está no segmento $\overline{DF}$, ABEG é um retângulo e BCDE é um trapézio. Se AF = 15, AG = 12, AB = 6, CD = 3 e DF = $5\sqrt{5}$ indicam valores em centímetros no mapa real, então a área da APP é:

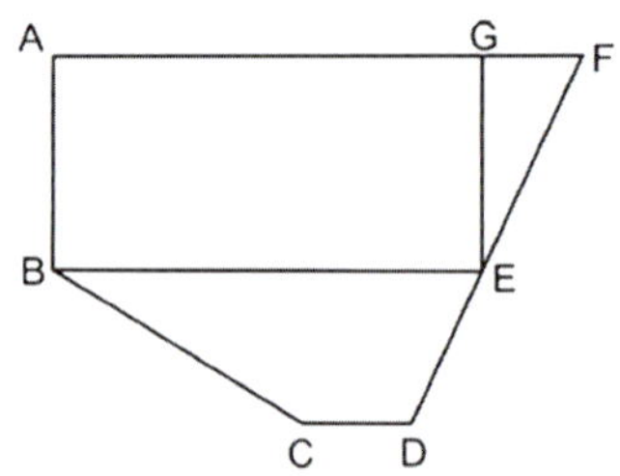

Reprodução/ Fuvest, 2013

Obs.: Figura ilustrativa, sem escala.

a) 100 km^2
b) 108 km^2
c) 210 km^2
d) 240 km^2
e) 444 km^2

32. (UFPR) Considere a seguinte sequência de polígonos regulares inscritos em um círculo de raio 2 cm:

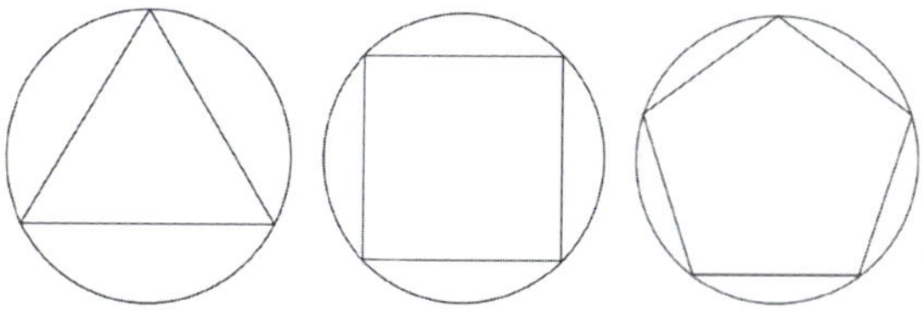

Sabendo que a área **A** de um polígono regular de **n** lados dessa sequência pode ser calculada pela fórmula $A = 2n \cdot \text{sen}\left(\frac{2\pi}{n}\right)$, considere as seguintes afirmativas:

1. As áreas do triângulo equilátero e do quadrado nessa sequência são, respectivamente, $3\sqrt{3}$ cm^2 e 8 cm^2.
2. O polígono regular de 12 lados, obtido nessa sequência, terá área de 12 cm^2.
3. À medida que **n** aumenta, o valor **A** se aproxima de 4π cm^2.

Assinale a alternativa correta.

a) Somente a afirmativa 1 é verdadeira.
b) Somente as afirmativas 1 e 2 são verdadeiras.
c) Somente as afirmativas 1 e 3 são verdadeiras.
d) Somente as afirmativas 2 e 3 são verdadeiras.
e) As afirmativas 1, 2 e 3 são verdadeiras.

33. (UEMG) Num gramado retangular, com dimensões de 15 m por 6 m, é fixado um esguicho que consegue molhar uma área circular com alcance de um raio de 3 m. Fixando-se esse esguicho em mais de um ponto, com a finalidade de molhar a maior região possível, sem se ultrapassar os limites do gramado retangular e sem permitir que a mesma parte da grama seja molhada duas vezes, ficará ainda uma área do gramado sem ser molhada.

O tamanho aproximado da área que ficará sem ser molhada corresponde a

a) 5,22 m^2.
b) 8,56 m^2.
c) 33,48 m^2.
d) 42,70 m^2.

Nota do autor: Onde está "O tamanho aproximado da área" lê-se "A área aproximada da superfície".

34. (UFJF-MG) No retângulo ABCD a seguir, tem-se que **E** e **F** são pontos médios dos lados $\overline{AB}$ e $\overline{BC}$, respectivamente.

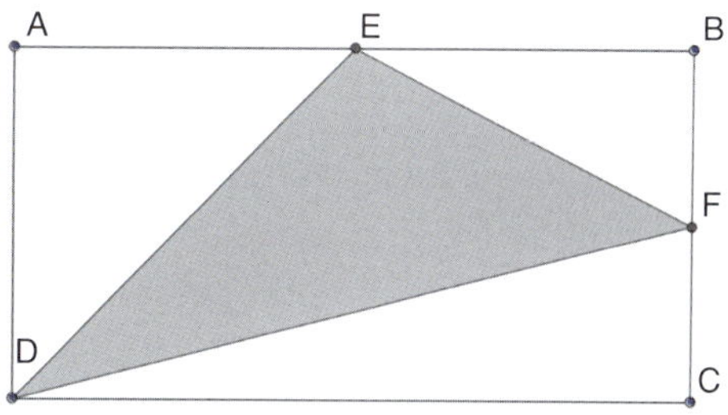

A razão entre as áreas do triângulo DEF e do triângulo ABCD é

a) $\frac{2}{5}$
b) $\frac{3}{8}$
c) $\frac{1}{2}$
d) $\frac{5}{8}$
e) $\frac{3}{4}$

35. (Mack-SP) No triângulo retângulo ABC, AB = 4 cm e AD = BC = 3 cm.

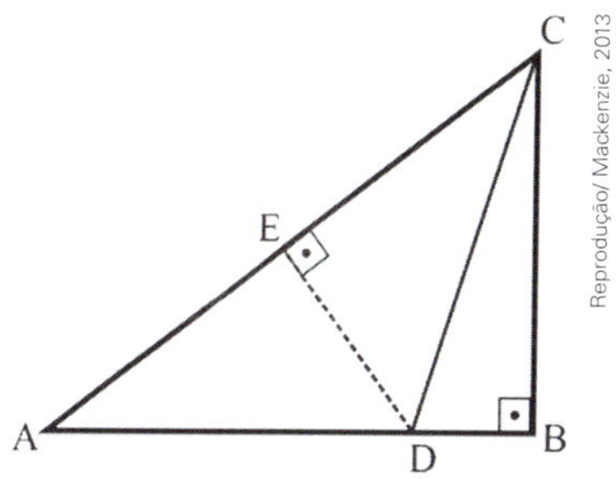

A área do triângulo CDE é:

a) $\frac{117}{50}$ cm^2
b) $\frac{9}{4}$ cm^2
c) $\frac{9\sqrt{10}}{10}$ cm^2
d) $\frac{54}{25}$ cm^2
e) $\frac{9}{2}$ cm^2

36. (Enem) A maior piscina do mundo, registrada no livro *Guinness*, está localizada no Chile, em San Alfonso del Mar, cobrindo um terreno de 8 hectares de área.

Sabe-se que 1 hectare corresponde a 1 hectômetro quadrado.

Qual é o valor, em metros quadrados, da área coberta pelo terreno da piscina?

a) 8
b) 80
c) 800
d) 8 000
e) 80 000

37. (FGV-SP) A figura indica um semicírculo de centro **C** e diâmetro DE = 24 cm, e um triângulo retângulo ABC. A área sombreada no semicírculo é igual a 69π cm^2.

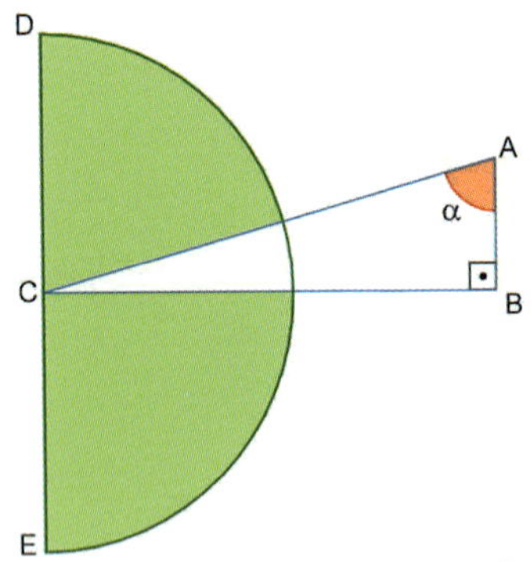

Reprodução/ FGV, 2016

Nas condições descritas, a medida do ângulo CÂB, denotado por α, é igual a

a) 75°.
b) 75,5°.
c) 82°.
d) 82,5°.
e) 85°.

38. (FICSAE-SP) Em uma aula de geometria, o professor passou a seguinte instrução:

Desenhe um retângulo de lados 8 cm por 14 cm. Nomeie os vértices desse retângulo de **A**, **B**, **C** e **D**, sendo que $\overline{AB}$ deve ser um dos menores lados. Determine o ponto médio do lado $\overline{AB}$ e nomeie esse ponto pela letra **M**. A partir do ponto **M** trace um segmento paralelo aos lados maiores e que tenha 3 cm de comprimento. Nomeie esse segmento de $\overline{MN}$. Determine a área do triângulo NCD.

Natália e Mariana seguiram as instruções dadas, porém chegaram a resultados diferentes. Se o professor considerou corretas as duas resoluções, a diferença, em cm^2, entre as áreas obtidas por Natália e Mariana foi

a) 16
b) 20
c) 24
d) 28

39. (Uerj) Uma chapa de aço com a forma de um setor circular possui raio **R** e perímetro 3R, conforme ilustra a imagem.

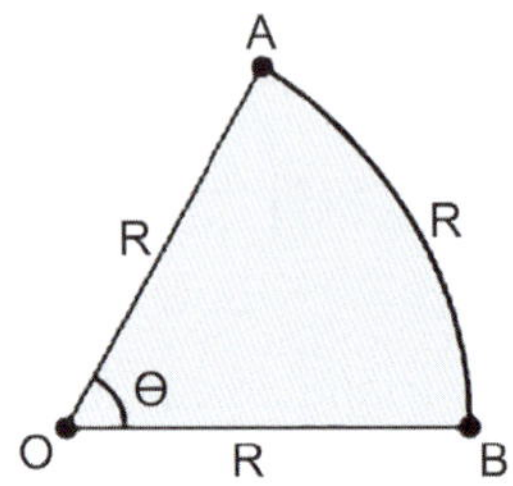

Reprodução/ Uerj, 2015

A área do setor equivale a:

a) R^2
b) $\frac{R^2}{4}$
c) $\frac{R^2}{2}$
d) $\frac{3R^2}{2}$

40. (UPE) Na ilustração a seguir, ABCD é um quadrado de lado $2\sqrt{2}$ cm. **M** e **N** são pontos médios dos lados $\overline{AD}$ e $\overline{BC}$, e **P** e **Q** são pontos de intersecção do quadrado, com a circunferência, com centro em **M** e raio MN.

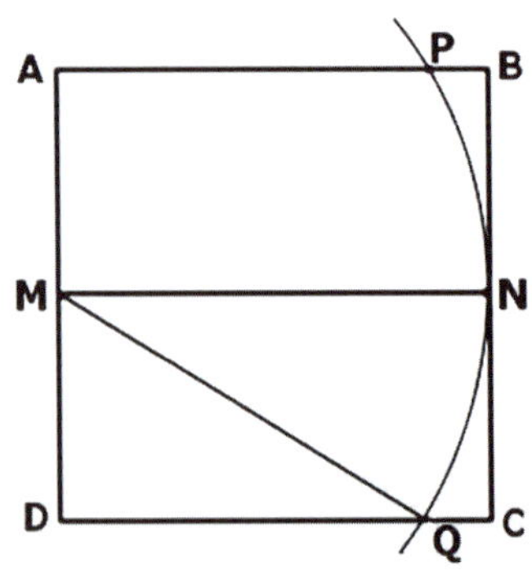

Reprodução/ UPE, 2014

Qual é a medida, em cm^2, mais próxima da área do setor circular MNQ?

(Considere $\pi = 3$.)

a) 1,0
b) 1,4
c) 1,6
d) 2,0
e) 2,4

41. (UFRGS-RS) Considere um quadrado de lado 1. Foram construídos dois círculos de raio **R** com centros em dois vértices opostos do quadrado e tangentes entre si; dois outros círculos de raio **r** com centros nos outros dois vértices do quadrado e tangentes aos círculos de raio **R**, como ilustra a figura abaixo.

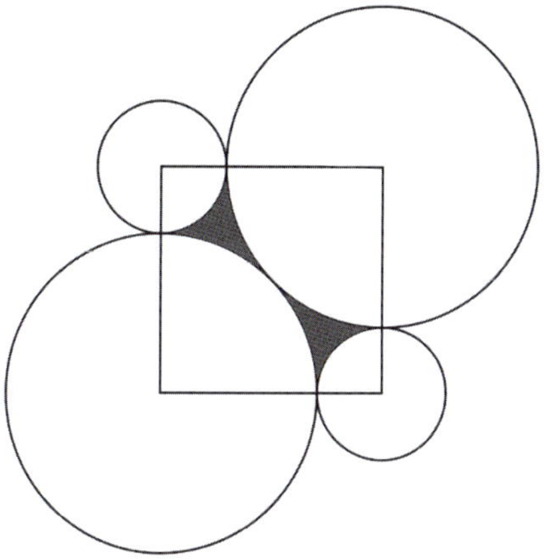

Reprodução/ UFRGS, 2017

A área da região sombreada é

a) $\left(\dfrac{\sqrt{2}}{2} + 1\right)\pi$.

b) $\left(\sqrt{2} - 1\right)\pi$.

c) $1 + \left(\sqrt{2} - \dfrac{1}{2}\right)\pi$.

d) $1 + \left(\sqrt{2} - 1\right)\pi$.

e) $1 + \left(\dfrac{\sqrt{2}}{2} - 1\right)\pi$.

42. (Fuvest-SP) Na figura, o triângulo ABC é equilátero de lado 1, e ACDE, AFGB e BHIC são quadrados. A área do polígono DEFGHI vale:

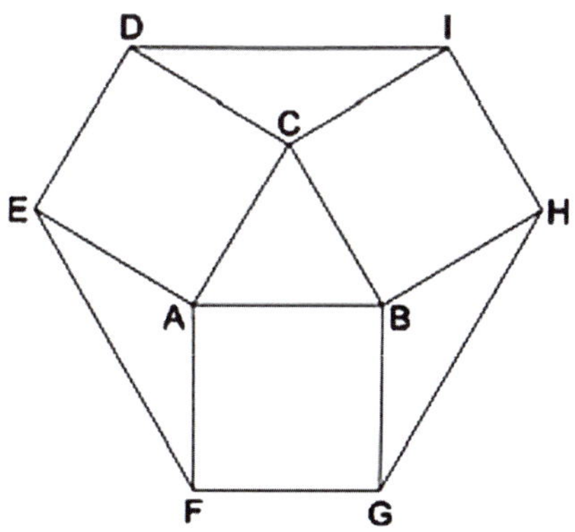

Reprodução/ Fuvest, 2011

a) $1 + \sqrt{3}$

b) $2 + \sqrt{3}$

c) $3 + \sqrt{3}$

d) $3 + 2\sqrt{3}$

e) $3 + 3\sqrt{3}$

43. (Mack-SP) Unindo-se os pontos médios dos lados de um hexágono regular $\mathbf{H}_1$, obtém-se um hexágono regular $\mathbf{H}_2$. A razão entre as áreas de $\mathbf{H}_1$ e $\mathbf{H}_2$ é:

a) $\dfrac{4}{3}$

b) $\dfrac{6}{5}$

c) $\dfrac{7}{6}$

d) $\dfrac{3}{2}$

e) $\dfrac{5}{3}$

44. (PUC-SP) O *tangram* é um antigo quebra-cabeça de origem chinesa, conhecido na Ásia como "as sete placas da sabedoria". Ele é composto por 7 peças – 5 triângulos, 1 quadrado e 1 paralelogramo – que podem ser usadas para formar figuras diferentes, sem que haja superposição de quaisquer peças, como é mostrado na figura 1.

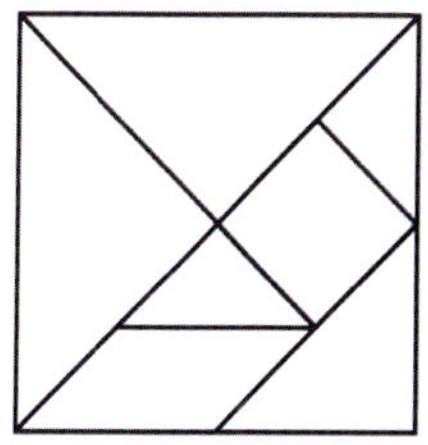

Reprodução/ PUC, 2014

Figura 1

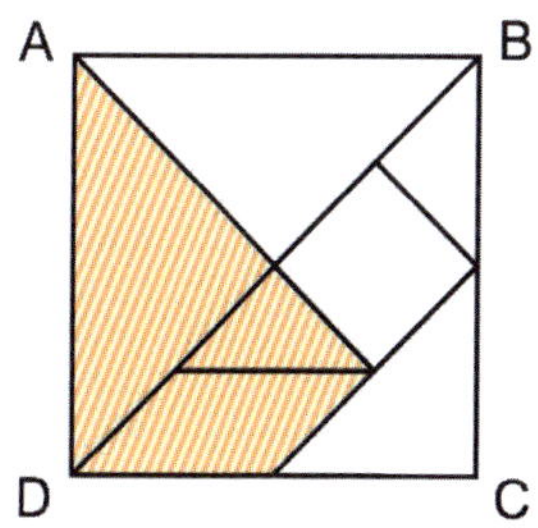

Reprodução/ PUC, 2014

Figura 2

Considerando que a área da região colorida na figura 2 é igual a 63 cm^2, a medida do lado do quadrado ABCD, em centímetros, é:

a) $2\sqrt{3}$

b) 6

c) $4\sqrt{3}$

d) 9

e) 12

45. (Uerj) Na figura abaixo, estão representados dois círculos congruentes, de centros $\mathbf{C_1}$ e $\mathbf{C_2}$, pertencentes ao mesmo plano α. O segmento $\overline{C_1C_2}$ mede 6 cm.

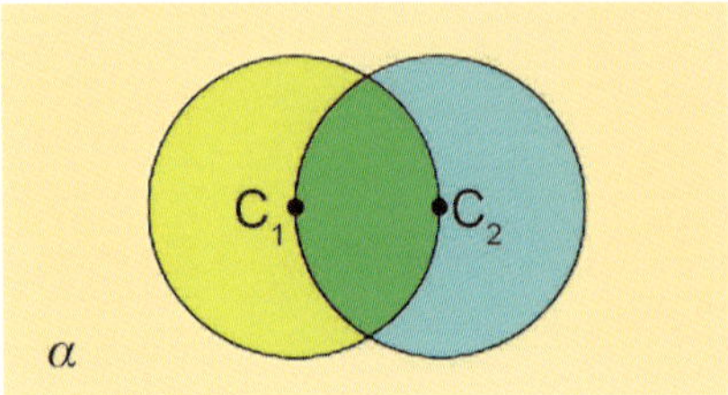

A área da região limitada pelos círculos, em cm^2, possui valor aproximado de:

a) 108
b) 162
c) 182
d) 216

46. (Insper-SP) Na figura, o hexágono regular ABCDEF tem lado medindo 2 cm e o arco de circunferência CE tem centro no vértice A.

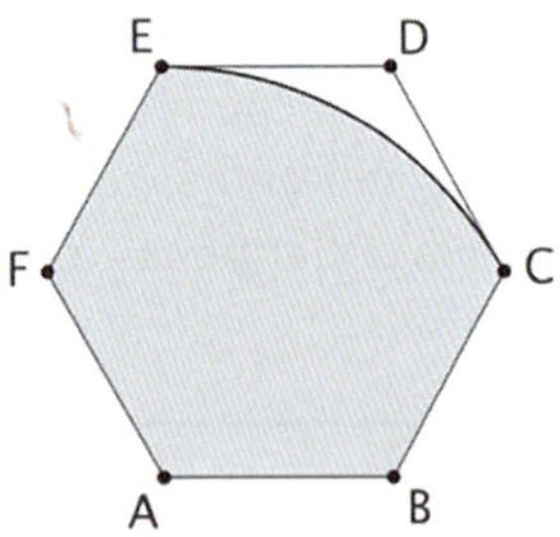

A área da região sombreada, em cm^2, é igual a

a) $2\pi + 2\sqrt{3}$
b) $\pi + 2\sqrt{3}$
c) $\pi + \sqrt{3}$
d) $2\pi + \sqrt{3}$
e) $3\pi + \sqrt{3}$

47. (UFRGS-RS) Na figura abaixo, encontram-se representados o hexágono regular ABCDEF, seis quadrados com um de seus lados coincidindo com um lado do hexágono e um círculo que passa por vértices dos quadrados.

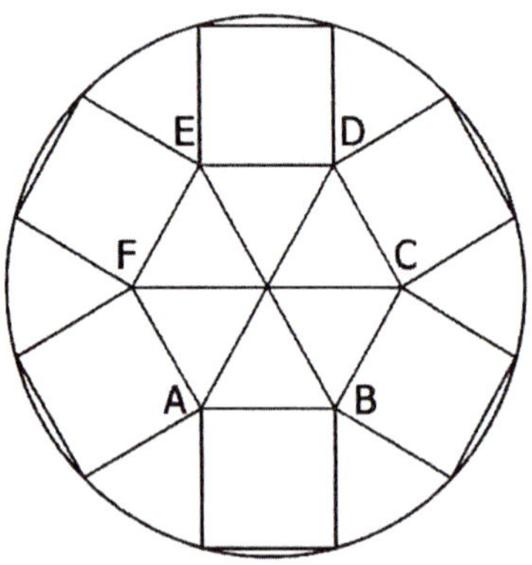

Se o lado do hexágono é 1, então a área do círculo é

a) $\pi + \sqrt{3}$.
b) $\pi\sqrt{3}$.
c) $\pi\left(2 + \sqrt{3}\right)$.
d) $2\pi\sqrt{3}$.
e) $\pi\left(1 + \sqrt{3}\right)$.

48. (Fuvest-SP) O segmento $\overline{AB}$ é lado de um hexágono regular de área $\sqrt{3}$. O ponto **P** pertence à mediatriz de $\overline{AB}$ de tal modo que a área do triângulo PAB vale $\sqrt{2}$. Então, a distância de **P** ao segmento $\overline{AB}$ é igual a:

a) $\sqrt{2}$
b) $2\sqrt{2}$
c) $3\sqrt{2}$
d) $\sqrt{3}$
e) $2\sqrt{3}$

49. (UFRGS-RS) Considere o pentágono regular de lado 1 e duas de suas diagonais, conforme representado na figura abaixo.

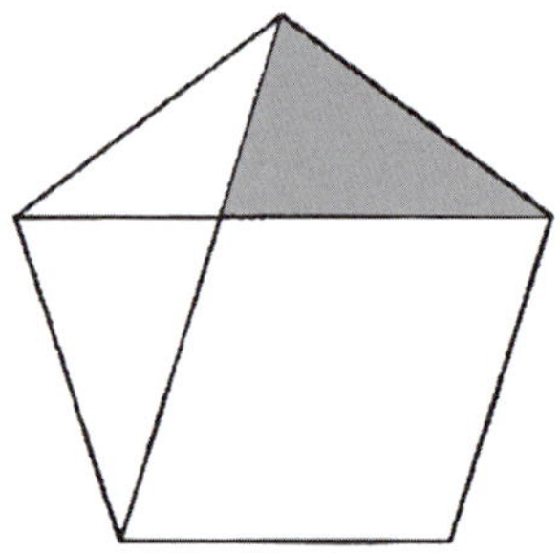

A área do polígono sombreado é

a) $\dfrac{\text{sen } 36°}{2}$.
b) $\dfrac{\text{sen } 72°}{2}$.
c) $\dfrac{\text{sen } 72°}{3}$.
d) sen 36°
e) sen 72°.

50. (Fuvest-SP) Na figura, o retângulo ABCD tem lados de comprimento AB = 4 e BC = 2. Sejam **M** o ponto médio do lado $\overline{BC}$ e **N** o ponto médio do lado $\overline{CD}$. Os segmentos $\overline{AM}$ e $\overline{AC}$ interceptam o segmento $\overline{BN}$ nos pontos **E** e **F**, respectivamente.

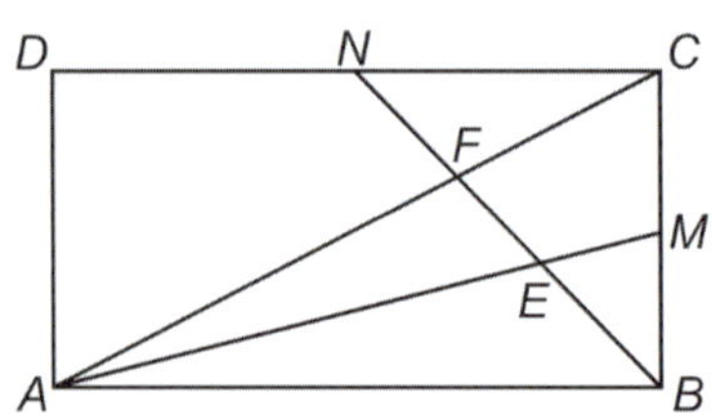

A área do triângulo AEF é igual a

a) $\dfrac{24}{25}$
b) $\dfrac{29}{30}$
c) $\dfrac{61}{60}$
d) $\dfrac{16}{15}$
e) $\dfrac{23}{20}$

CAPÍTULO

12

Geometria espacial de posição

Ann Ronan Pictures/Print Collector/Getty Images

Na obra de 1510, *Escola de Atenas*, de Rafael (1483-1520), podemos observar no canto inferior direito o matemático Euclides desenhando uma figura geométrica no chão. Euclides, cujo trabalho está descrito na seção "Um pouco de história" deste capítulo, teve papel fundamental no desenvolvimento da Geometria.

Um pouco de história

O desenvolvimento da Geometria

Nas civilizações mais antigas — egípcia e babilônica —, a Geometria desenvolveu-se quase sempre visando à resolução de problemas de medições, como o cálculo de distâncias, áreas e volumes, os quais estavam diretamente ligados à atividade de subsistência.

Foi na Grécia, aproximadamente no século V a.C., que a Geometria se desvinculou das questões de mensuração para tomar um rumo mais abstrato.

Georgios Kritsotakis/Shutterstock

Conhecimentos de Geometria permitiram construções como este teatro, no Peloponeso, na Grécia, em 350 a.C.

Passou-se a exigir que as propriedades das figuras geométricas fossem validadas por meio de uma demonstração lógica, e não mais por métodos experimentais.

O primeiro pensador grego associado ao método demonstrativo foi Tales de Mileto (cerca de 625-546 a.C.). Acredita-se que Tales provou as seguintes propriedades usando esse método:

- "Se dois ângulos são opostos pelo vértice, então são congruentes."
- "Todo ângulo inscrito em uma semicircunferência é ângulo reto."
- "Se um triângulo é isósceles, então os ângulos da base são congruentes."
- "Se duas retas são transversais a um feixe de retas paralelas, então a razão entre as medidas de dois segmentos quaisquer de uma transversal é igual à razão entre as medidas dos respectivos segmentos correspondentes da outra transversal." Essa propriedade é conhecida como teorema de Tales.

Outro pensador grego de grande importância para a Geometria foi Pitágoras, que viveu por volta de 585-500 a.C. Pitágoras fundou uma "escola", ou seja, uma espécie de academia para estudo da filosofia e da ciência, na qual reuniu vários pensadores e discípulos. Como os ensinamentos da escola pitagórica eram transmitidos oralmente, não há documentos de suas descobertas. Uma grande contribuição dos pitagóricos se deu com a teoria dos números (em Aritmética), e seu maior legado para a Geometria é a demonstração da propriedade que leva o nome de seu mestre.

Teorema de Pitágoras: "Em um triângulo retângulo, o quadrado da medida da hipotenusa é igual à soma dos quadrados das medidas dos catetos."

O maior pensador grego ligado à Matemática, e especialmente à Geometria, foi Euclides (cerca de 300 a.C.), que se formou no Museu de Alexandria — espécie de universidade da época. Esse museu foi criado por Alexandre Magno — rei da Macedônia que conquistou a Grécia. A obra-prima de Euclides é *Os elementos*, com treze volumes. Os três últimos volumes dessa obra abordam a Geometria Espacial, reunindo algumas descobertas anteriores, mas apresentando-as de forma lógico-dedutiva.

THE ELEMENTS
OF GEOMETRIE
of the most auncient Philosopher
EVCLIDE
of Megara.
Faithfully (now first) translated into the Englishe toung, by H. Billingsley, Citizen of London. Whereunto are annexed certaine Scholies, Annotations, and Inuentions, of the best Mathematiciens, both of time past, and in this our age.
With a very fruitfull Præface made by M. I. Dee, specifying the chiefe Mathematicall Scieces, what they are, and wherunto commodious: where, also, are disclosed certaine new Secrets Mathematicall and Mechanicall, untill these our daies, greatly missed.

Charles Thomas-Stanford

Frontispício da primeira tradução para o inglês, em 1570, da obra *Os elementos*, escrita por Euclides.

Nessa formulação, Euclides pretendia que as noções ou conceitos geométricos fossem definidos, ou seja, caracterizados objetivamente por palavras e baseados apenas em conceitos estabelecidos anteriormente. Além disso, tinha o objetivo de que todas as propriedades ou proposições fossem demonstradas, ou seja, de que sua validade fosse estabelecida por meio de argumentos lógicos e utilizando nas demonstrações apenas propriedades demonstradas anteriormente. Isso caracterizou uma ruptura definitiva com a Matemática de base experimental e empírica dos séculos anteriores. É bem verdade que, muitos séculos depois, os matemáticos verificaram que o método criado por Euclides não foi usado de maneira perfeita na sua obra e que *Os elementos* tem ainda vários apelos à intuição. De todo modo, o valor da obra de Euclides é inestimável e ela perdura até nossos dias, com alguns aperfeiçoamentos feitos por matemáticos dos séculos XIX e XX.

Fontes de pesquisa: MILIES, C. F. P.; BUSSAB, J. H. O. *A Geometria na Antiguidade clássica*. São Paulo: FTD, 1999.; BOYER, Carl B. *História da Matemática*. 3. ed. São Paulo: Edgard Blucher, 2010.

Vamos examinar uma figura geométrica que conhecemos da nossa vivência cotidiana: o cubo. Há vários objetos que remetem à forma de um cubo: caixas, dados de jogar, brinquedos, móveis, etc.

Thinkstock/Getty Images

Stevanovicigor/Thinkstock/Getty Images

Thinkstock/Getty Images

AUSÊNCIA DE PROPORÇÃO

Ao analisar um cubo, podemos notar que:

- possui oito **vértices**.
  Os oito vértices (**A**, **B**, **C**, **D**, **E**, **F**, **G**, **H**) de um cubo são exemplos de **pontos**. O ponto não tem dimensão.

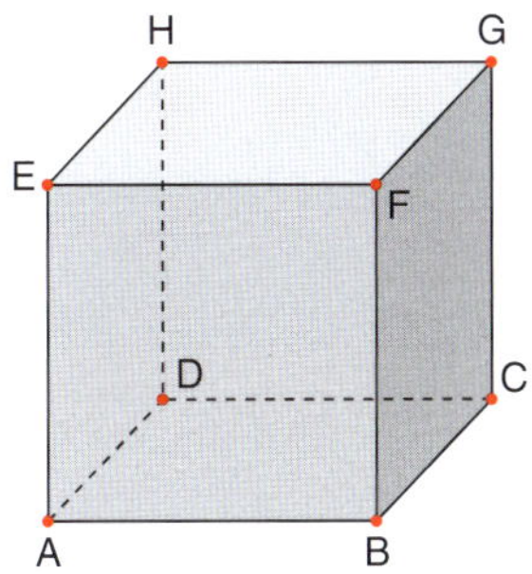

Banco de imagens/Arquivo da editora

- possui 12 **arestas**.
  As 12 arestas de um cubo ($\overline{AB}$, $\overline{BC}$, $\overline{CD}$, $\overline{DA}$, $\overline{EF}$, $\overline{FG}$, $\overline{GH}$, $\overline{HE}$, $\overline{EA}$, $\overline{FB}$, $\overline{GC}$, $\overline{HD}$) são exemplos de **segmentos de reta**.

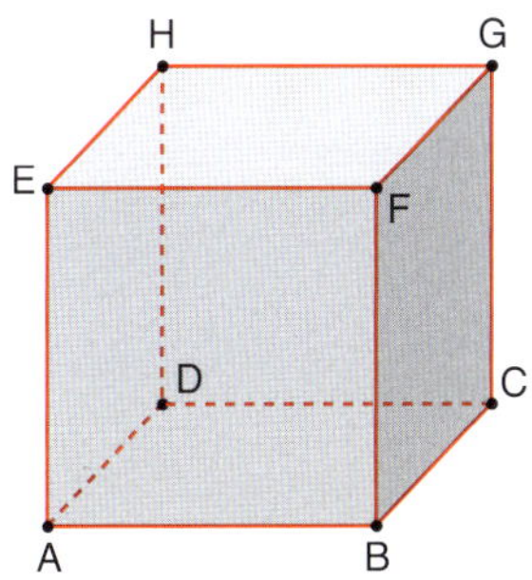

Banco de imagens/Arquivo da editora

- é formado por seis quadrados denominados **faces**.
  As seis faces de um cubo são exemplos de **superfícies planas**. Na figura abaixo, a face BCGF aparece destacada.

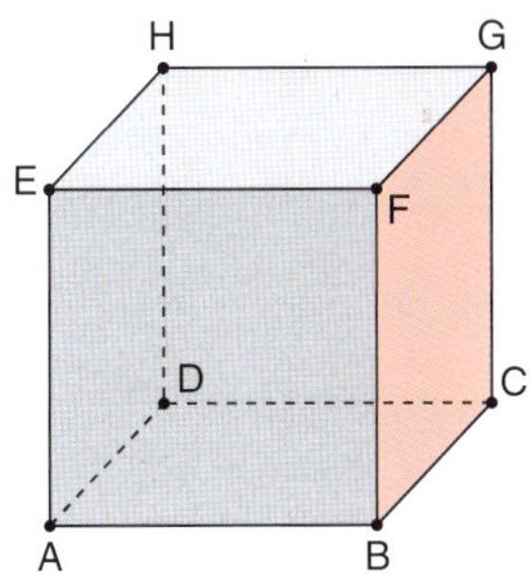

Banco de imagens/Arquivo da editora

Na figura a seguir, ao imaginarmos que cada aresta do cubo foi "prolongada" nos dois sentidos, estaremos imaginando **retas**. Cada uma dessas retas contém uma aresta do cubo.

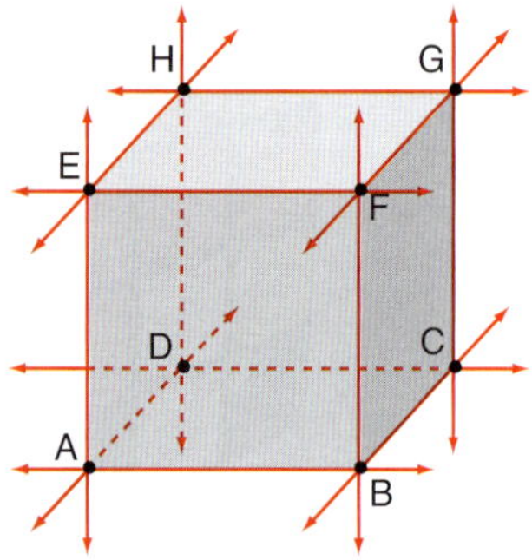

Banco de imagens/Arquivo da editora

Se imaginarmos que cada face do cubo foi "expandida", como na face ABCD da figura abaixo, estaremos imaginando **planos**. Cada um desses planos contém uma face do cubo.

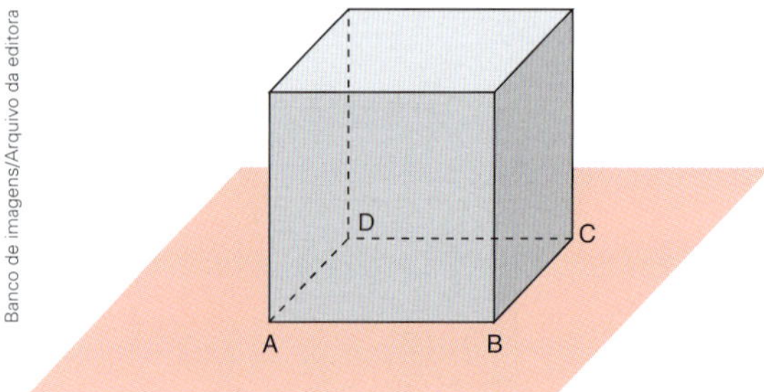

Banco de imagens/Arquivo da editora

Noções primitivas (ou iniciais)

A construção da Geometria se baseia em três noções iniciais, das quais temos um conhecimento intuitivo, decorrente da observação do mundo concreto. Essas noções são as de **ponto**, **reta** e **plano**.

Vamos convencionar como representá-las da seguinte forma:

A •

ponto **A** (letra maiúscula)

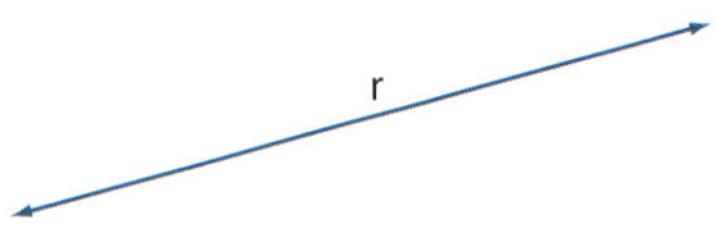

reta **r** (letra minúscula)

plano α (letra grega)

Ilustrações: Banco de imagens/Arquivo da editora

As noções primitivas ou iniciais não são definidas. Todas as demais noções ou conceitos geométricos podem ser definidos, isto é, caracterizados objetivamente por meio de palavras, obedecendo-se a uma regra básica: só se poderá definir um novo conceito se forem utilizados na definição conceitos já estabelecidos.

Neste capítulo, toda definição será indicada por [DEF].

Vejamos as três primeiras definições:

- [DEF] **Espaço**: é o conjunto formado por todos os pontos.
- [DEF] **Retas concorrentes**: duas retas são concorrentes se possuem um único ponto comum.

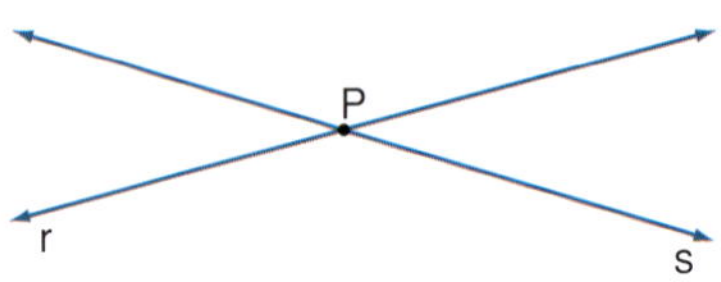

Banco de imagens/Arquivo da editora

$r \cap s = \{P\}$

- [DEF] **Retas paralelas**: duas retas são paralelas se são coincidentes ou são coplanares (estão contidas em um mesmo plano) e não têm ponto comum.

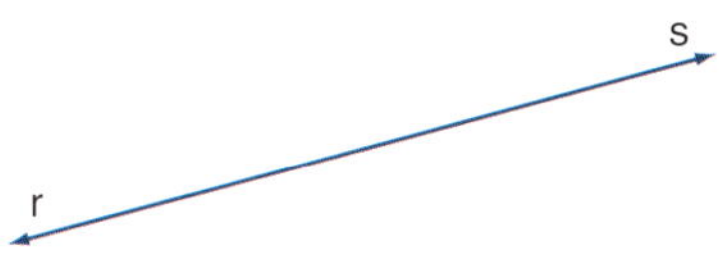

r e **s** são paralelas coincidentes

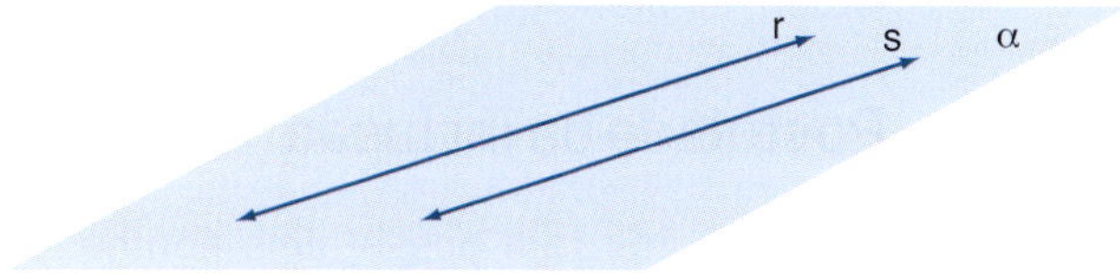

$r \subset \alpha$, $s \subset \alpha$ e $r \cap s = \varnothing$
r e **s** são paralelas distintas

Ilustrações: Banco de imagens/Arquivo da editora

Proposições primitivas (ou iniciais)

O estudo lógico da Geometria se apoia em algumas propriedades relacionadas a pontos, retas e planos. Essas propriedades são aceitas como verdadeiras, sem necessidade de demonstração lógica, e são chamadas **proposições iniciais**, **proposições primitivas** ou **postulados**.

Postulados da existência

- Em uma reta e fora dela existem infinitos pontos.

Banco de imagens/Arquivo da editora

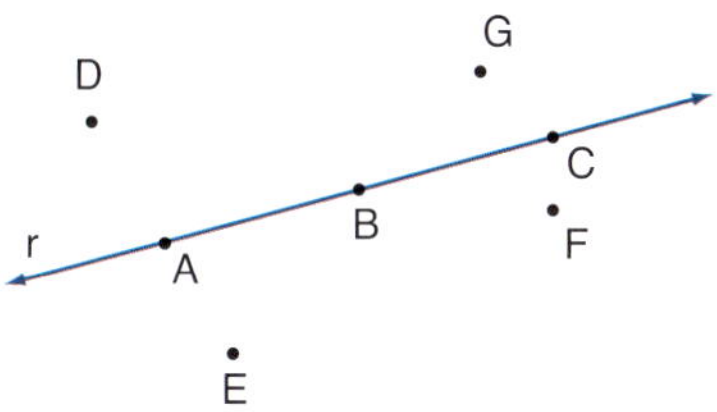

Por exemplo:
$A \in r$, $B \in r$, $C \in r$, etc.
$D \notin r$, $E \notin r$, $F \notin r$, $G \notin r$, etc.

- Em um plano e fora dele existem infinitos pontos.

Banco de imagens/Arquivo da editora

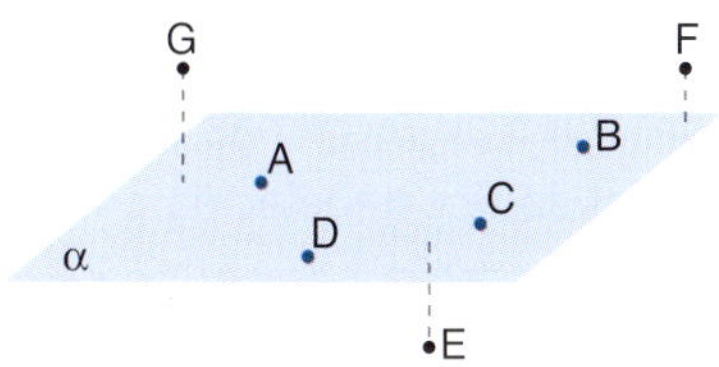

Por exemplo:
$A \in \alpha$, $B \in \alpha$, $C \in \alpha$, $D \in \alpha$, etc.
$E \notin \alpha$, $F \notin \alpha$, $G \notin \alpha$, etc.

Postulados da determinação

- Dois pontos distintos determinam uma única reta.

Banco de imagens/Arquivo da editora

De outra forma, podemos dizer que: dados dois pontos distintos **A** e **B**, existe uma só reta que tem **A** e **B** como seus elementos (ou uma só reta que passa por eles).

OBSERVAÇÃO

Não é difícil perceber que por um ponto **P** passam infinitas retas.

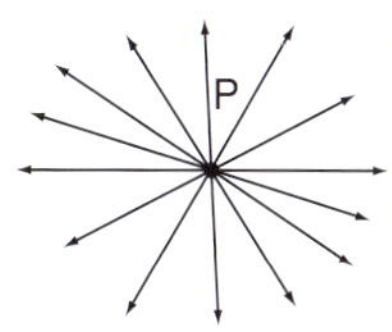

Banco de imagens/Arquivo da editora

- Três pontos não colineares determinam um único plano.

Banco de imagens/Arquivo da editora

A, **B** e **C** não colineares

α: plano (ABC)

lê-se: α é o plano determinado pelos pontos **A**, **B** e **C**

De outra forma, podemos dizer que: dados três pontos **A**, **B** e **C** não pertencentes a uma mesma reta, existe um só plano que tem **A**, **B** e **C** como seus elementos (ou um só plano que passa por eles).

Postulado da inclusão

- Se uma reta possui dois pontos distintos em um plano, ela está contida nesse plano.

Banco de imagens/Arquivo da editora

$A \in \alpha, B \in \alpha$ $\overleftrightarrow{AB} \subset \alpha$

De outra forma, dizemos que, se uma reta tem dois pontos distintos em um plano, todos os seus pontos pertencem a esse plano.

Postulado das paralelas (ou postulado de Euclides)

- Por um ponto passa uma única reta paralela a uma reta dada.

Banco de imagens/Arquivo da editora

$P \notin r$ $P \in s$ e $s // r$

De outro modo, podemos dizer que, dado um ponto **P** não pertencente a uma reta **r**, por **P** podemos traçar uma única reta **s** paralela a **r**. No caso de o ponto **P** pertencer a **r**, também é única a paralela, pois é a própria reta **r**.

Os quatro postulados enunciados são aceitos como verdadeiros sem demonstração. Todas as demais propriedades, proposições ou teoremas de Geometria podem ser demonstrados, ou seja, terão sua validade estabelecida por meio de uma argumentação lógica, obedecendo-se a uma regra básica: só se poderá demonstrar (ou provar) uma nova propriedade se forem utilizadas, na demonstração, propriedades já estabelecidas como verdadeiras.

Neste capítulo, as proposições serão indicadas por [PROP]. Para não nos estendermos demais, omitiremos algumas demonstrações; entretanto, algumas das proposições mais importantes estarão demonstradas no item *Teoremas fundamentais*, nas páginas 368 a 371.

Determinação de planos

Há quatro modos de determinar a posição de um plano no espaço. Vejamos:

1º) [POSTULADO] por meio de três pontos não colineares.

Banco de imagens/Arquivo da editora

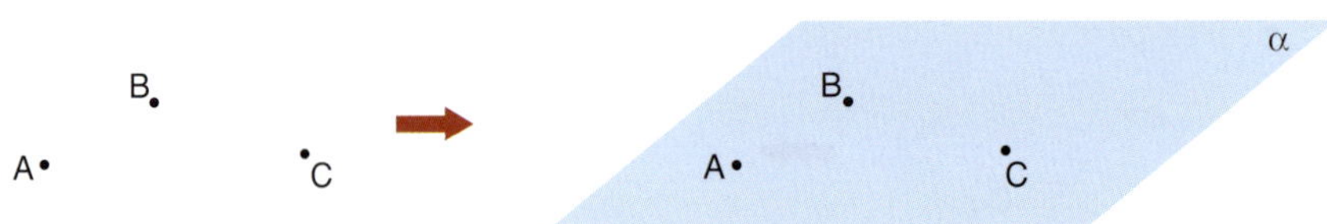

A, **B** e **C** não colineares α: plano (ABC)

$2^{\underline{o}}$) [PROP] por meio de uma reta e um ponto fora dela.

Banco de imagens/Arquivo da editora

$P \notin r$ α: plano (r, P) = plano (PAB)

$3^{\underline{o}}$) [PROP] por meio de duas retas concorrentes.

Banco de imagens/Arquivo da editora

$r \cap s = \{P\}$ α: plano (r, s) = plano (PAB)

$4^{\underline{o}}$) [PROP] por meio de duas retas paralelas e distintas.

Banco de imagens/Arquivo da editora

$r \,//\, s$ α: plano (r, s) = plano (PAB)

No $1^{\underline{o}}$ modo, a unicidade do plano α é garantida pelo postulado da determinação. Já nos $2^{\underline{o}}$, $3^{\underline{o}}$ e $4^{\underline{o}}$ modos, a unicidade é garantida pelo fato de que existe um único plano que passa pelos pontos **P**, **A** e **B** não colineares.

OBSERVAÇÃO

Não é difícil perceber que, dada uma reta **r**, existem infinitos planos que a contêm.

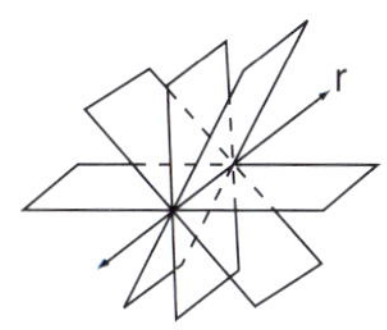

Banco de imagens/Arquivo da editora

EXEMPLO 1

O sólido ABCDEFGH ao lado é um bloco retangular também chamado paralelepípedo retorretângulo.

Ele é formado por seis faces retangulares, congruentes duas a duas.

Vamos ilustrar os dois últimos modos de determinação de planos:

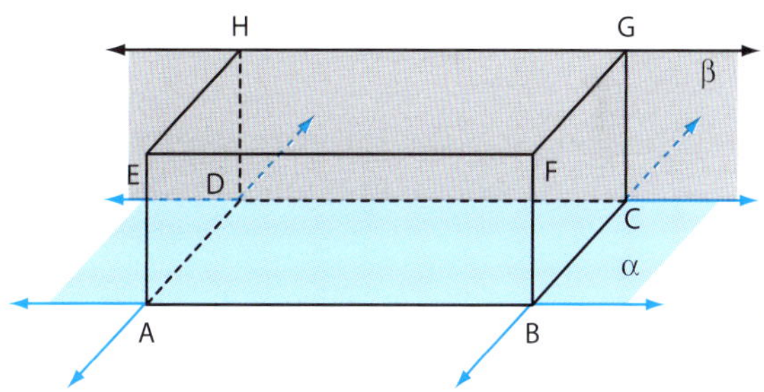

Banco de imagens/Arquivo da editora

- as retas $\overleftrightarrow{AB}$ e $\overleftrightarrow{AD}$ são concorrentes em **A** e determinam o plano α que contém o retângulo ABCD. As retas $\overleftrightarrow{BC}$ e $\overleftrightarrow{CD}$ são concorrentes em **C** e determinam o mesmo plano α.
- as retas $\overleftrightarrow{CD}$ e $\overleftrightarrow{GH}$ são paralelas distintas e determinam o plano β, que contém o retângulo CDHG.

Exercícios

1. Observe o cubo ABCDEFGH e reproduza-o em uma folha. Para cada item, pinte no cubo que você reproduziu o plano determinado pelas retas

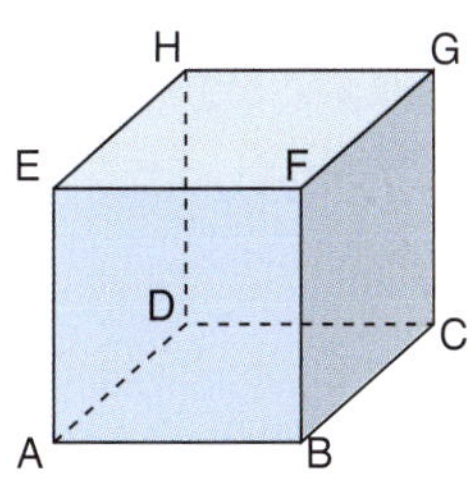

Banco de imagens/Arquivo da editora

a) $\overleftrightarrow{AB}$ e $\overleftrightarrow{BD}$;
b) $\overleftrightarrow{AD}$ e $\overleftrightarrow{EH}$;
c) $\overleftrightarrow{GH}$ e $\overleftrightarrow{CG}$;
d) $\overleftrightarrow{EH}$ e $\overleftrightarrow{BC}$.

Sugestão: Veja como modelo os planos indicados no paralelepípedo do *exemplo 1*.

2. Quantos são os planos determinados por três retas distintas, duas a duas, paralelas entre si?

3. Quantos são os planos determinados por quatro pontos dois a dois distintos?

4. Quantos planos distintos são determinados por quatro retas distintas, duas a duas, concorrentes em pontos todos distintos?

5. É comum encontrarmos mesas com 4 pernas que, mesmo apoiadas em um piso plano, balançam e nos obrigam a colocar um calço em uma das pernas para que fiquem firmes. Explique por que isso não acontece em uma mesa de 3 pernas.

Posições relativas de dois planos

Planos secantes

[DEF] Dois planos distintos que têm um ponto comum são chamados **planos secantes**.

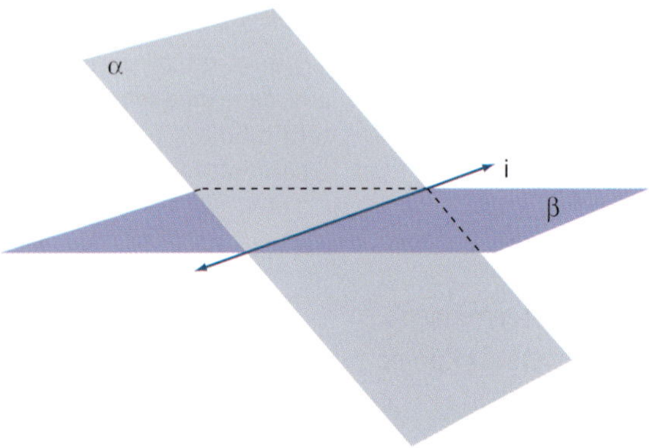

Banco de imagens/Arquivo da editora

α e β secantes; $\alpha \cap \beta = i$; **i** é a interseção

Postulado da interseção

Se dois planos distintos têm um ponto comum, então eles têm pelo menos um outro ponto comum.

Propriedade da interseção de planos

[PROP] Se dois planos distintos têm um ponto comum, então a interseção desses planos é uma única reta que passa por aquele ponto. Essa reta é denominada **interseção** ou **traço** de um deles no outro.

Veja a demonstração do teorema 1 nas páginas 368 e 369.

Planos paralelos

[DEF] Dois planos são **paralelos** se não têm ponto comum ou são coincidentes.

α e β paralelos coincidentes

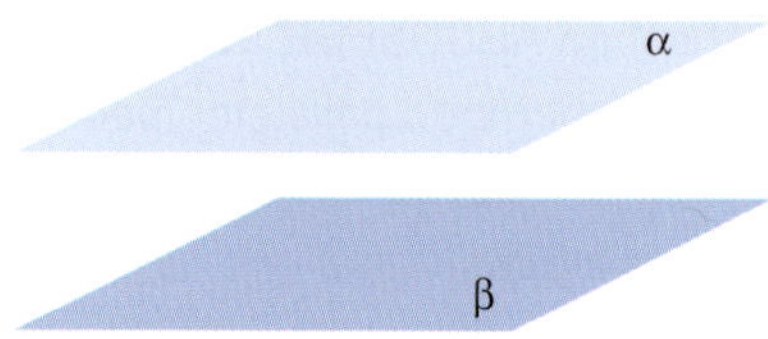

α e β paralelos distintos

Ilustrações: Banco de imagens/Arquivo da editora

EXEMPLO 2

Observe, no cubo seguinte, os planos α, β e γ, que contêm, respectivamente, as faces EFGH, BCGF e ADHE.

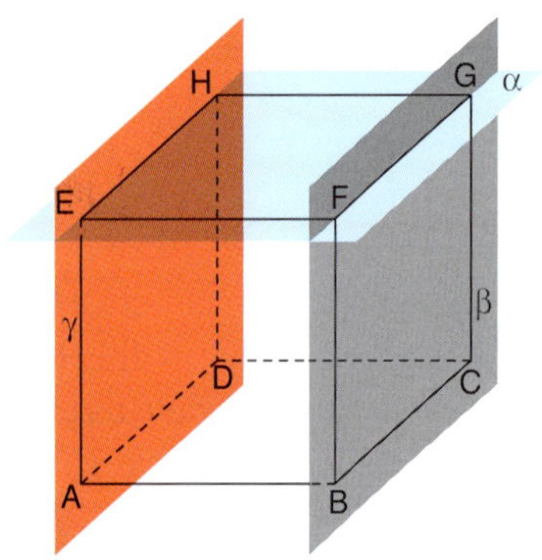

Banco de imagens/Arquivo da editora

Temos que:

- β e γ são planos paralelos distintos;
- α e β são planos secantes; $\alpha \cap \beta = \overleftrightarrow{FG}$;
- α e γ são planos secantes; $\alpha \cap \gamma = \overleftrightarrow{EH}$.

Exercícios

6. Classifique as afirmações a seguir como verdadeiras (**V**) ou falsas (**F**).
   a) Se dois planos distintos têm um ponto comum, então eles têm uma reta comum que passa pelo ponto.
   b) Dois planos distintos que têm uma reta comum são secantes.
   c) Se dois planos têm uma única reta comum, eles são secantes.
   d) Dois planos secantes têm infinitos pontos comuns.
   e) Dois planos distintos, paralelos a um terceiro, são paralelos entre si.

7. Objetos do nosso dia a dia permitem imaginar planos secantes e planos paralelos. Na espreguiçadeira mostrada na figura:

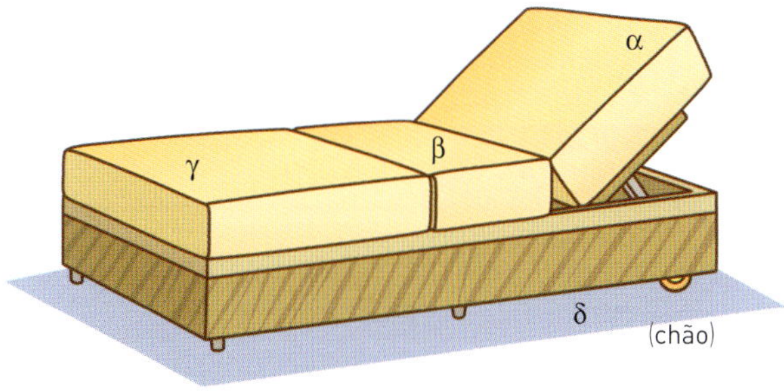

Banco de imagens/Arquivo da editora

   a) quais planos são secantes?
   b) quais planos são paralelos?

Posições relativas de uma reta e um plano

A posição de uma reta em relação a um plano depende exclusivamente do número de pontos que eles têm em comum. Podem ocorrer três situações:

- A reta e o plano têm em comum dois pontos distintos; nesse caso, conforme o postulado da inclusão, a reta está contida no plano.

Banco de imagens/Arquivo da editora

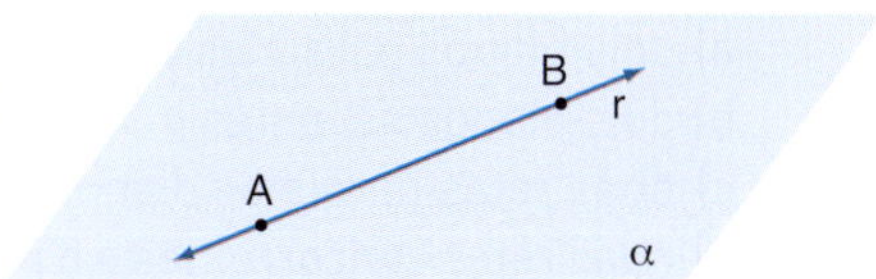

$r \cap \alpha = r$

  Todos os pontos da reta **r** pertencem também ao plano α.

- [DEF] A reta e o plano têm em comum um único ponto; nesse caso, a reta e o plano são **secantes**.

Banco de imagens/Arquivo da editora

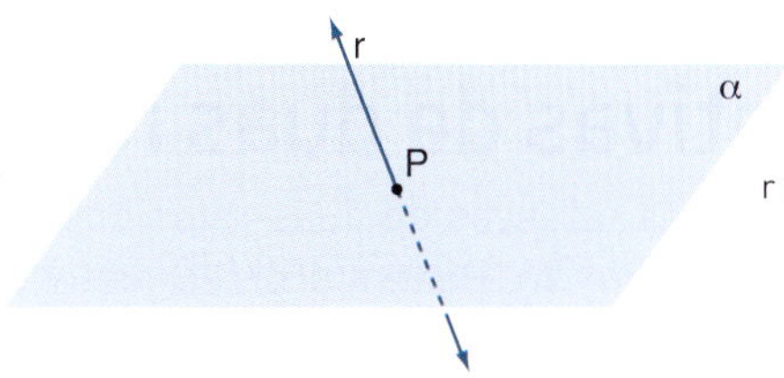

$r \cap \alpha = \{P\}$

O ponto **P** é aquele em que a reta **r** intersecta o plano α. Dizemos que **P** é o traço da reta **r** no plano α.

- [DEF] A reta e o plano não têm nenhum ponto comum; nesse caso, a reta e o plano são **paralelos**.

Banco de imagens/Arquivo da editora

$r \cap \alpha = \varnothing$

Propriedades

[PROP] Se uma reta não está contida em um plano e é paralela a uma reta do plano, então ela é paralela ao plano.

Veja a demonstração do teorema 2 na página 369.

[PROP] Se um plano contém duas retas concorrentes, ambas paralelas a um outro plano, então esses planos são paralelos.

Veja a demonstração do teorema 3 nas páginas 369 e 370.

Exercícios

8. Classifique as afirmações a seguir em verdadeiras (**V**) ou falsas (**F**).

a) Uma reta e um plano que têm um ponto comum são secantes.

b) Uma reta e um plano secantes têm um único ponto comum.

c) Uma reta e um plano paralelos não têm ponto comum.

d) Um plano e uma reta podem ter exatamente 2 pontos em comum.

e) Se uma reta está contida em um plano, eles têm infinitos pontos em comum.

9. Observe o cubo ao lado.

Determine a posição relativa entre:

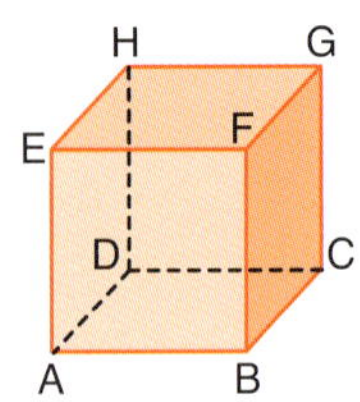

a) a reta $\overleftrightarrow{AB}$ e o plano (CDG);

b) a reta $\overleftrightarrow{AD}$ e o plano (CDG);

c) a reta $\overleftrightarrow{ED}$ e o plano (ABC);

d) o plano (ABC) e o plano (EHD);

e) o plano determinado pelas retas $\overleftrightarrow{EF}$ e $\overleftrightarrow{GH}$ e o plano determinado pelas retas $\overleftrightarrow{EF}$ e $\overleftrightarrow{FG}$.

10. Observe a figura a seguir, que é a representação geométrica de uma cadeira apoiada sobre uma superfície plana que representa o solo.

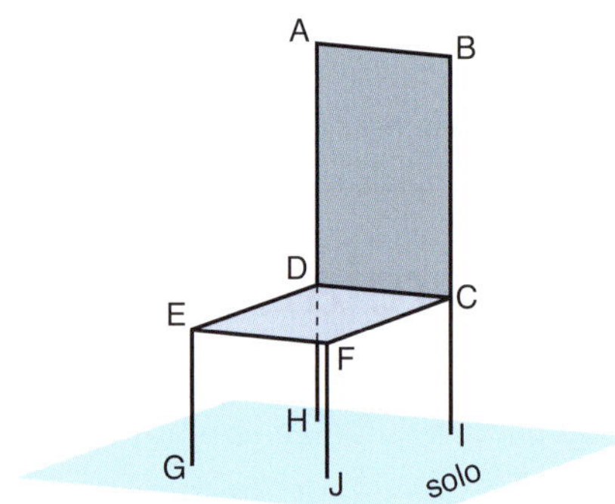

Banco de imagens/Arquivo da editora

Usando elementos dessa figura, dê exemplos de:

a) dois planos paralelos distintos.

b) dois planos secantes e sua interseção.

c) duas retas paralelas distintas.

d) duas retas concorrentes e o plano por elas determinado.

e) uma reta secante a um plano e o traço da reta no plano.

f) uma reta paralela a um plano.

Posições relativas de duas retas

Vamos analisar as posições relativas de duas retas observando inicialmente se elas têm ou não ponto em comum. Podem ocorrer quatro situações:

- As duas retas têm em comum dois pontos distintos; nesse caso, conforme o postulado da determinação, as retas são **coincidentes**.

Banco de imagens/Arquivo da editora

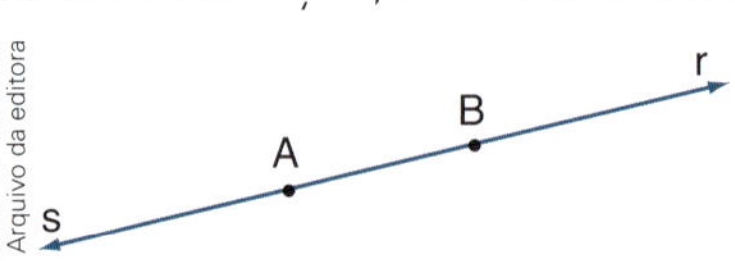

r = s

- [DEF] As duas retas têm em comum um único ponto; nesse caso, elas são **concorrentes** e existe um único plano que as contém.

Banco de imagens/Arquivo da editora

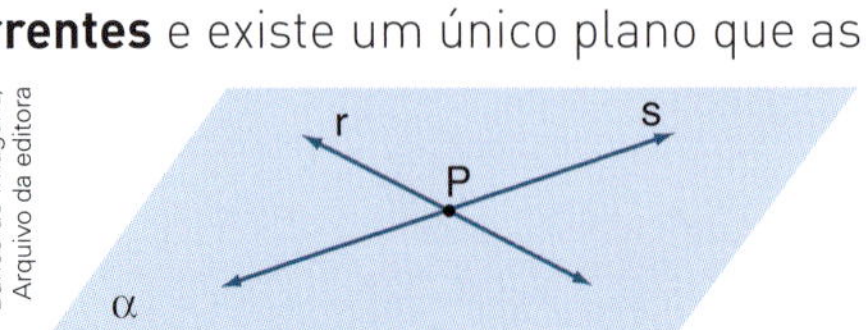

$r \cap s = \{P\}$

- [DEF] As duas retas não têm ponto em comum, mas existe um plano que as contém; nesse caso, elas são **paralelas**.

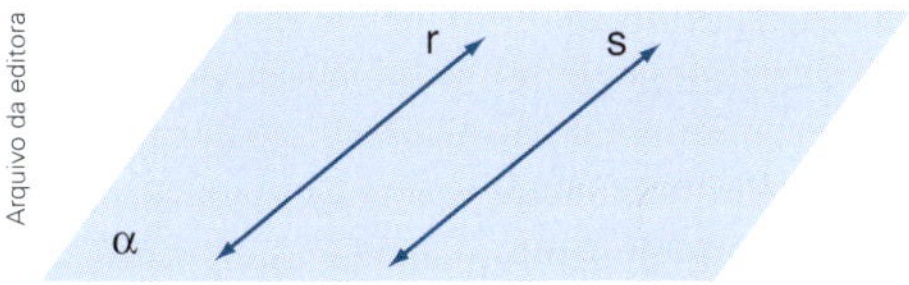

Banco de imagens/Arquivo da editora

$r \cap s = \varnothing$, $r \subset \alpha$ e $s \subset \alpha$

- [DEF] As duas retas não têm ponto em comum e não existe plano que as contenha; nesse caso, elas são **reversas**.

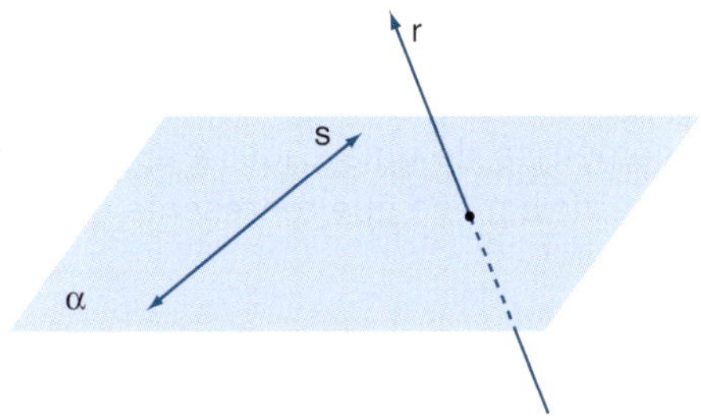

Banco de imagens/Arquivo da editora

$r \cap s = \varnothing$, $s \subset \alpha$ e $r \not\subset \alpha$

OBSERVAÇÃO

Podemos fazer uma síntese decorrente das definições dadas: se duas retas **r** e **s** coplanares não têm ponto em comum, então elas são paralelas:

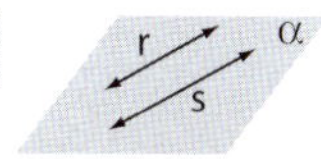

Banco de imagens/Arquivo da editora

Se não houver um plano que as contenha, são reversas, como as que contêm as arestas do cubo abaixo.

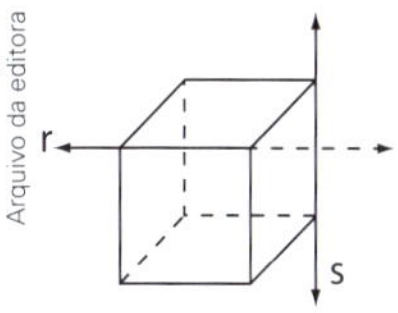

Banco de imagens/Arquivo da editora

EXEMPLO 3

No cubo ao lado, temos que:

- as retas $\overleftrightarrow{EG}$ e $\overleftrightarrow{FH}$ são concorrentes;
- as retas $\overleftrightarrow{EF}$ e $\overleftrightarrow{GH}$ são paralelas;
- as retas $\overleftrightarrow{EG}$ e $\overleftrightarrow{BD}$ são reversas;
- as retas $\overleftrightarrow{AE}$ e $\overleftrightarrow{FH}$ são reversas;
- as retas $\overleftrightarrow{AE}$ e $\overleftrightarrow{GH}$ são reversas.

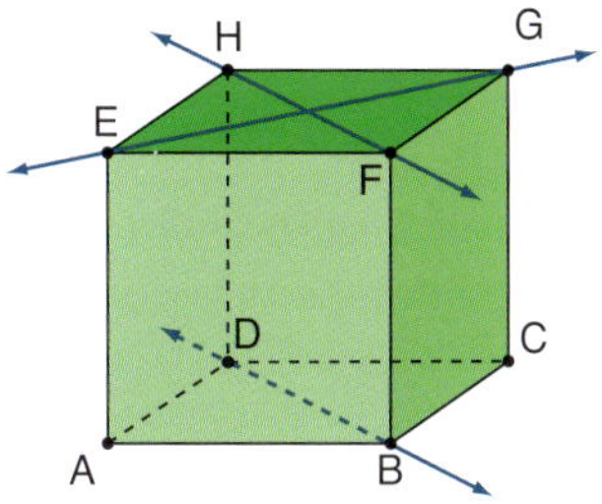

Banco de imagens/Arquivo da editora

Exercícios

11. A figura ao lado representa a superfície de um sólido chamado prisma hexagonal regular. Ela é constituída por dois hexágonos regulares $ABCDEF$ e $A_1B_1C_1D_1E_1F_1$ congruentes, contidos em planos paralelos, e seis retângulos A_1B_1BA, B_1C_1CB, C_1D_1DC, D_1E_1ED, E_1F_1FE e F_1A_1FA congruentes entre si.

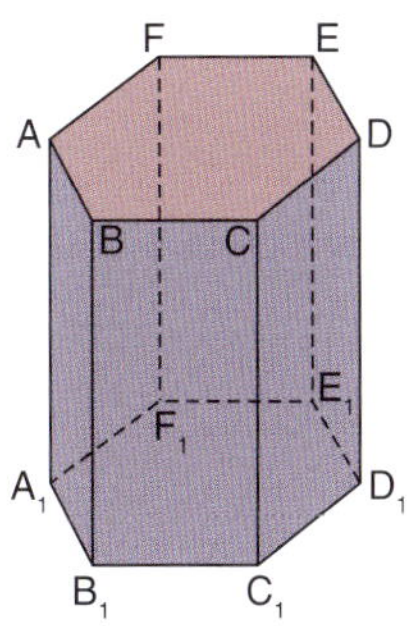

Banco de imagens/Arquivo da editora

Analise a veracidade das afirmações seguintes, referentes a posições relativas de retas e planos, contendo os vértices desse prisma:

a) A reta $\overleftrightarrow{AB}$ e a reta $\overleftrightarrow{D_1E_1}$ são paralelas.

b) A reta $\overleftrightarrow{AB}$ e a reta $\overleftrightarrow{C_1D_1}$ são reversas.

c) O plano (ABB_1) e o plano (DEE_1) são paralelos.

d) O plano (ABB_1) e o plano (CDD_1) são paralelos.

e) A reta $\overleftrightarrow{AB}$ é paralela ao plano (CDD_1).

12. Classifique as afirmações a seguir em verdadeiras (**V**) ou falsas (**F**).

a) Duas retas ou são coincidentes ou são distintas.

b) Duas retas ou são coplanares ou são reversas.

c) Duas retas distintas determinam um plano.

d) Duas retas concorrentes têm um único ponto comum.

e) Duas retas que não têm ponto comum são paralelas.

f) Duas retas concorrentes são coplanares.

g) Duas retas coplanares ou são paralelas ou são concorrentes.

h) Duas retas não coplanares são reversas.

13. Observe a pirâmide abaixo, cuja base é um retângulo.

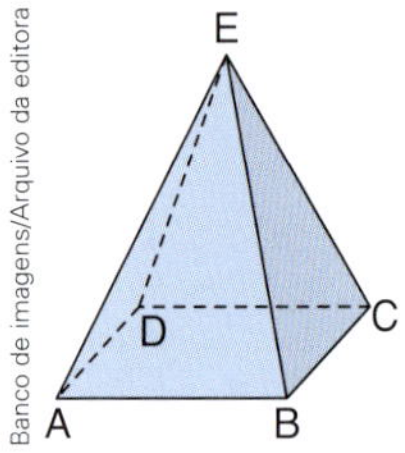

Determine a posição relativa entre:

a) as retas $\overleftrightarrow{AB}$ e $\overleftrightarrow{BC}$;
b) as retas $\overleftrightarrow{AB}$ e $\overleftrightarrow{EC}$;
c) as retas $\overleftrightarrow{AD}$ e $\overleftrightarrow{BC}$;
d) a reta $\overleftrightarrow{AB}$ e o plano (BEC);
e) a reta $\overleftrightarrow{AD}$ e o plano (BEC);
f) as retas $\overleftrightarrow{BD}$ e $\overleftrightarrow{EC}$.

14. Observe o sólido geométrico ao lado e os pontos assinalados.

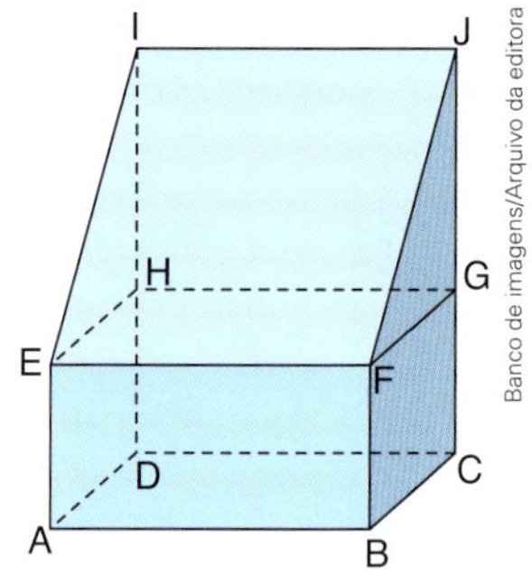

Classifique em verdadeiras (**V**) ou falsas (**F**) as afirmações seguintes.

a) As retas $\overleftrightarrow{FG}$ e $\overleftrightarrow{BG}$ são coplanares.
b) As retas $\overleftrightarrow{AB}$ e $\overleftrightarrow{GH}$ são coplanares.
c) As retas $\overleftrightarrow{EH}$ e $\overleftrightarrow{FJ}$ são coplanares.
d) Os planos (FGJ) e (IEH) são paralelos distintos.
e) Os planos (ABE) e (EFJ) são paralelos distintos.
f) As retas $\overleftrightarrow{IJ}$ e $\overleftrightarrow{BC}$ são reversas.
g) As retas $\overleftrightarrow{EI}$ e $\overleftrightarrow{FH}$ são reversas.

Algumas propriedades

Vamos enunciar algumas propriedades referentes a retas e planos, as quais são consequências das definições que acabamos de ver.

- 1ª propriedade: Se uma reta é paralela a um plano, então ela é paralela a infinitas retas do plano [PROP].

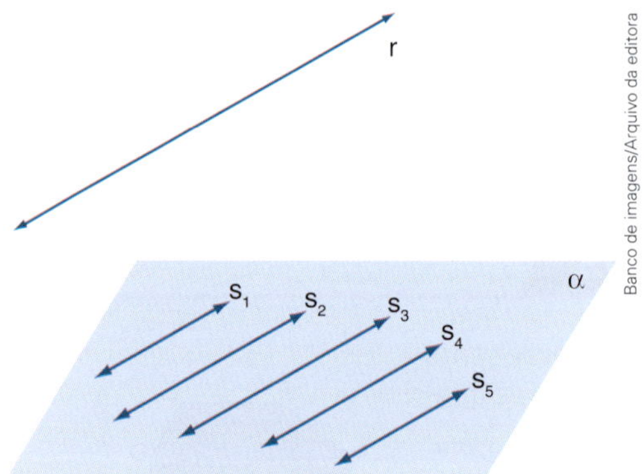

- 2ª propriedade: Se uma reta é paralela a um plano, então ela é reversa a infinitas retas do plano [PROP].

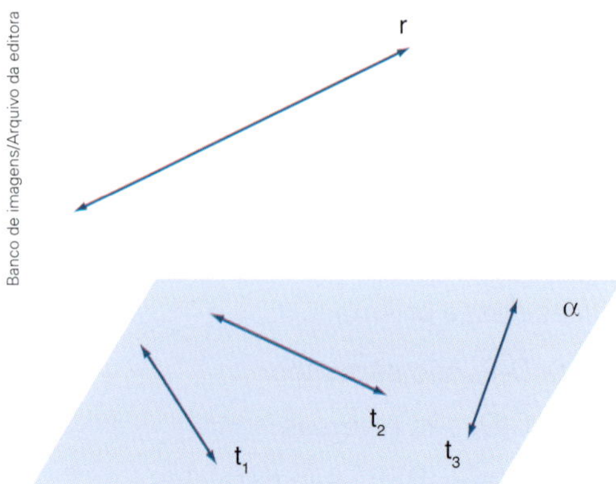

OBSERVAÇÃO

Se uma reta **r** é paralela a um plano α, a posição relativa de **r** em relação a uma reta **s** contida em α é dada a seguir.

Elas são paralelas:

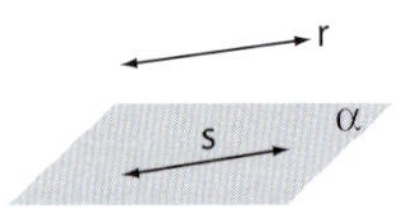

ou reversas:

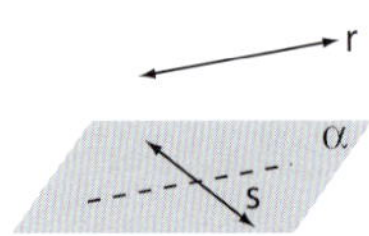

- 3ª propriedade: Se uma reta é secante a um plano, então ela é concorrente com infinitas retas do plano [PROP].

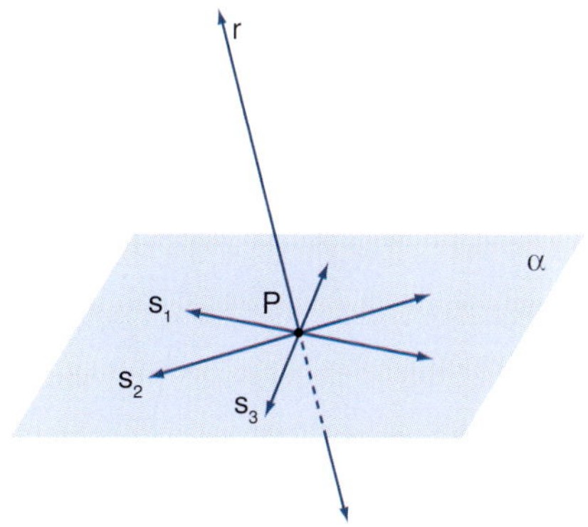

Banco de imagens/Arquivo da editora

- 4ª propriedade: Se uma reta é secante a um plano, então ela é reversa a infinitas retas do plano [PROP].

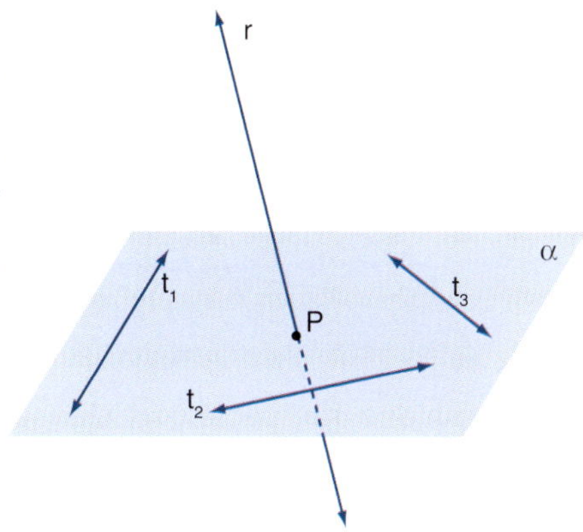

Banco de imagens/Arquivo da editora

- 5ª propriedade: Se uma reta está contida em um plano, então ela é paralela ou concorrente com infinitas retas do plano [PROP].

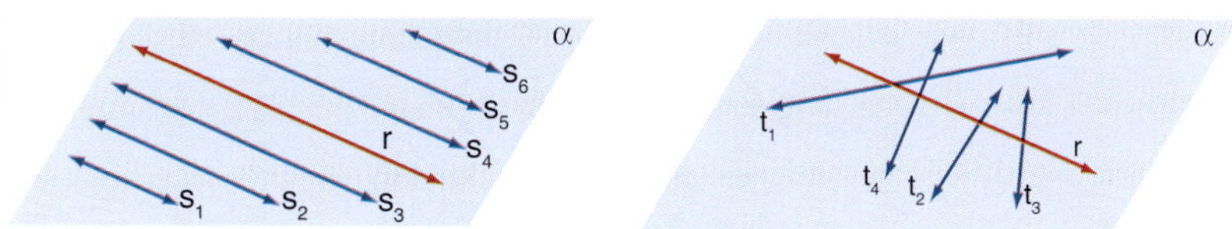

Ilustrações: Banco de imagens/Arquivo da editora

- 6ª propriedade: Se dois planos α e β são secantes, sendo **i** a interseção deles, então existem infinitas retas de um que são paralelas ao outro (retas paralelas a **i**) [PROP].

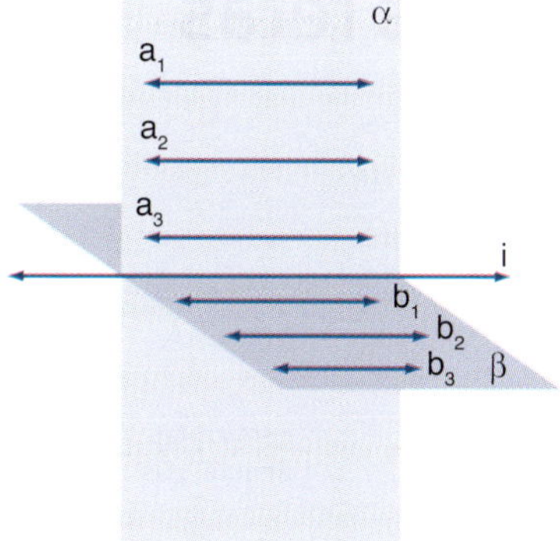

Banco de imagens/Arquivo da editora

OBSERVAÇÃO

Se uma reta **r** é secante a um plano α, a posição de **r** em relação a uma reta **s** contida em α é dada a seguir.

Elas são concorrentes:

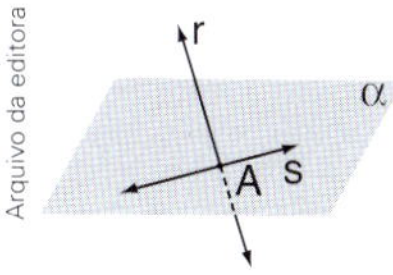

Banco de imagens/Arquivo da editora

ou reversas:

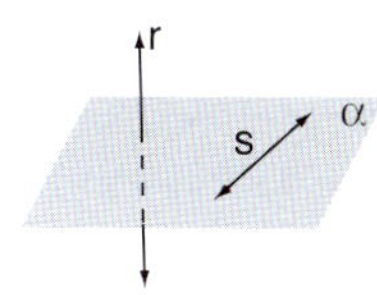

Banco de imagens/Arquivo da editora

- 7ª propriedade: Se dois planos α e β são secantes, sendo **i** a interseção deles, então existem infinitas retas de um que são secantes ao outro (retas concorrentes com **i**) [PROP].

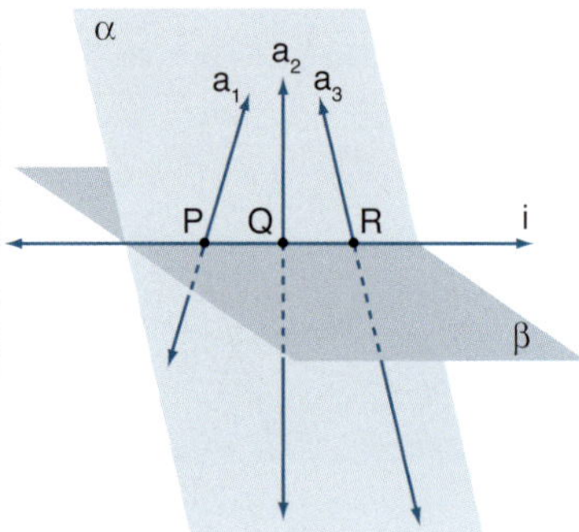

Banco de imagens/Arquivo da editora

- 8ª propriedade: Se dois planos são paralelos e distintos, então toda reta de um deles é paralela ao outro [PROP].

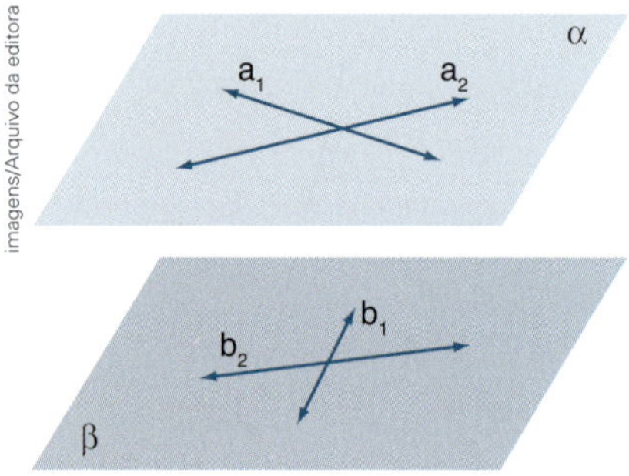

Ilustrações: Banco de imagens/Arquivo da editora

- 9ª propriedade: Se um plano intersecta dois planos paralelos, então as interseções são retas paralelas [PROP].

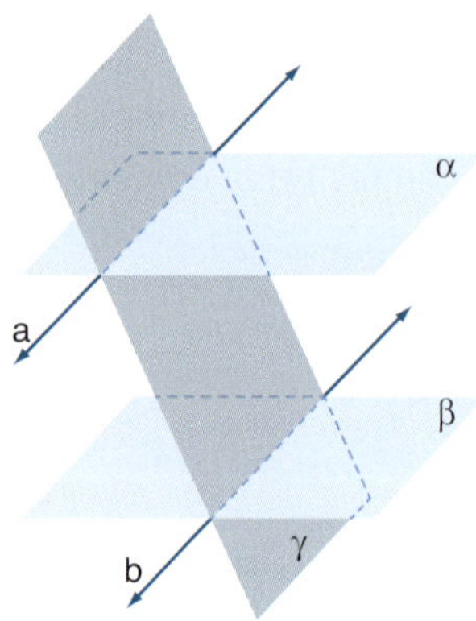

Banco de imagens/Arquivo da editora

OBSERVAÇÃO

Se dois planos são paralelos e distintos entre si, uma reta de um deles é paralela ou reversa a qualquer reta do outro.

Ângulos de duas retas

Já vimos, em anos anteriores, que duas semirretas distintas de mesma origem formam um ângulo.

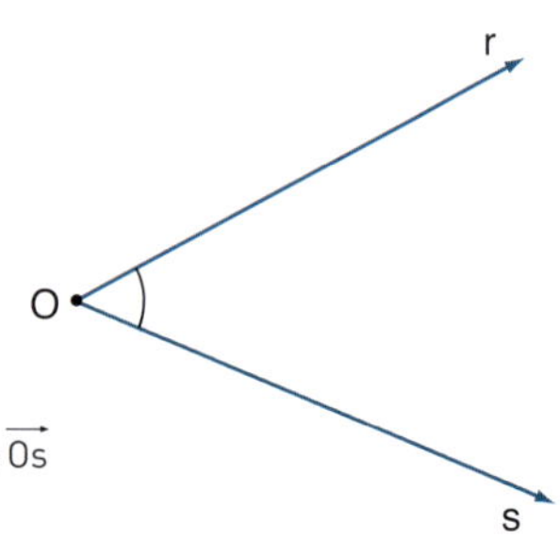

Banco de imagens/Arquivo da editora

Sejam **r** e **s** duas retas concorrentes em **O**. O ponto **O** divide **r** em duas semirretas ($\overrightarrow{Or'}$ e $\overrightarrow{Or''}$) e divide **s** em duas semirretas ($\overrightarrow{Os'}$ e $\overrightarrow{Os''}$).

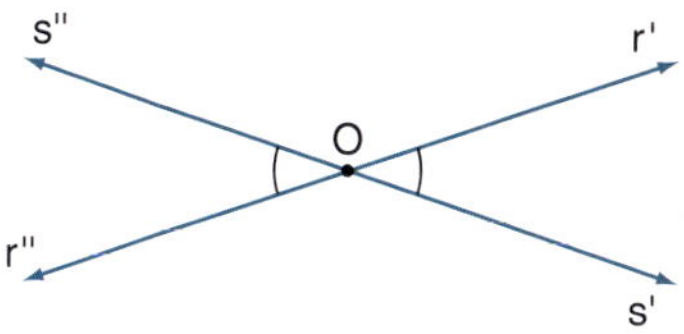

Banco de imagens/Arquivo da editora

Nesse caso, são formados quatro ângulos: r'Ôs', r'Ôs'', r''Ôs' e r''Ôs''. Podemos provar que os ângulos r'Ôs' e r''Ôs'', ditos opostos pelo vértice, são congruentes.

Também são congruentes os ângulos r'Ôs'' e r''Ôs', opostos pelo vértice.

[DEF] Chama-se **ângulo das retas concorrentes r e s** qualquer um desses quatro ângulos.

Sejam duas retas **r** e **s** reversas. Tomemos um ponto **O** qualquer e consideremos as retas **r**' paralela a **r** e **s**' paralela a **s**, ambas passando por **O**:

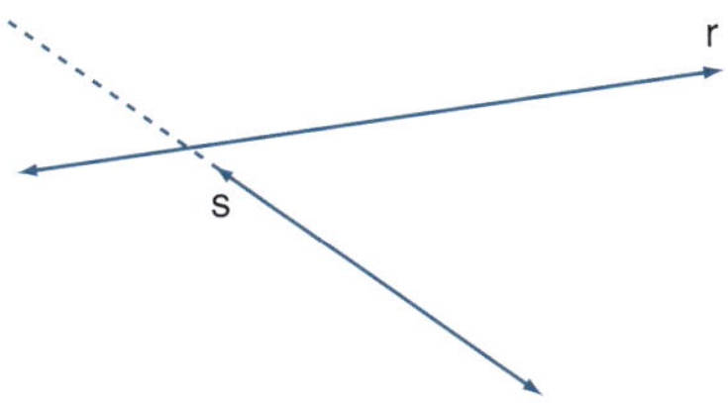

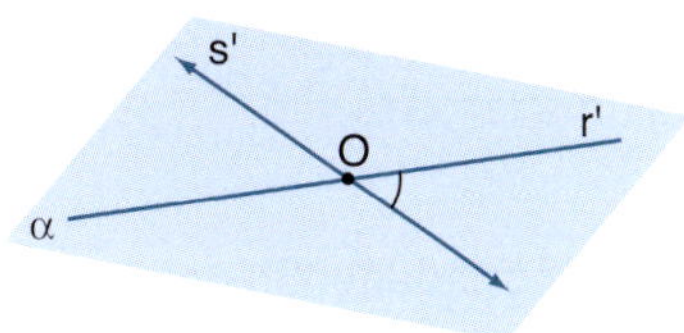

Ilustrações: Banco de imagens/Arquivo da editora

[DEF] Como **r**' e **s**' são concorrentes em **O**, o ângulo r'Ôs' é chamado **ângulo formado pelas retas r e s reversas**, em que r'//r e s'//s.

Retas que formam ângulo reto

Vimos que duas retas concorrentes formam quatro ângulos. Quando esses quatro ângulos são congruentes, cada um deles é chamado **ângulo reto** e as retas são chamadas **retas perpendiculares** [DEF].

[DEF] Se duas retas são concorrentes e não são perpendiculares, diz-se que elas são **oblíquas**.

[DEF] Se duas retas são reversas e formam ângulo reto, as retas são chamadas **ortogonais**.

Ilustrações: Banco de imagens/Arquivo da editora

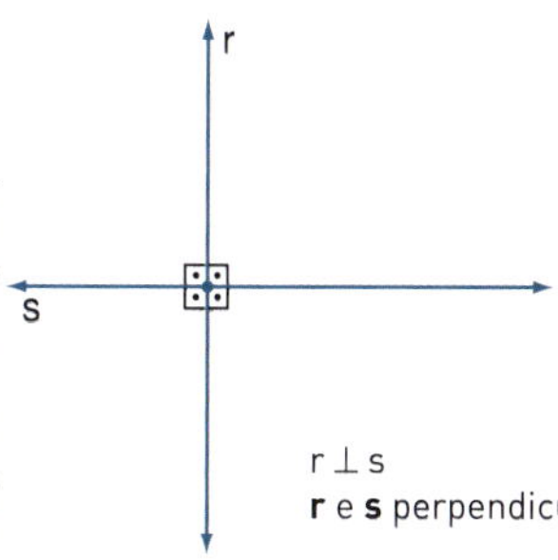

r ⊥ s
r e **s** perpendiculares

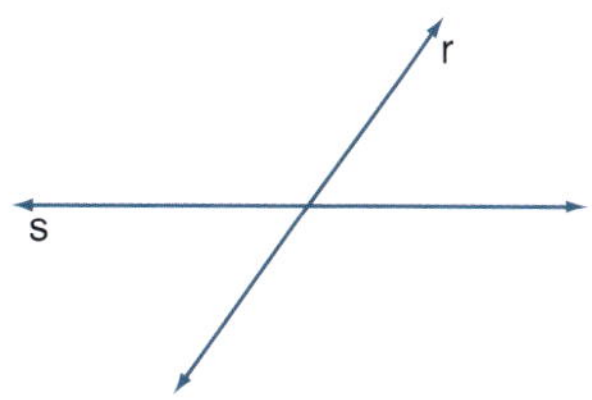

r e **s** oblíquas

Note que, se **r** e **s** são ortogonais, existe uma reta **t** perpendicular a uma delas e paralela à outra.

EXEMPLO 4

Consideremos o cubo ABCDEFGH. As retas $\overleftrightarrow{GH}$ e $\overleftrightarrow{GC}$ são concorrentes em **G** e formam ângulo reto; logo, são perpendiculares. As retas $\overleftrightarrow{AB}$ e $\overleftrightarrow{GC}$ são ortogonais: note que a reta $\overleftrightarrow{BF}$ é perpendicular a $\overleftrightarrow{AB}$ e $\overleftrightarrow{BF}$ é paralela a $\overleftrightarrow{GC}$.

No cubo ao lado, note que:

- $\overleftrightarrow{AC}$ e $\overleftrightarrow{BC}$ são concorrentes não perpendiculares.
- $\overleftrightarrow{BG}$ e $\overleftrightarrow{AE}$ são reversas não ortogonais.

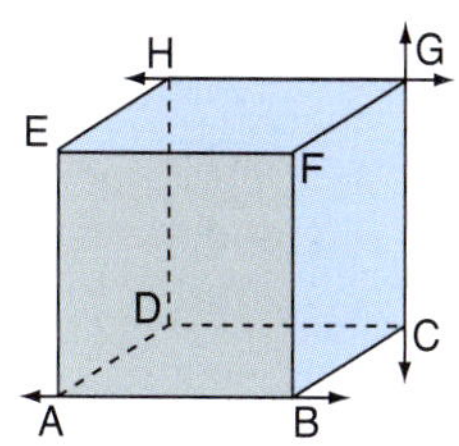

Banco de imagens/Arquivo da editora

$\overleftrightarrow{GH} \perp \overleftrightarrow{GC}$ ⊥: lê-se: é perpendicular a

$\overleftrightarrow{AB} \perp \overleftrightarrow{GC}$ ⊥: lê-se: é ortogonal a

Exercícios

15. Classifique as afirmações a seguir como verdadeiras (**V**) ou falsas (**F**).

a) Duas retas perpendiculares são sempre concorrentes.

b) Se duas retas formam ângulo reto, então elas são perpendiculares.

c) Duas retas que formam ângulo reto podem ser reversas.

d) Duas retas perpendiculares a uma terceira são perpendiculares entre si.

e) Duas retas perpendiculares a uma terceira são paralelas entre si.

16. A figura abaixo representa um sólido chamado prisma reto de base triangular.

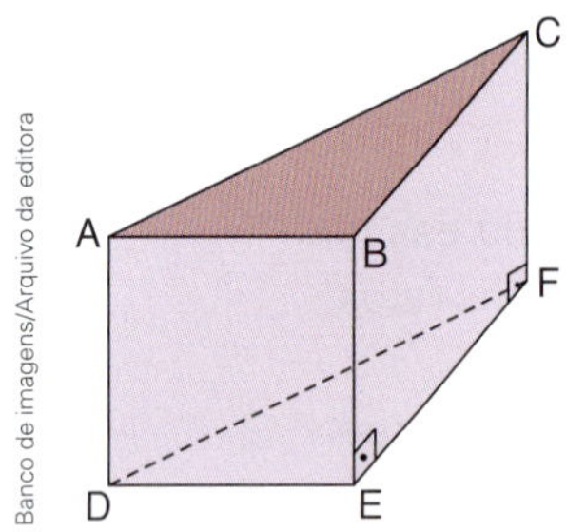

Ele é formado por dois triângulos congruentes e três retângulos.

Classifique cada uma das afirmações seguintes como verdadeira (**V**) ou falsa (**F**). As retas:

a) $\overleftrightarrow{AB}$ e $\overleftrightarrow{DE}$ são reversas.

b) $\overleftrightarrow{AC}$ e $\overleftrightarrow{FC}$ são concorrentes.

c) $\overleftrightarrow{AD}$ e $\overleftrightarrow{CF}$ são coplanares.

d) $\overleftrightarrow{AB}$ e $\overleftrightarrow{EF}$ são paralelas.

e) $\overleftrightarrow{DE}$ e $\overleftrightarrow{CF}$ são ortogonais.

17. Observe o paralelepípedo retângulo seguinte. Use duas retas determinadas pelos vértices desse paralelepípedo para justificar, em cada caso, que a sentença dada é falsa.

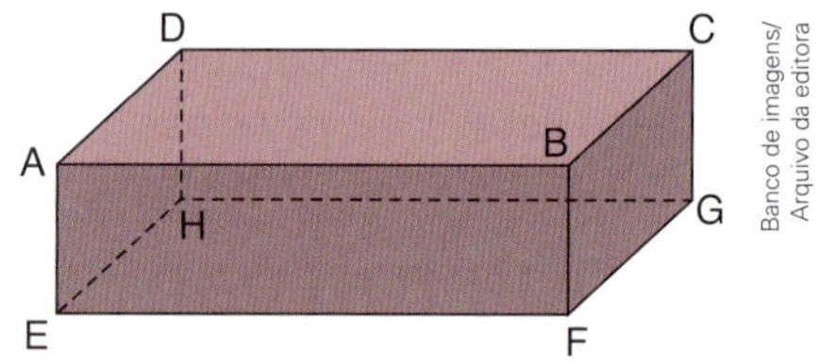

a) Duas retas que estão contidas em um plano são paralelas.

b) Duas retas coplanares são concorrentes.

c) Se duas retas são ortogonais, toda paralela a uma delas é perpendicular à outra.

d) Se duas retas distintas são paralelas a um plano, então elas são paralelas entre si.

Reta e plano perpendiculares

[DEF] Se uma reta é secante a um plano em um ponto **O** e é perpendicular a todas as retas do plano que passam por **O**, diz-se que a reta é **perpendicular ao plano**.

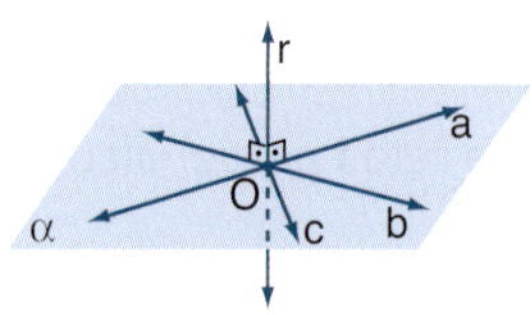

$\mathbf{r} \perp \alpha$ significa $\begin{cases} r \perp a,\ a \subset \alpha \text{ e } O \in a, \\ r \perp b,\ b \subset \alpha \text{ e } O \in b, \\ r \perp c,\ c \subset \alpha \text{ e } O \in c, \\ \text{etc.} \end{cases}$

[PROP] Se uma reta é perpendicular a duas retas concorrentes de um plano, então ela é perpendicular ao plano.

Veja a demonstração do teorema 4, nas páginas 370 e 371.

[DEF] Se uma reta e um plano são secantes e a reta não é perpendicular ao plano, diz-se que a reta é **oblíqua** ao plano.

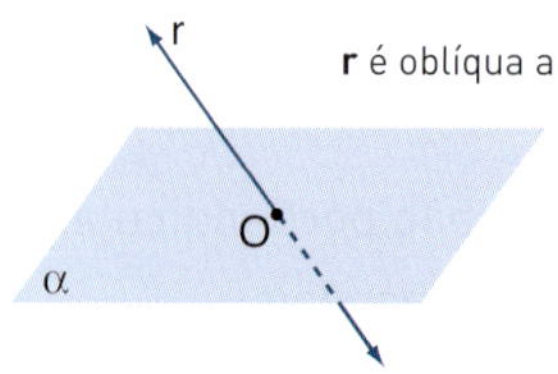

r é oblíqua a α.

Exercícios

18. Classifique cada uma das afirmações seguintes como verdadeira (**V**) ou falsa (**F**).

a) Para que uma reta e um plano sejam perpendiculares é necessário que eles sejam secantes.

b) Uma reta perpendicular a um plano forma ângulo reto com qualquer reta do plano.

c) Se uma reta é perpendicular a duas retas distintas de um plano, então ela é perpendicular ao plano.

d) Se uma reta é perpendicular a duas retas paralelas e distintas de um plano, então ela está contida no plano.

e) Uma reta e um plano são paralelos. Toda reta perpendicular à reta dada é perpendicular ao plano.

f) Uma reta e um plano são perpendiculares. Toda reta perpendicular à reta dada é paralela ao plano ou está contida nele.

19. A figura ao lado representa um sólido chamado prisma hexagonal regular. Suas bases são hexágonos regulares e suas faces laterais são retângulos. Considerando apenas as retas que contêm suas arestas e os planos que contêm suas faces, responda às questões seguintes.

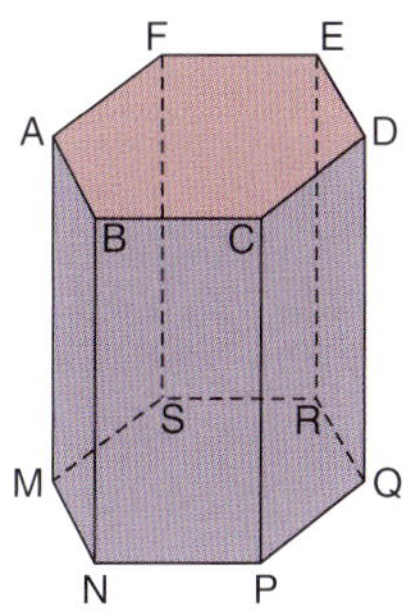

Banco de imagens/Arquivo da editora

a) A reta $\overleftrightarrow{AM}$ é perpendicular a quais planos?

b) Quais são as retas perpendiculares ao plano (AEC)?

c) O plano (CDQ) é paralelo a quais planos?

d) O plano (BCP) é secante a quais planos?

20. A figura abaixo mostra uma cantoneira instalada na parede. Imaginando planos sobre as superfícies da cantoneira, pode-se obter o esquema a seguir, em que a reta **r** é perpendicular ao plano α. Com base nas retas e nos planos assinalados, responda:

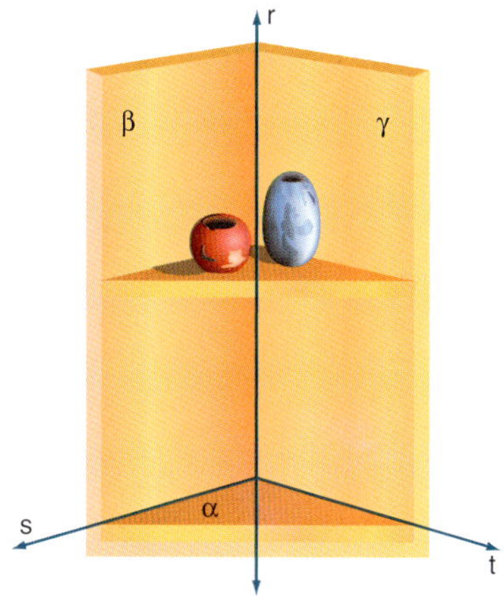

Banco de imagens/Arquivo da editora

AUSÊNCIA DE PROPORÇÃO

a) Qual é a interseção de β com γ?

b) Qual é a interseção de α com β?

c) Qual é a interseção de α com γ?

d) Quanto medem os ângulos $\widehat{rs}$ e $\widehat{rt}$?

Planos perpendiculares

[DEF] Se dois planos são secantes e um deles contém uma reta perpendicular ao outro, diz-se que os planos são **perpendiculares**.

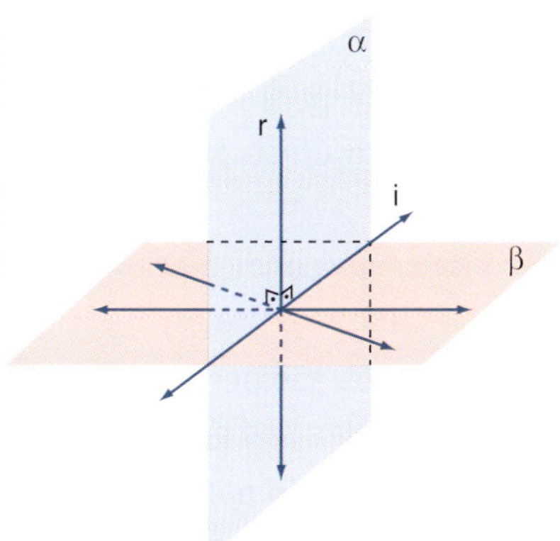

Banco de imagens/Arquivo da editora

$$\alpha \perp \beta \text{ significa } \begin{cases} \alpha \cap \beta = i \\ r \subset \alpha \\ r \perp \beta \end{cases}$$

EXEMPLO 5

Observe o cubo ABCDEFGH:

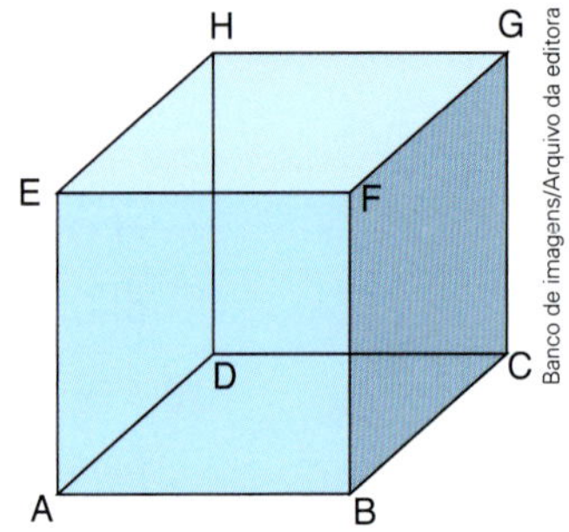

Os planos (ABC) e (ADE) são secantes (sua interseção é $\overleftrightarrow{AD}$), $\overleftrightarrow{AE}$ é perpendicular ao plano (ABC) e $\overleftrightarrow{AE}$ está contida no plano (ADE). Assim, os planos (ABC) e (ADE) são perpendiculares.

Observe que há outros planos (determinados pelas faces do cubo) que são perpendiculares ao plano (ABC): os planos (BCF), (CDG) e (ABE).

Se dois planos são secantes e não são perpendiculares, diz-se que eles são **oblíquos**.

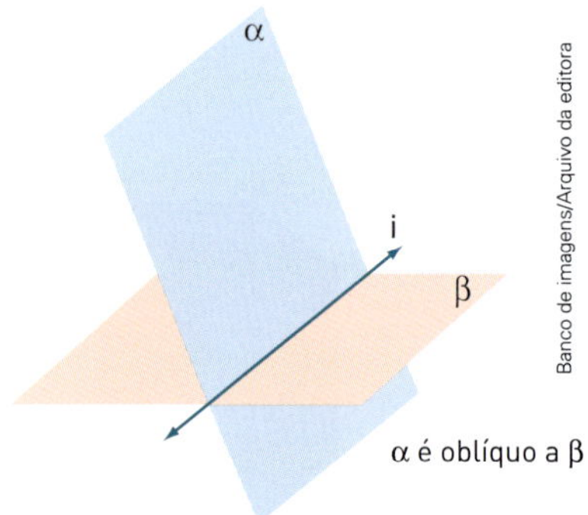

α é oblíquo a β

Exercícios

21. Observe abaixo o paralelepípedo retorretângulo ABCDEFGH.

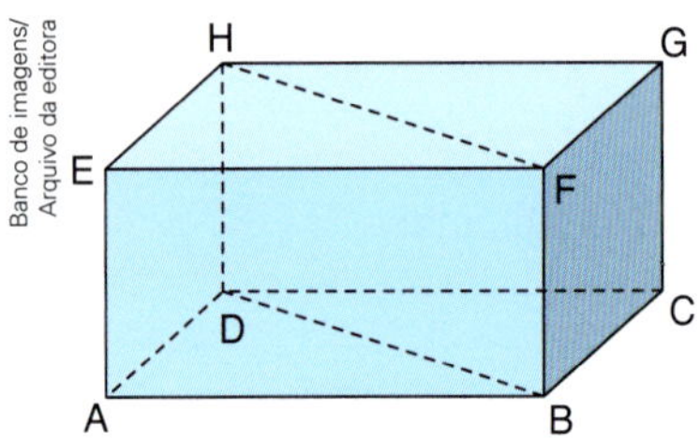

a) $\overleftrightarrow{FG}$ é perpendicular ao plano (ABE)? Qual é o traço dessa reta nesse plano? Quais planos, determinados pelas faces do cubo, contêm $\overleftrightarrow{FG}$ e são perpendiculares ao plano (ABE)?

b) Os planos (ABC) e (CDG) são perpendiculares? Qual é o traço de um deles no outro?

c) O plano (BDF) é perpendicular ao plano (ABC)? Explique. Qual é o traço de um deles no outro?

22. Classifique as afirmações a seguir como verdadeiras (**V**) ou falsas (**F**).

a) Se dois planos são secantes, então eles são perpendiculares.

b) Se dois planos são perpendiculares, então eles são secantes.

c) Se dois planos são perpendiculares, então toda reta de um deles é perpendicular ao outro.

d) Se uma reta é perpendicular a um plano, por ela passa um único plano, perpendicular ao plano dado.

e) Dois planos perpendiculares a um terceiro são perpendiculares entre si.

f) Se dois planos são perpendiculares a um terceiro, então eles são paralelos.

g) Se dois planos são paralelos, todo plano perpendicular a um deles é perpendicular ao outro.

23. O projeto de varal de chão, mostrado na figura ao lado, permite-nos imaginar retas e planos.

a) Quais planos, determinados por 3 pontos não colineares entre os assinalados, são oblíquos ao plano (CDE)?

b) Os planos (KLE) e (EFG) são secantes? Qual é o traço de um deles no outro? Esses planos são perpendiculares ou oblíquos?

c) Os planos (ABC) e (EFG) são paralelos ou secantes?

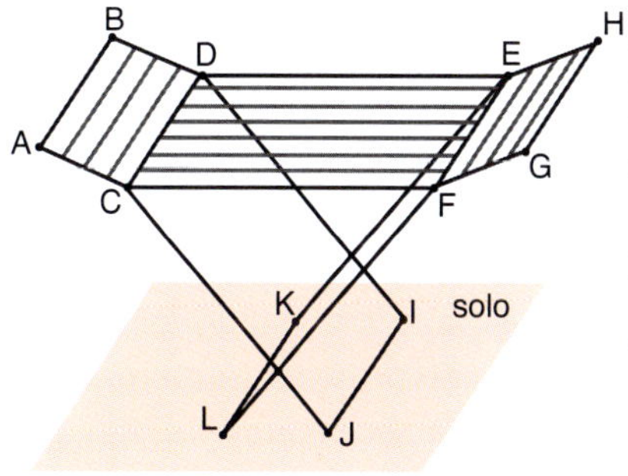

Banco de imagens/ Arquivo da editora

Projeções ortogonais

[DEF] Projeção ortogonal de um ponto sobre um plano é o ponto de interseção entre a reta perpendicular ao plano, conduzida pelo ponto, e o plano.

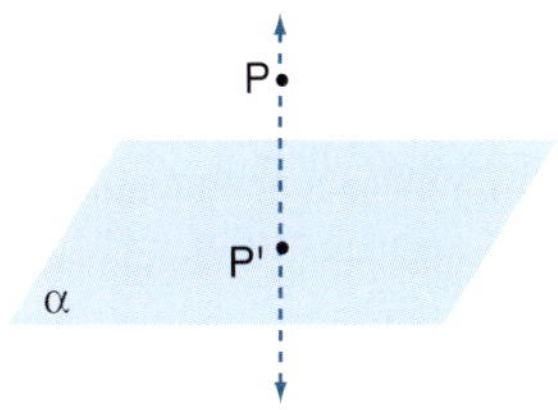

Banco de imagens/ Arquivo da editora

P': $proj_{\alpha}$ P

α: plano de projeção

$\overleftrightarrow{PP'}$: reta projetante de **P**

[DEF] Projeção ortogonal de uma figura plana, ou não plana, sobre um plano é o conjunto das projeções ortogonais dos pontos da figura sobre esse plano.

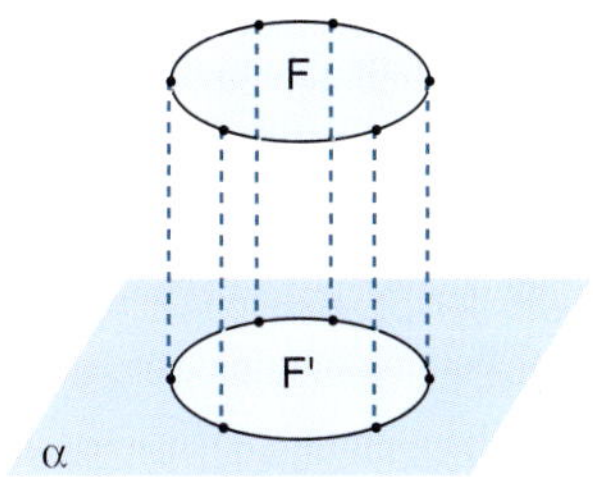

F' = $proj_{\alpha}$ F

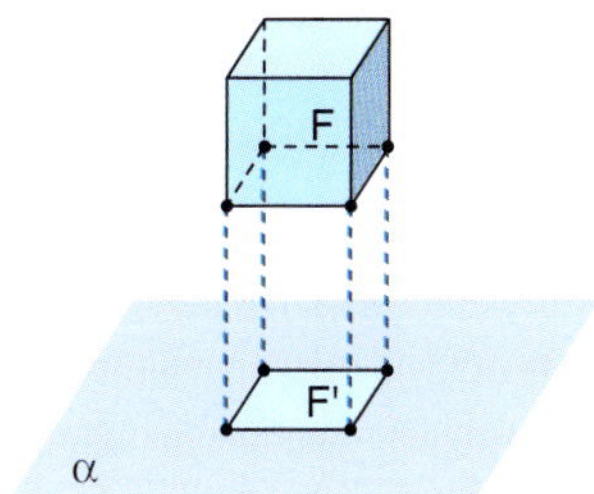

F' = $proj_{\alpha}$ F

Banco de imagens/Arquivo da editora

A projeção ortogonal de uma reta **r** sobre um plano α é assim definida:

- [DEF] Se **r** é perpendicular a α, a projeção de **r** sobre α é o ponto **P** em que **r** intersecta α.
- [DEF] Se **r** não é perpendicular a α, a projeção de **r** sobre α é a reta **r'**, interseção de α com o plano β, perpendicular a α conduzido por **r**.

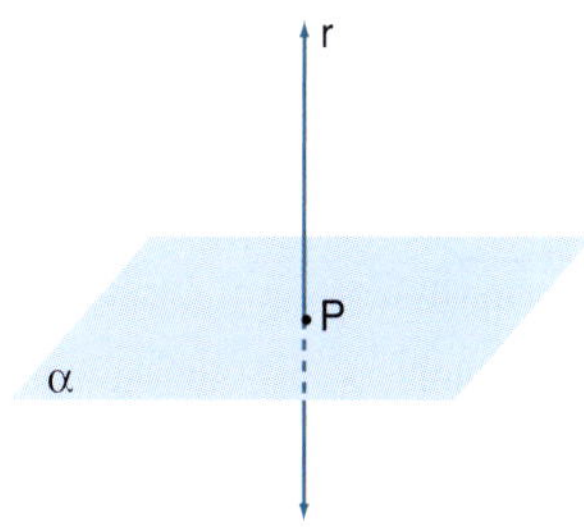

P = $proj_{\alpha}$ r

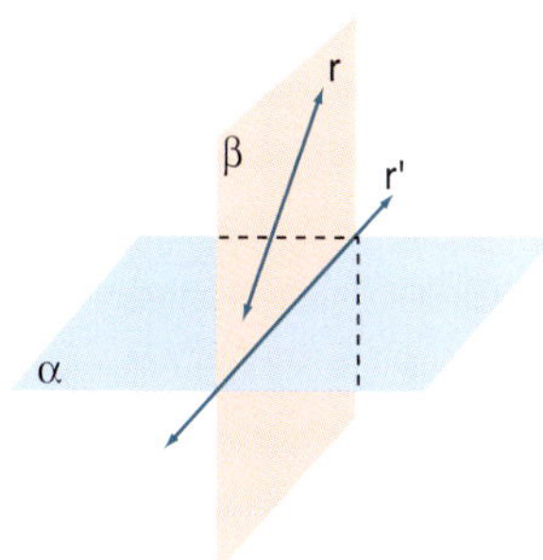

r' = $proj_{\alpha}$ r

Banco de imagens/Arquivo da editora

A projeção ortogonal de um segmento de reta $\overline{AB}$ sobre um plano α é assim definida:

- [DEF] Se $\overline{AB}$ é perpendicular a α, a projeção de $\overline{AB}$ sobre α é o ponto **P** em que a reta $\overleftrightarrow{AB}$ intersecta α.
- [DEF] Se $\overline{AB}$ não é perpendicular a α, a projeção de $\overline{AB}$ sobre α é o segmento $\overline{A'B'}$ tal que **A'** e **B'** são, respectivamente, as projeções de **A** e **B** sobre α.

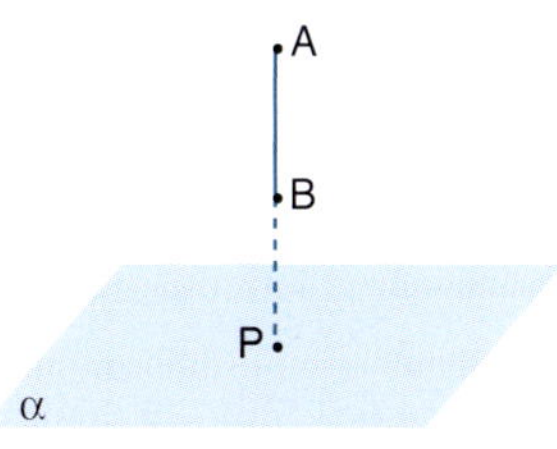

P = $proj_{\alpha}$ $\overline{AB}$

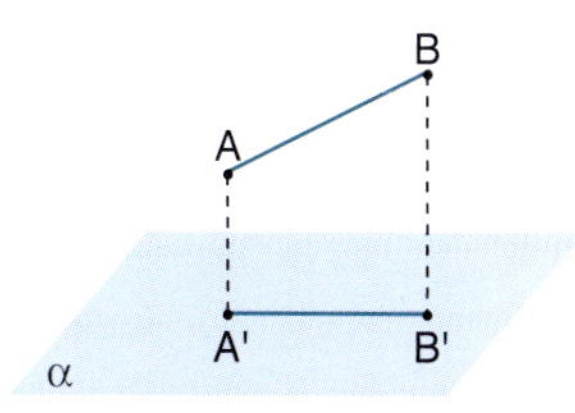

$\overline{A'B'}$ = $proj_{\alpha}$ $\overline{AB}$

Banco de imagens/Arquivo da editora

Exercícios

24. Classifique como verdadeira (**V**) ou falsa (**F**) cada uma das afirmações seguintes.

a) A projeção ortogonal de um ponto sobre um plano é um ponto.

b) A projeção ortogonal de uma reta sobre um plano é uma reta.

c) A projeção ortogonal de um segmento sobre um plano é um segmento.

d) A projeção ortogonal de um segmento oblíquo a um plano, sobre o plano, tem medida menor que a medida do segmento.

e) Se dois segmentos são congruentes, então suas projeções ortogonais sobre qualquer plano são congruentes.

f) Projetando ortogonalmente um triângulo sobre um plano, podemos obter um segmento de reta.

g) A projeção ortogonal de um cilindro sobre um plano é um círculo.

25. Classifique as afirmações a seguir como verdadeiras (**V**) ou falsas (**F**).

a) Se as projeções ortogonais de duas retas sobre um plano são paralelas, então as retas são paralelas.

b) Duas retas paralelas não perpendiculares ao plano de projeção têm projeções paralelas.

c) A projeção ortogonal de um ângulo sobre um plano pode ser uma semirreta.

d) A projeção ortogonal de um ângulo sobre um plano pode ser um segmento de reta.

e) A projeção ortogonal de um ângulo sobre um plano pode ser uma reta.

Distâncias

A distância entre dois pontos **A** e **B** pode ser assim definida:

- Se **A** e **B** coincidem, a distância entre eles é nula.

A = B

•

$d_{AB} = 0$

- Se **A** e **B** são distintos, a distância entre eles é a medida do segmento de reta $\overline{AB}$.

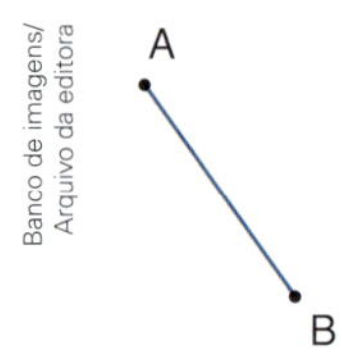

$d_{AB} = AB$

AB: medida do semento $\overline{AB}$

[DEF] A distância de um ponto **P** a uma reta **r** é a distância de **P** a **P'**, em que **P'** é a interseção entre a reta perpendicular a **r**, conduzida por **P**, e a reta **r**.

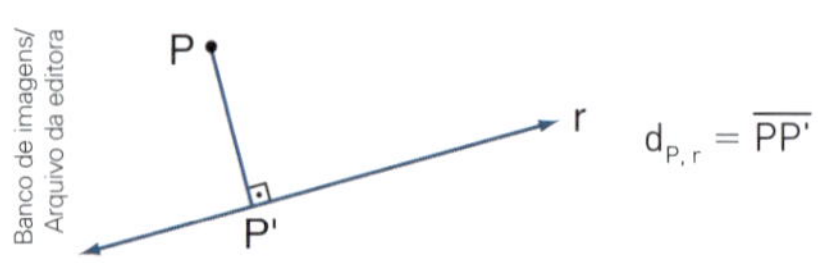

[DEF] A distância entre duas retas **r** e **s** paralelas é a distância de um ponto **P** qualquer de uma delas até a outra.

A figura abaixo mostra que a distância entre **r** e **s** foi obtida tomando-se um ponto **P** em **r** e traçando-se $\overleftrightarrow{PP'}$ perpendicular a **s**, com **P'** em **s** (**P'** é o ponto de interseção entre a reta perpendicular a **s**, conduzida por **P** e a reta **s**).

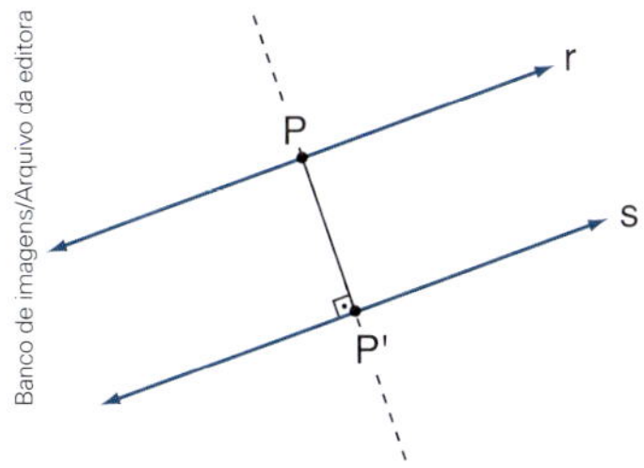

$d_{r,\,s} = d_{P,\,s} = PP'$

[DEF] A distância de um ponto **P** a um plano α é a distância de **P** a **P'**, em que **P'** é o ponto de interseção entre a reta perpendicular a α, conduzida por **P**, e o plano α.

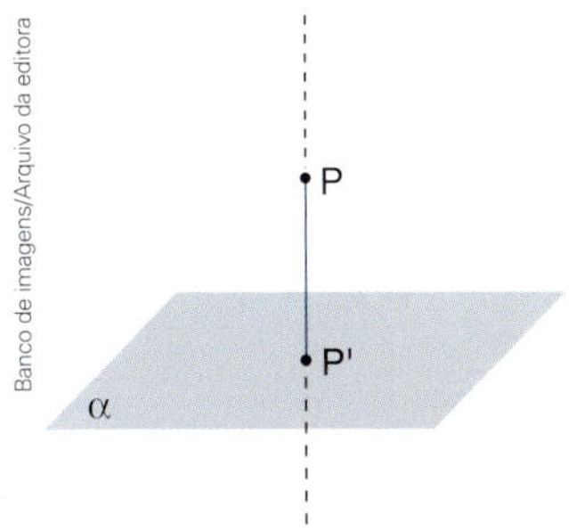

$d_{P,\,\alpha} = d_{PP'} = PP'$

[DEF] A distância entre uma reta **r** e um plano α, sendo **r** contida em α ou **r** paralela a α, é a distância de um ponto **P** qualquer de **r** ao plano α.

A figura abaixo mostra que a distância entre **r** e α foi obtida tomando-se um ponto **P** em **r** e traçando-se $\overleftrightarrow{PP'}$ perpendicular a α, com **P'** em α (**P'** é o ponto de interseção entre a reta perpendicular a α conduzida por **P** e o plano α).

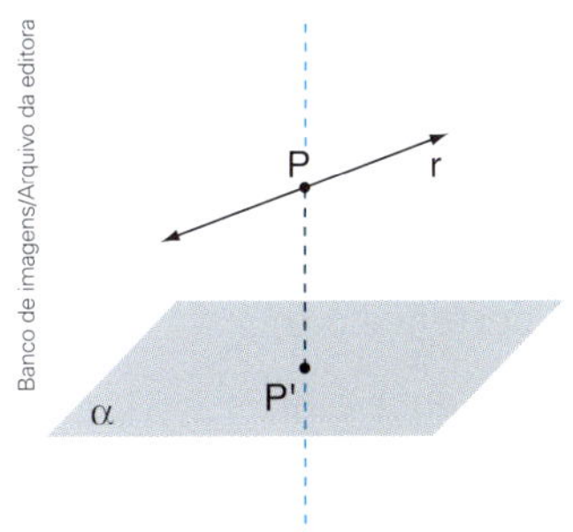

$d_{r,\,\alpha} = d_{P,\,\alpha} = d_{PP'} = PP'$

[DEF] A distância entre dois planos α e β paralelos é a distância de um ponto **P** qualquer de um deles ao outro plano.

A figura abaixo mostra que a distância entre α e β foi obtida tomando-se um ponto **P** qualquer em α e traçando-se $\overleftrightarrow{PP'}$ perpendicular a β, com **P'** em β.

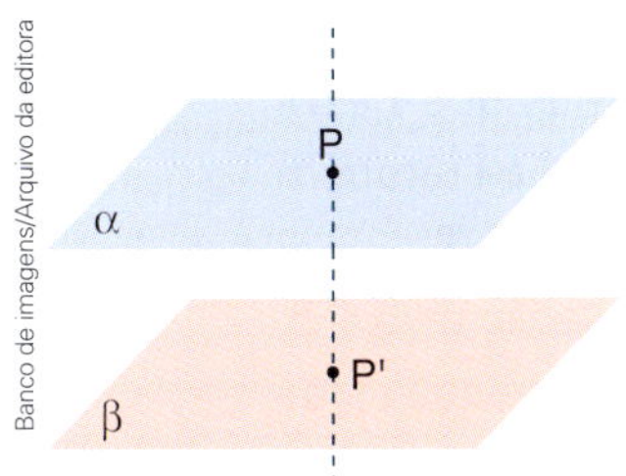

$d_{\alpha,\,\beta} = d_{P,\,\beta} = d_{PP'} = PP'$

OBSERVAÇÃO

Se um ponto **P** não pertence a um plano α, a menor distância entre **P** e um ponto qualquer de α é igual à medida do segmento $\overline{PC}$, o qual está contido na reta perpendicular a α conduzida por **P**.

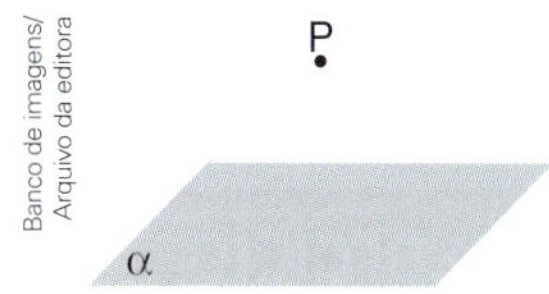

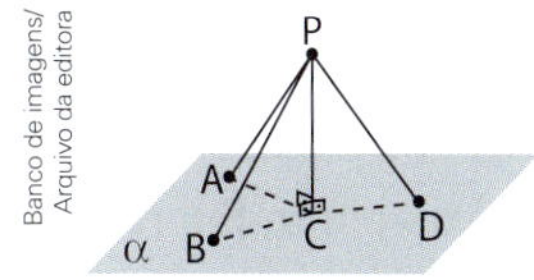

[DEF] A distância entre duas retas reversas **r** e **s** é a distância de um ponto qualquer **P** da reta **r** ao plano α que contém **s** e é paralelo à reta **r**.

Ilustrações: Banco de imagens/Arquivo da editora

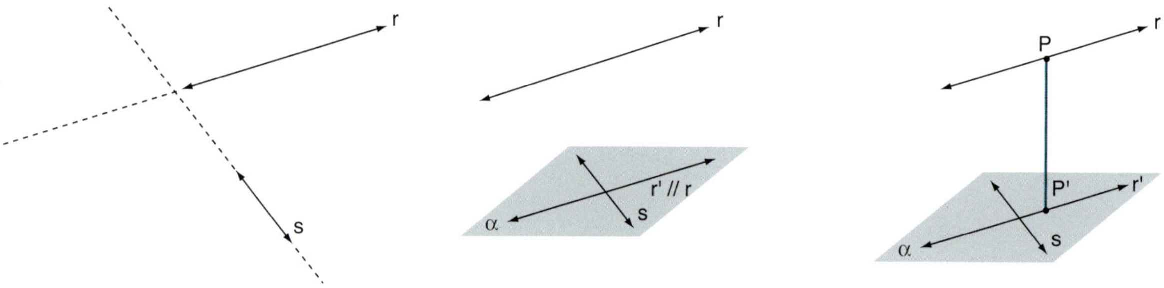

$d_{r,s} = d_{r,\alpha} = d_{P,\alpha} = PP'$

Exercício

26. Observe o bloco retangular representado abaixo com as medidas indicadas. Determine a distância:

a) entre os pontos **C** e **G**;

b) do ponto **E** à reta $\overleftrightarrow{FG}$;

c) do ponto **A** ao plano (CDG);

d) do plano (ADE) ao plano (BCF);

e) do ponto **E** ao plano (ABC);

f) entre as retas $\overleftrightarrow{AB}$ e $\overleftrightarrow{EF}$;

g) entre as retas $\overleftrightarrow{AD}$ e $\overleftrightarrow{CF}$.

Banco de imagens/Arquivo da editora

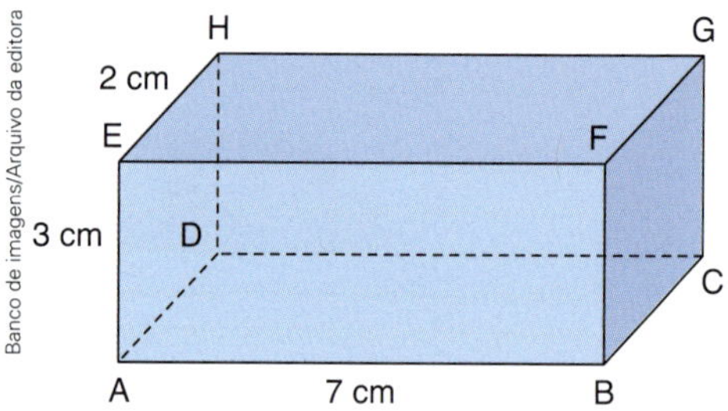

Teoremas fundamentais

Teorema 1

Se dois planos distintos têm um ponto comum, então a interseção desses planos é uma única reta que passa por aquele ponto.

Hipóteses:
- (1) $\alpha \neq \beta$ (o plano α é distinto do plano β).
- (2) $P \in \alpha$ (o ponto **P** pertence a α).
- (3) $P \in \beta$ (o ponto **P** pertence a β).

Tese: $\exists i \mid i = \alpha \cap \beta$ e $P \in i$ (existe uma única reta **i** que é a interseção de α com β, e **P** pertence a **i**).

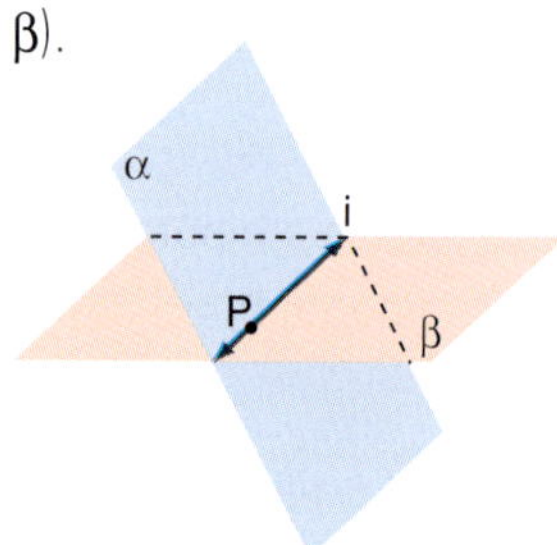

Demonstração:

I. Se α e β são distintos e têm um ponto comum **P**, existe outro ponto **Q** que também pertence a α e a β (veja o postulado da interseção na página 354).

II. Chamando de **i** a reta $\overleftrightarrow{PQ}$, temos que **i** está contida em α (pois $P \in \alpha$ e $Q \in \alpha$) e **i** também está contida em β (pois $P \in \beta$ e $Q \in \beta$).
Para provarmos que **i** é a interseção de α e β, devemos provar que todos os pontos que estão simultaneamente em α e em β estão em **i**.

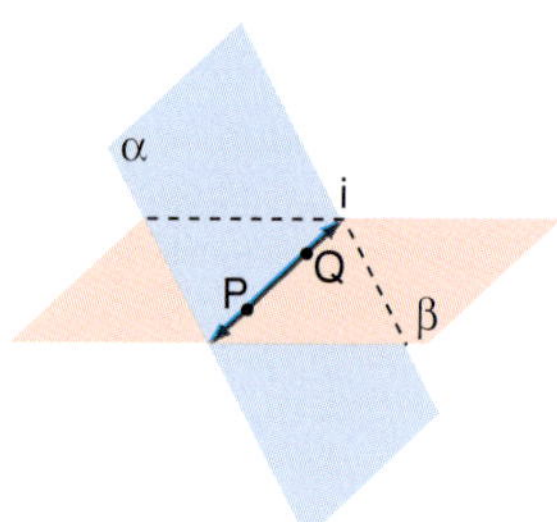

Ilustrações: Banco de imagens/Arquivo da editora

III. Vamos supor, por absurdo, que exista um ponto **X** tal que $X \in \alpha$, $X \in \beta$ e $X \notin i$.
Então, os planos α e β teriam em comum o ponto **X** e a reta **i** e, desse modo, deveriam coincidir, o que é absurdo, pois contraria a hipótese (1).
A contradição vem do fato de admitirmos que $X \notin i$. Assim, **X** deve pertencer à reta **i** e, portanto, **i** é a interseção de α e β.

Teorema 2

Se uma reta não está contida em um plano e é paralela a uma reta do plano, então ela é paralela ao plano.

Hipóteses:
- (1) $r \not\subset \alpha$ (a reta **r** não está contida em α).
- (2) $r \,//\, s$ (a reta **r** é paralela à reta **s**).
- (3) $s \subset \alpha$ (a reta **s** está contida no plano α).

Tese: $r \,//\, \alpha$ (a reta **r** é paralela ao plano α).

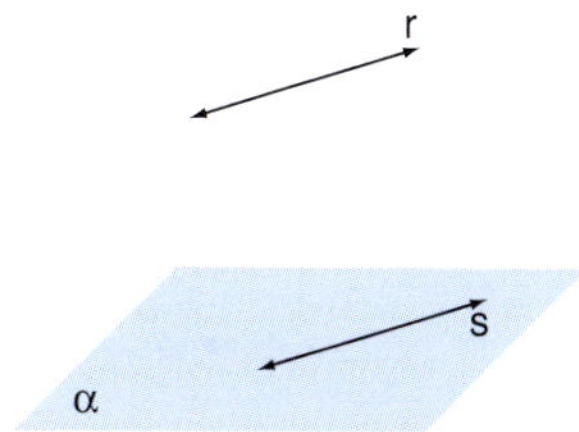

Banco de imagens/Arquivo da editora

Demonstração:

I. Como as retas **r** e **s** são paralelas distintas, elas determinam um plano β.

II. Como $s \subset \alpha$ e $s \subset \beta$, com α e β distintos, então $s = \alpha \cap \beta$.

III. Vamos supor, por absurdo, que **r** e α tivessem um ponto **P** em comum:

$$P \in r \text{ e } r \subset \beta \text{ (item I)} \Rightarrow P \in \beta$$

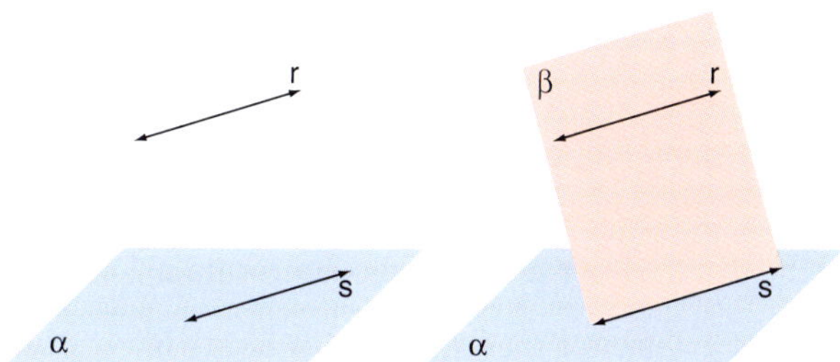

Ilustrações: Banco de imagens/Arquivo da editora

Como **P** pertence a α e a β, então **P** pertence à interseção de α com β, que é a reta **s**.
Daí, as retas **r** e **s** teriam em comum o ponto **P**, o que é absurdo, pois contraria a hipótese (2). A contradição vem do fato de supormos que **r** e α têm o ponto **P** em comum. Logo, **r** e α não podem ter ponto comum, ou seja, **r** é paralela a α.

Teorema 3

Se um plano contém duas retas concorrentes, ambas paralelas a outro plano, então esses planos são paralelos.

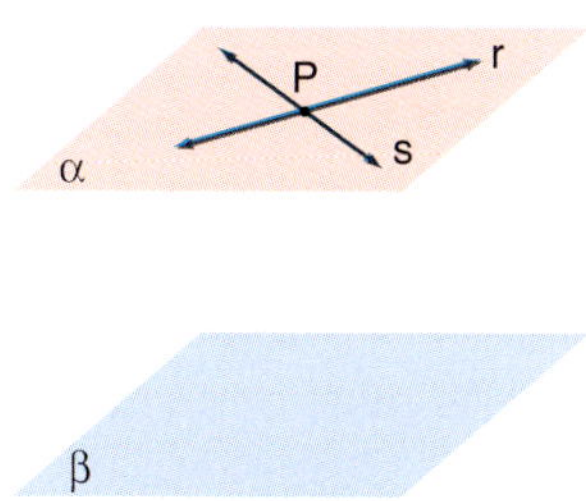

Banco de imagens/Arquivo da editora

Hipóteses:
- (1) $r \subset \alpha$ (a reta **r** está contida no plano α).
- (2) $s \subset \alpha$ (a reta **s** está contida no plano α).
- (3) $r \cap s = \{P\}$ (**r** e **s** são concorrentes no ponto **P**).
- (4) $r // \beta$ (**r** é paralela ao plano β).
- (5) $s // \beta$ (**s** é paralela ao plano β).

Tese: $\alpha // \beta$ (o plano α é paralelo ao plano β).

Demonstração:

I. Os planos α e β são distintos, pois α contém retas paralelas a β.

II. Vamos supor, por absurdo, que α e β sejam secantes, isto é, que exista uma reta **i** tal que $\alpha \cap \beta = i$.

- $r // \beta,\ r \subset \alpha,\ i = \alpha \cap \beta \Rightarrow r // i$
- $s // \beta,\ s \subset \alpha,\ i = \alpha \cap \beta \Rightarrow s // i$

Assim, as retas **r** e **s** passariam por **P** e ambas seriam paralelas a **i**, o que é absurdo, pois contraria o postulado das paralelas de Euclides.

A contradição veio do fato de admitirmos que α e β são secantes.

Logo, α e β não podem ser secantes, e devemos ter $\alpha // \beta$.

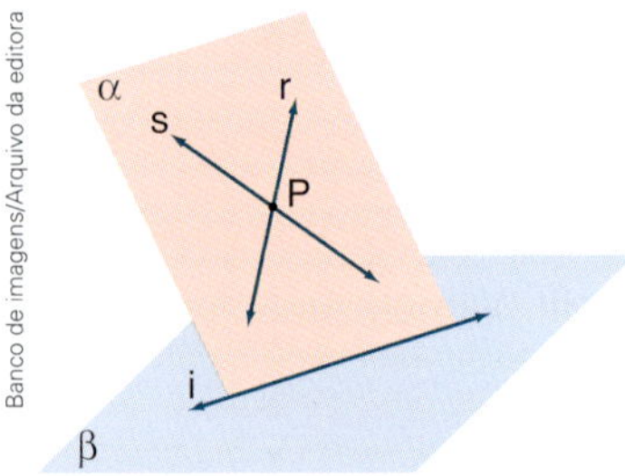

Banco de imagens/Arquivo da editora

Teorema 4

Se uma reta é perpendicular a duas retas concorrentes de um plano, então ela é perpendicular ao plano.

Hipóteses:
- (1) $r \perp a$ (a reta **r** é perpendicular à reta **a**).
- (2) $r \perp b$ (a reta **r** é perpendicular à reta **b**).
- (3) $a \subset \alpha$ (a reta **a** está contida no plano α).
- (4) $b \subset \alpha$ (a reta **b** está contida no plano α).
- (5) $a \cap b = \{P\}$ (as retas **a** e **b** são concorrentes em **P**).

Tese: $r \perp \alpha$ (a reta **r** é perpendicular ao plano α).

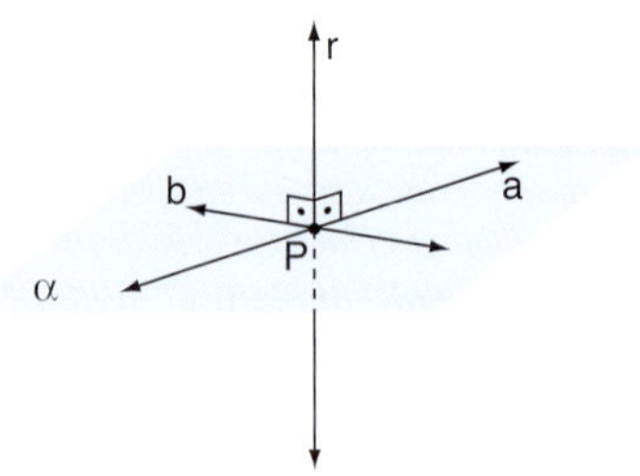

Banco de imagens/Arquivo da editora

Demonstração:

I. Devemos mostrar que **r** é perpendicular a todas as retas de α que passam por **P**. Para isso, tomemos no plano α uma reta **x** passando por **P** e distinta de **a** e **b**. Vamos mostrar que **r** é perpendicular a **x**.

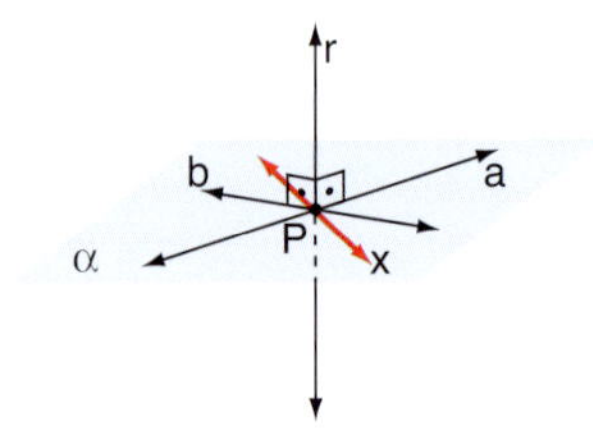

Banco de imagens/Arquivo da editora

II. Tomemos na reta **r** dois pontos **R** e **R'** simétricos em relação ao ponto **P**. Teremos, portanto, $\overline{PR} \equiv \overline{PR'}$.

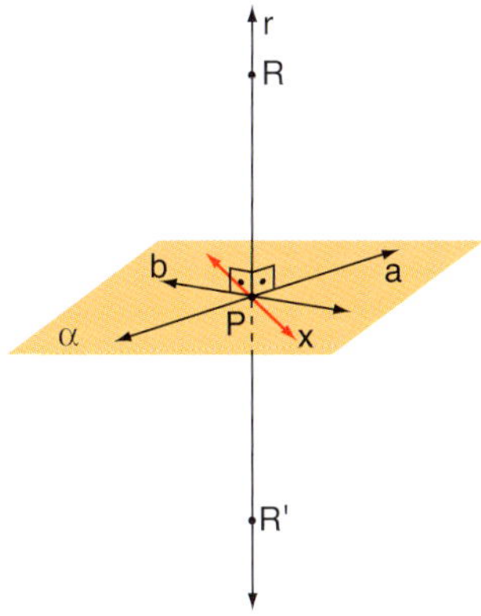

Banco de imagens/Arquivo da editora

III. Tomemos agora um ponto **A** na reta **a** e um ponto **B** na reta **b**, com $A \neq P$ e $B \neq P$, de tal forma que $\overline{AB}$ intersecte a reta **x** em um ponto **X**.

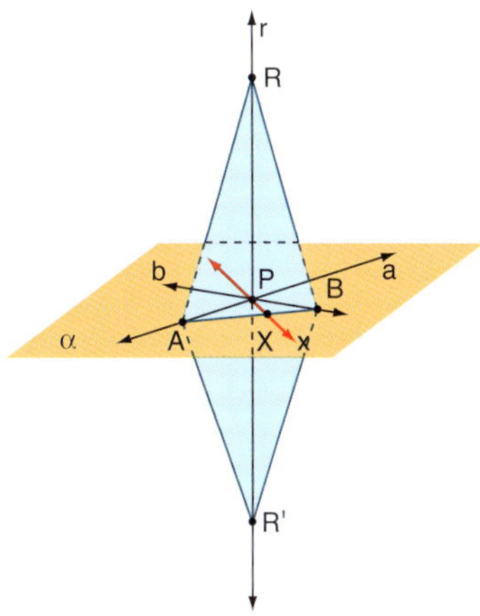

Banco de imagens/Arquivo da editora

IV. Temos:

- **a** é mediatriz de $\overline{RR'}$; então, $\overline{RA} \equiv \overline{R'A}$.
- **b** é mediatriz de $\overline{RR'}$; então, $\overline{RB} \equiv \overline{R'B}$.

V. Comparando os triângulos RAB e R'AB, encontramos:

$$\left.\begin{array}{l} \overline{RA} \equiv \overline{R'A} \\ \overline{RB} \equiv \overline{R'B} \\ \overline{AB} \text{ é comum} \end{array}\right\} \Rightarrow \triangle RAB \equiv \triangle R'AB \text{ (critério LLL) e, daí, } R\hat{A}X \equiv R'\hat{A}X.$$

VI. Comparando os triângulos RAX e R'AX, encontramos:

$$\left.\begin{array}{l} \overline{RA} \equiv \overline{R'A} \\ R\hat{A}X \equiv R'\hat{A}X \\ \overline{AX} \text{ é comum} \end{array}\right\} \Rightarrow \triangle RAX \equiv \triangle R'AX \text{ (critério LAL)}$$

e, daí, $\overline{RX} \equiv \overline{R'X}$.

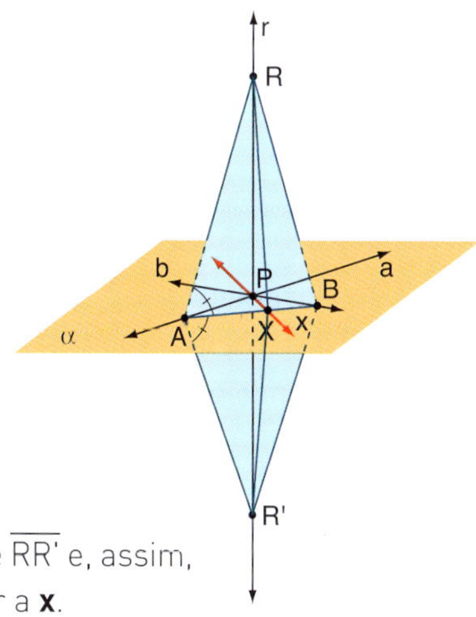

Banco de imagens/Arquivo da editora

Temos:

- **X** equidista de **R** e **R'**
- $X \in x$
- **x** passa por **P** (ponto médio de $\overline{RR'}$)

$\Rightarrow$ A reta **x** é a mediatriz de $\overline{RR'}$ e, assim, $r = \overleftrightarrow{RR'}$ é perpendicular a **x**.

Assim, mostramos que a reta **r** é perpendicular à reta **x**, qualquer que seja **x** contida em α e passando por **P**.

Conclusão: a reta **r** é perpendicular ao plano α.

Enem e vestibulares resolvidos

(Enem) João propôs um desafio a Bruno, seu colega de classe: ele iria descrever um deslocamento pela pirâmide a seguir e Bruno deveria desenhar a projeção desse deslocamento no plano da base da pirâmide.

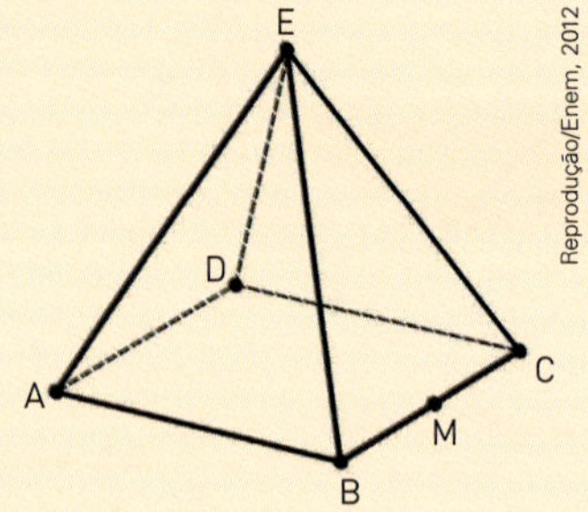

Reprodução/Enem, 2012

O deslocamento descrito por João foi: mova-se pela pirâmide, sempre em linha reta, do ponto **A** ao ponto **E**, a seguir do ponto **E** ao ponto **M**, e depois de **M** a **C**.

O desenho que Bruno deve fazer é

a)

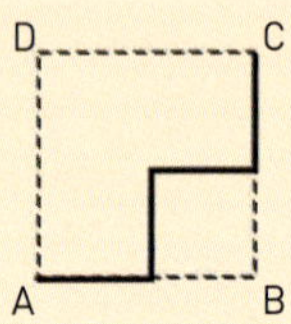

Reprodução/Enem, 2012

b)

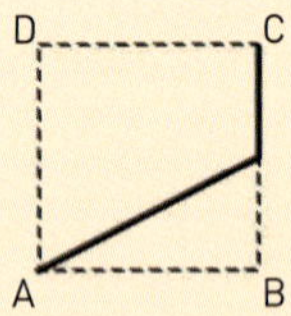

Reprodução/Enem, 2012

c)

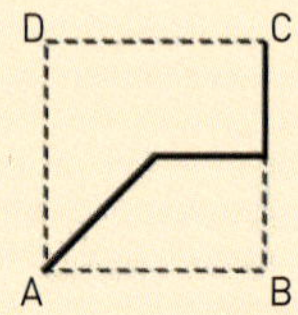

Reprodução/Enem, 2012

d)

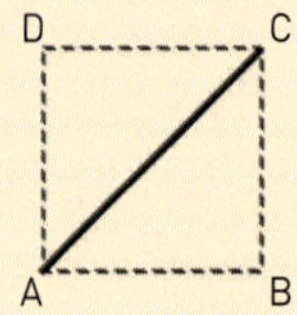

Reprodução/Enem, 2012

e)

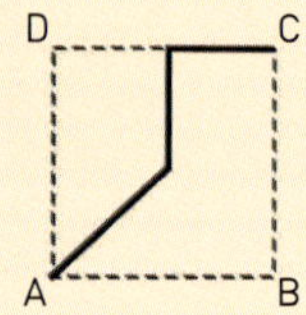

Reprodução/Enem, 2012

Resolução comentada

Para melhor observar a projeção do deslocamento em relação ao plano da base, podemos analisar a vista superior da pirâmide:

Banco de imagens/Arquivo da editora

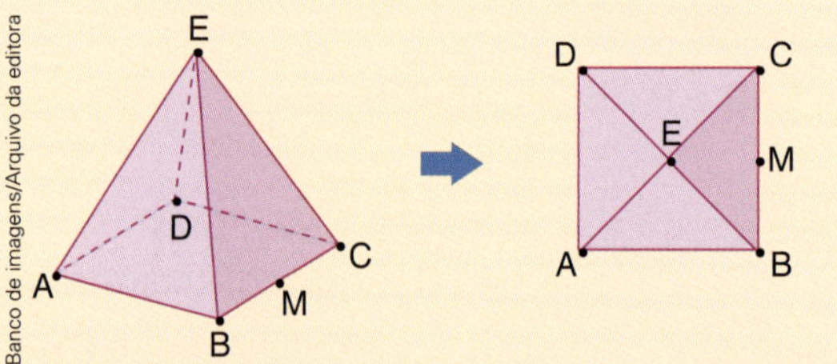

Vista lateral da pirâmide   Vista superior da pirâmide

O deslocamento inicia-se no ponto **A**, em direção ao ponto **E**; em seguida do ponto **E** para o ponto **M**, e por último, de **M** para **C**. Esse deslocamento pode ser representado pelos segmentos $\overline{AE}$, $\overline{EM}$ e $\overline{MC}$. Destacando esses segmentos na vista superior da pirâmide obtém-se a imagem a seguir:

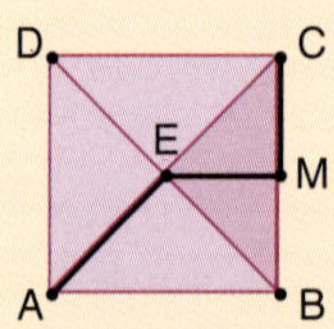

Banco de imagens/Arquivo da editora

Vista superior da pirâmide

Assim, o desenho que Bruno deve fazer é mais bem representado pela alternativa *c*.

Exercícios complementares

1. (UEPG-PR) Considerando dois planos α e β e uma reta **r**, assinale o que for correto.
[Indique a soma das alternativas corretas.]

(01) Se **r** é perpendicular a α e a β, então α é paralelo a qualquer plano que contenha **r**.

(02) Se **r** é perpendicular a α e a β, então α e β são paralelos entre si.

(04) Se α e β são perpendiculares e a reta **r** está contida em α, então **r** é também perpendicular a β.

(08) Se **r** é paralela a α, então todo plano contendo **r** é paralelo a α.

(16) Se $r \cap \alpha = \varnothing$ então **r** e α são paralelos.

2. A figura representa uma pirâmide de base quadrada. Suas faces são um quadrado e quatro triângulos. Quantos planos contêm três vértices dessa pirâmide?

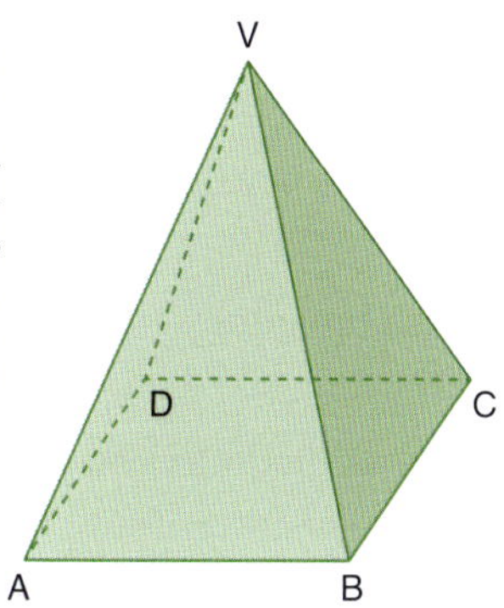

Banco de imagens/Arquivo da editora

3. Considere o prisma triangular mostrado na figura e determine quantos planos distintos podem ser obtidos de um subconjunto de três de seus vértices.

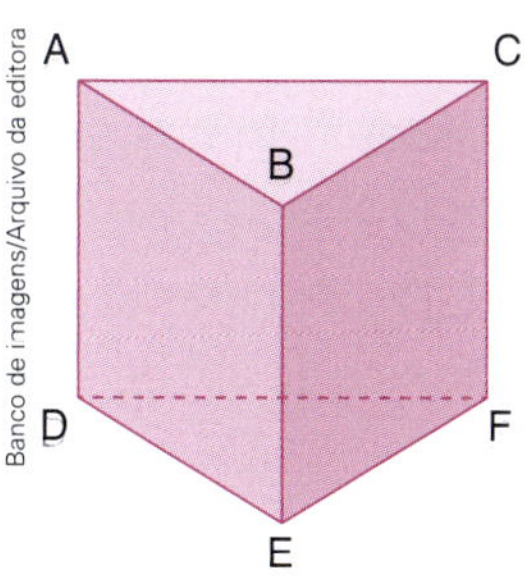

Banco de imagens/Arquivo da editora

4. Seja α o plano determinado por duas retas, **r** e **s**, concorrentes em um ponto **P**. Considerando um ponto **Q** não pertencente a α, qual é a interseção do plano determinado por **Q** e **r** com o plano determinado por **Q** e **s**?

5. A figura ao lado é a de um sólido chamado prisma regular pentagonal, que possui sete faces: dois pentágonos regulares e cinco retângulos.
Considerando-se os vértices desse prisma, dê exemplos de três pares de reta:

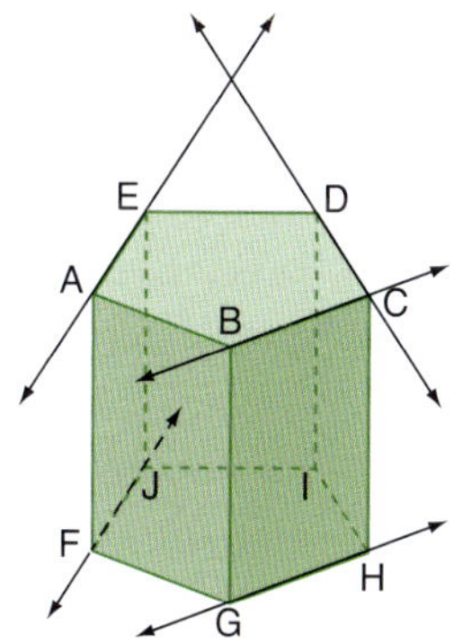

Banco de imagens/Arquivo da editora

a) paralelas e distintas entre si;

b) concorrentes;

c) reversas e não ortogonais;

d) ortogonais.

6. (UFMS) A seguir foram feitas afirmações sobre geometria espacial. Assinale a(s) correta(s) e indique a soma correspondente às afirmações corretas.

(01) Toda reta paralela a dois planos não paralelos é paralela à interseção deles.

(02) Toda reta que contém dois pontos de um plano pertence a esse plano.

(04) A partir de quatro pontos não coplanares, são definidos exatamente quatro planos distintos.

(08) Três retas concorrentes num único ponto definem um único plano.

(16) Toda reta perpendicular a duas retas não paralelas pertence ao plano definido por essas duas retas não paralelas.

7. Uma formiga passeava de um vértice a outro do prisma hexagonal regular da figura ao lado. Esse sólido é constituído de dois hexágonos regulares e seis retângulos congruentes.
Ela partiu do vértice **D'**, percorreu a aresta perpendicular ao plano que contém o hexágono ABCDEF.

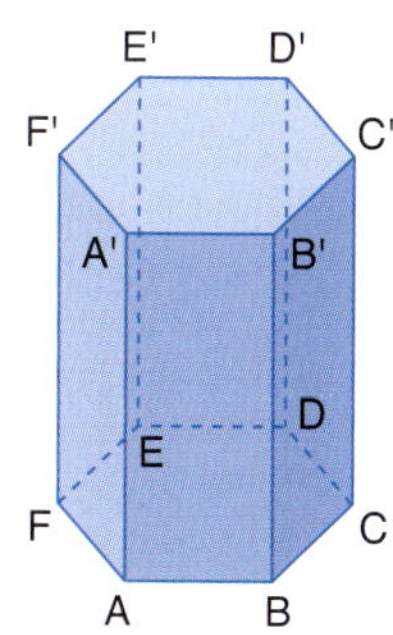

Banco de imagens/Arquivo da editora

Na sequência, caminhou pela aresta paralela a $\overline{AF}$; em seguida, percorreu toda a diagonal da face BCC'B e, finalmente, percorreu a aresta reversa não ortogonal a $\overline{AB}$.
Em qual vértice parou a formiga?

Testes

1. (Ufam) Considere as seguintes afirmativas sobre Geometria Espacial:

I. Três pontos distintos e não colineares determinam um único plano.

II. Duas retas distintas são reversas quando não possuem ponto em comum e não são coplanares.

III. Se dois planos distintos têm um ponto em comum, então eles têm uma reta em comum.

IV. Se um plano contém duas retas paralelas a um outro plano, então esses planos são paralelos entre si.

Assinale a alternativa correta:

a) Somente as afirmativas I e III são verdadeiras

b) Somente as afirmativas II e IV são verdadeiras

c) Somente a afirmativa III é falsa

d) Somente a afirmativa IV é falsa

e) Todas as afirmativas são verdadeiras

2. (Cefet-MG) A figura a seguir representa uma cadeira onde o assento é um paralelogramo perpendicular ao encosto.

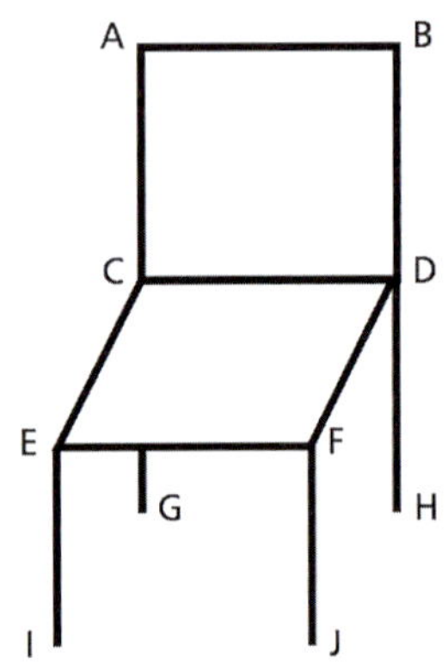

A partir dos pontos dados, é correto afirmar que os segmentos de retas:

a) $\overline{CD}$ e $\overline{EF}$ são paralelos.

b) $\overline{BD}$ e $\overline{FJ}$ são concorrentes.

c) $\overline{AC}$ e $\overline{CD}$ são coincidentes.

d) $\overline{AB}$ e $\overline{EI}$ são perpendiculares.

3. (UPE) Analise as afirmativas a seguir, relativas à geometria espacial e coloque **V** nas Verdadeiras e **F** nas Falsas.

( ) Se uma reta está contida em um plano, então toda reta perpendicular a ela será perpendicular ao plano.

( ) Se dois planos distintos são paralelos, então toda reta perpendicular a um deles é paralela ao outro.

( ) Se dois planos distintos são paralelos a uma reta fora deles, então eles são paralelos entre si.

( ) Se dois planos distintos são paralelos, qualquer reta de um deles é paralela a qualquer reta do outro.

Assinale a alternativa que representa a sequência CORRETA.

a) F – F – V – V

b) F – V – V – F

c) F – F – F – F

d) V – F – F – V

e) V – V – F – F

4. (Ufam) Assinale a alternativa CORRETA:

a) Se dois planos são paralelos, qualquer reta de um deles é paralela a qualquer reta do outro.

b) Se uma reta é paralela a dois planos, então esses planos são paralelos.

c) Três pontos distintos sempre determinam um único plano.

d) Se duas retas distintas não são paralelas, então elas são concorrentes.

e) Se dois planos são paralelos, uma reta de um deles pode ser reversa a uma reta do outro.

5. (UEL-PR)

São dadas as proposições:

I. Duas retas distintas determinam um único plano.

II. Se duas retas distintas são paralelas a um plano, então elas são paralelas entre si.

III. Se dois planos distintos são paralelos entre si, então toda reta de um deles é paralela a uma reta do outro.

É correto afirmar que apenas:

a) I e II são verdadeiras.

b) I e III são verdadeiras.

c) II e III são verdadeiras.

d) I é verdadeira.

e) III é verdadeira.

6. (Enem) Um grupo de escoteiros mirins, numa atividade no parque da cidade onde moram, montou uma barraca conforme a foto da Figura 1. A Figura 2 mostra o esquema da estrutura dessa barraca, em forma de um prisma reto, em que foram usadas hastes metálicas.

Figura 1

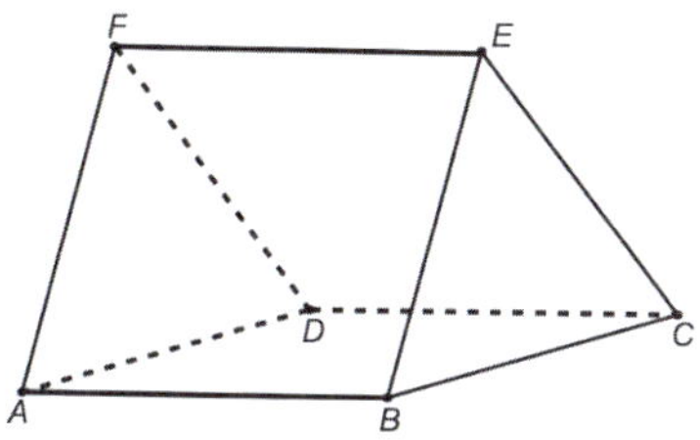

Figura 2

Após a armação das hastes, um dos escoteiros observou um inseto deslocar-se sobre elas, partindo do vértice **A** em direção ao vértice **B**, deste em direção ao vértice **E** e, finalmente, fez o trajeto do vértice **E** ao **C**.

Considere que todos esses deslocamentos foram feitos pelo caminho de menor distância entre os pontos.

A projeção do deslocamento do inseto no plano que contém a base ABCD é dada por

a) 

b) 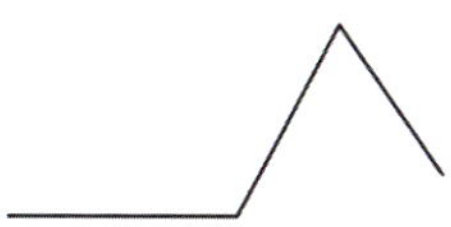

c) 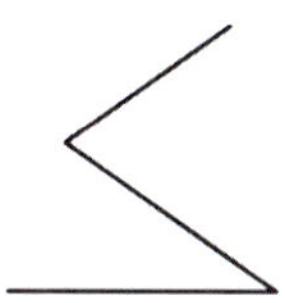

d) 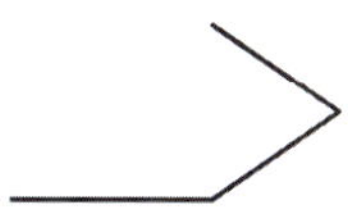

e) 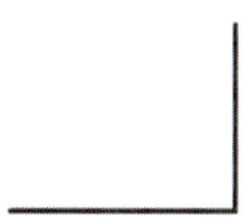

7. (Enem) Os alunos de uma escola utilizaram cadeiras iguais às da figura para uma aula ao ar livre. A professora, ao final da aula, solicitou que os alunos fechassem as cadeiras para guardá-las. Depois de guardadas, os alunos fizeram um esboço da vista lateral da cadeira fechada.

Qual é o esboço obtido pelos alunos?

a) 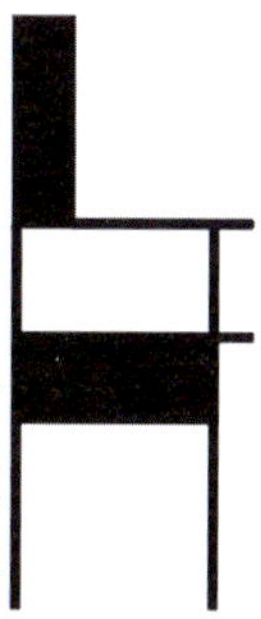

b) 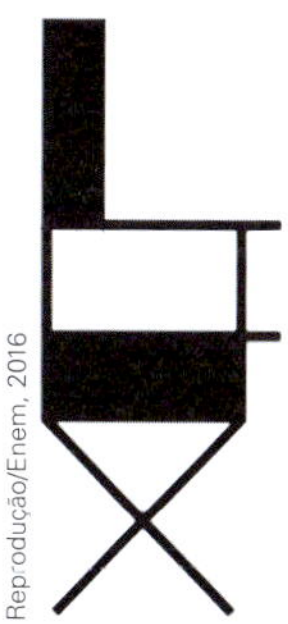

c) 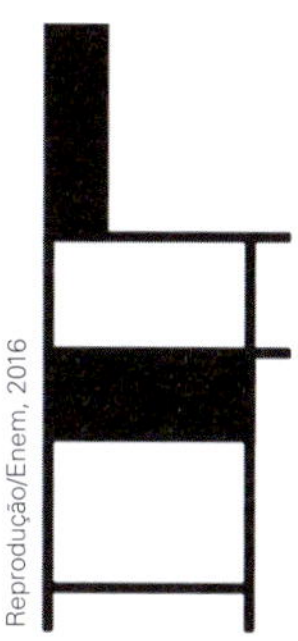

d) 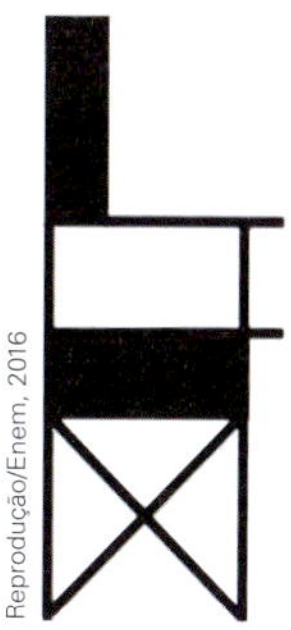

e) 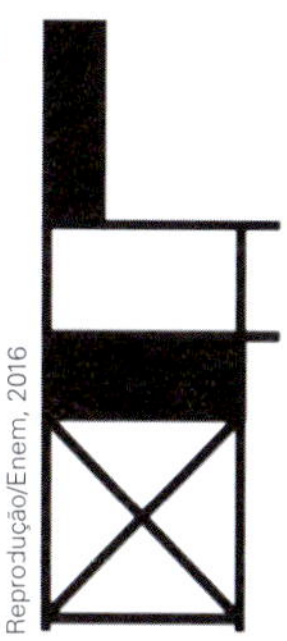

8. (EsPCEx-SP) O sólido geométrico abaixo é formado pela justaposição de um bloco retangular e um prisma reto, com uma face em comum. Na figura estão indicados os vértices, tanto do bloco quanto do prisma.

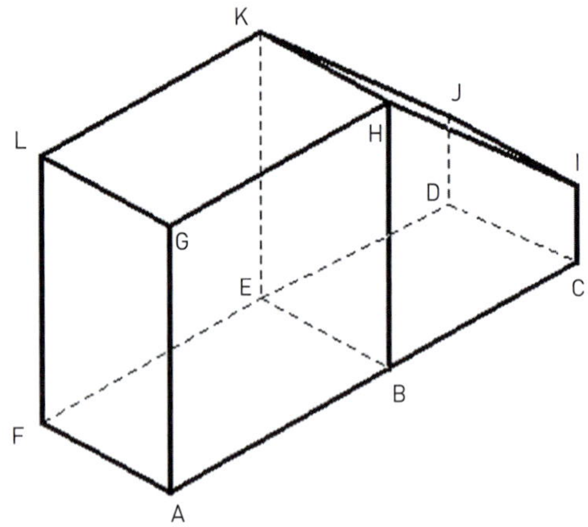

Considere os seguintes pares de retas definidas por pontos dessa figura: as retas $\overleftrightarrow{LB}$ e $\overleftrightarrow{GE}$, as retas $\overleftrightarrow{AG}$ e $\overleftrightarrow{HI}$ e as retas $\overleftrightarrow{AD}$ e $\overleftrightarrow{GK}$. As posições relativas desses pares de retas são, respectivamente:

a) concorrentes; reversas; reversas.
b) reversas; reversas; paralelas.
c) concorrentes; reversas; paralelas.
d) reversas; concorrentes; reversas.
e) concorrentes; concorrentes; reversas.

9. (Ufam) Considere as afirmativas a seguir:

I. Seja **r** uma reta contida no plano α. Então existem infinitas retas distintas entre si, contidas no plano α e que são paralelas à reta **r**.
II. Duas retas que não têm pontos comuns são sempre paralelas.
III. Duas retas distintas sempre determinam um plano.
IV. Uma reta pertence a infinitos planos distintos.
V. Duas retas coplanares distintas são paralelas ou concorrentes.

Assinale a alternativa correta:

a) Somente as afirmativas I, II e III são falsas.
b) Somente as afirmativas I, II e IV são verdadeiras.
c) Somente as afirmativas I, IV e V são verdadeiras.
d) Somente as afirmativas II, III e V são falsas.
e) Somente as afirmativas II, IV e V são verdadeiras.

10. (Vunesp) Entre todas as retas-suporte das arestas de um certo cubo, considere duas, **r** e **s**, reversas. Seja **t** a perpendicular comum a **r** e a **s**. Então:

a) **t** é a reta-suporte de uma das diagonais das faces do cubo.
b) **t** é a reta-suporte de uma das diagonais do cubo.
c) **t** é reta-suporte de uma das arestas do cubo.
d) **t** é a reta que passa pelos pontos médios das arestas contidas em **r** e **s**.
e) **t** é a reta perpendicular a duas faces do cubo, por seus pontos médios.

11. (Enem) Gangorra é um brinquedo que consiste de uma tábua longa e estreita equilibrada e fixada no seu ponto central (pivô). Nesse brinquedo, duas pessoas sentam-se nas extremidades e, alternadamente, impulsionam-se para cima, fazendo descer a extremidade oposta, realizando, assim, o movimento da gangorra.
Considere a gangorra representada na figura, em que os pontos **A** e **B** são equidistantes do pivô:

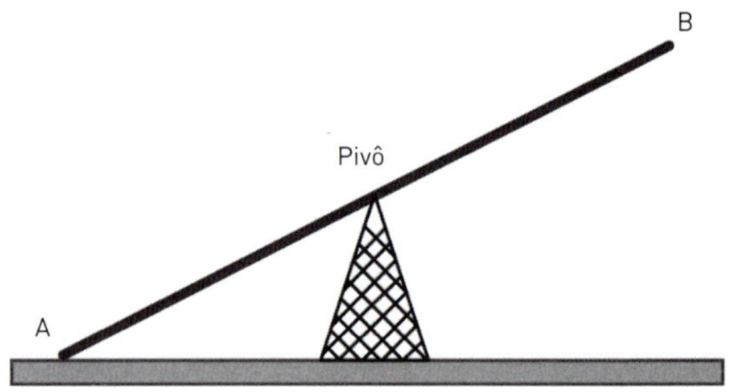

A projeção da trajetória dos pontos **A** e **B**, sobre o plano do chão da gangorra, quando esta se encontra em movimento, é:

a) 

b) 

c) 

d) 

e) 

12. (Fatec-SP) A reta **r** é a interseção dos planos α e β, perpendiculares entre si. A reta **s**, contida em α, intersecta **r** no ponto **P**. A reta **t**, perpendicular a β, intersecta-o no ponto **Q**, não pertencente a **r**. Nessas condições, é verdade que as retas:

a) **r** e **s** são perpendiculares entre si.

b) **s** e **t** são paralelas entre si.

c) **r** e **t** são concorrentes.

d) **s** e **t** são reversas.

e) **r** e **t** são ortogonais.

13. (UFJF-MG) O plano π_1 é perpendicular ao plano π_2, o plano π_2 é perpendicular ao plano π_3, e os planos π_1 e π_3 se intersectam segundo uma reta ℓ. É correto afirmar que:

a) os planos π_1 e π_3 são perpendiculares.

b) os planos π_1 e π_3 são paralelos.

c) o plano π_2 também contém a reta ℓ.

d) a reta ℓ é perpendicular a π_2.

e) a reta ℓ é paralela a π_2.

14. (Unifesp) Considere o sólido geométrico exibido na figura, constituído de um paralelepípedo encimado por uma pirâmide.

Seja **r** a reta suporte de uma das arestas do sólido, conforme mostrado.

Quantos pares de retas reversas é possível formar com as retas suportes das arestas do sólido, sendo **r** uma das retas do par?

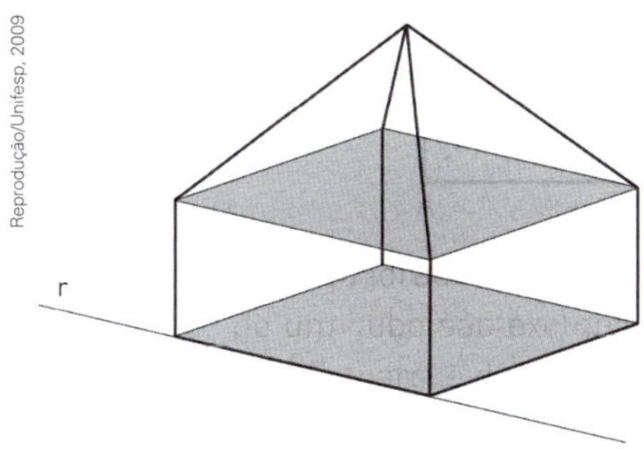

a) 12

b) 10

c) 8

d) 7

e) 6

15. (FGV-SP) Duas retas distintas que são perpendiculares a uma terceira podem ser:

I. concorrentes entre si.

II. perpendiculares entre si.

III. paralelas.

IV. reversas e não ortogonais.

V. ortogonais.

Associando **V** ou **F** a cada afirmação, conforme seja verdadeira ou falsa, tem-se:

a) V, V, V, V, V

b) V, F, V, F, V

c) F, V, F, F, F

d) V, V, V, V, F

e) F, F, F, V, F

16. (Ufam) Considere um plano α, uma reta **r** perpendicular a α e um ponto **P**, tal que $P \notin r$ e $P \notin \alpha$. É correto afirmar:

a) Toda reta que passa por **P** e é paralela a α, é perpendicular a **r**.

b) Toda reta que passa por **P** e intersecta **r** é paralela a α.

c) Todo plano que contém **r** é perpendicular a α.

d) Existe reta que passa por **P**, é paralela a **r** e é paralela a α.

e) Existe reta que passa por **P**, é perpendicular a **r** e é perpendicular a α.

17. (Mack-SP) **r**, **s** e **t** são retas distintas tais que $s \perp r$ e $t \perp r$. Relativamente às retas **s** e **t**, é correto afirmar que:

a) elas podem ser unicamente paralelas ou concorrentes.

b) elas podem ser unicamente paralelas ou reversas.

c) elas podem ser unicamente concorrentes ou reversas.

d) elas podem ser paralelas, concorrentes ou reversas.

e) elas podem ser unicamente reversas.

18. (Fuvest-SP) É correta a afirmação:

a) Se dois planos forem perpendiculares, todo plano perpendicular a um deles será paralelo ao outro.

b) Se dois planos forem perpendiculares, toda reta paralela a um deles será perpendicular ao outro.

c) Duas retas paralelas a um plano são paralelas.

d) Se duas retas forem ortogonais reversas, toda ortogonal a uma delas será paralela à outra.

e) Se duas retas forem ortogonais, toda paralela a uma delas será ortogonal ou perpendicular à outra.

19. (Enem) A figura representa o globo terrestre e nela estão marcados os pontos **A**, **B** e **C**. Os pontos **A** e **B** estão localizados sobre um mesmo paralelo, e os pontos **B** e **C**, sobre um mesmo meridiano. É traçado um caminho do ponto **A** até **C**, pela superfície do globo, passando por **B**, de forma que o trecho de **A** até **B** se dê sobre o paralelo que passa por **A** e **B** e o trecho de **B** até **C** se dê sobre o meridiano que passa por **B** e **C**. Considere que o plano α é paralelo à linha do equador na figura.

Reprodução/Enem, 2016

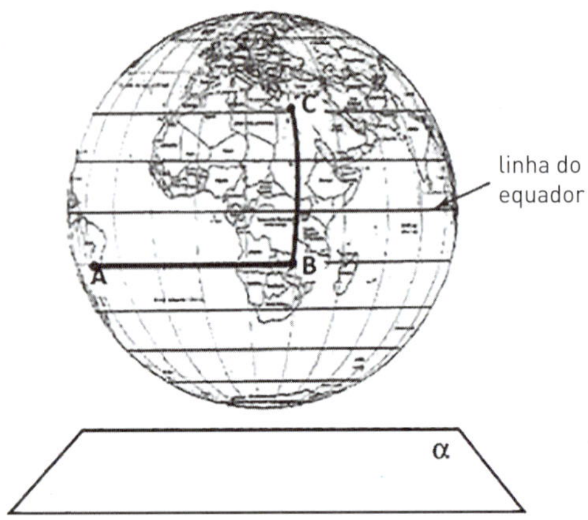

A projeção ortogonal, no plano α, do caminho traçado no globo pode ser representada por

Ilustrações: Reprodução/Enem, 2016

a)

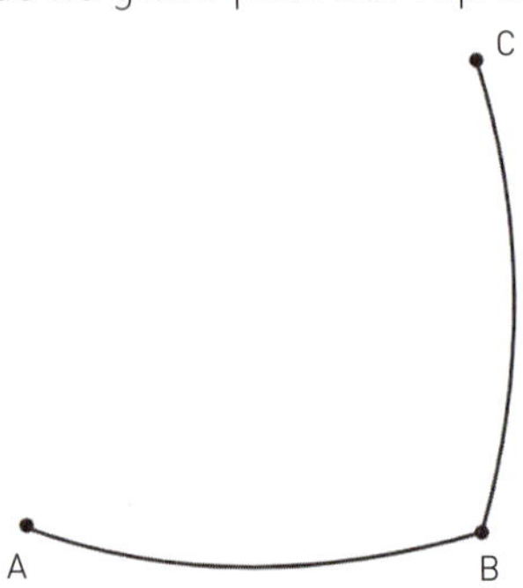

b)

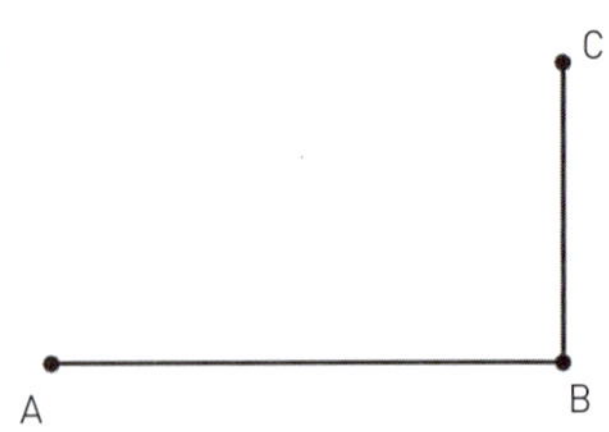

c)

d)

e)

20. (Enem) O acesso entre os dois andares de uma casa é feito através de uma escada circular (escada caracol), representada na figura. Os cinco pontos **A**, **B**, **C**, **D**, **E** sobre o corrimão estão igualmente espaçados, e os pontos **P**, **A** e **E** estão em uma mesma reta. Nessa escada, uma pessoa caminha deslizando a mão sobre o corrimão do ponto **A** até o ponto **D**.

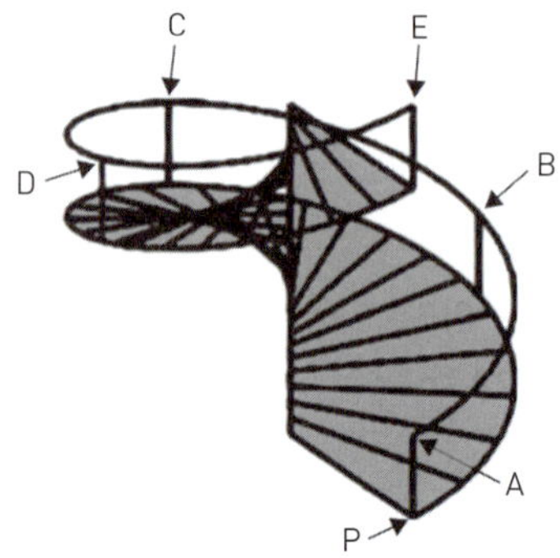

Reprodução/Enem, 2011

A figura que melhor representa a projeção ortogonal, sobre o piso da casa (plano), do caminho percorrido pela mão dessa pessoa é:

Ilustrações: Reprodução/Enem, 2011

a)

b)

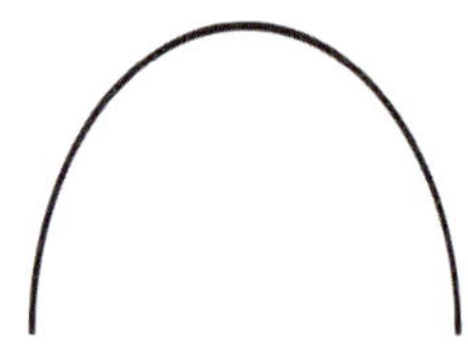

c)

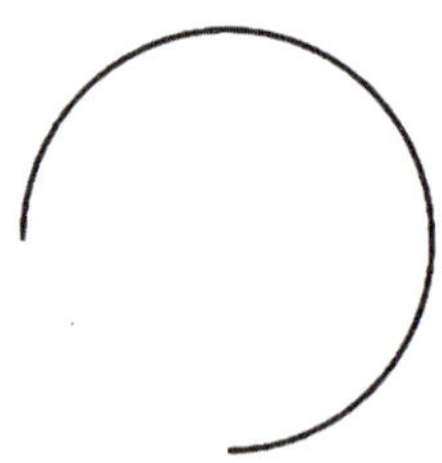

d)

e)

21. (PUC-SP) Em relação ao plano α, os pontos **A** e **B** estão no mesmo semiespaço e os pontos **A** e **C** em semiespaços opostos. Em relação ao plano β, os pontos **A** e **B** estão em semiespaços opostos, bem como os pontos **A** e **C**. É correto concluir que o segmento $\overline{BC}$:

a) é paralelo a $\alpha \cap \beta$.
b) encontra α e β.
c) encontra α, mas não β.
d) encontra β, mas não α.
e) não encontra nem α nem β.

CAPÍTULO 13

Prismas

Jiri Vaclavek/Shutterstock

A pirita (FeS_2) é um dos vários minerais que podem ser encontrados na natureza na forma de cubos, como alguns representados na imagem, e também na forma de outros sólidos geométricos. Os cubos são um dos tipos de prisma que estudaremos neste capítulo.

Introdução ao estudo dos sólidos geométricos

As inúmeras obras de Engenharia, Arquitetura, Artes plásticas, etc. mostram a imensa quantidade de formas que podem ser relacionadas com figuras estudadas na Geometria.

Delfim Martins/Pulsar Imagens

MASP, Museu de Arte de São Paulo. Obra da arquiteta Lina Bo Bardi, construída em 1968.

Roman Slavik/Thinkstock/Getty Images

Pirâmide de vidro no Museu do Louvre, em Paris, França, construída em 1988.

Thinkstock/Getty Images

Catedral Nacional em Brasília. Obra do arquiteto Oscar Niemeyer, construída em 1960.

Thinkstock/Getty Images

Palácio Taj Mahal, em Agra, Índia, construído no século XVII.

Muitas formas reais encontradas em objetos do cotidiano, embalagens de produtos, construções, entre outros, lembram **sólidos geométricos**, os quais são figuras tridimensionais idealizadas pela Geometria.

Veja algumas fotos de objetos que constituem formas reais. Associado a cada uma está a figura correspondente ao sólido geométrico mais próximo da forma real.

Stockphotos/Latinstock

forno de micro-ondas

Thinkstock/Getty Images

globo terrestre

Thinkstock/Getty Images

lata

Thinkstock/Getty Images

casquinha de sorvete

Ilustrações: Banco de imagens/Arquivo da editora

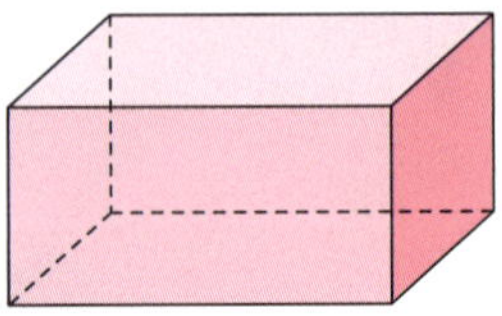

paralelepípedo retângulo

esfera

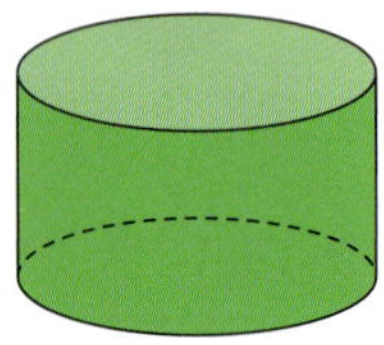

cilindro

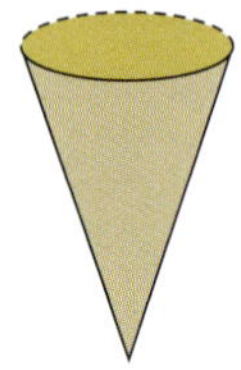

cone

AUSÊNCIA DE PROPORÇÃO

Fotoeventis/Alamy/Fotoarena

Porta da Europa em Madri, Espanha.

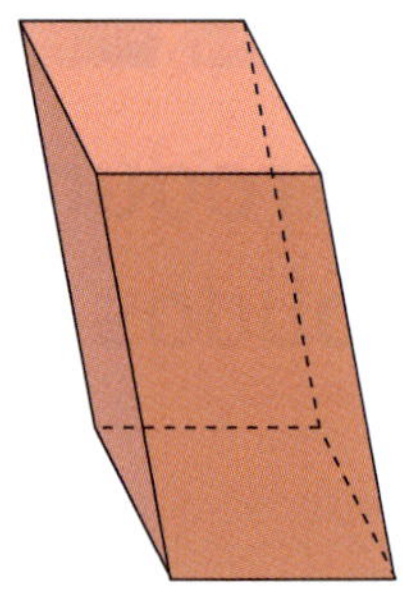

prisma oblíquo quadrangular

No nosso dia a dia, encontramos também uma grande variedade de objetos com formas reais tridimensionais que são mais complexas e que, de modo geral, não estão associadas aos sólidos geométricos mais "comuns". Observe as imagens.

Thinkstock/Getty Images

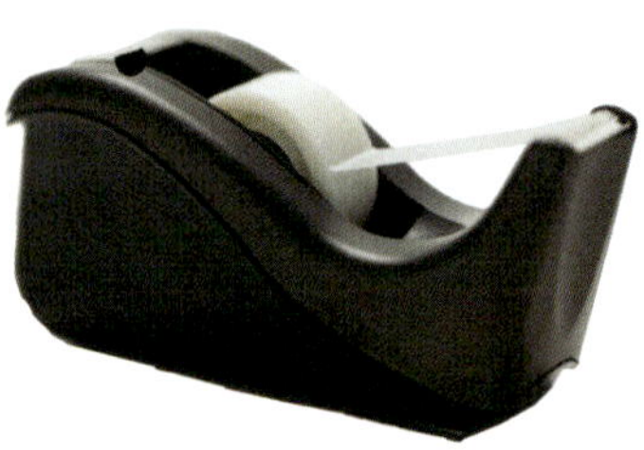

suporte para fita adesiva

Shutterstock

vaso decorativo

Dmitry Birin/Shutterstock

Hotel Burj Al Arab em Dubai, Emirados Árabes.

Quando examinamos as formas tridimensionais idealizadas pela Geometria, estamos observando sólidos geométricos.

Os sólidos geométricos mais simples podem ser de dois tipos:

- **Poliedros**: são sólidos geométricos cujas superfícies são formadas apenas por polígonos planos (triângulos, quadriláteros, pentágonos, etc.). A palavra *poliedro* vem do grego antigo, em que *poli* significa "vários", e *edro*, "face". Veja alguns exemplos de poliedros:

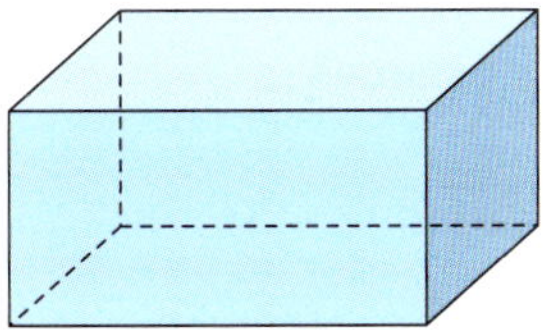
paralelepípedo

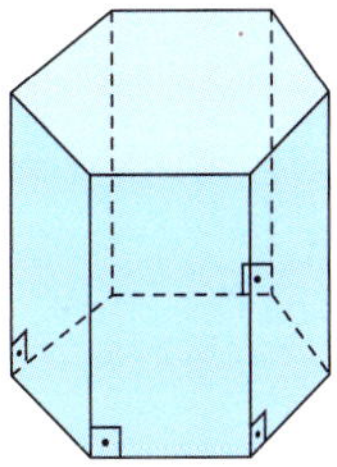
prisma hexagonal

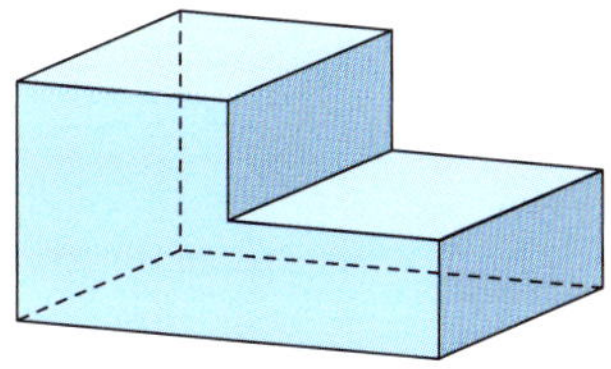
poliedro

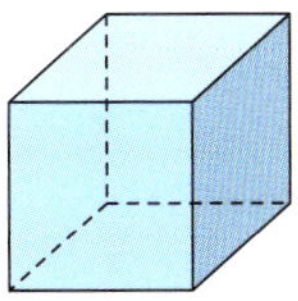
cubo

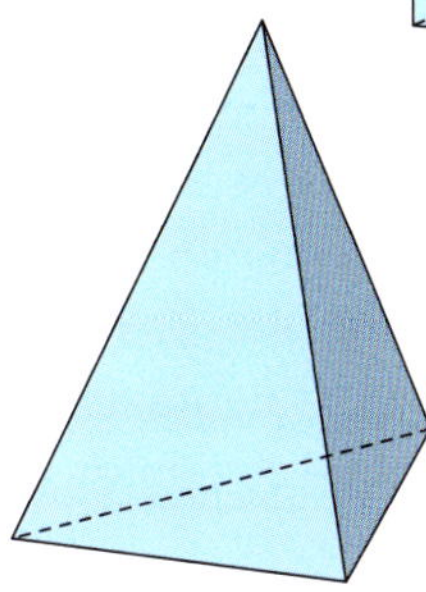
pirâmide triangular

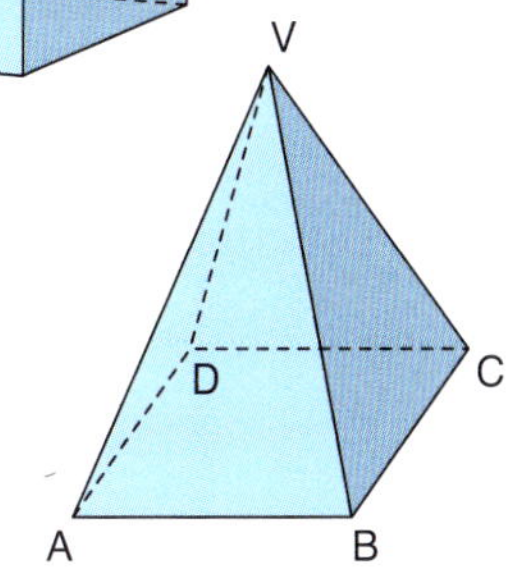

pirâmide quadrangular

Ilustrações: Banco de imagens/Arquivo da editora

Em um poliedro podemos distinguir:

- **faces**: são os polígonos que formam a superfície do poliedro. Observe, por exemplo, que o prisma hexagonal apresenta 8 faces: 2 hexágonos e 6 quadriláteros (retângulos).
- **arestas**: são os lados dos polígonos que constituem as faces do poliedro. Cada aresta é um segmento de reta determinado pela interseção de duas faces. Observe, por exemplo, que a pirâmide triangular possui 6 arestas.
- **vértices**: são as extremidades das arestas. Cada vértice é a interseção de duas ou mais arestas. Observe, por exemplo, que, na pirâmide quadrangular acima, os 5 vértices são: **A**, **B**, **C**, **D**, **V**. No vértice **A** concorrem 3 arestas e o vértice **V** é o "ponto de encontro" de 4 arestas.

- **Corpos redondos**: são sólidos geométricos cujas superfícies têm ao menos uma parte que é arredondada (não plana). Veja os exemplos:

cilindro

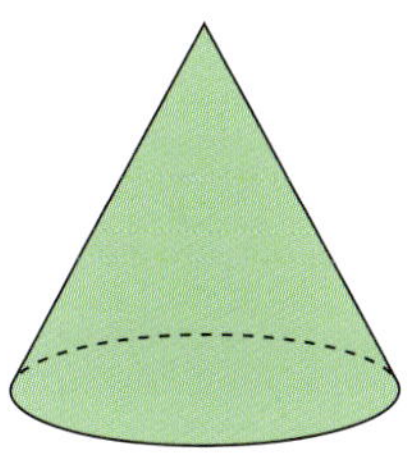
cone

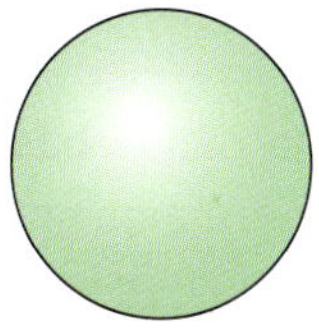
esfera

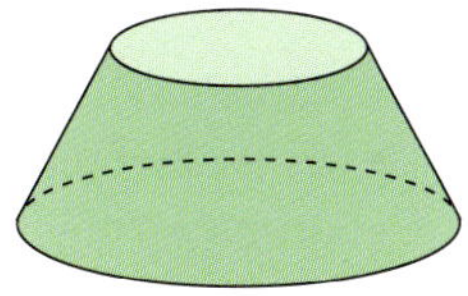
tronco de cone
de bases paralelas

Ilustrações: Banco de imagens/Arquivo da editora

Nesta coleção, faremos o estudo dos poliedros nos capítulos 13, 14 e 15; já nos capítulos 16, 17 e 18, estudaremos os corpos redondos.

Prisma

Fotos: Thinkstock/Getty Images

Diversos objetos comuns em nosso dia a dia lembram prismas.

Observe ao lado alguns objetos encontrados em nosso cotidiano.

Imaginando sólidos geométricos que lembram esses objetos, podemos perceber que eles apresentam características comuns, como:

- suas superfícies são constituídas de polígonos;
- têm pelo menos dois polígonos congruentes contidos em planos paralelos;
- os outros polígonos são paralelogramos.

Sólidos com essas características são chamados **prismas**.

Consideremos dois planos α e β, distintos e paralelos entre si, um polígono convexo **P**, contido em α, e uma reta **r** que intersecta α e β nos pontos **X** e **Y**, respectivamente.

Por todos os pontos de **P**, tracemos retas paralelas a **r**, conforme mostrado na figura ao lado.

Observe que os pontos de interseção dessas retas com α e β determinam segmentos congruentes ao segmento $\overline{XY}$.

A reunião de todos os segmentos assim obtidos é um sólido chamado **prisma**.

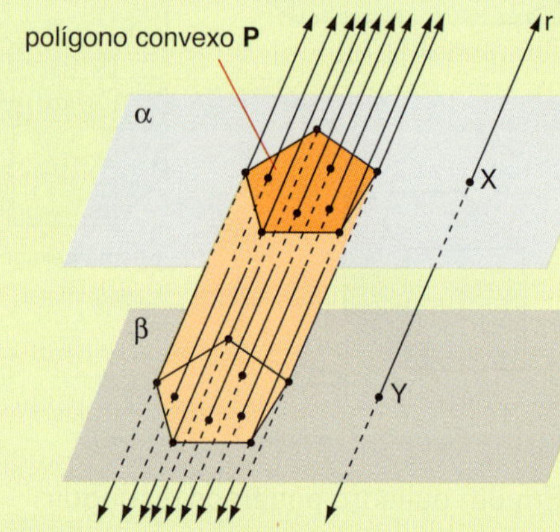

Banco de imagens/Arquivo da editora

Elementos e classificação

Considerando o prisma representado na figura abaixo, temos:

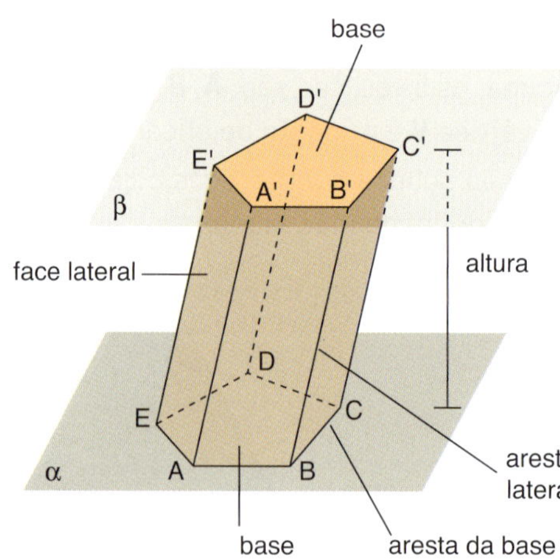

Banco de imagens/Arquivo da editora

- os polígonos ABCDE e A'B'C'D'E', chamados **bases** do prisma, são congruentes e estão contidos em planos paralelos entre si (α e β);
- os paralelogramos AA'B'B, BB'C'C, CC'D'D, DD'E'E e EE'A'A são chamados **faces laterais**;
- os lados dos polígonos das bases ($\overline{AB}$, $\overline{BC}$, $\overline{CD}$, $\overline{DE}$, $\overline{EA}$, $\overline{A'B'}$, $\overline{B'C'}$, $\overline{C'D'}$, $\overline{D'E'}$ e $\overline{E'A'}$) são as **arestas das bases**;

- os segmentos $\overline{AA'}$, $\overline{BB'}$, $\overline{CC'}$, $\overline{DD'}$ e $\overline{EE'}$ são as **arestas laterais**;
- a distância entre os planos α e β, que contêm as bases, é a **altura** do prisma.

Quanto ao número de lados de cada polígono da base, os prismas são classificados em: triangular, quadrangular, pentagonal, etc., conforme o polígono da base seja, respectivamente, um triângulo, um quadrilátero, um pentágono, etc.

Quanto à inclinação das arestas laterais em relação aos planos das bases, os prismas são classificados em:

- **prisma oblíquo**: se as arestas laterais são oblíquas aos planos das bases;
- **prisma reto**: se as arestas laterais são perpendiculares aos planos das bases. Observe que, nesse caso, as faces laterais são retângulos.

Exemplos:

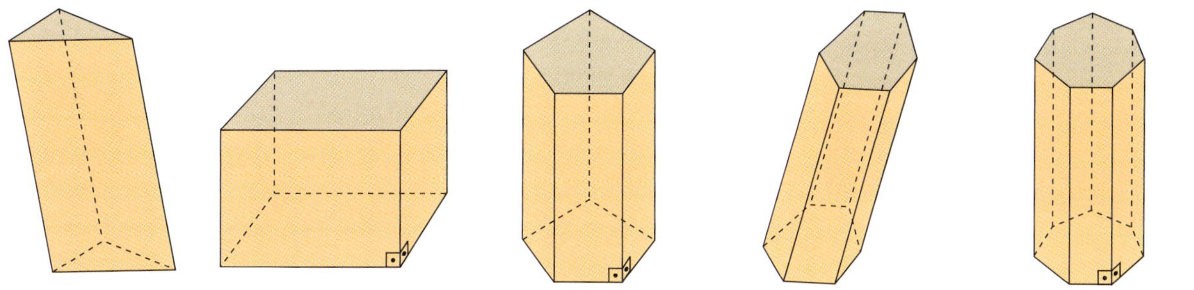

prisma oblíquo triangular (A base é um triângulo.) | prisma reto quadrangular (A base é um quadrilátero.) | prisma reto pentagonal (A base é um pentágono.) | prisma oblíquo hexagonal (A base é um hexágono.) | prisma reto heptagonal (A base é um heptágono.)

Ilustrações: Banco de imagens/Arquivo da editora

OBSERVAÇÃO

Se as bases de um prisma reto são polígonos regulares, ele é chamado **prisma regular**.

Paralelepípedo

Todo prisma cujas bases são paralelogramos é chamado **paralelepípedo**.

Sua superfície total é a reunião de seis paralelogramos.

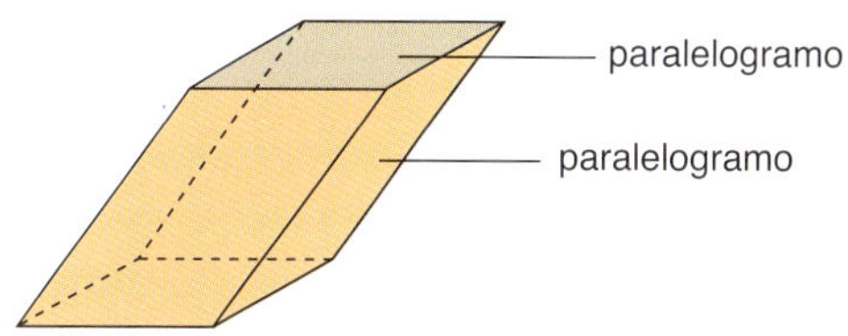

Banco de imagens/Arquivo da editora

- **Paralelepípedo reto**: é um paralelepípedo cuja superfície total é a reunião de quatro retângulos (faces laterais) com dois paralelogramos (bases).

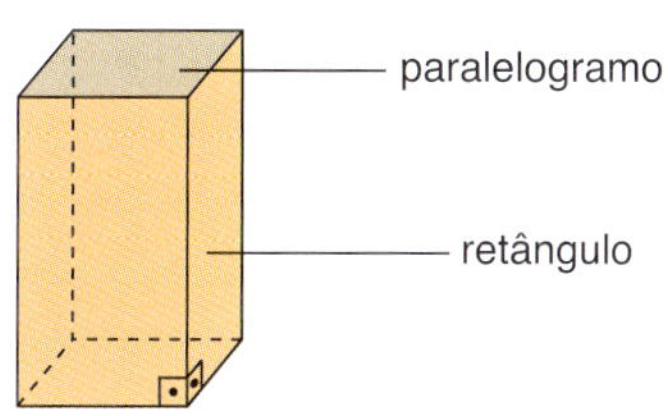

Banco de imagens/Arquivo da editora

- **Paralelepípedo retângulo** ou **retorretângulo**: é um paralelepípedo cuja superfície total é a reunião de seis retângulos.

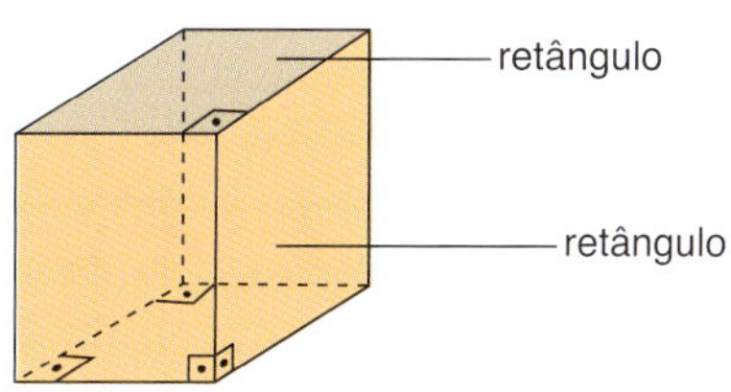

Banco de imagens/Arquivo da editora

- **Cubo**: é um paralelepípedo cuja superfície total é a reunião de seis quadrados. Note que o cubo é um paralelepípedo retângulo em que todas as arestas são congruentes.

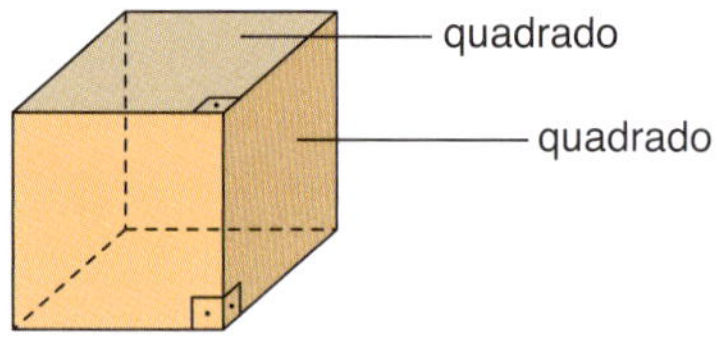

Banco de imagens/Arquivo da editora

Paralelepípedo retângulo

Onionastudio/Alamy/Fotoarena

Container de transporte de carga.

Considere que o *container* mostrado na imagem tem a forma aproximada de um paralelepípedo retângulo cujas dimensões são: 8 m de comprimento, 4,5 m de largura e 3 m de altura.

Suponha que Onofre, dono de uma empresa que aluga *containers*, contrate uma pessoa para pintar toda a superfície externa do *container*. Considerando que essa pessoa cobra R$ 4,50 para pintar uma superfície de 1 m^2, que quantia Onofre terá de desembolsar para pagar pelo serviço contratado?

Cálculo da área total

A figura 1 representa um paralelepípedo retângulo, em que **a** e **b** são as medidas dos lados do retângulo da base, e **c**, a medida da altura. A figura 2 representa a planificação da superfície desse paralelepípedo.

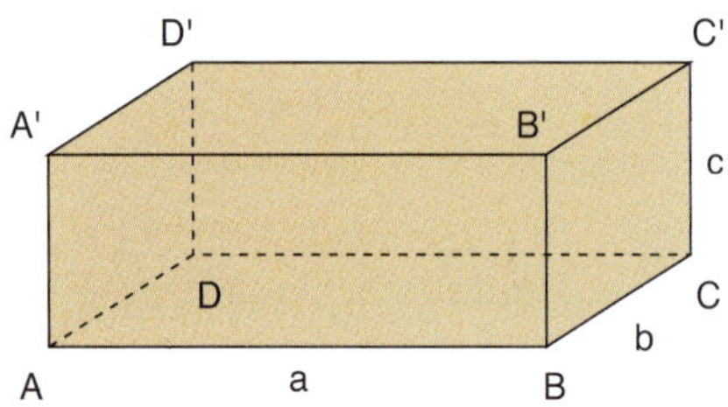

figura 1

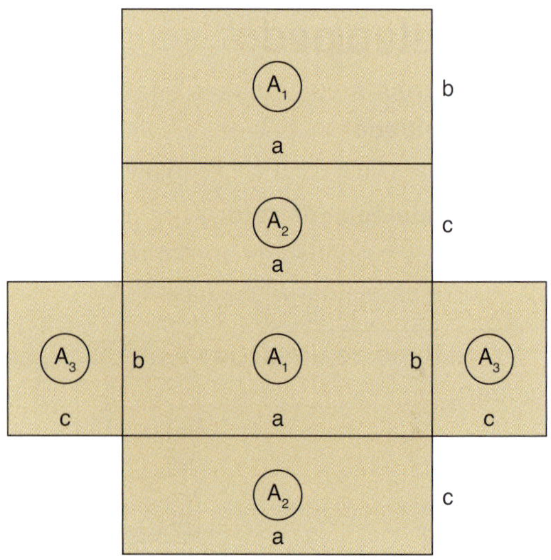

figura 2

Ilustrações: Banco de imagens/Arquivo da editora

Essa planificação mostra que a superfície do paralelepípedo é a reunião de seis retângulos, congruentes dois a dois. Assim, a sua área total A_t é igual à soma das áreas desses seis retângulos, ou seja:

$$A_t = 2 \cdot A_1 + 2 \cdot A_2 + 2 \cdot A_3 \Rightarrow \boxed{A_t = 2ab + 2ac + 2bc}$$

EXEMPLO 1

Vamos resolver o problema proposto na página anterior, ou seja, vamos calcular a quantia que Onofre deverá pagar à pessoa contratada para pintar toda a superfície externa do *container*, considerando que essa superfície é lisa.

Como a base do *container* tem 8 m de comprimento por 4,5 m de largura e sua altura mede 3 m, então a área da superfície a ser pintada é igual à soma das áreas de seis retângulos, ou seja, $A = 2ab + 2ac + 2bc$, em que $a = 8$ m, $b = 4{,}5$ m e $c = 3$ m.

Assim, a área, em metros quadrados, é:

$A = 2(8 \cdot 4{,}5) + 2(8 \cdot 3) + 2(4{,}5 \cdot 3) \Rightarrow A = 147$

Como o pintor cobra R$ 4,50 por metro quadrado pintado, então, pelos 147 m^2 de área a ser pintada, ele deverá cobrar de Onofre a quantia de 147 · R$ 4,50 = R$ 661,50.

Cálculo da medida da diagonal

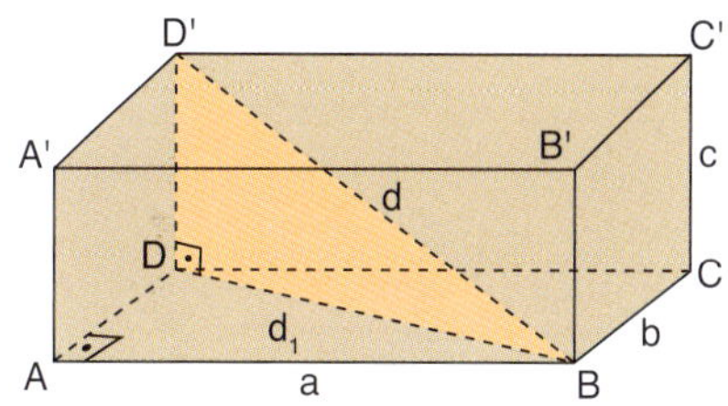

Ilustrações: Banco de imagens/Arquivo da editora

No paralelepípedo da figura ao lado, sejam **d** a medida da diagonal do paralelepípedo e $\mathbf{d_1}$ a medida da diagonal da base.

Observe que os triângulos DAB e D'DB são retângulos:

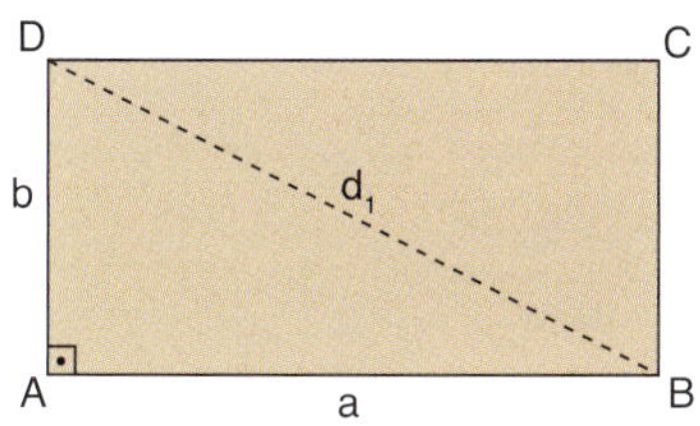

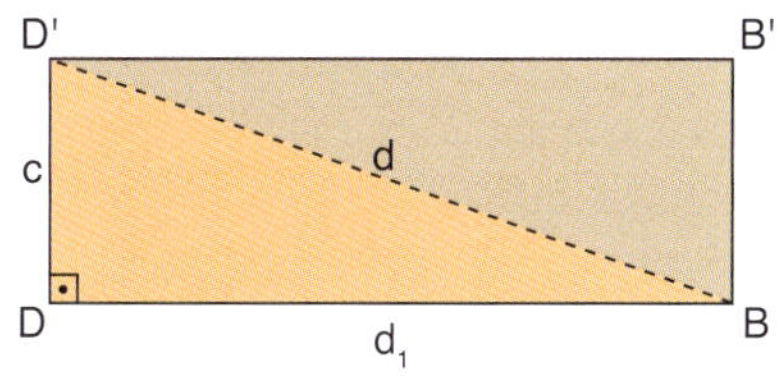

Assim, temos:

$$\left.\begin{array}{l} \text{No } \triangle DAB\text{: } d_1^2 = a^2 + b^2 \\ \text{No } \triangle D'DB\text{: } d^2 = d_1^2 + c^2 \end{array}\right\} \Rightarrow d^2 = a^2 + b^2 + c^2$$

Logo: $d = \sqrt{a^2 + b^2 + c^2}$

Cálculo do volume

O **volume de um sólido** é a medida da região do espaço limitada por sua superfície.

Para expressar o volume de um sólido por meio de um número, devemos estabelecer uma unidade padrão: a unidade de volume é o cubo cuja aresta mede 1 u.c. (unidade de medida de comprimento). Para cada unidade de medida de comprimento, temos uma correspondente unidade de volume, como mostrado na tabela a seguir:

Unidade de medida da aresta do cubo	Unidade de volume
1 m	1 m^3
1 dm	1 dm^3
1 cm	1 cm^3
1 mm	1 mm^3

OBSERVAÇÃO

Note que o triângulo D'DB é retângulo. De fato, pois ABCDA'B'C'D' é um paralelepípedo retângulo $\Rightarrow$ $\Rightarrow \overline{D'D} \perp$ plano (ABC) $\Rightarrow \overline{D'D}$ é perpendicular a qualquer reta do plano (ABC) que contém **D** (ponto de interseção entre a reta $\overline{D'D}$ e o plano (ABC).

Logo: $\overline{D'D} \perp \overline{DB} \Rightarrow \triangle D'DB$ é retângulo.

De modo geral:

unidade de medida da aresta = 1 u.c. e unidade de volume = 1 $(u.c.)^3$

Consideremos um paralelepípedo retângulo com as seguintes dimensões: a = 5 u.c., b = 2 u.c. e c = 3 u.c.

A divisão do comprimento, da largura e da altura desse paralelepípedo em cinco unidades, duas unidades e três unidades, respectivamente, nos permite obter 30 cubos unitários ($5 \cdot 2 \cdot 3 = 30$), conforme mostrado nas figuras abaixo:

Ilustrações: Banco de imagens/ Arquivo da editora

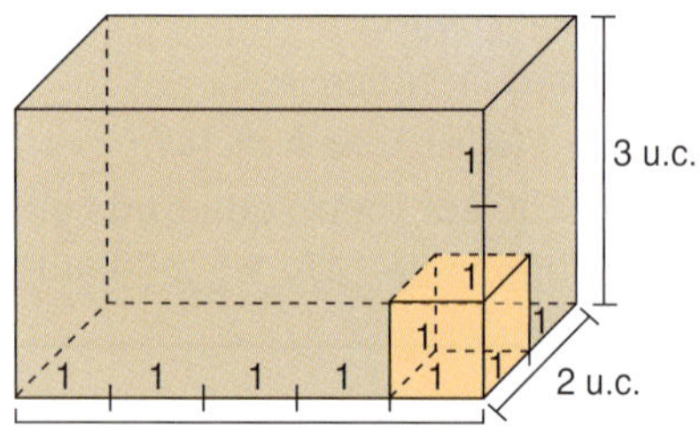

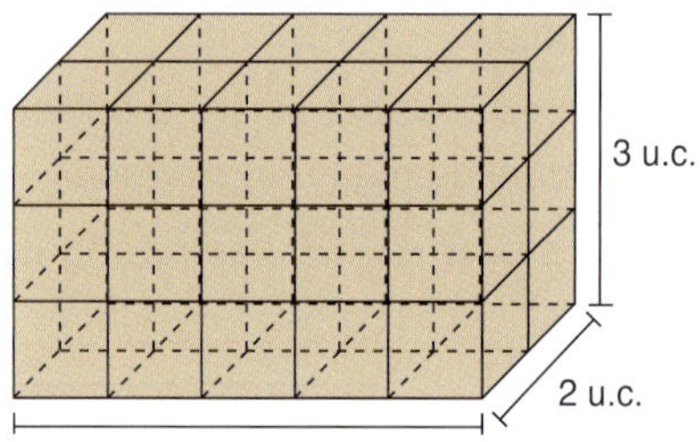

Dizemos, então, que o volume desse paralelepípedo é:

$$V = (5 \text{ u.c.}) \cdot (2 \text{ u.c.}) \cdot (3 \text{ u.c.}) = 30 \text{ (u.c.)}^3$$

De modo geral, se as medidas das três dimensões de um paralelepípedo retângulo são os números inteiros **a**, **b** e **c**, seu volume é dado por:

$$V = a \cdot b \cdot c$$

Na figura 1 da página 384, como $a \cdot b$ é a área da base (**A_b**) e **c** é a medida **h** da altura, temos:

$$V = (a \cdot b) \cdot c \Rightarrow V = A_b \cdot h$$

OBSERVAÇÃO

O que apresentamos é um caso particular da obtenção da fórmula do volume de um paralelepípedo retângulo, em que as medidas de suas arestas são números inteiros (positivos).

Pode-se mostrar que essa fórmula é válida para paralelepípedos retângulos nos quais as medidas das arestas são expressas por quaisquer números reais positivos.

EXEMPLO 2

Vamos calcular o volume do *container* de Onofre (ver página 384), lembrando que ele tem a forma de um paralelepípedo retângulo cujas dimensões são: 8 m de comprimento, 4,5 m de largura e 3 m de altura.

Considerando a = 8 m, b = 4,5 m e c = 3 m, temos:

$$V = a \cdot b \cdot c = 8 \cdot 4{,}5 \cdot 3 \Rightarrow V = 108$$

Logo, o volume do *container* de Onofre é 108 m^3.

Cubo

O cubo é um paralelepípedo retângulo cujas seis faces são quadrados congruentes. Assim, suas 12 arestas são congruentes entre si.

Como já sabemos, as fórmulas da área total, da diagonal e do volume de um paralelepípedo retângulo são: $A = 2ab + 2ac + 2bc$, $d = \sqrt{a^2 + b^2 + c^2}$ e $V = a \cdot b \cdot c$, respectivamente.

Considerando $a = b = c$ em cada uma dessas fórmulas, obtêm-se as fórmulas da área total, da diagonal e do volume de um cubo de aresta de medida **a**:

- Área **A**: $A = 2 \cdot a \cdot a + 2 \cdot a \cdot a + 2 \cdot a \cdot a \Rightarrow A = 6a^2$
- Diagonal **d**: $d = \sqrt{a^2 + a^2 + a^2} = \sqrt{3a^2} \Rightarrow d = a\sqrt{3}$
- Volume **V**: $V = a \cdot a \cdot a \Rightarrow V = a^3$

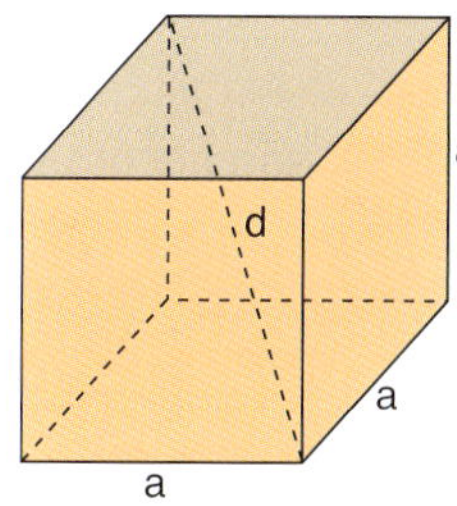

Banco de imagens/Arquivo da editora

OBSERVAÇÃO

A unidade de medida de volume do Sistema Internacional de Unidades (SI) é o metro cúbico. Apesar de não fazer parte do SI, o litro é reconhecido como unidade de medida de volume por esse sistema e definido como o volume de um cubo cuja aresta mede 1 decímetro, ou seja, $1\ L = 1\ dm^3$.

EXEMPLO 3

No exemplo anterior, determinamos o volume do *container* de Onofre: $108\ m^3$.

Agora, vamos determinar o maior número de caixas que podem ser transportadas nesse *container*, considerando que todas têm a forma de um cubo cuja aresta mede 50 cm e que a massa total das caixas não excede a tonelagem máxima que pode ser transportada no *container*.

Como cada dimensão do *container* é divisível por 50 cm, temos:

Se cada aresta da caixa mede 50 cm, o volume ocupado por uma única caixa é:

$$V_1 = (50\ cm) \cdot (50\ cm) \cdot (50\ cm) = 125\,000\ cm^3 = 0{,}125\ m^3$$

Se **x** é o número de caixas que podem ser transportadas, então devemos ter: $x \cdot V_1 \leqslant 108\ m^3$. Logo:

$$x \cdot 0{,}125 \leqslant 108 \Rightarrow x \leqslant 864 \quad (*)$$

O maior número de caixas que podem ser transportadas no *container* é o maior número inteiro **x** que satisfaz a sentença (*), ou seja, 864.

Exercício resolvido

1. Em um aquário, um tanque para peixes tem a forma de um paralelepípedo retângulo de base quadrada, e a água em seu interior ocupa $\frac{3}{5}$ da sua capacidade. Considerando que esse tanque tem 3 m de altura e a aresta da base mede 4,5 m, determine quantos litros de água faltam para que ele fique totalmente cheio.

Lourens Smak/Alamy/Fotoarena

Visitantes em um aquário.

Solução:

Primeiramente, calculemos o volume **V**, em metros cúbicos, do tanque:

$$V = A_b \cdot h \Rightarrow V = (4,5)^2 \cdot 3 \Rightarrow V = 60,75$$

Como a água existente no tanque ocupa um volume dado por $\frac{3}{5} \cdot V$, então a água a ser colocada no tanque, para enchê-lo totalmente, deverá ocupar um volume $\mathbf{V_a}$, em metros cúbicos, tal que:

$$V_a = V - \frac{3}{5} \cdot V = \frac{2}{5} \cdot V \Rightarrow V_a = \frac{2}{5} \cdot 60,75 \Rightarrow V_a = 24,30$$

Lembrando que $1\ m^3 = 1\,000\ dm^3$ e $1\ L = 1\ dm^3$, então:

$$V_a = 24,30\ m^3 = 24,30 \cdot 1\,000\ dm^3 = 24\,300\ dm^3 = 24\,300\ L$$

Logo, são necessários 24 300 litros de água para terminar de encher o tanque do aquário.

Exercícios

1. Calcule a medida da diagonal, a área total e o volume de cada um dos paralelepípedos retângulos representados abaixo:

a)

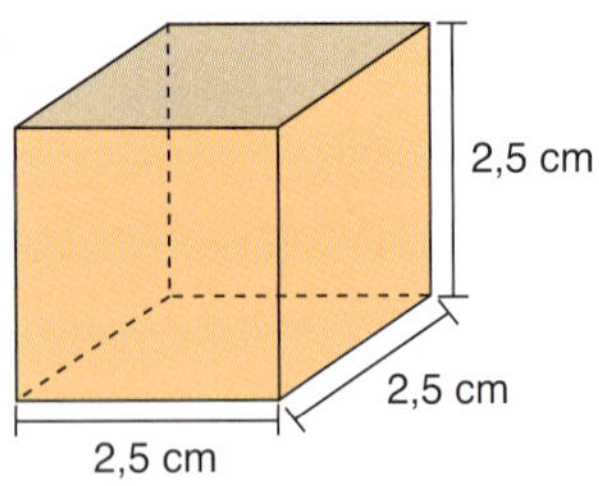

c)

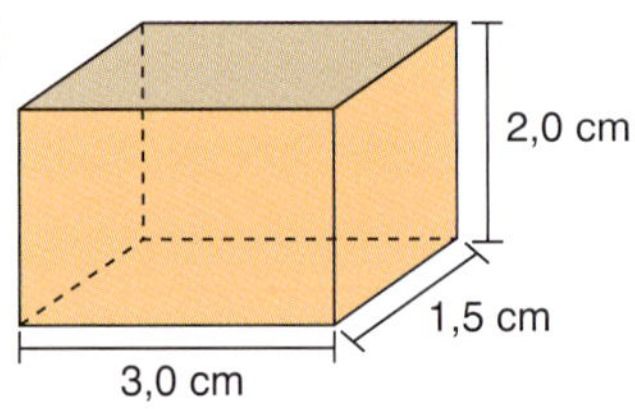

Ilustrações: Banco de imagens/Arquivo da editora

b)

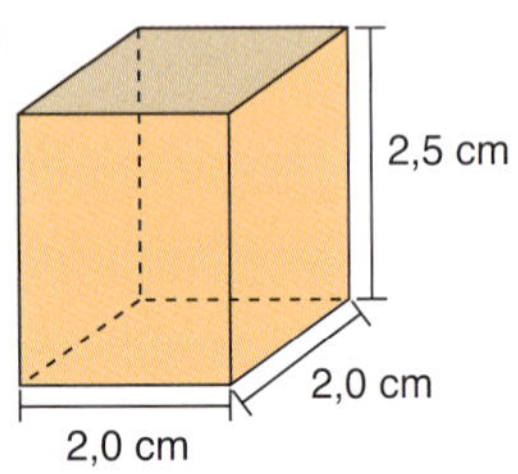

d)

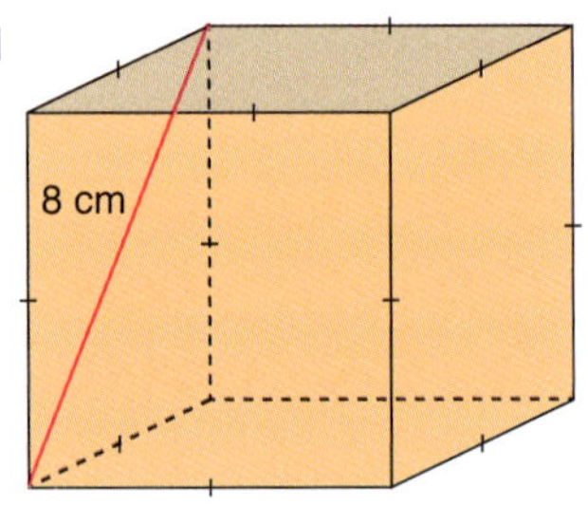

2. Determine o volume de um paralelepípedo retângulo, sabendo que a medida de sua diagonal é $3\sqrt{10}$ dm e duas de suas dimensões medem 4 dm e 7 dm.

3. Calcule a medida da diagonal, a área total e o volume de um cubo cuja

a) soma das medidas das arestas é igual a 48 cm;

b) área de uma face é 196 dm^2.

4. Uma caixa-d'água cúbica tem capacidade de 729 L. Determine:

a) a medida da aresta dessa caixa, em centímetros.

b) a área da superfície lateral da caixa, em decímetros quadrados.

c) o volume de água, em litros, contido na caixa, quando a água atinge o nível correspondente a $\frac{1}{3}$ da altura da caixa.

5. A figura mostra a planificação da superfície de um paralelepípedo retângulo no qual a unidade das dimensões indicadas é o centímetro. Determine:

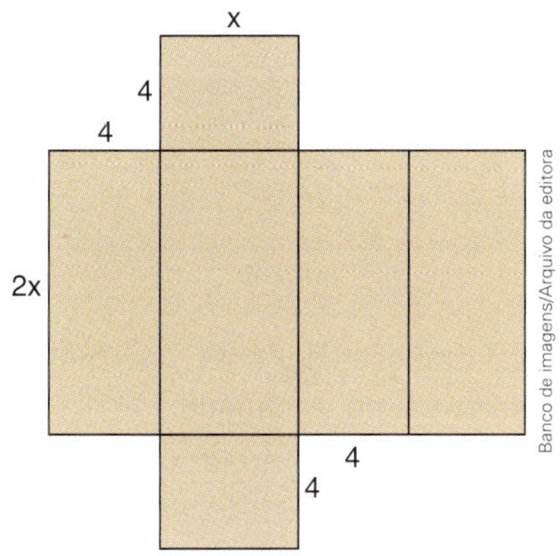

a) **x**, sabendo que a área total do paralelepípedo é igual a 364 cm^2;

b) o volume do paralelepípedo para x = 4 cm;

c) a medida da diagonal do paralelepípedo para x = 6 cm.

6. Um paralelepípedo retângulo tem volume igual a 192 cm^3. Se as áreas de duas de suas faces são iguais a 32 cm^2 e 24 cm^2, determine a área total desse paralelepípedo.

7. Priscila usou massa de modelar para construir um paralelepípedo retângulo cujas dimensões eram 20 cm × 30 cm × 45 cm. Em seguida, ela o desmanchou e aproveitou toda a massa usada na sua construção para modelar um cubo de **x** centímetros de aresta. Com base nessas informações, determine:

a) **x**;

b) a medida da diagonal do cubo;

c) a razão entre a área total do paralelepípedo e a área total do cubo.

8. O que ocorre com a área total e com o volume de um cubo quando a medida da aresta:

a) dobra?

b) é reduzida a $\frac{1}{3}$ de seu valor?

c) é reduzida à metade de seu valor?

d) é multiplicada por um número positivo **k**?

9. Fausto tem em sua casa um reservatório de água com a forma de um prisma reto de base quadrada, no qual a aresta da base e a altura medem, respectivamente, **x** dm e 8 dm. Se ele pretende reformar tal reservatório para aumentar em 20% as medidas das suas arestas e da sua altura, a fim de que o novo reservatório tenha capacidade para 3 110,4 litros de água, qual deverá ser o valor de **x**?

10. Uma piscina tem a forma de um paralelepípedo retângulo cujas dimensões são 50 m de comprimento, 20 m de largura e 2,5 m de profundidade. O volume de água contido na piscina corresponde a 80% de sua capacidade.

a) Quantos litros de água podem ser adicionados à piscina, sem que haja transbordamento?

b) Adicionando-se 150 000 litros de água à piscina, que altura o nível da água atingirá?

c) Quantos litros de água devem ser retirados da piscina a fim de que o nível de água caia 40 cm?

11. Um reservatório de água ($\mathbf{R_1}$) tem a forma de um paralelepípedo retângulo, com as seguintes dimensões: 2 m de altura, 4 m de largura e 6 m de comprimento. Pretende-se construir outro reservatório ($\mathbf{R_2}$), com a forma de um paralelepípedo retângulo cujas dimensões são diretamente proporcionais às respectivas dimensões de $\mathbf{R_1}$. Nessas condições, se $\mathbf{R_2}$ tiver 15 m de comprimento,

a) qual será a área total de sua superfície?

b) que porcentagem de acréscimo sofrerá o volume de $\mathbf{R_1}$?

12. Seja um paralelepípedo retângulo cuja área total é igual a 846 cm^2 e tal que as medidas das arestas, em centímetros, são termos consecutivos de uma progressão aritmética de razão 3. Para esse paralelepípedo, determine:

a) a medida da diagonal, em centímetros;

b) o volume, em centímetros cúbicos.

13. Um comerciante comprou 20 blocos de doce de abóbora, cada qual com a forma de um paralelepípedo retângulo de base 12 cm × 21 cm e altura medindo $\frac{1}{11}$ do perímetro da base. O comerciante dividiu cada bloco em cubinhos de 3 cm de aresta e colocou-os à venda por R$ 0,80 a unidade. Se ele pagou ao fornecedor R$ 15,00 por bloco, qual será o seu lucro na venda de todos os cubinhos obtidos dos 20 blocos?

14. Uma caixa sem tampa foi construída a partir de uma folha retangular de cartolina 30 cm × 18 cm, cortando-se quatro quadrados congruentes, cada qual em um dos cantos da folha, dobrando-se convenientemente em seguida. Considere **x** a medida do lado de cada quadrado e responda:

a) Para quais valores reais de **x** a construção é possível?

b) Qual é, em função de **x**, o volume da caixa obtida?

c) Para qual valor de **x** a área da superfície lateral da caixa é 270 cm^2?

15. O vaso mostrado na figura abaixo foi feito com placas de vidro, cada uma com 0,5 cm de espessura. Considerando que ele tem a forma de paralelepípedo retângulo com as dimensões externas indicadas, determine:

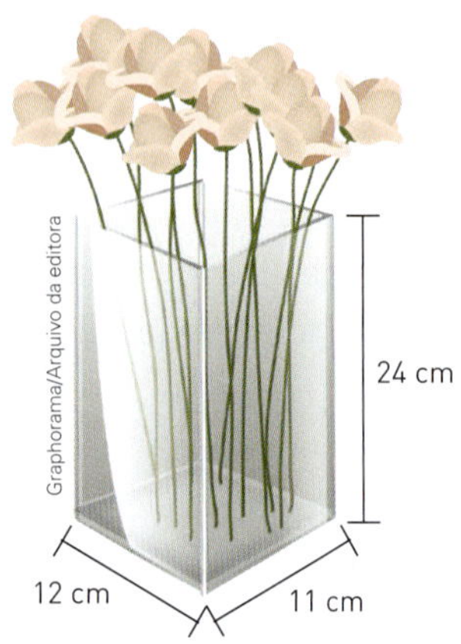

a) a capacidade desse vaso em litros;

b) o volume de vidro utilizado na sua confecção.

16. As dimensões de um paralelepípedo retângulo são inversamente proporcionais a 2, 3 e 6. Sabendo que a área total desse sólido é 352 cm^2, determine:

a) a medida de sua diagonal;

b) o volume do sólido.

17. O cubo da figura a seguir tem volume igual a 64 cm^3.

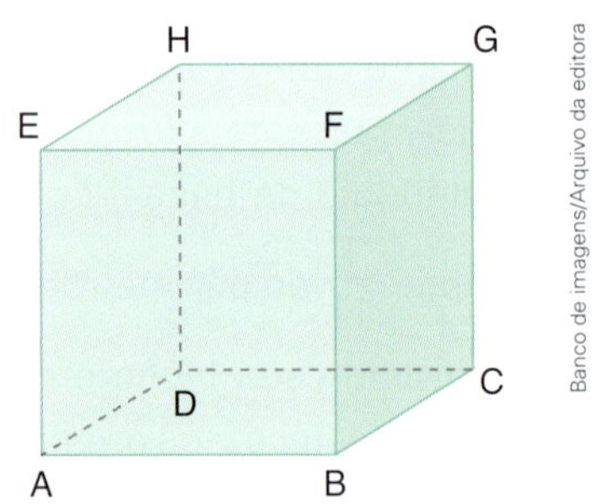

Determine a área:

a) do triângulo HDB;

b) do retângulo DBFH;

c) do triângulo ACH.

18. Uma paisagista fez um "sofá de grama" para um jardim, usando em sua estrutura uma mistura de argila, terra, adubo orgânico e pó de casca de coco. O "sofá" é revestido de placas de grama.

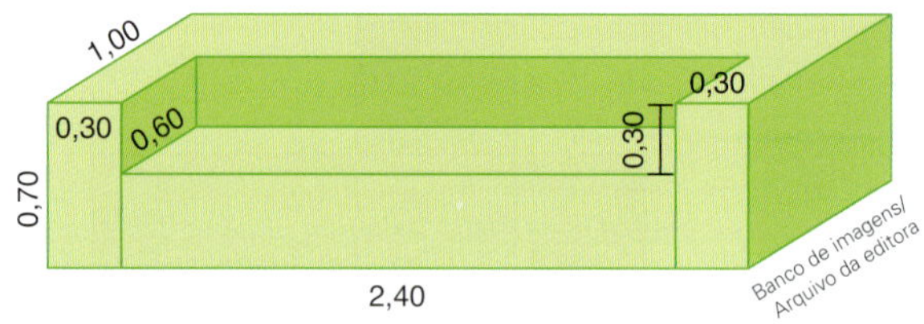

Se as dimensões do "sofá", em metros, são as do esquema acima, responda:

a) Quantos metros quadrados de grama foram usados para revesti-lo, excluída a parte que se apoia no chão?

b) Que volume da referida mistura foi usado para montar a estrutura desse sofá?

19. Uma indústria de brinquedos fabrica apenas um modelo de dominó: jogo composto de 28 pedras, cada uma das quais apresenta uma face dividida ao meio e com pontos marcados em cada metade, em quantidades que variam de 0 a 6. Considerando que cada jogo é acondicionado em uma caixa e que cada pedra tem a forma de um paralelepípedo retângulo de 0,60 cm de espessura, determine:

a) o número mínimo de pedras que poderiam ser usadas para construir um objeto que lembre um paralelepípedo retângulo de 1,80 m de altura, com a face maior apoiada em um plano horizontal. Nesse caso, quantas caixas seriam utilizadas?

b) o volume do paralelepípedo mencionado no item anterior, se cada pedra tiver 5 cm de comprimento por 2,5 cm de largura.

20. Um suco orgânico é vendido em embalagens que têm a mesma forma de um paralelepípedo retângulo de base quadrada. O fabricante anunciou uma mudança nas dimensões da embalagem: a medida do lado do quadrado da base do paralelepípedo aumentaria em 10%, sem alteração do volume da embalagem.

a) Qual deve ser, aproximadamente, o percentual de redução na medida da altura do paralelepípedo para que o volume seja, de fato, mantido?

b) Determine uma relação aproximada entre a medida da aresta da base (**x**) e a medida da altura (**h**) da embalagem original, para que a mudança nas dimensões do paralelepípedo acarrete economia de material gasto na sua confecção.

O volume do cubo e a função linear

Para ajudar no abastecimento de água de uma região castigada pela estiagem, a prefeitura de uma cidade abastece diariamente, com 13 500 litros (ou 13,5 m^3) de água, um pequeno e distante povoado. Essa quantidade de água é retirada de um caminhão-pipa e despejada, por meio de uma bomba, em um reservatório cúbico vazio, com dimensões de 2,5 m. No processo de transferência da água, um funcionário utiliza apenas uma trena graduada para verificar a altura que a água atinge no reservatório e, dessa forma, ele consegue saber o volume de água transferido pela bomba sem que haja desperdício. Como isso é possível?

O volume de água (em metros cúbicos) despejado no reservatório varia de acordo com o nível atingido pela água, em metros.

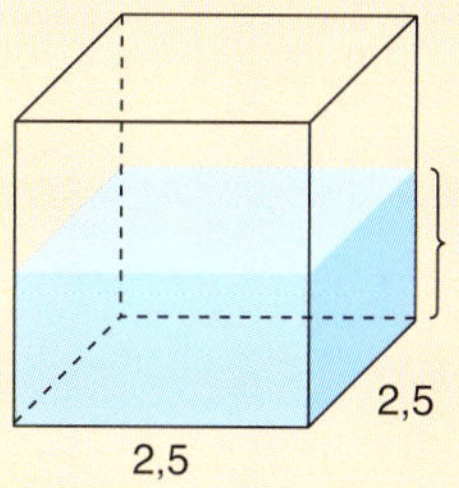

Banco de imagens/Arquivo da editora

- Para um certo nível $\mathbf{h_1}$, o volume de água é dado por $V_1 = A_b \cdot h_1 = (2,5)^2 \cdot h_1$.
- Para um outro nível $\mathbf{h_2}$, o volume de água é dado por $V_2 = (2,5)^2 \cdot h_2$, e assim por diante.

Enfim, para cada nível **h** que a água atinge, o volume transferido é:

$$V = (2,5)^2 \cdot h$$

Como a área de base ($2,5^2 = 6,25$) é constante, a razão $\frac{V}{h}$ é constante (e igual a 6,25) e, desse modo, as grandezas "volume de água transferido" e "nível da água" são **diretamente proporcionais** e a relação entre essas grandezas é dada por: $\frac{V}{h} = 6,25 \Rightarrow V = 6,25 \cdot h$, com **V** em metros cúbicos e **h** em metros. Trata-se da **função linear** $y = 6,25 \cdot x$, cujo gráfico está abaixo representado:

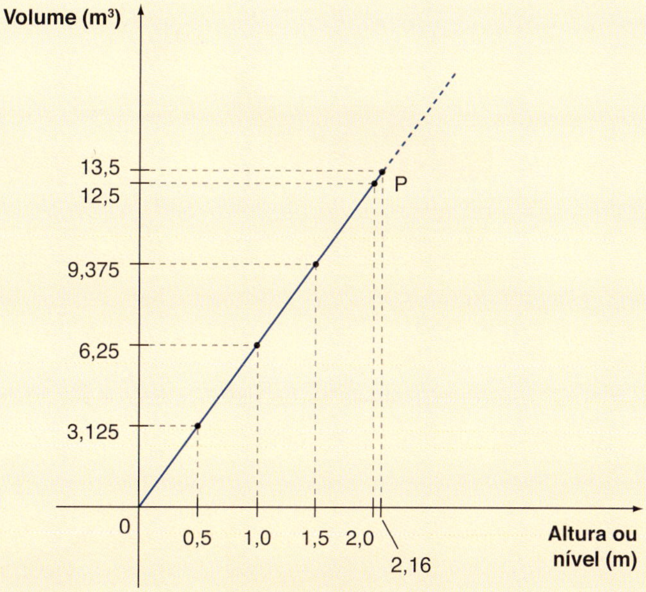

Banco de imagens/Arquivo da editora

Assim, para que o volume transferido seja de 13 500 L = 13,5 m^3, devemos ter:
$13,5 = 6,25 \cdot x \Rightarrow x = 2,16$ (veja o ponto **P**).

Em resumo, o funcionário deve fazer medições sucessivas com a trena até que o nível de água atinja a altura de 2,16 m, ou seja, 2 metros e 16 centímetros. Nesse ponto, a transferência de água deve ser interrompida, pois o recipiente cúbico já contém os 13 500 litros.

Princípio de Cavalieri

Conseguimos estabelecer uma fórmula para o volume de um paralelepípedo retângulo de maneira intuitiva; entretanto, para determinar a expressão do volume de outros sólidos, o processo não é tão simples. Uma maneira que pode ser utilizada para a obtenção do volume de um sólido é adotar como axioma um resultado formalizado pelo matemático italiano Bonaventura Francesco Cavalieri (1598-1647), que é conhecido como **princípio de Cavalieri**.

Antes de enunciar o princípio de Cavalieri, vamos apresentar um exemplo para que ele possa ser compreendido de maneira intuitiva.

Dispõe-se de um conjunto de chapas retangulares de madeira, todas com as mesmas dimensões e, consequentemente, com o mesmo volume.

Imagine que elas foram usadas para formar duas pilhas diferentes, cada qual com a mesma quantidade de chapas, como mostram as figuras 1 e 2:

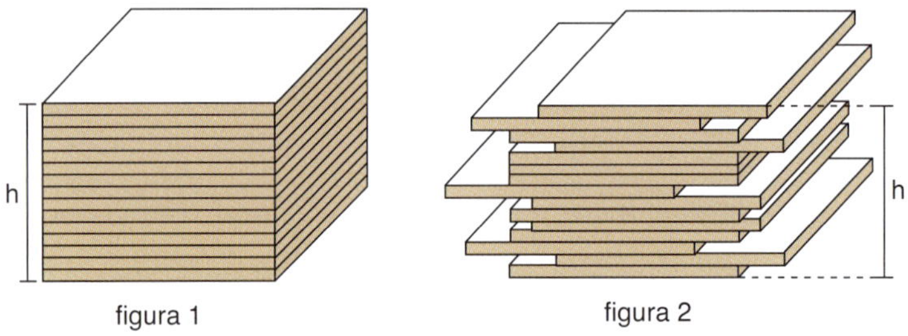

Ilustrações: Banco de imagens/Arquivo da editora

Note que, em ambas as pilhas, a quantidade de espaço ocupado pela coleção de chapas é a mesma, isto é, os sólidos das figuras 1 e 2 têm o mesmo volume.

Imagine agora esses mesmos sólidos com bases contidas em um mesmo plano α e situados num mesmo semiespaço dos determinados por α. Qualquer plano β paralelo a α e secante aos sólidos 1 e 2 determina nesses sólidos superfícies equivalentes, ou seja, de áreas iguais.

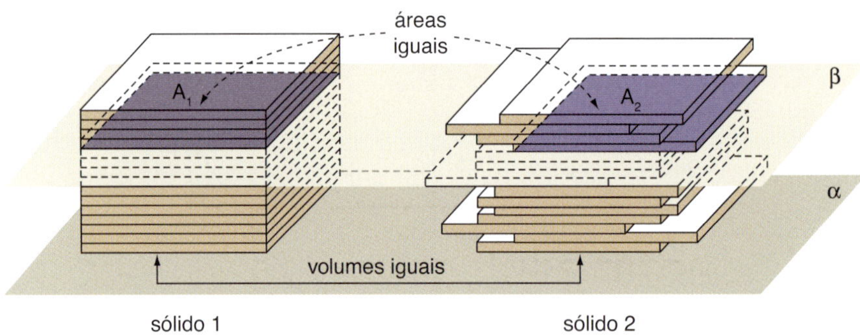

Banco de imagens/Arquivo da editora

A mesma ideia pode ser estendida para duas pilhas, cada qual com a mesma quantidade de moedas de dimensões iguais:

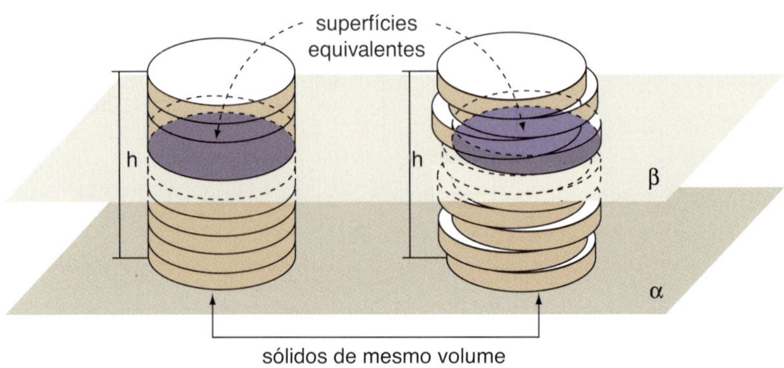

Banco de imagens/Arquivo da editora

O que acabamos de apresentar de maneira intuitiva é o que chamamos princípio de Cavalieri.

Dois sólidos, nos quais todo plano secante, paralelo a um dado plano, determina superfícies de áreas iguais (superfícies equivalentes), são sólidos de volumes iguais (sólidos equivalentes).

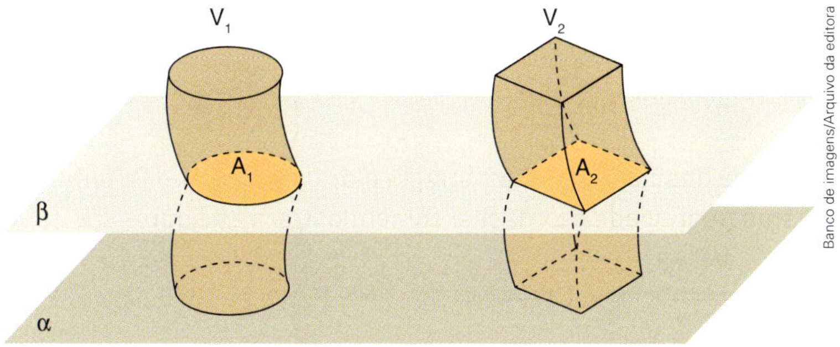

$$A_1 = A_2 \Rightarrow V_1 = V_2$$

De modo geral, sua aplicação deve ser feita colocando-se os dois sólidos com bases em um mesmo plano, paralelo àquele em que estarão as seções de áreas iguais.

A seguir, usaremos o princípio de Cavalieri para calcular o volume de um prisma.

Áreas e volume

Área da base (A_b)

Como a base de um prisma é um polígono, a área da base de um prisma é a área de um polígono.

Por exemplo, se a base do prisma for um quadrado cujo lado mede ℓ, então $A_b = \ell^2$; se a base do prisma for um triângulo, em que **b** e **h** são, respectivamente, as medidas da base e da altura relativa a essa base, então $A_b = \frac{b \cdot h}{2}$.

Área lateral (A_ℓ)

Como a superfície lateral de um prisma é a reunião de suas faces laterais, então a área lateral de um prisma é a soma das áreas das faces laterais.

Área total (A_t)

Como a superfície total de um prisma é a reunião da superfície lateral com as bases, então a área total de um prisma é dada por:

$$A_t = A_\ell + 2 \cdot A_b$$

Volume (V)

Imaginemos um prisma $\mathbf{P_1}$ de altura de medida **h** e área da base igual a **B**. Consideremos um paralelepípedo retângulo $\mathbf{P_2}$, em que **h** é a medida da altura e a área da base é igual a **B**. Note que $\mathbf{P_1}$ e $\mathbf{P_2}$ têm as alturas de medidas iguais, assim como são iguais as áreas de suas bases.

Suponhamos que os dois sólidos tenham as bases contidas em um mesmo plano α e fiquem no mesmo semiespaço de origem α, conforme mostrado na figura:

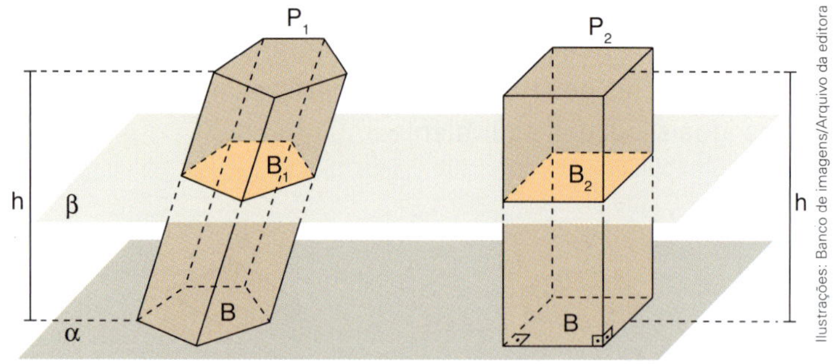

Observe que qualquer plano β paralelo a α e que secione $\mathbf{P}_1$ também seciona $\mathbf{P}_2$. Note também que as seções ($\mathbf{B}_1$ e $\mathbf{B}_2$) têm áreas iguais, pois são congruentes às respectivas bases.

Então, pelo princípio de Cavalieri, o prisma $\mathbf{P}_1$ e o paralelepípedo $\mathbf{P}_2$ têm volumes iguais, ou seja, $V_{P_1} = V_{P_2}$.

Como $V_{P_2} = B \cdot h$, então: $V_{P_1} = B \cdot h$.

Assim, concluímos que:

$$V = A_b \cdot h$$

O volume de um prisma é igual ao produto da área da base pela medida da altura.

Como exemplo, consideremos $\mathbf{P}_1$ um prisma reto triangular com 12 cm de altura e área da base igual a 18 cm^2 e $\mathbf{P}_2$ um cubo cuja aresta da base mede 6 cm. Temos:

$$\left.\begin{array}{l} V_{P_1} = A_b \cdot h \Rightarrow V_{P_1} = 18 \cdot 12 = 216 \\ V_{P_2} = a^3 \Rightarrow V_{P_2} = 6^3 = 216 \end{array}\right\} \Rightarrow$$

$$\Rightarrow V_{P_1} = V_{P_2} \Rightarrow \mathbf{P}_1 \text{ e } \mathbf{P}_2 \text{ são sólidos } \textbf{equivalentes}$$

EXEMPLO 4

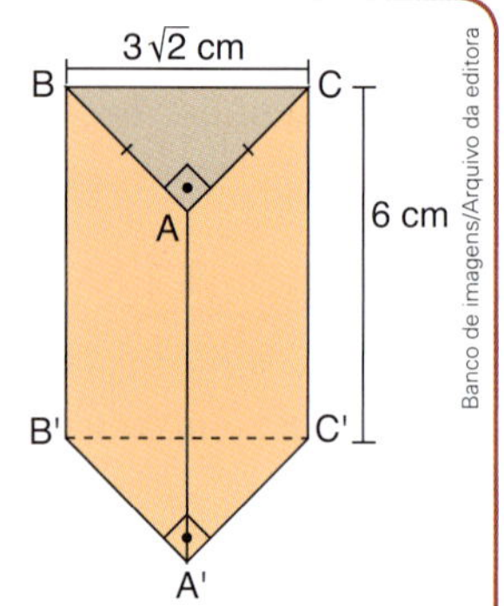

A figura ao lado representa um prisma reto, em que a altura mede 6 cm e a base é um triângulo retângulo isósceles cuja hipotenusa mede $3\sqrt{2}$ cm.

Vamos determinar a área total ($\mathbf{A}_t$) e o volume ($\mathbf{V}$) desse prisma.

- Cálculo de $\mathbf{A}_t$:

  Considere a planificação da superfície do prisma dado, mostrada na figura abaixo.

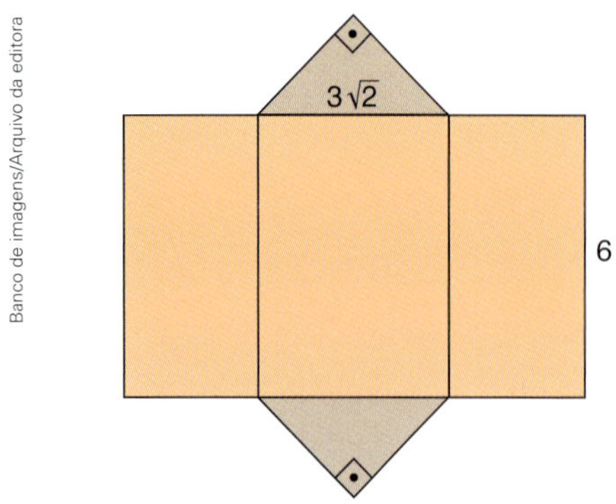

Observe que a área total do prisma é igual à soma das áreas de dois triângulos retângulos isósceles (BAC e B'A'C') com as áreas de três retângulos (ABB'A', CAA'C' e BCC'B'). Temos:

- $\triangle BAC$ é retângulo e isósceles; então:
  $(BA)^2 + (AC)^2 = (BC)^2 \underset{BA = AC}{\Rightarrow} 2 \cdot (AC)^2 = (3\sqrt{2})^2 \Rightarrow AC = 3$
  Portanto, AC = BA = 3 cm
  Logo: $A_b = \frac{1}{2} \cdot 3 \cdot 3 \Rightarrow A_b = 4{,}5$, isto é, $A_b = 4{,}5\ cm^2$.
- Como a área lateral é a soma das áreas dos retângulos ABB'A', CAA'C' e BCC'B', então:
  $$A_\ell = 3 \cdot 6 + 3 \cdot 6 + 3\sqrt{2} \cdot 6 = 18(2 + \sqrt{2}), \text{ isto é, } A_\ell = 18(2 + \sqrt{2})\ cm^2$$
  Portanto: $A_t = A_\ell + 2 \cdot A_b \Rightarrow A_t = 36 + 18\sqrt{2} + 2 \cdot 4{,}5 = 9(5 + 2\sqrt{2})$
  Logo, a área total desse prisma reto é igual a $9(5 + 2\sqrt{2})\ cm^2$.
- Cálculo de **V**:
  Como o volume de um prisma é dado por $V = A_b \cdot h$, então:
  $$V = 4{,}5 \cdot 6 = 27$$
  Logo, o volume desse prisma reto é 27 cm^3.

Exercícios resolvidos

2. Um prisma reto é tal que sua base é um losango com 24 dm de perímetro e um dos ângulos internos mede 60°, conforme a figura. Considerando que esse prisma tem 18 dm de altura, determine o seu volume.

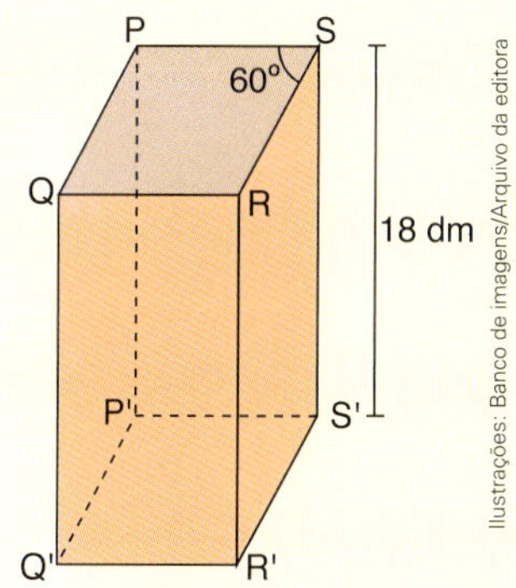

Solução:

Primeiramente, vamos determinar $\mathbf{A_b}$, área da base do prisma.

Se o perímetro do losango da base é igual a 24 dm, então cada lado mede 6 dm.

A área do losango da base é igual à soma das áreas dos triângulos PSR e PQR, que são congruentes. Assim, temos:

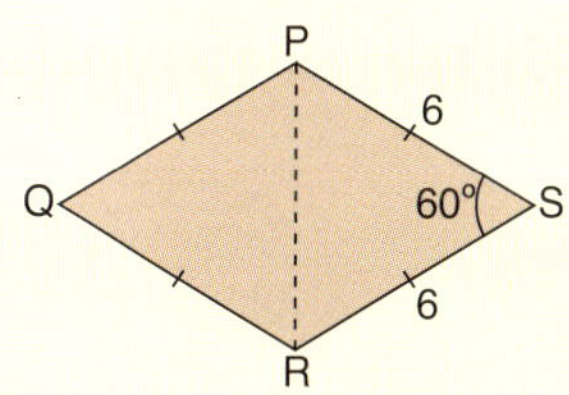

$$A_b = 2 \cdot A_{PSR} = 2 \cdot \frac{1}{2} \cdot 6\ dm \cdot 6\ dm \cdot \text{sen } 60° \Rightarrow A_b = 18\sqrt{3}\ dm^2$$

O volume **V** do prisma é dado por $V = A_b \cdot h$. Então, como h = 18 dm, temos:

$$V = (18\sqrt{3}\ dm^2) \cdot (18\ dm) = 324\sqrt{3}\ dm^3$$

Logo, o volume desse prisma é $324\sqrt{3}\ dm^3$.

3. Um artesão faz peças maciças de latão e as vende por R$ 35,00 o quilograma. Fabrício comprou uma dessas peças, que tem a forma de um prisma regular hexagonal de 10 cm de altura e cuja aresta da base mede 4 cm. Considerando que a densidade do latão é 8,5 g/cm^3, quanto Fabrício pagou pela peça comprada? Use $\sqrt{3} \simeq 1{,}7$.

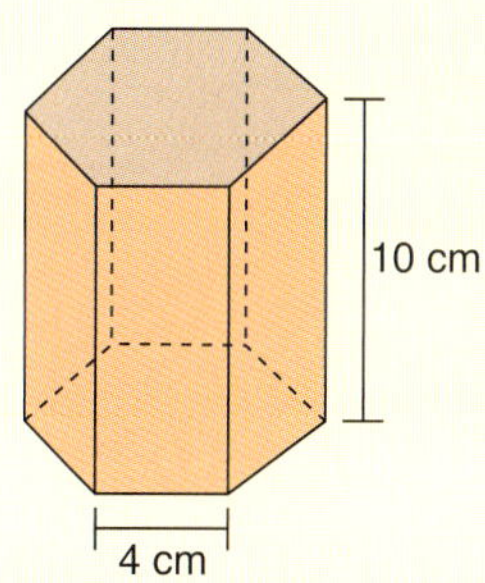

Solução:

Como a densidade do latão é 8,5 g/cm^3, isto é, a massa de latão em um volume de 1 cm^3 é 8,5 g, então devemos primeiramente determinar o volume **V** da peça comprada por Fabrício.

- Cálculo de **V**:
  A peça tem a forma de um prisma regular hexagonal; então, $V = A_b \cdot h$, em que $h = 10$ cm e $\mathbf{A_b}$ é a área de um hexágono regular cujo lado mede 4 cm.
  Como um hexágono regular é composto de seis triângulos equiláteros, então:

  $$A_b = 6 \cdot \left(\frac{\ell^2 \cdot \sqrt{3}}{4}\right) \underset{\ell = 4}{\Rightarrow} A_b = 6 \cdot \left(\frac{(4\text{ cm})^2 \cdot 1{,}7}{4}\right) \Rightarrow A_b = 40{,}8\text{ cm}^2$$

  Como $V = A_b \cdot h$, temos:

  $$V = (40{,}8\text{ cm}^2) \cdot (10\text{ cm}) = 408\text{ cm}^3$$

- Cálculo da quantia paga por Fabrício:
  Como a densidade do latão é 8,5 g/cm³, a regra de três seguinte permite que se calcule a massa da peça comprada:

massa (g)		volume (cm³)
8,5	—	1
x	—	408

  $$\Rightarrow \frac{8{,}5}{x} = \frac{1}{408} \Rightarrow x = 3\,468$$

  Portanto, a massa da peça comprada é 3 468 g ou 3,468 kg.
  Se o artesão vende cada peça a R$ 35,00 o quilograma, então a peça comprada por Fabrício custou 3,468 · R$ 35,00, ou seja, R$ 121,38.

4. Determine o volume do paralelepípedo oblíquo mostrado na figura, sabendo que sua base é um quadrado cujo lado mede 5 cm e que a aresta lateral mede 8 cm.

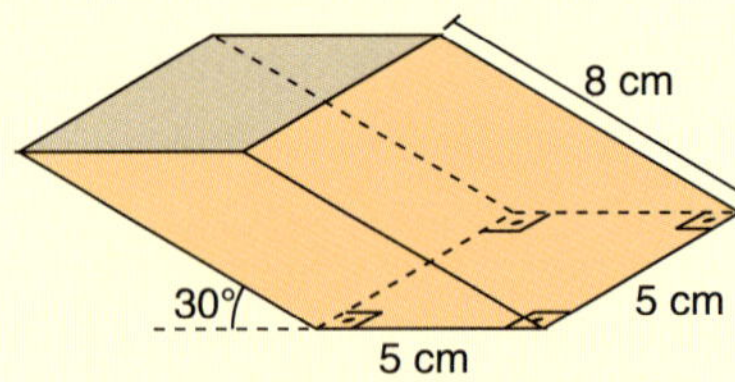

Ilustrações: Banco de imagens/Arquivo da editora

Solução:

A área da base do paralelepípedo é:

$$A_b = (5\text{ cm})^2 \Rightarrow A_b = 25\text{ cm}^2$$

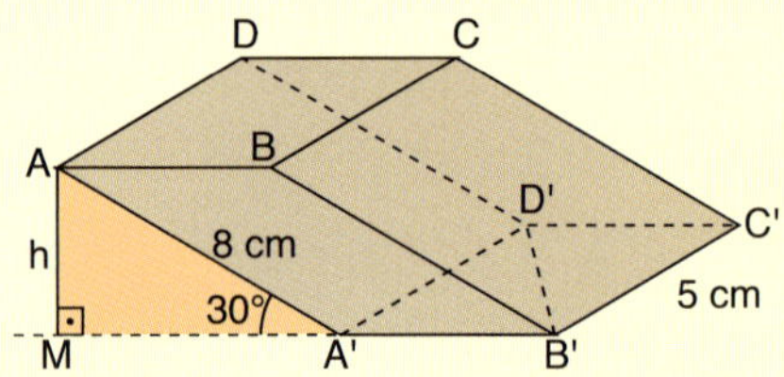

Para determinar a medida **h** da altura do paralelepípedo, note que o triângulo AMA' é retângulo; assim:

$$\text{sen}\,30° = \frac{AM}{AA'} \Rightarrow \frac{1}{2} = \frac{h}{8\text{ cm}} \Rightarrow h = 4\text{ cm}$$

Como o volume **V** do paralelepípedo é dado por $V = A_b \cdot h$, temos

$$V = (25\text{ cm}^2) \cdot (4\text{ cm}) = 100\text{ cm}^3$$

OBSERVAÇÃO

Define-se a **densidade de um material homogêneo** como o quociente de sua massa pelo seu volume.

A representação da densidade pode ser feita pela letra grega ρ (que se lê "rô") e é expressa, entre outros modos, em gramas por centímetro cúbico, quilogramas por metro cúbico, libras por polegada cúbica, etc. Assim:

$\rho = \frac{m}{V}$, em que **m** é a massa e **V** o volume do material.

Exercícios

21. Calcule a área lateral, a área total e o volume de cada um dos seguintes prismas:

a) prisma reto triangular

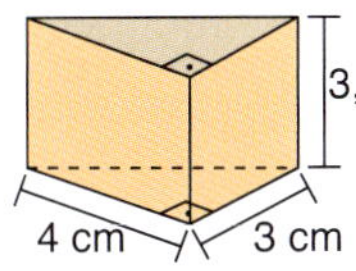

b) prisma regular hexagonal

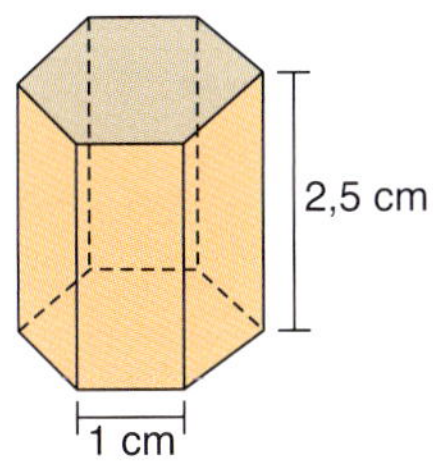

Ilustrações: Banco de imagens/Arquivo da editora

c) prisma oblíquo de base quadrada

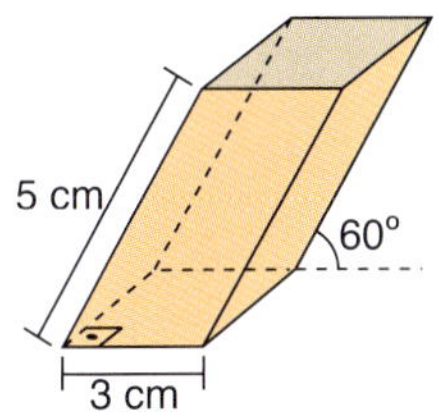

22. Considere um prisma reto cuja base é um triângulo equilátero de perímetro 12 dm. Determine a área total e o volume desse prisma, sabendo que a medida da sua altura é o dobro da medida da altura da base.

23. Na figura tem-se a planificação da superfície de um prisma reto cuja base é um trapézio isósceles.

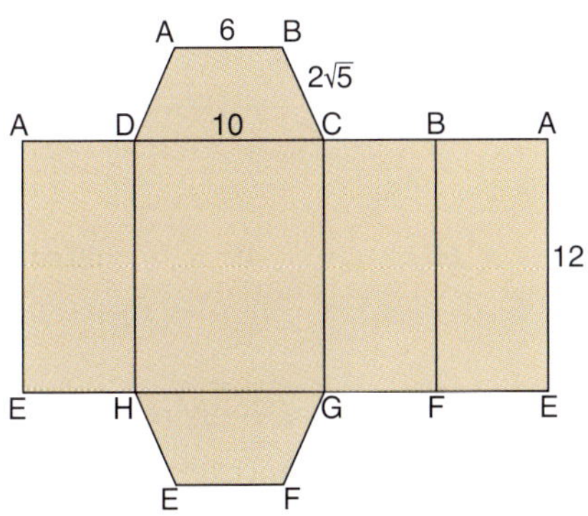

Banco de imagens/Arquivo da editora

Considerando que a unidade das medidas indicadas é o centímetro, determine:

a) o volume desse prisma;

b) a razão entre a área da base e a área lateral desse prisma, nessa ordem.

24. A base de um prisma reto de 8 cm de altura é um quadrado inscrito em um círculo de $6\sqrt{2}$ cm de diâmetro. Determine a área total e o volume desse prisma.

25. Sabe-se que a base de um prisma reto é um hexágono regular cujo apótema mede $6\sqrt{3}$ dm. Se a altura desse prisma mede 20 dm, determine sua área total e seu volume.

26. Um artesão vende porta-joias que têm a forma de prismas heptagonais regulares, cuja altura mede 3 cm e a aresta da base mede 3 cm. Ele oferece aos clientes a opção de revestimento de toda a superfície lateral do porta-joias com resina e, por esse serviço, cobra sobre o preço marcado um adicional de R$ 0,15 por centímetro quadrado de superfície revestida. Mafalda comprou um desses porta-joias e optou por fazer tal revestimento. Que quantia adicional ela pagou?

27. Uma marmoraria fabrica mesas como a mostrada na figura abaixo, a qual é composta de duas partes acopladas que lembram prismas de mármore:

- o tampo, com 5 cm de altura, lembra um prisma regular hexagonal cuja área da base mede 70 cm;
- o suporte do tampo lembra um paralelepípedo retângulo que tem 70 cm de altura e cuja base é um quadrado com 50 cm de lado.

Banco de imagens/Arquivo da editora

Considerando esses dados e $\sqrt{3} \simeq 1{,}7$, responda:

a) Qual é o volume, em metros cúbicos, do mármore que compõe a estrutura da mesa?

b) Se, para aplicar uma resina impermeabilizante na pedra, o fabricante cobra R$ 100,00 o metro quadrado, quanto custaria aplicar essa resina na superfície das duas peças que compõem a mesa?

28. A base de um prisma reto é um losango cujas diagonais medem 6 cm e 8 cm. Sabendo que a altura do prisma mede 10 cm, determine:

a) o volume do prisma;

b) a área total do prisma.

29. A figura representa parte de uma escada de madeira maciça que tem o total de 12 degraus de mesmas dimensões, cada qual com a forma de um prisma triangular. Determine o custo da madeira usada na construção dessa escada, considerando que o marceneiro que a construiu afirmou ter pago ao seu fornecedor a quantia de R$ 4 500,00 por metro cúbico.

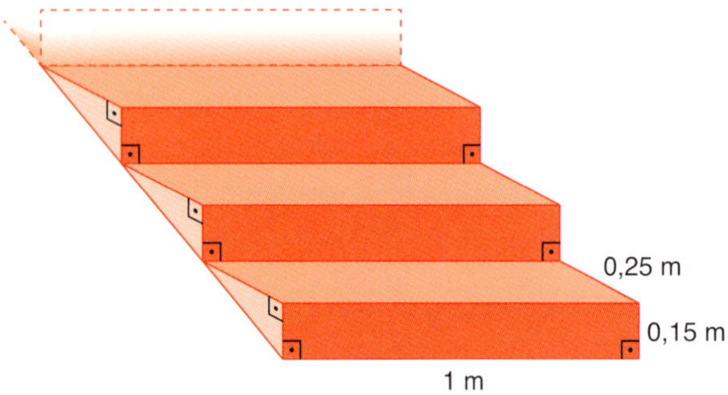

Banco de imagens/Arquivo da editora

30. Um prisma hexagonal regular tem $192\sqrt{3}$ m³ de volume e a área de sua superfície lateral é igual a 192 m². Determine a medida do lado do hexágono e a altura do prisma.

31. Sabe-se que a base de um prisma é um triângulo equilátero com 12 dm de perímetro e que a medida de sua altura é igual a $\frac{5}{2}$ da medida da altura da base. Relativamente a esse prisma, determine:

a) a área total;

b) o volume.

32. A embalagem de certo chocolate tem a forma de um prisma triangular regular cuja altura mede $4\sqrt{3}$ cm. Sua área total é o dobro da área lateral. Determine o volume de chocolate contido em uma embalagem, sabendo que ele ocupa 60% da capacidade da embalagem.

33. Determine o volume e a área total de um prisma reto de 15 cm de altura e cuja base é um triângulo equilátero de apótema $4\sqrt{3}$ cm.

34. Um prisma hexagonal regular é tal que a área da base está para a área lateral assim como 1 está para 3. Determine a área lateral e o volume desse prisma, sabendo que ele tem 18 cm de altura.

35. A figura representa um galpão com o formato de um prisma reto de base pentagonal, em que a unidade das medidas indicadas é o metro. Considerando que esse galpão tem 18 m de comprimento, determine o volume de ar que ele comporta.

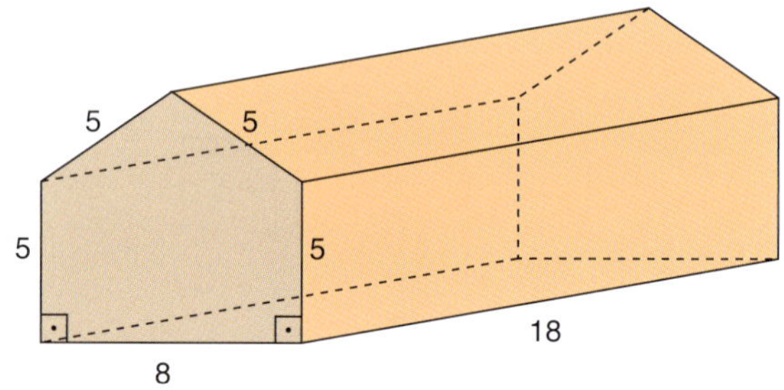

Banco de imagens/Arquivo da editora

36. Para escoar a água da chuva em uma casa foi construída uma calha de PVC com 8 m de comprimento, que tem a forma de um prisma reto de base triangular.

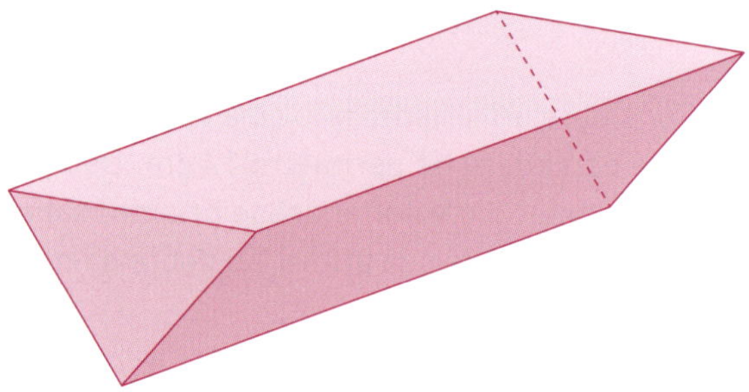

Banco de imagens/Arquivo da editora

A interseção do prisma com um plano paralelo às bases é o triângulo representado abaixo:

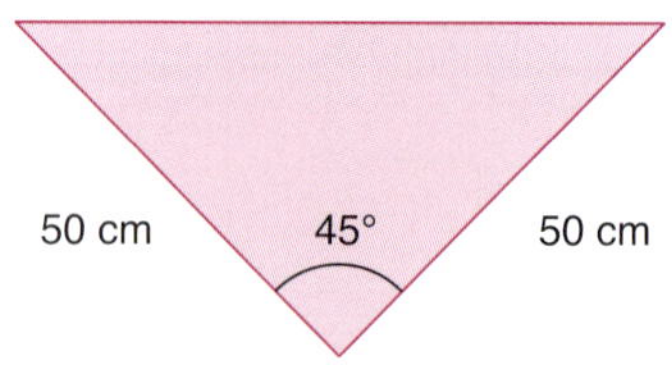

Banco de imagens/Arquivo da editora

Considere $\sqrt{2} \simeq 1,41$, $\sqrt{2-\sqrt{2}} \simeq 0,76$ e determine:

a) o volume máximo aproximado de água, em litros, que a calha pode acondicionar;

b) a quantidade de material (PVC) gasto na confecção da calha;

c) a área da calha destinada ao escoamento da água da chuva.

Enem e vestibulares resolvidos

(Enem) Um casal realiza sua mudança de domicílio e necessita colocar numa caixa de papelão um objeto cúbico, de 80 cm de aresta, que não pode ser desmontado. Eles têm à disposição cinco caixas, com diferentes dimensões, conforme descrito:

Caixa 1: 86 cm × 86 cm × 86 cm

Caixa 2: 75 cm × 82 cm × 90 cm

Caixa 3: 85 cm × 82 cm × 90 cm

Caixa 4: 82 cm × 95 cm × 82 cm

Caixa 5: 80 cm × 95 cm × 85 cm

O casal precisa escolher uma caixa na qual o objeto caiba, de modo que sobre o menor espaço livre em seu interior.

A caixa escolhida pelo casal deve ser a de número

a) 1.
b) 2.
c) 3.
d) 4.
e) 5.

Resolução comentada

Para que o objeto cúbico caiba na caixa é necessário que cada uma das dimensões da caixa (altura, largura e comprimento) seja de pelo menos 80 cm (medida da aresta do cubo).

Das caixas disponíveis a única que não satisfaz essa condição é a Caixa 2. Dentre as demais caixas o casal deverá escolher a que possui o menor volume, para que sobre o menor espaço livre em seu interior:

Caixa 1: Volume $= 86 \cdot 86 \cdot 86 = 636\,056$ cm^3

Caixa 3: Volume $= 85 \cdot 82 \cdot 90 = 627\,300$ cm^3

Caixa 4: Volume $= 82 \cdot 95 \cdot 82 = 638\,780$ cm^3

Caixa 5: Volume $= 80 \cdot 95 \cdot 85 = 646\,000$ cm^3

Logo, o casal deverá escolher a Caixa 3.

Alternativa *c*.

Exercícios complementares

1. (FGV-SP) A figura mostra a maquete do depósito a ser construído. A escala é 1 : 500, ou seja, 1 cm, na representação, corresponde a 500 cm na realidade. Qual será a capacidade, em metros cúbicos, do depósito?

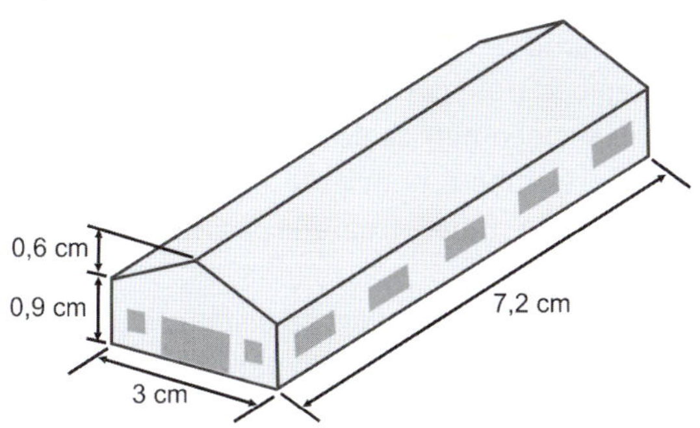

Reprodução/ FGV, 2012

2. Deseja-se construir uma piscina com capacidade para 420 000 litros e medidas como indicado na figura abaixo. Seu piso é um plano inclinado, suas laterais são planas e sua vista superior é um retângulo. Determine a medida de **x**, em metros.

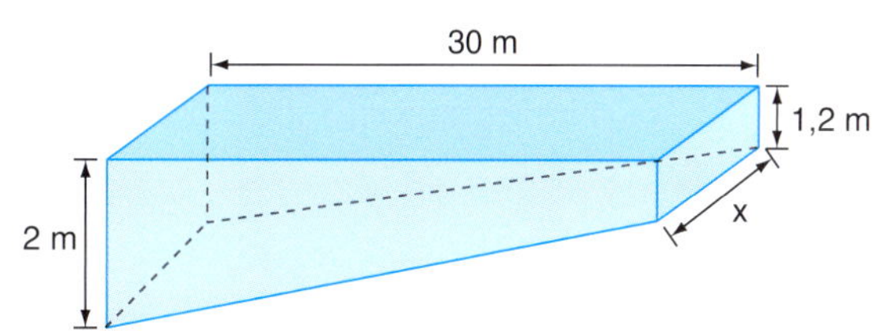

AUSÊNCIA DE PROPORÇÃO

Banco de imagens/Arquivo da editora

3. (UFJF-MG) Uma empresa de sorvete utiliza como embalagem um prisma reto, cuja altura mede 10 cm e cuja base é dada conforme descrição a seguir: de um retângulo de dimensões 20 cm por 10 cm, extrai-se em cada um dos quatro vértices um triângulo retângulo isósceles de catetos de medida 1 cm.

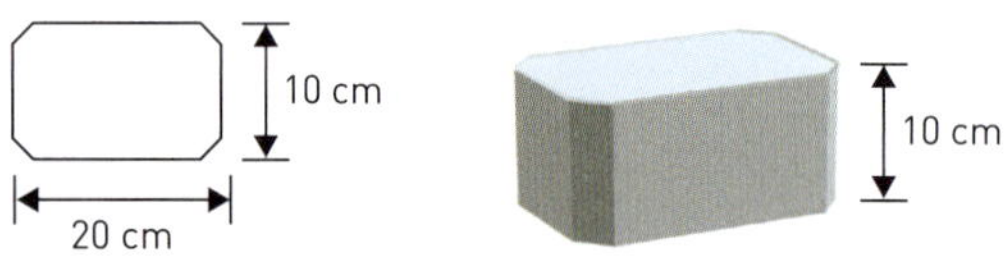

Reprodução/ UFJF, 2012

a) Calcule o volume da embalagem.

b) Sabendo que o volume ocupado pelo sorvete aumenta em $\frac{1}{5}$ quando passa do estado líquido para o estado sólido, qual deve ser o volume máximo ocupado por esse sorvete no estado líquido, nessa embalagem, para que, ao congelar, o sorvete não transborde?

4. No bloco retangular abaixo, considere α a medida do ângulo $H\hat{B}D$ e faça o que se pede.

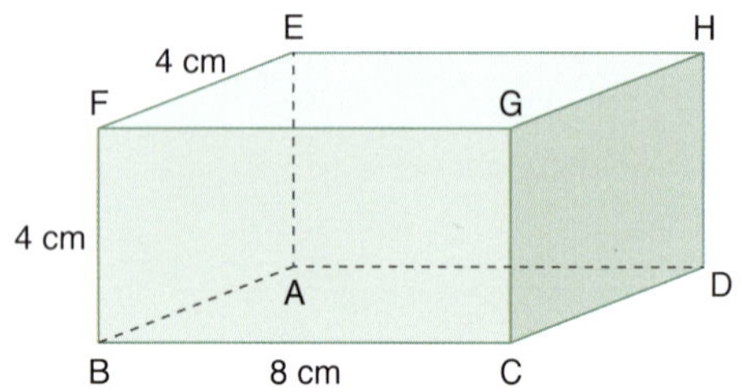

Banco de imagens/Arquivo da editora

a) Calcule o valor de cos α.

b) Determine a razão entre a área do triângulo HBD e a área do triângulo EBD.

5. Um cubo tem volume igual a 512 cm^3. Determine a distância entre os centros de duas faces contíguas desse cubo.

6. No cubo abaixo, **O** é centro da face ABCD do cubo e PO = 60 cm. Determine a medida da aresta desse cubo.

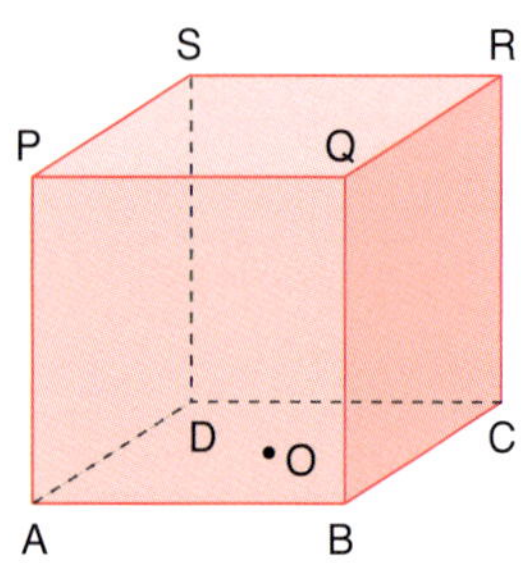

Banco de imagens/Arquivo da editora

7. Um prisma regular hexagonal é cortado por um plano perpendicular a uma aresta de uma base, segundo um quadrado de diagonal $\sqrt{6}$ cm. Calcule a área da base, a área lateral, a área total e o volume do prisma.

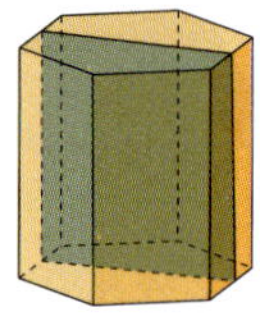

Banco de imagens/Arquivo da editora

8. A figura abaixo mostra o sólido obtido ao se retirar de um paralelepípedo retângulo de dimensões 3x, 2x e **x**, (em que $x > 1$), um paralelepípedo retângulo de altura **x** e base quadrada com área 1.

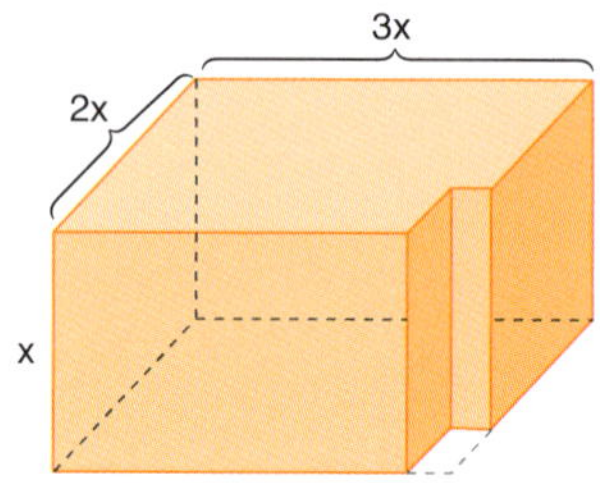

Banco de imagens/Arquivo da editora

Considerando o sólido obtido, determine:

a) o número de vértices, faces e arestas;

b) sua área total;

c) seu volume.

9. Um fabricante produz caixas com a forma de um paralelepípedo retângulo com as seguintes dimensões: 50 cm de comprimento, 30 cm de largura e 20 cm de altura. Ele pretende produzir outro tipo de caixa, diminuindo **x** centímetros no seu comprimento e aumentando **x** centímetros na sua largura. Se a altura da caixa não for alterada, determine:

a) o valor de **x** para que a capacidade da nova caixa seja a maior possível;

b) a razão (nesta ordem), entre os volumes $\mathbf{V}_1$ da caixa original e $\mathbf{V}_2$ do novo tipo de caixa, nas condições do item *a*.

10. A partir de um paralelepípedo retângulo, constrói-se um novo paralelepípedo aumentando-se o comprimento em 20% e reduzindo-se a largura em 20%. Sabendo que o volume aumentou 34,4%, em que percentual foi aumentada a altura?

11. (Unicamp-SP) Numa piscina em formato de paralelepípedo, as medidas das arestas estão em progressão geométrica de razão $q > 1$.

a) Determine o quociente entre o perímetro da face de maior área e o perímetro da face de menor área.

b) Calcule o volume dessa piscina, considerando $q = 2$ e a área total do paralelepípedo igual a 252 m^2.

12. (UFPR) Um tanque possui a forma de um prisma reto, com as dimensões indicadas pela figura.

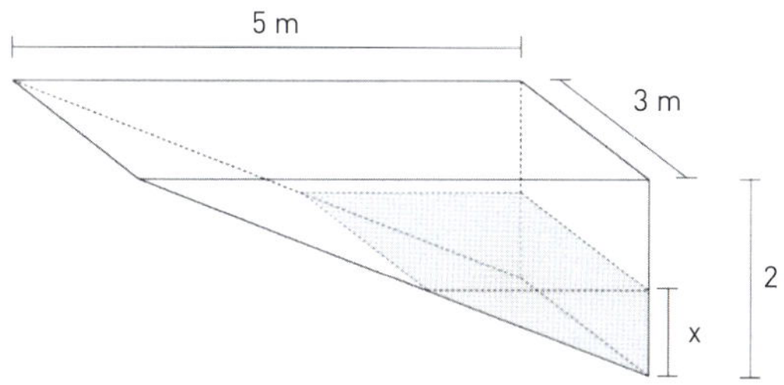

Reprodução/ UFPR, 2013

Com base nisso, faça o que se pede:

a) Quando estiver completamente cheio, quantos litros esse tanque comportará?

b) Obtenha uma função que expresse o volume **V** de água no tanque como função da altura **x**, indicada na figura.

13. De um pacote de manteiga, em forma de bloco retangular cujas dimensões eram 12 cm × 6 cm × 3,5 cm, foi usado um pedaço para fazer um bolo, parte esta que, na figura, corresponde ao prisma YCGHDX, em que $\overline{XY}$ é paralelo a $\overline{AB}$.

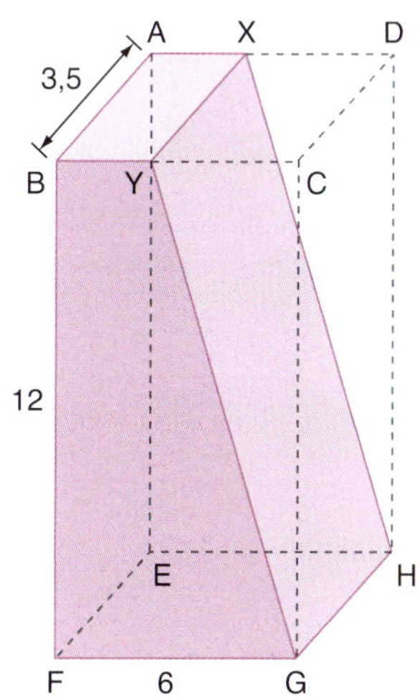

Banco de imagens/Arquivo da editora

Determine:

a) a medida do segmento $\overline{YC}$, sabendo que o pedaço retirado corresponde a $\frac{2}{5}$ do volume do bloco;

b) quantos gramas foram usados para fazer o bolo, sabendo que originalmente o pacote continha 200 g de manteiga.

14. Com uma corda disposta em cruz, deseja-se amarrar um pacote que tem a forma de um bloco retangular cujas dimensões são 1,40 m, 0,60 m e 0,20 m. Se para fazer os nós gastam-se 20 cm, determine a quantidade mínima de metros de corda para amarrar o pacote.

15. Em um paralelepípedo retângulo, a diagonal mede $25\sqrt{2}$ cm e a soma de suas três dimensões é igual a 60 cm. Qual é a área total desse sólido?

16. (Unicamp-SP) Considere os três sólidos exibidos na figura abaixo, um cubo e dois paralelepípedos retângulos, em que os comprimentos das arestas, **a** e **b**, são tais que $a > b > 0$.

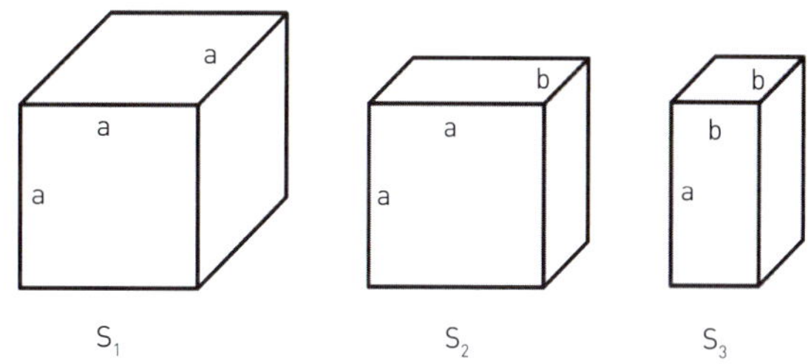

Reprodução/ Unicamp, 2017

a) Determine a razão $r = \frac{a}{b}$ para a qual o volume de $\mathbf{S}_1$ é igual à soma dos volumes de $\mathbf{S}_2$ e $\mathbf{S}_3$.

b) Sabendo que a soma dos comprimentos de todas as arestas dos três sólidos é igual a 60 cm, determine a soma das áreas de superfície dos três sólidos.

17. (UFJF-MG) Gui ganhou um aquário em forma de um paralelepípedo retangular, e quer enchê-lo com 640 mL de água. Gui resolveu colocar o aquário em cima da mesa. Ao apoiar a face **A** em cima da mesa, a água atingiu altura de 4 cm. Ao apoiar a face **B** em cima da mesa, a altura que a água atingiu foi de 8 cm. Ao colocar a face **C** em contato com a mesa, a água atingiu altura de 10 cm.

a) Determine as medidas das dimensões do aquário.

b) Determine a medida da área da menor face do aquário.

c) Determine a medida do volume do aquário, em litros.

18. A aresta da base de um prisma hexagonal regular é **r** e a aresta lateral é **s**. Esse prisma é equivalente a um outro prisma, triangular regular, cuja aresta da base é **s** e cuja aresta lateral é **r**. Determine a relação entre **r** e **s**.

19. (UFPR) Uma calha será construída a partir de folhas metálicas em formato retangular, cada uma medindo 1 m por 40 cm. Fazendo-se duas dobras de largura paralelas ao lado maior de uma dessas folhas, obtém-se três faces de um bloco retangular, como mostra a figura a seguir, à direita.

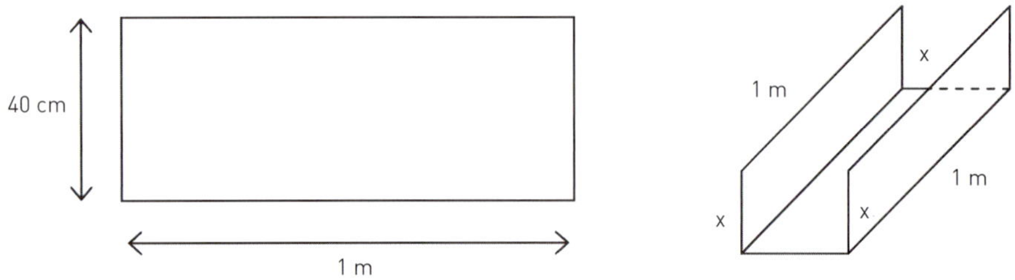

a) Obtenha uma expressão para o volume desse bloco retangular em termos de **x**.

b) Para qual valor de **x** o volume desse bloco retangular será máximo?

20. (UFG-GO) O projeto *Icedream* é uma iniciativa que tem como meta levar um *iceberg* das regiões geladas para abastecer a sede de países áridos. A ideia do projeto é amarrar a um *iceberg* tabular uma cinta e rebocá-lo com um navio. A figura a seguir representa a forma que o *iceberg* tem no momento em que é amarrada a cinta para rebocá-lo.

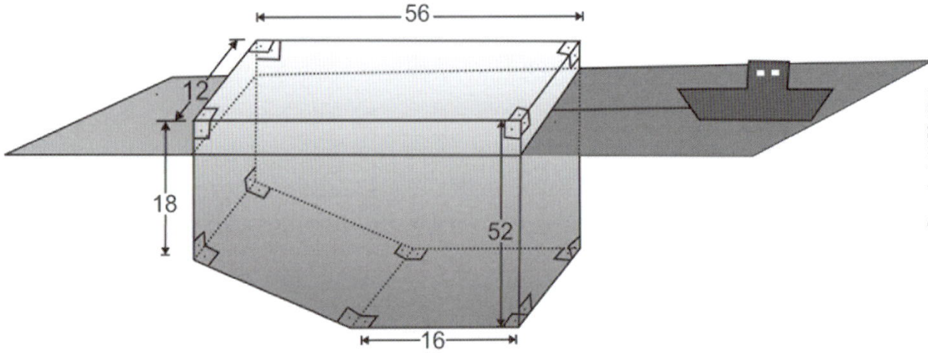

Considerando que o *iceberg* é formado somente por água potável e que, após o deslocamento, 10% do volume do bloco foi perdido, determine qual a quantidade de água obtida transportando-se um *iceberg* com as dimensões, em metros, indicadas na figura apresentada.

21. Qual é a expressão algébrica que representa o volume do sólido da figura abaixo?

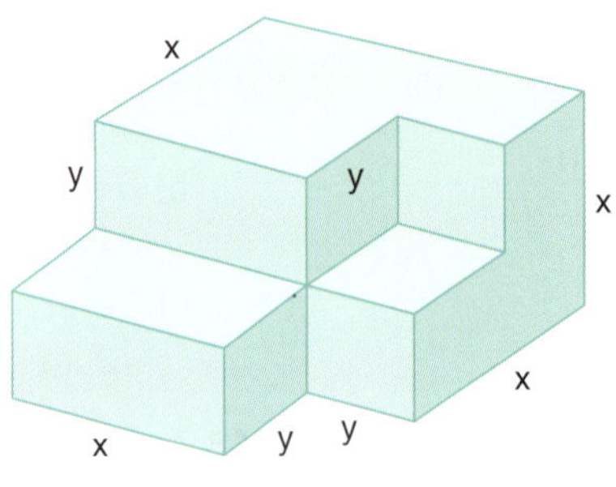

22. (Unifesp) Um sólido é formado por 24 cubos idênticos, conforme a figura ao lado. O contato entre dois cubos contíguos sempre se dá por meio da sobreposição perfeita entre as faces desses cubos. Na mesma figura também estão marcados **A**, **B**, **C** e **D**, vértices de quatro cubos que compõem o sólido.

a) Admitindo-se que a medida de $\overline{AB}$ seja $2\sqrt{7}$ cm, calcule o volume do sólido.

b) Calcule a medida de $\overline{CD}$ admitindo-se que a medida da aresta de cada cubo que compõe o sólido seja igual a 2 cm.

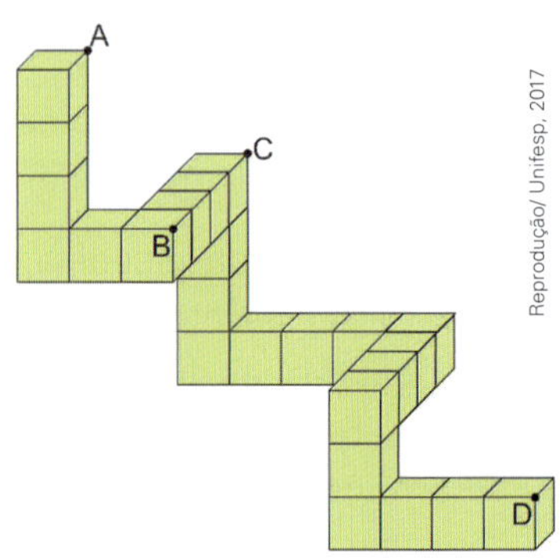

23. (Unesp-SP) Um bloco maciço com a forma de paralelepípedo reto-retângulo tem dimensões 8 m, 12 m e 10 m. Em duas de suas faces, indicadas por **A** e **B** na figura, foram marcados retângulos, de 2 m por 3 m, centralizados com as faces do bloco e com lados paralelos às arestas do bloco. Esses retângulos foram utilizados como referência para perfurar totalmente o bloco, desde as faces **A** e **B** até as respectivas faces opostas a elas no bloco.

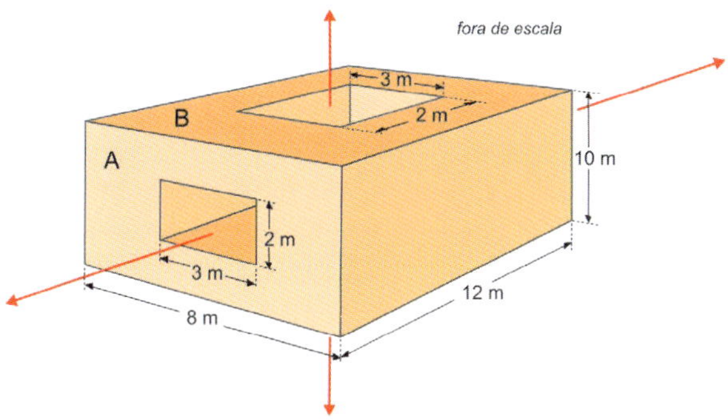

Reprodução/ Unesp, 2015

Calcule o volume e a área total do novo sólido, que resultou após a perfuração do bloco.

24. Calcule a área do triângulo obtido unindo-se o centro de uma face de um cubo com as extremidades de uma aresta da face oposta, sendo 5 cm a medida da aresta do cubo.

25. (Uerj) Um cubo de aresta $\overline{EF}$ medindo 8 dm contém água e está apoiado sobre um plano α de modo que apenas a aresta $\overline{EF}$ esteja contida nesse plano. A figura abaixo representa o cubo com a água.

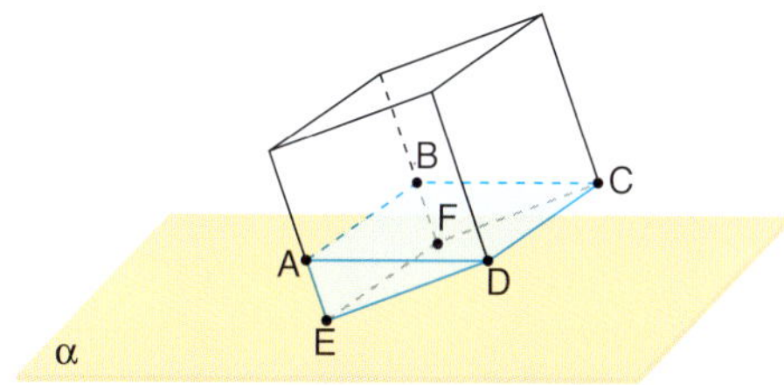

Reprodução/ Uerj, 2015

Considere que a superfície livre do líquido no interior do cubo seja um retângulo ABCD com área igual a $32\sqrt{5}$ dm^2.
Determine o volume total, em dm^3, de água contida nesse cubo.

Testes

1. (Enem) Uma caixa-d'água em forma de um paralelepípedo retângulo reto, com 4 m de comprimento, 3 m de largura e 2 m de altura, necessita de higienização. Nessa operação, a caixa precisará ser esvaziada em 20 min, no máximo. A retirada da água será feita com o auxílio de uma bomba de vazão constante, em que a vazão é o volume do líquido que passa pela bomba por unidade de tempo.
A vazão mínima, em litro por segundo, que essa bomba deverá ter para que a caixa seja esvaziada no tempo estipulado é

a) 2. b) 3. c) 5. d) 12. e) 20.

2. (UFPR) A piscina usada nas competições de natação das Olimpíadas Rio 2016 possui as medidas oficiais recomendadas: 50 metros de extensão, 25 metros de largura e 3 metros de profundidade. Supondo que essa piscina tenha o formato de um paralelepípedo retângulo, qual dos valores abaixo mais se aproxima da capacidade máxima de água que essa piscina pode conter?

a) 37 500 litros.
b) 375 000 litros.
c) 3 750 000 litros.
d) 37 500 000 litros.
e) 375 000 000 litros.

3. (Enem) O condomínio de um edifício permite que cada proprietário de apartamento construa um armário em sua vaga de garagem. O projeto da garagem, na escala 1 : 100, foi disponibilizado aos interessados já com as especificações das dimensões do armário, que deveria ter o formato de um paralelepípedo retângulo reto, com dimensões, no projeto, iguais a 3 cm, 1 cm e 2 cm.
O volume real do armário, em centímetros cúbicos, será:

a) 6
b) 600
c) 6 000
d) 60 000
e) 6 000 000

4. (PUC-RJ) O que acontece com o volume de um paralelepípedo quando aumentamos a largura e a altura em 10% e diminuímos a profundidade em 20%?

a) Não se altera
b) Aumenta aproximadamente 3%
c) Diminui aproximadamente 3%
d) Aumenta aproximadamente 8%
e) Diminui aproximadamente 8%

5. (UFRGS-RS) Os vértices do hexágono sombreado, na figura abaixo, são pontos médios das arestas de um cubo.

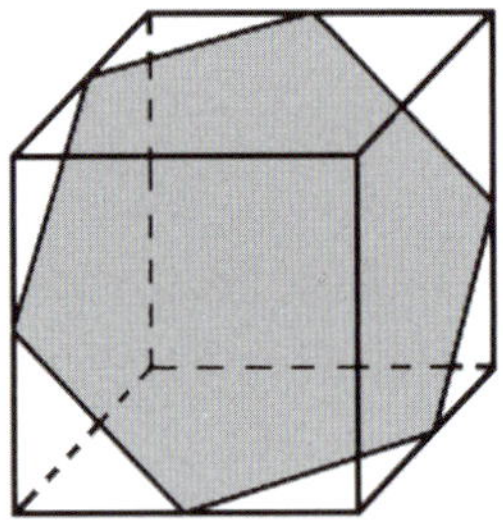

Reprodução/ UFRGS, 2014

Se o volume do cubo é 216, o perímetro do hexágono é:

a) $3\sqrt{2}$ c) $9\sqrt{2}$ e) $18\sqrt{2}$
b) $6\sqrt{2}$ d) $12\sqrt{2}$

6. (UFSM-RS) Os produtos de plástico são muito úteis na nossa vida, porém causam muitos danos ao meio ambiente. Algumas empresas começaram a investir em alternativas para evitar a poluição causada pelo plástico. Uma dessas alternativas é a utilização do bioplástico na fabricação de embalagens, garrafas, componentes de celulares e autopeças.

Uma embalagem produzida com bioplástico tem a forma de um prisma hexagonal regular com 10 cm de aresta da base e 6 cm de altura. Qual é o volume, em cm^3, dessa embalagem?

a) $150\sqrt{3}$ c) $900\sqrt{3}$ e) $1800\sqrt{3}$
b) 1 500 d) 1 800

7. (Enem) Um petroleiro possui reservatório em formato de um paralelepípedo retangular com as dimensões dadas por 60 m × 10 m de base e 10 m de altura. Com o objetivo de minimizar o impacto ambiental de um eventual vazamento, esse reservatório é subdividido em três compartimentos, **A**, **B** e **C**, de mesmo volume, por duas placas de aço retangulares com dimensões de 7 m de altura e 10 m de base, de modo que os compartimentos são interligados, conforme a figura. Assim, caso haja rompimento no casco do reservatório, apenas uma parte de sua carga vazará.

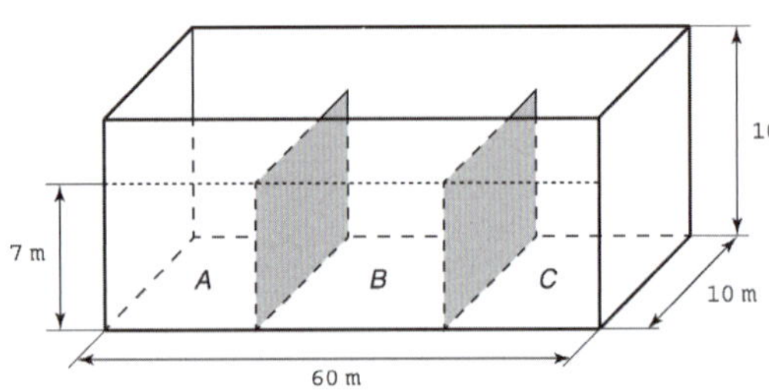

Reprodução/ Enem, 2016

Suponha que ocorra um desastre quando o petroleiro se encontra com sua carga máxima: ele sofre um acidente que ocasiona um furo no fundo do compartimento **C**.

Para fins de cálculo, considere desprezíveis as espessuras das placas divisórias.

Após o fim do vazamento, o volume de petróleo derramado terá sido de

a) $1{,}4 \times 10^3\ m^3$ d) $3{,}2 \times 10^3\ m^3$
b) $1{,}8 \times 10^3\ m^3$ e) $6{,}0 \times 10^3\ m^3$
c) $2{,}0 \times 10^3\ m^3$

8. (PUC-RS) Uma piscina na forma retangular tem 12 metros de comprimento, 6 metros de largura e 2 metros de profundidade. Bombeia-se água para a piscina até atingir 75% de sua altura. A quantidade de água para encher esta piscina até a altura indicada é de ________ litros.

a) 54 d) 108 000
b) 108 e) 192 000
c) 54 000

9. (Enem) Uma lata de tinta, com a forma de um paralelepípedo retangular reto, tem as dimensões, em centímetros, mostradas na figura.

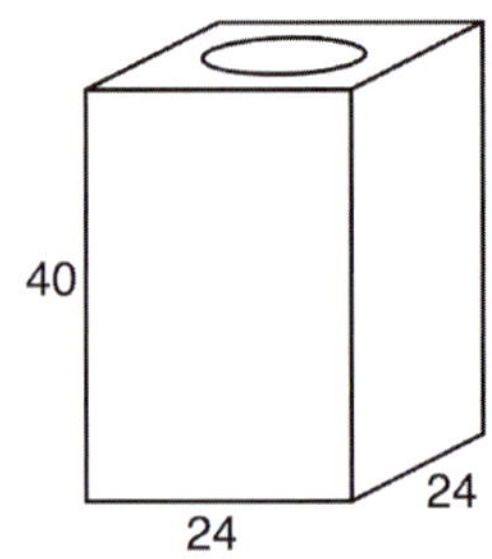

Reprodução/ Enem, 2011

Será produzida uma nova lata, com os mesmos formato e volume, de tal modo que as dimensões de sua base sejam 25% maiores que as da lata atual.

Para obter a altura da nova lata, a altura da lata atual deve ser reduzida em:

a) 14,4% c) 32,0% e) 64,0%
b) 20,0% d) 36,0%

10. (ESPM-SP) No sólido representado abaixo, sabe-se que as faces ABCD e BCFE são retângulos de áreas 6 cm^2 e 10 cm^2, respectivamente.

Reprodução/ ESPM, 2014

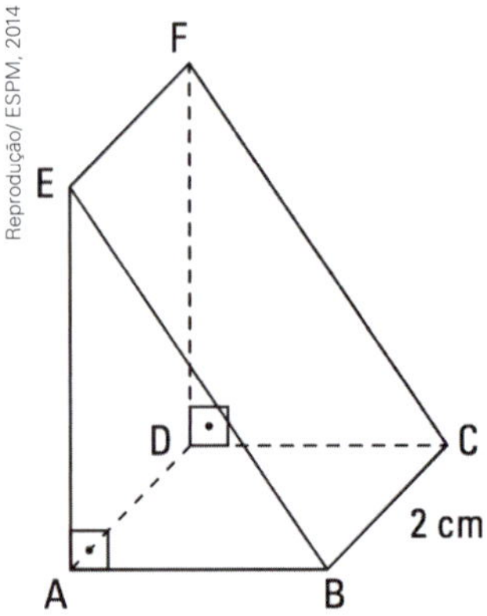

O volume desse sólido é de:

a) 8 cm^3
b) 10 cm^3
c) 12 cm^3
d) 16 cm^3
e) 24 cm^3

11. (UFJF-MG) Uma piscina tem 20 m de largura, 40 m de comprimento, 1,3 m de profundidade numa das extremidades e 1,7 m na outra. O volume da piscina é, em m^3, igual a:

a) 900
b) 1 000
c) 1 200
d) 1 500

12. (Enem) Uma carga de 100 contêineres, idênticos ao modelo apresentado na Figura 1, deverá ser descarregada no porto de uma cidade. Para isso, uma área retangular de 10 m por 32 m foi cedida para o empilhamento desses contêineres (Figura 2).

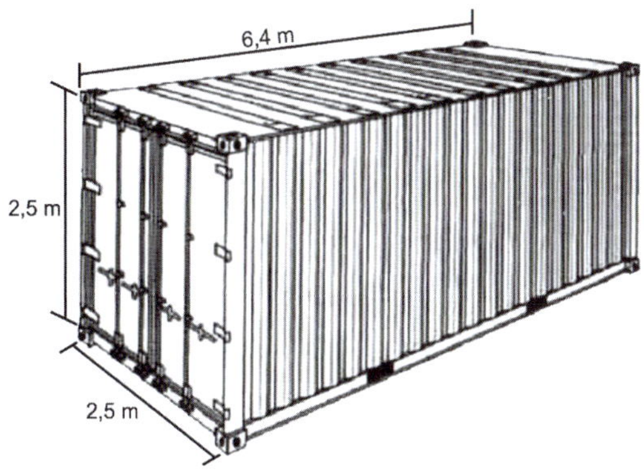

Ilustrações: Reprodução/Enem, 2015

Figura 1

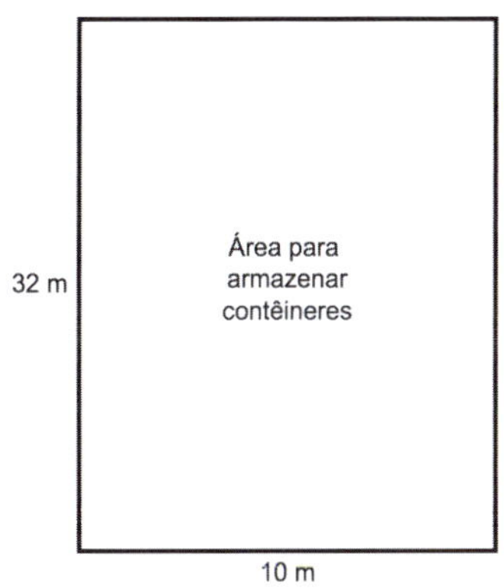

Figura 2

De acordo com as normas desse porto, os contêineres deverão ser empilhados de forma a não sobrarem espaços nem ultrapassarem a área delimitada. Após o empilhamento total da carga e atendendo à norma do porto, a altura mínima a ser atingida por essa pilha de contêineres é

a) 12,5 m.
b) 17,5 m.
c) 25,0 m.
d) 22,5 m.
e) 32,5 m.

13. (FGV-SP) Um prisma reto de base triangular tem área de uma face lateral igual a 20 cm^2. Se o plano que contém essa face dista 6 cm da aresta oposta a ela, o volume desse prisma, em cm^3, é igual a:

a) 18
b) 36
c) 48
d) 54
e) 60

14. (Uepa) A natureza é uma fonte inesgotável de comunicação de saberes necessários à sobrevivência da espécie humana, por exemplo, estudos de apicultores americanos comprovam que as abelhas constituem uma sociedade organizada e que elas sabem qual o formato do alvéolo que comporta a maior quantidade de mel.

(Texto Adaptado: Contador, Paulo Roberto Martins. *A matemática na arte e na vida*. 2. ed. São Paulo: Editora Livraria da Física. 2011.)

Um professor de matemática, durante uma aula de geometria, apresentou aos alunos 3 pedaços de cartolina, cada um medindo 6 cm de largura e 12 cm de comprimento, divididos em partes iguais, conforme figuras abaixo:

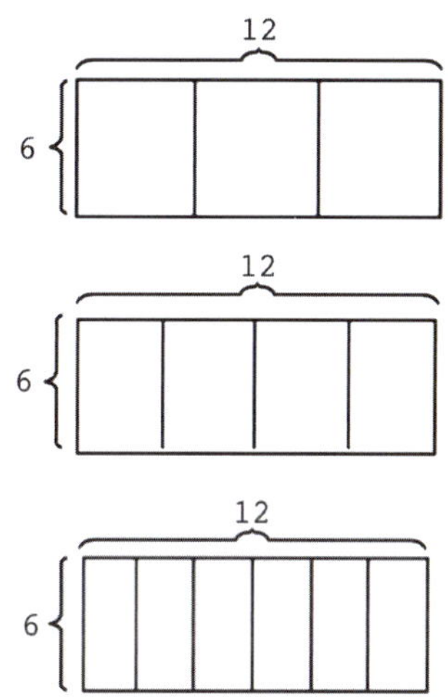

Ilustrações: Reprodução/ UEPA, 2014

Fonte: http://www.mat.uel.br/geometrica/php/pdf/dg_malhas.pdf

Dobrando os pedaços de cartolina nas posições indicadas, obtemos representações de prismas retos com as mesmas áreas laterais e base triangular, quadrangular e hexagonal. Sendo $\mathbf{V_3}$ o volume do prisma de base triangular, $\mathbf{V_4}$ o volume do prisma de base quadrangular e $\mathbf{V_6}$ o volume do prisma de base hexagonal, é correto afirmar que: (Adote: $\sqrt{3} = 1{,}7$.)

a) $V_3 < V_6 < V_4$
b) $V_3 < V_4 < V_6$
c) $V_4 < V_3 < V_6$
d) $V_6 < V_3 < V_4$
e) $V_6 < V_4 < V_3$

15. (Enem) Alguns objetos, durante a sua fabricação necessitam passar por um processo de resfriamento. Para que isso ocorra, uma fábrica utiliza um tanque de esfriamento, como mostrado na figura.

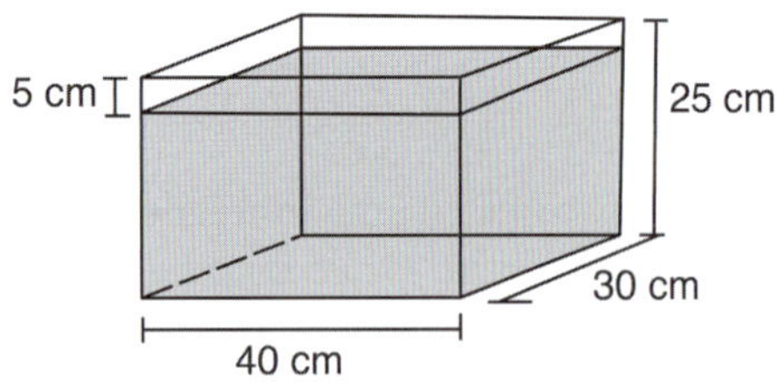

O que aconteceria com o nível da água se colocássemos no tanque um objeto cujo volume fosse de 2 400 cm^3?

a) O nível subiria 0,2 cm, fazendo a água ficar com 20,2 cm de altura.
b) O nível subiria 1 cm, fazendo a água ficar com 21 cm de altura.
c) O nível subiria 2 cm, fazendo a água ficar com 22 cm de altura.
d) O nível subiria 8 cm, fazendo a água transbordar.
e) O nível subiria 20 cm, fazendo a água transbordar.

16. (Enem) Conforme regulamento da Agência Nacional de Aviação Civil (Anac), o passageiro que embarcar em voo doméstico poderá transportar bagagem de mão, contudo a soma das dimensões da bagagem (altura + comprimento + largura) não pode ser superior a 115 cm.
A figura mostra a planificação de uma caixa que tem a forma de um paralelepípedo retângulo.

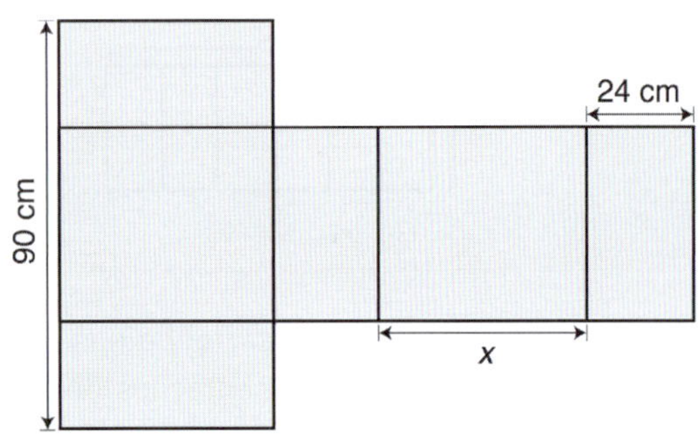

O maior valor possível para **x**, em centímetros, para que a caixa permaneça dentro dos padrões permitidos pela Anac é:

a) 25
b) 33
c) 42
d) 45
e) 49

17. (Fatec-SP) Um recipiente, no qual será acondicionado um líquido de densidade 0,9 g/cm^3, tem o formato geométrico de um prisma reto quadrangular.
Sabe-se que

- a base do prisma é um quadrado de lado 10 cm;
- a massa do líquido a ser acondicionado no recipiente é 1,8 kg, e
- o líquido ocupa 80% da capacidade do recipiente.

Nessas condições, a altura do recipiente, em centímetros, é:

a) 12
b) 15
c) 19
d) 20
e) 25

18. (Enem) O recinto das provas de natação olímpica utiliza a mais avançada tecnologia para proporcionar aos nadadores condições ideais. Isso passa por reduzir o impacto da ondulação e das correntes provocadas pelos nadadores no seu deslocamento. Para conseguir isso, a piscina de competição tem uma profundidade uniforme de 3 m que ajuda a diminuir a "reflexão" da água (o movimento contra uma superfície e o regresso no sentido contrário atingindo os nadadores), além dos já tradicionais 50 m de comprimento e 25 m de largura. Um clube deseja reformar sua piscina de 50 m de comprimento, 20 m de largura e 2 m de profundidade de forma que passe a ter as mesmas dimensões das piscinas olímpicas.

Disponível em: http://desporto.publico.pt. Acesso em: 6 ago. 2012.

Após a reforma, a capacidade dessa piscina superará a capacidade da piscina original em um valor mais próximo de:

a) 20%.
b) 25%.
c) 47%.
d) 50%.
e) 88%.

19. (UPE) Um sólido foi construído removendo-se um cubo menor de um cubo maior, como mostra a figura a seguir. Se a diferença entre as medidas das arestas dos dois cubos é de 4 cm e a medida do volume do sólido é 208 cm^3, qual a medida da área lateral da superfície do sólido?

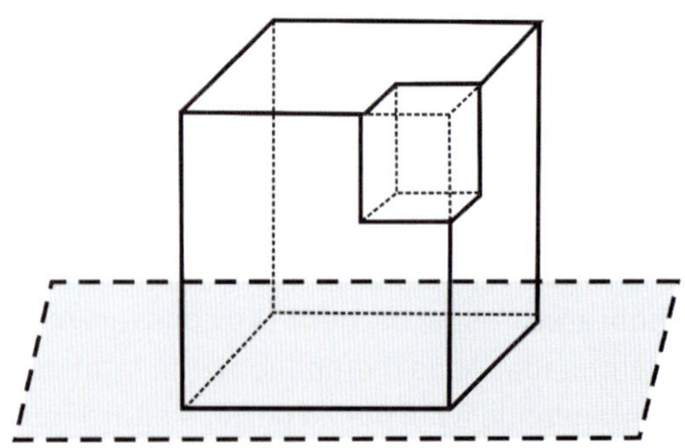

a) 136 cm^2
b) 144 cm^2
c) 160 cm^2
d) 204 cm^2
e) 216 cm^2

20. (Enem) O tampo de vidro de uma mesa quebrou-se e deverá ser substituído por outro que tenha a forma de círculo. O suporte de apoio da mesa tem o formato de um prisma reto, de base em forma de triângulo equilátero com lados medindo 30 cm.

Uma loja comercializa cinco tipos de tampos de vidro circulares com cortes já padronizados, cujos raios medem 18 cm, 26 cm, 30 cm, 35 cm e 60 cm. O proprietário da mesa deseja adquirir nessa loja o tampo de menor diâmetro que seja suficiente para cobrir a base superior do suporte da mesa.

Considere 1,7 como aproximação para $\sqrt{3}$.

O tampo a ser escolhido será aquele cujo raio, em centímetros, é igual a

a) 18
b) 26
c) 30
d) 35
e) 60

21. (Enem) Na alimentação de gado de corte, o processo de cortar a forragem, colocá-la no solo, compactá-la e protegê-la com uma vedação denomina-se silagem. Os silos mais comuns são os horizontais, cuja forma é a de um prisma trapezoidal, conforme mostrado na figura.

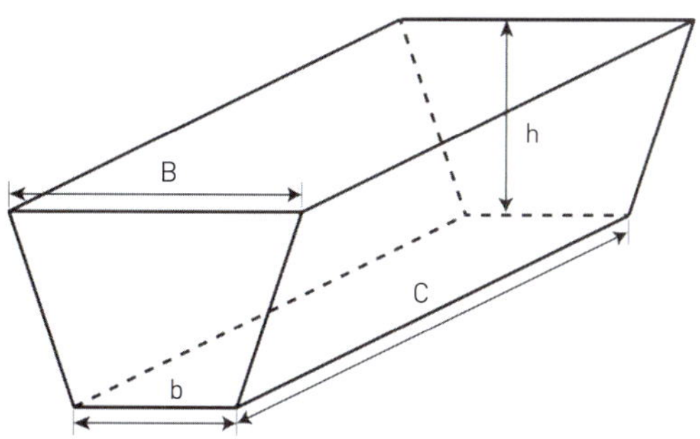

Reprodução/ Enem, 2011

Legenda:
b – largura do fundo
B – largura do topo
C – comprimento do silo
h – altura do silo

Considere um silo de 2 m de altura, 6 m de largura de topo e 20 m de comprimento. Para cada metro de altura do silo, a largura do topo tem 0,5 m a mais do que a largura do fundo. Após a silagem, 1 tonelada de forragem ocupa 2 m^3 desse tipo de silo.

EMBRAPA. Gado de corte. Disponível em: www.cnpgc.embrapa.br. Acesso em: 1 ago. 2012. (adaptado)

Após a silagem, a quantidade máxima de forragem que cabe no silo, em toneladas, é

a) 110.
b) 125.
c) 130.
d) 220.
e) 260.

22. (Unesp-SP) Um paralelepípedo reto-retângulo foi dividido em dois prismas por um plano que contém as diagonais de duas faces opostas, como indica a figura.

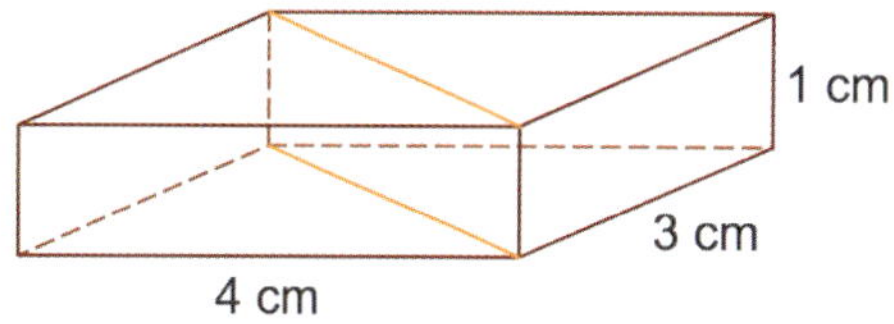

Reprodução/ Unesp, 2016

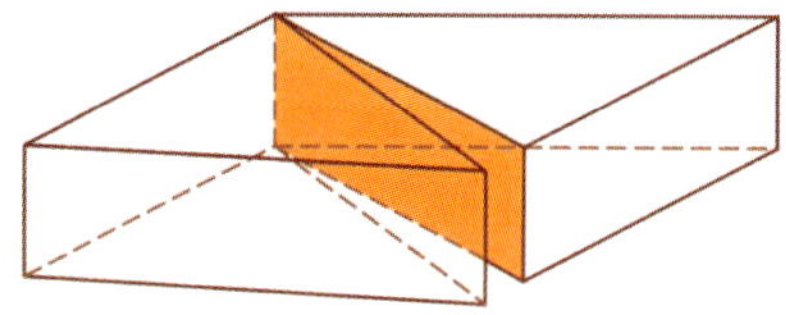

Comparando-se o total de tinta necessária para pintar as faces externas do paralelepípedo antes da divisão com o total necessário para pintar as faces externas dos dois prismas obtidos após a divisão, houve um aumento aproximado de

a) 42%.
b) 36%.
c) 32%.
d) 26%.
e) 28%.

23. (Enem) Um fazendeiro tem um depósito para armazenar leite formado por duas partes cúbicas que se comunicam, como indicado na figura. A aresta da parte cúbica de baixo tem medida igual ao dobro da medida da aresta da parte cúbica de cima. A torneira utilizada para encher o depósito tem vazão constante e levou 8 minutos para encher metade da parte de baixo.

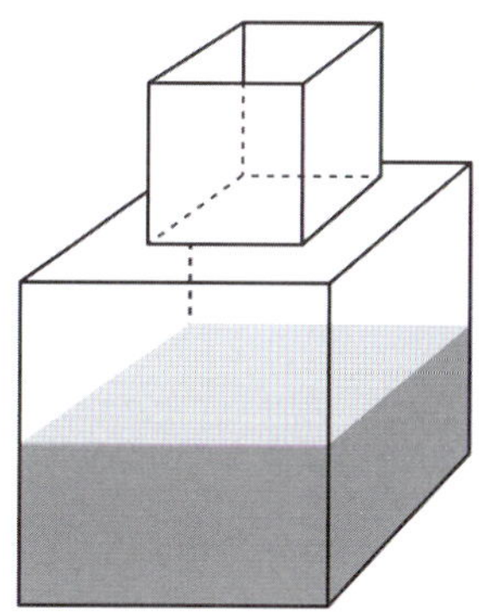

Reprodução/ Enem, 2011

Quantos minutos essa torneira levará para encher completamente o restante do depósito?

a) 8
b) 10
c) 16
d) 18
e) 24

24. (Insper-SP) A figura indica um bloco maciço com formato de paralelepípedo retorretângulo. As áreas das faces indicadas por **A**, **B** e **C** são, respectivamente, 48 cm^2, 32 cm^2 e 24 cm^2.

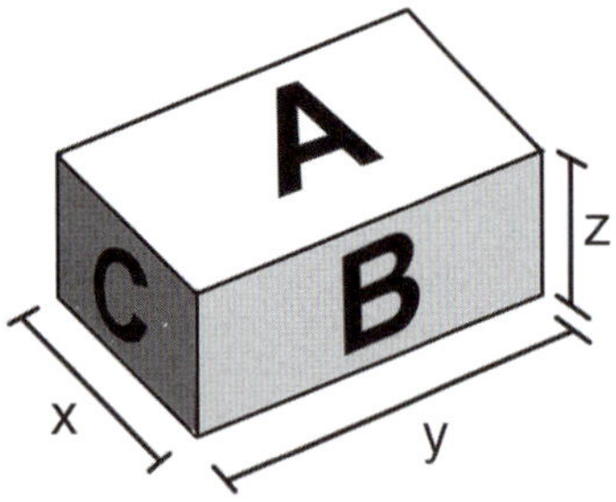

O número de blocos como esse que devem ser mergulhados em um tanque completamente cheio de água para que haja um transbordamento de exatamente 4,8 litros de líquido é igual a:

a) 28.
b) 25.
c) 24.
d) 20.
e) 18.

25. (Acafe-SC) Num reservatório com a forma de um paralelepípedo retorretângulo de 1 metro de comprimento, 2 metros de largura e 5 metros de altura, solta-se um bloco de concreto. O nível da água que estava com 60% da altura do reservatório eleva-se até $\frac{3}{4}$ da altura.

O volume de água deslocado (em litros) foi de:

a) 4 500
b) 1 500
c) 5 500
d) 6 000

26. (Fuvest-SP) O paralelepípedo retorretângulo ABCDEFGH, representado na figura, tem medida dos lados AB = 4, BC = 2 e BF = 2.

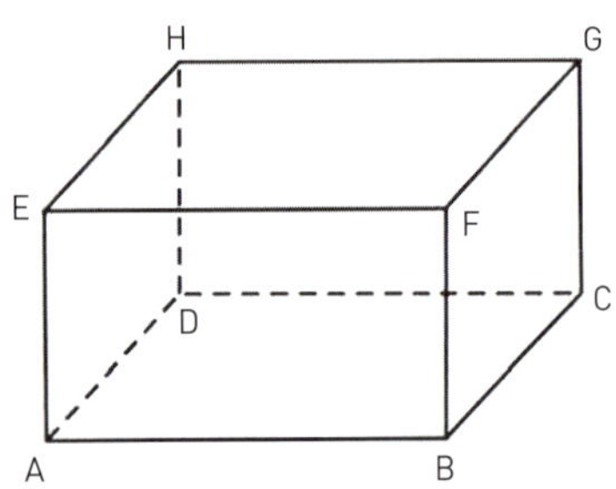

O seno do ângulo $H\hat{A}F$ é igual a

a) $\frac{1}{2\sqrt{5}}$
b) $\frac{1}{\sqrt{5}}$
c) $\frac{2}{\sqrt{10}}$
d) $\frac{2}{\sqrt{5}}$
e) $\frac{3}{\sqrt{10}}$

27. (Uece) A diagonal de um paralelepípedo retângulo, cuja base é um quadrado, mede 6 cm e faz com o plano da base do paralelepípedo um ângulo de 45°. A medida, em cm^3, do volume do paralelepípedo é:

a) $8\sqrt{2}$
b) $8\sqrt{3}$
c) $27\sqrt{2}$
d) $27\sqrt{3}$

28. (Insper-SP) Um tanque, inicialmente vazio, tem a forma de prisma triangular regular e suas paredes têm espessuras desprezíveis. Após algum tempo despejando água no tanque, um cano de vazão $3\sqrt{3}$ m^3 minuto o encheu parcialmente, tendo a água ocupado o espaço de um prisma triangular regular, conforme indicado na figura.

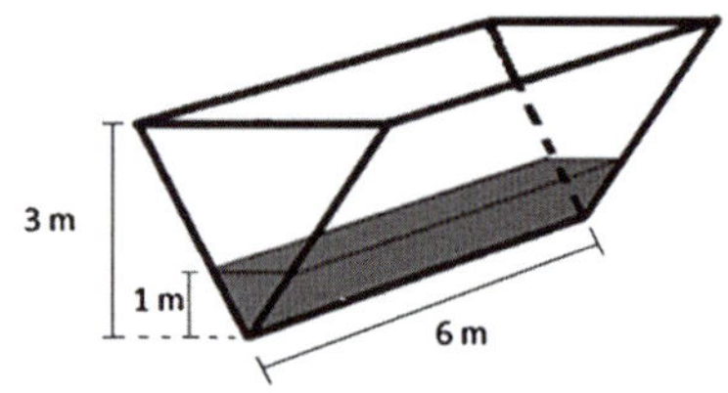

Funcionando na mesma vazão, o tempo necessário para que o cano acabe de encher o tanque é de 5 minutos e **t** segundos, sendo que **t** é um número no intervalo

a) [1, 12].
b) [13, 24].
c) [25, 36].
d) [37, 48].
e) [49, 59].

29. (Unesp-SP) A figura mostra um paralelepípedo retorretângulo ABCDEFGH, com base quadrada ABCD de aresta **a** e altura 2a, em centímetros.

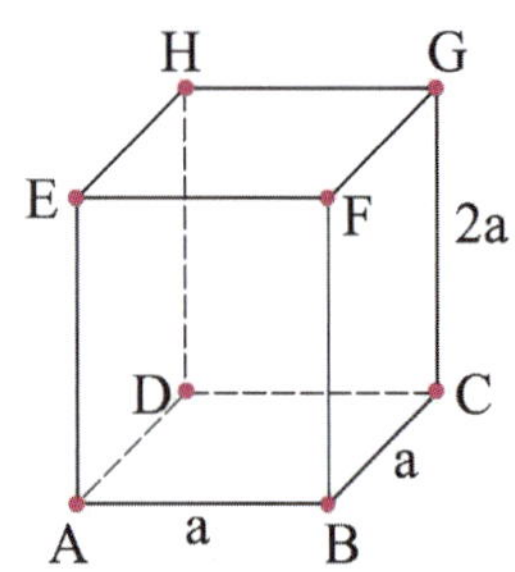

A distância, em centímetros, do vértice **A** à diagonal $\overline{BH}$ vale:

a) $\frac{\sqrt{5}}{6}a$
b) $\frac{\sqrt{6}}{6}a$
c) $\frac{\sqrt{5}}{5}a$
d) $\frac{\sqrt{6}}{5}a$
e) $\frac{\sqrt{30}}{6}a$

CAPÍTULO

14

Pirâmide

Kanuman/Shutterstock

A Pirâmide do Louvre, localizada na entrada do Museu do Louvre, em Paris, França, é um dos mais famosos símbolos desse museu, assim como a Mona Lisa, de Leonardo da Vinci, e a Vênus de Milo. As pirâmides são os sólidos geométricos estudados neste capítulo.

O desenvolvimento da Geometria pode ter sido estimulado por necessidades práticas de demarcação de terras, de construção de edifícios ou por sentimentos estéticos das artes em geral.

Esse senso estético parece ter sido altamente desenvolvido entre os egípcios, como mostram registros de construções de pirâmides (aproximadamente 5000 a.C.), destinadas a servir de túmulo para o faraó e sua família, bem como guardar seus tesouros.

Para os egípcios, as pirâmides representavam os raios do sol brilhando em direção à Terra. Todas elas foram construídas na margem oeste do rio Nilo, na direção do sol poente.

Entre as inúmeras pirâmides construídas no antigo Império Egípcio, destacam-se três: a de Quéops (conhecida como Grande Pirâmide de Gizé), a de Quéfren e a de Miquerinos – conhecidas também como Pirâmides de Gizé –, mostradas na foto ao lado.

Atualmente, a Grande Pirâmide de Gizé, além de ser Patrimônio Mundial da Unesco, ocupa o primeiro lugar na lista das sete maravilhas do mundo antigo.

kataleewan intarachote/Shutterstock

A Grande Pirâmide de Gizé, ao centro, tem mais de 4 500 anos. É a única maravilha do mundo antigo que resistiu até hoje às intempéries. Cairo, Egito.

Dados um polígono convexo **P** contido em um plano α e um ponto **V** não pertencente a α, tracemos todos os possíveis segmentos de reta que têm uma extremidade em **V** e a outra em um ponto do polígono. A reunião desses segmentos é um sólido chamado **pirâmide**.

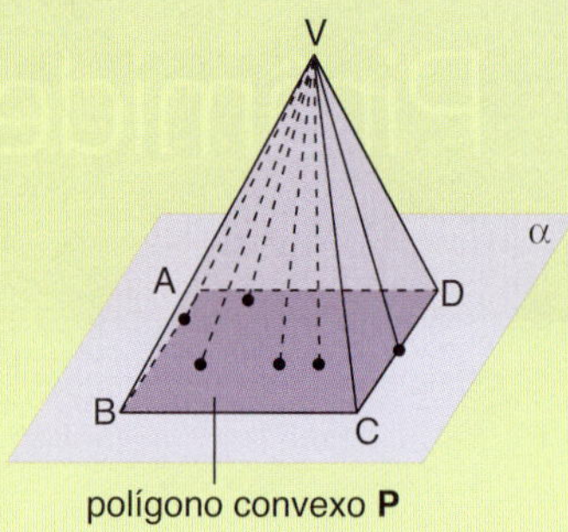

Banco de imagens/Arquivo da editora

Elementos e classificação das pirâmides

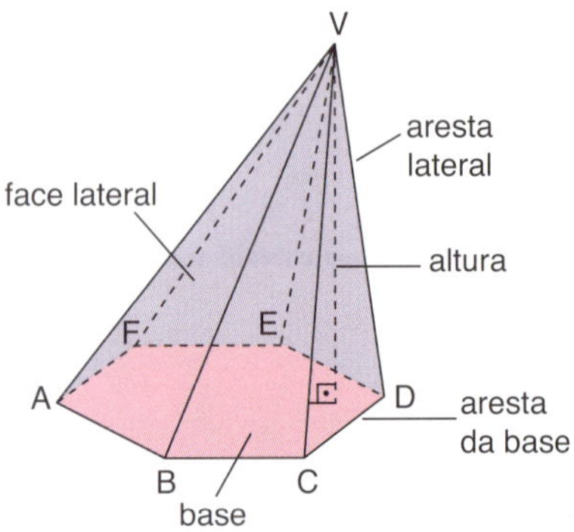

Na pirâmide VABCDEF, representada ao lado, temos que:

- o ponto **V** é o **vértice** da pirâmide.
- o polígono ABCDEF é a **base** da pirâmide.
- os segmentos $\overline{AB}$, $\overline{BC}$, $\overline{CD}$, $\overline{DE}$, $\overline{EF}$ e $\overline{FA}$ são as **arestas da base**.
- os segmentos $\overline{VA}$, $\overline{VB}$, $\overline{VC}$, $\overline{VD}$, $\overline{VE}$ e $\overline{VF}$ são as **arestas laterais**.
- os triângulos VAB, VBC, VCD, VDE, VEF e VFA são as **faces laterais**.
- a distância de **V** ao plano da base é a **altura** da pirâmide.

As pirâmides podem ser classificadas de acordo com o polígono da base. Por exemplo:

Ilustrações: Banco de imagens/Arquivo da editora

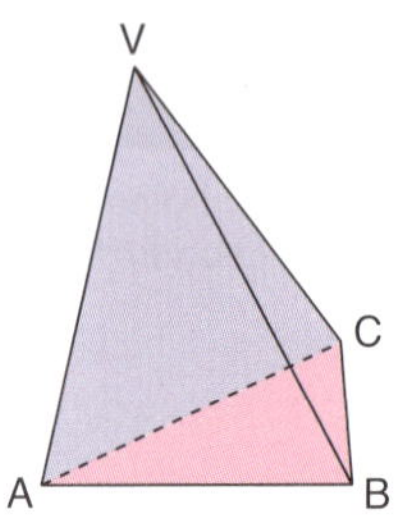

pirâmide triangular (A base é um triângulo.)

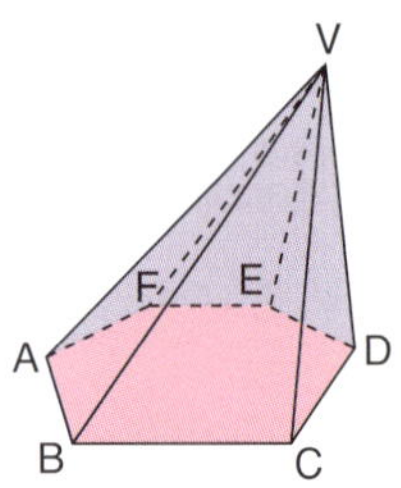

pirâmide hexagonal (A base é um hexágono.)

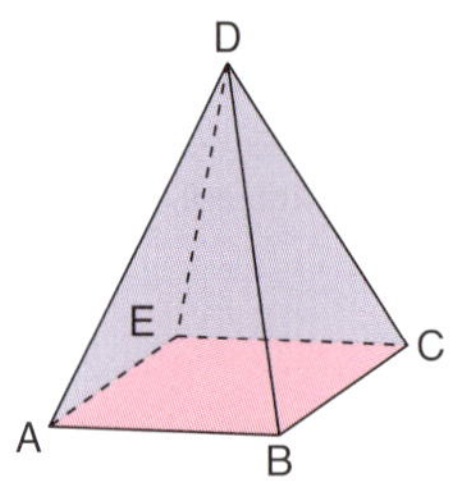

pirâmide quadrangular (A base é um quadrilátero.)

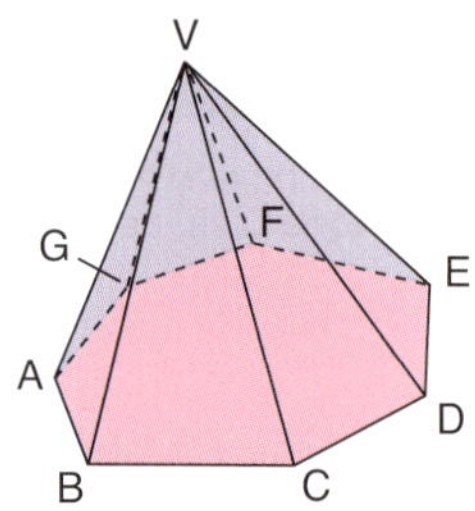

pirâmide heptagonal (A base é um heptágono.)

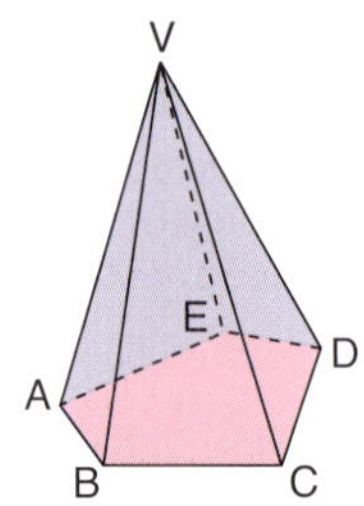

pirâmide pentagonal (A base é um pentágono.)

Exercício resolvido

1. Determine a soma das medidas dos ângulos das faces de uma pirâmide cuja base é um decágono convexo.

Solução:

Essa pirâmide possui 11 faces: a base, que é um polígono de dez lados, e 10 faces triangulares. Lembrando que, em um polígono convexo com **n** lados, a soma das medidas dos ângulos internos é $S_n = (n - 2) \cdot 180°$, temos:

- A soma das medidas dos ângulos da base é $(10 - 2) \cdot 180° = 1\,440°$;
- Em cada face lateral, a soma das medidas dos ângulos é 180°; como são 10 faces triangulares, temos $10 \cdot 180° = 1\,800°$.

  A soma pedida é: $1\,440° + 1\,800° = 3\,240°$.

Exercícios

1. Em cada caso, identifique a pirâmide que possui:
   a) 5 faces
   b) 10 faces
   c) 6 arestas
   d) 16 arestas
   e) soma do número de faces com o número de vértices igual a 10

2. Determine o número de vértices, de arestas e de faces de uma pirâmide cuja base é um polígono convexo de 11 lados.

3. Determine a soma das medidas dos ângulos das faces de uma pirâmide de base:
   a) pentagonal
   b) triangular

4. Em cada caso, classifique a pirâmide cuja soma das medidas dos ângulos:
   a) da base é igual a 2340°.
   b) de suas faces laterais é 1440°.
   c) de suas faces é igual à medida de 20 ângulos retos.

5. A figura seguinte representa a planificação da superfície de uma pirâmide:

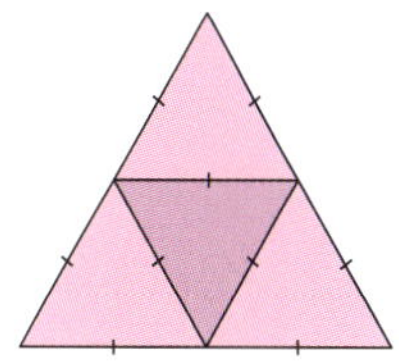

Banco de imagens/Arquivo da editora

Qual é o número de vértices, faces e arestas dessa pirâmide?

Pirâmide regular

A **pirâmide regular** é aquela cuja base é um polígono regular e cujas arestas laterais são congruentes entre si.

Uma pirâmide regular tem as seguintes características:

- a projeção ortogonal do vértice sobre o plano da base coincide com o centro da base;
- as faces laterais são triângulos isósceles congruentes;
- o apótema da pirâmide regular é a altura de uma face lateral, relativa à aresta da base.

Vejamos essas características indicadas nas pirâmides regulares abaixo representadas, nas quais **h** e **g** são as respectivas medidas da altura e do apótema da pirâmide e **m** é a medida do apótema da base.

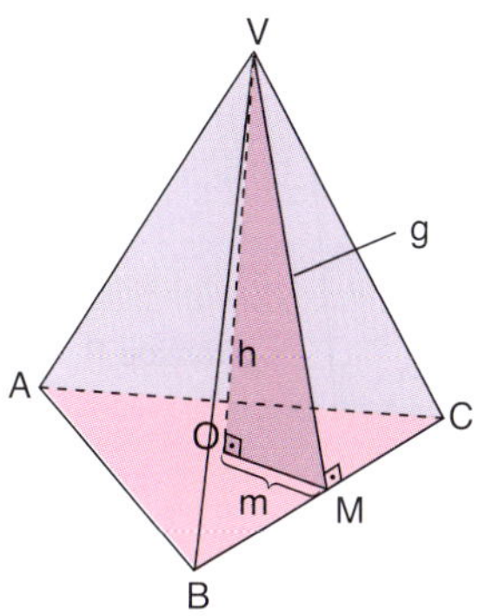

pirâmide triangular regular
(A base é um triângulo equilátero.)

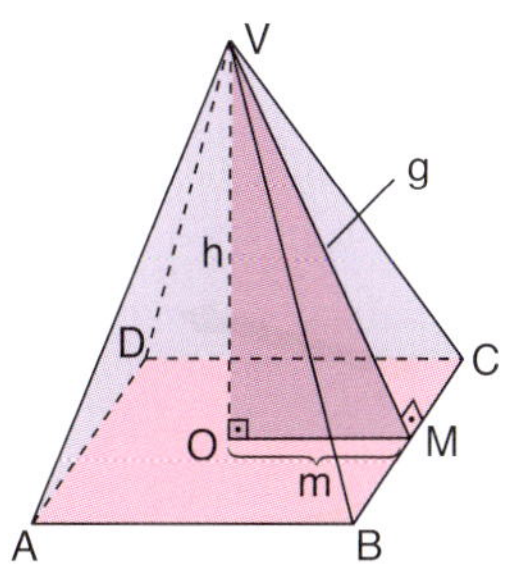

pirâmide quadrangular regular
(A base é um quadrado.)

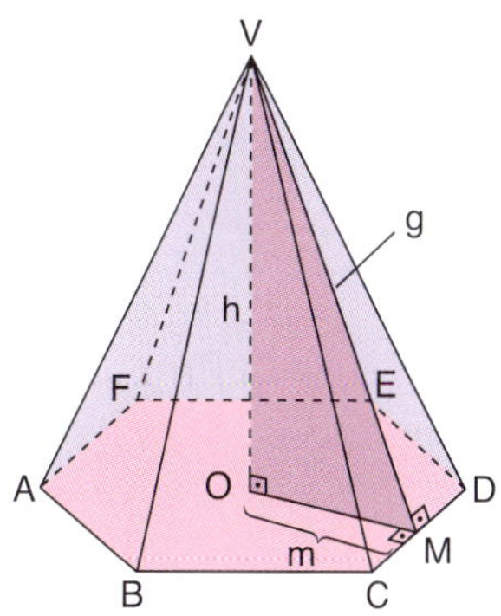

pirâmide hexagonal regular
(A base é um hexágono regular.)

Ilustrações: Banco de imagens/Arquivo da editora

Note que, em toda pirâmide regular, vale, pelo teorema de Pitágoras, a relação notável:

$$g^2 = h^2 + m^2$$

Áreas e volume

Área da base (A_b)

Como a superfície da base de uma pirâmide é um polígono, então:

$$A_b = \text{área do polígono da base}$$

Área lateral (A_ℓ)

Como a superfície lateral de uma pirâmide é a reunião das suas faces laterais (triângulos), então:

$$A_\ell = \text{soma das áreas das faces laterais}$$

Área total (A_t)

A superfície total de uma pirâmide é a reunião do polígono de sua base com os triângulos que compõem sua superfície lateral. Logo, a área total da pirâmide é a soma da área do polígono de sua base com a área de sua superfície lateral, ou seja:

$$A_t = A_b + A_\ell$$

Volume (V)

Primeiramente determinemos o volume de uma pirâmide triangular e, para tal, consideremos o prisma triangular da figura ao lado, cuja base tem área $\mathbf{A_b}$ e cuja medida da altura é **h**.

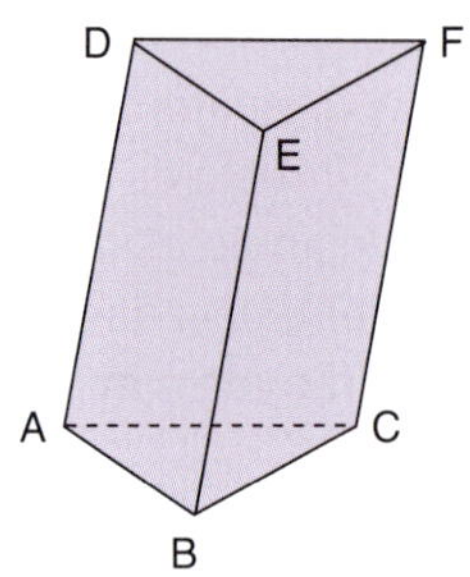

Secionando esse prisma pelo plano (ACE), obtemos uma pirâmide quadrangular $\mathbf{P_1}$ de base ACFD e vértice **E** e uma pirâmide triangular $\mathbf{P_2}$, de base ABC, vértice **E** e altura de medida **h**.

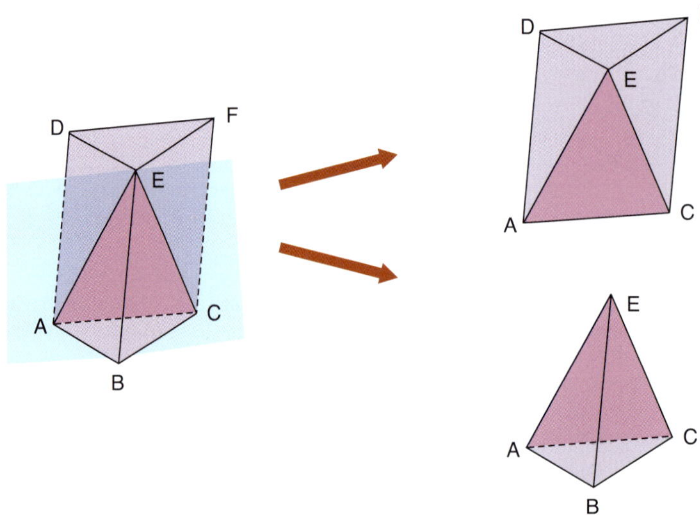

pirâmide $\mathbf{P_1}$

pirâmide $\mathbf{P_2}$

Ilustrações: Banco de imagens/Arquivo da editora

Secionando $\mathbf{P}_1$ pelo plano (CDE), obtemos duas pirâmides triangulares: $\mathbf{P}_3$, de vértice **F** e base DEC (ou de vértice **C** e base DEF), e $\mathbf{P}_4$, de vértice **A** e base DEC.

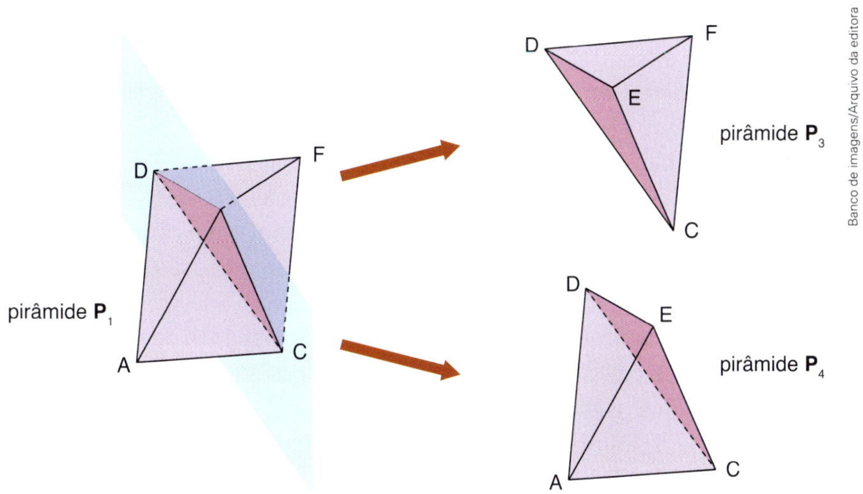

Note que:

- $\mathbf{P}_2$ e $\mathbf{P}_3$ são pirâmides de bases equivalentes ($\triangle$ABC e $\triangle$DEF) e mesma altura;
- $\mathbf{P}_3$ e $\mathbf{P}_4$ são pirâmides que têm o $\triangle$DEC como base comum e mesma altura, pois as distâncias de seus respectivos vértices (**F** e **A**) ao plano da base são iguais.

Para obter o volume dessas pirâmides triangulares vamos, de maneira introdutória, mostrar o seguinte teorema:

Duas pirâmides de mesma base e mesma altura têm o mesmo volume.

Demonstração:

Consideremos as pirâmides **P** e **P'**, de base comum DEC e vértices **V** e **V'**, ambas com altura de medida **H**.

Um plano paralelo ao plano (DEC) da base que dista **h** dos vértices **V** e **V'** determina em **P** e **P'** as seções **S** e **S'**, respectivamente, conforme mostrado na figura.

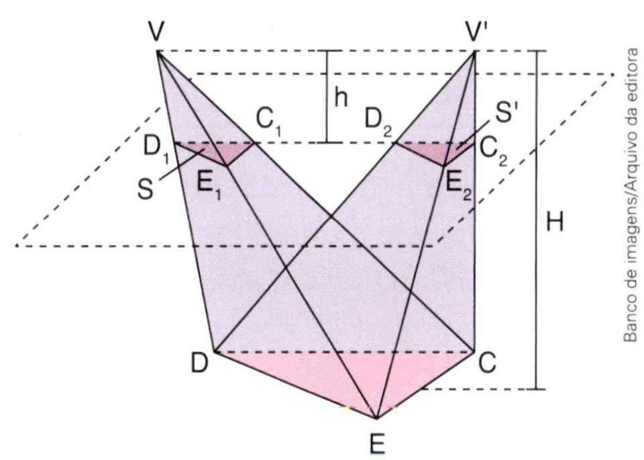

Se **A** é a área da base DEC, $\mathbf{A}_1$ a área da seção **S** e $\mathbf{A}_2$ a área da seção **S'**, considerando a semelhança entre os triângulos DEC e $D_1E_1C_1$ e entre os triângulos DEC e $D_2E_2C_2$, temos:

$$\frac{h}{H} = k \text{ (razão de semelhança)} \Rightarrow \frac{A_1}{A} = k^2 = \frac{A_2}{A} \Rightarrow A_1 = A_2$$

Logo, pelo princípio de Cavalieri, podemos concluir que: $V_P = V_{P'}$

Agora, de modo semelhante, podemos mostrar que $V_{P_2} = V_{P_3}$ e $V_{P_3} = V_{P_4}$, então:

$$V_{P_2} = V_{P_3} = V_{P_4}$$

Fazendo $V_{P_2} = V_{P_3} = V_{P_4} = V$ e considerando que o prisma ABCDEF é a reunião das pirâmides $\mathbf{P}_2$, $\mathbf{P}_3$ e $\mathbf{P}_4$, o seu volume $(A_b \cdot h)$ é tal que:

$$A_b \cdot h = V + V + V \Rightarrow V = \frac{1}{3} \cdot A_b \cdot h$$

Portanto, concluímos, para pirâmides triangulares, a validade do teorema:

O volume de uma pirâmide triangular é igual a $\frac{1}{3}$ do produto da área da base pela medida da altura.

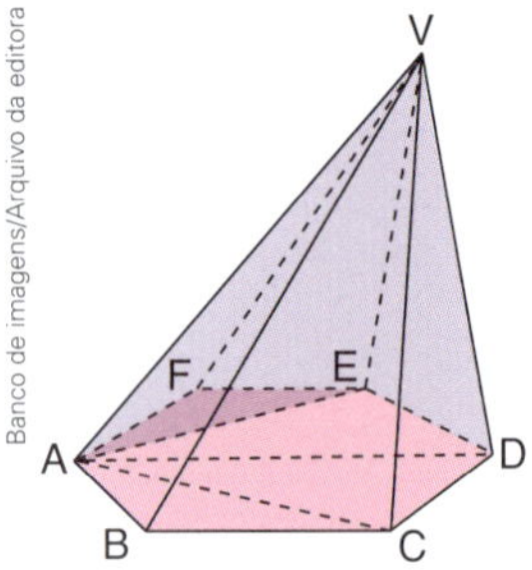

Banco de imagens/Arquivo da editora

Para estender o resultado obtido, observe na figura ao lado que uma pirâmide pode ser dividida em pirâmides triangulares que têm a mesma altura que a pirâmide original. Assim, no exemplo da figura, temos a seguinte divisão: pirâmides de vértice **V** cujas bases são os triângulos AFE, AED, ADC e ACB.

Considerando todas as diagonais do polígono da base, traçadas por um único de seus vértices, note que a divisão da pirâmide original em pirâmides triangulares fica definida por um plano determinado por cada uma dessas diagonais e pelo vértice da pirâmide.

Seja, agora, uma pirâmide qualquer cuja base é um polígono de **n** lados e, de um mesmo vértice desse polígono, tracemos todas as possíveis diagonais que o dividem em (n − 2) triângulos. Nesse caso, obteríamos (n − 2) pirâmides triangulares de mesma altura que a pirâmide original e com áreas da base $\mathbf{A}_1$, $\mathbf{A}_2$, ..., $\mathbf{A}_{n-2}$.

Como o volume **V** da pirâmide original é a soma dos volumes dessas (n − 2) pirâmides triangulares, temos:

$$V = \frac{1}{3} \cdot A_1 \cdot h + \frac{1}{3} \cdot A_2 \cdot h + ... + \frac{1}{3} \cdot A_{n-2} \cdot h \Rightarrow$$

$$\Rightarrow V = \frac{1}{3} \cdot (A_1 + A_2 + ... + A_{n-2}) \cdot h$$

ou seja, de modo geral, temos:

$$V = \frac{1}{3} \cdot A_b \cdot h$$

O volume de uma pirâmide é igual a $\frac{1}{3}$ do produto da área da base pela medida da altura.

EXEMPLO 1

Quando a pirâmide de Quéops terminou de ser construída, ela tinha 146 m de altura e o comprimento da base era de 233 m. Atualmente, devido à erosão, sua altura é de cerca de 136 m, e o comprimento da base mede 230 m. Representando a pirâmide de Quéops pela pirâmide quadrangular regular VABC, vamos calcular:

a) A área total de sua superfície, ao final da construção.

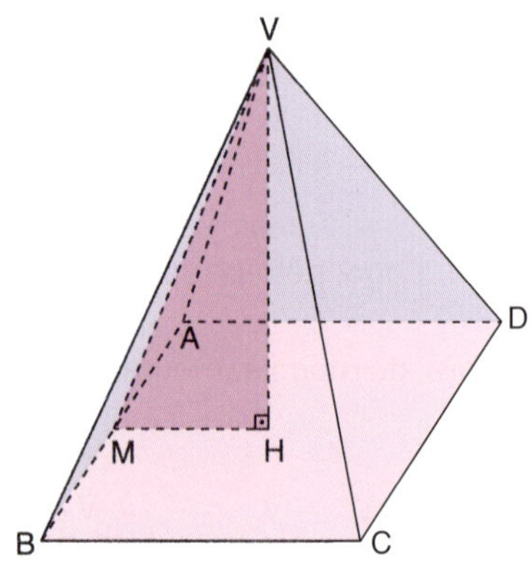

Banco de imagens/Arquivo da editora

A área da base é: $A_b = (AB)^2 = (233\ m)^2 \Rightarrow A_b = 54\,289\ m^2$

A área lateral, $\mathbf{A}_\ell$, é a soma das áreas de quatro triângulos isósceles congruentes, um dos quais é o triângulo AVB, de base AB = 233 m e altura $\overline{VM}$.

Como o △VMH é retângulo, temos:

$$(VH)^2 + (MH)^2 = (VM)^2 \Rightarrow (146)^2 + \left(\frac{233}{2}\right)^2 = (VM)^2 \Rightarrow$$

$$\Rightarrow VM \simeq 186{,}78\ m$$

Assim, $A_\ell = 4 \cdot A_{\triangle AVB} = 4 \cdot \frac{(AB) \cdot (VM)}{2} \simeq 2 \cdot (233\ m) \cdot (186{,}78\ m) \Rightarrow$

$$\Rightarrow A_\ell \simeq 87\,039{,}48\ m^2$$

Logo, a área total da superfície da pirâmide é: $A_t = A_b + A_\ell \simeq 54\,289\ m^2 + 87\,039{,}48\ m^2 \Rightarrow$

$$\Rightarrow A_t \simeq 141\,328{,}48\ m^2$$

b) O quanto diminuiu seu volume, do final da construção até os dias de hoje.

V$_1$: volume da pirâmide ao ser construída $\Rightarrow V_1 = \frac{1}{3} \cdot (233 \text{ m})^2 \cdot (146 \text{ m}) \Rightarrow$

$\Rightarrow V_1 \simeq 2\,642\,064{,}67 \text{ m}^3$

V$_2$: volume atual da pirâmide $\Rightarrow V_2 = \frac{1}{3} \cdot (230 \text{ m})^2 \cdot (136 \text{ m}) \Rightarrow V_2 \sim 2\,398\,133{,}33 \text{ m}^3$

Logo, o volume da pirâmide original diminuiu aproximadamente $243\,931{,}34 \text{ m}^3$ (diferença entre **V**$_1$ e **V**$_2$).

Tetraedro regular

Chama-se **tetraedro** toda pirâmide de base triangular.

Se as quatro faces de um tetraedro são triângulos equiláteros congruentes, ele é chamado **tetraedro regular**.

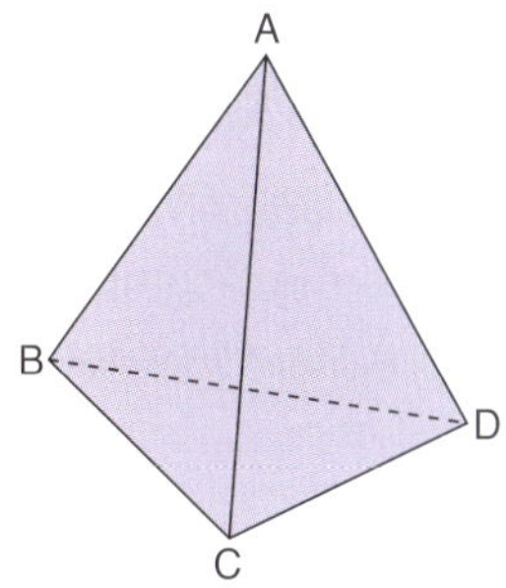

Observe que, em um tetraedro regular:

- as seis arestas são congruentes, ou seja, AB = AC = AD = BC = BD = CD;
- qualquer face — ABC, ACD, ABD ou BCD — pode ser considerada como base, já que são triângulos equiláteros congruentes.

Vejamos como obter a área total **A**$_t$, a medida **h** da altura e o volume **V** de um tetraedro regular cuja aresta mede **a**.

Área total (A$_t$)

A superfície total de um tetraedro é a reunião das superfícies de quatro triângulos equiláteros congruentes. Assim, considerando que a medida das arestas do tetraedro é **a**, então sua área total é quatro vezes a área de um triângulo equilátero cujo lado mede **a**.

Logo: $A_t = 4 \cdot A_{face} \Rightarrow A_t = 4 \cdot \left(\frac{a^2\sqrt{3}}{4}\right) \Rightarrow \boxed{A_t = a^2 \cdot \sqrt{3}}$

Altura (h)

Para calcularmos **h**, medida da altura de um tetraedro regular, consideremos o ponto **O**, projeção ortogonal do vértice **A** sobre o plano (BCD) da base, como mostra a figura ao lado.

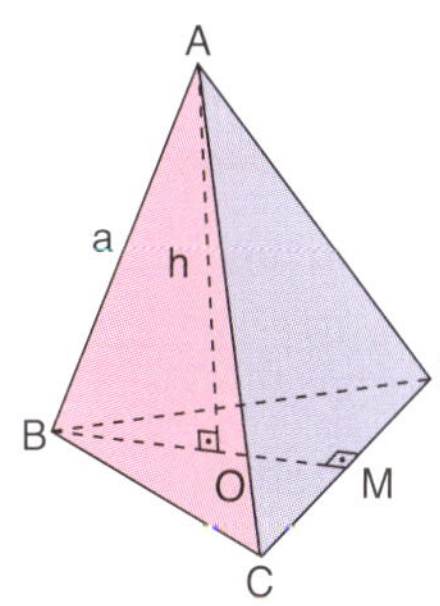

Observe que o triângulo AOB é retângulo; então, pelo teorema de Pitágoras, temos:

$$(AB)^2 = (AO)^2 + (OB)^2 \quad (1)$$

Como AB = a, AO = h e $OB = \frac{2}{3}BM$ ($\overline{BM}$: altura do triângulo equilátero BCD), temos:

$$OB = \frac{2}{3} \cdot \frac{a\sqrt{3}}{2} \Rightarrow OB = \frac{a\sqrt{3}}{3} \quad (2)$$

Substituindo (2) em (1): $a^2 = h^2 + \left(\frac{a\sqrt{3}}{3}\right)^2 \Rightarrow h^2 = a^2 - \frac{3a^2}{9} \Rightarrow$

$$\Rightarrow h^2 = \frac{6a^2}{9} \Rightarrow \boxed{h = \frac{a \cdot \sqrt{6}}{3}}$$

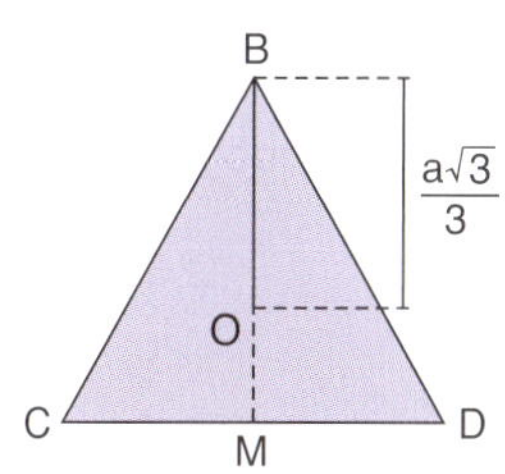

Volume (V)

Como $\begin{cases} \mathbf{A_b}\text{: área de uma face (triângulo equilátero)} \Rightarrow A_b = \dfrac{a^2 \cdot \sqrt{3}}{4} \\ \text{e} \\ h = \dfrac{a\sqrt{6}}{3} \end{cases}$, temos:

$$V = \frac{1}{3} \cdot A_b \cdot h \Rightarrow V = \frac{1}{3} \cdot \frac{a^2 \cdot \sqrt{3}}{4} \cdot \frac{a\sqrt{6}}{3} \Rightarrow V = \frac{a^3 \cdot \sqrt{2}}{12}$$

EXEMPLO 2

Dado um tetraedro regular cuja aresta mede 4 cm, vamos determinar a área total de sua superfície e o seu volume. Acompanhe:

- A superfície total do tetraedro é a reunião de quatro triângulos equiláteros congruentes. Assim:

$$A_t = 4 \cdot \left(\frac{\ell^2 \cdot \sqrt{3}}{4}\right) \Rightarrow A_t = 4^2 \cdot \sqrt{3} \Rightarrow A_t = 16\sqrt{3}$$

  A área da superfície desse tetraedro regular é $16\sqrt{3}$ cm^2.

- Como o volume do tetraedro cuja aresta mede **a** é dado por $V = \frac{a^3 \cdot \sqrt{2}}{12}$, temos:

$$V = \frac{4^3 \cdot \sqrt{2}}{12} \Rightarrow V = \frac{16\sqrt{2}}{3}$$

  Logo, o volume desse tetraedro é $\frac{16\sqrt{2}}{3}$ cm^3.

OBSERVAÇÃO

Note que nem toda pirâmide triangular regular é um tetraedro regular.

Em um tetraedro regular todas as faces são triângulos equiláteros, e, em uma pirâmide triangular regular, a base deve ser um triângulo equilátero, e as faces laterais, triângulos isósceles (não necessariamente equiláteros).

Exercícios resolvidos

2. Considere uma pirâmide regular hexagonal que tem 18 dm de altura e cuja aresta da base mede $\frac{8\sqrt{3}}{3}$ dm. Para essa pirâmide, determine: a medida do apótema (**g**); a medida do apótema da base (**m**); a medida da aresta lateral (**a**); a área da base ($\mathbf{A_b}$); a área lateral ($\mathbf{A_\ell}$); a área total ($\mathbf{A_t}$); o volume (**V**).

Solução:

São dados: h = 18 dm

e $\ell = \frac{8\sqrt{3}}{3}$ dm.

Para auxiliar na resolução do problema, vamos considerar os seguintes esboços gráficos:

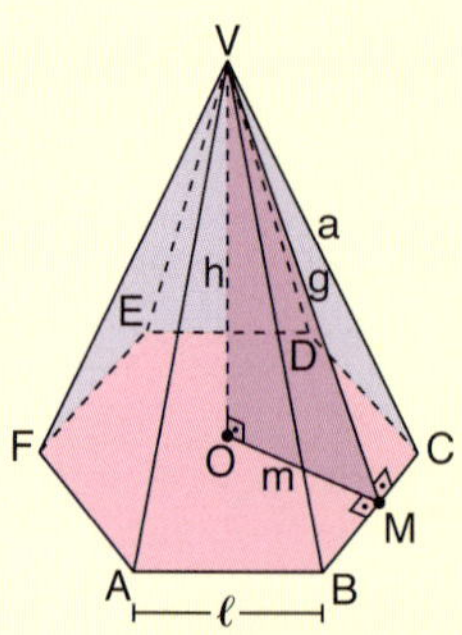

figura 1
pirâmide

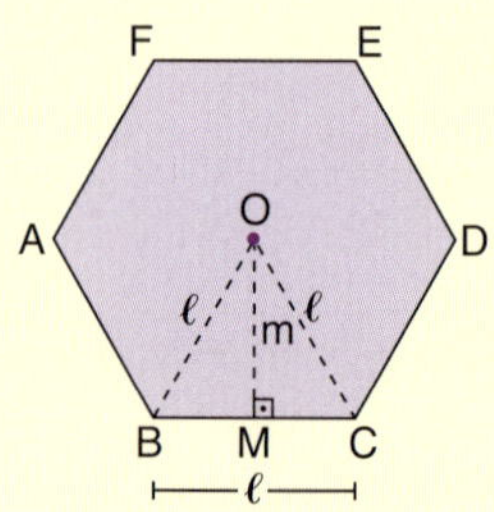

figura 2
base

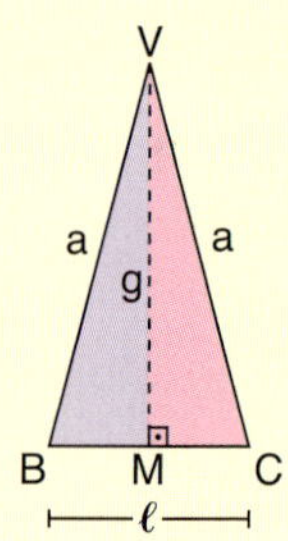

figura 3
face lateral

Ilustrações: Banco de imagens/Arquivo da editora

Observe, na figura 2, que o apótema da base coincide com a altura de um triângulo equilátero. Logo:

$$m = \frac{\ell\sqrt{3}}{2} \Rightarrow m = \frac{8\sqrt{3}}{3}\,dm \cdot \frac{\sqrt{3}}{2} \Rightarrow m = 4\,dm$$

- Observe, na figura 3, que o apótema da pirâmide é a altura do triângulo isósceles (relativa ao lado $\overline{BC}$) da face lateral. Como o triângulo VOM é retângulo em **O** (figura 1), temos:

$$g^2 = h^2 + m^2 \Rightarrow g^2 = (18\,dm)^2 + (4\,dm)^2 = 340\,dm^2 \Rightarrow g = 2\sqrt{85}\,dm$$

- Na figura 3, pode-se ver que a aresta lateral é a hipotenusa do triângulo retângulo VMC. Logo:

$$a^2 = g^2 + \left(\frac{\ell}{2}\right)^2 \Rightarrow a^2 = 340\,dm^2 + \left(\frac{4\sqrt{3}}{3}\,dm\right)^2 = \frac{1036}{3}\,dm^2 \Rightarrow a = \frac{2\sqrt{777}}{3}\,dm$$

- Como a superfície da base da pirâmide é a reunião de seis triângulos equiláteros congruentes, temos:

$$A_b = 6 \cdot \left(\frac{\ell^2\sqrt{3}}{4}\right) \Rightarrow A_b = 6 \cdot \frac{1}{4} \cdot \left(\frac{8\sqrt{3}}{3}\,dm\right)^2 \cdot \sqrt{3} \Rightarrow A_b = 32\sqrt{3}\,dm^2$$

- Como a superfície lateral da pirâmide é a reunião de seis triângulos isósceles congruentes (veja a figura 3), temos:

$$A_\ell = 6 \cdot \left(\frac{\ell \cdot g}{2}\right) \Rightarrow A_\ell = 6 \cdot \frac{1}{2} \cdot \frac{8\sqrt{3}}{3}\,dm \cdot 2\sqrt{85}\,dm \Rightarrow A_\ell = 16\sqrt{255}\,dm^2$$

- A área total é a soma da área da base com a área lateral:

$$A_t = A_b + A_\ell \Rightarrow A_t = 32\sqrt{3}\,dm^2 + 16\sqrt{255}\,dm^2 \Rightarrow A_t = 16\sqrt{3}\left(2 + \sqrt{85}\right)\,dm^2$$

- Como o volume é dado por $V = \frac{1}{3} \cdot A_b \cdot h$, temos:

$$V = \frac{1}{3} \cdot 32\sqrt{3}\,dm^2 \cdot 18\,dm \Rightarrow V = 192\sqrt{3}\,dm^3$$

3. Determine a área total e o volume de uma pirâmide regular de base quadrada, sabendo que as medidas das arestas laterais e da base são 15 cm e 18 cm, respectivamente.

Solução:

Considere que a figura abaixo é a representação da pirâmide a que se refere o problema.

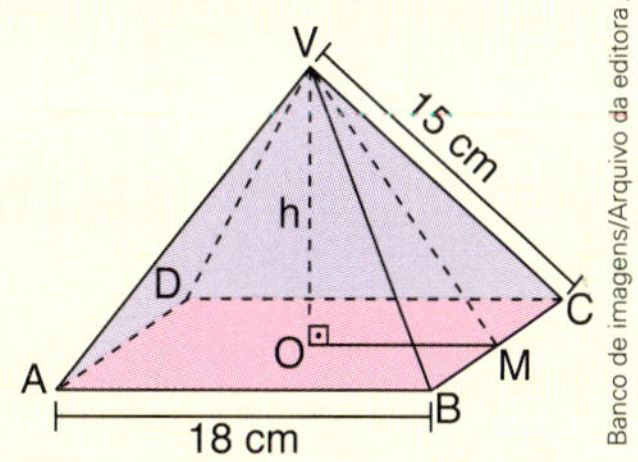

- A área total da superfície dessa pirâmide é a soma da área da base, que é um quadrado de 18 cm de lado, com as áreas de quatro triângulos isósceles congruentes. Assim, temos:

  Área da base: $A_b = \ell^2 \Rightarrow A_b = (18\,cm)^2 \Rightarrow A_b = 324\,cm^2$

  Área lateral: Para calcular a área lateral da pirâmide ($\mathbf{A}_\ell$), devemos primeiro determinar a área $\mathbf{A}_1$ do triângulo VBC, cujo esquema está representado ao lado. Assim, temos:

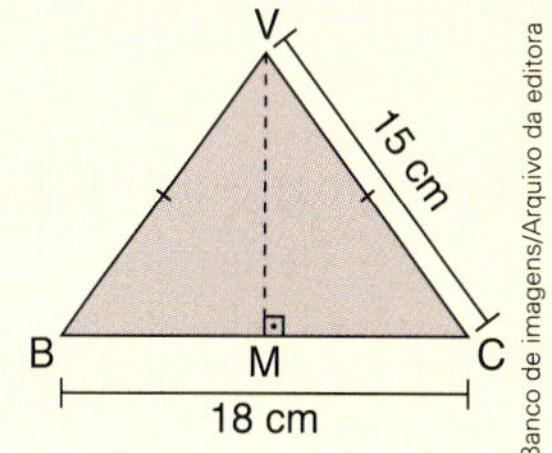

  $\triangle VMC$ é retângulo $\Rightarrow (VC)^2 = (VM)^2 + (MC)^2 \Rightarrow$

  $\Rightarrow (VM)^2 = (15\,cm)^2 - \left(\frac{18}{2}\,cm\right)^2 = 144\,cm^2 \Rightarrow VM = 12\,cm$

Como $A_1 = \dfrac{(BC) \cdot (VM)}{2} = \dfrac{18 \text{ cm} \cdot 12 \text{ cm}}{2} \Rightarrow A_1 = 108 \text{ cm}^2$

Temos: $A_\ell = 4 \cdot A_1 \Rightarrow A_\ell = 4 \cdot 108 \text{ cm}^2 \Rightarrow A_\ell = 432 \text{ cm}^2$

Então: $A_t = A_b + A_\ell = 324 \text{ cm}^2 + 432 \text{ cm}^2 \Rightarrow A_t = 756 \text{ cm}^2$

Logo, a área total da pirâmide é 756 cm^2.

- Para calcular o volume **V** da pirâmide, devemos determinar **h**, medida de sua altura, já que $V = \dfrac{1}{3} \cdot A_b \cdot h$.

Pelo teorema de Pitágoras aplicado ao triângulo retângulo VOM, temos:

$$(12 \text{ cm})^2 = h^2 + \left(\frac{18}{2} \text{ cm}\right)^2 \Rightarrow h^2 = 144 \text{ cm}^2 - 81 \text{ cm}^2 \Rightarrow h = 3\sqrt{7} \text{ cm}$$

Então: $V = \dfrac{1}{3} \cdot 324 \text{ cm}^2 \cdot 3\sqrt{7} \text{ cm} \Rightarrow V = 324\sqrt{7} \text{ cm}^3$

Logo, o volume da pirâmide é $324\sqrt{7} \text{ cm}^3$.

OBSERVAÇÃO

Podemos calcular a medida **h** usando o triângulo VOB:

ABCD é um quadrado $\Rightarrow OB = \dfrac{\ell\sqrt{2}}{2} = \dfrac{18\sqrt{2}}{2} \text{ cm} \Rightarrow OB = 9\sqrt{2} \text{ cm}$

$\triangle VOB$ é retângulo $\Rightarrow (VO)^2 + (OB)^2 = (VB)^2 \Rightarrow h^2 = (15 \text{ cm})^2 - (9\sqrt{2} \text{ cm})^2 \Rightarrow h = 3\sqrt{7} \text{ cm}$

Exercícios

6. Considere o cubo representado na figura e calcule o volume das pirâmides:

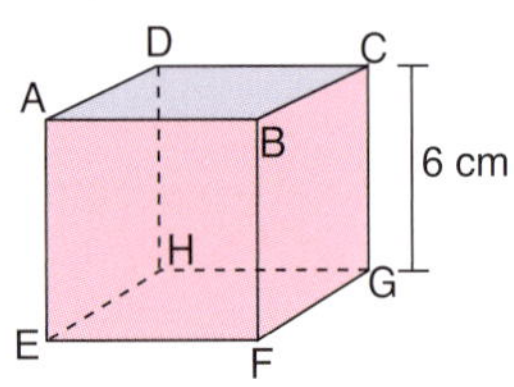

Banco de imagens/Arquivo da editora

a) de vértice **D** e base EFGH;

b) de vértice **A** e base FGH.

7. A base de uma pirâmide de 6 cm de altura é um quadrado de 8 cm de perímetro. Calcule o seu volume.

8. Calcule o volume de uma pirâmide de 12 m de altura, sendo a base um losango cujas diagonais medem 6 m e 10 m.

9. O perímetro da base de um tetraedro regular é 12 cm. Determine:

a) a área total do tetraedro;

b) a medida de sua altura;

c) o volume do tetraedro.

10. Em uma pirâmide regular de base quadrada, sabe-se que a área da base é 32 dm^2 e o apótema da pirâmide mede 6 dm. Calcule sua área lateral e seu volume.

11. Calcule a área lateral, a área total e o volume da pirâmide regular cujas dimensões estão indicadas na figura ao lado.

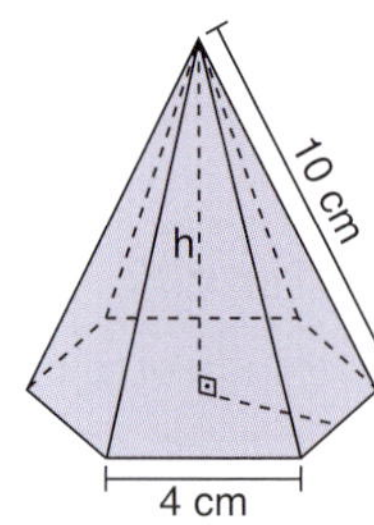

Banco de imagens/Arquivo da editora

12. A base de uma pirâmide de 8 m de altura é um hexágono regular cujo apótema mede $2\sqrt{3}$ m. Determine o volume dessa pirâmide.

13. Determine o volume da pirâmide quadrangular regular cuja aresta da base mede $6\sqrt{2}$ cm e cuja aresta lateral mede 10 cm.

14. Calcule o volume de uma pirâmide hexagonal regular, sendo 24 cm o perímetro da base e 30 cm a soma dos comprimentos de todas as arestas laterais.

15. Em uma pirâmide quadrangular regular, o apótema mede 5 cm e a área lateral é 30 cm^2.

Determine seu volume, considerando $\sqrt{91} \simeq 9,5$.

16. Determine a área total e o volume de uma pirâmide triangular regular, sendo 2 m a medida da aresta da base e 3 m a medida de uma aresta lateral.

17. Um peso maciço de papel é feito de vidro e tem a forma de um tetraedro regular cuja aresta mede 6 cm. Sabendo que a densidade do vidro é 2,6 g/cm^3, qual é a massa desse peso de papel? Use $\sqrt{2} \simeq 1,4$.

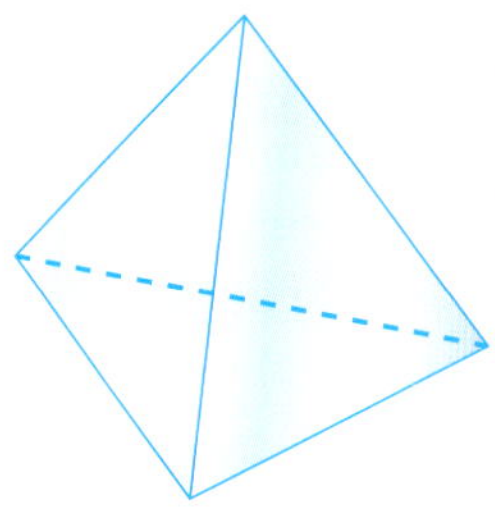

Banco de imagens/Arquivo da editora

18. A figura representa o projeto de um celeiro construído em uma fazenda para o armazenamento de grãos. Ele é formado por um prisma quadrangular regular encimado por uma pirâmide regular.

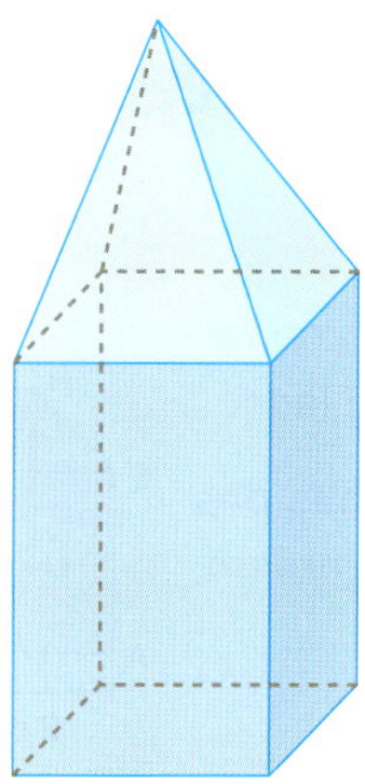

Banco de imagens/Arquivo da editora

Sabe-se que:

- o perímetro da base mede 24 m.
- a altura total do celeiro é de 10 m.
- o celeiro tem capacidade de armazenar 216 m^3 de cereais.

Determine a área total da superfície do celeiro.

19. Determine o volume de uma pirâmide regular quadrangular, sabendo que o apótema da base mede 6 cm e o apótema da pirâmide mede $6\sqrt{2}$ cm.

20. A figura mostra o projeto de um balão que tem a forma de dois cubos equivalentes – cada um com aresta de 1,80 m –, acoplados a duas pirâmides regulares equivalentes, de apótema 1,50 m. Considerando o balão do projeto, isto é, antes de ter a sua boca cortada, determine:

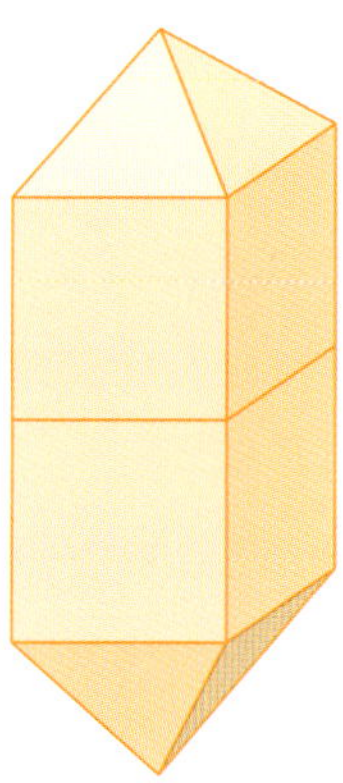

Banco de imagens/Arquivo da editora

a) quantos metros de papel tem a sua superfície;

b) o volume de ar que o seu interior comporta.

21. Sabe-se que a área da base de uma pirâmide é igual à área da base de um prisma e que o volume do prisma é igual ao quíntuplo do volume da pirâmide. Nessas condições, a medida da altura da pirâmide é igual a que porcentagem da medida da altura do prisma?

22. Na figura abaixo tem-se a planificação da superfície de um tetraedro regular:

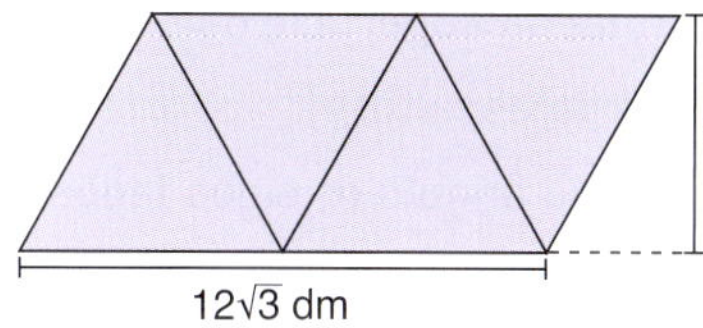

Banco de imagens/Arquivo da editora

Determine a área total, a altura e o volume desse tetraedro.

23. O tampo da mesa mostrada na figura a seguir apoia-se em estruturas que lembram pirâmides regulares quadrangulares, feitas de granito. Se a área lateral de cada pirâmide é 0,28 m^2 e o lado do quadrado da base mede 0,20 m, calcule o volume de granito das estruturas das quatro pirâmides.

AUSÊNCIA DE PROPORÇÃO

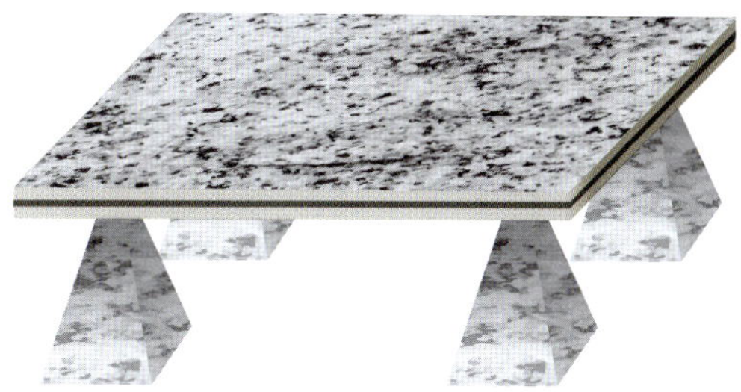

CJT/Zapt/Arquivo da editora

24. Saulo comprou uma barraca de lona para acampar. Sabendo que, quando montada, ela tem a forma de uma pirâmide quadrangular regular de 2 m de altura e que a área de sua superfície lateral é 15 m^2, determine o volume de ar que essa barraca comporta.

25. (UFPR) Na figura a seguir, está representada uma pirâmide de base quadrada que tem todas as arestas com o mesmo comprimento.

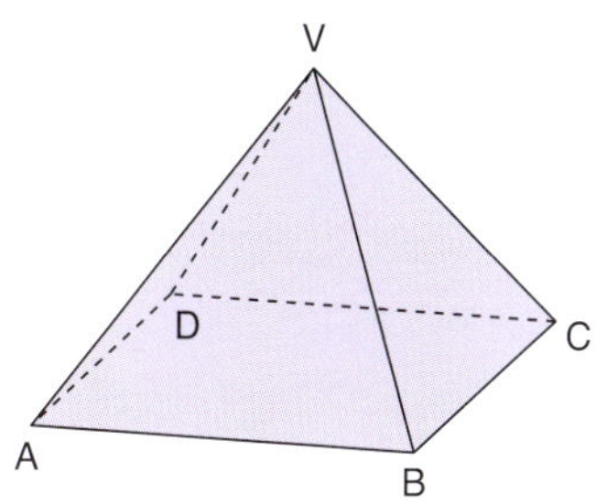

Banco de imagens/Arquivo da editora

a) Sabendo que o perímetro do triângulo DBV é igual a $6 + 3\sqrt{2}$, qual é a altura da pirâmide?

b) Qual é o volume e a área total da pirâmide?

26. Pretende-se construir uma escultura de concreto, de forma piramidal regular, na qual a aresta da base quadrangular meça 6 m e a aresta lateral meça $3\sqrt{5}$ m. Determine:

a) a área total da superfície da escultura;

b) o volume da escultura;

c) a medida do ângulo α, cujos lados são o apótema da pirâmide e o apótema da base.

27. Um enfeite de madeira foi construído extraindo-se uma pirâmide regular quadrangular de um cubo, como sugere a figura seguinte:

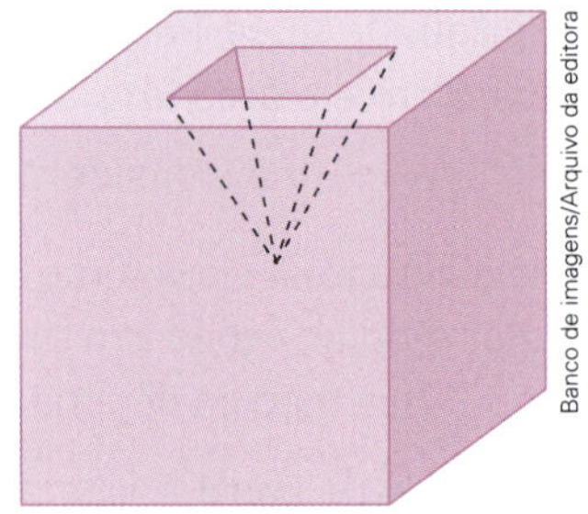

A aresta do cubo mede 12 cm, a aresta da base da pirâmide mede 6 cm e sua altura mede 4 cm. Determine:

a) o número de faces, vértices e arestas do poliedro que representa o enfeite.

b) a massa do enfeite, considerando 0,87 g/cm^3 a densidade da madeira.

c) a área total da superfície do poliedro obtido.

Sólidos semelhantes

Observe as seguintes situações.

- 1ª situação:

Observe os cubos I e II, representados nas figuras ao lado.

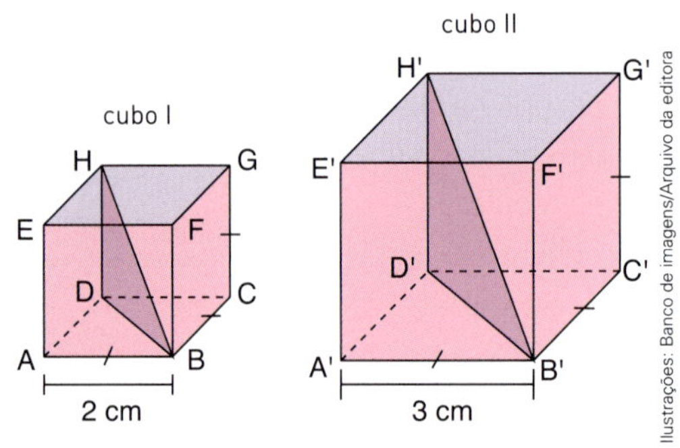

A razão entre as medidas das arestas de I e II, nessa ordem, é $\frac{2\text{ cm}}{3\text{ cm}} = \frac{2}{3}$.

A razão entre as medidas das diagonais das bases de I e II, nessa ordem, é:

$$\frac{DB}{D'B'} = \frac{2\sqrt{2}\text{ cm}}{3\sqrt{2}\text{ cm}} = \frac{2}{3}$$

A razão entre as medidas das diagonais de I e II, nessa ordem, é:

$$\frac{HB}{H'B'} = \frac{2\sqrt{3}\text{ cm}}{3\sqrt{3}\text{ cm}} = \frac{2}{3}$$

Dizemos que o cubo II é uma "ampliação" do cubo I.

- 2ª situação:

As figuras ao lado representam duas latas de óleo de soja comercializadas em um supermercado.

Ambas têm a mesma forma cilíndrica. Note que **O** e **O'** são os centros dos círculos das bases.

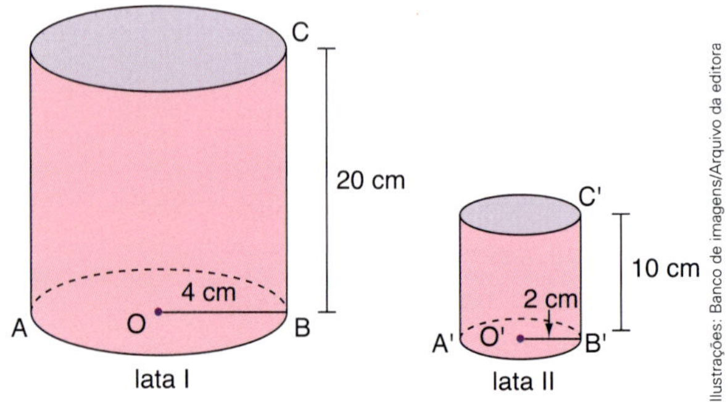

Vamos calcular a razão entre as medidas de um segmento da lata I e o correspondente segmento na lata II:

$$\frac{BC}{B'C'} = \frac{20\text{ cm}}{10\text{ cm}} = 2;\ \frac{OB}{O'B'} = \frac{4\text{ cm}}{2\text{ cm}} = 2;\ \frac{AB}{A'B'} = \frac{8\text{ cm}}{4\text{ cm}} = 2$$

Dizemos que a lata II é uma "redução" da lata I.

- 3ª situação:

  Veja agora, ao lado, as representações de duas embalagens do creme dental "Sorria", ambas em forma de paralelepípedo retorretângulo.

  Vamos calcular a razão entre uma dimensão da embalagem I e a dimensão correspondente da embalagem II:

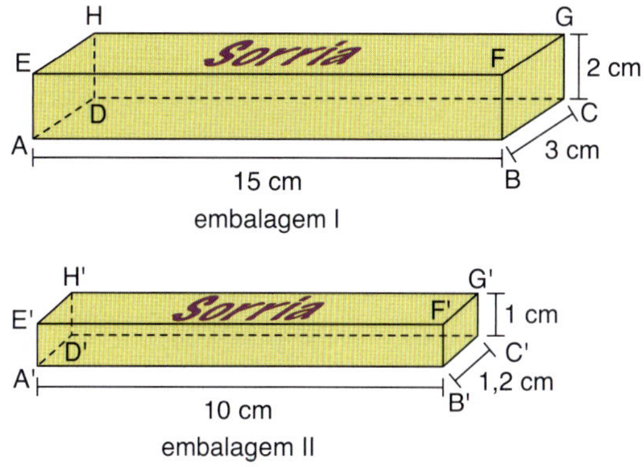

Ilustrações: Banco de imagens/Arquivo da editora

$$\frac{AB}{A'B'} = \frac{15\text{ cm}}{10\text{ cm}} = \frac{3}{2};\ \frac{BC}{B'C'} = \frac{3\text{ cm}}{1{,}2\text{ cm}} = \frac{3}{\frac{6}{5}} = \frac{5}{2};$$

$$\frac{CG}{C'G'} = \frac{2\text{ cm}}{1\text{ cm}} = 2$$

Embora as duas embalagens sejam parecidas, as razões obtidas não são iguais! A embalagem II não é uma "redução" da embalagem I.

Os sólidos representados na 1ª e na 2ª situações são semelhantes, mas as duas caixas representadas na 3ª situação não são semelhantes.

Pirâmides semelhantes

Quando secionamos uma pirâmide por um plano paralelo à base de modo que esse plano não contenha o vértice da pirâmide, ela fica dividida em dois sólidos:

- o que contém o vértice, que é uma nova pirâmide; e
- o que contém a base da pirâmide dada, que é um tronco de pirâmide de bases paralelas.

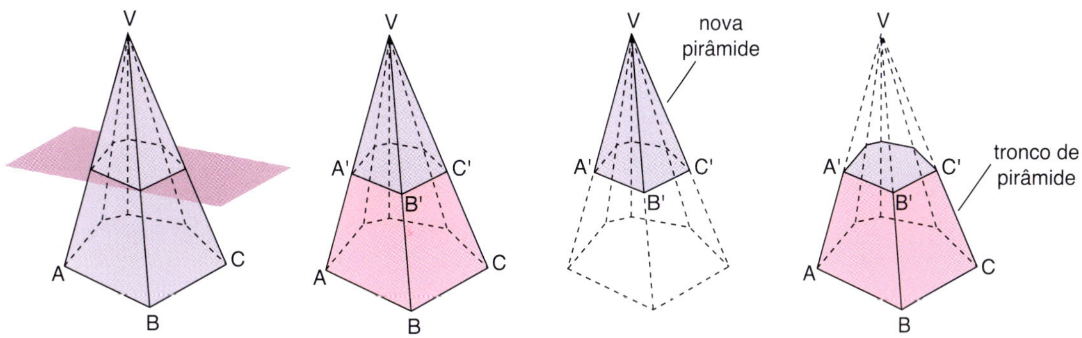

Ilustrações: Banco de imagens/Arquivo da editora

Os troncos de pirâmides serão estudados na próxima seção deste capítulo.

Vamos agora comparar a pirâmide obtida da seção e a pirâmide "primitiva" (ou original).

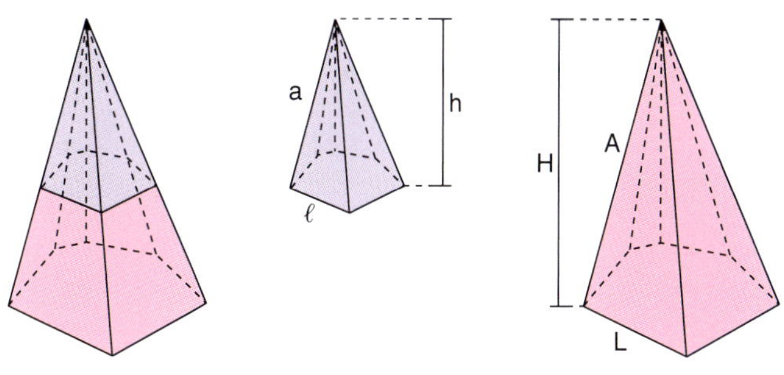

Ilustrações: Banco de imagens/Arquivo da editora

Temos:

- os polígonos das bases têm o mesmo número de lados (veja, nesse exemplo, que ambas são pirâmides hexagonais);
- os ângulos dos polígonos de duas faces homólogas são congruentes dois a dois;
- os elementos lineares homólogos (como arestas das bases, arestas laterais, alturas, etc.) são proporcionais.

A nova pirâmide é uma "cópia reduzida" da pirâmide "primitiva". As duas pirâmides são semelhantes.

A razão **k** entre dois elementos lineares homólogos – arestas ou alturas – é chamada **razão de semelhança** entre as pirâmides. Escolhendo, por exemplo, escrever a razão de semelhança entre a pirâmide obtida da seção e a "primitiva", nessa ordem, temos:

$$\frac{a}{A} = \frac{\ell}{L} = \frac{h}{H} = k$$

Considerando duas pirâmides regulares semelhantes, temos as seguintes propriedades:

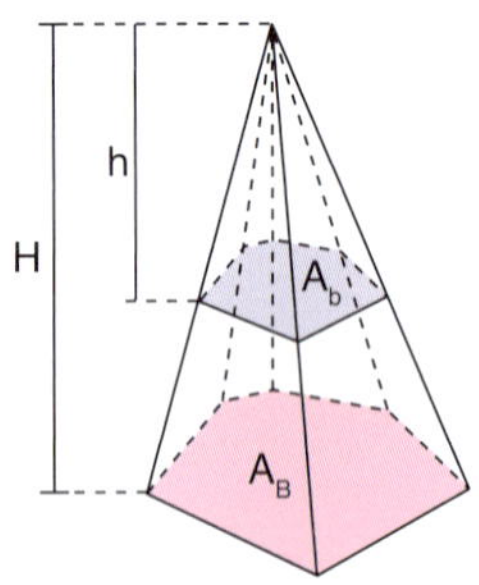

- A razão entre as áreas das bases é igual ao quadrado da razão de semelhança.
  Como as bases são polígonos semelhantes, então $\frac{p}{P}$ e $\frac{x}{X}$, razões entre os respectivos semiperímetros e as medidas dos apótemas das bases homólogas, são tais que $\frac{p}{P} = \frac{x}{X} = k$.

  Assim: $\frac{A_b}{A_B} = \frac{p \cdot x}{P \cdot X} = \frac{p}{P} \cdot \frac{x}{X} = k \cdot k \Rightarrow \boxed{\frac{A_b}{A_B} = k^2}$

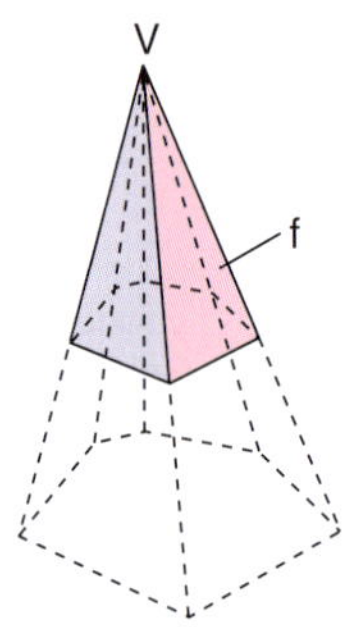

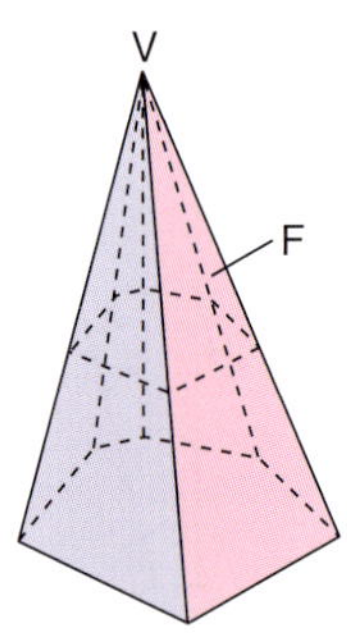

Ilustrações: Banco de imagens/Arquivo da editora

- A razão entre as áreas laterais é igual ao quadrado da razão de semelhança.
  Como duas faces laterais homólogas **f** e **F** são triângulos semelhantes, sabemos que a razão entre suas áreas é igual ao quadrado da razão de semelhança $\left(\frac{\text{área f}}{\text{área F}} = k^2\right)$.
  Lembrando que a área lateral de uma pirâmide é igual à soma das áreas de suas faces laterais, temos:

  $\boxed{\frac{A_\ell}{A_L} = k^2}$ em que: $\begin{cases} \mathbf{A_\ell}: \text{área lateral da nova pirâmide} \\ \mathbf{A_L}: \text{área lateral da pirâmide primitiva} \end{cases}$

- A razão entre as áreas totais é igual ao quadrado da razão de semelhança.
  De fato, como $\frac{A_b}{A_B} = k^2$ e $\frac{A_\ell}{A_L} = k^2$, decorre $\frac{A_b + A_\ell}{A_B + A_L} = k^2$, ou seja:

$$\frac{A_t}{A_T} = k^2$$

- A razão entre os volumes é igual ao cubo da razão de semelhança.
  Sejam **v** o volume da nova pirâmide e **V** o volume da pirâmide "primitiva" (ou original).
  Já vimos que $\frac{A_b}{A_B} = k^2$ e $\frac{h}{H} = k$.
  Vamos obter a razão entre seus volumes:

$$\frac{v}{V} = \frac{\frac{1}{3} \cdot A_b \cdot h}{\frac{1}{3} \cdot A_B \cdot H} = \frac{A_b}{A_B} \cdot \frac{h}{H} = k^2 \cdot k = k^3 \Rightarrow \boxed{\frac{v}{V} = k^3}$$

EXEMPLO 3

Uma pirâmide quadrangular regular é secionada por um plano paralelo à base, a 4 cm do vértice. A pirâmide tem 12 cm de altura, e sua aresta da base mede 9 cm. A pirâmide VABCD é semelhante à pirâmide VA'B'C'D'. Vamos calcular as áreas das bases e o volume das duas pirâmides e constatar a validade das propriedades estudadas anteriormente.

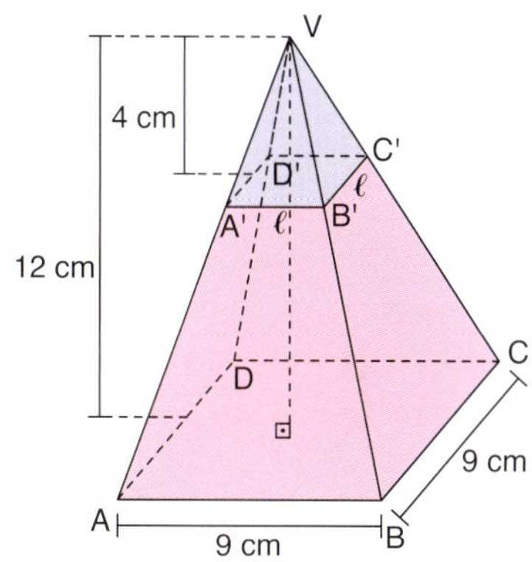

Banco de imagens/Arquivo da editora

Observe, inicialmente, que a razão entre os elementos lineares das duas pirâmides pode ser obtida comparando-se suas alturas:

$$k = \frac{h}{H} = \frac{4\ \text{cm}}{12\ \text{cm}} = \frac{1}{3}$$

Se ℓ é a medida do lado do quadrado A'B'C'D', então:

$$\frac{\ell}{9\ \text{cm}} = \frac{1}{3} \Rightarrow \ell = 3\ \text{cm}$$

A área da base ($\mathbf{A_b}$) da pirâmide VA'B'C'D' é $A_b = (3\ \text{cm})^2 = 9\ \text{cm}^2$, e a área da base ($\mathbf{A_B}$) da pirâmide VABCD é $(9\ \text{cm})^2 = 81\ \text{cm}^2$. Observe que a razão entre $\mathbf{A_b}$ e $\mathbf{A_B}$ é: $\frac{9\ \text{cm}^2}{81\ \text{cm}^2} = \frac{1}{9} = \left(\frac{1}{3}\right)^2 = k^2$.

O volume **v** da pirâmide VA'B'C'D' é dado por: $v = \frac{A_b \cdot h}{3} = \frac{9\ \text{cm}^2 \cdot 4\ \text{cm}}{3} \Rightarrow v = 12\ \text{cm}^3$

Já o volume **V** da pirâmide VABCD é dado por: $V = \frac{A_B \cdot H}{3} = \frac{81\ \text{cm}^2 \cdot 12\ \text{cm}}{3} \Rightarrow V = 324\ \text{cm}^3$

A razão entre **v** e **V** é: $\frac{12\ \text{cm}^3}{324\ \text{cm}^3} = \frac{1}{27} = \left(\frac{1}{3}\right)^3 = k^3$

OBSERVAÇÃO

As propriedades estudadas podem ser estendidas para dois sólidos semelhantes quaisquer.
Voltemos aos dois cubos apresentados na introdução do tópico *Sólidos semelhantes*.

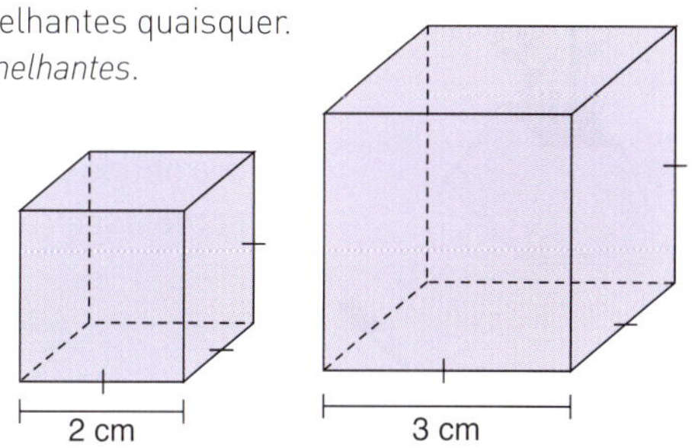

Ilustrações: Banco de imagens/Arquivo da editora

Já vimos que a razão de semelhança entre o cubo menor e o maior é $k = \frac{2}{3}$.

A área total do cubo menor é $6 \cdot (2\ \text{cm})^2 = 24\ \text{cm}^2$ e a área total do cubo maior é $6 \cdot (3\ \text{cm})^2 = 54\ \text{cm}^2$. A razão entre a área do cubo menor e a área do cubo maior é:

$$\frac{24\ \text{cm}^2}{54\ \text{cm}^2} = \frac{4}{9} = \left(\frac{2}{3}\right)^2 = k^2$$

O volume do cubo menor é $(2\ \text{cm})^3 = 8\ \text{cm}^3$ e o volume do cubo maior é $(3\ \text{cm})^3 = 27\ \text{cm}^3$. A razão entre o volume do cubo menor e o volume do cubo maior é $\frac{8\ \text{cm}^3}{27\ \text{cm}^3} = \left(\frac{2}{3}\right)^3 = k^3$.

Exercícios

28. Determine os valores de **x** e **y**, a fim de que as caixas seguintes sejam semelhantes:

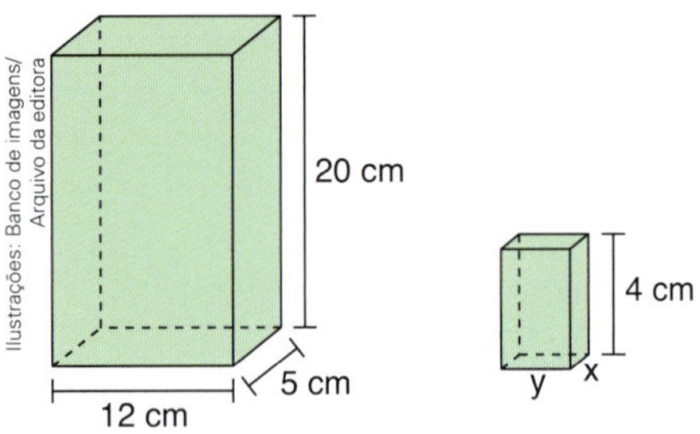

Ilustrações: Banco de imagens/Arquivo da editora

29. Os cilindros 1 e 2 representados a seguir são semelhantes?

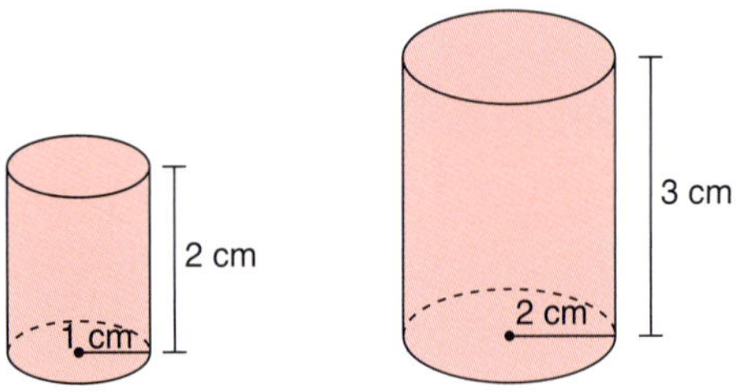

cilindro 1 cilindro 2

Ilustrações: Banco de imagens/Arquivo da editora

30. Uma pequena indústria produz caixas de um único tipo, em forma de paralelepípedo retângulo, com as seguintes dimensões: 2 dm, 5 dm e 7 dm. Sabe-se que, a partir do próximo ano, as caixas serão substituídas por outras semelhantes, de modo que a capacidade de cada uma seja oito vezes a capacidade da anteriormente produzida. Nessas condições, qual será a área total da superfície da nova caixa?

31. Sabe-se que a altura de uma pirâmide mede 20 cm e sua base é um quadrado cujo lado mede 12 cm. Calcule a medida da altura e da aresta da base de uma pirâmide semelhante à primeira cujo volume é igual a 120 cm^3.

32. Uma das arestas de um tetraedro de volume $80\sqrt{3}$ cm^3 mede 10 cm. Determine o volume de um tetraedro semelhante ao primeiro, sabendo que a aresta homóloga mede 5 cm.

33. Considere uma pirâmide regular hexagonal, $\mathbf{P_1}$, em que a aresta da base mede 6 dm e cuja altura mede 12 dm. Se uma seção transversal é feita em $\mathbf{P_1}$, a 4 dm de seu vértice, determine:

a) a área da seção transversal;

b) o volume de $\mathbf{P_2}$, pirâmide obtida da seção transversal.

34. A altura de uma pirâmide regular quadrangular é 45 cm. Ela é intersectada, a 15 cm de seu vértice, por um plano paralelo à base, que determina uma nova pirâmide e um tronco de pirâmide. Sabendo que a aresta da base da pirâmide primitiva é 60 cm, determine:

a) a medida da aresta da base da pirâmide obtida;

b) a razão entre as áreas totais da pirâmide primitiva e da pirâmide obtida.

35. Uma pirâmide regular tem volume igual a **V** e altura **H**. A que distância da base ela deve ser "cortada" por um plano paralelo ao plano da base a fim de que o tronco obtido tenha volume igual a $\frac{37}{64}V$?

Tronco de pirâmide

CJT/Zapt/Arquivo da editora

Observe o vaso e a caçamba de um carrinho de mão que estão representados nas figuras ao lado.

O planejamento para a confecção desses objetos foi feito a partir de um poliedro obtido pela seção de uma pirâmide por um plano paralelo à sua base. Poliedros como esse recebem o nome de **tronco de pirâmide**.

AUSÊNCIA DE PROPORÇÃO

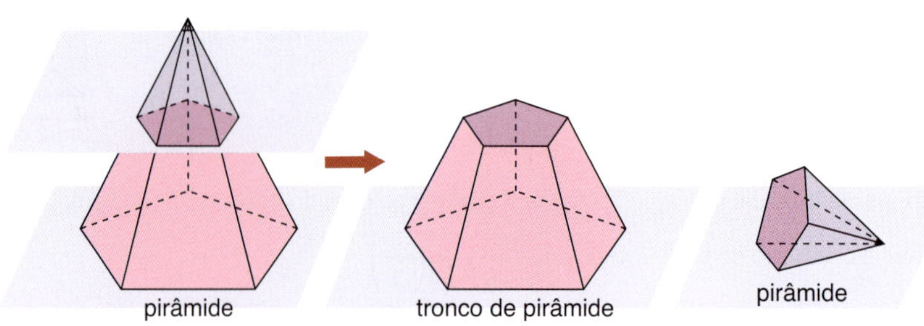

Ilustrações: Banco de imagens/Arquivo da editora

Vamos reconhecer os elementos principais de um tronco de pirâmide:

- **base maior do tronco**: é a base da pirâmide "original" ou "primitiva".
- **base menor do tronco**: é a seção determinada pelo plano que intersecta a pirâmide. Essa seção é um polígono semelhante ao da base da pirâmide.
- **altura do tronco (h)**: é a distância entre os planos das bases.
- **faces laterais do tronco**: são as superfícies planas limitadas por trapézios.

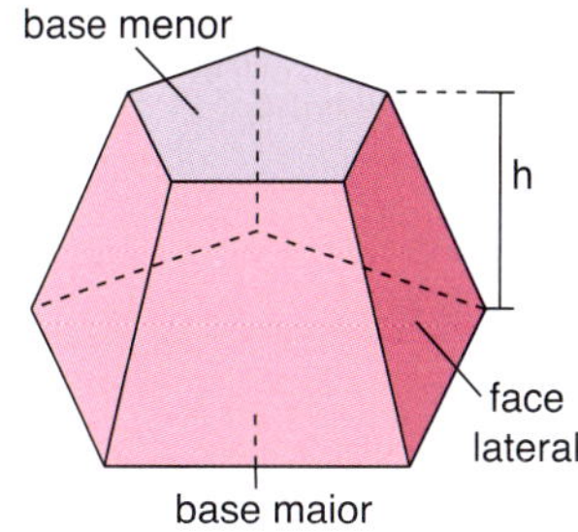

Banco de imagens/Arquivo da editora

Áreas

- **Áreas das bases (A_B e A_b)**
  Área da base maior (**A_B**): é a área do polígono da base maior.
  Área da base menor (**A_b**): é a área de um polígono semelhante ao da base maior.
- **Área lateral (A_ℓ)**
  A área lateral (**A_ℓ**) é a soma das áreas das faces laterais.
- **Área total (A_t)**
  Somando-se as áreas das duas bases com a área lateral, obtém-se a área total:

$$A_t = A_B + A_b + A_\ell$$

Volume

O volume de um tronco de pirâmide pode ser calculado por meio da diferença entre o volume da pirâmide original e o volume da pirâmide obtida a partir da seção.

Pode-se também aplicar a fórmula $V = \frac{h}{3}\left(A_B + \sqrt{A_B \cdot A_b} + A_b\right)$ em que **A_B** e **A_b** são, respectivamente, a área da base maior do tronco e a área da base menor; **h** é a altura do tronco.

A demonstração dessa fórmula encontra-se em *Um pouco mais sobre*, na página 428.

Tronco de pirâmide regular

O tronco de bases paralelas obtido de uma pirâmide regular é denominado **tronco de pirâmide regular**.

Em um tronco de pirâmide regular:

- as **arestas laterais** são congruentes entre si;
- as **bases** são polígonos regulares semelhantes;
- as **faces laterais** são trapézios isósceles congruentes entre si;
- a altura de qualquer face lateral chama-se **apótema do tronco**.

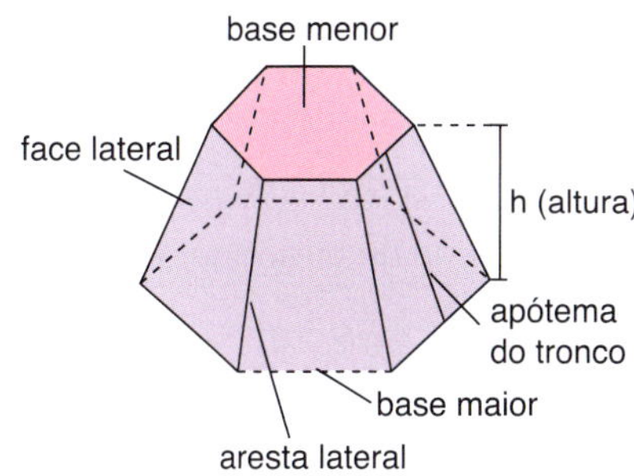

Banco de imagens/Arquivo da editora

EXEMPLO 4

Vamos calcular a área total e o volume de um tronco de pirâmide regular quadrangular, cujas arestas das bases medem 24 cm e 36 cm e cuja aresta lateral mede 10 cm.

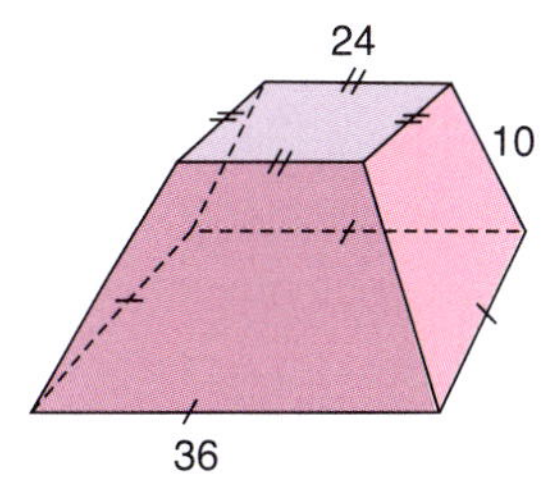

Banco de imagens/Arquivo da editora

- Área da base menor

$$A_b = (24\text{ cm})^2 = 576\text{ cm}^2$$

- Área da base maior

$$A_B = (36\text{ cm})^2 = 1\,296\text{ cm}^2$$

- Área lateral

$$A_\ell = 4 \cdot \text{(área de um trapézio isósceles)}$$

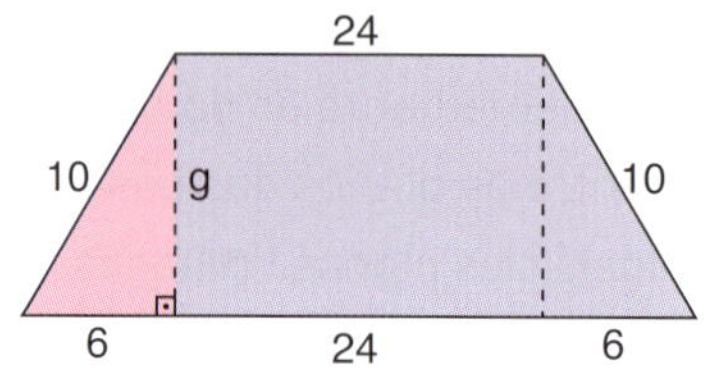

Banco de imagens/Arquivo da editora

g: apótema do tronco (altura do trapézio)

Aplicando o teorema de Pitágoras no triângulo destacado, obtemos:

$$(10 \text{ cm})^2 = g^2 + (6 \text{ cm})^2 \Rightarrow 100 \text{ cm}^2 = g^2 + 36 \text{ cm}^2 \Rightarrow g = 8 \text{ cm}$$

Assim, temos:

$$A_\ell = 4 \cdot \frac{(36 \text{ cm} + 24 \text{ cm}) \cdot 8 \text{ cm}}{2} \Rightarrow A_\ell = 960 \text{ cm}^2$$

- Área total

$$A_t = A_\ell + A_b + A_B = 960 \text{ cm}^2 + 576 \text{ cm}^2 + 1\,296 \text{ cm}^2 = 2\,832 \text{ cm}^2$$

Logo, a área total desse tronco de pirâmide é $2\,832 \text{ cm}^2$.

- Volume

Para determinar o volume desse tronco, é necessário conhecer a medida de sua altura (**h**).

Temos:

O e **O'** são centros das bases;

$\overline{OO'}$ é a altura do tronco.

No triângulo PP'Q, temos:

$(8 \text{ cm})^2 = h^2 + (6 \text{ cm})^2 \Rightarrow h^2 = 28 \text{ cm}^2 \Rightarrow h = 2\sqrt{7} \text{ cm}$

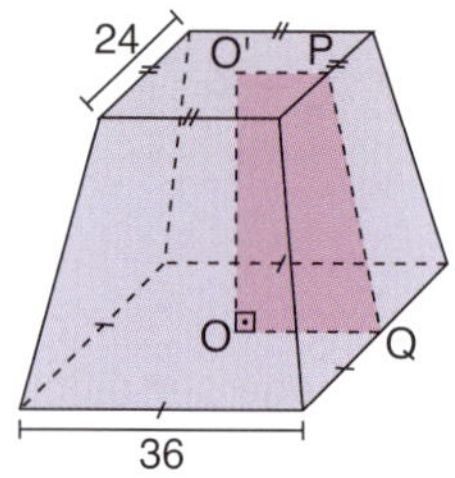

$$OQ = \frac{36}{2} = 18$$

$$O'P = \frac{24}{2} = 12$$

$$PQ = g = 8$$

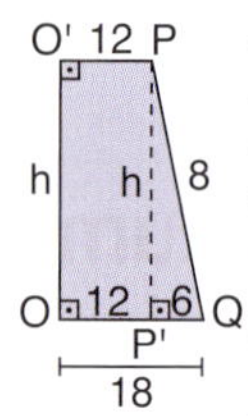

Ilustrações: Banco de imagens/Arquivo da editora

Cálculo do volume:

Vamos imaginar a pirâmide que deu origem a esse tronco:

h: medida da altura do tronco

x: medida da altura da pirâmide obtida

x + h: medida da altura da pirâmide original

A razão entre os elementos lineares das duas pirâmides é $\frac{36}{24} = \frac{3}{2}$.

Podemos, então, escrever: $\frac{h + x}{x} = \frac{3}{2} \Rightarrow x = 2h$

mas $h = 2\sqrt{7}$ cm $\Rightarrow x = 4\sqrt{7}$ cm; $h + x = 6\sqrt{7}$ cm

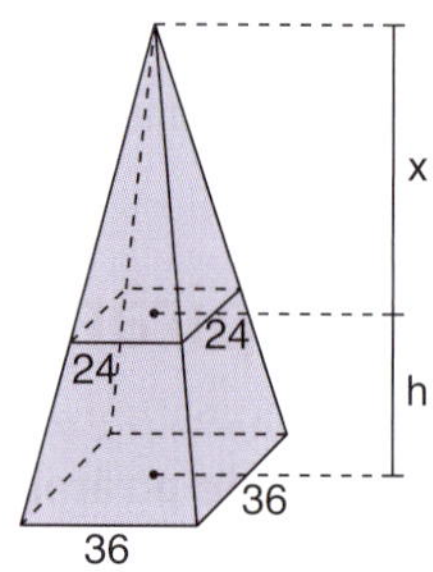

Banco de imagens/Arquivo da editora

- Volume da pirâmide original:

$$V = \frac{1}{3} \cdot (36 \text{ cm})^2 \cdot 6\sqrt{7} \text{ cm} \Rightarrow V = 2\,592\sqrt{7} \text{ cm}^3$$

- Volume da nova pirâmide:

$$V' = \frac{1}{3} \cdot (24 \text{ cm})^2 \cdot 4\sqrt{7} \text{ cm} \Rightarrow V' = 768\sqrt{7} \text{ cm}^3$$

Logo, o volume do tronco é: $2\,592\sqrt{7} \text{ cm}^3 - 768\sqrt{7} \text{ cm}^3 = 1\,824\sqrt{7} \text{ cm}^3$

Se usarmos a fórmula, obtemos **V** em cm^3:

$$V = \frac{2\sqrt{7}}{3} \cdot (36^2 + \sqrt{36^2 \cdot 24^2} + 24^2)$$

$$V = \frac{2\sqrt{7}}{3} \cdot (1\,296 + 864 + 576)$$

$$V = \frac{2\sqrt{7}}{3} \cdot (2\,736) = 1\,824\sqrt{7}$$

Exercícios

36. Calcule a área total de cada tronco de pirâmide seguinte:

a) quadrangular regular

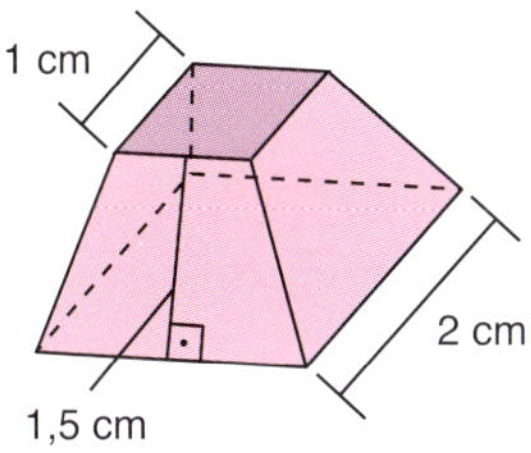

Banco de imagens/Arquivo da editora

b) hexagonal regular

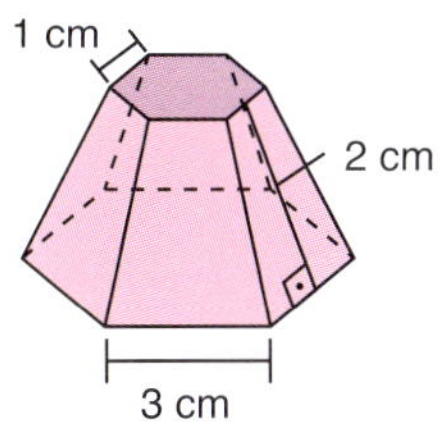

Banco de imagens/Arquivo da editora

37. Um vaso tem o formato de um tronco de pirâmide regular de base quadrada, como mostrado na figura.

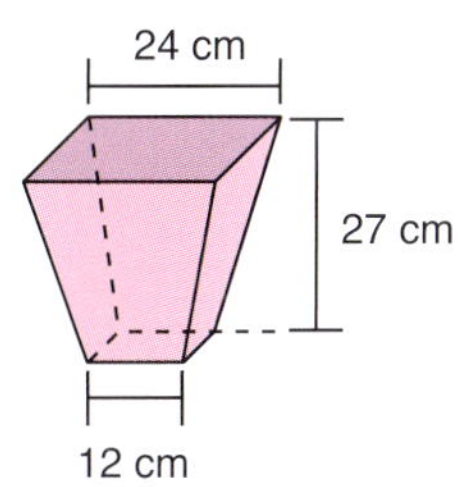

Banco de imagens/Arquivo da editora

Quantos litros de água são necessários para encher totalmente esse vaso?

Considere desprezível sua espessura.

38. A figura mostra um tronco de pirâmide regular em que as bases são triângulos equiláteros cujos lados medem 8 cm e 12 cm.

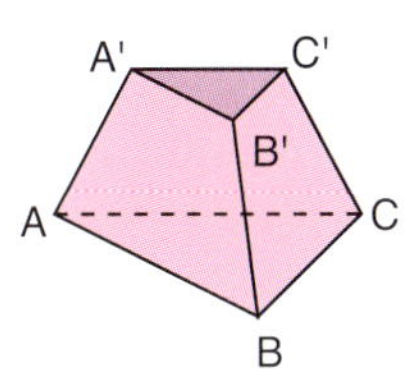

Banco de imagens/Arquivo da editora

Sabendo que a área lateral do tronco é igual a 180 cm^2, determine:

a) sua área total;

b) a medida do seu apótema.

39. Um plano que dista 3 m da base de uma pirâmide regular quadrangular e é paralelo ao plano da base determina uma seção de área de 8 m^2. Sabendo que a área da base da pirâmide é 18 m^2, determine:

a) seu volume;

b) o volume do tronco de pirâmide obtido pela seção.

40. Um suporte de mesa, feito de madeira maciça, pode ser representado por um prisma reto cuja base quadrada coincide com a base menor de um tronco de pirâmide regular quadrangular, como mostra a figura. Sabe-se que a altura do prisma é 20 cm.

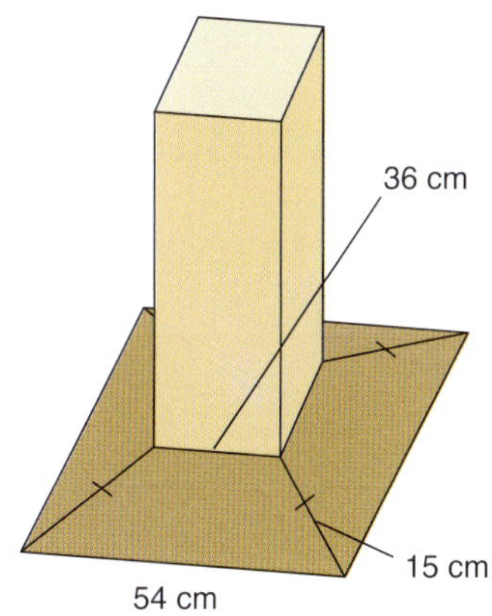

Banco de imagens/Arquivo da editora

a) Quantos metros cúbicos de madeira foram usados na confecção desse suporte? Considere $\sqrt{7} \simeq 2,65$.

b) Deseja-se pintar a superfície desse suporte com um material impermeabilizante cujo preço é R$ 28,00 o litro. Sabendo que cada 1 000 cm^2 necessitam de 400 mL do impermeabilizante, determine o custo aproximado dessa pintura.

41. As bases de um tronco de pirâmide são dois pentágonos regulares cujos lados medem 5 dm e 3 dm, respectivamente. Sendo essas bases paralelas e a medida do apótema do tronco de pirâmide 10 dm, determine a área lateral desse tronco.

42. Calcule o volume de um tronco de pirâmide regular quadrangular de 4 dm de altura e cujas áreas das bases são iguais a 36 dm^2 e 144 dm^2.

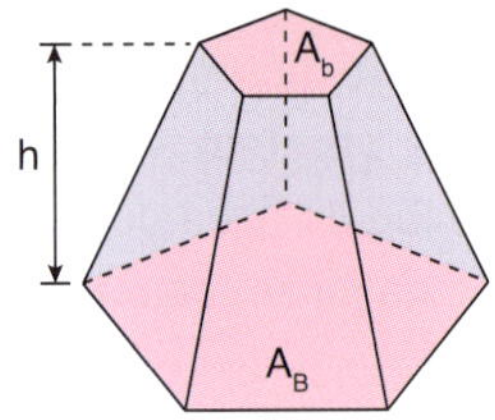

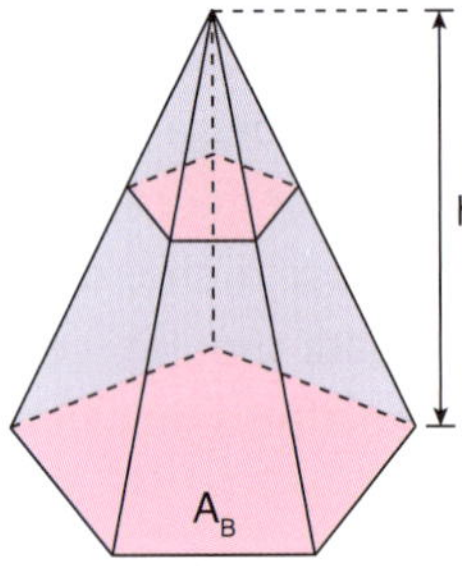

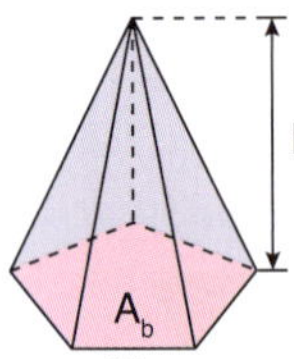

Ilustrações: Banco de imagens/Arquivo da editora

Volume de um tronco de pirâmide

Vamos mostrar que o volume de um tronco de pirâmide de bases paralelas pode ser calculado por meio da expressão $V = \frac{h}{3} \cdot \left(AB + \sqrt{A_B \cdot A_b} + A_b\right)$, em que $\mathbf{A_B}$ e $\mathbf{A_b}$ são as respectivas áreas das bases maior e menor do tronco e **h** é a medida de sua altura.

Observe na figura que **V** pode ser obtido calculando-se a diferença entre os volumes das duas pirâmides.

Temos

- $V_1 = \frac{1}{3} \cdot A_B \cdot h_1$ e $h_1 = h + h_2 \Rightarrow V_1 = \frac{1}{3} \cdot A_B \cdot (h + h_2)$
- $V_2 = \frac{1}{3} \cdot A_b \cdot h_2$

Assim:

$$V = V_1 - V_2 \Rightarrow V = \frac{1}{3} \cdot A_B \cdot (h + h_2) - \frac{1}{3} \cdot A_b \cdot h_2 \Rightarrow V = \frac{1}{3} \cdot [A_B \cdot (h + h_2) - A_b \cdot h_2] \quad (1)$$

Como as pirâmides (nova e original) são semelhantes, podemos escrever:

$$\frac{A_B}{A_b} = \left(\frac{h_1}{h_2}\right)^2 \Rightarrow \frac{h_1}{h_2} = \frac{\sqrt{A_B}}{\sqrt{A_b}} \Rightarrow \frac{h + h_2}{h_2} = \frac{\sqrt{A_B}}{\sqrt{A_b}} \Rightarrow (h + h_2) \cdot \sqrt{A_b} = h_2 \cdot \sqrt{A_B} \Rightarrow$$

$$\Rightarrow h_2 = \frac{h \cdot \sqrt{A_b}}{\sqrt{A_B} - \sqrt{A_b}} \quad (2)$$

Substituindo (2) em (1), vem:

$$V = \frac{1}{3} \cdot \left[A_B \cdot \left(h + \frac{h \cdot \sqrt{A_b}}{\sqrt{A_B} - \sqrt{A_b}}\right) - A_b \cdot \frac{h \cdot \sqrt{A_b}}{\sqrt{A_B} - \sqrt{A_b}}\right] \Rightarrow$$

$$\Rightarrow V = \frac{1}{3} \cdot \left[A_B \cdot \left(\frac{h \cdot \left(\sqrt{A_B} - \sqrt{A_b}\right) + h \cdot \sqrt{A_b}}{\sqrt{A_B} - \sqrt{A_b}}\right) - \frac{A_b \cdot h \cdot \sqrt{A_b}}{\sqrt{A_B} - \sqrt{A_b}}\right] \Rightarrow$$

$$\Rightarrow V = \frac{1}{3} \cdot \left[\frac{A_B \cdot h \cdot \sqrt{A_B}}{\sqrt{A_B} - \sqrt{A_b}} - \frac{A_b \cdot h \cdot \sqrt{A_b}}{\sqrt{A_B} - \sqrt{A_b}}\right] \Rightarrow V = \frac{h}{3} \cdot \left[\frac{A_B \cdot \sqrt{A_B} - A_b \cdot \sqrt{A_b}}{\sqrt{A_B} - \sqrt{A_b}}\right] \quad (3)$$

Racionalizando a expressão (3), obtém-se:

$$V = \frac{h}{3} \cdot \left[\frac{\left(A_B \cdot \sqrt{A_B} - A_b \cdot \sqrt{A_b}\right) \cdot \left(\sqrt{A_B} + \sqrt{A_b}\right)}{\left(\sqrt{A_B} - \sqrt{A_b}\right) \cdot \left(\sqrt{A_B} + \sqrt{A_b}\right)}\right] \Rightarrow$$

$$\Rightarrow V = \frac{h}{3} \cdot \left[\frac{A_B^2 + A_B \cdot \sqrt{A_B \cdot A_b} - A_b \cdot \sqrt{A_b \cdot A_B} - A_b^2}{\left(\sqrt{A_B}\right)^2 - \left(\sqrt{A_b}\right)^2}\right] \Rightarrow$$

$$\Rightarrow V = \frac{h}{3} \cdot \left[\frac{A_B^2 - A_b^2 + \sqrt{A_B \cdot A_b} \cdot (A_B - A_b)}{A_B - A_b}\right] \Rightarrow$$

$$\Rightarrow V = \frac{h}{3} \cdot \left[\frac{(A_B - A_b) \cdot \left(A_B + A_b + \sqrt{A_B \cdot A_b}\right)}{A_B - A_b}\right]$$

Logo: $V = \frac{h}{3} \cdot \left[A_B + \sqrt{A_B \cdot A_b} + A_b\right]$

Enem e vestibulares resolvidos

(Enem) É comum os artistas plásticos se apropriarem de entes matemáticos para produzirem, por exemplo, formas e imagens por meio de manipulações. Um artista plástico, em uma de suas obras, pretende retratar os diversos polígonos obtidos pelas interseções de um plano com uma pirâmide regular de base quadrada. Segundo a classificação dos polígonos, quais deles são possíveis de serem obtidos pelo artista plástico?

a) Quadrados, apenas.

b) Triângulos e quadrados, apenas.

c) Triângulos, quadrados e trapézios, apenas.

d) Triângulos, quadrados, trapézios e quadriláteros irregulares, apenas.

e) Triângulos, quadrados, trapézios, quadriláteros irregulares e pentágonos, apenas.

Resolução comentada:

Um triângulo pode ser obtido traçando-se um plano que intersecta três arestas concorrentes da pirâmide:

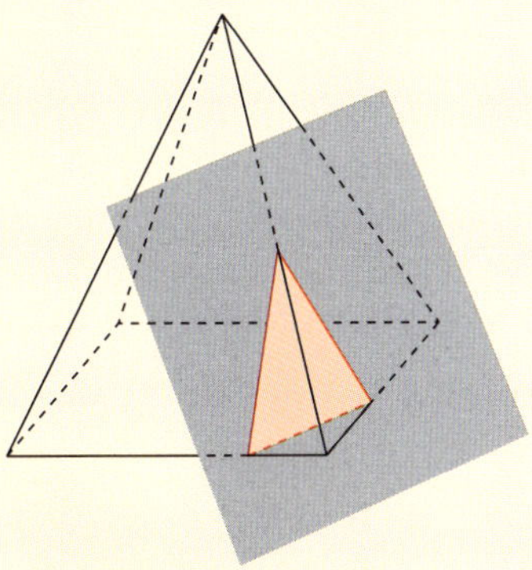

Banco de imagens/Arquivo da editora

Um quadrado pode ser obtido traçando-se um plano paralelo à base da pirâmide:

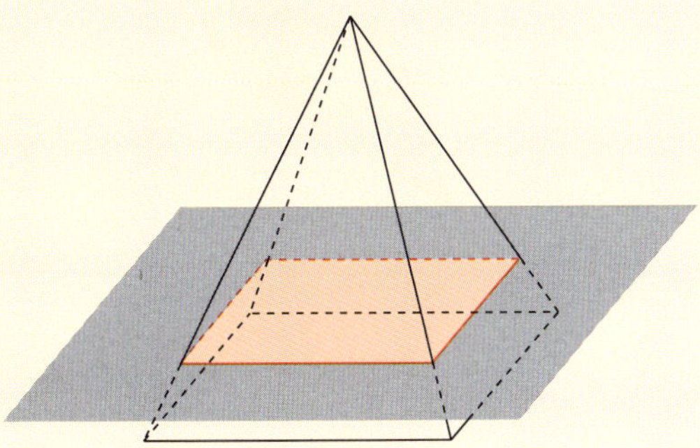

Banco de imagens/Arquivo da editora

Um trapézio pode ser obtido traçando-se um plano paralelo a somente duas arestas opostas da base da pirâmide:

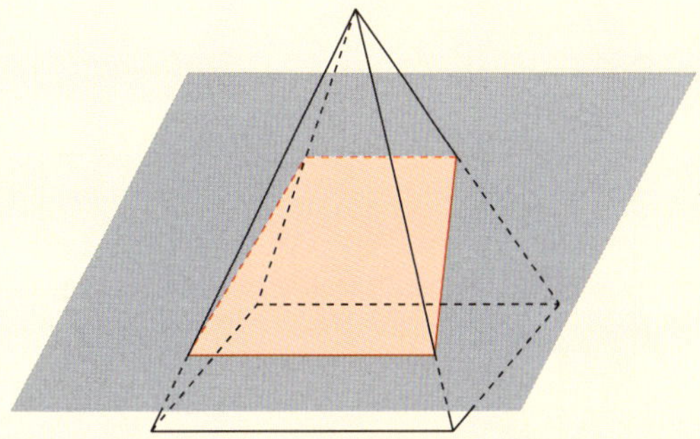

Banco de imagens/Arquivo da editora

Um quadrilátero irregular pode ser obtido traçando-se um plano que determina segmentos de tamanhos diferentes em duas das arestas da pirâmide:

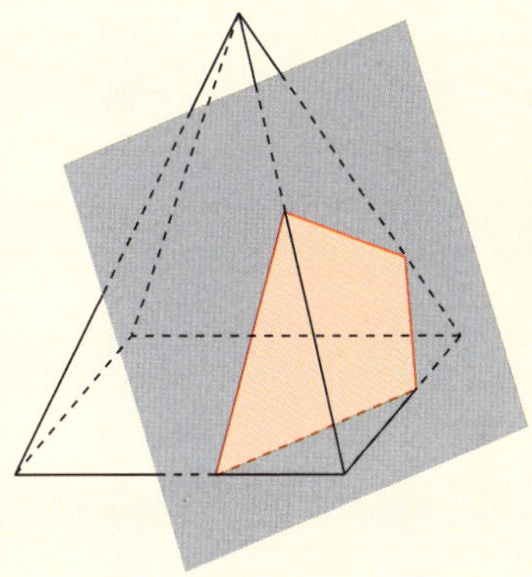

Banco de imagens/Arquivo da editora

Um pentágono pode ser obtido traçando-se um plano que intersecta todas as 5 faces da pirâmide:

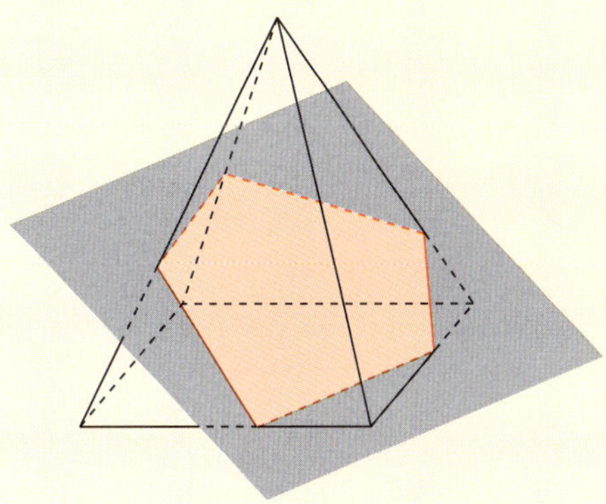

Banco de imagens/Arquivo da editora

Alternativa *e*.

Exercícios complementares

1. (UFPR) As figuras abaixo apresentam um bloco retangular de base quadrada, uma pirâmide cuja base é um triângulo equilátero, e algumas de suas medidas.

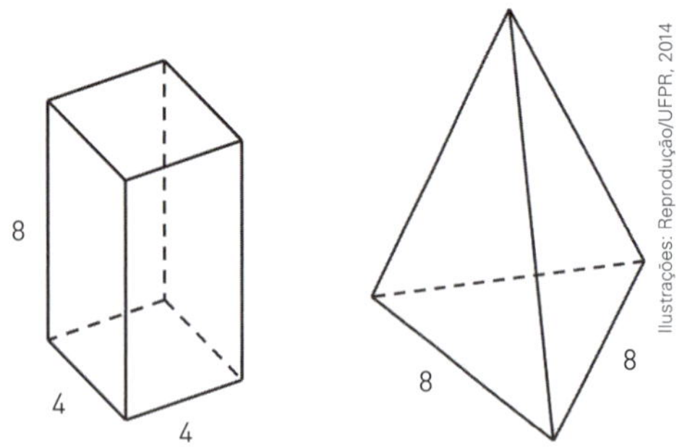

a) Calcule o volume do bloco retangular e a área da base da pirâmide.

b) Qual deve ser a altura da pirâmide, para que seu volume seja igual ao bloco retangular?

2. Uma pirâmide regular hexagonal de altura 6 cm é secionada por um plano paralelo à base e distante 4 cm dela.

a) Qual é a razão entre o volume do tronco e o volume da nova pirâmide?

b) Sabendo que a área da base da pirâmide obtida é $16\sqrt{3}$ cm^2, determine a área da base da pirâmide original.

c) Se a aresta da base da pirâmide original mede 6 cm, qual é o volume do tronco obtido?

3. (UFG-GO) Pretende-se instalar, em uma via de tráfego intenso, um redutor de velocidade formado por 14 blocos em forma de tronco de pirâmide. Cada tronco de pirâmide é obtido a partir de uma pirâmide de base retangular após secioná-la por um plano paralelo à base e distante do vértice $\frac{2}{3}$ da altura da pirâmide. Ao término da instalação, a face superior (base menor) de cada tronco de pirâmide será pintada com tinta amarela. Cada litro de tinta custa R$ 10,00, sendo suficiente para pintar 10 m^2. Sabendo-se que a área da base maior de cada tronco de pirâmide utilizado na construção do redutor é de 630 cm^2, calcule o custo da tinta amarela utilizada.

4. Uma pirâmide tem por base um retângulo cujos lados medem 10 cm e 24 cm. As arestas laterais são congruentes à diagonal da base.
Calcule a área total da pirâmide.

5. Na figura abaixo tem-se o cubo ABCDEFGH, cuja aresta mede 2 m. Os pontos **M**, **N**, **P** e **Q** são pontos médios dos segmentos $\overline{EH}$, $\overline{FG}$, $\overline{AD}$ e $\overline{AE}$, respectivamente.

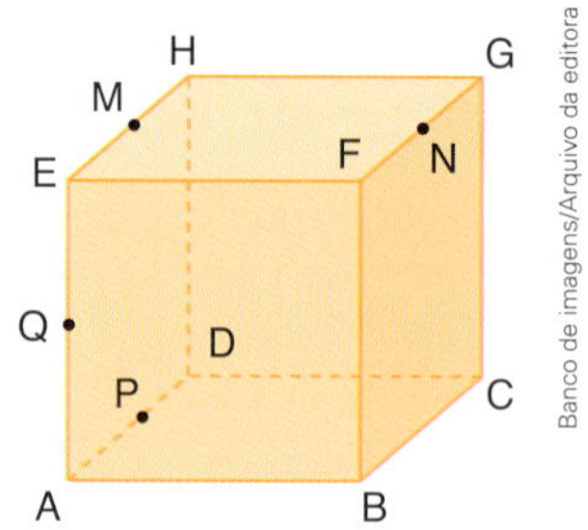

Determine o volume da pirâmide:

a) de vértice **A** e base MNGH;

b) vértice **P** e base EFGH;

c) vértice **P** e base MNGH;

d) vértice **Q** e base DCGH;

e) vértice **Q** e base MEFN.

6. Uma pirâmide tem por base um hexágono regular de lado **a** e cada aresta lateral da pirâmide mede 2a.

a) Qual é a medida do ângulo que uma aresta lateral forma com o plano da base?

b) Calcule, em função de **a**, a área total e o volume da pirâmide.

7. (Uerj) Um prisma triangular reto ABCDEF foi dividido em duas partes por um plano α, de acordo com a imagem abaixo. Os ângulos $B\hat{A}C$ e $E\hat{D}F$ das bases do prisma são retos, e o plano α contém os pontos **A**, **B** e **G**, sendo que **G** pertence à aresta $\overline{CF}$ e dista 4 cm de **C**.

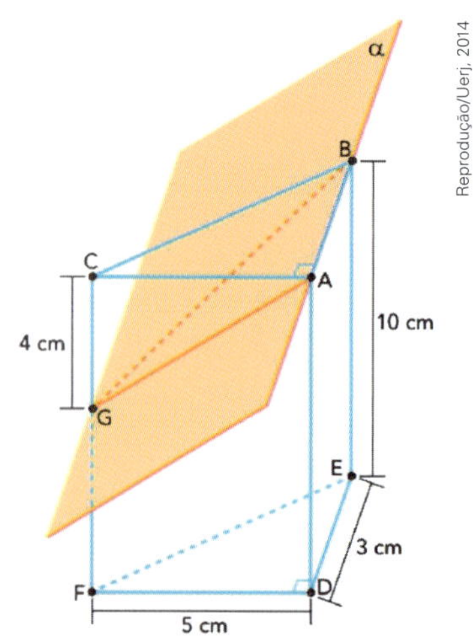

Calcule o volume, em cm^3, do maior sólido definido pela separação estabelecida no prisma pelo plano α.

8. Na figura abaixo tem-se o cubo ABCDEFGH intersectado por um plano que contém os pontos **B**, **C**, **R** e **S**. Sua aresta mede 4 cm; **R** e **S** são pontos médios das arestas $\overline{AE}$ e $\overline{DH}$, respectivamente. Determine a razão entre os volumes do prisma triangular RABCDS e a pirâmide FRSCB, nessa ordem.

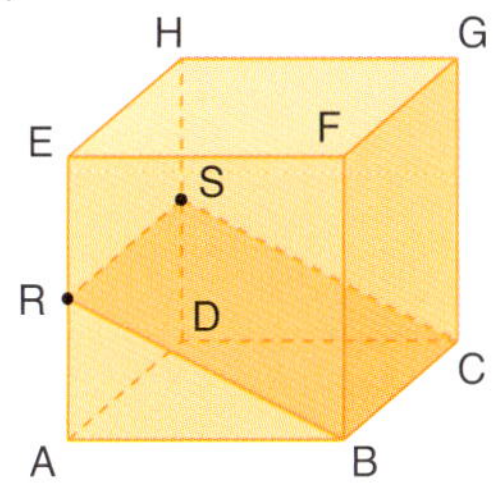

Banco de imagens/Arquivo da editora

9. Duas arestas opostas de uma pirâmide quadrangular regular medem 2 m e formam, no interior do sólido, um ângulo de 120°.
Calcule o volume da pirâmide.

10. (UFJF/PISM-MG) Na figura abaixo, ABCD é um tetraedro regular de lado ℓ e **N** é um ponto sobre a aresta $\overline{AC}$ tal que $2AN = NC$.

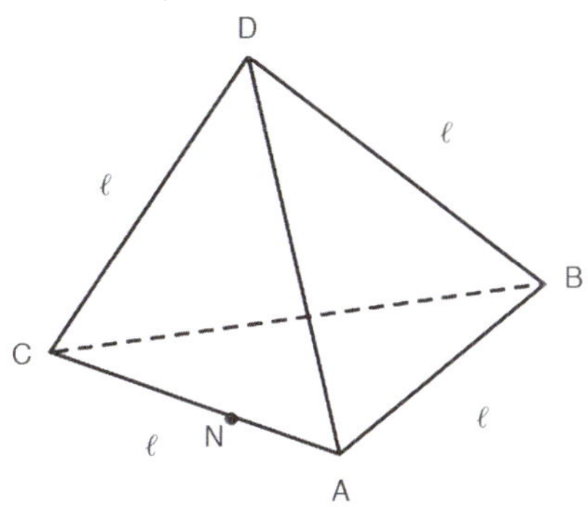

Reprodução/UFJF, 2015

a) Calcule DN.
b) Calcule a área do triângulo BDN.

11. Na figura, a pirâmide regular da base ABCD e altura $\overline{VH}$ possui todas as arestas medindo 4 cm. Sabendo que $\mathbf{V_1}$ é o ponto médio de $\overline{VH}$ e que $\mathbf{M_1}$, $\mathbf{M_2}$, $\mathbf{M_3}$ e $\mathbf{M_4}$ são pontos médios das arestas da base ABCD, determine:

a) a medida de $\overline{M_1M_2}$.
b) a área do polígono $M_1M_2M_3M_4$.
c) o volume da pirâmide $V_1M_1M_2M_3M_4$.
d) a razão entre a área lateral da pirâmide VABCD e a da pirâmide $V_1M_1M_2M_3M_4$.

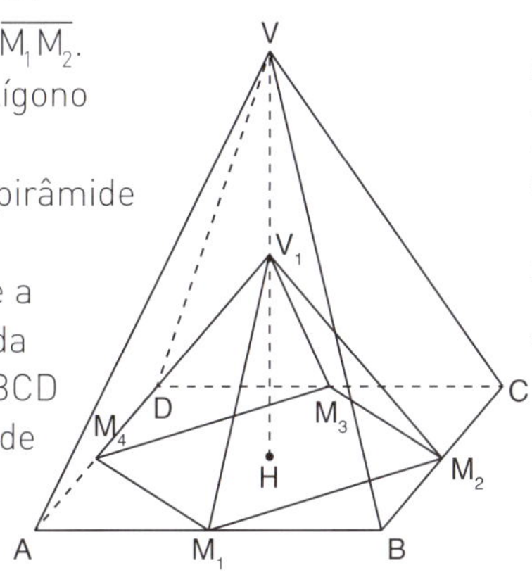

Banco de imagens/Arcuivo da editora

12. Em cada uma das pirâmides regulares de vértice **V** abaixo, **O** é o centro da base. Determine a área total e o volume de cada pirâmide.

a) $VO = 20$; $BC = 10$

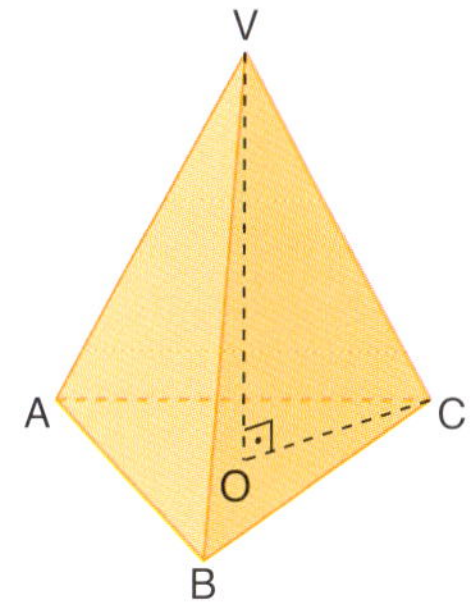

b) $VC = 20$; $OC = 10$

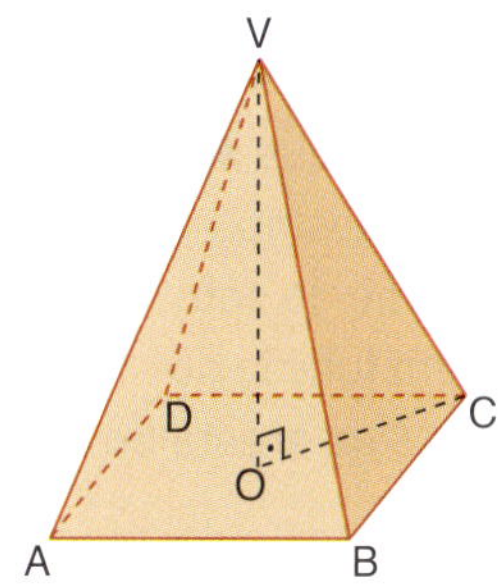

Ilustrações: Banco ce imagens/Arquivo da editora

13. (FGV-SP) Com estes quatro triângulos cujas medidas dos lados estão em centímetros, forma-se uma pirâmide triangular. Calcule:

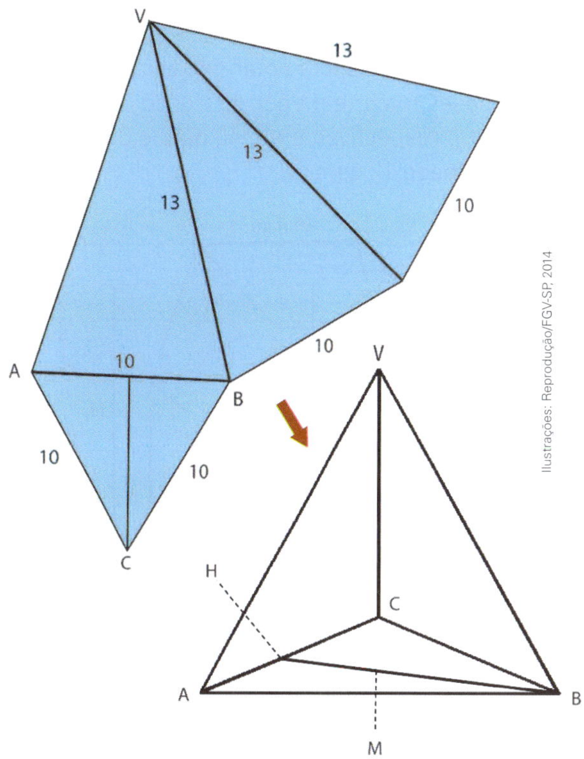

Ilustrações: Reprodução/FGV-SP, 2014

a) A área total da superfície da pirâmide.
b) O volume da pirâmide.

Enunciado para as questões 14 e 15:
O poliedro representado ao lado é o **octaedro** regular. Ele possui todas as arestas congruentes entre si. Suas oito faces são triângulos equiláteros.

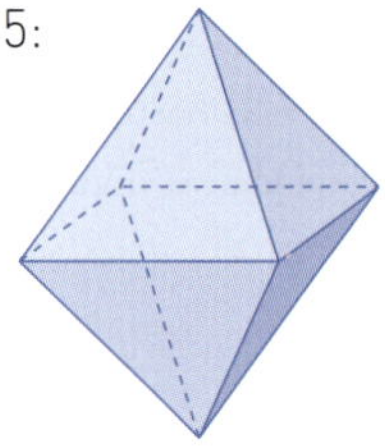

Banco de imagens/Arquivo da editora

14. Determine a área total e o volume de um octaedro regular cuja medida de aresta é 4 cm.

15. Determine a medida da aresta de um octaedro regular cujo volume é $\frac{\sqrt{2}}{24}$ cm^3.

16. Seja ABCDEFGH um cubo no qual $\overline{AB}$, $\overline{AC}$, $\overline{AD}$, $\overline{EF}$, $\overline{EG}$, $\overline{EH}$ são seis de suas arestas, de modo que **A** e **E** são vértices opostos. Calcule o volume do sólido BCDFGH em função do comprimento ℓ da aresta do cubo.

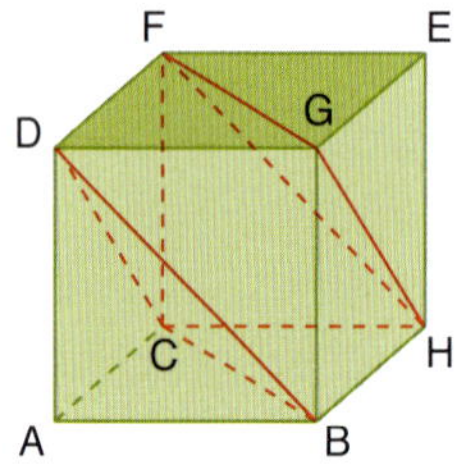

Banco de imagens/Arquivo da editora

17. (Unesp-SP) Para calcularmos o volume aproximado de um *iceberg*, podemos compará-lo com sólidos geométricos conhecidos. O sólido da figura, formado por um tronco de pirâmide regular de base quadrada e um paralelepípedo retorretângulo, justapostos pela base, representa aproximadamente um *iceberg* no momento em que se desprendeu da calota polar da Terra. As arestas das bases maior e menor do tronco da pirâmide medem, respectivamente, 40 dam e 30 dam, e a altura mede 12 dam.

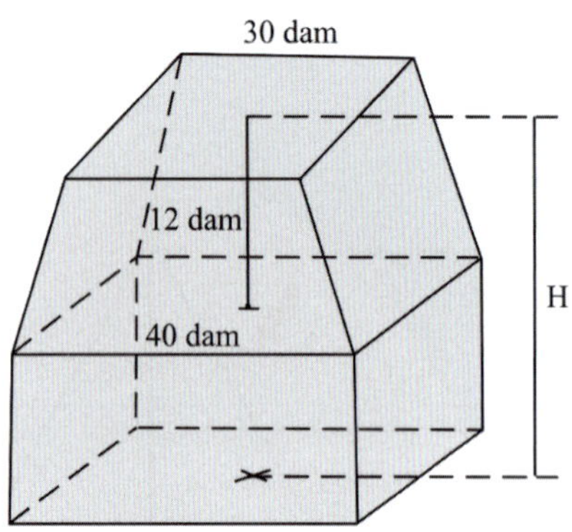

Reprodução/Unesp, 2007

Passado algum tempo do desprendimento do *iceberg*, o seu volume era de 23 100 dam^3, o que correspondia a $\frac{3}{4}$ do volume inicial. Determine a medida da altura **H**, em decâmetros, do sólido que representa o *iceberg* no momento em que se desprendeu.

18. A base de uma pirâmide de vértice **V** é um hexágono regular ABCDEF, sendo AB = 6. A aresta lateral $\overline{VA}$ é perpendicular ao plano da base e congruente ao segmento $\overline{AD}$.

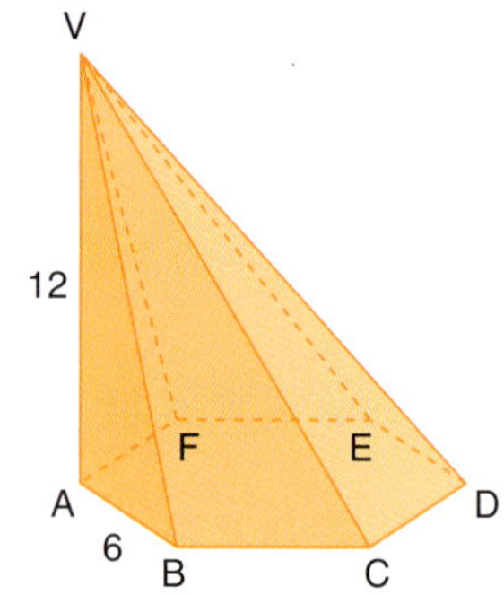

Banco de imagens/Arquivo da editora

a) Calcule a área do triângulo VAF.
b) Determine a posição relativa entre as retas $\overleftrightarrow{VA}$ e $\overleftrightarrow{CD}$.
c) Calcule o volume da pirâmide VACD.
d) Determine a medida de $\overline{VC}$.

19. (Fuvest-SP) O cubo ABCDEFGH possui arestas de comprimento **a**. O ponto **M** está na aresta $\overline{AE}$ e AM = 3 · ME.

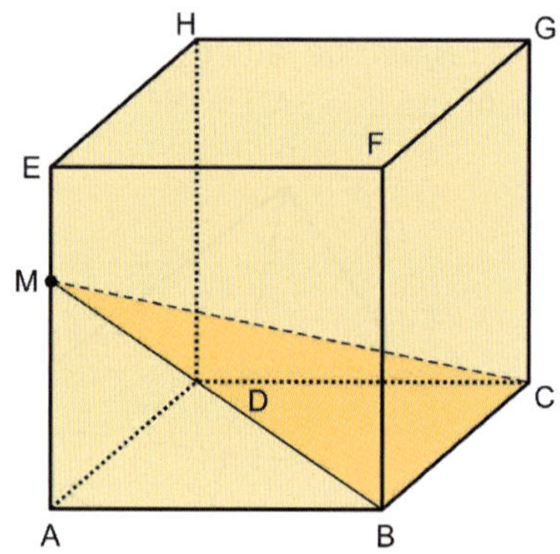

Reprodução/Fuvest, 2007

Calcule:
a) o volume do tetraedro BCGM.
b) a área do triângulo BCM.
c) a distância do ponto **B** à reta suporte do segmento $\overline{CM}$.

20. (Fuvest-SP) Na figura abaixo, o cubo de vértices **A**, **B**, **C**, **D**, **E**, **F**, **G**, **H** tem lado ℓ. Os pontos **M** e **N** são pontos médios das arestas $\overline{AB}$ e $\overline{BC}$, respectivamente. Calcule a área da superfície do tronco de pirâmide de vértices **M**, **B**, **N**, **E**, **F**, **G**.

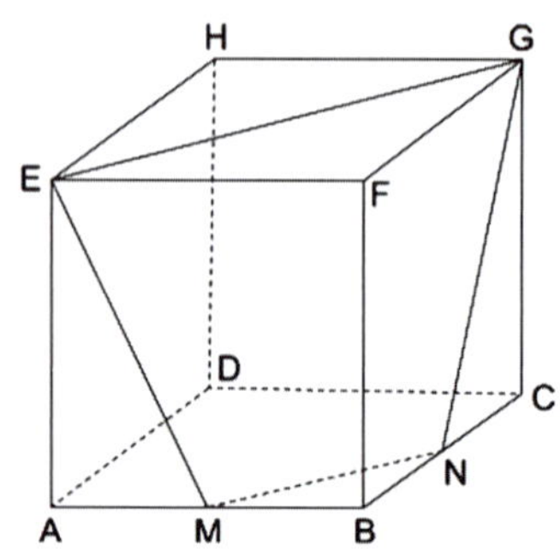

Banco de imagens/Arquivo da editora

21. (Fuvest-SP) No paralelepípedo retorretângulo ABCDEFGH da figura, tem-se AB = 2, AD = 3 e AE = 4.

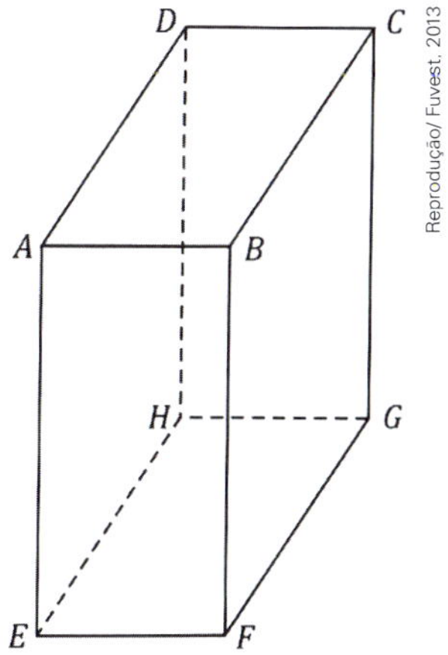

a) Qual é a área do triângulo ABD?

b) Qual é o volume do tetraedro ABDE?

c) Qual é a área do triângulo BDE?

d) Sendo **Q** o ponto do triângulo BDE mais próximo do ponto **A**, quanto vale AQ?

22. (Uerj) Um cristal com a forma de um prisma hexagonal regular, após ser cortado e polido, deu origem a um sólido de 12 faces triangulares congruentes. Os vértices desse poliedro são os centros das faces do prisma, conforme representado na figura.

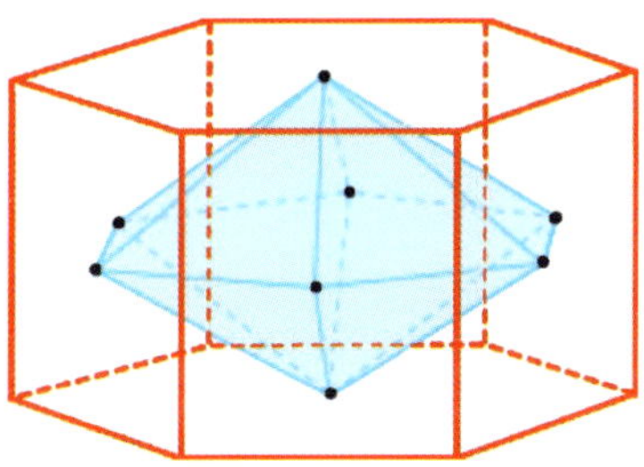

Calcule a razão entre os volumes do sólido e do prisma.

23. (ITA-SP) Seja ABCDEFGH um paralelepípedo de bases retangulares ABCD e EFGH, em que **A**, **B**, **C** e **D** são, respectivamente, as projeções ortogonais de **E**, **F**, **G** e **H**. As medidas das arestas distintas $\overline{AB}$, $\overline{AD}$ e $\overline{AE}$ constituem uma progressão aritmética cuja soma é 12 cm.

Sabendo que o volume da pirâmide ABCF é igual a 10 cm^3, calcule:

a) as medidas das arestas do paralelepípedo;

b) o volume e a área total da superfície do paralelepípedo.

24. (Fuvest-SP) Considere um tetraedro regular ABCD cujas arestas medem 6 cm. Os pontos **E**, **F**, **G**, **H** e **I** são os pontos médios das arestas $\overline{AB}$, $\overline{BC}$, $\overline{AC}$, $\overline{BD}$ e $\overline{CD}$, respectivamente.

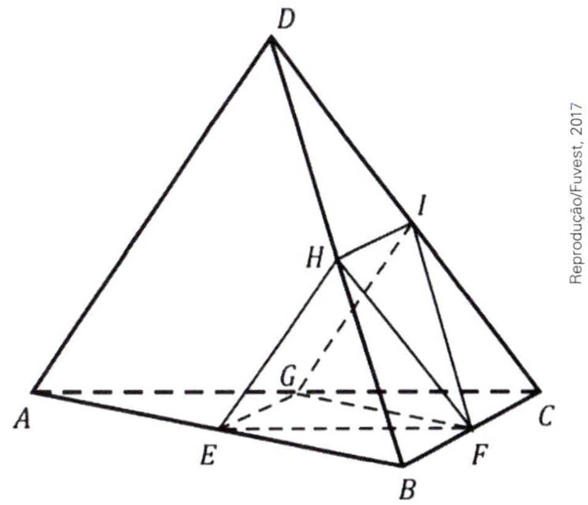

a) Determine a área do triângulo EFH.

b) Calcule a área do quadrilátero EGIH.

c) Determine o volume da pirâmide de vértices **E**, **G**, **I**, **H** e **F**, cuja base é o quadrilátero EGIH.

25. (Unifesp) Um poliedro é construído a partir de um cubo de aresta a > 0, cortando-se em cada um de seus cantos uma pirâmide regular de base triangular equilateral (os três lados da base da pirâmide são iguais). Denote por **x**, $0 < x \leqslant \frac{a}{2}$, a aresta lateral das pirâmides cortadas.

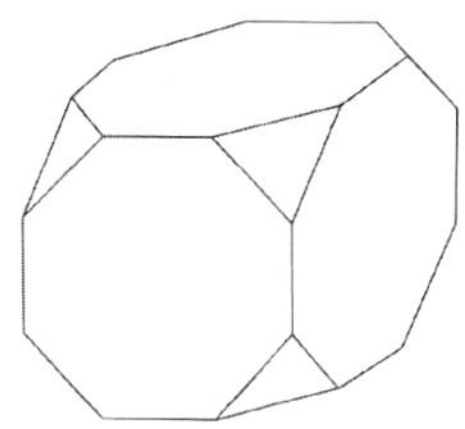

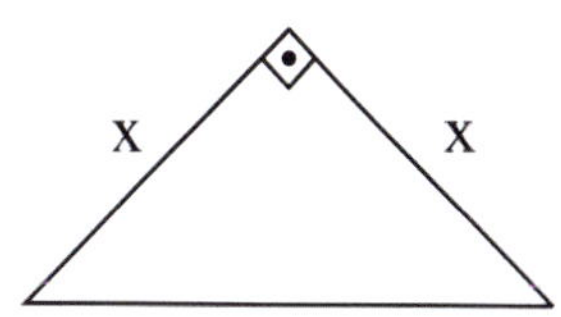

Face lateral das pirâmides cortadas

a) Dê o número de faces do poliedro construído.

b) Obtenha o valor de **x**, $0 < x \leqslant \frac{a}{2}$, para o qual o volume do poliedro construído fique igual a cinco sextos do volume do cubo original. A altura de cada pirâmide cortada, relativa à base equilateral, mede $\frac{x}{\sqrt{3}}$.

Testes

1. (Ufam) A figura a seguir é composta por uma pirâmide hexagonal regular inscrita em um prisma hexagonal reto.

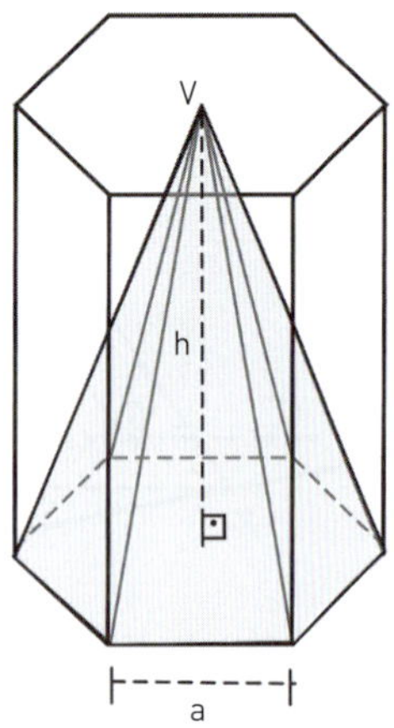

Reprodução/Ufam, 2014

Podemos afirmar que:

a) O volume da pirâmide é um terço do volume do prisma.
b) O volume do prisma é o dobro do volume da pirâmide.
c) A área total da pirâmide é um terço da área total do prisma.
d) A área total do prisma é um terço da área total da pirâmide.
e) A área lateral da pirâmide é um terço da área total do prisma.

2. (UFPR) Temos, abaixo, a planificação de uma pirâmide de base quadrada, cujas faces laterais são triângulos equiláteros. Qual é o volume dessa pirâmide?

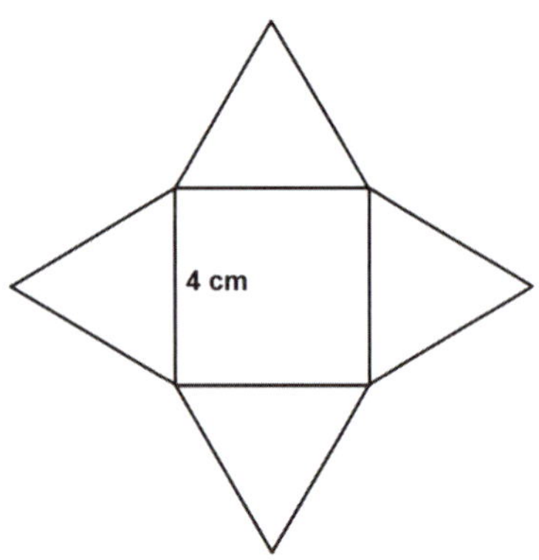

Reprodução/UFPR, 2016

a) $\frac{16}{3}\sqrt{3}$ cm³.
b) $16\sqrt{3}$ cm³.
c) 32 cm³.
d) $\frac{32}{3}\sqrt{2}$ cm³.
e) $\frac{64}{3}$ cm³.

3. (Uece) Se a soma dos ângulos de todas as faces de uma pirâmide (incluindo a base) é 3 600 graus, então, a base da pirâmide é um polígono com

a) 9 lados.
b) 11 lados.
c) 12 lados.
d) 10 lados.

4. (Ufam) Numa região distante de determinada cidade, deseja-se construir um reservatório com a forma de um tronco de pirâmide hexagonal regular. Para atender às necessidades do lugar e às restrições orçamentárias, a altura do tronco da pirâmide deve ser de 8 m e as arestas das bases devem medir 4 m e 6 m. O volume (em m³) desse reservatório será, aproximadamente:
(Observação: use $\sqrt{3} = 1{,}7$)

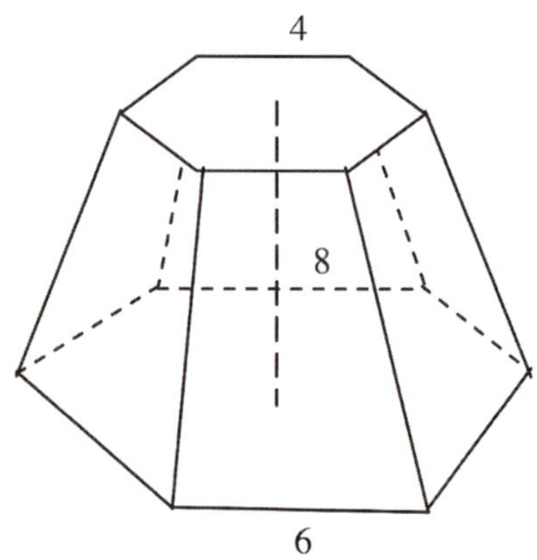

Reprodução/ Ufam, 2017

a) 114,1
b) 343,5
c) 482,7
d) 516,8
e) 892,0

5. (Ufes) Um reservatório de água tem a forma de uma pirâmide regular de base quadrada. O vértice do reservatório está apoiado no solo, e seu eixo está posicionado perpendicularmente ao solo. Com o reservatório vazio, abre-se uma torneira que despeja água no reservatório com uma vazão constante. Após 10 minutos, o nível da água, medido a partir do vértice, atinge $\frac{1}{4}$ da altura do reservatório. O tempo que ainda falta para encher completamente o reservatório é de:

a) 6 horas e 10 minutos.
b) 8 horas e 15 minutos.
c) 8 horas e 20 minutos.
d) 10 horas e 30 minutos.
e) 10 horas e 40 minutos.

6. (UFPR) Um prisma possui 17 faces, incluindo as faces laterais e as bases inferior e superior. Uma pirâmide cuja base é idêntica à base do prisma possui quantas arestas?

a) 26.
b) 28.
c) 30.
d) 32.
e) 34.

7. (Ufam) As bases das duas pirâmides de mesmo vértice são polígonos regulares e estão no plano β.

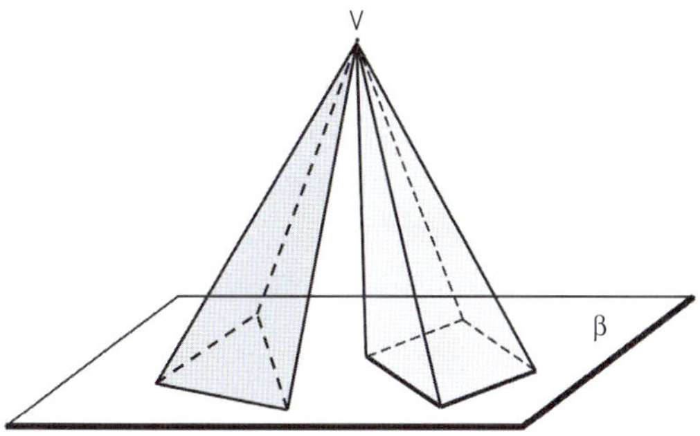

Reprodução/Ufam, 2016

Se as medidas das arestas do triângulo e quadrado das bases destas pirâmides são respectivamente 2 cm e $\sqrt[4]{3}$ cm, então:

a) O volume da pirâmide triangular é um terço do volume da pirâmide quadrangular.
b) O volume da pirâmide triangular é o dobro do volume da pirâmide quadrangular.
c) O volume da pirâmide quadrangular é o triplo do volume da pirâmide triangular.
d) O volume da pirâmide quadrangular é o quádruplo do volume da pirâmide triangular.
e) Os volumes das pirâmides são iguais.

8. (UFRGS-RS) Considere um cubo de aresta **a**. Os pontos **I**, **J**, **K**, **L**, **M** e **N** são centros das faces ABCD, BCGF, DCGH, ADHE, ABFE e EFGH, respectivamente, conforme representado na figura abaixo.

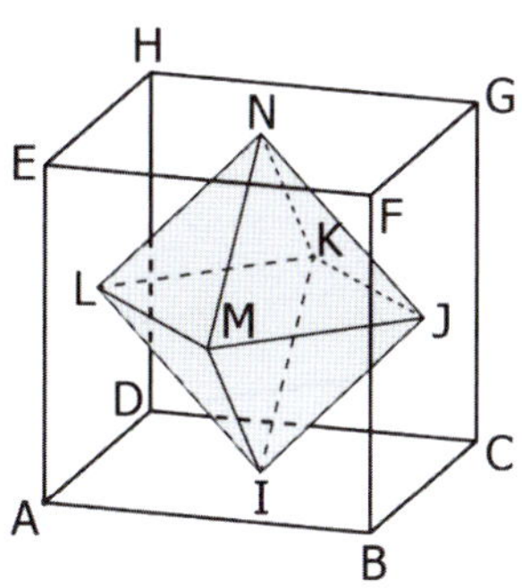

Reprodução/UFRGS, 2017

O octaedro regular, cujos vértices são os pontos **I**, **J**, **K**, **L**, **M** e **N**, tem aresta medindo

a) $a\sqrt{3}$.
b) $a\sqrt{2}$.
c) $\dfrac{a\sqrt{3}}{2}$.
d) $\dfrac{a\sqrt{5}}{2}$.
e) $\dfrac{a\sqrt{2}}{2}$.

9. (FICSAE-SP) Para a feira cultural da escola, um grupo de alunos irá construir uma pirâmide reta de base quadrada. A pirâmide terá 3 m de altura e cada aresta da base medirá 2 m. A lateral da pirâmide será coberta com folhas quadradas de papel, que poderão ser cortadas para um melhor acabamento. Se a medida do lado de cada folha é igual a 20 cm, o número mínimo dessas folhas necessárias à execução do trabalho será

Utilize $\sqrt{10} = 3{,}2$

a) 285
b) 301
c) 320
d) 333

10. (Fatec-SP) No cubo ABCDEFGH, **M** é o ponto médio da aresta $\overline{BC}$. Sabe-se que o volume da pirâmide ABMF é igual a $\dfrac{9}{4}$ cm^3. Então, a área total do cubo, em centímetros quadrados, é:

a) 27
b) 36
c) 54
d) 63
e) 72

11. (Enem) Um lapidador recebeu de um joalheiro a encomenda para trabalhar em uma pedra preciosa cujo formato é o de uma pirâmide, conforme ilustra a Figura 1. Para tanto, o lapidador fará quatro cortes de formatos iguais nos cantos da base. Os cantos retirados correspondem a pequenas pirâmides, nos vértices **P**, **Q**, **R**, e **S**, ao longo dos segmentos tracejados, ilustrados na Figura 2.

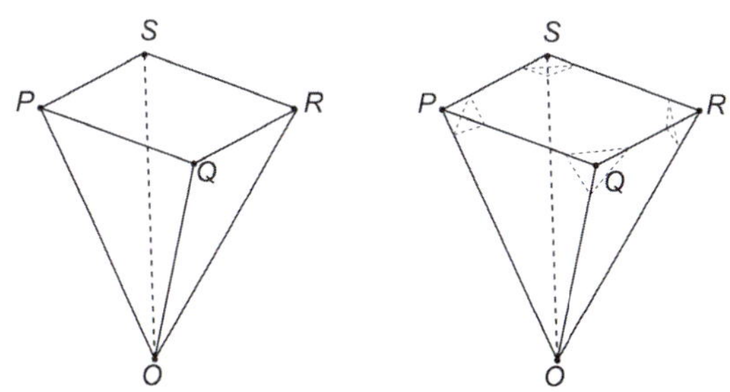

Figura 1 **Figura 2**

Ilustrações: Reprodução/ Enem, 2016

Depois de efetuados os cortes, o lapidador obteve, a partir da pedra maior, uma joia poliédrica cujos números de faces, arestas e vértices são, respectivamente, iguais a

a) 9, 20 e 13.
b) 9, 24 e 13.
c) 7, 15 e 12.
d) 10, 16 e 5.
e) 11, 16 e 5.

12. (UFRGS-RS) Considere ABCDEFGH um paralelepípedo retorretângulo conforme representado na figura abaixo.

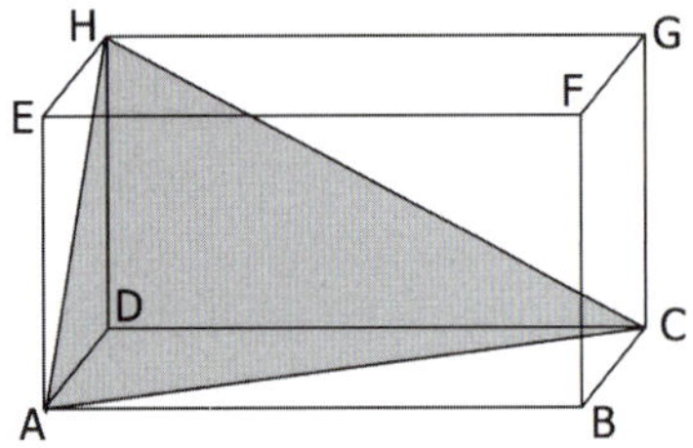

Se as arestas do paralelepípedo medem 3, 6 e 10, o volume do sólido ACDH é

a) 10.
b) 20.
c) 30.
d) 60.
e) 90.

13. (Mack-SP)

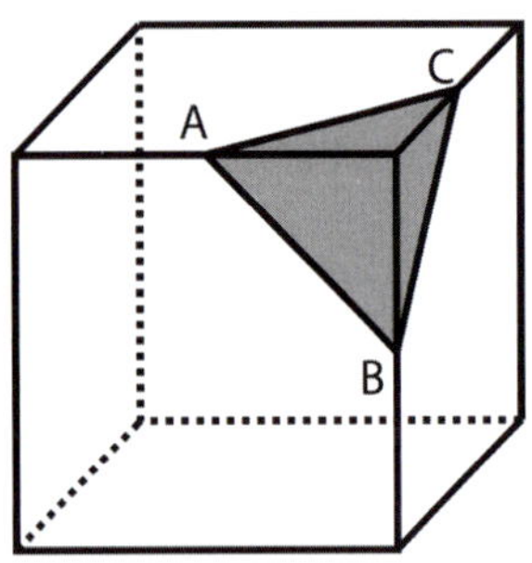

A figura representa um bloco com formato de um cubo de aresta **a**, do qual é retirada uma pirâmide. Se **A**, **B** e **C** são pontos médios dos lados do cubo e se o volume da peça restante é igual a $\frac{188}{3}$, o valor de $a^2 + a$ é:

a) 16
b) 4
c) 20
d) 28
e) 8

14. (Fuvest-SP) O sólido da figura é formado pela pirâmide SABCD sobre o paralelepípedo reto ABCDEFGH. Sabe-se que **S** pertence à reta determinada por **A** e **E** e que AE = 2 cm, AD = 4 cm e AB = 5 cm. A medida do segmento $\overline{SA}$ que faz com que o volume do sólido seja igual a $\frac{4}{3}$ do volume da pirâmide SEFGH é:

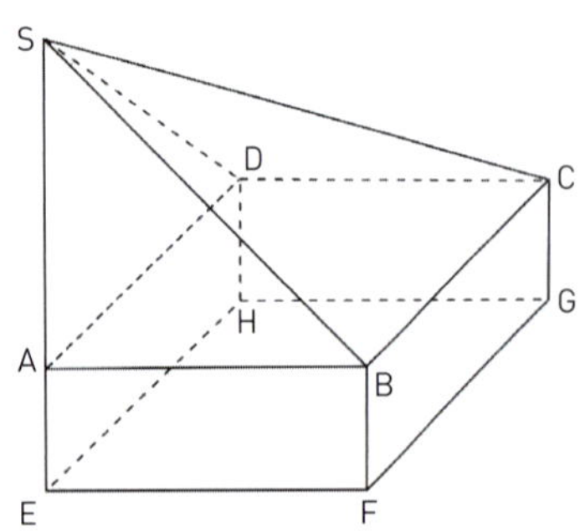

a) 2 cm
b) 4 cm
c) 6 cm
d) 8 cm
e) 10 cm

15. (Fuvest-SP) Os vértices de um tetraedro regular são também vértices de um cubo de aresta 2. A área de uma face desse tetraedro é:

a) $2\sqrt{3}$
b) 4
c) $3\sqrt{2}$
d) $3\sqrt{3}$
e) 6

16. (Mack-SP) Em uma pirâmide regular, o número de arestas da base, a medida da aresta da base e a altura são, nessa ordem, os três primeiros termos de uma progressão aritmética, cujo primeiro termo é igual à razão. Se o trigésimo termo dessa progressão é 93, o volume da pirâmide é:

a) $18\sqrt{3}$
b) $27\sqrt{3}$
c) $8\sqrt{3}$
d) $9\sqrt{3}$
e) $12\sqrt{3}$

17. (Fatec-SP) Uma pirâmide quadrangular regular de base ABCD e vértice **P** tem volume igual a $36\sqrt{3}$ cm^3. Considerando que a base da pirâmide tem centro **O** e que **M** é o ponto médio da aresta $\overline{BC}$, se a medida do ângulo $P\hat{M}O$ é 60°, então a medida da aresta da base dessa pirâmide é, em centímetros, igual a:

a) $\sqrt[3]{216}$
b) $\sqrt[3]{324}$
c) $\sqrt[3]{432}$
d) $\sqrt[3]{564}$
e) $\sqrt[3]{648}$

18. (UFRGS-RS) Considere ABCDEFGH paralelepípedo retorretângulo, indicado na figura abaixo, tal que $\overline{AB} = 4$, $\overline{AE} = 3$ e $\overline{BC} = 2$.

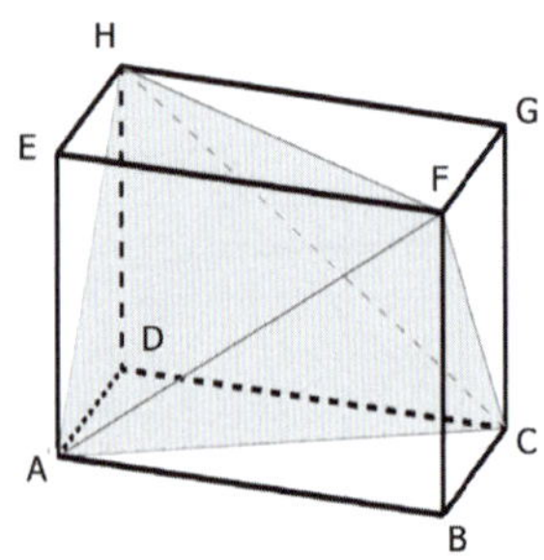

O volume do tetraedro AHFC é

a) 4.
b) 8.
c) 12.
d) 16.
e) 18.

19. (Ufscar-SP) A figura indica um paralelepípedo retorretângulo de dimensões $\sqrt{2} \times \sqrt{2} \times \sqrt{7}$, sendo **A**, **B**, **C** e **D** quatro de seus vértices.

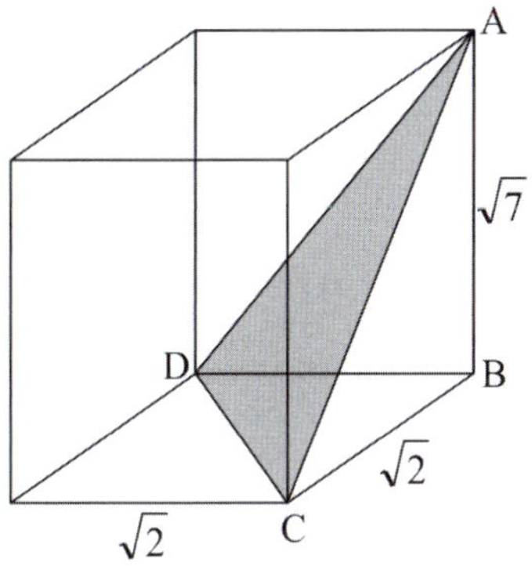

Reprodução/Ufscar, 2008

A distância de **B** até o plano que contém **A**, **D** e **C** é igual a:

a) $\frac{\sqrt{11}}{4}$

b) $\frac{\sqrt{14}}{4}$

c) $\frac{\sqrt{11}}{2}$

d) $\frac{\sqrt{13}}{2}$

e) $\frac{3\sqrt{7}}{2}$

20. (UFRGS-RS) A superfície total do tetraedro regular representado na figura ao lado é $9\sqrt{3}$. Os vértices do quadrilátero PQRS são os pontos médios de arestas do tetraedro, como indica a figura.

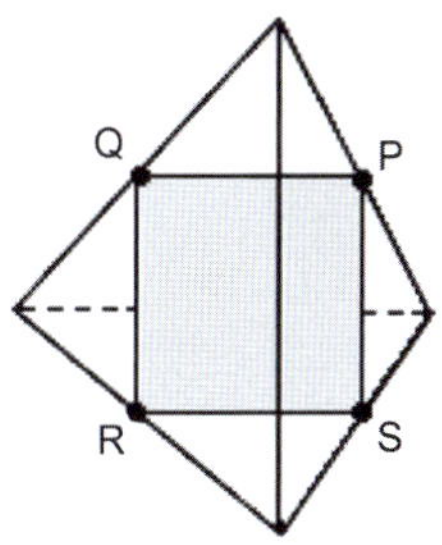

Reprodução/UFRGS, 2011

O perímetro do quadrilátero é:

a) 4

b) $4\sqrt{2}$

c) 6

d) $5\sqrt{3}$

e) $6\sqrt{3}$

21. (Insper-SP) Uma empresa fabrica porta-joias com a forma de prisma hexagonal regular, com uma tampa no formato de pirâmide regular, como mostrado na figura.

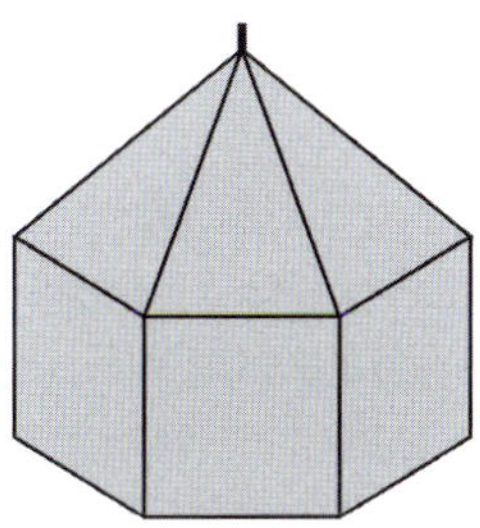

Reprodução/Insper, 2014

As faces laterais do porta-joias são quadrados de lado medindo 6 cm e a altura da tampa também vale 6 cm. A parte externa das faces laterais do porta-joias e de sua tampa são revestidas com um adesivo especial, sendo necessário determinar a área total revestida para calcular o custo de fabricação do produto. A área da parte revestida, em cm^2, é igual a:

a) $72(3+\sqrt{3})$

b) $36(6+\sqrt{5})$

c) $108(2+\sqrt{5})$

d) $27(8+\sqrt{7})$

e) $54(4+\sqrt{7})$

22. (Mack-SP) Três das arestas de um cubo, com um vértice em comum, são também arestas de um tetraedro. A razão entre o volume do tetraedro e o volume do cubo é:

a) $\frac{1}{8}$

b) $\frac{1}{6}$

c) $\frac{2}{9}$

d) $\frac{1}{4}$

e) $\frac{1}{3}$

23. (Fuvest-SP) Cada aresta do tetraedro regular ABCD mede 10. Por um ponto **P** na aresta $\overline{AC}$, passa o plano α paralelo às arestas $\overline{AB}$ e $\overline{CD}$. Dado que AP = 3, o quadrilátero determinado pelas interseções de α com as arestas do tetraedro tem área igual a

a) 21

b) $\frac{21\sqrt{2}}{2}$

c) 30

d) $\frac{30}{2}$

e) $\frac{30\sqrt{3}}{2}$

24. (IME-RJ) Seja SABCD uma pirâmide cuja base é um quadrilátero convexo ABCD. A aresta $\overline{SD}$ é a altura da pirâmide. Sabe-se que $AB = BC = \sqrt{5}$, $AD = DC = \sqrt{2}$, AC = 2 e SA + SB = 7. O volume da pirâmide é:

a) $\sqrt{5}$

b) $\sqrt{7}$

c) $\sqrt{11}$

d) $\sqrt{13}$

e) $\sqrt{17}$

25. (Fuvest-SP) Em um tetraedro regular de lado **a**, a distância entre os pontos médios de duas arestas não adjacentes é igual a:

a) $a\sqrt{3}$

b) $a\sqrt{2}$

c) $\frac{a\sqrt{3}}{2}$

d) $\frac{a\sqrt{2}}{2}$

e) $\frac{a\sqrt{2}}{4}$

26. (FGV-SP) Os centros das faces de um cubo de lado igual a 1 m são unidos formando um octaedro regular. O volume ocupado pelo cubo, em m^3, e não ocupado pelo octaedro, é igual a

a) $\frac{7}{8}$

b) $\frac{5}{6}$

c) $\frac{3}{4}$

d) $\frac{2}{3}$

e) $\frac{1}{2}$

CAPÍTULO

15 Complemento sobre poliedros

Busybee-CR/Getty Images

Ao passar por faces de objetos poliédricos de vidro, raios de luz são refratados e refletidos. Na sua trajetória dentro de um objeto poliédrico – assunto abordado neste capítulo –, os raios de luz podem projetar várias imagens de um objeto, como vemos na foto acima.

Diedros

Consideremos a pirâmide triangular ABCD e destaquemos os semiplanos α (que contém a face ABC) e β (que contém a face ABD). Esses semiplanos têm como interseção a reta **r**, reta suporte da aresta $\overline{AB}$.

Podemos notar que α e β são distintos, têm a mesma origem **r** e não são opostos. A reunião desses dois semiplanos α e β é chamada **diedro** ou **ângulo diédrico**.

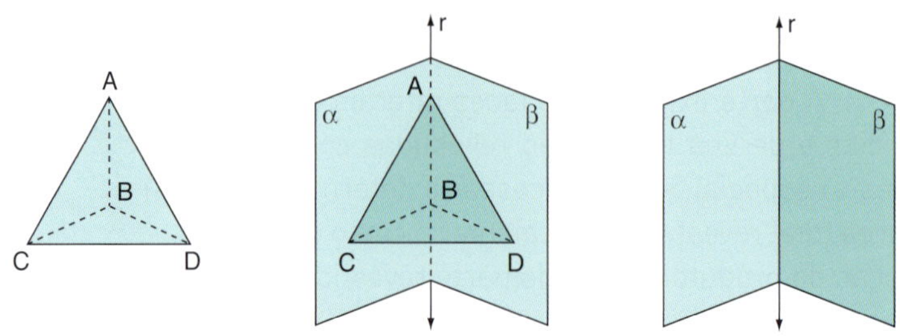

Ilustrações: Banco de imagens/Arquivo da editora

Indicamos esse diedro por $\alpha\beta$ ou di($\alpha\beta$) ou $\alpha r\beta$.

Os semiplanos α e β são chamados **faces do diedro** e a reta **r** é denominada **aresta do diedro**.

Seção de um diedro é a interseção dele com um plano secante com sua aresta. Uma seção de um diedro é um ângulo (plano). **Seção reta** ou **seção normal** de um diedro é uma seção cujo plano é perpendicular à aresta.

Todas as seções normais (ou seções retas) de um mesmo diedro são ângulos congruentes por apresentarem lados respectivamente paralelos.

A medida de um diedro é a medida de sua seção normal.

As seções normais são utilizadas para caracterizar e comparar os diedros. Por exemplo:

- um diedro é agudo quando sua seção normal é um ângulo agudo;
- um diedro é reto quando sua seção normal é um ângulo reto;
- um diedro é obtuso quando sua seção normal é um ângulo obtuso;
- dois diedros são congruentes quando têm seções normais congruentes.

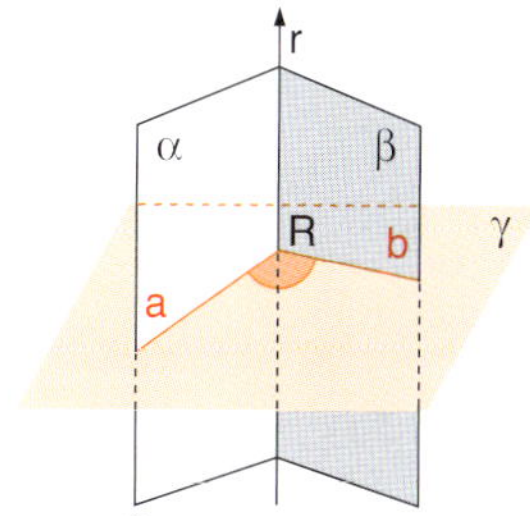

$\widehat{ab}$ é seção de $\alpha r\beta$

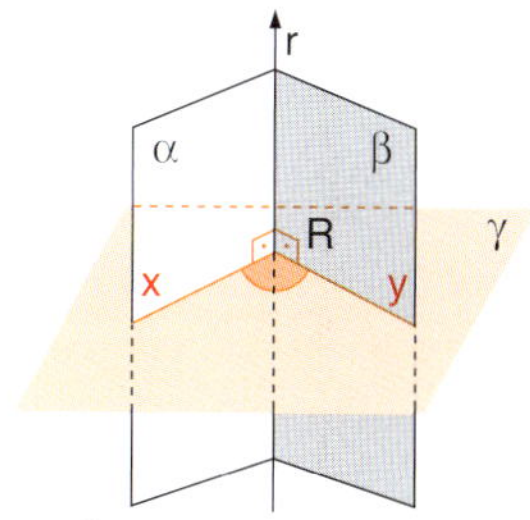

$\widehat{xy}$ é seção reta de $\alpha r\beta$

Ilustrações: Banco de imagens/Arquivo da editora

Exercícios

1. Dois planos α e β são secantes. Quantos diedros ficam determinados por α e β?

2. Justifique a propriedade: duas seções normais de um mesmo diedro são ângulos congruentes.

3. Justifique a propriedade: duas seções paralelas de um mesmo diedro são ângulos congruentes.

4. Uma reta **r** é perpendicular à face α de um diedro e forma um ângulo de 50° com a face β. Qual é a medida do diedro $\alpha\beta$?

5. Seja **O** um ponto não pertencente ao diedro $\alpha\beta$. Traçando por **O** as semirretas Ox e Oy, respectivamente perpendiculares a α e β, obtemos um ângulo de 15°. Qual é a medida do diedro?

Triedros

Consideremos a pirâmide triangular ABCD e destaquemos as semirretas $x = \overrightarrow{AB}$, $y = \overrightarrow{AC}$ e $z = \overrightarrow{AD}$. Essas três semirretas têm a mesma origem **A** e não estão em um mesmo plano. Podemos observar três ângulos: xAy, yAz e zAx. A reunião desses três ângulos é chamada **triedro** ou **ângulo triédrico**.

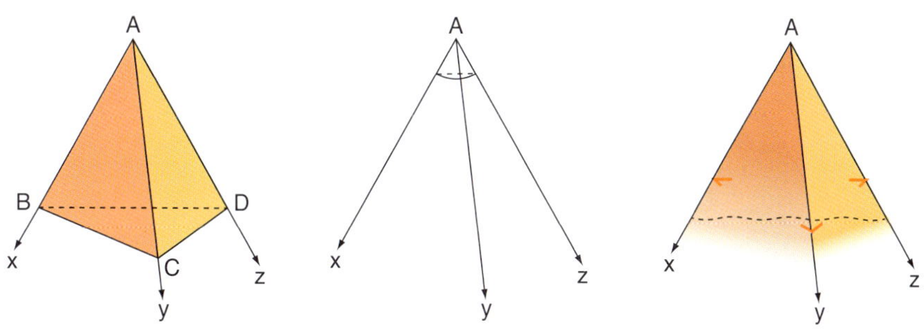

Ilustrações: Banco de imagens/Arquivo da editora

Indicamos esse triedro por Axyz.

O ponto **A** é chamado **vértice do triedro**. As semirretas **x**, **y** e **z** são chamadas **arestas do triedro**. Os ângulos xAy, yAz e zAx são chamados **faces do triedro**. Podemos notar que os semiplanos que contêm as faces formam três diedros cujas arestas são **x**, **y** e **z**. Chamaremos esses diedros di(x), di(y) e di(z).

Um triedro é trirretângulo quando suas três faces são ângulos retos.

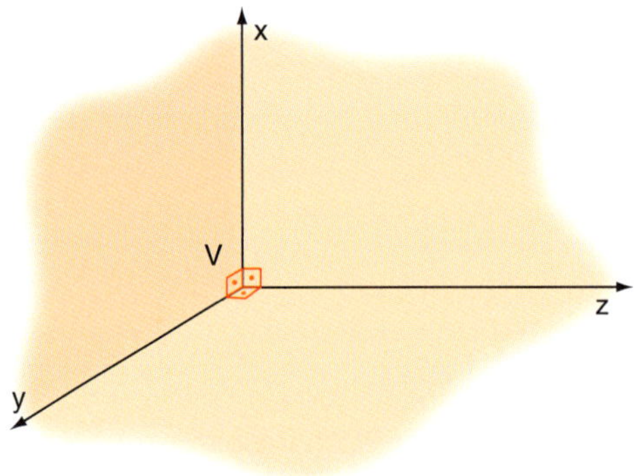

Banco de imagens/Arquivo da editora

Por exemplo, em um paralelepípedo retorretângulo podemos observar oito triedros cujos vértices são coincidentes com os vértices do sólido. Observando o triedro Axyz, cujas arestas contêm os segmentos $\overline{AB}$, $\overline{AD}$ e $\overline{AE}$, notamos que ele é um triedro trirretângulo.

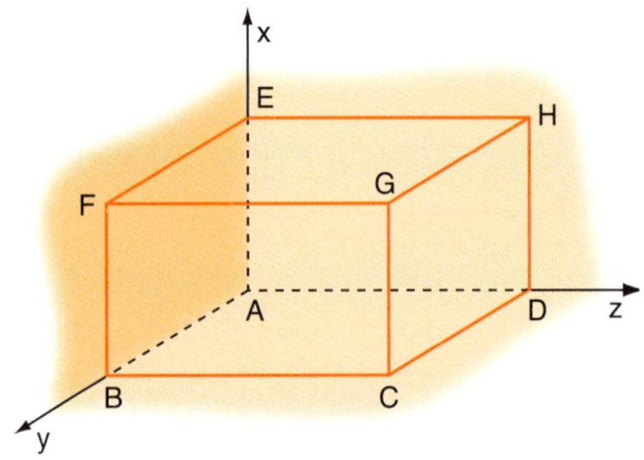

Banco de imagens/Arquivo da editora

Ângulos poliédricos

Consideremos um polígono plano convexo $A_1 A_2 A_3 ... A_n$ e seja **V** um ponto que não pertence ao plano do polígono. Já vimos que o sólido $VA_1A_2A_3...A_n$ é uma pirâmide. As semirretas $\overrightarrow{VA_1}$, $\overrightarrow{VA_2}$, $\overrightarrow{VA_3}$, ..., $\overrightarrow{VA_n}$ têm a mesma origem **V** e não estão no mesmo plano.

Podemos observar **n** ângulos $A_1\hat{V}A_2$, $A_2\hat{V}A_3$, $A_3\hat{V}A_4$, ..., $A_n\hat{V}A_1$. A reunião desses **n** ângulos é chamada **ângulo poliédrico convexo**.

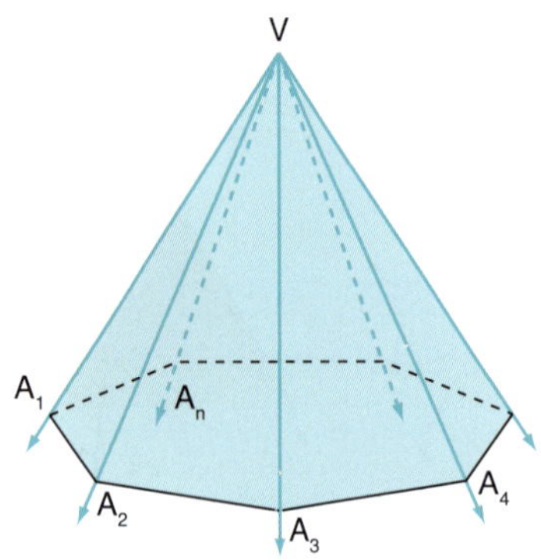

n arestas

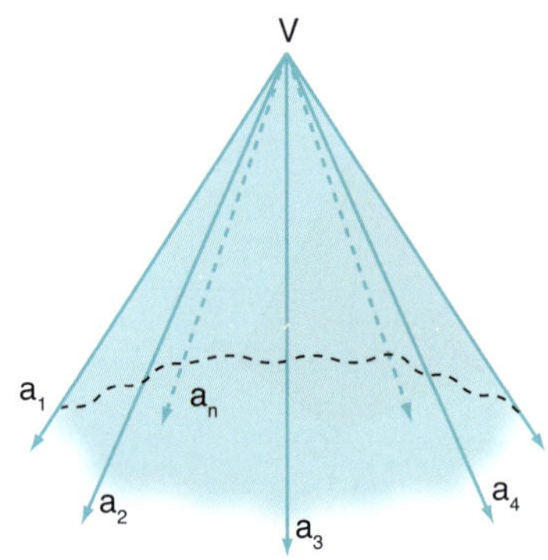

n faces, **n** diedros

Ilustrações: Banco de imagens/Arquivo da editora

O ponto **V** é chamado **vértice do ângulo poliédrico**, as semirretas $\overrightarrow{VA_1}$, $\overrightarrow{VA_2}$, $\overrightarrow{VA_3}$, ..., $\overrightarrow{VA_n}$ são as **arestas** do ângulo poliédrico, e os ângulos $A_1\hat{V}A_2$, $A_2\hat{V}A_3$, $A_3\hat{V}A_4$, ..., $A_n\hat{V}A_1$ são as **faces do ângulo poliédrico**.

Poliedros convexos

Observe os sólidos geométricos seguintes. Todos são exemplos de **poliedros**.

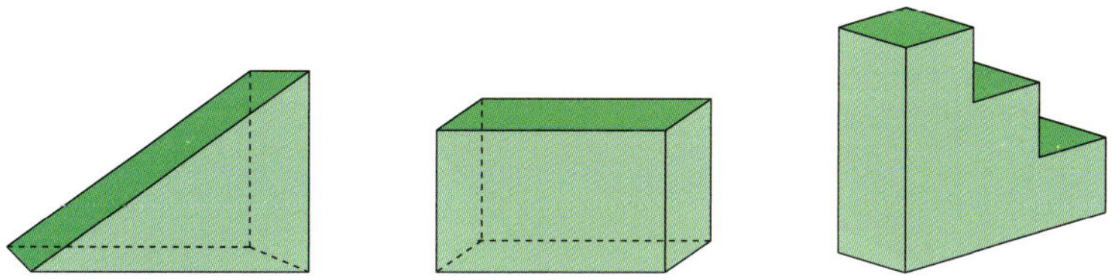

figura 1 figura 2 figura 3

Banco de imagens/Arquivo da editora

Vamos lembrar que:

- a superfície de cada poliedro é formada por polígonos planos, chamados **faces** do poliedro;
- os lados dos polígonos são chamados **arestas** do poliedro;
- os vértices dos polígonos são os **vértices** do poliedro.

Assim, os poliedros representados nas figuras 1, 2 e 3 são tais que:

- figura 1: tem 5 faces, 9 arestas e 6 vértices;
- figura 2: tem 6 faces, 12 arestas e 8 vértices;
- figura 3: tem 10 faces, 24 arestas e 16 vértices.

Agora veja os mesmos poliedros representados anteriormente, nos quais destacamos os planos α, β e γ que contêm, cada um, uma face de cada poliedro.

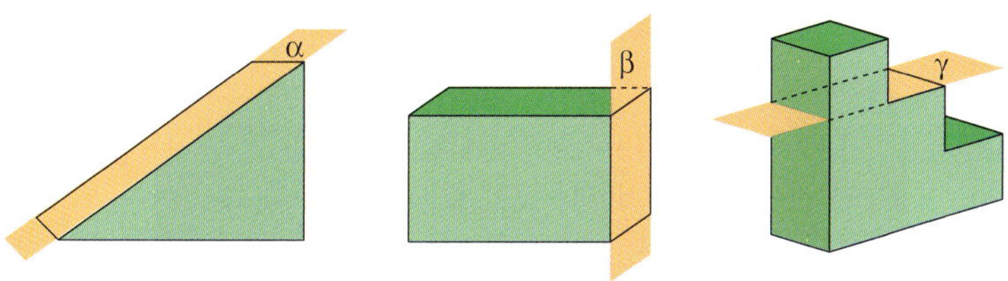

figura 1 figura 2 figura 3

Banco de imagens/Arquivo da editora

Note que α e β deixam todas as outras faces dos poliedros em um mesmo semiespaço e que isso não ocorre com γ, que deixa algumas faces em semiespaços opostos.

Nos poliedros das figuras 1 e 2, qualquer plano que contenha uma face deixa as demais faces no mesmo semiespaço. Por isso, esses poliedros são chamados de **poliedros convexos**.

No poliedro da figura 3, existe pelo menos um plano que contém uma face, mas deixa as demais faces em dois semiespaços opostos. Por isso, esse poliedro é denominado **poliedro não convexo**.

OBSERVAÇÃO

A reunião das faces de um poliedro convexo recebe o nome de superfície poliédrica convexa.

EXEMPLO 1

São poliedros convexos:

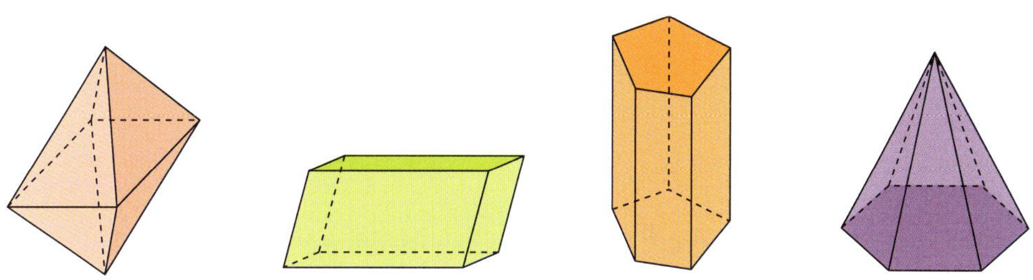

poliedro 1 poliedro 2 poliedro 3 poliedro 4

Banco de imagens/Arquivo da editora

São poliedros não convexos:

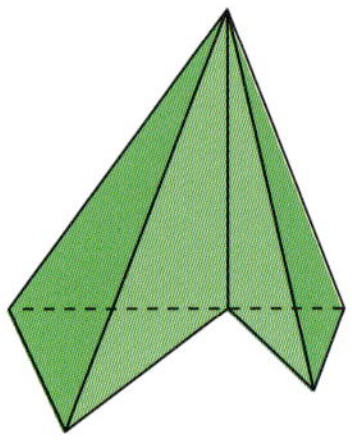
poliedro 5

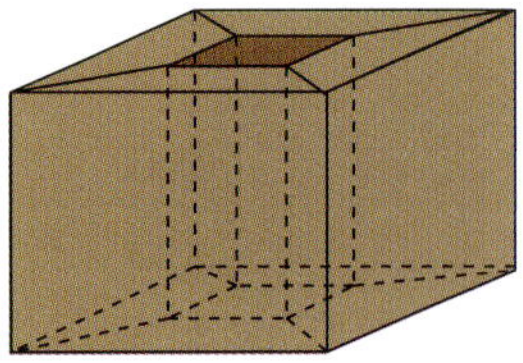
poliedro 6

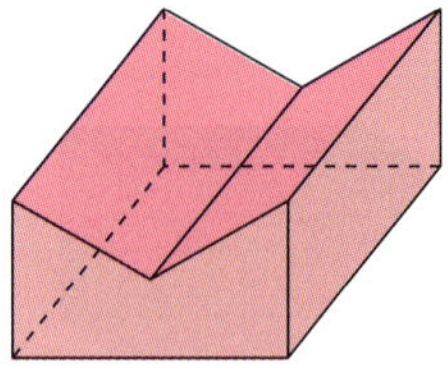
poliedro 7

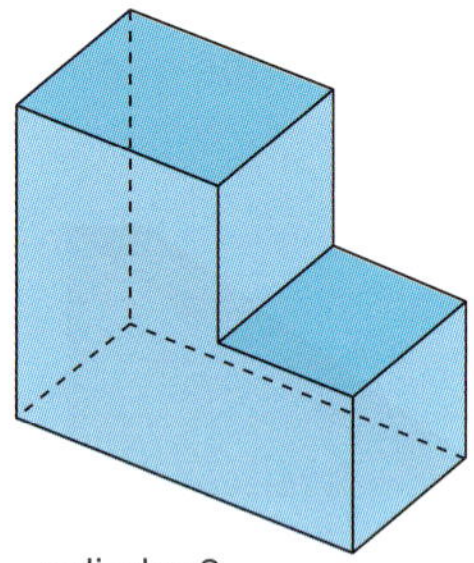
poliedro 8

Banco de imagens/Arquivo da editora

Em várias partes do mundo, modernas construções de engenharia nos remetem a poliedros convexos e não convexos.

LatinContent/Getty Images

Prédio comercial em Las Condes, Santiago (Chile). A forma deste edifício lembra um poliedro não convexo.

Jales Valquer/Fotoarena

Cenu Towers em São Paulo (SP). O edifício no centro da imagem lembra um poliedro convexo.

axz700/Shutterstock

CCTV Tower em Beijing (China). Esta surpreendente construção lembra um poliedro não convexo.

Relação de Euler

Pode-se mostrar que para todo **poliedro convexo** vale a relação:

$$V - A + F = 2$$

em que **V**, **A** e **F** são, respectivamente, o número de vértices, arestas e faces do poliedro. Essa relação foi demonstrada pelo matemático suíço Leonhard Euler (1707-1783).

Considerando-se os poliedros convexos do *exemplo 1*, temos:

	V	A	F	V − A + F
Poliedro 1	6	12	8	$6 - 12 + 8 = 2$
Poliedro 2	8	12	6	$8 - 12 + 6 = 2$
Poliedro 3	10	15	7	$10 - 15 + 7 = 2$
Poliedro 4	7	12	7	$7 - 12 + 7 = 2$

Vamos fazer a contagem de **V**, **A** e **F** para os poliedros não convexos do *exemplo 1*:

	V	A	F	V − A + F
Poliedro 5	6	10	7	$6 - 10 + 7 = 3$
Poliedro 6	16	32	16	$16 - 32 + 16 = 0$
Poliedro 7	10	15	7	$10 - 15 + 7 = 2$
Poliedro 8	12	18	8	$12 - 18 + 8 = 2$

Os poliedros não convexos 5 e 6 não satisfazem a relação de Euler; os poliedros não convexos 7 e 8 satisfazem a relação de Euler. Isso nos sugere que um poliedro não convexo pode ou não satisfazer a relação de Euler.

Se um poliedro (convexo ou não) satisfaz a relação de Euler, diz-se que é um **poliedro euleriano**.

Exercícios resolvidos

1. Quantas arestas e quantos vértices tem um poliedro convexo de 20 faces, todas triangulares?

Solução:

Determinemos o número **A** de arestas. Como um triângulo possui 3 lados, nas 20 faces triangulares teríamos 60 arestas ($20 \cdot 3 = 60$). Nesse cálculo, cada aresta, por ser comum a duas faces, foi contada duas vezes.

Então:

$$A = \frac{60}{2} = 30$$

Temos $F = 20$ e $A = 30$.

Como o poliedro é convexo, ele satisfaz a relação de Euler. Daí:

$$V - 30 + 20 = 2$$
$$V = 12$$

Esse poliedro possui 30 arestas e 12 vértices.

2. Um poliedro convexo possui 1 face octogonal e 8 faces triangulares. Determine o número de arestas e vértices desse poliedro.

Solução:

Vamos determinar o número **A** de arestas:

- em uma face octogonal, temos 8 arestas ($1 \cdot 8 = 8$).
- em oito faces triangulares, temos 24 arestas ($8 \cdot 3 = 24$).

Como cada aresta é comum a duas faces, no cálculo anterior cada aresta foi contada duas vezes:

Daí: $A = \frac{8 + 24}{2} = 16$

$V - A + F = 2 \Rightarrow V - 16 + 9 = 2 \Rightarrow V = 9$

Esse poliedro possui 16 arestas e 9 vértices.

Exercícios

6. Dados os poliedros representados nas figuras:

Ilustrações: Banco de imagens/Arquivo da editora

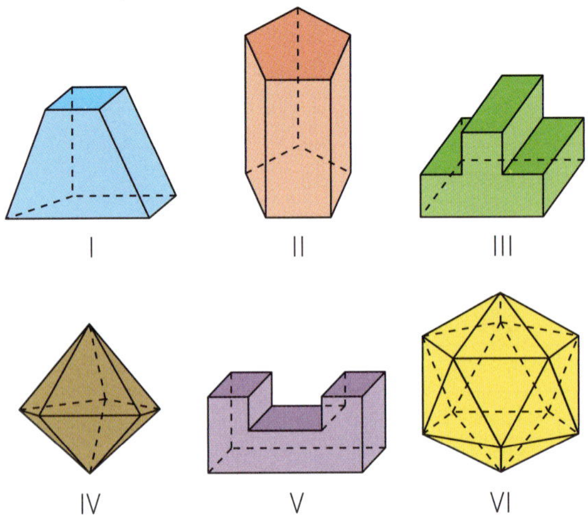

a) classifique-os em convexo ou não convexo;

b) determine o número **V** de vértices, **A** de arestas, e **F** de faces de cada um deles;

c) indique quais são eulerianos.

7. Um poliedro convexo possui 12 faces, todas pentagonais. Qual é o número de arestas e vértices desse poliedro?

8. Um poliedro convexo composto de 12 faces pentagonais e 20 faces hexagonais foi confeccionado inspirado em uma bola de futebol. Determine o número de arestas e o número de vértices desse poliedro.

9. Um poliedro convexo possui 13 faces, das quais 6 são triângulos, 6 são retângulos e 1 é um hexágono. Qual é o número de vértices desse poliedro?

10. Um poliedro convexo possui apenas faces triangulares e quadrangulares. Se esse poliedro tem 20 arestas e 10 vértices, determine o número de faces de cada tipo.

11. Calcule o número de faces de um poliedro convexo que possui 16 vértices e em que todos os ângulos poliédricos são triedros.

Poliedros de Platão

Um poliedro é chamado **poliedro de Platão** se satisfaz três condições:

- 1ª condição – Todas as faces têm o mesmo número **n** de arestas.
- 2ª condição – Todos os vértices são pontos em que concorre o mesmo número **m** de arestas.
- 3ª condição – O poliedro é euleriano, isto é, satisfaz a relação de Euler.

Aplicando as condições, vejamos se os poliedros dos exemplos a seguir são poliedros de Platão.

EXEMPLO 2

Banco de imagens/Arquivo da editora

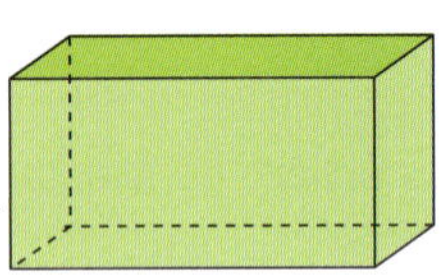

Todo paralelepípedo é um poliedro de Platão, pois:

1ª condição – Todas as faces são quadriláteros ($n = 4$).

2ª condição – Em cada um de seus vértices concorrem três arestas ($m = 3$).

3ª condição – $V - A + F = 8 - 12 + 6 = 2$, portanto o poliedro é euleriano.

EXEMPLO 3

Banco de imagens/Arquivo da editora

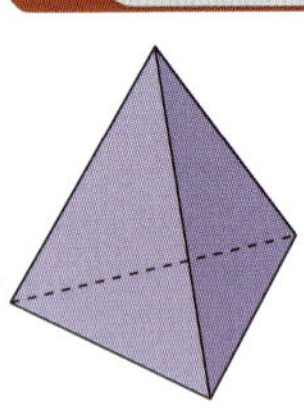

Todo tetraedro é um poliedro de Platão, pois:

1ª condição – Todas as faces são triângulos ($n = 3$).

2ª condição – Cada um de seus vértices é ponto de encontro de três arestas ($m = 3$).

3ª condição – É euleriano, pois $V - A + F = 4 - 6 + 4 = 2$.

EXEMPLO 4

Uma pirâmide quadrangular não é um poliedro de Platão, pois sua base é um quadrilátero e suas faces laterais são triângulos. Além disso, em **V** concorrem 4 arestas e em **A**, por exemplo, concorrem 3 arestas.

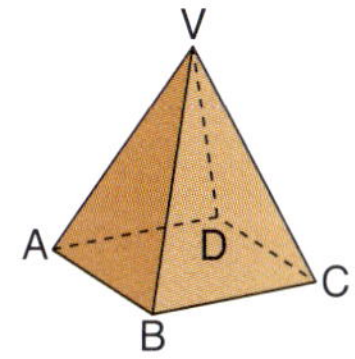

Banco de imagens/Arquivo da editora

EXEMPLO 5

Um prisma reto pentagonal não é um poliedro de Platão, pois suas bases são pentágonos e suas faces laterais são quadriláteros.

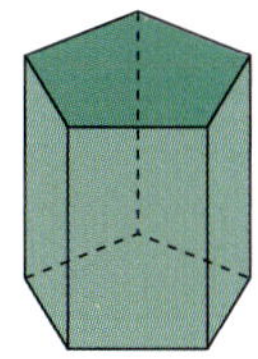

Banco de imagens/Arquivo da editora

Propriedade

Existem cinco, e somente cinco, tipos de poliedros de Platão.

Demonstração:

É preciso mostrar que as três condições que caracterizam um poliedro de Platão são satisfeitas apenas para 5 tipos de poliedros.

- 1ª condição: Cada uma das **F** faces do poliedro tem **n** arestas (com $n \geq 3$) e, como cada aresta está contida em duas faces, temos:

$$n \cdot F = 2A \Rightarrow F = \frac{2A}{n} \quad (1)$$

- 2ª condição: Cada um dos **V** vértices do poliedro é ponto de concorrência ("encontro") de **m** arestas (com $m \geq 3$) e, como cada aresta contém dois vértices, temos:

$$m \cdot V = 2A \Rightarrow V = \frac{2A}{m} \quad (2)$$

- 3ª condição: Como o poliedro é euleriano, temos:

$$V - A + F = 2 \quad (3)$$

Substituindo (1) e (2) em (3), temos $\frac{2A}{m} - A + \frac{2A}{n} = 2$.

Dividindo os dois membros por 2A (com $A \neq 0$), obtemos:

$$\frac{1}{m} - \frac{1}{2} + \frac{1}{n} = \frac{1}{A} \quad (4)$$

Já sabemos que $n \geq 3$ e $m \geq 3$. Notemos, porém, que **m** e **n** não podem ser ambos maiores que 3, pois se isso ocorresse teríamos:

$$\left.\begin{array}{l} m > 3 \Rightarrow m \geq 4 \Rightarrow \frac{1}{m} \leq \frac{1}{4} \\ n > 3 \Rightarrow n \geq 4 \Rightarrow \frac{1}{n} \leq \frac{1}{4} \end{array}\right\} \Rightarrow \frac{1}{m} + \frac{1}{n} \leq 2 \cdot \frac{1}{4} = \frac{1}{2} \Rightarrow \frac{1}{m} - \frac{1}{2} + \frac{1}{n} \leq 0$$

Isso contraria a igualdade (4), uma vez que $\frac{1}{m} - \frac{1}{2} + \frac{1}{n} = \frac{1}{A} > 0$, pois $A > 0$.

Concluímos então que, nos poliedros de Platão, devemos ter $m = 3$ ou $n = 3$.

- Se m = 3 (em cada vértice do poliedro concorrem 3 arestas), retomando a igualdade (4), temos:

$$\frac{1}{3} - \frac{1}{2} + \frac{1}{n} = \frac{1}{A} \Leftrightarrow \frac{1}{n} - \frac{1}{6} = \frac{1}{A} > 0 \Leftrightarrow \frac{1}{n} > \frac{1}{6} \Leftrightarrow n < 6$$

Então, n = 3 ou n = 4 ou n = 5.

Assim, há três poliedros nos quais concorrem 3 arestas em cada vértice:

m = 3 e n = 3; (poliedro 1) m = 3 e n = 4; (poliedro 2) m = 3 e n = 5 (poliedro 3)

- Se n = 3 (todas as faces do poliedro são triangulares), obtemos, em (4):

$$\frac{1}{m} - \frac{1}{2} + \frac{1}{3} = \frac{1}{A} > 0 \Leftrightarrow \frac{1}{m} - \frac{1}{6} > 0 \Leftrightarrow \frac{1}{m} > \frac{1}{6} \Leftrightarrow m < 6$$

Assim, podemos ter:

n = 3 e m = 5; (poliedro 4) n = 3 e m = 4; (poliedro 5) n = 3 e m = 3 (coincide com o poliedro 1)

Reunindo os resultados obtidos para m = 3 ou para n = 3, concluímos que os poliedros de Platão são determinados pelos pares do quadro seguinte, que mostra que existem exatamente cinco tipos de poliedros de Platão:

m	n
3	3
3	4
3	5
5	3
4	3

EXEMPLO 6

Vamos caracterizar e representar o poliedro de Platão que possui faces pentagonais.

- Como as faces são pentagonais, então n = 5.
- Recorrendo ao quadro anterior, para n = 5, devemos ter m = 3.
- Em cada face há 5 arestas; lembrando que cada aresta é comum a duas faces, temos:

$$5F = 2A \Rightarrow F = \frac{2A}{5} \quad (1)$$

- Em cada vértice concorrem 3 arestas; lembrando que cada aresta contém dois vértices, temos:

$$3V = 2A \Rightarrow V = \frac{2A}{3} \quad (2)$$

Usando a relação de Euler e considerando (1) e (2), temos:

$$\frac{2A}{3} - A + \frac{2A}{5} = 2 \Rightarrow A = 30$$

Substituindo **A** por 30 em (1), obtemos F = 12 e, em (2), obtemos V = 20.

Trata-se, portanto, de um poliedro convexo de 12 faces (F = 12) pentagonais (n = 5), chamado dodecaedro (nome determinado pelo número de faces).

Banco de imagens/ Arquivo da editora

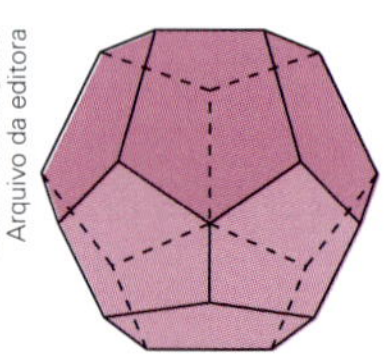

dodecaedro

Poliedros regulares

Um poliedro convexo é regular se:

- suas faces são polígonos regulares e congruentes;
- em cada vértice concorre o mesmo número de arestas.

No poliedro regular é possível notar que:

- todas as faces têm o mesmo número de arestas, pois as faces são congruentes;
- todos os vértices são pontos de interseção de um mesmo número de arestas;
- ele satisfaz a relação de Euler, pois é convexo.

Desse modo, todo poliedro regular é poliedro de Platão.

Existem, dessa forma, cinco tipos de poliedros regulares, representados abaixo.

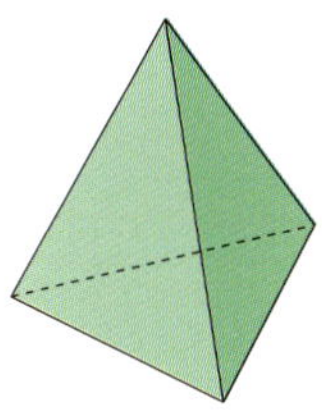
tetraedro regular ($m = 3$ e $n = 3$)

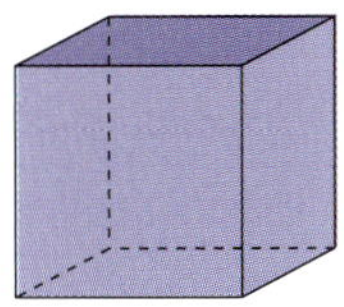
hexaedro regular (cubo) ($m = 3$ e $n = 4$)

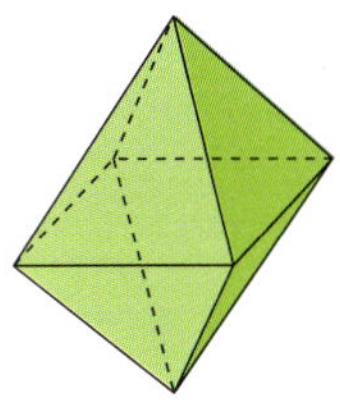
octaedro regular ($m = 4$ e $n = 3$)

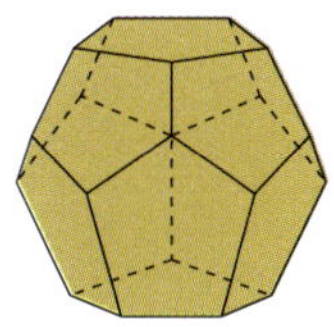
dodecaedro regular ($m = 3$ e $n = 5$)

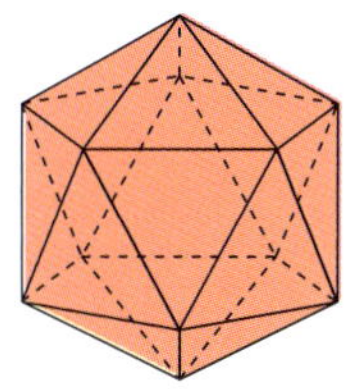
icosaedro regular ($m = 5$ e $n = 3$)

Ilustrações: Banco de imagens/Arquivo da editora

Exercícios

12. Observe o tetraedro representado ao lado e responda às perguntas seguintes, justificando.

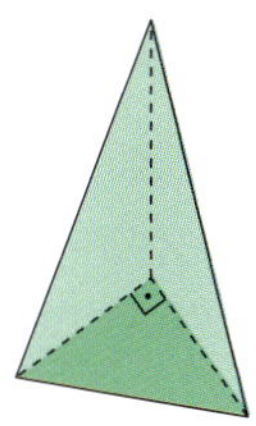
Banco de imagens/Arquivo da editora

a) Esse poliedro é euleriano?
b) Esse poliedro é de Platão?
c) Esse poliedro é regular?

13. Observe a pirâmide regular hexagonal representada e responda às questões seguintes, justificando.

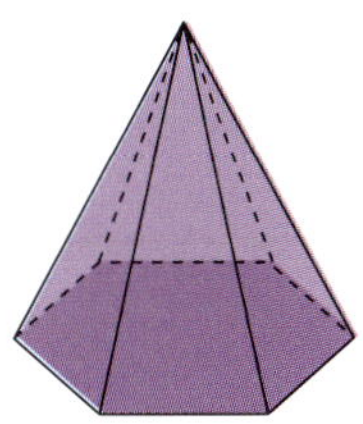
Banco de imagens/Arquivo da editora

a) Esse poliedro é euleriano?
b) Esse poliedro é de Platão?
c) Esse poliedro é regular?

14. Observe a planificação da superfície de um poliedro, em que todos os segmentos representados são congruentes.

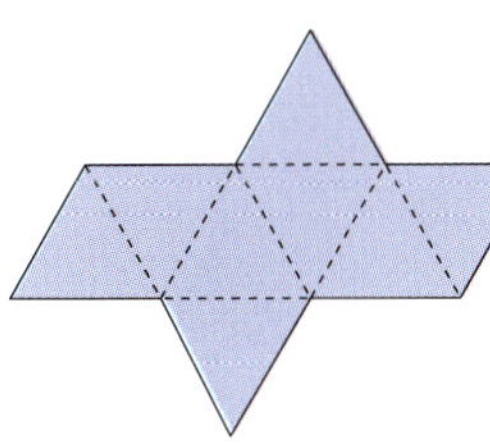
Banco de imagens/Arquivo da editora

a) Qual é o nome desse poliedro? Caracterize-o e faça sua representação.
b) Esse poliedro é regular?

15. Um marceneiro foi contratado para fazer 30 poliedros regulares, 10 dos quais serão pintados de azul, 10 de rosa e os restantes de amarelo.
Sabendo que:

- cada poliedro azul deverá ter 6 arestas e 4 vértices;
- cada poliedro rosa deverá ter 12 faces pentagonais;
- cada poliedro amarelo deverá ter 8 faces triangulares;

pergunta-se:

a) De que tipo serão os poliedros pintados de azul?
b) Qual é o número de arestas de cada poliedro rosa?
c) Quantos vértices terá cada poliedro amarelo?

16. Determine, em graus, a soma dos ângulos das faces de um:

a) tetraedro;
b) hexaedro;
c) octaedro;
d) dodecaedro;
e) icosaedro.

Enem e vestibulares resolvidos

(Enem) Para o modelo de um troféu foi escolhido um poliedro **P**, obtido a partir de cortes nos vértices de um cubo. Com um corte plano em cada um dos cantos do cubo, retira-se o canto, que é um tetraedro de arestas menores do que metade da aresta do cubo. Cada face do poliedro **P**, então, é pintada usando uma cor distinta das demais faces.

Com base nas informações, qual é a quantidade de cores que serão utilizadas na pintura das faces do troféu?

a) 6 b) 8 c) 14 d) 24 e) 30

Resolução comentada

Ao fazer os cortes planos em cada um dos cantos do cubo, obtém-se a figura a seguir:

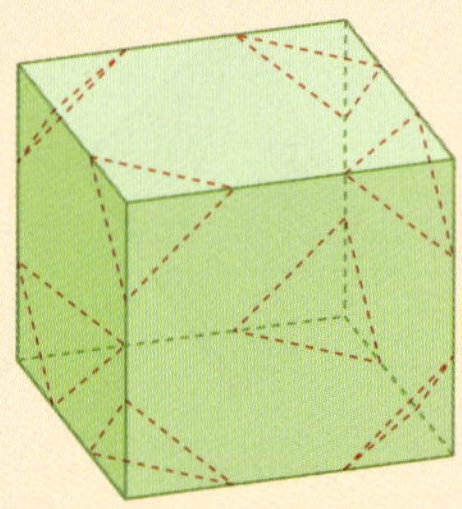

Banco de imagens/Arquivo da editora

O poliedro **P** é obtido após retirar-se os tetraedros dos cantos do cubo:

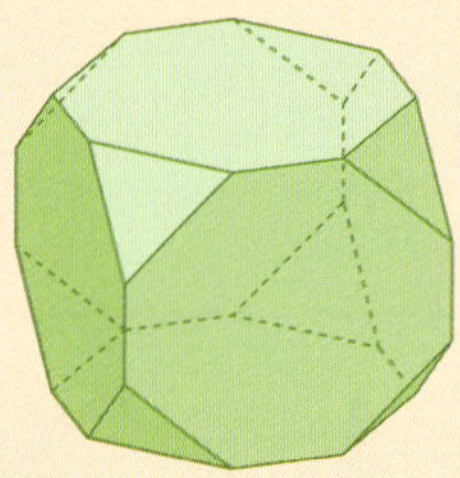

Banco de imagens/Arquivo da editora

Observe que em cada canto do poliedro **P** surgiu uma nova face, em formato triangular. Logo, o poliedro **P** possui 8 faces a mais do que o cubo, ou seja, possui $6 + 8 = 14$ faces.

Como cada face será pintada de uma cor diferente, serão utilizadas 14 cores na pintura do troféu.

Alternativa *c*.

Exercícios complementares

1. Uma bola de futebol foi feita a partir de um poliedro convexo composto de 32 faces regulares: 12 pentagonais e 20 hexagonais. Determine o número de arestas e o número de vértices desse poliedro.

2. Coloque as letras que faltam na figura II, de modo que ela seja a planificação do cubo da figura I.

Ilustrações: Banco de imagens/Arquivo da editora

I

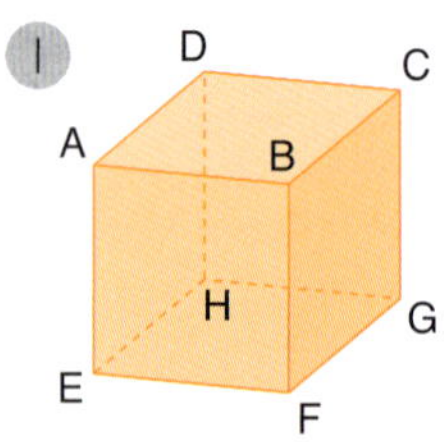

hexaedro regular

II

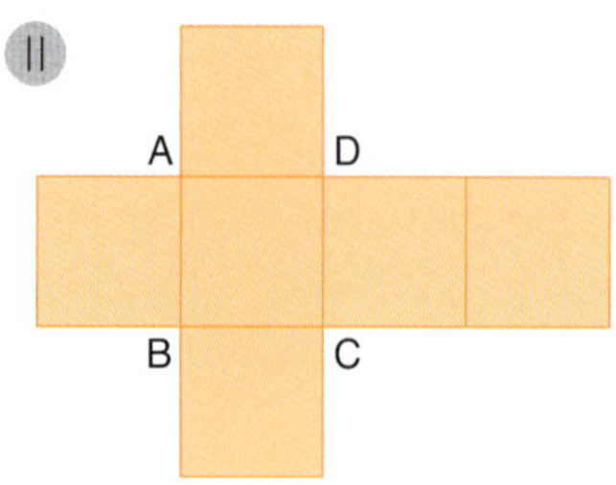

3. A superfície de um tetraedro regular VABC foi planificada nas arestas $\overline{VA}$, $\overline{VB}$ e $\overline{VC}$. Em seguida, todas as faces foram dobradas para ficarem no mesmo plano. Veja as figuras I (tetraedro) e II (tetraedro planificado).

Ilustrações: Banco de imagens/Arquivo da editora

I

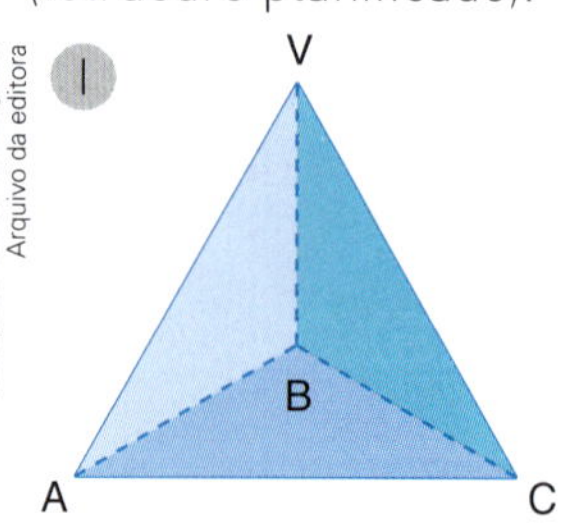

II

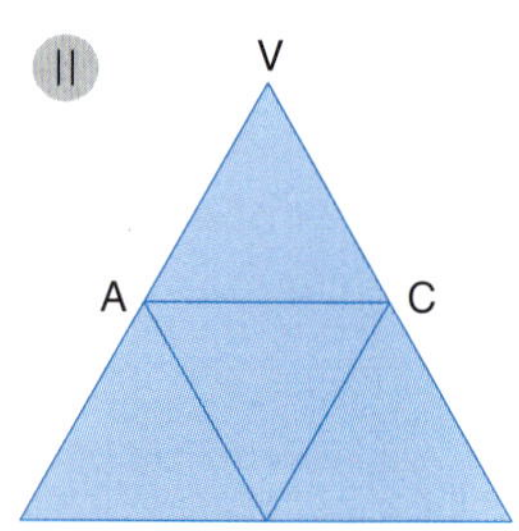

Coloque a letra que falta na figura II.

4. Toma-se um cubo e faz-se uma seção plana próxima de cada vértice, a qual corta as três arestas que concorrem nesse vértice. Determine o número de faces, arestas e vértices do sólido resultante dessa operação. Descreva as faces desse poliedro.

5. Toma-se um tetraedro regular e faz-se uma seção plana próxima de cada vértice, a qual corta as três arestas que concorrem nesse vértice. Determine o número de faces, arestas e vértices do sólido resultante dessa operação. Descreva as faces desse poliedro.

6. Um ponto **P** está à distância de 12 cm de uma das faces de um diedro reto e à distância de 16 cm da outra face. Calcule a distância de **P** à aresta do diedro.

7. A que distância do vértice de um triedro trirretângulo deve passar um plano para que a seção obtida seja um triângulo equilátero de lado ℓ conhecido?

8. Prove que a soma das medidas dos ângulos das faces de um poliedro convexo que possui **V** vértices é $S = (V - 2) \cdot 360°$.

9. Um poliedro regular apresenta soma das medidas dos ângulos das faces igual a 720°. Que poliedro é esse?

10. Um poliedro convexo apresenta todos os seus 6 ângulos poliédricos com 4 arestas cada um. Descreva as faces desse poliedro.

11. Calcule a soma das medidas dos ângulos das faces de um poliedro convexo em que cada vértice é ponto de concorrência de 3 arestas e cujas faces são todas pentagonais.

12. Um poliedro convexo possui 14 faces e 12 vértices. Sabendo que as suas faces são triangulares e quadrangulares, determine o número de faces de cada tipo.

13. (UEPG-PR) Dado que um poliedro convexo tem 2 faces pentagonais, 4 faces quadrangulares e **n** faces triangulares, assinale o que for correto. [Indique a soma das alternativas corretas.]

(01) Se o número de vértices do poliedro é 11, então n = 4.

(02) Se o número de faces do poliedro é 16, então n = 10.

(04) O menor valor possível para **n** é 1.

(08) Se a soma dos ângulos de todas as faces do poliedro é 3600°, então n = 6.

(16) Se o número de arestas do poliedro é 25, então n = 8.

Testes

1. (Ufpel-RS) No país do México, há mais de mil anos, o povo Asteca resolveu o problema da armazenagem da pós-colheita de grãos com um tipo de silo em forma de uma bola colocado sobre uma base circular de alvenaria.

A forma desse silo é obtida juntando 20 placas hexagonais e mais 12 placas pentagonais.

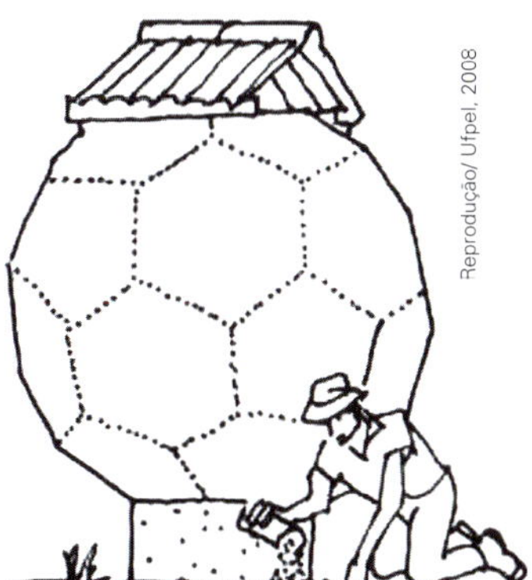

Reprodução/ Ufpel, 2008

(www.tibarose.com/port/boletim.htm, acessado em 10 out. 2007. [Adapt.])

Com base no texto, é correto afirmar que esse silo tem:

a) 90 arestas e 60 vértices.
b) 86 arestas e 56 vértices.
c) 90 arestas e 56 vértices.
d) 86 arestas e 60 vértices.
e) 110 arestas e 60 vértices.

2. (Ufam) Num poliedro convexo, o número de arestas excede o número de vértices em 12 unidades. O número de faces deste poliedro é:

a) 8
b) 10
c) 12
d) 14
e) 16

3. (Uece) Se **f** é o número de faces, **v** é o número de vértices e **a** o número de arestas de um paralelepípedo retângulo, então a soma de f + v + a é igual a:

a) 20
b) 22
c) 24
d) 26

4. (Ufam) Dadas as sentenças:

I. Todo poliedro regular é um poliedro de Platão.

II. Existem apenas 5 poliedros regulares.

III. Todo poliedro convexo satisfaz a relação $V - 2A = F$, onde **V** é o número de vértices, **A** o número de arestas e **F** o número de faces do poliedro.

IV. A soma dos ângulos das faces de um tetraedro mede 720°.

É correto afirmar que:

a) I e III são falsas.
b) Apenas I e II são verdadeiras.
c) II e III são falsas.
d) Somente I, II e IV são verdadeiras.
e) Apenas I, II e III são verdadeiras.

5. (UFC-CE) O número de faces de um poliedro convexo com 20 vértices e com todas as faces triangulares é igual a:

a) 28
b) 30
c) 32
d) 34
e) 36

6. (PUC-PR) Um poliedro convexo é formado por faces quadrangulares e 4 faces triangulares. A soma dos ângulos de todas as faces é igual a 12 ângulos retos. Qual o número de arestas desse poliedro?

a) 8
b) 6
c) 4
d) 2
e) 1

7. (UFPI) Um poliedro convexo, constituído de faces triangulares e quadrangulares, possui 20 arestas, e a soma dos ângulos de suas faces é igual a 2 880°. É correto afirmar que esse poliedro possui:

a) 8 faces triangulares.
b) 12 vértices.
c) 10 faces.
d) 8 faces quadrangulares.

8. (UFRGS-RS) Considere a figura abaixo, que representa a planificação de um cubo.

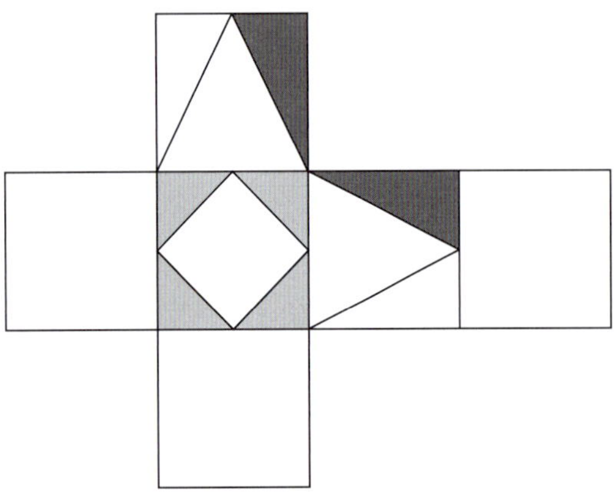

Reprodução/Arquivo da editora

Qual dos cubos apresentados nas alternativas pode corresponder ao desenho da planificação?

a) 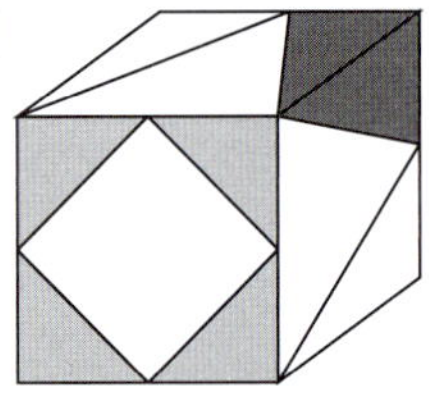

b) 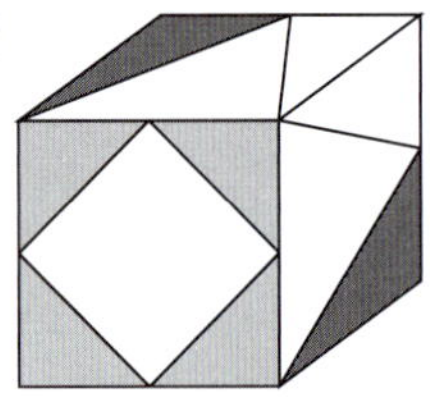

c) 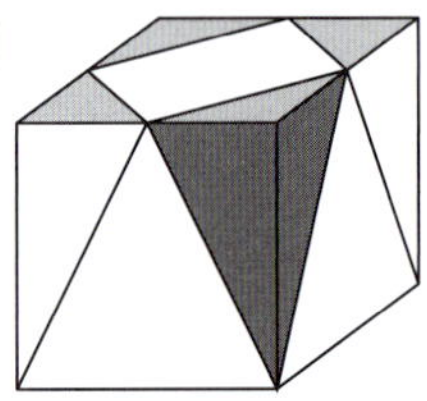

d) 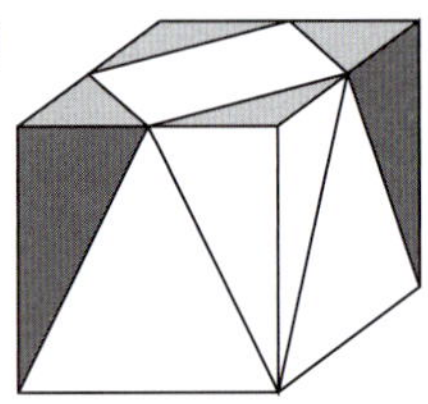

e) 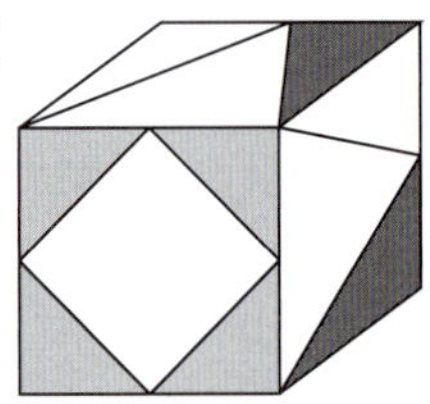

Ilustrações: Reprodução/Arquivo da editora

9. (Unifesp) Considere o poliedro cujos vértices são os pontos médios das arestas de um cubo.

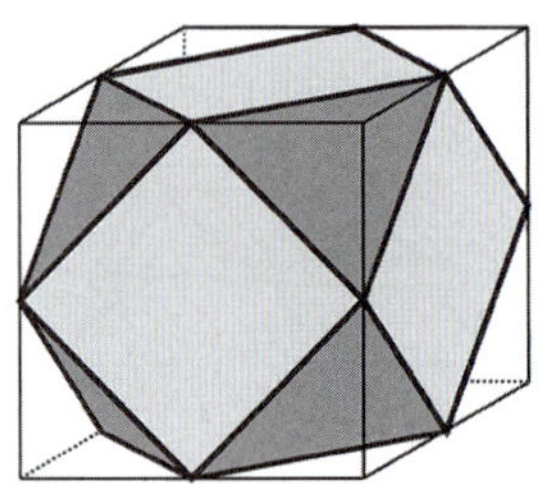

Reprodução/ Unifesp, 2005

O número de faces triangulares e o número de faces quadradas desse poliedro são, respectivamente:

a) 8 e 8.
b) 8 e 6.
c) 6 e 8.
d) 8 e 4.
e) 6 e 6.

10. (Uece) A área da superfície do poliedro convexo cujos vértices são os pontos centrais das faces de um cubo cuja medida da aresta é 2 m é igual a:

a) $\frac{\sqrt{3}}{2}\ m^2$

b) $\sqrt{3}\ m^2$

c) $2\sqrt{3}\ m^2$

d) $4\sqrt{3}\ m^2$

11. (UFJF-MG) A figura abaixo representa a planificação de um poliedro convexo. O número de vértices deste poliedro é:

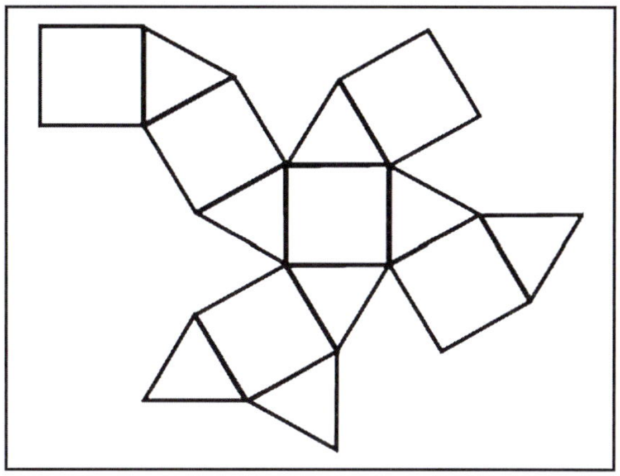

Reprodução/ UFJF, 2007

a) 12

b) 14

c) 16

d) 20

e) 22

12. (UFPE) Em relação aos poliedros regulares, podemos afirmar que (identifique as afirmações verdadeiras):

a) são sempre poliedros estrelados.

b) possuem $\frac{n(n-3)}{2}$ diagonais, sendo **n** o número de arestas do poliedro.

c) possuem F + V − 2 arestas, sendo (**F**) o número de faces e (**V**) o número de vértices.

d) tem por faces: triângulos equiláteros, quadrados, pentágonos e hexágonos regulares.

e) são superfícies limitadas pelo mesmo tipo de polígono regular.

13. (Uerj) Dois dados, com doze faces pentagonais cada um, têm a forma de dodecaedros regulares. Se os dodecaedros estão justapostos por uma de suas faces, que coincidem perfeitamente, formam um poliedro côncavo, conforme ilustra a figura.

Reprodução/ Uerj, 2016

Considere o número de vértices **V**, de faces **F** e de arestas **A** desse poliedro côncavo. A soma V + F + A é igual a:

a) 102

b) 106

c) 110

d) 112

CAPÍTULO

16 Cilindro

2017 Noppawat Tom Charoensinphon/Getty Images

É comum encontrar produtos em embalagens cilíndricas. Essa escolha de formato se deve a fatores como custo menor de manufatura, melhor distribuição da pressão interna na embalagem e economia de espaço durante o armazenamento. O cilindro e suas propriedades são os assuntos deste capítulo.

Observe abaixo alguns objetos que encontramos no nosso dia a dia.

Fotos: Cristina Xavier/Arquivo da editora

Thinkstock/Getty Images

Embalagens com formato cilíndrico. Elementos sem proporção entre si.

Todos esses objetos lembram uma forma geométrica chamada **cilindro**, que estudaremos neste capítulo.

Note que as latas mostradas anteriormente lembram a forma de um sólido com as seguintes características:

- apresenta dois círculos com raios de medidas iguais que estão contidos em planos paralelos;
- sua superfície lateral é constituída por todos os segmentos de reta de igual comprimento, paralelos à reta que contém os centros dos círculos e que têm extremidades nas circunferências desses círculos.

Por essas razões, podemos afirmar que a lata tem a forma de um **cilindro**.

Consideremos um círculo de centro **O** e raio de medida **r**, contido em um plano α, e um segmento de reta $\overline{PQ}$, cuja reta suporte intersecta α.

Tomemos segmentos de reta paralelos e congruentes a $\overline{PQ}$, cada um deles com uma extremidade em um ponto do círculo e com a outra extremidade em um mesmo semiespaço determinado por α.

A reunião de todos esses segmentos é um sólido chamado **cilindro circular** ou, simplesmente, **cilindro**.

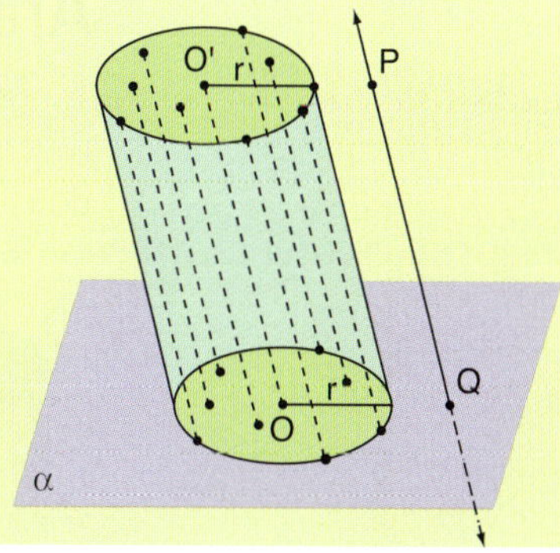

Banco de imagens/Arquivo da editora

Elementos e classificação dos cilindros

No cilindro representado ao lado, temos:

- os círculos de centros **O** e **O'** e raio de medida **r**, contidos em planos paralelos, chamados **bases** do cilindro;
- os segmentos paralelos a $\overleftrightarrow{OO'}$, com extremidades em pontos das circunferências das bases, chamados **geratrizes** do cilindro;
- a reta $\overleftrightarrow{OO'}$, que é o **eixo** do cilindro;
- a distância, entre os planos das bases, que é a **altura** do cilindro.

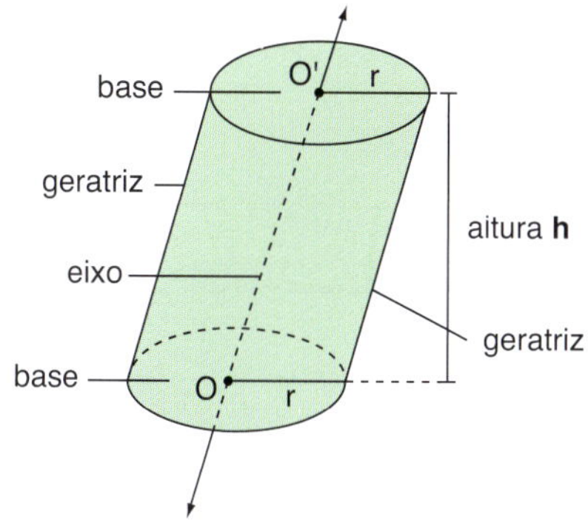

Banco de imagens/Arquivo da editora

Quanto à inclinação da geratriz em relação aos planos de suas bases, um cilindro classifica-se em:

- **cilindro oblíquo**, se a geratriz é oblíqua aos planos das bases;
- **cilindro reto**, se a geratriz é perpendicular aos planos das bases. Nesse caso, a medida da geratriz é a altura do cilindro.

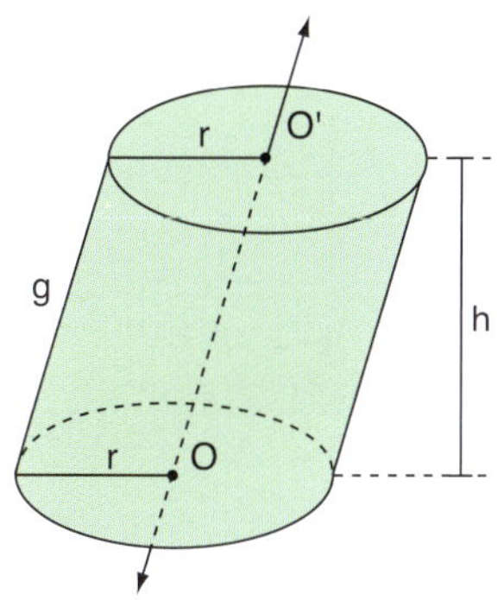

cilindro oblíquo

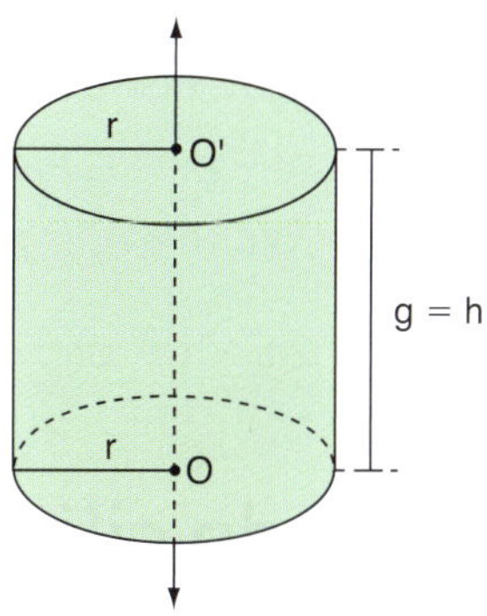

cilindro reto

Banco de imagens/Arquivo da editora

OBSERVAÇÃO

O cilindro circular reto é também chamado **cilindro de revolução**, pelo fato de ser gerado pela rotação de um retângulo em torno de um de seus lados.

A reta $\overleftrightarrow{OO'}$ é o eixo de rotação.

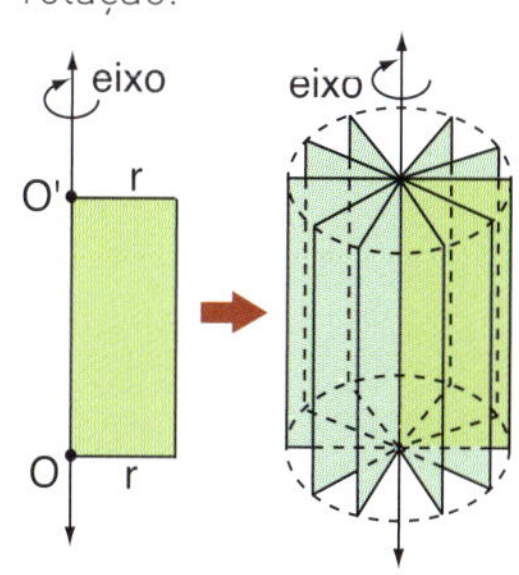

Ilustrações: Banco de imagens/Arquivo da editora

Áreas do cilindro circular reto

Área da base (A_b)

A área da base é a área de um círculo de raio de medida **r**.

$$A_b = \pi r^2$$

Área lateral (A_ℓ)

Dá-se o nome de **área lateral** à área de um retângulo de base $2\pi r$ (comprimento da circunferência da base) e altura **h**, em que **r** é a medida do raio da base do cilindro e **h** a medida da altura do cilindro.

Isso pode ser visualizado se planificarmos a superfície lateral do cilindro.

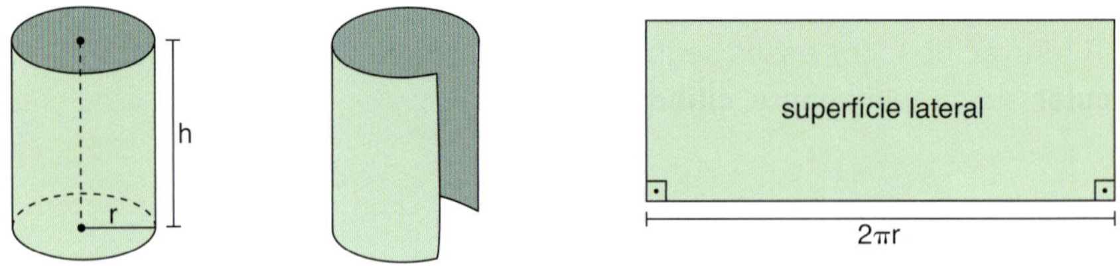

Ilustrações: Banco de imagens/Arquivo da editora

Assim, A_ℓ: área de um retângulo $\Rightarrow$ $A_\ell = 2\pi r \cdot h$

Área total (A_t)

A **área total** de um cilindro é a soma da área da superfície lateral com a área dos círculos das bases.

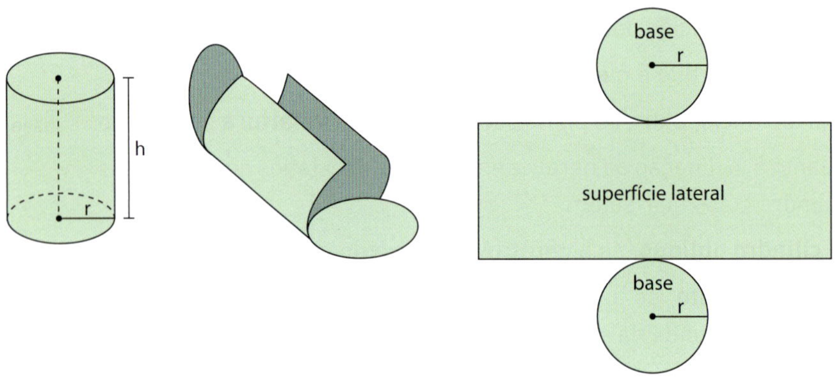

Ilustrações: Banco de imagens/Arquivo da editora

Assim, a área total do cilindro é dada por:

$$A_t = A_\ell + 2A_b$$

Substituindo $A_\ell = 2\pi r \cdot h$ e $A_b = \pi r^2$, temos:

$$A_t = 2\pi r \cdot h + 2\pi r^2 \Rightarrow A_t = 2\pi r \cdot (h + r)$$

Volume (V) do cilindro

Consideremos um cilindro de altura **h** e área da base $\mathbf{A_b}$. Consideremos também um prisma de altura **h** e área da base $\mathbf{A_b}$. Note que o cilindro e o prisma têm alturas iguais e bases equivalentes.

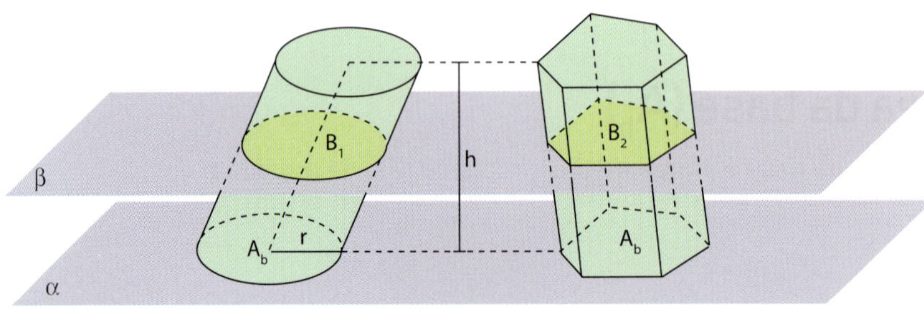

Banco de imagens/Arquivo da editora

Suponhamos que os dois sólidos tenham as bases contidas em um mesmo plano α e fiquem no mesmo semiespaço de origem α. Qualquer plano β paralelo a α que secione o cilindro também seciona o prisma, e as seções $\mathbf{B_1}$ e $\mathbf{B_2}$ têm áreas iguais a $\mathbf{A_b}$, pois são congruentes às respectivas bases. Então, pelo princípio de Cavalieri, o cilindro e o prisma têm volumes iguais.

$$V_{cilindro} = V_{prisma}$$

Como $V_{prisma} = A_b \cdot h$, então o volume de um cilindro é igual ao produto da área da base pela altura:

$$V_{cilindro} = A_b \cdot h$$

Como $A_b = \pi r^2$, temos:

$$V = \pi \cdot r^2 \cdot h$$

EXEMPLO 1

Pretende-se pintar externamente a base inferior e a superfície lateral de um vaso que tem a forma de um cilindro reto cujo diâmetro da base mede 40 cm e a altura mede 36 cm. Considerando a espessura do vaso desprezível, vamos usar $\pi \simeq 3$ para calcular a área da superfície a ser pintada e a maior quantidade de terra que pode ser colocada em seu interior.

Como r = 20 cm e h = 36 cm, temos:

A: área da superfície a ser pintada $\Rightarrow A = \pi \cdot r^2 + 2\pi \cdot r \cdot h \Rightarrow$

$\Rightarrow A = 3 \cdot (20 \text{ cm})^2 + 2 \cdot 3 \cdot 20 \text{ cm} \cdot 36 \text{ cm} \Rightarrow A = 5\,520 \text{ cm}^2$

V: volume do vaso $\Rightarrow V = \pi \cdot r^2 \cdot h \Rightarrow V = 3 \cdot (20 \text{ cm})^2 \cdot 36 \text{ cm} \Rightarrow V = 43\,200 \text{ cm}^3$

Logo, a área da superfície a ser pintada é $5\,520 \text{ cm}^2$ e o volume máximo de terra que pode ser colocado no vaso é $43\,200 \text{ cm}^3$.

Exercício resolvido

1. Uma vela tem a forma de um cilindro reto, com área total igual a $108\pi \text{ cm}^2$ e medida do raio da base igual a $\frac{1}{5}$ da medida da altura. Determine sua área lateral e seu volume.

Fernando Favoretto/Criar Imagem

Solução:

Sendo **r** a medida do raio da base e **h** a medida da altura, temos:

$$r = \frac{1}{5}h \text{ e } A_t = 108\pi \text{ cm}^2$$

Como $A_t = A_\ell + 2 \cdot A_b$, então $108\pi \text{ cm}^2 = 2\pi rh + 2\pi r^2 \Rightarrow rh + r^2 = 54 \text{ cm}^2$.

Substituindo $r = \frac{1}{5}h$, obtemos:

$$\frac{1}{5}h \cdot h + \left(\frac{1}{5}h\right)^2 = 54 \text{ cm}^2 \Rightarrow \frac{h^2}{5} + \frac{h^2}{25} = 54 \text{ cm}^2 \Rightarrow 6h^2 = 1350 \text{ cm}^2 \Rightarrow h^2 = 225 \text{ cm}^2 \Rightarrow h = 15 \text{ cm}$$

Temos, então: $r = \frac{1}{5}h \Rightarrow r = \frac{1}{5} \cdot 15 \text{ cm} \Rightarrow r = 3 \text{ cm}$.

Logo, $\begin{cases} A_\ell = 2\pi \cdot r \cdot h \Rightarrow A_\ell = 2\pi \cdot 3 \cdot 15 = 90\pi \\ V = \pi \cdot r^2 \cdot h \Rightarrow V = \pi \cdot 3^2 \cdot 15 = 135\pi \end{cases}$, ou seja, a área lateral é $90\pi \text{ cm}^2$ e o volume é $135\pi \text{ cm}^3$.

Seção meridiana e cilindro equilátero

Sejam **O** e **O'** os centros dos círculos das bases de um cilindro e $\overleftrightarrow{OO'}$ o eixo do cilindro. **Seção meridiana** de um cilindro é a interseção deste com um plano que contém o segmento $\overline{OO'}$.

A seção meridiana de um cilindro oblíquo é um paralelogramo.

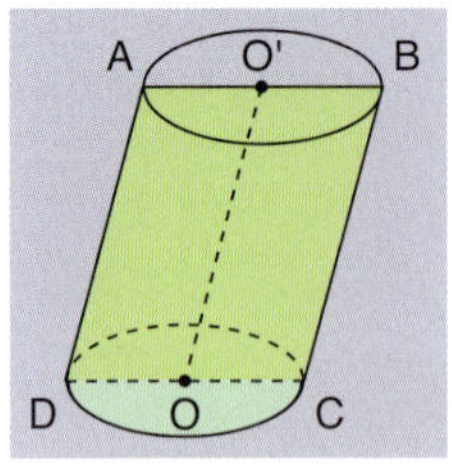

cilindro oblíquo

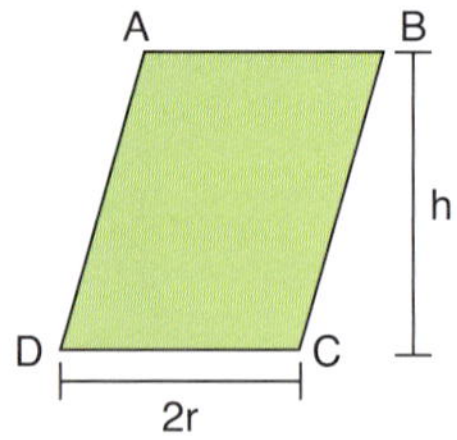

seção meridiana

Ilustrações: Banco de imagens/Arquivo da editora

A seção meridiana de um cilindro reto é um retângulo de dimensões 2r (medida do diâmetro da base) e **h** (medida da altura do cilindro).

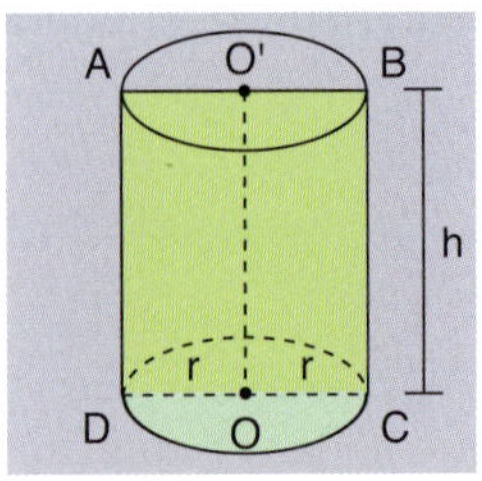

cilindro reto

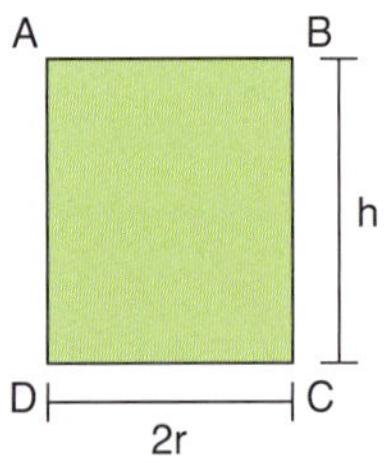

seção meridiana

Cilindro equilátero é um cilindro reto cuja seção meridiana é um quadrado. Em um cilindro equilátero, g = h = 2r.

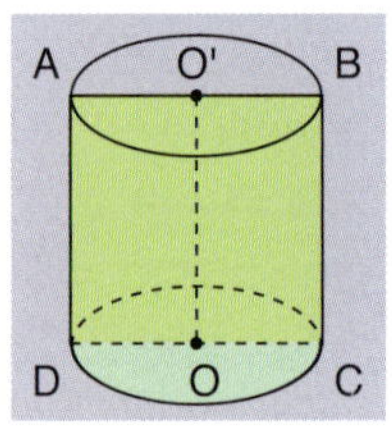

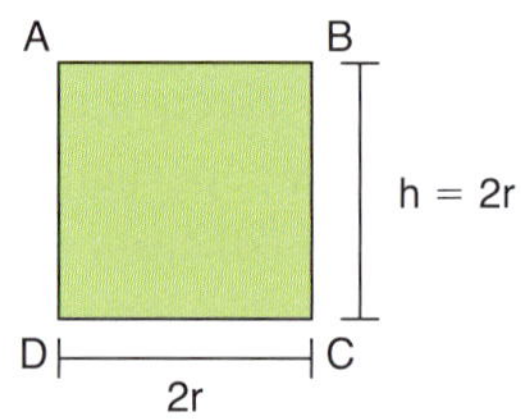

seção meridiana

Ilustrações: Banco de imagens/Arquivo da editora

Exercício resolvido

2. Determine a área lateral $\mathbf{A_\ell}$, a área total $\mathbf{A_t}$ e o volume **V** de um cilindro equilátero cujo raio mede 3 cm.

Solução:

- Área lateral

$$\left.\begin{array}{l} A_\ell = 2\pi rh \\ h = 2r \end{array}\right\} \Rightarrow A_\ell = 2\pi r \cdot 2r = 4\pi r^2 \Rightarrow A_\ell = 4 \cdot \pi \cdot 3^2 \Rightarrow A_\ell = 36\pi$$

Logo, a área lateral desse cilindro é 36π cm^2.

- Área total

$$\left.\begin{array}{l} A_t = A_\ell + 2A_b \\ A_b = \pi r^2 \end{array}\right\} \Rightarrow A_t = 4\pi r^2 + 2\pi r^2 = 6\pi r^2 \Rightarrow A_t = 6 \cdot \pi \cdot 3^2 \Rightarrow A_t = 54\pi$$

Logo, a área total desse cilindro é 54π cm^2.

- Volume

$$\left.\begin{array}{l} V = \pi r^2 h \\ h = 2r \end{array}\right\} \Rightarrow V = \pi r^2 \cdot 2r = 2\pi r^3 \Rightarrow V = 2 \cdot \pi \cdot 3^3 \Rightarrow V = 54\pi$$

Logo, o volume desse cilindro é 54π cm^3.

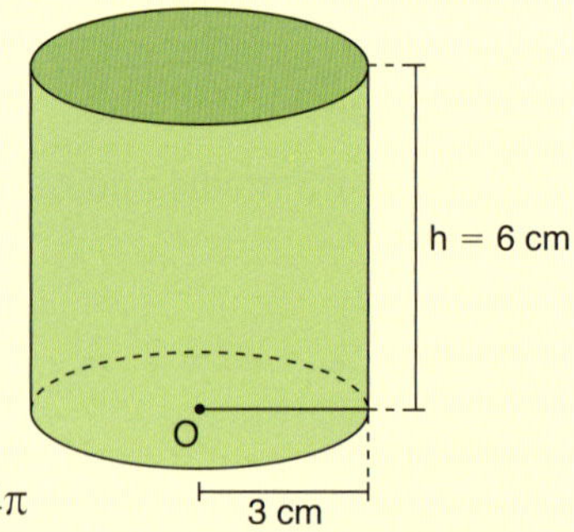

Banco de imagens/Arquivo da editora

Exercícios

1. Calcule a área lateral, a área total e o volume dos sólidos cujas medidas estão indicadas nas figuras.

a) cilindro equilátero

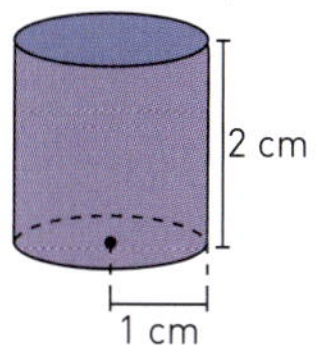

Banco de imagens/Arquivo da editora

c) semicilindro reto

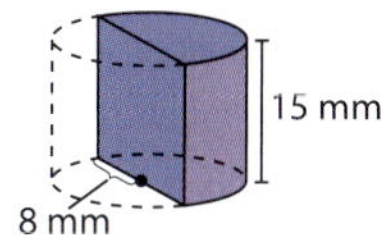

Banco de imagens/Arquivo da editora

b) cilindro reto

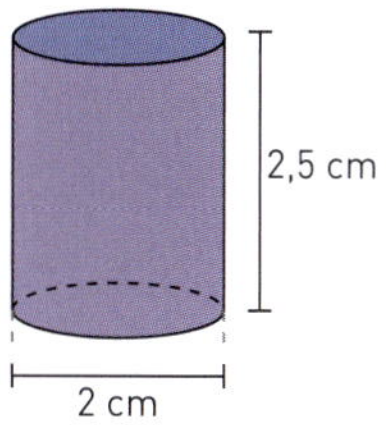

Banco de imagens/Arquivo da editora

2. Uma lata de óleo cilíndrica possui as seguintes medidas internas: raio da base = 4 cm e altura = 22 cm. Nessa lata, é possível armazenar mais que um litro de óleo?

3. Determine o volume de um cilindro, sabendo que sua área lateral é igual a 250π cm^2 e que o raio de sua base mede 10 cm.

4. Um reservatório cilíndrico de armazenamento de água possui internamente 8 m de diâmetro e 14 m de altura e está vazio. Se ele receber água à razão de 160 litros por minuto, qual é o menor número inteiro de dias necessários para enchê-lo completamente? Use $\pi \simeq \frac{22}{7}$.

5. O perímetro da seção meridiana de um cilindro reto mede 28 cm. Sabendo que a área lateral do cilindro é 48π cm^2, determine seu volume.

6. Seja uma caixa-d'água, de formato cilíndrico, em que a área lateral é igual a $\frac{6\pi}{5}$ m^2 e o raio da base mede 80 cm. Determine:

a) a medida da altura dessa caixa;

b) a capacidade da caixa, em litros. Use $\pi \simeq 3{,}14$.

7. Um recipiente cilíndrico tem 20 cm de altura e diâmetro interno de 10 cm. Determine quantos quilogramas de mercúrio são necessários para encher completamente esse recipiente, sabendo que a densidade do mercúrio é 13,6 g/cm^3. Use $\pi \simeq 3{,}14$.

8. Um cilindro reto tem 30π m^2 de área lateral e 45π m^3 de volume. Determine:

a) a medida de sua altura;

b) sua área total.

9. Calcule a área total da superfície de um cilindro equilátero, sabendo que o seu volume é igual a 250π cm^3.

10. A planificação da superfície lateral de um cilindro reto tem dimensões 6 cm e 8 cm. Determine a área total e o volume do cilindro, considerando $\pi \simeq 3{,}1$.

11. Um poço, com a forma de um cilindro reto, deve ser construído em um terreno plano. Se ele deve ter 24 dm de diâmetro por 140 dm de profundidade, quantos metros cúbicos de terra deverão ser removidos para sua construção? Considere $\pi \simeq \frac{22}{7}$.

12. Um cilindro está inscrito em um cubo cuja aresta mede 10 cm, conforme mostra a figura abaixo.

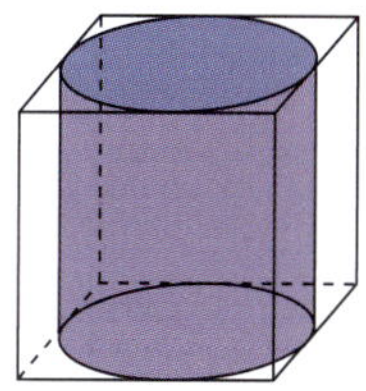

Banco de imagens/Arquivo da editora

a) Determine, na ordem dada, a razão entre a área total do cubo e a do cilindro.

b) Determine os volumes do cubo e do cilindro.

13. Para o intervalo de uma reunião de trabalho foi servido café em uma garrafa térmica cilíndrica, com as seguintes medidas internas: 18 cm de altura e 5 cm de raio de base. O café será servido em copinhos plásticos, também cilíndricos e com espessura desprezível, sendo 4 cm a medida do diâmetro da base e 4 cm a medida da altura. Considere $\pi \simeq 3{,}1$.

a) Se cada um dos 30 participantes quiser se servir uma única vez de café, enchendo completamente o copinho, haverá café suficiente para todos? Explique.

b) Os copinhos de plástico são fabricados a um custo de R$ 8,50 o metro quadrado e vendidos com 30% de lucro sobre o preço de custo do material. Na confecção de cada copinho, são acrescentados 25% de plástico, para reforçar sua "boca". Qual é o valor a ser pago por uma encomenda de 1 500 desses copinhos plásticos?

14. Uma peça de madeira, com a forma de um prisma reto de base quadrada, tem em seu centro um furo cilíndrico de 2,8 cm de raio, conforme mostra a figura ao lado.

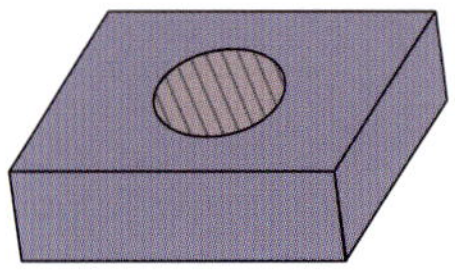

Banco de imagens/Arquivo da editora

Se o prisma tem 10 cm de altura e o lado do quadrado da base mede 18 cm, então, considerando $\pi \simeq \frac{22}{7}$, determine:

a) o volume da peça;

b) a massa dessa peça, em quilogramas, considerando que a densidade da madeira é 0,93 g/cm^3.

15. Um tambor de forma cilíndrica tem 2 m de comprimento e 1 m de diâmetro. Deseja-se encher o tambor com uma mistura de 90% de gasolina e 10% de álcool. Que volume de álcool será necessário? Use $\pi \simeq 3,14$.

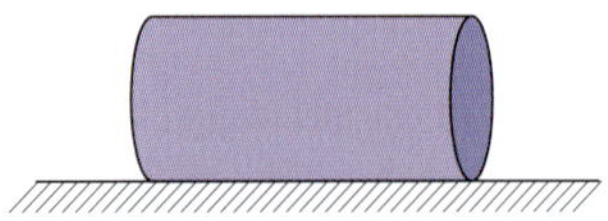

Banco de imagens/Arquivo da editora

16. Dispõe-se de uma folha retangular de metal que tem 8 cm de largura por 12 cm de comprimento. A partir dessa folha, podem ser construídos dois tipos de tubo cilíndrico: $\mathbf{C}_1$, soldando-se os dois lados maiores, ou $\mathbf{C}_2$, soldando-se os outros dois lados. Determine qual das duas opções:

a) forneceria um cilindro de maior volume;

b) gastaria menos material na fabricação, considerando os tubos fechados.

17. Uma construção em forma de uma torre circular cilíndrica possui 240 cm de medida do diâmetro interno e 50 cm de espessura. O volume de concreto usado na construção da torre foi de 449,5 m^3. Considerando $\pi \simeq 3,1$, determine a medida da altura da torre.

18. Em uma feira livre, o caldo de cana é vendido em dois recipientes cilíndricos: o copo grande, que tem 5 cm de raio da base e 12 cm de altura, e o copo médio, com 3 cm de raio da base e altura de 10 cm. Para o consumidor, qual copo é mais vantajoso, se o maior custa o triplo do médio?

19. Em um experimento, um professor de Química usou um vasilhame cilíndrico de 6 cm de raio da base, contendo água até certa altura. Imediatamente após adicionar 16 pedras de gelo em forma de cubos com aresta de 3 cm, o nível da água atingiu 12 cm. Qual era o nível da água antes da adição do gelo? Considere $\pi \simeq 3$.

20. Com a rotação de um quadrado em torno de um de seus lados obtém-se um cilindro. Determine a medida do lado do quadrado, de modo que a área da seção meridiana do cilindro seja 50 cm^2.

21. Observe a figura:

Qual é o volume do sólido obtido ao girarmos o retângulo ABCD em torno do eixo **y**?

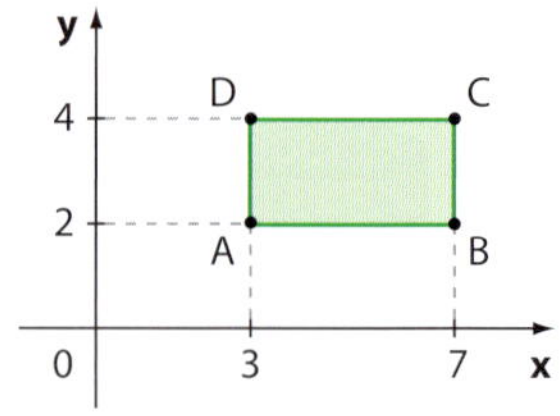

Banco de imagens/Arquivo da editora

22. Um tanque tem a forma de um cilindro circular reto, sendo 4 m a medida do raio da base e 10 m a medida da altura.

Inicialmente vazio, o tanque vai receber água a uma vazão constante.

Sejam **x** ($0 \leqslant x \leqslant 10$) a altura, em metros, atingida pela água no reservatório e V(x) o volume de água no reservatório, em metros cúbicos.

a) V(x) e **x** são grandezas diretamente proporcionais? Explique.

b) Faça a representação gráfica da função que relaciona V(x) e **x**, obtendo também a sua lei. Não é necessário usar aproximação para π.

23. Deseja-se revestir com tecido a supercifície lateral e as bases de um pufe em forma de cilindro reto. As medidas do diâmetro da base e da altura do cilindro são, respectivamente, 40 cm e 50 cm. Considere $\pi \simeq 3,1$.

a) É possível fazer esse revestimento com um retalho retangular do tecido medindo 1,3 m por 0,9 m? Explique. (Admita que os cortes no tecido possam proporcionar o máximo de aproveitamento, não havendo perdas.)

b) Em caso de resposta afirmativa do item *a*, determine a área do retalho que vai sobrar.

24. Um reservatório na forma de cilindro reto possui, como medidas internas, altura igual a 9 m e raio da base igual a 4 m. O combustível contido no reservatório ocupa $\frac{5}{8}$ de sua capacidade. Considere $\pi \simeq 3$.

a) Qual é a altura (nível) do combustível no reservatório?

b) Se forem adicionados 2 400 L de combustível, em quantos centímetros se elevará o nível de combustível no reservatório?

c) Qual é a quantidade máxima de litros de combustível que pode ser despejada no reservatório sem que haja transbordamento?

Troque ideias

A Matemática e as chuvas

O agravamento da crise hídrica na região Sudeste nos últimos anos, as secas "permanentes" em algumas regiões do Nordeste e os eventos climáticos extremos decorrentes do aquecimento global fizeram com que assuntos como *índice pluviométrico*, nível dos mananciais que abastecem a população, desperdício e consumo consciente de água ganhassem cada vez mais espaço no cotidiano do brasileiro.

Conhecer o índice pluviométrico de uma região é importante para que se reúnam informações úteis para a economia local (agricultura, pecuária, etc.), além de auxiliar no planejamento urbano, prevendo usos mais adequados para áreas onde possam ocorrer desabamentos, deslizamentos de terra ou inundações, por exemplo.

E você? Quando ouve notícias com dados do índice pluviométrico, como "Neste mês, as chuvas em Curitiba superaram o índice de 100 mm", sabe o que significa? Nesta atividade vamos construir o significado desse conceito.

O índice pluviométrico indica a **quantidade de chuva por metro quadrado** registrada em certo local, em um determinado período de tempo.

a) Quando dizemos que o índice pluviométrico em certa região foi de 25 mm na semana, significa que, se tivéssemos um reservatório aberto de 1 m^2 da área de base, o nível de água atingiria a altura de 25 mm (veja a figura ao lado).

Qual é o volume total de água da chuva recolhida no reservatório ao lado? Expresse a resposta em metros cúbicos e, em seguida, transforme em litros.

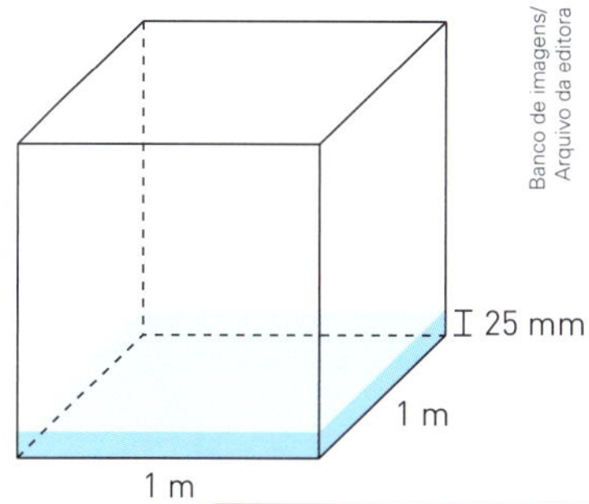

Banco de imagens/Arquivo da editora

AUSÊNCIA DE PROPORÇÃO

b) No índice pluviométrico, em certo período de tempo, cada 1 mm de precipitação corresponde a quantos litros de chuva por metro quadrado?

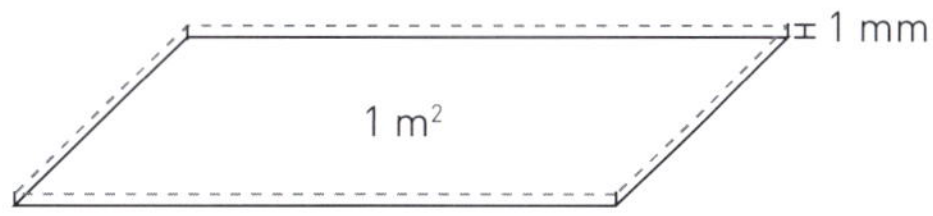

Banco de imagens/Arquivo da editora

c) É claro que os pluviômetros, instrumentos usados para medir a quantidade de chuva, não precisam ter, como base, um quadrado de área 1 m^2.
Imagine que se pretenda medir a quantidade de chuva em uma região por meio de um recipiente cilíndrico reto graduado, ao qual se acopla um funil, como mostra a imagem ao lado.

Considere que a abertura maior do funil, por onde a chuva será coletada, tenha diâmetro com medida 10 cm e que, em certo dia, o volume de água da chuva coletado tenha sido de 300 mL (ou 0,3 L).

Qual foi, em milímetros, a precipitação nesse dia? Use $\pi \simeq 3,14$.

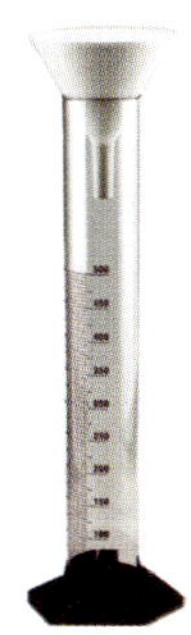

Luciano Galvão/Easypix

Funil acoplado a recipiente cilíndrico graduado.

Por fim, vale a pena destacar que, em uma cidade grande, há várias estações de medição da intensidade da chuva. A média das intensidades de precipitação medidas nesses pontos, em certo período (mês, por exemplo), fornece o **índice pluviométrico** da região, no período considerado.

Fontes de pesquisa: SAEMA. Disponível em: <saema.com.br/indice-pluviometrico>. INPE. Disponível em:<www.inpe.br/acessoainformacao/node/402>. Agritempo. Disponível em: <www.agritempo.gov.br/agritempo/index.jsp>. Acesso em: 10 jul. 2018.

Conheça os pluviômetros oficiais

O pluviômetro é um dos instrumentos que permitem verificar a quantidade de chuva que cai em determinado local. Há outros meios, como os satélites meteorológicos, que não oferecem a precisão de um pluviômetro quando há a necessidade de registrar pequenas quantidades de chuva. Há vários tipos de pluviômetros e, no Brasil, o Instituto Nacional de Meteorologia (Inmet) utiliza o modelo *Ville de Paris*.

1

O *Ville de Paris* tem um bocal de 22,57 centímetros de diâmetro, equivalente a uma área de captação de chuvas de 400 centímetros quadrados, medida recomendada pelas normas internacionais.

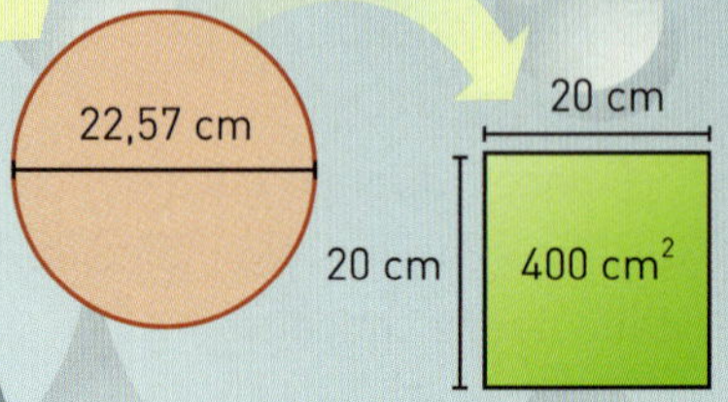

3

O controle diário permite fazer o levantamento da quantidade de chuva em um local ou em determinada região ao longo de um ano ou de outros períodos menores de tempo, por exemplo um mês. É possível fazer comparações dos índices entre diferentes cidades, estados e regiões do Brasil. Consegue-se investigar em que mês choveu mais ou menos, em que dias do mês ou do ano costuma chover com mais intensidade ou até saber quantos dias de chuva ocorreram em uma década. Todas essas informações podem ser transformadas em gráficos ou mapas, possibilitando melhor visualização das informações obtidas.

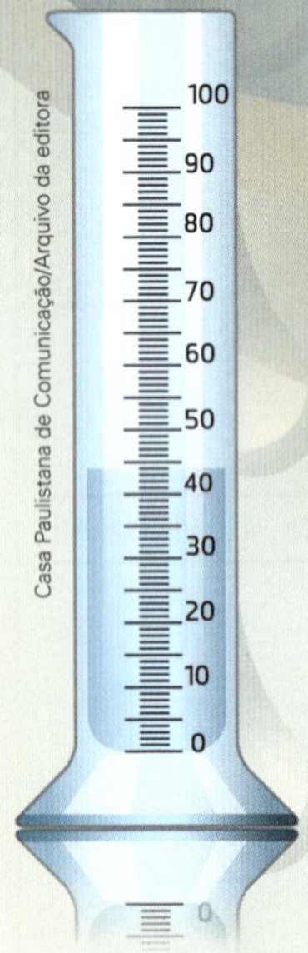

Casa Paulistana de Comunicação/Arquivo da editora

Proveta graduada.

2

A leitura do pluviômetro é feita uma vez por dia, geralmente pela manhã, quando se recolhe a água acumulada. No *Ville de Paris* essa leitura é feita com o auxílio de uma proveta, tubo cilíndrico de vidro ou plástico graduado em milímetros.

Outros tipos de pluviômetros utilizados no Brasil:

- **Paulista**, com abertura de 500 cm² para a captação de chuvas. É utilizado pelo governo do estado de São Paulo;
- **Casella**, com área de captação de chuvas de 200 cm². É o mais utilizado pelo setor privado, que inclui empresas envolvidas com o agronegócio. Esses modelos geralmente são feitos de plástico resistente. Diferencial: incluem em sua estrutura a gradação em milímetros, o que dispensa o uso da proveta.

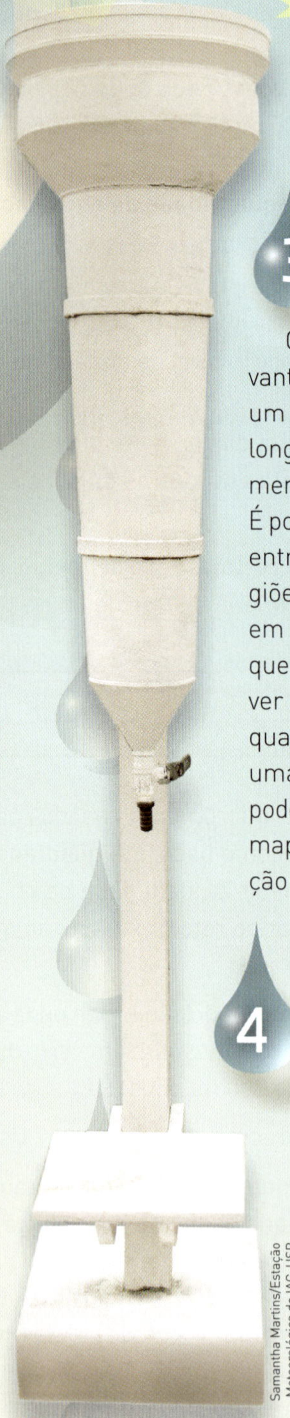

Samantha Martins/Estação Meteorológica do IAG-USP

Pluviômetro *Ville de Paris*.

4

Os dados pluviométricos podem ser utilizados de várias maneiras, tanto nas cidades quanto no campo. Permitem conhecer desde o momento certo para iniciar o manejo do solo e o plantio até planejar medidas preventivas contra enchentes e alagamentos, como fazem as prefeituras. O setor privado utiliza os dados para, por exemplo, planejar a melhor época para realizar obras.

Enem e vestibulares resolvidos

(Enem) Para resolver o problema de abastecimento de água foi decidida, numa reunião do condomínio, a construção de uma nova cisterna. A cisterna atual tem formato cilíndrico, com 3 m de altura e 2 m de diâmetro, e estimou-se que a nova cisterna deverá comportar 81 m^3 de água, mantendo o formato cilíndrico e a altura da atual. Após a inauguração da nova cisterna a antiga será desativada. Utilize 3,0 como aproximação para π.

Qual deve ser o aumento, em metros, no raio da cisterna para atingir o volume desejado?

a) 0,5 b) 1,0 c) 2,0 d) 3,5 e) 8,0

Resolução comentada

A nova cisterna deverá ter o formato cilíndrico e os mesmos 3 metros de altura da cisterna atual.

Seja **R** a medida, em metros, do raio da nova cisterna.

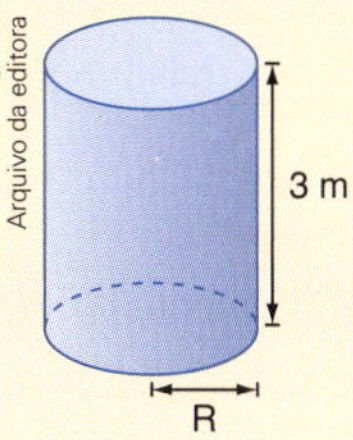

Banco de imagens/Arquivo da editora

O volume **V** de um cilindro de raio **R** e altura **H** é dado por:

$$V = \pi \cdot R^2 \cdot H$$

Para que a nova cisterna consiga comportar 81 m^3 de volume, deve-se ter:

$$81 = \pi \cdot R^2 \cdot 3 \Rightarrow 81 = 3 \cdot R^2 \cdot 3 \Rightarrow R^2 = \frac{81}{9} \Rightarrow R^2 = 9 \Rightarrow$$
$$\Rightarrow R = 3$$

A cisterna atual possui 2 metros de diâmetro, ou seja, 1 metro de raio.

Logo, a medida do raio da cisterna deverá aumentar em 2 metros.

Alternativa *c*.

Exercícios complementares

1. (UFPR) Na modelagem matemática de um processo de fabricação, é comum supor que não há perda de material com emendas, sobreposição de partes etc.

Deseja-se construir um reservatório cilíndrico com diâmetro de 120 cm e capacidade de 1,5 m^3. Neste problema, estamos nos referindo a um cilindro circular reto perfeito. Para fazer a lateral desse cilindro, será usada uma chapa metálica retangular de comprimento **b** e altura **h**. Use $\pi = 3{,}14$ e dê suas respostas com duas casas decimais.

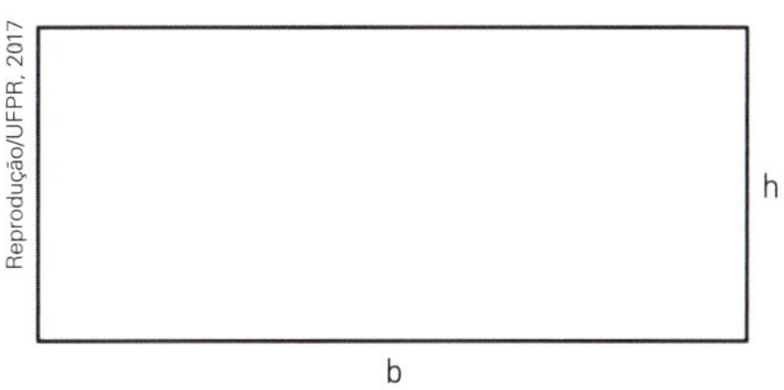

Reprodução/UFPR, 2017

a) Calcule o comprimento **b** que a chapa deve ter.

b) Calcule a altura **h** que a chapa deve ter.

2. Um pluviômetro cilíndrico tem um diâmetro de 30 cm. A água colhida pelo pluviômetro depois de um temporal é colocada em um recipiente também cilíndrico, cuja circunferência da base mede 20π cm. Que altura havia alcançado a água no pluviômetro, sabendo que no recipiente alcançou 180 mm?

3. O volume de um cilindro reto é igual a 16π cm^3. Mantendo sua altura e aumentando a medida do raio de sua base em 2 cm, o volume aumenta em 20π cm^3. Determine a medida da altura do cilindro.

4. Determine a razão entre o volume de um cilindro reto e o volume de um prisma triangular regular, sendo a área lateral do cilindro igual à área lateral do prisma, e a medida do raio do cilindro o dobro da medida da aresta da base do prisma.

5. Suponha que o camundongo da foto tenha devorado 39,6 cm^3 do cubo de queijo que achou. Curiosamente, a parte que ele comeu equivale a um cilindro reto, cuja geratriz é paralela a uma das arestas do cubo e com as bases contidas em duas de suas faces. Se o cubo de queijo era maciço e tinha 5 cm de aresta, qual a medida de raio do cilindro que o camundongo comeu? $\left(\text{Use } \pi \simeq \dfrac{22}{7} \text{ e } \sqrt{7} \simeq 2{,}65\right)$

The Image Bank/Getty Images

6. Deseja-se construir um cilindro com raio da base R = 3 cm e altura h = 5 cm. A superfície desse cilindro será feita com cartolina cuja folha é retangular. Analise se as dimensões das folhas seguintes são suficientes para a construção do cilindro. Desconsidere o material utilizado nas dobras e use $\pi \simeq 3{,}14$.

a) 18 cm × 17 cm

b) 19 cm × 11 cm

c) 31 cm × 7 cm

7. Um tanque cilíndrico com 6 m de diâmetro e 5 m de altura está cheio de um solvente usado na indústria química. Por medida de segurança, o solvente deverá ser acondicionado em 24 blocos retangulares idênticos, cada um com base quadrada e altura de 60 cm. Quanto deve medir o lado da base de cada bloco? Considere $\pi \simeq 3{,}2$.

8.

Antonio Silvério/Acervo do cartunista

(*O Globo*, 8/3/2001.)

Como você pode ver na tira acima, o senhor Urbano está pintando listras azuis, amarelas, verdes e laranja na superfície lateral de um extintor de incêndio.

Considere que:

- as latas de tinta verde, azul e laranja têm 3,6 litros de capacidade; a lata de tinta amarela tem 0,45 L. Inicialmente, as latas estavam cheias de tinta;
- a superfície a ser pintada corresponde à superfície lateral de um cilindro reto de 30 cm de comprimento e 7 cm de raio da base;
- em toda a superfície lateral do extintor serão pintadas duas faixas de cada cor, todas aproximadamente cilíndricas e congruentes;
- para pintar 6 cm^2 de faixa, gasta-se 0,05% da capacidade de uma lata grande e 0,4% da lata pequena.

Nessas condições, determine a porcentagem do total de:

a) tinta azul que ele deverá usar para pintar as duas faixas;

b) tinta amarela que ele deverá usar para pintar as duas faixas.

$\left(\text{Use } \pi \simeq \dfrac{22}{7}.\right)$

9. (UFG-GO) Uma indústria armazena um produto em cilindros circulares retos com quatro metros de altura e raio da base medindo **R** metros. Prevendo-se um aumento na produção, foram encomendados outros cilindros de dois tipos, alguns com o mesmo raio que os originais e a altura aumentada em dois metros e outros com a mesma altura dos originais e o raio aumentado em dois metros. Sabendo-se que todos os cilindros encomendados têm o mesmo volume, calcule o raio dos cilindros originais.

10. (Unesp-SP) Considere dois canos, **A** e **B**, de PVC, cada um com 10 metros de comprimento, **A** possuindo r = 5 cm de raio, e **B**, R = 15 cm. O cano **A** é colocado no interior de **B** de forma que os centros coincidam, conforme a figura, e o espaço entre ambos é preenchido com concreto.

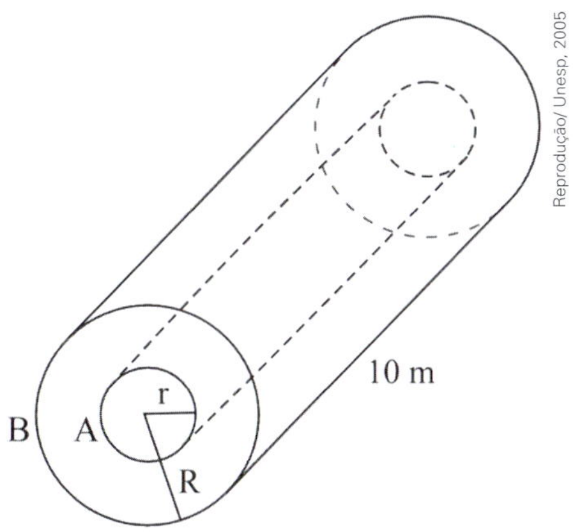

(fora de escala)

Considerando $\pi \simeq 3,14$,

a) calcule a área de uma das superfícies de concreto expostas, em cm^2, quando um corte perpendicular ao comprimento do cano for feito.

b) encontre o volume de concreto, em m^3, para preencher toda a extensão de 10 metros entre os dois canos.

11. Uma lata tem a forma de um cilindro, com base circular de 50 cm de raio, e está completamente cheia de água. Dentro dela é colocada uma pedra que causa o transbordamento de parte de água. Sabendo que, ao ser retirada a pedra, o nível da água dentro da lata baixou 55 cm, determine o volume da pedra, em metros cúbicos. (Use $\pi \simeq 3$.)

12. Um cano de ferro tem a forma de um cilindro reto com as seguintes especificações: 75 cm de comprimento, 6 cm de diâmetro externo e 5,4 cm de diâmetro interno. Sabendo que a densidade do ferro é 7,8 g/cm^3, determine o "peso" aproximado desse cano. Use $\pi \simeq 3$.

13. (UFPR) Um reservatório possui internamente o formato de um cilindro com 3,4 m de diâmetro e 10 m de comprimento, conforme indica a figura.

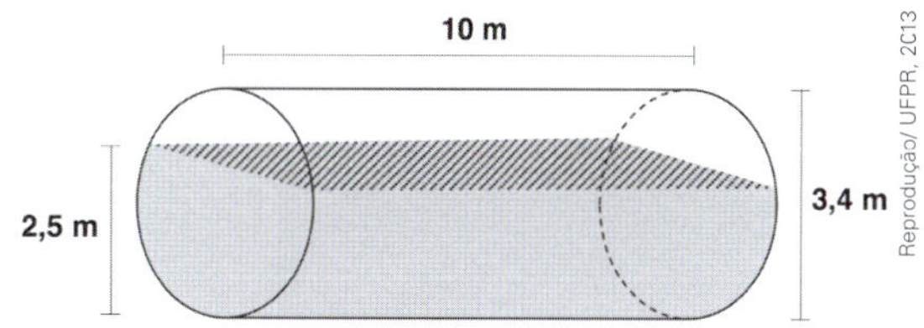

a) Qual o volume total que esse reservatório comporta?

b) Num certo momento, a altura do líquido no interior do reservatório é de 2,5 m, como indica a figura. Qual a área da superfície do líquido exposta ao ar dentro do reservatório?

14. Um reservatório cilíndrico sem tampa destinado ao armazenamento de areia deve ser construído de tal modo que comporte 155 m^3 de areia e tenha 5 m de altura. Se o material para construção custa R$ 90,00 por metro quadrado, é possível custear esse material com R$ 12 000,00? Considere $\pi \simeq 3,1$ e $\sqrt{10} \simeq 3,2$.

15. Um fabricante de goiabada vende seu produto em latas cilíndricas (figura 1), ao preço de R$ 4,50 a lata. Ele pretende substituir essa embalagem por outra, também cilíndrica, mostrada na figura 2. Se o preço de venda de uma lata é diretamente proporcional ao volume de goiabada no seu interior, por quanto ele deverá vender a nova lata?

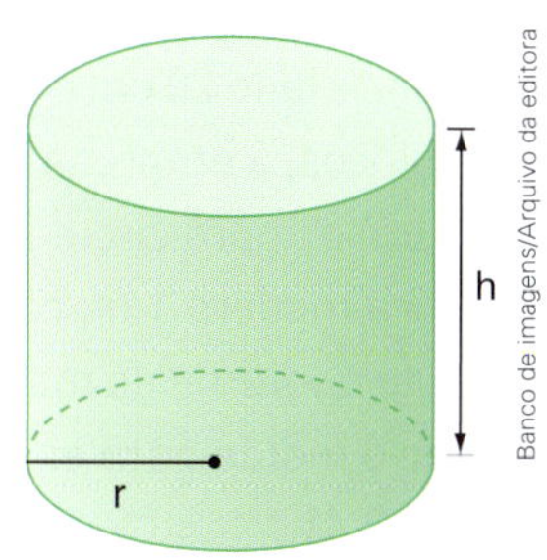

Figura 1

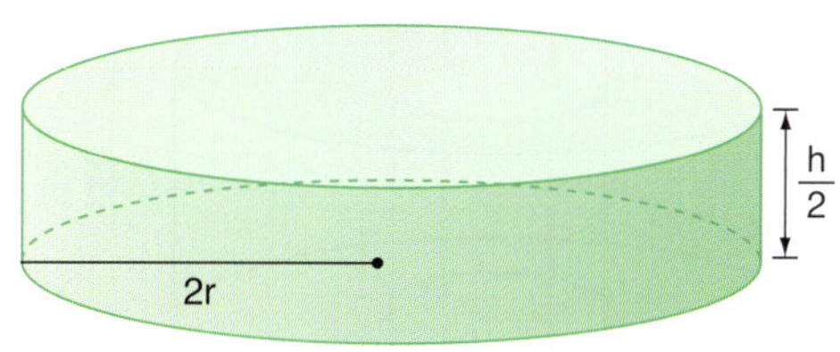

Figura 2

16. A figura mostra um prisma quadrangular regular inscrito em um cilindro reto. Determine a razão entre o volume do cilindro e o volume do prisma.

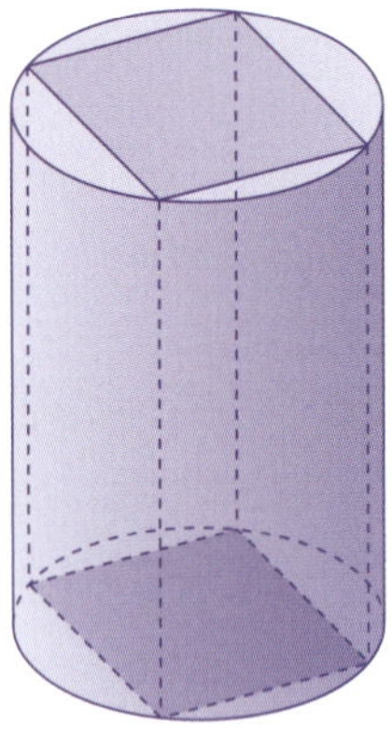

Banco de imagens/Arquivo da editora

17. (Fuvest-SP) Um castelo está cercado por uma vala cujas bordas são dois círculos concêntricos de raios 41 m e 45 m. A profundidade da vala é constante e igual a 3 m.

Reprodução/ Fuvest, 2007

O proprietário decidiu enchê-la com água e, para este fim, contratou caminhões-pipa, cujos reservatórios são cilindros circulares retos com raio da base 1,5 m e altura igual a 8 m. Determine o número mínimo de caminhões-pipa necessário para encher completamente a vala.

18. (UFG-GO) Uma empresa de engenharia fabrica blocos na forma de um prisma, cuja base é um octógono regular de lado 20 cm e altura 1 m. Para fabricar esses blocos, a empresa utiliza um molde na forma de um cilindro circular reto, cujo raio da base e a altura medem 1 m, conforme a figura abaixo. Calcule o volume do material necessário para fabricar o molde para esses blocos.
Use: tg (67,5°) = 2,41.

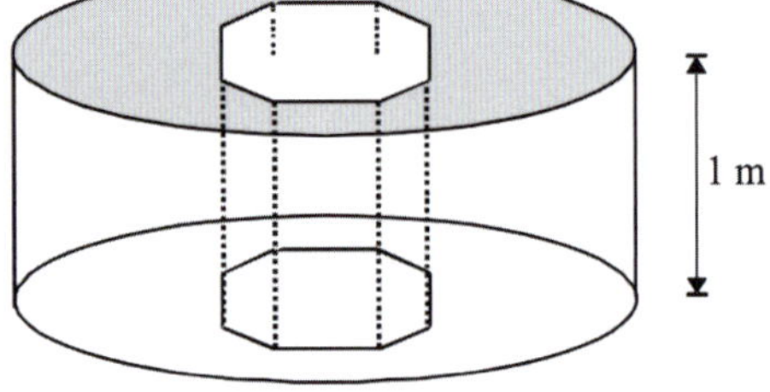

Reprodução/ UFG, 2007

19. (Unesp-SP) Na construção de uma estrada retilínea foi necessário escavar um túnel cilíndrico para atravessar um morro. Esse túnel tem seção transversal na forma de um círculo de raio **R** seccionado pela corda $\overline{AB}$ e altura máxima **h**, relativa à corda, conforme figura.

Reprodução/ Unesp, 2010

Sabendo que a extensão do túnel é de 2 000 m, que $AB = 4\sqrt{3}$ m e que $h = \dfrac{3R}{2} = 6$ m, determine o volume aproximado de terra, em m^3, que foi retirado na construção do túnel.
Dados: $\dfrac{\pi}{3} \simeq 1{,}05$ e $\sqrt{3} \simeq 1{,}7$.

20. (UFBA) Considere um prisma reto triangular regular de altura igual a 10 cm e um cilindro circular reto de raio da base igual a **r**, medido em cm, inscrito nesse prisma.
Em função de **r**,

- deduza a expressão do lado do triângulo, base do prisma;
- determine o volume da região exterior ao cilindro e interior ao prisma.

21. Uma empresa de embalagens produz latas cilíndricas de alumínio. Deseja-se substituir tal lata por outra, também cilíndrica. Se a altura da nova embalagem deve ser 60% maior que a altura da primeira, em que percentual deve ser reduzida a medida do raio da primeira, a fim de que ambas as embalagens tenham a mesma capacidade?
Considere $\sqrt{10} \simeq 3{,}16$.

22. (Unesp-SP) Por ter uma face aluminizada, a embalagem de leite "longa vida" mostrou-se conveniente para ser utilizada como manta para subcoberturas de telhados, com a vantagem de ser uma solução ecológica que pode contribuir para que esse material não seja jogado no lixo. Com a manta, que funciona como isolante térmico, refletindo o calor do sol para cima, a casa fica mais confortável.

Determine de quantas caixinhas precisamos para fazer uma manta (sem sobreposição) para uma casa que tem telhado retangular com 6,9 m de comprimento e 4,5 m de largura, sabendo-se que a caixinha, ao ser desmontada (e ter o fundo e o topo abertos), toma a forma aproximada de um cilindro oco de 0,23 m de altura e 0,05 m de raio, de modo que, ao ser cortado acompanhando sua altura, obtemos um retângulo. Nos cálculos, use o valor aproximado $\pi = 3$.

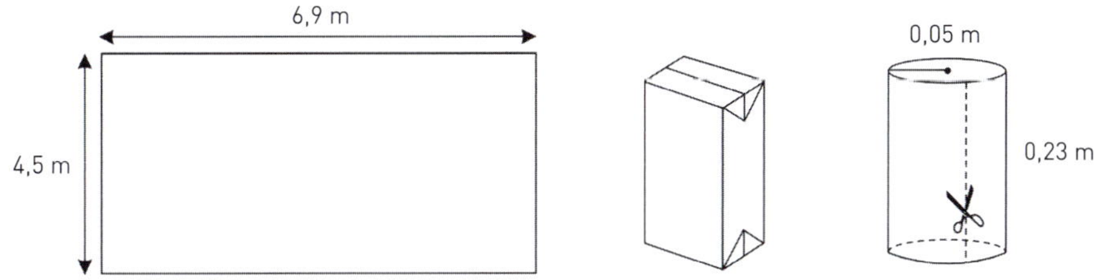

dimensões do telhado — caixa — caixa desmontada

Ilustrações: Reprodução/ Unesp, 2009

23. (Unicamp-SP) A caixa de um produto longa vida é produzida como mostra a sequência de figuras abaixo. A folha de papel da figura 1 é emendada na vertical, resultando no cilindro da figura 2. Em seguida, a caixa toma o formato desejado, e são feitas novas emendas, uma no topo e outra no fundo da caixa, como mostra a figura 3. Finalmente, as abas da caixa são dobradas, gerando o produto final, exibido na figura 4. Para simplificar, consideramos as emendas como linhas, ou seja, desprezamos a superposição do papel.

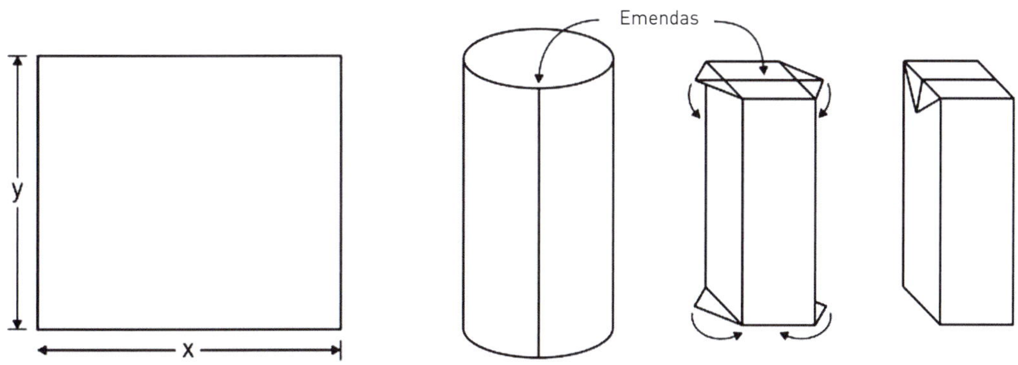

Figura 1 — Figura 2 — Figura 3 — Figura 4

Ilustrações: Reprodução/ Unicamp, 2011

a) Se a caixa final tem 20 cm de altura, 7,2 cm de largura e 7 cm de profundidade, determine as dimensões **x** e **y** da menor folha que pode ser usada na sua produção.

b) Supondo, agora, que uma caixa tenha seção horizontal quadrada (ou seja, que sua profundidade seja igual a sua largura), escreva a fórmula do volume da caixa final em função das dimensões **x** e **y** da folha usada em sua produção.

Testes

1. (UFPR) As duas latas na figura abaixo possuem internamente o formato de cilindros circulares retos, com as alturas e diâmetros da base indicados. Sabendo que ambas as latas têm o mesmo volume, qual o valor aproximado da altura **h**?

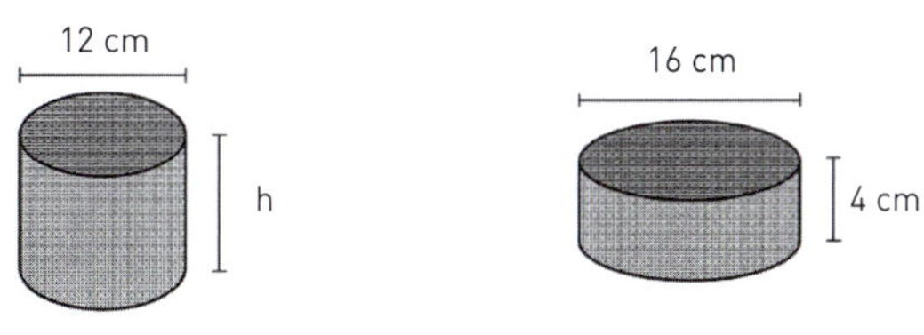

Reprodução/ UFPR, 2012

a) 5 cm. b) 6 cm. c) 6,25 cm. d) 7,11 cm. e) 8,43 cm.

2. (PUC-RJ) O volume do sólido gerado pela rotação de um quadrado de lado 3 cm em torno de um dos seus lados é, em cm^3:

a) 3π
b) 6π
c) 9π
d) 18π
e) 27π

3. (UPE) A figura abaixo representa um tanque de combustível de certa marca de caminhão a *diesel*. Sabendo que esse veículo faz, em média, 3 km/L, e, observando o marcador de combustível no início e no final de uma viagem, quantos quilômetros esse caminhão percorreu?

Considere $\pi = 3$

Reprodução/ UPE, 2017

a) 243 km
b) 425 km
c) 648 km
d) 729 km
e) 813 km

4. (Enem) É possível usar água ou comida para atrair as aves e observá-las. Muitas pessoas costumam usar água com açúcar, por exemplo, para atrair beija-flores. Mas é importante saber que, na hora de fazer a mistura, você deve sempre usar uma parte de açúcar para cinco partes de água. Além disso, em dias quentes, precisa trocar a água de duas a três vezes, pois com o calor ela pode fermentar e, se for ingerida pela ave, pode deixá-la doente. O excesso de açúcar, ao cristalizar, também pode manter o bico da ave fechado, impedindo-a de se alimentar. Isso pode matá-la.

Ciencia Hoje das Crianças. FNDE: Instituto Ciência Hoje, ano 19, n. 166, mar. 1996.

Pretende-se encher completamente um copo com a mistura para atrair beija-flores. O copo tem formato cilíndrico, e suas medidas são 10 cm de altura e 4 cm de diâmetro. A quantidade de água que deve ser utilizada na mistura é cerca de (utilize $\pi \simeq 3$):

a) 20 mL
b) 24 mL
c) 100 mL
d) 120 mL
e) 600 mL

5. (PUC-SP) Dispõe-se de **N** tubos cilíndricos, todos iguais entre si, cada qual com diâmetro interno de 4 cm. Se esses tubos transportam a mesma quantidade de água que um único tubo cilíndrico, cujo diâmetro inteiro mede 12 cm e cujo comprimento é igual ao dobro do comprimento dos primeiros, então:

a) $N > 15$
b) $10 < N < 15$
c) $6 < N < 10$
d) $N < 6$

6. (Enem) Dona Maria, diarista na casa da família Teixeira, precisa fazer café para servir as vinte pessoas que se encontram numa reunião na sala. Para fazer o café, Dona Maria dispõe de uma leiteira cilíndrica e copinhos plásticos, também cilíndricos.

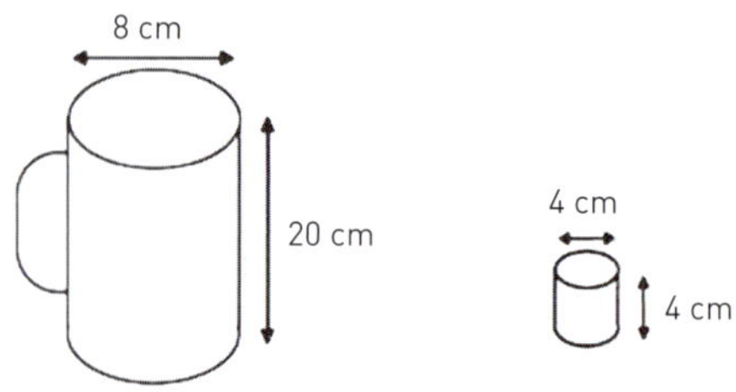

Ilustrações: Reprodução/ Enem, 2010

Com o objetivo de não desperdiçar café, a diarista deseja colocar a quantidade mínima de água na leiteira para encher os vinte copinhos pela metade. Para que isso ocorra, Dona Maria deverá:

a) encher a leiteira até a metade, pois ela tem um volume 20 vezes maior que o volume do copo.
b) encher a leiteira toda de água, pois ela tem um volume 20 vezes maior que o volume do copo.
c) encher a leiteira toda de água, pois ela tem um volume 10 vezes maior que o volume do copo.
d) encher duas leiteiras de água, pois ela tem um volume 10 vezes maior que o volume do copo.
e) encher cinco leiteiras de água, pois ela tem um volume 10 vezes maior que o volume do copo.

7. (Enem) Num parque aquático existe uma piscina infantil na forma de um cilindro circular reto de 1 m de profundidade e volume igual a 12 m^3, cuja base tem raio **R** e centro **O**. Deseja-se construir uma ilha de lazer seca no interior dessa piscina, também na forma de um cilindro circular reto, cuja base estará no fundo da piscina e com centro da base coincidindo com o centro do fundo da piscina, conforme a figura. O raio da ilha de lazer será **r**. Deseja-se que, após a construção dessa ilha, o espaço destinado à água na piscina tenha um volume de, no mínimo, 4 m^3.

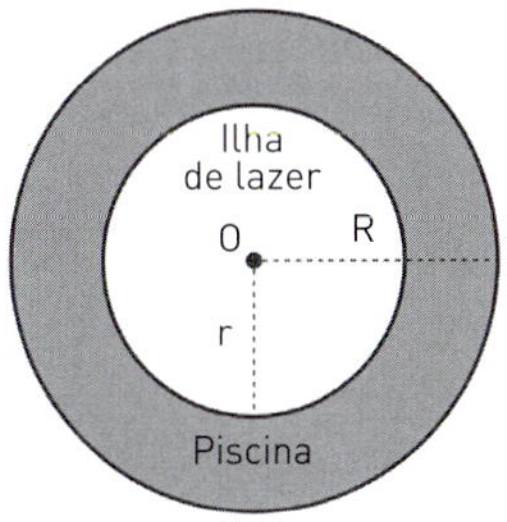

Reprodução/ Enem, 2013

Considere 3 como valor aproximado para π.

Para satisfazer as condições dadas, o raio máximo da ilha de lazer **r**, em metros, estará mais próximo de:

a) 1,6
b) 1,7
c) 2,0
d) 3,0
e) 3,8

8. (Fatec-SP) A figura apresenta a vista superior de uma piscina e suas dimensões internas.

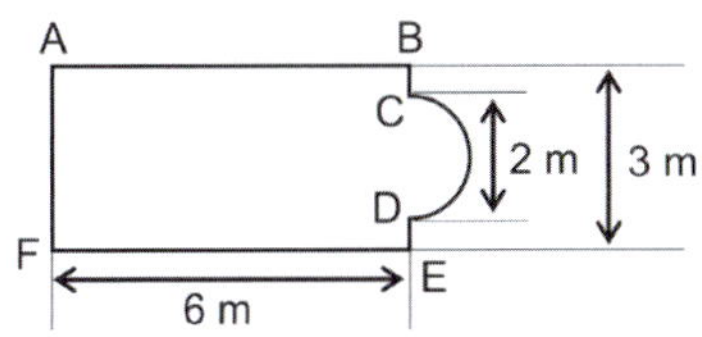

Reprodução/ Fatec, 2013

Na figura, temos o seguinte:

- ABEF é um retângulo de dimensões 3 m por 6 m, e
- o arco $\overset{\frown}{CD}$ é uma semicircunferência com diâmetro 2 m.

Considerando que a profundidade da piscina é constante e igual a 1,2 m, a capacidade da piscina é, em litros:

(Adote: $\pi \simeq 3$.)

a) 23 400
b) 25 200
c) 28 800
d) 36 000
e) 38 500

9. (UPE) A figura a seguir representa a vista de cima de uma cisterna cilíndrica. Os pontos **A** e **B** indicam os locais de abastecimento, diametralmente opostos, e o ponto **X** mostra a posição de uma pessoa que se encontra a 6 m de **A** e a 8 m de **B**.

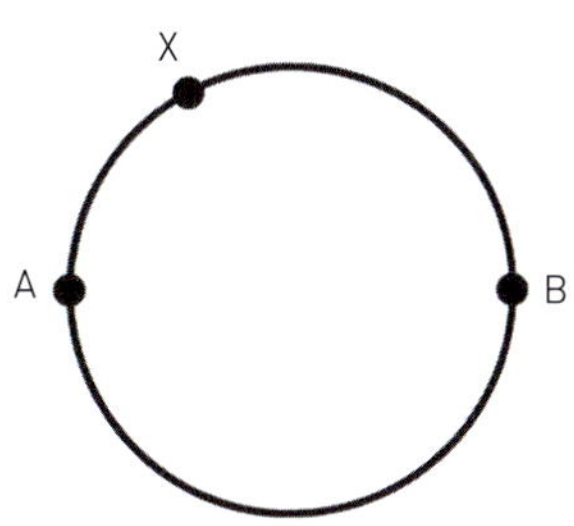

Reprodução/ UPE, 2014

Sabendo-se que a profundidade da cisterna é de 2 m, qual a sua capacidade máxima?

(Considere $\pi = 3$)

a) 14 000 litros
b) 48 000 litros
c) 100 000 litros
d) 150 000 litros
e) 300 000 litros

10. (UFBA) Considerando-se $\mathbf{C}_1$, $\mathbf{C}_2$, $\mathbf{C}_3$, ... cilindros com o mesmo volume, de modo que os respectivos raios das bases, medidos em centímetros, formem uma progressão geométrica com o primeiro termo e razão iguais a $\sqrt{5}$, é correto afirmar:

(Indique a soma correspondente às alternativas corretas.)

(01) O número real $5^{61}\sqrt{5}$ é o termo de ordem 122 da sequência dos raios.

(02) O termo geral da sequência dos raios pode ser escrito como $r_k = 5^{\frac{k}{2}}$.

(04) Considerando-se apenas os termos de ordem par da sequência dos raios, obtém-se uma progressão geométrica de razão 5, em que todos os termos são números inteiros positivos.

(08) A sequência formada pelas alturas dos cilindros é uma progressão geométrica de razão $\frac{1}{5}$.

(16) Sendo o volume dos cilindros igual a $\pi\sqrt{20}$ cm^3, a área total do primeiro cilindro, expressa em cm^2, é um número menor que 42.

11. (Enem) A figura ao lado mostra um reservatório de água na forma de um cilindro circular reto, com 6 m de altura. Quando está completamente cheio, o reservatório é suficiente para abastecer, por um dia, 900 casas cujo consumo médio diário é de 500 litros de água.

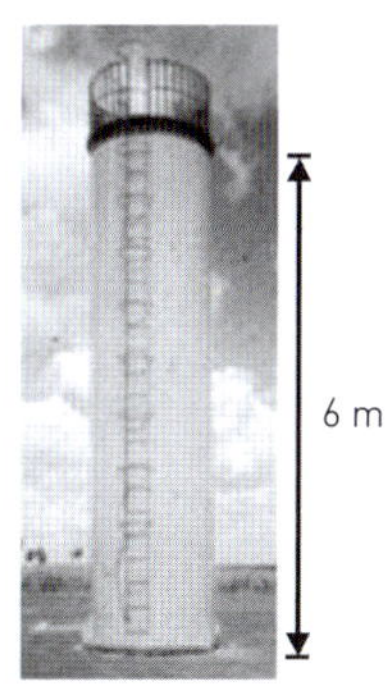

Reprodução/ Enem, 2008

Suponha que, um certo dia, após uma campanha de conscientização do uso da água, os moradores das 900 casas abastecidas por esse reservatório tenham feito economia de 10% no consumo de água. Nessa situação:

a) a quantidade de água economizada foi de 4,5 m^3.
b) a altura do nível da água que sobrou no reservatório, no final do dia, foi igual a 60 cm.
c) a quantidade de água economizada seria suficiente para abastecer, no máximo, 90 casas cujo consumo diário fosse de 450 litros.
d) os moradores dessas casas economizariam mais de R$ 200,00, se o custo de 1 m^3 de água para o consumidor fosse igual a R$ 2,50.
e) um reservatório de mesma forma e altura, mas com raio da base 10% menor que o representado, teria água suficiente para abastecer todas as casas.

12. (Unifor-CE) Um posto de combustível inaugurado recentemente em Fortaleza usa tanque subterrâneo que tem a forma de um cilindro circular na posição vertical, como mostra a figura abaixo. O tanque está completamente cheio com 42 m^3 de gasolina e 30 m^3 de álcool. Considerando que a altura do tanque é de 12 metros, a altura da camada de gasolina é:

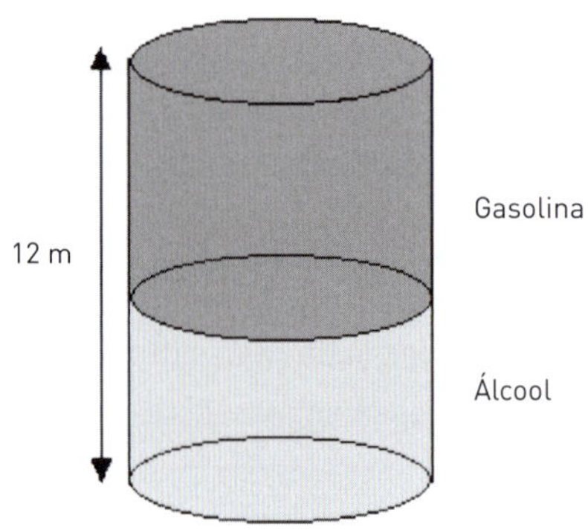

Reprodução/ Unifor, 2014

a) 6 m
b) 7 m
c) 8 m
d) 9 m
e) 10 m

13. (UEMG) Uma empresa de produtos de limpeza deseja fabricar uma embalagem com tampa para seu produto. Foram apresentados dois tipos de embalagens com volumes iguais. A primeira é um cilindro de raio da base igual a 2 cm e altura igual a 10 cm; e a segunda, um paralelepípedo de dimensões iguais a 4 cm, 5 cm e 6 cm. O metro quadrado do material utilizado na fabricação das embalagens custa R$ 25,00.
Considerando-se $\pi \simeq 3$, o valor da embalagem que terá o menor custo será:

a) R$ 0,36
b) R$ 0,27
c) R$ 0,54
d) R$ 0,41

14. (Enem) Para construir uma manilha de esgoto, um cilindro com 2 m de diâmetro e 4 m de altura (de espessura desprezível) foi envolvido homogeneamente por uma camada de concreto, contendo 20 cm de espessura.
Supondo que cada metro cúbico de concreto custe R$ 10,00 e tomando 3,1 como valor aproximado de π, então o preço dessa manilha é igual a:

a) R$ 230,40
b) R$ 124,00
c) R$ 104,16
d) R$ 54,56
e) R$ 49,50

15. (Ufam) Maria ganhou um vidro de perfume no formato de um cilindro de 5 cm de raio da base e 10 cm de altura. Depois de um mês usando o perfume restou 0,25 L no vidro. Então, a fração que representa o volume que Maria já usou é:

a) $\dfrac{\pi - 1}{\pi}$
b) π
c) $\dfrac{\pi}{\pi - 1}$
d) $\dfrac{2\pi}{\pi - 1}$
e) $\dfrac{\pi - 1}{5\pi}$

16. (Unifesp) A figura indica algumas das dimensões de um bloco de concreto formado a partir de um cilindro circular oblíquo, com uma base no solo, e de um semicilindro.

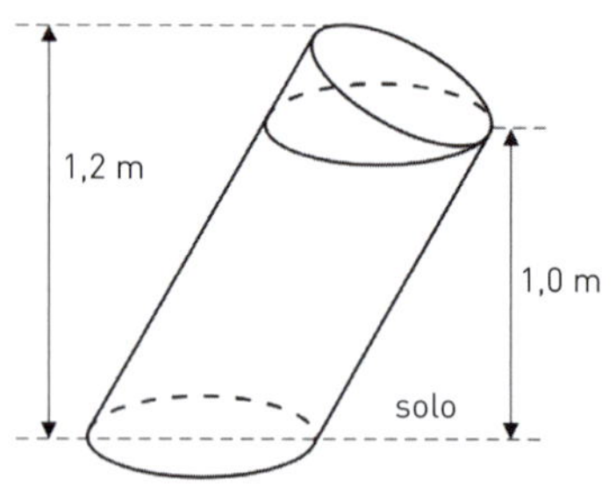

Reprodução/ Unifesp, 2006

Dado que o raio da circunferência da base do cilindro oblíquo mede 10 cm, o volume do bloco de concreto, em cm^3, é:

a) $11\,000\pi$
b) $10\,000\pi$
c) $5\,500\pi$
d) $5\,000\pi$
e) 1100π

17. (FICSAE-SP) Sobre uma artéria média, sabe-se que o diâmetro externo de uma seção reta e a espessura da parede medem 0,04 dm e 1 mm, respectivamente. Considerando que uma seção reta dessa artéria, obtida por dois cortes transversais distantes 1,5 cm um do outro, tem a forma de um cilindro circular reto, quantos mililitros de sangue ela deve comportar, em relação ao seu diâmetro interno? (Considere a aproximação: $\pi = 3$)

a) 0,018
b) 0,045
c) 0,18
d) 0,45

18. (FGV-SP) Determinada marca de ervilhas vende o produto em embalagens com a forma de cilindros circulares retos. Uma delas tem raio da base 4 cm. A outra é uma ampliação perfeita da embalagem menor, com raio da base 5 cm. O preço do produto vendido na embalagem menor é de R$ 2,00. A embalagem maior dá um desconto, por mL de ervilha, de 10% em relação ao preço por mL de ervilha da embalagem menor.

Nas condições dadas, o preço do produto na embalagem maior é de, aproximadamente:

a) R$ 3,51
b) R$ 3,26
c) R$ 3,12
d) R$ 2,81
e) R$ 2,25

19. (Enem) O índice pluviométrico é utilizado para mensurar a precipitação da água da chuva, em milímetros, em determinado período de tempo. Seu cálculo é feito de acordo com o nível de água da chuva acumulada em 1 m^2, ou seja, se o índice for de 10 mm, significa que a altura do nível de água acumulada em um tanque aberto, em formato de um cubo com 1 m^2 de área de base, é de 10 mm. Em uma região, após um forte temporal, verificou-se que a quantidade de chuva acumulada em uma lata de formato cilíndrico, com raio 300 mm e altura 1 200 mm, era de um terço da sua capacidade.

Utilize 3,0 como aproximação para π.

O índice pluviométrico da região, durante o período do temporal, em milímetros, é de

a) 10,8.
b) 12,0.
c) 32,4.
d) 108,0.
e) 324,0.

20. (Ufscar-SP) Retirando-se um semicilindro de um paralelepípedo retorretângulo, obtivemos um sólido cujas fotografias, em vista frontal e vista superior, estão indicadas nas figuras.

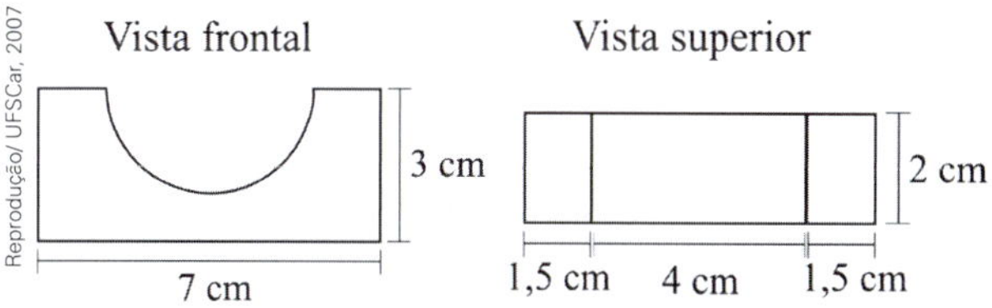

Reprodução/ UFSCar, 2007

Se a escala das medidas indicadas na fotografia é 1 : 100, o volume do sólido fotografado, em m^3, é igual a:

a) $2(14 + 2\pi)$
b) $2(14 + \pi)$
c) $2(14 - \pi)$
d) $2(21 - \pi)$
e) $2(21 - 2\pi)$

21. (Fuvest-SP) Uma empresa de construção dispõe de 117 blocos de tipo **X** e 145 blocos de tipo **Y**. Esses blocos têm as seguintes características: todos são cilindros retos, o bloco **X** tem 120 cm de altura e o bloco **Y** tem 150 cm de altura.

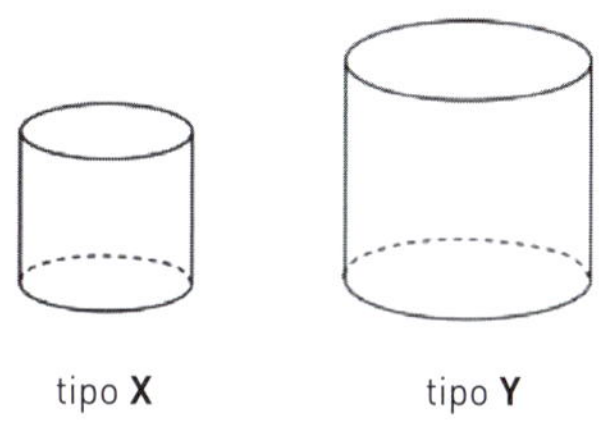

Reprodução/ Fuvest, 2007

A empresa foi contratada para edificar colunas, sob as seguintes condições: cada coluna deve ser construída sobrepondo blocos de um mesmo tipo e todas elas devem ter a mesma altura. Com o material disponível, o número máximo de colunas que podem ser construídas é de:

a) 55
b) 56
c) 57
d) 58
e) 59

22. (Uerj) Um cilindro circular reto possui diâmetro AB de 4 cm e altura AA' de 10 cm. O plano α, perpendicular à seção meridiana ABB'A', que passa pelos pontos **B** e **A'** das bases, divide o cilindro em duas partes, conforme ilustra a imagem.

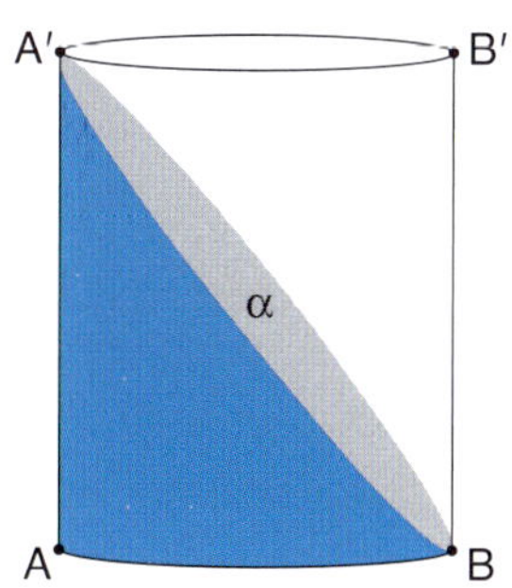

Reprodução/ Uerj, 2016

O volume da parte do cilindro compreendida entre α e a base inferior, em cm^3, é igual a:

a) 8π

b) 12π

c) 16π

d) 20π

(Insper-SP) Leia o texto a seguir para responder às questões de números 23 e 24.

Quanto custa uma medalha de ouro – e por que as da Olimpíada Rio 2016 são diferentes?

Os organizadores dos Jogos Olímpicos de 2016 encomendaram 2 488 medalhas para recompensar seus atletas, das quais 812 são de ouro.

Mas quanto vale uma medalha de ouro da Rio 2016?

Elas pesam 500 gramas e seu valor, calculado com base na sua composição, é de US$ 600, de acordo com estimativas do Conselho Mundial de Ouro.

As últimas medalhas douradas feitas inteiramente de ouro foram entregues nos Jogos Olímpicos de 1912.

(http://www.bbc.com/portuguese/brasil-37016908. Adaptado).

23. As medalhas de ouro dos Jogos Olímpicos de 2016 foram feitas por uma liga de outros metais, além do ouro. Considerando que, no cálculo apresentado na reportagem, o valor do grama do ouro era de R$ 140,00, o valor do grama da liga de outros metais era de R$ 2,10 e a cotação do dólar era de R$ 3,20, o percentual de ouro presente na medalha está entre

a) 2,0% e 2,5%.

b) 0,0% e 0,5%.

c) 5,0% e 5,5%.

d) 1,0% e 1,5%.

e) 6,0% e 6,5%.

24. A medalha de ouro olímpica de 1912 foi uma das menores da história dos jogos. Considere, a fim de simplificar os cálculos, que as medalhas eram lisas e tinham o formato de um cilindro reto com 33 mm de diâmetro e 12 mm de espessura. Dado que a densidade do ouro é de 19,3 g/mL, a razão entre o "peso" das medalhas olímpicas de 1912 e de 2016 é, aproximadamente,

a) $\frac{1}{4}$

b) $\frac{2}{5}$

c) $\frac{1}{2}$

d) $\frac{3}{4}$

e) $\frac{4}{5}$

25. (Fuvest-SP) A grafite de um lápis tem 15 cm de comprimento e 2 mm de espessura. Dentre os valores abaixo, o que mais se aproxima do número de átomos presentes nessa grafite é:

a) $5 \cdot 10^{23}$

b) $1 \cdot 10^{23}$

c) $5 \cdot 10^{22}$

d) $1 \cdot 10^{22}$

e) $5 \cdot 10^{21}$

Nota:

1. Assuma que a grafite é um cilindro circular reto, feito de grafita pura. A espessura da grafite é o diâmetro da base do cilindro.
2. Adote os valores aproximados de:
   $2{,}2\ g/cm^3$ para a densidade de grafita;
   12 g/mol para a massa molar do carbono;
   $6{,}0 \cdot 10^{23}\ mol^{-1}$ para a constante de Avogadro.

26. (FGV-SP) Inclinando-se em 45° um copo cilíndrico reto de altura 15 cm e raio da base 3,6 cm, derrama-se parte do líquido que completava totalmente o copo, conforme indica a figura.

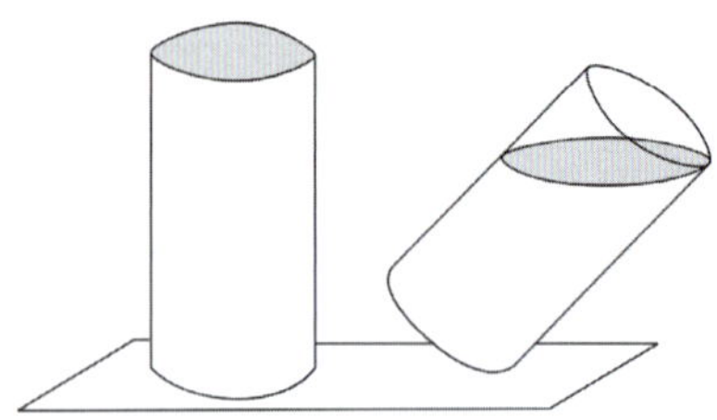

Reprodução/ FGV, 2007

Admitindo-se que o copo tenha sido inclinado com movimento suave em relação à situação inicial, a menor quantidade de líquido derramada corresponde a um percentual do líquido contido inicialmente no copo de:

a) 48%

b) 36%

c) 28%

d) 24%

e) 18%

CAPÍTULO

17

Cone

Luiz Souza/Shutterstock

Os cones, assunto deste capítulo, não são tão comuns na arquitetura quanto outros sólidos geométricos. Na fotografia, podemos ver como a Catedral Metropolitana de São Sebastião do Rio de Janeiro (RJ) se destaca dos outros prédios ao seu redor. No subsolo dessa construção do arquiteto Edgar de Oliveira da Fonseca encontra-se também o Museu de Arte Sacra do Rio de Janeiro.

Os objetos e alimentos abaixo podem ser encontrados em nosso dia a dia. Todos se assemelham à forma geométrica chamada **cone**, que vamos estudar neste capítulo.

Thinkstock/Getty Images

sorvete

AUSÊNCIA DE PROPORÇÃO

Thinkstock/Getty Images

chapéu de festa

Thinkstock/Getty Images

temaki

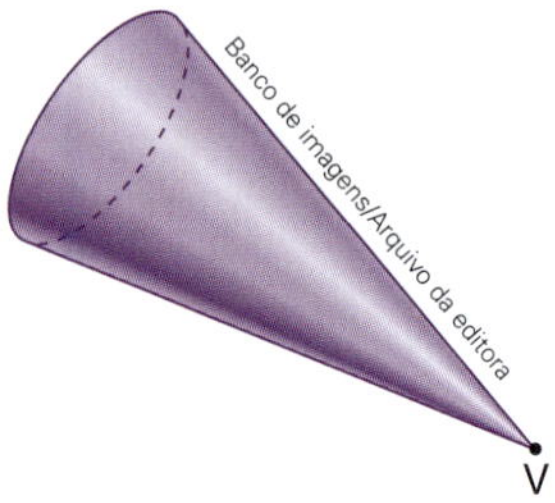

Observe a figura ao lado.

Ela apresenta as seguintes características:

- uma superfície circular, que chamaremos **base**;
- um ponto em **V**, que chamaremos **vértice**;
- uma superfície lateral constituída por todos os segmentos de reta que têm uma extremidade na circunferência do círculo da base e a outra extremidade no ponto **V**.

Essa figura tem a forma de um sólido chamado **cone**.

Consideremos um círculo de centro **O** e raio de medida **r**, contido em um plano α, e um ponto **V** não pertencente a α.

Chama-se **cone circular**, ou apenas cone, a reunião dos segmentos com uma extremidade em **V** e a outra em um ponto do círculo.

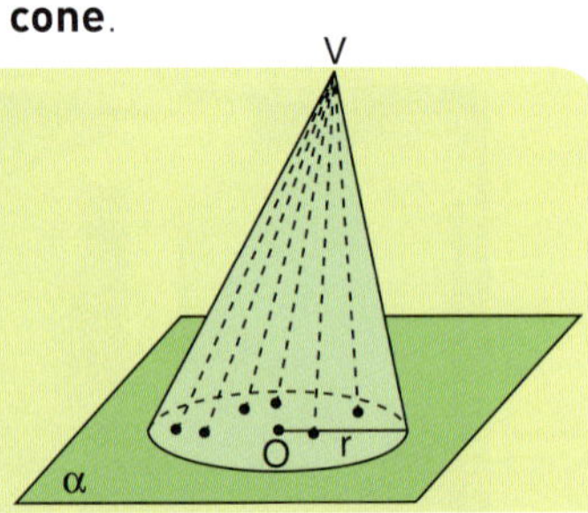

Elementos e classificação dos cones

Observe a seguir os elementos do cone, exemplificados na imagem ao lado.

- O ponto **V** é o **vértice** do cone.
- O círculo de centro **O** e raio de medida **r** é a **base** do cone.
- Cada segmento com uma extremidade em **V** e a outra em um ponto da circunferência da base é uma **geratriz** do cone.
- A distância do vértice ao plano da base é a **altura** do cone.

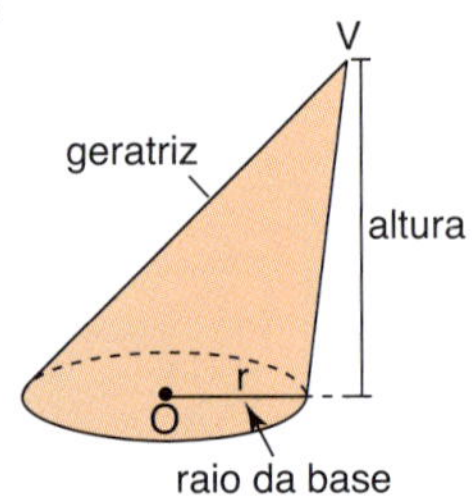

Quanto à inclinação da reta $\overleftrightarrow{VO}$ em relação ao plano da base, um cone classifica-se em:

- **cone oblíquo**, se a reta $\overleftrightarrow{VO}$ é oblíqua ao plano da base;

OBSERVAÇÃO

Note que, em um cone oblíquo, as geratrizes não são congruentes.

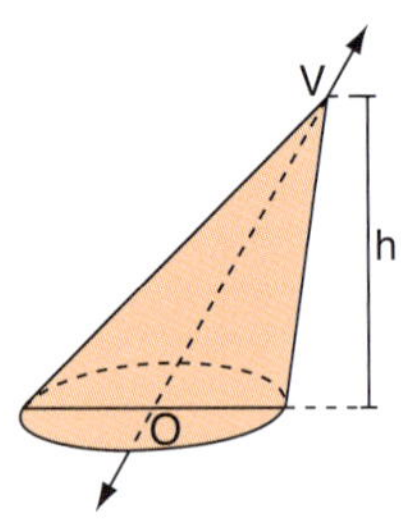

cone oblíquo

- **cone reto**, se a reta $\overleftrightarrow{VO}$ é perpendicular ao plano da base. Nesse caso, a medida de $\overline{VO}$ é a altura do cone.

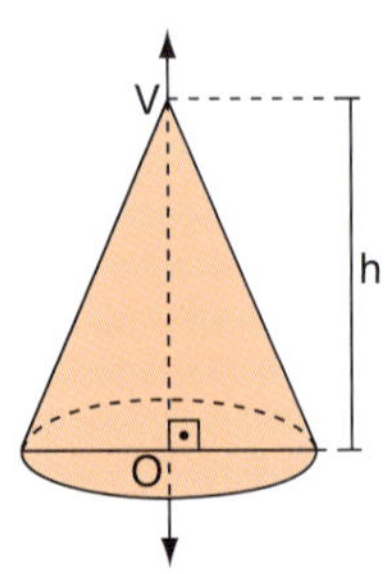

cone reto

OBSERVAÇÃO

O cone circular reto é também chamado de **cone de revolução**, pelo fato de ser gerado pela rotação de um triângulo retângulo em torno de um de seus catetos.

Observe que em um cone de revolução vale a relação:

$$r^2 + h^2 = g^2$$

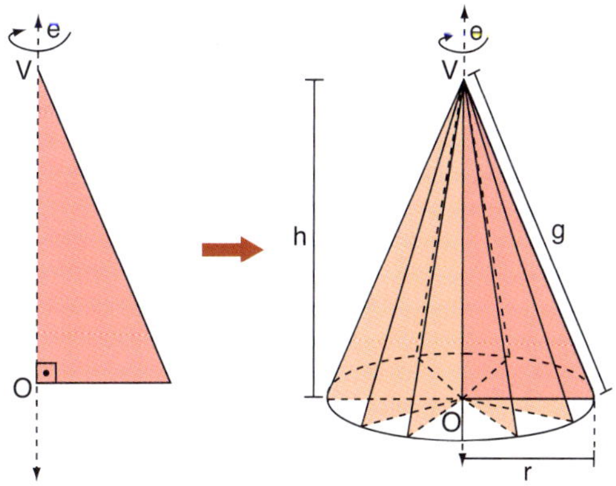

Ilustrações: Banco de imagens/Arquivo da editora

Áreas do cone circular reto

Área da base (A_b)

A base do cone é um círculo de raio de medida **r**, então a **área da base** é:

$$A_b = \pi \cdot r^2$$

Área lateral (A_ℓ)

Área lateral é a área de um setor circular cujo raio mede **g** (medida da geratriz do cone) e cujo comprimento do arco é $2\pi r$ (perímetro da base).

A área lateral pode ser visualizada se planificarmos a superfície lateral do cone. Veja:

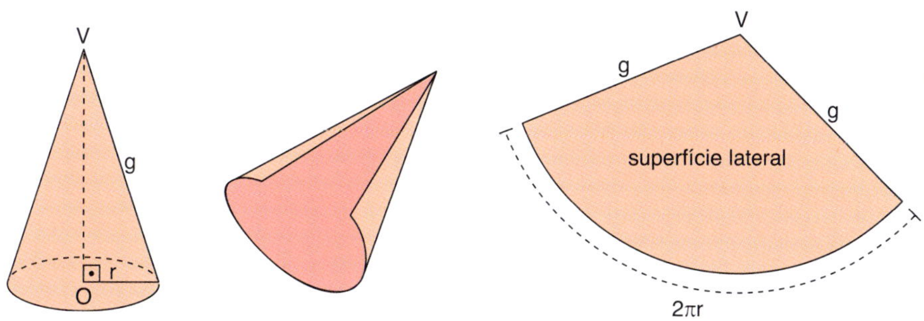

Ilustrações: Banco de imagens/Arquivo da editora

A área do setor circular de raio de medida **g** e comprimento de arco $2\pi r$, isto é, a área lateral $\mathbf{A_\ell}$, pode ser obtida por uma regra de três:

comprimento do arco	área do setor
$2\pi g$	πg^2
$2\pi r$	A_ℓ

Então:

$$A_\ell = \frac{(\pi g^2) \cdot (2\pi r)}{2\pi g} \Rightarrow A_\ell = \pi \cdot r \cdot g$$

Área total (A_t)

A superfície total de um cone é a reunião da superfície lateral com o círculo da base. Assim, a **área total** do cone é dada por:

$$A_t = A_\ell + A_b$$

Ilustrações: CJT/Zapt/Arquivo da editora

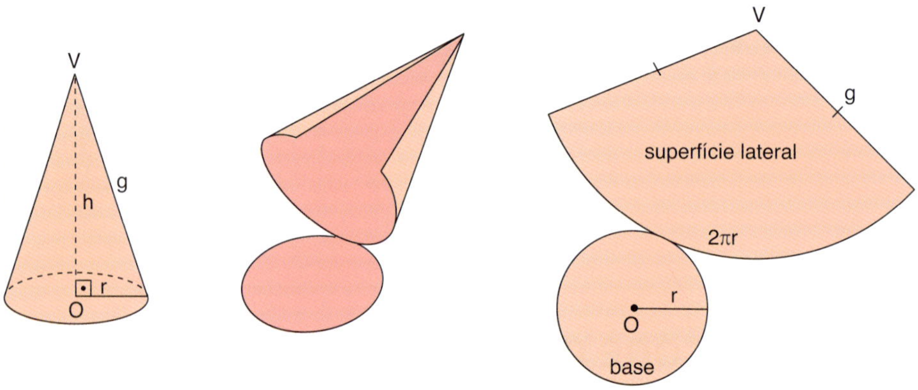

Substituindo $A_\ell = \pi \cdot r \cdot g$ e $A_b = \pi \cdot r^2$, temos:

$$A_t = \pi rg + \pi r^2 \Rightarrow A_t = \pi \cdot r \cdot (g + r)$$

Volume (V) do cone

Consideremos um cone de altura de medida **h** e base circular com área **B**. Consideremos também um tetraedro cuja altura mede **h** e cuja base tem área **B**. Note que o cone e o tetraedro têm alturas congruentes e bases equivalentes.

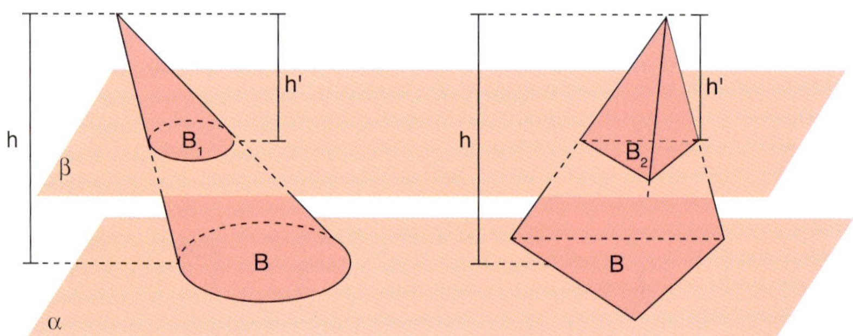

Banco de imagens/Arquivo da editora

Suponhamos que os dois sólidos tenham as bases contidas em um mesmo plano α e que seus vértices estejam no mesmo semiespaço de origem α. Qualquer plano β paralelo a α que secione o cone a uma distância **h'** do vértice também seciona o tetraedro à mesma distância **h'** do vértice.

A seção do cone pelo plano β é um círculo de área $\mathbf{B_1}$. Como os dois cones obtidos são semelhantes, temos:

$$\frac{B_1}{B} = \left(\frac{h'}{h}\right)^2 \quad (1)$$

A seção do tetraedro pelo plano β é um triângulo de área $\mathbf{B_2}$. Como os dois tetraedros são semelhantes, temos:

$$\frac{B_2}{B} = \left(\frac{h'}{h}\right)^2 \quad (2)$$

De ① e ②, resulta:

$$\frac{B_1}{B} = \frac{B_2}{B}$$

e, então, $B_1 = B_2$. Logo, as seções obtidas são equivalentes e, pelo princípio de Cavalieri, o cone e o tetraedro têm volumes iguais.

$$V_{cone} = V_{tetraedro}$$

Como $V_{tetraedro} = \frac{1}{3} \cdot B \cdot h$, então o volume de um cone é igual a $\frac{1}{3}$ do produto da área da base pela medida da altura:

$$V_{cone} = \frac{1}{3} \cdot A_b \cdot h$$

Como $A_b = \pi r^2$, temos:

$$V = \frac{1}{3} \cdot \pi \cdot r^2 \cdot h$$

Exercícios resolvidos

1. Uma casquinha de sorvete tem a forma de um cone reto em que a geratriz mede 7,5 cm e o raio da base mede 2,5 cm. Determine seu volume, considerando $\sqrt{2} \simeq 1,4$ e $\pi \simeq \frac{22}{7}$.

Solução:

Determinemos a altura **h** da casquinha, vista no esquema ao lado.

No $\triangle AVO$, retângulo em **O**, temos: $h^2 = (7,5 \text{ cm})^2 - (2,5 \text{ cm})^2 \Rightarrow$

$\Rightarrow h^2 = 50 \text{ cm}^2 \Rightarrow h = 5\sqrt{2} \text{ cm} \Rightarrow h \simeq 7 \text{ cm}$

Logo:

$$V = \frac{1}{3} \cdot \pi \cdot r^2 \cdot h \Rightarrow V = \frac{1}{3} \cdot \frac{22}{7} \cdot 6,25 \text{ cm}^2 \cdot 7 \text{ cm} \Rightarrow$$

$$\Rightarrow V \simeq 45,8 \text{ cm}^3$$

Portanto, o volume aproximado da casquinha de sorvete é $45,8 \text{ cm}^3$, ou seja, 45,8 mL.

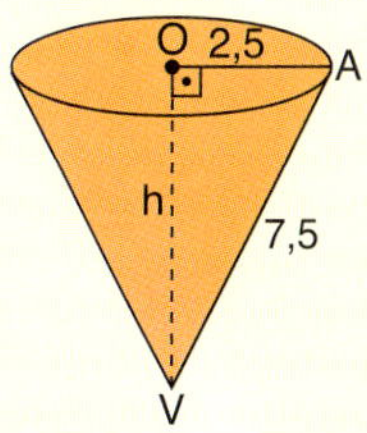

Banco de imagens/Arquivo da editora

Thinkstock/Getty Images

2. Quais são as medidas do raio e da altura de um cone de revolução cuja planificação da superfície lateral é um setor circular de 120° e 6 cm de raio?

Solução:

- Área lateral

  A área lateral é a área do setor. Então:

$$\left.\begin{matrix} 360° — \pi \cdot 6^2 \\ 120° — A_\ell \end{matrix}\right\} \Rightarrow A_\ell = \frac{120°}{360°} \cdot \pi \cdot (6 \text{ cm})^2 \Rightarrow$$

$$\Rightarrow A_\ell = 12\pi \text{ cm}^2$$

- Cálculo de **r** e de **h**

  Como $A_\ell = \pi \cdot r \cdot g$ e $g = 6$ cm, temos:

$$12\pi \text{ cm}^2 = \pi \cdot r \cdot 6 \text{ cm} \Rightarrow r = 2 \text{ cm}$$

  Como $r^2 + h^2 = g^2$, temos:

$$(2 \text{ cm})^2 + h^2 = (6 \text{ cm})^2 \Rightarrow h^2 = 32 \text{ cm}^2 \Rightarrow h = 4\sqrt{2} \text{ cm}$$

  Logo, o cone tem $4\sqrt{2}$ cm de altura e o raio da base mede 2 cm.

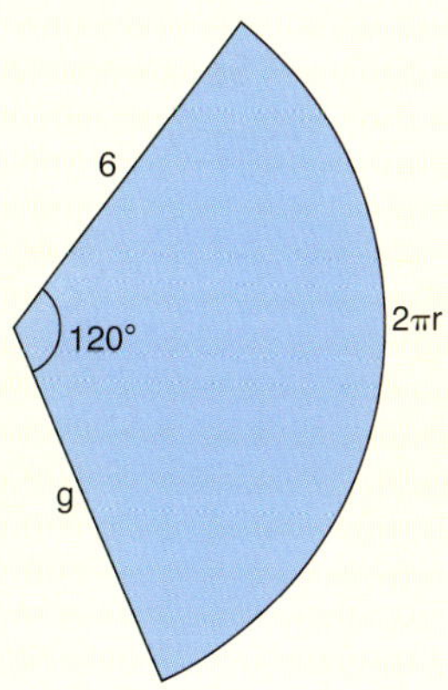

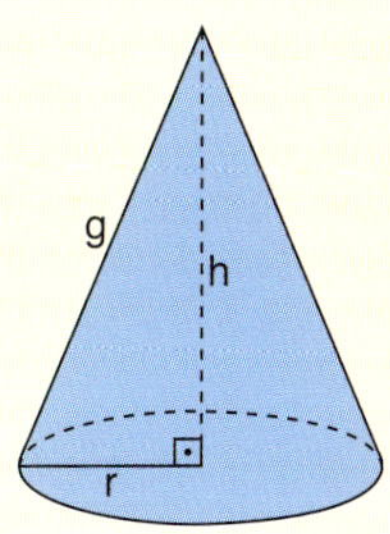

Ilustrações: Banco de imagens/Arquivo da editora

3. Um reservatório tem a forma de um cone circular reto invertido com raio de medida R = 3 m e altura de medida H = 4 m. Ele está preenchido com água até metade da sua altura, como ilustra a figura ao lado. Qual é o volume do reservatório? Que volume de água ele contém?

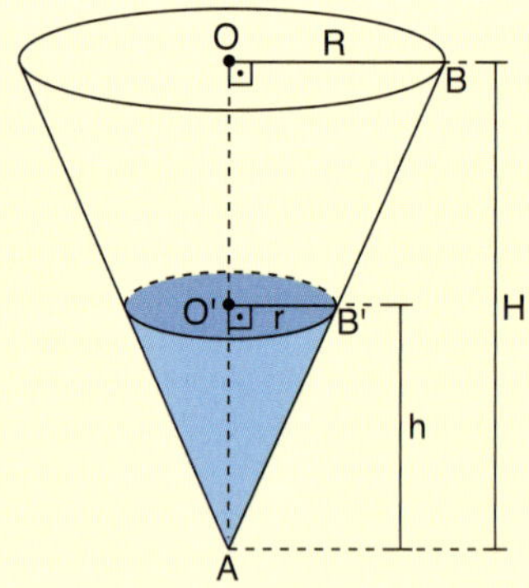

Banco de imagens/Arquivo da editora

Solução:

- Volume do reservatório

$$V = \frac{\pi \cdot R^2 \cdot H}{3} = \frac{\pi \cdot (3\ m)^2 \cdot (4\ m)}{3} \Rightarrow V = 12\pi\ m^3$$

Logo, o volume do reservatório é $12\pi\ m^3$.

- Cone de água

Sabemos que $h = \frac{H}{2} = 2$ m.

Como:

$$\triangle OAB \sim \triangle O'AB' \Rightarrow \frac{OB}{O'B'} = \frac{OA}{O'A} \Rightarrow \frac{R}{r} = \frac{H}{h} \Rightarrow \frac{R}{r} = 2$$

então:

$$r = \frac{R}{2} = 1{,}5\ m$$

- Volume de água

$$V = \frac{\pi \cdot r^2 \cdot h}{3} = \frac{\pi \cdot (1{,}5\ m)^2 \cdot 2}{3} \Rightarrow V = 1{,}5\pi\ m^3$$

Portanto, o volume de água contido no reservatório é $1{,}5\pi\ m^3$.

OBSERVAÇÃO

Se o reservatório em forma de cone está preenchido com água até metade de sua altura, então o volume dessa água corresponde a $\frac{1}{8}$ do volume do reservatório. Observe que $\frac{1{,}5\pi}{12\pi} = \frac{1}{8}$. De fato, como os dois cones, representados pelo reservatório e pela água em seu interior, são sólidos semelhantes, temos:

$H = 2h \Rightarrow \frac{h}{H} = \frac{1}{2}$ (razão de semelhança). Logo, $\frac{v}{V} = \left(\frac{1}{2}\right)^3 = \frac{1}{8}$

Seção meridiana e cone equilátero

Sejam **V** o vértice de um cone e **O** o centro de seu círculo da base.

Seção meridiana de um cone é a interseção dele com um plano que contém o segmento $\overline{VO}$. A seção meridiana de um cone reto é um triângulo isósceles.

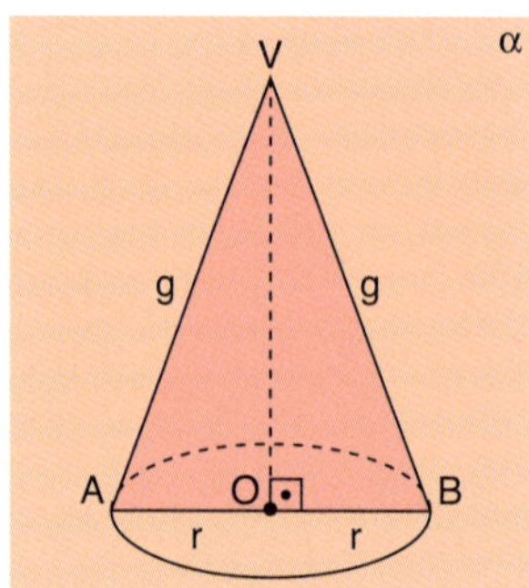

cone reto

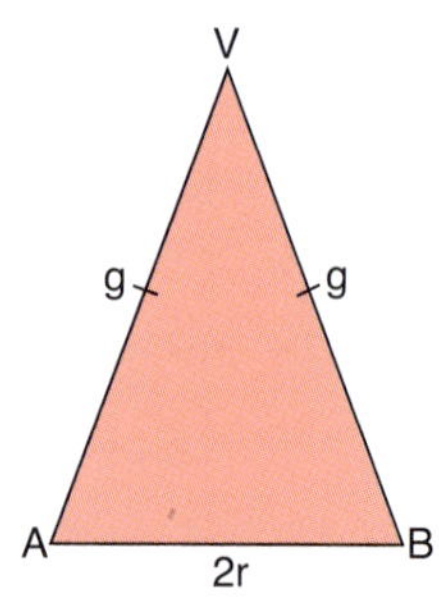

seção meridiana

Ilustrações: Banco de imagens/Arquivo da editora

Cone equilátero é um cone reto cuja seção meridiana é um triângulo equilátero.

Em um cone equilátero, g = 2r.

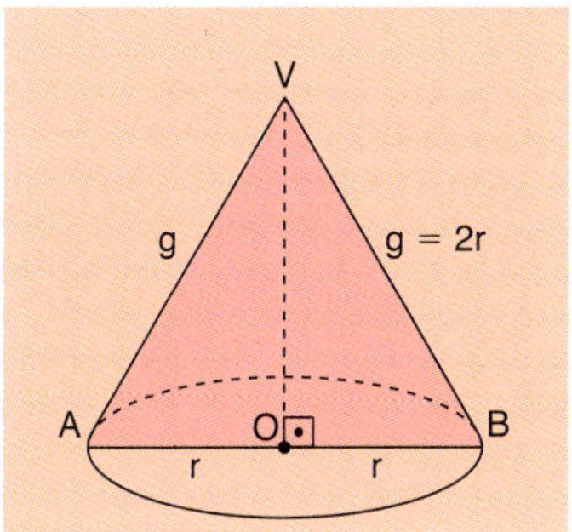

cone equilátero

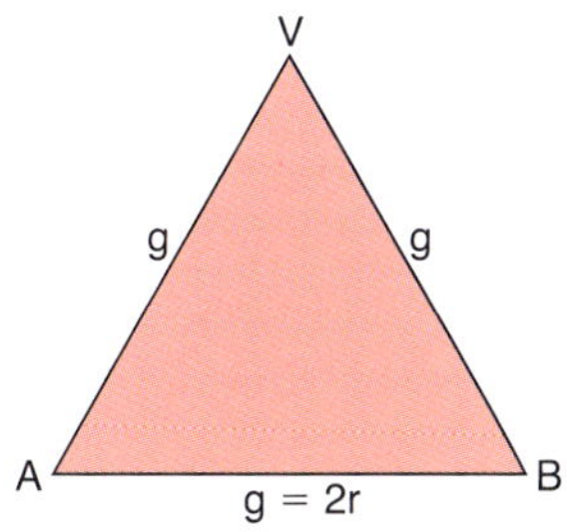

seção meridiana

OBSERVAÇÃO

Ao planificarmos a superfície lateral de um cone equilátero, a medida do ângulo do setor obtido é 180°.

Se θ é a medida do ângulo do setor de raio **g**, temos:

$$\begin{matrix} \text{ângulo} & \text{comprimento do arco} \\ 360° & 2\pi \cdot g \\ \theta & 2\pi \cdot r \end{matrix} \Rightarrow \theta = 360° \cdot \frac{r}{g} \xRightarrow{g = 2r} \theta = 180°$$

EXEMPLO 1

Vejamos como obter a área lateral $\mathbf{A_\ell}$, a área total $\mathbf{A_t}$ e o volume **V** de um cone equilátero de raio 4 cm.

- Área lateral

$$\left.\begin{matrix} A_\ell = \pi \cdot r \cdot g \\ g = 2r \end{matrix}\right\} \Rightarrow A_\ell = \pi \cdot r \cdot 2r = 2\pi \cdot r^2 \Rightarrow A_\ell = 2\pi \cdot 4^2 \Rightarrow A_\ell = 32\pi$$

Logo, a área lateral desse cone equilátero é 32π cm^2.

- Área total

$$\left.\begin{matrix} A_t = A_\ell + A_b \\ A_b = \pi \cdot r^2 \end{matrix}\right\} \Rightarrow A_t = 32\pi + \pi \cdot r^2 \Rightarrow A_t = 32\pi + \pi \cdot 4^2 \Rightarrow A_t = 48\pi$$

Portanto, a área total desse cone equilátero é 48π cm^2.

- Volume

$$V = \frac{1}{3} \cdot \pi \cdot r^2 \cdot h$$

Vejamos agora como calcular a altura **h**:

$$h^2 + r^2 = g^2 \Rightarrow h^2 = (2r)^2 - r^2 \Rightarrow h^2 = 3r^2 \Rightarrow h = r\sqrt{3} \Rightarrow h = 4\sqrt{3}$$

Logo:

$$V = \frac{1}{3} \cdot A_b \cdot h \Rightarrow V = \frac{1}{3} \cdot \pi \cdot 4^2 \cdot 4\sqrt{3} \Rightarrow V = \frac{64\pi\sqrt{3}}{3}$$

Portanto, o volume desse cone equilátero é $\frac{64\pi\sqrt{3}}{3}$ cm^3.

Exercícios

1. Calcule o volume do cone cujo raio da base mede 4 cm e cuja altura mede 5 cm.

2. Determine a área da base de um cone de revolução de 6 cm de altura cujo volume é 128π cm^3.

3. Um cone circular reto tem 20 dm de altura e sua geratriz mede 25 dm. Determine a área total e o volume desse cone.

4. Em alguns comércios, encontramos "guarda-chuvas" de chocolate, como o da figura a seguir.

experienciagastronomica.wordpress.com

Considere que cada guarda-chuva tem o formato de um cone circular reto com 4 cm de diâmetro da base e 6 cm de altura. Sabendo que a densidade do cacau usado na fabricação desse chocolate é de 1,05 g/cm^3, determine a massa de cacau, em quilogramas, necessária para preparar 2 500 desses cones. Use $\pi \simeq 3{,}1$.

5. Calcule a área lateral, a área total e o volume de cada um dos sólidos, cujas medidas estão indicadas.

a) cone equilátero

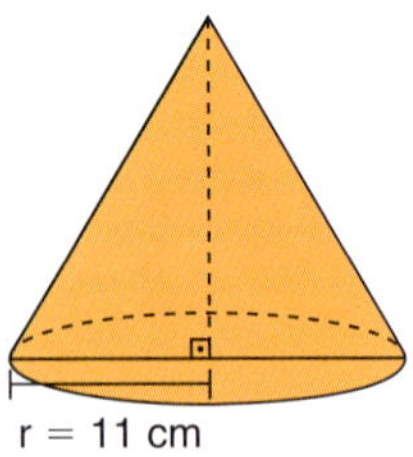

b) cone reto

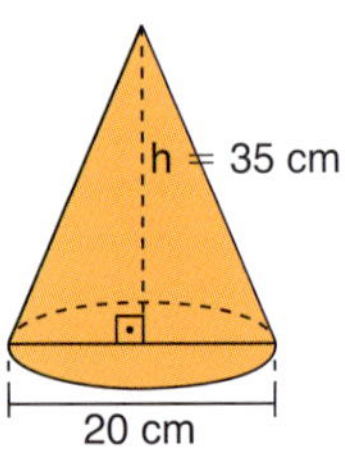

c) semicone

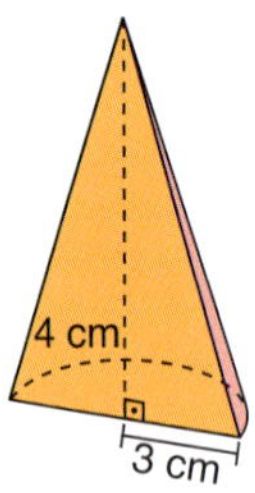

Ilustrações: Banco de imagens/Arquivo da editora

6. Dona Charlote produz sobremesas para eventos como casamentos e aniversários. Para produzir uma musse de maracujá, ela utilizou um recipiente cilíndrico cujas medidas internas do diâmetro e da altura são, respectivamente, 0,4 m e 0,8 m. Depois distribuiu a musse em copos com formato cônico invertido com 8 cm de medida do diâmetro, 18 cm de medida da altura e espessura desprezível. Considerando que o recipiente que dona Charlote utilizou estava completamente cheio, determine o número mínimo de copos de formato cônico necessários para fazer a transferência de toda a musse.

7. Sabe-se que a seção meridiana de um cone circular reto é um triângulo isósceles de área igual a 36 cm^2. Se esse cone tem 15 cm de altura, qual é o seu volume?

8. A ampulheta é um instrumento constituído de dois vasos cônicos idênticos que se comunicam pelos vértices e é usada para medir o tempo mediante a passagem de certa quantidade de areia finíssima do vaso superior para o inferior.
Considerando que a ampulheta mostrada na figura abaixo está inscrita em uma estrutura semelhante a um cilindro de 12 cm de altura e cujo diâmetro da base mede 8 cm, calcule o volume de ar existente no espaço compreendido entre o cilindro e os dois cones.

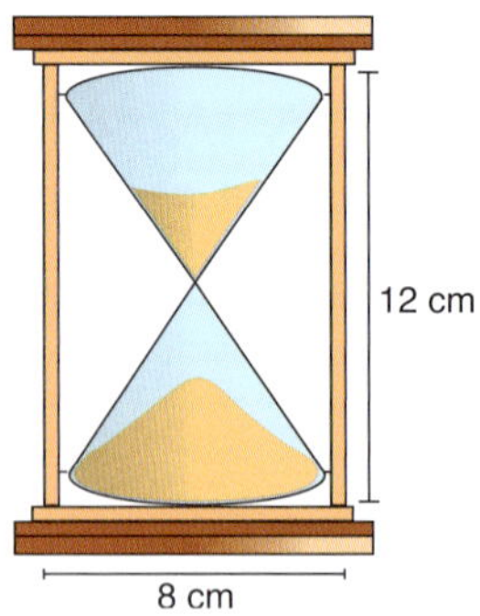

CJT/Zapt/Arquivo da editora

9. Qual é a medida do ângulo central de um setor circular obtido pela planificação da superfície lateral de um cone cuja geratriz mede 18 cm e o raio da base mede 3 cm?

10. Seja o triângulo retângulo cujos catetos medem 9 dm e 12 dm. Em cada caso seguinte, determine o volume do sólido gerado pela rotação desse triângulo, em torno:

a) do cateto menor;

b) do cateto maior.

11. Um setor circular foi recortado de uma cartolina, de modo que o arco $\widehat{AB}$ desse setor mede 120° e tem comprimento igual a $\frac{10\pi}{3}$ cm.

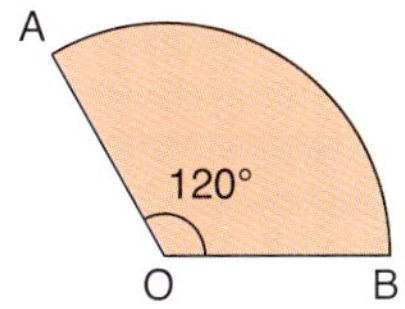

Banco de imagens/Arquivo da editora

Fazendo-se coincidir os pontos **A** e **B**, obtém-se a superfície lateral de um modelo de cone reto de vértice **O**. Qual é o volume desse cone?

12. O chapéu do bruxo mostrado na figura lembra a superfície lateral de um cone de revolução de 12 cm de altura e 100π cm^3 de volume. Se ele é feito de cartolina, quanto desse material foi usado na sua confecção?

Graphorama

13. Para uma festa infantil do dia das bruxas foram encomendados 120 chapéus de bruxa idênticos, cada um confeccionado a partir de um semicírculo de 56 cm de diâmetro. Use $\pi \simeq 3$.

a) Que altura terá cada chapéu?

b) Sabendo que os semicírculos são recortados a partir de folhas quadradas de papel-cartão, cada uma com 56 cm de lado, determine a quantidade mínima, em metros quadrados, do material desperdiçado na confecção dos chapéus.

14. Em uma festa de casamento, serviram-se bebidas em taças em forma de cone reto, com base de diâmetro 4 cm e geratriz de medida $\sqrt{53}$ cm. Determine quantos litros de bebida foram necessários para encher as 600 taças que foram servidas nessa festa. Considere $\pi \simeq \frac{22}{7}$.

15. Sabe-se que a cúpula da barraca mostrada na figura tem a forma de um cone circular reto de 1,5 m de altura, no qual as medidas da geratriz e do raio da base somam 4,5 m. Determine a área da parte dessa barraca que fica exposta ao sol do meio-dia.

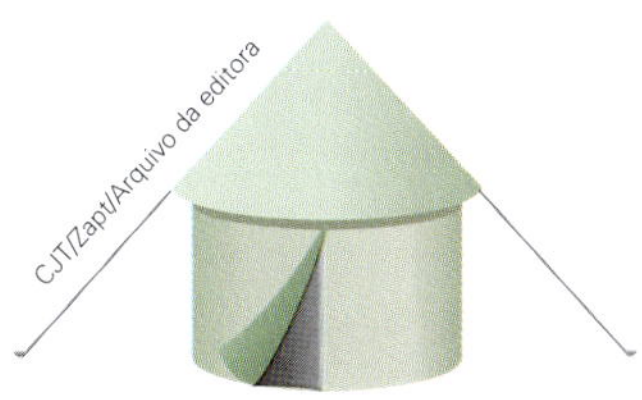
CJT/Zapt/Arquivo da editora

16. Girando-se o quadrilátero ABCD em torno do eixo **y**, obtemos um sólido cujo volume é $\frac{275\pi}{3}$ u.v. (unidades de medida de volume).

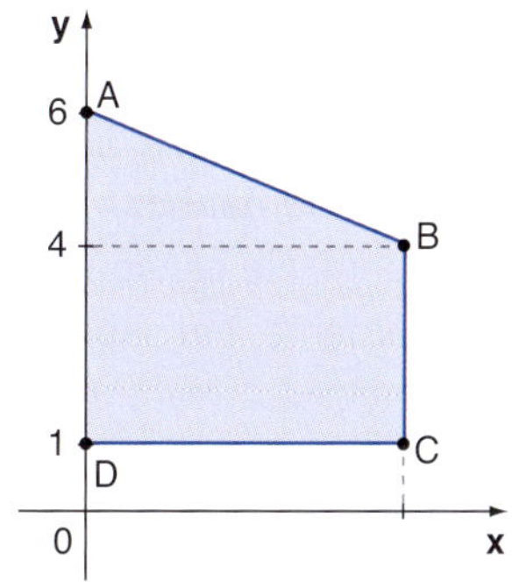

Banco de imagens/Arquivo da editora

Qual é a abscissa do ponto **C**?

17. Dobrando-se, simultaneamente, as medidas da altura e do diâmetro de um cone circular reto, por quanto ficam multiplicados:

a) sua área total?

b) seu volume?

18. Girando-se em torno da hipotenusa um triângulo de catetos com medidas $\sqrt{65}$ cm e $2\sqrt{26}$ cm, qual é o volume do sólido obtido?

19. Determine a medida da altura de um cone equilátero cuja área total é 54π m^2.

20. O silo representado ao lado possui altura total de 15 metros. Nele podem ser armazenados 325π m^3 de cereais. Determine:

a) a medida da altura do cone;

b) o custo de fabricação do silo, sabendo que a chapa de aço utilizada em sua confecção custa R$ 200,00 por m^2. Considere $\pi \simeq 3{,}1$ e $\sqrt{34} \simeq 5{,}8$.

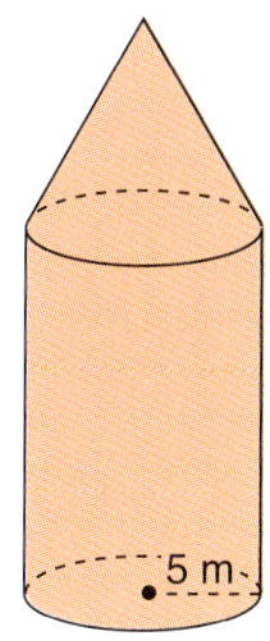

Banco de imagens/Arquivo da editora

21. A altura de um triângulo equilátero é $6\sqrt{3}$ cm. Determine o volume do sólido gerado pela rotação desse triângulo em torno de um de seus lados.

22. Na figura, VABCD é uma pirâmide regular quadrangular cuja base está inscrita na base do cone de vértice **V**.

Determine a razão entre o volume da pirâmide e o volume do cone, nesta ordem.

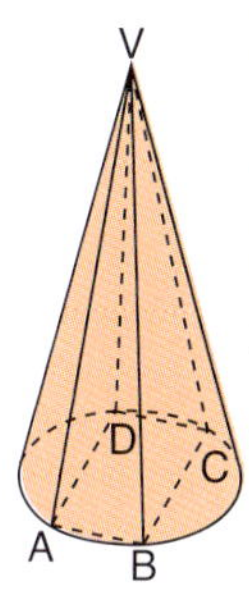

Banco de imagens/Arquivo da editora

Troque ideias

O volume do cone e as funções

Um fabricante de funis metálicos para óleo de motores de veículos (carros, caminhões, ônibus, etc.) está analisando a possibilidade de lançar uma nova linha de funis em formato aproximado de cone circular reto, em vários tamanhos.

Primeiramente, ele pensou em manter fixa a medida do raio do cone em 10 cm e variar a medida da altura. Intuitivamente, ele sabe que, quanto maior for a medida da altura, maior será o volume de óleo que o funil comportará. Vamos analisar essa relação.

Foram consideradas quatro possibilidades, como mostra a tabela seguinte:

	Modelo I	Modelo II	Modelo III	Modelo IV
Raio	10 cm	10 cm	10 cm	10 cm
Altura	5 cm	10 cm	12 cm	15 cm

a) Para cada modelo apresentado, calcule o volume de óleo que o funil comportaria.

b) Mantida constante a medida do raio, o volume **V** do cone varia apenas em função da medida **h** de sua altura. Qual é a lei da função que relaciona **V** e **h**? Como classificamos essa função?

c) Faça o gráfico de V × h. Para facilitar, considere $\pi \simeq 3$ e use "escalas" diferentes nos dois eixos.

O fabricante pretende, agora, estudar novas possibilidades de tamanho para o funil. Ele vai manter fixa a medida da altura em 15 cm e variar a "boca" do funil, alterando a medida de seu raio, como mostra a tabela seguinte:

	Modelo I	Modelo II	Modelo III	Modelo IV
Raio	5 cm	10 cm	15 cm	20 cm
Altura	15 cm	15 cm	15 cm	15 cm

d) Para cada modelo apresentado, calcule o volume do cone.

e) Se a medida **h** da altura é mantida fixa, o volume **V** do cone varia apenas em função da medida **r** do raio da base. Qual é a lei da função que relaciona **V** e **r**? Como classificamos essa função? **V** e **r** são grandezas diretamente proporcionais?

f) Nessas condições, represente o gráfico de V × r. Para facilitar, considere $\pi \simeq 3$ e preste atenção nas escalas escolhidas nos dois eixos.

Tronco de cone

Observe as figuras seguintes:

AUSÊNCIA DE PROPORÇÃO

Ilustrações: CJT/Zapt/ Arquivo da editora

vaso

cúpula do abajur

copo

Elas lembram a forma de um sólido denominado **tronco de cone**, o qual vamos estudar agora.

Quando secionamos um cone circular reto por um plano paralelo à base (supondo que o plano não contém o vértice do cone), ele fica dividido em dois sólidos:

- o sólido que contém o vértice é um novo cone, obtido pelo secionamento;
- o sólido que contém a base do cone original é um tronco de cone de bases paralelas.

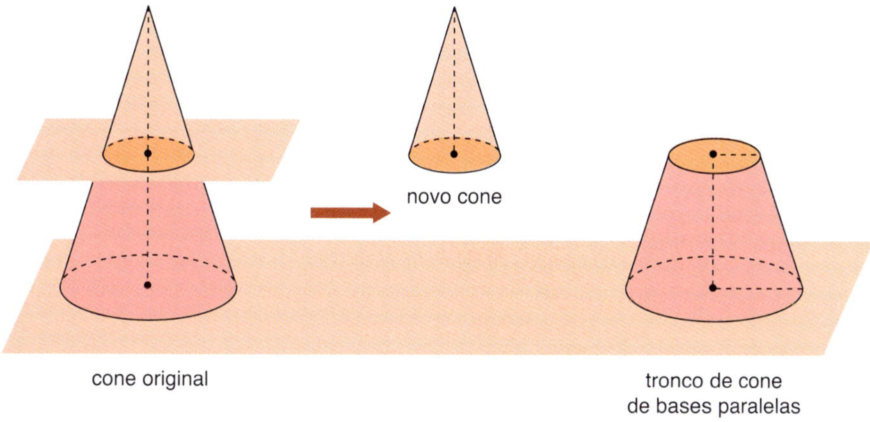

Banco de imagens/Arquivo da editora

Façamos a identificação dos principais elementos de um tronco de cone:

- **base maior do tronco**: é a base do cone original ou primitivo.
- **base menor do tronco**: é a seção determinada pelo plano ao intersectar o cone. Essa seção é um círculo e corresponde à base do novo cone.
- **altura do tronco**: é a distância entre os planos das bases.
- **geratriz do tronco**: é um segmento contido em uma geratriz do cone original, cujas extremidades são pontos das circunferências das bases (sendo um ponto em cada base).

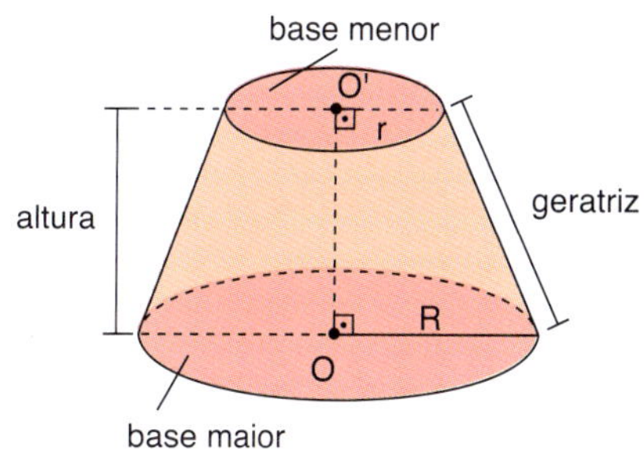

Banco de imagens/Arquivo da editora

Áreas do tronco de cone

- Área da base maior ($\mathbf{A}_B$)

  A área do círculo de raio de medida **R** é chamada **área da base maior** do tronco.

  Logo:

$$A_B = \pi R^2$$

- Área da base menor ($\mathbf{A}_b$)

  A área do círculo de raio de medida **r** recebe o nome de **área da base menor** do tronco.

  Logo:

$$A_b = \pi r^2$$

- Área lateral (A_ℓ)

A superfície lateral de um tronco de cone é a reunião das geratrizes do tronco. A área dessa superfície é a **área lateral** do tronco. A fórmula que permite calcular $\mathbf{A_\ell}$ pode ser obtida subtraindo-se da área lateral do cone original a área lateral do novo cone, obtido pelo secionamento, ou seja:

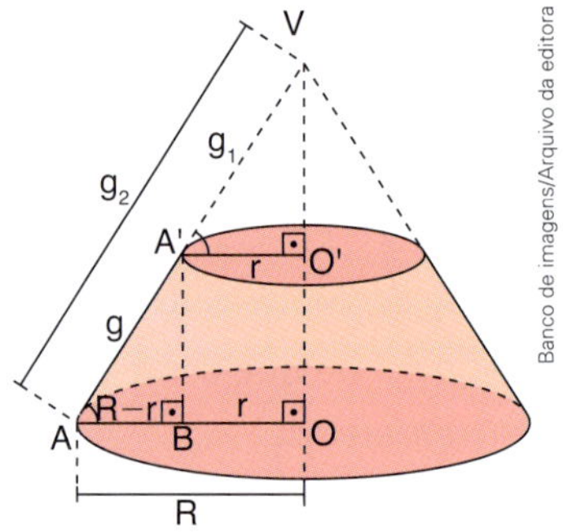

$$A_\ell = \pi R g_2 - \pi r g_1$$
$$A_\ell = \pi R \cdot (g_1 + g) - \pi r g_1$$
$$A_\ell = \pi[R \cdot g + (R - r) \cdot g_1] \quad (1)$$

Os triângulos VA'O' e A'AB são semelhantes; por isso, podemos escrever:

$$\frac{VA'}{A'A} = \frac{A'O'}{AB} \Rightarrow \frac{g_1}{g} = \frac{r}{R - r} \Rightarrow g_1 = \frac{r \cdot g}{R - r} \quad (2)$$

Substituindo (2) em (1), obtemos:

$$A_\ell = \pi\left[R \cdot g + (R - r) \cdot \frac{r \cdot g}{R - r}\right] = \pi[R \cdot g + r \cdot g] \Rightarrow$$

$$\Rightarrow \quad A_\ell = \pi \cdot g \cdot (R + r)$$

- Área total (A_t)

A **área total** é igual à soma das áreas das duas bases com a área lateral.

$$A_t = A_B + A_b + A_\ell$$

Volume do tronco de cone

Considere um tronco de cone de bases paralelas, cuja medida da altura é **h**. Sendo **R** a medida do raio da base maior e **r** a medida do raio da base menor, então o volume **V** do tronco é:

$$V = \frac{\pi \cdot h}{3} \cdot [R^2 + R \cdot r + r^2]$$

Demonstração:

O volume **V** do tronco de cone é obtido pela diferença entre os volumes dos dois cones, ou seja:

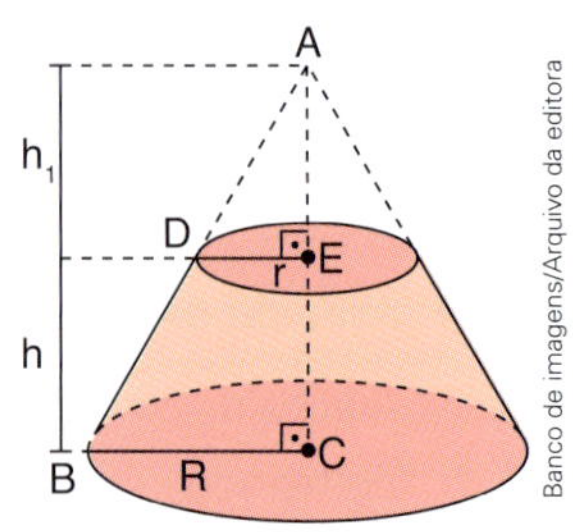

$$V = \underbrace{\frac{1}{3} \cdot \pi R^2 \cdot (h + h_1)}_{\text{volume do cone original (ou primitivo)}} - \underbrace{\frac{1}{3} \cdot \pi r^2 \cdot h_1}_{\text{volume do novo cone}}$$

$$V = \frac{\pi}{3} \cdot [R^2 \cdot h + (R^2 - r^2) \cdot h_1] \quad (1)$$

Como os triângulos ACB e AED são semelhantes, temos:

$$\frac{h_1 + h}{h_1} = \frac{R}{r} \Rightarrow h_1 \cdot R - h_1 \cdot r = h \cdot r \Rightarrow h_1 = \frac{h \cdot r}{R - r} \quad (2)$$

Substituindo (2) em (1), obtemos:

$$V = \frac{\pi}{3} \cdot \left[R^2 \cdot h + (R^2 - r^2) \cdot \frac{h \cdot r}{R - r}\right]$$

Como $R^2 - r^2 = (R + r) \cdot (R - r)$, então:

$$V = \frac{\pi}{3} \cdot [R^2 \cdot h + (R + r) \cdot h \cdot r] \Rightarrow V = \frac{\pi \cdot h}{3} \cdot [R^2 + R \cdot r + r^2]$$

Cones semelhantes

Já vimos que, quando um cone circular reto é secionado por um plano paralelo à sua base (o plano não contém o vértice do cone), ele fica dividido em um tronco de cone e em um novo cone. Podemos notar que os dois cones (o original e o novo, obtido pelo secionamento) são semelhantes; assim, todas as propriedades estudadas para pirâmides semelhantes podem ser estendidas para cones semelhantes:

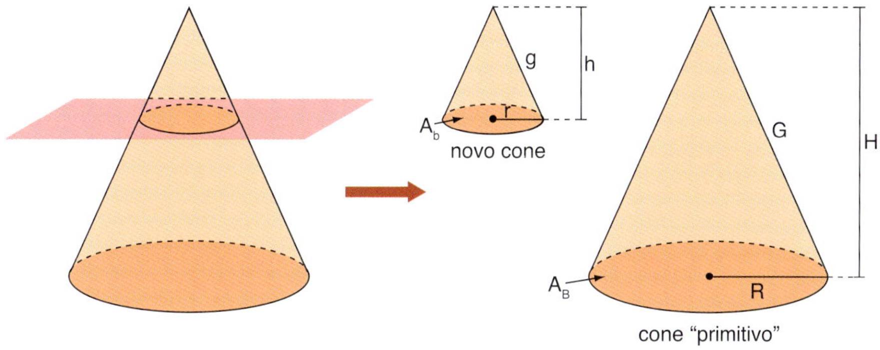

Ilustrações: Banco de imagens/Arquivo da editora

- razão entre elementos lineares: $\frac{h}{H} = \frac{g}{G} = \frac{r}{R} = k$
- razão entre áreas: $\frac{A_b}{A_B} = k^2$; $\frac{A_\ell}{A_L} = k^2$; $\frac{A_t}{A_T} = k^2$
- razão entre volumes: $\frac{v}{V} = k^3$

EXEMPLO 2

Calculemos a área lateral, a área total e o volume de um tronco de cone reto cuja geratriz mede 10 cm e os raios das bases medem 8 cm e 2 cm, respectivamente.

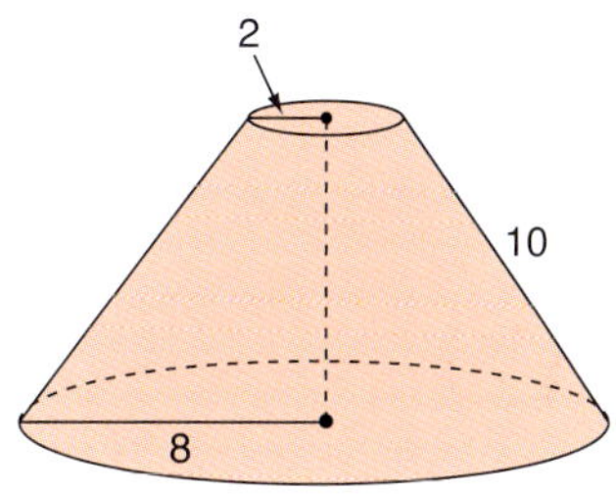

Banco de imagens/Arquivo da editora

- Área lateral, em cm^2:

$$A_\ell = \pi(R + r) \cdot g \Rightarrow A_\ell = \pi(8 + 2) \cdot 10 \Rightarrow A_\ell = 100\pi$$

Logo, a área lateral desse tronco de cone é 100π cm^2.

- Área total:

$$A_t = A_\ell + A_B + A_b$$

em que $A_B = \pi \cdot (8\ cm)^2 = 64\pi\ cm^2$ e $A_b = \pi \cdot (2\ cm)^2 = 4\pi\ cm^2$.

Logo, $A_t = 100\pi + 64\pi + 4\pi = 168\pi \Rightarrow A_t = 168\pi$

Portanto, a área total é $168\pi\ cm^2$.

- Volume:

É preciso, inicialmente, determinar a medida **h** da altura do tronco:

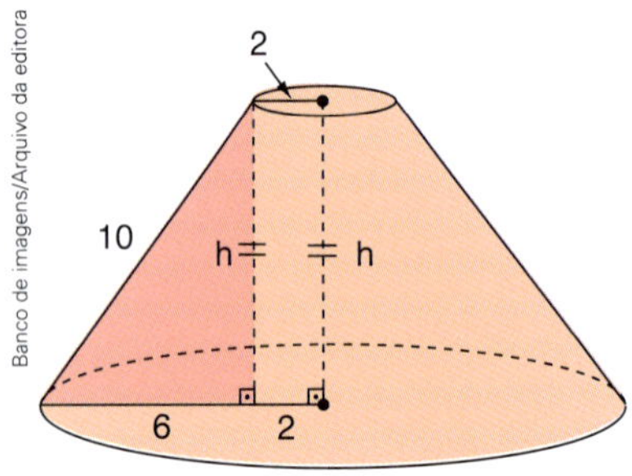

$10^2 = h^2 + 6^2$
$100 - 36 = h^2$
$h^2 = 64 \Rightarrow h = 8$

Portanto, a altura do tronco é 8 cm.

O volume desse tronco pode ser obtido com ou sem o uso da fórmula:

- Usando a fórmula:

$V = \frac{\pi h}{3}[R^2 + Rr + r^2]$

$V = \frac{\pi \cdot 8\ cm}{3}[(8\ cm)^2 + 8\ cm \cdot 2\ cm + (2\ cm)^2] = \frac{\pi \cdot 8\ cm}{3} \cdot 84\ cm^2 = 224\pi\ cm^3 \Rightarrow V = 224\pi\ cm^3$

- Sem a fórmula:

Imaginemos o cone original e o cone "retirado" correspondentes a esse tronco.

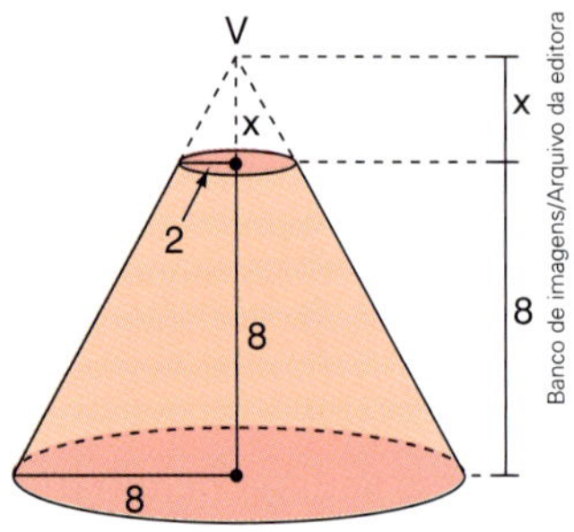

Como os cones são semelhantes, vamos comparar as medidas de seus elementos lineares (raio da base e altura):

$\frac{8\ cm}{2} = \frac{8\ cm + x}{x} \Rightarrow 4\ cm = \frac{8\ cm + x}{x} \Rightarrow x = \frac{8}{3}\ cm$

- Volume do cone original: $\frac{1}{3}\pi \cdot (8\ cm)^2 \cdot \left(8\ cm + \frac{8}{3}\ cm\right) = \frac{2048\pi}{9}\ cm^3$

- Volume do cone "retirado": $\frac{1}{3}\pi \cdot (2\ cm)^2 \cdot \frac{8}{3}\ cm = \frac{32\pi}{9}\ cm^3$

O volume do tronco é: $\frac{2048\pi}{9}\ cm^3 - \frac{32\pi}{9}\ cm^3 = \frac{2016\pi}{9}\ cm^3 = 224\pi\ cm^3$

Exercício resolvido

4. Um cone circular reto tem 18 dm de altura. A que distância de seu vértice deve passar um plano paralelo à base, de modo que o volume desse cone seja oito vezes o volume do novo cone, obtido pelo secionamento?

Solução:

Sejam:
- **d** : distância do vértice **V** do cone ao plano
- $\mathbf{V_1}$: volume do cone "primitivo"
- $\mathbf{V_2}$: volume do novo cone

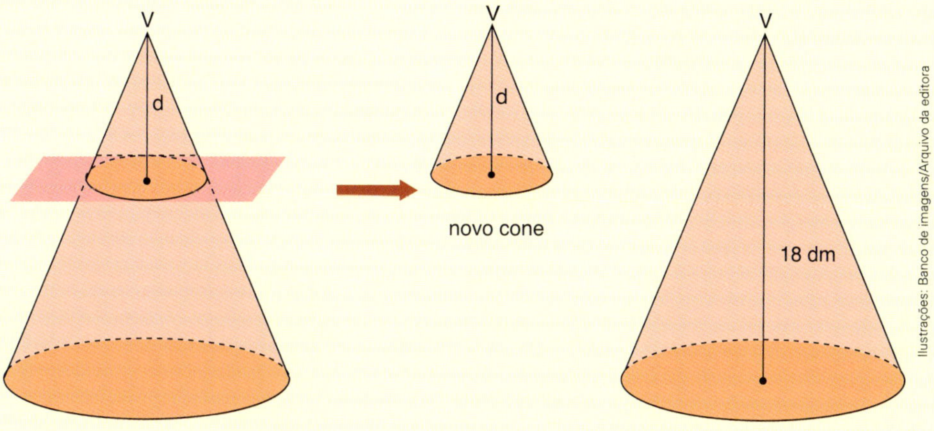

Temos:

$$V_1 = 8 \cdot V_2 \Rightarrow \frac{V_1}{V_2} = 8 \Rightarrow k^3 = 8 \Rightarrow k = \sqrt[3]{8} = 2$$

O valor encontrado para **k** significa que a razão entre um elemento linear do cone "primitivo" e seu homólogo do novo cone obtido é igual a 2.

Desse modo, comparando as medidas das alturas dos dois cones, temos:

$$\frac{18}{d} = 2 \Rightarrow d = 9$$

Portanto, a distância do vértice ao plano é 9 dm.

Exercícios

23. Determine o volume de um tronco de cone reto, sabendo que a medida de sua geratriz é 29 cm e que os raios das bases medem 10 cm e 30 cm, respectivamente.

24. Obtenha o volume e a área total do tronco de cone abaixo.

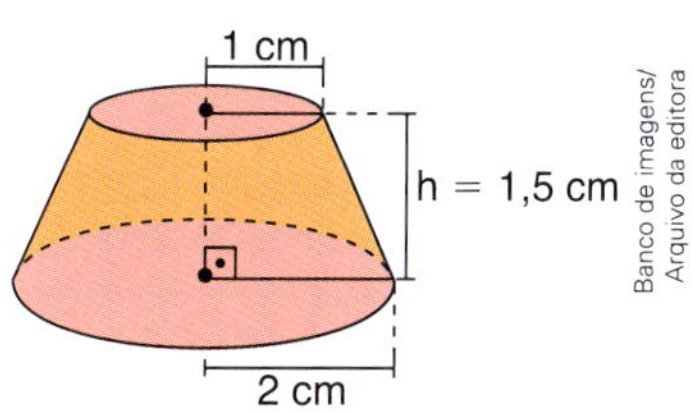

25. A coifa abaixo lembra um cilindro reto, com 0,40 m de altura e 0,20 m de raio da base, acoplado a um tronco de cone reto, cuja medida da altura é igual à medida do raio da base maior e cuja geratriz mede $\frac{\sqrt{5}}{5}$ m.

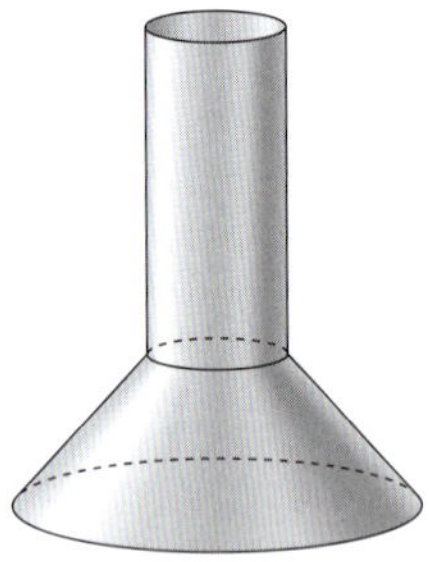

Banco de imagens/Arquivo da editora

Considerando a superfície total da coifa como a reunião das superfícies laterais do cilindro e do tronco de cone, determine a sua área total.

26. Em uma estufa, determinadas mudas de espécies vegetais são plantadas em vasos de vidro, cada um em forma de paralelepípedo retorretângulo, cujas dimensões são 40 cm, 30 cm e 20 cm.

Deseja-se transferir a terra desses recipientes (que se encontram completamente cheios) para um outro, cujos formato e dimensões são dados a seguir.

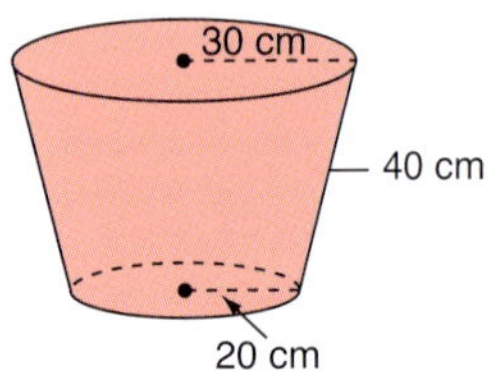

Banco de imagens/Arquivo da editora

Qual é o número mínimo de vasos de vidro necessários para encher completamente de terra o novo recipiente?

Use $\pi \simeq 3$ e $\sqrt{15} \simeq 3{,}9$. Considere desprezível a espessura do vidro.

27. Um cone de 10 cm de altura é intersectado a 4 cm de seu vértice por um plano paralelo à sua base, determinando uma seção de área 36π m^2. Determine:

a) a área da base do cone;

b) os volumes dos dois cones;

c) a razão entre as geratrizes do cone original e do cone obtido na seção, nessa ordem.

28. Uma fábrica produz abajures cuja cúpula, feita em tecido rústico, tem a forma de um tronco de cone de bases paralelas e cujas dimensões estão indicadas na figura. Sabe-se que o custo de confecção da cúpula é de R\$ 250,00/m^2 e o custo de fabricação do pé do abajur é de R\$ 40,00. Qual é o custo total de fabricação de um lote com 125 abajures? Considere $\pi \simeq 3{,}1$.

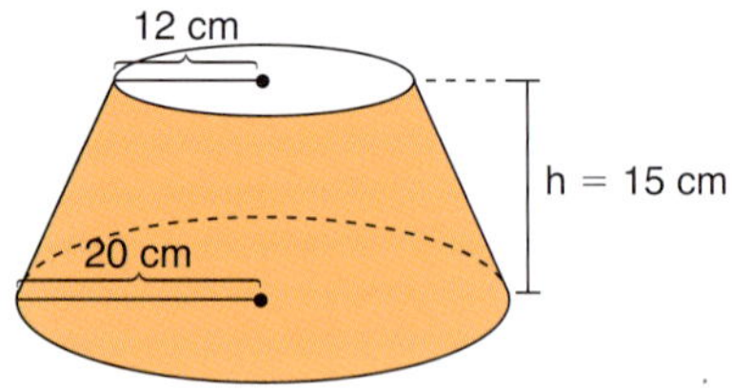

Banco de imagens/Arquivo da editora

29. Um quebra-luz, cuja forma é um cone com 3 dm de altura e 5 dm de raio da base, tem presa em seu vértice uma lâmpada de comprimento desprezível. Em certo momento, esta projeta no chão um círculo de área 400π dm^2. A que distância do chão encontra-se a lâmpada?

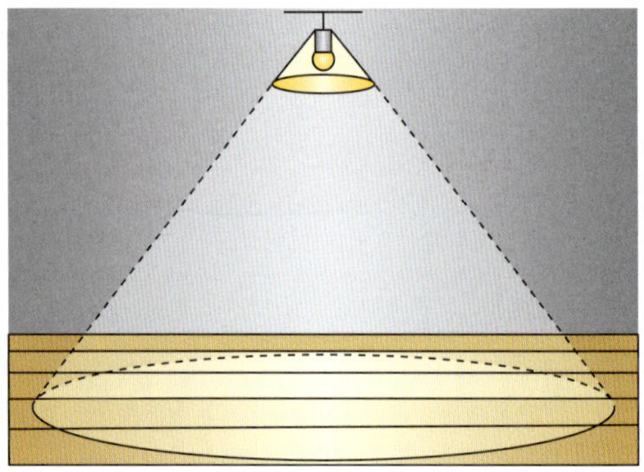

CJT/Zapt/Arquivo da editora

30. Os raios das bases de um tronco de cone de revolução medem 6 m e 4 m. Determine a altura desse tronco para que a área total seja o dobro da área lateral.

31. A figura a seguir corresponde à planificação da superfície lateral de um cone reto, em que a linha tracejada representa a interseção do cone com um plano paralelo à base.

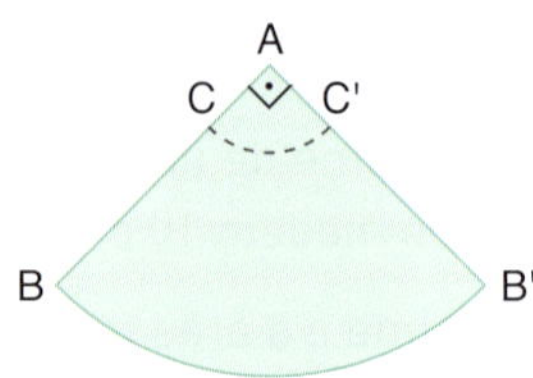

Banco de imagens/Arquivo da editora

Sabendo que $BC = 2 \cdot AC$ e que o comprimento do arco $\overset{\frown}{BB'}$ é 9π cm, determine a área lateral e o volume do cone original e do tronco gerado com a interseção.

Enem e vestibulares resolvidos

(Enem) Em regiões agrícolas, é comum a presença de silos para armazenamento e secagem da produção de grãos, no formato de um cilindro reto, sobreposto por um cone, e dimensões indicadas na figura. O silo fica cheio e o transporte dos grãos é feito em caminhões de carga cuja capacidade é de 20 m^3. Uma região possui um silo cheio e apenas um caminhão para transportar os grãos para a usina de beneficiamento.

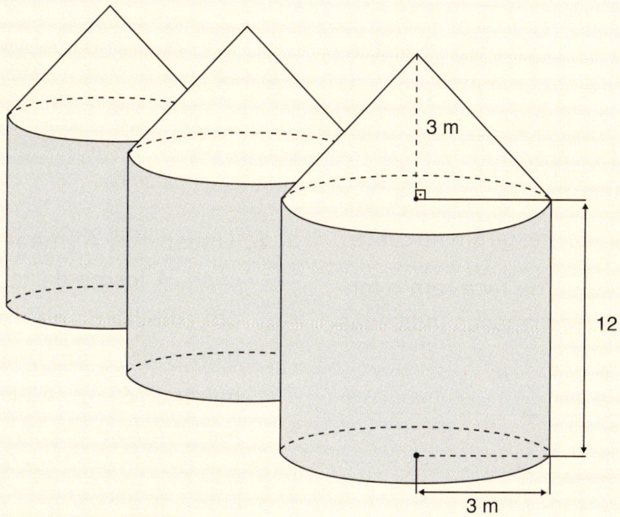

Utilize 3 como aproximação para π.

O número mínimo de viagens que o caminhão precisará fazer para transportar todo o volume de grãos armazenados no silo é

a) 6. b) 16. c) 17. d) 18. e) 21.

Resolução comentada

Para saber quantas viagens serão necessárias, precisamos, antes, saber qual o volume total de um silo. De acordo com o enunciado, o silo é formado por um cilindro com raio de base R = 3 m e altura H = 12 m e por um cone com raio de base r = 3 m e altura h = 3 m. Assim, o volume **V** do silo é dado por:

V = Volume do cilindro + Volume do cone

$$V = \pi \cdot R^2 \cdot H + \frac{1}{3} \cdot \pi \cdot r^2 \cdot h$$

$$V = \pi \cdot 3^2 \cdot 12 + \frac{1}{3} \cdot \pi \cdot 3^2 \cdot 3$$

Como $\pi = 3$, temos, em metros cúbicos:

$V = 3 \cdot 9 \cdot 12 + 9 \cdot 3$

$V = 351$

Como em cada viagem o caminhão leva 20 m^3, sendo **n** o número de viagens necessárias, temos:

$20 \cdot n \geqslant 351 \Rightarrow n \geqslant \frac{351}{20}$

$\therefore\ n \geqslant 17{,}55$

Logo, o caminhão deve fazer, no mínimo, 18 viagens para transportar o volume de grãos de um silo. Alternativa *d*.

Exercícios complementares

1. Para uma festa na escola, a professora deseja fazer chapeuzinhos em forma de cone cuja base é uma circunferência de 54 cm de comprimento. A altura de cada chapeuzinho será 12 cm.
Use $\pi \simeq 3$.

a) Determine, em graus, a medida do ângulo central do molde usado para o corte dos chapéus.

b) Determine a área lateral do chapéu.

2. Um cálice cônico comporta 135 mL e está completamente cheio de suco. Após se beber um gole, o nível do suco atingiu a terça parte da altura do cálice. Quantos mililitros de suco restaram no cálice?

3. (UFPR) A parte superior de uma taça tem o formato de um cone, com as dimensões indicadas na figura.

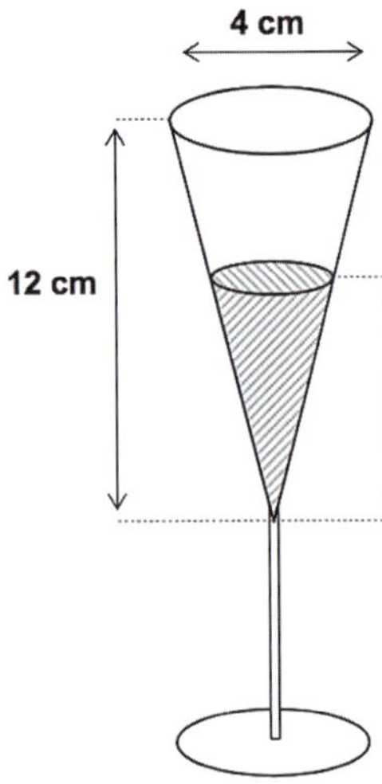

Reprodução/UFPR, 2010

a) Qual o volume de líquido que essa taça comporta quando está completamente cheia?

b) Obtenha uma expressão para o volume **V** de líquido nessa taça, em função da altura **x** indicada na figura.

4. Na figura, o funil está com 64π cm^3 de água.

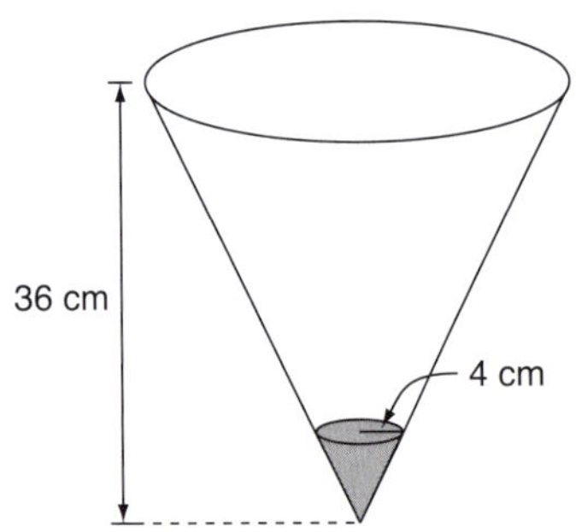

Banco de imagens/Arquivo da editora

Calcule a área total e o volume do tronco determinado pela parte do funil não ocupada pela água.

5. Determine o volume do sólido gerado pela rotação do trapézio seguinte, usando como eixo de rotação:

a) $\overleftrightarrow{BC}$ b) $\overleftrightarrow{AB}$ c) $\overleftrightarrow{CD}$

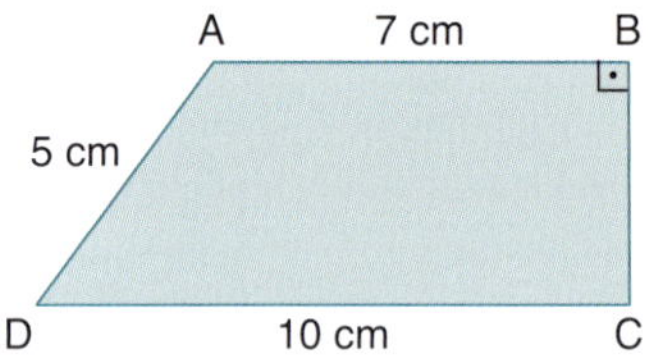

Banco de imagens/Arquivo da editora

6. (Unesp-SP) A imagem mostra uma taça e um copo. A forma da taça é, aproximadamente, de um cilindro de altura e raio medindo **R** e de um tronco de cone de altura **R** e raios das bases medindo **R** e **r**. A forma do copo é, aproximadamente, de um tronco de cone de altura 3R e raios das bases medindo **R** e 2r.

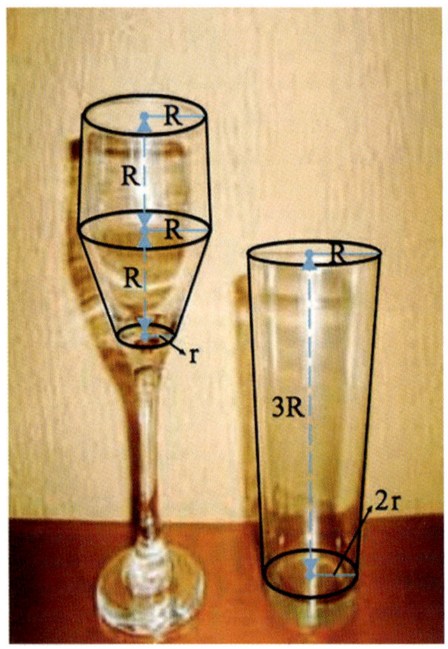

Reprodução/Unesp, 2014

Sabendo que o volume de um tronco de cone de altura **h** e raios das bases **B** e **b** é

$$\frac{1}{3} \cdot \pi \cdot h \cdot \left(B^2 + B \cdot b + b^2\right)$$

e dado que $\sqrt{65} \simeq 8$, determine o raio aproximado da base do copo, em função de **R**, para que a capacidade da taça seja $\frac{2}{3}$ da capacidade do copo.

7. (Ufscar-SP) A figura 1 indica a jarra de um espremedor de frutas e a figura 2, sua vista superior (sem a alça).

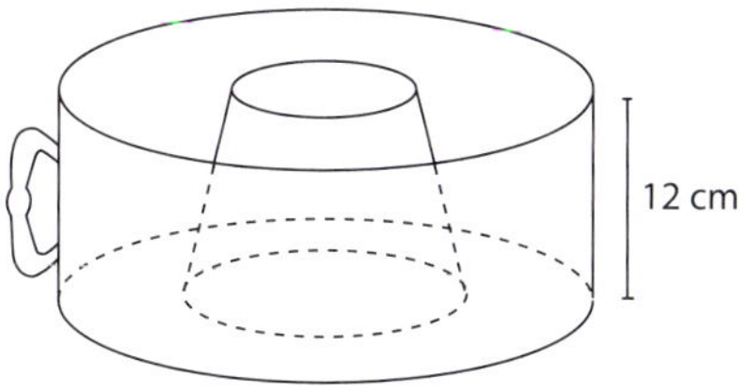

Reprodução/Ufscar, 2006

figura 1

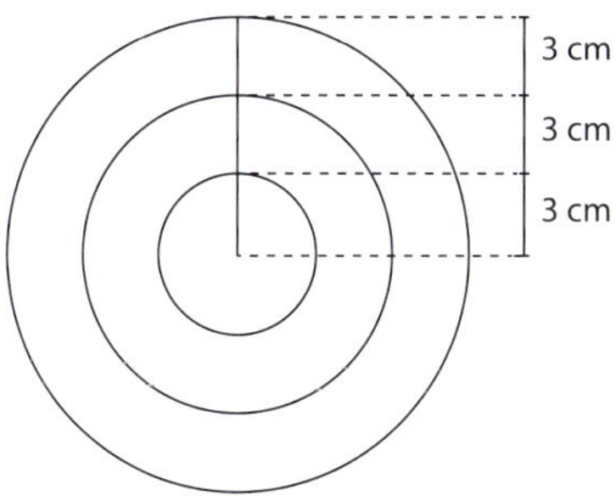

Reprodução/Ufscar, 2006

figura 2

Sabe-se que a jarra é cilíndrica, com parte central na forma de um tronco de cone, e que as três circunferências indicadas na vista superior são concêntricas.

a) Qual é a área, em centímetros quadrados, da superfície lateral da parte externa da jarra? (Desconsidere a alça.)

b) Qual é o volume máximo de suco, em centímetros cúbicos, que a jarra pode conter?

8. As figuras representam um cone de revolução com seus elementos e a planificação de sua superfície lateral; sendo α e β medidos em radianos.

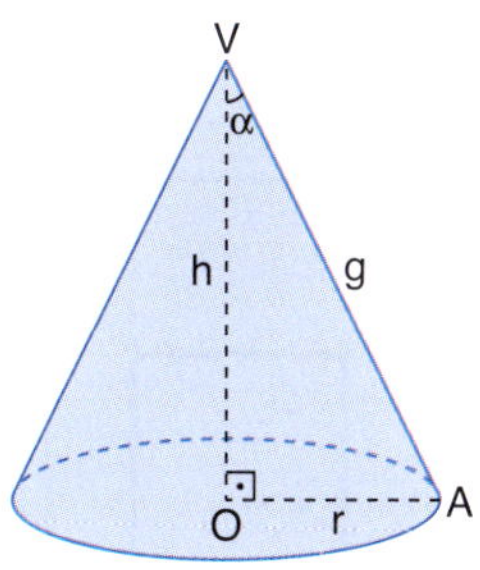

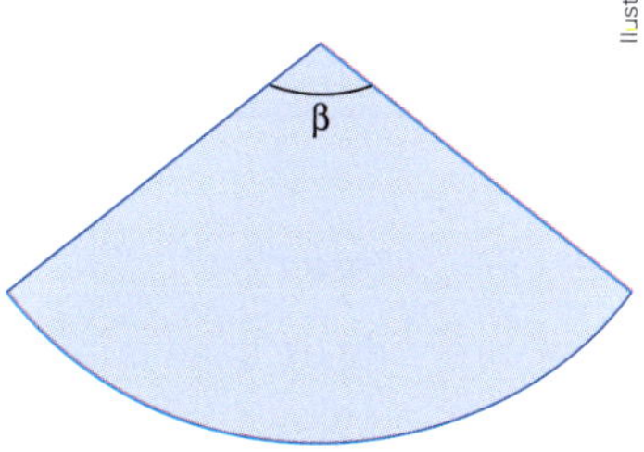

Ilustrações: Banco de imagens/Arquivo da editora

Expresse β em função de α.

9. Uma empresa produz funis metálicos cônicos e está estudando a possibilidade de substituí-los por outro funil, igualmente cônico e de mesma capacidade.

a) Se a medida do raio da base do funil aumentar em 20%, em que percentual aproximado deve ser reduzida a medida de sua altura?

b) Se a medida da altura do funil aumentar em 20%, em que percentual aproximado deve ser reduzida a medida do raio?

10. Em uma festa, foi servido refrigerante envasado em uma garrafa de formato cilíndrico, na qual **h** e **r** eram as respectivas medidas da altura e do raio da base, em centímetros. Para fazer um brinde, o conteúdo da garrafa foi distribuído em copos menores, cada qual na forma de um tronco de cone de bases paralelas cujas dimensões, em função de **r** e **h**, são mostradas na figura.

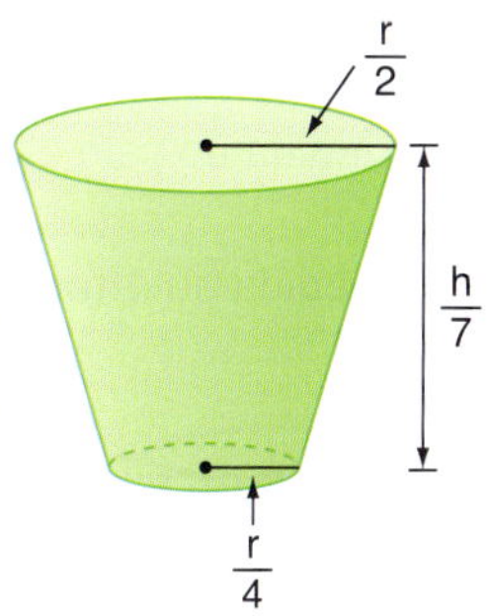

Banco de imagens/Arquivo da editora

a) Que quantidade mínima desses copos é necessária para distribuir completamente o refrigerante de uma garrafa?

b) Nessa festa, uma pessoa usou tal copo para brindar e serviu-se de uma única dose, com o copo completamente cheio. Então, admitindo que $h = 25$ cm, $r = 6$ cm e usando $\pi \simeq 3{,}2$, quantos mililitros de refrigerante ela bebeu?

11. A superfície da luminária da figura lembra a superfície lateral de um tronco de cone reto, cuja geratriz mede $2\sqrt{17}$ cm. Se a altura, o raio da base menor e o raio da base maior são, nessa ordem, numericamente iguais aos termos de uma progressão aritmética de razão 2, determine a área lateral dessa luminária.

Banco de imagens/Arquivo da editora

12. (UFPA) Alguns compradores de madeira em toras ou troncos de árvore da região amazônica calculam o volume da tora usando o seguinte processo: Divide-se o "rodo" por 4, multiplica-se o resultado por ele mesmo e pela medida **h**, da altura da tora, o que fornece a fórmula $V = \left(\frac{\text{rodo}}{4}\right)^2 \cdot h$ para o volume da tora.

Considere que:

1. a tora de madeira tem o formato de tronco de cone e que o perímetro da circunferência da base maior desse tronco é chamado pelos madeireiros de "rodo".
2. a tora de madeira tem as dimensões dadas abaixo e indicadas na figura.

- $R = \frac{1}{2}$ m, medida do raio da base maior;
- $r = \frac{2}{5}$ m, medida do raio da base menor;
- $h = 4$ m, medida da altura.

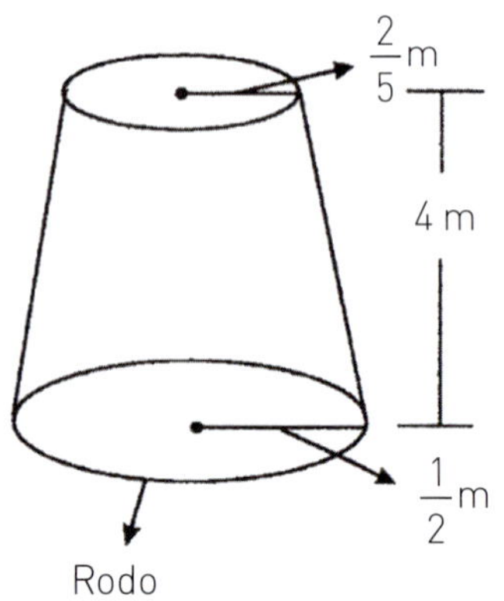

Calcule o volume correto da tora, usando os conhecimentos de geometria espacial, e o volume aproximado, usando a fórmula aplicada pelos madeireiros. Em seguida, calcule o erro da aproximação feita pelos madeireiros determinando a diferença entre os volumes encontrados. Use a aproximação $\pi = 3{,}14$ e considere duas casas decimais após a vírgula.

13. Um semicone tem área lateral de $\left(\sqrt{2}\pi + 2\right)\,cm^2$. Determine a medida de sua geratriz, sabendo que o raio da base tem medida igual à da altura do semicone.

14. (UFSC) Em relação às proposições a seguir, é correto afirmar que: [Indique a soma das alternativas corretas.]

(01) Um *designer* de joias, motivado pelo lançamento das medalhas comemorativas dos Jogos Olímpicos Rio 2016, resolveu fazer uma medalha de ouro maciço na forma de um cilindro circular reto com diâmetro de 28 mm e espessura de 2 mm para comemorar suas bodas de ouro em 2016. Considerando a massa específica do ouro como $20\ \frac{g}{cm^3}$ e $\pi = 3$, então serão necessários 23,52 g de ouro para confeccionar a medalha.

(02) Uma lanchonete vende sucos em copos completamente cheios com a forma de um cone circular reto. Um cliente solicitou um copo de suco de morango. O atendente serviu o suco até atingir 80% do nível do copo cheio, como mostra a figura 1, abaixo. Nesse caso, é correto afirmar que o cliente já teria sido lesado em mais do que a metade do volume de suco do copo.

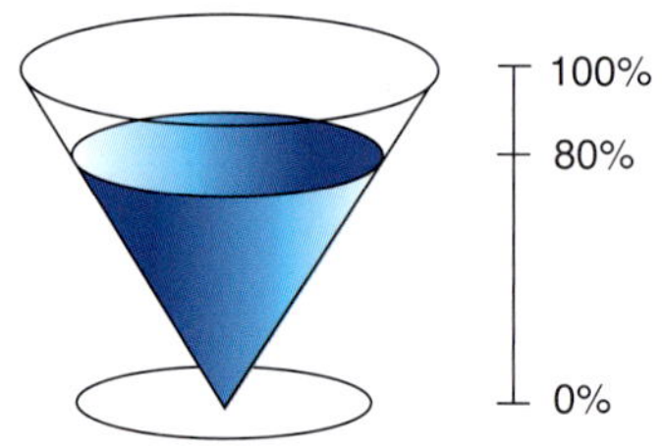

Figura 1

(04) A expressão matemática, em função de **x** ($x > 1$), para o cálculo da capacidade do prisma reto de base hexagonal regular representado na figura 2 é

$$C = \frac{\sqrt{3}}{4}x^3 + \frac{\sqrt{3}}{2}x^2 + \frac{\sqrt{3}}{4}x.$$

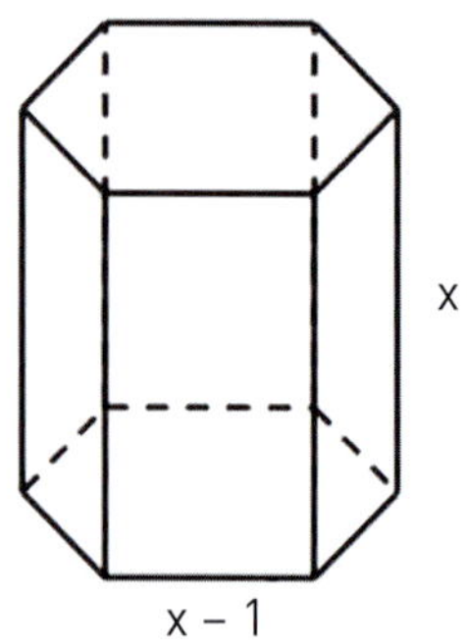

Figura 2

(08) Numa pirâmide de base quadrada cujo lado mede 8 cm e cujas arestas laterais medem 9 cm, a altura mede 7 cm.

15. A geratriz de um cone de revolução mede 4 m. A que distâncias do vértice se devem traçar, sobre a geratriz, planos paralelos à base do cone, de modo que ele fique dividido em 3 sólidos de volumes 2 m^3, 3 m^3 e 5 m^3?

16. Dois cones congruentes têm uma geratriz perpendicular à base. Eles são colocados dentro de um paralelepípedo reto de base quadrada, de forma que os círculos de suas bases ficam inscritos na base quadrada do prisma e seus vértices tocam a face oposta, como mostra a figura abaixo. Determine o volume do espaço restante no paralelepípedo. Use $\pi \simeq 3,1$.

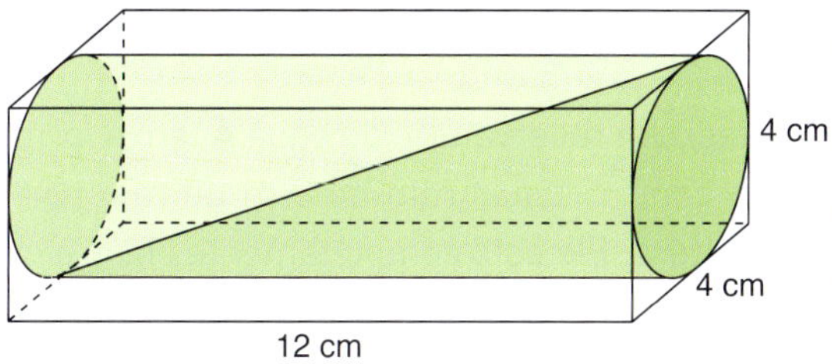

Banco de imagens/Arquivo da editora

17. (UFSC) Em relação às proposições abaixo, é **CORRETO** afirmar que:

[Indique a soma das alternativas corretas.]

(01) No paralelepípedo abaixo, a medida da sua diagonal é expressa por uma função quadrática.

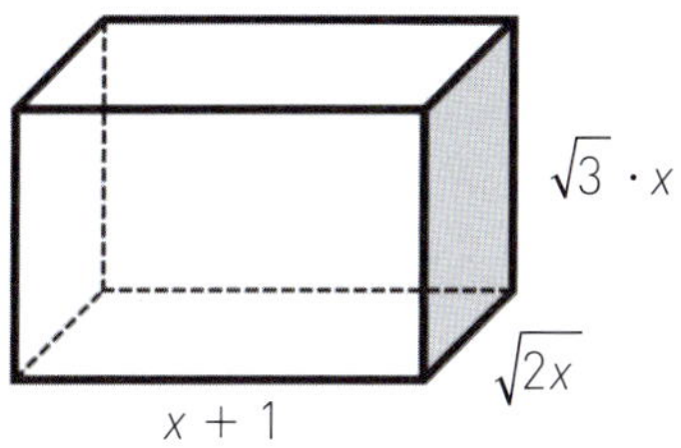

Reprodução/UFSC, 2016

(02) Se um reservatório de água tem a forma de cilindro equilátero e seu diâmetro interno mede 4 m, então, considerando $\pi = 3,14$, a capacidade desse reservatório é de 50 240 L.

(04) Um pequeno cesto de lixo tem a forma de tronco de pirâmide e suas dimensões internas estão indicadas na figura. Se a altura do cesto é 15 cm, então seu volume é 3 500 cm^3.

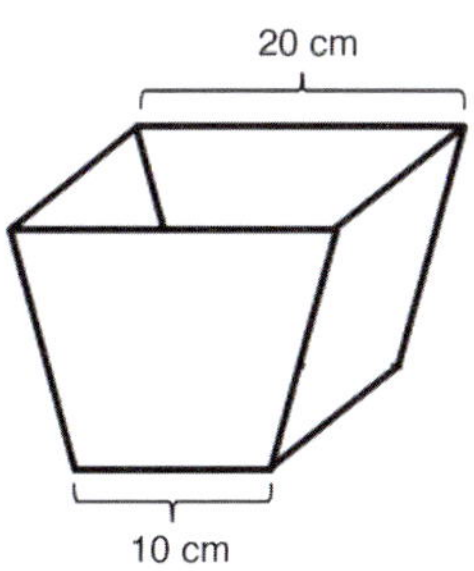

Reprodução/UFSC, 2016

(08) Um pote para guardar alimentos tem a forma de um prisma reto de base triangular. Sua base é um triângulo retângulo e suas dimensões formam uma progressão aritmética de razão 5 cm. Se sua altura mede 10 cm, então a área total desse prisma é 750 cm^2.

(16) Um filtro de café tem a forma de um cone cuja medida interna de seu diâmetro é 20 cm. Se a medida interna da geratriz é 26 cm, então sua capacidade é menor que 2 L.

18. (Unesp-SP) Um cone circular reto de geratriz medindo 12 cm e raio da base medindo 4 cm foi seccionado por um plano paralelo à sua base, gerando um tronco de cone, como mostra a figura 1. A figura 2 mostra a planificação da superfície lateral **S** desse tronco de cone, obtido após a secção.

Figura 1

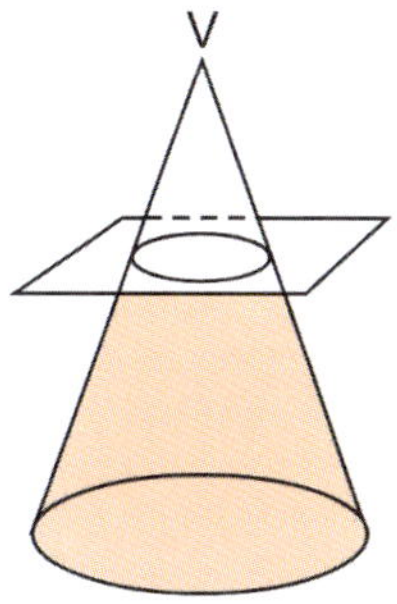

Reprodução/Unesp, 2017

Figura 2

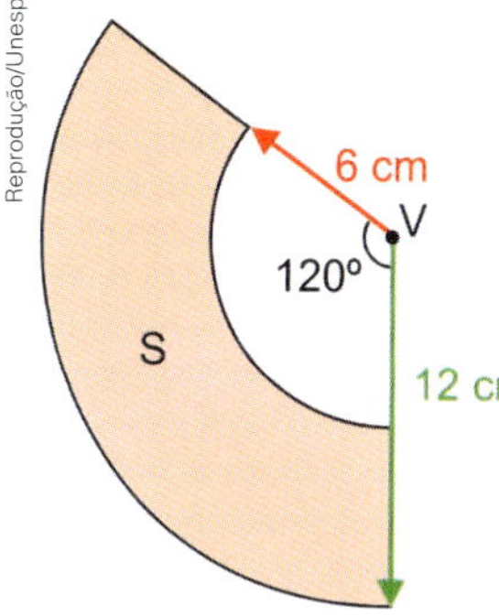

Reprodução/Unesp, 2017

Calcule a área e o perímetro da superfície **S**. Calcule o volume do tronco de cone indicado na figura 1.

19. (UEL-PR) Uma empresa que produz embalagens plásticas está elaborando um recipiente de formato cônico com uma determinada capacidade, conforme o modelo a seguir.

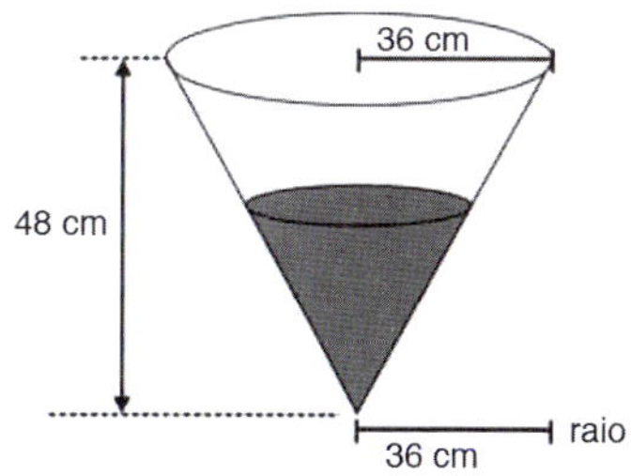

Reprodução/UEL, 2014

Sabendo que o raio desse recipiente mede 36 cm e que sua altura é de 48 cm, a que distância do vértice deve ser feita uma marca na superfície lateral do recipiente para indicar a metade de sua capacidade?

Despreze a espessura do material do qual é feito o recipiente.

Apresente os cálculos realizados na resolução desta questão.

20. (UEL-PR) Considere uma lata, com o formato de um cilindro reto de altura **h** cm e raio **r** cm (figura 1), completamente cheia de doce de leite. Parte do doce dessa lata foi transferida para dois recipientes (figura 2), iguais entre si e em forma de cone, que têm a mesma altura da lata e o raio da base igual à metade do raio da base da lata. Considere também que os dois recipientes ficaram completamente cheios de doce de leite.

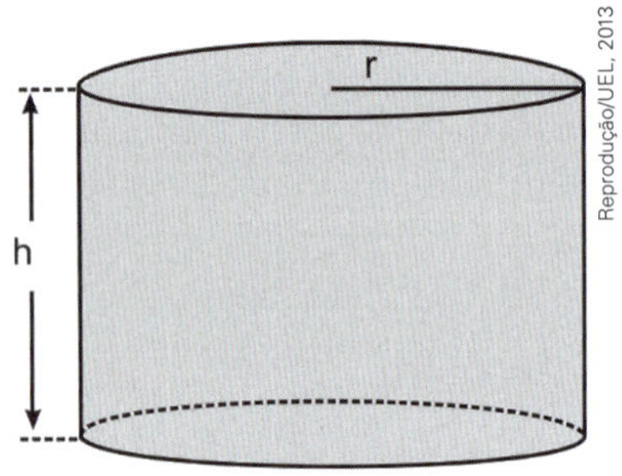

Figura 1

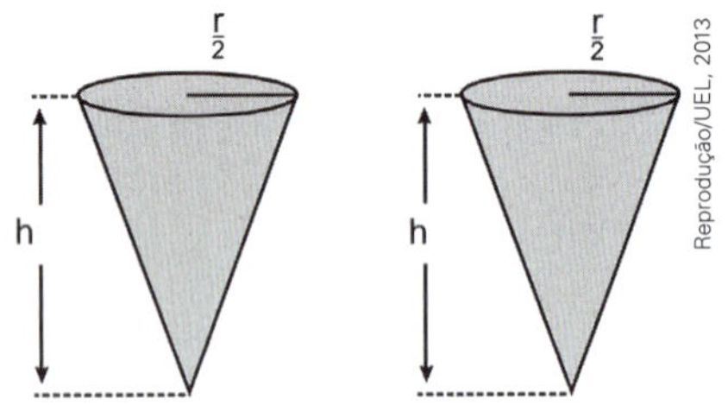

Figura 2

Desprezando a espessura do material de que são feitos os recipientes e a lata, determine quantos outros recipientes, também em forma de cone, mas com a altura igual à metade da altura da lata e de mesmo raio da lata (figura 3), podem ser totalmente preenchidos com o doce de leite que restou na lata.

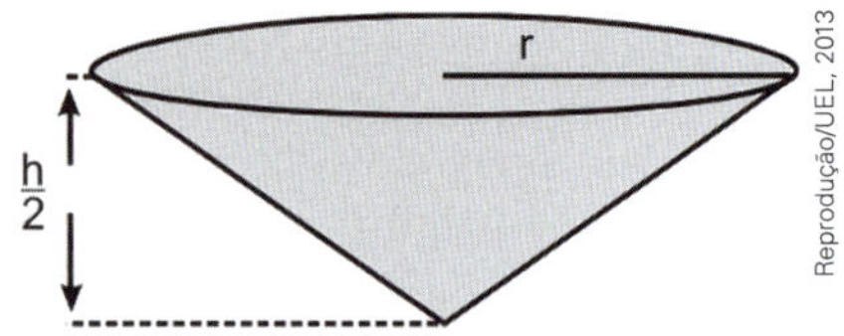

Figura 3

Observação:

Na lata e nos recipientes completamente cheios de doce de leite, o doce não excede a altura de cada um deles e, na transferência do doce de leite da lata para os recipientes, não há perda de doce.

21. (Ufes) Um reservatório de água **A** tem a forma de um cone circular reto de 3 m de raio por 6 m de altura. Ele está completamente cheio e com a base apoiada num piso horizontal. Por motivo de reparos, todo o conteúdo de **A** será transferido para um reservatório **B**, inicialmente vazio, com o formato de um cilindro circular reto, com 2 m de raio na base, com 5 m de altura e com a base no mesmo piso horizontal da base de **A**. Considere que, em cada instante, o volume da água que sai de **A** chega completamente em **B**. Calcule:

a) os volumes de **A** e **B**;

b) o nível da água em **B** quando o nível da água em **A** estiver na metade da altura de **A**;

c) o nível da água em **A** quando o nível da água em **B** estiver na metade da altura de **B**;

d) a expressão que dá o nível de água em **B** em função do nível da água em **A**.

Testes

1. (UEMG) Um reservatório de água, de formato cônico, com raio da tampa circular igual a 8 metros e altura igual a 9 metros, será substituído por outro de forma cúbica, de aresta igual a 10 metros. Estando o reservatório cônico completamente cheio, ao se transferir a água para o reservatório cúbico, a altura do nível atingida pela água será de (considere $\pi = 3$)

a) 5,76 m.
b) 4,43 m.
c) 6,38 m.
d) 8,74 m.

2. (Fatec-SP) Um prego é constituído de 3 partes: uma cabeça cilíndrica, um corpo também cilíndrico e uma ponta cônica. Em um prego inteiramente constituído de aço, temos as seguintes especificações:

	Raio (mm)	Altura (mm)
Cabeça	4	1
Corpo	3	60
Ponta	3	2

O volume mínimo de aço necessário para produzir 100 pregos é, em mm^3:

a) $57\,400\pi$
b) $56\,200\pi$
c) $54\,800\pi$
d) $48\,600\pi$
e) $45\,400\pi$

3. (Ufam) Desenvolvendo a superfície lateral de um cone circular reto, obtém-se um setor circular de raio 8 cm e ângulo central 135°. A área total (em cm^2) e volume (em cm^3) do cone devem ser, respectivamente:

a) 3π e 53π
b) $9\pi\sqrt{45}$ e 23π
c) $3\pi\sqrt{55}$ e 33π
d) $3\pi\sqrt{65}$ e 43π
e) $3\pi\sqrt{75}$ e 66π

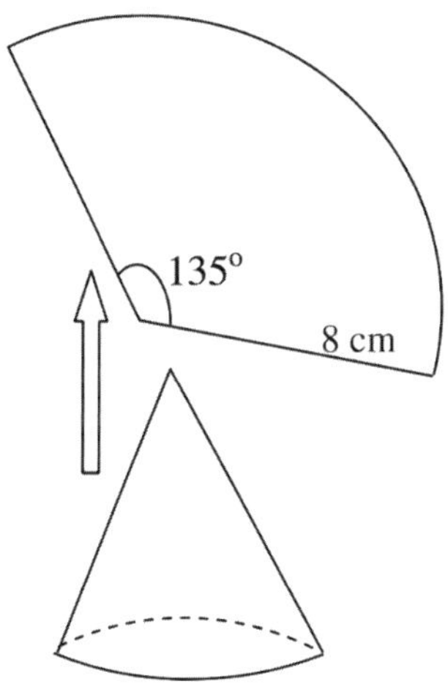

Reprodução/Ufam, 2017

4. (Unifor-CE) Parte do líquido de um cilindro circular reto que está cheio é transferido para dois cones circulares retos idênticos de mesmo raio e mesma altura do cilindro. Sabendo-se que os cones ficaram totalmente cheios e que o nível da água que ficou no cilindro é de 3 m, a altura do cilindro é de:

a) 5 m
b) 6 m
c) 8 m
d) 9 m
e) 12 m

5. (UFRGS-RS) Um recipiente tem a forma de um cone com o vértice para baixo, como na figura a seguir.

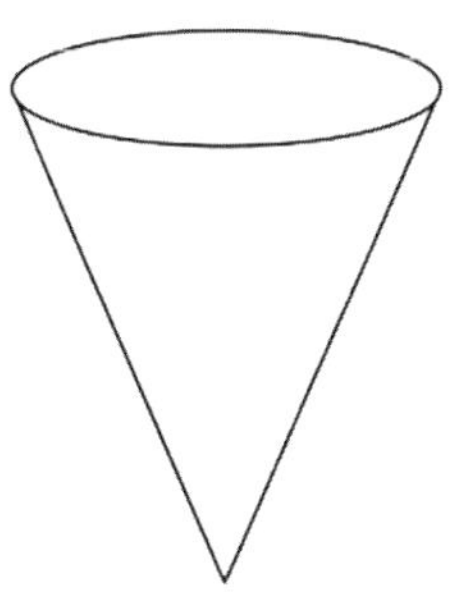
Reprodução/UFRGS, 2016

Para encher de água esse recipiente, será aberta uma torneira com vazão constante de água. Assinale o gráfico abaixo que melhor representa a altura **y** que a água atinge, no recipiente, em função do tempo **x**.

a)
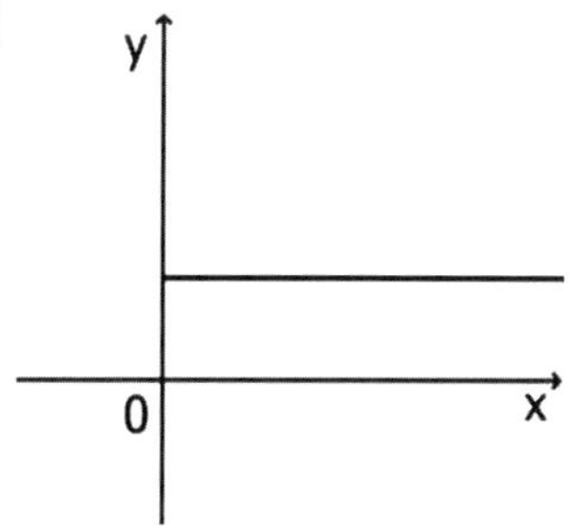

Reprodução/UFRGS, 2016

b)
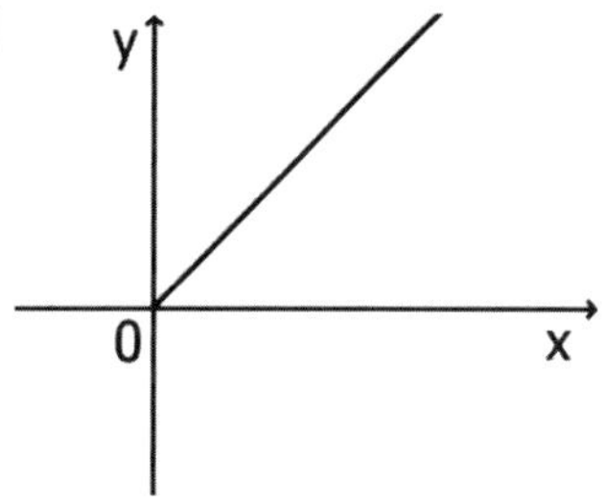

Reprodução/UFRGS, 2016

c)
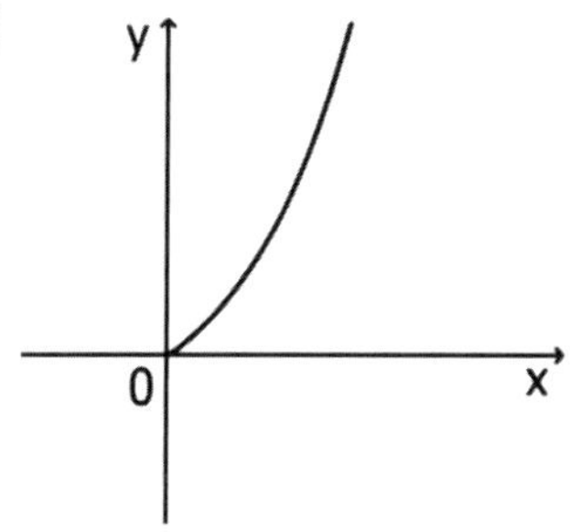

Reprodução/UFRGS, 2016

d)
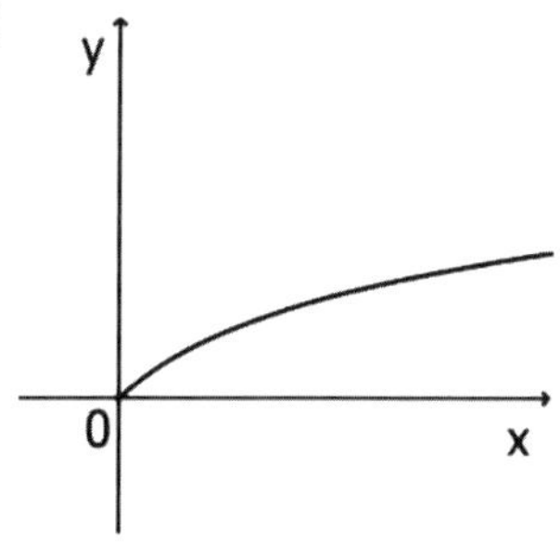

Reprodução/UFRGS, 2016

e)
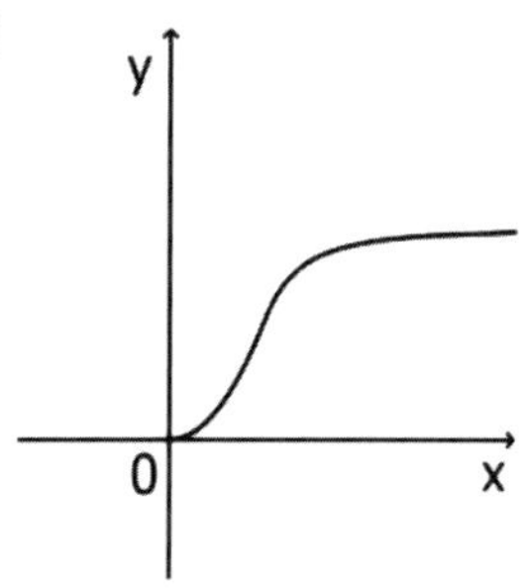

Reprodução/UFRGS, 2016

6. (Enem) Um restaurante utiliza, para servir bebidas, bandejas com bases quadradas. Todos os copos desse restaurante têm o formato representado na figura:

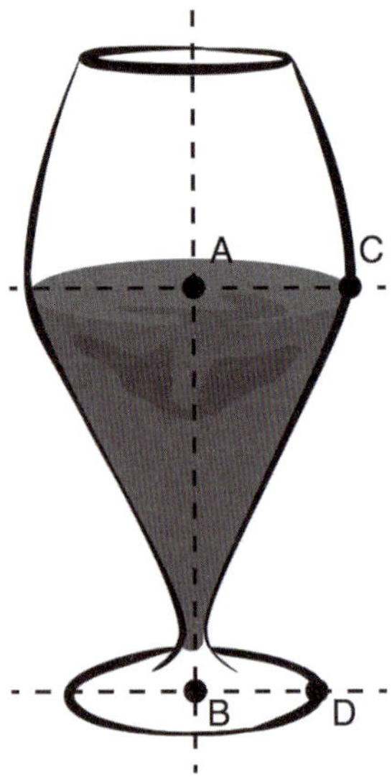

Reprodução/Enem, 2013

Considere que $AC = \frac{7}{5}BD$ e que ℓ é a medida de um dos lados da base da bandeja.

Qual deve ser o menor valor da razão $\frac{\ell}{BD}$ para que uma bandeja tenha capacidade de portar exatamente quatro copos de uma só vez?

a) 2

b) $\frac{14}{5}$

c) 4

d) $\frac{24}{5}$

e) $\frac{28}{5}$

7. (Enem) Uma cozinheira, especialista em fazer bolos, utiliza uma forma no formato representado na figura:

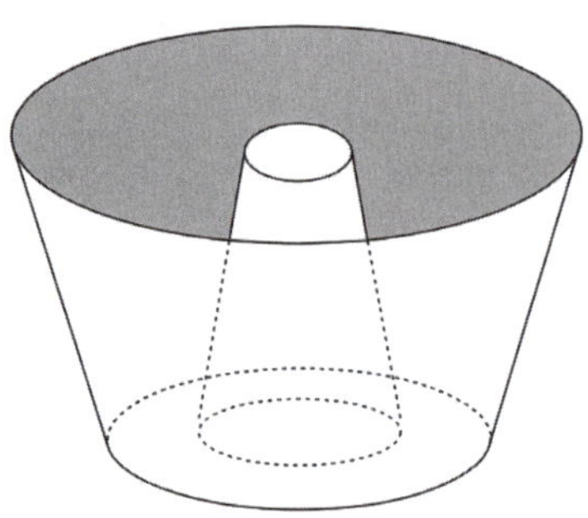

Reprodução/Enem, 2013

Nela identifica-se a representação de duas figuras geométricas tridimensionais.

Essas figuras são:

a) um tronco de cone e um cilindro.

b) um cone e um cilindro.

c) um tronco de pirâmide e um cilindro.

d) dois troncos de cone.

e) dois cilindros.

8. (Unicamp-SP) Depois de encher de areia um molde cilíndrico, uma criança virou-o sobre uma superfície horizontal. Após a retirada do molde, a areia escorreu, formando um cone cuja base tinha raio igual ao dobro do raio da base do cilindro.

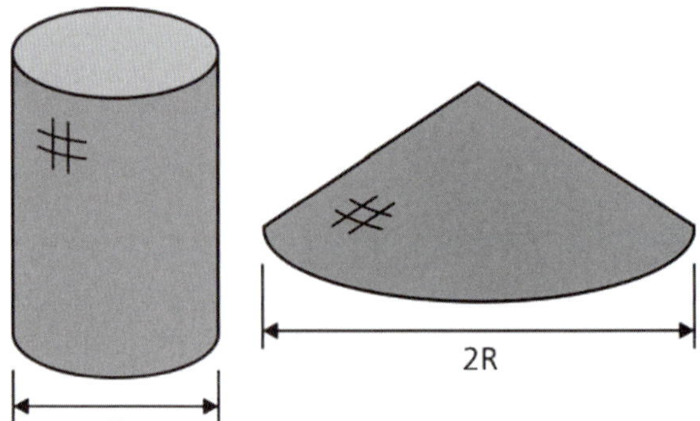

Reprodução/Unicamp, 2011

A altura do cone formado pela areia era igual a:

a) $\frac{3}{4}$ da altura do cilindro.

b) $\frac{1}{2}$ da altura do cilindro.

c) $\frac{2}{3}$ da altura do cilindro.

d) $\frac{1}{3}$ da altura do cilindro.

9. (UPE) Um torneiro mecânico construiu uma peça retirando, de um cilindro metálico maciço, uma forma cônica, de acordo com a figura 1 a seguir: (Considere $\pi \simeq 3$.)

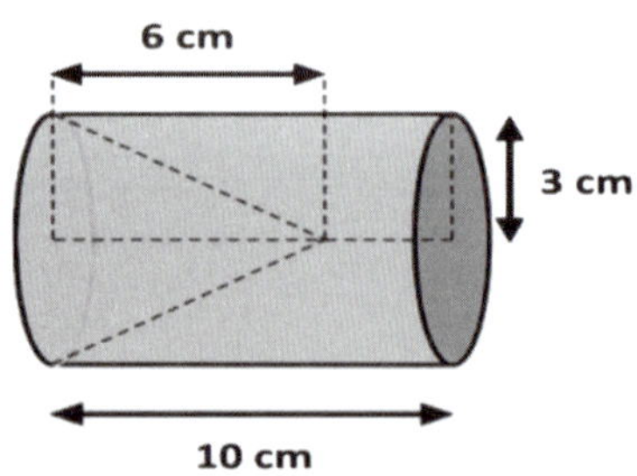

Figura 01

Peça

Reprodução/UPE, 2014

Qual é o volume aproximado da peça em milímetros cúbicos?

a) $2{,}16 \times 10^5$
b) $7{,}2 \times 10^4$
c) $2{,}8 \times 10^5$
d) $8{,}32 \times 10^4$
e) $3{,}14 \times 10^5$

10. (Unesp-SP) Prato da culinária japonesa, o *temaki* é um tipo de *sushi* na forma de cone, enrolado externamente com *nori*, uma espécie de folha feita a partir de algas marinhas, e recheado com arroz, peixe cru, ovas de peixe, vegetais e uma pasta de maionese e cebolinha.

Reprodução/Unesp, 2014

Um *temaki* típico pode ser representado matematicamente por um cone circular reto em que o diâmetro da base mede 8 cm e a altura 10 cm. Sabendo-se que, em um *temaki* típico de salmão, o peixe corresponde a 90% da massa do seu recheio, que a densidade do salmão é de 0,35 g/cm^3, e tomando $\pi \simeq 3$, a quantidade aproximada de salmão, em gramas, nesse *temaki*, é de:

a) 46
b) 58
c) 54
d) 50
e) 62

11. (PUC-MG) Certo silo, utilizado na armazenagem de grãos, é constituído por duas partes: um corpo cilíndrico e um funil cônico. Construído com chapas de metal, esse silo tem as seguintes especificações:

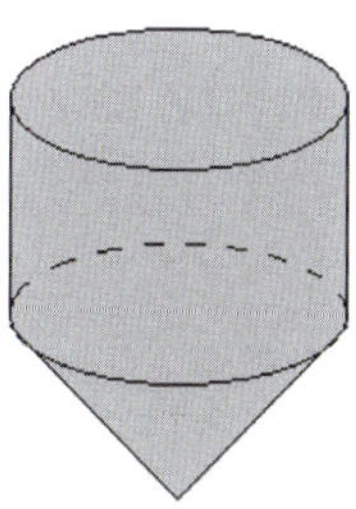

Reprodução/PUC-MG, 2014

	Raio (m)	Altura (m)
Corpo	3	4
Funil	3	2

Com base nessas informações, é correto afirmar que a capacidade de armazenamento desse silo, em metros cúbicos, é igual a:

a) 36π
b) 42π
c) 48π
d) 54π

12. (UFJF/PISM) São dados dois cones equiláteros $\mathbf{C}_1$ e $\mathbf{C}_2$ tais que a área total de $\mathbf{C}_2$ é o dobro da área total de $\mathbf{C}_1$ e que o raio da base de $\mathbf{C}_1$ é 3 cm. Sabendo que, em um cone equilátero, a geratriz é o dobro do raio da base, o volume do cone $\mathbf{C}_2$, em centímetros cúbicos, é

a) $9\sqrt{3}\,\pi$
b) $9\sqrt{10}\,\pi$
c) $18\sqrt{3}\,\pi$
d) $18\sqrt{6}\,\pi$
e) $54\sqrt{6}\,\pi$

13. (UEMG) Uma empresa deseja fabricar uma peça maciça cujo formato é um sólido de revolução obtido pela rotação de um trapézio isósceles em torno da base menor, como mostra a figura a seguir. As dimensões do trapézio são: base maior igual a 15 cm, base menor igual a 7 cm e altura do trapézio igual a 3 cm.

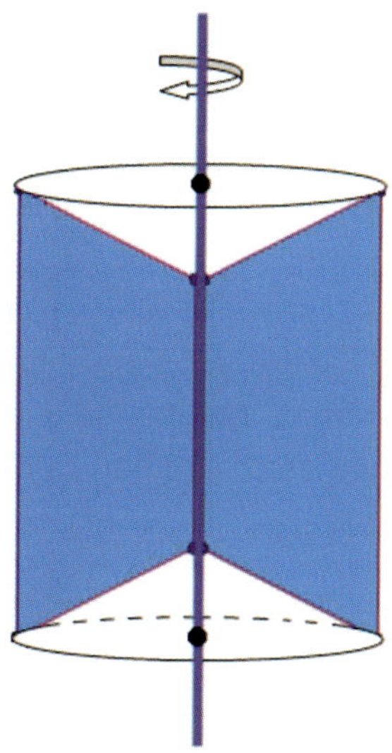

Reprodução/UEMG, 2014

Considerando-se $\pi = 3$, o volume, em litros, da peça fabricada corresponde a

a) 0,212.
b) 0,333.
c) 0,478.
d) 0,536.

14. (Fuvest-SP) Um cone circular reto está inscrito em um paralelepípedo retorretângulo, de base quadrada, como mostra a figura. A razão $\frac{b}{a}$ entre as dimensões do paralelepípedo é $\frac{3}{2}$ e o volume do cone é π.

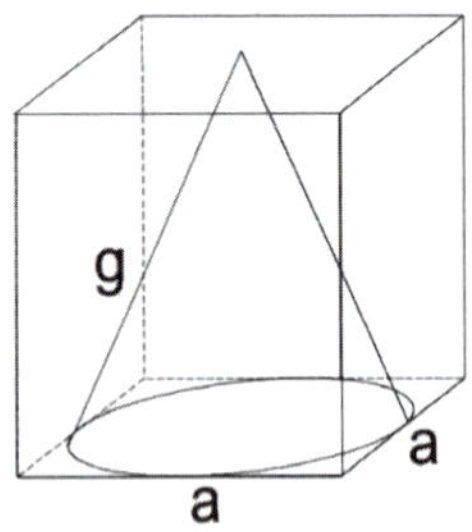

Então, o comprimento **g** da geratriz do cone é:

a) $\sqrt{5}$
b) $\sqrt{6}$
c) $\sqrt{7}$
d) $\sqrt{10}$
e) $\sqrt{11}$

15. (UPE) Um cone reto está inscrito num cubo de aresta 8 cm. Se a altura do cone e o diâmetro de sua base têm medidas iguais, qual é a diferença entre as medidas dos seus volumes? Considere $\pi = 3{,}0$.

a) 128 cm^3
b) 256 cm^3
c) 384 cm^3
d) 424 cm^3
e) 512 cm^3

16. (Mack-SP) Fazendo-se a planificação de um cone de altura 15 cm, observa-se que sua superfície lateral é um setor circular, cujo ângulo central mede $\frac{4\pi}{3}$ radianos.
Então, o volume do cone, em cm^3, é

a) 500π
b) 900π
c) $1\,500\pi$
d) $2\,025\pi$
e) $2\,700\pi$

17. (UFPR) Suponha que um líquido seja despejado, a uma vazão constante, em um recipiente cujo formato está indicado na figura a seguir. Sabendo que inicialmente o recipiente estava vazio, qual dos gráficos seguintes melhor descreve a altura **h**, do nível do líquido, em termos do volume total **V**, do líquido despejado no recipiente?

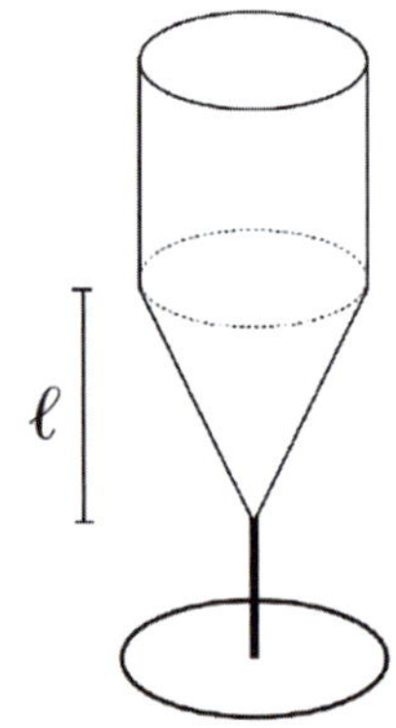

a)

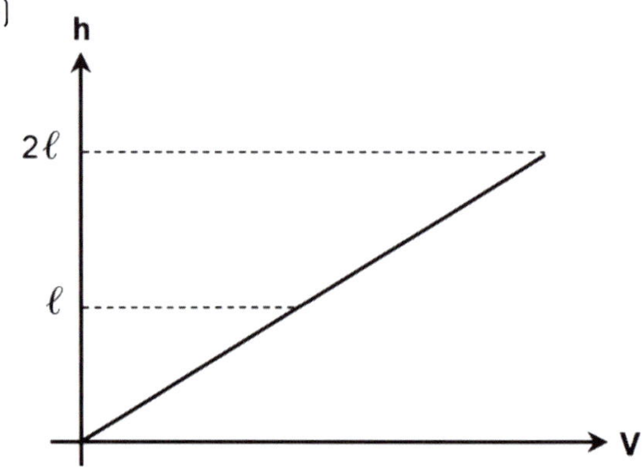

b)

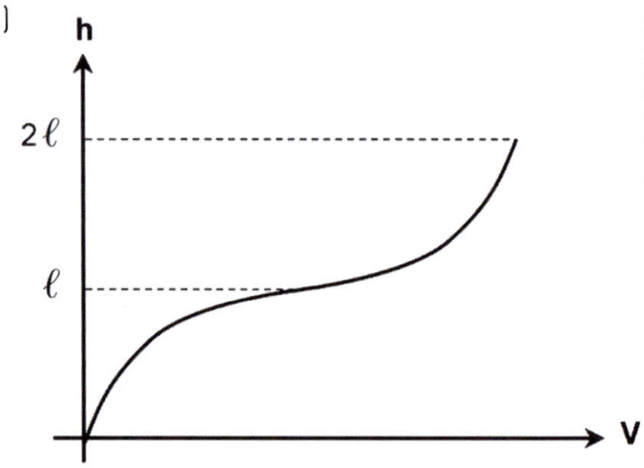

c)

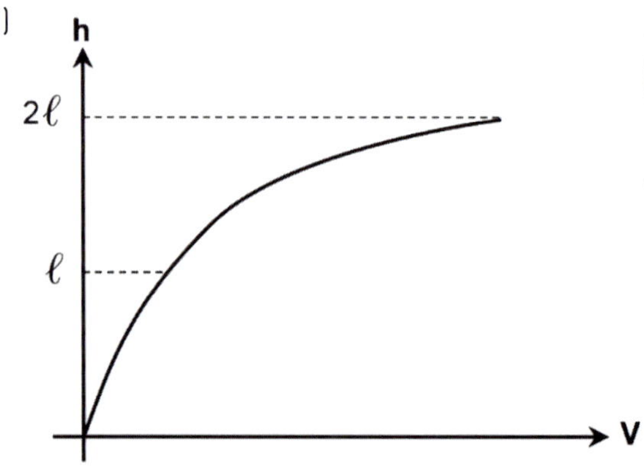

d)

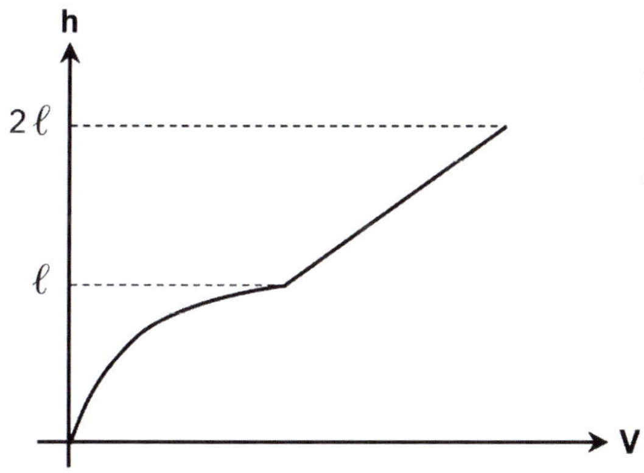

Reprodução/UFPR, 2014

e)

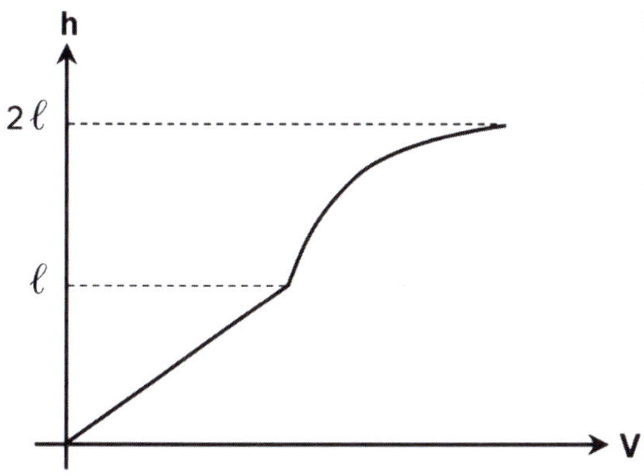

Reprodução/UFPR, 2014

18. (Ufop-MG) Dois cilindros circulares retos, o primeiro de raio da base 4 cm e altura 5 cm, e o segundo de raio da base 2 cm e altura 4 cm, estão inscritos num cone circular reto, conforme mostram as figuras.

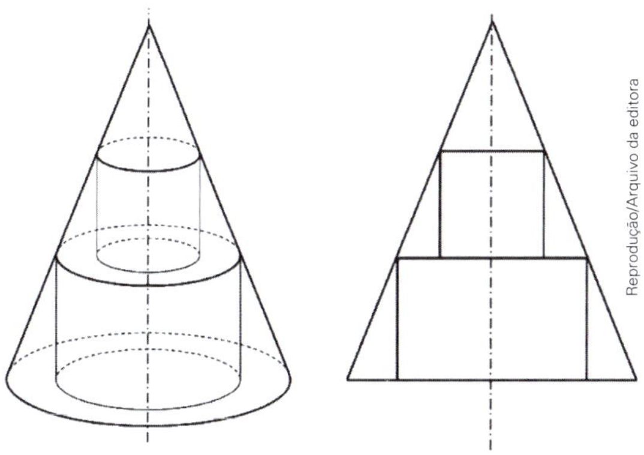

Reprodução/Arquivo da editora

Dessa forma, o volume do cone, em cm^3, é de:

a) $\frac{3\,757\pi}{9}$

b) $\frac{2\,197\pi}{4}$

c) $\frac{3\,757\pi}{27}$

d) $\frac{2\,197\pi}{12}$

19. (PUC-RS) Uma casquinha de sorvete na forma de cone foi colocada em um suporte com formato de um cilindro, cujo raio da base e a altura medem **a** cm, conforme a figura. O volume da parte da casquinha que está no interior do cilindro, em cm^3, é:

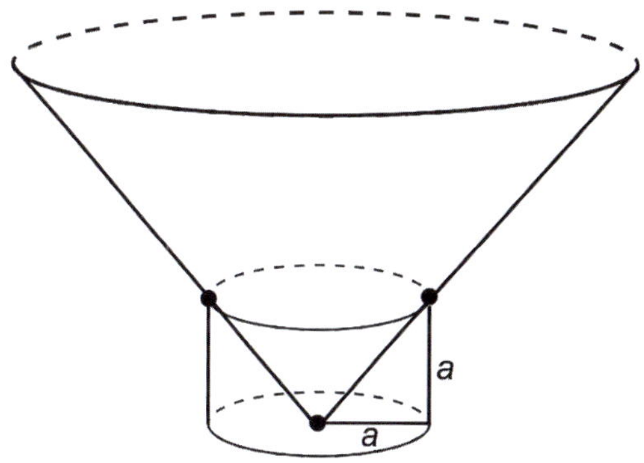

Reprodução/PUC-RS, 2017

a) $\frac{\pi a^2}{2}$ b) $\frac{\pi a^2}{3}$ c) $\frac{\pi a^3}{2}$ d) $\frac{\pi a^3}{3}$ e) $\frac{\pi a^3}{6}$

20. (FEI-SP) Um cone reto de 20 cm de altura tem área da base igual a 100 cm^2. É realizado um corte neste cone por um plano paralelo à sua base, gerando um tronco de cone com 15 cm de altura. A área da seção transversal referente à base superior do tronco de cone gerado é de:

a) 20 cm^2
b) 15 cm^2
c) 6,25 cm^2
d) 5,75 cm^2
e) 25 cm^2

21. (Fuvest-SP) Um reservatório de água tem o formato de um cone circular reto. O diâmetro de sua base (que está apoiada sobre o chão horizontal) é igual a 8 m. Sua altura é igual a 12 m. A partir de um instante em que o reservatório está completamente vazio, inicia-se seu enchimento com água a uma vazão constante de 500 litros por minuto. O tempo gasto para que o nível de água atinja metade da altura do reservatório é de, aproximadamente,

a) 4 horas e 50 minutos.
b) 5 horas e 20 minutos.
c) 5 horas e 50 minutos.
d) 6 horas e 20 minutos.
e) 6 horas e 50 minutos.

Dados:
π é aproximadamente 3,14.
O volume **V** do cone circular reto de altura **h** e raio da base é $V = \frac{1}{3}\pi r^2 h$.

22. (Uerj) Um recipiente com a forma de um cone circular reto de eixo vertical recebe água na razão constante de 1 cm^3/s. A altura do cone mede 24 cm, e o raio de sua base mede 3 cm.
Conforme ilustra a imagem, a altura **h** do nível da água no recipiente varia em função do tempo **t** em que a torneira fica aberta. A medida de **h** corresponde à distância entre o vértice do cone e a superfície livre do líquido.

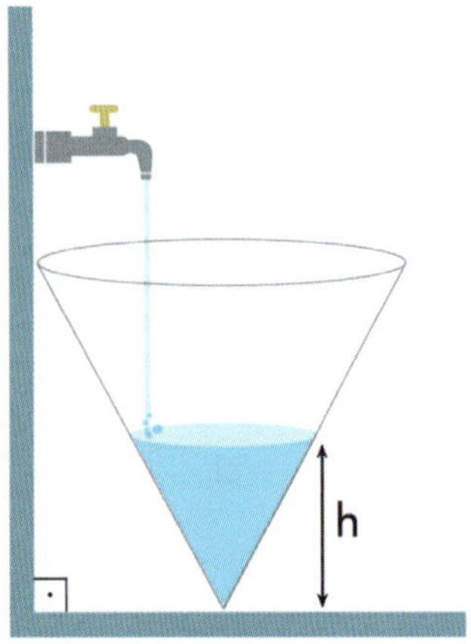

Admitindo $\pi = 3$, a equação que relaciona a altura **h**, em centímetros, e o tempo **t**, em segundos, é representada por:

a) $h = 4\sqrt[3]{t}$

b) $h = 2\sqrt[3]{t}$

c) $h = 2\sqrt{t}$

d) $h = 4\sqrt{t}$

23. (Insper-SP) O rótulo de uma embalagem de suco concentrado sugere que o mesmo seja preparado na proporção de sete partes de água para uma parte de suco, em volume. Carlos deciciu preparar um copo desse suco, mas dispõe apenas de copos cônicos, mais precisamente na forma de cones circulares retos. Para seguir exatamente as instruções do rótulo, ele deve acrescentar no copo, inicialmente vazio, uma quantidade de suco até:

a) metade da altura.

b) um sétimo da altura.

c) um oitavo da altura.

d) seis sétimos da altura.

e) sete oitavos da altura.

24. (ITA-SP) Uma taça em forma de cone circular reto contém um certo volume de um líquido cuja superfície dista **h** do vértice do cone. Adicionando-se um volume idêntico de líquido na taça, a superfície do líquido, em relação à original, subirá de:

a) $\sqrt[3]{2} - h$

b) $\sqrt[3]{2} - 1$

c) $\left(\sqrt[3]{2} - 1\right)h$

d) h

e) $\frac{h}{2}$

25. (Uerj) Um funil, com a forma de cone circular reto, é utilizado na passagem de óleo para um recipiente com a forma de cilindro circular reto. O funil e o recipiente possuem a mesma capacidade. De acordo com o esquema, os eixos dos recipientes estão contidos no segmento $\overline{TQ}$, perpendicular ao plano horizontal β.

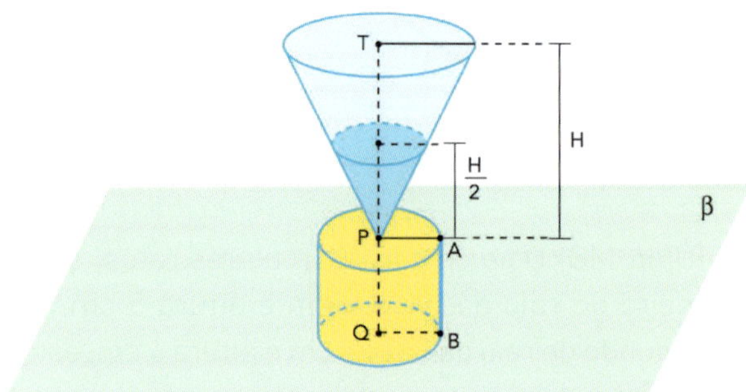

Admita que o funil esteja completamente cheio de óleo a ser escoado para o recipiente cilíndrico vazio. Durante o escoamento, quando o nível do óleo estiver exatamente na metade da altura do funil, $\frac{H}{2}$, o nível do óleo no recipiente cilíndrico corresponderá ao ponto **K** na geratriz $\overline{AB}$.
A posição de **K**, nessa geratriz, é melhor representada por:

a)

b)
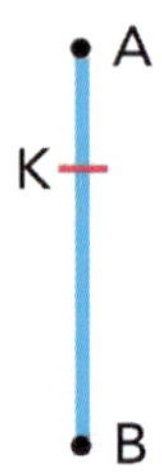

c)
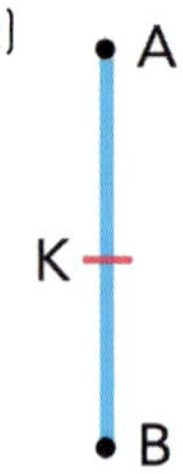

d)
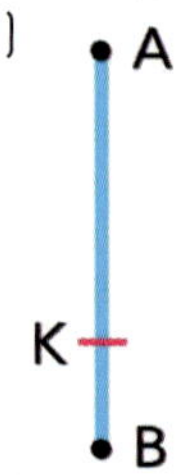

26. (Insper-SP) Um engenheiro desenvolveu uma ampulheta com diferentes alturas em seus compartimentos, conforme apresentado no esquema seguinte.

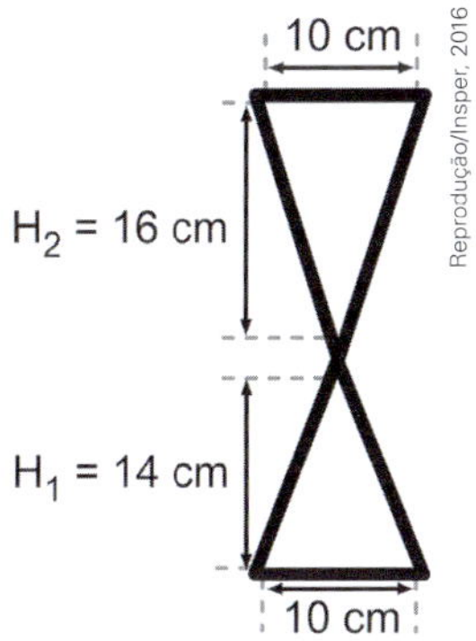

Figura fora de escala

Considere que o espaço interno dos dois compartimentos da ampulheta, onde a areia é armazenada e cujas medidas foram apresentadas no esquema, possui formato de um cone reto.

Se o cone menor for completamente cheio de areia, em um determinado tempo após virar a ampulheta, toda a areia será transferida para o cone maior. Nesse cone, ao assentar, a areia não ocupará todo o espaço interno, formando um tronco de cone, conforme ilustrado a seguir.

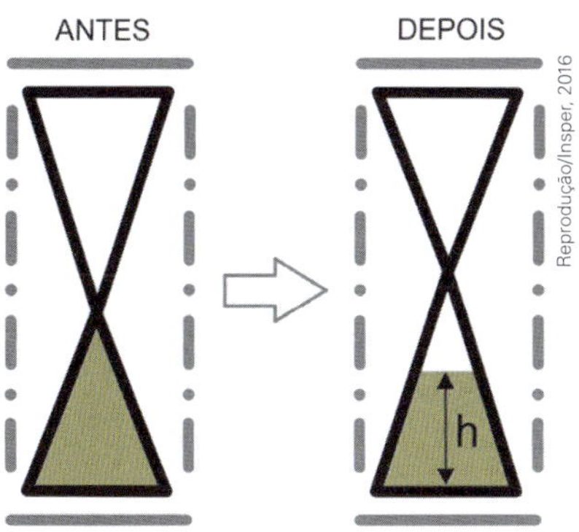

Figura fora de escala

A razão entre a altura **h** do tronco de cone de areia e a altura H_2 do cone maior é igual a

a) $\sqrt[3]{\frac{3}{4}}$ b) $\sqrt[3]{\frac{7}{8}}$ c) $\frac{1}{2}$ d) $\frac{1}{8}$ e) $\frac{7}{8}$

27. (ITA-SP) Considere o sólido de revolução obtido pela rotação de um triângulo isósceles ABC em torno de uma reta paralela à base $\overline{BC}$ que dista 0,25 cm do vértice **A** e 0,75 cm da base $\overline{BC}$. Se o lado $\overline{AB}$ mede $\frac{\sqrt{\pi^2+1}}{2\pi}$ cm, o volume desse sólido, em cm^3, é igual a:

a) $\frac{9}{16}$ b) $\frac{13}{96}$ c) $\frac{7}{24}$ d) $\frac{9}{24}$ e) $\frac{11}{96}$

28. (Insper-SP) No filme "Enrolados", os estúdios Disney recriaram a torre onde vivia a famosa personagem dos contos de fadas Rapunzel (figura 1). Nesta recriação, podemos aproximar o sólido onde se apoiava a sua morada por um cilindro circular reto conectado a um tronco de cone, com as dimensões indicadas na figura 2, feita fora de escala.

Figura 1

Disponível em: http://g1.globo.com/pop-arte/noticia/2010/08/disney-divulga-poster-de-rapunzel.html. Acesso em 16.10.15

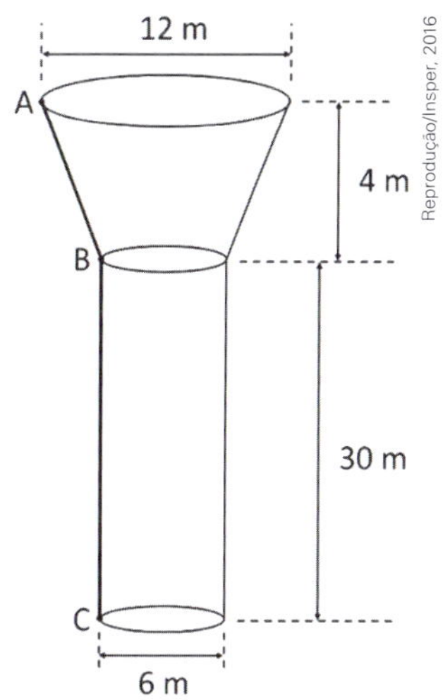

Figura 2

Para que o príncipe subisse até a torre, Rapunzel lançava suas longas tranças para baixo. Nesta operação, suponha que uma das extremidades da trança ficasse no ponto **A** e outra no ponto **C**, onde se encontrava o rapaz. Considerando que a trança ficasse esticada e perfeitamente sobreposta à linha poligonal formada pelos segmentos $\overline{AB}$ e $\overline{BC}$, destacada em linha grossa na figura 2, o comprimento da trança de Rapunzel, em metros, é igual a

a) 35. b) 38. c) 40. d) 42. e) 45.

CAPÍTULO 18

Esfera

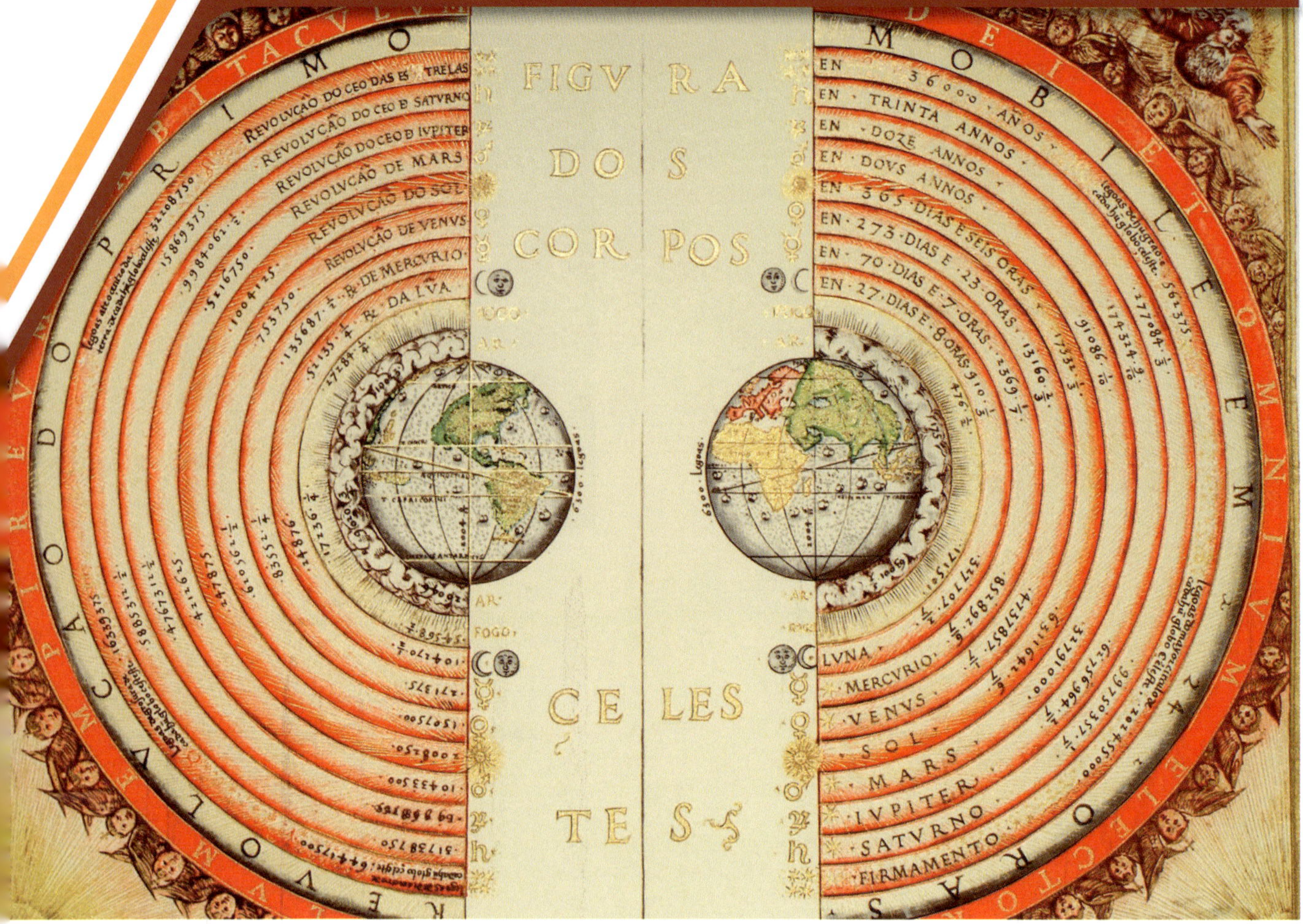

No modelo de Aristóteles (384 a.C.-322 a.C.) e de Ptolomeu (c. 100 d.C.-c.170 d.C.), dois importantes filósofos gregos, o universo era formado por esferas com centro na Terra. As sete primeiras esferas, em ordem crescente, continham a Lua, Mercúrio, Vênus, o Sol, Marte, Júpiter e Saturno. Por fim, a última continha as estrelas, que estavam fixas em suas posições.

Observe os objetos a seguir:

AUSÊNCIA DE PROPORÇÃO

Todos eles lembram a forma de uma esfera, sólido que passaremos a estudar agora.

Autorretrato no espelho esférico. Litografia de 1935 do artista holandês M. C. Escher, exposta no Museu M. C. Escher, Holanda.

Consideremos um ponto **O** e um segmento de medida **r**. Denomina-se **esfera** de centro **O** e raio **r** o conjunto dos pontos do espaço cuja distância ao ponto **O** é menor ou igual a **r**.

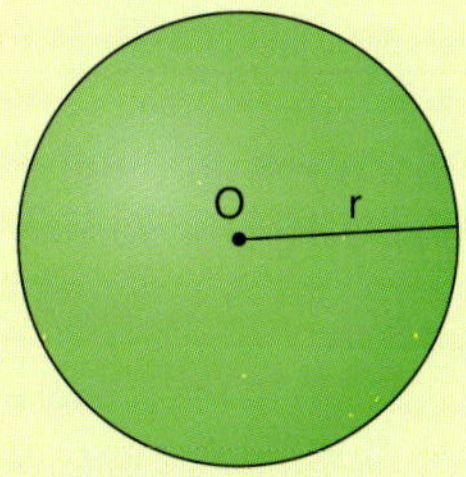

Banco de imagens/Arquivo da editora

É importante diferenciarmos esfera de superfície esférica: a **superfície esférica** de centro **O** e raio **r** é o conjunto de pontos do espaço cuja distância ao ponto **O** é igual a **r**.

OBSERVAÇÕES

- A **superfície esférica** de centro **O** e raio **r** é a superfície gerada pela rotação de uma semicircunferência em torno de um eixo que contém seu diâmetro.
- A **esfera** de centro **O** e raio **r** é o sólido de revolução gerado pela rotação de um semicírculo em torno de um eixo que contém o diâmetro.

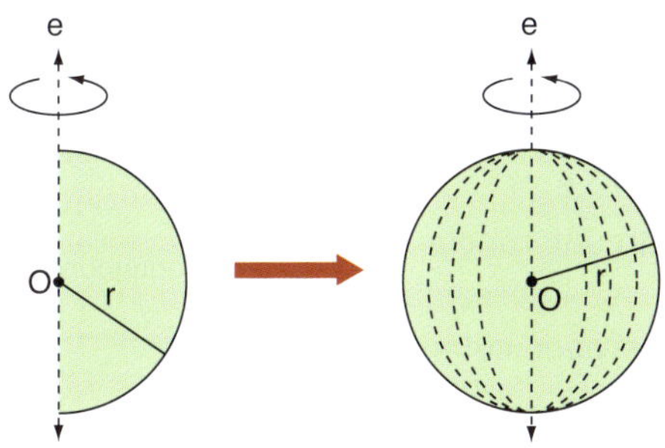

Ilustrações: Banco de imagens/Arquivo da editora

Seção de uma esfera

Quando um plano α intersecta, em mais de um ponto, uma esfera de centro **O** e raio de medida **r**, o conjunto de pontos comuns ao plano e à esfera é um **círculo**, como mostra a figura ao lado.

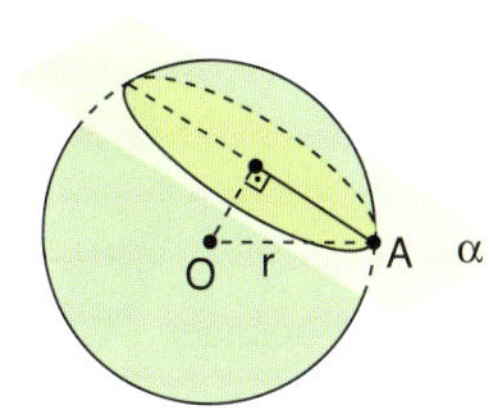

Banco de imagens/Arquivo da editora

Dizemos, assim, que toda seção plana de uma esfera é um círculo. A medida do raio desse círculo varia de acordo com a distância do plano α ao centro **O**. Quanto mais próximo de **O** o plano α intersectar a esfera, maior será a medida **s** do raio da seção. Se α passar pelo centro **O**, o raio da seção determinada será o próprio raio da esfera e, nesse caso, a seção recebe o nome de **círculo máximo da esfera**.

Observe essa propriedade na figura abaixo.

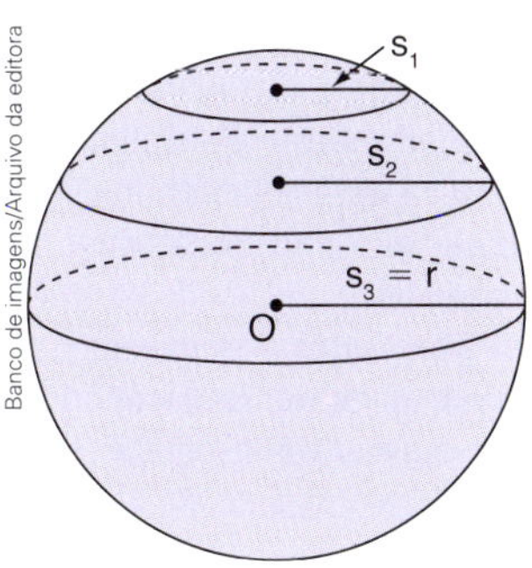

Banco de imagens/Arquivo da editora

$s_1 < s_2 < s_3 = r$

EXEMPLO 1

Suponha que um plano α intersecte uma esfera, a 5 cm de seu centro, determinando nela um círculo de raio 12 cm. Vamos encontrar a medida do raio dessa esfera.

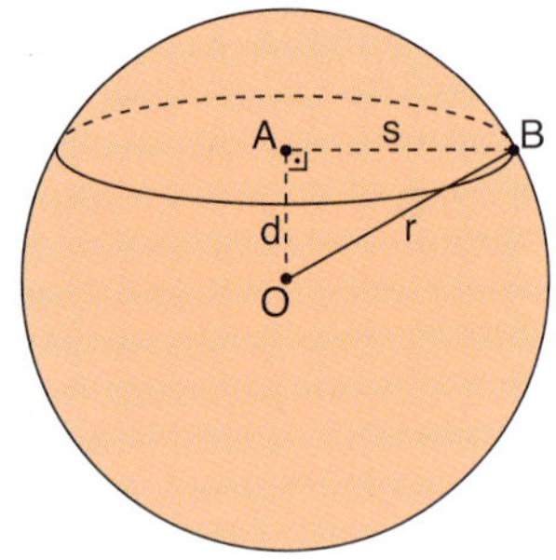

Banco de imagens/Arquivo da editora

Sejam:

d: distância de α ao centro **O**; $d = 5$ cm

s: medida do raio da seção; $s = 12$ cm

r: medida do raio da esfera

No $\triangle AOB$, temos:

$r^2 = s^2 + d^2 \Rightarrow r^2 = 12^2 + 5^2 \Rightarrow r^2 = 144 + 25 \Rightarrow r^2 = 169 \Rightarrow r = 13$

Assim, o raio da esfera mede 13 cm.

Elementos de uma esfera

Observando a figura ao lado, vamos caracterizar os elementos de uma esfera de centro **O**, raio **r** e eixo de rotação **e**.

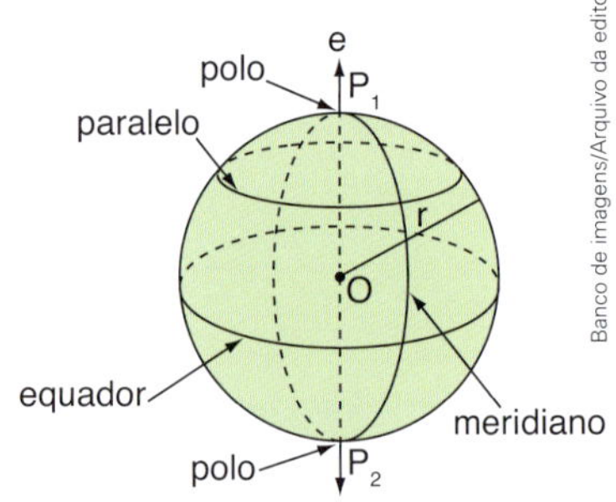

Banco de imagens/Arquivo da editora

- **Polos**: os polos $\mathbf{P_1}$ e $\mathbf{P_2}$ correspondem aos pontos de interseção da superfície esférica com o eixo **e**.
- **Equador**: é a circunferência do círculo (seção) obtido ao se intersectar a esfera por um plano perpendicular ao eixo **e**, pelo centro da esfera.
  O círculo associado ao equador (círculo máximo da esfera) divide a esfera em duas "partes" iguais, conhecidas como hemisférios ou semiesferas.

Thinkstock/Getty Images

Uma laranja lembra uma esfera e, ao cortá-la ao meio, podemos imaginar o formato dos hemisférios.

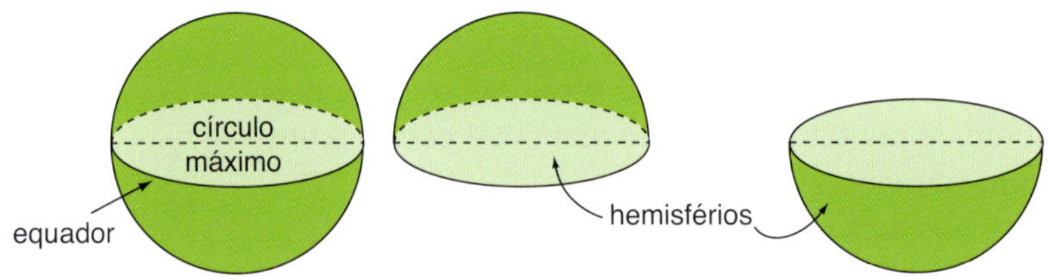

Ilustrações: Banco de imagens/Arquivo da editora

- **Paralelo**: é a circunferência do círculo obtido ao se intersectar a esfera por um plano perpendicular ao eixo **e**.
  O plano que contém um paralelo é paralelo ao plano que contém o equador.
- **Meridiano**: é a circunferência do círculo obtido ao se intersectar a esfera por um plano que contém o seu eixo.

OBSERVAÇÃO

Sabemos que o planeta Terra não tem a forma exata de uma esfera, devido a um achatamento nos polos. No entanto, é comum considerar seu formato aproximadamente esférico. Nesse sentido, observe que a caracterização dos elementos de uma esfera está relacionada às linhas imaginárias do nosso planeta, estudadas em Geografia, que servem para localizar pontos na superfície esférica da Terra e também definir os 24 fusos horários.

Procure visualizar, em um globo terrestre, os seguintes elementos: polo norte e polo sul, hemisfério norte e hemisfério sul, linha do equador, trópico de Câncer e trópico de Capricórnio, e o meridiano de Greenwich. Estabeleça uma relação entre esses elementos e os elementos de uma esfera.

Nasa/NOAA/GOES Project

Nosso planeta não tem a forma exata de uma esfera.

Volume da esfera

O volume **V** de uma esfera de raio **r** é dado por: $V = \dfrac{4\pi r^3}{3}$

Demonstração:

Considere um cilindro equilátero cujo raio da base mede **r** e a altura mede 2r. Seja **V** o ponto médio do segmento $\overline{MN}$, contido no eixo do cilindro. Desse cilindro retiramos dois cones cujas bases coincidem com as bases do cilindro. Esses cones têm como vértice comum o ponto **V**, e a medida de suas alturas é **r**, como mostra a sequência de figuras abaixo. O sólido geométrico obtido será indicado por **G**.

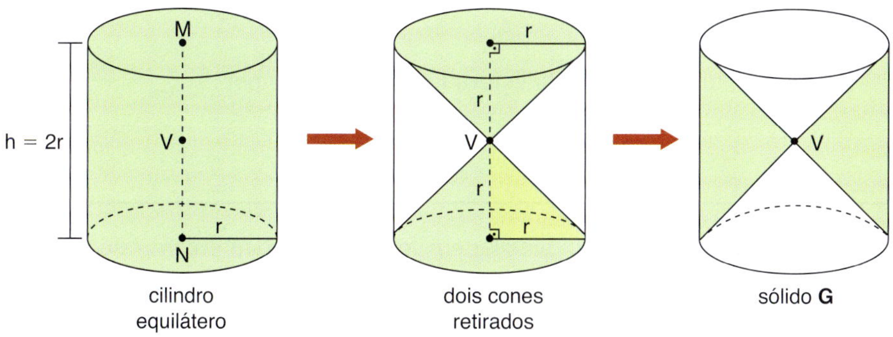

Ilustrações: Banco de imagens/Arquivo da editora

Agora, considere uma esfera de raio **r** e o sólido **G** obtido anteriormente. Imagine que essa esfera seja tangente a um plano α e que o cilindro original descrito tenha uma das bases contida em α.

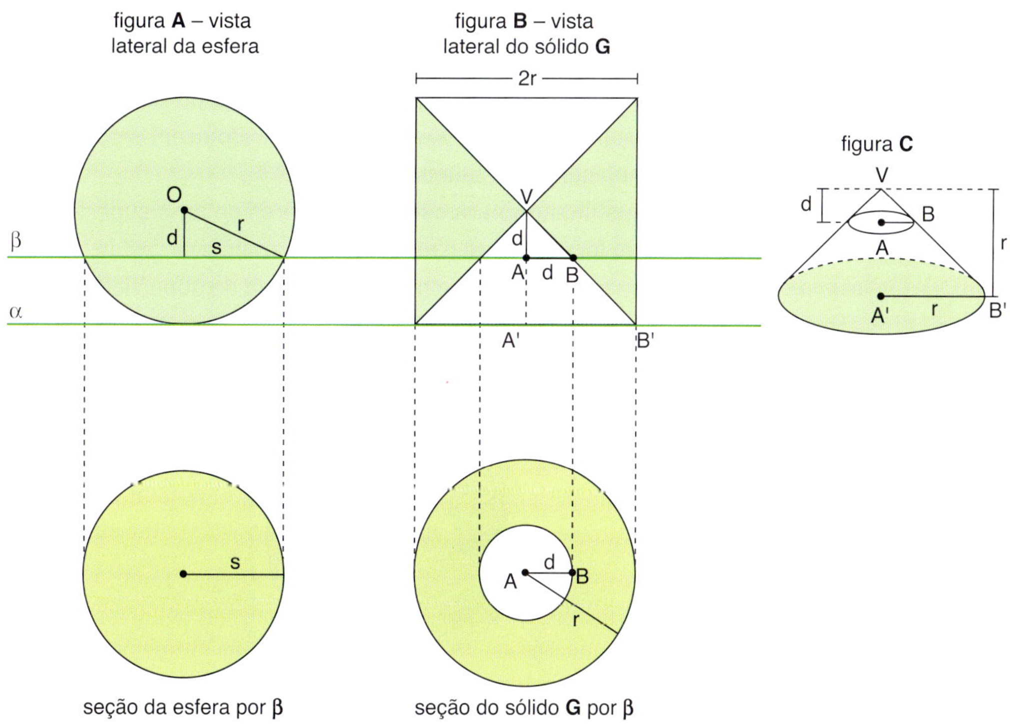

Ilustrações: Banco de imagens/Arquivo da editora

Quando um plano β, paralelo a α, intersecta a esfera a uma distância **d** de seu centro, ele determina nela um círculo de raio **s** cuja área é:

$$\pi s^2 = \pi \cdot (r^2 - d^2) \quad (1) \quad \text{(Veja a figura } \mathbf{A}.)$$

O plano β, naturalmente, também intersecta o sólido **G**, a uma distância **d** de **V**, determinando, como seção, uma coroa circular. Essa coroa circular é limitada por duas circunferências: uma de raio **r** e outra de raio **d**, com $r > d$, cuja área é dada por:

$\pi \cdot (r^2 - d^2)$ (2) (Observe nas figuras **B** e **C** que o triângulo VAB é isósceles e, portanto, AB = d.)

Por (1) e (2), concluímos que as áreas das seções na esfera e no sólido **G** são iguais. Logo, pelo princípio de Cavalieri, a esfera e o sólido **G** têm o mesmo volume.

O volume do sólido **G** pode ser calculado por:

$$V_G = V_{cilindro} - 2 \cdot V_{cone}$$

$$V_G = \underbrace{\pi \cdot r^2}_{A_b} \cdot \underbrace{2r}_{h} - 2 \cdot \frac{1}{3} \cdot \underbrace{\pi \cdot r^2}_{A_b} \cdot \underbrace{r}_{h} \Rightarrow V_G = 2\pi r^3 - \frac{2}{3}\pi r^3 \Rightarrow V_G = \frac{4\pi r^3}{3}$$

Segue, daí, que o volume da esfera também é dado por: $V_{esfera} = \dfrac{4\pi r^3}{3}$

EXEMPLO 2

Quantos litros de gás pode conter um reservatório industrial em formato esférico e com raio interno medindo 2 m?

É preciso calcular o volume de uma esfera cujo raio mede 2 m:

$V = \dfrac{4}{3}\pi \cdot 2^3 = \dfrac{32\pi}{3}$ ou aproximadamente 33,49 m^3 (usamos $\pi \simeq 3{,}14$).

Logo, o reservatório pode conter aproximadamente 33 490 litros de gás.

Área da superfície esférica

Diferentemente do cilindro e do cone, a esfera é um corpo redondo cuja superfície não pode ser planificada, isto é, não é possível "colocar" a superfície de uma esfera em um plano sem dobrá-la ou esticá-la.

A seguir, veja uma justificativa para a fórmula da área de uma superfície esférica, cuja demonstração formal exige conhecimentos mais avançados.

Seja uma esfera de centro **O**, raio de medida **R** e área da superfície igual a **A**.

Dado um número real positivo **x**, vamos considerar a esfera de centro **O** e raio de medida R + x. Observe as duas esferas concêntricas na figura a seguir.

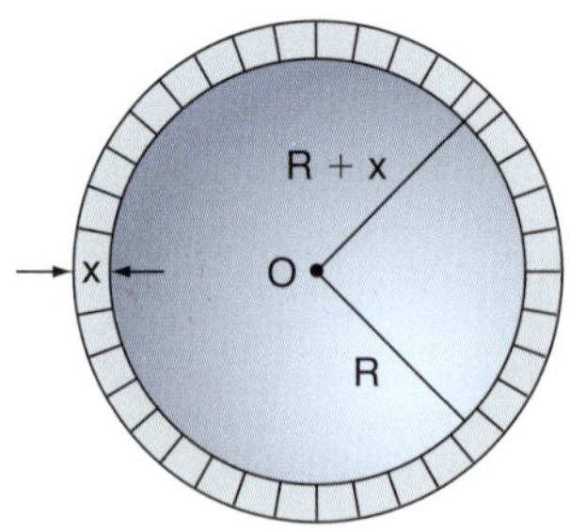

Banco de imagens/Arquivo da editora

O sólido limitado por essas duas esferas é uma espécie de "casca" formada por segmentos de reta cujo comprimento é **x**.

Intuitivamente, vamos imaginar a superfície da primeira esfera como uma "placa sólida de espessura suficientemente pequena" (essa ideia pode ser estendida para qualquer superfície).

Assim, para valores de **x** cada vez mais próximos do zero (indica-se $x \to 0$ e lê-se "**x** tende a zero"), o volume **V** do sólido limitado pelas duas esferas é aproximadamente igual a $A \cdot x$, em que **A** é a área da superfície esférica cujo raio mede **R**.

Expressando também **V** como a diferença entre os volumes das duas esferas, temos:

$$A \cdot x = \frac{4\pi}{3}(R + x)^3 - \frac{4\pi}{3}R^3$$

$$A \cdot x = \frac{4\pi}{3}(R^3 + 3R^2x + 3Rx^2 + x^3 - R^3)$$

$$A \cdot x = \frac{4\pi}{3}x \cdot (3R^2 + 3Rx + x^2)$$

$$A = \frac{4\pi}{3} \cdot (3R^2 + 3Rx + x^2)$$

Se **x** tende a 0, as parcelas $3Rx$ e $\mathbf{x}^2$ também tendem a zero. Logo:

$$A = \frac{4\pi}{3} \cdot 3R^2 = 4\pi R^2$$

Assim, a área de uma superfície esférica de raio de medida **R** é dada por:

$$A = 4\pi R^2$$

EXEMPLO 3

Uma indústria recebeu uma encomenda para a confecção de 5 000 bolinhas de pingue-pongue. O plástico usado na confecção das bolinhas custa R$ 5,00 o metro quadrado. Se o diâmetro de uma bolinha é 3 cm, qual é o custo mínimo da indústria com o material para essa encomenda? Vamos usar 3,14 como aproximação de π.

O raio de cada bolinha mede:

$$r = \frac{3}{2}\text{ cm} = 1{,}5\text{ cm}$$

A área da superfície de uma bolinha é:

$$4\pi \cdot (1{,}5\text{ cm})^2 = 9\pi\text{ cm}^2 = 9 \cdot 3{,}14\text{ cm}^2 = 28{,}26\text{ cm}^2$$

Para confeccionar as 5 000 bolinhas, são necessários, no mínimo:

$$5\,000 \cdot (28{,}26\text{ cm}^2) = 141\,300\text{ cm}^2 = 14{,}13\text{ m}^2$$

O custo em reais para a confecção das bolinhas é:

$$14{,}13 \cdot 5 = 70{,}65\text{, ou seja, R\$ }70{,}65$$

Exercícios resolvidos

Thinkstock/Getty Images

1. A superfície de uma bolha de sabão, de formato esférico, tem $36\pi\text{ cm}^2$ de área. Qual é o volume de ar contido nessa bolha?

Solução:

Com base na informação sobre a área da superfície esférica, é possível encontrar a medida **r** de seu raio:

$$A = 36\pi\text{ cm}^2 \Rightarrow 4\pi r^2 = 36\pi\text{ cm}^2 \Rightarrow r^2 = 9\text{ cm}^2 \Rightarrow r = 3\text{ cm}$$

O volume de ar contido na bolha corresponde ao volume da esfera, ou seja:

$$V = \frac{4\pi r^3}{3} = \frac{4\pi \cdot (3\ cm)^3}{3} \Rightarrow V = 36\pi\ cm^3$$

Portanto, $V = 36\pi\ cm^3$.

2. Duas esferas de gelo cujos raios medem 2 cm e 1 cm são derretidas. A água obtida pela fusão (passagem do estado sólido para o líquido) é colocada integralmente em um recipiente cúbico de vidro cuja aresta mede 4 cm. Qual é o nível, em centímetros, atingido pela água nesse recipiente? Considere $\pi \simeq 3{,}1$ e despreze a espessura do vidro.

Solução:

O volume total de água obtida por derretimento corresponde à soma dos volumes das duas esferas, ou seja:

$$V = \frac{4\pi \cdot (2\ cm)^3}{3} + \frac{4\pi \cdot (1\ cm)^3}{3} = \frac{32\pi}{3}\ cm^3 + \frac{4\pi}{3}\ cm^3 \Rightarrow V = 12\pi\ cm^3 = 37{,}2\ cm^3$$

A área da base do recipiente cúbico é $(4\ cm)^2 = 16\ cm^2$.

Assim, considerando **x** o nível, em centímetros, que a água atinge no recipiente temos:

$$A_b \cdot x = 37{,}2\ cm^3 \Rightarrow 16\ cm^2 \cdot x = 37{,}2\ cm^3 \Rightarrow x \simeq 2{,}3\ cm$$

Portanto, a água atinge o nível de 2,3 cm nesse recipiente.

Exercícios

1. Se uma esfera tem 12 cm de diâmetro, qual é a área de sua superfície e qual é o seu volume?

2. Calcule o volume de uma esfera, sabendo que a área de sua superfície é igual a $576\pi\ cm^2$.

3. O raio de uma esfera mede 4 cm. Um plano que seciona essa esfera determina nela um círculo com raio de medida 1 cm. Determine a distância do plano ao centro da esfera.

4. Um plano intersecta uma esfera a uma distância do centro igual à medida do raio da seção que ele determina na esfera. Sabendo que o raio da esfera mede 4 cm, determine:

a) a área da seção;

b) a área do círculo máximo dessa esfera;

c) a área da superfície esférica.

5. Uma esfera oca tem 1 dm de raio exterior e 1 cm de espessura. Qual é o volume da parte oca da esfera?

6. Um recipiente, na forma de paralelepípedo retângulo, está completamente cheio de terra. Suas dimensões são 4 m de comprimento, 2 m de largura e 1 m de altura. Deseja-se distribuir toda a terra do recipiente em vasos idênticos, cada um com a forma de um hemisfério, como mostra a figura. Qual é o número mínimo de vasos que serão necessários?
Use $\pi \simeq 3{,}14$.

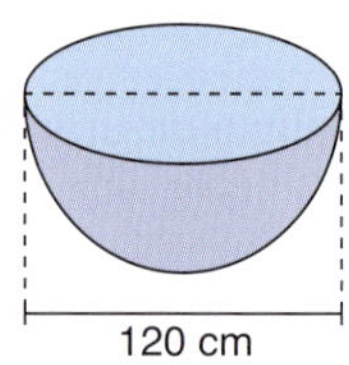

Banco de imagens/Arquivo da editora

7. Duas esferas são concêntricas e seus raios medem 4 cm e 2 cm, respectivamente. Um plano tangente à esfera menor intersecta a outra esfera, determinando uma seção **S**.

a) Qual é a área de **S**?

b) Qual é o comprimento da circunferência de **S**?

8. A área de uma superfície esférica é $144\pi\ cm^2$. Em quantos centímetros deve-se aumentar a medida do raio para que a área da superfície passe a ser $256\pi\ cm^2$?

9. Um plano intersecta uma esfera determinando uma seção de área $36\pi\ cm^2$. Sabendo que a área da superfície dessa esfera é $400\pi\ cm^2$, determine a distância do centro da esfera ao plano.

10. A figura mostra um reservatório industrial de aço usado para armazenamento de cereais, conhecido como silo.

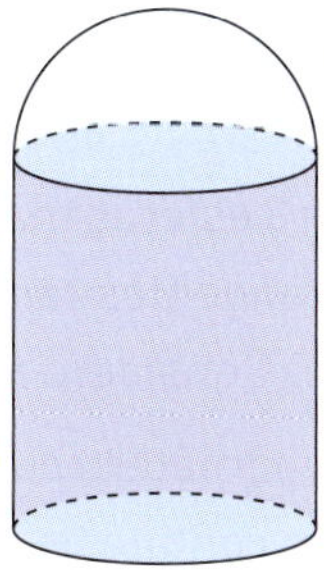
Banco de imagens/Arquivo da editora

Ele é formado por uma parte que lembra um cilindro circular reto, com 8 m de altura e raio interno da base 2 m, encimado por uma parte que lembra uma semiesfera.

Usando $\pi \simeq 3{,}1$, responda:

a) Quantos metros quadrados de aço são gastos na confecção desse silo?

b) Quantos metros cúbicos de cereais o silo pode armazenar?

11. Um joalheiro necessita confeccionar uma peça que lembra uma esfera de ouro cuja medida do raio seja 3 cm. Ele dispõe de algumas peças esféricas menores do mesmo material, cada qual com raio de medida 2 cm.

a) Determine o número mínimo de peças esféricas menores a serem fundidas para que ele possa confeccionar a peça esférica maior.

b) A sobra do ouro fundido, nas condições do item *a*, será vendida ao preço de R$ 140,00 por grama. Sabendo que a densidade do ouro é de 19,3 g/cm^3, determine o valor que será arrecadado com a venda da sobra. Considere $\pi \simeq 3$.

12. A casquinha de um sorvete tem a forma de um cone circular reto, com $\sqrt{241}$ cm de geratriz e 8 cm de diâmetro da base.

Uma bola de sorvete foi servida, de modo que a parte que ficou visível corresponde a uma semiesfera, como mostra a figura.

Determine quantos centímetros cúbicos da casquinha não contêm sorvete. Considere $\pi \simeq 3$.

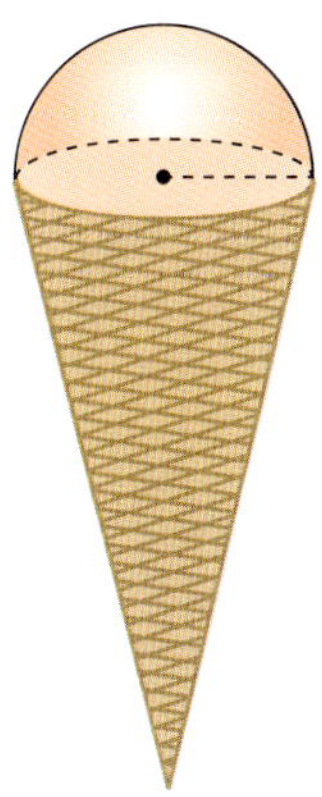
CJT/Zapt/Arquivo da editora

13. Uma esfera de raio **r** tem volume **V** e a área de sua superfície é **A**. Expresse, em função de **V** e de **A**, o volume e a área da superfície da esfera obtida em cada um dos seguintes casos:

a) **r** é dobrado;

b) **r** é reduzido à sua terça parte.

14. Para enfeite de Natal, Silvana colocou, em um recipiente de vidro na forma de cone circular reto, 200 bolinhas de mesmo tamanho coloridas e maciças e preencheu o espaço vazio com um líquido colorido. As medidas do diâmetro da base e da altura do recipiente são 20 cm e 30 cm, respectivamente, e a medida do diâmetro de cada bolinha é 3 cm. Considere $\pi \simeq 3{,}1$.

a) Determine o volume do líquido usado para preencher o recipiente.

b) Qual seria a resposta do item *a* caso Silvana tivesse comprado 200 bolinhas, cada qual com diâmetro medindo metade do diâmetro da bolinha utilizada?

15. Um aquecedor a gás tem a forma de um cilindro com duas semiesferas acopladas em suas extremidades, como mostra a figura.

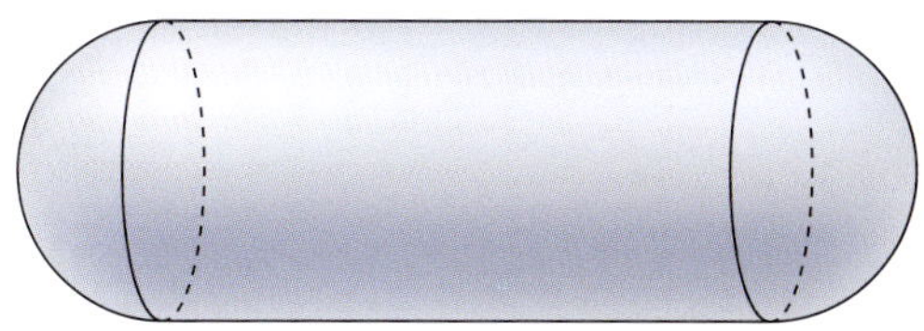
Banco de imagens/Arquivo da editora

Sabendo que o diâmetro da base do cilindro é 0,90 m e que o comprimento total do aquecedor é 1,90 m, calcule:

a) a área de sua superfície;

b) o volume máximo de gás que o seu interior pode conter, em litros.

Use $\pi \simeq 3$.

16. Uma pedra com formato esférico e 21 cm de medida do raio foi mergulhada em um tanque que tem a forma de um cilindro reto cujo raio da base mede 0,7 m. Considerando que o nível da água no tanque elevou-se **x** centímetros, sem que houvesse transbordamento, determine o valor de **x**.

17. Um meridiano de uma esfera $\mathbf{E}_1$ tem comprimento 10π dm.

Determine:

a) a área da superfície $\mathbf{E}_1$;

b) a razão entre o volume de uma esfera $\mathbf{E}_2$ e o volume de $\mathbf{E}_1$, sabendo que o diâmetro de $\mathbf{E}_2$ mede $\frac{3}{5}$ do diâmetro de $\mathbf{E}_1$;

c) a área da superfície de $\mathbf{E}_2$.

18. Uma loja vende bolinhas de gude em embalagens cilíndricas, cada qual contendo seis unidades, conforme mostra a figura abaixo.

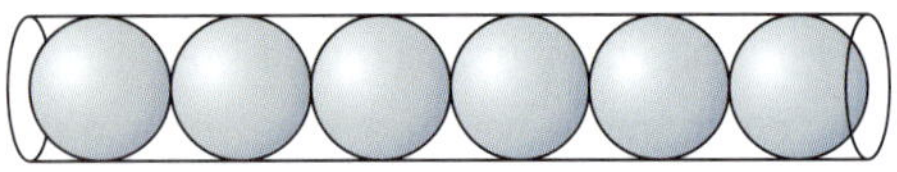

Banco de imagens/Arquivo da editora

Se cada bolinha tem 2 cm de diâmetro, determine o volume do ar existente entre a embalagem e as bolinhas.

Considere $\pi \simeq 3{,}14$.

19. Um objeto de decoração tem a forma de uma esfera inscrita em um cubo. Se a área de uma face do cubo é 196 cm^2, determine a área da superfície esférica.

20. Um cubo oco de aresta de medida 20 cm contém em seu interior 8 esferas maciças iguais, tangentes entre si e tangentes também às paredes internas do cubo. Considere $\pi \simeq 3$ e determine:

a) a área do quadrilátero cujos vértices são quatro pontos de contato de 4 esferas com a base inferior do cubo;

b) o volume do sólido cujos vértices são os centros das 8 esferas.

Partes da esfera

Fuso esférico

Fuso esférico é a superfície gerada pela rotação de uma semicircunferência, a qual gira α graus ($0° < \alpha \leqslant 360°$) em torno do eixo que contém seu diâmetro.

Quando α é dobrado, a área do fuso é dobrada; triplicando α, também a área do fuso é triplicada; e assim sucessivamente. No caso de $\alpha = 360°$, o fuso transforma-se na superfície da esfera, cuja área é $A = 4\pi r^2$.

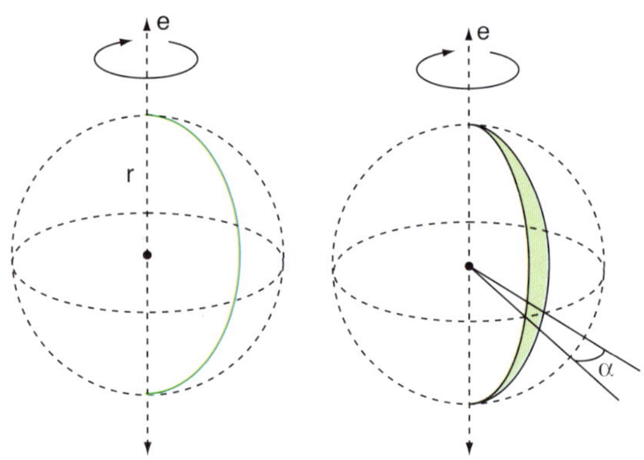

Ilustrações: Banco de imagens/Arquivo da editora

De modo geral, a área do fuso é proporcional a α e, portanto, pode ser calculada por uma regra de três simples.

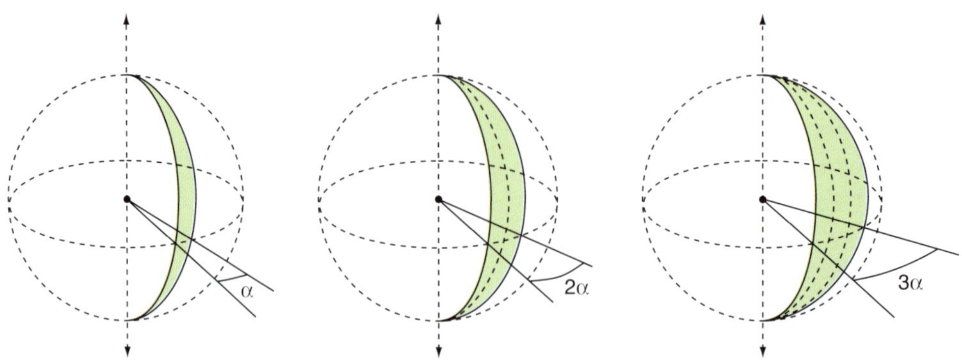

Ilustrações: Banco de imagens/Arquivo da editora

Vejamos como ficam as expressões da área de um fuso em função da medida (α) do ângulo de giro, em graus e radianos:

Para α em graus:

$$\left.\begin{array}{r} 360° — 4\pi r^2 \\ \alpha — A_{fuso} \end{array}\right\} \Rightarrow A_{fuso} = \frac{\pi r^2 \alpha}{90°}$$

Para α em radianos:

$$\left.\begin{array}{r} 2\pi \text{ rad} — 4\pi r^2 \\ \alpha — A_{fuso} \end{array}\right\} \Rightarrow A_{fuso} = 2r^2\alpha$$

Essas expressões não precisam ser memorizadas, pois sempre podem ser obtidas por meio de regra de três simples, como mostra o exemplo a seguir.

EXEMPLO 4

Vamos calcular a área do fuso esférico da figura abaixo.

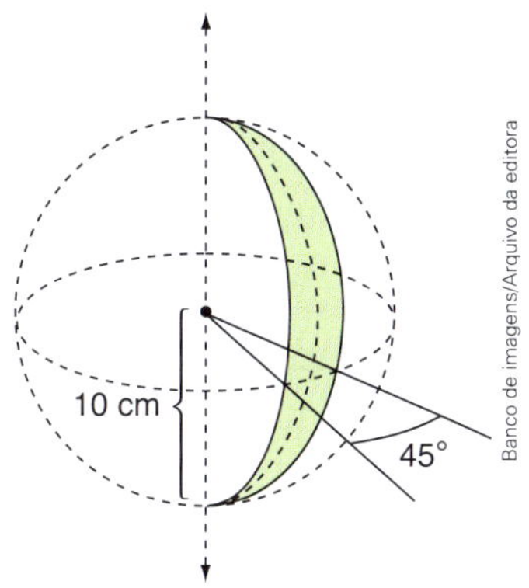

Para calcular a área do fuso esférico, podemos estabelecer a seguinte proporção:

$$\left.\begin{array}{l} \text{ângulo} \quad \text{área} \\ 360° — 4\pi \cdot 10^2 \\ 45° — x \end{array}\right\} \Rightarrow \frac{360°}{45°} = \frac{400\pi}{x} \Rightarrow 8 = \frac{400\pi}{x} \Rightarrow x = 50\pi$$

A área desse fuso é 50π cm^2.

Cunha esférica

Dá-se o nome de **cunha esférica** ao sólido gerado pela rotação de um semicírculo que gira α graus ($0° < \alpha \leq 360°$) em torno de um eixo que contém seu diâmetro.

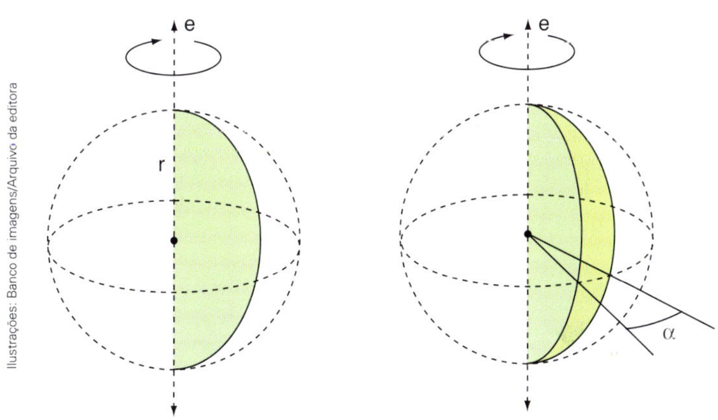

Note que, se α é dobrado, o volume da cunha esférica é dobrado; se α é triplicado, o volume da cunha esférica também é triplicado; e assim sucessivamente. No caso em que $\alpha = 360°$, a cunha esférica transforma-se em uma esfera, e seu volume é $V = \frac{4}{3}\pi r^3$.

De modo geral, o volume da cunha esférica é proporcional a α e, portanto, pode ser calculado por uma regra de três simples.

Observe as relações obtidas:

Para α em graus:

$$\left.\begin{matrix} 360° - \frac{4}{3}\pi r^3 \\ \alpha - V_{cunha} \end{matrix}\right\} \Rightarrow V_{cunha} = \frac{\pi r^3 \alpha}{270°}$$

Para α em radianos:

$$\left.\begin{matrix} 2\pi \text{ rad} - \frac{4}{3}\pi r^3 \\ \alpha - V_{cunha} \end{matrix}\right\} \Rightarrow V_{cunha} = \frac{2r^3 \alpha}{3}$$

Assim como as fórmulas para o fuso esférico, as fórmulas para a cunha esférica não precisam ser memorizadas; basta estabelecer uma regra de três.

Observe que a superfície de uma cunha esférica contida em uma esfera de raio **r** é a reunião de um fuso esférico com dois semicírculos de raio **r**.

Assim, a área total da cunha esférica é igual à soma da área do fuso esférico com a área de um círculo de raio **r**.

EXEMPLO 5

Vamos calcular o volume e a área total da cunha esférica representada na figura.

Banco de imagens/Arquivo da editora

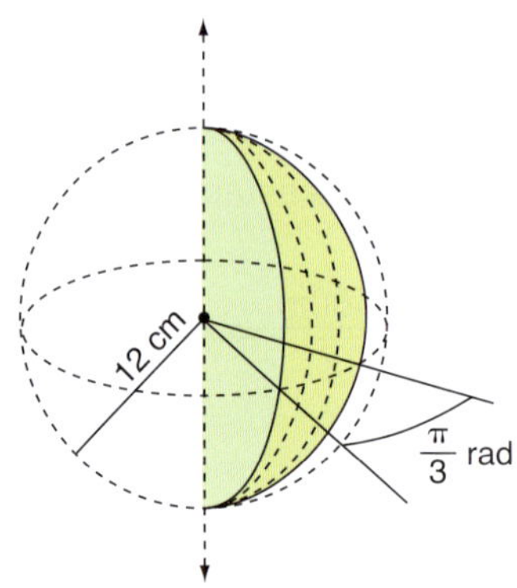

- O volume da esfera é $\frac{4}{3}\pi \cdot (12 \text{ cm})^3 = 2\,304\pi \text{ cm}^3$.

  Assim, o volume da cunha pode ser obtido pela regra de três:

$$\left.\begin{matrix} 2\,304\pi - 2\pi \text{ rad} \\ V_{cunha} - \frac{\pi}{3} \text{ rad} \end{matrix}\right\} \Rightarrow \frac{2\,304}{V_{cunha}} = \frac{2\pi}{\frac{\pi}{3}} \Rightarrow V_{cunha} = 384\pi$$

  Portanto, o volume da cunha é $384\pi \text{ cm}^3$.

- A área da superfície esférica é $4\pi \cdot (12 \text{ cm})^2 = 576\pi \text{ cm}^2$.

  Observe que $\frac{\pi}{3}$ corresponde à sexta parte de 2π; então, a área do fuso esférico é $\frac{576\pi \text{ cm}^2}{6} = 96\pi \text{ cm}^2$.

  A área da cunha esférica pode ser obtida pela soma:

$$96\pi + \underbrace{\pi \cdot 12^2}_{\text{reunião de dois semicírculos}} = 96\pi + 144\pi = 240\pi$$

  Portanto, a área da cunha esférica é $240\pi \text{ cm}^2$.

OBSERVAÇÃO

Considerando uma laranja esférica, a casca do gomo tem forma de fuso esférico e o gomo tem forma de cunha esférica.

Banco de imagens/Arquivo da editora

Exercícios

21. Calcule, com os dados abaixo:

a) a área do fuso;

b) a área total e o volume da cunha.

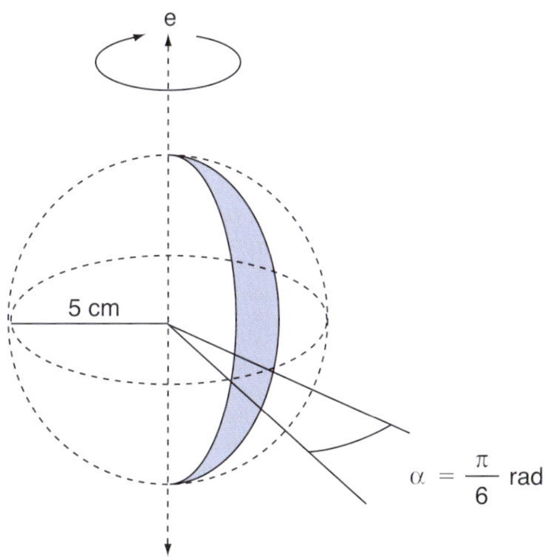

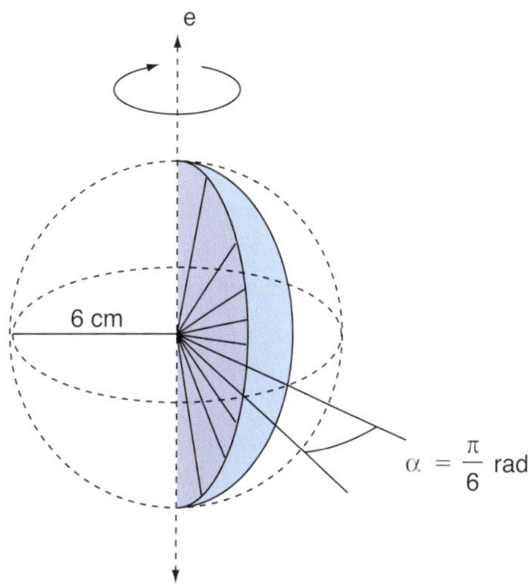

Ilustrações: Banco de imagens/Arquivo da editora

22. Determine a área de um fuso de 45° em uma esfera de 10 cm de raio.

23. Determine, em graus, a medida do ângulo do fuso de uma esfera, sabendo que a área do fuso é 54π cm^2 e a da superfície esférica é 324π cm^2.

24. Uma cunha esférica de 10° tem volume 1 078 m^3. Qual é a sua área total? Considere $\pi \simeq \dfrac{22}{7}$.

25. (Vunesp) Uma quitanda vende fatias de melancia embaladas em plástico transparente.

Uma melancia com forma esférica de raio de medida **R** cm foi cortada em 12 fatias iguais, e cada fatia tem a forma de uma cunha esférica, como representado na figura.

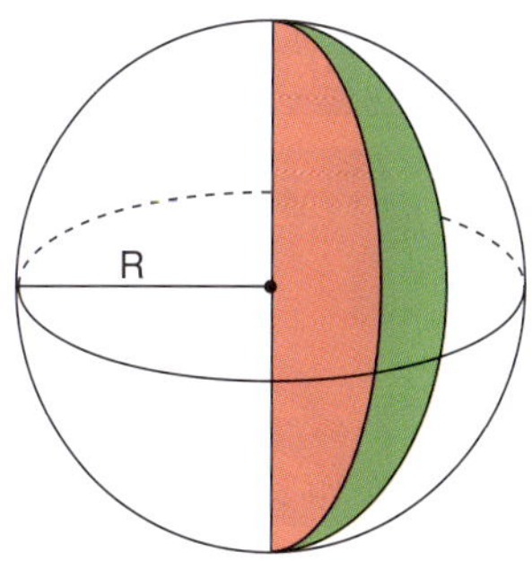

Banco de imagens/Arquivo da editora

Sabendo-se que a área de uma superfície esférica de raio **R** cm é $4\pi R^2$ cm^2, determine, em função de π e de **R**:

a) a área da casca de cada fatia da melancia (fuso esférico);

b) quantos centímetros quadrados de plástico foram necessários para embalar cada fatia (sem nenhuma perda e sem sobrepor camadas de plástico), ou seja, a área da superfície total de cada fatia.

Matemática, natureza e arte

A Geometria dos fractais

A Geometria euclidiana que estudamos em toda fase escolar não é suficiente para descrever determinadas formas geométricas, como a de uma nuvem, a de uma linha de recorte de um litoral, a de uma couve-flor, a de uma folha de samambaia e muitas outras que vemos na natureza. A curiosidade de compreender tais formas desafiou a ciência a estudá-las. A **Geometria dos fractais** nasceu dessa necessidade.

As raízes desse ramo da Matemática estão no século XIX, embora haja algumas indicações em épocas remotas, como na Grécia, na Índia e na China, entre os anos de 1200 a.C. e 800 a.C. Porém, somente há poucos anos, com o desenvolvimento e aperfeiçoamento dos algoritmos computacionais, a Geometria dos fractais vem se consolidando.

O pai dos fractais é o francês Benoît Mandelbrot (1924-2010), que no início dos anos 80 impulsionou os estudos sobre essas formas geométricas. Esta frase atribuída a ele sintetiza o espírito da Geometria de que falamos: "Nuvens não são esferas, montanhas não são cones, continentes não são círculos, o som de um latido não é contínuo e nem o raio viaja em linha reta".

O pai dos fractais

Benoît Mandelbrot nasceu na Polônia em 1924 e, após o início da Segunda Guerra Mundial, em 1939, se mudou com a família para a França e naturalizou-se francês. Passou por várias instituições de ensino, incluindo a École Polytechnique e a Sorbonne, em Paris. Insatisfeito com a geometria clássica, desenvolveu diversos estudos em diferentes áreas do saber para buscar novas respostas aos seus problemas científicos e à compreensão da natureza. Com o apoio de recursos de computação de empresas privadas, onde passou a trabalhar a partir de 1958, desenvolveu a geometria fractal. Publicou alguns livros, entre eles a sua obra clássica *The Fractal Geometry of Nature*, traduzida e publicada em língua portuguesa com o título *Objectos fractais*.

Steve Jurvetson

Benoît Mandelbrot (1924-2010), em 1985.

O que é fractal?

O termo fractal refere-se ao adjetivo *fractus*, cujo verbo *frangere*, em latim, significa quebrar. Um fractal é uma forma geométrica que tem duas características essenciais:

Complexidade infinita

Os fractais caracterizam-se por repetir, indefinidamente, um determinado padrão com ligeiras variações.

Autossimilaridade

Quando ampliamos uma pequena parte de um fractal, ela se parece com o todo. Assim, os fractais têm cópias aproximadas de si em seu interior.

Sandra Dias Campos

Fractais da natureza

Vejamos algumas formas fractais presentes na natureza:

Pasieka/SPL/Latinstock

Detalhe de uma variedade de couve-flor.

Lucidio Studio Inc./Corbis/Latinstock

Cada pequena parte da folha da samambaia se parece com a folha inteira.

Claude Nuridsany & Marie Perennou/SPL/Latinstock

Floco de neve.

Fractais geométricos

Vejamos alguns exemplos de fractais geométricos:

Poeira de Cantor

O russo Georg Cantor (1845-1918) criou um tipo simples de fractal obtido pela divisão de um segmento em três partes de mesma medida e supressão da parte central. Repetindo-se o processo indefinidamente, chegamos a uma sucessão de pontos, conhecida como **poeira de Cantor**. Observe, na figura seguinte, as cinco primeiras repetições desse processo:

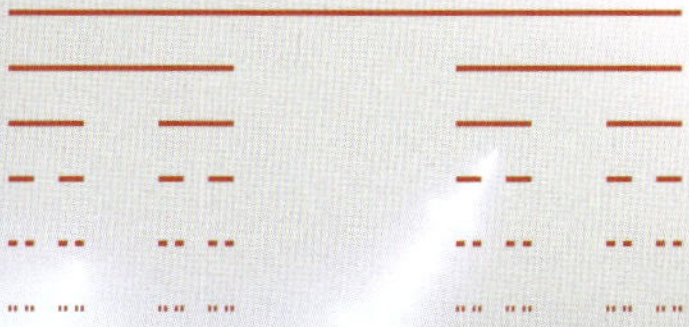

Triângulo de Sierpinski

Criado pelo polonês Waclaw Sierpinski (1882-1969), esse fractal é resultante da remoção sucessiva do triângulo equilátero do centro quando se divide um triângulo equilátero em quatro triângulos congruentes. Observe, na figura seguinte, as três primeiras repetições desse processo:

Floco de neve de Koch

Proposto pelo sueco Helge Von Koch (1870-1924), esse fractal é obtido a partir de um triângulo equilátero: divide-se cada lado do triângulo em três partes iguais. Na parte do centro (meio), acrescenta-se um novo triângulo equilátero, cujo lado mede a terça parte da medida do lado do triângulo anterior e assim sucessivamente, como mostra a figura seguinte:

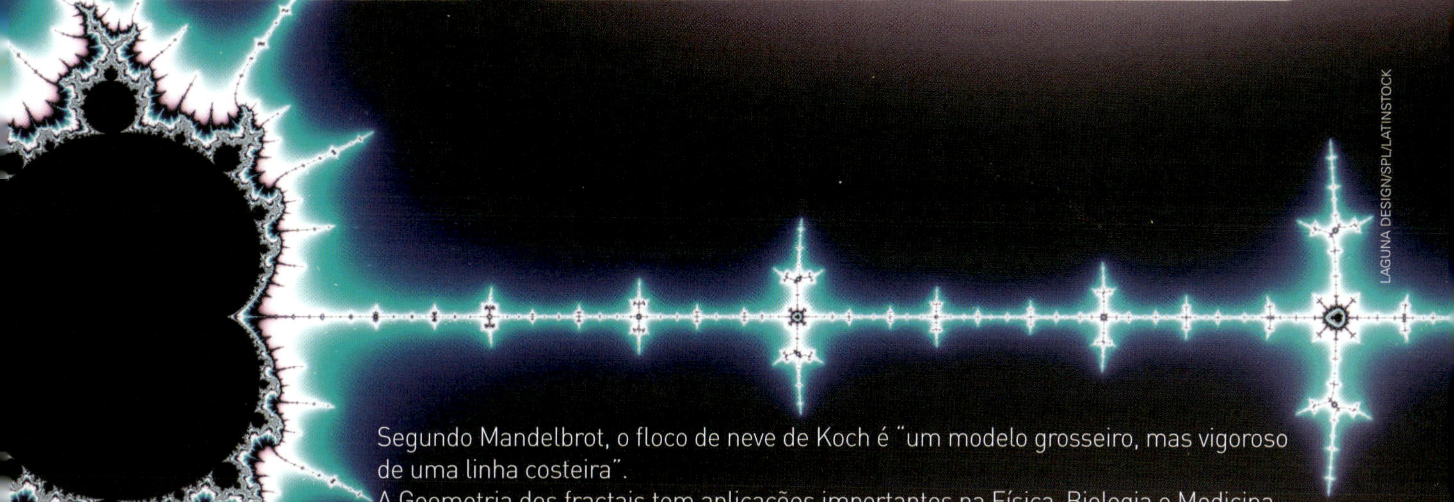

LAGUNA DESIGN/SPL/LATINSTOCK

Segundo Mandelbrot, o floco de neve de Koch é "um modelo grosseiro, mas vigoroso de uma linha costeira".

A Geometria dos fractais tem aplicações importantes na Física, Biologia e Medicina, entre outras áreas do conhecimento. Uma notável aplicação visual dos fractais é na Arte: quando os computadores são alimentados por **processos iterativos**, criam magníficos desenhos abstratos, permitindo a visualização de belas imagens. Vejamos algumas delas:

Iteração é um conjunto de regras e algoritmos que são executados sucessivas vezes.

Steve Allen/SPL/Latinstock

Fractal de Mandelbrot.

Victor Habbick Visions/SPL/Latinstock

Fractal de Mandelbrot.

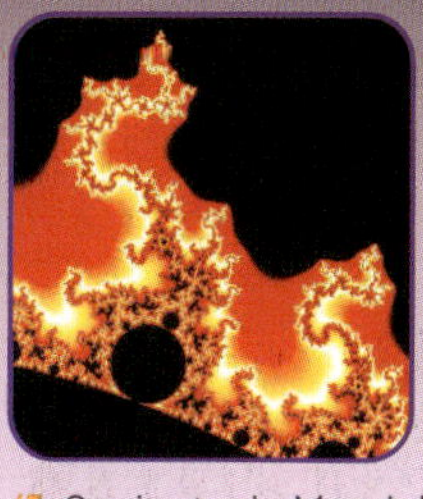

Alfred Pasieka/SPL/Latinstock

Conjunto de Mandelbrot.

Fontes de pesquisa: SALLUM, E. M. Fractais no Ensino Médio. *Revista do professor de Matemática*, n. 57, 2005.; Fractais: propriedades e construção. Disponível em: <people.ufpr.br/~ewkaras/ic/geralic2003.pdf>. Acesso em: 12 mar. 2018.; O Quadrado de Koch. Disponível em: <m3.ime.unicamp.br/recursos/1023>. Acesso em: 12 mar. 2018.

Enem e vestibulares resolvidos

(Enem) Uma empresa farmacêutica produz medicamentos em pílulas, cada uma na forma de um cilindro com uma semiesfera com o mesmo raio do cilindro em cada uma de suas extremidades. Essas pílulas são moldadas por uma máquina programada para que os cilindros tenham sempre 10 mm de comprimento, adequando o raio de acordo com o volume desejado.

Um medicamento é produzido em pílulas com 5 mm de raio. Para facilitar a deglutição, deseja-se produzir esse medicamento diminuindo o raio para 4 mm, e, por consequência, seu volume. Isso exige a reprogramação da máquina que produz essas pílulas.

Use 3 como valor aproximado para π.

A redução do volume da pílula, em milímetros cúbicos, após a reprogramação da máquina, será igual a:

a) 168

b) 304

c) 306

d) 378

e) 514

Resolução comentada

Para calcular a redução do volume, precisamos saber o volume da pílula antes e depois da reprogramação da máquina.

As pílulas são sempre formadas por um cilindro e duas semiesferas de mesmo raio, como mostra a figura.

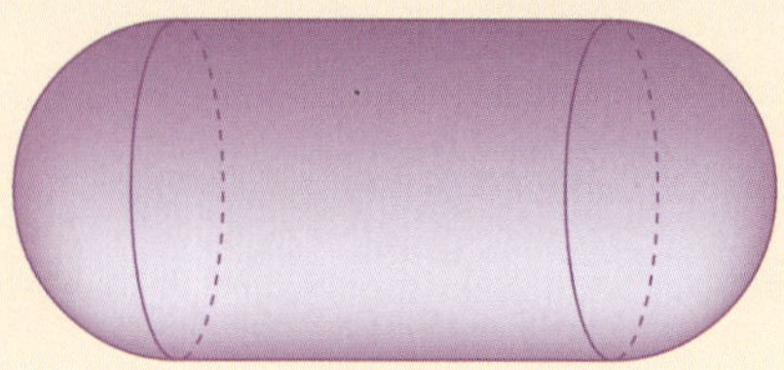

Banco de imagens/Arquivo da editora

Unindo as semiesferas temos uma esfera completa, assim, o volume **V** de cada pílula é dado por $V = V_{esfera} + V_{cilindro}$

Antes da reprogramação, o raio da esfera, assim como o raio da base do cilindro, era de 5 mm. A altura do cilindro era 10 mm. Assim, o volume $\mathbf{V_1}$ da pílula pode ser calculado por:

$$V_1 = \frac{4}{3} \cdot \pi \cdot R^3 + \pi \cdot R^2 \cdot h$$

Como $\pi = 3$,

$$V_1 = 4 \cdot 5^3 + 3 \cdot 5^2 \cdot 10$$

$$V_1 = 1\,250 \text{ mm}^3$$

Analogamente, como após a reprogramação o raio da esfera, assim como o raio da base do cilindro, passou a ser 4 mm e a altura do cilindro continuou 10 mm, o volume $\mathbf{V_2}$ da pílula é:

$$V_2 = \frac{4}{3} \cdot 3 \cdot 4^3 + 3 \cdot 4^2 \cdot 10$$

$$V_2 = 736 \text{ mm}^3$$

Logo, a redução do volume é igual a $1\,250 \text{ mm}^3 - 736 \text{ mm}^3 = 514 \text{ mm}^3$.

Alternativa *e*.

Exercícios complementares

1. (FGV-SP)

a) O volume do cubo da figura é 64 cm^3. O ponto **V** é o ponto de encontro das diagonais do cubo. Qual é o volume da pirâmide de vértice **V**?

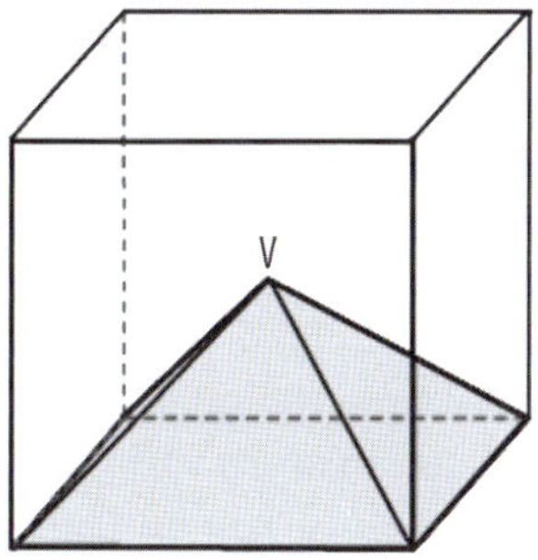

Reprodução/FGV, 2016

b) Uma bola de vidro que é uma esfera de centro **O** se encaixou num copo exatamente como mostra a figura. O raio da bola mede 13 cm e OC = 5 cm. O segmento $\overline{AC}$ é o raio do cilindro. O que tem o maior volume: a bola ou o copo?

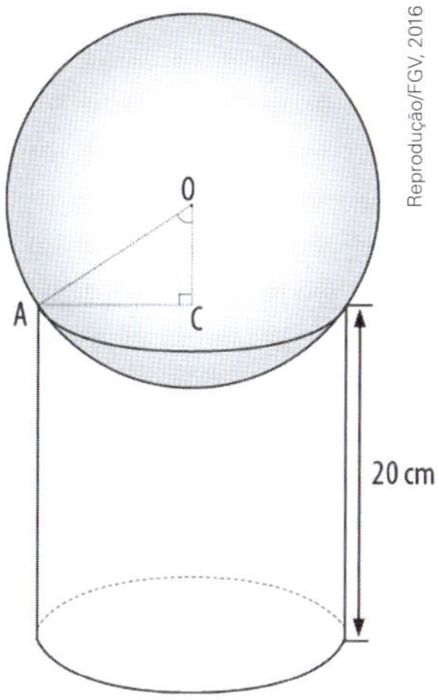

Reprodução/FGV, 2016

2. Derrete-se uma peça esférica de ferro maciço e todo o material é utilizado para fazer 8 peças esféricas de raio 5 cm. Se a densidade do ferro é 7,8 g/cm^3, e considerando $\pi = 3$, determine:

a) a massa de cada uma das 8 peças esféricas;

b) a massa da peça original;

c) a medida do raio da peça original.

3. Considerando a Terra esférica, com raio medindo aproximadamente $6{,}4 \cdot 10^3$ km, determine, usando $\pi \simeq 3$:

a) o comprimento da linha do equador;

b) o volume da Terra;

c) a área de um fuso horário;

d) o comprimento do meridiano de Greenwich.

4. Qual é o volume do sólido obtido quando a superfície colorida faz uma rotação de 360° em torno do eixo **y**?

Banco de imagens/Arquivo da editora

5. Um plano intersecta uma esfera segundo uma seção de área 144π cm^2. Essa seção é a base de um cilindro reto de volume 1 440π cm^3, como representado ao lado. Determine:

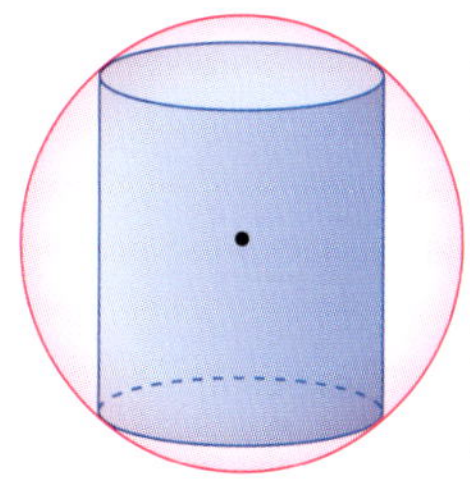

Banco de imagens/Arquivo da editora

a) a distância do plano ao centro da esfera;

b) a medida do raio da esfera;

c) a área da superfície da esfera;

d) o volume da esfera.

6. (UFPR) Um cone circular está inscrito em uma esfera de raio 2 cm. Indiquemos por **x** a distância do centro da esfera ao centro da base do cone.

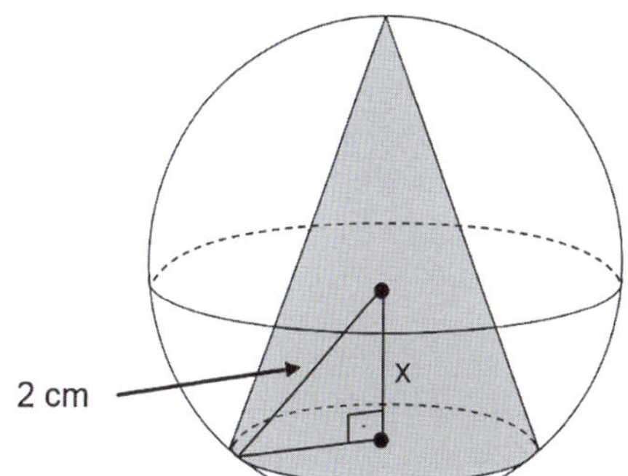

Reprodução/UFPR, 2016

a) Se x = 1 cm, calcule o volume do cone.

b) Calcule o valor de **x**, sabendo que o volume da esfera é quatro vezes o volume do cone.

7. (FGV-SP) Um sorvete de casquinha consiste de uma esfera (sorvete congelado) de raio 3 cm e um cone circular reto (casquinha), também com 3 cm de raio. Se o sorvete derreter, ele encherá a casquinha completa e exatamente. Suponha que o sorvete derretido ocupe 80% do volume que ele ocupa quando está congelado.
Calcule a altura da casquinha.

8. Um plano seciona uma esfera determinando um círculo **C** de comprimento 16π cm. A reta que une o centro da esfera ao centro desse círculo intersecta a esfera nos pontos $\mathbf{V_1}$ e $\mathbf{V_2}$, como mostrado abaixo. Os cones de base **C** e vértices $\mathbf{V_1}$ e $\mathbf{V_2}$ são tais que o volume de um deles é o quádruplo do volume do outro.

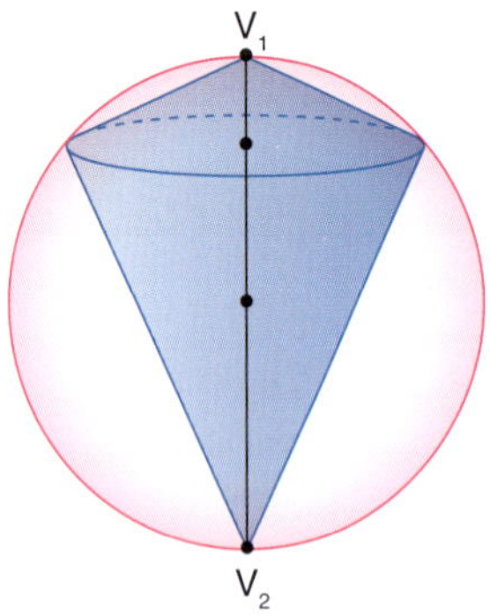

Banco de imagens/Arquivo da editora

Determine:

a) a distância do plano ao centro da esfera;

b) a medida do raio da esfera;

c) a área da superfície esférica;

d) o volume da esfera;

e) os volumes dos dois cones.

9. Na figura abaixo tem-se o esquema de uma boia sinalizadora feita de borracha. Ela é constituída de um hemisfério acoplado a um tronco de cone reto. Sabendo que d = 20 cm, g = 30 cm e a área da superfície do hemisfério é 1568π cm^2, determine a medida do diâmetro **D**, a medida da altura **h** do tronco e quantos litros de ar são necessários para encher essa boia. Use $\pi \simeq 3$.

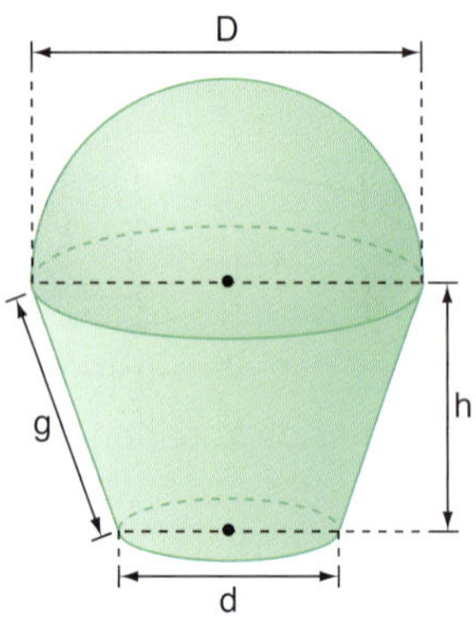

Banco de imagens/Arquivo da editora

10. Um cubo e uma esfera têm superfícies equivalentes. Qual dos dois sólidos tem maior volume?

11. Um fuso de 10° de uma esfera de 1 cm de raio é equivalente a uma seção plana da esfera. Determine a distância da seção ao centro da esfera.

12. (UFSC) Assinale a(s) proposição(ões) **CORRETA(S)**. [Indique a soma das alternativas corretas.]

(01) No último inverno, nevou em vários municípios de Santa Catarina, sendo possível até montar bonecos de neve. A figura abaixo representa um boneco de neve cuja soma dos raios das esferas que o constituem é igual a 70 cm. O raio da esfera menor é obtido descontando 60% da medida do raio da esfera maior. Então, o volume do boneco de neve considerado é igual a 288π dm^3.

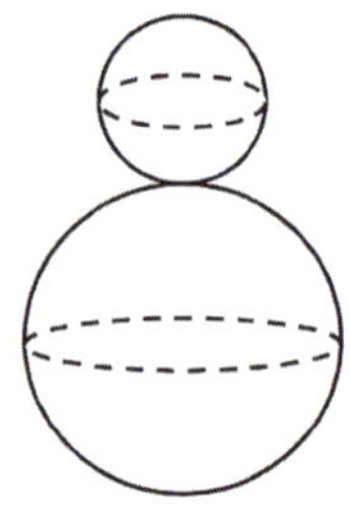
Reprodução/UFSC, 2014

(02) O MMA é uma modalidade de luta que mistura várias artes marciais. O ringue onde ocorre a luta tem a forma de um prisma octogonal regular. Suas faces laterais são constituídas de uma tela para proteção dos atletas. Se considerarmos a aresta da base com medida igual a 12 m e a altura do prisma igual a 1,9 m, para cercar esse ringue seriam necessários 182,4 m^2 de tela.

(04) Para a festa de aniversário de sua filha, Dona Maricota resolveu confeccionar chapéus para as crianças. Para tanto, cortou um molde com a forma de semicírculo cujo raio mede 20 cm. Ao montar o molde, com o auxílio de um adesivo, gerou um cone cuja área lateral é igual à área do molde. Dessa forma, a altura desse cone é igual a $10\sqrt{3}$ cm.

Reprodução/UFSC, 2014

(08) Fatos históricos relatam que o ícone da Renascença, Leonardo da Vinci, no século XV, idealizou uma espécie de paraquedas. O protótipo teria o formato de uma pirâmide regular de base quadrangular, como mostra a figura. Recentemente, recriaram o modelo, construindo uma pirâmide com o mesmo formato, cujas arestas medem 6 m. Portanto, para fechar as laterais, usaram $36\sqrt{3}$ m^2 de material.

Reprodução/UFSC, 2014

Disponível em: <www.youtube.com./watch?v=EXJ6iMj4G0o>. Acesso em: 9 set. 2013.

(16) A caçamba de um caminhão basculante tem a forma de um paralelepípedo e as dimensões internas da caçamba estão descritas na figura. Uma construtora precisa deslocar 252 m^3 de terra de uma obra para outra. Dessa forma, com esse caminhão serão necessárias exatamente 24 viagens para realizar esse deslocamento.

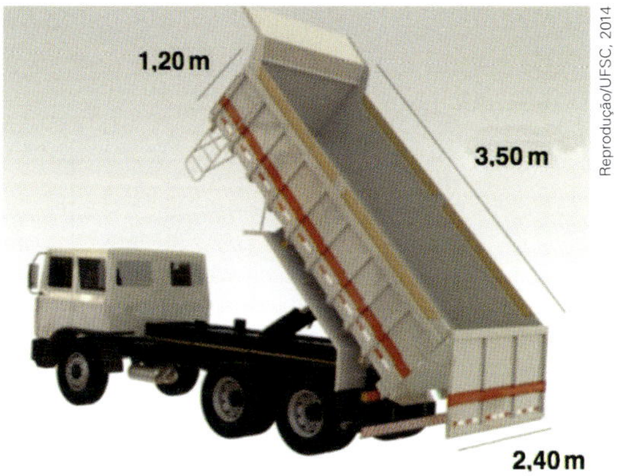

Disponível em: <http://blocos.fabricadoprojeto.com.br>. Acesso em: 29 ago. 2013.

13. Responda ao que se pede em cada item:

a) O que ocorre com o volume de uma esfera se a medida do raio aumenta 50%? E se aumenta 200%?

b) O que ocorre com a área da superfície de uma esfera se a medida do raio aumenta 20%? E se diminui 20%?

14. (Uerj) Um cilindro circular reto é inscrito em um cone, de modo que os eixos desses dois sólidos sejam colineares, conforme representado na ilustração abaixo.

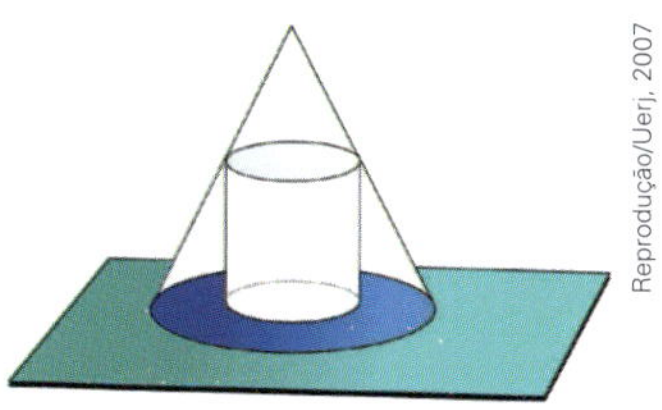

A altura do cone e o diâmetro da sua base medem, cada um, 12 cm.

Admita que as medidas, em centímetros, da altura e do raio do cilindro variem no intervalo]0; 12[de modo que ele permaneça inscrito nesse cone.

Calcule a medida que a altura do cilindro deve ter para que sua área lateral seja máxima.

15. (FGV-SP) Uma garrafa esférica de refrigerante tem forma e medidas conforme indica a figura. As caixas 1 e 2 são utilizadas para acondicionar, sem folgas, 6 dessas garrafas de refrigerante. A caixa 1 tem forma de prisma reto de base retangular, e a 2, de prisma reto de base triangular. O material que compõe as faces das caixas é de espessura desprezível.

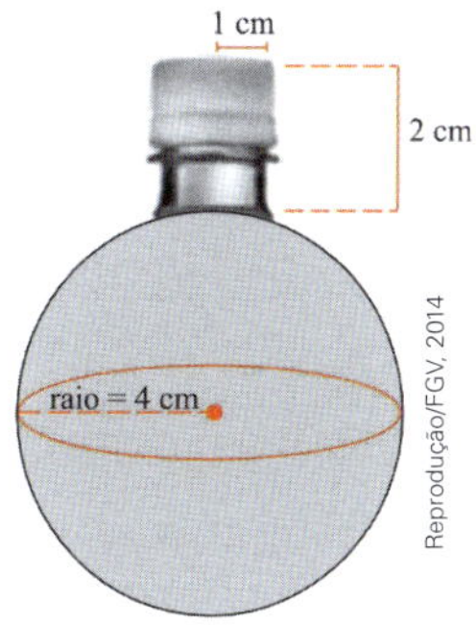

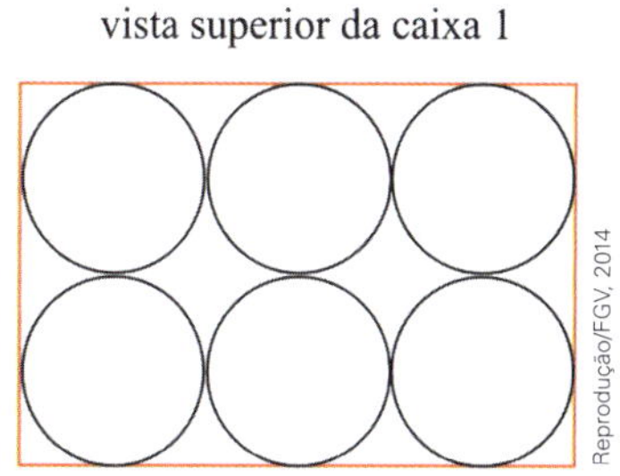

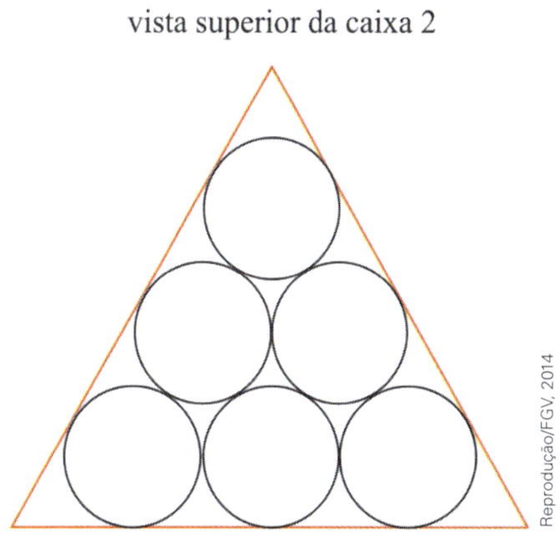

a) Calcule a área da base inferior das caixas 1 e 2.

b) Considerando o bocal da garrafa como sendo um cilindro reto de altura 2 cm e raio da base 1 cm, calcule o volume da região da caixa 1 que **não está ocupada** quando as seis garrafas estão acondicionadas nela.

16. O volume de um cone reto, cuja altura mede 12 cm, é 324π cm^3. Um plano paralelo à sua base o intersecta a $\frac{2}{3}$ da medida da altura, determinando um círculo de centro **B**. Uma esfera $\mathbf{E}_1$ está apoiada no centro **A** da base do cone e seu volume é o maior possível. O mesmo se passa com a esfera $\mathbf{E}_2$ apoiada em **B**. Veja a figura abaixo.

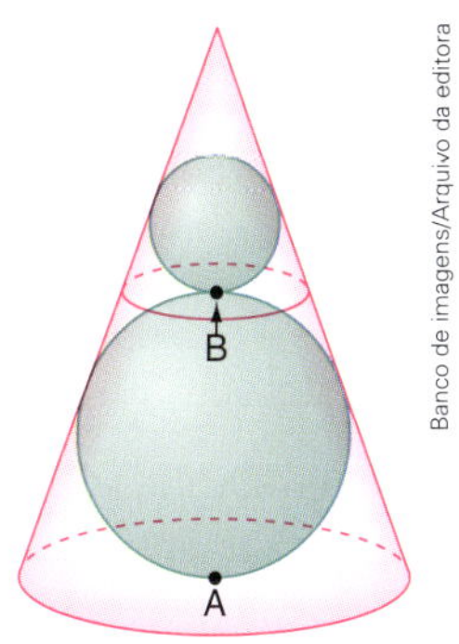

Determine:

a) as medidas dos raios das duas esferas;

b) a razão entre o volume da esfera maior e o volume da esfera menor.

17. (Unicamp-SP) Considere a pirâmide reta de base quadrada, ilustrada na figura abaixo, com lado da base b = 6 m e altura **a**.

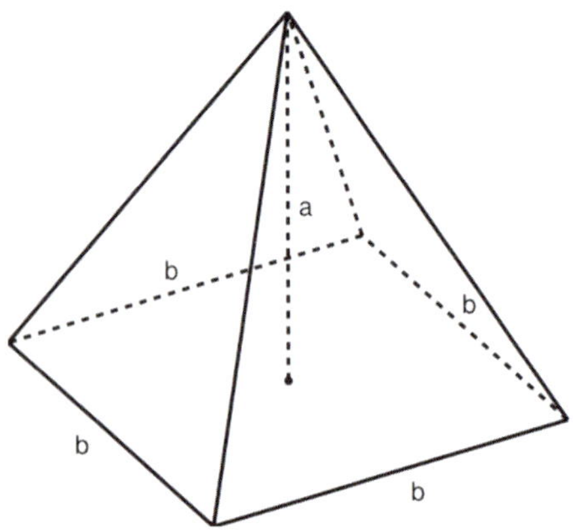

a) Encontre o valor de **a** de modo que a área de uma face triangular seja igual a 15 m^2.

b) Para a = 2 m, determine o raio da esfera circunscrita à pirâmide.

18. (Uerj) A figura abaixo representa uma caixa, com a forma de um prisma triangular regular, contendo uma bola perfeitamente esférica que tangencia internamente as cinco faces do prisma.

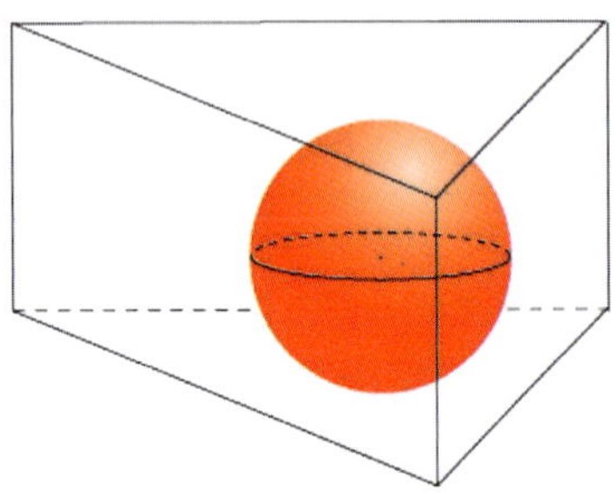

Admitindo $\pi = 3$, determine o valor aproximado da porcentagem ocupada pelo volume da bola em relação ao volume da caixa.

19. Fabricou-se um aquecedor de gás de tal maneira que as bases de dois hemisférios coincidissem, cada uma, com uma das bases de um cilindro. Se o diâmetro da base do cilindro mede $\frac{3}{5}$ da medida de sua altura e a superfície do aquecedor é equivalente à de uma esfera de raio **R**, determine a razão entre o volume de gás que o aquecedor comporta e o volume da esfera.

20. (Unicamp-SP) Uma peça esférica de madeira maciça foi escavada, adquirindo o formato de anel, como mostra a figura a seguir. Observe que, na escavação, retirou-se um cilindro de madeira com duas tampas em formato de calota esférica. Sabe-se que uma calota esférica tem volume $V_{cal} = \frac{\pi h^2}{3}(3R - h)$, em que **h** é a altura e **R** é o raio da esfera. Além disso, a área da superfície da calota esférica (excluindo a porção plana da base) é dada por $A_{cal} = 2\pi Rh$.

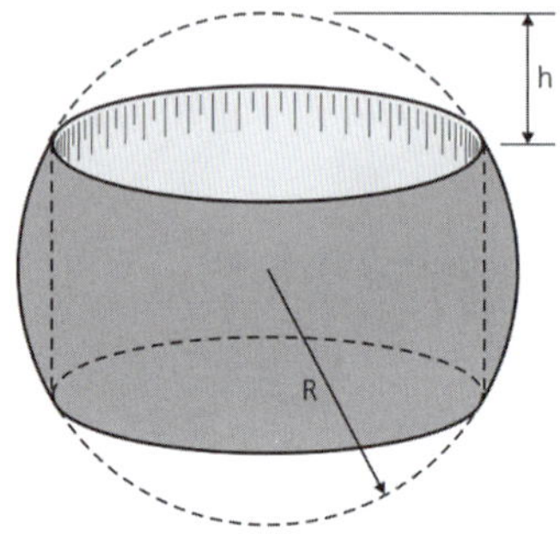

Atenção: não use um valor aproximado para π.

a) Supondo que $h = \frac{R}{2}$, determine o volume do anel de madeira, em função de **R**.

b) Depois de escavada, a peça de madeira receberá uma camada de verniz, tanto na parte externa, como na interna. Supondo, novamente, que $h = \frac{R}{2}$, determine a área sobre a qual o verniz será aplicado.

21. (UFRJ) Um cone circular reto de altura **H** circunscreve duas esferas tangentes, como mostra a figura a seguir. A esfera maior tem raio de 10 cm e seu volume é oito vezes o volume da menor. Determine **H**.

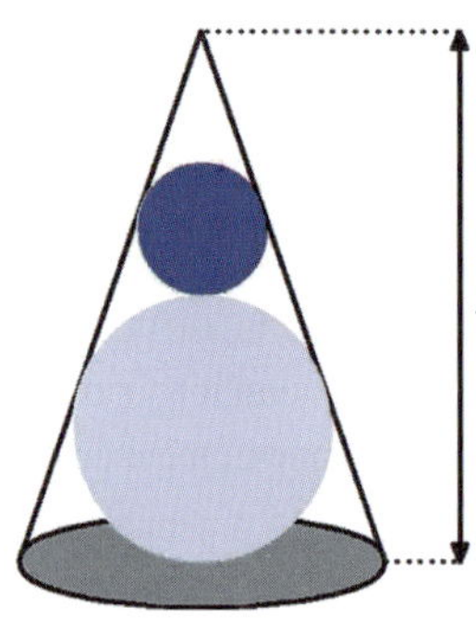

22. (UFG-GO) Uma fábrica de embalagens resolveu produzir um copo no formato de tronco de cone circular reto, com diâmetros superior e inferior de 6 cm e 4 cm, respectivamente. A parte central do fundo do copo é côncava, em formato de semiesfera, com 1,5 cm de raio, como indica a figura a seguir.

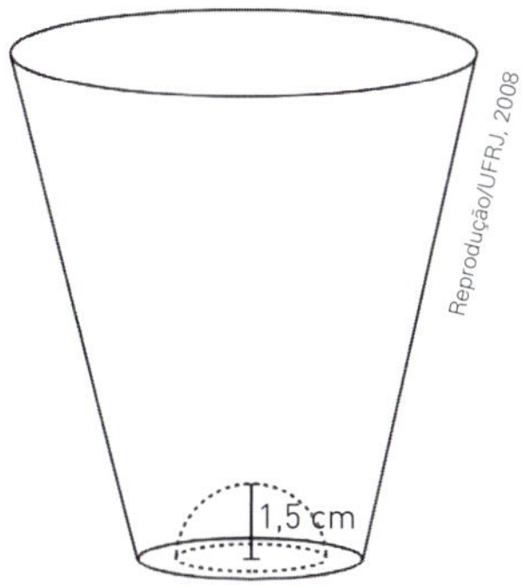

Considerando-se o exposto, desenvolva a expressão que fornece o volume do tronco de cone em função da altura e dos raios das bases e calcule a altura aproximada desse copo para que ele tenha capacidade de 157 mL.

23. (Fuvest-SP) Dois aviões vão de Brasília a Moscou. O primeiro voa diretamente para o norte, até atingir o paralelo de Moscou, quando então muda o rumo para o leste, seguindo para o seu destino final. O segundo voa para o leste até atingir o meridiano de Moscou, tomando então o rumo norte até chegar a esta cidade.

a) Desprezando as variações de altitude, qual avião terá percorrido a maior distância em relação ao solo?
Justifique sua resposta.

b) Calcule a diferença entre as distâncias percorridas, supondo que a Terra seja esférica.

Note e adote:
$\cos 56° = 0,56$; $\text{sen}\,56° = 0,83$;
$\cos 16° = 0,96$; $\text{sen}\,16° = 0,28$
Latitude e longitude de Brasília: 16°S e 48°W
Latitude e longitude de Moscou: 56°N e 37°E
Raio da Terra: 6 400 km

Testes

1. (Enem) Uma indústria de perfumes embala seus produtos, atualmente, em frascos esféricos de raio **R**, com volume dado por $\frac{4}{3}\pi \cdot (R)^3$.
Observou-se que haverá redução de custos se forem utilizados frascos cilíndricos com raio da base $\frac{R}{3}$, cujo volume será dado por $\pi\left(\frac{R}{3}\right)^2 \cdot h$, sendo **h** a altura da nova embalagem.
Para que seja mantida a mesma capacidade do frasco esférico, a altura do frasco cilíndrico (em termos de **R**) deverá ser igual a

a) 2R.
b) 4R.
c) 6R.
d) 9R.
e) 12R.

2. (UFJF-MG) Um reservatório de água tem a forma de um hemisfério acoplado a um cilindro circular como mostra a figura ao lado.

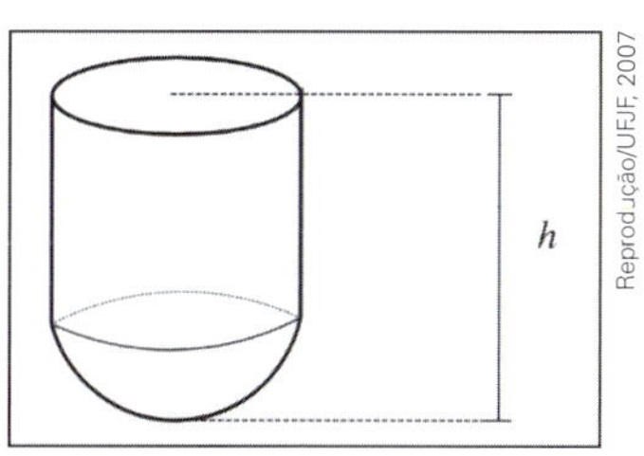

A medida do raio do hemisfério é a mesma do raio da base do cilindro e igual a r = 3 m. Se a altura do reservatório é h = 6 m, a capacidade máxima de água comportada por esse reservatório é:

a) $9\pi\ m^3$
b) $18\pi\ m^3$
c) $27\pi\ m^3$
d) $36\pi\ m^3$
e) $45\pi\ m^3$

3. (FGV-SP) Um reservatório tem a forma de uma esfera. Se aumentarmos o raio da esfera em 20%, o volume do novo reservatório, em relação ao volume inicial, aumentará:

a) 60%
b) 63,2%
c) 66,4%
d) 69,6%
e) 72,8%

4. (Ufam) Uma fábrica comprou uma quantidade de caixa de papelão na forma de um paralelepípedo retorretângulo para embalar bombons na forma esférica de raio r = 3,0 cm. Se as dimensões da caixa forem 6,0 cm, 48,0 cm e 60,0 cm, qual a quantidade máxima de bombons por caixa?

a) 60
b) 70
c) 80
d) 85
e) 86

5. (UFPR) Um tanque para armazenamento de produtos corrosivos possui, internamente, o formato de um cilindro circular reto com uma semiesfera em cada uma de suas bases, como indica a figura. Para revestir o interior do tanque, será usada uma tinta anticorrosiva. Cada lata dessa tinta é suficiente para revestir 8 m^2 de área. Qual o número mínimo de latas de tinta que se deve comprar para revestir totalmente o interior desse tanque? (Use $\pi = 3{,}14$).

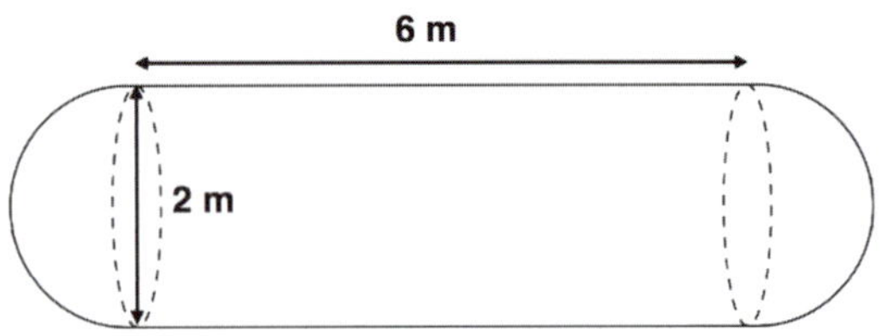

a) 3 latas.
b) 4 latas.
c) 5 latas.
d) 7 latas
e) 10 latas.

6. (Ufes) Com 56,52 g de ouro, faz-se uma esfera oca que flutua na água com metade de seu volume submerso. Dentre os valores abaixo, o que mais se aproxima ao raio da esfera é (considere $\pi \simeq 3{,}14$):

a) 2 cm
b) 3 cm
c) 4 cm
d) 9 cm
e) 27 cm

7. (Cefet-MG) Um artesão resolveu fabricar uma ampulheta de volume total **V** constituída de uma semiesfera de raio 4 cm e de um cone reto, com raio e altura 4 cm, comunicando-se pelo vértice do cone, de acordo com a figura abaixo.

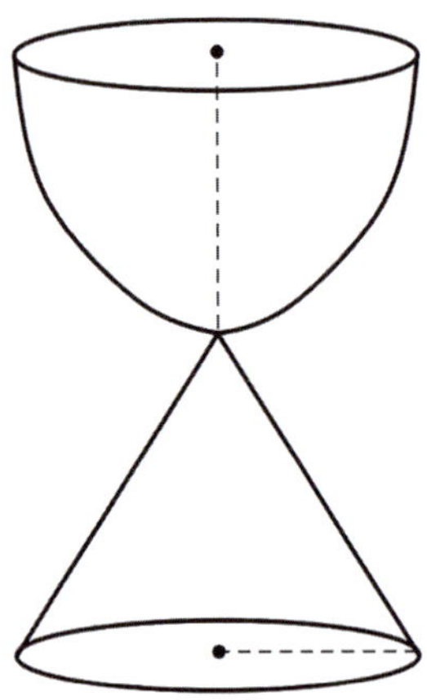

Para seu funcionamento, o artesão depositará na ampulheta areia que corresponde a 25% de **V**. Portanto o volume de areia, em cm^3, é:

a) 16π
b) $\dfrac{64\pi}{3}$
c) 32π
d) $\dfrac{128\pi}{3}$
e) 64π

8. (Enem) Os três recipientes da figura têm formas diferentes, mas a mesma altura e o mesmo diâmetro da boca. Neles são colocados líquidos até a metade de sua altura, conforme indicado nas figuras. Representando por $\mathbf{V_1}$, $\mathbf{V_2}$ e $\mathbf{V_3}$ o volume de líquido em cada um dos recipientes, tem-se que:

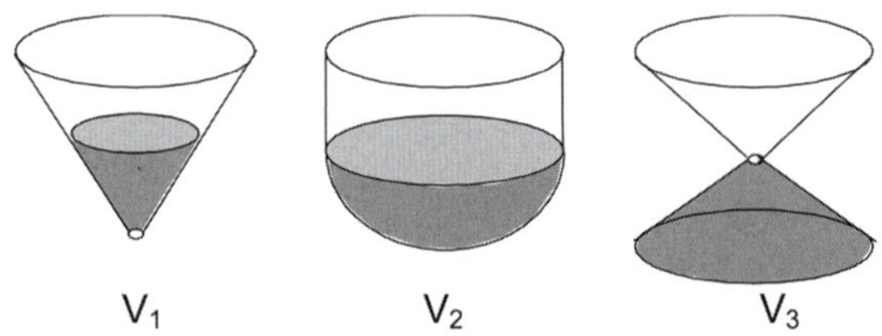

a) $V_1 = V_2 = V_3$
b) $V_1 < V_3 < V_2$
c) $V_1 = V_3 < V_2$
d) $V_3 < V_1 < V_2$
e) $V_1 < V_2 = V_3$

9. (Ufam) A relação entre as medidas do raio (**r**) da base do cilindro equilátero e o raio (**R**) de uma esfera circunscrita ao cilindro é dada por:

a) $R = r$
b) $R = r\sqrt{2}$
c) $R = 2r\sqrt{2}$
d) $R = r\sqrt{3}$
e) $R = 2r\sqrt{3}$

10. (UEG-GO) Suponha que haja laranjas no formato de uma esfera com 6 cm de diâmetro e que a quantidade de suco que se obtém ao espremer cada laranja é 2/3 de seu volume, sendo o volume dado em litros. Nessas condições, se quiser obter 1 litro de suco de laranja, deve-se espremer no mínimo

a) 13 laranjas.
b) 14 laranjas.
c) 15 laranjas.
d) 16 laranjas.

Use $\pi = 3{,}14$.

11. (Uece) Um cubo cuja medida de cada aresta é 3 dm está inscrito em uma esfera de raio **R**. A medida de um diâmetro (2R) da esfera é

a) $2\sqrt{3}$ dm.
b) $3\sqrt{2}$ dm.
c) $3\sqrt{3}$ dm.
d) $4\sqrt{3}$ dm.

12. (FGV-SP) O volume de uma esfera de raio **r** é dado por $V = \frac{4}{3}\pi r^3$.

Um reservatório com formato esférico tem um volume de 36π metros cúbicos. Sejam **A** e **B** dois pontos da superfície esférica do reservatório e seja **m** a distância entre eles. O valor máximo de **m** em metros é

a) 5,5
b) 5
c) 6
d) 4,5
e) 4

13. (Ufam) Uma esfera está inscrita em um cone equilátero. Se **r** e **R** são, respectivamente, os raios da esfera e do círculo da base do cone, então a distância do vértice do cone ao centro da esfera é:

a) 2R
b) 2r
c) $\frac{r}{2}$
d) $\frac{R}{2}$
e) r + R

14. (UFRGS-RS) Se um jarro com capacidade para 2 litros está completamente cheio de água, a menor medida inteira, em cm, que o raio de uma bacia com a forma semiesférica deve ter para comportar toda a água do jarro é

a) 8.
b) 10.
c) 12.
d) 14.
e) 16.

15. (PUC-SP) Um artesão dispõe de um bloco maciço de resina, com a forma de um paralelepípedo retângulo de base quadrada e cuja altura mede 20 cm. Ele pretende usar toda a resina desse bloco para confeccionar contas esféricas que serão usadas na montagem de 180 colares. Se cada conta tiver 1 cm de diâmetro e na montagem de cada colar forem usadas 50 contas, então, considerando o volume do cordão utilizado desprezível e a aproximação $\pi \simeq 3$, a área total da superfície do bloco de resina, em centímetros quadrados, é:

a) 1 250
b) 1 480
c) 1 650
d) 1 720
e) 1 850

16. (UFPR) Um cilindro de raio **r** está inscrito em uma esfera de raio 5, como indica a figura a seguir. Obtenha o maior valor de **x**, de modo que o volume desse cilindro seja igual a 72π.

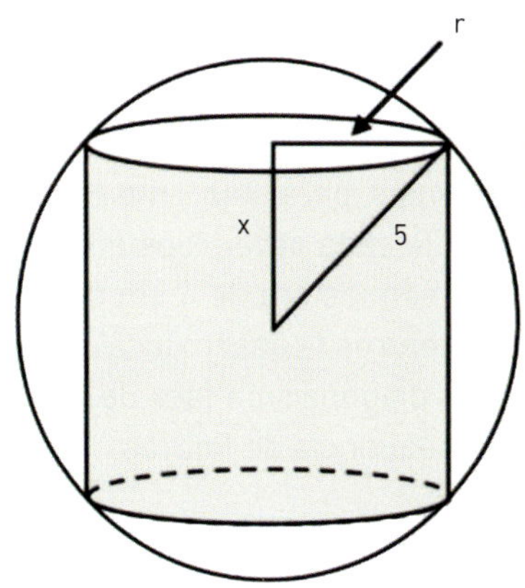

Reprodução/UFPR, 2014

a) $\sqrt{13} - 2$
b) 3
c) $3\sqrt{2}$
d) $2\sqrt{5}$
e) 4

17. (Enem) Um fabricante de brinquedos recebeu o projeto de uma caixa que deverá conter cinco pequenos sólidos, colocados na caixa por uma abertura em sua tampa. A figura representa a planificação da caixa, com as medidas dadas em centímetros.

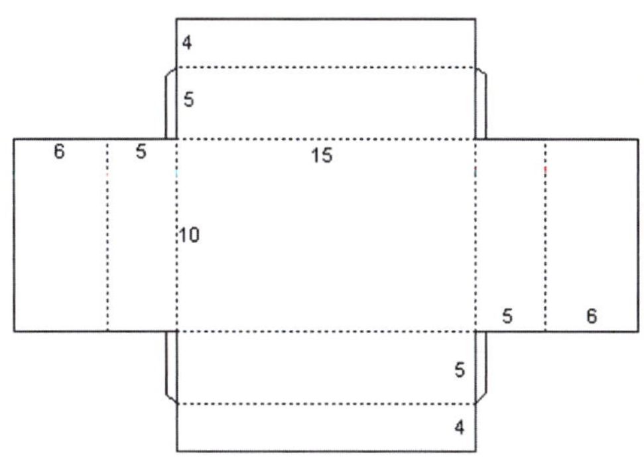

Reprodução/Enem, 2001

Os sólidos são fabricados nas formas de:

I. um cone reto de altura 1 cm e raio da base 1,5 cm.

II. um cubo de aresta 2 cm.
III. uma esfera de raio 1,5 cm.
IV. um paralelepípedo retangular reto, de dimensões 2 cm, 3 cm e 4 cm.
V. um cilindro reto de altura 3 cm e raio da base 1 cm.

O fabricante não aceitou o projeto, pois percebeu que, pela abertura dessa caixa, só poderia colocar os sólidos dos tipos

a) I, II e III.
b) I, II e V.
c) I, II, IV e V.
d) II, III, IV e V.
e) III, IV e V.

18. (Unesp-SP) Para confeccionar um porta-joias a partir de um cubo maciço e homogêneo de madeira com 10 cm de aresta, um marceneiro dividiu o cubo ao meio, paralelamente às duas faces horizontais. De cada paralelepípedo resultante extraiu uma semiesfera de 4 cm de raio, de modo que seus centros ficassem localizados no cruzamento das diagonais da face de corte, conforme mostra a sequência de figuras.

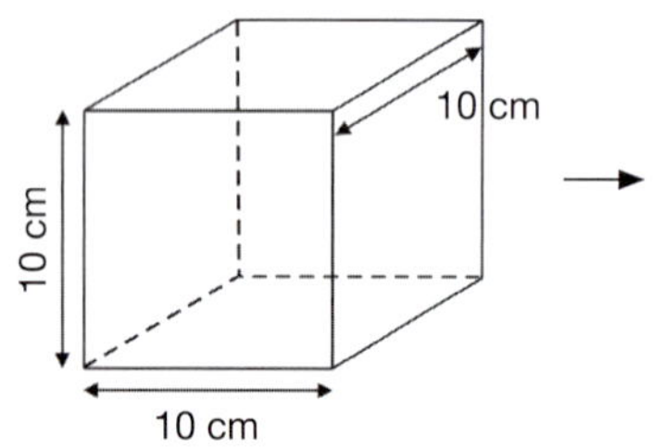

Ilustrações: Reprodução/Unesp, 2013

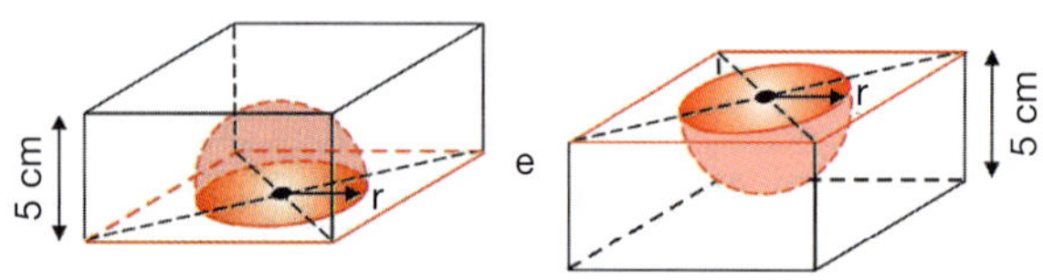

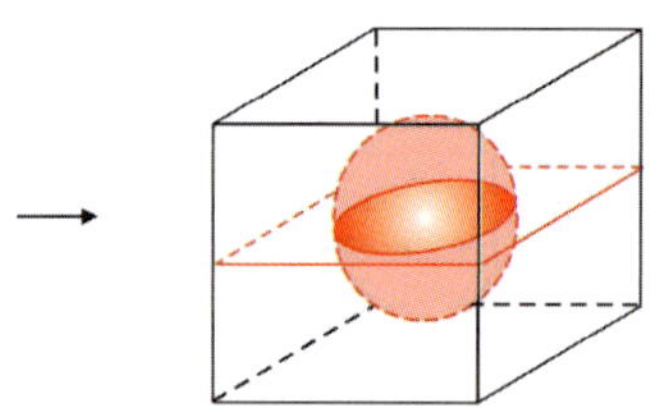

Sabendo que a densidade da madeira utilizada na confecção do porta-joias era de $0,85\ g/cm^3$ e admitindo $\pi \simeq 3$, a massa aproximada do porta-joias, em gramas, é

a) 636.
b) 634.
c) 630.
d) 632.
e) 638.

19. (UEL-PR) Uma família viaja para Belém (PA) em seu automóvel. Em um dado instante, o GPS do veículo indica que ele se localiza nas seguintes coordenadas: latitude 21° 20' Sul e longitude 48° 30' Oeste. O motorista solicita a um dos passageiros que acesse a internet em seu celular e obtenha o raio médio da Terra, que é de 6 730 km, e as coordenadas geográficas de Belém, que são latitude 1° 20' Sul e longitude 48° 30' Oeste. A partir desses dados, supondo que a superfície da Terra é esférica, o motorista calcula a distância **D**, do veículo a Belém, sobre o meridiano 48° 30' Oeste. Assinale a alternativa que apresenta, corretamente, o valor da distância **D**, em km.

a) $D = \frac{\pi}{9} 6\,730$

b) $D = \frac{\pi}{18} (6\,730)^2$

c) $D = \frac{\pi}{9} \sqrt{6\,730}$

d) $D = \frac{\pi}{36} 6\,730$

e) $D = \left(\frac{\pi}{3}\right)^2 6\,730$

20. (Fuvest-SP) A esfera λ, de centro **O** e raio $r > 0$, é tangente ao plano α. O plano β é paralelo a α e contém **O**. Nessas condições, o volume da pirâmide que tem como base um hexágono regular inscrito na intersecção de λ com β e, como vértice, um ponto em α, é igual a:

a) $\frac{\sqrt{3}r^3}{4}$

b) $\frac{5\sqrt{3}r^3}{16}$

c) $\frac{3\sqrt{3}r^3}{8}$

d) $\frac{7\sqrt{3}r^3}{16}$

e) $\frac{\sqrt{3}r^3}{2}$

21. (Epcar-MG) Uma caixa cúbica, cuja aresta mede 0,4 metro, está com água até $\frac{7}{8}$ de sua altura.

Dos sólidos geométricos abaixo, o que, totalmente imerso nessa caixa, não provoca transbordamento de água é:

a) uma esfera de raio $\sqrt[3]{2}$ dm.
b) uma pirâmide quadrangular regular, cujas arestas da base e altura meçam 30 cm.
c) um cone reto, cujo raio da base meça $\sqrt{3}$ dm e a altura 3 dm.
d) um cilindro equilátero, cuja altura seja 20 cm.

22. (UFJF/Pism-MG) Considere uma esfera de raio 2 cm com área total **A** e volume **V**. Suponha que os valores **y**, **A**, **V** formem uma progressão geométrica nessa ordem. Em centímetros, quanto vale **y**?

a) $\frac{3\pi}{2}$

b) $\frac{8\pi}{3}$

c) 8π

d) 24π

e) 96π

23. (UFRN) A figura 1 abaixo representa o Globo Terrestre. Na figura 2, temos um arco $\widehat{AB}$ sobre um meridiano e um arco $\widehat{BC}$ sobre um paralelo, em que $\widehat{AB}$ e $\widehat{BC}$ têm o mesmo comprimento. O comprimento de $\widehat{AB}$ equivale a um oitavo $\left(\frac{1}{8}\right)$ do comprimento do meridiano.

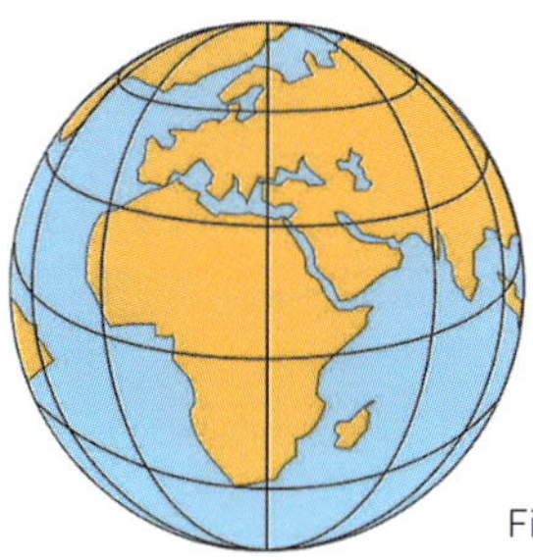

Figura 1

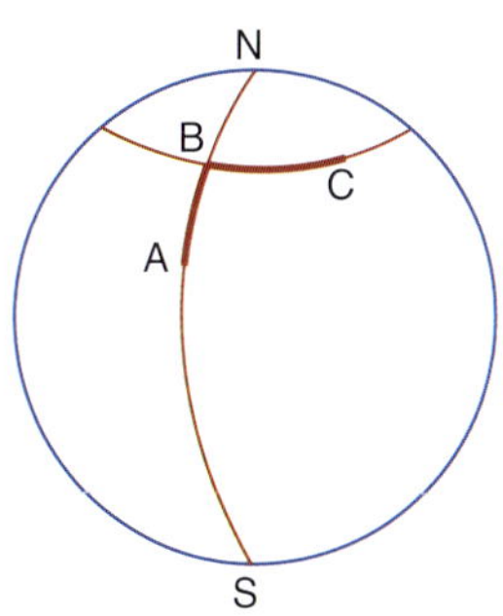

Figura 2

Sabendo que o raio do paralelo mede a metade do raio da Terra e assumindo que a Terra é uma esfera, pode-se afirmar que o comprimento do arco $\widehat{BC}$ equivale a:

a) metade do comprimento do paralelo.

b) um quarto do comprimento do paralelo.

c) um terço do comprimento do paralelo.

d) um oitavo do comprimento do paralelo.

24. (UFCE) Duas esferas de raios iguais a **r** são colocadas no interior de um tubo de ensaio sob a forma de um cilindro circular reto de raio da base **r** e altura 4r. No espaço vazio compreendido entre as esferas, a superfície lateral e as bases, superior e inferior, do tubo de ensaio, coloca-se um líquido. Então, o volume desse líquido é:

a) $\frac{2}{3}\pi r^3$ b) $\frac{3}{4}\pi r^3$ c) $\frac{4}{3}\pi r^3$ d) $2\pi r^3$

25. (Uerj) Uma esfera de centro **A** e raio igual a 3 dm é tangente ao plano α de uma mesa em um ponto **T**. Uma fonte de luz encontra-se em um ponto **F** de modo que **F**, **A** e **T** são colineares. Observe a ilustração:

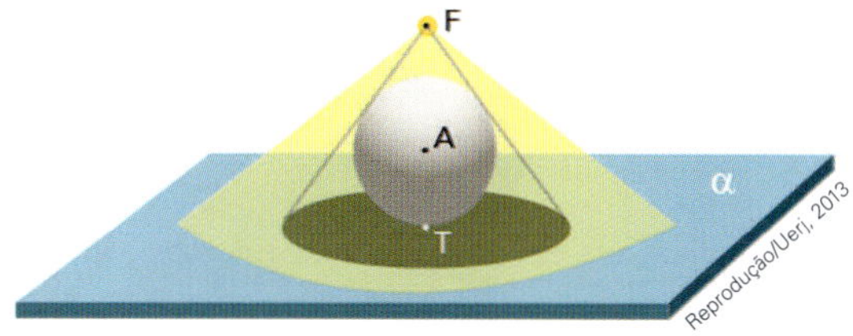

Considere o cone de vértice **F** cuja base é o círculo de centro **T** definido pela sombra da esfera projetada sobre a mesa.

Se esse círculo tem área igual à da superfície esférica, então a distância FT, em decímetros, corresponde a:

a) 10 b) 9 c) 8 d) 7

26. (Fuvest-SP) Um fabricante de cristais produz três tipos de taças para servir vinho. Uma delas tem o bojo no formato de uma semiesfera de raio **r**; a outra, no formato de um cone reto de base circular de raio 2r e altura **h**; e a última, no formato de um cilindro reto de base circular de raio **x** e altura **h**. Sabendo-se que as taças dos três tipos, quando completamente cheias, comportam a mesma quantidade de vinho, é correto afirmar que a razão $\frac{x}{h}$ é igual a:

a) $\frac{\sqrt{3}}{6}$

b) $\frac{\sqrt{3}}{3}$

c) $\frac{2\sqrt{3}}{3}$

d) $\sqrt{3}$

e) $\frac{4\sqrt{3}}{3}$

CAPÍTULO

19 Análise combinatória

Ivan Mateev/Shutterstock

Em um baralho comum, o número de permutações das 52 cartas, isto é, o número de maneiras de ordená-las, é aproximadamente $8{,}06 \cdot 10^{67}$. Por isso, ao embaralhar cartas de um baralho comum, é muito improvável obter sequências iguais de cartas. Permutações e outros conceitos de combinatória são abordados neste capítulo.

Introdução

Considere os seguintes problemas:

- De quantos modos distintos oito pessoas podem se sentar lado a lado em uma fila de cadeiras em um cinema?
- Quantas placas de automóveis podem ser formadas sem repetição de letras e de algarismos?
- De quantos modos distintos pode ocorrer o resultado de um sorteio da Mega-Sena?
- De quantas maneiras diferentes pode-se definir as chaves de seleções da primeira fase de uma Copa do Mundo de futebol?

Todas as questões levantadas são problemas de contagem.

A análise combinatória é a parte da Matemática que desenvolve técnicas e métodos de contagem que nos permitem resolver essas e outras questões.

Princípio fundamental da contagem (PFC)

Veja como podemos resolver alguns problemas de contagem.

EXEMPLO 1

Um quiosque de praia, no Rio de Janeiro, lançou a seguinte promoção durante uma temporada de verão:

Combinado de sanduíche natural e suco a R$ 20,00.

Pedro Teixeira/O Globo

Quiosque de praia no Rio de Janeiro (RJ).

Para esse combinado, há quatro opções de recheio para o sanduíche (frango, atum, vegetariano e queijo branco) e três opções de suco (laranja, uva e morango).

De quantas formas distintas uma pessoa pode escolher o seu combinado?

- Em primeiro lugar, a pessoa deverá optar pelo sabor do lanche. Há quatro opções: frango (**F**), atum (**A**), vegetariano (**V**) e queijo branco (**Q**).
- Para cada uma das possibilidades anteriores, a escolha do suco pode ser feita de três maneiras possíveis: laranja (**L**), uva (**U**) ou morango (**M**).

A representação dessas possibilidades pode ser feita por meio de um diagrama sequencial, conhecido como **diagrama da árvore de possibilidades** ou, simplesmente, diagrama da árvore. Observe:

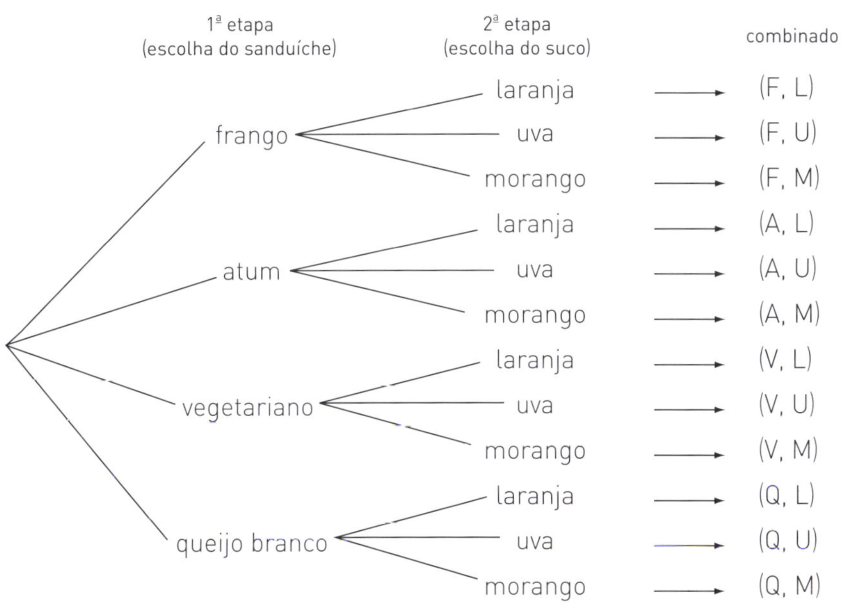

Observe que cada combinado consta de um **par ordenado** (x, y), em que x ∈ {F, A, V, Q} e y ∈ {L, U, M}.

O número de possibilidades é $4 \cdot 3 = 12$.

EXEMPLO 2

Uma moeda é lançada três vezes sucessivamente. Quais são as sequências possíveis de faces obtidas nesses lançamentos?

CJT/ZAPT/Arquivo da Editora

Vamos representar cara por **K** e coroa por **C**.

Há três etapas (lançamentos) a serem analisadas:

- O primeiro lançamento poderá resultar em cara ou coroa.
- Para cada resultado obtido na primeira vez que a moeda for lançada, o segundo lançamento poderá resultar em cara ou coroa.
- A partir de cada um dos resultados anteriores, o terceiro lançamento poderá resultar em cara ou coroa.

Vamos representar essas possibilidades no seguinte diagrama:

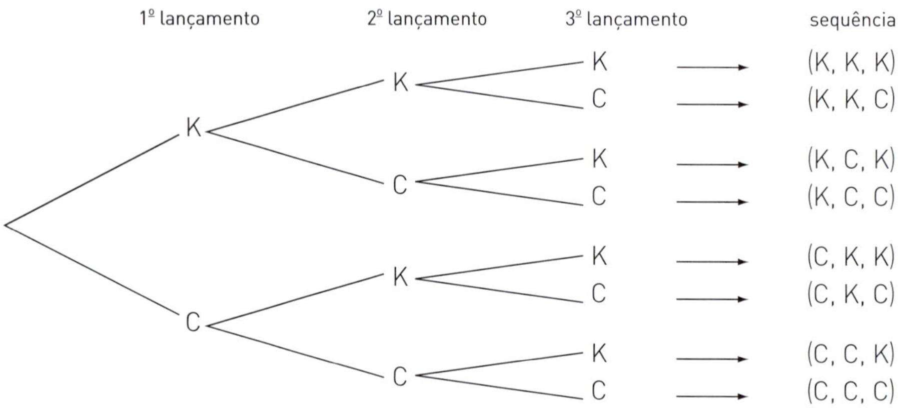

Cada sequência obtida é uma **tripla ordenada** (ou terna) de faces (f_1, f_2, f_3), em que $f_1 \in \{K, C\}$, $f_2 \in \{K, C\}$ e $f_3 \in \{K, C\}$.

O número de sequências possíveis é $2 \cdot 2 \cdot 2 = 8$.

EXEMPLO 3

Quatro estradas ligam as cidades **A** e **B**, e duas estradas ligam as cidades **B** e **C**. De quantas maneiras distintas pode-se ir de **A** a **C**, passando por **B**?

Vamos representar as estradas que ligam as cidades **A** e **B** por $\mathbf{x_1}$, $\mathbf{x_2}$, $\mathbf{x_3}$ e $\mathbf{x_4}$ e as que ligam as cidades **B** e **C** por $\mathbf{y_1}$ e $\mathbf{y_2}$.

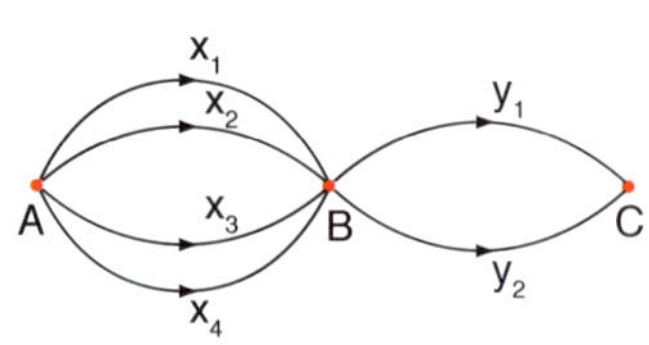

Banco de imagens/ Arquivo da Editora

Há duas etapas sucessivas a serem cumpridas; na primeira, deve-se ir de **A** até **B** e, na segunda, de **B** até **C**.

Cada caminho determina uma sequência de dois elementos (x_i, y_j), em que $x_i \in \{x_1, x_2, x_3, x_4\}$ e $y_j \in \{y_1, y_2\}$, como mostra o esquema acima.

Caminhos possíveis: (x_1, y_1), (x_1, y_2), (x_2, y_1), (x_2, y_2), (x_3, y_1), (x_3, y_2), (x_4, y_1), (x_4, y_2).

O número de maneiras de realizar a viagem completa corresponde ao número de sequências possíveis, que é $4 \cdot 2 = 8$.

EXEMPLO 4

Leila esqueceu a senha de três algarismos para abrir o cadeado de sua mala de viagem. Ela só lembra que escolhera algarismos distintos entre si. Na pior das hipóteses, quantas combinações ela deverá testar para abrir a mala?

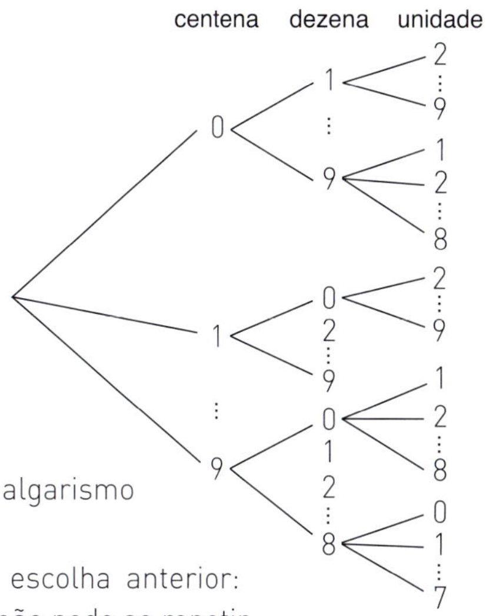

Representar todas as possibilidades no diagrama da árvore é impensável, mas é interessante, ao menos, representá-lo parcialmente para fixar ideias:

Temos:

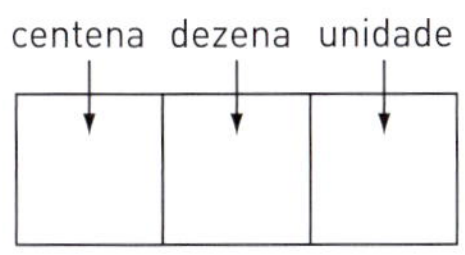

- Para a escolha do algarismo das centenas: 10 opções (qualquer algarismo de 0 a 9).
- Para a escolha do algarismo das dezenas, a partir de cada escolha anterior: 9 opções, uma vez que o algarismo já escolhido para a centena não pode se repetir.
- Feitas as duas escolhas anteriores, há 8 opções distintas para a escolha do algarismo das unidades.

O diagrama acima representado, ainda que parcial, permite visualizar a "estrutura" da multiplicação: $10 \cdot 9 \cdot 8 = 720$ (número máximo de tentativas).

Suponha que uma sequência seja formada por **k** elementos $(a_1, a_2, a_3, ..., a_k)$, em que:

- $\mathbf{a_1}$ pode ser escolhido de $\mathbf{n_1}$ maneiras distintas;
- $\mathbf{a_2}$ pode ser escolhido de $\mathbf{n_2}$ formas diferentes, a partir de cada uma das escolhas anteriores;
- $\mathbf{a_3}$ pode ser escolhido de $\mathbf{n_3}$ modos diferentes, a partir de cada uma das escolhas anteriores;

  ⋮
- $\mathbf{a_k}$ pode ser escolhido de $\mathbf{n_k}$ maneiras distintas, a partir das escolhas anteriores.

Então, o número de possibilidades para construir a sequência $(a_1, a_2, a_3, ..., a_k)$ é:

$$n_1 \cdot n_2 \cdot n_3 \cdot ... \cdot n_k$$

Esse resultado é conhecido como **princípio fundamental da contagem** (PFC) ou **princípio multiplicativo** e serve de base para a resolução de muitos problemas de contagem.

Exercícios resolvidos

1. Uma prova é composta de 8 questões do tipo verdadeiro (**V**) ou falso (**F**). De quantas maneiras distintas podem ser respondidas todas as questões dessa prova?

Solução:

Cada maneira de responder às questões da prova consta de uma sequência de oito elementos $(a_1, a_2, ..., a_8)$, em que cada $\mathbf{a_i}$ $(1 \leq i \leq 8)$ pode ser escolhido de duas maneiras distintas: **V** ou **F**.

Assim, pelo PFC, o número de respostas possíveis para essa prova é:

$$\underbrace{2 \cdot 2 \cdot 2 \cdot ... \cdot 2}_{\text{8 fatores}} = 2^8 = 256$$

2. A seleção brasileira de futebol irá disputar um torneio internacional com outras cinco seleções, no sistema "todos jogam contra todos uma única vez". Quantas são as possíveis sequências de resultados — vitória (**V**), empate (**E**) ou derrota (**D**) — da equipe brasileira nesse torneio?

Solução:

A sequência de resultados dos jogos pode ser representada por $(j_1, j_2, j_3, j_4, j_5)$, e, em cada jogo, pode ocorrer **V**, **D** ou **E**.

Pelo PFC, o número de sequências de resultados possíveis é:

$$3 \cdot 3 \cdot 3 \cdot 3 \cdot 3 = 3^5 = 243$$

3. Considerando os algarismos 0, 1, 2, 3, 4, 5 e 6, responda:

a) Quantos números de três algarismos podemos formar?

b) Quantos números ímpares de três algarismos distintos podemos formar?

Solução:

a) Devemos construir uma tripla ordenada (x, y, z), de modo que:

- **x** possa ser escolhido de seis modos distintos, pois o número que será formado não pode começar por zero. Note que 034 = 34;
- **y** possa ser escolhido de sete formas diferentes, pois pode haver repetição de algarismos;
- **z** possa ser escolhido de sete maneiras distintas, pois não há restrições.

Assim, pelo PFC, a quantidade de números é $6 \cdot 7 \cdot 7 = 294$.

b) Devemos construir uma tripla ordenada (x, y, z), respeitadas as restrições. Já que um número é ímpar quando termina por algarismo ímpar, é mais prático iniciar a resolução do problema pela "última casa" (das unidades):

- **z** pode ser escolhido de três modos distintos (1, 3 ou 5);
- **x** pode ser escolhido de cinco maneiras diferentes, pois não podemos escolher o zero nem o algarismo já escolhido para **z**;
- **y** pode ser escolhido de cinco formas distintas, pois devemos excluir os dois algarismos já escolhidos para **x** e para **z**.

Assim, pelo PFC, o resultado é $3 \cdot 5 \cdot 5 = 75$.

OBSERVAÇÃO

Se tivéssemos iniciado analisando as possibilidades de escolha para a centena, depois para a dezena e, por fim, para a unidade, teríamos:

$$6 \cdot 6 \cdot 3 = 108$$

6: diferente de zero; 6: qualquer número, exceto o já escolhido; 3: ímpar

Essa resolução está errada. Nesse raciocínio, não se sabe se o algarismo usado para a centena é par ou ímpar, da mesma forma que o algarismo usado para a dezena. Desse modo, não é possível determinar, de maneira única, o número de possibilidades de escolha do algarismo para a unidade (o qual pode ser 3, 2 ou 1).

Exercícios

1. Para ir à praia, Sílvia pretende colocar um maiô e uma canga. Sabendo que ela possui cinco maiôs diferentes e três modelos diferentes de canga, determine o número de maneiras distintas de Sílvia se vestir.

2. Um restaurante oferece almoço a R$ 40,00, incluindo: entrada, prato principal e sobremesa. De quantas formas distintas um cliente pode fazer seu pedido, se existem quatro opções de entrada, três de prato principal e duas de sobremesa?

3. Em um teste vocacional, um jovem deve responder a doze questões, assinalando, em cada uma, uma única alternativa, escolhida entre "sim", "não" e "às vezes". De quantas formas distintas o teste poderá ser respondido?

4. Três amigos chegam um pouco atrasados para uma aula de bicicleta na academia e encontram cinco bicicletas vagas.
De quantos modos distintos eles podem se distribuir nas bicicletas vagas?

5. Responda:
a) Quantos números de cinco algarismos existem?
b) Quantos números ímpares de cinco algarismos existem?
c) Quantos números de cinco algarismos são maiores que 71 265?
d) Quantos números de cinco algarismos distintos começam por 7?

6. Considerando os algarismos 1, 2, 3, 4, 5, 6, 7 e 8, responda:
a) Quantos números de quatro algarismos podemos formar?
b) Quantos números pares de quatro algarismos podemos formar?
c) Em relação ao total do item *a*, qual é a porcentagem correspondente aos números que têm todos os algarismos distintos?

7. Responda:
a) Uma moeda é lançada duas vezes sucessivamente. Quantas sequências de faces podem ser obtidas? Quais são elas?
b) Quantas sequências de faces poderiam ser obtidas, caso a moeda fosse lançada quatro vezes sucessivamente? E cinco vezes? E dez vezes?
c) Uma moeda foi lançada **n** vezes sucessivamente. Sabendo que o número de sequências de faces que poderiam ter sido obtidas é 4^{19}, qual é o valor de **n**?

8. Para acessar os serviços de um portal de vendas pela internet, o usuário deve cadastrar uma senha formada por quatro algarismos distintos. O sistema, entretanto, não aceita as senhas que contenham um ou mais algarismos correspondentes ao ano de nascimento do cliente. Determine o número de senhas que podem ser cadastradas por alguém que nasceu em:
a) 1966 b) 1954 c) 1999

9. As placas de veículos atuais são formadas por três letras seguidas de quatro algarismos. Considerando o alfabeto com 26 letras, quantas placas distintas podem ser fabricadas de modo que:
a) os algarismos sejam distintos?
b) as letras e os algarismos sejam distintos?
c) só algarismos pares distintos e vogais apareçam?
d) não apareça a letra **J** nem um algarismo maior que 6?
e) só apareçam algarismos ímpares e em ordem crescente?

10. Quantos números de três algarismos distintos podemos formar usando:
a) apenas os algarismos 1, 2 e 3?
b) apenas os algarismos ímpares?
c) apenas os algarismos pares?
d) algarismos pares e ímpares intercalados?

11. Dispondo dos algarismos 0, 1, 2, 3, 4, 5 e 6, determine:
a) a quantidade de números pares de três algarismos que podemos formar;
b) a quantidade de números pares de três algarismos distintos que podemos formar;
c) a quantidade de números divisíveis por 5, formados por 4 algarismos distintos.

12. Em uma festa, há 32 rapazes e 40 moças; 80% do número de moças e $\frac{3}{8}$ do número de rapazes sabem dançar. Quantos pares podem ser formados por um rapaz e uma moça de modo que:
a) ninguém saiba dançar?
b) apenas uma pessoa do par saiba dançar?

13. Para compor as equipes para uma competição entre escolas, o professor de Educação Física de um colégio precisa definir a última vaga das seleções de vôlei, basquete e futebol entre dez garotos que restaram. Oito deles competem nas três modalidades e os demais só jogam futebol. De quantas formas distintas o professor pode completar as três equipes?

14. Em uma empresa, os estagiários passam, obrigatoriamente e uma única vez, pelos seguintes setores: RH, financeiro, comercial e *marketing*.

a) Quantas ordens distintas são possíveis para o estagiário passar pelos quatro setores?

b) Se um estagiário iniciar o trabalho no setor comercial, de quantas formas distintas poderá completar seu treinamento?

15. Leia a tira do *Recruta Zero*, de Mort Walker.

Intercontinental Press

Suponha que cada um dos cinco soldados tenha exatamente uma carta para enviar a um dos três "destinos" destacados. De quantos modos distintos esses soldados podem distribuir as cartas nesses "destinos"?

16. (UFGO) Uma pessoa dispõe de R$ 800,00 para comprar camisas e calças, de modo a obter exatamente vinte trajes distintos. Cada traje consiste de uma calça e uma camisa, que custam R$ 110,00 e R$ 65,00, respectivamente. Considerando-se que cada peça pode fazer parte de mais de um traje, calcule o número de camisas e de calças que a pessoa comprará sem ultrapassar a quantia em dinheiro de que dispõe.

17. Para a eleição do corpo dirigente de uma empresa, oito pessoas são pré-selecionadas. De quantas maneiras distintas poderão ser escolhidos o presidente, o vice-presidente e o diretor financeiro, se apenas dois deles têm conhecimentos para assumir a diretoria financeira?

18. José e a família, que moram em Brasília, pretendem viajar nas férias de janeiro para Buenos Aires. Consultando um agente de viagem, José recebeu a informação de que só há voos para Buenos Aires com conexão em São Paulo, Rio de Janeiro ou Curitiba e obteve a malha de voos abaixo para a data solicitada.

De	Para	Companhias aéreas
Brasília	São Paulo	A, B, C, D
Brasília	Rio de Janeiro	A, B, C, D
Brasília	Curitiba	A, B
São Paulo	Buenos Aires	A, B, C, D, E
Rio de Janeiro	Buenos Aires	B, C, E
Curitiba	Buenos Aires	A, B, C, F

De quantas maneiras diferentes ele poderá escolher o voo de ida:

a) podendo usar companhias aéreas distintas?

b) usando a mesma companhia aérea?

19. Um estudante está procurando as soluções inteiras da equação $2x = a + b$, na incógnita **x**.
Sabendo que $a \in \{1, 2, 3, 4, 5\}$ e $b \in \{1, 2, 3, 4, 5\}$, de quantas maneiras distintas o estudante poderá escolher **a** e **b** para obter soluções inteiras?

20. Um programador de computador criou um código especial que utiliza apenas os símbolos: ·, —, **x**.

Graphorama/ Arquivo da editora

Os diferentes códigos são sequências formadas por esses símbolos.

Quantos códigos:

a) de cinco símbolos começam por "·"?

b) contêm de dois a quatro símbolos?

c) são formados por três símbolos, sendo um de cada tipo?

d) com quatro símbolos apresentam, pelo menos, três "·"?

21. Uma agência de turismo vende pacotes para as cidades históricas de Minas Gerais. O passageiro deve escolher entre o tipo de transporte (rodoviário ou aéreo) e a categoria do hotel em que se hospedará (turística, turística superior, primeira ou luxo). Opcionalmente, ele pode contratar um seguro-viagem entre as opções de plano: básico ou clássico.

a) De quantos modos distintos o pacote poderá ser contratado sem incluir o seguro-viagem?

b) De quantos modos distintos o pacote poderá ser contratado incluindo o seguro-viagem?

22. Um país é formado por quatro regiões **A**, **B**, **C** e **D**, como mostra o esquema a seguir:

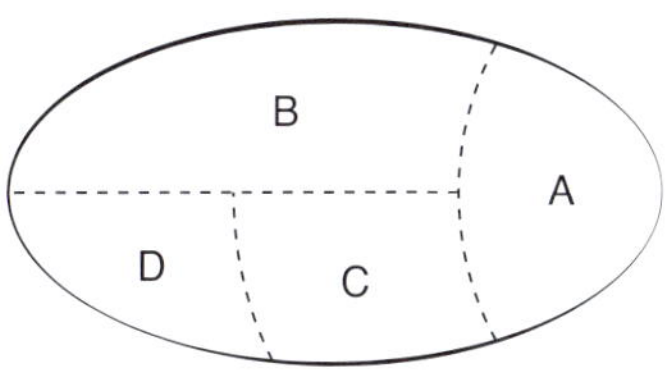

Banco de imagens/ Arquivo da Editora

Deseja-se colorir esse esquema de modo que regiões com uma fronteira comum tenham cores distintas.

Indique se as afirmações seguintes são verdadeiras (**V**) ou falsas (**F**) e justifique as falsas.

a) É possível colorir o esquema usando apenas duas cores.

b) Usando quatro cores distintas, o número de maneiras de colorir o esquema é 24.

c) Com quatro cores disponíveis, o número máximo de possibilidades para colorir o esquema é 60.

d) Com 5 cores disponíveis, e colorindo **A** e **D** com a mesma cor, existem 60 maneiras distintas de colorir o esquema.

e) O número mínimo de cores necessárias para colorir o esquema é 3.

23. No esquema seguinte, **A**, **B**, **C** e **D** são cidades e as linhas representadas são estradas que ligam essas cidades.

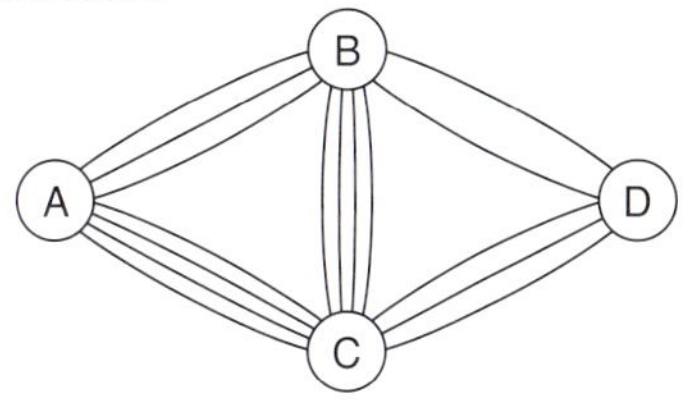

Banco de imagens/ Arquivo da Editora

De quantas formas distintas é possível ir de **A** até **D**, sem passar mais de uma vez pela mesma cidade?

24. Quantos divisores positivos tem o número:

a) 120?

b) 3 780?

c) $48^5 \cdot 15^6$?

Sugestão: Faça a decomposição em fatores primos.

25. Responda:

a) O número $1\,125 \cdot 2^n$, com $n \in \mathbb{N}$, apresenta 84 divisores positivos. Qual é o valor de **n**?

b) Qual é o número de divisores positivos de $2 \cdot 4 \cdot 6 \cdot 8 \cdot ... \cdot 18 \cdot 20$?

26. Uma pulseira de tecido será bordada com quatro faixas retangulares, como mostra a figura abaixo.

Há cinco cores de bordado disponíveis. De quantos modos distintos a pulseira poderá ser feita:

a) se não se pretende repetir cor alguma?

b) se retângulos "vizinhos" devem ser bordados com cores diferentes?

c) se o primeiro e o último retângulos forem bordados com a mesma cor e nos retângulos "do meio" forem usadas cores de bordado distintas entre si e também distintas da cor usada nas extremidades?

27. Para aumentar a segurança de suas operações via internet, o cliente de um banco deve digitar uma senha formada por 4 algarismos distintos. Uma vez que ela seja digitada corretamente, ele deverá digitar outra senha formada por duas letras (entre as 26 do alfabeto) seguidas de dois algarismos.

Suponha que o sistema não seja bloqueado após qualquer tentativa incorreta. Se para testar cada possibilidade são gastos 30 segundos, qual é o tempo máximo (em horas e minutos) gasto por uma pessoa (que não tem informação alguma sobre a senha) para ter acesso a uma determinada conta?

Fatorial de um número natural

Na resolução de problemas de contagem por meio do princípio multiplicativo (ou PFC) é comum aparecerem multiplicações envolvendo números naturais consecutivos, por exemplo: $26 \cdot 25 \cdot 24$; $4 \cdot 3 \cdot 2 \cdot 1$; $7 \cdot 6 \cdot 5$ etc.

Muitas vezes é possível escrever multiplicações desse tipo de forma mais resumida. Para isso, vamos apresentar o fatorial de um número natural, que será útil na contagem de agrupamentos.

Dado um número natural **n**, definimos o **fatorial de** n (indicado por **n!**) por meio das relações:

Se $n = 0$, então $0! = 1$ (1)

Se $n = 1$, então $1! = 1$ (2)

Se $n \geq 2$, o fatorial de **n** é igual ao produto:

$n! = n \cdot (n - 1) \cdot (n - 2) \cdot ... \cdot 1$ (3)

OBSERVAÇÃO

Se $n \in \mathbb{N}$, com $n \geq 2$, então o fatorial de **n** é um número par. Se $n \geq 2$, n! contém como um de seus fatores o número 2, que é par. Como o produto de um número par por outro inteiro qualquer é par, concluímos que n! é par.

Notemos que, em (3), o fatorial de **n** representa o produto dos **n** primeiros números naturais positivos. Um pouco mais à frente, você vai compreender a "conveniência" de se definir $0! = 1$ e $1! = 1$.

Assim, temos, por exemplo:

$2! = 2 \cdot 1 = 2$

$3! = 3 \cdot 2 \cdot 1 = 6$

$4! = 4 \cdot 3 \cdot 2 \cdot 1 = 24$

$5! = 5 \cdot 4 \cdot 3 \cdot 2 \cdot 1 = 120$

À medida que **n** aumenta, o cálculo de n! torna-se mais trabalhoso. Para ajudar, podemos utilizar a seguinte propriedade:

$$n! = n \cdot (n - 1)!, \; n \in \mathbb{N}^*$$

Veja estas simplificações:

- $6! = 6 \cdot \underbrace{5 \cdot 4 \cdot 3 \cdot 2 \cdot 1}_{5!} = 6 \cdot 5!$
- $5! = 5 \cdot \underbrace{4 \cdot 3 \cdot 2 \cdot 1}_{4!} = 5 \cdot 4!$
- $9! = 9 \cdot \underbrace{8 \cdot 7 \cdot 6 \cdot 5 \cdot 4 \cdot 3 \cdot 2 \cdot 1}_{8!} = 9 \cdot 8!$

  ou ainda $9 \cdot 8 \cdot \underbrace{7 \cdot 6 \cdot 5 \cdot 4 \cdot 3 \cdot 2 \cdot 1}_{7!} = 9 \cdot 8 \cdot 7!$

EXEMPLO 5

Para calcularmos o valor de $\frac{10!}{7!}$, podemos desenvolver o fatorial do número maior, 10, até chegarmos ao fatorial do menor, 7.

Temos:

$$\frac{10!}{7!} = \frac{10 \cdot 9 \cdot 8 \cdot \cancel{7!}}{\cancel{7!}} = 10 \cdot 9 \cdot 8 = 720$$

Exercício resolvido

4. Resolva a equação $\frac{(n + 1)!}{(n - 1)!} = 6$.

Solução:

Como $n + 1 > n - 1$, desenvolvemos o fatorial de $n + 1$ até chegarmos ao fatorial de $n - 1$:

$$\frac{(n + 1) \cdot n \cdot \cancel{(n - 1)!}}{\cancel{(n - 1)!}} = 6 \Rightarrow n^2 + n - 6 = 0 \Rightarrow n = 2 \text{ ou } n = -3$$

Como só se define o fatorial de um número natural, concluímos que o único valor possível é $n = 2$; então $S = \{2\}$.

Exercícios

28. Calcule:

a) $6!$
b) $4!$
c) $0! + 1!$
d) $3! - 2!$
e) $7! - 5!$
f) $5 \cdot 3!$

29. Obtenha o valor de cada uma das expressões seguintes:

a) $\frac{8!}{6!}$

b) $\frac{9!}{10!}$

c) $\frac{3!}{4!} + \frac{4!}{5!}$

d) $\frac{7!}{5! \cdot 2!}$

e) $\frac{20!}{18! \cdot 2!}$

f) $\frac{8! \cdot 6!}{7! \cdot 7!}$

30. Efetue:

a) $\frac{11! + 9!}{10!}$

b) $17! - 17 \cdot 16!$

c) $\frac{40! - 39!}{41!}$

d) $\frac{(85!)^2}{86! \cdot 83!}$

31. Classifique como verdadeira (**V**) ou falsa (**F**) as seguintes afirmações, considerando que **a** e **b** são números naturais quaisquer.

a) $(a + b)! = a! + b!$
b) $(a - b)! = a! - b!$
c) $(2a)! = 2 \cdot a!$
d) $(a!)^2 = a! \cdot a!$
e) $(a \cdot b)! = a! \cdot b!$

32. Simplifique:

a) $\frac{(n + 2)!}{(n + 1)!}$

b) $\frac{(n - 3)!}{(n - 2)!}$

c) $\frac{(n + 1)! + n!}{n!}$

d) $\frac{n! - (n - 1)!}{(n - 1)! + (n - 2)!}$

e) $\frac{1}{(n + 1)!} + \frac{n - 1}{n!}$

33. Resolva as seguintes equações:

a) $(n + 2)! = 6 \cdot n!$

b) $n! = 120$

c) $\frac{n!}{(n - 2)!} = 42$

d) $\frac{(n + 2)! - (n + 1)!}{n(n - 1)!} = 25$

e) $(n - 5)! = 1$

f) $(n!)^2 - 100 \cdot n! = 2\,400$

g) $\frac{(3n + 1)!}{(3n - 1)!} = 156$

h) $\frac{(6 - n)! - (4 - n)!}{(5 - n)!} = \frac{11}{3}$

34. Considere o número natural $N = 11!$

a) Quantos divisores positivos tem **N**?

b) Quantos divisores positivos de **N** também são divisores de 77?

Agrupamentos simples: permutações, arranjos e combinações

O princípio fundamental da contagem (PFC) é a principal técnica para resolução de problemas de contagem.

Vamos estudar a seguir as diferentes maneiras de formar um agrupamento e, por meio do PFC, desenvolver métodos de contagem para cada tipo de agrupamento.

Faremos, principalmente, o estudo dos **agrupamentos simples**, isto é, grupos de **k** elementos **distintos** escolhidos entre os **n** elementos de um conjunto, com $k \leqslant n$.

Estudaremos os seguintes agrupamentos simples: permutações, arranjos e combinações.

Permutações

Masterfile/Radius Images/Latinstock

Aline (**A**), Bia (**B**), Claudinha (**C**) e Diana (**D**) são alunas do 6º ano de um colégio e, na classe, ocupam a mesma fileira de quatro lugares. Elas vivem brigando por causa da posição em que cada uma quer sentar. Para resolver o problema, a professora sugeriu um rodízio completo das alunas na fileira, trocando a disposição todos os dias.

Quantos dias são necessários para esgotar todas as possibilidades de as quatro meninas se acomodarem nas quatro carteiras?

Inicialmente, vamos escrever todas as possibilidades de acomodação:

1ª	2ª	3ª	4ª
A	B	C	D
B	A	C	D
C	A	B	D
D	A	B	C

1ª	2ª	3ª	4ª
A	B	D	C
B	A	D	C
C	A	D	B
D	A	C	B

1ª	2ª	3ª	4ª
A	D	C	B
B	C	A	D
C	B	A	D
D	B	A	C

1ª	2ª	3ª	4ª
A	D	B	C
B	C	D	A
C	B	D	A
D	B	C	A

1ª	2ª	3ª	4ª
A	C	B	D
B	D	A	C
C	D	A	B
D	C	A	B

1ª	2ª	3ª	4ª
A	C	D	B
B	D	C	A
C	D	B	A
D	C	B	A

Observe que uma disposição difere das demais apenas pela ordem em que as quatro alunas vão se sentar nas quatro carteiras.

Assim, cada maneira de arrumar as meninas na fileira corresponde a um **agrupamento ordenado** (sequência) formado por quatro elementos.

Dizemos que cada disposição no quadro corresponde a uma **permutação** das quatro crianças.

Vamos usar o PFC para contar o número de possibilidades:

- Para ocupar a primeira carteira da fileira, há quatro opções.
- Definida a primeira posição, há três opções de escolha para a menina que vai sentar na segunda posição.
- Definidas a primeira e a segunda posições, há duas opções de escolha para a menina que vai sentar na terceira carteira.
- Escolhidas a primeira, a segunda e a terceira posições, a menina que vai sentar na última carteira fica determinada de maneira única.

Assim, há 24 possibilidades ($4 \cdot 3 \cdot 2 \cdot 1 = 4! = 24$).

Desse modo, são necessários 24 dias para esgotar todas as possibilidades de as quatro meninas se acomodarem na fileira.

Dados **n** elementos distintos, chama-se **permutação simples** ou simplesmente **permutação** todo **agrupamento ordenado** (sequência) formado por esses **n** elementos.

Cálculo do número de permutações

Sejam **n** elementos distintos e $\mathbf{P}_n$ o número de permutações possíveis desses **n** elementos.

Vamos contar o número de sequências formadas por **n** elementos:

- Para escolher o primeiro elemento da sequência temos **n** possibilidades.
- Para escolher o segundo elemento da sequência, uma vez definida a primeira posição, há $(n - 1)$ possibilidades.
- Definidos os dois primeiros elementos da sequência, podemos escolher o terceiro elemento de $(n - 2)$ maneiras.

  ⋮

- Escolhidos os $(n - 1)$ primeiros elementos da sequência, o elemento que irá ocupar a última posição na sequência fica determinado de maneira única.

Assim, pelo PFC:

$$P_n = n \cdot (n-1) \cdot (n-2) \cdot \ldots \cdot 2 \cdot 1, \text{ isto é, } \quad P_n = n!$$

EXEMPLO 6

Um caso de agrupamento formado por permutação corresponde aos anagramas formados com as letras de uma palavra.

Utilizando todas as letras da palavra PRATO (**P**, **R**, **A**, **T**, **O**) e trocando-as de ordem, temos uma sequência de cinco letras que forma uma "palavra" com ou sem sentido. Cada "palavra" formada corresponde a um anagrama, como em: PROTA, ATORP, RAPTO, TROPA etc.

O número de anagramas formados é o número de permutações possíveis das letras **P**, **R**, **A**, **T**, **O**, a saber:

$$P_5 = 5! = 5 \cdot 4 \cdot 3 \cdot 2 \cdot 1 = 120$$

Exercícios resolvidos

5. Sejam os anagramas formados com as letras **G**, **R**, **A**, **N**, **I**, **Z**, **O**. Quantos começam e terminam por vogal?

Solução:

Para iniciar o anagrama, temos três possibilidades (**A**, **I**, **O**).

Definida a vogal do início, sobram duas opções para a vogal que irá ocupar a última letra do anagrama.

Definidas as duas extremidades, as outras cinco letras (uma vogal e quatro consoantes) podem ocupar qualquer posição no anagrama, num total de 120 possibilidades ($P_5 = 5! = 5 \cdot 4 \cdot 3 \cdot 2 \cdot 1 = 120$).

O resultado procurado é, portanto, $3 \cdot 2 \cdot P_5 = 6 \cdot 120 = 720$.

6. Giba e Gina têm três filhos: Carla, Luís e Daniel. A família quer tirar uma foto de recordação de uma viagem na qual todos apareçam lado a lado.

Felix Reiners/Arquivo da editora

a) De quantas formas distintas os membros da família podem se distribuir?

b) Em quantas possibilidades o casal aparece lado a lado?

Solução:

a) Cada forma de dispor as 5 pessoas lado a lado corresponde a uma permutação dessas 5 pessoas, uma vez que a sequência é formada por todos os membros da família.
O número de posições possíveis é, portanto, $P_5 = 5! = 5 \cdot 4 \cdot 3 \cdot 2 \cdot 1 = 120$.

b) Para que Giba e Gina apareçam juntos (lado a lado), podemos considerá-los como uma única pessoa que irá permutar com as outras três, num total de 24 possibilidades ($P_4 = 4! = 4 \cdot 3 \cdot 2 \cdot 1 = 24$). Porém, para cada uma dessas 24 possibilidades, Giba e Gina podem trocar de lugar entre si, de 2 maneiras distintas ($P_2 = 2! = 2$).
Assim, o resultado procurado é $\underbrace{P_4}_{\text{entre os blocos}} \cdot \underbrace{P_2}_{\text{dentro do bloco}} = 24 \cdot 2 = 48$.

Exercícios

35. Determine o número de anagramas formados a partir de:

a) LUA
b) GATO
c) ESCOLA
d) REPÚBLICA
e) FESTA
f) PERNAMBUCO

36. Um dado foi lançado quatro vezes sucessivamente e as faces obtidas foram 2, 3, 5 e 6, não necessariamente nessa ordem. De quantas formas distintas pode ter ocorrido a sequência de resultados?

37. Considere os anagramas formados a partir de CONQUISTA.

a) Quantos são?
b) Quantos começam por vogal?
c) Quantos começam e terminam por consoante?
d) Quantos têm as letras CON juntas e nessa ordem?
e) Quantos apresentam a letra **C** antes da letra **A**?
f) Quantos apresentam as letras CON juntas, o mesmo ocorrendo com as letras QUIS e também com as letras TA?

38. Suponha que Fábio tenha uma foto de cada uma de suas 3 irmãs, uma foto de seu irmão, uma foto de um amigo, uma foto de um ídolo do *rock* e uma foto do jogador de futebol favorito. De quantos modos distintos ele poderá escolher as fotos, se dispõe de apenas 5 porta-retratos (3 sobre o aparador e 2 na parede) e pretenda que as fotos das irmãs apareçam, obrigatoriamente, lado a lado sobre o aparador?

Felix Reiners/Arquivo da editora

39. Em uma mesma prateleira de uma estante há 10 livros distintos, sendo cinco de Álgebra, três de Geometria e dois de Trigonometria.

a) De quantos modos distintos podemos arrumar esses livros nessa prateleira, se desejamos que os livros de um mesmo assunto permaneçam juntos?

Felix Reiners/Arquivo da editora

b) De quantos modos distintos podemos arrumar esses livros nessa prateleira de modo que nas extremidades apareçam livros de Álgebra e os livros de Trigonometria fiquem juntos?

40. Em uma turma de um curso de idiomas, o professor escolherá, semanalmente, um aluno para comentar o filme visto na semana. Ele tem como alunos quatro rapazes e três moças, e cada aluno irá comentar apenas um filme.

a) Quantas semanas serão necessárias para que todos os alunos da turma sejam chamados?

b) De quantos modos distintos poderá ser estabelecida a ordem dos alunos para comentar os filmes?

c) De quantos modos distintos poderá ser estabelecida a ordem dos alunos se o professor escolher primeiro só as moças e depois os rapazes?

d) De quantos modos distintos poderá ser estabelecida a ordem dos alunos se o professor escolhê-los alternadamente de acordo com o sexo?

41. Em quantos anagramas da palavra QUEIJO as vogais não aparecem todas juntas?

42. Resolva estas equações:

a) $P_n = 24$

b) $\dfrac{P_n}{P_{(n-2)}} = 506$

43. Permutando-se as letras **T**, **R**, **A**, **P**, **O**, **S**, são formados 720 anagramas. Esses anagramas são colocados em ordem alfabética.

a) Determine a posição da primeira "palavra" que começa por **R**.

b) Qual é a posição correspondente a PRATOS?

c) Que anagrama ocupa a 500ª posição?

44. Considerando os anagramas da palavra BRASIL, responda:

a) quantos começam por **B**?

b) quantos começam por **B** e terminam por **L**?

c) quantos começam por **B** ou terminam por **L**?

d) quantos começam por **B** e apresentam as consoantes em ordem alfabética?

45. Seja o conjunto A = {p, q, r, s}. Determine o número de funções que podem ser definidas de **A** em **A**.

Arranjos

Em uma reunião de um condomínio residencial, foi realizada uma votação para definir os cargos de síndico e subsíndico do prédio.

Felix Reiners/Arquivo da editora

Quatro moradores, **A**, **B**, **C**, **D**, candidataram-se a ocupar esses cargos. De quantos modos distintos pode ocorrer o resultado dessa votação?

Façamos inicialmente uma representação de todas as possibilidades, usando o diagrama da árvore de possibilidades:

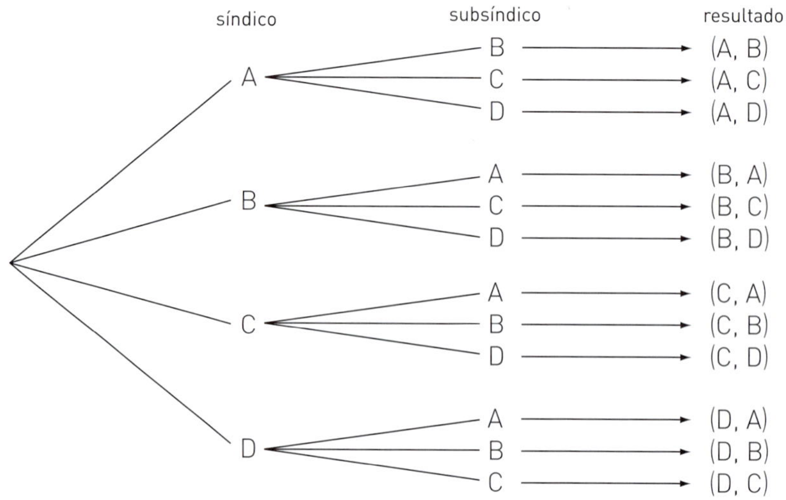

Observe que cada possibilidade acima representada corresponde a um **agrupamento ordenado** de duas pessoas escolhidas entre os quatro candidatos.

Note, por exemplo, que o par ordenado (A, B) é diferente do par ordenado (B, A), pois, na primeira situação, o síndico é **A** e o subsíndico é **B** e, na segunda situação, ocorre o contrário.

Dizemos que cada resultado da votação corresponde a um **arranjo** dos quatro elementos (candidatos) tomados dois a dois (isto é, escolhemos dois entre os quatro para formar o agrupamento ordenado).

Vamos, por meio do PFC, contar o número total de arranjos possíveis (indicaremos por $\mathbf{A}_{4,\,2}$):

- Para a escolha do síndico, há quatro possibilidades.
- Definido o síndico, sobram três opções para a escolha do cargo de subsíndico.

Assim, $A_{4,\,2} = 4 \cdot 3 = 12$.

> Dado um conjunto com **n** elementos distintos, chama-se **arranjo** desses **n** elementos, tomados **k** a **k** (com $k \leq n$), qualquer agrupamento ordenado de **k** elementos distintos escolhidos entre os **n** existentes.

Contagem do número de arranjos

Dados **n** elementos distintos, vamos indicar por $\mathbf{A}_{n,\,k}$ o número de arranjos desses elementos, tomados **k** a **k**.

Vamos usar o PFC:

- O 1º elemento da sequência pode ser escolhido de **n** formas possíveis.
- O 2º elemento da sequência pode ser escolhido de $(n - 1)$ maneiras distintas, pois já fizemos a escolha anterior e não há repetição de elementos.
- Feitas as duas primeiras escolhas, há $(n - 2)$ maneiras diferentes de escolher o 3º elemento da sequência, pois não pode haver repetição.

  ⋮

- Para escolher o k-ésimo elemento, a partir das $(k - 1)$ escolhas anteriores, sobram $n - (k - 1) = (n - k + 1)$ opções.

Assim, pelo PFC, a quantidade de arranjos possíveis (indicada por $\mathbf{A}_{n,k}$) é:

$$A_{n,k} = n \cdot (n-1) \cdot (n-2) \cdot \ldots \cdot (n-k+1) \quad (1)$$

Para obter uma expressão equivalente a (1) usando fatorial, basta multiplicar e dividir seu segundo membro por $(n-k) \cdot (n-k-1) \cdot \ldots \cdot 3 \cdot 2 \cdot 1 = (n-k)!$. De fato:

$$A_{n,k} = n \cdot (n-1) \cdot (n-2) \cdot \ldots \cdot (n-k+1) \cdot \frac{(n-k) \cdot (n-k-1) \cdot \ldots \cdot 3 \cdot 2 \cdot 1}{(n-k) \cdot (n-k-1) \cdot \ldots \cdot 3 \cdot 2 \cdot 1}$$

Observe que o numerador da expressão acima corresponde a n!. Assim:

$$A_{n,k} = \frac{n!}{(n-k)!} \quad (2)$$

Os problemas que envolvem contagem do número de arranjos podem ser resolvidos pelo PFC ou pela aplicação das fórmulas equivalentes (1) ou (2).

OBSERVAÇÃO

As permutações, estudadas a partir da página 534, podem ser consideradas arranjos.

Dados **n** elementos distintos, todo arranjo (agrupamento ordenado) formado exatamente por esses **n** elementos corresponde a uma permutação desses elementos.

Com efeito, fazendo k = n na fórmula do arranjo, obtemos:

$$A_{n,n} = \frac{n!}{(n-n)!}, \text{ isto é, } P_n = \frac{n!}{0!} = n!$$

Nessa última expressão, note a "conveniência" de termos definido 0! = 1.

Exercícios resolvidos

7. Dado o conjunto das vogais V = {a, e, i, o, u}, determine a quantidade de arranjos que podemos formar com três elementos de **V**.

Solução:

Todo arranjo formado é um agrupamento ordenado de três elementos, escolhidos entre os cinco de **V**.
Alguns arranjos possíveis são: (a, e, i); (a, o, u); (e, a, i); (e, i, o); (u, o, i); (i, o, u) etc.
Façamos, então, essa contagem:

1º modo

Usando o PFC:

1ª letra da sequência	2ª letra da sequência	3ª letra da sequência
↓	↓	↓
5 possibilidades	4 possibilidades	3 possibilidades

Multiplicando as possibilidades, obtemos o número de arranjos: $5 \cdot 4 \cdot 3 = 60$.

2º modo

Usando uma das fórmulas:

(1) $A_{5,3} = 5 \cdot 4 \cdot 3 = 60$ (5 = n, 3 = k; 5 = n, 4 = n − 1, 3 = n − k + 1) ou (2) $A_{5,3} = \frac{5!}{(5-3)!} = \frac{5 \cdot 4 \cdot 3 \cdot \cancel{2!}}{\cancel{2!}} = 60$

Observe, neste exercício, que um arranjo difere de outro pela natureza dos elementos escolhidos (letras) ou pela ordem dos elementos.

8. A senha de um cartão magnético bancário, usado para transações financeiras, é uma sequência de duas letras distintas (entre as 26 do alfabeto) seguida por uma sequência de três algarismos distintos. Quantas senhas podem ser criadas?

Solução:

Devemos determinar o número de sequências (agrupamentos ordenados) formadas por cinco elementos, sendo os dois primeiros letras distintas e os três últimos algarismos distintos.

Utilizemos o princípio multiplicativo:

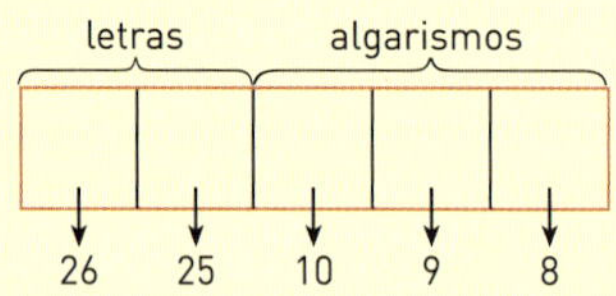

São possíveis 468000 senhas $(26 \cdot 25 \cdot 10 \cdot 9 \cdot 8 = 468000)$.

Observe também que:

$$\underbrace{26 \cdot 25}_{A_{26,\,2}} \cdot \underbrace{10 \cdot 9 \cdot 8}_{A_{10,\,3}}$$

$A_{26,\,2}$: sequência de 2 letras distintas entre as 26 · $A_{10,\,3}$: sequência de 3 algarismos distintos entre os 10

Exercícios

46. Para ocupar os cargos de presidente e vice-presidente do grêmio de um colégio, candidataram-se dez alunos. De quantos modos distintos pode ser feita essa escolha?

47. A senha de acesso a uma rede de computadores é formada por uma sequência de quatro letras distintas seguida por dois algarismos distintos:

a) Quantas são as possíveis senhas de acesso?

b) Quantas senhas apresentam simultaneamente apenas consoantes e algarismos maiores que 5?

Considere as 26 letras do alfabeto.

48. Em uma pesquisa encomendada por uma operadora turística com o objetivo de descobrir os destinos nacionais mais cobiçados pelos brasileiros, o entrevistado deve escolher, em ordem de preferência, três destinos entre os dez apresentados pelo entrevistador. Um dos destinos apresentados é a cidade de Natal.

a) Quantas respostas diferentes podem ser obtidas?

b) Quantas respostas possíveis apresentam a cidade de Natal como destino preferido em 1º lugar?

c) Quantas respostas possíveis não contêm Natal entre os destinos mencionados?

49. A 1ª fase de um torneio de futebol é disputada por 15 equipes no sistema de turno e returno (a equipe **A**, por exemplo, joga com a equipe **B** duas vezes: uma em seu campo e a outra no campo adversário). Quantas partidas são disputadas ao todo, se os dois mais bem classificados da 1ª fase fazem a final no mesmo sistema?

50. Um casal, procurando um nome para o filho que nasceria em três meses, relacionou cem nomes de uma lista. Quantas são as possibilidades de nome para o filho, se o casal pode escolher entre um só nome ou nome composto (2 nomes distintos)?

51. Uma empresa distribui a seus funcionários um questionário constituído de duas partes. Na primeira, o funcionário deve colocar a ordem de preferência de turno de trabalho: matutino, vespertino ou noturno. Na segunda, o funcionário deve escolher, em ordem de preferência, dois dos sete dias da semana para folgar. De quantas maneiras distintas um funcionário poderá preencher esse questionário?

52. Em uma final de uma prova de natação participam cinco atletas europeus, dois norte-americanos e um brasileiro.

a) De quantos modos distintos poderão ser distribuídas as medalhas de ouro, prata e bronze?

b) Em quantos resultados só aparecem atletas europeus nas três primeiras posições?

c) Em quantos resultados o atleta brasileiro recebe medalha?

d) Supondo que o atleta brasileiro não recebeu medalha, determine o número de resultados em que há mais atletas europeus do que norte-americanos no pódio.

53. Resolva as seguintes equações:

a) $A_{n,2} = 110$

b) $A_{n+1,1} = 8$

c) $A_{n+2,n+1} = 120$

d) $A_{n,3} = \frac{P_n}{2}$

54. Seis amigos participam de uma brincadeira de futebol, que consiste em cobrança de pênaltis. Cada um escolhe, de todos os modos possíveis, um colega para bater o pênalti e outro para tentar defendê-lo.

a) Quantas cobranças de pênalti são feitas nessa brincadeira, incluindo as repetições?

b) Quantas cobranças haveria se o grupo resolvesse convidar um sétimo amigo para que ele escolhesse, de todos os modos possíveis, o cobrador e o defensor dos pênaltis?

55. A sessão de um filme já havia começado quando duas pessoas que não se conhecem entram na sala. Elas percebem que só há lugares vagos nas duas primeiras fileiras, abaixo representadas (o × indica que o lugar está ocupado).

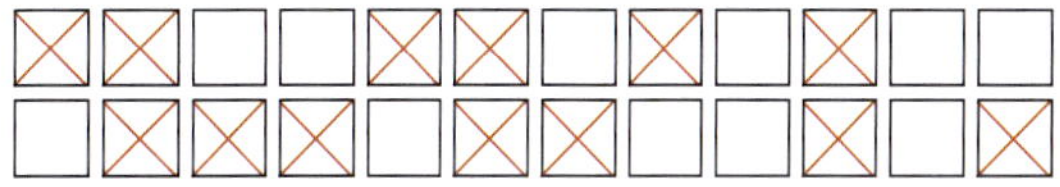

a) De quantas maneiras distintas elas poderão se acomodar?

b) De quantas maneiras distintas elas poderão sentar lado a lado?

c) De quantas maneiras distintas elas poderão sentar em uma mesma fileira?

56. Um baralho comum é composto de 52 cartas, sendo 13 de cada naipe. Os naipes são: copas ♥, ouros ♦, espadas ♠ e paus ♣; e as cartas, para cada naipe, são: **A** (ás), 2, 3, ..., 10, **J** (valete), **Q** (dama) e **K** (rei).

As cartas de um baralho comum foram distribuídas em duas caixas da seguinte maneira: Na caixa **X**, foram colocadas todas as cartas de ouros e de paus e na caixa **Y**, todas as cartas de espadas e de copas. Deseja-se retirar, ao acaso, sucessivamente e sem reposição, 3 cartas da caixa **X** e, em seguida, 2 cartas da caixa **Y**. As cinco cartas retiradas formam, na ordem em que foram extraídas, uma sequência.

a) Quantas sequências distintas de 5 cartas podem ser obtidas?

b) Em quantas sequências distintas aparecem os 4 ases e 1 rei?

c) Em quantas sequências distintas aparecem os 4 ases?

Combinações

Quando termina o treino, Jaqueline costuma tomar um suco na lanchonete da academia. Numa tarde, a lanchonete dispunha das seguintes frutas: abacate, mamão, banana, maçã, morango e laranja. De quantas maneiras distintas Jaqueline pode pedir seu suco misturando exatamente duas dessas frutas?

Vamos representar, uma a uma, as possibilidades de mistura:

mamão e banana	maçã e morango	abacate e mamão
mamão e maçã	maçã e laranja	abacate e banana
mamão e morango	banana e morango	abacate e maçã
mamão e laranja	banana e laranja	abacate e morango
banana e maçã	morango e laranja	abacate e laranja

Alamy/Fotoarena

As frutas fazem parte de um cardápio saudável.

Observe que escolher, por exemplo, mamão e laranja, nessa ordem, é o mesmo que escolher laranja e mamão, nessa ordem, pois, para determinar o sabor do suco, não importa a ordem em que as frutas sejam escolhidas.

Assim, cada escolha que Jaqueline poderá fazer consiste em um **agrupamento não ordenado** de duas frutas escolhidas entre as seis disponíveis. Dizemos que cada uma das possibilidades anteriores é uma **combinação** das seis frutas tomadas duas a duas, isto é, um **subconjunto** formado por dois elementos (frutas) escolhidos entre seis (frutas) disponíveis.

É usual representar as combinações entre chaves — { } —, assim como fazemos com conjuntos.

Como podemos contar o número de combinações dessas frutas?

Inicialmente, podemos usar o PFC para contar o número de agrupamentos ordenados de duas frutas:

$$\underset{\substack{\uparrow \\ 1^{\underline{a}}\ \text{fruta}}}{6} \cdot \underset{\substack{\uparrow \\ 2^{\underline{a}}\ \text{fruta}}}{5} = 30$$

Esse cálculo inclui escolhas repetidas, pois sabemos que a ordem de escolha das frutas não importa. Por exemplo, estão incluídas as opções mamão com laranja e laranja com mamão, banana com maçã e maçã com banana, etc.

O número de ordens possíveis em que duas determinadas frutas podem ser escolhidas é:

$$2 \cdot 1 = 2 = P_2$$

Assim, como cada escolha foi contada duas vezes, o número de combinações possíveis é $\frac{30}{2} = 15$.

Observe, nesse caso, que uma combinação difere das demais apenas pela natureza dos elementos escolhidos (frutas).

Suponha, agora, que Jaqueline quisesse misturar exatamente três frutas em seu suco. Quantas possibilidades ela teria?

Inicialmente, notamos que cada escolha consiste em um agrupamento não ordenado (combinação) de três frutas escolhidas entre seis.

Observe alguns subconjuntos de três elementos que podemos formar: {banana, mamão, maçã}; {mamão, abacate, laranja}; {laranja, banana, mamão}.

Vamos fazer a contagem do número de combinações.

Primeiro, usamos o PFC para contar o número de agrupamentos ordenados de três frutas:

$$\underset{\substack{\uparrow \\ 1^{\underline{a}}\ \text{fruta}}}{6} \cdot \underset{\substack{\uparrow \\ 2^{\underline{a}}\ \text{fruta}}}{5} \cdot \underset{\substack{\uparrow \\ 3^{\underline{a}}\ \text{fruta}}}{4} = 120$$

Como a ordem não importa, é preciso saber quantas vezes um mesmo suco foi contado nesse cálculo.

Imaginemos uma possível escolha: mamão (**M**), banana (**B**) e laranja (**L**).

Pelo PFC, o número de sequências formadas por essas três frutas é: $3 \cdot 2 \cdot 1 = 6$, que são as **permutações** possíveis de **M**, **B** e **L**:

(M, B, L), (M, L, B), (L, B, M), (L, M, B), (B, L, M) e (B, M, L)

Como as seis permutações desses elementos determinam um mesmo suco, concluímos que o número de combinações pedido é $\frac{120}{6} = 20$.

Dados **n** elementos distintos, chama-se **combinação** desses **n** elementos tomados **k** a **k** (com $k \leq n$) qualquer **subconjunto** formado por **k** elementos distintos, escolhidos entre os **n**.

Contagem do número de combinações

Sejam **n** elementos distintos.

Vamos encontrar um método, baseado nos exemplos anteriores, para contar o número de combinações desses **n** elementos tomados **k** a **k** (com $k \leqslant n$). Indicaremos esse número por $\mathbf{C_{n,\,k}}$ ou por $\binom{n}{k}$.

- Usamos o PFC para contar o número de agrupamentos ordenados (arranjos) formado por **k** elementos distintos, escolhidos entre os **n** elementos disponíveis:

$$n \cdot (n-1) \cdot (n-2) \cdot \ldots \cdot [n-(k-1)] = A_{n,\,k}$$

- Usamos o PFC para contar o número de sequências distintas (ordens) que podem ser formadas com os **k** elementos escolhidos (permutações de **k** elementos):

$$k \cdot (k-1) \cdot (k-2) \cdot \ldots \cdot 3 \cdot 2 \cdot 1 = P_k = k!$$

- Como qualquer permutação desses **k** elementos dá origem a uma única combinação, o número de combinações dos **n** elementos tomados **k** a **k** é:

$$C_{n,\,k} = \frac{A_{n,\,k}}{P_k} \Rightarrow \boxed{C_{n,\,k} = \frac{A_{n,\,k}}{k!}}$$

Aplicando a fórmula do arranjo, obtemos:

$$C_{n,\,k} = \frac{\frac{n!}{(n-k)!}}{k!} \Rightarrow \boxed{C_{n,\,k} = \frac{n!}{(n-k)! \cdot k!}}$$

OBSERVAÇÕES

- Se $k = 1$, o número de combinações de **n** elementos distintos, tomados um a um, é igual a **n**, pois corresponde ao número de subconjuntos que podem ser formados com exatamente um elemento escolhido entre os **n** elementos. De fato:

$$C_{n,\,1} = \binom{n}{1} = \frac{n!}{1!\,(n-1)!} = \frac{n \cdot \cancel{(n-1)!}}{1!\,\cancel{(n-1)!}} = \frac{n}{1!} = n$$

Note, nesse caso, a "conveniência" de termos definido $1! = 1$.

- Se $k = n$, o número de combinações de **n** (com $n \geqslant 1$) elementos distintos, tomados **n** a **n**, é igual a 1. De fato:

$$C_{n,\,n} = \binom{n}{n} = \frac{n!}{n! \cdot (n-n)!} = \frac{\cancel{n!}}{\cancel{n!} \cdot 0!} = \frac{1}{0!} = 1$$

Observe, novamente, a "conveniência" da definição especial $0! = 1$.

Note que o número de subconjuntos com **n** elementos formados a partir de um conjunto de **n** elementos é 1, que é o próprio conjunto.

- Observe que $C_{n,\,p} = C_{n,\,n-p}$ ou $\binom{n}{p} = \binom{n}{n-p}$:

$$C_{n,\,p} = \frac{n!}{p! \cdot (n-p)!} = \frac{n!}{(n-p)! \cdot \underbrace{[n-(n-p)]}_{=\,p}!} = C_{n,\,n-p}$$

Assim, temos:

$$C_{6,\,4} = C_{6,\,2};\quad C_{10,\,3} = C_{10,\,7};\quad \binom{11}{5} = \binom{11}{6};\ \text{etc.}$$

Exercícios resolvidos

9. Em uma classe de 30 alunos pretende-se formar uma comissão de três alunos para a representação discente no colégio. Quantas comissões distintas podem ser formadas?

Solução:

Cada comissão corresponde a uma combinação dos 30 alunos, tomados 3 a 3, uma vez que não importa a ordem de escolha dos alunos.

Para contar as possibilidades, podemos ou não usar a fórmula.

1º modo

Sem a fórmula

- Contamos, inicialmente, o número de maneiras de escolher 3 alunos entre os 30, levando em conta a ordem de escolha:

$$30 \cdot 29 \cdot 28$$

- Como a ordem não importa, determinamos o número de ordens possíveis para escolher três determinados alunos:

$$3 \cdot 2 \cdot 1 \text{ (ou } P_3 = 3!)$$

Assim, o número de combinações é $\frac{30 \cdot 29 \cdot 28}{3 \cdot 2 \cdot 1} = 4060$.

2º modo

Com a fórmula

$$C_{30,3} = \binom{30}{3} = \frac{30!}{(30-3)! \cdot 3!} = \frac{30!}{27! \cdot 3!} = \frac{30 \cdot 29 \cdot 28 \cdot \cancel{27!}}{\cancel{27!} \cdot 6} = 4060$$

10. Sobre uma circunferência marcam-se dez pontos distintos.

a) Quantos segmentos de reta podem ser construídos com extremidades em dois desses pontos?

b) Quantos quadriláteros convexos podem ser construídos com vértices em quatro desses pontos?

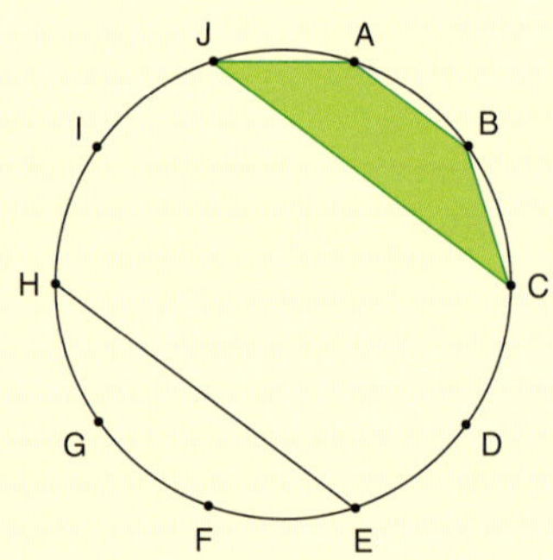

Banco de imagens/Arquivo da Editora

Solução:

a) Observe que escolher **H** e **E**, nessa ordem, é o mesmo que escolher **E** e **H**, nessa ordem, pois o segmento de reta formado será o mesmo.

Assim, devemos contar o número de agrupamentos não ordenados formados por dois desses dez pontos, a saber:

$$C_{10,2} = \frac{10 \cdot 9}{2 \cdot 1} = 45 \quad \text{ou} \quad C_{10,2} = \binom{10}{2} = \frac{10!}{2!\,8!} = \frac{10 \cdot 9 \cdot \cancel{8!}}{2 \cdot \cancel{8!}} = 45$$

b) Observe, por exemplo, que a ordem de escolha dos pontos **A**, **B**, **C** e **J** não importa, pois o quadrilátero convexo formado por esses pontos continuará sendo o mesmo.

Assim, devemos escolher, sem importar a ordem, quatro dos dez pontos:

$$C_{10,4} = \frac{10 \cdot 9 \cdot 8 \cdot 7}{4 \cdot 3 \cdot 2 \cdot 1} = 210 \quad \text{ou} \quad C_{10,4} = \binom{10}{4} = \frac{10!}{4!\,6!} = \frac{10 \cdot 9 \cdot 8 \cdot 7 \cdot \cancel{6!}}{4 \cdot 3 \cdot 2 \cdot \cancel{6!}} = 210$$

11. Nove funcionários de uma grande empresa (5 mulheres e 4 homens) foram participar das gravações para uma campanha publicitária. Chegando ao local da filmagem, foram informados de que, na cena que seria gravada, deveriam aparecer apenas quatro pessoas, sendo 2 homens e 2 mulheres. De quantas maneiras distintas poderão ser escolhidos os quatro funcionários?

Solução:

As 5 mulheres podem ser representadas por $\mathbf{M_1}$, $\mathbf{M_2}$, $\mathbf{M_3}$, $\mathbf{M_4}$ e $\mathbf{M_5}$, e os 4 homens, por $\mathbf{H_1}$, $\mathbf{H_2}$, $\mathbf{H_3}$ e $\mathbf{H_4}$.

- Para escolher os dois funcionários homens, temos: $C_{4,\,2} = \dfrac{4 \cdot 3}{2 \cdot 1} = 6$, ou seja, 6 possibilidades, abaixo destacadas:

$$\{H_1, H_2\}, \{H_1, H_3\}, \{H_1, H_4\}, \{H_2, H_3\}, \{H_2, H_4\} \text{ e } \{H_3, H_4\}$$

- Para escolher as duas funcionárias, temos: $C_{5,\,2} = \dfrac{5 \cdot 4}{2 \cdot 1} = 10$, ou seja, 10 possibilidades:

$$\{M_1, M_2\}, \{M_1, M_3\}, \{M_1, M_4\}, \{M_1, M_5\}, \{M_2, M_3\}, \{M_2, M_4\}, \{M_2, M_5\}, \{M_3, M_4\}, \{M_3, M_5\} \text{ e } \{M_4, M_5\}$$

Observe, por exemplo, a dupla masculina $\{H_1, H_2\}$; eles poderão se juntar a qualquer uma das dez duplas femininas:

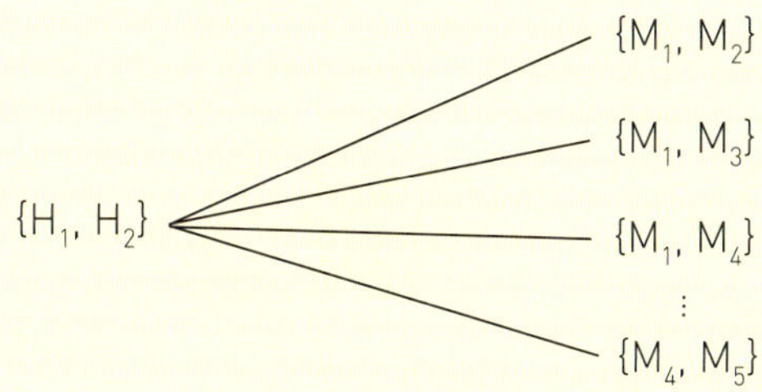

Para a próxima dupla masculina listada, $\{H_1, H_3\}$, temos, novamente, dez possibilidades de composição. Enfim, para cada uma das 6 duplas masculinas, o número de possibilidades de composição com as duplas femininas é 10. Assim, o resultado procurado é:

$$\underbrace{6}_{C_{4,\,2}} \cdot \underbrace{10}_{C_{5,\,2}} = 60$$

12. Uma locadora de automóveis tem à disposição de seus clientes uma frota de dezesseis carros nacionais e quatro carros importados, todos distintos. De quantas formas uma empresa poderá alugar três carros, de modo que pelo menos um carro nacional seja escolhido?

Solução:

1º modo

Podemos ter um, dois ou três carros nacionais.

- Com um carro nacional e dois importados, o número de opções é $16 \cdot \binom{4}{2} = 16 \cdot 6 = 96$.
- Com dois carros nacionais e um importado, o número de opções é $\binom{16}{2} \cdot 4 = 120 \cdot 4 = 480$.
- Com os três carros nacionais, o número de opções é $\binom{16}{3} = 560$.

Assim, ao todo, o número de possibilidades é $96 + 480 + 560 = 1\,136$.

2º modo

- O número de maneiras de a empresa alugar três carros quaisquer é $\binom{20}{3} = 1\,140$.
- O número de possibilidades de a empresa só alugar carros importados é $\binom{4}{3} = 4$.

Assim, a diferença $\binom{20}{3} - \binom{4}{3} = 1\,140 - 4 = 1\,136$ fornece o número de escolhas em que pelo menos um carro é nacional.

Exercícios

57. De quantos modos distintos Lucas pode escolher quatro entre as nove camisetas regata que possui para levar em uma viagem?

58. Um curso de idiomas oferece turmas para iniciantes em inglês, espanhol, alemão, italiano e japonês.

a) De quantas formas distintas um estudante pode se matricular em três desses cursos?

b) De quantas formas distintas ele poderá se matricular em três desses cursos, incluindo obrigatoriamente o de inglês?

59. Em um grupo de 6 pessoas, a quantidade de duplas que podem ser formadas é maior, menor ou igual à quantidade de quartetos que podem ser formados? Compare também a quantidade de duplas com a de trios.

60. Sobre uma circunferência marcam-se dez pontos.

a) Quantos triângulos podemos construir com vértices em três desses pontos?

b) Quantos pentágonos convexos podemos construir com vértices em cinco desses pontos?

c) Quantos polígonos convexos com até 6 lados podem ser construídos com vértices nesses pontos?

d) Considere o decágono convexo cujos vértices são os pontos assinalados sobre essa circunferência. Qual é o número de diagonais que esse polígono possui?

61. Uma junta médica deverá ser formada por quatro médicos e dois enfermeiros. De quantas maneiras ela poderá ser formada se estão disponíveis dez médicos e seis enfermeiros?

62. Uma equipe de dez pesquisadores é formada por sete brasileiros e três estrangeiros. Para apresentar um projeto a uma empresa, será necessário escolher cinco pesquisadores, dos quais no mínimo um deve ser estrangeiro. De quantas formas distintas poderá ser feita essa escolha?

Para resolver os exercícios 63 a 65, reveja, se necessário, o enunciado do exercício 56.

63. Escolhendo-se simultaneamente quatro cartas de um baralho comum, determine:

a) o número de maneiras distintas de escolher as quatro cartas;

b) de quantas formas distintas é possível escolher as quatro cartas de copas;

c) de quantos modos distintos é possível escolher quatro ases.

Thinkstock/Getty Images

64. Duas cartas são sorteadas, de uma só vez, de um baralho comum. Determine o número de maneiras possíveis de ocorrer um resultado formado por:

a) um rei e uma rainha;

b) duas cartas de copas;

c) uma carta de copas e outra de ouros;

d) dois ases;

e) cartas de naipes distintos.

65. De quantas maneiras distintas poderão ser sorteadas simultaneamente cinco cartas de um baralho, de modo que o resultado do sorteio contenha:

a) três cartas de paus e duas de espadas?

b) o rei de ouros?

c) exatamente dois valetes?

d) pelo menos três valetes?

66. Um casal de Curitiba decidiu que a viagem de lua de mel seria feita pelo Nordeste, visitando exatamente três das nove capitais.

a) De quantos modos distintos poderiam ser escolhidas as três capitais, sem levar em consideração a ordem de visita?

b) Se o casal pretendesse conhecer obrigatoriamente Salvador, de quantos modos poderia ser feita a escolha?

c) Se, por motivos logísticos, Fortaleza só pudesse ser visitada se São Luís também o fosse e vice-versa, determine de quantas maneiras a escolha poderá ser feita.

67. Para montar uma cesta de café da manhã, estão disponíveis os seguintes itens: quatro tipos de pão, três tipos de queijo, três tipos de fruta, cinco sabores de geleia e quatro sabores de torta doce.

De quantos modos distintos a cesta poderá ser montada se um cliente pedir dois tipos de pão, um tipo de queijo, duas frutas, dois sabores de geleia e uma torta doce?

Alex Argozino/Arquivo da Editora

68. Marcam-se cinco pontos distintos sobre uma reta **r**. Sobre outra reta **s**, paralela (e distinta) a **r**, marcam-se mais quatro pontos distintos.

a) Quantos triângulos podem ser formados com vértices em três quaisquer desses pontos?

b) Quantos quadriláteros convexos podem ser formados com vértices em quatro quaisquer desses pontos?

69. Para montar o seu enxoval, Priscila foi a uma loja onde a vendedora lhe mostrou 7 jogos de cama, 8 jogos de banho e **n** jogos de mesa. Priscila achou que seria suficiente comprar dois jogos de cama, dois de mesa e quatro de banho. Nessas condições, Priscila escolheu uma entre as 66 150 possibilidades de compra de seu enxoval. Qual é o valor de **n**?

70. Faça o que se pede:

a) Em uma reunião havia 50 pessoas. Cada uma cumprimentou todas as outras uma única vez. Quantas saudações foram dadas nessa reunião?

b) Generalize o item *a*, supondo que havia **n** pessoas na reunião.

c) Em uma reunião social, cada pessoa cumprimentou todas as outras uma única vez com um aperto de mão. Sabendo que foram dados 741 apertos de mão no total, determine o número de pessoas presentes à reunião.

71. O volante da Mega-Sena contém 60 números, de 1 a 60. O resultado de um sorteio da Mega-Sena é formado por seis números sorteados entre os 60.

a) De quantos modos distintos pode ocorrer o resultado de um sorteio?

b) Quantos resultados formados por 4 números pares e 2 números ímpares são possíveis?

c) Quantos resultados contendo o número 1 são possíveis?

d) Quantos resultados não contêm o número 18?

e) Quantos resultados contêm o número 1 ou o número 60?

f) Quantos resultados não contêm múltiplos de 5 nem de 4?

72. No grêmio de uma universidade serão realizadas eleições para os cargos de presidente, vice-presidente, tesoureiro e 4 conselheiros. Determine o número de maneiras distintas de ocorrer o resultado dessa eleição, sabendo que 14 alunos candidataram-se para ocupar qualquer um dos cargos e que todos os conselheiros eleitos terão a mesma função.

73. Qual é o número de peças de um jogo de dominó comum (números de 0 a 6)?

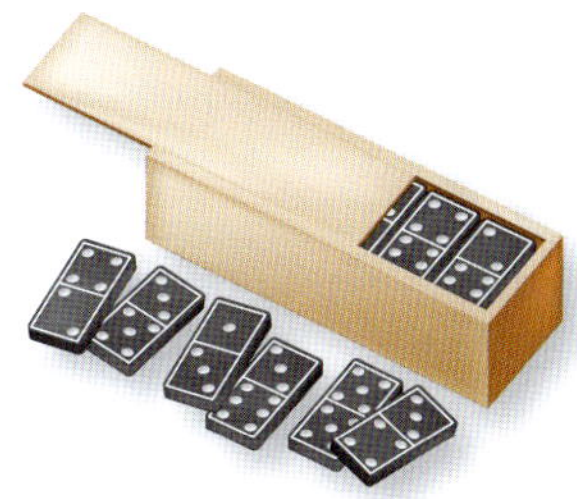
Alex Argozino/Arquivo da Editora

74. A frente de um prédio comercial de 15 andares possui 45 janelas idênticas, cada uma correspondendo a uma sala comercial, como mostra a figura ao lado.
De madrugada, o porteiro do prédio verificou, no seu painel de controle, que em seis salas da frente as luzes haviam ficado acesas.

Banco de imagens/Arquivo da Editora

a) Determine o número de maneiras distintas de se ter seis salas com as luzes acesas.

b) Determine o número de maneiras distintas de se ter seis salas com as luzes acesas, sendo três em um andar e três em outro andar.

c) Determine o número de maneiras distintas de se ter seis salas com as luzes acesas, sendo duas em um andar, duas em outro e duas em um andar diferente dos anteriores.

75. (Uerj) Todas as **n** capitais de um país estão interligadas por estradas pavimentadas, de acordo com o seguinte critério: uma única estrada liga cada duas capitais. Com a criação de duas novas capitais, foi necessária a construção de mais 21 estradas pavimentadas para que todas as capitais continuassem ligadas de acordo com o mesmo critério.
Determine o número **n** de capitais que existiam inicialmente nesse país.

76. Resolva as equações:

a) $C_{n,\,2} = 136$

b) $C_{n,\,2} + C_{n+1,\,n-1} = 25$

c) $A_{n,\,3} = 16 \cdot C_{n,\,2}$

d) $\dfrac{A_{n,\,5}}{C_{n,\,6}} = 240$

Permutações com elementos repetidos

Estudamos, até aqui, os agrupamentos simples, isto é, aqueles formados por elementos distintos. Vamos agora estudar as permutações com elementos repetidos, cujas técnicas de contagem estão baseadas em estratégias já estudadas na contagem dos agrupamentos simples.

1º caso: apenas um elemento se repete

Thinkstock/Getty Images

Um dado é lançado sete vezes sucessivamente. De quantas formas distintas pode ser obtida uma sequência com quatro faces iguais a 1 e as demais faces iguais a 2, 5 e 6?

- Vamos escolher, de início, as posições (correspondentes à ordem dos lançamentos) que as faces 2, 5 e 6 podem ocupar.

  Para fixar ideias, veja o esquema seguinte, em que está representada uma possível ocorrência de posições:

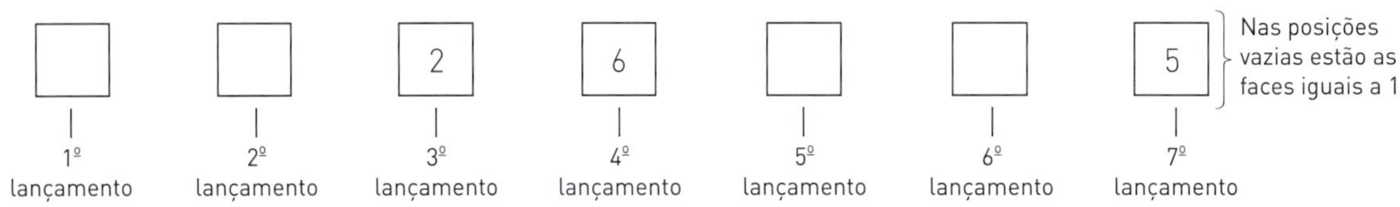

  Observe que, fixadas as posições das faces 2, 6 e 5, as posições das faces iguais a 1 ficam determinadas de maneira única, uma vez que qualquer permutação de faces 1 gera a mesma sequência.

  Trata-se, então, de escolher três entre sete posições. Isso pode ser feito de 35 maneiras distintas ($C_{7,3} = 35$).

- Para a escolha anterior (3º, 4º e 7º lançamentos), as faces 2, 5 e 6 podem trocar de lugar entre si, num total de 6 maneiras distintas ($P_3 = 3! = 6$).

Os passos anteriores sugerem que o número de sequências possíveis seja dado por:

$$C_{7,3} \cdot P_3 = \frac{7!}{\cancel{3!}\,4!} \cdot \cancel{3!} = \frac{7!}{4!}$$

← 7 é o número total de lançamentos
← 4 é o número de vezes que a face 1 ocorre

Indicaremos esse número por $P_7^{(4)}$.

Seguindo o mesmo raciocínio, podemos obter o número de anagramas formados a partir de CASAL.

Cada anagrama formado é uma sequência de cinco letras, das quais duas são iguais a **A**.

O total de anagramas é $P_5^{(2)} = \frac{5!}{2!} = 60$.

Já em VENEZUELA, há nove letras, das quais três são iguais a **E**. Então, o número de anagramas possíveis é:

$$P_9^{(3)} = \frac{9!}{3!} = 60\,480$$

2º caso: dois elementos diferentes se repetem

Suponha, agora, que um dado seja lançado nove vezes sucessivamente. De quantas formas distintas pode ser obtida uma sequência com quatro faces iguais a 1, duas faces iguais a 3 e as demais faces iguais a 2, 5 e 6?

- Inicialmente, vamos determinar as possíveis posições em que as faces distintas de 1 podem ocorrer. Há 126 possibilidades ($C_{9,\,5} = 126$), pois devem ser escolhidas cinco entre nove posições.

Acompanhe a seguir uma possível escolha.

1º lançamento	2º lançamento	3º lançamento	4º lançamento	5º lançamento	6º lançamento	7º lançamento	8º lançamento	9º lançamento
	3		2	3		5		6

As quatro faces 1 entram nas posições vazias.

- Para tal escolha de lugares (2º, 4º, 5º, 7º e 9º lançamentos), as faces 2 (uma vez), 3 (duas vezes), 5 (uma vez) e 6 (uma vez) podem trocar de lugar entre si. Usando o resultado obtido no 1º caso, sabemos que o número de possibilidades é $P_5^{(2)} = \dfrac{5!}{2!}$.

  Assim, reunindo os dois passos anteriores, concluímos que o número de permutações possíveis é dado por:

$$C_{9,\,5} \cdot P_5^{(2)} = \frac{9!}{\cancel{5!}\,4!} \cdot \frac{\cancel{5!}}{2!} = \frac{9!}{4!\,2!}$$

9 é o número total de lançamentos

2 é o número de faces iguais a 3

4 é o número de faces iguais a 1

Indicaremos por $P_9^{(4,\,2)}$.

Para obter o número de anagramas formados a partir de BANANA, seguimos o mesmo raciocínio: são seis letras, das quais três são **A** e duas são **N**. Então, o total de anagramas é:

$$P_6^{(3,\,2)} = \frac{6!}{3!\,2!} = 60$$

Caso geral

Dados **n** elementos, dos quais $\mathbf{n_1}$ são iguais a $\mathbf{a_1}$, $\mathbf{n_2}$ são iguais a $\mathbf{a_2}$, $\mathbf{n_3}$ são iguais a $\mathbf{a_3}$, ..., $\mathbf{n_r}$ são iguais a $\mathbf{a_r}$ (em que $n_1 + n_2 + ... + n_r = n$), o número de permutações desses **n** elementos é dado por:

$$P_n^{(n_1,\, n_2,\, ...,\, n_r)} = \frac{n!}{n_1!\, n_2! \,...\, n_r!}$$

Para determinarmos o número de anagramas formados a partir de CACHORRO, observamos que há oito letras, das quais duas são iguais a **C**, duas são iguais a **O**, duas são iguais a **R**, além de uma letra **A** e uma letra **H**. Temos, então, o seguinte número de anagramas:

$$P_8^{(2,\,2,\,2,\,1,\,1)} = P_8^{(2,\,2,\,2)} = \frac{8!}{2!\,2!\,2!} = 5\,040$$

EXEMPLO 7

Um casal tem cinco filhos; três meninos e duas meninas. De quantos modos distintos poderia ter ocorrido a ordem dos nascimentos dos filhos?

Representando o sexo dos filhos por **M** (masculino) e **F** (feminino), devemos permutar cinco letras, das quais três são **M** e duas são **F**. Assim, o número de possibilidades é:

$$P_5^{(3,\,2)} = \frac{5!}{3!\,2!} = 10$$

Observe, a seguir, algumas possibilidades:

(M, M, M, F, F), (M, F, M, F, M), (F, M, M, M, F), ...

Exercícios

77. Desconsiderando o acento gráfico, determine o número de anagramas formados a partir de:

a) MORANGO
b) FALTA
c) OURO
d) PANAMÁ
e) ACADEMIA
f) MATEMÁTICA
g) SOSSEGADO
h) COPACABANA
i) PROBABILIDADE

78. Um dado é lançado quatro vezes sucessivamente. Determine o número de sequências de resultados em que:

a) as quatro faces obtidas são iguais a 5;
b) três faces são iguais a 2 e uma face é igual a 4;
c) duas faces são iguais a 3, uma face é 4 e outra é 5.

79. Permutando os algarismos 1, 1, 1, 2, 2, 3, 3, 3, 3 e 4, quantos números de 10 algarismos podemos formar?

80. Considere os anagramas formados a partir de PIRATARIA.

a) Quantos são?
b) Quantos começam pela letra **A**?
c) Quantos começam por vogal?
d) Quantos começam e terminam por vogal?

81. Permutando-se duas letras iguais a **A** e **n** letras iguais a **B**, podem ser obtidos 21 anagramas. Qual é o valor de **n**?

82. Um dado é lançado três vezes sucessivamente. Quantas sequências de resultados apresentam soma dos pontos:

a) menor que 8?
b) maior que 13?

83. Um robô se encontra no ponto P(8, 10) de um sistema de eixos coordenados e quer chegar à origem (0, 0). Sabe-se que ele foi programado para dar um passo de uma unidade de medida de comprimento por vez, para a esquerda ou para baixo. Quantos caminhos distintos podem conduzi-lo à origem?

Enem e vestibulares resolvidos

(Enem) Como não são adeptos da prática de esportes, um grupo de amigos resolveu fazer um torneio de futebol utilizando *videogame*. Decidiram que cada jogador joga uma única vez com cada um dos outros jogadores. O campeão será aquele que conseguir o maior número de pontos. Observaram que o número de partidas jogadas depende do número de jogadores, como mostra o quadro:

Quantidade de jogadores	2	3	4	5	6	7
Número de partidas	1	3	6	10	15	21

Se a quantidade de jogadores for 8, quantas partidas serão realizadas?

a) 64
b) 56
c) 49
d) 36
e) 28

Resolução comentada

A título de exemplo, vamos analisar dois jogadores: **A** e **B**.

Como a partida A × B é igual à partida B × A, a ordem em que escolhemos os jogadores em cada partida não importa.

Temos 8 jogadores e devemos escolher duplas para as partidas; logo, teremos:

$$C_{8,2} = \frac{8!}{2!6!} = 28$$

Portanto, serão realizadas 28 partidas.

Alternativa *e*.

Exercícios complementares

1. Observe a tirinha a seguir.

RECRUTA ZERO — MORT WALKER

De quantos modos distintos os cinco recrutas poderão marchar em fila se:

a) os dois recrutas mais fortes devem, obrigatoriamente, conduzir o Recruta Zero?

b) ao menos um dos dois recrutas mais fortes devem conduzir o Recruta Zero?

2. Uma caixa contém 14 etiquetas numeradas, oito com números positivos e seis com números negativos. Quatro delas são extraídas simultaneamente e os números marcados são multiplicados. De quantas formas as etiquetas podem ser sorteadas de modo que o produto obtido seja positivo?

3. Considere seis pontos em um plano, três a três não colineares, e um ponto não pertencente a esse plano. Quantas pirâmides de base triangular podem ser construídas com vértices em quatro desses pontos?

4. Quantos números, múltiplos de 3, compostos por três algarismos distintos, podem ser formados com os algarismos 2, 3, 4, 5 e 7?

5. Em uma dinâmica de grupo, uma psicóloga de RH (Recursos Humanos) relaciona de todas as maneiras possíveis dois participantes: ao primeiro faz a pergunta e ao segundo pede que comente a resposta do colega. Admita que a psicóloga não fará a mesma pergunta mais de uma vez.

a) Se 10 candidatos participam da dinâmica, qual é o número de perguntas feitas pela psicóloga?

b) Qual é o número mínimo de candidatos que obriga a psicóloga a ter mais de 250 questões para realizar a dinâmica?

6. O vencedor de um concurso de redação de um colégio poderá, como prêmio, escolher cinco livros de um acervo que possui dez livros de Machado de Assis, sete de Érico Veríssimo e cinco de Clarice Lispector. De quantas maneiras distintas o vencedor poderá fazer a escolha de modo que:

a) sejam selecionados dois livros de Machado de Assis, dois de Érico Veríssimo e um de Clarice Lispector?

b) nenhum livro escolhido seja de Machado de Assis?

c) pelo menos quatro livros de Clarice Lispector sejam escolhidos?

d) Machado de Assis seja o único autor com mais livros escolhidos?

7. Com os algarismos 0, 1, 2, 3, 4, 5 e 6, determine quantos números de quatro algarismos distintos maiores que 4320 podem ser formados.

8. Resolva as equações seguintes:

a) $(n!)^3 = 3n^2 \cdot [(n-1)!]^3$

b) $\dfrac{C_{n,\,3}}{A_{n,\,2}} = \dfrac{1}{3}$

9. Uma pessoa se encontra no ponto P(8, 10) de um sistema de eixos cartesianos e quer chegar ao ponto Q(1, 2) desse sistema. Sabe-se que ela dá um passo por vez, para a esquerda ou para baixo. Quantos caminhos distintos podem conduzi-la a **Q**?

10. Seja $n \in \mathbb{N}$, com $n \geqslant 3$. Sabendo que $A_{n,\,3} = 3360$, qual é o valor de $C_{n,\,3}$?

11. (Unesp-SP) Quantos números de nove algarismos podem ser formados contendo quatro algarismos iguais a 1, três algarismos iguais a 2 e dois algarismos iguais a 3?

12. (Unesp-SP) Em todos os 25 finais de semana do primeiro semestre de certo ano, Maira irá convidar duas de suas amigas para ir à sua casa de praia, sendo que nunca o mesmo par de amigas se repetirá durante esse período. Respeitadas essas condições, determine o menor número possível de amigas que ela poderá convidar.
Dado: $\sqrt{201} \simeq 14{,}2$.

13. Uma livraria promoveu uma liquidação, colocando à venda 45 livros, todos distintos, sendo 20 livros ao preço de R$ 15,00 cada um, 15 livros ao preço de R$ 20,00 cada um e 10 livros ao preço unitário de R$ 10,00. Emília foi à livraria durante a liquidação, pretendendo gastar exatamente a quantia de R$ 50,00. De quantos modos distintos Emília poderá escolher os livros que irá comprar?

14. Uma organização beneficente pré-seleciona, todo mês, 10 tipos de produto de uma lista de 15, para montar uma cesta básica que será distribuída às famílias carentes de certa região.
Para cada tipo de produto, a organização tem 5 possíveis fornecedores dos quais serão escolhidos 2. De quantos modos distintos essa organização pode adquirir a cesta básica em um determinado mês? Não é necessário efetuar todos os cálculos, deixe-os indicados.

15. (UFPE) Um grupo com 3n rapazes e 2n moças participa de um torneio de jogo de damas (com **n** sendo um número natural). Cada participante enfrentará cada um dos demais uma única vez. Se o número de partidas entre participantes de sexos diferentes foi 96, quantas foram as partidas entre participantes do mesmo sexo?

16. Faça o que se pede:

a) De quantas maneiras distintas podemos escolher três vértices de um cubo de modo que todos pertençam a uma mesma face?

b) De quantas maneiras distintas podemos escolher duas arestas de um cubo de modo que suas retas-suporte sejam paralelas?

17. (Uerj) Com o objetivo de melhorar o tráfego de veículos, a prefeitura de uma grande cidade propôs a construção de quatro terminais de ônibus. Para estabelecer conexão entre os terminais, foram estipuladas as seguintes quantidades de linhas de ônibus:

- do terminal **A** para o **B**, 4 linhas distintas;
- do terminal **B** para o **C**, 3 linhas distintas;
- do terminal **A** para o **D**, 5 linhas distintas;
- do terminal **D** para o **C**, 2 linhas distintas.

Não há linhas diretas entre os terminais **A** e **C**.
Supondo que um passageiro utilize exatamente duas linhas de ônibus para ir do terminal **A** para o terminal **C**, calcule a quantidade possível de trajetos distintos que ele poderá fazer.

18. (UFJF/Pism-MG) Considere no plano cartesiano o seguinte conjunto de 13 pontos:
$A = \{(-3, 0), (-2, 0), (-1, 0), (0, 0), (1, 0), (2, 0), (3,0), (0, -3), (0, -2), (0, -1), (0, 1), (0, 2), (0, 3)\}$.

a) Quantos são os triângulos cujos vértices pertencem ao conjunto **A**?

b) Quantos são os triângulos com vértices em **A** e dois de seus vértices sobre o eixo das ordenadas?

19. (UFSC) Considere as informações abaixo.

A Segunda Família do Real

[...] é importante promover a renovação das notas do Real, para deixá-las mais modernas e protegidas. As notas da Segunda Família do Real contam com novos elementos gráficos e de segurança, capazes de impor obstáculos mais sólidos às tentativas de falsificação, além de promover a acessibilidade aos portadores de deficiência visual, oferecendo mais recursos para o reconhecimento das notas por essa parcela da população.

Qual o custo da fabricação das notas da Segunda Família do Real?		
Cédula	1ª Família (custo por milheiro de cédulas)	2ª Família (custo por milheiro de cédulas)
2 reais	172,84	175,30
5 reais	165,73	178,92
10 reais	145,81	182,29
20 reais	179,05	206,18
50 reais	180,48	238,27
100 reais	180,48	247,51

Disponível em: http://www.bcb.gov.br/htms/mecir/cedulas/faq2familiareal.asp#22 (Adaptado) Acesso em: 15 mar. 2018.

Com base nessas informações, é **CORRETO** afirmar que:

[Indique a soma correspondente às alternativas corretas.]

(01) Considerando a sequência das larguras das novas notas em ordem crescente, teremos uma progressão aritmética cuja diferença entre os termos consecutivos é sempre $\frac{7}{10}$.

(02) A nota de R$ 2,00 possui uma área maior do que 70% da área da nota de R$ 100,00.

(04) Para fabricar a quantia de R$ 100 000,00 em notas de R$ 20,00, da Segunda Família do Real, será gasto um valor correspondente a $\frac{5}{2}$ do custo que se terá para fabricar a mesma quantia em notas de R$ 50,00 dessa mesma família.

(08) Os números de série das notas são criados de forma que não existam duas notas com o mesmo número, ou seja, para cada nota há um número de série. Esse número de série é um código constituído de duas letras e nove algarismos, como na figura. No controle da fabricação das cédulas, os números de série também identificam o lote de fabricação. Suponha que, em certo lote de cédulas, os seis primeiros algarismos sejam fixos e os demais sejam sempre algarismos primos. Quanto às letras, são usadas apenas vogais distintas. Nessas condições, esse lote possui exatamente 3 125 cédulas.

20. O logotipo de uma empresa é representado pelos três círculos a seguir:

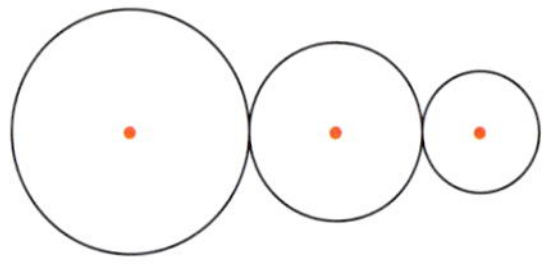

Banco de imagens/ Arquivo da Editora

Ainda não foram escolhidas as cores que serão usadas para colorir cada círculo. O departamento de *marketing* sugeriu o uso de azul, laranja, verde, branco, vermelho ou gelo. Sabendo que cada círculo será pintado de uma cor diferente, determine:

a) o número de maneiras de colorir o logotipo.

b) o número de maneiras de colorir o logotipo, incluindo obrigatoriamente a cor laranja.

21. (Uerj) Considere a situação abaixo:

Em um salão há apenas 6 mulheres e 6 homens que sabem dançar. Calcule o número total de pares de pessoas de sexos opostos que podem ser formados para dançar.

Um estudante resolveu esse problema do seguinte modo:

A primeira pessoa do casal pode ser escolhida de 12 modos, pois ela pode ser homem ou mulher. Escolhida a primeira, a segunda pessoa só poderá ser escolhida de 6 modos, pois deve ser de sexo diferente da primeira. Há, portanto, $12 \times 6 = 72$ modos de formar um casal.

Essa solução está errada. Apresente a solução correta.

22. (Fuvest-SP)

a) Quantos são os números inteiros positivos de quatro algarismos, escolhidos sem repetição, entre 1, 3, 5, 6, 8, 9?

b) Dentre os números inteiros positivos de quatro algarismos citados no item *a*, quantos são divisíveis por 5?

c) Dentre os números inteiros positivos de quatro algarismos citados no item *a*, quantos são divisíveis por 4?

23. Três professores foram pré-selecionados para realizar quatro apresentações diferentes na semana pedagógica de um colégio.

Cada apresentação será atribuída a um único professor e todos os professores pré-selecionados devem, obrigatoriamente, fazer ao menos uma apresentação.

De quantos modos distintos podem ser atribuídas as apresentações?

24. Em um parque de diversão, há uma montanha-russa composta de 5 carros, cada um com 4 bancos de 2 lugares. De quantos modos distintos 4 casais podem se acomodar em um mesmo carro, de modo que:

a) cada casal fique junto em um mesmo banco?

b) os homens ocupem os dois primeiros bancos e as mulheres os dois últimos?

25. Responda ao que se pede em cada item:

a) Quantos números de três algarismos têm pelo menos dois repetidos?

b) Quantos números de cinco algarismos têm pelo menos quatro repetidos?

26. (UFJF/Pism-MG)

a) Quantos números inteiros positivos de até três algarismos começando com um número par são múltiplos de 5?

b) Quantos números inteiros positivos com três algarismos distintos são múltiplos de 5 e têm a soma de seus algarismos igual a um número ímpar?

27. (Unesp-SP) Está previsto que, a partir de 1º de janeiro de 2017, entrará em vigor um sistema único de emplacamento de veículos para todo o Mercosul, o que inclui o Brasil. As novas placas serão compostas por 4 letras e 3 algarismos. Admita que no novo sistema possam ser usadas todas as 26 letras do alfabeto, incluindo repetições, e os 10 algarismos, também incluindo repetições. Admita ainda que, no novo sistema, cada carro do Mercosul tenha uma sequência diferente de letras e algarismos em qualquer ordem. Veja alguns exemplos das novas placas.

Reprodução/ Unesp, 2016.

No novo sistema descrito, calcule o total de placas possíveis com o formato "Letra-Letra-Algarismo-Algarismo-Algarismo-Letra-Letra", nessa ordem. Em seguida, calcule o total geral de possibilidades de placas com 4 letras (incluindo repetição) e 3 algarismos (incluindo repetição) em qualquer ordem na placa. Deixe suas respostas finais em notação de produto ou de fatorial.

28. (Ufes) Listam-se, em ordem crescente, todos os números naturais cuja representação decimal tem seis dígitos e pode ser escrita usando-se exatamente uma vez cada um dos seis algarismos 1, 3, 5, 7, 8 e 9. Determine

a) a quantidade de números na lista;

b) qual posição ocupa o número 837 159 na lista;

c) qual número ocupa a 200ª posição na lista.

29. (Unicamp-SP) O perfil lipídico é um exame médico que avalia a dosagem dos quatro tipos principais de gorduras (lipídios) no sangue: colesterol total (CT), colesterol HDL (conhecido como "bom colesterol"), colesterol LDL (o "mau colesterol") e triglicérides (TG). Os valores desses quatro indicadores estão relacionados pela forma de Friedewald:

$CT = LDL + HDL + \frac{TG}{5}$. A tabela abaixo mostra os valores normais dos lipídios sanguíneos para um adulto, segundo o laboratório SangueBom.

Indicador	Valores normais
CT	Até 200 mg/dL
LDL	Até 130 mg/dL
HDL	Entre 40 e 60 mg/dL
TG	Até 150 mg/dL

a) O perfil lipídico de Pedro revelou que sua dosagem de colesterol total era igual a 198 mg/dL e que a de triglicérides era igual a 130 mg/dL. Sabendo que todos os seus indicadores estavam normais, qual o intervalo possível para o seu nível de LDL?

b) Acidentalmente, o laboratório SangueBom deixou de etiquetar as amostras de sangue de cinco pessoas. Determine de quantos modos diferentes seria possível relacionar essas amostras às pessoas, sem qualquer informação adicional. Na tentativa de evitar que todos os exames fossem refeitos, o laboratório analisou o tipo sanguíneo das amostras e detectou que três delas eram de sangue O+ e as duas restantes eram de sangue A+. Nesse caso, supondo que cada pessoa indicasse seu tipo sanguíneo, de quantas maneiras diferentes seria possível relacionar as amostras de sangue às pessoas?

30. (Uerj) Um sistema luminoso, constituído de oito módulos idênticos, foi montado para emitir mensagens em código. Cada módulo possui três lâmpadas de cores diferentes – vermelha, amarela e verde. Observe a figura:

Considere as seguintes informações:

- cada módulo pode acender apenas uma lâmpada por vez;
- qualquer mensagem é configurada pelo acendimento simultâneo de três lâmpadas vermelhas, duas verdes e uma amarela, permanecendo dois módulos com as três lâmpadas apagadas;
- duas mensagens são diferentes quando pelo menos uma das posições dessas cores acesas é diferente.

Calcule o número de mensagens distintas que esse sistema pode emitir.

31. (UFMG) Um baralho é composto por 52 cartas divididas em quatro naipes distintos. Cada naipe é constituído por 13 cartas – 9 cartas numeradas de 2 a 10, mais valete, dama, rei e ás, representadas, respectivamente, pelas letras J, Q, K e A. Um par e uma trinca consistem, respectivamente, de duas e de três cartas de mesmo número ou letra.

Um *full hand* é uma combinação de cinco cartas, formada por um par e uma trinca. Considerando essas informações, CALCULE:

a) de quantas maneiras distintas se pode formar um *full hand* com um par de reis e uma trinca de 2.

b) de quantas maneiras distintas se pode formar um *full hand* com um par de reis.

c) de quantas maneiras distintas se pode formar um *full hand*.

32. (UEM-PR) Seja **A** o seguinte conjunto de números naturais: A = {1, 2, 4, 6, 8}. Assinale o que for correto. [Indique a soma correspondente às alternativas corretas].

(01) Podem ser formados exatamente 24 números ímpares com 4 algarismos escolhidos dentre os elementos do conjunto **A**.

(02) Existem exatamente 96 números de 5 algarismos formados com elementos distintos de A e terminados com um algarismo par.

(04) Podem ser formados exatamente 64 números pares de 3 algarismos com elementos do conjunto **A**.

(08) Existem exatamente 3 125 números menores do que 100 000 formados com elementos do conjunto **A**.

(18) Podem ser formados exatamente 49 números menores do que 350 com elementos distintos do conjunto **A**.

33. Para facilitar as compras de comidas em uma festa junina, foi montada uma tabela de preços, que está parcialmente reproduzida abaixo:

	Opções	Valor unitário
1	Coxinha, pastel, rissole, quibe ou empada.	R$ 4,00
2	Espetinho de carne, frango, linguiça ou queijo.	R$ 4,50
3	Sanduíche de carne louca ou pernil.	R$ 6,00

Um estudande, craque em combinatória, decidiu analisar as diferentes opções de compra nessa festa junina. Supondo que ele não pretende repetir qualquer item entre os listados nas opções anteriores, determine o número de maneiras distintas de ele gastar:

a) exatamente R$ 9,00 apenas na opção 2;

b) exatamente R$ 12,00 apenas na opção 1;

c) exatamente R$ 10,00 nas opções 1 e 3, incluindo um item em cada opção;

d) até R$ 15,00, incluindo as opções 1 ou 3;

e) até R$ 12,50.

34. (UnB-DF) Suponha que doze amigos irão assistir a uma partida de futebol e que sete deles vestirão a camisa da seleção brasileira; três, camisa de times de futebol; e os outros dois, camisa relacionada a outros esportes.

Suponha, ainda, que esses torcedores irão sentar-se em uma única fileira, em 12 cadeiras contíguas.

Com base nessas informações, julgue os itens a seguir:

a) Considere que os sete torcedores vestidos com camisa da seleção brasileira ocupem as sete cadeiras contíguas a partir de uma das extremidades, e as cinco cadeiras restantes sejam ocupadas por torcedores vestidos com camisa de times de futebol, tal que, entre estes, sempre fique um torcedor vestido com camisa de outro esporte. Nesse caso, o número de maneiras distintas de ocupação dos assentos pelos torcedores é inferior a 100 000.

b) Existem $20 \cdot 9!$ maneiras diferentes de arranjar os torcedores nas 12 cadeiras, tal que aqueles que estiverem usando camisas relacionadas a outros esportes ocupem os assentos das extremidades.

c) Todos os sete torcedores vestidos com camisa da seleção poderão sentar-se em cadeiras contíguas de $7! \cdot 6!$ maneiras distintas.

35. (FGV-SP) Considere, no espaço cartesiano bidimensional, os movimentos unitários **N**, **S**, **L** e **O** definidos a seguir, onde $(a, b) \in \mathbb{R}^2$ é um ponto qualquer:

$N(a, b) = (a, b + 1)$

$S(a, b) = (a, b - 1)$

$L(a, b) = (a + 1, b)$

$O(a, b) = (a - 1, b)$

Considere ainda que a notação XY(a, b) significa X(Y(a, b)), isto é, representa a combinação em sequência dos movimentos unitários **X** e **Y**, onde o movimento **Y** é executado primeiro e, a seguir, o movimento **X**.

a) Mostre que a combinação dos movimentos **N** e **S**, em qualquer ordem, é nula, isto é, $NS(a, b) = SN(a, b) = (a, b)$.

b) Partindo do ponto (1, 4), quantos caminhos mínimos (isto é, com a menor quantidade possível de movimentos) diferentes podem ser percorridos, utilizando apenas os movimentos unitários definidos, para se chegar ao ponto (−1, 7)?

36. (Ufes) Uma associação de moradores arrecadou 2 160 camisas, 1 800 calças e 1 200 pares de sapatos, que serão todos doados. As doações serão dispostas em pacotes. Dentro de cada pacote, um item poderá ter quantidade diferente da dos demais itens (por exemplo, a quantidade de camisas não precisará ser igual à de calças ou à de pares de sapatos); porém, a quantidade de camisas, em todos os pacotes, deverá ser a mesma, assim como a quantidade de calças e a de pares de sapatos.

a) Determine o maior número possível de pacotes que podem ser preparados e qual a quantidade de camisas, de calças e de pares de sapatos que, nesse caso, haverá em cada pacote. Justifique.

b) Pedro recebeu um pacote de doações com **l** camisas diferentes, **m** calças diferentes e **n** pares de sapatos diferentes. Calcule a quantidade de escolhas, que ele pode fazer, de um conjunto contendo apenas 1 camisa, 1 calça e 1 par de sapatos do pacote.

37. Responda:

a) De quantas maneiras distintas é possível distribuir 12 pessoas em 4 grupos de 3?

b) Para o sorteio das chaves de um torneio de vôlei, é preciso distribuir 12 equipes em 4 chaves (grupos) de 3, sendo que, para cada grupo, há um cabeça de chave preestabelecido. De quantas formas isso pode ser feito?

38. (UFRN) O quadro de avisos de uma escola de ensino médio foi dividido em quatro partes, como mostra a figura a seguir.

Reprodução/ UFRN, 2013.

No retângulo à esquerda, são colocados os avisos da diretoria e, nos outros três retângulos, serão colocados, respectivamente, de cima para baixo, os avisos dos 1º, 2º e 3º anos do ensino médio.

A escola resolveu que retângulos adjacentes (vizinhos) fossem pintados, no quadro, com cores diferentes. Para isso, disponibilizou cinco cores e solicitou aos servidores e alunos sugestões para a disposição das cores no quadro.

Determine o número máximo de sugestões diferentes que podem ser apresentadas pelos servidores e alunos.

39. Em um barco de passeio há nove lugares para passageiros, distribuídos em três bancos, e um lugar para o condutor, como mostra a figura seguinte:

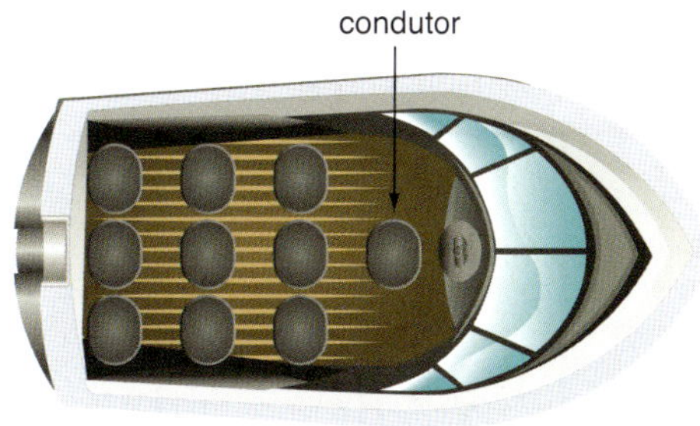

Banco de imagens/Arquivo da Editora

Quatro casais (I, II, III e IV) e um guia turístico vão fazer um passeio nesse barco.

Sabendo que o guia deve sentar no banco da frente e que o casal I deve permanecer lado a lado, determine o número de maneiras distintas de acomodar nove pessoas.

40. (Ufla-MG) Um problema clássico em combinatória é calcular o número de maneiras de se colocarem bolas iguais em caixas diferentes. Calcule o número de maneiras de se colocarem 7 bolas iguais em 3 caixas diferentes, sem que nenhuma caixa fique vazia.

Sugestão:

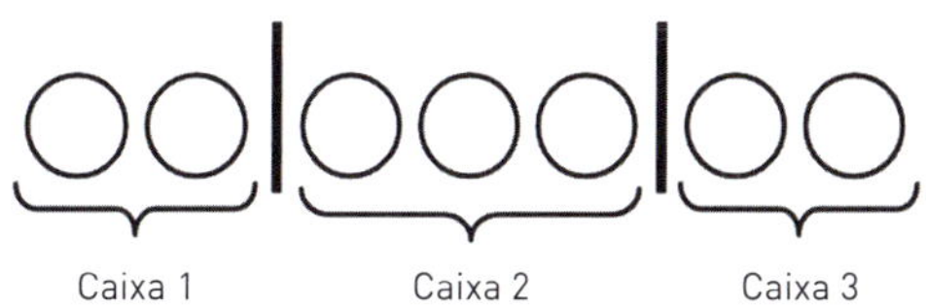

Reprodução/ Ufla, 2018.

41. (UFPE) Um escritório tem 7 copiadoras e 8 funcionários que podem operá-las. Calcule o número **m** de maneiras de se copiar simultaneamente (em máquinas distintas, sendo operadas por funcionários diferentes) 5 trabalhos idênticos neste escritório. Indique a soma dos dígitos de **m**.

42. (ITA-SP) Determine quantos paralelepípedos retângulos diferentes podem ser construídos de tal maneira que a medida de cada uma de suas arestas seja um número inteiro positivo que não exceda 10.

43. (Fuvest-SP) Um quadriculado é formado por $n \times n$ quadrados iguais, conforme ilustrado para $n = 2$ e $n = 3$. Cada um desses quadrados será pintado de azul ou de branco. Dizemos que dois quadrados $\mathbf{Q}_1$ e $\mathbf{Q}_2$ do quadriculado estão conectados se ambos estiverem pintados de azul e se for possível, por meio de movimentos horizontais e verticais entre quadrados adjacentes, sair de $\mathbf{Q}_1$ e chegar a $\mathbf{Q}_2$ passando apenas por quadrados pintados de azul.

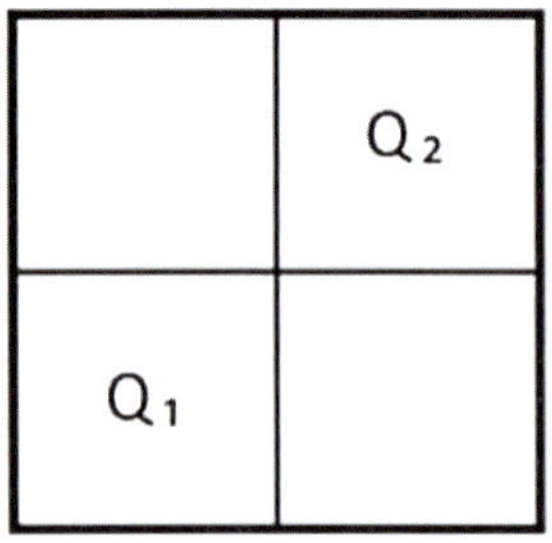

Reprodução/ Fuvest, 2017.

n = 2

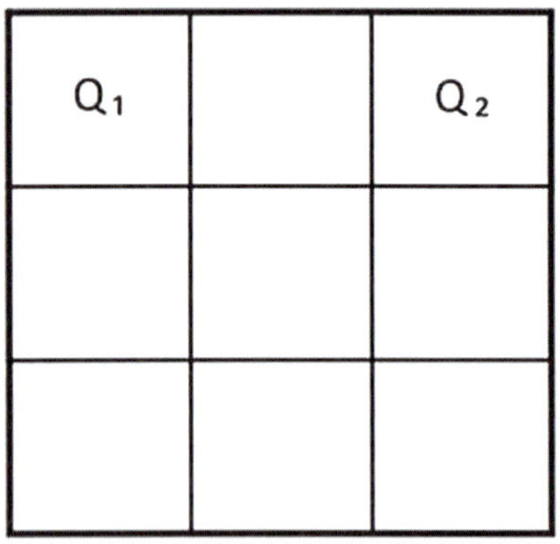

n = 3

a) Se n = 2, de quantas maneiras distintas será possível pintar o quadriculado de modo que o quadrado $\mathbf{Q}_1$ do canto inferior esquerdo esteja conectado ao quadrado $\mathbf{Q}_2$ do canto superior direito?

b) Suponha que n = 3 e que o quadrado central esteja pintado de branco. De quantas maneiras distintas será possível pintar o restante do quadriculado de modo que o quadrado $\mathbf{Q}_1$ do canto superior esquerdo esteja conectado ao quadrado $\mathbf{Q}_2$ do canto superior direito?

c) Suponha que n = 3. De quantas maneiras distintas será possível pintar o quadriculado de modo que o quadrado $\mathbf{Q}_1$ do canto superior esquerdo esteja conectado ao quadrado $\mathbf{Q}_2$ do canto superior direito?

44. (UFES) Um avião possui 120 poltronas de passageiros distribuídas em 20 filas. Cada fila tem 3 poltronas do lado esquerdo (denotadas por **A**, **B**, **C**) e 3 do lado direito (denotadas por **D**, **E**, **F**), separadas pelo corredor do avião (veja a figura abaixo). Considere que duas poltronas são vizinhas quando elas estão numa mesma fila e não há poltronas entre elas, exceto as de letras **C** e **D**, que não são consideradas vizinhas.

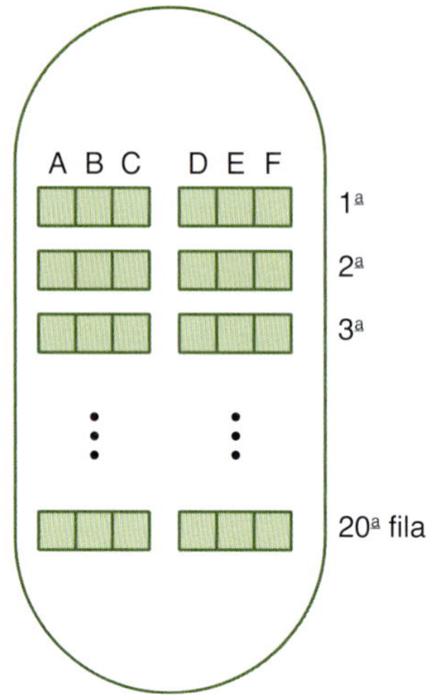

Banco de imagens/Arquivo da Editora

a) De quantas maneiras distintas dois passageiros podem sentar-se nesse avião, numa mesma fila?

b) De quantas maneiras distintas um casal pode sentar-se em poltronas vizinhas?

c) De quantas maneiras distintas dois casais podem sentar-se nesse avião, de modo que cada casal fique em poltronas vizinhas?

Obs.: A inversão de posição de um casal em poltronas vizinhas caracteriza maneiras distintas.

45. (Unifesp) Numa classe há **x** meninas e **y** meninos, com x, y ⩾ 4. Se duas meninas se retirarem da classe, o número de meninos na classe ficará igual ao dobro do número de meninas.

a) Dê a expressão do número de meninos na classe em função do número de meninas e, sabendo que não há mais que 14 meninas na classe, determine quantos meninos, no máximo, pode haver na classe.

b) A direção do colégio deseja formar duas comissões entre os alunos da classe, uma com exatamente 3 meninas e outra com exatamente 2 meninos. Sabendo-se que, nessa classe, o número de comissões que podem ser formadas com 3 meninas é igual ao número de comissões que podem ser formadas com dois meninos, determine o número de alunos da classe.

Testes

1. (Obmep) Patrícia escreveu, em ordem crescente, os inteiros positivos formados apenas por algarismos ímpares: 1, 3, 5, 7, 9, 11, 13, 15, 17, 19, 32, 33, ...
Qual foi o 157º número que ela escreveu?

a) 997
b) 999
c) 1111
d) 1113
e) 1115

2. (FGV-SP) Uma senha de internet é constituída de seis letras e quatro algarismos em que a ordem é levada em consideração. Eis uma senha possível: (a, a, b, 7, 7, b, a, 7, a, 7).
Quantas senhas diferentes podem ser formadas com quatro letras **a**, duas letras **b** e quatro algarismos iguais a 7?

a) 10!
b) 2520
c) 3150
d) 6300
e) $\dfrac{10!}{4!6!}$

3. (Mack-SP) Cinco casais resolvem ir ao teatro e compram os ingressos para ocuparem todas as 10 poltronas de uma determinada fileira. O número de maneiras que essas 10 pessoas podem se acomodar nas 10 poltronas, se um dos casais brigou, e eles não podem se sentar lado a lado, é:

a) $9 \cdot (9!)$
b) $8 \cdot (9!)$
c) $8 \cdot (8!)$
d) $\dfrac{10!}{2!}$
e) $\dfrac{10!}{4!}$

4. (Uepa) Um jovem descobriu que o aplicativo de seu celular edita fotos, possibilitando diversas formas de composição, dentre elas, aplicar texturas, aplicar molduras e mudar a cor da foto. Considerando que esse aplicativo dispõe de 5 modelos de texturas, 6 tipos de molduras e 4 possibilidades de mudar a cor da foto, o número de maneiras que esse jovem pode fazer uma composição com 4 fotos distintas, utilizando apenas os recursos citados, para publicá-las nas redes sociais, conforme a ilustração abaixo, é:

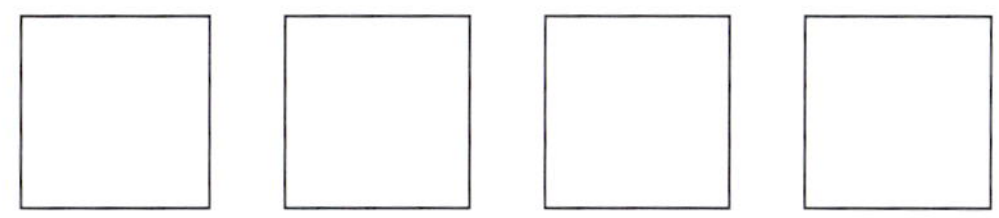

a) 24×120^4
b) 120^4
c) 20×120
d) 4×120
e) 120

5. (UPE) Nos jogos escolares do sertão, dez equipes disputam um campeonato de queimado. Cada equipe enfrenta as demais uma única vez. Quantos jogos compõem esse campeonato de queimado?

a) 10
b) 20
c) 45
d) 50
e) 100

6. (PUC-RJ) Seja **n** a quantidade de anagramas da palavra FILOSOFIA que possuem todas as vogais juntas.
Temos que **n** vale:

a) 1800
b) 3600
c) 4800
d) 181440
e) 362880

7. (Ufam) Um professor de Matemática elaborou 6 questões de Análise Combinatória, 4 de Geometria Espacial e 5 de Álgebra Básica para criar uma prova com 6 questões. A prova deve conter 2 questões de cada um desses três conteúdos. Quantas provas distintas o professor poderá criar?

a) 8
b) 120
c) 700
d) 800
e) 900

8. (UFSM-RS) Para cuidar da saúde, muitas pessoas buscam atendimento em cidades maiores onde há centros médicos especializados e hospitais mais equipados. Muitas vezes, o transporte até essas cidades é feito por *vans* disponibilizadas pelas prefeituras.
Em uma *van* com 10 assentos, viajarão 9 passageiros e o motorista. De quantos modos distintos os 9 passageiros podem ocupar suas poltronas na *van*?

a) 4032
b) 36288
c) 40320
d) 362880
e) 403200

9. (Enem) O tênis é um esporte em que a estratégia de jogo a ser adotada depende, entre outros fatores, de o adversário ser canhoto ou destro.

Um clube tem um grupo de 10 tenistas, sendo que 4 são canhotos e 6 são destros. O técnico do clube deseja realizar uma partida de exibição entre dois desses jogadores, porém, não poderão ser ambos canhotos.

Qual o número de possibilidades de escolha dos tenistas para a partida de exibição?

a) $\frac{10!}{2! \times 8!} - \frac{4!}{2! \times 2!}$

b) $\frac{10!}{8!} - \frac{4!}{2!}$

c) $\frac{10!}{2! \times 8!} - 2$

d) $\frac{6!}{4!} + 4 \times 4$

e) $\frac{6!}{4!} + 6 \times 4$

10. (UEG-GO) Um aluno terá que escrever a palavra PAZ utilizando sua caneta de quatro cores distintas de tal forma que nenhuma letra dessa palavra tenha a mesma cor. O número de maneiras que esse aluno pode escrever essa palavra é

a) 64
b) 24
c) 12
d) 4

11. (Enem) Uma família composta por sete pessoas adultas, após decidir o itinerário de sua viagem, consultou o *site* de uma empresa aérea e constatou que o voo para a data escolhida estava quase lotado. Na figura, disponibilizada pelo *site*, as poltronas ocupadas estão marcadas com **X** e as únicas poltronas disponíveis são as mostradas em branco.

Reprodução/ Enem, 2011.

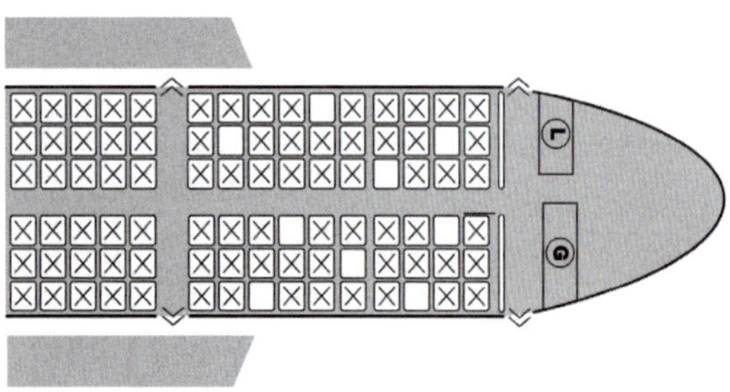

Disponível em: www.gebh.net. Acesso em: 30 out. 2013 (adaptado)

O número de formas distintas de se acomodar a família nesse voo é calculado por

a) $\frac{9!}{2!}$

b) $\frac{9!}{7! \times 2!}$

c) $7!$

d) $\frac{5!}{2!} \times 4!$

e) $\frac{5!}{4!} \times \frac{4!}{3!}$

12. (UEMG) Na copa das Confederações de 2013, no Brasil, onde a seleção brasileira foi campeã, o técnico Luiz Felipe Scolari tinha à sua disposição 23 jogadores de várias posições, sendo: 3 goleiros, 8 defensores, 6 meio-campistas e 6 atacantes. Para formar seu time, com 11 jogadores, o técnico utiliza 1 goleiro, 4 defensores, 3 meio-campistas e 3 atacantes. Tendo sempre Júlio César como goleiro e Fred como atacante, o número de times distintos que o técnico poderá formar é

a) 14 000.
b) 480.
c) 8! + 4!
d) 72 000.

13. (UPE) A vendedora de roupas está arrumando os cabides da vitrine de uma loja. Ela deve pendurar 5 camisas, 3 bermudas e 2 casacos na vitrine, de modo que cada peça fique uma do lado da outra sem sobreposição.

Quantas são as disposições possíveis nessa arrumação, de modo que as peças de um mesmo tipo fiquem sempre juntas, lado a lado na vitrine?

a) 30
b) 120
c) 1 440
d) 4 320
e) 8 640

14. (Enem) Um cliente de uma videolocadora tem o hábito de alugar dois filmes por vez. Quando os devolve, sempre pega outros dois filmes e assim sucessivamente. Ele soube que a videolocadora recebeu alguns lançamentos, sendo 8 filmes de ação, 5 de comédia e 3 de drama e, por isso, estabeleceu uma estratégia para todos esses 16 lançamentos. Inicialmente alugará, em cada vez, um filme de ação e um de comédia. Quando se esgotarem as possibilidades de comédia, o cliente alugará um filme de ação e um de drama, até que todos os lançamentos sejam vistos e sem que nenhum filme seja repetido. De quantas formas distintas a estratégia desse cliente poderá ser posta em prática?

a) $20 \cdot 8! + (3!)^2$

b) $8! \cdot 5! \cdot 3!$

c) $\dfrac{8! \cdot 5! \cdot 3!}{2^8}$

d) $\dfrac{8! \cdot 5! \cdot 3!}{2^2}$

e) $\dfrac{16!}{2^8}$

15. (UFPR) A figura a seguir apresenta uma planificação do cubo que deverá ser pintada de acordo com as regras abaixo:

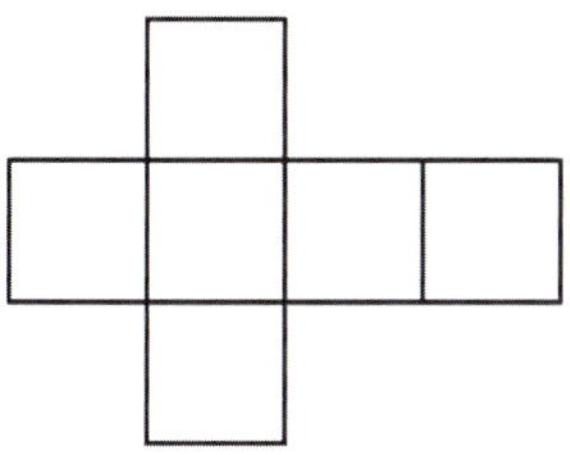

Reprodução/ UFPR, 2014.

Os quadrados que possuem um lado em comum, nessa planificação, deverão ser pintados com cores diferentes. Além disso, ao se montar o cubo, as faces opostas deverão ter cores diferentes. De acordo com essas regras, qual o MENOR número de cores necessárias para se pintar o cubo, a partir da planificação apresentada?

a) 2
b) 3
c) 4
d) 5
e) 6

16. (Uece) Quantos são os inteiros positivos de três dígitos nos quais o algarismo 7 aparece?

a) 720
b) 252
c) 648
d) 446

17. (Obmep) Em uma Olimpíada de Matemática, foram distribuídas várias medalhas de ouro, várias de prata e várias de bronze. Cada participante premiado pôde receber uma única medalha. Aldo, Beto, Carlos, Diego e Elvis participaram dessa olimpíada e apenas dois deles foram premiados. De quantas formas diferentes pode ter acontecido essa premiação?

a) 20
b) 30
c) 60
d) 90
e) 120

18. (Unicamp-SP) Para acomodar a crescente quantidade de veículos, estuda-se mudar placas, atualmente com três letras e quatro algarismos numéricos, para quatro letras e três algarismos numéricos, como está ilustrado abaixo.

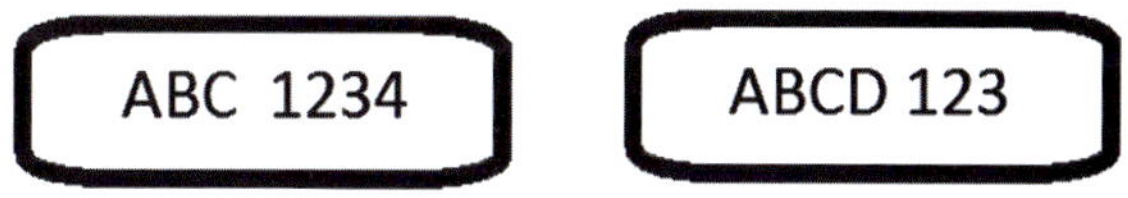

Reprodução/ Unicamp, 2013.

Considere o alfabeto com 26 letras e os algarismos de 0 a 9. O aumento obtido com essa modificação em relação ao número máximo de placas em vigor seria:

a) inferior ao dobro.
b) superior ao dobro e inferior ao triplo.
c) superior ao triplo e inferior ao quádruplo.
d) mais que o quádruplo.

19. (Enem) Um banco solicitou aos seus clientes a criação de uma senha pessoal de seis dígitos, formada somente por algarismos de 0 a 9, para acesso à conta corrente pela internet.

Entretanto, um especialista em sistemas de segurança eletrônica recomendou à direção do banco recadastrar seus usuários, solicitando, para cada um deles, a criação de uma nova senha com seis dígitos, permitindo agora o uso das 26 letras do alfabeto, além dos algarismos de 0 a 9. Nesse novo sistema, cada letra maiúscula era considerada distinta de sua versão minúscula. Além disso, era proibido o uso de outros tipos de caracteres.

Uma forma de avaliar uma alteração no sistema de senhas é a verificação do coeficiente de melhora, que é a razão do novo número de possibilidades de senhas em relação ao antigo.

O coeficiente de melhora da alteração recomendada é:

a) $\dfrac{62^6}{10^6}$

b) $\dfrac{62!}{10!}$

c) $\dfrac{62!4!}{10!56!}$

d) $62! - 10!$

e) $62^6 - 10^6$

20. (Uerj) Na ilustração a seguir, as 52 cartas de um baralho estão agrupadas em linhas com 13 cartas de mesmo naipe e colunas com 4 cartas de mesmo valor.

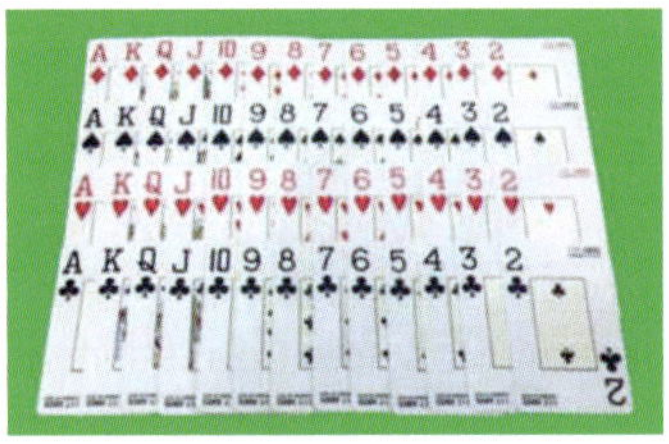

Reprodução/ Uerj, 2013.

Denomina-se quadra a reunião de quatro cartas de mesmo valor. Observe, em um conjunto de cinco cartas, um exemplo de quadra:

Reprodução/ Uerj, 2013.

O número total de conjuntos distintos de cinco cartas desse baralho que contêm uma quadra é igual a:

a) 624
b) 676
c) 715
d) 720

21. (Enem) Um artesão de joias tem à sua disposição pedras brasileiras de três cores: vermelhas, azuis e verdes.

Ele pretende produzir joias constituídas por uma liga metálica, a partir de um molde no formato de um losango não quadrado com pedras nos seus vértices, de modo que dois vértices consecutivos tenham sempre pedras de cores diferentes.

A figura ilustra uma joia, produzida por esse artesão, cujos vértices **A**, **B**, **C** e **D** correspondem às posições ocupadas pelas pedras.

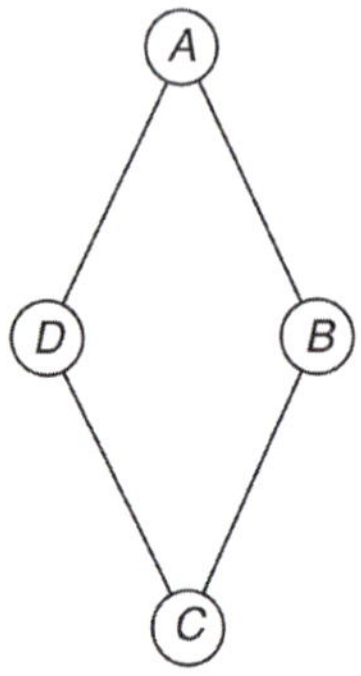

Reprodução/ Enem, 2013.

Com base nas informações fornecidas, quantas joias diferentes, nesse formato, o artesão poderá obter?

a) 6
b) 12
c) 18
d) 24
e) 36

22. (Unicamp-SP) O grêmio estudantil do Colégio Alvorada é composto por 6 alunos e 8 alunas. Na última reunião do grêmio, decidiu-se formar uma comissão de 3 rapazes e 5 moças para a organização das olimpíadas do colégio. De quantos modos diferentes pode-se formar essa comissão?

a) 6 720
b) 100 800
c) 806 400
d) 1 120

23. (UEMG) "Genius era um brinquedo muito popular na década de 1980 (...). O brinquedo buscava estimular a memorização de cores e sons. Com formato semelhante a um OVNI, possuía 4 botões de cores distintas que emitiam sons harmônicos e se iluminavam em sequência. Cabia aos jogadores repetir o processo sem errar."

Origem: Wikipédia, a enciclopédia livre. (Adaptado).

Reprodução/ UEMG, 2016.

Considere uma fase do jogo em que 3 luzes irão acender de forma aleatória e em sequência, podendo cada cor acender mais uma vez.

O número máximo de formas que essa sequência de 3 luzes poderá acender é:

a) 12.
b) 24.
c) 36.
d) 64.

24. (Mack-SP) O número de polígonos convexos distintos que podemos formar, com vértices nos pontos de coordenadas (0, 0), (0,1), (0, 2), (0, 3), (2, 0), (2, 1), (2, 2) e (2, 3), do plano, é

a) 101
b) 84
c) 98
d) 100
e) 48

25. (Uerj) Uma criança ganhou seis picolés de três sabores diferentes: baunilha, morango e chocolate, representados, respectivamente, pelas letras **B**, **M** e **C**. De segunda a sábado, a criança consome um único picolé por dia, formando uma sequência de consumo dos sabores. Observe estas sequências, que correspondem a diferentes modos de consumo:

(B, B, M, C, M, C) ou (B, M, M, C, B, C) ou (C, M, M, B, B, C)

O número total de modos distintos de consumir os picolés equivale a:

a) 6 b) 90 c) 180 d) 720

26. (Enem) Para cadastrar-se em um *site*, uma pessoa precisa escolher uma senha composta por quatro caracteres, sendo dois algarismos e duas letras (maiúsculas ou minúsculas). As letras e os algarismos podem estar em qualquer posição. Essa pessoa sabe que o alfabeto é composto por vinte e seis letras e que uma letra maiúscula difere da minúscula em uma senha.

Disponível em: www.infowester.com. Acesso em: 14 dez. 2012.

O número total de senhas possíveis para o cadastramento nesse *site* é dado por

a) $10^2 \cdot 26^2$

b) $10^2 \cdot 52^2$

c) $10^2 \cdot 52^2 \cdot \frac{4!}{2!}$

d) $10^2 \cdot 26^2 \cdot \frac{4!}{2! \cdot 2!}$

e) $10^2 \cdot 52^2 \cdot \frac{4!}{2! \cdot 2!}$

27. (Insper-SP) O número de pares ordenados (x, y) tais que **x** e **y** pertençam ao conjunto {1, 3, 5, 7, ..., 1999}, com x > y, é igual a

a) 999 000. b) 499 450. c) 499 500. d) 249 750. e) 249 724.

28. (Ufam) Para ganhar o prêmio máximo da Mega-Sena, é necessário obter coincidência entre seis dos números apostados e os seis números sorteados, de um total de sessenta dezenas (de 01 a 60), independentemente da ordem da aposta ou da ordem do sorteio. Atualmente cada aposta de 6 números custa R$ 3,50. Um apostador que pretende realizar todos os jogos possíveis combinando 15 dezenas escolhidas por ele gastará nessa aposta um total de:

a) R$ 28 028,00 b) R$ 19 269,00 c) R$ 17 517,50 d) R$ 10 510,50 e) R$ 6 006,00

29. (Enem) Numa cidade, cinco escolas de samba (I, II, III, IV e V) participaram do desfile de Carnaval. Quatro quesitos são julgados, cada um por dois jurados, que podem atribuir somente uma dentre as notas 6, 7, 8, 9 ou 10. A campeã será a escola que obtiver maior pontuação na soma de todas as notas emitidas. Em caso de empate, a campeã será a que alcançar a maior soma das notas atribuídas pelos jurados no quesito Enredo e Harmonia. A tabela mostra as notas do desfile desse ano no momento em que faltava somente a divulgação das notas do jurado **B** no quesito Bateria.

Quesitos	1. Fantasia e Alegoria		2. Evolução e Conjunto		3. Enredo e Harmonia		4. Bateria		Total
Jurado	A	B	A	B	A	B	A	B	
Escola I	6	7	8	8	9	9	8		55
Escola II	9	8	10	9	10	10	10		66
Escola III	8	8	7	8	6	7	6		50
Escola IV	9	10	10	10	9	10	10		68
Escola V	8	7	9	8	6	8	8		54

Quantas configurações distintas das notas a serem atribuídas pelo jurado **B** no quesito Bateria tornariam campeã a Escola II?

a) 21 b) 90 c) 750 d) 1 250 e) 3 125

30. (Mack-SP) O número de maneiras distintas de um grupo formado por dois meninos e por cinco meninas posicionar-se lado a lado para um "selfie" de tal maneira que cada menino tenha, à sua esquerda e à sua direita, pelo menos uma menina, é

a) 120 b) 240 c) 720 d) 960 e) 1 440

31. (UEMG) Observe a tirinha abaixo:

Passando por uma sorveteria, Magali resolve parar e pedir uma casquinha. Na sorveteria, há 6 sabores diferentes de sorvete e 3 é o número máximo de bolas por casquinha, sendo sempre uma de cada sabor. O número de formas diferentes com que Magali poderá pedir essa casquinha é igual a

a) 20.
b) 41.
c) 120.
d) 35.

32. (Enem) Para estimular o raciocínio de sua filha, um pai fez o desenho ao lado e o entregou à criança juntamente com três lápis de cores diferentes. Ele deseja que a menina pinte somente os círculos, de modo que aqueles que estejam ligados por um segmento tenham cores diferentes.

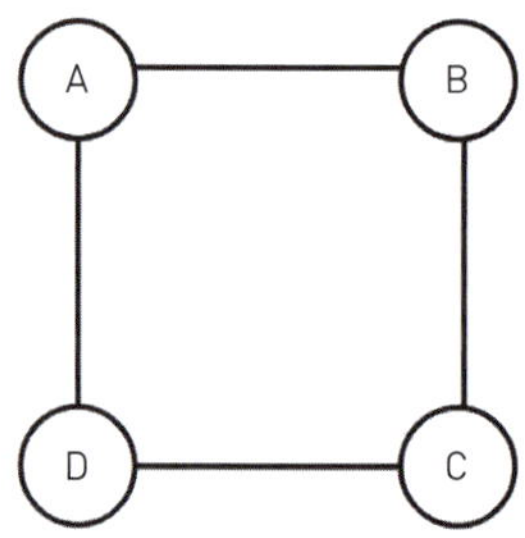

De quantas maneiras diferentes a criança pode fazer o que o pai pediu?

a) 6
b) 12
c) 18
d) 24
e) 72

33. (Unesp-SP) Um torneio de futebol será disputado por 16 equipes que, ao final, serão classificadas do 1º ao 16º lugar. Para efeitos da classificação final, as regras do torneio impedem qualquer tipo de empate. Considerando para os cálculos $\log 15! = 12$ e $\log 2 = 0{,}3$, a ordem de grandeza do total de classificações possíveis das equipes nesse torneio é de

a) bilhões.
b) quatrilhões.
c) quintilhões.
d) milhões.
e) trilhões.

34. (PUC-SP) Suponha que a professora Dona Marocas tenha pedido a seus alunos que efetuassem as quatro operações mostradas na tira abaixo e, em seguida, que calculassem o produto **P** dos resultados obtidos.

O Estado de S. Paulo, Caderno 2. C5-27/03/2014.

Observando que, bancando o esperto, Chico Bento tentava "colar" os resultados de seus colegas, Dona Marocas resolveu aplicar-lhe um "corretivo": ele deveria, além de obter **P**, calcular o número de divisores positivo de **P**. Assim sendo, se Chico Bento obtivesse corretamente tal número, seu valor seria igual a:

a) 32
b) 45
c) 160
d) 180
e) 240

35. (Unesp-SP) Um professor, ao elaborar uma prova composta de 10 questões de múltipla escolha, com 5 alternativas cada e apenas uma correta, deseja que haja um equilíbrio no número de alternativas corretas a serem assinaladas com **X** na folha de respostas. Isto é, ele deseja que duas questões sejam assinaladas com a alternativa **A**, duas com a **B**, e assim por diante, como mostra o modelo.

Modelo de folha de resposta (gabarito)

	A	B	C	D	E
01	X				
02			X		
03		X			
04				X	
05	X				
06					X
07				X	
08					X
09		X			
10			X		

Nessas condições, a quantidade de folha de respostas diferentes, com a letra **X** disposta nas alternativas corretas, será:

a) 302 400
b) 113 400
c) 226 800
d) 181 440
e) 604 800

36. (Fuvest-SP) Vinte times de futebol disputam a Série A do Campeonato Brasileiro, sendo seis deles paulistas. Cada time joga duas vezes contra cada um dos seus adversários. A porcentagem de jogos nos quais os dois oponentes são paulistas é:

a) menor que 7%.
b) maior que 7%, mas menor que 10%.
c) maior que 10%, mas menor que 13%.
d) maior que 13%, mas menor que 16%.
e) maior que 16%.

37. (PUC-RJ) Rebeca tem uma blusa de cada uma das seguintes cores: branco, vermelho, amarelo, verde e azul. Ela tem uma saia de cada uma das seguintes cores: branco, azul, violeta e cinza. De quantas maneiras Rebeca pode se vestir sem usar blusa e saia da mesma cor?

a) 14
b) 18
c) 20
d) 21
e) 35

38. (UFTM-MG) Os seis números naturais positivos marcados nas faces de um dado são tais que:

I. não existem faces com números repetidos;
II. a soma dos números em faces opostas é sempre 20;
III. existem 4 faces com números ímpares e 2 faces com números pares.

O total de conjuntos distintos com os seis números que podem compor as faces de um dado como o descrito é:

a) 20
b) 28
c) 36
d) 38
e) 40

39. (Uerj) Um painel de iluminação possui nove seções distintas, e cada uma delas acende uma luz de cor vermelha ou azul. A cada segundo, são acesas, ao acaso, duas seções de uma mesma cor e uma terceira de outra cor, enquanto as seis demais permanecem apagadas.

Observe quatro diferentes possibilidades de iluminação do painel:

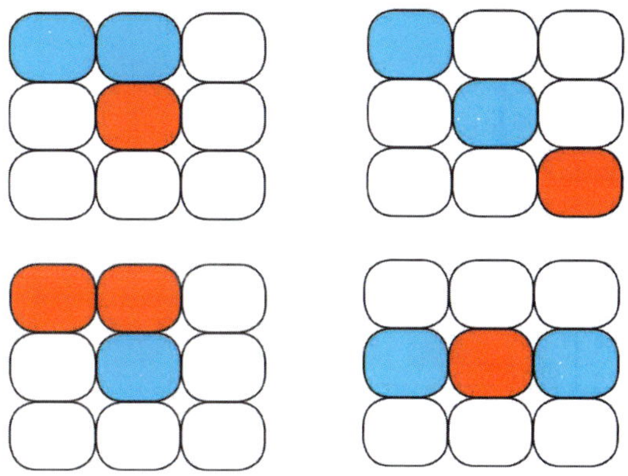

Reprodução/ Uerj, 2016.

O tempo mínimo necessário para a ocorrência de todas as possibilidades distintas de iluminação do painel, após seu acionamento, é igual a **x** minutos e **y** segundos, sendo $y < 60$.

Os valores respectivos de **x** e **y** são:

a) 4 e 12
b) 8 e 24
c) 25 e 12
d) 50 e 24

40. (Uneb-BA) A distribuição de cinco bolas de cores distintas entre duas pessoas de modo que cada pessoa receba, pelo menos, uma bola pode ser feita em um número máximo, de formas distintas, igual a

a) 25
b) 30
c) 35
d) 45
e) 50

41. (Uece) No sistema de numeração decimal, quantos números de três dígitos distintos podemos formar, de modo que a soma dos dígitos de cada um destes números é um número ímpar?

a) 380.
b) 320.
c) 420.
d) 360.

42. (Insper-SP) Em certa edição do programa, **n** candidatos tiveram pelo menos um dos 4 jurados se virando durante sua apresentação. O conjunto de todos os jurados que se viraram, porém, nunca foi o mesmo para dois quaisquer desses **n** candidatos. Dessa forma, **n** pode valer, no máximo,

a) 4.
b) 6.
c) 12.
d) 15.
e) 24.

43. (Uece) Quantos são os números naturais pares formados com quatro dígitos que têm pelo menos dois dígitos iguais?

a) 2468.
b) 2204.
c) 2096.
d) 2296.

44. (Insper-SP) Em cada ingresso vendido para um *show* de música, é impresso o número da mesa onde o comprador deverá se sentar. Cada mesa possui seis lugares, dispostos conforme o esquema a seguir.

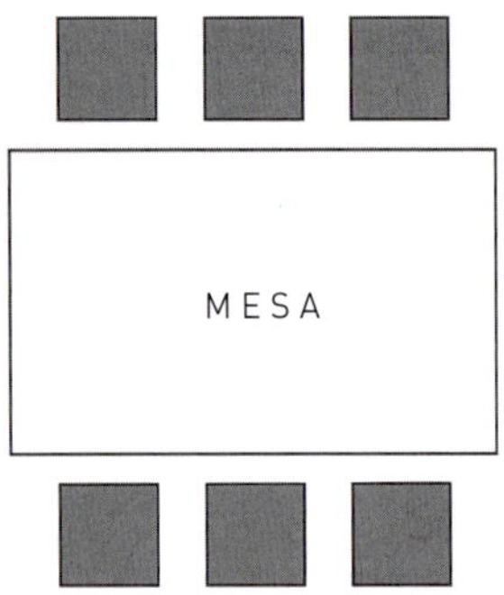

Reprodução/ Insper, 2012.

123

O lugar da mesa em que cada comprador se sentará não vem especificado no ingresso, devendo os seis ocupantes entrar em acordo. Os ingressos para uma dessas mesas foram adquiridos por um casal de namorados e quatro membros de uma mesma família. Eles acordaram que os namorados poderiam sentar-se um ao lado do outro. Nessas condições, o número de maneiras distintas em que as seis pessoas poderão ocupar os lugares da mesa é:

a) 96
b) 120
c) 192
d) 384
e) 720

45. (Epcar-MG) Num acampamento militar, serão instaladas três barracas: I, II e III. Nelas, serão alojados 10 soldados, dentre eles o soldado **A** e o soldado **B**, de tal maneira que fiquem 4 soldados na barraca I, 3 na barraca II e 3 na barraca III. Se o soldado **A** deve ficar na barraca I e o soldado **B** não deve ficar na barraca III, então o número de maneiras distintas de distribuí-los é igual a:

a) 560
b) 1 120
c) 1 680
d) 2 240

46. (PUC-SP) Uma pessoa dispõe das seguintes cores de tinta: amarela, azul, verde, vermelha e branca, e irá utilizá-las para pintar um pote. Nesse pote serão pintadas a tampa, a lateral e uma lista lateral, de modo que a tampa e a lateral poderão ter a mesma cor ou cores diferentes. O número de maneiras distintas de pintar esse pote é

a) 100
b) 80
c) 60
d) 40

47. (Insper-SP) Certa comunidade mística considera 2015 um *ano de sorte*. Para tal comunidade, um ano é considerado de sorte se, e somente se, é formado por 4 algarismos distintos, sendo 2 pares e 2 ímpares. No período que vai do ano 1 000 até o ano 9 999, o número total de anos de sorte é igual a:

a) 1 680
b) 1 840
c) 1 920
d) 2 160
e) 2 400

48. (Uece) Paulo possui 709 livros e identificou cada um destes livros com um código formado por três letras do nosso alfabeto, seguindo a "ordem alfabética" assim definida: AAA, AAB, ..., AAZ, ABA, ABB, ..., ABZ, ACA, ... Então, o primeiro livro foi identificado com AAA, o segundo com AAB, ... Nestas condições, considerando o alfabeto com 26 letras, o código associado ao último livro foi:

a) BAG
b) BAU
c) BBC
d) BBG

49. (FICSAE-SP) Um patrão tem 6 tarefas diferentes para serem distribuídas entre 3 empregados. Ele pode delegar todas elas a um só empregado, ou delegar apenas para alguns, ou ainda garantir que cada empregado receba pelo menos uma tarefa. O número de maneiras distintas de distribuir essas tarefas é

a) 639
b) 714
c) 729
d) 864

CAPÍTULO

20

Binômio de Newton

André Vicente Gonçalves/Alamy/Fotoarena

Na imagem, está representada a escultura do poeta português Fernando Pessoa, em Lisboa, Portugal. Usando o heterônimo de Álvaro de Campos, ele escreveu: "O Binômio de Newton é tão belo como a Vénus de Milo". Neste capítulo, desvendaremos alguns dos mistérios desse assunto.

Introdução

Sejam **n** um número natural e **a** e **b** números reais.

Já conhecemos o desenvolvimento de $(a + b)^n$ para alguns valores de **n**:

- $n = 0 \rightarrow (a + b)^0 = 1$
- $n = 1 \rightarrow (a + b)^1 = a + b$
- $n = 2 \rightarrow (a + b)^2 = a^2 + 2ab + b^2$
- $n = 3 \rightarrow (a + b)^3 = a^3 + 3a^2b + 3ab^2 + b^3$

À medida que o expoente **n** aumenta, o desenvolvimento de $(a + b)^n$ torna-se mais complexo e as contas ficam mais trabalhosas. No entanto, por meio das técnicas de contagem estudadas em Análise Combinatória, é possível obter o desenvolvimento de $(a + b)^n$ de maneira rápida e direta.

Desenvolvimento de $(a + b)^3$

O desenvolvimento de $(a + b)^3$ pode ser obtido por meio do produto $(a + b) \cdot (a + b) \cdot (a + b)$. Nessa multiplicação, usamos a propriedade distributiva e somamos os termos semelhantes.

Vamos usar agora o princípio fundamental da contagem (PFC) para fazer essa multiplicação:

1º passo: Para cada um dos três fatores de $(a + b)^3$ escolhemos um dos termos — **a** ou **b** — para multiplicar.

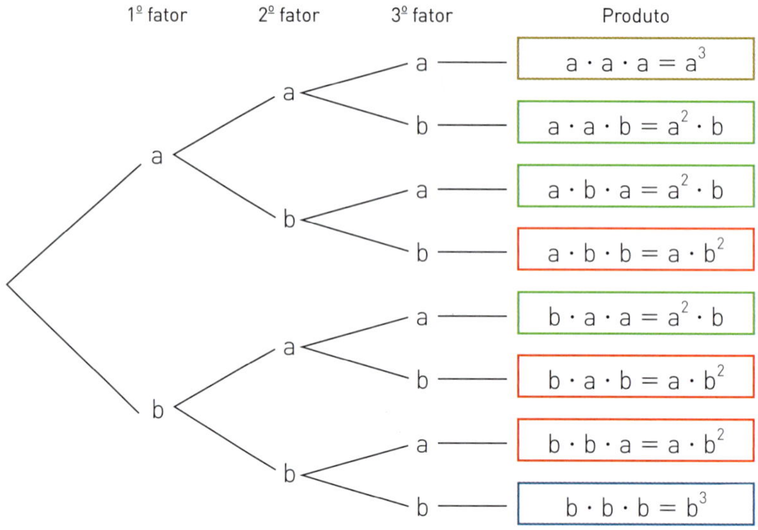

2º passo: Note que cada produto obtido contém três letras, cada qual podendo ser **a** ou **b**. Desse modo, os possíveis produtos são: a^3; a^2b; ab^2; b^3.

3º passo: Somamos os termos semelhantes e obtemos o desenvolvimento pedido.

$$(a + b)^3 = a^3 + 3a^2b + 3ab^2 + b^3$$

No desenvolvimento obtido é importante observar que:

I. O produto $\mathbf{a}^3$ só ocorre quando escolhemos, em cada fator, a letra **a** para multiplicar. Isso só se observa uma única vez. Assim, o número de termos em $\mathbf{a}^3$ é igual a $1 = \binom{3}{0}$.

II. O número de termos que contêm o produto $a^2 \cdot b$ corresponde ao número de sequências de três letras nas quais duas são iguais a **a** e a outra é igual a **b**, a saber:

$P_3^{(2,1)} = \dfrac{3!}{2!\,1!} = 3 = \binom{3}{1}$ (Veja os três produtos em verde no diagrama anterior.)

III. O número de termos que contêm o produto $a \cdot b^2$ é, por analogia com II,

$P_3^{(2,1)} = \dfrac{3!}{2!\,1!} = 3 = \binom{3}{2}$.

(Veja os três produtos em vermelho no diagrama anterior.)

IV. O número de termos que contêm o produto $\mathbf{b}^3$ é, por analogia com I, igual a $1 = \binom{3}{3}$.

Podemos, então, escrever esse desenvolvimento como:

$$(a + b)^3 = \binom{3}{0} \cdot a^3 + \binom{3}{1} \cdot a^2b + \binom{3}{2} \cdot a \cdot b^2 + \binom{3}{3} \cdot b^3$$

Desenvolvimento de $(a + b)^n$

Vamos, agora, repetir o raciocínio usado na expansão de $(a + b)^3$ para generalizar o desenvolvimento de $(a + b)^n$.

> Teorema binomial
>
> Sendo $n \in \mathbb{N}$ e **a** e **b** números reais, temos:
>
> $$(a + b)^n = \binom{n}{0} \cdot a^n + \binom{n}{1} a^{n-1} \cdot b + \binom{n}{2} a^{n-2} \cdot b^2 + \ldots + \binom{n}{n} \cdot b^n$$

Demonstração:

Temos: $(a + b)^n = \underbrace{(a + b) \cdot (a + b) \ldots (a + b)}_{\textbf{n fatores}}$.

Para cada um desses **n** fatores, escolhemos um dos termos (**a** ou **b**) para multiplicar. Cada produto obtido terá exatamente **n** letras, cada uma delas podendo ser **a** ou **b**. Os possíveis produtos são:

$$a^n,\ a^{n-1} \cdot b,\ a^{n-2} \cdot b^2,\ \ldots,\ a^{n-p} \cdot b^p,\ \ldots,\ b^n$$

Vamos contar o número de vezes que cada produto ocorre:

- $\mathbf{a^n}$

  Só é possível obter $\mathbf{a}^n$ ao multiplicarmos $\underbrace{a \cdot a \cdot \ldots \cdot a}_{\textbf{n fatores}}$, isto é, o coeficiente de $\mathbf{a}^n$ é $1 = \binom{n}{0}$.

- $\mathbf{a^{n-1} \cdot b}$

  Devemos contar o número de sequências de **n** letras, das quais $n - 1$ são iguais a **a** e uma é igual a **b**.

  Temos:

  $$P_n^{(n-1,\,1)} = \frac{n!}{(n-1)!\,1!} = \binom{n}{1}$$

- $\mathbf{a^{n-2} \cdot b^2}$

  Devemos contar o número de sequências de **n** letras, das quais $n - 2$ são iguais a **a** e duas são iguais a **b**.

  Temos:

  $$P_n^{(n-2,\,2)} = \frac{n!}{(n-2)!\,2!} = \binom{n}{2}$$

  ⋮

- $\mathbf{a^{n-p} \cdot b^p}$

  Em geral, o número de sequências de **n** letras, das quais $n - p$ são iguais a **a** e **p** são iguais a **b**, é:

  $$P_n^{(n-p,\,p)} = \frac{n!}{(n-p)!\,p!} = \binom{n}{p}$$

  ⋮

- $\mathbf{b^n}$

  O produto $\mathbf{b}^n$ só ocorre uma única vez, quando escolhemos em cada fator a letra **b** para multiplicar: $\underbrace{b \cdot b \cdot \ldots \cdot b}_{\textbf{n fatores}}$. Assim, o coeficiente de $\mathbf{b}^n$ é $1 = \binom{n}{n}$.

Segue, daí, que:

$$(a + b)^n = \binom{n}{0} \cdot a^n + \binom{n}{1} \cdot a^{n-1} \cdot b + \binom{n}{2} a^{n-2} \cdot b^2 + \dots + \binom{n}{p} a^{n-p} \cdot b^p + \dots + \binom{n}{n} \cdot b^n$$

OBSERVAÇÃO

No desenvolvimento de $(a + b)^n$, os coeficientes $\binom{n}{0}, \binom{n}{1}, \binom{n}{2}, \dots, \binom{n}{n}$ são denominados **coeficientes binomiais**.

Para **n** e **p** naturais, com $n \geqslant p$, o **coeficiente binomial de** n **sobre** p é indicado por $\binom{\mathbf{n}}{\mathbf{p}} = \mathbf{C}_{n,\,p}$. Dizemos que **n** é o "numerador" e **p** é o "denominador" do coeficiente binomial.

EXEMPLO 1

Vamos obter o desenvolvimento de $(a + b)^5$ usando o teorema binomial.

$$(a + b)^5 = \binom{5}{0} \cdot a^5 + \binom{5}{1} \cdot a^4 \cdot b + \binom{5}{2} \cdot a^3 \cdot b^2 + \binom{5}{3} \cdot a^2 \cdot b^3 + \binom{5}{4} \cdot a \cdot b^4 + \binom{5}{5} b^5$$

Calculando cada coeficiente acima, obtemos:

$$(a + b)^5 = a^5 + 5a^4b + 10a^3b^2 + 10a^2b^3 + 5ab^4 + b^5$$

Exercícios resolvidos

1. Desenvolva $(3x + 2)^4$ usando o desenvolvimento binomial.

Solução:

Temos: $(3x + 2)^4 = \binom{4}{0} \cdot (3x)^4 + \binom{4}{1} \cdot (3x)^3 \cdot 2^1 + \binom{4}{2} \cdot (3x)^2 \cdot 2^2 + \binom{4}{3} \cdot (3x)^1 \cdot 2^3 + \binom{4}{4} \cdot 2^4$,

isto é:

$$(3x + 2)^4 = 81x^4 + 216x^3 + 216x^2 + 96x + 16$$

Observe que o desenvolvimento binomial continua válido se quisermos obter a expansão de $(a - b)^n$. Basta notar que:

$$(a - b)^n = [a + (-b)]^n$$

Desse modo temos:

$$[a + (-b)]^n = \binom{n}{0} \cdot a^n + \binom{n}{1} \cdot a^{n-1} \cdot (-b)^1 + \binom{n}{2} \cdot a^{n-2} \cdot (-b)^2 + \dots + \binom{n}{n} \cdot (-b)^n$$

Cada um dos termos acima contém potências do tipo:

$$(-b)^k = \begin{cases} b^k, \text{ se } \mathbf{k} \text{ é par} \\ -b^k, \text{ se } \mathbf{k} \text{ é ímpar} \end{cases}$$

Assim, os sinais dos termos do desenvolvimento de $(a - b)^n$ se alternam, a partir do 1º termo, que é positivo.

2. Desenvolva $(\sqrt{x} - 2)^5$, supondo $x \geq 0$.

Solução:

De acordo com o teorema binomial e com a observação anterior, podemos escrever:

$$(\sqrt{x} - 2)^5 = \binom{5}{0} \cdot (\sqrt{x})^5 - \binom{5}{1} \cdot (\sqrt{x})^4 \cdot 2 + \binom{5}{2} \cdot (\sqrt{x})^3 \cdot 2^2 - \binom{5}{3} \cdot (\sqrt{x})^2 \cdot 2^3 + \binom{5}{4} \cdot \sqrt{x} \cdot 2^4 - \binom{5}{5} \cdot 2^5$$

Assim:

$$(\sqrt{x} - 2)^5 = x^2\sqrt{x} - 10x^2 + 40x\sqrt{x} - 80x + 80\sqrt{x} - 32$$

3. Qual é a soma dos coeficientes dos termos no desenvolvimento de $(3x^2 + 2y)^4$?

Solução:

Como sabemos, o desenvolvimento binomial, para **x** e **y** reais quaisquer, é:

$$(3x^2 + 2y)^4 = (3x^2)^4 + 4 \cdot (3x^2)^3 \cdot 2y + 6 \cdot (3x^2)^2 \cdot (2y)^2 + 4 \cdot (3x^2) \cdot (2y)^3 + (2y)^4$$

Para sabermos a soma dos coeficientes desses cinco termos, não é necessário efetuar todos os cálculos. Basta notar que, no 2º membro da expressão acima, a soma dos coeficientes pode ser obtida fazendo-se $x = y = 1$.

De fato:

$$(3 \cdot 1^2 + 2 \cdot 1)^4 = \underbrace{3^4 + 4 \cdot 3^3 \cdot 2 + 6 \cdot 3^2 \cdot 2^2 + 4 \cdot 3 \cdot 2^3 + 2^4}_{\text{soma dos coeficientes}}$$
$$5^4 =$$

Logo, a soma dos coeficientes é 625.

Exercícios

1. Usando o teorema binomial, desenvolva:

a) $(3x + 2)^3$

b) $(3x + 4y)^4$

c) $(x^2 + 1)^5$

2. Utilizando a expansão binomial, desenvolva:

a) $\left(3b^2 - \frac{1}{b}\right)^4$; com $b \neq 0$

b) $\left(x + \frac{1}{x}\right)^5$; com $x \neq 0$

c) $\left(\sqrt{x} - \frac{1}{\sqrt{x}}\right)^4$; com $x > 0$

3. Considere o binômio $\left(x^2 - \frac{1}{x}\right)^4$, com $x \neq 0$.

a) Desenvolva-o.

b) Qual é o valor obtido para $x = 1$? E para $x = 2$?

4. Encontre o valor de:

$99^5 + 5 \cdot 99^4 + 10 \cdot 99^3 + 10 \cdot 99^2 + 5 \cdot 99 + 1$

5. Sabendo que $a > b$, resolva o sistema:

$$\begin{cases} a^4 - 4a^3b + 6a^2b^2 - 4ab^3 + b^4 = 81 \\ a^5 + 5a^4b + 10a^3b^2 + 10a^2b^3 + 5ab^4 + b^5 = 1024 \end{cases}$$

6. Qual é o valor de: $y = (1 + x)^4 + (1 - x)^4$?

7. Determine o valor da soma dos coeficientes do desenvolvimento de:

a) $(x + 3y)^5$

b) $(6x^2 - 4x^3)^8$

c) $(x^8 - 1)^{10}$

d) $\left(x + \frac{1}{x}\right)^4$

8. A soma dos coeficientes do desenvolvimento de $(5x^3 - 3y^2)^n$ é igual a 4^9.

Determine o valor de **n**.

9. Calcule o valor da expressão:

$$3^8 - \binom{8}{1} \cdot 3^7 \cdot 2 + \binom{8}{2} \cdot 3^6 \cdot 2^2 - \ldots - \binom{8}{7} \cdot 3 \cdot 2^7 + 2^8$$

Termo geral do binômio

Muitas vezes estamos interessados em conhecer apenas um termo específico do desenvolvimento de $(a + b)^n$, sem precisar escrever todos os seus n + 1 termos. Para isso, é necessário encontrarmos uma expressão que possa representar um termo qualquer do desenvolvimento de $(a + b)^n$ e, a partir dela, determinarmos o termo procurado.

Já vimos que:

$$(a + b)^n = \binom{n}{0} \cdot a^n + \binom{n}{1} \cdot a^{n-1} b^1 + \ldots + \binom{n}{n} \cdot b^n$$

O termo $\binom{\mathbf{n}}{\mathbf{k}} \cdot \mathbf{a}^{\mathbf{n-k}} \cdot \mathbf{b}^{\mathbf{k}}$ é chamado **termo geral** do binômio, pois, atribuindo valores para **k** (k = 0, 1, 2, ..., n), obtemos todos os termos do desenvolvimento.

OBSERVAÇÕES

- Como $(a + b)^n = (b + a)^n$, vamos convencionar que o desenvolvimento é feito segundo potências decrescentes de **a**.

  Assim, em $(a + b)^n$, o 1º termo é $\binom{n}{0} \cdot a^n$; o 2º termo é $\binom{n}{1} \cdot a^{n-1} \cdot b^1$; ...; o (n + 1)-ésimo termo é $\binom{n}{n} \cdot b^n$.
- Na expressão do termo geral, o expoente de **a** é sempre dado pela diferença entre o "numerador" e o "denominador" do coeficiente binomial, e o expoente de **b** é igual ao "denominador" desse coeficiente.
- Na expressão do termo geral, o 1º termo do desenvolvimento é obtido considerando k = 0; o 2º termo é obtido considerando k = 1; e assim por diante.
  Assim, se quisermos determinar o p-ésimo termo, basta considerar k = p − 1.

EXEMPLO 2

No desenvolvimento de $\left(x^2 + \frac{3}{y}\right)^8$, segundo potências decrescentes de **x**, é possível sabermos qual é o termo que contém a potência x^{10} sem conhecermos todo o desenvolvimento.

O termo geral desse binômio é:

$$\binom{8}{k} \cdot (x^2)^{8-k} \cdot \left(\frac{3}{y}\right)^k = \binom{8}{k} \cdot x^{16-2k} \cdot \frac{3^k}{y^k}, \text{ para } k = 0, 1, 2, \ldots, 8 \quad (*)$$

A fim de determinar o termo que contém x^{10}, basta calcular:

$$16 - 2k = 10 \Rightarrow k = 3 \text{ (convém em } (*))$$

Logo, o termo pedido é:

$$\binom{8}{3} \cdot \frac{x^{10} \cdot 3^3}{y^3} = \frac{1512x^{10}}{y^3}$$

Observe que esse termo ocupa a 4ª posição do desenvolvimento.

Exercício resolvido

4. Determine, se existir, o termo independente de **x** no desenvolvimento de $\left(\sqrt{x} - \frac{1}{x}\right)^9$, para $x > 0$.

Solução:

O termo geral é:

$$\binom{9}{k} \cdot (\sqrt{x})^{9-k} \cdot \left(-\frac{1}{x}\right)^k = \binom{9}{k} \cdot x^{\frac{9-k}{2}} \cdot (-1)^k \cdot \frac{1}{x^k} = \binom{9}{k} \cdot (-1)^k \cdot x^{\frac{9-3k}{2}}, \text{ para } k = 0, 1, ..., 9$$

O termo independente de **x** é obtido atribuindo-se zero ao seu expoente, isto é:

$$\frac{9-3k}{2} = 0 \Rightarrow k = 3$$

Como $k = 3$ é natural e menor que 9, concluímos que existe termo independente de **x** (4º termo) e seu valor é:

$$\binom{9}{3} \cdot (-1)^3 = -84$$

Exercícios

10. No desenvolvimento de $\left(x^2 + \frac{2}{x^3}\right)^{10}$, com $x \neq 0$, determine:

a) o número de termos do desenvolvimento.

b) o termo que ocupa a posição central.

c) o coeficiente do termo em **x**.

d) o termo independente de **x**.

11. No desenvolvimento de $\left(\frac{2x}{3} + y^2\right)^8$, segundo potências decrescentes de **x**, determine:

a) o 3º termo.

b) o 8º termo.

12. No desenvolvimento de $(1 + \sqrt{x})^{10}$, qual é o coeficiente de x^2?

13. No desenvolvimento de $\left(2x - \frac{1}{x}\right)^{22}$, determine:

a) o coeficiente do termo em x^{18}.

b) o termo independente de **x**.

14. Dado o binômio $\left(x^3 + \frac{p}{x}\right)^n$, determine os valores de **n** e **p** a fim de que o termo central ocupe o 6º lugar e seja dado por $8064x^{10}$.

15. No desenvolvimento de $\left(x^2 - \frac{1}{\sqrt{x}}\right)^{12}$, determine o coeficiente do termo:

a) em x^{14}.

b) em x^9.

c) em x^{-6}.

d) independente de **x**.

16. Seja **p** um número natural. Para quantos valores de **p** o desenvolvimento de $\left(x + \frac{2}{x^p}\right)^{10}$ admite termo independente de **x**. Quais são esses valores?

17. (Uerj) $\left(x + \frac{1}{x^5}\right)^n$

Na potência acima, **n** é um número natural menor do que 100.

Determine o maior valor de **n**, de modo que o desenvolvimento dessa potência tenha um termo independente de **x**.

Triângulo aritmético

No triângulo aritmético, os coeficientes de mesmo "numerador" agrupam-se em uma mesma linha, e os coeficientes de mesmo "denominador" agrupam-se em uma mesma coluna.

$$
\begin{array}{ll}
\text{linha 0} & \binom{0}{0} \\
\text{linha 1} & \binom{1}{0} \ \binom{1}{1} \\
\text{linha 2} & \binom{2}{0} \ \binom{2}{1} \ \binom{2}{2} \\
\text{linha 3} & \binom{3}{0} \ \binom{3}{1} \ \binom{3}{2} \ \binom{3}{3} \\
\text{linha 4} & \binom{4}{0} \ \binom{4}{1} \ \binom{4}{2} \ \binom{4}{3} \ \binom{4}{4} \\
\vdots & \cdots\cdots\cdots\cdots\cdots\cdots \\
\text{linha } \mathbf{k} & \binom{k}{0} \ \binom{k}{1} \ \binom{k}{2} \ \binom{k}{3} \ \binom{k}{4} \ \cdots \ \binom{k}{k}
\end{array}
$$

Notemos que a expressão "linha **k**" significa a linha de "numerador" **k**.

Calculando os valores dos coeficientes, obtemos outra representação para o triângulo:

$$
\begin{array}{ccccccc}
1 & & & & & & \\
1 & 1 & & & & & \\
1 & 2 & 1 & & & & \\
1 & 3 & 3 & 1 & & & \\
1 & 4 & 6 & 4 & 1 & & \\
1 & 5 & 10 & 10 & 5 & 1 & \\
1 & 6 & 15 & 20 & 15 & 6 & 1 \\
\vdots & \vdots & \vdots & \vdots & \vdots & \vdots & \vdots
\end{array}
$$

Note que os elementos da linha **n** desse triângulo correspondem, ordenadamente, aos coeficientes obtidos no desenvolvimento binomial de $(a + b)^n$:

$n = 0 \to (a + b)^0 = 1$; linha 0: 1

$n = 1 \to (a + b)^1 = 1a + 1b$; linha 1: 1 1

$n = 2 \to (a + b)^2 = a^2 + 2ab + b^2$; linha 2: 1 2 1

$n = 3 \to (a + b)^3 = a^3 + 3a^2b + 3ab^2 + b^3$; linha 3: 1 3 3 1

etc.

Um pouco de história

Triângulo aritmético

Os coeficientes binomiais podem ser dispostos em uma tabela conhecida como **triângulo aritmético**.

As primeiras aparições do triângulo aritmético provêm das civilizações orientais: da Índia, na obra de Pingala (aproximadamente 200 a.C.), e da China, nos trabalhos de Yang Hui, datados de aproximadamente 1250, e de Chu Shih-chieh, em cuja obra *Espelho precioso* os coeficientes da expansão binomial são colocados até a oitava potência.

Vários matemáticos europeus do século XVI também trabalhavam com o triângulo aritmético, entre os quais o alemão Stifel, em 1544, e o italiano Tartaglia, em 1556.

Cem anos depois, o francês Blaise Pascal (1623-1662) ligou o estudo das probabilidades ao triângulo aritmético e descobriu algumas propriedades novas. A partir daí, o triângulo aritmético passou a ser conhecido (injustamente) no Ocidente como triângulo de Pascal.

Referências bibliográficas: BOYER, Carl B. *História da Matemática*. São Paulo: Edgard Blucher, 1996; O triângulo de Pascal é de Pascal? Disponível em: <www.mat.ufrgs.br/~portosil/histo2b.html>. Acesso em: 10 jul. 2018.

The Bridgeman Art Library/Grupo Keystone

Blaise Pascal retratado em uma litografia colorida de 1841 de Julien Leopold Boilly. O original está na Biblioteca de Artes Decorativas, em Paris, França.

Propriedades do triângulo

O triângulo aritmético apresenta várias propriedades, algumas das quais permitem construí-lo sem a necessidade de calcular todos os coeficientes binomiais.

Toda linha começa e termina com 1.

Demonstração:

O primeiro elemento de uma linha qualquer é $\binom{p}{0} = \frac{p!}{0!\,p!} = 1, \forall p \in \mathbb{N}$, e o último elemento dessa linha é $\binom{p}{p} = \frac{p!}{0!\,p!} = 1, \forall p \in \mathbb{N}$.

Em uma mesma linha, os coeficientes binomiais equidistantes dos extremos são iguais.

Vejamos alguns exemplos antes da demonstração:

- linha 5: $\binom{5}{0}$ $\binom{5}{1}$ $\binom{5}{2}$ $\binom{5}{3}$ $\binom{5}{4}$ $\binom{5}{5}$

  || || || || || ||

  1 5 10 10 5 1

  (10 e 10: iguais; 5 e 5: iguais)

- linha 7: $\binom{7}{0}$ $\binom{7}{1}$ $\binom{7}{2}$ $\binom{7}{3}$ $\binom{7}{4}$ $\binom{7}{5}$ $\binom{7}{6}$ $\binom{7}{7}$

  || || || || || || || ||

  1 7 21 35 35 21 7 1

  (35 e 35: iguais; 7 e 7: iguais)

> **OBSERVAÇÃO**
>
> Dois coeficientes binomiais equidistantes dos extremos também são chamados de **coeficientes binomiais complementares**.

Demonstração:

Sejam $\binom{n}{p}$ e $\binom{n}{n-p}$ dois coeficientes equidistantes dos extremos, na linha **n** do triângulo. Observe que $\binom{n}{p}$ é precedido de **p** termos: $\binom{n}{0}\binom{n}{1}\dots\binom{n}{p-1}$, e que $\binom{n}{n-p}$ é sucedido de **p** termos: $\binom{n}{n-p+1}\binom{n}{n-p+2}\dots\binom{n}{n}$.

Assim, temos:

$$\binom{n}{p} = \frac{n!}{p!\,(n-p)!} = \frac{n!}{[n-(n-p)]!\,(n-p)!} = \binom{n}{n-p}$$

Exercício resolvido

5. Qual é o valor de **p** que verifica a igualdade: $\binom{10}{p} = \binom{10}{4}$?

Solução:

Há duas possibilidades:

- $p = 4$

  ou

- $\binom{10}{p} = \binom{10}{4}$ são equidistantes dos extremos, isto é, complementares. Daí:

$$p + 4 = 10 \Rightarrow p = 6$$

> A partir da linha 2, notamos que cada elemento **X** (com exceção do primeiro e do último) é igual à soma de dois elementos consecutivos da linha anterior, a saber: o elemento imediatamente acima de **X** e o anterior a este.

Observe um exemplo antes da demonstração:

```
1
1  +  1
1  →  2     1
1     3  +  3     1
1     4  →  6     4     1
1     5    10    10  →  5     1
```

Essa propriedade é conhecida como **relação de Stifel** e pode ser generalizada por:

$$\binom{n}{p} = \binom{n-1}{p} + \binom{n-1}{p-1},\ n \geq p$$

Perceba que o 1º membro da igualdade acima representa um elemento genérico (linha **n** e coluna **p**) do triângulo; o 2º membro representa a soma dos dois elementos da linha anterior (linha n − 1), um da mesma coluna **p** e o outro da coluna anterior p − 1.

Demonstração:

$$2^{\underline{o}} \text{ membro} \rightarrow \binom{n-1}{p} + \binom{n-1}{p-1} =$$

$$= \frac{(n-1)!}{p!\,(n-1-p)!} + \frac{(n-1)!}{(p-1)!\,(n\cancel{-1}-p\cancel{+1})!} = \frac{(n-1)!}{p!\,(n-1-p)!} + \frac{(n-1)!}{(p-1)!\,(n-p)!} =$$

$$= \frac{(n-1)!}{p(p-1)!\,(n-p-1)!} + \frac{(n-1)!}{(p-1)!\,(n-p)\,(n-p-1)!} =$$

$$= \frac{(n-1)!}{(p-1)!\,(n-p-1)!}\left(\frac{1}{p} + \frac{1}{n-p}\right) = \frac{(n-1)!}{(p-1)!\,(n-p-1)!} \cdot \frac{n}{p(n-p)} =$$

$$= \frac{\overbrace{n(n-1)!}^{n!}}{\underbrace{p(p-1)!}_{p!}\,\underbrace{(n-p)\,(n-p-1)!}_{(n-p)!}} = \frac{n!}{p!\,(n-p)!} = \binom{n}{p} \leftarrow 1^{\underline{o}} \text{ membro}$$

Por exemplo, o valor de $\binom{9}{3} + \binom{9}{4} + \binom{10}{5}$ pode ser obtido sem que seja necessário calcular o valor desses três coeficientes:

$\binom{9}{3} + \binom{9}{4} = \binom{10}{4}$, pela relação de Stifel, e $\binom{10}{4} + \binom{10}{5} = \binom{11}{5}$

Assim:

$$\binom{9}{3} + \binom{9}{4} + \binom{10}{5} = \binom{11}{5} = 462$$

A soma dos elementos da linha de numerador **n** é igual a 2^n.

Temos:

							soma dos elementos da linha
linha 0	1				$\rightarrow$	1	$= 2^0$
linha 1	1	1			$\rightarrow$	$1 + 1$	$= 2^1$
linha 2	1	2	1		$\rightarrow$	$1 + 2 + 1$	$= 2^2$
linha 3	1	3	3	1	$\rightarrow$	$1 + 3 + 3 + 1$	$= 2^3$
$\vdots$	$\vdots$	$\vdots$	$\vdots$	$\ddots$		$\vdots \quad \vdots \quad \vdots \quad \ddots$	$\vdots$
linha **n**	$\binom{n}{0}$	$\binom{n}{1}$	$\binom{n}{2}$	$\dots \binom{n}{n}$	$\rightarrow$	$\binom{n}{0} + \binom{n}{1} + \binom{n}{2} + \dots + \binom{n}{n}$	$= 2^n$

Demonstração:

Consideremos o desenvolvimento de $(a + b)^n$, válido para **n** natural e **a** e **b** reais:

$$(a+b)^n = \binom{n}{0} \cdot a^n + \binom{n}{1} \cdot a^{n-1} \cdot b + \binom{n}{2} \cdot a^{n-2} \cdot b^2 + \dots + \binom{n}{n} \cdot b^n$$

Considerando $a = b = 1$, obtemos a soma dos coeficientes desse desenvolvimento:

$$(1+1)^n = \binom{n}{0} \cdot 1 + \binom{n}{1} \cdot 1 + \binom{n}{2} \cdot 1 + \dots + \binom{n}{n} \cdot 1, \text{ isto é:}$$

$$2^n = \binom{n}{0} + \binom{n}{1} + \binom{n}{2} + \dots + \binom{n}{n}$$

Exercícios

18. Determine **m** que verifique:

a) $\binom{17}{2m} = \binom{17}{5m - 11}$

b) $\binom{15}{3m} = \binom{15}{m^2 + 5}$

19. Determine **n** a fim de que:

$$\binom{16}{n} = \binom{16}{3}$$

20. Aplicando a relação de Stifel, reduza cada soma seguinte a um único coeficiente binomial (não é necessário fazer o cálculo final):

a) $\binom{11}{3} + \binom{11}{4}$

b) $\binom{21}{8} + \binom{21}{9}$

c) $\binom{18}{3} + \binom{18}{4} + \binom{19}{5}$

d) $\binom{21}{8} + \binom{22}{10} + \binom{21}{9} + \binom{23}{11}$

e) $\binom{27}{21} + \binom{27}{5}$

21. Considere que as sequências de números abaixo correspondem a três linhas sucessivas do triângulo aritmético:

1	8	28	56	70	56	28	8	1	
a	9	b	84	c	d	84	e	9	1
		f			g				

a) Determine **a**, **b**, **c**, **d**, **e**, **f** e **g**.

b) Calcule a soma dos elementos da linha dada. Qual é essa linha?

22. Calcule o valor de:

a) $\binom{4}{0} + \binom{4}{1} + \ldots + \binom{4}{4}$

b) $\binom{5}{0} + \binom{5}{1} + \ldots + \binom{5}{4}$

c) $\binom{10}{0} - \binom{9}{0} + \binom{10}{1} - \binom{9}{1} + \ldots + \binom{10}{9} - \binom{9}{9} +$
$+ \binom{10}{10}$

23. Calcule o valor de:

$\binom{7}{2} + \binom{7}{3} + \binom{7}{4} + \binom{7}{5} + \binom{7}{6} + \binom{7}{7}$

24. Sabendo que $\binom{p}{q+1} = 15$ e $\binom{p+1}{q+2} = 21$, qual é o valor de $\binom{p}{q+2}$?

Enem e vestibulares resolvidos

(UFPA) A arte de mosaico teve seu início aproximadamente em 3500 a.C. e seu apogeu no século VI d.C., durante o Império Bizantino. O mosaico consiste na formação de uma figura com pequenas peças (pedras, vidros etc.) colocadas sobre o cimento fresco de uma parede ou de um piso. No Brasil, o mosaico foi utilizado, entre outros, por Candido Portinari, Di Cavalcanti e Tomie Ohtake em diversas obras. Ele ainda é utilizado, principalmente na construção civil em imensos painéis, na decoração de piscinas e em pisos e paredes dos mais diversos ambientes.

Fotos: Reprodução/ UFPA, 2010

Admirador desta arte, um famoso milionário contratou um renomado artista para decorar o piso de sua casa de campo com mosaicos. Inspirado nos trabalhos de Escher, o artista decidiu construir o mosaico colorindo os números do triângulo de Pascal (veja as figuras abaixo) que são múltiplos de dois. O triângulo de Pascal é constituído pelos termos binomiais $\binom{n}{p} = C_{n,\,p} = \dfrac{n!}{p!(n-p)!}$.

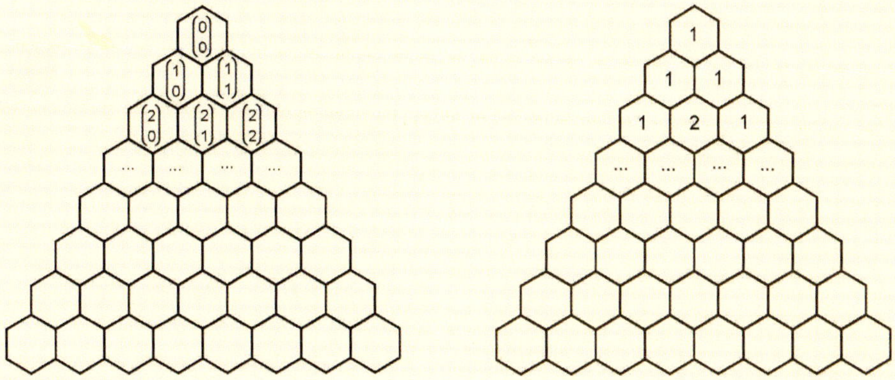

Ilustrações: Reprodução/ UFPA, 2010

Completando o triângulo de Pascal [...] colorindo os múltiplos de 2, obtém-se a figura idealizada pelo artista, representada na alternativa:

a) 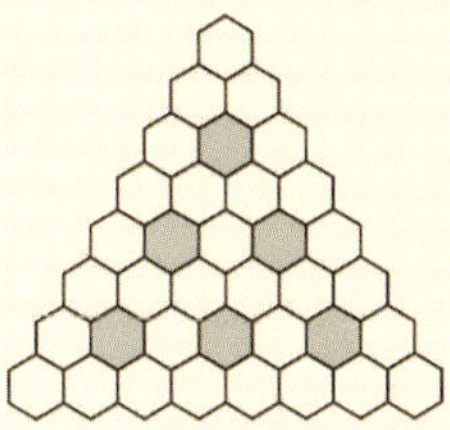

c) 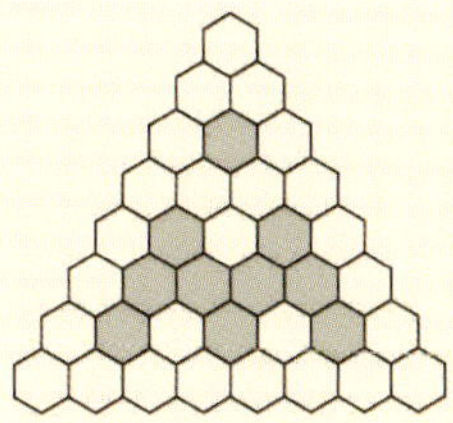

e) 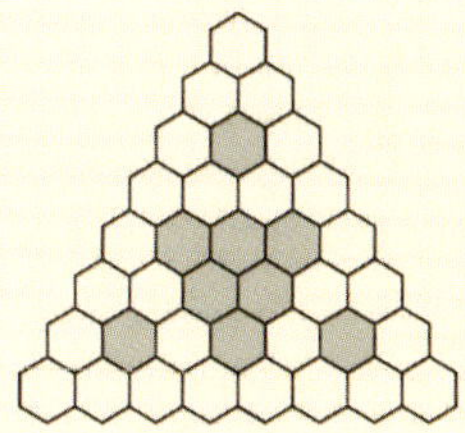

Ilustrações: Reprodução/ UFPA, 2010

b) 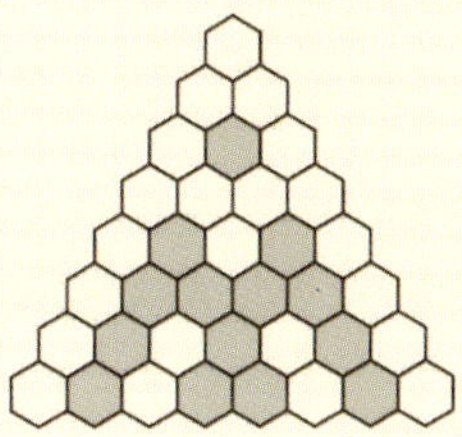

d) 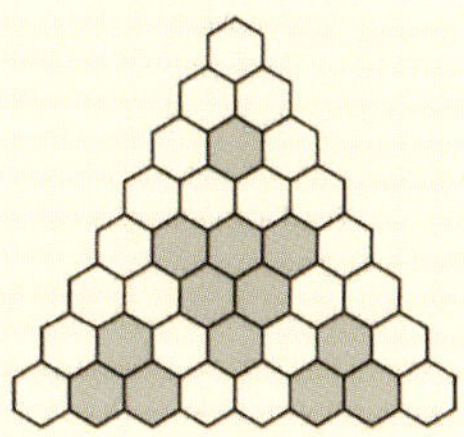

Resolução comentada

Sabemos que o primeiro e o último termo da linha **n** do triângulo de Pascal são dados por $\binom{n}{0} = 1$ e $\binom{n}{n} = 1$. Sabemos também que, a partir da segunda linha, cada termo do triângulo pode ser calculado pela soma dos dois imediatamente acima. Além disso, sendo **I** qualquer número ímpar e **P** qualquer número par, temos:

$$I + I = P \qquad I + P = P + I = I \qquad P + P = P$$

Assim, podemos completar o triângulo da seguinte maneira:

Banco de imagens/ Arquivo da editora

Como os números pares são múltiplos de 2, são estes os que serão coloridos. A figura idealizada pelo artista está representada na alternativa *e*.

Exercícios complementares

1. (UEPG-PR) Assinale o que for correto. [Indique a soma das alternativas corretas.]

(01) $\binom{n}{2} = \binom{n}{n-2}$

(02) $\binom{4}{1} + \binom{4}{2} + \binom{4}{3} + \binom{4}{4} = 15$

(04) A soma das soluções da equação

$\binom{11}{x} - \binom{10}{3} = \binom{10}{2}$ é 11.

(08) A equação $\binom{10}{x} = \binom{10}{2x-4}$ tem duas soluções distintas.

(16) $\binom{n}{1} + \binom{n}{2} = \binom{n+1}{2}$

2. (UFSC) Em relação às proposições abaixo, é **CORRETO** afirmar que:
[Indique a soma das alternativas corretas.]

(01) O único valor que é solução da equação binomial $\binom{x+3}{x} = \binom{x+3}{x-1}$ é $x = 4$.

(02) O termo independente no desenvolvimento do binômio $\left(\frac{3}{x} + x\right)^4$ é 81.

(04) Em reunião de deputados de determinado estado, decidiu-se que deveria ser constituída uma comissão para tratar de assuntos de infraestrutura. Essa comissão deveria ter 2 membros do partido **A**, 2 membros do partido **B** e 1 membro do partido **C**. Se, para essas vagas, o partido **A** dispõe de 5 candidatos, o partido **B** de 6 candidatos e o partido **C** de apenas 2 candidatos, então a comissão de infraestrutura poderá ser formada de, exatamente, 60 maneiras distintas.

(08) Com o avanço da medicina, estudiosos acreditam que, em breve, os pais poderão escolher os fenótipos dos seus filhos. Considere a situação de serem possíveis as escolhas:

- Sexo: homem ou mulher;
- Cor dos olhos: azul, verde, castanho ou preto;
- Cor do cabelo: loiro, ruivo, castanho ou preto.

Então, para um casal que deseje ter uma criança de sexo masculino que não tenha olhos azuis, haverá 24 possibilidades distintas para o biótipo de seu filho.

(16) Entre diferentes jogos de loteria, está a LOTOFÁCIL. O jogo consiste em um sorteio de 15 números, sem repetição, de um total de 25 números disponíveis. É permitido apostar de 15 a 18 dezenas, sendo que uma aposta simples consiste na marcação de 15 dezenas. Assim, uma pessoa que fez 816 apostas simples distintas terá a mesma chance de ganhar que uma pessoa que marcou 18 dezenas em um único cartão.

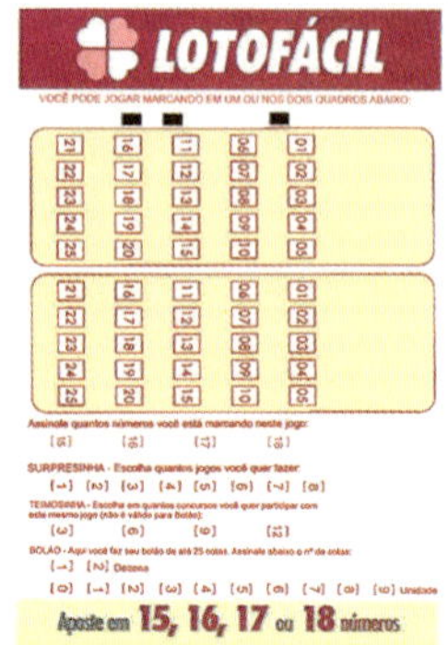

Reprodução/ UFSC, 2016

3. Utilizando o teorema binomial, desenvolva, com $x > 0$:

$$\left(\sqrt{x} + \frac{1}{\sqrt{x}}\right)^4 \cdot \left(\sqrt{x} - \frac{1}{\sqrt{x}}\right)^4$$

4. Um conjunto **A** possui **n** elementos distintos. A soma do número de subconjuntos de **A** com pelo menos um elemento é igual a 8 191.
Qual é o valor de **n**?

5. Classifique cada uma das afirmações seguintes como verdadeira (**V**) ou falsa (**F**):

a) Para que o desenvolvimento de $\left(3x^2 + \frac{2}{x^4}\right)^n$ admita termo independente de **x**, **n** deve ser múltiplo de 3.

b) Para que o desenvolvimento de $\left(\sqrt[3]{x} + \frac{1}{x}\right)^n$ admita termo independente de **x**, **n** deve ser múltiplo de 4.

6. Um conjunto **A** tem **n** elementos distintos. O número de subconjuntos de **A** com quatro elementos é igual ao número de subconjuntos de **A** formados por oito elementos. Qual é o valor de **n**?

7. (Fuvest-SP) Lembrando que $\binom{n}{p} = \dfrac{n!}{p!(n-p)!}$:

a) calcule $\binom{6}{4}$.

b) simplifique a fração $\dfrac{\binom{12}{4}}{\binom{12}{5}}$.

c) determine os inteiros **n** e **p** de modo que $\dfrac{\binom{n}{p}}{1} = \dfrac{\binom{n}{p+1}}{2} = \dfrac{\binom{n}{p+2}}{3}$.

8. No desenvolvimento de $\left(\sqrt{x} - \dfrac{1}{px^2}\right)^{12}$, para $x \in \mathbb{R}_+^*$ e $p \in \mathbb{R}^*$, o coeficiente do termo em x^{-14} vale $\dfrac{165}{2}$. Qual é o valor de p^8?

9. Resolva, em $\mathbb{R}$, a equação:

$$\binom{7}{0} \cdot (2x-5)^7 + \binom{7}{1} \cdot (2x-5)^6 + \binom{7}{2} \cdot (2x-5)^4 + \ldots + \binom{7}{7} = (12x+11)^7$$

10. Utilizando o teorema binomial, mostre que $(3{,}05)^8 > 7\,485$.

11. Uma empresa tem **n** diretores, entre os quais há um casal. Oito deles serão selecionados para participar de um treinamento no exterior. O casal, entretanto, só participará do treinamento se ambos forem convocados. Sabendo que o número de escolhas distintas que incluem o casal é igual ao número de escolhas que o excluem, determine o valor de **n**.

12. Os três primeiros coeficientes do desenvolvimento de $\left(x^2 + \dfrac{1}{2x}\right)^n$, segundo potências decrescentes de **x**, estão, nessa ordem, em P.A. Qual é o valor de **n**?

13. (UFPE) Encontre o inteiro positivo **n** para o qual o quinto termo da expressão binomial de $\left(\sqrt[3]{x} + \dfrac{1}{x}\right)^n$ seja independente de **x** na expansão em potências decrescentes de **x**.

14. Qual é o número de termos racionais no desenvolvimento de $\left(2\sqrt{3} + \sqrt{5}\right)^{10}$?

15. (UFPE) No desenvolvimento binomial de $\left(1 + \dfrac{1}{3}\right)^{10}$, quantas parcelas são números inteiros?

16. (UFCE) Poupêncio investiu R$ 1 000,00 numa aplicação bancária que rendeu juros compostos de 1% ao mês, por cem meses seguidos. Decorrido esse prazo, ele resgatou integralmente a aplicação. O montante resgatado é suficiente para que Poupêncio compre um computador de R$ 2 490,00 à vista. Explique sua resposta.

Testes

1. (EsPCEx-SP) O termo independente de **x** no desenvolvimento de $\left(x^3 - \dfrac{1}{x^2}\right)^{10}$ é igual a:

a) 110
b) 210
c) 310
d) 410
e) 510

2. (Ufam) Seja o seguinte binômio:

$\left(\dfrac{x}{y} - \dfrac{y}{x}\right)^9$, onde $x \neq 0$, $y \neq 0$.

O sexto termo desse binômio deve ser:

a) $126\dfrac{y}{x}$
b) $-126\dfrac{y}{x}$
c) $-322\dfrac{x}{y}$
d) 300
e) $-432\dfrac{y}{x}$

3. (Uece) O coeficiente de x^9 no desenvolvimento de $\left(x^3 + \dfrac{1}{x}\right)^7$ é:

a) 25
b) 40
c) 30
d) 35

4. (ESPM-SP) Os binomiais $\binom{11}{4x}$ e $\binom{x+3y}{y}$ são complementares e, por isso, são iguais. Seu valor é:

a) 165
b) 330
c) 55
d) 462
e) 11

5. (FGV-SP) Desenvolvendo-se o binômio $P(x) = (x + 1)^5$, podemos dizer que a soma de seus coeficientes é:

a) 16
b) 24
c) 32
d) 40
e) 48

6. (PUC-MG) Calcule o valor da expressão

$\sqrt{1320^4 - 4 \cdot 1320^3 \cdot 1318 + 6 \cdot 1320^2 \cdot 1318^2 - 4 \cdot 1320 \cdot 1318^3 + 1318^4}$

a) E = 1320
b) E = 1318
c) E = 0
d) E = 4
e) E = 1

7. (Uece) Com um grupo de **p** pessoas ($p > 2$), quantos subgrupos de pelo menos duas pessoas é possível formar?

a) $C_p^3 - 1$
b) $2^p - 1$
c) $2^p - p - 1$
d) $C_p^3 - 2$

8. (FGV-SP) Sendo **k** um número real positivo, o terceiro termo do desenvolvimento de $(-2x + k)^{12}$, ordenado segundo expoentes descrescentes de **x**, é $66x^{10}$. Assim, é correto afirmar que **k** é igual a:

a) $\frac{1}{66}$
b) $\frac{1}{64}$
c) $\frac{1}{58}$
d) $\frac{1}{33}$
e) $\frac{1}{32}$

9. (Ifal) No desenvolvimento $\left(x^2 + \frac{3}{x}\right)^n$, $n \in \mathbb{N}$, os coeficientes binomiais do quarto e do décimo terceiro termos são iguais. Então, o termo independente de **x** é o:

a) décimo.
b) décimo primeiro.
c) nono.
d) décimo segundo.
e) oitavo.

10. (UEPB) Se o coeficiente de x^5 no desenvolvimento de $(x + k)^8$ é 7, o valor de 4k será:

a) $\frac{1}{2}$
b) 2
c) 4
d) $\frac{3}{2}$
e) 3

11. (ITA-SP) A expressão $\left(2\sqrt{3} + \sqrt{5}\right)^5 - \left(2\sqrt{3} - \sqrt{5}\right)^5$ é igual a:

a) $2\,630\sqrt{5}$
b) $2\,690\sqrt{5}$
c) $2\,712\sqrt{5}$
d) $1584\sqrt{15}$
e) $1604\sqrt{15}$

12. (Uece) No desenvolvimento de $x(2x + 1)^{10}$ o coeficiente de x^3 é

a) 180.
b) 260.
c) 320.
d) 480.

13. (Fatec-SP) Para que o termo médio do desenvolvimento do binômio $(\operatorname{sen} x + \cos x)^6$, segundo as potências decrescentes de sen x, seja igual a $\frac{5}{2}$, o arco **x** deve ter sua extremidade pertencente ao:

a) primeiro ou segundo quadrantes.
b) primeiro ou terceiro quadrantes.
c) segundo ou terceiro quadrantes.
d) eixo das abscissas.
e) eixo das ordenadas.

14. (Uespi) Qual o coeficiente de x^7 na expansão de $(2 + 3x + x^2)^4$?

a) 18
b) 16
c) 14
d) 12
e) 10

15. (Uece) O coeficiente de x^6 no desenvolvimento de $\left(2x + \frac{1}{x^2}\right)^3 \cdot \left(x^2 + \frac{1}{2x}\right)^3$ é

a) 34.
b) 18.
c) 24.
d) 30.

CAPÍTULO

21

Probabilidade

science photo/Shutterstock

Tema deste capítulo, a teoria de probabilidades é uma área da Matemática que possui aplicações em diversos ramos do conhecimento. Na área de Genética, a probabilidade é utilizada para estudar a transmissão de alelos de pais para sua prole, o que pode ajudar a determinar a possibilidade de essa prole desenvolver certas características genéticas.

Experimentos aleatórios

Todas as quartas-feiras e sábados, um banco estatal federal promove o sorteio dos números — aqui chamados dezenas — da Mega-Sena. Nela você pode escolher de 6 (aposta mínima) a 15 números (aposta máxima), dentre os 60 disponíveis. O resultado do sorteio consiste em 6 dezenas e você recebe prêmios, em dinheiro, ao acertar 4, 5 ou as 6 dezenas sorteadas – este último prêmio por acertar a sena é o sonho de milhões de brasileiros que lotam as casas lotéricas para fazer suas apostas. O brasileiro sabe, ainda que intuitivamente, que as chances de ele ganhar são muito pequenas. Mas, afinal, qual é essa chance?

Ao longo deste capítulo você saberá a resposta e terá a oportunidade de ler mais sobre a Mega-Sena, na seção *Troque ideias*, na página 597.

Shutterstock

O sorteio das dezenas da Mega-Sena é um exemplo do que denominamos **experimento aleatório**: mesmo repetido um grande número de vezes (até julho de 2018 já haviam ocorrido mais de 2 000 sorteios), em condições idênticas, não é possível prever, entre os resultados possíveis, aquele que irá ocorrer. O resultado do sorteio depende exclusivamente do **acaso**. Dizemos que se trata de um **experimento de natureza aleatória** (ou **casual**).

Suponha, agora, que um dado não viciado (ou honesto) seja lançado. Não é possível dizer, com certeza, qual número será obtido na face superior. Pode ser

1, 2, 3, 4, 5 ou 6. Trata-se, também, de um experimento aleatório cujo resultado, entre os possíveis, não pode ser previsto com certeza.

Podemos citar vários outros experimentos de natureza aleatória:

- lançamento de uma moeda não viciada, em que se observa a face obtida;
- extração de uma carta de um baralho comum, em que se observa o naipe da carta;
- extração, ao acaso, de uma bola de uma caixa que contém 40 bolas de mesmo tamanho, sendo 25 pretas e 15 brancas, em que se observa a cor da bola;
- sorteio dos cinco algarismos que formam o número premiado na Loteria Federal.

A teoria da probabilidade permite que se façam **previsões** sobre as chances de um acontecimento ocorrer, em certo experimento aleatório, a partir da análise dos resultados obtidos, quando esse experimento é repetido, nas mesmas condições, um grande número de vezes.

Um pouco de história

A teoria da probabilidade

Os primeiros registros ligados à teoria da probabilidade aparecem na obra do italiano Girolamo Cardano (1501-1576) sobre jogos de azar. Cerca de cem anos depois, Blaise Pascal deu novo impulso ao desenvolvimento da teoria da probabilidade, por meio das cartas que trocou com Pierre de Fermat (1601-1665), em que discutiam problemas ligados a jogos. Em sua obra sobre o triângulo aritmético, datada de 1654, há também alguns tópicos sobre probabilidade.

Album/AKG-Images/Latinstock

Retrato de Girolamo Cardano entalhado em cobre no século XVI. Colorido posteriormente. Autoria desconhecida.

No entanto, o primeiro artigo completo sobre o assunto só foi escrito em 1713, por Jacques Bernoulli, na obra *Ars Conjectandi* (*Arte de conjecturar*), que continha, inclusive, uma detalhada exposição sobre permutações e combinações. A partir de então, outros matemáticos dariam valiosas contribuições para o desenvolvimento da teoria das probabilidades, cujas aplicações em áreas como Biologia, Economia, Saúde, Ciências atuariais, etc. não tardariam a ser reconhecidas.

Fonte de pesquisa: BOYER, Carl B. *História da Matemática*. 3ª ed. São Paulo: Edgard Blucher, 2010.

Album/AKG-Images/North Wind Picture Archives/Latinstock

Ilustração de Jacques Bernoulli feita a partir de uma gravura histórica. Data e autoria desconhecidas.

Espaço amostral e evento

Espaço amostral

O conjunto de todos os possíveis resultados de um experimento aleatório é chamado **espaço amostral** e é indicado pela letra grega Ω (lê-se "ômega").

- No lançamento de uma moeda, o espaço amostral é o conjunto $\Omega = \{K, C\}$, em que **K** representa a face cara e **C** representa a face coroa. Observe que $n(\Omega) = 2$, isto é, o número de elementos do conjunto Ω é igual a 2.

- No lançamento de um dado, o espaço amostral é $\Omega = \{1, 2, 3, 4, 5, 6\}$.
- Suponha que um dado seja lançado duas vezes, sucessivamente, e seja observada a sequência de números obtidos nas faces voltadas para cima. Usando o princípio fundamental da contagem (PFC), o número de resultados possíveis de ocorrer nesse experimento é $6 \cdot 6 = 36$. Veja, a seguir, uma forma de representar os 36 pares ordenados:

lançamentos →

1º \ 2º	1	2	3	4	5	6
1	(1, 1)	(1, 2)	(1, 3)	(1, 4)	(1, 5)	(1, 6)
2	(2, 1)	(2, 2)	(2, 3)	(2, 4)	(2, 5)	(2, 6)
3	(3, 1)	(3, 2)	(3, 3)	(3, 4)	(3, 5)	(3, 6)
4	(4, 1)	(4, 2)	(4, 3)	(4, 4)	(4, 5)	(4, 6)
5	(5, 1)	(5, 2)	(5, 3)	(5, 4)	(5, 5)	(5, 6)
6	(6, 1)	(6, 2)	(6, 3)	(6, 4)	(6, 5)	(6, 6)

Assim, $\Omega = \{(1, 1), (1, 2), ..., (2, 1), ..., (3, 1), ..., (4, 1), ..., (5, 1), ..., (6, 1), ..., (6, 6)\}$; $n(\Omega) = 36$.

Voltemos ao experimento "sorteio das dezenas da Mega-Sena". Escrever, um a um, todos os possíveis resultados do sorteio é inviável: teríamos que representar todos os possíveis subconjuntos de seis elementos que podem ser formados a partir de {1, 2, ..., 60}. Nesse caso, será necessário usar técnicas de contagem que estudamos no capítulo de Análise Combinatória: trata-se de escolher, sem importar a ordem, seis entre os sessenta números disponíveis. Temos:

$$\binom{60}{6} = C_{60,\,6} = \frac{60 \cdot 59 \cdot 58 \cdot 57 \cdot 56 \cdot 55}{6!} = 50\,063\,860$$

Assim, o número de resultados possíveis deste experimento aleatório é:

$$n(\Omega) = 50\,063\,860$$

Observe que no sorteio da Mega-Sena não importa a ordem dos números sorteados.

Evento

Uma caixa contém 20 bolas, de mesma massa e tamanho, numeradas de 1 a 20. Uma pessoa, com os olhos vendados, retira uma bola dessa caixa. Trata-se de um experimento aleatório cujo espaço amostral é $\Omega = \{1, 2, ..., 20\}$.

Vamos construir alguns subconjuntos de Ω:

- **A**: "a bola sorteada contém um múltiplo de 4"; $A = \{4, 8, 12, 16, 20\}$.
- **B**: "a bola sorteada contém um número formado por dois algarismos"; $B = \{10, 11, 12, ..., 20\}$.
- **C**: "a bola sorteada contém um número primo"; $C = \{2, 3, 5, 7, 11, 13, 17, 19\}$.
- **D**: "a bola sorteada contém um número natural não nulo menor ou igual a 20"; $D = \{1, 2, 3, 4, ..., 20\}$.
- **E**: "a bola sorteada contém um número formado por três algarismos"; $E = \varnothing$.

Cada um desses subconjuntos de Ω recebe o nome de **evento**.

Evento é qualquer subconjunto do espaço amostral (Ω) de um experimento aleatório.

OBSERVAÇÕES

- Quando o evento coincide com o espaço amostral, ele é chamado **evento certo**. É o caso do evento **D**.
- Quando o evento é o conjunto vazio, ele é chamado **evento impossível**. É o caso do evento **E**.

EXEMPLO 1

Vamos considerar o experimento "lançamento de um dado duas vezes, sucessivamente". O espaço amostral é $\Omega = \{(1, 1), (1, 2), ..., (6, 6)\}$, como vimos no quadro da página anterior. Qual é o evento $\mathbf{E_1}$: "a soma dos pontos obtidos é maior que 8"?

Devemos analisar esse quadro e assinalar os pares de números cuja soma é 9, 10, 11 ou 12. Temos:

$$E_1 = \{(3, 6); (4, 5); (4, 6); (5, 4); (5, 5); (5, 6); (6, 3); (6, 4); (6, 5); (6, 6)\}$$

Já o evento $\mathbf{E_2}$ "o produto dos números obtidos é igual a 12" é:

$$E_2 = \{(2, 6), (3, 4), (4, 3), (6, 2)\}$$

Evento complementar

Considere novamente o experimento que consiste em retirar ao acaso uma bola entre as 20 que estão em uma caixa e observar o número mostrado na bola.

Vamos representar ao lado o evento **A**: "ocorre um número múltiplo de 4".

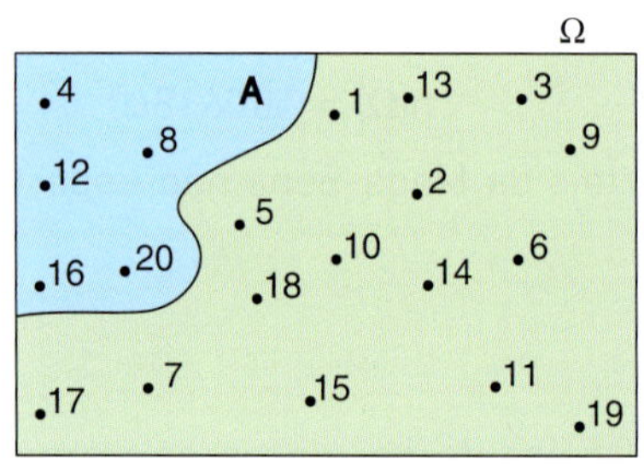

Banco de imagens/Arquivo da editora

Os elementos de Ω que não pertencem a **A** correspondem aos números que não são múltiplos de 4. Eles formam o conjunto complementar de **A** (em relação a Ω), que pode ser representado por $\overline{A}$ ou C_{Ω}^{A}.

Seja **E** um evento de um espaço amostral Ω. Chamamos **evento complementar de E**, em relação a Ω (indica-se por $\overline{E}$ ou C_{Ω}^{E}), o evento que ocorre quando **E** não ocorre.

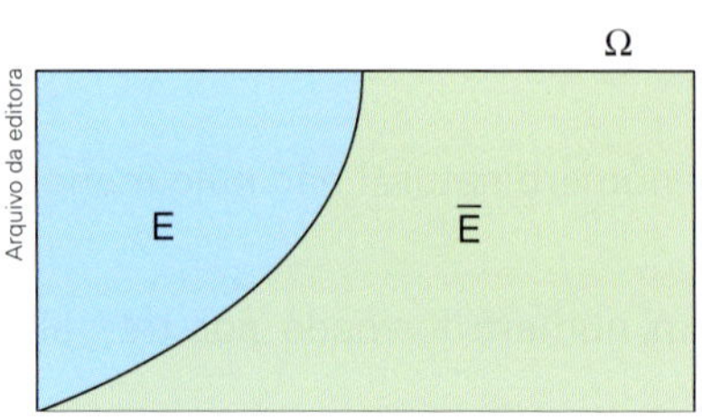

Banco de imagens/Arquivo da editora

Note que: $\begin{cases} E \cup \overline{E} = \Omega \\ E \cap \overline{E} = \varnothing \end{cases}$

Exercícios

1. Um dado é lançado e o número da face voltada para cima é anotado.
   a) Descreva Ω.
   b) Qual é o evento $\mathbf{E}_1$ "o número obtido é múltiplo de 3"?
   c) Qual é o evento $\mathbf{E}_2$ "o número obtido não é primo"?

2. Suponha que, todo ano, a Confederação Brasileira de Futebol (CBF) realize um sorteio para decidir em qual região do país será disputado um torneio internacional. Determine o espaço amostral do experimento a ser realizado em um determinado ano.

3. Uma moeda honesta é lançada duas vezes sucessivamente e observa-se a sequência de faces obtidas. Determine:
   a) Ω;
   b) o evento **E** "sair ao menos uma cara".

4. Um número natural de 1 a 100 é escolhido ao acaso. Seja o evento **E** "sair um número que é uma potência de base 2".
   a) Determine **E**.
   b) Qual é o número de elementos de $\overline{E}$?

5. Um dado não viciado é lançado duas vezes sucessivamente e é anotada a sequência de faces obtidas. Determine:
   a) $n(\Omega)$;
   b) $n(E_1)$, sendo $\mathbf{E}_1$ o evento "o primeiro número obtido nesses lançamentos é 3";
   c) $n(E_2)$, sendo $\mathbf{E}_2$ o evento "o produto dos números obtidos é ímpar";
   d) $n(E_3)$, sendo $\mathbf{E}_3$ o evento "a soma dos pontos obtidos é menor que 7".

6. Um dado não viciado é lançado duas vezes, sucessivamente. Seja o evento **E** "a soma dos pontos obtidos é menor ou igual a 9". Determine $\overline{E}$.

7. Um dado não viciado é lançado três vezes sucessivamente. Seja o evento **E** "pelo menos um dos números obtidos é diferente dos outros". Determine $\overline{E}$.

O enunciado a seguir é válido para as questões 8 e 9.
Uma classe tem 17 rapazes e 15 moças. Pretende-se formar comissões de **n** alunos, escolhidos ao acaso, para representar a classe perante a diretoria do colégio.

8. Determine o número de elementos do espaço amostral correspondente se:
   a) $n = 1$　　b) $n = 2$　　c) $n = 3$

9. Se a comissão for composta por dois alunos, considere o evento **E** "há um rapaz e uma moça na comissão" e determine n(E).

10. Um experimento aleatório é composto de duas etapas: primeiro, uma moeda não viciada é lançada e, em seguida, um dado não viciado é lançado. Construa o espaço amostral desse experimento, utilizando a representação **K** (cara) e **C** (coroa).

11. Uma caixa contém 4 bolas vermelhas (**V**), 2 pretas (**P**) e 1 branca (**B**), todas do mesmo tamanho e com mesma massa. Uma pessoa retira, ao acaso, uma bola dessa caixa (sem olhar a sua cor), registra em seguida sua cor e, *sem* repor a bola retirada, extrai, também ao acaso, uma segunda bola dessa caixa e anota a sua cor, obtendo assim uma sequência de duas cores.
    Quais são os possíveis resultados (sequências) desse experimento?

12. Com relação à questão anterior, determine o espaço amostral do experimento, considerando que a 2ª extração é feita com reposição da primeira bola retirada.

Frequência relativa e probabilidade

Foram feitos 80 lançamentos sucessivos de uma moeda honesta, dos quais 37 resultaram em cara (**K**) e 43 resultaram em coroa (**C**).

A razão $\dfrac{\text{número de caras}}{\text{número total de lançamentos}} = \dfrac{37}{80} = 0{,}4625$ representa a **frequência relativa** correspondente ao evento {K}; a razão $\dfrac{43}{80} = 0{,}5375$ representa a frequência relativa correspondente ao evento {C}.

Imagine que tenham sido feitos mais 120 lançamentos dessa moeda, gerando o seguinte resultado acumulado para os 200 lançamentos: 96 caras (**K**) e 104 coroas (**C**). Desse modo, a frequência relativa correspondente ao evento {K} passou a ser $\frac{96}{200} = 0{,}48$ e a frequência relativa correspondente ao evento {C} passou a ser $\frac{104}{200} = 0{,}52$.

À medida que se aumenta o número de lançamentos, verifica-se, experimentalmente, que as frequências relativas correspondentes às ocorrências de cara e coroa ficam cada vez mais próximas entre si, tendendo à igualdade, dada pelo valor 0,50. Quando isso ocorre, dizemos que o espaço amostral relativo ao lançamento da moeda é **equiprovável**.

O Conde de Buffon (1707-1788) — matemático com algumas incursões na teoria de probabilidades, no contexto de jogos — teria lançado uma moeda 4 048 vezes, obtendo a face "cara" 2 048 vezes, de modo que a frequência relativa do evento {K} é $\frac{2\,048}{4\,048} \simeq 0{,}5059$. Naturalmente, a frequência relativa do evento {C} é $\frac{2\,000}{4\,048} \simeq 0{,}4941$ — observe a proximidade dos valores.

Definição de probabilidade

Seja $\Omega = \{a_1, a_2, ..., a_k\}$ o espaço amostral finito de um experimento aleatório.

Para cada $i \in \{1, 2, ..., k\}$, consideremos o evento elementar ou unitário $\{a_i\}$. Vamos associar a cada um desses eventos um número real, indicado por $\mathbf{p(\{a_i\})}$ ou simplesmente $\mathbf{p_i}$, chamado **probabilidade** de ocorrência do evento $\{a_i\}$, tal que:

- $0 \leq p_i \leq 1, \forall i \in \{1, 2, ..., k\}$
- $p_1 + p_2 + ... + p_k = 1$

Essa associação é feita de modo que $\mathbf{p_i}$ ($i = 1, 2, ..., k$) seja suficientemente próximo da frequência relativa do evento $\{a_i\}$, quando o experimento é repetido um grande número de vezes.

EXEMPLO 2

No lançamento de uma moeda honesta, dizemos que a probabilidade (ou chance) de ocorrer cara é $\frac{1}{2}$, assim como a probabilidade de ocorrer coroa também é $\frac{1}{2}$, pois, como vimos, lançando-se a moeda um grande número de vezes, espera-se que a frequência relativa do evento {K} seja muito próxima de $\frac{1}{2}$, assim como a frequência relativa do evento {C}.

EXEMPLO 3

De forma análoga à do exemplo anterior, se considerarmos o experimento que consiste em lançar um dado não viciado, é razoável supor que cada face tenha probabilidade $\frac{1}{6}$ de ocorrer, pois $\frac{1}{6}$ é o valor para o qual se aproxima a frequência relativa de cada um dos eventos: {1}, {2}, ..., {6}, à medida que o experimento é repetido um grande número de vezes.

Observe que o espaço amostral correspondente ao experimento "lançamento de um dado" também é **equiprovável**: todos os eventos unitários {1}, {2}, ..., {6} têm a mesma chance de ocorrer.

OBSERVAÇÃO

Em jogos de azar, deve-se considerar, eventualmente, a existência de algum fator que influencie o resultado — por exemplo, os chamados dados viciados: em vez de serem cubos perfeitos, podem ter pesos dentro, de modo que a frequência de ocorrência de uma face seja maior que a das outras. Outros truques podem ser feitos também em moedas, roletas etc.

Quando, no problema, não for feita qualquer menção, subentende-se que estamos diante de um jogo não viciado (ou honesto).

Veja um exemplo em que uma moeda é viciada:

Imagine que uma moeda foi lançada um número muito grande de vezes e observou-se que a frequência da face cara (**K**) é o dobro da frequência da face coroa (**C**).

Nesse caso, podemos supor a seguinte distribuição de probabilidades para $\Omega = \{K, C\}$:

$$p(\{K\}) = \frac{2}{3} \text{ e } p(\{C\}) = \frac{1}{3}\text{; note, no entanto, que } p(\{K\}) + p(\{C\}) = \frac{2}{3} + \frac{1}{3} = 1.$$

Nesse caso, diz-se que o espaço amostral relativo ao lançamento dessa moeda é **não equiprovável**.

Probabilidades em espaços amostrais equiprováveis

Seja Ω um espaço amostral finito:

$$\Omega = \{a_1, a_2, ..., a_k\}$$

Já vimos que, quando o espaço é equiprovável, $p(\{a_1\}) = p(\{a_2\}) = ... = p(\{a_k\})$, ou, ainda, $p_1 = p_2 = ... = p_k$.

Como $p_1 + p_2 + ... + p_k = 1$, para todo $i \in \{1, 2, ..., k\}$, tem-se: $p_i = \frac{1}{k}$.

Consideremos **E** um evento de Ω, formado por **r** elementos ($r \leqslant k$), isto é, $E = \{a_1, a_2, ..., a_r\}$. Temos:

$$p(E) = p_1 + p_2 + ... + p_r = \underbrace{\frac{1}{k} + \frac{1}{k} + ... + \frac{1}{k}}_{\textbf{r} \text{ parcelas}} = \frac{r}{k}$$

Assim:

$$p(E) = \frac{r}{k} = \frac{\text{número de elementos de } \mathbf{E}}{\text{número de elementos de } \Omega} = \frac{n(E)}{n(\Omega)}$$

Informalmente, podemos interpretar a razão acima como: "a probabilidade de ocorrer um determinado evento é dada pelo quociente entre o número de casos favoráveis (casos que nos interessam) e o número de casos possíveis (total de casos)".

Propriedades

Seja Ω um espaço amostral finito e equiprovável, correspondente a um experimento aleatório.

Valem as seguintes propriedades:

1ª) A probabilidade do evento certo é igual a 1.

Basta notar que, quando $E = \Omega$, $n(E) = n(\Omega)$ e, portanto, $p(E) = \frac{n(E)}{n(\Omega)} = 1$.

2ª) A probabilidade do evento impossível é igual a 0.

Se **E** é um evento impossível, $E = \varnothing$, $n(E) = 0$ e, portanto, $p(E) = 0$.

3ª) Se **E** é um evento de Ω, distinto do evento impossível e também do evento certo, então $0 < p(E) < 1$.

Como $0 < n(E) < n(\Omega)$, dividimos todos os termos dessa desigualdade por $n(\Omega) > 0$:

$$\frac{0}{n(\Omega)} < \frac{n(E)}{n(\Omega)} < \frac{n(\Omega)}{n(\Omega)},$$

do que podemos concluir que $0 < p(E) < 1$.

4ª) Se **E** é um evento de Ω, então $p(\overline{E}) = 1 - p(E)$.

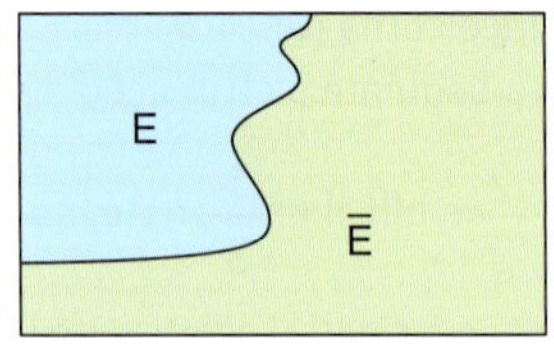

Banco de imagens/Arquivo da editora

Como $E \cup \overline{E} = \Omega$ e $E \cap \overline{E} = \varnothing$, podemos escrever:

$$n(E) + n(\overline{E}) = n(\Omega)$$

Dividindo os dois membros dessa igualdade por $n(\Omega) \neq 0$, temos:

$$\frac{n(E)}{n(\Omega)} + \frac{n(\overline{E})}{n(\Omega)} = \frac{n(\Omega)}{n(\Omega)} \Rightarrow p(E) + p(\overline{E}) = 1$$

OBSERVAÇÃO

As propriedades citadas também são válidas para um espaço amostral finito não equiprovável.

Exercícios resolvidos

1. Uma urna contém 15 bolas de mesmo tamanho e mesma massa numeradas de 1 a 15. Uma bola é extraída ao acaso da urna. Qual a probabilidade de ser sorteada uma bola com número maior ou igual a 11?

Solução:

Temos:

- $\Omega = \{1, 2, 3, ..., 15\}$; observe que esse espaço amostral é equiprovável.
- Seja o evento **E** "o número da bola sorteada é maior ou igual a 11". Temos: $E = \{11, 12, 13, 14, 15\}$.

Assim:

$$p(E) = \frac{n(E)}{n(\Omega)} = \frac{5}{15} = \frac{1}{3} \simeq 33{,}3\%$$

2. Um dado não viciado é lançado duas vezes sucessivamente. Qual é a probabilidade de:

a) ocorrer 5 no primeiro lançamento e um número par no segundo?

b) o produto dos pontos obtidos ser maior que 12?

Solução:

Como vimos, o conjunto dos resultados possíveis é formado por $6 \cdot 6 = 36$ pares ordenados, todos com a mesma probabilidade de ocorrer.

$$\Omega = \{(1, 1), (1, 2), ..., (6, 6)\}$$

a) O evento que nos interessa é $E = \{(5, 2), (5, 4), (5, 6)\}$.

Assim, $p(E) = \frac{n(E)}{n(\Omega)} = \frac{3}{36} = \frac{1}{12}$.

b) O evento que nos interessa é $E = \{(3, 5), (3, 6), (4, 4), (4, 5), (4, 6), (5, 3), (5, 4), (5, 5), (5, 6), (6, 3), (6, 4), (6, 5), (6, 6)\}$.

Então, $p(E) = \frac{13}{36}$.

3. De um baralho comum, com 52 cartas, extraímos, ao acaso, uma carta. Qual é a probabilidade de não sair um ás?

Solução:

Podemos calcular, inicialmente, a probabilidade de o evento **E** "sair um ás", pois:

E = 

Banco de imagens/Arquivo da editora

Temos $p(E) = \frac{4}{52}$ e, portanto, a probabilidade de não ocorrer um ás, evento complementar de **E**, é:

$$p(\overline{E}) = 1 - \frac{4}{52} = \frac{48}{52} = \frac{12}{13}$$

4. Em um grupo de 80 pessoas, todas de Minas Gerais, 53 conhecem o Rio de Janeiro, 38 conhecem São Paulo e 21 já estiveram nas duas cidades. Uma pessoa do grupo é escolhida ao acaso. Qual é a probabilidade de que ela tenha visitado apenas uma dessas cidades?

Solução:

Para facilitar o entendimento, acompanhe os cálculos observando os diagramas de Venn:

David Wall/Alamy/Fotoarena

O Rio de Janeiro é uma das cidades turísticas mais famosas do mundo. Rio de Janeiro (RJ).

- Há 21 pessoas na interseção de São Paulo e Rio de Janeiro.

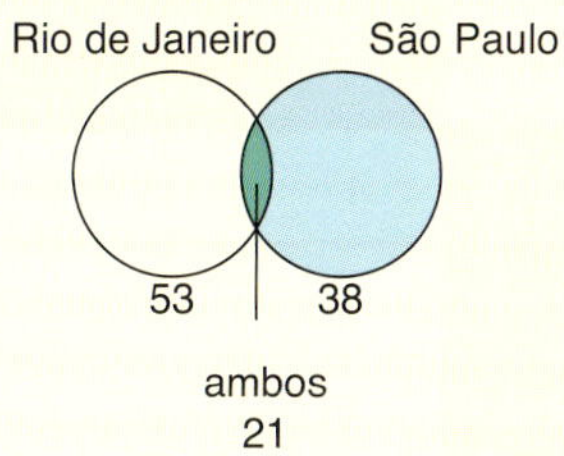

Banco de imagens/Arquivo da editora

- O número de pessoas que conhecem exclusivamente São Paulo é 38 − 21 = 17.

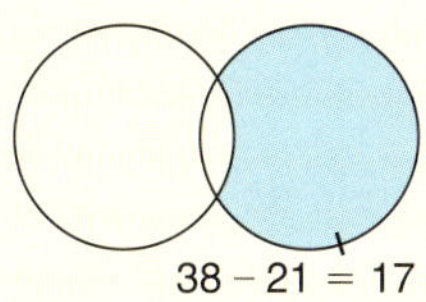

Banco de imagens/Arquivo da editora

- O número de pessoas que conhecem exclusivamente o Rio de Janeiro é 53 − 21 = 32.

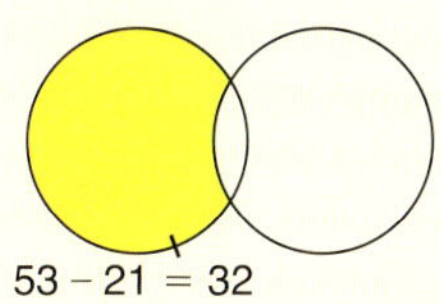

Banco de imagens/Arquivo da editora

Note que 21 + 17 + 32 = 70. Assim, há 80 − 70 = 10 pessoas que não conhecem qualquer uma das duas cidades.

Temos:

- $n(\Omega) = 80$
- Considerando **E** o evento "a pessoa conhece apenas uma das duas cidades", temos $n(E) = 32 + 17 = 49$.
- A probabilidade pedida é $\frac{49}{80} = 0{,}6125 = 61{,}25\%$

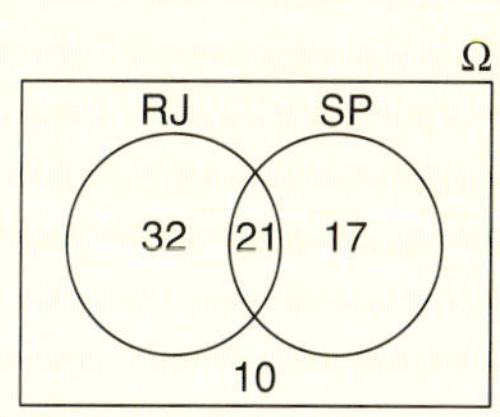

Banco de imagens/Arquivo da editora

Exercícios

13. Uma urna contém 100 bolas de mesma massa e mesmo tamanho numeradas de 1 a 100. Uma delas é extraída ao acaso. Qual é a probabilidade de o número sorteado ser:

a) 18?

b) 57?

c) maior que 63?

d) formado por dois algarismos?

e) um quadrado perfeito?

14. Uma caixa contém 10 tiras de cartolina, todas do mesmo tamanho e textura. Em cada tira está escrita uma única letra do conjunto cujos elementos são as vogais e as cinco primeiras consoantes do alfabeto. Não existem tiras com a mesma letra. Uma tira é sorteada ao acaso. Qual é a probabilidade de que a letra escrita na tira sorteada seja:

a) **E**?

b) **C**?

c) **J**?

d) consoante?

15. Ao lançarmos um dado duas vezes sucessivamente, qual é a probabilidade de que:

a) o número 1 ocorra em ao menos um lançamento?

b) a soma dos pontos obtidos seja 7?

c) os números obtidos sejam diferentes entre si?

d) o módulo da diferença entre os pontos obtidos seja maior que 2?

16. O gráfico seguinte mostra a evolução do uso do computador nas regiões do Brasil.

Proporção de domicílios com computador segundo as regiões do Brasil – Percentual sobre o total de domicílios

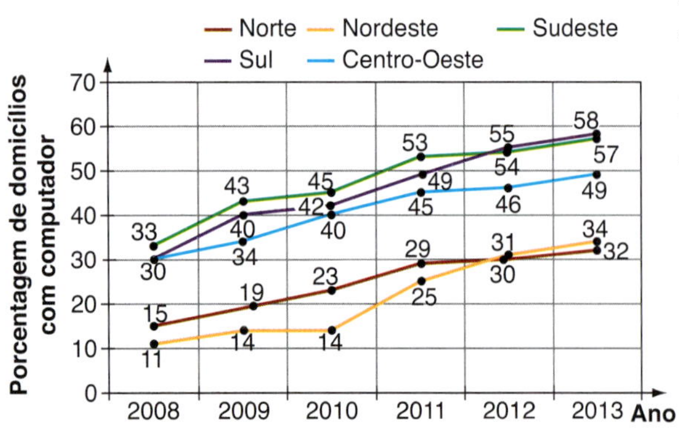

Banco de imagens/Arquivo da editora

Fonte: CETIC. *TIC Domicílios e Usuários 2014*. Disponível em: <data.cetic.br/cetic/explore?idPesquisa=TIC_DOM>. Acesso em: 13 jul. 2018.

Escolhida ao acaso uma das regiões mencionadas no gráfico, qual é a probabilidade de que, em 2013, menos da metade de seus domicílios possuíam computador?

17. De um baralho de 52 cartas, uma é extraída ao acaso. Qual é a probabilidade de que a carta sorteada:

a) seja o sete de copas?

b) seja de ouros?

c) não seja o valete de espadas?

d) não seja de ouros nem de copas?

18. Na tabela seguinte aparece o resultado parcial do levantamento sobre hábitos alimentares realizado em uma comunidade de 200 pessoas:

Levantamento sobre hábitos alimentares da comunidade

	Nunca comem carne	Às vezes comem carne	Frequentemente comem carne	Total
Homens	17	a	55	94
Mulheres	b	49	26	c
Total	d	e	81	200

Fonte: Instituto de pesquisa local.

a) Determine os valores de **a**, **b**, **c**, **d** e **e**.

b) Escolhendo ao acaso um indivíduo da comunidade, qual é a probabilidade de que seja mulher e não consuma carne?

c) Escolhendo ao acaso um indivíduo da comunidade, qual é a probabilidade de que ele consuma carne frequentemente?

19. Uma pesquisa realizada com um grupo de fregueses de um supermercado revelou que 63% consomem a marca **A** de óleo, 55% consomem a marca **B**, e 32% consomem ambas as marcas. Uma pessoa do grupo é escolhida ao acaso. Qual é a probabilidade de que ela não consuma qualquer uma dessas marcas?

20. Vinte esfirras fechadas, todas com a mesma forma e tamanho, são misturadas e colocadas em uma travessa; são sete de queijo, nove de carne e quatro de escarola.

Alguém retira uma esfirra da travessa ao acaso. Qual é a probabilidade de que seja retirada uma esfirra de carne?

Fernando Favoretto/Criar Imagem

Esfirras variadas.

21. Uma moeda é lançada três vezes sucessivamente. Qual é a probabilidade de sair cara mais de uma vez?

22. Em seu cadeado, Rita pretende colocar uma senha de três algarismos que contenha, obrigatoriamente, em alguma posição, seu número favorito, que é o 78. Dentre todas as senhas possíveis que Rita pode formar, qual é a probabilidade de ela escolher a senha 178?

23. Em uma prova com três questões (**A**, **B** e **C**), verificou-se que:

- 5 alunos acertaram as três questões;
- 15 alunos acertaram as questões **A** e **C**;
- 17 alunos acertaram as questões **A** e **B**;
- 12 alunos acertaram as questões **B** e **C**;
- 55 alunos acertaram a questão **A**;
- 55 alunos acertaram a questão **B**;
- 64 alunos acertaram a questão **C**;
- 13 alunos erraram as três questões.

Um aluno é escolhido ao acaso. Qual é a probabilidade de ele ter acertado:

a) pelo menos duas questões?
b) exatamente uma questão?

24. Feito um levantamento com os funcionários de uma empresa sobre seus respectivos tempos de serviço na empresa, verificou-se que 40% lá trabalham há mais de 5 anos e, entre eles, 60% são homens. Sorteando-se ao acaso um funcionário dessa empresa, qual é a probabilidade de ele ser do sexo feminino e trabalhar na empresa há mais de 5 anos?

25. Após um número suficientemente grande de lançamentos de uma moeda viciada, constatou-se que a frequência relativa do evento coroa {C} era o quádruplo da frequência relativa do evento cara {K}. Lançando-se a moeda uma única vez, qual é a probabilidade de sair coroa {C}?

26. Depois de um número suficientemente grande de lançamentos de um dado, constatou-se que, para cada dois resultados com faces ímpares, ocorriam três resultados com faces pares. Se todas as faces pares do dado ocorrem com a mesma frequência, o que acontece também com todas as faces ímpares, determine a probabilidade de em um único lançamento obter:

a) face 1;
b) face 6.

27. O termo independente **c** da equação $x^2 - 3x + c = 0$ é escolhido aleatoriamente entre os elementos de $\{-1, 0, 1, 2, 3\}$. Qual é a probabilidade de essa equação vir a ter raízes reais?

28. Considere a equação linear, na incógnita **x**:

$$(a - 2) \cdot x = 4$$

Se **a** for escolhido ao acaso entre os elementos de {0, 1, ..., 9}, qual é a probabilidade de que essa equação venha a ter:

a) uma única solução?
b) nenhuma solução?
c) uma solução inteira?

29. Considere a expressão $\log_3 m$, em que **m** é um número inteiro, positivo e menor ou igual a 100. Se **m** for escolhido ao acaso, qual é a probabilidade de que o valor da expressão resulte em um número inteiro?

30. Uma caixa contém **x** bolas brancas, 3x bolas pretas e 3 bolas vermelhas, todas com o mesmo tamanho e mesma massa. Uma bola é extraída ao acaso dessa caixa. Determine o menor valor possível de **x**, a fim de que a probabilidade de a bola sorteada ser preta seja maior que 70%.

31. Conta uma lenda que um tesouro foi escondido em algum lugar de um terreno, abaixo da superfície da terra.
A figura seguinte mostra a vista superior do terreno, em que o círculo mostrado é a projeção ortogonal, sobre o plano do solo, de um reservatório de água vazio com formato cilíndrico. Observe as dimensões indicadas.

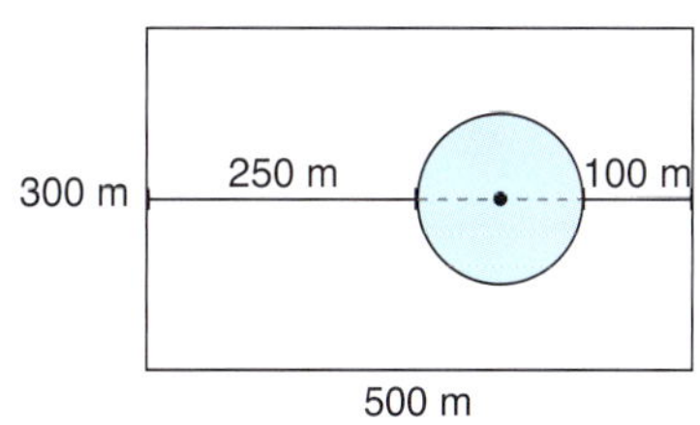

Banco de imagens/Arquivo da editora

Qual é a probabilidade de que o tesouro não tenha sido escondido abaixo da região limitada pelo reservatório? Use $\pi \simeq 3$.

Nos exercícios resolvidos e propostos a seguir, vamos usar as técnicas de contagem estudadas em Análise Combinatória a fim de determinar $n(\Omega)$ e $n(E)$.

Exercícios resolvidos

5. Em um estado brasileiro, todas as placas de automóveis são formadas por três letras (entre as 26 do alfabeto) e quatro algarismos e começam pela letra **M**.

Uma placa será confeccionada completamente ao acaso. Qual é a probabilidade de que ela seja formada por letras distintas e algarismos também distintos?

Banco de imagens/Arquivo da editora

Solução:

O número de maneiras de composição da placa pode ser calculado pelo PFC:

$$M\ \overbrace{\underset{26}{\square}\ \underset{26}{\square}}^{\text{letras}}\ \overbrace{\underset{10}{\square}\ \underset{10}{\square}\ \underset{10}{\square}\ \underset{10}{\square}}^{\text{algarismos}} \Rightarrow n(\Omega) = 26^2 \cdot 10^4$$

Vamos determinar, usando o PFC, o número de elementos do evento **E** "a placa tem letras e algarismos distintos". Temos:

$$M\ \underset{25}{\square}\ \underset{24}{\square}\ \underset{10}{\square}\ \underset{9}{\square}\ \underset{8}{\square}\ \underset{7}{\square} \Rightarrow n(E) = 25 \cdot 24 \cdot 10 \cdot 9 \cdot 8 \cdot 7$$

A probabilidade pedida é, portanto:

$$p = \frac{25 \cdot 24 \cdot \cancel{10} \cdot 9 \cdot 8 \cdot 7}{26 \cdot 26 \cdot \cancel{10} \cdot 10 \cdot 10 \cdot 10} \simeq 0{,}447 = 44{,}7\%$$

6. Um ônibus de excursão com vinte brasileiros e seis estrangeiros é parado em uma operação de vistoria de documentos. O funcionário escolhe, ao acaso, três passageiros para terem os documentos conferidos. Qual é a probabilidade de que todos sejam brasileiros?

Claudio Cassiano/Ag. A Tarde/Folhapress

Operação de vistoria de documentos no bairro de Itaigara, Salvador (BA).

Solução:

O espaço amostral é formado por todos os grupos de três passageiros quaisquer que podemos formar com os 26 turistas. Temos, então:

$$n(\Omega) = C_{26,3} = \frac{26 \cdot 25 \cdot 24}{3!} = 2\,600$$

O evento **E** que nos interessa é formado pelos grupos de três turistas brasileiros que podemos formar. Temos:

$$n(E) = C_{20,3} = \frac{20 \cdot 19 \cdot 18}{3!} = 1\,140$$

Por fim, $p(E) = \frac{n(E)}{n(\Omega)} = \frac{1\,140}{2\,600} \simeq 0{,}438 = 43{,}8\%$.

7. Oito pessoas, entre elas um casal e seu filho, são colocadas aleatoriamente em fila. Qual é a probabilidade de que a família fique junta?

Solução:

O número de resultados possíveis de ocorrer no experimento é $P_8 = 8! = 40\,320$, que corresponde ao total de filas que podem ser formadas com as oito pessoas, sem restrição de lugar.

O evento **E** que nos interessa corresponde ao número de filas em que a família aparece junta. Devemos permutar o bloco "família" com cada uma das outras cinco pessoas, num total de maneiras igual a $P_6 = 6! = 720$. Porém, dentro do bloco, os três membros da família podem trocar de lugar entre si de 6 maneiras distintas ($P_3 = 3 \cdot 2 \cdot 1 = 6$). Logo, $n(E) = 6! \cdot 6 = 4\,320$.

Daí, $p(E) = \frac{4\,320}{40\,320} \simeq 0{,}107 = 10{,}7\%$.

Exercícios

32. Um dos anagramas da palavra AMOR é escolhido ao acaso. Qual é a probabilidade de que no anagrama apareça a palavra ROMA?

33. Um anagrama formado a partir de CARDUME é escolhido ao acaso. Qual é a probabilidade de ele começar e terminar por vogal?

34. Um número de três algarismos é escolhido ao acaso. Qual é a probabilidade de ele ser formado por algarismos distintos?

35. Palíndromos são números inteiros que não se alteram quando lidos da esquerda para a direita e vice-versa. Por exemplo, 7 227, 535, 10 301 etc.

a) Com 0, 1, ..., 9 formam-se números de quatro algarismos. Um deles é escolhido ao acaso. Qual é a probabilidade de que ele seja um palíndromo?

b) Qual seria a resposta se o número fosse de cinco algarismos?

36. Uma caixa contém 60 bolas de mesma massa e mesmo tamanho, numeradas de 1 a 60.

a) Escolhendo aleatoriamente uma bola da caixa, qual é a probabilidade de que o número obtido seja múltiplo de 5?

b) Escolhendo simultaneamente e ao acaso duas bolas da caixa, qual é a probabilidade de que, em ambas, apareça um múltiplo de 5?

37. Pretende-se organizar dois eventos no ano; três cidades do Sudeste, duas do Sul e cinco do Nordeste candidataram-se a sede desses eventos. Sabendo que uma mesma cidade não pode sediar os dois eventos e que as sedes devem ser sorteadas, ao acaso, entre as cidades candidatas, determine a probabilidade de que:

a) os eventos sejam feitos apenas em cidades do Nordeste;

b) nenhum evento ocorra no Sudeste.

38. Um banco enviou a seus clientes uma senha qualquer de acesso à internet formada por 5 algarismos seguidos de 3 letras. Sabendo que foram usadas apenas as dez primeiras letras do alfabeto, determine:

a) o número de senhas distintas que podem ser formadas;

b) a probabilidade de um cliente receber a senha 12345ACE;

c) a probabilidade de um cliente receber uma senha formada pelos algarismos 1, 2, 3, 4 e 5 em qualquer ordem, seguidos pelas letras **A**, **B** e **C** em qualquer ordem;

d) a probabilidade de um cliente receber uma senha formada por algarismos distintos e por letras também distintas.

39. O gráfico abaixo compara a participação da indústria de transformação no PIB de alguns países.

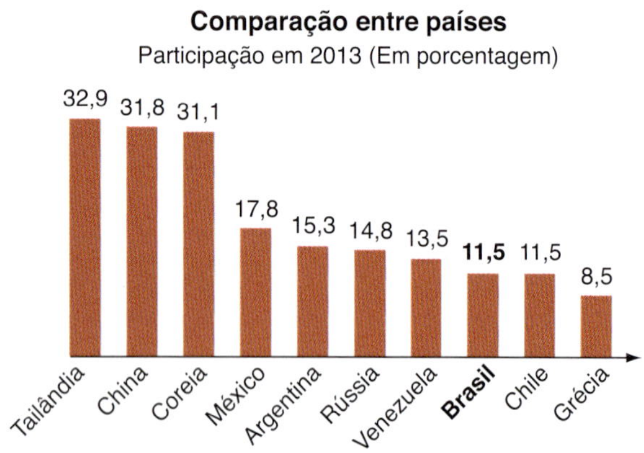

O Estado de S. Paulo, 2 maio 2015.

Sorteando-se ao acaso dois países dessa relação, qual é a probabilidade de que:

a) ambos tenham percentual de participação no PIB menor que 15%?

b) ao menos um dos países selecionados tenha participação percentual maior que 20%?

A figura a seguir refere-se aos exercícios 40 e 41.

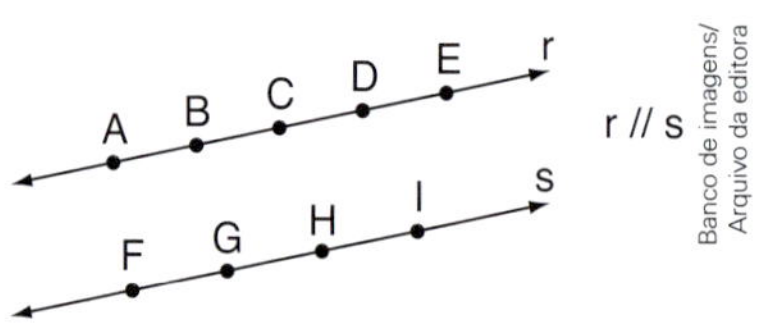

40. Escolhem-se, ao acaso, dois quaisquer dos nove pontos acima. Qual a probabilidade de escolhermos:

a) dois pontos de **r**?

b) dois pontos de **s**?

c) um ponto de **r** e um ponto de **s**?

41. Escolhem-se, ao acaso, três pontos quaisquer entre os nove pontos dados. Unindo-se os pontos escolhidos, qual é a probabilidade de esses pontos serem vértices de um triângulo?

42. Três cartas de um baralho são sorteadas simultaneamente. Qual é a probabilidade de que:

a) apareçam o dez de ouros, o sete de copas e o ás de paus?

b) apareça o dez de ouros?

c) todas as cartas sejam de espadas?

43. Três casais de amigos foram ao cinema e ocuparam as seis cadeiras vagas, uma ao lado da outra, em uma certa fileira. Como chegaram um pouco atrasados, eles se distribuíram de maneira completamente aleatória. Qual é a probabilidade de que:

a) os homens tenham sentado lado a lado e que o mesmo ocorra com as mulheres?

b) cada homem tenha sentado ao lado de sua mulher?

44. Um dado não viciado é lançado sucessivamente três vezes.

a) Qual é a probabilidade de ocorrerem, em qualquer ordem, 2 faces iguais a 3 e 1 face igual a 6?

b) Qual é a probabilidade de ocorrerem as faces 1, 2 e 3, em qualquer ordem?

45. Unindo-se, aleatoriamente, dois vértices quaisquer de um pentágono convexo, qual é a probabilidade de que o segmento determinado corresponda a uma diagonal?

46. Os números reais **x** e **y** da matriz $M = \begin{pmatrix} 2 & x \\ y & -3 \end{pmatrix}$ serão escolhidos ao acaso, sorteando-se, sucessivamente e com reposição, dois elementos do conjunto $\{-3, -2, -1, 0, 1, 2, 3\}$.

a) Qual é a probabilidade de que a matriz **M** obtida seja simétrica, isto é, $M = M^t$?

b) Qual é a probabilidade de que o determinante de **M** seja não nulo?

47. Um paralelepípedo retorretângulo tem dimensões 3 cm, 4 cm e 7 cm. Duas de suas arestas são selecionadas ao acaso. Qual é a probabilidade de que ambas tenham o mesmo comprimento?

48. Em um programa de prêmios de um canal de televisão, o participante deve escolher, simultaneamente e ao acaso, três dentre seis cartões disponíveis para abrir. Sabendo que há prêmios em apenas dois cartões, qual é a probabilidade de o participante não receber prêmio algum?

49. Para divulgar seus pacotes de TV, uma empresa decide oferecer gratuitamente um ano de assinatura a 2 apartamentos sorteados em um condomínio residencial. O condomínio possui 3 blocos, cada qual com 15 andares e 4 apartamentos por andar. Se o sorteio é aleatório, qual é a probabilidade de que dois apartamentos de um mesmo bloco e do mesmo andar recebam os prêmios-cortesia?

Troque ideias

As chances na Mega-Sena

Vamos voltar à introdução do capítulo, na qual citamos a Mega-Sena.

O volante da Mega-Sena, formulário em que os números da aposta são anotados, contém 60 números, de 1 a 60. Para concorrer, pode-se apostar em seis números (aposta mínima), sete, oito, ..., até 15 números (aposta máxima). A cada rodada, são sorteados seis números entre os 60. Há prêmios em dinheiro para quem acertar quatro números (quadra), cinco números (quina) e os seis números (sena).

Mas, afinal, se alguém fizer a aposta mínima, que chance tem de ganhar?

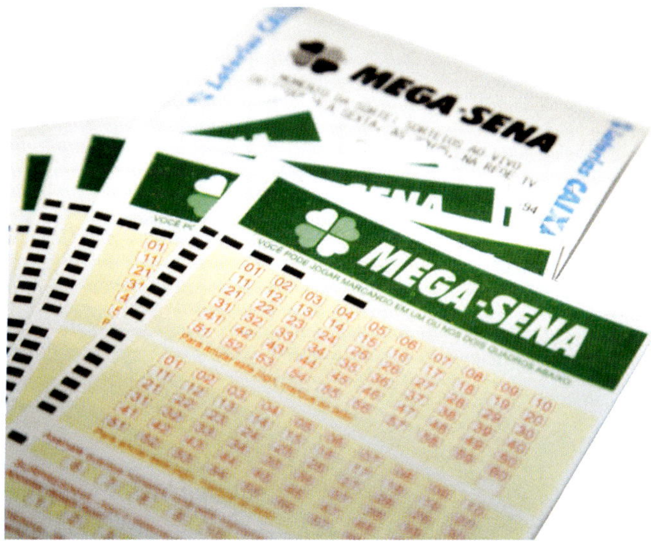

André Horta/Fotoarena

Apenas pessoas maiores de 18 anos podem apostar, conforme o artigo 81, inciso IV, da Lei nº 8.069/90.

a) Qual é a probabilidade de acertar a sena com a aposta mínima?

b) Qual é a probabilidade de se fazer uma quadra (isto é, acertar exatamente 4 números) com a aposta mínima?

c) Qual é a probabilidade de se fazer a quina (isto é, acertar exatamente 5 números) com a aposta mínima?

d) Qual é a probabilidade de não se acertar qualquer número fazendo a aposta mínima?

e) Em maio de 2018, a aposta mínima custava R$ 3,50; já a aposta em 8 números custava R$ 98,00.
   I. Quem aposta em 8 números está concorrendo com quantas senas?
   II. Há proporcionalidade entre os valores dessas apostas e as chances de acertar a sena?
   III. Apresente um cálculo que justifique a resposta anterior.

f) A aposta máxima consiste na escolha de 15 dezenas. Ao se optar pela aposta máxima, em quantas vezes aumenta-se a chance de acertar a sena?

g) Em janeiro de 2018, Aurélio possuía R$ 24,50 para apostar na Mega-Sena. Como ele sabia que a chance de acertar a sena é muito pequena, pensou em maximizar as chances de acertar a quina. Ele ficou em dúvida se valia a pena fazer 7 apostas mínimas ($7 \cdot$ R$ 3,50 = R$ 24,50) ou uma única aposta em 7 números, que também custava R$ 24,50.
   Para acertar a quina, qual era a melhor opção para Aurélio?

Probabilidade da união de dois eventos

Sejam **A** e **B** eventos de um mesmo espaço amostral Ω finito, não vazio e equiprovável. Vamos encontrar uma expressão para a probabilidade de ocorrer o evento **A** ou o evento **B**, isto é, a probabilidade da ocorrência da união dos eventos **A** e **B**, ou seja, $p(A \cup B)$.

Consideremos dois casos:

- $A \cap B = \varnothing$

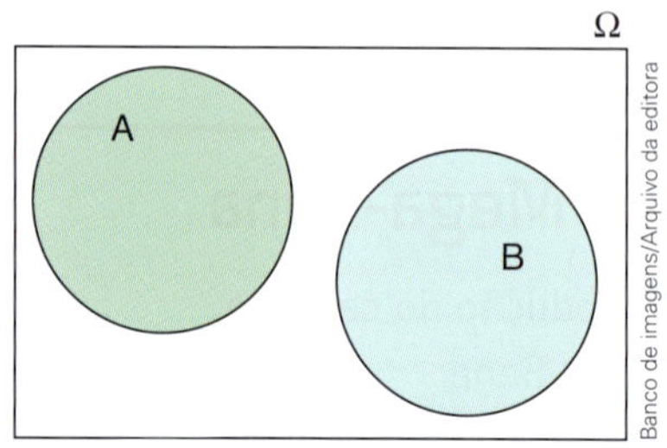

Temos:

$$n(A \cup B) = n(A) + n(B)$$

Como $n(\Omega) \neq 0$, podemos escrever:

$$\frac{n(A \cup B)}{n(\Omega)} = \frac{n(A)}{n(\Omega)} + \frac{n(B)}{n(\Omega)}$$

Logo:

$$p(A \cup B) = p(A) + p(B)$$

Nesse caso, **A** e **B** são chamados **eventos mutuamente exclusivos**.

- $A \cap B \neq \varnothing$

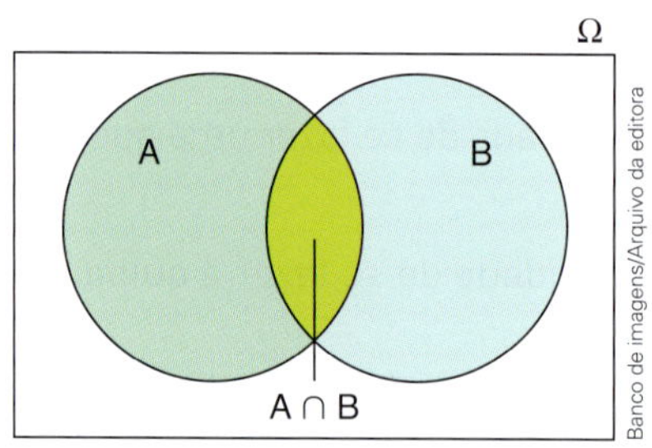

Das noções sobre conjuntos, temos:

$$n(A \cup B) = n(A) + n(B) - n(A \cap B)$$

Dividindo membro a membro por $n(\Omega) \neq 0$, obtemos:

$$\frac{n(A \cup B)}{n(\Omega)} = \frac{n(A)}{n(\Omega)} + \frac{n(B)}{n(\Omega)} - \frac{n(A \cap B)}{n(\Omega)}$$

Daí:

$$p(A \cup B) = p(A) + p(B) - p(A \cap B)$$

O evento $A \cap B$ representa a ocorrência **simultânea** dos eventos **A** e **B**.

EXEMPLO 4

Considerando o experimento aleatório "lançamento de um dado honesto", como podemos calcular a probabilidade de que o número obtido na face superior seja múltiplo de 3 ou de 4?

Sejam os eventos:

- **A**: "obter um número múltiplo de 3" $\Rightarrow A = \{3, 6\}$
- **B**: "obter um número múltiplo de 4" $\Rightarrow B = \{4\}$

Queremos calcular $p(A \cup B)$.

Como $A \cap B = \emptyset$, então $p(A \cup B) = p(A) + p(B) = \frac{2}{6} + \frac{1}{6} = \frac{1}{2}$.

Ω

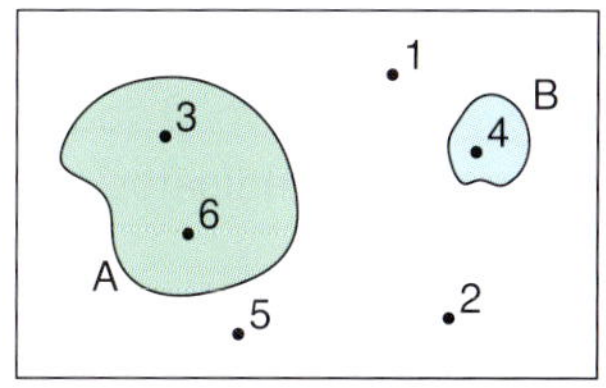

Banco de imagens/Arquivo da editora

EXEMPLO 5

Vamos imaginar que uma urna contenha 25 bolas de mesmo tamanho e mesma massa, numeradas de 1 a 25, e que uma delas seja extraída ao acaso. Qual é a probabilidade de o número da bola sorteada ser múltiplo de 2 ou de 3?

Consideremos:

- $\Omega = \{1, 2, ..., 25\}$
- **A**: "o número é múltiplo de 2";
  $A = \{2, 4, 6, 8, 10, 12, 14, 16, 18, 20, 22, 24\}$.
- **B**: "o número é múltiplo de 3";
  $B = \{3, 6, 9, 12, 15, 18, 21, 24\}$.
  Queremos determinar $p(A \cup B)$.

Ω

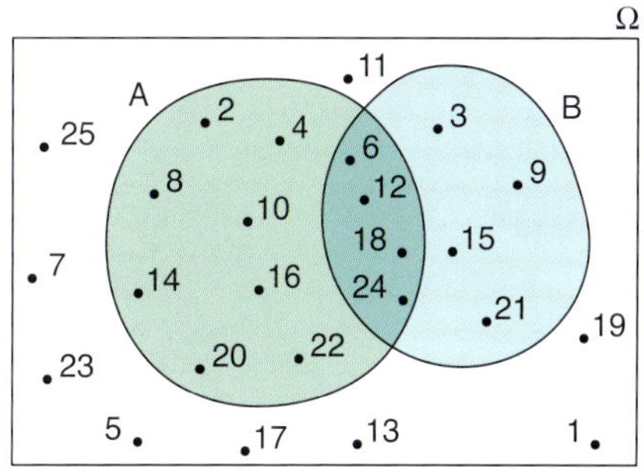

Banco de imagens/Arquivo da editora

Observe que os números 6, 12, 18 e 24 são elementos comuns ao evento **A** e ao evento **B**. Assim, $A \cap B = \{6, 12, 18, 24\}$ é o evento formado pelos múltiplos simultâneos de 2 e de 3, isto é, seus elementos são os múltiplos de 6. Temos:

$$p(A \cup B) = p(A) + p(B) - p(A \cap B)$$

$$p(A \cup B) = \frac{12}{25} + \frac{8}{25} - \frac{4}{25} = \frac{16}{25} = 0{,}64 = 64\%$$

Exercícios

50. No lançamento de um dado, qual é a probabilidade de que o número obtido na face superior seja múltiplo de 2 ou de 3?

51. De um baralho de 52 cartas, uma é extraída ao acaso. Qual é a probabilidade de sair um valete ou uma carta de ouros?

52. Um dado é lançado duas vezes sucessivamente. Sejam os eventos:

A: "a soma dos pontos obtidos é 10";

B: "os números obtidos são distintos".

Calcule $p(A \cup B)$.

53. Para apresentar um trabalho, um professor sorteará ao acaso um aluno, entre os 30 da turma. O sorteio será feito de acordo com o número da chamada. Qual é a probabilidade de o número do aluno sorteado ser:

a) primo ou maior que 10?

b) múltiplo de 7 ou de 5?

c) quadrado perfeito ou divisor de 36?

54. Sejam **A** e **B** eventos de um mesmo espaço amostral, com p(A ∪ B) = 0,75. Em cada caso, calcule p(B), admitindo que:

a) p(A) = 0,35 e **A** e **B** são mutuamente exclusivos.

b) p(A) = 0,29 e p(A ∩ B) = 0,09.

55. Para preencher as vagas de trabalho em uma indústria, um certo número de pessoas participou do processo seletivo. O quadro abaixo mostra a distribuição dos candidatos por gênero e escolaridade:

	Homens	Mulheres
Ensino Médio completo	18	27
Ensino Superior completo	22	53

Um candidato do grupo é escolhido ao acaso. Qual é a probabilidade de que seja:

a) mulher ou tenha Ensino Superior completo?

b) homem e tenha somente o Ensino Médio completo?

56. A análise da série histórica de pluviometria dos últimos 20 anos, em uma praia do litoral cearense, mostrou que a probabilidade de chover 5 ou mais dias no mês de outubro é de 33% e a probabilidade de chover 5 ou menos dias nesse mesmo mês é de 81%. Qual é a probabilidade de chover exatamente 5 dias, nessa praia, no próximo mês de outubro?

Tales Azzi/Pulsar Imagens

Praia de Ponta Negra, Natal (RN).

Probabilidade condicional

Um avião fretado por uma operadora turística de Minas Gerais partiu de Belo Horizonte com destino a Natal, no Rio Grande do Norte, com 140 passageiros. Durante o voo, cada turista respondeu a duas perguntas:

- Já voou antes?
- Já esteve em Natal?

Os dados obtidos a partir das respostas dos passageiros encontram-se organizados no quadro seguinte:

	Voando pela primeira vez	Já havia voado	Total
Não conhecia Natal	83	22	105
Já conhecia Natal	23	12	35
Total	106	34	140

Um passageiro é selecionado ao acaso e verifica-se que ele nunca tinha viajado de avião. Qual é a probabilidade de que ele já conhecesse Natal?

Nesse caso, já temos um conhecimento parcial do resultado do experimento: "o passageiro estava voando pela primeira vez". Com isso, o número de casos possíveis se reduz a 106. Nesse novo universo, que é o espaço amostral reduzido, o número de passageiros que já conheciam Natal é 23.

Assim, a probabilidade pedida é $p = \frac{23}{106}$.

Esse número expressa a probabilidade de a pessoa escolhida conhecer Natal, sabendo que era a primeira vez que viajava de avião. Vamos denominar tal número de **probabilidade condicional** e indicá-lo por:

$$p(\text{já conhecer Natal} \mid \text{primeira vez de avião})$$

↑

(lê-se: "dado que" ou "sabendo que")

Do valor encontrado em $p = \frac{23}{106}$, podemos notar que:

- 23 corresponde ao número de passageiros que já estiveram em Natal e estavam voando pela primeira vez.
- 106 corresponde ao número de passageiros que voavam pela primeira vez.

Temos, então:

$$p(\text{já conhecer Natal} \mid \text{primeira vez de avião}) = \frac{\text{número de passageiros que já conheciam Natal e voavam pela primeira vez}}{\text{número de passageiros que voavam pela primeira vez}}$$

A probabilidade condicional pode ser definida do seguinte modo:

Sejam **A** e **B** eventos de Ω finito e não vazio. A probabilidade condicional do evento **A**, sabendo que ocorreu o evento **B**, é indicada por $p(A \mid B)$ e é dada por:

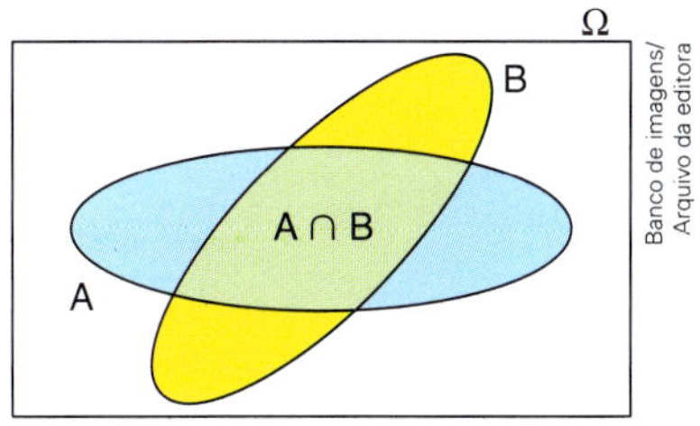

$$p(A \mid B) = \frac{n(A \cap B)}{n(B)} \quad (1)$$

Podemos encontrar uma expressão equivalente a (1), dividindo o numerador e o denominador do 2º membro de (1) por $n(\Omega) \neq 0$:

$$p(A \mid B) = \frac{\dfrac{n(A \cap B)}{n(\Omega)}}{\dfrac{n(B)}{n(\Omega)}} \Rightarrow p(A \mid B) = \frac{p(A \cap B)}{p(B)} \quad (2)$$

OBSERVAÇÃO

Para resolver problemas de probabilidade condicional, em geral é mais prático seguir o raciocínio desenvolvido no problema dos turistas do voo fretado: reduz-se o espaço amostral e se calculam as probabilidades nesse novo espaço.

A fórmula (2), obtida para o cálculo da probabilidade condicional, tem importância mais teórica do que prática.

Por meio dela, introduziremos, no próximo item, conceitos importantes em probabilidade, como o de eventos independentes e o teorema da multiplicação.

Exercício resolvido

8. Um dado é lançado duas vezes sucessivamente. Sabendo-se que a soma dos pontos obtidos é menor que 6, qual é a probabilidade de que em ao menos um lançamento ocorra a face 2?

Solução:

Vamos reduzir o espaço amostral.

Com a informação dada, o número de casos possíveis passa a ser 10:

$$\Omega^* = \{(1, 1), (1, 2), (1, 3), (1, 4), (2, 1), (2, 2), (2, 3), (3, 1), (3, 2), (4, 1)\}$$

Dos elementos de Ω^*, é preciso selecionar os pares em que pelo menos um dos resultados é 2.

Há 5 casos favoráveis: (1, 2), (2, 1), (2, 2), (2, 3) e (3, 2).

Assim, a probabilidade pedida é: $\frac{5}{10} = \frac{1}{2} = 50\%$.

Exercícios

57. Uma das letras do alfabeto é escolhida ao acaso. Sabendo que ela é uma das dez primeiras letras, qual é a probabilidade de que seja uma vogal?

58. Se um dado honesto é lançado duas vezes sucessivamente e os números obtidos são:

a) iguais, qual é a probabilidade de que a soma dos pontos seja um número par?

b) distintos, qual é a probabilidade de que a soma dos pontos seja 8?

59. Um dado honesto é lançado e sabe-se que a face superior tem um número par.

a) Qual é a probabilidade de que o número obtido seja primo?

b) Qual é a probabilidade de que o número obtido seja um divisor de 5?

60. De um baralho comum, uma carta é retirada ao acaso. Se a carta escolhida:

a) não é valete nem dama, qual é a probabilidade de ser o rei de ouros?

b) não é de ouros, qual é a probabilidade de não ser de copas?

c) é de copas, qual é a probabilidade de ser o rei?

d) não é de copas, qual é a probabilidade de ser o valete de espadas ou o valete de ouros?

e) não é de copas, qual é a probabilidade de ser de ouros ou ser um rei?

61. Um casal e quatro pessoas são colocados em fila indiana. Sabendo que o casal não ficou junto, qual é a probabilidade de que as extremidades da fila tenham sido ocupadas pelas pessoas que formam o casal?

62. No cadastro de um cursinho pré-vestibular estão registrados 600 alunos assim distribuídos:

- 380 rapazes;
- 105 moças que já concluíram o Ensino Médio;
- 200 rapazes que estão cursando o Ensino Médio.

Um nome do cadastro é selecionado ao acaso. Qual é a probabilidade de o nome escolhido ser de:

a) um rapaz, sabendo-se que já concluiu o Ensino Médio?

b) alguém que esteja cursando o Ensino Médio, sabendo-se que é uma moça?

63. Em um *buffet* infantil, os clientes escolhem 4 entre as 6 opções de petiscos para servir na festa: coxinha, empadinha, rissole, cachorro-quente, pastel e tortinha.

a) Para uma festa, qual é a probabilidade de um cliente incluir coxinha entre os petiscos selecionados?

b) Sabendo que um cliente incluiu coxinha e empadinha, qual é a probabilidade de ele ter incluído também pastel?

c) Sabendo que um cliente não incluiu coxinha entre os petiscos, qual é a probabilidade de ele também não ter incluído empadinha em seu pedido?

Probabilidade da interseção de dois eventos

Teorema da multiplicação

Seja Ω um espaço amostral finito e não vazio. **A** e **B** são eventos de Ω. Quando estudamos probabilidade condicional, vimos que, na expressão $p(A \mid B) = \frac{p(A \cap B)}{p(B)}$:

- $p(A \mid B)$ representa a probabilidade de ocorrer **A** dado que ocorreu o evento **B**.
- $p(A \cap B)$ representa a probabilidade de ocorrência simultânea dos eventos **A** e **B** (ou a probabilidade da interseção de **A** com **B**).
- $p(B)$ representa a probabilidade de ocorrer **B**.

De $p(A \mid B) = \frac{p(A \cap B)}{p(B)}$ segue, imediatamente, a relação:

$$p(A \cap B) = p(A \mid B) \cdot p(B)$$

Isso significa que, para se calcular a probabilidade de ocorrer a interseção dos eventos **A** e **B** (ocorrência simultânea de **A** e **B**), que é $p(A \cap B)$, é preciso **multiplicar** a probabilidade de ocorrer um deles ($p(B)$) pela probabilidade de ocorrer o outro, sabendo que o primeiro já ocorreu ($p(A \mid B)$).

No exemplo a seguir, ficará mais claro o uso dessa relação.

EXEMPLO 6

Em um cesto de roupas há dez camisetas, das quais três estão furadas. Duas camisetas são retiradas ao acaso, sucessivamente e sem reposição do cesto. Qual é a probabilidade de que as duas camisetas retiradas não estejam furadas?

Podemos construir um diagrama de árvore para representar os resultados possíveis desse experimento, associando probabilidades a cada "galho".

Observe que as probabilidades referentes à segunda retirada estão condicionadas ao resultado da primeira.

Alex Argozino/Arquivo da editora

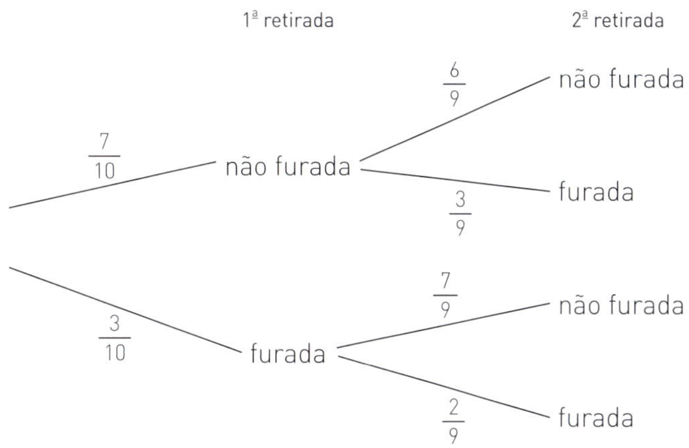

Estamos interessados em calcular:

$$p\begin{pmatrix}\text{não} & & \text{não} \\ \text{furada} & \cap & \text{furada}\end{pmatrix} = \frac{7}{10} \cdot \frac{6}{9} \text{ (observe o 1º galho)}$$

$\frac{7}{10}$: probabilidade de a 1ª camiseta não estar furada

$\frac{6}{9}$: probabilidade de a 2ª camiseta não estar furada, sabendo que a 1ª também não estava

Logo, a resposta é $p = \frac{42}{90} = \frac{7}{15}$.

Exercício resolvido

9. Em uma caixa há vinte selos distintos, de mesmo tamanho e textura, sendo 12 nacionais e 8 importados. Retira-se ao acaso um selo da caixa e registra-se sua origem (procedência). A seguir, retira-se outro selo da caixa, sem que o primeiro seja reposto, e anota-se a origem. Qual é a probabilidade de saírem selos de origens diferentes?

Reprodução/Arquivo da editora

Solução:

Vamos representar por **N** um selo nacional e **I** um selo importado.

Podem ocorrer dois casos:

- O primeiro selo é nacional e o segundo é importado.

$$p(N \cap I) = \frac{12}{20} \cdot \frac{8}{19} = \frac{24}{95}$$

$\frac{12}{20}$: probabilidade de o 1º selo ser **N**

$\frac{8}{19}$: probabilidade de o 2º selo ser **I**, dado que o 1º selo é **N**

ou

- O primeiro selo é importado e o segundo é nacional:

$$p(I \cap N) = \frac{8}{20} \cdot \frac{12}{19} = \frac{24}{95}$$

$\frac{8}{20}$: probabilidade de o 1º selo ser **I**

$\frac{12}{19}$: probabilidade de o 2º selo ser **N**, dado que o 1º é **I**

Assim, usando a adição de probabilidades, temos:

$$p = \frac{24}{95} + \frac{24}{95} = 2 \cdot \frac{24}{95} = \frac{48}{95}$$

Eventos independentes

Vamos considerar o seguinte problema:

12 CDs de MPB e 8 de música sertaneja (**S**), todos distintos entre si e sem identificação, estão guardados em uma caixa. Um estudante retira, ao acaso, sucessivamente e com reposição, dois desses CDs. Qual é a probabilidade de que os dois CDs retirados sejam de música sertaneja?

Observe o diagrama de árvore:

Banco de imagens/Arquivo da veditora

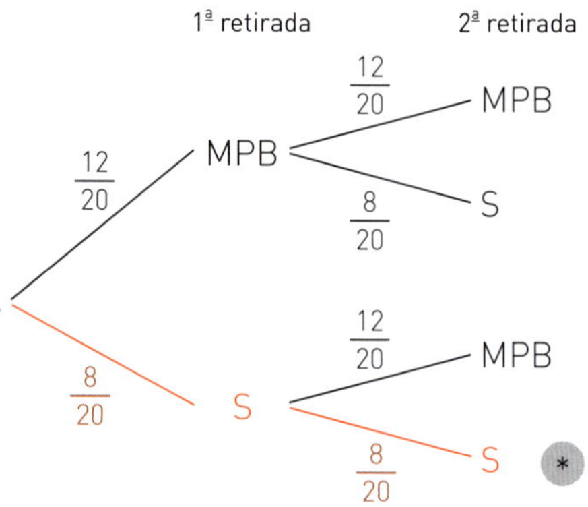

Estamos interessados em calcular $p(S \cap S)$. Utilizando o teorema da multiplicação, temos:

$$p(S \cap S) = p(\textbf{S} \text{ na } 1^{a} \text{ retirada}) \cdot p(\textbf{S} \text{ na } 2^{a} \text{ retirada} \mid \textbf{S} \text{ na } 1^{a}); \text{ veja } (*)$$

Nesse caso, porém, como o CD extraído na 1ª retirada é reposto, no momento da 2ª retirada a caixa contém exatamente os CDs de antes da 1ª retirada.

Desse modo, o fato de ter sido retirado um CD de música sertaneja na 1ª vez não muda a probabilidade de extrair um CD de música sertaneja na 2ª retirada.

Dizemos que ocorre **independência entre os eventos**.

A probabilidade pedida é, portanto:

$$p = p(S \cap S) = \frac{8}{20} \cdot \frac{8}{20} = 0,16 = 16\%$$

De modo geral, se $p(A \mid B) = p(A)$, ou seja, se o fato de ter ocorrido o evento **B** não altera a probabilidade de ocorrer o evento **A**, dizemos que **A** e **B** são **eventos independentes** e vale a relação:

$$p(A \cap B) = p(A) \cdot p(B)$$

Em geral, sendo $\mathbf{A_1}$, $\mathbf{A_2}$, ..., $\mathbf{A_n}$ eventos independentes, temos:

$$p(A_1 \cap A_2 \cap ... \cap A_n) = p(A_1) \cdot p(A_2) \cdot ... \cdot p(A_n)$$

Exercícios resolvidos

10. Um dado não viciado é lançado e é registrado o número obtido na face superior. Em seguida uma moeda honesta é lançada e é registrada sua face. Qual é a probabilidade de obtermos número 5 e coroa?

Solução:

Os eventos "sair número 5" e "sair coroa" são independentes, pois o fato de sair número 5 no lançamento do dado não muda a probabilidade de sair coroa no lançamento da moeda.

Desse modo, a probabilidade pedida é:

$$p = \underbrace{\frac{1}{6}}_{\text{sair n}^{\circ}\text{ 5}} \cdot \underbrace{\frac{1}{2}}_{\text{sair coroa}} = \frac{1}{12}$$

11. A probabilidade de um atirador **X** acertar um alvo é de 80%, e a probabilidade de um atirador **Y** acertar o mesmo alvo é de 90%.

Se os dois atirarem uma única vez, simultaneamente, qual é a probabilidade de que:

a) ambos atinjam o alvo?

b) pelo menos um atinja o alvo?

Solução:

Nesse problema é natural admitir independência entre os eventos.

a) $p(X \cap Y) = p(X) \cdot p(Y) = 0,80 \cdot 0,90 = 0,72 = 72\%$

b) *1º modo:*

Sabemos que $p(X \cup Y) = p(X) + p(Y) - p(X \cap Y)$

Como há independência entre os eventos, podemos escrever:

$p(X \cup Y) = p(X) + p(Y) - p(X) \cdot p(Y) = 0,80 + 0,90 - 0,72 = 0,98 = 98\%$

2º modo:

Podem ocorrer três casos:

$$\underbrace{(\textbf{X}\text{ acerta e }\textbf{Y}\text{ erra})}_{0,80 \cdot 0,10 = 0,08} \text{ ou } \underbrace{(\textbf{X}\text{ erra e }\textbf{Y}\text{ acerta})}_{0,20 \cdot 0,90 = 0,18} \text{ ou } \underbrace{(\textbf{X}\text{ acerta e }\textbf{Y}\text{ acerta})}_{0,80 \cdot 0,90 = 0,72}$$

Assim, a probabilidade pedida é $0,08 + 0,18 + 0,72 = 0,98$.

OBSERVAÇÃO

Há um 3º modo de resolver o item *b*:

A probabilidade de que ambos os atiradores *não* atinjam o alvo é:

$(1 - 0,80) \cdot (1 - 0,90) =$
$= 0,20 \cdot 0,10$

Assim, a probabilidade de que pelo menos um atinja o alvo é:

$1 - 0,20 \cdot 0,10 = 0,98$, pois são eventos complementares.

Matemática, futebol e loteria

Uma das loterias mais populares entre os brasileiros é a Loteca (antiga loteria esportiva).

A Loteca lista 14 partidas de futebol. O apostador arrisca um palpite para o resultado de cada partida: vitória de um dos times (coluna 1 ou coluna 2) ou empate (coluna do meio).

Marcelo Cortes/Fotoarena

Placar do jogo durante partida entre Vasco da Gama e Joinville, 2015.

Há várias possibilidades de aposta. A aposta mínima é um duplo, isto é, em um único jogo assinalam-se duas opções: coluna 1 e coluna 2, coluna 1 e coluna do meio ou coluna 2 e coluna do meio. Nos demais 13 jogos assinala-se um único palpite para cada jogo. Há também apostas em um triplo, isto é, em um único jogo assinalam-se as três opções, garantindo, obviamente, o acerto do resultado daquele jogo.

Entre muitas opções de aposta, podemos citar: 2 duplos; 1 triplo e 1 duplo; 6 triplos; 3 triplos e 5 duplos (aposta máxima).

Ganha quem acertar os resultados de 13 ou 14 partidas.

Mas, afinal, quais são as chances de se ganhar nessa loteria com a aposta mínima?

A teoria de probabilidades nos ajuda a calcular tais chances, a partir da hipótese de que o espaço amostral é equiprovável, isto é, em cada uma das 14 partidas, cada possível resultado (coluna 1, coluna do meio e coluna 2) tem probabilidade $\frac{1}{3}$ de ocorrer.

Observe, também, que o resultado de um jogo não interfere no resultado dos demais jogos, garantindo, desse modo, independência entre os eventos (cada jogo está associado a um evento).

Imagine que você irá preencher um volante dos 14 jogos, concorrendo com a aposta mínima, isto é, você assinala um duplo em um jogo, digamos o primeiro, e nos demais jogos ($2^{\underline{o}}$ ao $14^{\underline{o}}$) um palpite simples (uma coluna por jogo).

A probabilidade de acertar os 14 jogos pode ser expressa por:

$$p(\text{acertar o } 1^{\underline{o}} \text{ jogo e acertar o } 2^{\underline{o}} \text{ e acertar o } 3^{\underline{o}} \text{ e ... e acertar o } 14^{\underline{o}} \text{ jogo})$$

Usando o teorema da multiplicação e lembrando a independência dos eventos, temos:

$$p = \underbrace{p(\text{acertar o } 1^{\underline{o}} \text{ jogo})}_{\text{duplo}} \cdot \underbrace{p(\text{acertar o } 2^{\underline{o}} \text{ jogo})}_{\text{simples}} \cdot \ldots \cdot \underbrace{p(\text{acertar o } 14^{\underline{o}} \text{ jogo})}_{\text{simples}}$$

$$p = \frac{2}{3} \cdot \underbrace{\frac{1}{3} \cdot \frac{1}{3} \cdot \ldots \cdot \frac{1}{3}}_{13 \text{ fatores}} = \frac{2}{3^{14}} \simeq 0{,}000042\%$$

Achou muito pequena a chance de ganhar?

Lembre-se, contudo, de que esse é um modelo teórico em que são feitas previsões. Na prática, em vários jogos, o apostador tem conhecimento prévio sobre os times e acompanha o desempenho das equipes no campeonato. Isso pode aumentar a chance de acerto do resultado de um jogo.

Mas no futebol são 11 contra 11 e tudo pode acontecer...

Exercícios

64. Duas cartas, de um baralho de 52, são extraídas sucessivamente e ao acaso. Qual é a probabilidade de saírem duas cartas de copas, se a extração é feita:

a) sem reposição?

b) com reposição?

65. Uma moeda e um dado são lançados simultaneamente. Qual é a probabilidade de ocorrer coroa e um número primo?

66. Em uma festa infantil, foram misturados, em uma caixa, 12 brindes para meninos e 15 para meninas, todos empacotados da mesma maneira. Dois brindes são retirados ao acaso, sucessivamente e sem reposição, da caixa. Qual é a probabilidade de que:

a) ambos sejam para meninos?

b) um seja para meninos e outro para meninas?

67. Refaça o exercício anterior, admitindo que a extração seja feita com reposição.

68. Em uma bandeja há dez pastéis, sendo três de palmito, quatro de carne e três de queijo, todos com o mesmo formato e aparência. Se Dudu retirar três deles ao acaso, sucessivamente e sem reposição, qual é a probabilidade de que:

Cícero Viégas/Isuzu Imagens

Cesta de pastéis.

a) todos sejam de carne?

b) exatamente dois deles sejam de palmito?

c) seja retirado um de cada sabor?

69. A probabilidade de um nadador **A** queimar a largada em uma competição é de 18%; para o nadador **B** essa probabilidade é de 12%. Se os dois nadadores estão disputando uma prova, qual é a probabilidade de que:

a) ambos queimem a largada?

b) nenhum deles queime a largada?

c) ao menos um queime a largada?

70. Dois estojos idênticos estão sobre uma mesa. Um deles tem 3 canetas pretas, 2 vermelhas e 3 azuis; o outro tem 2 canetas pretas, 4 azuis e 1 vermelha. Fabrício escolhe ao acaso um estojo e dele extrai, aleatoriamente, uma caneta. Qual é a probabilidade de Fabrício tirar uma caneta azul?

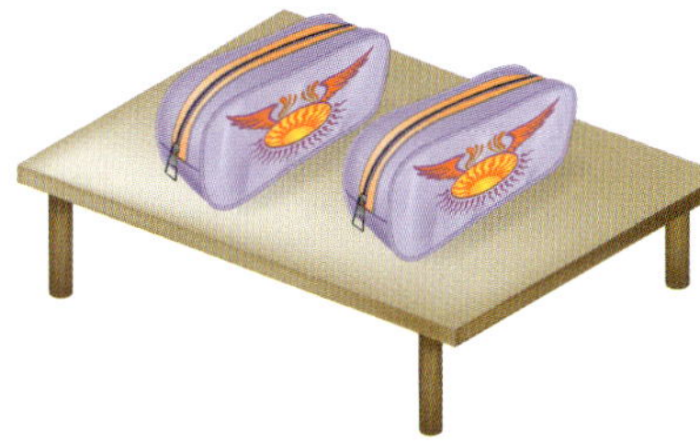

Alex Argozino/Arquivo da editora

71. Sobre uma mesa há duas moedas: uma tem duas caras e a outra tem uma cara e uma coroa. Uma delas é escolhida ao acaso e lançada. Qual é a probabilidade de obter cara?

72. Um casal de matemáticos foi passar um fim de semana de verão na praia. Jorge havia lido as previsões meteorológicas na internet e disse à sua mulher: "A probabilidade de não chover no fim de semana é de $\frac{17}{25}$ e a probabilidade de chover no domingo é de $\frac{1}{5}$". A partir daí, perguntou a ela: "Qual é, então, a probabilidade de chover nos dois dias de viagem?".

73. De um baralho comum (52 cartas) extraímos, sucessivamente e sem reposição, duas cartas. Qual é a probabilidade de saírem cartas de naipes diferentes?

74. De cada 15 camisas que um varejista coloca à venda, 10 são fabricadas pela confecção $\mathbf{C_1}$ e 5 são fabricadas pela confecção $\mathbf{C_2}$. Os percentuais de camisas com defeito produzidas nas confecções $\mathbf{C_1}$ e $\mathbf{C_2}$ são, respectivamente, 4% e 1%.
Uma camisa que está à venda no varejista é selecionada ao acaso.

a) Qual é a probabilidade de que ela não apresente defeitos e tenha sido produzida em $\mathbf{C_1}$?

b) Qual é a probabilidade de a camisa apresentar defeito?

Lei binomial da probabilidade

Considere um experimento aleatório repetido **n** vezes em condições idênticas. O resultado do experimento em uma determinada vez não depende dos resultados ocorridos nas repetições anteriores.

Para calcularmos a probabilidade de um determinado evento ocorrer nenhuma vez, ou uma vez, ou duas vezes..., ou todas as vezes em que o experimento se repetir, utilizamos a chamada **lei binomial da probabilidade**.

Vamos considerar a seguinte situação: por falta de tempo, um aluno decide "chutar", completamente ao acaso, os oito últimos testes de um exame. Cada teste contém cinco alternativas e apenas uma deve ser assinalada.

Qual é a probabilidade de que esse aluno acerte cinco desses oito testes?

Cada repetição desse experimento corresponde ao aluno assinalar uma alternativa do teste, ao acaso.

Para cada repetição, temos que a probabilidade de acerto é de $\frac{1}{5}$ – indicaremos por $p(A)$ – e a probabilidade de seu complementar (errar a questão) é de $\frac{4}{5}$ – indicaremos por $p(\overline{A})$.

Vamos inicialmente calcular a probabilidade de ocorrerem 5 acertos (A) e 3 erros $(\overline{A})$ em uma determinada ordem, por exemplo: $(A, A, A, A, A, \overline{A}, \overline{A}, \overline{A})$. Temos:

$$p = \frac{1}{5} \cdot \frac{1}{5} \cdot \frac{1}{5} \cdot \frac{1}{5} \cdot \frac{1}{5} \cdot \frac{4}{5} \cdot \frac{4}{5} \cdot \frac{4}{5} = \left(\frac{1}{5}\right)^5 \cdot \left(\frac{4}{5}\right)^3 = \frac{64}{390\,625}$$

acertar a 1ª, acertar a 2ª, acertar a 3ª, acertar a 4ª, acertar a 5ª, errar a 6ª, errar a 7ª, errar a 8ª

Essas respostas, porém, podem ocorrer em várias outras ordens, como:

$$(A, \overline{A}, A, \overline{A}, A, \overline{A}, A, A)$$

A probabilidade de ocorrer essa sequência é:

$$\frac{1}{5} \cdot \frac{4}{5} \cdot \frac{1}{5} \cdot \frac{4}{5} \cdot \frac{1}{5} \cdot \frac{4}{5} \cdot \frac{1}{5} \cdot \frac{1}{5} = \left(\frac{1}{5}\right)^5 \cdot \left(\frac{4}{5}\right)^3 = \frac{64}{390\,625}$$

acertar a 1ª, errar a 2ª, acertar a 3ª, ..., acertar a 8ª

Qualquer outra sequência de resposta formada por 5 acertos e 3 erros tem probabilidade $\left(\frac{1}{5}\right)^5 \cdot \left(\frac{4}{5}\right)^3$ de ocorrer. Precisamos, então, conhecer o número de sequências desse tipo. Da análise combinatória, sabemos que se trata de permutar 8 letras, das quais 5 são **A** e 3 são $\overline{A}$ (veja páginas 548 e 549 do capítulo Análise combinatória). Temos:

$$P_8^{(5,\,3)} = \frac{8!}{5!\,3!} = \binom{8}{5} = 56$$

Desse modo, a probabilidade pedida é:

$$p = \binom{8}{5} \cdot \left(\frac{1}{5}\right)^5 \cdot \left(\frac{4}{5}\right)^3 = 56 \cdot \frac{64}{390\,625} \simeq 0{,}92\%$$

OBSERVAÇÃO

A expressão numérica $\binom{8}{5} \cdot \left(\frac{1}{5}\right)^5 \cdot \left(\frac{4}{5}\right)^3$ representa um termo do desenvolvimento de $\left(\frac{1}{5} + \frac{4}{5}\right)^8$, conforme estudamos no Binômio de Newton (daí o nome lei binomial), em que:

- o expoente 8 representa o número de repetições do experimento;
- o termo $\frac{1}{5}$ representa a probabilidade de ocorrer o evento desejado (acerto) em qualquer repetição do experimento;
- o termo $\frac{4}{5}$ representa a probabilidade de não ocorrer o evento desejado (complementar de acerto, que é o erro) em qualquer repetição do experimento.

Exercício resolvido

12. A probabilidade de um atirador acertar um alvo com um tiro é 60%. Fazendo sete tentativas, qual é a probabilidade de acertar o alvo três vezes?

Solução:

Para cada repetição do experimento "dar um tiro", a probabilidade de ocorrer o evento **E** "o alvo é acertado" é $p(E) = 0{,}6$. Assim, a probabilidade de não ocorrer **E** (errar o alvo) é $p(\overline{E}) = 0{,}4$.

A probabilidade de ocorrerem 3 acertos e 4 erros, em uma determinada ordem, é $0{,}6^3 \cdot 0{,}4^4$.

O número de ordens possíveis é dado por $P_7^{(3,\,4)} = \frac{7!}{3!\,4!} = \binom{7}{3}$.

Assim, a probabilidade pedida é:

$$\binom{7}{3} \cdot 0{,}6^3 \cdot 0{,}4^4 \simeq 0{,}1935$$

Observe que a expressão numérica $\binom{7}{3} \cdot 0{,}6^3 \cdot 0{,}4^4$ corresponde a um dos termos do desenvolvimento de

$$(0{,}6 + 0{,}4)^7$$

- 7 → número de repetições
- $0{,}6$ → probabilidade de ocorrer o evento **E**
- $0{,}4$ → probabilidade de não ocorrer o evento **E**

De modo geral, se um experimento aleatório é repetido **n** vezes, em condições idênticas, com todas as repetições independentes entre si, a probabilidade de o evento **E** ocorrer **k** vezes $(0 \leq k \leq n)$ é dada por:

$$\binom{n}{k} \cdot p^k \cdot (1 - p)^{n-k}$$

em que **p** é a probabilidade de **E** ocorrer em qualquer repetição e $1 - p$ é a probabilidade de **E** não ocorrer em qualquer repetição desse experimento.

Considerando o Exercício resolvido 12, temos que a probabilidade de o atirador acertar o alvo **k** vezes, em 7 tentativas (k = 0, 1, ..., 7), é dada por:

$$\binom{7}{k} \cdot 0{,}6^k \cdot 0{,}4^{7-k}$$

- Se quisermos conhecer a probabilidade de o atirador acertar o alvo seis vezes, basta substituir **k** por 6:

$$\binom{7}{6} \cdot 0{,}6^6 \cdot 0{,}4^1 \simeq 0{,}13 \text{ ou } 13\%$$

- Já a probabilidade de ele acertar o alvo uma única vez é obtida trocando-se **k** por 1:

$$\binom{7}{1} \cdot 0{,}6^1 \cdot 0{,}4^6 \simeq 0{,}017 \text{ ou } 1{,}7\%$$

Exercícios

75. Uma moeda honesta é lançada oito vezes. Qual é a probabilidade de ocorrerem:

a) 4 caras e 4 coroas?

b) 6 caras e 2 coroas?

76. A probabilidade de ocorrer defeito no teste final de um componente eletrônico é de 1%. Analisando um estoque com 20 componentes, qual é a probabilidade de que exatamente um apresente defeito?

77. Cada uma das dez questões de um exame apresenta cinco alternativas de resposta, das quais apenas uma é correta. Se um estudante chutar todas as respostas, qual é a probabilidade de que ele:

a) acerte três questões?

b) acerte seis questões?

c) erre todas as questões?

d) acerte ao menos uma questão?

78. Um casal planeja ter 6 filhos.

a) Qual é a probabilidade de nascerem só meninos?

b) Qual é a probabilidade de nascer número igual de meninas e meninos?

c) Qual é a probabilidade de nascerem mais meninas do que meninos?

79. (UFPE) Na população de uma cidade, 50% das pessoas têm sangue do tipo A, e as demais têm sangue dos outros tipos (B, AB ou O). Se 6 pessoas da cidade são escolhidas ao acaso, qual a probabilidade percentual de exatamente 3 delas terem sangue do tipo A? Indique o inteiro mais próximo do valor percentual obtido.

80. Um carro de certa marca é vendido em duas versões de câmbio: manual (representado por 1) e automático (representado por 2).

A matriz seguinte informa a probabilidade de um proprietário de um carro com câmbio **i** mudar para o modelo com câmbio **j**, em que $\{i, j\} \subset \{1, 2\}$.

$$\begin{bmatrix} 0{,}4 & 0{,}6 \\ 0{,}05 & 0{,}95 \end{bmatrix}$$

a) Qual é a probabilidade de o proprietário de um carro com câmbio manual mudar para o automático em uma 1ª compra e permanecer na versão automática em uma 2ª compra?

b) Escolhendo-se ao acaso 4 proprietários de veículos com câmbio automático, qual é a probabilidade de que pelo menos dois mantenham a versão em uma próxima compra?

c) Escolhendo-se ao acaso 3 proprietários de veículos com câmbio manual, qual é a probabilidade de que os três mudem a versão em uma próxima compra?

Enem e vestibulares resolvidos

(Enem) Um adolescente vai a um parque de diversões tendo, prioritariamente, o desejo de ir a um brinquedo que se encontra na área IV, dentre as áreas I, II, III, IV e V existentes. O esquema ilustra o mapa do parque, com a localização da entrada, das cinco áreas com os brinquedos disponíveis e dos possíveis caminhos para se chegar a cada área. O adolescente não tem conhecimento do mapa do parque e decide ir caminhando da entrada até chegar à área IV.

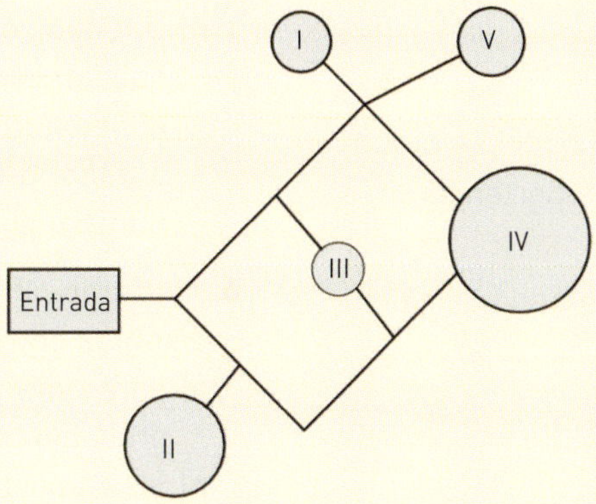

Reprodução/ENEM, 2016

Suponha que, relativamente a cada ramificação, as opções existentes de percurso pelos caminhos apresentem iguais probabilidades de escolha, que a caminhada foi feita escolhendo ao acaso os caminhos existentes e que, ao tomar um caminho que chegue a uma área distinta da IV, o adolescente necessariamente passa por ela ou retorna.

Nessas condições, a probabilidade de ele chegar à área IV sem passar por outras áreas e sem retornar é igual a

a) $\frac{1}{96}$ b) $\frac{1}{64}$ c) $\frac{5}{24}$ d) $\frac{1}{4}$ e) $\frac{5}{12}$

Resolução comentada

Vamos nomear os cruzamentos como mostrado ao lado.

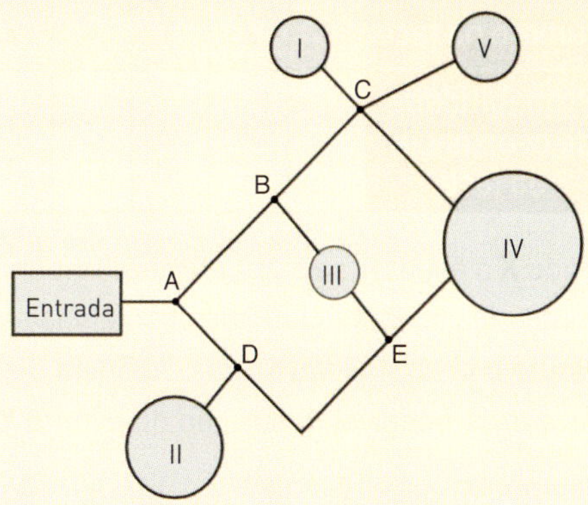

Banco de imagens/Arquivo da editora

São caminhos possíveis para o adolescente fazer: ABC ou ADE.

Para seguir pelo caminho ABC, ele deve, na entrada, escolher ir para **B** e, ao chegar a **B**, escolher ir em direção a **C**; ao chegar a **C**, escolher ir até IV. A probabilidade de o jovem seguir por esse caminho pode ser calculada por:

$$P(ABC) = \frac{1}{2} \cdot \frac{1}{2} \cdot \frac{1}{3} = \frac{1}{12}$$

Para seguir pelo caminho ADE, ele deve, na entrada, escolher ir para **D** e, ao chegar a **D**, escolher ir em direção a **E**; ao chegar a **E**, escolher ir até IV. A probabilidade de o jovem seguir por esse caminho pode ser calculada por:

$$P(ADE) = \frac{1}{2} \cdot \frac{1}{2} \cdot \frac{1}{2} = \frac{1}{8}$$

Assim, a probabilidade de o adolescente chegar à área IV sem passar por outras áreas e sem retornar é igual a $\frac{1}{12} + \frac{1}{8} = \frac{5}{24}$.

Alternativa *c*.

Exercícios complementares

1. (UEL-PR) Em uma cidade do Leste Europeu, 71 cidadãos são indicados, anualmente, para concorrerem aos títulos de Cidadão Honorário e Cidadão Ilustre da Terra. Cada indicado pode receber apenas um dos títulos. Neste ano, a família Generoza conta com 7 pessoas indicadas ao recebimento dos títulos.

A partir dessas infirmações, determine a probabilidade de os 2 cidadãos eleitos pertencerem à família Generoza.

Justifique sua resposta apresentando os cálculos realizados.

2. (PUC-RJ) Temos um baralho comum, com 52 cartas, das quais 4 são ases.

a) Tiramos uma carta ao acaso. Qual é a probabilidade de que ela seja um ás?

b) Tiramos (do baralho completo) 5 cartas (simultaneamente). Qual é a probabilidade de que, entre essas cartas, não haja nenhum ás?

3. (Unesp-SP) Um dado viciado, que será lançado uma única vez, possui seis faces, numeradas de 1 a 6. A tabela a seguir fornece a probabilidade de ocorrência de cada face.

Número na face	1	2	3	4	5	6
Probabilidade de ocorrência da face	$\frac{1}{5}$	$\frac{3}{10}$	$\frac{3}{10}$	$\frac{1}{10}$	$\frac{1}{20}$	$\frac{1}{20}$

Sendo **X** o evento "sair um número ímpar" e **Y** um evento cuja probabilidade de ocorrência seja 90%, calcule a probabilidade de ocorrência de **X** e escreva uma possível descrição do evento **Y**.

4. (UFPR) Um programa de computador usa as vogais do alfabeto para gerar aleatoriamente senhas de 5 letras. Por exemplo: EEIOA e AEIOU são duas senhas possíveis.

a) Calcule a quantidade total de senhas que podem ser geradas pelo programa.

b) Uma senha é dita insegura se possuir a mesma vogal em posições consecutivas. Por exemplo: AAEIO, EIIIO, UOUUO são senhas inseguras. Qual a probabilidade do programa gerar aleatoriamente uma senha insegura?

5. (FGV-SP)

a) Lançam-se ao ar 3 dados equilibrados, ou seja, as probabilidades de ocorrer cada uma das seis faces são iguais. Qual é a probabilidade de que apareça soma 9? Justifique a resposta.

b) Um dado é construído de tal modo que a probabilidade de observar cada face é proporcional ao número que ela mostra. Se lançarmos o dado, qual é a probabilidade de obter um número primo?

6. (Unicamp-SP) Uma loteria sorteia três números distintos entre doze números possíveis.

a) para uma aposta em três números, qual é a probabilidade de acerto?

b) Se a aposta em três números custa R$ 2,00 quanto deveria custar uma aposta em cinco números?

7. (PUC-RJ) Vamos empilhar 4 caixas de alturas distintas. A caixa maior tem 1 m de altura, cada caixa seguinte, em tamanho, tem um terço da altura da anterior.

a) Determine a altura da nossa pilha de 4 caixas.

b) Se empilharmos as caixas em ordem aleatória, qual é a probabilidade de a caixa de baixo ser a caixa mais alta?

c) Se empilharmos as caixas em ordem aleatória, qual é a probabilidade de a caixa de baixo ser a caixa mais alta e a do topo ser a mais baixa?

8. (UFPR) Um cadeado com segredo possui três engrenagens, cada uma contendo todos os dígitos de 0 a 9. Para abrir esse cadeado, os dígitos do segredo devem ser colocados numa sequência correta, escolhendo-se um dígito em cada engrenagem. (Exemplo: 237, 366, 593 ...)

a) Quantas possibilidades diferentes existem para a escolha do segredo, sabendo que o dígito 3 deve aparecer obrigatoriamente e uma única vez?

b) Qual é a probabilidade de se escolher um segredo no qual todos os dígitos são distintos e o dígito 3 aparece obrigatoriamente?

9. (FGV-SP) Nazareno é muito supersticioso e acha que placas que contêm o número 7 dão azar. Ele quer comprar um carro usado e, num certo dia, ele vê, no jornal, o anúncio de um carro que lhe agrada e, para conhecê-lo, agenda uma visita.

Lembrando que placas de carro no Brasil têm quatro algarismos, qual a probabilidade de que a placa do carro que Nazareno vai conhecer não seja considerada por ele como fonte de azar?

10. (Uerj) Um alvo de dardos é formado por três círculos concêntricos que definem as regiões I, II e III, conforme mostra a ilustração.

Reprodução/UERJ, 2014

Um atirador de dardos sempre acerta alguma região do alvo, sendo suas probabilidades de acertar as regiões I, II e III denominadas, respectivamente $\mathbf{P_I}$, $\mathbf{P_{II}}$ e $\mathbf{P_{III}}$.

Para esse atirador, valem as seguintes relações:

- $P_{II} = 3P_I$
- $P_{III} = 2P_{II}$

Calcule a probabilidade de que esse atirador acerte a região I exatamente duas vezes ao fazer dois lançamentos.

11. (Unifesp) Uma população de 10 camundongos, marcados de 1 a 10, será utilizada para um experimento em que serão sorteados aleatoriamente 4 camundongos. Dos 10 camundongos, apenas 2 têm certa característica $\mathbf{C_1}$, 5 têm certa característica $\mathbf{C_2}$ e nenhum deles tem as duas características.

Pergunta-se:

a) Qual é a probabilidade de que ao menos um dos camundongos com a característica $\mathbf{C_1}$ esteja no grupo sorteado?

b) Qual é a probabilidade de que o grupo sorteado tenha apenas 1 camundongo com a característica $\mathbf{C_1}$ e ao menos 2 com a característica $\mathbf{C_2}$?

12. Laís comprou 5 pares de sapatos (todos distintos) para presentear seus familiares no Natal. Quando chegou em casa, ela percebeu que se esquecera de identificar cada embalagem com o nome do respectivo parente. Se todas as embalagens são idênticas e Laís decidiu distribuir, de forma aleatória, cada presente a um parente, qual é a probabilidade de que:

a) cada um receba corretamente o seu presente?

b) apenas dois parentes recebam corretamente os seus presentes?

13. (FGV-SP)

a) De forma consecutiva extraímos de uma urna três bolas numeradas de 1 a 9, repondo a bola retirada após cada extração, formando um número de três algarismos. O primeiro algarismo sorteado é o algarismo das centenas; o segundo, o das dezenas; e o terceiro, o das unidades. Calcule a probabilidade de que saia um número

I. com três algarismos repetidos;

II. sem nenhum algarismo repetido;

III. com exatamente dois algarismos exatamente iguais.

b) Em uma caixa com 10 lapiseiras, 4 delas estão com defeito. Se um cliente compra 2 lapiseiras escolhidas aleatoriamente, é certo afirmar que a probabilidade de que nenhuma lapiseira esteja com defeito é maior que 30%?

14. Alguns bancos usam o seguinte sistema complementar de segurança para digitação de senhas na internet: Na hora de digitar a senha, o usuário encontra, na tela do computador, cinco "botões", cada qual contendo um par de algarismos, dispostos em ordem crescente. A composição dos "botões" é gerada aleatoriamente pelo sistema e não há repetição de algarismos. Veja a figura seguinte, que mostra uma possível configuração visualizada na tela:

1 ou 6	3 ou 5	0 ou 7	8 ou 9	2 ou 4

Se a senha do usuário for 350161, ele deve pressionar, sucessivamente: 2º, 2º, 3º, 1º, 1º e 1º "botões".

a) Ao acessar uma conta desse banco pela internet, qual é a probabilidade de que o usuário encontre a configuração

0 ou 2	1 ou 3	4 ou 6	7 ou 8	5 ou 9	?

Admita que o sistema possa gerar, ao acaso, qualquer configuração.

b) Qual é a probabilidade de alguém que não conhece a senha de 6 dígitos de uma conta ter acesso a ela, nesse sistema, "chutando" todos os "botões" nos quais se encontra cada algarismo da senha?

15. Uma caixa contêm **n** bolas idênticas, numeradas de 1 a **n** ($n \geq 3$). Três bolas são extraídas ao acaso, sucessivamente e sem reposição. Qual é a probabilidade de saírem números consecutivos, não obrigatoriamente em ordem crescente ou decrescente?

Sugestão: Se preferir, comece analisando casos particulares (por exemplo, $n = 6$ e $n = 10$).

16. Um biólogo está fazendo um estudo sobre o sexo dos filhotes em certa espécie animal. Ele pretende fazer cruzamentos até que a probabilidade de que nasça pelo menos um macho seja maior que 95%. Determine o número mínimo de cruzamentos que ele deverá fazer para "atingir a meta" supondo que:

a) seja equiprovável o nascimento de macho e de fêmea;

b) nascer macho é duas vezes mais provável que nascer fêmea.

17. (Uerj) Em uma urna, foram colocadas trinta bolas, numeradas de 1 a 30. Uma dessas bolas foi sorteada aleatoriamente. Em relação a essa experiência, considerem-se os dois eventos abaixo.

Evento A: {a bola sorteada tem número menor ou igual a 20}.

Evento B: {a bola sorteada tem número maior do que **k**}.

Sabendo que $k < 20$, $k \in \mathbb{N}$ e $P(A \cap B) = \frac{1}{6}$, determine o valor de **k**.

18. Observe o cubo ABCDEFGH.

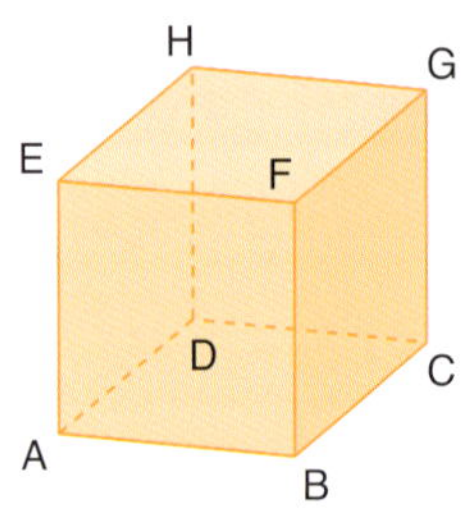

Banco de imagens/Arquivo da editora

a) Escolhendo-se, ao acaso, dois de seus vértices, qual é a probabilidade de que eles pertençam a uma mesma face?

b) Escolhendo-se, ao acaso, duas de suas arestas, qual é a probabilidade de que suas retas suportes sejam paralelas?

c) Escolhendo-se, ao acaso, duas de suas faces, qual é a probabilidade de que a interseção dos planos que contêm essas faces seja uma reta?

19. Considere que os círculos abaixo podem ser pintados usando-se até três cores disponíveis.

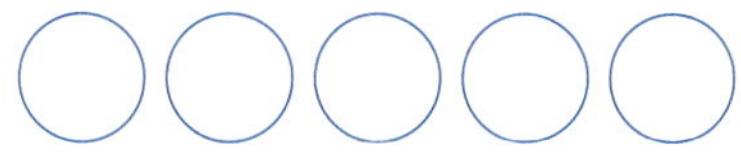

Banco de imagens/Arquivo da editora

Qual é a probabilidade de que:

a) seja usada exatamente uma cor?

b) círculos vizinhos não sejam pintados com uma mesma cor?

c) exatamente duas cores sejam utilizadas?

20. (ITA-SP) Seja Ω o espaço amostral que representa todos os resultados possíveis do lançamento simultâneo de três dados. Se $A \subset \Omega$ é o evento para o qual a soma dos resultados dos três dados é igual a 9 e $B \subset \Omega$ o evento cuja soma dos resultados é igual a 10, calcule:

a) $n(\Omega)$;

b) $n(A)$ e $n(B)$;

c) $P(A)$ e $P(B)$.

21. (Uerj) Os baralhos comuns são compostos de 52 cartas divididas em quatro naipes, denominados copas, espadas, paus e ouros, com treze cartas distintas de cada um deles. Observe a figura que mostra um desses baralhos, no qual as cartas representadas pelas letras **A**, **J**, **Q** e **K** são denominadas, respectivamente, ás, valete, dama e rei.

Reprodução/Uerj, 2009

Uma criança rasgou algumas cartas desse baralho, e as **n** cartas restantes, não rasgadas, foram guardadas em uma caixa.

Os dados a seguir apresentam as probabilidades de retirar-se dessa caixa, ao acaso, as seguintes cartas:

Carta	Probabilidade
Um rei	0,075
Uma carta de copas	0,25
Uma carta de copas ou rei	0,3

Calcule o valor de **n**.

22. Na prateleira de um mercado de importados estão à venda, na seção de vinhos brancos, oito vinhos argentinos, quatro chilenos e cinco portugueses.

a) Escolhendo-se ao acaso três vinhos da prateleira, qual é a probabilidade de que todos sejam fabricados em países sul-americanos?

b) Quantos vinhos chilenos deveriam ser acrescentados à seção, para que, selecionando-se uma garrafa ao acaso, a probabilidade de o vinho escolhido ser chileno seja, no mínimo, 50%?

23. (FGV-SP) A figura abaixo representa a face superior de um recipiente em forma de cubo de lado igual a **L**.

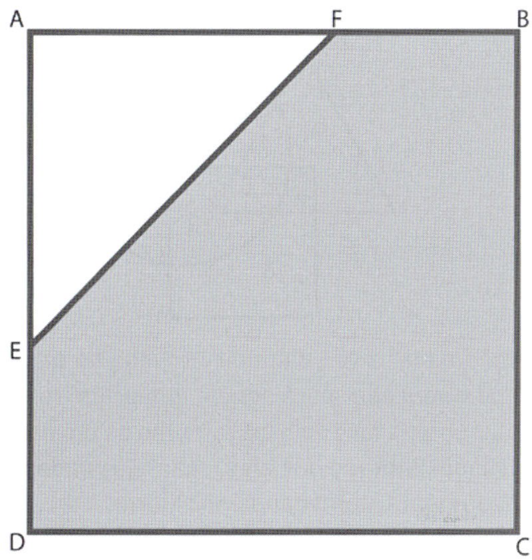

Reprodução/FGV, 2014

Essa face está parcialmente tampada por uma placa de metal (área em cinza) e parcialmente destampada (área em branco), sendo $AE = AF = \frac{L}{\sqrt{2}}$.

João e Maria arremessam bolinhas de diâmetro desprezível sobre essa face. Considere que a probabilidade de a bolinha atingir qualquer região dessa face é proporcional à área da região e que os arremessos são realizados de forma independente.

a) Dado que uma bolinha arremessada por João caia na região do quadrado ABCD, qual é a probabilidade de que passe diretamente pela parte branca (destampada)?

b) Se João arremessar uma bolinha e Maria arremessar outra, dado que em ambos os lançamentos as bolinhas caiam na região do quadrado ABCD, qual é a probabilidade de que ao menos uma passe diretamente pela parte branca?

c) Se João efetuar seis arremessos, e em todos eles a bolinha cair na região do quadrado ABCD, qual é a probabilidade de que em exatamente 4 desses arremessos a bolinha passe diretamente pela parte branca?

24. (UFU-MG) Um grupo de amigos joga futebol *society* toda quarta-feira e estipulou as seguintes regras para a realização dos jogos:

1. Se comparecer um número ímpar de amigos, inicialmente um deles será escolhido aleatoriamente para árbitro da partida. Quando comparecer um número par de amigos não haverá árbitro e a arbitragem será feita pelo consenso comum de todos.
2. Para compor as equipes será feita a divisão do grupo em duas equipes com o mesmo número de jogadores.
3. As equipes jogarão com uniformes, uma com camisas azuis, e outra com camisas amarelas.
4. Cada equipe deve eleger aleatoriamente o seu goleiro.

Em uma quarta-feira, compareceram 11 amigos, dentre eles Zé Maria.

a) Para essa partida de futebol *society*, quantas são as maneiras distintas de compor as equipes?

b) Qual é a probabilidade de Zé Maria ser o goleiro da equipe de camisas azuis?

25. (Uerj) Cada uma das 28 peças do jogo de dominó convencional, ilustradas abaixo, contêm dois números, de zero a seis, indicados por pequenos círculos ou, no caso do zero, por sua ausência.

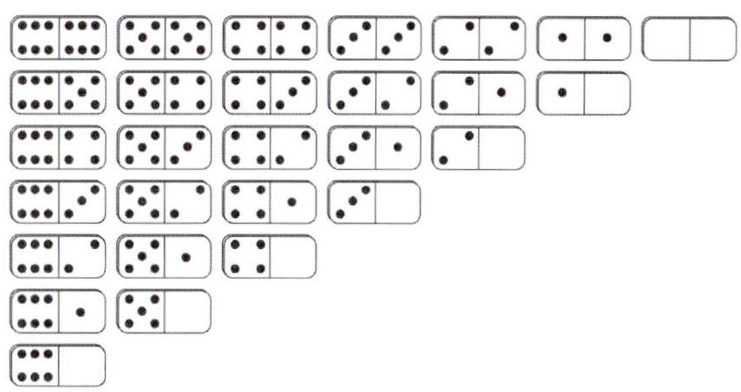

Reprodução/Uerj, 2015

Admita um novo tipo de dominó, semelhante ao convencional, no qual os dois números de cada peça variem de zero a dez. Observe o desenho de uma dessas peças:

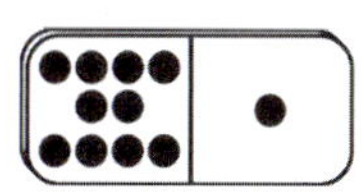

Reprodução/Uerj, 2015

Considere que uma peça seja retirada ao acaso do novo dominó. Calcule a probabilidade de essa peça apresentar um número seis ou um número nove.

26. (UFSC) Em relação às proposições abaixo, é correto afirmar que: [Indique a soma correspondente às alternativas corretas]

(01) O novo Estádio Nacional de Brasília Mané Garrincha conta com 24 portões de acesso e foi palco de dez jogos durante o torneio olímpico. Com base nessas informações, é correto afirmar que o número de possibilidades existentes de um torcedor entrar por um portão e sair por outro diferente, considerando que haja livre acesso a todos os portões tanto para entrada como para saída, é de 576.

(02) O número de anagramas da palavra ATLETA é 720.

(04) A partir de 2017 as placas de veículos mudarão no Brasil. O novo modelo de placas, no padrão do Mercosul, terá sempre quatro letras e três algarismos distribuídos de forma aleatória, conforme mostra a figura 6. Com o novo modelo, considerando um alfabeto de 26 letras e 10 algarismos numéricos, serão possíveis mais de 450 milhões de combinações.

Reprodução/UFSC, 2017

Figura 6

Disponível em: http://.denatran.gov.br/download/Resolucoes/Resolucao5102014.pdf. Acesso em: 24 jun. 2016.

(08) Uma urna contém 3 bolas brancas, numeradas de 1 a 3, e 6 bolas pretas, numeradas de 1 a 6. Uma bola é extraída ao acaso. Se for sorteado um número ímpar, então a probabilidade de ter saído uma bola branca é de $\frac{2}{9}$.

(16) A probabilidade de um casal com quatro filhos ter dois meninos e duas meninas é menor do que a probabilidade de dois casais com dois filhos terem, cada casal, um menino e uma menina.

27. (Unicamp-SP) O diagrama a seguir indica a distribuição dos alunos matriculados em três cursos de uma escola. O valor da mensalidade de cada curso é de R$ 600,00, mas a escola oferece descontos aos alunos que fazem mais de um curso. Os descontos, aplicados sobre o valor total da mensalidade, são de 20% para quem faz dois cursos e de 30% para os matriculados em três cursos.

a) Por estratégia de *marketing*, suponha que a escola decida divulgar os percentuais de desconto, calculados sobre a mensalidade dos cursos adicionais e não sobre o total da mensalidade. Calcule o percentual de desconto que incide sobre a mensalidade do segundo curso para aqueles que fazem dois cursos e o percentual de desconto sobre o terceiro curso para aqueles que fazem três cursos.

b) Com base nas informações do diagrama, encontre o número de alunos matriculados em pelo menos dois cursos. Qual a probabilidade de um aluno, escolhido ao acaso, estar matriculado em apenas um curso?

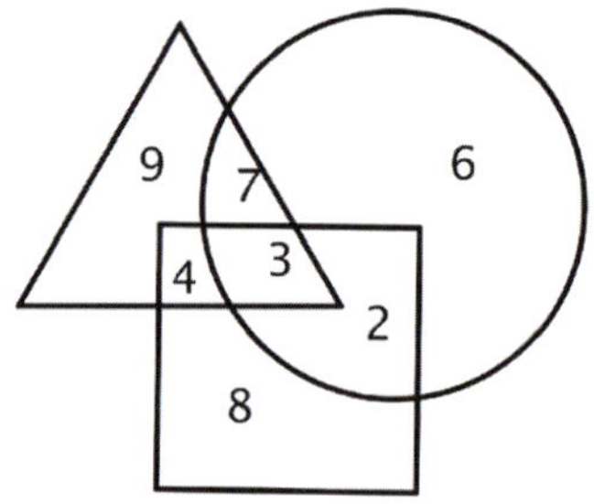

Reprodução/Unicamp, 2013

28. João e Maria vão disputar um jogo de dados em que o vencedor será aquele que primeiro conseguir obter a face 6 no lançamento de um dado não viciado. Sabe-se que eles jogarão os dados alternadamente, começando por Maria.

a) Qual a probabilidade de João vencer o jogo?

b) Qual seria a resposta se João começasse jogando?

29. (UFSC) Assinale a(s) proposição(ões) corretas [e indique a soma correspondente às alternativas corretas].

(01) O número do cartão de crédito é composto de 16 algarismos. Zezé teve seu cartão quebrado, perdendo a parte que contém os quatro últimos dígitos. Apenas consegue lembrar que o número formado por eles é par, começa com 3 e tem todos os algarismos distintos. Então, existem 280 números satisfazendo essas condições.

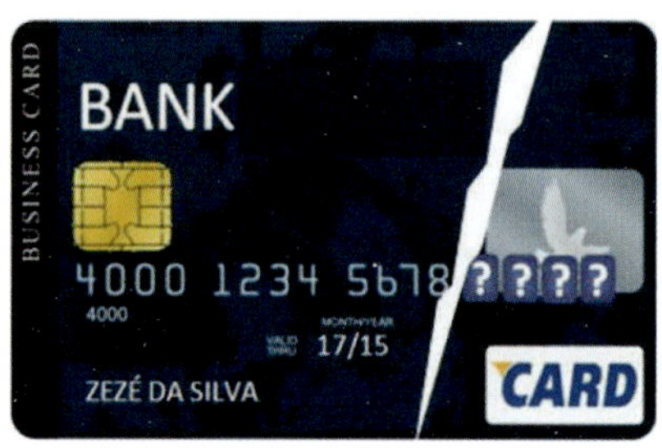

Reprodução/UFSC, 2014

(02) No prédio onde Gina mora, instalaram um sistema eletrônico de acesso no qual se deve criar uma senha com 4 algarismos, que devem ser escolhidos dentre os algarismos apresentados no teclado da figura. Para não esquecer a senha, ela resolveu escolher 4 algarismos dentre os 6 que representam a data de seu nascimento. Dessa forma, se Gina nasceu em 27/10/93, então ela pode formar 15 senhas diferentes com 4 algarismos distintos.

Reprodução/UFSC, 2014

(04) Entre as últimas tendências da moda, pintar as unhas ganha um novo estilo chamado de "filha única". A arte consiste em pintar a unha do dedo anelar de uma cor diferente das demais, fazendo a mesma coisa nas duas mãos, conforme mostra o exemplo na figura. Larissa tem três cores diferentes de esmalte, então, usando essa forma de pintar as unhas, poderá fazê-lo de 6 maneiras diferentes.

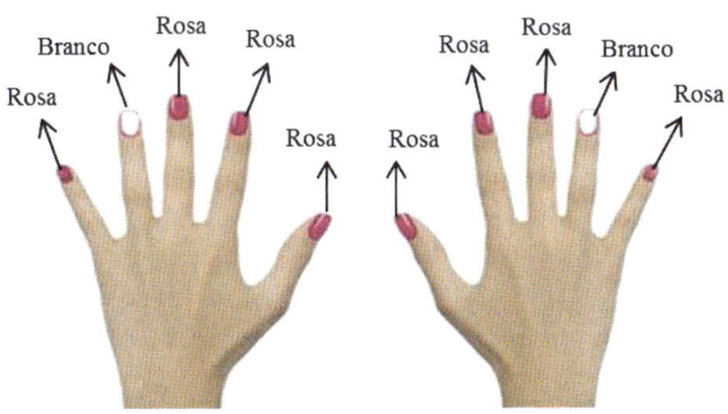

Reprodução/UFSC, 2014

(08) Uma fábrica de automóveis lançou um modelo de carro que pode ter até 5 tipos de equipamentos opcionais. O número de alternativas deste modelo com respeito aos equipamentos opcionais é igual a 120.

(16) Jogando-se simultaneamente dois dados idênticos e não viciados, observa-se a soma dos valores das faces que ficam voltadas para cima. A soma com maior probabilidade de ocorrer é 7.

(32) O número de soluções inteiras não negativas de $x + y + z = 6$ é igual a 28.

(64) Se a soma de quatro números primos distintos é igual a 145, então o menor deles é 3.

30. (Fuvest-SP)

a) Dez meninas e seis meninos participarão de um torneio de tênis infantil. De quantas maneiras distintas essas 16 crianças podem ser separadas nos grupos **A**, **B**, **C** e **D**, cada um deles com 4 jogadores, sabendo que os grupos **A** e **C** serão formados apenas por meninas e o grupo **B**, apenas por meninos?

b) Acontecida a fase inicial do torneio, a fase semifinal terá os jogos entre Maria e João e entre Marta e José. Os vencedores de cada um dos jogos farão a final. Dado que a probabilidade de um menino ganhar de uma menina é $\frac{3}{5}$, calcule a probabilidade de uma menina vencer o torneio.

31. (Fuvest-SP) Deseja-se formar uma comissão composta por sete membros do Senado Federal brasileiro, atendendo às seguintes condições: (i) nenhuma unidade da Federação terá dois membros na comissão, (ii) cada uma das duas regiões administrativas mais populosas terá dois membros e (iii) cada uma das outras três regiões terá um membro.

a) Quantas unidades da Federação tem cada região?

b) Chame de **N** o número de comissões diferentes que podem ser formadas (duas comissões são consideradas iguais quando têm os mesmos membros). Encontre uma expressão para **N** e simplifique-a de modo a obter sua decomposição em fatores primos.

c) Chame de **P** a probabilidade de se obter uma comissão que satisfaça as condições exigidas, ao se escolher sete senadores ao acaso. Verifique que $P < \frac{1}{50}$.

Segundo a Constituição da República Federativa do Brasil – 1988, cada unidade da Federação é representada por três senadores.

32. (UnB-DF)

	Homens	Mulheres
Arena Pernambuco	34	10
Castelão (Fortaleza)	45	20
Fonte Nova (Salvador)	30	19
Mineirão (BH)	40	23
Maracanã (Rio)	49	28
Nacional (Brasília)	43	27
Totais	241	127

A tabela acima apresenta a quantidade, em milhares, de torcedores presentes nos estádios de futebol de algumas cidades brasileiras, em um mesmo horário de um mesmo dia. Com base nos dados da tabela, julgue os itens seguintes.

a) A chance de um dos torcedores presentes nos estádios, selecionado ao acaso, ser mulher e estar no Mineirão ou ser homem e estar no Castelão é superior a 20%.

b) Caso seja selecionado ao acaso um dos torcedores presentes nos estádios, a probabilidade de ele estar no estádio Arena Pernambuco é superior a 0,1.

c) A probabilidade de um dos torcedores presentes nos estádios, selecionado ao acaso, ser mulher e não estar no Estádio Nacional de Brasília é inferior a 0,28.

33. Responda:

a) Em um grupo de cinco pessoas, qual é a probabilidade de que pelo menos duas façam aniversário no mesmo mês?

b) Em um grupo de 20 pessoas, qual é a probabilidade de que pelo menos duas façam aniversário no mesmo dia?

34. (UFJF-MG) Nas quartas de final de um campeonato de futebol, 8 times, denominados **A**, **B**, **C**, **D**, **E**, **F**, **G** e **H**, serão dividos aleatoriamente em 4 grupos de 2 times. Em cada grupo, os 2 times se enfrentam sem possibilidade de empate. O perdedor é eliminado e o vencedor avança para a próxima fase.

a) O time **A** sempre vence os times **B**, **C**, **D** e **E**. Além disso, o time **A** sempre perde dos times **F**, **G** e **H**. Qual é a probabilidade de o time **A** avançar à próxima fase?

b) Já sabemos que o time **B** sempre perde para o time **A**. Além disso, a probabilidade de vitória do time **B**, quando este enfrenta os times **C**, **D** ou **E**, é sempre igual a $\frac{1}{4}$, e a probabilidade de vitória do time **B**, quando este enfrenta os times **F**, **G** ou **H**, é sempre igual a $\frac{2}{3}$. Qual é a probabilidade de o time **B** avançar à próxima fase?

35. (Unifesp) Em uma pesquisa de mercado realizada nas cidades de São Paulo e de Santos, cada entrevistado teve que escolher apenas uma dentre seis marcas de sabonete (**A**, **B**, **C**, **D**, **E** e **F**). Os gráficos de radar indicam os resultados dessa pesquisa nas duas cidades. Por exemplo, cinco pessoas escolheram a marca **A** em São Paulo, e três em Santos; três pessoas escolheram a marca **B** em São Paulo, e duas em Santos.

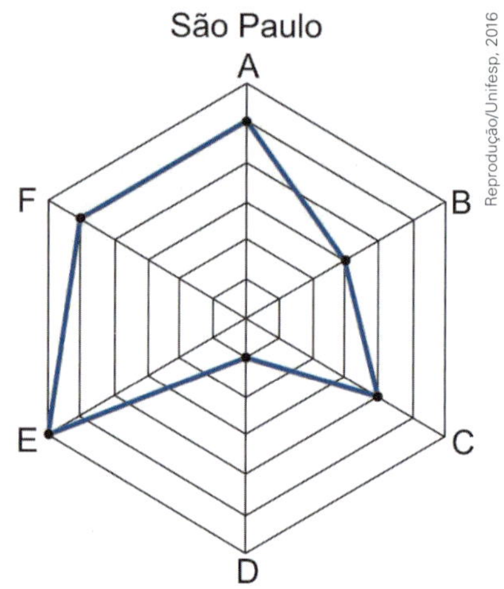

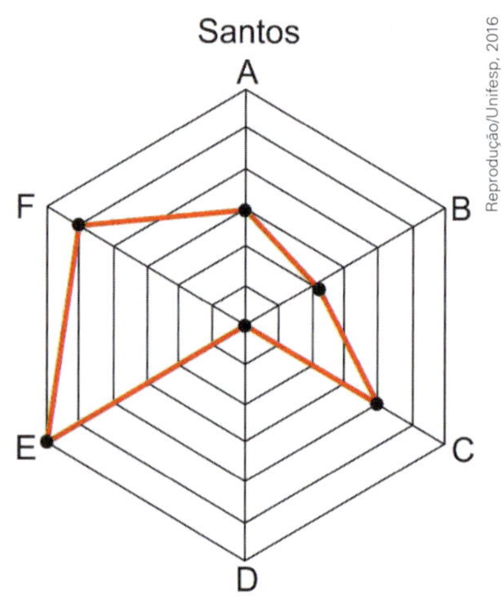

a) Sorteando-se ao acaso um dos entrevistados, considerando as duas cidades, qual é a probabilidade de que essa pessoa tenha escolhido ou a marca **D** ou a marca **F**?

b) A mesma pesquisa foi realizada na cidade de Campinas, com 17 pessoas; a marca **F** foi a única mais votada, com seis escolhas; a marca **C** foi a única menos votada, com nenhuma escolha; nenhuma marca obteve apenas um voto. Levando em consideração apenas essas informações, calcule o total de configurações diferentes possíveis de um gráfico de radar (no mesmo formato das pesquisas de São Paulo e Santos) com os resultados da pesquisa realizada em Campinas.

36. (Fuvest-SP) Sócrates e Xantipa enfrentaram-se em um popular jogo de tabuleiro, que envolve a conquista e ocupação de territórios em um mapa. Sócrates ataca jogando três dados e Xantipa se defende com dois. Depois de lançados os dados, que são honestos, Sócrates terá conquistado um território se e somente se as duas condições seguintes forem satisfeitas:

I. o maior valor obtido em seus dados for maior que o maior valor obtido por Xantipa;

II. algum outro dado de Sócrates cair com um valor maior que o menor valor obtido por Xantipa.

a) No caso em que Xantipa tira 5 e 5, qual é a probabilidade de Sócrates conquistar o território em jogo?

b) No caso em que Xantipa tira 5 e 4, qual é a probabilidade de Sócrates conquistar o território em jogo?

37. (UFG-GO) Observa-se empiricamente, em diversas séries estatísticas quantitativas, que é muito maior a frequência de dados cujo primeiro dígito (à esquerda) é 1 do que a frequência de dados cujo primeiro dígito é 9. Por exemplo, na série de população dos 5 565 municípios brasileiros publicada pelo IBGE em 2009, existem 1 619 municípios cuja população é expressa por um número iniciado por 1 (por exemplo: Goiânia, 1 281 975 habitantes), enquanto em apenas 209 municípios a população é expressa por um número iniciado por 9 (por exemplo: Itumbiara, 92 832 habitantes). Esse fato é conhecido como lei de Benford, e é expresso da seguinte maneira: em um conjunto de observações numéricas satisfazendo essa lei, a probabilidade de que o primeiro dígito seja **D**, em que **D** pode assumir os valores inteiros de 1 a 9, é dada por: $P_D = \log\left(1 + \frac{1}{D}\right)$.

De acordo com essas informações, para uma série de dados que satisfaz a lei de Benford, extraindo um dado ao acaso, qual é a probabilidade de se ter o primeiro dígito menor do que 5 ? (Use $\log 2 = 0{,}3$).

38. (Unicamp-SP) Considere a matriz $A = \begin{bmatrix} a_{11} & a_{12} & a_{13} \\ a_{21} & a_{22} & a_{23} \\ a_{31} & a_{32} & a_{33} \end{bmatrix}$ cujos coeficientes são números reais.

a) Suponha que exatamente seis elementos dessa matriz são iguais a zero. Supondo também que não há nenhuma informação adicional sobre **A**, calcule a probabilidade de que o determinante dessa matriz não seja nulo.

b) Suponha, agora, que $a_{ij} = 0$ para todo elemento em que $j > i$, e que $a_{ij} = i - j + 1$ para os elementos em que $j \leq i$.
Determine a matriz **A**, nesse caso, e calcule sua inversa, A^{-1}.

39. (Unifesp) Sofia deveria ter estudado 10 temas de biologia para fazer uma avaliação, porém só estudou 2. Nessa avaliação, ela poderá ser reprovada (**R**), aprovada com ressalvas (AR) ou aprovada (**A**). Antes de iniciar a avalização, a professora de Sofia dá a ela o direito de escolher uma das seguintes estruturas de avaliação:

Avaliação 1 – composta por apenas 2 questões, cada uma tratando de um dos 10 temas (sem repetir os temas), sendo que errar duas implica **R**, acertar apenas uma implica AR, e acertar as duas implica **A**.

Avaliação 2 – composta por apenas 3 questões, cada uma tratando de um dos 10 temas (sem repetir os temas), sendo que errar duas ou mais questões implica **R**, acertar apenas duas implica AR, e acertar as três implica **A**.

Considere que Sofia sempre acerta questões dos temas que estudou, e que sempre erra questões dos temas que não estudou.

a) Calcule as probabilidades de **R**, AR e **A** para o caso de Sofia ter escolhido a avaliação 1.

b) Se Sofia pretende ser aprovada, independentemente de ser com ressalvas (AR) ou diretamente (**A**), em qual das avaliações ela terá maior chance? Justifique matematicamente sua conclusão por meio de cálculos de probabilidade.

40. (UFPR) O jogo de "par ou ímpar" é uma forma bastante usada para resolver aleatoriamente um impasse entre duas pessoas. Cada participante escolhe uma das opções – par ou ímpar – e a seguir ambos mostram as mãos, escondendo ou não alguns dedos. Contam-se os dedos aparentes e vence quem tiver acertado a escolha (par ou ímpar) acordada previamente.

Se duas pessoas jogarem par ou ímpar 5 vezes seguidas:

a) Qual a probabilidade de se obterem no máximo 2 resultados pares?

b) Sabendo que na primeira rodada saiu um número par, qual é a probabilidade de ocorrerem exatamente 3 resultados pares?

41. (Unesp-SP) Renato e Alice fazem parte de um grupo de 8 pessoas que serão colocadas, ao acaso, em fila. Calcule a probabilidade de haver exatamente 4 pessoas entre Renato e Alice na fila que será formada.

Generalize uma fórmula para o cálculo da probabilidade do problema descrito acima com o mesmo grupo de "8 pessoas", trocando "4 pessoas" por "**m** pessoas", em que $1 \leq m \leq 6$. A probabilidade deverá ser dada em função de **m**.

42. (Fuvest-SP) João e Maria jogam dados em uma mesa. São cinco dados em forma de poliedros regulares: um tetraedro, um cubo, um octaedro, um dodecaedro e um icosaedro. As faces são numeradas de 1 a 4 no tetraedro, de 1 a 6 no cubo, etc. Os dados são honestos, ou seja, para cada um deles, a probabilidade de qualquer uma das faces ficar em contato com a mesa, após o repouso do dado, é a mesma.

Num primeiro jogo, Maria sorteia, ao acaso, um dos cinco dados, João o lança e verifica o número da face que ficou em contato com a mesa.

Reprodução/Fuvest, 2016

a) Qual é a probabilidade de que esse número seja maior do que 12?

b) Qual é a probabilidade de que esse número seja menor do que 5?

Num segundo jogo, João sorteia, ao acaso, dois dos cinco dados. Maria os lança e anota o valor da soma dos números das duas faces que ficaram em contato com a mesa, após o repouso dos dados.

c) Qual é a probabilidade de que esse valor seja maior do que 30?

Poliedros regulares	
Tetraedro	4 faces
Cubo	6 faces
Octaedro	8 faces
Dodecaedro	12 faces
Icosaedro	20 faces

Testes

1. (Enem) Em uma central de atendimento, cem pessoas receberam senhas numeradas de 1 até 100. Uma das senhas é sorteada ao acaso.

Qual é a probabilidade de a senha sorteada ser um número de 1 a 20?

a) $\frac{1}{100}$ b) $\frac{19}{100}$ c) $\frac{20}{100}$ d) $\frac{21}{100}$ e) $\frac{80}{100}$

2. (Unesp-SP) Uma loja de departamento fez uma pesquisa de opinião com 1 000 consumidores, para monitorar a qualidade de atendimento de seus serviços. Um dos consumidores que opinaram foi sorteado para receber um prêmio pela participação na pesquisa.

A tabela mostra os resultados percentuais registrados na pesquisa, de acordo com as diferentes categorias tabuladas.

Categorias	Percentuais
ótimo	25
regular	43
péssimo	17
não opinaram	15

Se cada consumidor votou uma única vez, a probabilidade de o consumidor sorteado estar entre os que opinaram e ter votado na categoria péssimo é, aproximadamente,

a) 20%.
b) 30%.
c) 26%.
d) 29%.
e) 23%.

3. (UPE) Dentre os esportes oferecidos aos estudantes de uma escola com 3 000 alunos, temos o futebol como preferência, sendo praticado por 600 estudantes. 300 estudantes dessa mesma escola praticam natação, e 100 praticam ambos os esportes. Selecionando-se um estudante praticante de futebol para uma entrevista, qual a probabilidade de ele também praticar natação?

a) $\frac{1}{3}$
b) $\frac{2}{3}$
c) $\frac{4}{3}$
d) $\frac{1}{6}$
e) $\frac{5}{6}$

4. (PUC-MG) Os candidatos **A** e **B** disputam uma vaga para a Câmara de Vereadores de certa cidade. A probabilidade de o candidato **A** ser eleito é de $\frac{1}{8}$, e a probabilidade de **B** ser eleito é de $\frac{1}{5}$. Com base nessas informações, pode-se afirmar que a probabilidade de exatamente um desses candidatos ser eleito é:

a) $\frac{11}{40}$
b) $\frac{13}{40}$
c) $\frac{17}{40}$
d) $\frac{21}{40}$

5. (UEG-GO) A tabela a seguir apresenta a preferência de homens e mulheres em relação a um prato, que pode ser doce ou salgado, típico de certa região do Estado de Goiás.

Sexo	Preferência	
	Doce	Salgado
Masculino	80	20
Feminino	60	40

Considerando-se os dados apresentados na tabela, a probabilidade de um desses indivíduos preferir o prato típico doce, sabendo-se que ele é do sexo feminino, é de

a) 0,43
b) 0,50
c) 0,60
d) 0,70

6. (UFRGS-RS) As figuras abaixo representam dez cartões, distintos apenas pelos números neles escritos.

$\frac{99}{100}$	$\frac{\sqrt{5}}{2}$	$2\cos 60°$	$\frac{\sqrt{3}}{3}$	π
$\log 13$	$-\frac{5}{3}$	$\frac{3}{5}$	$\frac{1}{\sqrt{2}}$	$\lvert\cos 180°\rvert$

Sorteando aleatoriamente um cartão, a probabilidade de ele conter um número maior do que 1 é

a) $\frac{1}{5}$.
b) $\frac{3}{10}$.
c) $\frac{2}{5}$.
d) $\frac{1}{2}$.
e) $\frac{3}{5}$.

7. (PUC-RJ) Sejam os conjuntos A = {1, 2, 3, 4, 5} e B = {6, 7, 8, 9, 10}.
Escolhendo-se ao acaso um elemento de **A** e um elemento de **B**, a probabilidade de que a soma dos dois números escolhidos seja um número par é:

a) $\frac{1}{2}$
b) $\frac{3}{5}$
c) $\frac{12}{25}$
d) $\frac{6}{25}$
e) $\frac{7}{10}$

8. (Uepa) Uma universidade realizou uma pesquisa *on-line* envolvendo jovens do ensino médio para saber quais meios de comunicação esses jovens utilizam para se informarem dos acontecimentos diários. Para incentivá-los a preencher os dados referentes à pesquisa, cujas respostas estão registradas no quadro abaixo, a universidade sorteou um *tablet* dentre os respondentes.

Mulheres	Ouvem apenas rádio	350
	Assistem à televisão e consultam a internet	150
Homens	Assistem à televisão e consultam internet	375
	Utilizam apenas internet	125
Total de jovens entrevistados		1 000

Sabendo-se que o respondente sorteado consulta a internet para se manter informado diariamente, a probabilidade de o sorteador ser um homem:

a) é inferior a 30%.
b) está compreendida entre 30% e 40%.
c) está compreendida entre 40% e 60%.
d) está compreendida entre 60% e 80%.
e) é superior a 80%.

9. (UPF-RS) Duas bolsas de estudo serão sorteadas entre 9 pessoas, sendo 7 mulheres e 2 homens. Considerando-se que uma pessoa desse grupo não pode ganhar as duas bolsas, qual a probabilidade de duas mulheres serem sorteadas?

a) $\frac{1}{21}$
b) $\frac{7}{36}$
c) $\frac{7}{12}$
d) $\frac{7}{9}$
e) $\frac{2}{7}$

10. (PUC-RJ) Em uma urna existem 10 bolinhas de cores diferentes, das quais sete têm massa de 300 gramas cada e as outras três têm massa de 200 g cada. Serão retiradas 3 bolinhas, sem reposição.
A probabilidade de que a massa total das 3 bolinhas retiradas seja de 900 gramas é de:

a) $\frac{3}{10}$
b) $\frac{7}{24}$
c) $\frac{7}{10}$
d) $\frac{1}{15}$
e) $\frac{9}{100}$

11. (Enem) Um casal, ambos com 30 anos de idade, pretende fazer um plano de previdência privada. A seguradora pesquisada, para definir o valor do recolhimento mensal, estima a probabilidade de que pelo menos um deles esteja vivo daqui a 50 anos, tomando por base dados da população, que indicam que 20% dos homens e 30% das mulheres de hoje alcançarão a idade de 80 anos.
Qual é essa probabilidade?

a) 50%
b) 44%
c) 38%
d) 25%
e) 6%

12. (FICSAE-SP) Em uma urna vazia foram colocadas fichas iguais, em cada uma das quais foi escrito apenas um dos anagramas da palavra HOSPITAL. A probabilidade de que, ao sortear-se uma única ficha dessa urna, no anagrama nela marcado as letras iniciais e final sejam ambas consoantes é

a) $\frac{5}{14}$
b) $\frac{3}{7}$
c) $\frac{4}{7}$
d) $\frac{9}{14}$

13. (Unicamp-SP) Um caixa eletrônico de certo banco dispõe apenas de cédulas de 20 e 50 reais. No caso de um saque de 400 reais, a probabilidade de o número de cédulas entregues ser ímpar é igual a:

a) $\frac{1}{4}$
b) $\frac{2}{5}$
c) $\frac{2}{3}$
d) $\frac{3}{5}$

14. (Unesp-SP) Em um condomínio residencial, há 120 casas e 230 terrenos sem edificações. Em um determinado mês, entre as casas, 20% dos proprietários associados a cada casa estão com as taxas de condomínio atrasadas, enquanto, entre os proprietários associados a cada terreno, esse

percentual é de 10%. De posse de todos os boletos individuais de cobrança das taxas em atraso do mês, o administrador do empreendimento escolhe um boleto ao acaso. A probabilidade de que o boleto seja de um proprietário de terreno sem edificação é de:

a) $\frac{24}{350}$

b) $\frac{24}{47}$

c) $\frac{47}{350}$

d) $\frac{23}{350}$

e) $\frac{23}{47}$

15. (UEG-GO) Pedro jogou dois dados comuns numerados de 1 a 6. Sabendo-se que o produto dos números sorteados nos dois dados é múltiplo de 3, a probabilidade de terem sido sorteados os números 3 e 4 é uma em

a) 18
b) 12
c) 10
d) 9

16. (UFPR) Um dado comum, com faces numeradas de 1 a 6, é lançado duas vezes, fornecendo dois números **a** e **c**, que podem ser iguais ou diferentes. Qual é a probabilidade de a equação $ax^2 + 4x + c = 0$ ter pelo menos uma raiz real?

a) $\frac{5}{36}$.

b) $\frac{1}{6}$.

c) $\frac{2}{9}$.

d) $\frac{4}{15}$.

e) $\frac{1}{3}$.

17. (UFRGS-RS) Dardos são lançados em direção a um alvo com a forma de um quadrado de lado 10, como representado na figura abaixo, tendo igual probabilidade de atingir qualquer região do alvo.

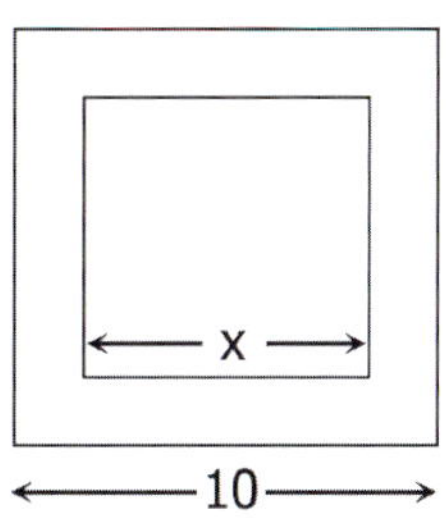

Reprodução/UFRGS, 2016

Se todos os dardos atingem o alvo e 50% atingem o quadrado de lado **x**, o valor inteiro mais próximo de **x** é

a) 4.
b) 5.
c) 6.
d) 7.
e) 8.

18. (Unesp-SP) Um dado convencional e uma moeda, ambos não viciados, serão lançados simultaneamente. Uma das faces da moeda está marcada com o número 3, e a outra com o número 6. A probabilidade de que a média aritmética entre o número obtido da face do dado e o da face da moeda esteja entre 2 e 4 é igual a

a) $\frac{1}{3}$

b) $\frac{2}{3}$

c) $\frac{1}{2}$

d) $\frac{3}{4}$

e) $\frac{1}{4}$

19. (Enem) Para analisar o desempenho de um método diagnóstico, realizam-se estudos em populações contendo pacientes sadios e doentes. Quatro situações distintas podem acontecer nesse contexto de teste:

1) Paciente TEM a doença e o resultado do teste é POSITIVO.
2) Paciente TEM a doença e o resultado do teste é NEGATIVO.
3) Paciente NÃO TEM a doença e o resultado do teste é POSITIVO.
4) Paciente NÃO TEM a doença e o resultado do teste é NEGATIVO.

Um índice de desempenho para avaliação de um teste diagnóstico é a sensibilidade, definida como a probabilidade de o resultado do teste ser POSITIVO se o paciente estiver com a doença.

O quadro refere-se a um teste diagnóstico para a doença **A**, aplicado em uma amostra composta por duzentos indivíduos.

Resultado do teste	Doença A	
	Presente	Ausente
Positivo	95	15
Negativo	5	85

BENSENOR, I. M; LOTUFO, P. A. *Epidemiologia: abordagem prática*. São Paulo: Saraiva, 2011 (adaptado).

Conforme o quadro do teste proposto, a sensibilidade dele é de

a) 47,5%.
b) 85,0%.
c) 86,3%.
d) 94,4%.
e) 95,0%.

20. (UPE) Uma urna contém 18 bolas vermelhas, 12 amarelas e 20 brancas, sendo todas idênticas. Quantas bolas brancas devem ser retiradas dessa urna, de modo que, ao sortear uma bola, a probabilidade de ela ser branca seja igual a $\frac{1}{6}$?

a) 16
b) 15
c) 14
d) 13
e) 12

21. (FGV-SP) A urna I tem duas bolas vermelhas, a urna II tem duas bolas brancas e a urna III tem uma bola branca e outra vermelha.
Sorteia-se uma urna e dela uma bola.
Se a bola sorteada for vermelha, qual a probabilidade de que tenha vindo da urna I?

a) $\frac{4}{5}$
b) $\frac{2}{3}$
c) $\frac{1}{2}$
d) $\frac{5}{6}$
e) $\frac{3}{4}$

22. (Uneb-BA)

Reprodução/Uneb, 2014

De acordo com o texto, se Cebolinha lançar a sua moeda dez vezes, a probabilidade de a face voltada para cima sair cara, em pelo menos oito dos lançamentos, é igual a:

a) $\frac{25}{512}$
b) $\frac{17}{256}$
c) $\frac{15}{256}$
d) $\frac{7}{128}$
e) $\frac{5}{128}$

23. (Unicamp-SP) Uma moeda balanceada é lançada quatro vezes, obtendo-se cara exatamente três vezes. A probabilidade de que as caras tenham saído consecutivamente é igual a:

a) $\frac{1}{4}$
b) $\frac{3}{8}$
c) $\frac{1}{2}$
d) $\frac{3}{4}$

24. (Enem) O psicólogo de uma empresa aplica um teste para analisar a aptidão de um candidato a determinado cargo. O teste consiste em uma série de perguntas cujas respostas devem ser verdadeiro ou falso e termina quando o psicólogo fizer a décima pergunta ou quando o candidato der a segunda resposta errada. Com base em testes anteriores, o psicólogo sabe que a probabilidade de o candidato errar uma resposta é 0,20.
A probabilidade de o teste terminar na quinta pergunta é:

a) 0,02048
b) 0,08192
c) 0,24000
d) 0,40960
e) 0,49152

25. (Enem) Uma loja acompanhou o número de compradores de dois produtos **A** e **B**, durante os meses de janeiro, fevereiro e março de 2012. Com isso, obteve este gráfico:

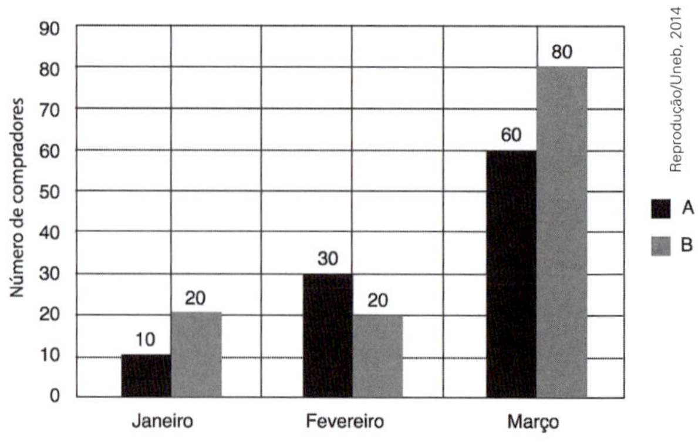

Reprodução/Uneb, 2014

A loja sorteará um brinde entre os compradores do produto **A** e outro brinde entre os compradores do produto **B**. Qual a probabilidade de que os dois sorteados tenham feito suas compras em fevereiro de 2012?

a) $\frac{1}{20}$

b) $\frac{3}{242}$

c) $\frac{5}{22}$

d) $\frac{6}{25}$

e) $\frac{7}{15}$

26. (Uerj) Três modelos de aparelhos de ar-condicionado I, II e III, de diferentes potências, são produzidos por um determinado fabricante. Uma consulta sobre intenção de troca de modelo foi realizada com 1 000 usuários desses produtos. Observe a matriz **A** na qual cada elemento a_{ij} representa o número daqueles que pretendem trocar do modelo **i** para o **j**.

$$A = \begin{pmatrix} 50 & 150 & 200 \\ 0 & 100 & 300 \\ 0 & 0 & 200 \end{pmatrix}$$

Escolhendo-se aleatoriamente um dos usuários consultados, a probabilidade de que ele não pretenda trocar seu modelo de ar-condicionado é igual a:

a) 20%
b) 35%
c) 40%
d) 65%

27. (Uerj) Em um escritório, há dois porta-lápis: o porta-lápis **A** com 10 lápis, dentre os quais 3 estão apontados, e o porta-lápis **B** com 9 lápis, dentre os quais 4 estão apontados.

Reprodução/Uerj, 2014

Um funcionário retira um lápis qualquer ao acaso do porta-lápis **A** e o coloca no porta-lápis **B**. Novamente ao acaso, ele retira um lápis qualquer do porta-lápis **B**.

A probabilidade de que este último lápis retirado não tenha ponta é igual a:

a) 0,64
b) 0,57
c) 0,52
d) 0,42

28. (Fuvest-SP) O gamão é um jogo de tabuleiro muito antigo, para dois oponentes, que combina a sorte, em lances de dados, com estratégia no movimento das peças. Pelas regras adotadas, atualmente, no Brasil, o número total de casas que as peças de um jogador podem avançar, numa dada jogada, é determinado pelo resultado do lançamento de dois dados. Esse número é igual à soma dos valores obtidos nos dois dados, se esses valores forem diferentes entre si; e é igual ao dobro da soma, se os valores obtidos nos dois dados forem iguais.

Supondo que os dados não sejam viciados, a probabilidade de um jogador poder fazer suas peças andarem pelo menos oito casas em uma jogada é:

a) $\frac{1}{3}$

b) $\frac{5}{12}$

c) $\frac{17}{36}$

d) $\frac{1}{2}$

e) $\frac{19}{36}$

29. (UFRGS-RS) Considere um hexágono convexo com vértices **A**, **B**, **C**, **D**, **E** e **F**. Tomando dois vértices ao acaso, a probabilidade de eles serem extremos de uma diagonal do hexágono é

a) $\frac{1}{5}$.

b) $\frac{2}{5}$.

c) $\frac{3}{5}$.

d) $\frac{4}{5}$.

e) 1.

30. (Insper-SP) Quatro moedas de 25 centavos e quatro de 50 centavos são misturadas ao acaso e colocadas em uma fila. A probabilidade de que a primeira e a última moeda dessa fila sejam de 50 centavos é igual a

a) $\frac{2}{7}$.
b) $\frac{7}{25}$.
c) $\frac{3}{14}$.
d) $\frac{1}{5}$.
e) $\frac{9}{5}$.

31. (Enem) Uma caixa contém uma cédula de R$ 5,00, uma de R$ 20,00 e duas de R$ 50,00 de modelos diferentes. Retira-se aleatoriamente uma cédula dessa caixa, anota-se o seu valor e devolve-se a cédula à caixa. Em seguida, repete-se o procedimento anterior.

A probabilidade de que a soma dos valores anotados seja pelo menos igual a R$ 55,00 é

a) $\frac{1}{2}$
b) $\frac{1}{4}$
c) $\frac{3}{4}$
d) $\frac{2}{9}$
e) $\frac{5}{9}$

32. (Fuvest-SP) Em um experimento probabilístico, Joana retirará aleatoriamente 2 bolas de uma caixa contendo bolas azuis e bolas vermelhas. Ao montar-se o experimento, colocam-se 6 bolas azuis na caixa. Quantas bolas vermelhas devem ser acrescentadas para que a probabilidade de Joana obter 2 azuis seja $\frac{1}{3}$?

a) 2
b) 4
c) 6
d) 8
e) 10

33. (EsPCEx-SP) De uma caixa contendo 50 bolas numeradas de 1 a 50 retiram-se duas bolas, sem reposição. A probabilidade do número da primeira bola ser divisível por 4 e o número da segunda bola ser divisível por 5 é:

a) $\frac{12}{245}$
b) $\frac{14}{245}$
c) $\frac{59}{2450}$
d) $\frac{59}{1225}$
e) $\frac{11}{545}$

34. (Enem) Em uma escola, a probabilidade de um aluno compreender e falar inglês é de 30%. Três alunos dessa escola, que estão em fase final de seleção de intercâmbio, aguardam, em uma sala, serem chamados para uma entrevista. Mas, ao invés de chamá-los um a um, o entrevistador entra na sala e faz, oralmente, uma pergunta em inglês que pode ser respondida por qualquer um dos alunos.

A probabilidade de o entrevistador ser entendido e ter sua pergunta oralmente respondida em inglês é

a) 23,7%
b) 30,0%
c) 44,1%
d) 65,7%
e) 90,0%

35. (FGV-SP) Em uma rifa, são vendidos 100 bilhetes com números diferentes, sendo que 5 deles estão premiados. Se uma pessoa adquire 2 bilhetes, a probabilidade de que ganhe ao menos um dos prêmios é de

a) $\frac{31}{330}$
b) $\frac{47}{495}$
c) $\frac{19}{198}$
d) $\frac{16}{165}$
e) $\frac{97}{990}$

36. (UEG-GO) Evandro está pensando em convidar Ana Paula para ir ao cinema no próximo domingo, entretanto, ele sabe que se estiver chovendo nesse dia, a probabilidade de ela aceitar é de 20%; caso contrário, a probabilidade de ela aceitar é de 90%. Sabendo-se que a probabilidade de estar chovendo no domingo é de 30%, a probabilidade de Ana Paula aceitar o convite de Evandro é de

a) 0,50
b) 0,63
c) 0,69
d) 0,70

37. (Mack-SP) Em uma das provas de uma gincana, cada um dos 4 membros de cada equipe deve retirar, ao acaso, uma bola de uma urna contendo bolas numeradas de 1 a 10, que deve ser reposta após cada retirada. A pontuação de uma equipe nessa prova é igual ao número de bolas com números pares sorteadas pelos seus membros. Assim, a probabilidade de uma equipe conseguir pelo menos um ponto é

a) $\frac{4}{5}$

b) $\frac{7}{8}$

c) $\frac{9}{10}$

d) $\frac{11}{12}$

e) $\frac{15}{16}$

38. (Fuvest-SP) Cláudia, Paulo, Rodrigo e Ana brincam entre si de amigo-secreto (ou amigo-oculto). Cada nome é escrito em um pedaço de papel, que é colocado em uma urna, e cada participante retira um deles ao acaso. A probabilidade de que nenhum participante retire seu próprio nome é

a) $\frac{1}{4}$

b) $\frac{7}{24}$

c) $\frac{1}{3}$

d) $\frac{3}{8}$

e) $\frac{5}{12}$

39. (Uerj) Os consumidores de uma loja podem concorrer a brindes ao fazerem compras acima de R$ 100,00. Para isso, recebem um cartão de raspar no qual estão registradas 23 letras do alfabeto em cinco linhas. Ao consumidor é informado que cada linha dispõe as seguintes letras, em qualquer ordem:

- linha 1 – {A, B, C, D, E};
- linha 2 – {F, G, H, I, J};
- linha 3 – {L, M, N, O, P};
- linha 4 – {Q, R, S, T, U};
- linha 5 – {V, X, Z}.

Observe um exemplo desses cartões, com letras ainda visíveis:

Reprodução/UERJ, 2016

Para que um consumidor ganhasse um secador, teria de raspar o cartão exatamente nas letras dessa palavra, como indicado abaixo:

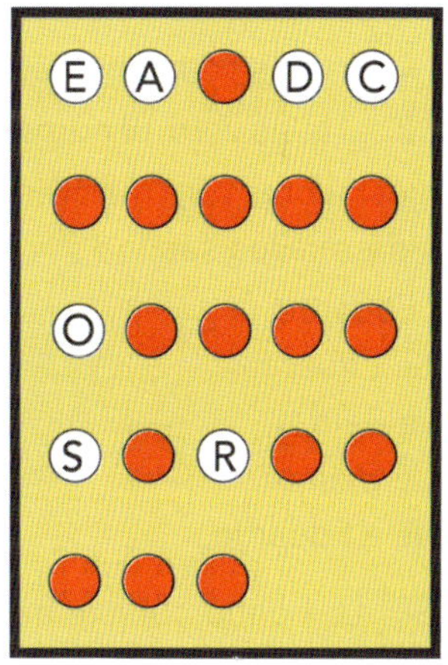

Reprodução/UERJ, 2016

Considere um consumidor que receba um cartão para concorrer a um ventilador.

Se ele raspar as letras corretas em cada linha para formar a palavra VENTILADOR, a probabilidade de que ele seja premiado corresponde a:

a) $\frac{1}{15000}$

b) $\frac{1}{18000}$

c) $\frac{1}{20000}$

d) $\frac{1}{25000}$

40. (Enem) Considere o seguinte jogo de apostas:

Numa cartela com 60 números disponíveis, um apostador escolhe de 6 a 10 números. Dentre os números disponíveis, serão sorteados apenas 6. O apostador será premiado caso os 6 números sorteados estejam entre os números escolhidos por ele numa mesma cartela.

O quadro apresenta o preço de cada cartela, de acordo com a quantidade de números escolhidos.

Quantidades de números escolhidos de uma cartela	6	7	8	9	10
Preço da cartela (R$)	2,00	12,00	40,00	125,00	250,00

Cinco apostadores, cada um com R$ 500,00 para apostar, fizeram as seguintes opções:

Arthur: 250 cartelas com 6 números escolhidos;

Bruno: 41 cartelas com 7 números escolhidos e 4 cartelas com 6 números escolhidos;

Caio: 12 cartelas com 8 números escolhidos e 10 cartelas com 6 números escolhidos;

Douglas: 4 cartelas com 9 números escolhidos;

Eduardo: 2 cartelas com 10 números escolhidos.

Os dois apostadores com maiores probabilidades de serem premiados são:

a) Caio e Eduardo.

b) Arthur e Eduardo.

c) Bruno e Caio.

d) Arthur e Bruno.

e) Douglas e Eduardo.

41. (Fuvest-SP) Um dado cúbico, não viciado, com faces numeradas de 1 a 6, é lançado três vezes. Em cada lançamento, anota-se o número obtido na face superior do dado, formando-se uma sequência (**a**, **b**, **c**). Qual é a probabilidade de que **b** seja sucessor de **a** ou que **c** seja sucessor de **b**?

a) $\frac{4}{27}$

b) $\frac{11}{54}$

c) $\frac{7}{27}$

d) $\frac{10}{27}$

e) $\frac{23}{54}$

(Uerj) Utilize as informações a seguir para responder às questões de número 42 e 43.

Uma loja identifica seus produtos com um código que utiliza 16 barras, finas ou grossas. Nesse sistema de codificação, a barra fina representa o zero e a grossa o 1. A conversão do código em algarismos do número correspondente a cada produto deve ser feita de acordo com esta tabela:

Código	Algarismo	Código	Algarismo
0000	0	0101	5
0001	1	0110	6
0010	2	0111	7
0011	3	1000	8
0100	4	1001	9

Observe um exemplo de código e de seu número correspondente:

= 0729

Reprodução/UERJ, 2014

42. Considere o código abaixo, que identifica determinado produto.

Reprodução/UERJ, 2014

Esse código corresponde ao seguinte número:

a) 6 835

b) 5 724

c) 8 645

d) 9 768

43. Existe um conjunto de todas as sequências de 16 barras finas ou grossas que podem ser representadas. Escolhendo-se ao acaso uma dessas sequências, a probabilidade de ela configurar um código do sistema descrito é:

a) $\frac{5}{2^{15}}$

b) $\frac{25}{2^{14}}$

c) $\frac{125}{2^{13}}$

d) $\frac{625}{2^{12}}$

44. (Mack-SP) Em uma secretaria, dois digitadores atendem 3 departamentos. Se em cada dia útil um serviço de digitação é solicitado por departamento a um digitador escolhido ao acaso, a probabilidade de que, em um dia útil, nenhum digitador fique ocioso, é:

a) $\frac{1}{2}$

b) $\frac{3}{4}$

c) $\frac{7}{8}$

d) $\frac{2}{3}$

e) $\frac{5}{8}$

45. (UFJF/Pism-MG) Na fase final do processo seletivo para o Mestrado em Matemática de uma certa universidade há 10 candidatos. Nessa fase, cada um dos 5 professores do corpo docente do departamento deve escolher apenas um dos candidatos para orientar, formando, assim, uma dupla do tipo (professor, aluno). Os cinco escolhidos serão os aprovados no processo e os demais serão reprovados. Qual é a probabilidade de João, um dos candidatos, ser aprovado para o Mestrado, e Maria, uma das professoras, ser a orientadora de João?

a) $\frac{1}{2}$;

b) $\frac{1}{10}$;

c) $\frac{1}{3024}$;

d) $\frac{1}{6084}$;

e) $\frac{1}{30240}$.

46. (Enem) Uma competição esportiva envolveu 20 equipes com 10 atletas cada. Uma denúncia à organização dizia que um dos atletas havia utilizado substância proibida. Os organizadores, então, decidiram fazer um exame *antidoping*. Foram propostos três modos diferentes para escolher os atletas que irão realizá-lo:

Modo I: sortear três atletas dentre todos os participantes;

Modo II: sortear primeiro uma das equipes e, desta, sortear três atletas;

Modo III: sortear primeiro três equipes e, então, sortear um atleta de cada uma dessas três equipes.

Considere que todos os atletas têm igual probabilidade de serem sorteados e que P(I), P(II) e P(III) sejam as probabilidades de o atleta que utilizou a substância proibida seja um dos escolhidos para o exame no caso do sorteio ser feito pelo modo I, II ou III.

Comparando-se essas probabilidades, obtém-se

a) $P(I) < P(III) < P(II)$

b) $P(II) < P(I) < P(III)$

c) $P(I) < P(II) = P(III)$

d) $P(I) = P(II) < P(III)$

e) $P(I) = P(II) = P(III)$

47. (Mack-SP) Um professor de matemática entrega aos seus alunos uma lista contendo 10 problemas e avisa que 5 deles serão escolhidos ao acaso para compor a prova final. Se um aluno conseguiu resolver, corretamente, apenas 7 dos 10 problemas, a probabilidade de que ele acerte todos os problemas da prova é

a) $\frac{7}{84}$

b) $\frac{21}{84}$

c) $\frac{59}{84}$

d) $\frac{77}{84}$

e) 1

48. (Uerj) Considere o conjunto de números naturais abaixo e os procedimentos subsequentes:

$$A = \{0, 1, 2, 3, 4, 5, 6, 7, 8, 9\}$$

1 – Cada número primo de **A** foi multiplicado por 3. Sabe-se que um número natural P é primo se $P > 1$ e tem apenas dois divisores naturais distintos.

2 – A cada um dos demais elementos de **A**, foi somado o número 1.

3 – Cada um dos números distintos obtidos foi escrito em apenas um pequeno cartão.

4 – Dentre todos os cartões, foram sorteados exatamente dois cartões com números distintos ao acaso.

A probabilidade de em pelo menos um cartão sorteado estar escrito um número par é:

a) $\frac{5}{12}$

b) $\frac{7}{12}$

c) $\frac{13}{24}$

d) $\frac{17}{24}$

49. (Unesp-SP) Em um jogo de tabuleiro, o jogador desloca seu peão nas casas por meio dos pontos obtidos no lançamento de um par de dados convencionais e não viciados. Se o jogador obtém números diferentes nos dados, ele avança um total de casas igual à soma dos pontos obtidos nos dados, encerrando-se a jogada. Por outro lado, se o jogador obtém números iguais nos dados, ele lança novamente o par de dados e avança seu peão pela soma dos pontos obtidos nos dois lançamentos, encerrando-se a jogada.

A figura a seguir indica a posição do peão no tabuleiro desse jogo antes do início de uma jogada.

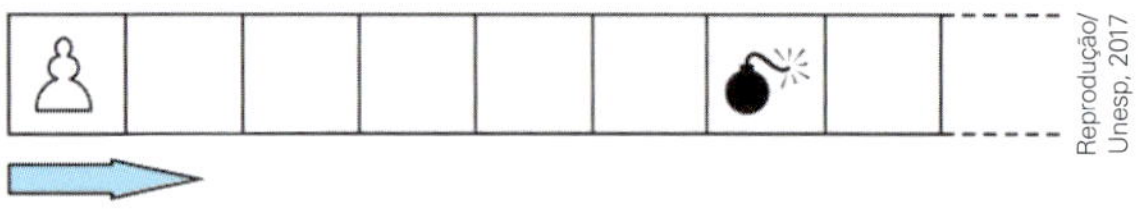

Iniciada a jogada, a probabilidade de que o peão encerre a jogada na casa indicada na figura com a bomba é igual a

a) $\frac{37}{324}$
b) $\frac{49}{432}$
c) $\frac{23}{144}$
d) $\frac{23}{135}$
e) $\frac{23}{216}$

50. (Enem) O HPV é uma doença sexualmente transmissível. Uma vacina com eficácia de 98% foi criada com o objetivo de prevenir a infecção por HPV e, dessa forma, reduzir o número de pessoas que venham a desenvolver câncer de colo de útero. Uma campanha de vacinação foi lançada em 2014 pelo SUS, para um público-alvo de meninas de 11 a 13 anos de idade. Considera-se que, em uma população não vacinada, o HPV acomete 50% desse público ao longo de suas vidas. Em certo município, a equipe coordenadora da campanha decidiu vacinar meninas entre 11 e 13 anos de idade em quantidade suficiente para que a probabilidade de uma menina nessa faixa etária, escolhida ao acaso, vir a desenvolver essa doença seja, no máximo, de 5,9%. Houve cinco propostas de cobertura, de modo a atingir essa meta:

Proposta I: vacinação de 90% do público-alvo.

Proposta II: vacinação de 55,8% do público-alvo.

Proposta III: vacinação de 88,2% do público-alvo.

Proposta IV: vacinação de 49% do público-alvo.

Proposta V: vacinação de 95,9% do público-alvo.

Para diminuir os custos, a proposta escolhida deveria ser também aquela que vacinasse a menor quantidade possível de pessoas.

Disponível em: www.virushpv.com.br. Acesso em: 30 ago. 2014 (adaptado).

A proposta implementada foi a de número

a) I.
b) II.
c) III.
d) IV.
e) V.

(Insper-SP) Leia o texto para responder às questões de números 51 e 52.

Um programa de televisão leva, semanalmente, pessoas que se inscreveram para realizar um conjunto de 10 provas previamente conhecidas em troca de premiações em dinheiro. Assim que um candidato é selecionado, ele gira uma roleta enumerada de 1 a 10 a fim de determinar a prova que ele deverá realizar, sendo que, uma vez selecionada, a prova não poderá ser realizada uma segunda vez, em nenhum momento do programa. Desse modo, por exemplo, assim que a prova de número 9 for selecionada, ao girar a roleta para determinar a outra prova a ser realizada, se a roleta voltar a selecionar a prova 9, automaticamente será determinada a realização da prova seguinte, ou seja, a prova de número 10.

Todos os números possuem a mesma probabilidade de serem sorteados na roleta.

51. O primeiro candidato sorteado precisa concluir, pelo menos, três provas para conseguir a premiação que almeja. Inclusive, para ele, seria ideal realizar as provas de número 4, 5 e 6, exatamente nessa ordem. A probabilidade de isso ocorrer é

a) $\frac{3}{10}$
b) $\frac{1}{1000}$
c) $\frac{15}{100}$
d) $\frac{3}{1000}$
e) $\frac{6}{1000}$

52. Um segundo candidato foi chamado para participar do programa, porém quatro das dez provas já haviam sido selecionadas anteriormente, conforme ilustrado a seguir.

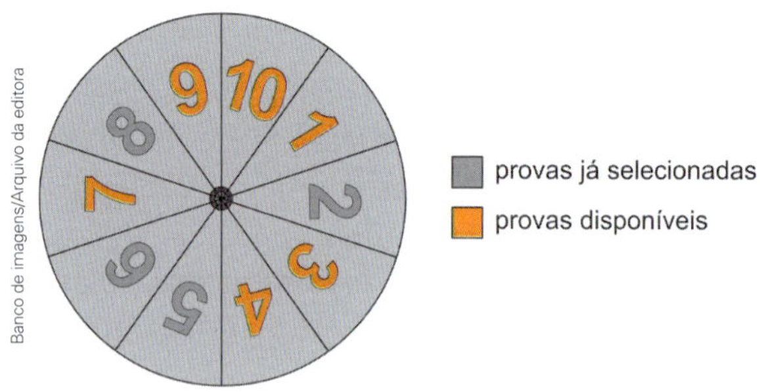

O apresentador pediu para esse candidato indicar, das provas disponíveis, qual é a mais fácil. Ele respondeu que era a prova de número 3.

Qual a probabilidade de essa prova ser a sorteada para esse segundo candidato?

a) 25%.
b) 10%.
c) 16%.
d) 30%.
e) 20%.

Respostas

Capítulo 11 – Áreas de superfícies planas

Exercícios

1. a) 78 cm^2 b) 75 m^2 c) 192 dm^2 d) 36 m^2 e) $48\sqrt{3}$ dm^2 f) 25 mm^2

2. 3 600 m^2

3. 125 u.a.

4. 48 m^2

5. 10 800

6. 40 m^2

7. 8 dm e 18 dm

8. a) $A_Q = 576\ m^2$; $A_R = 432\ m^2$
b) $\frac{12}{13}$

9. a) I, II e III.
b) Lucas; 2 800 m^2

10. R$ 20 640,00

11. 88,4 m^2

12. a) 480 b) 900 cm^2

13. A troca é vantajosa.

14. 4 m^2

15. a) Lote I: 400 m^2; Lote II: 2 250 m^2; Lote III: 2 550 m^2
b) 51%, aproximadamente.
c) R$ 216 750,00

16. a) 90 cm^2 b) 40 cm^2 c) $30\sqrt{3}$ cm^2

17. $48\sqrt{3}$ m^2

18. 72 m^2

19. a) $16\sqrt{3}$ m^2 b) $32\sqrt{2}$ m^2 c) $12\sqrt{2}$ m^2 d) $72\sqrt{3}$ m^2 e) $20\sqrt{2}$ m^2

20. a) 48 cm^2 b) $16\sqrt{6}$ m^2 c) $9\sqrt{3}$ dm^2 d) $9\sqrt{15}$ m^2 e) 8,64 cm^2 f) $36\sqrt{5}$ dm^2 g) 63 m^2

21. 144 cm^2

22. 18 cm^2

23. 1,44 m^2

24. $12\sqrt{3}$ dm^2

25. 3 cm

26. $\frac{1}{8}$

27. 32 cm^2

28. $2 \cdot (1 + \sqrt{3})$ cm^2

29. R$ 153,60

30. $A_I = 5$ u.a.; $A_{II} = 9$ u.a.; $A_{III} = 8$ u.a.

31. 16 m e 13,5 m

32. a) 96 dm^2 b) $6\sqrt{2}$ dm^2 c) $64\sqrt{2}$ dm^2

33. a) $24\sqrt{7}$ cm^2 b) 96 dm^2 c) $\frac{225\sqrt{3}}{2}$ cm^2 d) 150 m^2

34. 12 150 km^2

35. a) 204 m^2 b) 75 m^2 c) 35 m^2 d) 348 m^2 e) 60 m^2 f) $6 \cdot (9 + \sqrt{3})$ m^2

36. R$ 75 600,00.

37. 288 m^2

38. 4,5 dm e 7,5 dm.

39. a) 80 m b) $3200\sqrt{3}$ m^2

40. a) 4,08 m b) 1,26 m^2

41. a) $3\sqrt{2}$ cm b) $\sqrt{3}$ cm c) 2,5 cm

42. a) $24\sqrt{3}$ cm^2 b) $864\sqrt{3}$ cm^2 c) $162\sqrt{3}$ cm^2

43. $36\sqrt{3}$ dm^2

44. $\ell = R \cdot \sqrt{2 - \sqrt{2}}$; $a = \frac{R \cdot \sqrt{2 + \sqrt{2}}}{2}$

45. a) $96\sqrt{3}$ cm^2 b) $162\sqrt{3}$ cm^2 c) 15 cm^2 d) 756 cm^2

46. $0,96\sqrt{3}$ m^2

47. $\frac{80}{3}$ cm^2

48. a) $18\sqrt{3}$ cm^2 b) $10\sqrt{3}$ cm

49. a) 121π dm^2 b) 144π m^2 c) 256π cm^2

50. 36π dm^2

51. a) 12π m^2 b) 8π m^2

52. a) 25π m^2 b) 52π m^2 c) 36π m^2 d) 81π m^2

53. 0,7824 m^2

54. a) 4π dm^2
b) $4(\pi - 2)$ dm^2
c) $\frac{125\pi}{4}$ dm^2

55. a) 6 b) 2 680 cm^2

56. 30 184

57. 49π cm^2; 81π cm^2; 225π cm^2

58. 156%

59. 200 cm^2

60. a) $\frac{4\pi}{3}$ m^2 b) 27π dm^2 c) 18π m^2 d) 9π cm^2 e) $\frac{125\pi}{3}$ cm^2 f) $\frac{10\pi}{3}$ km^2

61. a) 3π m^2
b) 20π m^2
c) $9(\pi - 2)$ m^2
d) $\frac{25}{2} \cdot (\pi - 2)$ m^2
e) 25π m^2
f) 48π m^2

62. R$ 1 320,00

63. a) 191,25 m b) 4 758,75 m^2

64. $\left(4\sqrt{3} - \frac{2\pi}{3}\right)$ cm^2

65. 18

66. a) $2 \cdot (\pi - 2\sqrt{2})$ cm^2
b) $\frac{16}{3} \cdot (\pi - 3)$ dm^2

c) $(\pi - 2)\ m^2$

d) $12(4\pi - 3\sqrt{3})\ cm^2$

67. $(3\sqrt{3} - \pi)\ cm^2$

68. 36 dm

69. 11,25 cm^2

70. $\frac{9}{16}$

71. 10 cm

Exercícios complementares

1. 2 cm

2. R$ 934 980,00

3. $\frac{\pi + 6\sqrt{3}}{18}\ cm^2$

4. a) 20 u.c.

b) $\frac{800\pi}{3} - 200\sqrt{3}$ u.a.

5. a) Perímetro: 72 cm
Área: $216\sqrt{3}\ cm^2$

b) $CF = 24$ cm; $CE = 12\sqrt{3}$ cm

c) $\frac{2\sqrt{3}}{3}$

6. a) 144 cm^2

b) $72\sqrt{3}\ cm^2$

c) $108\sqrt{3}\ cm^2$

7. a) 51 m^2
b) 27 cm

8. a) $\frac{1}{2}$ u.a.

b) $\frac{\pi - 2}{4}$ u.a. e $\frac{4 - \pi}{4}$ u.a.

9. 100 m

10. Área quadrado ABCD: 64 cm^2;
Área círculo inscrito em ABCD: $16\pi\ cm^2$;
Área triângulo GFE: $12\sqrt{3}\ cm^2$
Área círculo inscrito em GFE: $4\pi\ cm^2$.

11. $\left(\frac{9\sqrt{3}}{2} - \frac{3\pi}{2}\right) cm^2$

12. $d = \frac{h}{2}$

13. 1

14. $4 - \pi\ cm^2$

15. a) 12 m b) 138 m^2

16. a) $\sqrt{2}$ u.c. b) $\frac{3\pi}{2} + 1$ u.a.

17. $8 \cdot (2 - \sqrt{2})$ cm

18. a) 12 cm
b) $12 \cdot (4\pi - 3\sqrt{3})\ cm^2$

19. a) 6 cm b) $9\sqrt{3}\ cm^2$

20. a) $\frac{5\pi R}{6}$ u.c.

b) $\frac{R^2}{24} \cdot (6\sqrt{3} - \pi)$ u.a.

21. a) 12 u.a.
b) 12 u.a.
c) 60 u.a.

22. a) OD = 14 mm; DC = 36 mm
b) 1 801,5 mm^2

23. a) $A(x) = x^2 \cdot \left(-1 - \frac{\pi}{8}\right) + 6x$

b) $\frac{24}{8 + \pi}$

c) 36°

24. a) 12 u.c.
b) 90 u.a.
c) 96 u.a.

25. a) $2r \cdot (\sqrt{3} + 1)$ u.c.

b) $r^2 \cdot (\sqrt{3} + 3)$ u.a.

26. a) $\frac{S}{3}$ c) $\frac{3S}{7}$

b) $\frac{3S}{10}$ d) $\frac{11S}{24}$

27. a) 2 m
b) R_1: $\sqrt{2}$ m; R_2: 1 m
c) $L_n = 2^{1 - \frac{n}{2}}$ metros
d) 22

28. a) $\frac{1}{2}$ cm

b) $(3\sqrt{3} - \pi)\ cm^2$
c) 1 cm

Testes

1. a. **2.** c. **3.** b. **4.** b. **5.** c. **6.** c. **7.** e. **8.** d. **9.** b. **10.** e. **11.** d. **12.** c. **13.** c. **14.** c. **15.** e. **16.** a. **17.** c. **18.** c. **19.** d. **20.** a. **21.** c. **22.** b. **23.** a. **24.** b. **25.** a. **26.** c. **27.** a. **28.** b. **29.** c. **30.** b. **31.** e. **32.** e. **33.** c. **34.** b. **35.** a. **36.** e. **37.** d. **38.** c. **39.** c. **40.** d. **41.** e. **42.** c. **43.** a. **44.** e. **45.** c. **46.** a. **47.** c. **48.** e. **49.** a. **50.** d.

Capítulo 12 – Geometria espacial de posição

Exercícios

Ilustrações: Banco de imagens/Arquivo da editora

1. a)

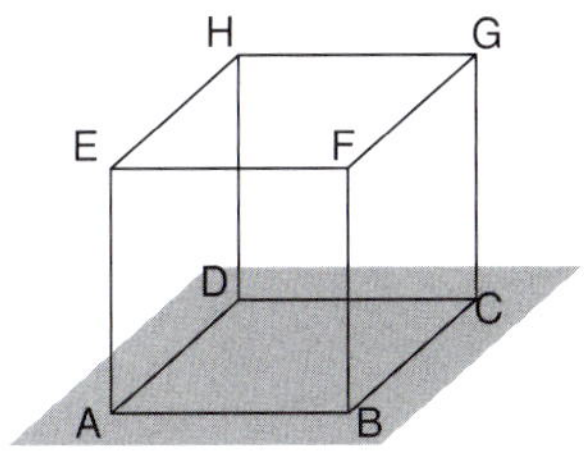

b)

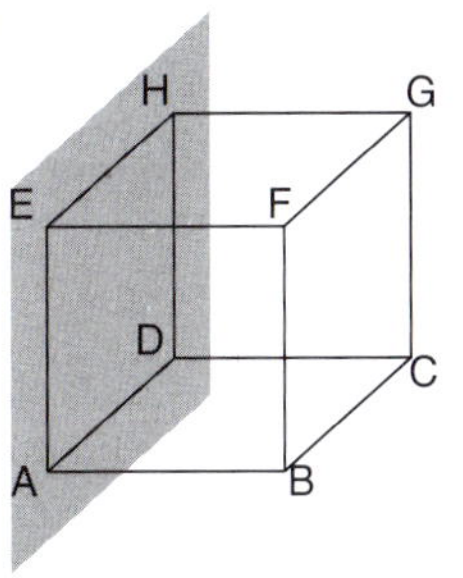

c)

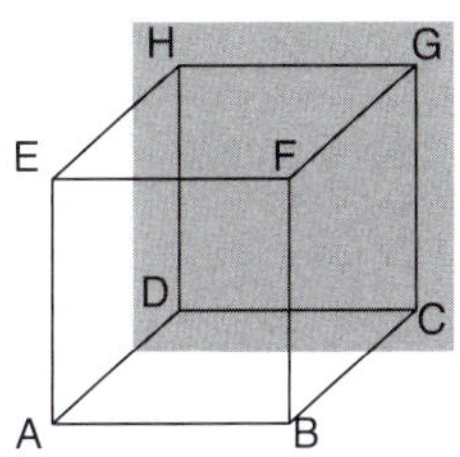

d)

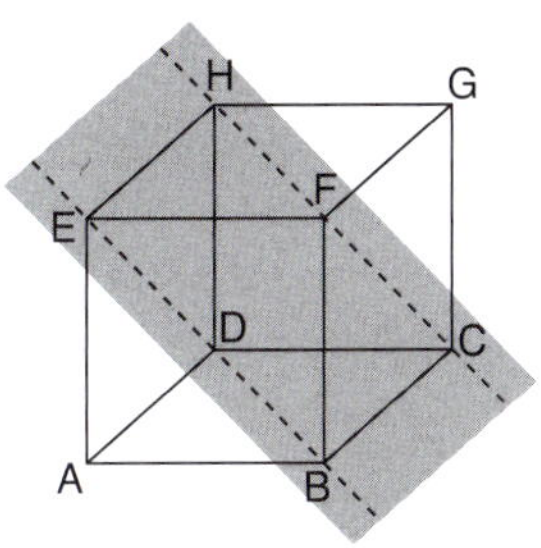

2. Um único plano ou três planos.

3. Nenhum, um único plano ou quatro planos.

4. Um único plano.

5. Três pontos (pés das mesas) não colineares determinam um único plano (o plano do chão), mas quatro pontos podem determinar mais de um plano.

6. a) **V** d) **V**
b) **V** e) **F**
c) **V**

7. a) α e β; α e γ; α e δ.
b) β e γ (paralelos coincidentes).
β e δ; γ e δ (paralelos distintos).

8. a) **F** b) **V** c) **V** d) **F** e) **V**

9. a) Paralelos.
b) Secantes.
c) Secantes.
d) Secantes.
e) Paralelos coincidentes.

10. Possíveis respostas:
a) Plano do assento (CDE) e plano do solo.
b) Plano (ABC) e plano (CDE) (ou plano de encosto e assento); interseção: $\overleftrightarrow{CD}$.
c) $\overleftrightarrow{AB}$ e $\overleftrightarrow{CD}$; $\overleftrightarrow{EG}$ e $\overleftrightarrow{FJ}$.
d) $\overleftrightarrow{AB}$ e $\overleftrightarrow{BC}$; plano do encosto.
$\overleftrightarrow{EF}$ e $\overleftrightarrow{CF}$; plano do assento.
e) $\overleftrightarrow{AD}$ e plano (CDE); traço: ponto **D**.
f) $\overleftrightarrow{AB}$ e plano (CDE); $\overleftrightarrow{ED}$ e plano (GHI).

11. a) **V** b) **V** c) **V** d) **F** e) **F**

12. a) **V** c) **F** e) **F** g) **V**
b) **V** d) **V** f) **V** h) **V**

13. a) Concorrentes.
b) Reversas.
c) Paralelas distintas.
d) Secantes.
e) Paralelas.
f) Reversas.

14. a) **V** c) **F** e) **F** g) **V**
b) **V** d) **V** f) **V**

15. a) **V** b) **F** c) **V** d) **F** e) **F**

16. a) **F** c) **V** e) **V**
b) **V** d) **F**

17. Resposta pessoal;
a) $\overleftrightarrow{AD}$ e $\overleftrightarrow{DC}$ são coplanares e concorrentes, por exemplo.
b) $\overleftrightarrow{EF}$ e $\overleftrightarrow{HG}$ são coplanares e paralelas, por exemplo.
c) $\overleftrightarrow{AB} \perp \overleftrightarrow{FG}$, $\overleftrightarrow{CD} // \overleftrightarrow{AB}$ e $\overleftrightarrow{CD} \perp \overleftrightarrow{FG}$, por exemplo.
d) As retas $\overleftrightarrow{AE}$ e $\overleftrightarrow{AD}$ são paralelas ao plano (BCG), porém $\overleftrightarrow{AE}$ e $\overleftrightarrow{AD}$ são concorrentes.

18. a) **V** c) **F** e) **F**
b) **V** d) **V** f) **V**

19. a) $\overleftrightarrow{AM}$ é perpendicular aos planos (ABC) e (MNP).
b) $\overleftrightarrow{AM}$, $\overleftrightarrow{BN}$, $\overleftrightarrow{CP}$, $\overleftrightarrow{DQ}$, $\overleftrightarrow{ER}$ e $\overleftrightarrow{FS}$.
c) Plano (AMS).
d) Planos: (MNP), (ABC), (ABM), (CDQ), (EDQ) e (AMS).

20. a) **r** b) **s** c) **t** d) 90°

21. a) Sim; ponto F; planos (BFG) e (EFG).
b) Sim; reta $\overleftrightarrow{CD}$.
c) Sim; o plano (BDF) contém a reta $\overleftrightarrow{DH}$, que é perpendicular ao plano (ABC). Pela definição, os planos (BDF) e (ABC) são perpendiculares. O traço é a reta $\overleftrightarrow{BD}$.

22. a) **F** c) **F** e) **F** g) **V**
b) **V** d) **F** f) **F**

23. a) Planos possíveis: (ABC), (EFG), (CDI) e (EFK).
b) Sim; reta $\overleftrightarrow{EF}$; oblíquos.
c) Secantes.

24. a) **V** c) **F** e) **F** g) **F**
b) **F** d) **V** f) **V**

25. a) **F** b) **V** c) **V** d) **F** e) **V**

26. a) 3 cm d) 7 cm g) 7 cm
b) 7 cm e) 3 cm
c) 2 cm f) 3 cm

Exercícios complementares

1. (02) + (16) = (18)

2. 7 planos

3. 11 planos

4. $\overleftrightarrow{PQ}$

5. a) Entre outros: ($\overleftrightarrow{AE}$, $\overleftrightarrow{FJ}$), ($\overleftrightarrow{ED}$, $\overleftrightarrow{IJ}$) e ($\overleftrightarrow{BC}$, $\overleftrightarrow{GH}$).
b) Entre outros: ($\overleftrightarrow{AE}$, $\overleftrightarrow{ED}$), ($\overleftrightarrow{BE}$, $\overleftrightarrow{BC}$) e ($\overleftrightarrow{GH}$, $\overleftrightarrow{CH}$).

c) Entre outros: ($\overleftrightarrow{AE}$, $\overleftrightarrow{IJ}$) e ($\overleftrightarrow{FG}$, $\overleftrightarrow{BC}$).

d) Entre outros: ($\overleftrightarrow{AB}$, $\overleftrightarrow{DI}$), ($\overleftrightarrow{ED}$, $\overleftrightarrow{CH}$) e ($\overleftrightarrow{AF}$, $\overleftrightarrow{HI}$).

6. (01) + (02) + (04) = (07)

7. **C'**

Testes

1. d. **12.** e.
2. a. **13.** d.
3. c. **14.** c.
4. e. **15.** a.
5. e. **16.** c.
6. e. **17.** d.
7. c. **18.** e.
8. e. **19.** e.
9. c. **20.** c.
10. c. **21.** c.
11. b.

Capítulo 13 – Prismas

Exercícios

1. a) $d = \frac{5\sqrt{3}}{2}$ cm; $A_t = 37{,}5$ cm²; $V = 15{,}625$ cm³

b) $d = \frac{\sqrt{57}}{2}$ cm; $A_t = 28$ cm²; $V = 10$ cm³

c) $d = \frac{\sqrt{61}}{2}$ cm; $A_t = 27$ cm²; $V = 9$ cm³

d) $d = 4\sqrt{6}$ cm; $A_t = 192$ cm²; $V = 128\sqrt{2}$ cm³

2. 140 dm³

3. a) $d = 4\sqrt{3}$ cm; $A_t = 96$ cm²; $V = 64$ cm³

b) $d = 14\sqrt{3}$ dm; $A_t = 1\,176$ cm²; $V = 2\,744$ dm³

4. a) 90 cm c) 243 L
b) 324 dm²

5. a) x = 7 cm
b) 128 cm³
c) 14 cm

6. 208 cm²

7. a) x = 30 cm
b) $30\sqrt{3}$ cm
c) $\frac{19}{18}$

8. a) Quadruplica; octuplica.

b) Reduz-se a $\frac{1}{9}$ da área total do cubo original; reduz-se a $\frac{1}{27}$ do volume do cubo original.

c) Reduz-se a $\frac{1}{4}$ da área total do cubo original; reduz-se a $\frac{1}{8}$ do volume do cubo original.

d) Multiplica-se por $\mathbf{k}^2$; multiplica-se por $\mathbf{k}^3$.

9. 15

10. a) 500 000 L c) 400 000 L
b) 2,15 m

11. a) 550 m² b) 1 462,5%

12. a) $15\sqrt{2}$ cm b) 1 620 cm³

13. R$ 596,00

14. a) $0 < x < 9$
b) $V(x) = 4x^3 - 96x^2 + 540x$
c) x = 4,5 cm ou x = 7,5 cm

15. a) 2,585 L b) 583 cm³

16. a) $4\sqrt{14}$ cm b) 384 cm³

17. a) $8\sqrt{2}$ cm²
b) $16\sqrt{2}$ cm²
c) $8\sqrt{3}$ cm²

18. a) 7,52 m² b) 1,356 m³

19. a) 300 pedras; 11 caixas
b) 2 250 cm³

20. a) 17,4% b) $x < 0{,}87$ h

21. a) $A_\ell = 42$ cm²; $A_t = 54$ cm²; $V = 21$ cm³

b) $A_\ell = 15$ cm²; $A_t = 3\left(5 + \sqrt{3}\right)$ cm²; $V = \frac{15\sqrt{3}}{4}$ cm³

c) $A_\ell = 30\sqrt{3}$ cm²; $A_t = 6\left(3 + 5\sqrt{3}\right)$ cm²; $V = \frac{45\sqrt{3}}{2}$ cm³

22. $A_t = 56\sqrt{3}$ dm²; $V = 48$ cm³

23. a) 384 cm³ b) $\frac{8 - 2\sqrt{5}}{33}$

24. $A_t = 264$ cm²; $V = 288$ cm³

25. $A_t = 144\left(10 + 3\sqrt{3}\right)$ dm²; $V = 4\,320\sqrt{3}$ dm³

26. R$ 12,60

27. a) 0,175 m³ b) R$ 460,90

28. a) 240 cm³ b) 248 cm²

29. R$ 1 012,50

30. $\ell = 4$ m e H = 8 m

31. a) $68\sqrt{3}$ dm² b) 60 dm³

32. 1 036,8 cm³

33. $V = 2\,160\sqrt{3}$ cm³
$A_t = 72 \cdot \left(15 + 4\sqrt{3}\right)$ cm²

34. $A_\ell = 864\sqrt{3}$ cm²; $V = 5\,184\sqrt{3}$ cm³

35. 936 m³

36. a) 705 L
b) 8,17625 m²
c) 3,04 m²

Exercícios complementares

1. 3 240 m³

2. 8,75 m

3. a) 1 980 cm³ b) 1 650 cm³

4. a) $\frac{\sqrt{30}}{6}$ b) $\frac{\sqrt{5}}{3}$

5. $4\sqrt{2}$ cm

6. $20\sqrt{6}$ cm

7. $A_b = \frac{3\sqrt{3}}{2}$ cm²; $A_\ell = 6\sqrt{3}$ cm²
$A_t = 9\sqrt{3}$ cm²; $V = \frac{9}{2}$ cm³

8. a) V = 12, F = 8 e A = 18
b) $A_t = 22x^2 - 2$
c) $V = 6x^3 - x$

9. a) 10 cm b) $\frac{15}{16}$

10. 40%

11. a) **q** b) 216 m³

12. a) 15 000 L b) $V(x) = \frac{15x^2}{4}$ m³

13. a) 4,8 cm b) 80 g

14. 5 m

15. 2 350 cm²

16. a) $\frac{1+\sqrt{5}}{2}$ b) 50 cm²

17. a) $10\sqrt{2}$ cm, $8\sqrt{2}$ cm, $4\sqrt{2}$ cm
b) 64 cm²
c) $0{,}64 \cdot \sqrt{2}$ L

18. s = 6r

19. a) $V(x) = -200x^2 + 4\,000x$
b) 10 cm

20. 24 105,6 m³

21. $V = x^3 + 2x^2y - y^3 - y^2x$

22. a) $48\sqrt{2}$ cm³ b) $6\sqrt{10}$ cm

23. V = 840 m³
$A_t = 756$ m²

24. $\frac{25\sqrt{5}}{4}$ cm²

25. 128 dm³

Testes

1. e.
2. c.
3. e.
4. c.
5. e.
6. c.
7. d.
8. d.
9. d.
10. c.
11. c.
12. a.
13. e.
14. b.
15. c.
16. e.
17. e.
18. e.
19. b.
20. a.
21. a.
22. d.
23. b.
24. b.
25. b.
26. e.
27. c.
28. b.
29. e.

Capítulo 14 – Pirâmide

Exercícios

1. a) Pirâmide quadrangular
b) Pirâmide eneagonal
c) Pirâmide triangular
d) Pirâmide octogonal
e) Pirâmide quadrangular

2. 12 vértices, 22 arestas e 12 faces

3. a) 1 440° b) 720°

4. a) Pentadecagonal; a base tem 15 lados
b) Octogonal
c) Hexagonal

5. 4 vértices, 6 arestas e 4 faces

6. a) 72 cm³ b) 36 cm³

7. 8 cm³

8. 120 m³

9. a) $16\sqrt{3}$ cm² c) $\frac{16\sqrt{2}}{3}$ cm³
b) $\frac{4\sqrt{6}}{3}$ cm

10. $A_\ell = 48\sqrt{2}$ dm²; $V = \frac{64\sqrt{7}}{3}$ cm³

11. $A_\ell = 48\sqrt{6}$ cm²; $A_t = 24\sqrt{3}(1 + 2\sqrt{2})$ cm² e $V = 48\sqrt{7}$ cm³

12. $64\sqrt{3}$ m³

13. 192 cm³

14. $24\sqrt{3}$ cm³

15. 14,25 cm³

16. $V = \frac{\sqrt{23}}{3}$ cm³ e $A_t = (6\sqrt{2} + \sqrt{3})$ cm²

17. 65,52 g

18. $4 \cdot (33 + 9\sqrt{5})$ m²

19. 288 cm³

20. a) 36,72 m² b) 14,256 m³

21. 60%

22. $A_t = 108\sqrt{3}$ dm²; $H = 6\sqrt{2}$ dm e $V = 54\sqrt{6}$ dm³

23. $\frac{8\sqrt{3}}{375}$ m³

24. 6 m³

25. a) $\frac{3\sqrt{2}}{2}$
b) $V = \frac{9\sqrt{2}}{2}$ e $A_t = 9(1 + \sqrt{3})$

26. a) 108 m² c) 60°
b) $36\sqrt{3}$ m³

27. a) 13 vértices, 20 arestas e 10 faces.
b) 1 461,6 g
c) 888 cm²

28. x = 1 cm e y = 2,4 cm.

29. Não

30. 472 dm^2

31. h = 10 cm e ℓ = 6 cm

32. $10\sqrt{3}\ cm^3$

33. a) $6\sqrt{3}\ dm^2$ b) $8\sqrt{3}\ dm^3$

34. a) 20 cm b) 9

35. $\frac{H}{4}$

36. a) 14 cm^2
b) $3(5\sqrt{3} + 8)\ cm^2$

37. 9,072 L

38. a) $(52\sqrt{3} + 180)\ cm^2$
b) 6 cm

39. a) 54 m^3 b) 38 m^3

40. a) 0,042 m^3
b) R$ 103,60

41. 200 dm^2

42. 336 dm^3

Exercícios complementares

1. a) V = 128; $A = 16\sqrt{3}$
b) $8\sqrt{3}$

2. a) 26
b) $144\sqrt{3}\ cm^2$
c) $104\sqrt{3}\ cm^3$

3. R$ 0,39, aproximadamente

4. $2 \cdot (5\sqrt{651} + 24\sqrt{133} + 120)\ cm^2$

5. a) $\frac{4}{3}m^3$ c) $\frac{4}{3}m^3$ e) $\frac{2}{3}m^3$
b) $\frac{8}{3}m^3$ d) $\frac{8}{3}m^3$

6. a) 60°
b) $A_t = \frac{3a^2}{2}\left(\sqrt{15} + \sqrt{3}\right)$
$V = \frac{3}{2}a^3$

7. 65 cm^3

8. $\frac{3}{4}$

9. 2 m^3

10. a) $DN = \frac{\ell\sqrt{7}}{3}$
b) $\frac{\ell^2\sqrt{19}}{12}$

11. a) $2\sqrt{2}$ cm c) $\frac{8\sqrt{2}}{3}\ cm^3$
b) 8 cm^2 d) $\sqrt{6}$

12. a) $A_t = 200\sqrt{3}$ e $V = \frac{500\sqrt{3}}{3}$
b) $A_t = 200 \cdot (1 + \sqrt{7})$ e
$V = \frac{2\,000\sqrt{3}}{3}$

13. a) $5 \cdot (5\sqrt{3} + 36)\ cm^2$
b) $\frac{25\sqrt{407}}{3}\ cm^3$

14. $A_t = 32\sqrt{3}\ cm^2$ e $V = \frac{64\sqrt{2}}{3}\ cm^3$

15. $\frac{1}{2}$ cm

16. $\frac{2}{3}\ell^3$

17. 22 dam

18. a) 36 cm^2
b) Ortogonais
c) $72\sqrt{3}\ cm^3$
d) $6\sqrt{7}$ cm

19. a) $\frac{a^3}{6}$ b) $\frac{5a^2}{8}$ c) $\frac{5a\sqrt{41}}{41}$

20. $\frac{13\ell^2}{4}$

21. a) 3 b) 4 c) $\sqrt{61}$ d) $\frac{12\sqrt{61}}{61}$

22. $\frac{1}{4}$

23. a) 5 cm, 4 cm e 3 cm
b) 94 cm^2

24. a) $\frac{9\sqrt{3}}{4}\ cm^2$
b) 9 cm^2
c) $\frac{9\sqrt{2}}{2}\ cm^3$

25. a) 14 b) $x = \frac{a}{2}$

Testes

1. a.
2. d.
3. b.
4. d.
5. d.
6. c.
7. e.
8. e.
9. c.
10. c.
11. a.
12. c.
13. c.
14. e.
15. a.
16. b.
17. a.
18. b.
19. b.
20. c.
21. e.
22. b.
23. a.
24. b.
25. d.
26. b.

Capítulo 15 – Complemento sobre poliedros

Exercícios

1. 4

2. Duas seções normais de um mesmo diedro são ângulos de lados paralelos.

3. Duas seções paralelas de um mesmo diedro são ângulos de lados paralelos.

4. 40°

5. 165°

6. a) Convexos: I, II, IV e VI.
b)

	V	A	F
I	8	12	6
II	10	15	7
III	16	24	10
IV	7	15	10
V	16	24	10
VI	12	30	20

c) Todos.

7. A = 30 e V = 20.

8. A = 90 e V = 60.

9. 13

10. 8 faces triangulares e 4 faces quadrangulares.

11. 10

12. a) Sim, V − A + F = 4 − 6 + + 4 = 2.
b) Sim; todas as faces são triangulares, em cada vértice concorrem 3 arestas e é euleriano.
c) Não; a base é um triângulo retângulo.

13. a) Sim, V − A + F = 7 − 12 + + 7 = 2.
b) Não; uma face é hexagonal e as demais, triangulares. Outro motivo: no vértice da pirâmide concorrem 6 arestas e em cada vértice da base concorrem 3 arestas.
c) Não; não é um poliedro de Platão.

14. a) Octaedro regular: 8 faces triangulares (triângulos equiláteros), 12 arestas e 6 vértices.

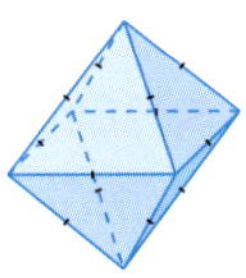

Banco de imagens/Arquivo da editora

b) Sim.

15. a) Tetraedro regular
b) 30
c) 6

16. a) 720°
b) 2 160°
c) 1 440°
d) 6 480°
e) 3 600°

Exercícios complementares

1. 90 arestas e 60 vértices

2.

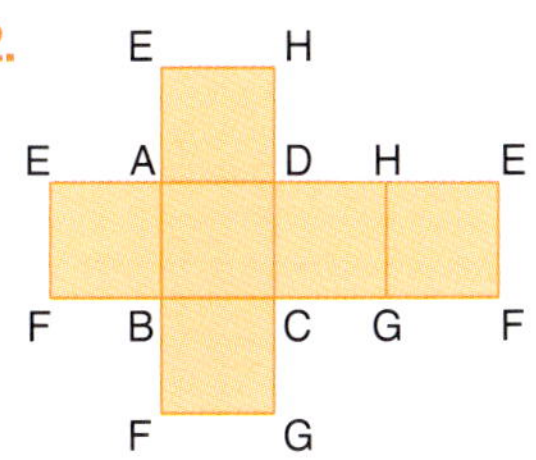

Banco de imagens/Arquivo da editora

3.

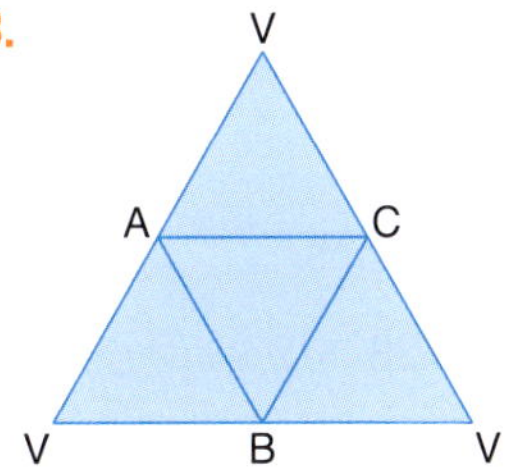

Banco de imagens/Arquivo da editora

4. F = 14, sendo 6 octogonais e 8 triangulares
A = 36
V = 24

5. F = 8, sendo 4 hexagonais e 4 triangulares
A = 18
V = 12

6. 20 cm

7. $\dfrac{\ell\sqrt{6}}{6}$

8. Demonstração.

9. Tetraedro regular

10. O poliedro possui 8 faces triangulares.

11. 6 480°

12. 8 faces triangulares e 6 quadrangulares

13. (01) + (02) + (08) + (16) = (27)

Testes

1. a.

2. d.

3. d.

4. d.

5. e.

6. a.

7. a.

8. a.

9. b.

10. d.

11. a.

12. **F**; **F**; **V**; **F**; **V**

13. d.

Capítulo 16 – Cilindro

Exercícios

1. a) $A_\ell = 4\pi\ cm^2$;
$A_t = 6\pi\ cm^2$;
$V = 2\pi\ cm^3$.
b) $A_\ell = 5\pi\ cm^2$;
$A_t = 7\pi\ cm^2$;
$V = 2{,}5\pi\ cm^3$.
c) $A_\ell = 120(\pi + 2)\ mm^2$;
$A_t = 8(23\pi + 30)\ mm^2$;
$V = 480\pi\ mm^3$.

2. Sim; observe que o volume interno da lata é:
$352 \cdot \pi\ cm^3 > 1\,000\ cm^3$

3. $1250\pi\ cm^3$

4. 4 dias

5. $72\pi\ cm^3$ ou $96\pi\ cm^3$.

6. a) 75 cm
b) 1507,2 L

7. 21,352 kg

8. a) 5 m
b) $48\pi\ m^2$

9. $150\pi\ cm^2$

10. ($58{,}32\ cm^2$ e $30{,}96\ cm^3$) ou ($53{,}80\ cm^2$ e $23{,}20\ cm^3$).

11. $63{,}36\ m^3$

12. a) $\dfrac{4}{\pi}$
b) Cubo: $1\,000\ cm^3$
Cilindro: $250\pi\ cm^3$

13. a) Não; o volume total consumido seria $480\pi\ cm^3$, e na garrafa só há $450\pi\ cm^3$ de café.
b) R$ 128,45

14. a) $2\,993{,}6\ cm^3$
b) Aproximadamente 2,784 kg

15. 157 L

16. a) A construção de $\mathbf{C}_2$.
b) A construção de $\mathbf{C}_1$.

17. 100 m

18. O copo grande.

19. 8 cm

20. 5 cm

21. 80π unidades de medida de volume.

22. a) Sim; pois a razão $\frac{V(x)}{x}$ é constante para todo $x \in]0,10]$ e igual a 16π.

b)

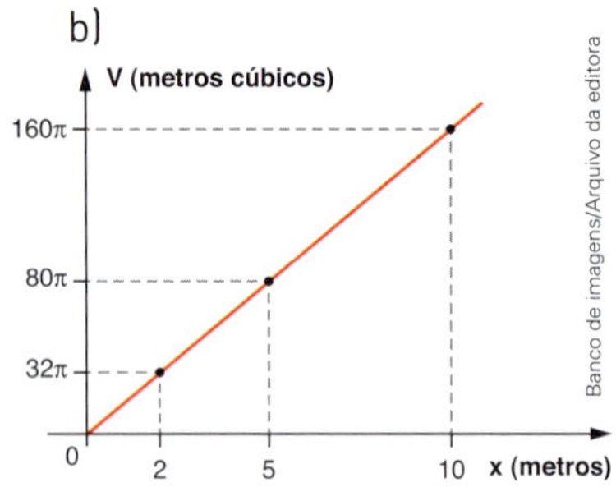

Banco de imagens/Arquivo da editora

23. a) Sim, veja a figura abaixo:

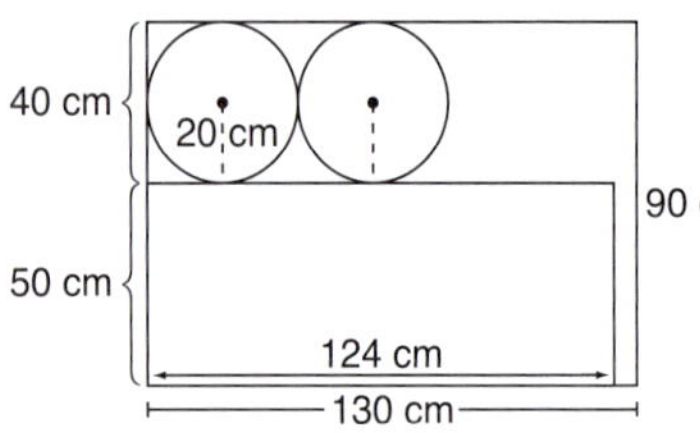

Banco de imagens/Arquivo da editora

b) $3\,020\ cm^2$

24. a) 5,625 m c) 162 000 L
b) 5 cm

Exercícios complementares

1. a) 3,77 m, aproximadamente
b) 1,32 m, aproximadamente

2. 8 cm

3. 1 cm

4. $4\sqrt{3}$

5. 1,59 cm

6. a) Não b) Sim c) Sim

7. $\sqrt{10}$ m

8. a) 2,75% b) 22%

9. $(4+2\sqrt{6})$ m

10. a) $200\pi\ cm^2$ b) $0{,}2\pi\ m^3$

11. $0{,}4125\ m^3$

12. Aproximadamente 3 kg

13. a) $28{,}9\pi\ m^3$ b) $30\ m^2$

14. Sim, o custo é de R$ 11 718,00.

15. R$ 9,00

16. $\frac{\pi}{2}$

17. 58 caminhões

18. $\pi - 0{,}1928 \simeq 2{,}9472\ m^3$

19. $80\,800\ m^3$

20. a) $\ell = 2r\sqrt{3}$ cm
b) $V = 10\,r^2 \cdot (3\sqrt{3} - \pi)\ cm^3$

21. 21%

22. 450 caixinhas

23. a) x = 28,4 cm e y = 27 cm
b) $V = \frac{x^2}{16} \cdot \left(y - \frac{x}{4}\right)\ cm^3$

Testes

1. d.

2. e.

3. d.

4. c.

5. a.

6. a.

7. a.

8. a.

9. d.

10. (02) + (04) + (08) = (14)

11. b.

12. b.

13. a.

14. d.

15. a.

16. a.

17. b.

18. a.

19. d.

20. e.

21. e.

22. d.

23. e.

24. d.

25. c.

26. d.

Capítulo 17 – Cone

Exercícios

1. $\frac{80\pi}{3}\ cm^3$

2. $64\pi\ cm^2$

3. $A_t = 600\pi\ dm^2$; $V = 1\,500\pi\ dm^3$.

4. 65,1 kg

5. a) $242\pi\ cm^2$; $363\pi\ cm^2$; $\frac{1\,331\pi\sqrt{3}}{3}\ cm^3$
b) $50\pi\sqrt{53}\ cm^2$; $50\pi(\sqrt{53} + 2)\ cm^2$; $\frac{3\,500\pi}{3}\ cm^3$
c) $\left(\frac{24 + 15\pi}{2}\right)\ cm^2$; $12(\pi + 1)\ cm^2$; $6\pi\ cm^3$

6. 334

7. $28{,}8\pi\ cm^3$

8. $128\pi\ cm^3$

9. 60°

10. a) $432\pi\ dm^3$ b) $324\pi\ dm^3$

11. $\frac{250\pi \cdot \sqrt{2}}{81}\ cm^3$

12. $65\pi\ cm^2$

13. a) $14\sqrt{3}$ cm b) $4{,}704\ m^2$

14. 17,6 L

15. $5\pi\ m^2$

16. 5

17. a) 4 b) 8

18. $\frac{520\pi}{3}\ cm^3$

19. $3\sqrt{6}$ m

20. a) 3 m
b) R$ 107 880,00

21. $432\pi\ cm^3$

22. $\frac{2}{\pi}$

23. $V = \frac{7\pi}{2}$ cm^3

$A_t = \pi \cdot \left(5 + \frac{3\sqrt{13}}{2}\right)$ cm^2

24. $9\,100\pi$ cm^3

25. $\frac{\pi \cdot (4 + 3\sqrt{5})}{25}$ m^2

26. 4 vasos

27. a) 225π cm^2
b) 48π cm^3 e 750π cm^3.
c) 2,5

28. R$ 10 270,00

29. 12 dm

30. 4,8 m

31. Cone: $V = \frac{243\pi\sqrt{15}}{8}$ cm^3

$A_l = 81\pi$ cm^2

Tronco: $V = \frac{117\pi\sqrt{15}}{4}$ cm^3

$A_l = 72\pi$ cm^2

Exercícios complementares

1. a) 216° b) 405 cm^2

2. 5 mL

3. a) 16π cm^3
b) $V(x) = \frac{\pi \cdot x^3}{108}$ cm^3

4. $A_t = 32\pi\left(5 + 4\sqrt{10}\right)$ cm^2
$V = 1\,664\,\pi$ cm^3

5. a) 292π cm^3 c) 128π cm^3
b) 144π cm^3

6. $\frac{5R}{7}$

7. a) 216π cm^2 b) 720π cm^3

8. $\beta = 2\pi \cdot \text{sen}\,\alpha$

9. a) 30,6%
b) 8,7%

10. a) 48 copos
b) 60 mL

11. $44\sqrt{17}\,\pi$ cm^2

12. $V_{tora} \simeq 2{,}55$ m^3
$V_{aproximado} \simeq 2{,}46$m^3
Erro $\simeq 0{,}09$ m^3

13. 2 cm

14. (01) + (08) = (09)

15. A $\frac{4\sqrt[3]{25}}{5}$ m do vértice e a $2 \cdot \sqrt[3]{4}$ m do vértice.

16. 92,8 cm^3

17. (02) + (04) = (06)

18. $A_S = 36\pi$ cm^2;
$p_S = 12 \cdot (1 + \pi)$ cm;
$V_{tronco} = \frac{112\pi\sqrt{2}}{3}$ cm^3

19. A $30 \cdot \sqrt[3]{4} \simeq 47{,}62$ cm do vértice

20. 5

21. a) $V_A = 18\pi$ m^3; $V_B = 20\pi$ m^3
b) $\frac{9}{16}$ m
c) $\left(6 - 2 \cdot \sqrt[3]{15}\right)$ m
d) $N_B = \frac{(6 - N_A)^3}{48}$

Testes

1. a.	15. c.
2. b.	16. b.
3. c.	17. d.
4. d.	18. d.
5. d.	19. d.
6. d.	20. c.
7. d.	21. c.
8. a.	22. a.
9. a.	23. a.
10. d.	24. c.
11. b.	25. a.
12. d.	26. c.
13. b.	27. c.
14. d.	28. a.

Capítulo 18 – Esfera

Exercícios

1. Área: 144π cm^2;
Volume: 288π cm^3

2. $2\,304\pi$ cm^3

3. $\sqrt{15}$ cm

4. a) 8π cm^2 c) 64π cm^2
b) 16π cm^2

5. $972\,\pi$ cm^3

6. 18 vasos

7. a) 12π cm^2 b) $4\pi\sqrt{3}$ cm

8. 2 cm

9. 8 cm

10. a) 136,4 m^2 b) $115{,}7\overline{3}$ m^3

11. a) 4
b) R$ 54 040,00

12. 112 cm^3

13. a) Área: 4A; volume: 8V
b) Área: $\frac{A}{9}$; volume: $\frac{V}{27}$

14. a) 310 cm^3
b) 2 751,25 cm^3

15. a) 5,13 m^2 b) 972 L

16. 2,52 cm

17. a) 100π dm^2 c) 36π dm^2
b) $\frac{27}{125}$

18. 12,56 cm^3

19. 196π cm^2

20. a) 100 cm^2 b) 1 000 cm^3

21. a) $\frac{25\pi}{3}$ cm^2
b) Área da cunha: 48π cm^2;
Volume da cunha: 24π cm^3

22. 50π cm^2

23. 60°

24. 1 540 m^2

25. a) $\frac{\pi R^2}{3}$ cm^2 b) $\frac{4\pi R^2}{3}$ cm^2

Exercícios complementares

1. a) $\frac{32}{3}$ cm^3 b) Bola

2. a) 3,9 kg
b) 31,2 kg
c) 10 cm

3. a) $3,84 \cdot 10^4$ km
b) $1,05 \cdot 10^{12}$ km^3
c) $2,048 \cdot 10^7$ km^2
d) $3,84 \cdot 10^4$ km

4. $\frac{591\pi}{2}$ u.v.

5. a) 5 cm c) 676π cm^2
b) 13 cm d) $\frac{8\,788\pi}{3}$ cm^3

6. a) 3π cm^3
b) $\left(-1 + \sqrt{5}\right)$ cm

7. 9,6 cm

8. a) 6 cm
b) 10 cm
c) 400π cm^2
d) $\frac{4\,000\pi}{3}$ cm^3
e) $\frac{256\pi}{3}$ cm^3 e $\frac{1024\pi}{3}$ cm^3

9. 71,84 L

10. A esfera

11. $\frac{2\sqrt{2}}{3}$ cm

12. (02) + (04) + (08) = (14)

13. a) Aumenta 237,5%; aumenta 2 600%.
b) Aumenta 44%; diminui 36%.

14. 6 cm

15. a) Caixa 1: 384 cm^2
Caixa 2: $16 \cdot \left(12 + 7\sqrt{3}\right)$ cm^2
b) $4 \cdot (960 - 131\pi)$ cm^3

16. a) 1,5 cm e 4 cm
b) $\frac{512}{27}$

17. a) 4 m b) 5,5 m

18. 38,49%

19. $\frac{21\sqrt{6}}{64}$

20. a) $\frac{\pi R^3}{6}$ b) $4\pi R^2$

21. 40 cm

22. 8,25 cm

23. a) 2º avião
b) Aproximadamente $1\,209\pi$ km, ou, ainda, 3 796,26 km.

Testes

1. e.
2. e.
3. e.
4. c.
5. d.
6. b.
7. a.
8. b.
9. b.
10. b.
11. c.
12. c.
13. b.
14. b.
15. c.
16. e.
17. c.
18. d.
19. a.
20. e.
21. d.
22. d.
23. b.
24. c.
25. c.
26. e.

Capítulo 19 – Análise combinatória

Exercícios

1. 15

2. 24

3. 531 441

4. 60

5. a) 90 000 c) 28 734
b) 45 000 d) 3 024

6. a) 4 096
b) 2 048
c) Aproximadamente 41,01%.

7. a) 4; sendo **K**: cara e **C**: coroa, temos: (K, K), (K, C), (C, K) e (C, C).
b) 16; 32; 1 024.
c) n = 38

8. a) 840 b) 360 c) 1 680

9. a) 88 583 040 d) 37 515 625
b) 78 624 000 e) 87 880
c) 15 000

10. a) 6 c) 48
b) 60 d) 180

11. a) 168 b) 105 c) 220

12. a) 160 b) 736

13. 448

14. a) 24 b) 6

15. 243

16. 4 calças e 5 camisas.

17. 84

18. a) 40 b) 8

19. 13

20. a) 81 c) 6
b) 117 d) 9

21. a) 8 b) 16

22. a) **F**; o número mínimo de cores é 3.
b) **V**

c) **F**; 48 possibilidades.
d) **V**
e) **V**

23. 86

24. a) 16 b) 48 c) 1764

25. a) n = 6 b) 570

26. a) 120 b) 320 c) 60

27. 605 horas e 20 minutos.

28. a) 720 c) 2 e) 4 920
b) 24 d) 4 f) 30

29. a) 56 c) $\frac{9}{20}$ e) 190
b) $\frac{1}{10}$ d) 21 f) $\frac{8}{7}$

30. a) $\frac{111}{10}$ c) $\frac{39}{1\,640}$
b) 0 d) $\frac{3\,570}{43}$

31. a) **F** c) **F** e) **F**
b) **F** d) **V**

32. a) n + 2 d) $\frac{(n-1)^2}{n}$
b) $\frac{1}{n-2}$ e) $\frac{n^2}{(n+1)!}$
c) n + 2

33. a) S = {1} e) S = {5, 6}
b) S = {5} f) S = {5}
c) S = {7} g) S = {4}
d) S = {4} h) S = {2}

34. a) 540 b) 135

35. a) 6 d) 362 880
b) 24 e) 120
c) 720 f) 3 628 800

36. 24

37. a) 362 880 d) 5 040
b) 161 280 e) 181 440
c) 100 800 f) 1 728

38. 72

39. a) 8 640
b) 201 600

40. a) 7 c) 144
b) 5 040 d) 144

41. 576

42. a) S = {4} b) S = {23}

43. a) 361ª c) SATORP
b) 293ª

44. a) 120 b) 24 c) 216

45. 256

46. 90

47. a) 32 292 000 b) 1 723 680

48. a) 720 c) 504
b) 72 d) 20

49. 212

50. 10 000

51. 252

52. a) 336 c) 126
b) 60 d) 180

53. a) S = {11} c) S = {3}
b) S = {7} d) S = {5}

54. a) 120 b) 30

55. a) 110 b) 6 c) 50

56. a) 10 140 000 c) 288
b) 24

57. 126

58. a) 10 b) 6

59. Igual; a quantidade de duplas é menor que a de trios.

60. a) 120 c) 792
b) 252 d) 35

61. 3 150

62. 231

63. a) 270 725 c) 1
b) 715

64. a) 16 c) 169 e) 1 014
b) 78 d) 6

65. a) 22 308 c) 103 776
b) 249 900 d) 4 560

66. a) 84 b) 28 c) 42

67. 2 160

68. a) 70 b) 60

69. n = 10

70. a) 1 225
b) $\frac{n^2 - n}{2} = C_{n,\,2}$
c) 39

71. a) 50 063 860 d) 45 057 474
b) 11 921 175 e) 9 588 502
c) 5 006 386 f) 1 947 792

72. 720 720

73. 28 peças.

74. a) 8 145 060
b) 105
c) 12 285

75. n = 10

76. a) S = {17} c) S = {10}
b) S = {5} d) S = {8}

77. a) 2 520 f) 151 200
b) 60 g) 30 240
c) 12 h) 75 600
d) 120 i) 389 188 800
e) 6 720

78. a) 1 b) 4 c) 12

79. 12 600

80. a) 15 120 c) 8 400
b) 5 040 d) 4 200

81. n = 5

82. a) 35 b) 35

83. 43 758

Exercícios complementares

1. a) 36 b) 108

2. 505

3. 20 pirâmides

4. 24

5. a) 90
b) 17 candidatos

6. a) 4 725 c) 86
b) 792 d) 10 692

7. 291

8. a) S = {3} b) S = {4}

9. 6 435

10. 560

11. 1 260

12. 8 amigas

13. 14 502

14. $10^{10} \cdot \binom{15}{10}$

15. 94

16. a) 24 b) 18

17. 22

18. a) 216 b) 126

19. (01) + (02) = (03)

20. a) 120 b) 60

21. 36

22. a) 360 b) 60 c) 60

23. 36

24. a) 1 920 b) 2 880

25. a) 252 b) 414

26. a) 88 b) 68

27. $35 \cdot 26^4 \cdot 10^3$ placas

28. a) 720
b) 517ª
c) 385 197

29. a)]112, 130] b) 12

30. 1 680

31. a) 24 c) 3 744
b) 288

32. (02) + (16) = (18)

33. a) 6 c) 10 e) 116
b) 10 d) 58

34. a) **F** b) **V** c) **V**

35. a) Verificação
b) 10

36. a) 120 pacotes: 18 camisas, 15 calças e 10 pares de sapato.
b) $l \cdot m \cdot n$

37. a) 15 400 b) 2 520

38. 180

39. 20 160

40. 15

41. 141 120; a soma dos dígitos é 9.

42. 220

43. a) 3 b) 33 c) 73

44. a) 600 c) 24 960
b) 160

45. a) y = 2x − 4; 24 meninos no máximo
b) 26

Testes

1. d.
2. c.
3. b.
4. a.
5. c.
6. a.
7. e.
8. d.
9. a.
10. b.
11. a.
12. a.
13. e.
14. b.
15. b.
16. b.
17. d.
18. a.
19. a.
20. a.
21. b.
22. d.
23. d.
24. b.
25. b.
26. e.
27. c.
28. c.
29. c.
30. e.
31. b.
32. c.
33. e.
34. d.
35. b.
36. b.
37. b.
38. e.
39. b.
40. b.
41. b.
42. d.
43. b.
44. c
45. b.
46. a.
47. d.
48. d.
49. c.

Capítulo 20 – Binômio de Newton

Exercícios

1. a) $27x^3 + 54x^2 + 36x + 8$
b) $81x^4 + 432x^3y + 864x^2y^2 + 768xy^3 + 256y^4$

c) $x^{10} + 5x^8 + 10x^6 + 10x^4 + 5x^2 + 1$

2. a) $81b^8 - 108b^5 + 54b^2 - \frac{12}{b} + \frac{1}{b^4}$

b) $x^5 + 5x^3 + 10x + \frac{10}{x} + \frac{5}{x^3} + \frac{1}{x^5}$

c) $x^2 - 4x + 6 - \frac{4}{x} + \frac{1}{x^2}$

3. a) $x^8 - 4x^5 + 6x^2 - \frac{4}{x} + \frac{1}{x^4}$

b) 0; $\frac{2401}{16}$

4. 10^{10}

5. $S = \left\{\left(\frac{7}{2}, \frac{1}{2}\right)\right\}$

6. $2 + 12x^2 + 2x^4$

7. a) 1024 c) 0
b) 256 d) 16

8. n = 18

9. 1

10. a) 11 termos
b) $8064\,x^{-5}$
c) Não existe termo em **x**.
d) 3360

11. a) $\frac{1792}{729}x^6y^4$ b) $\frac{16}{3}xy^{14}$

12. 210

13. a) $462 \cdot 2^{19}$ b) $-\binom{22}{11} \cdot 2^{11}$

14. n = 10 e p = 2

15. a) 495 c) 1
b) 924 d) Não existe.

16. 4; p = 0, p = 1, p = 4 ou p = 9

17. 96

18. a) m = 4 b) m = 2

19. n = 3 ou n = 13

20. a) $\binom{12}{4}$ c) $\binom{20}{5}$ e) $\binom{28}{22}$
b) $\binom{22}{9}$ d) $\binom{24}{11}$

21. a) a = 1; b = 36; c = 126; d = 126; e = 36; f = 45 e g = 252
b) 256; linha de "numerador 8".

22. a) 16 b) 31 c) 512

23. 120

24. 6

Exercícios complementares

1. (01) + (02) + (04) + (16) = (23)

2. (01) + (16) = (17)

3. $x^4 - 4x^2 + 6 - \frac{4}{x^2} + \frac{1}{x^4}$

4. n = 13

5. a) **V** b) **V**

6. n = 12

7. a) 15
b) $\frac{5}{8}$
c) n = 14 e p = 4

8. 6

9. $S = \left\{-\frac{3}{2}\right\}$

10. Verificação.

11. n = 16

12. n = 8

13. n = 16

14. 6 termos racionais.

15. Duas parcelas.

16. Sim.

Testes

1. b. **9.** b.
2. b. **10.** b.
3. d. **11.** b.
4. a. **12.** a.
5. c. **13.** b.
6. d. **14.** d.
7. c. **15.** c.
8. e.

Capítulo 21 – Probabilidade

Exercícios

1. a) $\Omega = \{1, 2, 3, 4, 5, 6\}$
b) $E_1 = \{3, 6\}$
c) $E_2 = \{1, 4, 6\}$

2. Ω = {Sul, Sudeste, Centro-Oeste, Norte, Nordeste}

3. Para **K**: cara e **C**: coroa.
a) Ω = {(K, K); (K, C); (C, K); (C, C)}
b) E = {(K, K); (K, C); (C, K)}

4. a) E = {1, 2, 4, 8, 16, 32, 64}
b) 93

5. a) 36
b) 6
c) 9
d) 15

6. $\overline{E}$ = {(4, 6); (5, 5); (5, 6); (6, 4); (6, 5); (6, 6)}

7. $\overline{E}$ = {(1, 1, 1); (2, 2, 2); (3, 3, 3); (4, 4, 4); (5, 5, 5); (6, 6, 6)}

8. a) 32
b) 496
c) 4960

9. 255

10. Ω = {(K, 1); (K, 2); (K, 3); (K, 4); (K, 5); (K, 6); (C, 1); (C, 2); (C, 3); (C, 4); (C, 5); (C, 6)}

11. (V, V), (V, P), (V, B), (P, V), (P, P), (P, B), (B, V) e (B, P).

12. Ω = {(V, V), (V, P), (V, B), (P, V), (P, P), (P, B), (B, V),(B, P), (B, B)}

13. a) $\frac{1}{100}$
b) $\frac{1}{100}$
c) $\frac{37}{100}$
d) $\frac{9}{10}$
e) $\frac{1}{10}$

14. a) $\frac{1}{10}$ b) $\frac{1}{10}$ c) 0 d) $\frac{1}{2}$

15. a) $\frac{11}{36}$ b) $\frac{1}{6}$ c) $\frac{5}{6}$ d) $\frac{1}{3}$

16. $\frac{3}{5} = 60\%$

17. a) $\frac{1}{52}$ b) $\frac{1}{4}$ c) $\frac{51}{52}$ d) $\frac{1}{2}$

18. a) a = 22; b = 31; c = 106; d = 48; e = 71.

b) $\frac{31}{200}$

c) $\frac{81}{200}$

19. 14%

20. 0,45

21. 50%

22. 5%

23. a) $\frac{17}{74}$

b) $\frac{101}{148}$

24. 16%

25. 80%

26. a) $\frac{2}{15}$

b) $\frac{1}{5}$

27. 80%

28. a) $\frac{9}{10}$

b) $\frac{1}{10}$

c) $\frac{1}{2}$

29. 5%

30. 11

31. $\frac{71}{80}$

32. $\frac{1}{24}$

33. $\frac{1}{7}$

34. $\frac{18}{25}$

35. a) 1% b) 1%

36. a) $\frac{1}{5}$

b) $\frac{11}{295}$

37. a) $\frac{2}{9}$

b) $\frac{7}{15}$

38. a) 10^8

b) $\frac{1}{10^8} = 0,000001\%$

c) 0,00072%

d) Aproximadamente 21,78%.

39. a) $\frac{2}{9}$

b) $\frac{8}{15}$

40. a) $\frac{5}{18}$

b) $\frac{1}{6}$

c) $\frac{5}{9}$

41. $\frac{5}{6}$ (Aproximadamente 83,3%.)

42. a) $\frac{1}{22\,100}$

b) $\frac{3}{52}$

c) $\frac{11}{850}$

43. a) $\frac{1}{10}$

b) $\frac{1}{15}$

44. a) $\frac{1}{72}$

b) $\frac{1}{36}$

45. 50%

46. a) $\frac{1}{7}$

b) $\frac{45}{49}$

47. $\frac{3}{11}$

48. $\frac{1}{5}$

49. Aproximadamente 1,67%.

50. $\frac{2}{3}$

51. $\frac{4}{13}$

52. $\frac{31}{36}$

53. a) $\frac{4}{5}$

b) $\frac{1}{3}$

c) $\frac{1}{3}$

54. a) 0,40

b) 0,55

55. a) $\frac{17}{20}$

b) $\frac{3}{20}$

56. 14%

57. 30%

58. a) 100%

b) $13,\overline{3}\%$

59. a) $\frac{1}{3}$

b) 0

60. a) $\frac{1}{44}$

b) $\frac{2}{3}$

c) $\frac{1}{13}$

d) $\frac{2}{39}$

e) $\frac{5}{13}$

61. 10%

62. a) $\frac{12}{19}$

b) $\frac{23}{44}$

63. a) $\frac{2}{3}$

b) $\frac{1}{2}$

c) $\frac{1}{5}$

64. a) $\frac{1}{17}$

b) $\frac{1}{16}$

65. $\frac{1}{4}$

66. a) $\frac{22}{117} \simeq 0{,}188$

b) $\frac{20}{39} \simeq 0{,}5128$

67. a) $\frac{16}{81} \simeq 0{,}1975$

b) $\frac{40}{81} \simeq 0{,}4938$

68. a) $\frac{1}{30}$

b) $\frac{7}{40}$

c) $\frac{3}{10}$

69. a) 2,16%

b) 72,16%

c) 27,84%

70. $\frac{53}{112}$

71. $\frac{3}{4}$

72. 3%

73. $\frac{13}{17}$

74. a) 64%

b) 3%

75. a) 27,34%

b) 10,94%

76. 16,52%

77. a) 20,1%

b) 0,55%

c) 10,74%

d) 89,26%

78. a) $\frac{1}{64}$

b) $\frac{5}{16}$

c) $\frac{11}{32}$

79. 31,25%; o inteiro mais próximo é 31.

80. a) 57%

b) 99,95%, aproximadamente

c) 21,6%

Exercícios complementares

1. 0,84%, aproximadamente

2. a) $\frac{1}{13}$

b) 65,89%, aproximadamente

3. p(X) = 55%;
Y: "ocorre um número menor ou igual a 4", por exemplo.

4. a) 3 125

b) 59,04%, aproximadamente

5. a) $\frac{25}{216}$

b) $\frac{10}{21}$

6. a) $\frac{1}{220}$

b) R$ 20,00

7. a) $\frac{40}{27}$ m

b) $\frac{1}{4}$

c) $\frac{1}{12}$

8. a) 243

b) 21,6%

9. 65,61%

10. 1%

11. a) $\frac{2}{3}$

b) $\frac{8}{21}$

12. a) $\frac{1}{120}$

b) $\frac{1}{6}$

13. a) I. $\frac{1}{81}$

II. $\frac{56}{81}$

III. $\frac{8}{27}$

b) Sim, pois a probabilidade é $\frac{1}{3}$.

14. a) 113 400

b) 0,0064%

15. $\frac{6}{n(n-1)}$

16. a) 5

b) 3

17. k = 15

18. a) $\frac{6}{7}$

b) $\frac{3}{11}$

c) $\frac{4}{5}$

19. a) $\frac{1}{81}$

b) $\frac{16}{81}$

c) $\frac{10}{27}$

20. a) 216

b) n(A) = 25 e n(B) = 27

c) $p(A) = \frac{25}{216}$; $p(B) = \frac{1}{8}$

21. $n = 40$

22. a) 32,35%, aproximadamente
b) 9 ou mais

23. a) $\frac{1}{4}$
b) $\frac{7}{16}$
c) 3,3%, aproximadamente

24. a) 2772 b) $\frac{1}{11}$

25. $\frac{7}{22}$

26. (04)

27. a) 40%; 50%
b) $\frac{23}{39}$

28. a) $\frac{5}{11}$
b) $\frac{6}{11}$

29. (01) + (04) + (16) + (32) = (53)

30. a) 47250 b) $\frac{44}{125}$

31. a) Sul: 3; Sudeste: 4; Nordeste: 9; Norte: 7 e Centro-Oeste: 4
b) $N = 2^5 \cdot 3^{11} \cdot 7$
c) Verificação.

32. a) **F** b) **V** c) **V**

33. a) 61,8%, aproximadamente.
b) 41,14%, aproximadamente.

34. a) $\frac{4}{7}$
b) $\frac{11}{28}$

35. a) $\frac{1}{4}$
b) 20

36. a) $\frac{2}{27}$ b) $\frac{43}{216}$

37. 70%

38. a) $\frac{1}{14}$
b) $A^{-1} = \begin{bmatrix} 1 & 0 & 0 \\ -2 & 1 & 0 \\ 1 & -2 & 1 \end{bmatrix}$

39. a) R: $\frac{28}{45}$; AR: $\frac{16}{45}$; A: $\frac{1}{45}$
b) Avaliação 1
$\left(p_1 = \frac{17}{45} > p_2 = \frac{3}{45}\right)$

40. a) $\frac{1}{2}$ b) $\frac{3}{8}$

41. $\frac{3}{28}$; $\frac{7-m}{28}$

42. a) 8%
b) 54%
c) $\frac{1}{800} = 0{,}125\%$

Testes

1. c.
2. a.
3. d.
4. a.
5. c.
6. b.
7. c.
8. d.
9. c.
10. b.
11. b.
12. a.
13. b.
14. e.
15. c.
16. c.
17. d.
18. a.
19. e.
20. c.
21. b.
22. d.
23. c.
24. b.
25. a.
26. b.
27. b.
28. c.
29. c.
30. c.
31. c.
32. b.
33. d.
34. d.
35. e.
36. c.
37. e.
38. d.
39. a.
40. a.
41. c.
42. a.
43. d.
44. b.
45. b.
46. e.
47. a.
48. b.
49. a.
50. a.
51. e.
52. e.

Significado das siglas dos vestibulares

Acafe-SC: Associação Catarinense das Fundações Educacionais, Santa Catarina

Aman-RJ: Academia Militar das Agulhas Negras, Rio de Janeiro

Cefet-AM: Centro Federal de Educação Tecnológica do Amazonas

Cefet-MG: Centro Federal de Educação Tecnológica de Minas Gerais

CPAEN: Concurso Público de Admissão à Escola Naval

Efomm-RJ: Escola de Formação de Oficiais da Marinha Mercante

Enem: Exame Nacional do Ensino Médio

Epcar-MG: Escola Preparatória de Cadetes do Ar, Minas Gerais

EsPCEx-SP: Escola Preparatória de Cadetes do Exército, São Paulo

ESPM-SP: Escola Superior de Propaganda e Marketing, São Paulo

Famerp-SP: Faculdade de Medicina de São José do Rio Preto, São Paulo

Fatec-SP: Faculdade de Tecnologia, São Paulo

FEI-SP: Centro Universitário da Faculdade de Engenharia Industrial, São Paulo

FGV-RJ: Fundação Getúlio Vargas, Rio de Janeiro

FGV-SP: Fundação Getúlio Vargas, São Paulo

FICSAE-SP: Faculdade Israelita de Ciências da Saúde Albert Einstein, São Paulo

Fuvest-SP: Fundação Universitária para o Vestibular, São Paulo

Ifal: Instituto Federal de Alagoas

IFCE: Instituto Federal de Educação, Ciência e Tecnologia do Ceará

IFSC: Instituto Federal de Educação, Ciência e Tecnologia de Santa Catarina

IFSP: Instituto Federal de Educação, Ciência e Tecnologia de São Paulo

IME-RJ: Instituto Militar de Engenharia, Rio de Janeiro

Insper-SP: Instituto de Ensino e Pesquisa, São Paulo

ITA-SP: Instituto Tecnológico de Aeronáutica, São Paulo

Mack-SP: Universidade Presbiteriana Mackenzie, São Paulo

Obmep: Olimpíada Brasileira de Matemática das Escolas Públicas

PUC-MG: Pontifícia Universidade Católica de Minas Gerais

PUC-PR: Pontifícia Universidade Católica do Paraná

PUC-RJ: Pontifícia Universidade Católica do Rio de Janeiro

PUC-RS: Pontifícia Universidade Católica do Rio Grande do Sul

PUC-SP: Pontifícia Universidade Católica de São Paulo

UCS–RS: Universidade de Caxias do Sul, Rio Grande do Sul

Udesc: Universidade do Estado de Santa Catarina

UEA-AM: Universidade do Estado do Amazonas

Uece: Universidade Estadual do Ceará

UEG-GO: Universidade Estadual de Goiás

UEL-PR: Universidade Estadual de Londrina, Paraná

Uema: Universidade Estadual do Maranhão

UEMG: Universidade Estadual de Minas Gerais

UEM-PR: Universidade Estadual de Maringá, Paraná

Uepa: Universidade do Estado do Pará

UEPB: Universidade Estadual da Paraíba

UEPG-PR: Universidade Estadual de Ponta Grossa, Paraná

Uerj: Universidade do Estado do Rio de Janeiro

Uern: Universidade do Estado do Rio Grande do Norte

Uespi: Universidade Estadual do Piauí

UFABC–SP: Universidade Federal do ABC, São Paulo

Ufam: Universidade Federal do Amazonas

UFBA: Universidade Federal da Bahia

UFC-CE: Universidade Federal do Ceará

UFCG–PB: Universidade Federal de Campina Grande, Paraíba

Ufes: Universidade Federal do Espírito Santo

UFF-RJ: Universidade Federal Fluminense, Rio de Janeiro

UFG-GO: Universidade Federal de Goiás

UFJF-MG: Universidade Federal de Juiz de Fora, Minas Gerais

UFJF/Pism-MG: Universidade Federal de Juiz de Fora/ Programa de Ingresso Seletivo Misto, Minas Gerais

Ufla-MG: Universidade Federal de Lavras, Minas Gerais

UFMA: Universidade Federal do Maranhão

UFMG: Universidade Federal de Minas Gerais

UFMS: Universidade Federal de Mato Grosso do Sul

Ufop-MG: Universidade Federal de Ouro Preto, Minas Gerais

UFPA: Universidade Federal do Pará

UFPB: Universidade Federal da Paraíba

UFPE: Universidade Federal de Pernambuco

Ufpel-RS: Universidade Federal de Pelotas, Rio Grande do Sul

UFPI: Universidade Federal do Piauí

UFPR: Universidade Federal do Paraná

UFRGS-RS: Universidade Federal do Rio Grande do Sul

UFRJ: Universidade Federal do Rio de Janeiro

UFRN: Universidade Federal do Rio Grande do Norte

UFSC: Universidade Federal de Santa Catarina

Ufscar-SP: Universidade Federal de São Carlos, São Paulo

UFSJ-MG: Universidade Federal de São João del-Rei, Minas Gerais

UFSM-RS: Universidade Federal de Santa Maria, Rio Grande do Sul

UFTM-MG: Universidade Federal do Triângulo Mineiro, Minas Gerais

UFU-MG: Universidade Federal de Uberlândia, Minas Gerais

UFV-MG: Universidade Federal de Viçosa, Minas Gerais

UnB-DF: Universidade de Brasília, Distrito Federal

Uneb-BA: Universidade do Estado da Bahia

Unesp-SP: Universidade Estadual Paulista "Júlio de Mesquita Filho", São Paulo

Unicamp-SP: Universidade Estadual de Campinas, São Paulo

Unifesp: Universidade Federal de São Paulo

Unifor-CE: Fundação Edson Queiroz Universidade de Fortaleza, Ceará

Unioeste-PR: Universidade Estadual do Oeste do Paraná

UPE: Universidade de Pernambuco

UPF-RS: Universidade de Passo Fundo, Rio Grande do Sul

Vunesp: Fundação para o Vestibular da Unesp, São Paulo

plurall

Esta obra está no **Plurall**.
Baixe o app no seu celular
ou acesse **http://plurall.net**
e descubra uma nova
forma de estudar!

AASMMXKGN

Matemática Ciência e Aplicações Conecte volume 2 - 627981 - Aluno

Atenção! Somente serão liberados conteúdos
e serviços relacionados a esta obra.

Ajuda: @plurallnet

SOMOS
EDUCAÇÃO

conecte
LIVE

Matemática

CIÊNCIA E APLICAÇÕES

GELSON IEZZI

Engenheiro metalúrgico pela Escola Politécnica da Universidade de São Paulo.
Licenciado em Matemática pelo Instituto de Matemática e Estatística da Universidade de São Paulo.
Ex-professor da Pontifícia Universidade Católica de São Paulo.
Ex-professor da rede particular de ensino de São Paulo.

OSVALDO DOLCE

Engenheiro civil pela Escola Politécnica da Universidade de São Paulo.
Ex-professor da rede pública do Estado de São Paulo.
Ex-professor de cursos pré-vestibulares.

DAVID DEGENSZAJN

Licenciado em Matemática pelo Instituto de Matemática e Estatística da Universidade de São Paulo.
Professor da rede particular de ensino de São Paulo.

ROBERTO PÉRIGO

Licenciado e bacharel em Matemática pela Pontifícia Universidade Católica de São Paulo.
Ex-professor da rede particular de ensino.
Ex-professor de cursos pré-vestibulares em São Paulo.

NILZE DE ALMEIDA

Mestra em Ensino de Matemática pela Pontifícia Universidade Católica de São Paulo.
Licenciada em Matemática pelo Instituto de Matemática e Estatística da Universidade de São Paulo.
Professora da rede pública do Estado de São Paulo.

2

Editora Saraiva

Editora Saraiva

Direção geral: Guilherme Luz
Direção editorial: Luiz Tonolli e Renata Mascarenhas
Gestão de projeto editorial: Viviane Carpegiani
Gestão e coordenação de área: Julio Cesar Augustus de Paula Santos e Juliana Grassmann dos Santos
Edição: Erika Di Lucia Bártolo, Fernanda Fugita, Marcela Maris e Rodrigo Macena
Gerência de produção editorial: Ricardo de Gan Braga
Planejamento e controle de produção: Paula Godo, Roseli Said e Marcos Toledo
Revisão: Hélia de Jesus Gonsaga (ger.), Kátia Scaff Marques (coord.), Rosângela Muricy (coord.), Ana Curci, Ana Paula C. Malfa, Brenda T. M. Morais, Carlos Eduardo Sigrist, Célia Carvalho, Celina I. Fugyama, Daniela Lima, Diego Carbone, Gabriela M. Andrade, Hires Heglan, Lilian M. Kumai, Raquel A. Taveira, Rita de Cássia C. Queiroz, Vanessa P. Santos; Amanda Teixeira Silva e Bárbara de M. Genereze (estagiárias)
Arte: Daniela Amaral (ger.), André Gomes Vitale (coord.) e Claudemir Camargo Barbosa (edição de arte)
Diagramação: Setup
Iconografia: Sílvio Kligin (ger.), Roberto Silva (coord.), Douglas Robinson Cometti (pesquisa iconográfica)
Licenciamento de conteúdos de terceiros: Thiago Fontana (coord.), Flavia Zambon (licenciamento de textos), Erika Ramires, Luciana Pedrosa Bierbauer, Luciana Cardoso Sousa e Claudia Rodrigues (analistas adm.)
Tratamento de imagem: Cesar Wolf e Fernanda Crevin
Ilustrações: Alberto de Stefano, Alex Argozino, Casa Paulista de Comunicação, CJT/Zapt, Graphorama e Felix Reiners
Design: Gláucia Correa Koller (ger.), Erika Yamauchi Asato, Filipe Dias (proj. gráfico) e Adilson Casarotti (capa)
Composição de capa: Segue Pro
Foto de capa: ZASIMOV YURII/Shutterstock, FXQuadro/Shutterstock e Stephen Studd/Photographer's Choice/Getty Images

Avenida das Nações Unidas, 7221, 1º andar, Setor A – Espaço 2 – Pinheiros – SP – CEP 05425-902
SAC 0800 011 7875
www.editorasaraiva.com.br

Dados Internacionais de Catalogação na Publicação (CIP)
(Câmara Brasileira do Livro, SP, Brasil)

Matemática ciência e aplicações 2 : conecte live / Gelson Iezzi....[et al.]. -- 3. ed. -- São Paulo Saraiva, 2018. -- (Coleção Conecte)

Outros autores: David Degenszajn, Nilze de Almeida, Osvaldo Dolce, Roberto Périgo.
Suplementado pelo manual do professor.
Bibliografia.
ISBN 978-85-472-3395-2 (aluno)
ISBN 978-85-472-3396-9 (professor)

1. Matemática (Ensino médio) I. Iezzi, Gelson. II. Degenszajn, David. III. Almeida, Nilze de. IV. Dolce, Osvaldo. V. Périgo, Roberto. VI. Série.

18-17083 CDD-510.7

Índices para catálogo sistemático:

1. Matemática : Ensino médio 510.7

Maria Alice Ferreira – Bibliotecária – CRB-8/7964

2018
Código da obra CL 800851
CAE 627981 (AL) / 627982 (PR)
3ª edição
1ª impressão

Impressão e acabamento: Gráfica Santa Marta

Uma publicação SOMOS EDUCAÇÃO

Apresentação

Caros alunos,

É sempre um grande desafio para um autor definir o conteúdo a ser ministrado no Ensino Médio, distribuindo-o pelos três anos. Por isso, depois de consultar as sugestões da Secretaria de Educação Básica (entidade pertencente ao Ministério da Educação) e de ouvir a opinião de inúmeros professores, optamos pelo seguinte programa:

Volume 1: noções de conjuntos, conjuntos numéricos, noções gerais sobre funções, função afim, função quadrática, função modular, função exponencial, função logarítmica, complemento sobre funções, progressões, Matemática comercial e financeira, semelhança e triângulos retângulos e trigonometria no triângulo retângulo.

Volume 2: a circunferência trigonométrica, razões trigonométricas na circunferência, trigonometria em triângulos quaisquer, funções trigonométricas, transformações geométricas, equações e inequações trigonométricas, funções trigonométricas inversas, matrizes, sistemas lineares, determinantes, áreas de superfícies planas, Geometria espacial de posição, prismas, pirâmide, complemento sobre poliedros, cilindros, cones, esfera, análise combinatória, binômio de Newton e probabilidade.

Volume 3: Geometria analítica plana, estatística descritiva, números complexos, polinômios e equações algébricas e tópicos de Geometria plana.

Ao tratar de alguns assuntos, procuramos apresentar um breve relato histórico sobre o desenvolvimento das descobertas associadas ao tópico em estudo. Já em capítulos como os que tratam de funções, Matemática financeira e estatística descritiva, entre outros, recorremos a infográficos e matérias de jornais e revistas, como forma de mostrar a aplicação da Matemática em outras áreas do conhecimento e no cotidiano. São textos de fácil leitura que despertam a curiosidade do leitor e que podem dialogar sobre temas transversais, como cidadania e meio ambiente.

No desenvolvimento teórico, procuramos, sempre que possível, apresentar os assuntos de forma contextualizada, empregando uma linguagem mais simples. Entretanto, ao formalizarmos os conceitos em estudo (os quais são abundantemente exemplificados), optamos por termos com maior rigor matemático.

Tivemos também a preocupação de mostrar as justificativas lógicas das propriedades apresentadas, omitindo apenas demonstrações exageradamente longas, incompatíveis com as abordagens feitas atualmente no Ensino Médio. Cada nova propriedade é seguida de exemplos e exercícios resolvidos, por meio dos quais é explicitada sua utilidade.

Quanto às atividades, tanto os exercícios como os problemas estão organizados em ordem crescente de dificuldade.

A obra é ainda complementada por um Manual do Professor, no qual são apresentados, de forma detalhada, os objetivos gerais da coleção e os objetivos específicos de cada volume, além dos principais documentos oficiais sobre o Ensino Médio, uma bibliografia comentada para o professor, sugestões de atividades e a resolução de todos os exercícios e problemas do livro.

Mesmo com todo o esforço feito para o aperfeiçoamento desta obra, nós, autores, sabemos que sempre existirão melhorias a fazer. Para isso, é importante conhecermos a opinião de professores e alunos que utilizaram nossa coleção em sala de aula, de forma que receberemos qualquer crítica ou sugestão que seja enviada à nossa editora.

Os autores

Conheça seu livro

Abertura do capítulo

A imagem de *abertura* relaciona o conteúdo abordado no capítulo com temas do cotidiano, como tecnologia, história, arquitetura e arte.

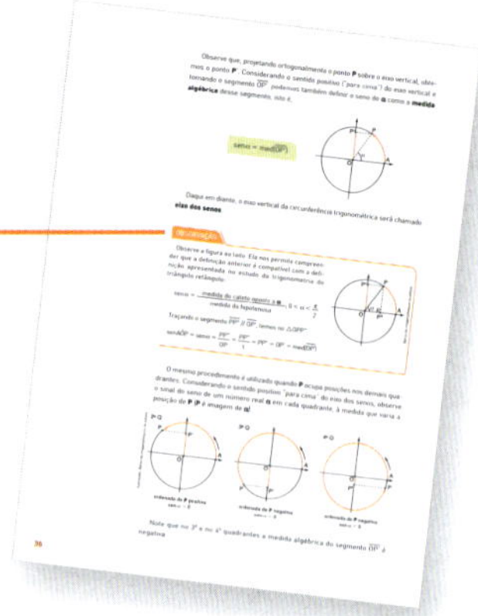

Observação

Observações aparecem em momentos oportunos para complementar o estudo, apresentando informações adicionais sobre o conteúdo.

Um pouco de história

Um pouco de história coloca o leitor em contato com os processos de construção do conhecimento matemático, destacando os nomes que contribuíram para a resolução de problemas enfrentados pela humanidade no decorrer do tempo.

Troque ideias

Esta seção propõe atividades em grupo e busca despertar a curiosidade do leitor, a fim de construir novos conceitos ou aprofundar conteúdos já apresentados.

Um pouco mais sobre

A seção *Um pouco mais sobre*, no final de determinados capítulos, oferece a oportunidade de complementar ou aprofundar alguns dos conteúdos abordados.

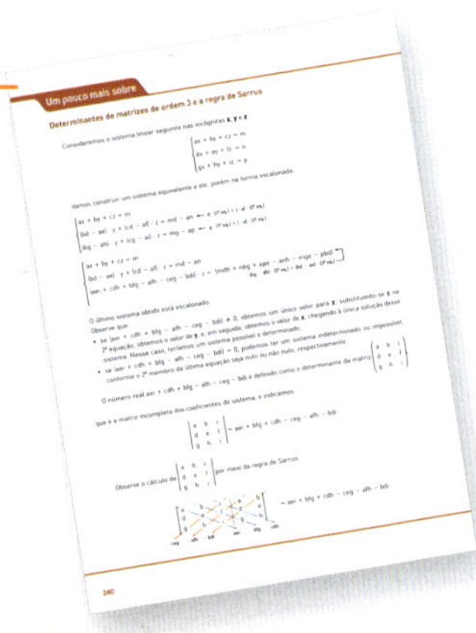

Exercícios

Há uma grande variedade de exercícios teóricos e práticos relacionados a cada tópico apresentado. Eles estão organizados em ordem crescente de dificuldade e têm por objetivo consolidar o assunto estudado.

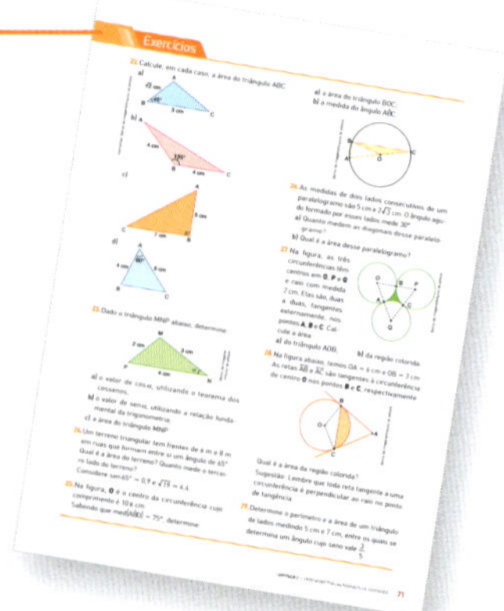

Aplicações

Nesta seção há textos ou infográficos que ilustram o emprego de conhecimentos matemáticos em outros campos, expondo elos entre a Matemática e ciências como a Química, a Física e a Economia.

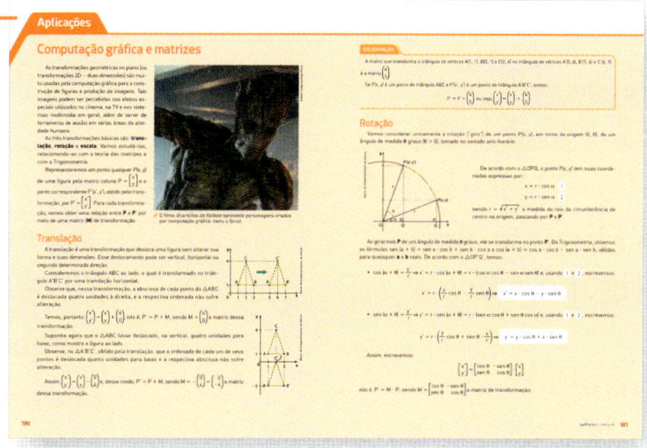

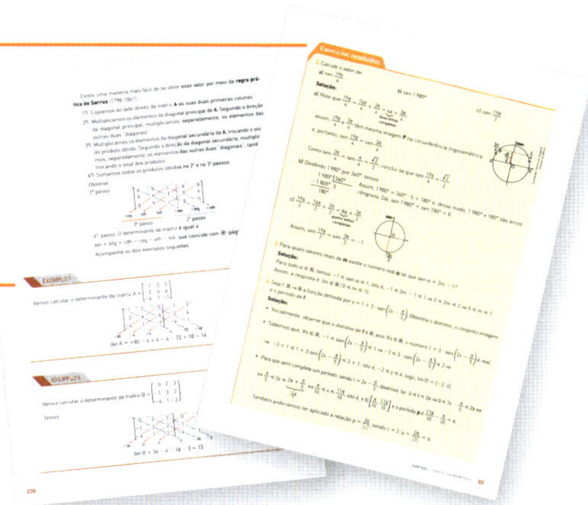

Exemplos e Exercícios resolvidos

Em todos os capítulos, há exemplos e exercícios resolvidos que auxiliam o leitor a entender melhor os conceitos estudados e ampliam seu repertório de técnicas de resolução de problemas.

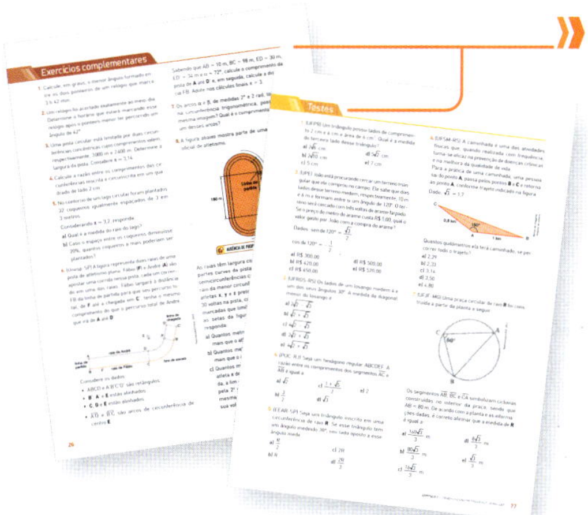

Exercícios complementares e Testes

Estas seções apresentam grande variedade de exercícios dissertativos e objetivos sobre o conteúdo do capítulo, auxiliando o aluno na sua preparação para alguns dos principais exames e vestibulares nacionais.

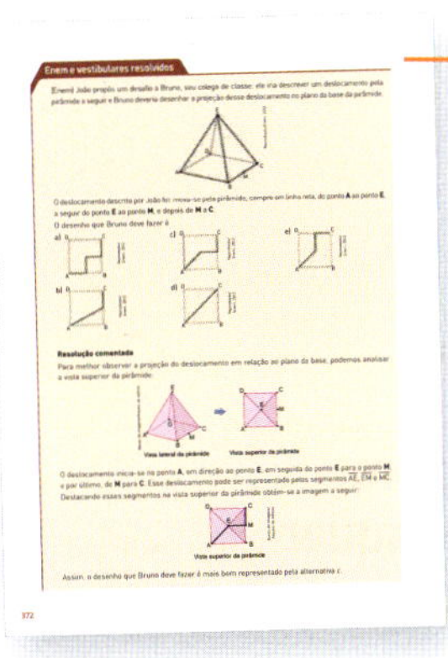

Enem e vestibulares resolvidos

Esta seção exibe, de maneira detalhada, a resolução de questões de algumas das provas mais importantes do país.

Sumário

Primeira parte

Segunda parte

Sumário

CAPÍTULO

1

A circunferência trigonométrica

Nejron Photo/Shutterstock

// O sextante, representado na imagem, teve um importante papel no desenvolvimento das navegações. Essa ferramenta permitiu calcular o ângulo entre um astro de referência (como o Sol, a Lua ou outra estrela) e o horizonte. Com esse dado e tabelas próprias, os navegadores podiam descobrir sua localização. Neste capítulo, estudaremos alguns conceitos sobre ângulos.

Arcos e ângulos

Seja uma circunferência de centro **O**, sobre a qual tomamos dois pontos distintos, **A** e **B**. A circunferência fica dividida em duas partes, cada uma das quais é um **arco de circunferência**.

Observe, na figura ao lado, que existem dois arcos determinados por **A** e **B**:

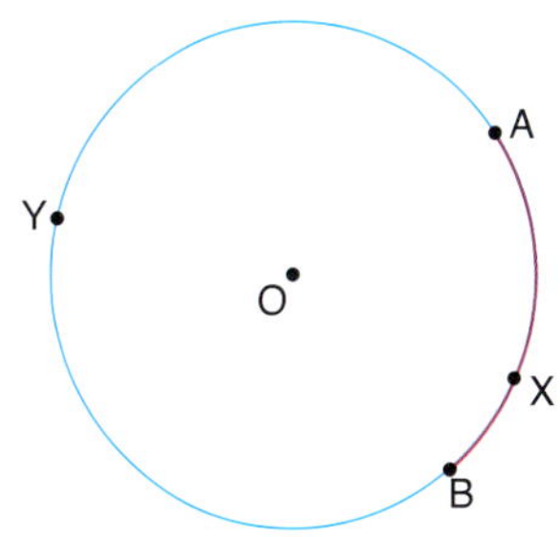

- O arco de extremidades **A** e **B** que contém o ponto **X** — representado por $\widehat{AXB}$.
- O arco de extremidades **A** e **B** que contém o ponto **Y** — representado por $\widehat{AYB}$.

Quando não houver dúvidas em relação ao arco ao qual nos referimos, podemos escrever simplesmente $\widehat{AB}$ para representar o arco com extremidades **A** e **B**.

Vejamos agora dois casos particulares:

- Se **A** e **B** são simétricos em relação ao centro **O**, o segmento $\overline{AB}$ é um diâmetro e cada um dos arcos, chamado de **arco de meia-volta**, determina uma semicircunferência. Veja a figura ao lado.

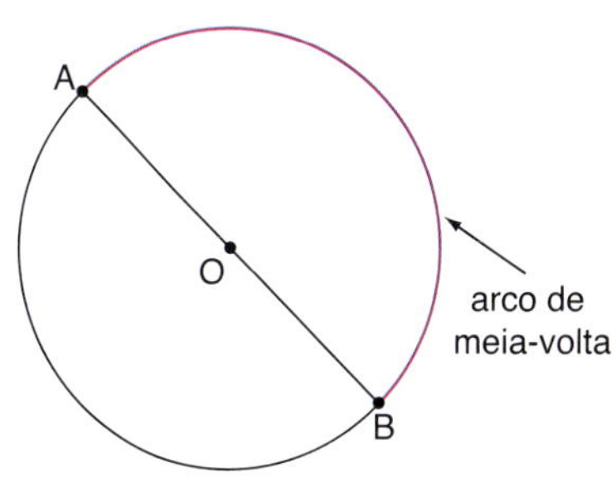

- Se **A** coincidir com **B**, dois arcos são determinados. Um deles é o **arco de uma volta** e o outro, o **arco nulo**. Observe-os nas figuras seguintes.

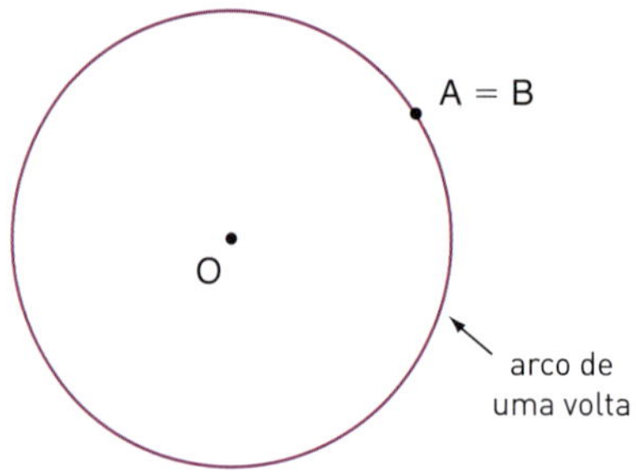

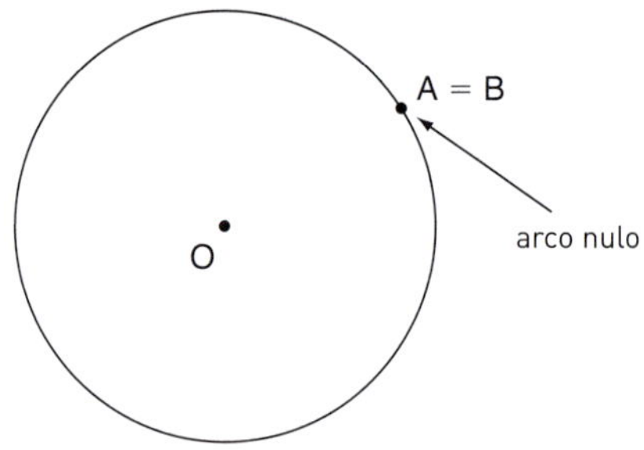

Ilustrações: Banco de imagens/ Arquivo da editora

Observe que a todo arco $\overset{\frown}{AB}$ corresponde um ângulo central, isto é, um ângulo cujo vértice é o centro da circunferência.

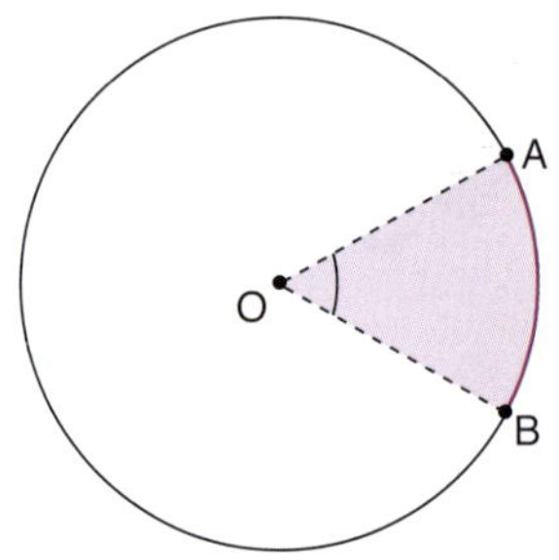

Banco de imagens/Arquivo da editora

AÔB é o ângulo central correspondente ao arco $\overset{\frown}{AB}$.

Medida e comprimento de arco

A **medida angular de um arco** ou, simplesmente, **medida de um arco** é igual à medida do ângulo central correspondente. Observe estes exemplos:

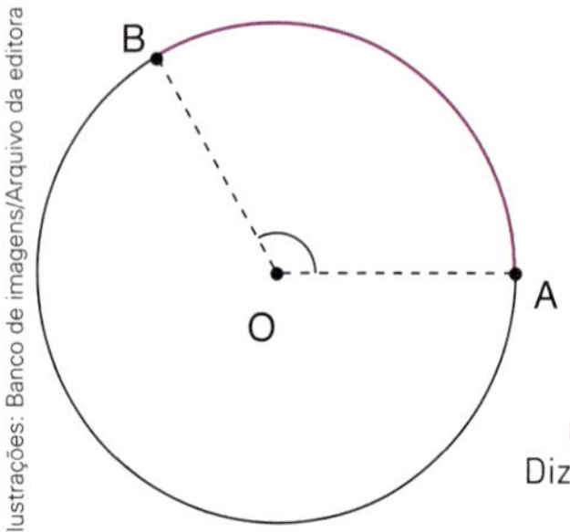

med(AÔB) = 120°
Dizemos que o arco $\overset{\frown}{AB}$ mede 120°.

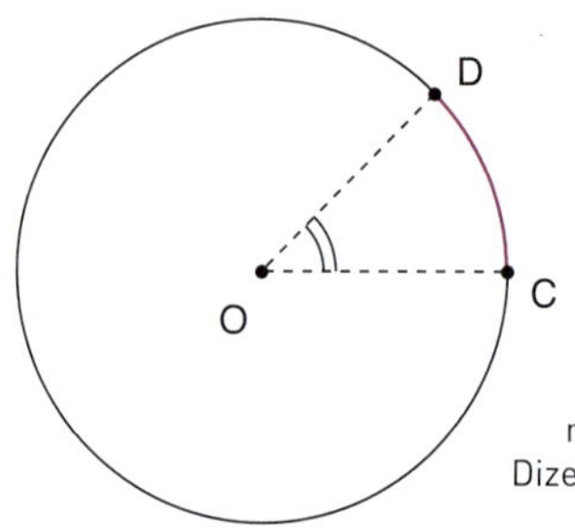

med(CÔD) = 45°
Dizemos que o arco $\overset{\frown}{CD}$ mede 45°.

Ilustrações: Banco de imagens/Arquivo da editora

A **medida linear de um arco** refere-se ao seu **comprimento**. Quando retificamos um arco de circunferência, obtemos um segmento de reta cuja medida é igual ao **comprimento do arco**, que é medido em centímetros, metros, milímetros, quilômetros, etc.

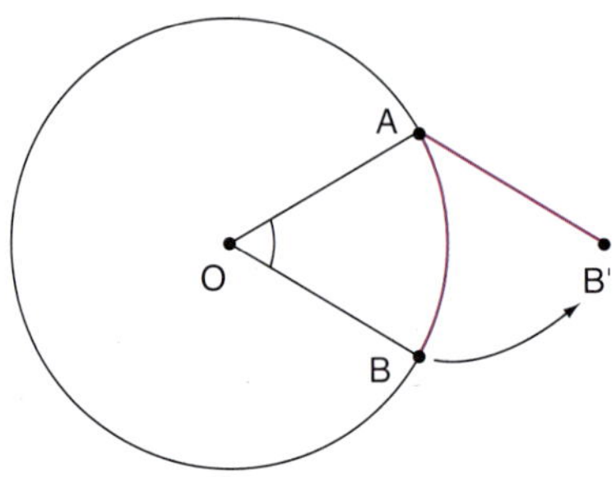

Banco de imagens/Arquivo da editora

Unidades de medida de arcos e ângulos

Ao tratarmos da medida de um arco, adotamos o grau (°) ou radiano (rad).

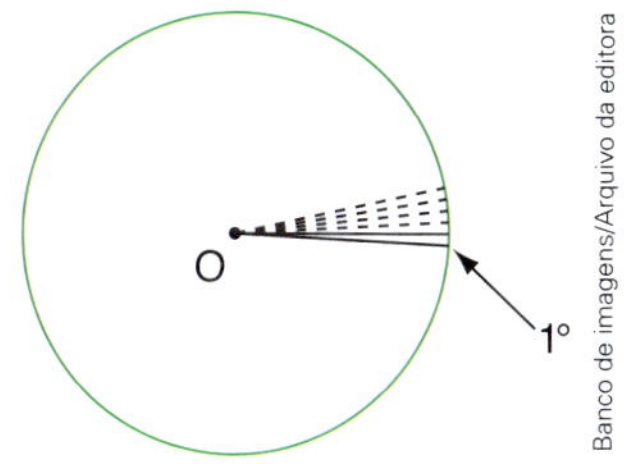

- **1 grau** é a medida de um arco igual a $\frac{1}{360}$ da circunferência correspondente.

  Como sabemos, o grau possui submúltiplos importantes, como o **minuto** e o **segundo**.

  O arco de 1 minuto (indica-se 1') corresponde a $\frac{1}{60}$ do arco de medida 1°; o arco de 1 segundo (indica-se 1") corresponde a $\frac{1}{60}$ do arco de medida 1'.

- **1 radiano** é a medida de um arco cujo comprimento é igual ao raio da circunferência correspondente.
  O arco $\widehat{AB}$, abaixo, bem como seu ângulo correspondente $A\hat{O}B$, mede 1 rad. Já o arco $\widehat{CD}$, bem como seu ângulo correspondente $C\hat{O}D$, mede 2 rad, pois seu comprimento é igual ao dobro da medida do raio.

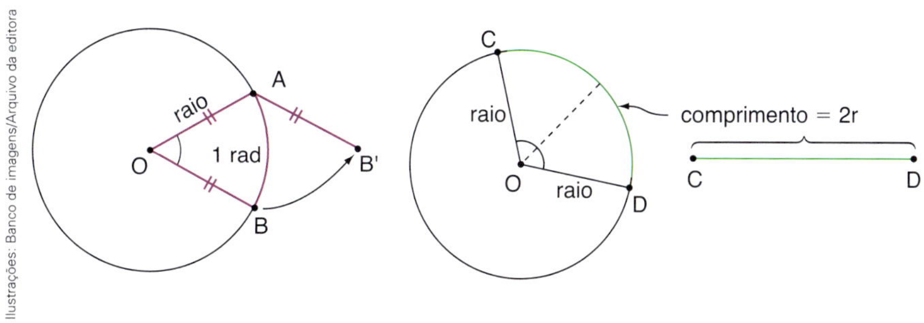

Como sabemos, o comprimento **C** de uma circunferência de raio **r** é igual a $2\pi r$. Isso significa que o raio "cabe" 2π vezes nesse comprimento (aproximadamente 6,28 vezes).

Assim, um arco de comprimento igual a **r** mede 1 rad; um arco de comprimento igual a 2r mede 2 rad, etc. Da mesma maneira, um arco de comprimento $2\pi r$ (volta completa) mede 2π rad. Concluímos, desse modo, que o arco de uma volta mede 2π rad ou 360°.

Observe as correspondências abaixo:

2π rad	—	360°
π rad	—	180°
$\frac{\pi}{2}$ rad	—	90°
$\frac{\pi}{3}$ rad	—	60°
$\frac{\pi}{4}$ rad	—	45°
⋮	⋮	⋮

A relação "um arco de meia-volta mede 180° ou π rad" servirá de base para efetuarmos as conversões de unidades de medidas de arcos, como mostram os exercícios resolvidos a seguir.

Exercícios resolvidos

1. Um arco mede 30°. Qual é a medida desse arco em radianos?

Solução:

1º modo

Podemos estabelecer a regra de três simples:

$$\begin{cases} \pi \text{ rad} \text{ ——— } 180° \\ x \text{ ——— } 30° \end{cases}$$

Daí: $x = \dfrac{30° \cdot \pi \text{ rad}}{180°} \Rightarrow x = \dfrac{\pi}{6} \text{ rad}$

2º modo

Podemos resolver mentalmente:

Como 30° correspondem à 6ª parte de 180°, temos, em radianos, a sexta parte de π, que é $\dfrac{\pi}{6}$.

2. Em uma circunferência, um ângulo central mede $\dfrac{\pi}{4}$ radianos.
Quanto mede esse ângulo em graus?

Solução:

1º modo

Podemos estabelecer a regra de três simples:

$$\begin{cases} \pi \text{ rad} \text{ ——— } 180° \\ \dfrac{\pi}{4} \text{ rad} \text{ ——— } x \end{cases}$$

Assim: $x = \dfrac{\dfrac{\pi}{4} \text{ rad} \cdot 180°}{\pi \text{ rad}} \Rightarrow x = 45°$

2º modo

Podemos resolver mentalmente:

Como π rad correspondem a 180°, $\dfrac{\pi}{4}$ rad correspondem a $\dfrac{180°}{4} = 45°$.

3. Quanto mede, em graus, um arco de 1 radiano?

Solução:

Como π rad (ou 3,14 rad, aproximadamente) correspondem a 180°, podemos fazer:

$$\begin{cases} \pi \text{ rad} \text{ — } 180° \\ 1 \text{ rad} \text{ — } x \end{cases} \Rightarrow x = \dfrac{180°}{\pi} \simeq \dfrac{180°}{3{,}14} \Rightarrow x \simeq 57{,}3° = 57°18'$$

Note que $57{,}3° = 57° + 0{,}3°$; $0{,}3° = 0{,}3 \cdot 60' = 18'$

OBSERVAÇÃO

Quando a unidade de medida de um arco vier suprimida, fica convencionado que a medida deste arco é dada em radianos. Assim, por exemplo, quando dizemos que um arco $\overset{\frown}{AB}$ mede $\dfrac{\pi}{4}$, estamos dizendo que o arco $\overset{\frown}{AB}$ mede $\dfrac{\pi}{4}$ radianos; se o arco $\overset{\frown}{CD}$ mede 3, queremos dizer que o arco $\overset{\frown}{CD}$ mede 3 radianos, e assim por diante.

O comprimento de um arco

Quando medimos o comprimento de um arco, a unidade de medida utilizada é a mesma do raio: metro, centímetro, milímetro, etc.

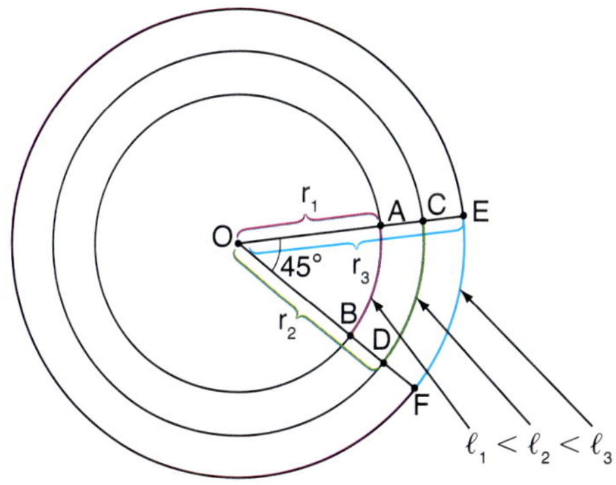

Banco de imagens/Arquivo da editora

Observe que na figura ao lado o comprimento de um arco depende da medida do raio considerado: os arcos $\overset{\frown}{AB}$, $\overset{\frown}{CD}$ e $\overset{\frown}{EF}$ medem, cada um deles, $45°\left(\text{ou } \frac{\pi}{4} \text{ rad}\right)$, mas seus comprimentos são diferentes.

Vamos calcular os comprimentos $\boldsymbol{\ell_1}$, $\boldsymbol{\ell_2}$ e $\boldsymbol{\ell_3}$ dos arcos $\overset{\frown}{AB}$, $\overset{\frown}{CD}$ e $\overset{\frown}{EF}$, respectivamente:

- arco $\overset{\frown}{AB}$:

$$\begin{cases} 360° — 2\pi r_1 \\ 45° — \ell_1 \end{cases} \Rightarrow \frac{360°}{45°} = \frac{2\pi r_1}{\ell_1} \Rightarrow 8 = \frac{2\pi r_1}{\ell_1} \Rightarrow \frac{\ell_1}{r_1} = \frac{\pi}{4} \Rightarrow \ell_1 = \frac{\pi}{4} \cdot r_1$$

- arco $\overset{\frown}{CD}$:

$$\begin{cases} 360° — 2\pi r_2 \\ 45° — \ell_2 \end{cases} \Rightarrow \frac{360°}{45°} = \frac{2\pi r_2}{\ell_2} \Rightarrow 8 = \frac{2\pi r_2}{\ell_2} \Rightarrow \frac{\ell_2}{r_2} = \frac{\pi}{4} \Rightarrow \ell_2 = \frac{\pi}{4} \cdot r_2$$

- arco $\overset{\frown}{EF}$:

$$\begin{cases} 360° — 2\pi r_3 \\ 45° — \ell_3 \end{cases} \Rightarrow \frac{360°}{45°} = \frac{2\pi r_3}{\ell_3} \Rightarrow 8 = \frac{2\pi r_3}{\ell_3} \Rightarrow \frac{\ell_3}{r_3} = \frac{\pi}{4} \Rightarrow \ell_3 = \frac{\pi}{4} \cdot r_3$$

Mantida fixa a medida do ângulo central, o comprimento de um arco é diretamente proporcional ao raio da circunferência que o contém.

No exemplo, $\frac{\ell_1}{r_1} = \frac{\ell_2}{r_2} = \frac{\ell_3}{r_3} = \frac{\pi}{4}$.

Observe que a constante de proporcionalidade corresponde à medida do ângulo central, expressa em radianos. O ângulo central da figura mede 45° ou $\frac{\pi}{4}$ rad.

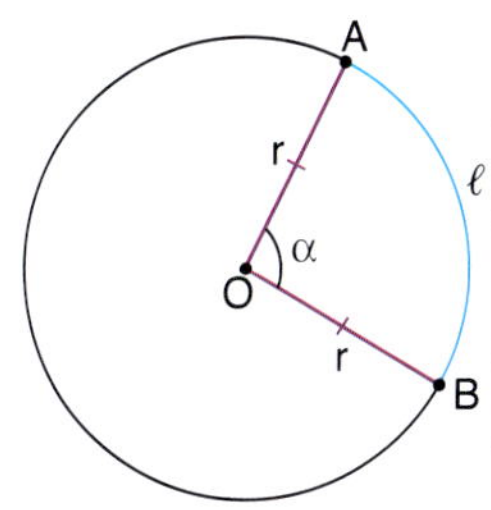

Banco de imagens/Arquivo da editora

Em geral, podemos escrever:

$$\alpha = \frac{\ell}{r} \quad \text{em que} \begin{cases} \boldsymbol{\alpha}\text{: medida do arco em radianos} \\ \boldsymbol{\ell}\text{: comprimento do arco} \\ \mathbf{r}\text{: medida do raio da circunferência} \end{cases}$$

Exercícios resolvidos

4. Em uma circunferência de raio 3 cm, toma-se um arco $\overset{\frown}{AB}$ de comprimento 4,5 cm. Qual é, em radianos, a medida desse arco?

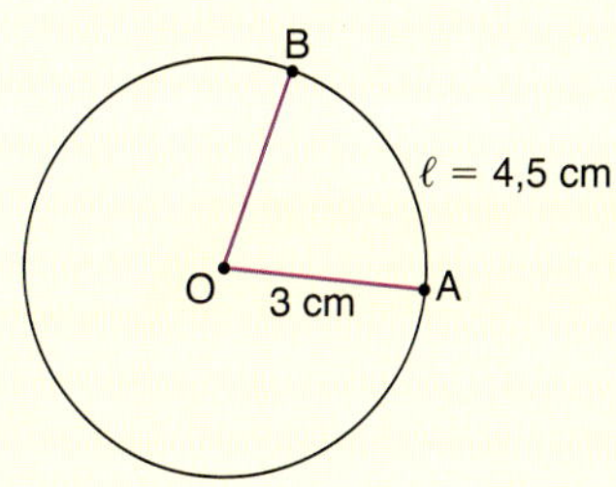

Banco de imagens/Arquivo da editora

Solução:

1º modo

Podemos usar a definição da medida de 1 radiano, comparando a medida do arco com o seu comprimento:

medida do arco		comprimento do arco	
1 rad	———	3 cm	$\Rightarrow x = 1{,}5$ rad
x	———	4,5 cm	

2º modo

Uma solução equivalente consiste em usar a relação $\alpha = \frac{\ell}{r}$, isto é: $\alpha = \frac{4,5}{3} \Rightarrow \alpha = 1,5$ rad

5. Qual é o comprimento de um arco de 72° sobre uma circunferência de raio 8 cm?

Solução:

1º modo

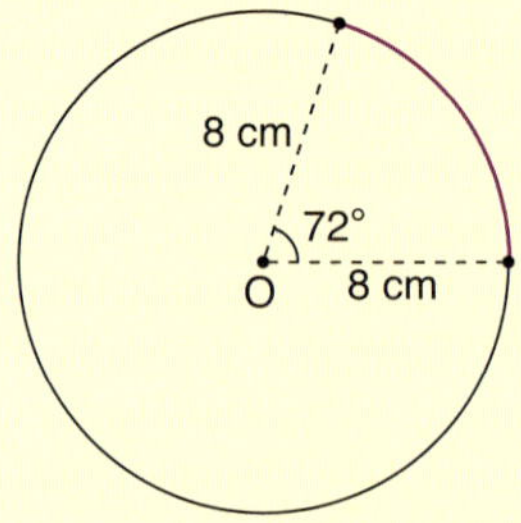

Banco de imagens/Arquivo da editora

O comprimento da circunferência é $C = 2 \cdot \pi \cdot 8$ cm $= 16\pi$ cm.

Podemos fazer:

$$\begin{cases} 16\pi \text{ cm} & - 360° \\ x & - 72° \end{cases} \Rightarrow x = \frac{16\pi}{5} \text{ cm (ou aproximadamente 10,05 cm)}$$

Observe que $\frac{360°}{72°} = 5$; assim, o comprimento do arco é igual à quinta parte do comprimento da circunferência correspondente.

2º modo

Expressamos 72° em radianos:

$$\begin{cases} 180° - \pi \text{ rad} \\ 72° - x \end{cases} \Rightarrow x = \frac{2\pi}{5} \text{ rad}$$

Daí, usamos a relação:

$$\alpha = \frac{\ell}{r} \Rightarrow \frac{2\pi}{5} = \frac{\ell}{8} \Rightarrow \ell = \frac{16\pi}{5}$$

Portanto, o comprimento deste arco é $\frac{16\pi}{5}$ cm.

6. Determine a medida do menor ângulo α formado entre os ponteiros de um relógio ao marcar 2 h 40 min.

Solução:

O ângulo pedido mede α.

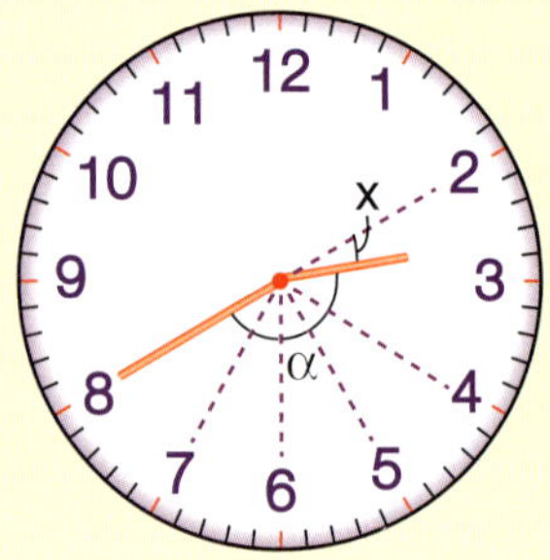

Banco de imagens/Arquivo da editora

Observe que, entre duas marcas consecutivas de horas, tem-se um arco cujo ângulo central tem medida $\frac{360°}{12} = 30°$. Assim, considerando o deslocamento do "2 ao 8", temos que:

$$\alpha + x = 6 \cdot 30° \Rightarrow \alpha = 180° - x$$

Em 1 hora (60 minutos), o ponteiro das horas percorre um arco de medida 30°.

Para calcular a medida **x** do ângulo percorrido pelo ponteiro das horas em 40 minutos, podemos estabelecer a proporção:

$$\begin{cases} 60 \text{ minutos} & - 30° \\ 40 \text{ minutos} & - x \end{cases} \Rightarrow x = 20°$$

Assim, temos $\alpha = 180° - 20° = 160°$.

Exercícios

1. Expresse em radianos:

a) 30°
b) 15°
c) 120°
d) 210°
e) 270°
f) 300°
g) 20°
h) 150°
i) 315°

2. Expresse em graus:

a) $\frac{\pi}{3}$ rad
b) $\frac{\pi}{2}$ rad
c) $\frac{\pi}{4}$ rad
d) $\frac{\pi}{5}$ rad
e) 0,5 rad
f) $\frac{3\pi}{4}$ rad
g) $\frac{2\pi}{9}$ rad
h) $\frac{11\pi}{6}$ rad
i) 3 rad

3. Uma semicircunferência tem comprimento 188,4 m. Quanto mede seu raio? Considere $\pi \simeq 3{,}14$.

4. Calcule o comprimento de um arco $\overset{\frown}{AB}$ definido em uma circunferência de raio 8 cm por um ângulo central $A\hat{O}B$ de medida 120°.

5. Considerando que, na figura abaixo, $\overline{AB}$ está dividido em 12 partes iguais, qual é o percurso mais curto sobre as semicircunferências: AMB ou ADCEB?

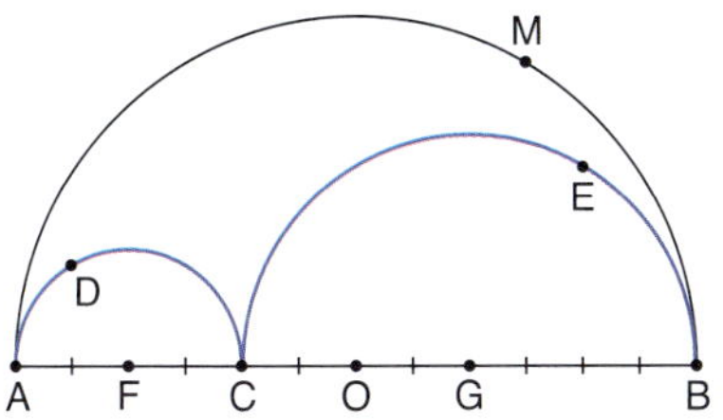

Banco de imagens/Arquivo da editora

6. Na figura, as circunferências C_1 e C_2 têm mesmo centro **O** e raios de medidas R_1 e R_2, respectivamente, tais que $2R_1 = 3R_2$.
Determine:

a) as medidas dos arcos $\overset{\frown}{AB}$ e $\overset{\frown}{CD}$, em radianos;

b) a razão entre os comprimentos de $\overset{\frown}{AB}$ e $\overset{\frown}{CD}$, nessa ordem.

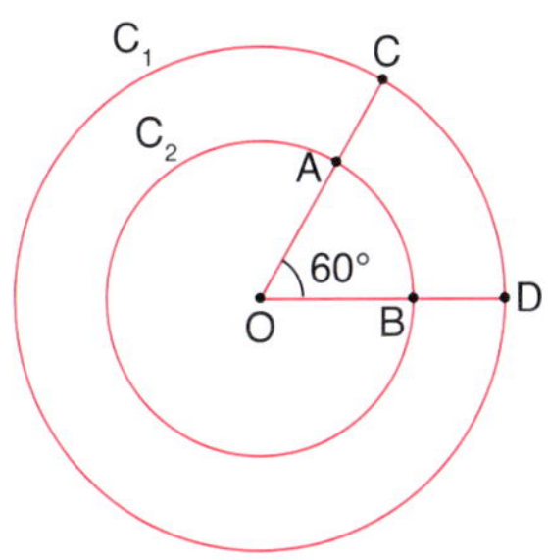

Banco de imagens/Arquivo da editora

7. Um pêndulo de 15 cm de comprimento oscila entre **A** e **B** descrevendo um ângulo de 15°. Qual é o comprimento da trajetória descrita pela sua extremidade entre **A** e **B**? Use $\pi \simeq 3{,}14$.

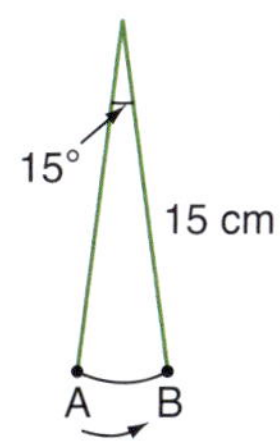

Banco de imagens/Arquivo da editora

8. Um andarilho caminhou 7 536 m, em uma pista circular de 40 m de raio. Quantas voltas ele deu na pista? Considere $\pi \simeq 3{,}14$.

9. Determine a medida do raio da circunferência de centro **O** em cada caso:

a)

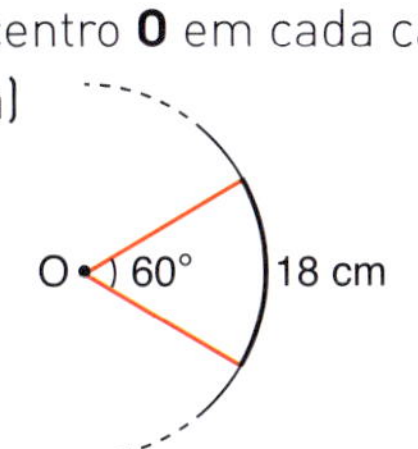

b)

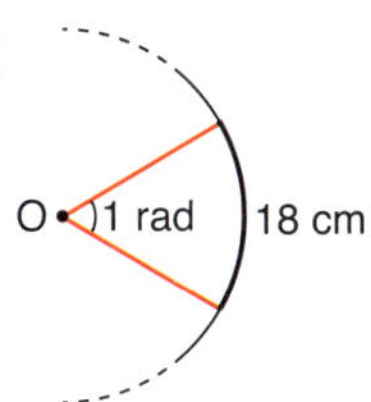

Ilustrações: Banco de imagens/Arquivo da editora

Use $\pi \simeq 3{,}14$.

10. Na figura, o triângulo ABC é isósceles de base $\overline{AC}$ e o triângulo CAD está inscrito em uma semicircunferência cujo raio mede 6 cm. Considerando o arco $\overset{\frown}{AD}$ que não contém o ponto **C**, determine:

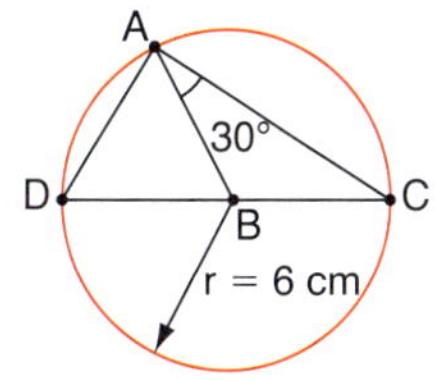

Banco de imagens/Arquivo da editora

a) sua medida, em radianos;

b) seu comprimento, em centímetros.

11. Um automóvel percorre 157 m em uma pista circular, descrevendo um arco de 72°. Determine a medida do raio da curva. Use $\pi \simeq 3{,}14$.

Alex Argozino/Arquivo da editora

AUSÊNCIA DE PROPORÇÃO

12. Determine a medida do menor ângulo formado entre os ponteiros de um relógio ao marcar:

a) 3 h
b) 8 h 30 min
c) 3 h 45 min
d) 5 h 40 min
e) 9 h 35 min
f) 11 h 50 min

13. O ponteiro dos minutos de um relógio tem comprimento de 12 cm. Qual é a distância que a ponta do ponteiro percorre em um intervalo de tempo de 20 minutos? Use $\pi \simeq 3{,}1$.

14. Na figura, as circunferências de mesmo raio têm centros em **A**, **B**, **C** e **D** e são tangentes exteriormente. Os pontos **E**, **F**, **G** e **H** são pontos de tangência.

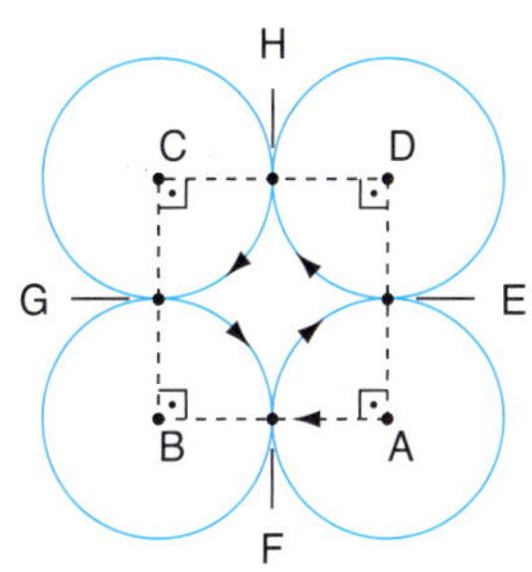

Banco de imagens/Arquivo da editora

Sabendo que $AC = 10\sqrt{2}$ cm, determine o comprimento do trajeto $\overline{AB} + \overline{BC} + \overline{CD} + \overline{DE} + \overset{\frown}{EH} + \overset{\frown}{HG} + \overset{\frown}{GF} + \overset{\frown}{FE} + \overline{EA}$.

Medindo distâncias inacessíveis

Matemática e Astronomia

Na Antiguidade, os gregos exerceram um papel importante no desenvolvimento de diversos ramos do conhecimento humano. Movidos talvez pela curiosidade ou fascínio pelos astros, empreenderam incursões interessantes em assuntos de astronomia. Um deles foi Eratóstenes, que conseguiu estimar o comprimento da circunferência da Terra a partir da observação das sombras formadas pela luz solar.

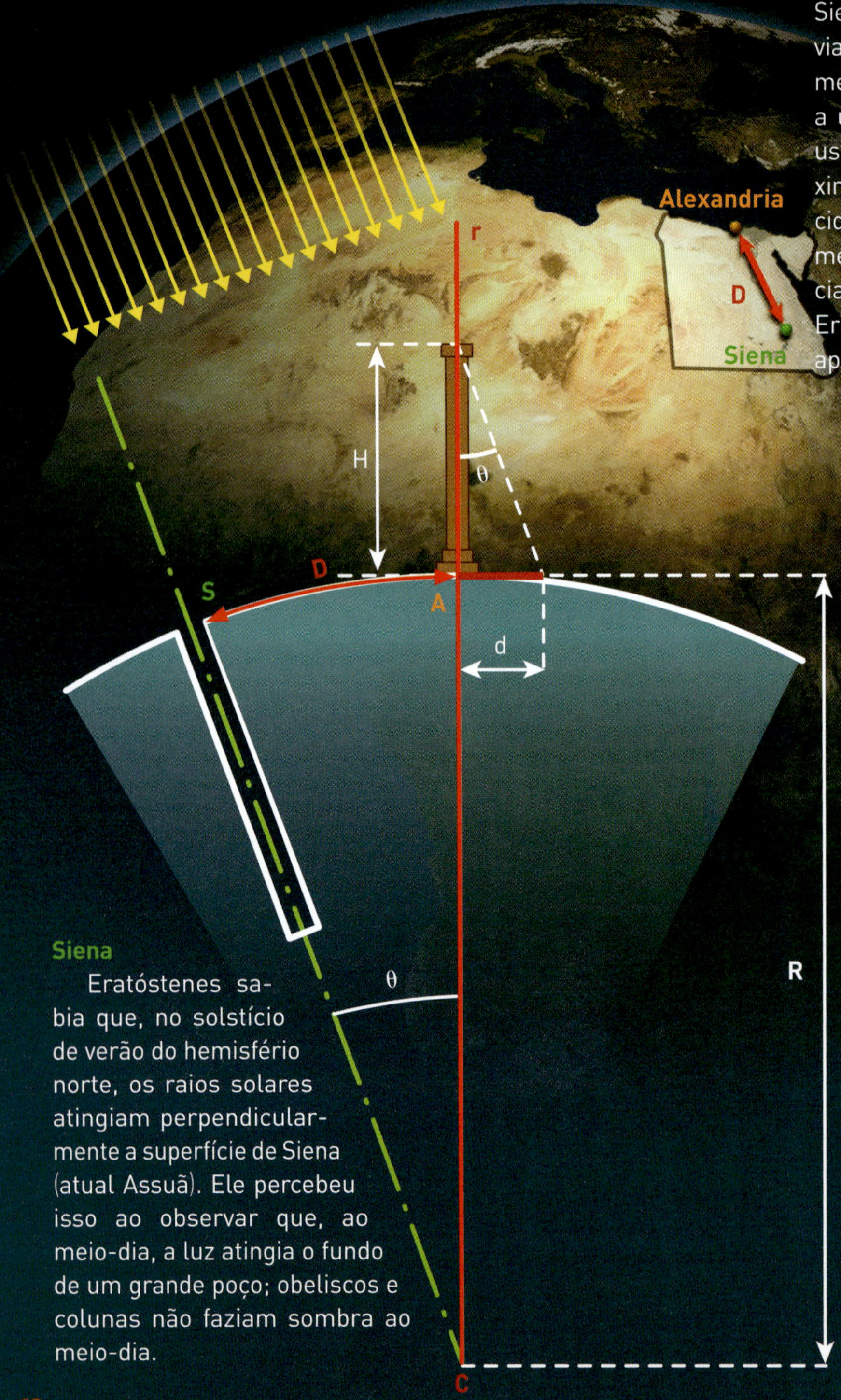

Casa Paulistana de Comunicação

O estádio

Eratóstenes calculou a distância entre Siena e Alexandria com base no tempo de viagem das caravanas, que percorriam a média de 100 estádios por dia. Estádio era a unidade de medida de comprimento usada pelos gregos, que equivale a aproximadamente 157 metros. Para ir de uma cidade à outra, as caravanas levavam, em média, 50 dias e, ao calcular essa distância com a unidade de medida da época, Eratóstenes chegou a 5 mil estádios, aproximadamente 785 quilômetros.

Alexandria

Ele pensou em observar a inclinação dos raios solares em Alexandria, outra cidade egípcia ao norte de Siena, no solstício de verão do ano seguinte. Eratóstenes observou que um objeto, provavelmente uma vareta ou coluna fincada no solo, em área aberta, fazia sombra ao meio-dia.

Ele verificou que o ângulo (**θ**) formado entre a coluna e os raios solares era de 7,2°.

- Considerando o prolongamento das linhas verticais a partir de uma coluna perpendicular ao solo em Siena (**S**) e outro em Alexandria (**A**), deduziu que essas linhas deveriam se encontrar no centro da Terra (**C**), determinando um ângulo **θ**. Note que AC = SC = R.
- Considerando que os raios do Sol são retas paralelas interceptadas por uma transversal (reta **r**), ele pôde concluir que o ângulo **θ** formado entre elas também media 7,2°.

Siena

Eratóstenes sabia que, no solstício de verão do hemisfério norte, os raios solares atingiam perpendicularmente a superfície de Siena (atual Assuã). Ele percebeu isso ao observar que, ao meio-dia, a luz atingia o fundo de um grande poço; obeliscos e colunas não faziam sombra ao meio-dia.

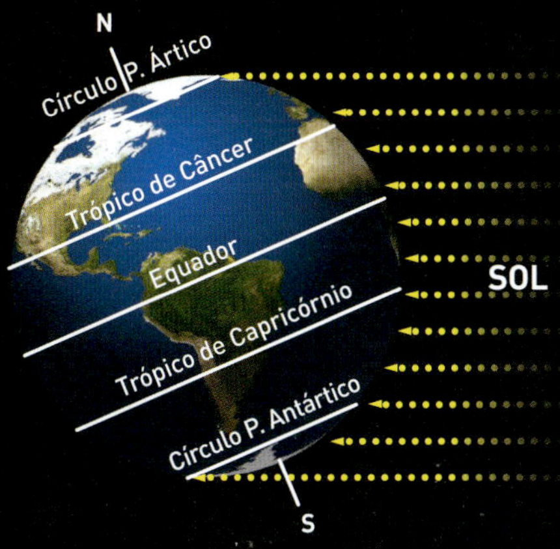

Verão no hemisfério sul

Solstícios e equinócios

O solstício ocorre duas vezes ao ano, quando a luz do Sol atinge de forma mais intensa um dos hemisférios da Terra: em junho é verão no hemisfério norte e em dezembro é verão no hemisfério sul.

Entre os dois solstícios há os equinócios de março e setembro, períodos do ano em que a luz solar atinge da mesma maneira os dois hemisférios, fazendo dias e noites terem a mesma duração.

Cada um dos solstícios e equinócios marca o início de uma das quatro estações do ano: verão, outono, inverno e primavera.

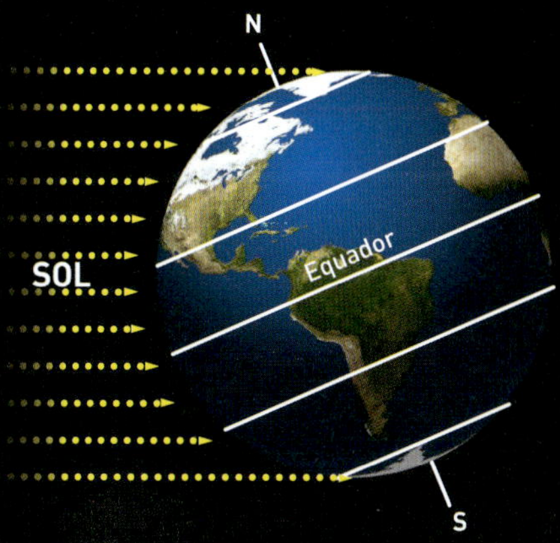

Verão no hemisfério norte

Eratóstenes

Eratóstenes (Cirene, 276 a.C. – Alexandria, 194 a.C.) era bibliotecário em Alexandria e aprofundou seus estudos na área da Matemática. Nascido na Grécia, ele se dedicou também à Gramática, à Geografia e à Astronomia. É considerado um importante colaborador para a Geografia, por ter criado e adotado um vocabulário próprio para esse ramo do saber.

Medidas atuais da Terra

Hoje sabemos que, considerando o achatamento que existe nos polos, o raio polar terrestre é de aproximadamente 6 357 quilômetros e que o comprimento da circunferência polar é de 39 942 quilômetros. Ou seja, podemos afirmar que Eratóstenes obteve com seu método medidas surpreendentemente próximas das conhecidas atualmente, considerando a precariedade dos instrumentos utilizados. Por exemplo, qual teria sido a precisão da medida angular feita inicialmente? Além disso, ele considerou que as duas cidades estavam sob o mesmo meridiano, o que hoje, sabe-se, não é exato. Na verdade, há uma diferença de cerca de 3°.

Ainda assim, sua iniciativa é plena de méritos, como também seus outros trabalhos nas áreas de Aritmética e Geografia.

Circunferência e raio da Terra

7,2° equivalem a 5 000 estádios
aproximadamente 785 km

360° equivalem a 250 000 estádios
aproximadamente 39 250 km

Como 7,2° equivalem a $\frac{1}{50}$ de 360°, e sabendo que Alexandria estava a 5 mil estádios de Siena, Eratóstenes concluiu também que a distância entre as duas cidades corresponderia a $\frac{1}{50}$ do comprimento da circunferência da Terra. Multiplicou 50 por 5 mil e obteve o comprimento da circunferência terrestre de 250 mil estádios, aproximadamente 39 250 quilômetros.

Como o comprimento da circunferência é dado por $2\pi r$, sendo **r** a medida do raio, para obter a medida do raio terrestre, basta calcular:

$$\frac{39\,250}{2\pi}$$

o que daria um resultado próximo a 6 250 km.

Fontes de pesquisa: BOYER, Carl B. *História da Matemática*. 3. ed. São Paulo: Edgard Blucher, 2010.; Eratóstenes, um gênio do tamanho da Terra. Disponível em: <www.mat.ibilce.unesp.br/ciencia/docs/Mini-Curso-Eratostenes,-Um-Genio-do-Tamanho-da-Terra.pdf>. Acesso em: 10 mar. 2016.

Circunferência trigonométrica

Fixemos dois eixos perpendiculares cruzando-se em **O** e orientados conforme as indicações: o vertical, para cima, e o horizontal, para a direita.

No sistema assim descrito, consideremos uma circunferência com centro **O** e raio unitário (isto é, raio de medida igual a 1).

O círculo limitado por essa circunferência fica dividido em quatro partes iguais denominadas **quadrantes** (**Q**) e indicadas na figura por 1º Q, 2º Q, 3º Q e 4º Q.

Vamos convencionar que todos os arcos tomados nessa circunferência têm origem no ponto A(1, 0) — interseção da circunferência com o semieixo horizontal positivo — e o sentido positivo é o anti-horário.

Construímos, desse modo, a **circunferência trigonométrica**.

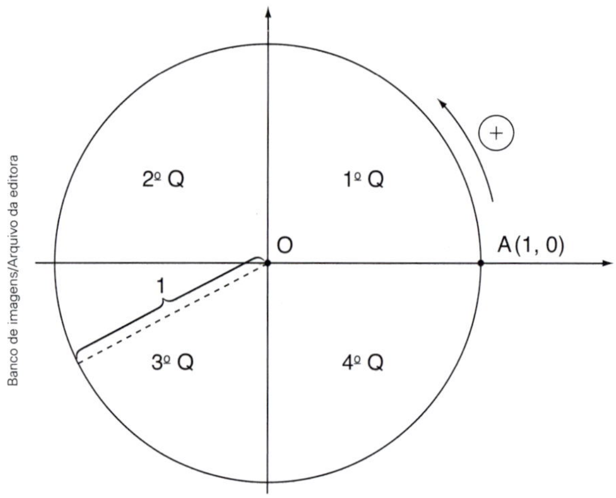

Números reais associados a pontos da circunferência trigonométrica

Como o raio é unitário, o comprimento da circunferência trigonométrica tem $2 \cdot \pi \cdot 1 = 2\pi$ (aproximadamente 6,28) unidades de medida de comprimento.

Vamos associar a cada número real **x**, $0 \leq x < 2\pi$, um único ponto **P** da circunferência trigonométrica, de modo que:

- se $x = 0$, o ponto **P** coincide com o ponto A(1, 0);
- se $x > 0$, descrevemos, a partir de **A**, no sentido anti-horário, um arco de comprimento **x** cujas extremidades são **A** e **P**.

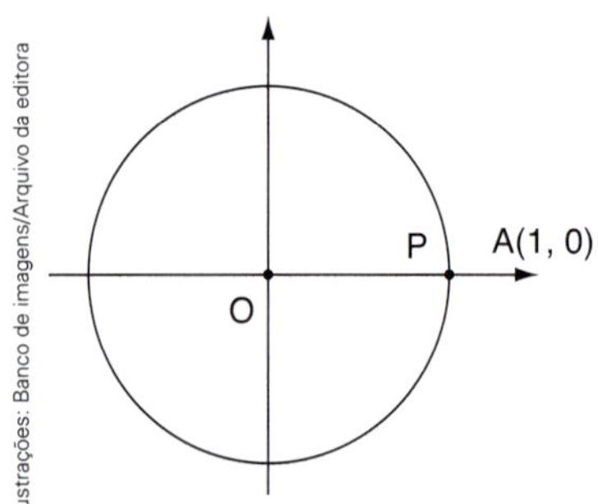

$x = 0$

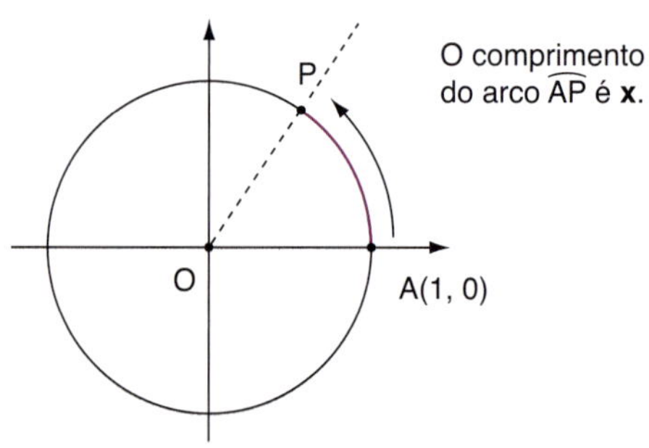

$x > 0$

Observe a associação seguinte:

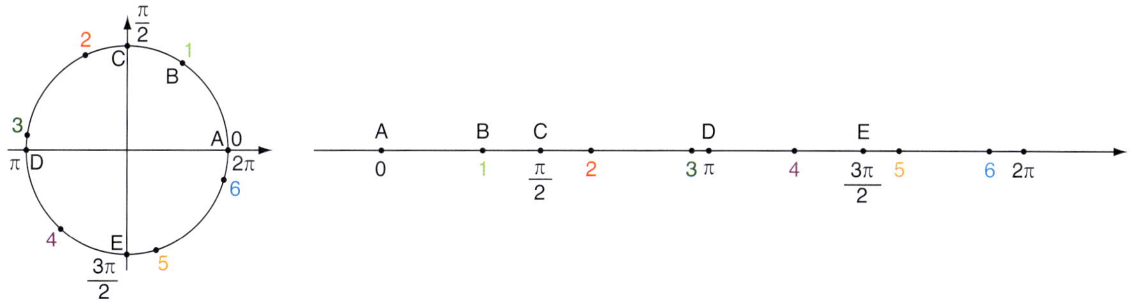

Ilustrações: Banco de imagens/Arquivo da editora

Temos:

- O arco $\widehat{AC}$ corresponde a $\frac{1}{4}$ do arco de uma volta completa.

  Seu comprimento é $\frac{\pi}{2}$ (aproximadamente 1,57), que é a quarta parte de 2π.

  Note, também, que sua medida é $\frac{\pi}{2}$ radianos (ou 90°). Dizemos que **C** é imagem do número real $\frac{\pi}{2}$.

- O arco $\widehat{AD}$ corresponde à metade do arco de uma volta completa.
  Seu comprimento é π (aproximadamente 3,14), que é a metade de 2π. Observe que sua medida é π radianos (ou 180°). Dizemos que **D** é imagem do número real π.

- O arco $\widehat{AE}$ corresponde a $\frac{3}{4}$ do arco de uma volta completa e seu comprimento é, portanto, $\frac{3}{4}$ de 2π, isto é, $\frac{3\pi}{2}$. Sua medida é $\frac{3\pi}{2}$ radianos (ou 270°).

  O ponto **E** é imagem do número real $\frac{3\pi}{2}$.

- O arco $\widehat{AB}$ tem comprimento igual a 1 e sua medida é 1 rad (observe que o comprimento de $\widehat{AB}$ é igual à medida do raio). O ponto **B** é imagem do número real 1.

  ⋮

e assim por diante.

Ao fazermos essa associação, é importante lembrar que a medida (**α**) de um arco, em radianos, coincide numericamente, na circunferência trigonométrica, com o seu comprimento (**ℓ**), pois, como $\alpha = \frac{\ell}{r}$ e r = 1, temos $\alpha = \ell$.

EXEMPLO 1

Observe, na circunferência trigonométrica ao lado, as imagens **A**, **B**, **C**, **D**, **E**, **F**, **G**, **H**, **I** e **J**, correspondentes aos números reais $\frac{\pi}{6}$, $\frac{\pi}{4}$, $\frac{\pi}{3}$, $\frac{2\pi}{3}$, 3, $\frac{7\pi}{6}$, $\frac{4\pi}{3}$, $\frac{11}{2}$, $\frac{11\pi}{6}$ e 6, respectivamente.

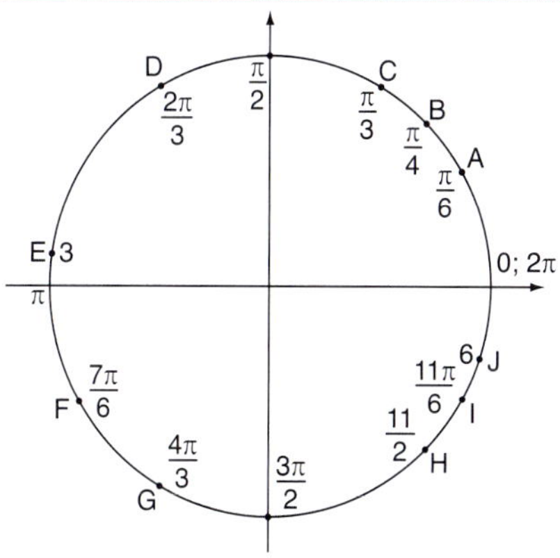

Banco de imagens/Arquivo da editora

OBSERVAÇÃO

Estamos considerando, por enquanto, a associação de um número real pertencente ao intervalo $[0, 2\pi[$ a um ponto da circunferência trigonométrica.

No capítulo 4, é apresentada a associação de um número real qualquer a um ponto da circunferência trigonométrica.

Antecipadamente, observe que a imagem do número real 2π é o ponto A(1, 0): trata-se da extremidade "final" do arco de uma volta completa, de medida 2π radianos (ou 360°) e comprimento 2π.

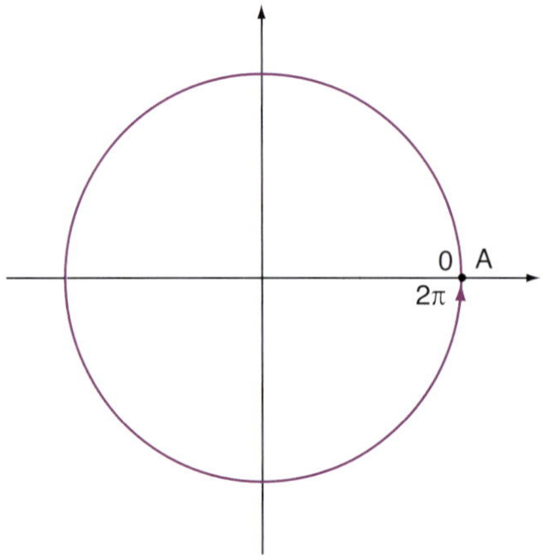

Banco de imagens/Arquivo da editora

Exercícios

15. Marque, na circunferência trigonométrica, os pontos correspondentes aos seguintes números reais: 0, $\frac{\pi}{3}$, $\frac{3\pi}{4}$, $\frac{7\pi}{6}$ e $\frac{5\pi}{3}$.

16. Agrupe, por quadrante, os pontos correspondentes aos seguintes números reais: $\frac{\pi}{6}$, $\frac{2\pi}{3}$, $\frac{5\pi}{12}$, $\frac{4\pi}{3}$, $\frac{7\pi}{4}$, 2, $\frac{2\pi}{7}$, $\frac{3\pi}{5}$, $\frac{5\pi}{9}$, $\frac{4}{3}$, $\frac{7\pi}{12}$, $\sqrt{7}$, $\frac{15\pi}{8}$, $\frac{15\pi}{11}$, $\frac{10}{3}$, $\frac{13}{4}$ e 5.

17. Sejam os pontos **P**, **Q** e **R** da circunferência trigonométrica seguinte. Qual é o número real **x**, com $0 \leqslant x < 2\pi$, associado ao ponto **P**? E ao ponto **Q**? E ao ponto **R**?

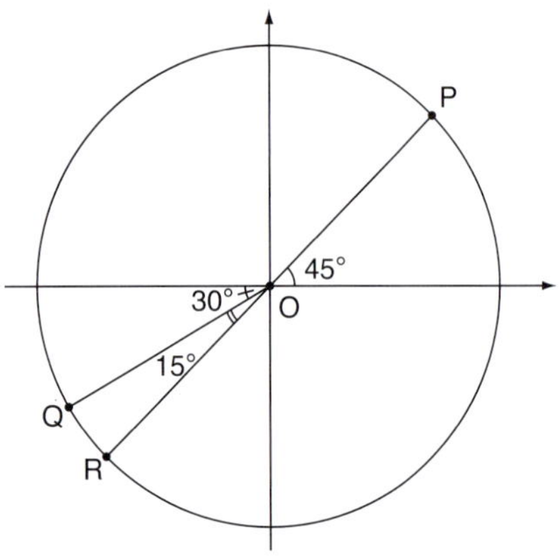

Banco de imagens/Arquivo da editora

18. O quadrado ABCD está inscrito na circunferência trigonométrica. Determine, para cada vértice, o número real **x**, com $0 \leqslant x < 2\pi$, associado.

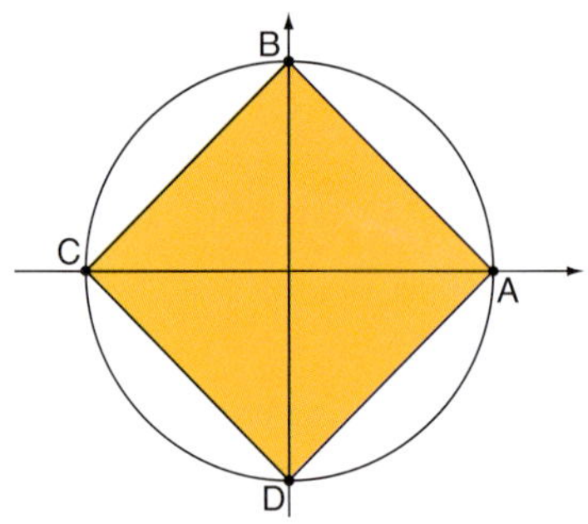

Banco de imagens/Arquivo da editora

19. O triângulo equilátero ABC está inscrito na circunferência trigonométrica seguinte. Quais são os números reais **x**, com $0 \leqslant x < 2\pi$, que têm imagens nos vértices do triângulo?

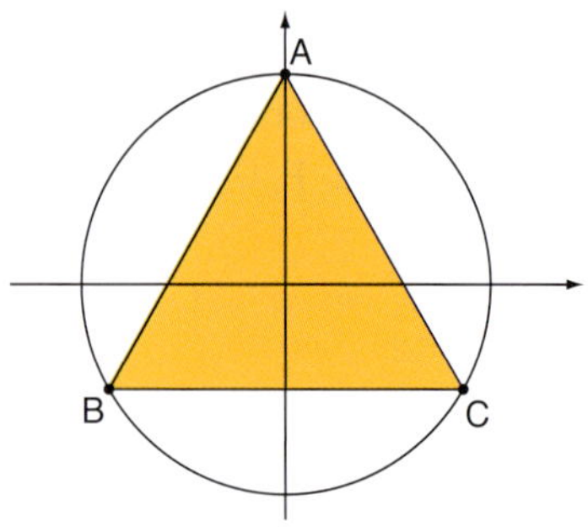

Banco de imagens/Arquivo da editora

Simetrias

Na circunferência trigonométrica, vamos estudar três tipos de simetrias: em relação ao eixo vertical, em relação ao eixo horizontal e em relação ao centro.

Para o estudo de cada uma delas, tomaremos um arco de medida **a** radianos, do 1º quadrante, correspondente ao número real **a**, com $0 \leqslant a < \frac{\pi}{2}$.

Seja **P** a imagem do número real **a**:

- **Simetria em relação ao eixo vertical**
  O simétrico de **P** em relação ao eixo vertical é o ponto **P'**, imagem do número real $\pi - a$, visto que os ângulos centrais assinalados na figura são congruentes.

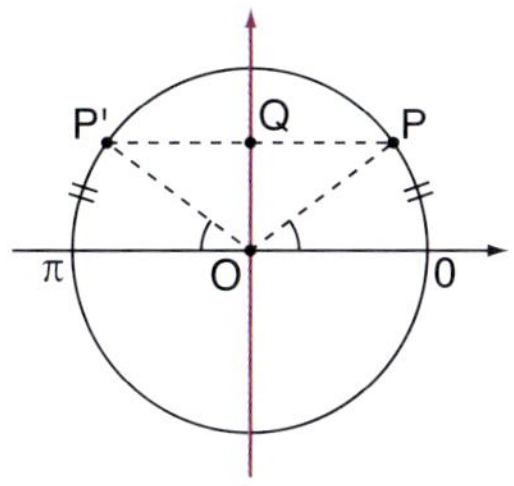

Banco de imagens/Arquivo da editora

OBSERVAÇÃO

Note que os triângulos POQ e P'OQ da figura ao lado são congruentes, pois têm um lado comum e hipotenusas iguais ao raio.

EXEMPLO 2

Os pontos **P** e **P'**, imagens dos números reais $\frac{\pi}{4}$ e $\pi - \frac{\pi}{4} = \frac{3\pi}{4}$, respectivamente, são simétricos em relação ao eixo vertical. O mesmo ocorre com **Q** e **Q'**, imagens de 0 e π, respectivamente.

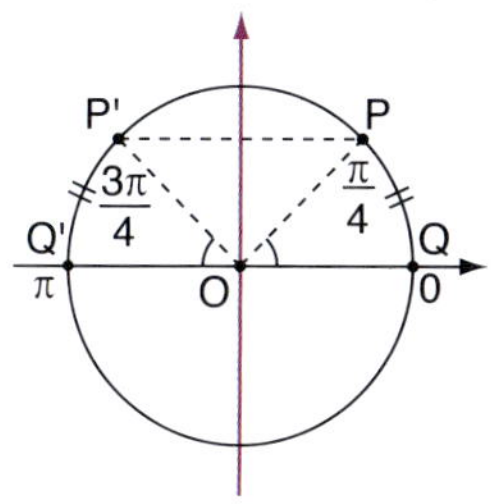

Banco de imagens/Arquivo da editora

- **Simetria em relação ao eixo horizontal**
  Levando em conta a congruência entre os ângulos centrais assinalados na figura, podemos afirmar que o número real que possui imagem simétrica à imagem de **a** é o número $2\pi - a$.

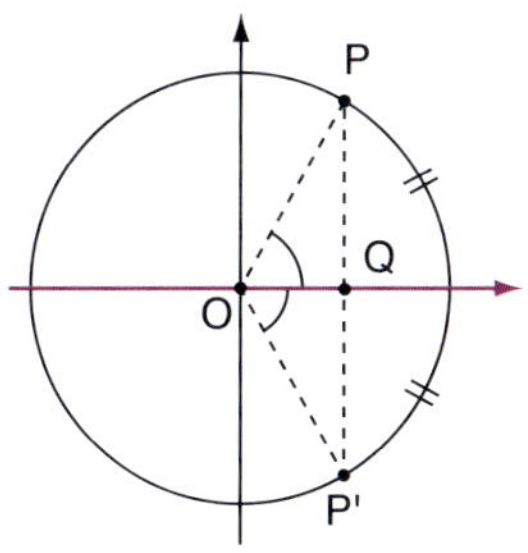

Banco de imagens/Arquivo da editora

OBSERVAÇÃO

Note que os triângulos POQ e P'OQ da figura ao lado são congruentes, pois são retângulos; a hipotenusa de ambos é igual ao raio e um dos catetos é comum.

EXEMPLO 3

Em relação ao eixo horizontal, são simétricos os pontos **P** e **P'** (note a congruência entre os ângulos assinalados). Os pontos **P** e **P'** são as imagens dos números reais $\frac{\pi}{3}$ e $2\pi - \frac{\pi}{3} = \frac{5\pi}{3}$, respectivamente.

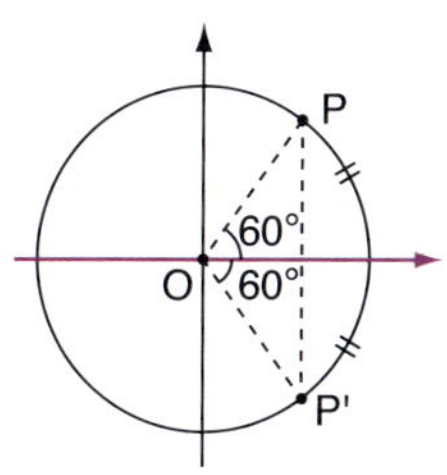

Banco de imagens/Arquivo da editora

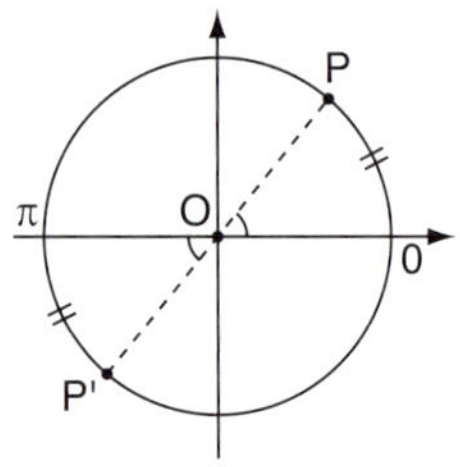

Banco de imagens/Arquivo da editora

- **Simetria em relação ao centro**

Quando dois pontos são diametralmente opostos, como **P** e **P'** da figura, é possível afirmar que o número real com imagem em **P** é **a** e em **P'** é a + π, pois os ângulos assinalados na figura são congruentes.

EXEMPLO 4

Os pontos correspondentes aos números reais $\frac{\pi}{6}$ e $\frac{7\pi}{6}$ são simétricos em relação ao centro da circunferência.

Note que:

$$\frac{7\pi}{6} - \frac{\pi}{6} = \frac{6\pi}{6} = \pi$$

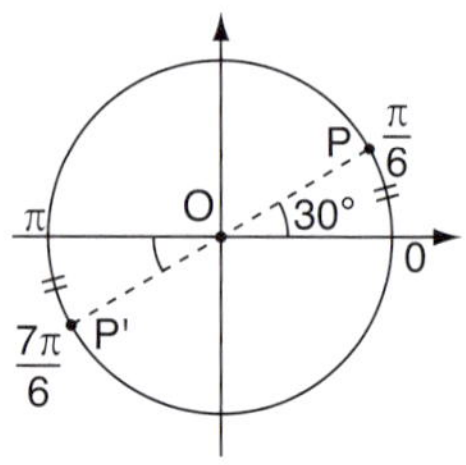

Banco de imagens/Arquivo da editora

Exercícios

20. Marque, na circunferência trigonométrica, os pontos correspondentes aos números $\frac{\pi}{3}$ e $\frac{2\pi}{3}$. Cite a simetria, se houver.

21. Proceda da mesma forma que no exercício anterior para:

a) $\frac{\pi}{6}$ e $\frac{5\pi}{3}$

b) $\frac{\pi}{6}$ e $\frac{11\pi}{6}$

c) $\frac{\pi}{8}$ e $\frac{9\pi}{8}$

d) $\frac{\pi}{2}$ e $\frac{3\pi}{2}$

22. Considere o número real $\frac{11\pi}{10}$.

a) Em que quadrante se encontra a imagem **P** desse número?

b) Os pontos simétricos de **P** em relação ao eixo horizontal, ao eixo vertical e ao centro da circunferência trigonométrica são, respectivamente, os pontos **Q**, **R** e **S**. Obtenha os números reais associados a esses pontos.

23. Na figura ao lado, o hexágono regular ABCDEF está inscrito na circunferência trigonométrica. O vértice **A** é imagem do número real zero.

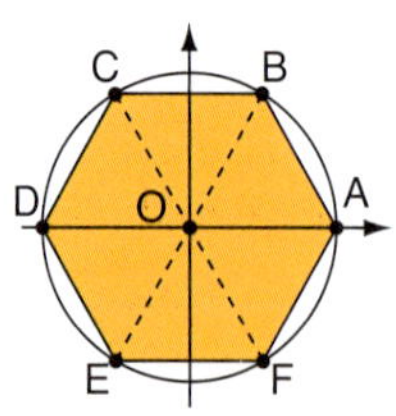

Banco de imagens/Arquivo da editora

a) Os demais vértices do hexágono são imagens de números reais pertencentes ao intervalo [0, 2π[. Determine esses números.

b) Obtenha o perímetro e a área do hexágono ABCDEF.

24. Divide-se a circunferência trigonométrica em **n** partes iguais, sendo A(1, 0) um dos pontos de divisão. Obtenha os números reais **x**, com $0 \leqslant x < 2\pi$ cujas imagens são os pontos de divisão, considerando:

a) n = 4 b) n = 8 c) n = 5

25. Na figura, o número real $\frac{7\pi}{9}$ tem imagem em **B**. Determine os números reais cujas imagens são, respectivamente, **A**, **C** e **D**.

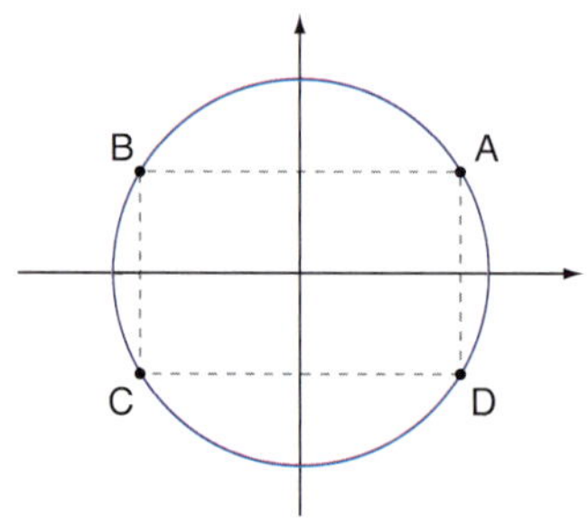

Banco de imagens/Arquivo da editora

26. Na figura, o número real $\frac{17\pi}{11}$ tem imagem em **S**. Determine os números reais cujas imagens são **P**, **Q** e **R**, respectivamente.

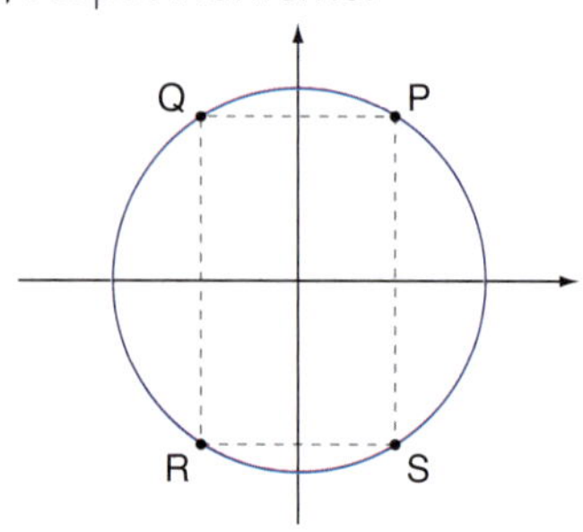

Banco de imagens/Arquivo da editora

Enem e vestibulares resolvidos

(UEPG-PR) Sobre arcos e ângulos, assinale o que for correto. [Indique a soma das alternativas corretas.]

(01) O menor ângulo formado pelos ponteiros de um relógio que está marcando 1 hora e 40 minutos é 170°.

(02) Um trem desloca-se na velocidade constante de 60 km/h num trecho circular de raio igual a 500 m. Então, em um minuto ele percorre um arco de 2 rad.

(04) Uma pessoa caminhando em volta de uma praça circular descreve um arco de 160° ao percorrer 120 m. O diâmetro da praça é maior que 100 m.

(08) Em 50 minutos, o ponteiro dos minutos de um relógio percorre $\frac{5\pi}{3}$ rad.

Resolução comentada

Vamos analisar cada uma das alternativas:

(01) Observe a figura, que representa um relógio marcando 1 hora e 40 minutos.

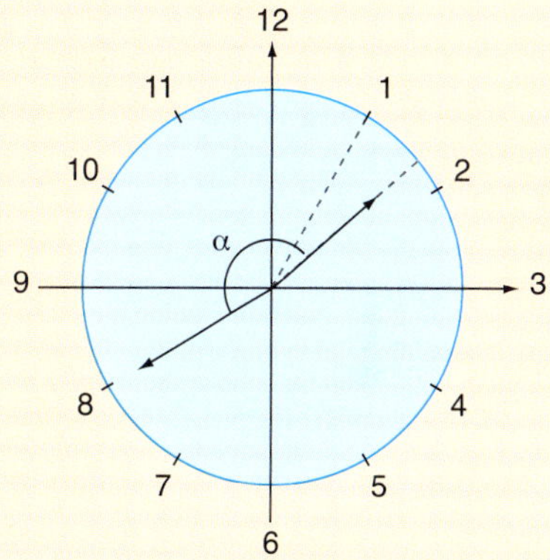

Banco de imagens/Arquivo da editora

Cada hora do relógio corresponde, em graus, à 12ª parte de 360°, ou seja, 30°.

O menor ângulo formado pelos ponteiros é α. Considerando o sentido horário, do 8 ao 1 há $5 \cdot 30° = 150°$.

Sendo **x** a medida do ângulo que o ponteiro das horas percorreu ao passar 40 minutos da 1 hora, temos:

$$\begin{cases} 60 \text{ min} - 30° \\ 40 \text{ min} - \ x \end{cases} \Rightarrow x = 20°$$

$\alpha = 5 \cdot 30° + 20° = 170°$

A alternativa é verdadeira.

(02) A partir da velocidade do trem, temos a seguinte relação:

$$\begin{cases} 60 \text{ mim} - 60 \text{ km} \\ 1 \text{ mim} - 1 \text{ km} = 1000\text{m} = \ell \end{cases}$$

Ou seja, em 1 minuto o trem percorre 1000 m, o que corresponde a um arco de medida $\alpha = \frac{\ell}{r} \Rightarrow$

$\Rightarrow \alpha = \frac{1\,000}{500} = 2 \Rightarrow \alpha = 2$ rad

A alternativa é verdadeira.

(04) A partir das informações, vamos obter o valor do raio da praça.

$$\begin{cases} 160° - 120 \text{ m} \\ 360° - \ 2\pi r \end{cases} \Rightarrow \frac{4}{9} = \frac{120}{2\pi r} \Rightarrow 8\pi r = 1\,080 \Rightarrow r = \frac{135}{\pi}$$

O diâmetro é dado por $d = 2 \cdot r = \frac{270}{\pi} \simeq 86 < 100$

A alternativa é falsa.

(08)

$$\begin{cases} 60 \text{ min} - 2\pi \text{ rad} \\ 50 \text{ min} - \ x \end{cases} \Rightarrow \frac{60}{50} = \frac{2\pi}{x} \Rightarrow x \cdot 60 = 2\pi \cdot 50 \Rightarrow x = \frac{100\pi}{60} = \frac{5\pi}{3}$$

A alternativa é verdadeira.

A soma das alternativas corretas é (01) + (02) + (08) = (11).

Exercícios complementares

1. Calcule, em graus, o menor ângulo formado entre os dois ponteiros de um relógio que marca 3 h 42 min.

2. Um relógio foi acertado exatamente ao meio-dia. Determine o horário que estará marcando esse relógio após o ponteiro menor ter percorrido um ângulo de 42°.

3. Uma pista circular está limitada por duas circunferências concêntricas cujos comprimentos valem, respectivamente, 3000 m e 2400 m. Determine a largura da pista. Considere $\pi \simeq 3,14$.

4. Calcule a razão entre os comprimentos das circunferências inscrita e circunscrita em um quadrado de lado 2 cm.

5. No contorno de um lago circular foram plantados 32 coqueiros igualmente espaçados de 3 em 3 metros.

Considerando $\pi \simeq 3,2$, responda:

a) Qual é a medida do raio do lago?

b) Caso o espaço entre os coqueiros diminuísse 20%, quantos coqueiros a mais poderiam ser plantados?

6. (Unesp-SP) A figura representa duas raias de uma pista de atletismo plana. Fábio (**F**) e André (**A**) vão apostar uma corrida nessa pista, cada um correndo em uma das raias. Fábio largará à distância FB da linha de partida para que seu percurso total, de **F** até a chegada em **C'**, tenha o mesmo comprimento do que o percurso total de André, que irá de **A** até **D'**.

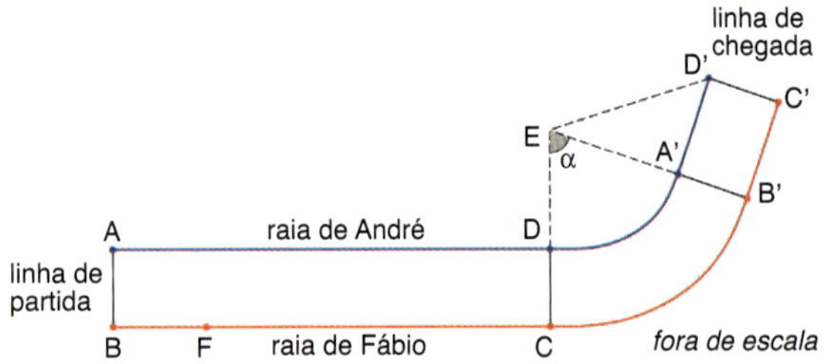

Considere os dados:

- ABCD e A'B'C'D' são retângulos.
- **B'**, **A'** e **E** estão alinhados.
- **C**, **D** e **E** estão alinhados.
- $\overset{\frown}{A'D}$ e $\overset{\frown}{B'C}$ são arcos de circunferência de centro **E**.

Sabendo que AB = 10 m, BC = 98 m, ED = 30 m, ED' = 34 m e $\alpha = 72°$, calcule o comprimento da pista de **A** até **D'** e, em seguida, calcule a distância FB. Adote nos cálculos finais $\pi = 3$.

7. Os arcos α e β, de medidas 2° e 2 rad, tomados na circunferência trigonométrica, possuem a mesma imagem? Qual é o comprimento de cada um desses arcos?

8. A figura abaixo mostra parte de uma pista não oficial de atletismo.

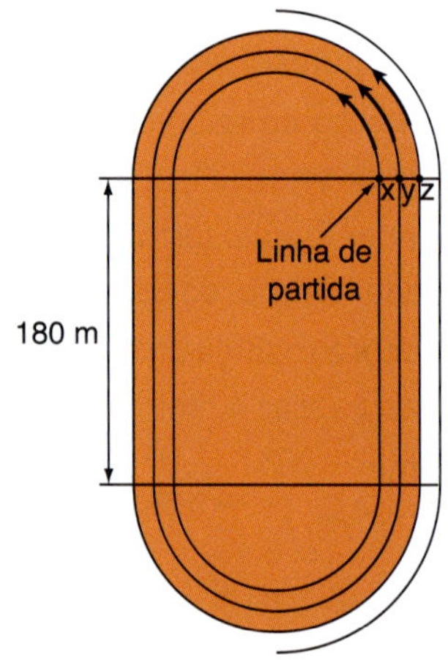

AUSÊNCIA DE PROPORÇÃO

As raias têm largura constante de 120 cm e as partes curvas da pista são limitadas por três semicircunferências concêntricas, sendo 5 m o raio da menor circunferência. Imagine que três atletas **x**, **y** e **z** pretendem dar, em um treino, 30 voltas na pista, correndo sobre as linhas demarcadas que limitam as raias, como indicam as setas da figura. Considerando $\pi \simeq 3,2$, responda:

a) Quantos metros o atleta **y** terá percorrido a mais que o atleta **x** ao final do treino?

b) Quantos metros o atleta **z** terá percorrido a mais que o atleta **x** ao final do treino?

c) Quantos metros atrás do ponto de partida o atleta **x** deveria largar, na sua linha de corrida, a fim de que, ao cruzar o ponto de partida pela 2ª vez, ele percorra, em uma volta, a mesma distância percorrida pelo atleta **y** em sua volta?

9. A figura mostra parte de um equipamento industrial composto de 3 polias idênticas, cujos centros são vértices de um triângulo equilátero de lado 2 cm.

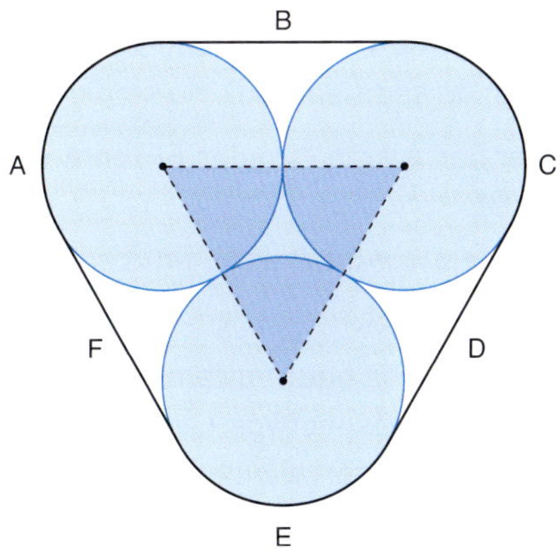

Banco de imagens/Arquivo da editora

As polias são movimentadas pela correia ABCDEF. Qual é o comprimento dessa correia?

10. Em uma competição de ginástica rítmica, uma equipe faz uma apresentação com um aro circular cujo diâmetro mede 90 cm.

blickwinkel/Alamy/Fotoarena

Ginasta rítmica em movimento com o aro.

Seja **P** o ponto de contato do aro com o solo no início de certo movimento, como mostra a figura. Admita que os diâmetros $\overline{PR}$ e $\overline{QS}$ sejam perpendiculares.

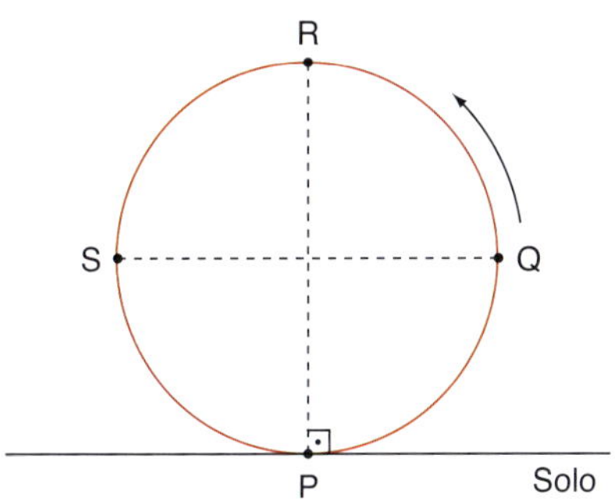

Banco de imagens/Arquivo da editora

Na coreografia, uma ginasta rola o aro para sua companheira, por 16,56 m, continuamente, seguindo o sentido anti-horário.

Qual dos pontos estará na posição inicialmente ocupada por **P** (ponto de contato com o solo) quando o aro for pego? Considere desprezível a espessura do aro e use $\pi \simeq 3,2$.

11.

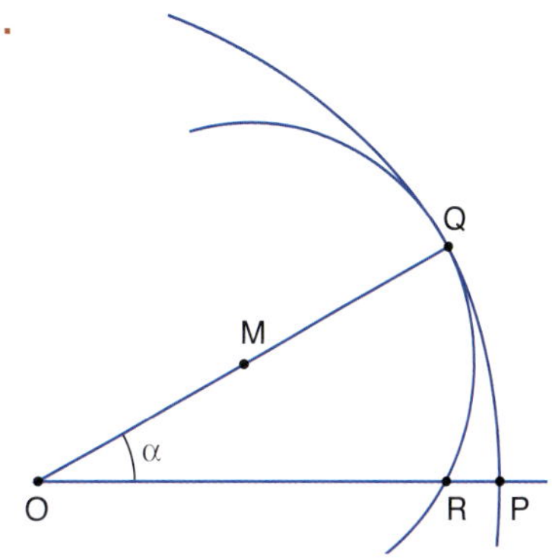

Banco de imagens/Arquivo da editora

Na figura, o arco $\widehat{PQ}$ pertence à circunferência de centro **O**. Sua medida, em radianos, é α e seu comprimento é 5 cm.

Com centro em **M**, ponto médio de $\overline{OQ}$, traçamos uma circunferência que contém o arco $\widehat{QR}$ e tangencia internamente a outra circunferência no ponto **Q**. Determine o comprimento de $\widehat{QR}$.

12. (Uerj) Um tubo cilíndrico cuja base tem centro **F** e raio **r** rola sem deslizar sobre um obstáculo com a forma de um prisma triangular regular. As vistas das bases do cilindro e do prisma são mostradas em três etapas desse movimento, I, II e III, nas figuras a seguir.

Reprodução/ UERJ, 2009.

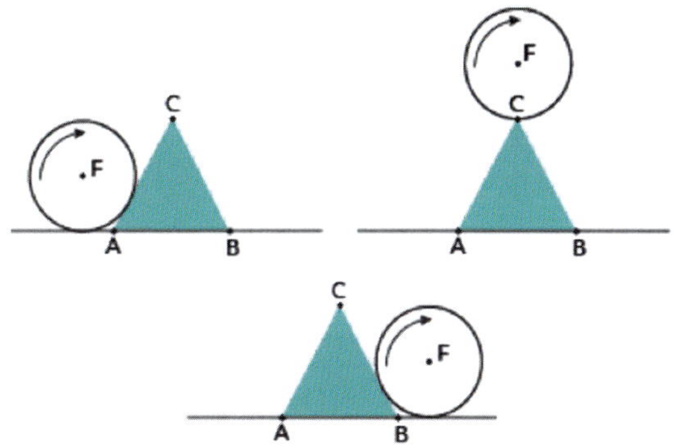

Admita que:

- as medidas do diâmetro do círculo de centro **F** e da altura do triângulo ABC são respectivamente iguais a $2\sqrt{3}$ decímetros;
- durante todo o percurso, o círculo e o triângulo sempre se tangenciam.

Determine o comprimento total, em decímetros, do caminho descrito pelo centro **F** do círculo que representa a base do cilindro.

Nota do autor: o triângulo ABC é equilátero.

13. (Fuvest-SP) O centro de um disco de raio 1 é colocado no ponto C = (0, 1) do plano cartesiano Oxy. Uma das extremidades de um fio de espessura desprezível e comprimento 3 é fixada na origem **O** e a outra extremidade está inicialmente no ponto (3, 0). Mantendo o fio sempre esticado e com mesmo comprimento, enrola-se, no sentido anti-horário, parte dele em torno do disco, de modo que a parte enrolada do fio seja um arco $\widehat{OP}$ da circunferência que delimita o disco. A medida do ângulo $O\hat{C}P$, em radianos, é denotada por **θ**. A parte não enrolada do fio é um segmento retilíneo $\overline{PQ}$ que tangencia o disco no ponto **P**.

A figura abaixo ilustra a situação descrita.

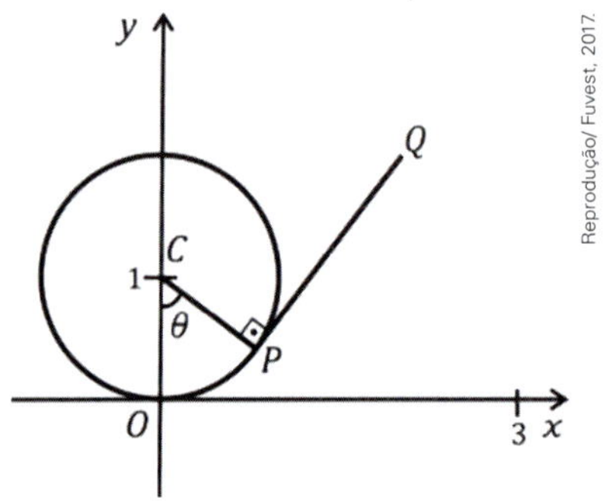

a) Determine as coordenadas do ponto **Q** quando o segmento $\overline{PQ}$ for paralelo ao eixo **y**.

b) Determine as coordenadas do ponto **Q** quando o segmento $\overline{PQ}$ for paralelo à reta de equação y = x.

c) Encontre uma expressão para as coordenadas do ponto **Q** em função de **θ**, para **θ** no intervalo $\left[0, \frac{\pi}{2}\right]$.

14. (Uerj) Observe a curva AEFB desenhada a seguir.

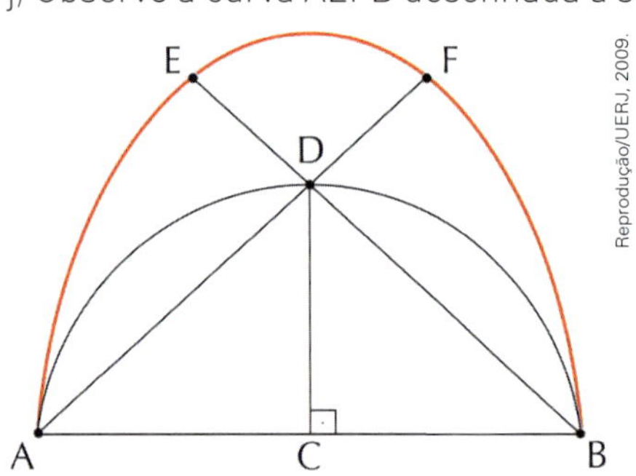

Analise os passos seguidos em sua construção

1º) traçar um semicírculo de diâmetro $\overline{AB}$ com centro **C** e raio 2 cm;

2º) traçar o segmento $\overline{CD}$, perpendicular a $\overline{AB}$, partindo do ponto **C** e encontrando o ponto **D**, pertencente ao arco $\widehat{AB}$;

3º) construir o arco circular $\widehat{AE}$, de raio $\overline{AB}$ e centro **B**, sendo **E** a interseção com o prolongamento do segmento $\overline{BD}$, no sentido **B** para **D**;

4º) construir o arco circular $\widehat{BF}$, de raio $\overline{AB}$ e centro **A**, sendo **F** a interseção com o prolongamento do segmento $\overline{AD}$, no sentido **A** para **D**;

5º) desenhar o arco circular $\widehat{EF}$ com centro **D** e raio $\overline{DE}$.

Determine o comprimento, em centímetros, da curva AEFB.

15. As duas polias da figura giram simultaneamente em torno dos respectivos centros, por estarem ligadas por uma correia inextensível.

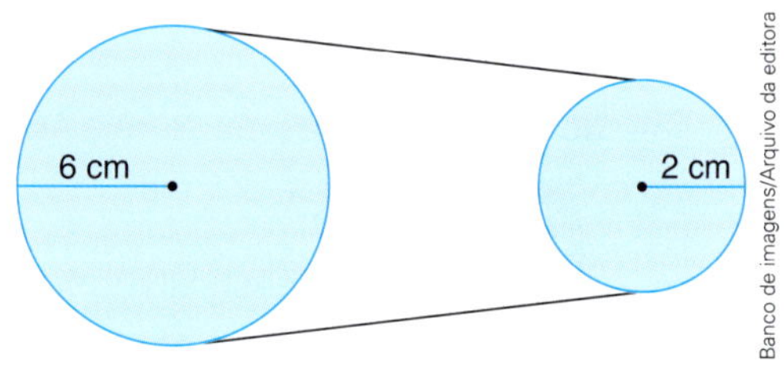

Quantos graus deve girar a maior polia para que a menor dê uma volta completa?

16. (Unesp-SP) Paulo fabricou uma bicicleta, tendo rodas de tamanhos distintos, com raio da roda maior (dianteira) medindo 3 dm, o raio da roda menor medindo 2 dm e a distância entre os centros **A** e **B** das rodas sendo 7 dm. As rodas da bicicleta, ao serem apoiadas no solo horizontal, podem ser representadas no plano (desprezando-se os pneus) como duas circunferências, de centros **A** e **B**, que tangenciam a reta **r** nos pontos **P** e **Q**, como indicado na figura.

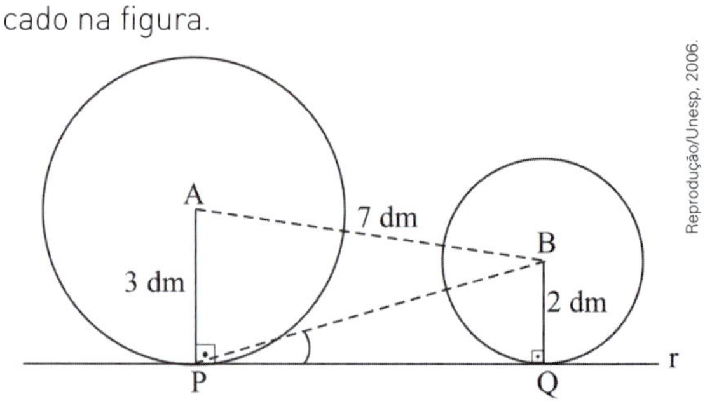

a) Determine a distância entre os pontos de tangência **P** e **Q** e o valor do seno do ângulo BPQ.

b) Quando a bicicleta avança, supondo que não haja deslizamento, se os raios da roda maior descrevem um ângulo de 60°, determine a medida, em graus, do ângulo descrito pelos raios da roda menor. Calcule, também, quantas voltas terá dado a roda menor quando a maior tiver rodado 80 voltas.

17.

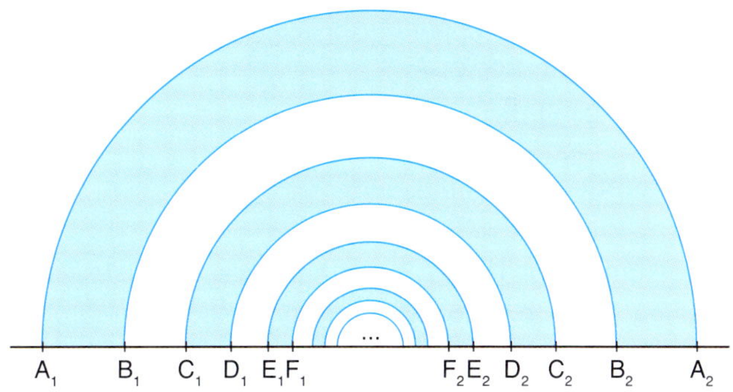

Banco de imagens/Arquivo da editora

Um artista pretende colorir um quadro construído a partir de infinitas semicircunferências concêntricas geradas por um programa computacional. A primeira, $\overset{\frown}{A_1A_2}$, tem diâmetro medindo 16 cm. A partir da segunda, $\overset{\frown}{B_1B_2}$, a medida do diâmetro de cada semicircunferência é $\frac{3}{4}$ da medida do diâmetro da semicircunferência anterior. Considere $\pi \simeq 3,2$.

a) Quantos centímetros tem o percurso: $\overset{\frown}{A_1A_2} + \overline{A_2B_2} + \overset{\frown}{B_2B_1} + \overline{B_1C_1} + \overset{\frown}{C_1C_2} + \overline{C_2D_2} + \overset{\frown}{D_2D_1} + \overline{D_1E_1} + \overset{\frown}{E_1E_2}$?

b) Qual é a soma dos perímetros de todas as infinitas semicircunferências construídas?

c) O artista pretende pintar uma região formada pelas infinitas superfícies coloridas indicadas na figura. Qual é a área dessa região?

Testes

1. (UPE) Num experimento de física realizado em sala, foi solta do topo de uma rampa de 0,30 m de altura uma esfera que percorreu certa distância, fazendo um *looping* no final. Partindo do princípio de que o triângulo representado é retângulo, qual a distância total aproximada que essa bola irá percorrer do topo da rampa até dar uma volta completa no aro da circunferência cujo raio é de 0,10 m? Adote $\pi = 3,14$.

Reprodução/UPE, 2016.

a) 1,13 m
b) 1,28 m
c) 1,57 m
d) 2,00 m
e) 2,07 m

2. (PUC-MG) Para percorrer certa distância, uma roda de raio **R** dá três voltas completas, enquanto que uma roda de raio **r** dá 10 voltas. Então, a razão entre os raios dessas rodas, $\frac{r}{R}$, é igual a:

a) 0,20
b) 0,25
c) 0,30
d) 0,35

3. (PUC-RS) Em Londres, Tales andou na *London Eye*, para contemplar a cidade. Esta roda gigante de 135 metros de diâmetro está localizada à beira do rio Tâmisa. Suas 32 cabines envidraçadas foram fixadas à borda da roda com espaçamentos iguais entre si. Então, a medida do arco formado por cinco cabines consecutivas é igual, em metros, a:

a) $\frac{135}{4}\pi$

b) $\frac{675}{32}\pi$

c) $\frac{675}{16}\pi$

d) $\frac{135}{8}\pi$

e) $\frac{135}{32}\pi$

4. (Udesc) O relógio *Tower Clock*, localizado em Londres, Inglaterra, é muito conhecido pela sua precisão e tamanho. O ângulo interno formado entre os ponteiros das horas e dos minutos deste relógio, desprezando suas larguras, às 15 horas e 20 minutos é:

a) $\frac{\pi}{12}$ c) $\frac{\pi}{6}$ e) $\frac{\pi}{9}$

b) $\frac{\pi}{36}$ d) $\frac{\pi}{18}$

5. (Uepa) Em Belém, George costuma levar Thales, seu filho, à praça Batista Campos. Certo dia, ao observar Thales brincar no balanço, George, que é professor de Matemática, resolveu calcular a medida do comprimento do arco $\overset{\frown}{AB}$ formado pela trajetória do balanço no momento em que descrevia um movimento pendular, como mostra a figura.

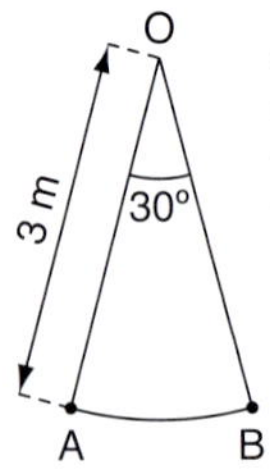

Reprodução/Arquivo da editora

Considerando que o angulo $A\hat{O}B$, observado por George, tenha sido de 30°, que a medida da corrente que sustenta o balanço era de 3 m e que o valor atribuído a π foi de 3,14, o comprimento de $\overset{\frown}{AB}$ calculado foi:

a) 1,35 m b) 1,57 m c) 1,89 m d) 2,15 m e) 2,31 m

6. (Enem) As cidades de Quito e Cingapura encontram-se próximas à linha do Equador e em pontos diametralmente opostos no globo terrestre. Considerando o raio da terra igual a 6 370 km, pode-se afirmar que um avião saindo de Quito, voando em média 800 km/h, descontando-se as paradas de escala, chega a Cingapura em aproximadamente

a) 16 horas c) 25 horas e) 36 horas

b) 20 horas d) 32 horas

7. (Cefet-MG) Se o relógio da figura marca 8 h e 25 min, então o ângulo **x** formado pelos ponteiros é

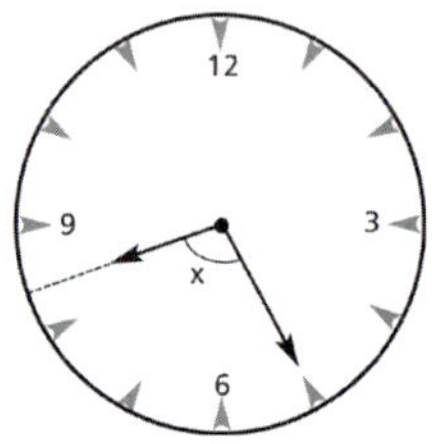

Reprodução/Cefet - MG, 2013.

a) 12° 30'.
b) 90°.
c) 102° 30'.
d) 120°.

8. (IFSP) Considere uma circunferência de centro **O** e raio 6 cm. Sendo **A** e **B** pontos distintos dessa circunferência, sabe-se que o comprimento de um arco $\overset{\frown}{AB}$ é 5π cm. A medida do ângulo central $A\hat{O}B$, correspondente ao arco $\overset{\frown}{AB}$ considerado, é

a) 120°. d) 210°.
b) 150°. e) 240°.
c) 180°.

9. (Unesp-SP) Em um jogo eletrônico o "monstro" tem a forma de um setor circular de raio 1 cm, como mostra a figura. A parte que falta no círculo é a boca do "monstro", e o ângulo de abertura mede 1 radiano. O perímetro do "monstro", em cm, é

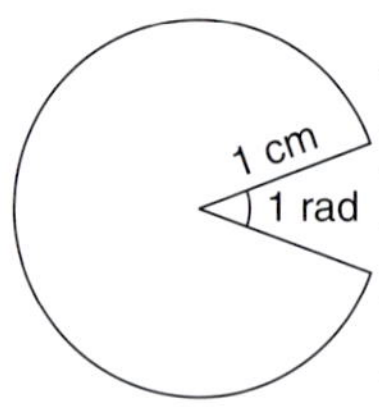

Reprodução/Arquivo da editora

a) $\pi - 1$ d) 2π
b) $\pi + 1$ e) $2\pi + 1$
c) $2\pi - 1$

10. (Insper-SP) A linha curva indicada na figura tem extremidades em **A** e **B** e é formada apenas por semicircunferências.

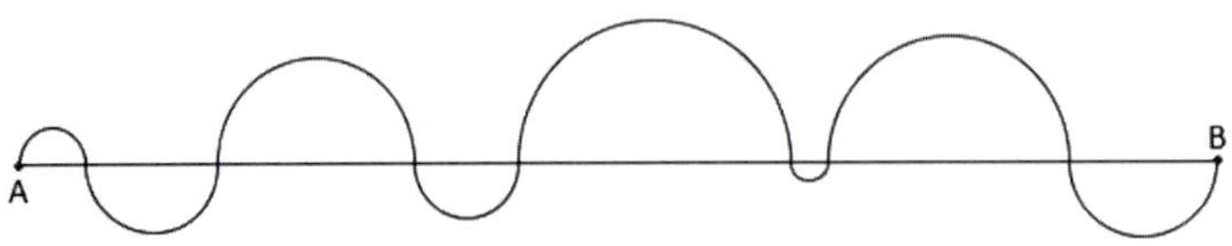

Reprodução/Insper, 2016.

Se o comprimento de $\overline{AB}$ é igual a **x**, então o comprimento da linha curva será igual a

a) $\frac{8x}{\pi}$ b) $\frac{16\pi}{x}$ c) $\frac{x\pi}{2}$ d) $\frac{x\pi}{4}$ e) $\frac{4x}{\pi}$

11. (UFRGS) Considere o setor circular de raio 6 e ângulo central 60° da figura abaixo.

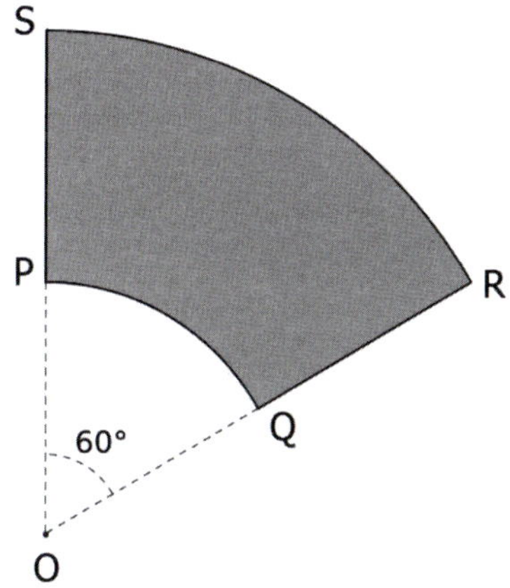

Se **P** e **Q** são pontos médios, respectivamente, de $\overline{OS}$ e $\overline{OR}$, então o perímetro da região sombreada é

a) $\pi + 6$
b) $2\pi + 6$
c) $3\pi + 6$
d) $\pi + 12$
e) $3\pi + 12$

12. (UPE) Num sistema de engrenagens, cada uma tem seu raio, de forma que a engrenagem "**A**" tem raio com medida **R**; a "**B**" tem raio com medida igual à metade do raio da engrenagem "**A**" e a "**C**" tem raio com medida igual a um quarto do raio da engrenagem "**A**". Sendo a medida do raio de "**A**" igual a 4 cm, quantas voltas "**A**" dará, quando "**C**" percorrer o equivalente a 3 600 cm?

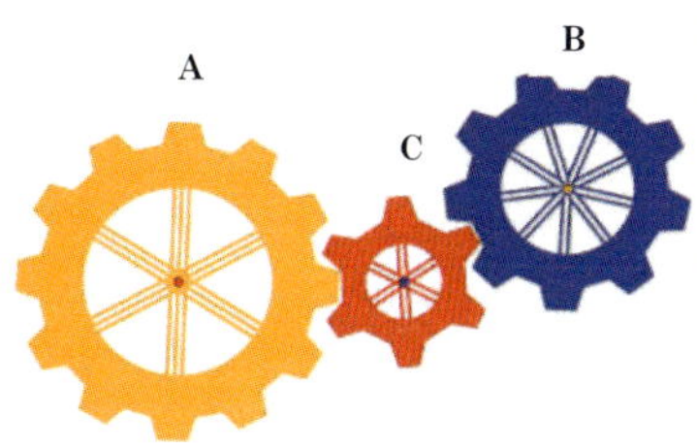

a) 2 400
b) 1 200
c) 600
d) 300
e) 150

13. (Obmep) Uma formiguinha parte do centro de um círculo e percorre uma só vez, com velocidade constante, o trajeto ilustrado na figura.

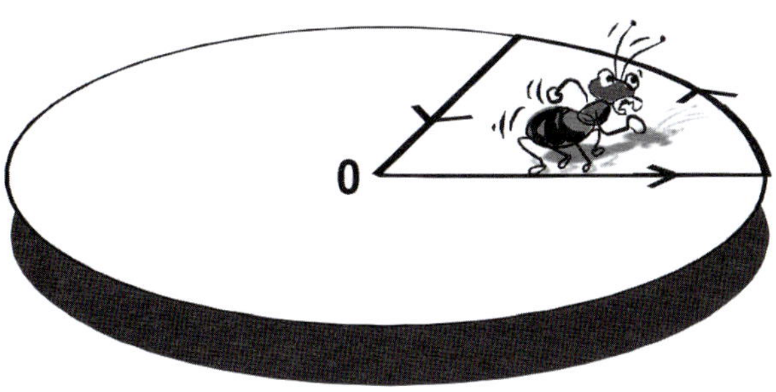

Qual dos gráficos a seguir representa a distância **d** da formiguinha ao centro do círculo em função do tempo **t**?

a)
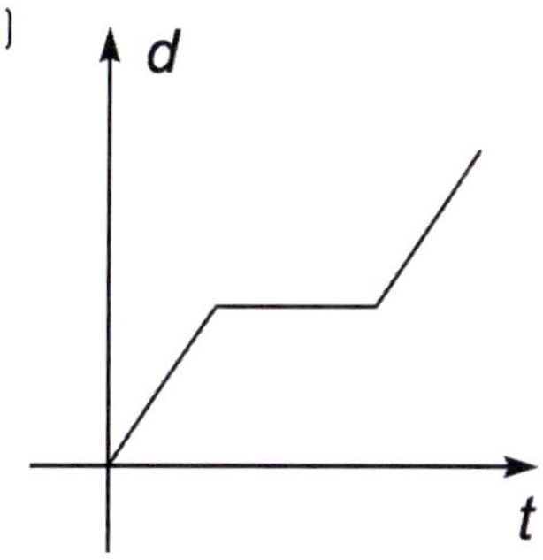

b)
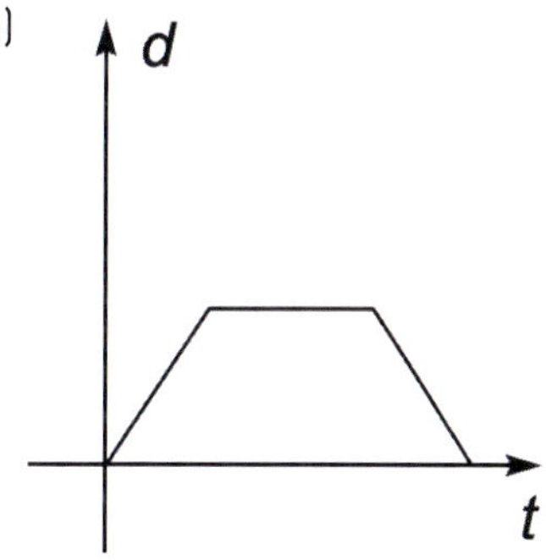

c)
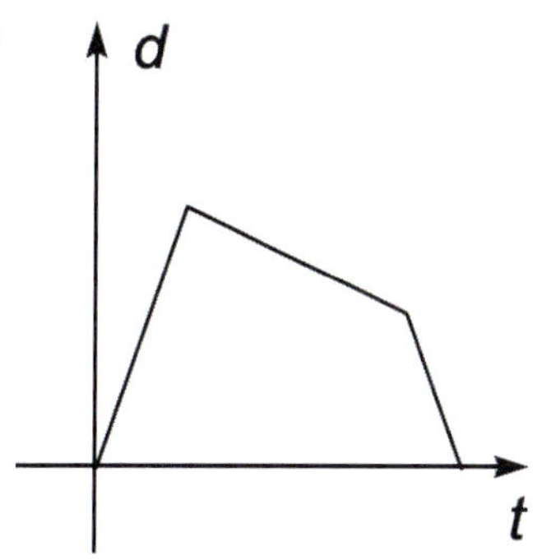

d)
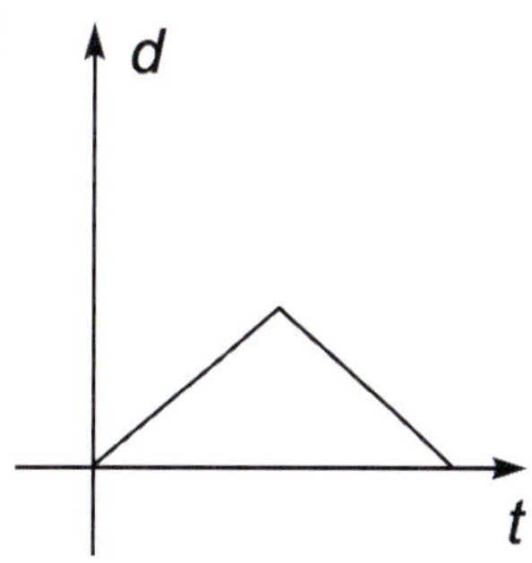

e)
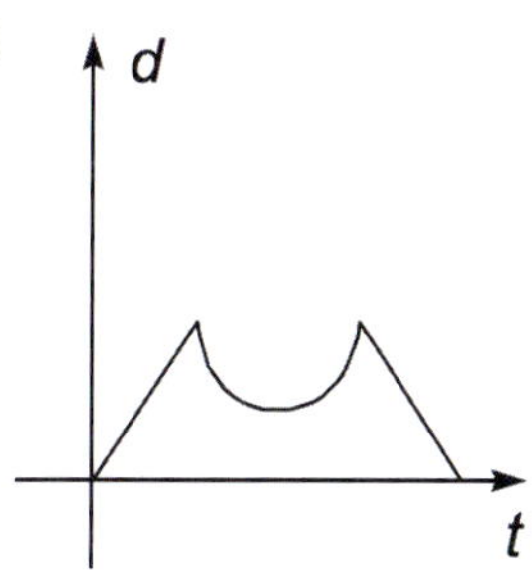

14. (UFPA) Para realizar os cálculos de um determinado experimento, um estudante necessita descrever a posição dos ponteiros de um relógio. Sabendo-se que o experimento se iniciará às 3 horas da tarde, é correto afirmar que a equação que descreve a medida (em graus) do ângulo que o ponteiro das horas forma com o semieixo vertical positivo (que aponta na direção do número 12 do relógio) em função do tempo decorrido (em minutos), contado a partir de três horas da tarde, é:

Reprodução/Arquivo da editora

a) $\theta(t) = 3 + 30t$
b) $\theta(t) = 90 + \frac{1}{2}t$
c) $\theta(t) = 3 + \frac{1}{30}t$
d) $\theta(t) = 90 - 30t$
e) $\theta(t) = 30 + \frac{1}{2}t$

15. (Enem) Em 20 de fevereiro de 2011 ocorreu a grande erupção do vulcão Bulusan nas Filipinas. A sua localização geográfica no globo terrestre é dada pelo GPS (sigla em inglês para Sistema de Posicionamento Global) com longitude de 124° 3' 0" a leste do Meridiano de Greenwich.

Dado: 1° equivale a 60' e 1' equivale a 60".

PAVARIN, G. *Galileu*, fev. 2012 (adaptado)

A representação angular da localização do vulcão com relação a sua longitude na forma decimal é

a) 124,02°
b) 124,05°
c) 124,20°
d) 124,30°
e) 124,50°

16. (Enem) Uma empresa que organiza eventos de formatura confecciona canudos de diploma a partir de folhas de papel quadradas. Para que todos os canudos fiquem idênticos, cada folha é enrolada em torno de um cilindro de madeira de diâmetro **d** em centímetros, sem folga, dando-se cinco voltas completas em torno de tal cilindro. Ao final, amarra-se um cordão no meio do diploma, bem ajustado, para que não ocorra o desenrolamento, como ilustrado na figura.

Reprodução/Enem, 2006.

Em seguida, retira-se o cilindro de madeira do meio do papel enrolado, finalizando a confecção do diploma. Considere que a espessura da folha de papel original seja desprezível.

Qual é a medida, em centímetros, do lado da folha de papel usado na confecção do diploma?

a) πd
b) $2\pi d$
c) $4\pi d$
d) $5\pi d$
e) $10\pi d$

17. (Uerj) Uma pista de corrida com 7,5 km de extensão tem a forma de uma curva circular fechada. Um ciclista é capaz de fazer o percurso completo em 20 minutos, enquanto um corredor o faz em meia hora. Considere que o ciclista e o corredor partam do mesmo ponto **A** da pista, no mesmo instante, ambos mantendo velocidades constantes ao longo de todo o percurso, porém deslocando-se em sentidos contrários. O tempo mínimo necessário, em minutos, para que ambos voltem a se encontrar é igual a:

a) 10
b) 12
c) 13
d) 15

18. (EBMSP-BA)

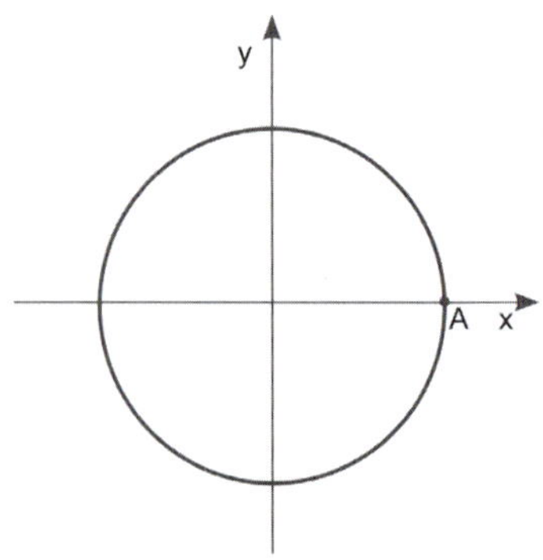

Reprodução/EBMSP, 2017.

O círculo, na figura, representa, no sistema de coordenadas cartesianas, uma pista onde uma pessoa **P** costuma correr, visando os benefícios à saúde que essa prática traz.

Um determinado dia, **P** parte do ponto representado por A = (120, 0), de onde começa a correr no sentido anti-horário, mantendo uma velocidade de 4 metros por segundo. Considerando-se $\pi = 3$, pode-se afirmar que após 32 minutos de corrida **P** estará no ponto de coordenadas **x** e **y**, tais que:

a) $y = -\sqrt{3}x$
b) $y = -\sqrt{2}x$
c) $y = \sqrt{2}x$
d) $y = \sqrt{3}x$
e) $y = 2\sqrt{3}x$

19. (Enem) No jogo mostrado na figura, uma bolinha desloca-se somente de duas formas: ao longo de linhas retas ou por arcos de circunferências centradas no ponto **O** e raios variando de 1 a 8. Durante o jogo, a bolinha que estiver no ponto **P** deverá realizar a seguinte sequência de movimentos: 2 unidades no mesmo sentido utilizado para ir do ponto **O** até o ponto **A** e, no sentido anti-horário, um arco de circunferência cujo ângulo central é 120°.

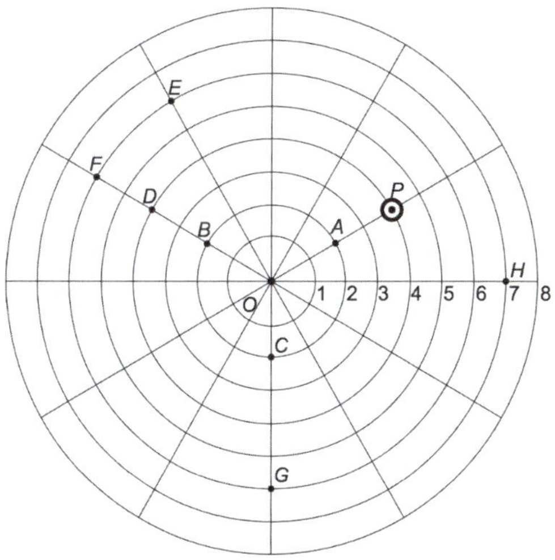

Após a sequência de movimentos descrita, a bolinha estará no ponto

a) B.
b) D.
c) E.
d) F.
e) G.

20. (UEG) Considerando 1° como a distância média entre dois meridianos, e que na linha do equador corresponde a uma distância média de 111,322 km, e tomando-se esses valores como referência, pode-se inferir que o comprimento do círculo da Terra, na linha do equador, é de, aproximadamente,

a) 52 035 km
b) 48 028 km
c) 44 195 km
d) 40 076 km

21. (Unesp-SP) A figura mostra um relógio de parede, com 40 cm de diâmetro externo, marcando 1 hora e 54 minutos.

(www.euroferragens.com.br)

Usando a aproximação de $\pi \simeq 3$, a medida, em cm, do arco externo do relógio determinado pelo ângulo central agudo formado pelos ponteiros das horas e dos minutos, no horário mostrado, vale aproximadamente:

a) 22
b) 31
c) 34
d) 29
e) 20

22. (Fuvest-SP) Uma das primeiras estimativas do raio da Terra é atribuída a Eratóstenes, estudioso grego que viveu, aproximadamente, entre 275 a.C. e 195 a.C. Sabendo que em Assuã, cidade localizada no sul do Egito, ao meio-dia do solstício de verão, um bastão vertical não apresentava sombra, Eratóstenes decidiu investigar o que ocorreria, nas mesmas condições, em Alexandria, cidade no norte do Egito. O estudioso observou que, em Alexandria, ao meio-dia do solstício de verão, um bastão vertical apresentava sombra e determinou o ângulo θ entre as direções do bastão e de incidência dos raios de sol. O valor do raio da Terra, obtido a partir de θ e da distância entre Alexandria e Assuã foi de, aproximadamente, 7 500 km. O mês em que foram realizadas as observações e o valor aproximado de θ são

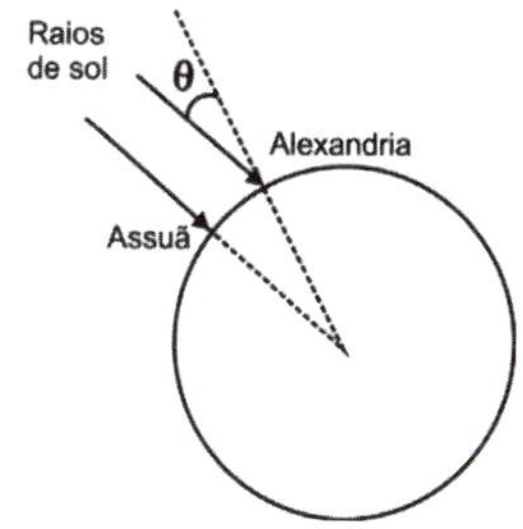

a) junho; 7°.
b) dezembro; 7°.
c) junho, 23°.
d) dezembro; 23°.
e) junho; 0,3°.

Note e adote:
Distância estimada por Eratóstenes entre Assuã e Alexandria $\simeq$ 900 km.
$\pi = 3$

23. (FGV-SP) O relógio indicado na figura marca 6 horas e

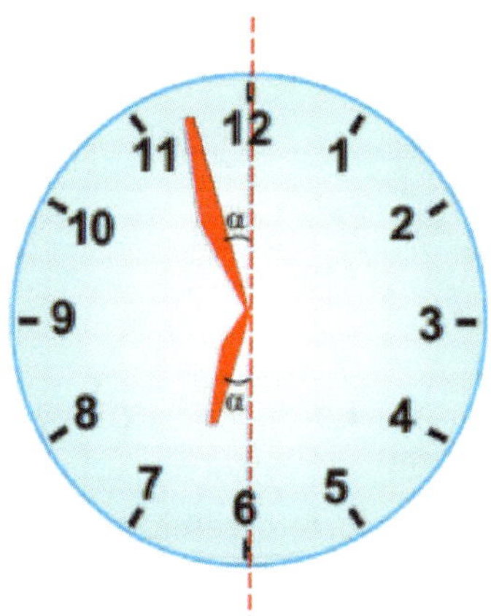

a) $55\frac{7}{13}$ minutos.
b) $55\frac{5}{11}$ minutos.
c) $55\frac{5}{13}$ minutos.
d) $54\frac{3}{11}$ minutos.
e) $54\frac{2}{11}$ minutos.

24. (Uerj) No esquema a seguir estão representadas as trajetórias de dois atletas que, partindo do ponto **X**, passam simultaneamente pelo ponto **A** e rumam para o ponto **B** por caminhos diferentes, com velocidades iguais e constantes. Um deles segue a trajetória de uma semicircunferência de centro **O** e raio **2R**. O outro percorre duas semicircunferências cujos centros são **P** e **Q**.

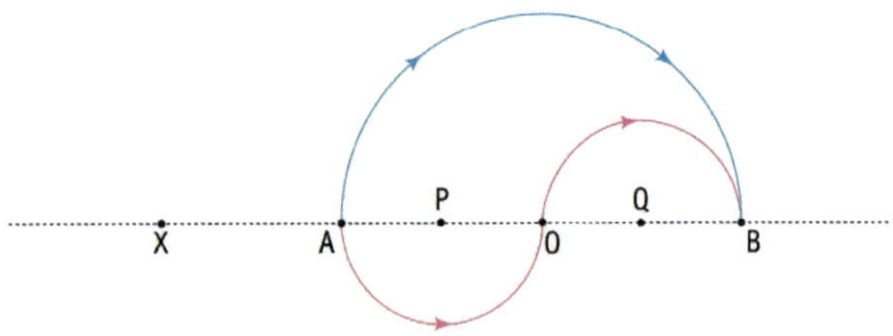

Reprodução/UERJ, 2006.

Considerando $\sqrt{2} = 1{,}4$, quando um dos atletas tiver percorrido $\frac{3}{4}$ do seu trajeto de **A** para **B**, a distância entre eles será igual a:

a) 0,4R b) 0,6R c) 0,8R d) 1,0R

25. (FGV-SP) Duas pessoas combinaram de se encontrar entre 13 h e 14 h, no exato instante em que a posição do ponteiro dos minutos do relógio coincidisse com a posição do ponteiro das horas. Dessa forma, o encontro foi marcado para as 13 horas e

a) 5 minutos.

b) $5\frac{4}{11}$ minutos.

c) $5\frac{5}{11}$ minutos.

d) $5\frac{6}{11}$ minutos.

e) $5\frac{8}{11}$ minutos.

26. (Obmep) Duas formigas partem do ponto **A** e vão até o ponto **D**, andando no sentido indicado pelas flechas.

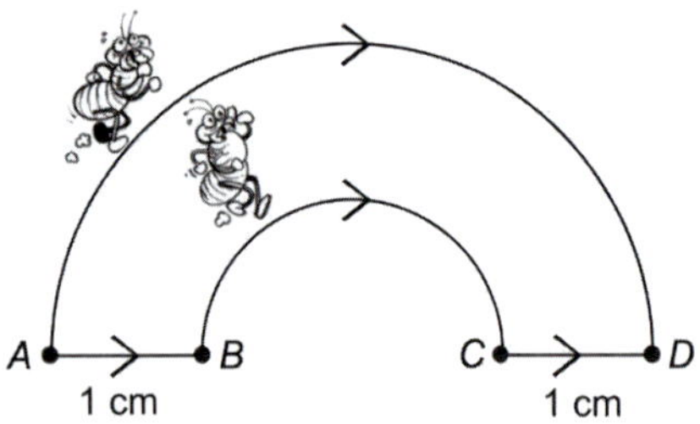

Reprodução/Obmep, 2007.

A primeira percorre o semicírculo maior; a segunda, o segmento $\overline{AB}$, o semicírculo menor e o segmento $\overline{CD}$. Os pontos **A**, **B**, **C** e **D** estão alinhados e os segmentos $\overline{AB}$ e $\overline{CD}$ medem 1 cm cada um. Quantos centímetros a segunda formiga andou menos que a primeira?

a) 2

b) π

c) $\frac{\pi}{2}$

d) $\pi - 2$

e) 2π

27. (Enem) A imagem apresentada na figura é uma cópia em preto e branco da tela quadrada intitulada *O peixe*, de Marcos Pinto, que foi colocada em uma parede para exposição e fixada nos pontos **A** e **B**.

Por um problema na fixação de um dos pontos, a tela se desprendeu, girando rente à parede. Após o giro, ela ficou posicionada como ilustrado na figura, formando um ângulo de 45° com a linha do horizonte.

Ilustrações: Reprodução/Enem, 2017.

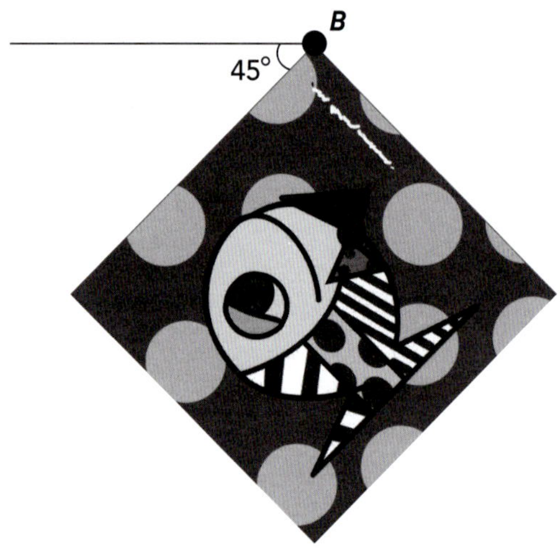

Para recolocar a tela na sua posição original, deve-se girá-la, rente à parede, no menor ângulo possível inferior a 360°.

A forma de recolocar a tela na posição original, obedecendo ao que foi estabelecido, é girando-a em um ângulo de

a) 90° no sentido horário.

b) 135° no sentido horário.

c) 180° no sentido anti-horário.

d) 270° no sentido anti-horário.

e) 315° no sentido horário.

Razões trigonométricas na circunferência

CAPÍTULO 2

Pefkos/Shutterstock

// A lei de Snell descreve a refração de um raio de luz quando ele muda de meio, o que pode ser observado na gota da imagem acima. Essa lei relaciona o seno dos ângulos de incidência e de refração com a velocidade da luz nos meios. Neste capítulo, estudaremos o seno e outras razões trigonométricas na circunferência.

No estudo das razões trigonométricas para ângulos agudos em um triângulo retângulo são definidos $\text{sen}\,\alpha$, $\cos\alpha$ e $\text{tg}\,\alpha$ para $0 < \alpha < \frac{\pi}{2}$.

Vamos agora estender o conceito de seno, cosseno e tangente para um número real α, com $0 \leqslant \alpha \leqslant 2\pi$.

Seno

Seja **P** um ponto da circunferência trigonométrica, imagem de um número real α, $0 \leqslant \alpha \leqslant 2\pi$.

Definimos o **seno de α** como a ordenada do ponto **P**:

$\text{sen}\,\alpha$ é a ordenada de **P**

Banco de imagens/Arquivo da editora

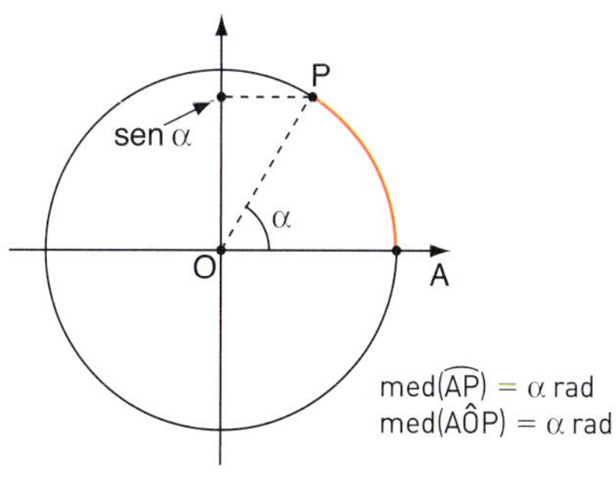

Observe que, projetando ortogonalmente o ponto **P** sobre o eixo vertical, obtemos o ponto **P'**. Considerando o sentido positivo ("para cima") do eixo vertical e tomando o segmento $\overline{OP'}$, podemos também definir o seno de α como a **medida algébrica** desse segmento, isto é,

$$\text{sen}\,\alpha = \text{med}(\overline{OP'})$$

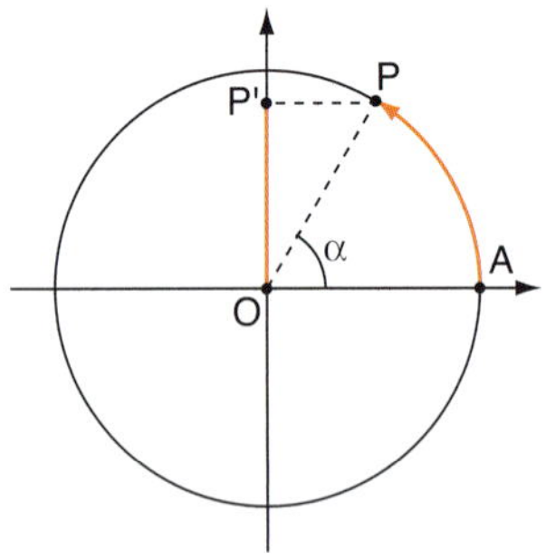

Daqui em diante, o eixo vertical da circunferência trigonométrica será chamado **eixo dos senos**.

OBSERVAÇÃO

Observe a figura ao lado. Ela nos permite compreender que a definição anterior é compatível com a definição apresentada no estudo da trigonometria do triângulo retângulo:

$$\text{sen}\,\alpha = \frac{\text{medida do cateto oposto a } \alpha}{\text{medida da hipotenusa}};\ 0 < \alpha < \frac{\pi}{2}$$

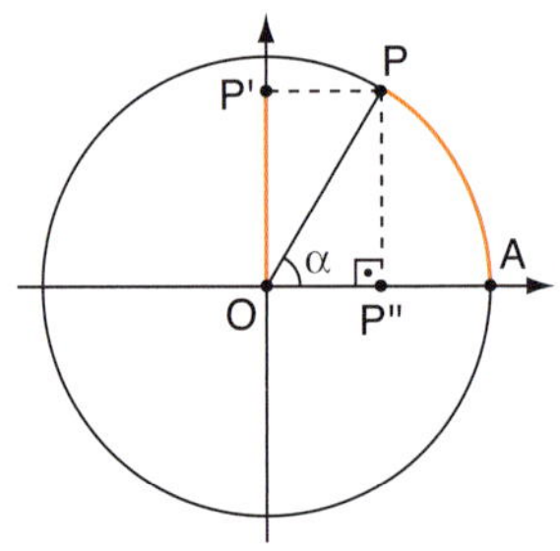

Banco de imagens/Arquivo da editora

Traçando o segmento $\overline{PP''} \mathbin{//} \overline{OP'}$, temos no $\triangle OPP''$:

$$\text{sen}\,A\hat{O}P = \text{sen}\,\alpha = \frac{PP''}{OP} = \frac{PP''}{1} = PP'' = OP' = \text{med}(\overline{OP'})$$

O mesmo procedimento é utilizado quando **P** ocupa posições nos demais quadrantes. Considerando o sentido positivo "para cima" do eixo dos senos, observe o sinal do seno de um número real α em cada quadrante, à medida que varia a posição de **P** (**P** é imagem de α).

Ilustrações: Banco de imagens/Arquivo da editora

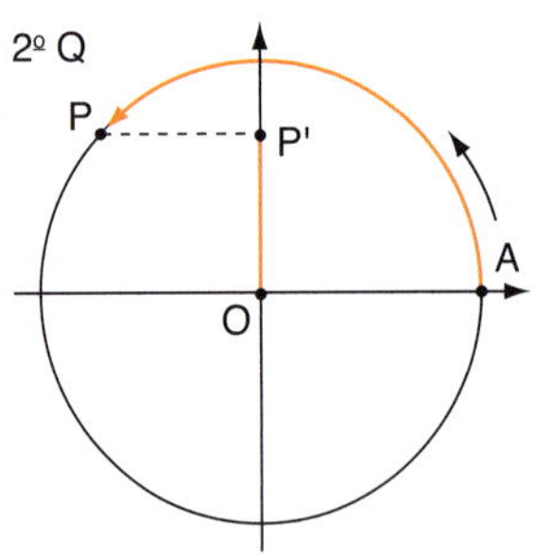

ordenada de **P** positiva
$\text{sen}\,\alpha > 0$

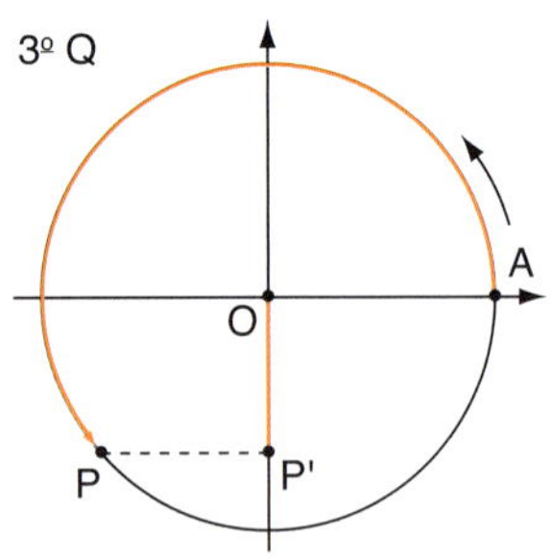

ordenada de **P** negativa
$\text{sen}\,\alpha < 0$

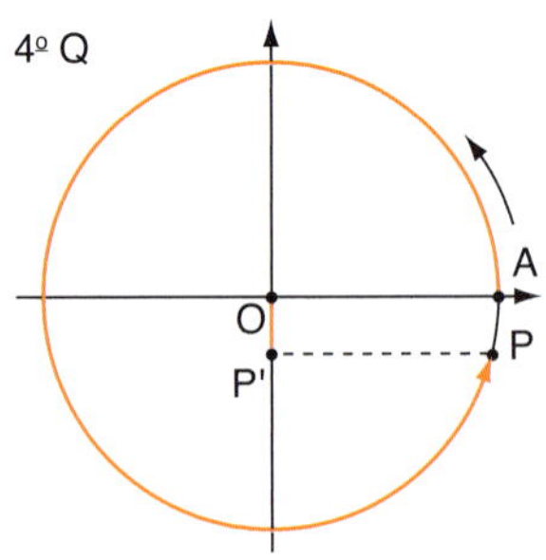

ordenada de **P** negativa
$\text{sen}\,\alpha < 0$

Note que no 3º e no 4º quadrantes a medida algébrica do segmento $\overline{OP'}$ é negativa.

Valores notáveis

Já estamos familiarizados com o seno de alguns números reais, como $\frac{\pi}{6}$, $\frac{\pi}{4}$ e $\frac{\pi}{3}$:

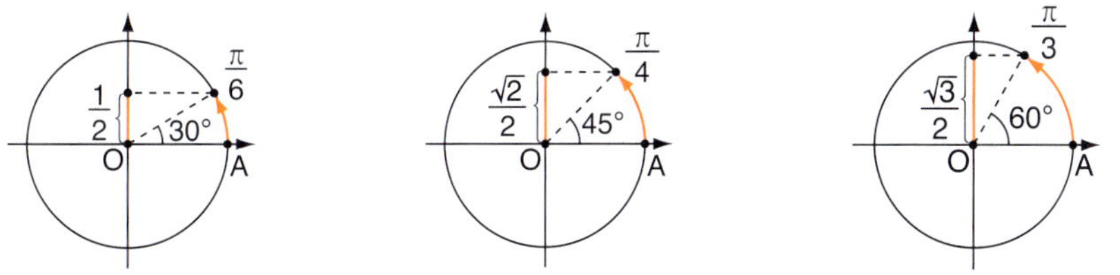

$\text{sen}\,\frac{\pi}{6} = \text{sen}\,30° = \frac{1}{2}$ $\text{sen}\,\frac{\pi}{4} = \text{sen}\,45° = \frac{\sqrt{2}}{2}$ $\text{sen}\,\frac{\pi}{3} = \text{sen}\,60° = \frac{\sqrt{3}}{2}$

Ilustrações: Banco de imagens/Arquivo da editora

Usando os valores anteriores, é possível obter, por simetria, o seno de outros números reais.

Acompanhe, na sequência dos quadrantes abaixo, os valores dos senos de números reais correspondentes a pontos simétricos de **P**, sendo **P** a imagem de $\frac{\pi}{6}$:

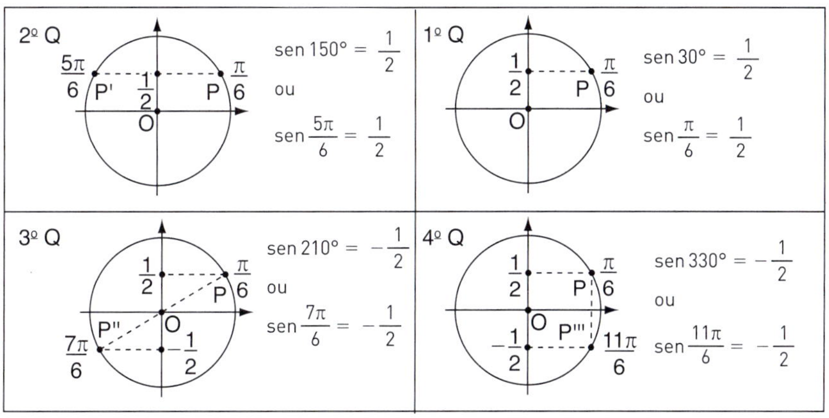

Observe que determinamos o valor do seno de um número real comparando-o com o seno de outro número real $\left(\frac{\pi}{6}\right)$ cuja imagem pertence ao 1º quadrante. Esse processo é conhecido como **redução ao primeiro quadrante**.

Também é possível obter o valor do seno de números reais cujas imagens **P** coincidem com os pontos de interseção da circunferência trigonométrica com os eixos coordenados:

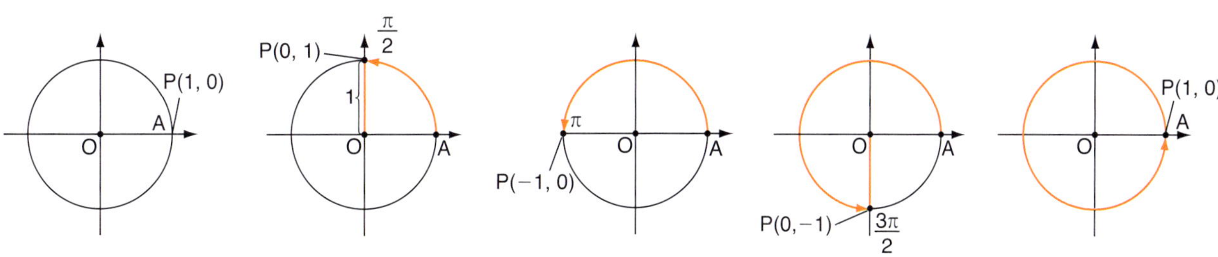

$\begin{cases} \text{sen}\,0 = 0 \\ \text{sen}\,0° = 0 \end{cases}$ A ordenada de **P** é 0.

$\begin{cases} \text{sen}\,\frac{\pi}{2} = 1 \\ \text{sen}\,90° = 1 \end{cases}$ A ordenada de **P** é 1.

$\begin{cases} \text{sen}\,\pi = 0 \\ \text{sen}\,180° = 0 \end{cases}$ A ordenada de **P** é 0.

$\begin{cases} \text{sen}\,\frac{3\pi}{2} = -1 \\ \text{sen}\,270° = -1 \end{cases}$ A ordenada de **P** é −1.

$\begin{cases} \text{sen}\,2\pi = 0 \\ \text{sen}\,360° = 0 \end{cases}$ A ordenada de **P** é 0.

Ilustrações: Banco de imagens/Arquivo da editora

OBSERVAÇÃO

Como o raio da circunferência trigonométrica é unitário, temos, para todo $\alpha \in [0, 2\pi]$, $-1 \leqslant \text{sen}\,\alpha \leqslant 1$, uma vez que a ordenada de qualquer ponto da circunferência trigonométrica varia de −1 a 1.

Na calculadora

Nas calculadoras científicas, é possível obter o valor do seno (e de outras razões trigonométricas, como veremos adiante) de um arco qualquer expresso em graus ou em radianos.

- Em graus, é preciso ajustar a calculadora na configuração **DEG** (*degree*, em inglês, significa grau) utilizando a tecla **MODE**.

  Para obtermos o valor de sen 36°, por exemplo, é preciso seguir a sequência a seguir:

  I. Ajustamos a configuração da calculadora para "graus" pressionando:

  MODE **DEG**

  II. Em seguida, utilizamos a tecla **sin**, que fornece o valor do seno:

  sin **3** **6** **=** 0.587785252

  Obtemos o valor aproximado 0,587785252.

- Em radianos, é preciso ajustar a calculadora na configuração **RAD**, usando a tecla **MODE**. Para obtermos o valor de sen $\frac{\pi}{5}$ $\left(\frac{\pi}{5}\text{ corresponde a }36°\right)$, é preciso seguir a sequência abaixo:

  I. Ajustamos a configuração para "radianos": **MODE** **RAD**

  sin **(** **π** **÷** **5** **)** **=** 0.587785252

  Obtemos o valor aproximado 0,587785252.

  Observe a importância do uso dos parênteses: se pressionássemos **sin** **π** **÷** **5**, a calculadora "entenderia" a operação: $\frac{\text{sen}\,\pi}{5}$, que é diferente de sen$\left(\frac{\pi}{5}\right)$, e obteríamos, como resultado, o número zero, pois sen $\pi = 0$.

Exercícios resolvidos

1. Qual é o valor de:

a) sen 240°?

b) sen 135°?

c) sen $\frac{5\pi}{3}$?

d) sen $\frac{7\pi}{6}$?

Solução:

a) Repare que 240° = 180° + 60°.

Ilustrações: Banco de imagens/Arquivo da editora

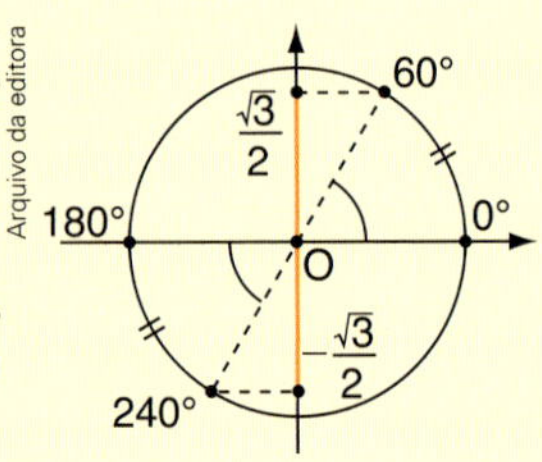

$$\text{sen}\,240° = -\text{sen}\,60° = -\frac{\sqrt{3}}{2}$$

b) Perceba que 135° = 180° − 45°.

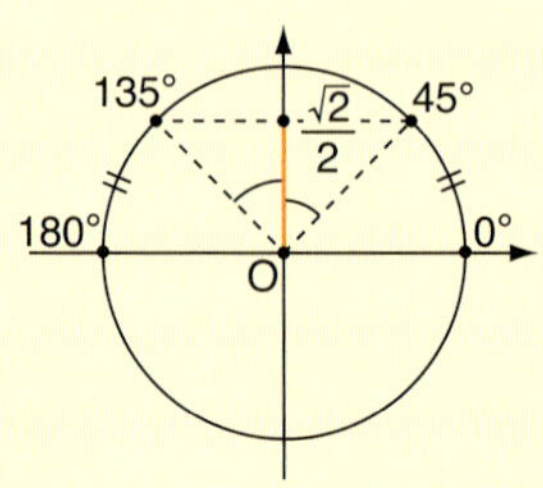

$$\text{sen}\,135° = \text{sen}\,45° = \frac{\sqrt{2}}{2}$$

c) Observe, inicialmente, que $\frac{5\pi}{3} = 2\pi - \frac{\pi}{3}$:

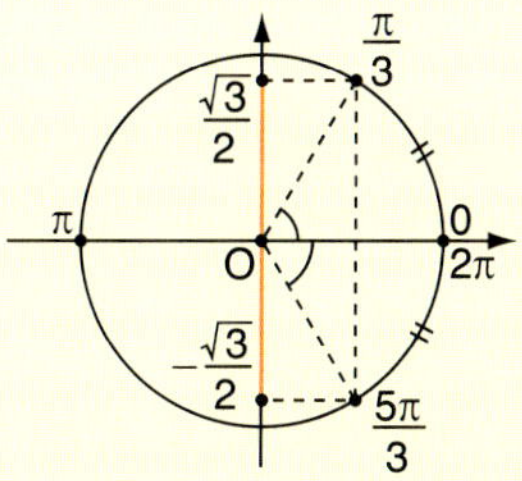

$$\text{sen}\frac{5\pi}{3} = -\text{sen}\frac{\pi}{3} = -\frac{\sqrt{3}}{2}$$

d) Note que $\frac{7\pi}{6} = \pi + \frac{\pi}{6}$:

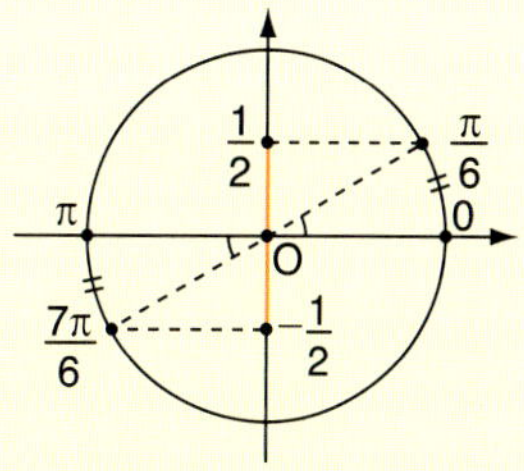

$$\text{sen}\frac{7\pi}{6} = -\text{sen}\frac{\pi}{6} = -\frac{1}{2}$$

2. Utilizando a tabela trigonométrica, obtenha o valor de sen 200°. Confira a resposta usando uma calculadora científica.

Solução:

No cálculo de sen 200° podemos traçar, a partir do ponto **P**, o diâmetro da circunferência, obtendo o ponto **Q** no 1º quadrante.

Temos: med(AÔQ) = 200° − 180° = 20°. Daí, sen 200° = −sen 20°.

Na tabela trigonométrica da página 270, temos: −sen 20° = −0,34202.

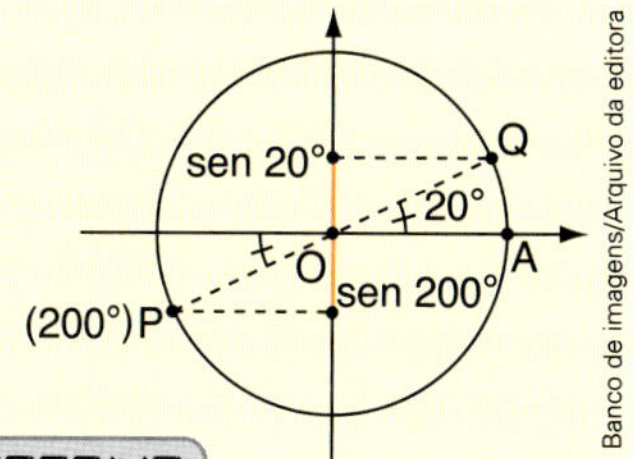

Na calculadora, basta pressionar sin 2 0 0 = −0.342020143,

desde que ela esteja configurada na opção DEG. Obtemos o valor aproximado −0,342020143.

3. Resolva a equação sen x = $\frac{\sqrt{3}}{2}$, sendo U = [0, 2π[.

Solução:

Devemos determinar todos os números reais **x**, com $0 \leqslant x < 2\pi$, tais que sen x = $\frac{\sqrt{3}}{2}$.

Marcamos no eixo dos senos a ordenada $\frac{\sqrt{3}}{2}$. Observe que tanto **P** como **P'** têm ordenada $\frac{\sqrt{3}}{2}$.

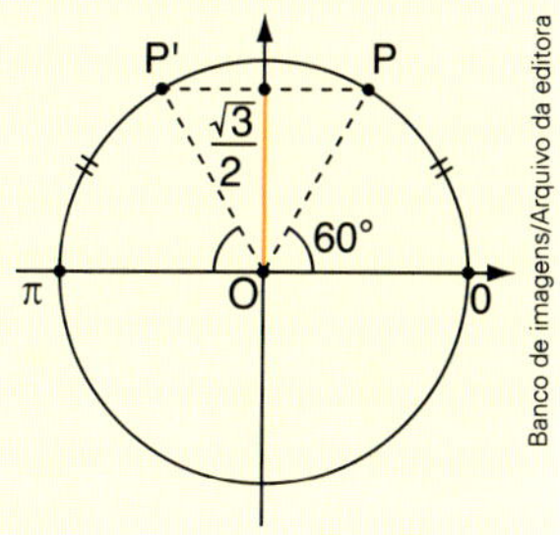

Como $\text{sen}\frac{\pi}{3} = \frac{\sqrt{3}}{2}\left(\text{sen}\,60° = \frac{\sqrt{3}}{2}\right)$, temos que **P** é imagem de $\frac{\pi}{3}$, e **P'** é imagem de $\pi - \frac{\pi}{3} = \frac{2\pi}{3}$.

Assim, o conjunto solução da equação é $S = \left\{\frac{\pi}{3}, \frac{2\pi}{3}\right\}$.

Exercícios

1. Calcule o valor da seguinte expressão:

$$y = \frac{\text{sen}\,0 + \text{sen}\frac{\pi}{2} - \text{sen}\frac{3\pi}{2}}{2 \cdot \text{sen}\frac{\pi}{6}}$$

2. Dê o valor de:

a) sen $\frac{3\pi}{2}$
b) sen π
c) sen 120°
d) sen 150°
e) sen 225°
f) sen 300°
g) sen 2π
h) sen 330°

3. Localize a imagem dos números reais $\frac{\pi}{3}$, $\frac{2\pi}{3}$, $\frac{4\pi}{3}$ e $\frac{5\pi}{3}$ na circunferência trigonométrica. Em seguida, forneça o seno de cada um deles.

4. Identifique os pares de números reais que possuem o mesmo seno:

$$\frac{2\pi}{3}; \frac{5\pi}{3}; \frac{5\pi}{4}; \frac{7\pi}{4}; \frac{4\pi}{3}; \frac{\pi}{3}; \frac{\pi}{4}; \frac{3\pi}{4}$$

5. Sem consultar a tabela trigonométrica, compare os seguintes pares de valores:

a) sen 75° e sen 85°
b) sen 100° e sen 170°
c) sen 260° e sen 250°
d) sen 300° e sen 290°

6. Com auxílio da tabela trigonométrica da página 270, calcule:

a) sen 130°
b) sen 230°
c) sen 320°
d) sen $\frac{\pi}{5}$
e) sen $\frac{3\pi}{5}$

7. Determine o sinal de:

a) sen 3°
b) sen 3
c) sen 5
d) sen 100°
e) sen 200°

8. Sabendo que sen $\frac{\pi}{7} = a$, responda:

a) $a > 0$ ou $a < 0$?

b) qual é o valor de sen $\frac{8\pi}{7}$, em função de **a**?

9. Resolva as equações seguintes, sendo $U = [0, 2\pi[$.

a) $\text{sen}\, x = \frac{1}{2}$

b) $\text{sen}\, x = 0$

c) $\text{sen}\, x = -1$

d) $\text{sen}\, x = -\frac{\sqrt{2}}{2}$

e) $\text{sen}\, x = 2$

f) $4 \cdot \text{sen}^2 x - 3 = 0$

10. Com uma calculadora científica, Joel desejava obter o valor de sen 4°, que ele sabia que era um número real positivo, pois 4° é um arco com imagem no 1º quadrante. Ao pressionar sin 4 =, obteve:

−0.756802495

Explique a contradição encontrada. O que pode ter ocorrido?

Cosseno

Seja **P** um ponto sobre a circunferência trigonométrica, imagem do número real **α**, $0 \leq \alpha \leq 2\pi$.

Definimos o cosseno de **α** como a abscissa do ponto **P**:

> cos α é a abscissa de **P**

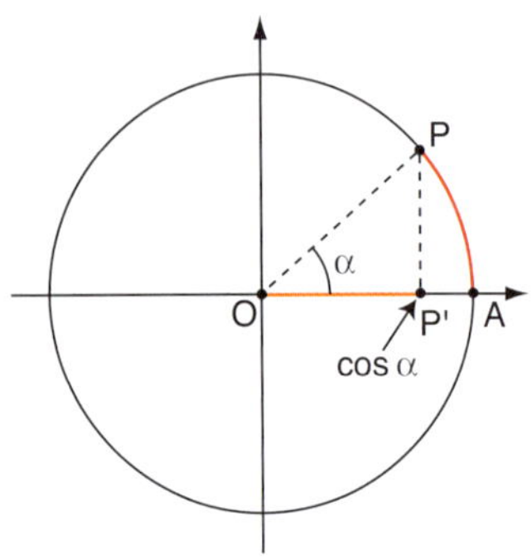

Banco de imagens/Arquivo da editora

$\text{med}(\overset{\frown}{AP}) = \alpha$ rad
$\text{med}(A\hat{O}P) = \alpha$ rad

Ao projetarmos ortogonalmente esse ponto **P** sobre o eixo horizontal, obtemos o ponto **P**'.

Considerando o sentido positivo ("para a direita") do eixo horizontal e tomando o segmento $\overline{OP'}$, podemos também definir o **cosseno de α** como a **medida algébrica** desse segmento, isto é:

> $\cos \alpha = \text{med}(\overline{OP'})$

A partir desse momento, o eixo horizontal da circunferência trigonométrica será chamado **eixo dos cossenos**.

OBSERVAÇÃO

Na figura ao lado, é possível compreender que a definição anterior é compatível com a definição apresentada no estudo da trigonometria do triângulo retângulo:

$$\cos \alpha = \frac{\text{medida do cateto adjacente a } \alpha}{\text{medida da hipotenusa}}, \text{ com } 0 < \alpha < \frac{\pi}{2}$$

No triângulo retângulo POP', temos:

$$\cos A\hat{O}P = \cos \alpha = \frac{OP'}{OP} = \frac{OP'}{1} = OP' = \text{med}(\overline{OP'})$$

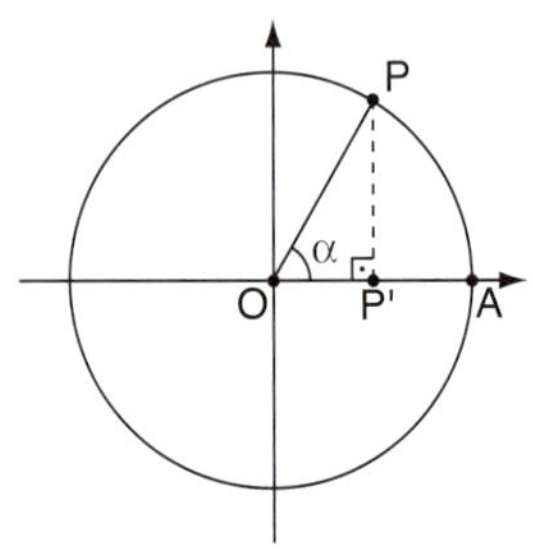

Banco de imagens/Arquivo da editora

O mesmo procedimento é utilizado quando **P** (imagem do número real α) ocupa posições nos demais quadrantes. Lembre-se de que o sentido positivo do eixo dos cossenos é para a direita.

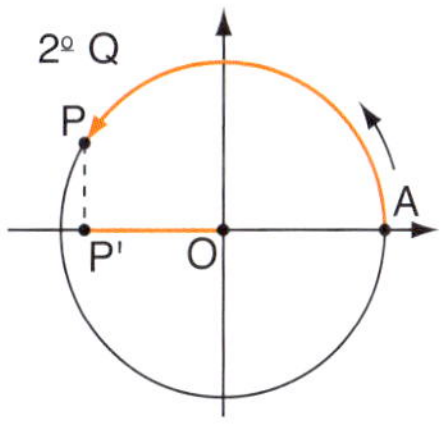

abscissa de **P** negativa
$\cos\alpha < 0$

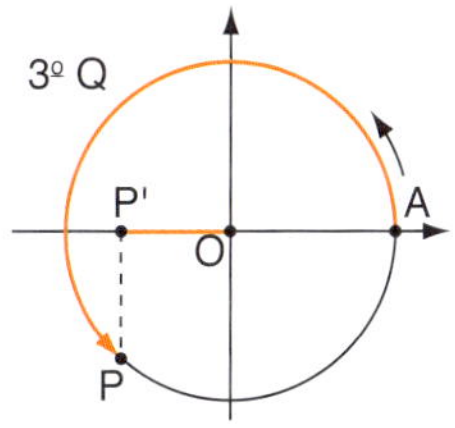

abscissa de **P** negativa
$\cos\alpha < 0$

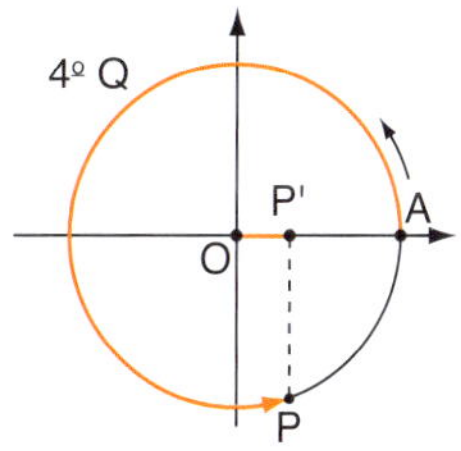

abscissa de **P** positiva
$\cos\alpha > 0$

Ilustrações: Banco de imagens/Arquivo da editora

Observe que o cosseno de um arco qualquer, na circunferência trigonométrica, está entre -1 e 1 (a exemplo do seno), isto é, $-1 \leqslant \cos\alpha \leqslant 1$.

OBSERVAÇÃO

No 2º e no 3º quadrantes a medida algébrica do segmento $\overline{OP'}$ é negativa.

De fato, se **P'** está à direita de **O**, então: $\text{med}(\overline{OP'}) > 0$ (veja 1º e 4º quadrantes). Se **P'** está à esquerda de **O**, então $\text{med}(\overline{OP'}) < 0$ (2º e 3º quadrantes).

Valores notáveis

Utilizando os valores dos ângulos notáveis, é possível obter, por simetria, o cosseno de outros números reais.

EXEMPLO 1

A partir de $\cos\frac{\pi}{4} = \cos 45° = \frac{\sqrt{2}}{2}$, vamos obter os valores de $\cos\frac{3\pi}{4}$, $\cos\frac{5\pi}{4}$ e $\cos\frac{7\pi}{4}$.

Ilustrações: Banco de imagens/Arquivo da editora

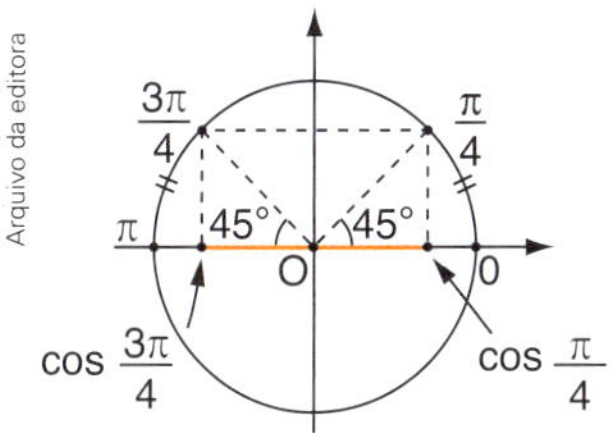

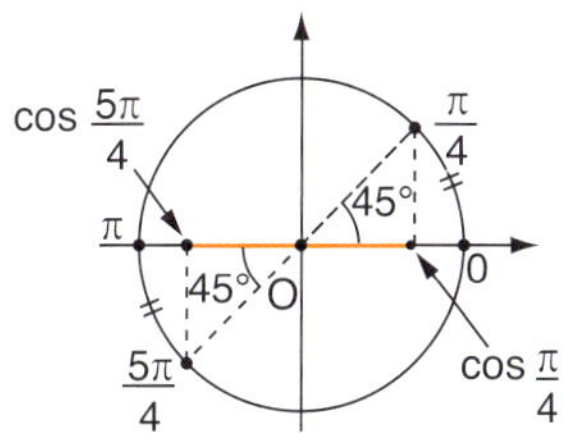

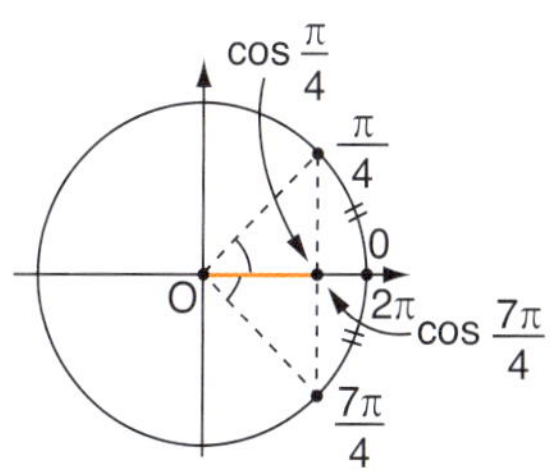

$\cos\frac{3\pi}{4} = -\cos\frac{\pi}{4} = -\frac{\sqrt{2}}{2}$

$\cos 135° = -\cos 45° = -\frac{\sqrt{2}}{2}$

$\cos\frac{5\pi}{4} = -\cos\frac{\pi}{4} = -\frac{\sqrt{2}}{2}$

$\cos 225° = -\cos 45° = -\frac{\sqrt{2}}{2}$

$\cos\frac{7\pi}{4} = \cos\frac{\pi}{4} = \frac{\sqrt{2}}{2}$

$\cos 315° = \cos 45° = \frac{\sqrt{2}}{2}$

Vamos obter o valor do cosseno de números reais cujas imagens **P** coincidem com os pontos de interseção da circunferência trigonométrica com os eixos coordenados:

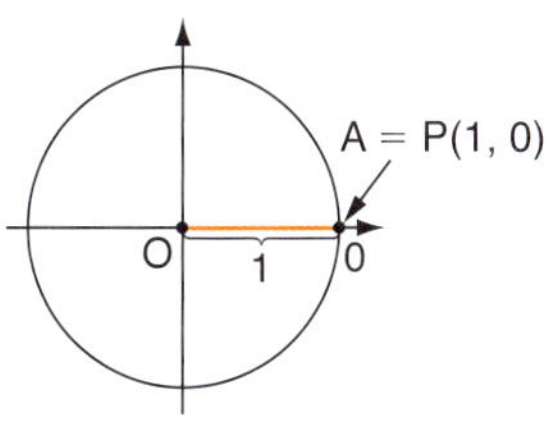

A e **P** coincidem

$\begin{cases} \cos 0 = 1 \\ \cos 0° = 1 \end{cases}$

A abscissa de **P** é 1.

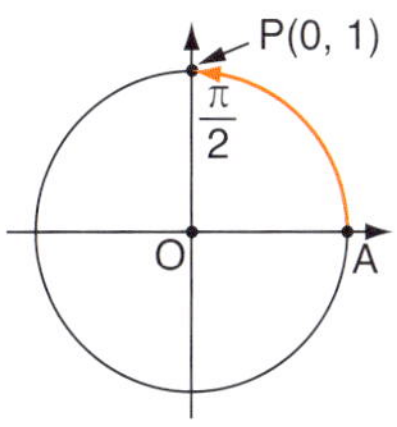

$\begin{cases} \cos\frac{\pi}{2} = 0 \\ \cos 90° = 0 \end{cases}$

A abscissa de **P** é 0.

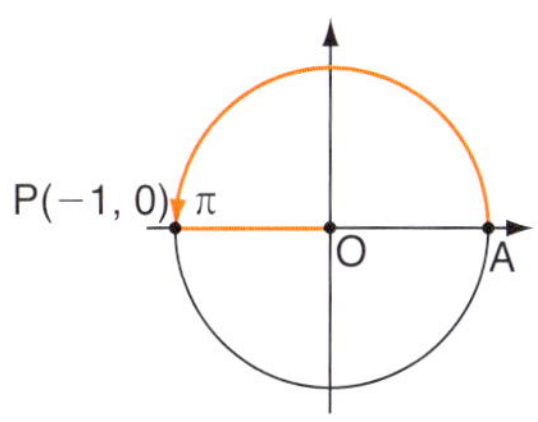

$\begin{cases} \cos\pi = -1 \\ \cos 180° = -1 \end{cases}$

A abscissa de **P** é -1.

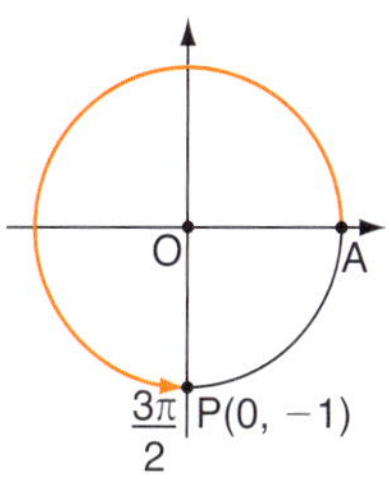

$\begin{cases} \cos\frac{3\pi}{2} = 0 \\ \cos 270° = 0 \end{cases}$

A abscissa de **P** é 0.

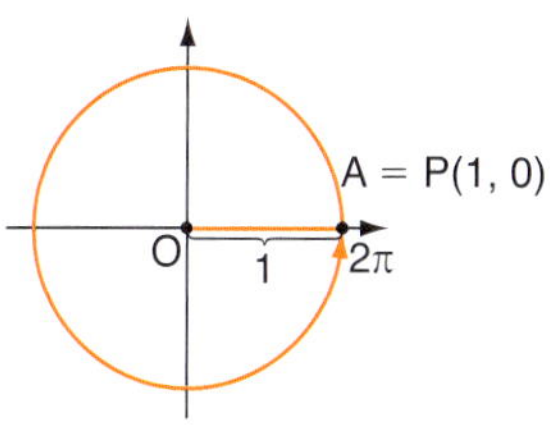

A e **P** coincidem

$\begin{cases} \cos 2\pi = 1 \\ \cos 360° = 1 \end{cases}$

A abscissa de **P** é 1.

Ilustrações: Banco de imagens/Arquivo da editora

Observe, na figura central, que a medida algébrica de $\overline{OP}$ é -1.

Para encontrar os valores do cosseno de um arco qualquer, medido em graus ou radianos, valem todos os comentários apresentados para o seno. Na calculadora científica, a tecla usada para obter os valores do cosseno é **cos**.

Por exemplo, no cálculo de $\cos\frac{11\pi}{12}$ (lembre que o número $\frac{11\pi}{12}$ tem imagem no 2º quadrante), ajustamos a calculadora na configuração **RAD** e pressionamos:

cos **(** **1** **1** **x** **π** **÷** **1** **2** **)** **=** −0.965925826

Obtemos o valor aproximado −0,965925826.

Exercício resolvido

4. Obtenha, por redução ao primeiro quadrante, os valores abaixo.

a) $\cos 120°$

b) $\cos\frac{4\pi}{3}$

Solução:

a)

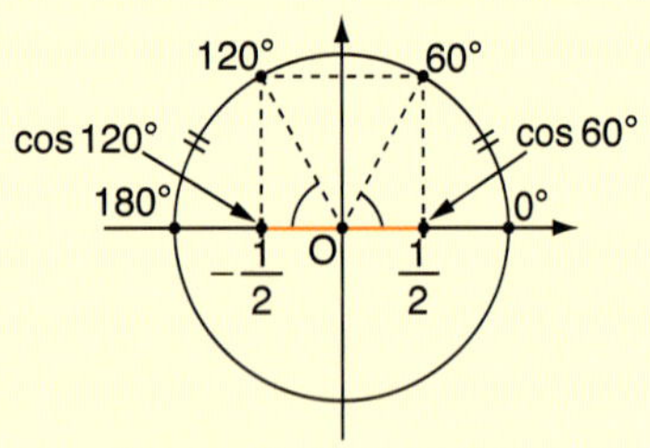

$\cos 120° = -\cos 60° = -\frac{1}{2}$

b)

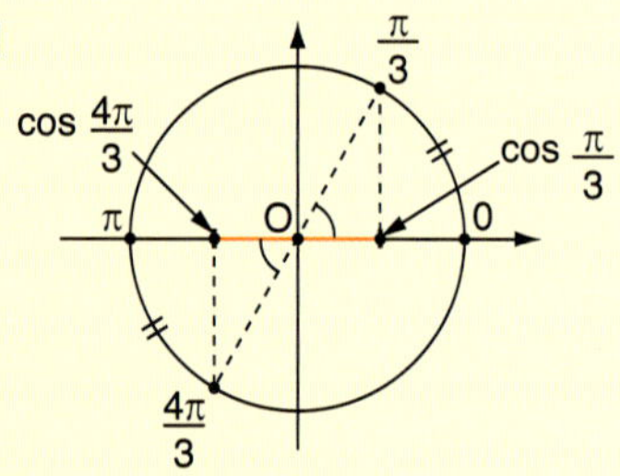

$\cos\frac{4\pi}{3} = -\cos\frac{\pi}{3} = -\frac{1}{2}$

Ilustrações: Banco de imagens/Arquivo da editora

Exercícios

11. Calcule o valor de cada expressão seguinte:

a) $y = \frac{\cos 90° - \cos 180°}{\cos 60° \cdot \cos 0° + \cos 90°}$

b) $x = \cos\frac{\pi}{4} \cdot \cos\frac{\pi}{2} + \cos\pi \cdot \cos\frac{\pi}{6}$

12. Localize a imagem de cada um dos números reais $\frac{\pi}{6}, \frac{5\pi}{6}, \frac{7\pi}{6}$ e $\frac{11\pi}{6}$ na circunferência trigonométrica. Em seguida, dê o cosseno de cada um deles.

13. Localize a imagem de cada um dos números reais $\frac{\pi}{5}, \frac{4\pi}{5}, \frac{6\pi}{5}$ e $\frac{9\pi}{5}$ na circunferência trigonométrica. Em seguida, dê o sinal do cosseno de cada um deles.

14. Calcule:

a) $\cos 330°$

b) $\cos 90°$

c) $\cos 120°$

d) $\cos\pi$

e) $\cos\frac{3\pi}{2}$

f) $\cos\frac{5\pi}{4}$

g) $\cos\frac{5\pi}{3}$

h) $\cos 0$

15. Sem usar a tabela trigonométrica, compare os seguintes pares de valores:

a) $\cos 65°$ e $\cos 85°$

b) $\cos 91°$ e $\cos 89°$

c) $\cos 50°$ e $\cos 340°$

d) $\cos 190°$ e $\cos 170°$

16. Se $k \in \mathbb{N}$ e $k < 4$, qual é a soma dos números reais da forma $\cos\left(k \cdot \frac{\pi}{2}\right)$?

17. Sabendo que $\cos \frac{12\pi}{7} = m$, determine:

a) o sinal de **m**;

b) o valor de $\cos \frac{9\pi}{7}$ em função de **m**.

18. Classifique como verdadeira (**V**) ou falsa (**F**) cada uma das afirmações seguintes e corrija as falsas.

a) $\cos 90° - \cos 30° = \cos 60°$

b) $\left(\operatorname{sen} \frac{\pi}{3}\right)^2 + \left(\cos \frac{\pi}{3}\right)^2 = 1$

c) $\cos 2 < \cos 1$

d) $\operatorname{sen} 100° + \cos 100° < 0$

e) $\cos 6 < 0$

f) Existe um número real **a**, tal que $\cos a = 2$.

19. Observando a figura, encontre o perímetro e a área do triângulo OAB situado no 1º quadrante da circunferência trigonométrica.

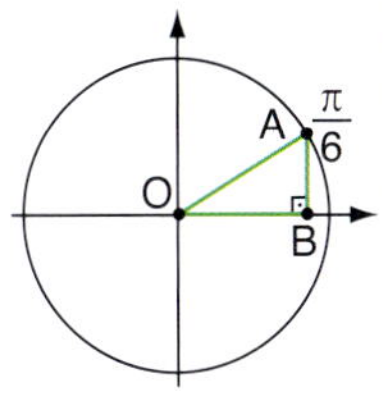

Banco de imagens/Arquivo da editora

20. Na circunferência trigonométrica ao lado, **A** é ponto médio de $\overline{OB}$ e **B** é a imagem do número real α. Encontre, em função de α, a área do triângulo ABC.

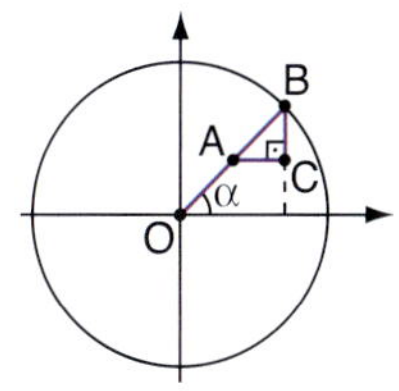

Banco de imagens/Arquivo da editora

21. Resolva as equações seguintes, considerando $U = [0, 2\pi[$.

a) $\cos x = 0$

b) $\cos x = \frac{\sqrt{2}}{2}$

c) $\cos x = 1$

d) $\cos x = -\frac{1}{2}$

e) $3 \cdot \cos x + 6 = 0$

f) $4 \cdot \cos^2 x = 3$

22. Na calculadora científica de Juliana, a tecla **4** está quebrada. Ela deseja obter o valor de $\cos \frac{4\pi}{5}$, sem converter $\frac{4\pi}{5}$ radianos em graus. Encontre uma maneira de ela resolver esse problema.

Relações entre seno e cosseno

Relação fundamental da trigonometria

Do estudo da trigonometria no triângulo retângulo, temos a relação fundamental da trigonometria:

$$\operatorname{sen}^2 \alpha + \cos^2 \alpha = 1$$

sendo α a medida de um dos ângulos agudos do triângulo.

Vamos agora ampliar essa relação para a circunferência trigonométrica, mostrando que ela é válida para todo número real pertencente ao intervalo $[0, 2\pi]$.

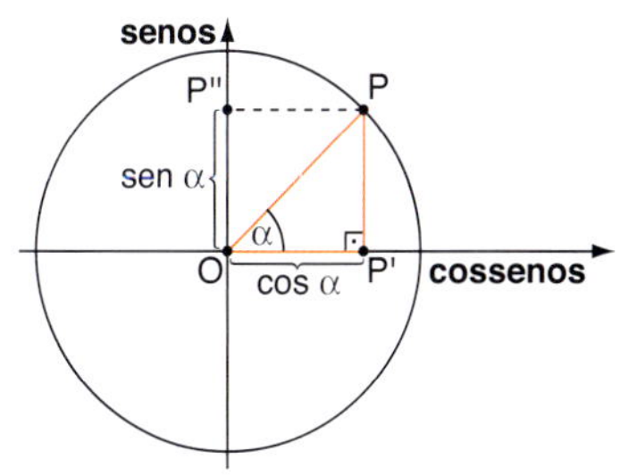

Ilustrações: Banco de imagens/Arquivo da editora

Seja **P** a imagem de um número real $\alpha \in [0, 2\pi]$.

- Se **P** pertence ao primeiro quadrante, temos:

$$OP = 1; \quad OP' = \cos \alpha; \quad OP'' = \operatorname{sen} \alpha$$

Aplicando o teorema de Pitágoras no $\triangle OP'P$, temos:
$(OP)^2 = (OP')^2 + (PP')^2 \Rightarrow 1 = (\cos \alpha)^2 + (\operatorname{sen} \alpha)^2$,
isto é, $\operatorname{sen}^2 \alpha + \cos^2 \alpha = 1$.

- Se **P** pertence ao segundo quadrante, temos:

$$OP = 1; \quad PP' = OP'' = \operatorname{sen} \alpha; \quad OP' = -\cos \alpha$$

Daí:

$1^2 = (\operatorname{sen} \alpha)^2 + (-\cos \alpha)^2 \Rightarrow \operatorname{sen}^2 \alpha + \cos^2 \alpha = 1$

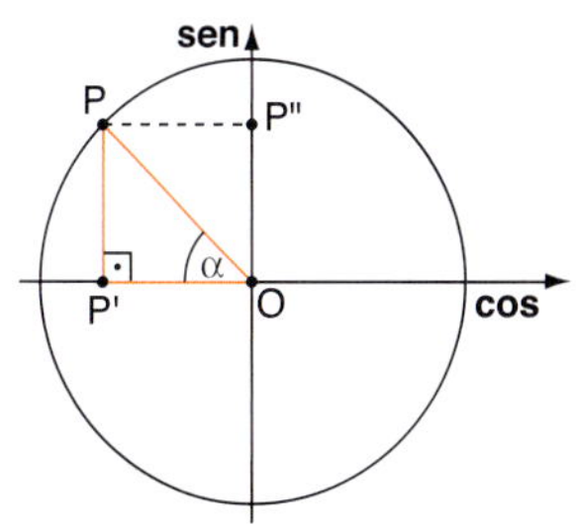

- Se **P** pertence ao terceiro ou quarto quadrante, procedemos de modo semelhante ao que foi feito para o 2º quadrante.

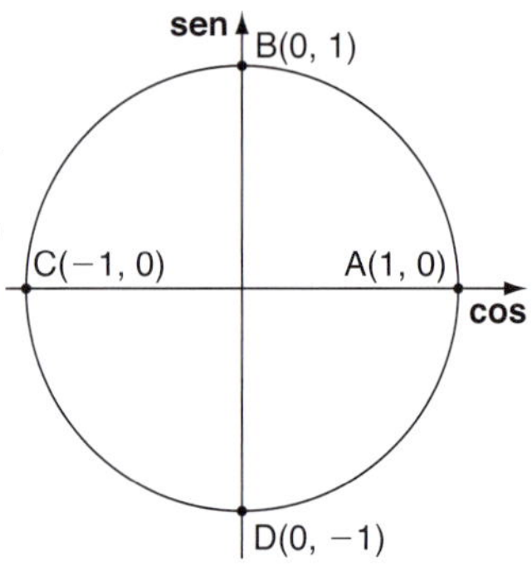

Banco de imagens/Arquivo da editora

- Se **P** coincide com algum dos pontos **A**, **B**, **C** ou **D** seguintes, temos:
  - **P** coincide com A(1, 0):
    $\cos\alpha = 1$ e $\operatorname{sen}\alpha = 0$, então $\cos^2\alpha + \operatorname{sen}^2\alpha = 1^2 + 0^2 = 1$
  - **P** coincide com B(0, 1):
    $\cos\alpha = 0$ e $\operatorname{sen}\alpha = 1$, então $\cos^2\alpha + \operatorname{sen}^2\alpha = 0^2 + 1^2 = 1$
  - **P** coincide com C(−1, 0):
    $\cos\alpha = -1$ e $\operatorname{sen}\alpha = 0$, então $\cos^2\alpha + \operatorname{sen}^2\alpha = (-1)^2 + 0^2 = 1$
  - **P** coincide com D(0, −1):
    $\cos\alpha = 0$ e $\operatorname{sen}\alpha = -1$, então $\cos^2\alpha + \operatorname{sen}^2\alpha = 0^2 + (-1)^2 = 1$

  Logo:

$$\operatorname{sen}^2\alpha + \cos^2\alpha = 1, \text{ para todo } \alpha \in [0, 2\pi]$$

Essa relação permite obter o seno de um número real a partir do cosseno desse mesmo número e vice-versa.

EXEMPLO 2

Dado $\operatorname{sen} x = \frac{1}{3}$, com $\frac{\pi}{2} < x < \pi$, para obtermos $\cos x$, usamos a relação fundamental

$$\left(\frac{1}{3}\right)^2 + \cos^2 x = 1 \Rightarrow \cos^2 x = 1 - \frac{1}{9} = \frac{8}{9} \Rightarrow \cos x = \pm\sqrt{\frac{8}{9}} = \pm\frac{2\sqrt{2}}{3}$$

Como $\frac{\pi}{2} < x < \pi$, notamos que **x** está no 2º quadrante e, consequentemente, $\cos x < 0$.

Assim, temos $\cos x = -\frac{2\sqrt{2}}{3}$.

Arcos complementares

Quando estudamos os triângulos retângulos no volume 1 desta coleção, vimos que, se **α** e **β** são as medidas dos ângulos agudos de um triângulo retângulo ($\alpha + \beta = 90°$), então $\operatorname{sen}\alpha = \cos\beta$ e $\operatorname{sen}\beta = \cos\alpha$.

Vamos agora estudar essa relação na circunferência trigonométrica.

Seja $x \in \mathbb{R}$, com $0 < x < \frac{\pi}{2}$.

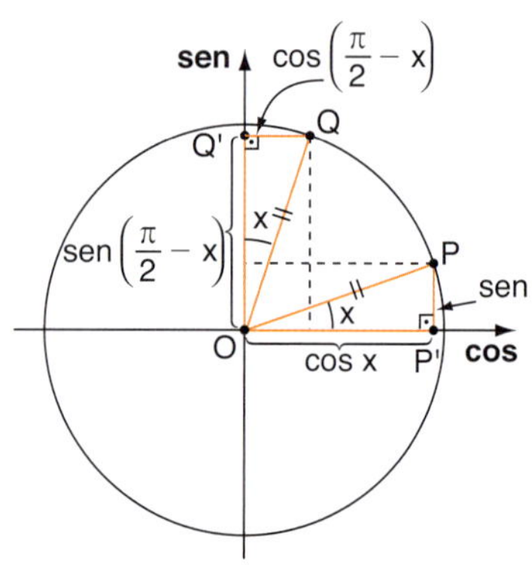

Banco de imagens/Arquivo da editora

Na circunferência trigonométrica ao lado, **P** é a imagem do número real **x** (ou do arco de medida **x** radianos), e **Q** é a imagem do número real $\left(\frac{\pi}{2} - x\right)$.

Temos:

$$\begin{cases} OP' = \cos x \text{ e } PP' = \operatorname{sen} x \\ QQ' = \cos\left(\frac{\pi}{2} - x\right) \text{ e } OQ' = \operatorname{sen}\left(\frac{\pi}{2} - x\right) \end{cases}$$

Observando que: med(PÔP') = med(QÔQ'), OP = OQ = 1 (medida do raio) e med(OQ̂'Q) = med(OP̂'P) = 90°, concluímos, pelo caso de congruência LAAo, que os triângulos retângulos destacados são congruentes. Daí, temos:

$$PP' = QQ' \Rightarrow \operatorname{sen} x = \cos\left(\frac{\pi}{2} - x\right) \text{ e } OP' = OQ' \Rightarrow \cos x = \operatorname{sen}\left(\frac{\pi}{2} - x\right).$$

Essa relação pode ser estendida para qualquer arco de medida **x**, $0 \leq x \leq 2\pi$:

$$\operatorname{sen} x = \cos\left(\frac{\pi}{2} - x\right) \quad \text{e} \quad \cos x = \operatorname{sen}\left(\frac{\pi}{2} - x\right).$$

Exercícios

23. Verifique a validade da relação fundamental para os seguintes números reais:

a) $\frac{\pi}{3}$ b) $\frac{\pi}{4}$ c) $\frac{2\pi}{3}$

24. Sabendo que $\operatorname{sen}^2 \alpha = \frac{4}{9}$, $\alpha \in [0, 2\pi]$, obtenha o valor de $\cos \alpha$.

25. Sendo $\cos x = \frac{3}{5}$, com **x** no 4º quadrante, determine $\operatorname{sen} x$.

26. Se $\operatorname{sen} x = -\frac{12}{13}$, com **x** no 3º quadrante, determine $\cos x$.

27. Um número real $\alpha \in [0, 2\pi]$ pode satisfazer simultaneamente $\operatorname{sen} \alpha = \frac{1}{3}$ e $\cos \alpha = \frac{2}{3}$?

28. Considerando $\operatorname{sen} 74° \simeq \frac{24}{25}$, calcule:

a) cos 74° c) cos 16° e) cos 164°
b) sen 16° d) sen 254°

29. Determine os possíveis valores reais de **m** para que se tenha, simultaneamente, $\operatorname{sen} \alpha = \frac{m}{2}$ e $\cos \alpha = m - 1$.

30. É verdade que $\operatorname{sen}^2 20° + \operatorname{sen}^2 70° = 1$? Explique, sem consultar a tabela trigonométrica.

31. Sabendo que $\operatorname{sen} \alpha = -3 \cdot \cos \alpha$, com $\frac{\pi}{2} < \alpha < \pi$, obtenha o valor de $y = \operatorname{sen} \alpha + \cos \alpha$.

32. Resolva as seguintes equações, em que $U = [0, 2\pi[$:

a) $\cos^2 x - \operatorname{sen}^2 x = 0$
b) $\cos^2 x + 2 - 3 \cdot \operatorname{sen}^2 x = 0$

Tangente

Para definirmos a tangente de um número real α, vamos acrescentar à circunferência trigonométrica um terceiro eixo. Esse eixo, denominado **eixo das tangentes**, é obtido ao se tangenciar, por uma reta vertical, a circunferência no ponto A(1, 0). O ponto **A** é a origem do eixo das tangentes, e seu sentido positivo (para cima) coincide com o do eixo dos senos.

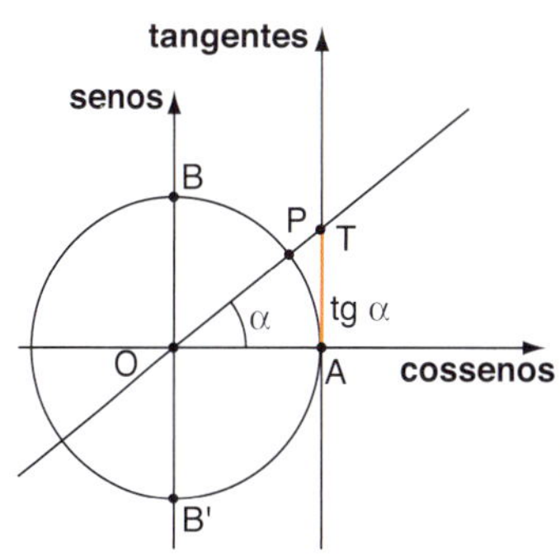

Banco de imagens/Arquivo da editora

Unindo o centro **O** à extremidade **P** ($P \neq B$ e $P \neq B'$) de um arco de medida α radianos (em que **P** é imagem do número real α), construímos a reta $\overleftrightarrow{OP}$, que intersecta o eixo das tangentes no ponto **T**.

Por definição, a **medida algébrica** do segmento $\overline{AT}$ é a **tangente** do arco de α rad (ou tangente do número real α). Indicamos:

$$\operatorname{tg} \alpha = \operatorname{med}(\overline{AT})$$

Considerando o sentido positivo do eixo das tangentes, temos, para **P** pertencente ao primeiro quadrante, $\operatorname{tg} \alpha > 0$.

OBSERVAÇÃO

Embora $-1 \leqslant \operatorname{sen} x \leqslant 1$ e $-1 \leqslant \cos x \leqslant 1$, $\operatorname{tg} x$ não é limitada.

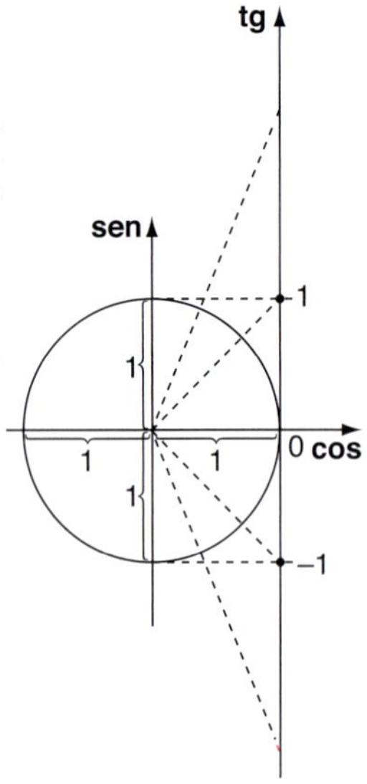

Ilustrações: Banco de imagens/Arquivo da editora

Vamos variar a posição de **P** nos demais quadrantes:

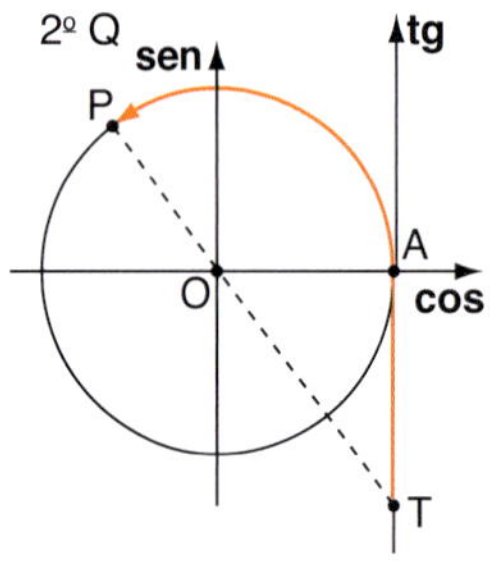

P é imagem de **α**.
T está abaixo de **A**.
$\operatorname{tg}\alpha < 0$

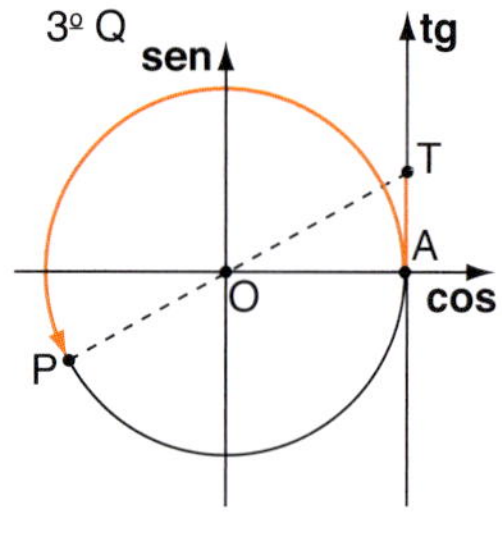

P é imagem de **α**.
T está acima de **A**.
$\operatorname{tg}\alpha > 0$

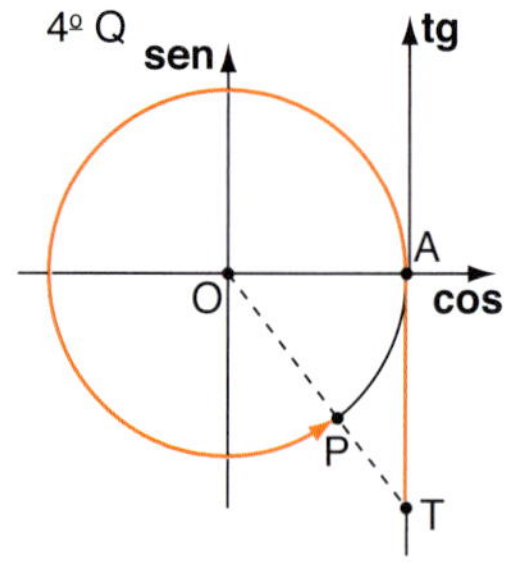

P é imagem de **α**.
T está abaixo de **A**.
$\operatorname{tg}\alpha < 0$

Observe agora dois casos particulares:

- Se $\alpha = \frac{\pi}{2}$, o ponto **P** pertence ao eixo dos senos, e a reta $\overleftrightarrow{OP}$ é paralela ao eixo das tangentes. Nesse caso, não se define $\operatorname{tg}\frac{\pi}{2}$. Analogamente, não se define $\operatorname{tg}\frac{3\pi}{2}$.

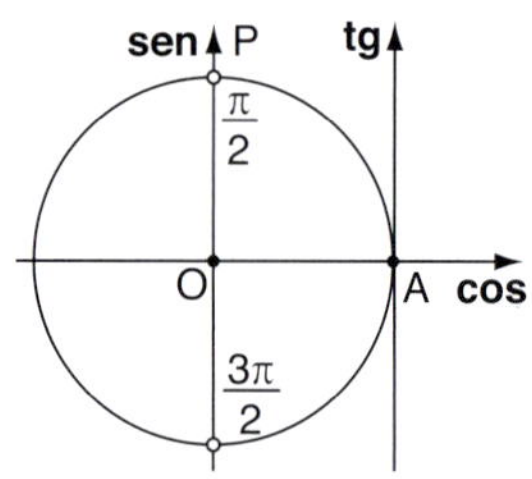

Banco de imagens/Arquivo da editora

- Se $\alpha = 0$ ou $\alpha = \pi$ ou $\alpha = 2\pi$, a reta $\overleftrightarrow{OP}$ intersecta o eixo das tangentes em sua origem **A**. Assim, $\text{med}(\overline{AT}) = 0$ e $\operatorname{tg} 0 = 0$, $\operatorname{tg}\pi = 0$ e $\operatorname{tg} 2\pi = 0$.

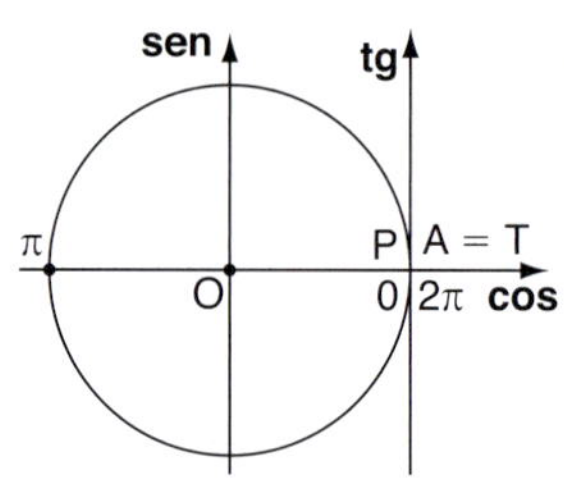

Banco de imagens/Arquivo da editora

Valores notáveis

Conhecemos os valores da tangente de ângulos notáveis quando estudamos a trigonometria do triângulo retângulo.

Observe esses valores na circunferência trigonométrica ao lado:

$$\operatorname{tg}\frac{\pi}{6} = \operatorname{tg} 30° = \frac{\sqrt{3}}{3}$$

$$\operatorname{tg}\frac{\pi}{4} = \operatorname{tg} 45° = 1$$

$$\operatorname{tg}\frac{\pi}{3} = \operatorname{tg} 60° = \sqrt{3}$$

Com esses valores é possível determinar, por simetria, a tangente de outros arcos.

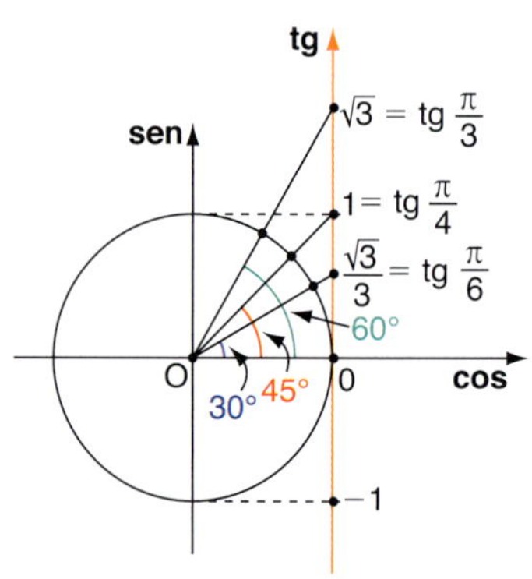

Banco de imagens/Arquivo da editora

EXEMPLO 3

Na circunferência trigonométrica seguinte, a partir de $\text{tg}\,\frac{\pi}{4} = 1$, vamos encontrar os valores de $\text{tg}\,\frac{3\pi}{4}$, $\text{tg}\,\frac{5\pi}{4}$ e $\text{tg}\,\frac{7\pi}{4}$.

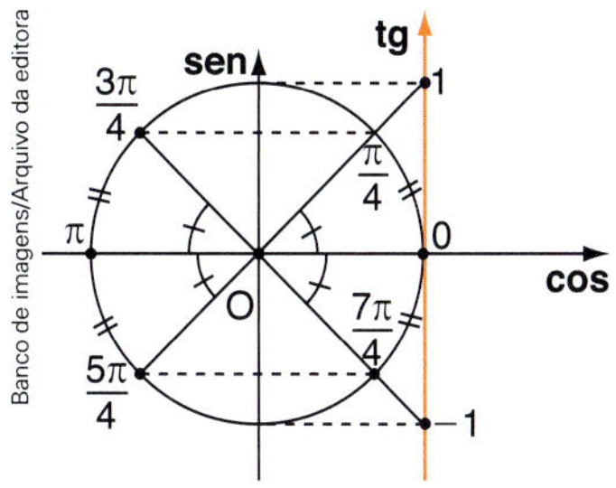

Observe a congruência entre os ângulos assinalados.

Assim:

$$\text{tg}\,\frac{3\pi}{4} = \text{tg}\,\frac{7\pi}{4} = -1$$

$$\text{tg}\,\frac{5\pi}{4} = \text{tg}\,\frac{\pi}{4} = 1$$

Exercício resolvido

5. Com o auxílio da tabela trigonométrica da página 270, encontre o valor de tg 290°.

Solução:

Observe que 290° = 360° − 70°.

Da figura, concluímos que tg 290° = −tg 70°.

Consultando a tabela trigonométrica, temos:

$$\text{tg}\,290° \simeq -2{,}74748$$

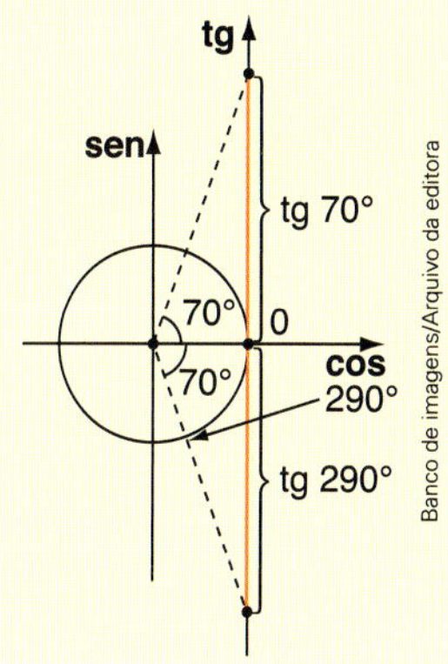

Exercícios

33. Calcule, se existir:

a) tg 120°
b) tg 180°
c) tg 210°
d) tg 90°
e) tg 240°

34. Calcule, se existir:

a) $\text{tg}\,\frac{3\pi}{2}$
b) tg 0
c) $\text{tg}\,\frac{5\pi}{3}$
d) $\text{tg}\,\frac{3\pi}{4}$
e) $\text{tg}\,\frac{11\pi}{6}$

35. Sendo x = 30°, calcule o valor da expressão:

$$y = \frac{2 \cdot \text{sen}\,x - 4 \cdot \cos x + \text{tg}\,(2x)}{\cos(4x) - \text{sen}\,(2x)}$$

36. Dê o sinal de:

a) tg 200°
b) tg 310°
c) tg 4
d) tg 2
e) tg 1

37. Classifique como verdadeira (**V**) ou falsa (**F**) cada afirmação seguinte:

a) tg 100° < tg 105°
b) tg 20° > tg 25°
c) Existem dois números reais no intervalo $[0, 2\pi[$ cuja tangente vale 3.
d) tg 80° < sen 80°
e) tg 250° > 0
f) tg 2π não existe.

38. Mostre, geometricamente, que $\text{tg}\,\frac{\pi}{4} = 1$.

39. Considerando tg 22° ≃ 0,4, obtenha os valores de:

a) tg 158°
b) tg 202°
c) tg 338°

Relação entre tangente, seno e cosseno

Vamos estabelecer uma importante relação da trigonometria envolvendo as três razões apresentadas: seno, cosseno e tangente.

Seja α um número real, com $0 \leq \alpha \leq 2\pi$, $\alpha \neq \frac{\pi}{2}$ e $\alpha \neq \frac{3\pi}{2}$.

- Vamos supor que α seja distinto de 0, π e 2π. O número real α tem imagem em **P**, extremidade do arco de α rad.

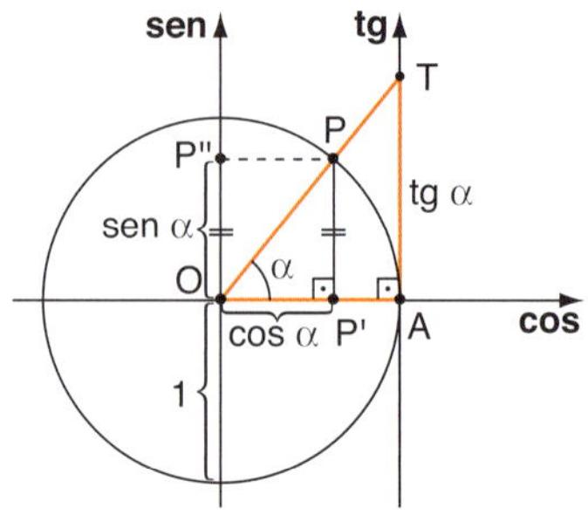

Observando a figura acima, temos:

$OP' = \cos\alpha$ $\qquad$ $AT = \text{tg}\,\alpha$

$OP'' = PP' = \text{sen}\,\alpha$ $\qquad$ $OP = 1$ (raio)

Os triângulos OP'P e OAT são semelhantes, pois possuem em comum, além de um ângulo reto, o ângulo de medida α. Podemos, então, estabelecer a proporção:

$$\frac{OP'}{OA} = \frac{P'P}{AT} \Rightarrow \frac{\cos\alpha}{1} = \frac{\text{sen}\,\alpha}{\text{tg}\,\alpha} \Rightarrow \text{tg}\,\alpha = \frac{\text{sen}\,\alpha}{\cos\alpha}$$

Se o ponto **P** pertence ao 2º, 3º ou 4º quadrantes, chega-se à mesma relação, usando procedimento similar.

- Se $\alpha \in \{0, \pi, 2\pi\}$, temos $\text{tg}\,\alpha = 0$, $\text{sen}\,\alpha = 0$ e $\cos\alpha \neq 0$; daí $\text{tg}\,\alpha = 0 = \frac{\text{sen}\,\alpha}{\cos\alpha}$.

Para $\alpha = \frac{\pi}{2}$ ou $\alpha = \frac{3\pi}{2}$, não se define a tangente.

Desse modo, se $\alpha \in \mathbb{R}$, $0 \leq \alpha \leq 2\pi$, $\alpha \neq \frac{\pi}{2}$ e $\alpha \neq \frac{3\pi}{2}$, vale a relação:

$$\text{tg}\,\alpha = \frac{\text{sen}\,\alpha}{\cos\alpha}$$

OBSERVAÇÃO

Quando estudamos a trigonometria no triângulo retângulo, definimos, para um ângulo agudo α:

$$\text{tg}\,\alpha = \frac{\text{medida do cateto oposto a } \alpha}{\text{medida do cateto adjacente a } \alpha}$$

Note que essa definição é compatível com a relação apresentada anteriormente. De fato, considerando o triângulo retângulo OPP' da figura anterior, temos:

$$\text{tg}\,\alpha = \frac{PP'}{OP'} = \frac{OP''}{OP'} = \frac{\text{sen}\,\alpha}{\cos\alpha}$$

(PP': medida do cateto oposto a α; OP': medida do cateto adjacente a α)

EXEMPLO 4

Os valores da tangente de ângulos notáveis e de outros ângulos podem ser obtidos usando a relação apresentada:

- Se $\alpha = \frac{\pi}{3}$, então $\text{tg}\,\frac{\pi}{3} = \dfrac{\text{sen}\,\frac{\pi}{3}}{\cos\frac{\pi}{3}} = \dfrac{\frac{\sqrt{3}}{2}}{\frac{1}{2}} = \sqrt{3}$.
- Se $\alpha = \frac{\pi}{4}$, então $\text{tg}\,\frac{\pi}{4} = \dfrac{\text{sen}\,\frac{\pi}{4}}{\cos\frac{\pi}{4}} = \dfrac{\frac{\sqrt{2}}{2}}{\frac{\sqrt{2}}{2}} = 1$.
- Se $\alpha = 40°$, então $\text{tg}\,40° = \dfrac{\text{sen}\,40°}{\cos 40°}$.

  Consultando a tabela trigonométrica, obtemos:

  $\text{tg}\,40° \simeq \dfrac{0,64279}{0,76604} = 0,83910761...$

Exercício resolvido

6. Seja **α** um número real pertencente ao intervalo $\left[0, \frac{\pi}{2}\right[$. Sabendo que $\text{tg}\,\alpha = 2$, qual é o valor de $\text{sen}\,\alpha$? E de $\cos\alpha$?

Solução:

De $\text{tg}\,\alpha = 2$, podemos escrever $\dfrac{\text{sen}\,\alpha}{\cos\alpha} = 2 \Rightarrow \text{sen}\,\alpha = 2 \cdot \cos\alpha$.

Aplicando a relação fundamental da trigonometria ($\text{sen}^2\,\alpha + \cos^2\alpha = 1$), temos:

$(2\cos\alpha)^2 + \cos^2\alpha = 1 \Rightarrow 4 \cdot \cos^2\alpha + \cos^2\alpha = 1 \Rightarrow 5 \cdot \cos^2\alpha = 1 \Rightarrow \cos\alpha = \pm\sqrt{\dfrac{1}{5}} = \pm\dfrac{\sqrt{5}}{5}$

Como **α** pertence ao 1º quadrante, $\cos\alpha > 0$ e, assim, temos $\cos\alpha = \dfrac{\sqrt{5}}{5}$ e $\text{sen}\,\alpha = 2 \cdot \dfrac{\sqrt{5}}{5} = \dfrac{2\sqrt{5}}{5}$.

Exercícios

40. Sabendo que $\text{sen}\,\alpha = \frac{1}{3}$ e $\alpha \in \left]\frac{\pi}{2}, \pi\right[$, determine o valor de $\text{tg}\,\alpha$.

41. Se $\frac{3\pi}{2} < \alpha < 2\pi$ e $\cos\alpha = 0,2$, qual é o valor de $\text{tg}\,\alpha$?

42. Se $x \in \left]\frac{\pi}{2}, \pi\right[$ e $\text{tg}\,x = -4$, obtenha o valor de:

a) $\text{sen}\,x$
b) $\cos x$

43. Considerando $\text{tg}\,58° \simeq \frac{8}{5}$, determine o valor de:

a) $\text{sen}\,58°$
b) $\text{sen}\,32°$
c) $\text{tg}\,302°$
d) $\text{tg}\,122°$

44. Sabendo que $2\text{sen}\,x + 5\cos x = 0$, $\frac{\pi}{2} < x < \pi$, determine o valor da expressão:
$A = 4\text{tg}^2\,x + 2\text{tg}\,x$.

Outras razões trigonométricas

Cotangente

Assim como no caso das tangentes, para a leitura das cotangentes é necessário acoplar à circunferência trigonométrica um eixo chamado **eixo das cotangentes**, que é a reta tangente à circunferência no ponto B(0,1).

O ponto **B** é a origem do eixo das cotangentes e sua orientação (para a direita) coincide com a do eixo dos cossenos (eixo horizontal).

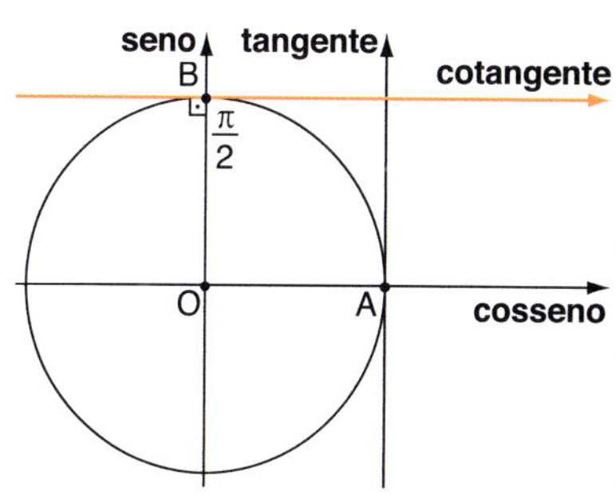

Banco de imagens/Arquivo da editora

Unindo o centro **O** à extremidade **P** (P ≠ A e P ≠ A') de um arco de medida **α** radianos (**P** é imagem do número real **α**), construímos a reta $\overleftrightarrow{OP}$, que intersecta o eixo das cotangentes no ponto **D**.

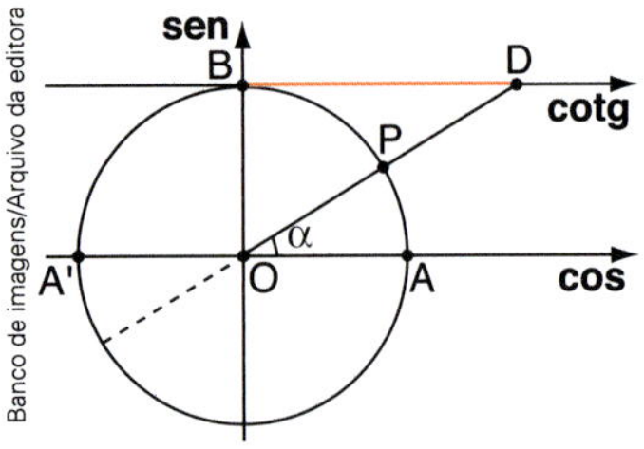

Banco de imagens/Arquivo da editora

A medida algébrica do segmento $\overline{BD}$ recebe o nome de **cotangente de α** (indica-se: cotg α).

$$\text{cotg}\,\alpha = \text{med}(\overline{BD})$$

Observe que:

- se **P** pertence ao 1º quadrante, temos cotg $\alpha > 0$.
- se **P** pertence ao 2º quadrante, temos cotg $\alpha < 0$.
- se **P** pertence ao 3º quadrante, temos cotg $\alpha > 0$.
- se **P** pertence ao 4º quadrante, temos cotg $\alpha < 0$.

Verifique a variação de sinal da cotangente representando os casos anteriores na circunferência.

Quando o ponto **P** coincide com **A** ou **A'**, a reta $\overleftrightarrow{OP}$ é paralela ao eixo das cotangentes e, desse modo, não se definem cotg 0, cotg π e cotg 2π.

Propriedade

Observe na figura a semelhança entre os triângulos OBD e OP'P.

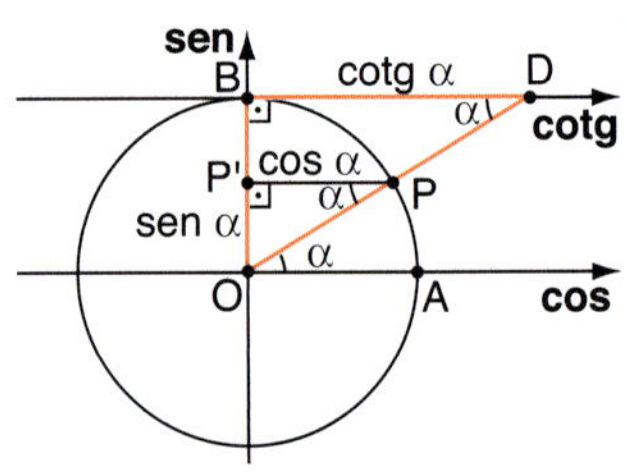

Banco de imagens/Arquivo da editora

$$\begin{cases} B\hat{D}O \equiv P'\hat{P}O \\ O\hat{B}D \equiv O\hat{P'}P \end{cases}. \text{ Daí:}$$

$$\frac{OB}{OP'} = \frac{BD}{P'P} \Rightarrow \frac{1}{\text{sen}\,\alpha} = \frac{\text{cotg}\,\alpha}{\cos\alpha} \Rightarrow$$

$$\Rightarrow \text{cotg}\,\alpha = \frac{\cos\alpha}{\text{sen}\,\alpha}; \text{ com sen}\,\alpha \neq 0.$$

Cossecante

Na circunferência trigonométrica a seguir, seja **P** a imagem de um número real **α** tal que med($\overset{\frown}{AP}$) = α rad, com P ≠ A e P ≠ A'.

Considere a reta **s** tangente à circunferência em **P**; **s** intersecta o eixo dos senos no ponto **C**.

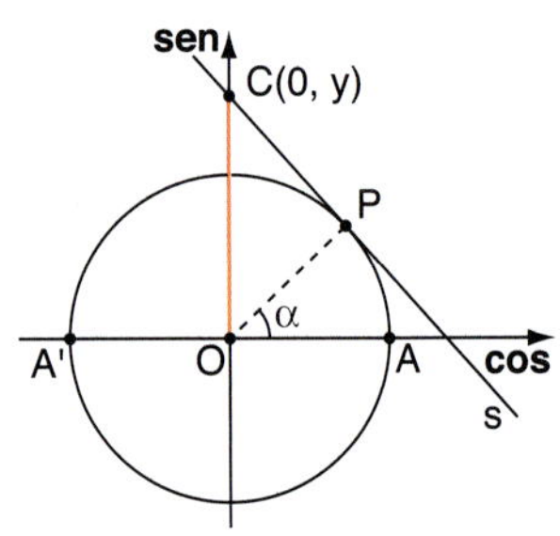

Banco de imagens/Arquivo da editora

Vamos definir a **cossecante de α** (indica-se: cossec α) como a **ordenada** do ponto C(0, y), isto é, cossec α = y.

Observe que podemos também definir a cossecante de **α** como a **medida algébrica do segmento** $\overline{OC}$, considerando a orientação positiva, a mesma do eixo dos senos.

$$\text{cossec}\,\alpha = \text{ordenada de } \mathbf{C} = \text{med}(\overline{OC})$$

Note que:

- se **P** pertence ao 1º ou 2º quadrantes, então cossec α é positiva.
- se **P** pertence ao 3º ou 4º quadrantes, então cossec α é negativa.

Desenhe figuras correspondentes aos itens anteriores e verifique a variação de sinal da cossecante na circunferência.

Quando **P** coincide com **A** ou com **A'**, a reta tangente à circunferência por **A** (ou **A'**) é paralela ao eixo dos senos; assim, não se definem cossec 0, cossec π e cossec 2π.

Propriedade

Observe, na figura ao lado, que os triângulos OPC e OP'P são semelhantes, pois, além de um ângulo reto, possuem em comum o ângulo destacado em laranja. Assim, podemos escrever:

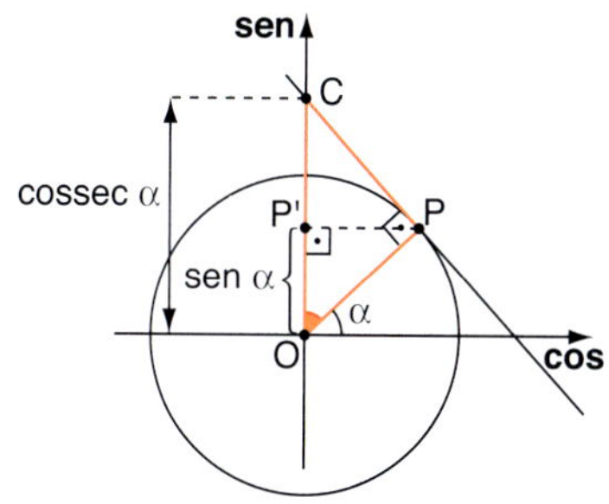

Banco de imagens/Arquivo da editora

$$\frac{OC}{OP} = \frac{OP}{OP'} \Rightarrow \frac{\text{cossec}\,\alpha}{1} = \frac{1}{\text{sen}\,\alpha} \Rightarrow$$

$$\Rightarrow \boxed{\text{cossec}\,\alpha = \frac{1}{\text{sen}\,\alpha}}\text{; válida para sen}\,\alpha \neq 0.$$

Secante

A leitura da secante na circunferência trigonométrica é semelhante à apresentada para a cossecante.

P é imagem do número real $\boldsymbol{\alpha}$ (med$(\widehat{AP}) = \alpha$ rad), com P $\neq$ B e P $\neq$ B'.

Considere a reta **s**, tangente à circunferência no ponto **P**; **s** intersecta o eixo dos cossenos no ponto **S**.

Define-se a **secante de $\boldsymbol{\alpha}$** (indica-se: sec α) como a **abscissa** do ponto **S**.

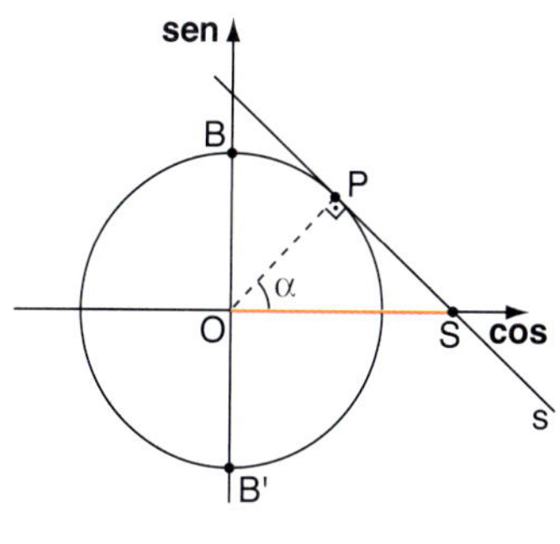

Banco de imagens/Arquivo da editora

Observe que podemos também definir a secante de $\boldsymbol{\alpha}$ como a **medida algébrica do segmento $\overline{\textbf{OS}}$**, considerando a orientação positiva, igual à do eixo dos cossenos.

Note que:

- se **P** pertence ao 1º ou 4º quadrantes, sec α é positiva.
- se **P** pertence ao 2º ou 3º quadrantes, sec α é negativa.

$$\boxed{\sec\alpha = \text{abscissa de } \mathbf{S} = \text{med}(\overline{OS})}$$

Desenhe as figuras necessárias para verificar a variação de sinal da secante na circunferência.

Quando **P** coincide com **B** ou **B'**, a reta tangente à circunferência por **B** (ou **B'**) é paralela ao eixo dos cossenos e, desse modo, não é possível definir sec $\frac{\pi}{2}$ e sec $\frac{3\pi}{2}$.

Propriedade

Na figura, os triângulos OPS e OP'P são semelhantes, pois $O\hat{P}S$ e $O\hat{P}'P$ são retos e $\boldsymbol{\alpha}$ é ângulo comum. Assim, podemos escrever:

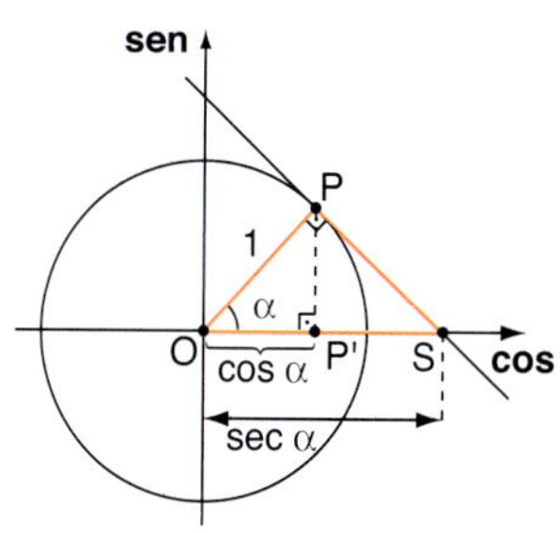

Banco de imagens/Arquivo da editora

$$\frac{OS}{OP} = \frac{OP}{OP'} \Rightarrow \frac{\sec\alpha}{1} = \frac{1}{\cos\alpha} \Rightarrow \boxed{\sec\alpha = \frac{1}{\cos\alpha}}\text{; válida para }\cos\alpha \neq 0.$$

Relações decorrentes

Por meio das relações apresentadas, envolvendo as razões trigonométricas, é possível encontrar outras relações decorrentes e que poderão ser úteis na resolução de alguns exercícios. Vamos apresentar três dessas relações.

I. $\text{cotg}\,x = \dfrac{1}{\text{tg}\,x}$; válida para $x \in [0, 2\pi]$ e $x \notin \left\{0, \dfrac{\pi}{2}, \pi, \dfrac{3\pi}{2}, 2\pi\right\}$

Demonstração:

$$\text{cotg}\,x = \frac{\cos x}{\text{sen}\,x} = \frac{1}{\dfrac{\text{sen}\,x}{\cos x}} = \frac{1}{\text{tg}\,x}$$

II. $\sec^2 x = 1 + \text{tg}^2 x$; válida para $x \in [0, 2\pi]$ e $x \notin \left\{\dfrac{\pi}{2}, \dfrac{3\pi}{2}\right\}$

Demonstração:

$$1 + \text{tg}^2 x = 1 + \frac{\text{sen}^2 x}{\cos^2 x} = \frac{\cos^2 x + \text{sen}^2 x}{\cos^2 x} = \frac{1}{\cos^2 x} = \sec^2 x$$

III. $\text{cossec}^2 x = 1 + \text{cotg}^2 x$; válida para $x \in [0, 2\pi]$ e $x \notin \{0, \pi, 2\pi\}$

Demonstração:

$$1 + \text{cotg}^2 x = 1 + \frac{\cos^2 x}{\text{sen}^2 x} = \frac{\text{sen}^2 x + \cos^2 x}{\text{sen}^2 x} = \frac{1}{\text{sen}^2 x} = \text{cossec}^2 x$$

Identidades

Observe as igualdades:

(1) $\text{sen}^2 x + \cos^2 x = 1$ (2) $\sec^2 x = 1 + \text{tg}^2 x$ (3) $\cos x \cdot \text{cossec}\,x = \text{cotg}\,x$

- Já vimos que a relação (1) é verdadeira para todo $x \in [0, 2\pi]$.
- A relação (2) é verdadeira para todo $x \in [0, 2\pi]$, com $x \notin \left\{\dfrac{\pi}{2}, \dfrac{3\pi}{2}\right\}$.
- Já a relação (3) é verdadeira para todo $x \in [0, 2\pi]$, com $x \notin \{0, \pi, 2\pi\}$, pois:

$$\cos x \cdot \text{cossec}\,x = \cos x \cdot \frac{1}{\text{sen}\,x} = \frac{\cos x}{\text{sen}\,x} = \text{cotg}\,x$$

Identidade trigonométrica é toda igualdade envolvendo as razões trigonométricas. Elas são válidas para todos os valores da variável que satisfazem a condição de existência dessas razões.

Existem várias outras identidades que envolvem as razões trigonométricas estudadas neste capítulo.

Para provarmos que uma igualdade é uma identidade, geralmente "partimos" de um membro e o desenvolvemos a fim de transformá-lo no outro, como podemos ver a seguir.

Vamos provar que, para todo $x \in [0, 2\pi]$, com $x \notin \{0, \pi, 2\pi\}$, vale a igualdade:

$$(1 + \text{cotg}^2 x) \cdot (1 - \cos^2 x) = 1$$

Para provarmos que essa igualdade é verdadeira, podemos partir do primeiro membro, a fim de transformá-lo no segundo:

$$(1 + \text{cotg}^2 x) \cdot (1 - \cos^2 x) = \left(1 + \frac{\cos^2 x}{\text{sen}^2 x}\right) \cdot (1 - \cos^2 x) =$$

$$= \left(\frac{\text{sen}^2 x + \cos^2 x}{\text{sen}^2 x}\right) \cdot (1 - \cos^2 x)$$

Usando a relação fundamental da trigonometria, vem:

$$\frac{1}{\text{sen}^2 x} \cdot \text{sen}^2 x = 1\text{, que é o segundo membro.}$$

Assim está provado que a igualdade $(1 + \text{cotg}^2 x) \cdot (1 - \cos^2 x) = 1$ é uma identidade trigonométrica.

É importante lembrar que existem inúmeras igualdades envolvendo as razões trigonométricas que se verificam apenas para alguns valores da variável e, portanto, não são identidades.

Veja a igualdade $2 \cdot \text{sen}\, x = 1$. Ela é válida apenas para $x = \frac{\pi}{6}$ ou $x = \frac{5\pi}{6}$. Trata-se, portanto, de uma equação, e não de uma identidade.

Exercícios resolvidos

7. Determine o sinal da cotangente, da secante e da cossecante para cada um dos seguintes arcos:

a) 130°

b) 250°

Solução:

a)

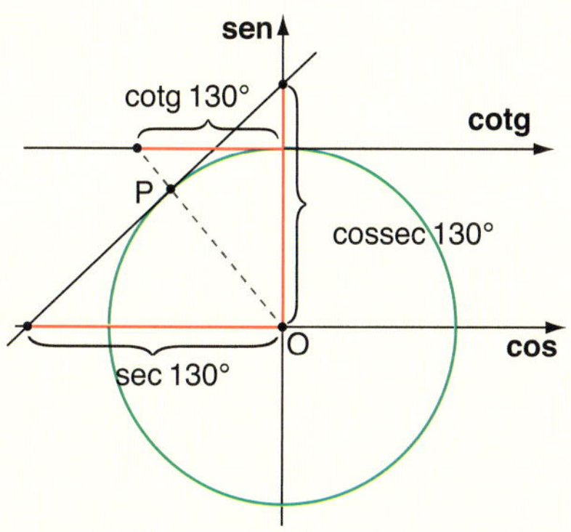

P é extremidade do arco de 130°.
cotg 130°: negativo
sec 130°: negativo
cossec 130°: positivo

b)

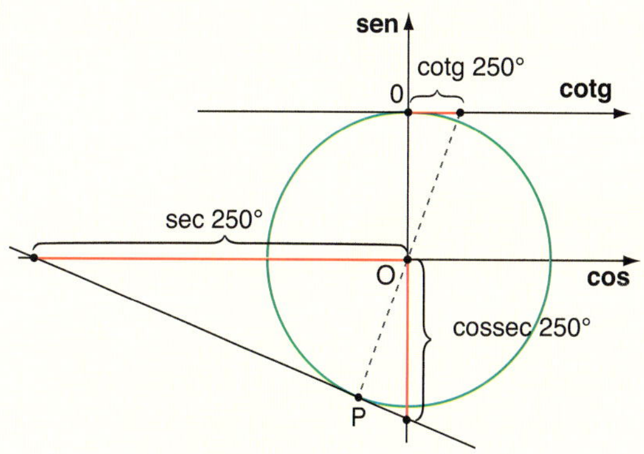

P é extremidade do arco de 250°.
cotg 250°: positivo
sec 250°: negativo
cossec 250°: negativo

Ilustrações: Banco de imagens/Arquivo da editora

8. Represente, na circunferência trigonométrica, a cotangente, a secante e a cossecante do número real $\frac{5\pi}{3}$; em seguida, use as relações apresentadas para obter esses valores.

Solução:

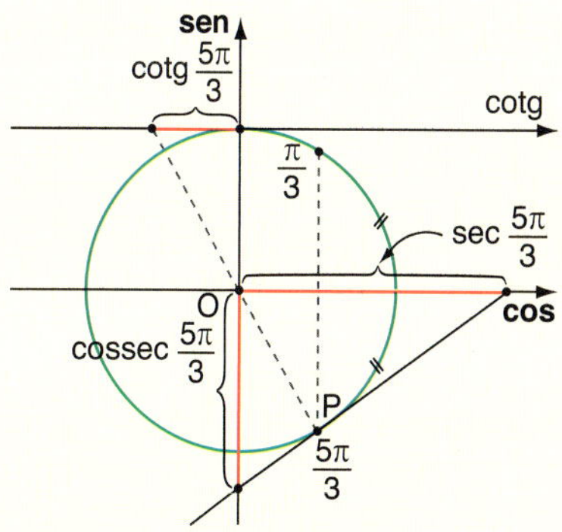

Banco de imagens/Arquivo da editora

O número real $\frac{5\pi}{3}$ tem imagem no ponto **P**, no 4º quadrante.

De $\text{cotg}\,\alpha = \frac{\cos\alpha}{\text{sen}\,\alpha}$, vem: $\text{cotg}\,\frac{5\pi}{3} = \frac{\cos\frac{5\pi}{3}}{\text{sen}\,\frac{5\pi}{3}} =$

$$= \frac{\cos\frac{\pi}{3}}{-\text{sen}\,\frac{\pi}{3}} = \frac{\frac{1}{2}}{-\frac{\sqrt{3}}{2}} = -\frac{\sqrt{3}}{3} \simeq -0{,}58$$

De $\sec\alpha = \frac{1}{\cos\alpha}$, vem: $\sec\frac{5\pi}{3} = \frac{1}{\cos\frac{5\pi}{3}} = \frac{1}{\cos\frac{\pi}{3}} = \frac{1}{\frac{1}{2}} = 2$

De $\text{cossec}\,\alpha = \frac{1}{\text{sen}\,\alpha}$, vem: $\text{cossec}\,\frac{5\pi}{3} = \frac{1}{\text{sen}\,\frac{5\pi}{3}} = \frac{1}{-\text{sen}\,\frac{\pi}{3}} = \frac{1}{-\frac{\sqrt{3}}{2}} = -\frac{2\sqrt{3}}{3} \simeq -1{,}15$

9. Sabendo que $\frac{\pi}{2} < x < \pi$ e cossec x = 4, obtenha todas as razões trigonométricas de **x**.

Solução:

Como $\text{cossec}\ x = \frac{1}{\text{sen}\ x}$, concluímos que $\text{sen}\ x = \frac{1}{4}$.

Aplicamos a relação fundamental da trigonometria para obter o valor de cos x:

$$\text{sen}^2 x + \cos^2 x = 1 \Rightarrow \left(\frac{1}{4}\right)^2 + \cos^2 x = 1 \Rightarrow \cos^2 x = \frac{15}{16}$$

Como cos x < 0 (2º quadrante), temos $\cos x = -\frac{\sqrt{15}}{4}$

Assim, conhecidos sen x e cos x, é possível descobrir as demais razões:

- $\text{tg}\ x = \frac{\text{sen}\ x}{\cos x} = \frac{\frac{1}{4}}{-\frac{\sqrt{15}}{4}} \Rightarrow \text{tg}\ x = -\frac{\sqrt{15}}{15}$
- $\sec x = \frac{1}{\cos x} = -\frac{4}{\sqrt{15}} \Rightarrow \sec x = -\frac{4\sqrt{15}}{15}$
- $\text{cotg}\ x = \frac{\cos x}{\text{sen}\ x} = \frac{1}{\text{tg}\ x} \Rightarrow \text{cotg}\ x = -\sqrt{15}$

Exercícios

45. Dê o sinal de:

a) cotg 80°
b) cossec 220°
c) sec 110°
d) cotg 130°
e) cossec 320°
f) sec 290°
g) cotg 260°
h) sec 50°

46. Localize, na circunferência trigonométrica, os seguintes números reais: $\frac{2\pi}{5}$, 3, $\frac{11\pi}{10}$, $\frac{11\pi}{6}$ e $\frac{3\pi}{4}$. Em seguida, obtenha, para cada um desses números, os sinais da cotangente, da secante e da cossecante.

47. Calcule o valor de:

a) $\sec \frac{\pi}{6}$
b) $\text{cotg}\ \frac{2\pi}{3}$
c) $\text{cossec}\ \frac{5\pi}{6}$
d) sec 210°
e) cossec 315°
f) cotg 45°

48. Entre os itens seguintes, indique aqueles que não existem:

a) $\text{cotg}\ \frac{3\pi}{2}$
b) $\text{cotg}\ \pi$
c) $\sec \frac{3\pi}{2}$
d) $\sec \pi$
e) $\sec \frac{\pi}{2}$
f) $\text{cossec}\ \frac{\pi}{2}$
g) cossec 0
h) $\text{cotg}\ 2\pi$
i) $\text{tg}\ \pi$

49. Seja **x** um número real com imagem no 3º quadrante. Qual é o sinal da expressão

$$y = \frac{\text{sen}\ x \cdot \cos x \cdot \sec x}{\text{tg}\ x \cdot \sec (x - \pi)}?$$

50. Sabendo que $\sec x = \frac{5}{2}$ e $\frac{3\pi}{2} < x < 2\pi$, obtenha as demais razões trigonométricas de **x**.

51. Sendo $\text{sen}\ x = \frac{1}{3}$ e $\frac{\pi}{2} < x < \pi$, calcule o valor de $y = \text{cotg}\ x - \sec x$.

52. Determine cotg α.

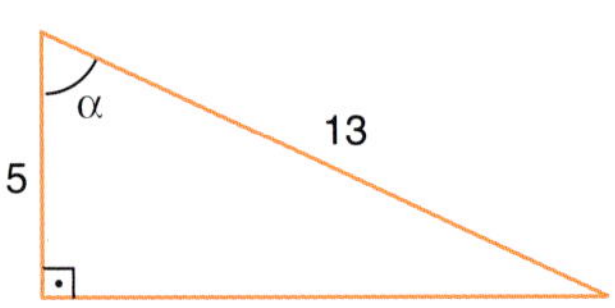

Banco de imagens/Arquivo da editora

53. Na figura, o arco $\overset{\frown}{AP}$ mede α radianos e a ordenada do ponto **Q** é $\frac{10}{3}$. Encontre o valor de:

a) $\text{sen}\ \alpha + \cos \alpha$
b) $\text{cotg}^2 \alpha$

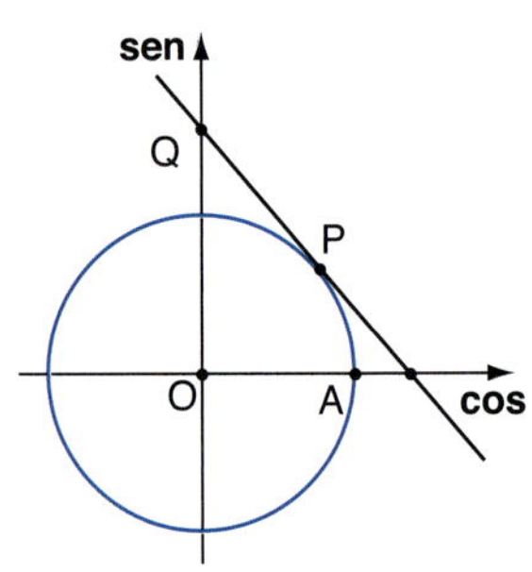

Banco de imagens/Arquivo da editora

54. Classifique como verdadeira (**V**) ou falsa (**F**) cada afirmação:

a) Existe um número real $\alpha \in [0, 2\pi]$ tal que $\sec \alpha = \frac{1}{2}$.

b) Se $\alpha \in \left[0, \frac{\pi}{2}\right[$, então $\sec \alpha \geqslant 1$.

c) Existe um número real $\alpha \in [0, 2\pi]$ tal que $\text{cotg}\,\alpha = 3$ e $\text{cossec}\,\alpha = 3$.

d) $\text{cotg}\frac{7\pi}{8} \cdot \sec\frac{7\pi}{8} > 0$

55. Determine a área do triângulo AOB seguinte:

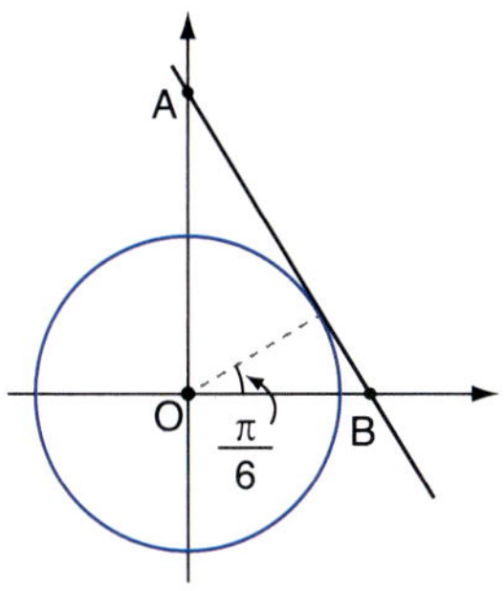

Banco de imagens/Arquivo da editora

56. Seja $x \in [0, 2\pi]$, com $x \neq \frac{\pi}{2}$ e $x \neq \frac{3\pi}{2}$. É possível que tenhamos:

a) $\sec x = \frac{5}{2}$?

b) $\sec x = -\frac{1}{2}$?

c) $\sec x = 0$?

d) $\text{tg}\,x = 150$?

57. Seja $x \in \left]0, \frac{\pi}{2}\right[$, com $\text{sen}\,x = \frac{1}{10}$. Qual é o valor de $\text{tg}\left(\frac{\pi}{2} - x\right)$?

58. Localize $\boldsymbol{\alpha}$ no ciclo trigonométrico, sabendo que:

a) $\text{sen}\,\alpha > 0$ e $\text{tg}\,\alpha < 0$

b) $\text{tg}\,\alpha > 0$ e $\sec\alpha < 0$

c) $\text{cotg}\,\alpha > 0$ e $\cos\alpha < 0$

d) $\sec\alpha > 0$ e $\text{cossec}\,\alpha < 0$

e) $\text{tg}\,\alpha > 0$ e $\text{cotg}\,\alpha < 0$

59. Demonstre as identidades seguintes:

a) $\cos^2 x = \frac{\text{cotg}^2 x}{1 + \text{cotg}^2 x}$

b) $\text{sen}\,\alpha \cdot \text{tg}\,\alpha + \cos\alpha = \sec\alpha$

c) $\text{tg}\,x + \text{cotg}\,x = \sec x \cdot \text{cossec}\,x$

d) $\text{tg}\,x + \frac{\cos x}{1 + \text{sen}\,x} = \sec x$

60. Sendo **x** um arco do 2º quadrante, qual é o sinal da expressão $y = \frac{\text{tg}\,x \cdot \text{cotg}\left(x + \frac{\pi}{2}\right)}{\text{cotg}\,x \cdot \text{cotg}\,(x + \pi)}$? E se **x** for um arco do 1º quadrante?

61. Seja $x \in \mathbb{R}$, $0 < x < \frac{\pi}{2}$. Sabendo que $\text{tg}\,x = 5$, obtenha o valor de:

$$y = \frac{\text{sen}\,(x + \pi) \cdot \cos\left(\frac{\pi}{2} - x\right) \cdot \text{tg}\,(\pi + x)}{\text{sen}\,(\pi - x) \cdot \cos\,(\pi - x) \cdot \text{tg}\,(2\pi - x)}.$$

62. Obtenha o valor de $y = \cos x - \text{sen}\,x$, sabendo que $3 \cdot \cos x + \text{sen}\,x = -1$.

63. Sabendo que $\sec^2 x = 4$ e $\pi < x < \frac{3\pi}{2}$, determine:

a) tg x.

b) o número real **x**.

64. Na figura, obtenha o valor de $\sec\alpha$. (Sugestão: determine a medida da altura relativa ao maior lado desse triângulo.)

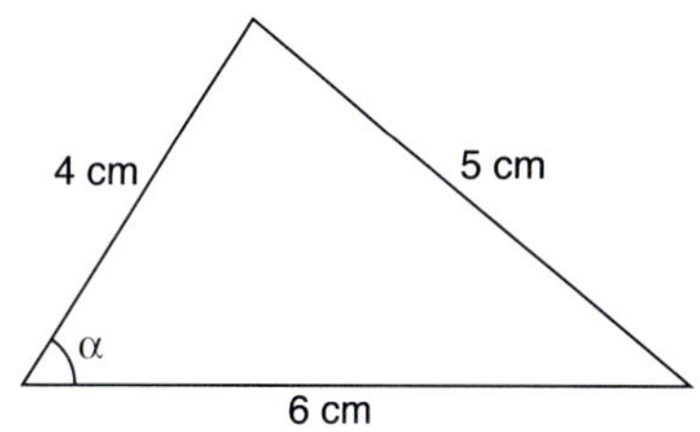

Banco de imagens/Arquivo da editora

65. Obtenha o sinal de cada expressão:

a) $x = \sec\frac{9\pi}{8} \cdot \left(\text{tg}\frac{7\pi}{6}\right) + \text{cotg}\frac{\pi}{7}\Big)$

b) $y = \text{cotg}\frac{12\pi}{7} \cdot \left(\text{sen}\frac{5\pi}{11} + \cos\frac{23\pi}{12}\right)$

Nos exercícios 66 a 72, comprove as identidades.

66. $\cos x \cdot (2 + \text{tg}\,x) \cdot (2\text{tg}\,x + 1) = 2\sec x + 5\text{sen}\,x$

67. $\frac{\text{sen}\,x + \cos x}{\text{sen}\,x - \cos x} = \frac{1 + \text{cotg}\,x}{1 - \text{cotg}\,x}$

68. $(\text{sen}\,x + \text{tg}\,x) \cdot (\cos x + \text{cotg}\,x) =$
$= (1 + \text{sen}\,x)(1 + \cos x)$

69. $\text{sen}^2 x + \text{sen}^2 y - \text{sen}^2 x \cdot \text{sen}^2 y + \cos^2 x \cdot \cos^2 y = 1$

70. $\frac{\text{sen}\,a + \text{sen}\,b}{\cos a + \cos b} + \frac{\cos a - \cos b}{\text{sen}\,a - \text{sen}\,b} = 0$

71. $2\sec x \cdot \text{tg}\,x = \frac{1}{\text{cossec}\,x - 1} + \frac{1}{\text{cossec}\,x + 1}$

72. $(\text{tg}\,x + \text{cotg}\,x) \cdot (\sec x - \cos x) \cdot (\text{cossec}\,x - \text{sen}\,x) = 1$

Enem e vestibulares resolvidos

(Insper-SP) Na figura, em que está representada a circunferência trigonométrica, **P** é a extremidade de um arco trigonométrico da 1ª volta cuja medida, em radianos, é igual a α. Observe que **P** é um ponto do 2º quadrante localizado no interior do retângulo ABCD.

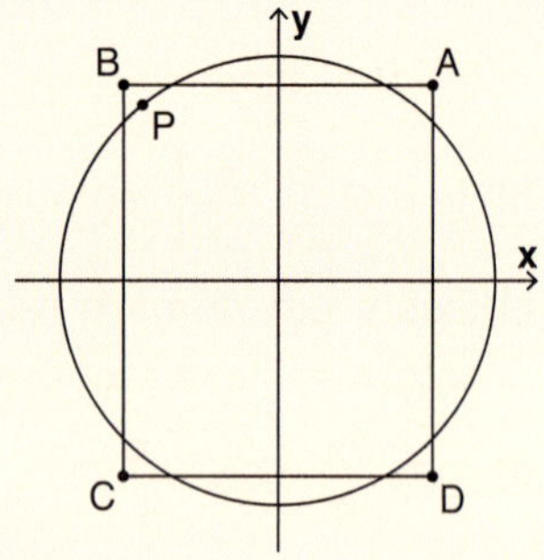

As coordenadas dos vértices do retângulo são dadas por:

$A = \left(\frac{\sqrt{2}}{2}; \frac{\sqrt{3}}{2}\right)$, $B = \left(-\frac{\sqrt{2}}{2}; \frac{\sqrt{3}}{2}\right)$,

$C = \left(-\frac{\sqrt{2}}{2}; -\frac{\sqrt{3}}{2}\right)$, $D = \left(\frac{\sqrt{2}}{2}; -\frac{\sqrt{3}}{2}\right)$.

Assim, é necessariamente verdadeira a desigualdade

a) $\frac{\pi}{2} < \alpha < \frac{2\pi}{3}$ b) $\frac{2\pi}{3} < \alpha < \frac{3\pi}{4}$ c) $\frac{3\pi}{4} < \alpha < \frac{5\pi}{6}$ d) $\frac{5\pi}{6} < \alpha < \pi$ e) $\pi < \alpha < \frac{7\pi}{6}$

Resolução comentada

Observe os pontos $\mathbf{A_x}$, $\mathbf{A_y}$, $\mathbf{B_x}$ e $\mathbf{B_y}$ destacados na figura ao lado:

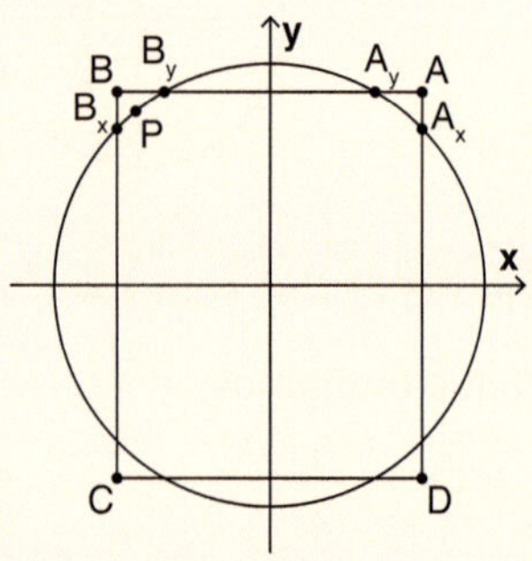

Ilustrações: Banco de imagens/Arquivo da editora

Os pontos **A** e **B** possuem a mesma ordenada $\left(\frac{\sqrt{3}}{2}\right)$, ou seja, esses pontos estão alinhados horizontalmente. Logo, os pontos $\mathbf{A_y}$ e $\mathbf{B_y}$ também possuem a mesma ordenada dos pontos **A** e **B**. Como o valor da ordenada dos pontos **A** e **B** é $\frac{\sqrt{3}}{2}$, tem-se que $\mathbf{A_y}$ e $\mathbf{B_y}$ são imagens dos arcos $\frac{\pi}{3}$ rad e $\frac{2\pi}{3}$ rad, respectivamente, pois $\text{sen}\,\frac{\pi}{3} = \text{sen}\,\frac{2\pi}{3} = \frac{\sqrt{3}}{2}$.

Analogamente, **A** e $\mathbf{A_x}$ possuem a mesma abscissa: $\frac{\sqrt{2}}{2}$. Assim, $\mathbf{A_x}$ é imagem do arco $\frac{\pi}{4}$ rad, pois $\cos\frac{\pi}{4} = \frac{\sqrt{2}}{2}$.

Da mesma maneira, como os pontos **B** e $\mathbf{B_x}$ possuem a mesma abscissa $\left(-\frac{\sqrt{2}}{2}\right)$, tem-se que $\mathbf{B_x}$ é imagem do arco $\frac{3\pi}{4}$, pois $\cos\frac{3\pi}{4} = -\frac{\sqrt{2}}{2}$

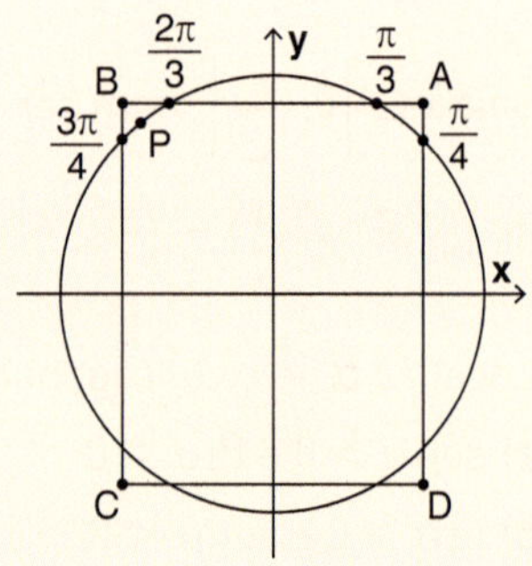

Da imagem ao lado, conclui-se que $\frac{2\pi}{3} < \alpha < \frac{3\pi}{4}$

Alternativa *b*.

Exercícios complementares

1. Determine a relação entre os números reais **m** e **n** tais que $\text{sen}\,x - \cos x = m$ e $\text{sen}\,x \cdot \cos x = n$.

2. Sabendo que $\cos x = 0{,}25$, determine o valor da expressão:

$$\frac{\sec x \cdot \text{cossec}\,x - \sec^2 x}{\text{cotg}\,x - 1}.$$

3. Sabendo que $\text{tg}\,x = \frac{7}{24}$ e $\pi < x < \frac{3\pi}{2}$, obtenha o valor da expressão $y = \frac{\text{tg}\,x \cdot \cos x}{(1 + \cos x) \cdot (1 - \cos x)}$.

4. Resolva em $\mathbb{R}$ a seguinte equação de 2º grau, na incógnita **x**: $x^2 \cdot \text{sen}\,\alpha - (2 \cdot \cos\alpha)\,x - \text{sen}\,\alpha = 0$

5. (Unifesp) Os pontos **T** e **U** deslocam-se sobre retas paralelas $\mathbf{r}_1$ e $\mathbf{r}_2$ de tal forma que $\overline{TU}$ passe sempre pelo centro **C** de um quadrado PQRS, de lado 2, e forme um ângulo de medida $\boldsymbol{\alpha}$ com $\mathbf{r}_1$, conforme indica, como exemplo, a sequência de cinco figuras.

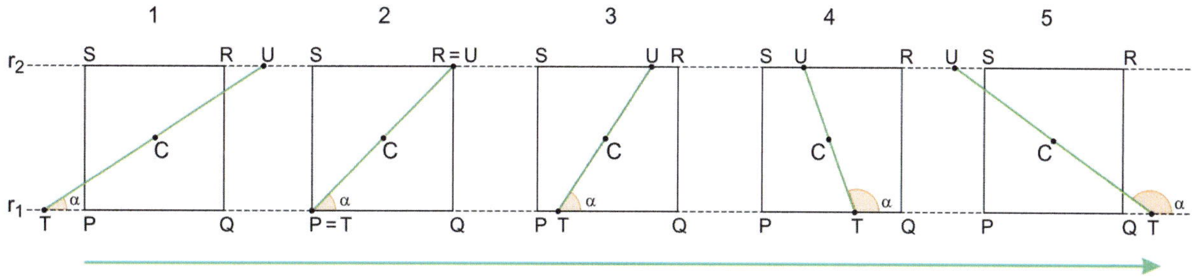

a) Calcule as medidas de $\overline{TU}$ nas situações em que $\alpha = 45°$ e $\alpha = 90°$.

b) Denotando TU por **y**, determine **y** em função de $\boldsymbol{\alpha}$ e o respectivo domínio dessa função no intervalo de $\boldsymbol{\alpha}$ em que a posição de **T** varia de **P** até **Q**.

6. Na figura, $\overline{CS}$ é tangente à circunferência trigonométrica, e **P** é imagem do número real $\boldsymbol{\alpha}$, $0 < \alpha < \frac{\pi}{2}$.

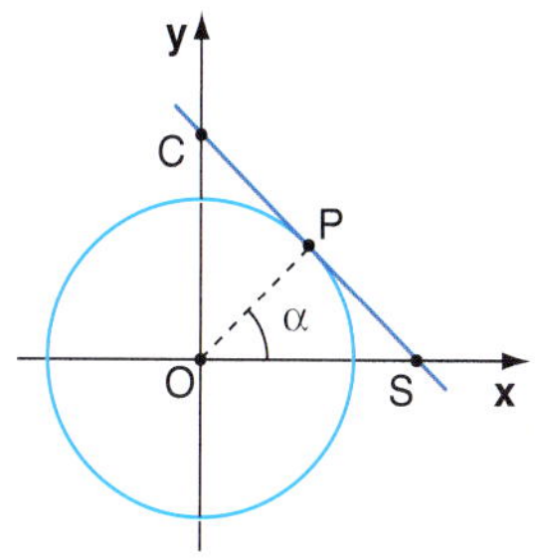

a) Mostre que a medida de $\overline{CS}$ pode ser expressa por $\sec\alpha \cdot \text{cossec}\,\alpha$.

b) Qual é o perímetro do triângulo POS, se $\alpha = \frac{\pi}{6}$?

c) Qual é a área do triângulo POS, se $\alpha = \frac{\pi}{4}$?

7. Calcule $m \in \mathbb{R}$ de modo que se tenha $\text{tg}\,\alpha = m - 2$ e $\text{cotg}\,\alpha = \frac{m}{3}$.

8. Sabendo que $x \in [0, 2\pi]$ e $2 \cdot \cos^2 x = 3 - 3 \cdot \text{sen}\,x$, determine:

a) os possíveis valores de sen x; b) os possíveis valores de **x**.

9. Sabendo que $\frac{\pi}{2} < \alpha < \pi$ e $\text{sen}\,\alpha = \frac{1}{10}$, qual é o valor da expressão $y = \log_{100}(\sec\alpha \cdot \text{tg}\,\alpha \cdot \text{cossec}\,\alpha \cdot \cos\alpha \cdot \text{cotg}\,\alpha)$?

10. Calcule: $y = \sec\left(\frac{\pi}{2} + \frac{\pi}{4} + \frac{\pi}{8} + \frac{\pi}{16} + \ldots\right)$?

11. Resolva, em $\mathbb{R}$, a seguinte equação do segundo grau na incógnita **x**: $x^2 - 2x \cdot \sec\alpha + \text{tg}^2\alpha = 0$

12. Determine $a \in \mathbb{R}$ de modo que se tenha $\cos x = \frac{1}{a+1}$ e $\text{cossec}\,x = \frac{a+1}{\sqrt{a+2}}$.

13. Obtenha tg x, sabendo que $\text{sen}^2 x - 5\,\text{sen}\,x \cdot \cos x + \cos^2 x = 3$.

Nos exercícios 14 a 20 demonstre as identidades.

14. $(\text{cossec}\,x - \text{cotg}\,x)^2 = \frac{1 - \cos x}{1 + \cos x}$

15. $\frac{\text{tg}\,x - \text{sen}\,x}{\text{sen}^3 x} = \frac{\sec x}{1 + \cos x}$

16. $\frac{\text{sen}^3 x - \cos^3 x}{\text{sen}\,x - \cos x} = 1 + \text{sen}\,x \cdot \cos x$

17. $(1 + \text{cotg}\,x)^2 + (1 - \text{cotg}\,x)^2 = 2 \cdot \text{cossec}^2 x$

18. $(1 + \text{sen}\,x + \cos x)^2 = 2 \cdot (\text{sen}\,x + \text{tg}\,x) \cdot (\cos x + \text{cotg}\,x)$

19. $\cot g\,\alpha + \dfrac{\operatorname{sen}\alpha}{1+\cos\alpha} = \operatorname{cossec}\alpha$

20. $(1 - \operatorname{tg} x)^2 + (1 - \operatorname{cotg} x)^2 = (\sec x - \operatorname{cossec} x)^2$

21. (IME-RJ) Determine o valor de **K** para que as raízes da equação do segundo grau $(K - 5)x^2 - 4Kx + K - 2 = 0$ sejam o seno e o cosseno de um mesmo arco.

22. Qual é o valor de $S = \cos\frac{\pi}{7} + \cos\left(2 \cdot \frac{\pi}{7}\right) + \cos\left(3 \cdot \frac{\pi}{7}\right) + \cos\left(4 \cdot \frac{\pi}{7}\right) + ... + \cos\left(13 \cdot \frac{\pi}{7}\right) + \cos\left(14 \cdot \frac{\pi}{7}\right)$?

23. Na circunferência trigonométrica abaixo, obtenha o valor de: $\dfrac{y_A^2 - (x_B + y_B)}{2 \cdot x_C^2 + x_D \cdot y_E}$.

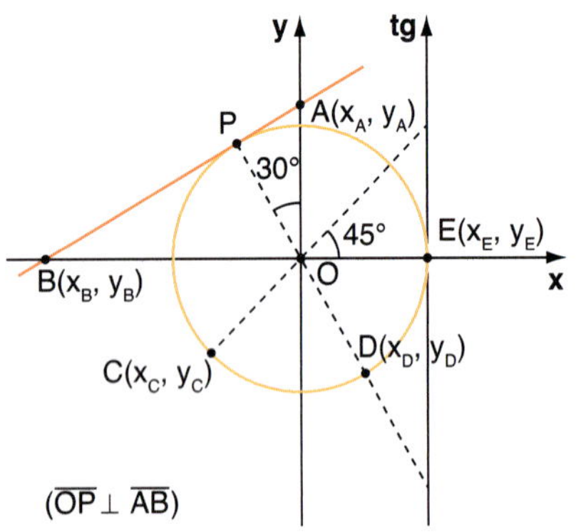

Banco de imagens/Arquivo da editora

24. (UEL-PR) Considere, na figura a seguir, uma circunferência trigonométrica de 1 cm de raio, na qual se exibe um ângulo **α** e uma medida $A = \overline{OD}$, em que $\overline{OD}$ é a distância em cm do ponto **O** até o ponto **D**, ou, ainda, a medida do segmento $\overline{OD}$. Sabe-se que a reta que contém o segmento $\overline{OD}$ tangencia a circunferência no ponto **O**.

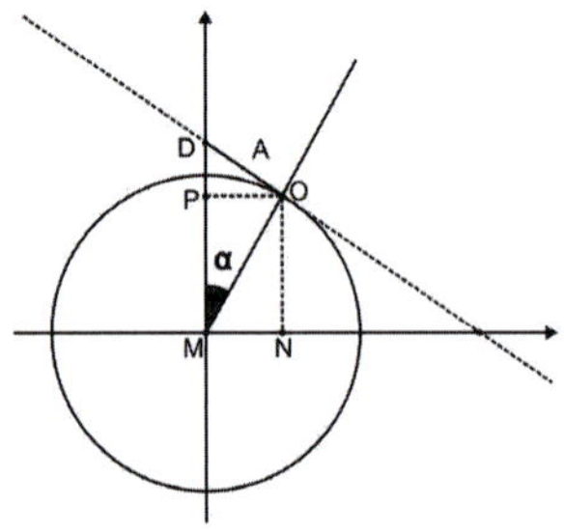

Reprodução/Arquivo da editora

Com base nas informações apresentadas na figura, determine as medidas dos segmentos $\overline{MN}$ e $\overline{MP}$ em função da medida **A**. Justifique sua resposta apresentando os cálculos realizados.

25. (Unifesp) Com base na figura ao lado, que representa o círculo trigonométrico e os eixos da tangente e da cotangente:

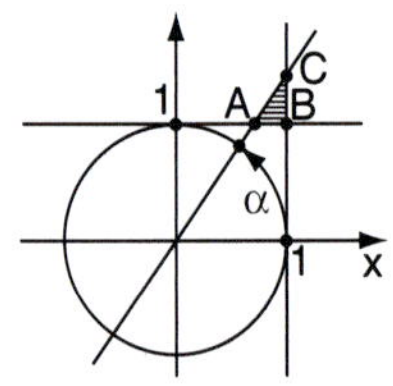

Reprodução/ UEL, 2015.

a) calcule a área do triângulo ABC, para $\alpha = \frac{\pi}{3}$.

b) determine a área do triângulo ABC, em função de **α**, $\frac{\pi}{4} < \alpha < \frac{\pi}{2}$.

Testes

1. (UFSJ-MG) Considerando os valores de **θ**, para os quais a expressão $\dfrac{\operatorname{sen}\theta}{\operatorname{cossec}\theta} + \dfrac{\cos\theta}{\sec\theta}$ é definida, é correto afirmar que ela está sempre igual a:
a) 1. b) 2. c) sen θ. d) cos θ.

2. (Uern) Considerando que $\operatorname{sen}^2\alpha = \frac{3}{4}$, com $0° < \alpha < 90°$, então o valor da expressão $\left(\cos\frac{\alpha}{2} + \operatorname{sen}\alpha\right) \cdot \operatorname{tg}\alpha$ é
a) 1. b) 3. c) $\sqrt{3}$. d) $2\sqrt{3}$.

3. (EsPCEx-SP) O valor de (cos 165° + sen 155° + + cos 145° − sen 25° + cos 35° + cos 15°) é
a) $\sqrt{2}$.
b) −1.
c) 0.
d) 1.
e) $\frac{1}{2}$.

4. (FGV-SP) Sabendo que o valor da secante de **x** é dado por $\sec x = \frac{5}{4}$, em que **x** pertence ao intervalo $\left[\frac{3\pi}{2}, 2\pi\right]$, podemos afirmar que os valores de cos x, sen x e tg x são respectivamente:
a) $\frac{4}{5}$, $\frac{-3}{5}$ e $\frac{-3}{4}$
b) $\frac{4}{5}$, $\frac{3}{5}$ e $\frac{3}{4}$
c) $\frac{-3}{5}$, $\frac{4}{5}$ e $\frac{-4}{3}$
d) $\frac{-3}{5}$, $\frac{-4}{5}$ e $\frac{4}{3}$
e) $\frac{4}{5}$, $\frac{-3}{5}$ e $\frac{3}{4}$

5. (Uece) Se **x** é um arco localizado no segundo quadrante e $\cos x = -\frac{3}{5}$, então o valor de cos x + sen x + tg x + cotg x + sec x + cossec x é:
a) −4,5. b) −2,3. c) −3,4. d) −5,6.

6. (PUC-RJ) Se $tg\,\theta = 1$ e $\boldsymbol{\theta}$ pertence ao primeiro quadrante, então $\cos\theta$ é igual a:

a) 0 b) $\frac{1}{2}$ c) $\frac{\sqrt{2}}{2}$ d) $\frac{\sqrt{3}}{2}$ e) 1

7. (FEI-SP) Simplificando a expressão $\frac{1 + cotg^2\,x}{3\sec^2 x}$, onde existir, obtemos:

a) $\frac{tg^2\,x}{3}$ c) $3\,tg^2 x$ e) $\sec^2 3x$

b) $3\,cotg^2 x$ d) $\frac{cotg^2\,x}{3}$

8. (Cefet-PR) Considere as afirmações a seguir, em relação a razões trigonométricas no ciclo trigonométrico:

I. $cotg\,\frac{\pi}{6} = tg\,\frac{4\pi}{3}$

II. $\sec 60° = \text{sen}\,90° - \cos 180°$

III. $\text{sen}\,316° = -\cos 314°$

IV. $\text{cossec}\,30° = \sec 120°$

Somente estão corretas:

a) I e II. c) I, II e III. e) I, III e IV.

b) II e III. d) II e IV.

9. (UFRR) Indique qual das afirmações abaixo é verdadeira:

a) $\cos 200° < tg\,200° < \text{sen}\,200°$

b) $\cos 200° < \text{sen}\,200° < tg\,200°$

c) $\text{sen}\,200° < tg\,200° < \cos 200°$

d) $\text{sen}\,200° < \cos 200° < tg\,200°$

e) $tg\,200° < \text{sen}\,200° < \cos 200°$

10. (UPE) Na figura ao lado, estão representados o ciclo trigonométrico e um triângulo isósceles OAB. Qual das expressões abaixo corresponde à área do triângulo OAB em função do ângulo $\boldsymbol{\alpha}$?

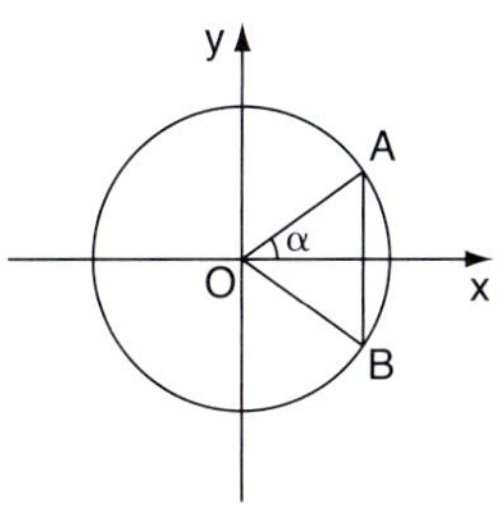

Reprodução/Arquivo da editora

a) $tg\,\alpha \cdot \text{sen}\,\alpha$ d) $\frac{1}{2} \cdot tg\,\alpha \cdot \text{sen}\,\alpha$

b) $\frac{1}{2} \cdot tg\,\alpha \cdot \cos\alpha$ e) $tg\,\alpha \cdot \cos\alpha$

c) $\text{sen}\,\alpha \cdot \cos\alpha$

11. (UEG-GO) Sabendo-se que $\text{sen}(x) = \frac{1}{2}$ e que **x** é um ângulo do 1º quadrante, o valor da expressão $\text{sen}(4x) - \cos(4x)$ é

a) $\frac{\sqrt{3} - 1}{2}$ b) $\frac{1}{2}$ c) $\frac{\sqrt{3} + 1}{2}$ d) 2

12. (Unicamp-SP) Seja **x** real tal que $\cos x = tg\,x$. O valor de $\text{sen}\,x$ é:

a) $\frac{\left(\sqrt{3} - 1\right)}{2}$ c) $\frac{\left(\sqrt{5} - 1\right)}{2}$

b) $\frac{\left(1 - \sqrt{3}\right)}{2}$ d) $\frac{\left(1 - \sqrt{5}\right)}{2}$

13. (Unesp-SP) Dada a expressão

$$f(x) = \log_{10}\left[\frac{1}{\text{sen}(x) \cdot \text{cossec}(x)}\right], \text{ com } x \in \mathbb{R},$$

pode-se afirmar que:

a) $f(x) = \log_{10}(cotg(x))$

b) $f(x) = \log_{10}(tg(x))$

c) $f(x) = 10$, qualquer que seja **x**.

d) $f(x) = 1$, qualquer que seja **x**.

e) $f(x) = 0$, qualquer que seja **x**.

14. (Mack-SP) O maior valor que o número real $\frac{10}{2 - \frac{\text{sen}\,x}{3}}$ pode assumir é

a) $\frac{20}{3}$ d) 6

b) $\frac{7}{3}$ e) $\frac{20}{7}$

c) 10

15. (Insper-SP) O professor de Matemática de Artur e Bia pediu aos alunos que colocassem suas calculadoras científicas no modo "radianos" e calculassem o valor de $\text{sen}\frac{\pi}{2}$. Tomando um valor aproximado, Artur digitou em sua calculadora o número 1,6 e, em seguida, calculou o seu seno, encontrando o valor **A**. Bia calculou o seno de 1,5, obtendo o valor **B**.

Considerando que $\frac{\pi}{2}$ vale aproximadamente 1,5708, assinale a alternativa que traz a correta ordenação dos valores **A**, **B** e $\text{sen}\,\frac{\pi}{2}$.

a) $\text{sen}\,\frac{\pi}{2} < A < B$ d) $B < \text{sen}\,\frac{\pi}{2} < A$

b) $A < \text{sen}\frac{\pi}{2} < B$ e) $B < A < \text{sen}\,\frac{\pi}{2}$

c) $A < B < \text{sen}\frac{\pi}{2}$

16. (Cefet-MG) Considerando-se a soma

$S = \left[\frac{\pi}{2} + \frac{\pi}{6} + \frac{\pi}{18} + \frac{\pi}{54} \ldots\right]$, o valor de cos (S) é igual a:

a) $\frac{-\sqrt{3}}{2}$

b) $\frac{-\sqrt{2}}{2}$

c) $\frac{-1}{2}$

d) -1

e) -2

17. (FGV-SP) No círculo trigonométrico de raio unitário indicado na figura, o arco $\widehat{AB}$ mede **α**. Assim, PM é igual a:

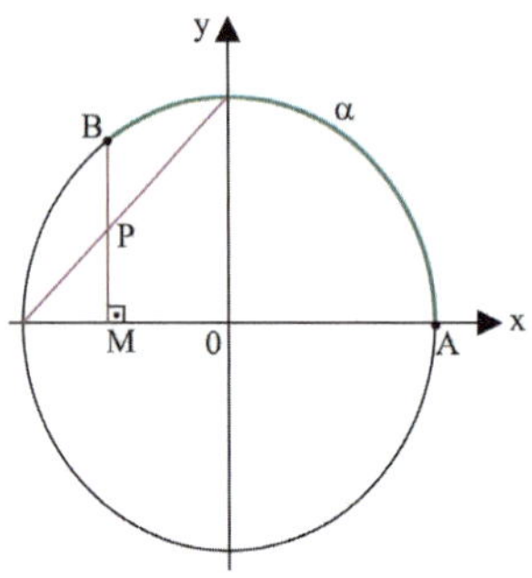

Reprodução/Arquivo da editora

a) $-1 - \text{tg}\,\alpha$

b) $1 - \cos\alpha$

c) $1 + \cos\alpha$

d) $1 + \text{sen}\,\alpha$

e) $-1 + \text{cotg}\,\alpha$

18. (Enem) Considere um ponto **P** em uma circunferência de raio **r** no plano cartesiano. Seja **Q** a projeção ortogonal de **P** sobre o eixo **x**, como mostra a figura, e suponha que o ponto **P** percorra, no sentido anti-horário, uma distância $d \leq r$ sobre a circunferência.

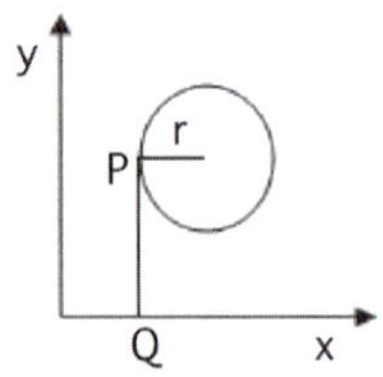

Reprodução/ Enem, 2009.

Então, o ponto **Q** percorrerá, no eixo **x**, uma distância dada por:

a) $r \cdot \left(1 - \text{sen}\,\frac{d}{r}\right)$

b) $r \cdot \left(1 - \cos\frac{d}{r}\right)$

c) $r \cdot \left(1 - \text{tg}\,\frac{d}{r}\right)$

d) $r \cdot \text{sen}\left(\frac{r}{d}\right)$

e) $r \cdot \cos\left(\frac{r}{d}\right)$

19. (Fuvest-SP) Sabe-se que $x = 1$ é raiz da equação $(\cos^2\alpha)x^2 - (4\cos\alpha\,\text{sen}\,\beta)x + \frac{3}{2}\text{sen}\,\beta = 0$, sendo **α** e **β** os ângulos agudos indicados no triângulo retângulo da figura abaixo.

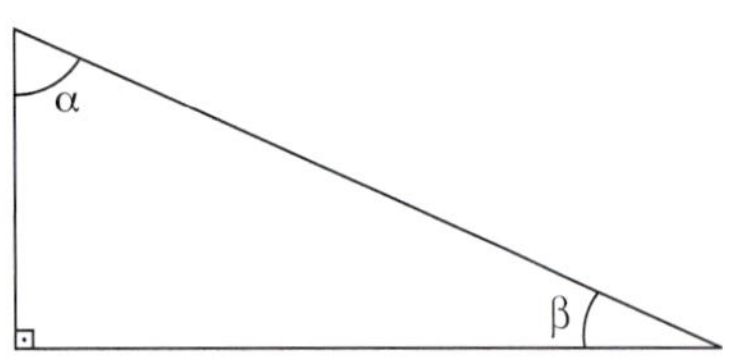

Reprodução/ Fuvest, 2005.

Pode-se então afirmar que as medidas de **α** e **β** são, respectivamente:

a) $\frac{\pi}{8}$ e $\frac{3\pi}{8}$

b) $\frac{\pi}{6}$ e $\frac{\pi}{3}$

c) $\frac{\pi}{4}$ e $\frac{\pi}{4}$

d) $\frac{\pi}{3}$ e $\frac{\pi}{6}$

e) $\frac{3\pi}{8}$ e $\frac{\pi}{8}$

20. (Fuvest-SP) O dobro do seno de um ângulo **θ**, $0 < \theta < \frac{\pi}{2}$, é igual ao triplo do quadrado de sua tangente. Logo, o valor de seu cosseno é:

a) $\frac{2}{3}$

b) $\frac{\sqrt{3}}{2}$

c) $\frac{\sqrt{2}}{2}$

d) $\frac{1}{2}$

e) $\frac{\sqrt{3}}{3}$

21. (UEPB) Dados $\text{tg}\,x = -2$ e **x** um arco do 2º quadrante, o valor de $\sec x + \text{cossec}\,x$ é:

a) $-\sqrt{5}$

b) $-\frac{\sqrt{5}}{4}$

c) $-\frac{\sqrt{5}}{2}$

d) $\frac{\sqrt{5}}{2}$

e) $\sqrt{5}$

22. (Unesp-SP) Se $\text{tg}\,(x) = \frac{2ab}{a^2 - b^2}$, em que $a > b > 0$ e $0° < x < 90°$, então o valor de sen (x) é:

a) $\frac{b}{a}$

b) $\frac{b}{a + b}$

c) $\frac{a - b}{a + b}$

d) $\frac{a^2 - b^2}{a^2 + b^2}$

e) $\frac{2ab}{a^2 + b^2}$

23. (Fuvest-SP) O triângulo AOB é isósceles, com AO = OB, e ABCD é um quadrado. Sendo **θ** a medida do ângulo AOB, pode-se garantir que a área do quadrado é maior do que a área do triângulo se:

a) $14° < \theta < 28°$

b) $15° < \theta < 60°$

c) $20° < \theta < 90°$

d) $28° < \theta < 120°$

e) $30° < \theta < 150°$

Dados os valores aproximados:
$\text{tg}\,14° \simeq 0{,}2493$, $\text{tg}\,15° \simeq 0{,}2679$
$\text{tg}\,20° \simeq 0{,}3640$, $\text{tg}\,28° \simeq 0{,}5317$

24. (Ufam) Se $\begin{cases} a\cos x - \text{sen}\,x = 1 \\ b\cos x + \text{sen}\,x = 1 \end{cases}$ então o produto $a \cdot b$ é igual a:

a) sen x

b) 4

c) 2

d) 1

e) cos x

CAPÍTULO 3

Trigonometria em triângulos quaisquer

Dmitry Kalinovsky/Shutterstock

No nivelamento trigonométrico, utilizamos ferramentas como o teodolito para medir alturas de construções, como prédios e torres, ou de relevos naturais, como montanhas. Uma das maneiras de realizar essas medições é a utilização do teorema dos senos, um dos tópicos deste capítulo.

No estudo dos triângulos retângulos, são definidas as razões trigonométricas seno, cosseno e tangente para ângulos agudos.

Com a definição de seno, cosseno e tangente na circunferência trigonométrica, é possível relacionar os comprimentos dos lados às medidas dos ângulos de outros triângulos, como o acutângulo e o obtusângulo. Na última parte deste capítulo, vamos conhecer outro método para calcular a área de um triângulo.

É com esse objetivo que estudaremos agora o teorema dos senos e o teorema dos cossenos.

Teorema dos senos

CJT/Zapt/Arquivo da editora

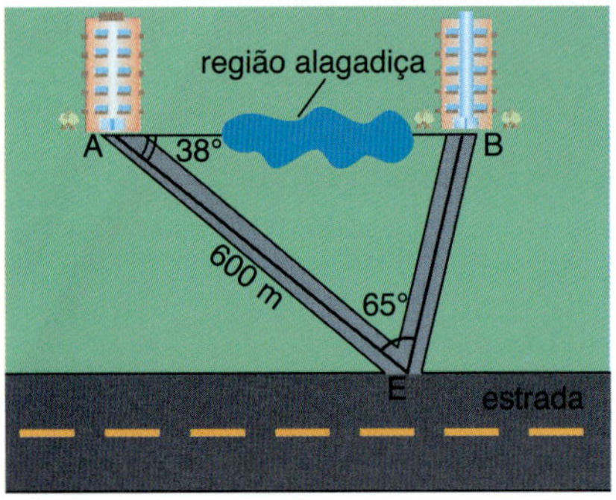

AUSÊNCIA DE PROPORÇÃO

Do entroncamento (**E**) de uma rodovia saem dois pequenos trechos retilíneos de estrada, em um terreno plano, que levam aos portões de entrada de dois condomínios, indicados pelas letras **A** e **B**.

Deseja-se determinar a distância entre **A** e **B**, mas a medição direta é difícil, pois há uma região alagadiça entre esses pontos.

Observe o esquema ao lado. Com auxílio de um teodolito, um topógrafo mediu, a partir de **E**, o ângulo entre as retas $\overleftrightarrow{AE}$ e $\overleftrightarrow{EB}$, obtendo 65°. Em seguida, percorreu os 600 metros do trecho $\overline{EA}$ e, a partir do ponto **A**, mediu o ângulo entre as retas $\overleftrightarrow{EA}$ e $\overleftrightarrow{AB}$, obtendo 38°.

Conhecedor de matemática, o topógrafo sabia que já tinha reunido informações suficientes para determinar a distância entre os portões de entrada dos dois condomínios (distância entre **A** e **B**).

Por meio do teorema que apresentaremos a seguir, conhecido como **teorema dos senos**, poderemos resolver esse e outros problemas.

Teorema

As medidas dos lados de um triângulo são proporcionais aos senos dos respectivos ângulos opostos, e a constante de proporcionalidade é igual à medida do diâmetro da circunferência circunscrita a esse triângulo.

Demonstração:

Dado um triângulo ABC, consideremos a circunferência circunscrita a ele. Sejam **O** e **R**, respectivamente, o centro e a medida do raio dessa circunferência. $\hat{A}$, $\hat{B}$ e $\hat{C}$ são os ângulos do triângulo ABC com vértices em **A**, **B** e **C**, respectivamente:

Ilustrações: Banco de imagens/ Arquivo da editora

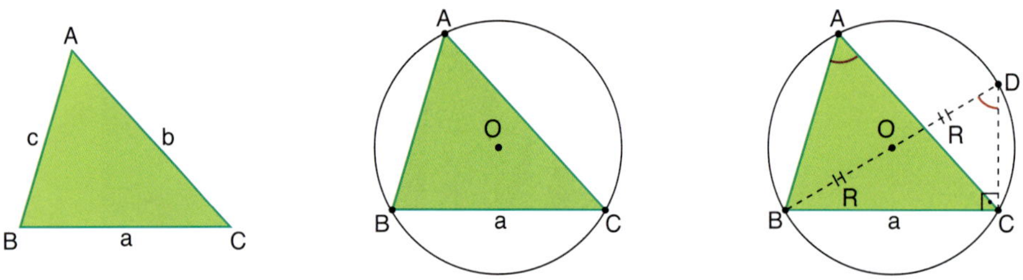

Traçando o diâmetro $\overline{BD}$, como na imagem acima, temos med($B\hat{A}C$) = med($B\hat{D}C$), pois $B\hat{A}C$ e $B\hat{D}C$, como ângulos inscritos (isto é, seus vértices são pontos da circunferência e seus lados são secantes a ela), veem o arco comum $\widehat{BC}$ e determinam a mesma corda $\overline{BC}$ na circunferência.

Como o triângulo BDC é inscrito em uma semicircunferência, ele é retângulo em **C**:

$$\text{sen}\,(B\hat{D}C) = \frac{BC}{BD} = \frac{a}{2R} \Rightarrow \text{sen}\,\hat{A} = \frac{a}{2R} \Rightarrow \frac{a}{\text{sen}\,\hat{A}} = 2R$$

De modo análogo, temos:

Ilustrações: Banco de imagens/ Arquivo da editora

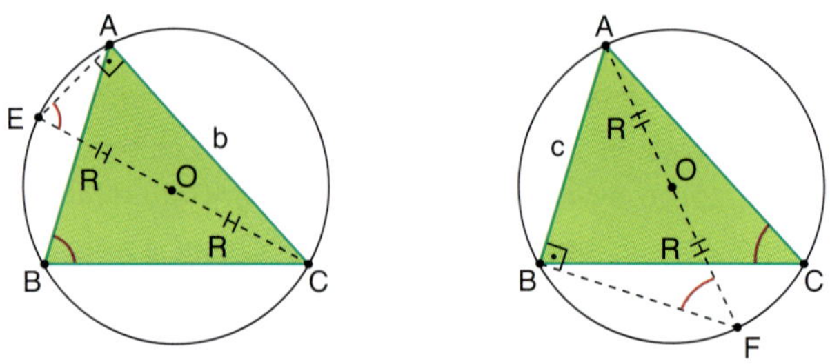

Assim: $\dfrac{b}{\operatorname{sen}\hat{B}} = 2R$ e $\dfrac{c}{\operatorname{sen}\hat{C}} = 2R$.

Segue a expressão do **teorema dos senos**:

$$\frac{a}{\operatorname{sen}\hat{A}} = \frac{b}{\operatorname{sen}\hat{B}} = \frac{c}{\operatorname{sen}\hat{C}} = 2R$$

Esse teorema também é conhecido como **lei dos senos**.

OBSERVAÇÕES

- Se um dos ângulos for reto ($\triangle ABC$ retângulo), a demonstração é análoga; usa-se o fato de que $\operatorname{sen}90° = 1$.
- Se um dos ângulos for obtuso ($\triangle ABC$ obtusângulo), usa-se raciocínio análogo e a relação: $\operatorname{sen}(180° - \hat{A}) = \operatorname{sen}\hat{A}$.

EXEMPLO 1

Voltemos ao problema da distância entre os portões dos dois condomínios apresentado na página anterior.

Vamos construir o modelo geométrico que representa a situação descrita.

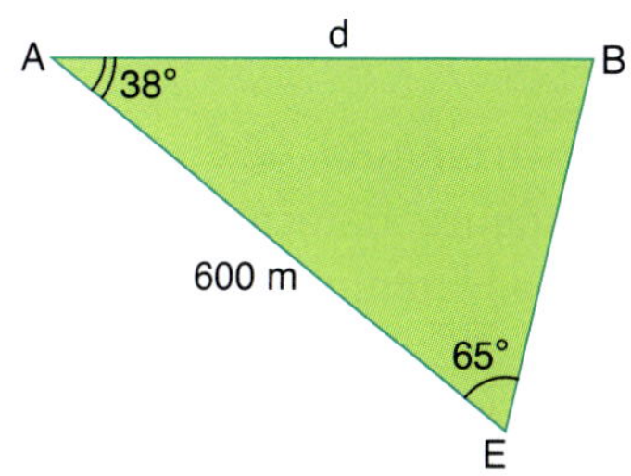

Banco de imagens/Arquivo da editora

Temos:

$\text{med}(A\hat{B}E) = 180° - (65° + 38°) = 77°$

A distância **d** entre os pontos **A** e **B** pode ser obtida por meio do teorema dos senos:

$$\frac{d}{\operatorname{sen}65°} = \frac{600}{\operatorname{sen}77°}$$

Consultando a tabela trigonométrica da página 270 ou usando uma calculadora científica, obtemos os valores aproximados de sen 65° e de sen 77°:

$$\frac{d}{0{,}90631} = \frac{600}{0{,}97437} \Rightarrow d \simeq 558$$

Logo, a distância entre **A** e **B** é 558 metros.

Exercícios resolvidos

1. No triângulo ABC ao lado, determine as medidas do lado $\overline{AB}$ e do raio da circunferência circunscrita.

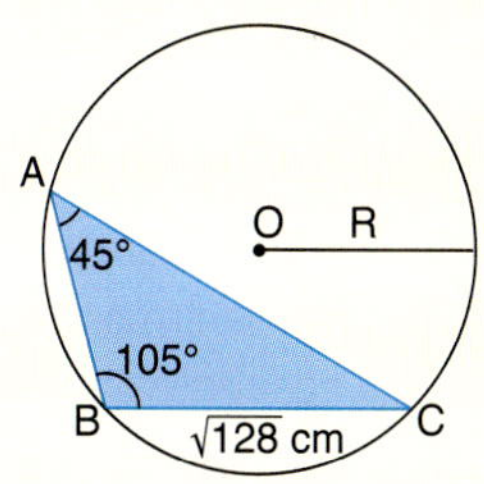

Banco de imagens/Arquivo da editora

Solução:

$\text{med}(\hat{C}) = 180° - (45° + 105°) = 30°$

Pelo teorema dos senos: $\dfrac{BC}{\operatorname{sen}\hat{A}} = \dfrac{AB}{\operatorname{sen}\hat{C}} \Rightarrow \dfrac{\sqrt{128}}{\frac{\sqrt{2}}{2}} = \dfrac{AB}{\frac{1}{2}} \Rightarrow AB = \sqrt{64} = 8$

O lado $\overline{AB}$ mede 8 cm.

Usando a constante de proporcionalidade: $2R = \dfrac{AB}{\operatorname{sen}\hat{C}} = \dfrac{AB}{\operatorname{sen}30°} = \dfrac{8}{\frac{1}{2}} = 16 \Rightarrow R = 8$

O raio da circunferência circunscrita ao triângulo mede 8 cm.

2. Calcule as medidas dos lados $\overline{AB}$ e $\overline{BC}$ do triângulo ao lado, em função da medida **b** do lado $\overline{AC}$. Consulte a tabela trigonométrica ou use uma calculadora científica.

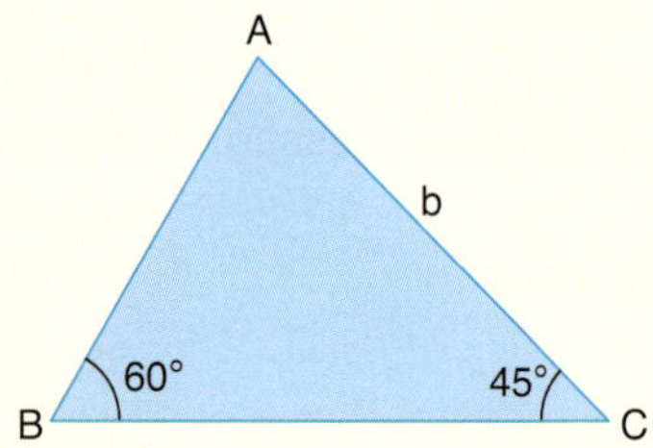

Banco de imagens/Arquivo da editora

Solução:

Observe que $med(\hat{A}) = 180° - 60° - 45° = 75°$.

Pelo teorema dos senos: $\dfrac{b}{sen\,60°} = \dfrac{AB}{sen\,45°} = \dfrac{BC}{sen\,75°}$

Consultando a tabela das razões trigonométricas ou usando a calculadora, temos:

$$AB = \underbrace{\frac{sen\,45°}{sen\,60°}}_{\simeq\,0{,}816} \cdot b \text{ e } BC = \underbrace{\frac{sen\,75°}{sen\,60°}}_{\simeq\,1{,}115} \cdot b, \text{ isto é, } AB \simeq 0{,}816b \text{ e } BC \simeq 1{,}115b$$

Exercícios

1. Num triângulo ABC são dados $med(\hat{B}) = 60°$, $med(\hat{C}) = 45°$ e $AB = 8$ cm. Determine a medida do comprimento de $\overline{AC}$.

2. No triângulo ABC da figura, determine as medidas de $\overline{AB}$ e $\overline{BC}$. Use a tabela trigonométrica da página 270 ou uma calculadora científica.

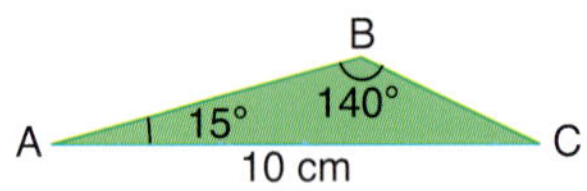

Banco de imagens/Arquivo da editora

3. Dado $sen\,75° = \dfrac{\sqrt{2} + \sqrt{6}}{4}$, determine **x** e **y** na figura abaixo.

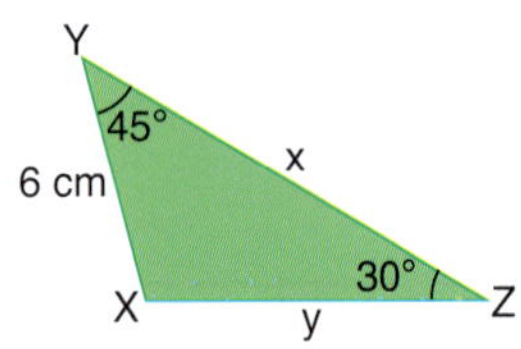

Banco de imagens/Arquivo da editora

4. O proprietário de um terreno deseja conhecer a distância entre sua casa e a nascente de um rio. O caminho da casa à nascente, porém, é de difícil acesso. A partir da frente da casa e com auxílio de um teodolito, mediu o ângulo através do qual avistava a nascente e o pomar, obtendo 48°. Caminhou, então, 420 metros em linha reta até o pomar, de onde mirou a nascente e a casa segundo um ângulo de 64°. Quantos metros separam sua casa da nascente? Consulte a tabela trigonométrica da página 270 ou use uma calculadora científica.

Graphorama/Arquivo da editora

5. Determine a medida **x** do ângulo $M\hat{N}P$.

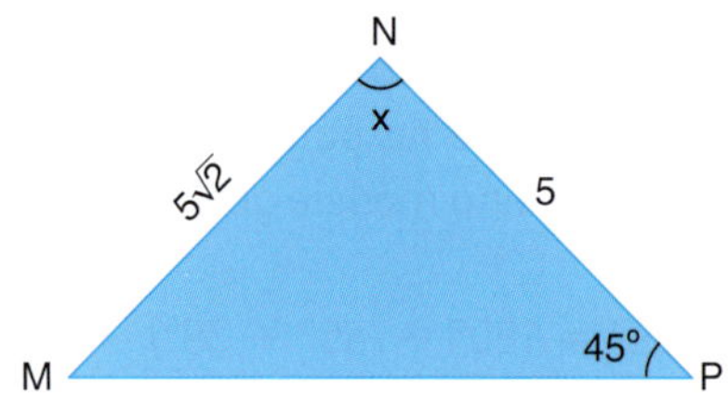

Banco de imagens/Arquivo da editora

6. Determine a medida do raio da circunferência circunscrita a um triângulo ABC, sendo $BC = 15$ cm e $med(\hat{A}) = 30°$.

7. Entre os pontos **A** e **B**, extremidades do lado de um terreno, existe uma região plana alagadiça, cuja extensão deseja-se estimar. Um topógrafo, situado em **A**, avistou um posto rodoviário situado na estrada sob um ângulo de 40° em relação a $\overleftrightarrow{AB}$. Dirigiu-se, então, ao posto, situado a 1500 metros de **A**, e avistou as extremidades do terreno sob um ângulo de 85°. Considere: $sen\,55° \simeq 0{,}82$; $sen\,85° \simeq 0{,}99$ e $sen\,40° \simeq 0{,}64$.

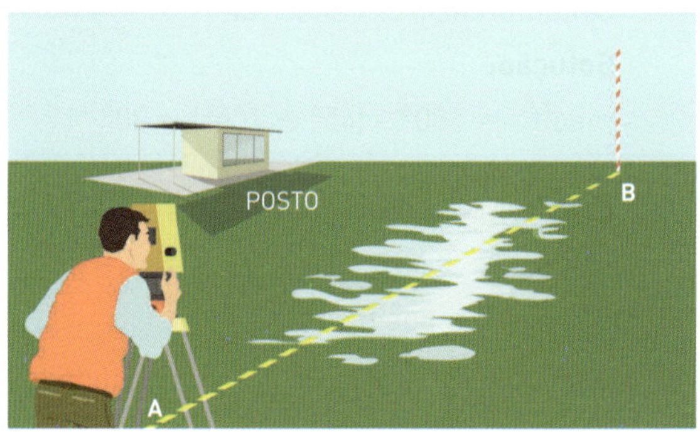

Graphorama/Arquivo da editora

a) Qual é a extensão da região alagadiça?

b) Qual é a distância entre o posto e o ponto **B**?

8. Um triângulo possui dois ângulos com medidas 30° e 70° e está inscrito numa circunferência de raio 12 m. Usando a tabela trigonométrica da página 270 ou uma calculadora científica, determine a medida de seu lado:

a) menor. b) maior.

9. Duas casas de veraneio **X** e **Y** estão situadas na mesma margem de um rio. De **X** avistam-se a casa **Y** e a entrada de um clube particular na outra margem, sob um ângulo de 56°. De **Y** avistam-se a entrada do clube e a casa **X**, sob um ângulo de 42°.

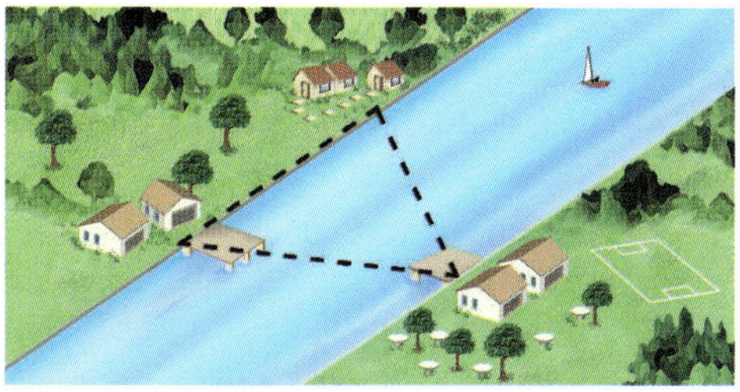

Graphorama/Arquivo da editora

Sabendo que a distância entre **X** e a entrada do clube é de 600 metros, determine o número inteiro mais próximo que representa:

a) a distância entre a entrada do clube e **Y**.

b) a distância entre as casas **X** e **Y**.

c) a largura do rio.

Admita que, nesse trecho, as margens do rio são paralelas e use os valores: $\text{sen}\,42° \simeq 0,67$; $\text{sen}\,56° \simeq 0,83$ e $\text{sen}\,82° \simeq 0,99$.

10. (Unesp-SP) Cinco cidades, **A**, **B**, **C**, **D** e **E**, são interligadas por rodovias conforme mostra a figura.

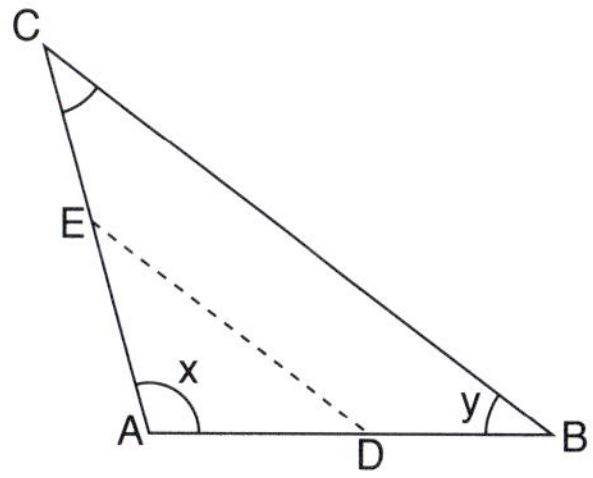

Banco de imagens/Arquivo da editora

A rodovia $\overline{AC}$ tem 40 km, a rodovia $\overline{AB}$ tem 50 km, os ângulos **x**, entre $\overline{AC}$ e $\overline{AB}$, e **y**, entre $\overline{AB}$ e $\overline{BC}$, são tais que $\text{sen}\,x = \dfrac{3}{4}$ e $\text{sen}\,y = \dfrac{3}{7}$. Deseja-se construir uma nova rodovia ligando as cidades **D** e **E** que, dada a disposição destas cidades, será paralela a $\overline{BC}$.

a) Use o teorema dos senos para determinar quantos quilômetros tem a rodovia $\overline{BC}$.

b) Sabendo que $\overline{AD}$ tem 30 km, determine quantos quilômetros terá a rodovia $\overline{DE}$.

11. Na figura a seguir, sabe-se que $\cos\alpha = -\dfrac{1}{4}$. Determine o valor de $\text{sen}\,\beta$.

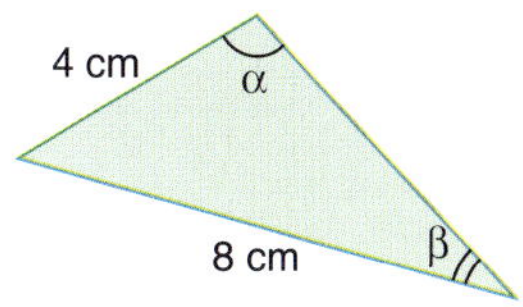

Banco de imagens/Arquivo da editora

Teorema dos cossenos

A prefeitura de uma cidade litorânea está estudando a viabilidade de construir um túnel com traçado retilíneo para atravessar um trecho montanhoso. Esse túnel ligaria diretamente as praias Brava e Mansa pela avenida Beira-Mar, que está interrompida entre elas. Vamos supor que todo o terreno ao redor dos morros seja plano.

Em uma pequena embarcação e munido de aparelhos de medição, um funcionário especializado avistou, do ponto **F**, o último condomínio residencial na avenida Beira-Mar, no final da praia Brava, representado pelo ponto **B**, e um outro condomínio, logo no começo da praia Mansa, na avenida Beira-Mar, representado pelo ponto **M**. Observe a figura ao lado.

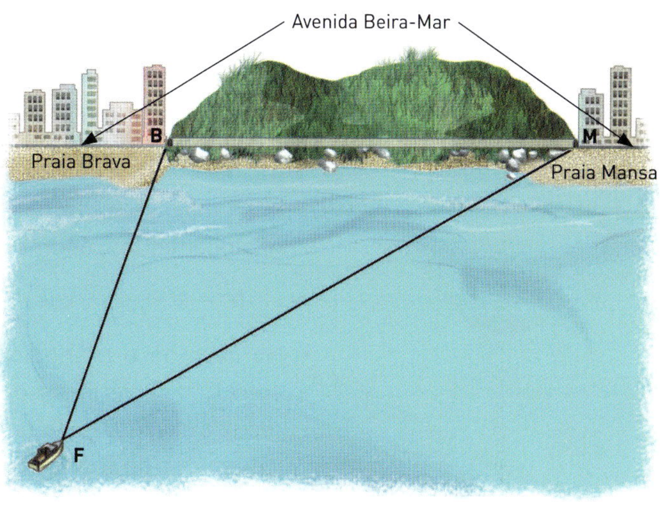

Alberto De Stefano/Arquivo da editora

Feitas as medições, o funcionário verificou que, naquele momento, estava a 1,5 km de **B** e a 3,2 km de **M**; além disso, mediu o ângulo formado pelas retas $\overleftrightarrow{FB}$ e $\overleftrightarrow{FM}$, obtendo $\text{med}(B\hat{F}M) = 41°$.

Se o projeto for aprovado, quantos quilômetros de extensão terá o túnel de traçado retilíneo, considerando a medida do segmento $\overline{BM}$ como base para a determinação da extensão desse túnel?

Por meio do teorema a seguir, denominado **teorema dos cossenos**, podemos resolver esse e outros problemas.

Teorema

> Em todo triângulo, o quadrado da medida de qualquer lado é igual à soma dos quadrados das medidas dos outros dois, menos o dobro do produto da medida desses lados pelo cosseno do ângulo por eles formado.

Demonstração:

- Sejam o triângulo **acutângulo** ABC e CH = h a medida da altura relativa ao lado $\overline{AB}$.

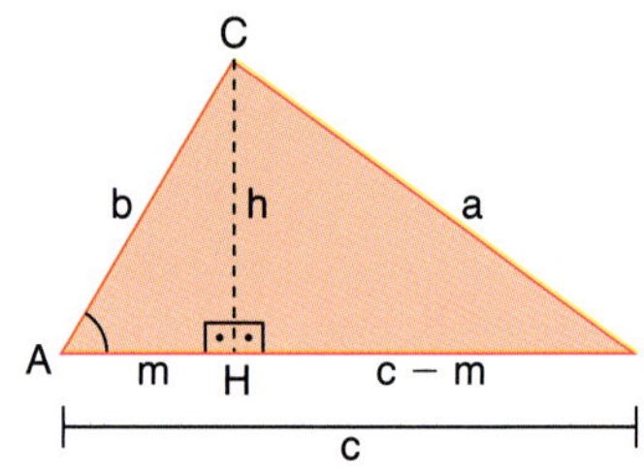

Banco de imagens/Arquivo da editora

$$\left.\begin{array}{l}\triangle BCH: a^2 = h^2 + (c - m)^2 \\ \triangle ACH: h^2 = b^2 - m^2\end{array}\right\} \Rightarrow$$

$$\Rightarrow a^2 = b^2 - m^2 + c^2 - 2 \cdot c \cdot m + m^2 \Rightarrow$$

$$\Rightarrow a^2 = b^2 + c^2 - 2 \cdot c \cdot m \quad (1)$$

$$\triangle ACH: \cos\hat{A} = \frac{m}{b} \Rightarrow m = b \cdot \cos\hat{A} \quad (2)$$

Substituindo (2) em (1), obtemos:

$$a^2 = b^2 + c^2 - 2bc \cdot \cos\hat{A}$$

Analogamente, podemos obter:

$$b^2 = a^2 + c^2 - 2ac \cdot \cos\hat{B} \quad \text{e} \quad c^2 = a^2 + b^2 - 2ab \cdot \cos\hat{C}$$

- Sejam o triângulo ABC **obtusângulo** em **Â** e CH = h a medida da altura relativa ao lado $\overline{AB}$.

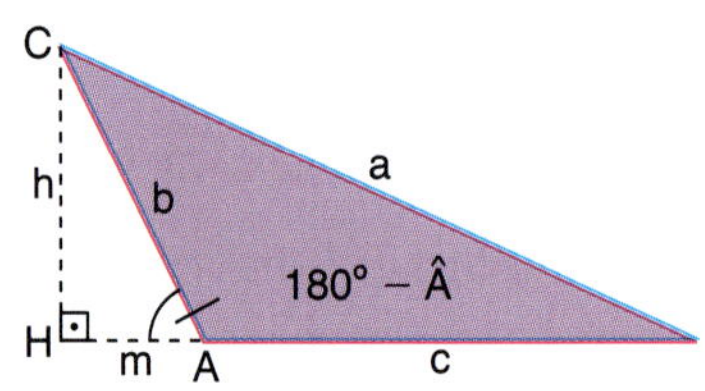

Banco de imagens/Arquivo da editora

$$\left.\begin{array}{l}\triangle BCH: a^2 = h^2 + (c + m)^2 \\ \triangle ACH: h^2 = b^2 - m^2\end{array}\right\} \Rightarrow$$

$$\Rightarrow a^2 = b^2 - m^2 + c^2 + 2 \cdot c \cdot m + m^2 \Rightarrow$$

$$\Rightarrow a^2 = b^2 + c^2 + 2 \cdot c \cdot m \quad (1)$$

$$\triangle CHA: \cos(180° - \hat{A}) = \frac{m}{b}, \text{ isto é,}$$

$$m = b \cdot \cos(180° - \hat{A}) =$$

$$= b \cdot (-\cos\hat{A}) = -b \cdot \cos\hat{A}$$

$$m = -b\cos\hat{A} \quad (2)$$

Substituindo (2) em (1), obtemos:

$$a^2 = b^2 + c^2 - 2bc \cdot \cos\hat{A}$$

Analogamente, podemos obter:

$$b^2 = a^2 + c^2 - 2ac \cdot \cos\hat{B} \quad \text{e} \quad c^2 = a^2 + b^2 - 2ab \cdot \cos\hat{C}$$

- No caso de o triângulo ABC ser **retângulo** (em **Â**, por exemplo), como $\cos 90° = 0$, verifica-se a igualdade $a^2 = b^2 + c^2 - 2bc \cdot \cos 90°$, que se reduz à expressão do teorema de Pitágoras. Para cada um dos dois ângulos agudos do triângulo (**B̂** e **Ĉ**), a igualdade decorre também do teorema de Pitágoras.

Como pudemos perceber nos três casos, em qualquer triângulo ABC, temos:

$$a^2 = b^2 + c^2 - 2bc \cdot \cos\hat{A}$$
$$b^2 = a^2 + c^2 - 2ac \cdot \cos\hat{B}$$
$$c^2 = a^2 + b^2 - 2ab \cdot \cos\hat{C}$$

Cada uma das relações acima é conhecida como **teorema dos cossenos** ou **lei dos cossenos**.

EXEMPLO 2

Considerando o problema sobre a extensão do túnel, proposto na introdução do teorema dos cossenos, podemos construir um modelo geométrico para representar a situação descrita:

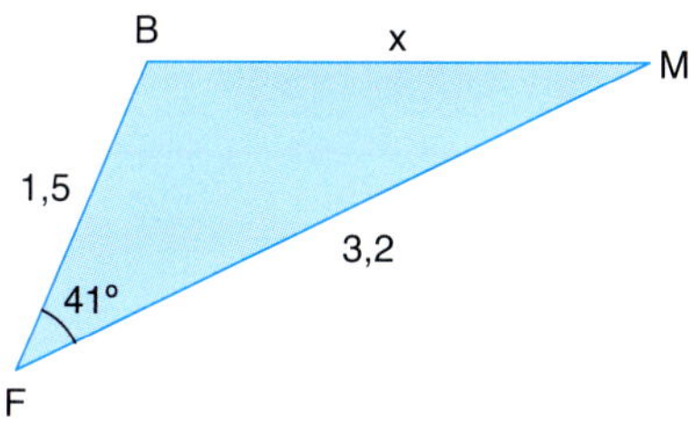

Banco de imagens/Arquivo da editora

BF distância entre o ponto **F** e o condomínio **B**.
MF: distância entre o ponto **F** e o condomínio **M**.
BM: extensão do futuro túnel.

Aplicando o teorema dos cossenos, temos:

$$x^2 = 1{,}5^2 + 3{,}2^2 - 2 \cdot 1{,}5 \cdot 3{,}2 \cdot \cos 41°$$

Considerando $\cos 41° \simeq 0{,}75$, temos:

$$x^2 = 2{,}25 + 10{,}24 - 9{,}6 \cdot 0{,}75$$
$$x^2 = 12{,}49 - 7{,}2$$
$$x^2 = 5{,}29 \Rightarrow x = 2{,}3$$

Assim, o futuro túnel terá 2,3 km (ou 2 300 m) de extensão.

Exercício resolvido

3. Na figura seguinte, determine a medida do lado $\overline{AC}$ e a medida do ângulo com vértice em **A**. Consulte a tabela trigonométrica da página 270 ou use a calculadora.

Solução:

Determinando a medida AC:

$b^2 = 8^2 + 10^2 - 2 \cdot 8 \cdot 10 \cdot \cos 50°$

$b^2 = 164 - 160 \cdot \cos 50°$

$b^2 = 164 - 160 \cdot 0{,}64279$

$b \simeq 7{,}82$

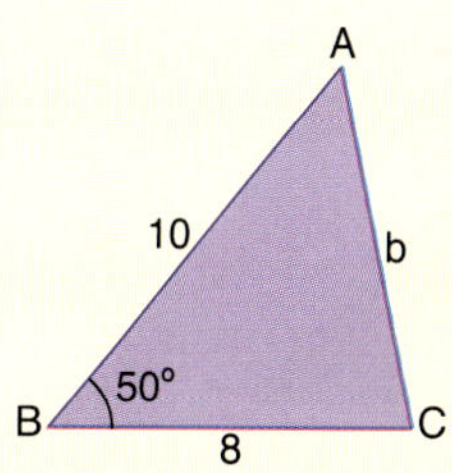

Banco de imagens/Arquivo da editora

Para determinar a medida do ângulo com vértice em **A**, podemos usar:

- o teorema dos cossenos:

$$8^2 = 10^2 + 7{,}82^2 - 2 \cdot 10 \cdot 7{,}82 \cdot \cos\hat{A}$$
$$64 = 161{,}1524 - 156{,}4 \cdot \cos\hat{A}$$
$$\cos\hat{A} \simeq 0{,}62$$

Consultando a tabela trigonométrica, encontramos o ângulo cujo cosseno é mais próximo de 0,62: o ângulo 52°.

Assim, med(Â) $\simeq$ 52°.

- o teorema dos senos:

$$\frac{8}{\text{sen}\,\hat{A}} = \frac{7{,}82}{\text{sen}\,50°} \Rightarrow \text{sen}\,\hat{A} \simeq 0{,}7837$$

Como B$\hat{A}$C é agudo (pois opõe-se a $\overline{BC}$, que não é o maior lado do triângulo ABC), temos med(Â) $\simeq$ 52° (pela tabela trigonométrica).

OBSERVAÇÃO

Para obter a medida do ângulo com vértice em **A** conhecendo o valor do seu seno, usando a calculadora científica, ajustamos a configuração da calculadora para DEG e pressionamos as teclas:

Exercícios

12. Determine o valor de **x** em cada caso:

a)

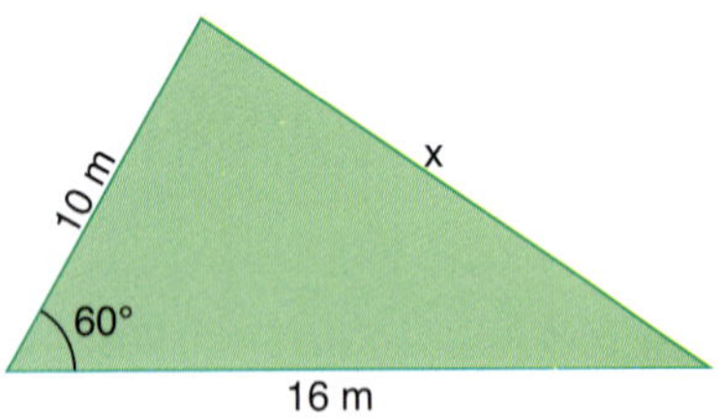

b)

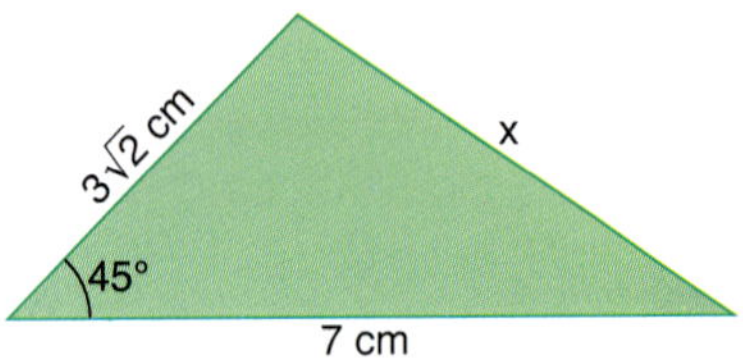

c)

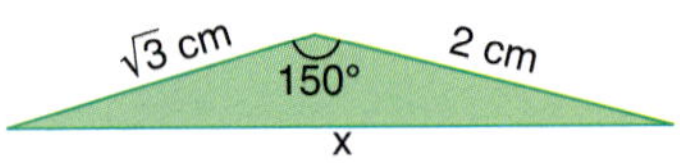

Ilustrações: Banco de imagens/Arquivo da editora

13. Obtenha o perímetro do triângulo RST abaixo.

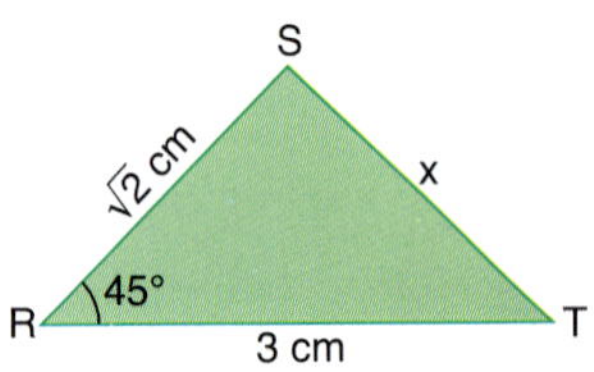

14. Calcule a medida do lado $\overline{BC}$ do triângulo abaixo.

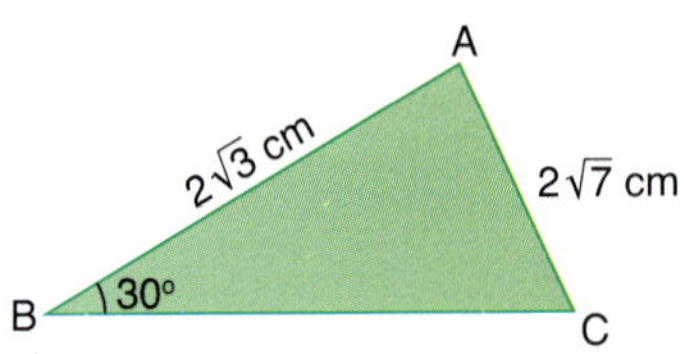

15. O acesso ao aeroporto de uma cidade é feito por duas vias de contorno retilíneo que se cruzam segundo um ângulo de 53°. A primeira tem 2,1 km de extensão, e a outra, 3,5 km de extensão. As vias têm origem em dois postos de gasolina. Qual é a distância entre esses postos? Use cos 53° $\simeq$ 0,6.

16. A prefeitura de uma cidade está estudando a viabilidade de construir uma terceira passarela sobre a rodovia, ligando os bairros **A** e **B** diretamente, a partir das passarelas já construídas.

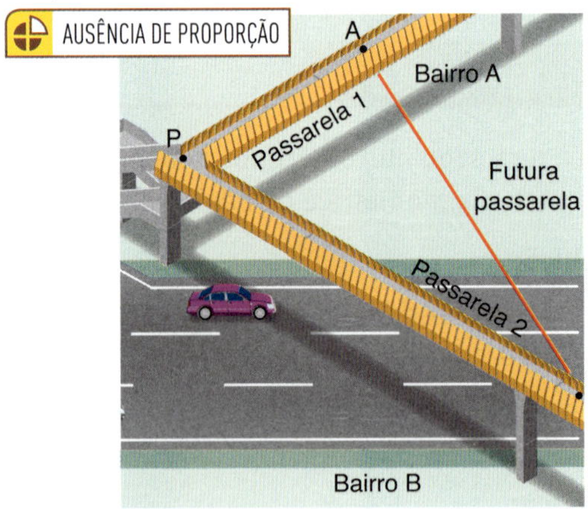

Alex Argozino/Arquivo da editora

O acesso atual é feito pelas passarelas 1 e 2, que ligam os bairros **A** e **B**, respectivamente, ao ponto **P**. Medições feitas pela empresa contratada mostram que as passarelas 1 e 2 medem, respectivamente, 130 m e 220 m. O ângulo formado pelas passarelas 1 e 2 mede 60°.

Se o projeto for aprovado, quantos metros de extensão terá a passarela que ligará diretamente os dois bairros? Admita que as extremidades **A**, **P** e **B** estejam na mesma altura em relação ao solo.

17. Na figura, sendo med($A\hat{B}C$) = α, determine:

a) $\cos\alpha$;

b) o valor de **h**;

c) a área do $\triangle ABC$.

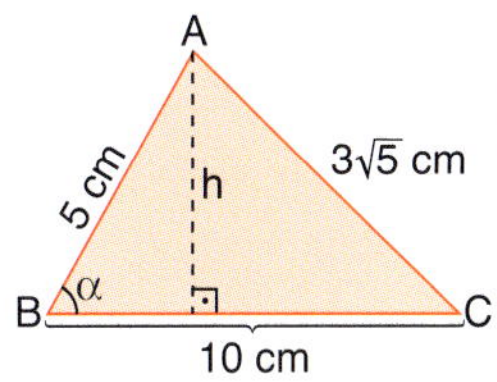

Banco de imagens/Arquivo da editora

18. Encontre os valores de **x** e **y** na figura. O que pode ser dito sobre o triângulo ABC?

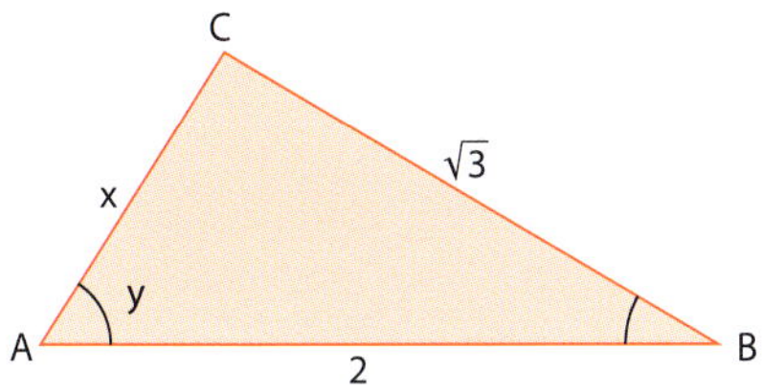

Banco de imagens/Arquivo da editora

19. Um motorista de caminhão precisa fazer entregas nas cidades Alfa e Beta, distantes $10\sqrt{13}$ km (aproximadamente 36 km) entre si. Do ponto **P** em que se encontra, na bifurcação de uma estrada, ele sabe que a distância a Beta é o triplo da distância a Alfa.

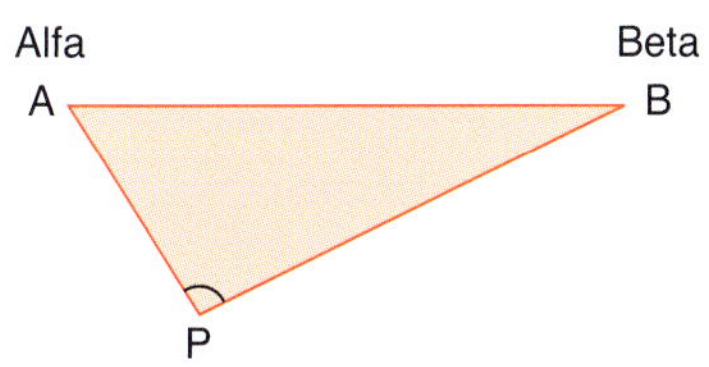

Banco de imagens/Arquivo da editora

Sabendo que med($A\hat{P}B$) = 120° e que a velocidade máxima permitida no trecho de **P** a Beta é de 50 km/h, determine o tempo mínimo que será gasto para chegar a Beta, onde será feita a primeira entrega.

20. Na figura, o perímetro do quadrado ABCD mede 24 cm e o triângulo DEC é equilátero. Determine a medida de $\overline{AE}$.

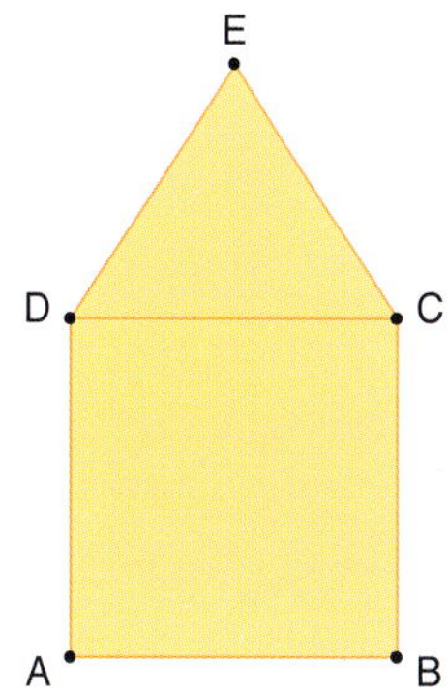

Banco de imagens/Arquivo da editora

21. Na figura abaixo, a medida de $\overline{AB}$ é 60% maior que a medida do raio da circunferência de centro **O**. Determine $\text{tg}\,\alpha$.

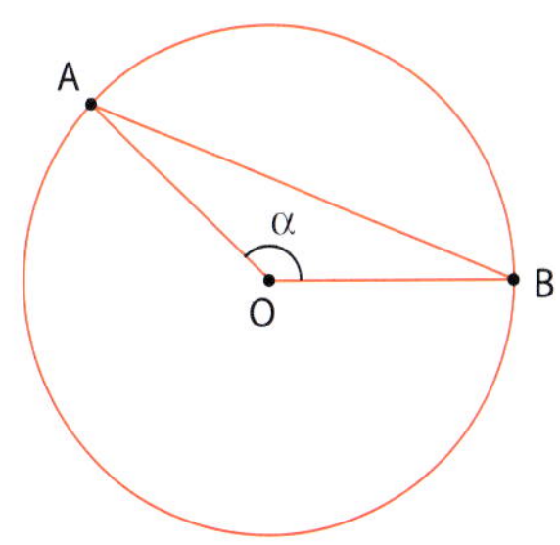

Banco de imagens/Arquivo da editora

Troque ideias

Área de um triângulo

Já sabemos, da Geometria Plana, que a área da superfície limitada por um triângulo (ou, simplesmente, área de um triângulo) é dada pelo semiproduto da medida da base pela medida da altura relativa a essa base:

Banco de imagens/Arquivo da editora

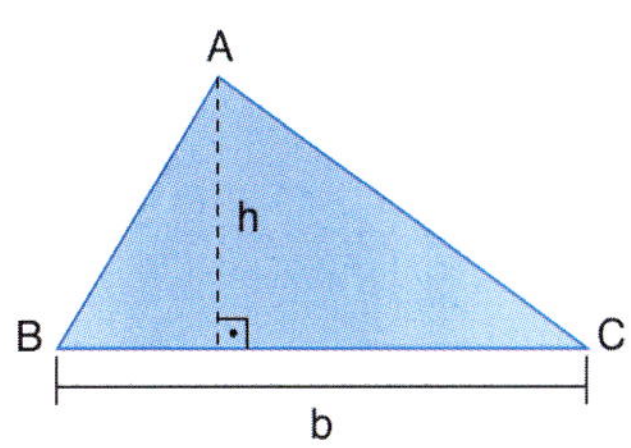

$$A_{ABC} = \frac{b \cdot h}{2}$$

Vamos considerar agora uma situação particular: conhecemos as medidas de dois lados do triângulo e do ângulo formado por esses lados. Nessa situação, existe uma maneira mais prática para o cálculo da área.

Propriedade:

Em qualquer triângulo, a área é igual ao semiproduto das medidas de dois lados pelo seno do ângulo por eles formado.

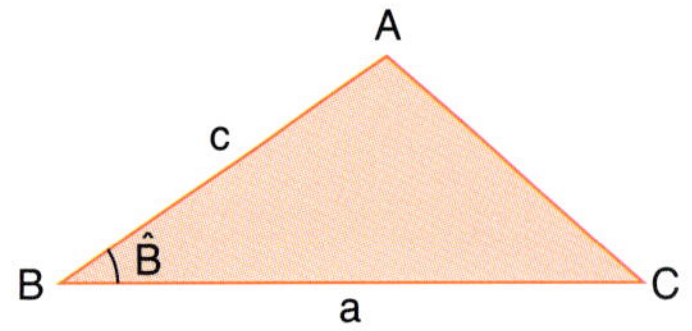

$$A_{ABC} = \frac{a \cdot c \cdot \text{sen}\hat{B}}{2} \quad (1)$$

- Nessa atividade você está convidado a demonstrar essa propriedade e, na sequência, resolver problemas utilizando essa fórmula.

a) No $\triangle ABC$ acutângulo ao lado, são conhecidas as medidas **a** e **c** dos lados $\overline{BC}$ e $\overline{AB}$, respectivamente, e a medida do ângulo $A\hat{B}C$.
Prove a validade da fórmula (1).
Sugestão: Utilize a fórmula geral da área de um triângulo; considere $\overline{BC}$ como base e trace a altura $\overline{AH}$ relativa a $\overline{BC}$.

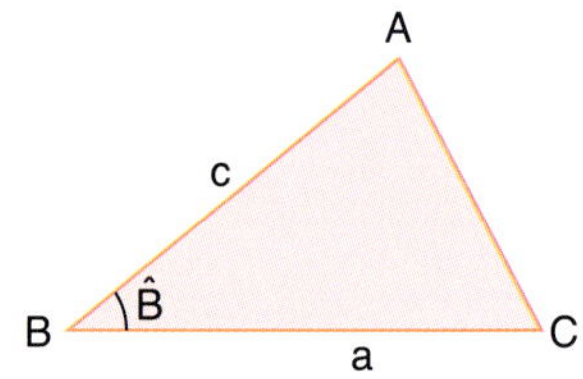

b) Prove a validade da fórmula (1), considerando o $\triangle ABC$ obtusângulo em $\hat{\mathbf{B}}$, como o representado ao lado.
São conhecidas as medidas de **a**, **c** e $\hat{\mathbf{B}}$.
Sugestão: Utilize o mesmo procedimento do item *a* e aplique a relação entre os senos de ângulos suplementares.

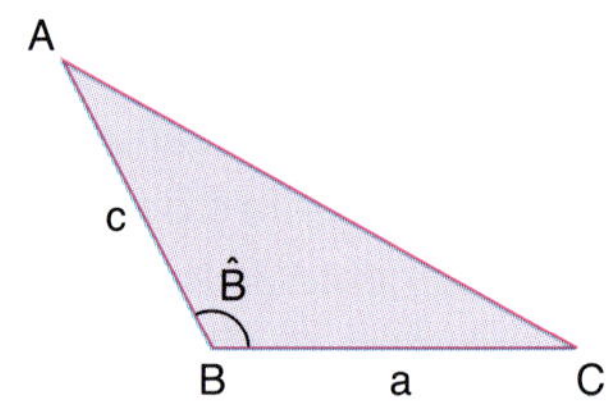

Ilustrações: Banco de imagens/Arquivo da editora

Observação: No caso de o $\triangle ABC$ ser retângulo em **A**, por exemplo, considerando a hipotenusa $\overline{BC}$ como base, temos:

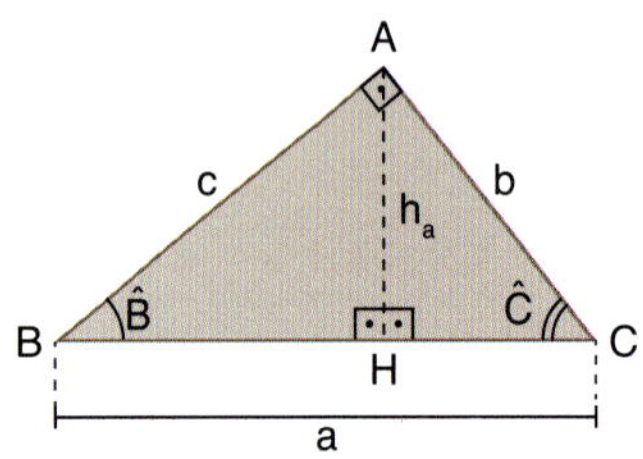

$$A_{ABC} = \frac{a \cdot h_a}{2}$$

Como $h_a = c \cdot \text{sen}\hat{B} = b \cdot \text{sen}\hat{C}$, segue (1).

c) Considerando agora um dos catetos como base, por exemplo $\overline{AB}$, explique como se obtém a fórmula $\frac{b \cdot c \cdot \text{sen}\hat{A}}{2}$.

d) Agora resolva os dois problemas a seguir, aplicando os resultados obtidos nos itens anteriores.

i) Calcule a área do triângulo ABC abaixo:

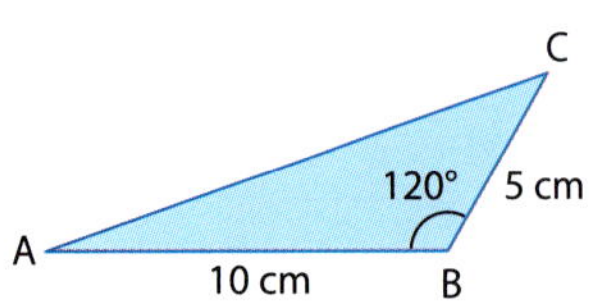

Ilustrações: Banco de imagens/Arquivo da editora

ii) Na figura, AOB é um setor circular de 45° contido em um círculo de raio 4 cm. Qual é o valor da área destacada em laranja?

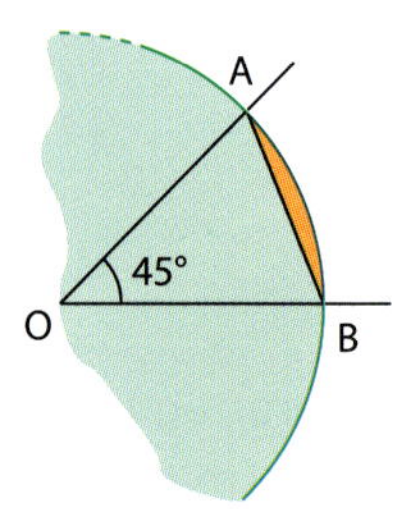

Exercícios

22. Calcule, em cada caso, a área do triângulo ABC.

Ilustrações: Banco de imagens/Arquivo da editora

a)

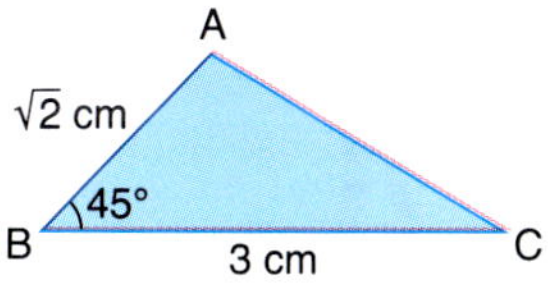

b)

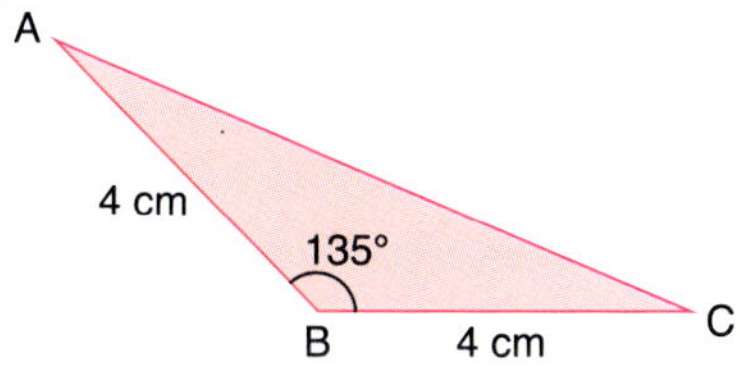

c)

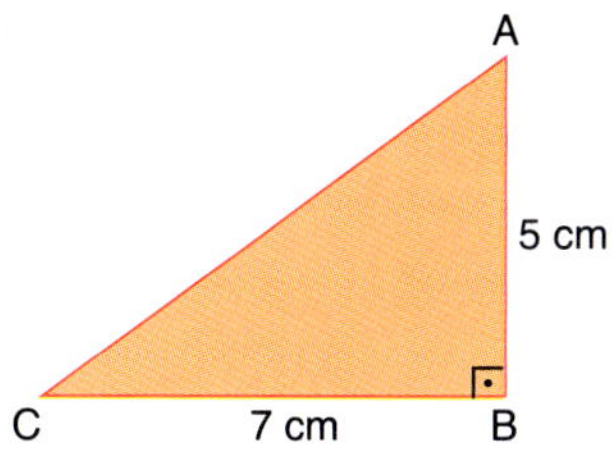

d)

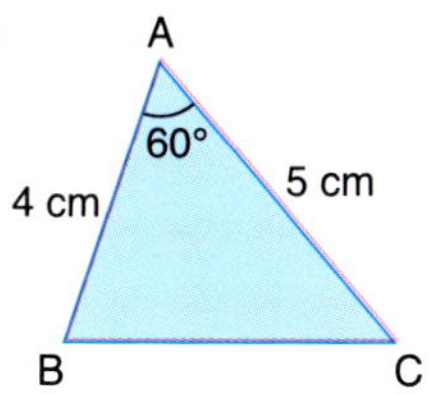

23. Dado o triângulo MNP abaixo, determine:

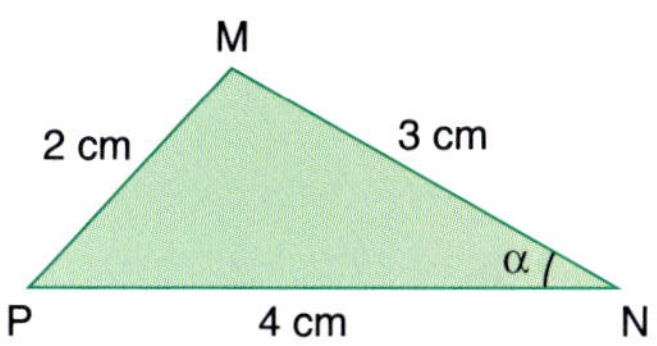

Banco de imagens/Arquivo da editora

a) o valor de $\cos\alpha$, utilizando o teorema dos cossenos;

b) o valor de $\operatorname{sen}\alpha$, utilizando a relação fundamental da trigonometria;

c) a área do triângulo MNP.

24. Um terreno triangular tem frentes de 6 m e 8 m em ruas que formam entre si um ângulo de 65°. Qual é a área do terreno? Quanto mede o terceiro lado do terreno?

Considere $\operatorname{sen} 65° \simeq 0{,}9$ e $\sqrt{19} \simeq 4{,}4$.

25. Na figura, **O** é o centro da circunferência cujo comprimento é 10π cm.

Sabendo que $\text{med}(A\hat{B}O) = 75°$, determine:

a) a área do triângulo BOC;

b) a medida do ângulo $A\hat{B}C$.

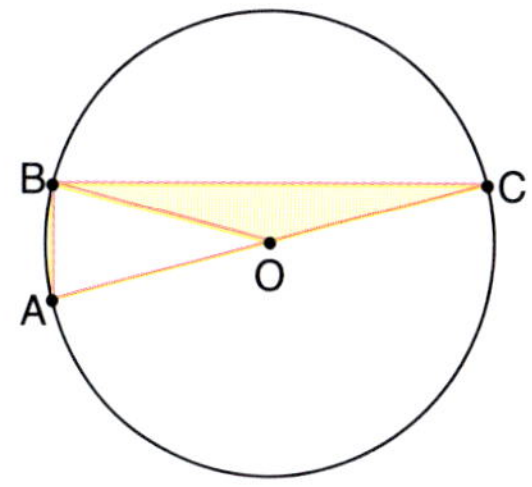

Banco de imagens/Arquivo da editora

26. As medidas de dois lados consecutivos de um paralelogramo são 5 cm e $2\sqrt{3}$ cm. O ângulo agudo formado por esses lados mede 30°.

a) Quanto medem as diagonais desse paralelogramo?

b) Qual é a área desse paralelogramo?

27. Na figura, as três circunferências têm centros em **O**, **P** e **Q** e raio com medida 2 cm. Elas são, duas a duas, tangentes externamente, nos pontos **A**, **B** e **C**. Calcule a área:

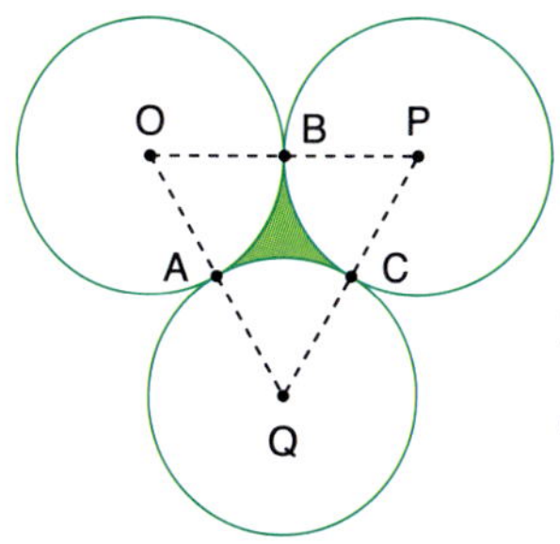

Banco de imagens/Arquivo da editora

a) do triângulo AOB;

b) da região colorida.

28. Na figura abaixo, temos OA = 6 cm e OB = 3 cm. As retas $\overleftrightarrow{AB}$ e $\overleftrightarrow{AC}$ são tangentes à circunferência de centro **O** nos pontos **B** e **C**, respectivamente.

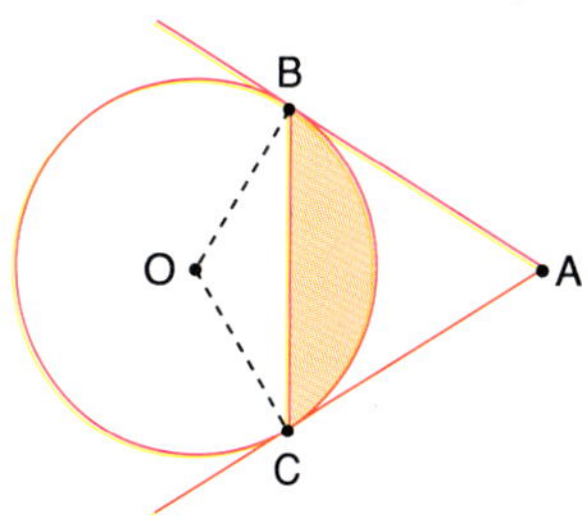

Banco de imagens/Arquivo da editora

Qual é a área da região colorida?

Sugestão: Lembre que toda reta tangente a uma circunferência é perpendicular ao raio no ponto de tangência.

29. Determine o perímetro e a área de um triângulo de lados medindo 5 cm e 7 cm, entre os quais se determina um ângulo cujo seno vale $\frac{3}{5}$.

Enem e vestibulares resolvidos

(Enem) Uma desenhista projetista deverá desenhar uma tampa de panela em forma circular. Para realizar esse desenho, ela dispõe, no momento, de apenas um compasso, cujo comprimento das hastes é de 10 cm, um transferidor e uma folha de papel com um plano cartesiano. Para esboçar o desenho dessa tampa, ela afastou as hastes do compasso de forma que o ângulo formado por elas fosse de 120°. A ponta-seca está representada pelo ponto **C**, a ponta do grafite está representada pelo ponto **B** e a cabeça do compasso está representada pelo ponto **A** conforme a figura.

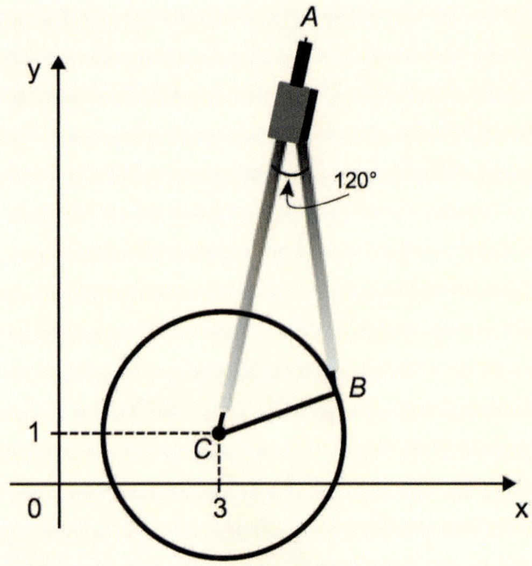

Reprodução/Enem, 2017.

Após concluir o desenho, ela o encaminha para o setor de produção. Ao receber o desenho com a indicação do raio da tampa, verificará em qual intervalo este se encontra e decidirá o tipo de material a ser utilizado na sua fabricação, de acordo com os dados.

Tipo de material	Intervalo de valores do raio (cm)
I	$0 < R \leq 5$
II	$5 < R \leq 10$
III	$10 < R \leq 15$
IV	$15 < R \leq 21$
V	$21 < R \leq 40$

Considere 1,7 como aproximação para $\sqrt{3}$.

O tipo de material a ser utilizado pelo setor de produção será

a) I.
b) II.
c) III.
d) IV.
e) V.

Resolução comentada

Seja **D** o ponto de encontro das hastes do compasso. O triângulo BCD, representado ao lado, é isósceles, com BD = CD = 10 cm. O lado $\overline{BC}$ corresponde ao raio **R** da tampa.

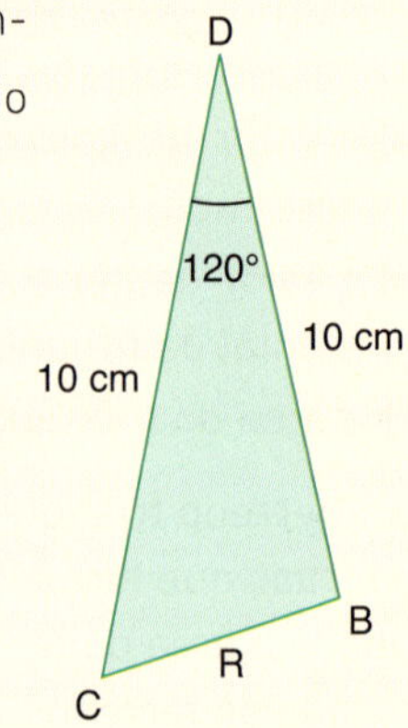

Banco de imagens/Arquivo da editora

A medida do raio pode ser obtida aplicando-se o teorema dos cossenos:

$$R^2 = 10^2 + 10^2 - 2 \cdot 10 \cdot 10 \cdot \cos 120°$$

$$R^2 = 100 + 100 - 200 \cdot \left(-\frac{1}{2}\right)$$

$$R^2 = 300$$

$$R = \sqrt{10^2 \cdot 3}$$

$$R = 10\sqrt{3}$$

$$R \simeq 10 \cdot 1{,}7$$

$$R \simeq 17$$

Como $15 < R \leq 21$, o material a ser utilizado é do tipo IV.

Alternativa *d*.

Exercícios complementares

1. (UFPR) Considere o triângulo abaixo.

a) Quanto mede o ângulo α?

b) Quanto mede **x**?

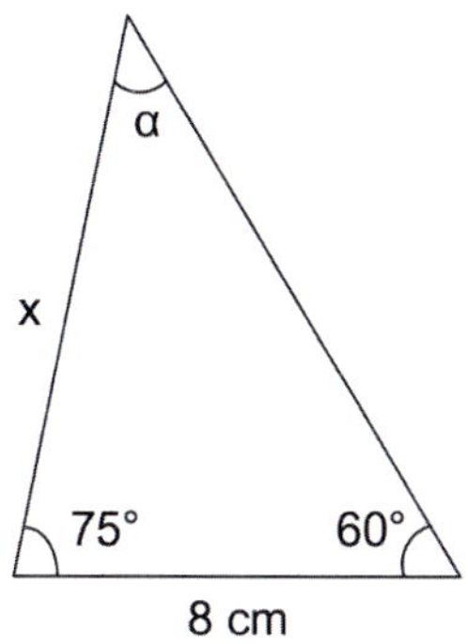

Reprodução/UFPR, 2017.

2. (Uerj) Ao coletar os dados para um estudo topográfico da margem de um lago a partir dos pontos **A**, **B** e **T**, um técnico determinou as medidas AT = 32 m; BT = 13 m e $A\hat{T}B = 120°$, representadas no esquema abaixo.

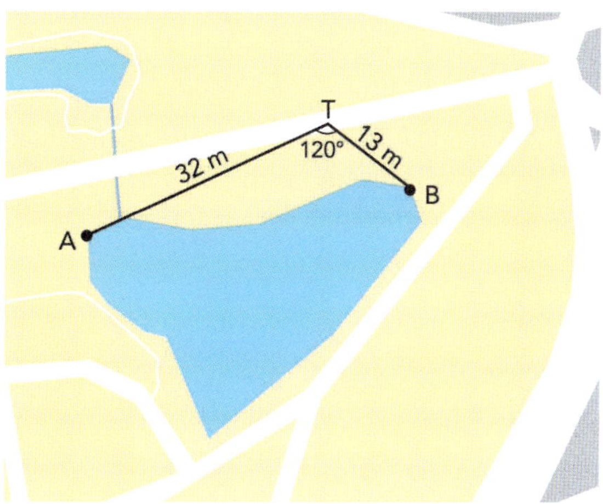

Reprodução/Uerj, 2017.

Calcule a distância, em metros, entre os pontos **A** e **B**, definidos pelo técnico nas margens desse lago.

3. Determine a medida do ângulo **x**.

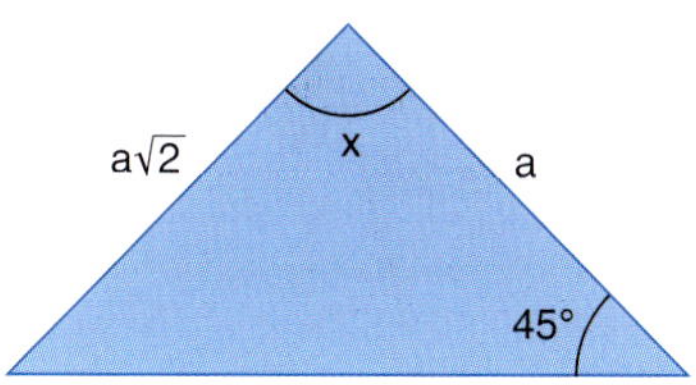

Banco de imagens/Arquivo da editora

4. As medidas de dois lados consecutivos de um paralelogramo são 5 cm e $2\sqrt{3}$ cm. O ângulo formado por esses lados mede 30°. Quanto medem as diagonais desse paralelogramo?

5. Na circunferência trigonométrica, as imagens dos números reais pertencentes ao conjunto

$$C = \left\{x \in \mathbb{R} \,\middle|\, x = \frac{k \cdot \pi}{4}, \text{ para } \mathbf{k} \text{ inteiro, com } 0 \leqslant k \leqslant 8\right\}$$

são vértices de um polígono.

a) Qual é o perímetro desse polígono?

b) Qual é a área desse polígono?

6. Calcule o perímetro e a área do triângulo ABC da figura abaixo, cujas medidas estão em centímetros.

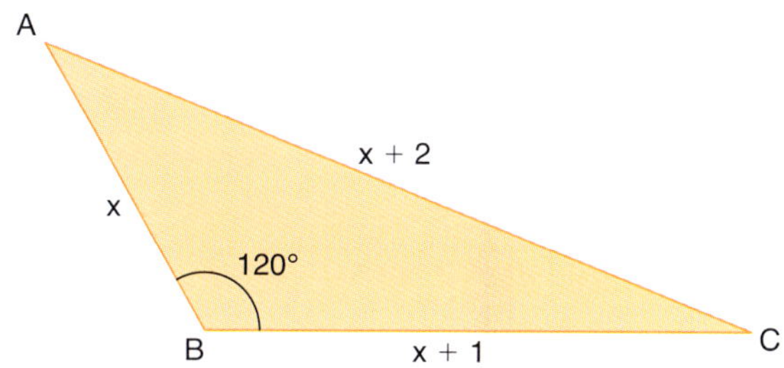

Banco de imagens/Arquivo da editora

7. (Vunesp) Uma lancha e um navio percorrem rotas lineares no mar plano com velocidades constantes de 80 e 30 km/h, respectivamente. Suas rotas, como mostra a figura, estão definidas por ângulos constantes de medidas iguais a α e β, respectivamente. Quando a lancha está no ponto **L** e o navio no ponto **N**, a distância entre eles é de 10 km.

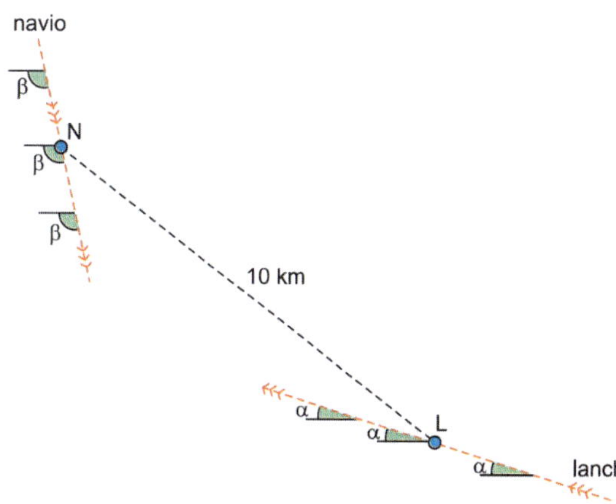

Reprodução/Vunesp, 2017.

Sendo **P** o ponto em que a lancha colidirá com o navio, demonstre que o ângulo obtuso $L\hat{P}N$ será igual a $\alpha + \beta$. Em seguida, calcule a distância entre **N** e **P**, considerando $\cos(\alpha + \beta) = -\frac{9}{16}$.

8. (UFJF-MG) Considere dois triângulos ABC e DBC, de mesma base $\overline{BC}$, tais que **D** é um ponto interno ao triângulo ABC. A medida de $\overline{BC}$ é igual a 10 cm. Com relação aos ângulos internos desses triângulos, sabe-se que: $D\hat{B}C = B\hat{C}D$, $D\hat{C}A = 30°$, $D\hat{B}A = 40°$, $B\hat{A}C = 50°$.

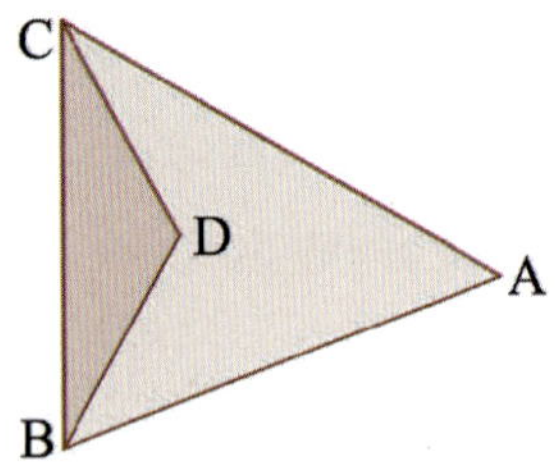

a) Encontre a medida do ângulo $B\hat{D}C$.

b) Calcule a medida do segmento $\overline{BD}$.

c) Admitindo-se $\text{tg}\,(50°) = \dfrac{6}{5}$, determine a medida do segmento $\overline{AC}$.

9. (UFG-GO) Uma empresa de vigilância irá instalar um sistema de segurança em um condomínio fechado, representado pelo polígono da figura ao lado.

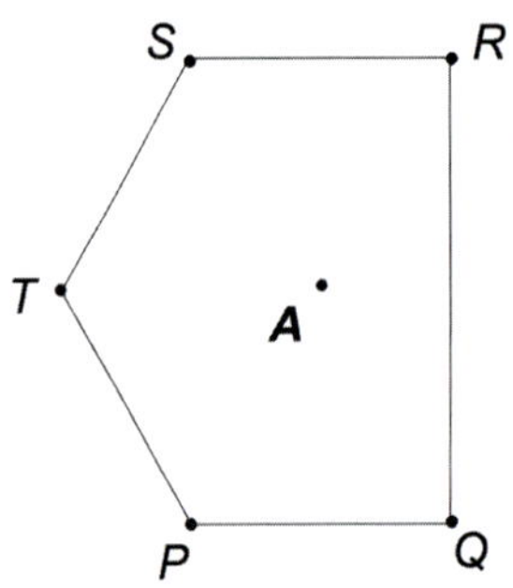

A empresa pretende colocar uma torre de comunicação, localizada no ponto **A**, indicado na figura, que seja equidistante dos vértices do polígono, indicados por **P**, **Q**, **R**, **S** e **T**, onde serão instalados os equipamentos de segurança. Sabe-se que o lado RQ desse polígono mede 3 000 m e as medidas dos outros lados são todas iguais à distância do ponto **A** aos vértices do polígono. Calcule a distância do ponto **A**, onde será instalada a torre, aos vértices do polígono.

10. Na circunferência trigonométrica ao lado, **P** é imagem do número real $\dfrac{2\pi}{3}$.

Determine a diferença entre o comprimento do arco $\overset{\frown}{AP}$ e a medida do segmento $\overline{AP}$. Considere $\pi \simeq 3{,}1$ e $\sqrt{3} \simeq 1{,}7$.

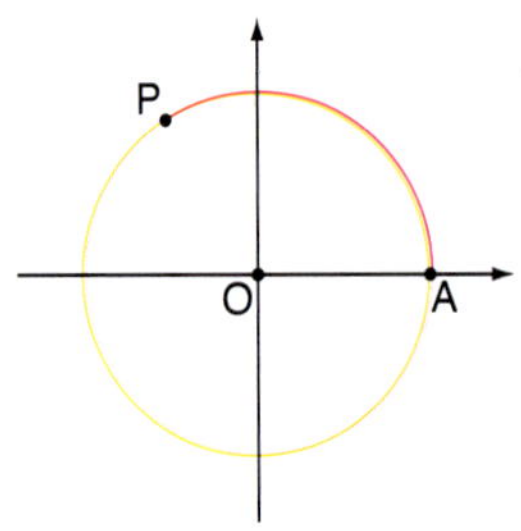

11. (Unicamp-SP) Considere o triângulo exibido na figura abaixo, com lados de comprimentos **a**, **b** e **c** e ângulos α, β e γ.

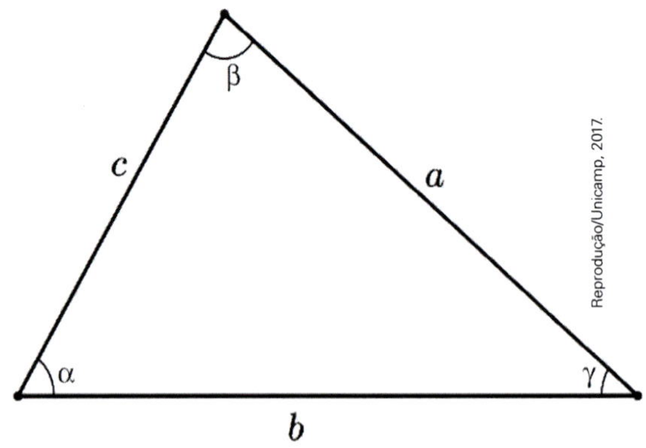

a) Suponha que a sequência (α, β, γ) é uma progressão aritmética (P.A.). Determine a medida do ângulo β.

b) Suponha que a sequência (a, b, c) é uma progressão geométrica (P.G.) de razão $q = \sqrt{2}$. Determine o valor de tg β.

12. Seja **P** o ponto médio de $\overline{AB}$, lado do triângulo equilátero ABC. Toma-se **Q** em $\overline{AC}$ de modo que $\text{med}(A\hat{P}Q) = 75°$. Se $\overline{PQ}$ mede 10 cm, determine a medida da altura do triângulo ABC.

13. O hexágono ABCDEF é regular e seu perímetro é 48 cm. Do vértice **A** saem três diagonais. Qual é a soma das medidas dessas três diagonais?

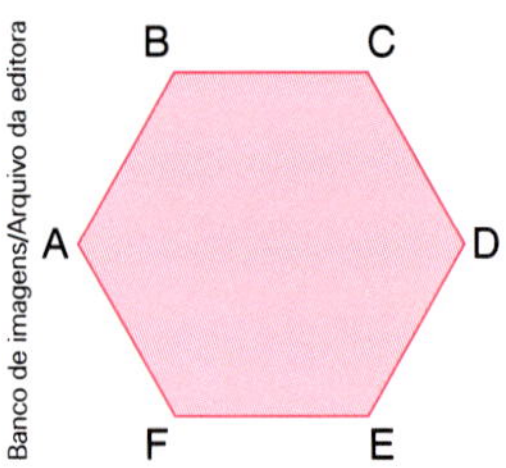

14. (FGV-SP)

a) Determine o perímetro do triângulo na forma decimal aproximada, até os décimos. Se quiser, use algum destes dados: $35^2 = 1\,225$; $36^2 = 1\,296$; $37^2 = 1\,369$.

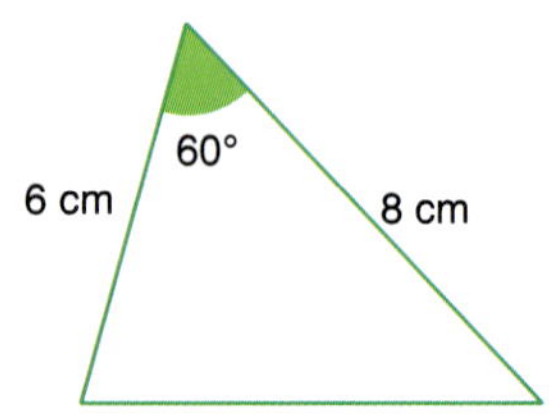

b) Um aluno tinha de fazer um cartaz triangular, em cartolina. Decidiu construir o triângulo com as seguintes medidas dos lados: 6 cm, 8 cm e 16 cm. Ele conseguirá fazer o cartaz? Por quê?

15. O comandante de uma embarcação recebeu a orientação de que poderia aportar em dois pontos de um porto, **P** e **Q**, distantes 4 km um do outro, como mostra a figura. Sabe-se que, no instante em que recebeu a orientação, as distâncias da embarcação aos pontos **P** e **Q** eram, respectivamente, 2 km e 3 km.

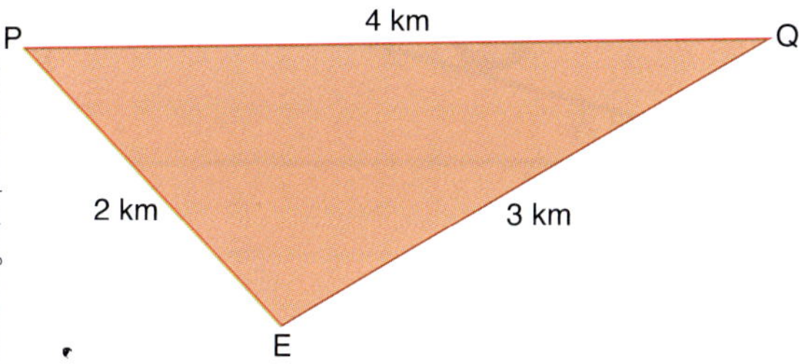

Banco de imagens/Arquivo da editora

a) Qual é a medida do ângulo PÊQ? Consulte a tabela trigonométrica.

b) Qual seria a menor distância que a embarcação percorreria, se pudesse aportar em qualquer ponto de $\overline{PQ}$?

16. (Unicamp-SP) Um topógrafo deseja calcular a distância entre pontos situados à margem de um riacho, como mostra a figura a seguir. O topógrafo determinou as distâncias mostradas na figura, bem como os ângulos especificados na tabela abaixo, obtidos com a ajuda de um teodolito.

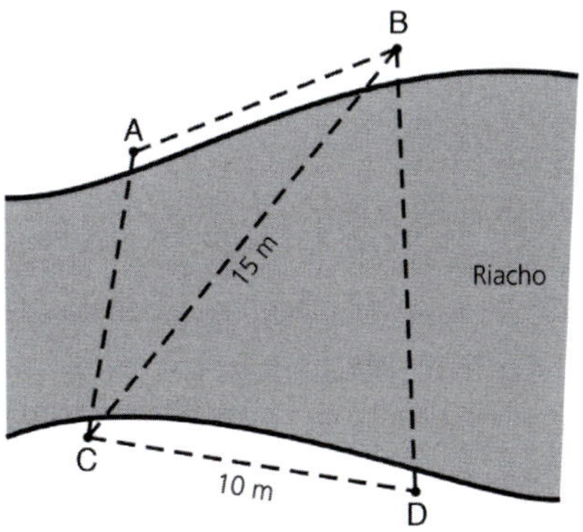

Reprodução/Unicamp, 2012.

Visada	Ângulo
AĈB	$\frac{\pi}{6}$
BĈD	$\frac{\pi}{3}$
AB̂C	$\frac{\pi}{6}$

a) Calcule a distância entre **A** e **B**.

b) Calcule a distância entre **B** e **D**.

17. (UFTM-MG) Dado um triângulo isósceles de lados congruentes medindo 20 cm, e o ângulo α formado por esses dois lados, tal que $4 \operatorname{sen} \alpha = 3 \cos \alpha$, determine:

a) O valor numérico de $\operatorname{sen} \alpha$.

b) O perímetro desse triângulo.

18. A figura abaixo dá indicação sobre uma das centenas de provas do teorema de Pitágoras. Esta consiste em calcular as áreas dos quadrados construídos sobre os lados do triângulo ABC e comparar os resultados.

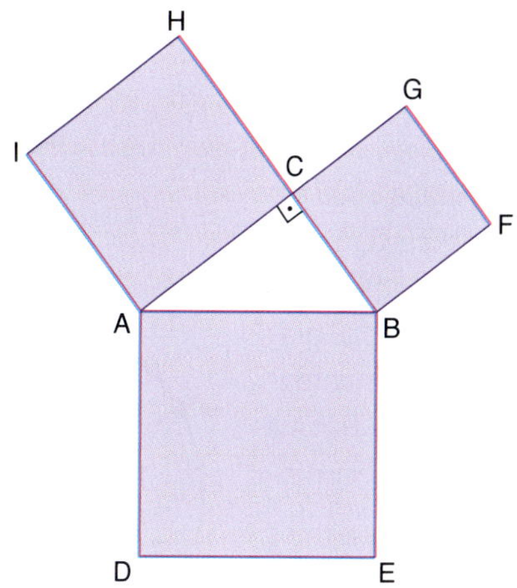

Banco de imagens/Arquivo da editora

a) Se $\overline{AC}$ mede $3\sqrt{3}$ cm e $\overline{BC}$ mede 3 cm, quanto mede $\overline{BI}$?

b) Calcule a razão entre a área do triângulo BAI e a área do trapézio ABHI.

19. (Vunesp) Dois terrenos T_1 e T_2 têm frentes para a rua **R** e fundos para a rua **S**, como mostra a figura. O lado $\overline{BC}$ do terreno T_1 mede 30 m e é paralelo ao lado $\overline{DE}$ do terreno T_2. A frente $\overline{AC}$ do terreno T_1 mede 50 m e o fundo $\overline{BD}$ do terreno T_2 mede 35 m. Ao lado do terreno T_2 há um outro terreno, T_3, com frente para a rua **Z**, na forma de um setor circular de centro **E** e raio $\overline{ED}$.

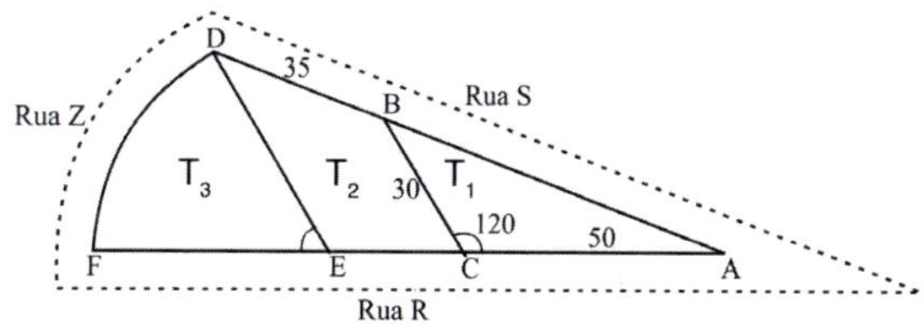

Reprodução/Vunesp, 2006.

Determine:

a) as medidas do fundo $\overline{AB}$ do terreno T_1 e da frente $\overline{CE}$ do terreno T_2.

b) a medida do lado $\overline{DE}$ do terreno T_2 e o perímetro do terreno T_3.

20. (Fuvest-SP) No triângulo ABC da figura, a mediana $\overline{AM}$, relativa ao lado $\overline{BC}$, é perpendicular ao lado $\overline{AB}$. Sabe-se também que BC = 4 e AM = 1. Se α é a medida do ângulo $A\hat{B}C$, determine

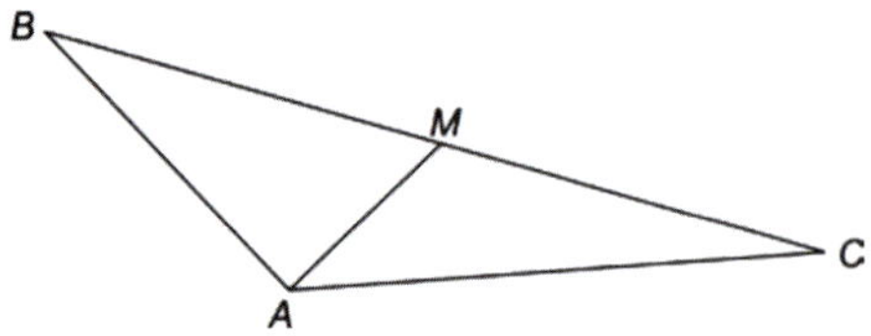

Reprodução/Fuvest, 2010.

a) sen α.
b) o comprimento AC.
c) a altura do triângulo ABC relativa ao lado $\overline{AB}$.
d) a área do triângulo AMC.

21. (Unicamp-SP) Um satélite orbita a 6 400 km da superfície da Terra. A figura ao lado representa uma seção plana que inclui o satélite, o centro da Terra e o arco de circunferência $\widehat{AB}$. Nos pontos desse arco, o sinal do satélite pode ser captado. Responda às questões a seguir, considerando que o raio da Terra também mede 6 400 km.

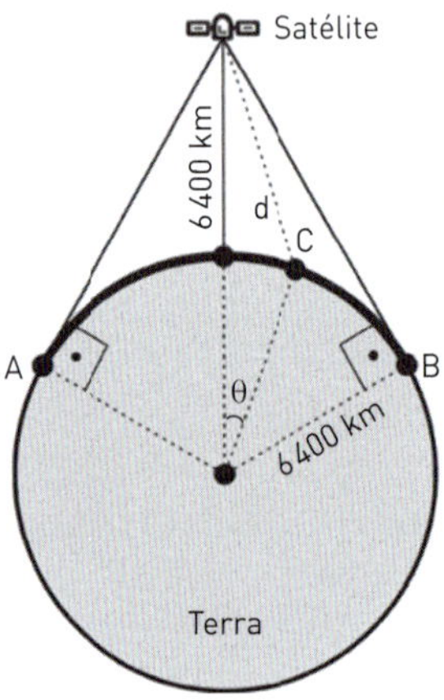

Reprodução/Unicamp, 2013.

a) Qual o comprimento do arco $\widehat{AB}$ indicado na figura?
b) Suponha que o ponto **C** da figura seja tal que $\cos(\theta) = \frac{3}{4}$. Determine a distância **d** entre o ponto **C** e o satélite.

22. (Fuvest-SP) Na figura a seguir, **O** é o centro da circunferência de raio 1, a reta $\overleftrightarrow{AB}$ é secante a ela, o ângulo β mede 60° e sen $\alpha = \frac{\sqrt{3}}{4}$.

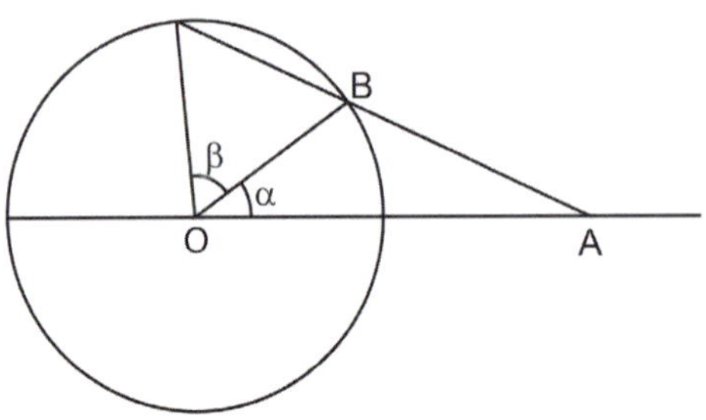

Reprodução/Fuvest, 2006.

a) Determine sen $O\hat{A}B$ em função de AB.
b) Calcule AB.

23. (Unicamp-SP) Laura decidiu usar sua bicicleta nova para subir uma rampa. As figuras abaixo ilustram a rampa que terá que ser vencida e a bicicleta de Laura.

Ilustrações: Reprodução/Unicamp, 2010.

a) Suponha que a rampa que Laura deve subir tenha ângulo de inclinação α, tal que $\cos(\alpha) = \sqrt{0,99}$. Suponha, também, que cada pedalada faça a bicicleta percorrer 3,15 m. Calcule a altura **h** (medida com relação ao ponto de partida) que será atingida por Laura após dar 100 pedaladas.
b) O quadro da bicicleta de Laura está destacado na figura inferior. Com base nos dados da figura e sabendo que **a** mede 22 cm, calcule o comprimento **b** da barra que liga o eixo da roda ao eixo dos pedais.

24. Uma folha retangular de 30 cm × 20 cm é dobrada de modo que os vértices **P** e **R** coincidam, como mostra a figura:

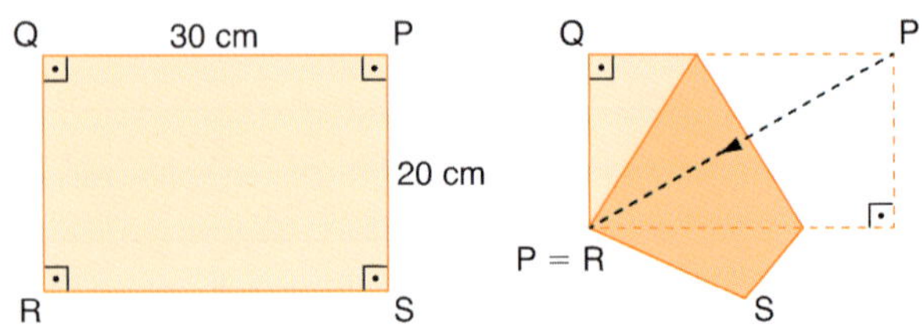

Banco de imagens/Arquivo da editora

Qual é o comprimento aproximado da dobra? Use $\sqrt{13} \simeq 3,6$.

Testes

1. (UFPR) Um triângulo possui lados de comprimento 2 cm e 6 cm e área de 6 cm^2. Qual é a medida do terceiro lado desse triângulo?

a) $2\sqrt{6}$ cm.
b) $2\sqrt{10}$ cm.
c) 5 cm.
d) $5\sqrt{2}$ cm.
e) 7 cm.

2. (UPE) João está procurando cercar um terreno triangular que ele comprou no campo. Ele sabe que dois lados desse terreno medem, respectivamente, 10 m e 6 m e formam entre si um ângulo de 120°. O terreno será cercado com três voltas de arame farpado. Se o preço do metro do arame custa R$ 5,00, qual o valor gasto por João com a compra do arame?

Dados: $\text{sen de } 120° = \dfrac{\sqrt{3}}{2}$

$\cos \text{ de } 120° = -\dfrac{1}{2}$

a) R$ 300,00
b) R$ 420,00
c) R$ 450,00
d) R$ 500,00
e) R$ 520,00

3. (UFRGS-RS) Os lados de um losango medem 4 e um dos seus ângulos 30°. A medida da diagonal menor do losango é:

a) $2\sqrt{2-\sqrt{3}}$
b) $\sqrt{2+\sqrt{3}}$
c) $4\sqrt{2-\sqrt{3}}$
d) $2\sqrt{2+\sqrt{3}}$
e) $4\sqrt{2+\sqrt{3}}$

4. (PUC-RJ) Seja um hexágono regular ABCDEF. A razão entre os comprimentos dos segmentos $\overline{AC}$ e $\overline{AB}$ é igual a:

a) $\sqrt{2}$
b) $\dfrac{3}{2}$
c) $\dfrac{1+\sqrt{5}}{2}$
d) $\sqrt{3}$
e) 2

5. (EEAR-SP) Seja um triângulo inscrito em uma circunferência de raio **R**. Se esse triângulo tem um ângulo medindo 30°, seu lado oposto a esse ângulo mede

a) $\dfrac{R}{2}$
b) R
c) 2R
d) $\dfrac{2R}{3}$

6. (UFSM-RS) A caminhada é uma das atividades físicas que, quando realizada com frequência, torna-se eficaz na prevenção de doenças crônicas e na melhora da qualidade de vida.
Para a prática de uma caminhada, uma pessoa sai do ponto **A**, passa pelos pontos **B** e **C** e retorna ao ponto **A**, conforme trajeto indicado na figura.
Dado: $\sqrt{3} = 1{,}7$

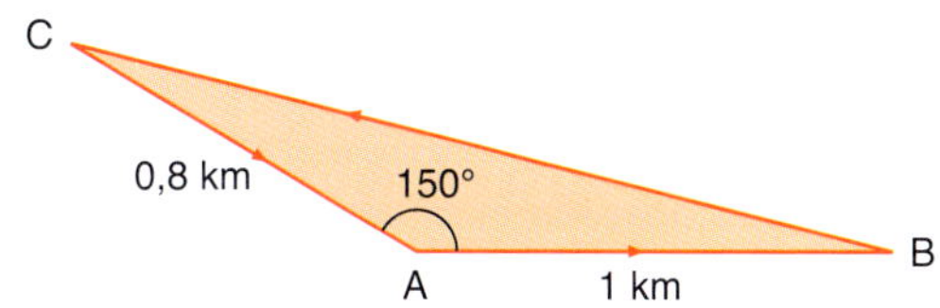

Banco de imagens/Arquivo da editora

Quantos quilômetros ela terá caminhado, se percorrer todo o trajeto?

a) 2,29
b) 2,33
c) 3,16
d) 3,50
e) 4,80

7. (UFJF-MG) Uma praça circular de raio **R** foi construída a partir da planta a seguir:

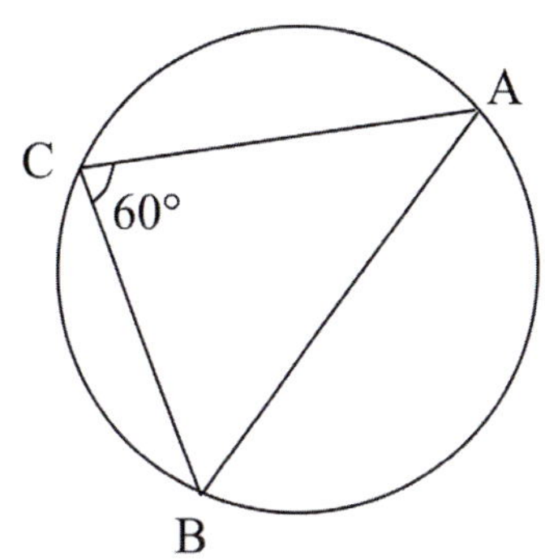

Reprodução/UFJF, 2012.

Os segmentos $\overline{AB}$, $\overline{BC}$ e $\overline{CA}$ simbolizam ciclovias construídas no interior da praça, sendo que AB = 80 m. De acordo com a planta e as informações dadas, é correto afirmar que a medida de **R** é igual a:

a) $\dfrac{160\sqrt{3}}{3}$ m
b) $\dfrac{80\sqrt{3}}{3}$ m
c) $\dfrac{16\sqrt{3}}{3}$ m
d) $\dfrac{8\sqrt{3}}{3}$ m
e) $\dfrac{\sqrt{3}}{3}$ m

8. (UEL-PR) Uma cidade planejada foi construída com seu sistema de esgoto obedecendo à esquematização de uma malha linear representada no gráfico ao lado, onde cada vértice dista do outro de uma unidade.

Os pontos **A** e **B** representam duas casas e o ponto **O** representa a origem de uma confluência de canos que necessitam de uma "luva de união". O valor do seno do ângulo **θ** que a luva de união em **O** possui é:

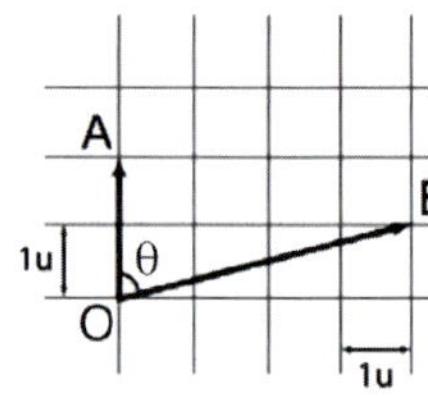

a) $\frac{1}{2}$

b) $\frac{\sqrt{2}}{2}$

c) $\frac{\sqrt{3}}{2}$

d) $\frac{4\sqrt{17}}{17}$

e) $\frac{2\sqrt{17}}{17}$

9. (PUC-SP) Leia com atenção o problema proposto a Calvin na tira seguinte.

Fonte: Jornal *O Estado de S. Paulo*, 28/04/2007

Supondo que os pontos **A**, **B** e **C** sejam vértices de um triângulo cujo ângulo do vértice **A** mede 60°, então a resposta correta que Calvin deveria encontrar para o problema é, em centímetros:

a) $\frac{(5\sqrt{3})}{3}$ b) $\frac{(8\sqrt{3})}{3}$ c) $\frac{(10\sqrt{3})}{3}$ d) $5\sqrt{3}$ e) $10\sqrt{3}$

10. (UFRGS-RS) No triângulo representado na figura ao lado, AB e AC têm a mesma medida, e a altura relativa ao lado BC é igual a $\frac{2}{3}$ da medida de BC.

Com base nesses dados, o cosseno do ângulo CAB é:

a) $\frac{7}{25}$ b) $\frac{7}{20}$ c) $\frac{4}{5}$ d) $\frac{5}{7}$ e) $\frac{5}{6}$

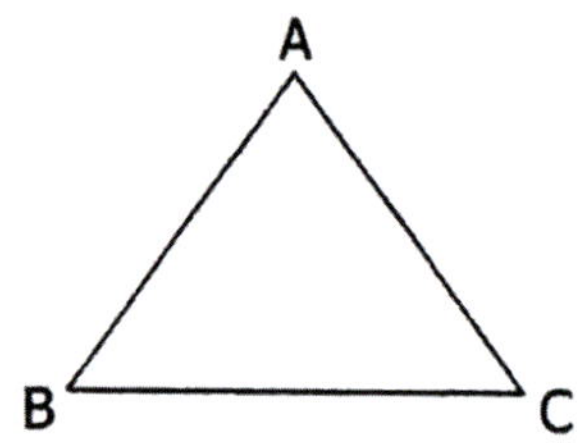

11. (Mack-SP) Num retângulo de lados 1 cm e 3 cm, o seno do menor ângulo formado pelas diagonais é:

a) $\frac{4}{5}$ b) $\frac{3}{5}$ c) $\frac{1}{5}$ d) $\frac{1}{3}$ e) $\frac{2}{3}$

12. (Cefet-MG) Um grupo de escoteiros pretende escalar uma montanha até o topo, representado na figura ao lado pelo ponto **D**, visto sob ângulos de 40° do acampamento **B** e de 60° do acampamento **A**.

Dado: sen 20° = 0,342

Considerando que o percurso de 160 m entre **A** e **B** é realizado segundo um ângulo de 30° em relação à base da montanha, então, a distância entre **B** e **D**, em metros, é de, aproximadamente,

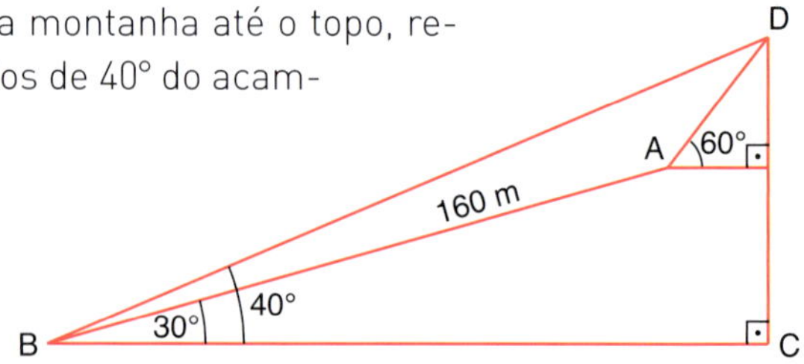

a) 190

b) 234

c) 260

d) 320

13. (Insper-SP) Partindo de um ponto **A**, um avião deslocava-se, em linha reta, com velocidade **v** km/h. Após duas horas, quando se encontrava no ponto **B**, o avião desviou α graus de sua rota original, conforme indica a figura, devido às condições climáticas. Mantendo uma trajetória reta, o avião voou mais uma hora com a mesma velocidade **v** km/h até atingir o ponto **C**.

Dados: sen $\alpha = \frac{\sqrt{7}}{4}$

$\cos \alpha = \frac{3}{4}$

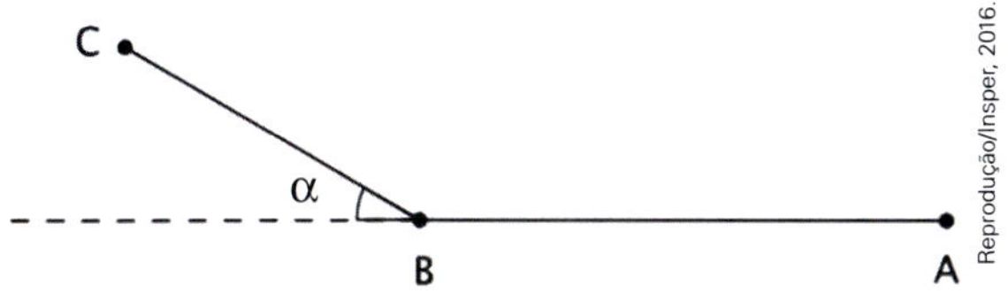

A distância entre os pontos **A** e **C**, em quilômetros, é igual a

a) $2v$

b) $v\sqrt{5}$

c) $v\sqrt{6}$

d) $v\sqrt{7}$

e) $2v\sqrt{2}$

14. (UFRGS-RS) As medidas dos lados de um triângulo são proporcionais a 2,2 e 1. Os cossenos de seus ângulos internos são, portanto,

a) $\frac{1}{8}, \frac{1}{8}, \frac{1}{2}$

b) $\frac{1}{4}, \frac{1}{4}, \frac{1}{8}$

c) $\frac{1}{4}, \frac{1}{4}, \frac{7}{8}$

d) $\frac{1}{2}, \frac{1}{2}, \frac{1}{4}$

e) $\frac{1}{2}, \frac{1}{2}, \frac{7}{8}$

15. (Unicamp-SP) A figura a seguir exibe um pentágono com todos os lados de mesmo comprimento.

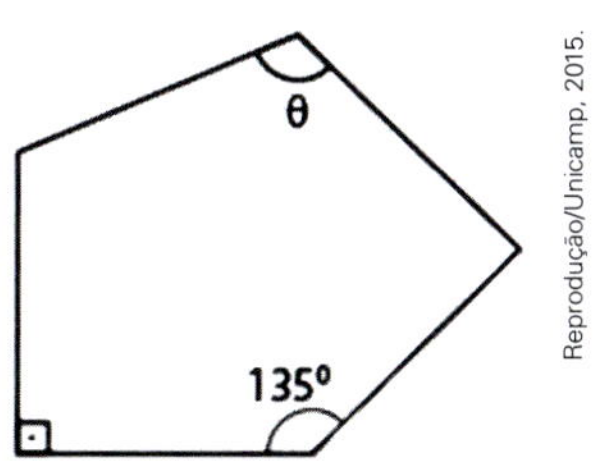

A medida do ângulo θ é igual a:

a) 105°

b) 120°

c) 135°

d) 150°

16. (Ufes) Duas viaturas policiais **A** e **B** perseguem um carro suspeito **C** numa grande cidade. A viatura **A** possui um radar que informa ao comando central que a distância dela até **B** é de 8 km e a distância dela até **C** é 6 km. A viatura **B** possui um aparelho que informa ao comando que, nesse instante, o ângulo $A\hat{B}C$ é de 45°. Sabendo que o carro **C** está mais próximo de **A** do que de **B**, calcule a distância, em km, entre **B** e **C**. A resposta é

a) $2(\sqrt{3}) + 4$

b) $4(\sqrt{2}) + 2$

c) $3(\sqrt{2}) + 2$

d) $3(\sqrt{2}) + 3$

e) $2(\sqrt{2}) + 4$

17. (Vunesp) Um professor de geografia forneceu a seus alunos um mapa do estado de São Paulo, que informava que as distâncias aproximadas em linha reta entre os pontos que representam as cidades de São Paulo e Campinas e entre os pontos que representam as cidades de São Paulo e Guaratinguetá eram, respectivamente, 80 km e 160 km. Um dos alunos observou, então, que as distâncias em linha reta entre os pontos que representam as cidades de São Paulo, Campinas e Sorocaba formavam um triângulo equilátero. Já um outro aluno notou que as distâncias em linha reta entre os pontos que representam as cidades de São Paulo, Guaratinguetá e Campinas formavam um triângulo retângulo, conforme mostra o mapa.

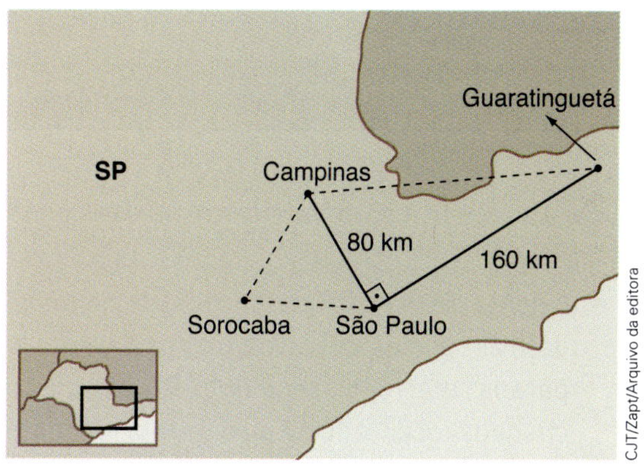

Com essas informações, os alunos determinaram que a distância em linha reta entre os pontos que representam as cidades de Guaratinguetá e Sorocaba, em km, é próxima de

a) $80\sqrt{2 + 5\sqrt{3}}$

b) $80\sqrt{5 + 2\sqrt{3}}$

c) $80\sqrt{6}$

d) $80\sqrt{5 + 3\sqrt{2}}$

e) $80\sqrt{7\sqrt{3}}$

18. (Unicamp-SP) Na figura abaixo, ABC e BDE são triângulos isósceles semelhantes de bases 2a e **a**, respectivamente, e o ângulo CÂB = 30°. Portanto, o comprimento do segmento $\overline{CE}$ é:

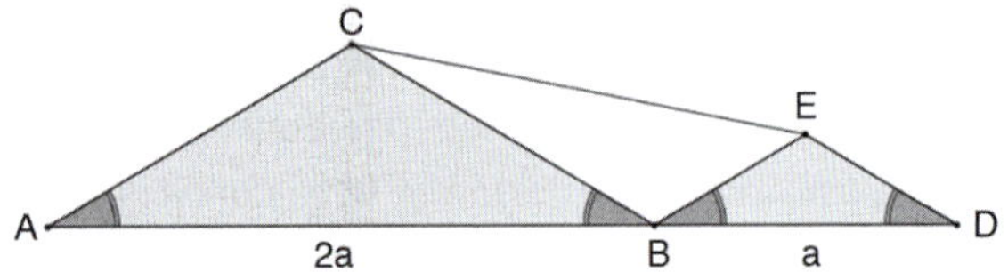

a) $a\sqrt{\frac{5}{3}}$

b) $a\sqrt{\frac{8}{3}}$

c) $a\sqrt{\frac{7}{3}}$

d) $a\sqrt{2}$

19. (UFPB) Para explorar o potencial turístico de uma cidade, conhecida por suas belas paisagens montanhosas, o governo pretende construir um teleférico, ligando o terminal de transportes coletivos ao pico de um morro, conforme a figura a seguir.

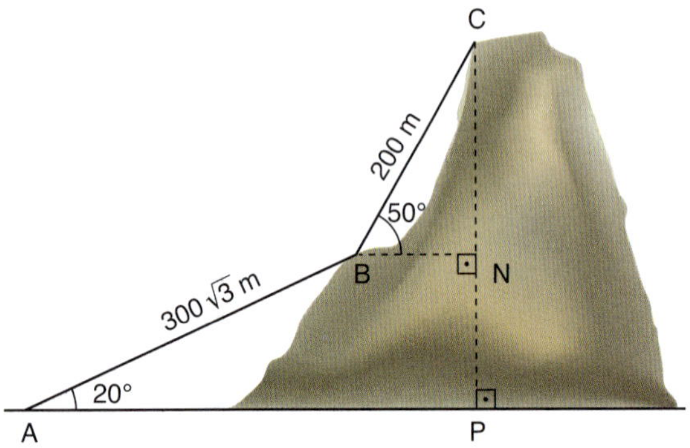

Para a construção do teleférico, há duas possibilidades:

- o ponto de partida ficar localizado no terminal de transportes coletivos (ponto **A**), com uma parada intermediária (ponto **B**), e o ponto de chegada localizado no pico do morro (ponto **C**);
- o ponto de partida ficar localizado no ponto **A** e o de chegada localizado no ponto **C**, sem parada intermediária.

Supondo que $\overline{AB} = 300\sqrt{3}$ m, $\overline{BC} = 200$ m, BÂP = 20° e CB̂N = 50°, é correto afirmar que a distância entre os pontos **A** e **C** é de:

a) 700 m
b) 702 m
c) 704 m
d) 706 m
e) 708 m

20. (Vunesp)

No dia 11 de março de 2011, o Japão foi sacudido por terremoto com intensidade de 8,9 na Escala Richter, com o epicentro no Oceano Pacífico, a 360 km de Tóquio, seguido de *tsunami*. A cidade de Sendai, a 320 km a nordeste de Tóquio, foi atingida pela primeira onda do *tsunami* após 13 minutos.

(*O Estado de S. Paulo*, 13.3.2011. Adaptado.)

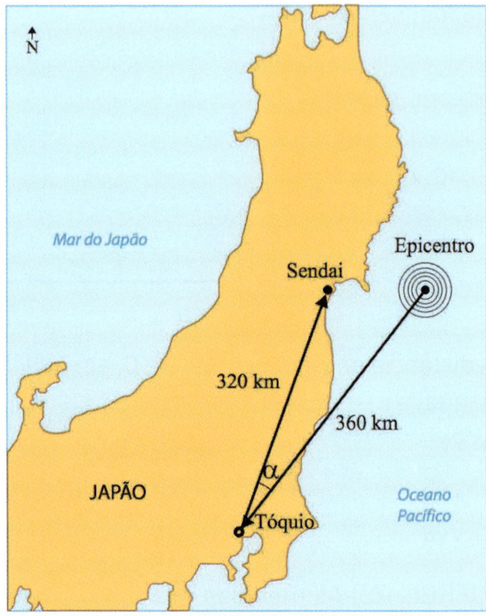

Baseando-se nos dados fornecidos e sabendo que cos α = 0,934, onde α é o ângulo Epicentro-Tóquio-Sendai, e que $2^8 \cdot 3^2 \cdot 93{,}4 \simeq 215\,100$, a velocidade média, em km/h, com que a 1ª onda do *tsunami* atingiu a cidade de Sendai foi de:

a) 10
b) 50
c) 100
d) 250
e) 600

21. (Fuvest-SP) No losango ABCD de lado 1, representado na figura, tem-se que **M** é o ponto médio de $\overline{AB}$, **N** é o ponto médio de $\overline{BC}$ e $MN = \frac{\sqrt{14}}{4}$. Então, DM é igual a:

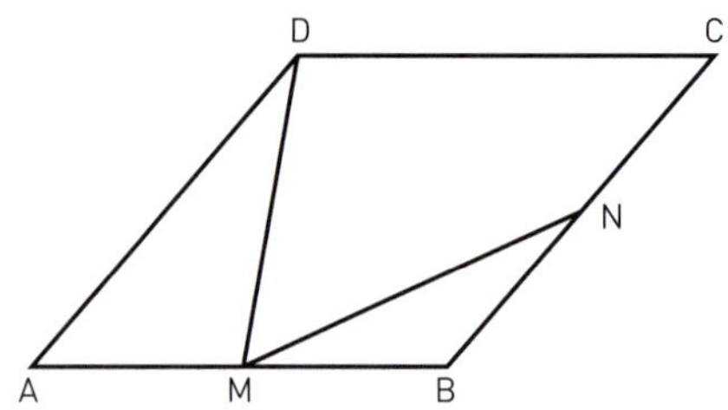

a) $\frac{\sqrt{2}}{4}$
b) $\frac{\sqrt{2}}{2}$
c) $\sqrt{2}$
d) $\frac{3\sqrt{2}}{2}$
e) $\frac{5\sqrt{2}}{2}$

22. (Mack-SP) Três ilhas, **A**, **B** e **C**, aparecem num mapa em escala 1:10 000, como na figura abaixo:

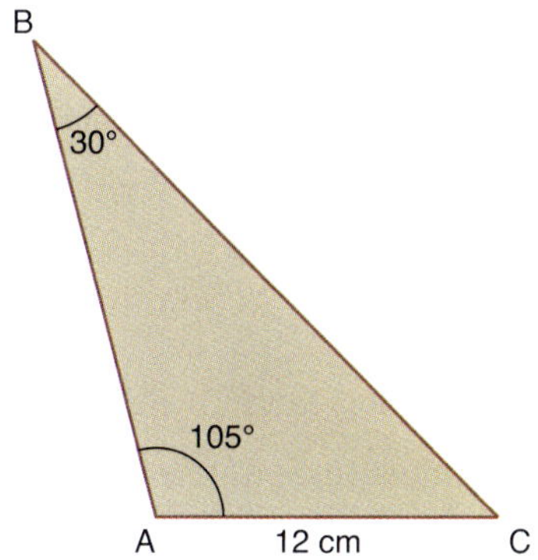

Banco de imagens/Arquivo da editora

Das alternativas, a que melhor aproxima a distância entre as ilhas **A** e **B** é:

a) 2,3 km
b) 2,1 km
c) 1,9 km
d) 1,4 km
e) 1,7 km

23. (Fatec-SP) Sejam α, β e γ as medidas dos ângulos internos de um triângulo.

Se $\frac{\text{sen}\,\alpha}{\text{sen}\,\beta} = \frac{3}{5}$, $\frac{\text{sen}\,\alpha}{\text{sen}\,\gamma} = 1$ e o perímetro do triângulo é 44, então a medida do maior lado desse triângulo é:

a) 5
b) 10
c) 15
d) 20
e) 25

24. (PUC-MG) Quatro estações de um metrô ocupam os vértices de um trapézio isósceles, conforme indicado na figura. A linha $\overline{AD}$ mede 15 km, a linha $\overline{AB}$ tem 8 km e o ângulo entre as linhas $\overline{BC}$ e $\overline{CD}$, o maior do trapézio, mede 120°. Com base nessas informações, é correto afirmar que a extensão da linha $\overline{AC}$, em quilômetros, é igual a:

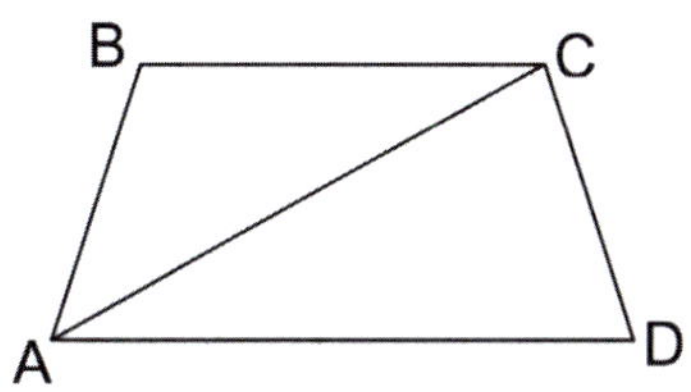

Reprodução/PUC, 2007.

a) 11
b) 12
c) 13
d) 14

25. (UFSE) No quadrilátero ABCD da figura a seguir, tem-se que:

- ângulo $B\hat{A}D$ é reto;
- BD = 3 cm e CD = 6 cm;
- $B\hat{D}C = 60°$;
- a tangente de $A\hat{D}B$ é o dobro da tangente de $A\hat{B}D$.

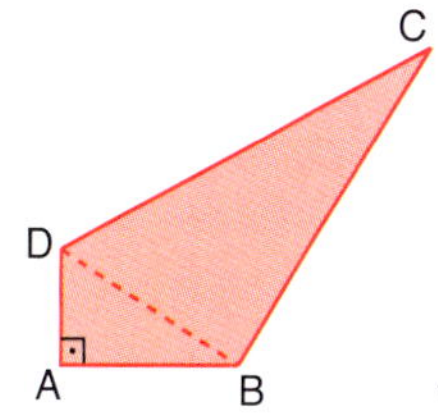

Banco de imagens/Arquivo da editora

Utilize as informações acima para analisar as afirmações seguintes.

a) $AB = \sqrt{6}$ cm.

b) O seno de um dos ângulos agudos no triângulo ABD é igual a $\frac{\sqrt{3}}{3}$.

c) $BC = 3\sqrt{3}$ cm.

d) O perímetro do quadrilátero ABCD é igual a $\left(6\sqrt{6} + 4\sqrt{3}\right)$ cm.

e) $AC = \sqrt{33 + \sqrt{6}}$ cm.

26. (UFG-GO) Uma empresa de engenharia deseja construir uma estrada ligando os pontos **A** e **B**, que estão situados em lados opostos de uma reserva florestal, como mostra a figura abaixo.

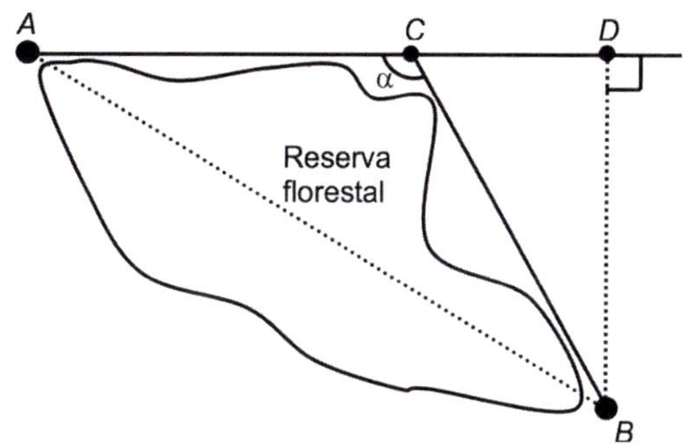

Reprodução/UFG, 2007.

A empresa optou por construir dois trechos retilíneos, denotados pelos segmentos AC e CB, ambos com o mesmo comprimento. Considerando que a distância de **A** até **B**, em linha reta, é igual ao dobro da distância de **B** e **D**, o ângulo α, formado pelos dois trechos retilíneos da estrada, mede:

a) 110°
b) 120°
c) 130°
d) 140°
e) 150°

27. (Fuvest-SP) Numa circunferência, $\mathbf{C_1}$ é o comprimento de arco de $\frac{\pi}{6}$ radianos e $\mathbf{C_2}$ é o comprimento da secante determinada por esse arco, como ilustrado na figura a seguir. Então, a razão $\frac{C_1}{C_2}$ é igual a $\frac{\pi}{6}$ multiplicado por:

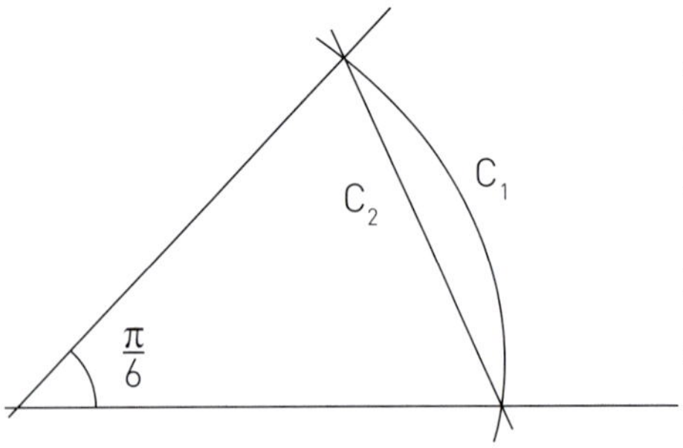

Banco de imagens/Arquivo da editora

a) 2

b) $\sqrt{1 + 2\sqrt{3}}$

c) $\sqrt{2 + \sqrt{3}}$

d) $\sqrt{2 + 2\sqrt{3}}$

e) $\sqrt{3 + \sqrt{3}}$

28. (UFTM-MG) Na figura, AEFG é um quadrado, e $\overline{BD}$ divide o ângulo $A\hat{B}C$ ao meio.

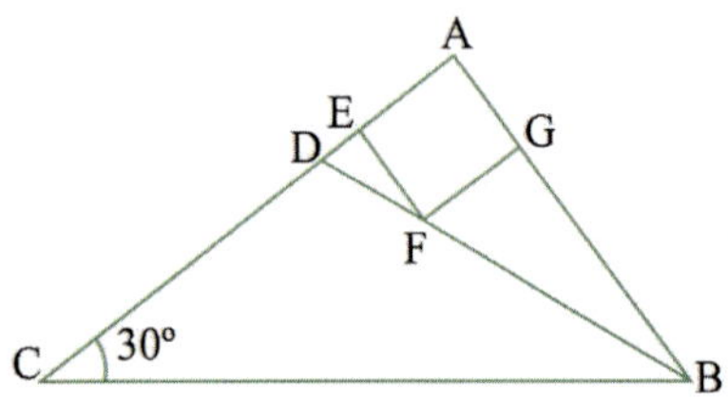

Reprodução/ UFTM, 2012.

Sendo $CD = 2\sqrt{3}$ cm, o lado do quadrado AEFG, em centímetros, mede:

a) $\frac{\sqrt{3} - 1}{2}$

b) $\sqrt{3} - 1$

c) $\frac{6(\sqrt{3} - 1)}{5}$

d) $\frac{4(\sqrt{3} - 1)}{3}$

e) $\frac{3(\sqrt{3} - 1)}{2}$

29. (ITA-SP) Considere o triângulo ABC de lados $a = \overline{BC}$, $b = \overline{AC}$ e $c = \overline{AB}$ e ângulos internos $\alpha = C\hat{A}B$, $\beta = A\hat{B}C$ e $\gamma = B\hat{C}A$. Sabendo-se que a equação $x^2 - 2bx\cos\alpha + b^2 - a^2 = 0$ admite **c** como raiz dupla, pode-se afirmar que:

a) $\alpha = 90°$

b) $\beta = 60°$

c) $\gamma = 90°$

d) O triângulo é retângulo apenas se $\alpha = 45°$.

e) O triângulo é retângulo e **b** é hipotenusa.

30. (FGV-SP) Na figura, ABCDEF é um hexágono regular de lado 1 dm, e **Q** é o centro da circunferência inscrita a ele.

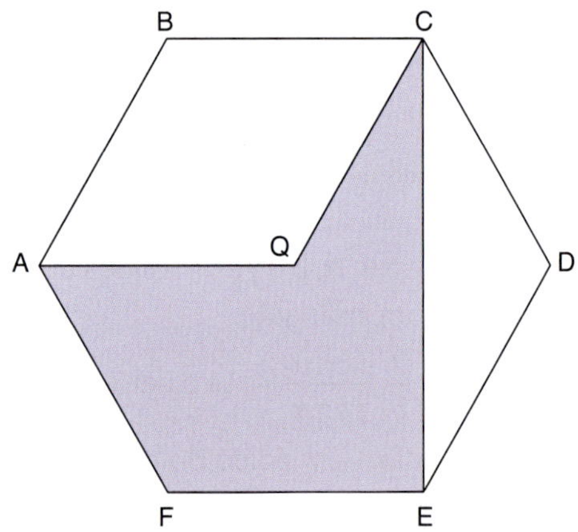

Banco de imagens/Arquivo da editora

O perímetro do polígono AQCEF, em dm, é igual a

a) $4 + \sqrt{2}$

b) $4 + \sqrt{3}$

c) 6

d) $4 + \sqrt{5}$

e) $2(2 - \sqrt{2})$

31. (Uece) No triângulo MPQ, seja PH a altura relativa ao vértice **P**. O ponto **H**, no lado MQ, divide-o em dois segmentos cujas medidas são respectivamente 3 cm e 2 cm. Se a medida da altura (segmento PH) é 6 cm, então, a medida do ângulo interno do vértice **P** é igual a

a) 60°

b) 30°

c) 45°

d) 50°

CAPÍTULO

4

Funções trigonométricas

fizkes/Shutterstock

Na conversão de uma onda acústica em dados digitais, como nos arquivos mp3, os sinais analógicos são decompostos em funções senoides por meio de uma técnica chamada transformada de Fourier. A função senoide é uma das funções trigonométricas que serão estudadas neste capítulo.

Introdução

Na tabela a seguir, constam as previsões para a maré alta e para a maré baixa durante três dias consecutivos de maio de 2015, para o porto de Ilhéus, no sul do estado da Bahia.

Porto de Ilhéus – Malhado (estado da Bahia)

Latitude: 14°46,8'S Instituição: DHN	Longitude: 39°01,6'W 40 Componentes	Fuso: +03,0 horas Nível Médio: 1,12 m	Ano: 2015 Carta: 01201
		Hora	**Altura (m)**
	Sáb 4/5/2015	3 h 41 min	2,0
		9 h 51 min	0,2
		16 h 02 min	2,1
		22 h 06 min	0,2
	Dom 5/5/2015	4 h 09 min	2,0
		10 h 21 min	0,2
		16 h 38 min	2,0
		22 h 43 min	0,2
	Seg 6/5/2015	4 h 47 min	2,0
		10 h 56 min	0,2
		17 h 09 min	2,0
		23 h 15 min	0,3

Joá Souza/Ag. A Tarde

Fonte: Marinha do Brasil. Disponível em: <www.mar.mil.br/chm/box-previsao-mare/tabuas/40145jan2016.htm>. Acesso em: 10 mar. 2016.

Observe que as previsões eram as seguintes:

- As marés altas ocorreriam de 12 em 12 horas, aproximadamente, como mostram as linhas na cor vemelha da tabela.
- As marés baixas ocorreriam, também, de 12 em 12 horas, aproximadamente, como mostram as linhas na cor branca da tabela.
- As alturas da maré alta praticamente se repetiriam de 12 em 12 horas: com apenas uma exceção, todas as alturas previstas para a maré alta são de 2,0 m.
- As alturas da maré baixa praticamente se repetiriam de 12 em 12 horas: com apenas uma exceção, todas as alturas previstas para a maré baixa são de 0,2 m = 20 cm.

Neste capítulo, veremos outros fenômenos como o descrito: que se repetem em intervalos de tempo iguais. São os chamados **fenômenos** ou **movimentos periódicos**.

Vamos definir aqui as funções trigonométricas, a partir de uma ampliação na circunferência trigonométrica, em que associaremos a qualquer número real um ponto da circunferência.

Os fenômenos periódicos podem ser descritos, de maneira aproximada, por modelos matemáticos que envolvem, geralmente, funções trigonométricas. Na seção *Aplicações*, deste capítulo, vamos conhecer mais sobre a modelagem matemática de alguns desses fenômenos.

As demais voltas na circunferência trigonométrica

No capítulo 1, quando definimos a circunferência trigonométrica, associamos a cada ponto da circunferência um número real pertencente ao intervalo $[0, 2\pi[$.

Essa associação possui caráter biunívoco, ou seja, além de a cada ponto da circunferência estar relacionado um único número real **x**, $x \in [0, 2\pi[$, também, reciprocamente, a cada número real desse intervalo associa-se um ponto sobre a circunferência trigonométrica.

Vamos estender o intervalo dessa associação:

> A cada número real está associado um ponto da circunferência.

Isso permitirá a definição das **funções trigonométricas** (ou funções **circulares**), além de garantir o seu caráter cíclico (ou periódico).

Até o capítulo anterior trabalhamos apenas na "primeira volta", ou seja, no intervalo $[0, 2\pi[$.

Com a inclusão dos números reais negativos e dos números reais maiores que (ou iguais a) 2π, poderemos ampliar nosso estudo para as demais voltas.

Seja $x \in \mathbb{R}$. Como podemos determinar o ponto **P**, imagem de **x**?

- Se $x > 0$, partimos do ponto A(1, 0) e percorremos, no sentido anti-horário, um arco de comprimento **x** (e medida **x** rad), cujas extremidades são **A** e **P**.
- Se $x < 0$, partimos do ponto A(1, 0) e percorremos, no sentido horário, um arco de comprimento $|x|$, cujas extremidades são **A** e **P**.
- Se $x = 0$, a imagem **P** é o próprio ponto **A**.

Veja os exemplos a seguir.

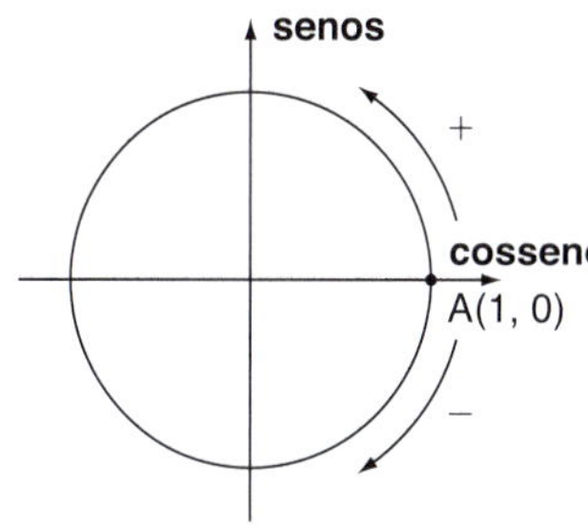

Banco de imagens/Arquivo da editora

EXEMPLO 1

$x = -\dfrac{\pi}{3}$

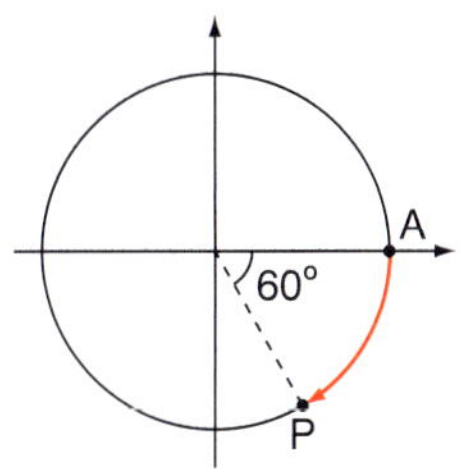

P é imagem de $-\dfrac{\pi}{3}$.

O comprimento do arco $\widehat{AP}$ é igual a $\left|-\dfrac{\pi}{3}\right| = \dfrac{\pi}{3}$.

Banco de imagens/Arquivo da editora

EXEMPLO 2

$x = \dfrac{5\pi}{2}$

Observe que

$$\frac{5\pi}{2} = \frac{4\pi}{2} + \frac{\pi}{2} = \underbrace{2\pi}_{\text{uma volta completa}} + \frac{\pi}{2}$$

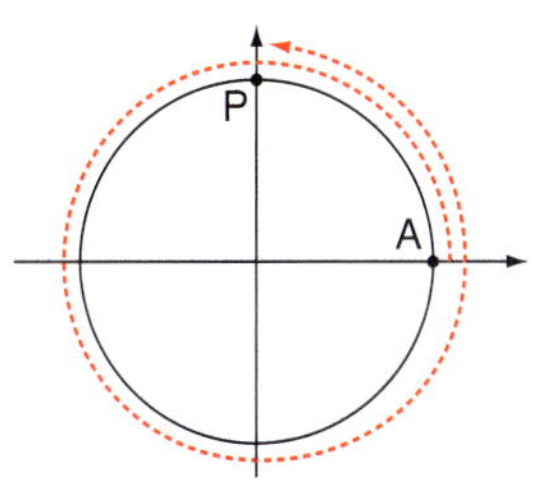

P é imagem de $\dfrac{5\pi}{2}$.

Banco de imagens/Arquivo da editora

EXEMPLO 3

$x = -3\pi$

Note que $-3\pi = \underbrace{-(2\pi + \pi)}_{\text{uma volta e meia no sentido horário}}$

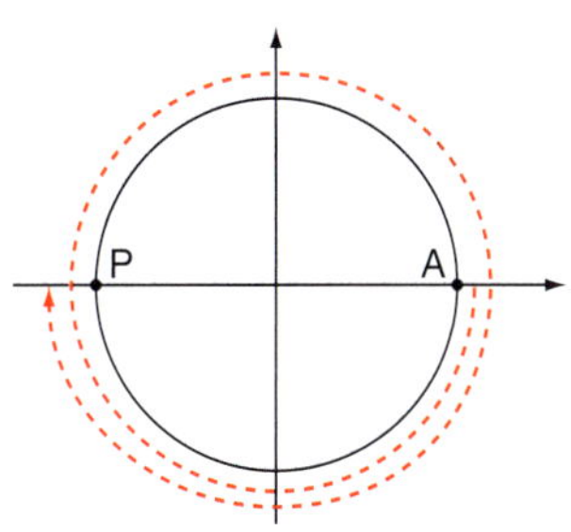

P é imagem de -3π.

Banco de imagens/Arquivo da editora

EXEMPLO 4

$x = \dfrac{25\pi}{6}$

Observe que

$$\frac{25\pi}{6} = \frac{24\pi}{6} + \frac{\pi}{6} = \underbrace{4\pi}_{\text{duas voltas completas}} + \frac{\pi}{6}$$

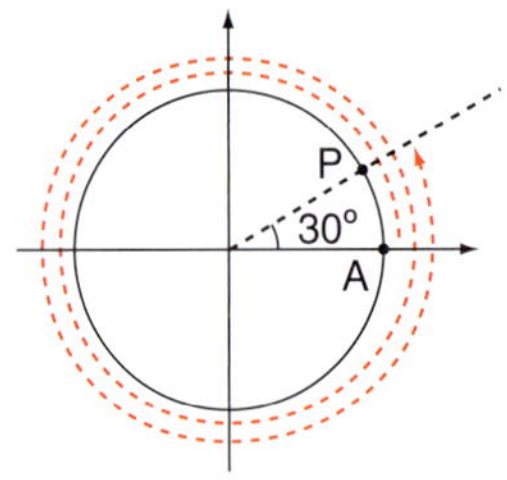

P é imagem de $\dfrac{25\pi}{6}$.

Banco de imagens/Arquivo da editora

Não é difícil perceber que um determinado ponto da circunferência trigonométrica é imagem de infinitos números reais.

Veja, por exemplo, o ponto **P** na figura ao lado.

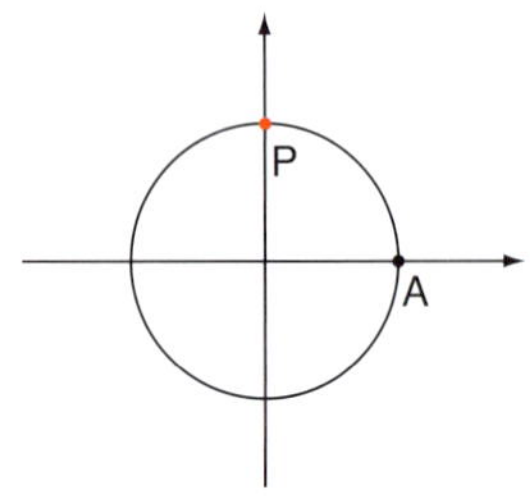

Banco de imagens/Arquivo da editora

Sabemos que **P** é imagem de $\dfrac{\pi}{2}$. Para obter outros números reais cuja imagem também seja **P**, podemos fazer:

- $\dfrac{\pi}{2} + 2\pi = \dfrac{5\pi}{2}$
- $\dfrac{\pi}{2} + 2 \cdot 2\pi = \dfrac{\pi}{2} + 4\pi = \dfrac{9\pi}{2}$
- $\dfrac{\pi}{2} + 3 \cdot 2\pi = \dfrac{\pi}{2} + 6\pi = \dfrac{13\pi}{2}$

$\vdots$

Percorremos, a partir de **A**, no sentido anti-horário, um arco de comprimento $\frac{\pi}{2}$ e, em seguida, demos 1, 2, 3, ... voltas completas, no mesmo sentido.

- $\dfrac{\pi}{2} - 2\pi = -\dfrac{3\pi}{2}$
- $\dfrac{\pi}{2} - 2 \cdot 2\pi = \dfrac{\pi}{2} - 4\pi = -\dfrac{7\pi}{2}$
- $\dfrac{\pi}{2} - 3 \cdot 2\pi = \dfrac{\pi}{2} - 6\pi = -\dfrac{11\pi}{2}$

$\vdots$

Percorremos, a partir de **A**, no sentido anti-horário, um arco de comprimento $\frac{\pi}{2}$ e, em seguida, demos 1, 2, 3, ... voltas completas, no outro sentido (horário).

De modo geral, possuem imagem em **P** todos os números reais da forma:

$\dfrac{\pi}{2} + k \cdot 2\pi$, sendo **k** um número inteiro.

Todos os arcos assim construídos $\left(..., -\dfrac{11\pi}{2}, -\dfrac{7\pi}{2}, -\dfrac{3\pi}{2}, \dfrac{\pi}{2}, \dfrac{5\pi}{2}, \dfrac{9\pi}{2}, \dfrac{13\pi}{2}, ...\right)$ têm extremidades em **A** e **P**. Eles são chamados **arcos côngruos**.

Se dois arcos de medidas α_1 e α_2 radianos são côngruos, então $\alpha_1 - \alpha_2 = k \cdot 2\pi$, sendo $k \in \mathbb{Z}$. De fato, se $k \in \mathbb{Z}$, $k \cdot 2\pi \in \{..., -4\pi, -2\pi, 0, 2\pi, 4\pi, ...\}$; como α_1 e α_2 diferem de um número inteiro de voltas (pois são côngruos), então $\alpha_1 - \alpha_2 = k \cdot 2\pi$.

Exercício resolvido

1. Represente, na circunferência trigonométrica, as imagens dos números reais **x** tais que $x = \dfrac{k\pi}{2}$, com $k \in \mathbb{Z}$.

Solução:

Atribuímos valores inteiros para **k**:

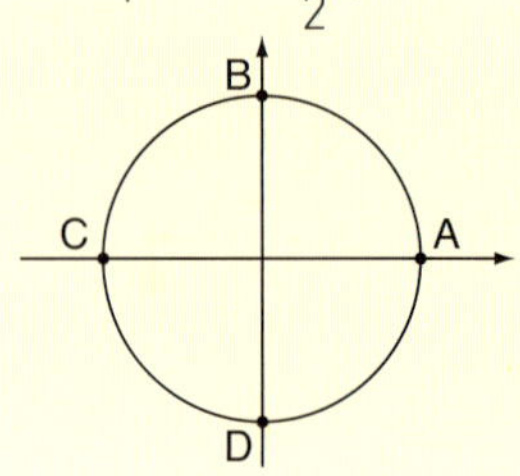

Banco de imagens/Arquivo da editora

$\vdots$

$k = -2 \Rightarrow x = -\pi$; a imagem é **C**

$k = -1 \Rightarrow x = -\dfrac{\pi}{2}$; a imagem é **D**

$k = 0 \Rightarrow x = 0$; a imagem é **A**

$k = 1 \Rightarrow x = \frac{\pi}{2}$; a imagem é **B**

$k = 2 \Rightarrow x = \pi$; a imagem é **C**

⋮

Assim, as imagens correspondentes aos números reais da forma $\frac{k\pi}{2}$, para **k** inteiro, são os pontos: **A**, **B**, **C** ou **D**.

Exercícios

1. Agrupe os seguintes números reais de acordo com os quadrantes em que se encontram suas imagens na circunferência trigonométrica.

$-\frac{3\pi}{4}, \frac{22\pi}{3}, \frac{17\pi}{4}, -\frac{19\pi}{6}, \frac{26\pi}{3}, -\frac{5\pi}{4}, -0{,}5, \frac{41\pi}{5}, -\frac{11\pi}{3}, 10, -\frac{49\pi}{10}$ e $\frac{15\pi}{4}$

2. Indique, na circunferência trigonométrica, as imagens dos seguintes números reais:

$13\pi, -\frac{5\pi}{2}, 40\pi, \frac{7\pi}{2}, \frac{17\pi}{2}, -21\pi, -14\pi, -\frac{11\pi}{2}, -7\pi, -\frac{25\pi}{2}$ e 800π.

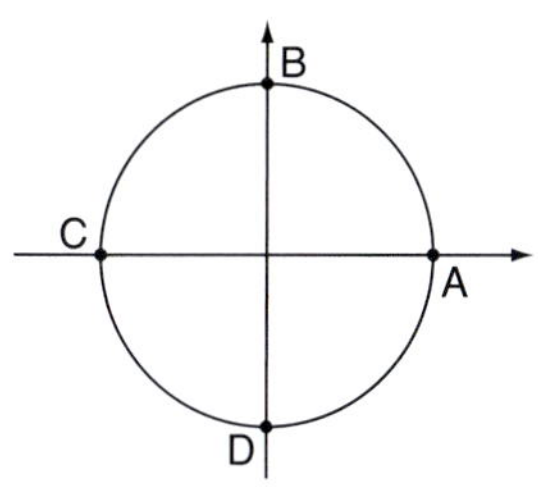

Banco de imagens/Arquivo da editora

3. Represente, na circunferência trigonométrica, as imagens dos números reais que pertencem aos seguintes conjuntos:

a) $A = \{x \in \mathbb{R} \mid x = k\pi;\ k \in \mathbb{Z}\}$

b) $B = \left\{x \in \mathbb{R} \mid x = \frac{\pi}{6} + k\pi;\ k \in \mathbb{Z}\right\}$

c) $C = \left\{x \in \mathbb{R} \mid x = \frac{\pi}{5} + k \cdot 2\pi;\ k \in \mathbb{Z}\right\}$

d) $D = \left\{x \in \mathbb{R} \mid x = -\frac{\pi}{2} + k\pi;\ k \in \mathbb{Z}\right\}$

e) $E = \left\{x \in \mathbb{R} \mid x = \frac{2\pi}{3} + k \cdot 2\pi;\ k \in \mathbb{Z}\right\}$

4. As imagens dos números reais pertencentes ao conjunto $A = \left\{x \in \mathbb{R} \mid x = \frac{k \cdot \pi}{3};\ k \in \mathbb{Z}\right\}$ são os vértices de um polígono regular na circunferência trigonométrica.

a) Como se chama esse polígono?

b) Obtenha seu perímetro e sua área.

Funções periódicas

No dia a dia, é comum encontrarmos diversos fenômenos que se repetem após o mesmo intervalo de tempo:

- os dias da semana repetem-se de 7 em 7 dias, de 14 em 14 dias, de 21 em 21 dias, etc.;
- os meses do ano repetem-se de 12 em 12 meses, de 24 em 24 meses, de 36 em 36 meses, etc.;
- as horas cheias, em um relógio analógico, repetem-se de 12 em 12 horas, de 24 em 24 horas, de 36 em 36 horas, etc.

O menor intervalo de tempo em que ocorre a repetição de determinado fato ou fenômeno é chamado de **período**.

Outros exemplos de fenômenos periódicos são as fases da Lua; a altura das marés; o movimento dos braços (para frente e para trás) dos praticantes de *cooper* em uma corrida; o fluxo de ar através da traqueia, durante a inspiração ou expiração, no processo de respiração humana, etc.

Na Matemática também existem funções que apresentam um comportamento periódico. Vejamos os exemplos a seguir.

EXEMPLO 5

Seja f: $\mathbb{N} \rightarrow \mathbb{Z}$ definida pela lei $f(x) = (-1)^x$. Acompanhe na tabela alguns valores que **f** assume à medida que **x** varia em $\mathbb{N}$:

x	0	1	2	3	4	5	...
f(x)	1	−1	1	−1	1	−1	...

Não é difícil perceber que se **x** é par, $f(x) = 1$ e se **x** é ímpar, $f(x) = -1$.

Observe que:

- $f(0) = f(2) = f(4) = f(6) = f(8) = \ldots$
- $f(1) = f(3) = f(5) = f(7) = f(9) = \ldots$

Nos dois casos, quando **x** varia por duas unidades, o valor de f(x) se repete:

$$f(x) = f(x + 2) = f(x + 4) = f(x + 6) = \ldots$$

O menor valor positivo de **p** para o qual $f(x) = f(x + p)$ é 2. Dizemos então que o período dessa função é 2. Observe o gráfico de **f**:

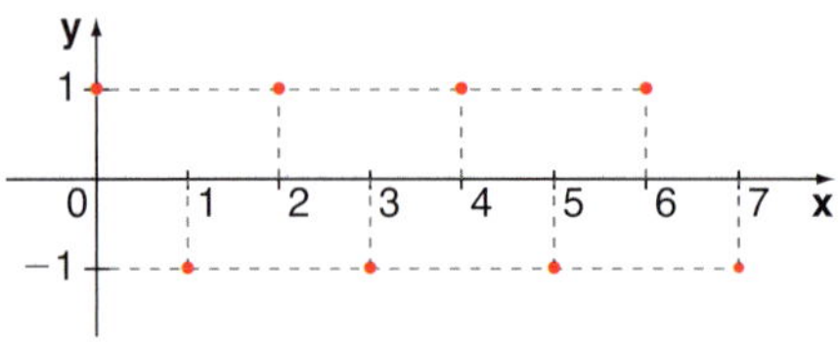

Uma função f: A $\rightarrow$ B é periódica se existir um número real positivo **p** tal que $f(x) = f(x + p)$, $\forall x \in A$.

O menor valor positivo de **p** é chamado de **período** de **f**.

Como veremos a seguir, as funções trigonométricas são exemplos de funções periódicas e podem modelar vários fenômenos periódicos.

Estudaremos duas funções trigonométricas: a **função seno** e a **função cosseno**.

Função seno

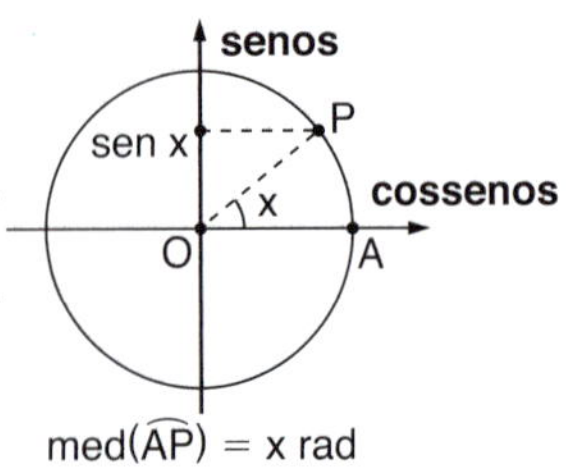

Banco de imagens/Arquivo da editora

Seja **x** um número real e **P** sua imagem na circunferência trigonométrica, como representado na figura ao lado.

Denominamos de **função seno** a função f: $\mathbb{R} \rightarrow \mathbb{R}$ que associa a cada número real **x** o seu seno, isto é, $f(x) = \text{sen } x$.

Observe que **f** associa a cada número real **x** a ordenada do ponto correspondente à sua imagem **P** na circunferência trigonométrica. É importante lembrar que a ordenada de qualquer ponto pertencente à circunferência trigonométrica varia entre −1 e 1, isto é, $-1 \leqslant \text{sen } x \leqslant 1$.

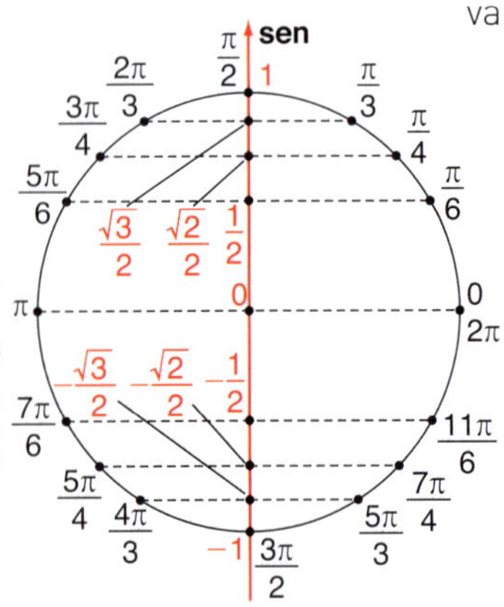

Banco de imagens/Arquivo da editora

Utilizando valores já conhecidos representados na circunferência trigonométrica ao lado, podemos identificar algumas propriedades da função seno:

- O **sinal** da função **f** dada por $f(x) = \text{sen } x$ é positivo se **x** pertence ao 1º ou ao 2º quadrantes; e é negativo se **x** pertence ao 3º ou ao 4º quadrantes.
- No 1º quadrante, a função **f** é crescente, pois, à medida que **x** aumenta, os valores de sen x aumentam de 0 até 1; no 2º e no 3º quadrantes, **f** é decrescente: à medida que **x** aumenta, os valores de $y = \text{sen } x$ diminuem de 1 (valor máximo) até −1 (valor mínimo); no 4º quadrante, a função retoma o crescimento e seus valores aumentam de −1 a 0.

  Em resumo, no 1º e no 4º quadrantes **f** é **crescente** e no 2º e no 3º quadrantes **f** é **decrescente**.

- A função seno é **periódica** e seu período é 2π. De fato, os números reais **x** e $x + k \cdot 2\pi$, para **k** inteiro, têm a mesma imagem na circunferência trigonométrica e, portanto, $\text{sen } x = \text{sen } (x + k \cdot 2\pi)$, $k \in \mathbb{Z}$. Assim, **f** é periódica e seu período **p** corresponde ao menor valor positivo de $k \cdot 2\pi$, que é 2π.
- O domínio e o contradomínio de **f** são iguais a $\mathbb{R}$. No entanto, o conjunto imagem da função seno é o intervalo real $[-1, 1]$, pois $\forall x \in \mathbb{R}$, temos: $-1 \leq \text{sen } x \leq 1$.
- **f** é uma função **ímpar**, pois $\forall x \in \mathbb{R}$, $\text{sen } (-x) = -\text{sen } x$.

Levando em consideração todas as propriedades anteriores, construímos o gráfico de **f**, dado por $f(x) = \text{sen } x$, que recebe o nome de **senoide**.

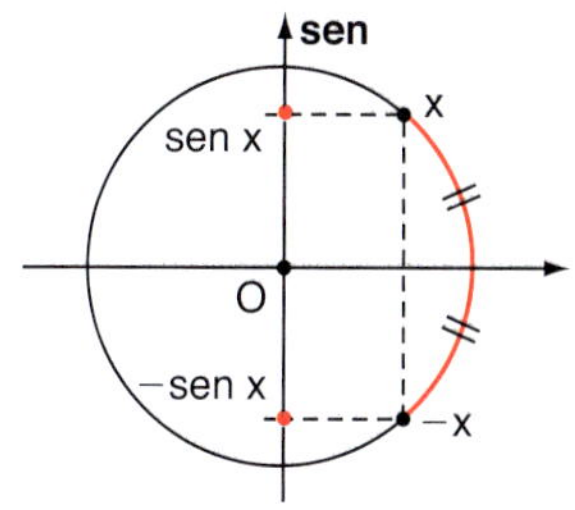

Banco de imagens/Arquivo da editora

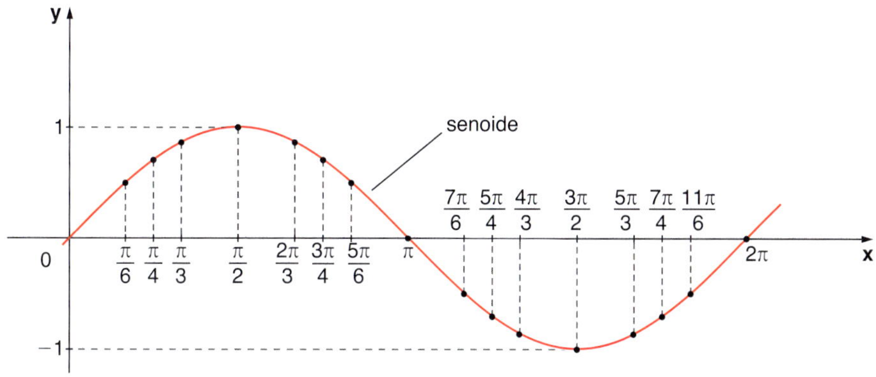

Banco de imagens/Arquivo da editora

OBSERVAÇÃO

Observe que a função seno não é injetora, pois existem elementos distintos do domínio que têm como imagem elementos não distintos do contradomínio, por exemplo, $0 \neq 2\pi$ e $\text{sen } 0 = \text{sen } 2\pi = 0$.

Representamos no gráfico apenas um período completo de **f**. A senoide, no entanto, continua para a esquerda de 0 e para a direita de 2π, pois o domínio de **f** é $\mathbb{R}$. Note que, de -2π a 0, de 2π a 4π, etc., encontraríamos "cópias" do gráfico representado, devido à periodicidade de **f**.

Observe o gráfico abaixo. Ele foi construído com o *software* livre GeoGebra.

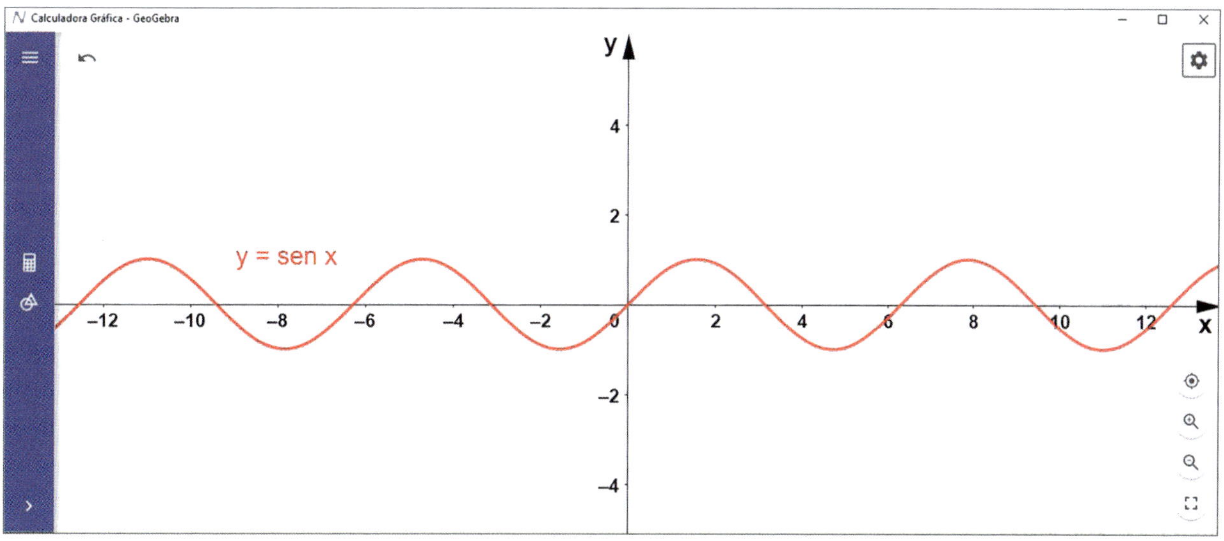

Reprodução/<www.geogebra.org>

Nesse gráfico é possível visualizar quatro períodos completos da função $y = \text{sen } x$ (de -4π a -2π, de -2π a 0, de 0 a 2π e de 2π a 4π; observe que $2\pi \simeq 6{,}28$ e $4\pi \simeq 12{,}57$).

A partir da senoide, é possível construir o gráfico de outras funções. Acompanhe os exemplos que seguem.

EXEMPLO 6

Para construir o gráfico de um período da função f: $\mathbb{R} \to \mathbb{R}$ dada por $f(x) = 3 \cdot \text{sen } x$, podemos fazer uma tabela em três etapas:

- atribuímos valores convenientes para **x**;
- associamos a **x** os correspondentes valores de sen x;
- multiplicamos sen x por 3 a fim de obter a imagem correspondente a cada **x**.

x	sen x	y = 3 · sen x
0		
$\frac{\pi}{2}$		
π		
$\frac{3\pi}{2}$		
2π		

→

x	sen x	y = 3 · sen x
0	0	
$\frac{\pi}{2}$	1	
π	0	
$\frac{3\pi}{2}$	−1	
2π	0	

→

x	sen x	y = 3 · sen x
0	0	0
$\frac{\pi}{2}$	1	3
π	0	0
$\frac{3\pi}{2}$	−1	−3
2π	0	0

Observe que o período de **f** é 2π, e seu conjunto imagem é $\text{Im}(f) = [-3, 3]$.

Perceba que, no gráfico de $y = 3 \cdot \text{sen } x$, para cada **x** corresponde uma ordenada **y** que é o triplo da ordenada na senoide ($y = \text{sen } x$). Fixemos $\mathbf{x_0}$; na senoide temos $f(x_0) = \text{sen } x_0$; na função **g** dada temos $g(x_0) = 3 \text{ sen } x_0 = 3 \cdot f(x_0)$.

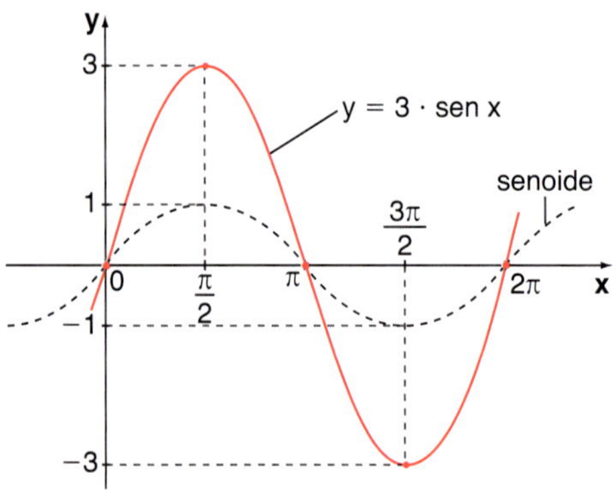

Banco de imagens/Arquivo da editora

EXEMPLO 7

Vamos construir o gráfico de um período da função f: $\mathbb{R} \to \mathbb{R}$ definida por $y = \text{sen } 2x$.
Há três etapas na construção da tabela:

- atribuímos valores convenientes para $t = 2x$;
- associamos a cada **t** ($t = 2x$) o correspondente sen t (sen 2x);
- calculamos os valores de **x** a partir dos valores de **t** $\left(x = \frac{t}{2}\right)$.

x	t = 2x	y
	0	
	$\frac{\pi}{2}$	
	π	
	$\frac{3\pi}{2}$	
	2π	

→

x	t = 2x	y = sen 2x
	0	0
	$\frac{\pi}{2}$	1
	π	0
	$\frac{3\pi}{2}$	−1
	2π	0

→

x	t = 2x	y = sen 2x
0	0	0
$\frac{\pi}{4}$	$\frac{\pi}{2}$	1
$\frac{\pi}{2}$	π	0
$\frac{3\pi}{4}$	$\frac{3\pi}{2}$	−1
π	2π	0

Como sabemos, para que sen t complete um período, é necessário que **t** varie de 0 a 2π.

Temos: $0 \leqslant t \leqslant 2\pi \Leftrightarrow 0 \leqslant 2x \leqslant 2\pi \Rightarrow 0 \leqslant x \leqslant \pi$, isto é, $x \in [0, \pi]$.

Assim, o período da função **f** dada por $y = \text{sen } 2x$ corresponde ao comprimento do intervalo $[0, \pi]$, que é $\pi - 0 = \pi$. O comprimento de um intervalo real $[a, b]$ é igual à diferença $b - a$. Observe, ao lado, um período completo do gráfico de **f**.

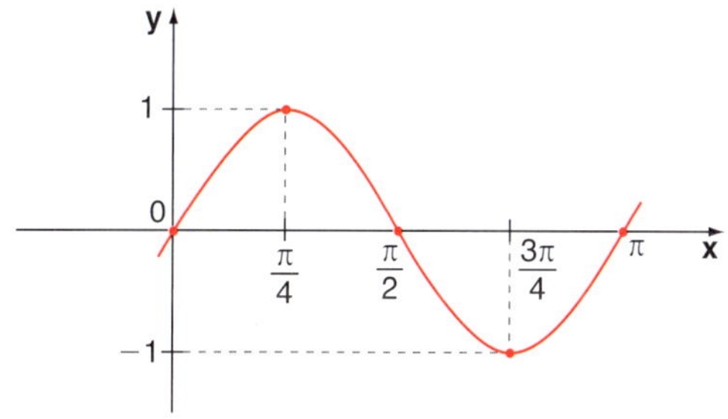

Banco de imagens/Arquivo da editora

Veja a seguir a construção, no mesmo plano cartesiano, dos gráficos das funções **f** e **g**, dadas por $f(x) = \text{sen } 2x$ e $g(x) = \text{sen } x$.

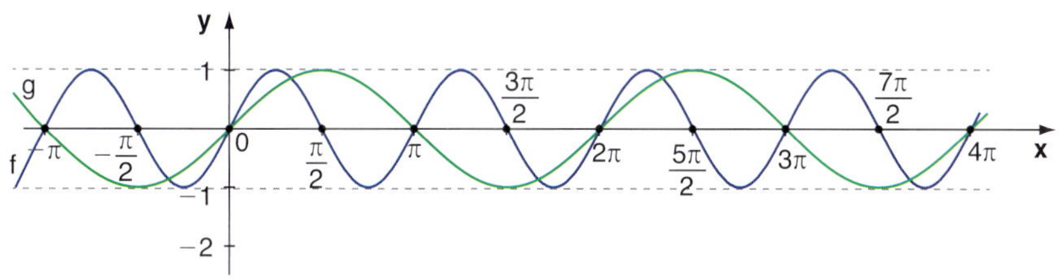

Banco de imagens/Arquivo da editora

Observe que o gráfico de **f** (quando comparado ao gráfico de **g**) sofreu uma "compressão" na horizontal, causada pela redução do período: o período de $g(x) = \text{sen } x$ é igual a 2π e o período de $f(x) = \text{sen } 2x$ é igual a π.

Note ainda que o conjunto imagem de ambas é $[-1, 1]$.

EXEMPLO 8

Vamos construir o gráfico de um período da função $f: \mathbb{R} \rightarrow \mathbb{R}$ definida por $y = \text{sen}\left(x - \frac{\pi}{3}\right)$.

Seguimos o procedimento descrito nos exemplos anteriores:

- atribuímos valores convenientes para $t = x - \frac{\pi}{3}$;
- associamos a cada **t** $\left(t = x - \frac{\pi}{3}\right)$ o correspondente $\text{sen } t = \text{sen}\left(x - \frac{\pi}{3}\right)$;
- calculamos os valores de **x** a partir dos valores de **t** $\left(x = t + \frac{\pi}{3}\right)$.

x	$t = x - \frac{\pi}{3}$	$y = \text{sen}\left(x - \frac{\pi}{3}\right)$
$\frac{\pi}{3}$	0	0
$\frac{5\pi}{6}$	$\frac{\pi}{2}$	1
$\frac{4\pi}{3}$	π	0
$\frac{11\pi}{6}$	$\frac{3\pi}{2}$	−1
$\frac{7\pi}{3}$	2π	0

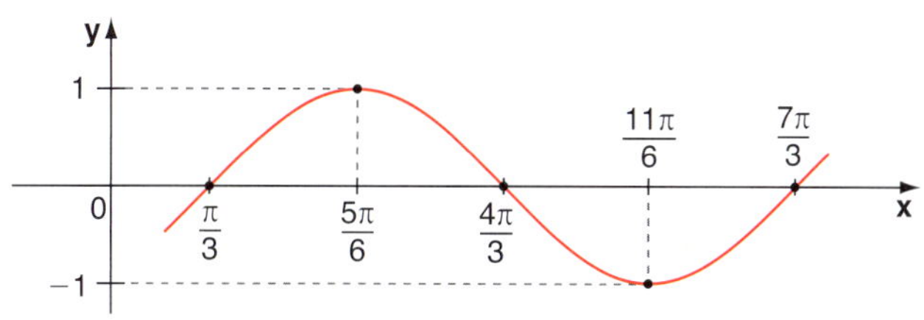

Banco de imagens/Arquivo da editora

Note que:

- $\text{Im}(f) = [-1, 1]$, pois $\forall x \in \mathbb{R}$, $-1 \leqslant \text{sen}\left(x - \frac{\pi}{3}\right) \leqslant 1$;
- o período de **f** corresponde ao comprimento do intervalo $\left[\frac{\pi}{3}, \frac{7\pi}{3}\right]$, que é: $p = \frac{7\pi}{3} - \frac{\pi}{3} = \frac{6\pi}{3} = 2\pi$;

- o gráfico de $y = \text{sen}\left(x - \frac{\pi}{3}\right)$ corresponde ao gráfico da senoide (definida por y = sen x), transladado de $\frac{\pi}{3}$ unidades para a direita, como podemos observar no gráfico abaixo, em que adicionamos $\frac{\pi}{3}$ a cada abscissa dos pontos do gráfico da senoide.

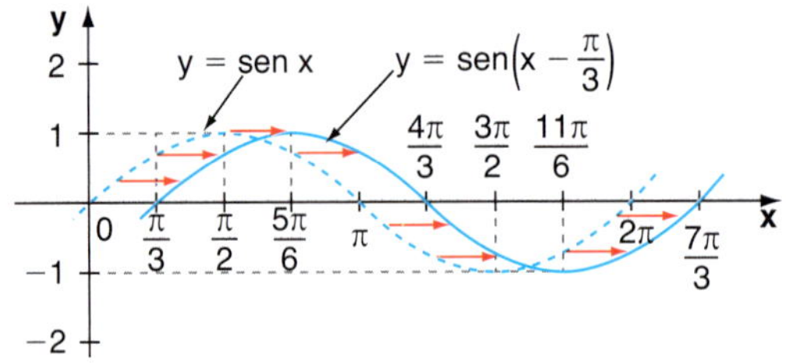

Banco de imagens/Arquivo da editora

Observe os dois gráficos, $f(x) = \text{sen}\left(x - \frac{\pi}{3}\right)$ e g(x) = sen x, traçados no mesmo plano cartesiano.

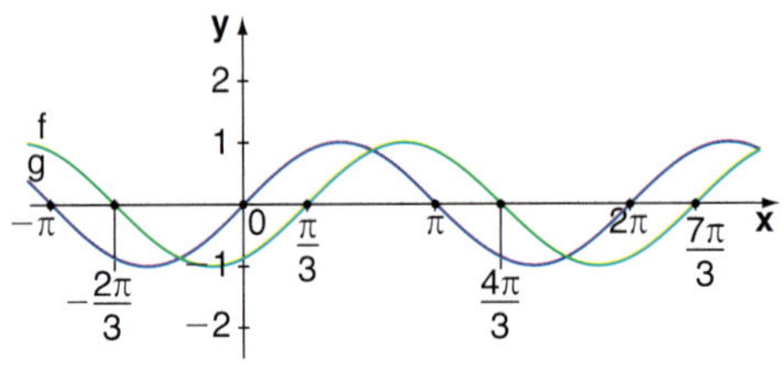

Banco de imagens/Arquivo da editora

Período da função seno

Sejam **c** e **d** números reais, com $c \neq 0$. A função definida por y = sen (cx + d) tem período **p** dado por $p = \frac{2\pi}{|c|}$.

De fato, fazendo t = cx + d, para que sen t complete um período, é necessário que **t** varie de 0 a 2π:

$$0 \leqslant t \leqslant 2\pi \Leftrightarrow 0 \leqslant cx + d \leqslant 2\pi \Leftrightarrow -d \leqslant cx \leqslant -d + 2\pi$$

- Para $c > 0$, temos: $-\frac{d}{c} \leqslant x \leqslant \frac{-d + 2\pi}{c}$, isto é, $x \in \left[-\frac{d}{c}, \frac{-d + 2\pi}{c}\right]$, e o período **p** é:

$$\frac{-d + 2\pi}{c} - \left(-\frac{d}{c}\right) = \frac{2\pi}{c}$$

- Para $c < 0$, temos: $-\frac{d}{c} \geqslant x \geqslant \frac{-d + 2\pi}{c}$, isto é, $x \in \left[\frac{-d + 2\pi}{c}, -\frac{d}{c}\right]$, e o período **p** é:

$$-\frac{d}{c} - \left(\frac{-d + 2\pi}{c}\right) = -\frac{2\pi}{c} > 0$$

Reunindo os dois casos, teremos $p = \frac{2\pi}{|c|}$.

Assim:

- no exemplo 6, para a função dada por $f(x) = 3 \cdot \text{sen}\, x$, temos o período $\frac{2\pi}{|1|} = 2\pi$;
- no exemplo 7, para a função dada por f(x) = sen 2x, o período pode ser determinado por $p = \frac{2\pi}{|2|} = \pi$;
- no exemplo 8, para a função definida por $f(x) = \text{sen}\left(x - \frac{\pi}{3}\right)$, temos o período $p = \frac{2\pi}{|1|} = 2\pi$.

Exercícios resolvidos

2. Calcule o valor de:

a) $\text{sen}\ \frac{19\pi}{4}$ b) $\text{sen}\ 1\,980°$ c) $\text{sen}\ \frac{19\pi}{2}$

Solução:

a) Note que $\frac{19\pi}{4} = \frac{16\pi}{4} + \frac{3\pi}{4} = \underbrace{4\pi}_{\text{duas voltas completas}} + \frac{3\pi}{4}$;

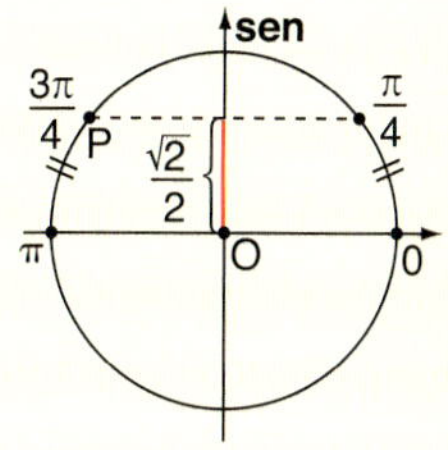

Ilustrações: Banco de imagens/Arquivo da editora

assim, $\frac{19\pi}{4}$ e $\frac{3\pi}{4}$ têm mesma imagem **P** na circunferência trigonométrica e, portanto, $\text{sen}\ \frac{19\pi}{4} = \text{sen}\ \frac{3\pi}{4}$.

Como $\text{sen}\ \frac{3\pi}{4} = \text{sen}\ \frac{\pi}{4} = \frac{\sqrt{2}}{2}$, conclui-se que $\text{sen}\ \frac{19\pi}{4} = \frac{\sqrt{2}}{2}$.

b) Dividindo 1 980° por 360°, temos:

$$\begin{array}{r|l} 1\,980° & 360° \\ \hline -1\,800° & 5 \\ \hline 180° & \end{array}$$

Assim, $1\,980° = 360° \cdot 5 + 180°$ e, desse modo, 1 980° e 180° são arcos côngruos. Daí, $\text{sen}\ 1\,980° = \text{sen}\ 180° = 0$.

c) $\frac{19\pi}{2} = \frac{16\pi}{2} + \frac{3\pi}{2} = \underbrace{8\pi}_{\text{quatro voltas completas}} + \frac{3\pi}{2}$

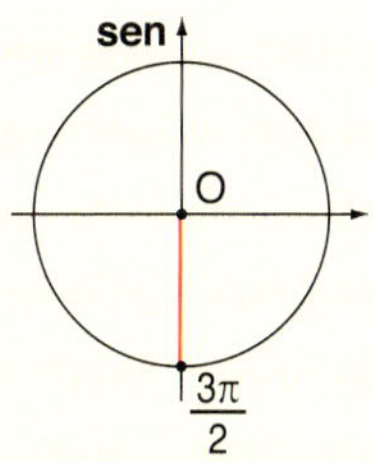

Assim, $\text{sen}\ \frac{19\pi}{2} = \text{sen}\ \frac{3\pi}{2} = -1$.

3. Para quais valores reais de **m** existe o número real $\boldsymbol{\alpha}$ tal que $\text{sen}\ \alpha = 2m - 1$?

Solução:

Para todo $\alpha \in \mathbb{R}$, temos $-1 \leqslant \text{sen}\ \alpha \leqslant 1$, isto é, $-1 \leqslant 2m - 1 \leqslant 1 \Rightarrow 0 \leqslant 2m \leqslant 2 \Rightarrow 0 \leqslant m \leqslant 1$.
Assim, a resposta é: $\{m \in \mathbb{R} \mid 0 \leqslant m \leqslant 1\}$.

4. Seja $f: \mathbb{R} \to \mathbb{R}$ a função definida por $y = 1 + 3 \cdot \text{sen}\left(2x - \frac{\pi}{5}\right)$. Obtenha o domínio, o conjunto imagem e o período de **f**.

Solução:

- Inicialmente, observe que o domínio de **f** é $\mathbb{R}$, pois $\forall x \in \mathbb{R}$, o número $1 + 3 \cdot \text{sen}\left(2x - \frac{\pi}{5}\right)$ é real.
- Sabemos que, $\forall x \in \mathbb{R}$, $-1 \leqslant \text{sen}\left(2x - \frac{\pi}{5}\right) \leqslant 1 \Rightarrow -3 \leqslant 3 \cdot \text{sen}\left(2x - \frac{\pi}{5}\right) \leqslant 3 \Rightarrow$

  $\Rightarrow -3 + 1 \leqslant 1 + 3\ \text{sen}\left(2x - \frac{\pi}{5}\right) \leqslant 3 + 1$, isto é, $-2 \leqslant y \leqslant 4$; logo, $\text{Im}(f) = [-2, 4]$.
- Para que sen t complete um período, sendo $t = 2x - \frac{\pi}{5}$, devemos ter $0 \leqslant t \leqslant 2\pi \Rightarrow 0 \leqslant 2x - \frac{\pi}{5} \leqslant 2\pi \Leftrightarrow$

  $\Leftrightarrow \frac{\pi}{5} \leqslant 2x \leqslant \underbrace{2\pi + \frac{\pi}{5}}_{\frac{11\pi}{5}} \Leftrightarrow \frac{\pi}{10} \leqslant x \leqslant \frac{11\pi}{10}$, isto é, $x \in \left[\frac{\pi}{10}, \frac{11\pi}{10}\right]$, e o período **p** é $\frac{11\pi}{10} - \frac{\pi}{10} = \pi$.

  Também poderíamos ter aplicado a relação $p = \frac{2\pi}{|c|}$, sendo $c = 2$: $p = \frac{2\pi}{|2|} = \pi$.

Exercícios

5. Dê o sinal de:

a) $\text{sen}\left(-\frac{\pi}{2}\right)$

b) $\text{sen}\left(-\frac{5\pi}{4}\right)$

c) $\text{sen}\,\frac{10\pi}{3}$

d) sen 850°

e) sen 3 816°

f) $\text{sen}\,\frac{67\pi}{8}$

6. Qual é o valor de:

a) $\text{sen}\,4\pi$

b) $\text{sen}\,\frac{17\pi}{2}$

c) $\text{sen}\,\frac{19\pi}{3}$

d) sen 1 290°

e) $\text{sen}\left(-\frac{\pi}{3}\right)$

f) $\text{sen}\,\frac{29\pi}{4}$

7. Classifique os itens a seguir como verdadeiros (**V**) ou falsos (**F**).

a) O valor de $\text{sen}\left(\frac{2\pi}{3} + k \cdot 2\pi\right)$, para **k** inteiro, é $\frac{\sqrt{3}}{2}$.

b) $\text{sen}\,(k \cdot \pi) = 0$, para **k** inteiro.

c) $\text{sen}\,1\,000° > 0$.

d) O seno do número real 10 é negativo.

e) $\text{sen}\left(-\frac{\pi}{9}\right) = \text{sen}\,\frac{\pi}{9}$.

Enunciado para os exercícios 8 a 12:
Para cada função dada, determine o período e o conjunto imagem, construindo o gráfico de um período completo.

8. $f: \mathbb{R} \to \mathbb{R}$ tal que $f(x) = 2\,\text{sen}\,x$.

9. $f: \mathbb{R} \to \mathbb{R}$ definida por $f(x) = -\text{sen}\,x$.

10. $f: \mathbb{R} \to \mathbb{R}$ definida por $f(x) = \text{sen}\,3x$.

11. $f: \mathbb{R} \to \mathbb{R}$ definida por $f(x) = 3 + \text{sen}\,x$.

12. $f: \mathbb{R} \to \mathbb{R}$ definida por $f(x) = 2 + \text{sen}\left(\frac{x}{2}\right)$.

13. Para quais valores reais de **t** temos $\text{sen}\,\alpha = \frac{t+1}{2}$, sendo **α** um número real qualquer?

14. O número real **α** é tal que $\frac{\pi}{2} \leqslant \alpha \leqslant \pi$, com $\text{sen}\,\alpha = 2m - 3$. Quais são os possíveis valores reais de **m**?

15. Seja $f: \mathbb{R} \to \mathbb{R}$ definida por $f(x) = 3 + 2 \cdot \text{sen}\,4x$.

a) Qual é o período de **f**?

b) Qual é o valor máximo que **f** assume?

16. Na roda-gigante de um parque de diversões, a altura (em metros) em que um passageiro se encontra no instante **t** (em segundos) é dada pela lei:

Thinkstock/Getty images

$$h(t) = 6 + 4 \cdot \text{sen}\left(\frac{\pi}{12} \cdot t\right), \text{ para } t \in [0, 270].$$

a) No início do passeio, a que altura se encontra o passageiro?

b) A que altura se encontra o passageiro após 9 s do início? Use $\sqrt{2} \simeq 1{,}4$.

c) Qual é a altura mínima que esse passageiro atinge no passeio?

d) Qual é o tempo necessário para a roda-gigante dar uma volta completa?

e) Quantas voltas completas ocorrem no passeio?

17. Na figura, está representado o gráfico de $f: \mathbb{R} \to \mathbb{R}$ definida por $f(x) = \text{sen}\,x$.
Com base no gráfico, responda:

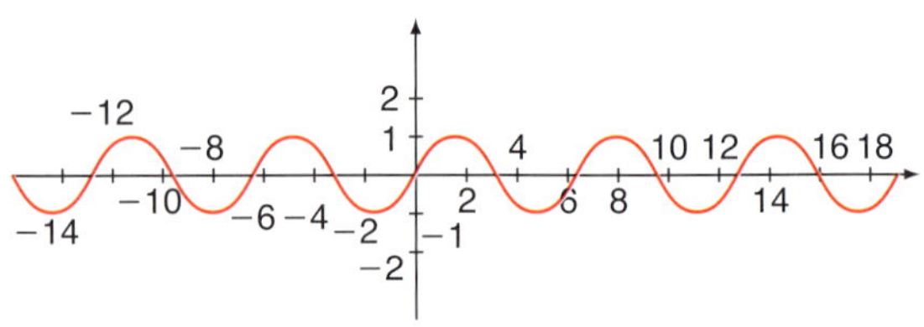

Banco de imagens/Arquivo da editora

a) Quais são as raízes de **f** em [−14, 10]?

b) Determine o valor de **x**, $x \in [6, 12]$, para o qual **f** é mínimo.

c) Quais os intervalos em que **f** é crescente, considerando $x \in [0, 10]$?

A trigonometria e a roda-gigante

AUSÊNCIA DE PROPORÇÃO

A roda-gigante é uma das atrações mais tradicionais dos parques de diversões.

Imagine uma roda-gigante, como a mostrada na figura 1 ao lado, que tenha 12 cadeiras igualmente distribuídas ao longo da circunferência, cujo raio mede 9 m. Uma estrutura de ferro sustenta a roda-gigante a partir do seu centro, mantendo-a presa ao solo. A distância do centro da roda-gigante ao solo é 10 m.

A roda gira, de modo lento, com velocidade praticamente constante de 3° por segundo, completando a volta em 120 s. Um passageiro sentado em uma das cadeiras observa que sua altura em relação ao solo varia de maneira periódica ao longo do passeio, de forma que uma determinada altura é atingida algumas vezes à medida que a roda executa as várias voltas do passeio.

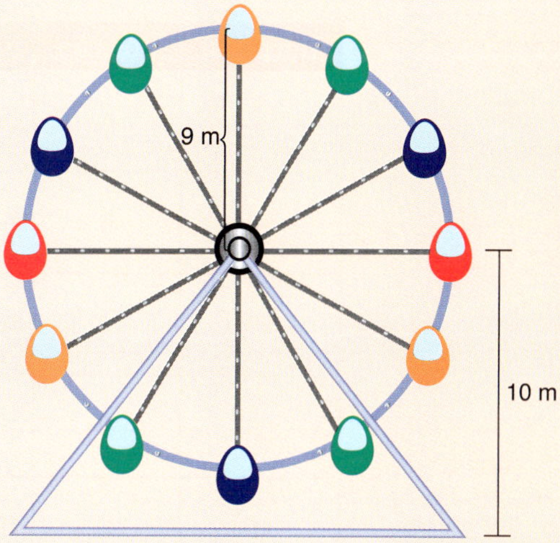

CJT/Zapt/Arquivo da editora

figura 1

Como podemos expressar a altura em que se encontra uma determinada cadeira a cada instante do passeio?

Imagine que, no início da contagem do tempo, um passageiro se encontra na cadeira **A** (figura 2). Como a velocidade de giro é de 3°/s, em 10 s cada cadeira percorre 30°. Na figura 2 estão representadas as posições que esse passageiro vai ocupar a cada 10 s ao longo de uma volta completa da roda.

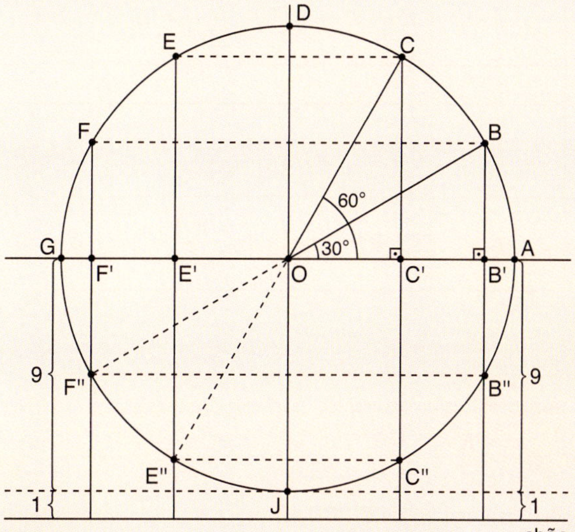

Banco de imagens/Arquivo da editora

figura 2

Velocidade de giro: $3°/s \left(\text{ou } \frac{\pi}{60} \text{ rad/s}\right)$

$\triangle BOB'$: $\text{sen } 30° = \frac{BB'}{OB} \Rightarrow BB' = 9 \cdot \text{sen } (10 \cdot 3°) = 9 \cdot \text{sen}\left(10 \cdot \frac{\pi}{60}\right)$

$\triangle COC'$: $\text{sen } 60° = \frac{CC'}{OC} \Rightarrow CC' = 9 \cdot \text{sen } (20 \cdot 3°) = 9 \cdot \text{sen}\left(20 \cdot \frac{\pi}{60}\right)$

Observe que são iguais as alturas correspondentes aos seguintes pares de posições: **A** e **G**, **B** e **F**, **C** e **E**, **F''** e **B''** e **E''** e **C''**.

Além disso, os segmentos $\overline{BB'}$, $\overline{FF'}$, $\overline{F'F''}$ e $\overline{B'B''}$ são congruentes (Atenção, porém, para a diferença das alturas correspondentes a **B** e **B''** e também a **F** e **F''**!), ocorrendo o mesmo com os segmentos $\overline{CC'}$, $\overline{EE'}$, $\overline{E'E''}$ e $\overline{C'C''}$.

Temos as seguintes posições para uma volta completa na roda, considerando intervalos de tempo de dez em dez segundos:

Tempo (s)	Posição	Altura (m)
0	A	$10 + 9 \cdot \text{sen}\left(0 \cdot \frac{\pi}{60}\right) = 10 + 0 = 10$
10	B	$10 + 9 \cdot \text{sen}\left(10 \cdot \frac{\pi}{60}\right) = 10 + 4{,}5 = 14{,}5$
20	C	$10 + 9 \cdot \text{sen}\left(20 \cdot \frac{\pi}{60}\right) \simeq 10 + 7{,}8 \simeq 17{,}8$
30	D	$10 + 9 \cdot \text{sen}\left(30 \cdot \frac{\pi}{60}\right) = 10 + 9 = 19$
40	E	$10 + 9 \cdot \text{sen}\left(40 \cdot \frac{\pi}{60}\right) \simeq 10 + 7{,}8 \simeq 17{,}8$
⋮	⋮	⋮
70	F"	$10 + 9 \cdot \text{sen}\left(70 \cdot \frac{\pi}{60}\right) = 10 + (-4{,}5) = 5{,}5$
⋮	⋮	⋮
90	J	$10 + 9 \cdot \text{sen}\left(90 \cdot \frac{\pi}{60}\right) = 10 + (-9) = 1$
⋮	⋮	⋮
110	B"	$10 + 9 \cdot \text{sen}\left(110 \cdot \frac{\pi}{60}\right) = 10 + (-4{,}5) = 5{,}5$
120	A	$10 + 9 \cdot \text{sen}\left(120 \cdot \frac{\pi}{60}\right) = 10 + 0 = 10$

OBSERVAÇÃO

Note que a altura relativa ao ponto **F"**, por exemplo, pode ser expressa por: $10 - F'F" = 10 - 9 \cdot \text{sen}\ 30° = 10 + 9 \cdot \text{sen}\ 210° = 10 + 9 \cdot \text{sen}\left(70 \cdot \frac{\pi}{60}\right)$.

Raciocínio análogo pode ser usado para os pontos **E"**, **C"** e **B"**.

Observando a primeira e a última coluna da tabela, vemos que, para cada instante **t** (em segundos), corresponde uma altura **h** (em metros), dada por:

$$h(t) = 10 + 9 \cdot \text{sen}\left(t \cdot \frac{\pi}{60}\right)$$

O período dessa função é $\frac{2\pi}{\left|\frac{\pi}{60}\right|} = \frac{2\pi}{\frac{\pi}{60}} = 120$. Note que 120 s é o tempo de execução de uma volta completa.

A diferença entre a maior e a menor altura atingida nesse movimento é $\underbrace{19\ \text{m}}_{h_{máx}} - \underbrace{1\ \text{m}}_{h_{mín}} = 18\ \text{m}$.

Fonte de pesquisa: VERBYTSKA, Oksana. *Matemática no dia a dia*. Universidade de Lisboa. Dissertação de mestrado. Disponível em: <repositorio.ul.pt/bitstream/10451/16037/1/ulfc112046_tm_Oksana_Verbytska.pdf>. Acesso em: 19 jul. 2018.

Função cosseno

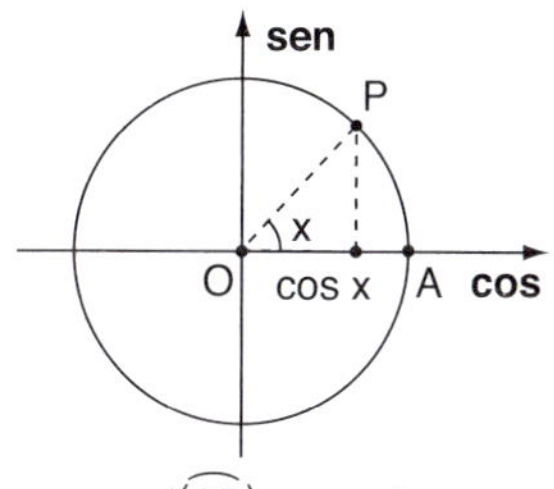

med($\widehat{AP}$) = x rad

Seja **x** um número real e **P** sua imagem na circunferência trigonométrica. Chama-se **função cosseno** a função f: $\mathbb{R} \rightarrow \mathbb{R}$ que associa a cada número real **x** o seu cosseno, ou seja, f(x) = cos x.

Observe que **f** associa a cada número real **x** a abscissa do ponto correspondente à sua imagem **P** na circunferência.

Vamos usar alguns valores já conhecidos representados na circunferência trigonométrica a seguir para reconhecer algumas propriedades da função cosseno.

- O **sinal** da função cosseno é positivo se **x** pertence ao 1º ou ao 4º quadrantes, e é negativo se **x** pertence ao 2º ou ao 3º quadrantes.
- No 1º e no 2º quadrantes, **f** é **decrescente** (observe que os valores de cos x diminuem de 1 até −1 à medida que **x** aumenta); no 3º e no 4º quadrantes, os valores de cos x aumentam de −1 a 1, à medida que **x** aumenta, o que significa que **f** é **crescente**.
- A função cosseno é **periódica** e seu período é 2π. Como vimos, os números reais **x** e $x + k \cdot 2\pi$, $k \in \mathbb{Z}$, têm a mesma imagem na circunferência trigonométrica e, portanto, $\cos x = \cos(x + k \cdot 2\pi)$, $k \in \mathbb{Z}$. O período de **f** é o menor valor positivo de $k \cdot 2\pi$, que é 2π.
- O domínio e o contradomínio de **f** são iguais a $\mathbb{R}$; o conjunto imagem de **f** é $[-1, 1]$, pois, $\forall x \in \mathbb{R}$, temos $-1 \leqslant \cos x \leqslant 1$, já que o raio da circunferência trigonométrica é unitário e as abscissas dos pontos da circunferência variam de −1 até 1.
- $\forall x \in \mathbb{R}$, $\cos(-x) = \cos x$; isso significa dizer que a função cosseno é uma **função par**.

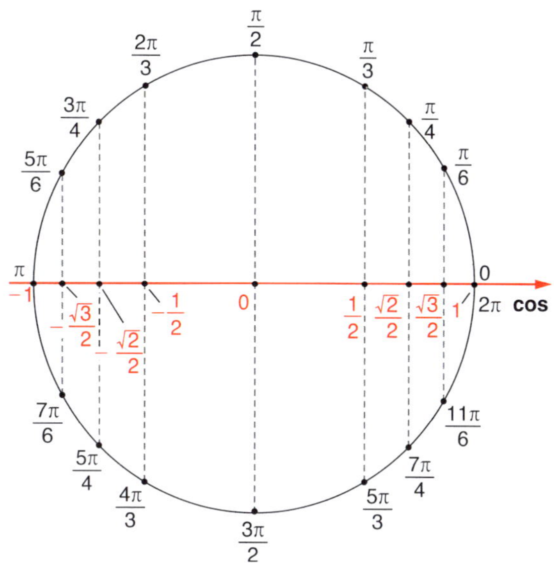

Ilustrações: Banco de imagens/Arquivo da editora

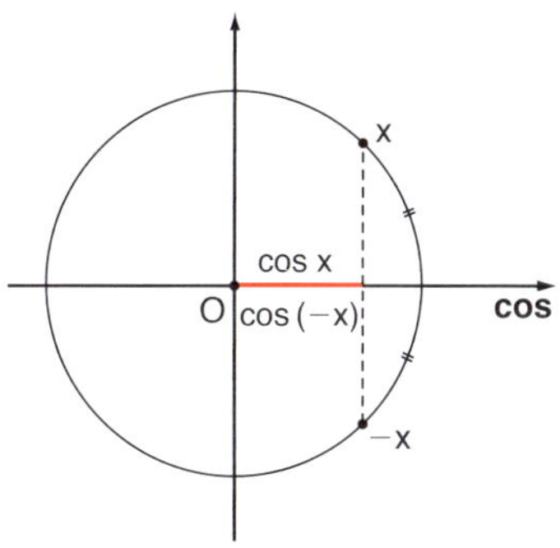

Com as considerações anteriores, traçamos o gráfico de um período da função **f** definida por f(x) = cos x. Esse gráfico recebe o nome de **cossenoide**.

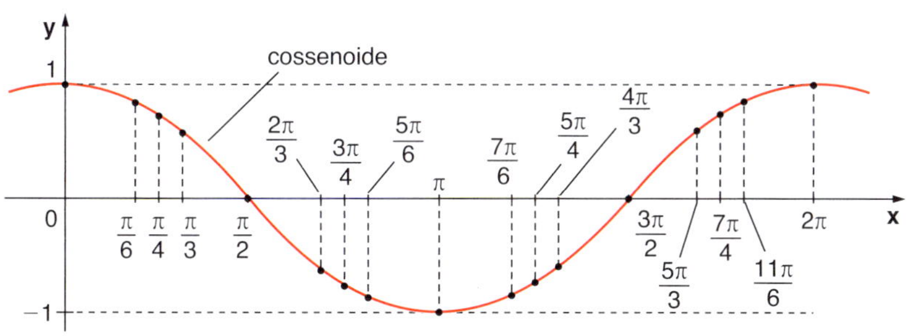

Observe a seguir o gráfico de $y = \cos x$ construído com o GeoGebra.

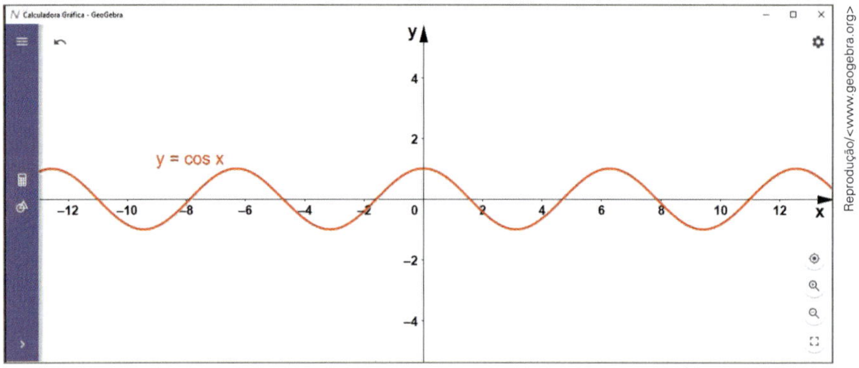

Seguindo o mesmo processo apresentado para a construção de outros gráficos similares à senoide, vamos construir dois gráficos obtidos a partir da cossenoide.

EXEMPLO 9

Vamos construir o gráfico de $f: \mathbb{R} \rightarrow \mathbb{R}$ definida por $y = 3 \cdot \cos x + 1$.

x	cos x	$y = 3 \cdot \cos x + 1$
0	1	$3 \cdot 1 + 1 = 4$
$\frac{\pi}{2}$	0	$3 \cdot 0 + 1 = 1$
π	-1	$3 \cdot (-1) + 1 = -2$
$\frac{3\pi}{2}$	0	$3 \cdot 0 + 1 = 1$
2π	1	$3 \cdot 1 + 1 = 4$

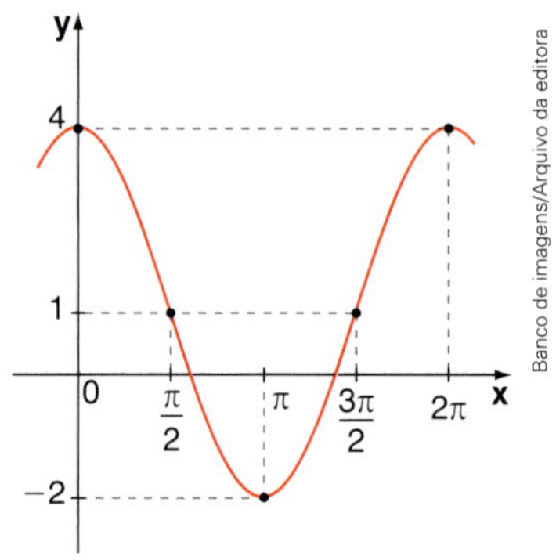

Observe que:

- o período dessa função é 2π, pois, para que cos x complete um período, **x** deve variar de 0 a 2π.
- o conjunto imagem dessa função é $[-2, 4]$, pois, $\forall x \in \mathbb{R}$, temos:

$$-1 \leqslant \cos x \leqslant 1 \Rightarrow -3 \leqslant 3 \cdot \cos x \leqslant 3 \Rightarrow -3 + 1 \leqslant 3 \cdot \cos x + 1 \leqslant 3 + 1 \Rightarrow -2 \leqslant y \leqslant 4$$

A seguir é possível ver os gráficos das funções de $\mathbb{R}$ em $\mathbb{R}$ dadas por $f(x) = \cos x$ e $g(x) = 3 \cdot \cos x + 1$ no mesmo plano cartesiano construído no GeoGebra.

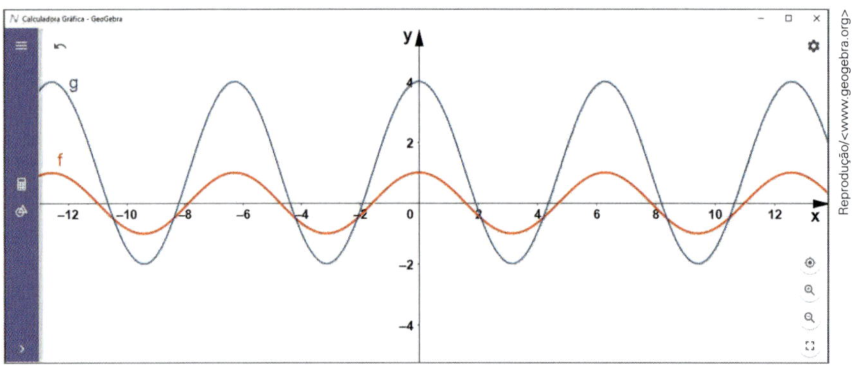

Observe o "alongamento na vertical" no gráfico de **g** comparado ao gráfico de **f**. O conjunto imagem de **f** é $[-1, 1]$ de comprimento $1 - (-1) = 2$ e o conjunto imagem de **g** é $[-2, 4]$ de comprimento $4 - (-2) = 6$. O período de ambas as funções é 2π.

EXEMPLO 10

Vamos construir o gráfico de $f: \mathbb{R} \rightarrow \mathbb{R}$ definida por $y = 1 + \cos 2x$.

x	2x	cos 2x	y = 1 + cos 2x
	0	1	
	$\frac{\pi}{2}$	0	
	π	-1	
	$\frac{3\pi}{2}$	0	
	2π	1	

→

x	2x	cos 2x	y = 1 + cos 2x
	0	1	$1 + 1 = 2$
	$\frac{\pi}{2}$	0	$1 + 0 = 1$
	π	-1	$1 + (-1) = 0$
	$\frac{3\pi}{2}$	0	$1 + 0 = 1$
	2π	1	$1 + 1 = 2$

→

x	2x	cos 2x	y = 1 + cos 2x
0	0	1	2
$\frac{\pi}{4}$	$\frac{\pi}{2}$	0	1
$\frac{\pi}{2}$	π	-1	0
$\frac{3\pi}{4}$	$\frac{3\pi}{2}$	0	1
π	2π	1	2

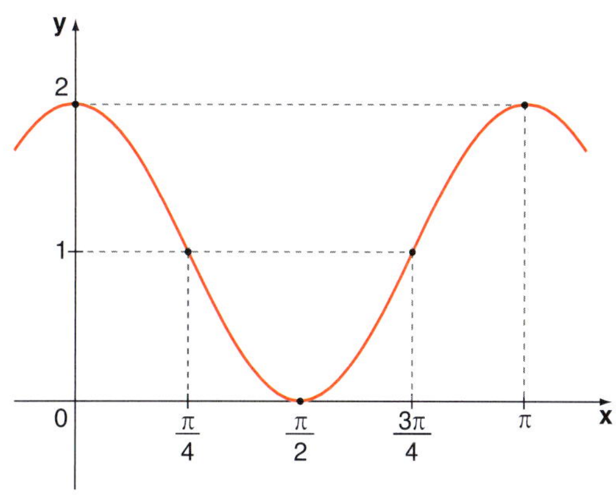

Banco de imagens/Arquivo da editora

Note que $Im(f) = [0, 2]$ e o período da função é $p = \pi$, pois, para que $\cos 2x$ complete um período, é necessário que $2x$ varie de 0 a 2π: $0 \leq 2x \leq 2\pi \Rightarrow 0 \leq x \leq \pi$, isto é, $x \in [0, \pi]$ e o período é $\pi - 0 = \pi$.

Compare inicialmente os gráficos a seguir das funções **g** e **h**, dados respectivamente por $g(x) = \cos x$ e $h(x) = \cos (2x)$, traçados em um mesmo sistema de coordenadas, com auxílio do GeoGebra.

Reprodução/<www.geogebra.org>

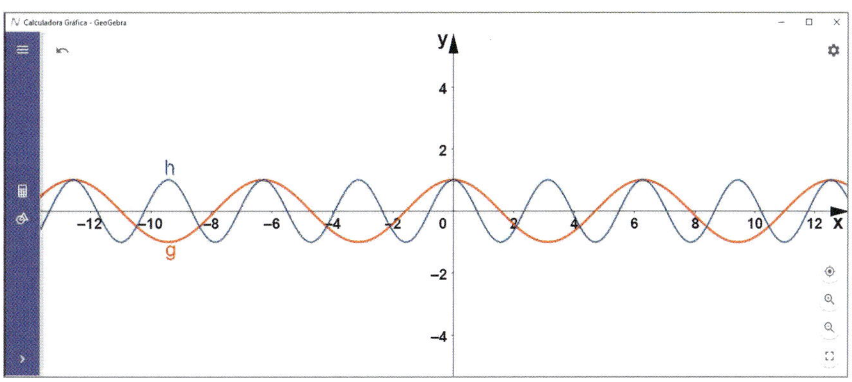

Observe que, ao "se comprimir na horizontal" o gráfico de **g**, obtém-se o gráfico de **h**: o período de **g** é 2π e o período de **h** é π.

A seguir, observe que o gráfico da função pedida no exemplo 10, $f(x) = 1 + \cos(2x)$, é obtido a partir do gráfico de $h(x) = \cos(2x)$, transladando-o uma unidade para cima, na vertical.

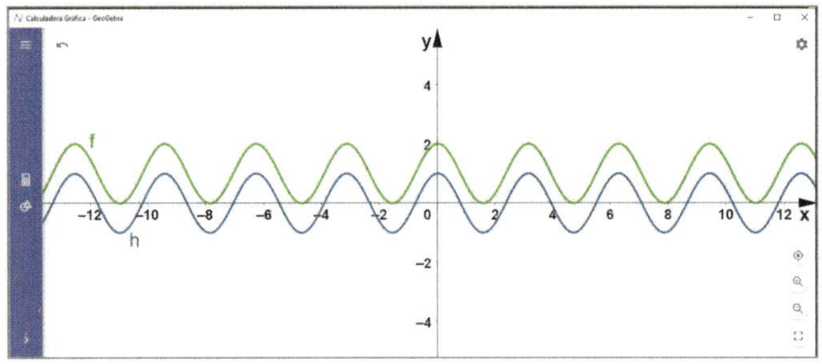

Reprodução/<www.geogebra.org>

Por meio de raciocínio idêntico ao apresentado no item anterior, temos que o período **p** da função $f: \mathbb{R} \to \mathbb{R}$ definida por $f(x) = \cos(cx + d)$, sendo **c** e **d** números reais, com $c \neq 0$, é $p = \dfrac{2\pi}{|c|}$.

Exercícios resolvidos

5. Calcule:

a) $\cos \dfrac{29\pi}{6}$

b) $\cos 100\pi$

Solução:

a) $\dfrac{29\pi}{6} = \dfrac{24\pi}{6} + \dfrac{5\pi}{6} = \underbrace{4\pi}_{\text{duas voltas completas}} + \dfrac{5\pi}{6}$

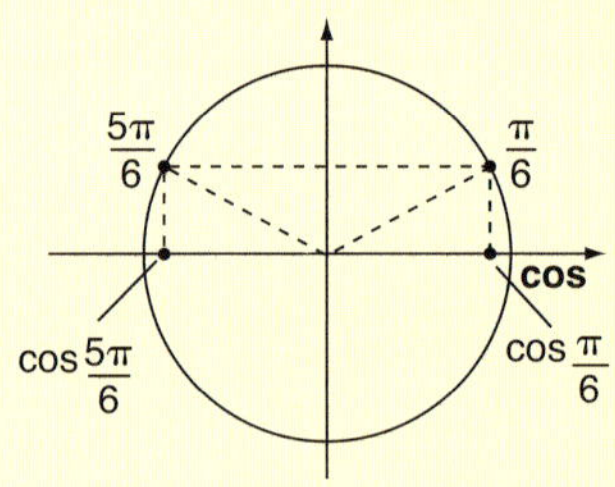

Ilustrações: Banco de imagens/ Arquivo da editora

Assim, $\dfrac{29\pi}{6}$ e $\dfrac{5\pi}{6}$ têm a mesma imagem na circunferência trigonométrica e $\cos \dfrac{29\pi}{6} = \cos \dfrac{5\pi}{6} = -\cos \dfrac{\pi}{6} = -\dfrac{\sqrt{3}}{2}$

b) $100\pi = 50 \cdot 2\pi$

$\cos 100\pi = \cos 2\pi = \cos 0 = 1$

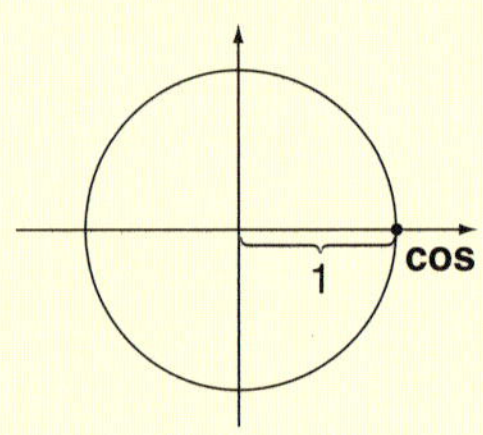

6. Seja $f: \mathbb{R} \to \mathbb{R}$ definida por $f(x) = 2 + \cos\left(\dfrac{x}{2} - \dfrac{\pi}{6}\right)$. Qual é o período de **f**?

Solução:

Façamos $t = \dfrac{x}{2} - \dfrac{\pi}{6}$; para que $\cos t$ complete um período, **t** deve variar de 0 a 2π:

$0 \leqslant t \leqslant 2\pi \Rightarrow 0 \leqslant \dfrac{x}{2} - \dfrac{\pi}{6} \leqslant 2\pi \Rightarrow \dfrac{\pi}{6} \leqslant \dfrac{x}{2} \leqslant \dfrac{13\pi}{6} \Rightarrow \dfrac{\pi}{3} \leqslant x \leqslant \dfrac{13\pi}{3}$; assim $x \in \left[\dfrac{\pi}{3}, \dfrac{13\pi}{3}\right]$ e o período **p** de **f** é igual ao comprimento desse intervalo, que é igual a: $p = \dfrac{13\pi}{3} - \dfrac{\pi}{3} = \dfrac{12\pi}{3} = 4\pi$.

Também podemos usar a relação $p = \dfrac{2\pi}{|c|} = \dfrac{2\pi}{\left|\dfrac{1}{2}\right|} = 4\pi$.

Exercícios

18. Calcule o valor de:

a) $\cos 11\pi$

b) $\cos 10\pi$

c) $\cos \frac{13\pi}{2}$

d) $\cos \frac{27\pi}{2}$

e) $\cos \left(-\frac{2\pi}{3}\right)$

f) $\cos (-7\pi)$

19. Calcule o valor de:

a) $\cos 1\,560°$

b) $\cos 1\,035°$

c) $\cos \frac{19\pi}{6}$

d) $\cos \frac{22\pi}{3}$

e) $\cos (-270°)$

f) $\cos \frac{43\pi}{4}$

20. Calcule o valor de **y** na expressão:

$$y = \frac{\cos \frac{9\pi}{2} - \text{sen}\, \frac{9\pi}{2}}{\cos \frac{17\pi}{4} + 3 \cdot \text{sen}\, \frac{17\pi}{4}}$$

21. Sabendo que **x** é um número real pertencente ao intervalo $\left[\pi, \frac{3\pi}{2}\right]$, determine os possíveis valores reais de **m** de modo que tenhamos $\cos x = \frac{2m}{5}$.

22. Se $x \in \mathbb{R}$, quais são os possíveis valores inteiros de **m** que satisfazem à igualdade $\cos x = \frac{3m}{2} - \frac{1}{3}$?

Enunciado para os exercícios 23 a 27:

Para cada função dada, determine o período e o conjunto imagem e construa o gráfico de um período completo.

23. $f: \mathbb{R} \to \mathbb{R}$ dada por $f(x) = 2 \cdot \cos x$

24. $f: \mathbb{R} \to \mathbb{R}$ definida por $f(x) = 2 - \cos x$

25. $f: \mathbb{R} \to \mathbb{R}$ definida por $f(x) = \cos \left(\frac{x}{2}\right)$

26. $f: \mathbb{R} \to \mathbb{R}$ definida por $f(x) = \cos 3x$

27. $f: \mathbb{R} \to \mathbb{R}$ dada por $f(x) = 2 + \cos 3x$

28. Indique como verdadeira (**V**) ou falsa (**F**) as afirmações a seguir e corrija as que são falsas.

a) $\cos \left(\frac{\pi}{6} + k \cdot 2\pi\right) = \pm \frac{\sqrt{3}}{2}$, para **k** inteiro.

b) $\cos \left(\frac{\pi}{2} + k \cdot \pi\right) = 0$, para **k** inteiro.

c) A função $f: \mathbb{R} \to \mathbb{R}$ definida por $f(x) = 2 \cdot \cos x$ tem valor mínimo igual a -1.

d) A função $f: \mathbb{R} \to \mathbb{R}$ definida por $f(x) = x \cdot \cos \pi$ é periódica.

e) O período de $f: \mathbb{R} \to \mathbb{R}$ dada por $f(x) = \cos \left(\frac{\pi}{8} x\right)$ é 16.

f) $\cos \left(-\frac{3\pi}{20}\right) > 0$

29. Um artigo publicado em um caderno de economia prevê que as exportações de um certo país (em milhões de dólares), no ano de 2020 + x, em que $x \in \{0, 1, 2, ..., 19, 20\}$, serão dadas pela lei:

$$f(x) = 400 + 18 \cdot \cos \left(\frac{\pi}{3} x\right)$$

Supondo que isso realmente ocorra, determine:

a) o valor das exportações desse país nos anos de 2020, 2025 e 2030, em milhões de dólares;

b) quantas vezes, entre 2020 e 2040, **f** atingirá seu valor mínimo e qual é esse valor?

30. Para cada função **f** seguinte, especifique seu domínio, seu conjunto imagem e seu período:

a) $f(x) = \cos 3x$

b) $f(x) = 3 \cos \left(x + \frac{\pi}{4}\right)$

c) $f(x) = -1 + 2 \cos \left(\frac{x}{2} - \frac{\pi}{6}\right)$

d) $f(x) = x + \cos \frac{\pi}{5}$

e) $f(x) = -4\, \text{sen}\, 6x$

31. Em um mesmo plano cartesiano, construa, em cada caso, os gráficos das funções **f** e **g** definidas por:

a) $f(x) = \cos x$ e $g(x) = \cos \left(x - \frac{\pi}{4}\right)$

b) $f(x) = \cos x$ e $g(x) = \cos \left(x + \frac{\pi}{4}\right)$

32. Os gráficos de **f** e **g**, definidos de $\mathbb{R}$ em $\mathbb{R}$, respectivamente, por $f(x) = 2 \cdot \cos^2 x$ e $g(x) = \cos x$ estão representados abaixo.

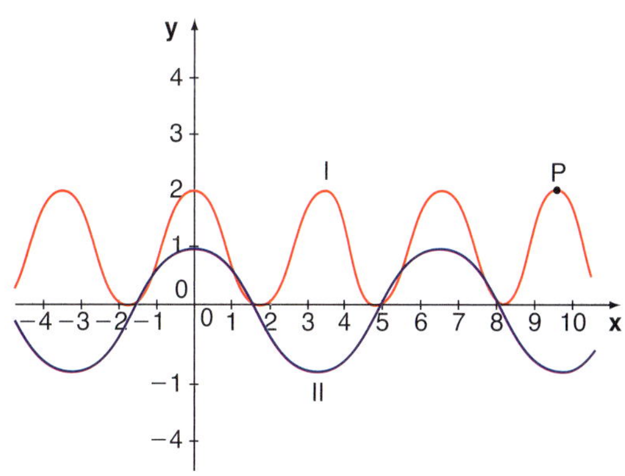

Banco de imagens/Arquivo da editora

a) Associe cada gráfico à correspondente função.

b) Determine os valores de $x \in \,]-2, 6[$ tais que $f(x) = g(x)$.

c) Determine a abscissa de **P**, se sua ordenada é igual a 2.

Troque ideias

A trigonometria e o fenômeno das marés

Vinicius Tupinamba/Shutterstock

Vista do litoral de Ilhéus (BA).

Vamos retomar a situação proposta na introdução deste capítulo, sobre as previsões para as marés nos dias 4, 5 e 6 de maio de 2015 no porto de Ilhéus, Bahia.

- As marés altas ocorrem de 12 em 12 horas e, para facilitar a modelagem, vamos admitir que 2,0 m seja o valor comum previsto nos três dias;
- As marés baixas ocorrem de 12 em 12 horas; vamos adotar o valor 0,2 m como o valor de referência da altura da maré baixa prevista para os três dias.

1ª parte: Considerando as observações anteriores e lembrando que as previsões referem-se a três dias seguidos, podemos preencher (com algumas aproximações nos horários) a tabela que relaciona a altura da maré (em metros) e o tempo (em horas), contado a partir do primeiro horário de previsão (3 h 41 min), que será considerado o instante inicial ($t = 0$).

Tempo (h)	0	6	12	18	24	30	36	42	48
Altura da maré (m)									

2ª parte: Vamos supor que a relação entre a altura (**h**) da maré, em metros, e o tempo (**t**), em horas, se estabeleça por meio de uma função do tipo $h(t) = A + B \cos(wt)$, em que **A**, **B** e **w** são constantes reais positivas.

Nesta atividade, você vai determinar a lei da função que relaciona a altura (**h**) da maré e o tempo (**t**), construir seu gráfico e resolver um problema. Para isso, é preciso, primeiro, encontrar os valores das constantes **A**, **B** e **w**.

a) Determine o valor de **w**, lembrando que o período dessa função é dado por $p = \dfrac{2\pi}{|w|}$.

b) Com o valor de **w** obtido no item *a* escreva a lei (parcial) dessa função. Para determinar os valores de **A** e **B**, a sugestão é utilizar a informação sobre o conjunto imagem dessa função.

c) Escreva a lei da função que relaciona **h** com **t**.

d) Por meio da lei obtida, é possível prever a altura da maré em outros momentos, além dos de baixa e alta. Determine a altura da maré para $t = 10$ (aproximadamente 14 horas do 1º dia) e para $t = 28$ (aproximadamente 8 horas do 2º dia).

e) Construa o gráfico da função obtida no item *c*.

Função tangente

Na figura, sejam $x \in \mathbb{R}$, **P** sua imagem na circunferência trigonométrica e **T** o ponto em que a reta $\overleftrightarrow{OP}$ intersecta o eixo das tangentes.

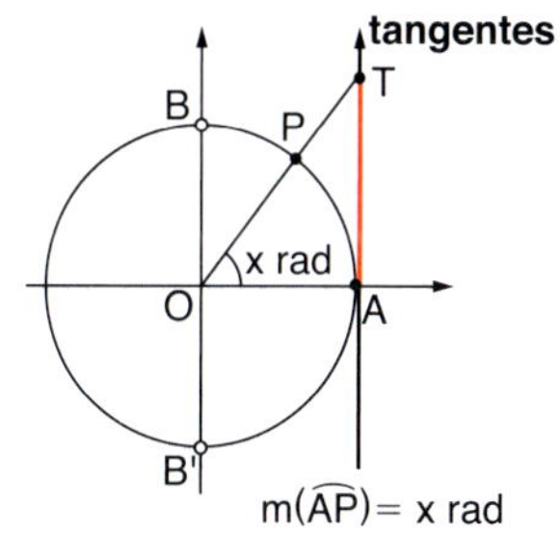

Ilustrações: Banco de imagens/ Arquivo da editora

Consideremos $D = \left\{x \in \mathbb{R} \,\middle|\, x \neq \frac{\pi}{2} + k\pi;\ k \in \mathbb{Z}\right\}$.

Denominamos **função tangente** a função $f: D \to \mathbb{R}$ que associa a cada número real $x \in D$ o número real tg x; isto é, $f(x) = \text{tg } x$.

Lembre-se que tg x é a medida algébrica do segmento $\overline{AT}$.

Observemos que:

- O domínio de **f** é $\left\{x \in \mathbb{R} \,\middle|\, x \neq \frac{\pi}{2} + k\pi;\ k \in \mathbb{Z}\right\}$, pois, quando $x = \frac{\pi}{2} + k\pi$, com **k** inteiro, a imagem de **x** é **B** ou **B'** e a reta $\overleftrightarrow{OP}$ é paralela ao eixo das tangentes. Desse modo, não definimos tg x, se $x = \frac{\pi}{2} + k\pi$.
- O conjunto imagem de **f** é $\mathbb{R}$, pois, para todo $y \in \mathbb{R}$, existe, no eixo das tangentes, o ponto **T** tal que $y = \text{med}(\overline{AT})$. A reta $\overleftrightarrow{OT}$ intersecta a circunferência em dois pontos distintos, imagens dos números reais **x** tais que tg x = y.
- A função **f** definida por f(x) = tg x é **sempre crescente em todo intervalo de seu domínio**:

Primeiro quadrante

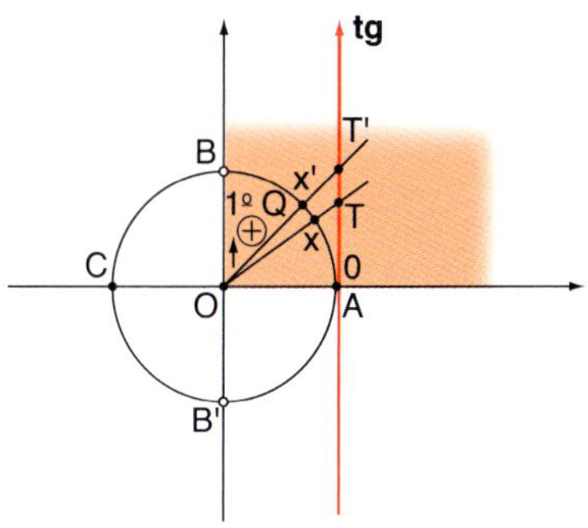

$x' > x \Rightarrow \text{tg } x' > \text{tg } x$

Observe que, à medida que **x** aumenta, tg x vai crescendo indefinidamente, assumindo todos os valores reais positivos, até deixar de existir em **B**.

Segundo quadrante

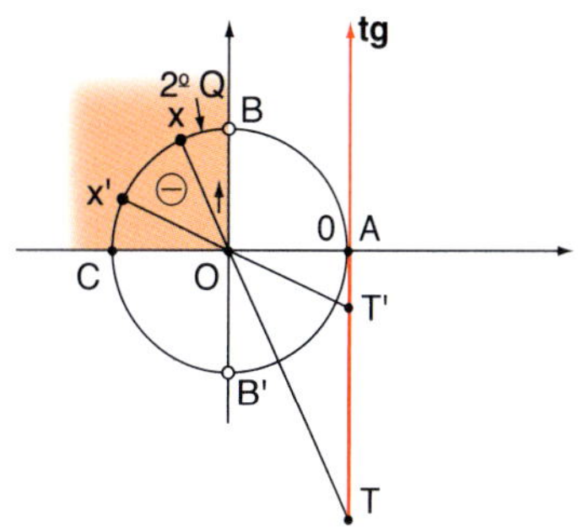

$x' > x \Rightarrow \text{tg } x' > \text{tg } x$

À medida que **x** aumenta, tg x também aumenta, assumindo todos os valores reais negativos, até se anular em **C**.

Terceiro quadrante (análogo ao 1º)

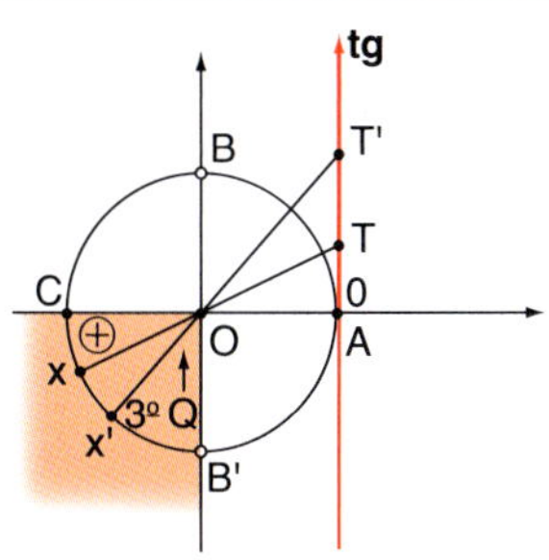

$x' > x \Rightarrow \text{tg } x' > \text{tg } x$

Quarto quadrante (análogo ao 2º)

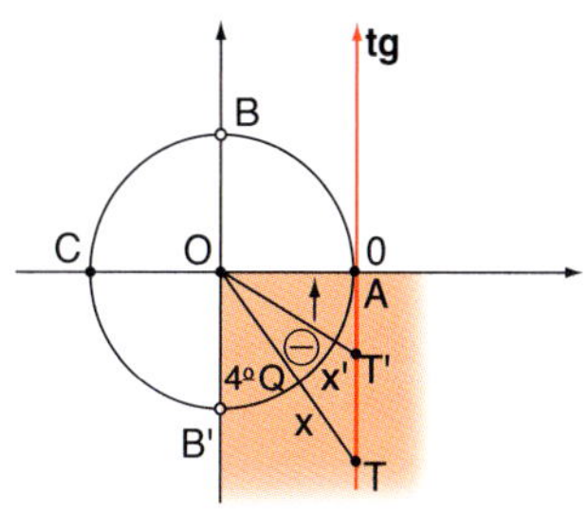

$x' > x \Rightarrow \text{tg } x' > \text{tg } x$

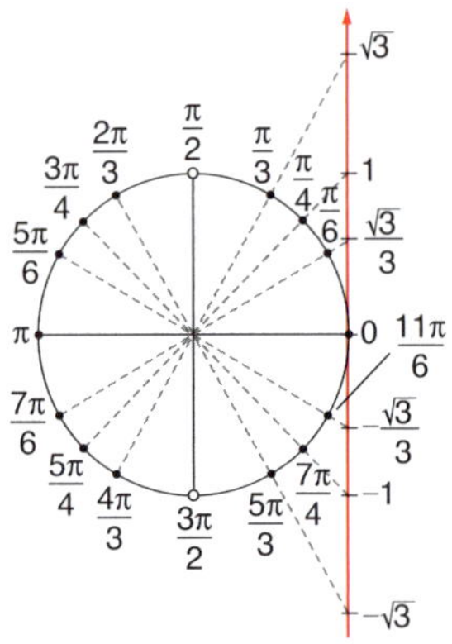

Ilustrações: Banco de imagens/Arquivo da editora

- O **sinal** da função tangente é positivo no 1º e 3º quadrantes e é negativo no 2º e 4º quadrantes.
- A função tangente é **periódica** e seu período é π. De fato, sendo $x \in \mathbb{R}$ e $k \in \mathbb{Z}$, os números **x** e $x + k\pi$ têm imagens coincidentes, ou diametralmente opostas, na circunferência trigonométrica e, desse modo:

$$\text{tg } x = \text{tg } (x + k\pi);\ k \in \mathbb{Z}$$

  O período **p** de **f** é o menor valor positivo de $k\pi$, que é π.
- Para todo $x \in D$, $\text{tg } (-x) = -\text{tg } x$, a função tangente é uma função **ímpar**; observe no gráfico a seguir a simetria em relação ao ponto (0, 0).

Considerando as observações anteriores e os valores conhecidos representados no ciclo, construímos o gráfico da função tangente, que recebe o nome **tangentoide**.

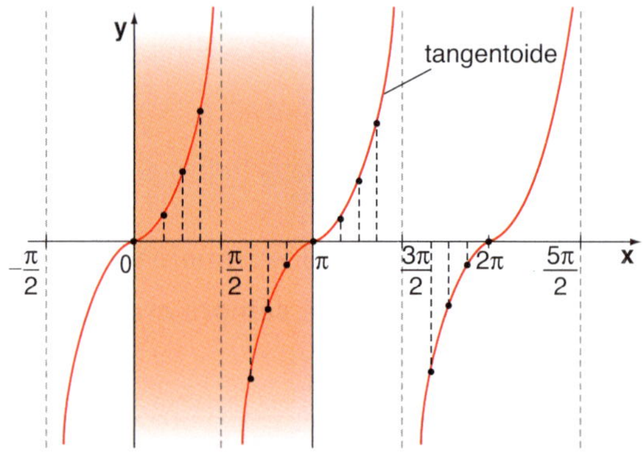

Um período completo de **f** está destacado no gráfico.

EXEMPLO 11

Seja **f** a função definida por $f(x) = \text{tg}\left(x - \frac{\pi}{4}\right)$.

Vamos obter o domínio, o período e o conjunto imagem de **f**.

Em seguida, construiremos seu gráfico.

- Para determinar o domínio, notemos que, para que exista $\text{tg}\left(x - \frac{\pi}{4}\right)$, necessariamente devemos ter:

  $x - \frac{\pi}{4} \neq \frac{\pi}{2} + k\pi \Rightarrow x \neq \frac{3\pi}{4} + k\pi,\ k \in \mathbb{Z}$

  Assim, temos $D = \left\{x \in \mathbb{R} \mid x \neq \frac{3\pi}{4} + k\pi,\ k \in \mathbb{Z}\right\}$.

  Fazendo $k = -1$ obtemos: $x \neq \frac{3\pi}{4} - \pi$, isto é, $x \neq -\frac{\pi}{4}$; fazendo $k = 0$ vem: $x \neq \frac{3\pi}{4}$; fazendo $k = 1$ vem: $x \neq \frac{3\pi}{4} + \pi$, isto é, $x \neq \frac{7\pi}{4}$, etc.

  Logo **f** não está definida para $x \in \left\{\dots, -\frac{\pi}{4}, \frac{3\pi}{4}, \frac{7\pi}{4}, \dots\right\}$

- Fazendo $t = x - \frac{\pi}{4}$, sabemos que, para que tg t complete um período, **t** deve variar de 0 a π:

  $0 \leqslant t \leqslant \pi \Leftrightarrow 0 \leqslant x - \frac{\pi}{4} \leqslant \pi \Rightarrow \frac{\pi}{4} \leqslant x \leqslant \frac{5\pi}{4}$, isto é, $x \in \left[\frac{\pi}{4}, \frac{5\pi}{4}\right]$; o período de **f** corresponderá ao comprimento desse intervalo, que é $\frac{5\pi}{4} - \frac{\pi}{4} = \pi$.

- Para todo $x \in D$, $\text{tg}\left(x - \frac{\pi}{4}\right)$ pode assumir qualquer valor real; assim, o conjunto imagem de **f** é $\mathbb{R}$.

Construção do gráfico

Além das considerações anteriores, vamos obter mais algumas informações importantes sobre a função a fim de construir o seu gráfico.

- Raízes de **f**: observe que **f** se anula quando $\text{tg}\left(x - \frac{\pi}{4}\right) = 0$, isto é, quando $x = \frac{\pi}{4} + k\pi,\ k \in \mathbb{Z}$.

Assim, o gráfico de **f** intersecta o eixo das abscissas para $x \in \left\{..., \frac{\pi}{4}, \frac{5\pi}{4}, \frac{9\pi}{4}, ...\right\}$.

- $f(0) = \text{tg}\left(0 - \frac{\pi}{4}\right) = \text{tg}\left(-\frac{\pi}{4}\right) = -\text{tg}\frac{\pi}{4} = -1$; o gráfico de **f** intersecta o eixo **y** em $(0, -1)$.
- Observe também que $f(0) = f(\pi) = f(2\pi) = ... = -1$.
- $f\left(\frac{\pi}{2}\right) = \text{tg}\left(\frac{\pi}{2} - \frac{\pi}{4}\right) = \text{tg}\frac{\pi}{4} = 1$;
- $f\left(\frac{3\pi}{2}\right) = \text{tg}\left(\frac{3\pi}{2} - \frac{\pi}{4}\right) = \text{tg}\frac{5\pi}{4} = 1$;

...

- Em geral, $f\left(\frac{\pi}{2} + k\pi\right) = 1$, para $k \in \mathbb{Z}$.

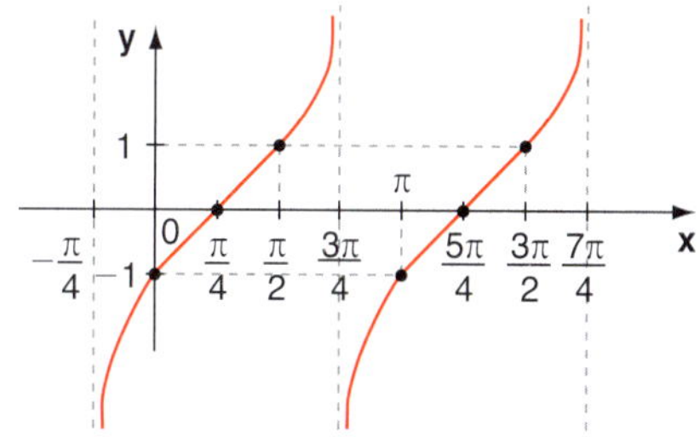

Banco de imagens/Arquivo da editora

OBSERVAÇÃO

Outro procedimento possível para a construção do gráfico de $f(x) = \text{tg}\left(x - \frac{\pi}{4}\right)$ é lembrar que ele pode ser obtido a partir do gráfico de $g(x) = \text{tg}\ x$, transladando-o $\frac{\pi}{4}$ para a direita, como é sugerido pelo gráfico seguinte:

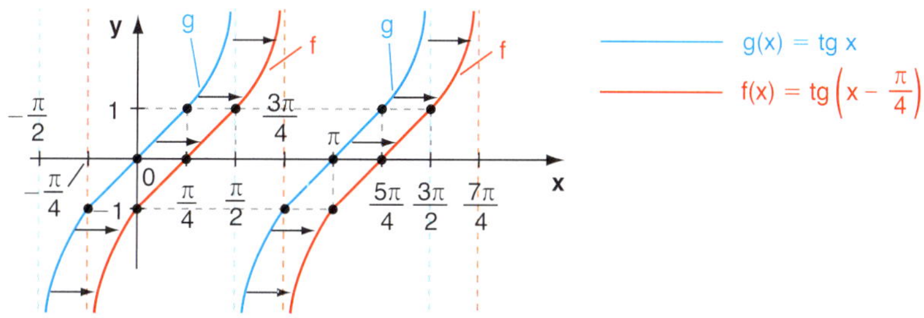

Banco de imagens/Arquivo da editora

Exercícios

33. Para cada função **f** a seguir, estabeleça o domínio e o período, a partir de sua lei:

a) $f(x) = 1 + \text{tg}\ x$
b) $f(x) = 2\ \text{tg}\ x$
c) $f(x) = \text{tg}\ 2x$
d) $f(x) = \text{tg}\left(x + \frac{\pi}{6}\right)$

34. Seja **f** uma função definida pela lei $f(x) = \text{tg}\left(x - \frac{\pi}{2}\right)$:

a) obtenha o domínio de **f** e seu conjunto imagem;
b) obtenha o período de **f**;
c) construa o gráfico de um período completo de **f**.

35. Seja **f** uma função real definida pela lei $f(x) = \text{tg}\left(\frac{x}{2}\right)$. Obtenha o domínio, o período e, em seguida, construa o gráfico de **f**.

Enem e vestibulares resolvidos

(Enem) Um cientista, em seus estudos para modelar a pressão arterial de uma pessoa, utiliza uma função do tipo $P(t) = A + B \cdot \cos(kt)$ em que **A**, **B** e **K** são constantes reais positivas e **t** representa a variável tempo, medida em segundo. Considere que um batimento cardíaco representa o intervalo de tempo entre duas sucessivas pressões máximas.

Ao analisar um caso específico, o cientista obteve os dados:

Pressão mínima	78
Pressão máxima	120
Número de batimentos cardíacos por minuto	90

A função P(t) obtida, por este cientista, ao analisar o caso específico foi

a) $P(t) = 99 + 21 \cdot \cos(3\pi t)$
b) $P(t) = 78 + 42 \cdot \cos(3\pi t)$
c) $P(t) = 99 + 21 \cdot \cos(2\pi t)$
d) $P(t) = 99 + 21 \cdot \cos(t)$
e) $P(t) = 78 + 42 \cdot \cos(t)$

Resolução comentada

A função $P(t) = A + B \cdot \cos(kt)$ assume valor máximo para $\cos(kt) = 1$ e valor mínimo para $\cos(kt) = -1$. Assim, tem-se:

$P(t) = A + B \cdot \cos(kt) \Rightarrow 120 = A + B \cdot 1 \Rightarrow A + B = 120$ (1)

$P(t) = A + B \cdot \cos(kt) \Rightarrow 78 = A + B \cdot (-1) \Rightarrow A - B = 78$ (2)

O valor de **A** é obtido somando as equações (1) e (2):

$2A = 120 + 78 \Rightarrow A = 99$

Substituindo o valor de **A** na equação (1) obtém-se o valor de **B**:

$99 + B = 120 \Rightarrow B = 21$

O período da função $P(t) = A + B \cdot \cos(kt)$ é dado por $p = \frac{2\pi}{k}$ e corresponde ao tempo de duração de 1 batimento cardíaco. Dos dados apresentados, sabe-se que ocorrem 90 batimentos cardíacos a cada 60 segundos. Assim, tem-se:

$$\begin{cases} 90 \text{ batimentos} \text{ —— } 60 \text{ s} \\ 1 \text{ batimento} \text{ —— } p \text{ s} \end{cases} \Rightarrow 90p = 60 \Rightarrow p = \frac{90}{60} = \frac{2}{3}$$

Portanto, $p = \frac{2}{3}$ s

Logo, $\frac{2\pi}{k} = \frac{2}{3} \Rightarrow k = 3\pi$

A função obtida pelo cientista é dada por: $P(t) = 99 + 21 \cdot \cos(3\pi t)$

Alternativa *a*.

Exercícios complementares

1. (FGV-SP) A distância horizontal percorrida por um dardo, denotada por **d** e dada em metros, pode ser calculada aproximadamente pela fórmula $d = \frac{v_0^2 \cdot \text{sen}(2\alpha)}{10}$, sendo $\mathbf{v_0}$ a velocidade inicial do dardo, em metros por segundo, e $\boldsymbol{\alpha}$ o ângulo do lançamento.

a) Calcule a velocidade inicial (em m/s) de lançamento de um dardo que atingiu a distância de 80 metros ao ser lançado sob um ângulo de 15°.

b) O recorde mundial masculino da prova de lançamento do dardo foi estabelecido em 1996 por Jan Zelezny, com a marca de 98,48 m. Admitindo-se que o lançamento tenha sido feito com o melhor ângulo possível, e usando 98 m nos cálculos, determine a velocidade inicial do dardo de Jan Zelezny no lançamento. Entregue o resultado em km/h.
Adote nas contas finais $\sqrt{5} \simeq 2,2$ e lembre-se de que 1 m/s equivale a 3,6 km/h.

2. (UFPR) Considere a função $f(x) = 4\cos\left(\frac{x\pi}{4}\right) - 3$, com $x \in (-\infty, +\infty)$.

a) Qual é o valor mínimo que a função **f** atinge?

b) Para que valores de **x** temos $f(x) = -1$?

3. (UFPR) O pistão de um motor se movimenta para cima e para baixo dentro de um cilindro, como ilustra a figura.

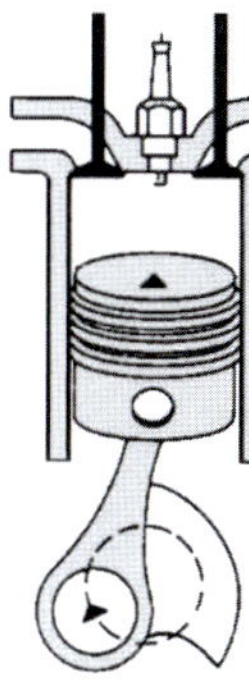
Reprodução/ UFPR, 2013.

Suponha que em um instante **t**, em segundos, a altura h(t) do pistão, em centímetros, possa ser descrita pela expressão: $h(t) = 4\ \text{sen}\left(\frac{2\pi t}{0{,}05}\right) + 4$.

a) Determine a altura máxima e mínima que o pistão atinge.

b) Quantos ciclos completos esse pistão realiza, funcionando durante 1 minuto?

4. (Vunesp) Podemos supor que um atleta, enquanto corre, balança cada um de seus braços ritmicamente (para frente e para trás) segundo a equação:

$y = f(t) = \frac{\pi}{9}\text{sen}\left(\frac{8\pi}{3}\left(t - \frac{3}{4}\right)\right)$, onde **y** é o ângulo compreendido entre a posição do braço e o eixo vertical $\left(-\frac{\pi}{9} \leqslant y \leqslant \frac{\pi}{9}\right)$ e **t** é o tempo medido em segundos, $t \geqslant 0$. Com base nessa equação, determine quantas oscilações completas (para a frente e para trás) o atleta faz com o braço em 6 segundos.

5. Os gráficos de três funções **f**, **g** e **h**, definidos por $f(x) = \text{sen}(2x)$; $g(x) = \text{sen}(3x)$ e $h(x) = \text{sen}(4x)$ estão representados abaixo.

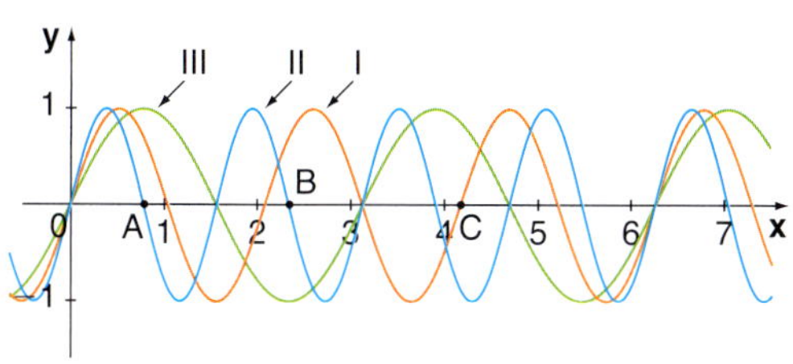

Banco de imagens/Arquivo da editora

a) Associe cada gráfico à função correspondente.

b) Determine a abscissa dos pontos **A**, **B** e **C**.

6. (UFPB) Com o objetivo de aumentar a produção de alimentos em certa região, uma secretaria de agricultura encomendou a uma equipe de agrônomos um estudo sobre as potencialidades do solo dessa região. Na análise da temperatura do solo, a equipe efetuou medições diárias, durante quatro dias consecutivos, em intervalos de uma hora. As medições tiveram início às 6 horas da manhã do primeiro dia ($t = 0$). Os estudos indicaram que a temperatura **T**, medida em graus Celsius, e o tempo **t**, representando o número de horas decorridas após o início das observações, relacionavam-se através da expressão

$$T(t) = 26 + 5\cos\left(\frac{\pi}{12}t + \frac{4\pi}{3}\right)$$

Com base nessas informações, identifique as afirmativas corretas:

a) A temperatura do solo, às 6 horas da manhã do primeiro dia, foi de 23,5 °C.

b) A função T(t) é periódica e tem período igual a 24 h.

c) A função T(t) atinge o valor máximo igual a 30 °C.

d) A temperatura do solo atingiu o valor máximo, no primeiro dia, às 14 h.

e) A função T(t) é crescente no intervalo [0, 8].

O enunciado a seguir refere-se aos exercícios de 7 a 11:

Para cada função, determine o período, o conjunto imagem e faça o gráfico de um período completo.

7. $f: \mathbb{R} \to \mathbb{R}$ definida por $f(x) = \text{sen}(-x)$.

8. $f: \mathbb{R} \to \mathbb{R}$ definida por $f(x) = |\text{sen}\ x|$.

9. $f: \mathbb{R} \to \mathbb{R}$ definida por $f(x) = 1 - 2 \cdot \text{sen}(3x - \pi)$.

10. $f: \mathbb{R} \to \mathbb{R}$ definida por $f(x) = 2|\cos x| - 1$.

11. $f: \mathbb{R} \to \mathbb{R}$ definida por $f(x) = \cos|x|$.

12. (UFPR) Considere as funções **f** e **g**, definidas da seguinte forma, com **x** real:

$f(x) = x + 1$ $\qquad g(x) = 2 \cdot \text{sen}(x)$

a) Esboce os gráficos de **f** e **g**.

b) Obtenha as expressões de $f \circ g$ e $g \circ f$ em função de **x** e esboce o gráfico dessas duas funções compostas.

13. (UFSC) As marés são fenômenos periódicos que podem ser escritos, simplificadamente, pela função seno. Suponhamos que, para uma determinada maré, a altura **h**, medida em metros, acima do nível médio, seja dada, aproximadamente, pela fórmula $h(t) = 8 + 4\,\text{sen}\left(\frac{\pi}{12}t\right)$, em que **t** é o tempo medido em horas.

Assinale a(s) proposição(ões) correta(s). [Indique a soma.]

(01) O valor mínimo atingido pela maré baixa é 8 m.

(02) O momento do dia em que ocorre a maré baixa é às 12 horas.

(04) O período de variação da altura da maré é de 24 h.

(08) O período do dia em que um navio de 10 m de calado (altura necessária de água para que o navio flutue livremente) pode permanecer nessa região é entre 2 e 10 horas.

14. a) Qual é o valor de

$$\cos\left(\frac{\pi}{6} + \frac{\pi}{12} + \frac{\pi}{24} + \frac{\pi}{48} + \ldots\right)?$$

b) Qual é o valor de:
$\cos \pi + \cos 2\pi + \cos 3\pi + \cos 4\pi + \ldots +$
$+ \cos 33\pi$?

15. Seja $f: \mathbb{R} \to \mathbb{R}$ definida pela lei $f(x) = 3 - 2 \cdot \cos x$. Determine os valores reais de **x** que maximizam **f**, isto é, que tornam o valor de f(x) máximo.

16. A partir do gráfico da cossenoide $y = \cos x$, obtenha, por translações, o gráfico da função $f: \mathbb{R} \to \mathbb{R}$ definida por $f(x) = -1 + 3 \cdot \cos\left(x - \frac{\pi}{4}\right)$, mostrando, em cada etapa, os gráficos "intermediários" e explicando suas construções. Forneça também o conjunto imagem da função, bem como o seu período.

17. (UFPE) A ilustração a seguir é parte do gráfico da função $y = a \cdot \text{sen}(b\pi x) + c$, com **a**, **b** e **c** sendo constantes reais. A função tem período 2 e passa pelos pontos com coordenadas (0, 3) e $\left(\frac{1}{2}, 5\right)$.

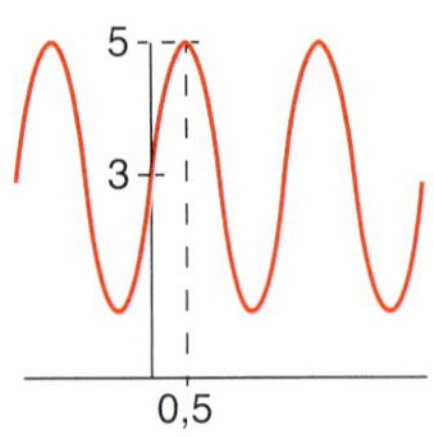

Reprodução/Arquivo da editora

Determine **a**, **b** e **c** e indique $(a + b + c)^2$.

18. Um período completo do gráfico da função $f: \mathbb{R} \to \mathbb{R}$ definida por $f(x) = 2\cos\left(\frac{x}{3}\right)$ é exibido a seguir:

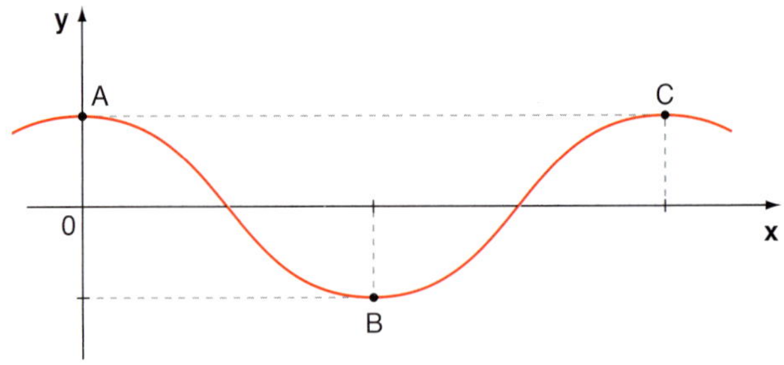

Banco de imagens/Arquivo da editora

Determine:

a) a lei da função afim cujo gráfico contém os pontos **B** e **C**.

b) a área do triângulo de vértices **A**, **B** e **C**.

19. Sejam **f** e **g** funções reais definidas por $f(x) = \text{sen}\,x$ e $g(x) = -x + \frac{\pi}{2}$. Qual é o número de soluções reais da equação $f(x) = g(x)$?

20. Seja $f: \mathbb{R} \to \mathbb{R}$ definida por $f(x) = \text{sen}\,4x$. Determine o número de interseções do gráfico de **f** com o eixo das abscissas quando $x \in [-2\pi, 2\pi]$.

21. Para que valores reais de **t** existe $x \in \mathbb{R}$ satisfazendo a igualdade $\cos x = \frac{t + 2}{2t - 1}$?

22. Seja $f: \mathbb{R} \to \mathbb{R}$ definida por $f(x) = \cos\left(\frac{x}{4}\right)$.

Determine os valores de **x**, $0 \leqslant x \leqslant 8\pi$ tais que:

a) **f** é decrescente;

b) o sinal de **f** é positivo.

23. Seja $f: \mathbb{R} \to \mathbb{R}$ definida por $f(x) = \cos^4 x - \text{sen}^4 x$

a) Determine o conjunto imagem de **f**.

b) Esboce o gráfico de **f**.

c) Qual é o período de **f**?

24. (UFPR) Suponha que, durante certo período do ano, a temperatura **T**, em graus Celsius, na superfície de um lago possa ser descrita pela função $F(t) = 21 - 4\cos\left(\frac{\pi}{12}t\right)$, sendo **t** o tempo em horas medido a partir das 06 h 00 da manhã.

a) Qual a variação de temperatura num período de 24 horas?

b) A que horas do dia a temperatura atingirá 23 °C?

25. (Vunesp) Em algumas situações, é conveniente representar de maneira aproximada a função sen (πx), com $x \in [0, 1]$, pela função quadrática $f(x) = 4x - 4x^2$, a qual fornece os valores corretos apenas em $x = 0$, $x = 0{,}5$ e $x = 1$. Isto é, sen $(\pi x) \simeq 4x - 4x^2$.

Use essa aproximação para obter o valor de $\text{sen}\left(\frac{\pi}{4}\right)$ e estime a diferença, em módulo, entre esse valor e o valor conhecido de $\text{sen}\left(\frac{\pi}{4}\right)$, considerando $\sqrt{2} \simeq 1{,}41$.

26. (Vunesp) Em uma pequena cidade, um matemático modelou a quantidade de lixo doméstico total (orgânico e reciclável) produzida pela população, mês a mês, durante um ano, através da função: $f(x) = 200 + (x + 50)\cos\left(\frac{\pi}{3}x - \frac{4\pi}{3}\right)$, onde $f(x)$ indica a quantidade de lixo, em toneladas, produzida na cidade no mês **x**, com **x** inteiro positivo. Sabendo que $f(x)$, nesse período, atinge seu valor máximo em um dos valores de **x** no qual a função $\cos\left(\frac{\pi}{3}x - \frac{4\pi}{3}\right)$ atinge seu máximo, determine o mês **x** para o qual a produção de lixo foi máxima e quantas toneladas de lixo foram produzidas pela população nesse mês.

27. O gráfico seguinte representa um período completo da função $f: \mathbb{R} \to \mathbb{R}$ definida por

$$f(x) = a + b \cdot \cos(mx + n),$$

sendo **a**, **b**, **m** e **n** constantes reais. Obtenha os valores dessas constantes, sabendo que $n \in [-\pi, \pi]$.

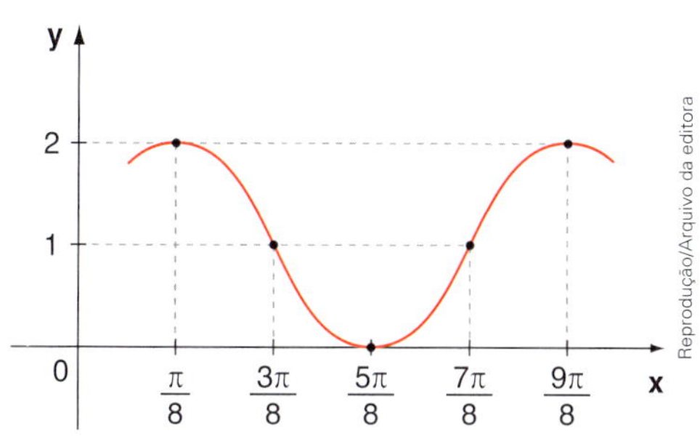

28. Seja **f** uma função definida em $\mathbb{R}$ pela lei $f(x) = \cos^2 x + 2 \cdot \text{sen}\, x \cdot (\text{sen}\, x - 1)$.

Qual é o conjunto imagem de **f**?

29. Seja α um número real. Quais são os possíveis valores reais de **m** que tornam a sentença $\cos^2 \alpha = 2 \cdot m - 1$ verdadeira?

30. Sejam **f** e **g** funções definidas em $D: \left[0, \frac{\pi}{2}\right] \to \mathbb{R}$, dadas pelas leis $f(x) = |-2x + 1|$ e $g(x) = \text{sen}\, 2x$. Analise as afirmações seguintes, classificando-as em seu caderno como verdadeiras (**V**) ou falsas (**F**).

a) O valor máximo de **f** em **D** é maior que 2.

b) A equação $f(x) = g(x)$ apresenta duas soluções em **D**.

c) Em **D**, não existe $x \in \mathbb{R}$ tal que $f(x) > g(x)$.

d) O valor máximo de **g** em **D** ocorre para $x = \frac{\pi}{2}$.

31. (UFPE) Admita que a pressão arterial $P(t)$ de uma pessoa no instante **t**, medido em segundos, seja dada por $P(t) = 96 + 18\cos(2\pi t)$, $t \geqslant 0$. Considerando esses dados, analise a veracidade das seguintes afirmações.

a) o valor máximo da pressão arterial da pessoa é 114.

b) O valor mínimo da pressão arterial da pessoa é 78.

c) A pressão arterial da pessoa se repete a cada segundo, ou seja, $P(t + 1) = P(t)$, para todo $t \geqslant 0$.

d) Quando $t = \frac{1}{3}$ de segundo, temos $P\left(\frac{1}{3}\right) = 105$.

e) O gráfico de $P(t)$ para $0 \leqslant t \leqslant 4$ é

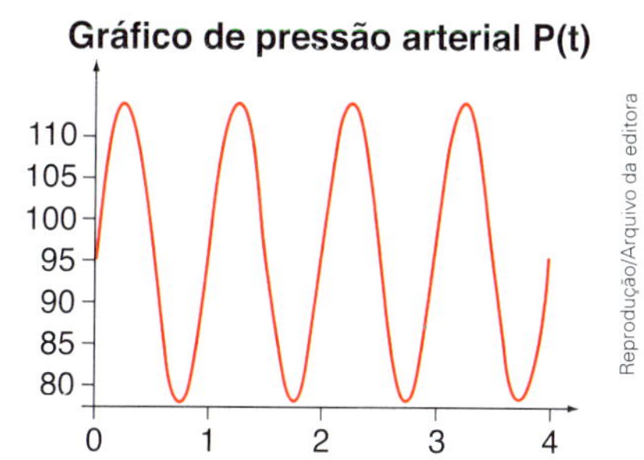

32. (UFPE) Seja **f** uma função que tem como domínio o conjunto dos números reais e é dada por $f(x) = a \cdot \text{sen}(\omega \cdot x + b)$, com **a**, $\boldsymbol{\omega}$ e **b** constantes reais. A figura abaixo ilustra o gráfico de **f**, restrito ao intervalo fechado $\left[-\frac{\pi}{6}, \frac{5\pi}{6}\right]$. A função **f** tem período π e seu conjunto imagem é o intervalo fechado $[-5, 5]$.

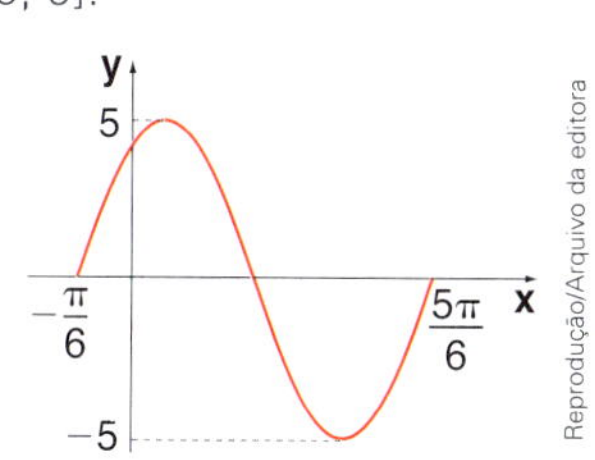

Determine as constantes **a** e $\boldsymbol{\omega}$ e o menor valor positivo de **b**. Indique $a^2 + \omega^2 + \frac{3b}{\pi}$.

33. (UnB-DF) Considere que determinado trecho sinuoso de uma avenida possa ser descrito pela região compreendida entre os gráficos das funções $f(x) = \cos kx$ e $g(x) = 5 + \cos kx$, em que $k = \frac{1}{2} \text{rad} \cdot \text{m}^{-1}$ e $0 \leqslant x \leqslant 16$, no sistema de coordenadas cartesianas xOy, que tem o metro como unidade de medida nos eixos Ox e Oy.

Com base nessas informações, julgue os itens seguintes.

a) O menor valor de g(x) ocorre quando $x = 2\pi$.

b) A função f(x) é decrescente no intervalo $0 \leqslant x \leqslant 2\pi$.

c) A figura a seguir pode representar corretamente o gráfico, no sistema cartesiano xOy, da função $p(x) = -2 \cdot [f(x) - 1] \cdot [g(x) - 4]$, para $0 \leqslant x \leqslant 2\pi$.

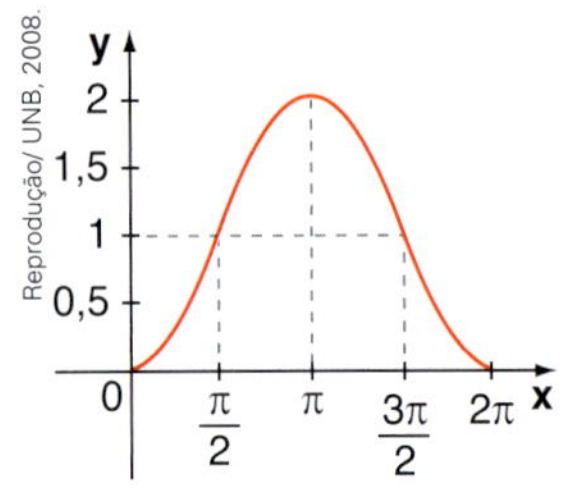

34. O gráfico abaixo, construído com o *software* Geogebra, representa a função $f: \mathbb{R} \rightarrow \mathbb{R}$ definida por $f(x) = p \cdot \cos(qx + 2)$, em que **p** e **q** são constantes reais positivas.

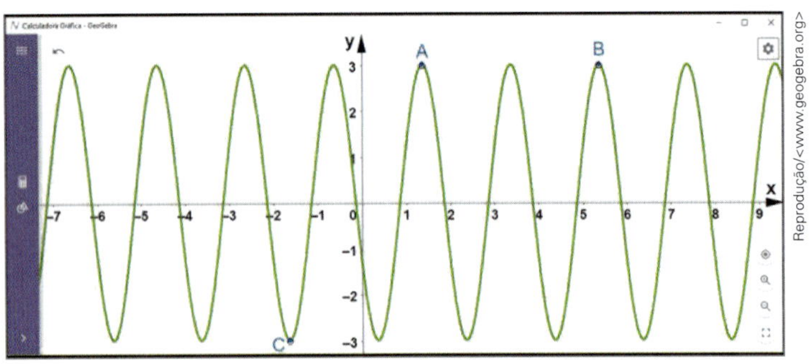

Sabendo que o ponto **A** tem abscissa $2 - \frac{2}{\pi}$ (aproximadamente 1,36), determine:

a) os valores de **p** e **q**;

b) o período **f**;

c) a abscissa de **B**;

d) a abscissa de **C**.

35. Os gráficos das funções **f** e **g**, definidos de $\mathbb{R}$ em $\mathbb{R}$, respectivamente, por $f(x) = \cos(2x)$ e $g(x) = a \cdot \cos(2x) + b$ foram traçados com o *software* Geogebra.

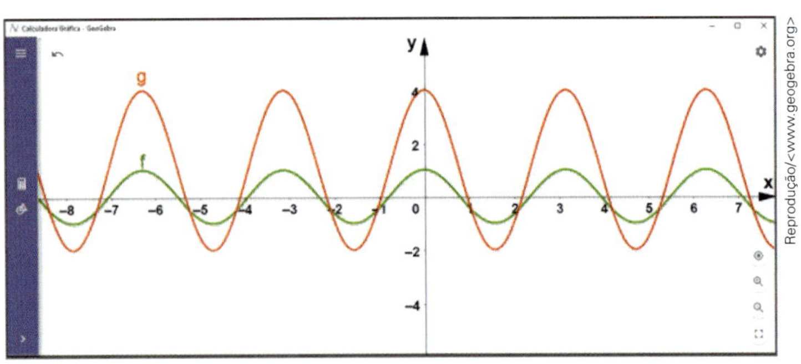

Determine:

a) o período e o conjunto imagem de cada uma das funções;

b) os valores de **a** e **b**;

c) as raízes de **f** em [0, 10];

d) as abscissas de **A**, **B**, **C**, **D** e **E**.

Testes

1. (Uern) A razão entre o maior e o menor número inteiro que pertencem ao conjunto imagem da função trigonométrica $y = -4 + 2\cos\left(x - \frac{2\pi}{3}\right)$ é:

a) 2 b) $\frac{1}{3}$ c) −3 d) $-\frac{1}{2}$

2. (IFCE) O valor de cos (2 280°) é:

a) $-\frac{1}{2}$
b) $\frac{1}{2}$
c) $-\frac{\sqrt{2}}{2}$
d) $-\frac{\sqrt{3}}{2}$
e) $\frac{\sqrt{3}}{2}$

3. (Ufes) Considere que V(t), volume de ar nos pulmões de um ser humano adulto, em litros, varia de no mínimo 2 litros a no máximo 4 litros, sendo **t** a variável tempo, em segundos. Entre as funções abaixo, a que melhor descreve V(t) é:

a) $2 + 2\,\text{sen}\left(\frac{\pi}{3}t\right)$
b) $4 + 2\,\text{sen}\left(\frac{\pi}{3}t\right)$
c) $5 + 3\,\text{sen}\left(\frac{\pi}{3}t\right)$
d) $1 + 3\,\text{sen}\left(\frac{\pi}{3}t\right)$
e) $3 + \text{sen}\left(\frac{\pi}{3}t\right)$

4. (Enem) Segundo o Instituto Brasileiro de Geografia e Estatística (IBGE), os produtos sazonais são aqueles que apresentam ciclos bem definidos de produção, consumo e preço. Resumidamente, existem épocas do ano em que a sua disponibilidade nos mercados varejistas ora é escassa, com preços elevados, ora é abundante, com preços mais baixos, o que ocorre no mês de produção máxima da safra.

A partir de uma série histórica, observou-se que o preço **P**, em reais, do quilograma de um certo produto sazonal pode ser descrito pela função $P(x) = 8 + 5\cos\left(\frac{\pi x - \pi}{6}\right)$, onde **x** representa o mês do ano, sendo x = 1 associado ao mês de janeiro, x = 2 ao mês de fevereiro, e assim sucessivamente, até x = 12 associado ao mês de dezembro.

Disponível em: www.ibge.gov.br. Acesso em: 2 ago. 2012 (adaptado).

Na safra, o mês de produção máxima desse produto é

a) janeiro.
b) abril.
c) junho.
d) julho.
e) outubro.

5. (Uneb-BA) Admitindo-se que o peso de determinada pessoa, ao longo de um ano, possa ser modelado pela função $P(t) = 65 - 5\cos\left(\left(\frac{t+3}{6}\right)\pi\right)$, em que t = 1, ..., 12 corresponde aos meses de janeiro a dezembro e considerando $\sqrt{3} = 1{,}7$, pode-se estimar que, de maio até agosto, o peso dessa pessoa

a) diminuiu 4,50 kg.
b) aumentou 4,50 kg.
c) diminuiu 6,75 kg.
d) aumentou 6,75 kg.
e) diminuiu 7,56 kg.

6. (UPE) Se a função trigonométrica y = a + b sen (px) tem imagem I = [1, 5] e período $\frac{3}{\pi}$, qual é o valor da soma a + b + p? Adote π = 3.

a) 5
b) 6
c) 8
d) 10
e) 11

7. (Epcar-MG) Considere **A** o conjunto mais amplo possível na função real f: A→ ℝ, dada por $f(x) = \frac{\text{sen}\,x}{\text{cossec}\,x} + \frac{\cos x}{\sec x}$.

Sobre a função **f** é correto afirmar que:

a) $A = \left\{x \in \mathbb{R} \;\middle|\; x \neq \frac{k\pi}{2},\ k \in \mathbb{Z}\right\}$.
b) é periódica com período igual a π.
c) é decrescente se $x \in \left\{x \in \mathbb{R} \;\middle|\; \frac{\pi}{2} + 2k\pi < x < \pi + 2k\pi,\ k \in \mathbb{Z}\right\}$.
d) é ímpar.

8. (UEG-GO) No ciclo trigonométrico, as funções seno e cosseno são definidas para todos os números reais.

Em relação às imagens dessas funções, é correto afirmar:

a) sen (7) > 0
b) sen (8) < 0
c) $\left(\cos\left(\sqrt{5}\right) > 0\right)$
d) $\left(\cos\left(\sqrt{5}\right) > \text{sen}\,(8)\right)$

9. (PUC-RJ) Assinale a alternativa correta:

a) cos (2 000°) < 0
b) sen (2 000°) > 0
c) sen (2 000°) = cos (2 000°)
d) sen (2 000°) = −sen (2 000°)
e) sen (2 000°) = −cos (2 000°)

10. (FGV-RJ) A previsão mensal da venda de sorvetes para 2012, em uma sorveteria, é dada por $P = 6000 + 50x + 2000\cos\left(\frac{\pi x}{6}\right)$, em que **P** é o número de unidades vendidas no mês **x**; x = 0 representa janeiro de 2012, x = 1 representa fevereiro de 2012, x = 2 representa março de 2012 e assim por diante. Se essas previsões se verificarem, em julho haverá uma queda na quantidade vendida, em relação a março, de aproximadamente:

a) 39,5%
b) 38,5%
c) 37,5%
d) 36,5%
e) 35,5%

11. (UFPR) Suponha que o horário do pôr do sol na cidade de Curitiba, durante o ano de 2009, possa ser descrito pela função

$$f(t) = 18{,}8 - 1{,}3\,\text{sen}\left(\frac{2\pi}{365}t\right)$$

sendo **t** o tempo dado em dias e t = 0 o dia 1º de janeiro. Com base nessas informações, considere as seguintes afirmativas:

I. O período da função acima é 2π.
II. Foi no mês de abril o dia em que o pôr do sol ocorreu mais cedo.
III. O horário em que o pôr do sol ocorreu mais cedo foi 17 h 30.

Assinale a alternativa correta.

a) Somente a afirmativa III é verdadeira.
b) Somente as afirmativas I e II são verdadeiras.
c) Somente as afirmativas I e III são verdadeiras.
d) Somente as afirmativas II e III são verdadeiras.
e) As afirmativas I, II e III são verdadeiras.

12. (Ufam) O *Encontro das Águas* é um fenômeno que acontece na confluência entre o rio Negro, de água negra, e o rio Solimões, de água barrenta. É uma das principais atrações turísticas da cidade de Manaus. As águas dos dois rios correm lado a lado sem se misturar por uma extensão de mais de 6 km. Esse fenômeno acontece em decorrência da diferença de temperatura e densidade dessas águas, além da diferença de velocidade das correntezas.

Uma equipe de pesquisadores da UF-AM mediu a temperatura (em °C) da água no *Encontro das Águas* durante dois dias, em intervalos de 1 hora. A medição começou a ser feita às 2 horas do primeiro dia (t = 0) e terminou 48 horas depois (t = 48). Os dados resultaram na função $f(t) = 24 + 8\,\text{sen}\left(\frac{3\pi}{2} + \frac{\pi}{12}t\right)$, onde **t** indica o tempo (em horas) e f(t) a temperatura (em °C) no instante **t**.

A temperatura máxima e o horário em que essa temperatura ocorreu são respectivamente:

a) 28 °C e 11:00 h
b) 29 °C e 12:00 h
c) 30 °C e 13:00 h
d) 31 °C e 15:00 h
e) 32 °C e 14:00 h

13. (Enem) Um satélite de telecomunicações, **t** minutos após ter atingido sua órbita, está a **r** quilômetros de distância do centro da Terra. Quando **r** assume seus valores máximo e mínimo, diz-se que o satélite atingiu o apogeu e o perigeu, respectivamente. Suponha que, para esse satélite, o valor de **r** em função de **t** seja dado por

$$r(t) = \frac{5865}{1 + 0{,}15 \cdot \cos(0{,}06t)}$$

Um cientista monitora o movimento desse satélite para controlar o seu afastamento do centro da Terra. Para isso, ele precisa calcular a soma dos valores de **r**, no apogeu e no perigeu, representada por **S**.

O cientista deveria concluir que, periodicamente, **S** atinge o valor de

a) 12 765 km.
b) 12 000 km.
c) 11 730 km.
d) 10 965 km.
e) 5 865 km.

14. (Uern) Um determinado inseto no período de reprodução emite sons cuja intensidade sonora oscila entre o valor mínimo de 20 decibéis até o máximo de 40 decibéis, sendo **t** a variável tempo em segundos. Entre as funções a seguir, aquela que melhor representa a variação da intensidade sonora com o tempo I(t) é

a) $50 - 10\cos\left(\frac{\pi}{6}t\right)$
b) $30 + 10\cos\left(\frac{\pi}{6}t\right)$
c) $40 + 20\cos\left(\frac{\pi}{6}t\right)$
d) $60 - 20\cos\left(\frac{\pi}{6}t\right)$

15. (Aman-RJ) O valor numérico da expressão $\frac{\sec 1320°}{2} - 2 \cdot \cos\left(\frac{53\pi}{3}\right) + (\text{tg } 2220°)^2$ é:

a) -1
b) 0
c) $\frac{1}{2}$
d) 1
e) $-\frac{\sqrt{3}}{2}$

16. (FGV-SP) A previsão de vendas mensais de uma empresa para 2011, em toneladas de um produto, é dada por $f(x) = 100 + 0{,}5x + 3 \operatorname{sen} \frac{\pi x}{6}$, em que x = 1 corresponde a janeiro de 2011, x = 2 corresponde a fevereiro de 2011 e assim por diante.
A previsão de vendas (em toneladas) para o primeiro trimestre de 2011 é:
(Use a aproximação decimal $\sqrt{3} = 1{,}7$)

a) 308,55
b) 309,05
c) 309,55
d) 310,05
e) 310,55

17. (UPE) Qual dos gráficos a seguir representa a função $f(x) = -2 \operatorname{sen} 3x$?

a) 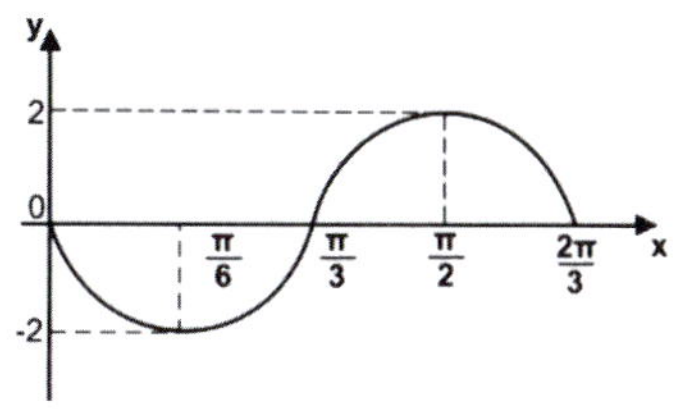

b) 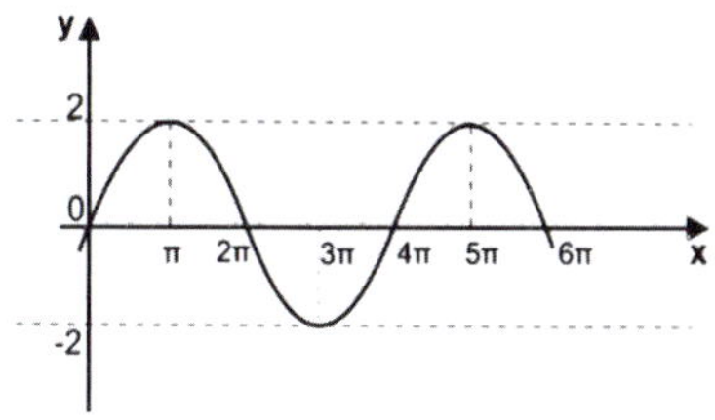

c) 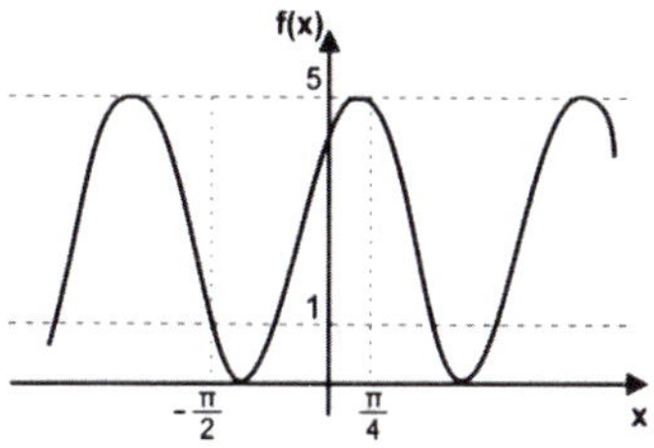

d) 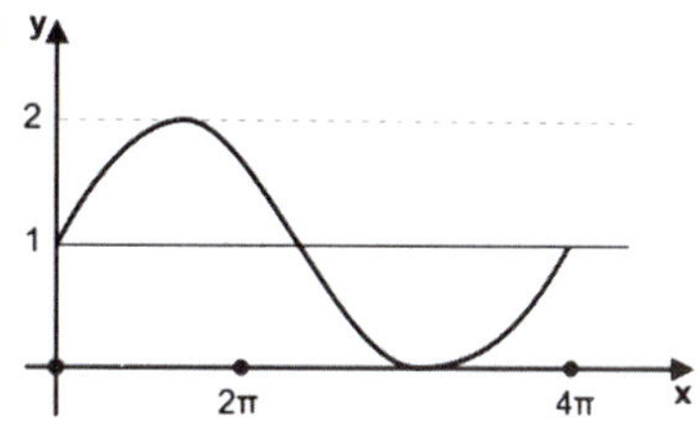

e) 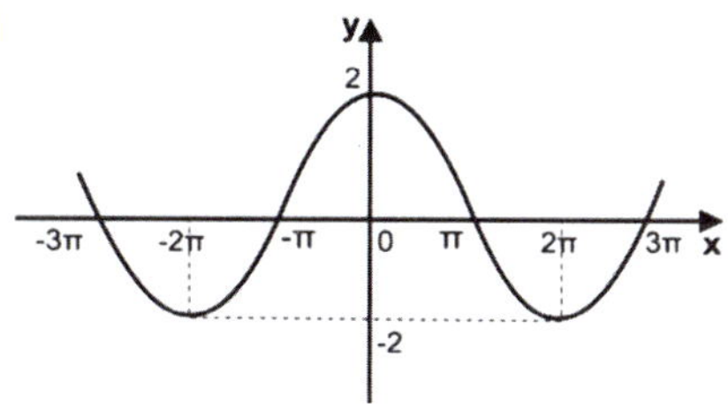

18. (UFPB) Um especialista, ao estudar a influência da variação da altura das marés na vida de várias espécies em certo manguezal, concluiu que a altura **A** das marés, dada em metros, em um espaço de tempo não muito grande, poderia ser modelada de acordo com a função:

$$A(t) = 1{,}6 - 1{,}4 \operatorname{sen}\left(\frac{\pi}{6}t\right)$$

Nessa função, a variável **t** representa o tempo decorrido, em horas, a partir da meia-noite de certo dia. Nesse contexto, conclui-se que a função **A**, no intervalo [0, 12], está representada pelo gráfico:

a) 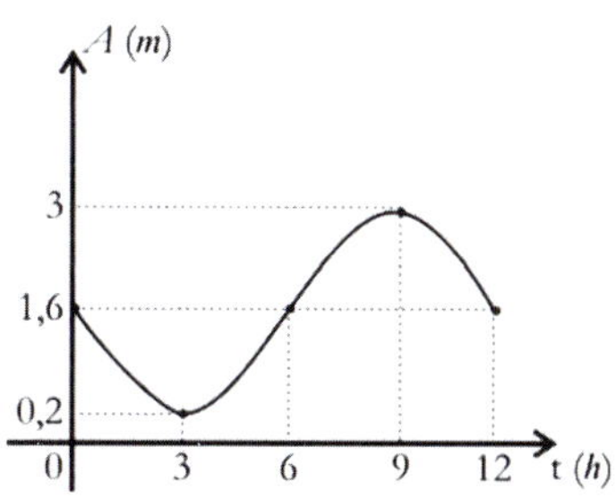

b) 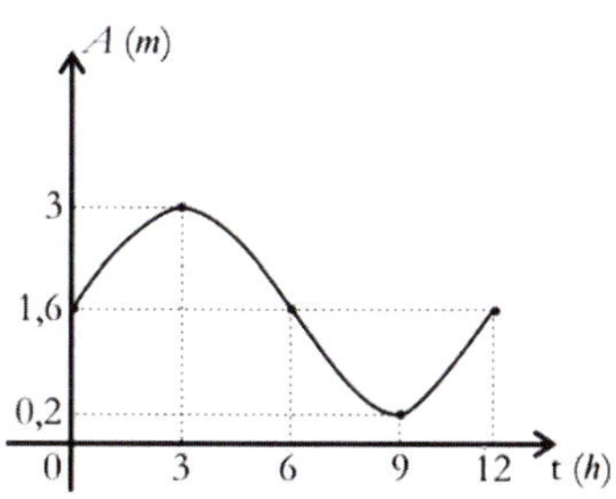

c) 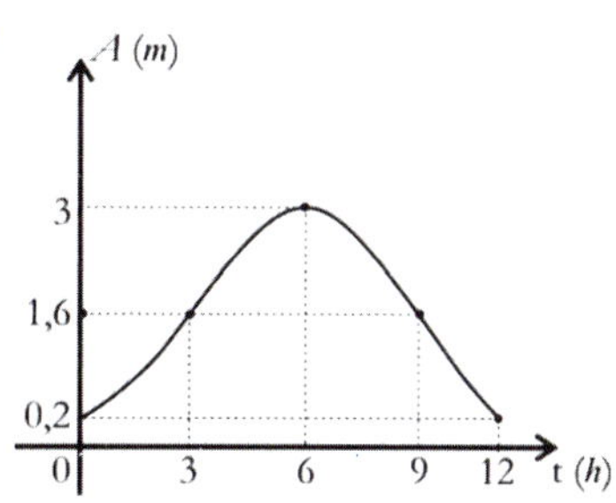

d) 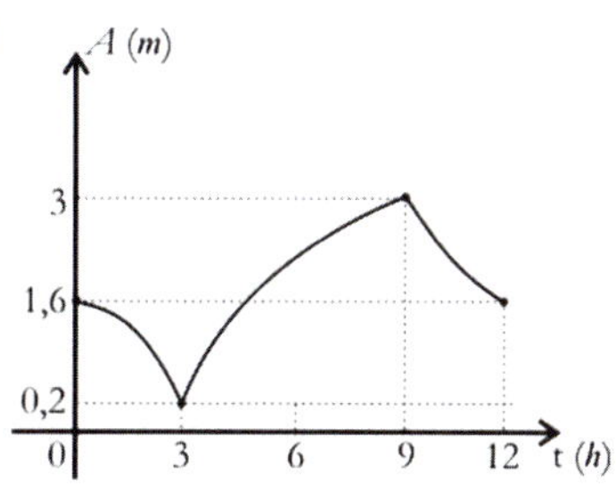

e) 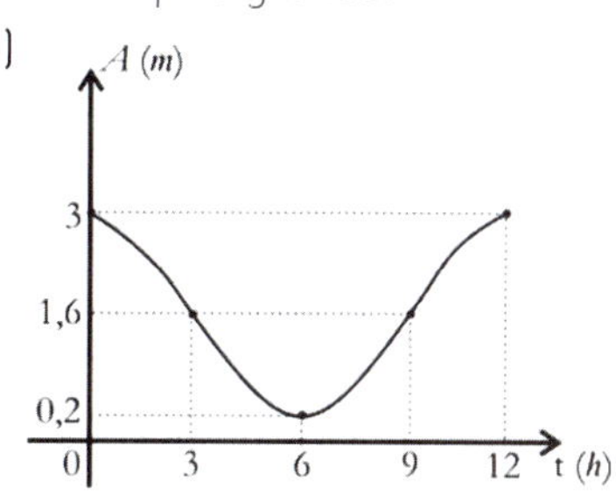

19. (Unioeste-PR) Uma loja do ramo de som vende instrumentos musicais e renova todo mês seu estoque de violas em 60 unidades. A função que aproxima o estoque de violas da loja ao longo do mês é $f(x) = 30\left(\cos\left(\frac{\pi x}{30}\right) + 1\right)$, sendo que **x** é o dia do mês (considerando o mês comercial de 30 dias) e f(x) é o estoque ao final do dia **x**. Nos termos apresentados, é correto afirmar que

a) ao final do mês, metade do estoque ainda não foi vendido.
b) a loja vende metade do seu estoque até o dia 10 de cada mês.
c) no dia 15 de cada mês, metade do estoque do mês foi vendido.
d) ao fim do mês, a loja ainda não vendeu todo o estoque de violas.
e) o estoque em um determinado dia do mês é exatamente metade do estoque do dia anterior.

20. (FGV-SP) No intervalo 0 a π, a função que permite calcular a área **A** da região limitada pelo eixo **x**, pelas retas de equações x = p e x = q e pelo gráfico da função definida por y = sen x é dada por A = cos p − cos q.

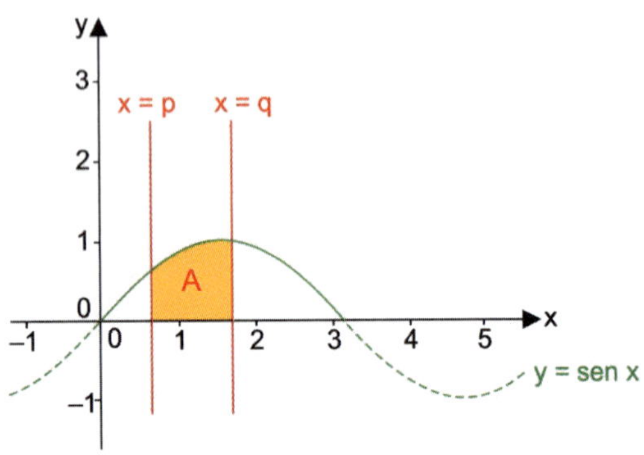

Reprodução/FGV, 2016.

Com base na informação fornecida, observe a figura a seguir.

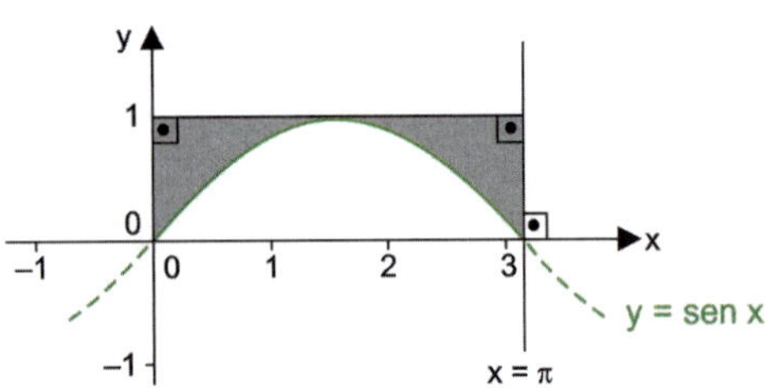

Reprodução/FGV, 2016.

A área da região sombreada nessa figura é, aproximadamente, igual a

a) 2,64.
b) 2,14.
c) 1,86.
d) 1,14.
e) 0,86.

21. (UFRGS-RS) Considere as funções **f** e **g** definidas por f(x) = sen x e g(x) = cos x.
O número de raízes da equação f(x) = g(x) no intervalo [−2π, 2π] é

a) 3.
b) 4.
c) 5.
d) 6.
e) 7.

22. (Vunesp) Em situação normal, observa-se que os sucessivos períodos de aspiração e expiração de ar dos pulmões em um indivíduo são iguais em tempo, bem como na quantidade de ar inalada e expelida.
A velocidade de aspiração e expiração de ar dos pulmões de um indivíduo está representada pela curva do gráfico, considerando apenas um ciclo do processo.

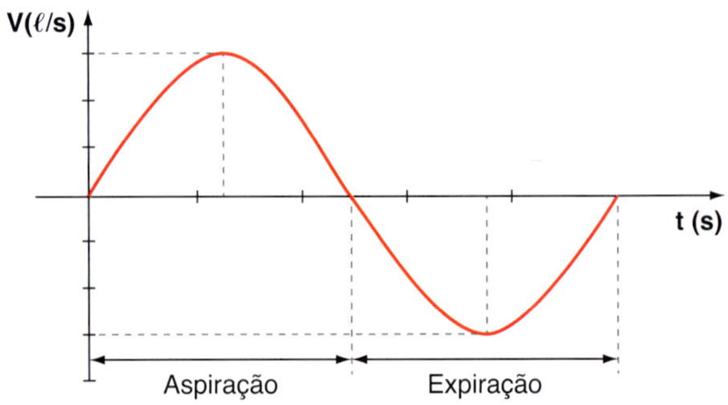

Reprodução/Arquivo da editora

Sabendo-se que, em uma pessoa em estado de repouso, um ciclo de aspiração completo ocorre a cada 5 segundos e que a taxa máxima de inalação e exalação, em módulo, é 0,6 ℓ/s, a expressão da função cujo gráfico mais se aproxima da curva representada na figura é:

a) $V(t) = \frac{2\pi}{5}\,\text{sen}\left(\frac{3}{5}t\right)$

b) $V(t) = \frac{3}{5}\,\text{sen}\left(\frac{5}{2\pi}t\right)$

c) $V(t) = 0{,}6\cos\left(\frac{2\pi}{5}t\right)$

d) $V(t) = 0{,}6\,\text{sen}\left(\frac{2\pi}{5}t\right)$

e) $V(t) = \frac{5}{2\pi}\cos(0{,}6t)$

23. (Uece) Um fabricante produz telhas senoidais como a da figura abaixo.

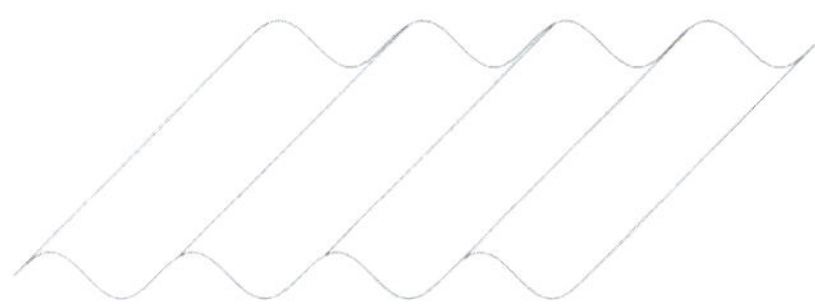

Para a criação do molde da telha a ser fabricada, é necessário fornecer a função cujo gráfico será a geratriz da telha.

A telha padrão produzida pelo fabricante possui por curva geratriz o gráfico da função y = sen (x) (veja detalhe na figura a seguir).

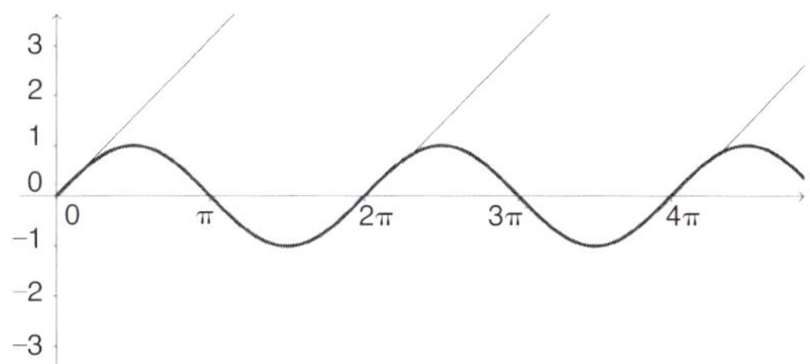

Um cliente solicitou então a produção de telhas que fossem duas vezes "mais sanfonadas" e que tivessem o triplo da altura da telha padrão, como na figura abaixo.

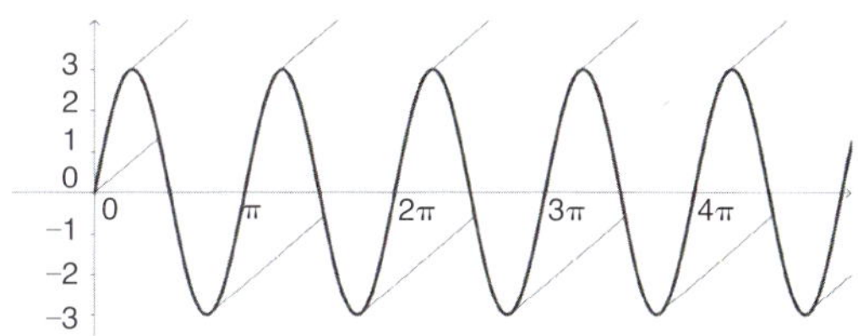

A curva geratriz dessa nova telha será então o gráfico da função:

a) $y = 3\,\text{sen}\left(\frac{1}{2}x\right)$ b) $y = 3\,\text{sen}\left(2x\right)$ c) $y = 2\,\text{sen}\left(\frac{1}{3}x\right)$ d) $y = \frac{1}{3}\,\text{sen}\left(\frac{1}{2}x\right)$ e) $y = 2\,\text{sen}\left(3x\right)$

24. (PUC-RS) A figura a seguir representa um esboço do gráfico de uma função $y = A + B\,\text{sen}\left(\frac{x}{4}\right)$, que é muito útil quando se estudam fenômenos periódicos, como, por exemplo, o movimento de uma mola vibrante. Então, o produto das constantes **A** e **B** é

a) 6
b) 10
c) 12
d) 18
e) 50

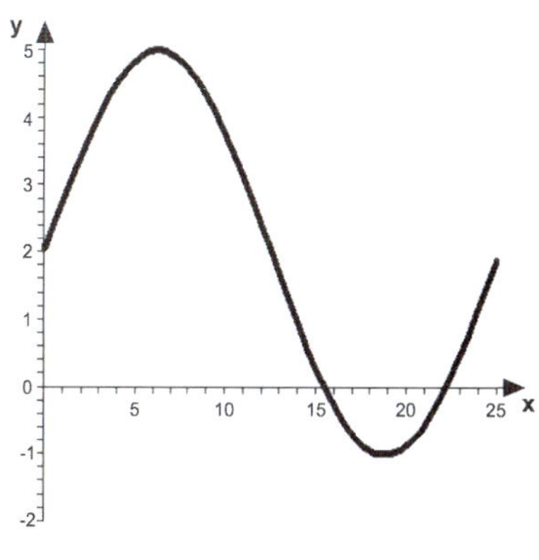

25. (UFSM-RS) O gráfico mostra a quantidade de animais que uma certa área de pastagem pode sustentar ao longo de 12 meses. Propõe-se a função Q(t) = a sen (b + ct) + d para descrever essa situação. De acordo com os dados, Q(0) é igual a:

a) 100
b) 97
c) 95
d) 92
e) 90

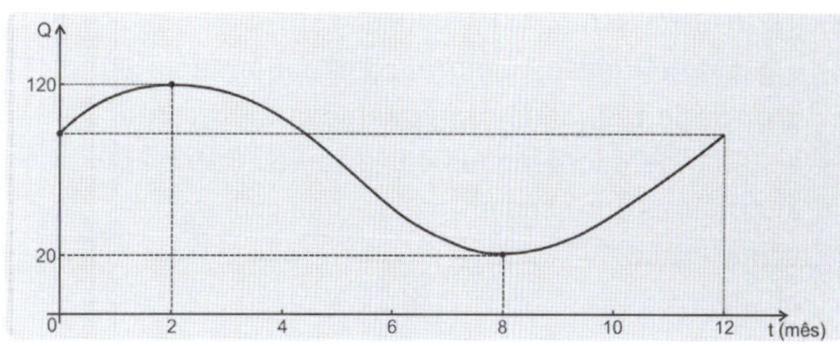

26. (UFPR) A figura abaixo representa parte do gráfico de uma função trigonométrica $f: \mathbb{R} \rightarrow \mathbb{R}$.

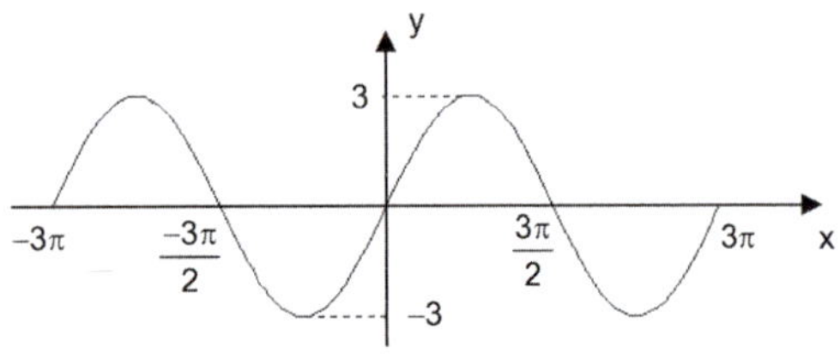

A respeito dessa função, é correto afirmar:

a) Ela pode ser definida pela expressão

$$f(x) = 3\,\text{sen}\left(\frac{2x}{3} + \frac{\pi}{2}\right).$$

b) $f(x + 2\pi) = f(x)$, qualquer que seja **x** real.

c) Ela pode ser definida pela expressão

$$f(x) = 3\cos\frac{2x}{3}.$$

d) $|f(x)| \leqslant 1$, qualquer que seja **x** real.

e) $f(10\pi) > 0$

27. (UFSM-RS) Em muitas cidades, os poluentes emitidos em excesso pelos veículos causam graves problemas a toda população. Durante o inverno, a poluição demora mais para se dissipar na atmosfera, favorecendo o surgimento de doenças respiratórias.
Suponha que a função

$$N(x) = 180 - 54\cos\left(\frac{\pi}{6}(x - 1)\right)$$

represente o número de pessoas com doenças respiratórias registrado num Centro de Saúde, com $x = 1$ correspondendo ao mês de janeiro, $x = 2$, ao mês de fevereiro e assim por diante.
A soma do número de pessoas com doenças respiratórias registrado nos meses de janeiro, março, maio e julho é igual a:

a) 693
b) 720
c) 747
d) 774
e) 936

28. (UFRGS-RS) A função **f** é definida por $f(x) = \text{sen}\,2x$ e **g** é uma função cujo gráfico não intersecta o gráfico de **f**, quando representadas no mesmo sistema de coordenadas cartesianas. Entre as alternativas que seguem, a única que pode representar g(x) é

a) sen x
b) log x
c) $|x|$
d) $2x + 3$
e) $3 + 2^x$

29. (UFF-RJ) Nas comunicações, um sinal é transmitido por meio de ondas senoidais, denominadas ondas portadoras. Considere a forma da onda portadora modelada pela função trigonométrica

$$f(t) = 2\,\text{sen}\left(3t - \frac{\pi}{3}\right),\ t \in \mathbb{R}.$$

Pode-se afirmar que o gráfico que melhor representa f(t) é:

a)

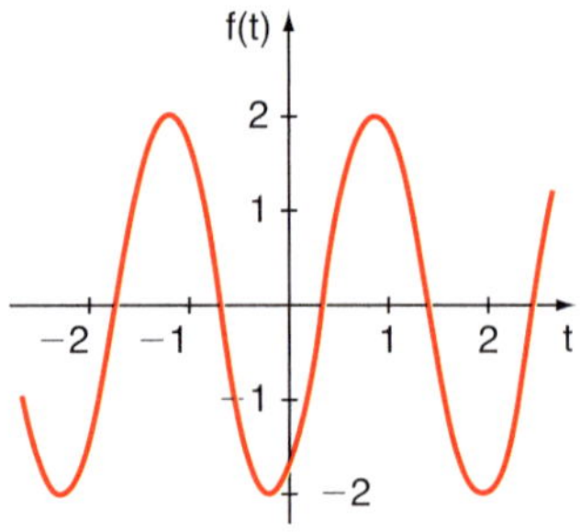

b)

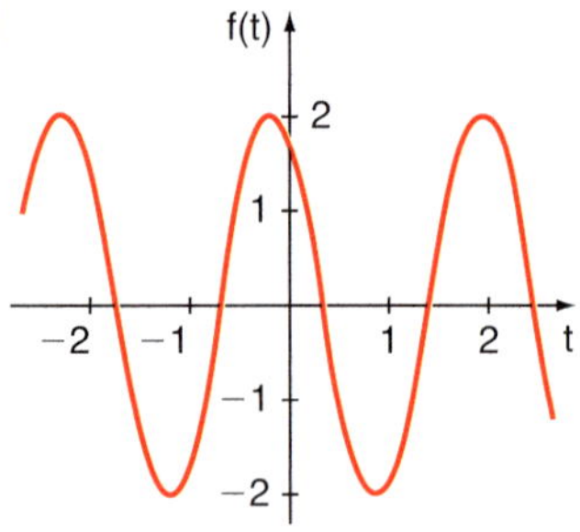

c)

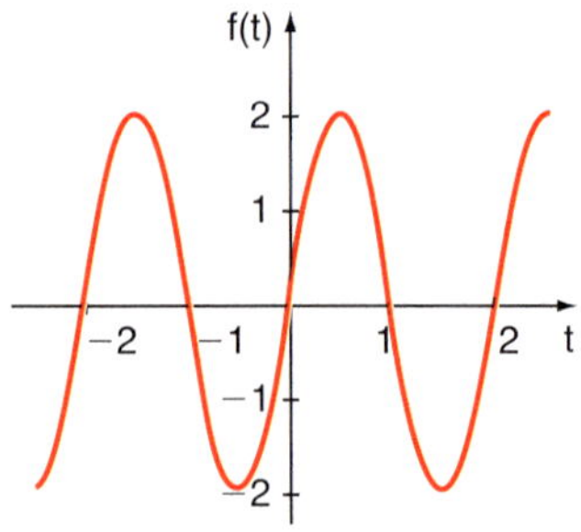

d)

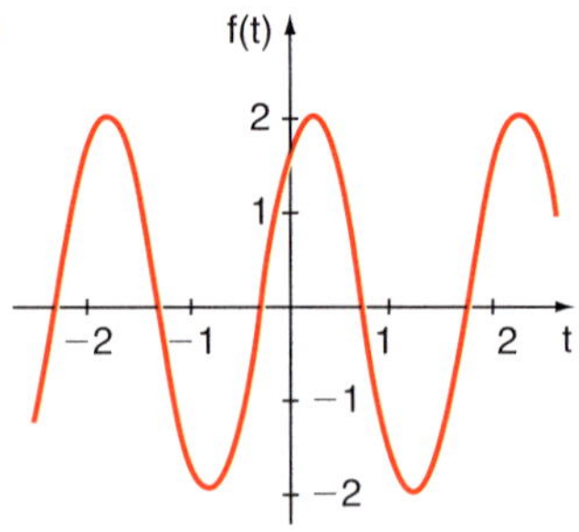

e)

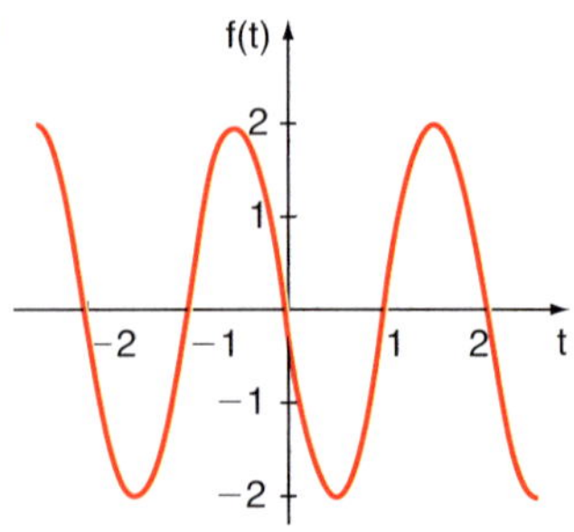

30. (UFJF-MG) Considere as funções **f**, **g** e **h** definidas abaixo e os 3 gráficos apresentados.

I. $f: \mathbb{R} \to \mathbb{R}$, $f(x) = \text{sen }(2x)$

II. $g: \mathbb{R} \to \mathbb{R}$, $g(x) = \text{sen }|x|$

III. $h: \mathbb{R} \to \mathbb{R}$, $h(x) = \text{sen }(-x)$

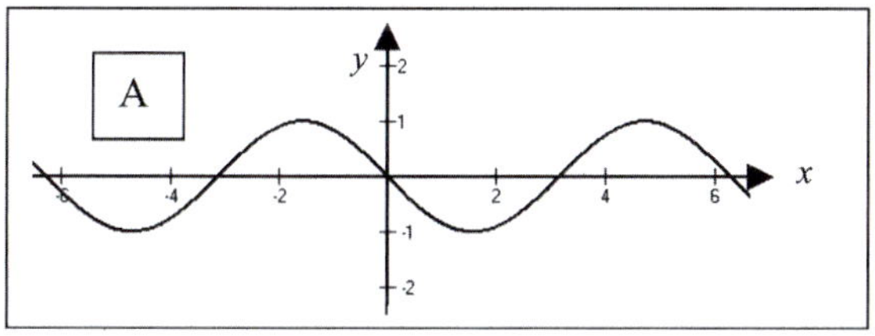

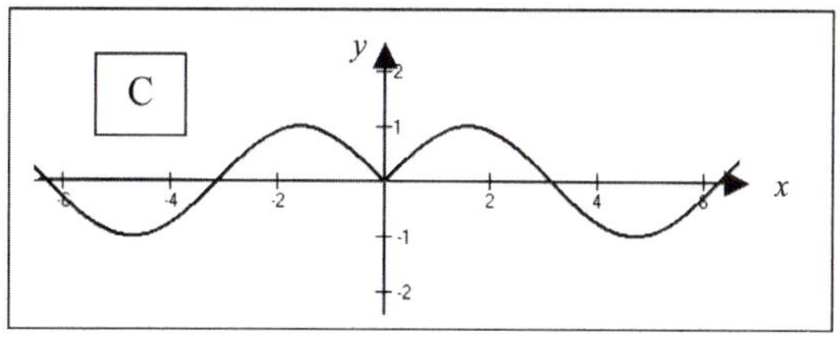

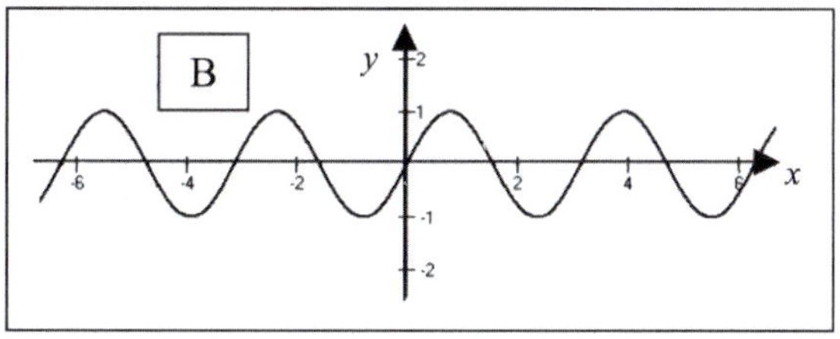

A associação que melhor corresponde cada função ao seu respectivo gráfico é:

a) I – A, II – B e III – C.
b) I – A, II – C e III – B.
c) I – B, II – A e III – C.
d) I – B, II – C e III – A.
e) I – C, II – A e III – B.

31. (FGV-SP) A figura ao lado representa parte do gráfico de uma função periódica $f: \mathbb{R} \to \mathbb{R}$.

O período da função $g(x) = f(3x + 1)$ é:

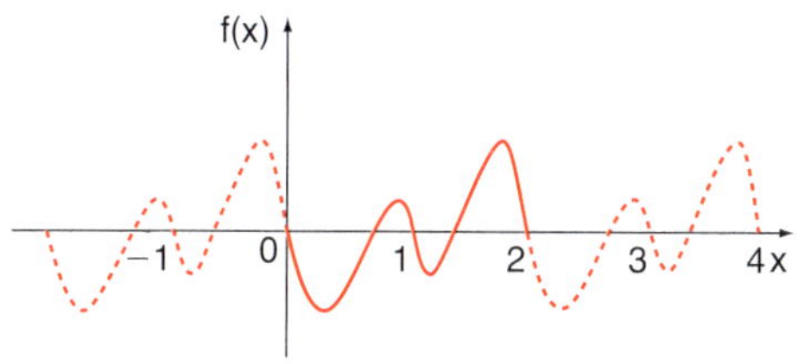

a) 6
b) $\frac{1}{3}$
c) 3
d) $\frac{2}{3}$
e) 2

32. (Uece) No desenho ao lado há uma representação gráfica parcial da função $f(x) = \dfrac{\cos x}{1 + \cos x}$, definida no intervalo $[0, \pi[$, e um trapézio retangular OPQR sombreado, no qual os vértices **P** e **Q** pertencem ao gráfico de f(x). Sabendo que o vértice **R** tem ordenada $\frac{1}{3}$, a área do trapézio, em unidades de área é:

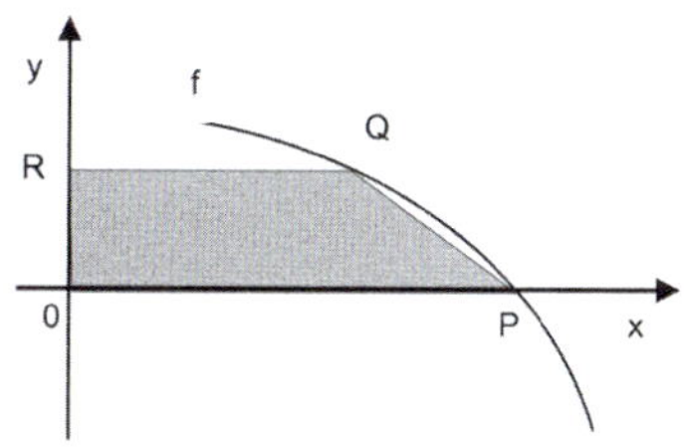

a) $\frac{7\pi}{18}$
b) $\frac{5\pi}{18}$
c) $\frac{7\pi}{36}$
d) $\frac{5\pi}{36}$

33. (Fuvest-SP) Uma quantidade fixa de um gás ideal é mantida à temperatura constante, e seu volume varia com o tempo de acordo com a seguinte fórmula:

$$V(t) = \log_2 (5 + 2 \text{ sen } (\pi t)),\ 0 \leq t \leq 2$$

em que **t** é medido em horas e V(t) é medido em m^3. A pressão máxima do gás no intervalo de tempo [0, 2] ocorre no instante

a) t = 0,4
b) t = 0,5
c) t = 1
d) t = 1,5
e) t = 2

34. (Mack-SP) Se $f(x) = 3^{1+x}$ e $g(x) = \text{sen } x$ são duas funções definidas em $\mathbb{R}$, então os conjuntos imagem de $f \circ g$ e $g \circ f$ são, respectivamente,

a) $\mathbb{R}_+$ e $\mathbb{R}$
b) $\mathbb{R}_+^*$ e $\mathbb{R}$
c) $\mathbb{R}$ e $[-1, 9]$
d) $[1, 9]$ e $[-1, 1]$
e) $\mathbb{R}_+^*$ e $[-1, 1]$

CAPÍTULO

5 Transformações trigonométricas

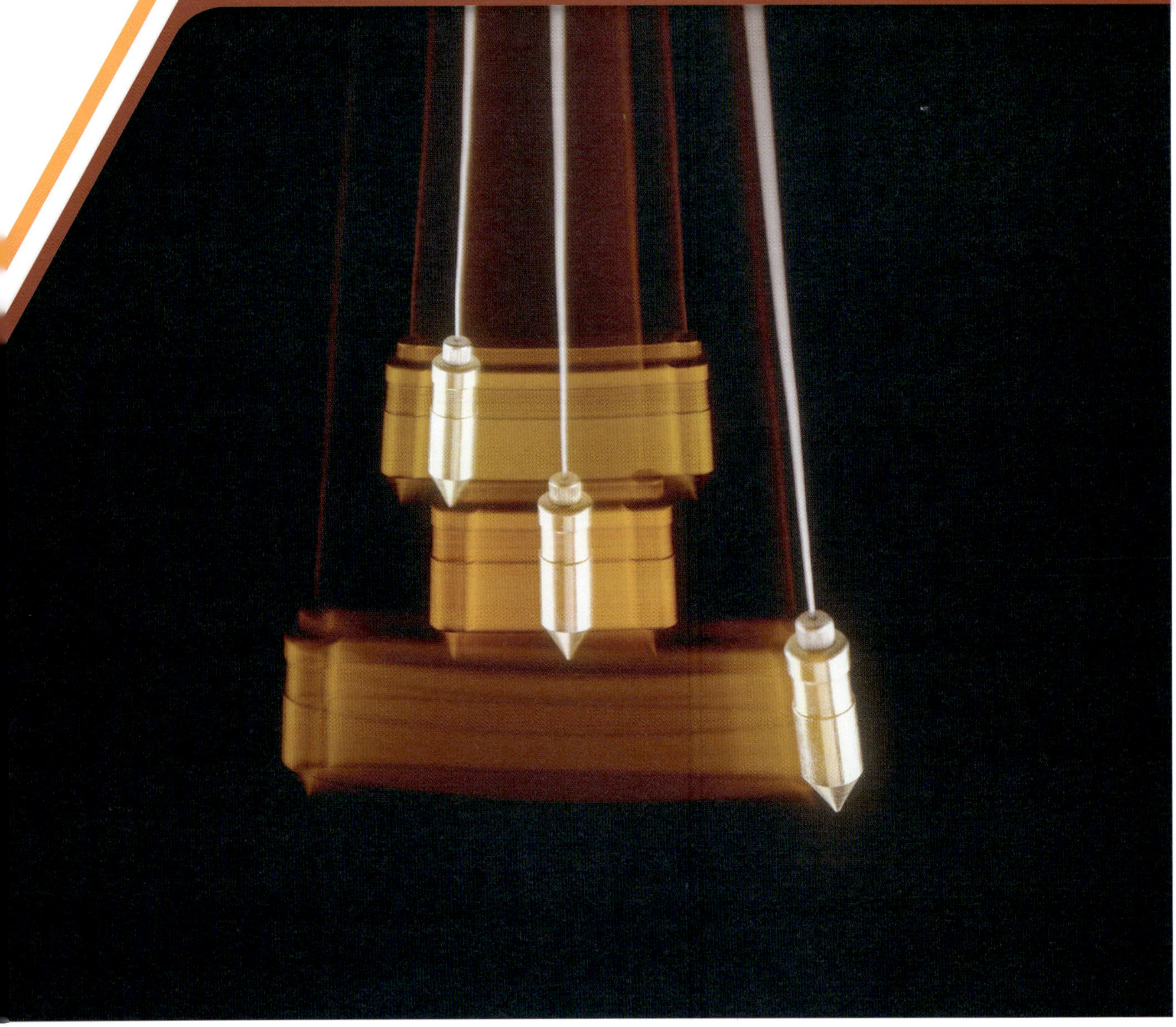

Dorling Kindersley/Getty Images

O balanço de um peso em uma mola e o movimento de um pêndulo, como o da imagem, são exemplos de movimento harmônico simples. Nesse tipo de movimento, a posição do pêndulo é dada por meio da adição de funções trigonométricas do tempo, que pode ser simplificada por transformações trigonométricas, assunto deste capítulo.

Introdução

Estudaremos neste capítulo a obtenção de fórmulas que nos possibilitem encontrar as razões trigonométricas da soma $a + b$ e da diferença $a - b$ de dois números reais quaisquer **a** e **b** (ou de dois arcos de medidas **a** e **b**) a partir de valores conhecidos referentes às razões trigonométricas de **a** e de **b**. Como decorrência dessas expressões, poderemos também relacionar as razões trigonométricas do dobro de um arco qualquer (2a) com as razões desse arco (**a**).

Antes de iniciarmos a construção dessas fórmulas, é importante destacar que $\cos(a + b) = \cos a + \cos b$ **não** é válida para **a** e **b** quaisquer. Tome, por exemplo, $a = \frac{\pi}{3}$ e $b = \frac{\pi}{6}$:

$$\cos a + \cos b = \cos\frac{\pi}{3} + \cos\frac{\pi}{6} = \frac{1}{2} + \frac{\sqrt{3}}{2}$$

$$a + b = \frac{\pi}{3} + \frac{\pi}{6} = \frac{\pi}{2} \Rightarrow \cos(a + b) = \cos\frac{\pi}{2} = 0$$

diferentes

Considere agora $a = 0$ e $b = \frac{\pi}{3}$:

$$\cos a + \cos b = \cos 0 + \cos\frac{\pi}{3} = 1 + \frac{1}{2} = \frac{3}{2}$$

$$a + b = 0 + \frac{\pi}{3} = \frac{\pi}{3} \Rightarrow \cos(a + b) = \cos\frac{\pi}{3} = \frac{1}{2}$$

diferentes

Da mesma maneira, não são verdadeiras as igualdades: $\text{sen}(a + b) = \text{sen}\, a + \text{sen}\, b$; $\text{sen}(a - b) = \text{sen}\, a - \text{sen}\, b$; $\cos(a - b) = \cos a - \cos b$ para **a** e **b** quaisquer.

Por fim, observe também que, em geral, $\text{sen}\, 2a \neq 2 \cdot \text{sen}\, a$. Por exemplo, se $a = 45°$, então $2a = 90°$ e temos:

$$\text{sen}\, 2a = \text{sen}\, 90° = 1 \text{ e } 2 \cdot \text{sen}\, a = 2 \cdot \text{sen}\, 45° = 2 \cdot \frac{\sqrt{2}}{2} = \sqrt{2}.$$

Outro exemplo: $\underbrace{\text{sen}\, 60°}_{\frac{\sqrt{3}}{2}} \neq 2 \cdot \underbrace{\text{sen}\, 30°}_{\frac{1}{2}}$.

Temos também, em geral, $\cos(2a) \neq 2 \cdot \cos a$ e $\text{tg}(2a) \neq 2 \cdot \text{tg}\, a$.

Fórmulas da adição e subtração

Antes de demonstrarmos a primeira relação, é necessário relembrar o conceito de distância entre dois pontos no plano cartesiano.

Dados **A** e **B**, pontos distintos do plano cartesiano, chama-se **distância** entre **A** e **B** a medida do segmento $\overline{AB}$.

Vamos determinar, na figura, a distância entre os pontos $A(x_A, y_A)$ e $B(x_B, y_B)$, a qual indicaremos por $\mathbf{d}_{AB}$.

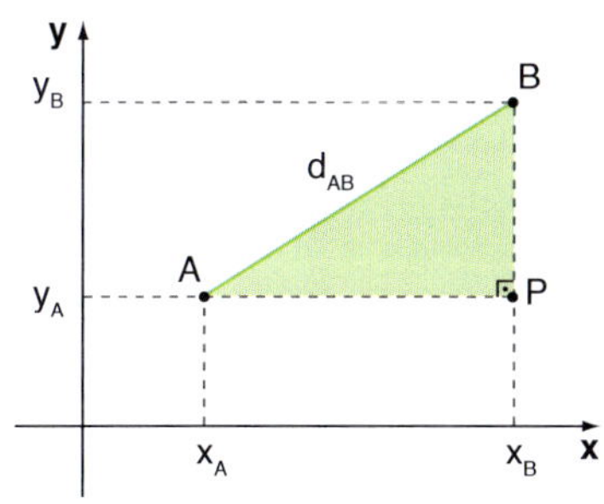

Banco de imagens/Arquivo da editora

Aplicando o Teorema de Pitágoras no triângulo APB, temos:

$$d_{AB}^2 = (PA)^2 + (PB)^2$$

Mas $PA = x_B - x_A$ e $PB = y_B - y_A$.

Assim: $d_{AB}^2 = (x_B - x_A)^2 + (y_B - y_A)^2$ e

$$d_{AB} = \sqrt{(x_B - x_A)^2 + (y_B - y_A)^2}$$

Note que devemos ter sempre $d_{AB} \geq 0$.

Podemos observar ainda que, como $(m - n)^2 = (n - m)^2$, $\forall m, n \in \mathbb{R}$, as ordens das diferenças que aparecem no radicando não importam.

Assim, por exemplo, a distância entre A(1, 4) e B(3, –2) é:

$$d_{AB} = \sqrt{(x_A - x_B)^2 + (y_A - y_B)^2} = \sqrt{(1 - 3)^2 + [4 - (-2)]^2} = \sqrt{4 + 36} = \sqrt{40} = 2\sqrt{10}$$

ou ainda:

$$d_{AB} = \sqrt{(x_B - x_A)^2 + (y_B - y_A)^2} = \sqrt{(3 - 1)^2 + (-2 - 4)^2} = \sqrt{4 + 36} = \sqrt{40} = 2\sqrt{10}$$

Cosseno da soma

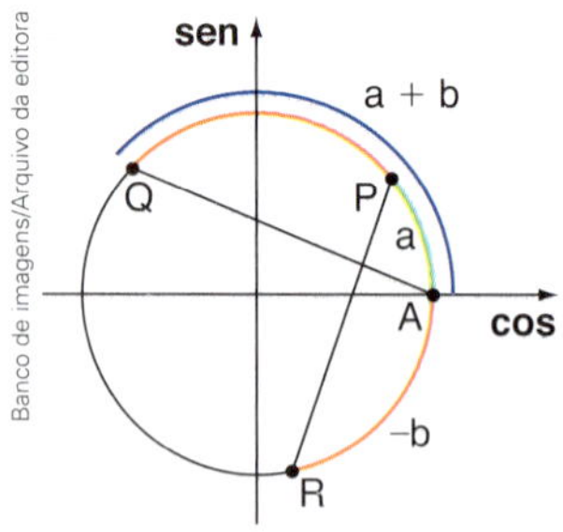

Sejam **P**, **Q** e **R** as respectivas imagens dos números reais **a**, a + b e −b, como mostra a circunferência trigonométrica da figura ao lado.

Os arcos $\overset{\frown}{APQ}$ e $\overset{\frown}{RAP}$ possuem a mesma medida (a + b) e, consequentemente, as cordas $\overline{AQ}$ e $\overline{PR}$ também têm medidas iguais. Desse modo, podemos afirmar que a distância entre **A** e **Q** é igual à distância entre **P** e **R**, isto é, $d_{AQ} = d_{PR}$.

Observando a figura, podemos escrever as coordenadas dos pontos **A**, **P**, **Q** e **R**: A(1, 0); P(cos a, sen a); Q(cos (a + b), sen (a + b)) e R(cos (–b), sen (–b)), isto é, R(cos b, –sen b).

Utilizando a expressão da distância entre dois pontos, temos:

$$d_{AQ} = \sqrt{(x_A - x_Q)^2 + (y_A - y_Q)^2} = \sqrt{[1 - \cos(a + b)]^2 + [0 - \text{sen}(a + b)]^2} =$$

$$= \sqrt{1 - 2\cos(a + b) + \underbrace{\cos^2(a + b) + \text{sen}^2(a + b)}_{1}} = \sqrt{2 - 2\cos(a + b)} \quad (1)$$

$$d_{PR} = \sqrt{(x_P - x_R)^2 + (y_P - y_R)^2} = \sqrt{(\cos a - \cos b)^2 + [\text{sen}\, a - (-\text{sen}\, b)]^2} =$$

$$= \sqrt{(\cos a - \cos b)^2 + (\text{sen}\, a + \text{sen}\, b)^2} =$$

$$= \sqrt{\cos^2 a - 2\cos a \cdot \cos b + \cos^2 b + \text{sen}^2 a + 2\,\text{sen}\, a \cdot \text{sen}\, b + \text{sen}^2 b} =$$

$$= \sqrt{1 + 1 + 2\,\text{sen}\, a \cdot \text{sen}\, b - 2\cos a \cdot \cos b} = \sqrt{2 + 2\,\text{sen}\, a \cdot \text{sen}\, b - 2\cos a \cdot \cos b} \quad (2)$$

Como $d_{AQ} = d_{PR} \Rightarrow d^2_{AQ} = d^2_{PR}$; então, de (1) e (2), vem:

$$2 - 2\cos(a + b) = 2 + 2\,\text{sen}\, a \cdot \text{sen}\, b - 2\cos a \cdot \cos b \Rightarrow$$

$$\Rightarrow \cancel{2}\,[1 - \cos(a + b)] = \cancel{2}\,[1 + \text{sen}\, a \cdot \text{sen}\, b - \cos a \cdot \cos b] \Rightarrow$$

$$\cos(a + b) = \cos a \cdot \cos b - \text{sen}\, a \cdot \text{sen}\, b$$

EXEMPLO 1

Por meio da fórmula que acabou de ser deduzida, podemos determinar o valor de cos 75° sem a necessidade de recorrer à tabela trigonométrica ou a uma calculadora científica:

$$\cos 75° = \cos(30° + 45°) = \cos 30° \cdot \cos 45° - \text{sen}\, 30° \cdot \text{sen}\, 45° =$$

$$= \frac{\sqrt{3}}{2} \cdot \frac{\sqrt{2}}{2} - \frac{1}{2} \cdot \frac{\sqrt{2}}{2} = \frac{\sqrt{6}}{4} - \frac{\sqrt{2}}{4} = \frac{\sqrt{6} - \sqrt{2}}{4}$$

Cosseno da diferença

Para calcular $\cos(a - b)$, basta considerarmos $a - b = a + (-b)$ na fórmula do cosseno da soma:

$$\cos(a - b) = \cos[a + (-b)] = \cos a \cdot \cos(-b) - \operatorname{sen} a \cdot \operatorname{sen}(-b) =$$
$$= \cos a \cdot \cos b - \operatorname{sen} a \cdot (-\operatorname{sen} b)$$

Daí:

$$\cos(a - b) = \cos a \cdot \cos b + \operatorname{sen} a \cdot \operatorname{sen} b$$

EXEMPLO 2

O valor de $\cos\frac{\pi}{12}$ ($\cos 15°$) pode ser calculado a partir dos valores do seno e do cosseno de $\frac{\pi}{4}$ (45°) e de $\frac{\pi}{3}$ (60°):

$$\cos\frac{\pi}{12} = \cos\left(\frac{\pi}{3} - \frac{\pi}{4}\right) = \cos\frac{\pi}{3} \cdot \cos\frac{\pi}{4} + \operatorname{sen}\frac{\pi}{3} \cdot \operatorname{sen}\frac{\pi}{4} =$$
$$= \frac{1}{2} \cdot \frac{\sqrt{2}}{2} + \frac{\sqrt{3}}{2} \cdot \frac{\sqrt{2}}{2} = \frac{\sqrt{2} + \sqrt{6}}{4}$$

Seno da soma

Lembrando que $\operatorname{sen} x = \cos\left(\frac{\pi}{2} - x\right)$, $\forall x \in \mathbb{R}$, temos:

$$\operatorname{sen}(a + b) = \cos\left[\frac{\pi}{2} - (a + b)\right] = \cos\left[\left(\frac{\pi}{2} - a\right) - b\right]$$

e, pela fórmula do cosseno da diferença, vem:

$$\operatorname{sen}(a + b) = \underbrace{\cos\left(\frac{\pi}{2} - a\right)}_{\operatorname{sen} a} \cdot \cos b + \underbrace{\operatorname{sen}\left(\frac{\pi}{2} - a\right)}_{\cos a} \cdot \operatorname{sen} b$$

Finalmente, temos:

$$\operatorname{sen}(a + b) = \operatorname{sen} a \cdot \cos b + \operatorname{sen} b \cdot \cos a$$

EXEMPLO 3

Podemos determinar $\operatorname{sen} 75°$ como $\operatorname{sen}(30° + 45°)$:

$$\operatorname{sen} 75° = \operatorname{sen}(30° + 45°) = \operatorname{sen} 30° \cdot \cos 45° + \operatorname{sen} 45° \cdot \cos 30° =$$
$$= \frac{1}{2} \cdot \frac{\sqrt{2}}{2} + \frac{\sqrt{2}}{2} \cdot \frac{\sqrt{3}}{2} = \frac{\sqrt{2} + \sqrt{6}}{4}$$

Seno da diferença

Para calcular $\operatorname{sen}(a - b)$, basta considerarmos novamente $a - b = a + (-b)$, desta vez na fórmula do seno da soma de dois arcos:

$$\operatorname{sen}(a - b) = \operatorname{sen}[a + (-b)] = \operatorname{sen} a \cdot \underbrace{\cos(-b)}_{\cos b} + \underbrace{\operatorname{sen}(-b)}_{-\operatorname{sen} b} \cdot \cos a$$

Então:

$$\operatorname{sen}(a - b) = \operatorname{sen} a \cdot \cos b - \operatorname{sen} b \cdot \cos a$$

Tangente da soma

Lembrando que $\operatorname{tg} x = \frac{\operatorname{sen} x}{\cos x}$, $\forall x \in \mathbb{R}$, com $x \neq \frac{\pi}{2} + k\pi$ (**k** inteiro), para calcular $\operatorname{tg}(a + b)$, fazemos:

$$\operatorname{tg}(a + b) = \frac{\operatorname{sen}(a + b)}{\cos(a + b)} = \frac{\operatorname{sen} a \cdot \cos b + \operatorname{sen} b \cdot \cos a}{\cos a \cdot \cos b - \operatorname{sen} a \cdot \operatorname{sen} b}$$

Dividindo o numerador e o denominador por $\cos a \cdot \cos b$, temos:

$$\operatorname{tg}(a + b) = \frac{\dfrac{\operatorname{sen} a \cdot \cos b + \operatorname{sen} b \cdot \cos a}{\cos a \cdot \cos b}}{\dfrac{\cos a \cdot \cos b - \operatorname{sen} a \cdot \operatorname{sen} b}{\cos a \cdot \cos b}} = \frac{\dfrac{\operatorname{sen} a \cdot \cancel{\cos b}}{\cos a \cdot \cancel{\cos b}} + \dfrac{\operatorname{sen} b \cdot \cancel{\cos a}}{\cancel{\cos a} \cdot \cos b}}{\dfrac{\cancel{\cos a \cdot \cos b}}{\cancel{\cos a \cdot \cos b}} - \dfrac{\operatorname{sen} a \cdot \operatorname{sen} b}{\cos a \cdot \cos b}}$$

Finalmente, vem:

$$\operatorname{tg}(a + b) = \frac{\operatorname{tg} a + \operatorname{tg} b}{1 - \operatorname{tg} a \cdot \operatorname{tg} b}$$

válida para $a \neq \frac{\pi}{2} + k\pi$, $b \neq \frac{\pi}{2} + k\pi$ e $a + b \neq \frac{\pi}{2} + k\pi$, $k \in \mathbb{Z}$.

EXEMPLO 4

Para calcular $\operatorname{tg} 105°$, podemos considerar $105° = 60° + 45°$. Daí:

$$\operatorname{tg} 105° = \operatorname{tg}(60° + 45°) = \frac{\operatorname{tg} 60° + \operatorname{tg} 45°}{1 - \operatorname{tg} 60° \cdot \operatorname{tg} 45°} = \frac{\sqrt{3} + 1}{1 - \sqrt{3} \cdot 1} = \frac{\sqrt{3} + 1}{1 - \sqrt{3}} \cdot \frac{1 + \sqrt{3}}{1 + \sqrt{3}} = \frac{4 + 2\sqrt{3}}{-2} = -2 - \sqrt{3}$$

Tangente da diferença

Consideremos novamente $a - b = a + (-b)$:

$$\operatorname{tg}(a - b) = \operatorname{tg}[a + (-b)] = \frac{\operatorname{tg} a + \operatorname{tg}(-b)}{1 - \operatorname{tg} a \cdot \operatorname{tg}(-b)} = \frac{\operatorname{tg} a + (-\operatorname{tg} b)}{1 - \operatorname{tg} a \cdot (-\operatorname{tg} b)}$$

Então:

$$\operatorname{tg}(a - b) = \frac{\operatorname{tg} a - \operatorname{tg} b}{1 + \operatorname{tg} a \cdot \operatorname{tg} b}$$

válida para $a \neq \frac{\pi}{2} + k\pi$, $b \neq \frac{\pi}{2} + k\pi$ e $a - b \neq \frac{\pi}{2} + k\pi$, $k \in \mathbb{Z}$.

Exercício resolvido

1. Calcule a medida do lado $\overline{AB}$ do triângulo:

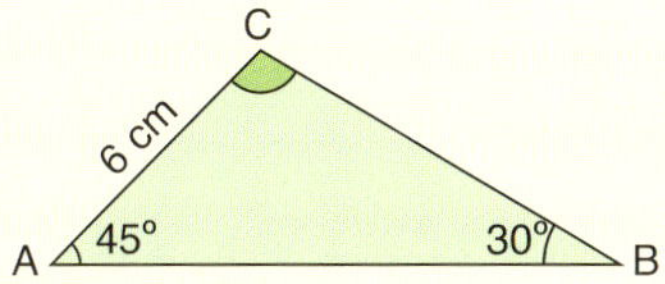

Banco de imagens/Arquivo da editora

Solução:

Observemos inicialmente que med $(\hat{ACB}) = 180° - 45° - 30° = 105°$.

Considerando AB = c e aplicando a lei dos senos, vem:

$$\frac{6}{\text{sen}\,30°} = \frac{c}{\text{sen}\,105°} \Rightarrow \frac{6}{\frac{1}{2}} = \frac{c}{\text{sen}\,105°} \Rightarrow c = 12 \cdot \text{sen}\,105° \quad (1)$$

Mas $\text{sen}\,105° = \text{sen}\,(60° + 45°) = \text{sen}\,60° \cdot \cos 45° + \text{sen}\,45° \cdot \cos 60° = \frac{\sqrt{3}}{2} \cdot \frac{\sqrt{2}}{2} + \frac{\sqrt{2}}{2} \cdot \frac{1}{2} = \frac{\sqrt{6} + \sqrt{2}}{4}$

Daí, em (1), concluímos que $c = 12 \cdot \frac{(\sqrt{6} + \sqrt{2})}{4} = 3 \cdot (\sqrt{6} + \sqrt{2})$ cm.

Exercícios

1. Calcule:

a) sen 15°

b) sen 165°

c) cos 165°

d) tg 15°

e) cos 1155°

f) cos 1425°

2. Calcule sen 70° · cos 50° + cos 70° · sen 50°.

3. Sejam **x** e **y** números reais, com $0 < x < \frac{\pi}{2}$ e $\frac{3\pi}{2} < y < 2\pi$. Sabendo que $\text{sen}\,x = 0{,}6$ e $\cos y = \frac{5}{13}$, obtenha o valor de $\cos(x + y)$.

4. Em um triângulo, o lado comum aos ângulos α e β, com $\alpha = 75°$ e $\beta = 60°$, mede 10 cm. Determine as medidas dos outros lados desse triângulo.

5. Quanto vale $\dfrac{\text{tg}\frac{\pi}{18} + \text{tg}\frac{\pi}{9}}{1 - \text{tg}\frac{\pi}{18} \cdot \text{tg}\frac{\pi}{9}}$?

6. Dois povoados, P_1 e P_2, situados na mesma margem de um rio, distam 2 km entre si, como mostra a figura.

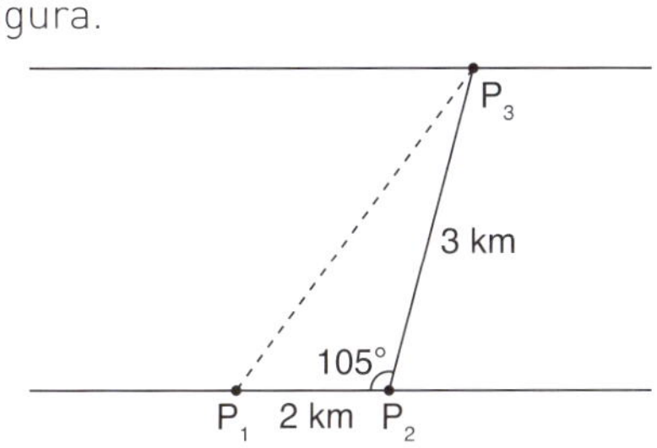

Banco de imagens/Arquivo da editora

De P_2 pode-se tomar uma embarcação até o povoado P_3, situado na outra margem, em um percurso de 3 km. Considerando $\sqrt{2} \simeq 1{,}4$ e $\sqrt{6} \simeq 2{,}5$, determine:

a) A distância entre os povoados P_1 e P_3.

b) A largura do rio nesse trecho, admitindo que as margens são paralelas.

7. Calcule tg b, sabendo que $\text{tg}\,(a - b) = \sqrt{3}$ e $\text{tg}\,a = 1$.

8. No triângulo retângulo mostrado, obtenha o valor de $\text{sen}\,(\beta - \alpha)$ e de $\cos(\alpha + \beta)$.

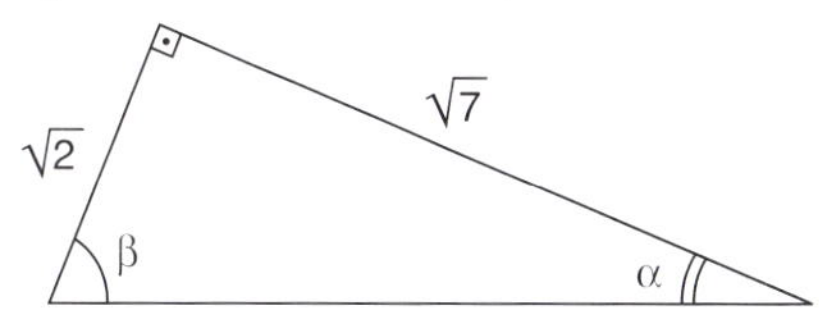

Banco de imagens/Arquivo da editora

9. Na figura,

AB = 3 cm,

CD = 5 cm e

BD = 2 cm.

Calcule o valor de tg α.

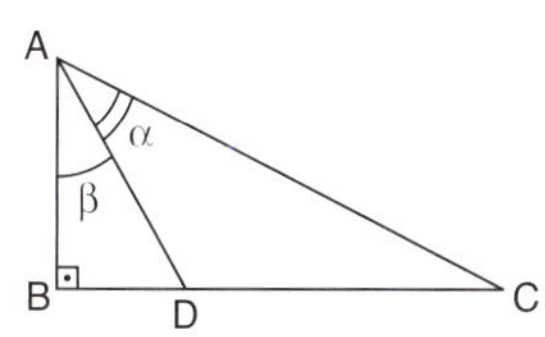

Banco de imagens/Arquivo da editora

10. Seja f: $\mathbb{R} \to \mathbb{R}$ definida por:

$f(x) = \text{sen}\,3x \cdot \cos x - \text{sen}\,x \cdot \cos 3x$.

a) Calcule o valor de $f\left(\frac{\pi}{6}\right) + f(0)$.

b) Qual é o período dessa função?

c) Qual o valor máximo que **f** assume?

d) Faça o gráfico de um período completo de **f**.

Razões trigonométricas de 2a

Dadas as razões trigonométricas do número real **a**, é possível encontrar as razões trigonométricas do número real 2a, a partir das relações obtidas anteriormente.

Seno

Considerando $2a = a + a$, $a \in \mathbb{R}$, e aplicando a relação do seno da soma ($\text{sen}(x + y) = \text{sen}\,x \cdot \cos y + \text{sen}\,y \cdot \cos x$), vem:

$$\text{sen}\,2a = \text{sen}(a + a) = \text{sen}\,a \cdot \cos a + \text{sen}\,a \cdot \cos a$$

Isto é: $\text{sen}\,2a = 2 \cdot \text{sen}\,a \cdot \cos a$

Cosseno

Utilizando a relação $\cos(x + y) = \cos x \cdot \cos y - \text{sen}\,x \cdot \text{sen}\,y$, e sendo $x = y = a$ ($a \in \mathbb{R}$), temos:

$$\cos 2a = \cos(a + a) = \cos a \cdot \cos a - \text{sen}\,a \cdot \text{sen}\,a$$

Isto é: $\cos 2a = \cos^2 a - \text{sen}^2 a$ (1)

Podemos usar a relação fundamental ($\text{sen}^2 a + \cos^2 a = 1$) para obter duas outras expressões equivalentes à (1):

$$\cos 2a = \underbrace{\cos^2 a} - \text{sen}^2 a$$
$$\cos 2a = 1 - \text{sen}^2 a - \text{sen}^2 a$$
$$\cos 2a = 1 - 2\,\text{sen}^2 a$$

ou

$$\cos 2a = \cos^2 a - \underbrace{\text{sen}^2 a}$$
$$\cos 2a = \cos^2 a - (1 - \cos^2 a)$$
$$\cos 2a = 2\cos^2 a - 1$$

Tangente

Conhecido o valor de tg a, empregamos a relação da tangente da soma de dois números reais:

$$\text{tg}\,2a = \text{tg}(a + a) = \frac{\text{tg}\,a + \text{tg}\,a}{1 - \text{tg}\,a \cdot \text{tg}\,a} \Rightarrow$$

$$\Rightarrow \text{tg}\,2a = \frac{2\,\text{tg}\,a}{1 - \text{tg}^2 a}$$ válida para $a \neq \frac{\pi}{4} + k\pi$ e $a \neq \frac{3\pi}{4} + k\pi$, $k \in \mathbb{Z}$.

EXEMPLO 5

Dados $\text{sen}\,x = \frac{5}{13}$ e $\cos x = -\frac{12}{13}$, com $\frac{\pi}{2} < x < \pi$, para determinar as razões trigonométricas do número real 2x, calculamos:

- $\text{sen}\,2x = 2 \cdot \text{sen}\,x \cdot \cos x = 2 \cdot \frac{5}{13} \cdot \left(-\frac{12}{13}\right) = -\frac{120}{169}$
- $\cos 2x = \cos^2 x - \text{sen}^2 x = \left(-\frac{12}{13}\right)^2 - \left(\frac{5}{13}\right)^2 = \frac{144}{169} - \frac{25}{169} \Rightarrow \cos 2x = \frac{119}{169}$

Para obter o valor de tg 2x, podemos proceder de dois modos:

1º modo

$$\operatorname{tg} 2x = \frac{\operatorname{sen} 2x}{\cos 2x} = \frac{-\dfrac{120}{169}}{\dfrac{119}{169}} = -\frac{120}{119}$$

2º modo

Aplicamos a relação da tg 2x; para isso, é necessário conhecer tg x:

$$\operatorname{tg} x = \frac{\operatorname{sen} x}{\cos x} = \frac{\dfrac{5}{13}}{-\dfrac{12}{13}} = -\frac{5}{12}$$

$$\operatorname{tg} 2x = \frac{2\operatorname{tg} x}{1 - \operatorname{tg}^2 x} = \frac{2 \cdot \left(-\dfrac{5}{12}\right)}{1 - \left(-\dfrac{5}{12}\right)^2} = \frac{-\dfrac{5}{6}}{1 - \dfrac{25}{144}} = \frac{-\dfrac{5}{6}}{\dfrac{119}{144}} \Rightarrow \operatorname{tg} 2x = -\frac{120}{119}$$

Exercício resolvido

2. Qual é o valor de $A = \operatorname{sen} 15° + \cos 15°$?

Solução:

1º modo

Obtemos, separadamente, o valor de sen 15° e de cos 15°, usando as fórmulas de seno e cosseno da diferença de dois arcos:

$$\operatorname{sen} 15° = \operatorname{sen}(45° - 30°) = \frac{\sqrt{2}}{2} \cdot \frac{\sqrt{3}}{2} - \frac{1}{2} \cdot \frac{\sqrt{2}}{2} = \frac{\sqrt{6} - \sqrt{2}}{4}$$

$$\cos 15° = \cos(45° - 30°) = \frac{\sqrt{2}}{2} \cdot \frac{\sqrt{3}}{2} + \frac{\sqrt{2}}{2} \cdot \frac{1}{2} = \frac{\sqrt{6} + \sqrt{2}}{4}$$

A soma pedida é $\left(\dfrac{\sqrt{6} - \sqrt{2}}{4}\right) + \left(\dfrac{\sqrt{6} + \sqrt{2}}{4}\right) = \dfrac{2\sqrt{6}}{4} = \dfrac{\sqrt{6}}{2}$.

2º modo

Vamos apresentar uma solução em que não é necessário usar as relações do seno e do cosseno da diferença de dois arcos para obtermos os valores de sen 15° e de cos 15°.

Elevando **A** ao quadrado, obtemos:

$$A^2 = (\operatorname{sen} 15° + \cos 15°)^2 = \underbrace{\operatorname{sen}^2 15° + \cos^2 15°}_{1} + \underbrace{2 \operatorname{sen} 15° \cdot \cos 15°}_{\operatorname{sen} 30°} = 1 + \operatorname{sen}(2 \cdot 15°) =$$

$$= 1 + \operatorname{sen} 30° = 1 + \frac{1}{2} = \frac{3}{2}$$

Daí:

$$A = \sqrt{\frac{3}{2}} = \frac{\sqrt{3}}{\sqrt{2}} \cdot \frac{\sqrt{2}}{\sqrt{2}} \Rightarrow A = \operatorname{sen} 15° + \cos 15° = \frac{\sqrt{6}}{2}$$

Exercícios

11. Dados $\text{sen}\,\alpha = \dfrac{2}{3}$ e $\cos\alpha = -\dfrac{\sqrt{5}}{3}$, obtenha:

a) $\text{sen}\,2\alpha$

b) $\cos 2\alpha$

c) $\text{tg}\,2\alpha$

d) o quadrante em que se encontra o arco de medida α rad.

e) o quadrante em que se encontra o arco de medida 2α rad.

12. Dados $\cos x = \dfrac{3}{5}$ e $0 < x < \dfrac{\pi}{2}$, obtenha $\text{sen}\,2x$.

13. Qual é o valor de $\cos^2 \dfrac{\pi}{8} - \text{sen}^2 \dfrac{\pi}{8}$?

14. Um triângulo retângulo possui catetos que medem 2 cm e 3 cm. Sendo α o ângulo compreendido entre a hipotenusa e o maior cateto, determine:

a) $\text{tg}\,2\alpha$

b) $\cos 2\alpha$

15. Um observador vê, do solo, a 150 m, o topo de uma torre vertical de 75 m de altura. Aproximando-se, e ainda a partir do solo, o ângulo de observação do topo da torre passa a ser o dobro do anterior. Determine a distância percorrida pelo observador entre os dois instantes de observação.

AUSÊNCIA DE PROPORÇÃO

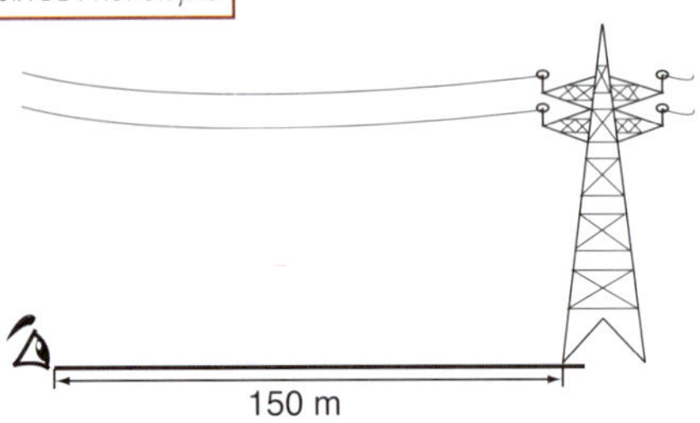

CJT/Zapt/Arquivo da editora

16. Calcule:

a) $(\text{sen}\,22°30' + \cos 22°30')^2$

b) $\left(\cos\dfrac{\pi}{24} - \text{sen}\dfrac{\pi}{24}\right)^2$

17. Em um triângulo ABC, o ângulo do vértice **A** mede o dobro do ângulo do vértice **B**. Os lados $\overline{AC}$ e $\overline{BC}$ medem 5 cm e $5\sqrt{3}$ cm, respectivamente.

a) Dê as medidas dos ângulos desse triângulo.

b) Quanto mede o lado $\overline{AB}$?

18. Usando $\text{sen}\,70° \simeq 0{,}94$, calcule o valor de $A = \text{sen}\,35° \cdot \cos 35°$.

19. O triângulo ao lado possui dados incompatíveis. Explique por quê.

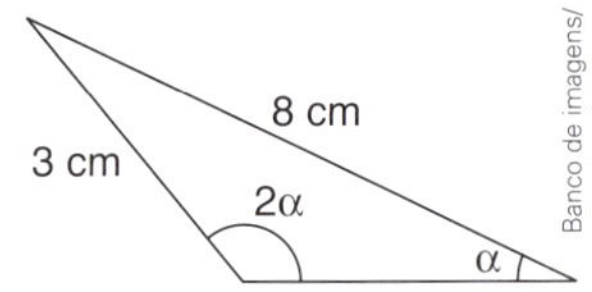

Banco de imagens/Arquivo da editora

20. Classifique como verdadeiras (**V**) ou falsas (**F**) as afirmações seguintes:

a) $\text{sen}\,20° \simeq 0{,}34 \Rightarrow \text{sen}\,40° \simeq 0{,}68$.

b) A função $f: \mathbb{R} \to \mathbb{R}$ dada por $f(x) = \cos^2 x - \text{sen}^2 x$ tem período igual a π.

c) Para todo $\alpha \in \mathbb{R}$, $\text{sen}\,2\alpha > \text{sen}\,\alpha$.

d) A função $f: \mathbb{R} \to \mathbb{R}$ dada por $f(x) = \text{sen}\,x \cdot \cos x$ tem valor máximo igual a 1.

e) Dados $\text{sen}\,\alpha = \dfrac{1}{3}$ e $\cos\alpha = -\dfrac{2\sqrt{2}}{3}$, podemos afirmar que o arco 2α pertence ao 4º quadrante.

21. O triângulo PQR da figura é isósceles de base $\overline{PQ}$. Se o ponto **T** pertence à reta suporte de $\overline{RQ}$, calcule o valor do cosseno do ângulo $P\hat{R}T$.

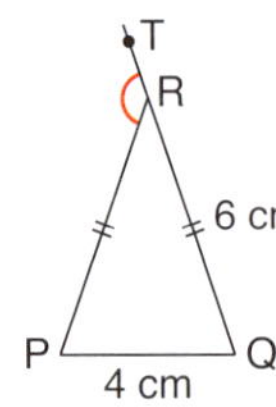

Banco de imagens/Arquivo da editora

22. Sabendo que $\text{tg}\,x + \text{cotg}\,x = 3$, obtenha o valor de:

a) $\text{sen}\,2x$

b) $\cos 2x$

23. Sabendo que $\cos 2x = -\dfrac{41}{49}$, obtenha os valores de $\cos x$ e $\text{sen}\,x$, se **x** pertence ao 2º quadrante.

24. Dados um arco de medida **x** e $\cos x = -\dfrac{7}{25}$, com $\dfrac{\pi}{2} < x < \pi$, calcule o valor de $\cos\dfrac{x}{2}$.

25. (Fuvest-SP) Um arco **x** está no 3º quadrante do círculo trigonométrico e verifica a equação $5 \cdot \cos 2x + 3 \cdot \text{sen}\,x = 4$. Determine os valores de $\text{sen}\,x$ e $\cos x$.

26. Seja $f: \mathbb{R} \to \mathbb{R}$ uma função definida por

$$f(x) = \text{sen}\,2x \cdot \cos 2x.$$

a) Determine o domínio, o período e o conjunto imagem de **f**.

b) Obtenha o valor de $f\left(\dfrac{\pi}{48}\right)$.

c) Faça o gráfico de um período de **f**.

Transformação em produto

Em algumas situações, é útil transformar expressões como: $\operatorname{sen} x + \operatorname{sen} y$, $\cos x - \cos y$, $\operatorname{sen} x + \cos x$, etc. em produtos. Vamos estudar algumas dessas transformações.

Transformação de somas e diferenças de senos

Tomemos as expressões do seno da soma e do seno da diferença de dois arcos:

$$\operatorname{sen}(a + b) = \operatorname{sen} a \cdot \cos b + \operatorname{sen} b \cdot \cos a$$

$$\operatorname{sen}(a - b) = \operatorname{sen} a \cdot \cos b - \operatorname{sen} b \cdot \cos a$$

Somando-as e subtraindo a segunda da primeira, membro a membro, obtemos, respectivamente:

$$\operatorname{sen}(a + b) + \operatorname{sen}(a - b) = 2 \operatorname{sen} a \cdot \cos b$$

$$\operatorname{sen}(a + b) - \operatorname{sen}(a - b) = 2 \operatorname{sen} b \cdot \cos a$$

Consideremos $a + b = p$ e $a - b = q$. Assim:

$$a = \frac{p + q}{2} \quad \text{e} \quad b = \frac{p - q}{2}$$

Daí:

$$\operatorname{sen} p + \operatorname{sen} q = 2 \operatorname{sen} \frac{p + q}{2} \cdot \cos \frac{p - q}{2}$$

$$\operatorname{sen} p - \operatorname{sen} q = 2 \operatorname{sen} \frac{p - q}{2} \cdot \cos \frac{p + q}{2}$$

EXEMPLO 6

Para fatorar $A = \operatorname{sen} 3x + \operatorname{sen} 5x$, consideramos:

- $\frac{p + q}{2} = \frac{3x + 5x}{2} = 4x$
- $\frac{p - q}{2} = \frac{3x - 5x}{2} = -x$

Daí $A = 2 \operatorname{sen} 4x \cdot \cos(-x)$. Como $\forall x \in \mathbb{R}$, $\cos(-x) = \cos x$, segue que $A = 2 \operatorname{sen} 4x \cdot \cos x$.

Exercício resolvido

3. Transforme a expressão $B = 1 - \operatorname{sen} 3x$ em produto.

Solução:

Consideramos inicialmente $\operatorname{sen} 90° = 1$ e assim $B = \operatorname{sen} 90° - \operatorname{sen} 3x$.

Então:

- $\frac{p - q}{2} = \frac{90° - 3x}{2} = 45° - \frac{3x}{2}$
- $\frac{p + q}{2} = \frac{90° + 3x}{2} = 45° + \frac{3x}{2}$

$$B = 2 \operatorname{sen}\left(45° - \frac{3x}{2}\right) \cdot \cos\left(45° + \frac{3x}{2}\right)$$

Podemos obter uma outra forma fatorada para **B**. Para isso, vamos desenvolver $\text{sen}\left(45° - \frac{3x}{2}\right)$ e $\cos\left(45° + \frac{3x}{2}\right)$:

$$B = 2\left(\text{sen}\,45° \cdot \cos\frac{3x}{2} - \text{sen}\frac{3x}{2} \cdot \cos 45°\right) \cdot \left(\cos 45° \cdot \cos\frac{3x}{2} - \text{sen}\,45° \cdot \text{sen}\frac{3x}{2}\right) =$$

$$= 2\left[\frac{\sqrt{2}}{2}\left(\cos\frac{3x}{2} - \text{sen}\frac{3x}{2}\right) \cdot \frac{\sqrt{2}}{2}\left(\cos\frac{3x}{2} - \text{sen}\frac{3x}{2}\right)\right]$$

Assim, $B = \left(\cos\frac{3x}{2} - \text{sen}\frac{3x}{2}\right)^2$.

Transformação de somas e diferenças de cossenos

Tomemos as expressões do cosseno da soma e do cosseno da diferença de dois arcos:

$$\cos(a + b) = \cos a \cdot \cos b - \text{sen}\,a \cdot \text{sen}\,b$$
$$\cos(a - b) = \cos a \cdot \cos b + \text{sen}\,a \cdot \text{sen}\,b$$

Somando-as e subtraindo a segunda da primeira, membro a membro, obtemos, respectivamente:

$$\cos(a + b) + \cos(a - b) = 2\cos a \cdot \cos b$$
$$\cos(a + b) - \cos(a - b) = -2\,\text{sen}\,a \cdot \text{sen}\,b$$

Considerando $a + b = p$ e $a - b = q$, ou seja, $a = \frac{p + q}{2}$ e $b = \frac{p - q}{2}$, temos:

$$\cos p + \cos q = 2\cos\frac{p + q}{2} \cdot \cos\frac{p - q}{2}$$

$$\cos p - \cos q = -2\,\text{sen}\frac{p + q}{2} \cdot \text{sen}\frac{p - q}{2}$$

EXEMPLO 7

Vamos transformar $\cos 70° - \cos 20°$ em produto. Temos:

$$\cos 70° - \cos 20° = -2\,\text{sen}\left(\frac{70° + 20°}{2}\right) \cdot \text{sen}\left(\frac{70° - 20°}{2}\right) = -2\,\text{sen}\,45° \cdot \text{sen}\,25° = -2 \cdot \frac{\sqrt{2}}{2} \cdot \text{sen}\,25° =$$
$$= -\sqrt{2}\,\text{sen}\,25°$$

Exercício resolvido

4. Transforme $A = \cos 10° + \text{sen}\,20°$ em produto.

Solução:

É preciso lembrar a relação entre ângulos complementares:

$$\text{sen}\,x = \cos(90° - x) \text{ e } \cos x = \text{sen}(90° - x)$$

Considerando, por exemplo, $\cos 10° = \text{sen}\,80°$, temos:

$$A = \text{sen}\,80° + \text{sen}\,20° = 2\,\text{sen}\left(\frac{80° + 20°}{2}\right) \cdot \cos\left(\frac{80° - 20°}{2}\right) = 2\,\text{sen}\,50° \cdot \cos 30° = 2 \cdot \text{sen}\,50° \cdot \frac{\sqrt{3}}{2} =$$
$$= \sqrt{3} \cdot \text{sen}\,50°$$

Transformação de somas e diferenças de tangentes

Considerando a expressão $\text{tg}\,p + \text{tg}\,q$, podemos escrever:

$$\text{tg}\,p + \text{tg}\,q = \frac{\text{sen}\,p}{\cos p} + \frac{\text{sen}\,q}{\cos q} = \frac{\text{sen}\,p\cos q + \text{sen}\,q\cos p}{\cos p \cdot \cos q}$$

Então:

$$\text{tg}\,p + \text{tg}\,q = \frac{\text{sen}\,(p+q)}{\cos p \cdot \cos q}$$

Analogamente, para a expressão $\text{tg}\,p - \text{tg}\,q$, temos:

$$\text{tg}\,p - \text{tg}\,q = \frac{\text{sen}\,(p-q)}{\cos p \cdot \cos q}$$

EXEMPLO 8

Para fatorar a expressão $E = \text{tg}\,50° + \text{tg}\,40°$, calculamos:

$$E = \frac{\text{sen}\,(50° + 40°)}{\cos 50° \cdot \cos 40°} = \frac{\text{sen}\,90°}{\cos 50° \cdot \cos 40°} = \frac{1}{\cos 50° \cdot \cos 40°} = \frac{1}{\cos 50°} \cdot \frac{1}{\cos 40°} = \sec 50° \cdot \sec 40°$$

Exercícios

27. Transforme em produto:

a) $\text{sen}\,40° + \text{sen}\,80°$

b) $\cos 80° + \cos 40°$

c) $\text{sen}\,10° + \text{sen}\,50°$

d) $\text{sen}\,80° + \cos 50°$

28. Fatore:

a) $\text{tg}\,25° + \text{tg}\,65°$

b) $\text{tg}\,65° - \text{tg}\,25°$

29. Transforme em produto $A = \text{sen}\,40° + \text{sen}\,130°$ e $B = \text{sen}\,130° - \text{sen}\,40°$. Em seguida, compare **A** e **B**, justificando os resultados obtidos.

30. Fatore as expressões:

a) $\text{sen}\,3x + \text{sen}\,x$

b) $\cos 3x + \cos x$

31. Transforme em produto:

a) $1 - \text{sen}\,x$

b) $1 + \text{sen}\,x$

c) $1 + \cos x$

32. Transforme em produto:

a) $\text{sen}\,5x - \text{sen}\,x$

b) $\text{sen}\,9x - \text{sen}\,5x + \text{sen}\,3x + \text{sen}\,x$

c) $\cos 3x + \cos 5x$

33. Seja $f: \mathbb{R} \to \mathbb{R}$ definida por $f(x) = \text{sen}\,x - \cos x$.

a) Escreva **f** em uma forma fatorada.

b) Qual é o período de **f**?

c) Qual é o valor máximo que **f** assume?

34. Quanto vale $\cos\frac{\pi}{8} \cdot \cos\frac{7\pi}{8}$?

35. Simplifique $\cos 80° - \cos 70° - \cos 50° - \cos 40°$.

36. Simplifique $\frac{\cos x - \cos 5x}{\text{sen}\,x - \text{sen}\,5x}$.

37. Determine o arco **x** do 1º quadrante tal que $\cos 55° + \cos 65° = \cos x$.

38. Simplifique $E = \text{sen}\,x \cdot \text{sen}\,3x - \cos x \cdot \cos 3x$.

39. Mostre que $\cos 40° \cdot \cos 80° \cdot \cos 160° = -\frac{1}{8}$.

40. Transforme em produto:

a) $\text{sen}^2\,2x - \text{sen}^2\,x$

b) $\cos^2 3x - \cos^2 x$

41. Sabendo que $\text{sen}\,6\theta = a$ e $\text{sen}\,4\theta = b$, obtenha, em função de **a** e **b**, o valor de $y = \text{sen}^2\,5\theta - \text{sen}^2\,\theta$.

Enem e vestibulares resolvidos

(UFSM-RS) Para melhorar as condições de acessibilidade a uma clínica médica, foi construída uma rampa conforme indicado na figura.

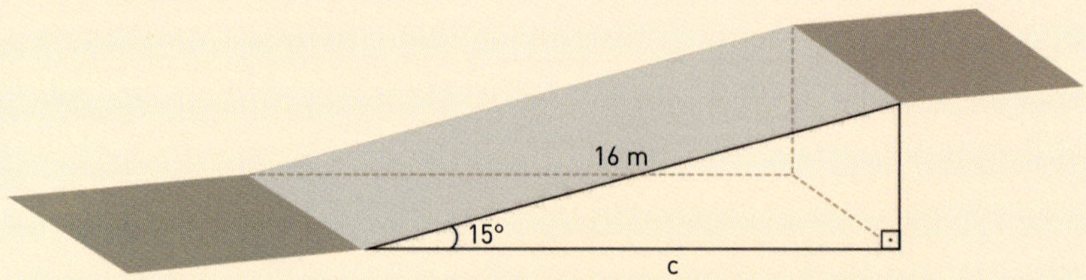

O comprimento horizontal **c** da rampa, em metros, pode ser expresso por

a) $4(2-\sqrt{3})$. b) $8\sqrt{2-\sqrt{3}}$. c) $8\sqrt{3}$. d) $4(2+\sqrt{3})$. e) $8\sqrt{2+\sqrt{3}}$.

Resolução comentada

O comprimento horizontal **c** da rampa pode ser obtido da seguinte maneira:

$$\cos 15° = \frac{c}{16} \Rightarrow c = 16\cos 15°$$

Para obter o valor numérico de **c**, é necessário calcular cos 15°:

$$\cos 15° = \cos(45° - 30°) = \cos 45° \cdot \cos 30° + \text{sen}\,45° \cdot \text{sen}\,30° =$$

$$= \frac{\sqrt{2}}{2} \cdot \frac{\sqrt{3}}{2} + \frac{\sqrt{2}}{2} \cdot \frac{1}{2} = \frac{\sqrt{6}+\sqrt{2}}{4}$$

Assim, tem-se:

$$c = 16 \cdot \cos 15° = 16 \cdot \left(\frac{\sqrt{6}+\sqrt{2}}{4}\right) = 4\left(\sqrt{6}+\sqrt{2}\right)$$

Como o resultado não aparece em nenhuma alternativa, vamos reescrevê-lo elevando os dois membros da igualdade ao quadrado:

$$c^2 = \left[4 \cdot \left(\sqrt{6}+\sqrt{2}\right)\right]^2 = 4^2 \cdot \left(\sqrt{6}+\sqrt{2}\right)^2 = 16 \cdot \left(6 + 2 \cdot \sqrt{6} \cdot \sqrt{2} + 2\right) = 16 \cdot \left(8 + 4\sqrt{3}\right) = 64 \cdot \left(2+\sqrt{3}\right)$$

Portanto, $c = 8\sqrt{2+\sqrt{3}}$.

Alternativa *e*.

Exercícios complementares

1. Obtenha os valores de todas as razões trigonométricas de $\frac{17\pi}{12}$.

2. (UFPR) Considere $x, y \in \left[0, \frac{\pi}{2}\right]$ tais que $\text{sen}\,x = \frac{3}{5}$ e $\text{sen}\,y = \frac{4}{5}$.

a) Calcule os valores de cos x e cos y.

b) Calcule os valores de sen (x + y) e cos (x − y).

3. Sendo $\text{sen}\,\alpha = \frac{2}{3}$, com $0 < \alpha < \frac{\pi}{2}$, calcule:

a) $\text{sen}\left(\frac{\pi}{2} + 2\alpha\right)$ b) $\cos\left(\frac{\pi}{4} + \alpha\right)$

4. Em um triângulo isósceles, a soma das medidas dos ângulos da base é o quíntuplo da medida do ângulo do vértice. Sabendo que o lado oposto ao ângulo do vértice mede 6 cm, quanto mede cada um dos lados congruentes desse triângulo?

5. (UFG-GO) Um topógrafo deseja calcular a largura de um rio em um trecho onde suas margens são paralelas e retilíneas. Usando como referência uma árvore, **A**, que está na margem oposta, ele identificou dois pontos **B** e **C**, na margem na qual se encontra, tais que os ângulos $A\hat{B}C$ e $A\hat{C}B$ medem 135° e 30°, respectivamente. O topógrafo, então, mediu a distância entre **B** e **C**, obtendo 20 metros.

Considerando-se o exposto, calcule a largura do rio.

Dado: $\sqrt{3} \simeq 1{,}7$.

6. Demonstre as seguintes identidades:

a) $\dfrac{2}{\text{sen}\,2\theta} = \sec\theta \cdot \text{cossec}\,\theta$

b) $\cos(x - y) - \cos(x + y) = 2\,\text{sen}\,x\,\text{sen}\,y$

c) $\text{tg}\,x = \dfrac{\text{sen}\,2x}{1 + \cos 2x}$

d) $\left(\dfrac{1}{\text{cossec}\,x} + \dfrac{1}{\sec x}\right)^2 = 1 + \text{sen}\,2x$

7. Sabendo que $\text{sen}\,x - \dfrac{1}{2} = \cos x$, com **x** no 1º quadrante, determine:

a) $\text{sen}\,2x$ b) $\cos 2x$ c) $\text{tg}\,2x$

8. (UFG-GO) Um ponto **P**, interno a um ângulo cuja medida é 45°, dista 2 cm de um dos lados do ângulo e 4 cm do vértice do ângulo. Qual é a distância desse ponto ao outro lado do ângulo?

9. (Fuvest-SP)

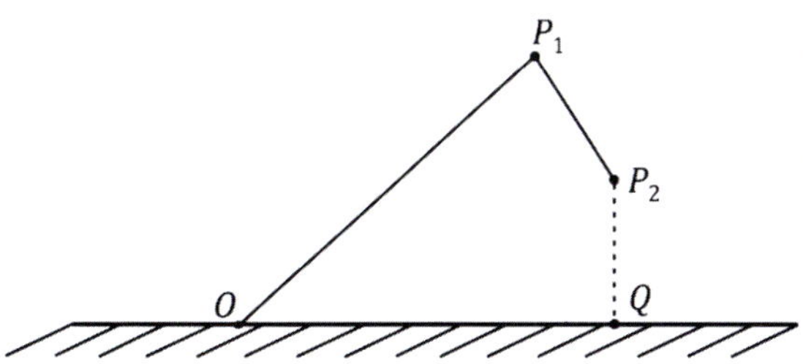

Reprodução/Fuvest, 2013

Um guindaste, instalado em um terreno plano, tem dois braços articulados que se movem em um plano vertical, perpendicular ao plano do chão. Na figura, os pontos **O**, $\mathbf{P_1}$ e $\mathbf{P_2}$ representam, respectivamente, a articulação de um dos braços com a base, a articulação dos dois braços e a extremidade livre do guindaste. O braço $\overline{OP_1}$ tem comprimento 6 e o braço $\overline{P_1P_2}$ tem comprimento 2. Num dado momento, a altura de $\mathbf{P_2}$ é 2, $\mathbf{P_2}$ está a uma altura menor do que $\mathbf{P_1}$ e a distância de **O** a $\mathbf{P_2}$ é $2\sqrt{10}$. Sendo **Q** o pé da perpendicular de $\mathbf{P_2}$ ao plano do chão, determine:

a) o seno e o cosseno do ângulo $P_2\hat{O}Q$ entre a reta $\overleftrightarrow{OP_2}$ e o plano do chão;

b) a medida do ângulo $O\hat{P}_1P_2$ entre os braços do guindaste;

c) o seno do ângulo $P_1\hat{O}Q$ entre o braço $\overline{OP_1}$ e o plano do chão.

10. (UFPR) Um triângulo isósceles possui dois lados medindo 2 cm e um ângulo $\boldsymbol{\theta}$ entre esses dois lados, conforme indica a figura:

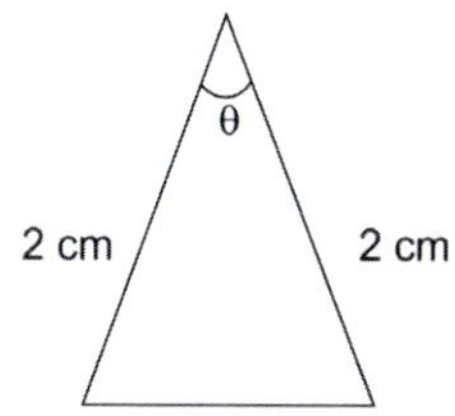

Reprodução/UFPR, 2016

a) Calcule a área desse triângulo para $\theta = 45°$.

b) Para qual ângulo $\boldsymbol{\theta}$ a área do triângulo é máxima? Justifique sua resposta. (Sugestão: escreva a base e a altura do triângulo em função de $\dfrac{\theta}{2}$ e use a relação $2 \cdot \text{sen}\left(\dfrac{\theta}{2}\right) \cdot \cos\left(\dfrac{\theta}{2}\right) = \text{sen}\,\theta$.)

11. (UFJF/Pism-MG) Seja ABC um triângulo cujas medidas dos ângulos internos formam uma progressão aritmética não constante e cujos lados $\overline{AB}$ e $\overline{AC}$ têm medidas $\sqrt{6}$ cm e 3 cm, respectivamente.

a) Prove que um dos ângulos internos desse triângulo mede 60°.

b) Suponha que o ângulo $A\hat{B}C$ seja o que mede 60°. Determine a medida do ângulo $A\hat{C}B$.

c) Com as hipóteses do item anterior, determine o seno do ângulo $B\hat{A}C$.

12. (Unesp-SP) Sabendo-se que $\cos(2x) = \cos^2 x - \text{sen}^2 x$, para quais valores de **x** a função $f(x) = \cos x + \dfrac{1}{2} \cdot \cos(2x)$ assume seu valor mínimo no intervalo $0 \leqslant x \leqslant 2\pi$?

13. (Fuvest-SP) A medida **x**, em radianos, de um ângulo satisfaz $\dfrac{\pi}{2} < x < \pi$ e verifica a equação $\text{sen}\,x + \text{sen}\,2x + \text{sen}\,3x = 0$. Assim,

a) determine **x**.

b) calcule $\cos x + \cos 2x + \cos 3x$.

14. (UFSC) Em relação às proposições abaixo, é **CORRETO** afirmar que: [Indique a soma das alternativas corretas.]

(01) Se $\text{sen}\left(\dfrac{x}{2}\right) = \dfrac{1}{3}$, então o valor de $(\text{sen}\,x + \cos x)$, com **x** no primeiro quadrante, é $\dfrac{7+4\sqrt{2}}{9}$.

(02) A função $f(x) = \cos\left(\dfrac{x+\pi}{2}\right)$ é uma função par e tem período 4π.

(04) O menor valor assumido pela função $g(x) =$ $= 2 + \text{sen}\,(3x)$ é -1.

(08) O valor de $\sec\left(-\dfrac{13\pi}{3}\right)$ é $\dfrac{1}{2}$.

(16) O domínio de função $h(x) = \text{tg}\left(2x + \dfrac{\pi}{3}\right)$ é o conjunto $D = \left\{x \in \mathbb{R} \,\middle|\, x \neq \dfrac{\pi}{6} + \dfrac{k\pi}{2},\ k \in \mathbb{Z}\right\}$.

15. (UFBA) Na figura, a medida do segmento $\overline{CD}$ é o triplo da medida de $\overline{BD}$, e o ângulo $C\hat{A}D$ mede o dobro do ângulo $B\hat{A}D$. Determine, em radianos, a medida do ângulo $B\hat{A}D$ compreendida entre 0 e $\dfrac{\pi}{2}$.

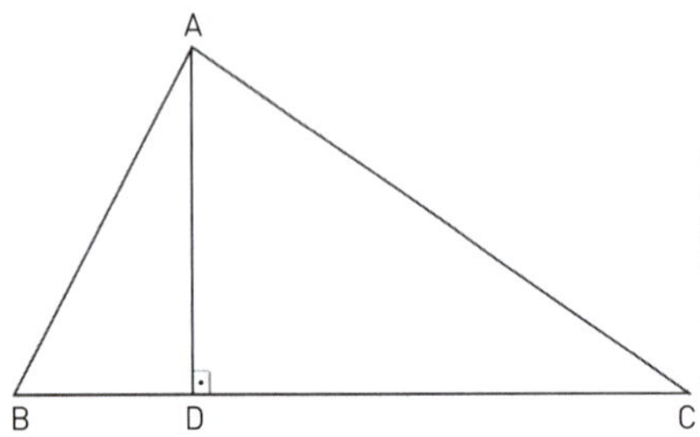

Reprodução/UFBA, 2005

16. Em certa hora do dia, os raios solares formam com o solo um ângulo de 63°.

Considerando $\text{sen}\,18° \simeq \dfrac{3}{10}$ e $\sqrt{91} \simeq 9{,}5$, determine:

a) o comprimento da sombra projetada, sobre o solo, por um poste de 6 metros.

b) a altura de um edifício que projeta, nesse mesmo instante, uma sombra de 13 metros de comprimento.

17. O triângulo ABC da figura está inscrito em uma semicircunferência de centro **O**. Sabendo que $\text{sen}\,\theta = 0{,}96$ e que a hipotenusa do triângulo mede 10 cm, obtenha as medidas dos lados $\overline{AB}$ e $\overline{AC}$.

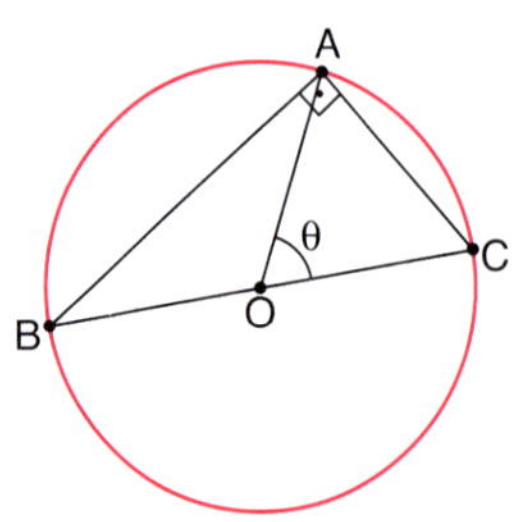

Reprodução/Arquivo da editora

18. (FGV-SP) A figura ilustra as medidas que um topógrafo tomou para calcular a distância do ponto **A** a um barco ancorado no mar.

$\text{sen}\,62° = 0{,}88$; $\cos 62° = 0{,}47$

$\text{sen}\,70° = 0{,}94$; $\cos 70° = 0{,}34$

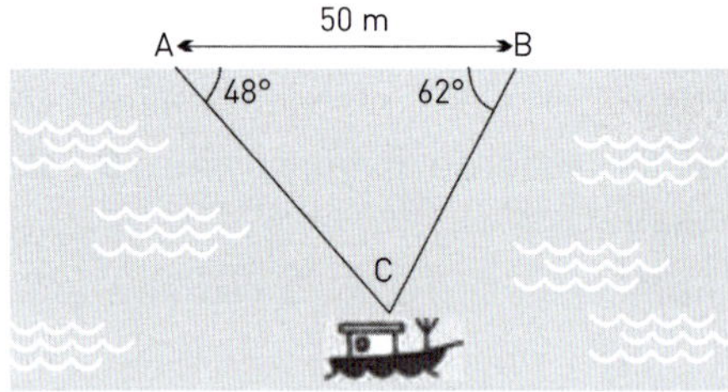

Reprodução/FGV, 2010

a) Use os dados obtidos pelo topógrafo e calcule a distância do ponto **A** ao barco. É conveniente traçar a altura $\overline{AH}$ do triângulo ABC.

b) Use esses mesmos dados para calcular o valor de cos 48°. Se quiser, utilize os produtos: $88 \cdot 94 = 8\,272$ e $47 \cdot 34 = 1\,598$.

19. Da figura sabemos que:

- $B\hat{C}D$ é reto;
- $\overline{BD}$ é bissetriz de $A\hat{B}C$;
- $\overline{BC}$ mede 6 cm.

Determine a medida de $\overline{AB}$.

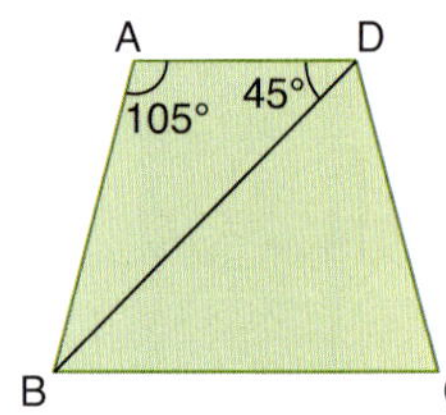

Reprodução/Arquivo da editora

20. (FGV-SP) Um estudante tinha de calcular a área do triângulo ABC, mas um pedaço da folha do caderno rasgou-se. Ele, então, traçou o segmento $\overline{A'C'}$ paralelo a $\overline{AC}$, a altura $\overline{C'H}$ do triângulo A'BC' e, com uma régua, obteve estas medidas: C'H = 1,2 cm, A'B = 1,4 cm e AB = 4,2 cm.

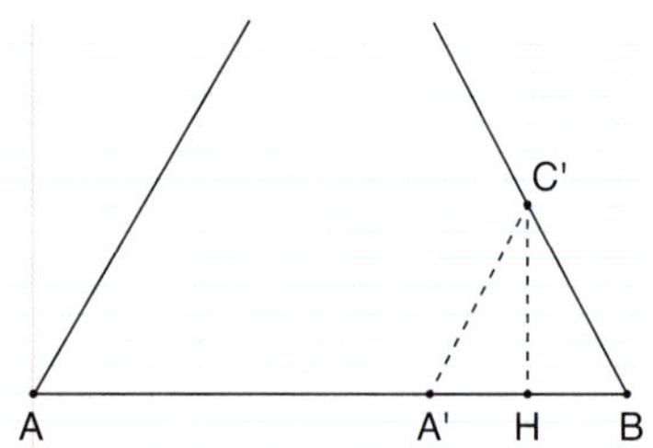

Reprodução/Arquivo da editora

a) Use essas medidas e calcule a área do triângulo ABC.

b) Com a régua, ele mediu também o lado $\overline{A'C'}$ e obteve A'C' = 1,5 cm. Se as medidas em graus dos ângulos agudos $\hat{A}$ e $\hat{B}$ são respectivamente **a** e **b**, calcule o valor de $\text{sen}\,(a - b)$.

21. (UFC-CE) Considere as funções $f: \mathbb{R} \to \mathbb{R}$ e $g: \mathbb{R} \to \mathbb{R}$ definidas, respectivamente, por $f(x) = x^2 + 1$ e $g(x) = \cos(x) - \text{sen}\,(x)$.

a) Explicite a função composta $h(x) = f(g(x))$.

b) Determine o valor máximo da função composta $h(x) = f(g(x))$.

22. Seja f: $\mathbb{R} \to \mathbb{R}$ definida por

$$f(x) = \operatorname{sen}\left(x + \frac{\pi}{3}\right) - \cos\left(x + \frac{\pi}{6}\right)$$

Qual é o maior valor que **f** assume?

23. (Fuvest-SP) Sejam **x** e **y** dois números reais, com $0 < x < \frac{\pi}{2}$ e $\frac{\pi}{2} < y < \pi$, satisfazendo $\operatorname{sen} y = \frac{4}{5}$ e $11\operatorname{sen} x + 5\cos(y - x) = 3$.

Nessas condições, determine:

a) $\cos y$

b) $\operatorname{sen} 2x$

24. (Uerj) Considere o teorema e os dados a seguir para a solução desta questão.

> Se α, β e $\alpha + \beta$ são três ângulos diferentes de $\frac{\pi}{2} + k\pi$, $k \in \mathbb{Z}$, então $\operatorname{tg}(\alpha + \beta) = \frac{\operatorname{tg}\alpha + \operatorname{tg}\beta}{1 - (\operatorname{tg}\alpha)(\operatorname{tg}\beta)}$.

> **a**, **b** e **c** são três ângulos, sendo $\operatorname{tg} b = 2$ e $\operatorname{tg}(a + b + c) = \frac{4}{5}$.

Calcule $\operatorname{tg}(a - b + c)$.

25. (Fuvest-SP) Seja **x** no intervalo $\left]0, \frac{\pi}{2}\right[$ satisfazendo a equação $\operatorname{tg} x + \frac{2}{\sqrt{5}} \sec x = \frac{3}{2}$.

Assim, calcule o valor de:

a) $\sec x$

b) $\operatorname{sen}\left(x + \frac{\pi}{4}\right)$

26. (Unicamp-SP) Sabendo que **k** é um número real, considere a função $f(x) = k \operatorname{sen} x + \cos x$, definida para todo número real **x**.

a) Seja **t** um número real tal que $f(t) = 0$. Mostre que $f(2t) = -1$.

b) Para $k = 3$, encontre todas as soluções da equação $f(x)^2 + f(-x)^2 = 10$ para $0 \leq x \leq 2\pi$.

27. (Ufscar-SP) Suponha que o planeta Terra seja uma esfera de centro **C** e raio **R**. Na figura, estão representados o planeta Terra e uma nave espacial **N**. A fração visível da superfície da Terra por um astronauta na nave **N** é dada em função do ângulo θ, mostrado na figura, pela expressão: $f(\theta) = \frac{1 - \operatorname{sen}\theta}{2}$.

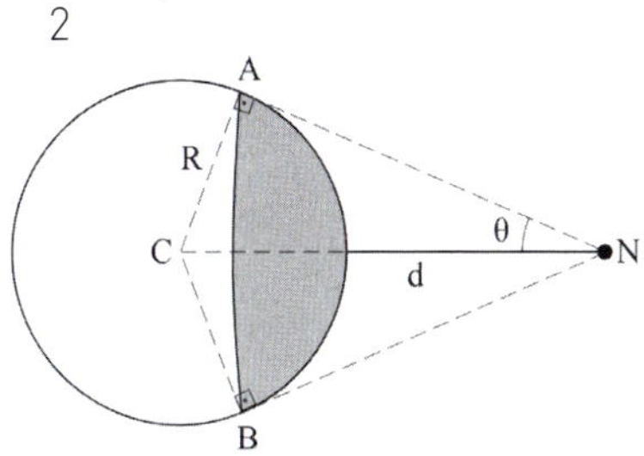

Reprodução/UFSCar, 2010

a) Determine o ângulo **θ**, em graus, para o qual é visível da nave a quarta parte da superfície da Terra e a distância da nave à superfície da Terra neste caso. (Use a aproximação R = 6400 km.)

b) Se um astronauta numa nave, a uma distância **d** da Terra, avista a superfície da Terra com ângulo $\theta = 15°$, determine a fração visível da superfície da Terra pelo astronauta. (Use as aproximações $\sqrt{2} = 1{,}4$ e $\sqrt{6} = 2{,}4$.)

28. Se $\operatorname{sen} x = \frac{12}{13}$ e **x** é do 2º quadrante, quanto vale $\operatorname{tg}\frac{x}{2}$?

29. (Unicamp-SP) Uma ponte levadiça, com 50 metros de comprimento, estende-se sobre um rio. Para dar passagem a algumas embarcações, pode-se abrir a ponte a partir de seu centro, criando um vão $\overline{AB}$, conforme mostra a figura a seguir.

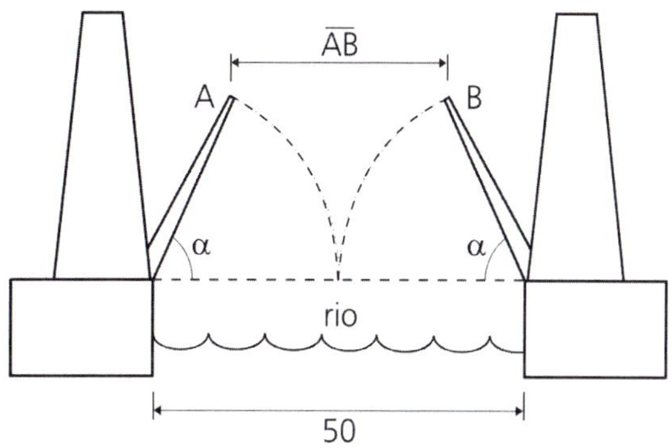

Reprodução/Unicamp, 2008

Considerando que os pontos **A** e **B** têm alturas iguais, não importando a posição da ponte, responda às questões a seguir.

a) Se o tempo gasto para girar a ponte em 1° equivale a 30 segundos, qual será o tempo necessário para elevar os pontos **A** e **B** a uma altura de 12,5 m, com relação à posição destes quando a ponte está abaixada?

b) Se $\alpha = 75°$, quanto mede $\overline{AB}$?

30. Seja **x** um número real. Determine:

a) $\operatorname{sen} 3x$ em função de $\operatorname{sen} x$;

b) $\cos 3x$ em função de $\cos x$;

c) o período e o conjunto imagem da função $f: \mathbb{R} \to \mathbb{R}$ dada por $f(x) = \operatorname{sen} 3x \cdot \cos 3x$.

31. Sejam **u** e **v** números reais tais que $u + v = \frac{\pi}{4}$.

Sabendo que as raízes da equação de 2º grau $ax^2 + bx + c = 0$ são $\operatorname{tg} u$ e $\operatorname{tg} v$, mostre que $a + b = c$.

32. (Fuvest-SP) Uma bola branca está posicionada no ponto **Q** de uma mesa de bilhar retangular, e uma bola preta, no ponto **P**, conforme a figura abaixo. A reta determinada por **P** e **Q** intersecta o lado **L** da mesa no ponto **R**. Além disso, **Q** é o ponto médio do segmento $\overline{PR}$, e o ângulo agudo formado por $\overline{PR}$ e **L** mede 60°. A bola branca atinge a preta, após ser refletida pelo lado **L**. Sua trajetória, ao partir de **Q**, forma um ângulo agudo θ com o segmento $\overline{PR}$ e o mesmo ângulo agudo α com o lado **L** antes e depois da reflexão. Determine a tangente de α e o seno de θ.

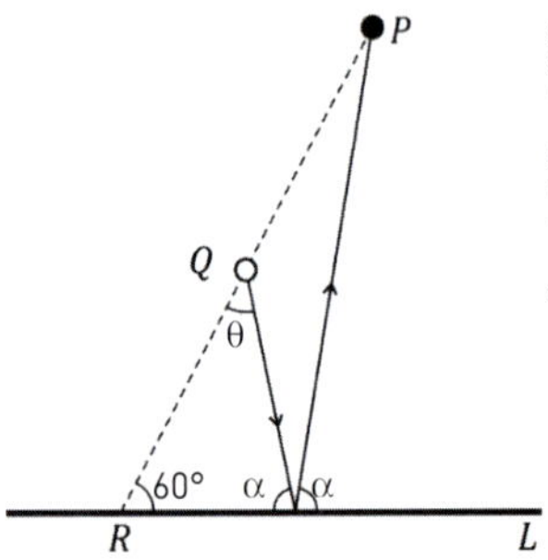

33. (IME-RJ) Determine o valor de **y**, definido a seguir, sabendo que α é um arco do quarto quadrante e $|\text{sen}\,\alpha| = \frac{4}{5}$.

$$y = 7\,\text{tg}\,(2\alpha) + \sqrt{5}\cos\left(\frac{\alpha}{2}\right)$$

34. (UFC-CE) Se α é a medida dos ângulos da base de um triângulo isósceles e $\text{sen}\,\alpha = \frac{1}{4}$, determine o valor da tangente do ângulo do vértice desse triângulo.

35. (Ufes) Seja ABCD um retângulo inscrito em uma circunferência de centro **O** e raio **r**. Seja θ o ângulo $A\hat{O}B$.

a) Obtenha uma expressão para a área de ABCD em função de θ.

b) Determine o maior valor possível para a área de ABCD.

c) Obtenha uma expressão para o perímetro de ABCD em função de θ.

d) Determine o maior valor possível para o perímetro de ABCD.

Informações:

1) $\text{sen}\,(2\alpha) = 2\,\text{sen}\,\alpha\cos\alpha$.

2) $\cos y = \text{sen}\left(\frac{\pi}{2} - y\right)$, para **y** expresso em radianos.

3) $\text{sen}\,\alpha + \text{sen}\,\beta = 2\,\text{sen}\left(\frac{(\alpha+\beta)}{2}\right)\cos\left(\frac{(\alpha-\beta)}{2}\right)$.

36. (ITA-SP)

a) Calcule

$$\left(\cos^2\frac{\pi}{5} - \text{sen}^2\frac{\pi}{5}\right)\cos\frac{\pi}{10} - 2\,\text{sen}\,\frac{\pi}{5}\cos\frac{\pi}{5}\,\text{sen}\,\frac{\pi}{10}$$

b) Usando o resultado do item anterior, calcule $\text{sen}\,\frac{\pi}{10}\cos\frac{\pi}{5}$.

37. (Unicamp-SP) Um recipiente cúbico de aresta **a** e sem tampa, apoiado em um plano horizontal, contém água até a altura $\frac{3}{4}$a. Inclina-se lentamente o cubo, girando-o em um ângulo θ em torno de uma das arestas da base, como está representado na figura.

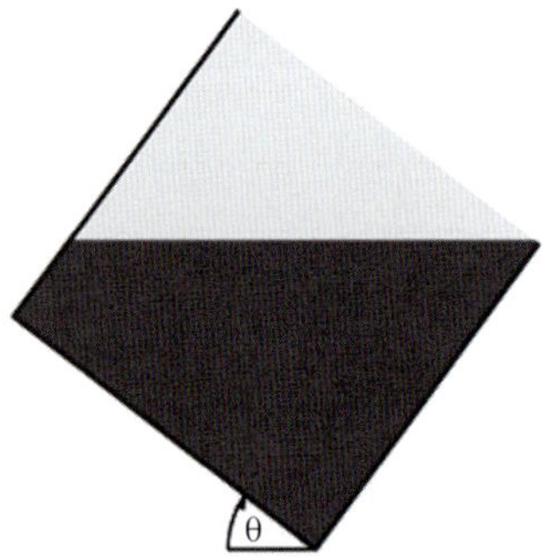

a) Supondo que o giro é interrompido exatamente antes de a água começar a derramar, determine a tangente do ângulo θ.

b) Considerando, agora, a inclinação tal que $\text{tg}\,(\theta) = \frac{1}{4}$ com $0 < \theta < \frac{\pi}{2}$, calcule o valor numérico da expressão $\cos(2\theta) - \text{sen}\,(2\theta)$.

38. (Fuvest-SP)

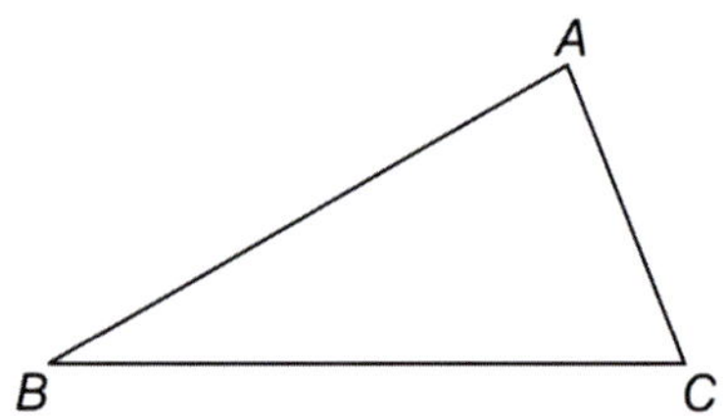

No triângulo acutângulo ABC, ilustrado na figura, o comprimento do lado $\overline{BC}$ mede $\frac{\sqrt{15}}{5}$, o ângulo interno de vértice **C** mede α, e o ângulo interno de vértice **B** mede $\frac{\alpha}{2}$. Sabe-se, também, que $2\cos(2\alpha) + 3\cos\alpha + 1 = 0$.

Nessas condições, calcule:

a) o valor de $\text{sen}\,\alpha$;

b) o comprimento do lado $\overline{AC}$.

Testes

1. (PUC-RJ) Sabendo que $\pi < x < \frac{3\pi}{2}$ e $\text{sen}(x) = -\frac{1}{3}$, é correto afirmar que sen (2x) é:

a) $-\frac{2}{3}$ b) $-\frac{1}{6}$ c) $\frac{\sqrt{3}}{8}$ d) $\frac{1}{27}$ e) $\frac{4\sqrt{2}}{9}$

2. (FGV-SP) Sabendo que **x** pertence ao 2º quadrante e que $\text{sen}\,x = 0{,}8$, pode-se afirmar que o valor de $\text{sen}\,2x + \cos 2x$ é igual a:

a) −1,24 b) −0,43 c) 0,68 d) 0,95 e) 1,72

3. (Uece) O período e a imagem da função periódica $f: \mathbb{R} \to \mathbb{R}$ definida por $f(x) = \cos^2 x - \text{sen}^2 x$ são, respectivamente,

a) 2π e $[-1, 1]$.
b) 2π e $[-2, 2]$.
c) π e $[-2, 2]$.
d) π e $[-1, 1]$.

4. (FGV-SP) A função $f(x) = (\text{sen}\,x)(\cos x)$ tem conjunto imagem e período dados, respectivamente, por

a) $[-1, 1]$ e π
b) $[-1, 1]$ e 2π
c) $[-2, 2]$ e 2π
d) $\left[-\frac{1}{2}, \frac{1}{2}\right]$ e π
e) $\left[-\frac{1}{2}, \frac{1}{2}\right]$ e 2π

5. (Uece) Se **x** e **y** são arcos no primeiro quadrante tais que $\text{sen}(x) = \frac{\sqrt{3}}{2} = \cos(y)$, então o valor de $\text{sen}(x + y) + \text{sen}(x - y)$ é:

a) $\frac{\sqrt{6}}{2}$ b) $\frac{3}{2}$ c) $\frac{\sqrt{6}}{3}$ d) $\frac{2}{3}$

6. (IFSP) Sabendo que $\cos\theta - \text{sen}\,\theta = \frac{\sqrt{6}}{3}$, então o valor de $\text{sen}(2\theta)$ é:

a) −1 b) $-\frac{5}{9}$ c) $\frac{1}{6}$ d) $\frac{1}{3}$ e) $\frac{5}{6}$

7. (EsPCEx-SP) Os pontos **P** e **Q** representados no círculo trigonométrico abaixo correspondem às extremidades de dois arcos, ambos com origem em (1, 0), denominados respectivamente α e β, medidos no sentido positivo. O valor de $\text{tg}(\alpha + \beta)$ é:

a) $\frac{3+\sqrt{3}}{3}$
b) $\frac{3-\sqrt{3}}{3}$
c) $2+\sqrt{3}$
d) $2-\sqrt{3}$
e) $-1+\sqrt{3}$

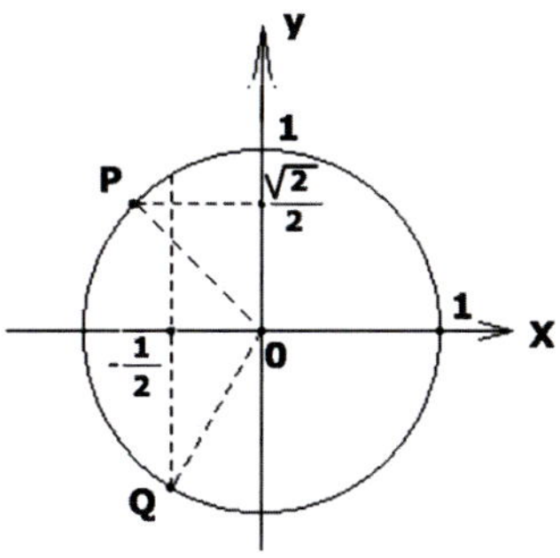

Reprodução/ EsPCEx, 2012

8. (PUC-RS) A representação gráfica da função **f** dada por $f(x) = 2\,\text{sen}\left(x + \frac{\pi}{2}\right) - 2$ é:

a)
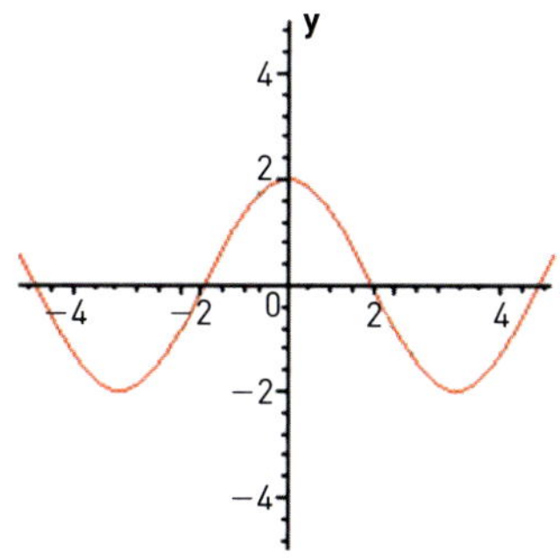

b)
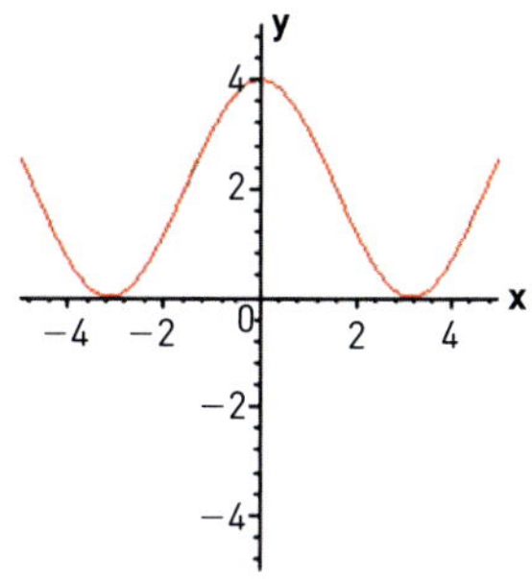

c)
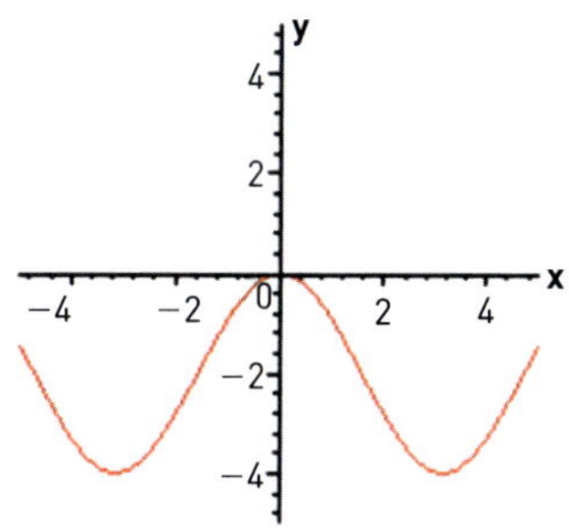

d)
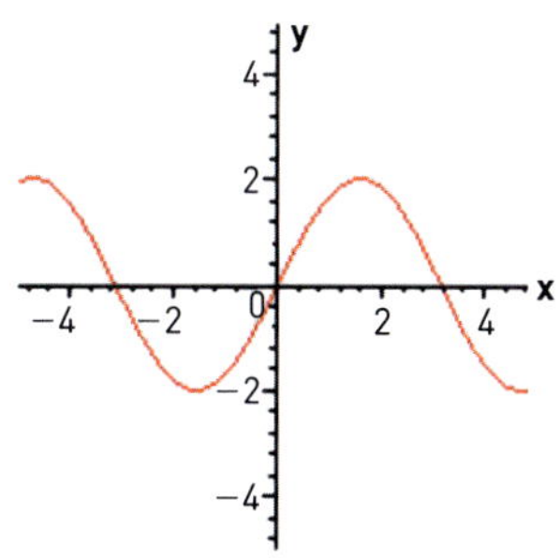

e)
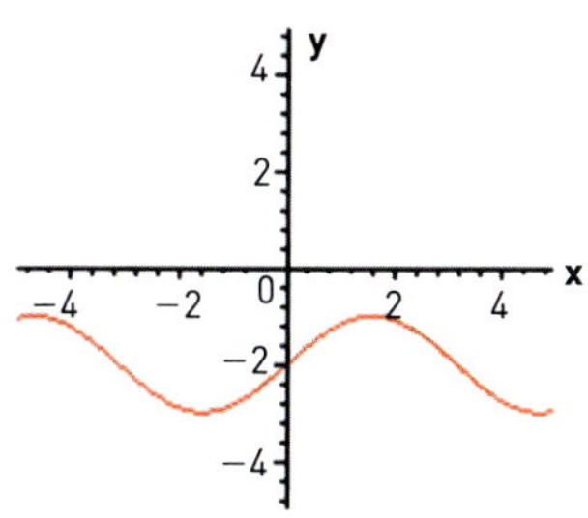

Ilustrações: Reprodução/PUC, 2008

9. (UEPB) A diagonal menor de um paralelogramo divide um de seus ângulos internos em dois outros. Um β e o outro 2β. A razão entre o maior e o menor lado do paralelogramo é:

a) $2\,\text{sen}\,\beta$
b) $\dfrac{1}{2\cos\beta}$
c) $2\cos\beta$
d) $\dfrac{1}{2\,\text{sen}\,\beta}$
e) $\text{tg}\,\beta$

10. (Fuvest-SP) Um caminhão sobe uma ladeira com inclinação de 15°. A diferença entre a altura final e a altura inicial de um ponto determinado do caminhão, depois de percorridos 100 m da ladeira, será de, aproximadamente:

$$\left(\text{Dados: } \sqrt{3} \simeq 1{,}73;\ \text{sen}^2\left(\frac{\theta}{2}\right) = \frac{1-\cos\theta}{2}\right).$$

a) 7 m
b) 26 m
c) 40 m
d) 52 m
e) 67 m

11. (Fatec-SP) Da trigonometria sabe-se que quaisquer que sejam os números reais **p** e **q**,

$$\text{sen}\,p + \text{sen}\,q = 2\cdot\text{sen}\left(\frac{p+q}{2}\right)\cdot\cos\left(\frac{p-q}{2}\right).$$

Logo, a expressão $\cos x \cdot \text{sen}\,9x$ é idêntica a:

a) $\text{sen}\,10x + \text{sen}\,8x$
b) $2\cdot(\text{sen}\,6x + \text{sen}\,2x)$
c) $2\cdot(\text{sen}\,10x + \text{sen}\,8x)$
d) $\frac{1}{2}\cdot(\text{sen}\,6x + \text{sen}\,2x)$
e) $\frac{1}{2}\cdot(\text{sen}\,10x + \text{sen}\,8x)$

12. (Mack-SP) Na figura, $\text{tg}\,\beta$ é igual a:

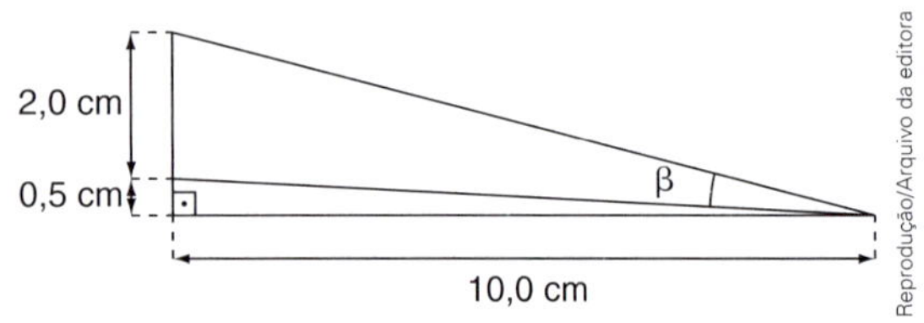

a) $\dfrac{16}{81}$ b) $\dfrac{8}{27}$ c) $\dfrac{19}{63}$ d) $\dfrac{2}{3}$ e) $\dfrac{1}{4}$

13. (Fuvest-SP) Sejam **x** e **y** números reais positivos tais que $x + y = \frac{\pi}{2}$. Sabendo-se que $\text{sen}\,(y - x) = \frac{1}{3}$, o valor de $\text{tg}^2\,y - \text{tg}^2\,x$ é igual a

a) $\dfrac{3}{2}$
b) $\dfrac{5}{4}$
c) $\dfrac{1}{2}$
d) $\dfrac{1}{4}$
e) $\dfrac{1}{8}$

14. (Uerj) Um esqueitista treina em três rampas planas de mesmo comprimento **a**, mas com inclinações diferentes. As figuras abaixo representam as trajetórias retilíneas AB = CD = EF, contidas nas retas de maior declive de cada rampa.

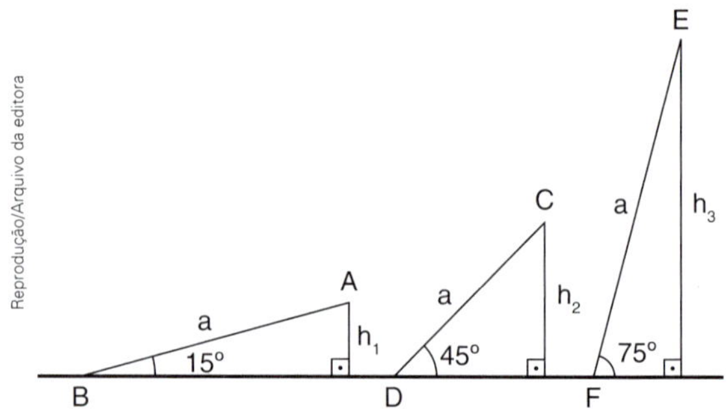

Sabendo que as alturas, em metros, dos pontos de partida **A**, **C** e **E** são, respectivamente, $\mathbf{h_1}$, $\mathbf{h_2}$ e $\mathbf{h_3}$, conclui-se que $h_1 + h_2$ é igual a:

a) $h_3\sqrt{3}$
b) $h_3\sqrt{2}$
c) $2h_3$
d) h_3

15. (ITA-SP) Se $\cos 2x = \frac{1}{2}$, então um possível valor de $\dfrac{\text{cotg}\,x - 1}{\text{cossec}\,(x-\pi) - \sec(\pi - x)}$ é

a) $\dfrac{\sqrt{3}}{2}$
b) 1
c) $\sqrt{2}$
d) $\sqrt{3}$
e) 2

16. (Uerj) No esquema abaixo, estão representados um quadrado ABCD e um círculo de centro **P** e raio **r**, tangente às retas $\overleftrightarrow{AB}$ e $\overleftrightarrow{BC}$. O lado do quadrado mede 3r.

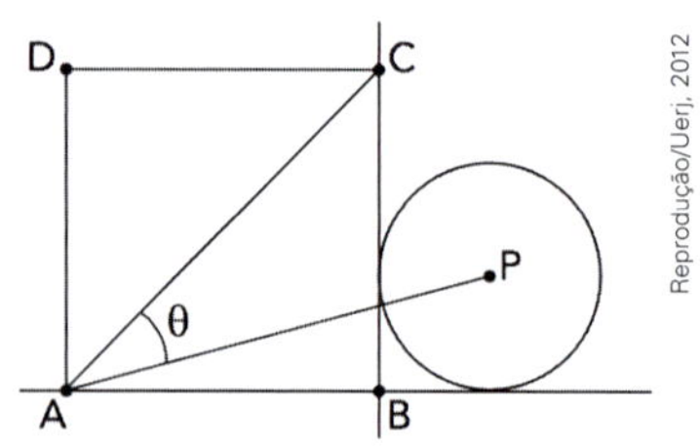

A medida θ do ângulo CÂP pode ser determinada a partir da seguinte identidade trigonométrica:

$$\text{tg}\,(\alpha - \beta) = \frac{\text{tg}\,(\alpha) - \text{tg}\,(\beta)}{1 + \text{tg}\,(\alpha)\cdot\text{tg}\,(\beta)}$$

O valor da tangente de θ é igual a:

a) 0,65
b) 0,60
c) 0,55
d) 0,50

17. (UFJF/Pism-MG) Seja $0 \leqslant x \leqslant \frac{\pi}{2}$ uma medida de ângulo em radianos tal que

$$\cos x + \operatorname{sen} x = \frac{\sqrt{5}}{2}$$
$$\cos x - \operatorname{sen} x = \frac{\sqrt{3}}{2}$$

O valor de tg 2x é:

a) $4 - \sqrt{15}$

b) $\frac{\sqrt{15}}{15}$

c) $\frac{\sqrt{15}}{4}$

d) $\sqrt{15}$

e) $4\sqrt{15}$

18. (FGV-SP) Um triângulo isósceles tem os lados congruentes com medida igual a 5. Seja α a medida do ângulo da base, para a qual a área do referido triângulo é máxima. Podemos afirmar que:

a) $10° \leqslant \alpha < 20°$

b) $20° \leqslant \alpha < 30°$

c) $30° \leqslant \alpha < 40°$

d) $40° \leqslant \alpha < 50°$

e) $50° \leqslant \alpha < 60°$

19. (UEL-PR) Se $\cos(2x) = \frac{1}{3}$, onde $x \in (0, \pi)$, então o valor de $y = \frac{[\operatorname{sen}(3x) - \operatorname{sen}(x)]}{\cos(2x)}$ é:

a) -1

b) $\frac{(\sqrt{3})}{3}$

c) $\frac{3}{\sqrt{3}}$

d) $\frac{(2\sqrt{3})}{3}$

e) 1

20. (Insper-SP) Movendo as hastes de um compasso, ambas de comprimento ℓ, é possível determinar diferentes triângulos, como os dois representados a seguir, fora de escala.

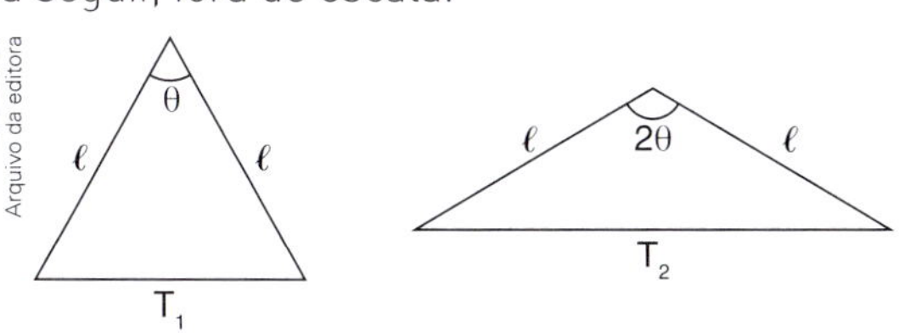

Se a área do triângulo $\mathbf{T}_1$ é o triplo da área do triângulo $\mathbf{T}_2$, então o valor de $\cos\theta$ é igual a:

a) $\frac{1}{6}$

b) $\frac{1}{3}$

c) $\frac{\sqrt{3}}{3}$

d) $\frac{1}{2}$

e) $\frac{\sqrt{6}}{6}$

21. (Aman-RJ) O cosseno do menor ângulo formado pelos ponteiros de um relógio às 14 horas e 30 minutos vale

a) $-\frac{(\sqrt{3}+1)}{2}$

b) $-\frac{(\sqrt{2}+1)}{2}$

c) $\frac{(1+\sqrt{2})}{4}$

d) $-\frac{(\sqrt{6}-\sqrt{2})}{4}$

e) $\frac{(\sqrt{2}+\sqrt{3})}{4}$

22. (Mack-SP) O valor de $\boldsymbol{\theta}$ que satisfaz o sistema $\begin{cases} x = 1 - \operatorname{sen} 2\theta \\ 2x = 2 + \cos\theta \end{cases}$, para **x** e $\boldsymbol{\theta}$ reais, com $0 \leqslant \theta \leqslant \pi$ é

a) 0

b) $\frac{\pi}{2}$

c) π

d) $\frac{\pi}{4}$

e) $\frac{\pi}{3}$

23. (FGV-SP) Se $\operatorname{sen} x + \operatorname{sen} y = \frac{\sqrt{15}}{3}$ e $\cos x + \cos y = 1$, então, $\sec(x - y)$ é igual a:

a) $\frac{1}{3}$

b) $\frac{1}{2}$

c) 2

d) 3

e) 4

24. (UFG-GO) Observe a figura a seguir, em que estão indicadas as medidas dos lados do triângulo maior e alguns dos ângulos.

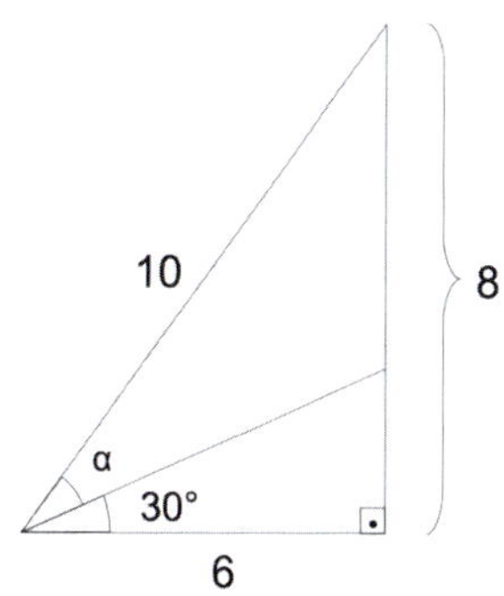

O seno do ângulo indicado por α na figura vale:

a) $\frac{4\sqrt{3}-3}{10}$

b) $\frac{4-\sqrt{3}}{10}$

c) $\frac{4-3\sqrt{3}}{10}$

d) $\frac{4+3\sqrt{3}}{10}$

e) $\frac{4\sqrt{3}+3}{10}$

25. (Fuvest-SP) No triângulo retângulo ABC, ilustrado na figura, a hipotenusa $\overline{AC}$ mede 12 cm e o cateto $\overline{BC}$ mede 6 cm. Se **M** é o ponto médio de $\overline{BC}$, então a tangente do ângulo $M\hat{A}C$ é igual a:

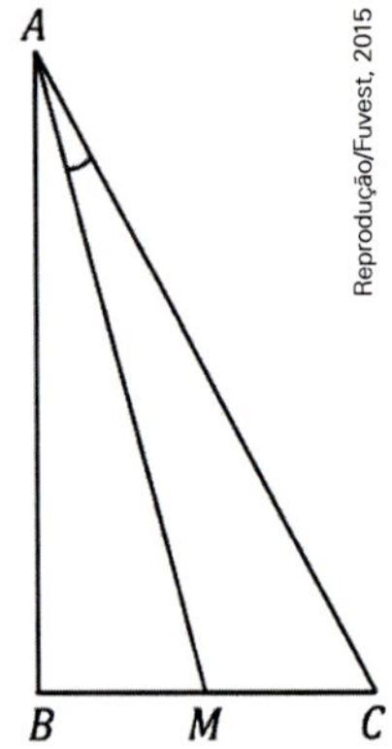

Reprodução/Fuvest, 2015

a) $\dfrac{\sqrt{2}}{7}$

b) $\dfrac{\sqrt{3}}{7}$

c) $\dfrac{2}{7}$

d) $\dfrac{2\sqrt{2}}{3}$

e) $\dfrac{2\sqrt{3}}{7}$

26. (Fuvest-SP) No quadrilátero plano ABCD, os ângulos $A\hat{B}C$ e $A\hat{D}C$ são retos, AB = AD = 1, BC = = CD = 2 e $\overline{BD}$ é uma diagonal. O cosseno do ângulo $B\hat{C}D$ vale

a) $\dfrac{\sqrt{3}}{5}$ b) $\dfrac{2}{5}$ c) $\dfrac{3}{5}$ d) $\dfrac{2\sqrt{3}}{5}$ e) $\dfrac{4}{5}$

27. (ITA-SP) A expressão

$$\frac{2\left[\operatorname{sen}\left(x + \dfrac{11}{2}\pi\right) + \operatorname{cotg}^2 x\right]\operatorname{tg}\dfrac{x}{2}}{1 + \operatorname{tg}^2\dfrac{x}{2}}$$

é equivalente a:

a) $[\cos x - \operatorname{sen}^2 x]\operatorname{cotg} x$

b) $[\operatorname{sen} x + \cos x]\operatorname{tg} x$

c) $[\cos^2 x - \operatorname{sen} x]\operatorname{cotg}^2 x$

d) $[1 - \operatorname{cotg}^2 x]\operatorname{sen} x$

e) $[1 + \operatorname{cotg}^2 x][\operatorname{sen}^2 x + \cos x]$

28. (Fatec-SP) As funções reais $f(x) = \operatorname{sen} x$ e $g(x) = \cos x$ têm seus gráficos representados no intervalo $0 \leq x \leq 2\pi$.

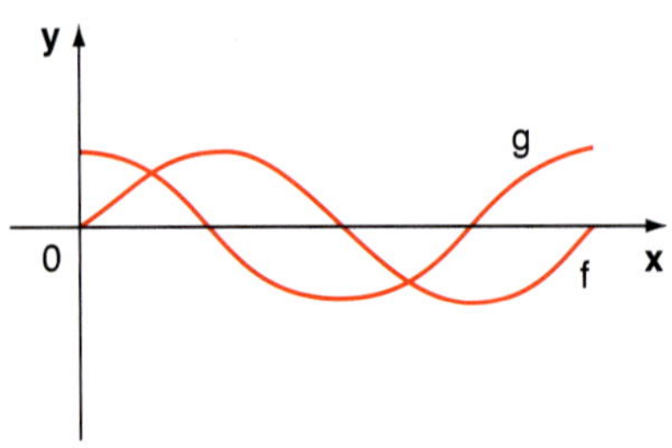

Reprodução/Arquivo da editora

Se a função $h(x) = f(x) + g(x)$ tem período **p** e valor máximo **h**, então o produto $p \cdot h$ é igual a:

a) 4π

b) $2\sqrt{2}\pi$

c) 2π

d) $\sqrt{2}\pi$

e) $\dfrac{\sqrt{2}}{4}\pi$

29. (UFU-MG) Na figura abaixo, o ângulo α é tal que $0 < \alpha < 90°$.

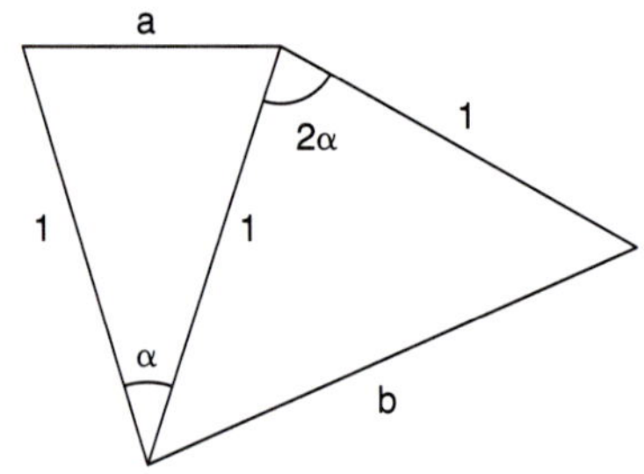

Reprodução/Arquivo da editora

Então, $\dfrac{b}{a}$ é igual a

a) $2\cos(\alpha)$

b) 2

c) $2\cos\left(\dfrac{\alpha}{2}\right)$

d) $\operatorname{sen}(2\alpha)$

30. (Fuvest-SP) Na figura abaixo, o triângulo ABC inscrito na circunferência tem AB = AC. O ângulo entre o lado $\overline{AB}$ e a altura do triângulo ABC em relação a $\overline{BC}$ é α. Nestas condições, o quociente entre a área do triângulo ABC e a área do círculo da figura é dado, em função de α, pela expressão:

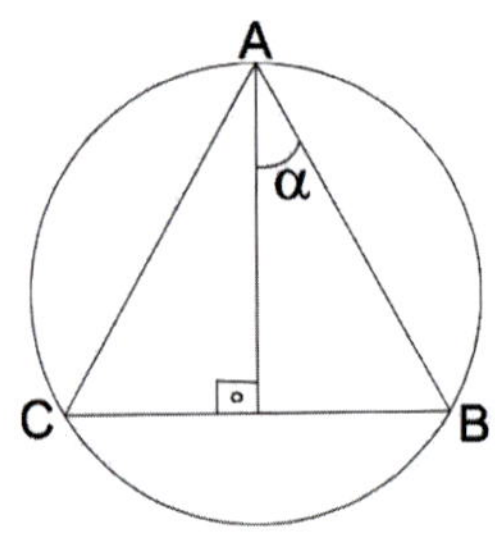

Reprodução/Fuvest, 2006

a) $\dfrac{2}{\pi}\cos^2\alpha$

b) $\dfrac{2}{\pi}\operatorname{sen}^2 2\alpha$

c) $\dfrac{2}{\pi}\operatorname{sen}^2 2\alpha\cos\alpha$

d) $\dfrac{2}{\pi}\operatorname{sen}\alpha\cos 2\alpha$

e) $\dfrac{2}{\pi}\operatorname{sen} 2\alpha\cos^2\alpha$

31. (Unioeste-PR) É correto afirmar que a expressão $\dfrac{\cos^2(x) - \operatorname{sen}^2(x) + 3\operatorname{tg}(2x)}{1 - (\operatorname{sen}(x) - \cos(x))^2}$ é igual a:

a) $3\operatorname{tg}(2x)$

b) $\operatorname{cotg}(2x) + 3\sec(2x)$

c) $\operatorname{tg}(2x) + 3\operatorname{cossec}(2x)$

d) $\operatorname{tg}(2x) + 3\sec(2x)$

e) $\operatorname{cotg}(2x) + 3\operatorname{cossec}(2x)$

CAPÍTULO 6

Equações e inequações trigonométricas

Asharkyu/Shutterstock

Nos cabos de fibra óptica, utilizados para transmitir luz, existe uma reflexão interna total dessa onda dentro do cabo, garantindo uma perda pequena de energia durante a transmissão. Essa reflexão total ocorre a partir de um ângulo limite de incidência, que pode ser calculado por meio de equações trigonométricas, um dos assuntos deste capítulo.

Equações fundamentais

Sejam **f** e **g** duas funções trigonométricas da variável real **x** e sejam $\mathbf{D}_1$ e $\mathbf{D}_2$ seus respectivos domínios. Resolver a equação trigonométrica f(x) = g(x) no conjunto universo $U = \mathbb{R}$ significa determinar o conjunto **S**, denominado conjunto solução, dos números reais **r** que a satisfazem; isto é, os valores de **r** para os quais f(r) = g(r) é uma sentença verdadeira, com **r** pertencente a $\mathbf{D}_1$ e a $\mathbf{D}_2$.

São exemplos de equações trigonométricas:

$$\text{sen } x = \text{sen}\frac{\pi}{8};\quad \cos x = -\frac{1}{2};\quad \text{tg } x + \text{cotg } x = 2;\quad \text{sen}^2 x - \cos x = 0, \text{ etc.}$$

De modo geral, quase todas as equações trigonométricas se reduzem a uma destas três:

$\text{sen } x = \text{sen } \alpha$ $\qquad$ $\cos x = \cos \alpha$ $\qquad$ $\text{tg } x = \text{tg } \alpha$

em que **x** é a variável real e α é um número real conhecido.

Essas equações recebem o nome de **equações trigonométricas fundamentais** e vamos iniciar o nosso estudo por elas.

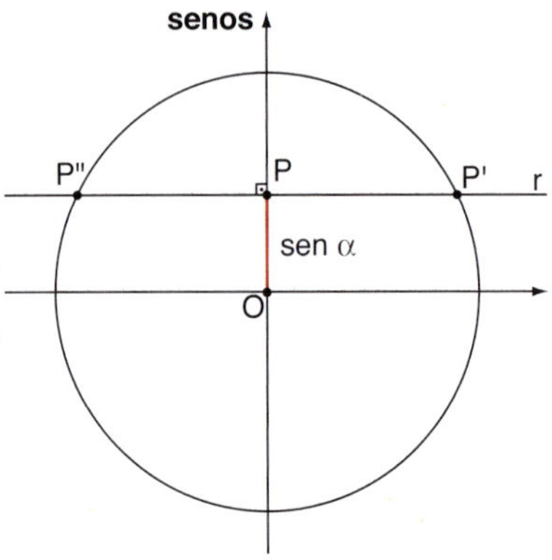

Banco de imagens/Arquivo da editora

Resolução da equação sen x = sen α

Marcamos no eixo dos senos o ponto **P** tal que med $(\overline{OP}) = \text{sen } \alpha$.

As imagens de **x** e de α na circunferência trigonométrica devem estar sobre a reta **r**, perpendicular ao eixo dos senos, traçada por **P**, isto é, estão em **P'** ou em **P''**.

Temos então duas possibilidades:

1ª) **x** e α têm a mesma imagem na circunferência, isto é:

$$x = \alpha + k \cdot 2\pi;\ k \in \mathbb{Z}$$

ou

2ª) **x** e α têm imagens simétricas em relação ao eixo dos senos, isto é:

$$x = (\pi - \alpha) + k \cdot 2\pi;\ k \in \mathbb{Z}$$

No primeiro caso, dizemos que **x** e α são **côngruos** e, no segundo, que são **suplementares**.

EXEMPLO 1

Para resolver a equação $\text{sen } x = \frac{\sqrt{3}}{2}$, considerando $U = \mathbb{R}$, substituímos $\frac{\sqrt{3}}{2}$ por $\text{sen } \frac{\pi}{3}$ e chegamos à equação $\text{sen } x = \text{sen } \frac{\pi}{3}$. Daí:

$$\begin{cases} x = \frac{\pi}{3} + k \cdot 2\pi;\ k \in \mathbb{Z} \text{ ou} \\ x = \left(\pi - \frac{\pi}{3}\right) + k \cdot 2\pi, \text{ isto é, } x = \frac{2\pi}{3} + k \cdot 2\pi;\ k \in \mathbb{Z} \end{cases}$$

e temos que o conjunto solução da equação é:

$$S = \left\{x \in \mathbb{R} \;\middle|\; x = \frac{\pi}{3} + k \cdot 2\pi \text{ ou } x = \frac{2\pi}{3} + k \cdot 2\pi;\ k \in \mathbb{Z}\right\}$$

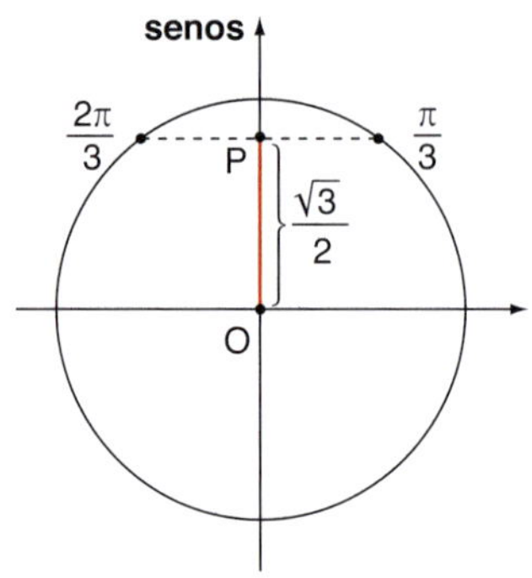

Banco de imagens/Arquivo da editora

Exercício

1. Resolva as seguintes equações, sendo $U = \mathbb{R}$. Consulte a tabela trigonométrica na página 270.

a) $\text{sen } x = \text{sen } \frac{\pi}{5}$

b) $\text{sen } x = \frac{1}{2}$

c) $\text{sen } x = 1$

d) $\text{sen } x = 0$

e) $\text{sen } x = \frac{\sqrt{2}}{2}$

f) $\text{sen } x = -\frac{1}{2}$

g) $\text{sen } x = 0{,}34$

As equações apresentadas até aqui resumem-se ao caso em que sen x = k, sendo **k** uma constante real. Para resolver equações do tipo $\text{sen } \alpha = \text{sen } \beta$, em que $\alpha = f(x)$ e $\beta = g(x)$, podemos usar o mesmo raciocínio. Acompanhe o exemplo a seguir.

EXEMPLO 2

Vamos resolver a equação sen 2x = sen x, considerando U = R. Podemos ter que:

- 2x e **x** são côngruos, isto é, têm a mesma imagem na circunferência: $2x = x + k \cdot 2\pi \Rightarrow x = k \cdot 2\pi;\ k \in \mathbb{Z}$
ou
- 2x e **x** têm imagens simétricas em relação ao eixo dos senos: $2x = (\pi - x) + k \cdot 2\pi \Rightarrow 3x = \pi + k \cdot 2\pi \Rightarrow x = \frac{\pi}{3} + k \cdot \frac{2\pi}{3},\ k \in \mathbb{Z}$

Assim, o conjunto solução é: $S = \left\{x \in \mathbb{R} \mid x = k \cdot 2\pi \text{ ou } x = \frac{\pi}{3} + k \cdot \frac{2\pi}{3};\ k \in \mathbb{Z}\right\}$

Exercício

2. Resolva, em $\mathbb{R}$, as equações:

a) sen 3x = sen x

b) $\text{sen}\left(4x - \frac{\pi}{6}\right) = \text{sen } 2x$

Resolução da equação cos x = cos α

Marcamos no eixo dos cossenos o ponto **P** tal que med $(\overline{OP}) = \cos \alpha$. As imagens de **x** e α na circunferência trigonométrica devem estar sobre a reta **r**, perpendicular ao eixo dos cossenos, traçada pelo ponto **P**; isto é, devem estar em **P**' ou em **P**''.

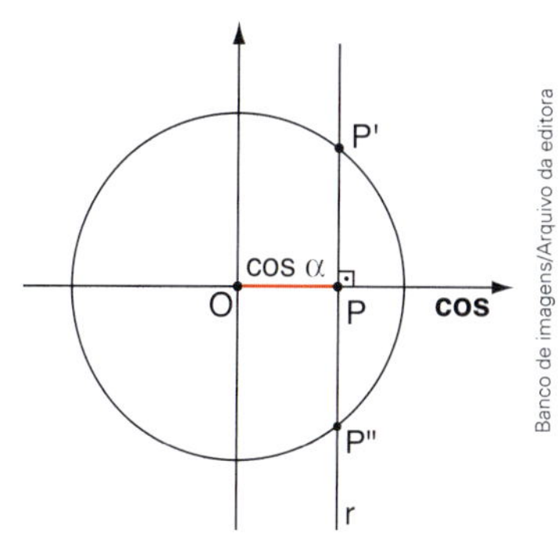

Temos duas possibilidades:

1ª) **x** e α têm a mesma imagem na circunferência trigonométrica:

$$x = \alpha + k \cdot 2\pi;\ k \in \mathbb{Z}$$

2ª) **x** e α têm imagens simétricas em relação ao eixo dos cossenos, isto é:

$$x = -\alpha + k \cdot 2\pi;\ k \in \mathbb{Z}$$

No 1º caso, dizemos que **x** e α são **côngruos** e, no 2º, **replementares**.

EXEMPLO 3

Sendo U = $\mathbb{R}$, vamos resolver a equação $\cos x = \cos \frac{\pi}{3}$.

Temos:

$x = \frac{\pi}{3} + k \cdot 2\pi;\ k \in \mathbb{Z}$ ou $x = -\frac{\pi}{3} + k \cdot 2\pi;\ k \in \mathbb{Z}$

Podemos escrever simplesmente: $S = \left\{x \in \mathbb{R} \mid x = \pm\frac{\pi}{3} + k \cdot 2\pi;\ k \in \mathbb{Z}\right\}$.

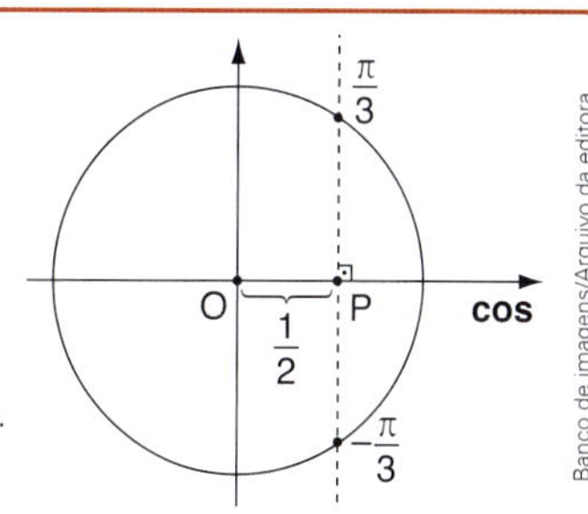

Exercício resolvido

1. Resolver, em $\mathbb{R}$, a equação $\cos 3x = \cos 2x$.

Solução:

Equações do tipo $\cos \alpha = \cos \beta$, em que $\alpha = f(x)$ e $\beta = g(x)$, podem ser resolvidas tal como no caso anterior. Podemos ter:

3x e 2x têm a mesma imagem na circunferência: $3x = 2x + k \cdot 2\pi \Rightarrow x = k \cdot 2\pi;\ k \in \mathbb{Z}$ ou

3x e 2x têm imagens simétricas em relação ao eixo horizontal: $3x = -2x + k \cdot 2\pi \Rightarrow 5x = k \cdot 2\pi \Rightarrow$ $\Rightarrow x = \dfrac{2k\pi}{5};\ k \in \mathbb{Z}$

Assim, o conjunto solução dessa equação é: $S = \left\{x \in \mathbb{R} \,\middle|\, x = k \cdot 2\pi \text{ ou } x = \dfrac{2k\pi}{5};\ k \in \mathbb{Z}\right\}$

Exercício

3. Resolva, em $\mathbb{R}$, as equações:

a) $\cos x = \cos \dfrac{\pi}{7}$

b) $\cos x = \dfrac{\sqrt{3}}{2}$

c) $\cos x = 0$

d) $\cos x = -1$

e) $\cos x = -\dfrac{\sqrt{2}}{2}$

f) $\cos x = -\dfrac{1}{2}$

g) $\cos 3x = \cos x$

h) $\cos 5x = \cos\left(x + \dfrac{\pi}{3}\right)$

Resolução da equação tg x = tg α

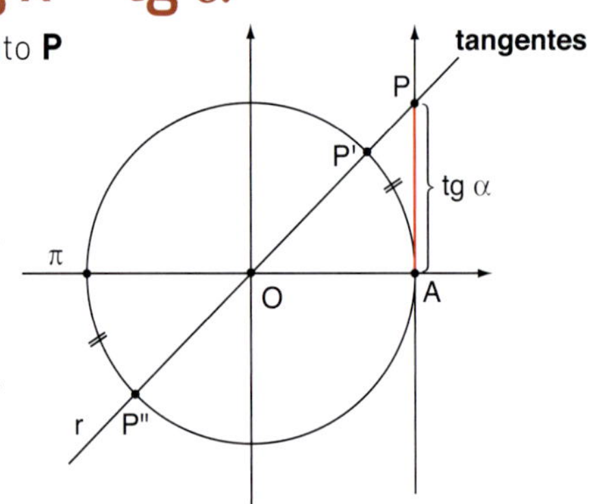

Banco de imagens/Arquivo da editora

Marcamos no eixo das tangentes o ponto **P** tal que med $(\overline{AP}) = \text{tg } \alpha$.

As imagens de **x** e α na circunferência trigonométrica devem estar sobre a reta **r**, determinada pelos pontos **O** e **P**; isto é, estão em **P'** ou em **P''**.

Temos duas possibilidades:

1ª) **x** e α têm a mesma imagem na circunferência, isto é:

$$x = \alpha + k \cdot 2\pi;\ k \in \mathbb{Z} \quad (1)$$

2ª) **x** e α têm imagens simétricas em relação ao centro **O**, isto é:

$$x = (\pi + \alpha) + k \cdot 2\pi;\ k \in \mathbb{Z} \quad (2)$$

No primeiro caso, dizemos que **x** e α são **côngruos** e, no segundo, **explementares**.

Vejamos agora outra maneira de expressar a relação entre **x** e α:

Fazendo **k** variar em $\mathbb{Z}$ em (1) e (2), obtemos:

⋮		⋮
$k = 0 \rightarrow x = \alpha$	ou	$x = \pi + \alpha$
$k = 1 \rightarrow x = \alpha + 2\pi$	ou	$x = \pi + \alpha + 2\pi = \alpha + 3\pi$
$k = 2 \rightarrow x = \alpha + 4\pi$	ou	$x = \pi + \alpha + 4\pi = \alpha + 5\pi$
⋮		⋮

Em resumo, os números reais **x** que satisfazem a equação são:

$$\ldots, \alpha, \alpha + \pi, \alpha + 2\pi, \alpha + 3\pi, \ldots$$

Portanto, podemos dizer que, se $\text{tg } x = \text{tg } \alpha$, então:

$$x = \alpha + k \cdot \pi;\ k \in \mathbb{Z}$$

EXEMPLO 4

Vamos resolver, em ℝ, a equação $\text{tg } x = \frac{\sqrt{3}}{3}$.

Como $\text{tg } \frac{\pi}{6} = \frac{\sqrt{3}}{3}$, temos que $\text{tg } x = \text{tg } \frac{\pi}{6}$.

Assim, o conjunto solução da equação é: $S = \left\{x \in \mathbb{R} \mid x = \frac{\pi}{6} + k \cdot \pi; k \in \mathbb{Z}\right\}$

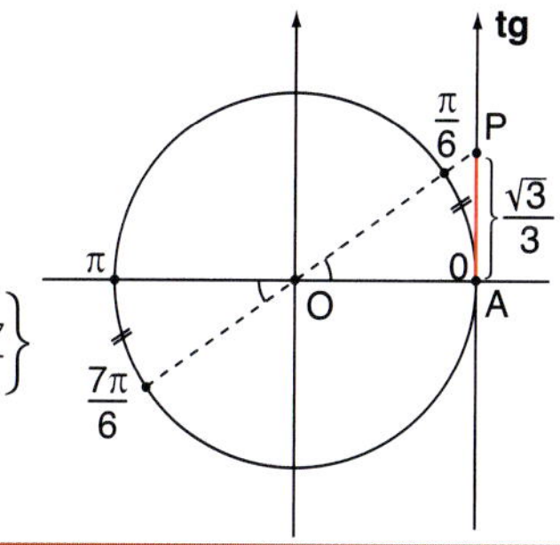

Banco de imagens/Arquivo da editora

Exercício

4. Resolva, em ℝ, as equações:

a) $\text{tg } x = \text{tg } \frac{2\pi}{5}$

b) $\text{tg } x = 1$

c) $\text{tg } x = \sqrt{3}$

d) $\text{tg } x = -\frac{\sqrt{3}}{3}$

e) $\text{tg } x = 0$

f) $\text{tg } x = -\sqrt{3}$

Equações redutíveis às fundamentais

Muitas equações trigonométricas podem ser reduzidas às equações fundamentais pelo uso de propriedades que envolvem as razões trigonométricas ou outros artifícios. Vamos apresentar a resolução de três dessas equações.

Exercícios resolvidos

2. Resolver em ℝ a equação $2 \text{ sen } x - \text{cossec } x = 1$.

Solução:

Lembrando que $\text{cossec } x = \frac{1}{\text{sen } x}$, $\text{sen } x \neq 0$, temos:

$$2 \text{ sen } x - \frac{1}{\text{sen } x} = 1 \Rightarrow 2 \text{ sen}^2 x - \text{sen } x - 1 = 0$$

(trata-se de uma equação de 2º grau na variável sen x). Daí:

$$\Delta = (-1)^2 - 4 \cdot 2 \cdot (-1) = 9$$

$$\text{sen } x = \frac{-(-1) \pm \sqrt{9}}{2 \cdot 2} = \frac{1 \pm 3}{4} = \begin{cases} \text{sen } x = 1 & (1) \\ \text{sen } x = -\frac{1}{2} & (2) \end{cases}$$

(1) e (2) são equações fundamentais:

De (1): $\text{sen } x = \text{sen } \frac{\pi}{2} \Rightarrow x = \frac{\pi}{2} + k \cdot 2\pi$

De (2): $x = \frac{7\pi}{6} + k \cdot 2\pi$ ou $x = -\frac{\pi}{6} + k \cdot 2\pi$

Portanto, $S = \left\{x \in \mathbb{R} \mid x = \frac{\pi}{2} + k \cdot 2\pi \text{ ou } x = \frac{7\pi}{6} + k \cdot 2\pi \text{ ou } x = -\frac{\pi}{6} + k \cdot 2\pi; k \in \mathbb{Z}\right\}$.

3. Quais são os números reais **x**, $0 \leqslant x \leqslant 2\pi$, tais que $\text{sen}^2 x = 1 + \cos x$?

Solução:

Usando a relação fundamental da Trigonometria ($\text{sen}^2 x + \cos^2 x = 1$), vem:

$$1 - \cos^2 x = 1 + \cos x \Rightarrow \cos x + \cos^2 x = 0 \Rightarrow \cos x\,(1 + \cos x) = 0$$

Daí,

$$\cos x\,(1 + \cos x) = 0 \Rightarrow \begin{cases} \cos x = 0 \quad (1) \\ \text{ou} \\ \cos x = -1 \quad (2) \end{cases}$$

De (1), temos $x = \frac{\pi}{2}$ ou $x = \frac{3\pi}{2}$; note que o conjunto universo é $[0, 2\pi]$.

De (2), vem $x = \pi$.

Portanto, $S = \left\{\frac{\pi}{2}, \frac{3\pi}{2}, \pi\right\}$.

4. Resolva em $\mathbb{R}$ a equação $\text{sen } 3x + \text{sen } 5x = 0$.

Solução:

É preciso usar as fórmulas de transformação em produto estudadas no capítulo anterior:

$$\text{sen } 3x + \text{sen } 5x = 2 \cdot \text{sen}\left(\frac{3x + 5x}{2}\right) \cdot \cos\left(\frac{3x - 5x}{2}\right) =$$

$$= 2 \text{ sen } 4x \cos(-x)$$

Como $\forall\, x \in \mathbb{R}$, $\cos(-x) = \cos x$, segue a equação:

$$2 \text{ sen } 4x \cos x = 0 \Rightarrow \text{sen } 4x = 0 \quad \text{ou} \quad \cos x = 0$$

- 1º caso

  $\text{sen } 4x = 0 \Rightarrow 4x = k\pi \Rightarrow x = \frac{k\pi}{4}$

- 2º caso

  $\cos x = 0 \Rightarrow x = \frac{\pi}{2} + k\pi$

  Portanto, $S = \left\{x \in \mathbb{R} \,\middle|\, x = \frac{k\pi}{4} \text{ ou } x = \frac{\pi}{2} + k\pi;\ k \in \mathbb{Z}\right\}$.

Exercícios

Resolva, em $\mathbb{R}$, as equações trigonométricas dos exercícios 5 a 21 a seguir.

5. $\text{cossec } x = 2$
6. $\text{sen}^2 x = 1$
7. $2\cos^2 x - 3\cos x + 1 = 0$
8. $\text{cotg } x = 1$
9. $\text{tg}^2 x - \text{tg } x = 0$
10. $\sec^2 x = \frac{4}{3}$
11. $\text{sen}^2 x = \cos^2 x$
12. $\cos^2 x = 3$
13. $\text{tg } x + \text{cotg } x = 2$
14. $(1 - \cos x) \cdot (\sqrt{3}\,\text{tg } x - 1) = 0$
15. $\cos^2 x - 2 \text{ sen } x + 2 = 0$
16. $\text{tg } x = \sqrt{2} \text{ sen } x$
17. $1 + \sec^2 x + \text{tg}^2 x = 8$
18. $\text{cotg}^2 x = 1$
19. $2 - 2\cos x = \text{sen } x \cdot \text{tg } x$
20. $\text{sen } 7x + \text{sen } 5x = 0$
21. $\cos 2x + \cos 6x = 0$

O enunciado a seguir refere-se às questões 22 a 32. Encontre todos os valores reais de **x**, com $0 \leqslant x < 2\pi$, que verificam as equações:

22. $2\cos^2 x - \text{sen } x = 1$
23. $\sec^2 x = 1 + \text{tg } x$
24. $\cos 2x + 3\cos x + 2 = 0$
25. $3\,\text{tg}^2 x + 2\sqrt{3}\,\text{tg } x = 3$
26. $4 \text{ sen } x + 3 \text{ cossec } x = 8$
27. $\left(4 - \frac{3}{\text{sen}^2 x}\right) \cdot \left(4 - \frac{1}{\cos^2 x}\right) = 0$

28. $\cos 2x = \text{sen } x$

29. $1 - \text{sen}^2 x = 1 + \text{sen}^2 x$

30. $5 \cdot (\text{tg}^2 x - 2) = 1 + \frac{1}{\cos^2 x}$

31. $\text{cossec}^2 x = 2 \text{ cotg } x$

32. $3 \text{ tg } x = 2 \cos x$

33. Resolva, em $\mathbb{R}$, as seguintes equações:

a) $\cos\left(x - \frac{\pi}{4}\right) = 1$

b) $\text{sen}\left(x - \frac{\pi}{3}\right) = \frac{\sqrt{3}}{2}$

c) $\text{sen } 2x = \text{sen}\left(x + \frac{\pi}{4}\right)$

d) $\cos 2x = \frac{1}{2}$

34. Resolva, em $\mathbb{R}$, a equação $\text{cotg } x - \text{sen } 2x = 0$.

35. (Vunesp) A temperatura, em graus Celsius (°C), de uma câmara frigorífica, durante um dia completo, de 0 hora às 24 horas, é dada aproximadamente pela função $f(t) = \cos\left(\frac{\pi}{12} t\right) - \cos\left(\frac{\pi}{6} t\right)$, $0 \leq t \leq 24$, com **t** em horas. Determine:

a) a temperatura da câmara frigorífica às 2 horas e às 9 horas (use as aproximações $\sqrt{2} = 1{,}4$ e $\sqrt{3} = 1{,}7$);

b) em quais horários do dia a temperatura atingiu 0 °C.

Resolução de equações em um intervalo qualquer

Algumas vezes é preciso resolver equações trigonométricas em um conjunto universo diferente de $\mathbb{R}$ e do intervalo $[0, 2\pi]$.

Nesse caso, encontramos inicialmente a solução geral da equação, isto é, seu conjunto solução, considerando $\mathbb{R}$ o conjunto universo. Em seguida, atribuímos valores convenientes para **k** ($k \in \mathbb{Z}$) a fim de determinar as soluções que pertencem ao intervalo dado.

Observe os exercícios resolvidos a seguir.

Exercícios resolvidos

5. Resolva a equação $\text{sen } 4x = 1$, sendo $U = [0, \pi]$.

Solução:

$\text{sen } 4x = 1 \Rightarrow 4x = \frac{\pi}{2} + k \cdot 2\pi \Rightarrow x = \frac{\pi}{8} + \frac{k\pi}{2};\ k \in \mathbb{Z}$ (solução geral)

Atribuímos valores inteiros para **k**:

- $k = 0 \Rightarrow x = \frac{\pi}{8}$; convém, pois $\frac{\pi}{8} \in [0, \pi]$
- $k = 1 \Rightarrow x = \frac{\pi}{8} + \frac{\pi}{2} = \frac{5\pi}{8}$; convém, pois $\frac{5\pi}{8} \in [0, \pi]$
- $k = 2 \Rightarrow x = \frac{\pi}{8} + \pi = \frac{9\pi}{8}$; não convém, pois $\frac{9\pi}{8} > \pi$

Portanto, o conjunto solução da equação é $S = \left\{\frac{\pi}{8}, \frac{5\pi}{8}\right\}$.

6. Resolva a equação $\cos^3 x - \cos x = 0$ em $\left[-\frac{\pi}{2}, \frac{\pi}{2}\right]$.

Solução:

$\cos^3 x - \cos x = 0 \Rightarrow \cos x \cdot (\cos^2 x - 1) = 0 \Rightarrow \cos x = 0$ ou $\cos x = \pm 1$

Assim, a solução geral dessa equação é: $S = \left\{x \in \mathbb{R} \,\middle|\, x = \frac{\pi}{2} + k\pi \text{ (1) ou } x = k\pi \text{ (2)}; k \in \mathbb{Z}\right\}$

Atribuímos valores inteiros para **k** em (1) e (2):

- $k = -2$ (1): $x = \frac{\pi}{2} - 2\pi = -\frac{3\pi}{2}$ (não convém) ou (2): $x = -2\pi$ (não convém)
- $k = -1$ (1): $x = \frac{\pi}{2} - \pi = -\frac{\pi}{2}$ (convém) ou (2): $x = -\pi$ (não convém)
- $k = 0$ (1): $x = \frac{\pi}{2}$ (convém) ou (2): $x = 0$ (convém)
- $k = 1$ (1): $x = \frac{\pi}{2} + \pi = \frac{3\pi}{2}$ (não convém) ou (2): $x = \pi$ (não convém)

Portanto, $S = \left\{-\frac{\pi}{2}, 0, \frac{\pi}{2}\right\}$.

Exercícios

O enunciado a seguir refere-se aos exercícios 36 a 44.

Resolva cada equação, considerando **U** o conjunto universo:

36. $\cos 3x = 0$; $U = [0, \pi]$

37. $\text{sen } 3x = \frac{1}{2}$; $U =]0, 2\pi[$

38. $\cos 4x = -1$; $U = [-2\pi, 0]$

39. $\text{tg } 2x = \sqrt{3}$; $U =]-\pi, \pi[$

40. $\text{sen } x + \text{sen } 2x = 0$; $U = \left[-\frac{\pi}{2}, \frac{\pi}{2}\right]$

41. $\text{sen } 3x = \text{sen } 2x$; $U = [0, \pi]$

42. $\cos 2x + \cos 6x = 0$; $U = \left[0, \frac{\pi}{2}\right]$

43. $\text{sen } 4x - \cos x = 0$; $U = [0, \pi]$

44. $\text{sen } x + \cos x = 1$; $U = [-2\pi, 2\pi]$

Inequações fundamentais

Considere **f** e **g** duas funções trigonométricas de variável real **x**.

Resolver a inequação $f(x) < g(x)$ significa obter o seu conjunto solução, ou seja, o conjunto dos números reais **r** para os quais $f(r) < g(r)$ é uma sentença verdadeira.

Faremos, basicamente, o estudo das inequações fundamentais:

I a) $\text{sen } x < m$; b) $\text{sen } x > m$

II a) $\cos x < m$; b) $\cos x > m$

III a) $\text{tg } x < m$; b) $\text{tg } x > m$

em que **m** é um número real dado.

I a) $\text{sen } x < m$

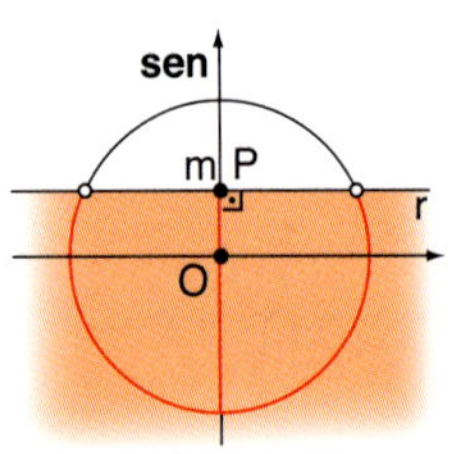

figura *a*

b) $\text{sen } x > m$

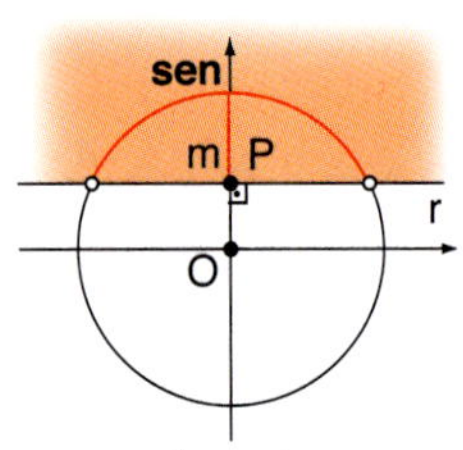

figura *b*

Ilustrações: Banco de imagens/Arquivo da editora

Marcamos sobre o eixo dos senos o ponto **P** tal que med $(\overline{OP}) = m$ (assinalamos a ordenada **m**). Traçamos, por **P**, a reta **r** perpendicular a esse eixo.

- Em *a*, as imagens dos números reais **x** tais que $\text{sen } x < m$ (figura *a*) estão na interseção da circunferência trigonométrica com o semiplano situado abaixo de **r**.
- Em *b*, as imagens dos números reais **x** tais que $\text{sen } x > m$ (figura *b*) estão na interseção da circunferência trigonométrica com o semiplano situado acima de **r**.

EXEMPLO 5

Vamos resolver a inequação $\text{sen } x > \frac{1}{2}$, considerando $U = \mathbb{R}$.

Em $[0, 2\pi]$, a solução seria $\frac{\pi}{6} < x < \frac{5\pi}{6}$, pois, partindo de **A**, percorremos a circunferência no sentido anti-horário (positivo) para encontrar o intervalo dos números reais **x** assinalados.

Assim, em $\mathbb{R}$, o conjunto solução é:

$$S = \left\{x \in \mathbb{R} \;\middle|\; \frac{\pi}{6} + k \cdot 2\pi < x < \frac{5\pi}{6} + k \cdot 2\pi;\ k \in \mathbb{Z}\right\}$$

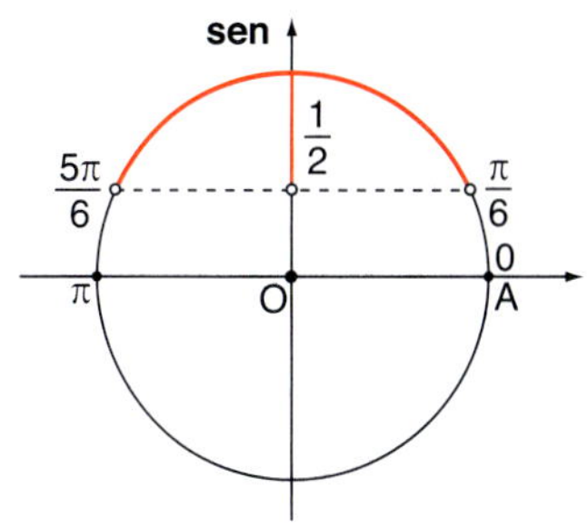

Banco de imagens/Arquivo da editora

EXEMPLO 6

Vejamos agora a resolução da inequação $\text{sen } x \leqslant \frac{\sqrt{2}}{2}$, considerando $U = [0, 2\pi]$.

Partindo de **A** e percorrendo a circunferência no sentido anti-horário, encontramos dois intervalos, "entre 0 e $\frac{\pi}{4}$" ou "entre $\frac{3\pi}{4}$ e 2π":

$$S = \left\{x \in \mathbb{R} \;\middle|\; 0 \leqslant x \leqslant \frac{\pi}{4} \text{ ou } \frac{3\pi}{4} \leqslant x \leqslant 2\pi\right\}$$

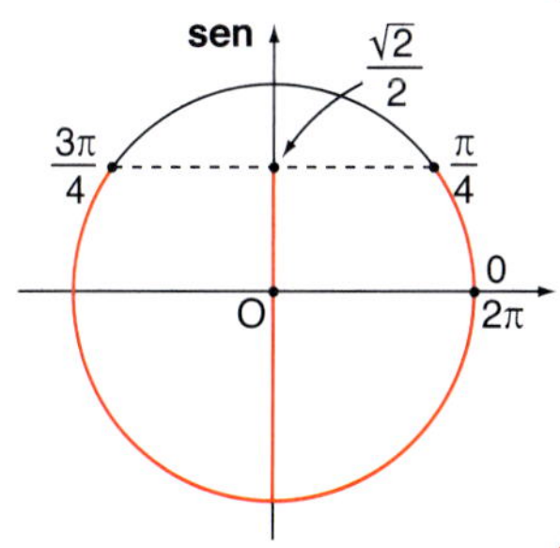

Banco de imagens/Arquivo da editora

II a) $\cos x < m$

b) $\cos x > m$

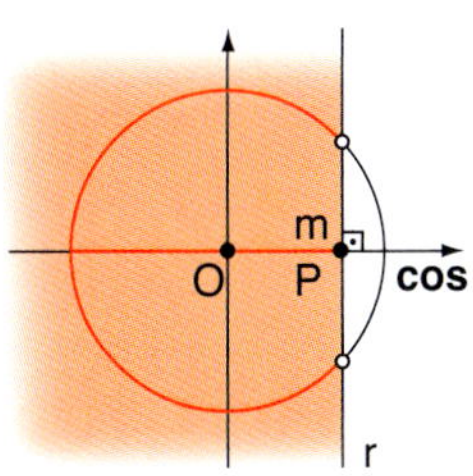

figura *a*

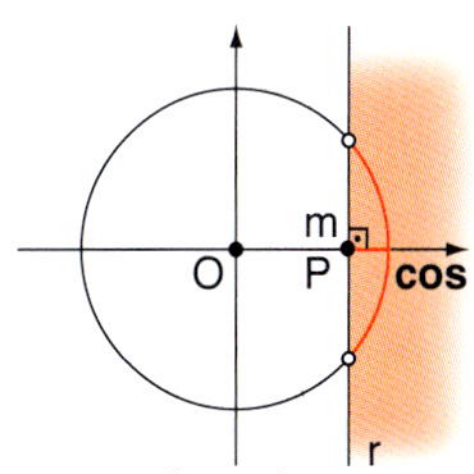

figura *b*

Ilustrações: Banco de imagens/Arquivo da editora

Marcamos sobre o eixo dos cossenos o ponto **P** tal que med $(\overline{OP}) = m$ (assinalamos a abscissa **m**). Traçamos por **P** a reta **r**, perpendicular a esse eixo.

Assim:

- Em *a*, as imagens dos números reais **x** tais que $\cos x < m$ (figura *a*) pertencem à interseção da circunferência trigonométrica com o semiplano situado à esquerda de **r**.
- Em *b*, as imagens dos números reais **x** tais que $\cos x > m$ (figura *b*) pertencem à interseção da circunferência trigonométrica com o semiplano situado à direita de **r**.

EXEMPLO 7

Vamos resolver, em $\mathbb{R}$, a inequação $\cos x < -\frac{1}{2}$.

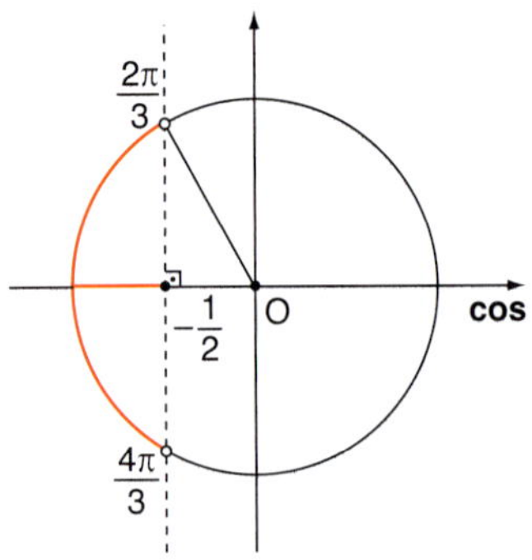

Lembremos que $\cos \frac{\pi}{3} = \frac{1}{2}$ e $\cos \frac{2\pi}{3} = \cos \frac{4\pi}{3} = -\frac{1}{2}$. Temos:

$$S = \left\{x \in \mathbb{R} \,\middle|\, \frac{2\pi}{3} + k \cdot 2\pi < x < \frac{4\pi}{3} + k \cdot 2\pi;\ k \in \mathbb{Z}\right\}$$

Se tivéssemos a desigualdade $\cos x \geqslant -\frac{1}{2}$, para $0 \leqslant x \leqslant 2\pi$, teríamos como solução:

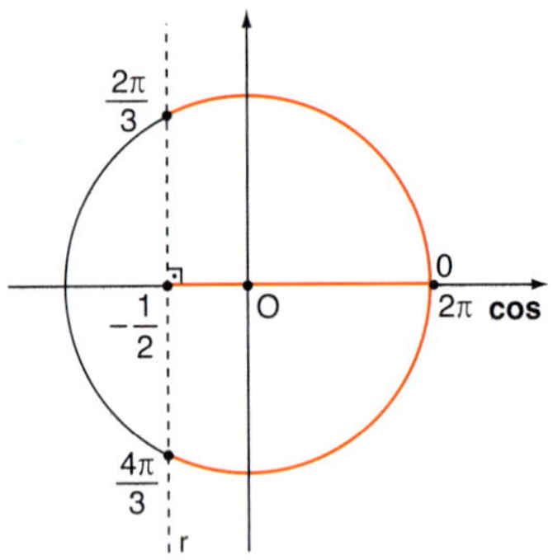

$$S = \left\{x \in \mathbb{R} \,\middle|\, 0 \leqslant x \leqslant \frac{2\pi}{3} \text{ ou } \frac{4\pi}{3} \leqslant x \leqslant 2\pi\right\}$$

III a) $\text{tg}\, x < m$ b) $\text{tg}\, x > m$

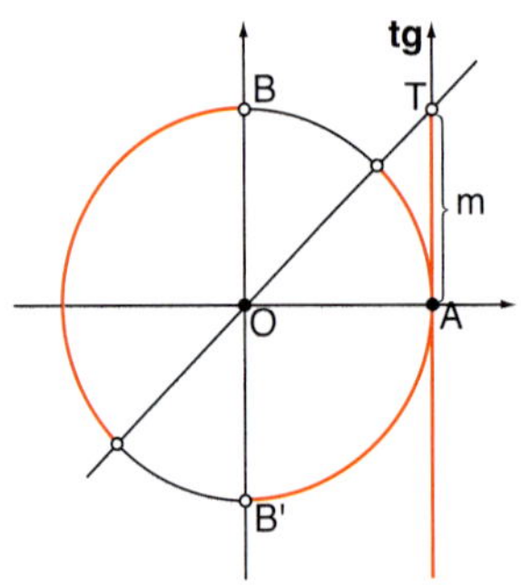

figura *a*

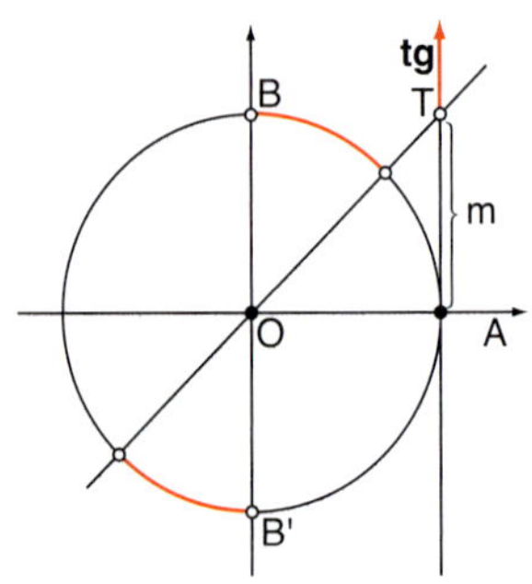

figura *b*

Marcamos sobre o eixo das tangentes o ponto T tal que med $(\overline{AT}) = m$. Traçamos a reta $\overleftrightarrow{OT}$.

- Em *a*, as imagens dos números reais **x** tais que $\text{tg}\, x < m$ são os pontos **P** da circunferência trigonométrica para os quais a reta $\overleftrightarrow{OP}$ intersecta o eixo das tangentes abaixo de **T** (figura *a*).
- Em *b*, as imagens dos números reais **x** tais que $\text{tg}\, x > m$ são os pontos **P** da circunferência trigonométrica para os quais a reta $\overleftrightarrow{OP}$ intersecta o eixo das tangentes acima de **T** (figura *b*).

Acompanhe os exemplos a seguir.

EXEMPLO 8

Vamos resolver a inequação tg x < $\sqrt{3}$, considerando inicialmente U = [0, 2π] e, em seguida, U = ℝ.

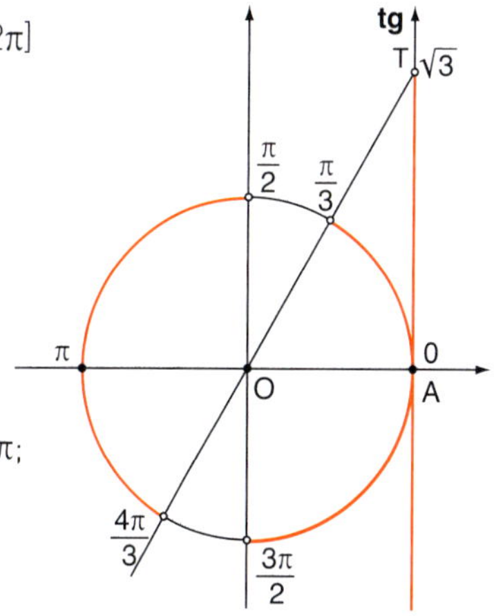

Banco de imagens/Arquivo da editora

Lembremos inicialmente que: $\text{tg}\ \frac{\pi}{3} = \sqrt{3}$

- Para U = [0, 2π]

$$S = \left\{x \in \mathbb{R} \;\middle|\; 0 \leqslant x < \frac{\pi}{3} \text{ ou } \frac{\pi}{2} < x < \frac{4\pi}{3}; \text{ ou } \frac{3\pi}{2} < x \leqslant 2\pi\right\}$$

- Para U = ℝ

$$S = \left\{x \in \mathbb{R} \;\middle|\; k \cdot 2\pi \leqslant x < \frac{\pi}{3} + k \cdot 2\pi; \text{ ou } \frac{\pi}{2} + k \cdot 2\pi < x < \frac{4\pi}{3} + k \cdot 2\pi; \text{ ou } \frac{3\pi}{2} + k \cdot 2\pi < x \leqslant 2\pi + k \cdot 2\pi; k \in \mathbb{Z}\right\}$$

EXEMPLO 9

Considerando U = [0, 2π], vamos resolver a inequação tg x ⩾ − 1.

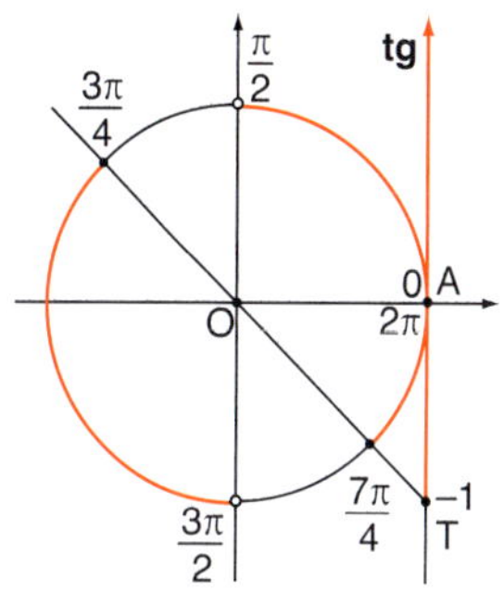

Banco de imagens/Arquivo da editora

Lembrando que $\text{tg}\ \frac{\pi}{4} = 1$, temos: $\text{tg}\ \frac{3\pi}{4} = \text{tg}\ \frac{7\pi}{4} = -1$:

$$S = \left\{x \in \mathbb{R} \;\middle|\; 0 \leqslant x < \frac{\pi}{2} \text{ ou } \frac{3\pi}{4} \leqslant x < \frac{3\pi}{2}; \text{ ou } \frac{7\pi}{4} \leqslant x \leqslant 2\pi\right\}$$

Exercícios

45. Resolva as inequações seguintes, considerando U = [0, 2π].

a) $\text{sen}\ x > \frac{\sqrt{2}}{2}$ b) $\text{sen}\ x \leqslant \frac{\sqrt{3}}{2}$ c) $\cos x \geqslant \frac{\sqrt{3}}{2}$ d) $\cos x < 0$

46. Escreva o conjunto solução de cada uma das inequações a seguir, considerando U = [0, 2π].

a) $\text{tg}\ x \geqslant 1$ b) $\text{tg}\ x < 0$ c) $\text{tg}\ x \leqslant -\frac{\sqrt{3}}{3}$

47. Resolva em ℝ:

a) $\text{sen}\ x > -\frac{\sqrt{3}}{2}$ b) $\text{sen}\ x \leqslant 0$ c) $\cos x > -\frac{\sqrt{2}}{2}$ d) $\cos x < \frac{1}{2}$

48. Resolva, em ℝ, as inequações:

a) $\text{tg}\ x \geqslant 0$ b) $\text{tg}\ x \leqslant -\sqrt{3}$

49. Determine os números reais **x** pertencentes ao intervalo [0, 2π] que satisfazem as desigualdades:

a) $0 \leqslant \text{sen}\ x < \frac{\sqrt{3}}{2}$ b) $-\frac{\sqrt{3}}{2} \leqslant \cos x \leqslant \frac{1}{2}$ c) $0 < \text{tg}\ x < \sqrt{3}$

Enem e vestibulares resolvidos

(Insper-SP) Ao longo de um ano, a taxa de câmbio de uma moeda **X** em relação a uma moeda **Y** foi dada pela seguinte função:

$$f(t) = 1,625 + 1,25 \cdot \cos\left(\pi \cdot \frac{(t-3)}{12}\right)$$

sendo **t** o tempo, dado em meses desde o início do ano. Assim, t = 9 indica a taxa no **início de outubro**, que era de 1,625 unidade da moeda **X** para uma unidade da moeda **Y** (note que esse valor da taxa indica que no instante considerado a moeda **X** era "menos valiosa" que a moeda **Y**).

Houve um intervalo de tempo ao longo do ano considerado em que a moeda **X** deixou de ser "menos valiosa" que a moeda **Y**. Esse intervalo teve duração de

a) 5 meses.
b) 4 meses.
c) 3 meses.
d) 2 meses.
e) 1 mês.

Resolução comentada

No exemplo dado no texto, para x = 9, obteve-se uma taxa de câmbio de 1,625, que corresponde a 1,625 unidade da moeda **X** para cada unidade da moeda **Y**. Observe que quanto maior for a taxa de câmbio, menos valiosa será a moeda **X** em relação à moeda **Y**. Uma taxa de câmbio igual a 1 representa que as duas moedas têm o mesmo valor. Assim, para determinar o período em que a moeda **X** deixou de ser menos valiosa que a moeda **Y**, deve-se fazer $f(t) \leqslant 1$.

$$1,625 + 1,25 \cdot \cos\left(\pi \cdot \frac{(t-3)}{12}\right) \leqslant 1$$

$$1,25 \cdot \cos\left(\pi \cdot \frac{(t-3)}{12}\right) \leqslant 1 - 1,625$$

$$\cos\left(\pi \cdot \frac{(t-3)}{12}\right) \leqslant -\frac{0,625}{1,25}$$

$$\cos\left(\pi \cdot \frac{(t-3)}{12}\right) \leqslant -\frac{1}{2}$$

Da inequação obtida, tem-se:

$$\frac{2\pi}{3} \leqslant \pi \cdot \frac{(t-3)}{12} \leqslant \frac{4\pi}{3}$$

$$8\pi \leqslant \pi \cdot (t-3) \leqslant 16\pi$$

$$8 \leqslant t - 3 \leqslant 16 \Leftrightarrow 11 \leqslant t \leqslant 19$$

Como $0 \leqslant t \leqslant 12$ (1º ano), o intervalo obtido é válido apenas para $11 \leqslant t \leqslant 12$, o que corresponde a 1 mês.

Alternativa *e*.

Exercícios complementares

Enunciado para os exercícios 1 a 6.
Resolva as equações, considerando $U = \mathbb{R}$.

1. $|\text{sen } 2x| = 1$

2. $|\cos 4x| = 1$

3. $1 + 3\text{tg}^2 x = 5 \sec x$

4. $\text{sen}\left(x + \frac{\pi}{4}\right) - \text{sen}\left(x - \frac{\pi}{4}\right) = \sqrt{2}$

5. $\text{sen } x \cdot \cos x = \frac{1}{4}$

6. $\text{sen}^4 x + \cos^4 x = 1$

Enunciado para os exercícios 7 a 9.
Resolva as inequações, considerando $U = [0, 2\pi[$.

7. $2\cos^2 x + \cos x \leqslant 0$

8. $\cos^2 x \leqslant \frac{1}{4}$

9. $\text{sen}^2 x - \text{sen } x \geqslant 0$

10. Resolva em $\mathbb{R}$:
a) $\text{tg}^2 x + \text{tg } x > 0$
b) $\cos 2x + \cos x + 1 \leqslant 0$

11. A população de uma certa espécie animal, em uma região da Amazônia, é estimada pela lei $P(t) = 300 + 50 \text{ sen}\left(\frac{\pi}{18}t\right)$, sendo **t** o tempo (em meses), contado a partir de hoje (t = 0).

a) De quanto em quanto tempo a população dessa espécie repete valores?

b) No período de 7 anos, contados a partir de hoje, quantas vezes a população dessa espécie atingirá 325 animais? Quais serão esses meses?

12. Qual é o número de soluções da equação $tg^2\, x = 5\, tg\, x - 6$, no intervalo $[0, 2\pi]$?

13. Estabeleça o domínio das funções:

a) $f(x) = \sqrt{-2 \cos x}$

b) $f(x) = \dfrac{1}{\text{sen}\, x + 1}$

c) $f(x) = \sqrt{2\, \text{sen}^2\, x - \text{sen}\, x - 1}$

14. Resolva em $[0, 2\pi]$:

a) $|\cos x| \leq \dfrac{1}{2}$

b) $|\text{sen}\, x| < 1$

c) $|\text{tg}\, x| \geq \dfrac{\sqrt{3}}{3}$

d) $|\text{sen}\, x| \geq \dfrac{\sqrt{3}}{2}$

15. (UFPR) Considere o hexágono indicado na figura abaixo.

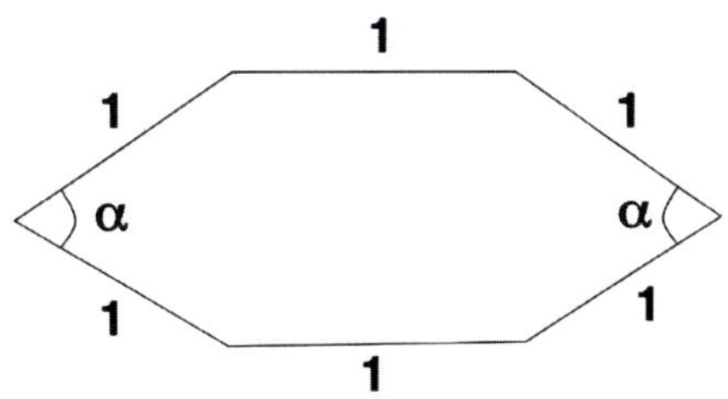

a) Qual é a área do hexágono, quando $\alpha = 60°$?

b) Sabendo que a expressão que fornece a área em função do ângulo é $A(\alpha) = 2\, \text{sen}\left(\dfrac{\alpha}{2}\right) + \text{sen}\, \alpha$, e que o ângulo **α** que fornece a área máxima é uma solução da equação trigonométrica $\cos\left(\dfrac{\alpha}{2}\right) + \cos(\alpha) = 0$, resolva a equação e calcule a área máxima do hexágono.

16. (PUC-RJ) Encontre todas as soluções da equação $\cos(2x) = \dfrac{1}{2}$, no intervalo $[0, 2\pi]$.

17. (Vunesp) Dada a expressão trigonométrica $\cos(5x) - \cos\left(x + \dfrac{\pi}{2}\right) = 0$, resolva-a em $\mathbb{R}$ para $x \in \left[0, \dfrac{\pi}{2}\right]$.

18. (UFSC) Assinale a(s) proposição(ões) correta(s). [Indique a soma.]

(01) A equação $\text{sen}\, 2x + \cos x = 0$ admite 4 soluções no intervalo $[0, 3\pi]$.

(02) Um antigo mapa escondido embaixo de uma rocha continha as seguintes instruções para se encontrar uma panela de moedas de ouro enterrada pelos tropeiros naquela região: a partir da rocha ande 4 km, em linha reta, no sentido leste-oeste. Depois disso, gire 60° para norte e caminhe, em linha reta, 3 km. A menor distância entre o local onde está enterrada a panela de moedas de ouro e a rocha onde estava escondido o mapa é de aproximadamente 6 km.

(04) O valor numérico de **y** na expressão
$y = \dfrac{\text{tg}\, 240° + \cos 330°}{\text{sen}\, 870° - \sec 11\pi}$ é $\sqrt{3}$.

(08) Se $\sec x = -\sqrt{5}$ e $x \in \left(\pi, \dfrac{3\pi}{2}\right)$ então $\text{tg}\, x + \text{cotg}\, x$ é igual a $\dfrac{3}{2}$.

(16) A figura a seguir mostra parte do gráfico de uma função periódica **f**, de $\mathbb{R}$ em $\mathbb{R}$, de período 2.

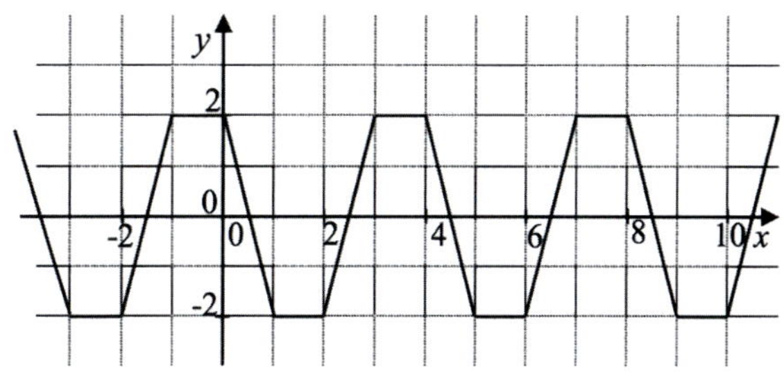

19. (UFSC) Em relação às proposições abaixo, é correto afirmar que: [Indique a soma.]

(01) O menor ângulo formado pelos ponteiros do relógio às 3 h 25 min é 47,5°.

(02) Dado qualquer número real $t \neq 0$, a função real de variável real definida por $f(x) = \cos\left(\dfrac{2\pi x}{t}\right)$ satisfaz à identidade $f(x + t) = f(x)$.

(04) Se $x \neq \dfrac{k\pi}{2}$, sendo **k** um número inteiro, então $\sec^2 x + \text{cossec}^2\, x = \sec^2 x \cdot \text{cossec}^2\, x$.

(08) A equação $\sec x = \sqrt{2}$ apresenta duas soluções no intervalo $0 \leq x \leq 4\pi$.

20. Resolva em $\mathbb{R}$:

$$\text{sen}\, x \cdot \cos x + \text{sen}\, x + \cos x + 1 = 0$$

21. (Uerj) O preço dos produtos agrícolas oscila de acordo com a safra de cada um: mais baixo no período da colheita, mais alto na entressafra. Suponha que o preço aproximado **P**, em reais, do quilograma de tomates seja dado pela função $P(t) = 0,8 \cdot \text{sen}\left[\left(\frac{2\pi}{360}\right)(t - 101)\right] + 2,7$, na qual **t** é o numero de dias contados de 1º de janeiro até 31 de dezembro de um determinado ano. Para esse período de tempo, calcule:

a) o maior e o menor preço do quilograma de tomates;

b) os valores **t** para os quais o preço **P** seja igual a R$ 3,10.

22. Resolva em $[0, \pi]$: $2 \text{ sen } x \cdot |\text{sen } x| + 3 \text{ sen } x = 2$

23. Resolva, em $\mathbb{R}$, a equação:

$$\text{sen } x + \frac{\text{sen } x}{2} + \frac{\text{sen } x}{4} + \frac{\text{sen } x}{8} + ... = \sqrt{3}$$

24. (UFG-GO) A figura representa uma quadra retangular inscrita num terreno semicircular cujo raio mede 10 m.

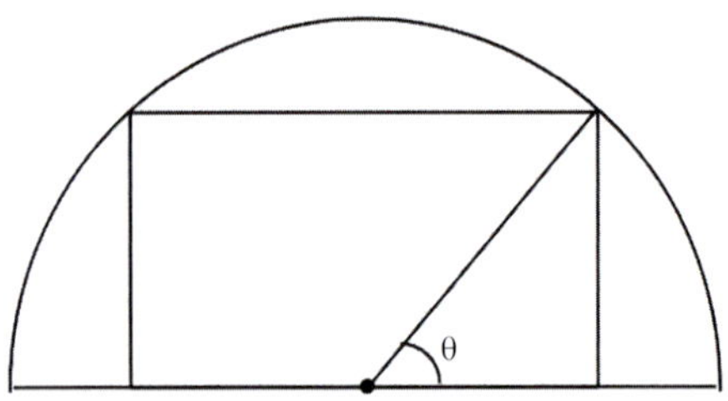

Reprodução/ UFG, 2007

Nessas condições:

a) expresse a área da quadra em função do ângulo θ;

b) determine as dimensões da quadra que possui área máxima.

25. Resolva em $\mathbb{R}$ a equação: $3 \text{ sen}^2\left(\frac{x}{2}\right) + \cos x = 1$.

26. (Vunesp) Dada a equação $\cos(4x) = \frac{-1}{2}$,

a) verifique se o ângulo **x** pertencente ao 1º quadrante, tal que $\text{sen}(x) = \frac{\sqrt{3}}{2}$ satisfaz a equação acima.

b) encontre as soluções da equação dada, em toda a reta.

27. (Fuvest-SP) Considere a função $f(x) = \text{sen } x + \text{sen } 5x$.

a) Determine constantes **k**, **m** e **n** tais que $f(x) = k \text{ sen}(mx) \cdot \cos(nx)$.

b) Determine os valores de **x**, $0 \leq x \leq \pi$, tais que $f(x) = 0$.

28. Resolva em $\mathbb{R}$: $2 \log_4 \text{sen } x + \log_4 8 = 1$.

29. (Fuvest-SP) Determine todos os valores de **x** pertencentes ao intervalo $[0, 2\pi]$ que satisfazem a equação $\cos^2 2x = \frac{1}{2} - \text{sen}^2 x$.

30. (ITA-SP) Obtenha todos os pares (x, y), com x, $y \in [0, 2\pi]$, tais que:

$$\text{sen}(x + y) + \text{sen}(x - y) = \frac{1}{2} \text{ e } \text{sen } x + \cos y = 1$$

31. Qual é o valor da soma das raízes da equação $\text{sen } \pi x + \cos \pi x = 0$, no intervalo $[0, 3]$?

32. (UFPE) Quantas soluções a equação trigonométrica $\text{sen } x = \sqrt{1 - \cos x}$ admite, no intervalo $[0, 80\pi)$?

33. (UFBA) Sendo **x** a medida de um arco, em radianos, determine as soluções da equação

$$4 \cos^2\left(\frac{\pi}{4}\right)\cos x \cdot \text{sen}\left(\frac{\pi}{2} - x\right) - \cos(x + 7\pi) + \text{sen}\left(\frac{11\pi}{2}\right) = 0$$

que pertencem ao intervalo $[-6, 8]$.

34. (UFPE) Quantas soluções a equação trigonométrica $\text{sen}^2 x + \cos x = \frac{5}{4}$ admite no intervalo $[0, 60\pi]$? Parte do gráfico da função $\text{sen}^2 x + \cos x$ está esboçada abaixo.

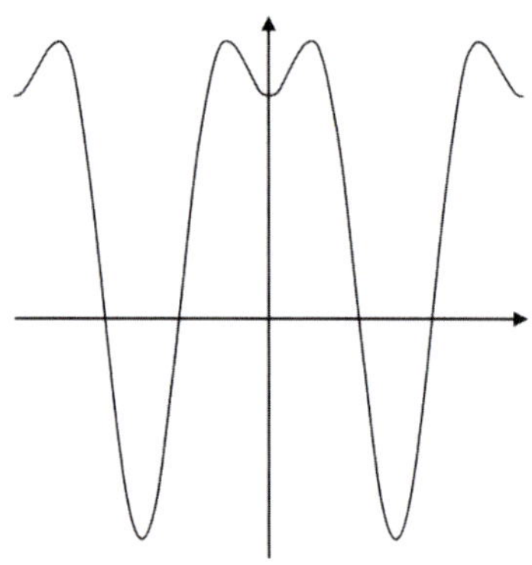

Reprodução/UFPE, 2011

35. (Unifesp) A função

$$D(t) = 12 + (1,6) \cdot \cos\left(\frac{\pi}{180}(t + 10)\right)$$

fornece uma aproximação da duração do dia (diferença em horas entre o horário do pôr do sol e o horário do nascer do sol) numa cidade do Sul do país, no dia **t** de 2010. A variável inteira **t**, que representa o dia, varia de 1 a 365, sendo t = 1 correspondente ao dia 1º de janeiro e t = 365 correspondente ao dia 31 de dezembro. O argumento da função cosseno é medido em radianos. Com base nessa função, determine

a) a duração do dia 19.02.2010, expressando o resultado em horas e minutos.

b) em quantos dias no ano de 2010 a duração do dia naquela cidade foi menor ou igual a doze horas.

36. (Unifesp) Considere a função $y = f(x) = 1 + \text{sen}\left(2\pi x - \frac{\pi}{2}\right)$, definida para todo **x** real.

a) Dê o período e o conjunto imagem da função **f**.

b) Obtenha todos os valores de **x** no intervalo $[0, 1]$ tais que $y = 1$.

Testes

1. (UFSM-RS) Em determinada cidade, a concentração diária, em gramas, de partículas de fósforo na atmosfera é medida pela função $C(t) = 3 + 2\,\text{sen}\left(\frac{\pi t}{6}\right)$, em que **t** é a quantidade de horas para fazer essa medição.

O tempo mínimo necessário para fazer uma medição que registrou 4 gramas de fósforo é de:

a) $\frac{1}{2}$ hora
b) 1 hora
c) 2 horas
d) 3 horas
e) 4 horas

2. (PUC-RJ) Assinale o valor de **θ** para o qual $\text{sen}\,2\theta = \text{tg}\,\theta$.

a) $\frac{\pi}{2}$
b) $\frac{\pi}{3}$
c) $\frac{2\pi}{3}$
d) $\frac{4\pi}{3}$
e) $\frac{3\pi}{4}$

3. (FEI-SP) Sabendo que $0 \leqslant x \leqslant \pi$ e que $(\text{sen}\,x + \cos x)^2 + \cos x = \text{sen}\,2x$, pode-se afirmar que **x** é igual a:

a) $\frac{\pi}{2}$ b) $\frac{\pi}{3}$ c) $\frac{\pi}{4}$ d) $\frac{2\pi}{3}$ e) π

4. (CPAEN) A soma dos quadrados das raízes da equação $|\text{sen}\,x| = 1 - 2\,\text{sen}^2 x$, quando $0 < x < 2\pi$, vale:

a) $\frac{49}{36}\pi^2$
b) $\frac{49}{9}\pi^2$
c) $\frac{7}{3}\pi^2$
d) $\frac{14}{9}\pi^2$
e) $\frac{49}{6}\pi^2$

5. (Uece) O valor de **x** mais próximo de 0, para o qual $\cos\left(x + \frac{5\pi}{2}\right) = 1$, é:

a) $-\frac{\pi}{2}$ b) $\frac{3\pi}{2}$ c) π d) $\frac{\pi}{2}$ e) 0

6. (PUC-MG) Considere a equação $\text{sen}^2(x) + 3\cos^2(x) = 2$. O número exato de soluções dessa equação, sendo $\pi \leqslant x \leqslant 4\pi$, é:

a) 3 b) 4 c) 6 d) 5 e) 8

7. (FGV-SP) A soma das raízes da equação $\text{sen}^2 x = \text{sen}(-x)$ no intervalo $[0, 2\pi]$ é:

a) $\frac{7\pi}{2}$ b) $\frac{9\pi}{2}$ c) $\frac{5\pi}{2}$ d) 3π e) $\frac{3\pi}{2}$

8. (UFRGS-RS) O número das soluções da equação $2\cos x = \text{sen}\,x$ que pertencem ao intervalo $\left[-\frac{16\pi}{3}, \frac{16\pi}{3}\right]$ é:

a) 8 b) 9 c) 10 d) 11 e) 12

9. (FGV-SP) Em certa cidade litorânea, verificou-se que a altura da água do mar em um certo ponto era dada por $f(x) = 4 + 3\cos\left(\frac{\pi x}{6}\right)$ em que **x** representa o número de horas decorridas a partir de zero hora de determinado dia, e a altura $f(x)$ é medida em metros. Em que instantes, entre 0 e 12 horas, a maré atingiu a altura de 2,5 m naquele dia?

a) 5 e 9 horas
b) 7 e 12 horas
c) 4 e 8 horas
d) 3 e 7 horas
e) 6 e 10 horas

10. (PUC-RS) Se $0 \leqslant x < 2\pi$, então o conjunto solução da equação $\text{sen}(x) = \sqrt{1 - \cos^2 x}$ é:

a) $S = \left[0; \frac{\pi}{2}\right)$
b) $S = \left[\frac{\pi}{2}; \pi\right]$
c) $S = \left[\pi; \frac{3\pi}{2}\right]$
d) $S = \left[0; 2\pi\right)$
e) $S = \left[0; \pi\right]$

11. (PUC-SP) Suponha que uma revista publicou um artigo no qual era estimado que, no ano de 2015 + x, com $x \in \{0, 1, 2, ..., 9, 10\}$, o valor arrecadado dos impostos incidentes sobre as exportações de certo país, em milhões de dólares, poderia ser obtido pela função $f(x) = 250 + 12 \cdot \cos\left(\frac{\pi}{3} \cdot x\right)$.

Caso essa previsão se confirme, então, relativamente ao total arrecadado a cada ano considerado, é correto afirmar que:

a) o valor máximo ocorrerá apenas em 2021.
b) atingirá o valor mínimo somente em duas ocasiões.
c) poderá superar 300 milhões de dólares.
d) nunca será inferior a 250 milhões de dólares.

12. (FGV-SP) Uma empresa exporta certo produto. Estima-se que a quantidade exportada **Q**, expressa em toneladas, para cada mês do ano 2011, seja dada pela função $Q = 40 + 4\ \text{sen}\left(\frac{\pi x}{6}\right)$, em que $x = 1$ representa janeiro de 2011, $x = 2$ representa fevereiro de 2011 e assim por diante. Em que meses a exportação será de 38 toneladas?

(Utilize os valores: $\sqrt{3} = 1{,}7$ e $\sqrt{2} = 1{,}4$)

a) abril e agosto
b) maio e setembro
c) junho e outubro
d) julho e novembro
e) agosto e dezembro

13. (UFPA) Uma partícula inicia um movimento oscilatório harmônico ao longo de um eixo ordenado, de amplitude igual a 5 unidades e centrado na origem, de modo que a sua posição pode ser descrita, em função do tempo em segundos, pela função $f(t) = 5 \cos(t)$.

Ao mesmo tempo, uma outra partícula inicia um movimento também harmônico, centrado em 3, de amplitude igual a 1 e com o dobro da frequência da primeira partícula, de modo que sua posição é descrita pela função $g(t) = \cos(2t) + 3$.

Acerca da posição relativa das duas partículas, é correto afirmar que:

a) elas se chocarão no instante $t = \frac{\pi}{3}$ s.
b) elas se chocarão no instante $t = \frac{\pi}{4}$ s.
c) elas se chocarão no instante $t = \frac{\pi}{6}$ s.
d) elas se chocarão no instante $t = 3$ s.
e) elas não se chocarão.

14. (FEI-SP) A soma das raízes da equação $1 - \text{sen}^2 x + \cos(-x) = 0$, para $0 \leqslant x \leqslant 2\pi$, é igual a:

a) $\frac{3\pi}{2}$ b) $\frac{5\pi}{2}$ c) 3π d) 5π e) $\frac{7\pi}{2}$

15. (Uece) O número de soluções da equação $3\ \text{sen}^2 x - 3 \cdot |\text{sen}\ x| + \cos^2 x = 0$ que estão no intervalo $[0, 2\pi]$ é:

a) 2 b) 8 c) 4 d) 6

16. (UFJF-MG) Os valores de $x \in [0, 3\pi]$ que satisfazem a desigualdade $\cos x < -\frac{\sqrt{3}}{2}$ são:

a) $\left]\frac{5\pi}{6}, \frac{7\pi}{6}\right[$
b) $\left]\frac{5\pi}{6}, 3\pi\right]$
c) $\left]\frac{5\pi}{6}, \frac{19\pi}{6}\right[$
d) $\left]\frac{5\pi}{6}, \frac{7\pi}{6}\right[\cup \left]\frac{17\pi}{6}, \frac{19\pi}{6}\right[$
e) $\left]\frac{5\pi}{6}, \frac{7\pi}{6}\right[\cup \left]\frac{17\pi}{6}, 3\pi\right]$

17. (Cefet-MG) A solução da inequação $\text{sen}^2 x + 3 \cos^2 x + 3\ \text{sen}\ x \geqslant 4$ em $[0, 2\pi]$ é:

a) $x = \frac{\pi}{2}$
b) $\frac{\pi}{6} \leqslant x \leqslant \frac{\pi}{2}$
c) $\frac{\pi}{3} \leqslant x \leqslant \frac{\pi}{2}$
d) $\frac{\pi}{3} \leqslant x \leqslant \frac{2\pi}{3}$
e) $\frac{\pi}{6} \leqslant x \leqslant \frac{5\pi}{6}$

18. (UFPB) Em determinado trecho do oceano, durante um período de vinte e quatro horas, a altura **H** das ondas, medida em metros, variou de acordo com a expressão $H(t) = 2 + \left(\frac{3}{2}\right)\text{sen}\left(\frac{\pi t}{12}\right)$, onde $t > 0$ é o tempo, dado em horas. A altura das ondas nesse trecho não ultrapassou 2,75 m no horário da(s):

a) 0h às 2h e das 10h às 24h
b) 1h às 3h e das 9h às 23h
c) 2h às 3h e das 8h às 20h
d) 3h às 5h e das 7h às 20h
e) 4h às 5h e das 6h às 20h

19. (Mack-SP) Em $\mathbb{R}$, o domínio da função **f**, definida por $f(x) = \sqrt{\frac{\text{sen}\ 2x}{\text{sen}\ x}}$, é:

a) $\{x \in \mathbb{R} \mid x \neq k\pi, k \in \mathbb{Z}\}$

b) $\{x \in \mathbb{R} \mid 2k\pi < x < \pi + 2k\pi, k \in \mathbb{Z}\}$

c) $\left\{x \in \mathbb{R} \,\middle|\, \frac{\pi}{2} + 2k\pi \leq x \leq \frac{3\pi}{2} + 2k\pi,\ k \in \mathbb{Z}\right\}$

d) $\left\{x \in \mathbb{R} \,\middle|\, 2k\pi < x \leq \frac{\pi}{2} + 2k\pi \text{ ou } \frac{3\pi}{2} + 2k\pi \leq x < 2\pi + 2k\pi,\ k \in \mathbb{Z}\right\}$

e) $\left\{x \in \mathbb{R} \,\middle|\, 2k\pi \leq x \leq \frac{\pi}{2} + 2k\pi \text{ ou } \frac{3\pi}{2} + 2k\pi \leq x < 2\pi + 2k\pi,\ k \in \mathbb{Z}\right\}$

20. (Vunesp) O conjunto solução (**S**) para a inequação $2 \cdot \cos^2 x + \cos(2x) > 2$, em que $0 < x < \pi$, é dado por:

a) $S = \left\{x \in (0, \pi) \,\middle|\, 0 < x < \frac{\pi}{6} \text{ ou } \frac{5\pi}{6} < x < \pi\right\}$

b) $S = \left\{x \in (0, \pi) \,\middle|\, \frac{\pi}{3} < x < \frac{2\pi}{3}\right\}$

c) $S = \left\{x \in (0, \pi) \,\middle|\, 0 < x < \frac{\pi}{3} \text{ ou } \frac{2\pi}{3} < x < \pi\right\}$

d) $S = \left\{x \in (0, \pi) \,\middle|\, \frac{\pi}{6} < x < \frac{5\pi}{6}\right\}$

e) $S = \left\{x \in (0, \pi)\right\}$

21. (UFRGS-RS) O conjunto das soluções da equação $\text{sen}\left[\left(\frac{\pi}{2}\right)\log x\right] = 0$ é:

a) $\{1, 10, 10^2, 10^3, 10^4, ...\}$
b) $\{..., 10^{-3}, 10^{-2}, 10^{-1}, 1, 10, 10^2, 10^3, 10^4, ...\}$
c) $\{..., 10^{-6}, 10^{-4}, 10^{-2}, 1, 10^2, 10^4, 10^6, ...\}$
d) $\{..., -10^{-6}, -10^{-4}, -10^{-2}, 1, 10^2, 10^4, 10^6, ...\}$
e) $\{..., -10^{-3}, -10^{-2}, -10, 1, 10^2, 10^3, 10^4, 10^6, ...\}$

22. (Fuvest-SP) O número real **x**, com $0 < x < \pi$, satisfaz a equação $\log_3(1 - \cos x) + \log_3(1 + \cos x) = -2$. Então, $\cos 2x + \text{sen}\, x$ vale

a) $\frac{1}{3}$ b) $\frac{2}{3}$ c) $\frac{7}{9}$ d) $\frac{8}{9}$ e) $\frac{10}{9}$

23. (Mack-SP) A soma das raízes da equação $\cos 2x + \cos 4x = 0$, no intervalo $[0, \pi]$, é

a) 0 b) $\frac{\pi}{2}$ c) π d) $\frac{3\pi}{2}$ e) $\frac{2\pi}{3}$

24. (Ufal) Quantas soluções a equação trigonométrica $\text{sen}^4 x - \cos^4 x = \frac{1}{2}$ admite no intervalo fechado com extremos 0 a 35π?

a) 66 b) 68 c) 70 d) 72 e) 74

25. (FGV-SP) Resolvendo a equação $\log_2(\text{sen}\, x) = \log_4(\cos x)$ no intervalo $0° < x < 90°$ o valor de **x** é tal que:

a) $45° < x < 60°$
b) $30° < x < 45°$
c) $0° < x < 30°$
d) $75° < x < 90°$
e) $60° < x < 75°$

26. (Vunesp) A figura representa parte dos gráficos das funções $f(x) = 1 + \text{sen}(2x)$ e $g(x) = 1 + \cos(x)$.

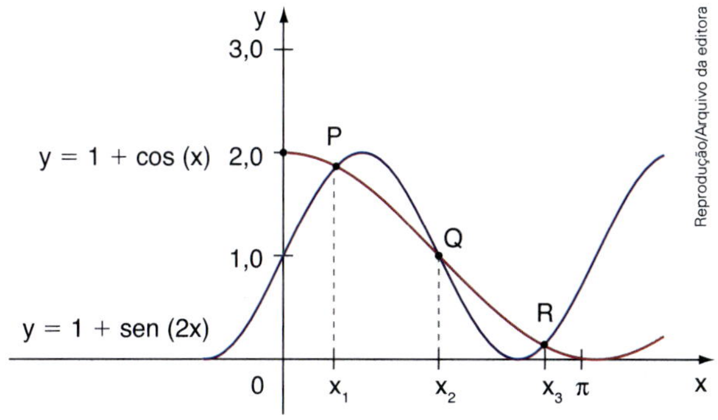

Se $\mathbf{x_1}$, $\mathbf{x_2}$ e $\mathbf{x_3}$ são, respectivamente, as abscissas dos pontos **P**, **Q** e **R** de interseção dos gráficos das funções f(x) e g(x) no intervalo $[0, \pi]$, a soma $x_1 + x_2 + x_3$ é:

a) $\frac{2\pi}{3}$ b) $\frac{4\pi}{3}$ c) $\frac{3\pi}{2}$ d) $\frac{5\pi}{6}$ e) $\frac{7\pi}{12}$

27. (ITA-SP) A soma de todas as soluções distintas da equação $\cos 3x + 2\cos 6x + \cos 9x = 0$, que estão no intervalo $0 \leq x \leq \frac{\pi}{2}$, é igual a:

a) 2π b) $\frac{23}{12}\pi$ c) $\frac{9}{6}\pi$ d) $\frac{7}{6}\pi$ e) $\frac{13}{12}\pi$

28. (Mack-SP) O conjunto solução da inequação $\cos^4 x - \text{sen}^4 x < \frac{1}{2}$, no intervalo $[0, \pi]$, é

a) $S = \varnothing$

b) $S = \left\{x \in \mathbb{R} \,\middle|\, \frac{\pi}{6} < x < \frac{5\pi}{6}\right\}$

c) $S = \left\{x \in \mathbb{R} \,\middle|\, \frac{\pi}{3} < x < \frac{2\pi}{3}\right\}$

d) $S = \left\{x \in \mathbb{R} \,\middle|\, 0 < x < \frac{\pi}{6} \vee \frac{5\pi}{6} < x < \pi\right\}$

e) $S = \left\{x \in \mathbb{R} \,\middle|\, 0 \leq x < \frac{\pi}{6} \vee \frac{5\pi}{6} < x \leq \pi\right\}$

CAPÍTULO

7 Funções trigonométricas inversas

Sergio Dotta Jr./Arquivo da editora

Como a Terra é aproximadamente esférica, todo mapa plano distorce algum aspecto do globo, como áreas ou formatos. Algumas funções que relacionam os pontos do mapa com os pontos do plano são dadas por funções trigonométricas inversas, tema deste capítulo.

Neste capítulo vamos estudar as funções inversas de algumas das funções trigonométricas já conhecidas. De início, apresenta-se um impedimento: por ser periódica, cada função trigonométrica estudada não é injetora e, por isso, não é inversível. Para superar essa dificuldade, faremos algumas alterações na natureza das funções trigonométricas de modo que elas se tornem inversíveis. Tais alterações consistem em adaptações dos domínios dessas funções, restringindo-os a intervalos convenientes.

Função arco-seno

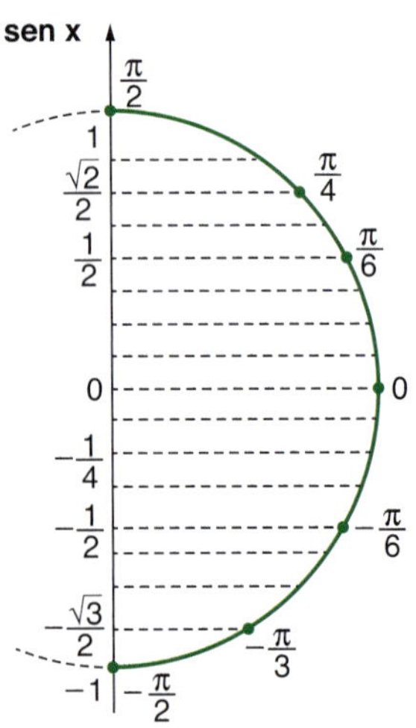

Banco de imagens/Arquivo da editora

Quando se resolve uma equação como $\operatorname{sen} x = \frac{1}{2}$, por exemplo, busca-se um arco **x** (ou um conjunto de arcos **x**) cujo seno seja $\frac{1}{2}$. Sabemos que existem infinitos arcos nessas condições e todos eles são arcos côngruos a $\frac{\pi}{6}$ ou a $\frac{5\pi}{6}$.

Restringindo o conjunto universo da equação, podemos diminuir a quantidade de arcos. Por exemplo, se dissermos que **x** pode percorrer apenas a primeira volta ($U = [0, 2\pi]$), ainda assim teremos duas soluções.

Para o caso do seno, uma restrição capaz de fazer com que haja sempre um — e apenas um — arco nas condições estabelecidas, independentemente do valor que apareça no segundo membro da equação (desde que pertencente ao intervalo $[-1, 1]$), é considerar como conjunto universo o intervalo $\left[-\frac{\pi}{2}, \frac{\pi}{2}\right]$.

Feita essa restrição sobre o domínio da função f(x) = sen x, podemos notar que cada elemento do intervalo [−1, 1] passa a ser imagem exclusiva de um arco **x** pertencente a $\left[-\frac{\pi}{2}, \frac{\pi}{2}\right]$.

Com isso, a função f(x) = sen x torna-se bijetora e, portanto, **inversível**.

Graficamente:

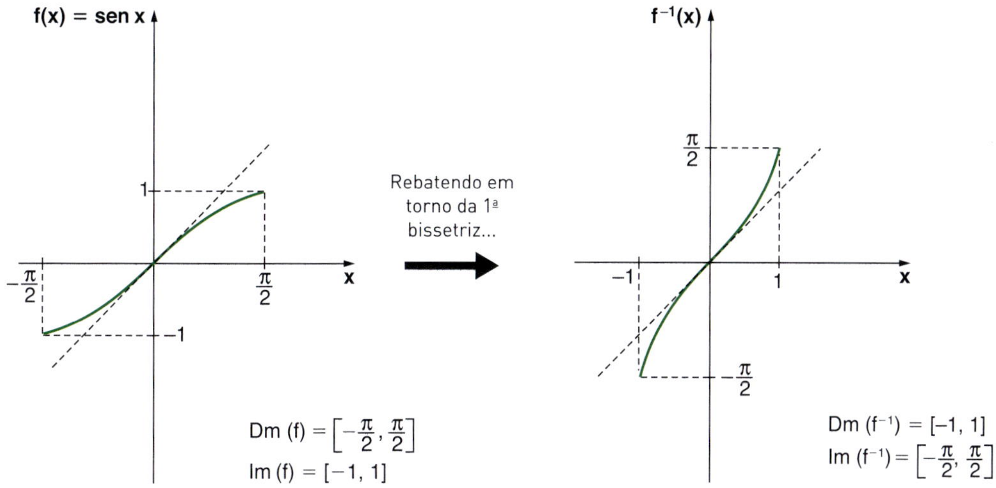

Ilustrações: Banco de imagens/Arquivo da editora

A função cujo gráfico foi obtido pelo rebatimento do gráfico de f(x) = sen x em torno da primeira bissetriz é a função $f^{-1}(x)$ = arc sen x, inversa de f(x).

Lê-se "arco-seno **x**" e entende-se "arco cujo seno é **x**".

Ela associa a cada valor de seno (de −1 a 1) o único arco correspondente $\left(\text{de } -\frac{\pi}{2} \text{ a } \frac{\pi}{2}\right)$.

Assim:

$$y = \text{arc sen } x \Leftrightarrow \text{sen } y = x \text{ e } -\frac{\pi}{2} \leqslant y \leqslant \frac{\pi}{2}$$

EXEMPLO 1

Para determinar arc sen $-\frac{1}{2}$, devemos encontrar o (único) arco do intervalo $\left[-\frac{\pi}{2}, \frac{\pi}{2}\right]$ cujo seno é $-\frac{1}{2}$. É imediato que tal arco é o de $-\frac{\pi}{6}$ radianos.

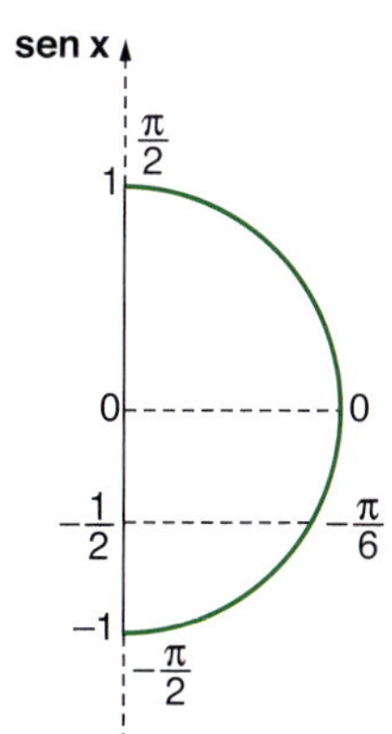

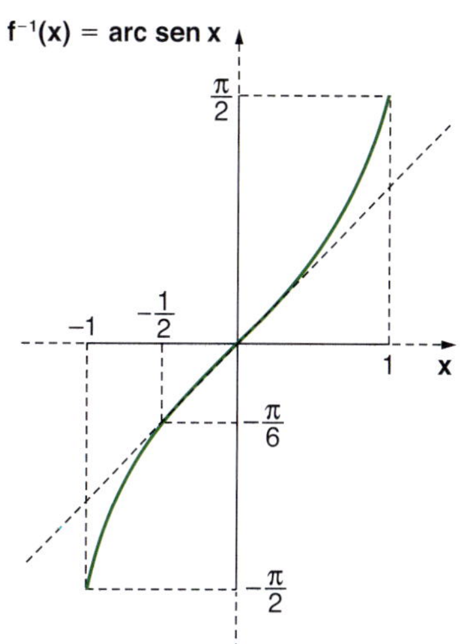

Ilustrações: Banco de imagens/Arquivo da editora

EXEMPLO 2

Também é imediato que arc sen $\frac{\sqrt{2}}{2} = \frac{\pi}{4}$, porém usaremos este exemplo para apresentar a notação mais prática e adequada.

Chamando de α o arc sen $\frac{\sqrt{2}}{2}$, podemos escrever:

$$\alpha = \text{arc sen}\,\frac{\sqrt{2}}{2} \Leftrightarrow \text{sen}\,\alpha = \frac{\sqrt{2}}{2} \text{ e } -\frac{\pi}{2} \leqslant \alpha \leqslant \frac{\pi}{2}$$

Essa equação possui unicamente a solução $\alpha = \frac{\pi}{4}$.

EXEMPLO 3

Como calcular $\cos\left(\text{arc sen}\,\frac{3}{5}\right)$?

Seja $\alpha = \text{arc sen}\,\frac{3}{5}$. Temos $\text{sen}\,\alpha = \frac{3}{5}$ e $0 < \alpha < \frac{\pi}{2}$.

Para achar $\cos\alpha$ usamos a relação fundamental I:

$$\left(\frac{3}{5}\right)^2 + \cos^2\alpha = 1 \Rightarrow \cos^2\alpha = 1 - \frac{9}{25} = \frac{16}{25} \Rightarrow \cos\alpha = \pm\frac{4}{5}$$

Considerando o intervalo acima, escrevemos:

$$\cos\left(\text{arc sen}\,\frac{3}{5}\right) = \frac{4}{5}$$

Exercícios

1. Determine:

a) $\text{arc sen} -\frac{\sqrt{2}}{2}$

b) $\text{arc sen}\,1$

c) $\text{arc sen}\,\frac{\sqrt{3}}{2}$

d) $\text{arc sen} -1$

2. Quanto vale sen (arc sen 0,1)?

3. Encontre o valor de $\cos\left(\text{arc sen}\,\frac{1}{3}\right)$.

4. Quanto vale $\text{cotg}\left(\text{arc sen}\,\frac{12}{13}\right)$?

5. Quanto vale $\sec\left(\text{arc sen}\,\frac{2}{3}\right)$?

6. Quanto vale $\text{tg}\left(\text{arc sen}\,1 - \text{arc sen}\,\frac{\sqrt{3}}{2}\right)$?

7. Quanto vale $\cos\left(\text{arc sen}\,\frac{4}{5} + \text{arc sen}\,\frac{5}{13}\right)$?

8. Calcule:

a) $\cos\left(2\,\text{arc sen}\,\frac{\sqrt{3}}{3}\right)$

b) $\cos\left(2\,\text{arc sen} -\frac{2}{3}\right)$

c) $\text{sen}\left(2\,\text{arc sen}\,\frac{2}{3}\right)$

Função arco-cosseno

Diferentemente do que acontece com a função $f(x) = \operatorname{sen} x$, a restrição que se deve fazer sobre o domínio (igual a $\mathbb{R}$) da função $g(x) = \cos x$ para que:

- o intervalo $[-1, 1]$ seja totalmente "varrido" e
- não haja multiplicidade de arcos com o mesmo valor de cosseno,

é simplesmente considerar o intervalo $[0, \pi]$ como domínio, pois nesse intervalo a função decresce de 1 a -1.

Veja a figura:

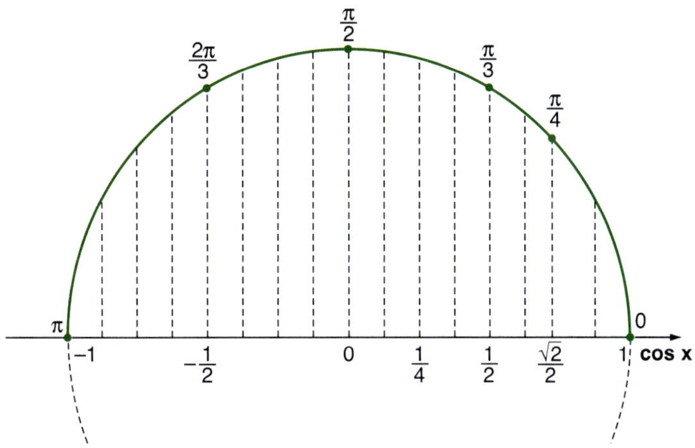

Banco de imagens/Arquivo da editora

De fato, a cada arco **x** corresponde um único valor de $\cos x$, isto é:

$$x_1 \neq x_2 \Rightarrow \cos x_1 \neq \cos x_2$$

Além disso, a cada valor de cos x, entre -1 e 1, corresponde um único arco entre 0 e π.

Graficamente:

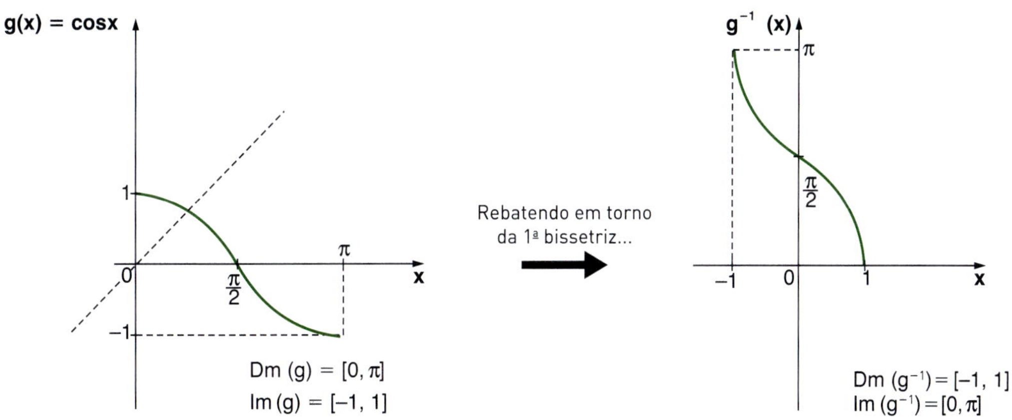

Ilustrações: Banco de imagens/Arquivo da editora

A função cujo gráfico foi obtido pelo rebatimento do gráfico de $g(x)$ em torno da primeira bissetriz é a função $g^{-1}(x) = \arccos x$, inversa de $g(x)$.

Ela associa a cada valor de cosseno (de -1 a 1) o único arco correspondente (de π a 0, respectivamente).

Assim:

$$y = \arccos x \Leftrightarrow \cos y = x \text{ e } 0 \leqslant y \leqslant \pi$$

EXEMPLO 4

Para calcular arc cos 0, podemos fazer:

$$\alpha = \text{arc}\cos 0, \text{ em que } \cos\alpha = 0 \text{ e } 0 \leqslant \alpha \leqslant \pi$$

Daí, $\alpha = \frac{\pi}{2}$.

EXEMPLO 5

Para resolver em $\mathbb{R}$ a equação:

$$\underbrace{2\,\text{arc}\cos\left(x - \frac{1}{2}\right)}_{\alpha} = \frac{\pi}{2}$$

devemos fazer $\text{arc}\cos\left(x - \frac{1}{2}\right) = \alpha$. Assim, $2\alpha = \frac{\pi}{2}$ e $\alpha = \frac{\pi}{4}$.

A seguir, $\cos\alpha = x - \frac{1}{2}$.

Como $\cos\alpha = \cos\frac{\pi}{4} = \frac{\sqrt{2}}{2}$, temos:

$$x - \frac{1}{2} = \frac{\sqrt{2}}{2} \Rightarrow x = \frac{1}{2} + \frac{\sqrt{2}}{2}$$

Portanto, $S = \left\{\frac{1 + \sqrt{2}}{2}\right\}$.

Exercícios

9. Calcule, se existir:

a) $\text{arc}\cos 1$

b) $\text{arc}\cos -\frac{1}{2}$

c) $\text{arc}\cos -1$

d) $\text{arc}\cos \pi$

10. Resolva em $\mathbb{R}$ a equação:

$$2\,\text{arc}\cos(x + 1) = 60°$$

11. Calcule $\text{sen}\,(\text{arc}\cos 2x)$.

12. Calcule $\text{tg}\left(\text{arc}\cos 0 + \text{arc}\cos\frac{1}{2}\right)$.

13. Calcule $\text{sen}\left[\text{arc}\cos\left(-\frac{1}{5}\right) + \text{arc}\cos\frac{2}{5}\right]$.

14. Resolva em $\mathbb{R}$ as equações:

a) $\text{arc}\,\text{sen}\,x = 2\,\text{arc}\,\text{sen}\frac{\sqrt{2}}{2}$

b) $\text{arc}\cos x = 2\,\text{arc}\cos 0{,}5$

c) $\text{arc}\,\text{sen}\,x = \text{arc}\cos x$

d) $\text{arc}\,\text{sen}(x + 1) = \text{arc}\cos(x + 1)$

e) $\text{arc}\,\text{sen}\,1 = \text{arc}\cos x$

f) $\text{arc}\,\text{sen}\,x = \text{arc}\cos 1$

15. Calcule o valor de cada expressão:

a) $\text{sen}\left(\text{arc}\cos\frac{5}{13} - \text{arc}\,\text{sen}\frac{7}{25}\right)$

b) $\text{sen}\left(\text{arc}\cos\frac{1}{4} + \text{arc}\cos\frac{\sqrt{2}}{4}\right)$

16. Calcule:

a) $\text{tg}\left(\text{arc}\cos\frac{3}{4} - \text{arc}\,\text{sen}\frac{3}{4}\right)$

b) $\text{tg}\left(\text{arc}\cos\frac{3}{4} + \text{arc}\,\text{sen}\frac{3}{4}\right)$

Função arco-tangente

O contradomínio da função $h(x) = \text{tg}\,x$ é $\mathbb{R}$; como o conjunto imagem também é $\mathbb{R}$, ela é sobrejetora. Para que ela se torne inversível, é necessário transformá-la em injetora; novamente é necessário restringir o domínio.

Pelo fato de não existir $\text{tg}\,\frac{\pi}{2}$, não devemos utilizar o intervalo $[0, \pi]$, pois a função não seria bijetora. É possível utilizar o intervalo $\left]-\frac{\pi}{2}, \frac{\pi}{2}\right[$, pois se trata de um intervalo em que a função $y = \text{tg}\,x$ cresce continuamente em $\mathbb{R}$.

Assim, a função se torna bijetora.

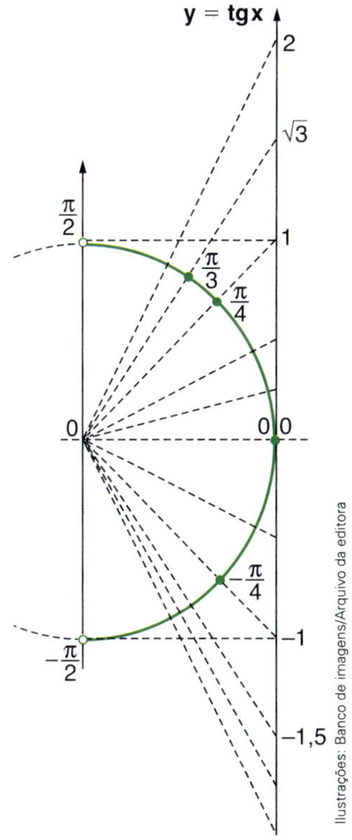

Com a função $h(x) = \text{tg}\,x$ foi definida em $\left]-\frac{\pi}{2}, \frac{\pi}{2}\right[$ (domínio) e tomando valores em $\mathbb{R}$ (conjunto imagem), podemos determinar sua inversa.

Graficamente:

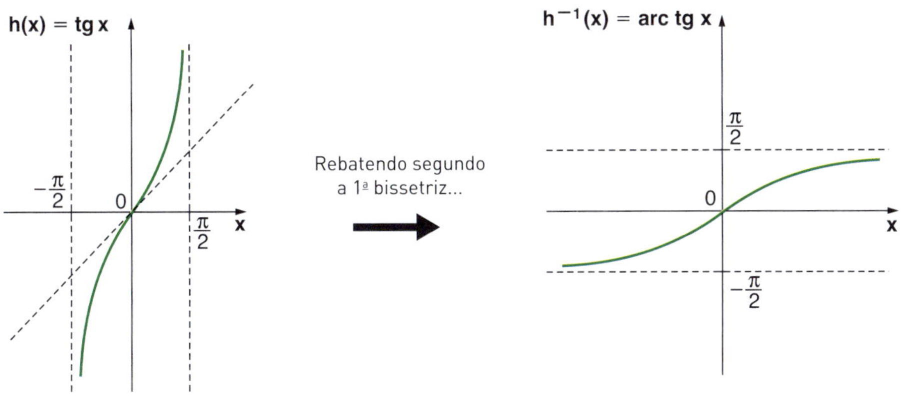

$Dm\,(h) = \left]-\frac{\pi}{2}, \frac{\pi}{2}\right[$

$Im\,(h) = \mathbb{R}$

$Dm\,(h^{-1}) = \mathbb{R}$

$Im\,(h^{-1}) = \left]-\frac{\pi}{2}, \frac{\pi}{2}\right[$

A função cujo gráfico foi obtido por meio do rebatimento do gráfico de $h(x) = \text{tg}\,x$ em torno da primeira bissetriz é a função $h^{-1}(x) = \text{arc tg}\,x$, inversa de $h(x)$.

Ela associa a cada valor de tangente (qualquer número real) o arco correspondente $\left(\text{de } -\frac{\pi}{2} \text{ a } \frac{\pi}{2}\text{, excluindo os extremos}\right)$.

Assim:

$$y = \text{arc tg}\,x \Leftrightarrow \text{tg}\,y = x \ \text{ e } \ -\frac{\pi}{2} < y < \frac{\pi}{2}$$

EXEMPLO 6

Para encontrar o valor de $A = 3\,\text{arc tg}\sqrt{3}$, temos:

$$\alpha = \text{arc tg}\sqrt{3} \Rightarrow \text{tg}\,\alpha = \sqrt{3} \ \text{ e } \ -\frac{\pi}{2} < \alpha < \frac{\pi}{2}$$

e, daí, $\alpha = \frac{\pi}{3}$ e $A = 3\alpha = \pi$.

EXEMPLO 7

Para comprovar a igualdade arc tg $\frac{1}{2}$ + arc tg $\frac{1}{3} = \frac{\pi}{4}$, podemos fazer:

$$\alpha = \text{arc tg}\,\frac{1}{2} \Rightarrow \text{tg}\,\alpha = \frac{1}{2} \text{ e } -\frac{\pi}{2} < \alpha < \frac{\pi}{2} \Rightarrow 0 < \alpha < \frac{\pi}{4}$$

e

$$\beta = \text{arc tg}\,\frac{1}{3} \Rightarrow \text{tg}\,\beta = \frac{1}{3} \text{ e } -\frac{\pi}{2} < \beta < \frac{\pi}{2} \Rightarrow 0 < \beta < \frac{\pi}{4}$$

Por outro lado:

$$\text{tg}\,(\alpha + \beta) = \frac{\text{tg}\,\alpha + \text{tg}\,\beta}{1 - \text{tg}\,\alpha \cdot \text{tg}\,\beta} = \frac{\frac{1}{2} + \frac{1}{3}}{1 - \frac{1}{2} \cdot \frac{1}{3}} = \frac{\frac{5}{6}}{\frac{5}{6}} = 1$$

Se tg $(\alpha + \beta) = 1$, com $\alpha < \frac{\pi}{4}$ e $\beta < \frac{\pi}{4}$, temos:

$$\alpha + \beta = \frac{\pi}{4}, \text{ ou seja, arc tg}\,\frac{1}{2} + \text{arc tg}\,\frac{1}{3} = \frac{\pi}{4}$$

OBSERVAÇÃO

As inversas das outras funções trigonométricas estudadas (que seriam arc cotg x, arc cossec x, ...) podem ser definidas de forma semelhante.

Exercícios

17. Determine, se existir:

a) arc tg 1

b) arc tg $\sqrt{3}$

c) arc tg -1

d) arc tg $-\frac{\sqrt{3}}{3}$

18. Qual é o domínio da função f(x) = arc tg (2x + 1)?

19. Consulte a tabela trigonométrica da página 270 para encontrar o valor aproximado de:

a) arc sen $\frac{3}{5}$

b) arc cos $\frac{1}{7}$

c) arc tg 2

20. Calcule:

a) tg (arc tg 5)

b) tg (2 arc tg 5)

c) tg (arc sen 1)

d) tg (arc cos 1)

21. Determine:

a) sen (arc tg x)

b) sec (arc tg x)

22. (Faap-SP) Calcule sen (arc tg $\sqrt{2}$).

Enem e vestibulares resolvidos

(PUC-RJ) Um feixe luminoso proveniente de um *laser* se propaga no ar e incide sobre a superfície horizontal da água fazendo um ângulo de 45° com a vertical. O ângulo que o feixe refratado forma com a vertical é:

a) menor que 30°.
b) maior que 30° e menor que 45°.
c) igual a 45°.
d) maior que 45° e menor que 60°.
e) maior que 60°.

Dados:
índice de refração do ar: 1,0
índice de refração da água: 1,5
$\text{sen}\,30° = \frac{1}{2}$ $\quad \text{sen}\,60° = \frac{\sqrt{3}}{2}$
$\text{sen}\,45° = \frac{\sqrt{2}}{2}$

Resolução comentada

A lei de Snell – estudada em Física e mencionada na abertura do capítulo 2 deste volume – é expressa pela equação $n_1 \cdot \text{sen}\,\theta_1 = n_2 \cdot \text{sen}\,\theta_2$, em que $\mathbf{n}_1$ e $\mathbf{n}_2$ são, respectivamente, o índice de refração do meio 1 e o do meio 2; e θ_1 e θ_2 são, respectivamente, o ângulo de incidência e o de refração do raio em relação à normal da superfície que limita os dois meios.

Assim, com os dados do enunciado,

$1 \cdot \text{sen}\,45° = 1{,}5 \cdot \text{sen}\,\theta$

$1 \cdot \frac{\sqrt{2}}{2} = 1{,}5 \cdot \text{sen}\,\theta \Rightarrow 3\,\text{sen}\,\theta = \sqrt{2} \Rightarrow \text{sen}\,\theta = \frac{\sqrt{2}}{3}$

Logo, $\text{sen}\,\theta = \frac{\sqrt{2}}{3}$ e $\theta = \text{arc sen}\left(\frac{\sqrt{2}}{3}\right)$. Dado que $\frac{\sqrt{2}}{3} \simeq 0{,}47$, temos $\frac{\sqrt{2}}{3} < \frac{1}{2}$.

Como a função seno é injetora no intervalo $\left[0, \frac{\pi}{2}\right]$, devemos ter $\text{arc sen}\left(\frac{\sqrt{2}}{3}\right) < \text{arc sen}\left(\frac{1}{2}\right)$.

Daí, $\theta < \frac{\pi}{6}$.

Portanto, a medida do ângulo que o feixe refratado forma com a vertical é menor do que 30°.

Alternativa *a*.

Exercícios complementares

1. Analise cada afirmação, justificando sua resposta:
a) $f(x) = \text{arc sen}\,x$ é função ímpar.
b) $f(x) = \text{arc sen}\,x$ é função bijetora.
c) $f(x) = \text{arc sen}\,x$ é função par.

2. Calcule $\cos\left(\text{arc sen}\,\frac{1}{3} - \text{arc sen}\,\frac{3}{4}\right)$.

3. Ache as raízes reais de cada equação:
a) $\text{sen}\,(2\,\text{arc sen}\,x) = 0$
b) $\text{sen}\,(2\,\text{arc sen}\,x) = 1$

4. Analise cada afirmação, justificando sua resposta:
a) $f(x) = \text{arc cos}\,x$ é função ímpar.
b) $f(x) = \text{arc cos}\,x$ é função par.
c) $(\text{arc sen}\,x)^2 + (\text{arc cos}\,x)^2 = 1,\ \forall x \in [0, 1]$

5. Calcule $\text{tg}\left(\text{arc sen}\,\frac{\sqrt{5}}{5} + \text{arc cos}\,\frac{3\sqrt{10}}{10}\right)$.

6. Sendo $\alpha = \text{arc sen}\,x$, com $0 < x < 1$, determine:
a) $\text{arc cos}\sqrt{1 - x^2}$
b) $\text{arc cos}\,x$

7. (UFC-CE) Dado $y = \cos\left(2 \text{ arc sen } \frac{3}{5}\right)$, calcule o valor de 25y.

8. Resolva a equação $tg^2 x - 3\sqrt{3}\, tg\, x + 6 = 0$, para $-\frac{\pi}{2} < x < \frac{\pi}{2}$.

9. Resolva as equações:

a) $\text{arc sen } x + \text{arc sen } \frac{1}{2} = \frac{\pi}{2}$

b) $\text{arc sen } \sqrt{x} - \text{arc cos } \sqrt{x} = \frac{\pi}{6}$

c) $\text{arc sen } \sqrt{x} + \text{arc cos } \sqrt{x} = \pi$

d) $\text{arc tg } \frac{1+x}{2} + \text{arc tg } \frac{1-x}{2} = \frac{\pi}{4}$

e) $\text{arc sen } \sqrt{\frac{2}{x-1}} = \text{arc cos } \sqrt{\frac{3}{x-5}}$

10. Resolva a equação:

$$\text{arc sen } (1 - x) - 2 \text{ arc sen } x = \frac{\pi}{2}$$

11. (UFG-GO) Calcule o seno e o cosseno do ângulo $\theta \in \left]-\frac{\pi}{2}, \frac{\pi}{2}\right[$, sendo θ medido em radianos, sabendo que $\theta = \text{arc tg}(-4\sqrt{3})$.

12. Resolva a equação:

$$\text{arc sen } \sqrt{\frac{2}{x-1}} = \text{arc cos } \sqrt{\frac{5}{x^2-1}}$$

13. Calcule cada soma:

a) $\text{arc tg } 1 + \text{arc tg } 2 + \text{arc tg } 3$

b) $\text{arc tg } \frac{2}{3} + \text{arc tg } \frac{3}{4}$

c) $-\text{arc tg}(-2) + \text{arc tg}(-1)$

d) $\cos(\text{arc tg } \sqrt{3}) + \text{sen}\left(\text{arc cos } \frac{\sqrt{3}}{2}\right)$

e) $\text{arc tg } \frac{1}{2} + \text{arc tg } \frac{1}{5} + \text{arc tg } \frac{1}{8}$

14. Calcule o valor de:

$\text{sen}\left(\text{arc sen } \frac{4}{5} + \text{arc sen } \frac{5}{13} + \text{arc sen } \frac{16}{65}\right)$

15. Mostre que $\text{arc sen}\left(-\frac{1}{4}\right) = \text{arc tg}\left(-\frac{\sqrt{15}}{15}\right)$.

16. (Fuvest-SP) Considere as funções

$f: \left[-\frac{\pi}{2}, \frac{\pi}{2}\right] \to [-1, 1]$ e $g: [0, \pi] \to [-1, 1]$ definidas por $f(x) = \text{sen } x$ e $g(x) = \cos x$. Sendo **f** e **g** bijetoras, existem funções $\mathbf{f}^{-1}$ e $\mathbf{g}^{-1}$ tais que $f^{-1} \circ f = f \circ f^{-1} = id$ e $g^{-1} \circ g = g \circ g^{-1} = id$, em que id é a função identidade.

a) Para $0 \leq \alpha \leq 1$, mostre que: $(g \circ f^{-1})(\alpha) = \sqrt{1 - \alpha^2}$

b) Mostre que $f^{-1}\left(\frac{1}{2}\right) + g^{-1}\left(\frac{\sqrt{6} + \sqrt{2}}{4}\right) = \frac{\pi}{4}$.

Testes

1. (Unifor-CE) Se $\alpha = 2 \text{ arc cos}\left(-\frac{1}{2}\right)$, então $tg\, \alpha$ é igual a:

a) $-\sqrt{3}$
b) -1
c) $-\frac{\sqrt{3}}{3}$
d) $\frac{\sqrt{3}}{3}$
e) $\sqrt{3}$

2. (Unit-SE) A solução da equação $\text{arc sen}(\text{arc cos } x) = 0$ é:

a) $x = 0$
b) $x = \frac{\pi}{2}$
c) $x = 1$
d) $x = \pi$

3. (Mack-SP) O conjunto solução de $\text{arc sen } 2x - 3 \cdot \text{arc sen } x = 0$ tem quantos elementos?

a) 0
b) 1
c) 2
d) 3
e) 4

4. (Mack-SP) O domínio da função definida por $y = \text{arc sen}(\sqrt{2x - 3})$ é:

a) $\left\{x \in \mathbb{R} \mid x \geq \frac{3}{2}\right\}$

b) $\left\{x \in \mathbb{R} \mid \frac{3}{2} \leq x \leq 2\right\}$

c) $\left\{x \in \mathbb{R} \mid 0 \leq x \leq 2\right\}$

d) $\left\{x \in \mathbb{R} \mid 1 \leq x < \frac{3}{2}\right\}$

e) $\left\{x \in \mathbb{R} \mid -2 \leq x \leq 0 \text{ ou } \frac{5}{2} \leq x \leq 4\right\}$

5. (PUC-SP) $2 \cdot \text{arc tg}\,\frac{1}{3} + \text{arc tg}\,\frac{1}{7}$ é igual a:

a) $\frac{3\pi}{2}$

b) $\frac{\pi}{3}$

c) $\frac{\pi}{2}$

d) $\frac{\pi}{4}$

e) nenhuma das anteriores

6. (PUC-PR) O conjunto domínio de $f(x) = \text{arc sen}\,(2x - 3)$ está contido no intervalo:

a) $\left[\frac{2}{3}, \frac{3}{4}\right]$

b) $[-1, 1]$

c) $[0, 1]$

d) $[1, 2]$

e) $\left[-\frac{1}{2}, \frac{3}{2}\right]$

7. (Mack-SP) O valor de $\text{arc sen}\left(\cos\frac{33\pi}{5}\right)$ é:

a) $\frac{3\pi}{5}$

b) $-\frac{\pi}{10}$

c) $\frac{\pi}{10}$

d) $-\frac{3\pi}{5}$

e) $-\frac{4\pi}{5}$

8. (Unifor-CE) Se $\theta = \text{arc sen}\,\frac{5}{13}$, então $\cos\theta$ é igual a:

a) $\frac{12}{13}$

b) $\frac{10}{13}$

c) $\frac{9}{13}$

d) $\frac{6}{13}$

e) $\frac{3}{13}$

9. (Cefet-PR) Considere $A = \text{arc sen}\,\frac{x}{y}$ e $B = \text{arc sen}\,\frac{y}{2y + x}$, com **A** e **B** pertencentes ao 1º quadrante. Se $x = 3$ e $y = 5$, então $\text{sen}\,(A + B)$ é igual a:

a) $-\frac{16}{65}$ b) $\frac{65}{56}$ c) $\frac{16}{65}$ d) $\frac{56}{65}$ e) $-\frac{56}{65}$

10. (Ucsal-BA) O valor de

$\cos(\text{arc tg}\sqrt{3}) + \text{sen}\left(\text{arc cos}\frac{\sqrt{3}}{2}\right)$ é:

a) 0

b) $\frac{1}{2}$

c) $\frac{\sqrt{2}}{2}$

d) 1

e) $\frac{\sqrt{3} + 1}{2}$

11. (Mack-SP) O mínimo valor de $y = 2^{\text{arc cos}\,x}$ é:

a) $\frac{1}{2}$

b) 1

c) 2

d) -1

e) $-\frac{1}{2}$

12. (PUC-MG) Considerando que $y = \text{arc sen}\,(x - 3)$, que $a \leqslant x \leqslant b$ e que $-1 \leqslant \text{sen}\,\theta \leqslant 1$, pode-se afirmar que o valor de $a + b$ é:

a) 3

b) 4

c) 5

d) 6

13. (PUC-PR) Se $\text{arc tg}\,(x + 2) + \text{arc tg}\,x = \frac{3\pi}{4}$, calcule x^2:

a) 1

b) 2

c) 3

d) 4

e) 5

14. (ITA-SP) Seja S o conjunto de todas as soluções reais da equação

$\sec\left[\text{arc tg}\frac{1}{1 + e^x} - \text{arc tg}\,(1 - e^x)\right] = \frac{\sqrt{5}}{2}$. Então:

a) $S = \varnothing$

b) $S = \mathbb{R}$

c) $S \subset [1, 2]$

d) $S \subset [-1, 1]$

e) $S = [-1, 2[$

15. (ITA-SP) Considerando as funções:

$$\text{arc sen}: [-1, +1] \to \left[-\frac{\pi}{2}, \frac{\pi}{2}\right] \text{ e}$$

$$\text{arc cos}: [-1, +1] \to [0, \pi]$$

assinale o valor de $\cos\left(\text{arc sen}\,\frac{3}{5} + \text{arc cos}\,\frac{4}{5}\right)$.

a) $\frac{6}{25}$

b) $\frac{7}{25}$

c) $\frac{1}{3}$

d) $\frac{2}{5}$

e) $\frac{5}{12}$

16. (ITA-SP) O intervalo $I \subset \mathbb{R}$ que contém todas as soluções da inequação

$\text{arc tan}\,\frac{1 + x}{2} + \text{arc tan}\,\frac{1 - x}{2} \geqslant \frac{\pi}{6}$

é:

a) $[-1, 4]$

b) $[-3, 1]$

c) $[-2, 3]$

d) $[0, 5]$

e) $[4, 6]$

CAPÍTULO

8 Matrizes

Daniel Fung/Alamy/Fotoarena

Na imagem, vemos jogadores de *videogames* na 19ª convenção Ani-Com and Games Hong Kong, em 2017. As matrizes, assunto deste capítulo, são utilizadas em computação gráfica, inclusive em jogos eletrônicos, para rotacionar, transladar e redimensionar objetos gráficos.

Introdução

Em jornais, revistas e na internet frequentemente encontramos informações numéricas organizadas em forma de tabelas, com linhas e colunas. Vejamos um caso a seguir sobre a população brasileira em 2010.

Néstor J. Beremblum/Alamy/Fotoarena

Em 2010, pouco mais de 9 mil pessoas residiam na zona rural de Manaus, enquanto cerca de 1793 mil residiam na zona urbana. Vista da cidade de Manaus (AM), 2017.

População nos Censos Demográficos, segundo as Grandes Regiões, as Unidades da Federação e a situação do domicílio – 1980/2010

Ano	Situação do domicílio	Brasil	Região Norte	Região Nordeste	Região Sudeste	Região Sul	Região Centro-Oeste
1980[1]	Urbana	82013375	3398897	17959640	43550664	12153971	4950203
	Rural	39137198	3368352	17459516	9029863	7226155	2053312
1991[2]	Urbana	110875826	5931567	25753355	55149437	16392710	7648757
	Rural	36041633	4325699	16716870	7511263	5724316	1763485
2000[2]	Urbana	137755550	9002962	32929318	65441516	20306542	10075212
	Rural	31835143	3890599	14763935	6855835	4783241	1541533
2010[2]	Urbana	160925792	11644509	38821246	74696178	23260896	12482963
	Rural	29830007	4199945	14260704	5668232	4125995	1575131

(1) População recenseada. (2) População residente.

Fonte: IBGE, Censo Demográfico 1980, 1991, 2000 e 2010. Disponível em: <www.censo2010.ibge.gov.br/sinopse/index.php?dados=8>. Acesso em: 5 jun. 2018.

Sejam **m** e **n** números naturais não nulos.

Uma matriz do tipo (ou formato) m × n, ou simplesmente matriz m × n, é uma tabela de m · n números reais dispostos em **m** linhas (filas horizontais) e **n** colunas (filas verticais).

Representamos usualmente uma matriz colocando seus elementos (números reais) entre parênteses ou entre colchetes.

Vejamos alguns exemplos:

- $A = \begin{pmatrix} 5 & -2 & \frac{1}{2} \end{pmatrix}$ é uma matriz 1 × 3.
- $B = \begin{pmatrix} 3 & -7 \\ \frac{1}{2} & 0 \\ -1 & 4 \end{pmatrix}$ é uma matriz 3 × 2.
- $C = \begin{bmatrix} 6 & 2 \\ 3 & -1 \end{bmatrix}$ é uma matriz 2 × 2.
- $D = \begin{bmatrix} 1 & 0 & 1 & 2 \\ 0 & 2 & 1 & 3 \\ -1 & 0 & 0 & 9 \end{bmatrix}$ é uma matriz 3 × 4.
- $E = \begin{pmatrix} 4 \\ -1 \\ 0 \end{pmatrix}$ é uma matriz 3 × 1.

Um pouco de história

Como surgiram as matrizes

As matrizes teriam surgido com a escola inglesa Trinity College, em um artigo do matemático Arthur Cayley (1821-1895), datado de 1858. Vale lembrar, no entanto, que, bem antes, no século III a.C., os chineses já desenvolviam um processo de resolução de sistemas lineares em que aparecia implícita a ideia das matrizes.

Cayley criou as matrizes no contexto de estrutura algébrica (assunto de Matemática do Ensino Superior), sem pensar em suas aplicações práticas que apareceriam posteriormente, como a representação de informações numéricas em tabelas, organizadas segundo linhas e colunas, a computação gráfica, as imagens digitais, etc.

Fonte de pesquisa: BOYER, Carl B. *História da Matemática*. 3. ed. São Paulo: Edgard Blucher, 2010.

Andrew Michael/Alamy/Fotoarena

Trinity College, Cambridge, Inglaterra.

Representação de uma matriz

Consideremos uma matriz **A** do tipo m × n. Um elemento qualquer dessa matriz pode ser representado pelo símbolo $\mathbf{a}_{ij}$, no qual o índice **i** refere-se à linha e o índice **j** refere-se à coluna em que se encontra tal elemento.

Vamos convencionar que as linhas são numeradas de cima para baixo, e as colunas, da esquerda para a direita.

De modo geral, uma matriz **A** do tipo m × n é representada por $A = (a_{ij})_{m \times n}$, em que **i** e **j** são números inteiros positivos tais que $1 \leq i \leq m$, $1 \leq j \leq n$, e $\mathbf{a}_{ij}$ é um elemento qualquer de **A**. Acompanhe o exemplo a seguir.

EXEMPLO 1

Seja a matriz $A = \begin{pmatrix} -1 & 0 \\ -2 & 5 \\ 3 & 4 \end{pmatrix}_{3 \times 2}$

- O elemento que está na linha 1, coluna 1, é $a_{11} = -1$.
- O elemento que está na linha 1, coluna 2, é $a_{12} = 0$.
- O elemento que está na linha 2, coluna 1, é $a_{21} = -2$.
- O elemento que está na linha 2, coluna 2, é $a_{22} = 5$.
- O elemento que está na linha 3, coluna 1, é $a_{31} = 3$.
- O elemento que está na linha 3, coluna 2, é $a_{32} = 4$.

Exercício resolvido

1. Escreva a matriz $A = (a_{ij})_{2 \times 3}$, em que $a_{ij} = i - j$.

Solução:

A é uma matriz do tipo 2×3 e pode ser genericamente representada por $A = \begin{pmatrix} a_{11} & a_{12} & a_{13} \\ a_{21} & a_{22} & a_{23} \end{pmatrix}$.

Considerando $a_{ij} = i - j$, temos:

- $a_{11} = 1 - 1 = 0$
- $a_{12} = 1 - 2 = -1$
- $a_{13} = 1 - 3 = -2$
- $a_{21} = 2 - 1 = 1$
- $a_{22} = 2 - 2 = 0$
- $a_{23} = 2 - 3 = -1$

Assim, $A = \begin{pmatrix} 0 & -1 & -2 \\ 1 & 0 & -1 \end{pmatrix}$.

Matrizes especiais

Vejamos alguns tipos de matrizes especiais.

- **Matriz linha**: é uma matriz formada por uma única linha.
  - $A = \begin{pmatrix} 0 & 2 & 4 \end{pmatrix}$ é uma matriz linha 1×3.
  - $B = \begin{bmatrix} 0 & -3 \end{bmatrix}$ é uma matriz linha 1×2.

- **Matriz coluna**: é uma matriz formada por uma única coluna.
  - $A = \begin{bmatrix} 2 \\ -4 \\ 6 \\ -8 \end{bmatrix}$

    A é uma matriz coluna 4×1.
  - $B = \begin{bmatrix} 3 \\ \frac{1}{4} \\ 0 \end{bmatrix}$

    B é uma matriz coluna 3×1.

- **Matriz nula**: é uma matriz cujos elementos são todos iguais a zero. Pode-se indicar a matriz nula $m \times n$ por $0_{m \times n}$.
  - $0_{2 \times 3} = \begin{pmatrix} 0 & 0 & 0 \\ 0 & 0 & 0 \end{pmatrix}$ é a matriz nula 2×3.
  - $0_{2 \times 2} = \begin{pmatrix} 0 & 0 \\ 0 & 0 \end{pmatrix}$ é a matriz nula 2×2.

- **Matriz quadrada**: é uma matriz que possui número de linhas igual ao número de colunas.
  - $A = \begin{pmatrix} 4 & 3 \\ 1 & \sqrt{2} \end{pmatrix}$ é uma matriz quadrada 2×2. Dizemos que **A** é uma matriz quadrada de ordem 2.
  - $B = \begin{pmatrix} 5 & -1 & \frac{1}{3} \\ -2 & 0 & 7 \\ \sqrt{3} & 1 & 4 \end{pmatrix}$ é uma matriz quadrada 3×3. Dizemos que **B** é uma matriz quadrada de ordem 3.

Seja **A** uma matriz quadrada de ordem **n**. Temos que:

- os elementos de **A** cujo índice da linha é igual ao índice da coluna constituem a **diagonal principal** de **A**.

  Se **A** é uma matriz quadrada de ordem 3, os elementos $\mathbf{a}_{11}$, $\mathbf{a}_{22}$ e $\mathbf{a}_{33}$ formam a diagonal principal de **A**:

$$A = \begin{bmatrix} a_{11} & a_{12} & a_{13} \\ a_{21} & a_{22} & a_{23} \\ a_{31} & a_{32} & a_{33} \end{bmatrix}$$

- os elementos da matriz **A** cuja soma dos índices da linha e da coluna é igual a n + 1 constituem a **diagonal secundária** de **A**.

  No item anterior, os elementos $\mathbf{a}_{13}$, $\mathbf{a}_{22}$ e $\mathbf{a}_{31}$ formam a diagonal secundária de **A**.

$$A = \begin{bmatrix} a_{11} & a_{12} & a_{13} \\ a_{21} & a_{22} & a_{23} \\ a_{31} & a_{32} & a_{33} \end{bmatrix}$$

Matriz transposta

Dada uma matriz $A = (a_{ij})_{m \times n}$, chama-se **transposta de** A (indica-se por $\mathbf{A}^t$) a matriz:

$$A^t = (a'_{ji})_{n \times m}$$

tal que $a'_{ji} = a_{ij}$ para todo **i** e todo **j**.

Em outras palavras, a matriz $\mathbf{A}^t$ é obtida a partir de **A**, trocando-se, ordenadamente, suas linhas pelas colunas.

- A transposta de $A = \begin{pmatrix} 1 & 3 \\ 5 & 9 \end{pmatrix}$ é $A^t = \begin{pmatrix} 1 & 5 \\ 3 & 9 \end{pmatrix}$.

  Para a matriz **A**, observe que: $a_{11} = 1 = a'_{11}$ $\quad a_{12} = 3 = a'_{21}$

  $a_{21} = 5 = a'_{12}$ $\quad a_{22} = 9 = a'_{22}$

- A transposta de $B = \begin{bmatrix} 1 & 2 & 3 \\ 4 & 5 & 6 \end{bmatrix}$ é $B^t = \begin{bmatrix} 1 & 4 \\ 2 & 5 \\ 3 & 6 \end{bmatrix}$.

- A transposta de $C = \begin{pmatrix} 4 & 0 & 1 \\ -1 & 2 & 3 \\ 5 & -4 & 7 \end{pmatrix}$ é $C^t = \begin{pmatrix} 4 & -1 & 5 \\ 0 & 2 & -4 \\ 1 & 3 & 7 \end{pmatrix}$.

Exercícios

1. Dê o tipo (formato) de cada uma das seguintes matrizes:

a) $A = \begin{bmatrix} 1 & 3 \\ -7 & 2 \\ 4 & 2 \end{bmatrix}$

b) $B = (3 \quad -4 \quad 2 \quad 9)$

c) $C = \begin{bmatrix} 1 & 3 \\ -4 & 2 \end{bmatrix}$

d) $D = \begin{bmatrix} 1 & 5 & 7 \\ 3 & 1 & 4 \\ -2 & 9 & 6 \end{bmatrix}$

e) $E = \begin{bmatrix} 1 \\ 1 \\ 2 \end{bmatrix}$

f) $F = \begin{bmatrix} 1 & 4 & 2 & -3 \\ 2 & 7 & 0 & -1 \\ 3 & 9 & 0 & -5 \end{bmatrix}$

2. Em cada caso, determine o elemento $\mathbf{a}_{22}$, se existir:

a) $A = \begin{bmatrix} 1 & 0 & 7 \\ -5 & 4 & 3 \\ -1 & 2 & 5 \end{bmatrix}$

b) $A = \begin{bmatrix} 4 \\ 3 \\ -7 \\ 1 \end{bmatrix}$

c) $A = \begin{pmatrix} 2 & 0 \\ -3 & 1 \end{pmatrix}$

d) $A = \begin{bmatrix} 4 & 10 & 7 \\ 5 & 1 & -1 \end{bmatrix}$

3. Escreva a matriz $A = (a_{ij})_{2 \times 2}$, em que $a_{ij} = 3i - 2j$.

4. Determine a matriz $B = (b_{ij})_{3 \times 2}$, sendo $b_{ij} = 2 + i + j$.

5. Qual é a soma dos elementos da matriz $C = (c_{ij})_{2 \times 4}$, em que $c_{ij} = 1 + i - j$?

6. Em cada caso, obtenha a transposta da matriz dada:

a) $A = \begin{bmatrix} 7 & -4 \\ 1 & 0 \end{bmatrix}$

b) $B = \begin{bmatrix} 6 & 2 \\ 1 & 0 \\ 4 & -1 \end{bmatrix}$

c) $C = \begin{bmatrix} 0 & 3 & -9 \\ 0 & -1 & 5 \end{bmatrix}$

d) $D = \begin{pmatrix} -8 & 7 & 5 \end{pmatrix}$

e) $E = \begin{pmatrix} 0 & -2 \\ 1 & 11 \\ 0{,}5 & 7 \\ 3 & 4{,}1 \end{pmatrix}$

f) $F = \begin{bmatrix} 5 \\ 7 \\ 1 \\ 0 \\ 3 \end{bmatrix}$

g) $G = \begin{bmatrix} 2 & 1 & -2 \\ -3 & 1 & 2 \\ 3 & -1 & 2 \end{bmatrix}$

7. Seja $A = (a_{ij})_{3 \times 2}$, em que $a_{ij} = 2i + 3j$. Escreva a matriz $\mathbf{A}^t$.

8. Qual é o elemento $\mathbf{a}_{46}$ da matriz $A = (a_{ij})_{8 \times 8}$, em que $a_{ij} = (-1)^{i+j} \cdot \frac{2j}{i}$?

9. Seja a matriz $A = (a_{ij})_{3 \times 3}$, em que $a_{ij} = i \cdot j$. Forneça os elementos que pertencem às diagonais principal e secundária de **A**.

10. Na matriz seguinte, estão representadas as quantidades de sorvetes de 1 bola e de 2 bolas comercializados no primeiro bimestre de um ano em uma sorveteria:

$$A = \begin{pmatrix} 1\,320 & 1\,850 \\ 1\,485 & 2\,040 \end{pmatrix}$$

Cada elemento $\mathbf{a}_{ij}$ dessa matriz representa o número de unidades do sorvete do tipo **i** (i = 1 representa uma bola e i = 2, duas bolas) vendidas no mês **j** (j = 1 representa janeiro e j = 2, fevereiro).

Thinkstock/Getty Images

Pessoa formando uma bola de sorvete de massa.

a) Quantos sorvetes de duas bolas foram vendidos em janeiro?

b) Em fevereiro, quantos sorvetes de duas bolas foram vendidos a mais que os de uma bola?

c) Se o sorvete de uma bola custa R$ 3,00 e o de duas bolas custa R$ 5,00, qual foi a arrecadação bruta da sorveteria no primeiro bimestre com a venda desses dois tipos de sorvete?

11. A matriz **D** seguinte representa as distâncias (em quilômetros) entre as cidades **X**, **Y** e **Z**:

$$D = \begin{bmatrix} 0 & 15 & 27 \\ 15 & 0 & 46 \\ 27 & 46 & 0 \end{bmatrix}$$

Cada elemento $\mathbf{a}_{ij}$ dessa matriz fornece a distância entre as cidades **i** e **j**, com $\{i, j\} \subset \{1, 2, 3\}$. Se a cidade **X** é representada pelo número 1, **Y** por 2 e **Z** por 3:

a) determine as distâncias entre **X** e **Y**, **Z** e **X**, e **Y** e **Z**.

b) qual é a transposta da matriz **D**?

12. Dê a matriz $A = (a_{ij})_{4 \times 3}$, em que:

$$a_{ij} = \begin{cases} 0, \text{ se } i \geqslant j \\ 1, \text{ se } i < j \end{cases}$$

13. Seja $A = (a_{ij})_{3 \times 2}$, em que:

$$a_{ij} = \begin{cases} \cos(\pi i), \text{ se } i \geqslant j \\ \text{sen}(\pi j), \text{ se } i < j \end{cases}$$

a) Escreva **A**.

b) Escreva $\mathbf{A}^t$.

14. O quadrangular final de um torneio panamericano de futebol feminino reúne as seleções da Argentina, do Brasil, do Canadá e do México, que jogam entre si no sistema "todos contra todos" uma única vez. Na matriz **Q** seguinte, está representada a quantidade de gols que a seleção do país **i** marcou no jogo contra a seleção do país **j**, com $\{i, j\} \subset \{1, 2, 3, 4\}$, e os índices 1, 2, 3 e 4 representam, respectivamente, as seleções da Argentina, do Brasil, do Canadá e do México. (Se $i = j$, o elemento $\mathbf{q}_{ij}$ será indicado por **x**.)

$$Q = \begin{pmatrix} x & 0 & 2 & 2 \\ 1 & x & 3 & 2 \\ 3 & 3 & x & 0 \\ 1 & 2 & 1 & x \end{pmatrix}$$

No futebol, a vitória vale 3 pontos, o empate vale 1 e a derrota não pontua.

a) Qual foi o placar de Canadá × México?

b) Qual seleção terminou com a menor pontuação? Qual foi essa pontuação?

15. Na tabela a seguir, estão representadas as quantidades de proteínas, colesterol, cálcio e carboidrato encontradas em alguns tipos de queijos.

Composição parcial de queijos por 100 g de parte comestível

	Proteínas (g)	Colesterol (mg)	Cálcio (mg)	Carboidrato (g)
Queijo minas frescal	17,4	62	579	3,2
Queijo mozarela	22,6	80	875	3,0
Queijo parmesão	35,6	106	992	1,7

Fonte: Tabela Brasileira de Composição de Alimentos (TACO). 4ª edição revisada e ampliada. 2011. Disponível em: <www.nepa.unicamp.br/taco/contar/taco_4_edicao_ampliada_e_revisada.pdf?arquivo=taco_4_versao_ampliada_e_revisada.pdf>. Acesso em: 6 jun. 2018.

a) A essa tabela é possível associar uma matriz $Q = (q_{ij})_{m \times n}$. Quais são os valores de **m** e **n**?

b) Obtenha os valores de $\mathbf{q}_{23}$ e $\mathbf{q}_{31}$, explicando seus respectivos significados.

c) Danilo consome, semanalmente, duas porções de 500 g de queijo mozarela cada uma. Substituindo-o por queijo minas frescal, quantos miligramas a menos de colesterol ele terá ingerido ao fim de um ano? Considere o ano com 52 semanas.

d) Uma amostra de queijo parmesão apresenta mais ou menos que a metade de carboidratos presente em uma amostra de mesma massa de queijo frescal?

16. Chama-se **traço** de uma matriz quadrada a soma dos elementos de sua diagonal principal.

a) Determine os traços de cada uma das matrizes seguintes:

$$A = \begin{bmatrix} -1 & 4 \\ 3 & -5 \end{bmatrix}$$

$$B = \begin{bmatrix} 1 & 2 & -2 \\ 0 & 5 & 3 \\ -4 & 1 & 3 \end{bmatrix}$$

$C = (c_{ij})_{4 \times 4}$, em que $c_{ij} = 3i + j - 1$.

b) Determine $0 \leq \theta < 2\pi$, de modo que o traço da matriz $M = \begin{pmatrix} \text{sen}\,\theta & -1 \\ 4 & \cos\frac{\pi}{3} \end{pmatrix}$ seja igual a 1.

Aplicações

Matrizes e imagens digitais

Você sabia que uma imagem na tela de um computador ou uma foto tirada em uma câmera digital podem ser representadas por matrizes?

Atualmente, os *smartphones* são muito utilizados para a obtenção de imagens digitais.

Uma imagem digital é formada por um grande número de pontos. Cada um desses pontos é chamado ***pixel*** (do inglês "picture element"). O *pixel* é a menor unidade (elemento) de uma imagem digital. Em linguagem informal, *pixels* são minúsculos "pontinhos" coloridos que, reunidos, compõem uma imagem. O **megapixel** é um múltiplo do *pixel* e corresponde a 1 milhão de *pixels*. Por exemplo, uma imagem digital obtida por uma câmera com resolução de 3840 *pixels* na horizontal e 2400 *pixels* na vertical (3840×2400) corresponde a um total de 9216000 *pixels* (pois $3840 \cdot 2400 = 9216000$), ou seja, aproximadamente 9 *megapixels*. A título de curiosidade, para compartilhamento de fotos na internet ou envio por *e-mail*, são suficientes câmeras de 1 ou 2 *megapixels*.

Quanto maior o número de *pixels*, maior será o número de detalhes disponíveis no momento da captura da foto e, desse modo, maior é a chance de uma melhor resolução de imagem no momento que a foto for impressa (a resolução depende também da capacidade de captação do sensor da câmera).

Para compreender o modo pelo qual uma imagem digital é processada e digitalizada, vamos iniciar com um exemplo simples, no qual serão usadas apenas duas cores (imagens binárias): preto e branco.

Determinada imagem pode ser associada, por meio de um algoritmo computacional, a uma matriz cujos elementos são os números 0 e 1. Convencionaremos que 0 indica a cor preta e 1 indica a cor branca.

Seja **M** a matriz 12 × 12 dada a seguir; a imagem à direita corresponde a essa matriz **M**.

$$M = \begin{bmatrix} 0 & 1 & 1 & 1 & 1 & 1 & 1 & 1 & 1 & 1 & 1 & 0 \\ 1 & 0 & 1 & 1 & 1 & 1 & 1 & 1 & 1 & 1 & 0 & 1 \\ 1 & 1 & 0 & 1 & 1 & 1 & 1 & 1 & 1 & 0 & 1 & 1 \\ 1 & 1 & 1 & 0 & 1 & 1 & 1 & 1 & 0 & 1 & 1 & 1 \\ 1 & 1 & 1 & 1 & 0 & 1 & 1 & 0 & 1 & 1 & 1 & 1 \\ 1 & 1 & 1 & 1 & 1 & 0 & 0 & 1 & 1 & 1 & 1 & 1 \\ 1 & 1 & 1 & 1 & 1 & 0 & 0 & 1 & 1 & 1 & 1 & 1 \\ 1 & 1 & 1 & 1 & 0 & 1 & 1 & 0 & 1 & 1 & 1 & 1 \\ 1 & 1 & 1 & 0 & 1 & 1 & 1 & 1 & 0 & 1 & 1 & 1 \\ 1 & 1 & 0 & 1 & 1 & 1 & 1 & 1 & 1 & 0 & 1 & 1 \\ 1 & 0 & 1 & 1 & 1 & 1 & 1 & 1 & 1 & 1 & 0 & 1 \\ 0 & 1 & 1 & 1 & 1 & 1 & 1 & 1 & 1 & 1 & 1 & 0 \end{bmatrix}$$

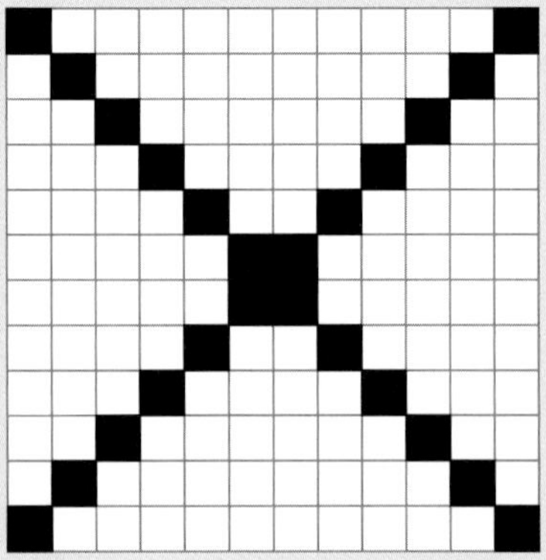

No exemplo seguinte, a matriz 35 × 35 à esquerda fornece a imagem digital do gato Félix, à direita.

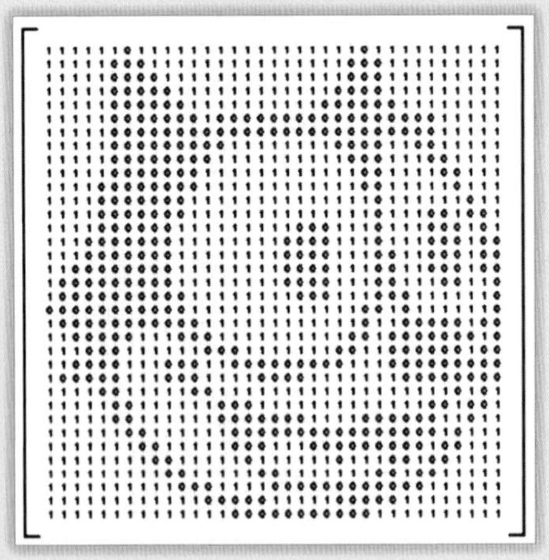

Reprodução/Arquivo da editora

Reprodução/Arquivo da editora

Reprodução de imagem disponível em: <www.uff.br/cdme/matrix/matrix-html/matrix_boolean/matrix_boolean_br.html>. Acesso em: 6 jun. 2018.

As imagens digitais são representações processadas por um computador ou adquiridas por meio de um dispositivo de captura e processadas, posteriormente, por algoritmos computacionais. Como informação digital, elas podem ser armazenadas, processadas e transformadas por qualquer sistema de informação multimídia.

Na computação, a menor unidade de informação que pode ser transmitida ou armazenada é 1 *bit* (do inglês "binary digit" ou "dígito binário"). O *bit* pode assumir apenas dois valores: 0 e 1. Normalmente, em imagens 2D (duas dimensões) capturadas em uma câmera digital, os programas computacionais associam a cada unidade de imagem um valor inteiro não negativo correspondente a 1 *byte* = 8 *bits*.

- O 1º *bit* pode ser 0 ou 1; temos 2 possibilidades.
- O 2º *bit* pode ser 0 ou 1; temos 2 possibilidades.

⋮ ⋮ ⋮ ⋮ ⋮

- O 8º *bit* pode ser 0 ou 1; temos 2 possibilidades.

Assim, o número de valores distintos possíveis que podem ser associados a um *pixel* é $\underbrace{2 \cdot 2 \cdot \ldots \cdot 2}_{8 \text{ fatores}} = 2^8 = 256$.

Nessas condições, 0 passa a indicar a cor preta (ausência total de intensidade luminosa) e 255 passa a indicar a cor branca (intensidade luminosa máxima), sendo que os valores intermediários 1, 2, 3, ..., 252, 253 e 254 passam a indicar as inúmeras tonalidades de cinza. Do cinza muito escuro ao cinza muito claro há 254 tonalidades distintas!

É por meio dessa codificação que são formadas as imagens digitais em preto e branco, com as tonalidades intermediárias de cinza.

Observe estas duas imagens.

pixel

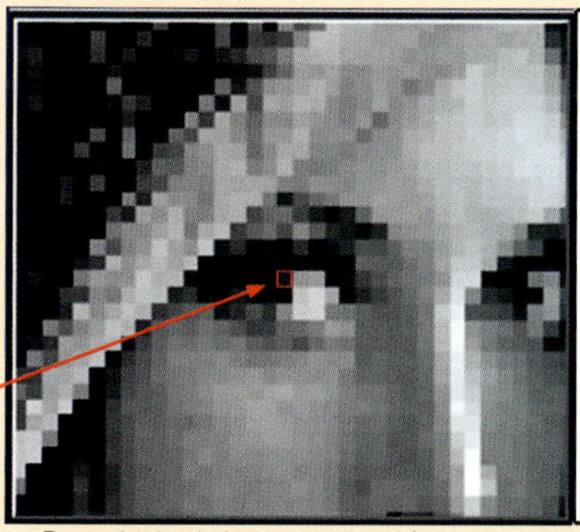

168	163	187	184	186	185	168	162	175	174
171	158	186	191	190	160	103	136	153	162
167	166	187	191	133	149	153	130	107	87
159	188	196	128	145	156	134	170	141	114
176	200	102	118	92	98	76	118	67	102
196	87	79	71	77	71	63	77	69	58
98	91	63	77	68	61	102	177	180	90
120	94	68	108	84	99	91	200	210	186
144	148	104	117	138	119	169	205	208	161
148	157	153	139	126	128	150	153	164	181

Reprodução de imagens disponíveis em: <www.ic.unicamp.br/~afalcao/mo443/aula1.pdf>. Acesso em: 6 jun. 2018.

A imagem digital da esquerda mostra um rosto feminino e há um destaque em uma pequena parte do olho (*pixel*). A imagem da direita mostra uma matriz 10×10 (são 100 *pixels*, pois $10 \cdot 10 = 100$) associada ao olho da pessoa na imagem da esquerda. Observe que cada um dos elementos dessa matriz guarda um número inteiro entre 0 e 255, correspondente à tonalidade de cinza utilizada em cada *pixel*, que está indicada na própria matriz.

Por fim, para as imagens coloridas, no modelo mais usado de câmera, cada *pixel* pode ser decomposto em três cores primitivas — vermelho, verde e azul —, representadas pelas suas iniciais em inglês ("red" para vermelho, "green" para verde e "blue" para azul). Esse sistema é conhecido como RGB.

A cada *pixel* está associada uma tripla ordenada de valores, indicando, nessa ordem, a intensidade de vermelho, verde e azul no ponto de imagem considerado. Assim, por exemplo, temos as seguintes correspondências:

vermelho: RGB (255, 0, 0)
verde: RGB (0, 255, 0)
azul: RGB (0, 0, 255)
amarelo: RGB (255, 255, 0)
abóbora: RGB (255, 117, 24)
azul cobalto: RGB (0, 71, 171)
cobre: RGB (184, 115, 51)
laranja: RGB (255, 165, 0)

intensidade de vermelho — intensidade de verde — intensidade de azul

Está curioso para saber a quantidade de tonalidades coloridas distintas que podem ser obtidas em um *pixel*? Esse número é superior a 16 milhões! Entenda o porquê:

- O primeiro elemento da tripla RGB, que dá a intensidade de vermelho, pode assumir 256 valores distintos.
- O segundo elemento da tripla RGB, que dá a intensidade de verde, pode assumir 256 valores distintos.
- O terceiro elemento da tripla RGB, que dá a intensidade de azul, pode assumir 256 valores distintos.

Assim, o número de tonalidades coloridas distintas em cada *pixel* é:

$$256 \cdot 256 \cdot 256 = 16\,777\,216$$

Fontes de pesquisa: Matrizes e imagens digitais. Disponível em: <www.uff.br/cdme/matrix/matrix-html/matrix-br.html>. Acesso em: 6 jun. 2018; Fundamentos de processamento de imagem digital. Disponível em: <www.ic.unicamp.br/~afalcao/mo443/aula1.pdf>. Acesso em: 6 jun. 2018.

Igualdade de matrizes

Duas matrizes **A** e **B** de mesmo tipo $m \times n$ são iguais se todos os seus elementos correspondentes são iguais, isto é, sendo $A = (a_{ij})_{m \times n}$ e $B = (b_{ij})_{m \times n}$, temos que $A = B$ se $a_{ij} = b_{ij}$, para todo **i** ($i = 1, 2, ..., m$) e para todo **j** ($j = 1, 2, ..., n$).

OBSERVAÇÃO

Dizemos que elementos correspondentes têm o mesmo índice (linha e coluna).

Por exemplo, para que as matrizes $A = \begin{pmatrix} a & 1 \\ 2 & b \end{pmatrix}$ e $B = \begin{pmatrix} 3 & d \\ c & -5 \end{pmatrix}$ sejam iguais, devemos ter: $\begin{cases} a = 3 \\ 1 = d \\ 2 = c \\ b = -5 \end{cases}$

Exercícios

17. Determine os números reais **a**, **b**, **c** e **d** para que se tenha $\begin{pmatrix} a & 1 \\ 4 & c \end{pmatrix} = \begin{pmatrix} 2 & b \\ d & 6 \end{pmatrix}$.

18. Determine **x**, **y** e **z** reais que satisfaçam $\begin{pmatrix} x + y & 2 \\ 4 & x - y \end{pmatrix} = \begin{pmatrix} 7 & z \\ z^2 & 1 \end{pmatrix}$.

19. Em cada item determine, caso exista, o número real **m** que satisfaz a igualdade.

a) $\begin{pmatrix} m - 1 & 0 \\ 1 - m & m \end{pmatrix} = \begin{pmatrix} 3 & 2m \\ -3 & 4 \end{pmatrix}$

b) $\begin{pmatrix} 9 - m^2 & 1 \\ -3 & 7 \end{pmatrix} = \begin{pmatrix} 0 & 1 \\ m & 7 \end{pmatrix}$

20. Determine os números reais **p** e **q** de modo que as matrizes $\begin{pmatrix} p + q & -2 \\ 0 & 2p - q \end{pmatrix}$ e $\begin{pmatrix} 6 & -2 \\ 0 & 3 \end{pmatrix}$ sejam iguais.

21. Determine os números reais **a**, **b**, **c**, **d**, **e** e **f** que tornam verdadeira a igualdade:

$$\begin{bmatrix} a + 3 & b + 2 & c + 1 \\ d & 5 - e & 2f \end{bmatrix}^t = 0_{3 \times 2}$$

22. Uma matriz quadrada **A** é dita simétrica se $A = A^t$.

a) Entre as matrizes seguintes, quais são simétricas?

$A = \begin{pmatrix} 0 & -3 \\ -3 & 5 \end{pmatrix}$ $\quad C = \begin{pmatrix} \text{sen } \pi & \cos \pi \\ \text{sen } \frac{3\pi}{2} & \cos \frac{3\pi}{2} \end{pmatrix}$

$B = \begin{pmatrix} 5 & -5 \\ 5 & -5 \end{pmatrix}$

b) Sabendo que a matriz $\begin{pmatrix} 3 & 2 & y \\ x & -2 & 5 \\ 3 & z & 1 \end{pmatrix}$ é simétrica, qual é o valor de $x + 2y - z$?

Adição de matrizes

As tabelas abaixo representam o número de unidades vendidas em uma concessionária, de dois veículos 0 km, modelos **A** e **B**, de acordo com o tipo de combustível, durante os dois primeiros meses de determinado ano.

Unidades vendidas em janeiro

Modelo \ Combustível	Flex	Gasolina	Álcool
A	4 453	1 985	415
B	2 693	1 378	289

Unidades vendidas em fevereiro

Modelo \ Combustível	Flex	Gasolina	Álcool
A	5 893	2 031	531
B	3 412	1 597	402

De que maneira podemos determinar as vendas de cada tipo de veículo no primeiro bimestre desse ano?

Intuitivamente, sabemos que é preciso somar os elementos correspondentes das tabelas anteriores para responder à pergunta proposta.

Usando matrizes, temos:

$$\begin{bmatrix} 4453 & 1985 & 415 \\ 2693 & 1378 & 289 \end{bmatrix} + \begin{bmatrix} 5893 & 2031 & 531 \\ 3412 & 1597 & 402 \end{bmatrix} = \begin{bmatrix} 10346 & 4016 & 946 \\ 6105 & 2975 & 691 \end{bmatrix}$$

Assim, por exemplo, 4016 é o número total de veículos do modelo **A**, a gasolina, vendidos no primeiro bimestre.

Dadas duas matrizes do mesmo tipo, $A = (a_{ij})_{m \times n}$ e $B = (b_{ij})_{m \times n}$, a soma de **A** com **B** (representa-se por $A + B$) é a matriz $C = (c_{ij})_{m \times n}$, em que $c_{ij} = a_{ij} + b_{ij}$, para $1 \leqslant i \leqslant m$ e $1 \leqslant j \leqslant n$.

Em outras palavras, a matriz soma **C** é do mesmo tipo que **A** e **B** e é tal que cada um de seus elementos é a soma de elementos correspondentes de **A** e **B**.

- $\begin{bmatrix} 3 & -4 & 2 \\ -1 & 5 & 3 \end{bmatrix} + \begin{bmatrix} 0 & -1 & \frac{1}{2} \\ -3 & -4 & -1 \end{bmatrix} = \begin{bmatrix} 3 & -5 & \frac{5}{2} \\ -4 & 1 & 2 \end{bmatrix}$

- $\begin{pmatrix} 0 & -2 \\ 1 & 3 \end{pmatrix} + \begin{pmatrix} 1,2 & -1 \\ 4 & -3 \end{pmatrix} = \begin{pmatrix} 1,2 & -3 \\ 5 & 0 \end{pmatrix}$

Exercício resolvido

2. Resolva a equação matricial $A + X = B$, sendo $A = \begin{bmatrix} 3 & 2 & 1 \\ -1 & -4 & 2 \end{bmatrix}$ e $B = \begin{bmatrix} 7 & 5 & 1 \\ 1 & 6 & 7 \end{bmatrix}$.

Solução:

Uma equação matricial é aquela em que a incógnita é uma matriz.

A matriz procurada é do tipo 2×3 e podemos representá-la por $X = \begin{bmatrix} a & b & c \\ d & e & f \end{bmatrix}$.

Temos:

$$\begin{bmatrix} 3 & 2 & 1 \\ -1 & -4 & 2 \end{bmatrix} + \begin{bmatrix} a & b & c \\ d & e & f \end{bmatrix} = \begin{bmatrix} 7 & 5 & 1 \\ 1 & 6 & 7 \end{bmatrix}$$

Daí:

$$\begin{bmatrix} 3 + a & 2 + b & 1 + c \\ -1 + d & -4 + e & 2 + f \end{bmatrix} = \begin{bmatrix} 7 & 5 & 1 \\ 1 & 6 & 7 \end{bmatrix}$$

Do conceito de igualdade, temos:

- $3 + a = 7 \Rightarrow a = 4$
- $2 + b = 5 \Rightarrow b = 3$
- $1 + c = 1 \Rightarrow c = 0$
- $-1 + d = 1 \Rightarrow d = 2$
- $-4 + e = 6 \Rightarrow e = 10$
- $2 + f = 7 \Rightarrow f = 5$

Logo, $X = \begin{bmatrix} 4 & 3 & 0 \\ 2 & 10 & 5 \end{bmatrix}$.

Propriedades

Sendo **A**, **B** e **C** matrizes do mesmo tipo $m \times n$ e $0_{m \times n}$ a matriz nula $m \times n$, valem as seguintes propriedades para a adição de matrizes:

I. **Comutativa**: $A + B = B + A$

II. **Associativa**: $(A + B) + C = A + (B + C)$

III. **Existência do elemento neutro**: existe **M** tal que $A + M = A$, qualquer que seja a matriz $A_{m \times n}$.
Observe que, nesse caso, **M** é a matriz nula do tipo $m \times n$.

IV. **Existência do oposto (ou simétrico)**: existe **A'** tal que $A + A' = 0_{m \times n}$.

Para exemplificar, vejamos a demonstração das propriedades II e III.

- Para a propriedade II, dadas as matrizes $A = (a_{ij})_{m \times n}$, $B = (b_{ij})_{m \times n}$ e $C = (c_{ij})_{m \times n}$, temos:

  $(A + B) + C = D = (d_{ij})_{m \times n}$ e $A + (B + C) = E = (e_{ij})_{m \times n}$

  Queremos mostrar que $D = E$.
  Para todo $i \in \{1, 2, ..., m\}$ e para todo $j \in \{1, 2, ..., n\}$, temos:

  $$d_{ij} = (a_{ij} + b_{ij}) + c_{ij}$$

  Usando a propriedade associativa da adição de números reais, podemos escrever $d_{ij} = a_{ij} + (b_{ij} + c_{ij}) = e_{ij}$ e, então, $D = E$, isto é:

  $$(A + B) + C = A + (B + C)$$

- Para a propriedade III, como $A + M = A$, então $a_{ij} + m_{ij} = a_{ij} \Rightarrow m_{ij} = 0$, para todo **i** e todo **j**. Assim, $M = 0_{m \times n}$, ou seja, o elemento neutro da adição de matrizes é a matriz nula.

Matriz oposta

Seja a matriz $A = (a_{ij})_{m \times n}$. Chama-se **oposta de A** a matriz representada por $-A$, tal que $A + (-A) = 0_{m \times n}$, sendo $0_{m \times n}$ a matriz nula do tipo $m \times n$.

Observe que a matriz $-A$ é obtida de **A** trocando-se o sinal de cada um de seus elementos:

OBSERVAÇÃO

Note que, se $B = (b_{ij})_{m \times n}$ é a oposta de $A = (a_{ij})_{m \times n}$, então $b_{ij} = -a_{ij}$, para todo $i \in \{1, 2, ..., m\}$ e $j \in \{1, 2, ..., n\}$.

- $A = \begin{bmatrix} 3 & \frac{1}{3} & -1 \\ -2 & 4 & 0 \end{bmatrix}$; então, $-A = \begin{bmatrix} -3 & -\frac{1}{3} & 1 \\ 2 & -4 & 0 \end{bmatrix}$.
- $B = \begin{bmatrix} 7 & -4 \\ 0{,}5 & 5 \end{bmatrix}$; então, $-B = \begin{bmatrix} -7 & 4 \\ -0{,}5 & -5 \end{bmatrix}$.

Subtração de matrizes

Dadas duas matrizes do mesmo tipo $A = (a_{ij})_{m \times n}$ e $B = (b_{ij})_{m \times n}$, chama-se diferença entre **A** e **B** (representa-se por $A - B$) a matriz soma de **A** com a oposta de **B**, isto é:

$$A - B = A + (-B)$$

Observe os exemplos a seguir:

- $\begin{pmatrix} 2 & 5 \\ -1 & 6 \\ 4 & -2 \end{pmatrix} - \begin{pmatrix} -2 & 3 \\ 2 & 5 \\ 3 & -1 \end{pmatrix} = \begin{pmatrix} 2 & 5 \\ -1 & 6 \\ 4 & -2 \end{pmatrix} + \begin{pmatrix} 2 & -3 \\ -2 & -5 \\ -3 & 1 \end{pmatrix} = \begin{pmatrix} 4 & 2 \\ -3 & 1 \\ 1 & -1 \end{pmatrix}$
- $\begin{pmatrix} 0 & 1 \\ -3 & 2 \end{pmatrix} - \begin{pmatrix} 1 & -1 \\ -2 & 5 \end{pmatrix} = \begin{pmatrix} 0 & 1 \\ -3 & 2 \end{pmatrix} + \begin{pmatrix} -1 & 1 \\ 2 & -5 \end{pmatrix} = \begin{pmatrix} -1 & 2 \\ -1 & -3 \end{pmatrix}$

Exercício resolvido

3. Resolva a equação X − A + B = C, sendo $A = \begin{pmatrix} 1 \\ 3 \\ -2 \end{pmatrix}$, $B = \begin{pmatrix} 0 \\ 4 \\ -5 \end{pmatrix}$ e $C = \begin{pmatrix} 2 \\ -2 \\ 3 \end{pmatrix}$.

Solução:

1º modo

A matriz **X** procurada é do tipo 3 × 1, e a representaremos por $X = \begin{pmatrix} m \\ n \\ p \end{pmatrix}$. Temos:

$$X - A + B = C \Rightarrow \begin{pmatrix} m \\ n \\ p \end{pmatrix} - \begin{pmatrix} 1 \\ 3 \\ -2 \end{pmatrix} + \begin{pmatrix} 0 \\ 4 \\ -5 \end{pmatrix} = \begin{pmatrix} 2 \\ -2 \\ 3 \end{pmatrix} \Rightarrow \begin{pmatrix} m-1 \\ n+1 \\ p-3 \end{pmatrix} = \begin{pmatrix} 2 \\ -2 \\ 3 \end{pmatrix} \Rightarrow \begin{cases} m-1=2 \Rightarrow m=3 \\ n+1=-2 \Rightarrow n=-3 \\ p-3=3 \Rightarrow p=6 \end{cases} \Rightarrow X = \begin{pmatrix} 3 \\ -3 \\ 6 \end{pmatrix}$$

2º modo

Recorrendo às propriedades da adição de matrizes, podemos "isolar" a matriz **X** procedendo da mesma forma se **X**, **A**, **B** e **C** fossem números reais. Obtemos X = C − B + A. Assim:

$$X = \begin{pmatrix} 2 \\ -2 \\ 3 \end{pmatrix} - \begin{pmatrix} 0 \\ 4 \\ -5 \end{pmatrix} + \begin{pmatrix} 1 \\ 3 \\ -2 \end{pmatrix} \Rightarrow X = \begin{pmatrix} 3 \\ -3 \\ 6 \end{pmatrix}$$

Exercícios

23. Efetue:

a) $\begin{pmatrix} 5 & 7 \\ 9 & 4 \end{pmatrix} + \begin{pmatrix} 6 & -2 \\ 5 & 8 \end{pmatrix}$

b) $\begin{bmatrix} 0 & -1 \\ 2 & 5 \\ 4 & 1 \end{bmatrix} + \begin{bmatrix} 11 & 17 \\ 0 & 2 \\ -3 & 4 \end{bmatrix}$

c) $\begin{pmatrix} 1 & 5 & 0 & 4 \end{pmatrix} - \begin{pmatrix} 6 & 6 & 8 & 7 \end{pmatrix}$

d) $\begin{bmatrix} 1 & 1 & 1 \\ 2 & 3 & 4 \\ -1 & -2 & -5 \end{bmatrix} - \begin{bmatrix} 0 & 1 & 2 \\ 1 & 1 & 3 \\ -3 & -2 & -7 \end{bmatrix} + \begin{bmatrix} 4 & -1 & 1 \\ 0 & 3 & -2 \\ 2 & 1 & 3 \end{bmatrix}$

24. Sejam as matrizes $A = (a_{ij})_{10 \times 12}$, em que $a_{ij} = 2i - j$, e $B = (b_{ij})_{10 \times 12}$, em que $b_{ij} = i + j$. Seja $C = A + B$, em que $c_{ij} = a_{ij} + b_{ij}$.

a) Obtenha os valores dos elementos $\mathbf{c}_{78}$ e $\mathbf{c}_{95}$.

b) Obtenha a fórmula que fornece o valor de um elemento genérico $\mathbf{c}_{ij}$ em função de **i** e **j**.

25. Resolva as seguintes equações matriciais:

a) $X + \begin{pmatrix} 4 & 3 \\ 1 & 1 \\ 2 & 0 \end{pmatrix} = \begin{pmatrix} 5 & 0 \\ 2 & 3 \\ 7 & 8 \end{pmatrix}$

b) $X - \begin{pmatrix} 1 & 4 & 7 \\ -2 & 5 & -3 \end{pmatrix} = \begin{pmatrix} -1 & 2 & 11 \\ -3 & 4 & 1 \end{pmatrix}$

c) $\begin{pmatrix} \frac{1}{2} & 1 \\ 0 & 2 \end{pmatrix} + \begin{pmatrix} \frac{3}{2} & 4 \\ 3 & 7 \end{pmatrix} = X - \begin{pmatrix} -1 & -3 \\ -2 & 4 \end{pmatrix}$

26. As tabelas a seguir indicam o número de faltas de três alunos (**A**, **B** e **C**) nas aulas de Português, Matemática, Biologia, História e Física, representadas por suas iniciais, em março e abril.

Número de faltas em março

	P	M	B	H	F
Aluno A	2	1	0	4	2
Aluno B	1	0	2	1	1
Aluno C	5	4	2	2	2

Número de faltas em abril

	P	M	B	H	F
Aluno A	1	2	0	1	3
Aluno B	0	1	1	3	1
Aluno C	3	1	3	2	3

a) Qual é a matriz que representa o número de faltas desses alunos no primeiro bimestre em cada disciplina?

b) No primeiro bimestre, qual aluno teve o maior número de faltas em Português? E em Matemática? E em História?

27. Uma matriz quadrada **A** é dita antissimétrica se $A = -A^t$.

a) A matriz $\begin{pmatrix} 0 & 5 \\ -5 & 0 \end{pmatrix}$ é antissimétrica? E a matriz $\begin{pmatrix} 1 & 0 \\ 0 & -1 \end{pmatrix}$?

b) Existe algum valor real de **m** para o qual a matriz $\begin{bmatrix} 0 & m \\ -2 & 3 \end{bmatrix}$ é antissimétrica? Determine-o, se existir.

28. Determine a matriz **X**, tal que $(X + A)^t = B$, sendo:

$$A = \begin{bmatrix} 4 & 2 \\ -1 & 0 \\ 5 & 1 \end{bmatrix} \quad e \quad B = \begin{bmatrix} 1 & -2 & 4 \\ 5 & 6 & 0 \end{bmatrix}$$

Multiplicação de um número real por uma matriz

Seja a matriz $A = (a_{ij})_{m \times n}$ e **k** um número real. O produto de **k** pela matriz **A** (indica-se: $k \cdot A$) é a matriz $B = (b_{ij})_{m \times n}$, em que $b_{ij} = k \cdot a_{ij}$, para todo $i \in \{1, 2, ..., m\}$ e para todo $j \in \{1, 2, ..., n\}$.

Isso significa que **B** é obtida de **A** multiplicando-se por **k** cada um dos elementos de **A**.

Observe os exemplos a seguir:

- Se $A = \begin{pmatrix} 2 & 4 & 7 \end{pmatrix}$, então $3 \cdot A = \begin{pmatrix} 6 & 12 & 21 \end{pmatrix}$.
- Se $A = \begin{bmatrix} 4 & 6 \\ 10 & 1 \end{bmatrix}$, então $\frac{1}{2} \cdot A = \begin{bmatrix} 2 & 3 \\ 5 & \frac{1}{2} \end{bmatrix}$.
- Se $A = \begin{pmatrix} -1 & 4 & \sqrt{2} \\ \frac{1}{2} & -3 & 0 \end{pmatrix}$, então $(-2) \cdot A = \begin{pmatrix} 2 & -8 & -2\sqrt{2} \\ -1 & 6 & 0 \end{pmatrix}$.

Propriedades

Sejam **k** e **ℓ** números reais e **A** e **B** matrizes do mesmo tipo. Valem as seguintes propriedades:

I. $k \cdot (\ell \cdot A) = (k \cdot \ell) \cdot A$

II. $k \cdot (A + B) = k \cdot A + k \cdot B$

III. $(k + \ell) \cdot A = k \cdot A + \ell \cdot A$

IV. $1 \cdot A = A$

A título de exemplo, vamos provar a propriedade II. As demais são análogas.

Dadas as matrizes $A = (a_{ij})_{m \times n}$ e $B = (b_{ij})_{m \times n}$ e sendo $k \in \mathbb{R}$, temos:

$$k \cdot (A + B) = C = (c_{ij})_{m \times n}; \; k \cdot A = D = (d_{ij})_{m \times n} \; e \; k \cdot B = E = (e_{ij})_{m \times n}$$

Vamos mostrar que $C = D + E$.

Para todo $i \in \{1, 2, ..., m\}$ e todo $j \in \{1, 2, ..., n\}$, temos:

$$c_{ij} = k \cdot (a_{ij} + b_{ij})$$

Usando a propriedade distributiva da multiplicação em relação à adição para números reais, obtemos:

$$c_{ij} = k \cdot a_{ij} + k \cdot b_{ij} = d_{ij} + e_{ij}$$

Daí, podemos concluir que $C = D + E$, isto é: $k \cdot (A + B) = k \cdot A + k \cdot B$.

Exercícios

29. Dada a matriz $A = \begin{pmatrix} 1 & 2 & 3 \\ -3 & 5 & -1 \end{pmatrix}$, obtenha as matrizes:

a) $4 \cdot A$ b) $\frac{1}{3} \cdot A$ c) $-2 \cdot A$

30. Sejam as matrizes $A = \begin{pmatrix} 2 & 4 \\ 1 & 5 \\ 0 & 7 \end{pmatrix}$ e $B = \begin{pmatrix} 3 & -2 \\ -1 & 6 \\ 9 & 8 \end{pmatrix}$.

Determine as seguintes matrizes:

a) $3A + B$ b) $A - 3B$ c) $2 \cdot A^t + 3 \cdot B^t$

31. Resolva a equação matricial:

$$\begin{pmatrix} -7 & 2 & 1 \\ 6 & 4 & -3 \end{pmatrix} + 2 \cdot X = \begin{pmatrix} 11 & 0 & 3 \\ 8 & 12 & 5 \end{pmatrix}$$

32. Dadas as matrizes $A = \begin{pmatrix} \frac{1}{2} & \frac{3}{2} \\ \frac{1}{2} & 0 \end{pmatrix}$, $B = \begin{pmatrix} 4 & 3 \\ 1 & 2 \end{pmatrix}$ e $C = \begin{pmatrix} 0 & \frac{1}{2} \\ -\frac{1}{2} & 0 \end{pmatrix}$, determine a matriz **X** que verifica a equação $2A + B = X + 2C$.

33. Determine a matriz **X** que satisfaz a equação:

$$2 \cdot X^t + A = B,$$

sendo $A = \begin{bmatrix} 4 & 3 & 2 \\ -1 & 0 & 5 \end{bmatrix}$ e $B = \begin{bmatrix} -2 & 1 & -6 \\ 1 & 4 & 3 \end{bmatrix}$.

Multiplicação de matrizes

A tabela abaixo representa as notas obtidas em um curso de espanhol pelos alunos **X**, **Y** e **Z**, em cada bimestre do ano letivo.

	1º bimestre	2º bimestre	3º bimestre	4º bimestre
Aluno X	7	8	6	8
Aluno Y	4	5	5	7
Aluno Z	8	7	9	10

Para calcular a nota final do ano, o professor deve fazer uma média ponderada usando como pesos, respectivamente, 1, 2, 3 e 4. Assim, a média de cada aluno será determinada pela fórmula:

$$M = \frac{(\text{nota}_{1^{\circ}\text{ bim.}} \cdot 1) + (\text{nota}_{2^{\circ}\text{ bim.}} \cdot 2) + (\text{nota}_{3^{\circ}\text{ bim.}} \cdot 3) + (\text{nota}_{4^{\circ}\text{ bim.}} \cdot 4)}{1 + 2 + 3 + 4}$$

que equivale a:

$$M = (\text{nota}_{1^{\circ}\text{ bim.}} \cdot 0{,}1) + (\text{nota}_{2^{\circ}\text{ bim.}} \cdot 0{,}2) + (\text{nota}_{3^{\circ}\text{ bim.}} \cdot 0{,}3) + (\text{nota}_{4^{\circ}\text{ bim.}} \cdot 0{,}4)$$

Podemos representar a tabela das notas bimestrais pela matriz:

$$A = \begin{bmatrix} 7 & 8 & 6 & 8 \\ 4 & 5 & 5 & 7 \\ 8 & 7 & 9 & 10 \end{bmatrix}$$

Vamos representar os pesos dos bimestres (expressos na forma decimal, em relação à soma dos pesos) pela matriz:

$$B = \begin{bmatrix} 0{,}1 \\ 0{,}2 \\ 0{,}3 \\ 0{,}4 \end{bmatrix}$$

Vamos calcular as médias de cada aluno:

- aluno **X**: $(7 \cdot 0,1) + (8 \cdot 0,2) + (6 \cdot 0,3) + (8 \cdot 0,4) = 7,3$
- aluno **Y**: $(4 \cdot 0,1) + (5 \cdot 0,2) + (5 \cdot 0,3) + (7 \cdot 0,4) = 5,7$
- aluno **Z**: $(8 \cdot 0,1) + (7 \cdot 0,2) + (9 \cdot 0,3) + (10 \cdot 0,4) = 8,9$

Essas médias podem ser registradas em uma matriz **C**, que é o produto da matriz **A** (notas) pela matriz **B** (pesos):

$$C = \begin{bmatrix} 7 & 8 & 6 & 8 \\ 4 & 5 & 5 & 7 \\ 8 & 7 & 9 & 10 \end{bmatrix} \cdot \begin{bmatrix} 0,1 \\ 0,2 \\ 0,3 \\ 0,4 \end{bmatrix} = \begin{bmatrix} 7,3 \\ 5,7 \\ 8,9 \end{bmatrix}$$

OBSERVAÇÕES

- A definição garante a existência do produto $A \cdot B$ se o número de colunas de **A** é igual ao número de linhas de **B**.
- A matriz produto $C = A \cdot B$ tem o número de linhas igual ao número de linhas de **A** e o número de colunas é igual ao número de colunas de **B**. Observe o esquema abaixo:

$$A_{m \times \underline{n}} \cdot B_{\underline{n} \times p} = C_{m \times p}$$

garante a existência do produto

A ideia utilizada para obter a matriz **C** será usada agora para definirmos matematicamente a multiplicação de matrizes.

Dadas as matrizes $A = (a_{ij})_{m \times n}$ e $B = (b_{jk})_{n \times p}$, chama-se **produto de A por B**, e se indica por $A \cdot B$, a matriz $C = (c_{ik})_{m \times p}$, em que $c_{ik} = a_{i1} \cdot b_{1k} + a_{i2} \cdot b_{2k} + a_{i3} \cdot b_{3k} + a_{i4} \cdot b_{4k} + ... + a_{in} \cdot b_{nk}$; para todo $i \in \{1, 2, ..., m\}$ e todo $k \in \{1, 2, ..., p\}$.

Acompanhe o procedimento que devemos seguir para obter o elemento $\mathbf{c_{ik}}$ da matriz **C**:

1º) Tomamos ordenadamente os **n** elementos da linha **i** da matriz **A**: $\mathbf{a_{i1}}, \mathbf{a_{i2}}, ..., \mathbf{a_{in}}$. (1)

2º) Tomamos ordenadamente os **n** elementos da coluna **k** de **B**: $\mathbf{b_{1k}}, \mathbf{b_{2k}}, ..., \mathbf{b_{nk}}$. (2)

3º) Multiplicamos o 1º elemento de (1) pelo 1º elemento de (2), o 2º elemento de (1) pelo 2º elemento de (2), e assim sucessivamente.

4º) Somamos os produtos obtidos. Assim:

$$c_{ik} = a_{i1} \cdot b_{1k} + a_{i2} \cdot b_{2k} + ... + a_{in} \cdot b_{nk}$$

EXEMPLO 2

Dadas as matrizes $A = \begin{pmatrix} 2 & 3 & 1 \\ -1 & 0 & 2 \end{pmatrix}$ e $B = \begin{pmatrix} 1 & -2 \\ 0 & 5 \\ 4 & 1 \end{pmatrix}$, vamos determinar, se existirem, $A \cdot B$ e $B \cdot A$.

Como **A** é do tipo 2×3 e **B** é do tipo 3×2, segue que $C = A \cdot B$ existe e é do tipo 2×2.

Escrevendo os elementos de **C** em sua forma genérica, temos $C = \begin{pmatrix} c_{11} & c_{12} \\ c_{21} & c_{22} \end{pmatrix}_{2 \times 2}$.

Da definição, temos:

- $\mathbf{c_{11}}$ (linha 1 de **A**; coluna 1 de **B**)

2	3	1

1
0
4

$c_{11} = 2 \cdot 1 + 3 \cdot 0 + 1 \cdot 4 = 6$

- $\mathbf{c_{12}}$ (linha 1 de **A**; coluna 2 de **B**)

2	3	1

−2
5
1

$c_{12} = 2 \cdot (-2) + 3 \cdot 5 + 1 \cdot 1 = 12$

- $\mathbf{c_{21}}$ (linha 2 de **A**; coluna 1 de **B**)

−1	0	2

1
0
4

$c_{21} = (-1) \cdot 1 + 0 \cdot 0 + 2 \cdot 4 = 7$

- $\mathbf{c_{22}}$ (linha 2 de **A**; coluna 2 de **B**)

−1	0	2

−2
5
1

$c_{22} = (-1) \cdot (-2) + 0 \cdot 5 + 2 \cdot 1 = 4$

Logo, $C = \begin{pmatrix} 6 & 12 \\ 7 & 4 \end{pmatrix}$.

Como **B** é do tipo 3 × 2 e **A** é do tipo 2 × 3, segue que D = B · A existe e é do tipo 3 × 3.

Assim, $D = \begin{pmatrix} 1 & -2 \\ 0 & 5 \\ 4 & 1 \end{pmatrix} \cdot \begin{pmatrix} 2 & 3 & 1 \\ -1 & 0 & 2 \end{pmatrix} = \begin{pmatrix} d_{11} & d_{12} & d_{13} \\ d_{21} & d_{22} & d_{23} \\ d_{31} & d_{32} & d_{33} \end{pmatrix}$.

Aplicando a definição, obtemos:

- $\mathbf{d_{11}}$ (linha 1 de **B**; coluna 1 de **A**)

  1 −2 | 2, −1

  $d_{11} = 1 \cdot 2 + (-2) \cdot (-1) = 4$

- $\mathbf{d_{12}}$ (linha 1 de **B**; coluna 2 de **A**)

  1 −2 | 3, 0

  $d_{12} = 1 \cdot 3 + (-2) \cdot 0 = 3$

- $\mathbf{d_{13}}$ (linha 1 de **B**; coluna 3 de **A**)

  1 −2 | 1, 2

  $d_{13} = 1 \cdot 1 + (-2) \cdot 2 = -3$

- $\mathbf{d_{21}}$ (linha 2 de **B**; coluna 1 de **A**)

  0 5 | 2, −1

  $d_{21} = 0 \cdot 2 + 5 \cdot (-1) = -5$

- $\mathbf{d_{22}}$ (linha 2 de **B**; coluna 2 de **A**)

  0 5 | 3, 0

  $d_{22} = 0 \cdot 3 + 5 \cdot 0 = 0$

- $\mathbf{d_{23}}$ (linha 2 de **B**; coluna 3 de **A**)

  0 5 | 1, 2

  $d_{23} = 0 \cdot 1 + 5 \cdot 2 = 10$

- $\mathbf{d_{31}}$ (linha 3 de **B**; coluna 1 de **A**)

  4 1 | 2, −1

  $d_{31} = 4 \cdot 2 + 1 \cdot (-1) = 7$

- $\mathbf{d_{32}}$ (linha 3 de **B**; coluna 2 de **A**)

  4 1 | 3, 0

  $d_{32} = 4 \cdot 3 + 1 \cdot 0 = 12$

- $\mathbf{d_{33}}$ (linha 3 de **B**; coluna 3 de **A**)

  4 1 | 1, 2

  $d_{33} = 4 \cdot 1 + 1 \cdot 2 = 6$

Logo, $D = \begin{pmatrix} 4 & 3 & -3 \\ -5 & 0 & 10 \\ 7 & 12 & 6 \end{pmatrix}$.

Observe, neste exemplo, que C = A · B é uma matriz 2 × 2 e D = B · A é uma matriz 3 × 3.

Exercícios resolvidos

4. Dadas as matrizes $A = \begin{bmatrix} -1 & 2 \\ 0 & 5 \end{bmatrix}$ e $B = \begin{bmatrix} 1 & -3 \\ 1 & 2 \end{bmatrix}$, determine, se existirem, A · B e B · A.

Solução:

Como **A** é do tipo 2 × 2 e **B** também, concluímos que existem A · B e B · A, pois:

$$A_{2 \times 2} \cdot B_{2 \times 2} \Rightarrow A \cdot B \text{ é do tipo } 2 \times 2$$

$$B_{2 \times 2} \cdot A_{2 \times 2} \Rightarrow B \cdot A \text{ é do tipo } 2 \times 2$$

Temos:

- $A \cdot B = \begin{bmatrix} -1 & 2 \\ 0 & 5 \end{bmatrix} \cdot \begin{bmatrix} 1 & -3 \\ 1 & 2 \end{bmatrix} = \begin{bmatrix} c_{11} & c_{12} \\ c_{21} & c_{22} \end{bmatrix}$

  $c_{11} = (-1) \cdot 1 + 2 \cdot 1 = 1$ $\quad c_{12} = (-1) \cdot (-3) + 2 \cdot 2 = 7$

  $c_{21} = 0 \cdot 1 + 5 \cdot 1 = 5$ $\quad c_{22} = 0 \cdot (-3) + 5 \cdot 2 = 10$

  Daí, $A \cdot B = \begin{bmatrix} 1 & 7 \\ 5 & 10 \end{bmatrix}$

- $B \cdot A = \begin{bmatrix} 1 & -3 \\ 1 & 2 \end{bmatrix} \cdot \begin{bmatrix} -1 & 2 \\ 0 & 5 \end{bmatrix} = \begin{bmatrix} d_{11} & d_{12} \\ d_{21} & d_{22} \end{bmatrix}$

  $d_{11} = 1 \cdot (-1) + (-3) \cdot 0 = -1$ $\quad d_{12} = 1 \cdot 2 + (-3) \cdot 5 = -13$

  $d_{21} = 1 \cdot (-1) + 2 \cdot 0 = -1$ $\quad d_{22} = 1 \cdot 2 + 2 \cdot 5 = 12$

  Daí, $B \cdot A = \begin{bmatrix} -1 & -13 \\ -1 & 12 \end{bmatrix}$

Observe, neste caso, que A · B ≠ B · A.

5. Sejam as matrizes $A = (a_{ij})_{6 \times 3}$, em que $a_{ij} = i - j$, e $B = (b_{jk})_{3 \times 8}$, em que $b_{jk} = j + k$. Sendo $C = A \cdot B = (c_{ik})_{6 \times 8}$, qual é o valor do elemento $\mathbf{c}_{35}$?

Solução:

O elemento $\mathbf{c}_{35}$ da matriz produto **C** será obtido multiplicando-se ordenadamente os elementos da linha 3 de **A** e os da coluna 5 de **B** e, em seguida, somando os produtos obtidos.

Assim, com a regra de formação dos elementos de **A** e **B**, determinamos apenas as filas procuradas:

$$A = \begin{pmatrix} \dots & \dots & \dots \\ a_{31} & a_{32} & a_{33} \\ \dots & \dots & \dots \end{pmatrix}_{6 \times 3} = \begin{pmatrix} \dots & \dots & \dots \\ 2 & 1 & 0 \\ \dots & \dots & \dots \end{pmatrix}; B = \begin{pmatrix} \dots & b_{15} & \dots \\ \dots & b_{25} & \dots \\ \dots & b_{35} & \dots \end{pmatrix}_{3 \times 8} = \begin{pmatrix} \dots & 6 & \dots \\ \dots & 7 & \dots \\ \dots & 8 & \dots \end{pmatrix}$$

Então, $c_{35} = 2 \cdot 6 + 1 \cdot 7 + 0 \cdot 8 = 19$.

6. Resolva a equação matricial $A \cdot X = B$, sendo $A = \begin{pmatrix} 5 & 7 \\ 2 & 3 \end{pmatrix}$ e $B = \begin{pmatrix} 4 \\ 1 \end{pmatrix}$.

Solução:

Precisamos, inicialmente, determinar o tipo da matriz **X**. Temos:

$$A_{2 \times 2} \cdot X_{n \times p} = B_{2 \times 1}$$

Devemos ter:

- $n = 2$, para garantir a existência do produto;
- $p = 1$, pois o número de colunas de **X** é igual ao número de colunas de **B**.

Assim, $X = \begin{pmatrix} r \\ s \end{pmatrix}$ e temos $\begin{pmatrix} 5 & 7 \\ 2 & 3 \end{pmatrix} \cdot \begin{pmatrix} r \\ s \end{pmatrix} = \begin{pmatrix} 4 \\ 1 \end{pmatrix}$.

Efetuando a multiplicação, obtemos:

$\begin{pmatrix} 5r + 7s \\ 2r + 3s \end{pmatrix} = \begin{pmatrix} 4 \\ 1 \end{pmatrix}$, donde resulta o sistema $\begin{cases} 5r + 7s = 4 \\ 2r + 3s = 1 \end{cases}$, cuja solução é $r = 5$ e $s = -3$.

Então, $X = \begin{pmatrix} 5 \\ -3 \end{pmatrix}$.

OBSERVAÇÃO

Note que sempre é possível multiplicar duas matrizes quadradas de mesma ordem. Qualquer que seja a ordem **n** dessas matrizes, temos:

$$(n \times \underbrace{n)(n}_{\text{iguais}} \times n)$$

A matriz produto também é quadrada de ordem **n**.

Exercícios

34. Determine, se existirem, os produtos:

a) $\begin{bmatrix} 1 & 2 \\ 3 & 4 \end{bmatrix} \cdot \begin{bmatrix} 2 & 3 \\ -2 & 1 \end{bmatrix}$

b) $\begin{bmatrix} 1 & -2 \\ 3 & 4 \end{bmatrix} \cdot \begin{bmatrix} -2 & 3 & 2 & -1 \\ -1 & 0 & 0 & -4 \end{bmatrix}$

c) $\begin{bmatrix} -2 & 1 \\ 0 & 3 \end{bmatrix} \cdot \begin{bmatrix} 1 & -2 \\ -1 & -4 \\ 2 & 4 \end{bmatrix}$

d) $\begin{bmatrix} 3 & 4 & 1 \\ 5 & 6 & 1 \\ 7 & 8 & 1 \end{bmatrix} \cdot \begin{bmatrix} 2 \\ -3 \\ 4 \end{bmatrix}$

e) $\begin{bmatrix} -5 & 0 \\ -1 & 3 \\ 1 & 1 \\ 2 & 2 \end{bmatrix} \cdot \begin{bmatrix} 3 & -2 \\ 1 & 5 \end{bmatrix}$

f) $\begin{pmatrix} 2 \\ 3 \\ 5 \end{pmatrix} \cdot \begin{pmatrix} 6 & -2 & 8 \end{pmatrix}$

g) $\begin{pmatrix} 4 \\ 3 \end{pmatrix} \cdot \begin{pmatrix} 1 \\ 0 \end{pmatrix}$

h) $\begin{pmatrix} 1 & 2 & -1 \\ 0 & 3 & 1 \\ 5 & -2 & 2 \end{pmatrix} \cdot \begin{pmatrix} 3 & 0 & 1 \\ 4 & -1 & 1 \\ 1 & 2 & 0 \end{pmatrix}$

35. Sejam as matrizes:

$$A = \begin{pmatrix} 1 & 3 \\ 2 & 0 \\ -1 & 4 \end{pmatrix}, B = \begin{pmatrix} 2 & 1 \\ 3 & 1 \end{pmatrix} \text{ e } C = \begin{pmatrix} 4 \\ -1 \end{pmatrix}$$

Determine, se existirem:

a) $A \cdot B$ b) $B \cdot A$ c) $A \cdot C$ d) $B^t \cdot C$ e) $B \cdot A^t$

Matriz identidade

Seja **A** uma matriz quadrada de ordem **n**.

A é denominada **matriz identidade de ordem** n (indica-se por $\mathbf{I_n}$) se os elementos de sua diagonal principal são todos iguais a 1 e os demais elementos são iguais a zero. Assim:

- $I_2 = \begin{pmatrix} 1 & 0 \\ 0 & 1 \end{pmatrix}$ é a matriz identidade de ordem 2.
- $I_3 = \begin{pmatrix} 1 & 0 & 0 \\ 0 & 1 & 0 \\ 0 & 0 & 1 \end{pmatrix}$ é a matriz identidade de ordem 3.

⋮

- $I_n = \begin{pmatrix} 1 & 0 & \dots & 0 \\ 0 & 1 & & \vdots \\ \vdots & & \ddots & 0 \\ 0 & \dots & \dots & 1 \end{pmatrix}$ é a matriz identidade de ordem **n**.

Propriedades

Vamos observar, por meio de exemplos, algumas propriedades relativas à multiplicação de matrizes envolvendo a matriz identidade.

I. **A** é uma matriz quadrada de ordem **n**.

- Seja $A = \begin{bmatrix} 2 & -1 \\ 4 & 3 \end{bmatrix}$.

$$A \cdot I_2 = \begin{bmatrix} 2 & -1 \\ 4 & 3 \end{bmatrix} \cdot \begin{bmatrix} 1 & 0 \\ 0 & 1 \end{bmatrix} = \begin{bmatrix} 2 & -1 \\ 4 & 3 \end{bmatrix} = A$$

$$I_2 \cdot A = \begin{bmatrix} 1 & 0 \\ 0 & 1 \end{bmatrix} \cdot \begin{bmatrix} 2 & -1 \\ 4 & 3 \end{bmatrix} = \begin{bmatrix} 2 & -1 \\ 4 & 3 \end{bmatrix} = A$$

II. **A** não é uma matriz quadrada, isto é, $\mathbf{A}_{m \times n}$, com $m \neq n$:

- Seja $A = \begin{bmatrix} 2 & 1 & -3 \\ 4 & 5 & -2 \end{bmatrix}_{2 \times 3}$.

$$I_2 \cdot A = \begin{bmatrix} 1 & 0 \\ 0 & 1 \end{bmatrix} \cdot \begin{bmatrix} 2 & 1 & -3 \\ 4 & 5 & -2 \end{bmatrix} = \begin{bmatrix} 2 & 1 & -3 \\ 4 & 5 & -2 \end{bmatrix}$$

Note que $A \cdot I_2$ não existe.

$$A \cdot I_3 = \begin{bmatrix} 2 & 1 & -3 \\ 4 & 5 & -2 \end{bmatrix} \cdot \begin{bmatrix} 1 & 0 & 0 \\ 0 & 1 & 0 \\ 0 & 0 & 1 \end{bmatrix} = \begin{bmatrix} 2 & 1 & -3 \\ 4 & 5 & -2 \end{bmatrix}$$

Note que $I_3 \cdot A$ não existe.

- Seja $B = \begin{bmatrix} 4 & 5 \\ 3 & 1 \\ -2 & 0 \end{bmatrix}_{3 \times 2}$.

$$I_3 \cdot B = \begin{bmatrix} 1 & 0 & 0 \\ 0 & 1 & 0 \\ 0 & 0 & 1 \end{bmatrix} \cdot \begin{bmatrix} 4 & 5 \\ 3 & 1 \\ -2 & 0 \end{bmatrix} = \begin{bmatrix} 4 & 5 \\ 3 & 1 \\ -2 & 0 \end{bmatrix}$$

Note que $B \cdot I_3$ não existe.

$$B \cdot I_2 = \begin{bmatrix} 4 & 5 \\ 3 & 1 \\ -2 & 0 \end{bmatrix} \cdot \begin{bmatrix} 1 & 0 \\ 0 & 1 \end{bmatrix} = \begin{bmatrix} 4 & 5 \\ 3 & 1 \\ -2 & 0 \end{bmatrix}$$

Note que $I_2 \cdot B$ não existe.

Em geral, pode-se dizer que:

- Se **A** é quadrada de ordem **n**, temos: $A \cdot I_n = I_n \cdot A = A$.
- Se $A = (a_{ij})_{m \times n}$, com $m \neq n$, temos: $I_m \cdot A = A$ e $A \cdot I_n = A$.

Propriedades da multiplicação de matrizes

Supondo que as matrizes **A**, **B** e **C** sejam de tipos tais que as operações abaixo possam ser realizadas, valem as seguintes propriedades para a multiplicação de matrizes:

I. Associativa: $(A \cdot B) \cdot C = A \cdot (B \cdot C)$

II. Distributiva à direita em relação à adição: $(A + B) \cdot C = A \cdot C + B \cdot C$

III. Distributiva à esquerda em relação à adição: $C \cdot (A + B) = C \cdot A + C \cdot B$

Observe a validade das propriedades I, II e III nos exemplos a seguir.

- Propriedade I: Sejam $A = \begin{pmatrix} 4 & 0 \\ 3 & -1 \end{pmatrix}$, $B = \begin{pmatrix} -4 & 5 & 1 \\ 1 & 0 & -3 \end{pmatrix}$ e $C = \begin{pmatrix} 8 \\ 11 \\ -6 \end{pmatrix}$.

$$A \cdot B = \begin{pmatrix} -16 & 20 & 4 \\ -13 & 15 & 6 \end{pmatrix} \Rightarrow (A \cdot B) \cdot C = \begin{pmatrix} -16 & 20 & 4 \\ -13 & 15 & 6 \end{pmatrix} \cdot \begin{pmatrix} 8 \\ 11 \\ -6 \end{pmatrix} = \begin{pmatrix} 68 \\ 25 \end{pmatrix}$$

$$B \cdot C = \begin{pmatrix} 17 \\ 26 \end{pmatrix} \Rightarrow A \cdot (B \cdot C) = \begin{pmatrix} 4 & 0 \\ 3 & -1 \end{pmatrix} \cdot \begin{pmatrix} 17 \\ 26 \end{pmatrix} = \begin{pmatrix} 68 \\ 25 \end{pmatrix}$$

- Propriedade II: Sejam $A = \begin{pmatrix} 3 & -1 & 4 \\ 5 & 7 & 2 \end{pmatrix}$, $B = \begin{pmatrix} 0 & -2 & 2 \\ 1 & -4 & 8 \end{pmatrix}$ e $C = \begin{pmatrix} 8 \\ 11 \\ -6 \end{pmatrix}$.

$$A + B = \begin{pmatrix} 3 & -3 & 6 \\ 6 & 3 & 10 \end{pmatrix} \Rightarrow (A + B) \cdot C = \begin{pmatrix} 3 & -3 & 6 \\ 6 & 3 & 10 \end{pmatrix} \cdot \begin{pmatrix} 8 \\ 11 \\ -6 \end{pmatrix} = \begin{pmatrix} -45 \\ 21 \end{pmatrix} \quad (*)$$

$$A \cdot C = \begin{pmatrix} 3 & -1 & 4 \\ 5 & 7 & 2 \end{pmatrix} \cdot \begin{pmatrix} 8 \\ 11 \\ -6 \end{pmatrix} = \begin{pmatrix} -11 \\ 105 \end{pmatrix}; \quad B \cdot C = \begin{pmatrix} 0 & -2 & 2 \\ 1 & -4 & 8 \end{pmatrix} \cdot \begin{pmatrix} 8 \\ 11 \\ -6 \end{pmatrix} = \begin{pmatrix} -34 \\ -84 \end{pmatrix}$$

$A \cdot C + B \cdot C = \begin{pmatrix} -11 \\ 105 \end{pmatrix} + \begin{pmatrix} -34 \\ -84 \end{pmatrix} = \begin{pmatrix} -45 \\ 21 \end{pmatrix}$, que coincide com (*).

- Propriedade III: Sejam $A = \begin{bmatrix} 1 & 5 \\ -3 & 4 \end{bmatrix}$, $B = \begin{bmatrix} 9 & -2 \\ 0 & 8 \end{bmatrix}$ e $C = \begin{bmatrix} -4 & 5 \\ 7 & 1 \\ 0 & 2 \end{bmatrix}$.

$$(A + B) = \begin{bmatrix} 10 & 3 \\ -3 & 12 \end{bmatrix} \Rightarrow C \cdot (A + B) = \begin{bmatrix} -4 & 5 \\ 7 & 1 \\ 0 & 2 \end{bmatrix} \cdot \begin{bmatrix} 10 & 3 \\ -3 & 12 \end{bmatrix} = \begin{bmatrix} -55 & 48 \\ 67 & 33 \\ -6 & 24 \end{bmatrix}$$

$$C \cdot A = \begin{bmatrix} -4 & 5 \\ 7 & 1 \\ 0 & 2 \end{bmatrix} \cdot \begin{bmatrix} 1 & 5 \\ -3 & 4 \end{bmatrix} = \begin{bmatrix} -19 & 0 \\ 4 & 39 \\ -6 & 8 \end{bmatrix}; \quad C \cdot B = \begin{bmatrix} -4 & 5 \\ 7 & 1 \\ 0 & 2 \end{bmatrix} \cdot \begin{bmatrix} 9 & -2 \\ 0 & 8 \end{bmatrix} = \begin{bmatrix} -36 & 48 \\ 63 & -6 \\ 0 & 16 \end{bmatrix}$$

$$C \cdot A + C \cdot B = \begin{bmatrix} -19 & 0 \\ 4 & 39 \\ -6 & 8 \end{bmatrix} + \begin{bmatrix} -36 & 48 \\ 63 & -6 \\ 0 & 16 \end{bmatrix} = \begin{bmatrix} -55 & 48 \\ 67 & 33 \\ -6 & 24 \end{bmatrix}$$

Ao estudar as propriedades da multiplicação de matrizes, é importante observar que:

A multiplicação de matrizes não é comutativa, isto é, em geral, $A \cdot B \neq B \cdot A$.

Sejam $A = \begin{pmatrix} 2 & 3 \\ -1 & 5 \end{pmatrix}$ e $B = \begin{pmatrix} 0 & 1 \\ -1 & 2 \end{pmatrix}$; vamos determinar $A \cdot B$ e $B \cdot A$.

$$A_{2 \times 2} \cdot B_{2 \times 2} = \begin{pmatrix} 2 & 3 \\ -1 & 5 \end{pmatrix} \cdot \begin{pmatrix} 0 & 1 \\ -1 & 2 \end{pmatrix} = \begin{pmatrix} -3 & 8 \\ -5 & 9 \end{pmatrix}$$

$$\neq$$

$$B_{2 \times 2} \cdot A_{2 \times 2} = \begin{pmatrix} 0 & 1 \\ -1 & 2 \end{pmatrix} \cdot \begin{pmatrix} 2 & 3 \\ -1 & 5 \end{pmatrix} = \begin{pmatrix} -1 & 5 \\ -4 & 7 \end{pmatrix}$$

Existem casos em que apenas uma das multiplicações pode ser feita. Por exemplo, se **A** é do tipo 2×3 e **B** é do tipo 3×4, então:

- $\exists\,(A \cdot B)$ e é do tipo 2×4;
- $\nexists\,(B \cdot A)$, pois o número de colunas de **B** é 4 e o número de linhas de **A** é 2.

Se $A \cdot B$ e $B \cdot A$ existem e $A \cdot B = B \cdot A$, dizemos que **A** e **B** comutam. Acompanhe o exemplo a seguir.

$$A = \begin{pmatrix} 2 & 3 \\ 5 & -1 \end{pmatrix} \text{ e } B = \begin{pmatrix} -1 & -3 \\ -5 & 2 \end{pmatrix}$$

$$A \cdot B = \begin{pmatrix} 2 & 3 \\ 5 & -1 \end{pmatrix} \cdot \begin{pmatrix} -1 & -3 \\ -5 & 2 \end{pmatrix} = \begin{pmatrix} -17 & 0 \\ 0 & -17 \end{pmatrix}$$

$$B \cdot A = \begin{pmatrix} -1 & -3 \\ -5 & 2 \end{pmatrix} \cdot \begin{pmatrix} 2 & 3 \\ 5 & -1 \end{pmatrix} = \begin{pmatrix} -17 & 0 \\ 0 & -17 \end{pmatrix}$$

É importante notar, ao estudar as propriedades da multiplicação de matrizes, que:

Não vale a propriedade do anulamento do produto na multiplicação de matrizes.

A conhecida propriedade $a \cdot b = 0 \Rightarrow a = 0$ ou $b = 0$, válida para **a** e **b** reais, não é válida para matrizes. Isso significa que é possível que o produto entre duas matrizes seja a matriz nula sem que nenhuma das matrizes seja nula. Observe:

$$A = \begin{bmatrix} 1 & 1 \\ -1 & -1 \end{bmatrix} \text{ e } B = \begin{bmatrix} -1 & 1 \\ 1 & -1 \end{bmatrix} \Rightarrow A \cdot B = \begin{bmatrix} 1 & 1 \\ -1 & -1 \end{bmatrix} \cdot \begin{bmatrix} -1 & 1 \\ 1 & -1 \end{bmatrix} = \begin{bmatrix} 0 & 0 \\ 0 & 0 \end{bmatrix}$$

Exercício resolvido

7. Determine os valores reais de **x** e **y** de modo que as matrizes $A = \begin{pmatrix} 2 & 0 \\ -3 & 4 \end{pmatrix}$ e $B = \begin{pmatrix} 3 & x \\ y & 1 \end{pmatrix}$ comutem.

Solução:

Devemos ter $A \cdot B = B \cdot A$.

$$A \cdot B = \begin{pmatrix} 2 & 0 \\ -3 & 4 \end{pmatrix} \cdot \begin{pmatrix} 3 & x \\ y & 1 \end{pmatrix} = \begin{pmatrix} 6 & 2x \\ -9 + 4y & -3x + 4 \end{pmatrix} \qquad B \cdot A = \begin{pmatrix} 3 & x \\ y & 1 \end{pmatrix} \cdot \begin{pmatrix} 2 & 0 \\ -3 & 4 \end{pmatrix} = \begin{pmatrix} 6 - 3x & 4x \\ 2y - 3 & 4 \end{pmatrix}$$

Daí:

$$\begin{pmatrix} 6 & 2x \\ -9 + 4y & -3x + 4 \end{pmatrix} = \begin{pmatrix} 6 - 3x & 4x \\ 2y - 3 & 4 \end{pmatrix} \Rightarrow \begin{cases} 6 = 6 - 3x & \Rightarrow x = 0 \\ 2x = 4x & \Rightarrow x = 0 \\ -9 + 4y = 2y - 3 & \Rightarrow y = 3 \\ -3x + 4 = 4 & \Rightarrow x = 0 \end{cases} \Rightarrow x = 0 \text{ e } y = 3$$

Exercícios

36. Sejam as matrizes $A = \begin{pmatrix} 1 & 2 & 0 \\ 0 & 1 & 2 \\ 2 & 0 & 1 \end{pmatrix}$ e $B = \begin{pmatrix} 5 & 8 \\ 1 & 9 \\ 7 & -3 \end{pmatrix}$.

Se $C = (c_{ij})_{3 \times 2}$ é a matriz produto $A \cdot B$, determine, se existirem, os elementos:

a) $\mathbf{c}_{22}$ b) $\mathbf{c}_{31}$ c) $\mathbf{c}_{33}$

37. Sejam as matrizes $A = (a_{ij})_{6 \times 3}$, em que $a_{ij} = i + j$, e $B = (b_{jk})_{3 \times 4}$, em que $b_{jk} = 2j - k$. Sendo $C = (c_{ik})_{6 \times 4}$ a matriz produto $A \cdot B$, determine o elemento $\mathbf{c}_{43}$.

38. Determine **x** e **y** reais, tais que: $\begin{pmatrix} 2 & x \\ y & -3 \end{pmatrix} \cdot \begin{pmatrix} 4 \\ -5 \end{pmatrix} = \begin{pmatrix} -2 \\ -1 \end{pmatrix}$.

39. Seja **A** uma matriz quadrada de ordem **n**; definimos $A^2 = A \cdot A$. Determine $\mathbf{A}^2$ em cada caso:

a) $A = \begin{pmatrix} 1 & 2 \\ 3 & 4 \end{pmatrix}$ b) $A = \begin{pmatrix} 1 & 0 & 2 \\ 0 & 3 & 4 \\ 5 & 6 & 0 \end{pmatrix}$

40. Generalizando a definição dada no exercício anterior, temos:

Se $n \in \mathbb{N}^*$ e **A** é uma matriz quadrada, definimos:

$$A^n = \underbrace{A \cdot A \cdot \ldots \cdot A}_{\textbf{n fatores}}$$

Sendo $A = \begin{bmatrix} 1 & 1 \\ 0 & -1 \end{bmatrix}$, determine:

a) A^2 b) A^3 c) A^4 d) A^{35} e) A^{106}

41. Sabendo que $A = \begin{bmatrix} -4 & m \\ 2 & -1 \end{bmatrix}$ e $A^2 = \begin{bmatrix} 22 & -15 \\ -10 & m + 4 \end{bmatrix}$, determine o valor de **m**.

42. A tabela abaixo mostra as notas dos alunos **A**, **B** e **C** nas provas de Português, Matemática e conhecimentos gerais em um vestibular.

	Português	Matemática	Conhecimentos gerais
A	4	6	7
B	9	3	2
C	7	8	10

a) Se os pesos das provas são 7 em Português, 6 em Matemática e 5 em conhecimentos gerais, qual multiplicação de matrizes determina a **pontuação final** de cada aluno? Calcule a pontuação de cada um.

b) Qual é a multiplicação entre matrizes que determina a **média final** de cada aluno? Calcule, para cada aluno, a média final.

c) O aluno **D** tirou 4,5 em Português e 6,0 em Matemática. Se a média para aprovação é 6,0, qual é a nota mínima que esse aluno deve tirar na prova de conhecimentos gerais para ser aprovado?

43. Resolva a equação matricial $X \cdot \begin{pmatrix} 2 & 1 \\ 7 & 3 \end{pmatrix} = \begin{pmatrix} 6 & 2 \\ 5 & -7 \end{pmatrix}$.

44. Na festa junina de um colégio, o lanche de "carne louca" e o *hot dog* (cachorro-quente) eram vendidos em três barracas, I, II e III, espalhadas pelo colégio. Na tabela seguinte está representada a quantidade de cada lanche vendida por barraca; exceção feita a um campo cujo valor se perdeu.

Barraca \ Lanche	*Hot dog*	"Carne louca"
I	22	18
II	36	22
III	?	28

Sabendo que os preços unitários do *hot dog* e da "carne louca" eram R$ 4,50 e R$ 6,00, respectivamente, e que a soma dos valores arrecadados nas três barracas foi R$ 777,00:

a) determine o valor desconhecido da tabela.

b) represente, por meio de uma multiplicação de matrizes, os valores arrecadados em cada barraca.

45. Sejam $A = \begin{bmatrix} 2 & 5 \\ 3 & x \\ y & 1 \\ 4 & 10 \end{bmatrix}$ e $B = \begin{bmatrix} 5 \\ -2 \end{bmatrix}$. Sabendo que $A \cdot B = 0_{4 \times 1}$, determine os valores de **x** e **y**.

46. Determine **x** e **y** reais a fim de que as matrizes $\begin{pmatrix} 0 & x \\ y & 3 \end{pmatrix}$ e $\begin{pmatrix} 1 & 2 \\ -1 & 5 \end{pmatrix}$ comutem.

47. Dê exemplos de matrizes quadradas de ordem 2 que comutam com a matriz $\begin{bmatrix} 0 & 1 \\ -2 & 0 \end{bmatrix}$.

48. Um laboratório fabrica um antiácido efervescente em duas versões: tradicional (**T**) e especial (**E**). Na tabela seguinte, temos a composição de envelopes de 5 g, nas duas versões:

Componente \ Versão	T	E
Bicarbonato de sódio	2,3 g	2,5 g
Carbonato de sódio	0,5 g	0,5 g
Ácido cítrico	2,2 g	2 g

a) Em determinado mês foram fabricados 6000 envelopes na versão **T** e 4000 envelopes na versão **E**. Calcule, em quilogramas, a quantidade necessária de cada componente para a fabricação dessas 10000 unidades.

b) Represente, por meio de multiplicação de matrizes, os valores encontrados no item *a*.

c) Em um outro mês foram produzidos 15000 envelopes do antiácido. Calcule a quantidade produzida de cada versão, sabendo que o consumo total de bicarbonato de sódio foi de 35,6 kg.

49. Resolva as seguintes equações matriciais:

a) $\begin{pmatrix} 1 & -3 \\ 2 & 5 \end{pmatrix} \cdot X = \begin{pmatrix} 0 \\ -11 \end{pmatrix}$ b) $\begin{pmatrix} 13 & 4 \\ -5 & 0 \end{pmatrix} \cdot X = \begin{pmatrix} 0 & 9 \\ 20 & 35 \end{pmatrix}$

50. Observe, na tabela seguinte, as quantidades das frutas banana (B), maçã (Mç), laranja (L) e mamão (Mm), compradas em duas semanas consecutivas, em um mesmo supermercado:

Semana \ Fruta	B	Mç	L	Mm
1ª	2700 g	2430 g	3450 g	4155 g
2ª	1640 g	3120 g	3390 g	3700 g

Os preços do quilograma da banana, da maçã, da laranja e do mamão, em vigor nesse período, eram respectivamente R$ 2,35, R$ 3,40, R$ 1,70 e R$ 2,60. Determine, a partir do cálculo de um produto de matrizes, a quantia, em reais, gasta em cada semana.

51. Na matriz **A**, a seguir, estão representadas as quantidades de cálcio (Ca) e magnésio (Mg), em miligramas, encontradas em 100 g de couve-manteiga refogada (CM), couve-flor cozida (CF), espinafre cru (EC), acelga crua (AC) e alface americana (AA).

$$A = \begin{bmatrix} 177 & 16 & 98 & 43 & 14 \\ 26 & 5 & 82 & 10 & 6 \end{bmatrix} \begin{matrix} \leftarrow \text{Ca} \\ \leftarrow \text{Mg} \end{matrix}$$

(colunas: CM, CF, EC, AC, AA)

Em um restaurante foram elaboradas três receitas (RI, RII, RIII) nas quais foram usadas porções de 100 g desses alimentos. Na matriz **B** a seguir estão representadas as quantidades de porções:

$$B = \begin{bmatrix} 1 & 0 & 2 \\ 0 & 1 & 1 \\ 1 & 2 & 1 \\ 1 & 1 & 1 \\ 2 & 3 & 3 \end{bmatrix} \begin{matrix} \leftarrow \text{CM} \\ \leftarrow \text{CF} \\ \leftarrow \text{EC} \\ \leftarrow \text{AC} \\ \leftarrow \text{AA} \end{matrix}$$

(colunas: RI, RII, RIII)

a) Determine a matriz $C = A \cdot B$.

b) Explique o significado do valor encontrado para o elemento $\mathbf{c}_{12}$ da matriz **C**.

c) Explique o significado do valor encontrado para o elemento $\mathbf{c}_{23}$ da matriz **C**.

Computação gráfica e matrizes

As transformações geométricas no plano (ou transformações 2D — duas dimensões) são muito usadas pela computação gráfica para a construção de figuras e produção de imagens. Tais imagens podem ser percebidas nos efeitos especiais utilizados no cinema, na TV e nos sistemas multimídia em geral, além de servir de ferramenta de auxílio em várias áreas da atividade humana.

As três transformações básicas são: **translação**, **rotação** e **escala**. Vamos estudá-las, relacionando-as com a teoria das matrizes e com a Trigonometria.

Representaremos um ponto qualquer P(x, y) de uma figura pela matriz coluna $P = \begin{bmatrix} x \\ y \end{bmatrix}$ e o ponto correspondente P'(x', y'), obtido pela transformação, por $P' = \begin{bmatrix} x' \\ y' \end{bmatrix}$. Para cada transformação, vamos obter uma relação entre **P** e **P'** por meio de uma matriz (**M**) de transformação.

Everett Collection/Agb Photo

O filme *Guardiões da Galáxia* apresenta personagens criados por computação gráfica, como o Groot.

Translação

A translação é uma transformação que desloca uma figura sem alterar sua forma e suas dimensões. Esse deslocamento pode ser vertical, horizontal ou segundo determinada direção.

Consideremos o triângulo ABC ao lado, o qual é transformado no triângulo A'B'C' por uma translação horizontal.

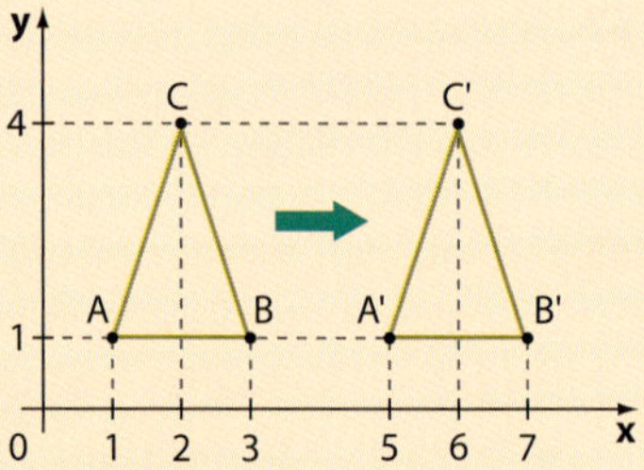

Banco de imagens/Arquivo da editora

Observe que, nessa transformação, a abscissa de cada ponto do $\triangle ABC$ é deslocada quatro unidades à direita, e a respectiva ordenada não sofre alteração.

Temos, portanto: $\begin{pmatrix} x' \\ y' \end{pmatrix} = \begin{pmatrix} x \\ y \end{pmatrix} + \begin{pmatrix} 4 \\ 0 \end{pmatrix}$, isto é, P' = P + M, sendo $M = \begin{pmatrix} 4 \\ 0 \end{pmatrix}$ a matriz dessa transformação.

Suponha agora que o $\triangle ABC$ fosse deslocado, na vertical, quatro unidades para baixo, como mostra a figura ao lado.

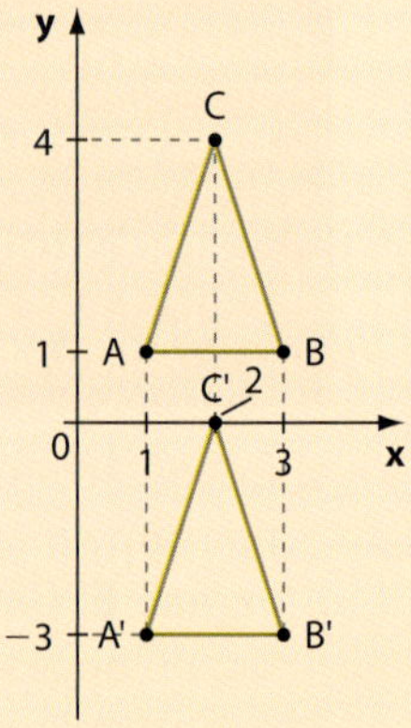

Banco de imagens/Arquivo da editora

Observe, no $\triangle A'B'C'$, obtido pela translação, que a ordenada de cada um de seus pontos é deslocada quatro unidades para baixo e a respectiva abscissa não sofre alteração.

Assim, $\begin{pmatrix} x' \\ y' \end{pmatrix} = \begin{pmatrix} x \\ y \end{pmatrix} - \begin{pmatrix} 0 \\ 4 \end{pmatrix}$ e, desse modo, P' = P + M, sendo $M = -\begin{pmatrix} 0 \\ 4 \end{pmatrix} = \begin{pmatrix} 0 \\ -4 \end{pmatrix}$ a matriz dessa transformação.

OBSERVAÇÃO

A matriz que transforma o triângulo de vértices A(1, 1), B(3, 1) e C(2, 4) no triângulo de vértices A'(5, 6), B'(7, 6) e C'(6, 9) é a matriz $\begin{pmatrix} 4 \\ 5 \end{pmatrix}$.

Se P(x, y) é um ponto do triângulo ABC e P'(x', y') é um ponto do triângulo A'B'C', temos:

$$P' = P + \begin{pmatrix} 4 \\ 5 \end{pmatrix}, \text{ ou seja, } \begin{pmatrix} x' \\ y' \end{pmatrix} = \begin{pmatrix} x \\ y \end{pmatrix} + \begin{pmatrix} 4 \\ 5 \end{pmatrix}$$

Rotação

Vamos considerar unicamente a rotação ("giro") de um ponto P(x, y), em torno da origem (0, 0), de um ângulo de medida **θ** graus ($\theta > 0$), tomado no sentido anti-horário.

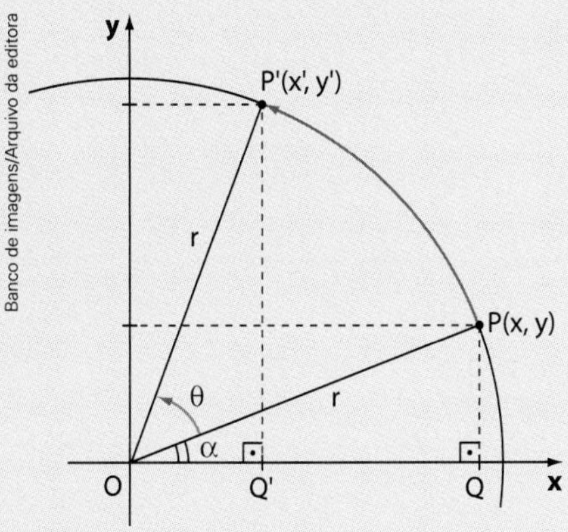

Banco de imagens/Arquivo da editora

De acordo com o △OPQ, o ponto P(x, y) tem suas coordenadas expressas por:

$$x = r \cdot \cos \alpha \quad (1)$$

$$y = r \cdot \text{sen}\, \alpha \quad (2)$$

sendo $r = \sqrt{x^2 + y^2}$ a medida do raio da circunferência de centro na origem, passando por **P** e **P'**.

Ao girarmos **P** de um ângulo de medida **θ** graus, ele se transforma no ponto **P'**. Da Trigonometria, obtemos as fórmulas sen (a + b) = sen a · cos b + sen b · cos a e cos (a + b) = cos a · cos b − sen a · sen b, válidas para quaisquer **a** e **b** reais. De acordo com o △OP'Q', temos:

- $\cos(\alpha + \theta) = \frac{x'}{r} \Rightarrow x' = r \cdot \cos(\alpha + \theta) = r \cdot (\cos \alpha \cos \theta - \text{sen}\, \alpha\, \text{sen}\, \theta)$ e, usando (1) e (2), escrevemos:

$$x' = r \cdot \left(\frac{x}{r} \cos \theta - \frac{y}{r} \text{sen}\, \theta\right) \Rightarrow \boxed{x' = x \cdot \cos \theta - y \cdot \text{sen}\, \theta}$$

- $\text{sen}(\alpha + \theta) = \frac{y'}{r} \Rightarrow y' = r \cdot \text{sen}(\alpha + \theta) = r \cdot (\text{sen}\, \alpha \cos \theta + \text{sen}\, \theta \cos \alpha)$ e, usando (1) e (2), escrevemos:

$$y' = r \cdot \left(\frac{y}{r} \cos \theta + \text{sen}\, \theta \cdot \frac{x}{r}\right) \Rightarrow \boxed{y' = y \cdot \cos \theta + x \cdot \text{sen}\, \theta}$$

Assim, escrevemos:

$$\begin{bmatrix} x' \\ y' \end{bmatrix} = \begin{bmatrix} \cos \theta & -\text{sen}\, \theta \\ \text{sen}\, \theta & \cos \theta \end{bmatrix} \cdot \begin{bmatrix} x \\ y \end{bmatrix}$$

isto é, $P' = M \cdot P$, sendo $M = \begin{bmatrix} \cos \theta & -\text{sen}\, \theta \\ \text{sen}\, \theta & \cos \theta \end{bmatrix}$ a matriz de transformação.

Observe a figura a seguir, em que o ponto P(x, y) é rotacionado em torno da origem, no sentido anti-horário, de 180°. Quais são suas novas coordenadas?

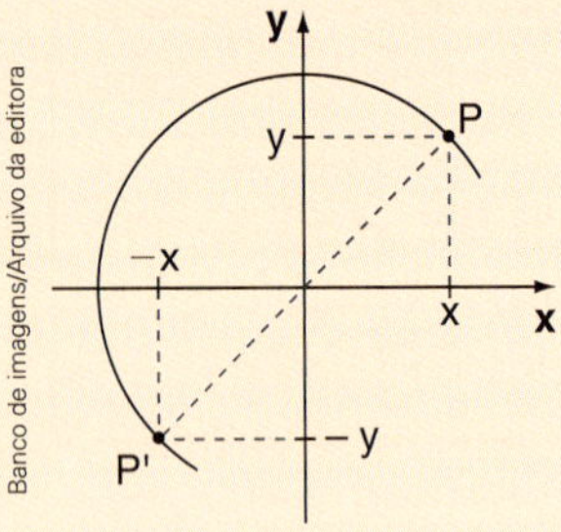

Como $\theta = 180°$, temos:

$$M = \begin{bmatrix} \cos 180° & -\text{sen } 180° \\ \text{sen } 180° & \cos 180° \end{bmatrix} = \begin{bmatrix} -1 & 0 \\ 0 & -1 \end{bmatrix}$$

Assim, $P' = M \cdot P \Rightarrow \begin{pmatrix} x' \\ y' \end{pmatrix} = \begin{pmatrix} -1 & 0 \\ 0 & -1 \end{pmatrix} \cdot \begin{pmatrix} x \\ y \end{pmatrix} \Rightarrow x' = -x$ e $y' = -y$

Escala

Nessa transformação, ocorre uma modificação no tamanho da figura (ampliação ou redução), originando outra figura, semelhante ou não à primeira.

Na figura seguinte, o retângulo ABCD é transformado no retângulo A'B'C'D'. Cada ponto (x, y) do retângulo ABCD é transformado no ponto (x', y') do retângulo A'B'C'D', com $x' = 4 \cdot x$ e $y' = 4 \cdot y$; observe que os retângulos ABCD e A'B'C'D' são semelhantes.

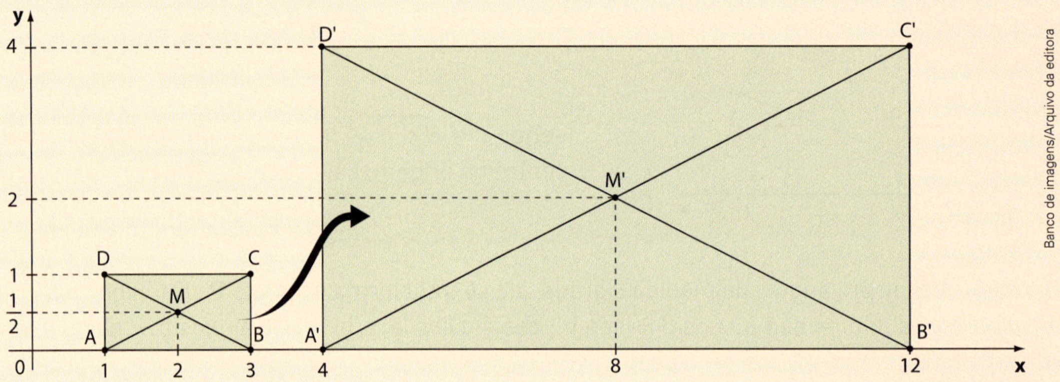

Podemos escrever $\begin{bmatrix} x' \\ y' \end{bmatrix} = \begin{bmatrix} 4 & 0 \\ 0 & 4 \end{bmatrix} \cdot \begin{bmatrix} x \\ y \end{bmatrix}$, isto é, $P' = M \cdot P$, sendo $M = \begin{bmatrix} 4 & 0 \\ 0 & 4 \end{bmatrix}$ a matriz de transformação.

Veja agora a transformação abaixo: cada ponto (x, y) do retângulo ABCD é transformado no ponto (x', y') do retângulo A'B'C'D', com $x' = 4 \cdot x$ e $y' = 3 \cdot y$:

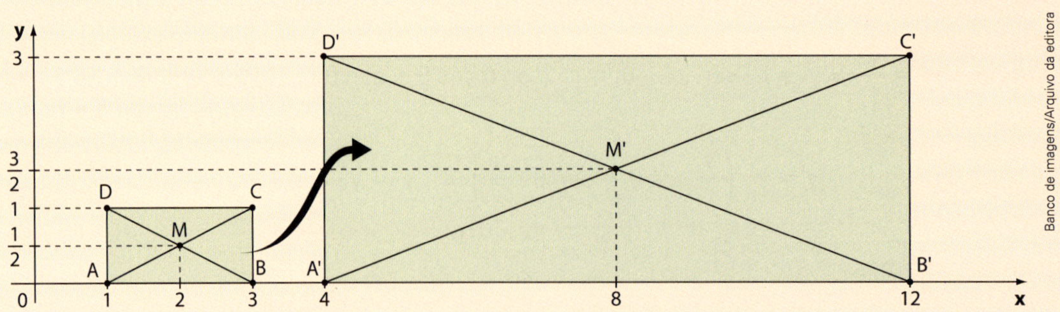

Observe, nesse caso, que os retângulos ABCD e A'B'C'D' **não** são semelhantes.

Temos: $\begin{bmatrix} x' \\ y' \end{bmatrix} = \begin{bmatrix} 4 & 0 \\ 0 & 3 \end{bmatrix} \cdot \begin{bmatrix} x \\ y \end{bmatrix}$, isto é, $P' = M \cdot P$, sendo $M = \begin{bmatrix} 4 & 0 \\ 0 & 3 \end{bmatrix}$ a matriz de transformação.

Fonte de pesquisa: BOLDRINI, José L.; COSTA, Sueli I. Rodrigues; FIGUEIREDO, Vera Lúcia; WETZLER, Henry G. *Álgebra linear*. 3. ed. São Paulo: Harbra, 1986.

Matriz inversa

Seja **A** uma matriz quadrada de ordem **n**. A matriz **A** é dita **inversível** (ou **invertível**) se existe uma matriz **B** (quadrada de ordem **n**), tal que:

$$A \cdot B = B \cdot A = I_n$$

Lembre que $\mathbf{I_n}$ representa a matriz identidade de ordem **n**.

Nesse caso, **B** é dita **inversa** de **A** e é indicada por $\mathbf{A^{-1}}$.

EXEMPLO 3

A inversa de $A = \begin{pmatrix} 2 & 1 \\ 5 & 3 \end{pmatrix}$ é $A^{-1} = \begin{pmatrix} 3 & -1 \\ -5 & 2 \end{pmatrix}$, pois:

$$A \cdot A^{-1} = \begin{pmatrix} 2 & 1 \\ 5 & 3 \end{pmatrix} \cdot \begin{pmatrix} 3 & -1 \\ -5 & 2 \end{pmatrix} = \begin{pmatrix} 1 & 0 \\ 0 & 1 \end{pmatrix} = I_2$$

e

$$A^{-1} \cdot A = \begin{pmatrix} 3 & -1 \\ -5 & 2 \end{pmatrix} \cdot \begin{pmatrix} 2 & 1 \\ 5 & 3 \end{pmatrix} = \begin{pmatrix} 1 & 0 \\ 0 & 1 \end{pmatrix} = I_2$$

Para verificar se uma matriz quadrada é ou não invertível e, em caso afirmativo, determinar sua inversa, apresentaremos, a seguir, um processo baseado na definição de matriz inversa e na resolução de sistemas.

Vamos trabalhar com matrizes 2×2.

EXEMPLO 4

Vamos verificar se existe a inversa de $A = \begin{pmatrix} 3 & 2 \\ 5 & 4 \end{pmatrix}$.

Devemos verificar se existe $A^{-1} = \begin{pmatrix} a & b \\ c & d \end{pmatrix}$, tal que $A \cdot A^{-1} = I_2$.

Temos:

$$\begin{pmatrix} 3 & 2 \\ 5 & 4 \end{pmatrix} \cdot \begin{pmatrix} a & b \\ c & d \end{pmatrix} = \begin{pmatrix} 1 & 0 \\ 0 & 1 \end{pmatrix} \Rightarrow \begin{pmatrix} 3a + 2c & 3b + 2d \\ 5a + 4c & 5b + 4d \end{pmatrix} = \begin{pmatrix} 1 & 0 \\ 0 & 1 \end{pmatrix}$$

Do conceito de igualdade de matrizes seguem os sistemas:

$\begin{cases} 3a + 2c = 1 \\ 5a + 4c = 0 \end{cases}$, cuja solução é $a = 2$ e $c = -\dfrac{5}{2}$.

$\begin{cases} 3b + 2d = 0 \\ 5b + 4d = 1 \end{cases}$, cuja solução é $b = -1$ e $d = \dfrac{3}{2}$.

Assim, $A^{-1} = \begin{pmatrix} 2 & -1 \\ -\dfrac{5}{2} & \dfrac{3}{2} \end{pmatrix} = \dfrac{1}{2} \cdot \begin{pmatrix} 4 & -2 \\ -5 & 3 \end{pmatrix}$.

É fácil verificar que a outra condição, $A^{-1} \cdot A = I_2$, está satisfeita.

EXEMPLO 5

Vamos verificar se existe a inversa de $X = \begin{bmatrix} 4 & 2 \\ 2 & 1 \end{bmatrix}$.

Devemos verificar se existe $X^{-1} = \begin{bmatrix} a & b \\ c & d \end{bmatrix}$, tal que $X \cdot X^{-1} = I_2$:

$$\begin{bmatrix} 4 & 2 \\ 2 & 1 \end{bmatrix} \cdot \begin{bmatrix} a & b \\ c & d \end{bmatrix} = \begin{bmatrix} 1 & 0 \\ 0 & 1 \end{bmatrix} \Rightarrow \begin{bmatrix} 4a + 2c & 4b + 2d \\ 2a + c & 2b + d \end{bmatrix} = \begin{bmatrix} 1 & 0 \\ 0 & 1 \end{bmatrix} \Rightarrow (1) \begin{cases} 4a + 2c = 1 \\ 2a + c = 0 \end{cases} \text{ e } (2) \begin{cases} 4b + 2d = 0 \\ 2b + d = 1 \end{cases}$$

Vamos resolver o sistema (1):

$$\begin{cases} 4a + 2c = 1 \\ 2a + c = 0 \cdot (-2) \end{cases} \Rightarrow \begin{cases} \cancel{4a} + \cancel{2c} = 1 \\ -\cancel{4a} - \cancel{2c} = 0 \end{cases} (+)$$
$$0 = 1 \quad \text{(Falso)}$$

O sistema acima não admite soluções, pois não existem **a** e **c** reais tais que $0 \cdot a + 0 \cdot c = 1$. Desse modo, podemos concluir que não existe a inversa de **X** (o sistema (2) também não admite solução. Verifique.).

OBSERVAÇÕES

- A matriz nula $0_{2 \times 2}$ não é inversível; a matriz identidade $\mathbf{I}_2$ é inversível e sua inversa coincide com a própria matriz identidade.
- O processo apresentado nos exemplos anteriores pode ser aplicado a matrizes quadradas de ordem **n**, $n \geqslant 2$. Vale lembrar, no entanto, que, para $n \geqslant 3$, o processo é, em geral, trabalhoso.

Exercício resolvido

8. Resolva a equação matricial $A \cdot X = B$, sendo $A = \begin{pmatrix} 5 & 7 \\ 2 & 3 \end{pmatrix}$ e $B = \begin{pmatrix} 4 \\ 1 \end{pmatrix}$.

Solução:

1º modo

Para garantir a existência do produto $A \cdot X$, **X** deve ser uma matriz 2×1, a saber $X = \begin{pmatrix} r \\ s \end{pmatrix}$. Veja o exercício resolvido 6, na página 184.

2º modo

Supondo que **A** seja invertível, de $A \cdot X = B$, temos:

$A^{-1} \cdot (A \cdot X) = A^{-1} \cdot B$ (multiplicamos, à esquerda, por $\mathbf{A}^{-1}$)

$(A^{-1} \cdot A) \cdot X = A^{-1} \cdot B$ (usamos a propriedade associativa da multiplicação)

$I \cdot X = A^{-1} \cdot B$ (usamos a definição de matriz inversa)

$X = A^{-1} \cdot B$ (*) (usamos a propriedade da matriz identidade)

Assim, verifiquemos se **A** é invertível:

$$\begin{pmatrix} 5 & 7 \\ 2 & 3 \end{pmatrix} \cdot \begin{pmatrix} a & b \\ c & d \end{pmatrix} = \begin{pmatrix} 1 & 0 \\ 0 & 1 \end{pmatrix} \Rightarrow \begin{pmatrix} 5a + 7c & 5b + 7d \\ 2a + 3c & 2b + 3d \end{pmatrix} = \begin{pmatrix} 1 & 0 \\ 0 & 1 \end{pmatrix}$$

Seguem os sistemas:

$$\begin{cases} 5a + 7c = 1 \\ 2a + 3c = 0 \end{cases} \Rightarrow a = 3 \text{ e } c = -2 \quad \text{e} \quad \begin{cases} 5b + 7d = 0 \\ 2b + 3d = 1 \end{cases} \Rightarrow b = -7 \text{ e } d = 5$$

Assim, concluímos que **A** é invertível e $A^{-1} = \begin{pmatrix} 3 & -7 \\ -2 & 5 \end{pmatrix}$.

Logo, substituindo $\mathbf{A}^{-1}$ e **B** em (*), temos: $X = A^{-1} \cdot B = \begin{pmatrix} 3 & -7 \\ -2 & 5 \end{pmatrix} \cdot \begin{pmatrix} 4 \\ 1 \end{pmatrix} = \begin{pmatrix} 5 \\ -3 \end{pmatrix}$.

Exercícios

52. Verifique se $\begin{pmatrix} 2 & -5 \\ -1 & 3 \end{pmatrix}$ é a inversa de $\begin{pmatrix} 3 & 5 \\ 1 & 2 \end{pmatrix}$.

53. Determine, se existir, a inversa da matriz $\begin{pmatrix} 1 & 2 \\ 1 & 0 \end{pmatrix}$.

54. Determine, se existir, a matriz inversa de $\begin{pmatrix} 3 & 6 \\ 2 & 4 \end{pmatrix}$.

55. Para que valor(es) real(is) de **x** a inversa da matriz $A = \begin{pmatrix} -1 & 1 \\ 0 & x \end{pmatrix}$ é a própria matriz **A**?

56. Sejam as matrizes $A = \begin{pmatrix} 3 & 2 \\ 1 & 1 \end{pmatrix}$ e $B = \begin{pmatrix} 0 & 1 \\ -3 & 4 \end{pmatrix}$. Determine:

a) $A^{-1} + B$

b) $A^{-1} \cdot B$

c) $B^{-1} \cdot A$

57. Determine **x** e **y** reais sabendo que a inversa de $\begin{pmatrix} y & -3 \\ -2 & x \end{pmatrix}$ é a matriz $\begin{pmatrix} x & x-4 \\ x-5 & 1 \end{pmatrix}$.

58. Sendo $A = \begin{pmatrix} x & -x \\ 1 & 0 \end{pmatrix}$, com $x \in \mathbb{R}$, determine os valores de **x** para os quais $A + A^{-1} = I_2$, sendo $\mathbf{I_2}$ a matriz identidade de ordem 2.

59. Sejam $A = \begin{pmatrix} 5 & 3 \\ 3 & 2 \end{pmatrix}$ e $B = \begin{pmatrix} 11 & 4 \\ 9 & 8 \end{pmatrix}$.

a) Determine $\mathbf{A^{-1}}$.

b) Usando o resultado do item *a*, resolva a equação $A \cdot X = B$.

60. Determine a inversa da matriz $X = \begin{bmatrix} 1 & 0 & 2 \\ 0 & 3 & 0 \\ 2 & 0 & 1 \end{bmatrix}$.

61. Dadas as matrizes $A = \begin{bmatrix} 2 & 1 \\ -1 & 3 \end{bmatrix}$ e $B = \begin{bmatrix} 1 & -2 \\ 0 & -1 \end{bmatrix}$, determine a matriz **X** (quadrada de ordem 2) tal que $(X \cdot B)^{-1} = A$.

62. Determine a matriz inversa de $X = \begin{pmatrix} 1 & 2 & 3 \\ 0 & 1 & 4 \\ 0 & 0 & 1 \end{pmatrix}$.

63. Prove que, se **A** e **B** são matrizes invertíveis de mesma ordem **n**, então $(A \cdot B)^{-1} = B^{-1} \cdot A^{-1}$.

Enem e vestibulares resolvidos

(Enem) Um aluno registrou as notas bimestrais de algumas de suas disciplinas numa tabela. Ele observou que as entradas numéricas da tabela formavam uma matriz 4 × 4, e que poderia calcular as médias anuais dessas disciplinas usando produto de matrizes. Todas as provas possuíam o mesmo peso, e a tabela que ele conseguiu é mostrada a seguir.

	1º bimestre	2º bimestre	3º bimestre	4º bimestre
Matemática	5,9	6,2	4,5	5,5
Português	6,6	7,1	6,5	8,4
Geografia	8,6	6,8	7,8	9,0
História	6,2	5,6	5,9	7,7

Para obter essas médias, ele multiplicou a matriz obtida a partir da tabela por

a) $\begin{bmatrix} \frac{1}{2} & \frac{1}{2} & \frac{1}{2} & \frac{1}{2} \end{bmatrix}$

b) $\begin{bmatrix} \frac{1}{4} & \frac{1}{4} & \frac{1}{4} & \frac{1}{4} \end{bmatrix}$

c) $\begin{bmatrix} 1 \\ 1 \\ 1 \\ 1 \end{bmatrix}$

d) $\begin{bmatrix} \frac{1}{2} \\ \frac{1}{2} \\ \frac{1}{2} \\ \frac{1}{2} \end{bmatrix}$

e) $\begin{bmatrix} \frac{1}{4} \\ \frac{1}{4} \\ \frac{1}{4} \\ \frac{1}{4} \end{bmatrix}$

Resolução comentada

As notas obtidas pelo aluno podem ser representadas em uma matriz:

$$A = \begin{bmatrix} 5{,}9 & 6{,}2 & 4{,}5 & 5{,}5 \\ 6{,}6 & 7{,}1 & 6{,}5 & 8{,}4 \\ 8{,}6 & 6{,}8 & 7{,}8 & 9{,}0 \\ 6{,}2 & 5{,}6 & 5{,}9 & 7{,}7 \end{bmatrix}$$

A partir dessa matriz $A_{4 \times 4}$, devemos obter uma matriz $B_{m \times n}$, tal que o produto $A \cdot B$ represente as médias das notas de cada disciplina, conforme é pedido no enunciado.

Para que seja possível multiplicar as matrizes $A_{4 \times 4}$ e $B_{m \times n}$, deve-se ter $m = 4$.

Além disso, a matriz resultante $A \cdot B$ é da forma $(A \cdot B)_{4 \times n}$.

Observe que a matriz resultante $A \cdot B$ precisa ter exatamente 4 elementos, e cada elemento representa a média das notas de cada disciplina. Assim, deve-se ter $n = 1$.

Para um conjunto com 4 elementos $\{x_1, x_2, x_3, x_4\}$, a média é dada por $\dfrac{x_1 + x_2 + x_3 + x_4}{4}$, que é equivalente a multiplicar cada elemento do conjunto por $\dfrac{1}{4}$ e, em seguida, somá-los.

Assim, tomando a matriz **B** como $B = \begin{bmatrix} \frac{1}{4} \\ \frac{1}{4} \\ \frac{1}{4} \\ \frac{1}{4} \end{bmatrix}$, o produto $A \cdot B$ resulta nas médias das notas de cada disciplina:

$$A \cdot B = \begin{bmatrix} 5{,}9 & 6{,}2 & 4{,}5 & 5{,}5 \\ 6{,}6 & 7{,}1 & 6{,}5 & 8{,}4 \\ 8{,}6 & 6{,}8 & 7{,}8 & 9{,}0 \\ 6{,}2 & 5{,}6 & 5{,}9 & 7{,}7 \end{bmatrix} \cdot \begin{bmatrix} \frac{1}{4} \\ \frac{1}{4} \\ \frac{1}{4} \\ \frac{1}{4} \end{bmatrix} \Rightarrow A \cdot B = \begin{bmatrix} 5{,}9 \cdot \frac{1}{4} + 6{,}2 \cdot \frac{1}{4} + 4{,}5 \cdot \frac{1}{4} + 5{,}5 \cdot \frac{1}{4} \\ 6{,}6 \cdot \frac{1}{4} + 7{,}1 \cdot \frac{1}{4} + 6{,}5 \cdot \frac{1}{4} + 8{,}4 \cdot \frac{1}{4} \\ 8{,}6 \cdot \frac{1}{4} + 6{,}8 \cdot \frac{1}{4} + 7{,}8 \cdot \frac{1}{4} + 9{,}0 \cdot \frac{1}{4} \\ 6{,}2 \cdot \frac{1}{4} + 5{,}6 \cdot \frac{1}{4} + 5{,}9 \cdot \frac{1}{4} + 7{,}7 \cdot \frac{1}{4} \end{bmatrix}$$

$$\text{Portanto, } A \cdot B = \begin{bmatrix} \dfrac{5{,}9 + 6{,}2 + 4{,}5 + 5{,}5}{4} \\ \dfrac{6{,}6 + 7{,}1 + 6{,}5 + 8{,}4}{4} \\ \dfrac{8{,}6 + 6{,}8 + 7{,}8 + 9{,}0}{4} \\ \dfrac{6{,}2 + 5{,}6 + 5{,}9 + 7{,}7}{4} \end{bmatrix} = \begin{bmatrix} 5{,}525 \\ 7{,}15 \\ 8{,}05 \\ 6{,}35 \end{bmatrix}$$

Alternativa *e*.

Exercícios complementares

1. (UFPE) Seja $\begin{bmatrix} a & b \\ c & d \end{bmatrix}$ a inversa da matriz $\begin{bmatrix} 3 & 1 \\ 11 & 4 \end{bmatrix}$.

Indique $|a| + |b| + |c| + |d|$.

2. Sendo $A = \begin{pmatrix} -1 & 1 \\ 0 & -1 \end{pmatrix}$, obtenha as matrizes:

a) A^2

b) A^3

c) A^{17}

d) A^{36}

3. Seja $A = \begin{bmatrix} 0 & 3 \\ \frac{1}{3} & 0 \end{bmatrix}$. Determine a matriz:

$$A + A^2 + A^3 + ... + A^{2017} + A^{2018}$$

4. Uma matriz quadrada **A** se diz ortogonal se **A** é inversível e $A^{-1} = A^t$.

a) Determine **x**, **y** e **z** de modo que a matriz

$$\begin{pmatrix} 1 & 0 & 0 \\ 0 & \frac{\sqrt{2}}{2} & \frac{\sqrt{2}}{2} \\ x & y & z \end{pmatrix}$$ seja ortogonal.

b) Mostre que não existem **x** e **y** reais de modo que a matriz $\begin{pmatrix} \sqrt{2} & x \\ y & \sqrt{2} \end{pmatrix}$ seja ortogonal.

5. Sendo $A = \begin{pmatrix} x & -x \\ 1 & 0 \end{pmatrix}$, com $x \in \mathbb{R}$, determine os valores de **x** para os quais $A + A^{-1} = I_2$, sendo $\mathbf{I_2}$ a matriz identidade de ordem 2.

6. (Uerj) Considere a sequência de matrizes $(A_1, A_2, A_3, ...)$, todas quadradas de ordem 4, respectivamente iguais a:

$$\begin{pmatrix} 0 & 1 & 2 & 3 \\ 4 & 5 & 6 & 7 \\ 8 & 9 & 10 & 11 \\ 12 & 13 & 14 & 15 \end{pmatrix}, \begin{pmatrix} 16 & 17 & 18 & 19 \\ 20 & 21 & 22 & 23 \\ 24 & 25 & 26 & 27 \\ 28 & 29 & 30 & 31 \end{pmatrix}, \begin{pmatrix} 32 & 33 & 34 & 35 \\ 36 & 37 & 38 & 39 \\ 40 & 41 & 42 & 43 \\ 44 & 45 & 46 & 47 \end{pmatrix} ...$$

Sabendo que o elemento $a_{ij} = 75\,432$ é da matriz $\mathbf{A_n}$, determine os valores de **n**, **i** e **j**.

7. Para cada número real α, consideremos a matriz

$$T(\alpha) = \begin{bmatrix} \cos\alpha & 1 \\ 0 & \operatorname{sen}\alpha \end{bmatrix}$$

a) Determine $T\left(\frac{\pi}{2}\right) + T\left(\frac{19\pi}{2}\right)$.

b) Determine α para que $T(\alpha) \cdot T(\alpha) = \begin{bmatrix} 0 & -1 \\ 0 & 1 \end{bmatrix}$.

c) Verifique se existe α para o qual $T(\alpha) \cdot T(\alpha) = T(\alpha)$.

8. (UFPR) Se **A** é uma matriz quadrada de ordem 2 e **I** é a matriz identidade de mesma ordem, pode-se mostrar que, para cada **n** natural, existem números reais α e β tais que $A^n = \alpha A + \beta I$.

Dada a matriz $A = \begin{bmatrix} 2 & 3 \\ 0 & 1 \end{bmatrix}$.

a) Encontre α e β tais que $A^2 = \alpha A + \beta I$.

b) Multiplicando a expressão do item anterior pela matriz inversa $\mathbf{A^{-1}}$ obtém-se a expressão $A = \alpha I + \beta A^{-1}$. Use essa informação para calcular a matriz $\mathbf{A^{-1}}$.

9. Uma doçaria produz e comercializa trufas que são vendidas em caixas pequenas (com dez unidades) ou grandes (com trinta unidades). Os sabores das trufas são: chocolate ao leite, chocolate branco e chocolate meio amargo.

A tabela 1 fornece a quantidade de trufas de cada sabor, contida em cada um dos tipos de caixa. A tabela 2 fornece a quantidade de caixas vendidas no último trimestre de 2018.

Tabela 1

Trufa \ Caixa	Pequena	Grande
Chocolate ao leite	4	15
Chocolate branco	4	9
Chocolate meio amargo	2	6

Tabela 2

Caixa \ Mês	Out.	Nov.	Dez.
Pequena	1 200	1 500	2 500
Grande	800	1 000	2 000

Seja $C = A \cdot B$, em que **A** e **B** são matrizes associadas às tabelas 1 e 2, respectivamente. Determine:

a) o valor de $\mathbf{c_{21}}$ e o seu significado.

b) a soma $c_{11} + c_{12} + c_{13}$ e o seu significado.

c) a soma $c_{13} + c_{23} + c_{33}$ e o seu significado.

10. Antônio, Bruno e Carlos decidiram passar em uma lanchonete depois da partida de futebol no clube. A matriz **M**, a seguir, representa quantos salgados cada um comeu, além do modo como a despesa foi dividida. Sendo Antônio representado pelo número 1, Bruno pelo número 2 e Carlos pelo número 3, cada elemento $\mathbf{a}_{ij}$ da matriz **M** indica o número de salgados consumidos, em que **i** representa a pessoa que comeu e **j** a pessoa que pagou por essa quantidade. Por exemplo, $a_{23} = 1$ indica que Bruno comeu 1 salgado que Carlos pagou.

Sendo $M = \begin{bmatrix} 2 & 3 & 2 \\ 2 & 1 & 1 \\ 0 & 2 & 4 \end{bmatrix}$ e R$ 2,50 o valor de cada salgado, pergunta-se:

a) quem comeu menos salgados?

b) quem pagou o menor número total de salgados?

c) quanto Bruno gastou na lanchonete?

d) quanto Carlos gastou a mais que Antônio?

e) quem teve o maior "prejuízo" na lanchonete?

11. Considere a matriz $R = \begin{pmatrix} \cos\theta & -\text{sen}\,\theta \\ \text{sen}\,\theta & \cos\theta \end{pmatrix}$.

Já vimos, no texto da seção *Aplicações – Computação gráfica e matrizes*, na página 190, que a matriz **R** é a matriz de rotação de um ponto **P** (em torno da origem) de um ângulo $\boldsymbol{\theta}$ graus ($\theta > 0$), como mostra a figura:

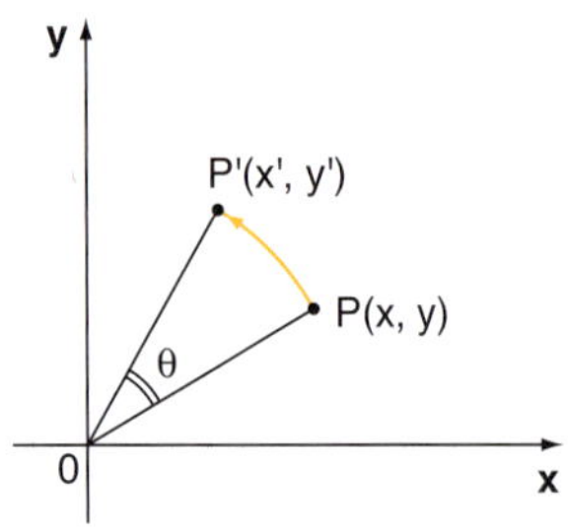

Banco de imagens/Arquivo da editora

Temos: $\begin{pmatrix} x' \\ y' \end{pmatrix} = R \cdot \begin{pmatrix} x \\ y \end{pmatrix}$.

a) Determine as coordenadas de **P'**, considerando P(1, 2) e $\theta = 120°$.

b) Determine $\boldsymbol{\theta}$, considerando P(3, 2) e P'(−2, 3).

c) Determine $\boldsymbol{\theta}$, considerando Q(1, 0) e $Q'\left(\frac{-\sqrt{3}}{2}, \frac{1}{2}\right)$.

12. Em cada caso, expresse a matriz **X** em função de **A** e **B** (matrizes quadradas inversíveis de mesma ordem):

a) $B \cdot X = A$

b) $X \cdot B + B = A$

c) $A^{-1} \cdot X = B^{-1}$

13. (FGV-SP) Uma fábrica decide distribuir os excedentes de três produtos alimentícios **A**, **B** e **C** a dois países da América Central, $\mathbf{P}_1$ e $\mathbf{P}_2$. As quantidades, em toneladas, são descritas mediante a matriz **Q**:

$$\begin{matrix} & A & B & C & \\ & \downarrow & \downarrow & \downarrow & \\ Q = & \Big[\, 200 & 100 & 150 \,\Big] & \leftarrow P_1 \\ & \Big[\, 100 & 150 & 200 \,\Big] & \leftarrow P_2 \end{matrix}$$

Para o transporte aos países de destino, a fábrica recebeu orçamento de duas empresas, em reais por tonelada, como indica a matriz **P**:

$$P = \begin{bmatrix} 500 & 300 \\ 400 & 200 \end{bmatrix} \begin{matrix} \leftarrow 1^{\underline{a}} \text{ empresa} \\ \leftarrow 2^{\underline{a}} \text{ empresa} \end{matrix}$$

a) Efetue o produto das duas matrizes, na ordem que for possível. O que representa o elemento $\mathbf{a}_{13}$ da matriz produto?

b) Que elemento da matriz produto indica o custo de transportar o produto **A**, com a segunda empresa, aos dois países?

c) Para transportar os três produtos aos dois países, qual empresa deveria ser escolhida, considerando que as duas apresentam exatamente as mesmas condições técnicas? Por quê?

14. (UFBA)

	Número de derrotas	Número de empates	Número de vitórias
Time A	2	3	5
Time B	1	5	4
Time C	X	0	Z

Os dados do quadro referem-se ao número de derrotas, empates e vitórias dos três times que obtiveram as maiores pontuações ao final de um torneio de futebol, em que todos os times jogaram o mesmo número de partidas. Sabe-se que a pontuação final de cada time é obtida subtraindo-se um ponto por cada derrota, somando-se um ponto por empate, e dois pontos por vitória.

Com base nessas informações, pode-se afirmar: [Indique a soma das alternativas corretas.]

(01) Sabendo-se que o time **C** não perdeu todas as partidas, sua pontuação final é um número inteiro pertencente ao intervalo [−7, 20].

(02) Se o time **C** obteve pontuação final menor que a dos times **A** e **B**, então ele venceu, no máximo, 6 partidas.

(04) Se o time **C** venceu 7 partidas, sua pontuação final é igual à do time **B**.

(08) Caso o time **C** tenha perdido uma partida para o time **A** e outra para o time **B**, é impossível que ele tenha a maior pontuação final entre os três times.

(16) Sendo $M = \begin{pmatrix} 2 & 3 & 5 \\ 1 & 5 & 4 \\ X & 0 & Z \end{pmatrix}$ e $N = \begin{pmatrix} -1 \\ 1 \\ 2 \end{pmatrix}$, então o produto $M \cdot N$ é uma matriz da forma $\begin{pmatrix} a \\ b \\ c \end{pmatrix}$ tal que **a**, **b** e **c** representam, respectivamente, as pontuações finais dos times **A**, **B** e **C**.

15. Determine as matrizes quadradas de ordem 2 que comutam com a matriz $\begin{pmatrix} 1 & 2 \\ 0 & 1 \end{pmatrix}$.

16. (UFTM-MG) Considere as matrizes

$A = (a_{ij})_{2 \times 2}$, tal que $a_{ij} = i^2 + j^2$, e

$B = (b_{ij})_{2 \times 2}$, tal que $b_{ij} = (i + j)^2$.

Determine:

a) pela lei de formação, a matriz **C** resultante da soma das matrizes **A** e **B**.

b) a matriz **M** de ordem 2 que é a solução da equação matricial $A \cdot M + B = 0$, em que 0 representa a matriz nula de ordem 2.

17. (FGV-SP)

a) Determine **a** e **b** de forma que a matriz $A = \begin{bmatrix} 1 & 1 \\ 2a & 0{,}5b \end{bmatrix}$ verifique que $A^2 = 2A$ e depois calcule $\mathbf{A}^{11}$.

b) Nos meses de abril e maio, uma família adquiriu as mesmas quantidades de açúcar, arroz e feijão em um mesmo supermercado, mas os preços sofreram uma leve alteração:

		Abril	Maio
Preço por quilo	Açúcar	R$ 1,00	R$ 1,20
	Arroz	R$ 2,50	R$ 2,00
	Feijão	R$ 3,00	R$ 3,00

Quantidade de pacotes de 1 kg		
Açúcar	Arroz	Feijão
4	5	6

Mediante um produto de matrizes, expresse, por meio de uma matriz, quanto a família gastou em cada mês.

18. Seja $A = (a_{ij})_{2 \times 2}$ tal que $a_{ij} = \log_2 (i \cdot j)$.

Determine $(A^{-1})^t$.

19. (UFG-GO) Uma técnica para criptografar mensagens utiliza a multiplicação de matrizes. Um codificador transforma sua mensagem numa matriz **M**, com duas linhas, substituindo cada letra pelo número correspondente à sua ordem no alfabeto, conforme modelo apresentado a seguir.

Letra	A	B	C	D	E	F	G	H	I
Número	1	2	3	4	5	6	7	8	9
Letra	J	K	L	M	N	O	P	Q	R
Número	10	11	12	13	14	15	16	17	18
Letra	S	T	U	V	W	X	Y	Z	-
Número	19	20	21	22	23	24	25	26	27

Por exemplo, a palavra **SENHAS** ficaria assim:

$$M = \begin{bmatrix} S & E & N \\ H & A & S \end{bmatrix} = \begin{bmatrix} 19 & 5 & 14 \\ 8 & 1 & 19 \end{bmatrix}$$

Para codificar, uma matriz 2×2, **A**, é multiplicada pela matriz **M**, resultando na matriz $E = A \times M$, que é a mensagem codificada a ser enviada.

Ao receber a mensagem, o decodificador precisa reobter **M** para descobrir a mensagem original. Para isso, utiliza uma matriz 2×2, **B**, tal que $B \times A = I$, em que **I** é a matriz identidade (2×2).

Assim, multiplicando **B** por **E**, obtém-se $B \times E = B \times A \times M = M$.

Uma palavra codificada, segundo esse processo, por uma matriz $A = \begin{bmatrix} 2 & 1 \\ 1 & 1 \end{bmatrix}$ resultou na matriz $E = \begin{bmatrix} 47 & 30 & 29 \\ 28 & 21 & 22 \end{bmatrix}$.

Calcule a matriz **B**, decodifique a mensagem e identifique a palavra original.

20. (FGV-SP) Um determinado produto deve ser distribuído a partir de 3 fábricas para 4 lojas consumidoras. Seja $C = (c_{ij})_{3 \times 4}$ a matriz do custo unitário de transporte da fábrica **i** para a loja **j**, com $c_{ij} = (2i - 3j)^2$. Seja $B = (b_{ij})_{3 \times 4}$ a matriz que representa a quantidade de produtos transportados da fábrica **i** para a loja **j**, em milhares de unidades, com $b_{ij} = i + j$.

a) Determine as matrizes $C = (c_{ij})_{3 \times 4}$ e B^t sendo que $\mathbf{B}^t$ é a transposta da matriz $B = (b_{ij})_{3 \times 4}$.

b) Sendo $D = \begin{bmatrix} 1 \\ 1 \\ 1 \\ 1 \end{bmatrix}$ e $E = [1\ 0\ 0]_{1 \times 3}$, determine as matrizes $X = (x_{ij})_{3 \times 1}$ e $Y = (y_{ij})_{1 \times 3}$, tais que $X = B \cdot D$ e $Y = E \cdot (C \cdot B^t)$. Em seguida, determine o significado econômico de $\mathbf{x}_{ij}$ e de $\mathbf{y}_{ij}$.

21. (ITA-SP) Uma matriz real quadrada **A** é ortogonal se **A** é inversível e $A^{-1} = A^t$. Determine todas as matrizes 2×2 que são simétricas e ortogonais, expressando-as, quando for o caso, em termos de seus elementos que estão fora da diagonal principal.

22. (FGV-SP) Os alunos de uma classe foram consultados sobre quatro possibilidades diferentes de horário para o exame final da disciplina (possibilidades **A**, **B**, **C** e **D**). Cada aluno ordenou sua preferência de 1ª à 4ª escolha (a 1ª é a mais desejada, e a 4ª a menos desejada). A apuração dos resultados dessa consulta mostrou que foram escolhidas apenas 9 ordenações diferentes, dentre as 24 possíveis. A tabela indica os resultados da consulta com os dados agrupados.

Número de votos	1ª escolha	2ª escolha	3ª escolha	4ª escolha
3	A	B	C	D
4	A	B	D	C
7	A	C	B	D
8	B	C	D	A
2	B	A	C	D
5	B	C	A	D
8	C	D	B	A
2	C	A	D	B
11	D	C	A	B

Exemplo: do total de 50 alunos, 3 preferem **A** à **B**, **B** à **C** e **C** à **D** (primeira linha da tabela).

a) Usando os dados da tabela, determine o horário vencedor, e com que porcentagem de votos, em uma eleição majoritária simples.
Definição: eleição majoritária simples é aquela em que se leva em consideração apenas a 1ª escolha de cada eleitor.

b) Admita, agora, que são atribuídos peso quatro (4 pontos) à 1ª escolha de cada aluno, três (3 pontos) à 2ª escolha, dois (2 pontos) à 3ª escolha e um (1 ponto) à 4ª escolha.

Dada a matriz $V_{1\times 9} = \begin{bmatrix} 3 & 4 & 7 & 8 & 2 & 5 & 8 & 2 & 11 \end{bmatrix}$, determine a matriz $P_{9\times 4}$ de forma que $V_{1\times 9} \cdot P_{9\times 4}$ resulte a matriz $T_{1\times 4} = \begin{bmatrix} A & B & C & D \end{bmatrix}$ do total de pontos dos horários **A**, **B**, **C** e **D**. Em seguida, ordene a classificação dos quatro horários, do que obteve mais pontos para o que obteve menos pontos.

23. (Unicamp-SP) Uma matriz real quadrada **P** é dita ortogonal se $P^T = P^{-1}$, ou seja, se sua transposta é igual a sua inversa.

a) Considere a matriz **P** abaixo. Determine os valores de **a** e **b** para que **P** seja ortogonal.
Dica: você pode usar o fato de que $P^{-1}P = I$ em que **I** é a matriz identidade.

$$P = \begin{bmatrix} -\frac{1}{3} & -\frac{2}{3} & -\frac{2}{3} \\ -\frac{2}{3} & a & -\frac{1}{3} \\ -\frac{2}{3} & b & \frac{2}{3} \end{bmatrix}$$

b) Uma certa matriz **A** pode ser escrita na forma $A = QR$, sendo **Q** e **R** as matrizes abaixo. Sabendo que **Q** é ortogonal, determine a solução do sistema $Ax = b$, para o vetor **b** dado, **sem obter explicitamente a matriz A**. Dica: lembre-se de que $X = A^{-1}b$.

$$Q = \begin{bmatrix} \frac{1}{2} & -\frac{1}{2} & \frac{\sqrt{2}}{2} \\ \frac{1}{2} & -\frac{1}{2} & \frac{\sqrt{2}}{2} \\ \frac{\sqrt{2}}{2} & \frac{\sqrt{2}}{2} & 0 \end{bmatrix}, R = \begin{bmatrix} 2 & 0 & 0 \\ 0 & -2 & 0 \\ 0 & 0 & \sqrt{2} \end{bmatrix}, b = \begin{bmatrix} 6 \\ -2 \\ 0 \end{bmatrix}$$

24. (Uerj) Para enviar mensagens sigilosas substituindo letras por números, foi utilizado um sistema no qual cada letra do alfabeto está associada a um único número **n**, formando a sequência de 26 números ilustrada na tabela:

Letra	Número n
A	1
B	2
C	3
D	4
E	5
...	...
W	23
X	24
Y	25
Z	26

Para utilizar o sistema, cada número **n**, correspondente a uma determinada letra, é transformado em um número f(n), de acordo com a seguinte função:

$$f(n) = \begin{cases} 2n + 3, \text{ se } 1 \leqslant n \leqslant 10 \\ 50 - n, \text{ se } 11 \leqslant n \leqslant 26 \end{cases} \quad \text{na qual } n \in \mathbb{N}$$

As letras do nome ANA, por exemplo, estão associadas aos números [1 14 1]. Ao se utilizar o sistema, obtém-se a nova matriz [f(1) f(14) f(1)], gerando a matriz código [5 36 5].

Considere a destinatária de uma mensagem cujo nome corresponde à seguinte matriz código:

[7 13 5 30 32 21 24].

Identifique esse nome.

Testes

1. (Uern) Sejam duas matrizes **A** e **B**: $A = (a_{ij})_{3 \times 3}$, tal que $a_{ij} = \begin{cases} i \cdot j, \text{ se } i \leqslant j \\ i + j, \text{ se } i > j \end{cases}$ e $B = A^2$. Assim, a soma dos elementos da diagonal secundária de **B** é:

a) 149 b) 153 c) 172 d) 194

2. (Uern) Sejam as matrizes $M = \begin{bmatrix} 2 & 3 \\ -1 & 0 \end{bmatrix}$, $N = \begin{bmatrix} 4 & 0 \\ 1 & 5 \end{bmatrix}$ e $P = M \cdot N + N \cdot M$. O menor elemento da matriz **P** é

a) −7 b) −1 c) −5 d) 2

3. (PUC-RS) Numa aula de Álgebra Matricial dos cursos de Engenharia, o professor pediu que os alunos resolvessem a seguinte questão:

Se $A = \begin{bmatrix} 1 & 2 \\ 3 & 4 \end{bmatrix}$, então $\mathbf{A}^2$ é igual a

a) $\begin{bmatrix} 1 & 3 \\ 2 & 4 \end{bmatrix}$ b) $\begin{bmatrix} 1 & 4 \\ 9 & 16 \end{bmatrix}$ c) $\begin{bmatrix} 7 & 10 \\ 15 & 22 \end{bmatrix}$ d) $\begin{bmatrix} 5 & 11 \\ 11 & 25 \end{bmatrix}$ e) $\begin{bmatrix} 5 & 5 \\ 25 & 25 \end{bmatrix}$

4. (Ufam) Sejam $A = (a_{ij})$ e $B = (b_{ij})$ duas matrizes quadradas de ordem 2, com $a_{ij} = 2i - j$ e $b_{ij} = 2i - 3j$. Se $C = A + B$, então $\mathbf{C}^{-1}$ é igual a:

a) $\begin{bmatrix} 1 & 2 \\ 3 & 2 \end{bmatrix}$ b) $\begin{bmatrix} 0 & \frac{1}{2} \\ -\frac{1}{2} & 0 \end{bmatrix}$ c) $\begin{bmatrix} 1 & 2 \\ -2 & 0 \end{bmatrix}$ d) $\begin{bmatrix} 1 & 1 \\ 1 & 0 \end{bmatrix}$ e) $\begin{bmatrix} 0 & \frac{1}{4} \\ -\frac{1}{4} & 0 \end{bmatrix}$

5. (Enem) A tabela apresenta parte do resultado de um espermograma (exame que analisa as condições físicas e composição do sêmen humano).

Espermograma

Características	Padrão	30/11/2009	23/03/2010	09/08/2011	23/08/2011	06/03/2012
Volume (mL)	2,0 a 5,0	2,5	2,5	2,0	4,0	2,0
Tempo de liquefação (mm)	Até 60	35	50	60	59	70
pH	7,2 a 7,8	7,5	7,5	8,0	7,6	8,0
Espermatozoide (unidade/mL)	> 20 000 000	9 400 000	27 000 000	12 800 000	24 200 000	10 200 000
Leucócito (unidade/mL)	Até 1 000	2 800	1 000	1 000	900	1 400
Hemácia (unidade/mL)	Até 1 000	800	1 200	200	800	800

Para analisar o exame, deve-se comparar os resultados obtidos em diferentes datas com o valor padrão de cada característica avaliada.

O paciente obteve um resultado dentro dos padrões no exame realizado no dia

a) 30/11/2009.
b) 23/03/2010.
c) 09/08/2011.
d) 23/08/2011.
e) 06/03/2012.

6. (Unicamp-SP) Em uma matriz, chamam-se elementos internos aqueles que não pertencem à primeira nem à última linha ou coluna. O número de elementos internos em uma matriz com 5 linhas e 6 colunas é igual a

a) 12. b) 15. c) 16. d) 20.

7. (UFG-GO) Um modelo matemático usado para a ampliação de uma imagem consiste em considerar uma transformação linear dada pela multiplicação de uma matriz escala $\mathbf{E_S}$ por uma matriz coluna **A**, composta pelas coordenadas do ponto **P**, que forma a imagem que será ampliada. Considerando as matrizes **A** e $\mathbf{E_S}$ dadas por:

$$A = \begin{bmatrix} x \\ y \end{bmatrix} \text{ e } E_s = \begin{bmatrix} E_x & 0 \\ 0 & E_y \end{bmatrix},$$

em que $\mathbf{E_x}$ e $\mathbf{E_y}$ são fatores multiplicativos que indicam a mudança da escala, então a matriz **Q** que indica as novas coordenadas do ponto **P**, obtidas pela multiplicação das matrizes $\mathbf{E_S}$ e **A**, é:

a) $\begin{bmatrix} xE_x \\ yE_y \end{bmatrix}$

b) $\begin{bmatrix} E_x + x \\ E_y + y \end{bmatrix}$

c) $\begin{bmatrix} yE_x \\ xE_y \end{bmatrix}$

d) $\begin{bmatrix} yE_x & 0 \\ 0 & xE_y \end{bmatrix}$

e) $\begin{bmatrix} E_x & x \\ y & E_y \end{bmatrix}$

8. (ESPM-SP) A distribuição dos **n** moradores de um pequeno prédio de apartamentos é dada pela matriz $\begin{bmatrix} 4 & x & 5 \\ 1 & 3 & y \\ 6 & y & x+1 \end{bmatrix}$, onde cada elemento $\mathbf{a_{ij}}$ representa a quantidade de moradores do apartamento **j** do andar **i**.

Sabe-se que, no 1º andar, moram 3 pessoas a mais que no 2º e que os apartamentos de número 3 comportam 12 pessoas ao todo. O valor de **n** é:

a) 30 b) 31 c) 32 d) 33 e) 34

9. (Uece) Se as matrizes $M = \begin{bmatrix} 1 & x & 3 \\ y & 2 & 1 \\ 3 & 2 & z \end{bmatrix}$, $P = \begin{bmatrix} 2 & 1 & 3 \\ 4 & 2 & 1 \\ 6 & 2 & 3 \end{bmatrix}$ e $N = \begin{bmatrix} a & 0 & 0 \\ 0 & b & 0 \\ 0 & 0 & c \end{bmatrix}$ satisfazem a igualdade $M \cdot N = P$, então $x + y + z$ é igual a

a) 3. b) 4. c) 5. d) 6.

10. (UFPR) Um criador de cães observou que as rações das marcas **A**, **B**, **C** e **D** contêm diferentes quantidades de três nutrientes, medidos em miligramas por quilograma, como indicado na primeira matriz abaixo. O criador decidiu misturar os quatro tipos de ração para proporcionar um alimento adequado para seus cães. A segunda matriz abaixo dá os percentuais de cada tipo de ração nessa mistura.

	A	B	C	D
nutriente 1	210	370	450	290
nutriente 2	340	520	305	485
nutriente 3	145	225	190	260

percentuais da mistura

A	35%
B	25%
C	30%
D	10%

Quantos miligramas do nutriente 2 estão presentes em um quilograma da mistura de rações?

a) 389 mg
b) 330 mg
c) 280 mg
d) 210 mg
e) 190 mg

11. (EsPCEx-SP) Considere as matrizes $A = \begin{bmatrix} 3 & 5 \\ 1 & x \end{bmatrix}$ e $B = \begin{bmatrix} x & y+4 \\ y & 3 \end{bmatrix}$.

Se **x** e **y** são valores para os quais **B** é a transposta da inversa da matriz **A**, então o valor de $x + y$ é

a) −1
b) −2
c) −3
d) −4
e) −5

12. (FGV-SP) A matriz $\begin{bmatrix} a \\ b \\ c \end{bmatrix}$ é a solução da equação matricial $AX = M$ em que $A = \begin{bmatrix} 1 & 2 & 5 \\ 0 & 1 & 4 \\ 0 & 0 & 3 \end{bmatrix}$ e $M = \begin{bmatrix} 28 \\ 15 \\ 9 \end{bmatrix}$.

Então $a^2 + b^2 + c^2$ vale:

a) 67
b) 68
c) 69
d) 70
e) 71

13. (Uesc-BA) O fluxo de veículos que circulam pelas ruas de mão dupla 1, 2 e 3 é controlado por um semáforo, de tal modo que, cada vez que sinaliza a passagem de veículos, é possível que passem até 12 carros, por minuto, de uma rua para outra.

Na matriz $S = \begin{pmatrix} 0 & 90 & 36 \\ 90 & 0 & 75 \\ 36 & 75 & 0 \end{pmatrix}$ cada termo $\mathbf{S}_{ij}$ indica o tempo, em segundos, que o semáforo fica aberto, num período de 2 minutos, para que haja o fluxo da rua **i** para a rua **j**.

Então, o número máximo de automóveis que podem passar da rua 2 para a rua 3, das 8h às 10h de um mesmo dia, é

a) 432
b) 576
c) 900
d) 1 080
e) 1 100

14. (Uema) Uma empresa da construção civil faz 3 tipos de casa: tipo 1, para casal sem filhos; tipo 2, para casal com até 2 filhos; e tipo 3, para casal com 3 ou mais filhos. A empresa de material de construção Barateiro Umbizal fornece ferro, madeira, telha e tijolo, para a primeira etapa da construção, conforme tabelas de material e de preço.

Quantidade de material fornecido pela empresa Barateiro Umbizal

Tipo de casa	Ferro (feixe)	Madeira (m^2)	Telha (milheiro)	Tijolo (milheiro)
Tipo 1	3	2	2	3
Tipo 2	4	4	3	5
Tipo 3	5	5	4	6

Preço por unidade de material fornecido em reais

Feixe de ferro	Madeira (m^2)	Telha (milheiro)	Tijolo (milheiro)
500,00	600,00	400,00	300,00

Sabendo que a empresa construirá 2, 4 e 5 casas dos tipos 1, 2 e 3, respectivamente, o preço unitário de cada tipo de casa e o custo total do material fornecido, para esta primeira etapa de construção, pela empresa, em reais, é de:

a)

Tipo 1	Tipo 2	Tipo 3	Custo total
5 200,00	7 100,00	8 900,00	83 300,00

b)

Tipo 1	Tipo 2	Tipo 3	Custo total
4 400,00	7 100,00	9 100,00	82 700,00

c)

Tipo 1	Tipo 2	Tipo 3	Custo total
4 400,00	7 100,00	8 900,00	81 700,00

d)

Tipo 1	Tipo 2	Tipo 3	Custo total
4 400,00	7 400,00	8 900,00	82 900,00

e)

Tipo 1	Tipo 2	Tipo 3	Custo total
4 500,00	7 100,00	8 800,00	82 400,00

15. (UEG-GO) Dada a matriz $A = \begin{pmatrix} e^{2x^2} & 0 \\ 0 & |y+x| \end{pmatrix}$ e seja **B** uma matriz de identidade de ordem 2, os valores de **x** e **y** não negativos, tal que as matrizes **A** e **B** sejam iguais, são respectivamente

a) 0 e 1
b) 1 e 1
c) 0 e $\frac{\sqrt{2}}{2}$
d) $\frac{\sqrt{2}}{2}$ e $1-\frac{\sqrt{2}}{2}$

16. (Uerj) Para combater a subnutrição infantil, foi desenvolvida uma mistura alimentícia composta por três tipos de suplementos alimentares I, II e III. Esses suplementos, por sua vez, contêm diferentes concentrações de três nutrientes: **A**, **B** e **C**. Observe as tabelas a seguir, que indicam a concentração de nutrientes nos suplementos e a porcentagem de suplementos na mistura, respectivamente.

Nutriente	Concentração dos Suplementos Alimentares (g/kg)		
	I	II	III
A	0,2	0,5	0,4
B	0,3	0,4	0,1
C	0,1	0,4	0,5

Suplemento Alimentar	Quantidade na Mistura (%)
I	45
II	25
III	30

A quantidade do nutriente **C**, em g/kg, encontrada na mistura alimentícia é igual a:

a) 0,235
b) 0,265
c) 0,275
d) 0,295

17. (ESPM-SP) Sendo $A = \begin{bmatrix} a & b \\ c & d \end{bmatrix}$ matriz quadrada de ordem 2, a soma de todos os elementos da matriz $M = A \cdot A^t$ é dada por:

a) $a^2 + b^2 + c^2 + d^2$
b) $(a + b + c + d)^2$
c) $(a + b)^2 + (c + d)^2$
d) $(a + d)^2 + (b + c)^2$
e) $(a + c)^2 + (b + d)^2$

18. (Fuvest-SP) Considere a matriz $A = \begin{bmatrix} a & 2a+1 \\ a-1 & a+1 \end{bmatrix}$ em que **a** é um número real. Sabendo que **A** admite inversa $\mathbf{A}^{-1}$ cuja primeira coluna é $\begin{bmatrix} 2a-1 \\ -1 \end{bmatrix}$, a soma dos elementos da diagonal principal de $\mathbf{A}^{-1}$ é igual a

a) 5 c) 7 e) 9
b) 6 d) 8

19. (FGV-RJ) Seja **X** a matriz que satisfaz a equação matricial $X \cdot A = B$, em que:

$A = \begin{bmatrix} 2 & 1 \\ 5 & 3 \end{bmatrix}$ e $B = [8 \ \ 5]$.

Ao multiplicar os elementos da matriz **X**, obteremos o número:

a) −1 c) 1 e) 0
b) −2 d) 2

20. (UEL-PR) Conforme dados da Agência Nacional de Aviação Civil (Anac), no Brasil, existem 720 aeródromos públicos e 1 814 aeródromos privados certificados. Os programas computacionais utilizados para gerenciar o tráfego aéreo representam a malha aérea por meio de matrizes. Considere a malha aérea entre quatro cidades com aeroportos por meio de uma matriz. Sejam as cidades **A**, **B**, **C** e **D** indexadas nas linhas e colunas da matriz 4 × 4 dada a seguir. Coloca-se 1 na posição **X** e **Y** da matriz 4 × 4 se as cidades **X** e **Y** possuem conexão aérea direta, caso contrário coloca-se 0. A diagonal principal, que corresponde à posição X = Y, foi preenchida com 1.

$$\begin{array}{c} \\ A \\ B \\ C \\ D \end{array} \begin{array}{c} \begin{array}{cccc} A & B & C & D \end{array} \\ \begin{bmatrix} 1 & 0 & 0 & 1 \\ 0 & 1 & 1 & 1 \\ 0 & 1 & 1 & 0 \\ 1 & 1 & 0 & 1 \end{bmatrix} \end{array}$$

Considerando que, no trajeto, o avião não pode pousar duas ou mais vezes em uma mesma cidade nem voltar para a cidade de origem, assinale a alternativa correta.

a) Pode-se ir da cidade **A** até **B** passando por outras cidades.
b) Pode-se ir da cidade **D** até **B** passando por outras cidades.
c) Pode-se ir diretamente da cidade **D** até **C**.
d) Existem dois diferentes caminhos entre as cidades **A** e **B**.
e) Existem dois diferentes caminhos entre as cidades **A** e **C**.

21. (Insper-SP) Três amigos foram a uma papelaria para comprar material escolar. As quantidades adquiridas de cada produto e o total pago por cada um deles são mostrados na tabela.

Amigo	Quantidades compradas de			Total pago (R$)
	cadernos	canetas	lápis	
Júlia	5	5	3	96,00
Bruno	6	3	3	105,00
Felipe	4	5	2	79,00

Os preços unitários, em reais, de cada caderno, de uma caneta e de um lápis, são, respectivamente, **x**, **y** e **z**. Dessa forma, das igualdades envolvendo matrizes fornecidas a seguir, a única que relaciona corretamente esses preços unitários com os dados da tabela é:

a) $\begin{bmatrix} x & y & z \end{bmatrix} \cdot \begin{bmatrix} 5 & 5 & 3 \\ 6 & 3 & 3 \\ 4 & 5 & 2 \end{bmatrix} = \begin{bmatrix} 96 & 105 & 79 \end{bmatrix}$

b) $\begin{bmatrix} x \\ y \\ z \end{bmatrix} \cdot \begin{bmatrix} 5 & 5 & 3 \\ 6 & 3 & 3 \\ 4 & 5 & 2 \end{bmatrix} = \begin{bmatrix} 96 \\ 105 \\ 79 \end{bmatrix}$

c) $\begin{bmatrix} 5 & 5 & 3 \\ 6 & 3 & 3 \\ 4 & 5 & 2 \end{bmatrix} \cdot \begin{bmatrix} x & y & z \end{bmatrix} = \begin{bmatrix} 96 & 105 & 79 \end{bmatrix}$

d) $\begin{bmatrix} 5 & 5 & 3 \\ 6 & 3 & 3 \\ 4 & 5 & 2 \end{bmatrix} \cdot \begin{bmatrix} x \\ y \\ z \end{bmatrix} = \begin{bmatrix} 96 \\ 105 \\ 79 \end{bmatrix}$

e) $\begin{bmatrix} x \\ y \\ z \end{bmatrix} \cdot \begin{bmatrix} 96 \\ 105 \\ 79 \end{bmatrix} = \begin{bmatrix} 5 & 5 & 3 \\ 6 & 3 & 3 \\ 4 & 5 & 2 \end{bmatrix}$

22. (FICSAE-SP) Uma matriz **B** possui **i** linhas e **j** colunas e seus elementos são obtidos a partir da expressão $b_{ij} = i - 2j$. Seja uma matriz $A = (a_{ij})_{2 \times 3}$ cujos elementos da primeira coluna são nulos e $\mathbf{I}_2$ a matriz identidade de ordem 2, tal que $AB = I_2$. O valor numérico do maior elemento da matriz **A** é igual a

a) 0 b) 1 c) 2 d) 3

23. (Fatec-SP) Sendo **A** uma matriz quadrada, define-se $A^n = A \cdot A \cdot ... \cdot A$. No caso de **A** ser a matriz $\begin{bmatrix} 0 & 1 \\ 1 & 0 \end{bmatrix}$, é correto afirmar que a soma $A + A^2 + A^3 + A^4 + ... + A^{39} + A^{40}$ é igual à matriz:

a) $\begin{bmatrix} 20 & 20 \\ 20 & 20 \end{bmatrix}$ c) $\begin{bmatrix} 40 & 40 \\ 40 & 40 \end{bmatrix}$ e) $\begin{bmatrix} 0 & 20 \\ 20 & 0 \end{bmatrix}$

b) $\begin{bmatrix} 20 & 0 \\ 0 & 20 \end{bmatrix}$ d) $\begin{bmatrix} 0 & 40 \\ 40 & 0 \end{bmatrix}$

24. (Unesp-SP) Dada a matriz $A = \begin{bmatrix} -2 & 3 \\ -1 & 2 \end{bmatrix}$ e definindo-se $A^0 = I$, $A^1 = A$ e $A^K = A \cdot A \cdot A \cdot ... \cdot A$, com **k** fatores, onde **I** é uma matriz identidade de ordem 2, $k \in \mathbb{N}$ e $k \geqslant 2$, a matriz $\mathbf{A}^{15}$ será dada por:

a) I. c) A^2. e) A^4.

b) A. d) A^3.

25. (AFA-SP) Uma montadora de automóveis prepara três modelos de carros, a saber:

Modelo	1	2	3
Cilindrada (em litro)	1.0	1.4	1.8

Essa montadora divulgou a matriz abaixo em que cada termo $\mathbf{a}_{ij}$ representa a distância percorrida, em km, pelo modelo **i**, com um litro de combustível, à velocidade 10j km/h.

$$\begin{bmatrix} 6 & 7{,}6 & 7{,}2 & 8{,}9 & 8{,}2 & 11 & 10 & 12 & 11{,}8 \\ 5 & 7{,}5 & 7 & 8{,}5 & 8 & 10{,}5 & 9{,}5 & 11{,}5 & 11 \\ 3 & 2{,}7 & 5{,}9 & 5{,}5 & 8{,}1 & 7{,}4 & 9{,}8 & 9{,}4 & 13{,}1 \end{bmatrix}$$

Com base nisso, é correto dizer que:

a) para motoristas que somente trafegam a 30 km/h, o carro 1.4 é o mais econômico.

b) se durante um mesmo período de tempo um carro 1.4 e um 1.8 trafegam a 50 km/h, o 1.4 será o mais econômico.

c) para motoristas que somente trafegam a velocidade de 70 km/h, o carro 1.8 é o de maior consumo.

d) para motoristas que somente trafegam a 80 km/h, o carro 1.0 é o mais econômico.

26. (Mack-SP) Se a matriz

$$\begin{bmatrix} 1 & x+y+z & 3y-z+2 \\ 4 & 5 & -5 \\ y-2z+3 & z & 0 \end{bmatrix}$$

é simétrica, o valor de **x** é:

a) 0

b) 1

c) 6

d) 3

e) −5

27. (Unesp-SP) Considere a equação matricial $A + BX = X + 2C$, cuja incógnita é a matriz **X** e todas as matrizes são quadradas de ordem **n**. A condição necessária e suficiente para que esta equação tenha solução única é que:

a) $B - I \neq 0$, onde **I** é a matriz identidade de ordem **n** e **0** é a matriz nula de ordem **n**.

b) **B** seja invertível.

c) $B \neq 0$, onde **0** é a matriz nula de ordem **n**.

d) $B - I$ seja invertível, onde **I** é a matriz identidade de ordem **n**.

e) **A** e **C** sejam invertíveis.

28. (UFF-RJ) Nos processos de digitalização, imagens podem ser representadas por matrizes cujos elementos são os algarismos 0 e 1. Considere que a matriz linha $L = \begin{pmatrix} 1 & 0 & 1 & 0 & 0 & 1 \end{pmatrix}$ representa a figura a seguir:

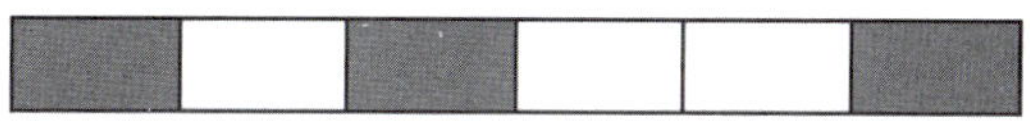

Reprodução/ UFF, 2006

onde 1 representa "quadrinho" escuro e 0 representa "quadrinho" branco.

Seja **X** a matriz linha dada por $X = LM$, onde **M** é a matriz $M = (m_{ij})$ com

$$m_{ij} = \begin{cases} 1, \text{ se } i + j = 7 \\ 0, \text{ se } i + j \neq 7, 1 \leqslant i \leqslant 6, 1 \leqslant j \leqslant 6 \end{cases}$$

Dessa forma, a matriz **X** representa a figura da opção:

a) 

b) 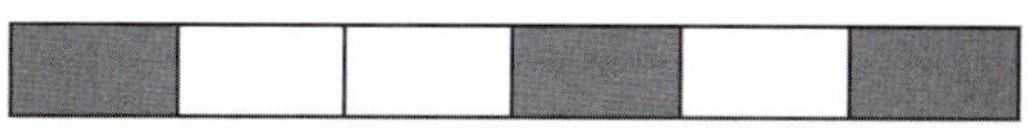

c) 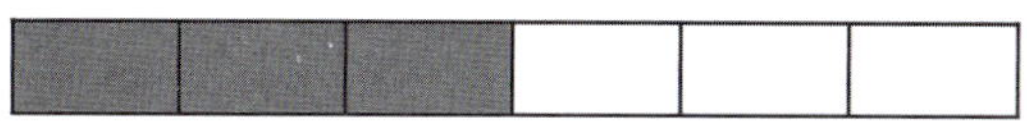

d) 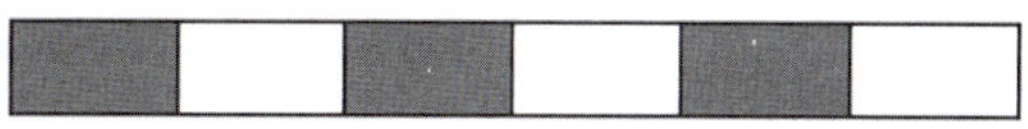

e) 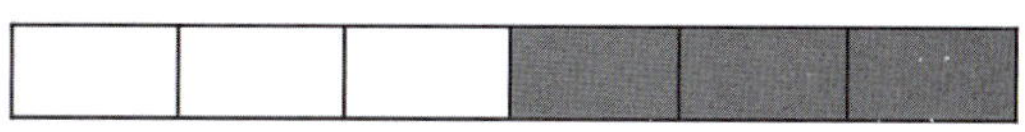

Reprodução/ UFF, 2006

29. (Uece) Sejam as matrizes

$$P = \begin{pmatrix} x & 1 \\ 1 & 1 \end{pmatrix},\ Q = \begin{pmatrix} 1 & y \\ 1 & 1 \end{pmatrix},\ R = \begin{pmatrix} 1 & 1 \\ z & 1 \end{pmatrix} \text{ e } S = \begin{pmatrix} 1 & 1 \\ 1 & t \end{pmatrix}$$

Sobre a igualdade $P \cdot Q = R \cdot S$ é possível afirmar-se corretamente:

a) nunca se verifica.
b) verifica-se somente se $x = y = z = t$.
c) verifica-se sempre que $x = z = 1$ e $y = t$.
d) verifica-se quando $x \neq z$ e $y \neq t$.

30. (Uerj) Observe a matriz **A**, quadrada e de ordem três.

$$A = \begin{pmatrix} 0{,}3 & 0{,}47 & 0{,}6 \\ 0{,}47 & 0{,}6 & x \\ 0{,}6 & x & 0{,}77 \end{pmatrix}$$

Considere que cada elemento $\mathbf{a}_{ij}$ dessa matriz é o valor do logaritmo decimal de $(i + j)$.

O valor de **x** é igual a:

a) 0,50 b) 0,70 c) 0,77 d) 0,87

31. (UFU-MG) Sejam **A**, **B** e **C** matrizes quadradas de ordem 2, tais que $A \cdot B = I$, em que **I** é a matriz identidade.

A matriz **X** tal que $A \cdot X \cdot A = C$ é igual a:

a) $B \cdot C \cdot B$
b) $(A^2)^{-1} \cdot C$
c) $C \cdot (A^{-1})^2$
d) $A \cdot C \cdot B$

32. (UFF-RJ) Se $\mathbf{C}_1, \mathbf{C}_2, ..., \mathbf{C}_k$ representam **k** cidades que compõem uma malha aérea, a matriz de adjacência associada à malha é a matriz **A** definida da seguinte maneira: o elemento na linha **i** e na coluna **j** de **A** é igual ao número 1 se existe exatamente um voo direto da cidade $\mathbf{C}_i$ para a cidade $\mathbf{C}_j$, caso contrário, esse elemento é igual ao número 0. Uma propriedade importante do produto $A^n = \underbrace{AA...A}_{n \text{ fatores}}$, $n \in \mathbb{N}$, é a seguinte: o elemento na linha **i** e na coluna **j** da matriz $\mathbf{A}^n$ dá o número de voos com exatamente $n - 1$ escalas da cidade $\mathbf{C}_i$ para a cidade $\mathbf{C}_j$.

Considere a malha aérea composta por quatro cidades, $\mathbf{C}_1$, $\mathbf{C}_2$, $\mathbf{C}_3$ e $\mathbf{C}_4$, cuja matriz de adjacência é:

$$A = \begin{bmatrix} 0 & 1 & 1 & 1 \\ 1 & 0 & 1 & 1 \\ 1 & 1 & 0 & 0 \\ 1 & 1 & 0 & 0 \end{bmatrix}$$

Os números de voos com uma única escala de $\mathbf{C}_3$ para $\mathbf{C}_1$, de $\mathbf{C}_3$ para $\mathbf{C}_2$ e de $\mathbf{C}_3$ para $\mathbf{C}_4$ são, respectivamente, iguais a

a) 0,0 e 1.
b) 1,1 e 0.
c) 1,1 e 2.
d) 1,2 e 2.
e) 2,1 e 1.

33. (FGV-SP) Sabendo que a inversa de uma matriz **A** é $A^{-1} = \begin{bmatrix} 3 & -1 \\ -5 & 2 \end{bmatrix}$, e que a matriz **X** é a solução da equação matricial $X \cdot A = B$, em que $B = \begin{bmatrix} 8 & 3 \end{bmatrix}$, podemos afirmar que a soma dos elementos da matriz **X** é

a) 7
b) 8
c) 9
d) 10
e) 11

34. (UEG-GO) Tatiana e Tiago comunicam-se entre si por meio de um código próprio dado pela resolução do produto entre as matrizes **A** e **B**, ambas de ordem 2×2, onde cada letra do alfabeto corresponde a um número, isto é, $a = 1$, $b = 2$, $c = 3$, ..., $z = 26$. Por exemplo, se a resolução de $A \cdot B$ for igual a $\begin{bmatrix} 1 & 13 \\ 15 & 18 \end{bmatrix}$, logo a mensagem recebida é **amor**.

Dessa forma, a mensagem recebida por Tatiana foi **flor** e a matriz $B = \begin{bmatrix} 1 & -1 \\ 2 & 1 \end{bmatrix}$, então a matriz **A** é:

a) $\begin{bmatrix} -8 & 7 \\ -8 & 10 \end{bmatrix}$

b) $\begin{bmatrix} -6 & 6 \\ -7 & 11 \end{bmatrix}$

c) $\begin{bmatrix} -8 & 5 \\ -7 & 11 \end{bmatrix}$

d) $\begin{bmatrix} -6 & -7 \\ 6 & 11 \end{bmatrix}$

35. (FGV-SP) Uma matriz **A** de ordem 2 transmite uma palavra de 4 letras em que cada elemento da matriz representa uma letra do alfabeto.

A fim de dificultar a leitura da palavra, por se tratar de informação secreta, a matriz **A** é multiplicada pela matriz $B = \begin{bmatrix} 3 & -1 \\ -5 & 2 \end{bmatrix}$ obtendo-se a matriz codificada $B \cdot A$.

Sabendo que a matriz $B \cdot A$ é igual a $\begin{bmatrix} -10 & 27 \\ 21 & -39 \end{bmatrix}$, podemos afirmar que a soma dos elementos da matriz **A** é:

a) 46
b) 48
c) 49
d) 47
e) 50

CAPÍTULO

9

Sistemas lineares

Armen Barsegyan/<www.cgicoffee.com>

// Neste capítulo e em diversas aplicações, utilizamos sistemas lineares com poucas incógnitas e equações. No entanto, em alguns métodos computacionais de simulação de fluidos, como o utilizado para criar a imagem acima, é necessário resolver diversos sistemas lineares de grande dimensão. Para isso, são utilizadas bibliotecas de *software* especializadas nesse tipo de problema.

Equação linear

Augusto foi sacar R$ 90,00 em um caixa eletrônico que só dispunha de cédulas de R$ 10,00 e de R$ 20,00. Como pode ser feita a distribuição das cédulas a fim de totalizar R$ 90,00?

Vamos representar por:

- **x** o número de cédulas de R$ 10,00;
- **y** o número de cédulas de R$ 20,00.

Devemos determinar quais são os possíveis valores de **x** e de **y** de modo que:

$$10 \cdot x + 20 \cdot y = 90$$

Juca Martins/Olhar Imagem

// Caixa eletrônico em São Paulo (SP).

A equação apresentada na página anterior é um exemplo de **equação linear**.

> Equação linear nas incógnitas $\mathbf{x_1}, \mathbf{x_2}, ..., \mathbf{x_n}$ é toda equação do tipo:
> $$a_1x_1 + a_2x_2 + ... + a_nx_n = b$$
> em que $\mathbf{a_1}, \mathbf{a_2}, ..., \mathbf{a_n}$ e **b** são coeficientes reais.

OBSERVAÇÕES

- Em uma equação linear, os expoentes de todas as incógnitas são sempre iguais a 1. Assim, não representam equações lineares:
  $2x_1^{-1} - x_2 = 5$;
  $y - \sqrt{x} = 0$;
  $x^2 + y^2 + z^2 = 1$.
- Uma equação linear não apresenta termo misto (aquele que contém o produto de duas ou mais incógnitas). Assim, não representam equações lineares:
  $2x_1 + x_2x_3 = 5$;
  $x + y + zw = 0$;
  $x^2 + yz = -4$.

Chamamos **b** de **coeficiente** (ou **termo**) **independente** da equação.

Acompanhe alguns exemplos de equações lineares:

- $x_1 - 2x_2 + 4x_3 = -7$
- $4x - 2y + 3z - t = 0$
- $4x - 3y = -2$
- $x + y + z = 1$
- $\sqrt{3} \cdot x - 2y + z = -\frac{1}{5}$
- $\frac{1}{2} \cdot x_1 = -3$

Observe que uma equação linear é uma equação do primeiro grau com uma ou mais incógnitas.

Solução de uma equação linear

Dizemos que a sequência de números reais $(\alpha_1, \alpha_2, ..., \alpha_n)$ é solução da equação $a_1x_1 + a_2x_2 + ... + a_nx_n = b$ se a sentença $a_1\alpha_1 + a_2\alpha_2 + ... + a_n\alpha_n = b$ for verdadeira, isto é, quando, na equação dada, substituímos $\mathbf{x_1}$ por α_1, $\mathbf{x_2}$ por α_2, ..., $\mathbf{x_n}$ por α_n e, após efetuarmos as operações indicadas, obtemos uma sentença verdadeira.

Vejamos alguns casos:

- O par ordenado (2, −3) é solução da equação $4x - 5y = 23$, pois, substituindo **x** por 2 e **y** por −3, obtemos:

$$4 \cdot 2 - 5 \cdot (-3) = 8 + 15 = 23 \Rightarrow \underbrace{23 = 23}_{\text{sentença verdadeira}}$$

- Considere a situação do saque no caixa eletrônico, apresentada no início deste capítulo. Vamos apresentar as soluções da equação $10x + 20y = 90$, lembrando que **x** e **y** devem ser números naturais.

  Temos as seguintes possibilidades:

Número de cédulas de R$ 10,00 (x)	Número de cédulas de R$ 20,00 (y)
1	4
3	3
5	2
7	1
9	0

Assim, os pares ordenados (1, 4), (3, 3), (5, 2), (7, 1), (9, 0) são soluções da equação.

OBSERVAÇÃO

As soluções da equação linear $10x + 20y = 90$ são as mesmas soluções da equação $x + 2y = 9$.

Basta observar que:

$10x + 20y = 90 \Leftrightarrow$
$\Leftrightarrow 10 \cdot (x + 2y) = 90 \Leftrightarrow$
$\Leftrightarrow x + 2y = 9$

- A terna ou tripla ordenada $(-1, -1, 2)$ é solução da equação $2a - 3b + c = 3$, pois $2 \cdot (-1) - 3 \cdot (-1) + 2 = -2 + 3 + 2 = 3$.
  Já a tripla $(5, 4, 1)$ não é solução dessa equação, pois $2 \cdot 5 - 3 \cdot 4 + 1 = 10 - 12 + 1 = -1 \neq 3$.

Observe que, ao representarmos a solução de uma equação linear, obedecemos à ordem alfabética de suas incógnitas. Na equação acima, quando dizemos que $(-1, -1, 2)$ é uma solução, subentende-se que $a = -1$, $b = -1$ e $c = 2$.

Exercício resolvido

1. Obtenha três soluções da equação linear $x - 3y = -2$, em que **x** e **y** são números reais.

Solução:

Podemos escolher, arbitrariamente, um valor real para uma das incógnitas (por exemplo, **x**) e, a partir disso, determinar o valor da outra incógnita:

- $x = 1$: $1 - 3y = -2 \Rightarrow y = 1 \Rightarrow (1, 1)$ é solução.
- $x = 0$: $0 - 3y = -2 \Rightarrow y = \dfrac{2}{3} \Rightarrow \left(0, \dfrac{2}{3}\right)$ é solução.
- $x = 7$: $7 - 3y = -2 \Rightarrow y = 3 \Rightarrow (7, 3)$ é solução.

Como podemos escolher qualquer valor real para **x** e calcular o valor de **y** correspondente obtendo a solução (x, y), concluímos que essa equação possui infinitas soluções.

Nem toda equação linear possui solução em $\mathbb{R}$. Por exemplo, as equações $0 \cdot x + 0 \cdot y = 2$; $0 \cdot x + 0 \cdot y + 0 \cdot z = -3$; etc. não têm solução real.

Exercícios

1. Quais das equações seguintes podem ser classificadas como lineares?

a) $a - b + 2c = 3$
b) $x + \dfrac{1}{y} = 4$
c) $2x_1 - x_2 + x_3 - x_4 = x_5$
d) $a^2 + b^2 + c^2 = 1$
e) $ab + ac + bc = -2$
f) $x - y = 2$
g) $\sqrt{x} + y + 2z = 4$
h) $-m - n = p + 2$

2. Verifique se os pares ordenados abaixo são soluções da equação linear $2x - y = 7$.

a) $(2, -3)$ b) $(2, 7)$ c) $(5, 3)$

3. Verifique se as triplas ordenadas abaixo são soluções da equação $x + 2y + 4z = 1$.

a) $(-1, 3, -1)$
b) $(0, -4, -1)$
c) $(1, 1, 1)$
d) $\left(0, 0, \dfrac{1}{4}\right)$

4. A equação linear $3x - 2y + z = 1$ admite como solução $(1, -3, m)$. Qual é o valor de **m**?

5. Para um jantar beneficente foram vendidos convites a R$ 80,00 ou R$ 120,00. A arrecadação obtida com a venda dos convites foi de R$ 25 200,00.

a) Escreva uma equação linear relacionando as incógnitas **x** (número de convites vendidos a R$ 80,00) e **y** (número de convites vendidos a R$ 120,00) com a arrecadação obtida com a venda dos convites.
b) É possível que o número de convites vendidos a R$ 80,00 tenha sido 45? E 65?
c) É possível que o número de convites vendidos a R$ 120,00 tenha sido o triplo do número de convites vendidos a R$ 80,00? E a metade?

6. Determine **m** real, de modo que o par $(m, 2m + 1)$ seja solução da equação $3x - 11y = 4$.

7. Determine duas soluções de cada equação:

a) $4x_1 + 3x_2 = -5$
b) $x + y - z = 0$
c) $x + y = 2$
d) $x_1 + 2x_2 + 5x_3 = 16$

8. Cíntia tem de pagar uma compra de R$ 35,00 e só dispõe de moedas de R$ 1,00 e de notas de R$ 5,00. De quantos modos distintos poderá pagar?

9. Considerando o problema anterior, determine o número de maneiras distintas de se fazer o pagamento, supondo que Cíntia disponha apenas de:

a) moedas de R$ 1,00 e notas de R$ 2,00;

b) notas de R$ 2,00, notas de R$ 5,00 e notas de R$ 10,00.

10. Uma equação linear com duas incógnitas apresenta os pares ordenados (1, 1) e (−2, −3) como algumas de suas soluções.

a) Escreva uma equação linear que satisfaça tais condições.

b) Obtenha mais três soluções dessa equação.

Sistemas lineares 2 × 2

Martina passeava pelo calçadão da praia quando avistou um quiosque que vendia sanduíches e água de coco. Em um cartaz havia as seguintes sugestões de pedidos:

Graphorama/Arquivo da editora

Martina ficou interessada em saber o preço unitário do sanduíche e da água de coco. Para descobrir os preços, representou por **x** e **y** os preços unitários da água de coco e do sanduíche, respectivamente, obtendo as seguintes equações:

$$3x + 2y = 30 \qquad 2x + y = 17$$

O conjunto dessas duas equações lineares é exemplo de um **sistema linear** de duas equações e duas incógnitas.

Um **sistema linear 2 × 2**, nas incógnitas **x** e **y**, é um conjunto de duas equações lineares em que **x** e **y** são as incógnitas de cada uma dessas equações.

Para resolver o problema, Martina utilizará o método da adição, já estudado no Ensino Fundamental. Esse método consiste em adicionar, convenientemente, as duas equações, a fim de que se obtenha uma equação com apenas uma incógnita.

Temos o seguinte sistema:

$$\begin{cases} 3x + 2y = 30 \\ 2x + y = 17 \end{cases}$$

Se multiplicarmos a segunda equação por −2 e a adicionarmos à primeira, eliminaremos a incógnita **y**, de modo que a equação obtida somente apresentará a incógnita **x**.

$$\begin{cases} 3x + 2y = 30 \\ -4x - 2y = -34 \end{cases} \Rightarrow \begin{cases} 3x + \cancel{2y} = 30 \\ -4x - \cancel{2y} = -34 \end{cases} \oplus$$

$$-x = -4 \Rightarrow x = 4$$

Logo, a água de coco custa 4 reais.

Substituímos esse valor em qualquer uma das equações anteriores:

$$3x + 2y = 30 \Rightarrow 3 \cdot 4 + 2y = 30 \Rightarrow 2y = 18 \Rightarrow y = 9$$

Então, o sanduíche custa 9 reais.

OBSERVAÇÃO

No Ensino Fundamental são estudados dois outros processos de resolução de sistemas 2 × 2. Vamos relembrá-los resolvendo o sistema $\begin{cases} 3x + 2y = 30 \\ 2x + y = 17 \end{cases}$.

- Comparação:

$2y = 30 - 3x \Rightarrow$
$\Rightarrow y = \frac{30 - 3x}{2}$
$2x + y = 17 \Rightarrow$
$\Rightarrow y = 17 - 2x$

Daí:
$\frac{30 - 3x}{2} = 17 - 2x \Rightarrow$
$\Rightarrow x = 4$ e $y = 9$

- Substituição:

De $y = 17 - 2x$, temos:
$3x + 2 \cdot (17 - 2x) = 30 \Rightarrow$
$\Rightarrow -x + 34 = 30 \Rightarrow$
$\Rightarrow x = 4$ e $y = 9$

Observe que x = 4 e y = 9 satisfazem simultaneamente as duas equações:

$$\begin{cases} 3 \cdot 4 + 2 \cdot 9 = 12 + 18 = 30 \\ 2 \cdot 4 + \phantom{2 \cdot{}} 9 = 8 + 9 = 17 \end{cases}$$

Assim, dizemos que o conjunto solução do sistema é: $S = \{(4, 9)\}$.

Note que esse método utiliza duas propriedades conhecidas de uma igualdade que envolve números reais:

- Multiplicando os dois membros de uma igualdade por um número real não nulo, a igualdade é mantida.

$$x = y \text{ e } z \in \mathbb{R}^* \Rightarrow x \cdot z = y \cdot z$$

- Adicionando (ou subtraindo), membro a membro, duas igualdades, obtemos uma nova igualdade.

$$x = y \text{ e } z = w \Rightarrow x + z = y + w$$

Interpretação geométrica e classificação

Além do processo algébrico, um sistema linear 2 × 2 pode ser resolvido graficamente. Acompanhe as situações a seguir.

I. Voltemos ao exemplo de Martina.

A equação linear $3x + 2y = 30$ é equivalente a $y = \frac{30 - 3x}{2}$, isto é, $y = 15 - \frac{3}{2}x$, que é a lei de uma função afim cujo gráfico é a reta **r** representada ao lado. Já a equação linear $2x + y = 17$ equivale a $y = -2x + 17$, que é a lei de uma função afim cujo gráfico é a reta **s**. As retas **r** e **s** intersectam-se unicamente no ponto P(4, 9), isto é, o par ordenado (4, 9) é a única solução do sistema $\begin{cases} 3x + 2y = 30 \\ 2x + y = 17 \end{cases}$, pois verifica, simultaneamente, as duas equações.

Nesse caso, dizemos que o **sistema é possível e determinado (S.P.D.)**.

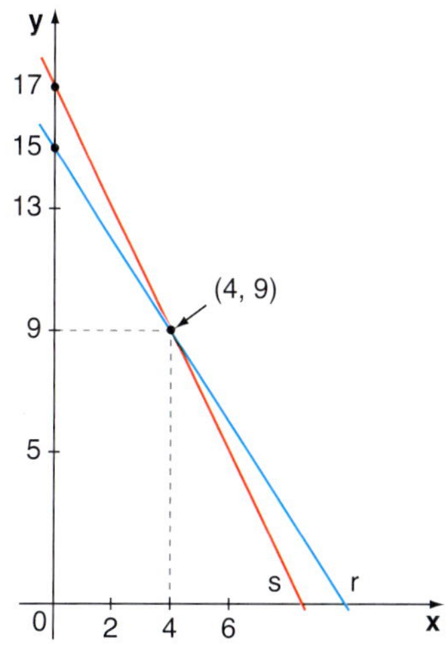

Banco de imagens/Arquivo da editora

II. Seja o sistema $\begin{cases} x - 2y = 5 \\ 2x - 4y = 7 \end{cases}$.

Resolvendo-o pelo método da adição, temos:

$$\begin{cases} x - 2y = 5 \leftarrow (-2 \cdot 1^{\text{a}} \text{ eq.}) \\ 2x - 4y = 7 \end{cases} \Rightarrow \begin{cases} -2x + 4y = -10 \\ 2x - 4y = 7 \end{cases} \oplus$$

$$0 \cdot x + 0 \cdot y = -3$$

Observe que, quaisquer que sejam os valores de **x** e **y**, a equação obtida nunca é satisfeita, pois seu primeiro membro sempre resultará nulo, enquanto o segundo membro será diferente de zero. Assim, o sistema não admite solução.

Graficamente, as funções afim dadas pelas leis $y = \frac{x - 5}{2}$ e $y = \frac{2x - 7}{4}$ têm como gráficos retas paralelas distintas, como mostrado ao lado.

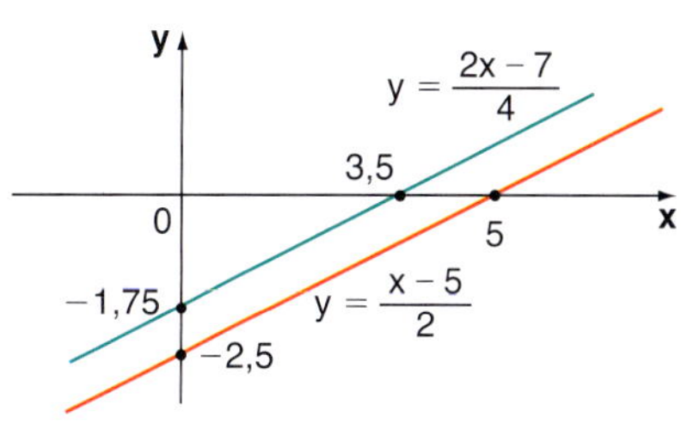

Banco de imagens/Arquivo da editora

Como as retas são paralelas distintas, não há ponto de interseção. Assim, o sistema não admite solução. Seu conjunto solução é $S = \varnothing$.

Nesse caso, dizemos que o **sistema é impossível** e indicamos por **S.I.**

III. Ao resolvermos algebricamente o sistema $\begin{cases} x + y = 1 \\ 2x + 2y = 2 \end{cases}$, usando o método da adição, obtemos:

$$\begin{cases} x + y = 1 \leftarrow (-2 \cdot 1^{a}\text{ eq.}) \\ 2x + 2y = 2 \end{cases} \Rightarrow \begin{cases} -\cancel{2x} - \cancel{2y} = -2 \\ \cancel{2x} + \cancel{2y} = 2 \end{cases} \oplus$$
$$0 \cdot x + 0 \cdot y = 0 \text{ (ou } 0 = 0)$$

Observe a 2ª equação: $2x + 2y = 2$. Dividindo seus dois membros por 2, obtemos $x + y = 1$, ou seja, a 1ª equação. Desse modo, o sistema proposto se reduz à equação $x + y = 1$, que possui infinitas soluções, por exemplo: $(0, 1)$; $(2, -1)$; $(1, 0)$; $\left(\frac{3}{4}, \frac{1}{4}\right)$; $(-5, 6)$; etc.

Expressando **y** em função de **x**, obtemos $y = 1 - x$ e, desse modo, todo par ordenado da forma $(x, 1 - x)$, em que $x \in \mathbb{R}$, é solução do sistema, e escrevemos: $S = \{(x, 1 - x); x \in \mathbb{R}\}$ (1)

Nesse caso, dizemos que o **sistema é possível e indeterminado (S.P.I.)**.

Poderíamos também expressar **x** em função de **y**. De $x + y = 1$, obtemos $x = 1 - y$ e, desse modo, o conjunto solução do sistema seria $S = \{(1 - y, y); y \in \mathbb{R}\}$ (2). Não é difícil verificar que (1) e (2) são formas equivalentes de expressar a solução do sistema.

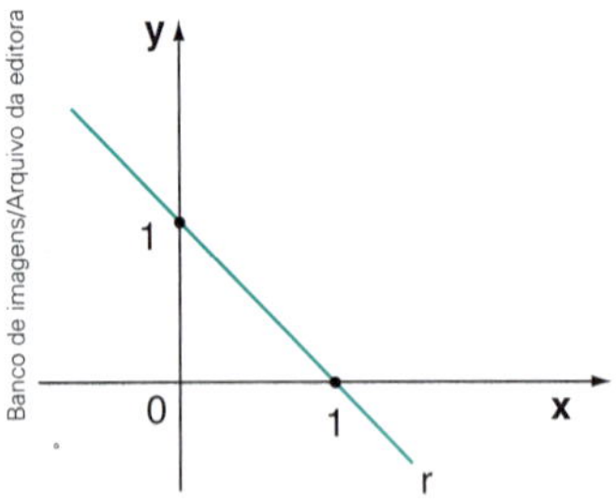

Banco de imagens/Arquivo da editora

Geometricamente, as funções do 1° grau dadas por $y = -x + 1$ e $y = \frac{-2x + 2}{2} = \frac{2 \cdot (-x + 1)}{2} = -x + 1$ têm como gráficos retas coincidentes e, portanto, possuem como interseção todos os pontos de **r**. Como **r** tem infinitos pontos, o sistema admite infinitas soluções.

Desse modo, um sistema linear 2×2 pode ser classificado de acordo com o número de soluções que possui. Veja:

- Sistema linear 2×2
  - possível — tem solução
    - determinado (S.P.D.) — única solução; retas concorrentes
    - indeterminado (S.P.I.) — infinitas soluções; retas coincidentes
  - impossível (S.I.) — não tem solução; retas paralelas

Exercícios

11. Resolva os seguintes sistemas, algébrica e graficamente, e classifique cada um deles.

a) $\begin{cases} x + 2y = 1 \\ 3x - 2y = 11 \end{cases}$

b) $\begin{cases} x - y = 1 \\ x + 2y = 0 \end{cases}$

c) $\begin{cases} x + y = 5 \\ 3x + 3y = 15 \end{cases}$

d) $\begin{cases} 3x - 2y = 1 \\ 6x - 4y = 7 \end{cases}$

12. Para uma festa infantil foram compradas 72 unidades de refrigerante, algumas de 2 L e outras de 1,5 L, num total de 129 L. Determine a quantidade de refrigerantes de 1,5 L comprada.

13. Em uma padaria, dois cafés e cinco minipães de queijo custam R$ 14,20; três cafés e sete minipães de queijo custam R$ 20,60.
Quanto custarão quatro cafés e dez minipães de queijo?

14. Luísa e Maíra foram fazer compras, cada qual com certa quantia. Se Maíra desse R$ 40,00 a Luísa, elas ficariam com a mesma quantia; se Luísa tivesse R$ 30,00 a menos, teria a metade do que Maíra possui. Quantos reais elas possuem juntas?

15. Em uma prova com 20 testes, cada resposta correta vale 5 pontos e cada resposta errada acarreta uma perda de 2 pontos. Em cada teste há apenas uma alternativa correta.

a) Maurício acertou 13 testes. Qual foi sua pontuação?

b) Amanda fez 23 pontos. Quantas questões ela errou?

c) É possível que se termine a prova com 17 pontos?

16. Ao resolver graficamente o sistema $\begin{cases} x + y = m \\ 2x + 2y = 5 \end{cases}$, em que $m \in \mathbb{R}$, obtêm-se duas retas paralelas distintas.

Quais são os possíveis valores de **m**?

17. Duas retas **r** e **s** correspondem, respectivamente, às funções afim definidas por: $y = x + 2$ e $y = -2x + m$, em que $m \in \mathbb{R}$. Se **r** e **s** intersectam-se no ponto (3, 5), qual é o valor de **m**?

18. Determine **m** e **n** reais para os quais a solução gráfica do sistema linear $\begin{cases} 2x - y = 3 \\ mx + ny = -6 \end{cases}$ é formada por infinitos pontos.

Sistemas lineares m × n

Um conjunto de **m** equações lineares e **n** incógnitas $\mathbf{x}_1, \mathbf{x}_2, ..., \mathbf{x}_n$ é chamado **sistema linear m × n**.

- $\begin{cases} x + y + z + w = 1 \\ x - y - z + 2w = 7 \end{cases}$ é um sistema linear com duas equações e quatro incógnitas.
- $\begin{cases} x + y - 2z = 1 \\ x - 2y + z = -2 \\ 2x - y - z = 0 \end{cases}$ é um sistema linear com três equações e três incógnitas.
- $\begin{cases} a + b = 3 \\ b - c = 0 \\ c + d = 5 \\ a - d = -1 \end{cases}$ é um sistema linear com quatro equações e quatro incógnitas.

Os sistemas lineares 2 × 2, estudados na seção anterior, são um caso particular de sistema linear m × n, em que m = n = 2.

Um pouco de história

Os sistemas lineares

O estudo dos sistemas lineares desenvolveu-se, historicamente, com maior intensidade nas civilizações orientais. Um dos capítulos do livro chinês *Nove capítulos sobre a arte matemática* (aproximadamente século III a.C.) contém um tópico sobre equações indeterminadas e a solução de um problema envolvendo um sistema linear com quatro equações e cinco incógnitas. Os coeficientes do sistema eram escritos com barras de bambu sobre um tabuleiro, que desempenhava o papel hoje ocupado pelas matrizes.

Credita-se aos chineses a descoberta de um processo de resolução de sistemas equivalente ao atual método do escalonamento, que estudaremos neste capítulo.

Fonte de pesquisa: BOYER, Carl B. *História da Matemática*. 3. ed. São Paulo: Edgard Blucher, 2010.

Solução de um sistema

Dizemos que a sequência de números reais $(\alpha_1, \alpha_2, ..., \alpha_n)$ é **solução de um sistema linear** de **n** incógnitas se é solução de cada uma das equações do sistema.

Observe:

- O par ordenado (4, 1) é solução do sistema $\begin{cases} x + y = 5 \\ x - y = 3 \\ -6x + 10y = -14 \end{cases}$, pois, substituindo **x** por 4 e **y** por 1 em cada equação do sistema, obtemos sentenças verdadeiras:

$$4 + 1 = 5;\ 4 - 1 = 3;\ -6 \cdot 4 + 10 \cdot 1 = -14$$

- A tripla ordenada (5, 3, 2) é solução do sistema $\begin{cases} x + y + z = 10 \\ x - y + z = 4 \\ x - y - z = 0 \end{cases}$, pois, substituindo nas equações $x = 5$, $y = 3$ e $z = 2$, obtemos sentenças verdadeiras:

$$5 + 3 + 2 = 10;\ 5 - 3 + 2 = 4;\ 5 - 3 - 2 = 0$$

Matrizes associadas a um sistema

Podemos associar a um sistema linear duas matrizes cujos elementos são os coeficientes das equações que formam o sistema.

Observe os sistemas lineares a seguir:

- Ao sistema $\begin{cases} 5x + 4y = 1 \\ 3x + 7y = 2 \end{cases}$ podemos associar as matrizes $A = \begin{pmatrix} 5 & 4 \\ 3 & 7 \end{pmatrix}$, chamada **matriz incompleta**, formada pelos coeficientes das incógnitas, e a matriz $B = \begin{pmatrix} 5 & 4 & 1 \\ 3 & 7 & 2 \end{pmatrix}$, chamada **matriz completa**.

- Ao sistema $\begin{cases} x + y - 2z = 0 \\ x - 2y + z = 3 \\ 2x - y - z = -4 \end{cases}$ podemos associar as matrizes **A** e **B**, incompleta e completa, respectivamente:

$$A = \begin{bmatrix} 1 & 1 & -2 \\ 1 & -2 & 1 \\ 2 & -1 & -1 \end{bmatrix} \text{ e } B = \begin{bmatrix} 1 & 1 & -2 & 0 \\ 1 & -2 & 1 & 3 \\ 2 & -1 & -1 & -4 \end{bmatrix}$$

- Ao sistema $\begin{cases} 2x + y - z = 0 \\ 5y + z = 1 \\ -2y + z = 3 \\ z = -2 \end{cases}$ podemos associar as matrizes **A** e **B**, incompleta e completa, respectivamente:

$$A = \begin{bmatrix} 2 & 1 & -1 \\ 0 & 5 & 1 \\ 0 & -2 & 1 \\ 0 & 0 & 1 \end{bmatrix} \text{ e } B = \begin{bmatrix} 2 & 1 & -1 & 0 \\ 0 & 5 & 1 & 1 \\ 0 & -2 & 1 & 3 \\ 0 & 0 & 1 & -2 \end{bmatrix}$$

Note que **B** é obtida de **A** acrescentando-se a coluna relativa aos coeficientes independentes de cada uma das equações do sistema.

Representação matricial de um sistema

Lembrando o processo de multiplicação de matrizes e utilizando a matriz incompleta de um sistema, é possível representá-lo na forma matricial. Vejamos alguns casos:

- O sistema $\begin{cases} 5x + 4y = 1 \\ 3x + 7y = 2 \end{cases}$ na forma matricial é $\begin{pmatrix} 5 & 4 \\ 3 & 7 \end{pmatrix} \cdot \begin{pmatrix} x \\ y \end{pmatrix} = \begin{pmatrix} 1 \\ 2 \end{pmatrix}$.

- O sistema $\begin{cases} x + y - 2z = 0 \\ x - 2y + z = 0 \\ 2x - y - z = 0 \end{cases}$ na forma matricial é $\begin{pmatrix} 1 & 1 & -2 \\ 1 & -2 & 1 \\ 2 & -1 & -1 \end{pmatrix} \cdot \begin{pmatrix} x \\ y \\ z \end{pmatrix} = \begin{pmatrix} 0 \\ 0 \\ 0 \end{pmatrix}$.

- A equação matricial $\begin{pmatrix} 1 & 1 & 1 & 1 \\ 1 & -1 & -1 & 2 \end{pmatrix} \cdot \begin{pmatrix} x \\ y \\ z \\ w \end{pmatrix} = \begin{pmatrix} 1 \\ 7 \end{pmatrix}$ é outra forma de representar o sistema $\begin{cases} x + y + z + w = 1 \\ x - y - z + 2w = 7 \end{cases}$.

Exercícios

19. Com relação ao sistema $\begin{cases} x + y = 1 \\ 2x + 3y = 0 \end{cases}$:

a) Verifique se os pares ordenados $(3, -2)$ e $\left(-\frac{1}{3}, \frac{4}{3}\right)$ são soluções dele.

b) Represente-o como uma equação matricial.

20. Dado o sistema linear, indique quais triplas ordenadas são soluções:

$$\begin{cases} x + y - z = 0 \\ x - y + z = 4 \\ -x + y + 2z = -5 \end{cases}$$

a) $(2, 1, 3)$ b) $\left(2, -\frac{7}{3}, -\frac{1}{3}\right)$ c) $(-1, 1, 0)$

21. Construa a matriz incompleta **A** e a completa **B** de cada um dos sistemas:

a) $\begin{cases} x + y = 7 \\ x + z = 8 \\ y + z = 9 \end{cases}$

b) $\begin{cases} 4x - y + z = -1 \\ x + 2y - z = -2 \\ x - z = -5 \end{cases}$

c) $\begin{cases} 3x + 2y = -4 \\ x - y = -7 \\ 4x + y = 2 \end{cases}$

d) $\begin{cases} 2x + y + 3z = -13 \\ -x + y + 10z = 4 \end{cases}$

22. Escreva, em cada caso, o sistema associado à representação matricial dada:

a) $\begin{pmatrix} 3 & 2 \\ 2 & 5 \end{pmatrix} \cdot \begin{pmatrix} x \\ y \end{pmatrix} = \begin{pmatrix} 0 \\ 2 \end{pmatrix}$

b) $\begin{pmatrix} 5 & 7 & -2 \\ 1 & -1 & 3 \end{pmatrix} \cdot \begin{pmatrix} x \\ y \\ z \end{pmatrix} = \begin{pmatrix} 11 \\ 13 \end{pmatrix}$

c) $\begin{pmatrix} 1 & 1 & 1 \\ 2 & -4 & 3 \\ -3 & -3 & -3 \end{pmatrix} \cdot \begin{pmatrix} x \\ y \\ z \end{pmatrix} = \begin{pmatrix} 3 \\ 11 \\ 10 \end{pmatrix}$

23. Em cada caso, determine o valor real de **m**:

a) A tripla ordenada $(2, -1, 3)$ é solução do sistema

$$\begin{cases} x + y - z = -2 \\ -x + 2z = 4 \\ 2x + my - z = 0 \end{cases}$$

b) O par ordenado $(5, m)$ é solução do sistema

$$\begin{cases} x + y = 8 \\ -4x + 5y = -5 \end{cases}$$

c) A tripla ordenada $(m, 0, -2)$ é solução do sistema

$$\begin{cases} x + y - z = 5 \\ 3x + 2z = 5 \end{cases}$$

24. Dado o sistema linear $\begin{cases} x + 2y + z = 5 \\ 2x + 3y - z = 0 \end{cases}$:

a) Represente-o na forma de uma equação matricial.

b) Verifique que $(-5, 4, 2)$ é uma solução desse sistema, mas $(1, 1, 1)$ não é.

c) Verifique que, dado $z \in \mathbb{R}$, toda terna ordenada $(-15 + 5z, 10 - 3z, z)$ é solução desse sistema.

d) Se $(p, 16, -2)$ é solução desse sistema, determine o valor de **p**.

Sistemas escalonados

Observe os sistemas lineares seguintes:

- $\begin{cases} 4x - y + 2z = 5 \\ 0x + y - 3z = 7 \\ 0x + 0y + z = -2 \end{cases}$ ou $\begin{cases} 4x - y + 2z = 5 \\ y - 3z = 7 \\ z = -2 \end{cases}$
- $\begin{cases} 3x - y + 2z = -4 \\ 3y - z = 7 \end{cases}$
- $\begin{cases} 4a + b - c + d = 0 \\ -2b + c + 3d = 1 \\ -2c + d = 3 \\ -5d = 1 \end{cases}$
- $\begin{cases} 2x - y + z - 4w = 3 \\ y + 3w = 2 \end{cases}$

Todos eles apresentam as seguintes características comuns:

- Em cada equação existe ao menos um coeficiente (de alguma incógnita) não nulo.
- Considerando a ordem "de cima para baixo", o número de coeficientes nulos, antes do 1º coeficiente não nulo, aumenta de equação para equação.

Os sistemas que apresentam tais características são **sistemas escalonados**.

Resolução de um sistema na forma escalonada

Vamos estudar a seguir dois tipos de sistemas escalonados.

Sistema com número de equações igual ao número de incógnitas

Seja o sistema escalonado: $\begin{cases} x - 2y + z = -5 \\ y + 2z = -3 \\ 3z = -6 \end{cases}$

Partindo da última equação, obtemos **z**. Substituindo o valor obtido para **z** na segunda equação, obtemos **y**. Por fim, substituindo **y** e **z** na 1ª equação, obtemos **x**.

Acompanhe:

$$3z = -6 \Rightarrow z = -2 \quad (1)$$

$$y + 2 \cdot (-2) = -3 \Rightarrow y - 4 = -3 \Rightarrow y = 1 \quad (2)$$

$$x - 2 \cdot 1 + (-2) = -5 \Rightarrow x - 4 = -5 \Rightarrow x = -1 \quad (3)$$

Assim, a solução do sistema é $(-1, 1, -2)$.

Se um sistema escalonado apresenta número de equações igual ao número de incógnitas, ele é possível e determinado, isto é, ele tem uma única solução.

Sistema com número de equações menor que o número de incógnitas

Considere o seguinte problema:

Encontre três números reais cuja soma seja 100, sendo um deles o dobro do outro.

Chamando de **x**, **y** e **z** os números procurados, obtemos o seguinte sistema:

$$\begin{cases} x + y + z = 100 \\ y = 2z \end{cases} \quad \text{ou ainda:} \quad \begin{cases} x + y + z = 100 \\ y - 2z = 0 \end{cases}$$

Observe que o último sistema está escalonado. Podemos, por tentativa, encontrar algumas soluções desse sistema, seguindo os passos a seguir:

	Escolha um número qualquer (z)	→	O outro número (y) é o dobro do escolhido (y = 2z)	→	O 3º número (x) é calculado por meio da diferença: 100 menos a soma dos dois números anteriores (x = 100 − (y + z))
	z	→	**y**	→	**x**
	10	→	20	→	70
	30	→	60	→	10
	4,5	→	9	→	86,5
	−30	→	−60	→	190
	⋮		⋮		⋮
Em geral, se $\alpha \in \mathbb{R}$:	α	→	2α	→	$100 - 3\alpha$
	⋮		⋮		⋮

Observe que, para cada escolha do primeiro número (**z**), encontramos uma única solução para o sistema. Como **z** pode assumir qualquer valor real, concluímos que o sistema apresenta infinitas soluções.

O conjunto solução do sistema é $S = \{(100 - 3\alpha, 2\alpha, \alpha); \alpha \in \mathbb{R}\}$.

Processo prático

Vamos apresentar um procedimento que permitirá obter diretamente a solução geral de um sistema escalonado que possui número de equações menor que o número de incógnitas.

Para isso, vamos utilizar o seguinte sistema escalonado:

$$\begin{cases} x - 2y + 3z = 5 \\ y - 2z = 1 \end{cases}$$

Acompanhe os passos:

1º) Identificamos a incógnita que não aparece no início de cada uma das equações do sistema (geralmente, esta é a "última" incógnita de todas as equações), chamada **variável livre** (ou **incógnita livre**). A variável livre poderá assumir qualquer valor real e, para cada valor assumido por ela, obtemos os valores das demais incógnitas, encontrando uma solução do sistema (se houver mais de uma variável livre, procederemos de modo análogo). Nesse sistema, a variável livre é **z**.

2º) Reescrevemos cada equação do sistema de modo que o termo com a variável livre fique no 2º membro e obtemos:

$$\begin{cases} x - 2y = 5 - 3z \\ y = 1 + 2z \end{cases} \quad (1)$$

3º) Se atribuirmos um valor para **z**, obteremos um sistema (escalonado) determinado. Resolvendo-o, encontraremos uma solução do sistema.

Se atribuirmos outro valor para **z**, obteremos outro sistema, também determinado, que, resolvido, fornecerá outra solução do sistema. E assim por diante.

Consideremos, então, $z = \alpha$ (α é um número real qualquer) e em (1) teremos:

$$\begin{cases} x - 2y = 5 - 3\alpha \quad (2) \\ y = 1 + 2\alpha \quad (3) \end{cases}$$

4º) Substituímos (3) em (2):

$$x - 2 \cdot (1 + 2\alpha) = 5 - 3\alpha \Rightarrow x - 2 - 4\alpha = 5 - 3\alpha \Rightarrow x = 7 + \alpha$$

5º) Por fim, as soluções do sistema podem ser representadas pela solução geral: $(7 + \alpha, 1 + 2\alpha, \alpha)$ com $\alpha \in \mathbb{R}$; temos $S = \{(7 + \alpha, 1 + 2\alpha, \alpha); \alpha \in \mathbb{R}\}$.
Esse tipo de sistema apresenta sempre infinitas soluções, sendo, portanto, um sistema possível e indeterminado (S.P.I.).
Atribuindo valores reais para α, obtemos algumas de suas soluções:

$$\alpha = 0 \Rightarrow S = \{(7, 1, 0)\}$$
$$\alpha = 1 \Rightarrow S = \{(8, 3, 1)\}$$
$$\alpha = -2 \Rightarrow S = \{(5, -3, -2)\}$$
$$\alpha = \frac{1}{2} \Rightarrow S = \left\{\left(\frac{15}{2}, 2, \frac{1}{2}\right)\right\}, \text{ etc.}$$

Quando um sistema escalonado apresenta número de equações menor que o número de incógnitas, ele é possível e indeterminado, isto é, tem infinitas soluções.

OBSERVAÇÕES

- É importante destacar que, na identificação da(s) variável(is) livre(s), levamos em consideração que, em cada equação do sistema, os termos que contêm as incógnitas aparecem sempre em uma mesma ordem (em geral, a ordem alfabética).
- A escolha da variável livre é, na verdade, arbitrária. Poderíamos, por exemplo, ter escolhido **y** como variável livre. No caso do sistema que acabamos de resolver, teríamos $z = \frac{y - 1}{2}$ e $x = \frac{y + 13}{2}$ (faça as contas), e o conjunto solução do sistema seria $S = \left\{\left(\frac{y + 13}{2}, y, \frac{y - 1}{2}\right); y \in \mathbb{R}\right\}$. Pode-se mostrar que os dois conjuntos solução obtidos são iguais, isto é, possuem os mesmos elementos.
  No entanto, vamos seguir a convenção adotada a fim de facilitar a verificação das respostas e estabelecer um procedimento comum.

Exercícios resolvidos

2. Resolva o sistema $\begin{cases} x + 2y + z = 2 \\ y - 3z = 1 \end{cases}$.

Solução:

O sistema proposto está escalonado e tem o número de equações menor que o número de incógnitas. Trata-se de um sistema indeterminado.

A variável livre do sistema é **z**.

Reescrevendo o sistema de modo que **z** fique no 2º membro, temos: $\begin{cases} x + 2y = 2 - z \\ y = 1 + 3z \end{cases}$

Considerando $z = \alpha$ (com $\alpha \in \mathbb{R}$), obtemos: $\begin{cases} x + 2y = 2 - \alpha & (1) \\ y = 1 + 3\alpha & (2) \end{cases}$

Substituindo (2) em (1), obtemos:

$$x + 2 \cdot (1 + 3\alpha) = 2 - \alpha \Rightarrow x = -7\alpha$$

Assim:

$$S = \{(-7\alpha, 1 + 3\alpha, \alpha); \alpha \in \mathbb{R}\}$$

Vejamos algumas soluções particulares:

- $\alpha = 3 \Rightarrow S = \{(-21, 10, 3)\}$
- $\alpha = -2 \Rightarrow S = \{(14, -5, -2)\}$
- $\alpha = \frac{1}{3} \Rightarrow S = \left\{\left(-\frac{7}{3}, 2, \frac{1}{3}\right)\right\}$

⋮

3. Resolva o sistema $\begin{cases} a - b + c + d = 1 \\ 2c - d = 0 \end{cases}$.

Solução:

O sistema está escalonado e tem o número de equações menor que o número de incógnitas.

As variáveis livres são: **b** e **d**.

Reescrevendo o sistema de modo que as variáveis livres fiquem no 2º membro e considerando $b = \alpha$ e $d = \beta$ (com $\alpha \in \mathbb{R}$ e $\beta \in \mathbb{R}$), temos:

$$\begin{cases} a + c = 1 + \alpha - \beta & (1) \\ 2c = \beta & (2) \end{cases}$$

De (2), obtemos: $c = \frac{\beta}{2}$

Em (1), temos: $a + \frac{\beta}{2} = 1 + \alpha - \beta \Rightarrow a = 1 + \alpha - \frac{3}{2}\beta$

O conjunto solução do sistema é: $S = \left\{\left(1 + \alpha - \frac{3}{2}\beta, \alpha, \frac{\beta}{2}, \beta\right); \alpha \in \mathbb{R} \text{ e } \beta \in \mathbb{R}\right\}$.

Atribuindo-se valores reais quaisquer a α e a β, obtemos algumas soluções particulares do sistema:

- $\alpha = 0$ e $\beta = 1 \Rightarrow S = \left\{\left(-\frac{1}{2}, 0, \frac{1}{2}, 1\right)\right\}$
- $\alpha = 1$ e $\beta = 2 \Rightarrow S = \{(-1, 1, 1, 2)\}$, etc.

Exercícios

25. Verifique se cada sistema está escalonado.

a) $\begin{cases} x + 3y = 7 \\ 2y = 5 \end{cases}$

b) $\begin{cases} -3x + 2y = 11 \\ x - 3y = -1 \end{cases}$

c) $\begin{cases} x + y + z = 0 \\ y - z = 5 \\ 2z = 8 \end{cases}$

d) $\begin{cases} x - 5y + 3z = 8 \\ 3y + 7z = -2 \\ 2y - 5z = 3 \end{cases}$

c) $\begin{cases} x - y + 2z = 5 \\ y - 3z = 2 \end{cases}$

d) $\begin{cases} x + y + z - 2w = 5 \\ y - z + 3w = 3 \\ 2z - w = 4 \\ 3w = 6 \end{cases}$

e) $\begin{cases} 4x + y + 2z = -1 \\ 5y - z = 0 \\ 0z = -5 \end{cases}$

26. Resolva e classifique os seguintes sistemas:

a) $\begin{cases} 3x + 2y = 5 \\ -y = -7 \end{cases}$

b) $\begin{cases} x + y + z = 2 \\ y + z = -1 \\ -2z = 8 \end{cases}$

27. Considere o problema: "Determine dois números reais cuja diferença seja igual a 4 e a soma igual a 100". Represente esse problema por meio de um sistema linear e resolva-o.

28. O sistema $\begin{cases} a + b - c = \alpha \\ 2b + c = \beta \\ 3c = \gamma \end{cases}$, nas incógnitas **a**, **b** e **c**, é possível e determinado e sua solução é $(-1, 2, -2)$.

Determine os valores das constantes reais α, β e γ.

29. Uma das soluções de $\begin{cases} x - y + z = 2 \\ y - 2z = m \end{cases}$ é $(1, -1, 0)$. Determine o conjunto solução desse sistema.

Escalonamento

Stockfolio/Alamy/Fotoarena

Exemplos de componentes eletrônicos.

Uma loja vende componentes eletrônicos de três tipos diferentes: **A**, **B** e **C**.

Um levantamento sobre as vendas desses componentes, realizado durante três dias consecutivos, revelou que:

- no primeiro dia, foram vendidos um componente do tipo **A**, dois do tipo **B** e três do tipo **C**, arrecadando-se R$ 260,00;
- no 2º dia, foram vendidos dois componentes do tipo **A**, um do tipo **B** e um do tipo **C**, resultando em um total de vendas igual a R$ 150,00;
- no 3º dia, foram vendidos quatro componentes do tipo **A**, três do tipo **B** e um do tipo **C**, em um total de R$ 290,00.

Qual é o preço unitário de venda de cada tipo de componente?

Vamos representar o preço unitário dos componentes dos tipos **A**, **B** e **C** por **a**, **b** e **c**, respectivamente. Temos:

$$\begin{array}{l} 1^{\underline{o}} \text{ dia} \rightarrow \\ 2^{\underline{o}} \text{ dia} \rightarrow \\ 3^{\underline{o}} \text{ dia} \rightarrow \end{array} \begin{cases} a + 2b + 3c = 260 \\ 2a + b + c = 150 \\ 4a + 3b + c = 290 \end{cases}$$

O método do escalonamento, que será estudado a seguir, possibilitará resolver esse sistema.

Sistemas equivalentes

Dois sistemas lineares, S_1 e S_2, são equivalentes se toda solução de S_1 é solução de S_2, e vice-versa.

Os sistemas $S_1: \begin{cases} x + y = 2 \\ x + 2y = 1 \end{cases}$ e $S_2: \begin{cases} x - y = 4 \\ 3x + 2y = 7 \end{cases}$, por exemplo, são equivalentes, pois ambos admitem apenas o par $(3, -1)$ como solução.

Dado um sistema linear qualquer, nosso objetivo é transformá-lo em outro equivalente, porém na forma escalonada. Procederemos dessa maneira porque, como vimos, não é difícil resolver um sistema na forma escalonada.

Para isso, poderemos usar os seguintes procedimentos:

I. Multiplicar por **k**, $k \in \mathbb{R}^*$, os dois membros de uma equação qualquer do sistema.

II. Substituir uma equação do sistema pela soma dela, membro a membro, com alguma outra equação. Cada uma dessas equações pode ou não estar previamente multiplicada por um número real não nulo.

III. Trocar a posição de duas equações do sistema.

Observe que os dois primeiros procedimentos já foram usados quando estudamos a resolução de sistemas lineares 2 × 2.

Para escalonar um sistema linear qualquer, vamos seguir o roteiro abaixo.

1º) Escolhemos para a 1ª equação aquela em que o coeficiente da 1ª incógnita seja não nulo.

Se possível, fazemos a escolha para que esse coeficiente seja igual a −1 ou 1, pois os cálculos ficam, em geral, mais simples.

2º) Anulamos o coeficiente da 1ª incógnita das demais equações, usando o procedimento II citado acima.

3º) Fixamos a 1ª equação e aplicamos os dois primeiros passos com as equações restantes.

4º) Fixamos a 1ª e a 2ª equações e aplicamos os dois primeiros passos nas equações restantes, até o sistema ficar escalonado.

EXEMPLO 1

Vamos escalonar e, depois, resolver o sistema $\begin{cases} a + 2b + 3c = 260 \\ 2a + b + c = 150 \\ 4a + 3b + c = 290 \end{cases}$, proposto na situação da loja de componentes eletrônicos apresentada na página anterior.

Em primeiro lugar, precisamos anular os coeficientes de **a** na 2ª e na 3ª equações.

$$\begin{cases} a + 2b + 3c = 260 \\ -3b - 5c = -370 \\ -5b - 11c = -750 \end{cases}$$

Substituímos a 2ª equação pela soma dela com a 1ª, multiplicada por −2:

$$\begin{array}{r} -2a - 4b - 6c = -520 \\ 2a + b + c = 150 \\ \hline -3b - 5c = -370 \end{array} \oplus$$

Substituímos a 3ª equação pela soma dela com a 1ª, multiplicada por −4:

$$\begin{array}{r} -4a - 8b - 12c = -1040 \\ 4a + 3b + c = 290 \\ \hline -5b - 11c = -750 \end{array} \oplus$$

Fixando a 2ª equação, vamos repetir o processo para eliminar o coeficiente **b** da 3ª equação.

$$\begin{cases} a + 2b + 3c = 260 \\ -3b - 5c = -370 \\ -8c = -400 \end{cases}$$

Substituímos a 3ª equação pela soma dela, multiplicada por 3, com a 2ª, multiplicada por −5:

$$\begin{array}{rl} -15b - 33c = -2250 & \leftarrow (3 \cdot 3^{a}\text{ eq.}) \\ 15b + 25c = +1850 & \leftarrow (-5 \cdot 2^{a}\text{ eq.}) \\ \hline -8c = -400 & \end{array} \oplus$$

O sistema obtido está escalonado e tem o mesmo número de equações e de incógnitas, isto é, o sistema é possível e determinado.

Resolvendo-o, obtemos:

- na 3ª equação → $c = 50$;
- na 2ª equação → $-3b - 5 \cdot 50 = -370 \Rightarrow -3b = -120 \Rightarrow b = 40$;
- na 1ª equação → $a + 2 \cdot 40 + 3 \cdot 50 = 260 \Rightarrow a + 230 = 260 \Rightarrow a = 30$.

Desse modo, os preços unitários dos componentes dos tipos **A**, **B** e **C** são, respectivamente, R$ 30,00, R$ 40,00 e R$ 50,00.

EXEMPLO 2

Vamos escalonar e resolver o sistema $\begin{cases} 3x - y + z = 2 \\ x - 2y - z = 0 \\ 2x + y + 2z = 2 \end{cases}$.

Vamos trocar as posições das duas primeiras equações, a fim de que o 1º coeficiente de **x** seja igual a 1: $\begin{cases} x - 2y - z = 0 \\ 3x - y + z = 2 \\ 2x + y + 2z = 2 \end{cases}$.

Precisamos anular os coeficientes de **x** na 2ª e na 3ª equações:

$$\begin{cases} x - 2y - z = 0 \\ 5y + 4z = 2 \\ 5y + 4z = 2 \end{cases} \ (*)$$

$(-3) \cdot (1^a \text{ eq.}) + (2^a \text{ eq.})$:

$$\begin{array}{r} -3x + 6y + 3z = 0 \\ 3x - y + z = 2 \\ \hline 5y + 4z = 2 \end{array} \oplus$$

$(-2) \cdot (1^a \text{ eq.}) + (3^a \text{ eq.})$:

$$\begin{array}{r} -2x + 4y + 2z = 0 \\ 2x + y + 2z = 2 \\ \hline 5y + 4z = 2 \end{array} \oplus$$

OBSERVAÇÃO

No processo de escalonamento, podemos encontrar duas equações com os coeficientes da mesma incógnita iguais (ou proporcionais), o mesmo ocorrendo com os coeficientes independentes (veja (*) no exemplo 2). Nesses casos, já podemos retirar uma delas do sistema, pois são equações equivalentes.

Fixando a 2ª equação, repetimos o processo para anular o coeficiente de **z** na 3ª equação. Obtemos:

$$\begin{cases} x - 2y - z = 0 \\ 5y + 4z = 2 \\ 0 = 0 \end{cases}$$

$(-1) \cdot (2^a \text{ eq.}) + (3^a \text{ eq.})$:

$$\begin{array}{r} -5y - 4z = -2 \\ 5y + 4z = 2 \\ \hline 0 = 0 \end{array} \oplus$$

A 3ª equação pode ser suprimida do sistema, pois, apesar de ser sempre verdadeira, ela não traz informação sobre os valores das incógnitas. Assim, obtemos o sistema escalonado $\begin{cases} x - 2y - z = 0 \quad (1) \\ 5y + 4z = 2 \quad (2) \end{cases}$, cujo número de equações é menor que o número de incógnitas e, portanto, é possível e indeterminado.

A variável livre do sistema é **z**. Considerando $z = \alpha$, $\alpha \in \mathbb{R}$, obtemos:

- em (2): $y = \dfrac{2 - 4\alpha}{5}$
- em (1): $x = 2y + z \Rightarrow x = 2\left(\dfrac{2 - 4\alpha}{5}\right) + \alpha \Rightarrow x = \dfrac{-3\alpha + 4}{5}$

Assim, $S = \left\{\left(\dfrac{-3\alpha + 4}{5}, \dfrac{2 - 4\alpha}{5}, \alpha\right); \alpha \in \mathbb{R}\right\}$.

EXEMPLO 3

Vamos escalonar e resolver o sistema $\begin{cases} 2x - y + z = -1 \\ -5x - 20y - 15z = 11 \\ 3x + 3y + 4z = 3 \end{cases}$.

Precisamos anular os coeficientes de **x** na 2ª e na 3ª equações:

5 · (1ª eq.) + 2 · (2ª eq.):

$$\begin{array}{r} 10x - 5y + 5z = -5 \\ -10x - 40y - 30z = 22 \\ \hline -45y - 25z = 17 \end{array} \oplus$$

(−3) · (1ª eq.) + 2 · (3ª eq.):

$$\begin{array}{r} -6x + 3y - 3z = 3 \\ 6x + 6y + 8z = 6 \\ \hline 9y + 5z = 9 \end{array} \oplus$$

$$\begin{cases} 2x - y + z = -1 \\ -45y - 25z = 17 \\ 9y + 5z = 9 \end{cases} \quad (*)$$

Repetimos o processo para anular o coeficiente de **y** na 3ª equação.

(2ª eq.) + 5 · (3ª eq.):

$$\begin{array}{r} -45y - 25z = 17 \\ 45y + 25z = 45 \\ \hline \underbrace{0 \cdot y + 0 \cdot z}_{0} = 62 \end{array} \oplus$$

$$\begin{cases} 2x - y + z = -1 \\ -45y - 25z = 17 \\ 0 = 62 \end{cases}$$

A equação obtida é sempre falsa, pois, para todo $y \in \mathbb{R}$ e $z \in \mathbb{R}$, o primeiro membro se anula e $0 \neq 62$. Logo, o sistema é impossível, isto é, não admite solução.

OBSERVAÇÃO

No processo de escalonamento, podemos encontrar duas equações incompatíveis entre si. No exemplo 3, em (*), poderíamos ter dividido os coeficientes da 2ª equação por (−5), obtendo a equação $9y + 5z = -\frac{17}{5}$, que é incompatível com a 3ª equação: $9y + 5z = 9$. Quando isso ocorrer, podemos concluir que se trata de um sistema impossível.

EXEMPLO 4

Vamos escalonar e resolver o sistema $\begin{cases} x + y = 3 \\ 2x - y = 5 \\ -4x + y = -3 \end{cases}$.

É preciso anular o coeficiente de **x** na 2ª e na 3ª equações. Temos:

$$\begin{cases} x + y = 3 \\ -3y = -1 & \leftarrow (-2) \cdot (1^a \text{ eq.}) + (2^a \text{ eq.}) \\ 5y = 9 & \leftarrow (4) \cdot (1^a \text{ eq.}) + (3^a \text{ eq.}) \end{cases}$$

Esse sistema é impossível, pois a 2ª e a 3ª equações não podem ser satisfeitas simultaneamente.

Assim, $S = \varnothing$.

É interessante interpretar graficamente esse sistema. Já vimos que uma equação linear com duas incógnitas é representada, graficamente, por uma reta. Veja ao lado, em um mesmo plano cartesiano, a representação dessas três retas.

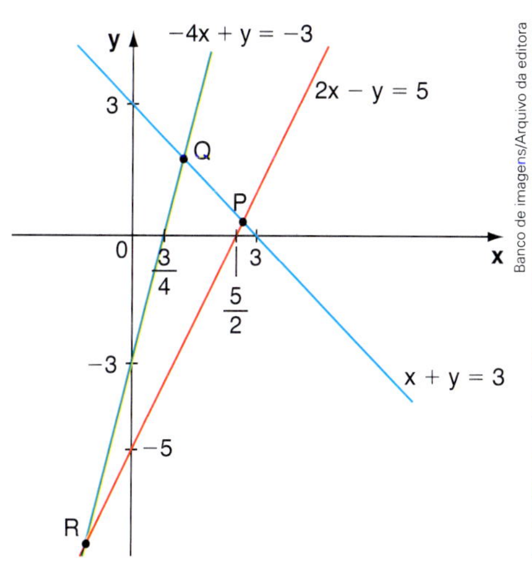

Observe que as três retas obtidas são, duas a duas, concorrentes entre si (veja os pontos **P**, **Q** e **R**), mas não existe um ponto que pertença, simultaneamente, às três retas.

OBSERVAÇÃO

É possível determinar as coordenadas dos pontos **P**, **Q** e **R**:

P é solução de $\begin{cases} x + y = 3 \\ 2x - y = 5 \end{cases} \Rightarrow P\left(\frac{8}{3}, \frac{1}{3}\right)$;

Q é solução de $\begin{cases} -4x + y = -3 \\ x + y = 3 \end{cases} \Rightarrow Q\left(\frac{6}{5}, \frac{9}{5}\right)$;

R é solução de $\begin{cases} -4x + y = -3 \\ 2x - y = 5 \end{cases} \Rightarrow R(-1, -7)$.

EXEMPLO 5

Vamos escalonar e resolver o sistema $\begin{cases} 2x + 3y - z = 1 \\ 4x - y + 5z = 2 \end{cases}$.

Devemos anular o coeficiente de **x** na 2ª equação:

$$\begin{cases} 2x + 3y - z = 1 \\ \quad - 7y + 7z = 0 \end{cases} \leftarrow (-2) \cdot (1^a \text{ eq.}) + (2^a \text{ eq.})$$

O sistema obtido está escalonado, tem o número de equações menor que o número de incógnitas e é possível e indeterminado; sua variável livre é **z**.

Se $z = \alpha$, $\alpha \in \mathbb{R}$, obtemos:

2ª equação: $-7y + 7\alpha = 0 \Rightarrow y = \alpha$

1ª equação: $2x + 3\alpha - \alpha = 1 \Rightarrow x = \frac{1 - 2\alpha}{2} = \frac{1}{2} - \alpha$

$$S = \left\{\left(\frac{1}{2} - \alpha, \alpha, \alpha\right); \alpha \in \mathbb{R}\right\}$$

Exercícios

30. Resolva os seguintes sistemas, por meio do escalonamento, e classifique-os.

a) $\begin{cases} x + 2y + z = 9 \\ 2x + y - z = 3 \\ 3x - y - 2z = -4 \end{cases}$

b) $\begin{cases} x - y - 2z = 1 \\ -x + y + z = 2 \\ x - 2y + z = -2 \end{cases}$

c) $\begin{cases} x + 3y + 2z = 2 \\ 3x + 5y + 4z = 4 \\ 5x + 3y + 4z = -10 \end{cases}$

d) $\begin{cases} x + y + z = 2 \\ 2x - z = -1 \\ 3x + y = 1 \end{cases}$

31. Resolva os seguintes sistemas:

a) $\begin{cases} x + 8y - 3z = 7 \\ -x + 3y - 2z = 1 \\ 3x + 2y + z = 5 \end{cases}$

b) $\begin{cases} x + y = 3 \\ x + z = 4 \\ y + z = -3 \end{cases}$

c) $\begin{cases} 2x - y + z = 3 \\ x + y - 3z = 1 \\ 3x - 2z = 3 \end{cases}$

d) $\begin{cases} a - b - c = -1 \\ a - b + c = 1 \\ a + b - c = 1 \end{cases}$

32. Um casal de namorados jantou três vezes em um mesmo mês em um *fast-food* de cozinha árabe.

- Na primeira noite, consumiram dois quibes, cinco esfirras e dois sucos e pagaram R$ 32,00.
- Na segunda noite, consumiram três quibes, seis esfirras e três sucos e pagaram R$ 44,70.
- Na terceira noite, consumiram dois quibes, dez esfirras e três sucos e pagaram R$ 49,00.

Qual é o preço unitário do quibe, da esfirra e do suco?

33. (UEL-PR) Uma padaria possui 3 tipos de padeiros, classificados como **A**, **B** e **C**. Essa padaria é bem conhecida na cidade pela qualidade do pão francês, da baguete e do pão de batata.

Cada padeiro do tipo **A** produz, diariamente, 30 pães franceses, 100 baguetes e 20 pães de batata.

Cada padeiro do tipo **B** produz, diariamente, 30 pães franceses, 70 baguetes e 20 pães de batata.

Cada padeiro do tipo **C** produz, diariamente, 90 pães franceses, 30 baguetes e 100 pães de batata.

Quantos padeiros do tipo **A**, do tipo **B** e do tipo **C** são necessários para que, em um dia, a padaria produza, exatamente, 420 pães franceses, 770 baguetes e 360 pães de batata?

34. Em um programa de prêmios na TV, o participante começa com R$ 500,00. Para cada pergunta respondida corretamente, recebe R$ 200,00; e para cada resposta errada perde R$ 150,00.
Se um participante respondeu todas as 25 questões formuladas e terminou com R$ 600,00, quantas questões ele errou?

35. Resolva, utilizando o escalonamento, os seguintes sistemas:

a) $\begin{cases} x + y = 10 \\ x - y = 4 \\ 2x - 5y = -1 \end{cases}$

b) $\begin{cases} -x + 3y - z = 1 \\ x + y + z = 7 \end{cases}$

c) $\begin{cases} x + y = 3 \\ x - y = 1 \\ 3x + 7y = 11 \end{cases}$

d) $\begin{cases} x - 2y = 8 \\ 3x - y = 9 \\ x + y = 1 \\ 5x + 7y = -10 \end{cases}$

e) $\begin{cases} x + 2y = 11 \\ x + 3y = 16 \\ 2x + 5y = 27 \end{cases}$

f) $\begin{cases} x + y + z = 4 \\ 2x - z + w = -4 \\ y - z - w = -2 \\ x - z + 2w = -2 \end{cases}$

36. Resolva, graficamente, os sistemas correspondentes aos itens *a* e *c* do exercício anterior.

37. Três amigas, Ana, Bia e Carol, têm juntas R$ 340,00. Se Ana gastar R$ 10,00, passará a ter o dobro do que tem Bia. Se Ana gastar 40% do total que possui, passará a ter R$ 9,00 a menos que Carol. Quanto tem cada uma delas?

38. Em uma papelaria foram feitos os seguintes pedidos:

- pedido I: 4 canetas, 3 lapiseiras e 6 borrachas;
- pedido II: 2 canetas, 2 lapiseiras e 3 borrachas.

Os valores dos pedidos I e II eram, respectivamente, R$ 37,20 e R$ 20,60.

Com base nessas informações, determine, se possível:

a) o preço unitário da lapiseira;
b) o preço de cada caneta;
c) o preço pago por 5 lapiseiras, 2 canetas e 3 borrachas;
d) a diferença entre o preço da caneta e o preço da borracha.

39. Para a final de um campeonato de futebol, foram colocados à venda 40 000 ingressos, divididos entre arquibancada, numerada descoberta e numerada coberta. Sabe-se que:

- todos os ingressos foram vendidos;
- o preço do ingresso para a numerada coberta é igual à soma dos preços dos ingressos dos outros dois setores;
- 60% do total de ingressos foram vendidos para a arquibancada, 25% para a numerada descoberta e os demais para a numerada coberta, gerando uma arrecadação de 4,32 milhões de reais;
- a razão entre os preços dos ingressos para as numeradas descoberta e coberta é, nessa ordem, igual a $\frac{3}{5}$.

Determine o preço dos ingressos para cada setor.

40. Uma fábrica de colchões utiliza três tipos de molas $\mathbf{M_1}$, $\mathbf{M_2}$ e $\mathbf{M_3}$ na confecção de três tipos de colchão $\mathbf{C_1}$, $\mathbf{C_2}$ e $\mathbf{C_3}$, todos com dimensões 2 m × 1,20 m. O número de molas usadas na confecção dos três tipos de colchão é dado na tabela seguinte.

Mola \ Colchão	C_1	C_2	C_3
M_1	96	144	240
M_2	96	48	24
M_3	96	96	24

Sabendo que, em uma semana, foram utilizadas 19 200 molas do tipo $\mathbf{M_1}$, 10 080 molas do tipo $\mathbf{M_2}$ e 12 480 molas do tipo $\mathbf{M_3}$, determine a soma das quantidades de colchões produzidos naquela semana.

Determinantes

Algumas operações envolvendo os coeficientes das incógnitas de um sistema linear permitem classificá-lo como possível (determinado ou indeterminado) ou impossível.

Se o número de equações do sistema é igual ao seu número de incógnitas, há um método geral de discussão.

Caso 2 × 2

Seja o sistema linear $\begin{cases} ax + by = e \\ cx + dy = f \end{cases}$, de incógnitas **x** e **y**.

Vamos construir um sistema equivalente a ele, porém na forma escalonada:

$$\begin{cases} ax + by = e \\ (ad - bc) \cdot y = af - ce \quad (*) \end{cases}$$

$(-c) \cdot (1^a \text{ eq.}) + (a) \cdot (2^a \text{ eq.})$

$$\begin{array}{rl} -\cancel{ac}x - bcy &= -ce \\ \cancel{ac}x + ady &= af \quad (+) \\ \hline (ad - bc) \cdot y &= af - ce \end{array}$$

Podemos ter:

- $ad - bc \neq 0$: nesse caso, podemos obter o valor de **y**, que é único, e, em seguida, obter o valor de **x**, que também é único.
  Trata-se de um sistema possível e determinado (S.P.D.).
- $ad - bc = 0$: nesse caso, o 1º membro de (*) se anularia.
  Se o 2º membro de (*) também se anulasse, teríamos $0 = 0$, e o sistema se reduziria à sua 1ª equação, sendo, portanto, possível e indeterminado (S.P.I.).
  Se o 2º membro de (*) não se anulasse, a 2ª equação seria uma sentença falsa, $\forall\, y \in \mathbb{R}$.
  Logo, o sistema não teria solução: seria um sistema impossível (S.I.).

O número real $ad - bc$ é definido como o **determinante** da matriz incompleta (**M**) dos coeficientes do sistema. Temos:

$$M = \begin{pmatrix} a & b \\ c & d \end{pmatrix} \text{ e } \det M = a \cdot d - b \cdot c$$

Indicaremos esse número por: det M ou det $\begin{pmatrix} a & b \\ c & d \end{pmatrix}$ ou $\begin{vmatrix} a & b \\ c & d \end{vmatrix}$.

Observe que det M é igual à diferença entre o produto dos elementos da diagonal principal de **M** e o produto dos elementos de sua diagonal secundária.

$$M = \begin{pmatrix} a & b \\ c & d \end{pmatrix}$$

diagonal secundária ↗ ↖ diagonal principal

Temos: $\det M = a \cdot d - b \cdot c$

OBSERVAÇÃO

Note que escrevemos $\begin{vmatrix} a & b \\ c & d \end{vmatrix} = ad - bc$, porém $\begin{bmatrix} a & b \\ c & d \end{bmatrix} = ad - bc$ não faz sentido, pois os colchetes são usados para representar uma matriz e nunca o determinante da matriz.

EXEMPLO 6

- O determinante (**D**) da matriz $\begin{pmatrix} 6 & -4 \\ 1 & 3 \end{pmatrix}$ é:

$$D = \begin{vmatrix} 6 & -4 \\ 1 & 3 \end{vmatrix} = 6 \cdot 3 - 1 \cdot (-4) = 18 + 4 = 22$$

- O determinante da matriz $\begin{pmatrix} 0 & -1 \\ 5 & 4 \end{pmatrix}$ é:

$$\begin{vmatrix} 0 & -1 \\ 5 & 4 \end{vmatrix} = 0 \cdot 4 - 5 \cdot (-1) = 5$$

- $\begin{vmatrix} 1 & -1 \\ -1 & -1 \end{vmatrix} = 1 \cdot (-1) - (-1) \cdot (-1) = -1 - 1 = -2$

Caso 3 × 3

Consideremos o sistema linear seguinte nas incógnitas **x**, **y** e **z**:

$$\begin{cases} ax + by + cz = m \\ dx + ey + fz = n \\ gx + hy + iz = p \end{cases}$$

Seguindo raciocínio análogo ao desenvolvido no caso 2 × 2 (veja um pouco mais sobre determinantes de matrizes de ordem 3 e a regra de Sarrus na página 240), define-se o determinante da matriz $\begin{pmatrix} a & b & c \\ d & e & f \\ g & h & i \end{pmatrix}$ pelo número real:

$$aei + bfg + cdh - ceg - afh - bdi \quad (*)$$

Existe uma maneira mais fácil de se obter esse valor por meio da **regra prática de Sarrus** (1798-1861):

1º) Copiamos ao lado direito da matriz **A** as suas duas primeiras colunas.

2º) Multiplicamos os elementos da diagonal principal de **A**. Seguindo a direção da diagonal principal, multiplicamos, separadamente, os elementos das outras duas "diagonais".

3º) Multiplicamos os elementos da diagonal secundária de **A**, trocando o sinal do produto obtido. Seguindo a direção da diagonal secundária, multiplicamos, separadamente, os elementos das outras duas "diagonais", também trocando o sinal dos produtos.

4º) Somamos todos os produtos obtidos no 2º e no 3º passos.

Observe:

1º passo:

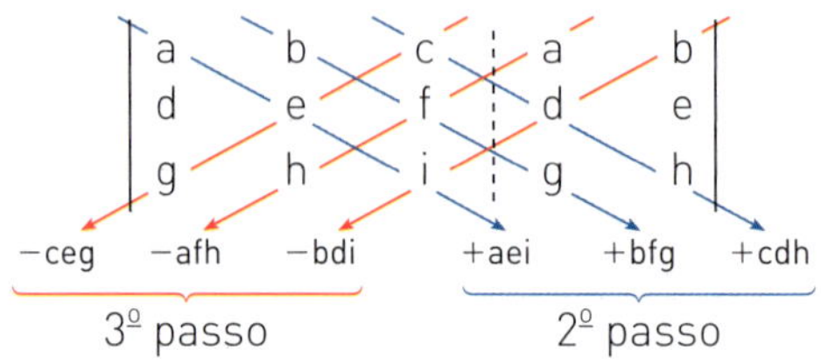

4º passo: O determinante da matriz é igual a:

aei + bfg + cdh − ceg − afh − bdi, que coincide com (*) (página anterior).

Acompanhe os dois exemplos seguintes.

EXEMPLO 7

Vamos calcular o determinante da matriz $A = \begin{bmatrix} 1 & 3 & 5 \\ 2 & 4 & 6 \\ -4 & 1 & -1 \end{bmatrix}$.

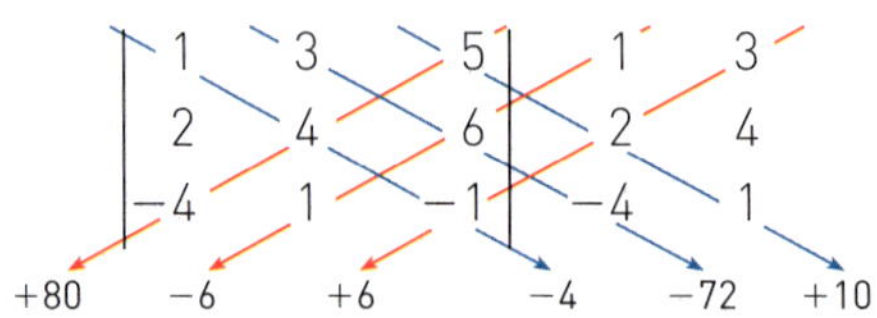

det A = +80 − 6 + 6 − 4 − 72 + 10 = 14

EXEMPLO 8

Vamos calcular o determinante da matriz $B = \begin{pmatrix} 0 & 2 & 3 \\ -1 & 3 & 2 \\ -4 & 1 & -2 \end{pmatrix}$.

Temos:

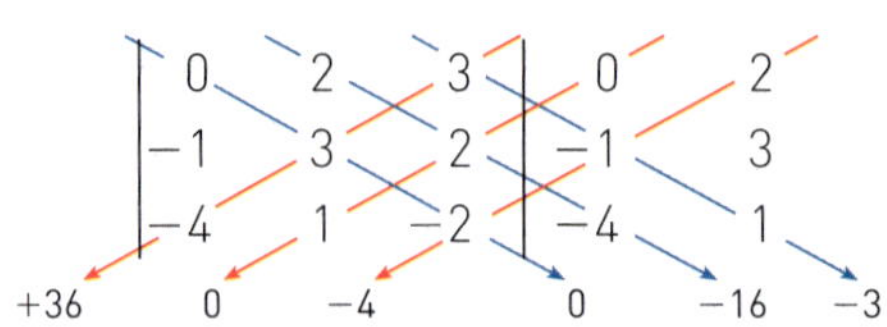

det B = 36 − 4 − 16 − 3 = 13

OBSERVAÇÃO

Só se define o determinante de matrizes quadradas (1×1, 2×2, 3×3, ...).
No caso 1×1 (matriz com um único elemento), o determinante da matriz é igual ao seu elemento.
Vejamos:

- $A = [5] \Rightarrow \det A = 5$
- $B = (-2) \Rightarrow \det B = -2$

O estudo dos determinantes de matrizes quadradas de ordem superior a 3 não faz parte dos objetivos desta coleção.

Exercícios resolvidos

4. Seja $A = (a_{ij})_{3 \times 3}$, em que $a_{ij} = \begin{cases} 1, & \text{se } i \geq j \\ i + j, & \text{se } i < j \end{cases}$. Calcule det A.

Solução:

Escrevemos a matriz **A** em sua forma genérica:

$$A = \begin{bmatrix} a_{11} & a_{12} & a_{13} \\ a_{21} & a_{22} & a_{23} \\ a_{31} & a_{32} & a_{33} \end{bmatrix}$$

Utilizamos a lei de formação dos elementos de **A** e obtemos: $A = \begin{bmatrix} 1 & 3 & 4 \\ 1 & 1 & 5 \\ 1 & 1 & 1 \end{bmatrix}$.

$$\det A = \begin{vmatrix} 1 & 3 & 4 \\ 1 & 1 & 5 \\ 1 & 1 & 1 \end{vmatrix} \begin{matrix} 1 & 3 \\ 1 & 1 \\ 1 & 1 \end{matrix} \Rightarrow \det A = -12 + 20 = 8$$

$$-4 \quad -5 \quad -3 \qquad 1 \quad 15 \quad 4$$

5. Resolva, em $\mathbb{R}$, a equação:

$$\begin{vmatrix} x & 4 & -2 \\ x-1 & x & 1 \\ 1 & x+1 & 3 \end{vmatrix} = \begin{vmatrix} x & 3 \\ 2 & 1 \end{vmatrix}$$

Solução:

O 1º membro representa o determinante de uma matriz 3×3:

$$\begin{vmatrix} x & 4 & -2 \\ x-1 & x & 1 \\ 1 & x+1 & 3 \end{vmatrix} \begin{matrix} x & 4 \\ x-1 & x \\ 1 & x+1 \end{matrix}$$

$$2x \quad -(x^2+x) \quad -12(x-1) \quad 3x^2 \quad 4 \quad -2(x^2-1)$$

Seu valor é:

$$2x - (x^2 + x) - 12(x - 1) + 3x^2 + 4 - 2(x^2 - 1) = -11x + 18$$

O 2º membro é igual ao determinante de uma matriz 2×2:

$$\begin{vmatrix} x & 3 \\ 2 & 1 \end{vmatrix} = x - 6$$

Como os dois determinantes são iguais, temos:

$$-11x + 18 = x - 6 \Rightarrow x = 2$$

$$S = \{2\}$$

Um pouco de história

A origem dos determinantes

Alex Segre/Alamy/Fotoarena

Estátua de Leibniz na parte externa da Royal Academy of Arts de Londres, Inglaterra.

Os primeiros trabalhos sobre determinantes teriam surgido, quase na mesma época, no Oriente e no Ocidente: em 1683, em um artigo do matemático japonês Seki Kowa (1642-1708) e, dez anos depois, pelo alemão Gottfried Leibniz (1646-1716). Ambos desenvolveram expressões matemáticas ligadas aos coeficientes das incógnitas das equações de um sistema linear. Em linguagem e notação atuais, tais expressões definem o determinante da matriz incompleta dos coeficientes de um sistema.

Outros matemáticos, como Cramer, Bézout, Laplace e Vandermonde também publicaram, no século XVIII, artigos sobre determinantes e deixaram contribuições valiosas.

No entanto, somente no século XIX a teoria dos determinantes ganhou maior impulso na Europa, com os trabalhos de Jacobi (1804-1851) e Cauchy (1789-1857). A este último atribui-se o título de criador do termo "determinante", além de ser o responsável por reunir, em 1812, tudo o que era conhecido até então sobre o assunto.

Fontes de pesquisa: BOYER, Carl B. *História da Matemática*. 3. ed. São Paulo: Edgard Blucher, 2010; BATISTA, I. L.; LUCCAS, S. Abordagem histórico-filosófica e Educação Matemática — uma proposta de interação entre domínios de conhecimento. *Educação Matemática Pesquisa*, São Paulo, v. 6, n. 1, p. 101-133, 2004. Disponível em: <www.uel.br/grupo-pesquisa/ifhiecem/arquivos/4682-10997-1-PB.pdf>. Acesso em: 5 jul. 2018.

Exercícios

41. Calcule os seguintes determinantes:

a) $\begin{vmatrix} 1 & 2 \\ 3 & 4 \end{vmatrix}$

b) $\begin{vmatrix} 2 & 9 \\ 3 & 7 \end{vmatrix}$

c) $\begin{vmatrix} 1 & -1 \\ 2 & 2 \end{vmatrix}$

d) $\begin{vmatrix} -2 & 4 \\ 0 & -3 \end{vmatrix}$

e) $\begin{vmatrix} \frac{1}{2} & \frac{1}{3} \\ 3 & 4 \end{vmatrix}$

f) $\begin{vmatrix} a & -a \\ -a & -a \end{vmatrix}$ $(a \in \mathbb{R})$

g) $\begin{vmatrix} \text{sen}\,\frac{\pi}{2} & \text{tg}\,\pi \\ \text{tg}\,\frac{\pi}{4} & \cos\pi \end{vmatrix}$

h) $\begin{vmatrix} \text{sen}\,8° & -\cos 8° \\ \cos 8° & \text{sen}\,8° \end{vmatrix}$

42. Sejam $A = \begin{bmatrix} -4 & 3 \\ 1 & 2 \end{bmatrix}$ e $B = \begin{bmatrix} 1 & 0 \\ -1 & 3 \end{bmatrix}$.

Calcule o determinante das seguintes matrizes:

a) A
b) B
c) A + B
d) A − B
e) A + 2B
f) A · B
g) $A + I_2$
h) A^t

43. Seja $A = (a_{ij})_{2 \times 2}$, em que $a_{ij} = 4i - 3j$. Calcule det A.

44. Calcule o valor dos seguintes determinantes:

a) $\begin{vmatrix} 3 & 2 & 1 \\ 1 & 2 & 5 \\ 1 & -1 & 0 \end{vmatrix}$

b) $\begin{vmatrix} 1 & -1 & 2 \\ 5 & 7 & -4 \\ 1 & 0 & 1 \end{vmatrix}$

c) $\begin{vmatrix} 0 & 1 & 3 \\ -4 & 2 & 5 \\ -3 & 0 & -1 \end{vmatrix}$

d) $\begin{vmatrix} 1 & 2 & 4 \\ 0 & 3 & 9 \\ 0 & 0 & -5 \end{vmatrix}$

45. Seja $A = (a_{ij})_{3 \times 3}$, em que $a_{ij} = (i - j)^2$. Obtenha:

a) det A
b) det A^t

46. Sejam as matrizes:

$A = (a_{ij})_{3 \times 3}$, em que $a_{ij} = \begin{cases} 1, \text{ se } i \geq j \\ 2, \text{ se } i < j \end{cases}$ e

$B = (b_{ij})_{3 \times 3}$, em que $b_{ij} = \begin{cases} -1, \text{ se } i \geq j \\ 1, \text{ se } i < j \end{cases}$.

Calcule det A, det B, det (A + B) e det (A · B).

47. Resolva, em $\mathbb{R}$, as seguintes equações:

a) $\begin{vmatrix} x & -3 \\ x + 2 & x - 2 \end{vmatrix} = 8$

b) $\begin{vmatrix} x & 0 & 1 \\ 2x & x & 2 \\ 3 & 2x & x \end{vmatrix} = 0$

c) $\begin{vmatrix} 1 & 2 & x \\ -1 & x & x+1 \\ 3 & 2 & x \end{vmatrix} = 6$

48. Resolva, em $\mathbb{R}$, as inequações:

a) $\begin{vmatrix} x & x+2 \\ 4 & 3 \end{vmatrix} \leq x$

b) $\begin{vmatrix} 6 & 1 & -5 \\ x & 0 & 1 \\ 1 & -3 & 2 \end{vmatrix} > \begin{vmatrix} 1 & 2 & -1 \\ 0 & x & 4 \\ 0 & 0 & -6 \end{vmatrix}$

49. Seja $A = (a_{ij})_{3 \times 2}$ a matriz definida por $a_{ij} = 2i - 3j$. Calcule o determinante da matriz $A \cdot A^t$.

50. Determine **a** e **b** reais tais que $\begin{vmatrix} b & 3 \\ a-1 & 2 \end{vmatrix} = 14$ e $\begin{vmatrix} b & a & 2 \\ 0 & 4 & -1 \\ 2 & -2 & 3 \end{vmatrix} = 0$.

51. Considere a matriz $M = \begin{bmatrix} 2 & 0 \\ -3 & 5 \end{bmatrix}$.

a) Construa a matriz $M - k \cdot I$, sendo $k \in \mathbb{R}$ e **I** a matriz identidade 2×2.

b) Quais são os valores de **k** que tornam nulo o determinante da matriz $M - k \cdot I$?

52. Considere o sistema linear representado pela equação matricial:

$$\begin{bmatrix} 1 & k \\ k+1 & 2 \end{bmatrix} \cdot \begin{bmatrix} x \\ y \end{bmatrix} = \begin{bmatrix} -1 \\ 0 \end{bmatrix}$$

Para quais valores reais de **k** o sistema admite solução única?

Troque ideias

Os sistemas lineares e o balanceamento de equações químicas

Delfim Martins/Pulsar Imagens

Usina de açúcar e de bioenergia, Pedro Afonso (TO). A partir da cana-de-açúcar, é possível extrair substâncias que, nas usinas, serão submetidas a processos térmicos e químicos para a produção de álcool e de açúcar.

Nas aulas de Química, você provavelmente já deve ter aprendido a balancear uma equação química, ao estudar sobre a estequiometria das reações.

A reação seguinte representa a decomposição térmica do clorato de potássio ($KC\ell O_3$):

$$2\ KClO_3 \xrightarrow{\Delta} 2\ KCl + 3\ O_2$$

Ela está balanceada. Os números inteiros 2, 2 e 3 são coeficientes estequiométricos dos compostos $KClO_3$, KCl e O_2, respectivamente. Note que a quantidade de átomos de potássio (K), cloro (Cl) e oxigênio (O) é a mesma nos dois lados (reagentes e produtos) da reação.

Vamos conhecer outro método de balanceamento, baseado na resolução de sistemas lineares. A reação seguinte, não balanceada, representa o processo de obtenção do etanol (C_2H_5OH) a partir da sacarose ($C_{12}H_{22}O_{11}$). A sacarose é o chamado "açúcar de mesa" ou "açúcar comercial comum", encontrado em frutas e na cana-de-açúcar.

$$C_{12}H_{22}O_{11} + H_2O \longrightarrow C_2H_5OH + CO_2$$

- Vamos atribuir incógnitas aos coeficientes de cada composto envolvido na equação:

$$x\ C_{12}H_{22}O_{11} + y\ H_2O \longrightarrow z\ C_2H_5OH + w\ CO_2$$

a) Para cada elemento químico da reação, faça a contagem da quantidade de átomos, igualando a quantidade no lado dos reagentes à quantidade no lado dos produtos, e escreva as equações lineares obtidas:

I. oxigênio (O) II. carbono (C) III. hidrogênio (H)

b) Escreva o sistema linear de três equações e quatro incógnitas obtido.

c) Escalone o sistema linear obtido.

d) Classifique o sistema escalonado e obtenha sua solução geral em função de **w**.

e) Como **w** pode assumir qualquer valor real, escolha **w** de modo a obter uma solução em que todas as incógnitas sejam os menores inteiros positivos possíveis; em seguida, escreva a equação balanceada.

f) Usando esse mesmo processo, faça o balanceamento das seguintes equações químicas:

I. $C_6H_{12}O_6 \longrightarrow CO_2 + C_2H_5OH$ II. $Al_2(CO_3)_3 \longrightarrow Al_2O_3 + CO_2$ III. $C_4H_{10} + O_2 \longrightarrow CO_2 + H_2O$

Fonte de pesquisa: ATKINS, P.; JONES, L. *Princípios da Química*: questionando a vida moderna e o meio ambiente. 5. ed. Porto Alegre: Bookman, 2012.

New York Public Library/Photo Researchers/Diomedia

Retrato de Colin Maclaurin.

Regra de Cramer

A regra de Cramer é outro método usado para resolução de sistemas determinados, em que o número de equações é igual ao número de incógnitas.

Essa regra, que é baseada no cálculo de determinantes, leva o nome do matemático suíço Gabriel Cramer (1704-1752), que a demonstrou em 1750, embora não tenha sido o primeiro matemático a fazê-lo; acredita-se que a regra já era conhecida por Maclaurin (1698-1746) desde 1729.

Inicialmente, vamos enunciar e demonstrar essa regra para o caso de um sistema 2 × 2.

Caso 2 × 2

Considere o sistema nas incógnitas **x** e **y**: $\begin{cases} ax + by = e \\ cx + dy = f \end{cases}$.

Seja **D** o determinante da matriz **M** incompleta dos coeficientes do sistema:

$$M = \begin{bmatrix} a & b \\ c & d \end{bmatrix} \text{ e } D = ad - bc$$

Se $D \neq 0$, então o sistema é possível e determinado (S.P.D.) e sua solução (x, y) é dada por:

$$x = \frac{D_x}{D} \text{ e } y = \frac{D_y}{D}$$

em que $\mathbf{D_x}$ e $\mathbf{D_y}$ são os determinantes das matrizes obtidas a partir da matriz **M** substituindo, respectivamente, a 1ª coluna e a 2ª coluna de **M** pela coluna dos coeficientes independentes das equações do sistema.

Demonstração:

Vamos construir um sistema equivalente a $\begin{cases} ax + by = e \\ cx + dy = f \end{cases}$ usando o escalonamento.

Multiplicamos a 1ª equação por $(-c)$, $c \neq 0$, a 2ª equação por **a**, $a \neq 0$, e somamos:

$$\begin{array}{r} -a\cancel{c}x - bcy = -ce \\ \cancel{a}cx + ady = af \\ \hline (ad - bc) \cdot y = af - ce \end{array} \oplus$$

Obtemos:

$$\begin{cases} ax + \quad by = e \\ \underbrace{(ad - bc)}_{D}y = af - ce \end{cases}$$

O coeficiente de **y**, na 2ª equação do sistema escalonado, é igual a **D** (det M).

Como, por hipótese, $D \neq 0$, obtemos: $y = \dfrac{af - ce}{D}$. (1)

Note que $af - ce$ é o determinante da matriz obtida de **M** quando substituímos a 2ª coluna pela coluna dos coeficientes independentes, isto é: $\begin{bmatrix} a & e \\ c & f \end{bmatrix}$.

Representando $\det\begin{bmatrix} a & e \\ c & f \end{bmatrix}$ por $\mathbf{D_y}$ em (1), obtemos:

$$y = \frac{D_y}{D}$$

Para obter o valor de **x**, substituímos **y** na 1ª equação do sistema escalonado:

$$ax + by = e \Rightarrow ax + b \cdot \frac{af - ce}{ad - bc} = e \Rightarrow$$

$$\Rightarrow a \cdot (ad - bc)x + b \cdot (af - ce) = e \cdot (ad - bc) \overset{a \neq 0}{\Rightarrow}$$

$$\overset{a \neq 0}{\Rightarrow} x = \frac{ed - bf}{ad - bc} \quad (2)$$

Note que $ed - bf$ é o determinante da matriz obtida de **M** quando substituímos a 1ª coluna pela coluna dos coeficientes independentes: $\begin{bmatrix} e & b \\ f & d \end{bmatrix}$.

Representando $\det\begin{bmatrix} e & b \\ f & d \end{bmatrix} = ed - bf$ por $\mathbf{D_x}$ em (2), obtemos:

$$x = \frac{D_x}{D}$$

EXEMPLO 9

Usando a regra de Cramer, vamos resolver o sistema: $\begin{cases} 4x + 5y = -1 \\ 2x + 3y = 4 \end{cases}$.

Observemos que, como $D = \begin{vmatrix} 4 & 5 \\ 2 & 3 \end{vmatrix} = 12 - 10 = 2 \neq 0$, podemos usar a regra de Cramer.

Assim, esse sistema é possível e determinado. Calculemos $\mathbf{D_x}$ e $\mathbf{D_y}$:

$$D_x = \begin{vmatrix} -1 & 5 \\ 4 & 3 \end{vmatrix} = -3 - 20 = -23$$

$$D_y = \begin{vmatrix} 4 & -1 \\ 2 & 4 \end{vmatrix} = 16 + 2 = 18$$

Então, $x = \dfrac{D_x}{D} = -\dfrac{23}{2}$ e $y = \dfrac{D_y}{D} = \dfrac{18}{2} = 9$.

Logo, $S = \left\{\left(-\dfrac{23}{2}, 9\right)\right\}$.

Caso 3 × 3

Considere o sistema linear $\begin{cases} a_1x + b_1y + c_1z = d \\ a_2x + b_2y + c_2z = e \\ a_3x + b_3y + c_3z = f \end{cases}$, nas incógnitas **x**, **y** e **z**.

Se $D = \begin{vmatrix} a_1 & b_1 & c_1 \\ a_2 & b_2 & c_2 \\ a_3 & b_3 & c_3 \end{vmatrix} \neq 0$, então o sistema é possível e determinado (S.P.D.).

Sua solução (x, y, z) é dada por $x = \frac{D_x}{D}$, $y = \frac{D_y}{D}$ e $z = \frac{D_z}{D}$, em que $\mathbf{D_x}$, $\mathbf{D_y}$ e $\mathbf{D_z}$ são os determinantes das matrizes obtidas quando trocamos, na matriz incompleta do sistema, a coluna dos coeficientes de **x**, **y** e **z**, respectivamente, pela coluna dos coeficientes independentes das equações. A demonstração é análoga ao caso 2 × 2: veja também a seção *Um pouco mais sobre*, na página 240, como suporte.

Exercício resolvido

6. Resolva o sistema: $\begin{cases} x + 2y - z = -5 \\ -x - 2y - 3z = -3 \\ 4x - y - z = 4 \end{cases}$

Solução:

Como $D = \begin{vmatrix} 1 & 2 & -1 \\ -1 & -2 & -3 \\ 4 & -1 & -1 \end{vmatrix} = -36 \neq 0$, o sistema é S.P.D.; podemos usar a regra de Cramer:

$$D_x = \begin{vmatrix} -5 & 2 & -1 \\ -3 & -2 & -3 \\ 4 & -1 & -1 \end{vmatrix} = -10 - 24 - 3 - 8 + 15 - 6 = -36;\ x = \frac{D_x}{D} = \frac{-36}{-36} = 1$$

$$D_y = \begin{vmatrix} 1 & -5 & -1 \\ -1 & -3 & -3 \\ 4 & 4 & -1 \end{vmatrix} = 3 + 60 + 4 - 12 + 12 + 5 = 72;\ y = \frac{D_y}{D} = \frac{72}{-36} = -2$$

$$D_z = \begin{vmatrix} 1 & 2 & -5 \\ -1 & -2 & -3 \\ 4 & -1 & 4 \end{vmatrix} = -8 - 24 - 5 - 40 - 3 + 8 = -72;\ z = \frac{D_z}{D} = \frac{-72}{-36} = 2$$

Assim, S = {(1, − 2, 2)}.

Exercícios

53. Resolva, usando a regra de Cramer:

a) $\begin{cases} x + 4y = 0 \\ 3x + 2y = 5 \end{cases}$

b) $\begin{cases} 2x - y = 2 \\ -x + 3y = -3 \end{cases}$

c) $\begin{cases} 5x - 4y = 6 \\ -x + y = -1 \end{cases}$

54. Resolva, usando a regra de Cramer:

a) $\begin{cases} 3x - y + z = 1 \\ 2x + 3z = -1 \\ 4x + y - 2z = 7 \end{cases}$

b) $\begin{cases} x - y + z = -5 \\ x + 2y + 4z = 4 \\ 3x + y - 2z = -3 \end{cases}$

c) $\begin{cases} -x - y + z = 1 \\ x + y + z = 1 \\ 2x + 3y + 2z = 0 \end{cases}$

d) $\begin{cases} 3x + 5y = -1 \\ x - z = -2 \\ -y + 2z = 12 \end{cases}$

55. Rapazes e moças dançavam animadamente em uma festa. Com a saída de 8 rapazes, percebeu-se que o número de moças estava para o número de rapazes em uma razão de 3 para 2. Mais tarde, porém, 10 moças deixaram a festa, e a razão passou a ser de 5 moças para cada 4 rapazes. Quantos rapazes e moças havia inicialmente na festa?

56. Ao ser perguntado sobre os valores do pedágio, um caixa respondeu: "Quando passam 2 carros de passeio e 3 ônibus, arrecada-se a quantia de R$ 26,00; quando passam 2 ônibus e 5 caminhões, arrecada-se a quantia de R$ 47,00; e, quando passam 6 carros de passeio e 4 caminhões, arrecada-se a quantia de R$ 52,00".
Qual é o valor do pedágio para cada veículo citado?

57. Um time de futebol disputou 38 partidas em um campeonato brasileiro, obtendo um total de 47 pontos. Sabendo que a diferença entre o número de derrotas e o de vitórias é, nessa ordem, igual a 3, determine quantas vezes o time empatou no campeonato. Lembre-se de que, nesse campeonato, vitória vale 3 pontos, empate vale 1 ponto e derrota não pontua.

Discussão de um sistema

Discutir um sistema linear em função de um ou mais parâmetros significa dizer para quais valores do(s) parâmetro(s) o sistema é possível (determinado ou indeterminado) ou impossível.

Quando o número de equações do sistema é igual ao seu número de incógnitas, há um método geral de discussão, que exemplificaremos com um sistema 2 × 2.

Seja o sistema linear $\begin{cases} ax + by = e \\ cx + dy = f \end{cases}$, de incógnitas **x** e **y**.

Vamos construir um sistema equivalente a ele, porém na forma escalonada:

$$\begin{cases} ax + by = e \\ \underbrace{(ad - bc)}_{D} \cdot y = af - ce \quad (*) \end{cases}$$

$$(-c) \cdot (1^a \text{ eq.}) + (2^a \text{ eq.}) \cdot (a)$$

$$\begin{array}{r} -acx - bcy = -ce \\ acx + ady = af \\ \hline (ad - bc) \cdot y = af - ce \end{array} \oplus$$

em que $D = \begin{vmatrix} a & b \\ c & d \end{vmatrix}$ é o determinante da matriz incompleta do sistema.

Podemos ter:

- $D \neq 0$: nesse caso, podemos obter o valor de **y**, que é único, e, em seguida, obter o valor de **x**, que também é único.

  Trata-se de um sistema possível e determinado (S.P.D.).

- $D = 0$: nesse caso, o 1º membro de (*) se anula.

  Se o 2º membro de (*) também se anular, teremos 0 = 0, e o sistema se reduzirá à sua 1ª equação, sendo, portanto, S.P.I.

  Se o 2º membro de (*) não se anular, a 2ª equação será uma sentença falsa, $\forall y \in \mathbb{R}$.

Logo, o sistema não terá solução; trata-se de S.I.

Em geral, sendo **D** o determinante da matriz incompleta dos coeficientes de um sistema linear, temos:

$D \neq 0 \Rightarrow$ S.P.D.
$D = 0 \Rightarrow$ S.P.I ou S.I.

Esse resultado é válido para qualquer sistema linear de **n** equações e **n** incógnitas, com $n \geqslant 2$.

Exercícios resolvidos

7. Discuta, em função de **m**, o sistema $\begin{cases} x + y = 3 \\ 2x + my = 2 \end{cases}$.

Solução:

Temos: $D = \begin{vmatrix} 1 & 1 \\ 2 & m \end{vmatrix} = m - 2$

- Se $D \neq 0$, isto é, $m - 2 \neq 0$, ou $m \neq 2$, temos S.P.D.
- Se $D = 0$, isto é, $m - 2 = 0$, ou $m = 2$, temos S.P.I. ou S.I.

Neste último caso, para decidirmos entre as duas possibilidades, levamos $m = 2$ ao sistema. Temos:

$$\begin{cases} x + y = 3 \\ 2x + 2y = 2 \end{cases} \Leftrightarrow \begin{cases} x + y = 3 \\ x + y = 1 \end{cases} \text{ equações incompatíveis}$$

Trata-se de um sistema impossível.

Assim, $\begin{cases} m \neq 2 \rightarrow \text{S.P.D.} \\ m = 2 \rightarrow \text{S.I.} \end{cases}$

8. Discuta, em função de **m**, o sistema $\begin{cases} x - y - z = 1 \\ 2x + y + 3z = 6 \\ mx + y + 5z = 13 \end{cases}$.

Solução:

Temos: $D = \begin{vmatrix} 1 & -1 & -1 \\ 2 & 1 & 3 \\ m & 1 & 5 \end{vmatrix} = -2m + 10$

- Se $D \neq 0$, isto é, $m \neq 5$, temos S.P.D.
- Se $D = 0$, isto é, $m = 5$, podemos ter S.P.I. ou S.I.

Levando $m = 5$ ao sistema e o escalonando, vem:

$$\begin{cases} x - y - z = 1 \\ 2x + y + 3z = 6 \\ 5x + y + 5z = 13 \end{cases} \Leftrightarrow \begin{cases} x - y - z = 1 \\ 3y + 5z = 4 \leftarrow (-2) \cdot (1^{\text{a}} \text{ eq.}) + (2^{\text{a}} \text{ eq.}) \\ 6y + 10z = 8 \leftarrow (-5) \cdot (1^{\text{a}} \text{ eq.}) + (3^{\text{a}} \text{ eq.}) \end{cases}$$

Como os coeficientes da 2ª e da 3ª equação são proporcionais, podemos retirar a 3ª equação, obtendo o sistema $\begin{cases} x - y - z = 1 \\ 3y + 5z = 4 \end{cases}$, que é possível e indeterminado.

Assim, $\begin{cases} m \neq 5 \Rightarrow \text{S.P.D.} \\ m = 5 \Rightarrow \text{S.P.I.} \end{cases}$

9. Discuta, em função de **a** e **b**, o sistema $\begin{cases} ax + 2y = 1 \\ 3x + 2y = b \end{cases}$.

Solução:

Temos $D = \begin{vmatrix} a & 2 \\ 3 & 2 \end{vmatrix} = 2a - 6$

- Se $D \neq 0$, isto é, $a \neq 3$, temos S.P.D.
- Se $D = 0$, isto é, $a = 3$, podemos ter S.P.I. ou S.I.

Para $a = 3$, temos $\begin{cases} 3x + 2y = 1 \\ 3x + 2y = b \end{cases}$.

Quando $b = 1$, as duas equações são iguais, e o sistema se reduz à equação linear $3x + 2y = 1$, que tem infinitas soluções.

Quando $b \neq 1$, as equações são incompatíveis entre si e, portanto, não há solução.

Assim, $\begin{cases} a \neq 3 \Rightarrow \text{S.P.D.} \\ a = 3 \text{ e } b = 1 \Rightarrow \text{S.P.I.} \\ a = 3 \text{ e } b \neq 1 \Rightarrow \text{S.I.} \end{cases}$

Exercícios

58. Discuta, em função de **m**, os seguintes sistemas:

a) $\begin{cases} x + y = 3 \\ 2x + my = 6 \end{cases}$

b) $\begin{cases} 2x + my = m \\ 6x - 3y = 2 \end{cases}$

c) $\begin{cases} x + 2y = mx \\ my - 2x = y \end{cases}$

d) $\begin{cases} (m + 1)x + 3y = 6 \\ x + (m - 1)y = 2 \end{cases}$

59. Discuta, em função de **m**,os seguintes sistemas:

a) $\begin{cases} mx + y - z = 4 \\ x + my + z = 0 \\ x - y = 2 \end{cases}$

b) $\begin{cases} -x + y + 2z = 3 \\ -5x - 4y + mz = -9 \\ x + 5y - 4z = 13 \end{cases}$

c) $\begin{cases} mx + y = -2 \\ -2x + y - z = m \\ 4x + y + mz = -5 \end{cases}$

60. Para que valores reais de **k** o sistema

$$\begin{bmatrix} -1 & k \\ k + 1 & 2 \end{bmatrix} \cdot \begin{bmatrix} x \\ y \end{bmatrix} = \begin{bmatrix} -1 \\ 0 \end{bmatrix}$$

admite uma única solução?

61. Existe algum valor real de **a** para o qual o sistema

$$\begin{cases} x - 3y + 2z = 1 \\ 2y + z = 3 \\ -x + 3ay + z = -2 \end{cases}$$

é indeterminado? E impossível?

62. Determine os valores de **m** e **n** para os quais o sistema

$$\begin{cases} x - 2y - 3z = 3 \\ -4x + my + 2z = -27 \\ x + z = n \end{cases}$$

admite uma infinidade de soluções.

63. Discuta, em função de **a** e **b**, o sistema:

$$\begin{cases} 2x - y = 3 \\ 4x + ay = b \end{cases}$$

64. Discuta em função de **a** e **b**:

$$\begin{cases} -x + y - z = 4 \\ 4x + ay + z = -19 \\ x - y + 3z = b \end{cases}$$

65. Determine $m \in \mathbb{R}$, de modo que o sistema

$$\begin{cases} 2x - y = 3 \\ mx + 2y = 5 \end{cases}$$

não admita soluções, e interprete geometricamente a resposta.

Sistemas homogêneos

Dizemos que um sistema linear é homogêneo se o termo (ou coeficiente) independente de cada uma de suas equações é igual a zero. Assim, são exemplos de sistemas homogêneos:

$$S_1: \begin{cases} 4x + 3y = 0 \\ 3x + 2y = 0 \end{cases} \quad S_2: \begin{cases} x + 2y + 2z = 0 \\ 3x + y - z = 0 \\ -x + 5y + \frac{1}{2}z = 0 \end{cases} \quad S_3: \begin{cases} 3x + y = 0 \\ x + y = 0 \\ 2x - y = 0 \end{cases}$$

OBSERVAÇÃO

Note que o sistema $\begin{cases} x + y - z + 3 = 0 \\ 2x - y + z - 1 = 0 \\ x - z + 2 = 0 \end{cases}$ não é homogêneo.

De fato, $x + y - z + 3 = 0 \Rightarrow x + y - z = -3$, e assim por diante; trata-se do sistema:

$$\begin{cases} x + y - z = -3 \\ 2x - y + z = 1 \\ x - z = -2 \end{cases}$$

Vamos observar uma propriedade característica dos sistemas homogêneos:

- Em $\mathbf{S_1}$, o par ordenado (0, 0) é uma solução, pois verifica as duas equações.
- Em $\mathbf{S_2}$, a tripla ordenada (0, 0, 0) é uma solução, pois verifica as três equações.
- Em $\mathbf{S_3}$, o par ordenado (0, 0) é uma solução, pois verifica as três equações.

De modo geral, um sistema homogêneo com **n** incógnitas sempre admite a sequência $\underbrace{(0, 0, ..., 0)}_{\text{n zeros}}$ como solução. Essa solução é chamada solução **nula**, **trivial** ou **imprópria**. Desse modo, um sistema homogêneo é sempre possível, pois possui, ao menos, a solução nula.

Se o sistema só possui a solução nula, ele é possível e determinado.

Havendo outras soluções, além da solução nula, ele é possível e indeterminado. Essas soluções recebem o nome de **soluções próprias** ou **não triviais**.

EXEMPLO 10

Resolvendo o sistema $\begin{cases} 4x + 3y = 0 \\ 3x + 2y = 0 \end{cases}$ por escalonamento, obtemos:

$$\begin{cases} 4x + 3y = 0 \\ \quad - y = 0 \end{cases} \leftarrow (1^a \text{ eq.}) \cdot (-3) + (2^a \text{ eq.}) \cdot 4$$

Temos um sistema escalonado com o mesmo número de equações e de incógnitas, ou seja, um sistema possível e determinado; sua única solução é (0, 0).

EXEMPLO 11

O sistema homogêneo $\begin{cases} x - 3y = 0 \\ -5x + 15y = 0 \end{cases}$ admite infinitas soluções. Observe:

Notando que $-5x + 15y = 0$ equivale a $-5 \cdot (x - 3y) = 0$, isto é, $x - 3y = 0$, temos que o sistema se reduz à equação linear $x - 3y = 0$, que possui infinitas soluções.

Como $x = 3y$, sua solução geral é $\{(3\alpha, \alpha); \alpha \in \mathbb{R}\}$.

Vejamos algumas soluções:

$\alpha = 0 \Rightarrow (0, 0)$ é a solução nula, trivial ou imprópria.

$$\left.\begin{array}{l} \alpha = 1 \Rightarrow (3, 1) \\ \alpha = -4 \Rightarrow (-12, -4) \\ \alpha = \dfrac{1}{9} \Rightarrow \left(\dfrac{1}{3}, \dfrac{1}{9}\right) \end{array}\right\} \text{ soluções próprias ou diferentes da trivial.}$$

$\vdots$

Observe que o determinante da matriz incompleta dos coeficientes desse sistema é zero. Podemos garantir que o sistema é indeterminado. Conforme vimos, quando o determinante se anula, o sistema é impossível ou indeterminado. Nesse exemplo, trata-se de um sistema homogêneo, que sempre apresenta solução, isto é, não pode ser impossível. Logo, só pode ser indeterminado.

Exercícios

66. Resolva e classifique os seguintes sistemas homogêneos:

a) $\begin{cases} x + 2y = 0 \\ 3x + 5y = 0 \end{cases}$

b) $\begin{cases} 7x - 14y = 0 \\ -x + 2y = 0 \end{cases}$

c) $\begin{cases} 2x + 3y - z = 0 \\ x - 4y + z = 0 \\ 3x + y - 2z = 0 \end{cases}$

d) $\begin{cases} x + 2y - z = 0 \\ 2x - y + 3z = 0 \\ 4x + 3y + z = 0 \end{cases}$

67. Seja o sistema $\begin{cases} x - y + 4z = m - 2 \\ mx + 3y - z = 0 \\ 6x + (m-3)y + 15z = 0 \end{cases}$.

a) Determine **m** real para que o sistema seja homogêneo.

b) Com o resultado do item *a*, resolva o sistema.

68. O sistema a seguir é escalonado:

$\begin{cases} x - 3y = 0 \\ (m + 1)y = 0 \end{cases}$

Para quais valores reais de **m** o sistema admite somente a solução nula ou trivial?

69. Considere o sistema $\begin{cases} x + 2y = 0 \\ -4x + my = 0 \end{cases}$, no qual **x** e **y** são incógnitas e $m \in \mathbb{R}$.

a) Para quais valores de **m** o sistema admite soluções próprias?

b) Nas condições do item *a*, forneça três soluções próprias desse sistema.

70. O sistema $\begin{cases} x + y - z = 0 \\ mx + 2y - 3z = 0 \\ 4x + y = 0 \end{cases}$ admite uma infinidade de soluções. Determine **m**.

71. É dada a equação matricial $\begin{pmatrix} 1 & -m & 2 \\ 0 & m & 1 \\ -m & 1 & -2 \end{pmatrix} \cdot \begin{pmatrix} x_1 \\ x_2 \\ x_3 \end{pmatrix} = \begin{pmatrix} 0 \\ 0 \\ 0 \end{pmatrix}$, em que **m** é um parâmetro real. Determine **m** para que a equação admita uma única solução. Qual é essa solução?

Determinantes de matrizes de ordem 3 e a regra de Sarrus

Consideremos o sistema linear seguinte nas incógnitas **x**, **y** e **z**:

$$\begin{cases} ax + by + cz = m \\ dx + ey + fz = n \\ gx + hy + iz = p \end{cases}$$

Vamos construir um sistema equivalente a ele, porém na forma escalonada:

$$\begin{cases} ax + by + cz = m \\ (bd - ae) \cdot y + (cd - af) \cdot z = md - an \leftarrow d \cdot (1^a \text{ eq.}) + (-a) \cdot (2^a \text{ eq.}) \\ (bg - ah) \cdot y + (cg - ai) \cdot z = mg - ap \leftarrow g \cdot (1^a \text{ eq.}) + (-a) \cdot (3^a \text{ eq.}) \end{cases}$$

$$\begin{cases} ax + by + cz = m \\ (bd - ae) \cdot y + (cd - af) \cdot z = md - an \\ (aei + cdh + bfg - afh - ceg - bdi) \cdot z = (mdh + nbg + ape - anh - mge - pbd) \leftarrow -(bg - ah) \cdot (2^a \text{ eq.}) + (bd - ae) \cdot (3^a \text{ eq.}) \end{cases}$$

O último sistema obtido está escalonado.
Observe que:

- se $(aei + cdh + bfg - afh - ceg - bdi) \neq 0$, obtemos um único valor para **z**; substituindo-se **z** na 2ª equação, obtemos o valor de **y**, e, em seguida, obtemos o valor de **x**, chegando à única solução desse sistema. Nesse caso, teríamos um sistema possível e determinado;
- se $(aei + cdh + bfg - afh - ceg - bdi) = 0$, podemos ter um sistema indeterminado ou impossível, conforme o 2º membro da última equação seja nulo ou não nulo, respectivamente.

O número real $aei + cdh + bfg - afh - ceg - bdi$ é definido como o determinante da matriz $\begin{pmatrix} a & b & c \\ d & e & f \\ g & h & i \end{pmatrix}$, que é a matriz incompleta dos coeficientes do sistema, e indicamos:

$$\begin{vmatrix} a & b & c \\ d & e & f \\ g & h & i \end{vmatrix} = aei + bfg + cdh - ceg - afh - bdi$$

Observe o cálculo de $\begin{vmatrix} a & b & c \\ d & e & f \\ g & h & i \end{vmatrix}$ por meio da regra de Sarrus:

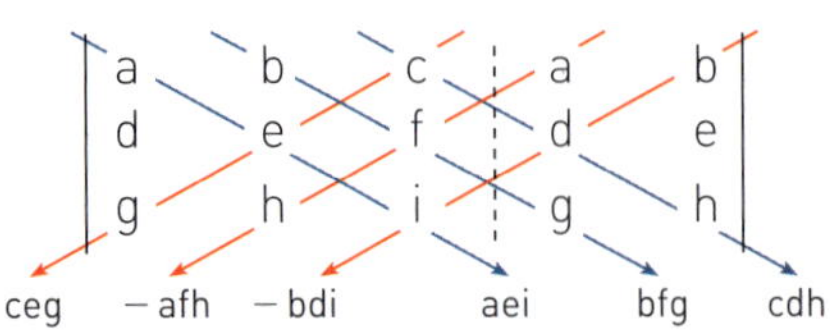

$= aei + bfg + cdh - ceg - afh - bdi$

Enem e vestibulares resolvidos

(Enem) Na figura estão representadas três retas no plano cartesiano, sendo **P**, **Q** e **R** os pontos de intersecções entre as retas, e **A**, **B** e **C** os pontos de intersecções dessas retas com o eixo **x**.

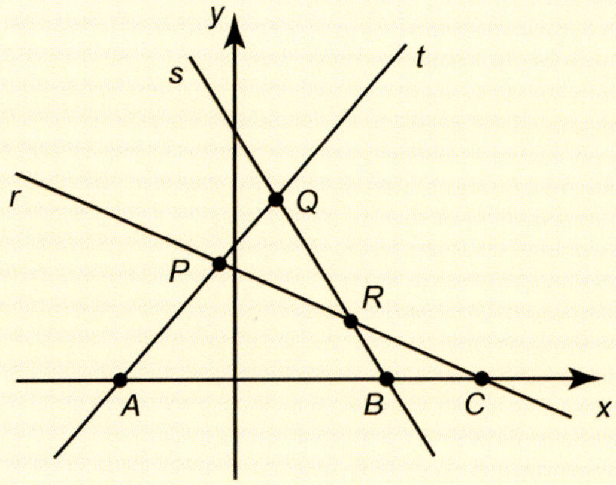

Essa figura é a representação gráfica de um sistema linear de três equações e duas incógnitas que

a) possui três soluções reais e distintas, representadas pelos pontos **P**, **Q** e **R**, pois eles indicam onde as retas se intersectam.
b) possui três soluções reais e distintas, representadas pelos pontos **A**, **B** e **C**, pois eles indicam onde as retas intersectam o eixo das abscissas.
c) possui infinitas soluções reais, pois as retas se intersectam em mais de um ponto.
d) não possui solução real, pois não há ponto que pertença simultaneamente às três retas.
e) possui uma única solução real, pois as retas possuem pontos em que se intersectam.

Resolução comentada

A figura dada no enunciado é a representação gráfica de um sistema da forma $\begin{cases} a_1x + b_1y = c_1 \\ a_2x + b_2y = c_2 \\ a_3x + b_3y = c_3 \end{cases}$, com coeficientes $\mathbf{a_i}$, $\mathbf{b_i}$, $\mathbf{c_i}$ reais $(1 \leq i \leq 3)$ e incógnitas **x** e **y**, sendo que cada uma das equações representa uma das retas **r**, **s** e **t** da figura.

Graficamente, um ponto P(x, y) será solução de um sistema se esse ponto pertencer a todas as retas simultaneamente, o que não ocorre na figura dada.

Note que os pontos **P**, **Q** e **R** pertencem simultaneamente a somente duas das equações. Já os pontos **A**, **B** e **C** não são pontos de intersecção entre as retas dadas.

Logo, o sistema linear representado pela figura do enunciado não possui solução real, pois não há ponto que pertença simultaneamente às três retas.

Alternativa *d*.

Exercícios complementares

1. (Ufes) As estudantes Angélica, Beatriz e Clarissa foram a uma lanchonete, e cada uma consumiu um tipo de lanche. Ao ser solicitada a conta detalhada, o garçom, que tem facilidades com aritmética, forneceu as seguintes informações, em tom de desafio: "A conta totalizou R$ 53,20. Além disso, observei que, somando-se R$ 56,00 à parte da Clarissa, obtém-se o dobro da parte da Angélica mais o triplo da parte da Beatriz e, por outro lado, somando-se o triplo da parte da Angélica com o dobro da parte da Beatriz, obtém-se a parte da Clarissa mais R$ 63,00". Rapidamente, cada uma delas descobriu sua parte na conta. Se cada estudante pagou sua parte com uma nota de R$ 50,00, calcule o troco que coube a cada uma.

2. Seja **m** uma constante real f: $\mathbb{R} \rightarrow \mathbb{R}$ definida pela lei $f(x) = \begin{vmatrix} x & m-2 \\ 3 & x-1 \end{vmatrix}$. Para que valores de **m** essa função não admite raízes reais?

3. Seja N = ABC um número de três algarismos. Sabe-se que:

- subtraindo-se 792 de **N** obtemos o número CBA;
- o algarismo das dezenas de **N** é igual a 3;
- a soma dos algarismos das centenas e das unidades de **N** é igual a 10.

Determine **N**.

4. Resolva, em $\mathbb{R}$, a equação $\begin{vmatrix} \log_2 x & \log_4 x \\ -1 & 2 \end{vmatrix} = \frac{5}{4}$.

5. (UEL-PR) João é dono de um *food truck*, uma espécie de lanchonete estruturada em uma carroceria de um veículo móvel (caminhão) e utilizada para preparar e vender lanches. Ele quer enfeitar uma das faces da carroceria de seu caminhão, cujo formato é retangular, contornando-a com fita de *led*. Considerando que João precisa de exatamente 700 cm de fita de *led* e que a área retangular limitada pela fita de *led* deve ser igual a 30 000 cm^2, determine as dimensões desse retângulo.

Justifique sua resposta apresentando os cálculos realizados na resolução desta questão.

6. (UFPE) Uma fábrica de automóveis utiliza três tipos de aço, $\mathbf{A_1}$, $\mathbf{A_2}$ e $\mathbf{A_3}$, na construção de três tipos de carros, $\mathbf{C_1}$, $\mathbf{C_2}$ e $\mathbf{C_3}$. A quantidade dos três tipos de aço, em toneladas, usados na confecção dos três tipos de carro, está na tabela a seguir:

	C_1	C_2	C_3
A_1	2	3	4
A_2	1	1	2
A_3	3	2	1

Se foram utilizadas 26 toneladas de aço do tipo $\mathbf{A_1}$, 11 toneladas do tipo $\mathbf{A_2}$ e 19 toneladas do tipo $\mathbf{A_3}$, qual o total de carros construídos (dos tipos $\mathbf{C_1}$, $\mathbf{C_2}$ ou $\mathbf{C_3}$)?

7. (UFTM-MG) Seja o sistema linear nas variáveis **x**, **y** e **z**:

$$\begin{cases} x + y + mz = 0 \\ x - y + z = 0 \\ 2x + my + z = 0 \end{cases}$$

a) Determine os valores do parâmetro **m** para que o sistema tenha apenas a solução nula.

b) Resolva o sistema para $m = -1$.

8. (FGV-SP) Em uma competição de Matemática, a prova é do tipo múltipla escolha com 25 questões. A pontuação de cada competidor é feita de tal maneira que cada questão:

- respondida corretamente vale 6 pontos;
- não respondida vale 1,5 ponto;
- respondida erradamente vale 0 (zero) ponto.

a) É possível um competidor fazer exatamente 100 pontos? Se a resposta for afirmativa, mostre uma maneira; se não for, justifique a impossibilidade.

b) Márcia fez mais de 100 pontos. Quantas questões, no mínimo, ela respondeu corretamente?

9. (Obmep) Cururu é um sapo estranho; ele se desloca apenas com dois tipos de saltos:

Salto tipo I: 10 cm para Leste e 30 cm para Norte

Salto tipo II: 20 cm para Oeste e 40 cm para Sul

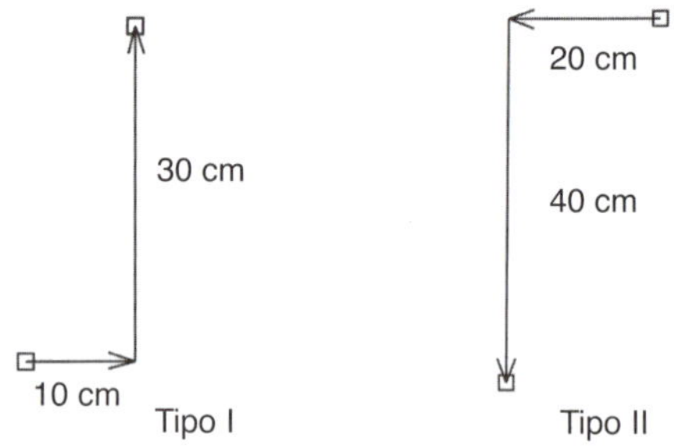

Ilustrações: Reprodução/Obmep, 2008

a) Como Cururu pode chegar a um ponto situado a 190 cm para Leste e 950 cm ao Norte de sua casa?

b) É possível Cururu chegar a um ponto situado a 180 cm a Leste e 950 cm ao Norte de sua casa?

10. Resolva em $\mathbb{R}$ o sistema $\begin{cases} 2^x \cdot 2^y \cdot 2^z = 1 \\ \dfrac{3^x}{3^y \cdot 3^z} = 9 \\ 4^x \cdot 16^{-y} \cdot 4^{-z} = 4 \end{cases}$.

11. Seja $a \in \mathbb{R}$ e o sistema, nas incógnitas **x** e **y**:

$$\begin{cases} x \cdot \text{sen}\, a - y \cdot \cos a = \text{sen}\, b \\ x \cdot \cos a + y \cdot \text{sen}\, a = \cos b \end{cases}$$

a) Para que valores de **a** o sistema admite solução única?

b) Determine o conjunto solução desse sistema.

12. (UFPR) Num experimento agrícola envolvendo o plantio de um determinado cereal, observou-se que o número de sacas produzidas por hectare depende da quantidade de sementes plantadas. A tabela abaixo descreve alguns dados coletados nesse experimento:

Suponha que a relação entre **N** e **t** possa ser escrita como uma função da forma: $N = a \cdot t^2 + b \cdot t + c$

Sacos de semente plantada (t)	Sacas de cereal colhidas (N)
3	70
4	85
5	80

a) Calcule os coeficientes **a**, **b** e **c** na expressão de **N**.

b) Para qual valor **t** o número de sacas **N** será máximo?

13. (UEL-PR) A internet armazena uma quantidade enorme de informações. Ao fazer uma busca na rede, os *sites* são listados em ordem decrescente segundo o seu grau de importância. Considere que, para calcular o grau de importância, são analisados três fatores: a quantidade de pessoas que se inscrevem no *site*, a quantidade de atualizações do *site* e a quantidade de visualizações do *site*. Cada um desses fatores recebe uma pontuação determinada.

- Para que o *site* obtenha 9 000 pontos e seja considerado de **grande** importância, são necessárias 600 pessoas inscritas, 600 atualizações e 800 visualizações.
- Para que o *site* obtenha 6 300 pontos e seja considerado de **média** importância, são necessárias 300 pessoas inscritas, 600 atualizações e 300 visualizações.
- Para que o *site* obtenha 2 000 pontos e seja considerado de importância **satisfatória**, são necessárias 100 pessoas inscritas, 100 atualizações e 300 visualizações.

A partir dessas informações, determine a pontuação obtida por um *site* que apresenta 900 pessoas inscritas, 450 atualizações e 700 visualizações.

Justifique sua resposta apresentando os cálculos realizados na resolução desta questão.

14. (Uerj) A ilustração ao lado mostra seis cartões numerados organizados em três linhas. Em cada linha, os números estão dispostos em ordem crescente, da esquerda para a direita. Em cada cartão, está registrado um número exatamente igual à diferença positiva dos números registrados nos dois cartões que estão imediatamente abaixo dele. Por exemplo, os cartões 1 e **Z** estão imediatamente abaixo do cartão **X**.

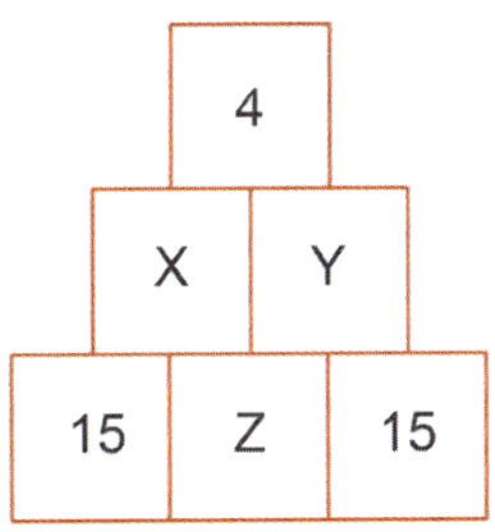

Banco de Imagens/Arquivo da editora

Determine os valores de **X**, **Y** e **Z**.

15. Três amigos, Alberto, Bento e César, colecionam figurinhas de jogadores de futebol das seleções da Copa do Mundo. Descubra a quantidade de figurinhas que cada um possui a partir das informações seguintes.

- Se Alberto der a Bento cinco figurinhas, eles passarão a ter a mesma quantidade.
- Se Bento perder 25% de seu total de figurinhas, ficará com cinco figurinhas a menos que César.
- Se César receber a décima parte das figurinhas de Alberto, ficará com a mesma quantidade que Bento.

16. Após determinada rodada, a classificação do Campeonato Brasileiro – Série A (Brasileirão) – de 2017 e a pontuação geral (PG) de cada time eram dadas pela tabela a seguir.

Classificação do Campeonato Brasileiro – Série A – 2017

Classificação		PG
1º	Corinthians	29
2º	Grêmio	22
3º	Flamengo	20
4º	Palmeiras	19
5º	Santos	17
6º	Vasco da Gama	16
7º	Fluminense	16
8º	Atlético MG	16
9º	Coritiba	16
10º	Botafogo	15
11º	Ponte Preta	15
12º	Sport Recife	15
13º	Cruzeiro	14
14º	Atlético PR	14
15º	Chapecoense	14
16º	Bahia	11
17º	São Paulo	11
18º	Vitória	9
19º	Avaí	9
20º	Atlético GO	7

Fonte: *Globo Esporte*. Balanço do turno Brasileirão 2017. Disponível em: <http://app.globoesporte.globo.com/futebol/brasileirao-serie-a/balanco-do-turno-do-brasileirao-2017/>. Acesso em: 21 fev. 2018.

Lembre que, no futebol, a vitória vale 3 pontos, o empate vale 1 ponto e a derrota não pontua.

Sabendo que, até essa rodada (incluindo-a), já haviam sido disputadas 110 partidas, determine o número de partidas do Brasileirão que terminaram empatadas até aquele momento.

17. Em uma lanchonete, registrou-se o consumo em três mesas, conforme mostra a tabela seguinte:

Mesas	Refrigerantes	Cafés	Salgados
1	10	3	20
2	2	7	4
3	5	4	10

Na mesa 1, a despesa foi de R$ 91,00, e, na mesa 2, R$ 31,00.

Classifique como **V** (verdadeira) ou **F** (falsa) as afirmações seguintes:

a) O preço unitário do café é R$ 2,00.

b) O preço unitário do refrigerante é R$ 1,80.

c) O valor da despesa da mesa 3 não pode ser determinado.

d) É impossível determinar o preço unitário do refrigerante e do salgado.

e) O valor da despesa da mesa 3 é inferior a R$ 52,00.

18. (UFPR) A velocidade de impressão de uma impressora é calculada em páginas por minuto (ppm). Suponha que determinada impressora tem velocidade de impressão de 15 ppm em preto e branco e de 8 ppm em cores.

a) Quanto tempo essa impressora gasta para imprimir 230 páginas em preto e branco? Dê sua resposta no formato __ min __ seg.

b) Trabalhando ininterruptamente durante 30 minutos, essa impressora imprimiu 366 páginas entre preto e branco e colorida. Quantas dessas páginas eram coloridas?

19. (UFPE) Sobre o sistema de equações lineares apresentado abaixo, analise as proposições a seguir, sendo **a** um parâmetro real.

$$\begin{cases} x + y + z = 2 \\ x + ay + 2z = 1 \\ 2x + y + z = 3 \end{cases}$$

a) Se a = 2, então o sistema admite infinitas soluções.

b) O sistema sempre admite solução.

c) Quando o sistema admite solução, temos que x = 1.

d) Se $a \neq 2$, então o sistema admite uma única solução.

e) Se a = 1, então o sistema admite a solução (1, 2, −1).

20. (UFG-GO) Um fabricante combina cereais, frutas desidratadas e castanhas para produzir três tipos de granola. As quantidades, em gramas, de cada ingrediente utilizado na preparação de 100 g de cada tipo de granola são dadas na tabela a seguir:

Tipo de granola/ ingredientes	Cereais	Frutas	Castanhas
Light	80	10	10
Simples	60	40	0
Especial	60	20	20

O fabricante dispõe de um estoque de 18 kg de cereais, 6 kg de frutas desidratadas e 2 kg de castanhas. Determine quanto de cada tipo de granola ele deve produzir para utilizar exatamente o estoque disponível.

21. (UnB-DF) Na última década, a Rússia, os Estados Unidos da América (EUA) e a China lançaram 526 foguetes no espaço. Sabe-se que o total de foguetes lançados pela Rússia é igual à diferença entre o quíntuplo do total de foguetes lançados pelos EUA e oito vezes o total lançado pela China. Sabe-se também que nenhum dos três países lançou menos que 20 foguetes. Com base nessas informações, julgue os itens *a*, *b*, *c*, *d* e faça o que se pede no item *e*.

a) O número de lançamentos de foguetes pelos EUA superou em mais de 80 o número de lançamentos pela China.

b) Se os EUA lançaram exatamente 102 foguetes a mais que a China, então a Rússia lançou exatamente 252 foguetes.

c) No referido período, a Rússia pode ter lançado 280 foguetes.

d) Os EUA lançaram pelo menos 60% mais foguetes que a China.

e) O lançamento de foguetes gera muito lixo espacial, que permanece orbitando ao redor da Terra. A expectativa é de que, em quinze anos, vários desses objetos sejam retirados da órbita anualmente. Considere que a sequência $\mathbf{N}_0, \mathbf{N}_1, ..., \mathbf{N}_{14}$ represente os números de objetos a serem retirados de órbita em cada um desses quinze anos. Considere, ainda, que esses números obedeçam à regra $N_t = N_0 + 2^t$, para $t \geq 1$. Assumindo $N_0 = 530$ e 8 192 como o valor de 2^{13}, calcule o número total de objetos a serem retirados de órbita durante quinze anos. Divida o valor encontrado por 100. Após efetuados todos os cálculos solicitados, despreze a parte fracionária do resultado final obtido, caso exista.

22. (UFPR) No processo de preparação de uma mistura, foi necessário estudar o sistema linear:

$$\begin{cases} p + 2q + r = 3 \\ 2p + 3r = 8 \\ p + 6q = 1 \end{cases}$$

Nesse sistema, **p**, **q** e **r** representam as quantidades dos três elementos envolvidos na mistura.

a) Calcule o determinante da matriz dos coeficientes desse sistema.

b) Resolva o sistema.

23. (Unicamp-SP) Pedro precisa comprar **x** borrachas, **y** lápis e **z** canetas. Após fazer um levantamento em duas papelarias, Pedro descobriu que a papelaria **A** cobra R$ 23,00 pelo conjunto de borrachas, lápis e canetas, enquanto a papelaria **B** cobra R$ 25,00 pelo mesmo material. Em seu levantamento, Pedro descobriu que a papelaria **A** cobra R$ 1,00 pela borracha, R$ 2,00 pelo lápis e R$ 3,00 pela caneta e que a papelaria **B** cobra R$ 1,00 pela borracha, R$ 1,00 pelo lápis e R$ 4,00 pela caneta.

a) Forneça o número de lápis e de borrachas que Pedro precisa comprar em função do número de canetas que ele pretende adquirir.

b) Levando em conta que $x \geqslant 1$, $y \geqslant 1$ e $z \geqslant 1$, e que essas três variáveis são inteiras, determine todas as possíveis quantidades de lápis, borrachas e canetas que Pedro deseja comprar.

24. (Unicamp-SP) Considere a matriz

$A_\alpha = \begin{bmatrix} 1 & \alpha \\ -\frac{1}{\alpha} & -1 \end{bmatrix}$, que depende do parâmetro real $\alpha > 0$.

a) Calcule a matriz $(A_\alpha + A_{2\alpha})^2$.

b) Um ponto no plano cartesiano com as coordenadas $\begin{bmatrix} x \\ y \end{bmatrix}$ é transformado pela matriz $\mathbf{A}_\alpha$ em um novo ponto da seguinte forma:

$$\begin{bmatrix} x' \\ y' \end{bmatrix} = A_\alpha \begin{bmatrix} x \\ y \end{bmatrix} = \begin{bmatrix} x + \alpha y \\ -\frac{1}{\alpha}x - y \end{bmatrix}.$$

Calcule o valor de α, sabendo que o sistema

$A_\alpha \begin{bmatrix} x \\ y \end{bmatrix} = \begin{bmatrix} -6 \\ 2 \end{bmatrix}$ admite solução.

25. (IFSC) Segundo uma promoção realizada por um time de futebol, os associados ganham crédito de R$ 6,00 em compras, na loja oficial do clube, por vitória do time, ganham R$ 2,00 por empate e não ganham nem perdem créditos quando há derrota. Até o momento, o time jogou 8 partidas e cada vitória vale 3 pontos na tabela do campeonato, cada empate vale 1 ponto e cada derrota, zero ponto, totalizando 16 pontos no campeonato e R$ 32,00 de créditos para associados. Em relação aos dados acima, analise as proposições abaixo e assinale a soma da(s) correta(s).

(01) A situação apresentada no enunciado pode ser representada por um sistema linear.

(02) Há apenas uma solução para a quantidade de vitórias, empates e derrotas do time.

(04) Não existem valores reais que representem solução para a quantidade de vitórias, empates e derrotas do time.

(08) Há mais de uma solução para a quantidade de vitórias, derrotas e empates do time.

(16) Podemos garantir que a quantidade de vitórias é maior que a soma de empates e derrotas.

26. (Fuvest-SP) Em uma transformação química, há conservação de massa e dos elementos químicos envolvidos, o que pode ser expresso em termos dos coeficientes e índices nas equações químicas.

a) Escreva um sistema linear que represente as relações entre os coeficientes **x**, **y**, **z** e **w** na equação química

$$x\,C_8H_{18} + y\,O_2 \rightarrow z\,CO_2 + w\,H_2O$$

b) Encontre todas as soluções do sistema em que **x**, **y**, **z** e **w** são inteiros positivos.

27. A prefeitura de uma cidade dispõe de uma verba anual de **x** milhões de reais para gastar em educação e **y** milhões de reais para gastar com saúde. No 1º trimestre do ano foram gastos 30% da verba de educação e 70% da verba da saúde, num total de 340 milhões de reais. No 2º trimestre, foram gastos 40% da verba restante de educação e 20% da verba restante de saúde, em um total de 80 milhões de reais.
Quais eram, em milhões de reais, as verbas ainda disponíveis para educação e para saúde, transcorrido o 1º semestre?

28. (FGV-SP) Para trabalhar na Feira Internacional do Livro, a editora contratou três funcionários: Ana, Beto e Carlos, com salários **x**, **y** e **z** reais, respectivamente.

O salário de Ana é igual à soma dos salários de Beto e Carlos. No final da feira, a editora pagou uma gratificação, de valor igual ao salário de Beto, a cada um dos três. Assim, Ana recebeu no total R$ 2300,00, e a soma dos valores que os três receberam foi de R$ 5400,00.

Qual foi o valor da gratificação que receberam?

29. (Unicamp-SP) Considere a matriz $A = \begin{pmatrix} a & 1 & 1 \\ -1 & 0 & b \\ c & -2 & 0 \end{pmatrix}$, onde **a**, **b** e **c** são números reais.

a) Encontre os valores de **a**, **b** e **c** de modo que $A^t = -A$.

b) Dados a = 1 e b = −1, para que valores de **c** e **d** o sistema linear $A\begin{pmatrix} x \\ y \\ z \end{pmatrix} = \begin{pmatrix} 1 \\ 1 \\ d \end{pmatrix}$ tem infinitas soluções?

30. (UFJF/Pism-MG) Considere o sistema dado pelas equações

$x - 3y + 4z = 3$

$2x - 5y + 10z = 8$

$x - y + (a^2 - 1)z = a + 10$

a) Determine o(s) valore(s) de **a** para que o sistema seja possível e determinado e encontre seu conjunto solução.

b) Determine o(s) valore(s) de **a** para que o sistema seja possível e indeterminado.

31. (Unicamp-SP) Sabendo que **m** é um número real, considere o sistema linear nas variáveis **x**, **y** e **z**:

$$\begin{cases} mx + 2z = 4, \\ x - y + z = 3, \\ 2x + mz = 4. \end{cases}$$

a) Seja **A** a matriz dos coeficientes desse sistema. Determine os valores de **m** para os quais a soma dos quadrados dos elementos da matriz **A** é igual à soma dos elementos da matriz $A^2 = A \cdot A$.

b) Para m = 2, encontre a solução do sistema linear para a qual o produto xyz é mínimo.

32. Determine os valores reais de **a**, **b** e **c** que verificam a equação:

$(a - b + 2c)^2 + (3a - b + c - 3)^2 +$

$+ (-5a + 4b - 7c + 2)^2 = 0$

33. (Fuvest-SP) Um recipiente hermeticamente fechado e opaco contém bolas azuis e bolas brancas. As bolas de mesma cor são idênticas entre si e há pelo menos uma de cada cor no recipiente. Na tentativa de descobrir quantas bolas de cada cor estão no recipiente, usou-se uma balança de dois pratos. Verificou-se que o recipiente com as bolas pode ser equilibrado por:

I. 16 bolas brancas idênticas às que estão no recipiente ou

II. 10 bolas brancas e 5 bolas azuis igualmente idênticas às que estão no recipiente ou

III. 4 recipientes vazios também idênticos ao que contém as bolas.

Sendo $\mathbf{P_A}$, $\mathbf{P_B}$ e $\mathbf{P_R}$, respectivamente, os pesos de uma bola azul, de uma bola branca e do recipiente na mesma unidade de medida, determine:

a) os quocientes $\frac{P_A}{P_B}$ e $\frac{P_R}{P_B}$;

b) o número $\mathbf{n_A}$ de bolas azuis e o número $\mathbf{n_B}$ de bolas brancas no recipiente.

34. (UFG-GO) Um método utilizado no balanceamento de reações químicas consiste em associar variáveis aos coeficientes de cada composto e igualar suas quantidades nos reagentes com as quantidades nos produtos, de modo a obter um sistema de equações lineares.

Por exemplo, a equação química que representa a reação de produção de sulfato de sódio é dada por:

$Na_2O + (NH_4)_2SO_4 \rightarrow Na_2SO_4 + H_2O + NH_3$

Para o balanceamento da equação, utilizam-se coeficientes **x**, **y**, **z**, **w** e **t**, tais que:

$xNa_2O + y(NH_4)_2SO_4 \rightarrow zNa_2SO_4 + wH_2O + tNH_3$

e, igualando-se as quantidades de cada componente nos dois lados da equação, obtém-se um sistema de equações nas variáveis **x**, **y**, **z**, **w** e **t**.

Para o exemplo apresentado acima,

a) represente matricialmente o sistema de equações lineares nas variáveis **x**, **y**, **z**, **w** e **t**;

b) calcule os menores valores inteiros positivos de **x**, **y**, **z**, **w** e **t** que resolvem o sistema.

35. (FGV-SP) No seu livro *Introdução à Álgebra*, Leonhard Euler propõe um curioso e interessante problema aos leitores:

Duas camponesas juntas carregam 100 ovos para vender em uma feira e cada uma vai cobrar seu preço por ovo. Embora uma tivesse levado mais ovos que a outra, as duas receberam a mesma quantia em dinheiro. Uma delas disse, então:

— Se eu tivesse trazido o mesmo número de ovos que você trouxe, teria recebido 15 kreuzers *(antiga moeda austríaca).*

Ao que a segunda respondeu:

— Se eu tivesse trazido a quantidade de ovos que você trouxe, teria $\frac{20}{3}$ kreuzers.

Releia o texto com atenção e responda:

Quantos ovos carregava cada uma?

Testes

1. (UEG-GO) Dadas as matrizes $A = \begin{bmatrix} 5 & 1 & 2 \\ 1 & -2 & 2 \\ 1 & -4 & 1 \end{bmatrix}$ e $B = \begin{bmatrix} x \\ y \\ z \end{bmatrix}$ tal que $A \cdot B = \begin{bmatrix} 1 \\ 3 \\ 8 \end{bmatrix}$, os valores de **x**, **y** e **z** são, respectivamente:

a) 1, −2 e −1
b) 0, −1 e 1
c) 1, 0 e −2
d) 0, −2 e 1

2. (Uepa) Uma empresa utiliza o serviço de mala direta como meio de comunicação com seus clientes. O setor financeiro da empresa efetuou levantamento, no mês de agosto, sobre os custos com esse tipo de comunicação, e constatou um gasto de R$ 254,50 com o envio de 300 malas diretas do tipo normal e 95 do tipo urgente. No mês de setembro, a empresa enviou 300 malas diretas do tipo normal e apenas 40 do tipo urgente, totalizando um gasto de R$ 194,00. O custo correspondente ao envio de uma mala direta normal é:

a) R$ 1,55
b) R$ 1,50
c) R$ 1,00
d) R$ 0,55
e) R$ 0,50

3. (UFSJ-MG) No quadro de alimentos que devem compor uma dieta alimentar específica, o total de carboidratos, proteínas e lipídios a ser ingerido diariamente deve ser de 117 gramas. A prescrição é que a quantidade de proteínas ingerida seja $\frac{1}{4}$ da quantidade de carboidratos e que a quantidade de lipídios equivalha a 30% da quantidade de carboidratos e proteínas. Considerando essa dieta, é incorreto afirmar que o consumo diário de:

a) carboidratos é superior ao consumo diário de proteínas.
b) lipídios e carboidratos é de 101 gramas.
c) carboidratos excede o de proteínas em 54 gramas.
d) proteínas e lipídios é de 45 gramas.

4. (Unesp-SP) Três cubos laranja idênticos e três cubos azuis idênticos estão equilibrados em duas balanças de pratos, também idênticas, conforme indicam as figuras.

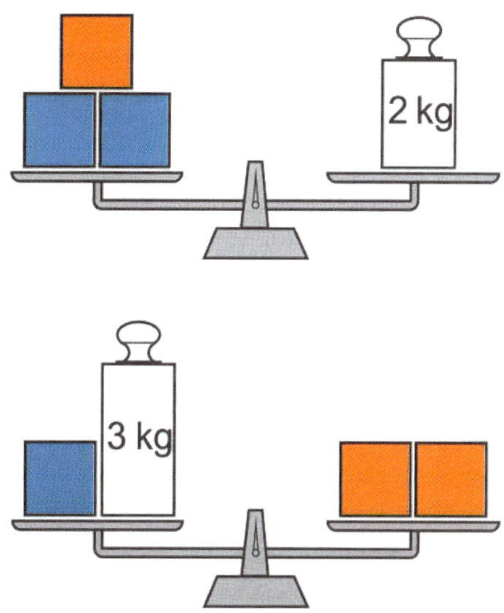

Ilustrações: Reprodução/UNESP, 2017

A massa de um cubo laranja supera a de um cubo azul em exato

a) 1,3 kg.
b) 1,5 kg.
c) 1,2 kg.
d) 1,4 kg.
e) 1,6 kg.

5. (Uerj)

Adaptado de mundinhoinfantil.blogspot.com.br.

De acordo com os dados do quadrinho, a personagem gastou R$ 67,00 na compra de **x** lotes de maçã, **y** melões e quatro dúzias de bananas, em um total de 89 unidades de frutas.

Desse total, o número de unidades de maçãs comprado foi igual a:

a) 24 b) 30 c) 36 d) 42

6. (UFSM-RS) As frutas são fontes naturais de vitaminas e sais minerais e auxiliam na prevenção de doenças.

Suponha que as equações do sistema

$$\begin{cases} 70x + ay = 260 \\ ax + by + 7z = 194 \\ 20x + 12z = 84 \end{cases}$$

representam, respectivamente, as quantidades de vitamina C, cálcio e fósforo, quando são ingeridas as porções **x**, **y** e **z** de três tipos de frutas diferentes. Sabe-se que o sistema tem como solução $x = 3$, $y = 1$ e $z = 2$.

Qual é o determinante da matriz dos coeficientes do sistema?

a) 1 120
b) 2 200
c) 12 880
d) 32 480
e) 62 200

7. (FGV-SP) Sendo **k** um número real, o sistema linear

$$\begin{cases} 9x - 6y = 21 \\ 6x - 4y = k \end{cases}$$

possui infinitas soluções (x, y) para **k** igual a

a) $-10,5$.
b) 0.
c) 7.
d) 10,5.
e) 14.

8. (Ufam) Sabendo que o sistema de equações lineares homogêneo $\begin{cases} (2-m)x + 2y = 0 \\ x + (3-m)y = 0 \end{cases}$, onde $m \in \mathbb{R}$, é possível e indeterminado, então:

a) $m \neq 4$ ou $m = 1$
b) $m \neq 4$ ou $m \neq 1$
c) $m = 4$ ou $m = 1$
d) $m \neq 2$ ou $m \neq 3$
e) $m = 2$ ou $m = 3$

9. (UEMG) Uma pequena empresa fabrica dois tipos de colchão: solteiro e casal. A tabela a seguir refere-se ao faturamento da empresa nos meses de agosto e setembro:

	Faturamento mensal do colchão de solteiro	Faturamento mensal do colchão de casal	Total
Agosto	(?)	(?)	R$ 8320,00
Setembro	Metade do valor faturado em agosto	Um terço do valor faturado em agosto	R$ 3200,00

Cada colchão de solteiro custa R$ 320,00, e cada colchão de casal custa R$ 480,00. A quantidade de colchões de solteiro vendidos em agosto corresponde a

a) 6. b) 8. c) 10. d) 11.

10. (UPE) No quadro abaixo, observa-se o balanço de vendas das três vendedoras da Perfumaria Soxeiro para os três perfumes mais vendidos no último sábado.

Vendedora	Perfume (nº de vidros)			Faturamento (R$)
	Alfa	Beta	Gama	
Amanda	7	3	4	1 950
Bruna	5	10	8	3 600
Carol	4	5	6	2 350
Total	16	18	18	7 900

De acordo com esses dados, quanto custa um vidro do perfume Beta?

a) R$ 100,00
b) R$ 150,00
c) R$ 160,00
d) R$ 180,00
e) R$ 200,00

11. (ESPM-SP) O sistema $\begin{cases} ax + 4y = a^2 \\ x + ay = -2 \end{cases}$, em **x** e **y**, é possível e indeterminado se, e somente se:

a) $a \neq -2$
b) $a \neq 2$
c) $a = \pm 2$
d) $a = -2$
e) $a = 2$

12. (Unesp-SP) Uma pessoa necessita de 5 mg de vitamina **E** por semana, a serem obtidos com a ingestão de dois complementos alimentares α e β. Cada pacote desses complementos fornece, respectivamente, 1 mg e 0,25 mg de vitamina **E**. Essa pessoa dispõe de exatamente R\$ 47,00 semanais para gastar com os complementos, sendo que cada pacote de α custa R\$ 5,00 e de β R\$ 4,00.

O número mínimo de pacotes do complemento alimentar α que essa pessoa deve ingerir semanalmente, para garantir os 5 mg de vitamina **E** ao custo fixado para o mesmo período, é de:

a) 3
b) $3\frac{5}{16}$
c) 5,5
d) $6\frac{3}{4}$
e) 8

13. (FGV-SP) Chama-se solução trivial de um sistema linear aquela em que todos os valores das incógnitas são nulos.

O sistema linear, nas incógnitas **x**, **y** e **z**:

$$\begin{cases} x - 2y + z = 0 \\ -x - y + 5z = 0 \\ -5x + y + mz = 0 \end{cases}$$

a) é impossível para qualquer valor de **m**.
b) admite apenas a solução trivial para qualquer valor de **m**.
c) admite soluções diferentes da solução trivial para m = 13.
d) admite soluções diferentes da solução trivial para m = 10.
e) não admite a solução trivial para m ≠ 13.

14. (UPE) Uma lanchonete vende três tipos de doce, conforme a tabela abaixo:

Doce	Valor unitário
Brigadeiro	R\$ 1,00
Bem-casado	R\$ 2,00
Surpresa de Uva	R\$ 3,00

Maria está nessa lanchonete e vai gastar R\$ 10,00, comprando, pelo menos, um doce de cada tipo. Quantas são as possibilidades de compra de Maria?

a) 10
b) 8
c) 6
d) 4
e) 3

15. (Unesp-SP) Em uma floricultura, os preços dos buquês de flores se diferenciam pelo tipo e pela quantidade de flores usadas em sua montagem. Quatro desses buquês estão representados na figura a seguir, sendo que três deles estão com os respectivos preços.

Ilustrações: Reprodução/Unesp, 2015

De acordo com a representação, nessa floricultura, o buquê 4, sem preço indicado, custa

a) R\$ 15,30.
b) R\$ 16,20.
c) R\$ 14,80.
d) R\$ 17,00.
e) R\$ 15,50.

16. (UFSJ-MG) Observe o sistema de variáveis **x**, **y**, **z** e **t**.

$$\begin{cases} x + y + z + t = 4 \\ x + y + z = 0 \\ x + y + t = 2 \\ x + z + t = 4 \end{cases}$$

Com base no sistema, é correto afirmar que sua solução, considerando **x**, **y**, **z** e **t**, nessa ordem, forma uma progressão:

a) geométrica decrescente.
b) aritmética decrescente.
c) geométrica crescente.
d) aritmética crescente.

17. (Insper-SP) Na reunião de planejamento estratégico de uma empresa, na qual compareceram 30 pessoas, nem todos os participantes se cumprimentaram. Se cada um dos homens cumprimentou apenas 6 mulheres e cada uma das mulheres cumprimentou apenas 4 homens, podemos concluir que o número de mulheres presentes foi

a) 20 b) 18 c) 16 d) 14 e) 12

18. (Unicamp-SP) As companhias aéreas costumam estabelecer um limite de peso para a bagagem de cada passageiro, cobrando uma taxa por quilograma de excesso de peso. Quando dois passageiros compartilham a bagagem, seus limites são considerados em conjunto. Em um determinado voo, tanto um casal como um senhor que viajava sozinho transportaram 60 kg de bagagem e foram obrigados a pagar pelo excesso de peso. O valor que o senhor pagou correspondeu a 3,5 vezes o valor pago pelo casal.

Para determinar o peso excedente das bagagens do casal (**x**) e do senhor que viajava sozinho (**y**), bem como o limite de peso que um passageiro pode transportar sem pagar qualquer taxa (**z**), pode-se resolver o seguinte sistema linear:

a) $\begin{cases} x + 2z = 60 \\ y + z = 60 \\ 3{,}5x - y = 0 \end{cases}$

b) $\begin{cases} x + z = 60 \\ y + 2z = 60 \\ 3{,}5x - y = 0 \end{cases}$

c) $\begin{cases} x + 2z = 60 \\ y + z = 60 \\ 3{,}5x + y = 0 \end{cases}$

d) $\begin{cases} x + z = 60 \\ y + 2z = 60 \\ 3{,}5x + y = 0 \end{cases}$

19. (PUC-RJ) Considere o sistema $\begin{cases} 2x + ay = 3 \\ x + 2y = 1 \end{cases}$ e assinale a alternativa correta:

a) O sistema tem solução para todo $a \in \mathbb{R}$.

b) O sistema tem exatamente uma solução para $a = 2$.

c) O sistema tem infinitas soluções para $a = 1$.

d) O sistema tem solução para $a = 4$.

e) O sistema tem exatamente três soluções para $a = -1$.

20. (UPE) Márcia e Marta juntas "pesam" 115 kg; Marta e Mônica "pesam" juntas 113 kg, e Márcia e Mônica "pesam" juntas 108 kg. Qual é a soma dos "pesos" de Márcia, Marta e Mônica?

a) 205 kg c) 187 kg e) 168 kg

b) 195 kg d) 175 kg

21. (Uece) Uma matriz quadrada $X = (a_{ij})$ é simétrica quando $a_{ij} = a_{ji}$. Se o determinante da matriz simétrica $M = \begin{pmatrix} 1 & 2 & 3 \\ x & 1 & y \\ z & w & 1 \end{pmatrix}$ é igual a 8, então, o valor da soma $x + y + z + w$ pode ser

a) 9 ou 11. c) 11 ou 25.

b) 9 ou 25. d) 9 ou 13.

22. (UFRGS-RS) Para os jogos da primeira fase da Copa do Mundo de 2014 na sede de Porto Alegre, foram sorteados ingressos entre aqueles que se inscreveram previamente. Esses ingressos foram divididos em 4 categorias, identificadas pelas letras **A**, **B**, **C** e **D**. Cada pessoa podia solicitar, no máximo, quatro ingressos por jogo. Os ingressos da categoria **D** foram vendidos somente para residentes no país sede e custaram, cada um, $\frac{1}{3}$ do valor unitário do ingresso da categoria **C**.

No quadro abaixo, estão representadas as quantidades de ingressos, por categoria, solicitados por uma pessoa, para cada um dos jogos da primeira fase, e o valor total a ser pago.

Jogo	A	B	C	D	Total (em R$)
1	2	0	2	0	1 060,00
2	1	3	0	0	1 160,00
3	0	1	3	0	810,00

Se essa pessoa comprasse um ingresso de cada categoria para um dos jogos da primeira fase, ela gastaria, em reais:

a) 860 b) 830 c) 800 d) 770 e) 740

23. (Epcar-MG) Sejam as matrizes

$$A = \begin{bmatrix} 1 & 1 & 1 \\ 1 & 1 & 2 \\ 1 & 1 & -2 \end{bmatrix},\ X = \begin{bmatrix} x_1 \\ x_2 \\ x_3 \end{bmatrix},\ B = \begin{bmatrix} k \\ 3 \\ 5 \end{bmatrix}$$

Em relação à equação matricial $AX = B$, é correto afirmar que

a) é impossível para $k = \frac{7}{2}$.

b) admite solução única para $k = \frac{7}{2}$.

c) toda solução satisfaz à condição $x_1 + x_2 = 4$.

d) admite a terna ordenada $\left(2, 1, -\frac{1}{2}\right)$ como solução.

24. (Uece) Se **V** é uma matriz quadrada e **n** é um número natural maior do que um, define-se $V^n = V \cdot V^{n-1}$.

Com essa definição, para a matriz $V = \begin{pmatrix} 1 & 2 \\ 0 & 1 \end{pmatrix}$, pode-se afirmar corretamente que o valor do determinante da matriz $Y = V + V^2 + V^3 + \ldots V^{2016}$ é igual a

a) 2×2016.
b) 2×2017.
c) 2016×2016.
d) 2016×2017.

25. (Unicamp-SP) Considere o sistema linear nas variáveis reais **x**, **y**, **z** e **w**, $\begin{cases} x - y = 1, \\ y + z = 2, \\ w - z = 3. \end{cases}$ Logo, a soma $x + y + z + w$ é igual a

a) -2.
b) 0.
c) 6.
d) 8.

26. (Uerj) Uma família comprou água mineral em embalagens de 20 L, de 10 L e de 2 L. Ao todo, foram comprados 94 L de água, com o custo total de R$ 65,00. Veja na tabela os preços da água por embalagem:

Volume da embalagem (L)	Preço (R$)
20	10,00
10	6,00
2	3,00

Nessa compra, o número de embalagens de 10 L corresponde ao dobro do número de embalagens de 20 L, e a quantidade de embalagens de 2 L corresponde a **n**.

O valor de **n** é um divisor de:

a) 32
b) 65
c) 77
d) 81

27. (Uece) Se um par de meias, duas calças e três camisas juntas custam R$ 358,00 e, desses mesmos artigos, com as mesmas características e especificações, dois pares de meias, cinco calças e oito camisas juntas custam R$ 916,00, então, é correto afirmar que um par de meias, uma calça e uma camisa juntas custam

a) R$ 178,00.
b) R$ 158,00.
c) R$ 186,00.
d) R$ 169,00.

28. (PUC-SP) Vitor e Valentina possuem uma caderneta de poupança conjunta. Sabendo que cada um deles dispõe de certa quantia para, numa mesma data, aplicar nessa caderneta, considere as seguintes afirmações:

- se apenas Vitor depositar nessa caderneta a quarta parte da quantia de que dispõe, o seu saldo duplicará;
- se apenas Valentina depositar nessa caderneta a metade da quantia que tem, o seu saldo triplicará;
- se ambos depositarem ao mesmo tempo as respectivas frações das quantias que têm, mencionadas nos itens anteriores, o saldo será acrescido de R$ 4 947,00.

Nessas condições, se nessa data não foi feito qualquer saque de tal conta, é correto afirmar que

a) Valentina tem R$ 6 590,00.
b) Vitor tem R$ 5 498,00.
c) Vitor tem R$ 260,00 a mais que Valentina.
d) o saldo inicial da caderneta era R$ 1 649,00.
e) o saldo inicial da caderneta era R$ 1 554,00.

29. (Ficsae-SP) Seja **N** um número natural da forma xyxyxyx, cujos algarismos **x** e **y** são escolhidos entre 1, 2, 3, 4, 5, 6 e 7. Sabendo que a soma dos algarismos de **N** é igual a 15, é correto afirmar que:

a) **N** é um número par.
b) $N < 3 \cdot 10^6$
c) $3 \cdot 10^6 < N < 5 \cdot 10^6$
d) $N > 5 \cdot 10^6$

30. (Unicamp-SP) Considere o sistema linear nas variáveis **x**, **y** e **z**

$$\begin{cases} x + 2y + 3z = 20 \\ 7x + 8y - mz = 26 \end{cases}$$

onde **m** é um número real. Sejam $a < b < c$ números inteiros consecutivos tais que $(x, y, z) = (a, b, c)$ é uma solução desse sistema. O valor de **m** é igual a:

a) 3
b) 2
c) 1
d) 0

31. (ITA-SP) O sistema $\begin{cases} x + 2y + 3z = a \\ y + 2z = b \\ 3x - y - 5cz = 0 \end{cases}$

a) é possível, $\forall$ a, b, c $\in \mathbb{R}$.

b) é possível quando $a = \frac{7b}{3}$ ou $c \neq 1$.

c) é impossível quando $c = 1$, $\forall a, b \in \mathbb{R}$.

d) é impossível quando $a \neq \frac{7b}{3}$, $\forall c \in \mathbb{R}$.

e) é possível quando $c = 1$ e $a \neq \frac{7b}{3}$.

32. (Insper-SP) Em uma noite, a razão entre o número de pessoas que estavam jantando em um restaurante e o número de garçons que as atendiam era de 30 para 1. Em seguida, chegaram mais 50 clientes, mais 5 garçons iniciaram o atendimento e a razão entre o número de clientes e o número de garçons ficou em 25 para 1. O número inicial de clientes no restaurante era:

a) 250
b) 300
c) 350
d) 400
e) 450

33. (ESPM-SP) Carlinhos possui certa quantidade de bolinhas de gude e algumas latinhas onde guardá-las. Ao colocar 4 bolinhas em cada lata, sobraram 2 bolinhas, mas quando colocou 5 bolinhas em cada lata, a última ficou com apenas 2 bolinhas. Podemos afirmar que todas as latas ficariam com o mesmo número de bolinhas se ele tivesse:

a) 36 bolinhas
b) 42 bolinhas
c) 49 bolinhas
d) 55 bolinhas
e) 63 bolinhas

34. (Fuvest-SP) Uma geladeira é vendida em **n** parcelas iguais, sem juros. Caso se queira adquirir o produto, pagando-se 3 ou 5 parcelas a menos, ainda sem juros, o valor de cada parcela deve ser acrescido de R$ 60,00 ou de R$ 125,00, respectivamente. Com base nessas informações, conclui-se que o valor de **n** é igual a

a) 13
b) 14
c) 15
d) 16
e) 17

35. (UFG-GO) Em um determinado parque, existe um circuito de caminhada, como mostra a figura a seguir.

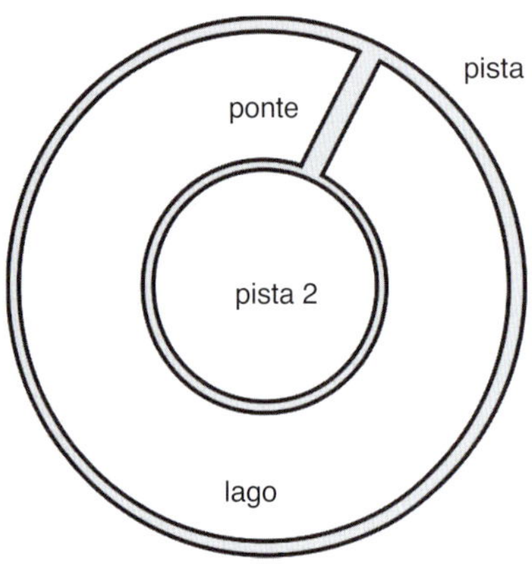

Um atleta, utilizando um podômetro, percorre em um dia a pista 1 duas vezes, atravessa a ponte e percorre a pista 2 uma única vez, totalizando 1 157 passos. No dia seguinte, percorre a pista 1 uma única vez, atravessa a ponte e percorre a pista 2, também uma única vez, totalizando 757 passos. Além disso, percebe que o número de passos necessários para percorrer sete voltas na pista 1 equivale ao número de passos para percorrer oito voltas na pista 2. Diante do exposto, conclui-se que o comprimento da ponte, em passos, é:

a) 5
b) 6
c) 7
d) 8
e) 15

36. (Fuvest-SP) No sistema linear $\begin{cases} ax - y = 1 \\ y + z = 1 \\ x + z = m \end{cases}$, nas variáveis **x**, **y** e **z**, **a** e **m** são constantes reais. É correto afirmar:

a) No caso em que $a = 1$, o sistema tem solução se, e somente se, $m = 2$.
b) O sistema tem solução, quaisquer que sejam os valores de **a** e de **m**.
c) No caso em que $m = 2$, o sistema tem solução se, e somente se, $a = 1$.
d) O sistema só tem solução se $a = m = 1$.
e) O sistema não tem solução, quaisquer que sejam os valores de **a** e de **m**.

37. (Insper-SP) Uma empresa de componentes eletrônicos recebeu um pedido para fabricar 3 diferentes produtos cujos valores de custo e de venda estão descritos na tabela a seguir.

Tipo de componente	Valor de custo para mil peças	Valor de venda para mil peças
A	R$ 150,00	R$ 300,00
B	R$ 200,00	R$ 400,00
C	R$ 350,00	R$ 600,00

O pedido feito terá um valor de custo total para a empresa de R$ 38 000,00 e será vendido por R$ 74 000,00. Dado que o lucro corresponde à diferença entre o valor de venda e o valor de custo e que metade dos componentes vendidos era do tipo **A**, então, é correto afirmar que o lucro alcançado com as peças do tipo **C**, em relação ao lucro total obtido com esse pedido, corresponde a um percentual entre

a) 15% e 20%.
b) 20% e 25%.
c) 10% e 15%.
d) 25% e 30%.
e) 30% e 35%.

CAPÍTULO

10

Complemento sobre determinantes

Flegere/Shutterstock

Bobinas, como as da imagem acima, são constituintes comuns em circuitos elétricos. Formadas por fio de material condutor enrolado, quando atravessadas por corrente elétrica alternada, geram campo magnético em uma configuração capaz de armazenar energia. A formulação matemática que expressa esse efeito é conhecida como equação de Maxwell-Faraday, e a sua análise pode ser feita utilizando determinantes.

Determinante de matriz quadrada de ordem n

O teorema de Laplace (omitiremos a demonstração) permite-nos calcular o determinante de qualquer matriz quadrada de ordem **n**, $n \geq 2$. Ele foi demonstrado pelo matemático francês Pierre Simon de Laplace (1749-1827). Antes de enunciá-lo, vamos introduzir o conceito de cofator.

Cofator

Seja **A** uma matriz quadrada de ordem $n \geq 2$ e seja $\mathbf{a_{ij}}$ um elemento qualquer de **A**.

Chama-se **cofator** de $\mathbf{a_{ij}}$ o número real $\mathbf{A_{ij}}$ tal que $A_{ij} = (-1)^{i+j} \cdot D_{ij}$, e $\mathbf{D_{ij}}$ é o determinante da matriz que se obtém de **A**, eliminando sua i-ésima linha e j-ésima coluna.

EXEMPLO 1

Na matriz $A = \begin{bmatrix} 2 & 1 & 5 \\ 4 & 3 & 2 \\ 7 & 6 & 8 \end{bmatrix}$, vamos calcular os cofatores dos elementos $\mathbf{a}_{13}$ e $\mathbf{a}_{21}$, que são representados por $\mathbf{A}_{13}$ e $\mathbf{A}_{21}$, respectivamente.

- Para calcularmos $\mathbf{A}_{13}$, é preciso inicialmente eliminar a linha 1 e a coluna 3 de **A**:

$$\begin{bmatrix} 2 & 1 & 5 \\ 4 & 3 & 2 \\ 7 & 6 & 8 \end{bmatrix} \Rightarrow A_{13} = (-1)^{1+3} \cdot \begin{vmatrix} 4 & 3 \\ 7 & 6 \end{vmatrix} = 1 \cdot (24 - 21) = 3$$

- Para obtermos o valor de $\mathbf{A}_{21}$, inicialmente eliminamos a linha 2 e a coluna 1 de **A**:

$$\begin{bmatrix} 2 & 1 & 5 \\ 4 & 3 & 2 \\ 7 & 6 & 8 \end{bmatrix} \Rightarrow A_{21} = (-1)^{2+1} \cdot \begin{vmatrix} 1 & 5 \\ 6 & 8 \end{vmatrix} = (-1) \cdot (8 - 30) = 22$$

Teorema de Laplace

Tendo em vista o conceito de cofator, podemos enunciar o teorema de Laplace da seguinte maneira:

> O determinante de uma matriz **M**, de ordem $n \geqslant 2$, é igual à soma dos produtos dos elementos de uma fila qualquer (linha ou coluna) pelos seus respectivos cofatores.

EXEMPLO 2

Vamos calcular o determinante da matriz:

$$M = \begin{bmatrix} 3 & 1 & -2 & 1 \\ 5 & 2 & 2 & 3 \\ 7 & 0 & 0 & -5 \\ 1 & -1 & 11 & 2 \end{bmatrix}$$

Escolhemos, arbitrariamente, uma linha ou uma coluna de **M** para calcularmos esse determinante. Vamos usar a 3ª linha. Pelo teorema de Laplace temos:

$$\det M = 7 \cdot A_{31} + 0 \cdot A_{32} + 0 \cdot A_{33} + (-5) \cdot A_{34}$$

sendo $\mathbf{A}_{31}$, $\mathbf{A}_{32}$, $\mathbf{A}_{33}$ e $\mathbf{A}_{34}$ os cofatores dos elementos $\mathbf{a}_{31}$, $\mathbf{a}_{32}$, $\mathbf{a}_{33}$ e $\mathbf{a}_{34}$, respectivamente.

Assim, $\det M = 7 \cdot A_{31} + (-5) \cdot A_{34}$.

Vamos calcular os cofatores $\mathbf{A}_{31}$ e $\mathbf{A}_{34}$:

- $A_{31} = (-1)^{3+1} \cdot \begin{vmatrix} 1 & -2 & 1 \\ 2 & 2 & 3 \\ -1 & 11 & 2 \end{vmatrix}$; aplicando a regra prática de Sarrus, temos: $A_{31} = (-1)^4 \cdot 9 = 9$

- $A_{34} = (-1)^{3+4} \cdot \begin{vmatrix} 3 & 1 & -2 \\ 5 & 2 & 2 \\ 1 & -1 & 11 \end{vmatrix} = (-1)^7 \cdot 33 = -33$

Assim, substituindo os resultados em $\det M = 7 \cdot A_{31} + (-5) \cdot A_{34}$, obtemos:

$$\det M = 7 \cdot 9 + (-5) \cdot (-33) \Rightarrow \det M = 63 + 165 = 228$$

OBSERVAÇÕES

- Pode-se mostrar que o valor do determinante não depende da fila escolhida. Verifique que, no *exemplo 2*, se o desenvolvermos pela 2ª coluna de **M**, por exemplo, também obteremos det M = 228.
  Vale lembrar, no entanto, que o cálculo do determinante fica simplificado ao escolhermos uma fila em que um (ou mais) dos elementos seja igual a zero, pois o produto dele pelo respectivo cofator será, naturalmente, nulo.
- Embora o teorema possa ser aplicado a qualquer matriz quadrada de ordem **n** ($n \geqslant 2$), para os casos n = 2 e n = 3 é geralmente mais fácil aplicarmos as regras práticas estudadas no capítulo anterior.

Exercícios

1. Calcule os seguintes determinantes:

a) $\begin{vmatrix} 1 & 4 & 1 & 1 \\ 2 & 0 & 4 & 3 \\ 5 & 0 & 2 & 1 \\ -3 & 0 & 7 & -1 \end{vmatrix}$

b) $\begin{vmatrix} -2 & 3 & 1 & 7 \\ 0 & -1 & 2 & 0 \\ 3 & -4 & 5 & 1 \\ 1 & 0 & -2 & -1 \end{vmatrix}$

c) $\begin{vmatrix} 5 & 1 & 8 & 6 \\ 0 & 3 & 7 & 5 \\ 0 & 0 & 2 & 2 \\ 0 & 0 & 0 & -2 \end{vmatrix}$

d) $\begin{vmatrix} 1 & 3 & 2 & 0 \\ 3 & 1 & 0 & 2 \\ 2 & 3 & 0 & 1 \\ 0 & 2 & 1 & 3 \end{vmatrix}$

2. Resolva em $\mathbb{R}$ a equação:

$$\begin{vmatrix} x & 0 & 1 & 2 \\ 0 & 0 & -1 & 1 \\ -3 & -1 & 2 & 0 \\ 1 & 2 & 1 & 3 \end{vmatrix} = 31$$

3. Resolva em $\mathbb{R}$ a equação:

$$\begin{vmatrix} -2 & -1 & 0 & 0 \\ 1 & x & -1 & 0 \\ 0 & 0 & x & -1 \\ 3 & 0 & 0 & x \end{vmatrix} = \begin{vmatrix} x & 1 \\ 13 & x \end{vmatrix}$$

4. Calcule, em função dos números reais **a**, **b**, **c** e **d**, o valor do determinante da matriz.

$$\begin{pmatrix} 0 & a & 1 & 0 \\ 1 & b & -1 & 1 \\ 2 & c & 0 & -1 \\ 0 & d & 1 & 0 \end{pmatrix}$$

5. Calcule:

$$\begin{vmatrix} 3 & 2 & 3 & -4 & 2 \\ 0 & 5 & 0 & 0 & 0 \\ 0 & 4 & 0 & 2 & 1 \\ 0 & -5 & 3 & 1 & 4 \\ 0 & 1 & 0 & -1 & 2 \end{vmatrix}$$

Propriedades dos determinantes

Muitas vezes, o cálculo de determinantes pode ser simplificado com o auxílio de algumas propriedades. Vamos estudá-las, lembrando que, ao nos referirmos a uma fila da matriz, estaremos pensando, indiferentemente, em uma linha ou em uma coluna. Além disso, estaremos supondo que **A** é uma matriz quadrada de ordem **n**.

Fila nula

Se **A** possui uma fila na qual todos os elementos são iguais a zero, então det A = 0.

A justificativa para tal fato é que, desenvolvendo o determinante por essa fila, por meio do teorema de Laplace, obtemos uma soma de zeros, pois o produto de um elemento dessa fila pelo respectivo cofator é sempre nulo.

Acompanhe essa ideia para o caso n = 4:

$$M = \begin{bmatrix} a & b & 0 & c \\ d & e & 0 & f \\ g & h & 0 & i \\ j & k & 0 & l \end{bmatrix} \xrightarrow[\Rightarrow]{\text{desenvolvemos pela 3ª coluna}} \det M = 0 \cdot A_{13} + 0 \cdot A_{23} + 0 \cdot A_{33} + 0 \cdot A_{43} = 0$$

Troca de filas paralelas

Se trocarmos a posição de duas filas paralelas de **A**, obtendo a matriz **A'**, então:

$$\det A' = -\det A$$

Justifiquemos tal fato para o caso n = 3:

$$A = \begin{pmatrix} a & b & c \\ d & e & f \\ g & h & i \end{pmatrix} \xrightarrow{\text{trocamos a posição da 1ª e 3ª linhas}} A' = \begin{pmatrix} g & h & i \\ d & e & f \\ a & b & c \end{pmatrix}$$

- Usando Laplace, vamos desenvolver det A pela 1ª linha:

$$\det A = a \cdot A_{11} + b \cdot A_{12} + c \cdot A_{13} = a \cdot (-1)^2 \cdot \begin{vmatrix} e & f \\ h & i \end{vmatrix} + b \cdot (-1)^3 \cdot \begin{vmatrix} d & f \\ g & i \end{vmatrix} +$$

$$+ c \cdot (-1)^4 \cdot \begin{vmatrix} d & e \\ g & h \end{vmatrix} = a \cdot (ei - fh) - b \cdot (di - fg) + c \cdot (dh - ge) \quad (1)$$

- Usando Laplace, vamos desenvolver det A' pela 3ª linha:

$$\det A' = a \cdot A'_{31} + b \cdot A'_{32} + c \cdot A'_{33} = a \cdot (-1)^4 \cdot \begin{vmatrix} h & i \\ e & f \end{vmatrix} + b \cdot (-1)^5 \cdot \begin{vmatrix} g & i \\ d & f \end{vmatrix} +$$

$$+ c \cdot (-1)^6 \cdot \begin{vmatrix} g & h \\ d & e \end{vmatrix} = a \cdot (fh - ei) - b \cdot (fg - di) + c \cdot (ge - dh) \quad (2)$$

De (1) e (2), segue que det A' = −det A.

Assim, por exemplo:

- Se $\begin{vmatrix} 2 & 3 \\ -1 & 4 \end{vmatrix} = 11$, então $\begin{vmatrix} -1 & 4 \\ 2 & 3 \end{vmatrix} = -11$.

- Se $\begin{vmatrix} -1 & 2 & x \\ -4 & 5 & y \\ -3 & 7 & z \end{vmatrix} = 8$, então $\begin{vmatrix} x & 2 & -1 \\ y & 5 & -4 \\ z & 7 & -3 \end{vmatrix} = -8$.

Multiplicação de uma fila por um número real

Quando os elementos de uma fila de **A** são multiplicados por um número real **k**, k ≠ 0, obtemos a nova matriz **A'** e vale a relação:

$$\det A' = k \cdot \det A$$

Saiba o porquê disso no caso n = 3:

$$A = \begin{bmatrix} a & b & c \\ d & e & f \\ g & h & i \end{bmatrix} \xrightarrow[\text{elementos da } 2^{a} \text{ linha}]{\text{multiplicamos por } \mathbf{k} \text{ os}} A' = \begin{bmatrix} a & b & c \\ kd & ke & kf \\ g & h & i \end{bmatrix}$$

- Por Laplace, aplicado à 2ª linha de **A**, temos:

$$\det A = d \cdot A_{21} + e \cdot A_{22} + f \cdot A_{23} \quad (1)$$

- Desenvolvendo det A', pela 2ª linha, obtemos:

$$\det A' = kd \cdot A'_{21} + ke \cdot A'_{22} + kf \cdot A'_{23} = k \cdot (d \cdot A'_{21} + e \cdot A'_{22} + f \cdot A'_{23}) \quad (2)$$

Como as demais linhas permaneceram inalteradas, é fácil notar que $A_{21} = A'_{21}$, $A_{22} = A'_{22}$ e $A_{23} = A'_{23}$. Assim, em (2) vem:

$$\det A' = k \cdot \underbrace{(d \cdot A_{21} + e \cdot A_{22} + f \cdot A_{23})}_{\text{igual a } (1)} = k \cdot \det A$$

EXEMPLO 3

Se $A = \begin{pmatrix} 5 & 2 \\ 3 & 4 \end{pmatrix}$, então det A = 20 − 6 = 14.

Multiplicando por 6 a 2ª linha de **A**, obtemos a matriz $A' = \begin{pmatrix} 5 & 2 \\ 18 & 24 \end{pmatrix}$, cujo determinante é det A' = 120 − 36 = 84.

Então, det A' = 6 · det A.

Exercício resolvido

1. Se **R** é uma matriz quadrada de ordem 3 e det R = x, quanto vale det (4R)?

Solução:

$$\text{Se } R = \begin{pmatrix} a & b & c \\ d & e & f \\ g & h & i \end{pmatrix}, \text{ então } 4 \cdot R = \begin{pmatrix} 4a & 4b & 4c \\ 4d & 4e & 4f \\ 4g & 4h & 4i \end{pmatrix}.$$

Observemos que, para obter a matriz 4R, multiplicamos por 4 a 1ª, a 2ª e a 3ª linhas de **R**. Aplicando sucessivamente a propriedade de multiplicação, concluímos:

$$\det (4R) = 4 \cdot 4 \cdot 4 \cdot \det R = 4^3 \cdot \det R = 64x$$

Exercícios

6. Sem desenvolver os determinantes, calcule:

a) $\begin{vmatrix} 7 & 8 & 9 \\ 0 & 0 & 0 \\ -1 & 2 & -3 \end{vmatrix}$

b) $\begin{vmatrix} 1 & 1 & 0 & 4 \\ 2 & 2 & 0 & 6 \\ 3 & 1 & 0 & 7 \\ 4 & 2 & 0 & 8 \end{vmatrix}$

7. Se $\begin{vmatrix} a & b & c \\ d & e & f \\ g & h & i \end{vmatrix} = 11$, qual é o valor de:

a) $\begin{vmatrix} a & b & c \\ 2d & 2e & 2f \\ 3g & 3h & 3i \end{vmatrix}$

b) $\begin{vmatrix} b & a & 4c \\ e & d & 4f \\ h & g & 4i \end{vmatrix}$

8. Sabendo que $\begin{vmatrix} x & y \\ z & w \end{vmatrix} = 7$, calcule, sem desenvolver, os determinantes:

a) $\begin{vmatrix} z & w \\ x & y \end{vmatrix}$

b) $\begin{vmatrix} 5x & 5y \\ z & w \end{vmatrix}$

c) $\begin{vmatrix} x & y \\ 5z & 5w \end{vmatrix}$

d) $\begin{vmatrix} 5x & 5y \\ 5z & 5w \end{vmatrix}$

9. Se **A** é uma matriz quadrada de ordem 2 e det A = 7, qual é o valor de det (3A)?

10. **P** é uma matriz quadrada de ordem 3, det P = 8. Determine o valor de **x**, sabendo que det (2P) = 2x + 6.

11. **M** é matriz 4 × 4. Sabendo que det (5M) = −2 500, calcule o valor de:

a) det M

b) det (−M)

c) det $\left(\frac{1}{2}M\right)$

Filas paralelas iguais ou proporcionais

Quando **A** possui filas paralelas iguais (ou proporcionais), então det A = 0.

- No caso de as filas serem iguais, vejamos, a seguir, por que isso ocorre:

$$A = \begin{bmatrix} 1 & -3 & 4 & 5 \\ a & b & c & d \\ 7 & 11 & 1 & 0 \\ a & b & c & d \end{bmatrix} \xrightarrow{\text{troca}} A' = \begin{bmatrix} 1 & -3 & 4 & 5 \\ a & b & c & d \\ 7 & 11 & 1 & 0 \\ a & b & c & d \end{bmatrix}$$

Pela propriedade de troca de filas paralelas, det A' = −det A. Como A = A', então det A' = det A. Daí, temos:

$$\det A = -\det A \Rightarrow 2\det A = 0 \Rightarrow \det A = 0$$

- No caso de as filas serem proporcionais, temos:

$$A = \begin{bmatrix} 1 & -3 & 4 & 5 \\ a & b & c & d \\ 7 & 11 & 1 & 0 \\ 5a & 5b & 5c & 5d \end{bmatrix} \xrightarrow{\text{troca}} A' = \begin{bmatrix} 1 & -3 & 4 & 5 \\ 5a & 5b & 5c & 5d \\ 7 & 11 & 1 & 0 \\ a & b & c & d \end{bmatrix}$$

Pela propriedade de troca de filas paralelas, det A' = −det A. (1)

Porém, **A'** pode ser vista como a matriz que se obtém de **A**, multiplicando-se a 2ª linha por 5 e a 4ª linha por $\frac{1}{5}$.

Pela propriedade de multiplicação, temos que det A' = $5 \cdot \frac{1}{5} \cdot$ det A, isto é, det A' = det A e, em (1), concluímos que det A = 0.

EXEMPLO 4

Observe estes exemplos de matrizes com filas iguais ou proporcionais. Calculando seus determinantes comprovamos a propriedade de filas paralelas iguais ou proporcionais.

$$\begin{array}{r} \rightarrow \\ \\ \rightarrow \end{array}\begin{vmatrix} 2 & 3 & 1 \\ 4 & 5 & -2 \\ 2 & 3 & 1 \end{vmatrix} = 0 \qquad \begin{array}{c} \begin{vmatrix} 1 & 7 & 1 & 11 \\ 2 & \sqrt{2} & 2 & 1 \\ 4 & 0 & 4 & 3 \\ 3 & -1 & 3 & 7 \end{vmatrix} = 0 \\ \uparrow \qquad\quad \uparrow \qquad\qquad \end{array} \qquad \begin{array}{r} \rightarrow \\ \\ \rightarrow \end{array}\begin{vmatrix} 3 & -1 & 2 \\ 5 & 4 & 1 \\ 18 & -6 & 12 \end{vmatrix} = 0$$

Matriz transposta e determinante

Considere uma matriz **A** e sua matriz transposta A^t. Seus determinantes são iguais, isto é, $\det A^t = \det A$.

Verifiquemos esse fato para n = 2:

$$A = \begin{pmatrix} a & b \\ c & d \end{pmatrix}, \det A = ad - bc; \ A^t = \begin{pmatrix} a & c \\ b & d \end{pmatrix}, \det A^t = ad - bc$$

EXEMPLO 5

Observe os seguintes determinantes de matrizes e de suas transpostas. Comprove a propriedade de matriz transposta.

- $\begin{vmatrix} x & y \\ 3 & 1 \end{vmatrix} = \begin{vmatrix} x & 3 \\ y & 1 \end{vmatrix} = x - 3y$
- $\begin{vmatrix} x & y & z \\ 1 & 2 & 11 \\ 3 & 4 & 7 \end{vmatrix} = \begin{vmatrix} x & 1 & 3 \\ y & 2 & 4 \\ z & 11 & 7 \end{vmatrix} = -30x + 26y - 2z$

Teorema de Binet

Pode-se mostrar que, se **A** e **B** são matrizes quadradas de mesma ordem, vale a relação:

$$\det(A \cdot B) = (\det A) \cdot (\det B)$$

EXEMPLO 6

Vamos comprovar a validade dessa propriedade para as matrizes **A** e **B** seguintes.

Sejam $A = \begin{pmatrix} 6 & 2 \\ -1 & 4 \end{pmatrix}$ e $B = \begin{pmatrix} 1 & 0 \\ -3 & 2 \end{pmatrix}$. Sabemos que det A = 26 e det B = 2.

Construímos agora a matriz produto $A \cdot B = \begin{pmatrix} 6 & 2 \\ -1 & 4 \end{pmatrix} \cdot \begin{pmatrix} 1 & 0 \\ -3 & 2 \end{pmatrix} = \begin{pmatrix} 0 & 4 \\ -13 & 8 \end{pmatrix}$.

Temos $\det(A \cdot B) = 0 - (-52) = 52 = \underbrace{\det A}_{26} \cdot \underbrace{\det B}_{2}$.

Exercício resolvido

2. Dadas as matrizes $A = \begin{pmatrix} 1 & x \\ -3 & 0 \end{pmatrix}$, $B = \begin{pmatrix} 4 & -1 \\ 2 & 5 \end{pmatrix}$, sabe-se que det (A · B) = 132. Qual é o valor de **x**?

Solução:

Como det (A · B) = det A · det B, obtemos:

$$\det A = \frac{132}{20 - (-2)} = 6$$

Daí: $1 \cdot 0 + 3 \cdot x = 6 \Rightarrow x = 2$

Matriz inversa e determinante

Vejamos uma consequência dessa propriedade:

Seja **M** uma matriz quadrada de ordem **n** e suponhamos que **M** seja inversível. Assim, existe M^{-1}, quadrada de ordem **n**, tal que:

$$M \cdot M^{-1} = M^{-1} \cdot M = I_n$$

De $M \cdot M^{-1} = I_n$, vem:

$$\det (M \cdot M^{-1}) = \det I_n$$

Usando a propriedade anterior, escrevemos:

$$(\det M) \cdot (\det M^{-1}) = 1$$

Como o produto acima é não nulo (vale 1), é possível afirmar que $\det M \neq 0$ e $\det (M^{-1}) \neq 0$.

Assim, concluímos que, se **M** é inversível, então $\det M \neq 0$. Além disso, temos $\det (M^{-1}) = \dfrac{1}{\det M}$.

Pode-se mostrar que a recíproca desse fato também é verdadeira: se $\det M \neq 0$, então **M** é inversível.

Em resumo:

M é inversível se, e somente se, $\det M \neq 0$.

EXEMPLO 7

Vamos determinar os valores de **x** para os quais a matriz $M = \begin{bmatrix} 1 & x \\ -3 & 2 \end{bmatrix}$ é inversível.

Devemos ter $\det M \neq 0$, isto é, $1 \cdot 2 - x \cdot (-3) \neq 0 \Rightarrow 2 + 3x \neq 0 \Rightarrow x \neq -\dfrac{2}{3}$.

Exercícios

12. Se $\begin{vmatrix} x & y \\ z & w \end{vmatrix} = \dfrac{1}{2}$, calcule o valor de:

a) $\begin{vmatrix} x & z \\ y & w \end{vmatrix}$

b) $\begin{vmatrix} 2x & z \\ 2y & w \end{vmatrix}$

c) $\begin{vmatrix} z & w \\ x & y \end{vmatrix}$

13. Se $\begin{vmatrix} a & b & c \\ d & e & f \\ g & h & i \end{vmatrix} = -2$, qual é o valor de $\begin{vmatrix} 6a & 6d & 6g \\ 6b & 6e & 6h \\ 6c & 6f & 6i \end{vmatrix}$?

14. Sabendo que **A** e **B** são matrizes quadradas de ordem 2, det A = 12, det $B^t = -6$, qual é o valor de det (A · B)?

15. Das matrizes seguintes, quais são inversíveis?

$A = \begin{bmatrix} 3 & 6 \\ 1 & 2 \end{bmatrix}$ $C = \begin{bmatrix} 1 & -3 & -2 \\ 0 & 4 & 0 \\ 0 & 5 & 1 \end{bmatrix}$

$B = \begin{bmatrix} -1 & 3 \\ 0 & -5 \end{bmatrix}$ $D = \begin{bmatrix} 1 & 2 & -3 \\ 4 & 0 & 1 \\ 2 & 4 & -6 \end{bmatrix}$

16. Seja $A = \begin{pmatrix} -1 & 2 \\ 3 & 4 \end{pmatrix}$. Verifique que **A** é inversível e que o determinante de sua inversa é igual a −0,1.

17. Em cada caso, determine **x** para que a matriz **M** seja inversível:

a) $M = \begin{bmatrix} x & 2 \\ -3 & -1 \end{bmatrix}$ b) $M = \begin{bmatrix} 1 & -3 & 5 \\ 0 & 2 & 1 \\ x & 2 & 0 \end{bmatrix}$

18. Seja $M = \begin{bmatrix} x & 2 \\ x-3 & -1 \end{bmatrix}$. Sabendo que $6 \cdot \det(M^{-1}) = 1$, determine:

a) o valor de **x**;

b) o valor do determinante da matriz $M + M^{-1}$;

c) o valor do determinante da matriz $M \cdot M^{-1}$.

19. Seja $A = (a_{ij})_{2 \times 2}$, em que $a_{ij} = \cos[(i + j)\pi]$. **A** é inversível?

20. Determine uma relação entre **x** e **y** a fim de que a matriz $M = \begin{bmatrix} x & 1 & -2 \\ 0 & -1 & y \\ 3 & 0 & 2 \end{bmatrix}$ seja inversível.

Abaixamento da ordem de um determinante

O objetivo deste item é apresentar um método prático e rápido para calcular determinantes de ordem maior ou igual a 3.

Comecemos estudando a seguinte propriedade:

Quando substituímos uma fila de uma matriz quadrada **A** pela soma dos elementos dela com os elementos de outra fila paralela previamente multiplicada por um número real (não nulo), obtemos uma matriz **A'**. Temos:

det A' = det A.

Essa propriedade é conhecida como **teorema de Jacobi**. Vejamos os seguintes exemplos:

EXEMPLO 8

Sendo $A = \begin{pmatrix} 5 & 11 \\ -4 & 3 \end{pmatrix}$, temos que det A = 59.

Vamos determinar a matriz **A'** substituindo a 2ª linha de **A** pela soma dela com a 1ª linha multiplicada por −2:

$$A' = \begin{pmatrix} 5 & 11 \\ -14 & -19 \end{pmatrix}$$

$-14 = -4 + (-2) \cdot 5$; $-19 = 3 + (-2) \cdot 11$

Temos: det A' = −95 + 154 = 59.

EXEMPLO 9

Seja $B = \begin{bmatrix} 2 & -1 & 3 \\ 4 & -2 & 1 \\ 3 & 1 & -7 \end{bmatrix}$; det B = 25.

Vamos obter a matriz **B**' substituindo a 2ª coluna de **B** pela soma dela com a 1ª coluna multiplicada por 3:

$$B' = \begin{bmatrix} 2 & 5 & 3 \\ 4 & 10 & 1 \\ 3 & 10 & -7 \end{bmatrix} \Rightarrow \det B' = 25$$

($5 = -1 + 3 \cdot 2$; $10 = -2 + 3 \cdot 4$; $10 = 1 + 3 \cdot 3$)

EXEMPLO 10

Seja, agora, $A = \begin{bmatrix} 1 & a & b \\ c & d & e \\ f & g & h \end{bmatrix}$.

Vamos aplicar o teorema de Jacobi duas vezes, a fim de obter "zeros" nas posições a_{12} e a_{13} da matriz **A**; isto é, com exceção do 1, vamos "zerar" a 1ª linha de **A**. Temos:

substituímos a 3ª coluna de **A** pela soma dela com a 1ª coluna multiplicada por −b

$$A = \begin{bmatrix} 1 & a & b \\ c & d & e \\ f & g & h \end{bmatrix} \longrightarrow A' = \begin{bmatrix} 1 & 0 & 0 \\ c & d - ac & e - bc \\ f & g - af & h - bf \end{bmatrix}$$

substituímos a 2ª coluna de **A** pela soma dela com a 1ª coluna multiplicada por −a

Pelo teorema de Jacobi, det A = det A'.

Para calcular det A', aplicamos o teorema de Laplace, pois já conseguimos dois zeros na 1ª linha de **A**'.

De fato:

$$\det A' = 1 \cdot A'_{11} + 0 \cdot A'_{12} + 0 \cdot A'_{13} = A'_{11} = (-1)^2 \cdot \begin{vmatrix} d - ac & e - bc \\ g - af & h - bf \end{vmatrix}, \text{ isto é,}$$

$$\det A = \det A' = \begin{vmatrix} d - ac & e - bc \\ g - af & h - bf \end{vmatrix} \quad (1)$$

Em resumo, construímos as seguintes etapas:

- 1º passo: Aplicamos o teorema de Jacobi à matriz **A** (3 × 3) e obtivemos a matriz **A**' (3 × 3).
- 2º passo: Ao calcularmos det A = det A', verificamos que este último coincide com o determinante de uma matriz 2 × 2, como mostra (1).
- 3º passo: Conseguimos, assim, abaixar a ordem do determinante de **A**.

Observe o esquema seguinte:

$$A = \begin{bmatrix} 1 & a & b \\ c & d & e \\ f & g & h \end{bmatrix} \xrightarrow[\text{T. Laplace}]{\text{T. Jacobi} \; + } B = \begin{bmatrix} d - ac & e - bc \\ g - af & h - bf \end{bmatrix}$$

Logo, det A = det B.

Confira agora os passos para obter **B** a partir de **A**, diretamente:

- 1º passo: Em primeiro lugar, "isolamos" a 1ª linha e a 1ª coluna de **A** (passaremos a chamar tais filas de margens), obtendo assim uma matriz **A***, do tipo 2 × 2, conforme indicado abaixo:

$$A = \begin{bmatrix} 1 & a & b \\ c & d & e \\ f & g & h \end{bmatrix}$$

margem (1ª linha) — margem (1ª coluna) — matriz **A*** $= \begin{bmatrix} d & e \\ g & h \end{bmatrix}$

- 2º passo: Construímos a partir da matriz **A*** uma outra matriz 2 × 2, em que cada um dos elementos é dado pela diferença entre um elemento de **A*** e o produto dos elementos "vizinhos" nas margens. Chegamos, enfim, à matriz **B**.

$$A = \begin{bmatrix} 1 & a & b \\ c & d & e \\ f & g & h \end{bmatrix} \Rightarrow B = \begin{bmatrix} d - ac & e - bc \\ g - af & h - bf \end{bmatrix}$$

O processo do *exemplo 10* é conhecido como **regra de Chió**, e convém observar que tal regra só pode ser aplicada se o elemento $\mathbf{a}_{11}$ de **A** (elemento da 1ª linha e 1ª coluna) for igual a 1.

Exercícios resolvidos

3. Calcule o valor do determinante de $\begin{bmatrix} 1 & 1 & 1 & 1 \\ 1 & 2 & 4 & 8 \\ 1 & 3 & 9 & 27 \\ 1 & -1 & 1 & -1 \end{bmatrix}$.

Solução:

$$\begin{vmatrix} 1 & 1 & 1 & 1 \\ 1 & 2 & 4 & 8 \\ 1 & 3 & 9 & 27 \\ 1 & -1 & 1 & -1 \end{vmatrix} \overset{\text{Chió}}{=} \begin{vmatrix} 2-1 & 4-1 & 8-1 \\ 3-1 & 9-1 & 27-1 \\ -1-1 & 1-1 & -1-1 \end{vmatrix} =$$

$$= \begin{vmatrix} 1 & 3 & 7 \\ 2 & 8 & 26 \\ -2 & 0 & -2 \end{vmatrix} \overset{\text{Chió}}{=} \begin{vmatrix} 8 - 2 \cdot 3 & 26 - 2 \cdot 7 \\ 0 - (-2) \cdot 3 & -2 - (-2) \cdot 7 \end{vmatrix} = \begin{vmatrix} 2 & 12 \\ 6 & 12 \end{vmatrix} = -48$$

4. Usando a regra de Chió, calcule $\begin{vmatrix} 3 & 7 & 4 \\ 1 & 2 & -1 \\ 0 & 3 & 2 \end{vmatrix}$.

Solução:

Vamos trocar as posições da 1ª e 2ª linhas, a fim de que tenhamos $a_{11} = 1$. Pela propriedade de troca de filas paralelas, temos:

$$\begin{vmatrix} 3 & 7 & 4 \\ 1 & 2 & -1 \\ 0 & 3 & 2 \end{vmatrix} = -\begin{vmatrix} 1 & 2 & -1 \\ 3 & 7 & 4 \\ 0 & 3 & 2 \end{vmatrix} \overset{\text{Chió}}{=} -\begin{vmatrix} 1 & 7 \\ 3 & 2 \end{vmatrix} = -(-19) = 19$$

5. Calcule $D = \begin{vmatrix} 2 & 2 & 2 & 2 \\ 2 & 2 & 2 & 3 \\ 2 & 2 & 3 & 3 \\ 2 & 3 & 3 & 3 \end{vmatrix}$ usando a regra de Chió.

Solução:

A fim de obter $a_{11} = 1$, dividimos por 2 $\left(\text{multiplicamos por } \frac{1}{2}\right)$ os elementos da 1ª coluna. Pela propriedade de multiplicação, temos:

$$\frac{1}{2} \cdot \underbrace{\begin{vmatrix} 2 & 2 & 2 & 2 \\ 2 & 2 & 2 & 3 \\ 2 & 2 & 3 & 3 \\ 2 & 3 & 3 & 3 \end{vmatrix}}_{D} = \begin{vmatrix} 1 & 2 & 2 & 2 \\ 1 & 2 & 2 & 3 \\ 1 & 2 & 3 & 3 \\ 1 & 3 & 3 & 3 \end{vmatrix} \overset{\text{Chió}}{=} \begin{vmatrix} 0 & 0 & 1 \\ 0 & 1 & 1 \\ 1 & 1 & 1 \end{vmatrix} = -1$$

Logo, $\frac{1}{2} D = -1 \Rightarrow D = -2$.

Exercícios

21. Calcule usando a regra de Chió:

a) $\begin{vmatrix} 2 & 1 & 0 \\ 6 & -1 & 3 \\ 2 & 0 & 1 \end{vmatrix}$

b) $\begin{vmatrix} 1 & 0 & 0 & 0 \\ 2 & 1 & 2 & 3 \\ 3 & 5 & 6 & 7 \\ 4 & 1 & 1 & 0 \end{vmatrix}$

c) $\begin{vmatrix} 1 & 1 & 1 & 1 \\ 1 & 2 & 2 & 2 \\ 1 & 2 & 3 & 3 \\ 1 & 2 & 3 & 4 \end{vmatrix}$

22. Calcule usando a regra de Chió:

a) $\begin{vmatrix} 1 & 2 & 3 \\ 1 & 4 & 9 \\ 5 & 4 & 3 \end{vmatrix}$

b) $\begin{vmatrix} 4 & -4 & 1 & 0 \\ 0 & 1 & 3 & 5 \\ 1 & 3 & -1 & 4 \\ 1 & -1 & 2 & 0 \end{vmatrix}$

c) $\begin{vmatrix} 1 & 1 & 1 \\ x & y & z \\ yz & xz & xy \end{vmatrix}$

23. Mostre que $\begin{vmatrix} a & a & a & a \\ a & b & b & b \\ a & b & c & c \\ a & b & c & d \end{vmatrix} = a(b - a)(c - b)(d - c)$.

24. Resolva a equação $\begin{vmatrix} x & a & a & a \\ a & x & a & a \\ a & a & x & a \\ a & a & a & x \end{vmatrix} = 0$.

25. Resolva a equação $\begin{vmatrix} x & x^2 & 0 \\ 3 & 7 & 4 \\ 1 & 2 & 1 \end{vmatrix} = 2$.

26. (ITA-SP) Sejam **a**, **b**, **c** e **d** números reais não nulos.

Exprima o valor do determinante da matriz

$$\begin{bmatrix} bcd & 1 & a & a^2 \\ acd & 1 & b & b^2 \\ abd & 1 & c & c^2 \\ abc & 1 & d & d^2 \end{bmatrix}$$

na forma de um produto de números reais.

Enem e vestibulares resolvidos

(Famerp-SP) No estudo da dinâmica de populações é comum ser necessário determinar o número real λ na equação det $(M - \lambda I) = 0$, em que **M** é uma matriz quadrada, **I** é a matriz identidade, da mesma ordem de **M**, e det representa o determinante da matriz $(M - \lambda I)$.

Se, em um desses estudos, tem-se $M = \begin{bmatrix} 0 & 17 & 2 \\ 2 & 0 & 0 \\ 1 & 0 & 0 \end{bmatrix}$, o valor positivo de λ é igual a

a) 5. b) 8. c) 9. d) 12. e) 6.

Resolução comentada

A matriz $(M - \lambda I)$ é dada por:

$$M - \lambda I = \begin{bmatrix} 0 & 17 & 2 \\ 2 & 0 & 0 \\ 1 & 0 & 0 \end{bmatrix} - \lambda \begin{bmatrix} 1 & 0 & 0 \\ 0 & 1 & 0 \\ 0 & 0 & 1 \end{bmatrix} = \begin{bmatrix} 0 & 17 & 2 \\ 2 & 0 & 0 \\ 1 & 0 & 0 \end{bmatrix} - \begin{bmatrix} \lambda & 0 & 0 \\ 0 & \lambda & 0 \\ 0 & 0 & \lambda \end{bmatrix} = \begin{bmatrix} -\lambda & 17 & 2 \\ 2 & -\lambda & 0 \\ 1 & 0 & -\lambda \end{bmatrix}$$

A equação det $(M - \lambda I) = 0$ é equivalente a $\begin{vmatrix} -\lambda & 17 & 2 \\ 2 & -\lambda & 0 \\ 1 & 0 & -\lambda \end{vmatrix} = 0$.

$-\lambda^3 + 2\lambda + 34\lambda = 0 \Rightarrow \lambda^3 - 36\lambda = 0 \Rightarrow \lambda(\lambda^2 - 36) = 0 \Rightarrow \lambda(\lambda + 6)(\lambda - 6) = 0$

Da equação acima tem-se $\lambda = 0$ ou $\lambda = -6$ ou $\lambda = 6$. Logo, o valor positivo de λ é igual a 6.

Alternativa *e*.

Exercícios complementares

1. (UFPR) A passagem de um determinado sistema físico, de uma configuração para outra, pode ser descrita por meio de uma matriz. Suponha que a matriz **S**, abaixo, represente a passagem da configuração 1 para a configuração 2 desse sistema, sendo α um número real:

$$S = \begin{pmatrix} 0 & 0 & 1 \\ \alpha & 1 & 1 \\ -1 & -1 & -\alpha \end{pmatrix}$$

a) Para quais valores de α o determinante da matriz acima é igual a zero?

b) Se $\alpha = 0$, calcule a matriz inversa S^{-1}, que representa a passagem da configuração 2 para a configuração 1 desse sistema.

2. (Uerj) Considere uma matriz **A** com 3 linhas e 1 coluna, na qual foram escritos os valores 1, 2 e 13, nesta ordem, de cima para baixo.

Considere, também, uma matriz **B** com 1 linha e 3 colunas, na qual foram escritos os valores 1, 2 e 13, nesta ordem, da esquerda para a direita.

Calcule o determinante da matriz obtida pelo produto de $A \times B$.

3. (UFSC) Em relação às proposições abaixo, é **CORRETO** afirmar que: [Indique a soma.]

(01) Em geral, o produto de matrizes não satisfaz a propriedade comutativa. Se **A** e **B** são quaisquer matrizes quadradas de ordem **n** $(n \in \mathbb{N}^*)$, então $(A + B)^2 = A^2 + 2A \cdot B + B^2$.

(02) O sistema $\begin{cases} 2x + 4y - 2z = 0 \\ x + 2y - z = 0 \\ 3x - y + z = 0 \end{cases}$ tem única solução.

(04) Se $f(x) = ax^2 + bx + c$ tal que $f(0) = 1$, $f(2) = 3$ e $f(-1) = 3$, então $a + b + 3c$ é um número ímpar.

(08) Se **A** é uma matriz quadrada de ordem $n \geq 2$ $(n \in \mathbb{N})$ com det $(A) = 5$ e $B = 2A \cdot A^t$, então det $(B) = 50$.

(16) Se $A = \begin{pmatrix} a & b \\ c & d \end{pmatrix}$ é uma matriz inversível, então $\det(A^{-1}) = \dfrac{1}{ad - bc}$.

(32) Se $A = (a_{ij})_{3 \times 2}$ com $a_{ij} = 2i - 3j$, $B = (b_{ij})_{2 \times 3}$ com $b_{ij} = 2i + j$ e $C = A \cdot B$, então $3c_{32} = 36$.

4. (UEPG-PR) Considerando as matrizes abaixo, sendo det A = 5, det B = −1 e det C = 2, assinale o que for correto [Indique a soma correspondente às alternativas corretas].

$A = \begin{pmatrix} x & z \\ -1 & 4 \end{pmatrix}, B = \begin{pmatrix} 2x & y - x \\ -5 & 1 \end{pmatrix} \text{ e } C = \begin{pmatrix} z + x & y \\ -3 & 1 \end{pmatrix}$

(01) $x + y + z = 0$

(02) $A - C = \begin{pmatrix} 3 & -4 \\ 2 & 3 \end{pmatrix}$

(04) $B \cdot C = \begin{pmatrix} -1 & 3 \\ 2 & -4 \end{pmatrix}$

(08) $y = 2x$

(16) $A + B = \begin{pmatrix} -6 & 4 \\ 6 & -5 \end{pmatrix}$

5. (Uerj) Considere a função real **f**, de variável real **x**, definida pelo seguinte determinante:

$f(x) = \begin{vmatrix} 2\cos(x) & 2 \\ 1 & 2\cos(x) \end{vmatrix}$ para $0 \leq x \leq \pi$

Observe o gráfico da função **f**.

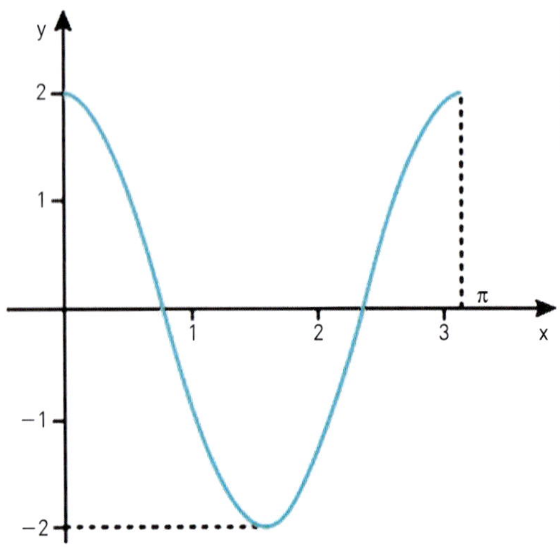

Determine os valores de **x** para os quais f(x) = 1.

6. (Unicamp-SP) Seja dada a matriz $A = \begin{bmatrix} x & 2 & 0 \\ 2 & x & 6 \\ 0 & 6 & 16x \end{bmatrix}$, em que **x** é um número real.

a) Determine para quais valores de **x** o determinante de **A** é positivo.

b) Tomando $C = \begin{bmatrix} 3 \\ 4 \\ -1 \end{bmatrix}$, e supondo que, na matriz **A**, x = −2, calcule B = AC.

7. (UnB-DF) Dada uma matriz quadrada **A**, define-se o traço de **A**, simbolizado por tr (A), como a soma dos elementos de sua diagonal principal. A partir dessas informações e considerando as matrizes

$P = \begin{pmatrix} 0{,}7 & 0{,}2 \\ 0{,}3 & 0{,}8 \end{pmatrix}, Q = \begin{pmatrix} 2 & -1 \\ 3 & 1 \end{pmatrix} \text{ e } R = 100Q^{-1}PQ$

determine o valor do quociente $\frac{\det(R)}{tr(R)}$, em que det (R) é o determinante da matriz **R**.

Despreze, caso exista, a parte fracionária do resultado final obtido, após ter efetuado todos os cálculos solicitados.

8. (Unifesp) Seja **f** a função (determinante) dada por

$f(x) = \begin{vmatrix} \cos(x) & \text{sen}(x) \\ \text{sen}(x) & \cos(x) \end{vmatrix}$, com **x** real.

a) Num sistema cartesiano ortogonal, construa o gráfico de y = f(x).

b) Determine os valores de **x** para os quais $f(x) = \frac{1}{f(x)}$.

9. Dadas as matrizes:

$A = \begin{pmatrix} 1 & 1 & 1 \\ 2 & 3 & 2 \\ 4 & 7 & 5 \end{pmatrix}, B = \begin{pmatrix} 5 & 0 & 2 \\ 0 & 0 & 3 \\ -4 & 0 & -6 \end{pmatrix} \text{ e } C = \begin{pmatrix} x & 0 & 0 \\ 0 & x & 0 \\ 0 & 0 & x \end{pmatrix}$,

determine todos os números reais **x** tais que o determinante da matriz (C − AB) seja negativo.

10. (UEPG-PR) Sobre a matriz $A = \begin{pmatrix} \cos 15° & -\text{sen } 15° \\ \text{sen } 15° & \cos 15° \end{pmatrix}$, assinale o que for correto [Indique a soma].

(01) $A^2 = \begin{pmatrix} \cos 30° & -\text{sen } 30° \\ \text{sen } 30° & \cos 30° \end{pmatrix}$

(02) det A = 1

(04) $A + A^t = \begin{pmatrix} \cos 30° & 0 \\ 2 & \cos 30° \end{pmatrix}$

(08) $\det(2A) = -\frac{1}{2}$

(16) $\det A^2 = 0$

11. Seja $f: \mathbb{R} \rightarrow \mathbb{R}$ definida por $f(x) = \begin{vmatrix} 0 & 0 & \text{sen } 2x \\ \cos x & 1 & \text{sen } x \\ 0 & \text{sen } x & 1 \end{vmatrix}$.

Quais são os valores mínimo e máximo assumidos por **f**?

12. (Uerj) Considere a matriz $A_{3\times3}$ abaixo:

$$A = \begin{pmatrix} \frac{1}{2} & a_{12} & a_{13} \\ a_{21} & 1 & 1 \\ a_{31} & 1 & 1 \end{pmatrix}$$

Cada elemento desta matriz é expresso pela seguinte relação:

$a_{ij} = 2\,(\text{sen}\,\theta_i) \times (\cos\theta_j)\ \forall i, j \in (1, 2, 3)$

Nessa relação, os arcos θ_1, θ_2 e θ_3 são positivos e menores que $\frac{\pi}{3}$ radianos.

Calcule o valor numérico do determinante da matriz **A**.

13. (UFPE) Para cada número real α, defina a matriz

$$M(\alpha) = \begin{bmatrix} \cos\alpha & -\text{sen}\,\alpha & 0 \\ \text{sen}\,\alpha & \cos\alpha & 0 \\ 0 & 0 & 1 \end{bmatrix}$$

Analise as afirmações seguintes acerca de $M(\alpha)$:

a) $M(0)$ é a matriz identidade de 3×3.

b) $M(\alpha)^2 = M(2\alpha)$.

c) $M(\alpha)$ tem determinante 1.

d) $M(\alpha)$ é invertível, e sua inversa é $M(-\alpha)$.

e) Se $M(\alpha)^t$ é a transposta de $M(\alpha)$, então, $M(\alpha) \cdot M(\alpha)^t = M(0)$.

Testes

1. (Udesc) Se $\mathbf{A}^t$ e $\mathbf{A}^{-1}$ representam, respectivamente, a transposta e a inversa da matriz $A = \begin{bmatrix} 2 & 3 \\ 4 & 8 \end{bmatrix}$, então o determinante da matriz $B = A^t - 2A^{-1}$ é igual a:

a) $\frac{-111}{2}$ c) -166 e) 62

b) $\frac{-83}{2}$ d) $\frac{97}{2}$

2. (PUC-RS) Dadas as matrizes $A = [1\ 2\ 3]$ e $B = \begin{bmatrix} 4 \\ 5 \\ 6 \end{bmatrix}$, o determinante det $(A \cdot B)$ é igual a:

a) 18 c) 32 e) 720

b) 21 d) 126

3. (Uece) Desenvolvendo o determinante abaixo, obtém-se uma equação do segundo grau.

$$\begin{vmatrix} 1 & 1 & 1 & 1 \\ -x & 0 & 0 & 7x \\ 0 & 5 & 0 & x \\ 0 & 0 & 5 & x \end{vmatrix} = 0$$

A raiz positiva dessa equação é:

a) 10 c) 20

b) 15 d) 25

4. (UEPB) Se **x** e **y** são números reais não nulos e

$\begin{vmatrix} x & y & x^2+y^2 \\ x & 0 & x^2 \\ -2 & -3 & -5 \end{vmatrix} = 0$, então o valor de $2x + 3y$ é:

a) 10 c) 7 e) 5

b) 4 d) -5

5. (Uece) Uma matriz quadrada $P = (a_{ij})$ é simétrica quando $a_{ij} = a_{ji}$. Por exemplo, a matriz $\begin{bmatrix} 2 & -3 & 5 \\ -3 & 7 & 4 \\ 5 & 4 & 1 \end{bmatrix}$ é simétrica.

Se a matriz $M = \begin{bmatrix} x+y & x-y & xy \\ 1 & y-x & 2y \\ 6 & x+1 & 1 \end{bmatrix}$ é simétrica, pode-se afirmar corretamente que o determinante de **M** é igual a:

a) -1 b) -2 c) 1 d) 2

6. (Unicamp-SP) Considerando a matriz

$M = \begin{pmatrix} 1 & a & 1 \\ b & 1 & a \\ 1 & b & 1 \end{pmatrix}$, onde **a** e **b** são números reais distintos. Podemos afirmar que:

a) o determinante de **M** é positivo.

b) a matriz **M** não é invertível.

c) o determinante de **M** é igual a $a^2 - b^2$.

d) a matriz **M** é igual à sua transposta.

7. (UEL-PR) Se o determinante da matriz

$A = \begin{bmatrix} x & 2 & 1 \\ 1 & -1 & 1 \\ 2x & -1 & 3 \end{bmatrix}$ é nulo, então:

a) $x = -3$ d) $x = 0$

b) $x = -\frac{7}{4}$ e) $x = \frac{7}{4}$

c) $x = -1$

8. (ESPM-SP) Se a matriz $\begin{bmatrix} 3 & x \\ 4 & x+1 \end{bmatrix}$ for multiplicada pelo valor do seu determinante, este ficará multiplicado por 49. Um dos possíveis valores de **x** é:

a) 5
b) −3
c) 1
d) −4
e) 2

9. (IFCE) Considere a matriz $A = \begin{bmatrix} \cos\theta & 2 & \text{sen}\,\theta \\ 3 & 1 & 3 \\ -\text{sen}\,\theta & 0 & \cos\theta \end{bmatrix}$

Sabendo-se que $\text{sen}\,\theta = -\cos\theta$, em que $0 \leqslant \theta \leqslant 2\pi$, o determinante da matriz inversa de **A**, indicado por $\det A^{-1}$, vale:

a) −1 b) 0 c) 1 d) 2 e) −5

10. (EsPCEx-SP) Seja **x** um número real, **I** a matriz identidade de ordem 2 e **A** a matriz quadrada de ordem 2, cujos elementos são definidos por $a_{ij} = i - j$.
Sobre a equação em **x** definida por
$\det(A - xI) = x + \det A$ é correto afirmar que:

a) as raízes são 0 e $\frac{1}{2}$.
b) todo **x** real satisfaz a equação.
c) apresenta apenas raízes inteiras.
d) uma raiz é nula e a outra negativa.
e) apresenta apenas raízes negativas.

11. (Mack-SP) A soma das soluções inteiras da inequação $\begin{vmatrix} 1 & 1 & 1 \\ 1 & x & 3 \\ 1 & x^2 & 9 \end{vmatrix} \geqslant 0$ é:

a) 0 b) 2 c) 5 d) 6 e) 7

12. (Udesc) Sejam $A = (a_{ij})$ e $B = (b_{ij})$ matrizes quadradas de ordem 3 de tal forma que:
$a_{ij} = i + j$
$b_{1j} = j$ e os elementos de cada coluna, de cima para baixo, formam uma progressão geométrica de razão 2.

Analise as proposições abaixo:

I. $A = A^t$
II. Os elementos de cada uma das linhas da matriz **B** estão em progressão aritmética.
III. Os elementos de cada uma das linhas e de cada uma das colunas da matriz AB estão em progressão aritmética.
IV. Existe a matriz inversa da matriz $C = A - B$.

O número de proposição(ões) verdadeira(s) é:

a) 0
b) 3
c) 1
d) 2
e) 4

13. (Mack-SP) Dadas as matrizes $A = (a_{ij})_{3\times3}$ tal que $\begin{cases} a_{ij} = 10, \text{ se } i = j \\ a_{ij} = 0, \text{ se } i \neq j \end{cases}$ e $B = (b_{ij})_{3\times3}$ tal que $\begin{cases} b_{ij} = 3, \text{ se } i = j \\ b_{ij} = 0, \text{ se } i \neq j \end{cases}$, o valor de det (AB) é:

a) $27 \cdot 10^3$
b) $9 \cdot 10^3$
c) $27 \cdot 10^2$
d) $3^2 \cdot 10^2$
e) $27 \cdot 10^4$

14. (Ufam) O valor do determinante da matriz
$A = \begin{bmatrix} 1 & 0 & 0 & 0 & 0 \\ 0 & -2 & 0 & 0 & 0 \\ 0 & 0 & 1 & -1 & 1 \\ 0 & 0 & 1 & 1 & -1 \\ 0 & 0 & -1 & 1 & 1 \end{bmatrix}$ é igual a:

a) 8
b) −8
c) 2
d) −2
e) 0

15. (Unesp-SP) Seja **A** uma matriz. Se $A^3 = \begin{bmatrix} 1 & 0 & 0 \\ 0 & 6 & 14 \\ 0 & 14 & 34 \end{bmatrix}$ o determinante de **A** é:

a) 8
b) $2\sqrt{2}$
c) 2
d) $\sqrt[3]{2}$
e) 1

16. (Ufam) Se $A = (a_{ij})_{3\times3}$ é uma matriz real definida por $a_{ij} = \begin{cases} i + j, \text{ se } i > j \\ 2j - i, \text{ se } i = j \\ i - j, \text{ se } i < j \end{cases}$, então o determinante da matriz inversa da matriz **A** é:

a) 10
b) $\frac{1}{10}$
c) $-\frac{1}{10}$
d) $-\frac{1}{5}$
e) $\frac{1}{5}$

17. (FEI-SP) São dadas as matrizes $A = \begin{pmatrix} 1 & 2 & 3 \\ 0 & 1 & 5 \end{pmatrix}$, $B = \begin{pmatrix} -3 & 2 \\ 1 & 1 \\ -0 & 1 \end{pmatrix}$ e $C = \begin{pmatrix} 1 & 0 \\ 0 & \frac{x}{2} \end{pmatrix}$. O valor de **x** para que o determinante da matriz $(A \cdot B + 2C)$ seja igual a 10 é um número:

a) par.
b) primo.
c) múltiplo de 3.
d) divisível por 7.
e) múltiplo de 5.

18. (FGV-SP) As matrizes $A = (a_{ij})_{4\times4}$ e $B = (b_{ij})_{4\times4}$ são tais que $2a_{ij} = 3b_{ij}$. Se o determinante da matriz **A** é igual a $\frac{3}{4}$, então o determinante da matriz **B** é igual a:

a) 0
b) $\frac{4}{27}$
c) $\frac{9}{8}$
d) 2
e) $\frac{243}{64}$

19. (Udesc) Dada a matriz **A** (figura 1). Seja a matriz **B** tal que $A^{-1}BA = D$, dada a matriz **D** (figura 2), então o determinante de **B** é igual a:

Figura 1

$$A = \begin{bmatrix} 1 & 2 \\ 1 & -1 \end{bmatrix}$$

Figura 2

$$D = \begin{bmatrix} 2 & 1 \\ -1 & 2 \end{bmatrix}$$

a) 3 b) −5 c) 2 d) 5 e) −3

20. (Unicamp-SP) Considere a matriz $A = \begin{bmatrix} a & 0 \\ b & 1 \end{bmatrix}$, onde **a** e **b** são números reais.
Se $A^2 = A$ e **A** é invertível, então:

a) $a = 1$ e $b = 1$
b) $a = 1$ e $b = 0$
c) $a = 0$ e $b = 0$
d) $a = 0$ e $b = 1$

21. (Epcar-MG) Considere as matrizes **A** e **B**, inversíveis e de ordem **n**, bem como a matriz identidade **I**.
Sabendo que $\det(A) = 5$ e $\det(I \cdot B^{-1} \cdot A) = \frac{1}{3}$, então o $\det[3 \cdot (B^{-1} \cdot A^{-1})^t]$ é igual a

a) $5 \cdot 3^n$ b) $\frac{3^{n-1}}{5^2}$ c) $\frac{3^n}{15}$ d) 3^{n-1}

22. (UEPB) A equação $\begin{vmatrix} \log(x-1) & 1 & 1 \\ 0 & 1 & 0 \\ \log(x-1) & 1 & \log(x-1) \end{vmatrix} = 0$

tem como solução real os valores de **x**:

a) 2 e 10
b) 0 e 2
c) 3 e 11
d) 4 e 11
e) 2 e 11

23. (FGV-SP) Seja a matriz identidade de ordem três $I = \begin{bmatrix} 1 & 0 & 0 \\ 0 & 1 & 0 \\ 0 & 0 & 1 \end{bmatrix}$ e **A** a matriz $\begin{bmatrix} 0 & 0 & 1 \\ 0 & 1 & 0 \\ 1 & 0 & 0 \end{bmatrix}$.
Considere a equação polinomial na variável real **x** dada por $\det(A - xI) = 0$ em que o símbolo $\det(A - xI)$ indica o determinante da matriz $A - xI$.
O produto das raízes da equação polinomial é:

a) 3 b) 2 c) 1 d) 0 e) −1

24. (Unicamp-SP) Considere a matriz quadrada de ordem 3, $A = \begin{bmatrix} \cos x & 0 & -\operatorname{sen} x \\ 0 & 1 & 0 \\ \operatorname{sen} x & 0 & \cos x \end{bmatrix}$, onde **x** é um número real.
Podemos afirmar que

a) **A** não é invertível para nenhum valor de **x**.
b) **A** é invertível para um único valor de **x**.
c) **A** é invertível para exatamente dois valores de **x**.
d) **A** é invertível para todos os valores de **x**.

25. (Uece) Seja $X = M + M^2 + M^3 + ... + M^k$, em que **M** é a matriz $\begin{bmatrix} 1 & 1 \\ 0 & 1 \end{bmatrix}$ e **k** é um número natural. Se o determinante da matriz **X** é igual a 324, então o valor de $k^2 + 3k - 1$ é:

a) 207
b) 237
c) 269
d) 377

(Insper-SP) Texto para as questões 26 e 27

Matrizes de Vandermonde são matrizes quadradas em que os elementos ao longo de cada linha formam progressões geométricas de primeiro termo igual a 1, não necessariamente com a mesma razão para cada linha.
Por exemplo, a matriz **B** a seguir, de ordem 4, é de Vandermonde:

$$B = \begin{bmatrix} 1 & 5 & 25 & 125 \\ 1 & 3 & 9 & 27 \\ 1 & -3 & 9 & -27 \\ 1 & \frac{1}{2} & \frac{1}{4} & \frac{1}{8} \end{bmatrix}$$

Seja **V** uma matriz de Vandermonde de ordem 3 em que a PG formada com os elementos da 1ª linha tem razão 2, a PG formada com os elementos da 2ª linha tem razão 3 e a PG formada com os elementos da 3ª linha tem razão −2.

26. O determinante da matriz **V** é igual a

a) −16.
b) 0.
c) 16.
d) 20.
e) 36.

27. Considere a matriz **X**, do tipo 3 × 1, tal que $V \cdot X = \begin{bmatrix} a \\ b \\ c \end{bmatrix}$, sendo **a**, **b** e **c** constantes reais.
O valor do elemento que ocupa a 2ª linha de **X** é necessariamente igual a

a) 1.
b) $\frac{a+c}{2}$.
c) 0.
d) $\frac{a-c}{4}$.
e) $b + c$.

28. (Uece) Se os números reais **x**, **y**, **z**, **m**, **n**, **p**, **u**, **v**, **w** formam, nesta ordem, uma progressão de razão **q**, então o valor do determinante da matriz $M = \begin{bmatrix} x & y & z \\ m & n & p \\ u & v & w \end{bmatrix}$ é:

a) 1
b) 0
c) xnw
d) q^3

Tabela trigonométrica

Ângulo (graus)	Seno	Cosseno	Tangente
1	0,01745	0,99985	0,01746
2	0,03490	0,99939	0,03492
3	0,05234	0,99863	0,05241
4	0,06976	0,99756	0,06993
5	0,08716	0,99619	0,08749
6	0,10453	0,99452	0,10510
7	0,12187	0,99255	0,12278
8	0,13917	0,99027	0,14054
9	0,15643	0,98769	0,15838
10	0,17365	0,98481	0,17633
11	0,19087	0,98163	0,19438
12	0,20791	0,97815	0,21256
13	0,22495	0,97437	0,23087
14	0,24192	0,97030	0,24933
15	0,25882	0,96593	0,26795
16	0,27564	0,96126	0,28675
17	0,29237	0,95630	0,30573
18	0,30902	0,95106	0,32492
19	0,32557	0,94552	0,34433
20	0,34202	0,93969	0,36397
21	0,35837	0,93358	0,38386
22	0,37461	0,92718	0,40403
23	0,39073	0,92050	0,42447
24	0,40674	0,91355	0,44523
25	0,42262	0,90631	0,46631
26	0,43837	0,89879	0,48773
27	0,45399	0,89101	0,50953
28	0,46947	0,88295	0,53171
29	0,48481	0,87462	0,55431
30	0,50000	0,86603	0,57735
31	0,51504	0,85717	0,60086
32	0,52992	0,84805	0,62487
33	0,54464	0,83867	0,64941
34	0,55919	0,82904	0,67451
35	0,57358	0,81915	0,70021
36	0,58779	0,80903	0,72654
37	0,60182	0,79864	0,75355
38	0,61566	0,78801	0,78129
39	0,62932	0,77715	0,80978
40	0,64279	0,76604	0,83910
41	0,65606	0,75471	0,86929
42	0,66913	0,74314	0,90040
43	0,68200	0,73135	0,93252
44	0,69466	0,71934	0,96569
45	0,70711	0,70711	1,00000

Ângulo (graus)	Seno	Cosseno	Tangente
46	0,71934	0,69466	1,03553
47	0,73135	0,68200	1,07237
48	0,74314	0,66913	1,11061
49	0,75471	0,65606	1,15037
50	0,76604	0,64279	1,19175
51	0,77715	0,62932	1,23499
52	0,78801	0,61566	1,27994
53	0,79864	0,60182	1,32704
54	0,80903	0,58779	1,37638
55	0,81915	0,57358	1,42815
56	0,82904	0,55919	1,48256
57	0,83867	0,54464	1,53986
58	0,84805	0,52992	1,60033
59	0,85717	0,51504	1,66428
60	0,86603	0,50000	1,73205
61	0,87462	0,48481	1,80405
62	0,88295	0,46947	1,88073
63	0,89101	0,45399	1,96261
64	0,89879	0,43837	2,05030
65	0,90631	0,42262	2,14451
66	0,91355	0,40674	2,24604
67	0,92050	0,39073	2,35585
68	0,92718	0,37461	2,47509
69	0,93358	0,35837	2,60509
70	0,93969	0,34202	2,74748
71	0,94552	0,32557	2,90421
72	0,95106	0,30902	3,07768
73	0,95630	0,29237	3,27085
74	0,96126	0,27564	3,48741
75	0,96593	0,25882	3,73205
76	0,97030	0,24192	4,01078
77	0,97437	0,22495	4,33148
78	0,97815	0,20791	4,70463
79	0,98163	0,19087	5,14455
80	0,98481	0,17365	5,67128
81	0,98769	0,15643	6,31375
82	0,99027	0,13917	7,11537
83	0,99255	0,12187	8,14435
84	0,99452	0,10453	9,51436
85	0,99619	0,08716	11,43010
86	0,99756	0,06976	14,30070
87	0,99863	0,05234	19,08110
88	0,99939	0,03490	28,63630
89	0,99985	0,01745	57,29000

Esta tabela contém valores aproximados. Os arredondamentos utilizados são de cinco casas decimais.

Respostas

Capítulo 1 – A circunferência trigonométrica

Exercícios

1. a) $\frac{\pi}{6}$ rad

b) $\frac{\pi}{12}$ rad

c) $\frac{2\pi}{3}$ rad

d) $\frac{7\pi}{6}$ rad

e) $\frac{3\pi}{2}$ rad

f) $\frac{5\pi}{3}$ rad

g) $\frac{\pi}{9}$ rad

h) $\frac{5\pi}{6}$ rad

i) $\frac{7\pi}{4}$ rad

2. a) 60°
b) 90°
c) 45°
d) 36°
e) Aproximadamente 28,66°.
f) 135°
g) 40°
h) 330°
i) Aproximadamente 172°.

3. 60 m

4. $\frac{16\pi}{3}$ cm (aproximadamente 16,75 cm).

5. Ambos têm o mesmo comprimento.

6. a) $med(\widehat{AB}) = med(\widehat{CD}) = \frac{\pi}{3}$

b) $\frac{2}{3}$

7. 3,925 cm

8. 30

9. a) Aproximadamente 17,19 cm.
b) 18 cm

10. a) $\frac{\pi}{3}$ rad

b) 2π cm

11. 125 m

12. a) 90°
b) 75°
c) 157° 30'
d) 70°
e) 77° 30'
f) 55°

13. 24,8 cm

14. $10 \cdot (4 + \pi)$ cm

15.

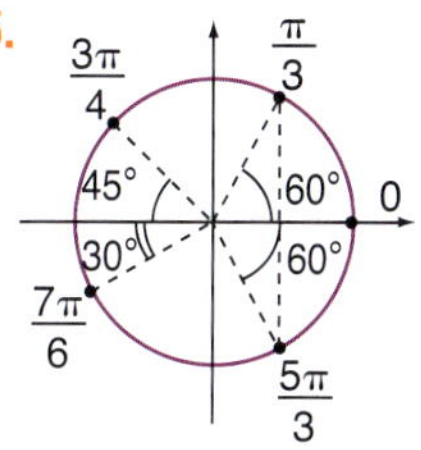

Banco de imagens/Arquivo da editora

16. 1º Q: $\frac{\pi}{6}, \frac{5\pi}{12}, \frac{2\pi}{7}, \frac{4}{3}$.

2º Q: $\frac{2\pi}{3}, 2, \frac{3\pi}{5}, \frac{5\pi}{9}, \frac{7\pi}{12}, \sqrt{7}$.

3º Q: $\frac{4\pi}{3}, \frac{15\pi}{11}, \frac{10}{3}, \frac{13}{4}$.

4º Q: $\frac{7\pi}{4}, \frac{15\pi}{8}, 5$.

17. **P**: $\frac{\pi}{4}$; **Q**: $\frac{7\pi}{6}$; **R**: $\frac{5\pi}{4}$.

18. **A**: $x = 0$; **B**: $x = \frac{\pi}{2}$; **C**: $x = \pi$; **D**: $x = \frac{3\pi}{2}$.

19. **A**: $x = \frac{\pi}{2}$; **B**: $x = \frac{7\pi}{6}$; **C**: $x = \frac{11\pi}{6}$.

20.

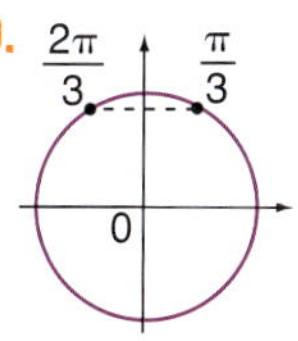

Banco de imagens/Arquivo da editora

Simetria em relação ao eixo vertical.

21. a)

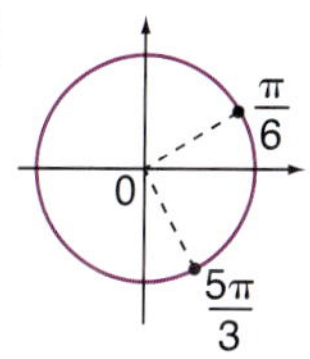

Não há simetria.

b)

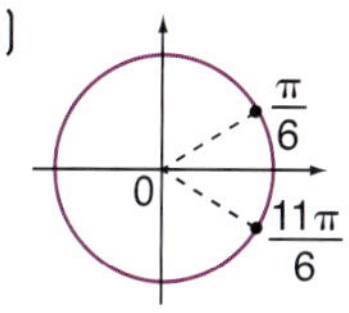

Ilustrações: Banco de imagens/Arquivo da editora

Simetria em relação ao eixo horizontal.

c)

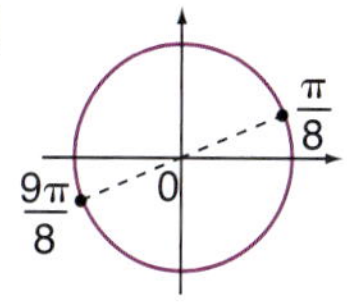

Simetria em relação ao centro da circunferência.

d)

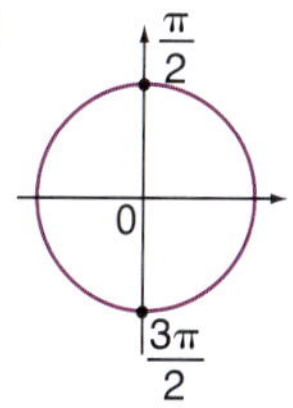

Simetria em relação ao eixo horizontal (ou em relação ao centro da circunferência).

22. a) 3º quadrante.

b) **Q**: $\frac{9\pi}{10}$; **S**: $\frac{\pi}{10}$; **R**: $\frac{19\pi}{10}$.

23. a) **A**: 0; **B**: $\frac{\pi}{3}$; **C**: $\frac{2\pi}{3}$; **D**: π; **E**: $\frac{4\pi}{3}$; **F**: $\frac{5\pi}{3}$.

b) Perímetro: 6 u.c.

Área: $\frac{3\sqrt{3}}{2}$ u.a.

24. a) $0, \frac{\pi}{2}, \pi$ e $\frac{3\pi}{2}$.

b) $0, \frac{\pi}{4}, \frac{\pi}{2}, \frac{3\pi}{4}, \pi, \frac{5\pi}{4}, \frac{3\pi}{2}$ e $\frac{7\pi}{4}$.

c) $0, \frac{2\pi}{5}, \frac{4\pi}{5}, \frac{6\pi}{5}$ e $\frac{8\pi}{5}$.

25. **A**: $\frac{2\pi}{9}$; **C**: $\frac{11\pi}{9}$; **D**: $\frac{16\pi}{9}$.

26. **P**: $\frac{5\pi}{11}$; **Q**: $\frac{6\pi}{11}$; **R**: $\frac{16\pi}{11}$.

Exercícios complementares

1. 141°

2. 13 h 24 min

3. 95,5 m aproximadamente.

4. $\frac{\sqrt{2}}{2}$

5. a) 15 m
b) 8

6. AD' = 150 m; FB = 12 m.

7. Não, o comprimento de α é $\frac{\pi}{90}$ u.c. e o de β é 2 u.c.

8. a) 230,4 m
b) 460,8 m
c) 7,68 m

9. $2\pi + 6$ cm

10. Q

11. 5 cm

12. $\frac{18 + 2\pi\sqrt{3}}{3}$ dm

13. a) $Q\left(1, 4 - \frac{\pi}{2}\right)$

b) $Q\left(2\sqrt{2} - \frac{\pi\sqrt{2}}{8}, 1 + \sqrt{2} - \frac{\pi\sqrt{2}}{8}\right)$

c) $Q(\text{sen}\,\theta + (3 - \theta) \cdot \cos\theta; 1 - \cos\theta + (3 - \theta) \cdot \text{sen}\,\theta)$

14. $\left(4 - \sqrt{2}\right)\pi$ cm

15. 120°

16. a) $4\sqrt{3}$ dm; $\frac{\sqrt{13}}{13}$.
b) 90°; 120 voltas.

17. a) 83,57 cm
b) 102,4 cm
c) 65,536 cm^2

Testes

1. a.
2. c.
3. d.
4. e.
5. b.
6. c.
7. c.
8. b.
9. e.
10. c.
11. c.
12. e.
13. b.
14. b.
15. b.
16. d.
17. b.
18. d.
19. d.
20. d.
21. b.
22. a.
23. c.
24. b.
25. c.
26. d.
27. b.

Capítulo 2 – Razões trigonométricas na circunferência

Exercícios

1. 2

2. a) -1
b) 0
c) $\frac{\sqrt{3}}{2}$
d) $\frac{1}{2}$
e) $-\frac{\sqrt{2}}{2}$
f) $-\frac{\sqrt{3}}{2}$
g) 0
h) $-\frac{1}{2}$

3.

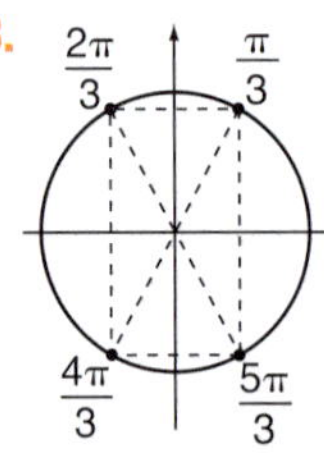

Banco de imagens/Arquivo da editora

$\text{sen}\,\frac{\pi}{3} = \text{sen}\,\frac{2\pi}{3} = \frac{\sqrt{3}}{2}$

$\text{sen}\,\frac{4\pi}{3} = \text{sen}\,\frac{5\pi}{3} = -\frac{\sqrt{3}}{2}$

4. $\frac{2\pi}{3}$ e $\frac{\pi}{3}$; $\frac{5\pi}{4}$ e $\frac{7\pi}{4}$; $\frac{4\pi}{3}$ e $\frac{5\pi}{3}$; $\frac{\pi}{4}$ e $\frac{3\pi}{4}$.

5. a) sen 75° < sen 85°
b) sen 100° > sen 170°
c) sen 250° > sen 260°
d) sen 300° > sen 290°

6. a) 0,76604
b) −0,76604
c) −0,64279
d) 0,58779
e) 0,95106

7. a) Positivo.
b) Positivo.
c) Negativo.
d) Positivo.
e) Negativo.

8. a) a > 0
b) −a

9. a) $S = \left\{\frac{\pi}{6}, \frac{5\pi}{6}\right\}$

b) $S = \{0, \pi\}$

c) $S = \left\{\frac{3\pi}{2}\right\}$

d) $S = \left\{\frac{5\pi}{4}, \frac{7\pi}{4}\right\}$

e) $S = \varnothing$

f) $S = \left\{\frac{\pi}{3}, \frac{2\pi}{3}, \frac{4\pi}{3}, \frac{5\pi}{3}\right\}$

10. A calculadora estava configurada em RAD, e não em DEG (o modo DEG fornece o valor do seno de um ângulo medido em graus).

11. a) y = 2
b) $x = -\frac{\sqrt{3}}{2}$

12.

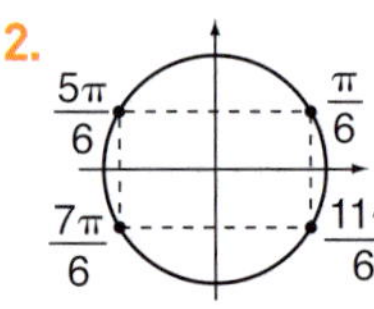

Banco de imagens/Arquivo da editora

$\cos \frac{\pi}{6} = \cos \frac{11\pi}{6} = \frac{\sqrt{3}}{2}$

$\cos \frac{5\pi}{6} = \cos \frac{7\pi}{6} = -\frac{\sqrt{3}}{2}$

13.

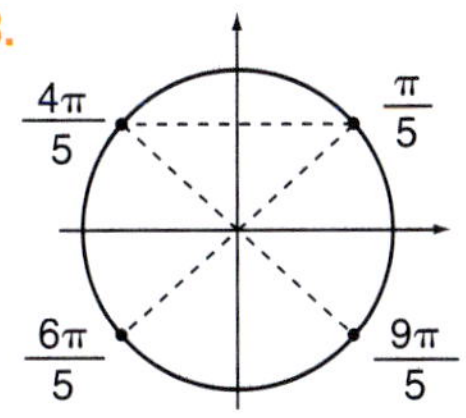

Banco de imagens/Arquivo da editora

$\cos \frac{\pi}{5}$ e $\cos \frac{9\pi}{5}$: positivos.

$\cos \frac{4\pi}{5}$ e $\cos \frac{6\pi}{5}$: negativos.

14. a) $\frac{\sqrt{3}}{2}$
b) 0
c) $-\frac{1}{2}$
d) -1
e) 0
f) $-\frac{\sqrt{2}}{2}$
g) $\frac{1}{2}$
h) 1

15. a) $\cos 65° > \cos 85°$
b) $\cos 91° < \cos 89°$
c) $\cos 50° < \cos 340°$
d) $\cos 190° = \cos 170°$

16. 0

17. a) $m > 0$
b) $-m$

18. a) **F**; $\cos 90° - \cos 30° = -\frac{\sqrt{3}}{2}$
$\cos 60° = \frac{1}{2}$
b) **V**
c) **V**
d) **F**; $|\text{sen } 100°| > |\cos 100°|$
e) **F**; o número real 6 tem imagem no 4º Q.
f) **F**; o maior valor possível é 1.

19. Perímetro: $\frac{3 + \sqrt{3}}{2}$ u.c.

Área: $\frac{\sqrt{3}}{8}$ u.a.

20. $\frac{\text{sen } \alpha \cdot \cos \alpha}{8}$

21. a) $S = \left\{\frac{\pi}{2}, \frac{3\pi}{2}\right\}$
b) $S = \left\{\frac{\pi}{4}, \frac{7\pi}{4}\right\}$
c) $S = \{0\}$
d) $S = \left\{\frac{2\pi}{3}, \frac{4\pi}{3}\right\}$
e) $S = \varnothing$
f) $S = \left\{\frac{\pi}{6}, \frac{5\pi}{6}, \frac{7\pi}{6}, \frac{11\pi}{6}\right\}$

22. Uma possível saída é calcular inicialmente $\cos \frac{\pi}{5}$, pois $\cos \frac{4\pi}{5} = -\cos \frac{\pi}{5}$.

23. a) $\text{sen}^2 \frac{\pi}{3} = \left(\frac{\sqrt{3}}{2}\right)^2 = \frac{3}{4}$ e
$\cos^2 \frac{\pi}{3} = \left(\frac{1}{2}\right)^2 = \frac{1}{4}$;
$\frac{3}{4} + \frac{1}{4} = 1$
b) $\text{sen}^2 \frac{\pi}{4} = \cos^2 \frac{\pi}{4} = \left(\frac{\sqrt{2}}{2}\right)^2 =$
$= \frac{1}{2}; \frac{1}{2} + \frac{1}{2} = 1$
c) $\text{sen } \frac{2\pi}{3} = \frac{\sqrt{3}}{2}$; $\cos \frac{2\pi}{3} =$
$= -\frac{1}{2} \Rightarrow \left(\frac{\sqrt{3}}{2}\right)^2 + \left(-\frac{1}{2}\right)^2 = 1$

24. $\cos \alpha = \pm\frac{\sqrt{5}}{3}$

25. $-\frac{4}{5}$

26. $-\frac{5}{13}$

27. Não.

28. a) $\frac{7}{25}$
b) $\frac{7}{25}$
c) $\frac{24}{25}$
d) $-\frac{24}{25}$
e) $-\frac{24}{25}$

29. $m = 0$ ou $m = \frac{8}{5}$.

30. Sim, pois sen 70° = cos 20°.

31. $\frac{\sqrt{10}}{5}$

32. a) $S = \left\{\frac{\pi}{4}, \frac{3\pi}{4}, \frac{5\pi}{4}, \frac{7\pi}{4}\right\}$
b) $S = \left\{\frac{\pi}{3}, \frac{2\pi}{3}, \frac{4\pi}{3}, \frac{5\pi}{3}\right\}$

33. a) $-\sqrt{3}$
b) 0
c) $\frac{\sqrt{3}}{3}$
d) ∄
e) $\sqrt{3}$

34. a) ∄
b) 0
c) $-\sqrt{3}$
d) -1
e) $-\frac{\sqrt{3}}{3}$

35. $y = 4 - 2\sqrt{3}$

36. a) Positivo.
b) Negativo.
c) Positivo.
d) Negativo.
e) Positivo.

37. a) **V**
b) **F**
c) **V**
d) **F**
e) **V**
f) **F**

38. Demonstração.

39. a) $-0,4$
b) $0,4$
c) $-0,4$

40. $\text{tg } \alpha = -\frac{\sqrt{2}}{4}$

41. $-2\sqrt{6}$

42. a) $\frac{4\sqrt{17}}{17}$

b) $-\frac{\sqrt{17}}{17}$

43. a) $\frac{8\sqrt{89}}{89}$

b) $\frac{5\sqrt{89}}{89}$

c) $-\frac{8}{5}$

d) $-\frac{8}{5}$

44. 20

45. a) Positivo.
b) Negativo.
c) Negativo.
d) Negativo.
e) Negativo.
f) Positivo.
g) Positivo.
h) Positivo.

46.

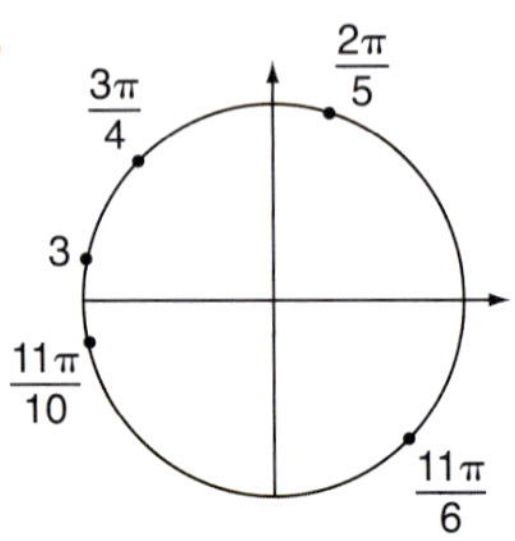

Banco de imagens/Arquivo da editora

$\sec \frac{2\pi}{5} > 0$, $\text{cossec} \frac{2\pi}{5} > 0$ e $\text{cotg} \frac{2\pi}{5} > 0$

$\sec \frac{3\pi}{4} < 0$, $\text{cossec} \frac{3\pi}{4} > 0$ e $\text{cotg} \frac{3\pi}{4} < 0$

$\sec 3 < 0$, $\text{cossec}\ 3 > 0$ e $\text{cotg}\ 3 < 0$

$\text{sen} \frac{11\pi}{10} < 0$, $\text{cossec} \frac{11\pi}{10} < 0$ e $\text{cotg} \frac{11\pi}{10} > 0$

$\sec \frac{11\pi}{6} > 0$, $\text{cossec} \frac{11\pi}{6} < 0$ e $\text{cotg} \frac{11\pi}{6} < 0$

47. a) $\frac{2\sqrt{3}}{3}$ d) $-\frac{2\sqrt{3}}{3}$

b) $-\frac{\sqrt{3}}{3}$ e) $-\sqrt{2}$

c) 2 f) 1

48. *b*, *c*, *e*, *g*, *h*.

49. Negativo.

50. $\cos x = \frac{2}{5}$; $\text{sen}\ x = -\frac{\sqrt{21}}{5}$; $\text{tg}\ x = -\frac{\sqrt{21}}{2}$; $\text{cotg}\ x = -\frac{2\sqrt{21}}{21}$; $\text{cossec}\ x = -\frac{5\sqrt{21}}{21}$

51. $-\frac{5\sqrt{2}}{4}$

52. $\frac{5}{12}$

53. a) $\frac{3+\sqrt{91}}{10}$

b) $\frac{91}{9}$

54. a) **F** c) **F**
b) **V** d) **V**

55. $\frac{2\sqrt{3}}{3}$ u.a.

56. a) Sim. c) Não.
b) Não. d) Sim.

57. $3\sqrt{11}$

58. a) 2º quadrante.
b) 3º quadrante.
c) 3º quadrante.
d) 4º quadrante.
e) Não existe α.

59. Demonstração.

60. Negativo; negativo.

61. -5

62. 1 ou $-\frac{7}{5}$

63. a) $\sqrt{3}$ b) $\frac{4\pi}{3}$

64. $\frac{16}{9}$

65. a) Negativo. b) Negativo.

66. Demonstração.

67. Demonstração.

68. Demonstração.

69. Demonstração.

70. Demonstração.

71. Demonstração.

72. Demonstração.

Exercícios complementares

1. $n = \frac{1-m^2}{2}$

2. 16

3. $-\frac{25}{7}$

4. $S = \left\{\frac{\cos\alpha + 1}{\text{sen}\,\alpha}, \frac{\cos\alpha - 1}{\text{sen}\,\alpha}\right\}$

5. a) Se $\alpha = 45°$, $TU = 2\sqrt{2}$
Se $\alpha = 90°$, $TU = 2$

b) $y = \frac{2}{\text{sen}\,\alpha}$; $D = \left[\frac{\pi}{4}, \frac{3\pi}{4}\right]$

6. a) Demonstração.

b) $\sqrt{3} + 1$ u.c.

c) $\frac{1}{2}$ u.a.

7. $m = 3$ ou $m = -1$

8. a) 1 ou $\frac{1}{2}$

b) $x = \frac{\pi}{2}$ ou $x = \frac{\pi}{6}$ ou $x = \frac{5\pi}{6}$

9. $\frac{1}{2}$

10. -1

11. $S = \{\sec \alpha + 1, \sec \alpha - 1\}$

12. $a = 1$

13. $\text{tg } x = -\frac{1}{2}$ ou $\text{tg } x = -2$

14. Demonstração.

15. Demonstração.

16. Demonstração.

17. Demonstração.

18. Demonstração.

19. Demonstração.

20. Demonstração.

21. $\frac{15}{13}$

22. 0

23. $\frac{10}{3}$

24. $MN = \frac{A}{\sqrt{A^2 + 1}}$

$MP = \frac{1}{\sqrt{A^2 + 1}}$

25. a) $\frac{2\sqrt{3}}{3} - 1$

b) $\frac{\text{tg } \alpha + \text{cotg } \alpha - 2}{2} =$

$= \frac{1}{2 \text{ sen } \alpha \cos \alpha} - 1$

Testes

1. a.
2. b.
3. c.
4. a.
5. b.
6. c.
7. d.
8. c.
9. b.
10. c.
11. c.
12. c.
13. e.
14. d.
15. e.
16. b.
17. c.
18. b.
19. d.
20. b.
21. c.
22. e.
23. e.
24. d.

Capítulo 3 – Trigonometria em triângulos quaisquer

Exercícios

1. $4\sqrt{6}$ cm

2. AB ≃ 6,57 cm; BC ≃ 4,03 cm.

3. $x = 3(\sqrt{2} + \sqrt{6})$ cm; $y = 6\sqrt{2}$ cm.

4. Aproximadamente 407 metros.

5. 105°

6. 15 cm

7. a) Aproximadamente 1 811 m.
b) Aproximadamente 1 171 m.

8. a) 12 m
b) Aproximadamente 23,6 m.

9. a) Aproximadamente 743 m.
b) Aproximadamente 887 m.
c) 498 m

10. a) 70 km b) 42 km

11. $\frac{\sqrt{15}}{8}$

12. a) 14 m
b) 5 cm
c) $\sqrt{13}$ cm

13. $(\sqrt{2} + 3 + \sqrt{5})$ cm

14. 8 cm

15. 2,8 km

16. Aproximadamente 191,6 m.

17. a) $\frac{4}{5}$
b) 3 cm
c) 15 cm^2

18. x = 1 e y = 60°; △ABC é retângulo em **C**.

19. 36 minutos.

20. $6 \cdot \sqrt{2 + \sqrt{3}}$ cm

21. $-\frac{24}{7}$

22. a) 1,5 cm^2
b) $4\sqrt{2}$ cm^2
c) 17,5 cm^2
d) $5\sqrt{3}$ cm^2

23. a) $\frac{7}{8}$
b) $\frac{\sqrt{15}}{8}$
c) $\frac{3\sqrt{15}}{4}$ cm^2

24. Área: 21,6 m^2
Terceiro lado: 7,6 m

25. a) $\frac{25}{4}$ cm^2
b) 90°

26. a) $\sqrt{7}$ cm e $\sqrt{67}$ cm.
b) $5\sqrt{3}$ cm^2

27. a) $\sqrt{3}$ cm^2
b) $(4\sqrt{3} - 2\pi)$ cm^2

28. $\left(3\pi - \frac{9\sqrt{3}}{4}\right)$ cm^2

29. Perímetro: $3 \cdot (4 + \sqrt{2})$ cm ou $12 + \sqrt{130}$ cm
Área: $\frac{21}{2}$ cm^2

Exercícios complementares

1. a) 45°
b) $4\sqrt{6}$ cm

2. $\sqrt{1609}$ m ≃ 40 m

3. 105°

4. $\sqrt{7}$ cm e $\sqrt{67}$ cm

5. a) $8 \cdot \sqrt{2 - \sqrt{2}}$ u.c.
b) $2\sqrt{2}$ u.a.

6. Perímetro: 7,5 cm

Área: $\frac{15\sqrt{3}}{16}$ cm²

7. Demonstração; 3 km

8. a) 120°

b) $\frac{10\sqrt{3}}{3}$ cm

c) $5 + \frac{25\sqrt{3}}{6}$ cm

9. $1\,000\sqrt{3}$ m

10. 0,36

11. a) 60° b) $\frac{\sqrt{7}}{3}$

12. $10\sqrt{2}$ cm

13. $16 \cdot \left(1 + \sqrt{3}\right)$ cm

14. a) 21,2 cm b) Não.

15. a) 104°

b) $\frac{3\sqrt{15}}{8}$ km

16. a) $5\sqrt{3}$ m

b) $5\sqrt{7}$ m

17. a) $\frac{3}{5}$

b) $4 \cdot \left(10 + \sqrt{10}\right)$ cm

18. a) $3 \cdot \sqrt{7 + 2\sqrt{3}}$ cm

b) $\frac{6 - \sqrt{3}}{11}$

19. a) AB = 70 m; CE = 25 m

b) DE = 45 m;
perímetro: $15\pi + 90$ cm

20. a) $\frac{1}{2}$ c) 2

b) $\sqrt{7}$ d) $\frac{\sqrt{3}}{2}$

21. a) $\frac{12\,800\,\pi}{3}$ km

b) $6\,400\sqrt{2}$ km

22. a) $\frac{\sqrt{3}}{4\,AB}$ b) $\frac{1 + \sqrt{13}}{6}$

23. a) 31,5 m

b) $22 \cdot \sqrt{2 + \sqrt{3}}$ cm

24. 24 cm

Testes

1. b.	**13.** e.
2. c.	**14.** c.
3. c.	**15.** b.
4. d.	**16.** b.
5. b.	**17.** b.
6. d.	**18.** c.
7. b.	**19.** a.
8. d.	**20.** e.
9. c.	**21.** b.
10. a.	**22.** e.
11. b.	**23.** d.
12. b.	**24.** c.

25. V – V – V – F – F.

26. b.	**29.** e.
27. c.	**30.** b.
28. e.	**31.** c.

Capítulo 4 – Funções trigonométricas

Exercícios

1. 1º Q: $\frac{17\pi}{4}$; $\frac{41\pi}{5}$; $-\frac{11\pi}{3}$

2º Q: $-\frac{5\pi}{4}$; $\frac{26\pi}{3}$; $-\frac{19\pi}{6}$.

3º Q: $-\frac{3\pi}{4}$; $\frac{22\pi}{3}$; $-\frac{49\pi}{10}$; 10.

4º Q: –0,5; $\frac{15\pi}{4}$.

2. **A**: 40π, -14π e 800π.

B: $\frac{17\pi}{2}$ e $-\frac{11\pi}{2}$.

C: 13π, -21π e -7π.

D: $-\frac{5\pi}{2}$, $\frac{7\pi}{2}$ e $-\frac{25\pi}{2}$.

3. a)

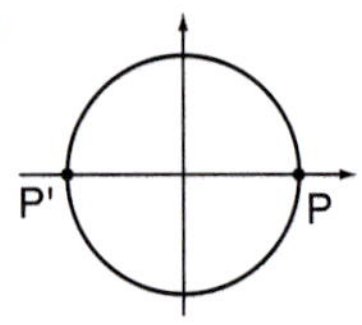

b)

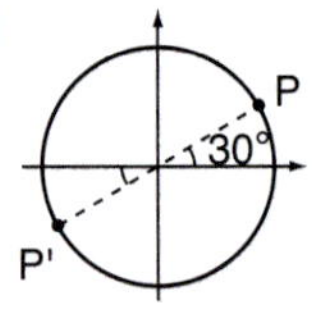

c)

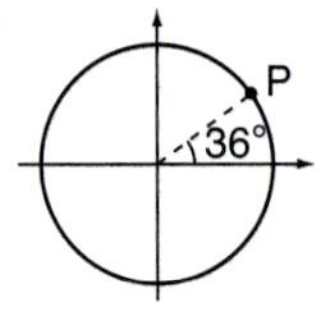

d)

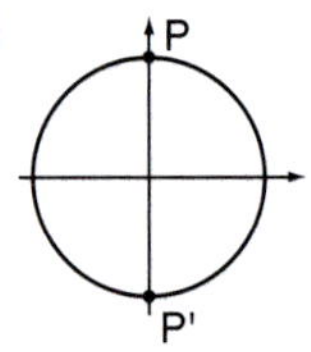

e)

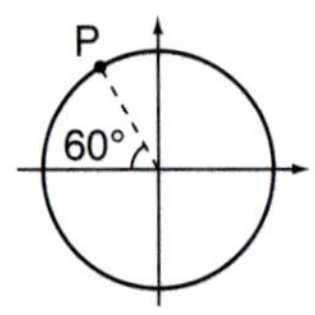

Ilustrações: Banco de imagens/Arquivo da editora

4. a) Hexágono.

b) Perímetro: 6 u.c.;
Área: $\frac{3\sqrt{3}}{2}$ u.a.

5. a) Negativo. d) Positivo.
b) Positivo. e) Negativo.
c) Negativo. f) Positivo.

6. a) 0 d) $-\frac{1}{2}$

b) 1 e) $-\frac{\sqrt{3}}{2}$

c) $\frac{\sqrt{3}}{2}$ f) $-\frac{\sqrt{2}}{2}$

7. a) **V** c) **F** e) **F**
b) **V** d) **V**

8. $p = 2\pi$; Im (f) = [–2, 2].

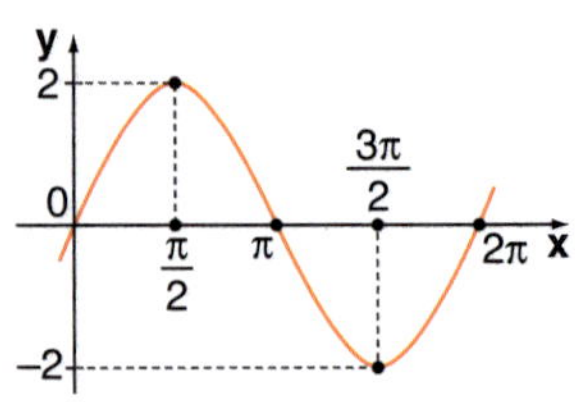

Banco de imagens/ Arquivo da editora

9. $p = 2\pi$; $Im(f) = [-1, 1]$.

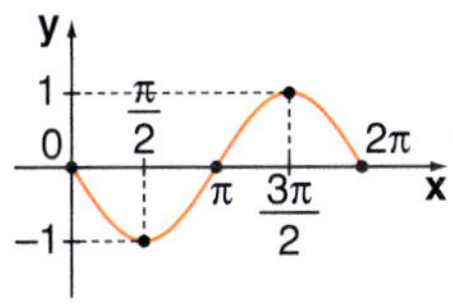

Banco de imagens/Arquivo da editora

10. $p = \frac{2\pi}{3}$; $Im(f) = [-1, 1]$.

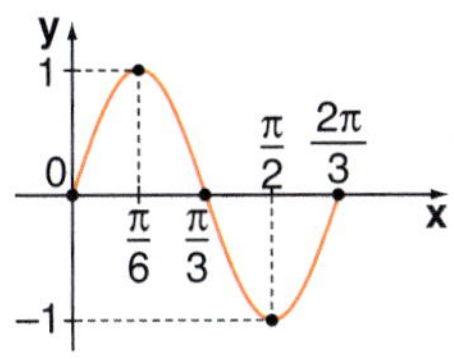

Banco de imagens/Arquivo da editora

11. $p = 2\pi$; $Im(f) = [2, 4]$.

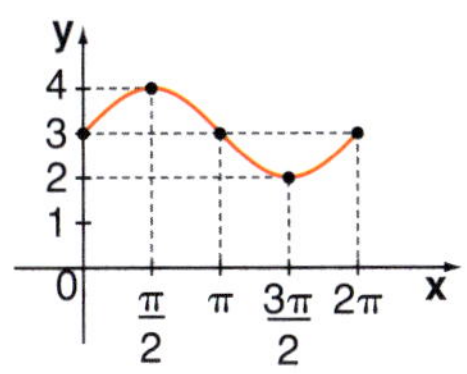

Banco de imagens/Arquivo da editora

12. $p = 4\pi$; $Im(f) = [1, 3]$.

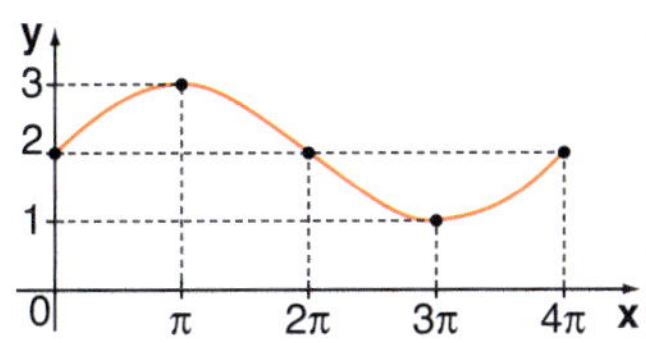

Banco de imagens/Arquivo da editora

13. $\{t \in \mathbb{R} \mid -3 \leq t \leq 1\}$

14. $\left\{m \in \mathbb{R} \middle| \frac{3}{2} \leq m \leq 2\right\}$

15. a) $\frac{\pi}{2}$

b) 5

16. a) 6 m

b) 8,8 m

c) 2 m

d) 24 s

e) 11 voltas.

17. a) $-4\pi, -3\pi, -2\pi, -\pi, 0, \pi, 2\pi, 3\pi$

b) $x = \frac{7\pi}{2}$

c) $0 \leq x \leq \frac{\pi}{2}$ ou

$\frac{3\pi}{2} \leq x \leq \frac{5\pi}{2}$

18. a) -1

b) 1

c) 0

d) 0

e) $-\frac{1}{2}$

f) -1

19. a) $-\frac{1}{2}$

b) $\frac{\sqrt{2}}{2}$

c) $-\frac{\sqrt{3}}{2}$

d) $-\frac{1}{2}$

e) 0

f) $-\frac{\sqrt{2}}{2}$

20. $y = -\frac{\sqrt{2}}{4}$

21. $\left\{m \in \mathbb{R} \middle| -\frac{5}{2} \leq m \leq 0\right\}$

22. 0

23. a) $p = 2\pi$; $Im(f) = [-2, 2]$.

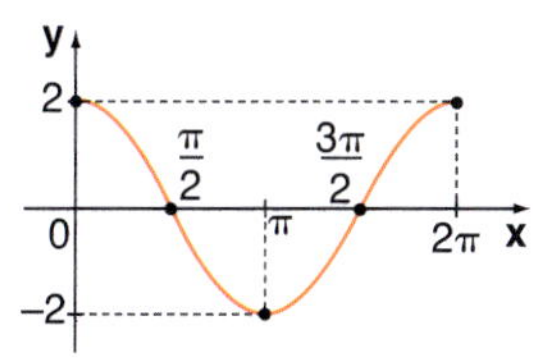

Banco de imagens/Arquivo da editora

24. $p = 2\pi$; $Im(f) = [1, 3]$.

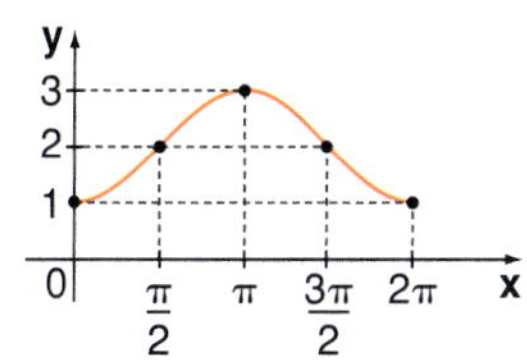

Banco de imagens/Arquivo da editora

25. $p = 4\pi$; $Im(f) = [-1, 1]$.

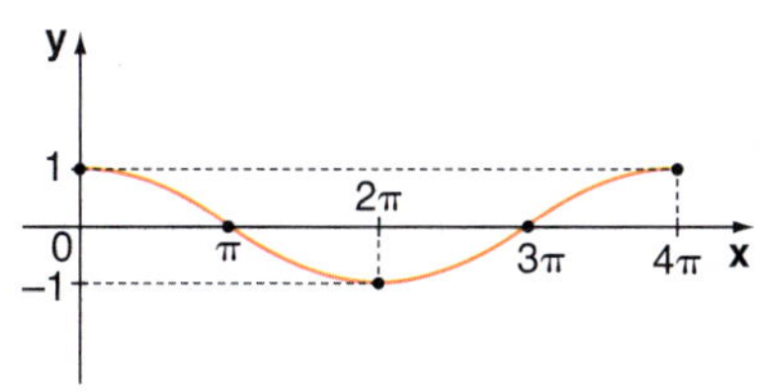

Banco de imagens/Arquivo da editora

26. $p = \frac{2\pi}{3}$; $Im(f) = [-1, 1]$.

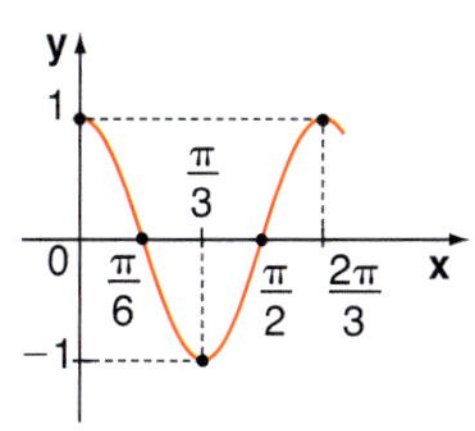

Banco de imagens/Arquivo da editora

27. $p = \frac{2\pi}{3}$; Im (f) = [1, 3].

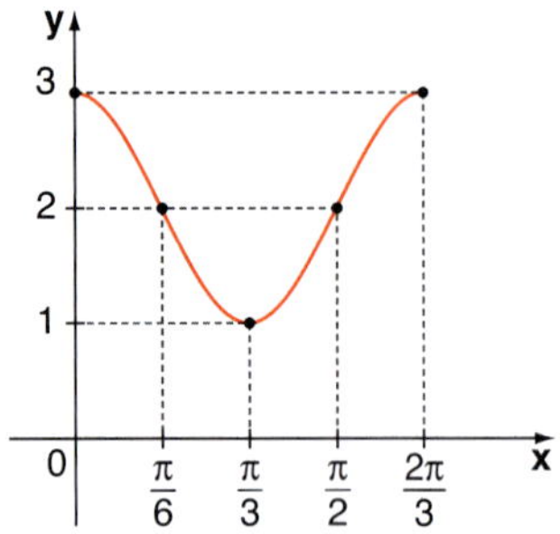

Banco de imagens/Arquivo da editora

28. a) **F**; $\cos\left(\frac{\pi}{6} + 2k\pi\right) = \cos\frac{\pi}{6} = \frac{\sqrt{3}}{2}$

b) **V**

c) **F**; o valor mínimo é −2.

d) **F**; **f** é uma função afim.

e) **V**

f) **V**

29. a) 2020: 418 milhões (US$)

2025: 409 milhões (US$)

2030: 391 milhões (US$)

b) 3 vezes; 382 milhões (US$)

30. a) Dm (f) = $\mathbb{R}$; Im (f) = [−1, 1]; $p = \frac{2\pi}{3}$.

b) Dm (f) = $\mathbb{R}$; Im (f) = [−3, 3]; $p = 2\pi$.

c) Dm (f) = $\mathbb{R}$; Im (f) = [−3, 1]; $p = 4\pi$.

d) Dm (f) = $\mathbb{R}$; Im (f) = $\mathbb{R}$; **f** não é periódica.

e) Dm (f) = $\mathbb{R}$; Im (f) = [−4, 4]; $p = \frac{\pi}{3}$.

31. a)

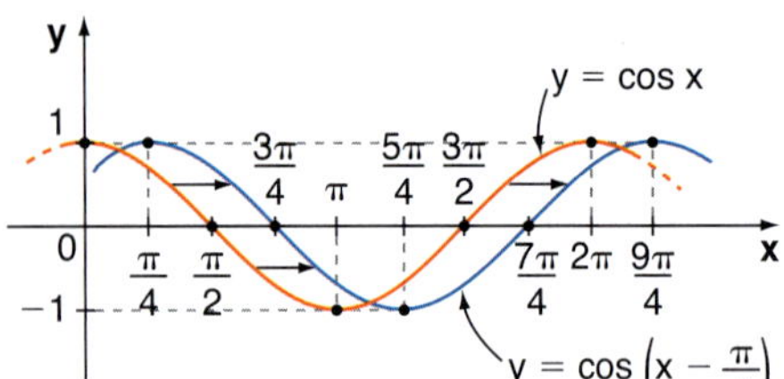

b)

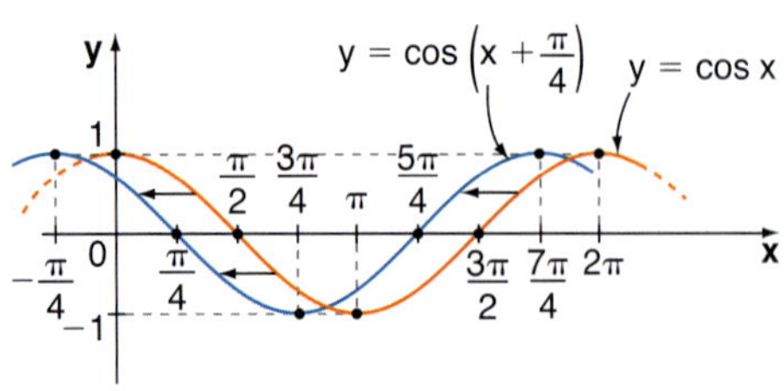

Ilustrações: Banco de imagens/Arquivo da editora

32. a) I ↔ f; II ↔ g

b) $-\frac{\pi}{2}, -\frac{\pi}{3}, \frac{\pi}{3}, \frac{\pi}{2}, \frac{3\pi}{2}, \frac{5\pi}{3}$

c) 3π

33. a) Dm (f) = $\left\{x \in \mathbb{R} \,\middle|\, x \neq \frac{\pi}{2} + k\pi;\ k \in \mathbb{Z}\right\}$; $p = \pi$

b) Dm (f) = $\left\{x \in \mathbb{R} \,\middle|\, x \neq \frac{\pi}{2} + k\pi;\ k \in \mathbb{Z}\right\}$; $p = \pi$

c) Dm (f) = $\left\{x \in \mathbb{R} \,\middle|\, x \neq \frac{\pi}{4} + \frac{k\pi}{2};\ k \in \mathbb{Z}\right\}$; $p = \frac{\pi}{2}$

d) Dm (f) = $\left\{x \in \mathbb{R} \,\middle|\, x \neq \frac{\pi}{3} + k\pi;\ k \in \mathbb{Z}\right\}$; $p = \pi$

34. a) Dm (f) = $\{x \in \mathbb{R} \mid x \neq k\pi;\ k \in \mathbb{Z}\}$; Im (f) = $\mathbb{R}$

b) $p = \pi$

c)

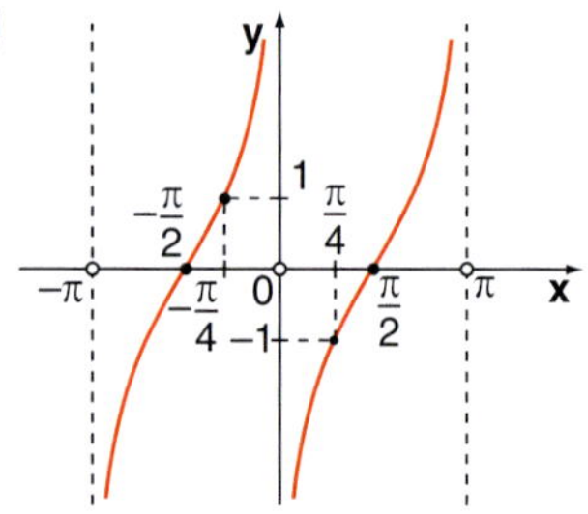

Banco de imagens/Arquivo da editora

35. Dm (f) = $\{x \in \mathbb{R} \mid x \neq (1 + 2k)\pi,\ k \in \mathbb{Z}\}$; $p = 2\pi$

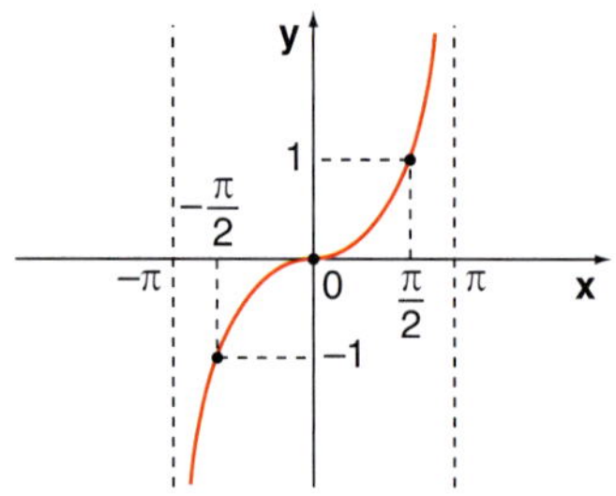

Banco de imagens/Arquivo da editora

Exercícios complementares

1. a) 40 m/s

b) 110,88 km/h

2. a) −7

b) $\left\{x \in \mathbb{R} \,\middle|\, x = \pm\frac{4}{3} + k \cdot 8;\ k \in \mathbb{Z}\right\}$; uma resposta equivalente é $\left\{x \in \mathbb{R} \,\middle|\, x = \frac{4}{3} + k \cdot 8 \text{ ou } x = \frac{20}{3} + k \cdot 8;\ k \in \mathbb{Z}\right\}$.

3. a) $h_{máx} = 8$ cm; $h_{mín} = 0$ cm

b) 1 200

4. 8

5. a) I ↔ g; II ↔ h; III ↔ f

b) **A**: $\frac{\pi}{4}$; **B**: $\frac{3\pi}{4}$; **C**: $\frac{4\pi}{3}$

6. a) **V**
b) **V**
c) **F**
d) **V**
e) **V**

7.

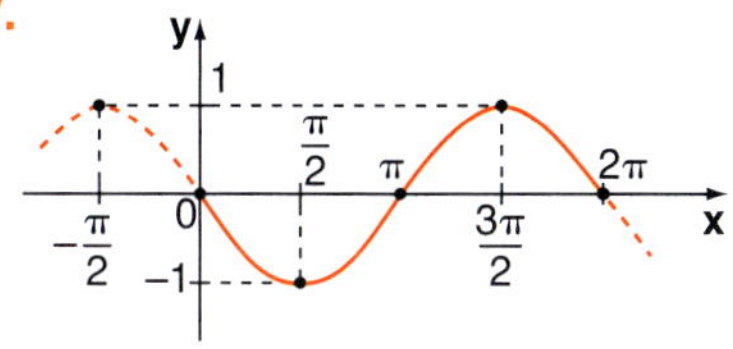

Banco de imagens/Arquivo da editora

$p = 2\pi$; Im (f) = [−1, 1]

8.

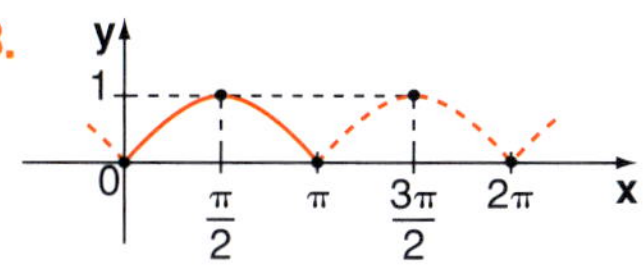

Banco de imagens/Arquivo da editora

$p = \pi$; Im (f) = [0, 1]

9.

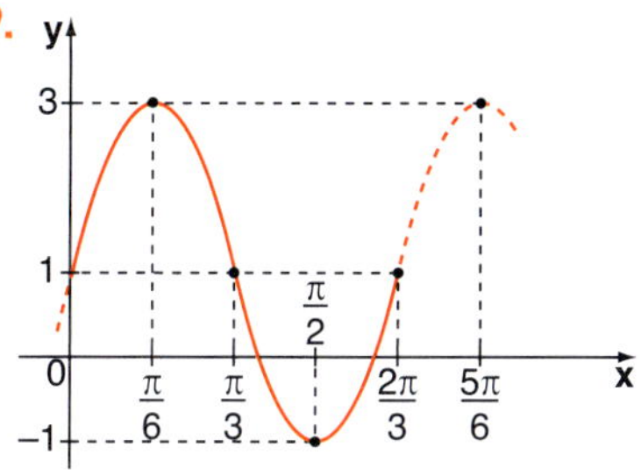

Banco de imagens/Arquivo da editora

$p = \frac{2\pi}{3}$; Im (f) = [−1, 3]

10.

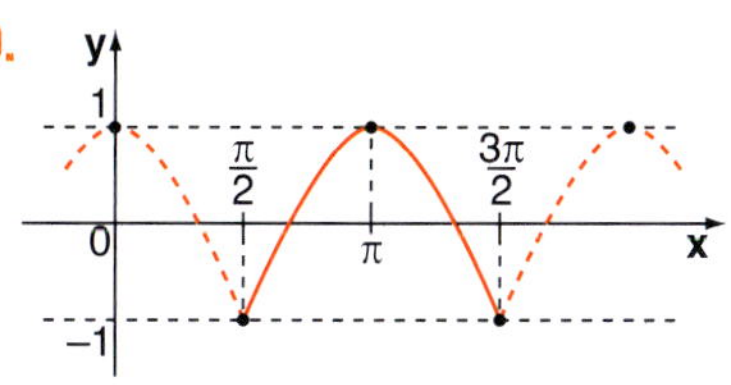

Banco de imagens/Arquivo da editora

$p = \pi$; Im (f) = [−1, 1]

11.

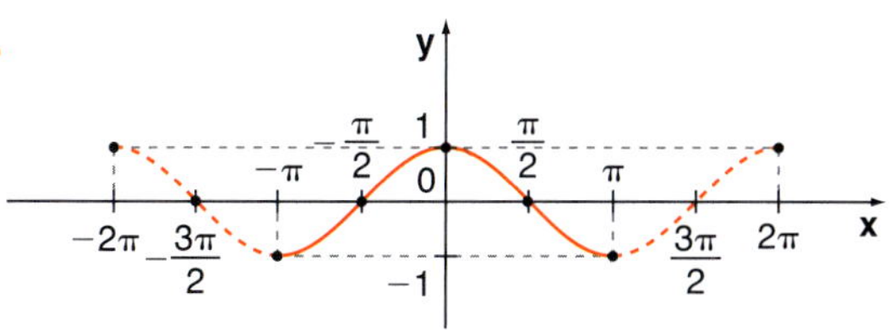

Banco de imagens/Arquivo da editora

$p = 2\pi$; Im (f) = [−1, 1]

12. a) $f(x) = x + 1$

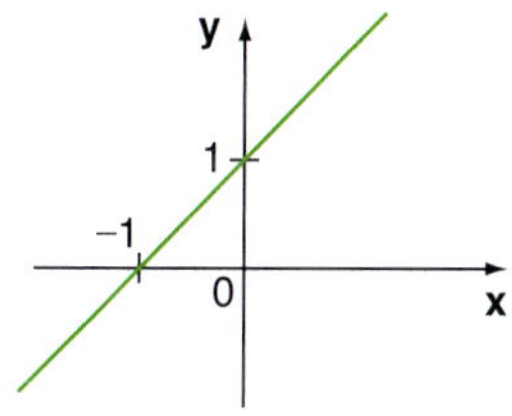

$g(x) = 2 \cdot \text{sen } x$

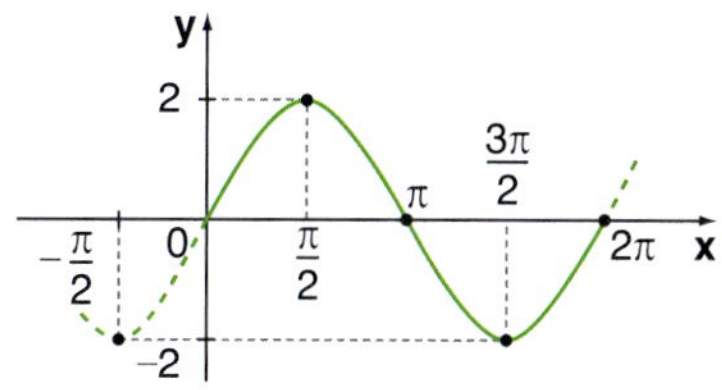

Ilustrações: Banco de imagens/Arquivo da editora

b) $(f \circ g)(x) = 2 \text{ sen } x + 1$

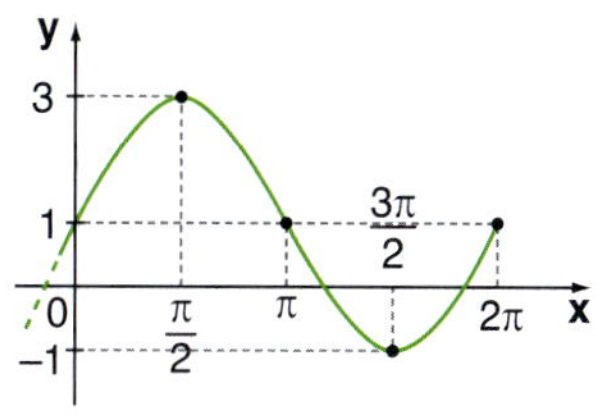

$(g \circ f)(x) = 2 \text{ sen } (x + 1)$

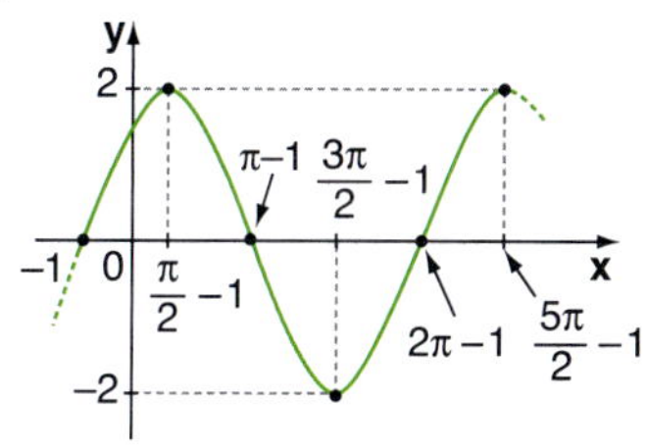

13. (01) + (04) + (08) = (13)

14. a) $\frac{1}{2}$
b) −1

15. $\{x \in \mathbb{R} \mid x = \pi + k \cdot 2\pi;\ k \in \mathbb{Z}\}$

16.

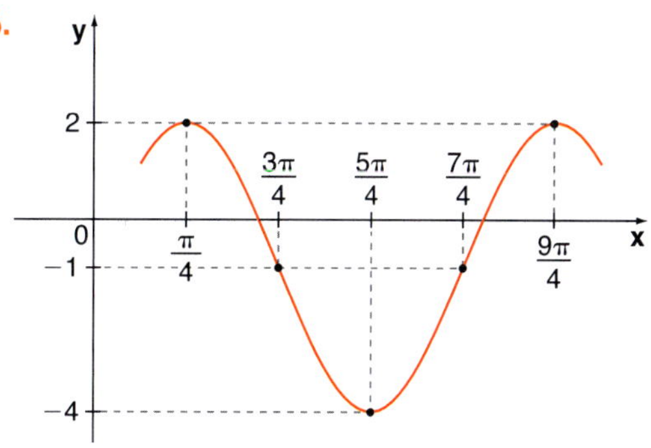

Banco de imagens/Arquivo da editora

$p = 2\pi$ Im (f) = [−4, 2]

17. a = 2, b = 1, c = 3

$(a + b + c)^2 = 36$

18. a) $y = \frac{4}{3\pi}x - 6$

b) 12π u.a.

19. 1

20. 17

21. $t \leqslant -\frac{1}{3}$ ou $t \geqslant 3$

22. a) $0 \leqslant x \leqslant 4\pi$
b) $0 \leqslant x < 2\pi$ ou $6\pi < x \leqslant 8\pi$

23. a) Im (f) = [−1, 1]

b)

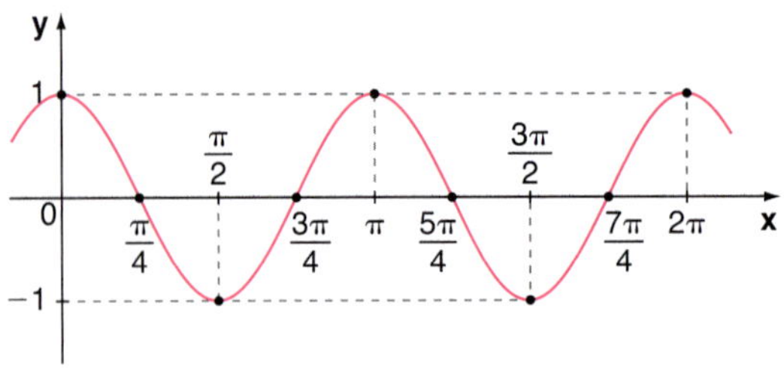

Banco de imagens/Arquivo da editora

c) π

24. a) de 17 °C a 25 °C
b) Às 14:00 e às 22:00.

25. $\text{sen}\,\frac{\pi}{4} \simeq \frac{3}{4}$

Diferença = 0,045

26. x = 10; 260 toneladas de lixo.

27. $\left(a = 1, b = 1, m = 2 \text{ e } n = -\frac{\pi}{4}\right)$ ou $\left(a = 1, b = 1, m = -2 \text{ e } n = \frac{\pi}{4}\right)$.

28. Im (f) = [0, 4]

29. $\frac{1}{2} \leqslant m \leqslant 1$

30. a) **V**
b) **V**
c) **F**
d) **F**

31. a) **V**
b) **V**
c) **V**
d) **F**
e) **F**

32. $a = 5$; $\omega = 2$; $b = \frac{\pi}{3}$

$a^2 + \omega^2 + \frac{3b}{\pi} = 30$

33. a) **V**
b) **V**
c) **V**

34. a) $p = 3$; $q = \pi$
b) 2
c) $6 - \frac{2}{\pi} \simeq 5{,}36$
d) $-1 - \frac{2}{\pi} \simeq -1{,}64$

35. a) **f**: período = π; Im (f) = [−1, 1]
g: período = π; Im (g) = [−2, 4]
b) a = 3 e b = 1
c) $\frac{\pi}{4}, \frac{3\pi}{4}, \frac{5\pi}{4}, \frac{7\pi}{4}, \frac{9\pi}{4}$ e $\frac{11\pi}{4}$
d) $x_a = -\frac{\pi}{2}$; $x_b = \frac{\pi}{2}$; $x_c = \frac{3\pi}{2}$; $x_d = \frac{5\pi}{2}$; $x_e = \frac{7\pi}{2}$

Testes

1. b.
2. a.
3. e.
4. d.
5. c.
6. e.
7. a.
8. a.
9. a.
10. a.
11. d.
12. e.
13. b.
14. b.
15. d.
16. d.
17. a.
18. a.
19. c.
20. d.
21. b.
22. d.
23. b.
24. a.
25. c.
26. e.
27. b.
28. e.
29. a.
30. d.
31. d.
32. d.
33. d.
34. d.

Capítulo 5 – Transformações trigonométricas

Exercícios

1. a) $\dfrac{\sqrt{6}-\sqrt{2}}{4}$

b) $\dfrac{\sqrt{6}-\sqrt{2}}{4}$

c) $\dfrac{-\sqrt{6}-\sqrt{2}}{4}$

d) $2-\sqrt{3}$

e) $\dfrac{\sqrt{6}-\sqrt{2}}{4}$

f) $\dfrac{\sqrt{6}+\sqrt{2}}{4}$

2. $\dfrac{\sqrt{3}}{2}$

3. $\dfrac{56}{65}$

4. $5\sqrt{6}$ cm e $5(\sqrt{3}+1)$ cm

5. $\dfrac{\sqrt{3}}{3}$

6. a) $\sqrt{16,3} \simeq 4,04$ km

b) 2,925 km

7. $-2+\sqrt{3}$

8. $\dfrac{5}{9}$; 0

9. $\dfrac{15}{23}$

10. a) $\dfrac{\sqrt{3}}{2}$

b) π

c) 1

d)

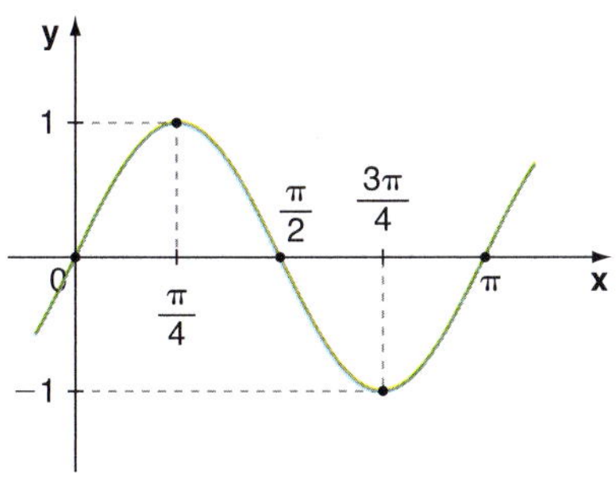

Banco de imagens/Arquivo da editora

11. a) $-\dfrac{4\sqrt{5}}{9}$

b) $\dfrac{1}{9}$

c) $-4\sqrt{5}$

d) 2º Q

e) 4º Q

12. $\dfrac{24}{25}$

13. $\dfrac{\sqrt{2}}{2}$

14. a) $\dfrac{12}{5}$

b) $\dfrac{5}{13}$

15. 93,75 m

16. a) $\dfrac{2+\sqrt{2}}{2}$

b) $\dfrac{4+\sqrt{2}-\sqrt{6}}{4}$

17. a) 30°, 60° e 90°

b) 10 cm

18. 0,47

19. Porque teríamos $\cos \alpha > 1$.

20. a) **F**

b) **V**

c) **F**

d) **F**

e) **V**

21. $-\dfrac{7}{9}$

22. a) $\dfrac{2}{3}$

b) $\pm\dfrac{\sqrt{5}}{3}$

23. $\cos x = -\dfrac{2}{7}$ e $\text{sen } x = \dfrac{3\sqrt{5}}{7}$.

24. $\dfrac{3}{5}$

25. $\text{sen } x = -\dfrac{1}{5}$ e $\cos x = -\dfrac{2\sqrt{6}}{5}$.

26. a) $Dm(f) = \mathbb{R}$; $p = \frac{\pi}{2}$; $Im(f) = \left[-\frac{1}{2}, \frac{1}{2}\right]$

b) $\frac{\sqrt{6}-\sqrt{2}}{8}$

c)

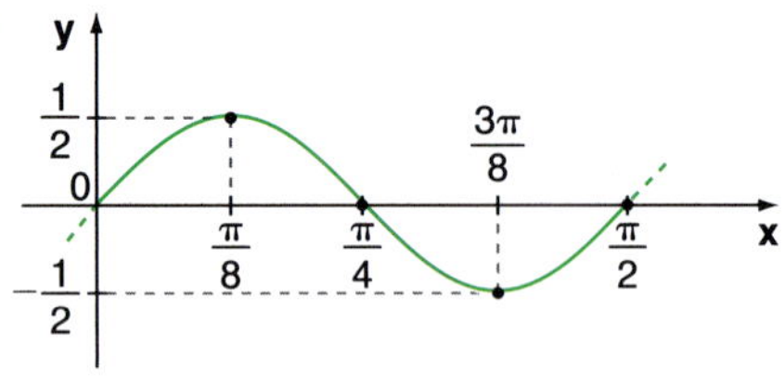

Banco de imagens/Arquivo da editora

27. a) $\sqrt{3} \cdot \cos 20°$

b) $\cos 20°$

c) $\cos 20°$

d) $\sqrt{3} \cdot \cos 20°$

28. a) $2 \cdot \text{cossec } 50°$

b) $2 \cdot \text{tg } 40°$

29. $A = \sqrt{2} \cdot \text{sen } 85°$

$B = \sqrt{2} \cdot \cos 85°$

$A > B$, pois $\text{sen } 85° > \cos 85°$

30. a) $4 \text{ sen } x \cdot \cos^2 x$

b) $2 \cos x \cdot \cos 2x$

31. a) $\left(\cos \frac{x}{2} - \text{sen } \frac{x}{2}\right)^2$

b) $\left(\cos \frac{x}{2} + \text{sen } \frac{x}{2}\right)^2$

c) $2 \cdot \cos^2 \left(\frac{x}{2}\right)$

32. a) $2 \cdot \text{sen } 2x \cdot \cos 3x$

b) $4 \cdot \text{sen } 2x \cdot \cos 3x \cdot \cos 4x$

c) $2 \cdot \cos 4x \cdot \cos x$

33. a) $f(x) = \sqrt{2} \cdot \text{sen}\left(x - \frac{\pi}{4}\right)$

b) 2π

c) $\sqrt{2}$

34. $\frac{-\sqrt{2} - 2}{4}$

35. $-(\cos 10° + \sqrt{3} \text{ sen } 20°)$

36. $-\text{tg } 3x$

37. $5° + k \cdot 360°$, com $k \in \mathbb{Z}$.

38. $-\cos 4x$

39. Demonstração.

40. a) $\text{sen } x \cdot \text{sen } 3x$

b) $-\text{sen } 4x \cdot \text{sen } 2x$

41. ab

Exercícios complementares

1. $\text{sen } \frac{17\pi}{12} = \frac{-\sqrt{2} - \sqrt{6}}{4}$

$\cos \frac{17\pi}{12} = \frac{\sqrt{2} - \sqrt{6}}{4}$

$\text{cossec } \frac{17\pi}{12} = -\sqrt{6} + \sqrt{2}$

$\sec \frac{17\pi}{12} = -\sqrt{2} - \sqrt{6}$

$\text{tg } \frac{17\pi}{12} = 2 + \sqrt{3}$

$\text{cotg } \frac{17\pi}{12} = 2 - \sqrt{3}$

2. a) $\cos x = \frac{4}{5}$; $\cos y = \frac{3}{5}$

b) $\text{sen}(x + y) = 1$;

$\cos(x - y) = \frac{24}{25}$

3. a) $\frac{1}{9}$

b) $\frac{\sqrt{10} - 2\sqrt{2}}{6}$

4. $3 \cdot \left(\sqrt{2} + \sqrt{6}\right)$ cm

5. 27 m, aproximadamente.

6. Demonstração.

7. a) $\frac{3}{4}$

b) $-\frac{\sqrt{7}}{4}$

c) $-\frac{3\sqrt{7}}{7}$

8. $\sqrt{6} - \sqrt{2}$ cm

9. a) $\text{sen}(P_2\hat{O}Q) = \frac{\sqrt{10}}{10}$

$\cos(P_2\hat{O}Q) = \frac{3\sqrt{10}}{10}$

b) 90°

c) $\frac{3}{5}$

10. a) $\sqrt{2}$ cm²

b) 90°

11. a) Demonstração.

b) 45°

c) $\frac{\sqrt{6}+\sqrt{2}}{4}$

12. $\frac{2\pi}{3}$ ou $\frac{4\pi}{3}$.

13. a) $\frac{2\pi}{3}$

b) 0

14. (01)

15. $\frac{\pi}{6}$ rad

16. a) 3,12 m

b) 25 m

17. AB = 8 cm e AC = 6 cm.

18. a) 46,81 m

b) 0,6674

19. $12 - 4\sqrt{3}$ cm

20. a) 7,56 cm²

b) $-\frac{16}{65}$

21. a) $h(x) = 2 - \text{sen}(2x)$

b) 3

22. 1

23. a) $-\frac{3}{5}$

b) $\frac{120}{169}$

24. −32

25. a) $\frac{\sqrt{5}}{2}$

b) $\frac{3\sqrt{10}}{10}$

26. a) Demonstração.

b) $\frac{\pi}{4}, \frac{3\pi}{4}, \frac{5\pi}{4}, \frac{7\pi}{4}$

27. a) 30°; 6 400 km

b) $\frac{3}{8}$

28. $\frac{3}{2}$

29. a) 15 minutos

b) $\left[50 - \frac{25}{2}\left(\sqrt{6}-\sqrt{2}\right)\right]$ m

30. a) $\text{sen}(3x) = 3\,\text{sen}\,x - 4\,\text{sen}^3 x$

b) $\cos(3x) = 4\cos^3 x - 3\cos x$

c) Período: $\frac{\pi}{3}$

$\text{Im}(f) = \left[-\frac{1}{2}, \frac{1}{2}\right]$

31. Demonstração.

32. $\text{tg}\,\alpha = 3\sqrt{3}$

$\text{sen}\,\theta = \frac{\sqrt{21}}{7}$

33. 22

34. $-\frac{\sqrt{15}}{7}$

35. a) $A_{ABCD} =$

$= 4r^2 \cdot \text{sen}\left(\frac{\theta}{2}\right) \cdot \cos\left(\frac{\theta}{2}\right)$

b) $2r^2$

c) $P_{ABCD} =$

$= 4r \cdot \left[\text{sen}\left(\frac{\theta}{2}\right) + \cos\left(\frac{\theta}{2}\right)\right]$

d) $4\sqrt{2} \cdot r$

36. a) 0

b) $\frac{1}{4}$

37. a) $\frac{1}{2}$ b) $\frac{7}{17}$

38. a) $\frac{\sqrt{15}}{4}$

b) $\frac{2\sqrt{15}}{15}$

Testes

1. e.
2. a.
3. d.
4. d.
5. b.
6. d.
7. d.
8. c.
9. c.
10. b.
11. e.
12. a.
13. a.
14. d.
15. a.
16. b.
17. b.
18. d.
19. d.
20. a.
21. d.
22. b.
23. d.
24. a.
25. b.
26. c.
27. a.
28. b.

29. c.

30. e.

31. b.

Capítulo 6 – Equações e inequações trigonométricas

Exercícios

1. a) $S = \left\{x \in \mathbb{R} \middle| x = \frac{\pi}{5} + k2\pi \text{ ou } x = \frac{4\pi}{5} + k2\pi;\ k \in \mathbb{Z}\right\}$

b) $S = \left\{x \in \mathbb{R} \middle| x = \frac{\pi}{6} + k2\pi \text{ ou } x = \frac{5\pi}{6} + k2\pi;\ k \in \mathbb{Z}\right\}$

c) $S = \left\{x \in \mathbb{R} \middle| x = \frac{\pi}{2} + k2\pi;\ k \in \mathbb{Z}\right\}$

d) $S = \{x \in \mathbb{R} \mid x = k\pi;\ k \in \mathbb{Z}\}$

e) $S = \left\{x \in \mathbb{R} \middle| x = \frac{\pi}{4} + k2\pi \text{ ou } x = \frac{3\pi}{4} + k2\pi;\ k \in \mathbb{Z}\right\}$

f) $S = \left\{x \in \mathbb{R} \middle| x = \frac{7\pi}{6} + k2\pi \text{ ou } x = \frac{11\pi}{6} + k2\pi;\ k \in \mathbb{Z}\right\}$

g) $S = \left\{x \in \mathbb{R} \middle| x = \frac{\pi}{9} + k2\pi \text{ ou } x = \frac{8\pi}{9} + k2\pi;\ k \in \mathbb{Z}\right\}$

2. a) $S = \left\{x \in \mathbb{R} \middle| x = k\pi \text{ ou } x = \frac{\pi}{4} + \frac{k\pi}{2};\ k \in \mathbb{Z}\right\}$

b) $S = \left\{x \in \mathbb{R} \middle| x = \frac{\pi}{12} + k\pi \text{ ou } x = \frac{7\pi}{36} + \frac{k\pi}{3};\ k \in \mathbb{Z}\right\}$

3. a) $S = \left\{x \in \mathbb{R} \middle| x = \pm\frac{\pi}{7} + k2\pi;\ k \in \mathbb{Z}\right\}$

b) $S = \left\{x \in \mathbb{R} \middle| x = \pm\frac{\pi}{6} + k2\pi;\ k \in \mathbb{Z}\right\}$

c) $S = \left\{x \in \mathbb{R} \middle| x = \frac{\pi}{2} + k\pi;\ k \in \mathbb{Z}\right\}$

d) $S = \left\{x \in \mathbb{R} \mid x = \pi + k2\pi;\ k \in \mathbb{Z}\right\}$

e) $S = \left\{x \in \mathbb{R} \middle| x = \pm\frac{3\pi}{4} + k2\pi;\ k \in \mathbb{Z}\right\}$

f) $S = \left\{x \in \mathbb{R} \middle| x = \pm\frac{2\pi}{3} + k2\pi;\ k \in \mathbb{Z}\right\}$

g) $S = \left\{x \in \mathbb{R} \middle| x = \frac{k\pi}{2};\ k \in \mathbb{Z}\right\}$

h) $S = \left\{x \in \mathbb{R} \middle| x = \frac{\pi}{12} + \frac{k\pi}{2} \text{ ou } x = -\frac{\pi}{18} + \frac{k\pi}{3};\ k \in \mathbb{Z}\right\}$

4. a) $S = \left\{x \in \mathbb{R} \middle| x = \frac{2\pi}{5} + k\pi;\ k \in \mathbb{Z}\right\}$

b) $S = \left\{x \in \mathbb{R} \middle| x = \frac{\pi}{4} - k\pi;\ k \in \mathbb{Z}\right\}$

c) $S = \left\{x \in \mathbb{R} \middle| x = \frac{\pi}{3} + k\pi;\ k \in \mathbb{Z}\right\}$

d) $S = \left\{x \in \mathbb{R} \middle| x = \frac{5\pi}{6} + k\pi;\ k \in \mathbb{Z}\right\}$

e) $S = \{x \in \mathbb{R} \mid x = k\pi;\ k \in \mathbb{Z}\}$

f) $S = \left\{x \in \mathbb{R} \middle| x = \frac{2\pi}{3} + k\pi;\ k \in \mathbb{Z}\right\}$

5. $S = \left\{x \in \mathbb{R} \middle| x = \frac{\pi}{6} + k2\pi \text{ ou } x = \frac{5\pi}{6} + k2\pi;\ k \in \mathbb{Z}\right\}$

6. $S = \left\{x \in \mathbb{R} \middle| x = \frac{\pi}{2} + k\pi;\ k \in \mathbb{Z}\right\}$

7. $S = \left\{x \in \mathbb{R} \middle| x = k2\pi \text{ ou } x = \pm\frac{\pi}{3} + k2\pi;\ k \in \mathbb{Z}\right\}$

8. $S = \left\{x \in \mathbb{R} \middle| x = \frac{\pi}{4} + k\pi;\ k \in \mathbb{Z}\right\}$

9. $S = \left\{x \in \mathbb{R} \middle| x = k\pi \text{ ou } x = \frac{\pi}{4} + k\pi;\ k \in \mathbb{Z}\right\}$

10. $S = \left\{x \in \mathbb{R} \middle| x = \pm\frac{\pi}{6} + k2\pi \text{ ou } x = \pm\frac{5\pi}{6} + k2\pi;\ k \in \mathbb{Z}\right\}$

11. $S = \left\{x \in \mathbb{R} \middle| x = \frac{\pi}{4} + k\pi \text{ ou } x = \frac{3\pi}{4} + k\pi;\ k \in \mathbb{Z}\right\}$

12. $S = \varnothing$

13. $S = \left\{x \in \mathbb{R} \middle| x = \frac{\pi}{4} + k\pi;\ k \in \mathbb{Z}\right\}$

14. $S = \left\{x \in \mathbb{R} \middle| x = k2\pi \text{ ou } x = \frac{\pi}{6} + k\pi;\ k \in \mathbb{Z}\right\}$

15. $S = \left\{x \in \mathbb{R} \,\middle|\, x = \frac{\pi}{2} + k \cdot 2\pi;\ k \in \mathbb{Z}\right\}$

16. $S = \left\{x \in \mathbb{R} \,\middle|\, x = k\pi \text{ ou } x = \pm\frac{\pi}{4} + k \cdot 2\pi;\ k \in \mathbb{Z}\right\}$

17. $S = \left\{x \in \mathbb{R} \,\middle|\, x = \pm\frac{\pi}{3} + k\,2\pi;\ k \in \mathbb{Z}\right\}$

18. $S = \left\{x \in \mathbb{R} \,\middle|\, x = \pm\frac{\pi}{4} + k\,2\pi;\ k \in \mathbb{Z}\right\}$

19. $S = \{x \in \mathbb{R} \mid x = k \cdot 2\pi;\ k \in \mathbb{Z}\}$

20. $S = \left\{x \in \mathbb{R} \,\middle|\, x = \frac{k\pi}{6} \text{ ou } x = \frac{\pi}{2} + k\pi;\ k \in \mathbb{Z}\right\}$

21. $S = \left\{x \in \mathbb{R} \,\middle|\, x = \frac{\pi}{8} + \frac{k\pi}{4} \text{ ou } x = \frac{\pi}{4} + \frac{k\pi}{2};\ k \in \mathbb{Z}\right\}$

22. $S = \left\{\frac{\pi}{6}, \frac{5\pi}{6}, \frac{3\pi}{2}\right\}$

23. $S = \left\{0, \frac{\pi}{4}, \pi, \frac{5\pi}{4}\right\}$

24. $S = \left\{\pi, \frac{2\pi}{3}, \frac{4\pi}{3}\right\}$

25. $S = \left\{\frac{\pi}{6}, \frac{2\pi}{3}, \frac{7\pi}{6}, \frac{5\pi}{3}\right\}$

26. $S = \left\{\frac{\pi}{6}, \frac{5\pi}{6}\right\}$

27. $S = \left\{\frac{\pi}{3}, \frac{2\pi}{3}, \frac{4\pi}{3}, \frac{5\pi}{3}\right\}$

28. $S = \left\{\frac{\pi}{6}, \frac{5\pi}{6}, \frac{3\pi}{2}\right\}$

29. $S = \{0, \pi\}$

30. $S = \left\{\frac{\pi}{3}, \frac{2\pi}{3}, \frac{4\pi}{3}, \frac{5\pi}{3}\right\}$

31. $S = \left\{\frac{\pi}{4}, \frac{5\pi}{4}\right\}$

32. $S = \left\{\frac{\pi}{6}, \frac{5\pi}{6}\right\}$

33. a) $S = \left\{x \in \mathbb{R} \,\middle|\, x = \frac{\pi}{4} + k2\pi;\ k \in \mathbb{Z}\right\}$

b) $S = \left\{x \in \mathbb{R} \,\middle|\, x = \frac{2\pi}{3} + k2\pi \text{ ou } x = \pi + k2\pi;\ k \in \mathbb{Z}\right\}$

c) $S = \left\{x \in \mathbb{R} \,\middle|\, x = \frac{\pi}{4} + k2\pi \text{ ou } x = \frac{\pi}{4} + \frac{k2\pi}{3};\ k \in \mathbb{Z}\right\}$

d) $S = \left\{x \in \mathbb{R} \,\middle|\, x = \pm\frac{\pi}{6} + k\pi;\ k \in \mathbb{Z}\right\}$

34. $S = \left\{x \in \mathbb{R} \,\middle|\, x = \pm\frac{\pi}{4} + k\pi \text{ ou } x = \frac{\pi}{2} + k\pi;\ k \in \mathbb{Z}\right\}$

35. a) 2 horas: 0,35 °C
9 horas: −0,7 °C

b) 0 h, 8 h, 16 h e 24 h.

36. $S = \left\{\frac{\pi}{6}, \frac{\pi}{2}, \frac{5\pi}{6}\right\}$

37. $S = \left\{\frac{\pi}{18}, \frac{5\pi}{18}, \frac{7\pi}{18}, \frac{11\pi}{18}, \frac{13\pi}{18}, \frac{17\pi}{18}, \frac{25\pi}{18}, \frac{29\pi}{18}, \frac{31\pi}{18}, \frac{35\pi}{18}\right\}$

38. $S = \left\{-\frac{\pi}{4}, -\frac{3\pi}{4}, -\frac{5\pi}{4}, -\frac{7\pi}{4}\right\}$

39. $S = \left\{-\frac{\pi}{3}, -\frac{5\pi}{6}, \frac{\pi}{6}, \frac{2\pi}{3}\right\}$

40. $S = \{0\}$

41. $S = \left\{0, \frac{\pi}{5}, \frac{3\pi}{5}, \pi,\right\}$

42. $S = \left\{\frac{\pi}{8}, \frac{3\pi}{8}, \frac{\pi}{4}\right\}$

43. $S = \left\{\frac{\pi}{10}, \frac{\pi}{2}, \frac{9\pi}{10}, \frac{\pi}{6}, \frac{5\pi}{6}\right\}$

44. $S = \left\{\frac{\pi}{2}, 0, -\frac{3\pi}{2}, -2\pi, 2\pi\right\}$

45. a) $S = \left\{x \in \mathbb{R} \,\middle|\, \frac{\pi}{4} < x < \frac{3\pi}{4}\right\}$

b) $S = \left\{x \in \mathbb{R} \,\middle|\, 0 \leqslant x \leqslant \frac{\pi}{3} \text{ ou } \frac{2\pi}{3} \leqslant x \leqslant 2\pi\right\}$

c) $S = \left\{x \in \mathbb{R} \,\middle|\, 0 \leqslant x \leqslant \frac{\pi}{6} \text{ ou } \frac{11\pi}{6} \leqslant x \leqslant 2\pi\right\}$

d) $S = \left\{x \in \mathbb{R} \,\middle|\, \frac{\pi}{2} < x < \frac{3\pi}{2}\right\}$

46. a) $S = \left\{x \in \mathbb{R} \,\middle|\, \frac{\pi}{4} \leqslant x < \frac{\pi}{2} \text{ ou } \frac{5\pi}{4} \leqslant x < \frac{3\pi}{2}\right\}$

b) $S = \left\{x \in \mathbb{R} \,\middle|\, \frac{\pi}{2} < x < \pi \text{ ou } \frac{3\pi}{2} < x < 2\pi\right\}$

c) $S = \left\{x \in \mathbb{R} \,\middle|\, \frac{\pi}{2} < x \leqslant \frac{5\pi}{6} \text{ ou } \frac{3\pi}{2} < x \leqslant \frac{11\pi}{6}\right\}$

47. a) $S = \left\{x \in \mathbb{R} \,\middle|\, k2\pi \leqslant x < \frac{4\pi}{3} + k2\pi \text{ ou } \frac{5\pi}{3} + k2\pi < x \leqslant 2\pi + k2\pi;\ k \in \mathbb{Z}\right\}$

b) $S = \{x \in \mathbb{R} \mid \pi + k2\pi \leqslant x \leqslant 2\pi + k2\pi;\ k \in \mathbb{Z}\}$

c) $S = \left\{x \in \mathbb{R} \,\middle|\, k2\pi \leqslant x < \frac{3\pi}{4} + k2\pi \text{ ou } \frac{5\pi}{4} + k2\pi < x < 2\pi + k2\pi;\ k \in \mathbb{Z}\right\}$

d) $S = \left\{x \in \mathbb{R} \middle| \frac{\pi}{3} + k2\pi < x < \frac{5\pi}{3} + k2\pi;\ k \in \mathbb{Z}\right\}$

48. a) $S = \left\{x \in \mathbb{R} \middle| 2k\pi \leq x < \frac{\pi}{2} + k2\pi \text{ ou } \pi + k2\pi \leq x < \frac{3\pi}{2} + k2\pi;\ k \in \mathbb{Z}\right\}$

b) $S = \left\{x \in \mathbb{R} \middle| \frac{\pi}{2} + 2k\pi < x \leq \frac{2\pi}{3} + k2\pi \text{ ou } \frac{3\pi}{2} + k2\pi < x \leq \frac{5\pi}{3} + k2\pi;\ k \in \mathbb{Z}\right\}$

49. a) $S = \left\{x \in \mathbb{R} \middle| 0 \leq x < \frac{\pi}{3} \text{ ou } \frac{2\pi}{3} < x \leq \pi\right\}$

b) $S = \left\{x \in \mathbb{R} \middle| \frac{\pi}{3} \leq x \leq \frac{5\pi}{6} \text{ ou } \frac{7\pi}{6} \leq x \leq \frac{5\pi}{3}\right\}$

c) $S = \left\{x \in \mathbb{R} \middle| 0 < x < \frac{\pi}{3} \text{ ou } \pi < x \leq \frac{4\pi}{3}\right\}$

Exercícios complementares

1. $S = \left\{x \in \mathbb{R} \middle| x = \frac{\pi}{4} + k\pi \text{ ou } x = \frac{3\pi}{4} + k\pi;\ k \in \mathbb{Z}\right\}$

2. $S = \left\{x \in \mathbb{R} \middle| x = \frac{k\pi}{2} \text{ ou } x = \frac{\pi}{4} + \frac{k\pi}{2};\ k \in \mathbb{Z}\right\}$

3. $S = \left\{x \in \mathbb{R} \middle| x = \pm\frac{\pi}{3} + k2\pi;\ k \in \mathbb{Z}\right\}$

4. $S = \{x \in \mathbb{R} | x = k2\pi;\ k \in \mathbb{Z}\}$

5. $S = \left\{x \in \mathbb{R} \middle| x = \frac{\pi}{12} + k\pi \text{ ou } x = \frac{5\pi}{12} + k\pi;\ k \in \mathbb{Z}\right\}$

6. $S = \left\{x \in \mathbb{R} \middle| x = \frac{k\pi}{2};\ k \in \mathbb{Z}\right\}$

7. $S = \left\{x \in \mathbb{R} \middle| \frac{\pi}{2} \leq x \leq \frac{2\pi}{3} \text{ ou } \frac{4\pi}{3} \leq x \leq \frac{3\pi}{2}\right\}$

8. $S = \left\{x \in \mathbb{R} \middle| \frac{\pi}{3} \leq x \leq \frac{2\pi}{3} \text{ ou } \frac{4\pi}{3} \leq x \leq \frac{5\pi}{3}\right\}$

9. $S = \left\{x \in \mathbb{R} \middle| \pi \leq x \leq 2\pi \text{ ou } x = \frac{\pi}{2}\right\}$

10. a) $S = \left\{x \in \mathbb{R} \middle| k\pi < x < \frac{\pi}{2} + k\pi \text{ ou } \frac{\pi}{2} + k\pi < x < \frac{3\pi}{4} + k\pi;\ k \in \mathbb{Z}\right\}$

b) $S = \left\{x \in \mathbb{R} \middle| \frac{\pi}{2} + k2\pi \leq x \leq \frac{2\pi}{3} + k2\pi \text{ ou } \frac{4\pi}{3} + k2\pi \leq x \leq \frac{3\pi}{2} + k\,2\pi;\ k \in \mathbb{Z}\right\}$

11. a) De 3 em 3 anos.

b) 5 vezes; 3º, 15º, 39º, 51º e 75º meses contados a partir de hoje.

12. 4 soluções

13. a) $Dm\ (f) = \left\{x \in \mathbb{R} \middle| \frac{\pi}{2} + k\,2\pi \leq x \leq \frac{3\pi}{2} + k \cdot 2\pi;\ k \in \mathbb{Z}\right\}$

b) $Dm\ (f) = \left\{x \in \mathbb{R} \middle| x \neq \frac{3\pi}{2} + k\,2\pi;\ k \in \mathbb{Z}\right\}$

c) $Dm\ (f) = \left\{x \in \mathbb{R} \middle| \frac{7\pi}{6} + k\,2\pi \leq x \leq \frac{11\pi}{6} + k\,2\pi \text{ ou } x = \frac{\pi}{2} + k\,2\pi;\ k \in \mathbb{Z}\right\}$

14. a) $S = \left[\frac{\pi}{3}, \frac{2\pi}{3}\right] \cup \left[\frac{4\pi}{3}, \frac{5\pi}{3}\right]$

b) $S = [0, 2\pi] - \left\{\frac{\pi}{2}, \frac{3\pi}{2}\right\}$

c) $S = \left[\frac{\pi}{6}, \frac{\pi}{2}\right[\cup \left]\frac{\pi}{2}, \frac{5\pi}{6}\right] \cup \left[\frac{7\pi}{6}, \frac{3\pi}{2}\right[\cup \left]\frac{3\pi}{2}, \frac{11\pi}{6}\right]$

d) $S = \left[\frac{\pi}{3}, \frac{2\pi}{3}\right] \cup \left[\frac{4\pi}{3}, \frac{5\pi}{3}\right]$

15. a) $\left(1 + \frac{\sqrt{3}}{2}\right)$ u.a.

b) $S = \left\{\pm\frac{2\pi}{3} + k2\pi;\ k \in \mathbb{Z}\right\}$; $A_{máxima} = \frac{3\sqrt{3}}{2}$ u.a.

16. $S = \left\{\frac{\pi}{6}, \frac{5\pi}{6}, \frac{7\pi}{6}, \frac{11\pi}{6}\right\}$

17. $S = \left\{\frac{\pi}{8}, \frac{\pi}{4}\right\}$

18. (02) + (04) = (06)

19. (01) + (02) + (04) = (07)

20. $S = \left\{x \in \mathbb{R} \middle| x = \pi + k \cdot 2\pi \text{ ou } x = \frac{3\pi}{2} + k \cdot 2\pi;\ k \in \mathbb{Z}\right\}$

21. a) R$ 3,50; R$ 1,90

b) t = 131 ou t = 251

22. $S = \left\{\frac{\pi}{6}, \frac{5\pi}{6}\right\}$

23. $S = \left\{x \in \mathbb{R} \;\middle|\; x = \frac{\pi}{3} + k \cdot 2\pi \text{ ou } x = \frac{2\pi}{3} + k \cdot 2\pi, k \in \mathbb{Z}\right\}$

24. a) $(200 \cdot \text{sen}\,\theta \cdot \cos\theta)\ m^2$

b) $5\sqrt{2}$ m e $10\sqrt{2}$ m

25. $S = \{x \in \mathbb{R} \mid x = k \cdot 2\pi;\ k \in \mathbb{Z}\}$

26. a) sim

b) $S = \left\{x \in \mathbb{R} \;\middle|\; x = \pm\frac{\pi}{6} + \frac{k\pi}{2};\ k \in \mathbb{Z}\right\}$

27. a) $(k = 2, m = 3 \text{ e } n = \pm 2)$ ou $(k = -2, m = -3 \text{ e } n = \pm 2)$

b) $x \in \left\{0, \frac{\pi}{4}, \frac{\pi}{3}, \frac{2\pi}{3}, \frac{3\pi}{4}, \pi\right\}$

28. $S = \left\{x \in \mathbb{R} \;\middle|\; x = \frac{\pi}{4} + 2k\pi \text{ ou } x = \frac{3\pi}{4} + 2k\pi, k \in \mathbb{Z}\right\}$

29. $S = \left\{\frac{\pi}{4}, \frac{3\pi}{4}, \frac{5\pi}{4}, \frac{7\pi}{4}, \frac{\pi}{6}, \frac{5\pi}{6}, \frac{7\pi}{6}, \frac{11\pi}{6}\right\}$

30. $S = \left\{\left(\frac{\pi}{6}, \frac{\pi}{3}\right); \left(\frac{\pi}{6}, \frac{5\pi}{3}\right); \left(\frac{5\pi}{6}, \frac{\pi}{3}\right); \left(\frac{5\pi}{6}, \frac{5\pi}{3}\right)\right\}$

31. $\frac{21}{4}$

32. 80 soluções

33. $S = \left\{-\pi, \pi, -\frac{\pi}{3}, \frac{\pi}{3}, -\frac{5\pi}{3}, \frac{5\pi}{3}, \frac{7\pi}{3}\right\}$

34. 60 soluções

35. a) 12 horas e 48 minutos

b) 181 dias

36. a) $p = 1$; $\text{Im}(f) = [0, 2]$

b) $\frac{1}{4}, \frac{3}{4}$

Testes

1. b.
2. e.
3. e.
4. b.
5. a.
6. c.
7. b.
8. c.
9. c.
10. e.
11. b.
12. d.
13. a.
14. c.
15. d.
16. e.
17. e.
18. a.
19. d.
20. a.
21. c.
22. e.
23. d.
24. c.
25. a.
26. c.
27. e.
28. b.

Capítulo 7 – Funções trigonométricas inversas

Exercícios

1. a) $-\frac{\pi}{4}$

b) $\frac{\pi}{2}$

c) $\frac{\pi}{3}$

d) $-\frac{\pi}{2}$

2. 0,1

3. $\frac{2\sqrt{2}}{3}$

4. $\frac{5}{12}$

5. $\frac{3\sqrt{5}}{5}$

6. $\frac{\sqrt{3}}{3}$

7. $\frac{16}{65}$

8. a) $\frac{1}{3}$

b) $\frac{1}{9}$

c) $\frac{4\sqrt{5}}{9}$

9. a) 0

b) $\frac{2\pi}{3}$

c) π

d) Não existe, pois $\pi \notin [-1, 1]$.

10. $x = \frac{\sqrt{3} - 2}{2}$

11. $\sqrt{1 - 4x^2}$, com $|x| \leq \frac{1}{2}$.

12. $-\frac{\sqrt{3}}{3}$

13. $\frac{4\sqrt{6} - \sqrt{21}}{25}$

14. a) $x = 1$

b) $x = -\frac{1}{2}$

c) $x = \frac{\sqrt{2}}{2}$

d) $x = \frac{\sqrt{2} - 2}{2}$

e) $x = 0$

f) $x = 0$

15. a) $\frac{253}{325}$

b) $\frac{\sqrt{14} + \sqrt{30}}{16}$

16. a) $-\frac{\sqrt{7}}{21}$

b) Não existe.

17. a) $\frac{\pi}{4}$

b) $\frac{\pi}{3}$

c) $-\frac{\pi}{4}$

d) $-\frac{\pi}{6}$

18. $\mathbb{R}$

19. a) Aproximadamente 37°.
b) Aproximadamente 82°.
c) Aproximadamente 63°.

20. a) 5

b) $-\frac{5}{12}$

c) Não existe.
d) 0

21. a) $\pm\frac{x}{\sqrt{1 + x^2}}$

b) $\sqrt{1 + x^2}$

22. $\pm\frac{\sqrt{6}}{3}$

Exercícios complementares

1. a) **V**, pois arc sen $(-x) = -$arc sen x, $\forall x \in [-1, 1]$.

b) **V**, pois f(x) é a inversa de g(x) = sen x e g(x) é a inversa de f(x).

c) **F**, pois arc sen $(-x) =$ = arc sen x somente se $x = 0$.

2. $\frac{3 + 2\sqrt{14}}{12}$

3. a) $x = 0$ ou $x = 1$ ou $x = -1$

b) $x = \frac{\sqrt{2}}{2}$

4. a) **F**, pois arc cos $(-x) = \pi -$ arc cos x, $\forall x \in [0, \pi]$.

b) **F**, pois f(x) não é definida para $x < 0$.

c) **F**, pois, por exemplo,

$$\left(\text{arc sen } \frac{\sqrt{2}}{2}\right)^2 + \left(\text{arc cos } \frac{\sqrt{2}}{2}\right)^2 = \left(\frac{\pi}{4}\right)^2 + \left(\frac{\pi}{4}\right)^2 = \frac{\pi^2}{8} \neq 1$$

5. 1

6. a) α b) $\frac{\pi}{2} - \alpha$

7. 7

8. $x = \frac{\pi}{3}$ ou $x = \text{arc tg } 2\sqrt{3}$

9. a) $\frac{\sqrt{3}}{2}$ b) $\frac{3}{4}$ c) impossível d) ± 1 e) 9

10. $x = 0$ ou $x = \frac{1}{2}$

11. sen $\theta = -\frac{4\sqrt{3}}{7}$ e cos $\theta = \frac{1}{7}$

12. $x = 4$

13. a) π b) arc tg $\frac{17}{6}$ c) arc tg $\frac{1}{3}$ d) 1 e) $\frac{\pi}{4}$

14. 1

15. Demonstração.

16. a) Demonstração.
b) Demonstração.

Testes

1. e.	9. d.
2. c.	10. d.
3. d.	11. b.
4. b.	12. d.
5. d.	13. c.
6. d.	14. d.
7. b.	15. b.
8. a.	16. c.

Capítulo 8 – Matrizes

Exercícios

1. a) 3×2 b) 1×4 c) 2×2 d) 3×3 e) 3×1 f) 3×4

2. a) 4 b) não existe c) 1 d) 1

3. $A = \begin{bmatrix} 1 & -1 \\ 4 & 2 \end{bmatrix}$

4. $B = \begin{bmatrix} 4 & 5 \\ 5 & 6 \\ 6 & 7 \end{bmatrix}$

5. 0

6. a) $A^t = \begin{bmatrix} 7 & 1 \\ -4 & 0 \end{bmatrix}$

b) $B^t = \begin{bmatrix} 6 & 1 & 4 \\ 2 & 0 & -1 \end{bmatrix}$

c) $C^t = \begin{bmatrix} 0 & 0 \\ 3 & -1 \\ -9 & 5 \end{bmatrix}$

d) $D^t = \begin{pmatrix} -8 \\ 7 \\ 5 \end{pmatrix}$

e) $E^t = \begin{pmatrix} 0 & 1 & 0,5 & 3 \\ -2 & 11 & 7 & 4,1 \end{pmatrix}$

f) $F^t = [5 \;\; 7 \;\; 1 \;\; 0 \;\; 3]$

g) $G^t = \begin{bmatrix} 2 & -3 & 3 \\ 1 & 1 & -1 \\ -2 & 2 & 2 \end{bmatrix}$

7. $A^t = \begin{bmatrix} 5 & 7 & 9 \\ 8 & 10 & 12 \end{bmatrix}$

8. 3

9. Principal: 1, 4 e 9.
Secundária: 3, 4 e 3.

10. a) 1 485

b) 190

c) R$ 27 135,00

11. a) **X** e **Y**: 15 km
Z e **X**: 27 km
Y e **Z**: 46 km

b) $D^t = D$

12. $A = \begin{pmatrix} 0 & 1 & 1 \\ 0 & 0 & 1 \\ 0 & 0 & 0 \\ 0 & 0 & 0 \end{pmatrix}$

13. a) $A = \begin{bmatrix} -1 & 0 \\ 1 & 1 \\ -1 & -1 \end{bmatrix}$

b) $A^t = \begin{bmatrix} -1 & 1 & -1 \\ 0 & 1 & -1 \end{bmatrix}$

14. a) Canadá 0 × 1 México

b) Argentina; 3 pontos.

15. a) $m = 3$ e $n = 4$.

b) $q_{23} = 875$; em 100 g de queijo mozarela há 875 mg de cálcio.
$q_{31} = 35{,}6$; em 100 g de queijo parmesão há 35,6 g de proteínas.

c) 9 360 mg

d) Mais que a metade.

16. a) Traço de **A** $= -6$
Traço de **B** $= 9$
Traço de **C** $= 36$

b) $\theta = \frac{\pi}{6}$ ou $\theta = \frac{5\pi}{6}$.

17. $a = 2$, $b = 1$, $c = 6$ e $d = 4$.

18. $x = 4$, $y = 3$ e $z = 2$.

19. a) Não existe $m \in \mathbb{R}$.

b) $m = -3$

20. $p = q = 3$

21. $a = -3$, $b = -2$, $c = -1$, $d = 0$, $e = 5$ e $f = 0$.

22. a) **A** e **C**.

b) 3

23. a) $\begin{pmatrix} 11 & 5 \\ 14 & 12 \end{pmatrix}$

b) $\begin{bmatrix} 11 & 16 \\ 2 & 7 \\ 1 & 5 \end{bmatrix}$

c) $(-5 \quad -1 \quad -8 \quad -3)$

d) $\begin{bmatrix} 5 & -1 & 0 \\ 1 & 5 & -1 \\ 4 & 1 & 5 \end{bmatrix}$

24. a) 21; 27

b) $c_{ij} = 3i$

25. a) $X = \begin{pmatrix} 1 & -3 \\ 1 & 2 \\ 5 & 8 \end{pmatrix}$

b) $X = \begin{pmatrix} 0 & 6 & 18 \\ -5 & 9 & -2 \end{pmatrix}$

c) $X = \begin{pmatrix} 1 & 2 \\ 1 & 13 \end{pmatrix}$

26. a) $\begin{bmatrix} 3 & 3 & 0 & 5 & 5 \\ 1 & 1 & 3 & 4 & 2 \\ 8 & 5 & 5 & 4 & 5 \end{bmatrix}$

b) **C**, **C** e **A**.

27. a) Sim; não.

b) Não existe $m \in \mathbb{R}$ que satisfaz a condição.

28. $X = \begin{bmatrix} -3 & 3 \\ -1 & 6 \\ -1 & -1 \end{bmatrix}$

29. a) $\begin{pmatrix} 4 & 8 & 12 \\ -12 & 20 & -4 \end{pmatrix}$

b) $\begin{pmatrix} \frac{1}{3} & \frac{2}{3} & 1 \\ -1 & \frac{5}{3} & -\frac{1}{3} \end{pmatrix}$

c) $\begin{pmatrix} -2 & -4 & -6 \\ 6 & -10 & 2 \end{pmatrix}$

30. a) $\begin{pmatrix} 9 & 10 \\ 2 & 21 \\ 9 & 29 \end{pmatrix}$

b) $\begin{pmatrix} -7 & 10 \\ 4 & -13 \\ -27 & -17 \end{pmatrix}$

c) $\begin{pmatrix} 13 & -1 & 27 \\ 2 & 28 & 38 \end{pmatrix}$

31. $\begin{pmatrix} 9 & -1 & 1 \\ 1 & 4 & 4 \end{pmatrix}$

32. $\begin{pmatrix} 5 & 5 \\ 3 & 2 \end{pmatrix}$

33. $X = \begin{bmatrix} -3 & 1 \\ -1 & 2 \\ -4 & -1 \end{bmatrix}$

34. a) $\begin{bmatrix} -2 & 5 \\ -2 & 13 \end{bmatrix}$

b) $\begin{bmatrix} 0 & 3 & 2 & 7 \\ -10 & 9 & 6 & -19 \end{bmatrix}$

c) Não existe

d) $\begin{bmatrix} -2 \\ -4 \\ -6 \end{bmatrix}$

e) $\begin{bmatrix} -15 & 10 \\ 0 & 17 \\ 4 & 3 \\ 8 & 6 \end{bmatrix}$

f) $\begin{pmatrix} 12 & -4 & 16 \\ 18 & -6 & 24 \\ 30 & -10 & 40 \end{pmatrix}$

g) Não existe

h) $\begin{pmatrix} 10 & -4 & 3 \\ 13 & -1 & 3 \\ 9 & 6 & 3 \end{pmatrix}$

35. a) $\begin{pmatrix} 11 & 4 \\ 4 & 2 \\ 10 & 3 \end{pmatrix}$

b) Não existe.

c) $\begin{pmatrix} 1 \\ 8 \\ -8 \end{pmatrix}$

d) $\begin{pmatrix} 5 \\ 3 \end{pmatrix}$

e) $\begin{pmatrix} 5 & 4 & 2 \\ 6 & 6 & 1 \end{pmatrix}$

36. a) 3

b) 17

c) Não existe

37. 22

38. $x = 2$ e $y = -4$.

39. a) $\begin{pmatrix} 7 & 10 \\ 15 & 22 \end{pmatrix}$

b) $\begin{pmatrix} 11 & 12 & 2 \\ 20 & 33 & 12 \\ 5 & 18 & 34 \end{pmatrix}$

40. a) $\begin{pmatrix} 1 & 0 \\ 0 & 1 \end{pmatrix}$

b) $\begin{pmatrix} 1 & 1 \\ 0 & -1 \end{pmatrix}$

c) $\begin{pmatrix} 1 & 0 \\ 0 & 1 \end{pmatrix}$

d) $\begin{pmatrix} 1 & 1 \\ 0 & -1 \end{pmatrix}$

e) $\begin{pmatrix} 1 & 0 \\ 0 & 1 \end{pmatrix}$

41. $m = 3$

42. a) $\begin{bmatrix} 4 & 6 & 7 \\ 9 & 3 & 2 \\ 7 & 8 & 10 \end{bmatrix} \cdot \begin{bmatrix} 7 \\ 6 \\ 5 \end{bmatrix} = \begin{bmatrix} 99 \\ 91 \\ 147 \end{bmatrix}$

$A = 99 \quad B = 91 \quad C = 147$

b) $\begin{bmatrix} 4 & 6 & 7 \\ 9 & 3 & 2 \\ 7 & 8 & 10 \end{bmatrix} \cdot \begin{bmatrix} \frac{7}{18} \\ \frac{1}{3} \\ \frac{5}{18} \end{bmatrix} = \begin{bmatrix} 5{,}5 \\ 5{,}0\overline{5} \\ 8{,}1\overline{6} \end{bmatrix}$

$A = 5{,}5 \quad B = 5{,}0\overline{5} \quad C = 8{,}1\overline{6}$

c) 8, 1

43. $X = \begin{pmatrix} -4 & 2 \\ -64 & 19 \end{pmatrix}$

44. a) 24

b) $\begin{bmatrix} 22 & 18 \\ 36 & 22 \\ 24 & 28 \end{bmatrix} \cdot \begin{bmatrix} 4{,}50 \\ 6{,}00 \end{bmatrix} = \begin{bmatrix} 207 \\ 294 \\ 276 \end{bmatrix}$

45. $x = \frac{15}{2}$ e $y = \frac{2}{5}$.

46. $x = \frac{3}{2}$ e $y = -\frac{3}{4}$.

47. Resposta pessoal; qualquer matriz da forma $\begin{pmatrix} x & y \\ -2y & x \end{pmatrix}$, com $x \in \mathbb{R}$ e $y \in \mathbb{R}$, serve como exemplo.

48. a) Bicarbonato: 23,8 kg; carbonato: 5 kg; ácido: 21,2 kg.

b) $\begin{pmatrix} 2{,}3 & 2{,}5 \\ 0{,}5 & 0{,}5 \\ 2{,}2 & 2{,}0 \end{pmatrix} \cdot \begin{pmatrix} 6000 \\ 4000 \end{pmatrix}$

c) 9 500 envelopes na versão **T** e 5 500 envelopes na versão **E**.

49. a) $X = \begin{pmatrix} -3 \\ -1 \end{pmatrix}$

b) $X = \begin{pmatrix} -4 & -7 \\ 13 & 25 \end{pmatrix}$

50. 1ª semana: R$ 31,28
2ª semana: R$ 29,85

51. a) $\begin{bmatrix} 346 & 297 & 553 \\ 130 & 197 & 167 \end{bmatrix}$

b) $c_{12} = 297$; 297 mg é a quantidade total de cálcio encontrada na receita II.

c) $c_{23} = 167$; 167 mg é a quantidade total de magnésio encontrada na receita III.

52. Sim.

53. $\begin{pmatrix} 0 & 1 \\ \frac{1}{2} & -\frac{1}{2} \end{pmatrix}$

54. Não existe.

55. $x = 1$

56. a) $\begin{pmatrix} 1 & -1 \\ -4 & 7 \end{pmatrix}$

b) $\begin{pmatrix} 6 & -7 \\ -9 & 11 \end{pmatrix}$

c) $\begin{pmatrix} \frac{11}{3} & \frac{7}{3} \\ 3 & 2 \end{pmatrix}$

57. $x = 7$ e $y = 1$.

58. $x = 1$

59. a) $A^{-1} = \begin{pmatrix} 2 & -3 \\ -3 & 5 \end{pmatrix}$

b) $X = \begin{pmatrix} -5 & -16 \\ 12 & 28 \end{pmatrix}$

60. $\begin{bmatrix} -\frac{1}{3} & 0 & \frac{2}{3} \\ 0 & \frac{1}{3} & 0 \\ \frac{2}{3} & 0 & -\frac{1}{3} \end{bmatrix}$

61. $X = \begin{pmatrix} \frac{3}{7} & -\frac{5}{7} \\ \frac{1}{7} & -\frac{4}{7} \end{pmatrix}$

62. $\begin{pmatrix} 1 & -2 & 5 \\ 0 & 1 & -4 \\ 0 & 0 & 1 \end{pmatrix}$

63. Demonstração.

Exercícios complementares

1. 19

2. a) $\begin{pmatrix} 1 & -2 \\ 0 & 1 \end{pmatrix}$

b) $\begin{pmatrix} -1 & 3 \\ 0 & -1 \end{pmatrix}$

c) $\begin{pmatrix} -1 & 17 \\ 0 & -1 \end{pmatrix}$

d) $\begin{pmatrix} 1 & -36 \\ 0 & 1 \end{pmatrix}$

3. $\begin{pmatrix} 1009 & 3027 \\ \frac{1009}{3} & 1009 \end{pmatrix}$

4. a) $\left(x = 0,\ y = -\frac{\sqrt{2}}{2} \text{ e } z = \frac{\sqrt{2}}{2}\right)$ ou $\left(x = 0,\ y = \frac{\sqrt{2}}{2} \text{ e } z = -\frac{\sqrt{2}}{2}\right)$

b) Demonstração.

5. $x = 1$

6. $n = 4715$; $i = 3$ e $j = 1$

7. a) $\begin{bmatrix} 0 & 2 \\ 0 & 0 \end{bmatrix}$

b) $\left\{\alpha \in \mathbb{R} \mid \alpha = \frac{3\pi}{2} + k \cdot 2\pi, k \in \mathbb{Z}\right\}$

c) $\left\{\alpha \in \mathbb{R} \mid \alpha = k \cdot 2\pi \text{ ou } \alpha = \frac{\pi}{2} + k \cdot 2\pi, k \in \mathbb{Z}\right\}$

8. a) $\alpha = 3$ e $\beta = -2$

b) $\begin{bmatrix} \frac{1}{2} & -\frac{3}{2} \\ 0 & 1 \end{bmatrix}$

9. a) 12000: quantidade de trufas de chocolate branco vendidas em outubro de 2018.

b) 77800: quantidade de trufas de chocolate ao leite vendidas no último trimestre de 2018.

c) 85000: total de trufas (de todos os sabores) vendidas em dezembro de 2018.

10. a) Bruno
b) Antônio
c) R$ 15,00
d) R$ 7,50
e) Bruno

11. a) $P'\left(-\frac{1}{2} - \sqrt{3}, \frac{\sqrt{3}}{2} - 1\right)$

b) 90°

c) 150°

12. a) $X = B^{-1} \cdot A$

b) $X = A \cdot B^{-1} - I_n$

c) $X = A \cdot B^{-1}$

13. a) $P \cdot Q = 1000 \cdot \begin{bmatrix} 130 & 95 & 135 \\ 100 & 70 & 100 \end{bmatrix}$: orçamento da 1ª empresa para distribuir o produto **C** aos dois países.

b) $a_{21} = 100\,000$ reais

c) 2ª empresa

14. (01) + (02) + (16) = (19)

15. $\begin{pmatrix} x & y \\ 0 & x \end{pmatrix}$, com $x \in \mathbb{R}$ e $y \in \mathbb{R}$.

16. a) $c = (c_{ij})_{2 \times 2}$ onde $c_{ij} = 2i^2 + 2j^2 + 2 \cdot (i \cdot j)$; $C = \begin{pmatrix} 6 & 14 \\ 14 & 24 \end{pmatrix}$

b) $M = \begin{pmatrix} -\frac{13}{9} & -\frac{8}{9} \\ -\frac{2}{9} & -\frac{13}{9} \end{pmatrix}$

17. a) $a = \frac{1}{2}$ e $b = 2$;

$A^{11} = 1024 \cdot \begin{bmatrix} 1 & 1 \\ 1 & 1 \end{bmatrix}$

b) $[4 \quad 5 \quad 6] \cdot \begin{bmatrix} 1 & 1{,}2 \\ 2{,}5 & 2 \\ 3 & 3 \end{bmatrix} =$

$= [34{,}50 \quad 32{,}80]$ ou

$\begin{bmatrix} 1 & 2{,}5 & 3 \\ 1{,}2 & 2 & 3 \end{bmatrix} \cdot \begin{bmatrix} 4 \\ 5 \\ 6 \end{bmatrix} = \begin{bmatrix} 34{,}50 \\ 32{,}80 \end{bmatrix}$

18. $\begin{bmatrix} -2 & 1 \\ 1 & 0 \end{bmatrix}$

19. SIGILO

20. a) $C = \begin{pmatrix} 1 & 16 & 49 & 100 \\ 1 & 4 & 25 & 64 \\ 9 & 0 & 9 & 36 \end{pmatrix}$

$B^t = \begin{pmatrix} 2 & 3 & 4 \\ 3 & 4 & 5 \\ 4 & 5 & 6 \\ 5 & 6 & 7 \end{pmatrix}$

b) $X = \begin{pmatrix} 14 \\ 18 \\ 22 \end{pmatrix}$; x_{ij}: quantidade total (em milhares) de produtos transportados da fábrica **i** para as 4 lojas.

$Y = (746 \quad 912 \quad 1078)$;

y_{ij}: custo total para transportar produtos produzidos na fábrica **j** para as 4 lojas.

21. $\begin{bmatrix} 1 & 0 \\ 0 & 1 \end{bmatrix}$, $\begin{bmatrix} 1 & 0 \\ 0 & -1 \end{bmatrix}$, $\begin{bmatrix} -1 & 0 \\ 0 & 1 \end{bmatrix}$,

$\begin{bmatrix} -1 & 0 \\ 0 & -1 \end{bmatrix}$, $\begin{bmatrix} -\sqrt{1-n^2} & n \\ n & \sqrt{1-n^2} \end{bmatrix}$,

ou $\begin{bmatrix} \sqrt{1-n^2} & n \\ n & -\sqrt{1-n^2} \end{bmatrix}$, com

$|n| \leq 1$

22. a) B; 30%

b) $\begin{bmatrix} 4 & 3 & 2 & 1 \\ 4 & 3 & 1 & 2 \\ 4 & 2 & 3 & 1 \\ 1 & 4 & 3 & 2 \\ 3 & 4 & 2 & 1 \\ 2 & 4 & 3 & 1 \\ 1 & 2 & 4 & 3 \\ 3 & 1 & 4 & 2 \\ 2 & 1 & 3 & 4 \end{bmatrix}$

C > B > A > D

C: 147 pontos

B: 124 pontos

A: 116 pontos

D: 113 pontos

23. a) $a = \frac{2}{3}$ e $b = -\frac{1}{3}$

b) $\begin{bmatrix} 1 \\ 1 \\ -4 \end{bmatrix}$

24. BEATRIZ

Testes

1. a.	**18.** a.
2. a.	**19.** b.
3. c.	**20.** a.
4. e.	**21.** d.
5. d.	**22.** b.
6. a.	**23.** a.
7. a.	**24.** b.
8. c.	**25.** d.
9. d.	**26.** c.
10. a.	**27.** d.
11. c.	**28.** b.
12. a.	**29.** c.
13. c.	**30.** b.
14. c.	**31.** a.
15. a.	**32.** c.
16. d.	**33.** a.
17. e.	**34.** b.
	35. d.

Capítulo 9 – Sistemas lineares

Exercícios

1. *a*, *c*, *f*, *h*.

2. a) Sim.
b) Não.
c) Sim.

3. a) Sim. c) Não.
b) Não. d) Sim.

4. -8

5. a) $80x + 120y = 25\,200$
b) Sim; não.
c) Não; sim.

6. $m = -\dfrac{15}{19}$

7. Entre outras, são soluções:
a) $\left(0, -\dfrac{5}{3}\right)$ ou $(-2, 1)$.
b) $(0, 1, 1)$ ou $(1, 1, 2)$.
c) $(0, 2)$ ou $(1, 1)$.
d) $\left(0, 0, \dfrac{16}{5}\right)$ ou $(2, 2, 2)$.

8. 8

9. a) 18
b) 10

10. a) $-4x + 3y = -1$, por exemplo.
b) Resposta pessoal.

11. a) $S = \{(3, -1)\}$; S.P.D.

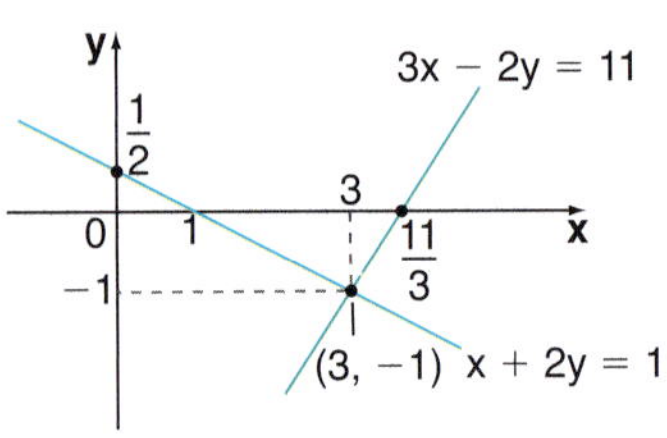

b) $S = \left\{\left(\dfrac{2}{3}, -\dfrac{1}{3}\right)\right\}$; S.P.D.

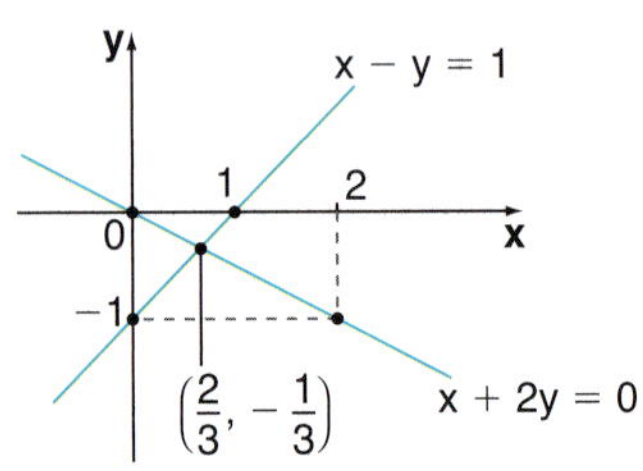

c) $S = \{(x, 5 - x); x \in \mathbb{R}\}$ ou $S = \{(5 - y, y); y \in \mathbb{R}\}$; S.P.I.

Ilustrações: Banco de imagens/Arquivo da editora

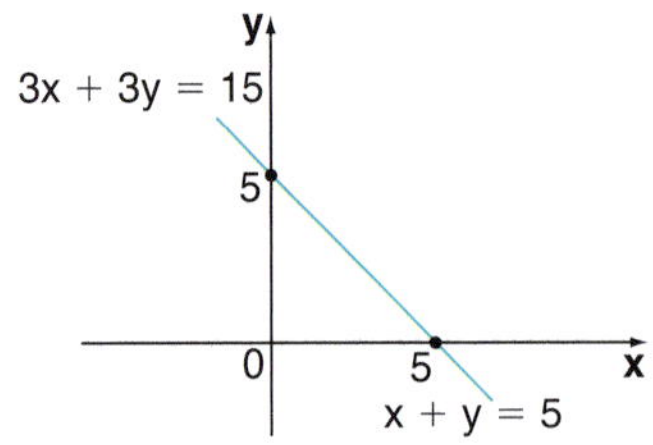

d) $S = \varnothing$; S.I.

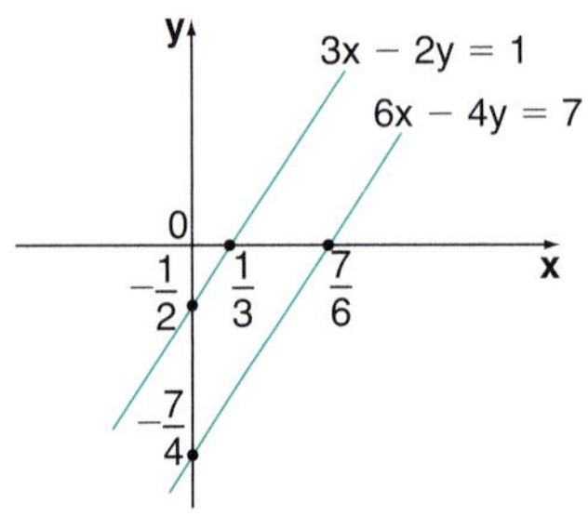

12. 30 unidades.

13. R\$ 28,40

14. R\$ 360,00

15. a) 51 pontos.
b) 11 erros.
c) Não é possível.

16. $m \neq \dfrac{5}{2}$

17. 11

18. $m = -4$ e $n = 2$.

19. a) $(3, -2)$ é solução e $\left(-\dfrac{1}{3}, \dfrac{4}{3}\right)$ não é solução.
b) $\begin{pmatrix} 1 & 1 \\ 2 & 3 \end{pmatrix} \cdot \begin{pmatrix} x \\ y \end{pmatrix} = \begin{pmatrix} 1 \\ 0 \end{pmatrix}$

20. *b*.

21. a) $A = \begin{bmatrix} 1 & 1 & 0 \\ 1 & 0 & 1 \\ 0 & 1 & 1 \end{bmatrix}$ e

$B = \begin{bmatrix} 1 & 1 & 0 & 7 \\ 1 & 0 & 1 & 8 \\ 0 & 1 & 1 & 9 \end{bmatrix}$.

b) $A = \begin{bmatrix} 4 & -1 & 1 \\ 1 & 2 & -1 \\ 1 & 0 & -1 \end{bmatrix}$ e

$B = \begin{bmatrix} 4 & -1 & 1 & -1 \\ 1 & 2 & -1 & -2 \\ 1 & 0 & -1 & -5 \end{bmatrix}$.

c) $A = \begin{bmatrix} 3 & 2 \\ 1 & -1 \\ 4 & 1 \end{bmatrix}$ e

$B = \begin{bmatrix} 3 & 2 & -4 \\ 1 & -1 & -7 \\ 4 & 1 & 2 \end{bmatrix}$.

d) $A = \begin{bmatrix} 2 & 1 & 3 \\ -1 & 1 & 10 \end{bmatrix}$ e

$B = \begin{bmatrix} 2 & 1 & 3 & -13 \\ -1 & 1 & 10 & 4 \end{bmatrix}$.

22. a) $\begin{cases} 3x + 2y = 0 \\ 2x + 5y = 2 \end{cases}$

b) $\begin{cases} 5x + 7y - 2z = 11 \\ x - y + 3z = 13 \end{cases}$

c) $\begin{cases} x + y + z = 3 \\ 2x - 4y + 3z = 11 \\ -3x - 3y - 3z = 10 \end{cases}$

23. a) $m = 1$ c) $m = 3$
b) $m = 3$

24. a) $\begin{pmatrix} 1 & 2 & 1 \\ 2 & 3 & -1 \end{pmatrix} \cdot \begin{pmatrix} x \\ y \\ z \end{pmatrix} = \begin{pmatrix} 5 \\ 0 \end{pmatrix}$
b) Verificação.
c) Verificação.
d) -25

25. *a* e *c* estão escalonados.

26. a) $S = \{(-3, 7)\}$; S.P.D.
b) $S = \{(3, 3, -4)\}$; S.P.D.
c) $S = \{(7 + \alpha, 2 + 3\alpha, \alpha); \alpha \in \mathbb{R}\}$; S.P.I.
d) $S = \{(6, 0, 3, 2)\}$; S.P.D.
e) $S = \varnothing$; S.I.

27. $S = \{(52, 48)\}$

28. $\alpha = 3$, $\beta = 2$, $\gamma = -6$

29. $S = \{(1 + \alpha, -1 + 2\alpha, \alpha); \alpha \in \mathbb{R}\}$

30. a) $S = \{(1, 3, 2)\}$; S.P.D.
b) $S = \{(-11, -6, -3)\}$; S.P.D.
c) $S = \varnothing$; S.I.
d) $S = \left\{\left(\dfrac{-1 + \alpha}{2}, \dfrac{5 - 3\alpha}{2}, \alpha\right); \alpha \in \mathbb{R}\right\}$; S.P.I.

31. a) $S = \left\{ \left(\dfrac{-7\alpha + 13}{11}, \dfrac{8 + 5\alpha}{11}, \alpha \right); \alpha \in \mathbb{R} \right\}$

b) $S = \{(5, -2, -1)\}$

c) $S = \varnothing$

d) $S = \{(1, 1, 1)\}$

32. Quibe: R$ 4,50; esfirra: R$ 2,20; suco: R$ 6,00.

33. 5 do tipo **A**, 3 do tipo **B** e 2 do tipo **C**.

34. 14 questões.

35. a) $S = \{(7, 3)\}$

b) $S = \{(5 - \alpha, 2, \alpha); \alpha \in \mathbb{R}\}$

c) $S = \varnothing$

d) $S = \varnothing$

e) $S = \{(1, 5)\}$

f) $S = \{(-1, 2, 3, 1)\}$

36. a)

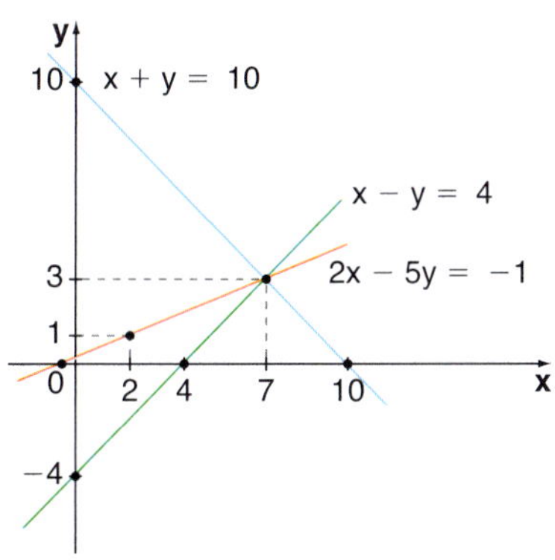

c)

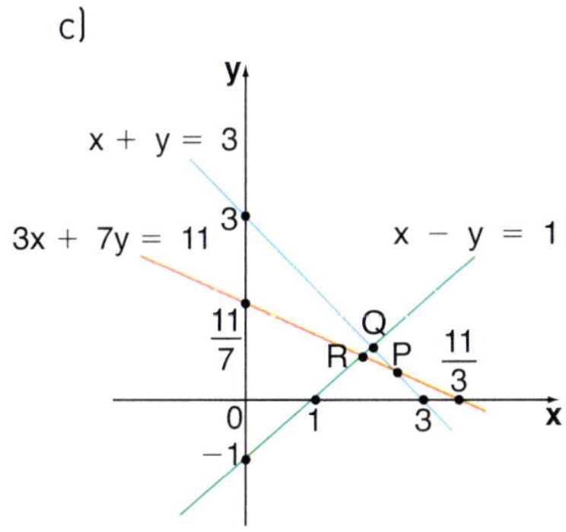

Ilustrações: Banco de imagens/Arquivo da editora

37. Ana: R$ 160,00; Bia: R$ 75,00; Carol: R$ 105,00

38. a) R$ 4,00

b) Não é possível determinar.

c) R$ 32,60

d) Não é possível determinar.

39. Arquibancada: R$ 80,00

Numerada descoberta: R$ 120,00

Numerada coberta: R$ 200,00

40. 145

41. a) -2

b) -13

c) 4

d) 6

e) 1

f) $-2a^2$

g) -1

h) 1

42. a) -11

b) 3

c) -15

d) -1

e) -13

f) -33

g) -12

43. 12

44. a) 22

b) 2

c) -1

d) -15

45. a) 8

b) 8

46. $\det A = 1$; $\det B = -4$; $\det(A + B) = 0$; $\det(A \cdot B) = -4$.

47. a) $S = \{1, -2\}$

b) $S = \{0, -\sqrt{3}, \sqrt{3}\}$

c) $S = \{1\}$

48. a) $S = \{x \in \mathbb{R} \mid x \geqslant -4\}$

b) $S = \{x \in \mathbb{R} \mid x > -1\}$

49. 0

50. $a = -3$ e $b = 1$.

51. a) $\begin{bmatrix} 2 - k & 0 \\ -3 & 5 - k \end{bmatrix}$

b) $k = 2$ e $k = 5$.

52. $k \neq 1$ e $k \neq -2$.

53. a) $S = \left\{ \left(2, -\dfrac{1}{2}\right) \right\}$

b) $S = \left\{ \left(\dfrac{3}{5}, -\dfrac{4}{5}\right) \right\}$

c) $S = \{(2, 1)\}$

54. a) $S = \{(1, 1, -1)\}$

b) $S = \{(-2, 3, 0)\}$

c) $S = \{(2, -2, 1)\}$

d) $S = \{(3, -2, 5)\}$

55. 48 rapazes e 60 moças

56. Carro: R$ 4,00

Ônibus: R$ 6,00

Caminhão: R$ 7,00

57. 11

58. a) $\begin{cases} m \neq 2 \rightarrow \text{S.P.D.} \\ m = 2 \rightarrow \text{S.P.I.} \end{cases}$

b) $\begin{cases} m \neq -1 \rightarrow \text{S.P.D.} \\ m = -1 \rightarrow \text{S.I.} \end{cases}$

c) $\begin{cases} m \neq -1 \text{ e } m \neq 3 \rightarrow \text{S.P.D.} \\ m = -1 \rightarrow \text{S.P.I.} \\ m = 3 \rightarrow \text{S.P.I.} \end{cases}$

d) $\begin{cases} m \neq -2 \text{ e } m \neq 2 \rightarrow \text{S.P.D.} \\ m = -2 \rightarrow \text{S.I.} \\ m = 2 \rightarrow \text{S.P.I.} \end{cases}$

59. a) $\begin{cases} m \neq -1 \rightarrow \text{S.P.D.} \\ m = -1 \rightarrow \text{S.I.} \end{cases}$

b) $\begin{cases} m \neq 13 \rightarrow \text{S.P.D.} \\ m = 13 \rightarrow \text{S.P.I.} \end{cases}$

c) $\begin{cases} m \neq 1 \text{ e } m \neq -4 \rightarrow \text{S.P.D.} \\ m = 1 \rightarrow \text{S.P.I.} \\ m = -4 \rightarrow \text{S.I.} \end{cases}$

60. $k \neq 1$ e $k \neq -2$

61. Não; $a = 3$

62. $m = 3$ e $n = 9$

63. $\begin{cases} a \neq -2 \rightarrow \text{S.P.D.} \\ a = -2 \text{ e } b = 6 \rightarrow \text{S.P.I.} \\ a = -2 \text{ e } b \neq 6 \rightarrow \text{S.I.} \end{cases}$

64. $\begin{cases} a \neq -4 \rightarrow \text{S.P.D.} \\ a = -4 \text{ e } b = -2 \rightarrow \text{S.P.I.} \\ a = -4 \text{ e } b \neq -2 \rightarrow \text{S.I.} \end{cases}$

65. $m = -4$; a representação gráfica das duas equações são retas paralelas.

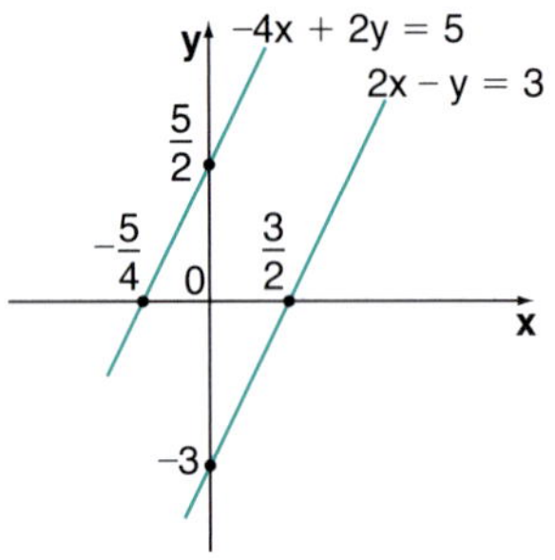

Banco de imagens/Arquivo da editora

66. a) $S = \{(0, 0)\}$; S.P.D.
b) $S = \{(2\alpha, \alpha); \alpha \in \mathbb{R}\}$; S.P.I.
c) $S = \{(0, 0, 0)\}$; S.P.D.
d) $S = \{(-\alpha, \alpha, \alpha); \alpha \in \mathbb{R}\}$; S.P.I.

67. a) $m = 2$
b) $S = \{(-11\alpha, 9\alpha, 5\alpha); \alpha \in \mathbb{R}\}$

68. $m \neq -1$

69. a) $m = -8$
b) Resposta pessoal; todo par ordenado da forma $(-2\alpha, \alpha)$, $\alpha \in \mathbb{R}$, satisfaz.

70. $m = -1$

71. $m \neq -\frac{1}{3}$ e $m \neq 1$; A solução é $\begin{pmatrix} 0 \\ 0 \\ 0 \end{pmatrix}$.

Exercícios complementares

1. **A**: R\$ 30,40; **B**: R\$ 37,40 e **C**: R\$ 29,00

2. $m < \frac{23}{12}$

3. $N = 931$

4. $S = \{\sqrt{2}\}$

5. 150 cm e 200 cm

6. 9

7. a) $m \neq 0$ e $m \neq -1$
b) $S = \{(0, \alpha, \alpha); \alpha \in \mathbb{R}\}$

8. a) Não. b) 14

9. a) Dando 57 saltos do tipo I e 19 do tipo II.
b) Não

10. $S = \{(1, 1, -2)\}$

11. a) Para todo $a \in \mathbb{R}$.
b) $S = \{(\cos(a - b); \text{sen}(a - b))\}$

12. a) $a = -10$, $b = 85$ e $c = -95$
b) 4,25

13. 8 850

14. $X = 5$, $Y = 9$ e $Z = 6$

15. Alberto: 50; Bento: 40 e César: 35

16. 25

17. a) **V** b) **F** c) **F** d) **V** e) **V**

18. a) 15 min 20 seg
b) 96

19. a) **F** b) **F** c) **V** d) **V** e) **V**

20. *Light*: 12 kg; Simples: 10 kg; Especial: 4 kg

21. a) **V** b) **V** c) **F** d) **V** e) 407

22. a) 0
b) $S = \left\{\left(4 - \frac{3\alpha}{2}, \frac{\alpha}{4} - \frac{1}{2}, \alpha\right); \alpha \in \left[2, \frac{8}{3}\right]\right\}$

23. a) $y = z - 2$ e $x = -5z + 27$
b) (12 borrachas, 1 lápis e 3 canetas) ou (7 borrachas, 2 lápis e 4 canetas) ou (2 borrachas, 3 lápis e 5 canetas).

24. a) $\begin{bmatrix} -\frac{1}{2} & 0 \\ 0 & -\frac{1}{2} \end{bmatrix}$
b) $\alpha = 3$

25. (01) + (08) = (09)

26. a) $\begin{cases} 8x - z = 0 \\ 9x - w = 0 \\ 2y - 2z - w = 0 \end{cases}$
b) $S = \{(2t, 25t, 16t, 18t); t \in \mathbb{N}^*\}$

27. Educação: 84 milhões de reais; Saúde: 96 milhões de reais

28. R\$ 800,00

29. a) $a = 0$, $b = 2$ e $c = -1$
b) $c = 0$ e $d = -4$

30. a) $a \neq 3$ e $a \neq -3$;
$S = \left\{\left(\frac{9a - 37}{a - 3}, \frac{2a - 8}{a - 3}\right)\right\}$
b) $a = -3$

31. a) $m = 0$ b) $(1, -1, 1)$

32. $a = 1$, $b = -1$, $c = -1$

33. a) $\frac{P_A}{P_B} = \frac{6}{5}$ e $\frac{P_R}{P_B} = 4$
b) $n_A = 5$ e $n_B = 6$

34. a) $\begin{bmatrix} 1 & 4 & -4 & -1 & 0 \\ 1 & 0 & -1 & 0 & 0 \\ 0 & 8 & 0 & -2 & -3 \\ 0 & 1 & -1 & 0 & 0 \\ 0 & 2 & 0 & 0 & -1 \end{bmatrix} \cdot \begin{bmatrix} x \\ y \\ z \\ w \\ t \end{bmatrix} = \begin{bmatrix} 0 \\ 0 \\ 0 \\ 0 \\ 0 \end{bmatrix}$
b) $x = 1$, $y = 1$, $z = 1$, $w = 1$ e $t = 2$.

35. 40 ovos e 60 ovos.

Testes

1. a.
2. e.
3. b.
4. d.
5. c.
6. b.
7. e.
8. c.
9. b.
10. b.

11. a.

12. a.

13. c.

14. d.

15. a.

16. d.

17. b.

18. a.

19. b.

20. e.

21. b.

22. a.

23. c.

24. c.

25. d.

26. c.

27. b.

28. d.

29. c.

30. a.

31. b.

32. e.

33. d.

34. a.

35. c.

36. a.

37. c.

Capítulo 10 – Complemento sobre determinantes

Exercícios

1. a) -452 c) -60
   b) 3 d) 48

2. $x = -\frac{23}{4}$

3. $x = 2$

4. $3 \cdot (d - a)$

5. -225

6. a) 0
   b) 0

7. a) 66
   b) -44

8. a) -7 c) 35
   b) 35 d) 175

9. 63

10. 29

11. a) Como **M** é quadrada de ordem 4, temos $\det(5M) = 5^4 \cdot \det M$
$-2500 = 625 \cdot \det M \Rightarrow \det M = -4$

b) $\det(-M) = \det[(-1) \cdot M] = (-1)^4 \cdot \det M = 1 \cdot (-4) = -4$

c) $\det\left[\frac{1}{2} M\right] = \left(\frac{1}{2}\right)^4 \cdot \det M = \frac{1}{16} \cdot (-4) = -\frac{1}{4}$

12. a) $\frac{1}{2}$ b) 1 c) $-\frac{1}{2}$

13. -432

14. -72

15. **B** e **C**.

16. Verificação.

17. a) $x \neq 6$ b) $x \neq -\frac{2}{13}$

18. a) $x = 3$ c) 1
    b) $\frac{25}{3}$

19. Não, $\det A = 0$.

20. $x \neq \frac{6 - 3y}{2}$

21. a) -2 b) 4 c) 1

22. a) 12
    b) 112
    c) $(x - y) \cdot (x - z) \cdot (z - y)$

23. Demonstração.

24. $S = \{a, -3a\}$

25. $S = \{2, -1\}$

26. $(b - a) \cdot (c - a) \cdot (c - b) \cdot (d - c) \cdot (d - b) \cdot (d - a)$

Exercícios complementares

1. a) $\alpha = 1$

b) $S^{-1} = \begin{pmatrix} 1 & -1 & -1 \\ -1 & 1 & 0 \\ 1 & 0 & 0 \end{pmatrix}$

2. 0

3. $(04) + (16) + (32) = (52)$

4. $(01) + (02) + (04) = (07)$

5. $\frac{\pi}{6}$ ou $\frac{5\pi}{6}$.

6. a) $\left\{x \in \mathbb{R} \;\middle|\; -\frac{5}{2} < x < 0 \text{ ou } x > \frac{5}{2}\right\}$

b) $\begin{pmatrix} 2 \\ -8 \\ 56 \end{pmatrix}$

7. 33

8. a)

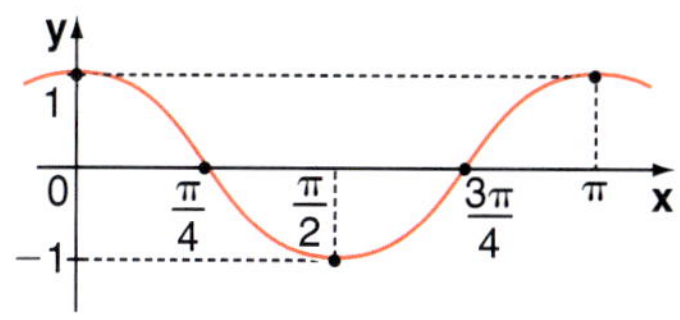

Banco de imagens/Arquivo da editora

b) $\left\{x \in \mathbb{R} \;\middle|\; x = k \cdot \pi \text{ ou } x = \frac{\pi}{2} + k \cdot \pi;\ k \in \mathbb{Z}\right\}$

9. $\{x \in \mathbb{R} \mid x < -1 \text{ ou } 0 < x < 1\}$

10. $(01) + (02) = (03)$

11. $f_{mín} = 0$ e $f_{máx} = \frac{1}{2}$

12. 0

13. Todas são verdadeiras.

Testes

1. b.
2. c.
3. c.
4. e.
5. b.
6. a.
7. e.
8. d.
9. c.
10. c.
11. d.
12. b.
13. a.
14. b.
15. c.
16. b.
17. b.
18. b.
19. d.
20. b.
21. b.
22. e.
23. e.
24. d.
25. d.
26. d.
27. d.
28. b.

Significado das siglas dos vestibulares

Acafe-SC: Associação Catarinense das Fundações Educacionais, Santa Catarina
Aman-RJ: Academia Militar das Agulhas Negras, Rio de Janeiro
Cefet-AM: Centro Federal de Educação Tecnológica do Amazonas
Cefet-MG: Centro Federal de Educação Tecnológica de Minas Gerais
CPAEN: Concurso Público de Admissão à Escola Naval
Efomm-RJ: Escola de Formação de Oficiais da Marinha Mercante
Enem: Exame Nacional do Ensino Médio
Epcar-MG: Escola Preparatória de Cadetes do Ar, Minas Gerais
EsPCEx-SP: Escola Preparatória de Cadetes do Exército, São Paulo
ESPM-SP: Escola Superior de Propaganda e Marketing, São Paulo
Famerp-SP: Faculdade de Medicina de São José do Rio Preto, São Paulo
Fatec-SP: Faculdade de Tecnologia, São Paulo
FEI-SP: Centro Universitário da Faculdade de Engenharia Industrial, São Paulo
FGV-RJ: Fundação Getúlio Vargas, Rio de Janeiro
FGV-SP: Fundação Getúlio Vargas, São Paulo
FICSAE-SP: Faculdade Israelita de Ciências da Saúde Albert Einstein, São Paulo
Fuvest-SP: Fundação Universitária para o Vestibular, São Paulo
Ifal: Instituto Federal de Alagoas
IFCE: Instituto Federal de Educação, Ciência e Tecnologia do Ceará
IFSC: Instituto Federal de Educação, Ciência e Tecnologia de Santa Catarina
IFSP: Instituto Federal de Educação, Ciência e Tecnologia de São Paulo
IME-RJ: Instituto Militar de Engenharia, Rio de Janeiro
Insper-SP: Instituto de Ensino e Pesquisa, São Paulo
ITA-SP: Instituto Tecnológico de Aeronáutica, São Paulo
Mack-SP: Universidade Presbiteriana Mackenzie, São Paulo
Obmep: Olimpíada Brasileira de Matemática das Escolas Públicas
PUC-MG: Pontifícia Universidade Católica de Minas Gerais
PUC-PR: Pontifícia Universidade Católica do Paraná
PUC-RJ: Pontifícia Universidade Católica do Rio de Janeiro
PUC-RS: Pontifícia Universidade Católica do Rio Grande do Sul
PUC-SP: Pontifícia Universidade Católica de São Paulo
UCS-RS: Universidade de Caxias do Sul, Rio Grande do Sul
Udesc: Universidade do Estado de Santa Catarina
UEA-AM: Universidade do Estado do Amazonas
Uece: Universidade Estadual do Ceará
UEG-GO: Universidade Estadual de Goiás
UEL-PR: Universidade Estadual de Londrina, Paraná
UEM-PR: Universidade Estadual de Maringá, Paraná
Uema: Universidade Estadual do Maranhão
UEMG: Universidade Estadual de Minas Gerais
Uepa: Universidade do Estado do Pará
UEPB: Universidade Estadual da Paraíba
UEPG-PR: Universidade Estadual de Ponta Grossa, Paraná
Uerj: Universidade do Estado do Rio de Janeiro
Uern: Universidade do Estado do Rio Grande do Norte
Uespi: Universidade Estadual do Piauí
UFABC-SP: Universidade Federal do ABC, São Paulo
Ufam: Universidade Federal do Amazonas
UFBA: Universidade Federal da Bahia
UFC-CE: Universidade Federal do Ceará
UFCG-PB: Universidade Federal de Campina Grande, Paraíba
Ufes: Universidade Federal do Espírito Santo
UFF-RJ: Universidade Federal Fluminense, Rio de Janeiro
UFG-GO: Universidade Federal de Goiás
UFJF-MG: Universidade Federal de Juiz de Fora, Minas Gerais
UFJF/Pism-MG: Universidade Federal de Juiz de Fora/Programa de Ingresso Seletivo Misto, Minas Gerais
Ufla-MG: Universidade Federal de Lavras, Minas Gerais
UFMA: Universidade Federal do Maranhão
UFMG: Universidade Federal de Minas Gerais
UFMS: Universidade Federal de Mato Grosso do Sul
Ufop-MG: Universidade Federal de Ouro Preto, Minas Gerais
UFPA: Universidade Federal do Pará
UFPB: Universidade Federal da Paraíba
UFPE: Universidade Federal de Pernambuco
Ufpel-RS: Universidade Federal de Pelotas, Rio Grande do Sul
UFPI: Universidade Federal do Piauí
UFPR: Universidade Federal do Paraná
UFRGS-RS: Universidade Federal do Rio Grande do Sul
UFRJ: Universidade Federal do Rio de Janeiro
UFRN: Universidade Federal do Rio Grande do Norte
UFSC: Universidade Federal de Santa Catarina
Ufscar-SP: Universidade Federal de São Carlos, São Paulo
UFSJ-MG: Universidade Federal de São João del-Rei, Minas Gerais
UFSM-RS: Universidade Federal de Santa Maria, Rio Grande do Sul
UFTM-MG: Universidade Federal do Triângulo Mineiro, Minas Gerais
UFU-MG: Universidade Federal de Uberlândia, Minas Gerais
UFV-MG: Universidade Federal de Viçosa, Minas Gerais
UnB-DF: Universidade de Brasília, Distrito Federal
Uneb-BA: Universidade do Estado da Bahia
Unesp-SP: Universidade Estadual Paulista "Júlio de Mesquita Filho", São Paulo
Unicamp-SP: Universidade Estadual de Campinas, São Paulo
Unifesp: Universidade Federal de São Paulo
Unifor-CE: Fundação Edson Queiroz Universidade de Fortaleza, Ceará
Unioeste-PR: Universidade Estadual do Oeste do Paraná
UPE: Universidade de Pernambuco
UPF-RS: Universidade de Passo Fundo, Rio Grande do Sul
Vunesp: Fundação para o Vestibular da Unesp, São Paulo